SOLIDWORKS 進階

U0045039

作者：陳俊興

全華圖書股份有限公司

請於LINE輸入以下ID，
加入作者「陳俊興」好友，
獲取教學範例檔。

LINE ID
0930339358

信　箱
ss20180808@yahoo.com.tw

線上影音暨教學範例檔

《請連結後轉知購書地點與時間，待資料核對無誤後即可雲端下載》

序 言

電腦輔助設計版圖自2011年起，Solidworks儼然成為機械製造與工業設計領域市占率最高的CAD軟體系統；且其龍頭鰲首的位置一直未有其他競爭者足以撼動。

作者操作CAD軟體已近卅十年，期間為學業及職場因素而陸續的接觸數套CAD或CAID軟體。個人在操作與探究之後體現：任何一套軟體都僅是到達幟驛的媒介；自己用的順手、用的習慣最是實在。SW的親近性界面及直觀性的操作型態，一直是筆者慣性使用的主要成因。

舍下於十餘年前出版了「SW攻略白皮書」後，深覺書籍內容針對軟體入門學習者暨進階使用群應有內容上的實質區隔，因此開始著手籌畫了一本契合進階使用群的學習專書。本書共分九個章節(608頁)，除了生活常見的典範學習作品外，更特別將「全罩式安全帽」、「摩托車」、「跑車」與「無人機」……等它冊書籍未觸及的應用範例彙集成冊。期許讀者得以從臨摹學習的過程中領會曲面指令的思路暨具體實踐。

「SOLIDWORKS：進階&應用」一書，歷經數載的計議與策動、範例繪製、內文編撰及不斷修正後，本冊終得竣事和付梓；並藉筆者本身棉薄之力以期拋磚引玉，共同分享SW的使用歷程，且也為CAD領域帶來無限可能之未來。

作者 陳俊興

謹識於
嶺東科技大學 創意產品設計系
chingsing@teamail.ltu.edu.tw

編輯部序

「系統編輯」是我們的編輯方針，我們所提供給您的，絕不只是一本書，而是關於這門學問的所有知識，它們由淺入深，循序漸進。

此為陳俊興老師為SOLIDWORKS之進階使用群量身訂製的一本學習專書。陳老師在CAD系列軟體的操作水平，深信各位讀者能從各網路平台所轉載的作品見其高深的造詣。讀者群歷經書中的範例學習之後，必然得以從中獲得更進階的SW系統操作技術與智識。

同時，為了使您能有系統且循序漸進研習相關方面的叢書，我們列出各有關圖書的閱讀順序，以減少您研習此門學問的摸索時，並能對這門學問有完整的知識。若您在這方面有任何問題，歡迎來函聯繫，我們將竭誠為您服務。

A-1 作者應用SOLIDWORKS於各領域設計之作品

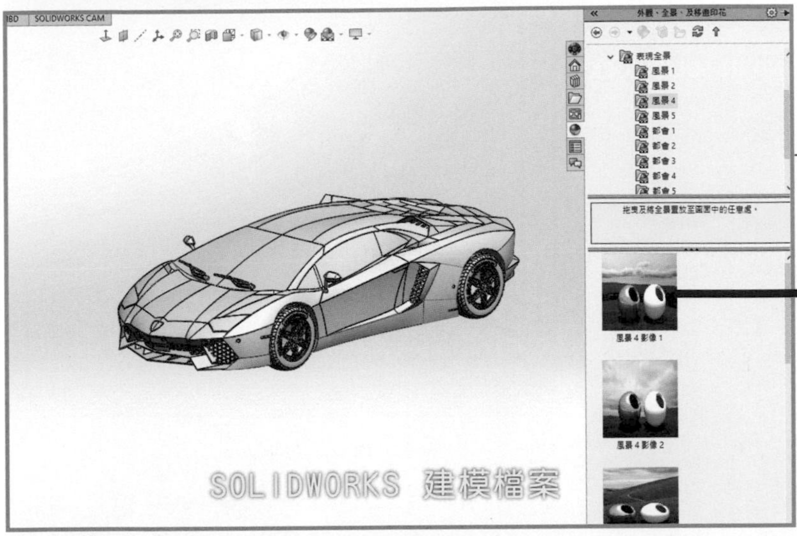

【Photoview360】

建模後選擇材質與環境

MODEL BUILDING IN SOLIDWORKS
NINTH--SHRINE
SAGITTARIUS
11/22--12/20
角色模型製作

TWELFTH--SHRINE
PISCES
02/20--03/20
MODEL BUILDING IN SOLIDWORKS
角色模型製作

家電展場設計（展場陳列的所有家電皆為作者以SW所建構）

模型車展場設計（展場陳列的所有車款模型皆為作者以SW所建構）

法式宮廷餐廳

空間規劃設計

概念車模型建構

電動摩托車設計

女鞋設計

女鞋設計

電腦周邊產品設計

遊艇設計開發

Chapter-01 導論

Chapter-02 曲面形式

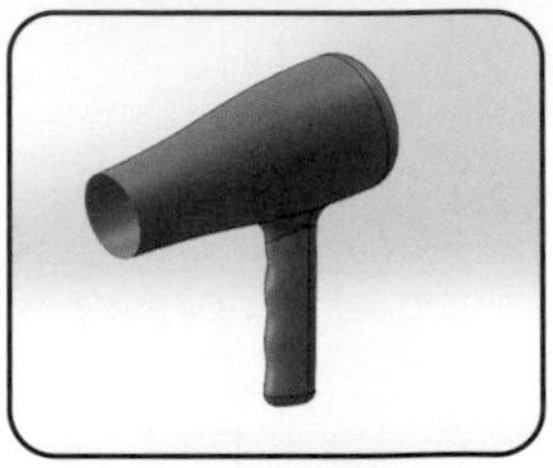

Chapter-03 曲面入門

Chapter-04 曲面實例應用

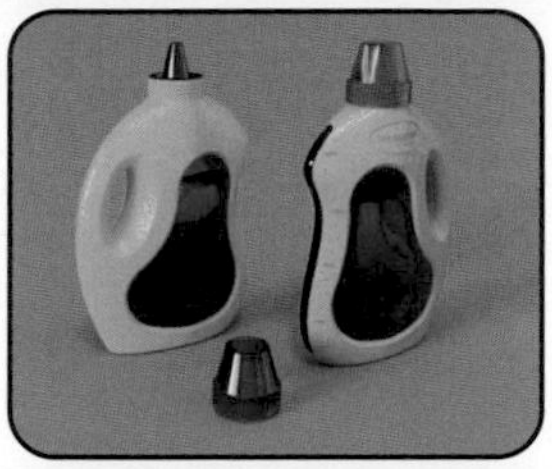

Chapter-05 進階曲面設計

Chapter-06 鈑金設計

Chapter-07 產品開發實例

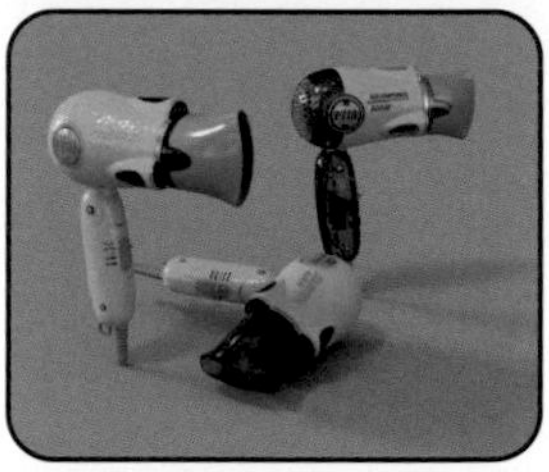

Chapter-08 摩托車設計

Chapter-09 跑車設計開發

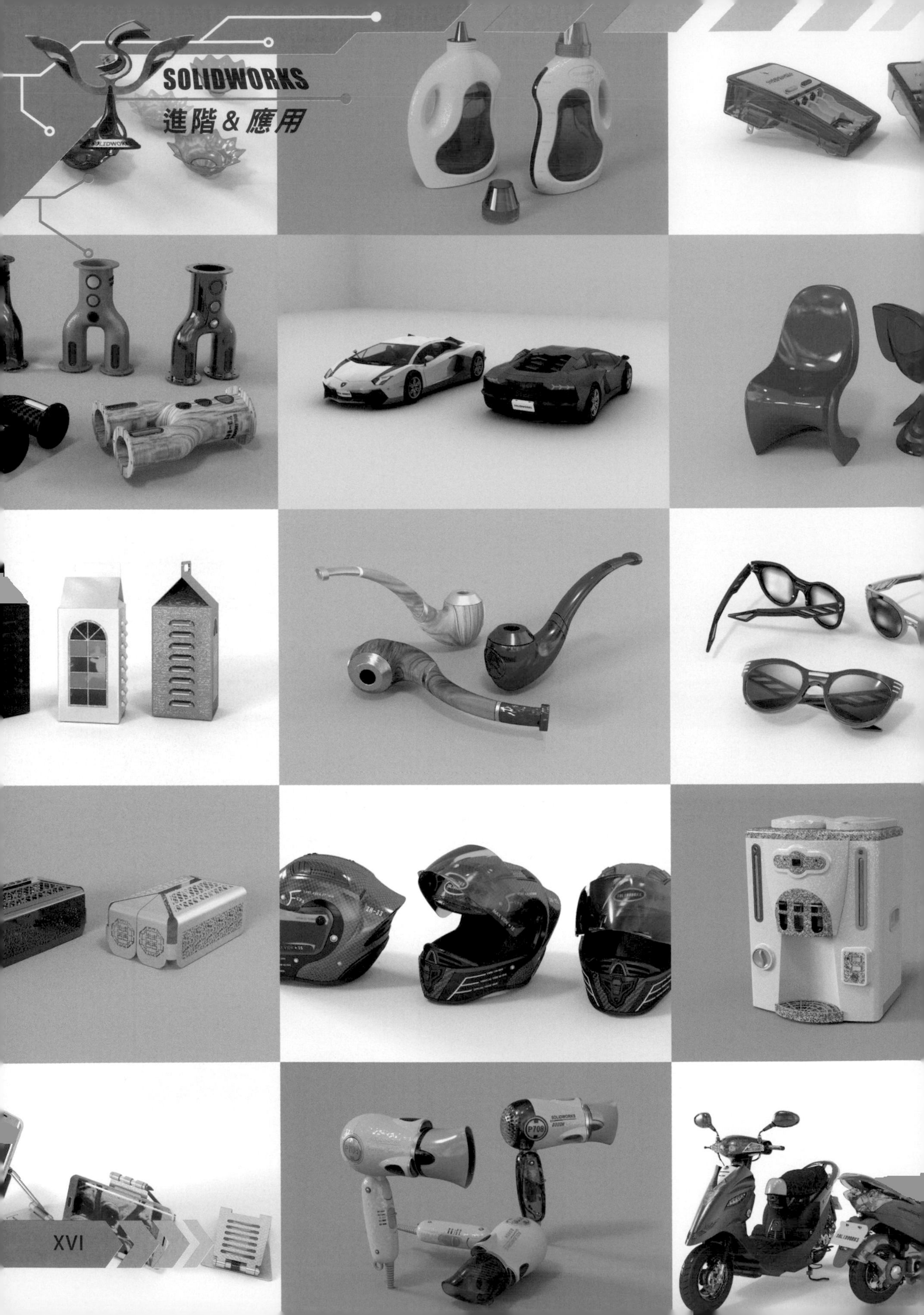
SOLIDWORKS
進階&應用

SOLIDWORKS

01 導論 The introduction

章節學習重點

- CAD軟體特點與應用產業
- CAD軟體市占率分析
- SOLIDWORKS系統優勢
- 本書特色與要點
- 書籍範例概要暨重點

1-1 CAD暨SOLIDWORKS簡述

SOLIDWORKS是市佔率極高的電腦輔助設計軟體，也是理工生與設計人耳熟能詳的CAD系統（Computer Aided Design）。如「維基百科」所釋義：「CAD最早的應用是在汽車製造、航空太空以及電子工業的大公司中。隨著電腦變得更便宜，應用範圍也逐漸變廣。而同網頁資訊中也敘述著：「電腦輔助設計」是指運用電腦軟體製作並類比實物設計，展現新開發商品的外型、結構、色彩、質感等特色的過程。隨著技術的不斷發展電腦輔助設計不僅僅適用於工業，還被廣泛運用於平面印刷出版等諸多領域。它同時涉及到軟體和專用的硬體」[1]。

「電腦輔助設計」應用之領域甚廣，每個層面都會有2-3套典型的常見軟件。如向量圖形繪製常見的有CORELDRAW與ILLSTRATOR；影像處理軟體則PHOTOSHOP與PAINT較為著名；動態模型則是3D-MAX、MAYA與CINEMA-4D……等幾套軟體各自璀璨；而在產品開發與機械製造領域，卻有著CATIA、UG、INVENTOR、CREO、SOLIDWORKS……等超過三十套的軟體百家爭鳴。

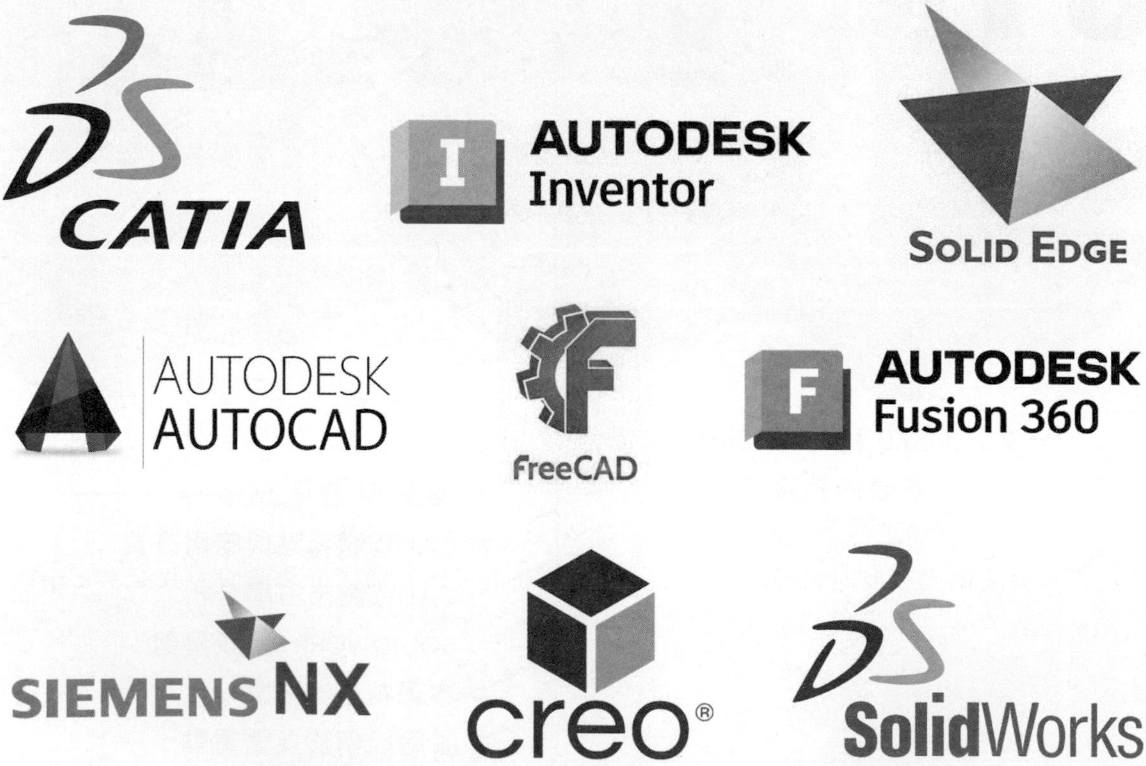

圖1-1：時下市佔率較高的CAD軟體（產品設計暨機械製造領域）

如前文所述，CAD 意旨著各領域應用的電腦輔助設計軟體；但時至今日，CAD 似乎成了機械暨產品設計輔助軟體的代名詞。在教授電腦輔助設計廿十多年的經驗中，總不乏有學員殷切的提問：「CAD 軟體這麼多，到底要學哪一套才最適用」。而我的回答總是：「軟體只是一個工具，深諳建模的思維與邏輯才是真諦」；意思就是，學哪一套都好，自己用的上手才最重要。但學生總是想追問出一個肯定的答案，如果非要從中選一，那就客觀的以對應產業別與市場趨勢來取決，選擇職場層面市佔率較高的軟體學習，投資報酬率會相對來的彰顯。以台灣機械加工與3C 產業而言，若於上世紀末，我一概推薦PRO/E；但在2011 年CAD 對應的區塊鍊暨版圖有所異動後（如下圖所示），我即轉而推薦國際上機械製造暨工業設計領域裡最為普及的SOLIDWORKS [2] [3] [4]。

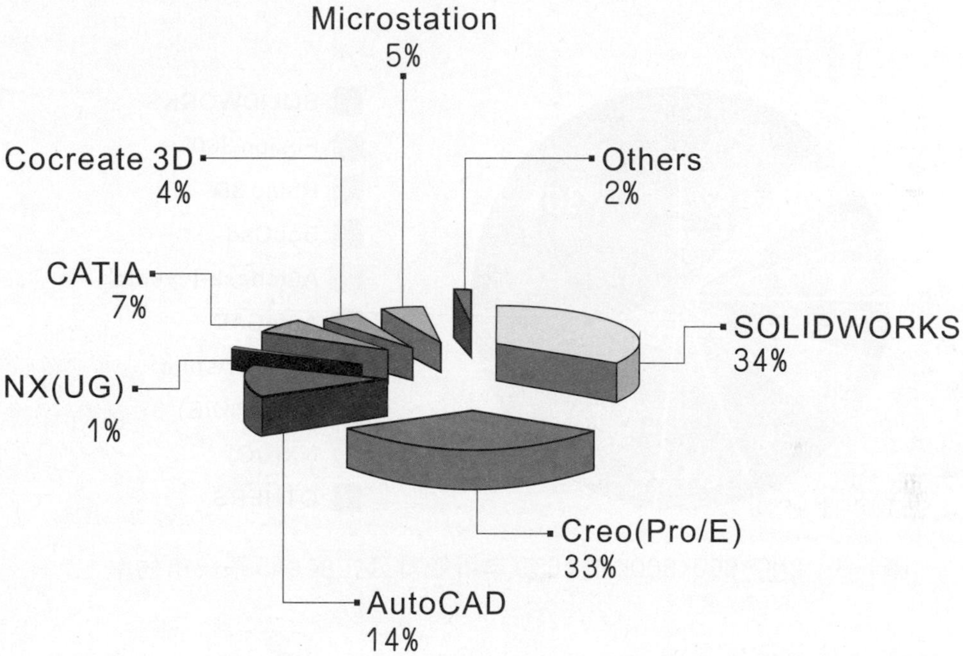

圖 1-2：國際研究期刊於 2011 年所統計公布的 CAD 系統市佔率

SOLIDWORKS 自 2011 年成為全球最普及的 CAD 軟體後，這十多年來市佔率鰲首的地位一直未曾有所撼動，反而還因版本不斷的演進更新而新增了廣大的個體使用族群。若單以台灣大專院校中機械製造與產品設計對應之科系來看，使用SOLIDWORKS 之比例在 2023 之後已接近八成（筆者剛到大學任教時，所教授的是「號稱地表功能最強大的CATIA」，但有感畢業校友的建議，而改推行當時較普及的PRO/E；然而約略在十餘年前，國際與台灣CAD 版圖有所變動後，大學端也紛紛轉而推行市佔率最高的對應軟體——SOLIDWORKS。

雖然說軟體開發與推行並非是幾年光景就可立竿見影，但確實於近年，一些述求著易學、易用的免費軟體開始蠶食了CAD的既有市場。倘若使用者逕自網路搜尋CAD軟體的使用對照、市占比、普及率等關鍵字，概能蒐羅到一些片面資訊與次級資料。筆者於此轉載一個大陸網頁於2019年後所彙整的數據（本書依CNC-COOKBOOK網頁所顯示之資料重新製圖）[5]，雖然網頁資訊的比對包含了「機械加工」、「產品設計」……等領域，但由統計的數據概觀，SOLIDWORKS依然是普及率至高的軟體，而隨之在後的則是近年異軍突起的Fusion-360。我用過一段時間的後者，其軟體介面與操作應該有80%以上與SW近似，儼然是線上連結版本的SOLIDWORKS。由國際間回饋的CAD軟體資訊論之，筆者尚無能力去臆測10年、20年後的CAD軟體趨勢；但於此能誠摯的給予學員們建言：用心的學好學精SOLIDWORKS，未來幾年不怕找不到理想的好工作。

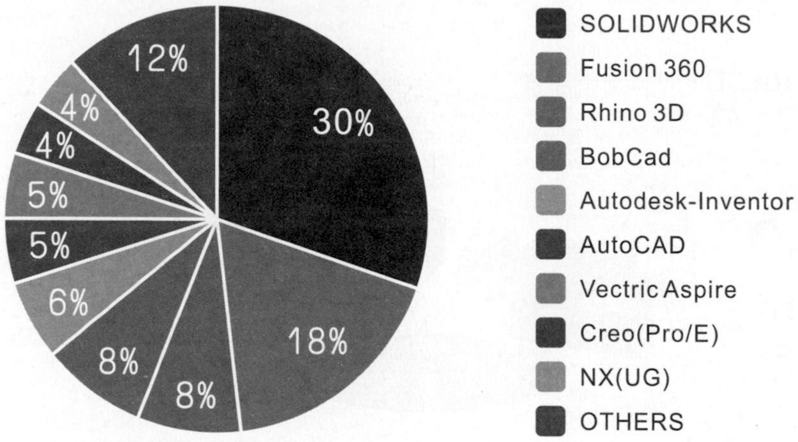

圖1-3：CNC-COOKBOOK於2019年所統計公布的CAD系統市佔率

我發現許多學員都有GOOGLE求新求知的好習慣，但網路上常充斥與滿溢著陳舊或錯誤的資訊，被錯信且無辜的吃瓜群眾一再的轉載。就常有學員問我：「老師，人家都說我們學的SOLIDWORKS是低階的CAD系統，我們為何不學高階的軟體。」對此，其實我已經解釋過無數次，但學員顯然都已有先入為主的既定印象。SOLIDWORKS早期確實是為了迴避CATIA與UG等高階軟體的鋒芒，而量身打造成低價位的CAD入門首選；但在2000年後隨著軟體效能的不斷演進與提升，SW早已不再是昔往的菜鳥新兵，而是CAD軟體中市占率最高的強大系統。因此到後來，我直接就跟學員轉述，請將我的FACEBOOK（臉書相簿裡有我的作品集）分享給您的朋友，如果您的朋友能用他所認定的「高階」軟體建構出如我那樣的模型水平，那麼他才有資格評論CAD軟體的高低之分。

1-2 本書內容之特色

1-2.1 完整且隨時更新的雲端附件

上世紀末，可塑性極強且輕盈的塑膠產量首度超越了千錘百鍊的鋼鐵後，象徵著新時代工業革命的興替與更迭。然而，隨著塑膠製成的產物日漸增加，其帶給地球自然生態的的傷害也就越來越多。台灣曾是全球光碟片產出的重鎮，也因此揹負著破壞生態元凶的罪名。近年國際間綠色設計議題與環保意識抬頭，也在網路暨雲端連結的推波助瀾下，昔日的光碟存取模式已悄然轉化成更簡便、更迅速的數位存取型態。本書附加的影音教學暨範例檔案，即是透過雲端連結下載（如文下所示意，例圖中僅為附檔中的一小部份）。雲端連結的附檔，除了可以消弭傳統光碟片所帶來的不便利與環境危殆，亦是更省略空間、場域、設備限制的取得路徑。除了上述的種種利基，雲端資料夾最具價值的是——作者得以參酌讀者群的意見回饋而即時更新與增加附檔之內容。

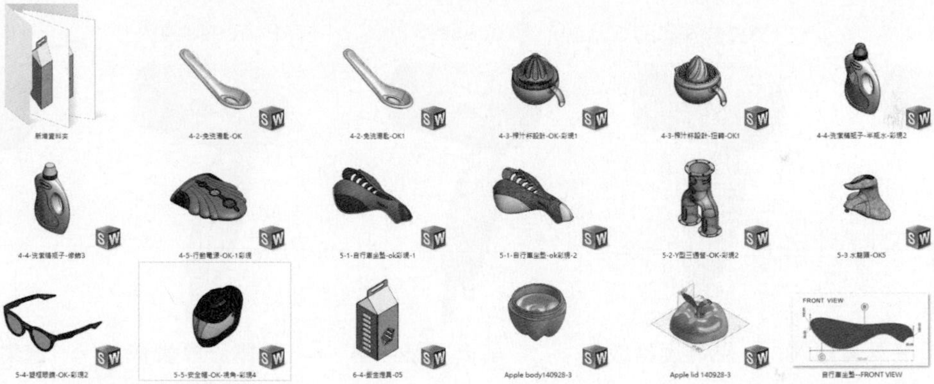

圖 1-4 ：書中範例原始檔暨影音教學檔（僅顯示部份）

參考文獻

[1] 維基百科網頁/CAD/https://zh.wikipedia.org/zh-tw/%E8%AE%A1%E7%AE%97%E6%9C%/

[2] J.Bai, H.Luo, F.Qin(2016). Design pattern modeling and extraction for CAD models. Advances in Engineering Software, 93, 30-43.

[3] L.Zhu, M.Li, R.R.Martin(2016). Direct simulation for CAD models undergoing parametric modifications. Computer-Aided Design, 78, 3-13.

[4] Robertson. B.F, Radcliffe D.F(2009), Impact of CAD tools on creative problem solving in engineering design. Computer-Aided Design, 41, 136-146.

[5] 工業軟體CAD行業深度報告https://min.news/zh-hant/economy/c10c730b5e4d93d64d-3c437bf6f550f8.html

1-2.2 範例進程解析

本書中教學之內容，為了讓讀者更容易了解建構的思維與邏輯，特於每個範例首頁皆增列了完整建模進程的引導——藉由簡明的階段圖示佐以文字闡述，得讓操作者以最具效率的方式了解模型的建構流程。如下圖樣張所指引，建構一個「具負離子功能的吹風機」，自既有的內構組件匯入承接，且歷經實體建構與組件拆解後，繼而附貼材質暨彩現。書中的每個範例皆有6-9個重點建模工序，以此來釐清及增益軟體操作者臨摹學習時的思路；當學習者有了一段時間的觀念養成，甚而不需參照內容的亦步亦趨，也能看著一頁式的步驟導引敘述而領會完整的建構進程。能讓讀者逕自運用思維邏輯判讀產品模型建構的工序，即是本書編撰時首要考量與初衷。

建模進程：

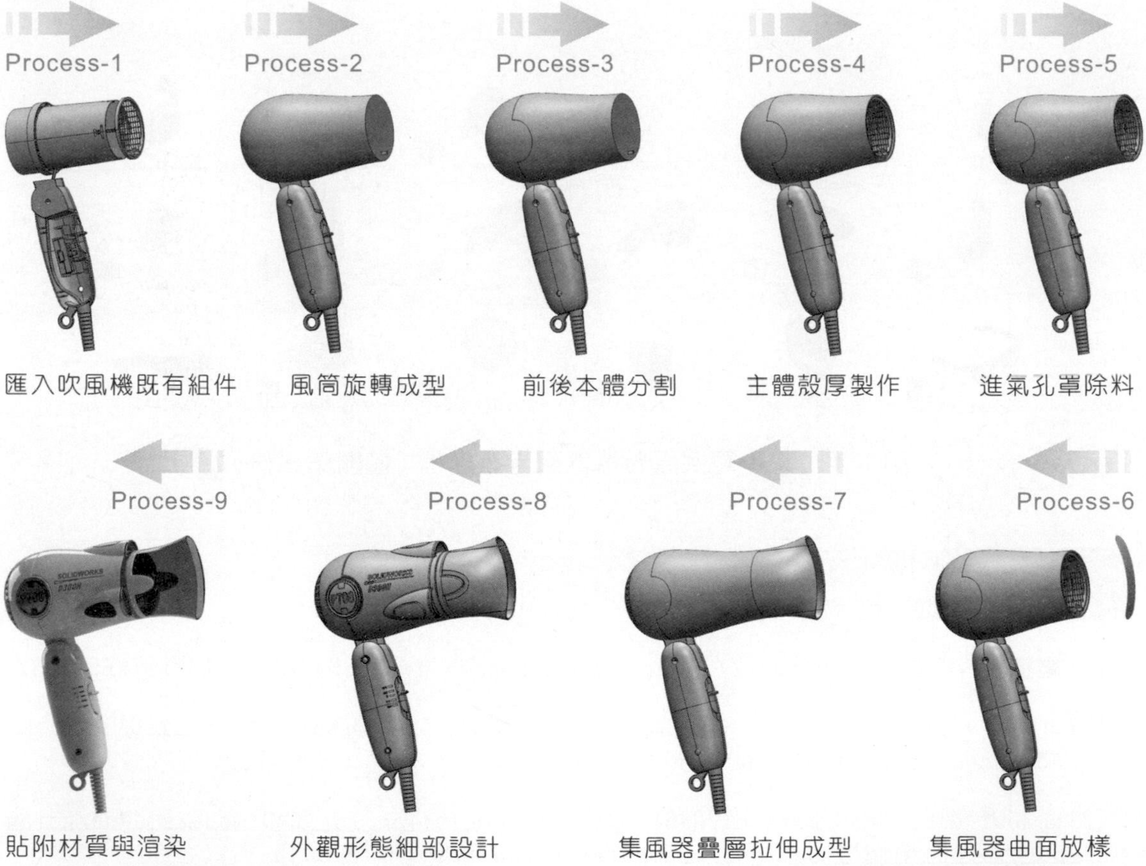

圖 1-5：書籍中的建模進程示意

1-2.3 明晰的排版暨扼要的文字說明

筆者大量閱讀了坊間CAD軟體的相關叢書，幾經比較與參略後，深覺講義內容中要讓讀者快速的領略，不啻是文字敘述要詳盡，甚至其範例中的引導也需言簡意賅。如下附圖：以「箭頭」指引學習者點擊與設置的要點，且標列編碼讓讀者清楚的了解項次指定的先後順序，也在導線旁附註說明，藉此讓學習者不須再看頁面的文字講解即能了解其步驟流程。再者，當畫面裡出現過多的指令堆疊，筆者透過專業排版軟體的製稿，應用迥異的引線形態與顏色區別，以俾利操作者釐清各步驟間的要點。

於本書中的圖例，皆是使用高解析度的影像轉製，所以理應見不到影像模糊與邊界鋸齒的境況。在步驟解說的過程中，搭配不同色相的引線與序號，得以讓閱讀者更容易理解模型建構者欲傳達的塑型要點。而在指令圖標層面，書中排版時特別匡列與標註，讀者不須逐字閱讀亦得迅速的領會。

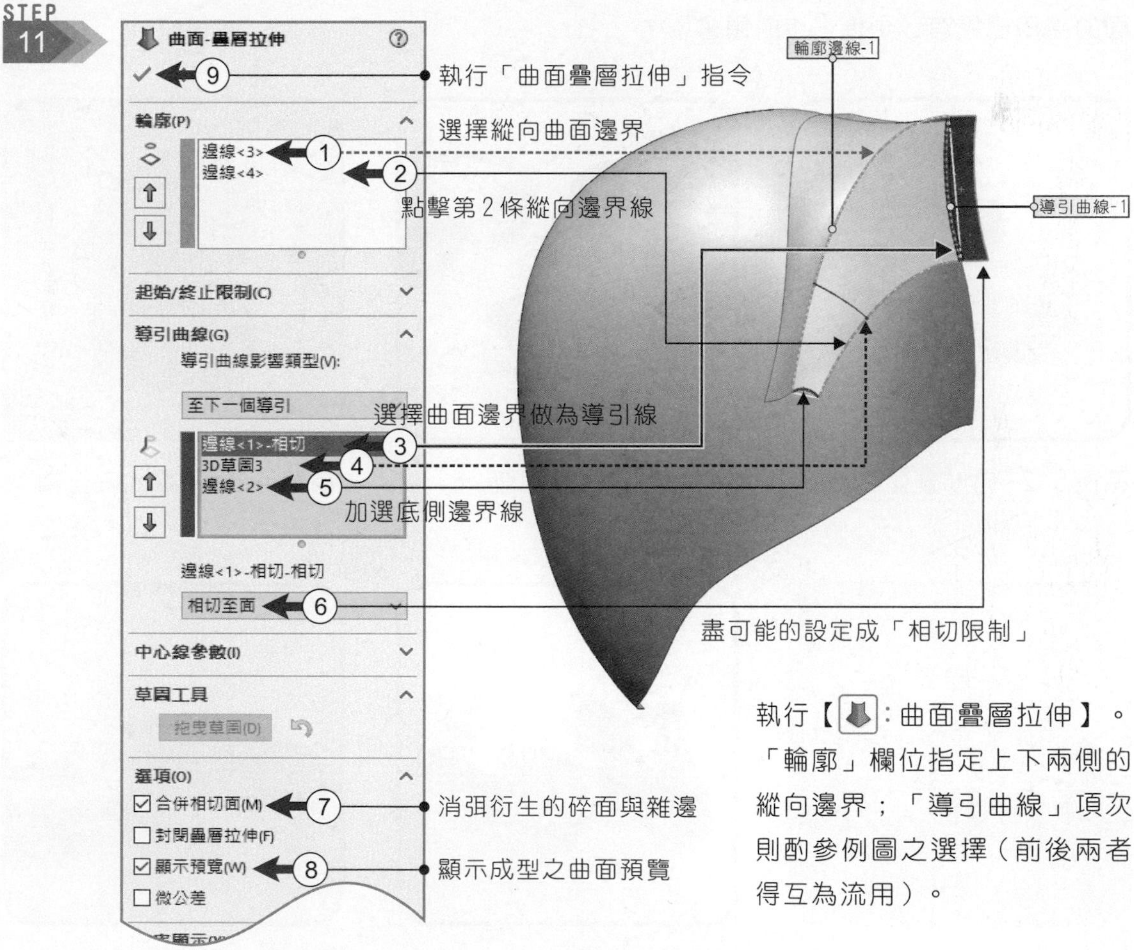

執行【 :曲面疊層拉伸】。「輪廓」欄位指定上下兩側的縱向邊界；「導引曲線」項次則酌參例圖之選擇（前後兩者得互為流用）。

圖1-6：本書內容排版之樣張

1-2.4 進階的範例解析

綜觀坊間SOLIDWORKS進階的教學書籍，還未見著有關於「全罩式安全帽」、「摩托車」、「跑車」……等高階曲面的教學範例；鑑此，本書之市場定位一開始即是以進階的讀者群為推廣焦點。（倘若本書內容對於讀者而言過於艱澀難懂，則建議可先購買筆者另一本針對初學者所編撰的專書——SOLIDWORKS基礎&實務）。

如下所列之例圖，皆是您我生活周遭顯見的產品類型；「全罩式安全帽」與「塑框眼鏡」等都是進階學習者得以參考的章節。本書另外一個特點，即是摩托車與跑車的模型建構。摩托車是未上市的設計車款；而「藍寶堅尼AVENTADOR-2024年款目前仍未有尺寸三視圖外流，所以筆者僅能憑藉著少數的圖面臨摹出相仿的車體模型。再者，另款超跑模型是一輛流線型的車款，見其外觀，似是流淌著AVENTADOR的血脈，只是筆者將其角化塊面的車體外觀，轉化成無稜角的自由曲線。歷經書中所有的範例洗鍊後，筆者深信您對於曲面的應用已經有了更進一步的領會。

範例6-2-自助餐盤

範例5-4-塑框眼鏡

範例5-5-全罩式安全帽

範例7-5-無人機設計

範例8-1-摩托車

範例9-1-AVENTADOR

SOLIDWORKS

曲面形式
The Surface type

02

章節學習重點

- 實體暨曲面的差異
- 曲面指令初步認知
- 曲面指令應用
- 本體生成與修剪
- 邊界圓角及設計變更

2-1 曲面概述

何謂曲面！？就狹義的類舉，如果說「面」是線的延伸，那麼「曲面」即是「曲線」的延伸；而就廣義的軸向說來，直線以外的線段所交構形成的面都得視為是「曲面」之範疇。在拓撲學的角度闡述中，曲面可作為二維的流「形」，如「黎曼曲面」；或作為三維的流「型」，如「克萊因瓶」。於SolidWorks或其它CAD相關屬性之軟體中，「曲面」可以是一種應用曲線控制的立體構成元素，雖然具有幾何參數但卻不具有任何的厚度。就下方圖示說明，以【:三點定弧】完成一曲線後，繼而製作三種不同設定之外觀形態。薄件形成的實體可以調整厚度與拔模；而成形後的曲面則單單只有形態，但卻少了厚度與實體的參數具象。

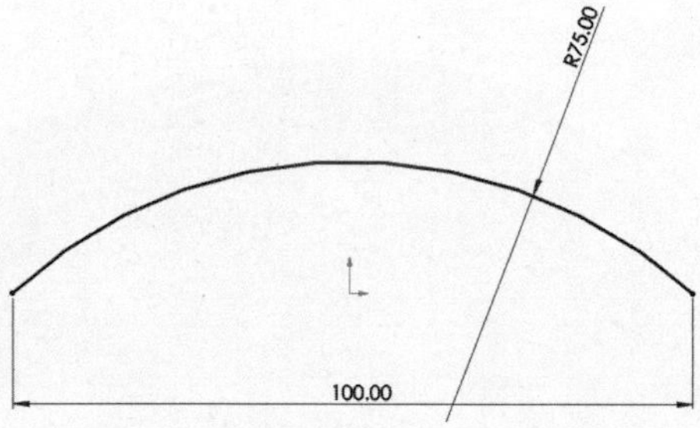

「草圖弧線」—寬度100mm；半徑75mm；弧線中點與「原點」垂直限制；弧線兩側端點與原點水平放置。

續接畫面

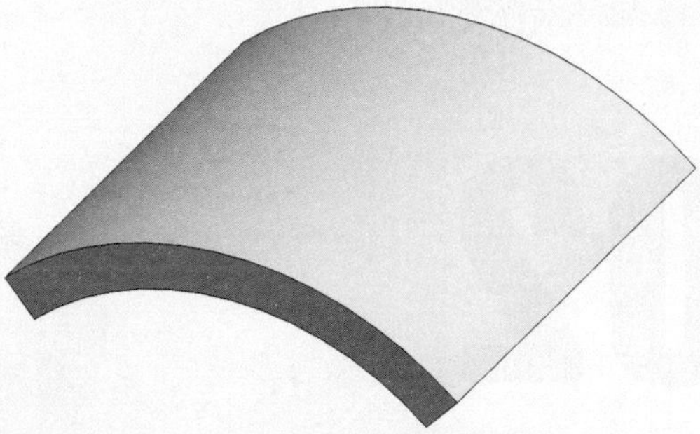

「薄件長出」—深度100mm；兩側對稱；厚度10mm(形態與參數可依使用者觀感而自行設變）。

續接畫面

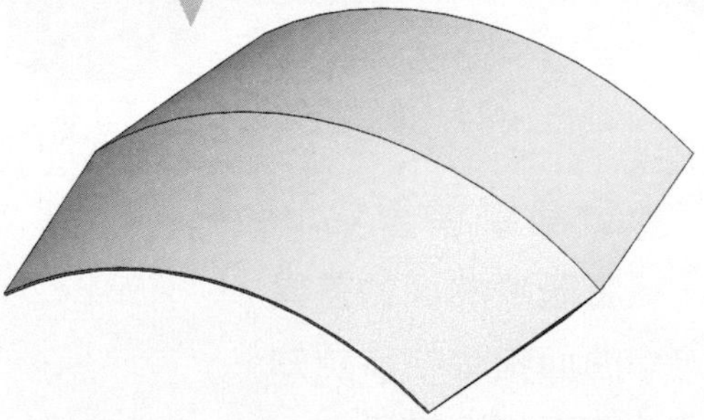

「薄件長出」—深度100mm；兩側對稱；厚度10mm；兩側之拔模角設定為6度。

續接畫面

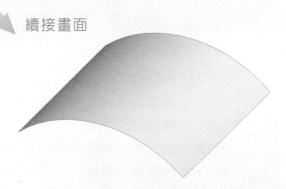

「曲面伸長」—深度100mm；兩側對稱；體現零厚度形態。

2-2 曲面與實體間的迥異

如同前文所述及，SolidWorks中的實體與曲面最大的差異在於「有」或「無」厚度。實體特徵成型後，可再透過【:薄殼】特徵調整其本體殼厚；而零厚度的曲面則需透過【:加厚】指令或【 縫織曲面】來賦予實體。我們可以見到左下方的零件由外觀無法辨識其內部結構，因此可以執行【:剖面】功能來檢視，下方中間的項次是由實體特徵成型的組件，而右下角則是零厚度的曲面本體。

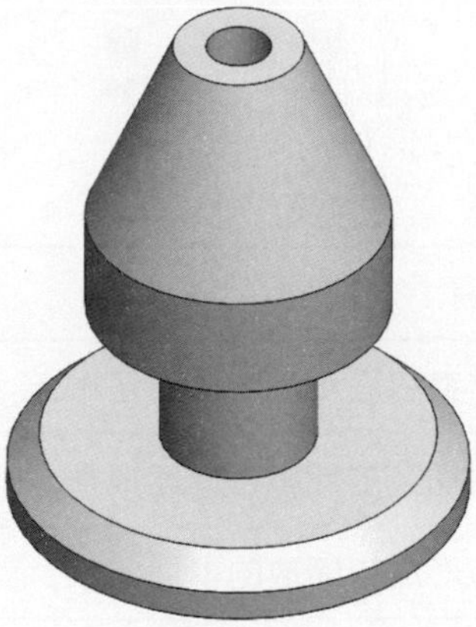

「零件外觀」

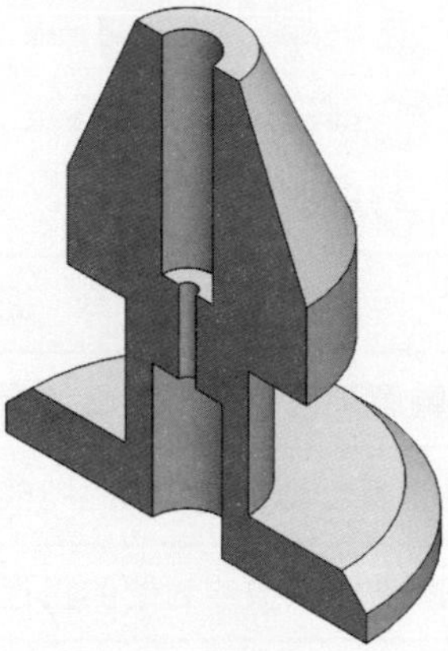

「實體內部剖面圖」

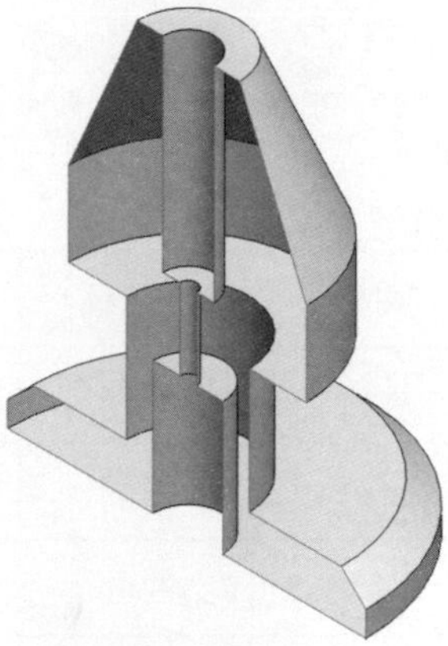

「曲面內部剖面圖」

往常，使用CAD軟體的操作者都會有一個既定的迷思，總以為使用曲面建模的工程師才是行家，而不使用曲面於建模程序即是初學者的錯誤觀念。其實，在建模過程中實體特徵已經可以符合大多數構成的需求。以作者接觸CAD系統軟體三十多年的經驗，如果能用實體特徵建構的模型，那就盡可能不導入曲面工序，畢竟曲面轉成實體還須歷經修剪、縫合與生成殼厚之進程，而這些過程中稍有不謹慎的遺漏，即會造就實體無法生成之貽誤。

「筆者未使用曲面工序建模之作品範例」

2-3 曲面工具列表

曲面工具列的使用頻率僅次於草圖、特徵與參考幾何（工具列），其使用的形式如同特徵指令一般，但自由度較高、操作更簡化也更易成型。下表為常見的曲面指令，常搭配下拉式選單與特徵功能整合性應用，工具列由左至右概為使用頻率由高至低的分佈；但也視產業別的不同而會有所差異。

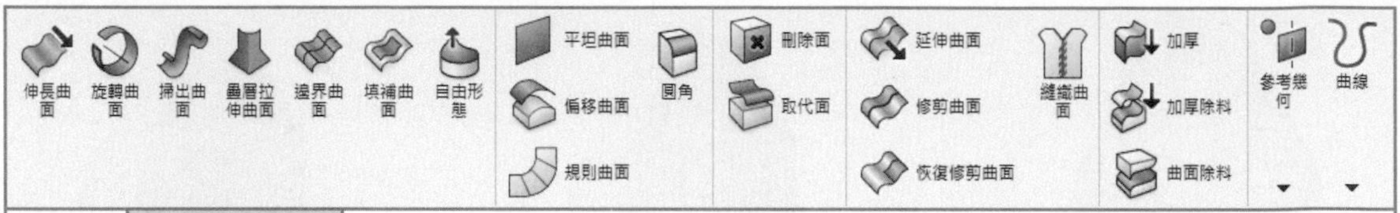

圖標	指令名稱	指令細項說明
	伸長曲面	由現有的輪廓草圖中單向或兩側長出曲面。平直的面可當成草繪基準。
	旋轉曲面	2D 圖元將繞著旋轉軸來製成 1-360 度的環形曲面（封閉與否皆可成形）。
	掃出曲面	讓草圖輪廓沿著開放或封閉的路徑掃出，繼而形成半開放的本體。
	疊層拉伸曲面	由兩個以上的草圖輪廓搭配導引曲線來製作半開放的曲面本體。
	邊界曲面	由多個草圖輪廓搭配導引線來製作本體；屬性與疊層拉伸相似。
	偏移曲面	以現有的面（一個或多個）來線性偏移出有參數的曲面本體。
	放射曲面	從平行於本體的一條邊界線（或連續邊緣）放射出一個曲面。
	縫織曲面	將兩個或多個以上相鄰（但非相交）的曲面合併在一起。使用率極高。
	平坦曲面	使用草圖或是一組邊線來產生平坦的曲面。可當成草繪基準面使用。
	延伸曲面	藉由曲面上的一條邊線（多條邊線或面）來線性延伸出新本體。
	修剪曲面	透過草圖或本體針對既有之曲面進行修剪之進程（使用頻率甚高的指令）
	填補曲面	針對缺損的封閉輪廓填補與修飾；或可視為一種懶人式的鋪面工序。
	刪除面	從既有本體中刪掉局部使之鏤空，或可同時產生新的連續面。
	恢復修剪曲面	可恢復既有的曲面修剪程序，且生成新曲面與舊有之本體合併。
	規則曲面	由平面插入一個規則曲面。可藉由參數來定義曲面的形態。
	取代面	取代現有實體或曲面上的面。若不使用「刪除面」亦可以使用此指令。
	曲面展平	展平曲面或所選的面。此指令與「鈑金的展平功能」相仿。

2-4 曲面成形指令與其對應功能

2-4.1 「伸長曲面」指令

在Solidworks的曲面指令列表中，【伸長曲面】不啻為最簡便亦是使用頻率最高的曲面特徵。該指令除了做為模型外觀外，筆者也常應用該本體做為草繪的【基準面】。本書秉持務實應用多於理論陳述的原則，所以在功能應用層面仍是由具體的操作過程佐以文字說明，藉著最直接的操作過程興替繁文縟節的理論，俾利軟體使用者得在軟體操作SW的過程中學習暨領略。

STEP 01 選擇【前基準面】並完成二段直線與一條垂直參考線，且標註相關尺寸與限制。

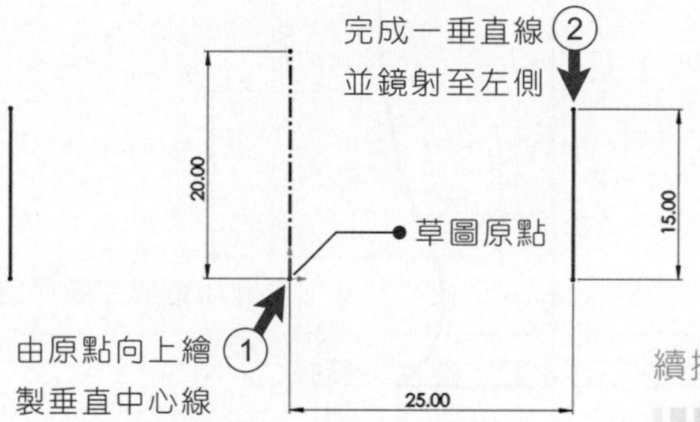
完成一垂直線 ②
並鏡射至左側
20.00
15.00
草圖原點
由原點向上繪 ①
製垂直中心線
25.00

STEP 02 使用【：三點定弧】與【直線工具】封閉其上下輪廓。

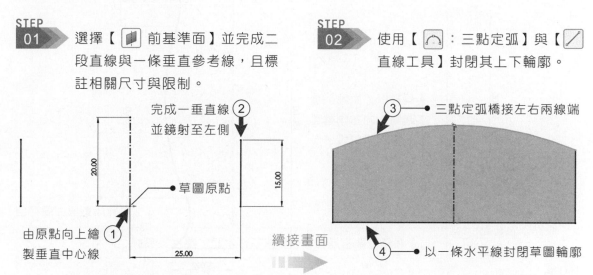

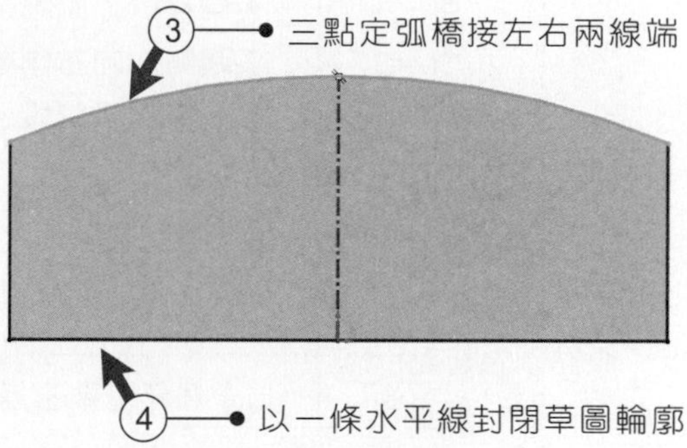
③ 三點定弧橋接左右兩線端
④ 以一條水平線封閉草圖輪廓

續接畫面

STEP 03 當草圖輪廓確認後，繼而啟用【伸長曲面】指令。於功能對話框中之選項可部份維持內建模式，其他的欄位則可以參酌範例參數並微做調整。

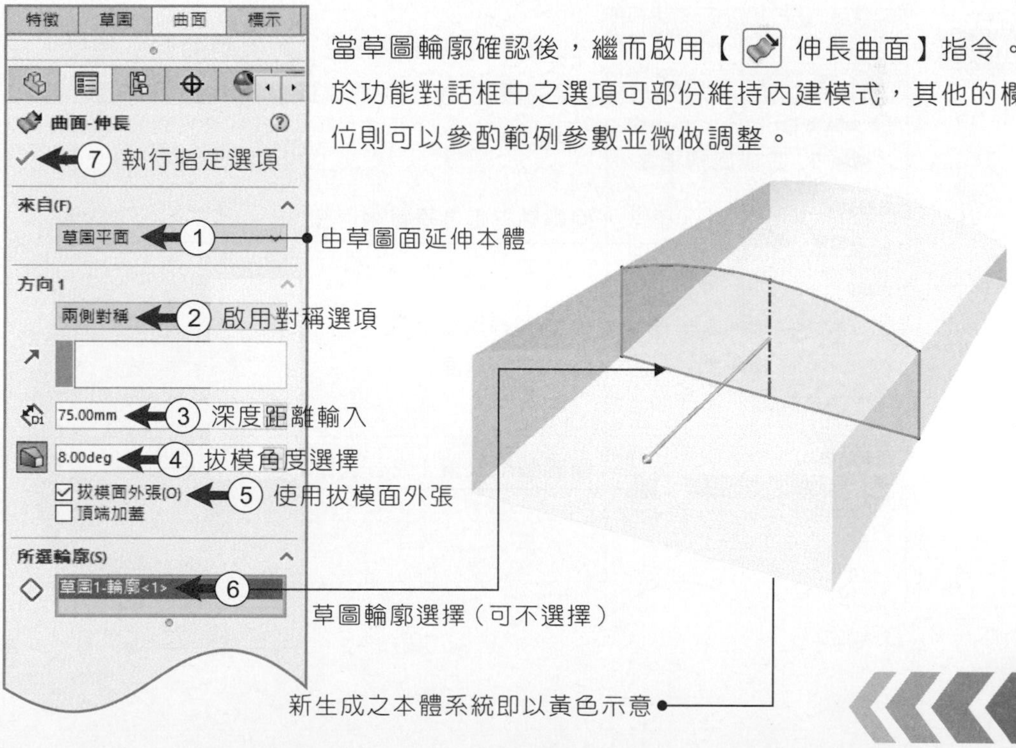
特徵
草圖
曲面
標示
曲面-伸長
⑦ 執行指定選項
來自(F)
草圖平面
① 由草圖面延伸本體
方向 1
兩側對稱
② 啟用對稱選項
75.00mm
③ 深度距離輸入
8.00deg
④ 拔模角度選擇
拔模面外張(O)
⑤ 使用拔模面外張
頂端加蓋
所選輪廓(S)
草圖1-輪廓<1>
⑥ 草圖輪廓選擇（可不選擇）
新生成之本體系統即以黃色示意

2-4.2 「旋轉曲面」指令

STEP 01 於此欲借助【旋轉曲面】來環狀迴轉成一個瓶體薄件。任選一平面並啟動草繪模式，繼而由【原點】放樣兩段直線。

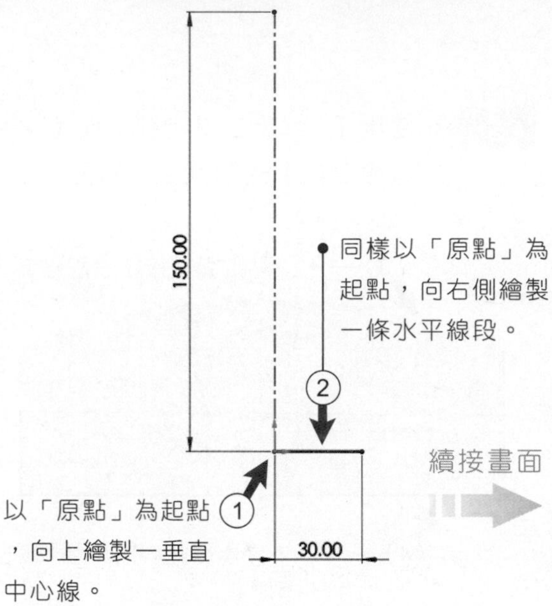
150.00
同樣以「原點」為起點，向右側繪製一條水平線段。
②
以「原點」為起點①，向上繪製一垂直中心線。
30.00
續接畫面

STEP 02 再嘗試啟用【三點定弧】與【智慧型尺寸】創建如下圖例之草繪輪廓（尺寸與弧線樣式僅供參考，讀者可視瓶身線條而自主性調整。

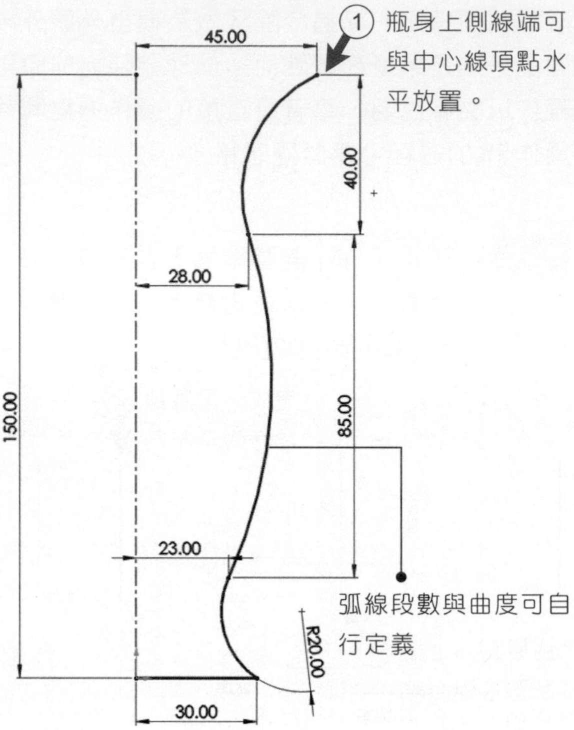
① 瓶身上側線端可與中心線頂點水平放置。
45.00
40.00
28.00
150.00
85.00
23.00
R20.00
30.00
弧線段數與曲度可自行定義

STEP 03 2D草圖完備後續接【旋轉曲面】特徵。曲面指令功能列表可由左側「榫頭」（標籤列）或「下拉式選單」中啟用。

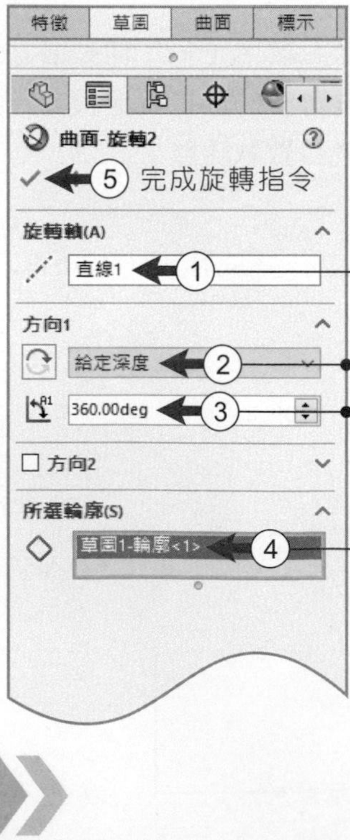
特徵
草圖
曲面
標示
曲面-旋轉2
⑤ 完成旋轉指令
旋轉軸(A)
直線1
①
方向1
給定深度
②
360.00deg
③
方向2
所選輪廓(S)
草圖1-輪廓<1>
④

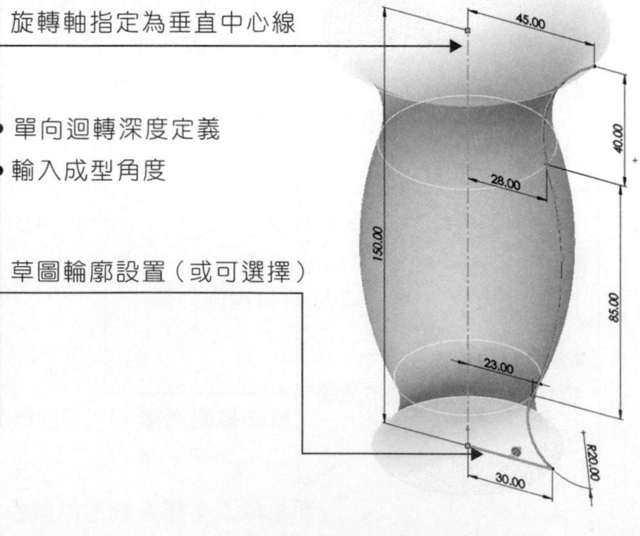

2-4.3 「掃出曲面」指令

STEP 01

【掃出曲面】一般需要兩個草圖項次（含以上）始得以製作。於此由【前基準面】繪製一段類拋物線之三點弧線，並【保留草圖】。

STEP 02

第二個草圖選擇【上基準面】進入繪製頁面，在【正視於】後繪製一段三點弧線（可設定中點與【原點】重合。

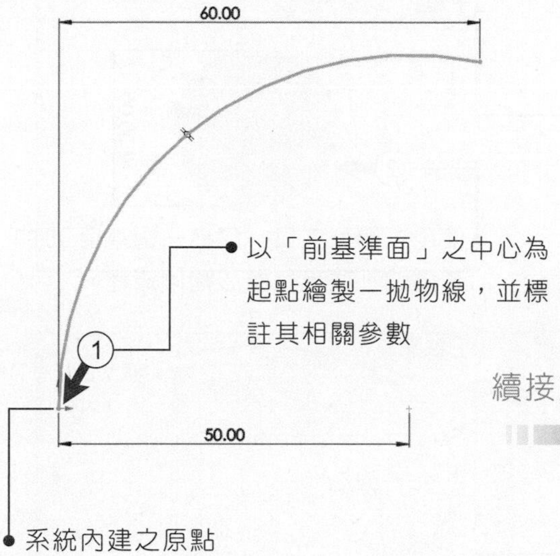
60.00
以「前基準面」之中心為起點繪製一拋物線，並標註其相關參數
1
50.00
系統內建之原點

續接畫面

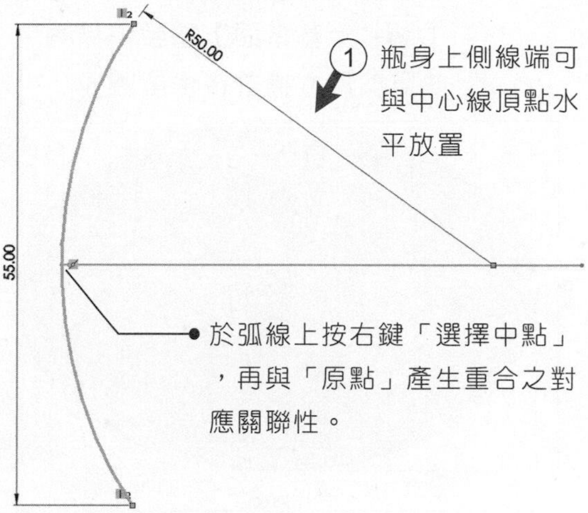
R50.00
1 瓶身上側線端可與中心線頂點水平放置
55.00
於弧線上按右鍵「選擇中點」，再與「原點」產生重合之對應關聯性。

STEP 03

在草圖完成後啟動【掃出曲面】指令，且指定縱向弧線為路徑（或導引線），留待成形（型）後或可啟用【斑馬紋】來檢視面之曲率。

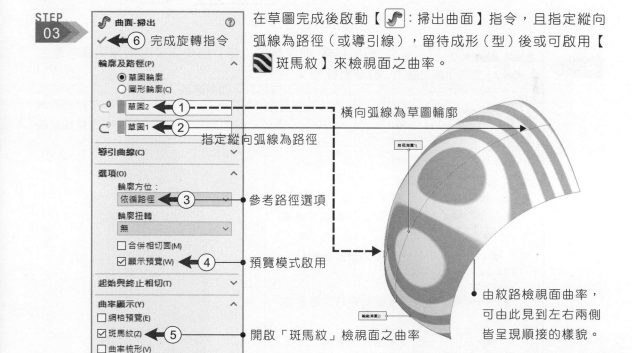

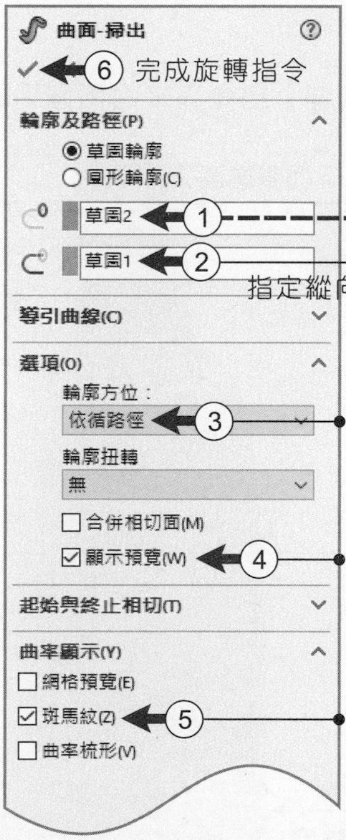
曲面-掃出
6 完成旋轉指令
輪廓及路徑(P)
草圖輪廓
圓形輪廓(C)
草圖2 1
草圖1 2
導引曲線(C)
選項(O)
輪廓方位：
依循路徑 3
輪廓扭轉
無
合併相切面(M)
顯示預覽(W) 4
起始與終止相切(T)
曲率顯示(Y)
網格預覽(E)
斑馬紋(Z) 5
曲率梳形(V)

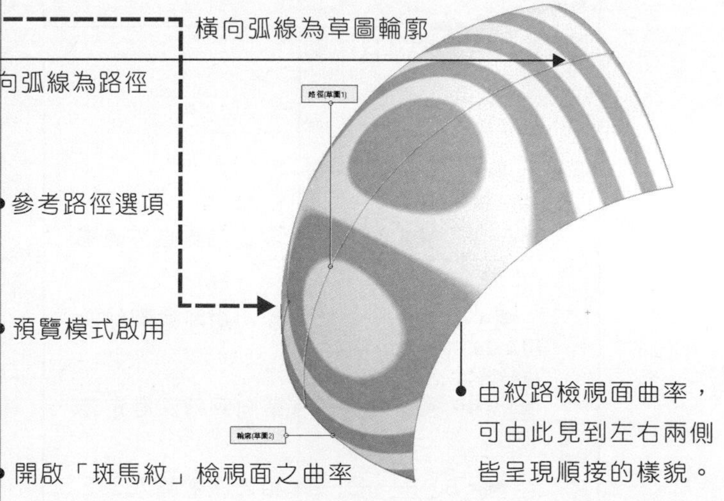
橫向弧線為草圖輪廓
指定縱向弧線為路徑
參考路徑選項
預覽模式啟用
開啟「斑馬紋」檢視面之曲率
由紋路檢視面曲率，可由此見到左右兩側皆呈現順接的樣貌。

2-4.4 「疊層拉伸曲面」指令

STEP 01 【:疊層拉伸曲面】通常需要由兩個以上的草圖輪廓構成接合的型態。於範例中由系統內建之【:上基準面】繪製一橢圓，並且於尺寸標註後保留圖元。

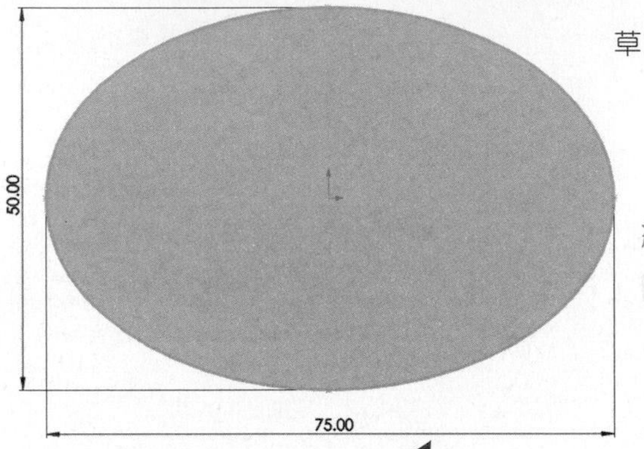
50.00
75.00

① 以原點為中心向外繪製一個高50寬75的封閉輪廓。

STEP 02 以【:上基準面】直線偏移一張間距250的草繪紙張：「平面1」，繼而建構一個直徑30的正圓後保留草圖。

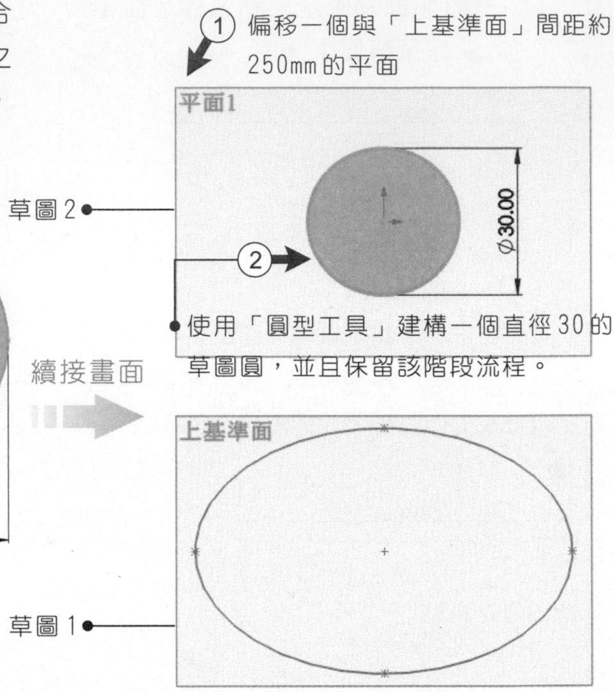
① 偏移一個與「上基準面」間距約250mm的平面
平面1
草圖2
Ø30.00
②
使用「圓型工具」建構一個直徑30的草圖圓，並且保留該階段流程。
續接畫面
上基準面
草圖1

STEP 03 應用【 曲面疊層拉伸】指令串接由兩個平面所產生的草圖輪廓。

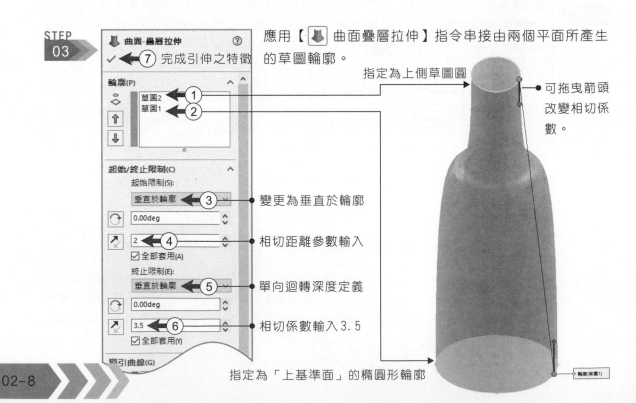

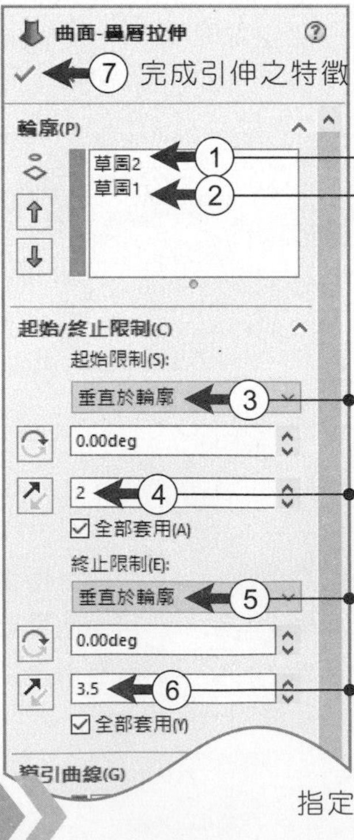
曲面-疊層拉伸
⑦ 完成引伸之特徵
輪廓(P)
草圖2 ①
草圖1 ②
起始/終止限制(C)
起始限制(S):
垂直於輪廓 ③
0.00deg
2 ④
全部套用(A)
終止限制(E):
垂直於輪廓 ⑤
0.00deg
3.5 ⑥
全部套用(Y)
導引曲線(G)
變更為垂直於輪廓
相切距離參數輸入
單向迴轉深度定義
相切係數輸入3.5

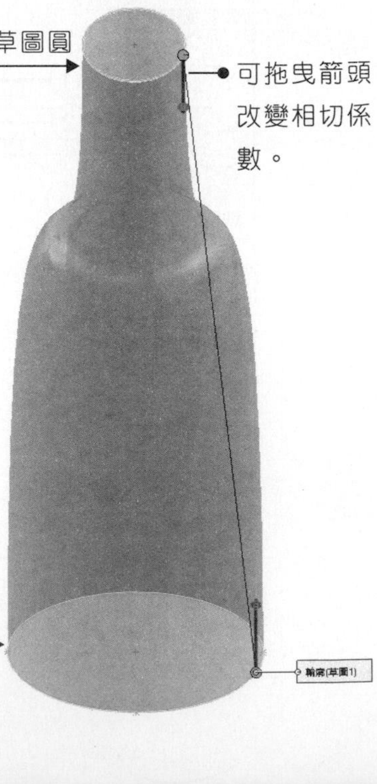
指定為上側草圖圓
可拖曳箭頭改變相切係數。
輪廓(草圖1)
指定為「上基準面」的橢圓形輪廓

2-4.5 「邊界曲面」指令

STEP 01

【:邊界曲面】指令功能類如「掃出」與「拉伸」之綜合。在【:前基準面】繪製一拋物線輪廓，且於標註尺寸後保留圖元。

STEP 02

續接著以【:上基準面】進入繪製圖面的工序，同樣再放樣一段三點弧線（或直線）（並設定弧線起點與【原點】重合。

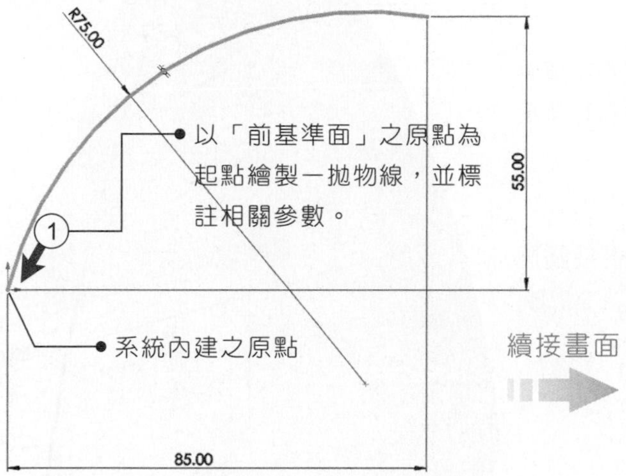
R75.00
以「前基準面」之原點為起點繪製一拋物線，並標註相關參數。
1
55.00
系統內建之原點
85.00
續接畫面

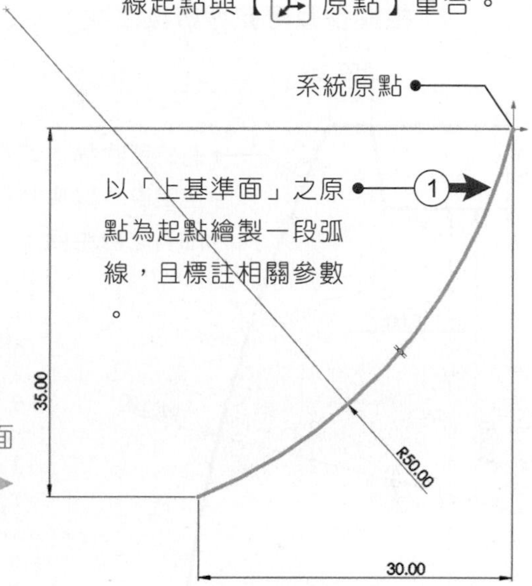
系統原點
以「上基準面」之原點為起點繪製一段弧線，且標註相關參數。
1
35.00
R50.00
30.00

STEP 03

【:邊界曲面】指令之「方向1」與「方向2」即如【曲面疊層拉伸】的「輪廓」與「導引曲線」；亦類同【掃出曲面】之「輪廓」與「路徑」選項。

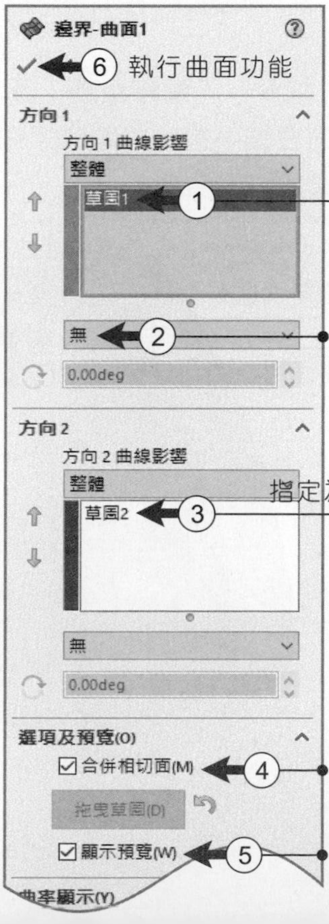
邊界-曲面1
6 執行曲面功能
方向1
方向1曲線影響
整體
草圖1
1
無
2
0.00deg
方向2
方向2曲線影響
整體
草圖2
3
無
0.00deg
選項及預覽(O)
合併相切面(M)
4
拖曳草圖(D)
顯示預覽(W)
5
曲率顯示(Y)

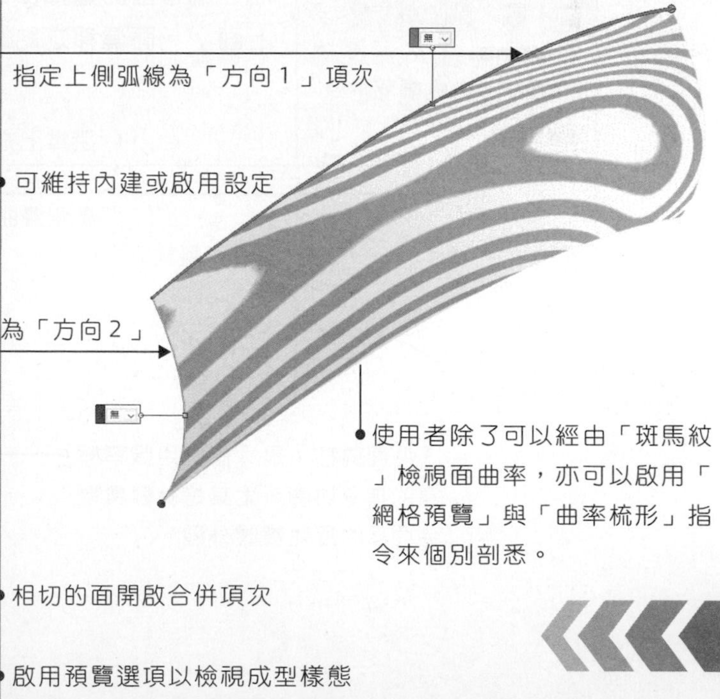
指定上側弧線為「方向1」項次
可維持內建或啟用設定
指定為「方向2」
使用者除了可以經由「斑馬紋」檢視面曲率，亦可以啟用「網格預覽」與「曲率梳形」指令來個別剖悉。
相切的面開啟合併項次
啟用預覽選項以檢視成型樣態

2-4.6 「偏移曲面」指令

STEP 01 於範例中由系統內建之【前基準面】繪製如下之草圖輪廓（相關參數可參考數位檔案）。

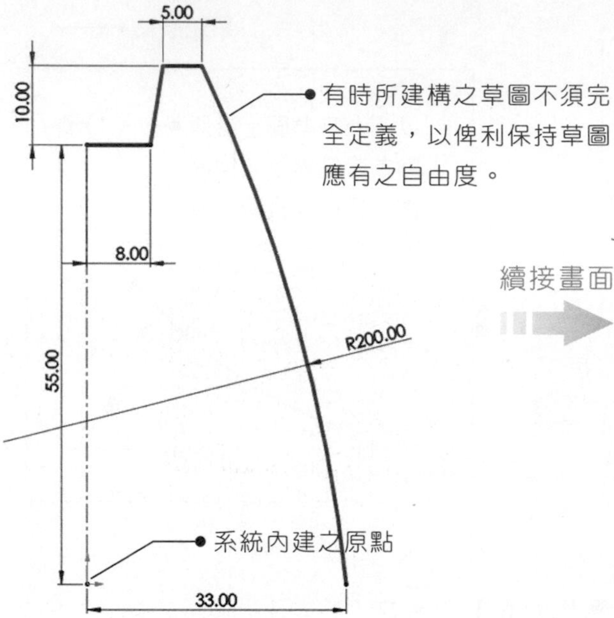

續接畫面

STEP 02 執行【旋轉曲面】特徵。旋轉角度設定為270度（使用者可自行調整參數）。

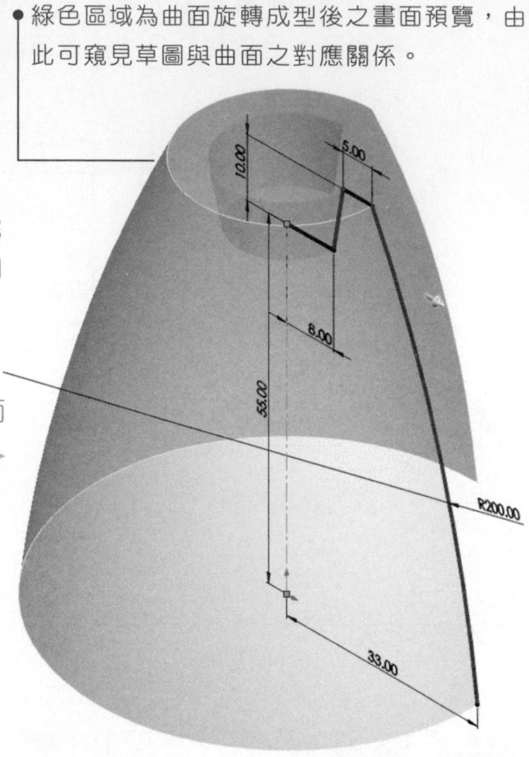

STEP 03 執行【偏移曲面】指令，「偏移距離」設定為10；而在偏移面的選擇即如右圖中指定本體的「側邊」與「上面」。面偏移之結果如右圖預覽之示意。

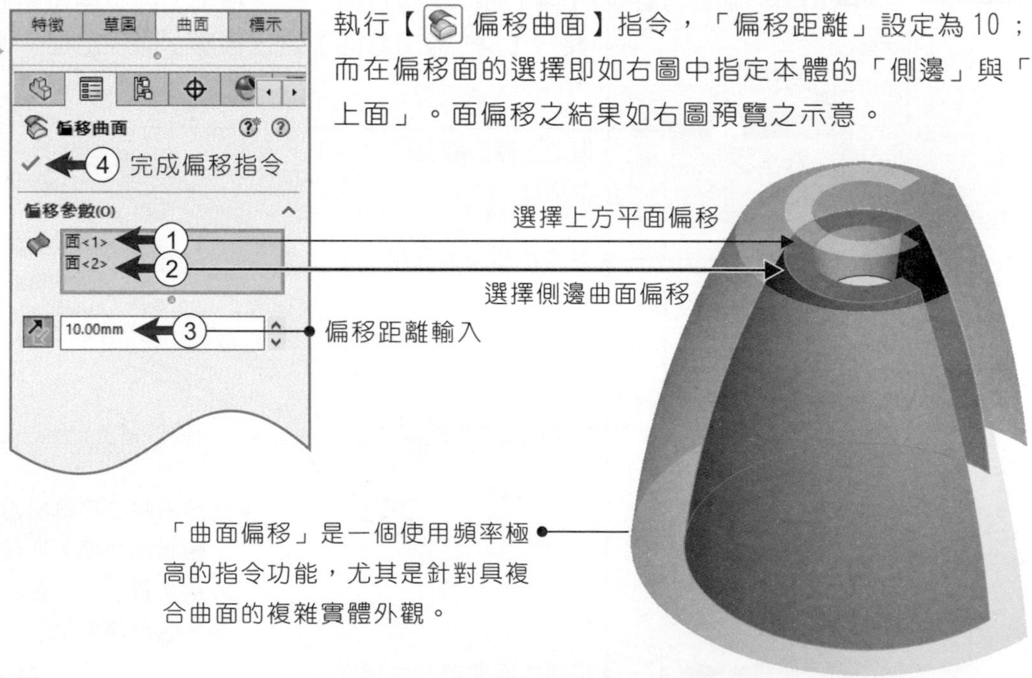

「曲面偏移」是一個使用頻率極高的指令功能，尤其是針對具複合曲面的複雜實體外觀。

2-4.7 「放射曲面」指令

STEP 01

先於系統內建的【上基準面】建構一個六邊形輪廓，且於標註尺寸後保留圖元。

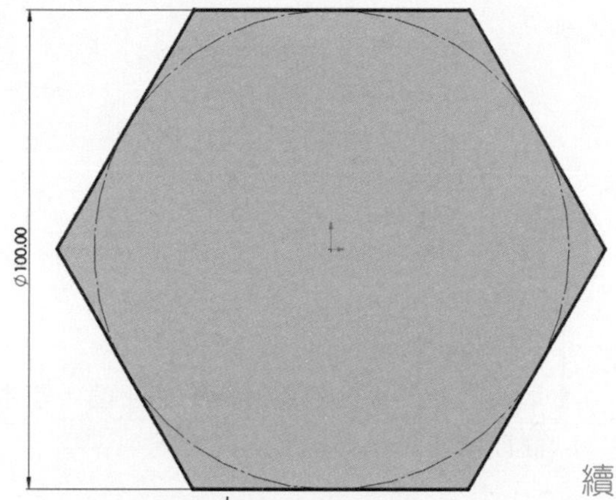

六邊形底線設定為「水平放置」

續接畫面

STEP 02

繼而執行【伸長曲面】指令，伸長之深度定義為 100，完成後之形態如例圖所示。

多邊形上方之六條直線，是「放射曲面」執行時所選擇之邊界。

操作者可試以不同形態之圖元臨摹

STEP 03

放射邊界之行徑方向

開啟【放射曲面】功能對話框，「放射方向」指定【上基準面】；邊線則選擇多邊形上側之六條邊線。

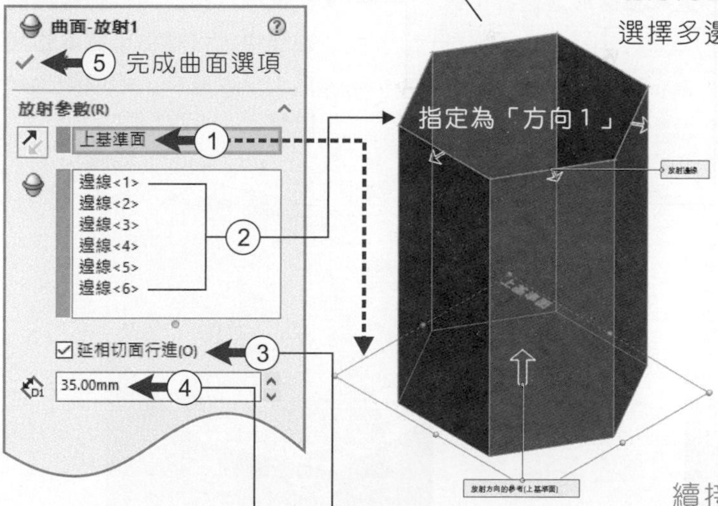

選擇沿面相切之形式

放射距離輸入為 35（本書單位皆為 mm）

「曲面放射」後之邊界形態示意。

續接畫面

2-4.8 「平坦曲面」指令

STEP 01

【平坦曲面】常見的形式是將平面草圖之範圍直接轉換成曲面。下圖為【直狹槽】指令所建構之圖元。

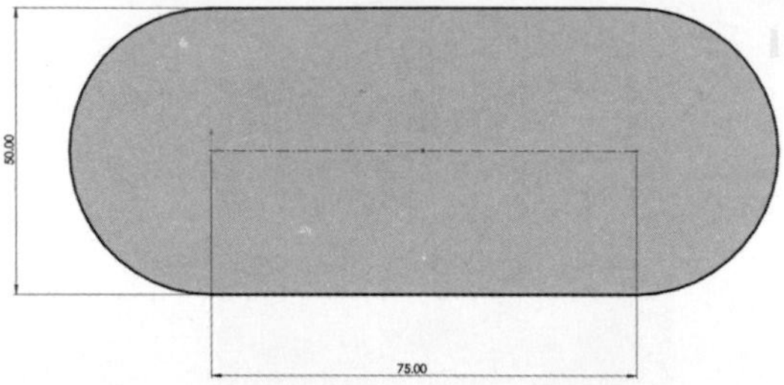

續接畫面

STEP 02

執行【平坦曲面】指令，即可見到由草圖所構築的輪廓已在填滿後形成平面。

草圖內之輪廓已填滿形成一個平面，該本體亦能作為草圖繪製之基準。

STEP 03

請讀者開啟數位檔「平坦曲面第二類」附件，並且執行【平坦曲面】指令，再於「邊界圖元」欄位點選八邊形之孔內邊界，繼而於曲面成形後點擊【確認執行】。假使軟體操作者欲對輪廓邊界再進行編輯，即能於曲面上或【特徵樹】中啟動圖元設變。

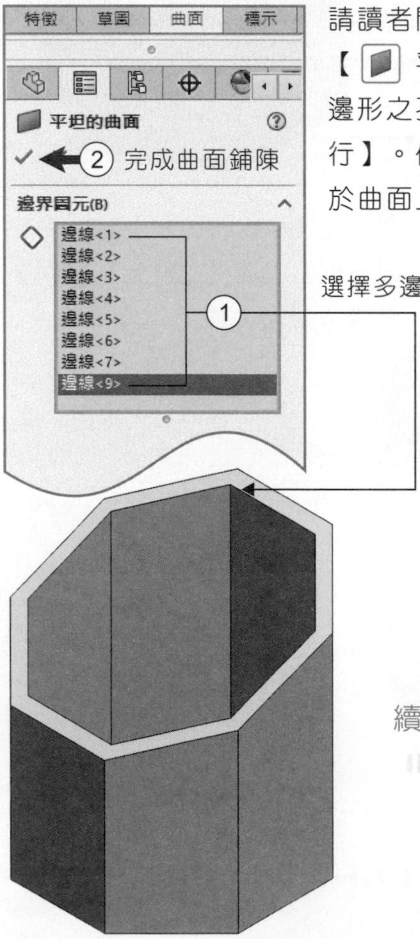
特徵
草圖
曲面
標示
平坦的曲面
② 完成曲面鋪陳
邊界圖元(B)
邊線<1>
邊線<2>
邊線<3>
邊線<4>
邊線<5>
邊線<6>
邊線<7>
邊線<9>
①

選擇多邊形之邊界

續接畫面

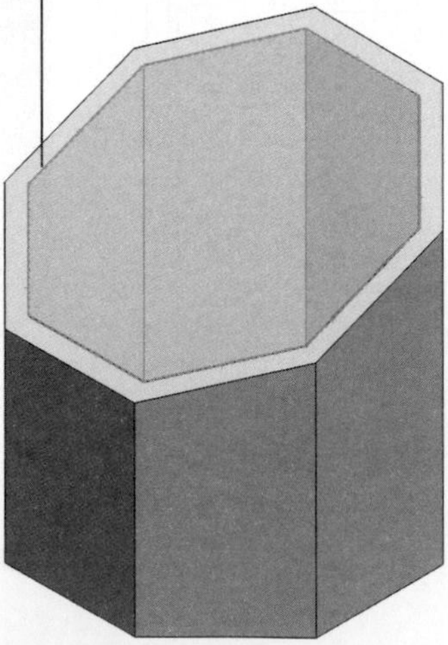

於選擇八邊形內輪廓線段的過程中，可經由預覽畫面窺見「平坦曲面」的成型後之樣態。

2-5 曲面編輯指令

2-5.1 「修剪曲面」指令

於前階段2-4內容所述及的是Solidworks「曲面模組」中常見成型之樣式；而本單元中則是針對既有曲面進行編輯與後製的相關指令。【 :修剪曲面】是多數CAD軟體在曲面編輯階段使用頻率甚高的功能之一，而其操作形式與結果也會因為「修剪類型」、「移除與保留」暨「分割選項」等指定模式的不同而有所差異（草圖亦能作為修剪項次）。

STEP 01 開啟數位檔2-5.1之附件，並且啟用【 修剪曲面】指令，「修剪類型」與「分割選項」維持預設。

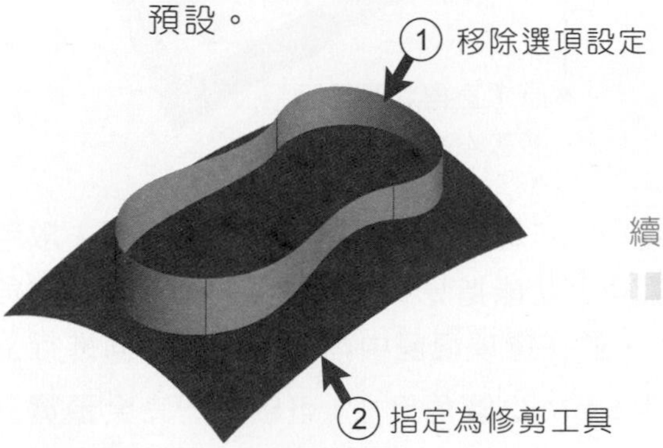
① 移除選項設定
② 指定為修剪工具

STEP 02 當曲面功能對話視窗設定完成後，即可以形成如下圖之修剪概況。

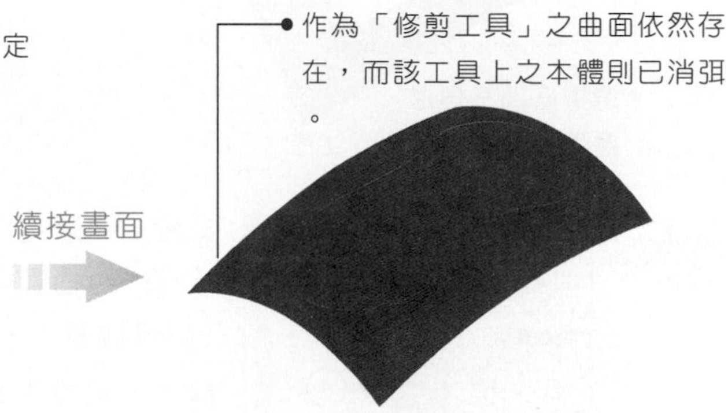
作為「修剪工具」之曲面依然存在，而該工具上之本體則已消弭。
續接畫面

STEP 03 再一次開啟附件2-5.1之數位檔，並執行【 修剪曲面】進程。當參數設定如範例，則最後修剪之結果即如圖示中之綠色部份表徵。

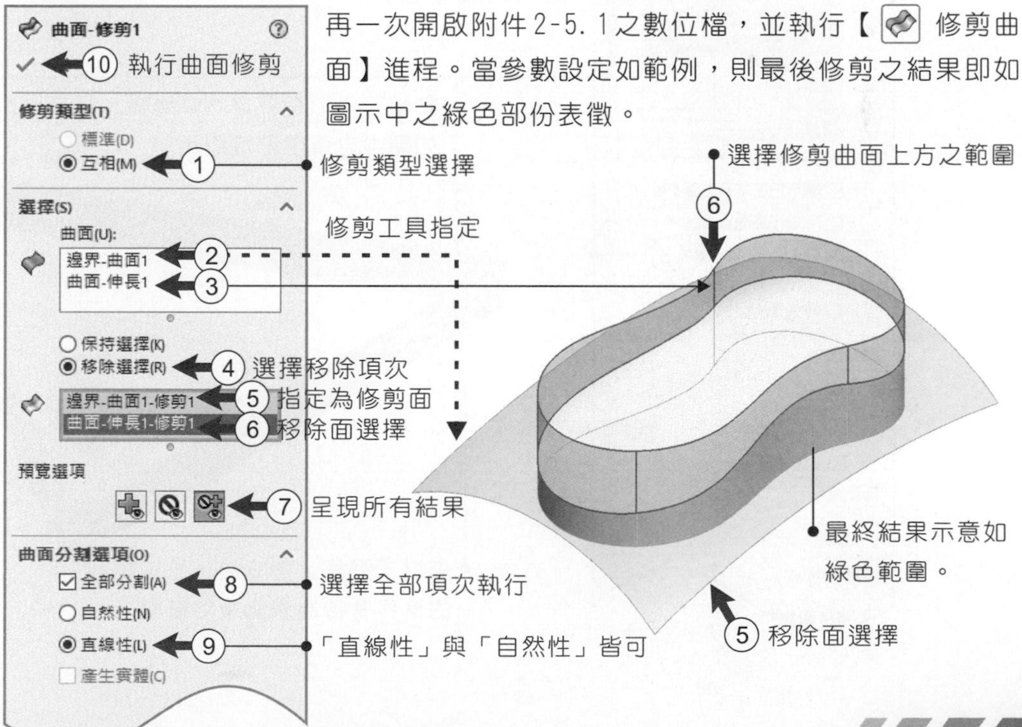
曲面-修剪1
⑩ 執行曲面修剪
修剪類型(T)
標準(D)
互相(M)
① 修剪類型選擇
選擇(S)
曲面(U):
邊界-曲面1 ②
曲面-伸長1 ③
修剪工具指定
保持選擇(K)
移除選擇(R) ④ 選擇移除項次
邊界-曲面1-修剪1 ⑤ 指定為修剪面
曲面-伸長1-修剪1 ⑥ 移除面選擇
預覽選項
⑦ 呈現所有結果
曲面分割選項(O)
全部分割(A) ⑧ 選擇全部項次執行
自然性(N)
直線性(L) ⑨ 「直線性」與「自然性」皆可
產生實體(C)
⑥ 選擇修剪曲面上方之範圍
最終結果示意如綠色範圍。
⑤ 移除面選擇

2-5.2 「曲面圓角」暨「曲面導角」指令

STEP 01 【曲面圓角】暨【曲面導角】使用形式與特徵類同。選擇下圖之三角型底部邊界，並設定7mm的參數。

STEP 02 執行【:曲面導角】後，原本縱向的三平面與底面間多出了45度的轉折。

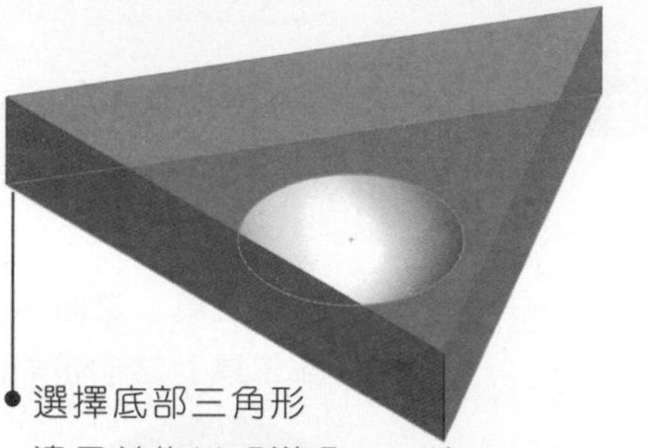
選擇底部三角形
邊界並施以「導角」工序。
續接畫面

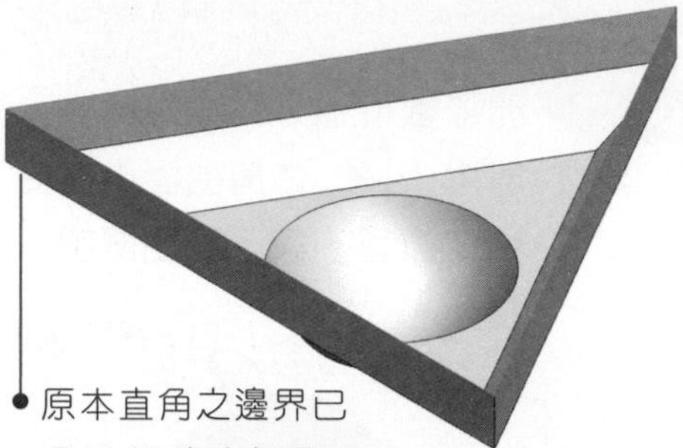
原本直角之邊界已
多了45度之折角。

STEP 03

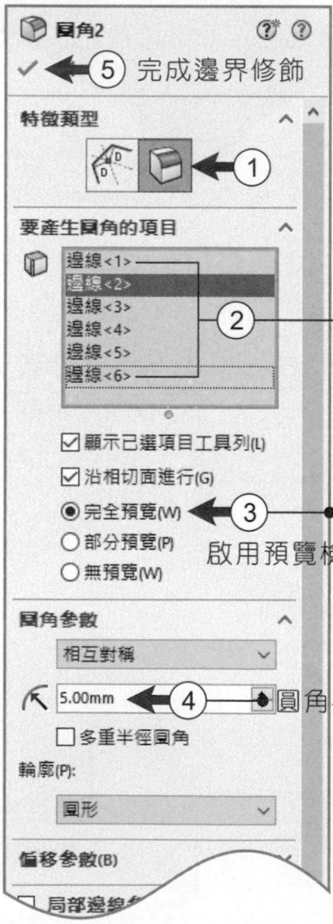
圓角2
5 完成邊界修飾
特徵類型
1
要產生圓角的項目
邊線<1>
邊線<2>
邊線<3>
邊線<4>
邊線<5>
邊線<6>
2
顯示已選項目工具列(L)
沿相切面進行(G)
完全預覽(W)
3
部分預覽(P)
無預覽(W)
啟用預覽檢視
圓角參數
相互對稱
5.00mm
4
圓角半徑輸入
多重半徑圓角
輪廓(P):
圓形
偏移參數(B)

延續上一階段——「導角」後的曲面三角形本體。啟用【曲面圓角】功能指令，繼而選擇個體之三處邊角（六條邊線），並在選項視窗中指定「沿相切面進行」欄位，且設定5mm之圓角尺寸（可啟用「完全預覽」檢視完成圖面）。

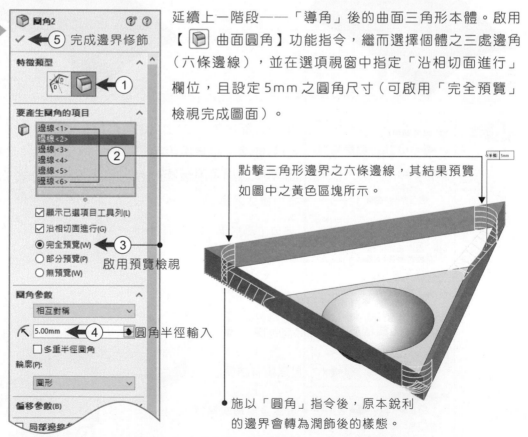

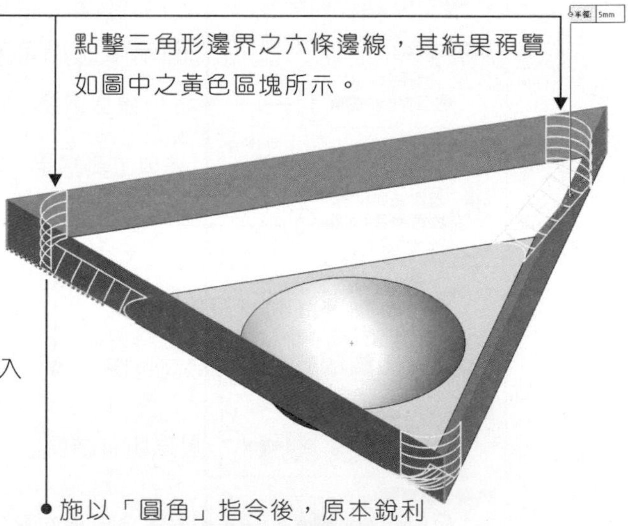
點擊三角形邊界之六條邊線，其結果預覽
如圖中之黃色區塊所示。
施以「圓角」指令後，原本銳利
的邊界會轉為潤飾後的樣態。

2-5.3 「延伸曲面」指令

STEP 01 先啟用數位檔2-5.3之附件，並試著執行【延伸曲面】指令，讓環形曲面之兩側開口延伸出平直的面。

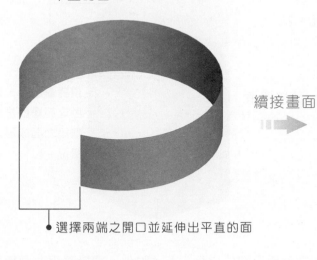

STEP 02 於【延伸曲面】之功能對話框中，「終止形態」指定成形至某一距離；「延伸類型」則設定為「直線型」，並於延伸的深度輸入30mm的參數。

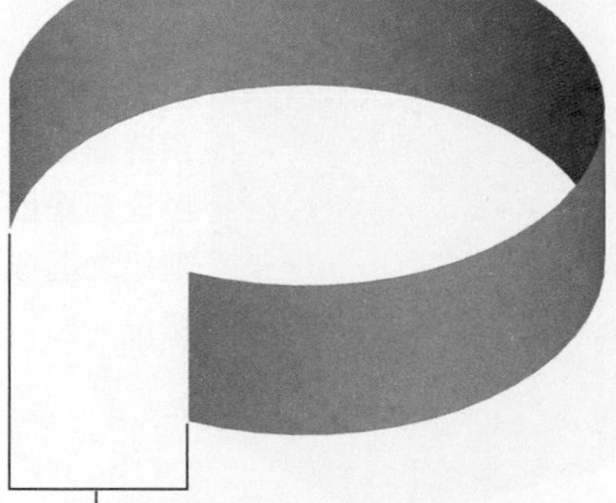

選擇兩端之開口並延伸出平直的面

續接畫面

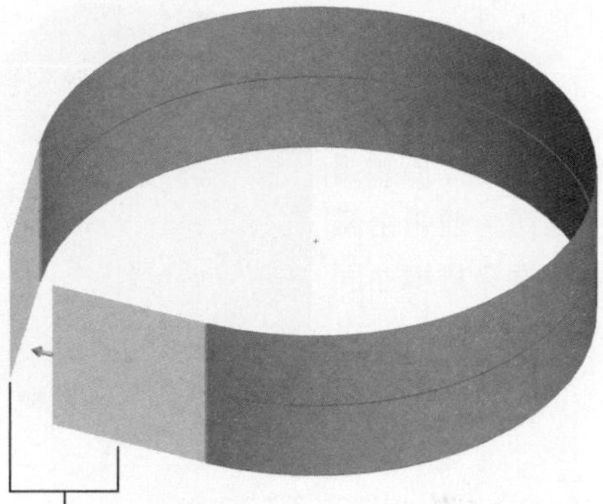

上圖綠色區塊為新延伸出之平直面

STEP 03

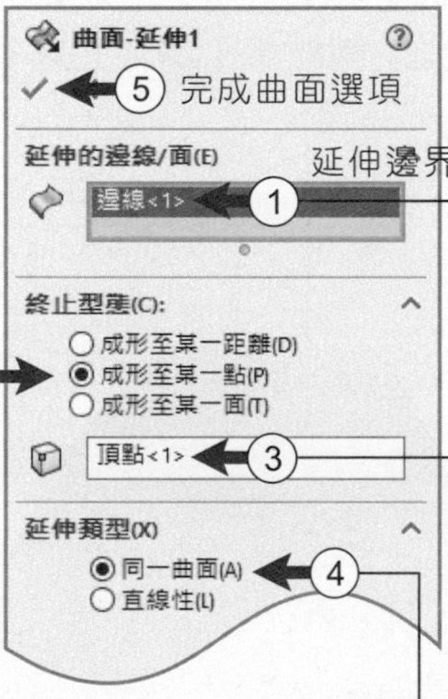

⑤ 完成曲面選項

① 延伸邊界指定

② 以「成形至某一點」設定到環形缺口的另一端點。

③ 指定右側開口之下方角點

④ 選擇沿面相切形式

執行【延伸曲面】功能指令，並參酌左側對話框設置的相關參數。完成後之結果如下圖所示。

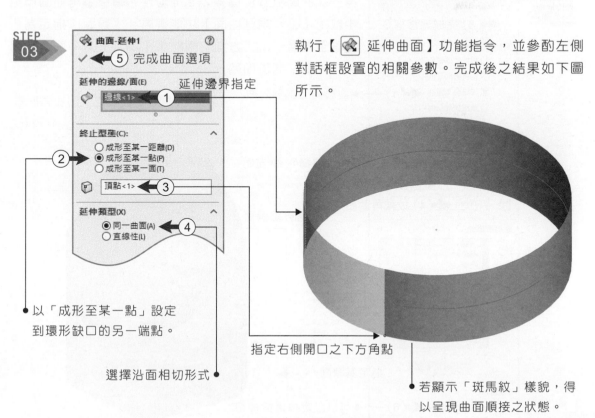

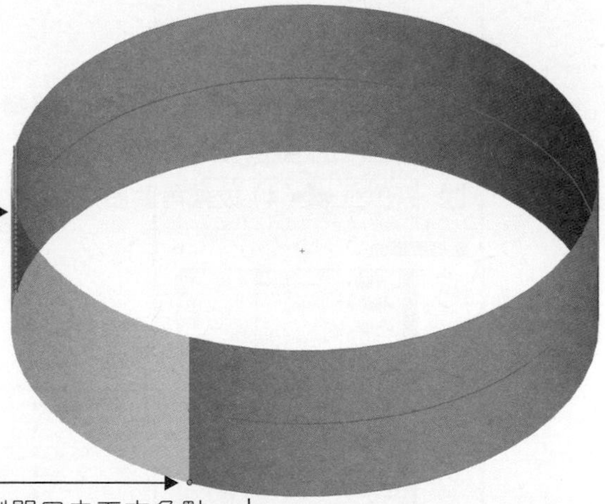

若顯示「斑馬紋」樣貌，得以呈現曲面順接之狀態。

2-5.4 「規則曲面」指令

STEP 01

【:規則曲面】有部份的成形構念類如【:延伸曲面】；但在細項設定上則明顯更為多元。圖為附件2-5.4。

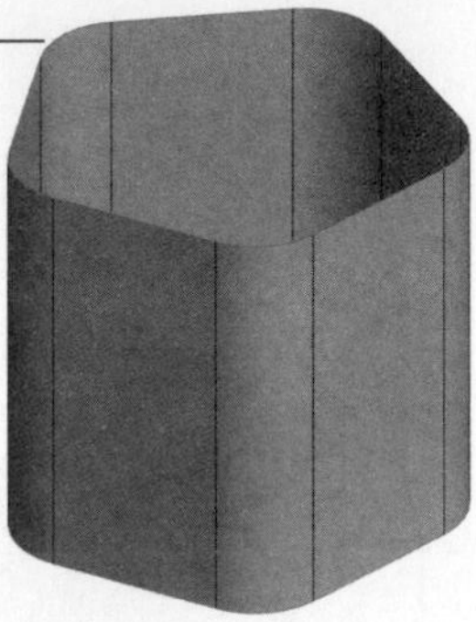

延伸面選擇頂端邊界線段，並藉由預覽畫面來檢視曲面型態。

續接畫面

STEP 02

【:規則曲面】之類型選擇「相切於曲面」；「成形距離」則輸入20mm之數值；其他欄位選項則維持預設的參數即可。

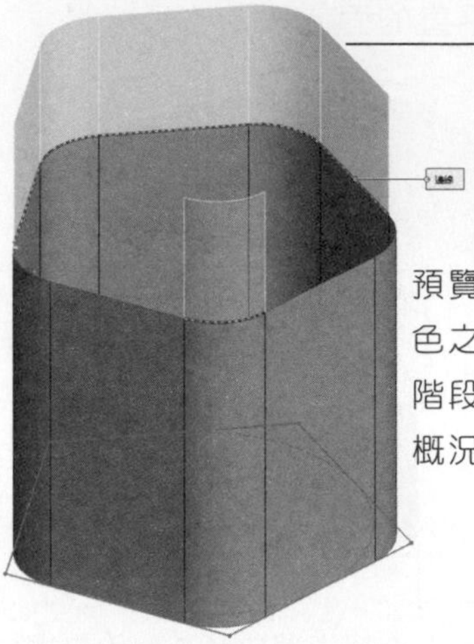

預覽畫面中，綠色之範圍即是現階段曲面成形之概況。

STEP 03

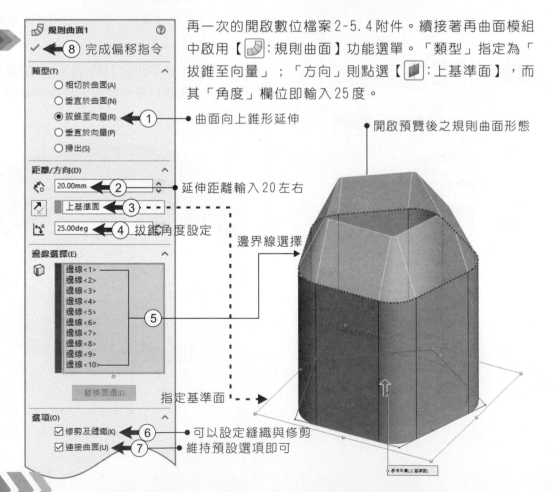

再一次的開啟數位檔案2-5.4附件。續接著再曲面模組中啟用【:規則曲面】功能選單。「類型」指定為「拔錐至向量」；「方向」則點選【:上基準面】，而其「角度」欄位即輸入25度。

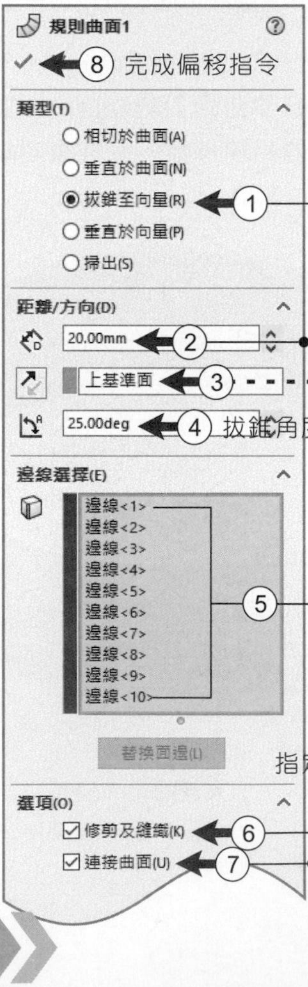

⑧ 完成偏移指令

① 曲面向上錐形延伸

② 延伸距離輸入20左右

③

④ 拔錐角度設定

⑤ 邊界線選擇

指定基準面

⑥ 可以設定縫織與修剪

⑦ 維持預設選項即可

開啟預覽後之規則曲面形態

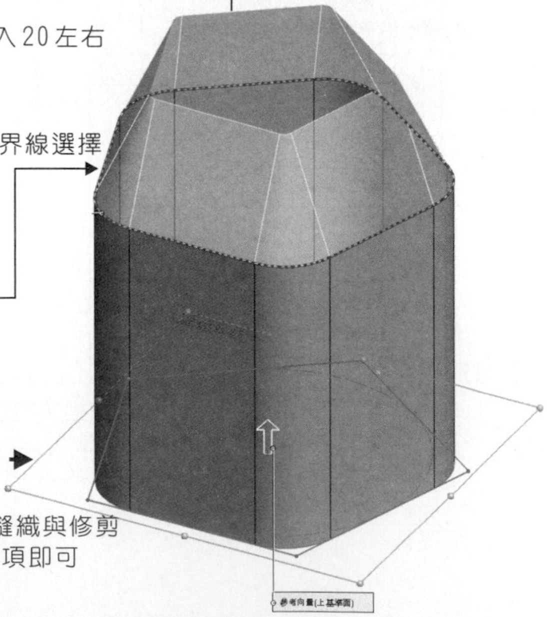

2-5.5 「縫織曲面」指令

STEP 01

在執行【[圖示]：縫織曲面】前，請讀者先開啟附件 2-5.5 之電子檔，並進入階段性的「修剪」程序（或可以直接啟用「修剪」後之檔案）。

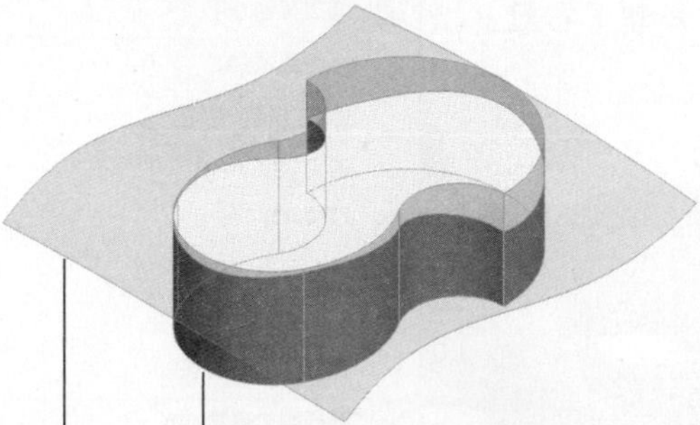

呈現棕色之局部為「修剪曲面」後所保留之本體。

藍色之曲面則為修剪之工具。

續接畫面

STEP 02

於【[圖示]：修剪曲面】後之本體樣態如下圖所示（使用者或可以直接開啟「修剪」後之檔案。

修剪後之側向與上端之曲面已合併成一體

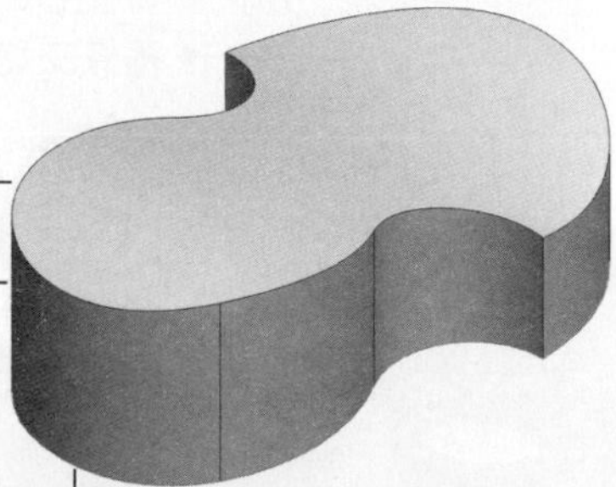

本體底部之平面可以使用「平坦曲面」或「填補曲面」構成（附件中已完成補面之相關程序）。

STEP 03

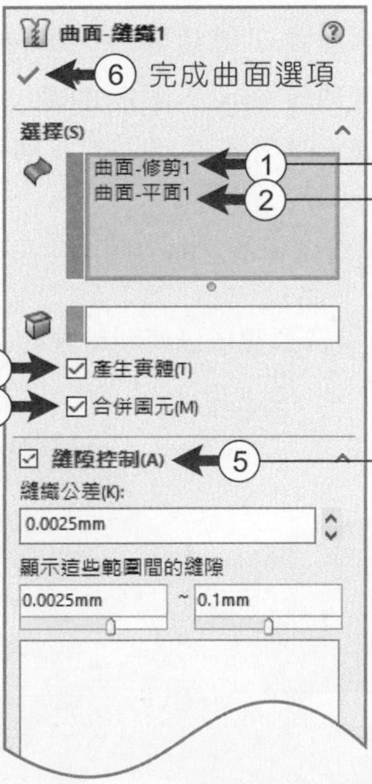
曲面-縫織1
完成曲面選項
選擇(S)
曲面-修剪1
曲面-平面1
產生實體(T)
合併圖元(M)
縫隙控制(A)
縫織公差(K):
0.0025mm
顯示這些範圍間的縫隙
0.0025mm
0.1mm

啟用【[圖示]：縫織曲面】功能視窗，並選擇兩個聯集之曲面本體。軟體操作者可以指定功能指令執行後是否「產生實體」或「合併圖元」。

點擊已合併的「上側」暨「外側」曲面

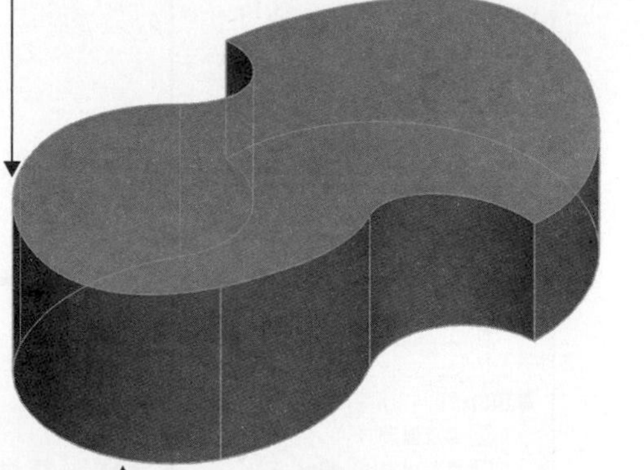

選擇預設之公差參數

透過視角轉動以選擇物件下側之平面

假若使用者已不再編輯個體，則可以讓縫織後之曲面組形成實體。

選擇「合併本體」讓該指令執行後，所有指定之曲面形成群集型式，藉以剔除瑣碎的本體。

2-5.6 「填補曲面」指令

STEP 01

現階段請使用者開啟附件2-5.6數位檔案。如下圖中可以看見一個曲面群集與兩條草圖線。

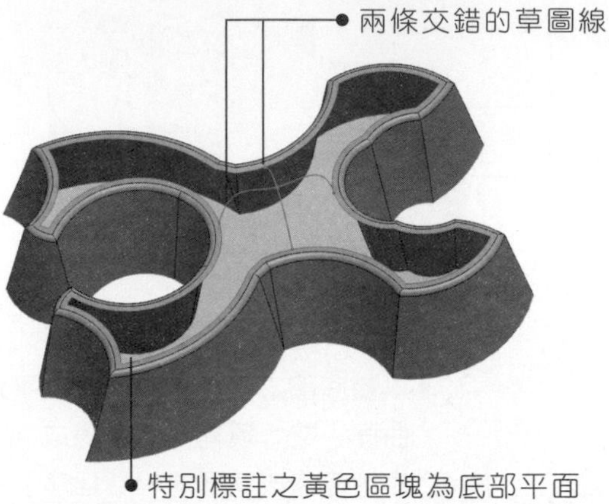
兩條交錯的草圖線
特別標註之黃色區塊為底部平面

STEP 02

於此啟用【 :填補曲面】指令，繼而在內部迴圈任一條線上點擊「右鍵」，並指定「選擇開放迴圈」項次，即能全選內部輪廓相連之線段。

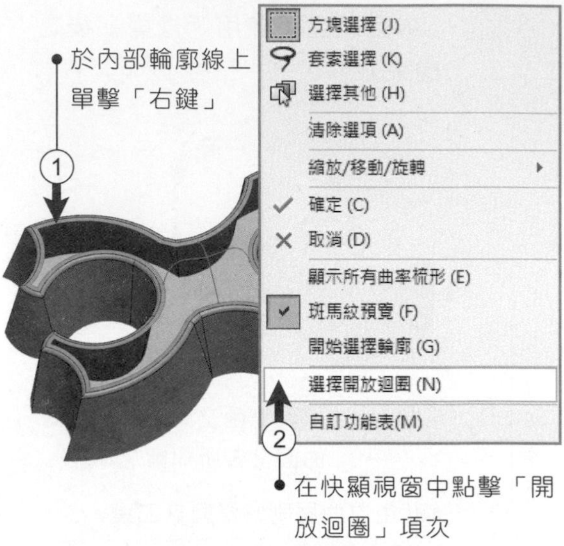
於內部輪廓線上單擊「右鍵」
①
方塊選擇 (J)
套索選擇 (K)
選擇其他 (H)
清除選項 (A)
縮放/移動/旋轉
確定 (C)
取消 (D)
顯示所有曲率梳形 (E)
斑馬紋預覽 (F)
開始選擇輪廓 (G)
選擇開放迴圈 (N)
自訂功能表(M)
②
在快顯視窗中點擊「開放迴圈」項次

STEP 03

延續上一階段之程序。在「開放迴圈」選擇後，可以啟用「顯示預覽」選項，並於「限制曲線」欄位指定附件中的兩段草圖線（或可不使用限制）即可。

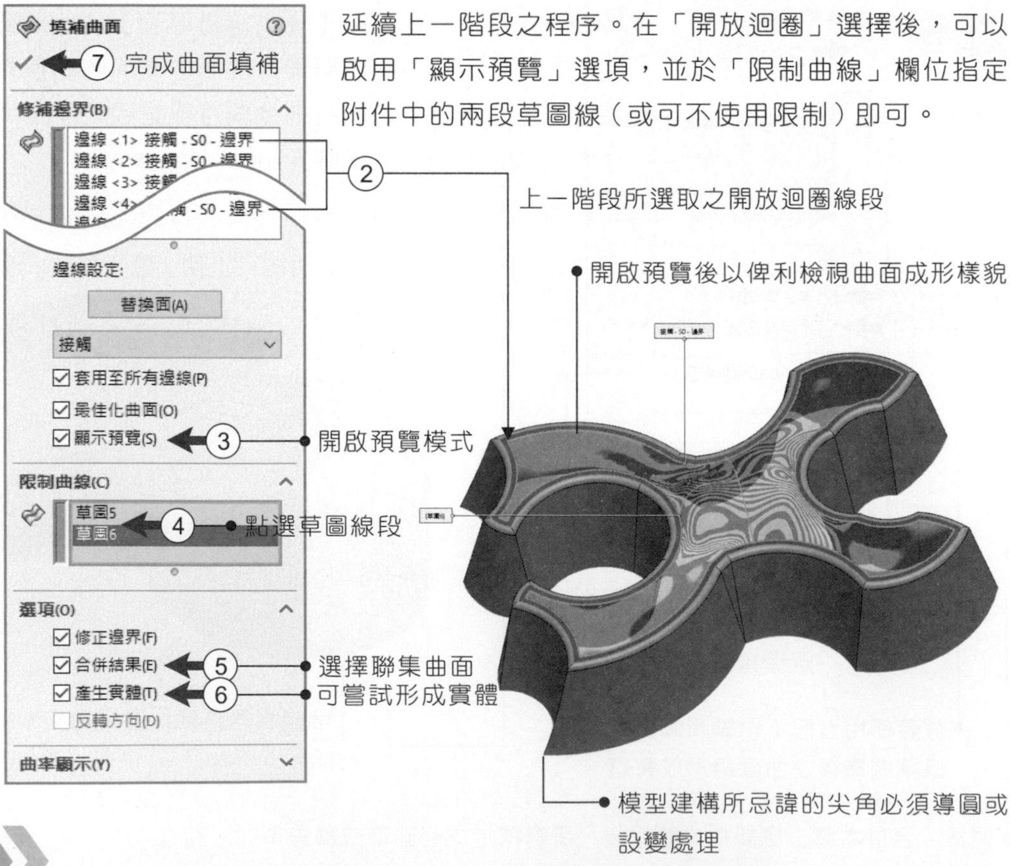
填補曲面
⑦ 完成曲面填補
修補邊界(B)
邊線 <1> 接觸 - S0 - 邊界
邊線 <2> 接觸 - S0 - 邊界
邊線 <3> 接觸
邊線 <4>
② 上一階段所選取之開放迴圈線段
邊線設定:
替換面(A)
接觸
套用至所有邊線(P)
最佳化曲面(O)
顯示預覽(S)
③ 開啟預覽模式
限制曲線(C)
草圖5
草圖6
④ 點選草圖線段
選項(O)
修正邊界(F)
合併結果(E)
產生實體(T)
反轉方向(D)
⑤ 選擇聯集曲面
⑥ 可嘗試形成實體
曲率顯示(Y)
開啟預覽後以俾利檢視曲面成形樣貌
模型建構所忌諱的尖角必須導圓或設變處理

2-6 其他類曲面指令

2-6.1「刪除面」指令

STEP 01 啟用本書【:刪除面】之數位檔2-6.1，該附件主要是由兩個聯集曲面所構成。

STEP 02 經由【:刪除面】之指令功能，可以將綽餘的曲面剔除。在下圖中試著刪掉三段圓管本體，我們得看到刪除後之整體概況。

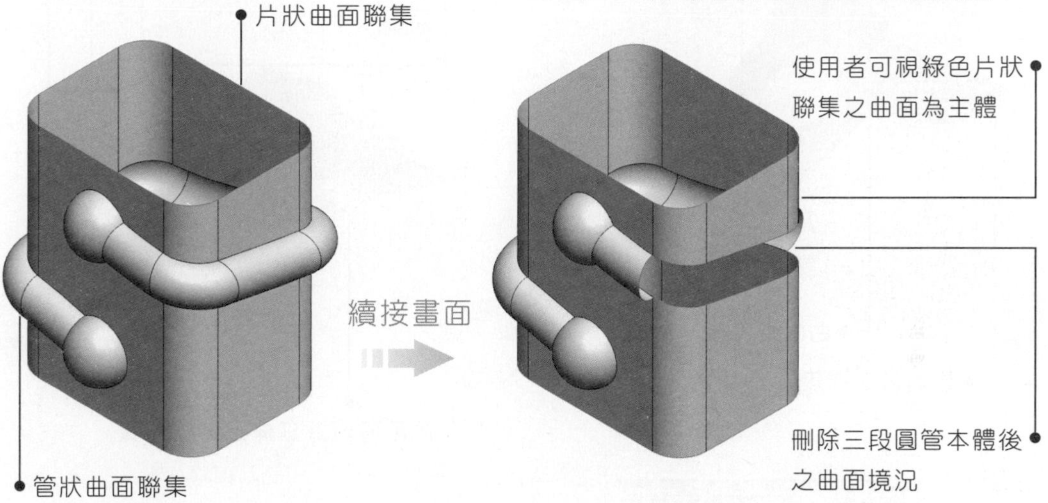
片狀曲面聯集
管狀曲面聯集
續接畫面
使用者可視綠色片狀聯集之曲面為主體
刪除三段圓管本體後之曲面境況

STEP 03 回復數位檔原始狀態或重新開啟。再次執行【:刪除面】特徵。並指定管狀之聯集本體為刪除之項次；若啟用「刪除及修補」選項，即可看到本該缺損的曲面會自主性彌平。

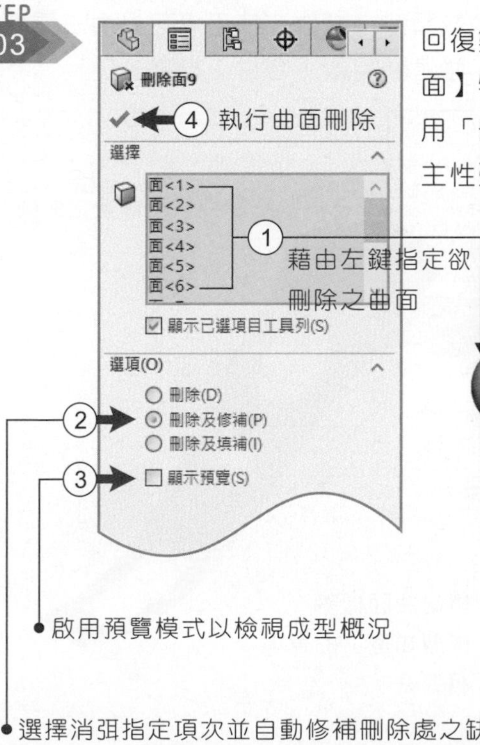
刪除面9
4 執行曲面刪除
選擇
面<1>
面<2>
面<3>
面<4>
面<5>
面<6>
1 藉由左鍵指定欲刪除之曲面
顯示已選項目工具列(S)
選項(O)
刪除(D)
2 刪除及修補(P)
刪除及填補(I)
3 顯示預覽(S)
啟用預覽模式以檢視成型概況
選擇消弭指定項次並自動修補刪除處之缺損

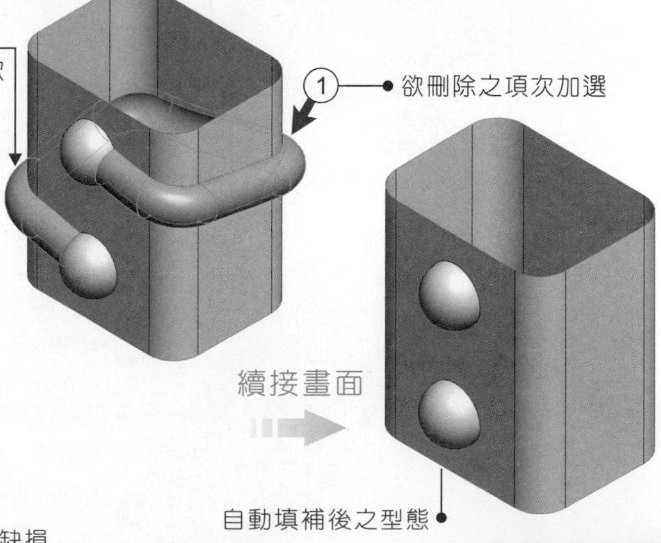
1 欲刪除之項次加選
續接畫面
自動填補後之型態

2-6.2「恢復修剪曲面」指令

STEP 01

【 :恢復修剪曲面】常見的應用時機是在曲面上有刪除或修剪的缺口時執行。於此可啟用數位檔附件2-6.2。

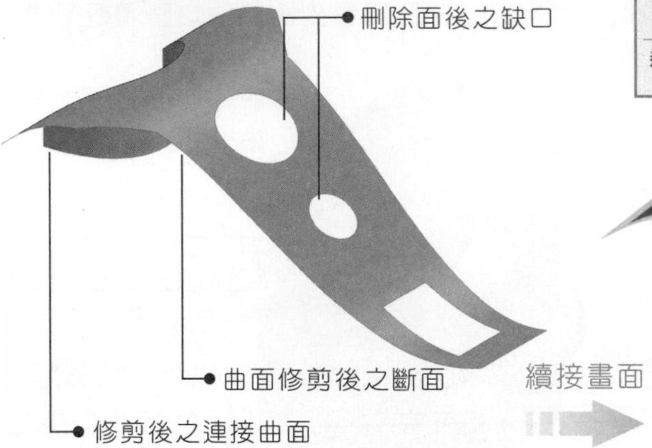

STEP 02

執行【 :恢復修剪曲面】指令，且選擇曲面。當「延伸距離」輸入參數後，得以見到曲面邊界延伸的概況。

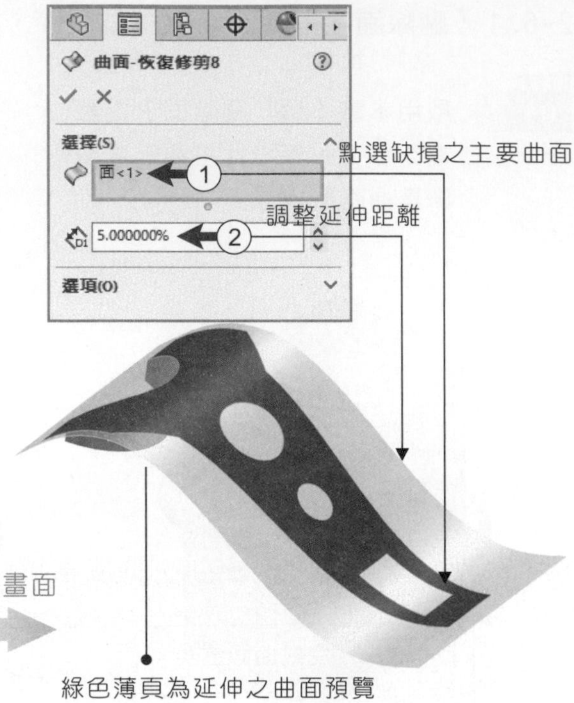

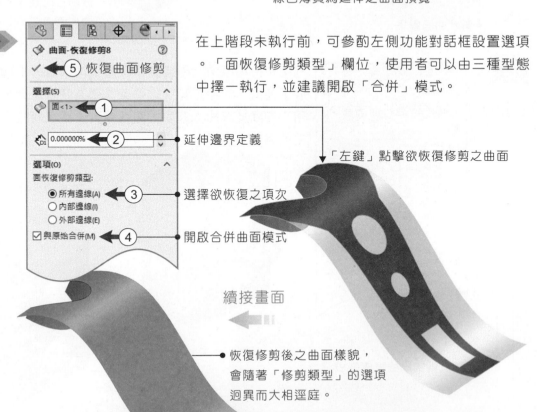

STEP 03

在上階段未執行前，可參酌左側功能對話框設置選項。「面恢復修剪類型」欄位，使用者可以由三種型態中擇一執行，並建議開啟「合併」模式。

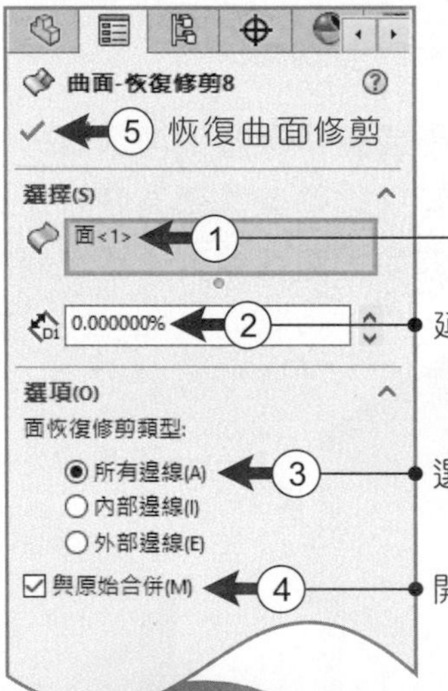

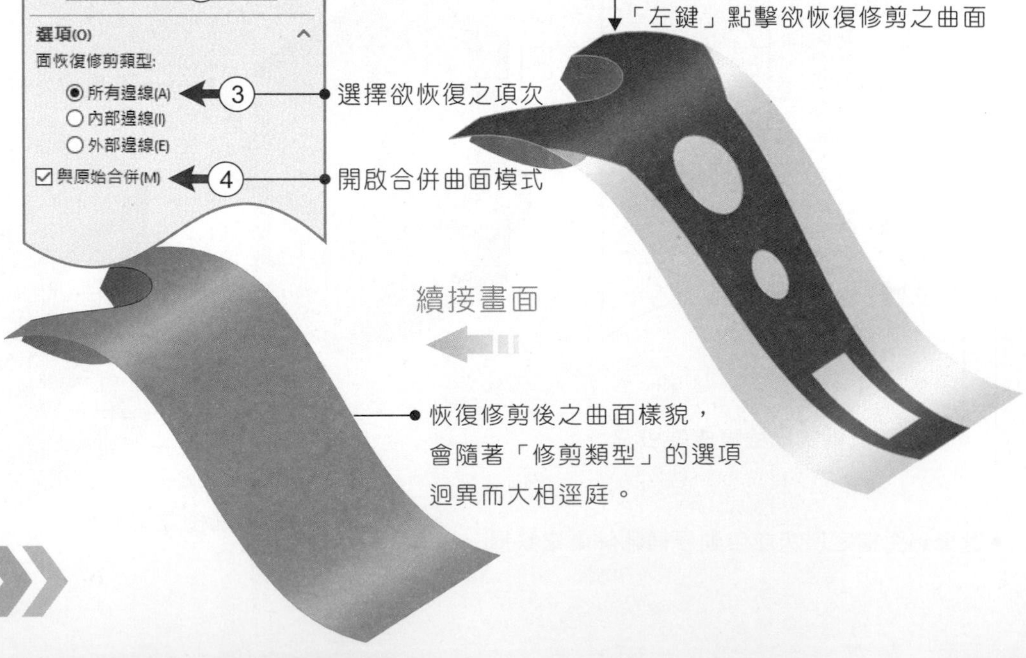

2-6.3 「取代面」指令

STEP 01

【取代面】為一個以新曲面興替舊有曲面邊界的功能特徵，也藉由新替代面的生成，讓固有合併相連之本體再延伸出新的邊界聯集。於此先開啟附件2-6.3之數位檔案，上方「透明化」處理的本體即是做為取代舊有曲面的項次。

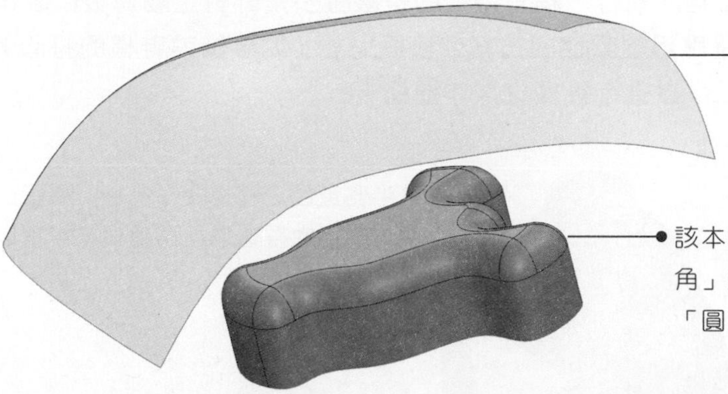

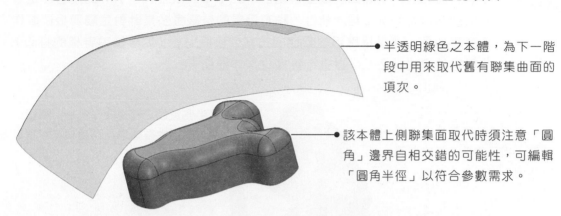

半透明綠色之本體，為下一階段中用來取代舊有聯集曲面的項次。

該本體上側聯集面取代時須注意「圓角」邊界自相交錯的可能性，可編輯「圓角半徑」以符合參數需求。

STEP 02

啟用【:取代面】功能項次，並參酌範例選項設置「置換參數」，繼而在選擇「取代項次」後執行指令；最後得將半透明的「替代面」隱藏或刪除。

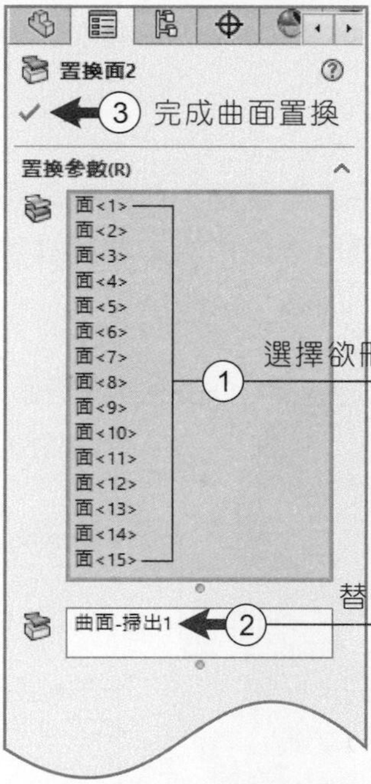

隱藏取代面後之本體概況

續接畫面

舊有的聯集曲面已興替為「取代面」之曲度

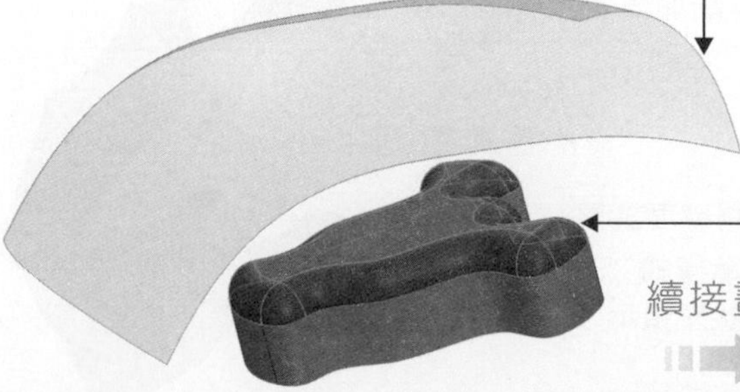

續接畫面

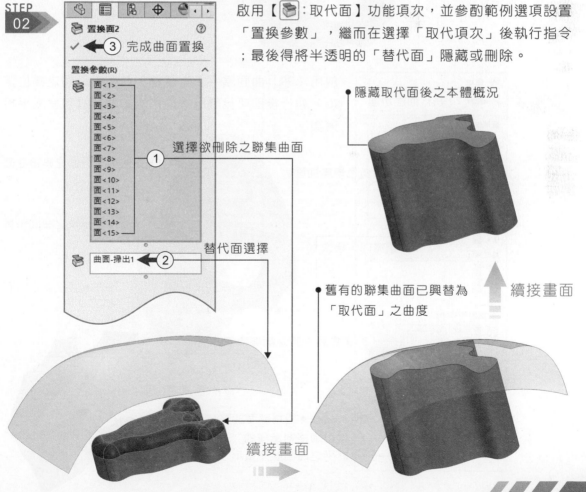

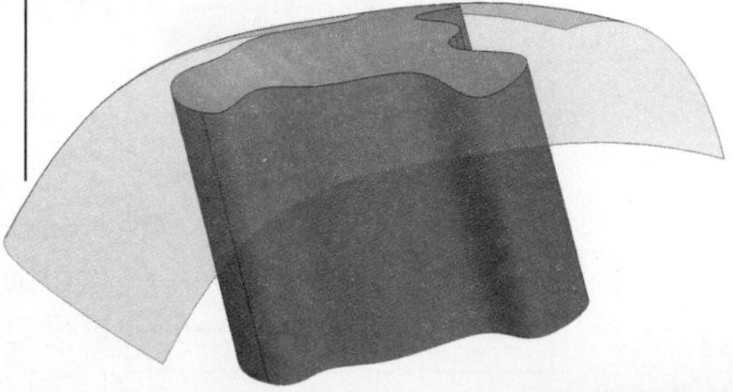

2-6.4「曲面展平」指令

STEP 01

【:曲面展平】類如「鈑金模組」中的【:鈑金展平】，此兩者皆是坦平三維的型體以俾利加工程序執行，稍有迥異的是鈑金多是針對金屬薄板頁製作；而「展平曲面」則多是應用於軟性的布料或表面貼紙（如服飾與鞋樣的打版）。可啟用數位檔附件2-6.4以進行後續之操作進程。

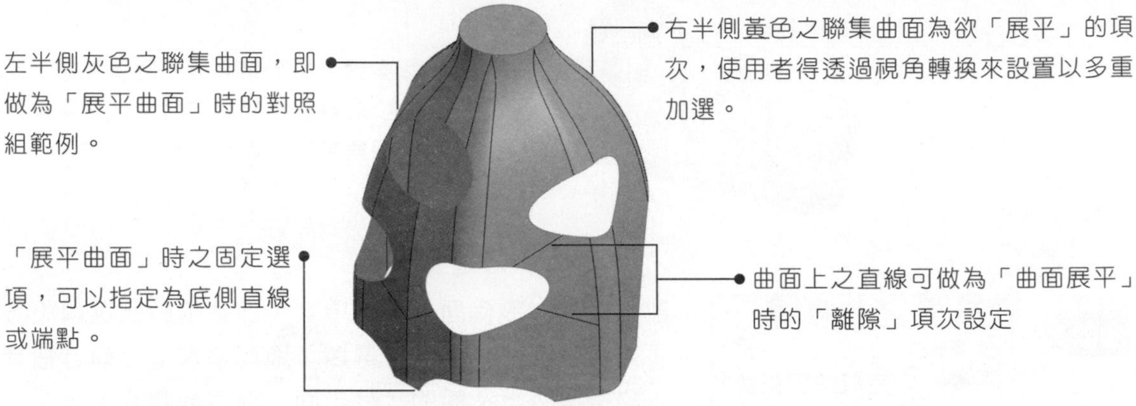
左半側灰色之聯集曲面，即做為「展平曲面」時的對照組範例。
右半側黃色之聯集曲面為欲「展平」的項次，使用者得透過視角轉換來設置以多重加選。
「展平曲面」時之固定選項，可以指定為底側直線或端點。
曲面上之直線可做為「曲面展平」時的「離隙」項次設定

STEP 02

啟用【:曲面展平】對話框，並酌參範例之欄位選項。執行後即可見著原本曲捲的本體已經轉換成平板薄頁。

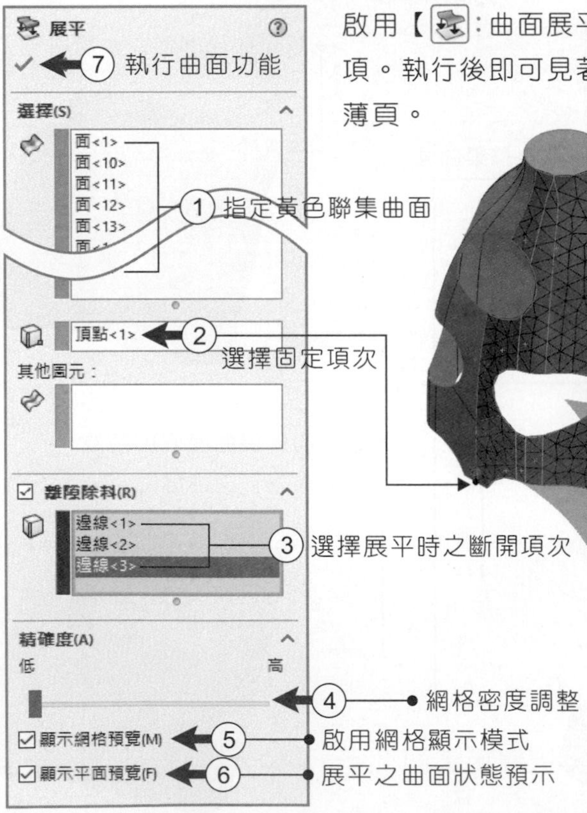
展平
7 執行曲面功能
選擇(S)
面<1>
面<10>
面<11>
面<12>
面<13>
1 指定黃色聯集曲面
頂點<1>
2 選擇固定項次
其他圖元：
離隙除料(R)
邊線<1>
邊線<2>
邊線<3>
3 選擇展平時之斷開項次
精確度(A)
低
高
4 網格密度調整
顯示網格預覽(M)
5 啟用網格顯示模式
顯示平面預覽(F)
6 展平之曲面狀態預示

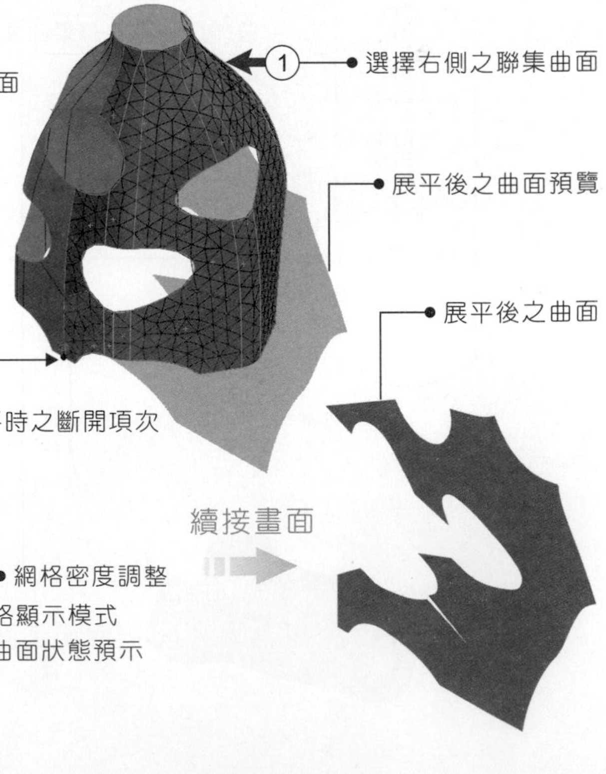
1 選擇右側之聯集曲面
展平後之曲面預覽
展平後之曲面
續接畫面

2-6.5 「自由形態」指令

STEP 01

【 :自由形態】操作過程有些繁瑣，因此需要多做練習才能逐漸領略其要點。開啟附件2-6.5之數位檔案，並酌參功能視窗欄位數值後執行其功能指令。

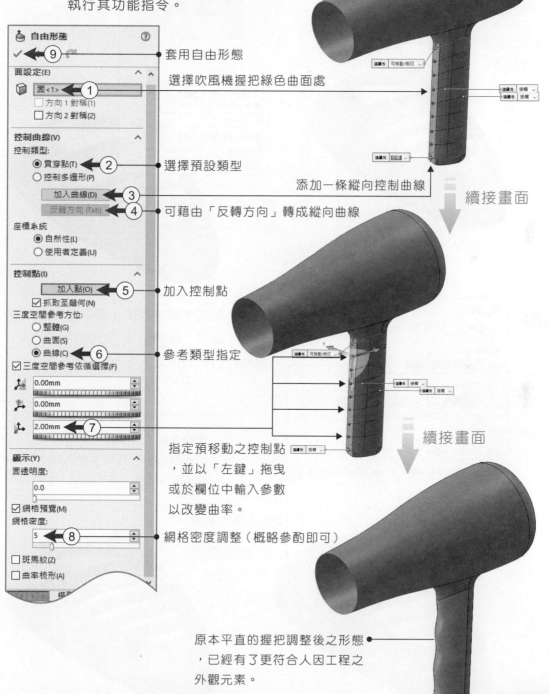

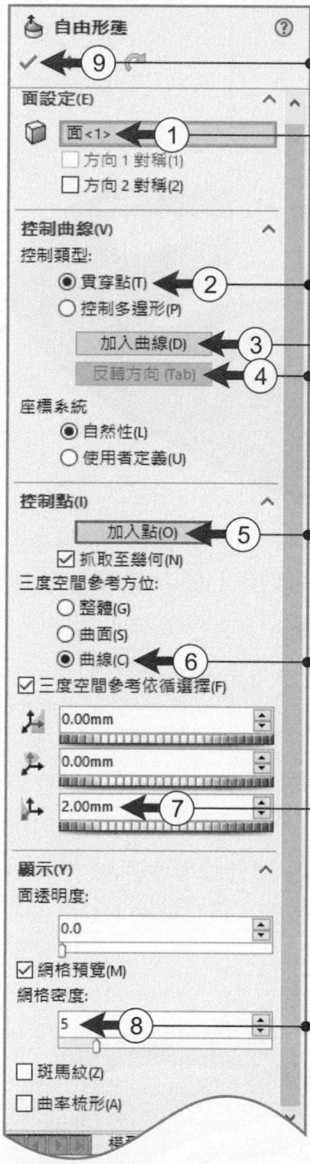

⑨ 套用自由形態

① 選擇吹風機握把綠色曲面處

② 選擇預設類型

③ 添加一條縱向控制曲線

④ 可藉由「反轉方向」轉成縱向曲線

⑤ 加入控制點

⑥ 參考類型指定

⑦ 指定預移動之控制點，並以「左鍵」拖曳或於欄位中輸入參數以改變曲率。

⑧ 網格密度調整（概略參酌即可）

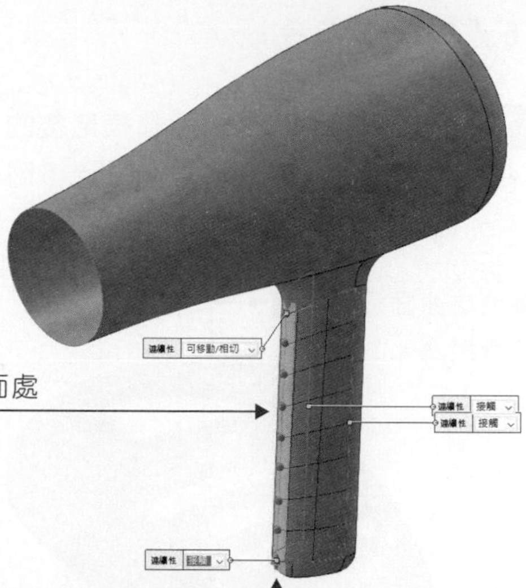

續接畫面

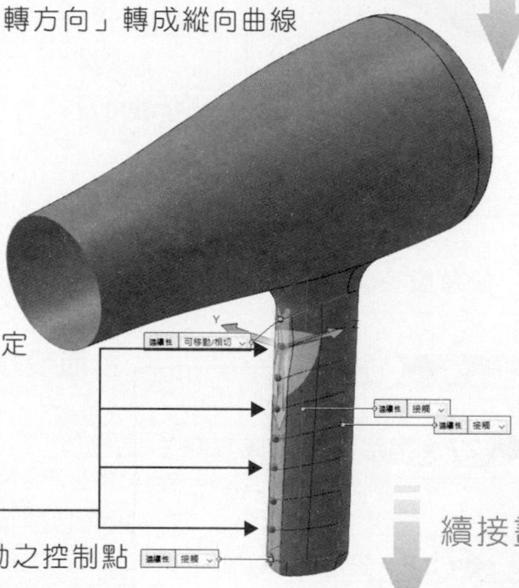

續接畫面

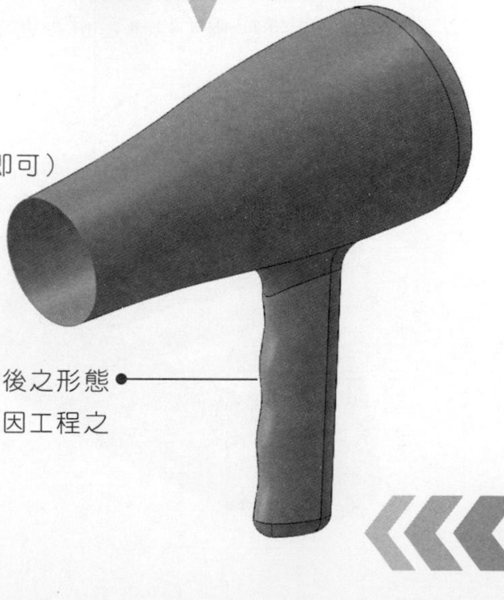

原本平直的握把調整後之形態，已經有了更符合人因工程之外觀元素。

2-6.6「加厚」指令

STEP 01 生成殼厚通常是曲面建模最後的程序之一。開啟數位檔2-6.6附件，繼而執行後段加工程序。

上側黃色之曲面須與主體進行縫織程序。

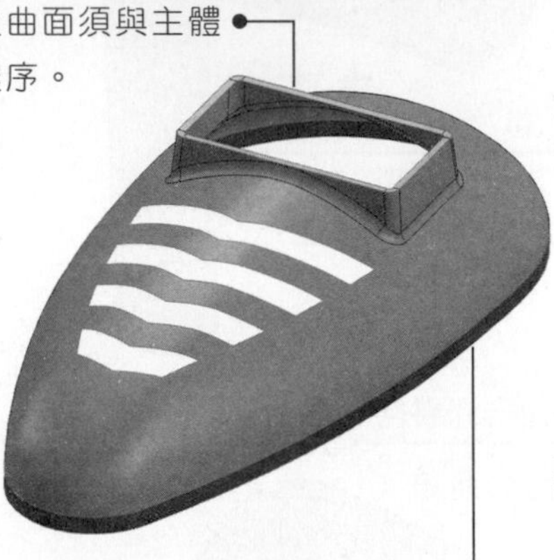

下側藍色之延伸曲面，可生成不同的殼厚。

續接畫面

STEP 02 執行【 :縫織曲面】指令，且選擇檔案中三個各自獨立的本體，再經由縫織功能聯集曲面。

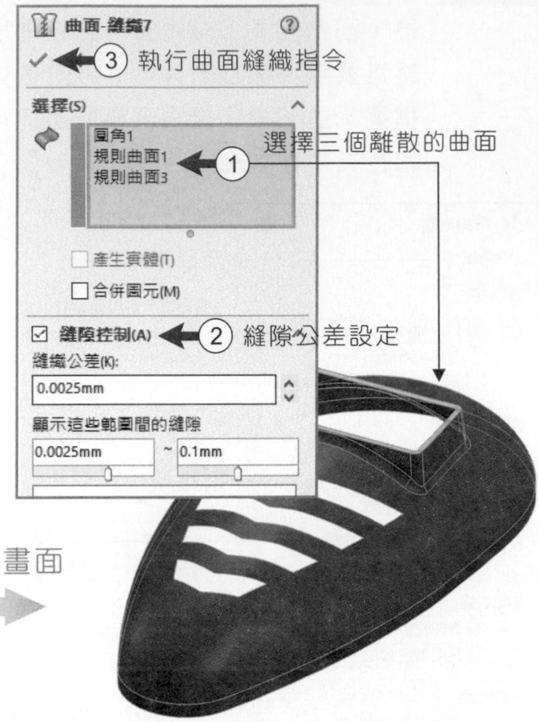
曲面-縫織7
③ 執行曲面縫織指令
選擇(S)
圓角1
規則曲面1
規則曲面3
① 選擇三個離散的曲面
產生實體(T)
合併圖元(M)
縫隙控制(A)
② 縫隙公差設定
縫織公差(K):
0.0025mm
顯示這些範圍間的縫隙
0.0025mm
0.1mm

STEP 03

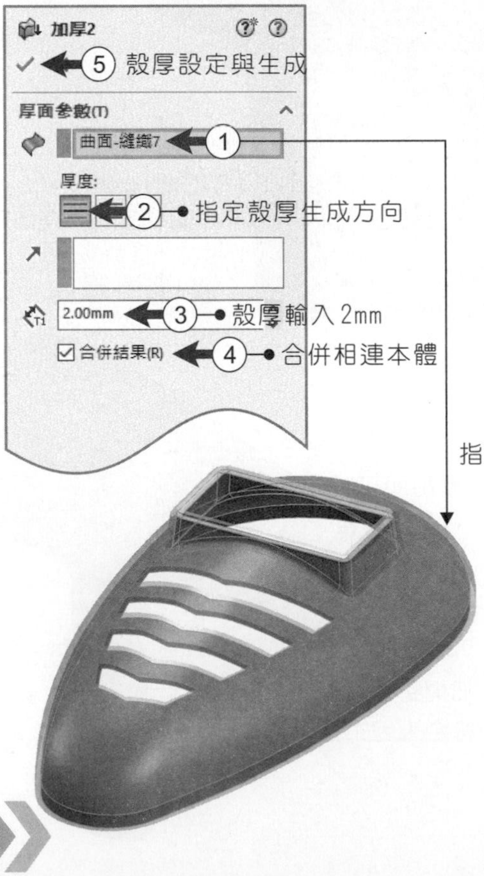
加厚2
⑤ 殼厚設定與生成
厚面參數(T)
曲面-縫織7
①
厚度:
② 指定殼厚生成方向
2.00mm
③ 殼厚輸入2mm
合併結果(R)
④ 合併相連本體
指定加厚之本體

可由下拉式選單中啟用【 :加厚】功能選項，並於「厚度」項次設定向外生成；而殼厚的參數則輸入2mm左右即可。

續接畫面

肉厚生成後之樣態，一般家用產品多數的外殼厚度都在3mm以下居多（偶有特例）。

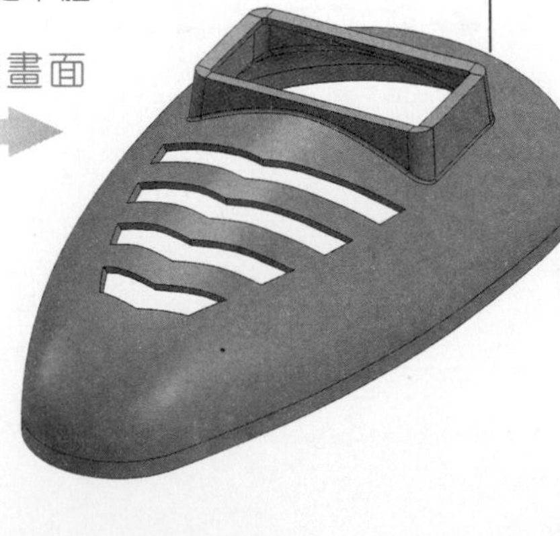

2-6.7 「中間曲面」指令

STEP 01

【 :中間曲面】指令功能類如【 :偏移曲面】，但又有些許的不同。可先開啟附件2-6.7之數位檔案待用。

STEP 02

先執行【 薄殼】指令，「殼厚」均設定為5mm左右；而破口則指定為底部之平面。

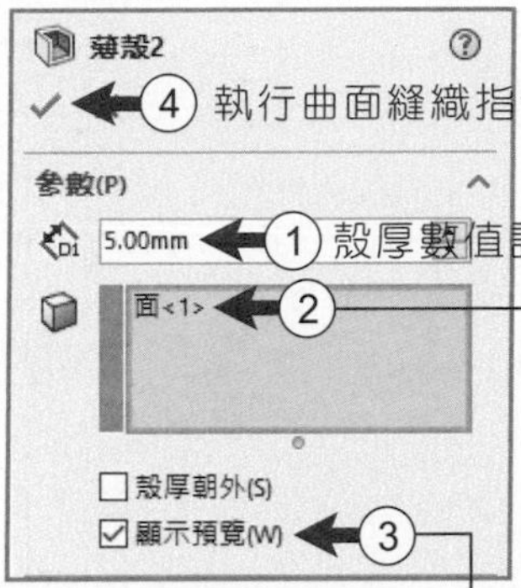
薄殼2
4 執行曲面縫織指令
參數(P)
5.00mm
1 殼厚數值設定
面<1>
2
殼厚朝外(S)
顯示預覽(W)
3

「中間曲面」指定參考項次

中間面偏移預覽示意

開口指定面

STEP 03

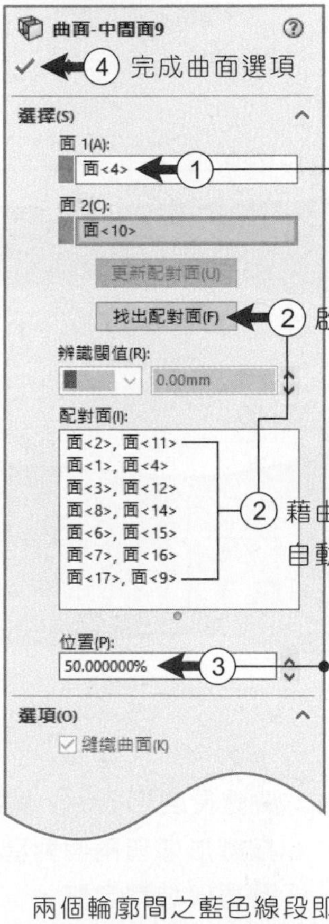
曲面-中間面9
4 完成曲面選項
選擇(S)
面 1(A):
面<4>
1
面 2(C):
面<10>
更新配對面(U)
找出配對面(F)
2 啟用自動配對
辨識閾值(R):
0.00mm
配對面(I):
面<2>, 面<11>
面<1>, 面<4>
面<3>, 面<12>
面<8>, 面<14>
面<6>, 面<15>
面<7>, 面<16>
面<17>, 面<9>
2 藉由系統「找出配對面」，並根據自動配對之項次執行增減的程序。
位置(P):
50.000000%
3
選項(O)
縫織曲面(K)

以「左鍵」點擊【 :中間曲面】指令並參酌功能視窗之選項。通常在指定「面1」後即可執行「找出配對面」的程序，讓系統自動媒合適合之偏移本體。

指定面選擇

選擇面偏移之位置，亦可以進行多次的反覆偏移。

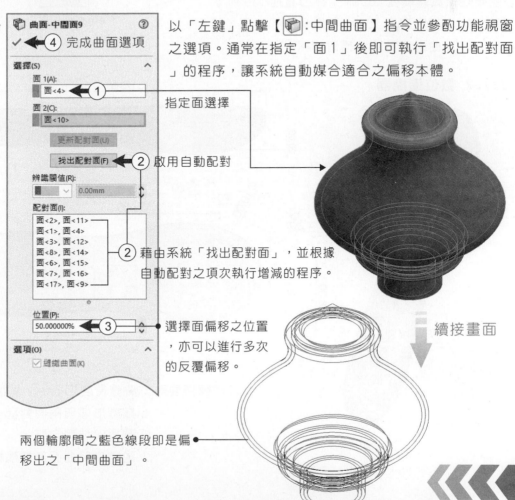

續接畫面

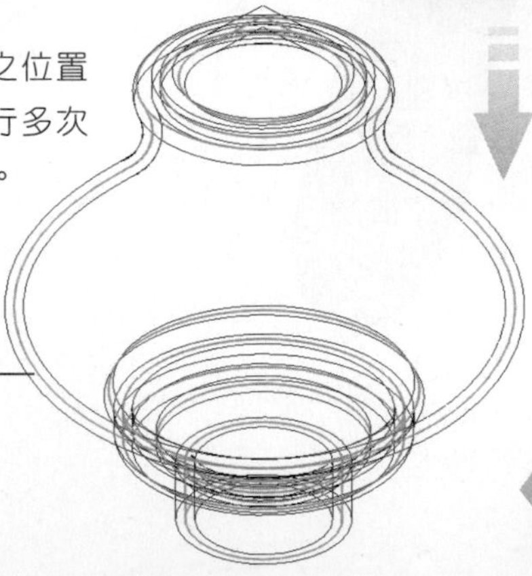

兩個輪廓間之藍色線段即是偏移出之「中間曲面」。

2-7 重點習題

2-7.1 玻璃公杯

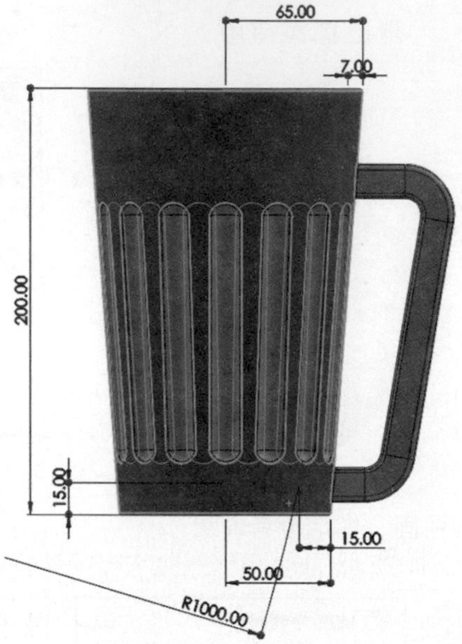

◎練習要點：實體高度 200mm；杯口直徑 130mm；
杯底直徑 100mm；圓角半徑自訂；
曲面或實體建模皆可。

2-7.2 數位遙控器

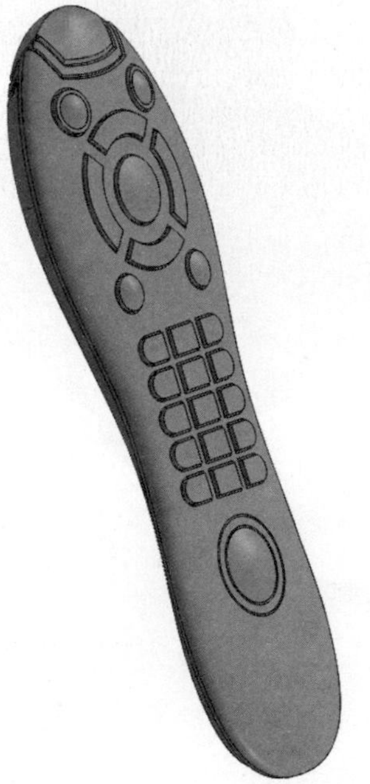

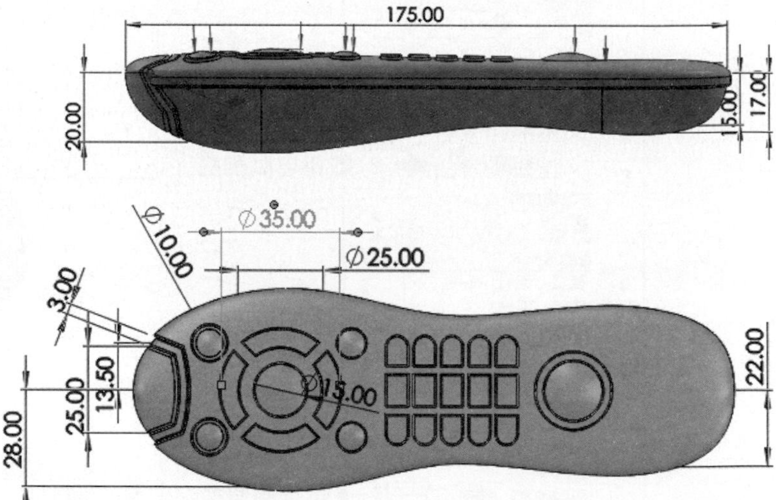

◎練習要點：實體長度 175mm；寬度 56mm；
按鍵形態皆兩側對稱；
圓角與造型自訂；
建議使用曲面形式建模。

SOLIDWORKS

03 曲面入門

Getting started with curved surfaces

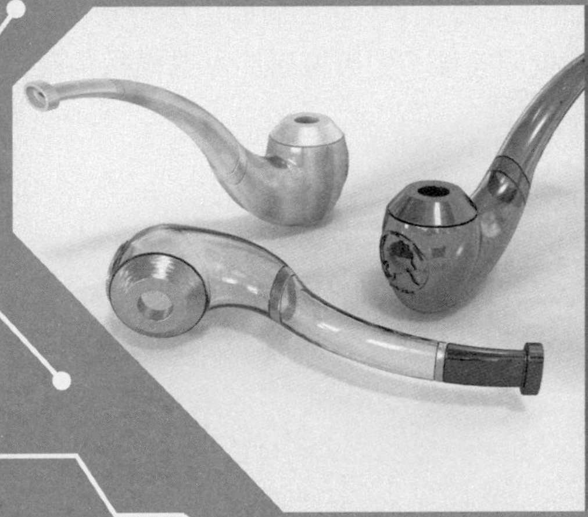

章節學習重點

- 三維草圖製作
- 曲面旋轉暨掃出
- 模型覆貼材質與環境設定
- 曲面疊層拉伸
- 邊界曲面應用
- 曲率檢核與設計變更

3-1 花邊碗建模

⊙要點提醒　本範例為綠色版參考教學檔--請學習者使用雲端連結並下載相關之附件

本範例教學視訊檔案：SolidWorks/進階&應用/CH03目錄下/3-1 花邊碗.avi
本範例製作完成檔案：SolidWorks/進階&應用/CH03目錄下/3-1 花邊碗.SLDPRT

3-1.1 花邊碗建模

流於形式的建模進程，使用者慣性以實體特徵中的【 :旋轉成型】來製作碗、盤或杯子的外觀。而在本單元中，嘗試透過曲面指令塑造出「沙拉碗」的摺邊。建模程序沒有所謂的優劣之分，端看使用者的習慣與思維來決定工序暨流程。在下方的建模進程中，匯集【 :2D草圖】與【 :3D草圖】架構，並藉由【 :掃出曲面】功能掃掠出產品的外觀輪廓，最後再經由【 圓角】特徵潤飾模型細節後，即可轉繼於彩現模組中輸出成圖照。

建模進程：

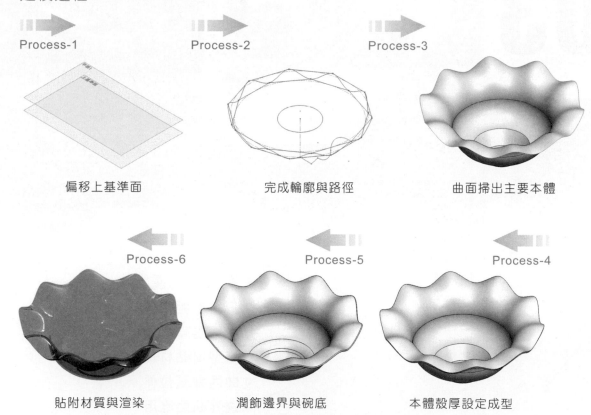

Process-1

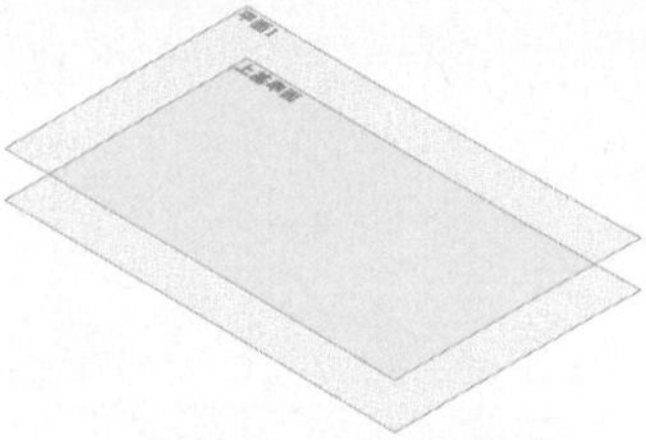

偏移上基準面

Process-2

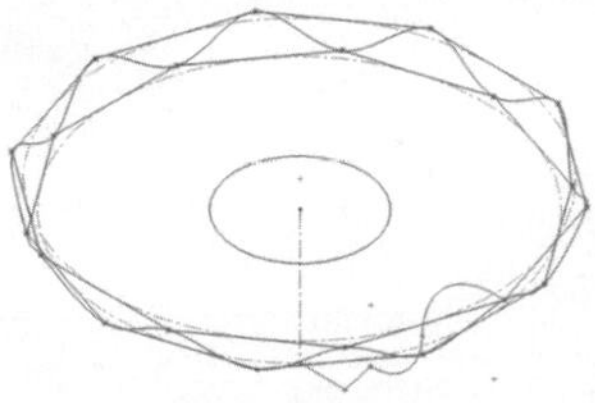

完成輪廓與路徑

Process-3

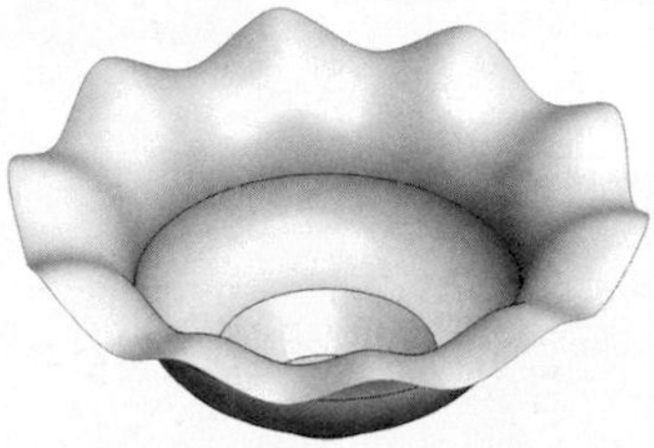

曲面掃出主要本體

Process-6

貼附材質與渲染

Process-5

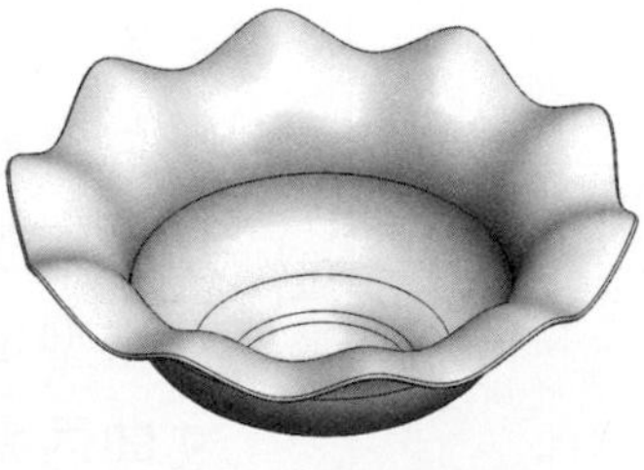

潤飾邊界與碗底

Process-4

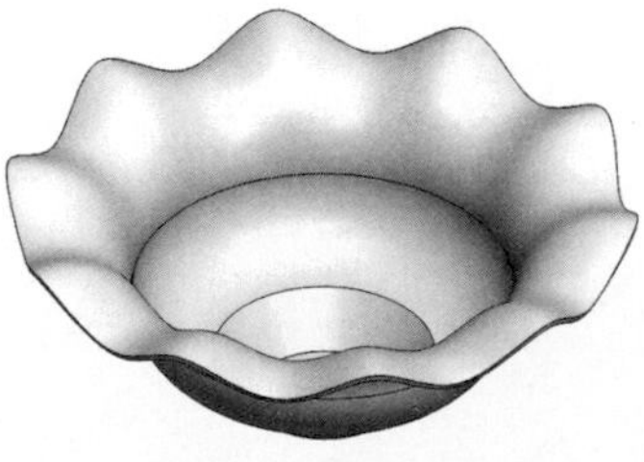

本體殼厚設定成型

STEP 01

建構3D模型之基礎是平面草圖的描繪，而在草圖製作前則需先指定描繪的紙張（平面或草繪基準）。在製作平面草圖前先由【 上基準面】偏移出一個平行的草繪基準──「平面1」。【 ：參考幾何】是使用頻率甚高的指令，建議使用者可將其附屬選項外置或移出，以俾利SolidWorks軟體操作時提高效率。

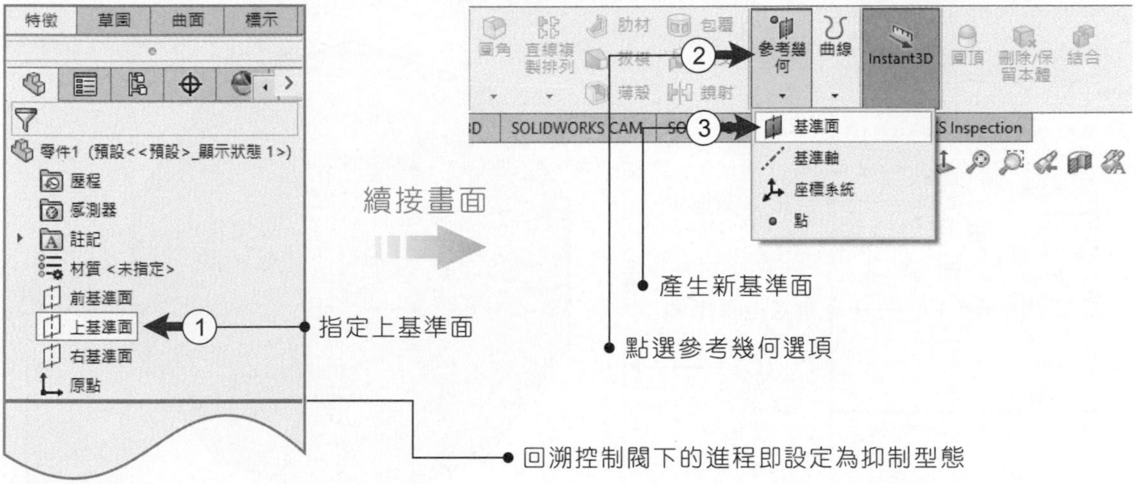
續接畫面
指定上基準面
產生新基準面
點選參考幾何選項
回溯控制閥下的進程即設定為抑制型態

STEP 02

啟用【 ：基準面】指令後，即出現功能設置對話框列表。基準面偏移只需設定「第一參考」項次，並指定為【 上基準面】，而偏移的距離則定義為20mm，且陣列數量設定為1。如果要讓基準面偏移變向，則需勾選「反轉偏移」項次。參考平面可異動為隱藏狀態，以免草圖繪製時影響圖例辨識。

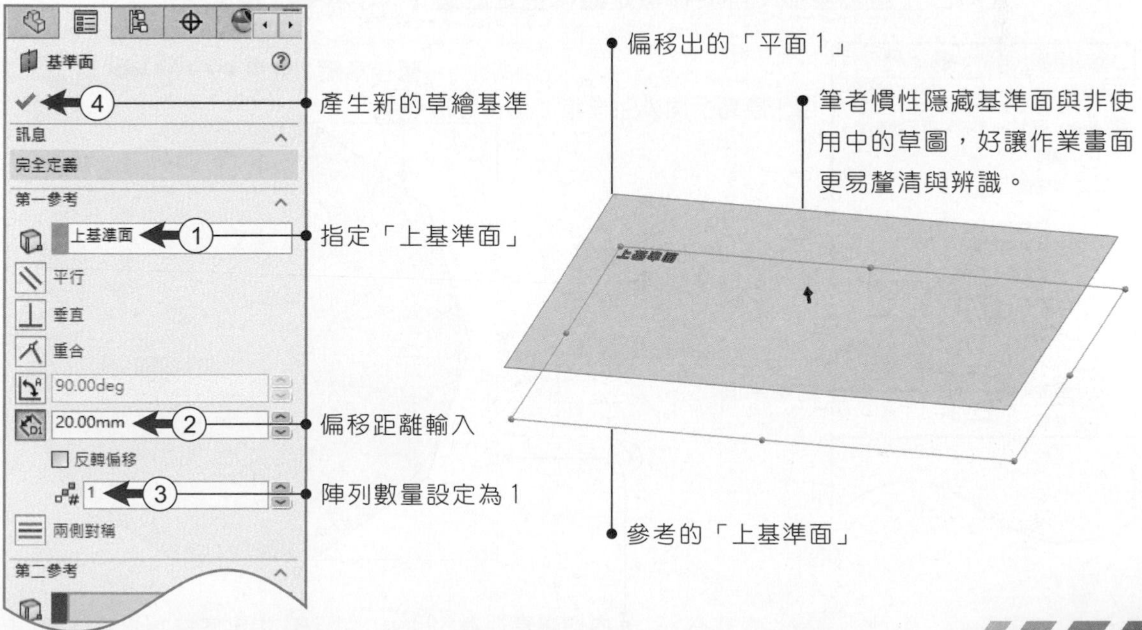
產生新的草繪基準
指定「上基準面」
偏移距離輸入
陣列數量設定為1
偏移出的「平面1」
筆者慣性隱藏基準面與非使用中的草圖，好讓作業畫面更易釐清與辨識。
參考的「上基準面」

STEP 03

於SolidWorks軟體介面「特徵管理員」中以「左鍵」(如果內文中未特別強調即是使用該按鍵)點選【上基準面】並進入【草圖】繪製頁面(檔案的第一個草圖於描繪階段系統會自動轉正視角),並由【:原點】向外繪製一個十邊形輪廓。

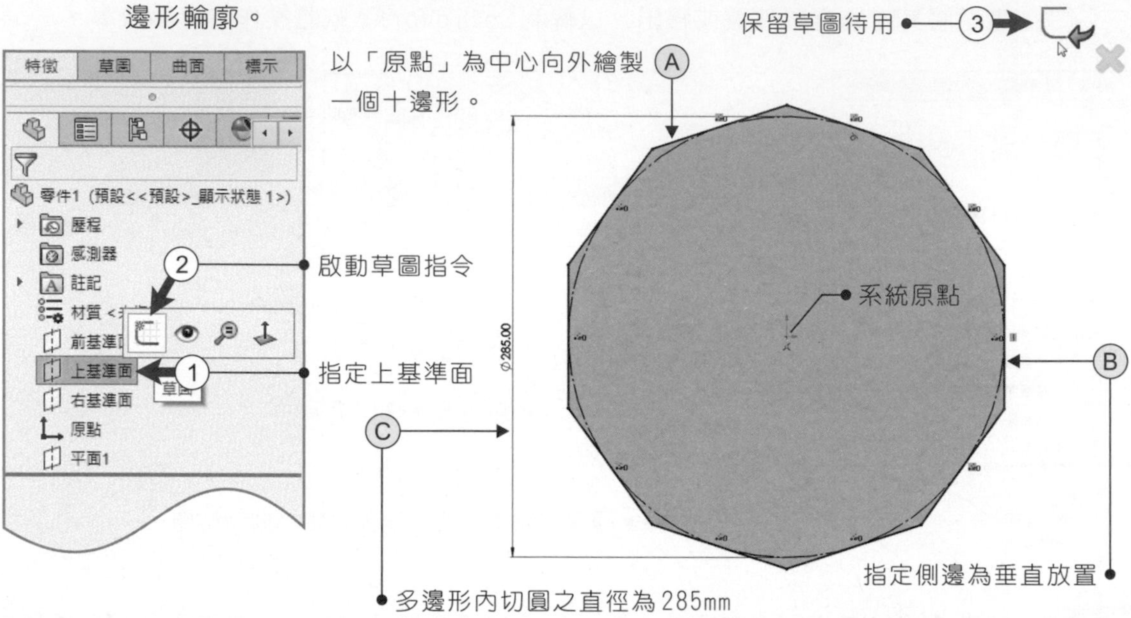

STEP 04

接續著是創建「草圖2」之階段。指定「平面1」並啟動【草圖】指令,繼而點選【正視於】對應草繪視角,再以【多邊形工具】由【原點】向外延伸出一個多邊形,且於參數定義後指定底邊【水平放置】。

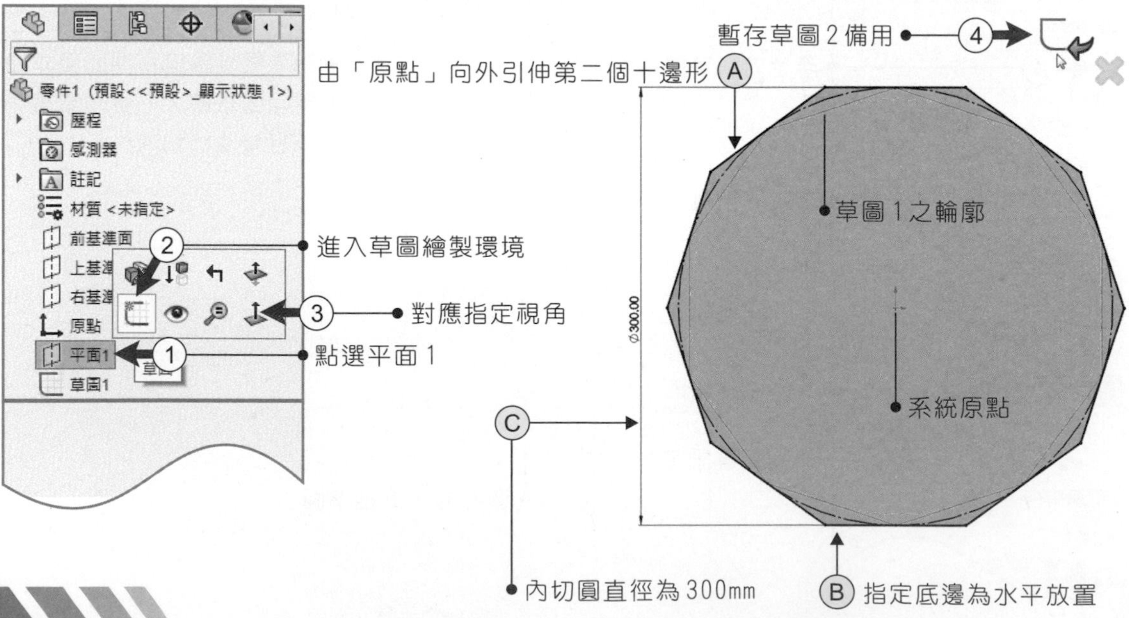

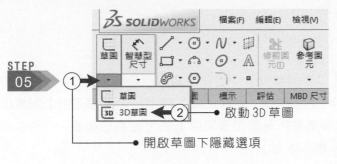

STEP 05

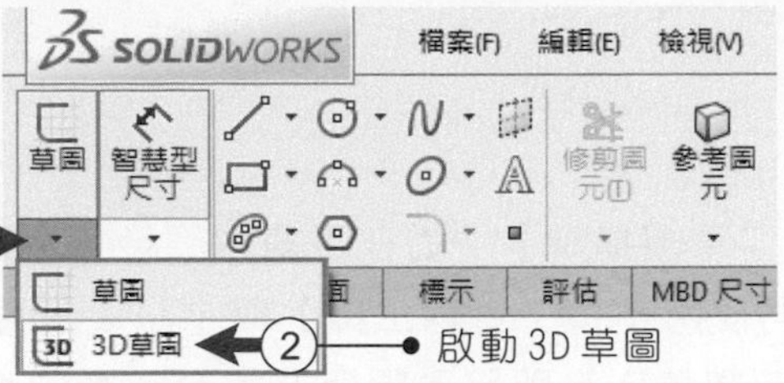

② 啟動 3D 草圖

① 開啟草圖下隱藏選項

待兩個多邊形草圖完成且保留後，接續著由「下拉式選單」啟動【3D草圖】（點選步驟如左側圖面示意）。於「上視角」繪製一個圓形，其圓心與【原點】重合；繼而再使用【智慧型尺寸】定義參數（不定義亦可）。

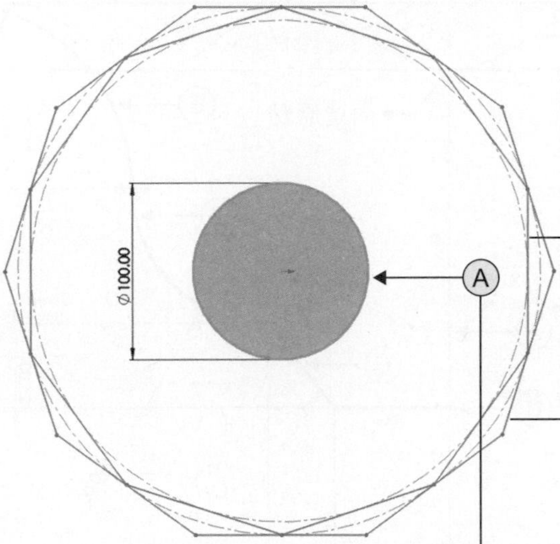

側邊垂直放置為草圖 1 之輪廓

底邊水平放置為草圖 2 之輪廓，草圖順序可以更迭，但是必須設定十邊形的其中一側為水平或垂直放置。

Ⓐ 由原點向外延伸一個同心圓

STEP 06

延續上一階段未完之草圖。選擇【不規則曲線】並沿著「草圖 1」與「草圖 2」以上下、上下、上下之次序連結上下的十邊形 20 個角點。完成後如右下圖之橘色封閉迴圈。

以順時針或逆時針的方向，依序連結上下兩個多邊形的所有角點，並使其形成封閉之迴圈。Ⓒ

保留 3D 草圖 ③

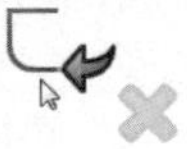

設定不規則曲線之起點 Ⓑ

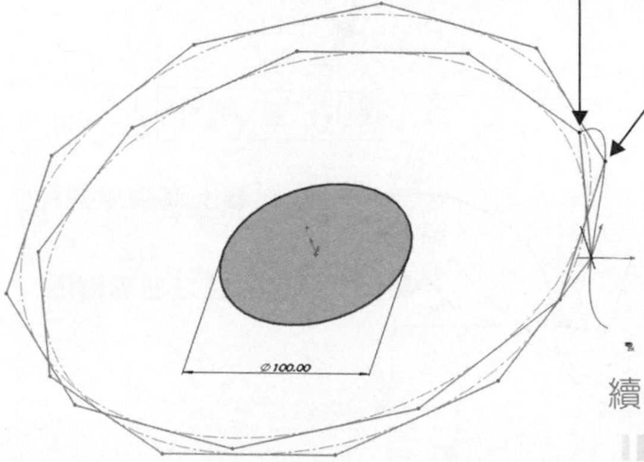

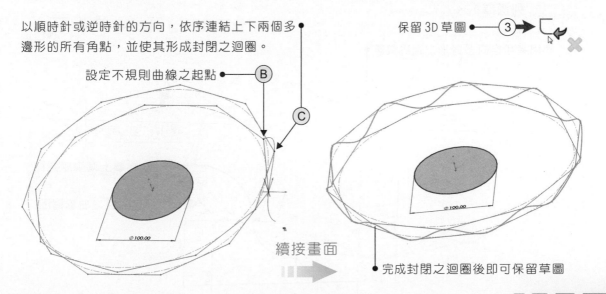

續接畫面

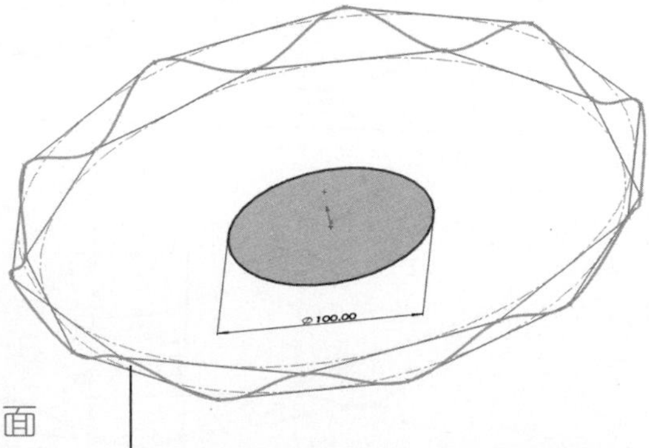

完成封閉之迴圈後即可保留草圖

STEP 07

由【前基準面】啟動【草圖指令】。並在視角對應後，由【原點】向下延伸一條垂直的參考線，再使用【直線工具】與【三點定弧】描繪出如圖示之輪廓；草圖線段於參數輸入後即呈現黑色之完全定義的型態。「D」與「E」兩弧線可設定成【相切限制】。

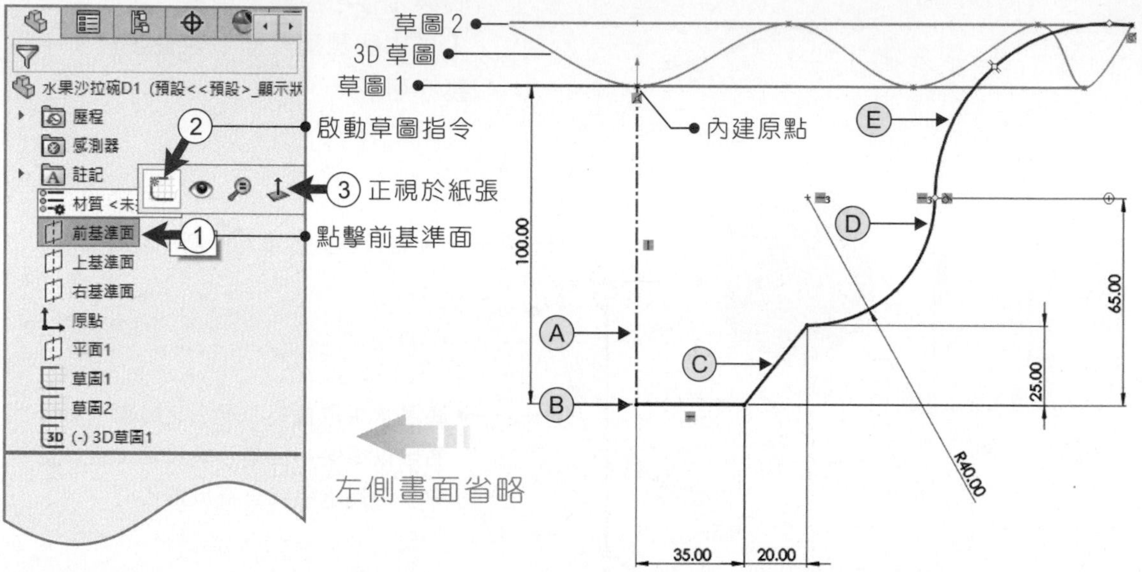

STEP 08

接續上階段之草圖。透過「滾輪」改變方位至透視狀態，以利草圖限制條件加選與設定。點選弧線「E」上方之端點，且 Ctrl ＋「左鍵」重複選定3D曲線之迴圈，繼而於「浮動快顯指令欄」指定為【貫穿限制】（也可於介面左側狀態列選擇）。

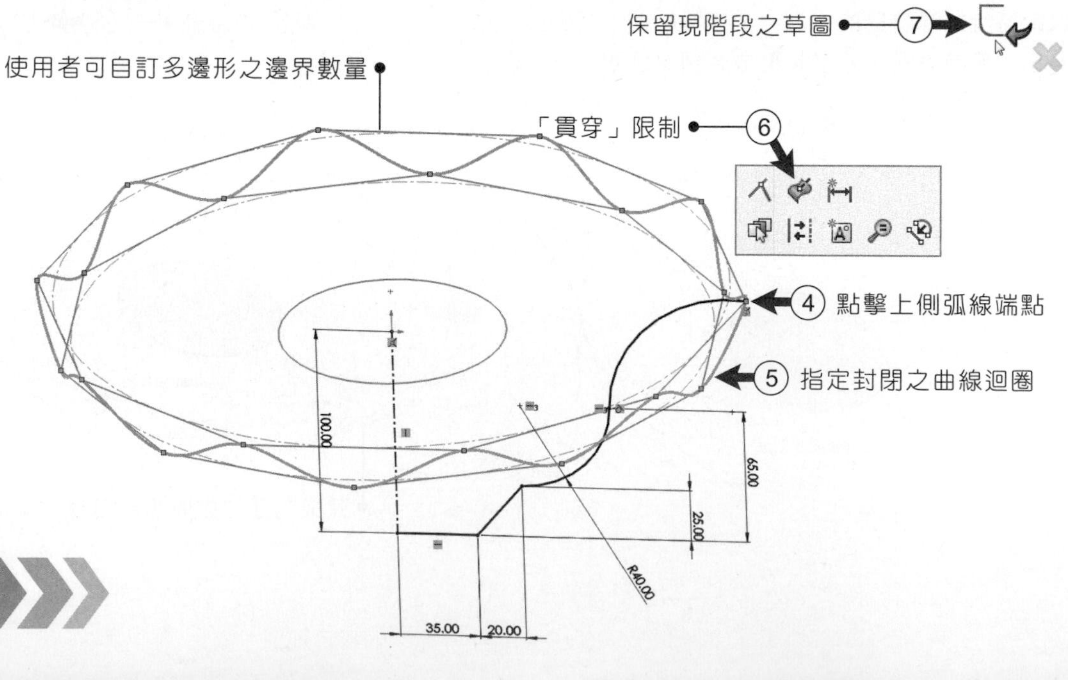

STEP 09

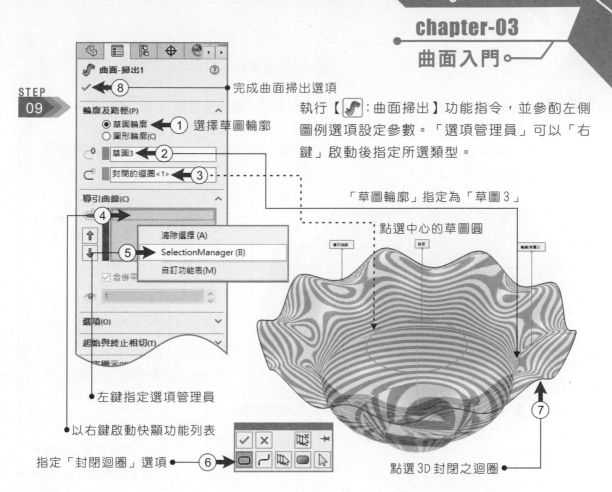

執行【 :曲面掃出】功能指令，並參酌左側圖例選項設定參數。「選項管理員」可以「右鍵」啟動後指定所選類型。

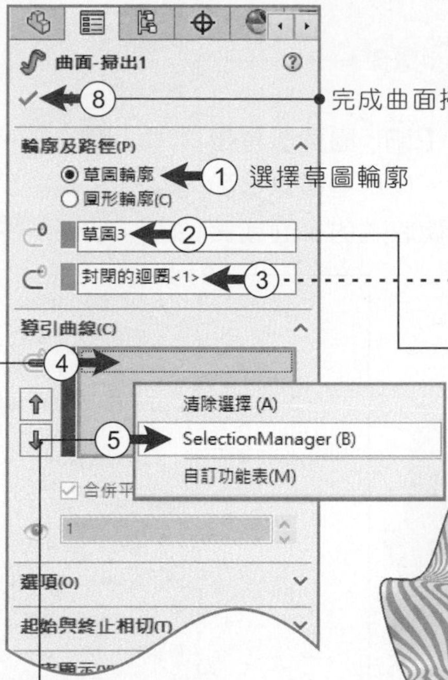

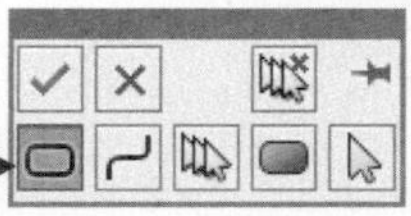

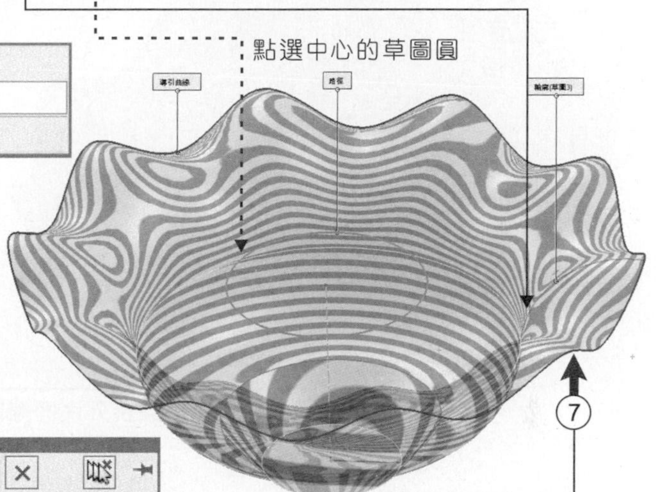

STEP 10

在有了上階段的曲面生成後，如要進入量產之程序則須讓原本零厚度的作用面增厚成實體。啟動【 加厚】指令，繼而點選欲長出實體的曲面，且在設定完殼厚參數後執行特徵功能。

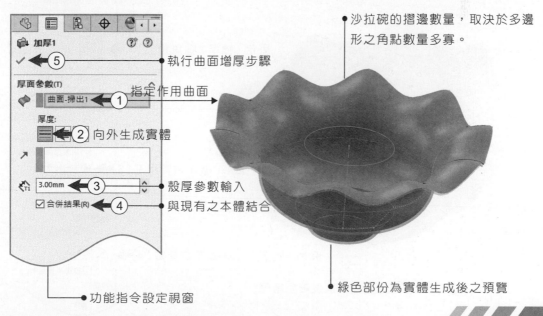

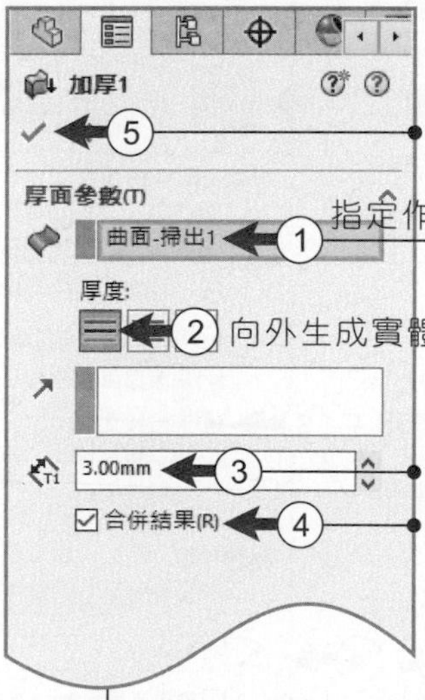

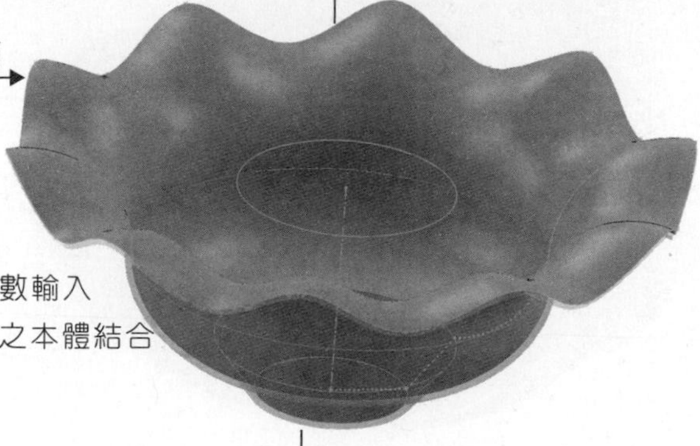

STEP 11

在實體邊界修飾的階段，通常慣性以【圓角】特徵針對未順接之邊界線導出相切之曲面。使用者得以參酌右側功能視窗選項的參數，指定沙拉碗底端的平面或實線施予潤飾之程序。

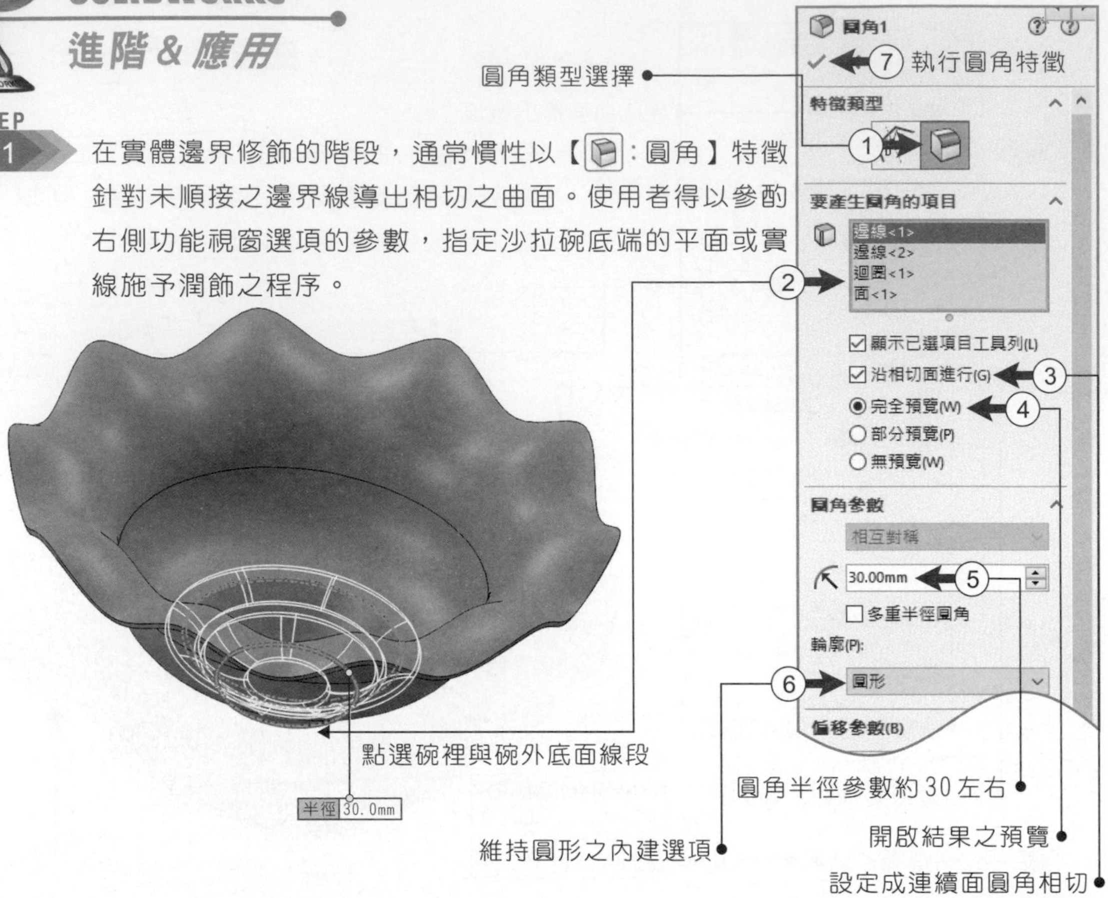

STEP 12

再次執行【圓角】進程。工業產品量產時為避免銳邊碰損或傷人，定會於邊界給予潤飾的後製加工步驟。於此階段點選沙拉碗上側邊界導以 1.5mm 左右的修飾即可。

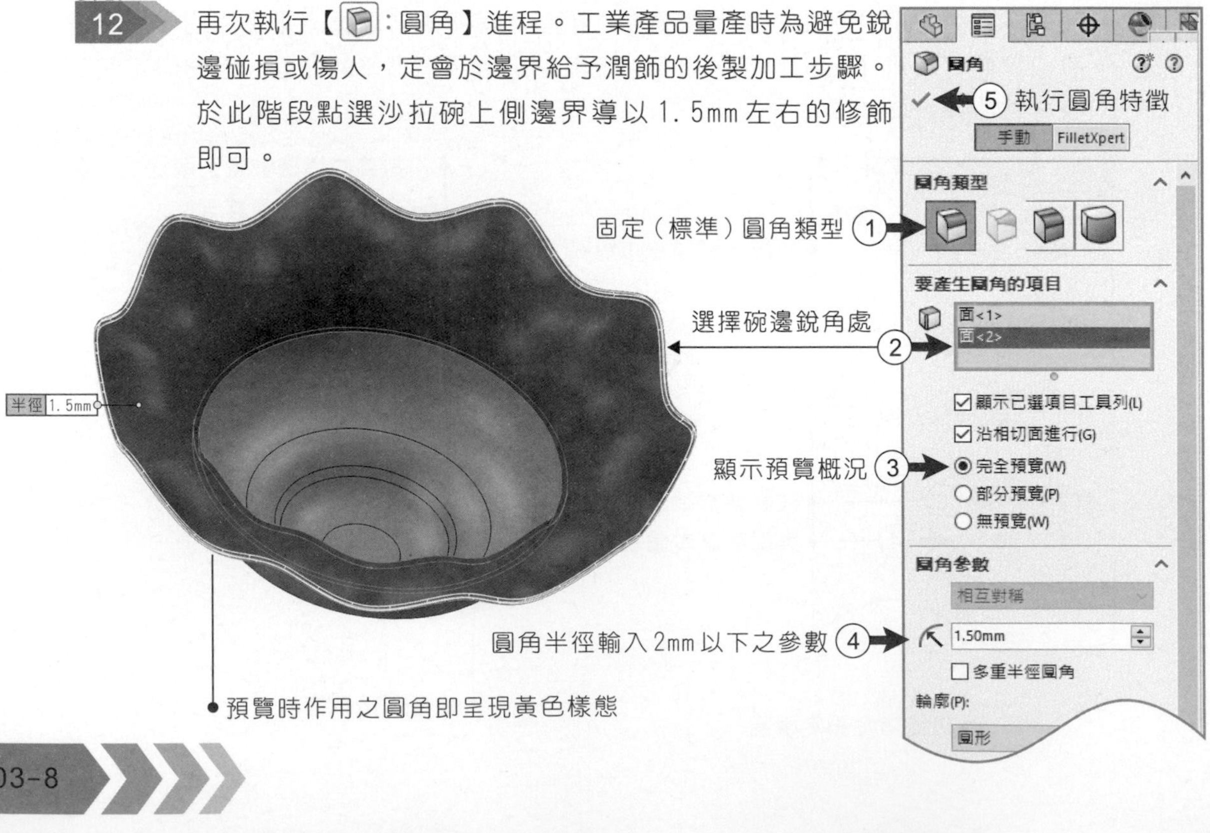

3-1.2 花邊碗彩現

SolidWorks內建的彩現軟體【 :Photoview360 】（亦可外掛【 Visualize 】），其擬真表現的效果也相當卓越；但由於模型上色、貼附材質與環境燈光設定並不是本書教學的要點，所以於內文中的彩現軟體應用僅是要點式的講述。如下方圖例所示：先於工具列標籤上點選「右鍵」，並在快顯視窗出現時勾選「計算影像工具」，即能看見附加軟體呈現於介面上。

① 點選右鍵顯示浮動項次

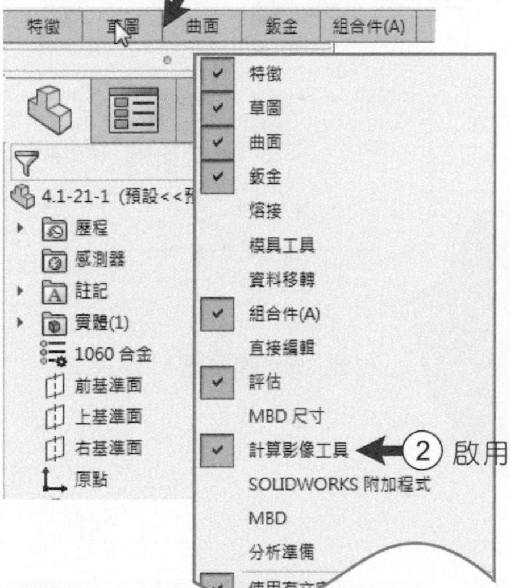

② 啟用附加之彩現軟體

未貼附材質的模型（可稱為白身）

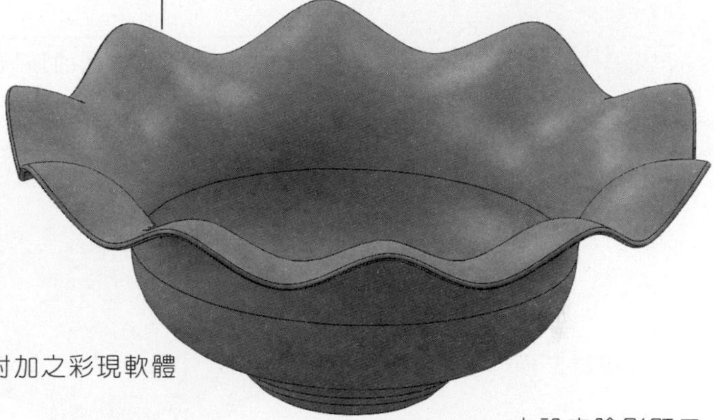

未設定陰影顯示

STEP 01

如果模型的外觀本體有兩個以上，則在貼附材質時需要特別指定欲上色的本體。選擇【 :編輯外觀】後，介面右側的彩現選項設定即會顯示，於 ① 點擊後便能啟用內建的材質庫資料夾選項。使用者可以由材質球的預覽狀況概觀貼附後的樣貌。

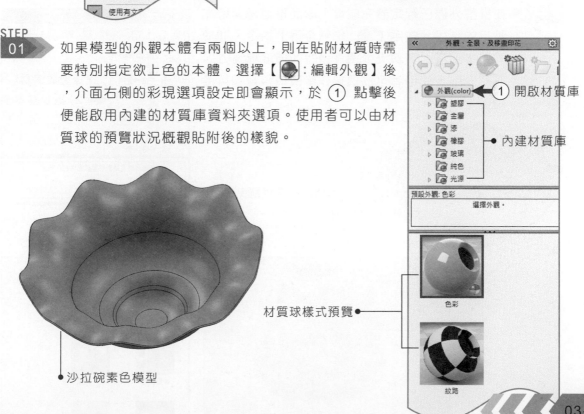

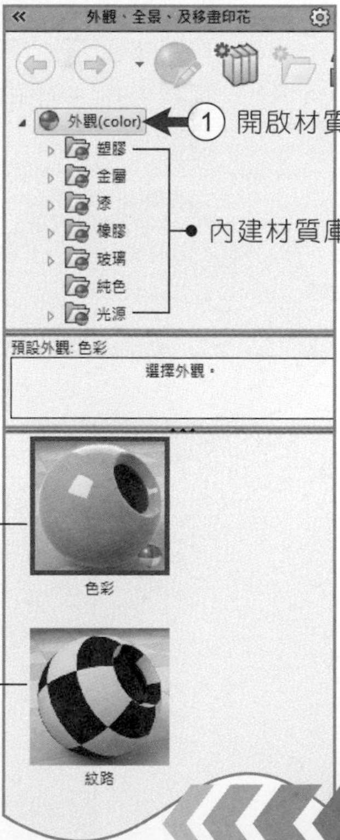

① 開啟材質庫

內建材質庫

材質球樣式預覽

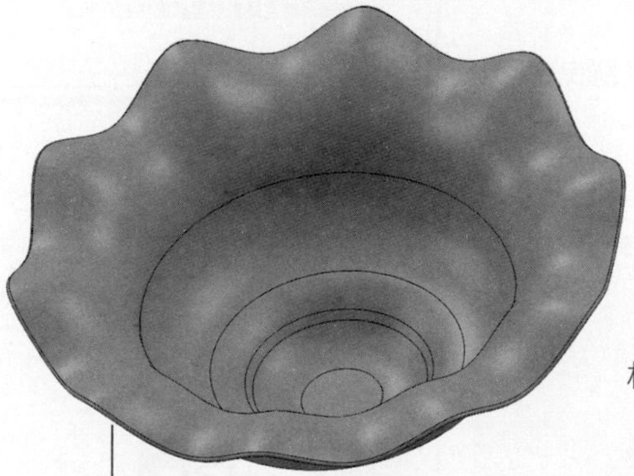

沙拉碗素色模型

STEP 02

現階段為附貼材質於模型外觀之階段。啟用附屬彩現軟體之【 :外觀】材質庫，並指定「玻璃」中之「光澤」類型裡的「藍色玻璃」，可使用「左鍵」點擊材質球或拖曳材質於沙拉碗上，藉以完成外觀質材的定義。

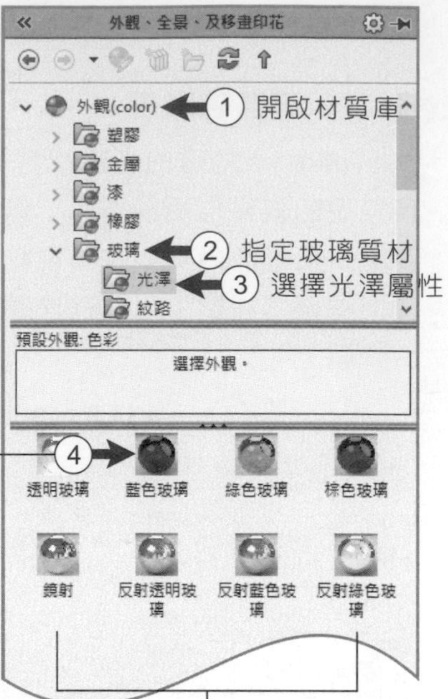

內建之光澤玻璃材質種類

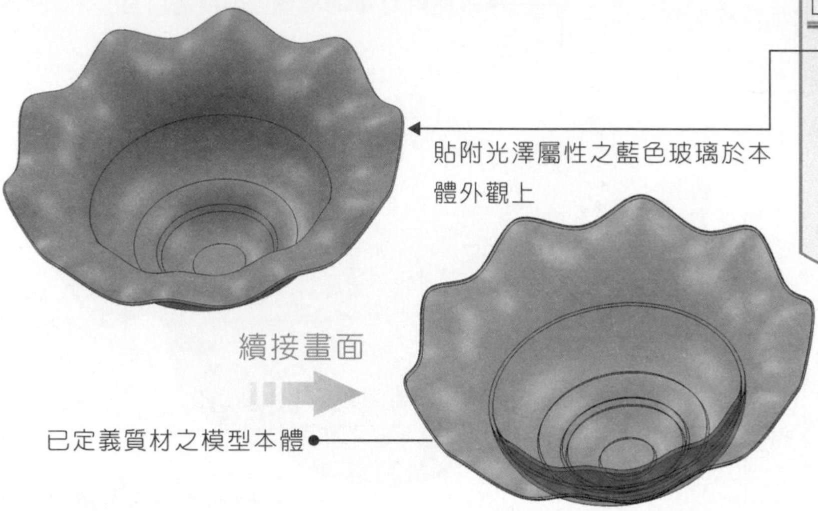

貼附光澤屬性之藍色玻璃於本體外觀上

續接畫面

已定義質材之模型本體

STEP 03

在模型外觀已經定義完成後，繼而是環境與燈光設定的階段。啟用【 :編輯全景】指令，並於「基本全景」資料夾中選擇適宜的環境檔匯入。在彩現前，使用者可以透過作業環境預覽圖片渲染後之效果。

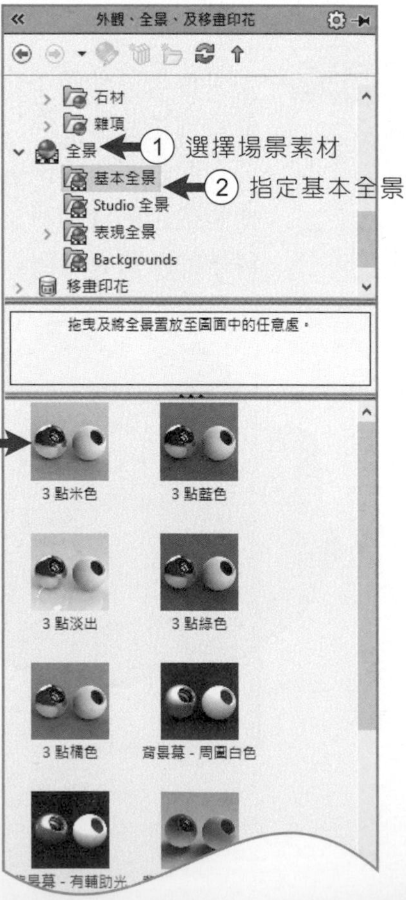

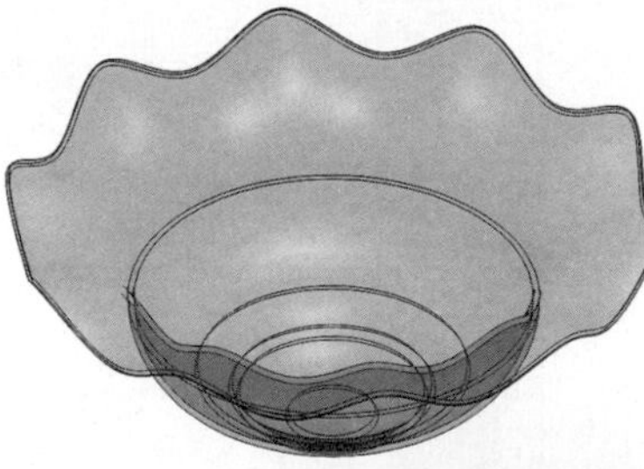

將合適的背景素材拖曳至頁面空白處。

續接畫面

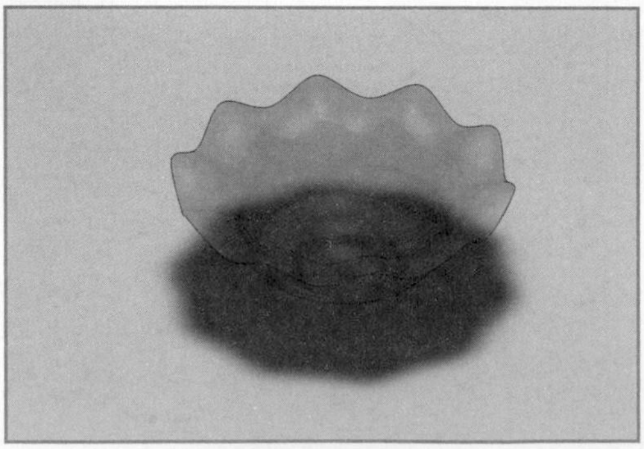

STEP 04

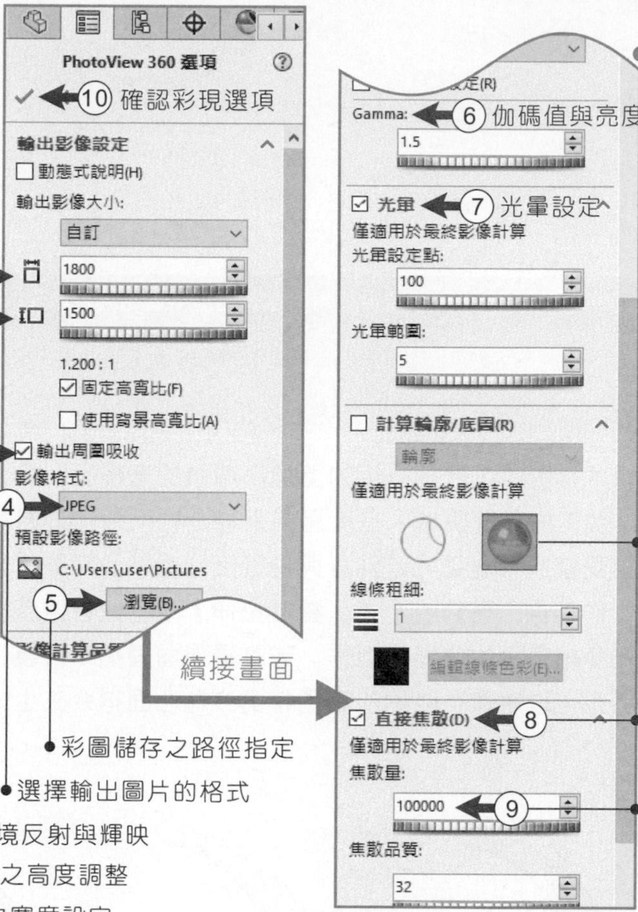
PhotoView 360 選項
⑩ 確認彩現選項
輸出影像設定
動態式說明(H)
輸出影像大小:
自訂
① 1800
② 1500
1.200 : 1
固定高寬比(F)
使用背景高寬比(A)
③ 輸出周圍吸收
影像格式:
④ JPEG
預設影像路徑:
C:\Users\user\Pictures
⑤ 瀏覽(B)...
續接畫面
Gamma: ⑥ 伽碼值與亮度調整
1.5
光暈 ⑦ 光暈設定
僅適用於最終影像計算
光暈設定點:
100
光暈範圍:
5
計算輪廓/底图(R)
輪廓
僅適用於最終影像計算
線條粗細:
1
編輯線條色彩(E)...
直接焦散(D) ⑧
僅適用於最終影像計算
焦散量:
100000 ⑨
焦散品質:
32
彩圖儲存之路徑指定
選擇輸出圖片的格式
環境反射與輝映
彩現圖之高度調整
輸出圖照之寬度設定
如需強調邊界線條可以開啟此計算輪廓之效果。
焦散設定（適用於透明或高反射之材質）。
預設之焦散量（數值越大效果越顯著）。

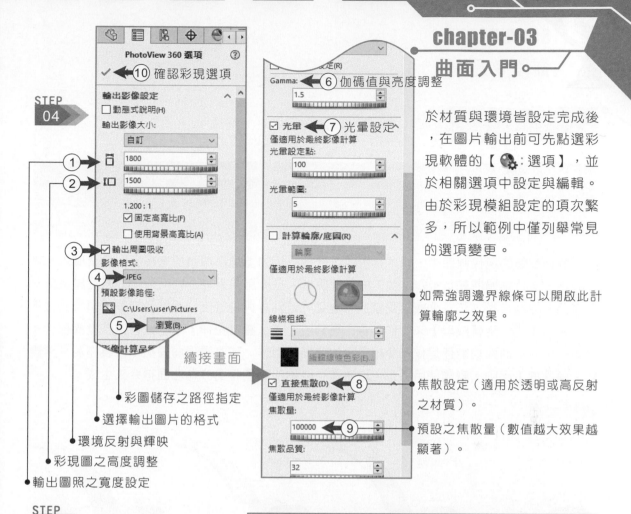

於材質與環境皆設定完成後，在圖片輸出前可先點選彩現軟體的【 :選項】，並於相關選項中設定與編輯。由於彩現模組設定的項次繁多，所以範例中僅列舉常見的選項變更。

STEP 05

在沙拉碗之模型外觀已經定義完成後，繼而是環境與燈光設置的階段。啟用【 :最終影像計算】指令渲染圖照，或使用者可以透過作業環境的預覽圖片，預視彩現後之成果。

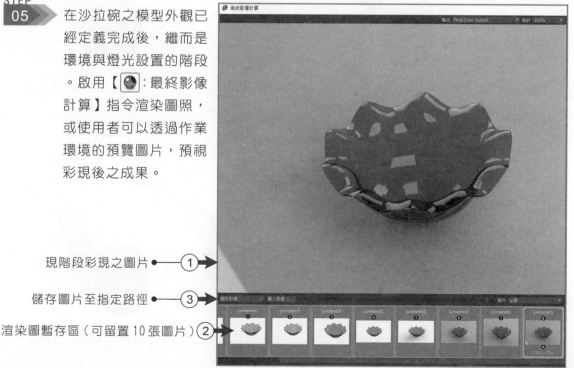

最終影像計算
現階段彩現之圖片 ①
儲存圖片至指定路徑 ③
渲染圖暫存區（可留置 10 張圖片）②

3-2 原木菸斗設計

⊙要點提醒 **本範例為綠色版參考教學檔--請學習者使用雲端連結並下載相關之附件**

本範例教學視訊檔案：SolidWorks/進階&應用/CH03目錄下/3-2 原木菸斗.avi
本範例製作完成檔案：SolidWorks/進階&應用/CH03目錄下/3-2 原木菸斗.SLDPRT

在工業化製造的現代程序中，原木材質的「菸斗」算的上是高單價的奢侈品，如紫檀木、黃花梨木等適合透過四軸以上CNC加工的昂貴質材，在產品的外觀上也都附加著貴金屬與象牙等裝飾。整體來說，菸斗外觀的建模並不複雜，但斗身與煙管接合處須盡可能的順接到位。一開始以【旋轉成型】來製作斗身，再藉由【疊層拉伸】成型煙管與菸嘴的部件。在本範例中，曲面功能僅是作為草繪基準的放樣與製作，或許透過曲面指令來製作菸斗會更適合資深的工程師。軟體使用者也可以將書中範例的實體特徵改為曲面指令來生成。

建模進程：

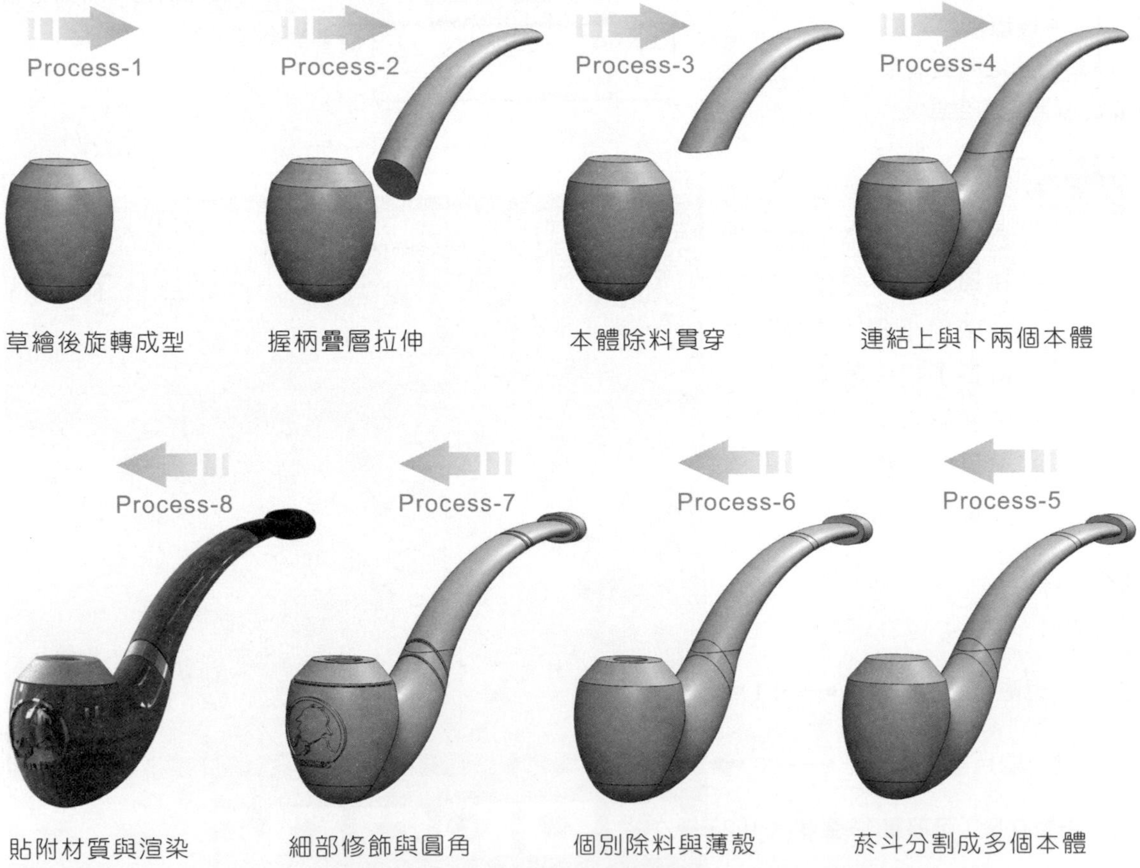
Process-1
草繪後旋轉成型
Process-2
握柄疊層拉伸
Process-3
本體除料貫穿
Process-4
連結上與下兩個本體
Process-5
菸斗分割成多個本體
Process-6
個別除料與薄殼
Process-7
細部修飾與圓角
Process-8
貼附材質與渲染

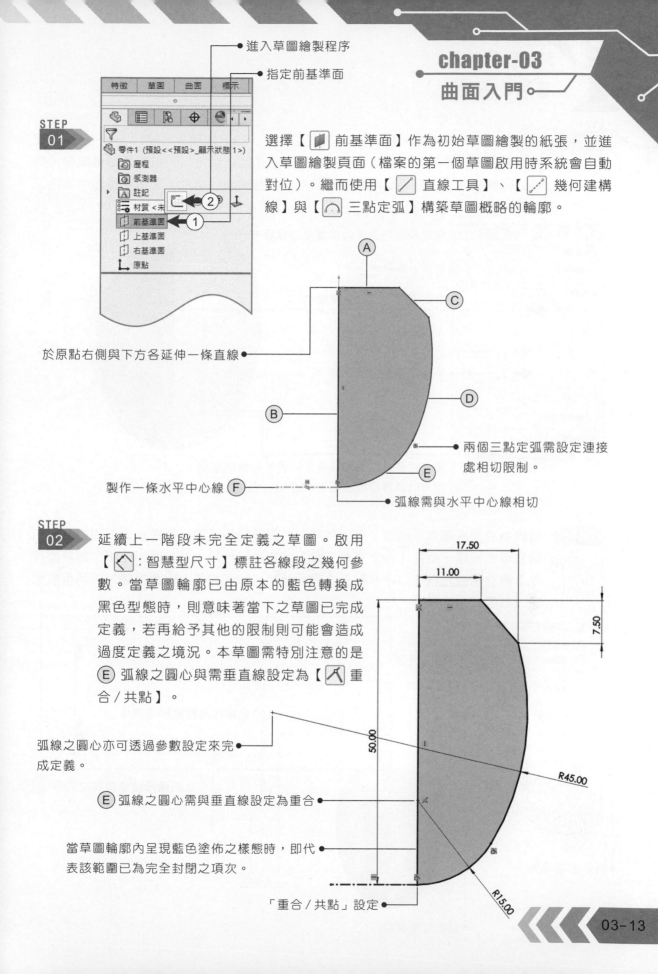

STEP 01

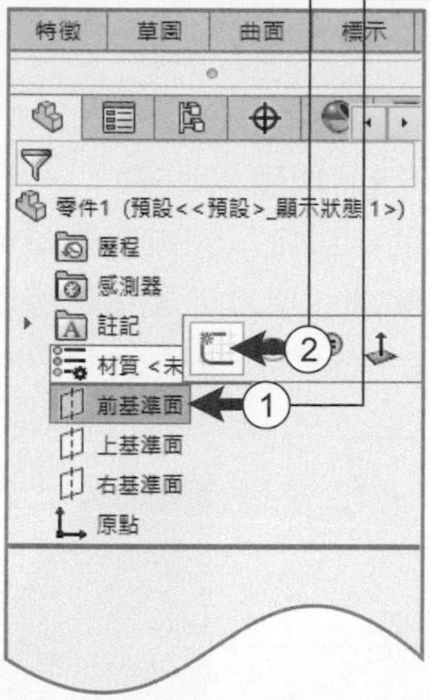

選擇【 前基準面】作為初始草圖繪製的紙張，並進入草圖繪製頁面（檔案的第一個草圖啟用時系統會自動對位）。繼而使用【 直線工具】、【 幾何建構線】與【 三點定弧】構築草圖概略的輪廓。

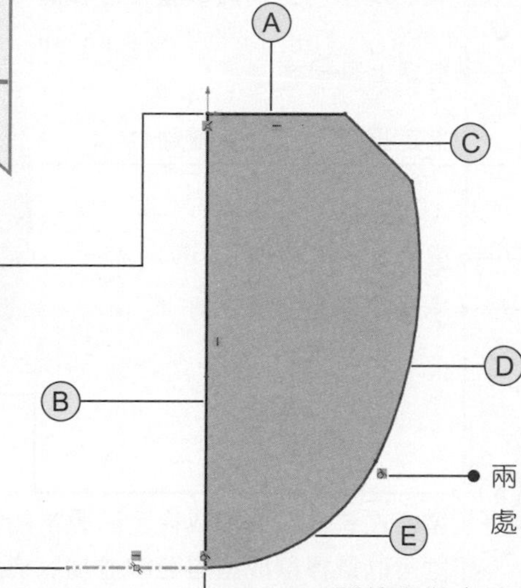
A
C
於原點右側與下方各延伸一條直線
D
B
兩個三點定弧需設定連接處相切限制。
E
製作一條水平中心線 F
弧線需與水平中心線相切

STEP 02

延續上一階段未完全定義之草圖。啟用【 ：智慧型尺寸】標註各線段之幾何參數。當草圖輪廓已由原本的藍色轉換成黑色型態時，則意味著當下之草圖已完成定義，若再給予其他的限制則可能會造成過度定義之境況。本草圖需特別注意的是 Ⓔ 弧線之圓心與需垂直線設定為【 重合／共點】。

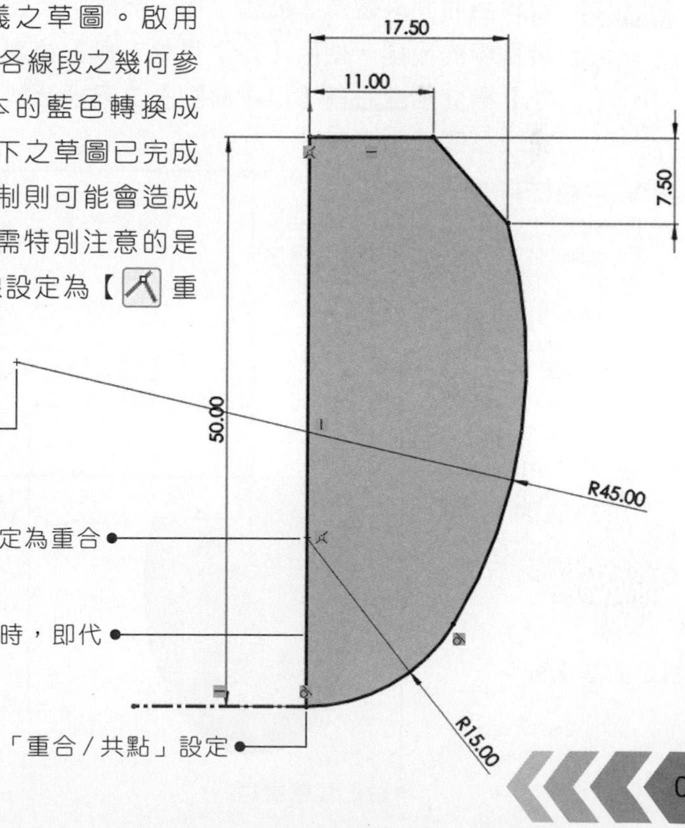
17.50
11.00
7.50
50.00
R45.00
R15.00
弧線之圓心亦可透過參數設定來完成定義。
Ⓔ 弧線之圓心需與垂直線設定為重合
當草圖輪廓內呈現藍色塗佈之樣態時，即代表該範圍已為完全封閉之項次。
「重合／共點」設定

STEP 03

延續上一階段之草圖。待 2D 草圖完成定義後，繼而啟用 3D 特徵——【 ：旋轉成型】指令，使用者可以參酌下方功能對話視窗之設定，完成實體迴轉成型。倘若特徵無法成型，則可能需要額外啟用「所選輪廓」項次，並指定畫面中紫色之圖元範圍。

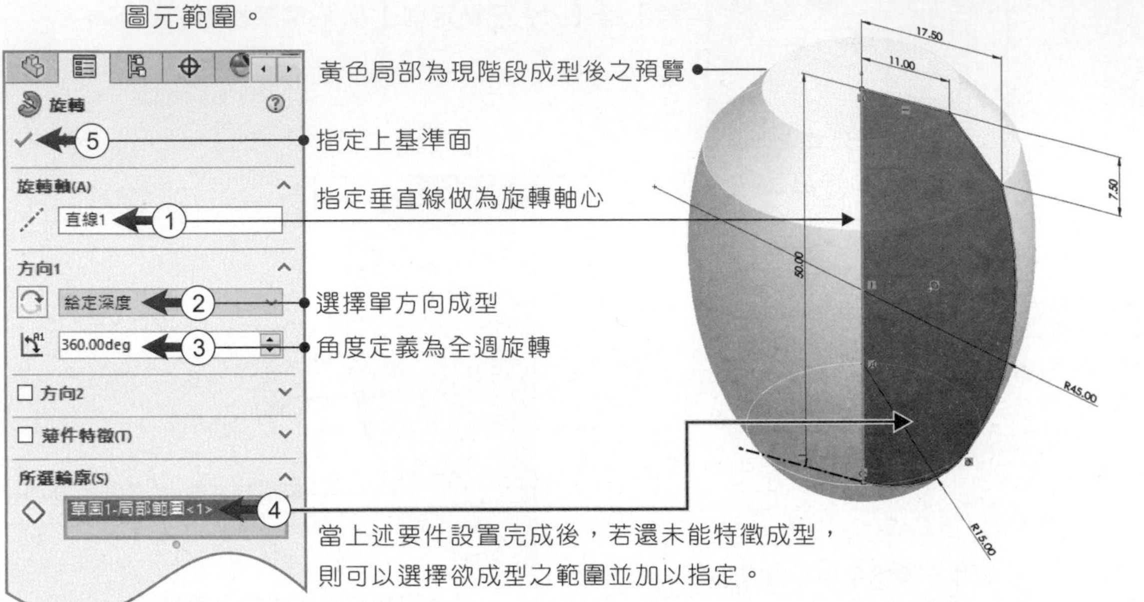

STEP 04

欲藉由曲面來做為「菸管」與「菸嘴」草圖繪製的基準，而在此之前須先完成兩段直線的放樣。使用【 直線工具】繪製兩條線段，並且透過【 智慧型尺寸】標註兩線段與【 原點】之尺寸參數，待兩線段已由藍色轉為黑色型態即完成該圖元之定義。

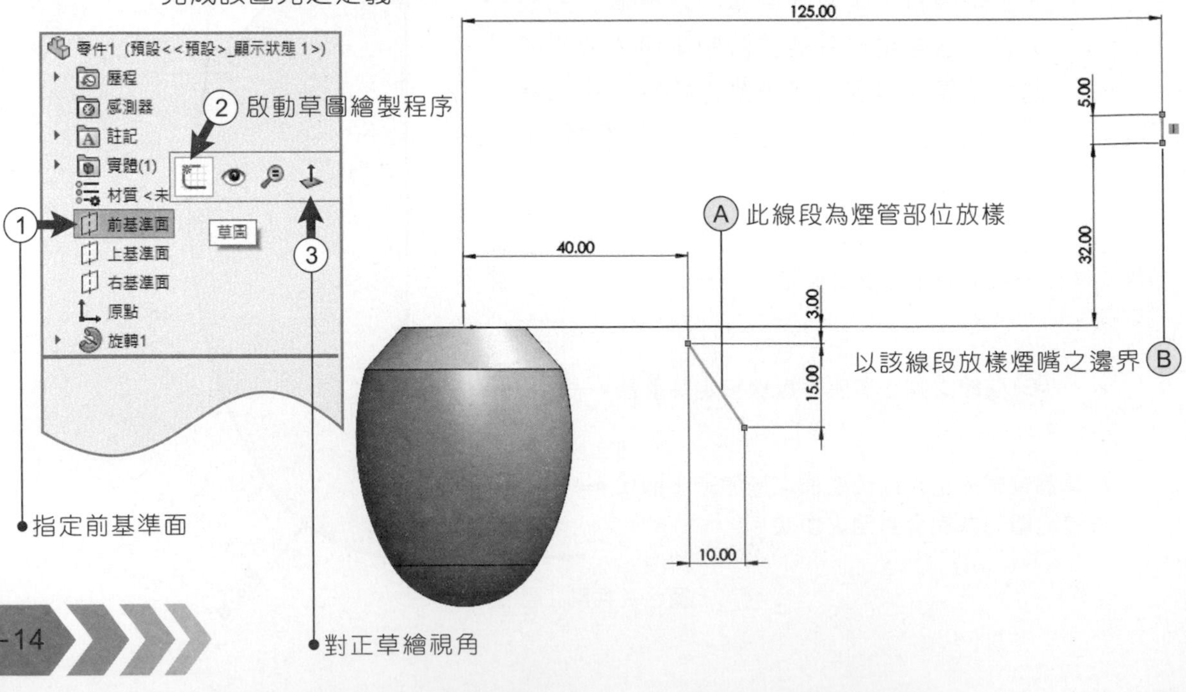

STEP 05

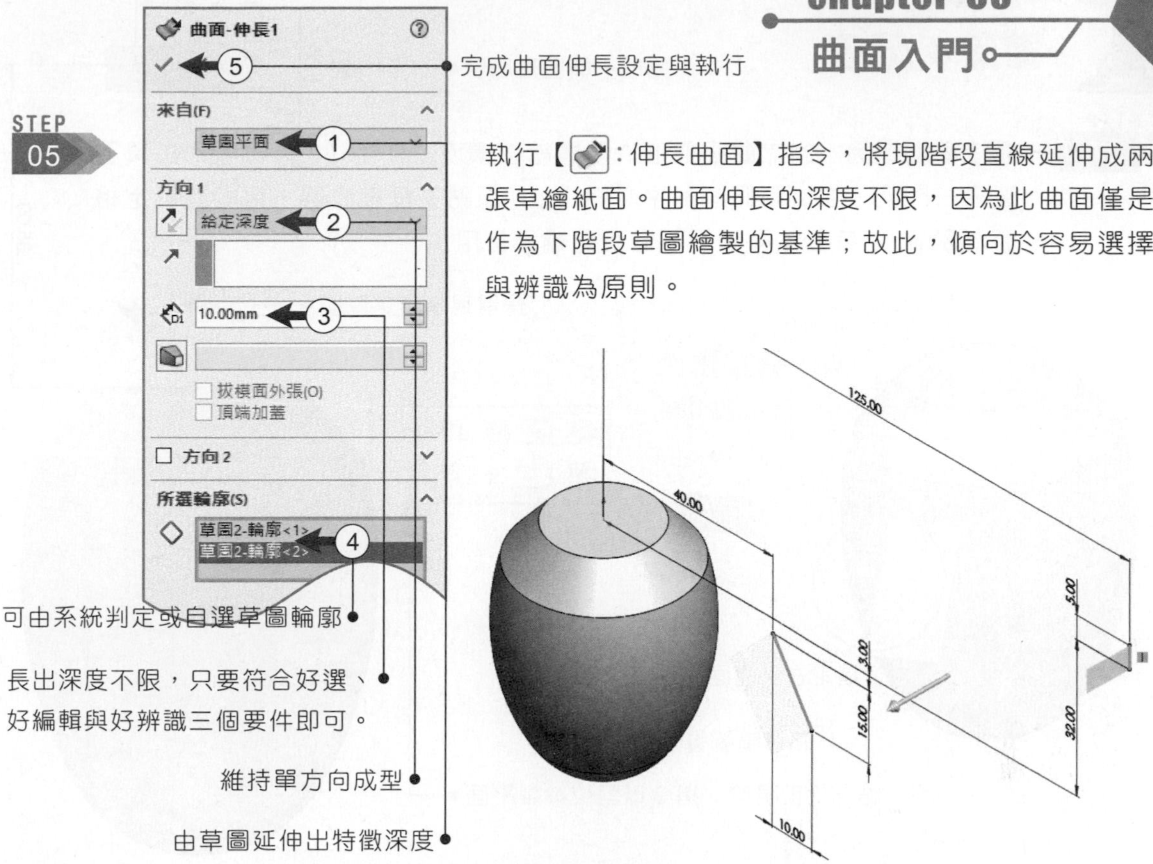
曲面-伸長1
來自(F)
草圖平面
方向 1
給定深度
10.00mm
拔模面外張(O)
頂端加蓋
方向 2
所選輪廓(S)
草圖2-輪廓<1>
草圖2-輪廓<2>
完成曲面伸長設定與執行
可由系統判定或自選草圖輪廓
長出深度不限，只要符合好選、
好編輯與好辨識三個要件即可。
維持單方向成型
由草圖延伸出特徵深度
125.00
40.00
5.00
3.00
15.00
32.00
10.00

執行【 :伸長曲面】指令，將現階段直線延伸成兩張草繪紙面。曲面伸長的深度不限，因為此曲面僅是作為下階段草圖繪製的基準；故此，傾向於容易選擇與辨識為原則。

STEP 06

在後續階段需完成「菸管」與「菸嘴」連接「斗室」，如此才算是具體的建構出菸斗的實體外觀。點選左側曲面並啟用【 草圖】與【 : 正視於】指令，且使用【 :圓工具】繪製一封閉圖元，並輸入該圓心與【 :原點】相距 33mm，再限制圓心垂直於斗室實體之中點。

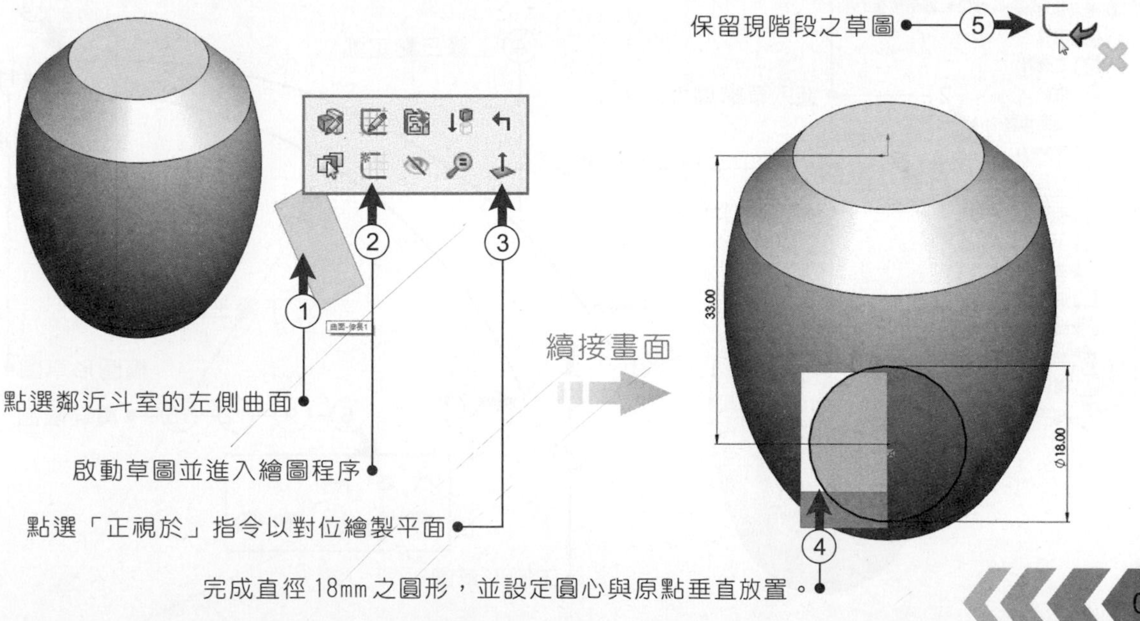
保留現階段之草圖
續接畫面
點選鄰近斗室的左側曲面
啟動草圖並進入繪圖程序
點選「正視於」指令以對位繪製平面
完成直徑 18mm 之圓形，並設定圓心與原點垂直放置。
33.00
⌀18.00

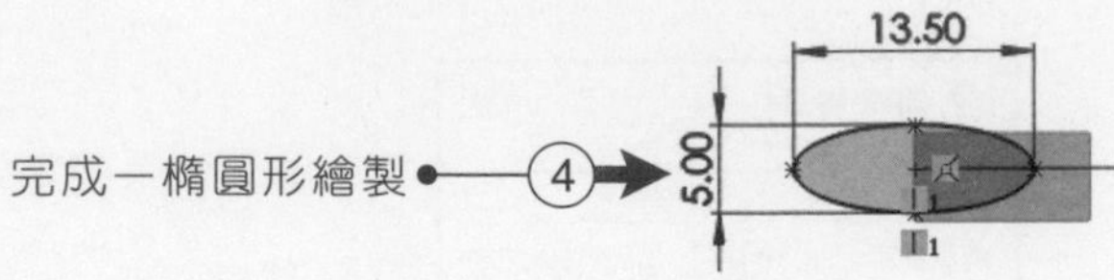

STEP 07 續接著點選另一側之曲面並進入草圖繪製環境。使用【橢圓形工具】建構一圖元，並以該橢圓形中心與【原點】垂直放置，且與其設定相距為 35mm 之參數，再保留現階段之輪廓待用。

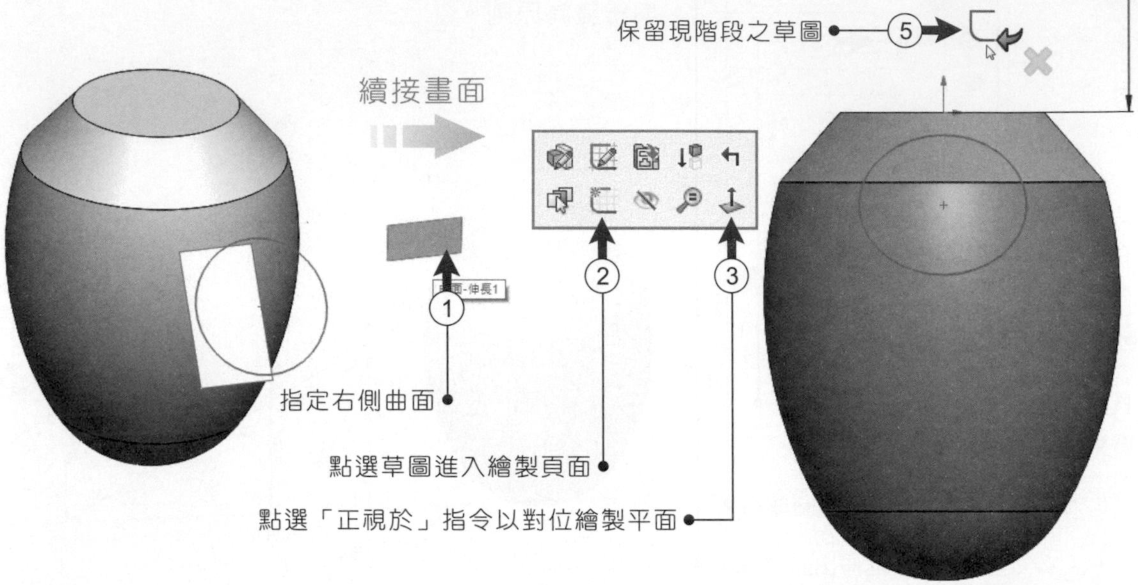

STEP 08 使用【三點定弧】描繪兩段弧線，並以 Ctrl +「左鍵」重複加選之形式點選 Ⓐ 弧左側端點與「正圓形草圖」，並於快顯功能視窗中點擊【貫穿】；而另三個弧線端點則參酌上述步驟依次序執行。

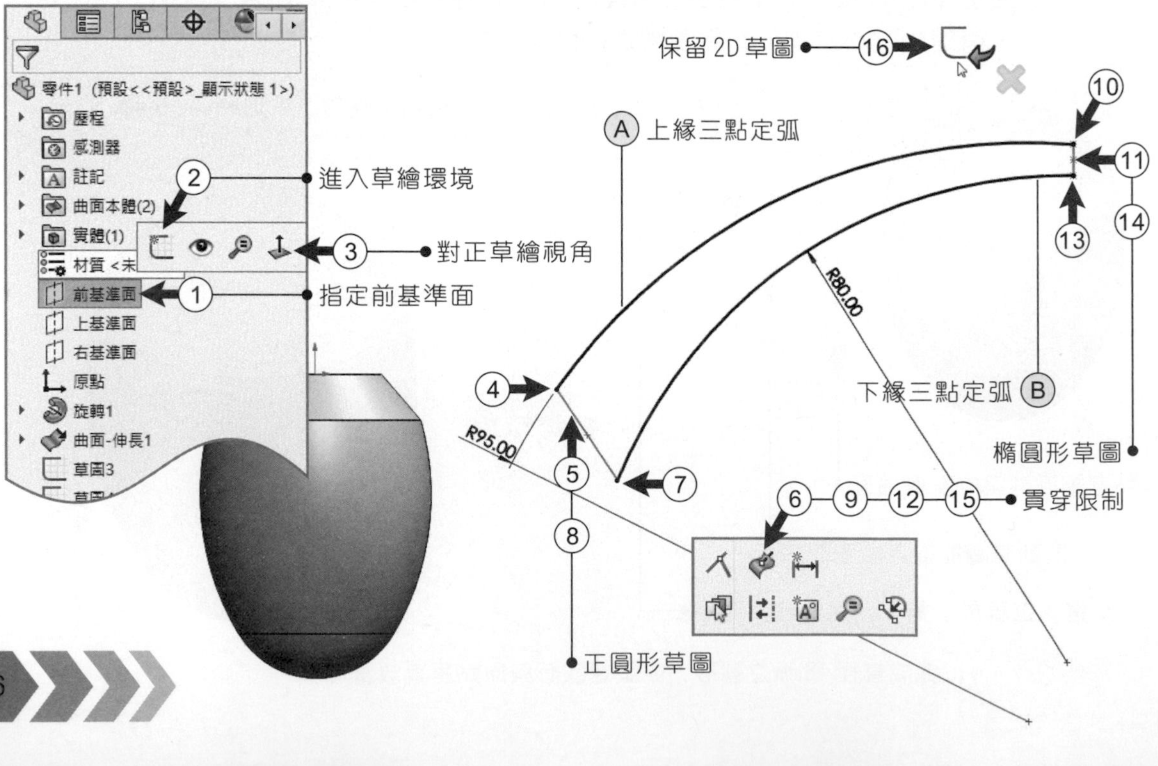

STEP 09

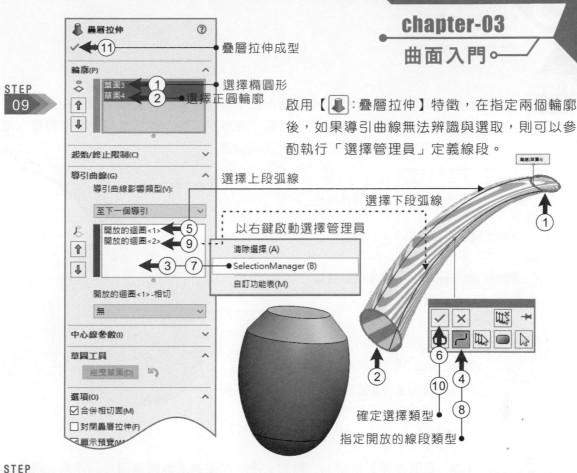

啟用【 :疊層拉伸】特徵，在指定兩個輪廓後，如果導引曲線無法辨識與選取，則可以參酌執行「選擇管理員」定義線段。

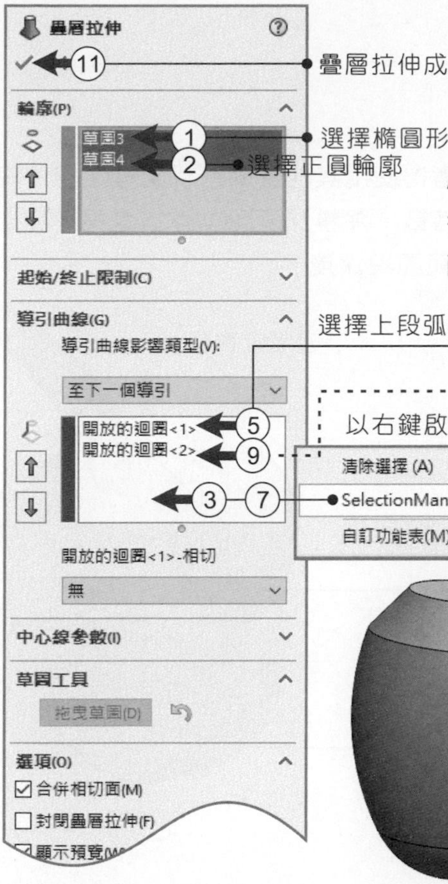
疊層拉伸
疊層拉伸成型
輪廓(P)
草圖3
草圖4
選擇橢圓形
選擇正圓輪廓
起始/終止限制(C)
導引曲線(G)
導引曲線影響類型(V):
至下一個導引
開放的迴圈<1>
開放的迴圈<2>
開放的迴圈<1>-相切
無
中心線參數(I)
草圖工具
拖曳草圖(D)
選項(O)
合併相切面(M)
封閉疊層拉伸(F)
顯示預覽

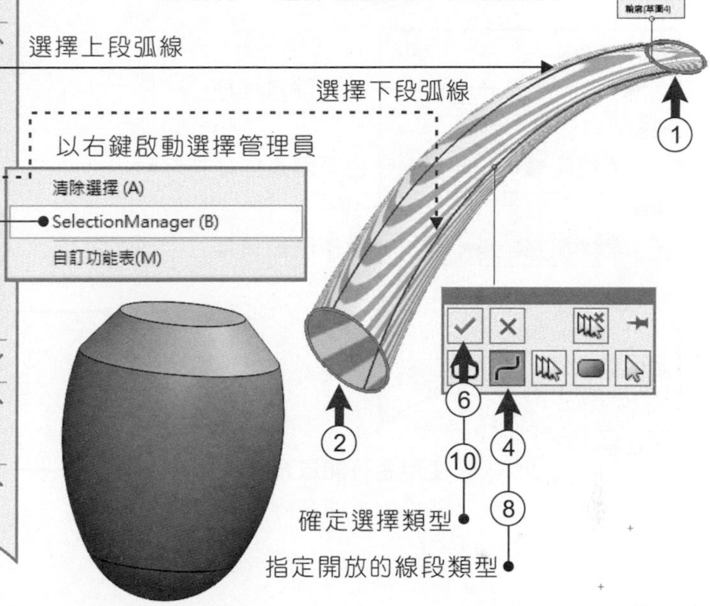
選擇上段弧線
選擇下段弧線
以右鍵啟動選擇管理員
清除選擇 (A)
SelectionManager (B)
自訂功能表(M)
確定選擇類型
指定開放的線段類型

STEP 10

為讓斗室與菸管可以順接成一體，於此階段繪製一個圓形輪廓，並讓該圖元與垂直中心線產生對應之關聯（中心線下方端點可落於斗室邊界）。

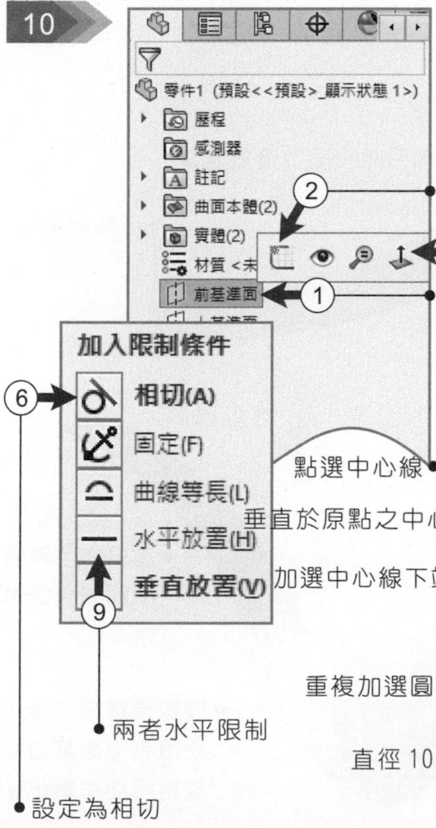
零件1 (預設<<預設>_顯示狀態 1>)
歷程
感測器
註記
曲面本體(2)
實體(2)
材質
前基準面
進入草繪環境
對正草繪視角
指定前基準面
加入限制條件
相切(A)
固定(F)
曲線等長(L)
水平放置(H)
垂直放置(V)
兩者水平限制
設定為相切

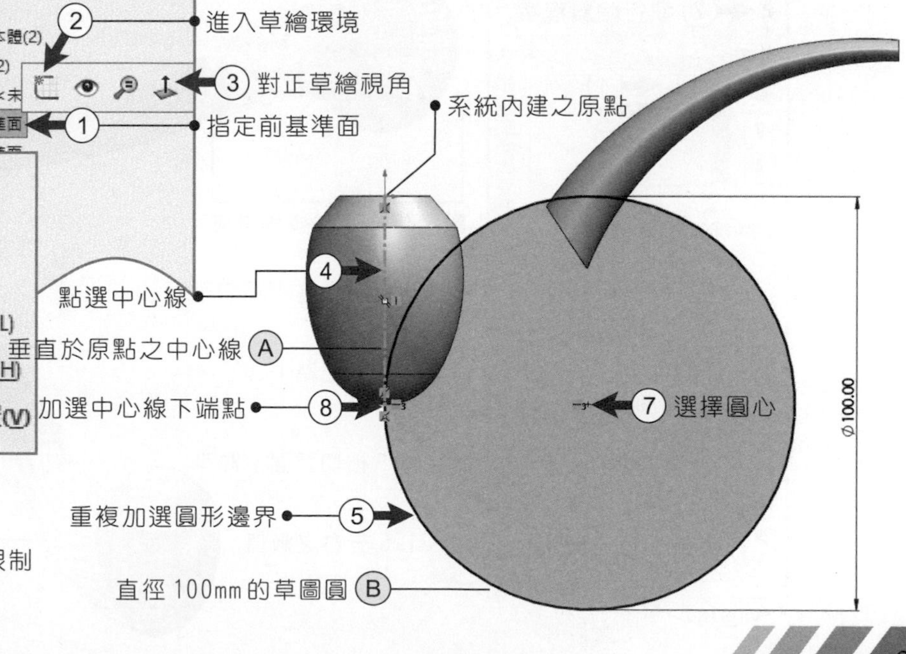
系統內建之原點
點選中心線
垂直於原點之中心線 A
加選中心線下端點
選擇圓心
重複加選圓形邊界
直徑 100mm 的草圖圓 B
⌀100.00

STEP 11

在圓形輪廓草圖完全定義後（使用者得使用其他輪廓替代正圓，且不完全定義亦可），繼而執行【[icon]：伸長除料】特徵，除料深度可以直接選擇「完全貫穿 - 兩者」；開啟預覽後能即時看見除料範圍與深淺。

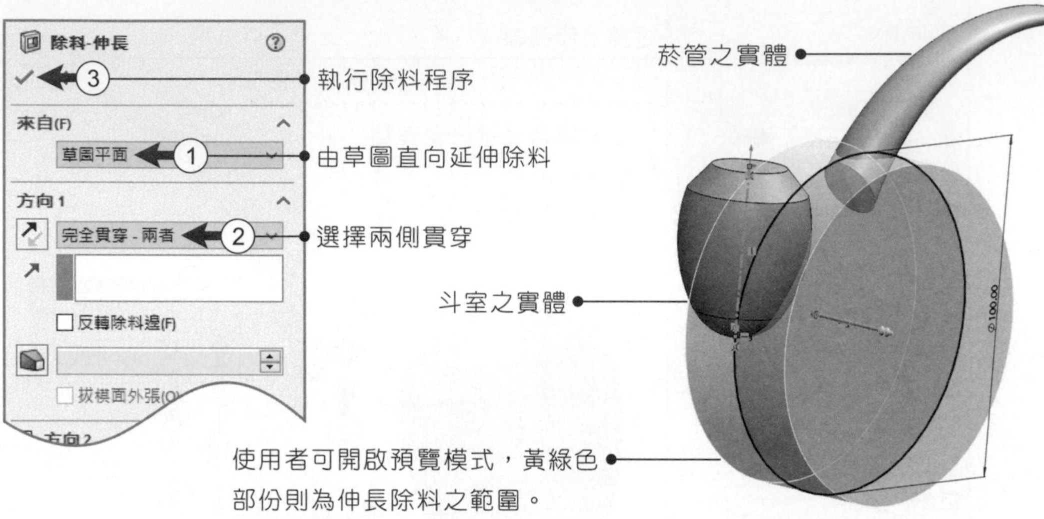
除料-伸長
3
執行除料程序
來自(F)
草圖平面
1
由草圖直向延伸除料
方向 1
完全貫穿 - 兩者
2
選擇兩側貫穿
反轉除料邊(F)
拔模面外張(O)
方向2
菸管之實體
斗室之實體
使用者可開啟預覽模式，黃綠色部份則為伸長除料之範圍。

STEP 12

啟用【[icon]：疊層拉伸】特徵，「輪廓」項次點擊為上階段消弭的兩本體切除面。於「起始 / 終止限制」選項則都指定為「相切至面」類型，並開啟「完全預覽」模式以便檢視特徵成型之結果。

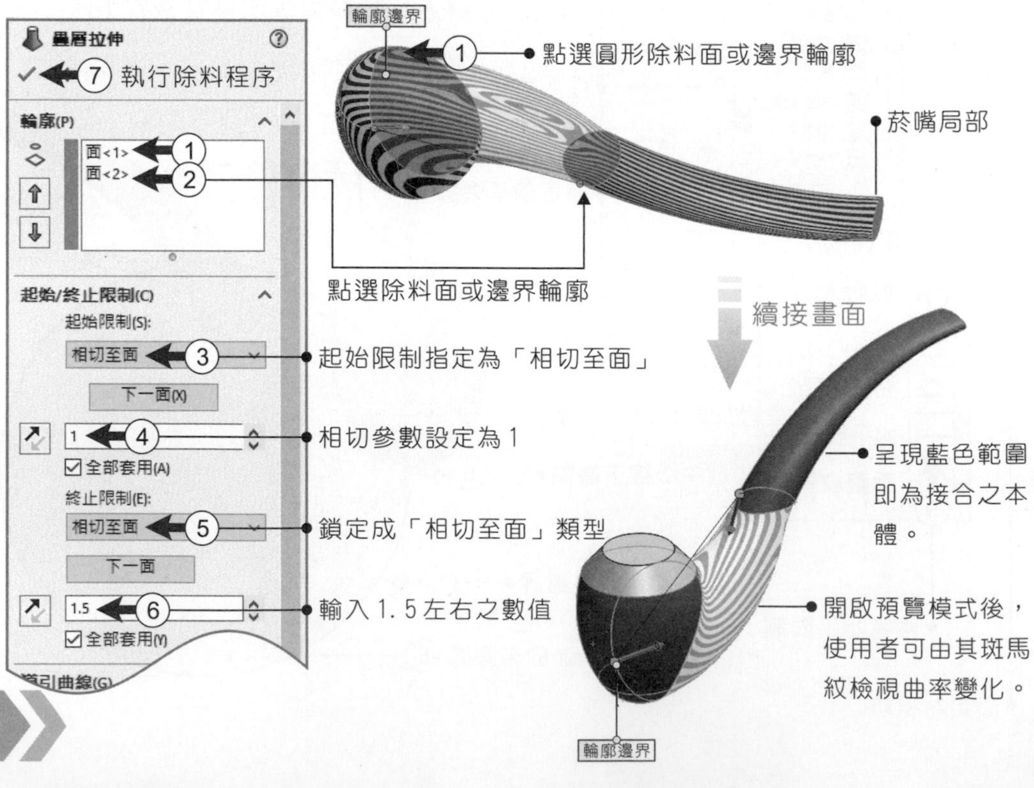
疊層拉伸
7
執行除料程序
輪廓(P)
面<1>
1
面<2>
2
起始/終止限制(C)
起始限制(S):
相切至面
3
下一面(X)
1
4
全部套用(A)
終止限制(E):
相切至面
5
下一面
1.5
6
全部套用(Y)
導引曲線(G)
輪廓邊界
點選圓形除料面或邊界輪廓
菸嘴局部
點選除料面或邊界輪廓
續接畫面
起始限制指定為「相切至面」
相切參數設定為 1
鎖定成「相切至面」類型
輸入 1.5 左右之數值
呈現藍色範圍即為接合之本體。
開啟預覽模式後，使用者可由其斑馬紋檢視曲率變化。
輪廓邊界

STEP
13

如果使用者想建構的是一體成型之菸斗，則可以略過續接下來的【 ◻ 分割】進程。倘若要針對實體進行細部的刻畫，請於【 ◻ 前基準面】繪製若干草圖輪廓，並將單一的個體拆卸成「菸碗」、「斗身」、「菸嘴」……等多個構件。

● 菸斗H (預設<<預設>_顯示狀態 1>)
▸ 歷程
感測器
▸ A 註記
▸ 曲面本體(2)
▸ 實體(1)
材質 <~
前基準面 ①
上基準面
右基準面
L 原點
▸ 旋轉1
▸ 曲面-伸長1
▸ 疊層拉伸1
▸ 除料-伸長1
疊層拉伸2

② ──● 進入草繪環境
③ ──● 對正圖元繪製之視角
──● 選擇草繪紙面

──● 進程回溯控制閥

分割菸斗之線段可自行設計與增減 ●

3.00

E
D 分割菸嘴之圖元

5.00

C

A 以水平線分割菸碗與斗室

B 分割斗身與菸管之草圖

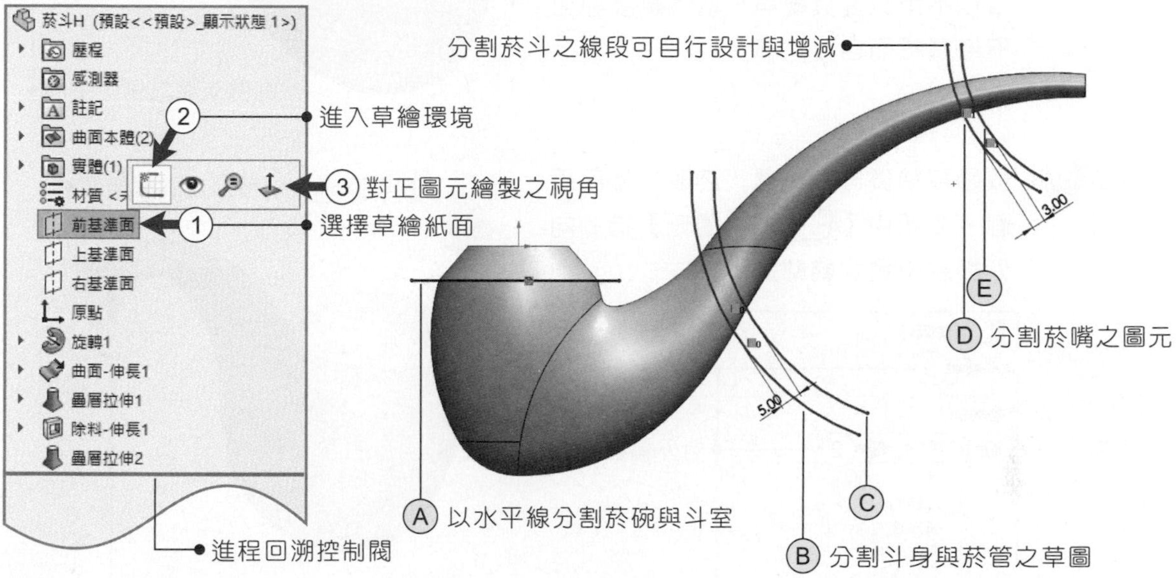

STEP
14

在草圖繪製完成後，繼而由下拉式選單啟動【 ◻ 分割】特徵。「修剪工具」為現階段之圖元，於點選完【 ✂ ：剪刀】項次後即可開始指定欲獨立之零件本體，最終再點擊【 ✔ 執行】及完成實體分合之程序。

◻ 分割
✔ ──⑩ 執行本體分割程序

訊息 ∧
選擇實體或曲面本體為分割操作的定標。為修剪工具欄何選擇一個草圖、平面、或曲面，然後按一下「切除本體」來執行分割。

修剪工具(S) ∧
◆ 草圖7 ──① ──● 選擇現階段之草圖

目標本體(B) ∧
● 所有本體 ──② 所有對應的本體
○ 所選本體

切除本體(C)

③ ──● 點選剪刀指令

成型本體(R) ∧
✂	檔案
1 ☑	<無> ──④
2 ☑	<無> ──⑤
3 ☑	<無> ──⑥
4 ☑	<無> ──⑦
5 ☑	<無> ──⑧
6 ☑	<無> ──⑨

自動指定名

本體 4: <無>
本體 5: <無>
本體 3: <無>
本體 6: <無>
本體 1: <無>
本體 2: <無>

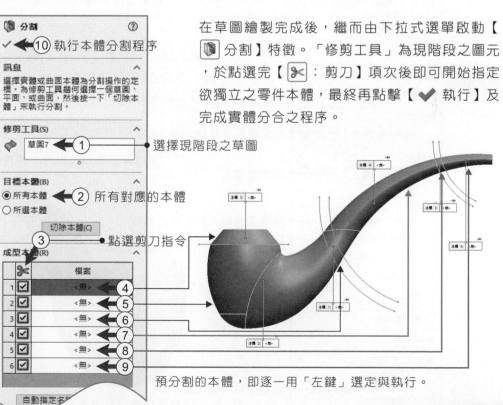

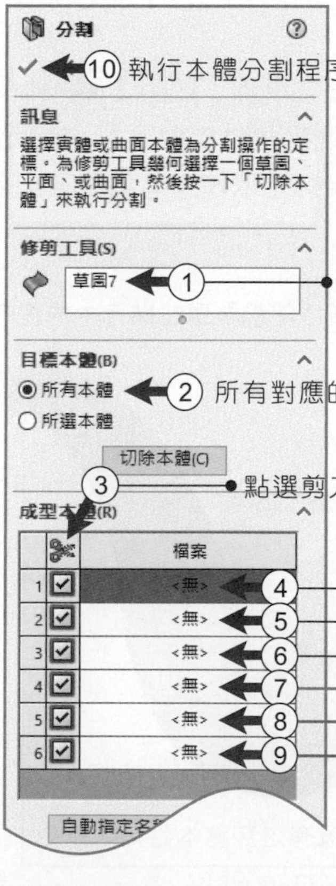

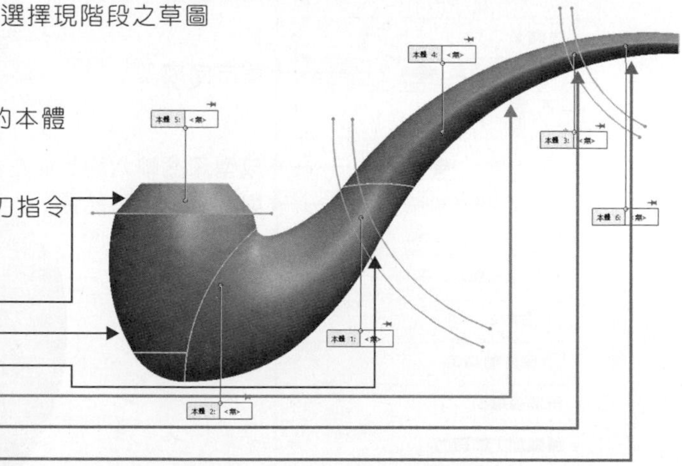

預分割的本體，即逐一用「左鍵」選定與執行。

STEP 15

「菸嘴」構件如果欲再增加輪廓與造型設變，則可以由其外部平面啟用【 :草圖】進入繪製環境（現階段可以不用改變其視角，草圖輪廓亦可不用偏移而自行建構）。

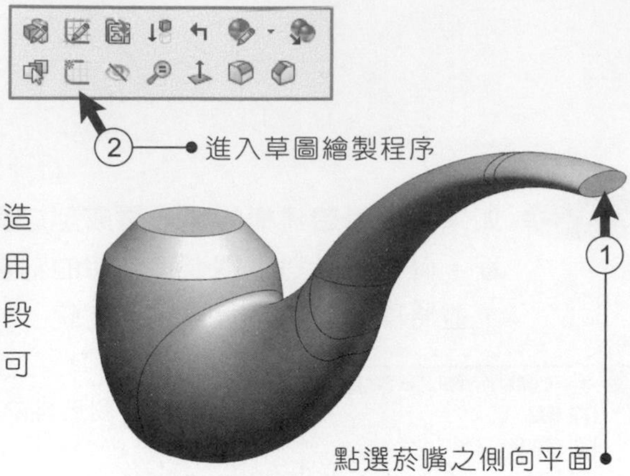
2 進入草圖繪製程序
1
點選菸嘴之側向平面

STEP 16

啟動草繪後再次點選「菸嘴」外部平面，並藉由【 :偏移圖元】指令向外擴展所選之輪廓迴圈。

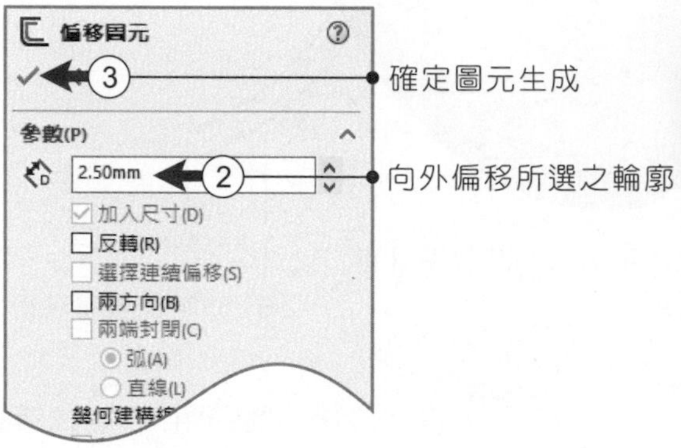
偏移圖元
3 確定圖元生成
參數(P)
2.50mm 2 向外偏移所選之輪廓
加入尺寸(D)
反轉(R)
選擇連續偏移(S)
兩方向(B)
兩端封閉(C)
弧(A)
直線(L)
幾何建構線

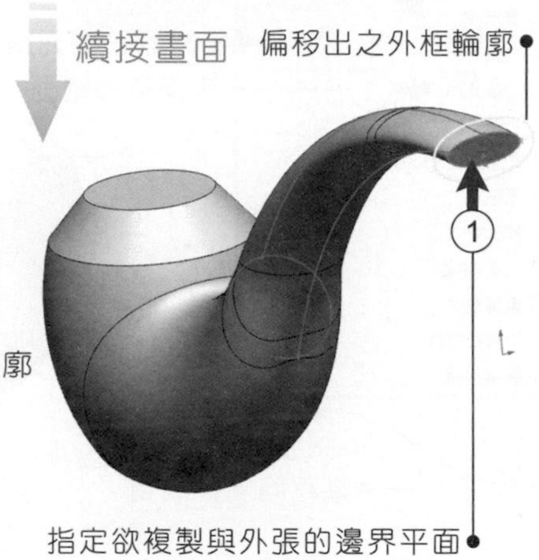
續接畫面
偏移出之外框輪廓
1
指定欲複製與外張的邊界平面

STEP 17

延續上階段之草圖，啟用【 伸長填料】特徵，並參酌左側功能對話框之設定。「給定深度」與輪廓可依使用者觀感徑自設變。

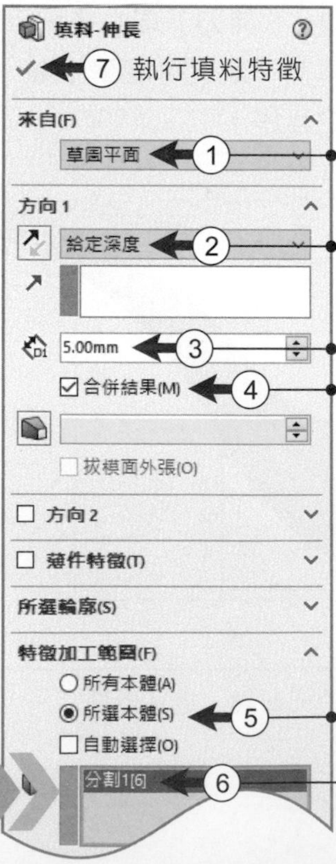
填料-伸長
7 執行填料特徵
來自(F)
草圖平面 1 由草圖基準線性延伸
方向 1
給定深度 2 單方向成型
5.00mm 3 成型深度輸入約 5mm 左右即可
合併結果(M) 4 與現有之實體結合
拔模面外張(O)
方向 2
薄件特徵(T)
所選輪廓(S)
特徵加工範圍(F)
所有本體(A)
所選本體(S) 5 指定欲結合之本體
自動選擇(O)
分割1[6] 6 點選既有之菸嘴本體與之結合

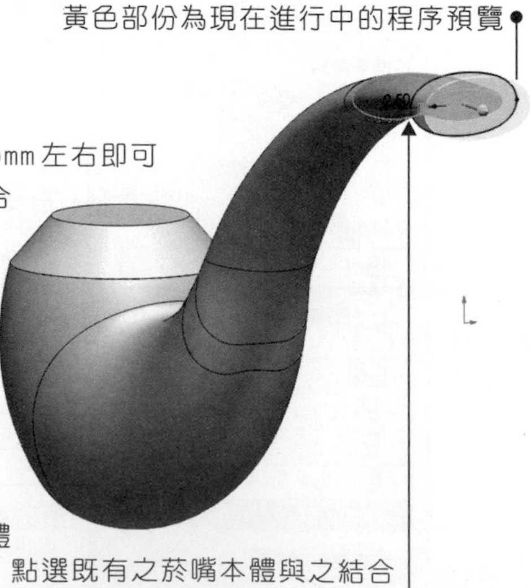
黃色部份為現在進行中的程序預覽
2.50

STEP 18

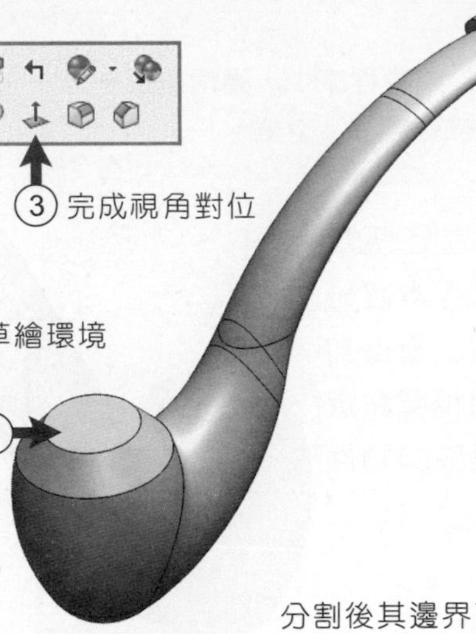
②
③ 完成視角對位
進入草繪環境
①
指定斗身上方平面作為
草繪基準

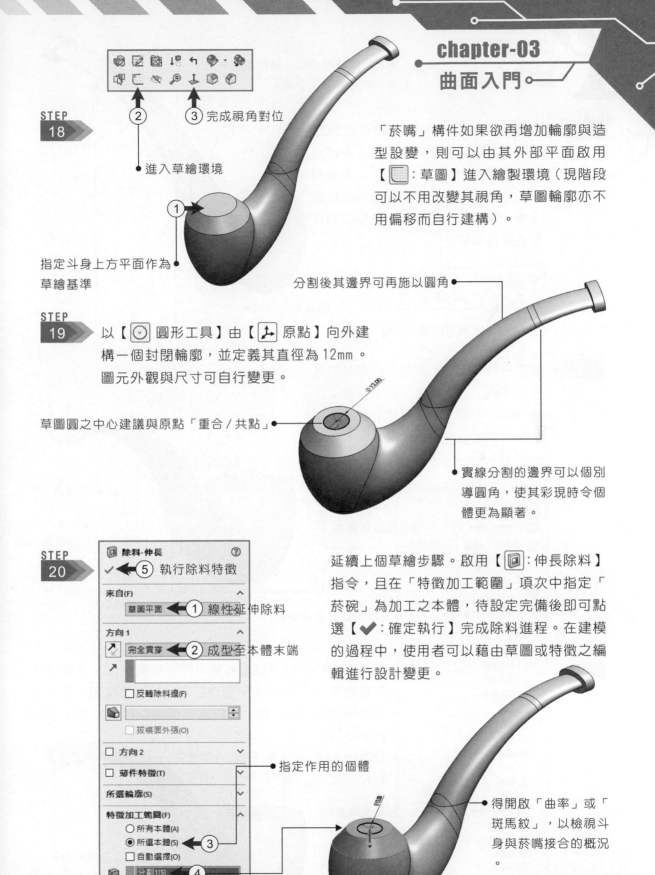

「菸嘴」構件如果欲再增加輪廓與造型設變，則可以由其外部平面啟用【▦：草圖】進入繪製環境（現階段可以不用改變其視角，草圖輪廓亦不用偏移而自行建構）。

STEP 19

以【◎ 圓形工具】由【⅄ 原點】向外建構一個封閉輪廓，並定義其直徑為 12mm。圖元外觀與尺寸可自行變更。

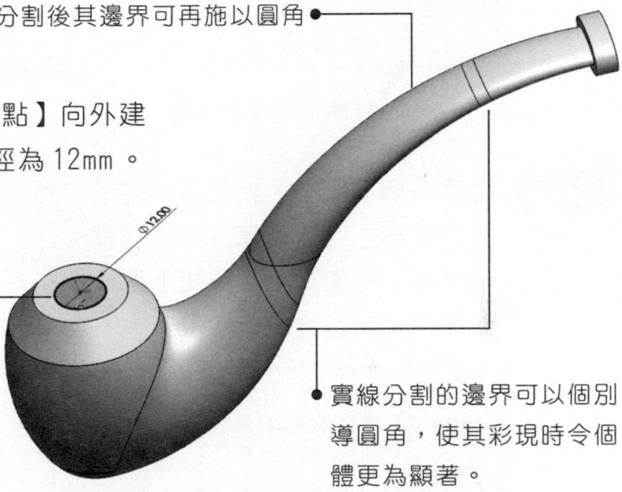
分割後其邊界可再施以圓角
Φ12.00
草圖圓之中心建議與原點「重合 / 共點」
實線分割的邊界可以個別導圓角，使其彩現時令個體更為顯著。

STEP 20

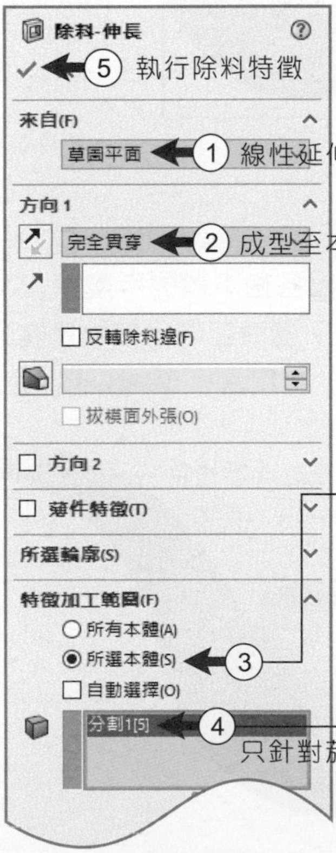
除料-伸長
⑤ 執行除料特徵
來自(F)
草圖平面
① 線性延伸除料
方向 1
完全貫穿
② 成型至本體末端
反轉除料邊(F)
拔模面外張(O)
方向 2
薄件特徵(T)
所選輪廓(S)
特徵加工範圍(F)
所有本體(A)
所選本體(S)
③
自動選擇(O)
分割1[5]
④
只針對菸碗本體除料
指定作用的個體

延續上個草繪步驟。啟用【▣：伸長除料】指令，且在「特徵加工範圍」項次中指定「菸碗」為加工之本體，待設定完備後即可點選【✔：確定執行】完成除料進程。在建模的過程中，使用者可以藉由草圖或特徵之編輯進行設計變更。

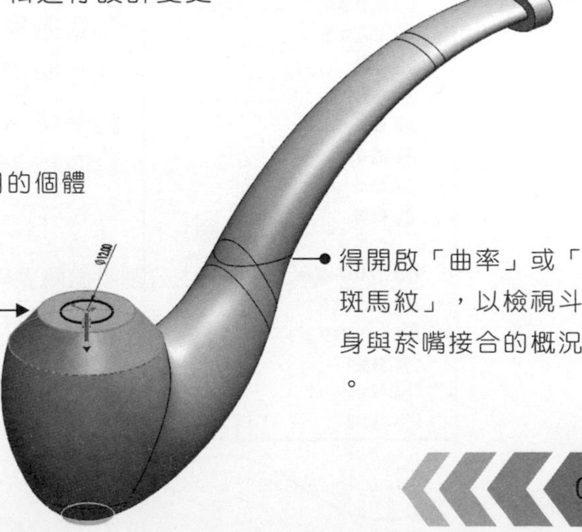
Φ12.00
得開啟「曲率」或「斑馬紋」，以檢視斗身與菸嘴接合的概況。

筆者於建模程序中，通常是啟用「帶彩帶框」型態。

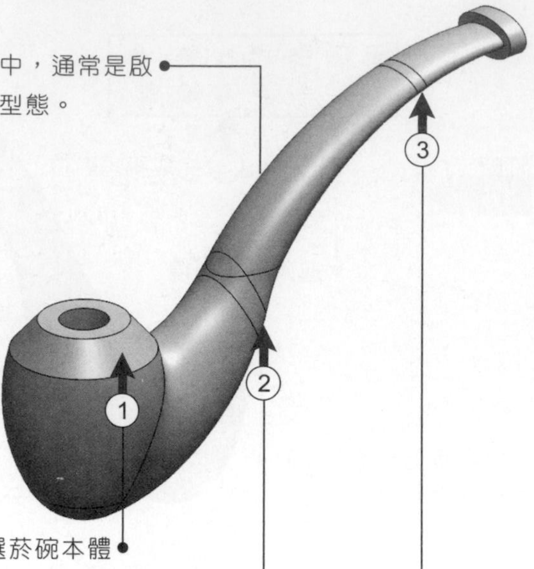
1
2
3
點選菸碗本體
加選中段套環組件
所欲隱藏的本體一起加選

STEP 21

現階段欲針對個別的本體進行薄殼之程序（亦可決定殼厚再進行本體分割），透過 Ctrl ＋「左鍵」重複加選三個本體，並於快顯浮動視窗點選【 ：隱藏】指令，將所選取的物件暫時性的屏蔽。

4 隱藏所選之本體

STEP 22

隱藏三個本體後，我們可以清楚的看見「斗身」、「菸管」與「菸嘴」三個分件。啟用【 ：薄殼】指令個別針對三個實體進行掏空程序。

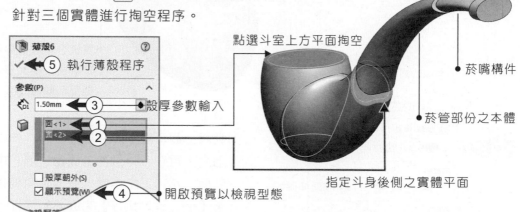

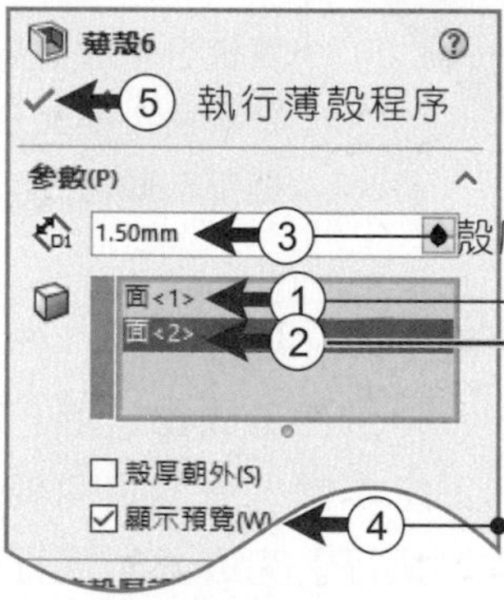
薄殼6
5 執行薄殼程序
參數(P)
1.50mm
3 殼厚參數輸入
面<1>
1
面<2>
2
殼厚朝外(S)
顯示預覽(W)
4 開啟預覽以檢視型態

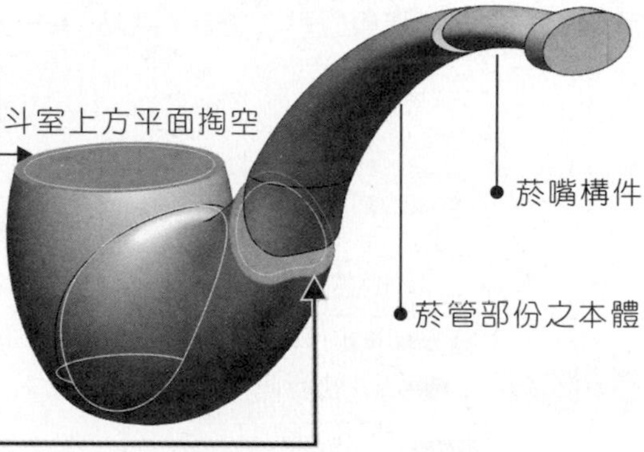
點選斗室上方平面掏空
菸嘴構件
菸管部份之本體
指定斗身後側之實體平面

STEP 23

該如何由特徵樹中找出各個本體的所屬項次？其實這並不會困擾SW的使用者，僅要記得程序中是在哪一個環節加工製成該本體，即於該程序中【 ：隱藏 / 顯示】組件便可。

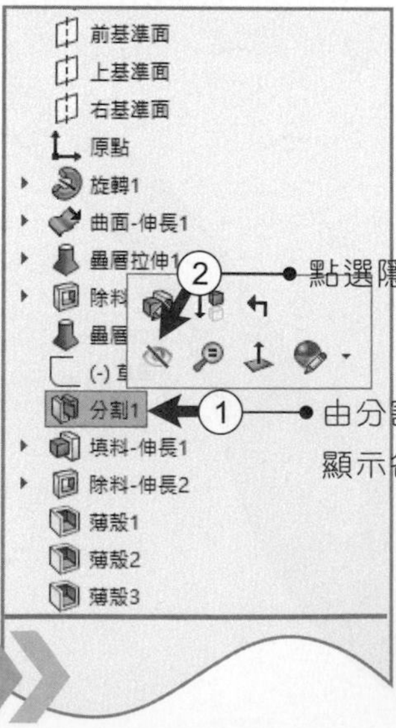
前基準面
上基準面
右基準面
原點
旋轉1
曲面-伸長1
2 點選隱藏與顯示指令
分割1
1 由分割特徵隱藏與顯示各個單元組件
填料-伸長1
除料-伸長2
薄殼1
薄殼2
薄殼3

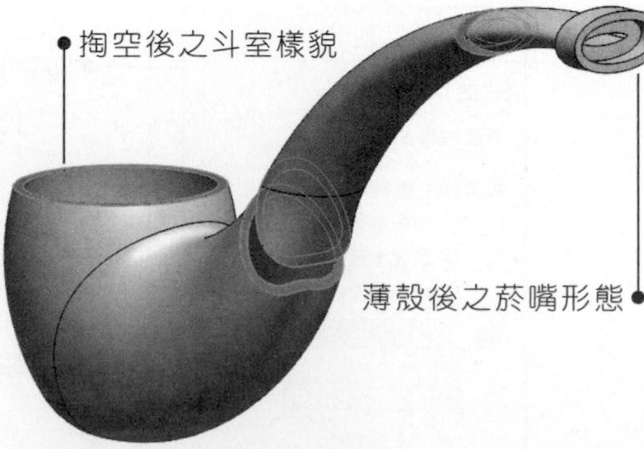
掏空後之斗室樣貌
薄殼後之菸嘴形態

STEP 24

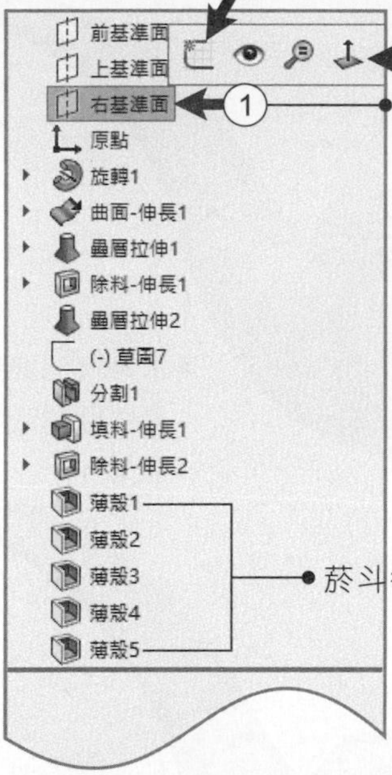

② 進入草圖建構環境

③ 對正草繪視角

① 指定右基準面

菸斗各組件之薄殼程序

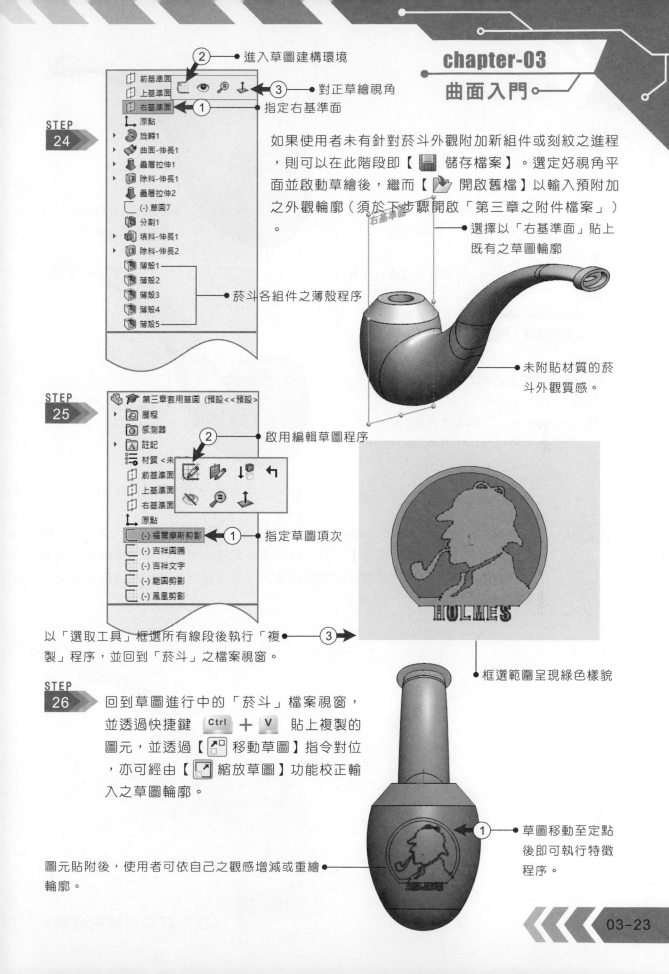

如果使用者未有針對菸斗外觀附加新組件或刻紋之進程，則可以在此階段即【 儲存檔案】。選定好視角平面並啟動草繪後，繼而【 開啟舊檔】以輸入預附加之外觀輪廓（須於下步驟開啟「第三章之附件檔案」）。

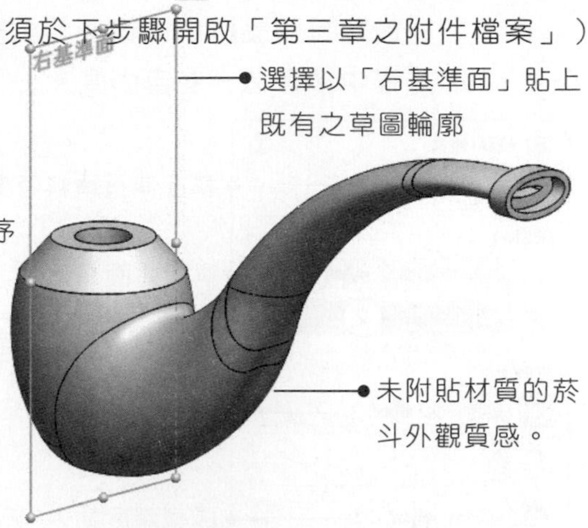

選擇以「右基準面」貼上既有之草圖輪廓

未附貼材質的菸斗外觀質感。

STEP 25

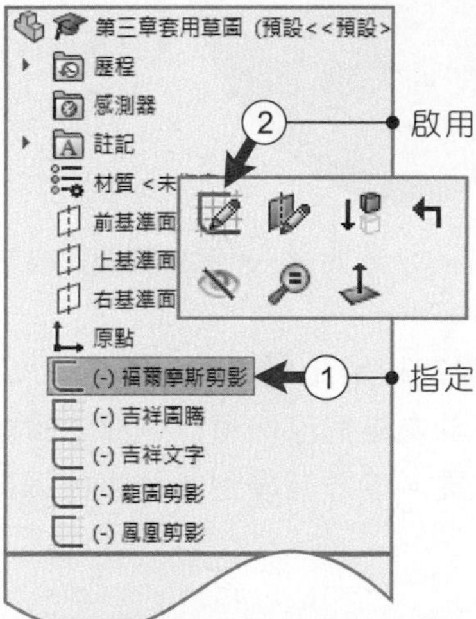

② 啟用編輯草圖程序

① 指定草圖項次

以「選取工具」框選所有線段後執行「複製」程序，並回到「菸斗」之檔案視窗。 ③

框選範圍呈現綠色樣貌

STEP 26

回到草圖進行中的「菸斗」檔案視窗，並透過快捷鍵 Ctrl + V 貼上複製的圖元，並透過【 移動草圖】指令對位，亦可經由【 縮放草圖】功能校正輸入之草圖輪廓。

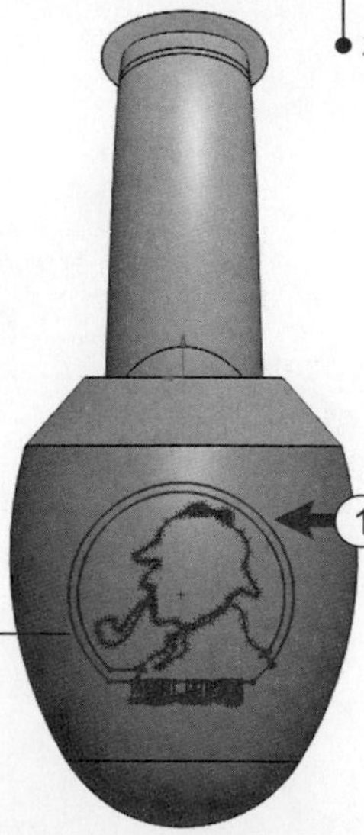

① 草圖移動至定點後即可執行特徵程序。

圖元貼附後，使用者可依自己之觀感增減或重繪輪廓。

STEP 27

執行【:伸長填料】功能指令，並參酌下方對話視窗之相關設定；於「合併結果」項次，則建議可以先取消其預設選項，讓菸斗於後續進程中多保留一些自由度。

未修飾的邊界輪廓，可藉由圓角或導角來特徵加工。

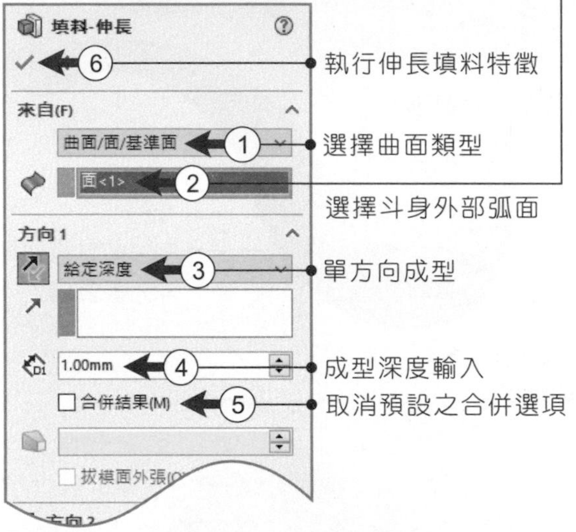
填料-伸長
6 執行伸長填料特徵
來自(F)
曲面/面/基準面
1 選擇曲面類型
面<1>
2 選擇斗身外部弧面
方向1
給定深度
3 單方向成型
1.00mm
4 成型深度輸入
合併結果(M)
5 取消預設之合併選項
拔模面外張(O)

續接畫面

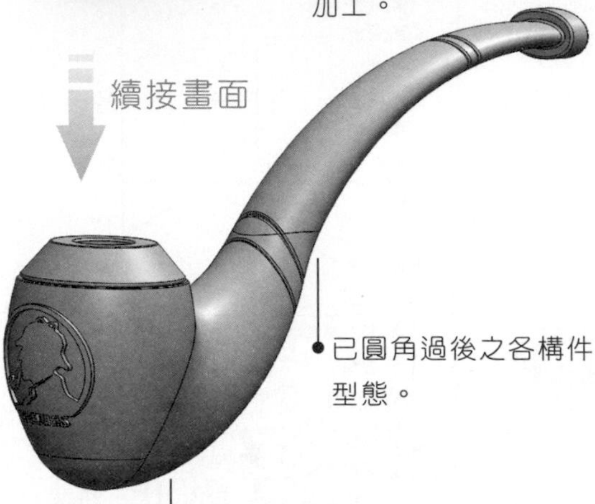

已圓角過後之各構件型態。

章節範例完成之模型

STEP 28

進入模型彩現程序：透過Solidworks之附加模組【 Photoview360 】編輯模型【 :外觀】與【 :全景】；原木菸斗之握把部份可以選擇木質圖片或透明塑膠附貼，而主體頭部則建議附貼金屬材質。下方為模型融合素色場景之渲染完成圖照。

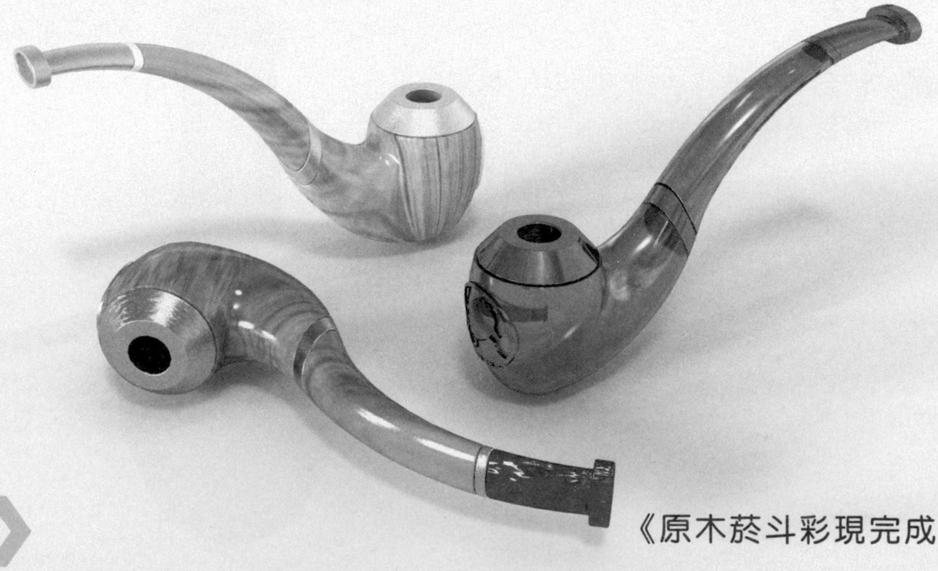

《原木菸斗彩現完成圖》

重點筆記

3-3 克萊茵瓶

⊙要點提醒　本範例為綠色版參考教學檔--請學習者使用雲端連結並下載相關之附件

本範例教學視訊檔案：SolidWorks/進階&應用/CH03目錄下/3-3 克萊茵瓶.avi
本範例製作完成檔案：SolidWorks/進階&應用/CH03目錄下/3-3 克萊茵瓶.SLDPRT

3-3.1 克萊茵瓶建模

「克萊茵瓶」是一個超脫三維空間的異想形態，話說就算將五大洋的水全部倒進也裝不滿瓶身。於本範例中，試著使用簡潔的步驟與理性的思維建構「克萊茵瓶」之實體模型。在進程中經由【旋轉曲面】塑型瓶底，繼而應用【曲面掃出】與【曲面疊層拉伸】完成瓶身，且在殼厚實體生成後試著設計變更，並附加燈光、環境與材質屬性。使用者或可於部份進程以實體特徵取代曲面建模之工序。

建模進程：

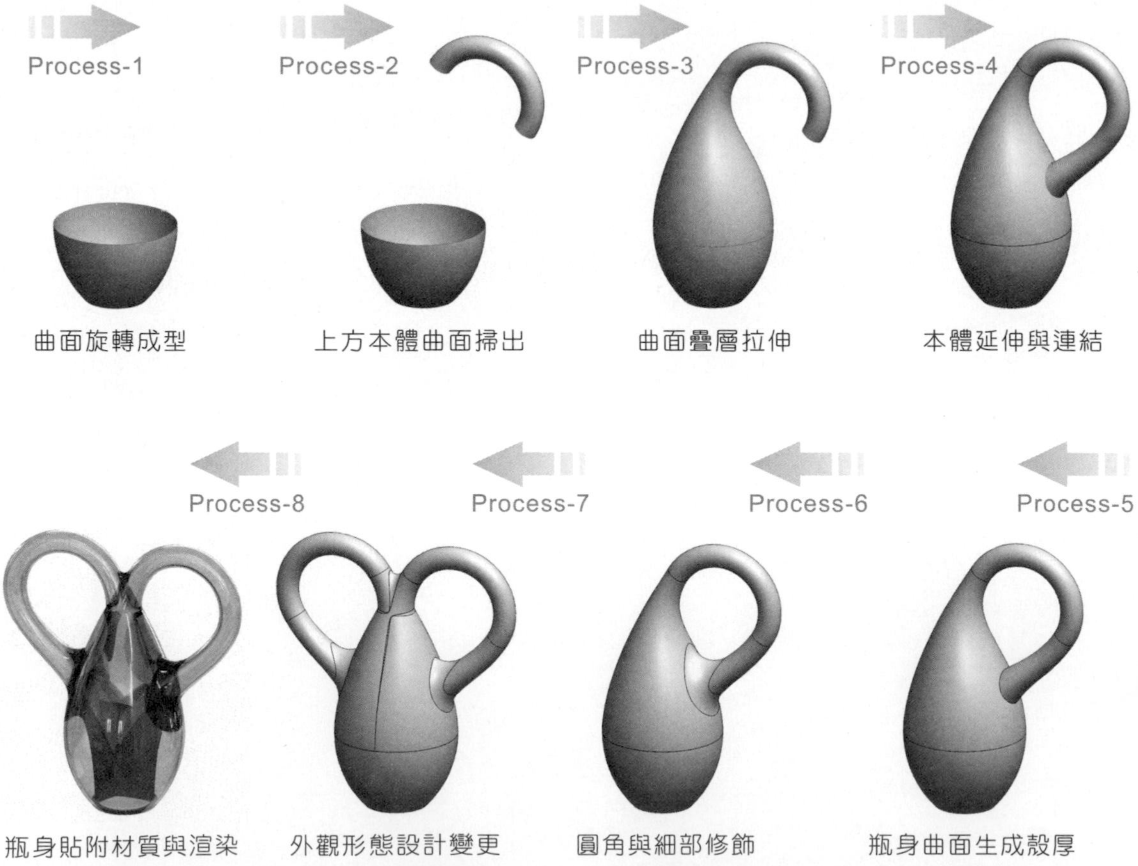

STEP 01

在初始模型建構中，如非考試認證或特殊境況，筆者慣性以【前基準面】作為草繪基準。使用【中心線】由【原點】向上延伸出100mm的垂直參考線，繼而由下拉式選單中插入【草圖圖片】。

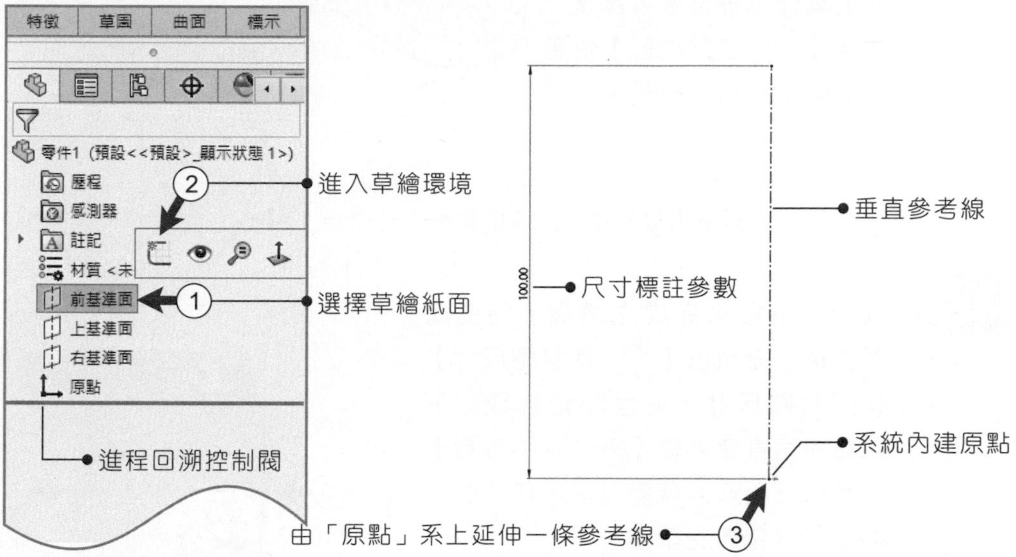

STEP 02

啟用【:草圖圖片】指令後，並在章節參考資料夾中找到「克萊茵瓶剖面圖」。參考圖匯入後「透明度」一定要刷淡，以免使用者在沿著底圖描繪輪廓邊線時，因色階相近而造成辨識上的困擾（透明度宜打淡60%-80%）。

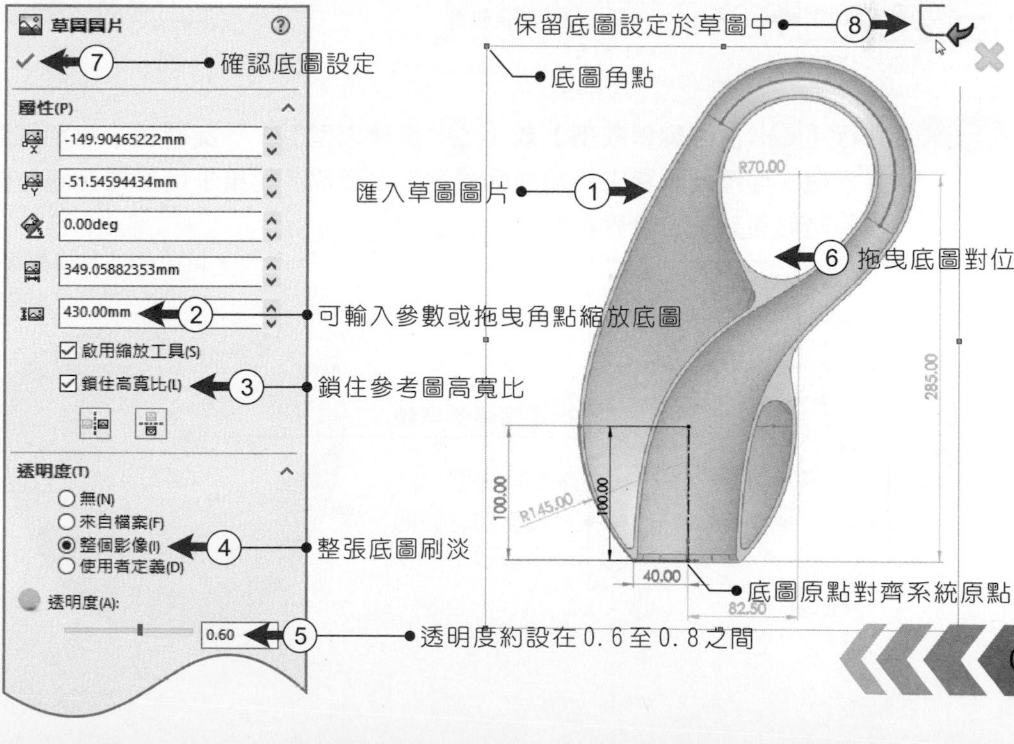

STEP 03

由【：前基準面】進入草圖繪製階段。透過【：中心線】指令由【：原點】向上延伸出垂直參考基準，並以【：三點定弧】沿著底圖輪廓描繪一線段。

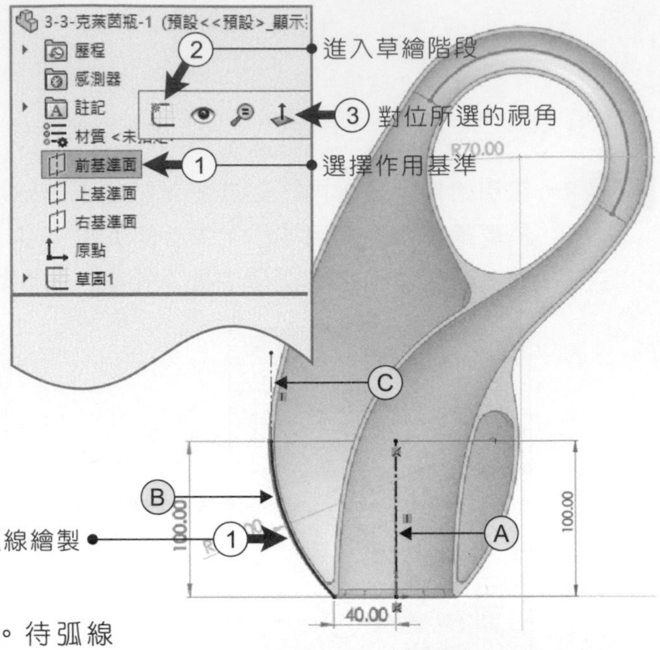
3-3-克萊茵瓶-1 (預設<<預設>_顯示:
歷程
感測器
註記
材質 <未指定>
前基準面
上基準面
右基準面
原點
草圖1
② 進入草繪階段
③ 對位所選的視角
① 選擇作用基準
R70.00
C
B
A
① 完成參考線放樣與弧線繪製
100.00
40.00

STEP 04

延續上階段未完成之草圖。待弧線製作後，繼而以【：智慧型尺寸】輸入相關尺寸，並且設定弧線上下端點與垂直參考線【：水平放置】。待線段由藍色轉變為黑色樣貌時，即為完全定義之型態。

加入限制條件
相切(A)
固定(F)
曲線等長(L)
水平放置(H)
④ 標註相關參數
⑦ ⑩ 設定為水平放置

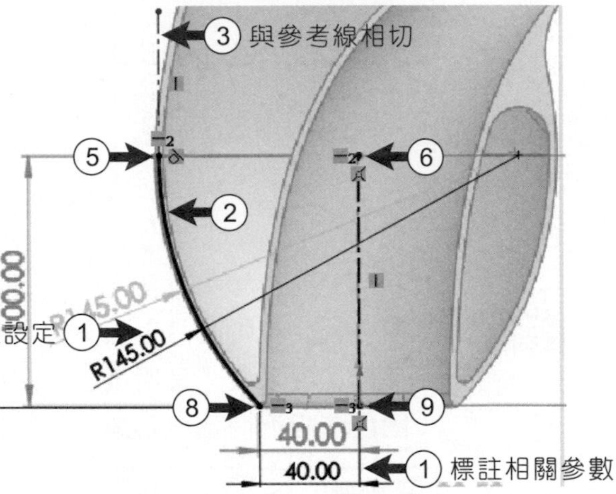

STEP 05

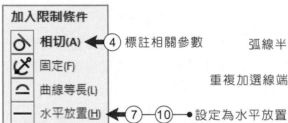

執行【：曲面旋轉成型】或【：旋轉成型】，「旋轉軸」指定垂直於中點之參考線。可開啟預覽來檢視曲面成型後之概況，如果未能形成迴圈形態，則須回草圖階段重新設定邊界輪廓。

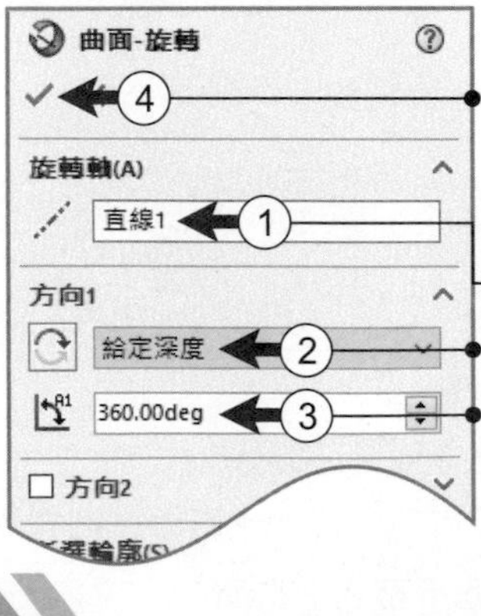
曲面-旋轉
④ 選擇作用基準
旋轉軸(A)
直線1
① 指定旋轉基準軸
方向1
給定深度
② 單方向成型
360.00deg
③ 形成全週之迴圈
方向2

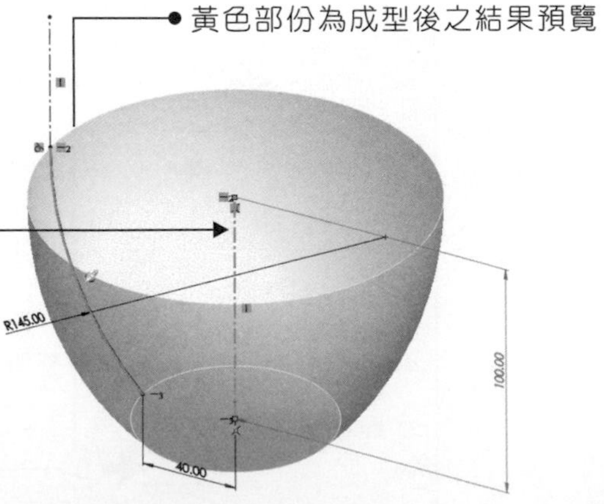
黃色部份為成型後之結果預覽
R145.00
100.00
40.00

STEP 06

同樣以【前基準面】繪製一段【三點定弧】，並將弧線中心與頁面中點以【智慧型尺寸】標註與定義。

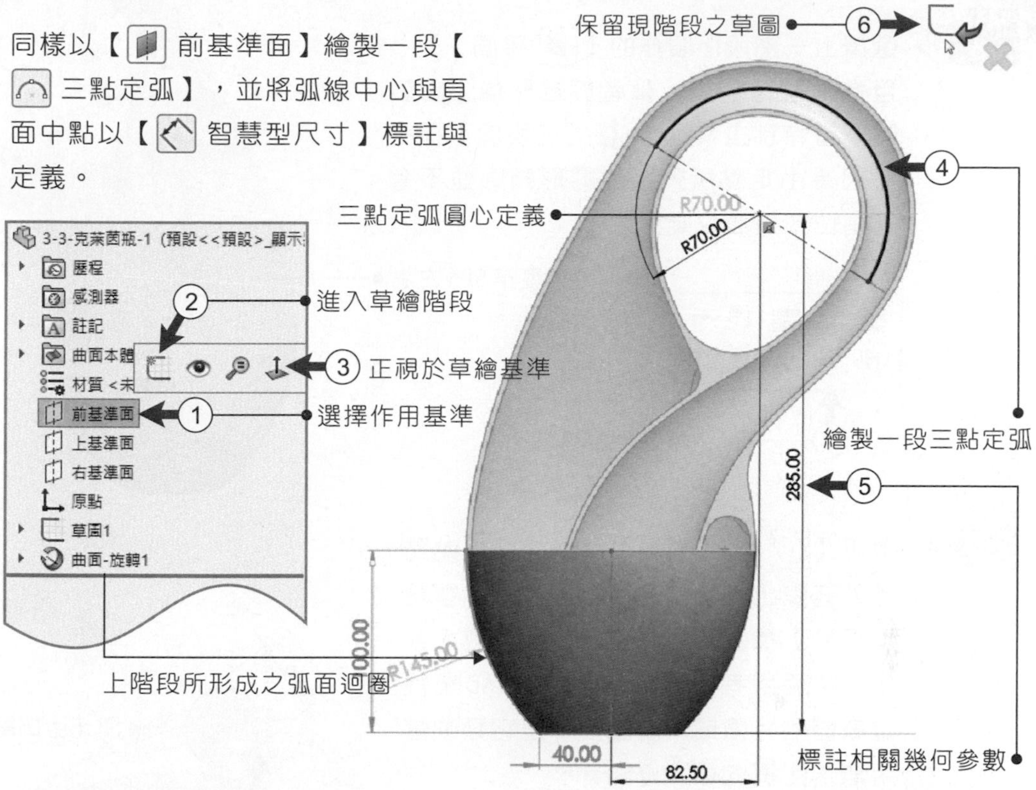
保留現階段之草圖
三點定弧圓心定義
R70.00
3-3-克萊茵瓶-1 (預設<<預設>_顯示
歷程
感測器
註記
曲面本體
材質 <未
前基準面
上基準面
右基準面
原點
草圖1
曲面-旋轉1
進入草繪階段
正視於草繪基準
選擇作用基準
繪製一段三點定弧
285.00
上階段所形成之弧面迴圈
R145.00
標註相關幾何參數
40.00
82.50

STEP 07

點選【參考幾何】中之【基準面】選項。於「第一參考」項次中指定弧線之端點；並在「第二參考」中點擊該段弧線，完成設置後即可預視草繪紙面形成之概況（兩項參考之順序可以互換）。

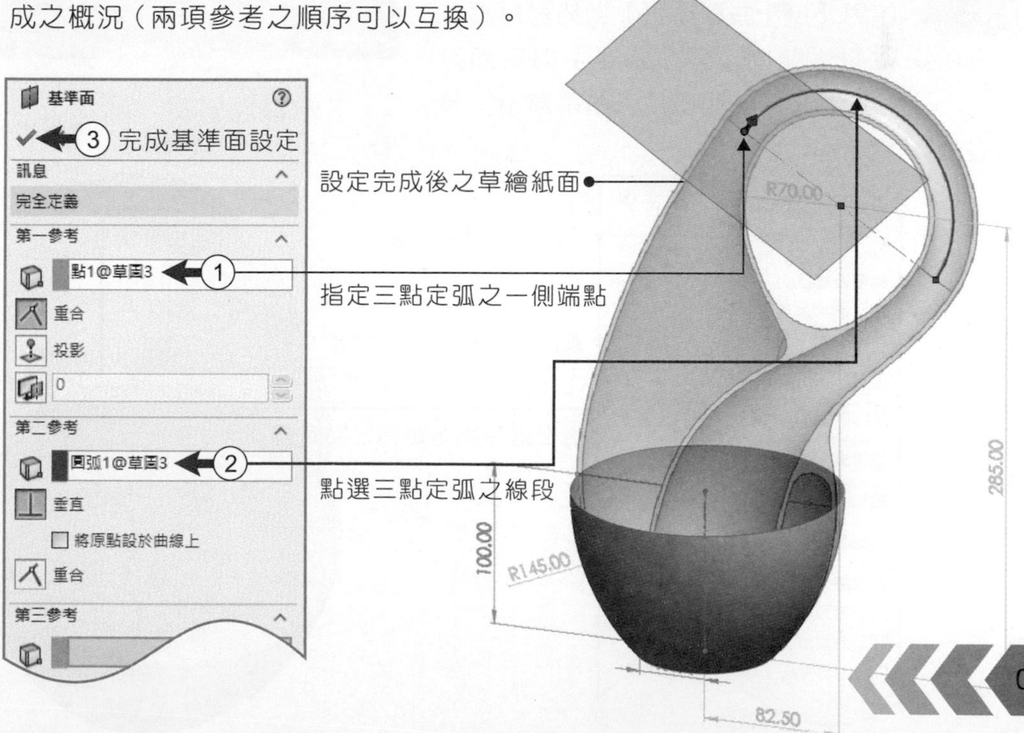
基準面
完成基準面設定
訊息
完全定義
第一參考
點1@草圖3
重合
投影
0
第二參考
圓弧1@草圖3
垂直
將原點設於曲線上
重合
第三參考
設定完成後之草繪紙面
指定三點定弧之一側端點
點選三點定弧之線段
R70.00
285.00
100.00
R145.00
82.50

STEP 08

選擇上一階段所製作的【平面1】，且進入草繪階段。筆者於圓形輪廓繪製時不會特別去執行【：正視於】指令，因為由定點所外擴的圓形輪廓並不會有錯位或偏心之疑慮。

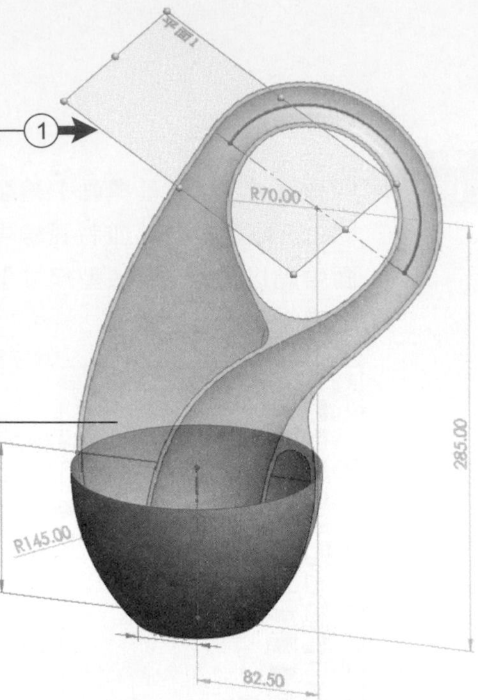

① 選擇草繪紙面

刷淡透明度至60%左右

② 進入草圖繪製階段

STEP 09

啟用【：圓形工具】，並由弧線端點向外拖曳出一個圖元，再以【：智慧型尺寸】標註圓徑為30mm（圓徑或大或小可依使用者觀感自行增減，CAD屬性之軟體的特徵或草圖設變，是它類軟體所無法比擬的最大優勢）。

續接畫面

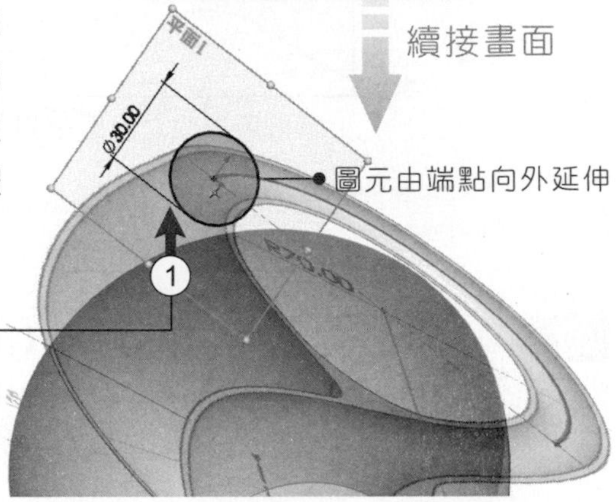

圖元由端點向外延伸

① 完成圓形草圖與設定參數

STEP 10

啟用【曲面掃出】通能對話框，並將「輪廓」與「路徑」指定即可執行特徵（或可啟用「曲率顯示」預覽）。

下方畫面省略

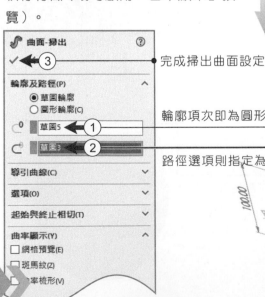

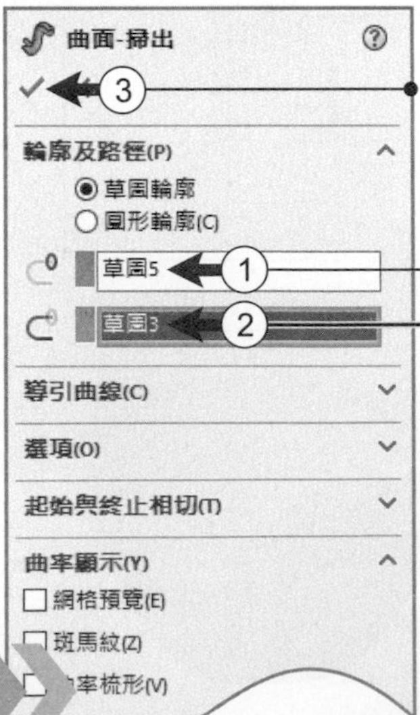

③ 完成掃出曲面設定

① 輪廓項次即為圓形草圖

② 路徑選項則指定為三點定弧

掃出成型之預覽

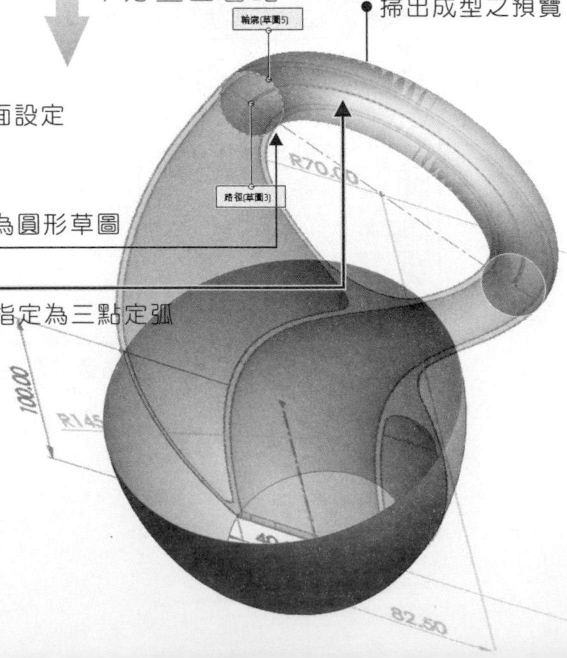

STEP 11

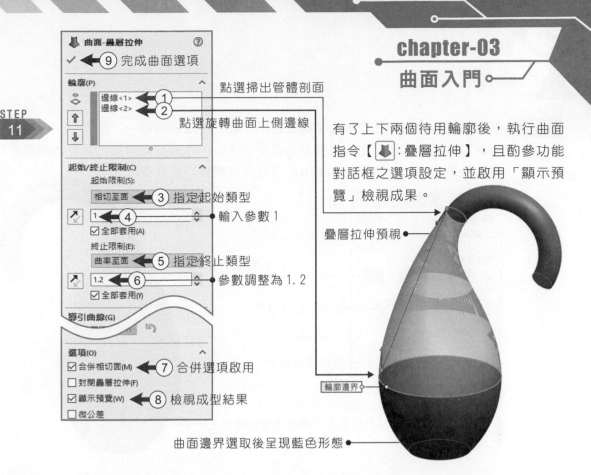

有了上下兩個待用輪廓後，執行曲面指令【![]:疊層拉伸】，且酌參功能對話框之選項設定，並啟用「顯示預覽」檢視成果。

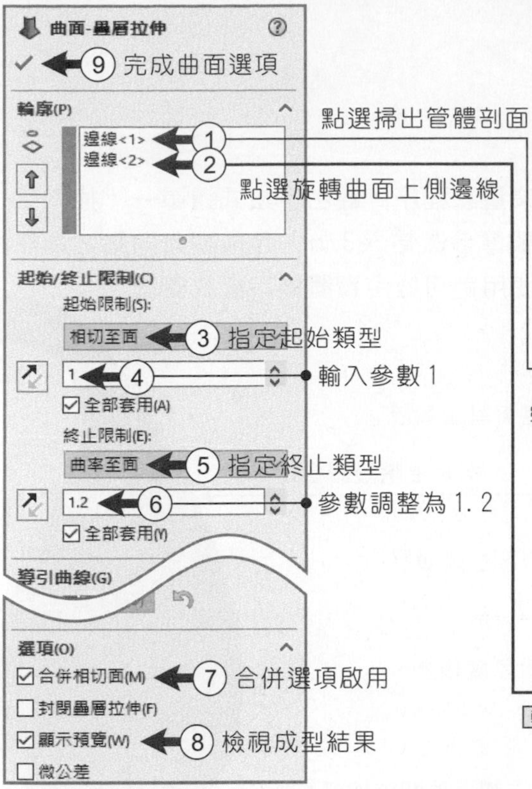
曲面-疊層拉伸
9 完成曲面選項
輪廓(P)
邊線<1>
邊線<2>
1 點選掃出管體剖面
2 點選旋轉曲面上側邊線
起始/終止限制(C)
起始限制(S):
相切至面
3 指定起始類型
1
4 輸入參數 1
全部套用(A)
終止限制(E):
曲率至面
5 指定終止類型
1.2
6 參數調整為 1.2
全部套用(Y)
導引曲線(G)
選項(O)
合併相切面(M)
7 合併選項啟用
封閉疊層拉伸(F)
顯示預覽(W)
8 檢視成型結果
微公差

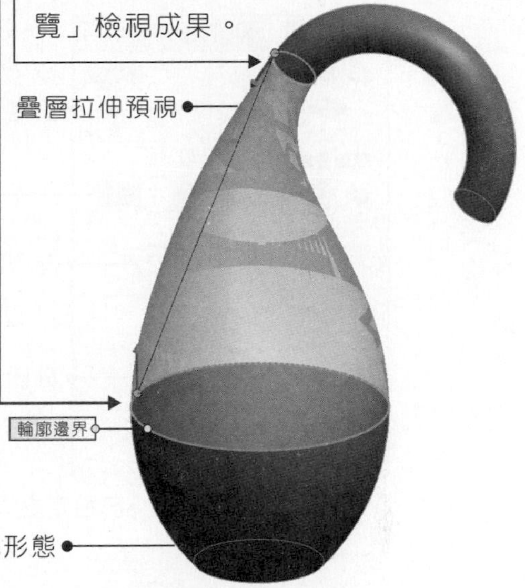
疊層拉伸預視
輪廓邊界
曲面邊界選取後呈現藍色形態

STEP 12

完成三個曲面本體後，現階段即可經由【![]:縫織曲面】功能指令將三個原本獨立的個體縫合成一單元曲面。「合併圖元」選項有助於將合併後的殘邊碎料消弭；而「縫隙控制」項次則建議維持預設即可。

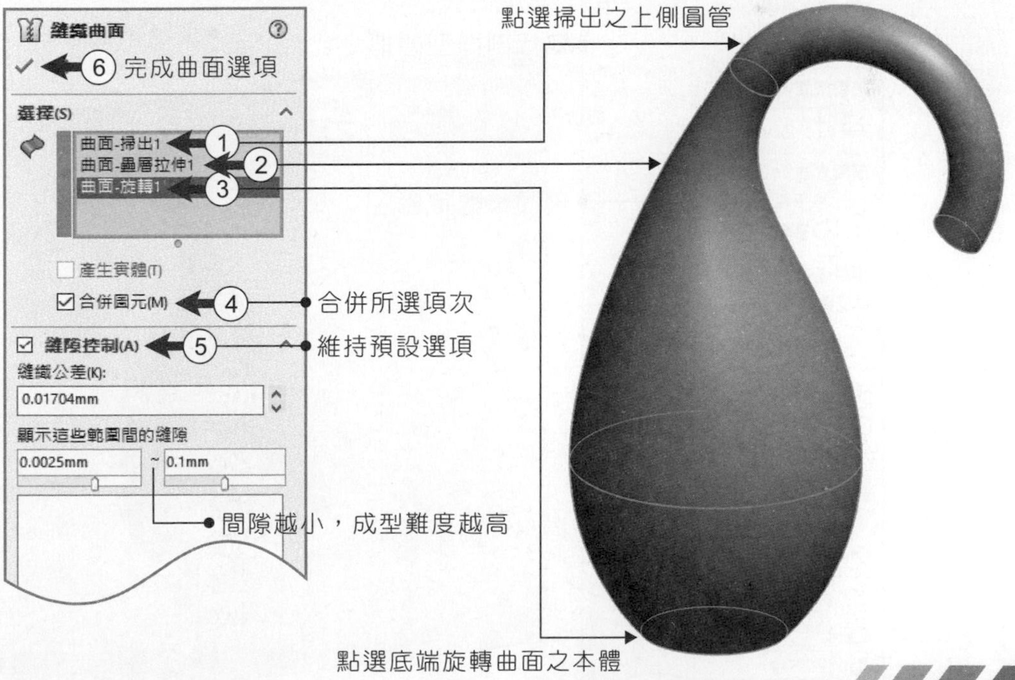
縫織曲面
6 完成曲面選項
選擇(S)
曲面-掃出1
曲面-疊層拉伸1
曲面-旋轉1
1 點選掃出之上側圓管
2
3 點選底端旋轉曲面之本體
產生實體(T)
合併圖元(M)
4 合併所選項次
縫隙控制(A)
5 維持預設選項
縫織公差(K):
0.01704mm
顯示這些範圍間的縫隙
0.0025mm
0.1mm
間隙越小，成型難度越高

STEP 13

沒有實體的曲面無法進入工業量產程序，經由下拉式選單→「插入」→「特徵」中啟用【 :加厚】選項，殼厚參數輸入3mm，且成型方向指定為往內側產生厚度。特徵功能指令執行後，使用者可經由實體顯示樣式確認。

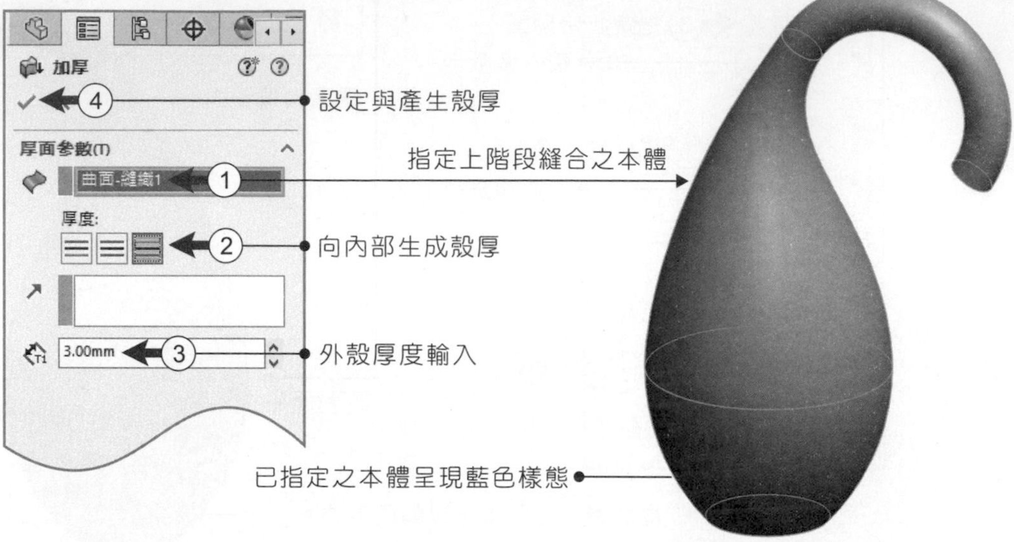

STEP 14

使用者檢視實體殼厚最直接的方式即是啟用【 :剖面圖】。指定【 :前基準面】並設定為「平坦」之剖面類型，且選擇【✔ 確定】執行。由剖面圖中可以查核瓶體內部之樣態（如果是眾多本體之檔案，亦能端詳各零件之組立概況）。

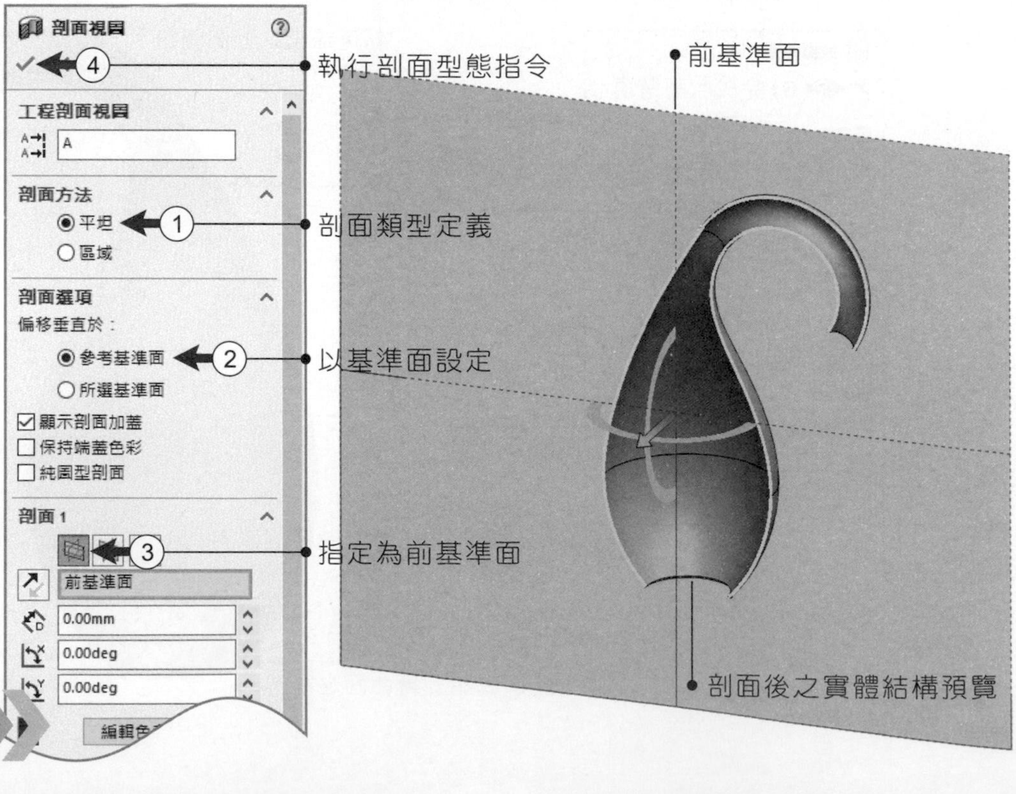

STEP 15

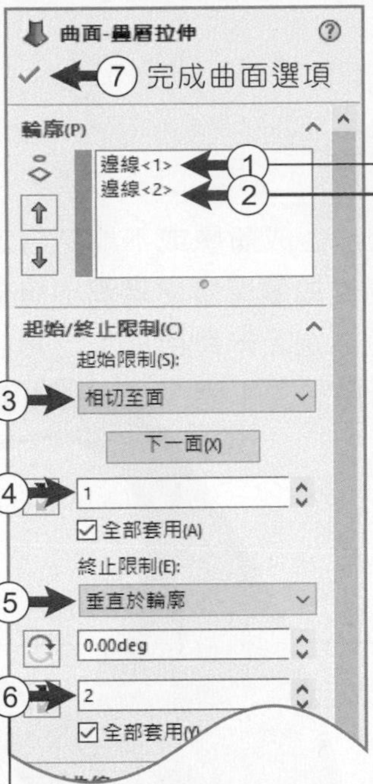

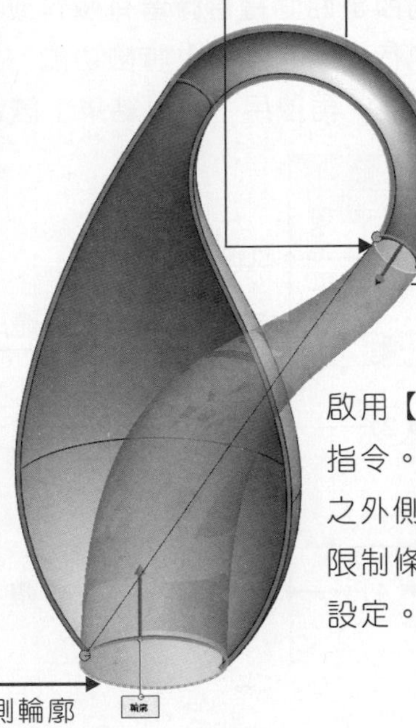

點選上方掃出圓管之外側輪廓

上端弧線如需設變，可藉由特徵管理員編輯。

成型後之結果預覽

參數設定為 2 左右即可

垂直於瓶底之迴圈

維持內建預設之參數

指定為「相切至面」選項

點選瓶底之外側輪廓

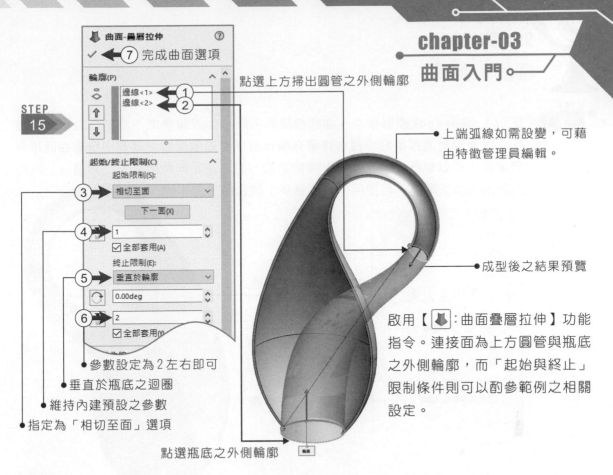

啟用【曲面疊層拉伸】功能指令。連接面為上方圓管與瓶底之外側輪廓，而「起始與終止」限制條件則可以酌參範例之相關設定。

STEP 16

於【曲面疊層拉伸】管體完成後，現階段須透過【使用曲面除料】指令消弭管壁內多餘的殘料。當曲面縫合後本體間出現過多的碎面或餘邊時，即無法執行轉為實體之程序，因此本階段型態之除料勢在必行。

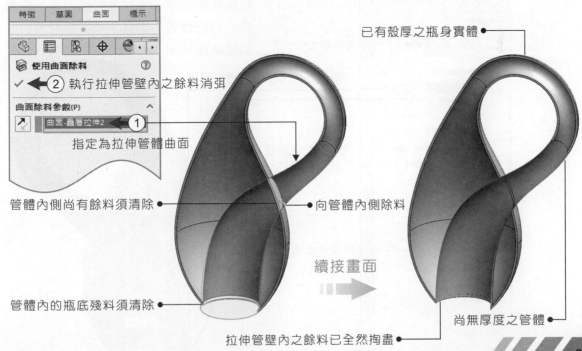

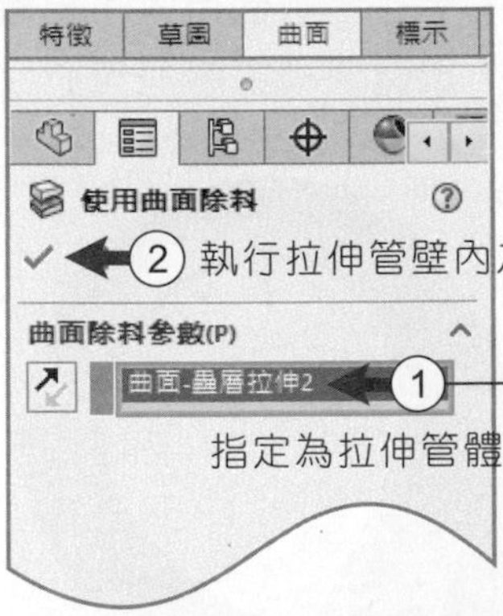

② 執行拉伸管壁內之餘料消弭

① 指定為拉伸管體曲面

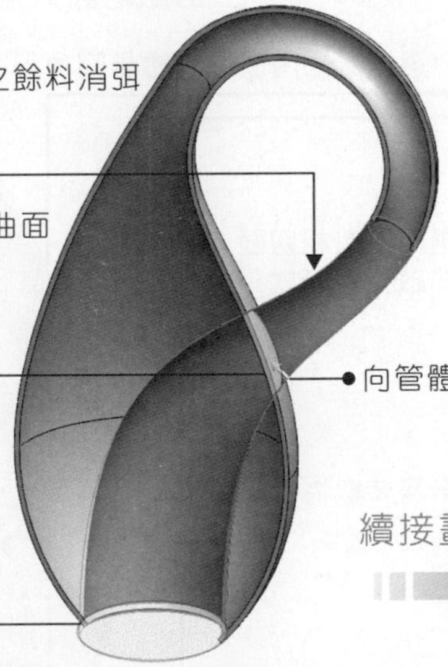

管體內側尚有餘料須清除

向管體內側除料

管體內的瓶底殘料須清除

續接畫面

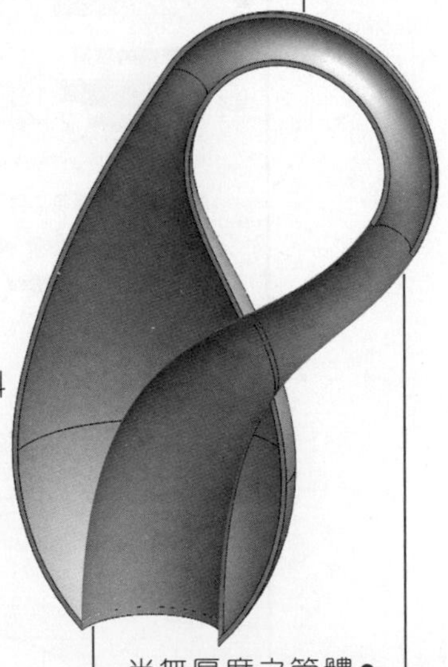

已有殼厚之瓶身實體

尚無厚度之管體

拉伸管壁內之餘料已全然掏盡

STEP 17

於SolidWorks建模過程中，曲面鋪陳後卻無法生成殼厚或不能結合之原因有幾種，而最常見的即是曲面縫合時留有殘料或易形成零厚度之境況。確認曲面接合無虞後，可以執行【加厚】特徵功能，並指定上階段所成型之管體——向內側長出3mm之厚度，再啟用「合併結果」融合所有的本體。

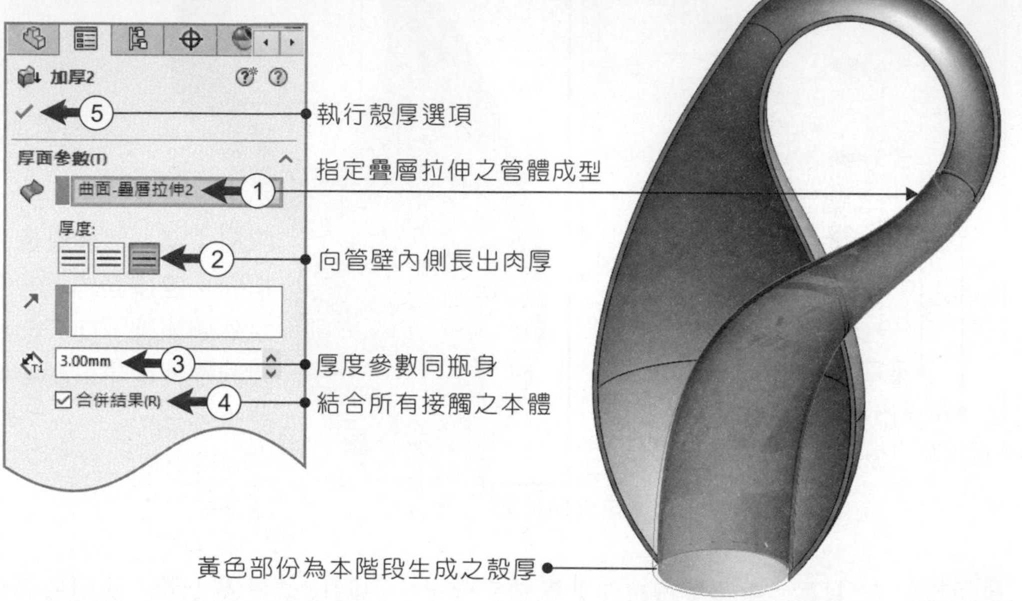
加厚2
5 執行殼厚選項
厚面參數(T)
曲面-疊層拉伸2
1 指定疊層拉伸之管體成型
厚度:
2 向管壁內側長出肉厚
3.00mm
3 厚度參數同瓶身
合併結果(R)
4 結合所有接觸之本體
黃色部份為本階段生成之殼厚

STEP 18

【圓角】特徵多數是在建模進程尾段施行的程序。半徑參數使用者可視觀感而自行增減，畢竟建模工序並無必然的脈絡與通則。

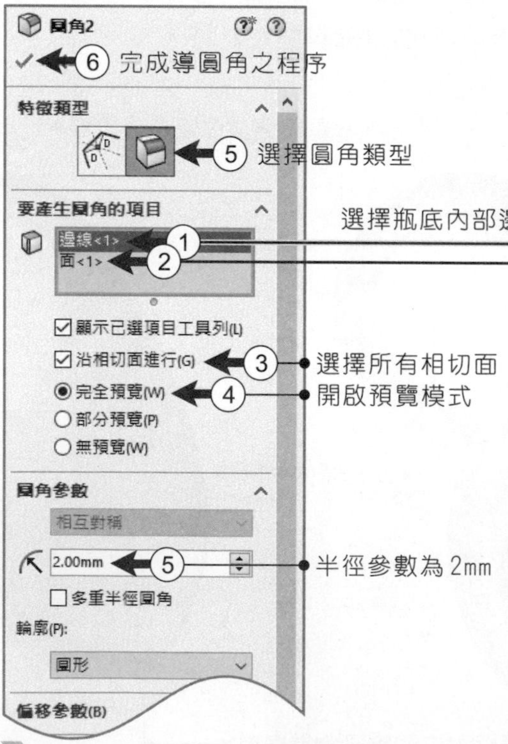
圓角2
6 完成導圓角之程序
特徵類型
5 選擇圓角類型
要產生圓角的項目
邊線<1>
面<1>
顯示已選項目工具列(L)
沿相切面進行(G)
3 選擇所有相切面
完全預覽(W)
4 開啟預覽模式
部分預覽(P)
無預覽(W)
圓角參數
相互對稱
2.00mm
5 半徑參數為 2mm
多重半徑圓角
輪廓(P):
圓形
偏移參數(B)

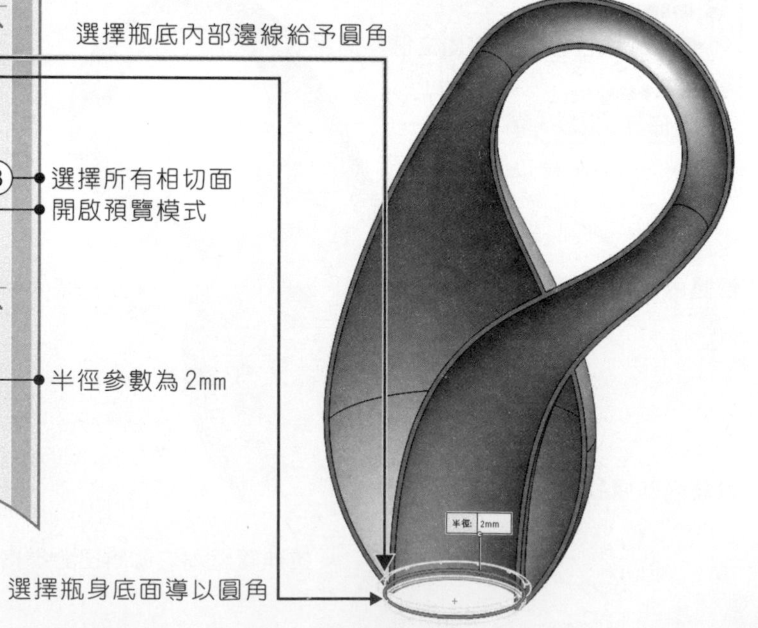
1 選擇瓶底內部邊線給予圓角
2 選擇瓶身底面導以圓角
半徑: 2mm

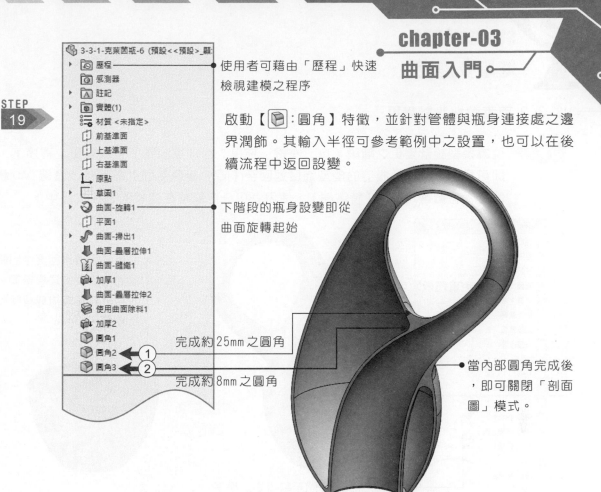

STEP 19

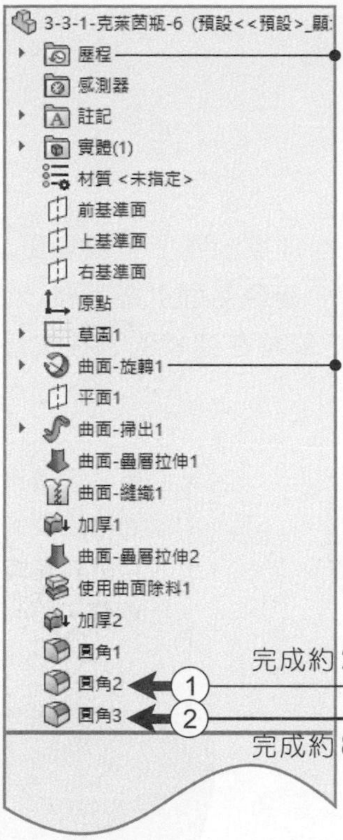

使用者可藉由「歷程」快速檢視建模之程序

啟動【 :圓角】特徵，並針對管體與瓶身連接處之邊界潤飾。其輸入半徑可參考範例中之設置，也可以在後續流程中返回設變。

下階段的瓶身設變即從曲面旋轉起始

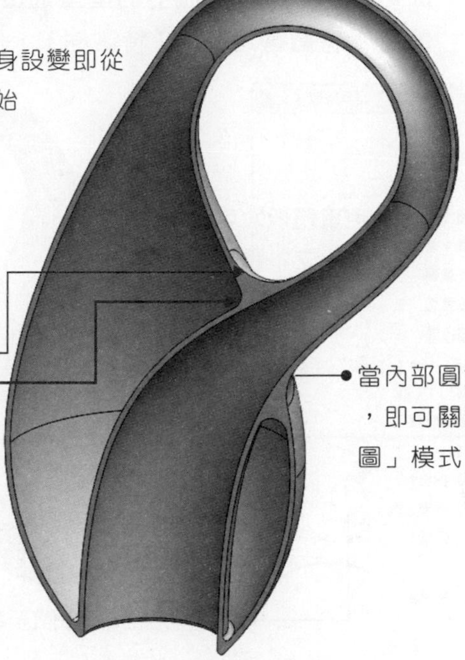

完成約 25mm 之圓角

完成約 8mm 之圓角

當內部圓角完成後，即可關閉「剖面圖」模式。

STEP 20

「克萊茵瓶」建模程序至此已完成。軟體學習者可開啟【 :斑馬紋】型態檢視各曲面融合後之順接與否概況，繼而點擊【 :儲存檔案】以保留現階段之建模進程。下一階段則是欲透過特徵樹中草圖與功能指令的編輯，來完成設計變更之程序。

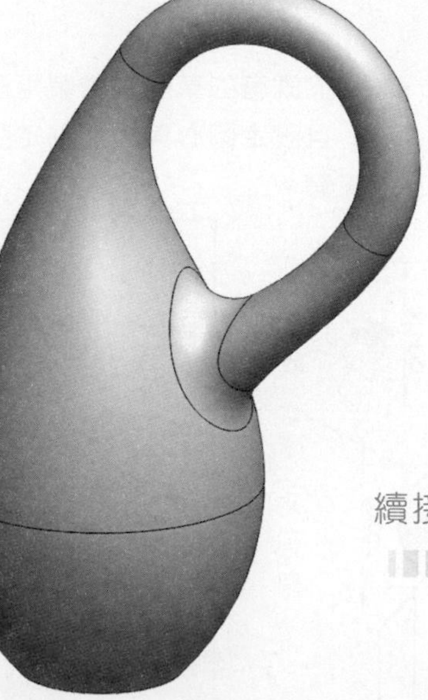

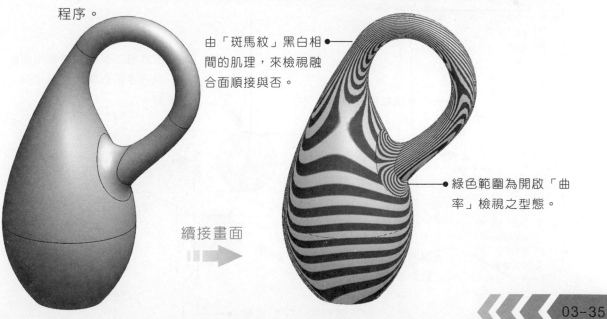

由「斑馬紋」黑白相間的肌理，來檢視融合面順接與否。

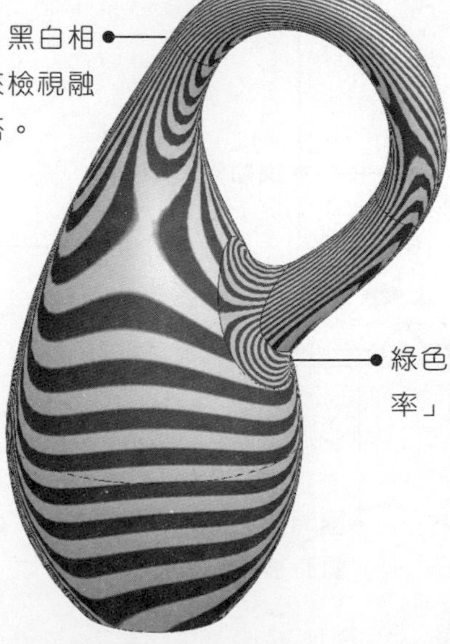

綠色範圍為開啟「曲率」檢視之型態。

續接畫面

3-3.2 克萊茵瓶設計變更

STEP 01 現為模型設計變更之階段。以「左鍵」拖曳「回溯控制閥」至欲變更之程序下，即可見到「克萊茵瓶」的塑型進度返回至【旋轉曲面】成型後，透過CAD軟體之「特徵管理員」（特徵樹），使用者可任意穿梭在建模的過往工序中。

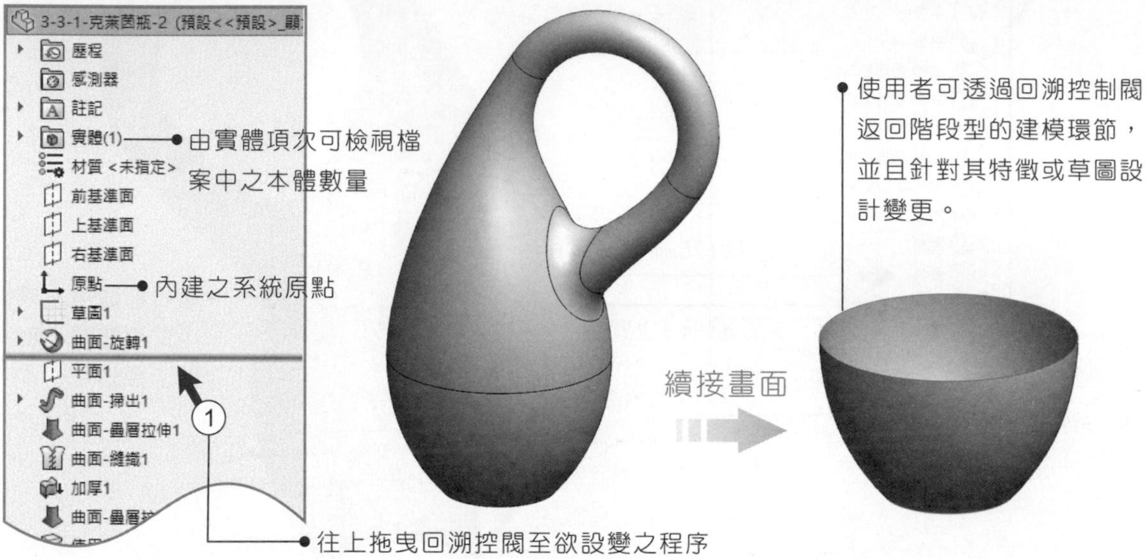
3-3-1-克萊茵瓶-2 (預設<<預設>_顯
歷程
感測器
註記
實體(1)
由實體項次可檢視檔案中之本體數量
材質 <未指定>
前基準面
上基準面
右基準面
原點
內建之系統原點
草圖1
曲面-旋轉1
平面1
曲面-掃出1
曲面-疊層拉伸1
曲面-縫織1
加厚1
1
往上拖曳回溯控閥至欲設變之程序
續接畫面
使用者可透過回溯控制閥返回階段型的建模環節，並且針對其特徵或草圖設計變更。

STEP 02 於特徵樹中的第一個特徵上（【旋轉曲面】）執行【編輯草圖】指令。我們轉正草繪視角後，可以於既有的左側弧線上繪製兩個圓形輪廓，再以【：智慧型尺寸】定義兩個圓的直徑。

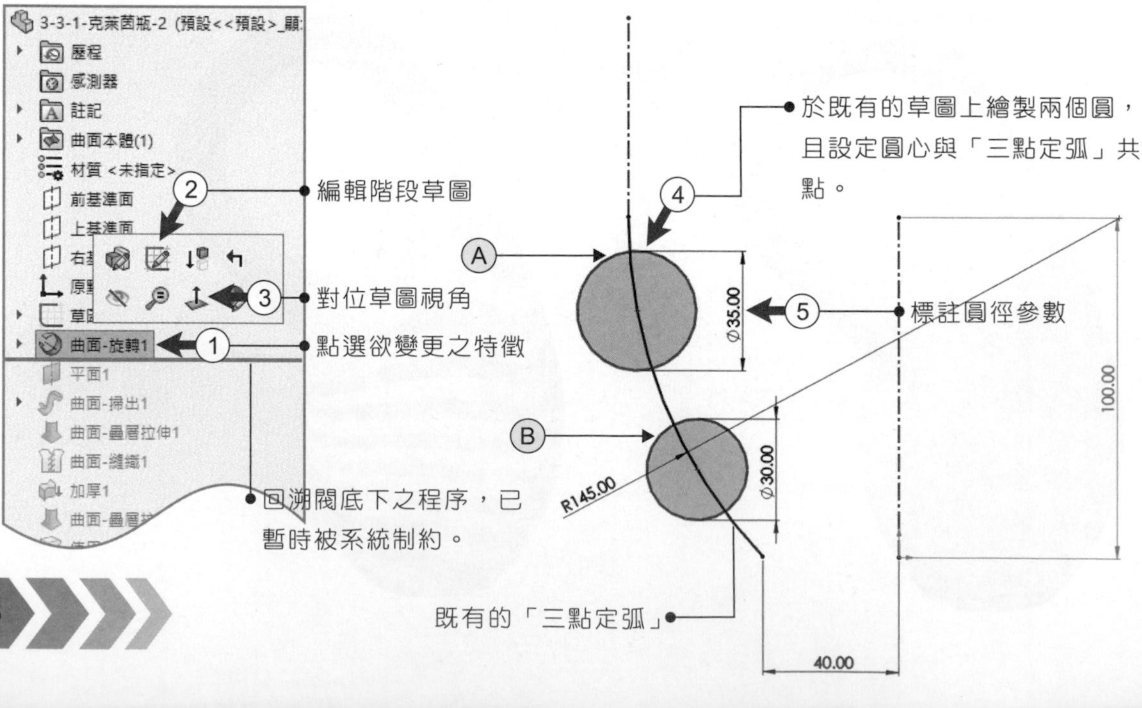
3-3-1-克萊茵瓶-2 (預設<<預設>_顯
歷程
感測器
註記
曲面本體(1)
材質 <未指定>
前基準面
上基準面
2
編輯階段草圖
3
對位草圖視角
曲面-旋轉1
1
點選欲變更之特徵
平面1
曲面-掃出1
曲面-疊層拉伸1
曲面-縫織1
加厚1
回溯閥底下之程序，已暫時被系統制約。
4
於既有的草圖上繪製兩個圓，且設定圓心與「三點定弧」共點。
A
B
Ø35.00
Ø30.00
5
標註圓徑參數
R145.00
100.00
40.00
既有的「三點定弧」

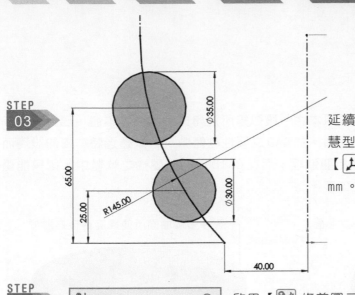

STEP 03

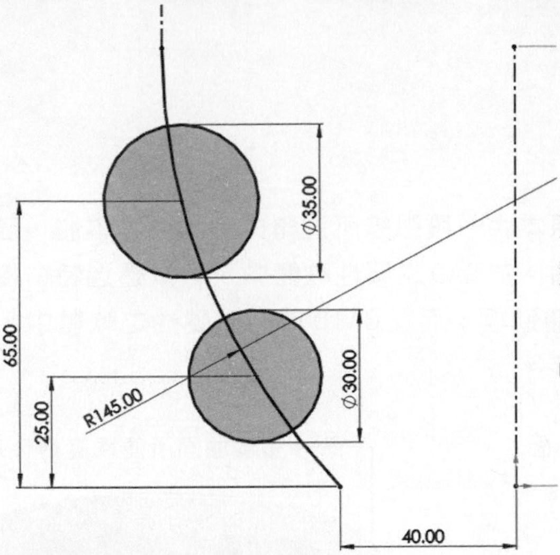

延續上階段之草圖，並再次以【 ：智慧型尺寸】定義 Ⓐ Ⓑ 兩輪廓之圓心與【 ：原點】之縱向間距為 25mm 暨 65 mm。

STEP 04

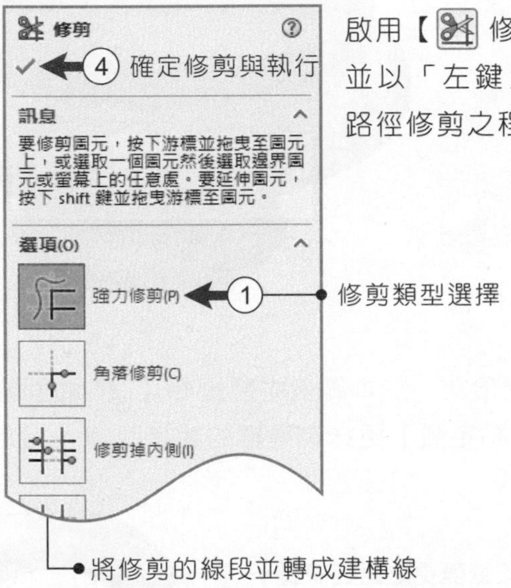
修剪
④ 確定修剪與執行
訊息
要修剪圖元，按下游標並拖曳至圖元上，或選取一個圖元然後選取邊界圖元或螢幕上的任意處。要延伸圖元，按下 shift 鍵並拖曳游標至圖元。
選項(O)
強力修剪(P)
① 修剪類型選擇
角落修剪(C)
修剪掉內側(I)
將修剪的線段並轉成建構線

啟用【 修剪圖元】指令，並以「左鍵」拖曳指標形成路徑修剪之程序。

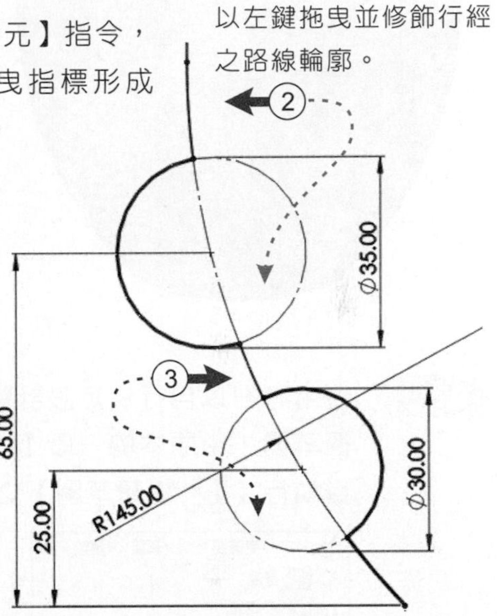

STEP 05

當草圖線段修剪完備後，即能經由【 ：草圖圓角】指令潤飾修剪後之邊界輪廓。倘若使用者對於設變後之效果不甚滿意，則可以重新啟用設變程序，或者是重開舊檔再行編輯草圖之過程。

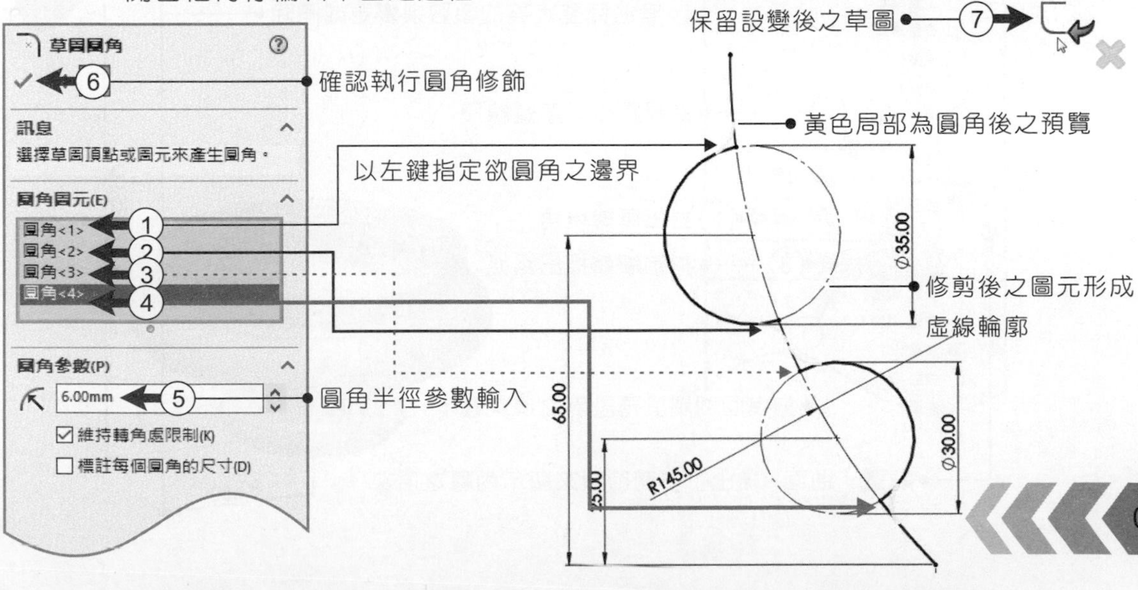
保留設變後之草圖 ⑦
草圖圓角
⑥ 確認執行圓角修飾
黃色局部為圓角後之預覽
訊息
選擇草圖頂點或圖元來產生圓角。
以左鍵指定欲圓角之邊界
圓角圖元(E)
圓角<1> ①
圓角<2> ②
圓角<3> ③
圓角<4> ④
修剪後之圖元形成虛線輪廓
圓角參數(P)
6.00mm ⑤
圓角半徑參數輸入
維持轉角處限制(K)
標註每個圓角的尺寸(D)
Ø35.00
65.00
Ø30.00
R145.00
25.00

STEP 06

在設計變更之後，即能看見原本由一段弧線所迴轉成型的曲面本體，已經轉換成連綿的弧線交併的多曲面薄頁。於CAD之屬性軟體中，可以透過特徵樹的設變而迅速的變更出新的實體與相關進程；而在CAID或動畫屬性之軟體中，則只能重啟檔案並改變建構模型之工序。

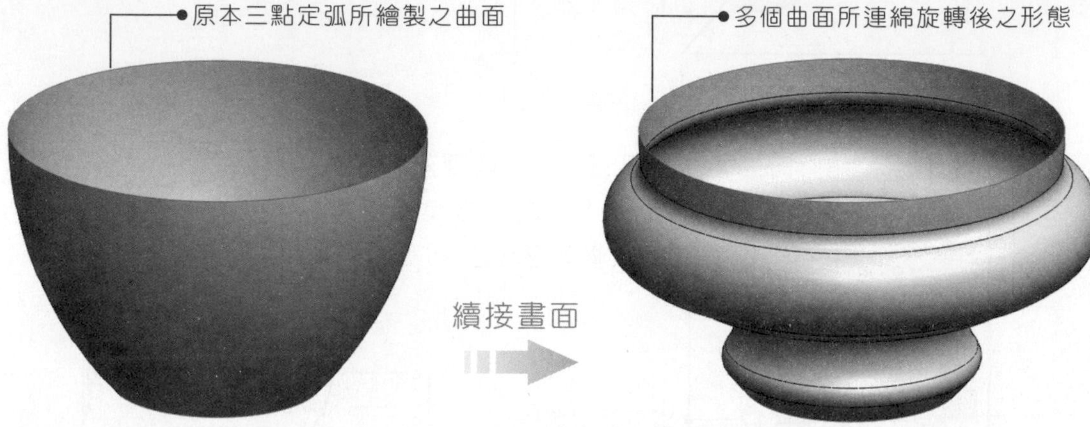
原本三點定弧所繪製之曲面
多個曲面所連綿旋轉後之形態
續接畫面

STEP 07

使用者得以自行決定設計變更之項次。於本範例中將編輯【曲面掃出】之路徑草圖，由原本的一段【三點定弧】更迭為連續的相接弧線。指定路徑草圖且執行【編輯草圖】之程序。

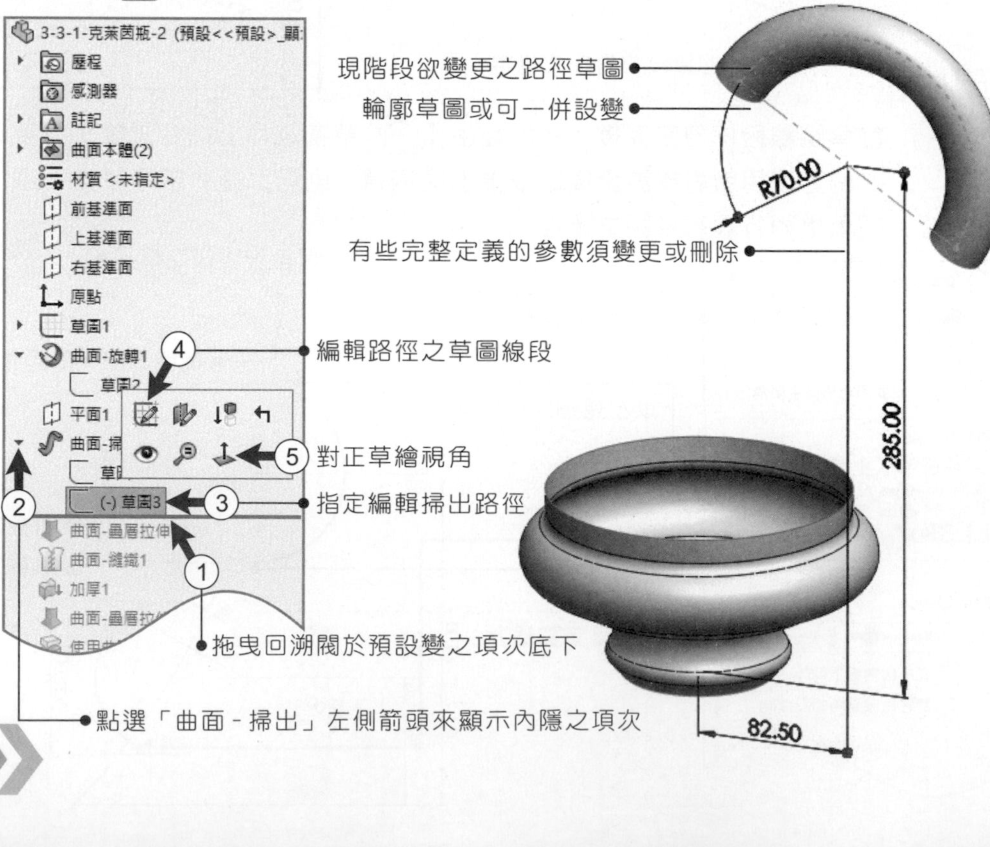
3-3-1-克萊茵瓶-2 (預設<<預設>_顯
歷程
感測器
註記
曲面本體(2)
材質 <未指定>
前基準面
上基準面
右基準面
原點
草圖1
曲面-旋轉1
草圖2
平面1
曲面-掃
(-) 草圖3
曲面-疊層拉伸
曲面-縫織1
加厚1
現階段欲變更之路徑草圖
輪廓草圖或可一併設變
R70.00
有些完整定義的參數須變更或刪除
編輯路徑之草圖線段
對正草繪視角
指定編輯掃出路徑
285.00
拖曳回溯閥於預設變之項次底下
點選「曲面 - 掃出」左側箭頭來顯示內隱之項次
82.50

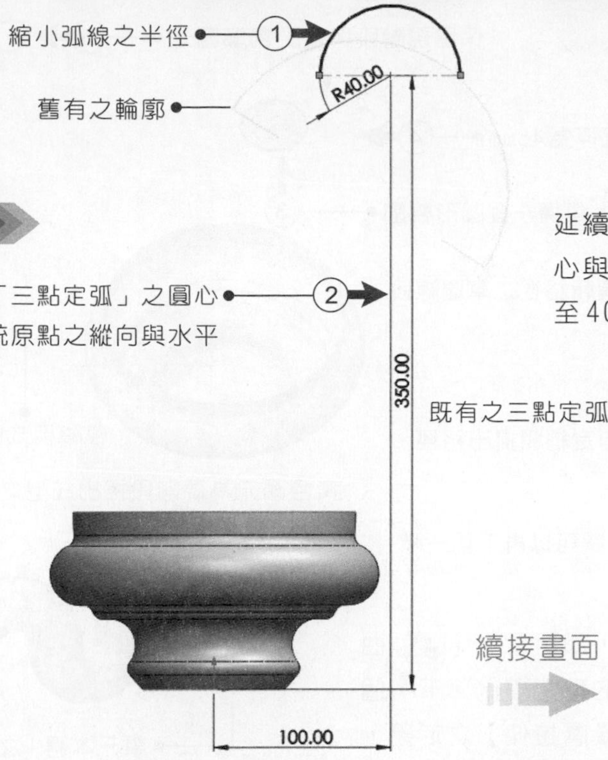

STEP 08

延續上頁之進程。首先變更既有之弧線圓心與【原點】之距離，並縮小其半徑至40mm。

變更「三點定弧」之圓心與系統原點之縱向與水平距離

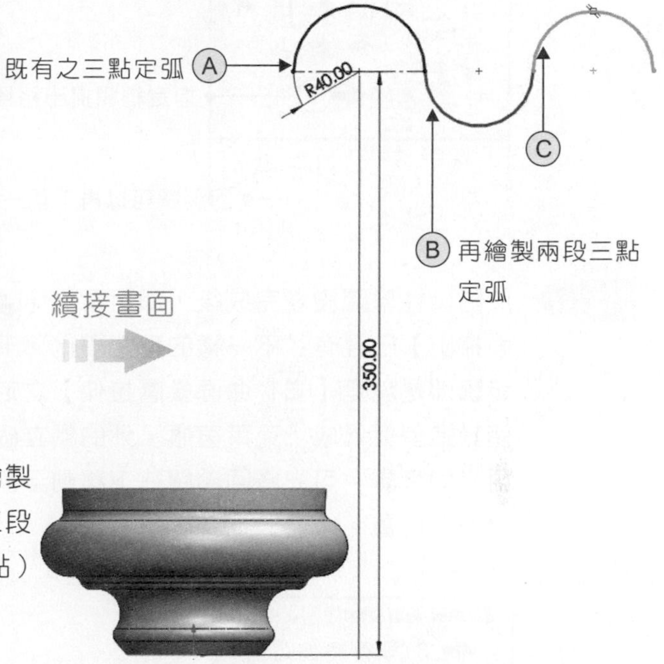

STEP 09

使用【三點定弧】指令繪製 Ⓑ Ⓒ 兩段弧線，並設定三段弧線之左右端點（總共6個點）【水平放置】。

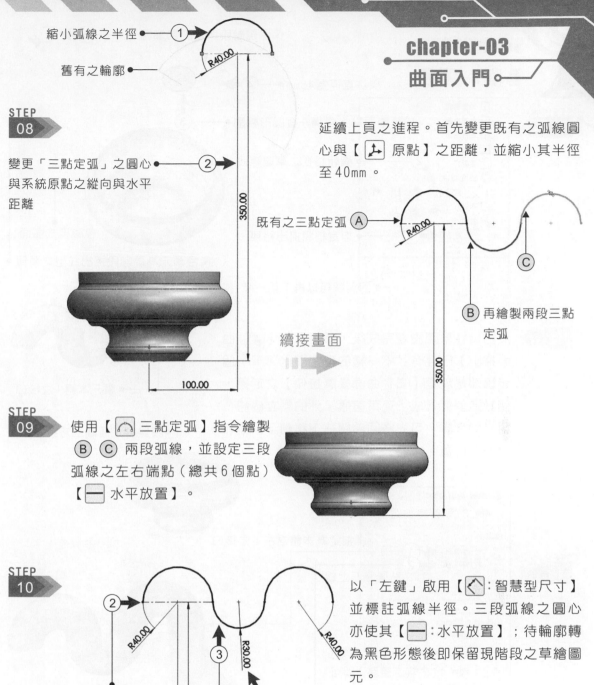

STEP 10

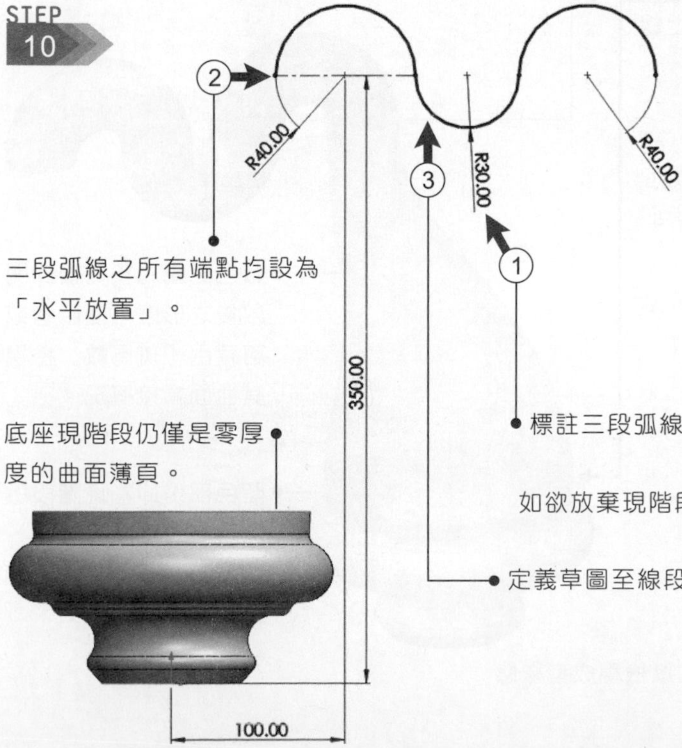

以「左鍵」啟用【：智慧型尺寸】並標註弧線半徑。三段弧線之圓心亦使其【：水平放置】；待輪廓轉為黑色形態後即保留現階段之草繪圖元。

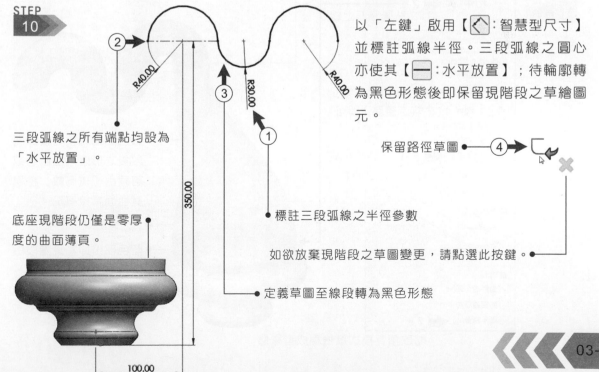

保留路徑草圖 ④

如欲放棄現階段之草圖變更，請點選此按鍵。

STEP 11

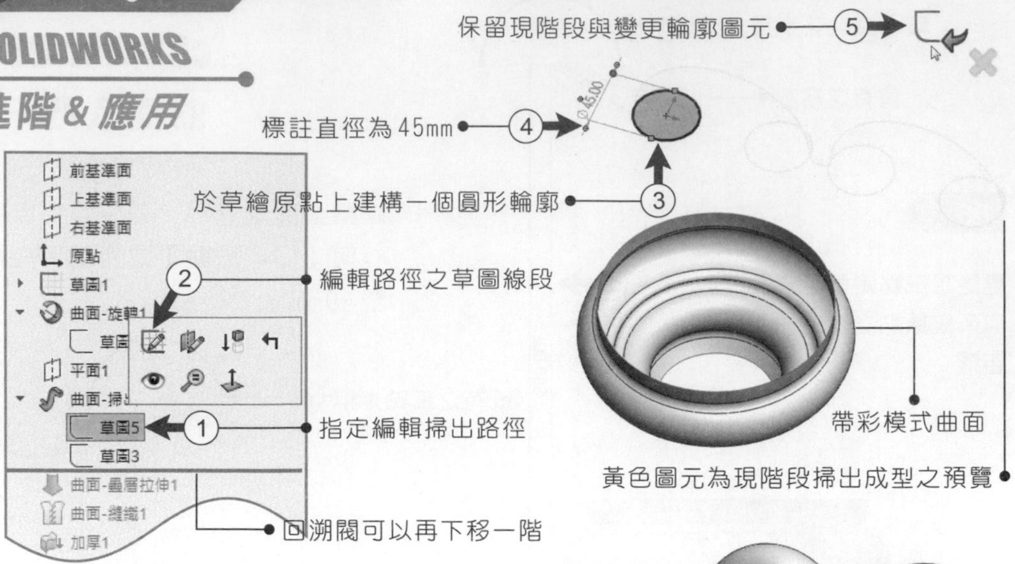
保留現階段與變更輪廓圖元 ⑤
標註直徑為 45mm ④
於草繪原點上建構一個圓形輪廓 ③
前基準面
上基準面
右基準面
原點
草圖1
曲面-旋轉1
平面1
曲面-掃出
草圖5
草圖3
曲面-疊層拉伸1
曲面-縫織1
加厚1
② 編輯路徑之草圖線段
① 指定編輯掃出路徑
帶彩模式曲面
黃色圖元為現階段掃出成型之預覽
回溯閥可以再下移一階

STEP 12

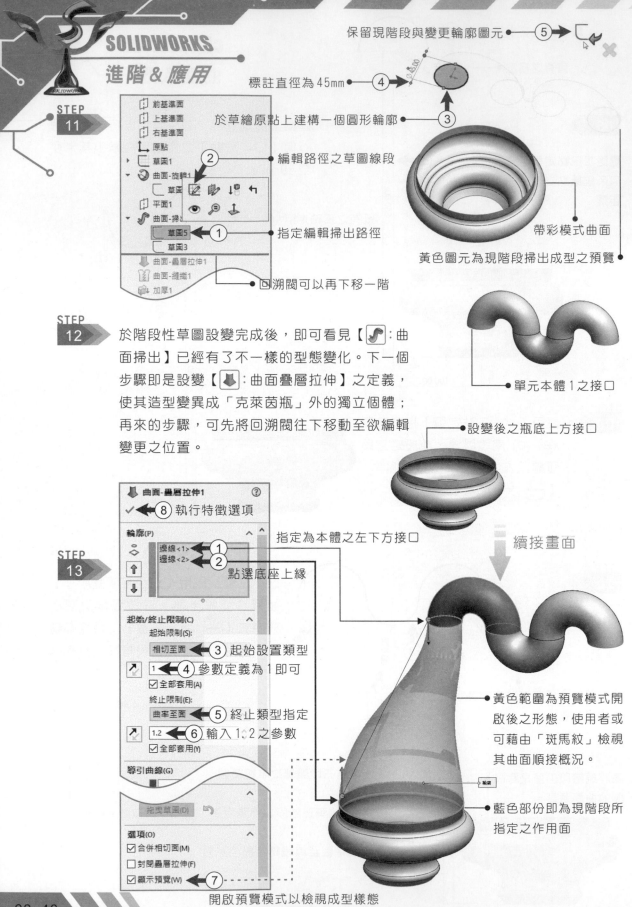

於階段性草圖設變完成後，即可看見【 :曲面掃出】已經有了不一樣的型態變化。下一個步驟即是設變【 :曲面疊層拉伸】之定義，使其造型變異成「克萊茵瓶」外的獨立個體；再來的步驟，可先將回溯閥往下移動至欲編輯變更之位置。

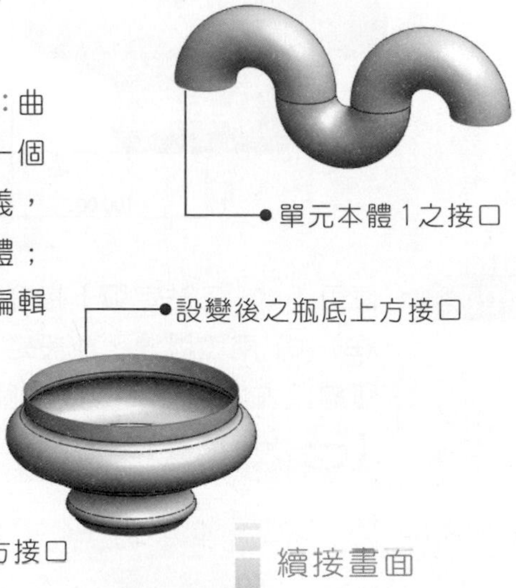
單元本體 1 之接口
設變後之瓶底上方接口
續接畫面

STEP 13

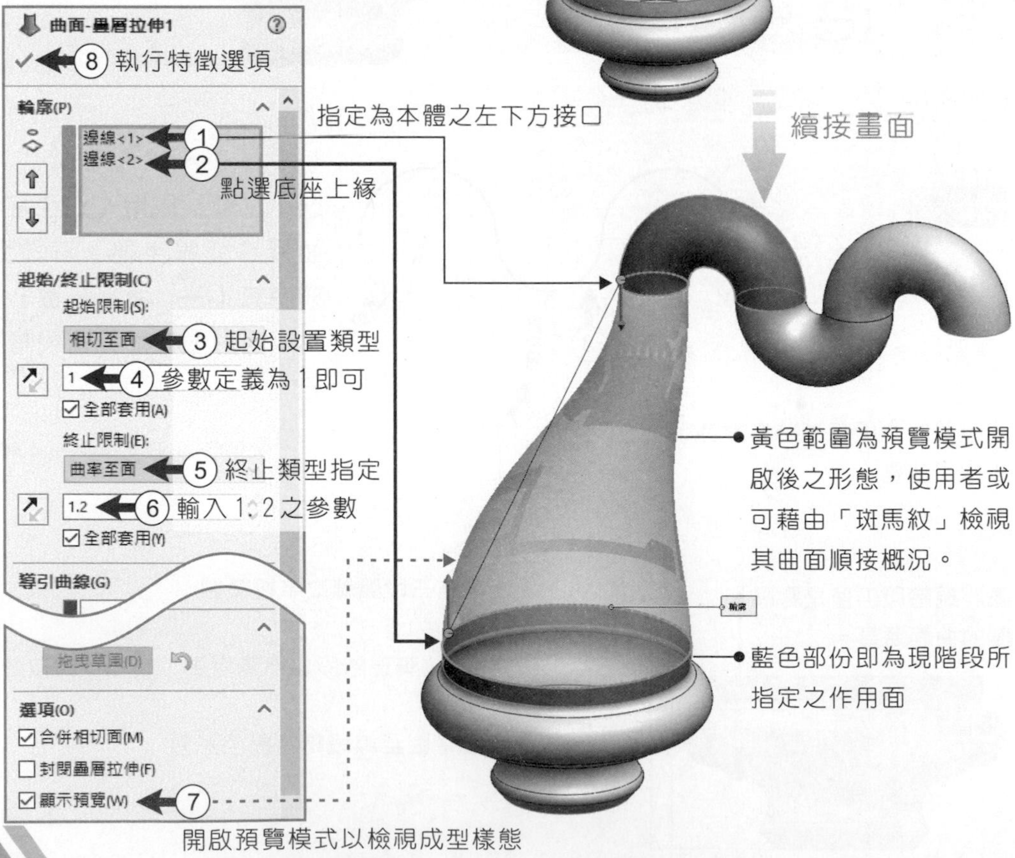
曲面-疊層拉伸1
⑧ 執行特徵選項
輪廓(P)
邊線<1>
邊線<2>
① 指定為本體之左下方接口
② 點選底座上緣
起始/終止限制(C)
起始限制(S):
相切至面
③ 起始設置類型
④ 參數定義為 1 即可
全部套用(A)
終止限制(E):
曲率至面
⑤ 終止類型指定
⑥ 輸入 1.2 之參數
全部套用(Y)
導引曲線(G)
拖曳草圖(D)
選項(O)
合併相切面(M)
封閉疊層拉伸(F)
顯示預覽(W)
⑦ 開啟預覽模式以檢視成型樣態
黃色範圍為預覽模式開啟後之形態，使用者或可藉由「斑馬紋」檢視其曲面順接概況。
藍色部份即為現階段所指定之作用面

STEP 14

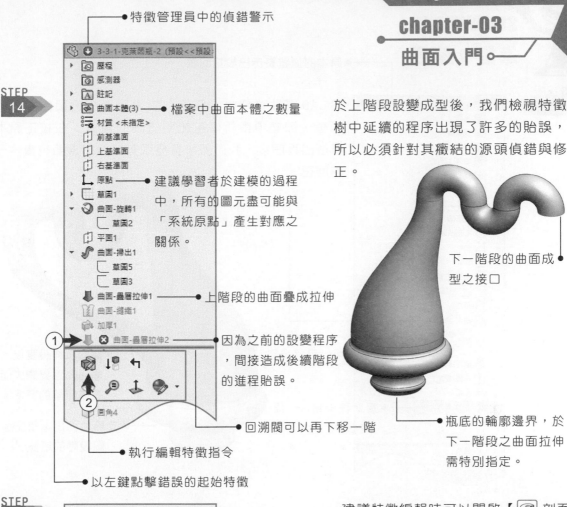

於上階段設變成型後，我們檢視特徵樹中延續的程序出現了許多的貽誤，所以必須針對其癥結的源頭偵錯與修正。

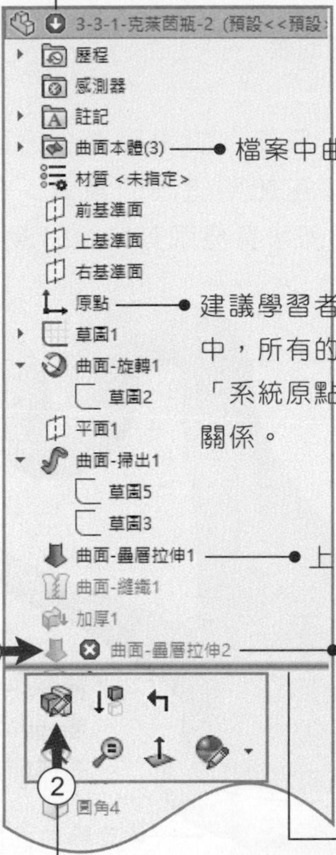

特徵管理員中的偵錯警示

檔案中曲面本體之數量

建議學習者於建模的過程中，所有的圖元盡可能與「系統原點」產生對應之關係。

上階段的曲面疊成拉伸

因為之前的設變程序，間接造成後續階段的進程貽誤。

回溯閥可以再下移一階

① 以左鍵點擊錯誤的起始特徵

② 執行編輯特徵指令

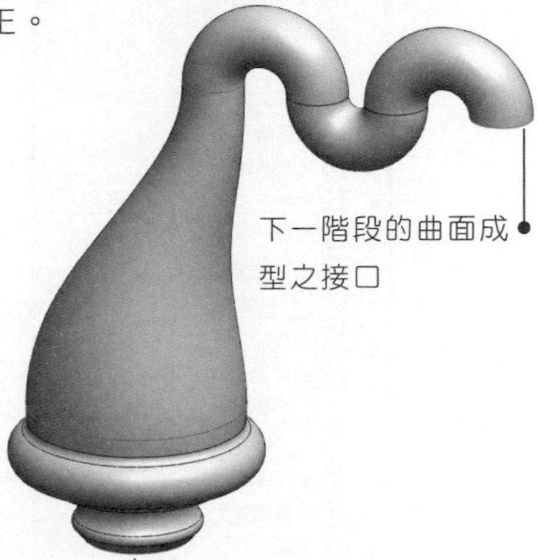

下一階段的曲面成型之接口

瓶底的輪廓邊界，於下一階段之曲面拉伸需特別指定。

STEP 15

建議特徵編輯時可以開啟【剖面圖】模式，以此來檢視【曲面疊層拉伸】之成型概況。

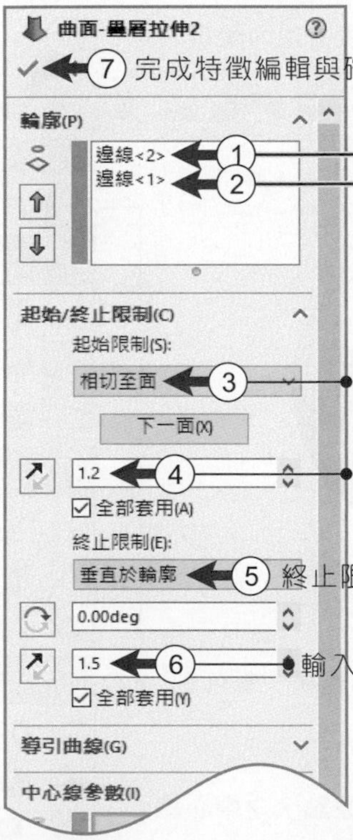

⑦ 完成特徵編輯與確認設變

① 點擊右側環口

② 選擇瓶底之邊界

③ 指定起始邊界相切

④ 參數設定為 1. 2

⑤ 終止限制類型指定

⑥ 輸入指定參數

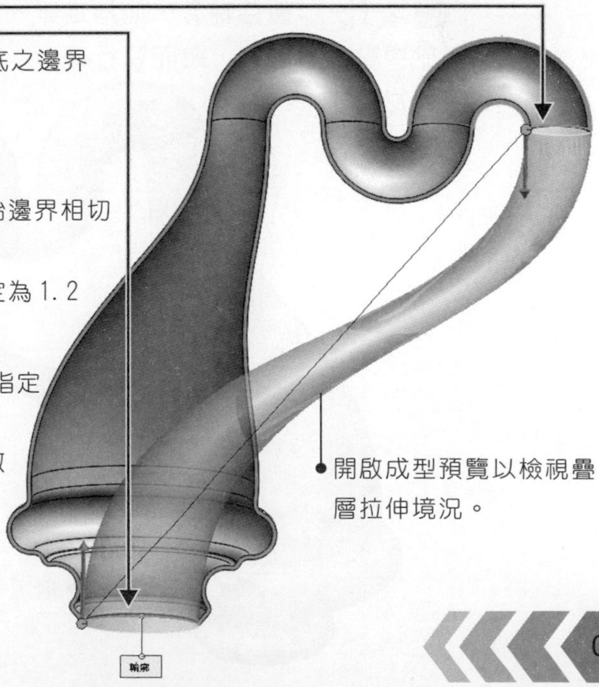

開啟成型預覽以檢視疊層拉伸境況。

STEP 16

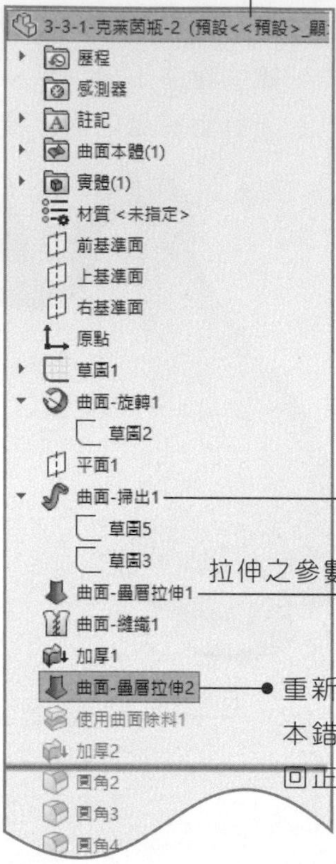

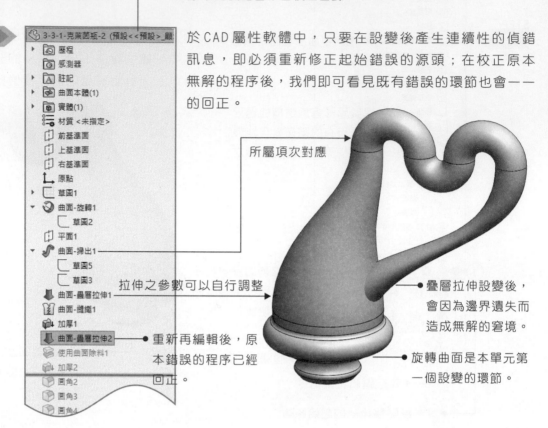

於CAD屬性軟體中，只要在設變後產生連續性的偵錯訊息，即必須重新修正起始錯誤的源頭；在校正原本無解的程序後，我們即可看見既有錯誤的環節也會一一的回正。

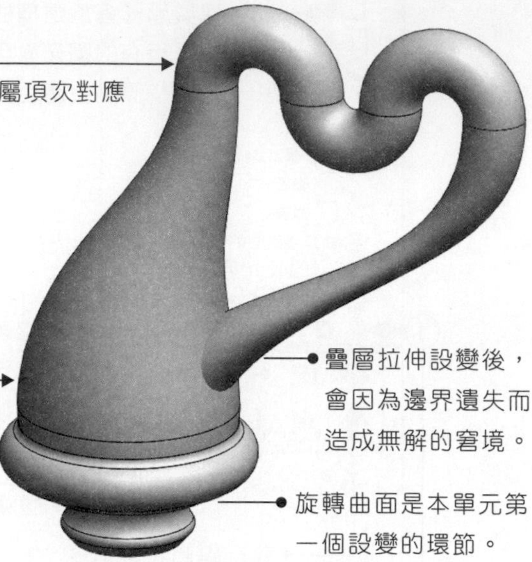

STEP 17

筆者現階段欲透過實體【![]:環狀複製】成複數單元。於此可以開啟內隱之【![]:暫存軸】，並指定垂直於中點之參考線，繼而執行環形陣列之程序。

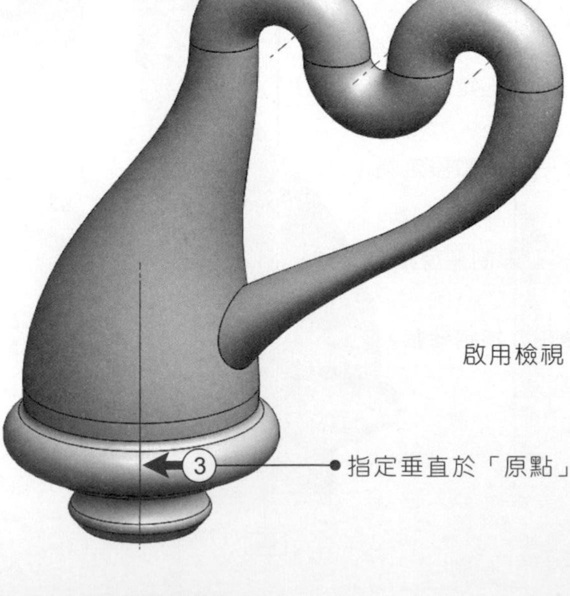

STEP 18

在啟用【環狀複製排列】特徵後，需特別指定為「本體」類型陣列，而這一環節也是學員們最容易忽略的程序。

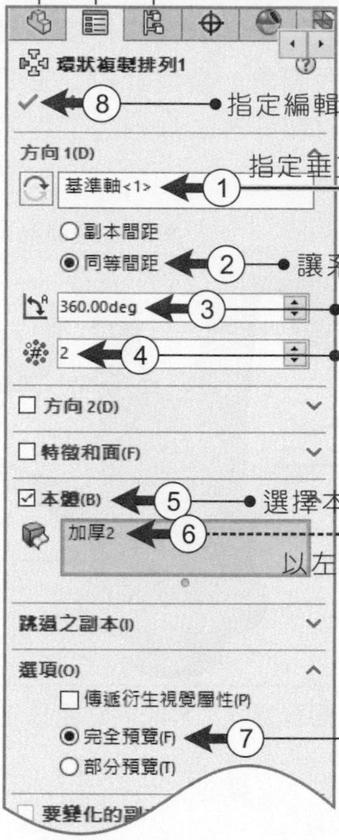
特徵管理員
屬性設定項次
模型組態
環狀複製排列1
方向 1(D)
基準軸<1>
副本間距
同等間距
360.00deg
2
方向 2(D)
特徵和面(F)
本體(B)
加厚2
跳過之副本(I)
選項(O)
傳遞衍生視覺屬性(P)
完全預覽(F)
部分預覽(T)
8 指定編輯掃出路徑
1 指定垂直於原點之參考線
2 讓系統自行配給角度
3 全週迴圈成型
4 複製數量輸入
5 選擇本體類型複製
6 以左鍵點選畫面實體
7 黃色部份為成型後之預覽畫面

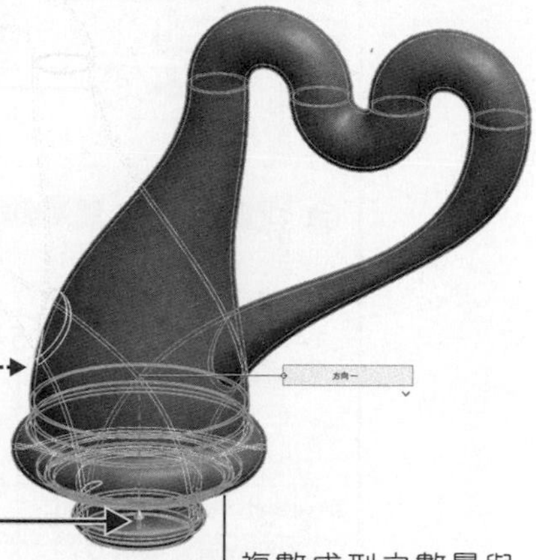

複數成型之數量與角度，皆可由使用者自主性衡量。

STEP 19

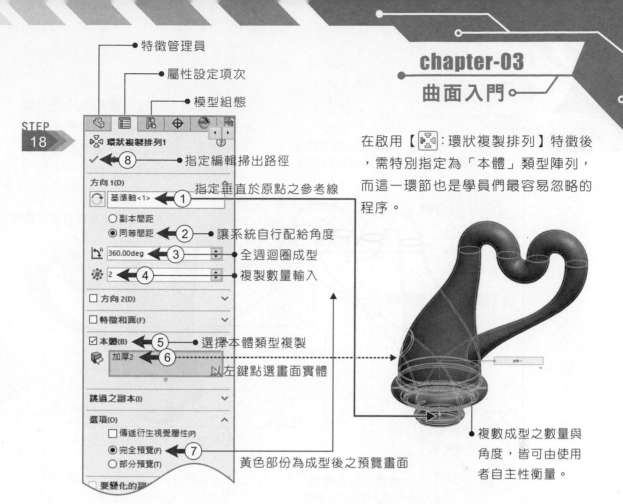

現階段欲將兩個本體融合成一體，啟用【結合】特徵且點選兩物件，建議開啟「顯示預覽」以檢核兩本體間融合之概況。

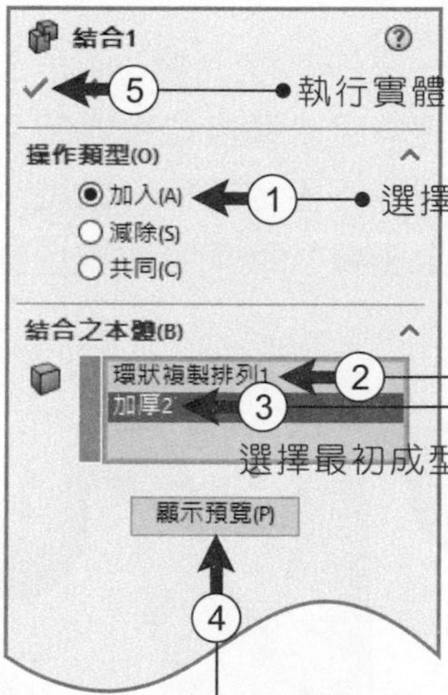
結合1
操作類型(O)
加入(A)
減除(S)
共同(C)
結合之本體(B)
環狀複製排列1
加厚2
顯示預覽(P)
5 執行實體融合程序
1 選擇附加類型模式
2 指定環狀陣列後之本體
3 選擇最初成型之瓶身
4

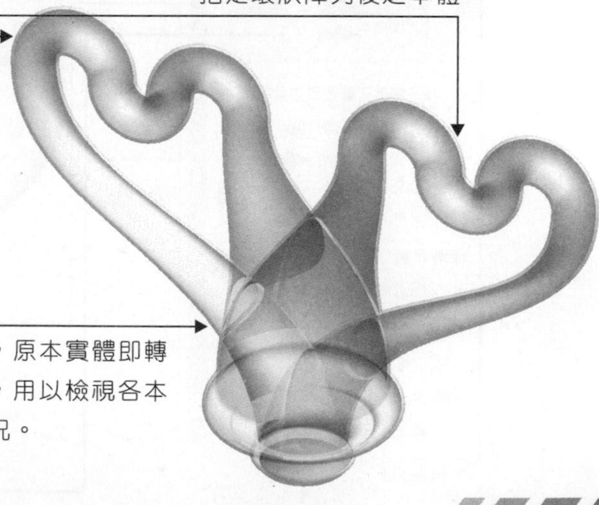

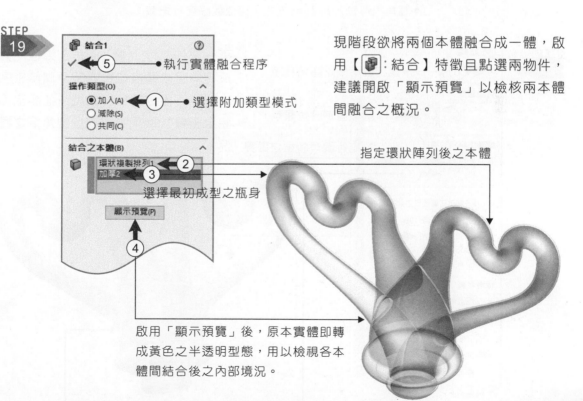

啟用「顯示預覽」後，原本實體即轉成黃色之半透明型態，用以檢視各本體間結合後之內部境況。

STEP 20

當模型建構完成後，繼而以【 :圓角】特徵潤飾實線相接的邊界。先以「面圓角」類型針對「主要面群」與「附和面群」進行加工程序。

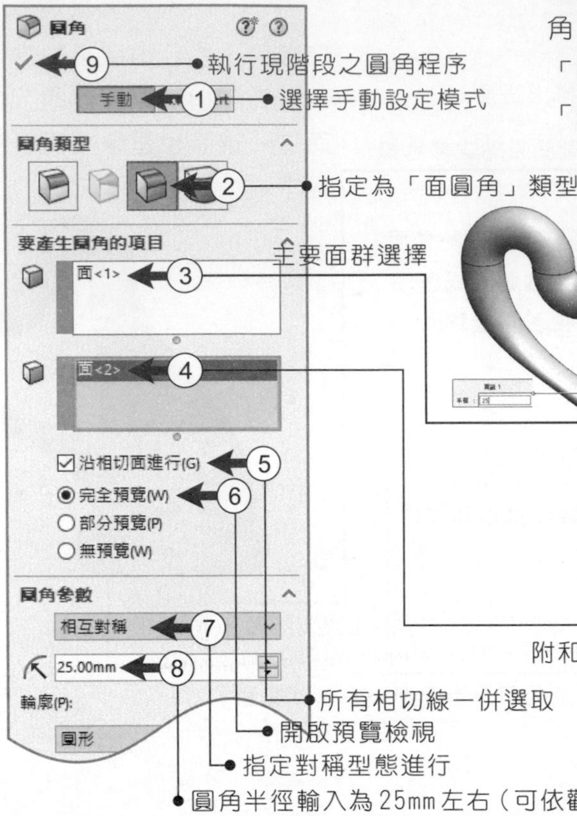
圓角
手動
圓角類型
要產生圓角的項目
面<1>
面<2>
沿相切面進行(G)
完全預覽(W)
部分預覽(P)
無預覽(W)
圓角參數
相互對稱
25.00mm
輪廓(P):
圓形
執行現階段之圓角程序
選擇手動設定模式
指定為「面圓角」類型
主要面群選擇
所有相切線一併選取
開啟預覽檢視
指定對稱型態進行
圓角半徑輸入為25mm左右（可依觀感自行增減）

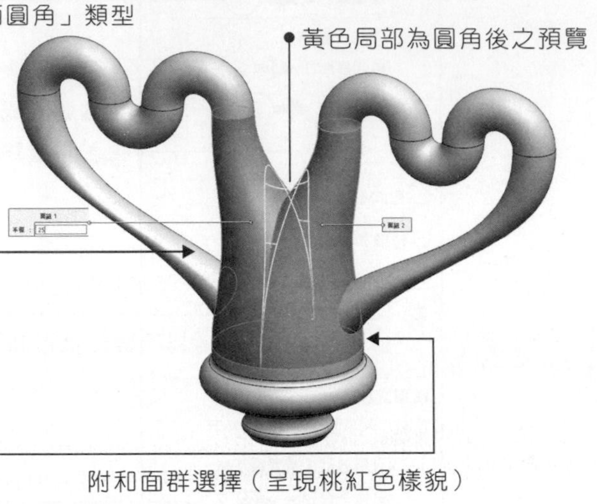
黃色局部為圓角後之預覽
附和面群選擇（呈現桃紅色樣貌）

STEP 21

再一次的執行【 :圓角】進程，對於實線且未順接之邊界施予潤飾工序。選擇「固定圓角」類型，並開啟「完全預覽」檢視實體模型圓角後之概況。

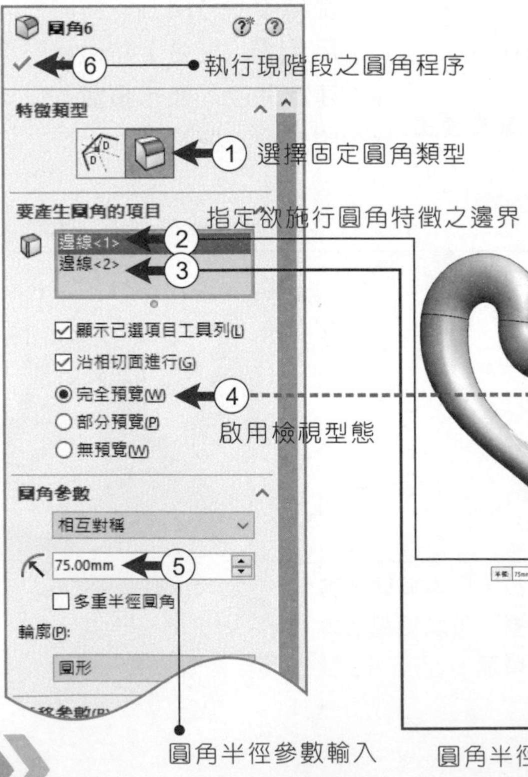
圓角6
特徵類型
要產生圓角的項目
邊線<1>
邊線<2>
顯示已選項目工具列(L)
沿相切面進行(G)
完全預覽(W)
部分預覽(P)
無預覽(W)
圓角參數
相互對稱
75.00mm
多重半徑圓角
輪廓(P):
圓形
執行現階段之圓角程序
選擇固定圓角類型
指定欲施行圓角特徵之邊界
啟用檢視型態
圓角半徑參數輸入

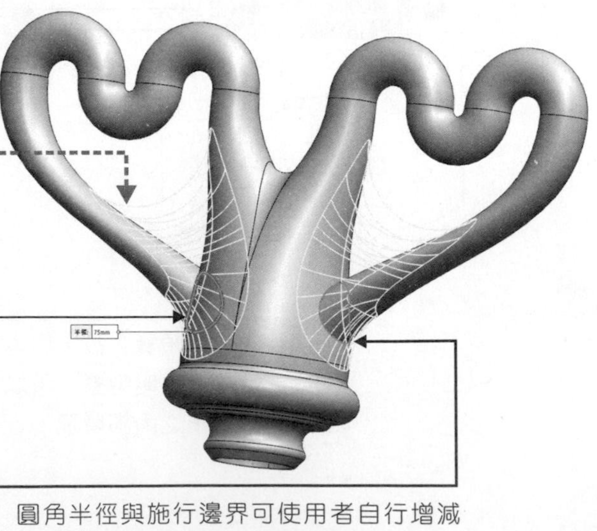
圓角半徑與施行邊界可使用者自行增減

《斑馬紋模式》

STEP 22

當模型邊界潤飾程序完備後，使用者得以將實體帶彩模式轉變成【：曲率】或者是【：斑馬紋】型態，以俾利檢視各群組面順接與否之概況；而往返特徵管理員並啟用設變程序，即是CAD屬性軟體之最大優勢所在。

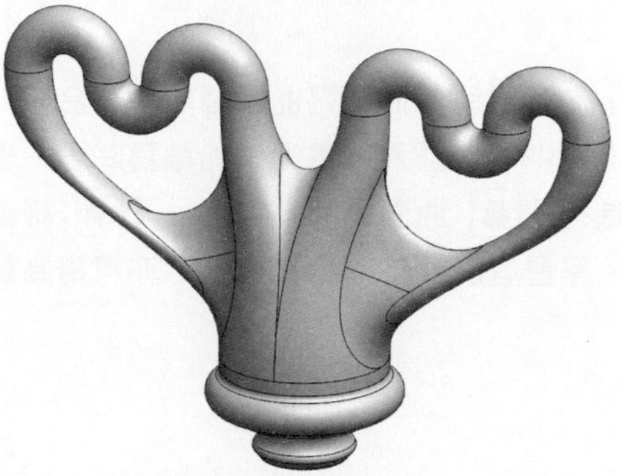

《邊線帶彩樣貌》

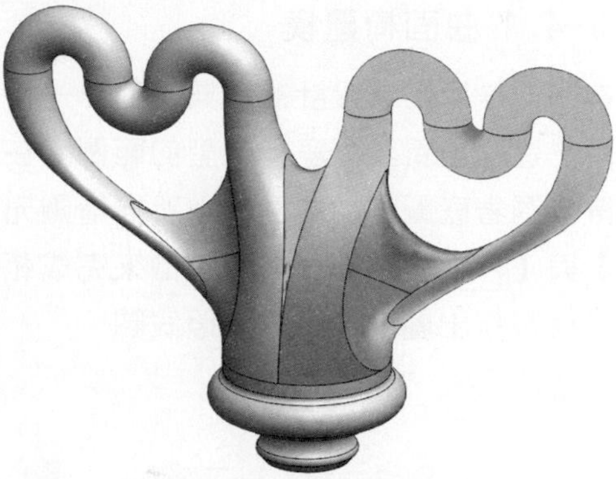

《曲率檢視型態》

STEP 23

進入模型彩現程序：透過Solidworks之附加模組【 Photoview360】編輯模型【：外觀】與【：全景】；克萊茵瓶主體部份可以選擇透明塑膠或水晶玻璃質材。下方為克萊茵瓶原型暨設變後的模型融合素色場景之渲染完成圖照。

《克萊茵瓶彩現完成圖》

3-4 曲面椅設計

⊙要點提醒　本範例為綠色版參考教學檔--請學習者使用雲端連結並下載相關之附件

本範例教學視訊檔案：SolidWorks/進階&應用/CH03目錄下/3-4 曲面椅.avi
本範例製作完成檔案：SolidWorks/進階&應用/CH03目錄下/3-4 曲面椅.SLDPRT

3-4.1 曲面椅建模

本單元是以工業設計的經典作品——「波頓椅」作為原型，並透過曲面鋪陳、縫合與形成實體之進程重新詮釋座椅塑型的範例。在建模的過程中可以匯入本書提供的線稿底圖，學習者得依循著底圖的輪廓邊界重新描繪圖元，繼而進行【：曲面疊層拉伸】、【：縫織曲面】與【：鏡射】……等特徵來完成範例建模。學習者於模型建構完成後，亦可轉為線稿模式且製作出屬於自己的參照底圖。

建模進程：

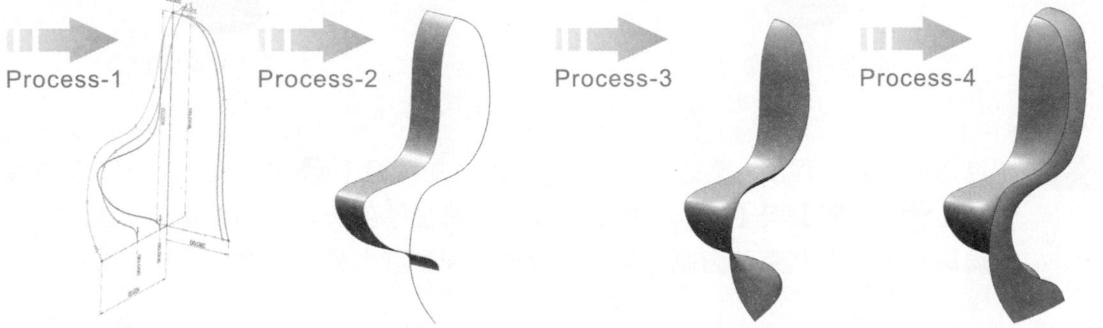

匯入參照的底圖　鋪面之邊線製作　完成曲面疊層拉伸　以曲面縫合兩本體

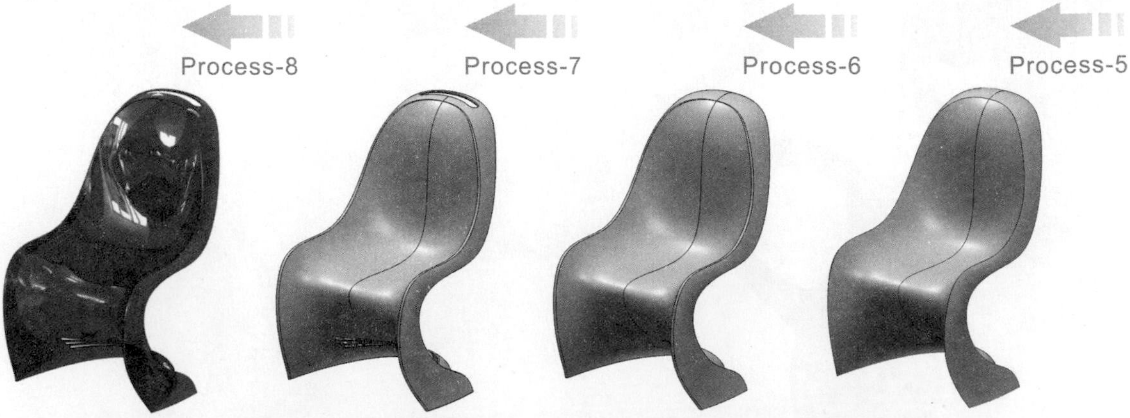

貼附材質與渲染　握把除料與細部修飾　曲面生成厚度且轉為實體　縫合後之本體鏡射

STEP 01

於曲面座椅建模之前置流程中，需先匯入範例的附屬底圖作為實體輪廓之參考。點選【右基準面】並進入草繪程序，以【中心線】由【原點】向上方與右側延伸出參考線，繼而再啟用【智慧型尺寸】標註相關參數即可。

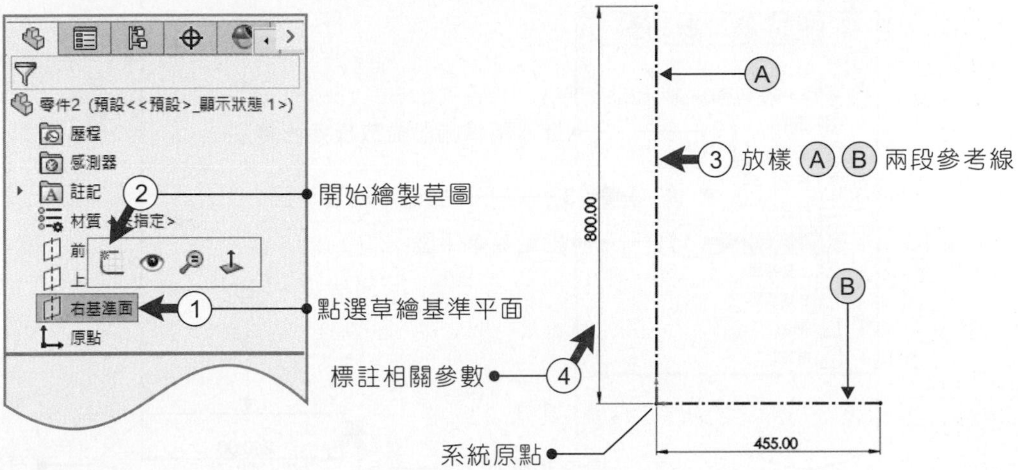

STEP 02

延續上一階段之草圖。點選【：草圖圖片】並於第三章之指定路徑中開啟「曲面椅 - 側視圖」，且藉由拖曳圖片之角點來縮放比例。底圖對位概略即可，不須完全參照圖例設定。

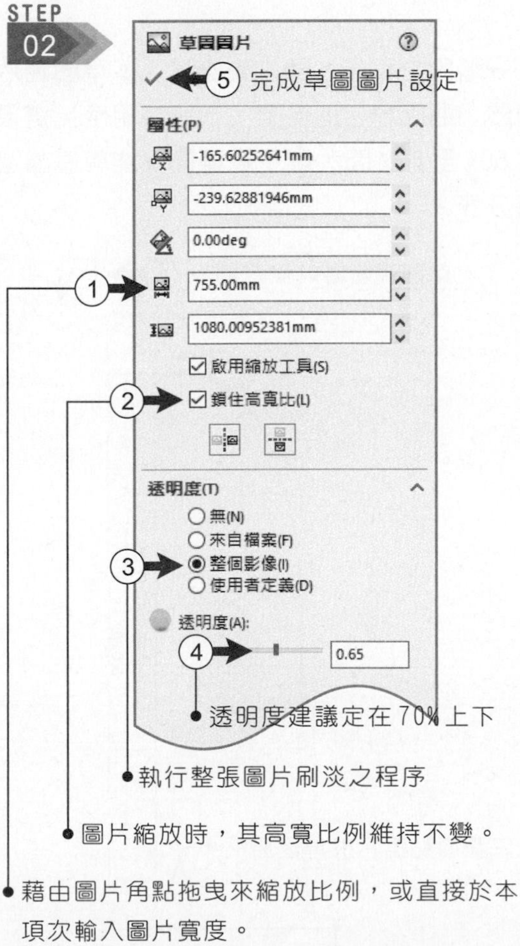
草圖圖片
⑤ 完成草圖圖片設定
屬性(P)
-165.60252641mm
-239.62881946mm
0.00deg
755.00mm
1080.00952381mm
啟用縮放工具(S)
鎖住高寬比(L)
透明度(T)
無(N)
來自檔案(F)
整個影像(I)
使用者定義(D)
透明度(A):
0.65
④ 透明度建議定在70%上下
③ 執行整張圖片刷淡之程序
② 圖片縮放時，其高寬比例維持不變。
① 藉由圖片角點拖曳來縮放比例，或直接於本項次輸入圖片寬度。

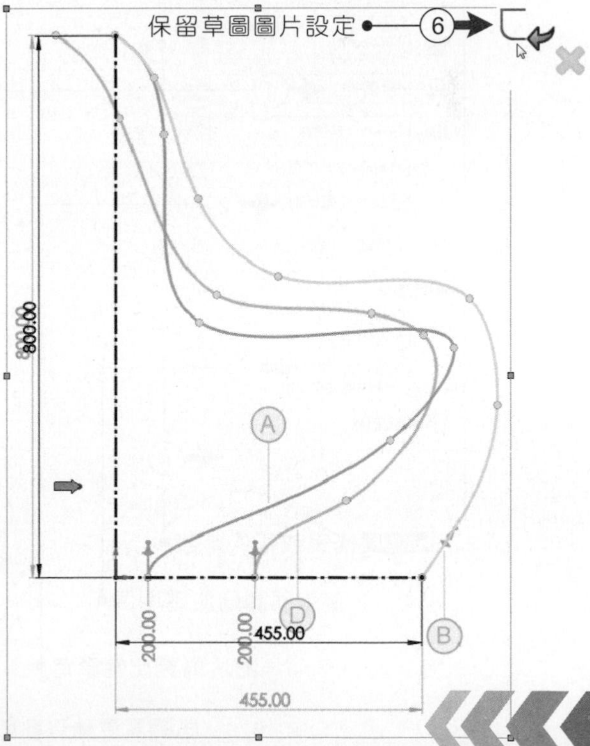
保留草圖圖片設定 ⑥
800.00
Ⓐ
Ⓓ
Ⓑ
200.00
200.00
455.00
455.00

STEP 03

於範例中需匯入兩張底圖做為草繪邊界參考。選擇【前基準面】進入草繪環境，再以【中心線】放樣 Ⓐ Ⓑ 兩段參考基準。

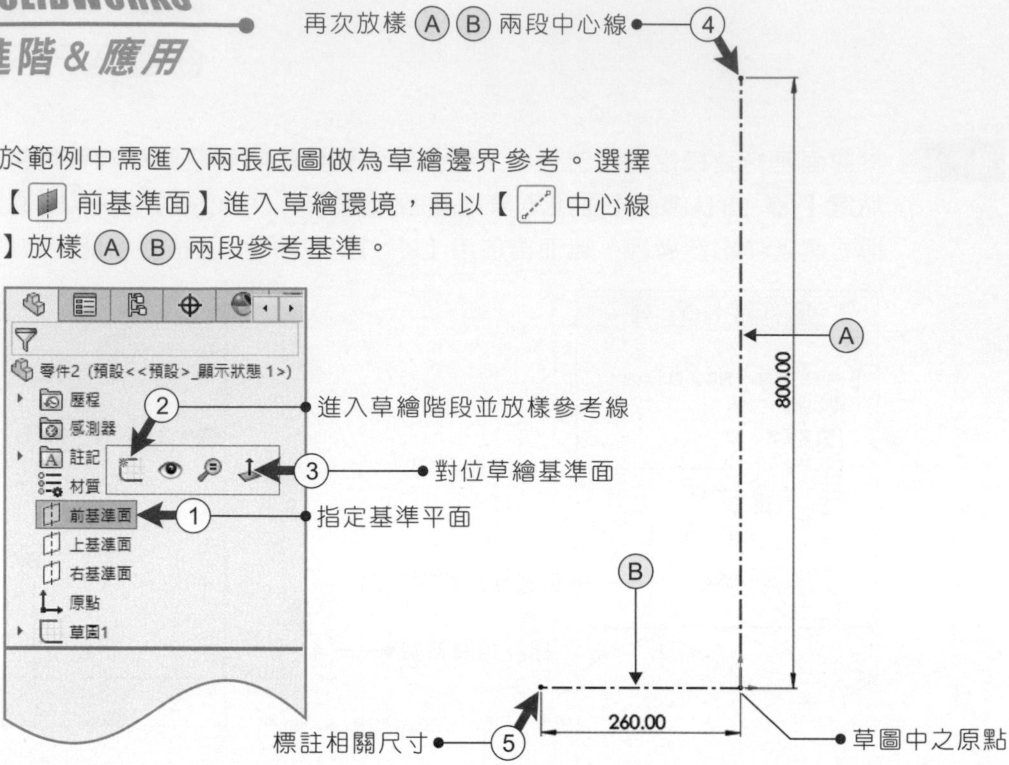

STEP 04

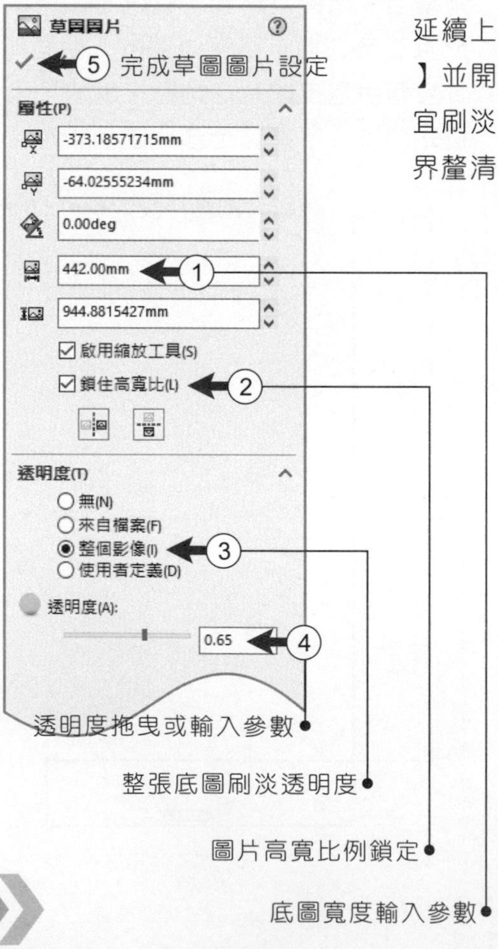

延續上一階段之程序。再次點選【草圖圖片】並開啟「曲面椅 - 正視圖」；「透明度」選項宜刷淡 60% 至 80% 間，讓草圖輪廓線能與底圖邊界釐清分界。

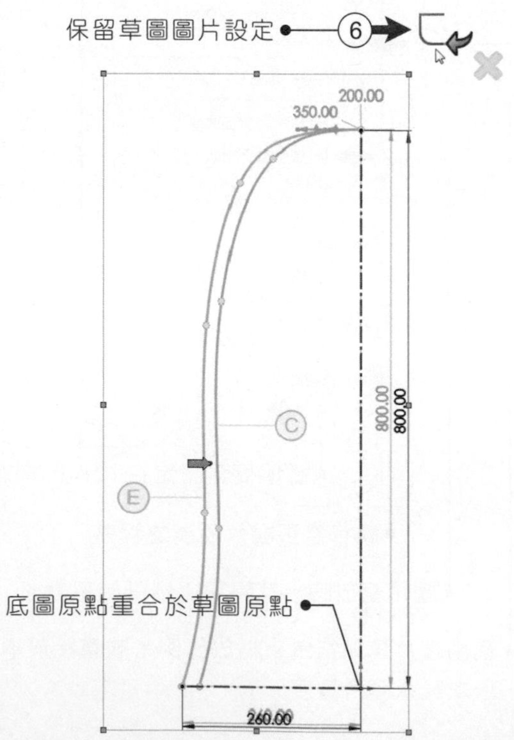

STEP 05

選擇【右基準面】並進入【草圖】環境。以【不規則曲線】參酌底圖線段 Ⓐ 放置 ① 至 ⑥ 等 6 個節點。

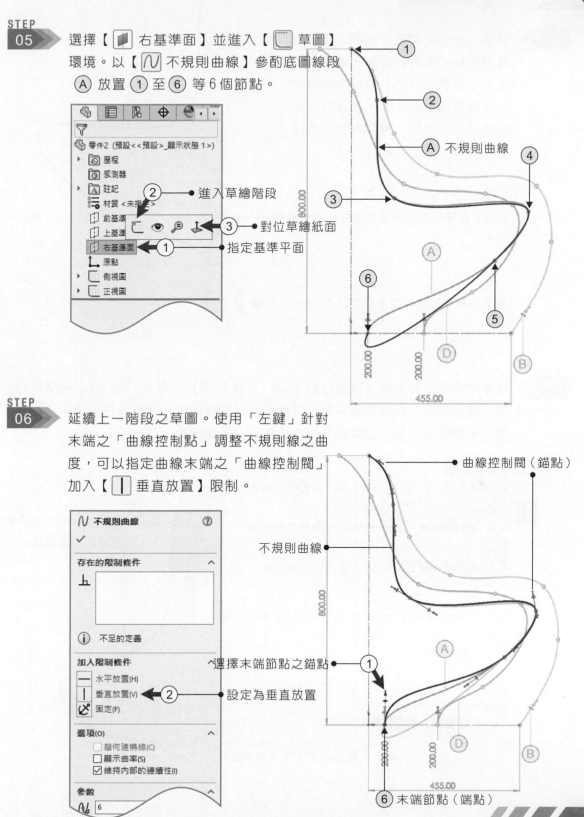

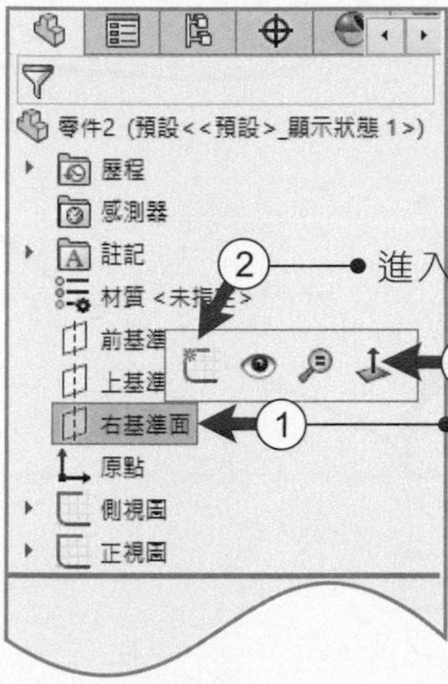

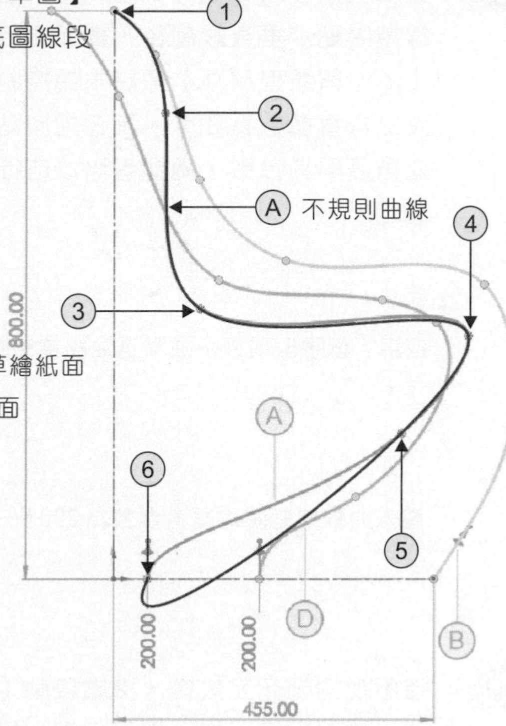

STEP 06

延續上一階段之草圖。使用「左鍵」針對末端之「曲線控制點」調整不規則線之曲度，可以指定曲線末端之「曲線控制閥」加入【垂直放置】限制。

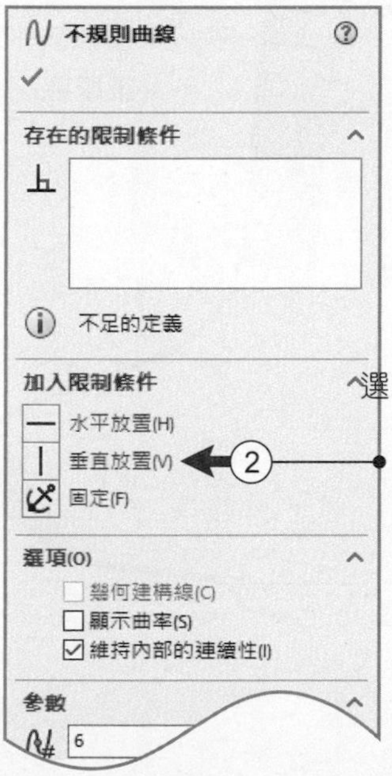

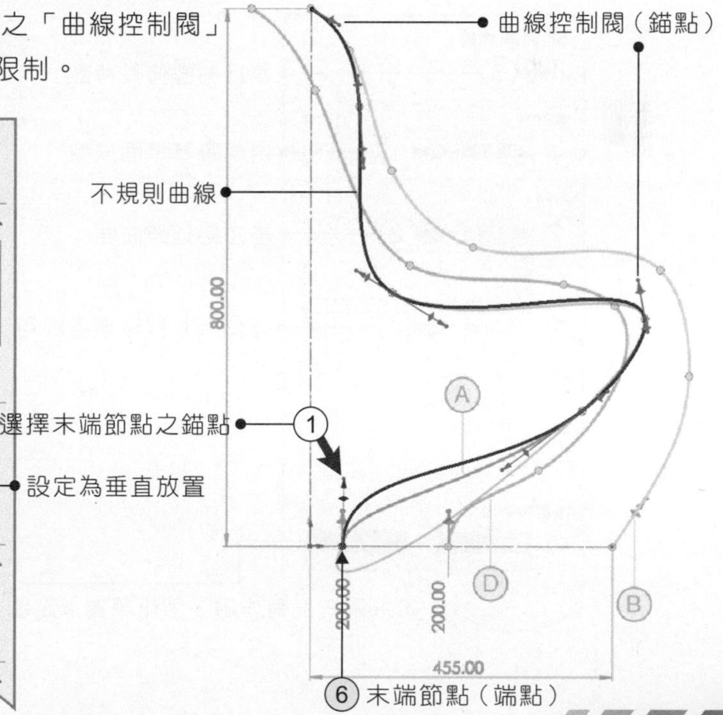

STEP 07

延續上接段未完成之草圖。待「曲線控制點」垂直限制後，繼而使用【:智慧型尺寸】標註末端控制閥之垂直參數為200。其它控制點之角度與其參數，繪圖者可以自行設定。

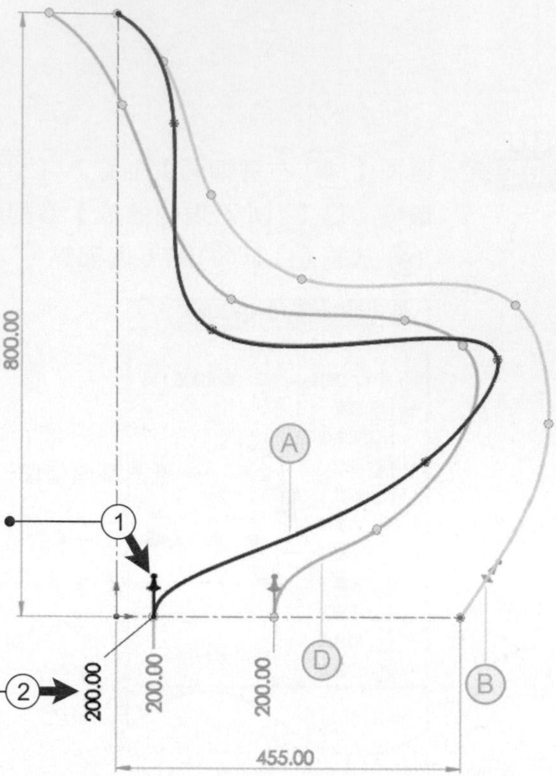

STEP 08

待不規則圖元完成後，接續啟動【:伸長曲面】指令，「方向1」選擇直線延伸；成型深度不拘，只要好選、好檢視與好編輯即可。如果系統無法延伸曲面，則「所選輪廓」項次即需額外指定現階段之草圖線段。

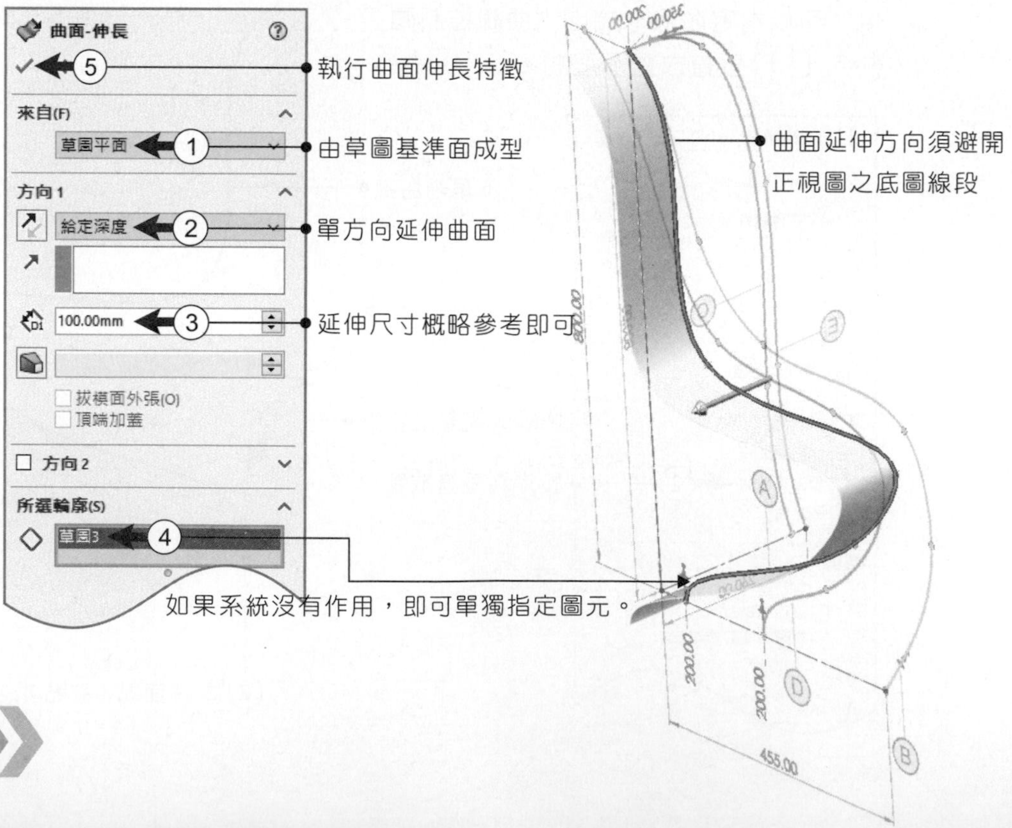
曲面-伸長
執行曲面伸長特徵
來自(F)
草圖平面
由草圖基準面成型
方向1
給定深度
單方向延伸曲面
100.00mm
延伸尺寸概略參考即可
拔模面外張(O)
頂端加蓋
方向2
所選輪廓(S)
草圖3
如果系統沒有作用，即可單獨指定圖元。
曲面延伸方向須避開
正視圖之底圖線段
455.00

STEP 09

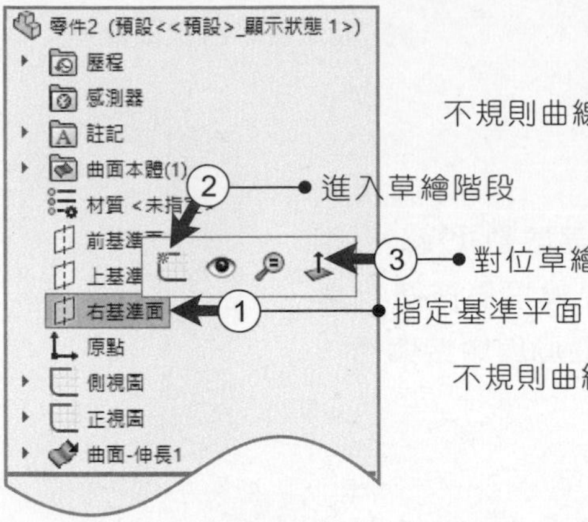
零件2 (預設<<預設>_顯示狀態 1>)
歷程
感測器
註記
曲面本體(1)
材質 <未指定>
前基準面
上基準面
右基準面
原點
側視圖
正視圖
曲面-伸長1
進入草繪階段
對位草繪紙面
指定基準平面

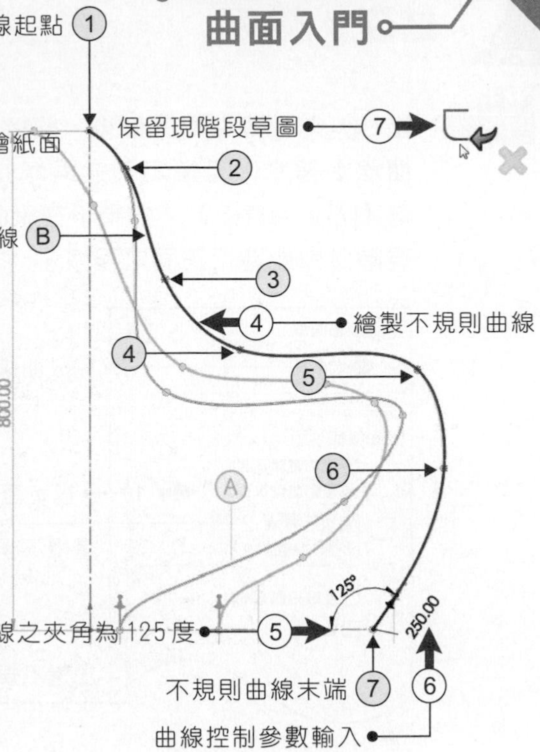
不規則曲線起點
保留現階段草圖
不規則曲線 B
繪製不規則曲線
800.00
A
125°
250.00
曲線控制與水平線之夾角為125度
不規則曲線末端
曲線控制參數輸入

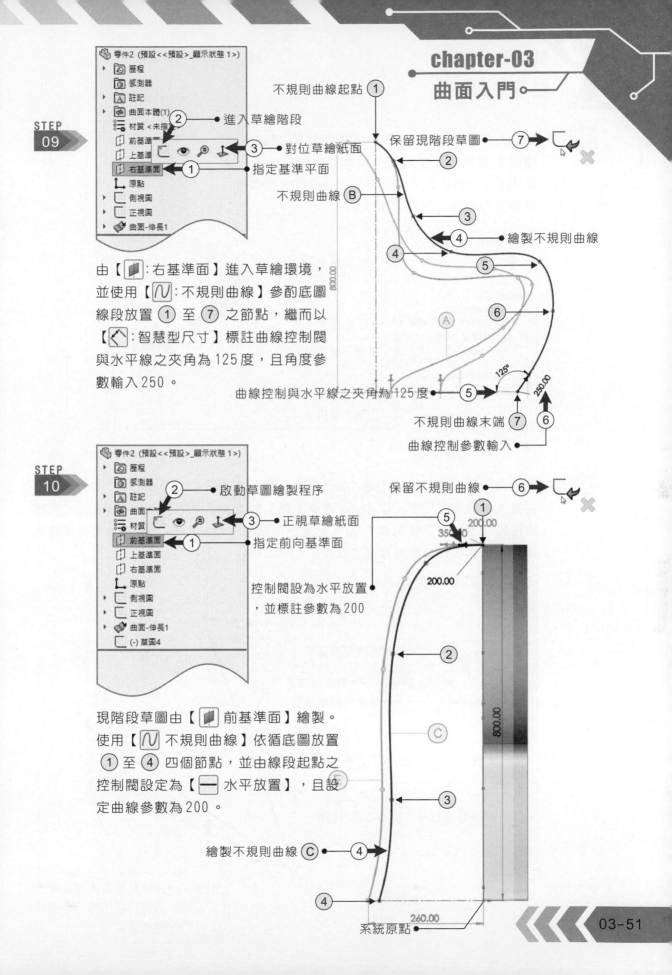

由【▮:右基準面】進入草繪環境，並使用【∿:不規則曲線】參酌底圖線段放置 ① 至 ⑦ 之節點，繼而以【⟨⟩:智慧型尺寸】標註曲線控制閥與水平線之夾角為125度，且角度參數輸入250。

STEP 10

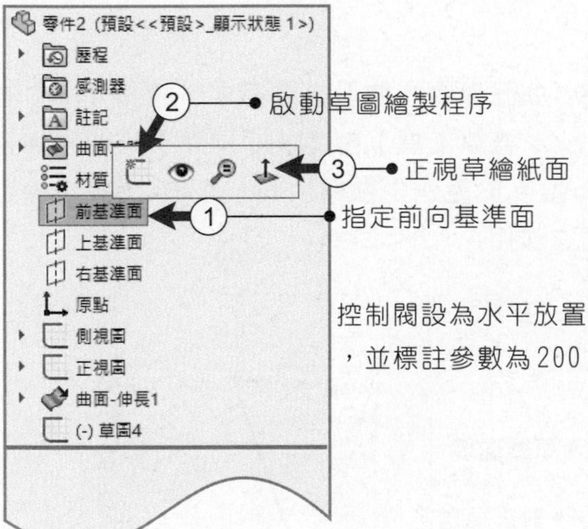
零件2 (預設<<預設>_顯示狀態 1>)
歷程
感測器
註記
曲面本體
材質
前基準面
上基準面
右基準面
原點
側視圖
正視圖
曲面-伸長1
(-) 草圖4
啟動草圖繪製程序
正視草繪紙面
指定前向基準面

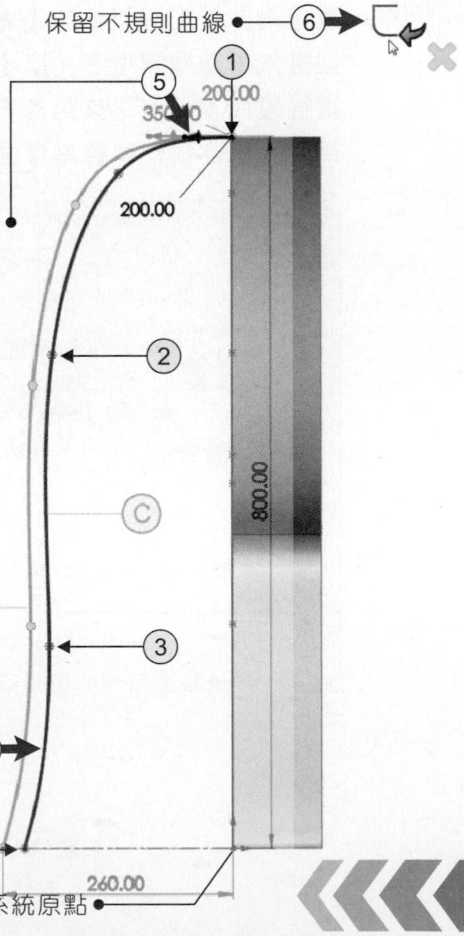
保留不規則曲線
200.00
350.00
200.00
控制閥設為水平放置
，並標註參數為200
C
800.00
E
繪製不規則曲線 C
260.00
系統原點

現階段草圖由【▮ 前基準面】繪製。使用【∿ 不規則曲線】依循底圖放置 ① 至 ④ 四個節點，並由線段起點之控制閥設定為【— 水平放置】，且設定曲線參數為200。

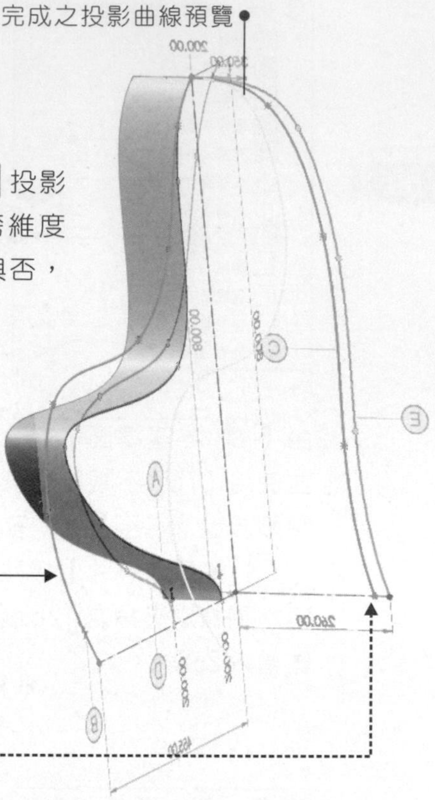
完成之投影曲線預覽

STEP 11

當 Ⓑ Ⓒ 兩條曲線完備後，續接著啟動【投影曲線】指令，且指定前述兩條曲線投影成跨維度之【：曲線 1】。如果不在乎曲度與順接與否，現階段即能進行鋪面之程序。

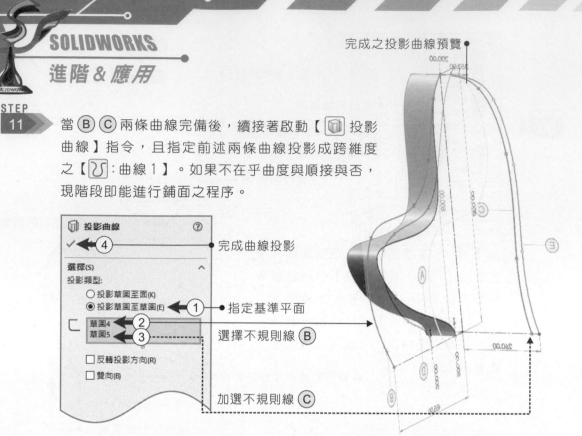

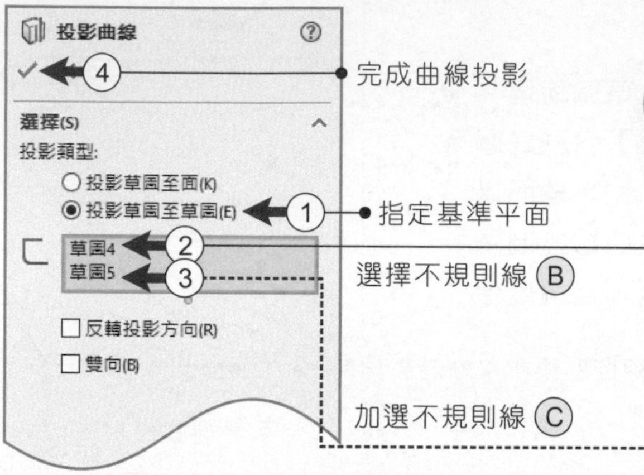
投影曲線
完成曲線投影
選擇(S)
投影類型:
投影草圖至面(K)
投影草圖至草圖(E)
指定基準平面
草圖4
草圖5
選擇不規則線 Ⓑ
反轉投影方向(R)
雙向(B)
加選不規則線 Ⓒ

STEP 12

現階段欲增加導引線於【：曲面疊層拉伸】之參數中，選擇【：右基準面】並進入草圖繪製程序。以【：直線工具】由【：原點】延伸兩條直線，再設定線段與水平線之夾角為 35 度。於範例中欲藉由 Ⓐ 與 Ⓑ 兩段直線延伸成曲面薄頁，以此替代草繪基準面之作用。

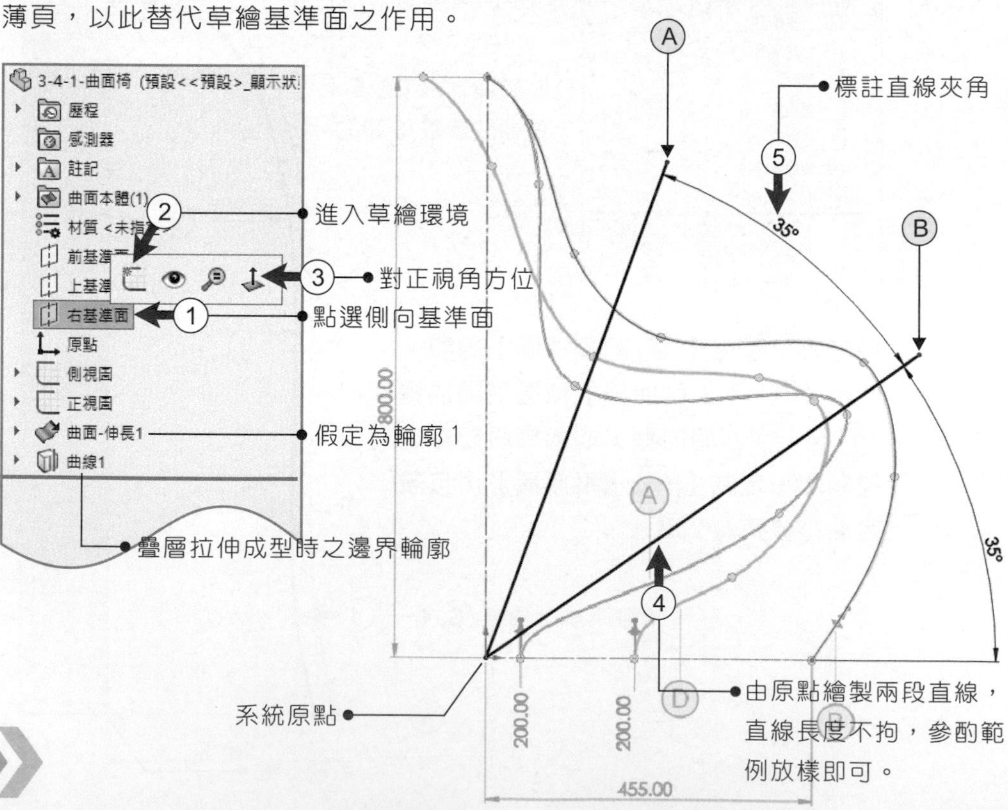
3-4-1-曲面椅 (預設<<預設>_顯示狀
歷程
感測器
註記
曲面本體(1)
材質 <未指定>
前基準面
上基準面
右基準面
原點
側視圖
正視圖
曲面-伸長1
曲線1
進入草繪環境
對正視角方位
點選側向基準面
假定為輪廓 1
疊層拉伸成型時之邊界輪廓
標註直線夾角
35°
800.00
系統原點
200.00
200.00
455.00
由原點繪製兩段直線，直線長度不拘，參酌範例放樣即可。

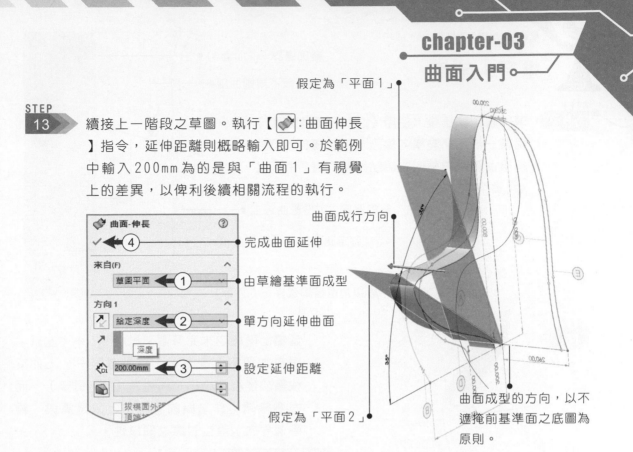

STEP 13

續接上一階段之草圖。執行【 :曲面伸長】指令，延伸距離則概略輸入即可。於範例中輸入200mm為的是與「曲面1」有視覺上的差異，以俾利後續相關流程的執行。

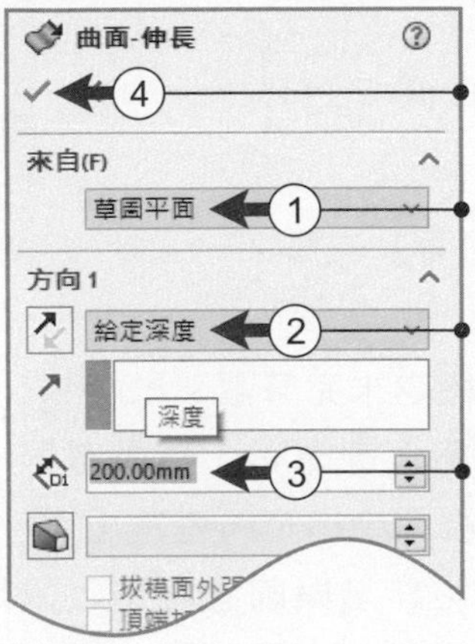

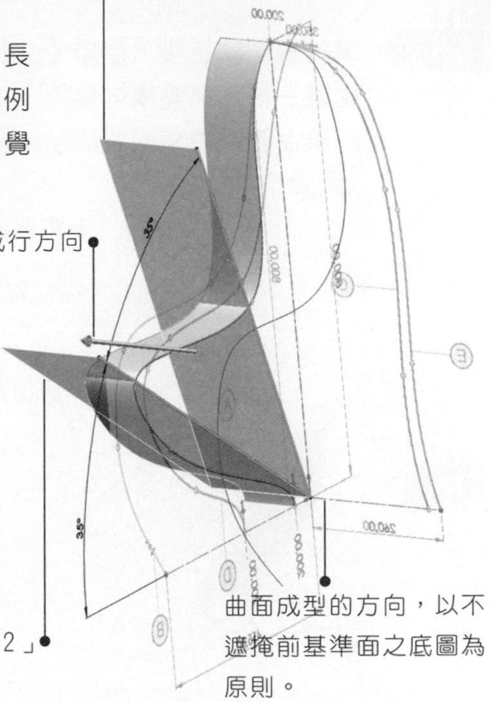

STEP 14

於假定的「平面2」中啟動【 :草圖】繪製程序。繼承的導引線繪製進程學習者概略參考即可，因為【 :曲面疊層拉伸】之導引線設定非是必要之環節，筆者以三條導引線來架構曲面椅之主體，如此可讓後續之曲面連結時得以更順遂，也讓曲面轉成實體厚度時成功率大幅提高。

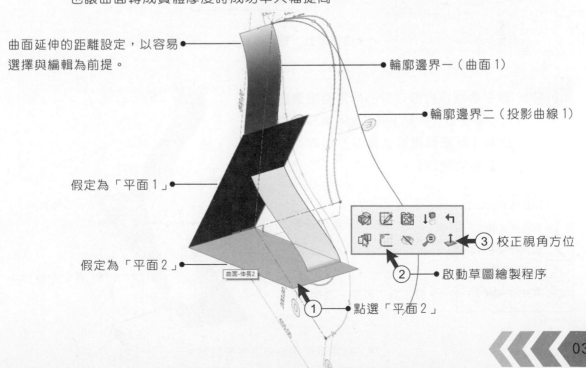

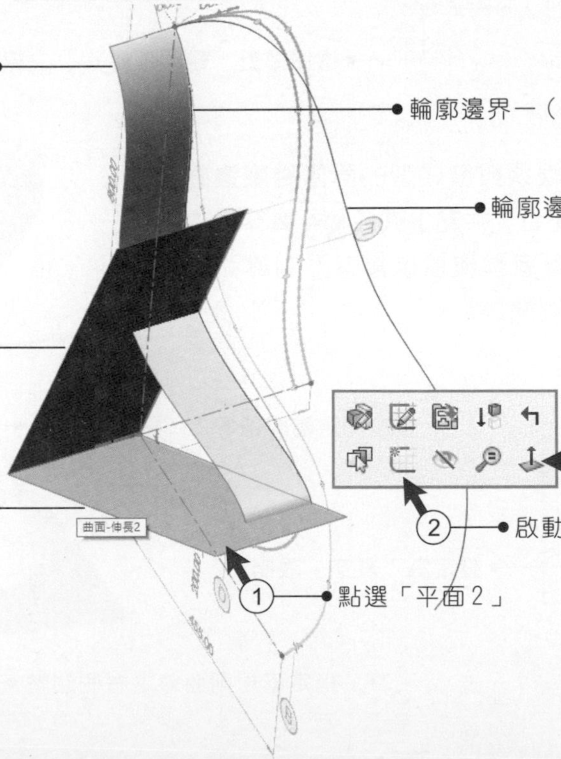

STEP 15

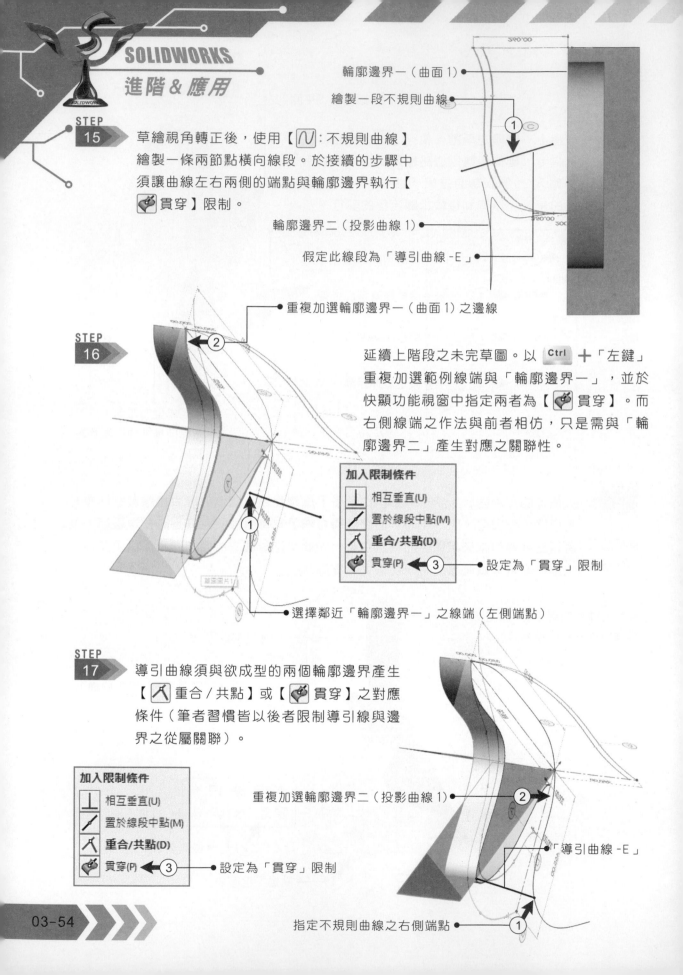

草繪視角轉正後，使用【不規則曲線】繪製一條兩節點橫向線段。於接續的步驟中須讓曲線左右兩側的端點與輪廓邊界執行【貫穿】限制。

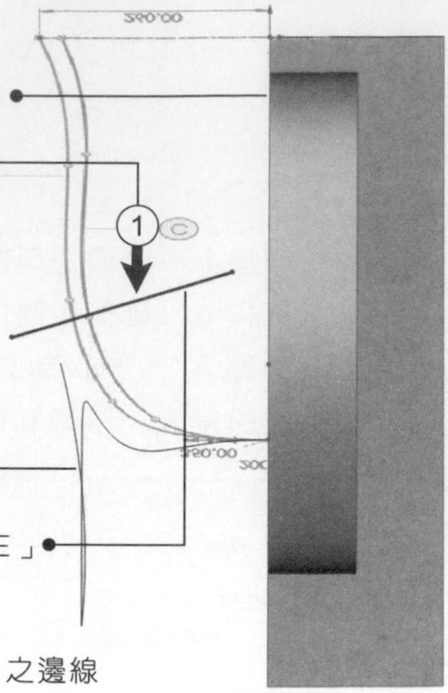
輪廓邊界一（曲面 1）
繪製一段不規則曲線
1
輪廓邊界二（投影曲線 1）
假定此線段為「導引曲線 -E」

STEP 16

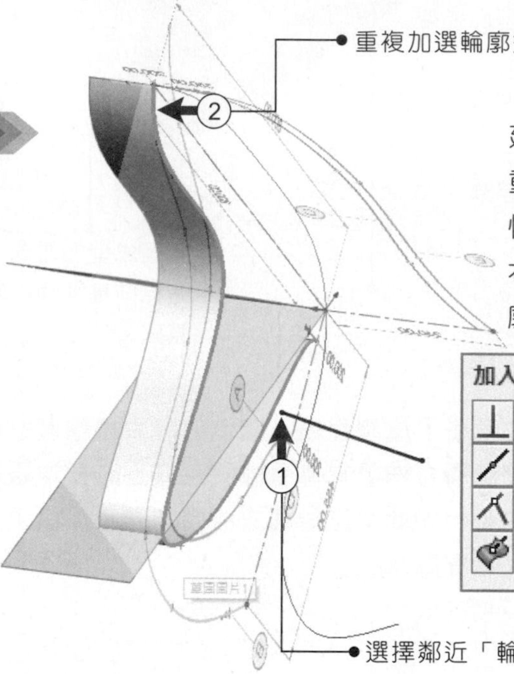
重複加選輪廓邊界一（曲面 1）之邊線
2
1
選擇鄰近「輪廓邊界一」之線端（左側端點）

延續上階段之未完草圖。以 Ctrl ＋「左鍵」重複加選範例線端與「輪廓邊界一」，並於快顯功能視窗中指定兩者為【貫穿】。而右側線端之作法與前者相仿，只是需與「輪廓邊界二」產生對應之關聯性。

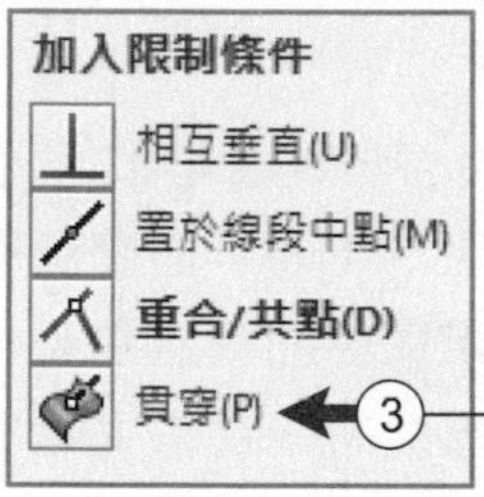
加入限制條件
相互垂直(U)
置於線段中點(M)
重合/共點(D)
貫穿(P)
3
設定為「貫穿」限制

STEP 17

導引曲線須與欲成型的兩個輪廓邊界產生【重合 / 共點】或【貫穿】之對應條件（筆者習慣皆以後者限制導引線與邊界之從屬關聯）。

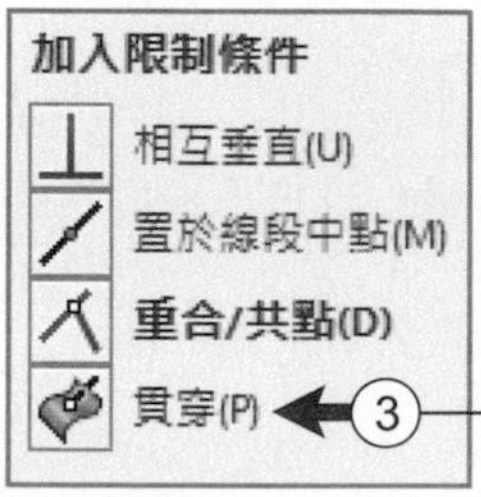
加入限制條件
相互垂直(U)
置於線段中點(M)
重合/共點(D)
貫穿(P)
3
設定為「貫穿」限制

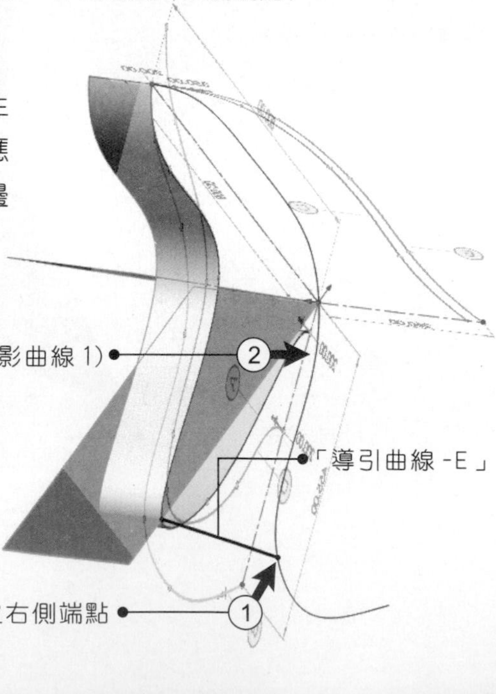
重複加選輪廓邊界二（投影曲線 1）
2
「導引曲線 -E」
指定不規則曲線之右側端點
1

STEP 18

延續上階段之草圖。當兩側線端皆設定完成後可再轉正視角，並使用「左鍵」設定「曲度控制閥」【 水平限制】；再以【 智慧型尺寸】標註控制閥之參數為 200，繼而保留現階段之草圖待用。

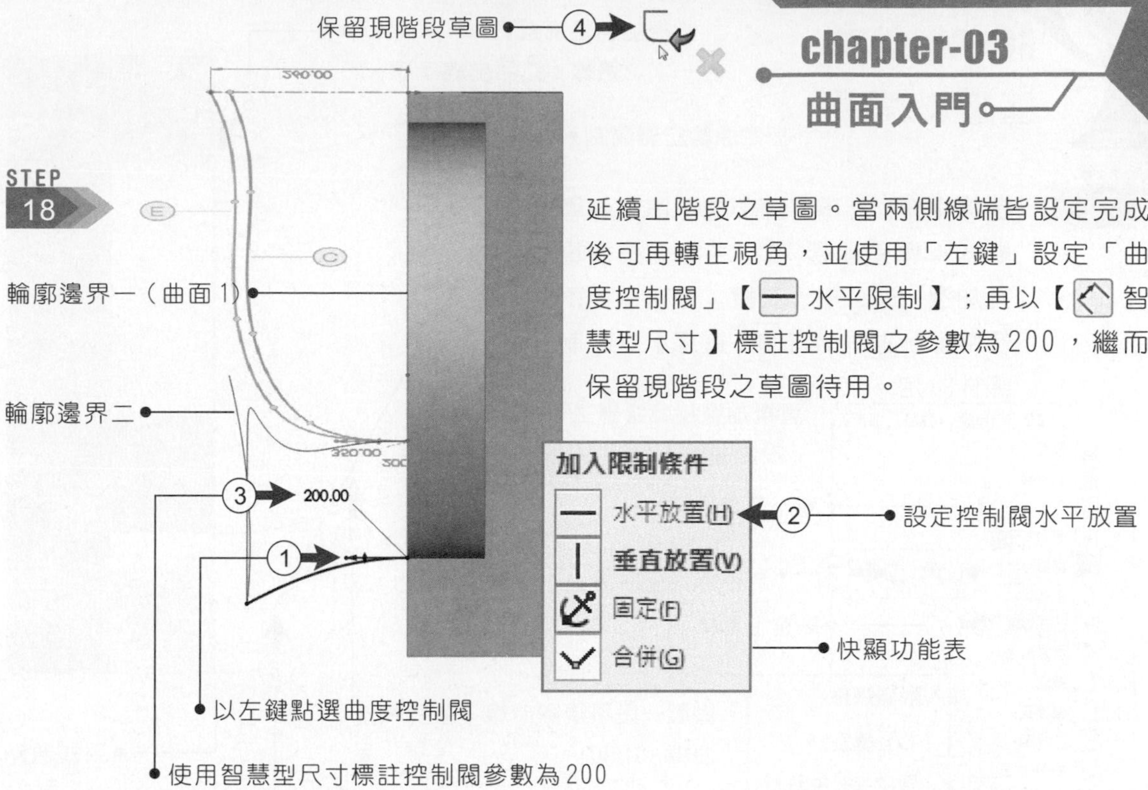
保留現階段草圖
4
輪廓邊界一（曲面1）
輪廓邊界二
3
200.00
1
加入限制條件
水平放置(H)
垂直放置(V)
固定(F)
合併(G)
2
設定控制閥水平放置
快顯功能表
以左鍵點選曲度控制閥
使用智慧型尺寸標註控制閥參數為 200

STEP 19

選擇「平面1」啟用【 草圖】。本階段繪製的是「導引曲線 -F」，其繪製流程同如「導引曲線 -E」，學習者概略酌參即可。

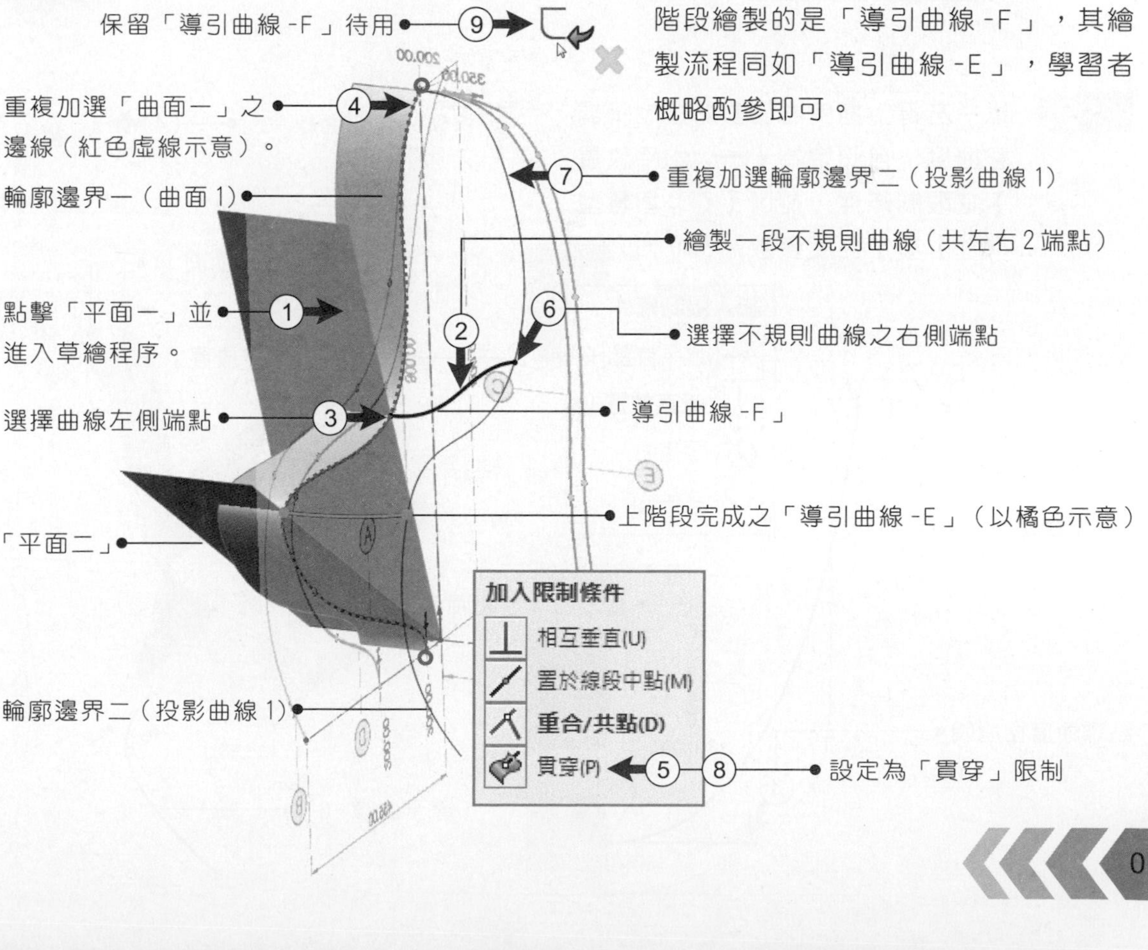
保留「導引曲線 -F」待用
9
重複加選「曲面一」之邊線（紅色虛線示意）。
4
輪廓邊界一（曲面 1）
7
重複加選輪廓邊界二（投影曲線 1）
繪製一段不規則曲線（共左右 2 端點）
點擊「平面一」並進入草繪程序。
1
2
6
選擇不規則曲線之右側端點
選擇曲線左側端點
3
「導引曲線 -F」
上階段完成之「導引曲線 -E」（以橘色示意）
「平面二」
加入限制條件
相互垂直(U)
置於線段中點(M)
重合/共點(D)
貫穿(P)
5
8
設定為「貫穿」限制
輪廓邊界二（投影曲線 1）

STEP 20

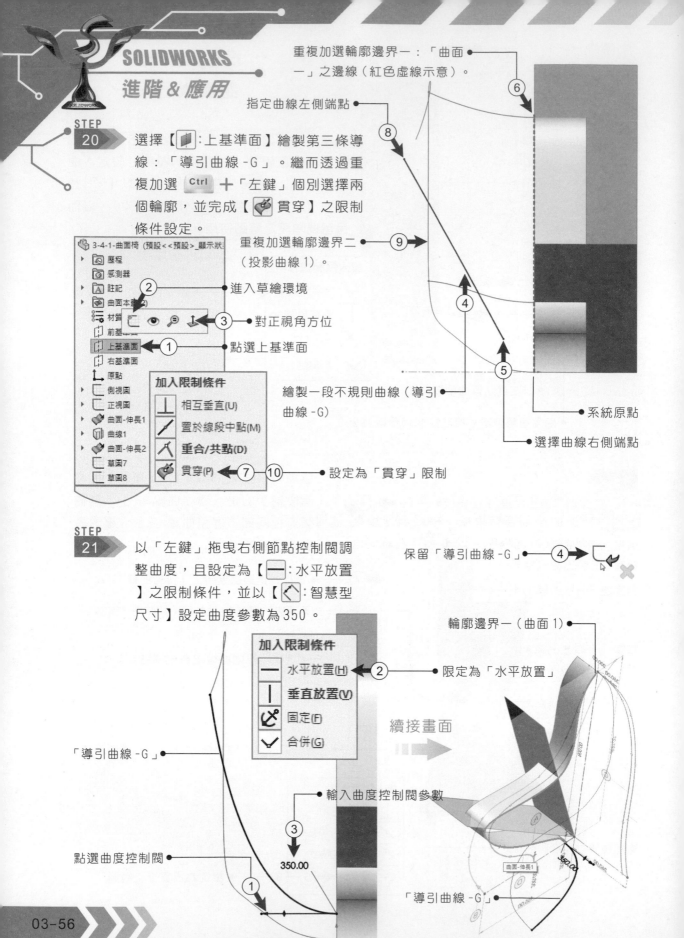

選擇【 :上基準面】繪製第三條導線：「導引曲線 -G」。繼而透過重複加選 Ctrl ＋「左鍵」個別選擇兩個輪廓，並完成【 貫穿】之限制條件設定。

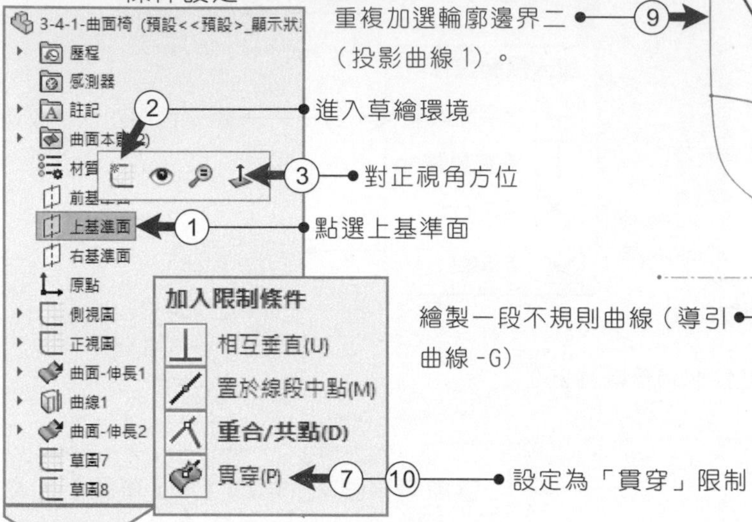
3-4-1-曲面椅 (預設<<預設>_顯示狀
歷程
感測器
註記
曲面本體(2)
材質
前基準面
上基準面
右基準面
原點
側視圖
正視圖
曲面-伸長1
曲線1
曲面-伸長2
草圖7
草圖8
加入限制條件
相互垂直(U)
置於線段中點(M)
重合/共點(D)
貫穿(P)
① 點選上基準面
② 進入草繪環境
③ 對正視角方位
⑦⑩ 設定為「貫穿」限制

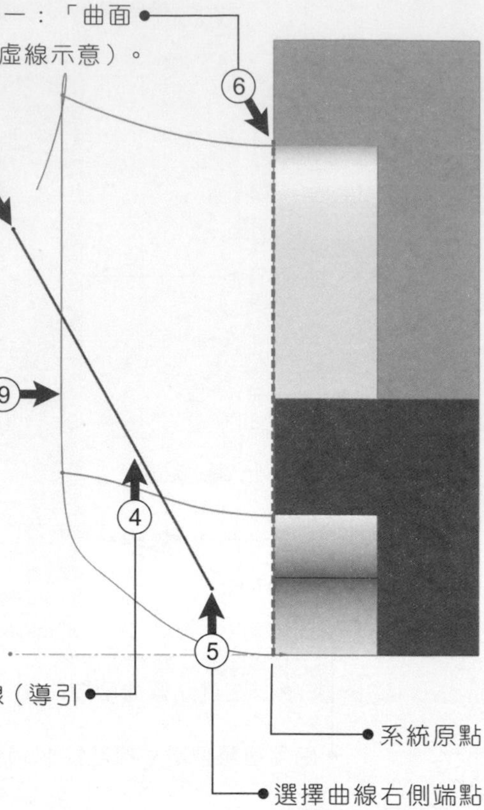
⑥ 重複加選輪廓邊界一：「曲面一」之邊線（紅色虛線示意）。
⑧ 指定曲線左側端點
⑨ 重複加選輪廓邊界二（投影曲線 1）。
④ 繪製一段不規則曲線（導引曲線 -G）
⑤ 選擇曲線右側端點
系統原點

STEP 21

以「左鍵」拖曳右側節點控制閥調整曲度，且設定為【 :水平放置】之限制條件，並以【 :智慧型尺寸】設定曲度參數為 350。

④ 保留「導引曲線 -G」

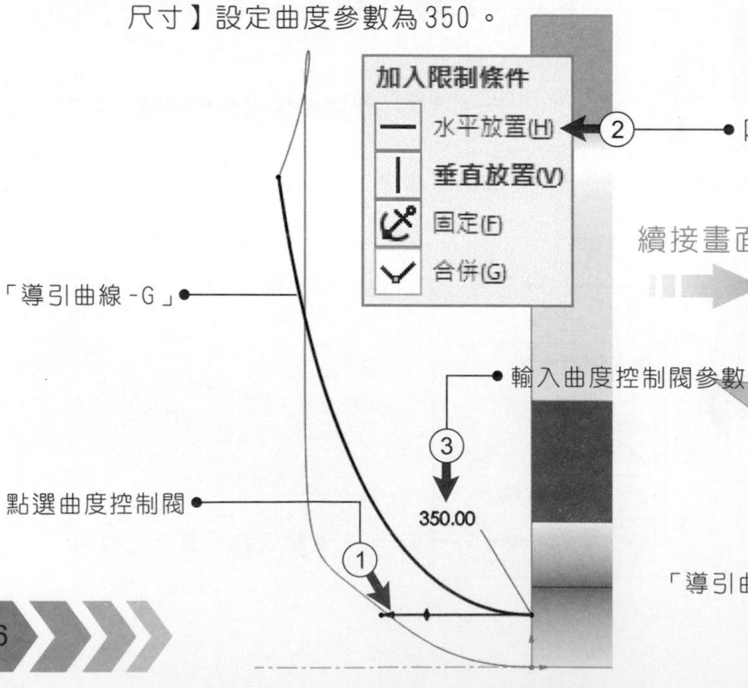
加入限制條件
水平放置(H)
垂直放置(V)
固定(F)
合併(G)
② 限定為「水平放置」
「導引曲線 -G」
③ 輸入曲度控制閥參數
350.00
① 點選曲度控制閥

續接畫面

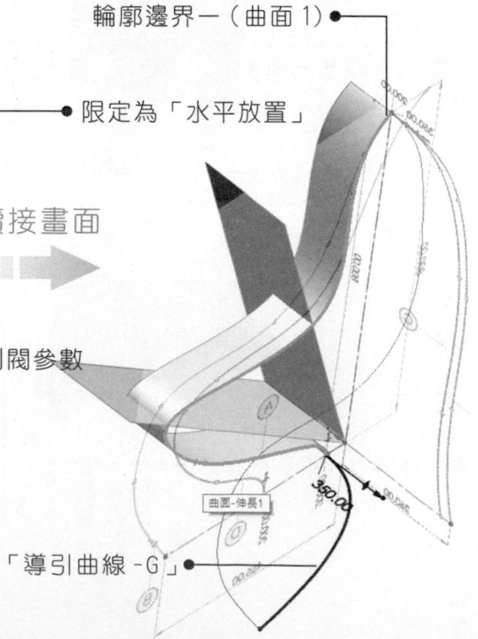

STEP 22

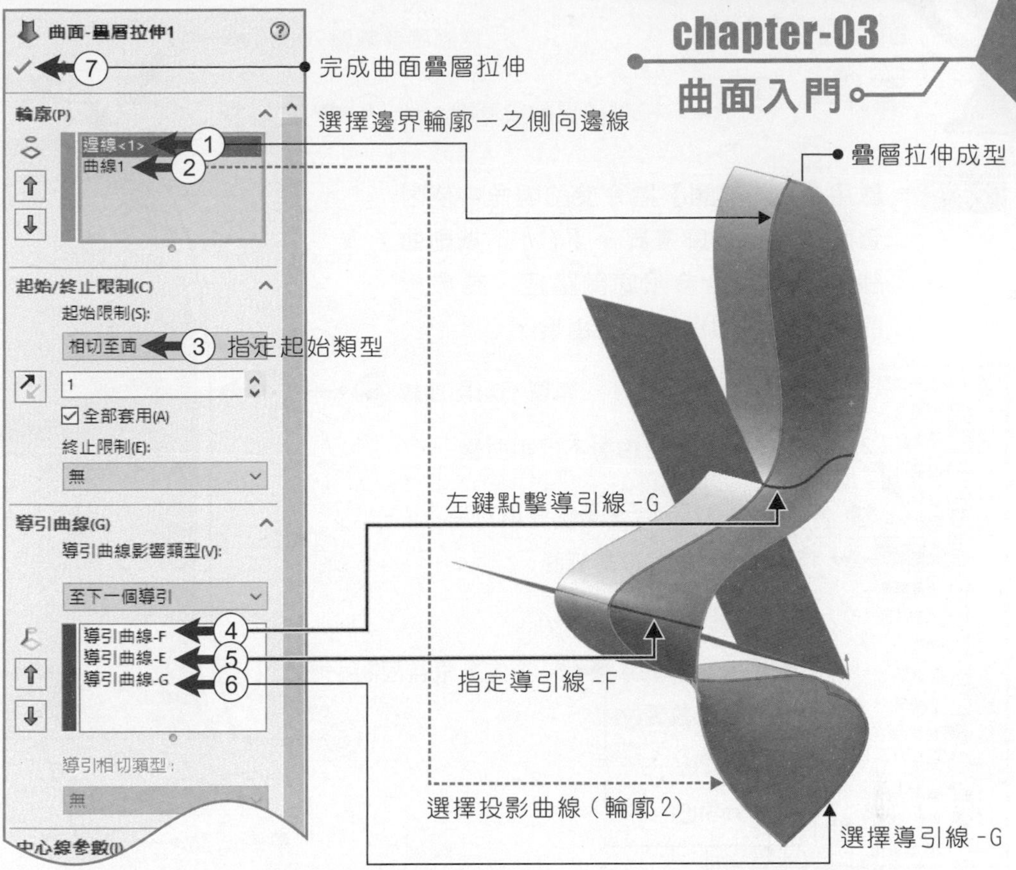
曲面-疊層拉伸1
完成曲面疊層拉伸
輪廓(P)
邊線<1>
曲線1
選擇邊界輪廓一之側向邊線
疊層拉伸成型
起始/終止限制(C)
起始限制(S):
相切至面
指定起始類型
全部套用(A)
終止限制(E):
無
導引曲線(G)
導引曲線影響類型(V):
至下一個導引
導引曲線-F
導引曲線-E
導引曲線-G
左鍵點擊導引線 -G
指定導引線 -F
導引相切類型:
選擇投影曲線(輪廓2)
選擇導引線 -G
中心線參數(I)

STEP 23

於曲面鋪陳結束後，接續著是繪製曲線Ⓓ的程序。以【右基準面】啟動草圖，再使用【不規則曲線】放樣節點；而曲度控制閥需設定為【垂直放置】。

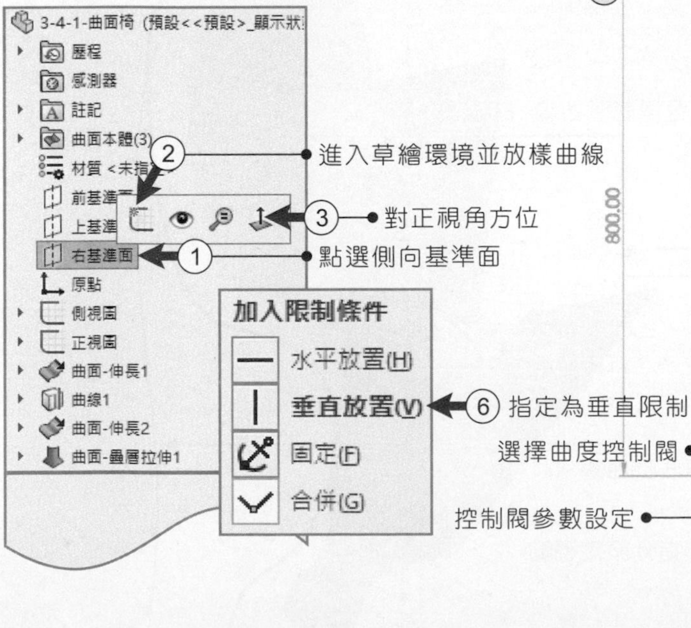
3-4-1-曲面椅 (預設<<預設>_顯示狀
歷程
感測器
註記
曲面本體(3)
材質 <未指
前基準
上基準
右基準面
原點
側視圖
正視圖
曲面-伸長1
曲線1
曲面-伸長2
曲面-疊層拉伸1
進入草繪環境並放樣曲線
對正視角方位
點選側向基準面
加入限制條件
水平放置(H)
垂直放置(V)
固定(F)
合併(G)
指定為垂直限制

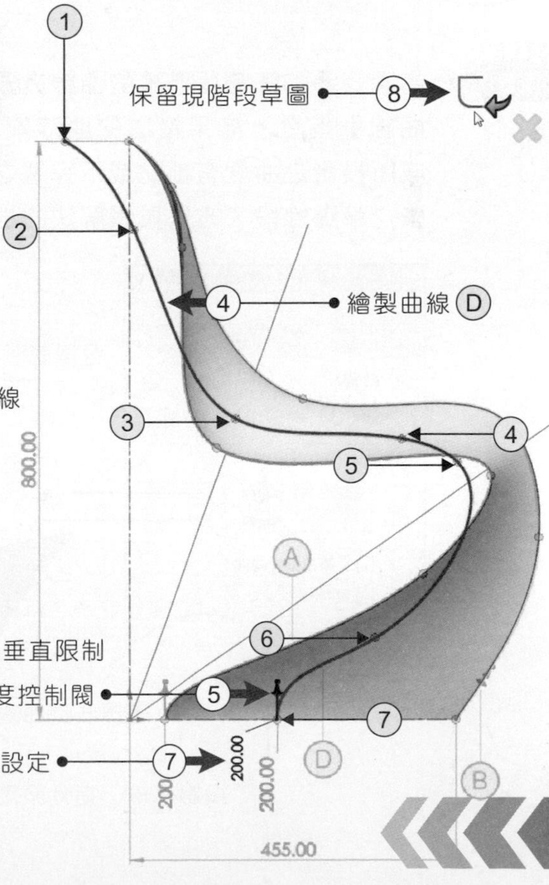

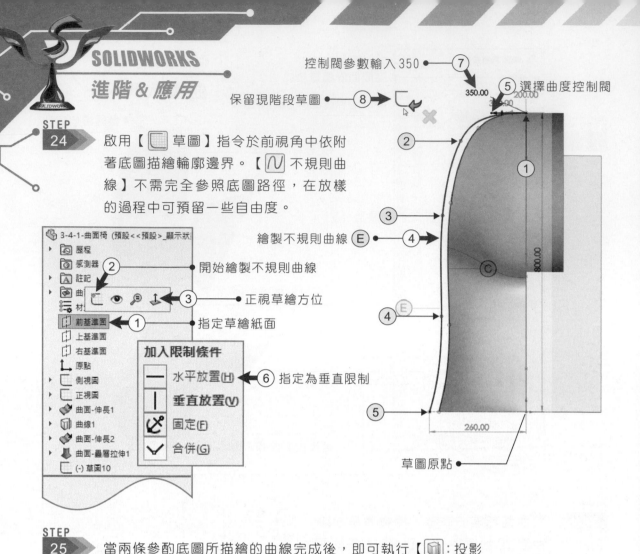

STEP 24

啟用【草圖】指令於前視角中依附著底圖描繪輪廓邊界。【不規則曲線】不需完全參照底圖路徑，在放樣的過程中可預留一些自由度。

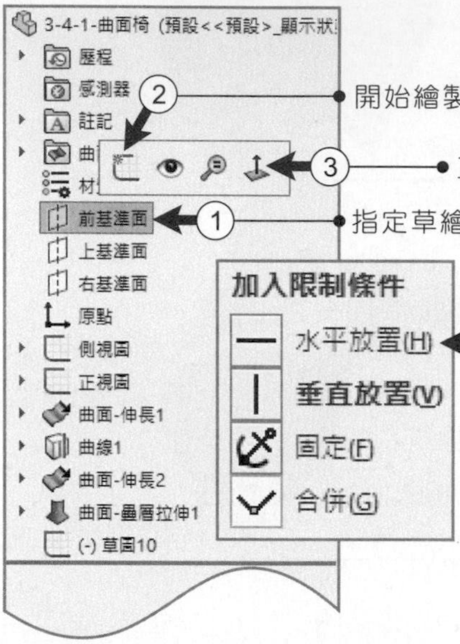

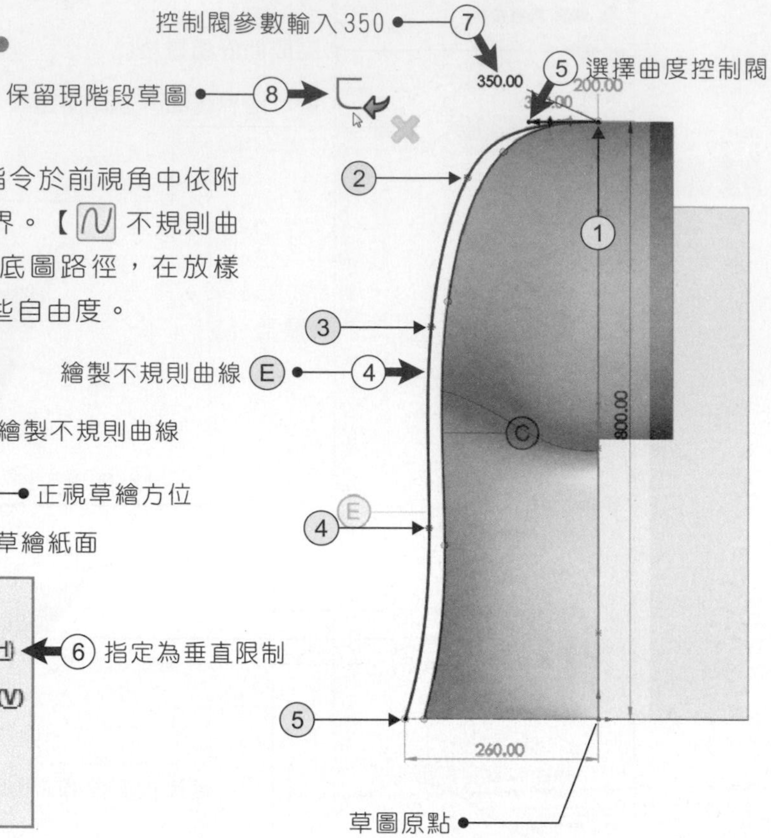

STEP 25

當兩條參酌底圖所描繪的曲線完成後，即可執行【投影曲線】指令。如果投影的曲線素材對位不正確，則可能造成所投影之曲線有斷點或不完整之窘境；而回溯與再編輯過去之草圖線段，方是具體解決的根本辦法。

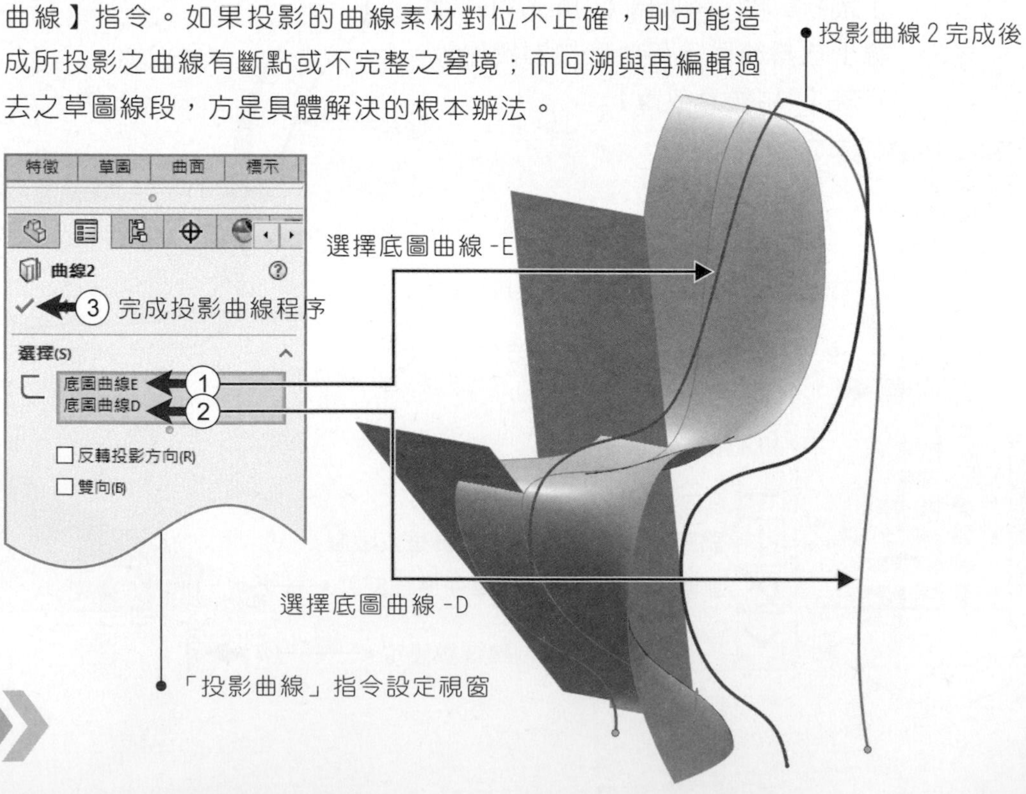

STEP 26

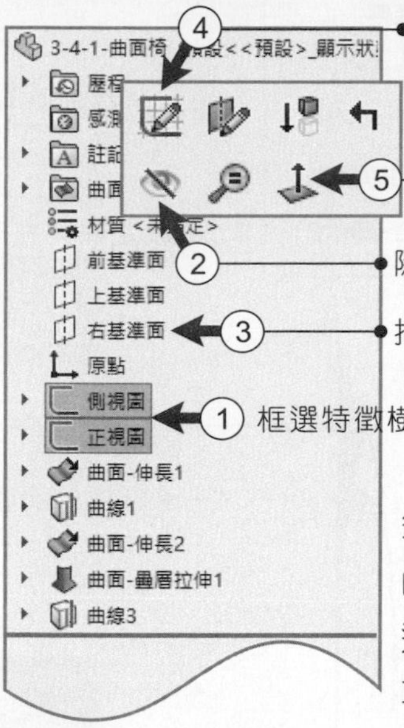

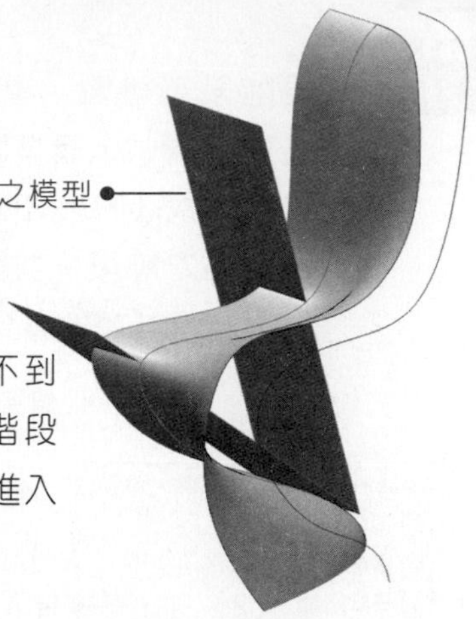
隱藏底圖後之模型

筆者習慣隱藏或刪除用不到的線段與草繪紙面。本階段選擇【右基準面】並進入草繪程序。

STEP 27

延續上階段之進程。使用【:不規則曲線】繪製兩個節點之線段，並透過重複加選與「輪廓 1」、「投影線 2」貫穿。

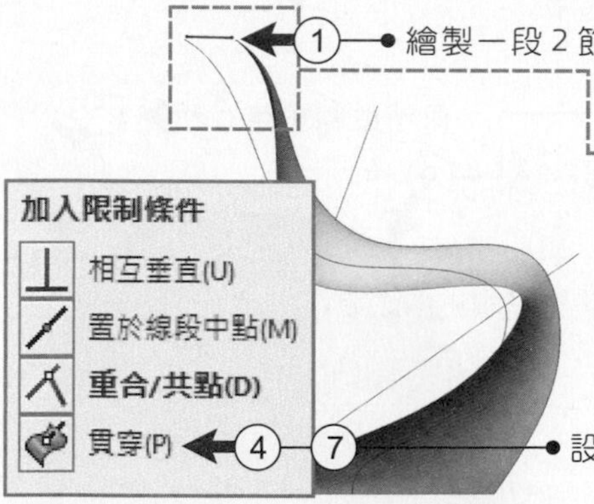
1 繪製一段 2 節點的不規則曲線
加入限制條件
相互垂直(U)
置於線段中點(M)
重合/共點(D)
貫穿(P)
4
7 設定為「貫穿」限制

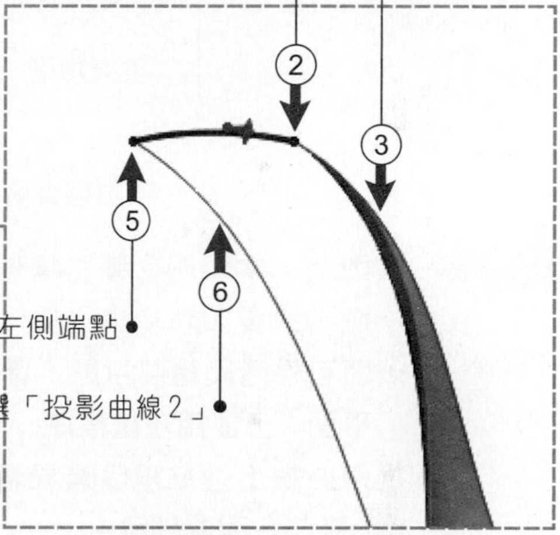
局部放大圖
加選曲線輪廓 1 邊線
指定曲線右側端點
2
3
5
6
選擇不規則曲線左側端點
重複加選「投影曲線 2」

STEP 28

啟用【:伸長曲面】指令。放樣之深度概略輸入即可，該曲面可做為後段進程的參考邊界。

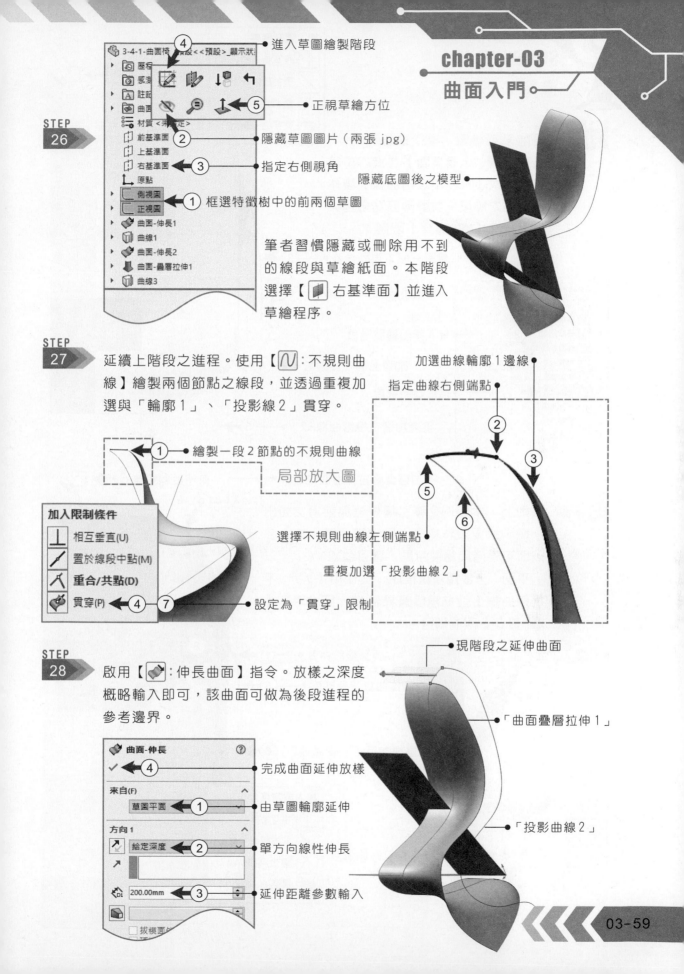

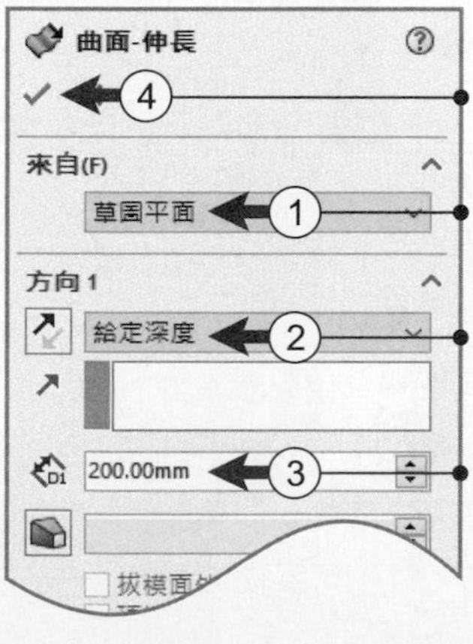
曲面-伸長
4 完成曲面延伸放樣
來自(F)
草圖平面
1 由草圖輪廓延伸
方向 1
給定深度
2 單方向線性伸長
200.00mm
3 延伸距離參數輸入
拔模面

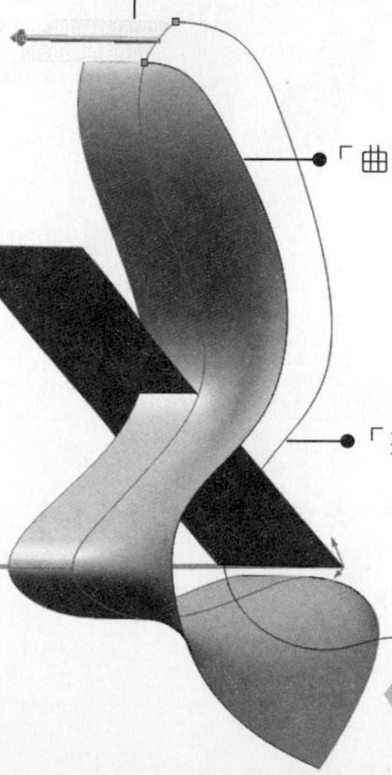
現階段之延伸曲面
「曲面疊層拉伸 1」
「投影曲線 2」

STEP 29

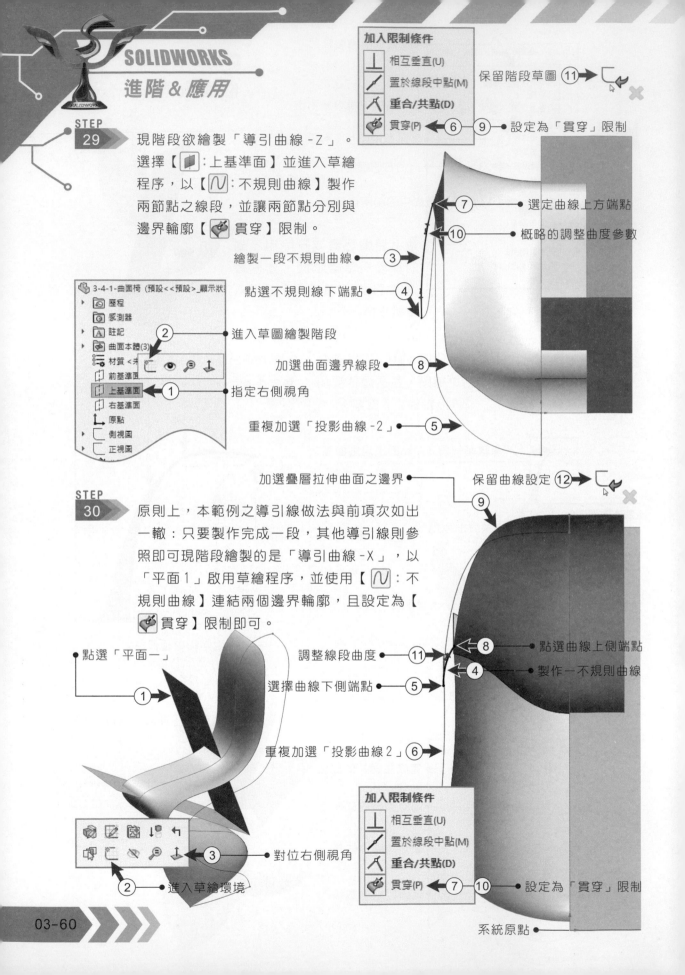

現階段欲繪製「導引曲線 -Z」。選擇【 :上基準面】並進入草繪程序，以【 :不規則曲線】製作兩節點之線段，並讓兩節點分別與邊界輪廓【 貫穿】限制。

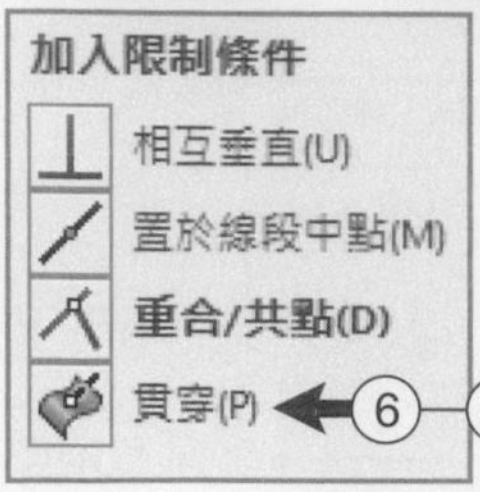
加入限制條件
相互垂直(U)
置於線段中點(M)
重合/共點(D)
貫穿(P)
保留階段草圖 11
6
9 設定為「貫穿」限制

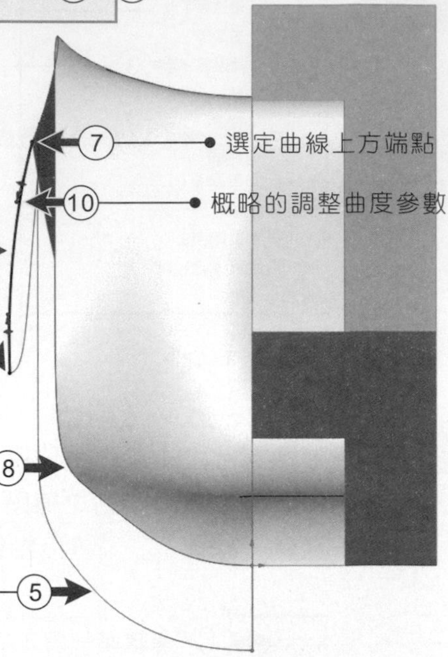
7 選定曲線上方端點
10 概略的調整曲度參數
繪製一段不規則曲線 3
點選不規則線下端點 4
加選曲面邊界線段 8
重複加選「投影曲線 -2」 5

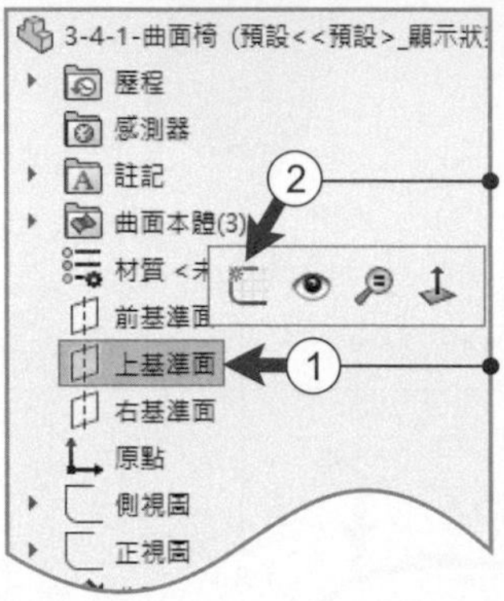
3-4-1-曲面椅 (預設<<預設>_顯示狀
歷程
感測器
註記
曲面本體(3)
材質 <未
前基準面
上基準面
右基準面
原點
側視圖
正視圖
2 進入草圖繪製階段
1 指定右側視角

STEP 30

原則上，本範例之導引線做法與前項次如出一轍：只要製作完成一段，其他導引線則參照即可現階段繪製的是「導引曲線 -X」，以「平面 1」啟用草繪程序，並使用【 :不規則曲線】連結兩個邊界輪廓，且設定為【 貫穿】限制即可。

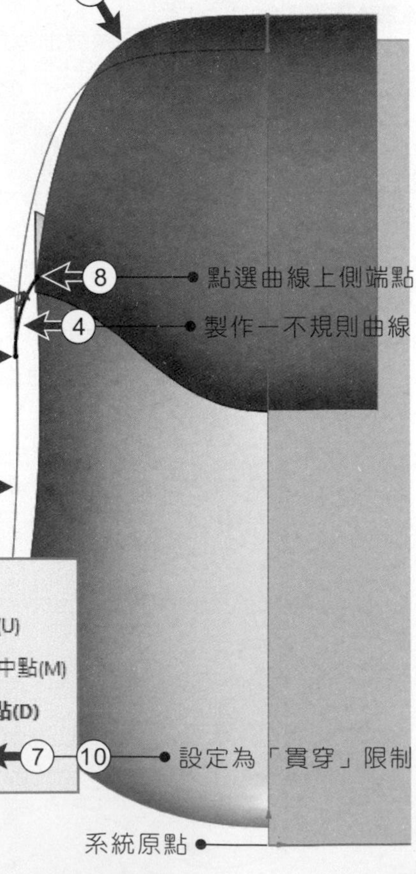
加選疊層拉伸曲面之邊界 9
保留曲線設定 12
8 點選曲線上側端點
4 製作一不規則曲線
調整線段曲度 11
選擇曲線下側端點 5
重複加選「投影曲線 2」 6
系統原點

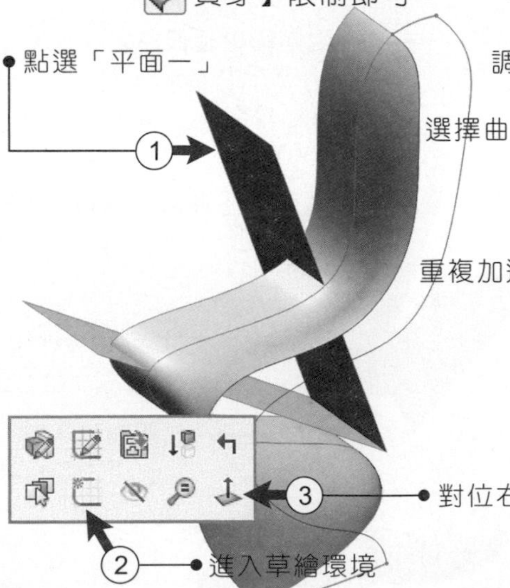
點選「平面一」 1
3 對位右側視角
2 進入草繪環境

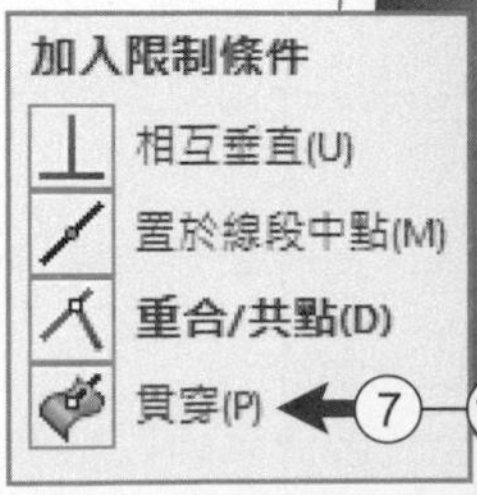
加入限制條件
相互垂直(U)
置於線段中點(M)
重合/共點(D)
貫穿(P)
7
10 設定為「貫穿」限制

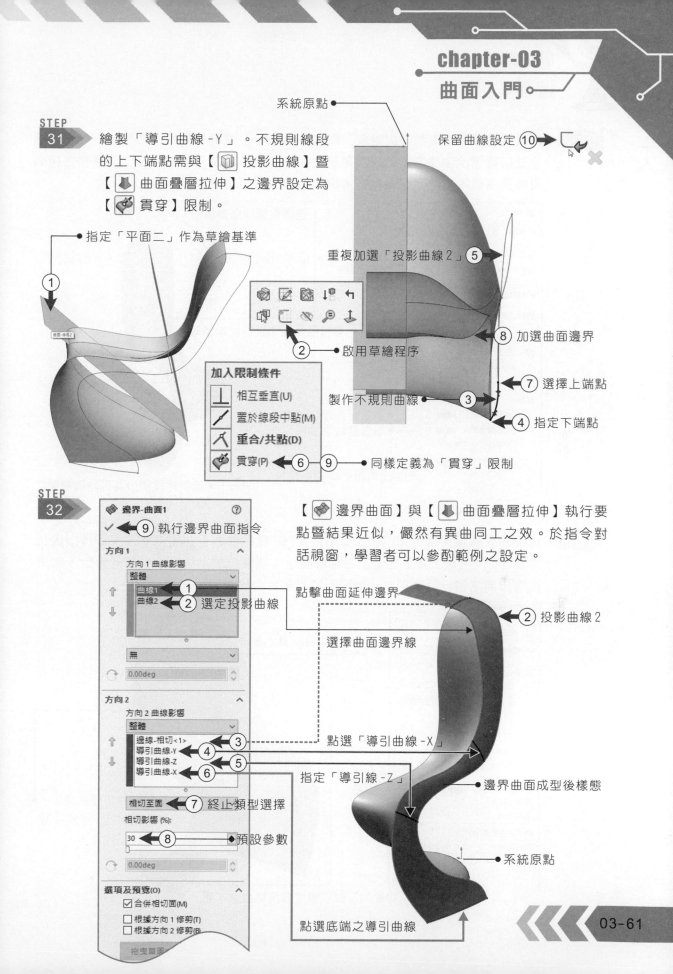

STEP 31
繪製「導引曲線 -Y」。不規則線段的上下端點需與【投影曲線】暨【曲面疊層拉伸】之邊界設定為【貫穿】限制。
系統原點
保留曲線設定 10
指定「平面二」作為草繪基準 1
重複加選「投影曲線 2」5
2 啟用草繪程序
8 加選曲面邊界
加入限制條件
相互垂直(U)
置於線段中點(M)
重合/共點(D)
貫穿(P) 6 9 同樣定義為「貫穿」限制
7 選擇上端點
製作不規則曲線 3
4 指定下端點
STEP 32
【邊界曲面】與【曲面疊層拉伸】執行要點暨結果近似，儼然有異曲同工之效。於指令對話視窗，學習者可以參酌範例之設定。
邊界-曲面1
9 執行邊界曲面指令
方向 1
方向 1 曲線影響
整體
曲線1 1
曲線2 2 選定投影曲線
無
0.00deg
方向 2
方向 2 曲線影響
整體
邊線-相切<1> 3
導引曲線-Y 4
導引曲線-Z 5
導引曲線-X 6
相切至面 7 終止類型選擇
相切影響 (%):
30 8 預設參數
0.00deg
選項及預覽(O)
合併相切面(M)
根據方向 1 修剪(T)
根據方向 2 修剪(B)
點擊曲面延伸邊界
2 投影曲線 2
選擇曲面邊界線
點選「導引曲線 -X」
指定「導引線 -Z」
邊界曲面成型後樣態
系統原點
點選底端之導引曲線

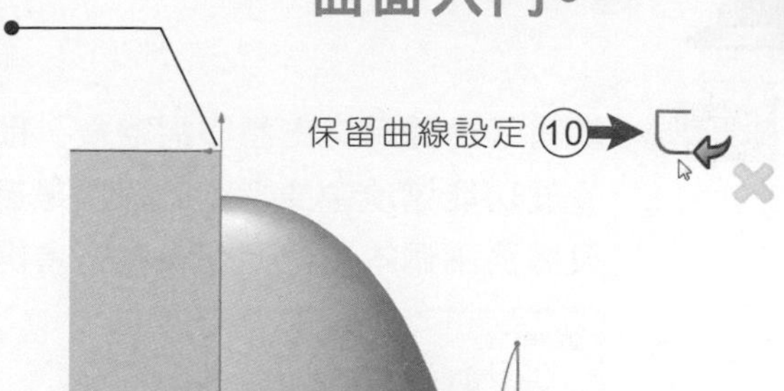

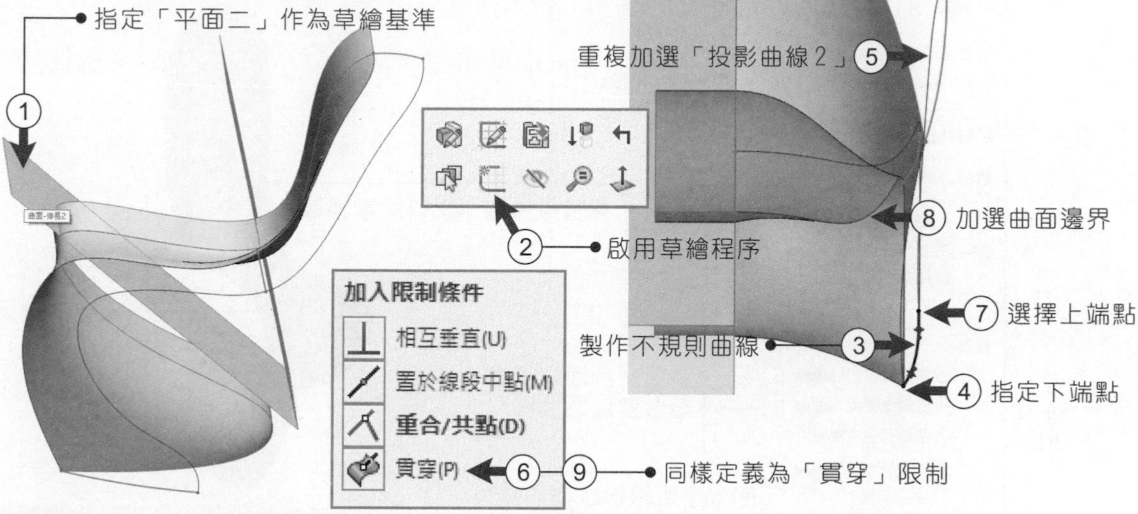

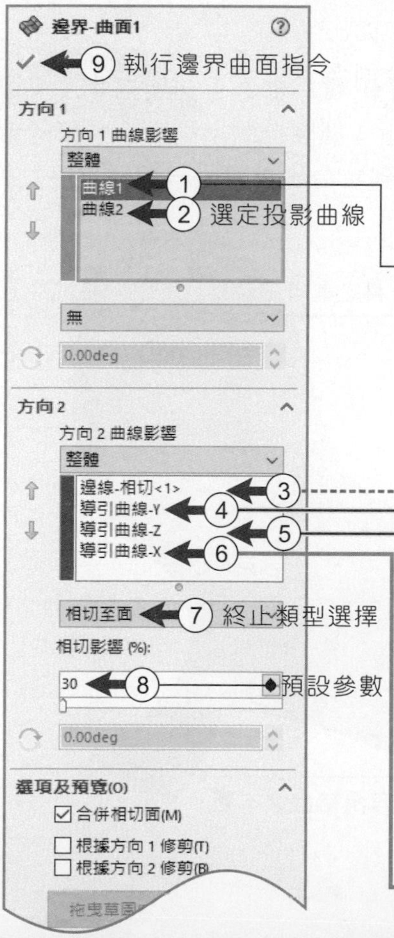

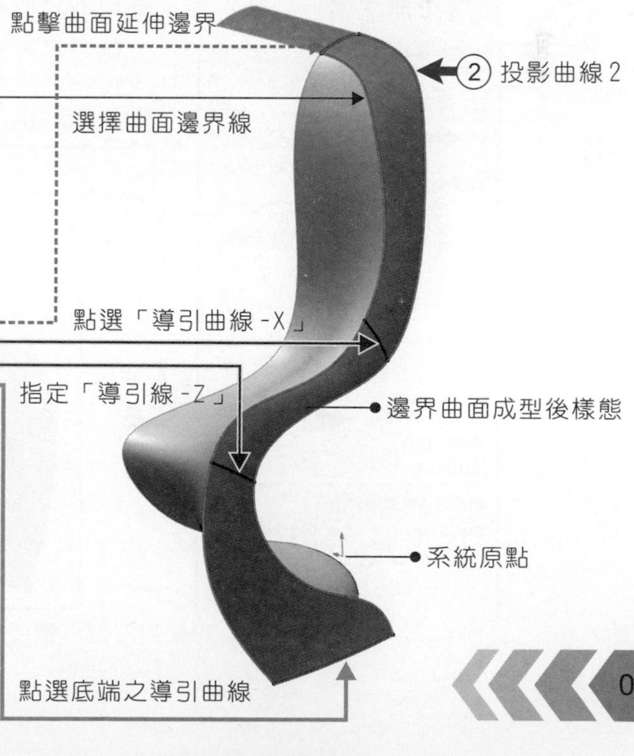

STEP 33

當有了曲面椅之主體與摺邊後，即可啟用【鏡射】特徵以複製另一側之本體。於功能選項中要特別叮嚀的是複製的類型需指定為「鏡射本體」，且指定椅面與摺邊兩個本體；而在預覽選項開啟後即能檢視本體複製之概況。

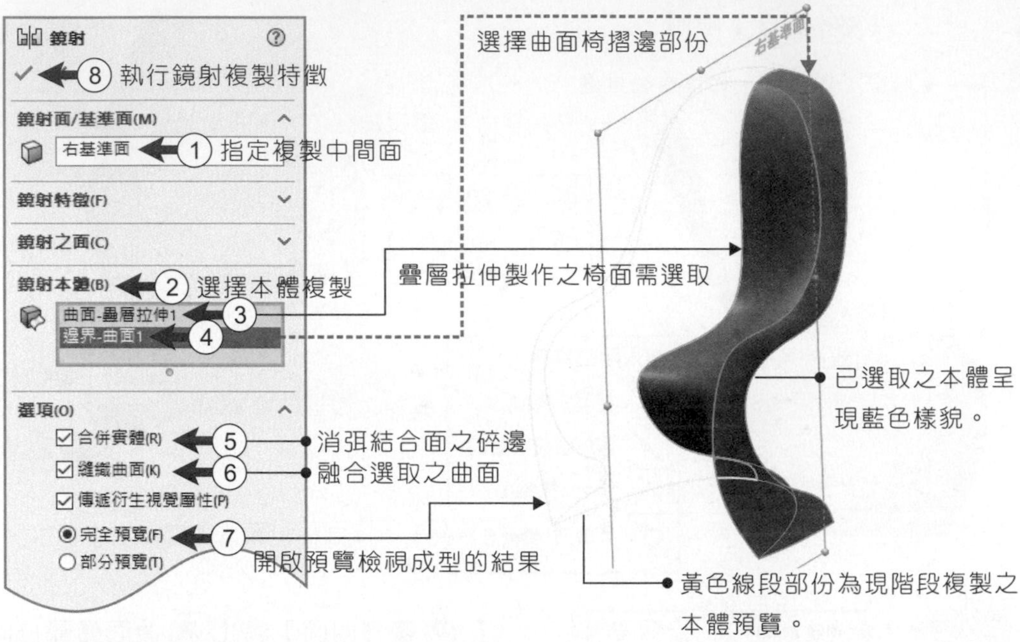
鏡射
8 執行鏡射複製特徵
鏡射面/基準面(M)
右基準面
1 指定複製中間面
鏡射特徵(F)
鏡射之面(C)
鏡射本體(B)
2 選擇本體複製
曲面-疊層拉伸1
3
邊界-曲面1
4
選項(O)
合併實體(R)
5 消弭結合面之碎邊
縫織曲面(K)
6 融合選取之曲面
傳遞衍生視覺屬性(P)
完全預覽(F)
7 開啟預覽檢視成型的結果
部分預覽(T)
選擇曲面椅摺邊部份
右基準面
疊層拉伸製作之椅面需選取
已選取之本體呈現藍色樣貌。
黃色線段部份為現階段複製之本體預覽。

STEP 34

在椅面主體鏡像複製完成後，可啟用【縫織曲面】功能指令。「選擇」項次中以【選取工具】指定左右兩曲面；「縫隙控制」則維持預設的參數。如果現階段無法執行縫合程序，則可能須回到特徵樹重新檢視相關工序之細節。

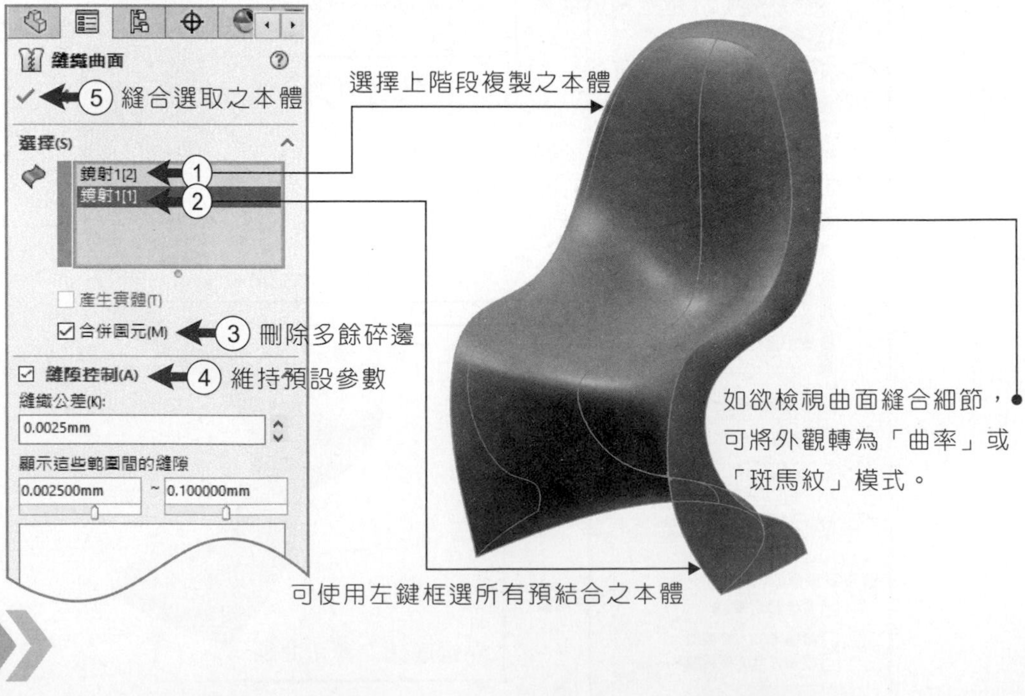
縫織曲面
5 縫合選取之本體
選擇(S)
鏡射1[2]
1
鏡射1[1]
2
產生實體(T)
合併圖元(M)
3 刪除多餘碎邊
縫隙控制(A)
4 維持預設參數
縫織公差(K):
0.0025mm
顯示這些範圍間的縫隙
0.002500mm ~ 0.100000mm
選擇上階段複製之本體
如欲檢視曲面縫合細節，可將外觀轉為「曲率」或「斑馬紋」模式。
可使用左鍵框選所有預結合之本體

STEP 35

於CAD屬性軟體中，曲面鋪陳與縫合之最終目的即是成型為具有殼厚的實體，如此方有辦法進入工業化量產之程序；因此，【加厚】功能指令的執行尤為重要。於功能選項中「厚度」可試著向內產生實體，如此才不致於實殼產生後間接的改變產品之外觀尺寸。

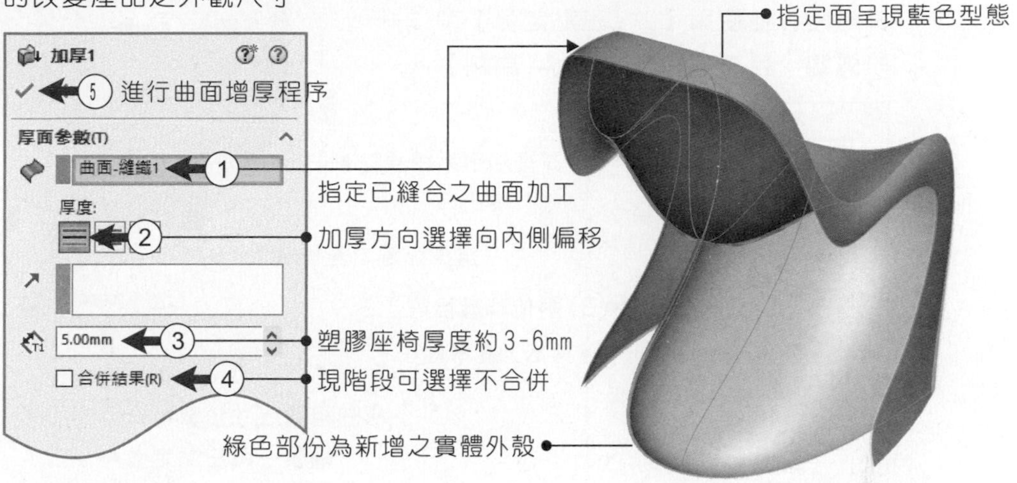
指定面呈現藍色型態
加厚1
⑤ 進行曲面增厚程序
厚面參數(T)
曲面-縫織1
① 指定已縫合之曲面加工
厚度:
② 加厚方向選擇向內側偏移
5.00mm
③ 塑膠座椅厚度約3-6mm
合併結果(R)
④ 現階段可選擇不合併
綠色部份為新增之實體外殼

STEP 36

【圓角】不啻保護產品邊緣，亦可防止使用者不被銳邊割劃，通常是產品建模步驟中末段的加工程序。

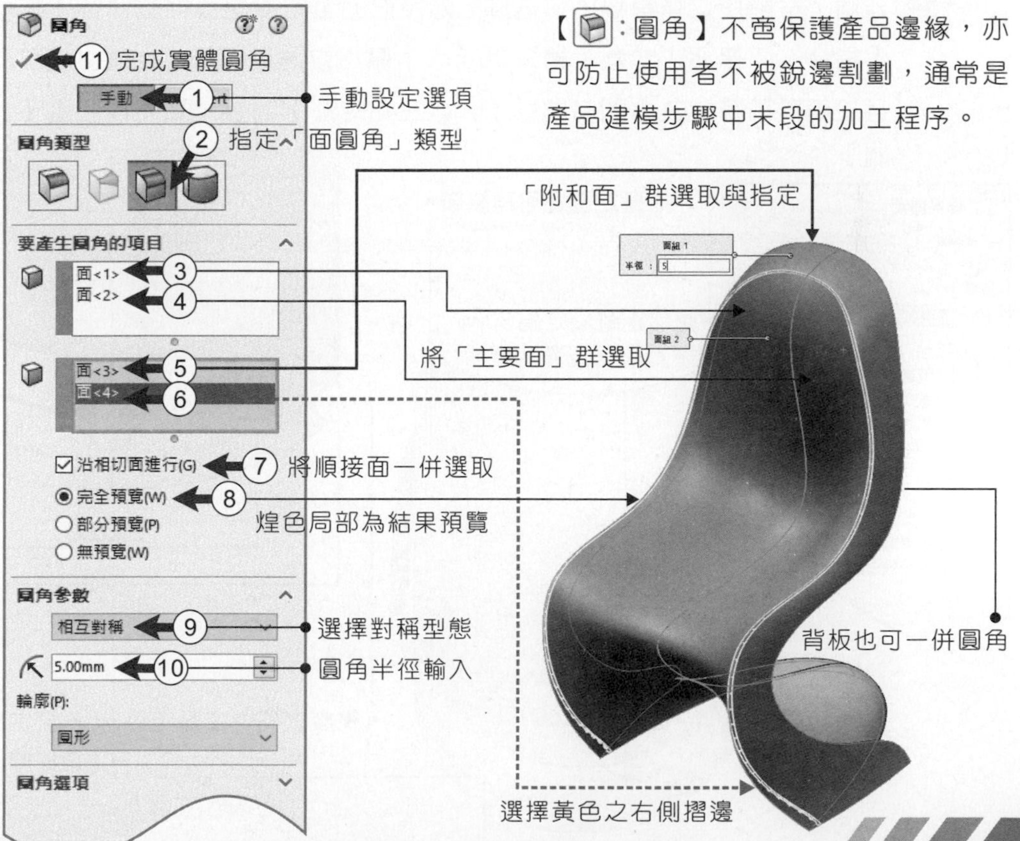
圓角
⑪ 完成實體圓角
手動
① 手動設定選項
圓角類型
② 指定「面圓角」類型
「附和面」群選取與指定
要產生圓角的項目
面<1>
③
面<2>
④
面組 1
半徑：5
面組 2
將「主要面」群選取
面<3>
⑤
面<4>
⑥
沿相切面進行(G)
⑦ 將順接面一併選取
完全預覽(W)
⑧
部分預覽(P)
無預覽(W)
煌色局部為結果預覽
圓角參數
相互對稱
⑨ 選擇對稱型態
5.00mm
⑩ 圓角半徑輸入
輪廓(P):
圓形
圓角選項
背板也可一併圓角
選擇黃色之右側摺邊

《曲面椅主要之型態已完成》

3-4.2 曲面椅開孔

STEP 01

本階段是針對「曲面椅」摺邊與背板開孔之程序。選擇【 上基準面】進入草繪階段，並使用【 三點定弧】製作一段弧線，且左右對稱於【 原點】。

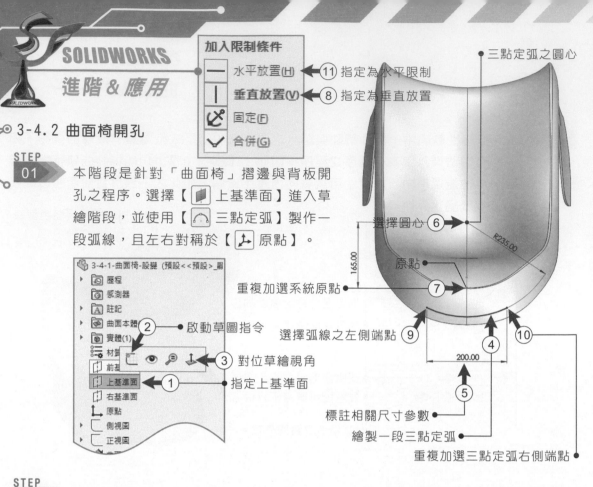

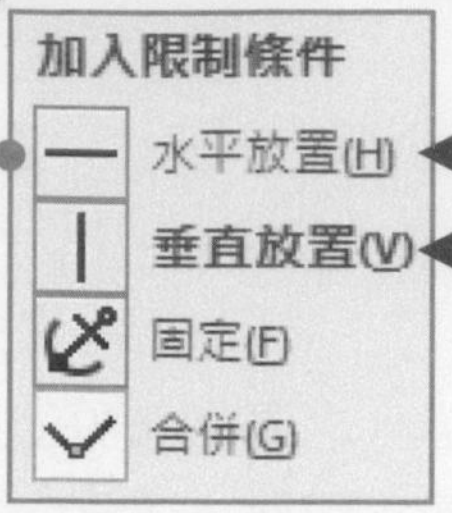

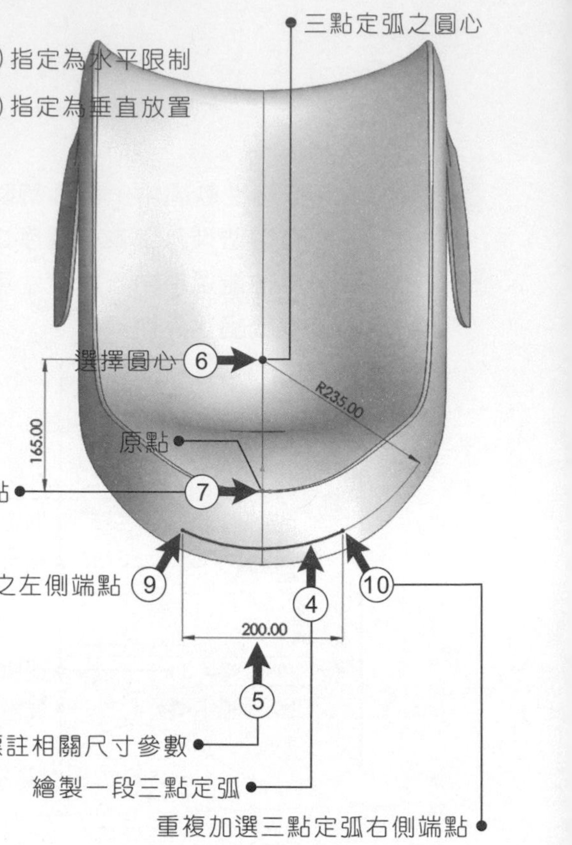

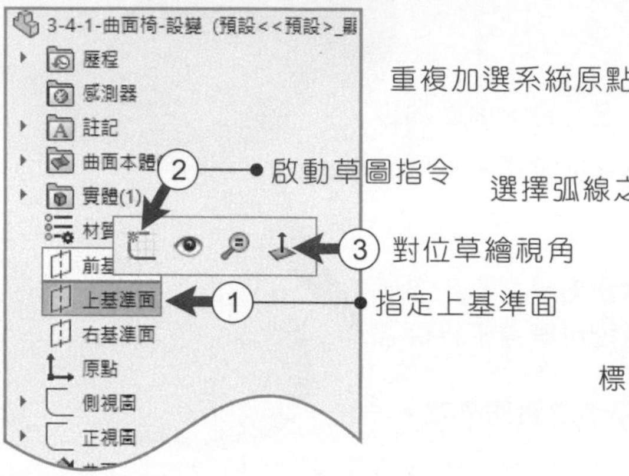

STEP 02

延續上一階段之草繪程序。選擇上階段已完全定義之弧線並執行【 : 偏移圖元】指令，「偏移之參數」輸入30mm；偏移方向可選擇「反轉」使其向上位移，且於兩段弧線的左右開口處以【 : 三點定弧】封邊，繼而再設定【 : 相切限制】。

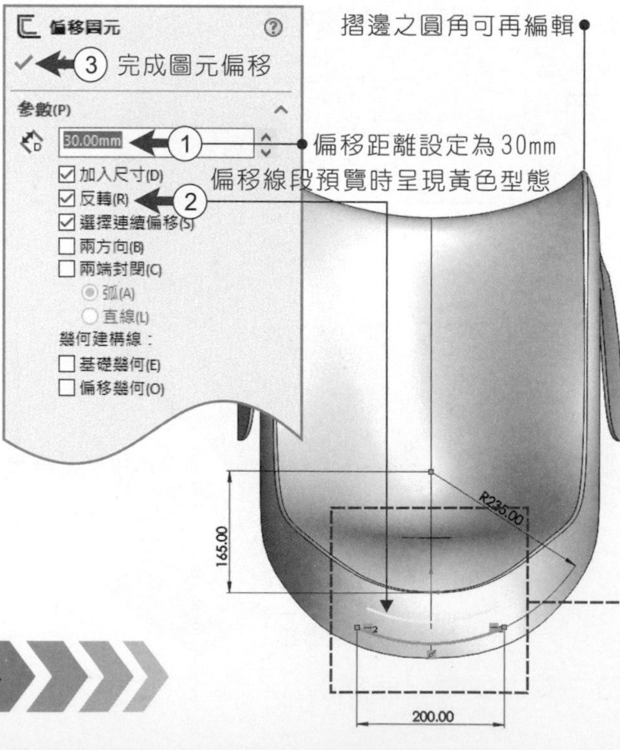

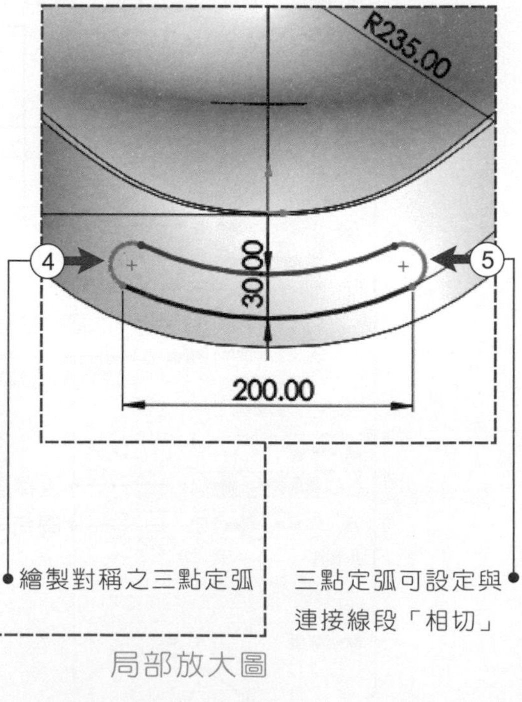

局部放大圖

STEP 03

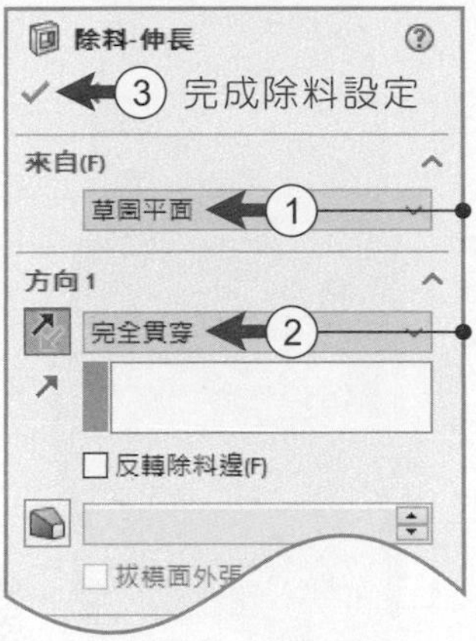
除料-伸長
③ 完成除料設定
來自(F)
草圖平面 ①
方向 1
完全貫穿 ②
反轉除料邊(F)
拔模面外張

續接上階段之程序。執行【:伸長除料】功能指令，深度指定為「完全貫穿」，並開啟預覽檢視其除料概況。

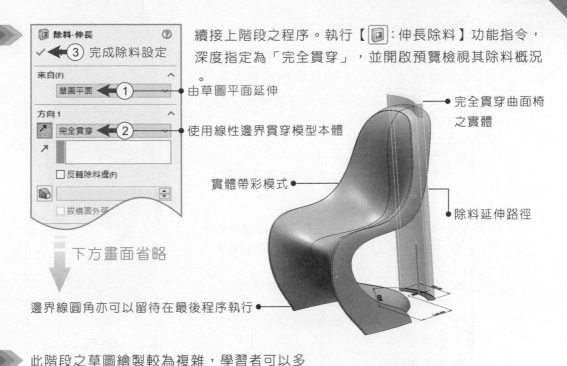

由草圖平面延伸

使用線性邊界貫穿模型本體

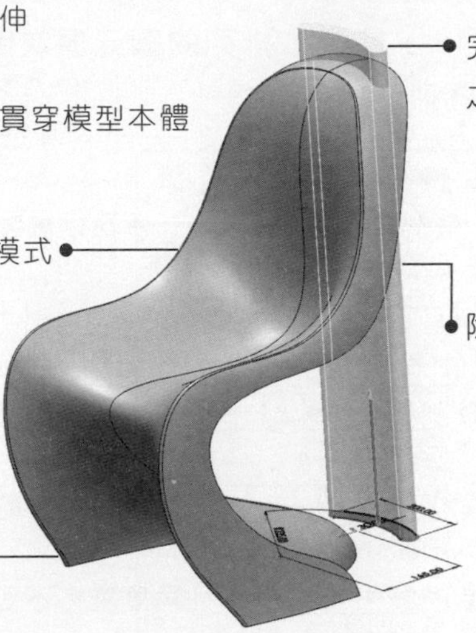
完全貫穿曲面椅之實體
實體帶彩模式
除料延伸路徑

下方畫面省略

邊界線圓角亦可以留待在最後程序執行

STEP 04

此階段之草圖繪製較為複雜，學習者可以多透過教學影片學習圖元建構的步驟。欲製作第二階段除料之輪廓，同樣以【:上基準面】進入草繪環境，並且選擇【:橢圓型工具】由【:原點】正下方繪製兩個封閉迴圈，繼而執行【:智慧型尺寸】標註草圖中之相關參數。

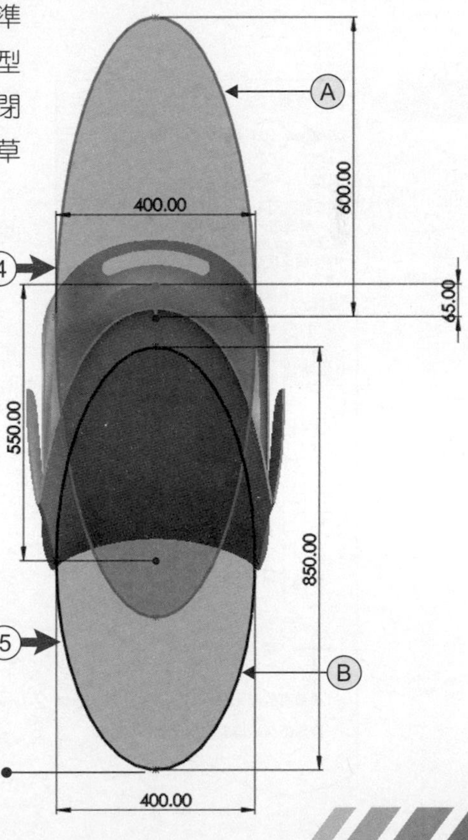

橢圓形 Ⓐ 寬度 =400；④
總高度 =1200；
中點與原點相距 65(mm)。

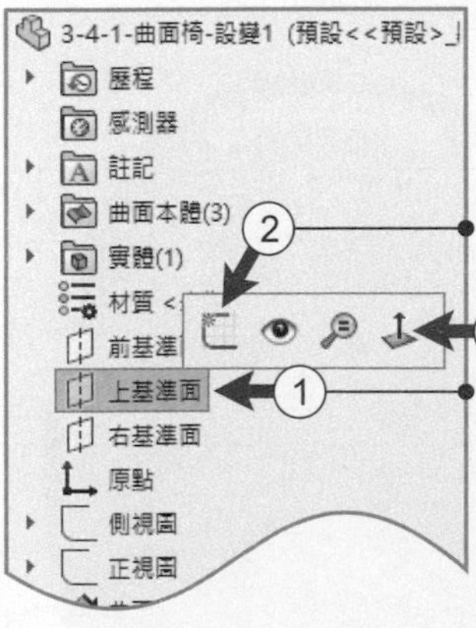
3-4-1-曲面椅-設變1 (預設<<預設>_
歷程
感測器
註記
曲面本體(3)
實體(1)
材質 <
前基準
上基準面
右基準面
原點
側視圖
正視圖

② 進入草繪環節與製作輪廓

③ 正視於所選項次

① 選擇上基準面

橢圓形 Ⓑ 之寬度為 400；⑤
高度為 850；中點與原點相距 550。

草圖完全定義後，即由藍色轉為黑色樣態。

STEP 05

執行草圖指令：【 直線複製排列】。「方向2」為縱向複製的選項，設定其固定間距約為30mm；而複製的數量則輸入10；最後，排列的圖元項次即指定為橢圓形輪廓。

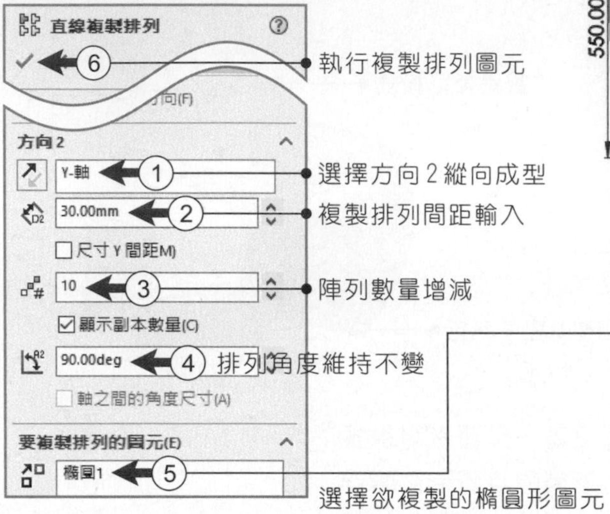
直線複製排列
方向2
Y-軸
30.00mm
尺寸Y間距M)
10
顯示副本數量(C)
90.00deg
軸之間的角度尺寸(A)
要複製排列的圖元(E)
橢圓1
執行複製排列圖元
選擇方向2縱向成型
複製排列間距輸入
陣列數量增減
排列角度維持不變
選擇欲複製的橢圓形圖元

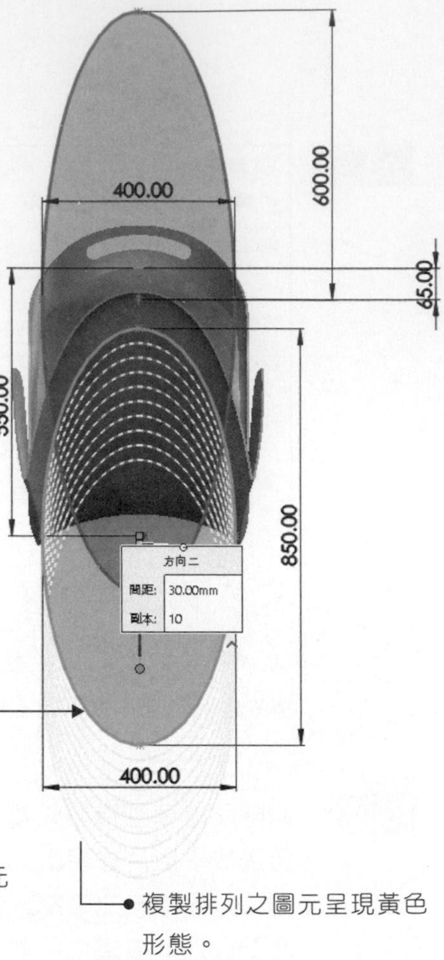
400.00
600.00
65.00
550.00
850.00
方向二
間距: 30.00mm
副本: 10
400.00
複製排列之圖元呈現黃色形態。

STEP 06

續接上階段之草圖。於橢圓形縱向陣列後，可啟用【 修剪圖元】工具針對交錯之迴圈施行刪減之程序，學習者得參酌範例中之輪廓概略繪製，不須完全依照其尺寸與樣板描繪線段。

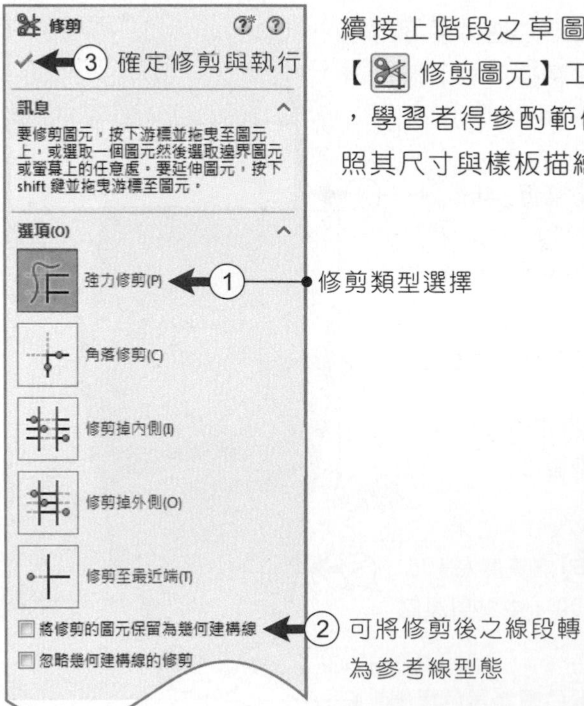
修剪
確定修剪與執行
訊息
要修剪圖元，按下游標並拖曳至圖元上，或選取一個圖元然後選取邊界圖元或螢幕上的任意處。要延伸圖元，按下shift 鍵並拖曳游標至圖元。
選項(O)
強力修剪(P)
角落修剪(C)
修剪掉內側(I)
修剪掉外側(O)
修剪至最近端(T)
將修剪的圖元保留為幾何建構線
忽略幾何建構線的修剪
修剪類型選擇
可將修剪後之線段轉為參考線型態

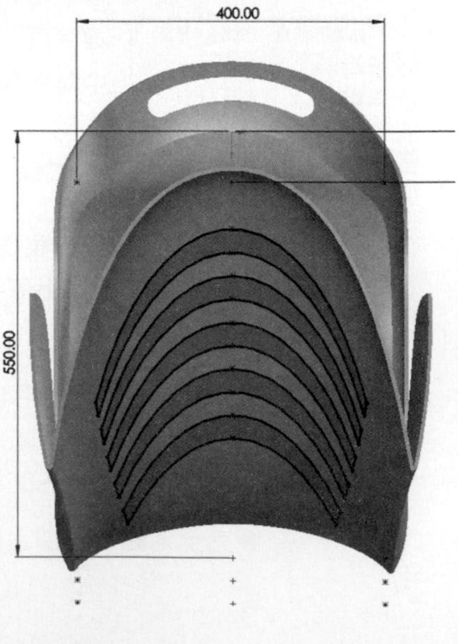
400.00
550.00

STEP 07

草圖修剪完成後，可接續執行【:圓角】特徵，以「左鍵」選擇圖元中的每一個角點或銳邊，使其形成圓弧樣態。圖例中呈現黃色之局部即為階段程序執行後之成果。

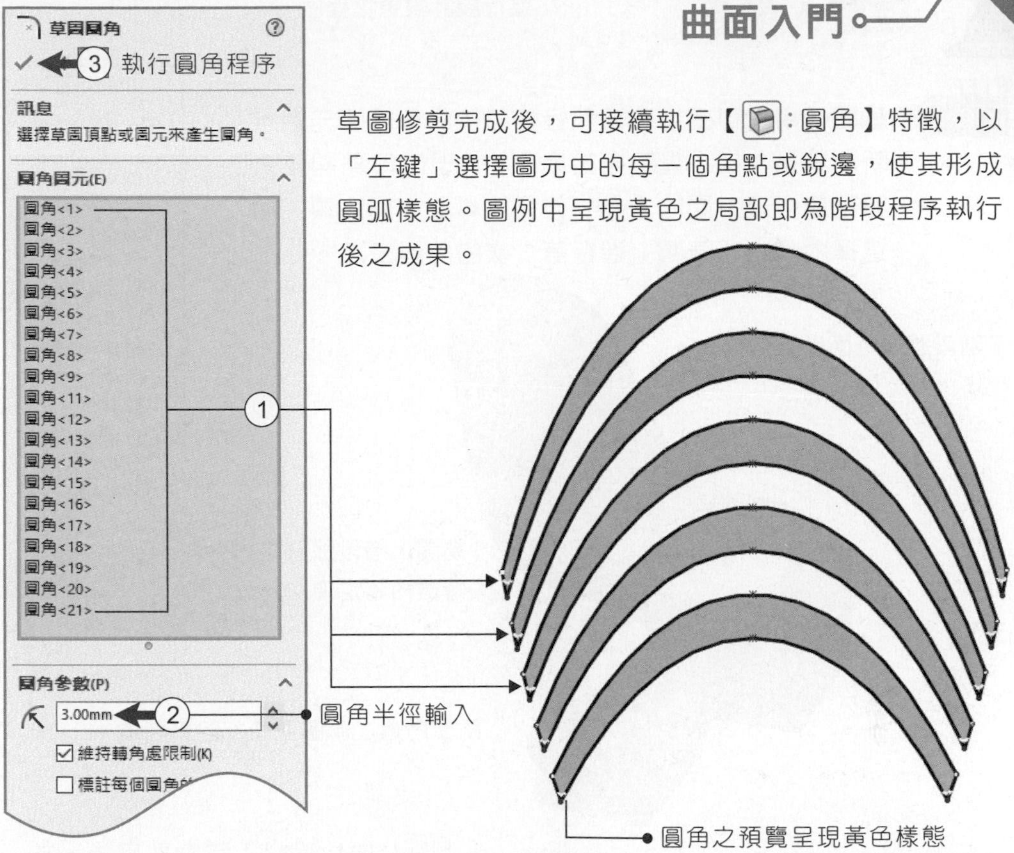

STEP 08

待草圖前置作業完備後，旋即啟用【:伸長除料】特徵指令。「除料深度」只設定為300，因為過多的參數會影響座面之完整性；「所選輪廓」欄位則特別指定較小的三個輪廓（數量與形態項次，學習者皆可自行調整）。

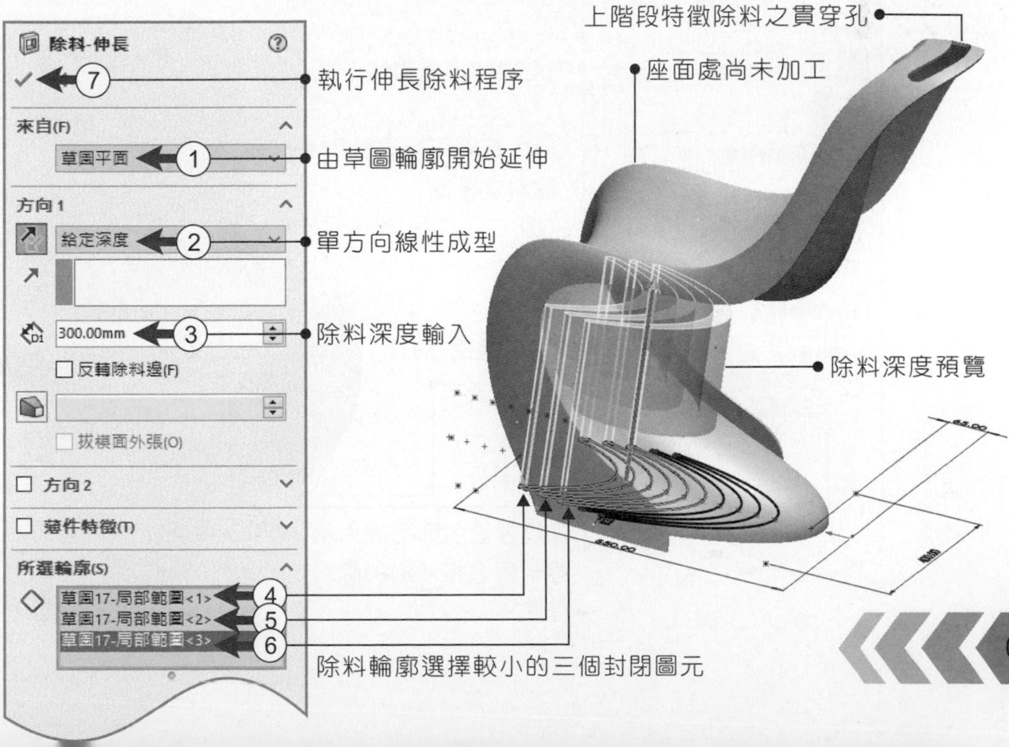

學習者可隨時回到特徵管理員進行設計變更之程序

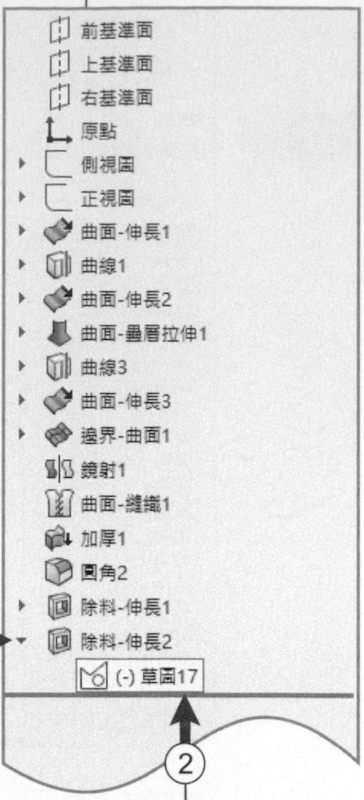

STEP 09

軟體使用者可使用已經執行過特徵的草繪圖元進行新的特徵加工（重新描繪亦可）。現階段點開特徵管理員中最下層的【 :伸長除料】左側箭頭，並選擇內隱之「草圖」進行第二次的除料工序。

下階段將對椅面進行除料之程序。

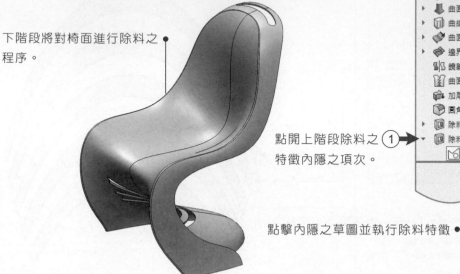

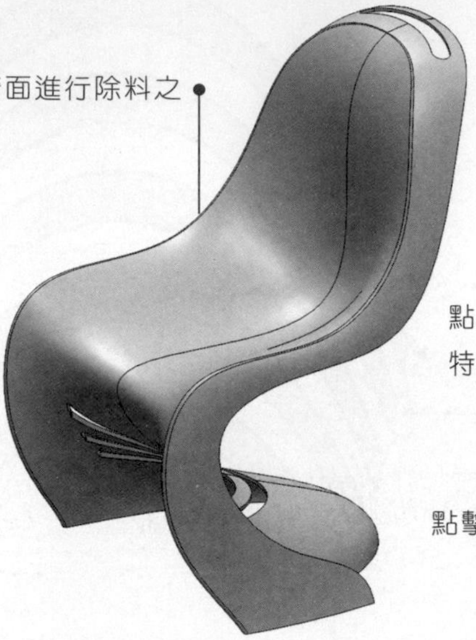

① 點開上階段除料之特徵內隱之項次。

② 點擊內隱之草圖並執行除料特徵

STEP 10

【 :伸長除料】特徵啟用後，於「所選輪廓」欄位中指定上階段之草圖裡較大的兩個圖元，並選擇「完全貫穿」除料項次來執行。

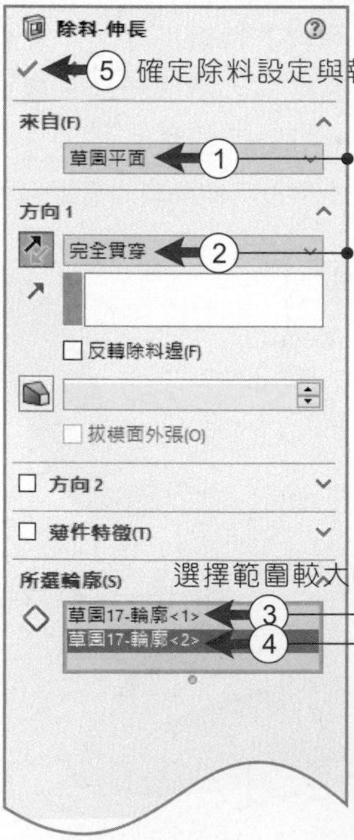

⑤ 確定除料設定與執行

① 由草圖輪廓開始延伸

② 完全貫穿椅面實體

綠色範圍即為現階段除料之預覽

③④ 選擇範圍較大的兩個輪廓除料

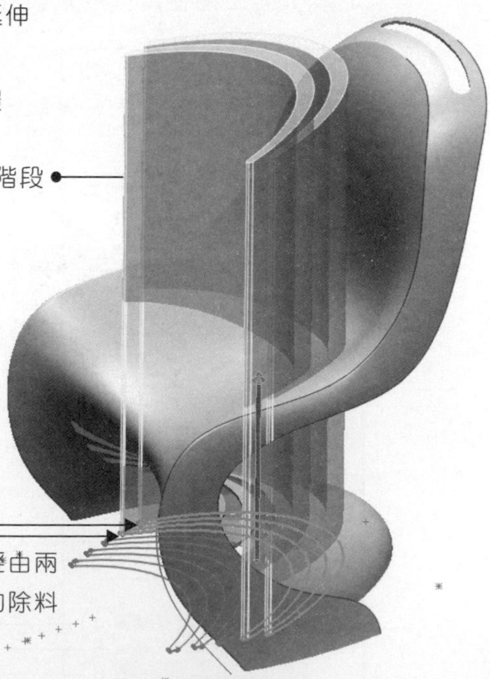

軟體學習者亦可經由兩個草圖進行個別的除料程序。

STEP 09

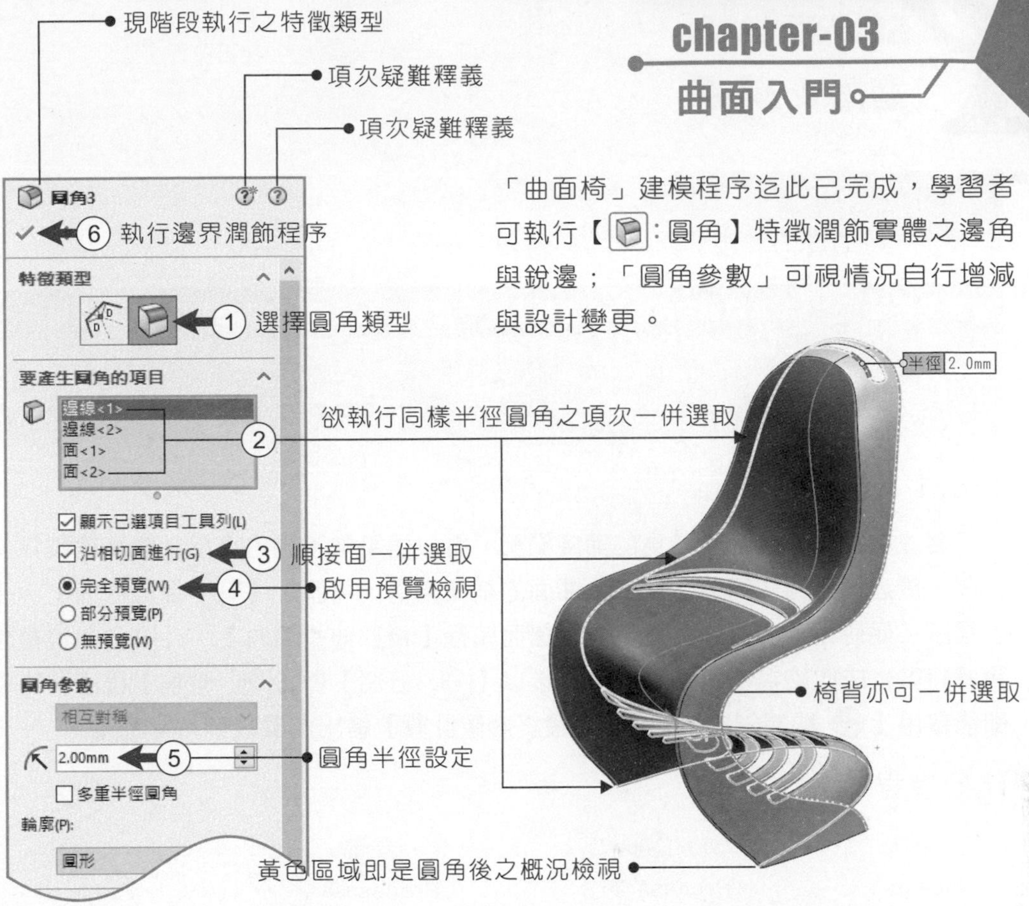

「曲面椅」建模程序迄此已完成，學習者可執行【圓角】特徵潤飾實體之邊角與銳邊；「圓角參數」可視情況自行增減與設計變更。

STEP 12

進入模型彩現程序：透過Solidworks之附加模組【:Photoview360】編輯模型【:外觀】與【:全景】；範例中的兩張曲面椅的質材分別設定為亮面塑膠暨透明壓克力。下方為產品模型融合素色場景之渲染完成圖照。

《曲面椅彩現完成圖》

3-5 元寶收納盒

⊙要點提醒 **本範例為綠色版參考教學檔--請學習者使用雲端連結並下載相關之附件**

本範例教學視訊檔案：SolidWorks/進階&應用/CH03目錄下/3-5 元寶收納盒.avi
本範例製作完成檔案：SolidWorks/進階&應用/CH03目錄下/3-5 元寶收納盒.SLDPRT

3-5.1 收納盒鋪面

「元寶收納盒」是生活中常見的節慶擺飾，看似再平常不過的產品卻隱藏著製作與工序之大哉問。於建模進程中可見到，藉由曲面的鋪陳架構，再歷經【:縫織曲面】、【:加厚】程序，促使元寶的基礎外觀定義；繼而執行【:伸長填料】、【:曲線複製排列】等實體特徵生成收納盒的表面圖飾，最後以【:分割】暨【:圓角】程序潤飾實體邊界，即能啟用【 編輯彩質】與【 最終影像計算】輸出成擬真照片之檔案。

建模進程：

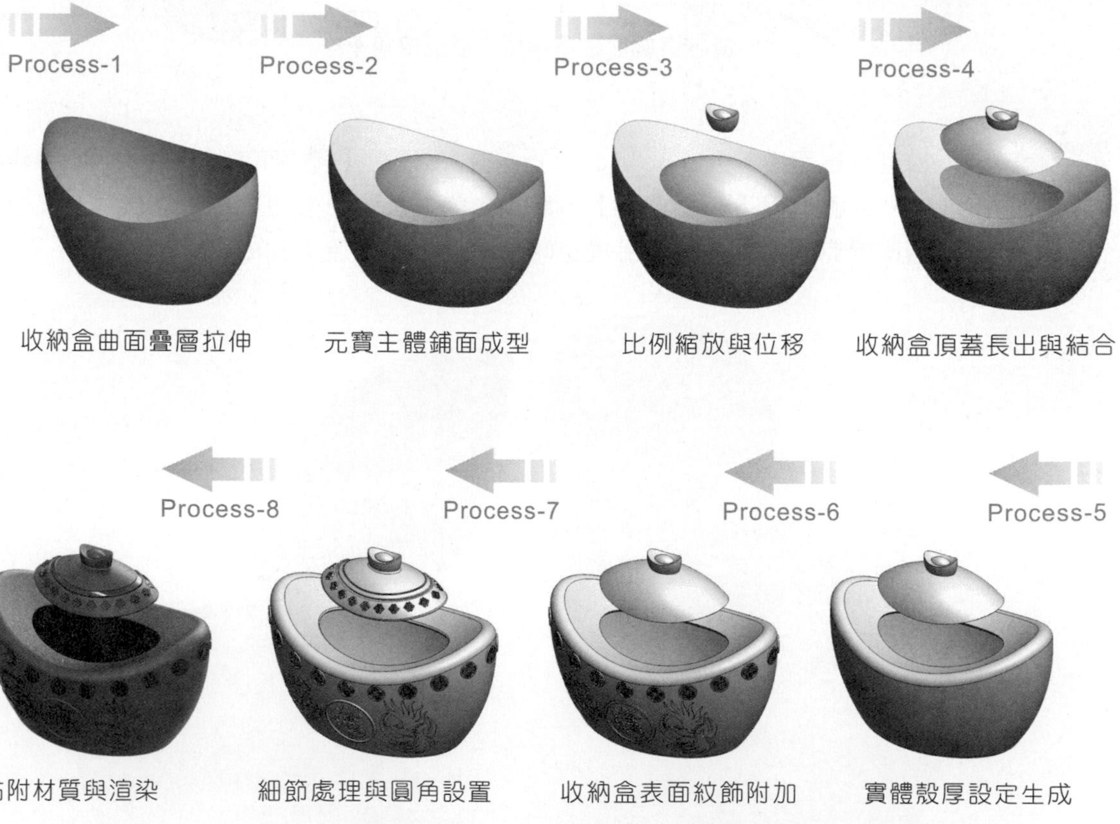
Process-1
Process-2
Process-3
Process-4
收納盒曲面疊層拉伸
元寶主體鋪面成型
比例縮放與位移
收納盒頂蓋長出與結合
Process-8
Process-7
Process-6
Process-5
貼附材質與渲染
細節處理與圓角設置
收納盒表面紋飾附加
實體殼厚設定生成

STEP 01

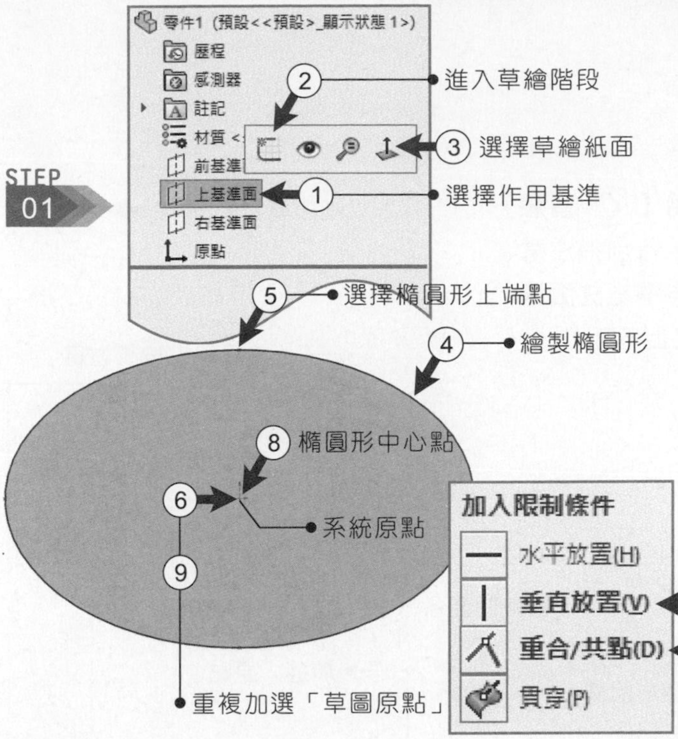

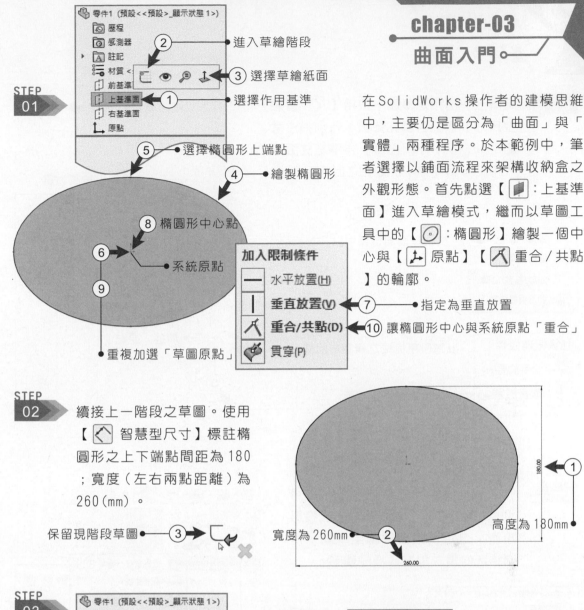

在SolidWorks操作者的建模思維中，主要仍是區分為「曲面」與「實體」兩種程序。於本範例中，筆者選擇以鋪面流程來架構收納盒之外觀形態。首先點選【 :上基準面】進入草繪模式，繼而以草圖工具中的【 :橢圓形】繪製一個中心與【 原點】【 重合/共點】的輪廓。

STEP 02

續接上一階段之草圖。使用【 智慧型尺寸】標註橢圓形之上下端點間距為180；寬度（左右兩點距離）為260(mm)。

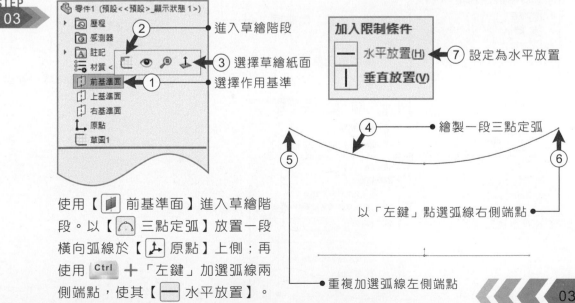

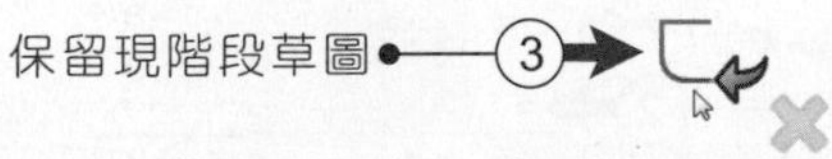

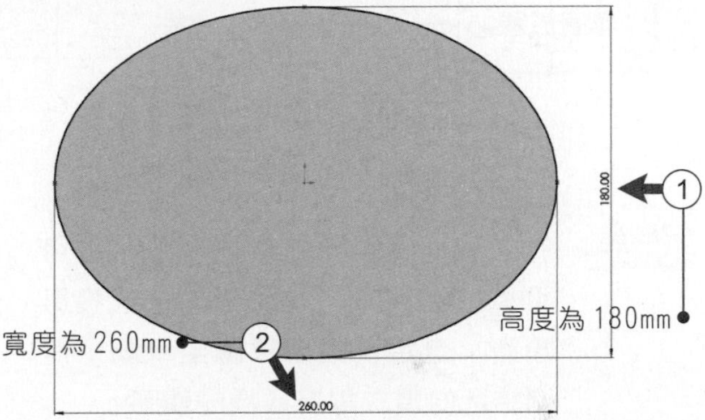

STEP 03

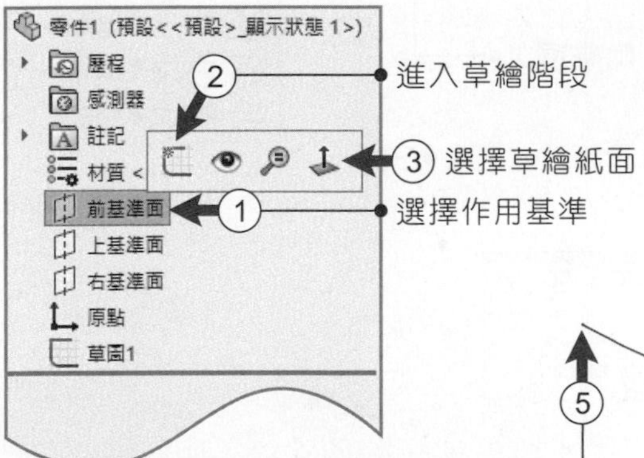

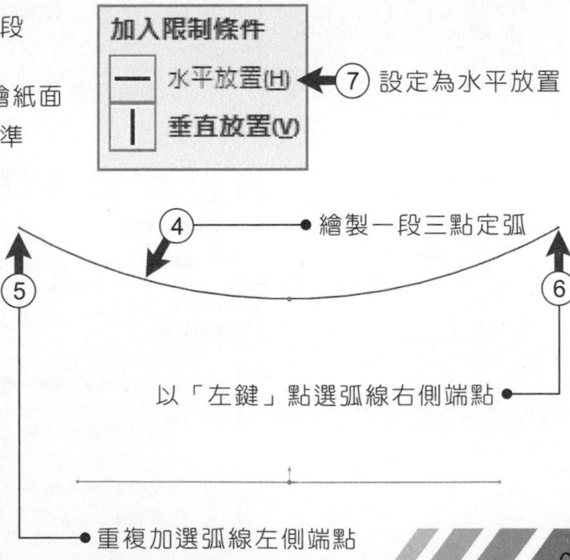

使用【 前基準面】進入草繪階段。以【 三點定弧】放置一段橫向弧線於【 原點】上側；再使用 Ctrl ＋「左鍵」加選弧線兩側端點，使其【 水平放置】。

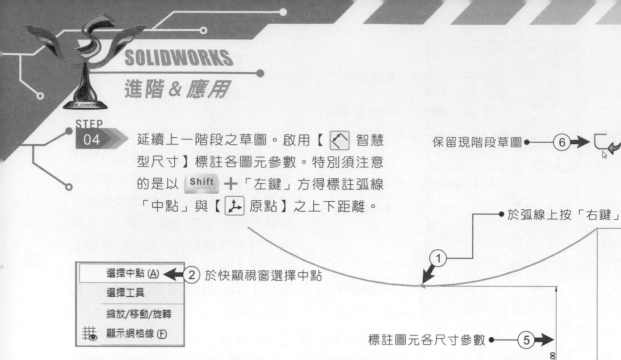

STEP 04

延續上一階段之草圖。啟用【智慧型尺寸】標註各圖元參數。特別須注意的是以 Shift ＋「左鍵」方得標註弧線「中點」與【原點】之上下距離。

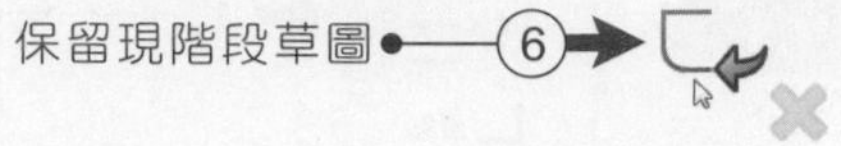
保留現階段草圖
6

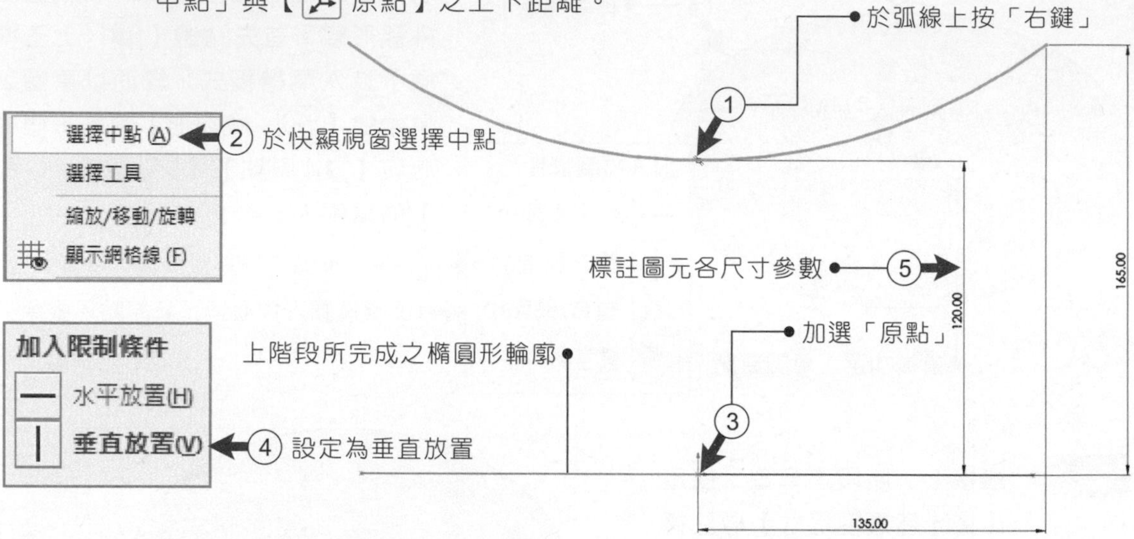
於弧線上按「右鍵」
1
選擇中點 (A)
2 於快顯視窗選擇中點
選擇工具
縮放/移動/旋轉
顯示網格線 (F)
標註圖元各尺寸參數
5
165.00
120.00
加選「原點」
加入限制條件
水平放置(H)
垂直放置(V)
4 設定為垂直放置
上階段所完成之橢圓形輪廓
3
135.00

STEP 05

於上下兩個圖元備齊後，即可啟用【投影曲線】功能指令。「投影類型」選定為投影草圖至草圖；而欲結合的項次則為放樣的輪廓。

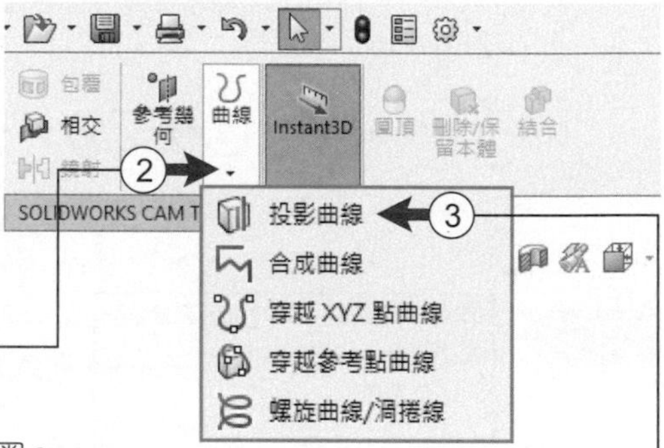

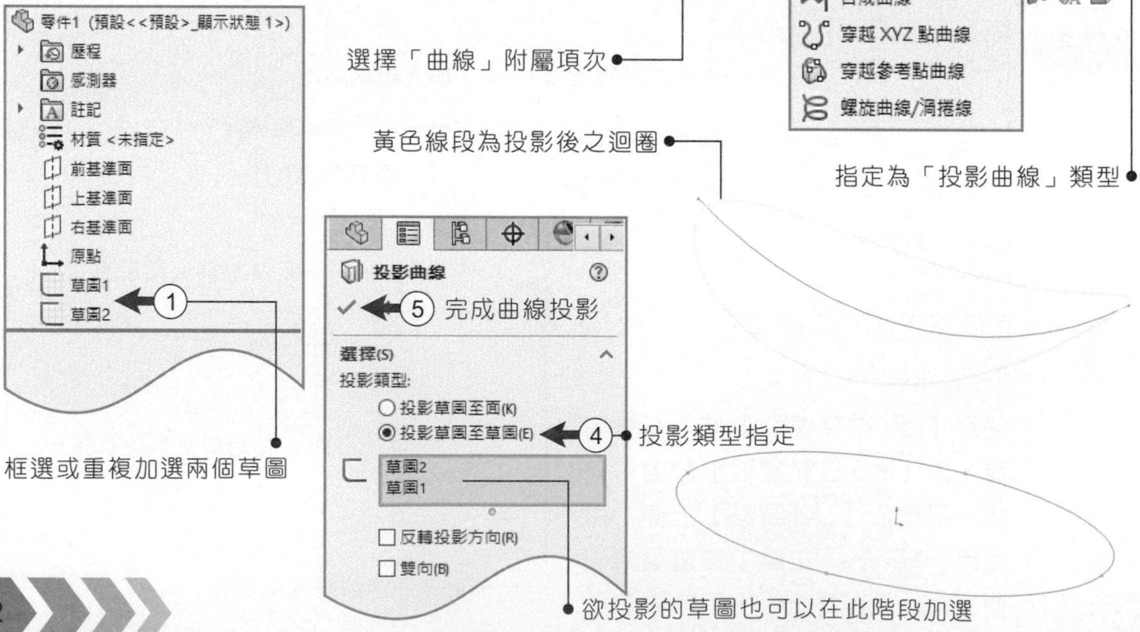
選擇「曲線」附屬項次
零件1 (預設<<預設>_顯示狀態 1>)
歷程
感測器
註記
材質 <未指定>
前基準面
上基準面
右基準面
原點
草圖1
草圖2
1
框選或重複加選兩個草圖
黃色線段為投影後之迴圈
投影曲線
5 完成曲線投影
選擇(S)
投影類型:
投影草圖至面(K)
投影草圖至草圖(E)
4 投影類型指定
草圖2
草圖1
反轉投影方向(R)
雙向(B)
欲投影的草圖也可以在此階段加選

STEP 06

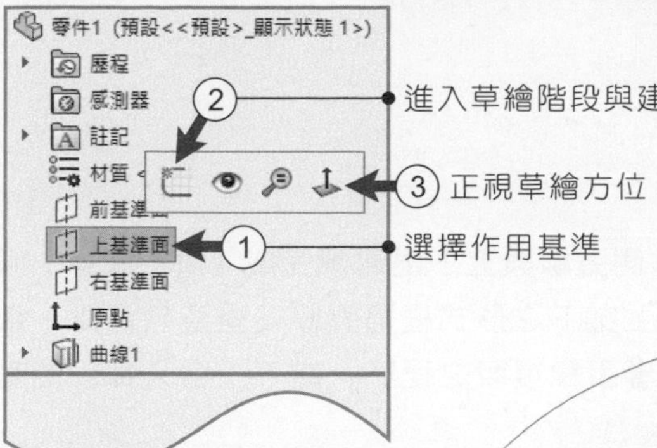

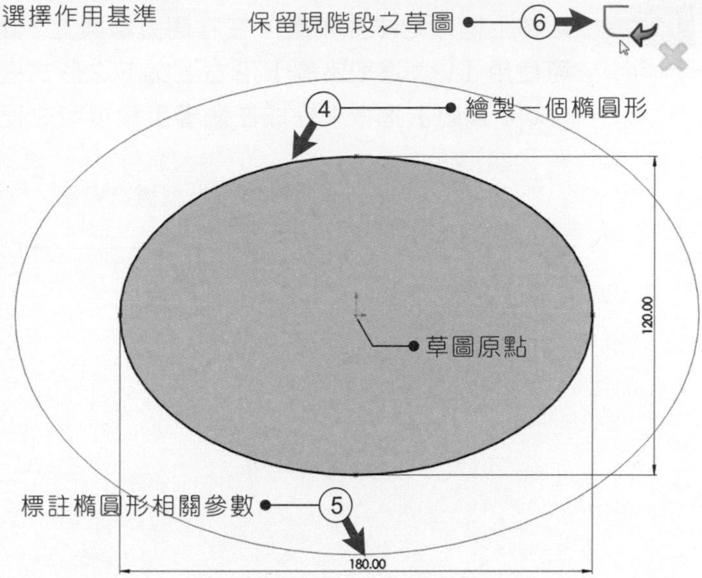

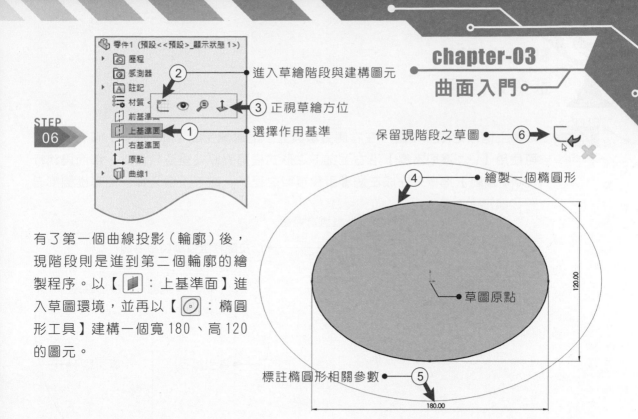

有了第一個曲線投影（輪廓）後，現階段則是進到第二個輪廓的繪製程序。以【 ：上基準面】進入草圖環境，並再以【 ：橢圓形工具】建構一個寬 180、高 120 的圖元。

STEP 07

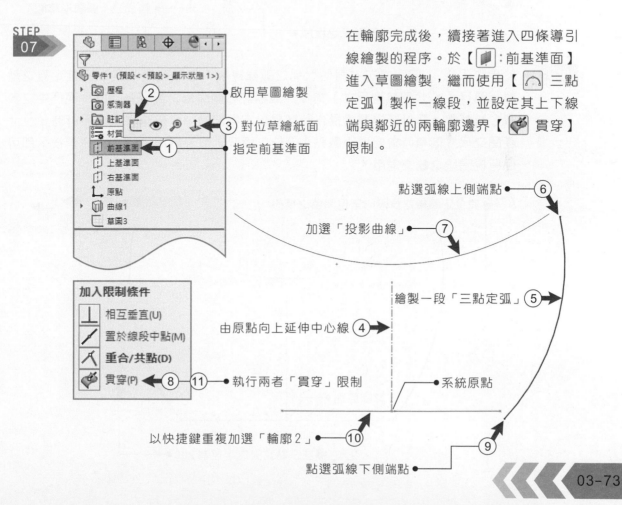

在輪廓完成後，續接著進入四條導引線繪製的程序。於【 ：前基準面】進入草圖繪製，繼而使用【 三點定弧】製作一線段，並設定其上下線端與鄰近的兩輪廓邊界【 貫穿】限制。

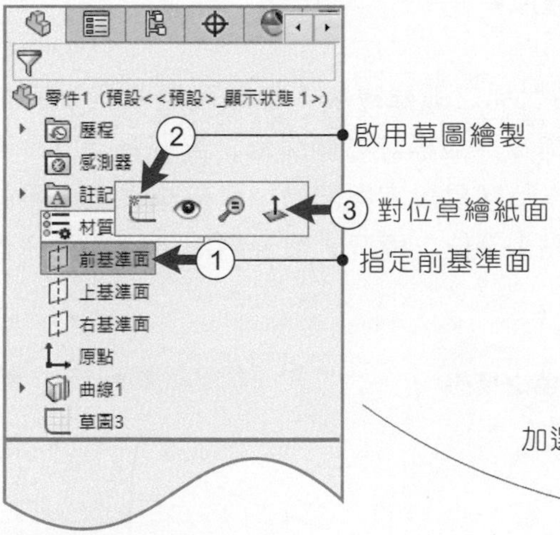

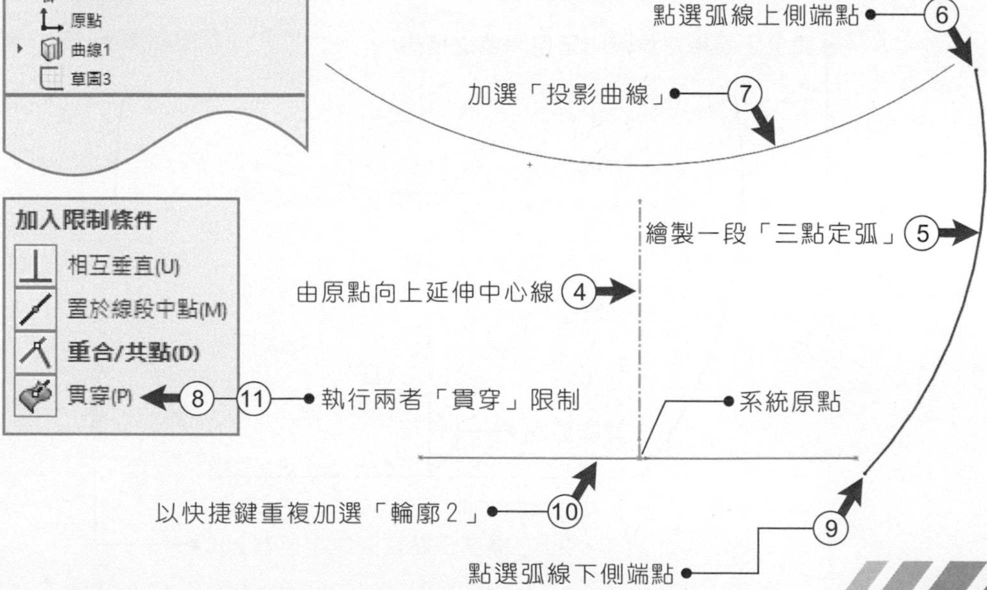

STEP 08

延續上階段之未完草圖。在右側弧線與上下兩輪廓完成【貫穿】限制後，即可使用【:選取工具】沿右上左下之形式框選弧線與垂直參考線，繼而再執行【鏡射】指令來完成左側導引線複製之程序。當下「金元寶」的基礎輪廓已有了雛形。

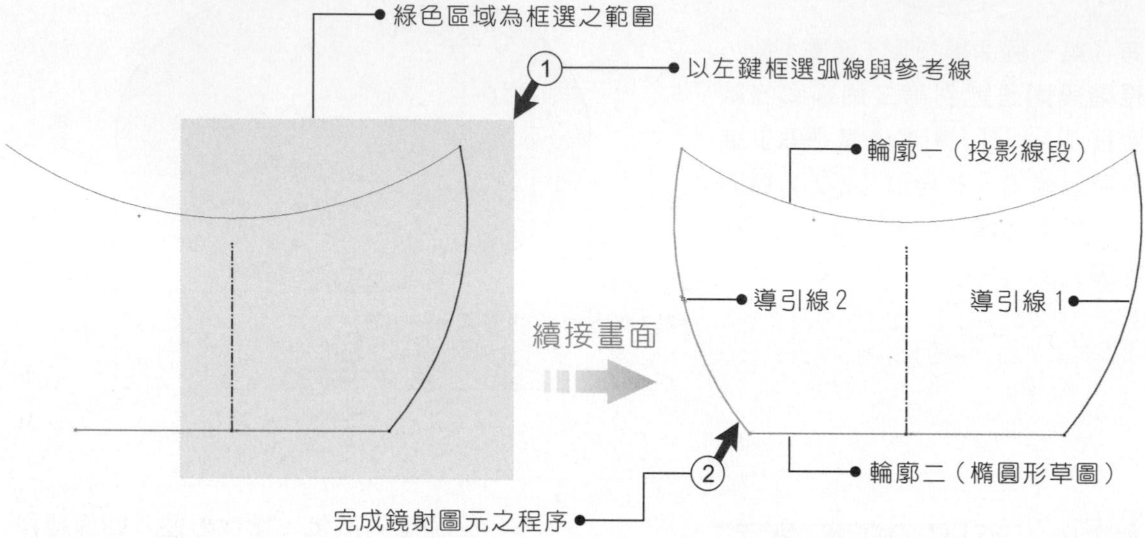

STEP 09

於步驟「08」已完成左右兩側對稱之弧線複製，但線段還未呈現完全定義之型態。執行【:智慧型尺寸】指令，並標註右側弧線之半徑為200。範例中之參數多為整數，藉以讓學習者操作時容易設定與記憶；而於業界實務設計時，生活產品之尺寸則有時會出現小數點1-2位之境況。待現階段草圖定義完善後，即可保留現階段之輪廓備用。

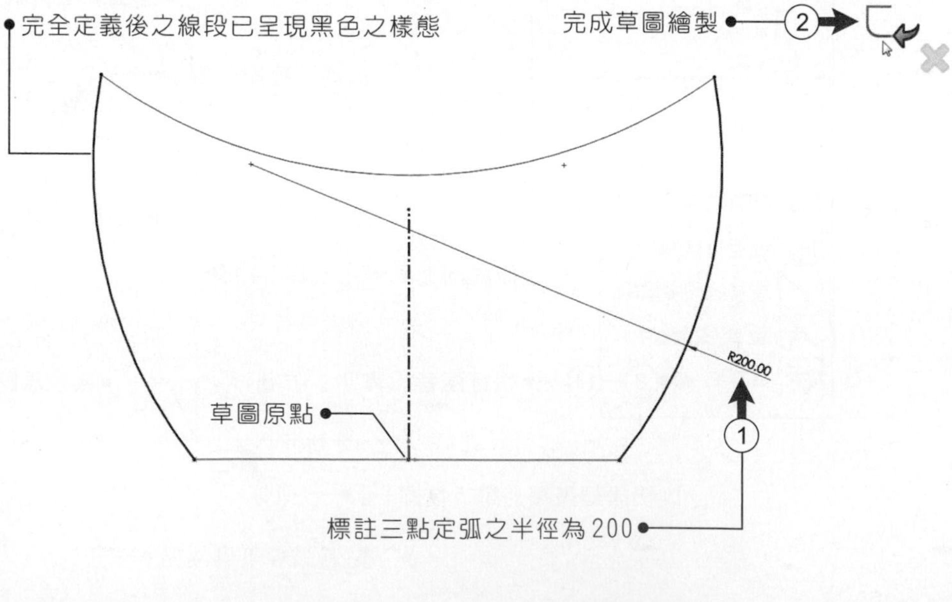

STEP 10

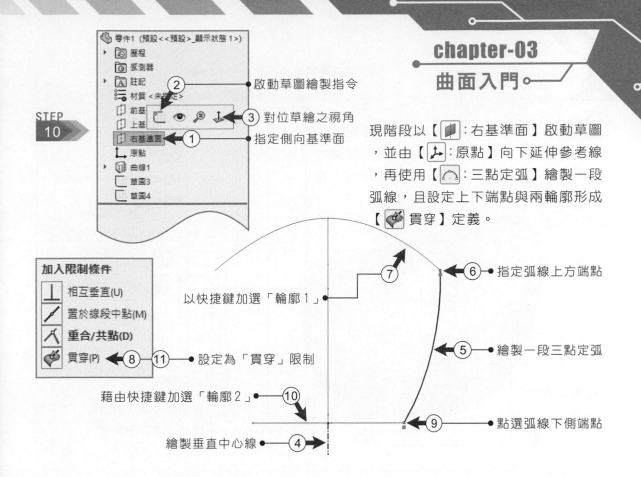

現階段以【右基準面】啟動草圖，並由【原點】向下延伸參考線，再使用【三點定弧】繪製一段弧線，且設定上下端點與兩輪廓形成【貫穿】定義。

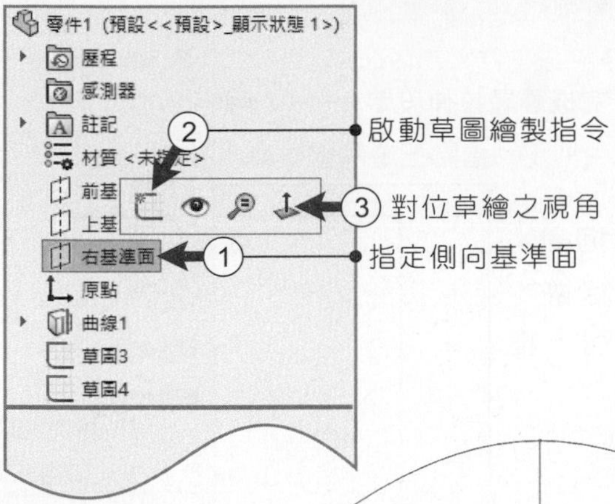

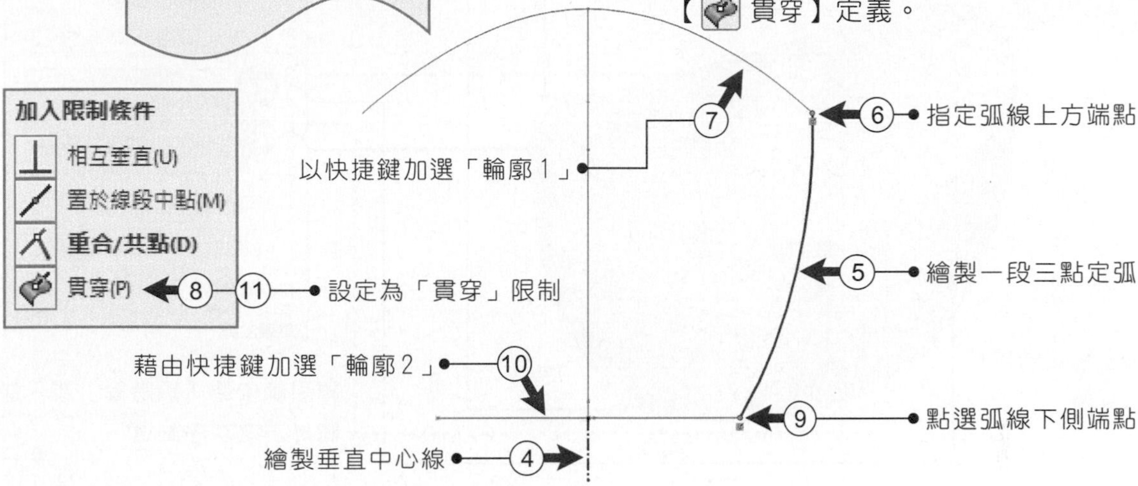
加入限制條件
相互垂直(U)
置於線段中點(M)
重合/共點(D)
貫穿(P)
⑥ 指定弧線上方端點
⑦ 以快捷鍵加選「輪廓 1」
⑤ 繪製一段三點定弧
⑧ ⑪ 設定為「貫穿」限制
⑩ 藉由快捷鍵加選「輪廓 2」
⑨ 點選弧線下側端點
④ 繪製垂直中心線

STEP 11

延續上階段之草圖。使用【智慧型尺寸】標註右側弧線之半徑為 200。再透過 Ctrl ＋「左鍵」之快捷鍵重複加選右側線段與【中心線】，且執行草圖複製指令中的【鏡射】產生左側之弧線。屆此，現階段成型的要素已齊備——上下兩個輪廓與前後左右 4 條導引線段。

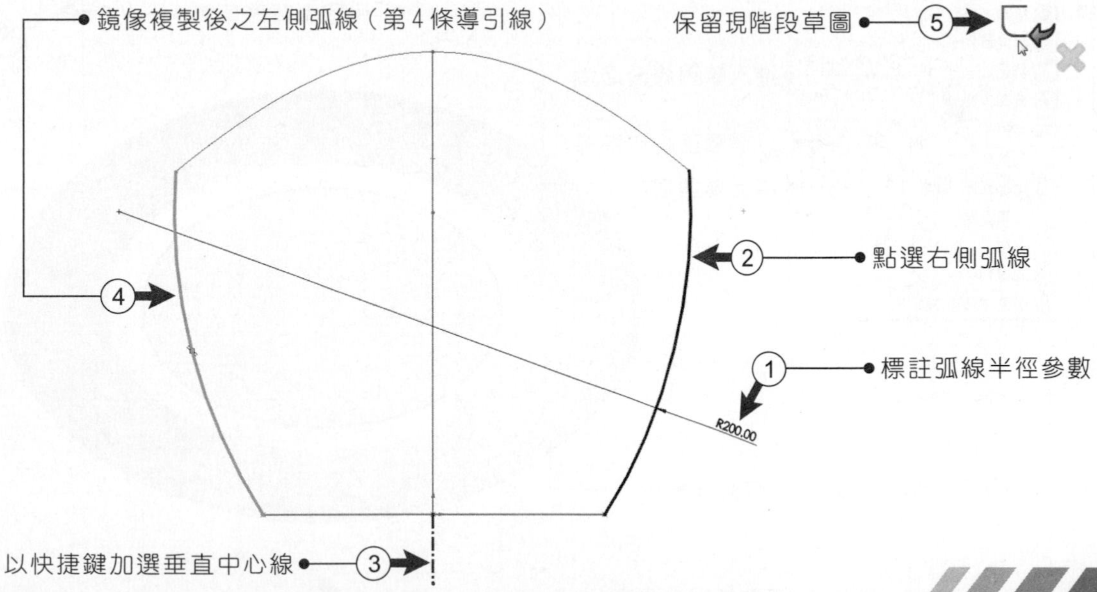
④ 鏡像複製後之左側弧線（第 4 條導引線）
⑤ 保留現階段草圖
② 點選右側弧線
① 標註弧線半徑參數
R200.00
③ 以快捷鍵加選垂直中心線

STEP 12

啟用【曲面-疊層拉伸】指令，指定完上下輪廓與4條導引線後，其他欄位則維持預設選項即可。確認後的元寶主要形態已完成。

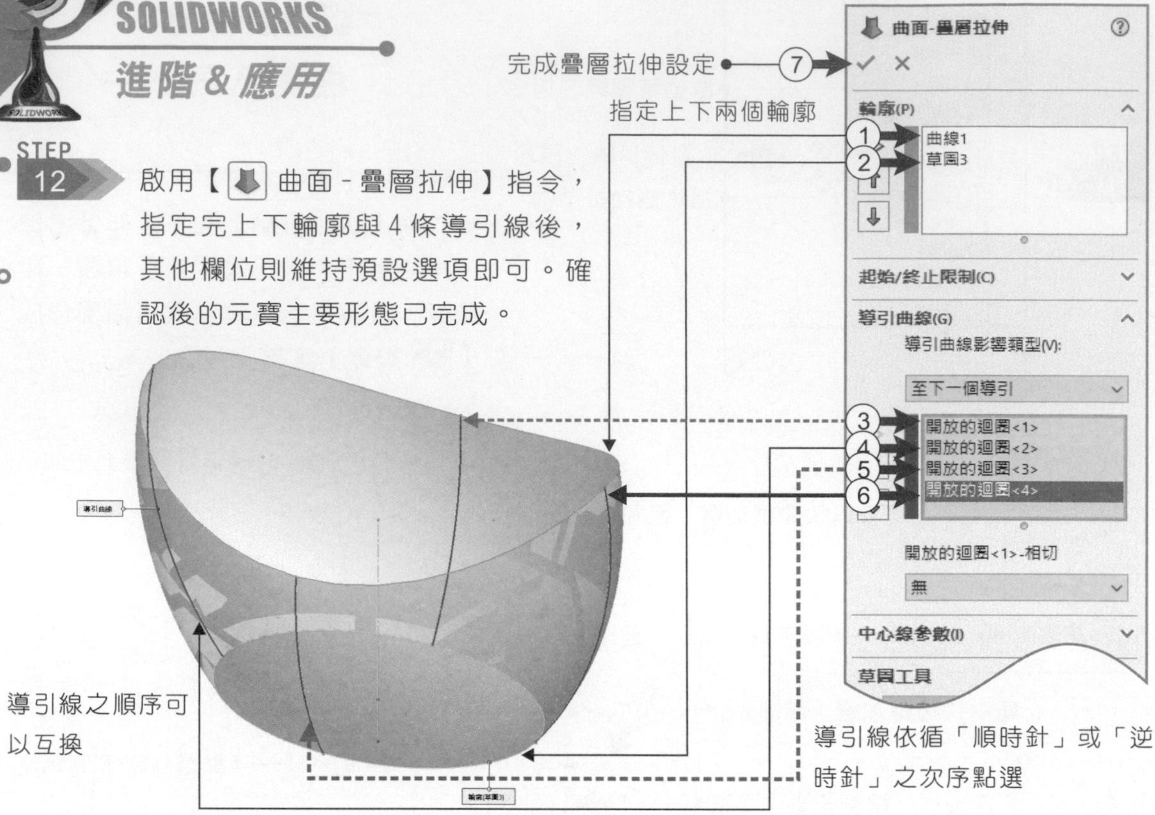
完成疊層拉伸設定
7
指定上下兩個輪廓
曲面-疊層拉伸
輪廓(P)
1
2
曲線1
草圖3
起始/終止限制(C)
導引曲線(G)
導引曲線影響類型(V):
至下一個導引
3
4
5
6
開放的迴圈<1>
開放的迴圈<2>
開放的迴圈<3>
開放的迴圈<4>
開放的迴圈<1>-相切
無
中心線參數(I)
草圖工具
導引線之順序可以互換
導引線依循「順時針」或「逆時針」之次序點選

STEP 13

有了「金元寶」外觀的主要形態後，續接的要製作元寶上端拱起之曲面。選擇【:上基準面】並進入草圖繪製程序。先以【橢圓形工具】由【原點】建構一個迴圈，且執行【:智慧型尺寸】標註圖元之高度為100mm；寬度則為150mm。

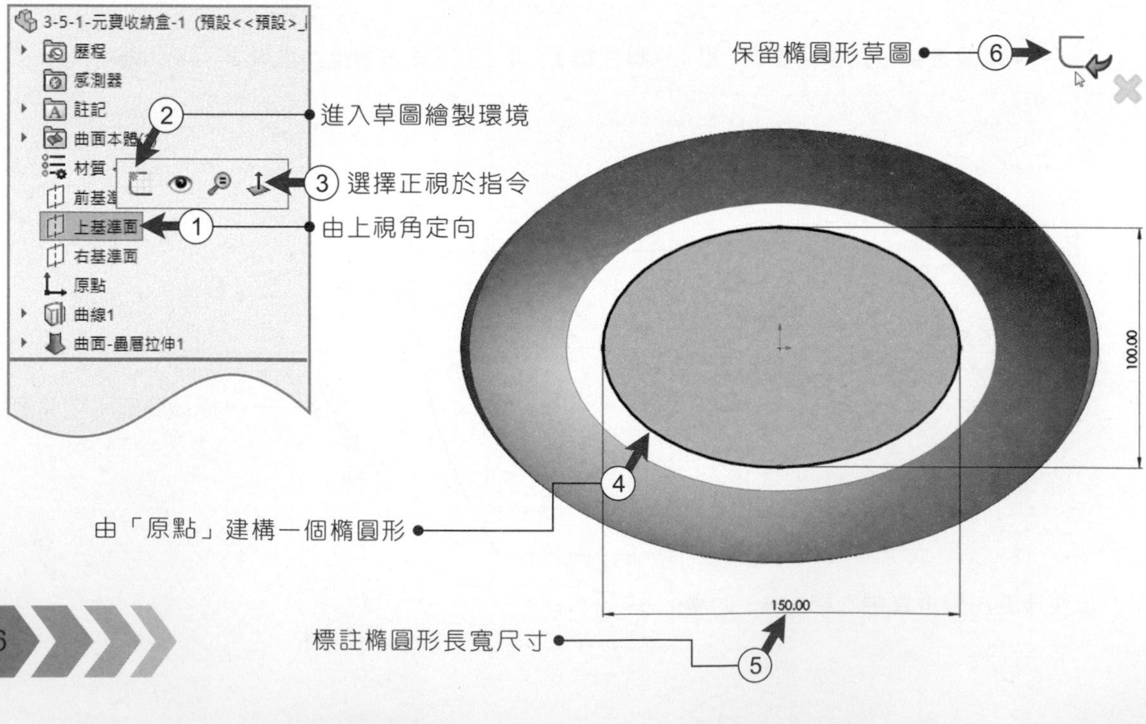
3-5-1-元寶收納盒-1 (預設<<預設>_
歷程
感測器
註記
曲面本體
材質
前基準
上基準面
右基準面
原點
曲線1
曲面-疊層拉伸1
2
進入草圖繪製環境
3
選擇正視於指令
1
由上視角定向
保留橢圓形草圖
6
100.00
150.00
4
由「原點」建構一個橢圓形
標註橢圓形長寬尺寸
5

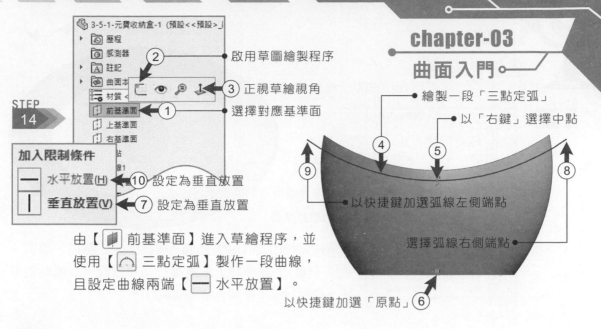

STEP 14

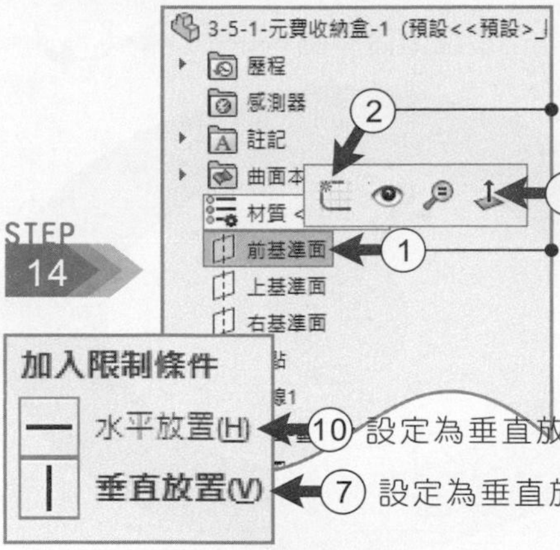

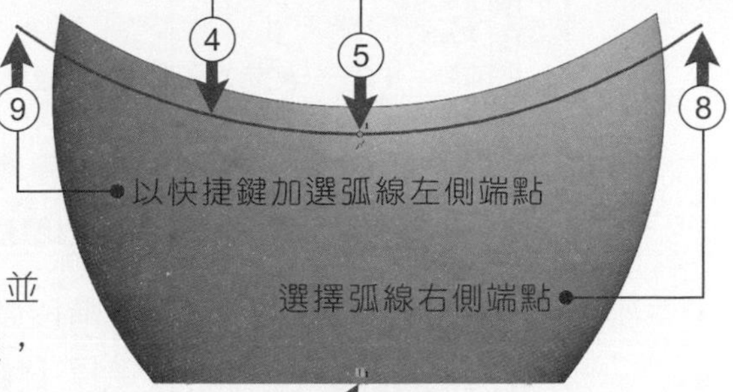

由【前基準面】進入草繪程序，並使用【三點定弧】製作一段曲線，且設定曲線兩端【水平放置】。

STEP 15

延續上階段之草圖。執行【智慧型尺寸】標註相關參數，弧線之中點標註需透過 Shift ＋「左鍵」選擇。

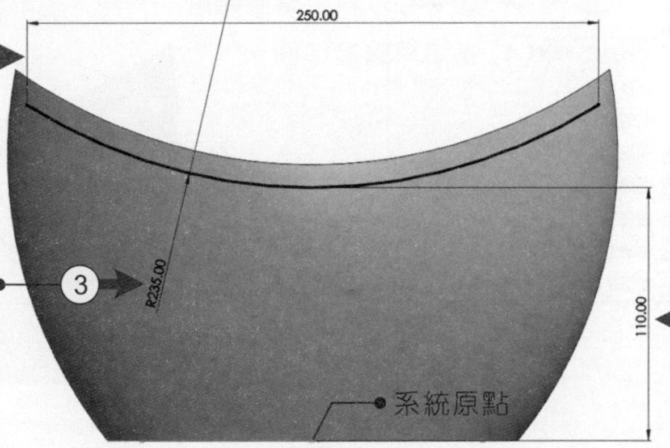

STEP 16

執行【投影曲線】功能指令。選擇上階段所完成之弧線與底端迴圈，並設定「投影類型」：投影草圖至草圖。

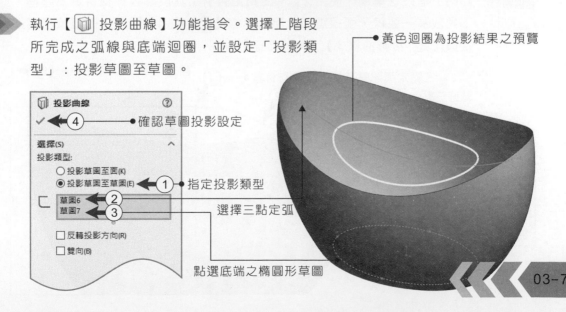

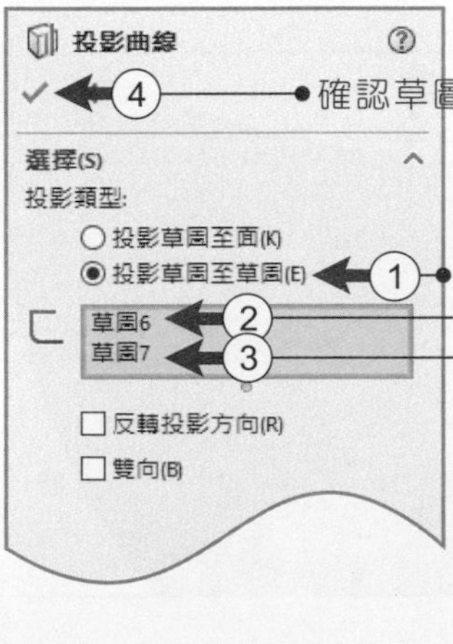

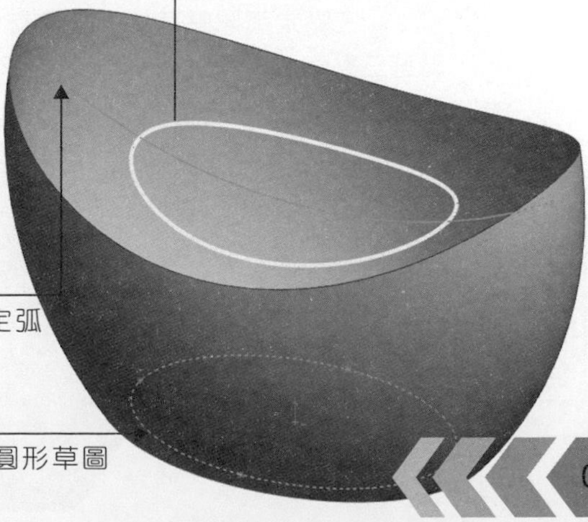

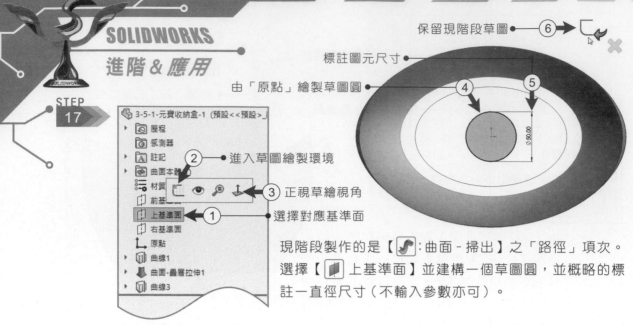

STEP 17

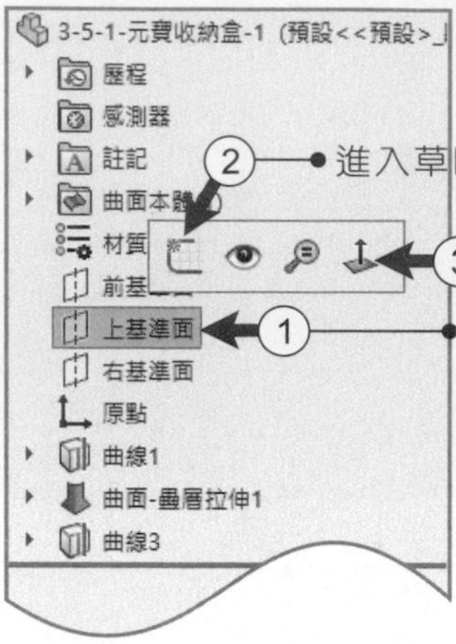
3-5-1-元寶收納盒-1 (預設<<預設>_
歷程
感測器
註記
曲面本體
材質
前基準面
上基準面
右基準面
原點
曲線1
曲面-疊層拉伸1
曲線3
進入草圖繪製環境
正視草繪視角
選擇對應基準面

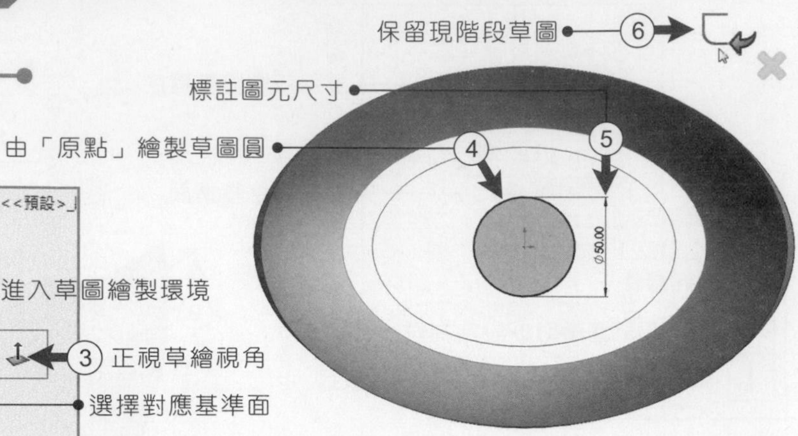
保留現階段草圖
標註圖元尺寸
由「原點」繪製草圖圓
⌀50.00

現階段製作的是【:曲面 - 掃出】之「路徑」項次。選擇【 上基準面】並建構一個草圖圓，並概略的標註一直徑尺寸（不輸入參數亦可）。

STEP 18

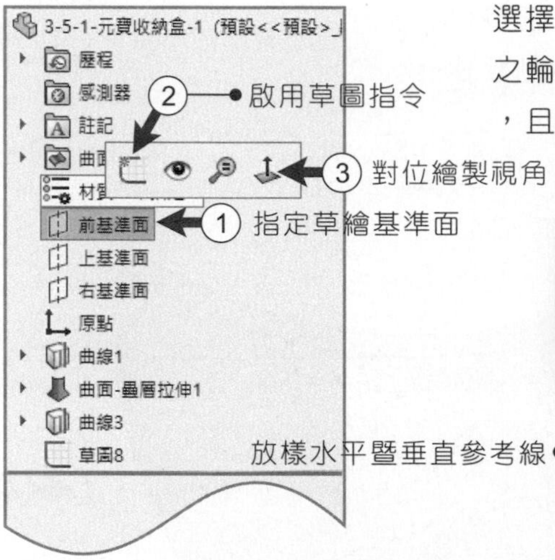
3-5-1-元寶收納盒-1 (預設<<預設>_
歷程
感測器
註記
材質
前基準面
上基準面
右基準面
原點
曲線1
曲面-疊層拉伸1
曲線3
草圖8
啟用草圖指令
對位繪製視角
指定草繪基準面

選擇【 前基準面】繪製【 曲面 - 掃出】之輪廓。先以【:中心線】放樣兩條參考線，且經由【 智慧型尺寸】設定相關參數。

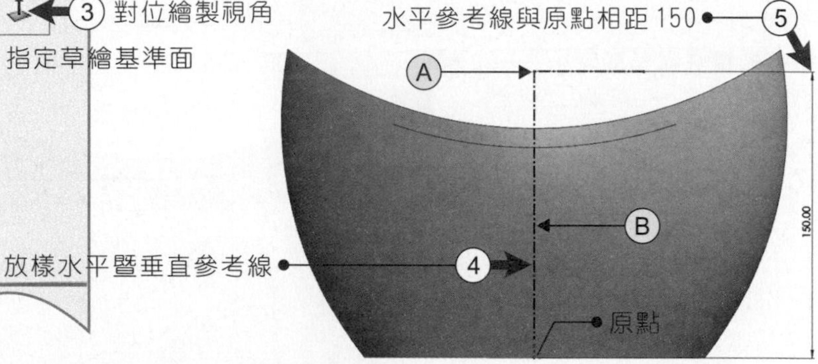
水平參考線與原點相距 150
A
B
150.00
放樣水平暨垂直參考線
原點

STEP 19

延續上階段之草圖。使用【 三點定弧】工具於參考線交會處為起點，並向左下角放置一弧線，弧線需與水平參考線【 相切】限制；而弧線左側端點則設定與【 投影曲線 3】【 貫穿】限制。

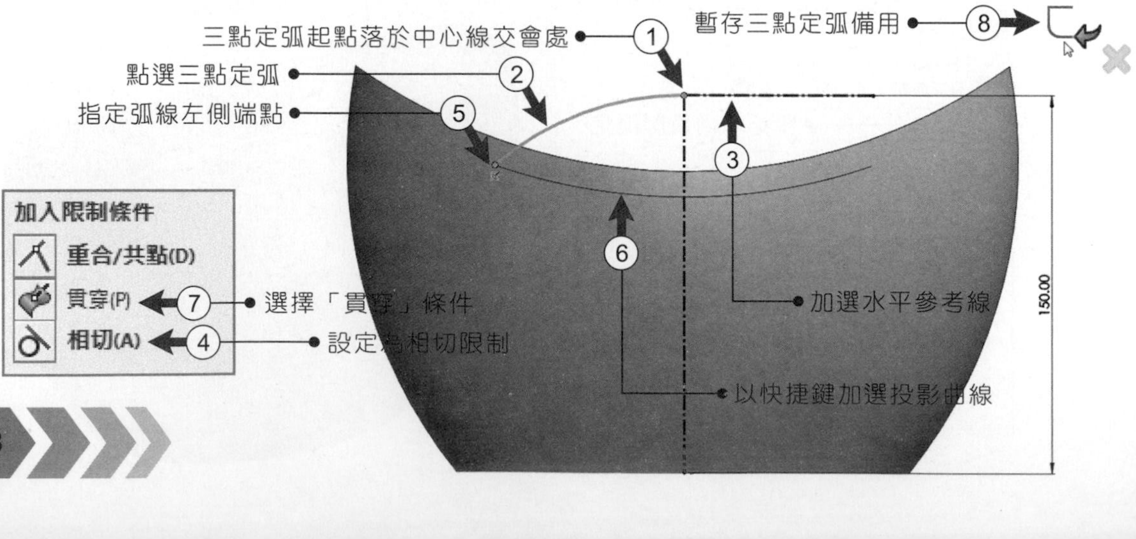
三點定弧起點落於中心線交會處
暫存三點定弧備用
點選三點定弧
指定弧線左側端點
加入限制條件
重合/共點(D)
貫穿(P)
相切(A)
選擇「貫穿」條件
設定為相切限制
加選水平參考線
以快捷鍵加選投影曲線
150.00

STEP 20

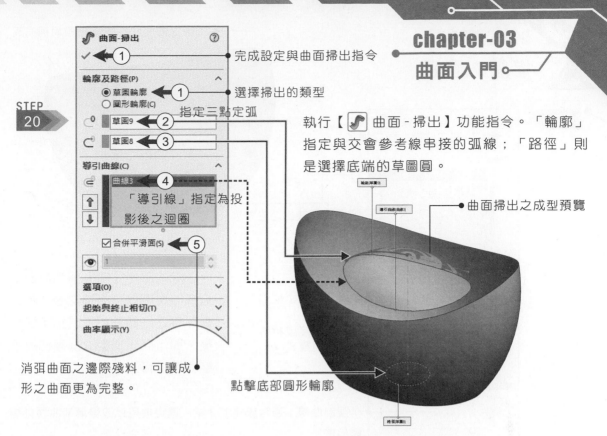

執行【曲面 - 掃出】功能指令。「輪廓」指定與交會參考線串接的弧線；「路徑」則是選擇底端的草圖圓。

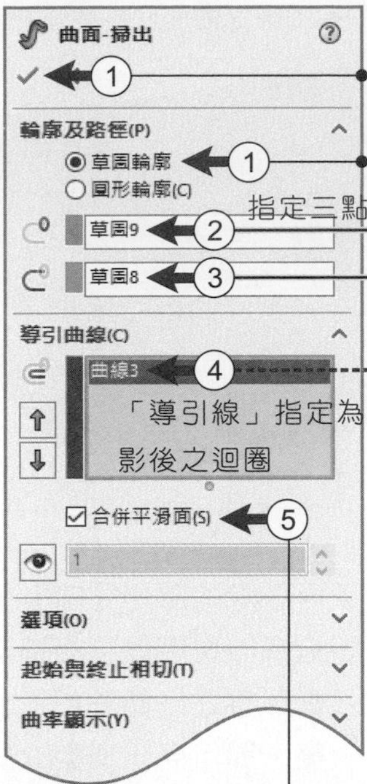
曲面-掃出
輪廓及路徑(P)
草圖輪廓
圓形輪廓(C)
草圖9
草圖8
導引曲線(C)
曲線3
合併平滑面(S)
選項(O)
起始與終止相切(T)
曲率顯示(Y)
完成設定與曲面掃出指令
選擇掃出的類型
指定三點定弧
「導引線」指定為投影後之迴圈
消弭曲面之邊際殘料，可讓成形之曲面更為完整。

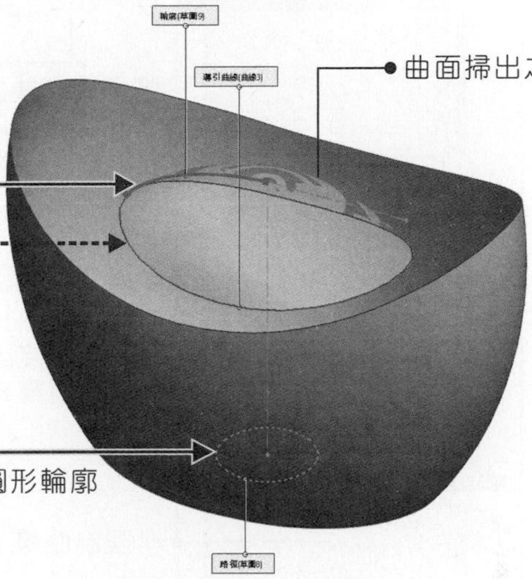
曲面掃出之成型預覽
點擊底部圓形輪廓

STEP 21

有了元寶形態的主體與上側拱面後，繼而執行【 : 填補曲面】。「修補邊界」項次指定為主體與拱面之邊線，並開啟「預覽」模式以檢視成型曲面之概況。

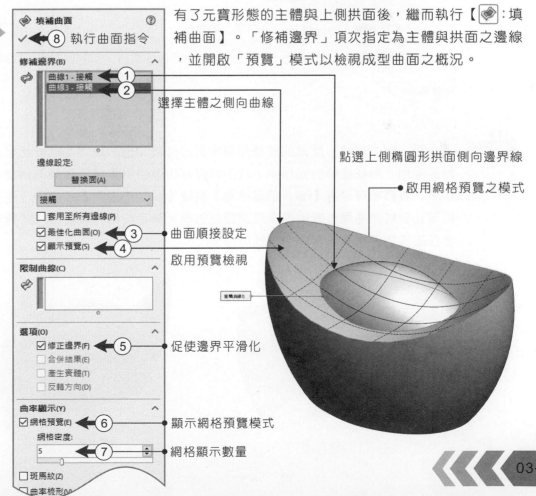

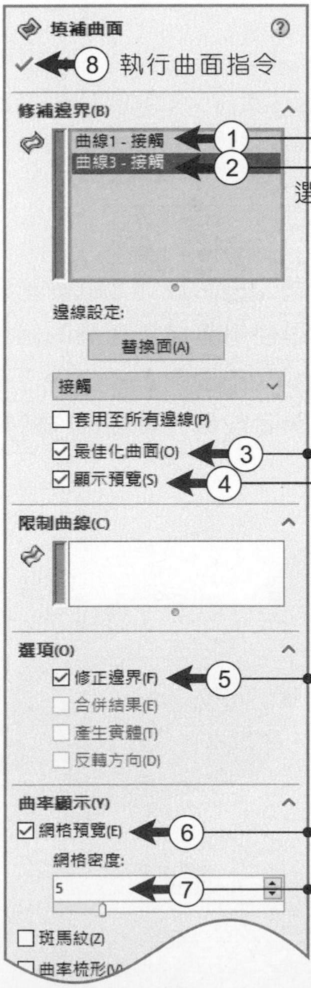
填補曲面
執行曲面指令
修補邊界(B)
曲線1 - 接觸
曲線3 - 接觸
邊線設定:
替換面(A)
接觸
套用至所有邊線(P)
最佳化曲面(O)
顯示預覽(S)
限制曲線(C)
選項(O)
修正邊界(F)
合併結果(E)
產生實體(T)
反轉方向(D)
曲率顯示(Y)
網格預覽(E)
網格密度:
5
斑馬紋(Z)
選擇主體之側向曲線
曲面順接設定
啟用預覽檢視
促使邊界平滑化
顯示網格預覽模式
網格顯示數量

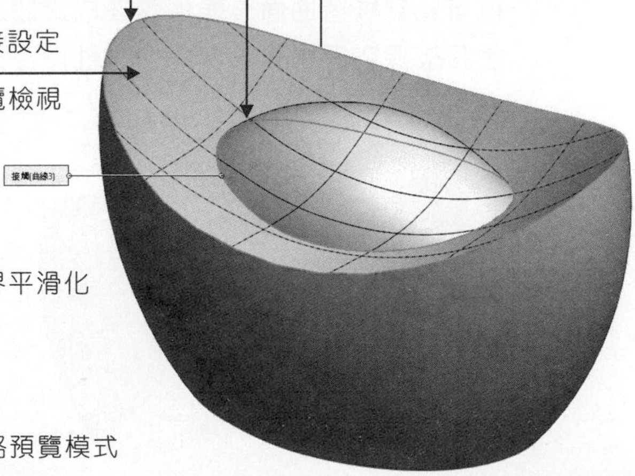
點選上側橢圓形拱面側向邊界線
啟用網格預覽之模式

STEP 22

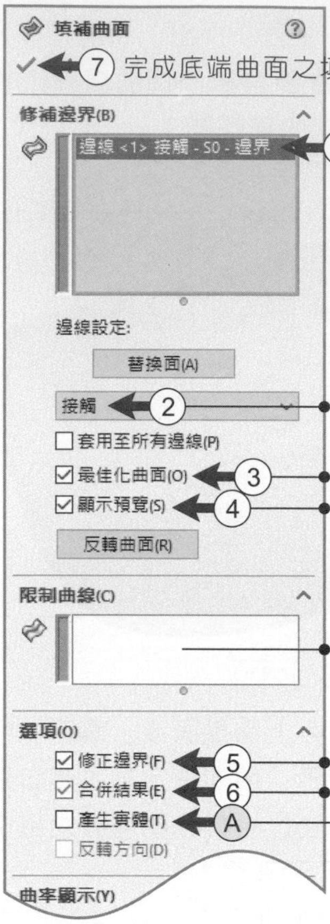
填補曲面
7 完成底端曲面之填補
修補邊界(B)
邊線 <1> 接觸 - S0 - 邊界
1
選擇底端缺口之邊界線
邊線設定:
替換面(A)
接觸
2
選擇「接觸」模式
套用至所有邊線(P)
最佳化曲面(O)
3
盡可能順接或相切
顯示預覽(S)
4
啟用預覽模式
反轉曲面(R)
限制曲線(C)
「限制曲線」通常放樣 1-2 條，選定後可以改變填補曲面之整體形態。
選項(O)
修正邊界(F)
5
修正未完整之邊界線
合併結果(E)
6
消弭邊界餘料與碎面
產生實體(T)
A
「產生實體」項次可選擇執行與否；只是轉換成實體後續的進程會與本範例之作法有些迥異。
反轉方向(D)
曲率顯示(Y)

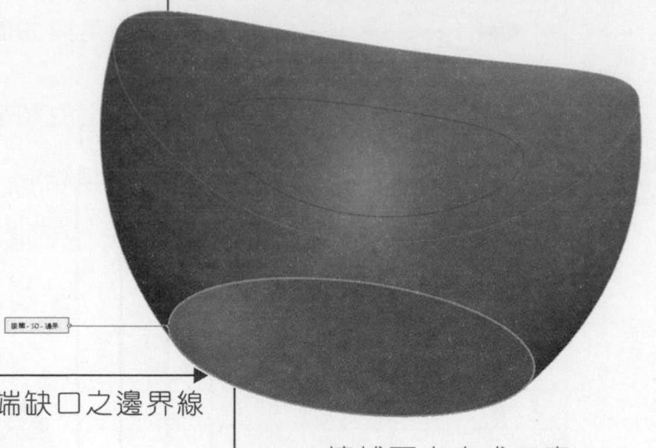
上側之曲面已經於前階段填補完成
填補面之完成示意

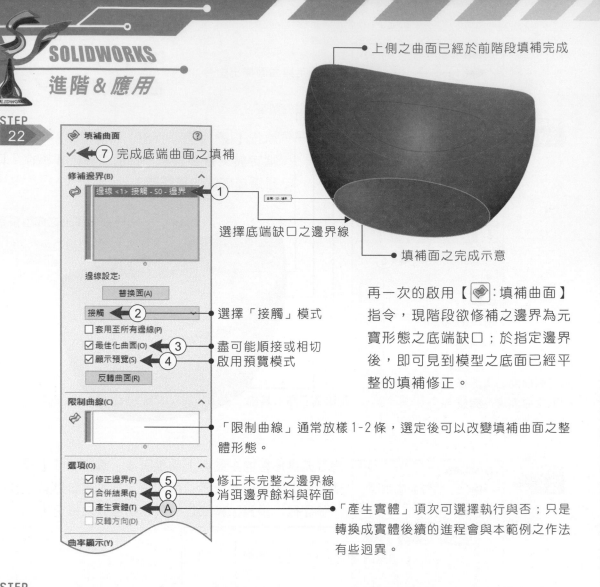

再一次的啟用【 :填補曲面】指令，現階段欲修補之邊界為元寶形態之底端缺口；於指定邊界後，即可見到模型之底面已經平整的填補修正。

STEP 23

「曲面」與「實體」建模的進程沒有所謂的強弱之分，就如CAD軟體沒有高階低階的差別；而在建模的過程中，真正有影響的是使用者構築形體的思維與成型的工序。我們概可使用【 :前基準面】執行【 :剖面圖】，由下方兩張圖示中概可見到維持曲面形態與轉換成實體之迥異。筆者於業界實務操作時常藉由剖視圖面來探究零組件結合的適切性與否。

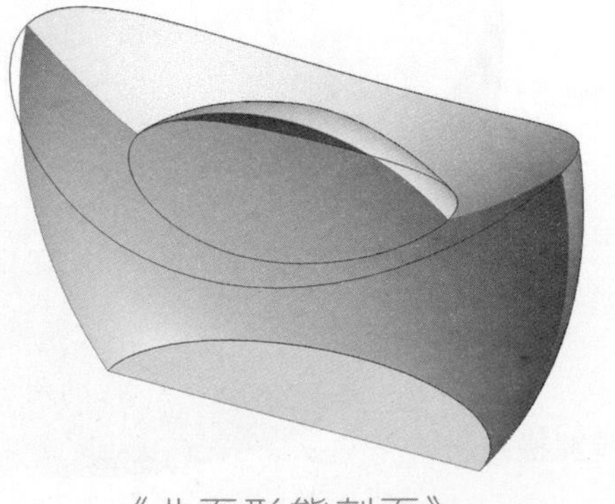
《曲面形態剖面》

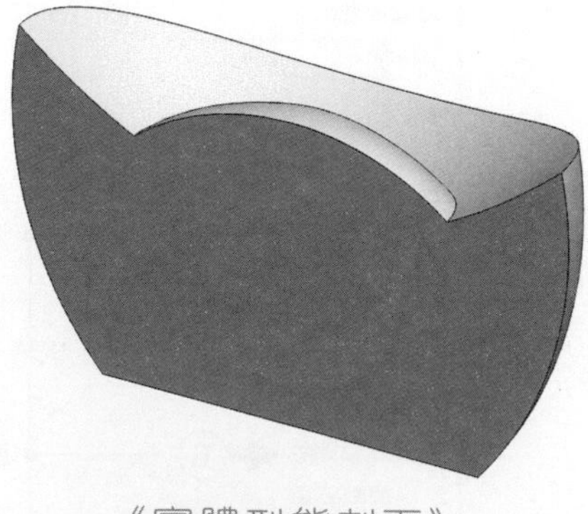
《實體型態剖面》

3-5.2 收納盒實體化

STEP 01

如果使用者欲製作的是「金元寶」的外觀實體模型，則建模的進程屆此已完備；而書籍範例欲製作的是工業製品中的收納盒，所以尚須幾個階段的程序才稱得上是完整。由「下拉式選單」中啟用【🔲：移動 / 複製】特徵，並執行所屬之本體成型的功能指令。

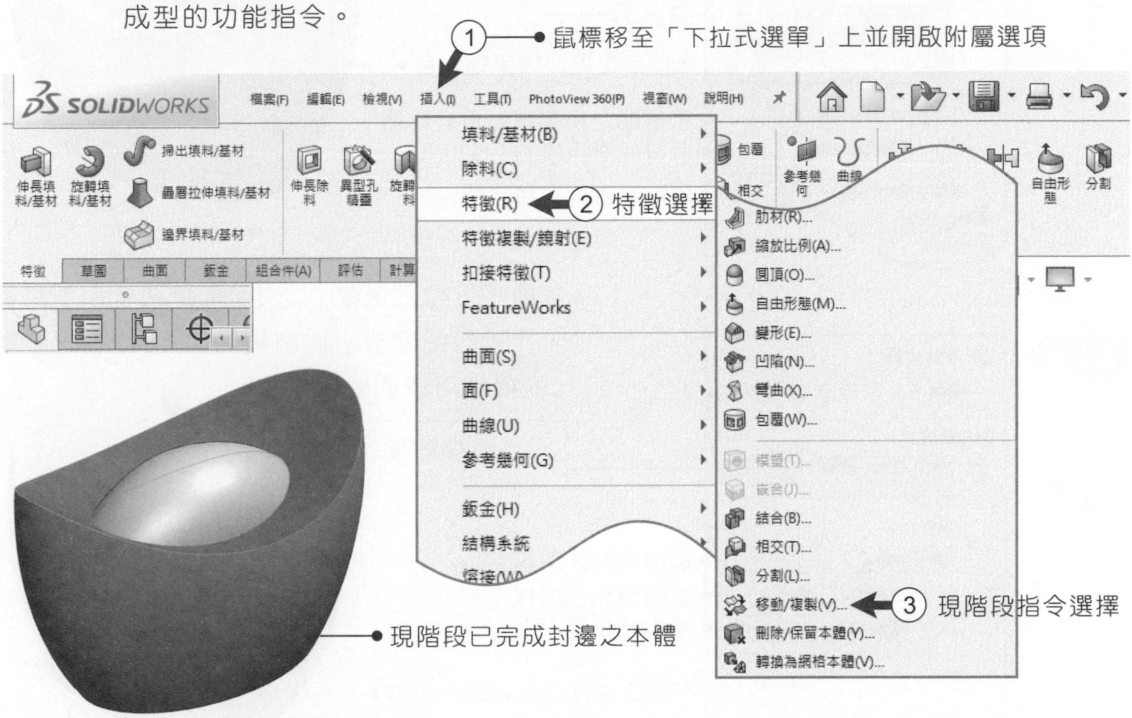

STEP 02

於【🔲：移動 / 複製本體】指令對話框中，將現有檔案中之本體全數選取，且指定「複製」數量為 1；繼而選擇「平移」功能中的「Y」軸向上位移 135mm 左右之距離。

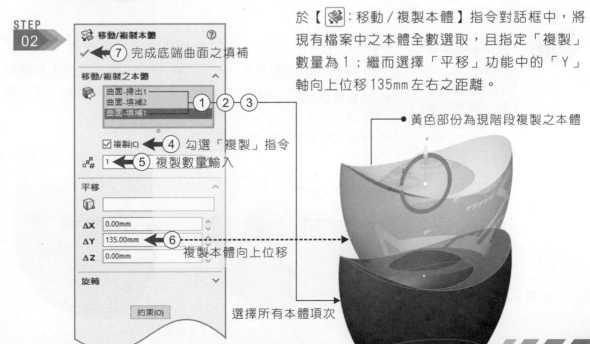

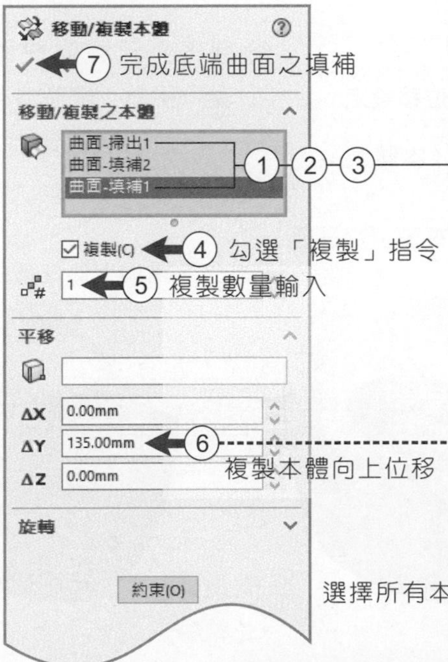

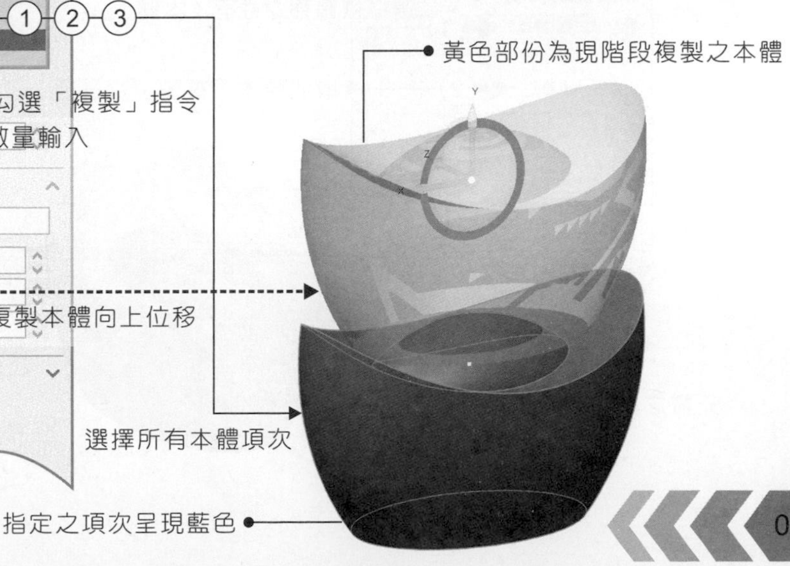

STEP 03

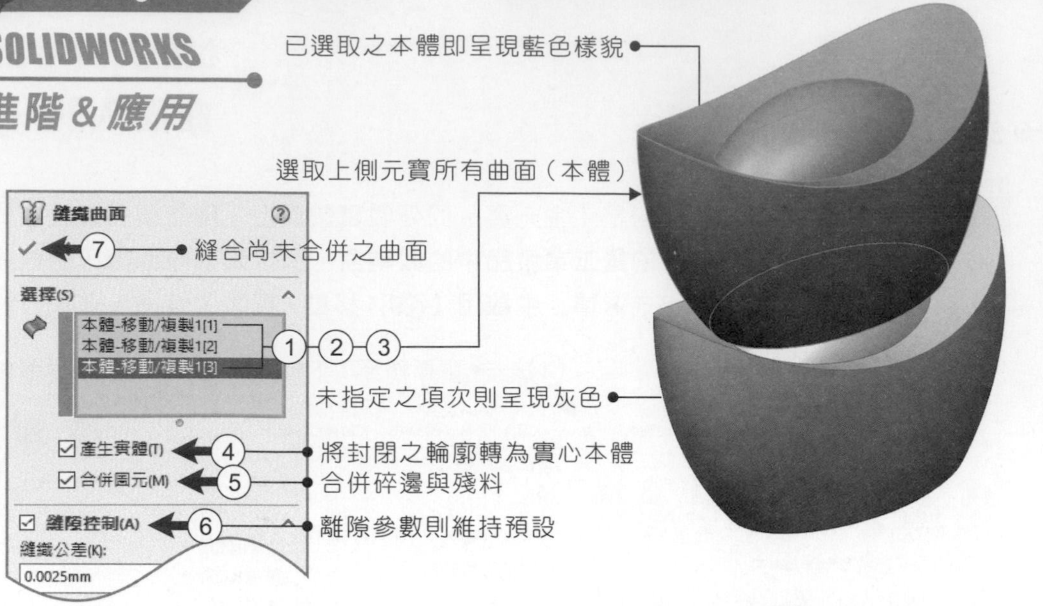
縫織曲面
縫合尚未合併之曲面
選擇(S)
本體-移動/複製1[1]
本體-移動/複製1[2]
本體-移動/複製1[3]
產生實體(T)
合併圖元(M)
縫隙控制(A)
縫織公差(K):
0.0025mm
已選取之本體即呈現藍色樣貌
選取上側元寶所有曲面(本體)
未指定之項次則呈現灰色
將封閉之輪廓轉為實心本體
合併碎邊與殘料
離隙參數則維持預設

STEP 04

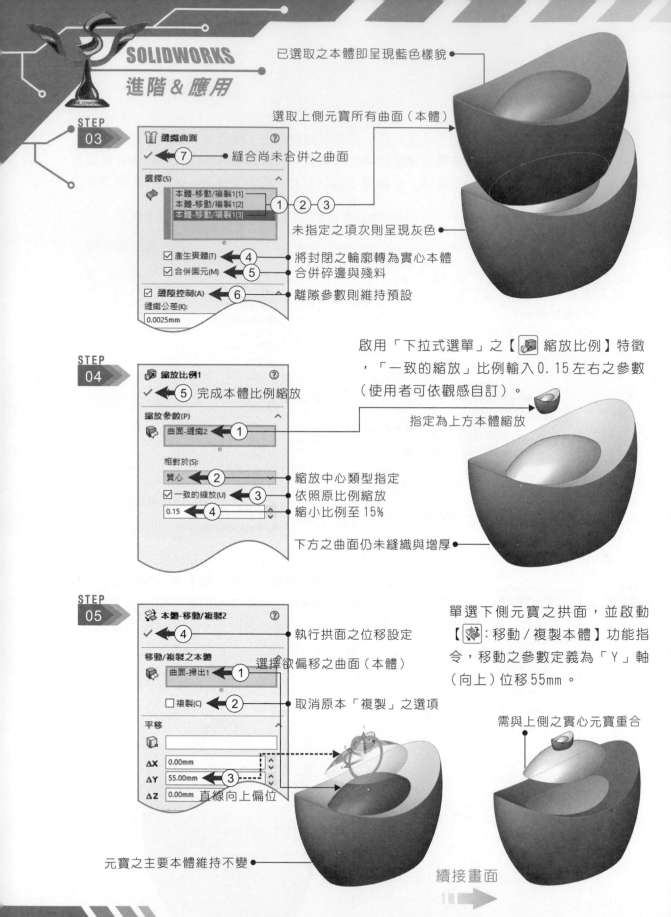

啟用「下拉式選單」之【縮放比例】特徵，「一致的縮放」比例輸入0. 15左右之參數（使用者可依觀感自訂）。

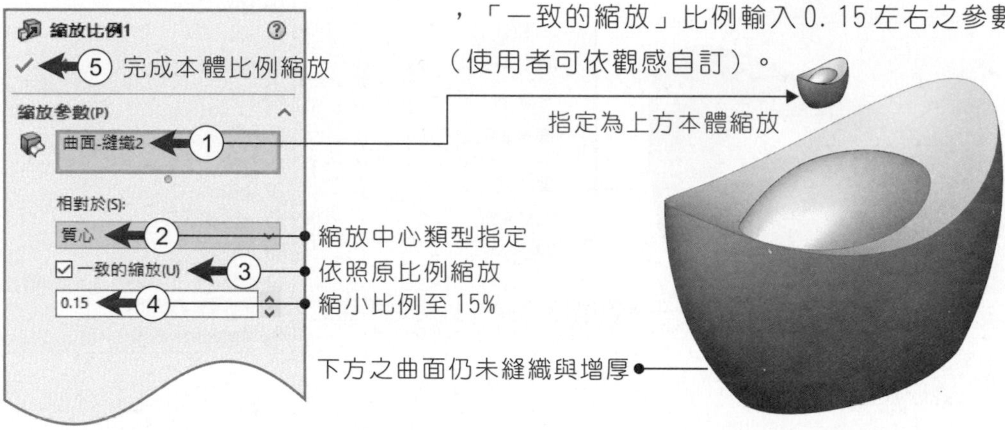
縮放比例1
完成本體比例縮放
縮放參數(P)
曲面-縫織2
相對於(S):
質心
一致的縮放(U)
0.15
指定為上方本體縮放
縮放中心類型指定
依照原比例縮放
縮小比例至15%
下方之曲面仍未縫織與增厚

STEP 05

單選下側元寶之拱面，並啟動【：移動／複製本體】功能指令，移動之參數定義為「Y」軸（向上）位移55mm。

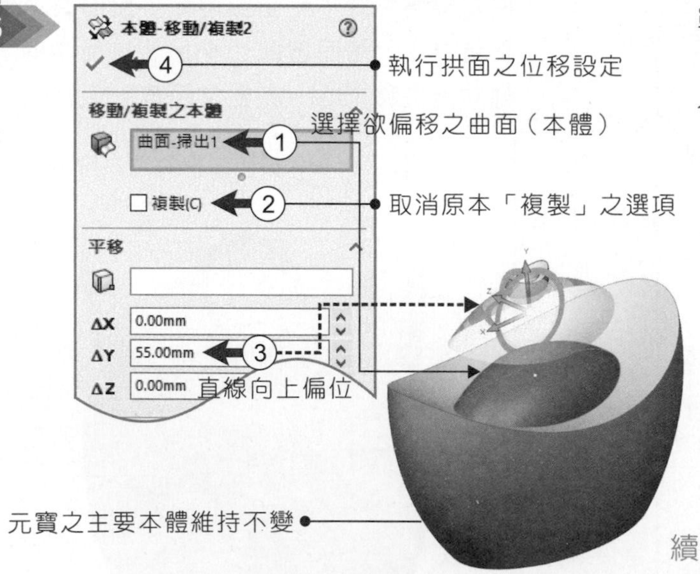
本體-移動/複製2
執行拱面之位移設定
移動/複製之本體
曲面-掃出1
選擇欲偏移之曲面（本體）
複製(C)
取消原本「複製」之選項
平移
ΔX 0.00mm
ΔY 55.00mm
ΔZ 0.00mm
直線向上偏位
元寶之主要本體維持不變

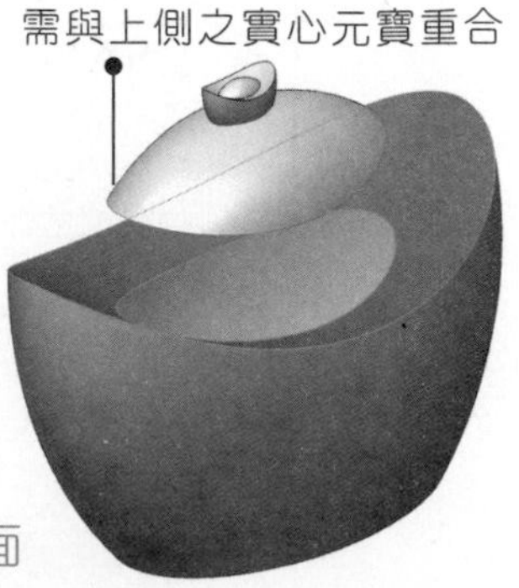
需與上側之實心元寶重合

續接畫面

STEP 06

待下方元寶三個本體（側邊、上緣與底面）完成後，即可執行【 ：縫織曲面】功能指令，並選擇下側元寶的所有曲面。「合併圖元」啟用後可消弭曲面的碎邊與殘面；「縫隙控制」則維持預設之選項即可。

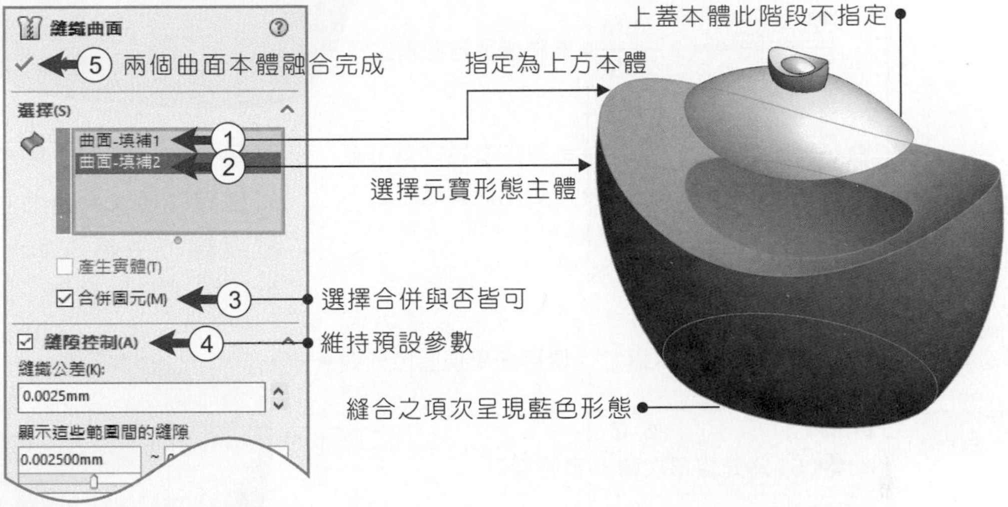
縫織曲面
5 兩個曲面本體融合完成
選擇(S)
曲面-填補1
曲面-填補2
1
2
產生實體(T)
合併圖元(M)
3
縫隙控制(A)
4
縫織公差(K):
0.0025mm
顯示這些範圍間的縫隙
0.002500mm
上蓋本體此階段不指定
指定為上方本體
選擇元寶形態主體
選擇合併與否皆可
維持預設參數
縫合之項次呈現藍色形態

STEP 07

依筆者塑造模型之慣性，【 ：圓角】或【 ：導角】等邊界修飾之進程都是留待在模型建構的最後程序；在此，則是因為有後段草圖繪製需參酌邊界線之原由，所以先行啟用【 圓角】特徵，並選擇元寶上側與底面之邊界執行。

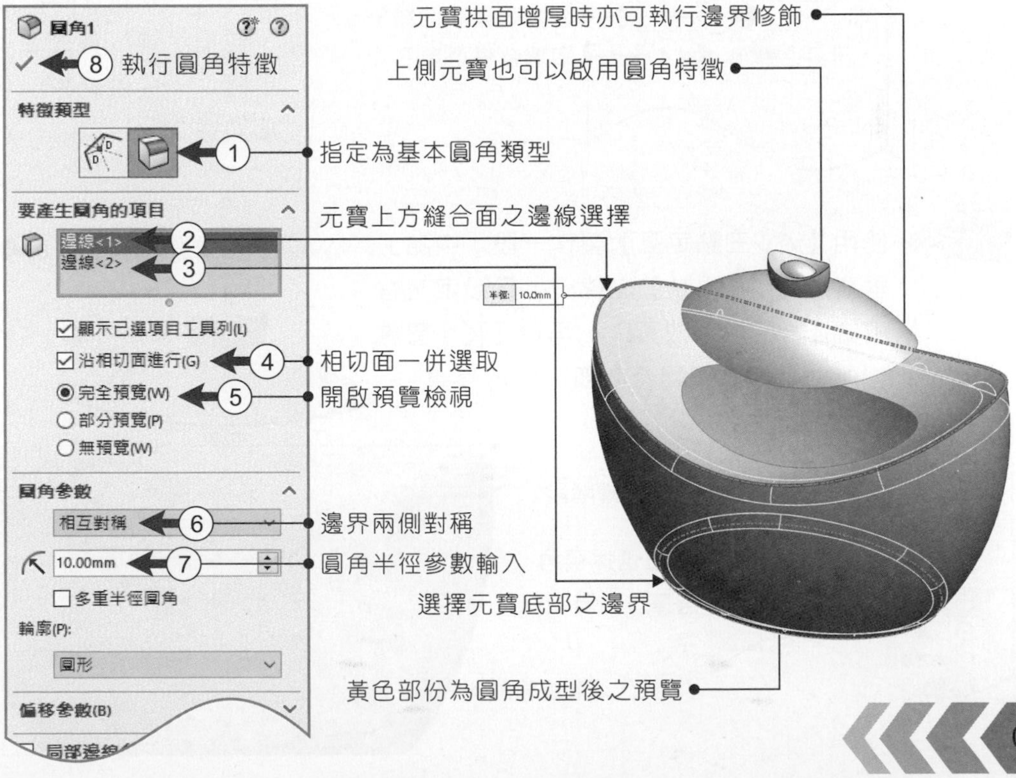
圓角1
8 執行圓角特徵
特徵類型
1
要產生圓角的項目
邊線<1>
邊線<2>
2
3
顯示已選項目工具列(L)
沿相切面進行(G)
4
完全預覽(W)
5
部分預覽(P)
無預覽(W)
圓角參數
相互對稱
6
10.00mm
7
多重半徑圓角
輪廓(P):
圓形
偏移參數(B)
局部邊線
半徑: 10.0mm
元寶拱面增厚時亦可執行邊界修飾
上側元寶也可以啟用圓角特徵
指定為基本圓角類型
元寶上方縫合面之邊線選擇
相切面一併選取
開啟預覽檢視
邊界兩側對稱
圓角半徑參數輸入
選擇元寶底部之邊界
黃色部份為圓角成型後之預覽

STEP 08

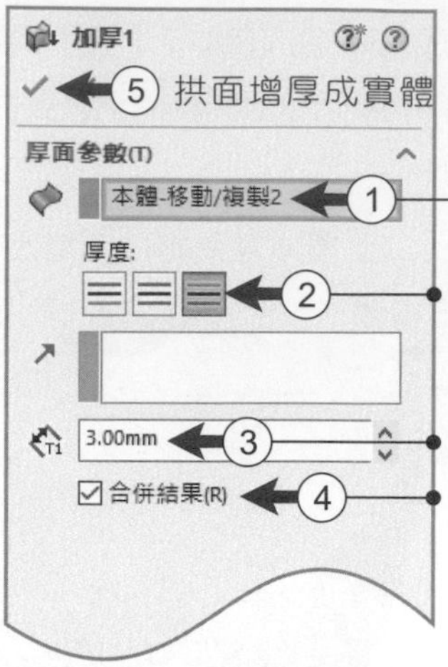
加厚1
⑤ 拱面增厚成實體
厚面參數(T)
本體-移動/複製2 ①
厚度:
② 實體增厚方向指定
3.00mm ③ 增厚參數設定為 3mm
合併結果(R) ④ 將連結之實體結合

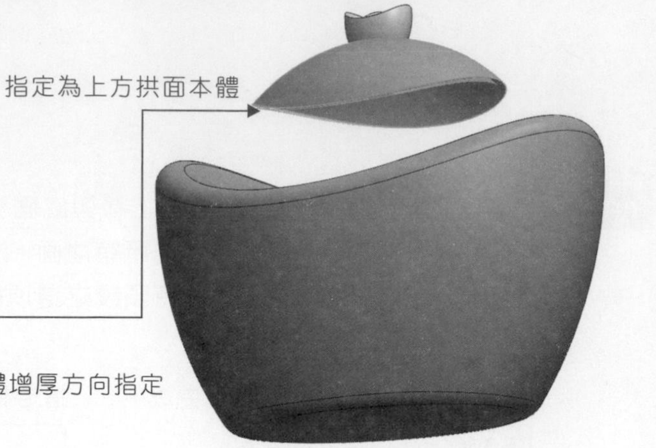
指定為上方拱面本體

選擇【加厚】特徵，指定轉成實體之項次為上方拱面；並在厚度欄位中輸入 3mm 之參數，且啟用「合併結果」之功能。

STEP 09

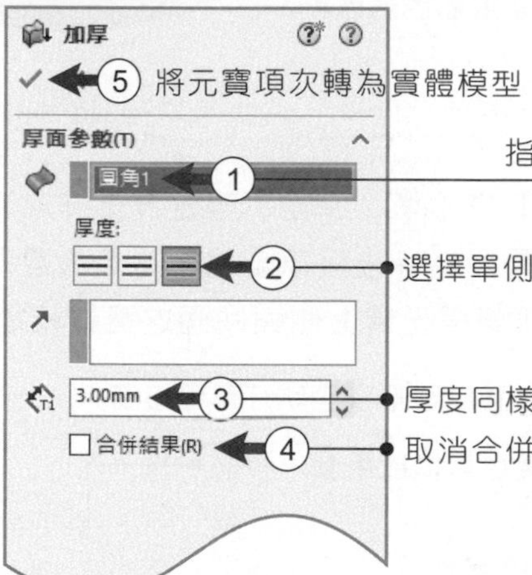
加厚
⑤ 將元寶項次轉為實體模型
厚面參數(T)
圓角1 ①
厚度:
② 選擇單側向內增厚
3.00mm ③ 厚度同樣設定為 3mm
合併結果(R) ④ 取消合併選項

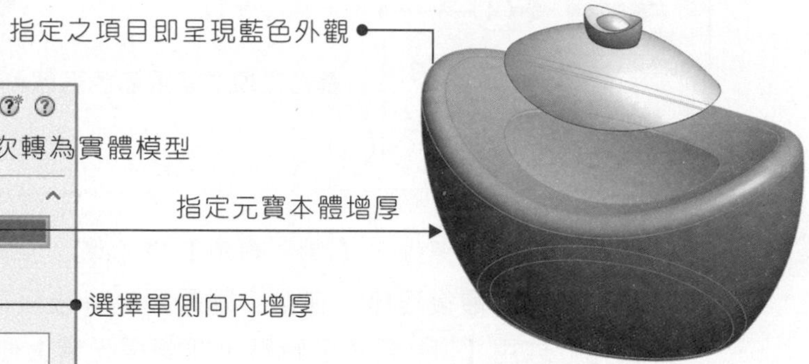
指定之項目即呈現藍色外觀
指定元寶本體增厚

再一次的執行【加厚】特徵，並指定轉成實體之項次為元寶主體；「合併結果」可以取消其項次選定。

STEP 10

使用【三點定弧】製作一段「中點」垂直於【原點】之線段，且設定左右兩端【水平放置】；再以【智慧型尺寸】標註相關參數即可保留草圖。

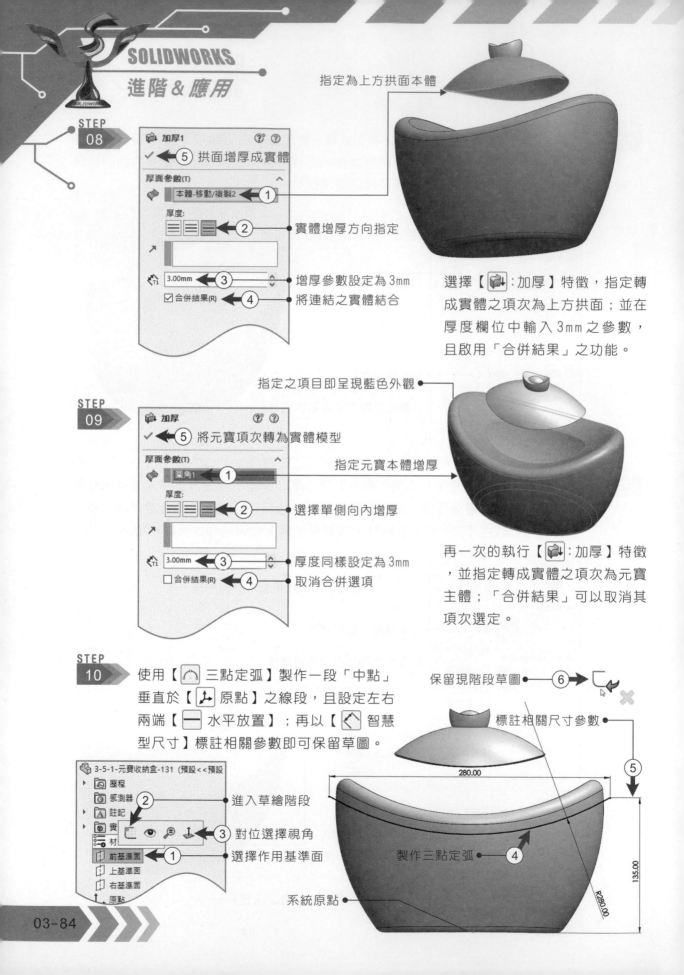

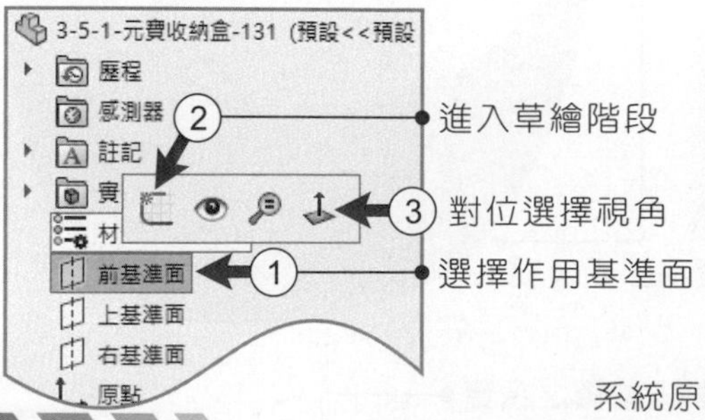
3-5-1-元寶收納盒-131 (預設<<預設
歷程
感測器
註記
實
材
前基準面
上基準面
右基準面
原點
② 進入草繪階段
③ 對位選擇視角
① 選擇作用基準面

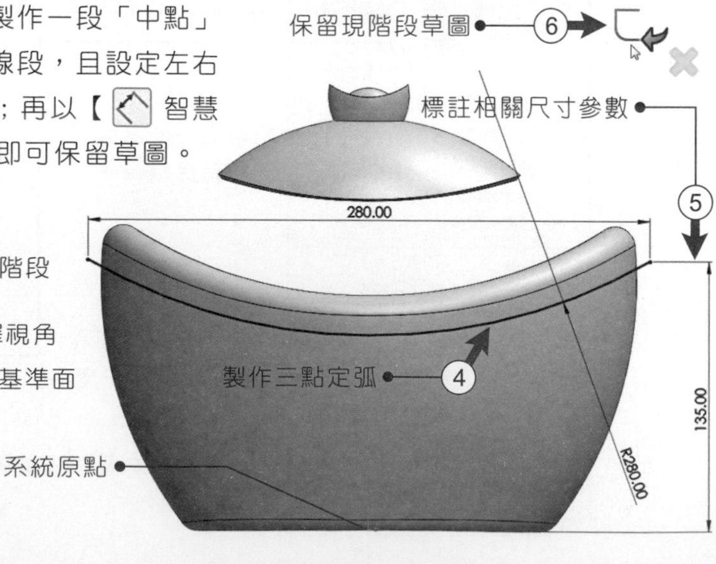
保留現階段草圖 ⑥
標註相關尺寸參數 ⑤
280.00
135.00
R280.00
製作三點定弧 ④
系統原點

3-5.3 收納盒浮圖與圓角

STEP 01

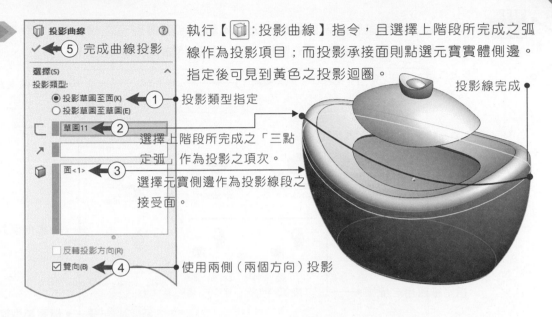

執行【投影曲線】指令，且選擇上階段所完成之弧線作為投影項目；而投影承接面則點選元寶實體側邊。指定後可見到黃色之投影迴圈。

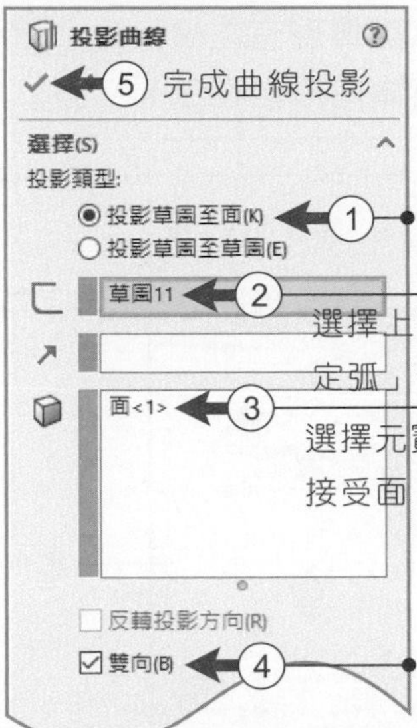

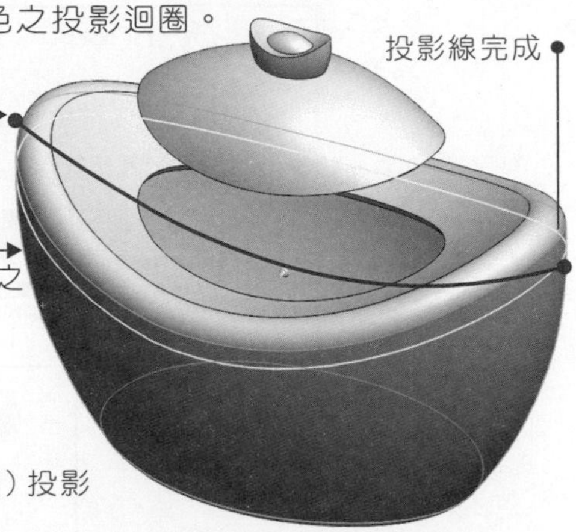

STEP 02

投影後之曲線迴圈仍不可取代立體草圖之所有機能，因此現階段須將迴圈轉換成【3D 草圖】。指定投影線段並執行【參考圖元】，即可見到迴圈已轉換成黑色的實線形態，完成參考後即可儲存現階段之進程。

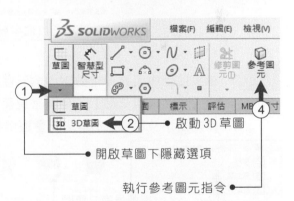

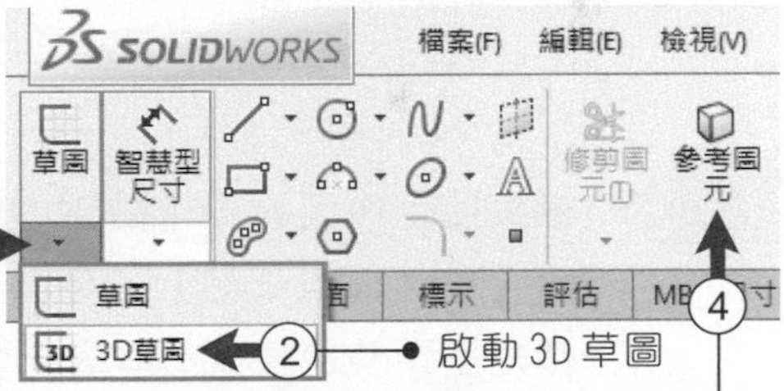

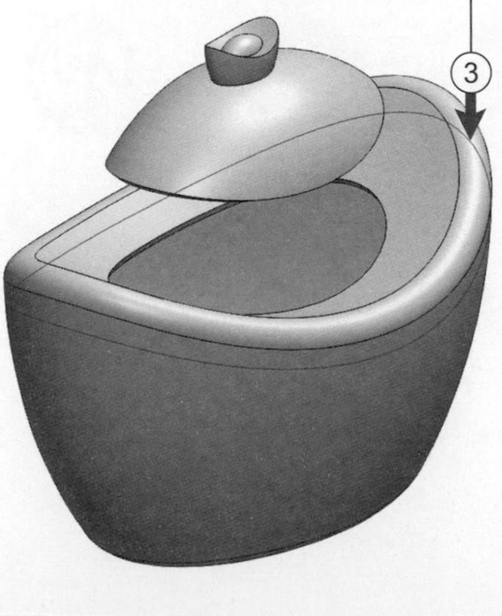

續接畫面

STEP 03

本階段欲使用既有之草圖轉貼至元寶本體上。選擇現有之檔案並【開啟】（如果學習者想自己繪製圖元附貼，即不須執行本階段之程序）。

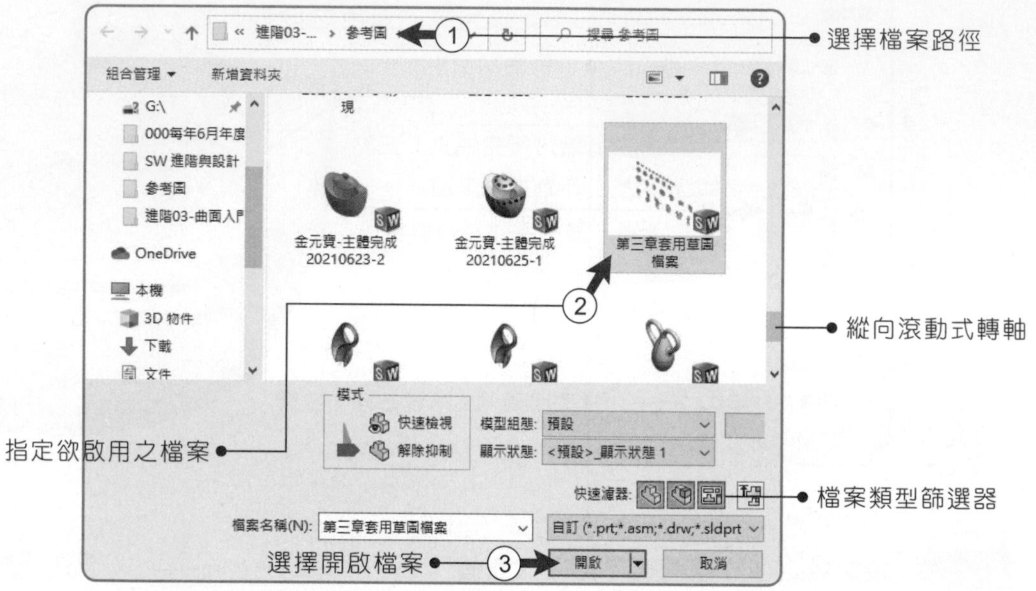

STEP 04

檔案啟用後可看見特徵樹內含五個草圖，使用「左鍵」於「吉祥圖騰」上點擊繼而【:編輯草圖】。草圖呈現藍色或黑色形態即是編輯中之樣貌；未啟用之草圖則呈現灰色模式（本單元會運用到四個草圖之群集）。

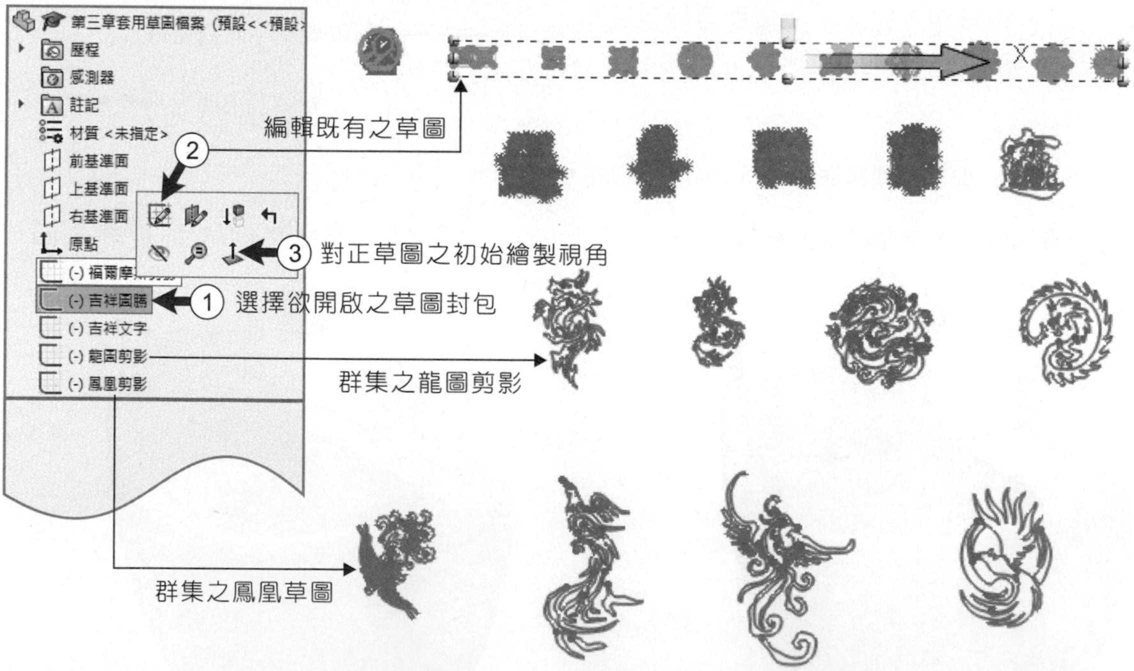

STEP 05

待檔案開啟並進入編輯狀態後，即以「左鍵」框格之模式選取欲複製的草圖輪廓，且透過快捷鍵 Ctrl + C 「複製」指定之圖元至所屬頁面（軟體操作者也可匯入自己繪製的圖元）。

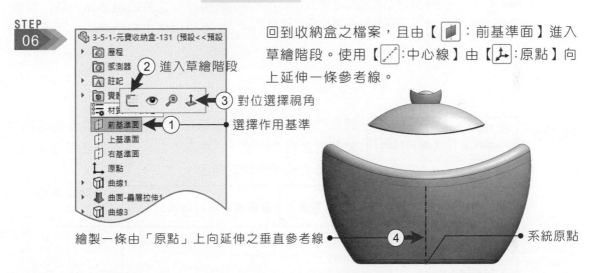

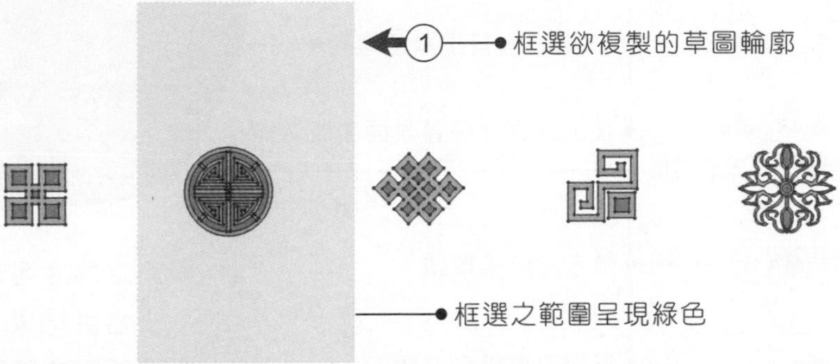
1 框選欲複製的草圖輪廓
框選之範圍呈現綠色

STEP 06

回到收納盒之檔案，且由【 : 前基準面】進入草繪階段。使用【 :中心線】由【 :原點】向上延伸一條參考線。

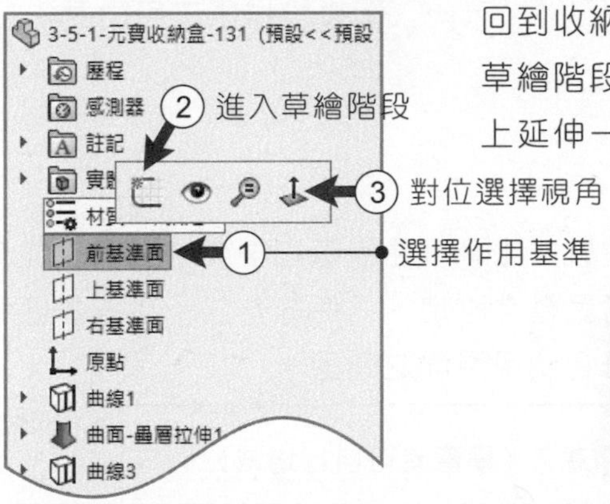
3-5-1-元寶收納盒-131 (預設<<預設
歷程
感測器
註記
實體
材質
前基準面
上基準面
右基準面
原點
曲線1
曲面-疊層拉伸1
曲線3
2 進入草繪階段
3 對位選擇視角
1 選擇作用基準

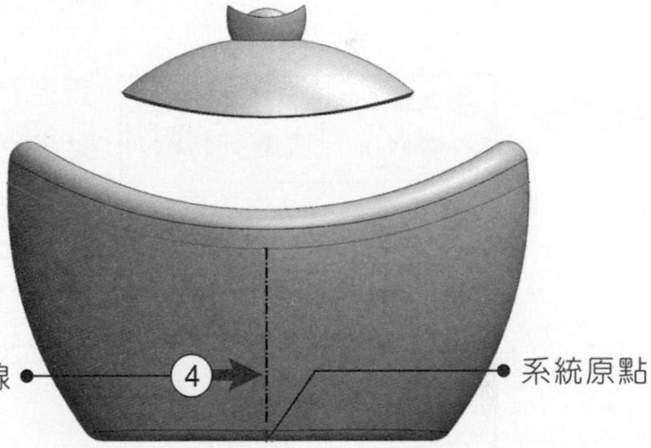
繪製一條由「原點」上向延伸之垂直參考線
4
系統原點

STEP 07

以快捷鍵 Ctrl + V 「貼上」指定之圖元至頁面中。使用「左鍵」框選草圖線段，續接著啟用【 :移動圖元】至概略定點（使用者自訂，建議可放置於中心參考線上）。

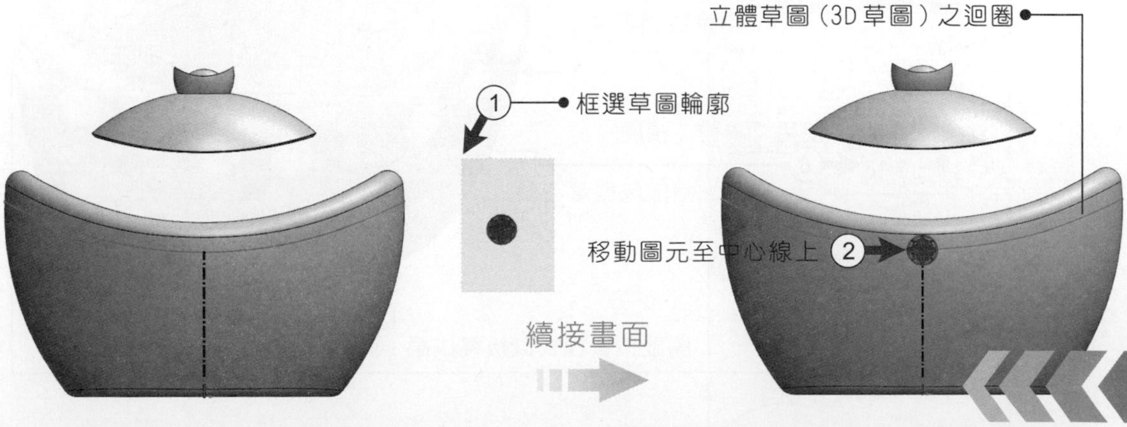
立體草圖（3D 草圖）之迴圈
1 框選草圖輪廓
移動圖元至中心線上 2
續接畫面

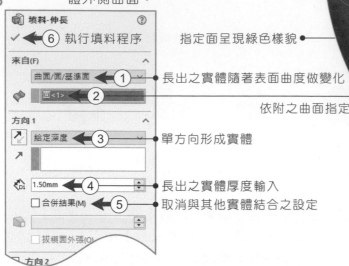

STEP 08

執行【伸長填料】特徵，長出類型選擇「曲面/面/基準面」，且指定實體外側曲面。

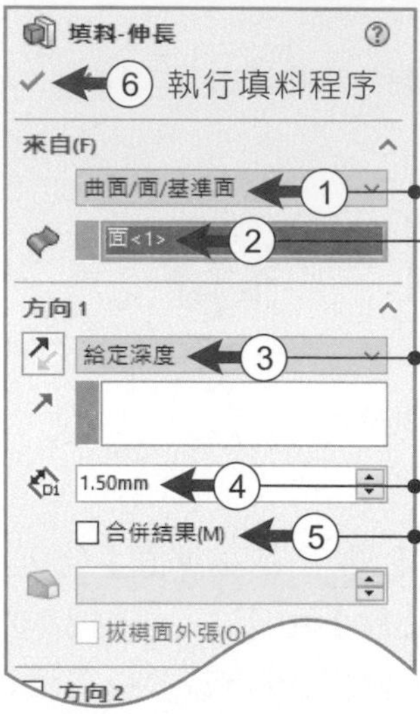
填料-伸長
⑥ 執行填料程序
來自(F)
曲面/面/基準面 ① 長出之實體隨著表面曲度做變化
面<1> ② 依附之曲面指定
方向 1
給定深度 ③ 單方向形成實體
1.50mm ④ 長出之實體厚度輸入
合併結果(M) ⑤ 取消與其他實體結合之設定
拔模面外張(O)
方向 2

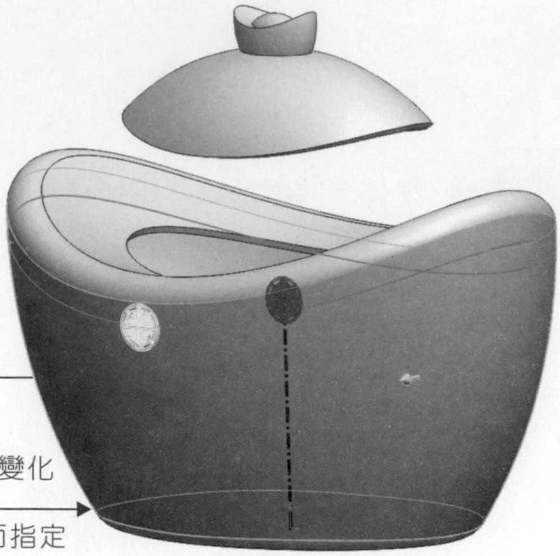
指定面呈現綠色樣貌

填料之厚度可依照觀感而自行增減；「合併結果」則建議取消設定，以免所有之特徵融合為一體，而影響後段程序之自由度。

STEP 09

現階段啟用【:曲線導出複製排列】，並參酌範例中功能對話框之設定，「曲線方式」項次學習者可個別試驗較符合使用現況之類型。

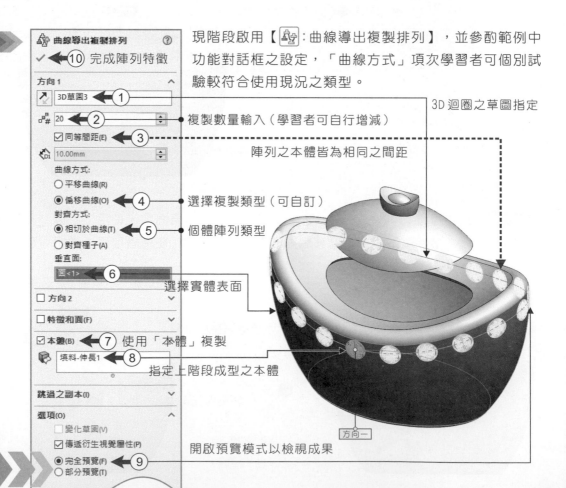

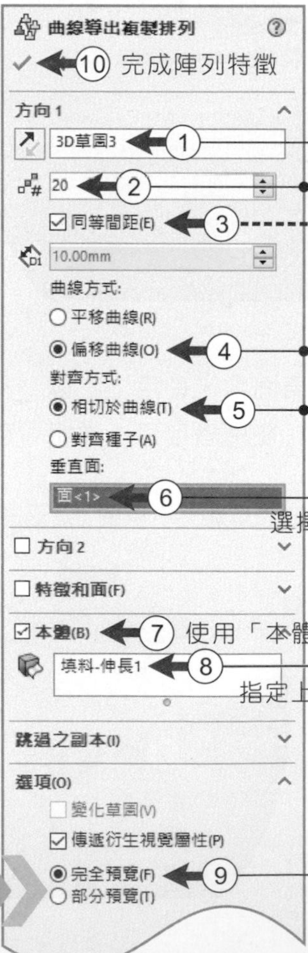
曲線導出複製排列
⑩ 完成陣列特徵
方向 1
3D草圖3 ① 3D 迴圈之草圖指定
20 ② 複製數量輸入（學習者可自行增減）
同等間距(E) ③ 陣列之本體皆為相同之間距
10.00mm
曲線方式:
平移曲線(R)
偏移曲線(O) ④ 選擇複製類型（可自訂）
對齊方式:
相切於曲線(T) ⑤ 個體陣列類型
對齊種子(A)
垂直面:
面<1> ⑥ 選擇實體表面
方向 2
特徵和面(F)
本體(B) ⑦ 使用「本體」複製
填料-伸長1 ⑧ 指定上階段成型之本體
跳過之副本(I)
選項(O)
變化草圖(V)
傳遞衍生視覺屬性(P)
完全預覽(F) ⑨ 開啟預覽模式以檢視成果
部分預覽(T)

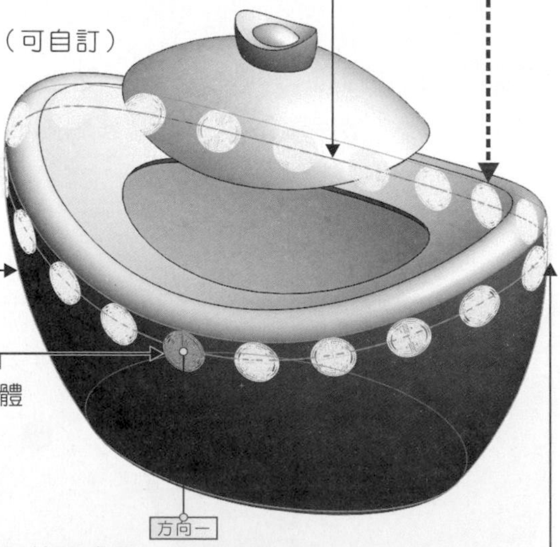
方向一

STEP 10

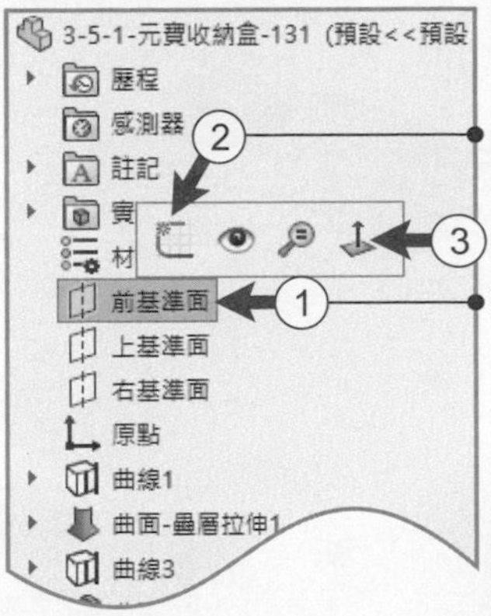

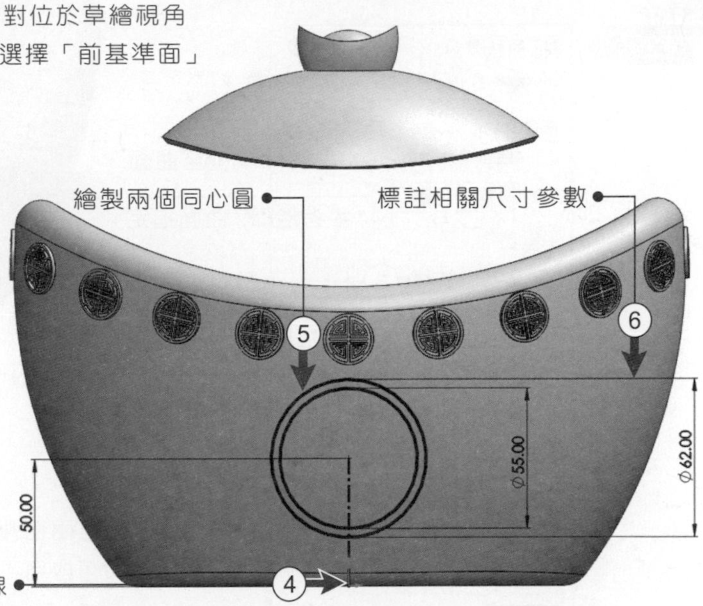

再進入草圖繪製程序後，先以【中心線】由【原點】往上延伸，再以【圓形工具】於參考線上端建構兩個同心圓；最後啟用【智慧型尺寸】標註相關參數。

STEP 11

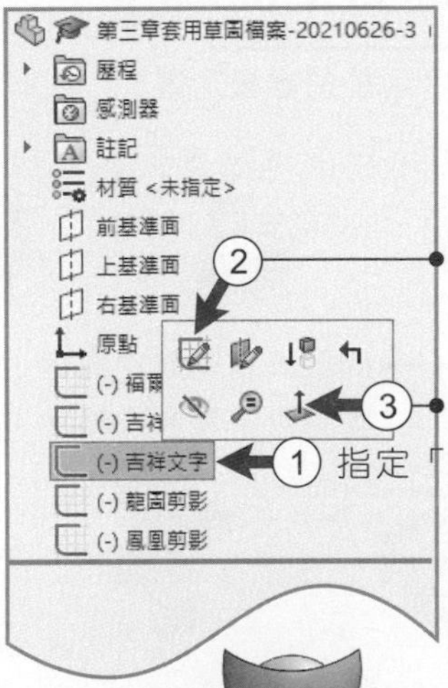

關於套用既有檔案之草圖程序，於本單元步驟 03-07 已有完整之釋義，因此後續之相關進程即擇要說明。在選擇好欲套用之文字圖元後，概可回到收納盒之檔案並附貼於圖頁中，最後經由【:移動圖元】放置於同心圓中心。

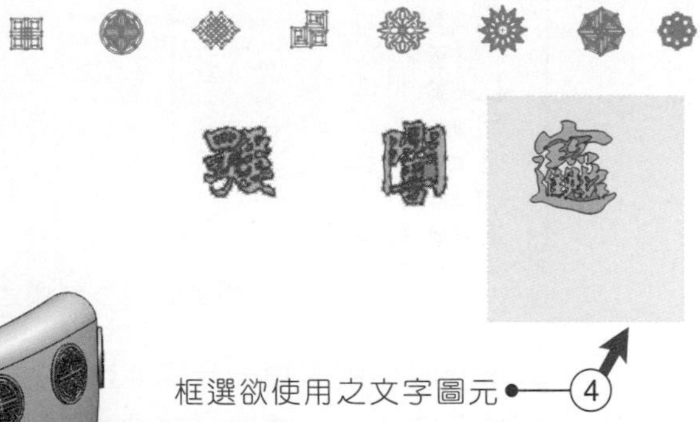

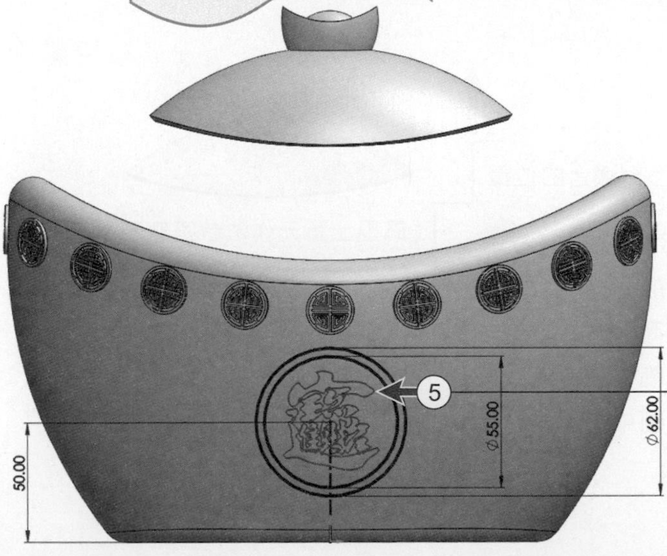

STEP 12

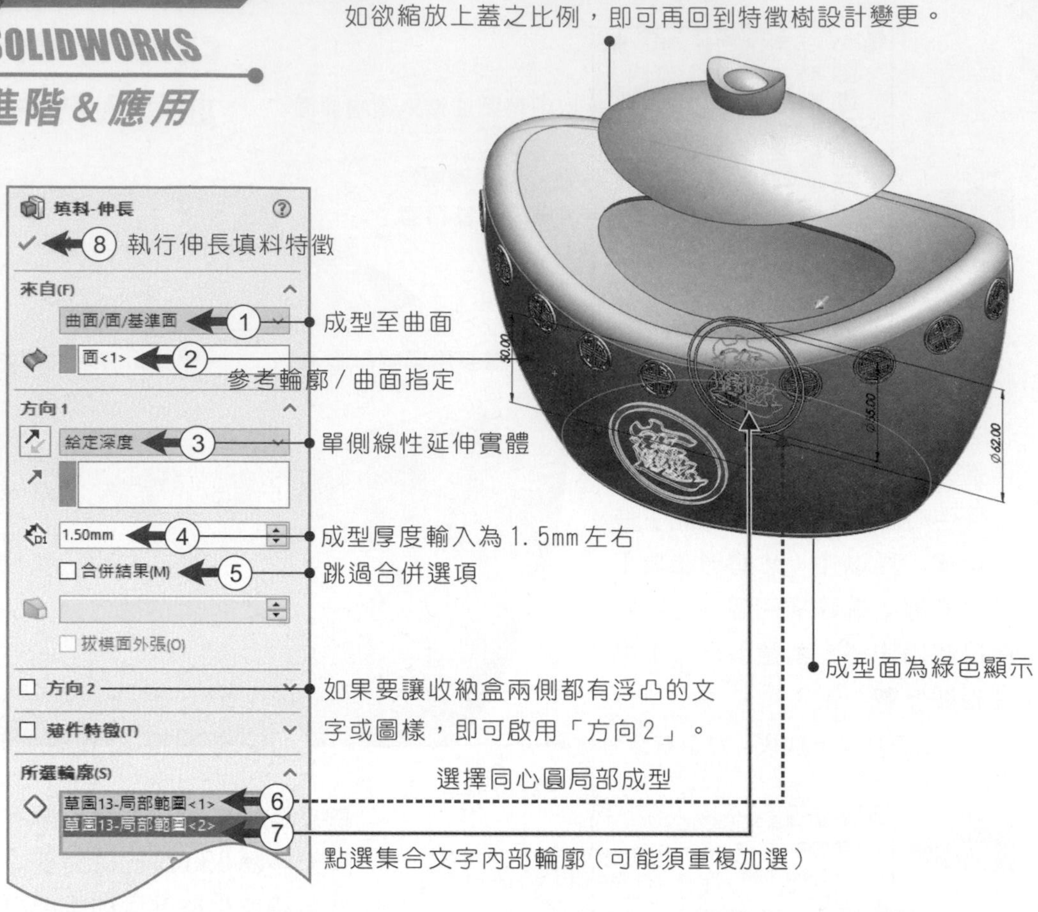
如欲縮放上蓋之比例，即可再回到特徵樹設計變更。
填料-伸長
⑧ 執行伸長填料特徵
來自(F)
曲面/面/基準面
① 成型至曲面
面<1>
② 參考輪廓／曲面指定
方向1
給定深度
③ 單側線性延伸實體
1.50mm
④ 成型厚度輸入為1.5mm左右
合併結果(M)
⑤ 跳過合併選項
拔模面外張(O)
方向2
如果要讓收納盒兩側都有浮凸的文字或圖樣，即可啟用「方向2」。
薄件特徵(T)
所選輪廓(S)
草圖13-局部範圍<1>
⑥ 選擇同心圓局部成型
草圖13-局部範圍<2>
⑦ 點選集合文字內部輪廓（可能須重複加選）
成型面為綠色顯示
8.00
Ø35.00
Ø62.00

STEP 13

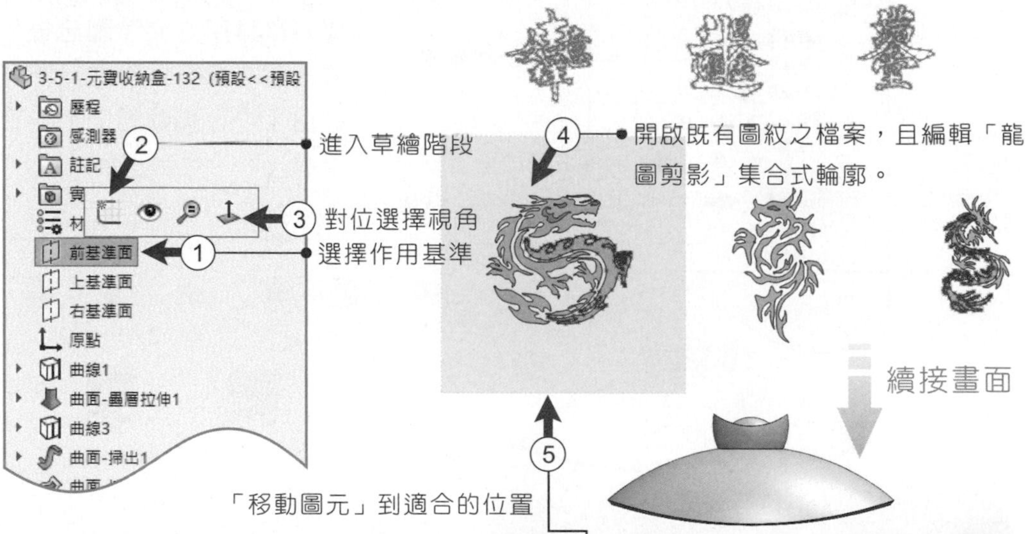
3-5-1-元寶收納盒-132 (預設<<預設
歷程
感測器
註記
前基準面
上基準面
右基準面
原點
曲線1
曲面-疊層拉伸1
曲線3
曲面-掃出1
① 選擇作用基準
② 進入草繪階段
③ 對位選擇視角
④ 開啟既有圖紋之檔案，且編輯「龍圖剪影」集合式輪廓。
⑤ 「移動圖元」到適合的位置
續接畫面

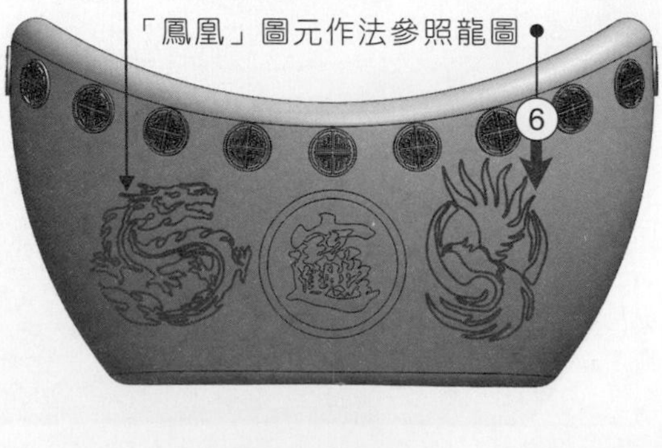
「鳳凰」圖元作法參照龍圖
⑤
⑥

請學習者參酌本單元步驟03-07，完成「龍」與「鳳凰」圖元的附貼。當電腦的硬體效能足以負荷時，元寶主體上的所有浮凸之紋飾基本上可以一併成型；或者如範例中分成四次【伸長填料】。

STEP 14

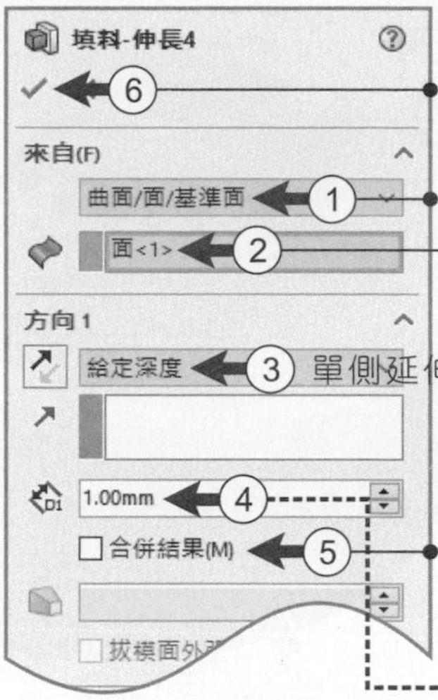
填料-伸長4
6
來自(F)
曲面/面/基準面
1
面<1>
2
方向 1
給定深度
3
1.00mm
4
合併結果(M)
5
拔模面外

完成龍型之圖飾伸長填料
順應所選曲面之弧度成型
指定曲面或實體
單側延伸實體
取消實體融合機制
成型深度輸入
填料之表面圖紋，可統一在後段程序執行「圓角」特徵潤飾。

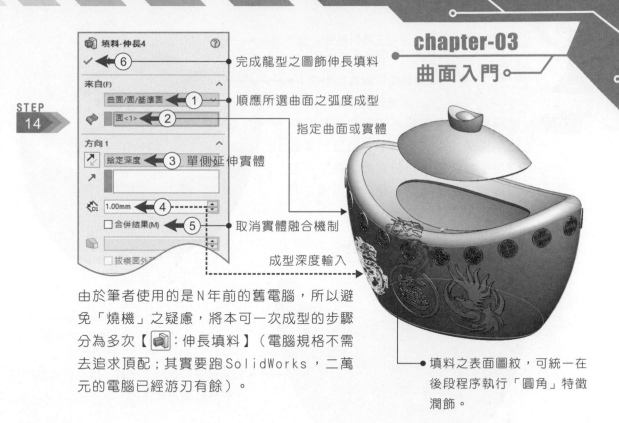

由於筆者使用的是N年前的舊電腦，所以避免「燒機」之疑慮，將本可一次成型的步驟分為多次【 :伸長填料】（電腦規格不需去追求頂配；其實要跑SolidWorks，二萬元的電腦已經游刃有餘）。

STEP 15

如下圖範例所示：筆者將收納盒本體之浮凸紋飾分成四個階段成型（假若學習者的硬體規格較高時也許就能一次成型）。而上側拱面之紋飾製作進程則仿效「階段一」工序即可；【 :分割】之弧線請依個人觀感自訂，畢竟CAD軟體在建構產品外觀時並無所謂的「絕對通則」，許多時候都是依照設計師的經驗法則揣摩出最適合的建模進程。

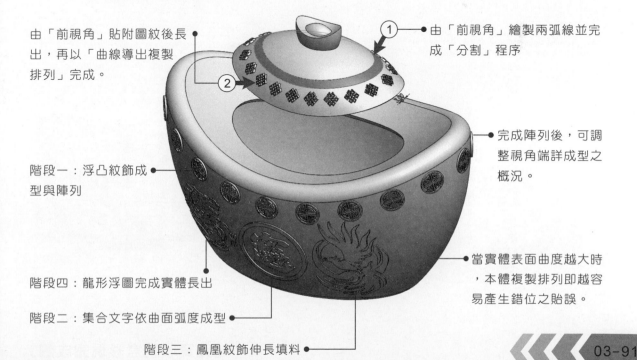

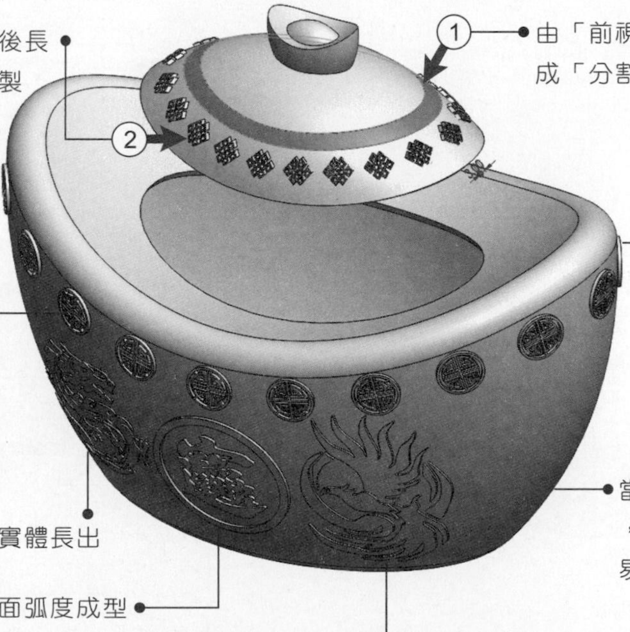
由「前視角」貼附圖紋後長出，再以「曲線導出複製排列」完成。
1
由「前視角」繪製兩弧線並完成「分割」程序
2
完成陣列後，可調整視角端詳成型之概況。
階段一：浮凸紋飾成型與陣列
當實體表面曲度越大時，本體複製排列即越容易產生錯位之貽誤。
階段四：龍形浮圖完成實體長出
階段二：集合文字依曲面弧度成型
階段三：鳳凰紋飾伸長填料

元寶與拱面之交界邊線執行2之圓角。

圓環可輸入0.5-1.5之半徑參數。

同心圓實體半徑輸入2mm左右之參數。

STEP 16

建構模型最後的程序多數是邊界的修飾，選擇【圓角】特徵針對本體間之夾縫與邊際施行潤飾之程序。至於複雜的圖紋輪廓，則依使用者之觀感自行取決。

如要顧及彩現時之品質，浮凸的紋飾亦可一併執行圓角程序。

STEP 17

進入模型彩現程序：透過Solidworks之附加模組【Photoview360】編輯模型【:外觀】與【:全景】；元寶收納盒之主體可以附貼具貴金屬質感的質材，並將紋飾以另外的色調設置。下方為範例模型融合素色場景之渲染完成圖照。

《元寶收納盒彩現完成圖》

SOLIDWORKS

曲面實例應用
Surface example application

04

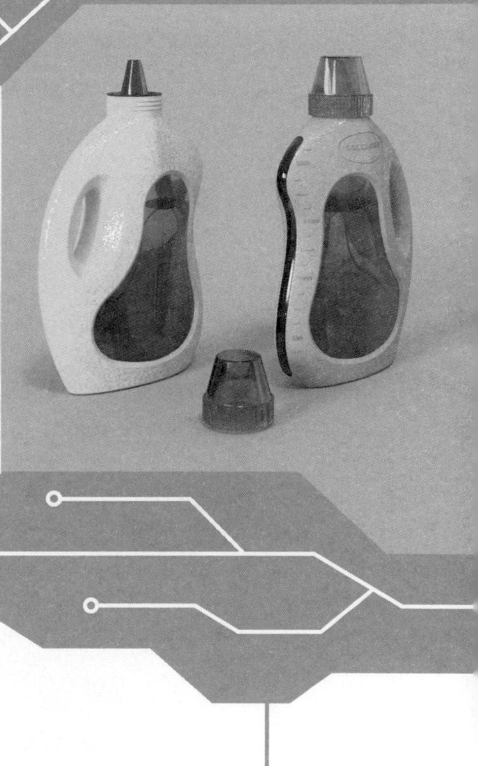

章節學習重點

- 延伸曲面參數設定
- 曲面修剪與刪除
- 螺紋曲線製作
- 填補曲面指令應用
- 草圖暨實體鏡像複製
- 曲面與實體分割設置

4-1 童用造型水杯

⊙要點提醒 **本範例為綠色版參考教學檔--請學習者使用雲端連結並下載相關之附件**

本範例教學視訊檔案：SolidWorks/進階&應用/CH04目錄下/4-1 造型水杯.avi
本範例製作完成檔案：SolidWorks/進階&應用/CH04目錄下/4-1 造型水杯.SLDPRT

⊙4-1.1 造型水杯鋪面

在前面章節中所提到的曲面多數是由輪廓草圖直接生成本體；而於本章節開始，除了曲面架構與鋪陳外，仍述及【曲面延伸】、【曲面修剪】與【刪除面】……等應用指令。本單元之範例亦可使用實體特徵成型，只是於後續外觀造型塑造時會憑添更多的承接進程。關於水杯造型之刻畫，學習者不須刻意的參照範例線段與形態，因為工具書主要的述求是讀者務實的應用，而非一味的背誦與照本宣科。

建模進程：

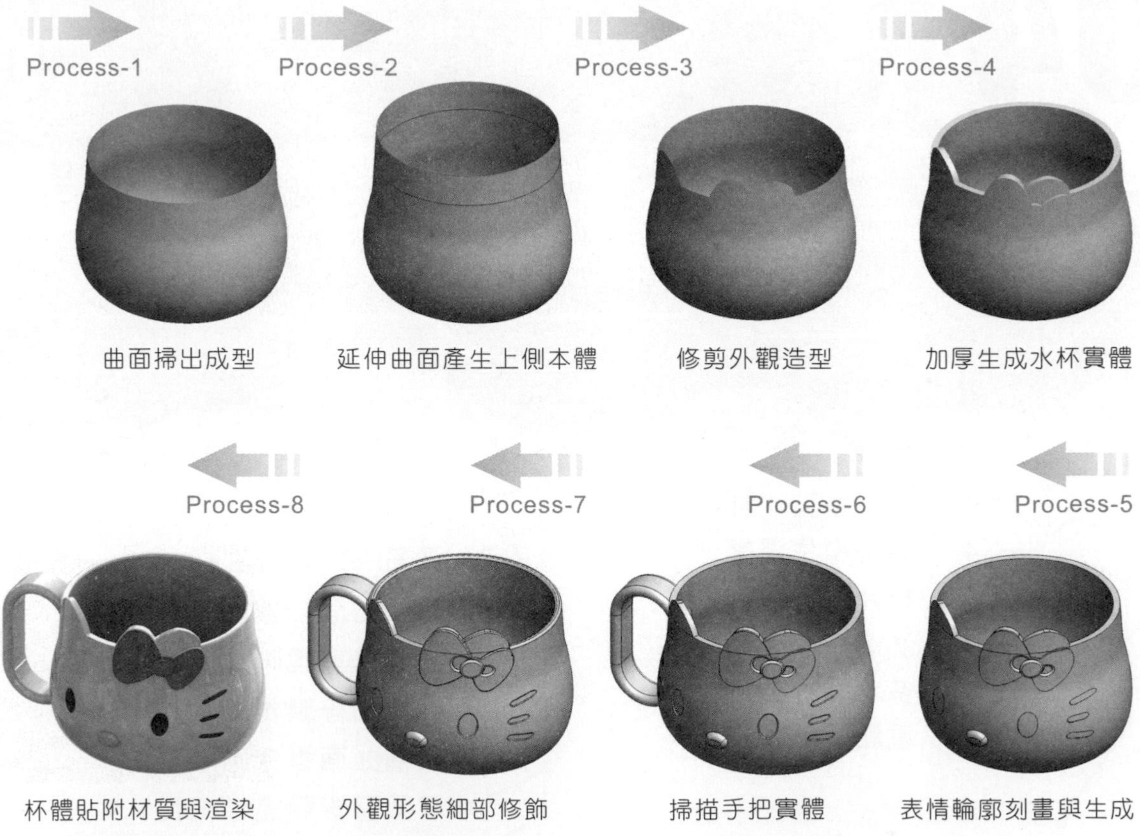
Process-1
Process-2
Process-3
Process-4
曲面掃出成型
延伸曲面產生上側本體
修剪外觀造型
加厚生成水杯實體
Process-8
Process-7
Process-6
Process-5
杯體貼附材質與渲染
外觀形態細部修飾
掃描手把實體
表情輪廓刻畫與生成

STEP 01

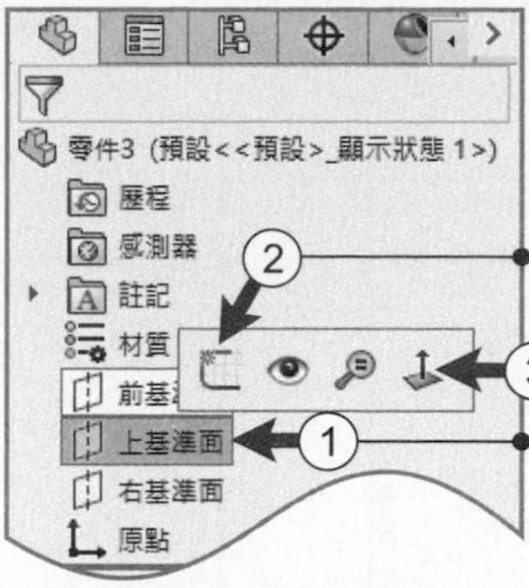

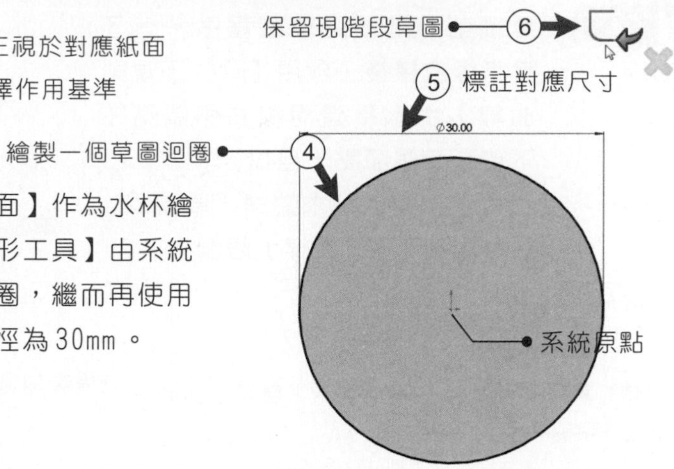

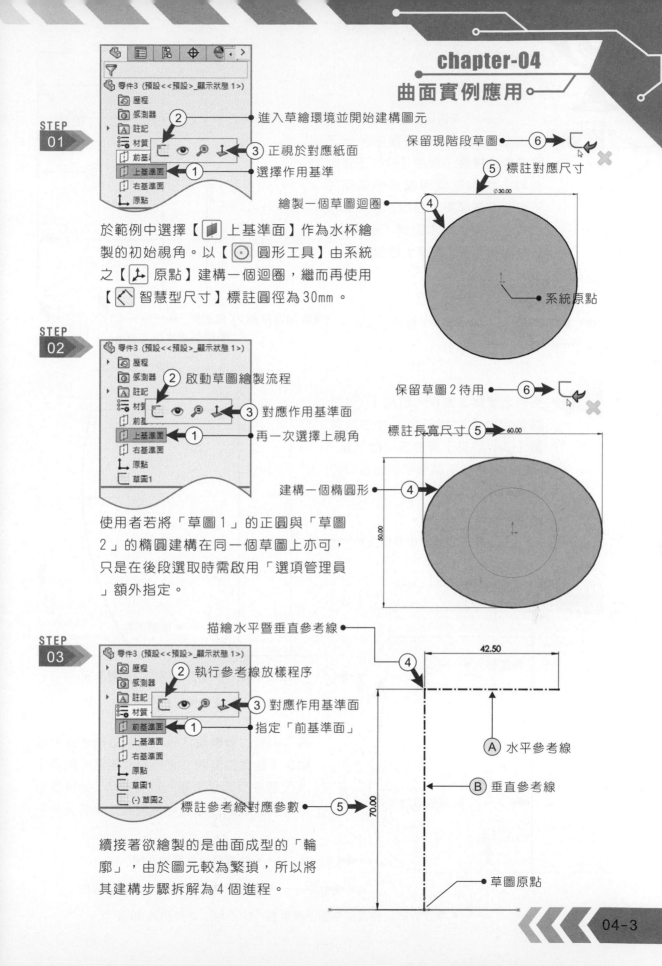

於範例中選擇【上基準面】作為水杯繪製的初始視角。以【圓形工具】由系統之【原點】建構一個迴圈，繼而再使用【智慧型尺寸】標註圓徑為30mm。

STEP 02

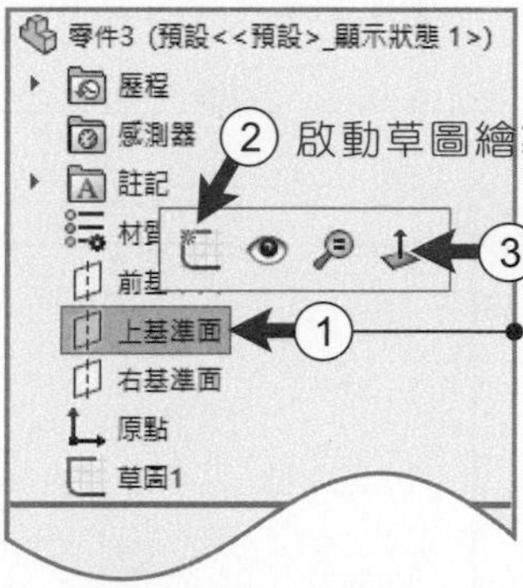

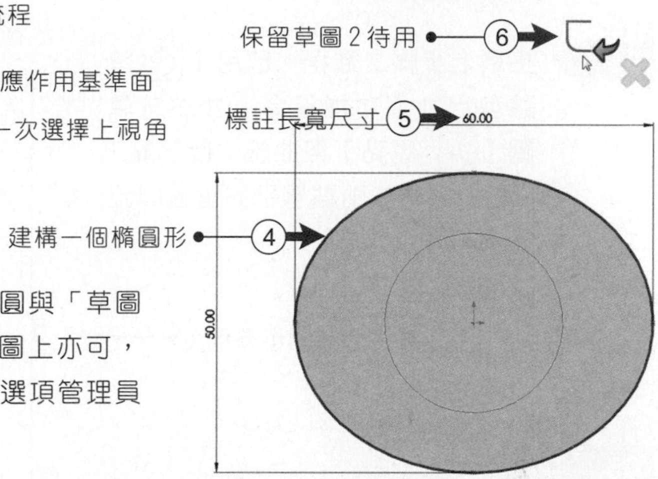

使用者若將「草圖 1」的正圓與「草圖 2」的橢圓建構在同一個草圖上亦可，只是在後段選取時需啟用「選項管理員」額外指定。

STEP 03

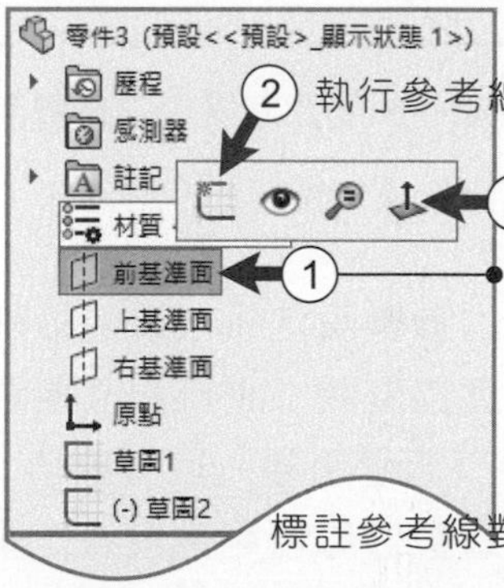

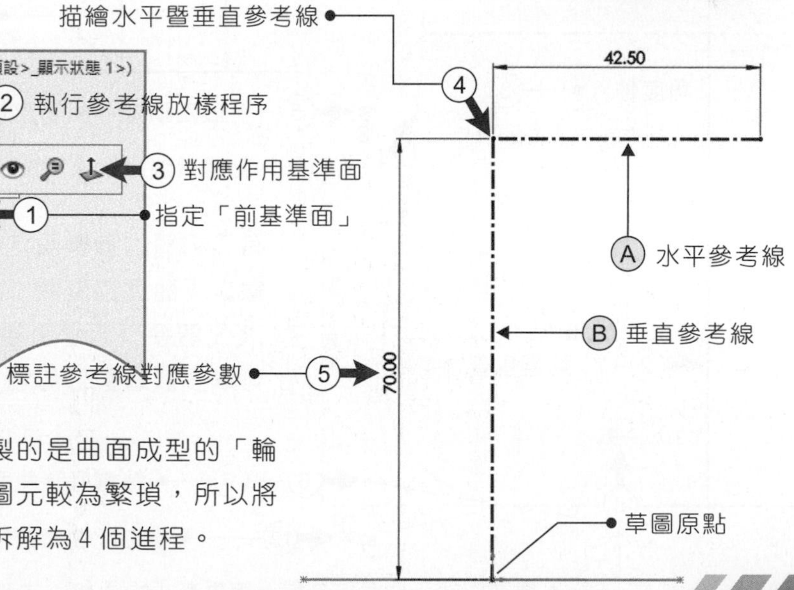

續接著欲繪製的是曲面成型的「輪廓」，由於圖元較為繁瑣，所以將其建構步驟拆解為 4 個進程。

STEP 04

延續前一階段之草圖程序。有了參考線放樣後，啟用【∿：不規則曲線】由水平建構線右側端點往下放置三個節點，且以 Ctrl ＋「左鍵」加選曲線末端與「草圖2」，並執行【貫穿】限制。

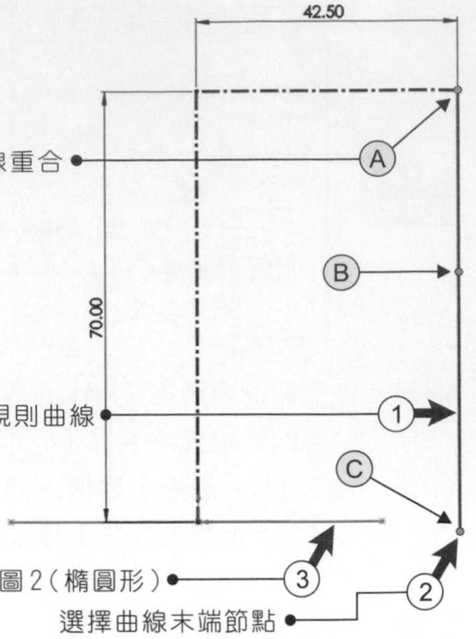
42.50
70.00
「不規則曲線」之起點需與水平參考線重合
A
B
繪製不規則曲線
1
C
重複加選草圖2（橢圓形）
3
2
選擇曲線末端節點

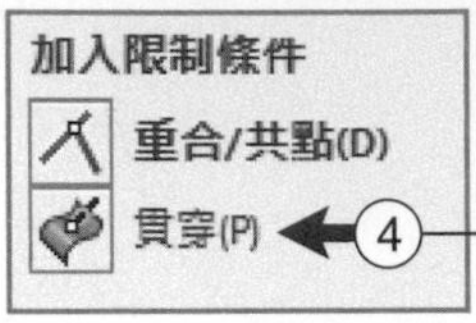
加入限制條件
重合/共點(D)
貫穿(P)
4
設定為「貫穿」限制

STEP 05

接續上步驟之進程。啟用【智慧型尺寸】功能指令，並點選草圖【：原點】與曲線中間節點-Ⓑ，且標註兩點水平與垂直間距皆為45mm。

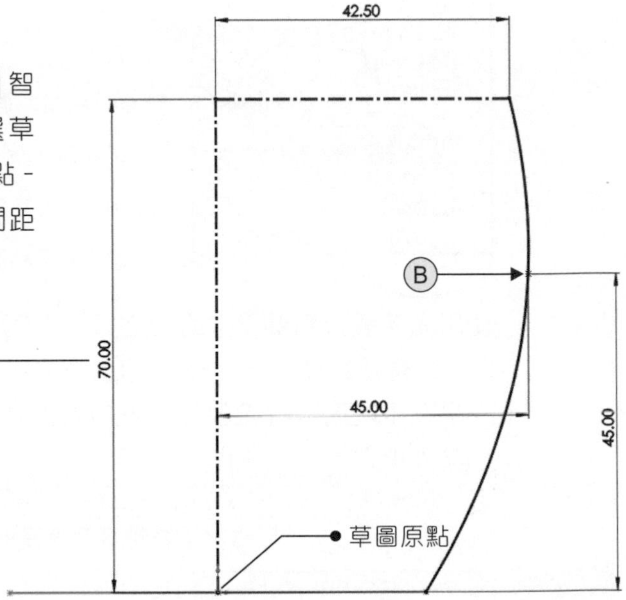
42.50
70.00
B
其尺寸數值概略酌參即可
45.00
45.00
草圖原點

STEP 06

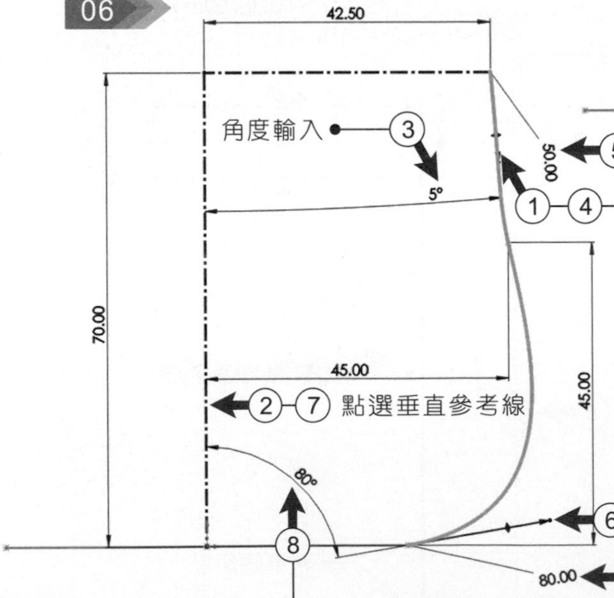
42.50
角度輸入
3
5°
50.00
5
設定頂端「曲度控制閥」之參數為50
1
4
點選頂端曲度控制閥
70.00
45.00
45.00
2
7
點選垂直參考線
80°
8
6
9
點選底端曲度控制閥
80.00
10
設定「曲度控制閥」之參數為80
標註底端「曲度控制閥」與垂直「中心線」之夾角為80度

有了相關的參數設定後，現階段則是針對曲線之「曲度控制閥」進行尺寸標註。啟用【智慧型尺寸】輸入對應數值（建議讀者可以多觀看數位影音範例且操作學習）。

STEP 07

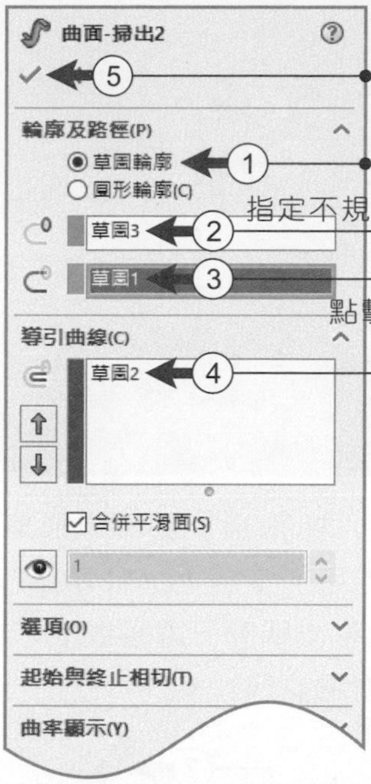

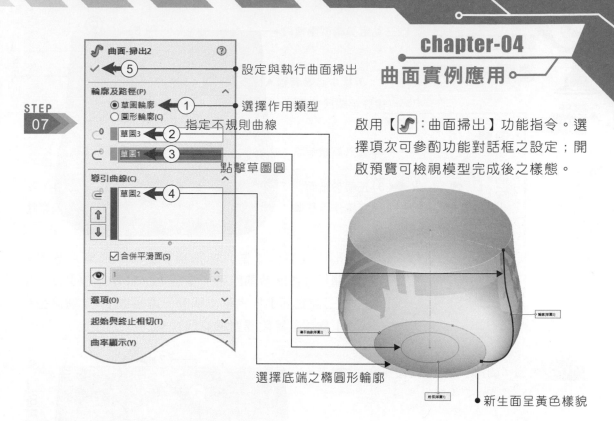

啟用【：曲面掃出】功能指令。選擇項次可參酌功能對話框之設定；開啟預覽可檢視模型完成後之樣態。

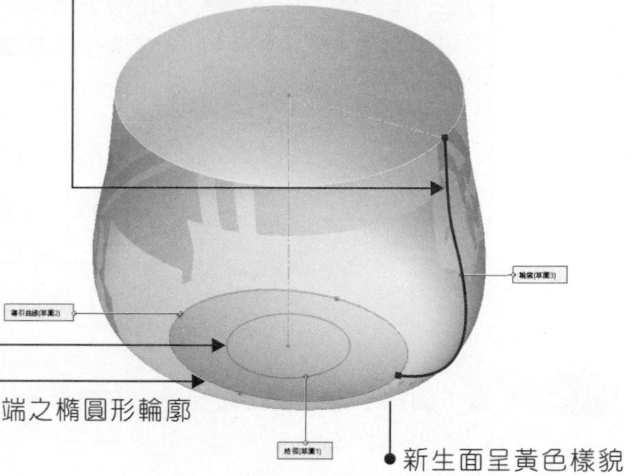

STEP 08

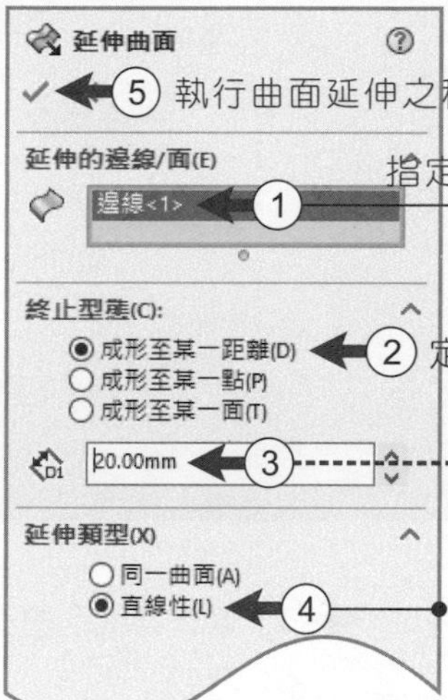

為創造水杯形態，將已成曲面之上側邊界線經由【：延伸曲面】指令，向上再延伸20mm之環形曲面，並以此作為造型修剪之基準。

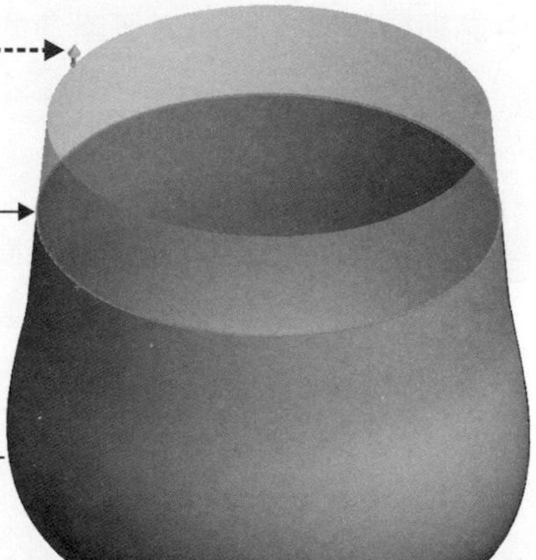

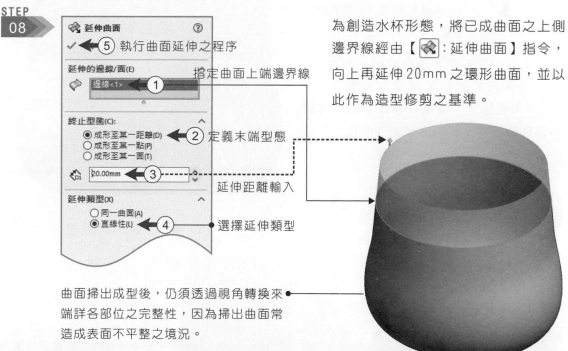

曲面掃出成型後，仍須透過視角轉換來端詳各部位之完整性，因為掃出曲面常造成表面不平整之境況。

⊙要點提醒　延伸曲面之類型選擇

倘若使用者想讓新生之延伸曲面的曲率相仿，則需指定為「同一曲面」類型；而在本範例中述求的是後段程序之銜接性，所以暫且不考量其「曲率」的一致性要素。

STEP 09

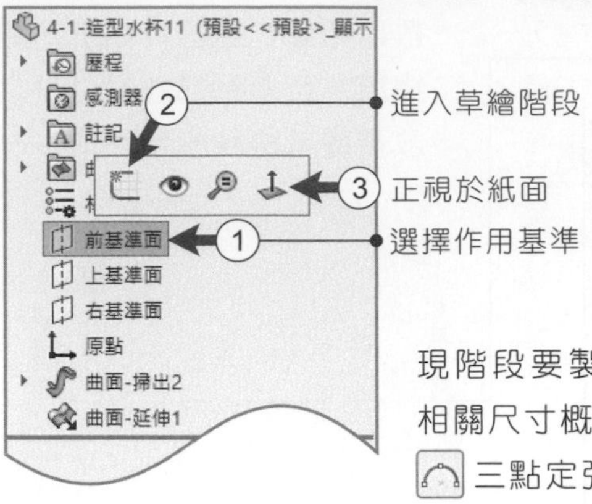
4-1-造型水杯11 (預設<<預設>_顯示
歷程
感測器
註記
前基準面
上基準面
右基準面
原點
曲面-掃出2
曲面-延伸1
進入草繪階段
正視於紙面
選擇作用基準

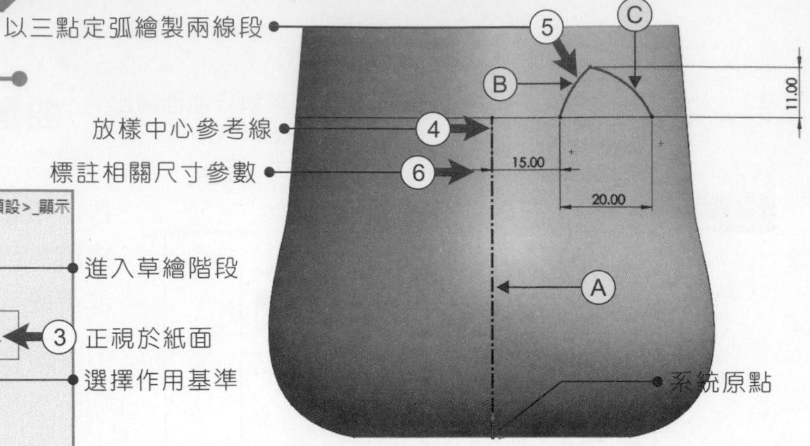
以三點定弧繪製兩線段
放樣中心參考線
標註相關尺寸參數
系統原點
15.00
20.00
11.00

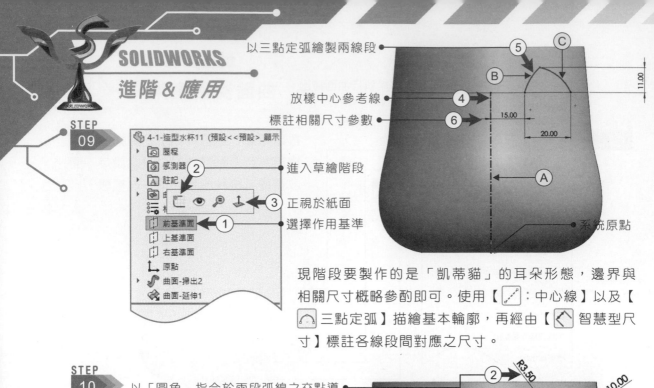

現階段要製作的是「凱蒂貓」的耳朵形態，邊界與相關尺寸概略參酌即可。使用【 ：中心線】以及【 三點定弧】描繪基本輪廓，再經由【 智慧型尺寸】標註各線段間對應之尺寸。

STEP 10

以「圓角」指令於兩段弧線之交點導出3.5mm之半徑。

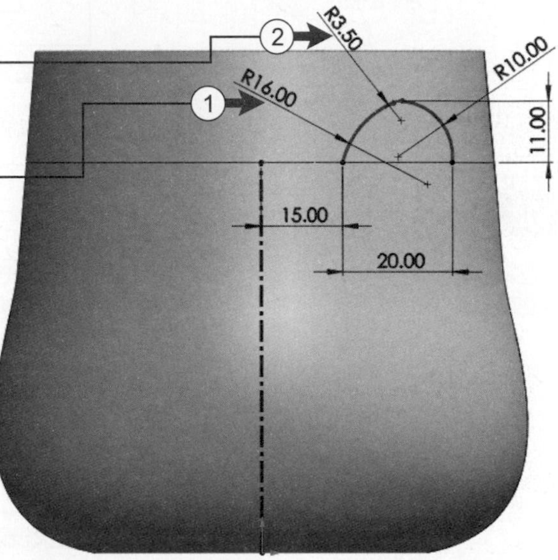
標註相關尺寸與參數
R3.50
R16.00
R10.00
11.00
15.00
20.00

接續上階段的草圖。同樣補齊未標註之相關尺寸，且針對兩段弧線之交點，使用【 草圖圓角】導以3.5mm之R角（範例中之細項設置，繪圖者概略參酌即可）。

STEP 11

執行【 ：鏡射】特徵，將參考線右側之兩段弧複製到左半側。

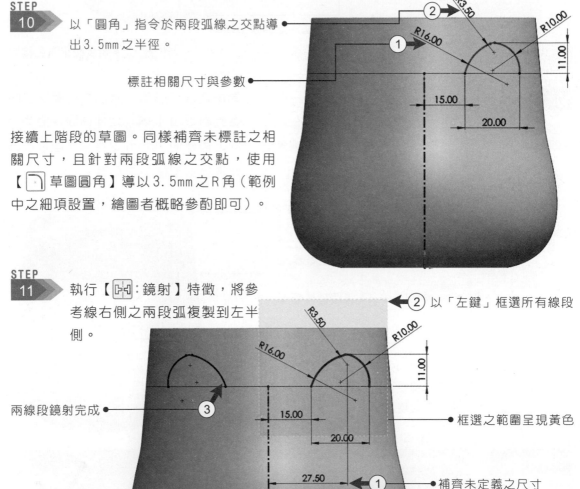

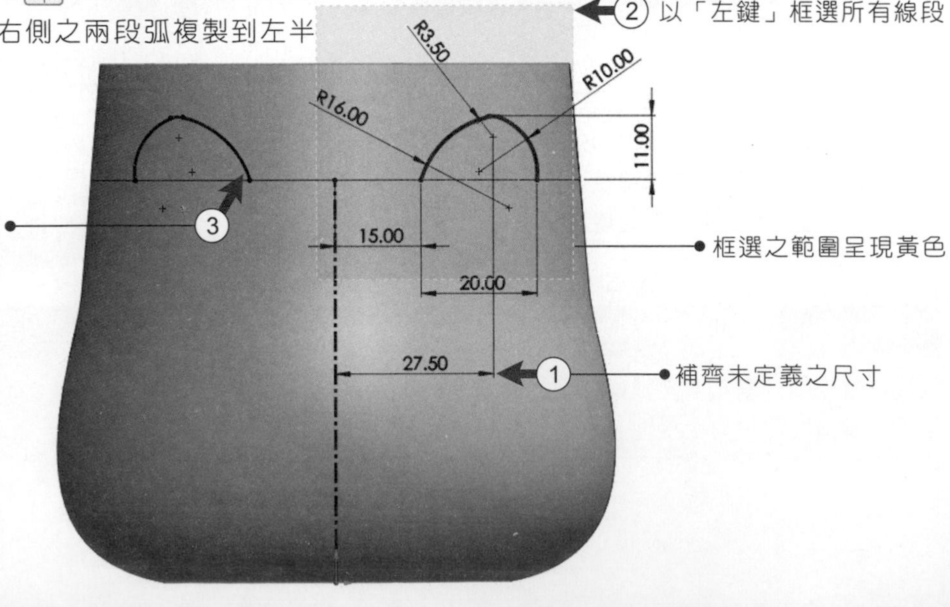
以「左鍵」框選所有線段
兩線段鏡射完成
框選之範圍呈現黃色
補齊未定義之尺寸
R3.50
R16.00
R10.00
11.00
15.00
20.00
27.50

STEP 12

延續上階段已完成之草繪圖元。啟用【 :分割線】指令功能，且選擇欲投影與分割之曲面為所延伸之局部；「單一方向」需指定，以免曲面過度分割。

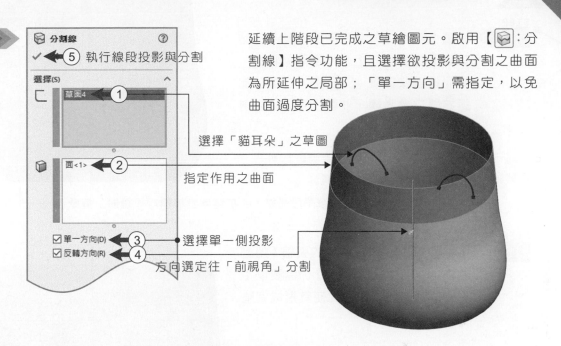

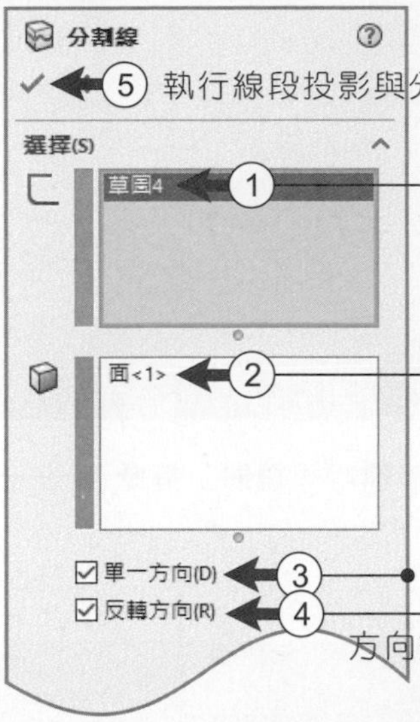
分割線
5 執行線段投影與分割
選擇(S)
草圖4
1
面<1>
2
單一方向(D)
3
反轉方向(R)
4

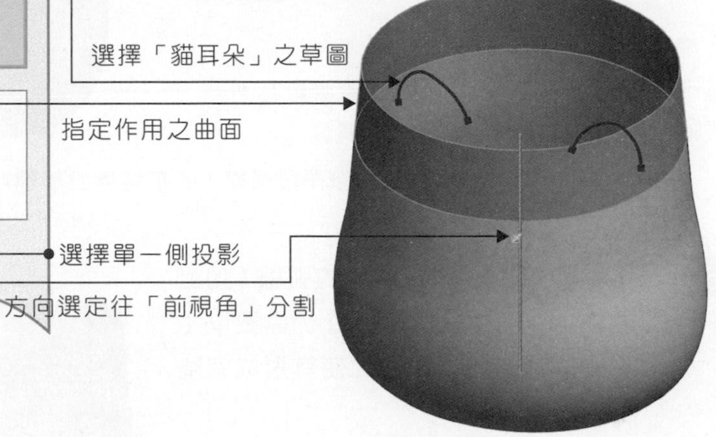
選擇「貓耳朵」之草圖
指定作用之曲面
選擇單一側投影
方向選定往「前視角」分割

STEP 13

接續著欲進行的是「凱蒂貓」的蝴蝶結繪製階段，其圖元建構之尺寸標註過程有些瑣碎，所以需要分成多個環節剖析；學習者繪製的線段不須完全參照範例之樣板，可依自己的觀感而作調節與變化。

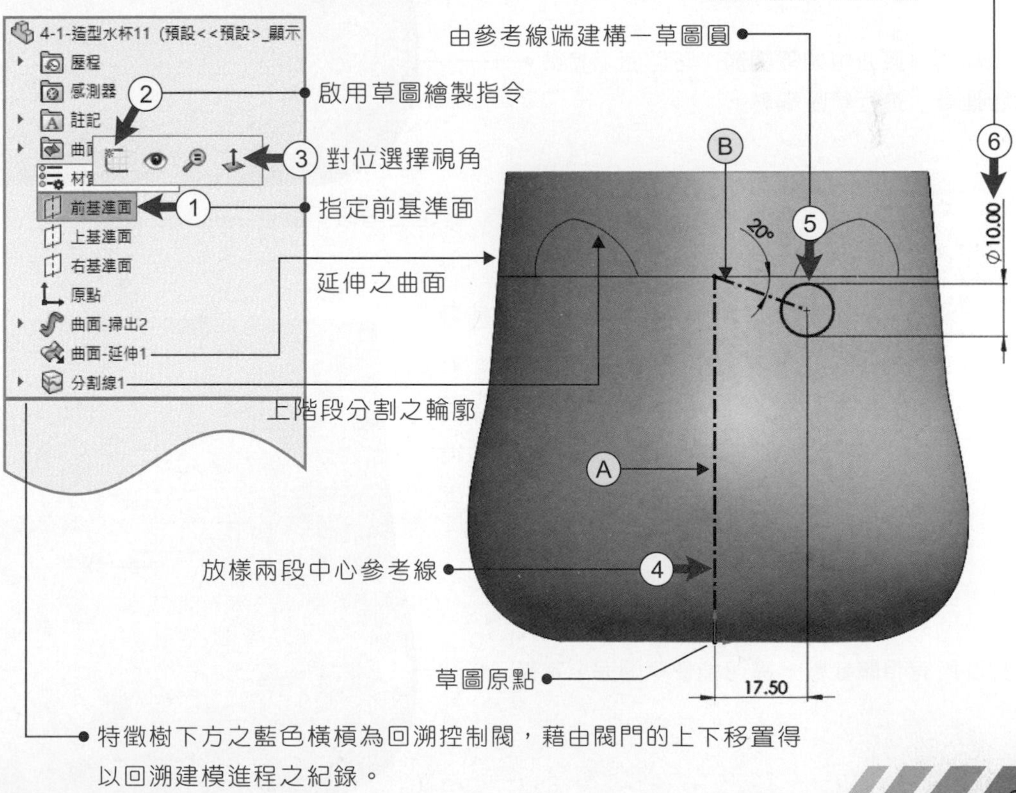
標註相關尺寸參數
由參考線端建構一草圖圓
4-1-造型水杯11 (預設<<預設>_顯示
歷程
感測器
註記
前基準面
上基準面
右基準面
原點
曲面-掃出2
曲面-延伸1
分割線1
2 啟用草圖繪製指令
3 對位選擇視角
1 指定前基準面
延伸之曲面
上階段分割之輪廓
B
20°
5
6
⌀10.00
A
放樣兩段中心參考線 4
草圖原點
17.50
特徵樹下方之藍色橫槓為回溯控制閥，藉由閥門的上下移置得以回溯建模進程之紀錄。

STEP 14

延續上階段之草圖。使用【:三點定弧】由圓心向上延伸兩段拋物線，繼而透過快捷鍵 Ctrl ＋「左鍵」加選右斜之參考線，並執行【:鏡射】之草圖指令。

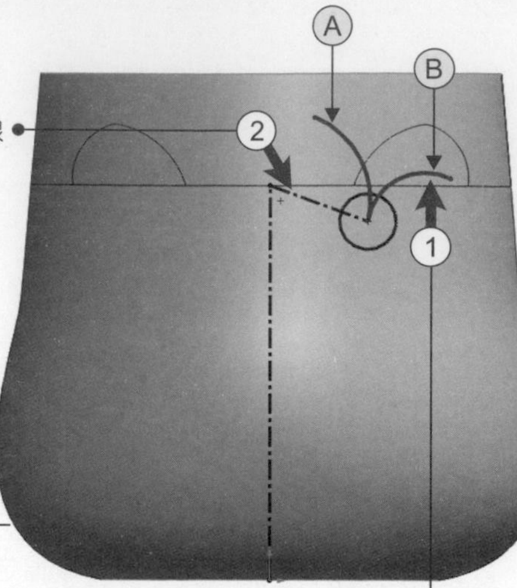

加選右斜之參考線

現為「框線帶彩」顯示型態。倘若草圖較為複雜時，可轉換成「框架」模式釐清圖元。

繪製兩段弧線，並加選參考線執行「鏡射」指令。

STEP 15

前步驟經由參考線複製的弧線（加上原本的兩條共四段弧線）仍需要以【三點定弧】封邊，使其形成完整的輪廓圖元。

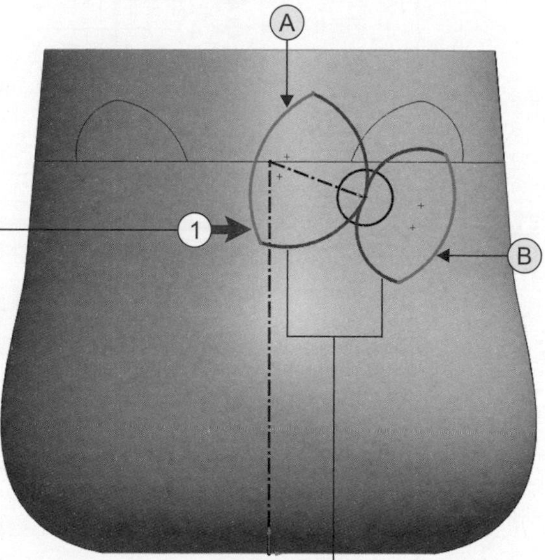

以「三點定弧」繪製兩段弧線（連接既有線段），令原本開放之輪廓縫合。

水杯之外觀曲線如需調節，可回到「特徵管理員」進行草圖編輯。

經由上階段「鏡射」的兩段弧線

STEP 16

待草圖輪廓完整後，執行【智慧型尺寸】標註草圖之相關參數。右圖中之對應尺寸概略瀏覽即可，不須完全依循與仿效。軟體操作者得依觀感而自主性調整其杯體特徵與產品造型。

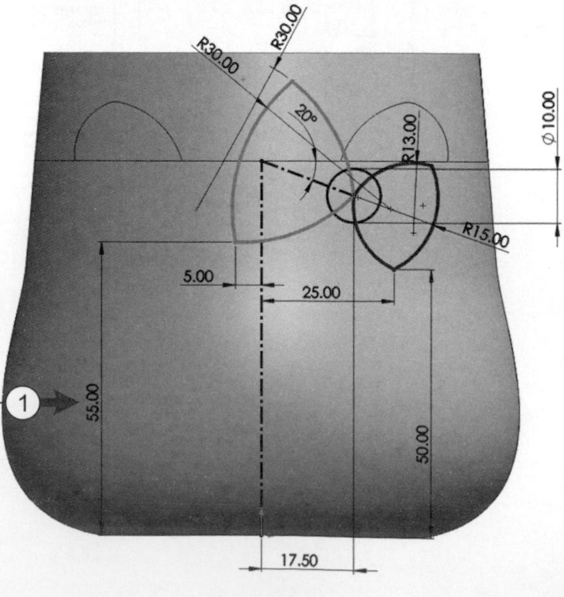

標註所有相關參數，盡可能使草圖完全定義。

STEP 17

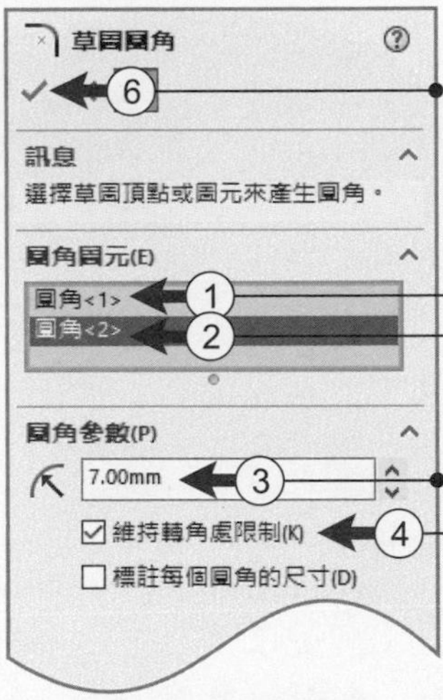
草圖圓角
訊息
選擇草圖頂點或圖元來產生圓角。
圓角圖元(E)
圓角<1>
圓角<2>
圓角參數(P)
7.00mm
維持轉角處限制(K)
標註每個圓角的尺寸(D)

分兩階段執行草圖圓角

選擇左側弧線交點

選擇圖元角點修飾

圓角半徑設定

維持邊界設定

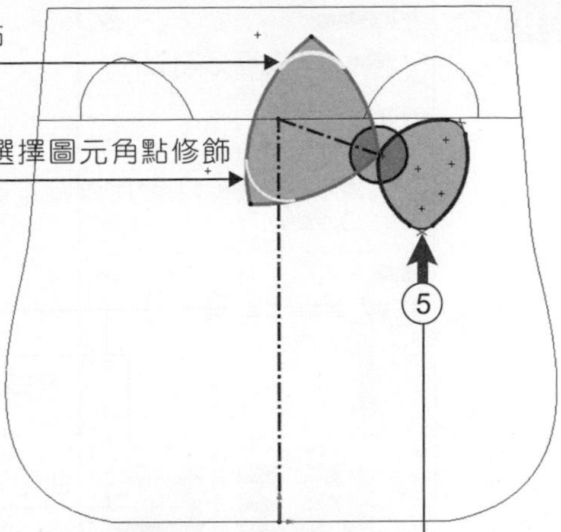

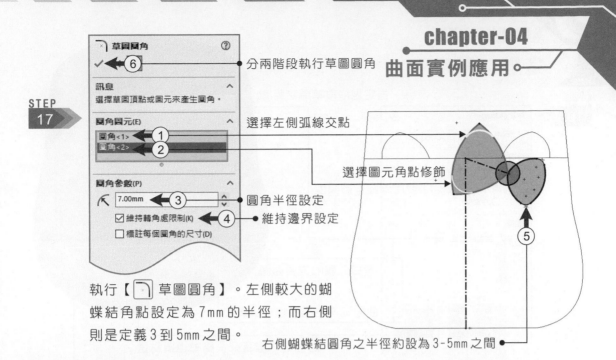

執行【 草圖圓角】。左側較大的蝴蝶結角點設定為 7mm 的半徑；而右側則是定義 3 到 5mm 之間。

右側蝴蝶結圓角之半徑約設為 3-5mm 之間

STEP 18

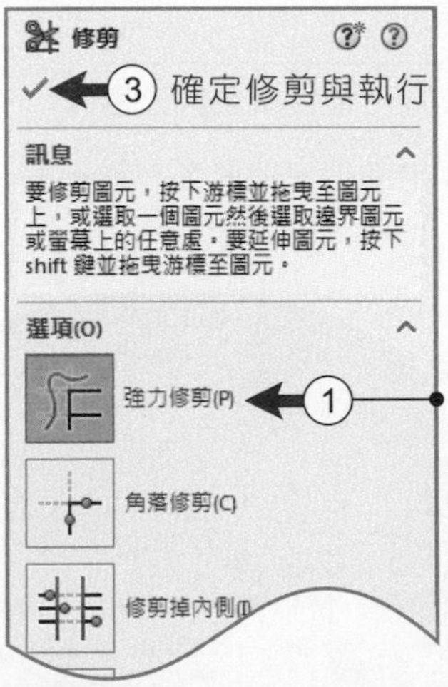
修剪
訊息
要修剪圖元，按下游標並拖曳至圖元上，或選取一個圖元然後選取邊界圖元或螢幕上的任意處。要延伸圖元，按下 shift 鍵並拖曳游標至圖元。
選項(O)
強力修剪(P)
角落修剪(C)
修剪掉內側(I)

確定修剪與執行

草圖輪廓雖已完成定義，但其圖元含有數段重合與交錯的線條需要刪減。選擇【 :修剪】工具，並指定為【 強力修剪】類型，於左側蝴蝶結內部長按「左鍵」並拖曳指標，以路徑來消弭行經時所接觸之線段。

修剪類型選擇。筆者幾乎都只選用「強力修剪」來消弭過多的線段。

修剪過後的蝴蝶結內部已無交疊之線段

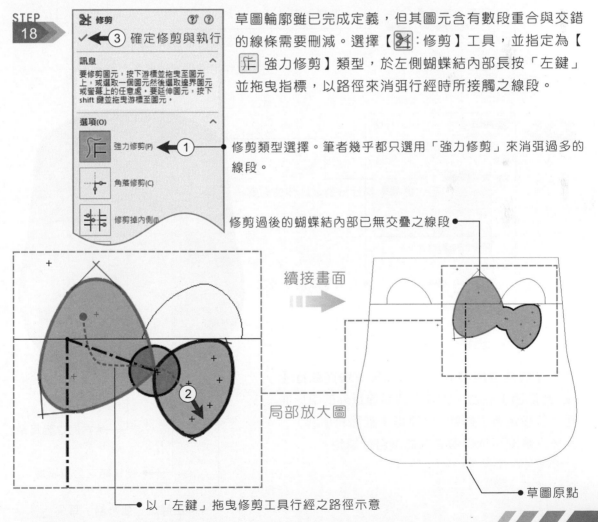

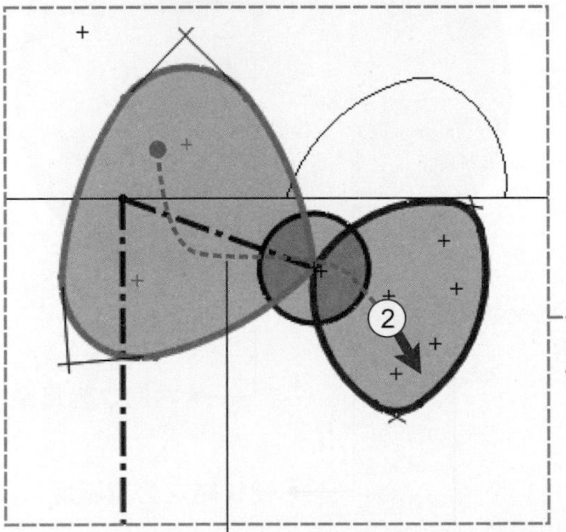

續接畫面

局部放大圖

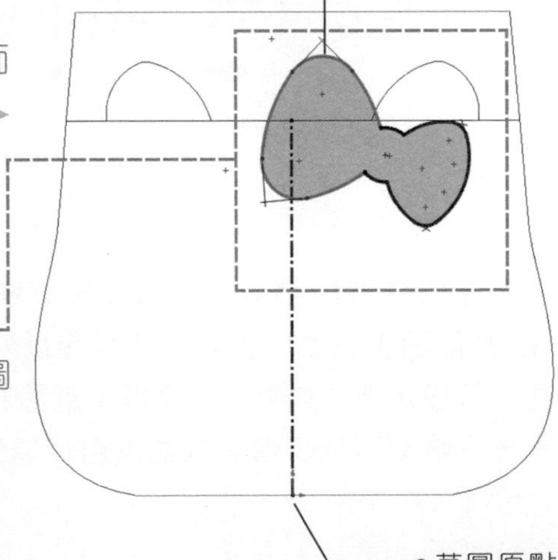

草圖原點

以「左鍵」拖曳修剪工具行經之路徑示意

STEP 19

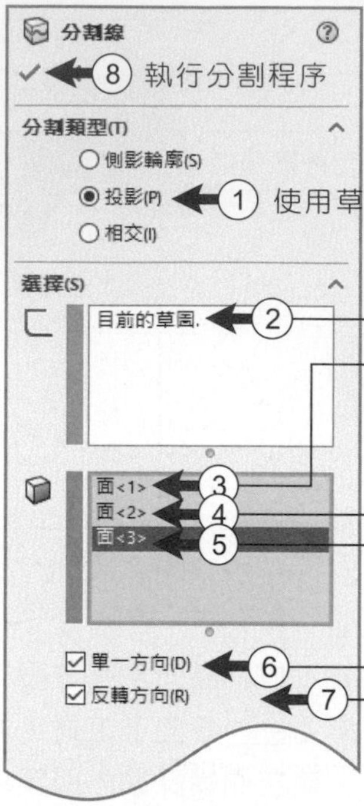

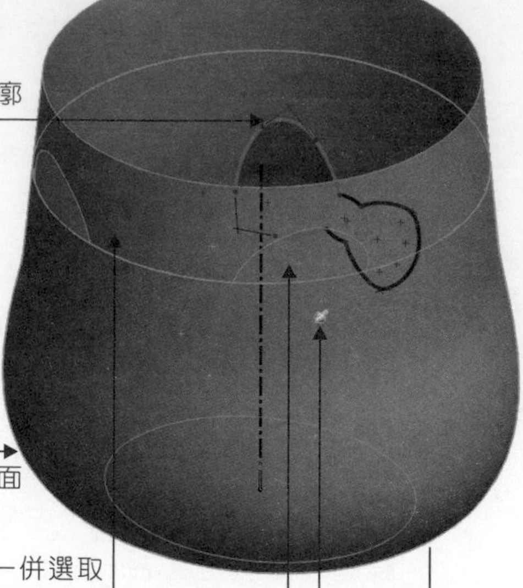

⑧ 執行分割程序

① 使用草圖投影類型

② 指定現階段草圖之輪廓

③ 選擇外觀的主要曲面

④ 曲面延伸之局部也一併選取

⑤ 右側之「貓耳朵」輪廓也須點選

⑥ 選擇作用基準

⑦ 往「前視角」之方向進行投影與分割

指定之作用面即呈現藍色型態

STEP 20

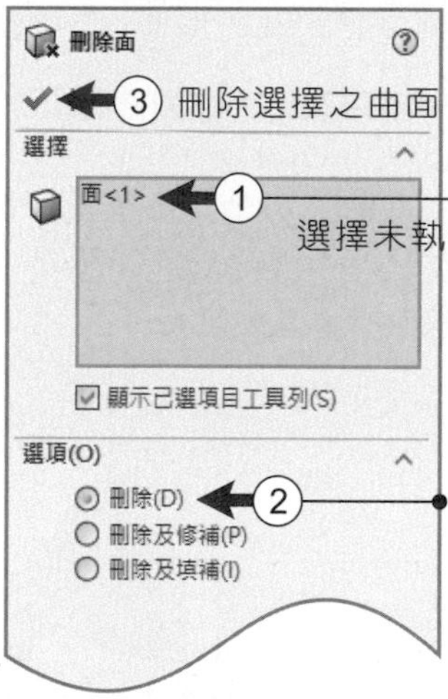

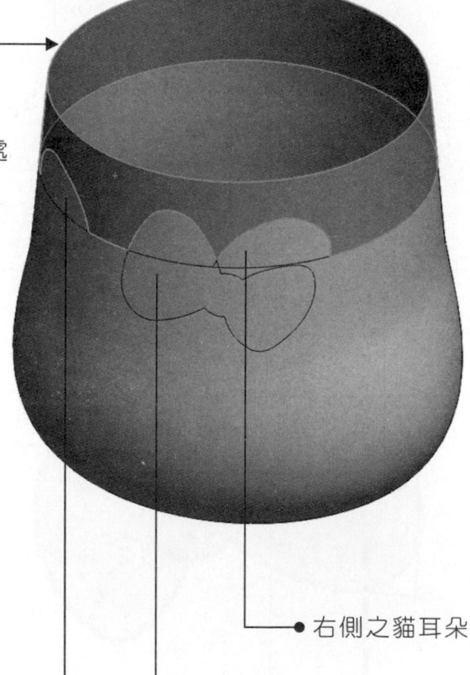

③ 刪除選擇之曲面

① 選擇未執行分割之延伸曲面處

② 直接刪除指定項次

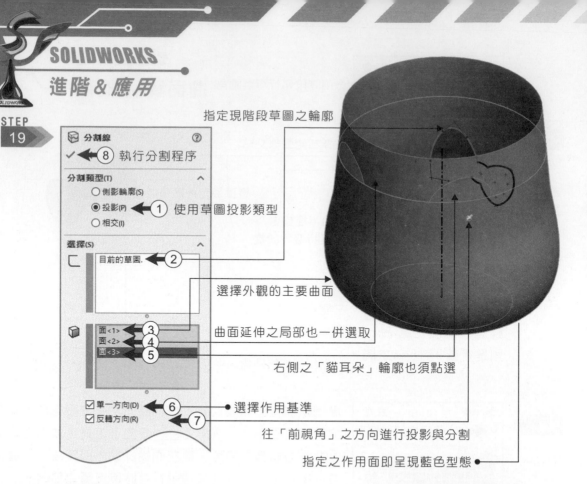

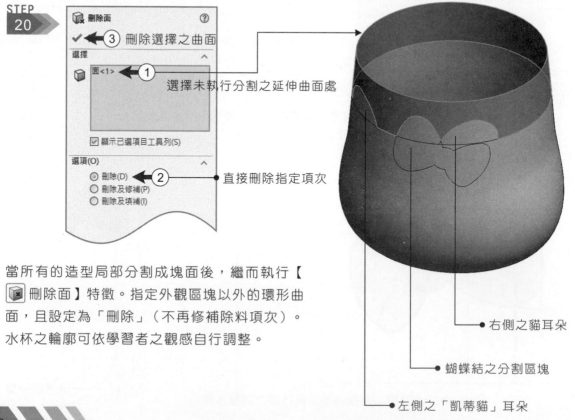

當所有的造型局部分割成塊面後，繼而執行【刪除面】特徵。指定外觀區塊以外的環形曲面，且設定為「刪除」（不再修補除料項次）。水杯之輪廓可依學習者之觀感自行調整。

右側之貓耳朵

蝴蝶結之分割區塊

左側之「凱蒂貓」耳朵

STEP 21

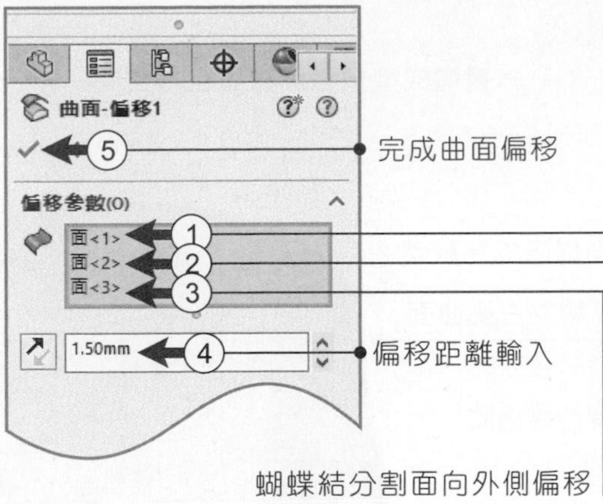
曲面-偏移1
偏移參數(O)
面<1>
面<2>
面<3>
1.50mm
完成曲面偏移
偏移距離輸入
蝴蝶結分割面向外側偏移

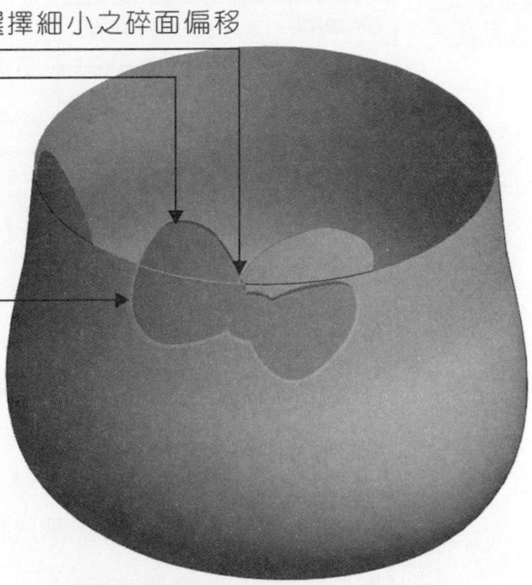
選擇細小之碎面偏移

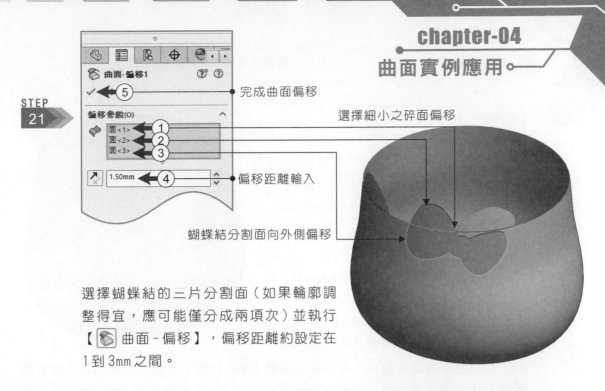

選擇蝴蝶結的三片分割面（如果輪廓調整得宜，應可能僅分成兩項次）並執行【 曲面 - 偏移】，偏移距離約設定在 1 到 3mm 之間。

STEP 22

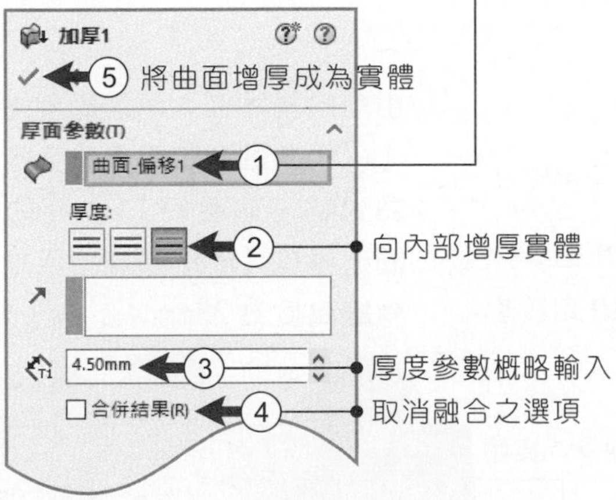
加厚1
將曲面增厚成為實體
厚面參數(T)
曲面-偏移1
厚度:
向內部增厚實體
4.50mm
厚度參數概略輸入
合併結果(R)
取消融合之選項

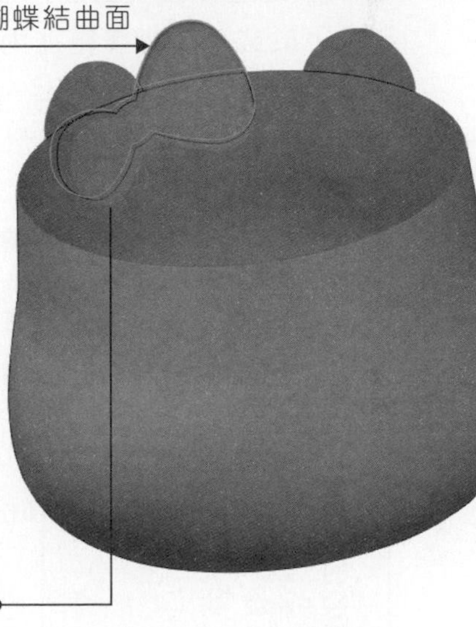
指定偏移之蝴蝶結曲面
增厚的實體即呈現黃色型態

⊙要點提醒　常見的曲面無法增厚之境況

包含筆者的學生在內，許多SolidWorks之學習者都曾有過曲面鋪陳後卻無法轉換成實體之經驗，而多數之概況為曲面缺損或參差不齊，以致增厚時本體交錯；而也有少部份之問題是因為產生「零厚度」之疑慮。未免去上述無法轉換成實體之窘境，其最根本之解決途徑即是減少曲面碎邊與「曲率」之過度落差疑慮。

STEP 23

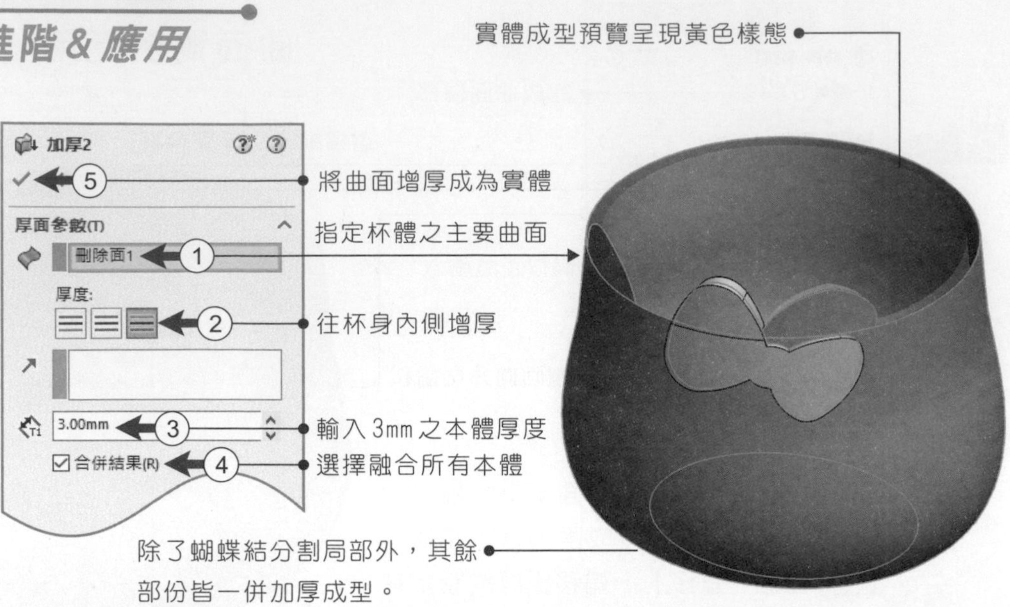
加厚2
厚面參數(T)
刪除面1
厚度:
3.00mm
合併結果(R)
將曲面增厚成為實體
指定杯體之主要曲面
往杯身內側增厚
輸入 3mm 之本體厚度
選擇融合所有本體
實體成型預覽呈現黃色樣態
除了蝴蝶結分割局部外，其餘部份皆一併加厚成型。

待「蝴蝶結」實體成型後，再一次的啟動【加厚】特徵功能。指定生成實體之項次則選擇主要曲面，並且往杯身內部成型；而厚度參數輸入約 2 到 3mm 之間（需小於或等於蝴蝶結往內偏移之深度）。

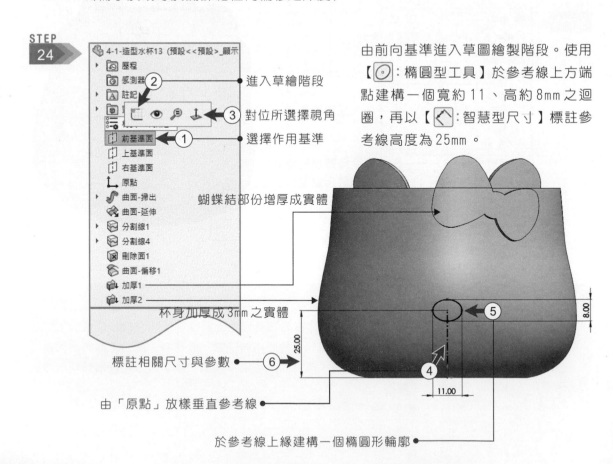

STEP 24

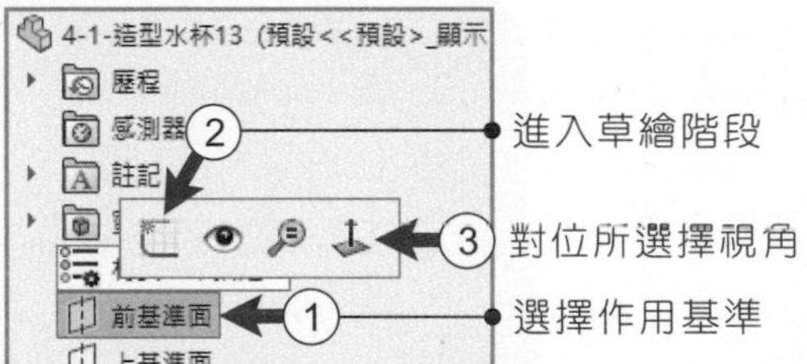

由前向基準進入草圖繪製階段。使用【：橢圓型工具】於參考線上方端點建構一個寬約 11、高約 8mm 之迴圈，再以【：智慧型尺寸】標註參考線高度為 25mm。

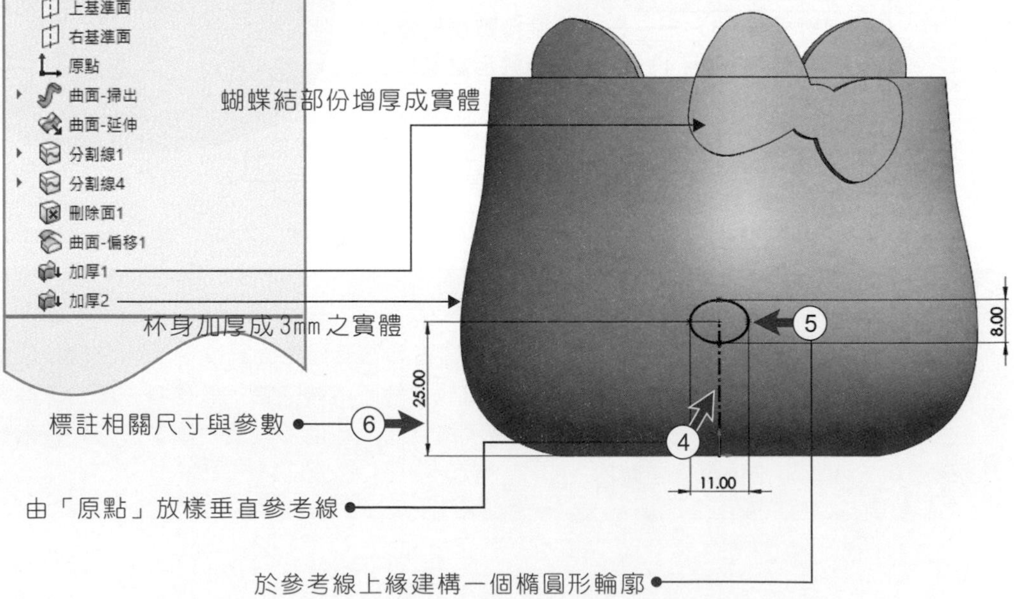
上基準面
右基準面
原點
曲面-掃出
曲面-延伸
分割線1
分割線4
刪除面1
曲面-偏移1
加厚1
加厚2
蝴蝶結部份增厚成實體
杯身加厚成 3mm 之實體
標註相關尺寸與參數
由「原點」放樣垂直參考線
於參考線上緣建構一個橢圓形輪廓
25.00
8.00
11.00

4-1.2 水杯表情刻畫

STEP 01

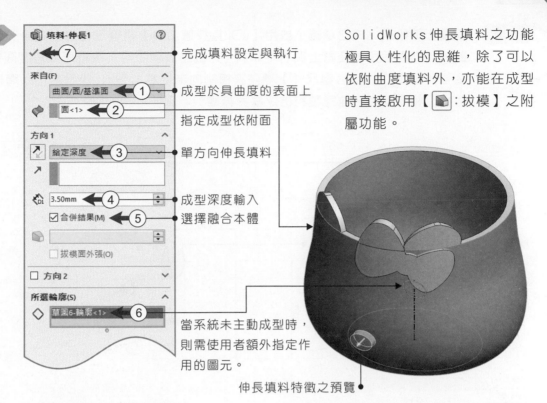

SolidWorks伸長填料之功能極具人性化的思維，除了可以依附曲度填料外，亦能在成型時直接啟用【:拔模】之附屬功能。

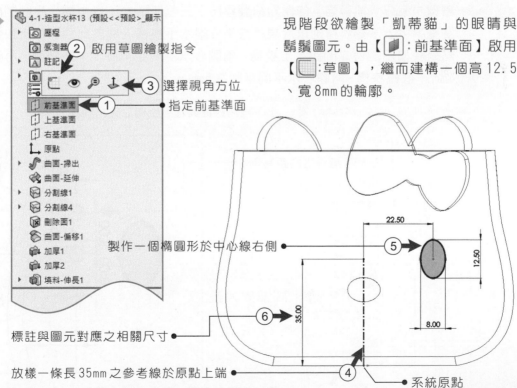

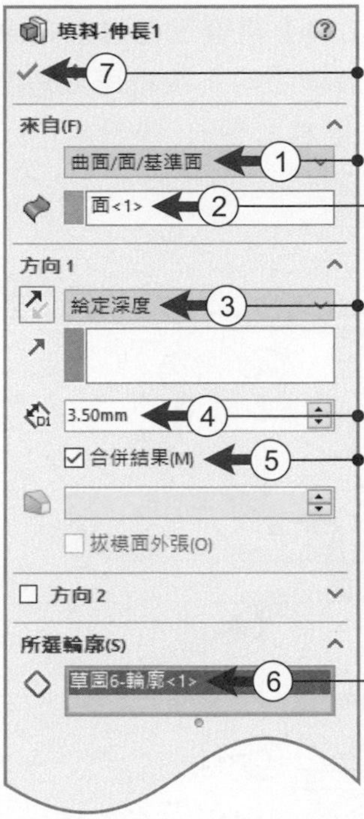

⑦ 完成填料設定與執行
① 成型於具曲度的表面上
② 指定成型依附面
③ 單方向伸長填料
④ 成型深度輸入
⑤ 選擇融合本體
⑥ 當系統未主動成型時，則需使用者額外指定作用的圖元。

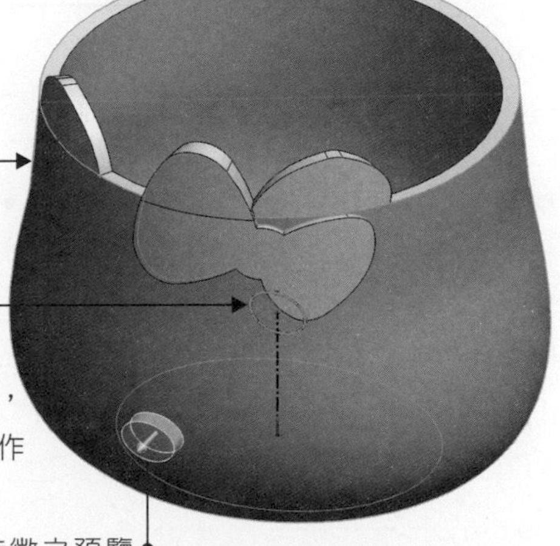

伸長填料特徵之預覽

STEP 02

現階段欲繪製「凱蒂貓」的眼睛與鬍鬚圖元。由【:前基準面】啟用【:草圖】，繼而建構一個高12.5、寬8mm的輪廓。

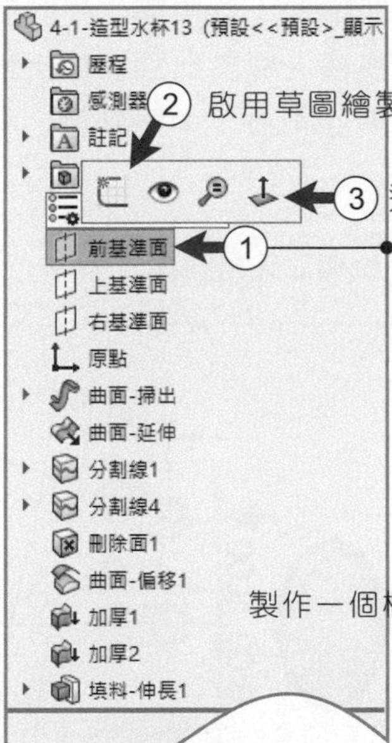

② 啟用草圖繪製指令
③ 選擇視角方位
① 指定前基準面

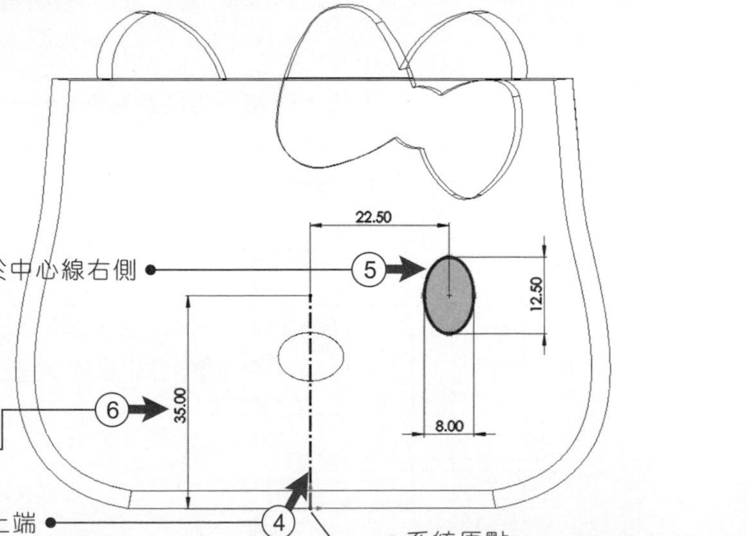

⑤ 製作一個橢圓形於中心線右側
⑥ 標註與圖元對應之相關尺寸
④ 放樣一條長35mm之參考線於原點上端
系統原點

STEP 03

延續上階段未完成之草圖。啟用【直狹槽工具】繪製三個輪廓：中間水平放置，另外兩個則是往右上與右下傾斜（先概略放樣即可，後續再以角度限制）。接著使用【：智慧型尺寸】標註狹槽側向半徑為 1.5mm（學習者可以網搜「凱蒂貓」相關圖片，並繪製相仿之邊界輪廓）。

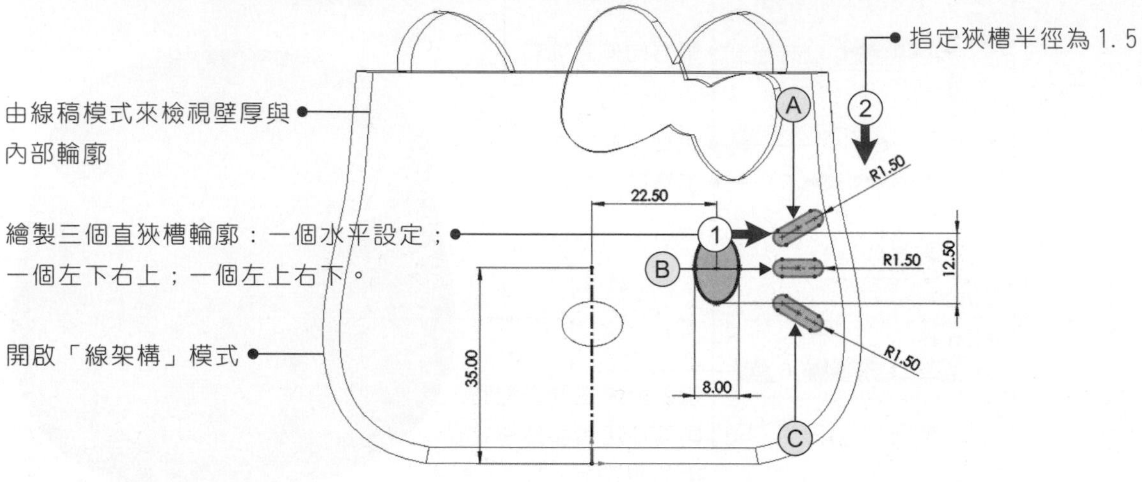

指定狹槽半徑為 1.5
由線稿模式來檢視壁厚與內部輪廓
繪製三個直狹槽輪廓：一個水平設定；一個左下右上；一個左上右下。
開啟「線架構」模式
22.50
R1.50
R1.50
12.50
R1.50
35.00
8.00

STEP 04

繼續未完成「凱蒂貓」的鬍鬚繪製程序。三個狹槽中，以中間水平限制的狹槽作為基準，上下之狹槽則以尺規標註來依附水平狹槽。關於尺寸標註比較特別的一點是狹槽兩圓心之間距：上狹槽 - 兩圓心水平間距 4mm；中間狹槽 - 兩圓心間距 4mm；底端狹槽 - 兩圓心水平間距則為 5mm。

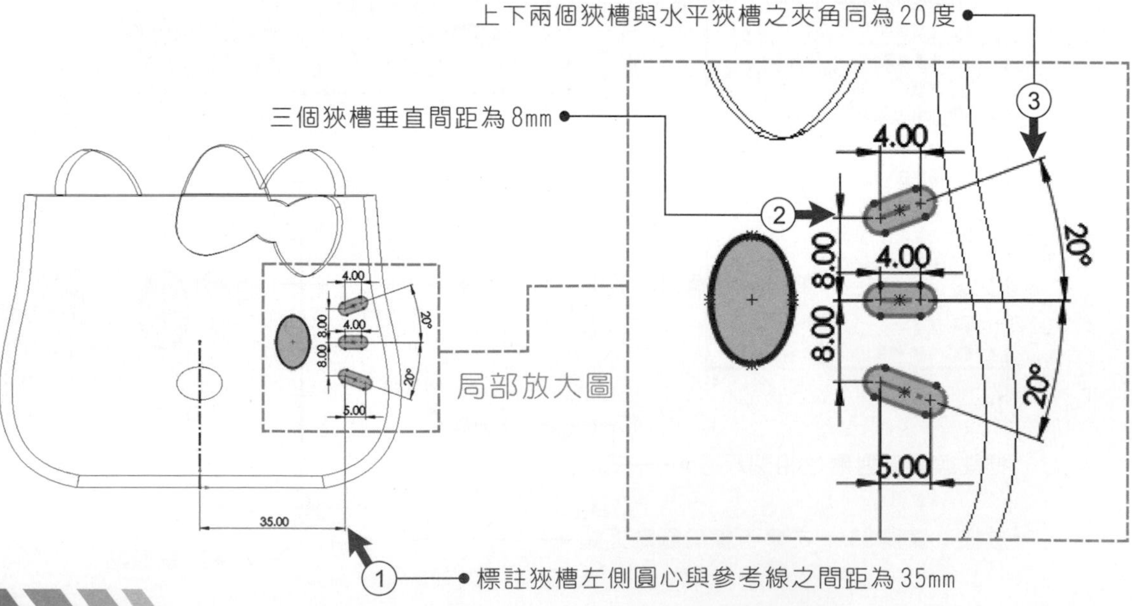

STEP 05

延續上階段之圖元繪製步驟。當「凱蒂貓」右半邊之表情輪廓完成後，即可使用「左鍵」拖曳指標並框選草圖中之所有線段（包含中心的垂直參考線），繼而執行【鏡射圖元】以完成左半側之面部形態。

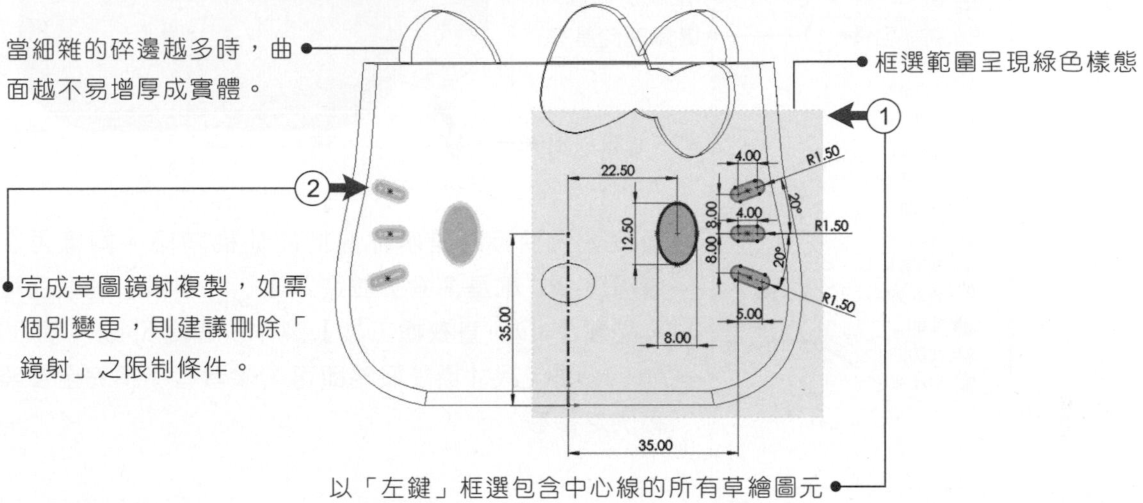

STEP 06

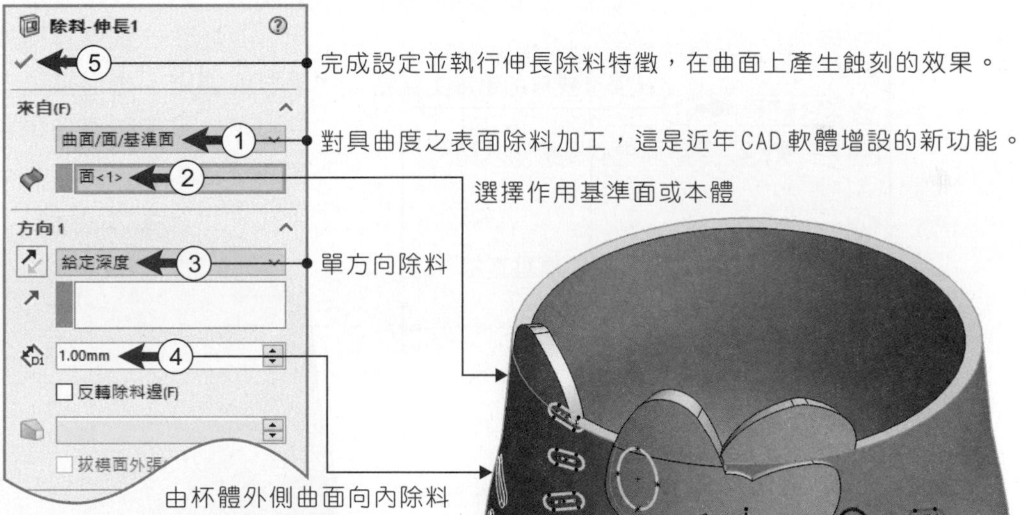

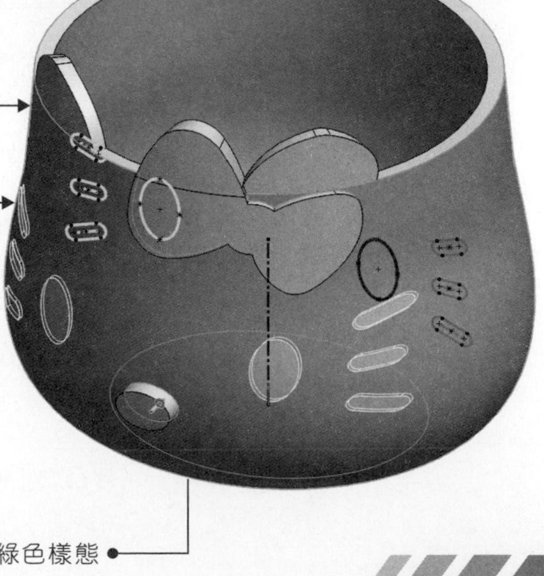

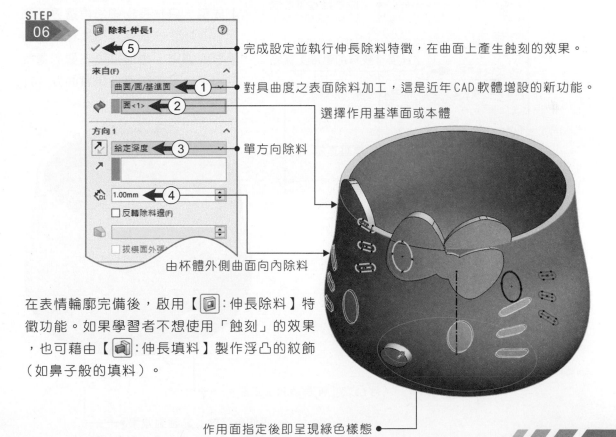

在表情輪廓完備後，啟用【伸長除料】特徵功能。如果學習者不想使用「蝕刻」的效果，也可藉由【：伸長填料】製作浮凸的紋飾（如鼻子般的填料）。

STEP 07

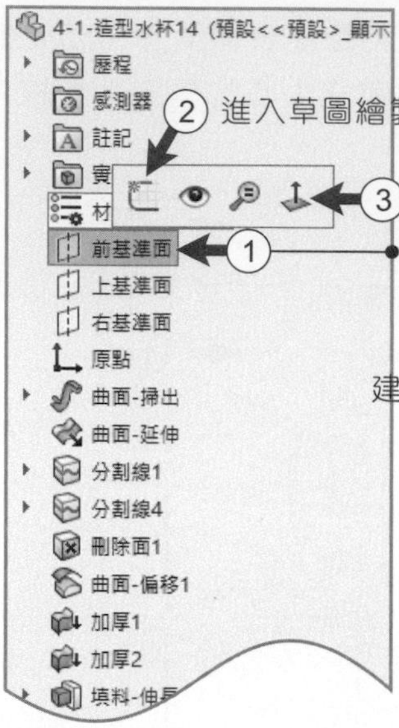

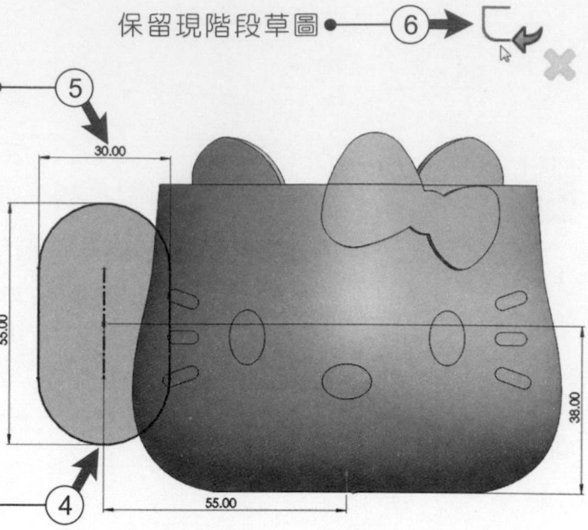

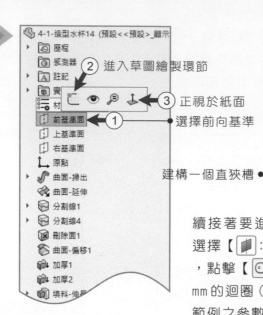

續接著要進行的是水杯握把的建構階段。同樣再次選擇【 :前基準面】並進入【 :草圖】繪製流程，點擊【 :直狹槽工具】製作一個高55mm、寬30 mm的迴圈（尺寸標註概略即可，學習者不須完全參照範例之參數）。

STEP 08

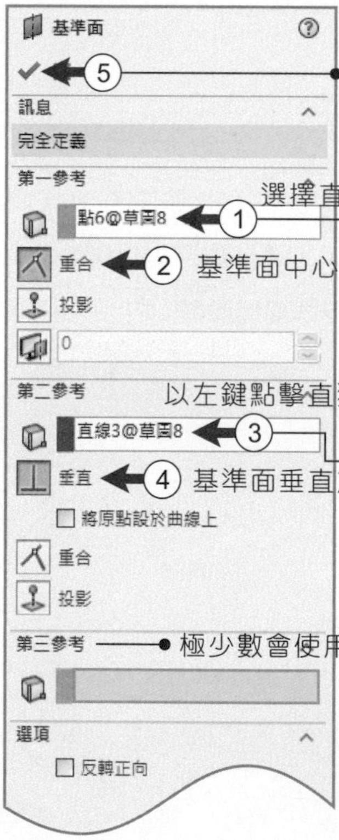

水杯握把亦可透過【 :伸長填料】成型，只是長出後須再邊界潤飾。CAD屬性之軟體建模過程中沒有絕對的通則，透過多種主觀的構築進程，也都能夠達到現實面要求之客觀結果。

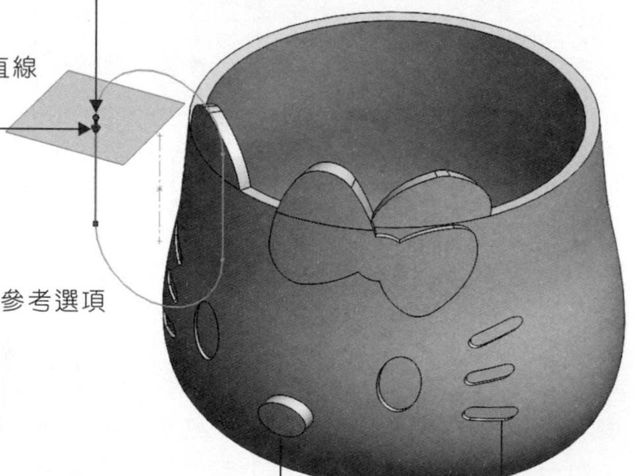

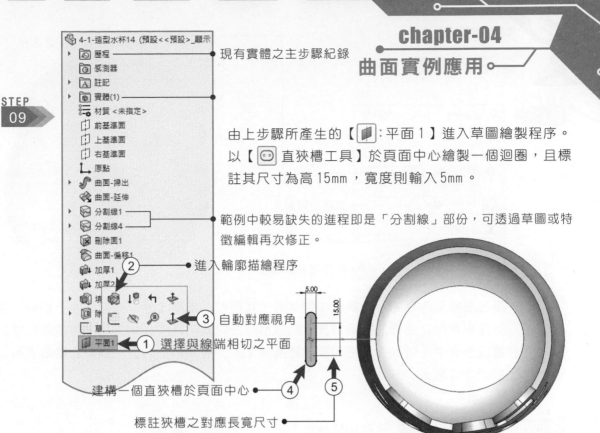

STEP 09

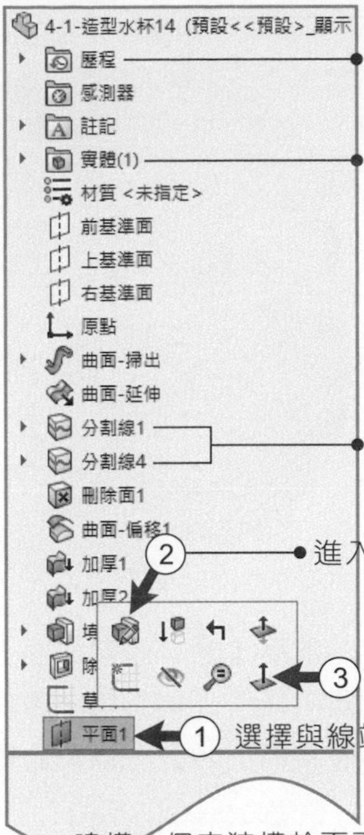

由上步驟所產生的【平面1】進入草圖繪製程序。以【直狹槽工具】於頁面中心繪製一個迴圈，且標註其尺寸為高15mm，寬度則輸入5mm。

現有實體之主步驟紀錄

範例中較易缺失的進程即是「分割線」部份，可透過草圖或特徵編輯再次修正。

② 進入輪廓描繪程序

③ 自動對應視角

① 選擇與線端相切之平面

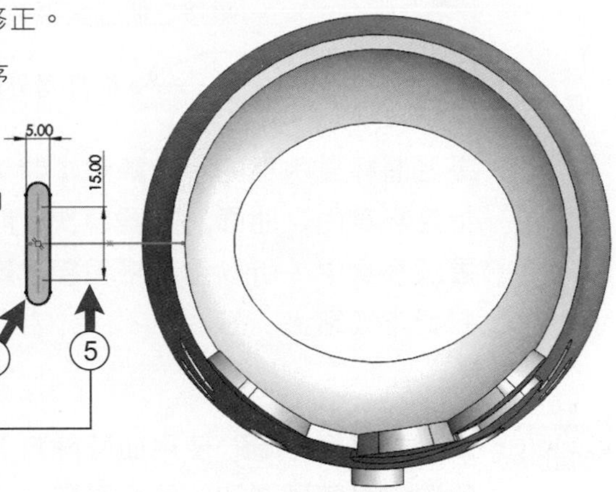

④ 建構一個直狹槽於頁面中心

⑤ 標註狹槽之對應長寬尺寸

STEP 10

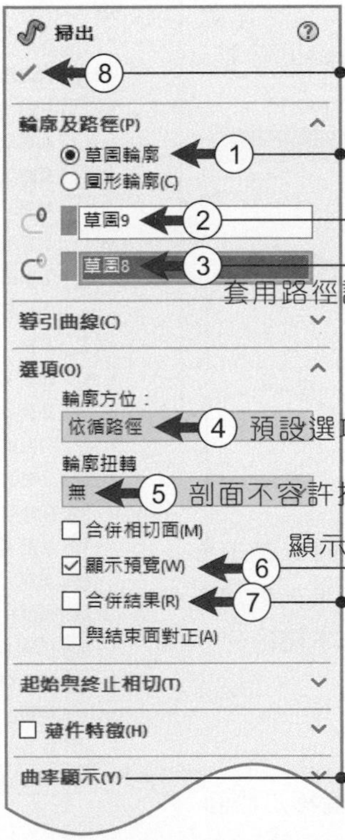

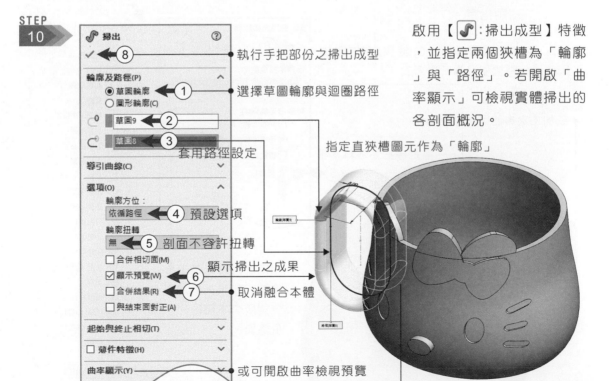

啟用【掃出成型】特徵，並指定兩個狹槽為「輪廓」與「路徑」。若開啟「曲率顯示」可檢視實體掃出的各剖面概況。

⑧ 執行手把部份之掃出成型

① 選擇草圖輪廓與迴圈路徑

② 指定直狹槽圖元作為「輪廓」

③ 套用路徑設定

④ 預設選項

⑤ 剖面不容許扭轉

⑥ 顯示掃出之成果

⑦ 取消融合本體

或可開啟曲率檢視預覽

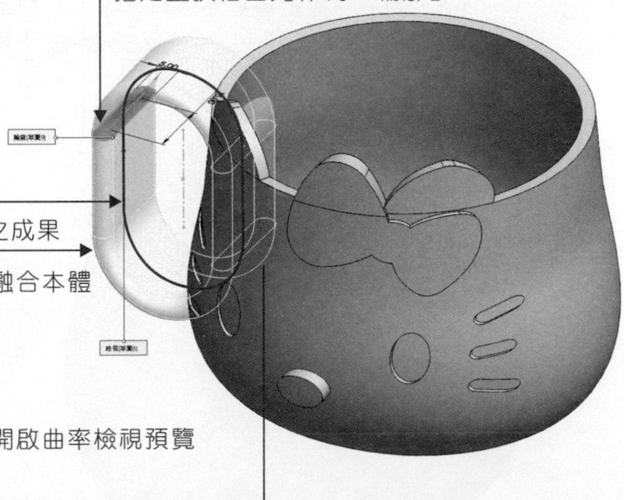

由預覽中可見到手把成型時已滲透進杯身內部

STEP 11

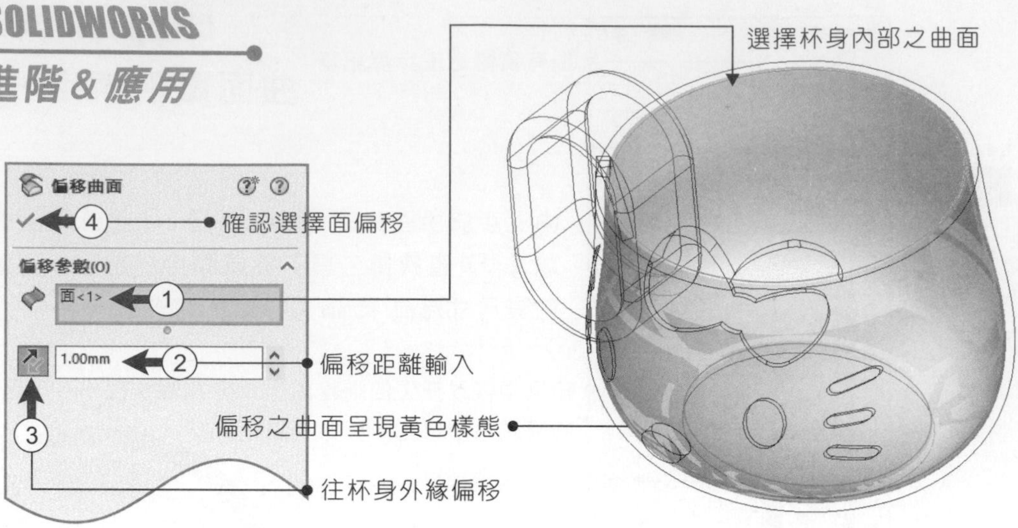
偏移曲面
確認選擇面偏移
偏移參數(O)
面<1>
1.00mm
偏移距離輸入
偏移之曲面呈現黃色樣態
往杯身外緣偏移
選擇杯身內部之曲面

為了將杯身內部的手把綽餘本體消弭，我們可以啟用【 :偏移曲面】指令，並指定杯身內之曲面為移置項次；而成型的方向須向杯子外側偏移。由於成型面隱匿於杯身中，所以得將檢視模式轉換為【 ：線架構】類型，以俾利繪圖者辨識變更之成果。

STEP 12

續接著執行【 :使用曲面除料】指令，而夾雜於實體內的偏移面較難選取，因此可藉由「特徵樹」內之內隱選項個別指定。

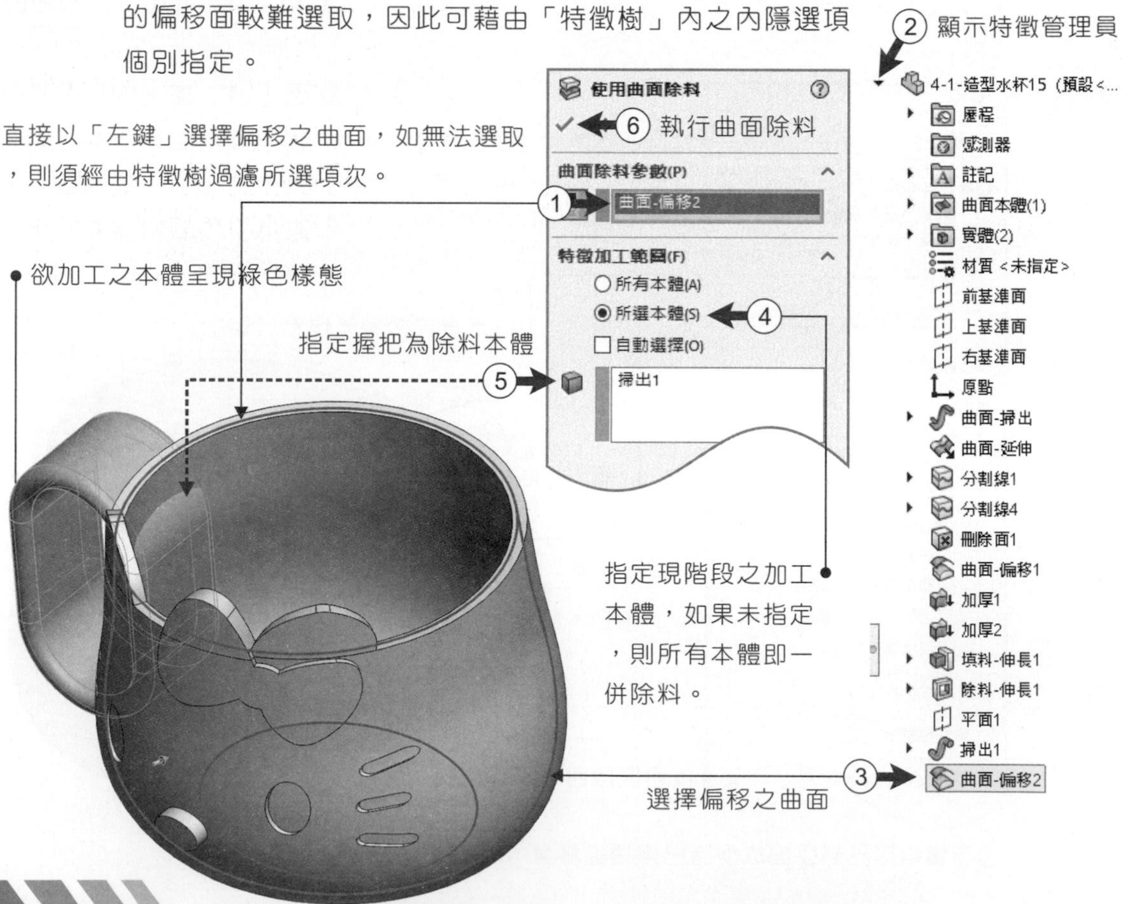
顯示特徵管理員
使用曲面除料
執行曲面除料
曲面除料參數(P)
曲面-偏移2
特徵加工範圍(F)
所有本體(A)
所選本體(S)
自動選擇(O)
掃出1
直接以「左鍵」選擇偏移之曲面，如無法選取，則須經由特徵樹過濾所選項次。
欲加工之本體呈現綠色樣態
指定握把為除料本體
指定現階段之加工本體，如果未指定，則所有本體即一併除料。
選擇偏移之曲面
4-1-造型水杯15 (預設<...
歷程
感測器
註記
曲面本體(1)
實體(2)
材質 <未指定>
前基準面
上基準面
右基準面
原點
曲面-掃出
曲面-延伸
分割線1
分割線4
刪除面1
曲面-偏移1
加厚1
加厚2
填料-伸長1
除料-伸長1
平面1
掃出1
曲面-偏移2

STEP 13

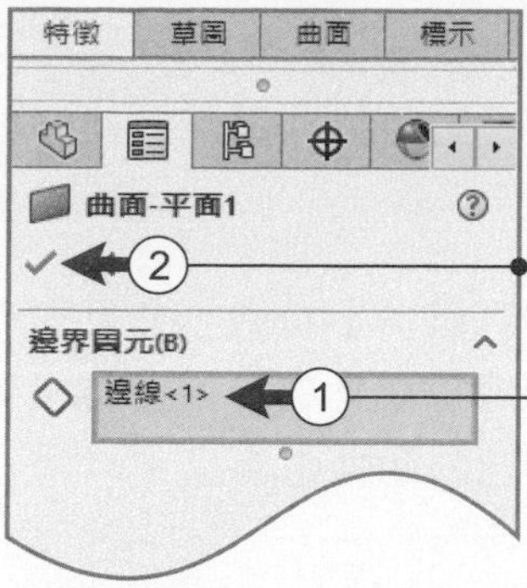

執行底端缺口之封邊指令

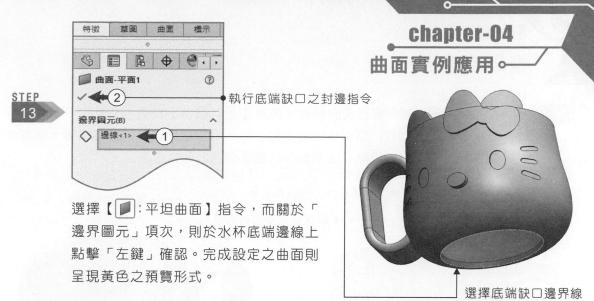

選擇【▣：平坦曲面】指令，而關於「邊界圖元」項次，則於水杯底端邊線上點擊「左鍵」確認。完成設定之曲面則呈現黃色之預覽形式。

選擇底端缺口邊界線

STEP 14

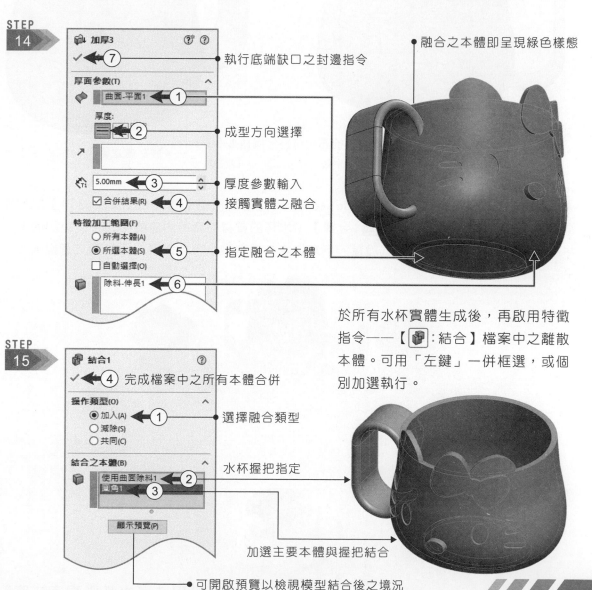

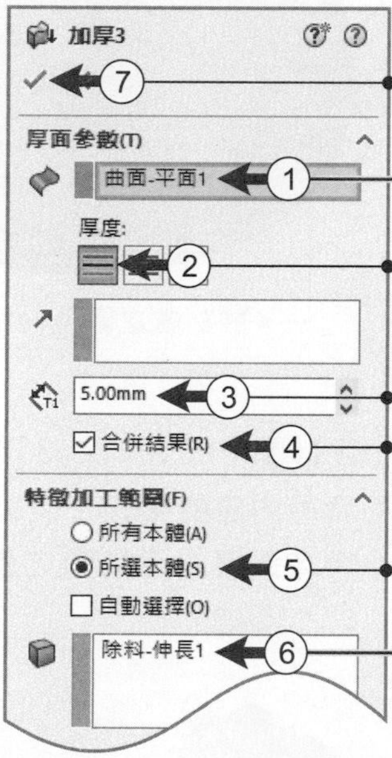

執行底端缺口之封邊指令

成型方向選擇

厚度參數輸入

接觸實體之融合

指定融合之本體

融合之本體即呈現綠色樣態

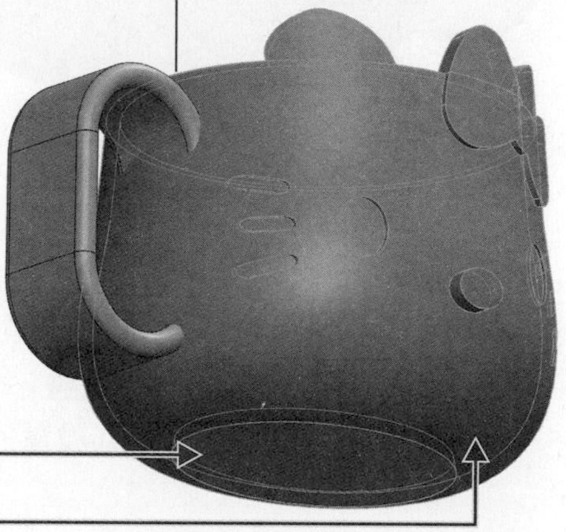

於所有水杯實體生成後，再啟用特徵指令——【▣：結合】檔案中之離散本體。可用「左鍵」一併框選，或個別加選執行。

STEP 15

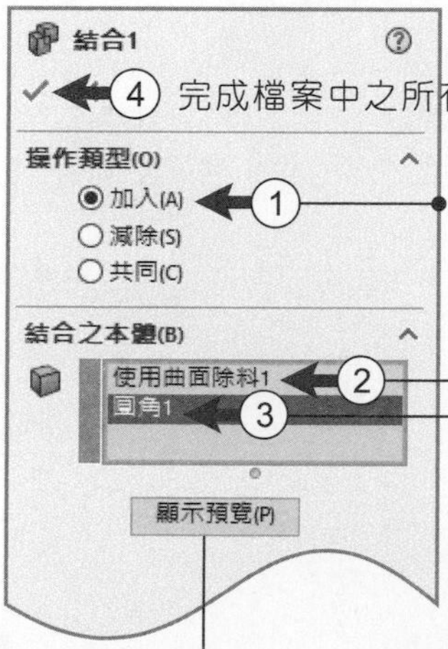

完成檔案中之所有本體合併

選擇融合類型

水杯握把指定

加選主要本體與握把結合

可開啟預覽以檢視模型結合後之境況

STEP 16

建模的最後程序即是邊界潤飾階段。啟用【:圓角】特徵，並針對各邊界施行半徑0.5-3mm之進程；當瑣碎的雜邊越多時，導以圓角之設定則越複雜。造型水杯之外觀造型可自行設變，以期創建出屬於自己的個性化產品。

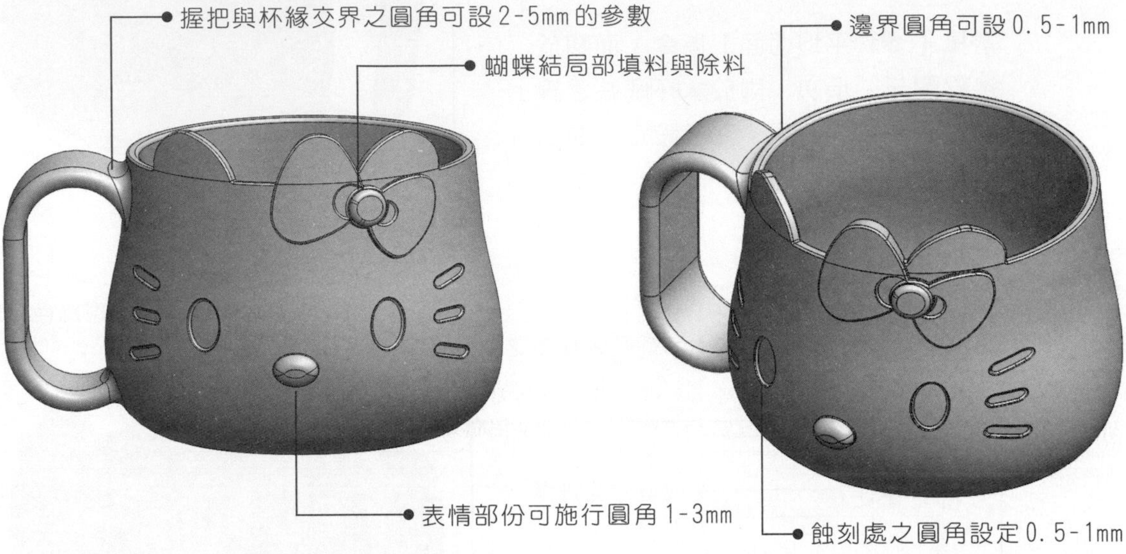
握把與杯緣交界之圓角可設2-5mm的參數
蝴蝶結局部填料與除料
邊界圓角可設0.5-1mm
表情部份可施行圓角1-3mm
蝕刻處之圓角設定0.5-1mm

STEP 17

進入模型彩現程序：透過Solidworks之附加模組【:Photoview360】編輯模型【:外觀】與【:全景】；水杯的質材可套用內建的樣式，而紋飾的部分則可以「面」的型式設置。下方為水杯模型融合素色場景之渲染完成圖照。

《童用造形水杯彩現完成圖》

4-2 免洗衛生湯匙

⊙ 要點提醒　本範例為綠色版參考教學檔 -- 請學習者使用雲端連結並下載相關之附件

本範例教學視訊檔案：SolidWorks/ 進階 & 應用 /CH04 目錄下 /4-2　免洗湯匙 . avi
本範例製作完成檔案：SolidWorks/ 進階 & 應用 /CH04 目錄下 /4-2　免洗湯匙 . SLDPRT

4-2.1 架構免洗湯匙之曲面

於SolidWorks軟體操作廿十多年的經驗中，常有學生問我：「什麼東西是看起來很簡單，但實際上卻很難建模的生活用品。」而我的回答即如：「螺絲釘、牙刷、戒指……等比比皆是；但最典型的例子即是「免洗湯匙」。」確實，衛生湯匙之單價成本不及一毛錢，但所教導過的數千名學生中，能將免洗餐具畫好的卻寥寥無幾。而這也是為什麼我會堅持在進階的教學書籍中特意撰寫本單元之原由。當讀者經由範例的進程學習到衛生湯匙的曲面構築思路後，筆者深信：您對於曲面的見解與掌握已是大有斬獲。

建模進程：

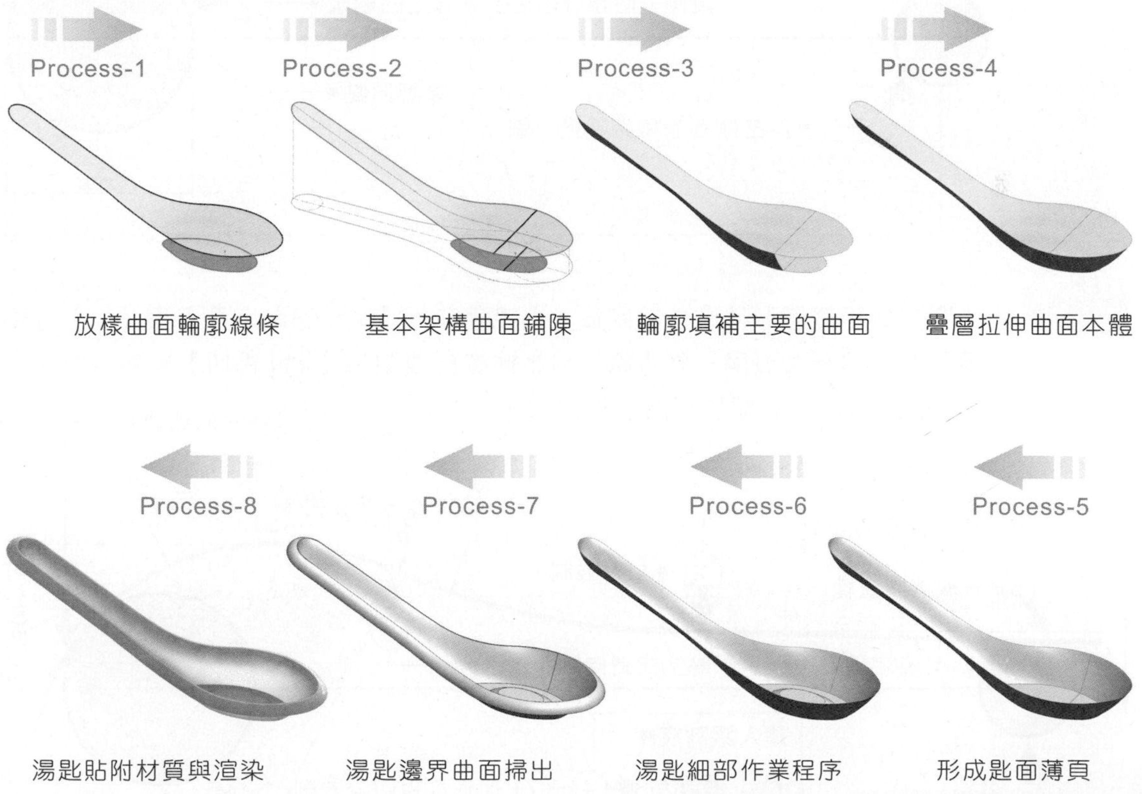
Process-1
Process-2
Process-3
Process-4
放樣曲面輪廓線條
基本架構曲面鋪陳
輪廓填補主要的曲面
疊層拉伸曲面本體
Process-8
Process-7
Process-6
Process-5
湯匙貼附材質與渲染
湯匙邊界曲面掃出
湯匙細部作業程序
形成匙面薄頁

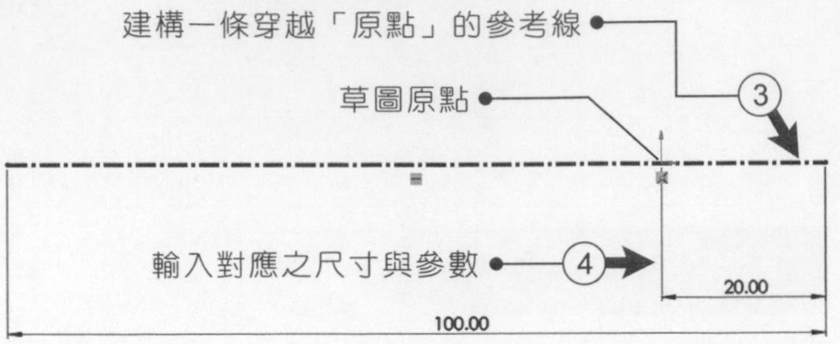
建構一條穿越「原點」的參考線
③
草圖原點
輸入對應之尺寸與參數
④
20.00
100.00

STEP 01

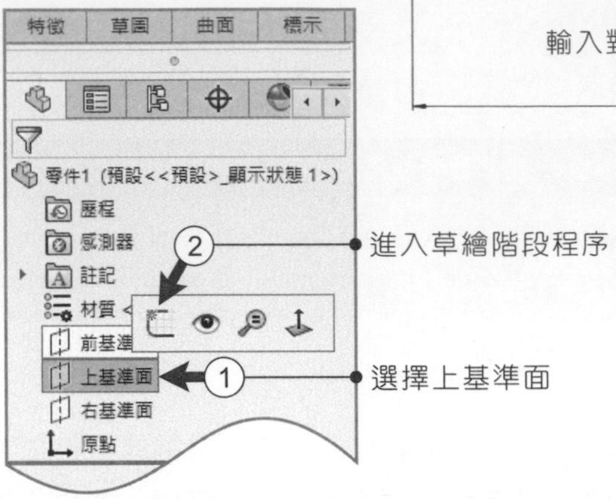
特徵
草圖
曲面
標示
零件1 (預設<<預設>_顯示狀態 1>)
歷程
感測器
註記
材質
前基準
上基準面
右基準面
原點
②
進入草繪階段程序
①
選擇上基準面

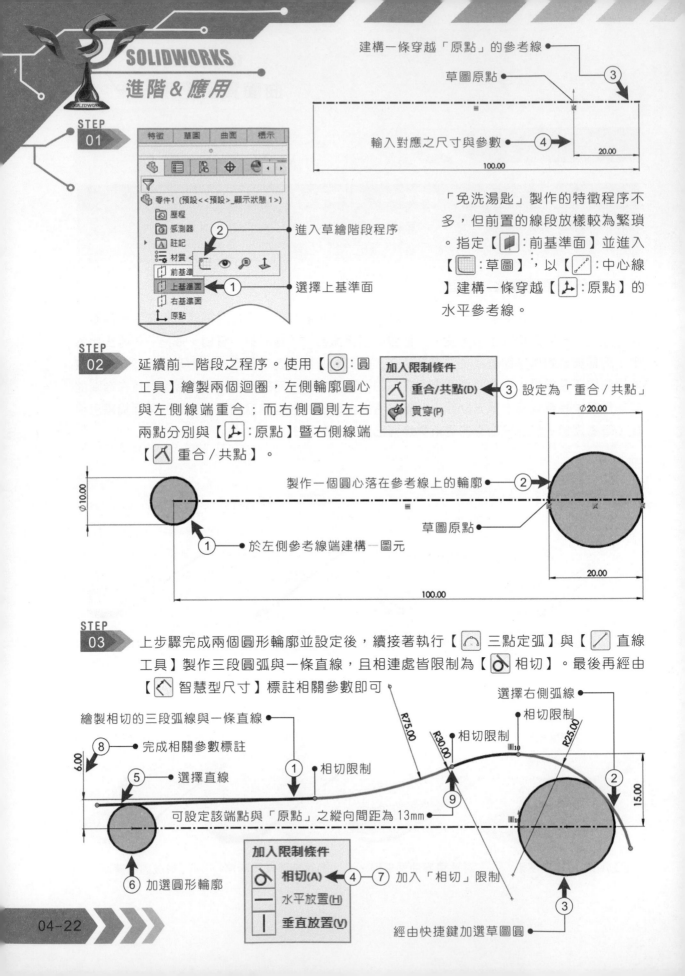

「免洗湯匙」製作的特徵程序不多，但前置的線段放樣較為繁瑣。指定【:前基準面】並進入【:草圖】，以【:中心線】建構一條穿越【:原點】的水平參考線。

STEP 02

延續前一階段之程序。使用【:圓工具】繪製兩個迴圈，左側輪廓圓心與左側線端重合；而右側圓則左右兩點分別與【:原點】暨右側線端【 重合/共點】。

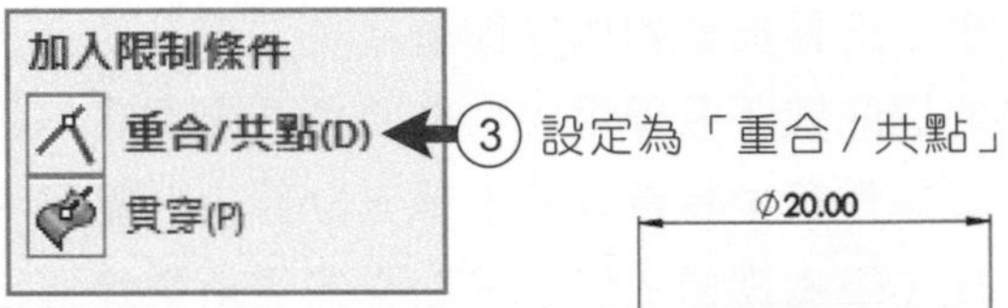
加入限制條件
重合/共點(D)
貫穿(P)
③
設定為「重合/共點」

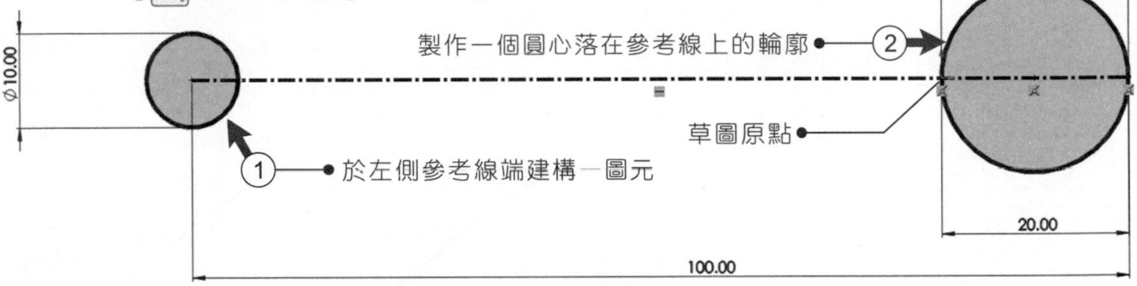
Ø20.00
Ø10.00
製作一個圓心落在參考線上的輪廓
②
草圖原點
①
於左側參考線端建構一圖元
20.00
100.00

STEP 03

上步驟完成兩個圓形輪廓並設定後，續接著執行【 三點定弧】與【 直線工具】製作三段圓弧與一條直線，且相連處皆限制為【 相切】。最後再經由【 智慧型尺寸】標註相關參數即可。

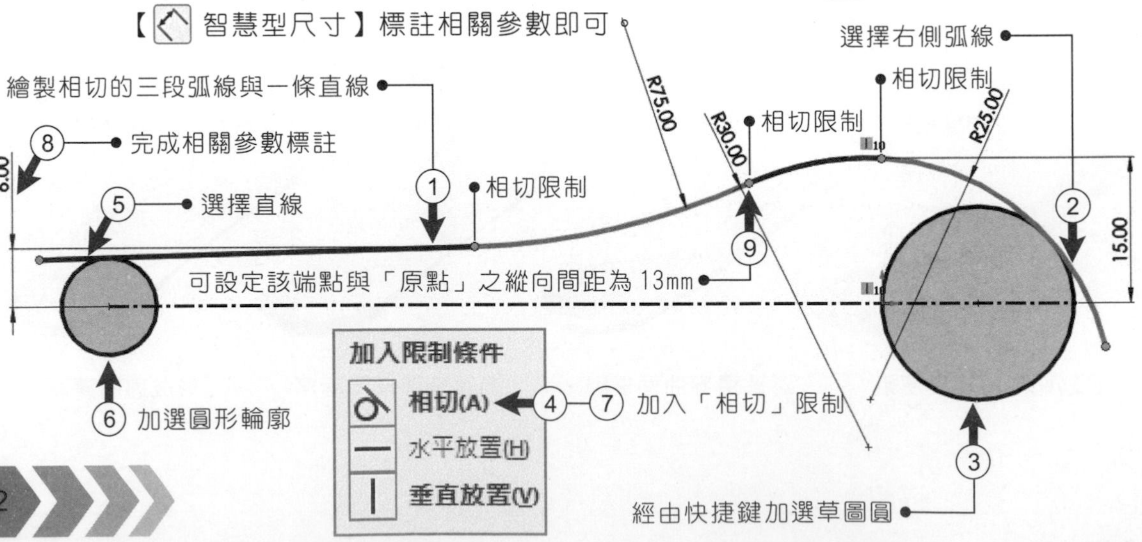
選擇右側弧線
相切限制
R75.00
R30.00
相切限制
R25.00
繪製相切的三段弧線與一條直線
⑧
完成相關參數標註
6.00
①
相切限制
⑤
選擇直線
②
15.00
⑨
可設定該端點與「原點」之縱向間距為 13mm
加入限制條件
相切(A)
水平放置(H)
垂直放置(V)
④
⑦
加入「相切」限制
⑥
加選圓形輪廓
③
經由快捷鍵加選草圖圓

STEP 04

延續上階段之草圖程序。以【 :選擇工具】加選三段圓弧與一條直線，且再經由快捷鍵 Ctrl +「左鍵」加選水平【 中心線】，並執行【 鏡射圖元】指令。於SolidWorks草圖建構中，已經完全定義之草圖即呈現「黑色實線」形態；而於本書範例中，為了讓學習者可以更明確的知悉線條的分段，所以特意以藍色與黃色區分段落。

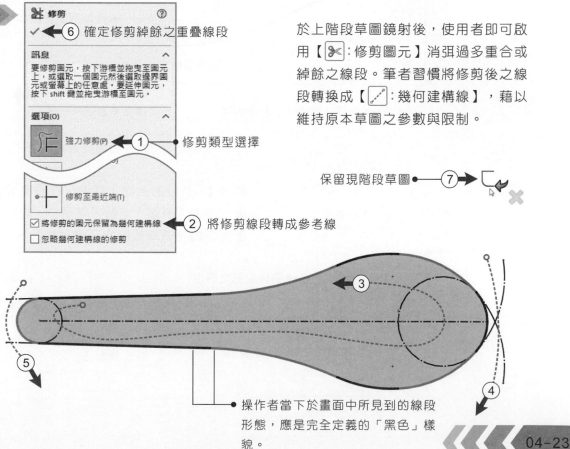

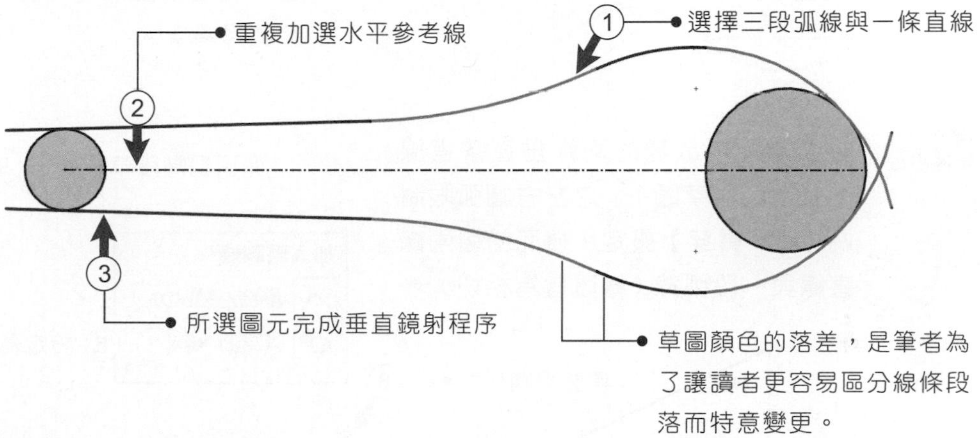
1 選擇三段弧線與一條直線
重複加選水平參考線 2
3 所選圖元完成垂直鏡射程序
草圖顏色的落差，是筆者為了讓讀者更容易區分線條段落而特意變更。

STEP 05

於上階段草圖鏡射後，使用者即可啟用【 :修剪圖元】消弭過多重合或綽餘之線段。筆者習慣將修剪後之線段轉換成【 :幾何建構線】，藉以維持原本草圖之參數與限制。

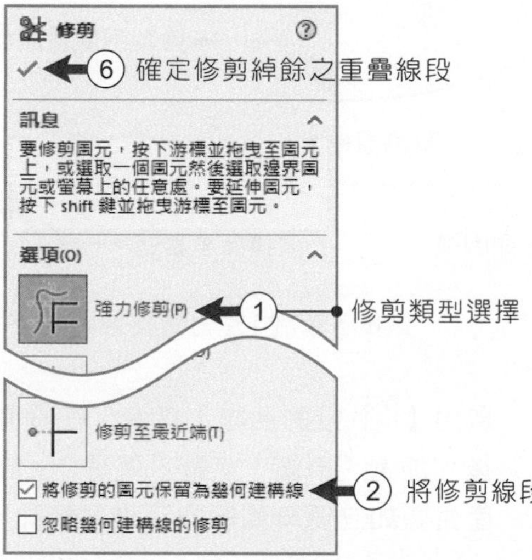
修剪
6 確定修剪綽餘之重疊線段
訊息
要修剪圖元，按下游標並拖曳至圖元上，或選取一個圖元然後選取邊界圖元或螢幕上的任意處。要延伸圖元，按下 shift 鍵並拖曳游標至圖元。
選項(O)
強力修剪(P)
1 修剪類型選擇
修剪至最近端(T)
將修剪的圖元保留為幾何建構線
2 將修剪線段轉成參考線
忽略幾何建構線的修剪

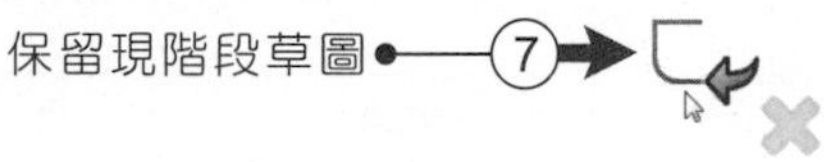
保留現階段草圖 7

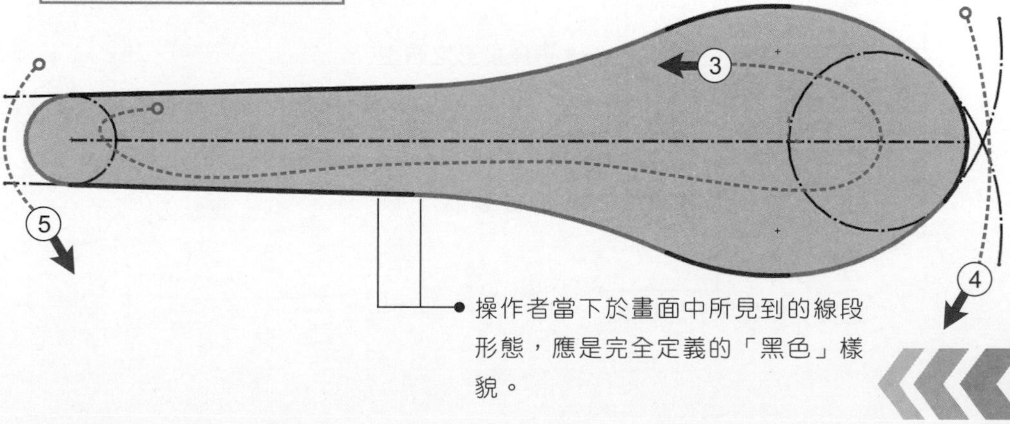
3
5
4
操作者當下於畫面中所見到的線段形態，應是完全定義的「黑色」樣貌。

STEP 06

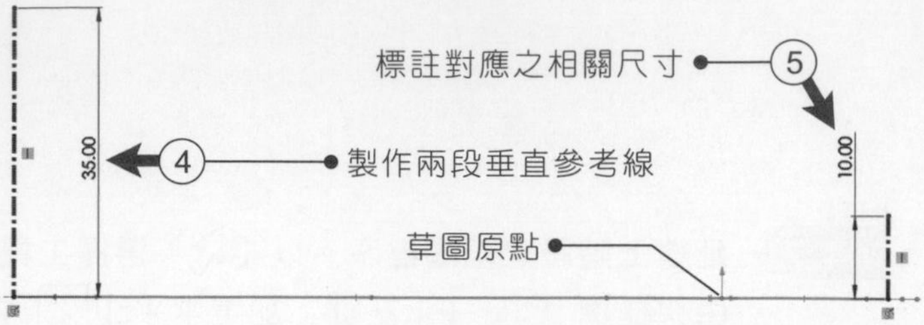
標註對應之相關尺寸
5
35.00
4
製作兩段垂直參考線
10.00
草圖原點

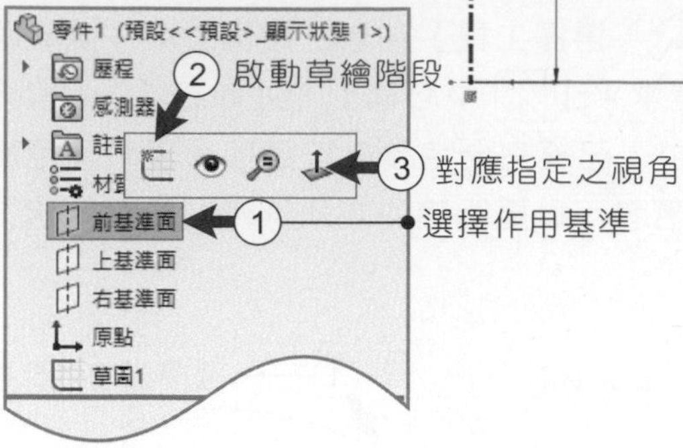
零件1 (預設<<預設>_顯示狀態 1>)
歷程
感測器
註記
材質
前基準面
上基準面
右基準面
原點
草圖1
2 啟動草繪階段
3 對應指定之視角
1 選擇作用基準

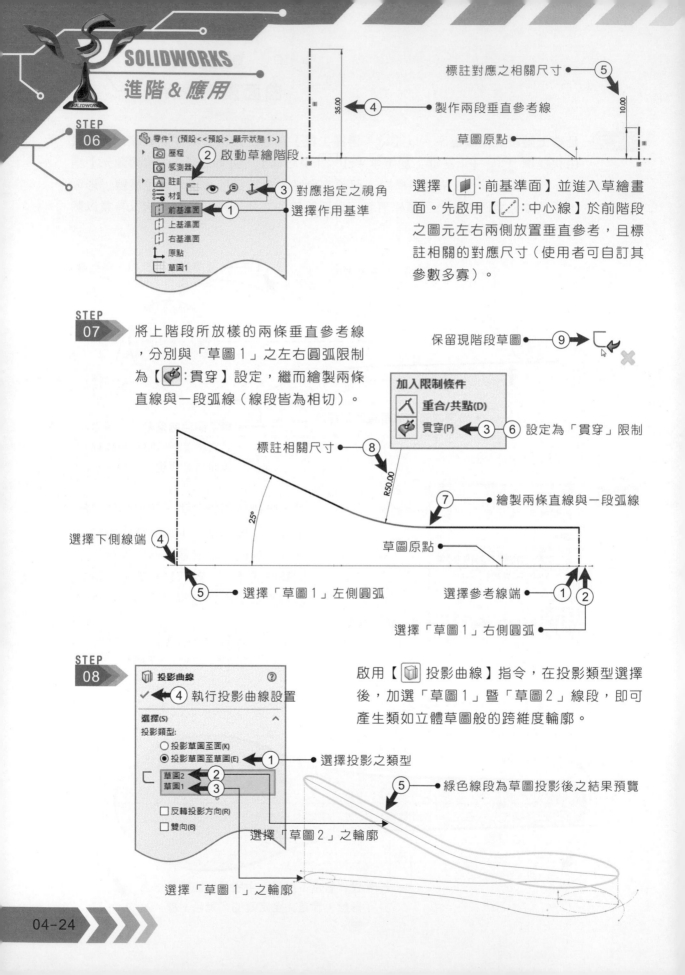

選擇【:前基準面】並進入草繪畫面。先啟用【:中心線】於前階段之圖元左右兩側放置垂直參考，且標註相關的對應尺寸（使用者可自訂其參數多寡）。

STEP 07

將上階段所放樣的兩條垂直參考線，分別與「草圖 1」之左右圓弧限制為【:貫穿】設定，繼而繪製兩條直線與一段弧線（線段皆為相切）。

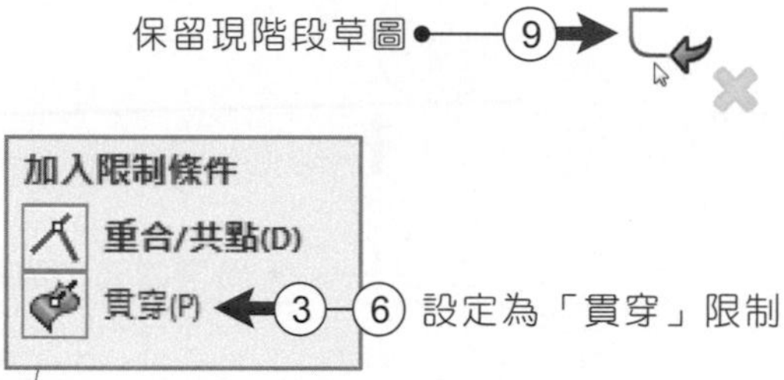
保留現階段草圖
9
加入限制條件
重合/共點(D)
貫穿(P)
3
6
設定為「貫穿」限制

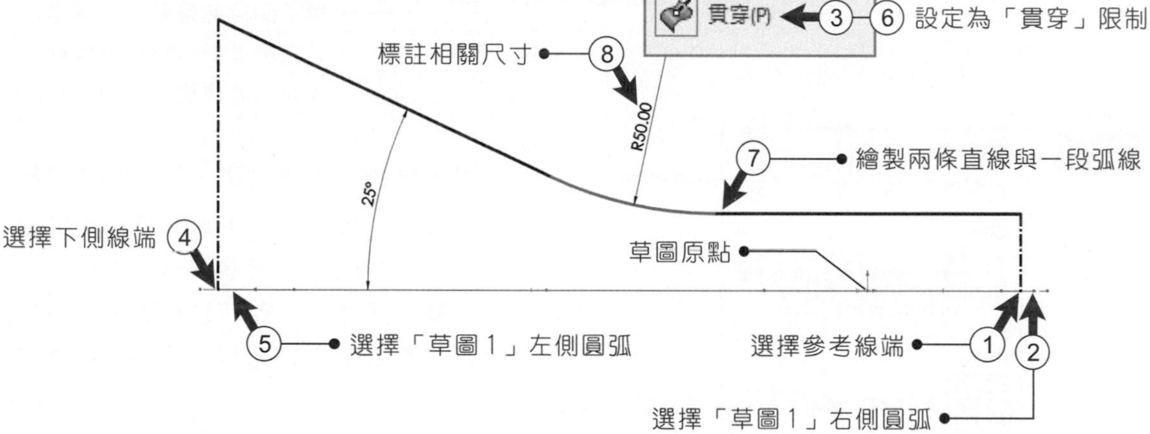
標註相關尺寸
8
R50.00
7
繪製兩條直線與一段弧線
25°
選擇下側線端
4
草圖原點
5
選擇「草圖 1」左側圓弧
選擇參考線端
1
2
選擇「草圖 1」右側圓弧

STEP 08

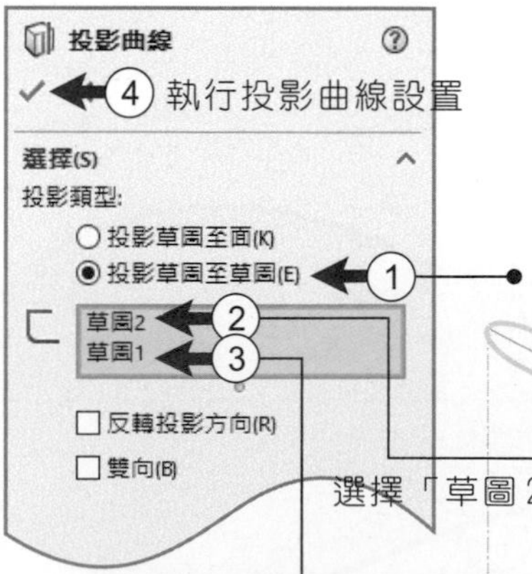
投影曲線
4 執行投影曲線設置
選擇(S)
投影類型:
投影草圖至面(K)
投影草圖至草圖(E)
1
選擇投影之類型
草圖2
草圖1
2
3
反轉投影方向(R)
雙向(B)

啟用【 投影曲線】指令，在投影類型選擇後，加選「草圖 1」暨「草圖 2」線段，即可產生類如立體草圖般的跨維度輪廓。

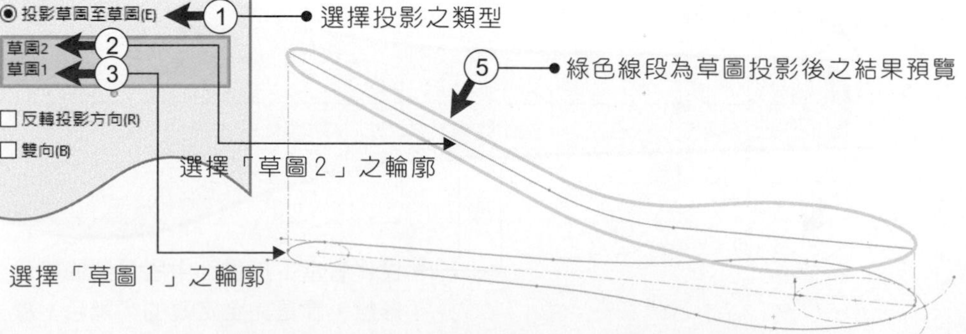
5
綠色線段為草圖投影後之結果預覽
選擇「草圖 2」之輪廓
選擇「草圖 1」之輪廓

STEP 09

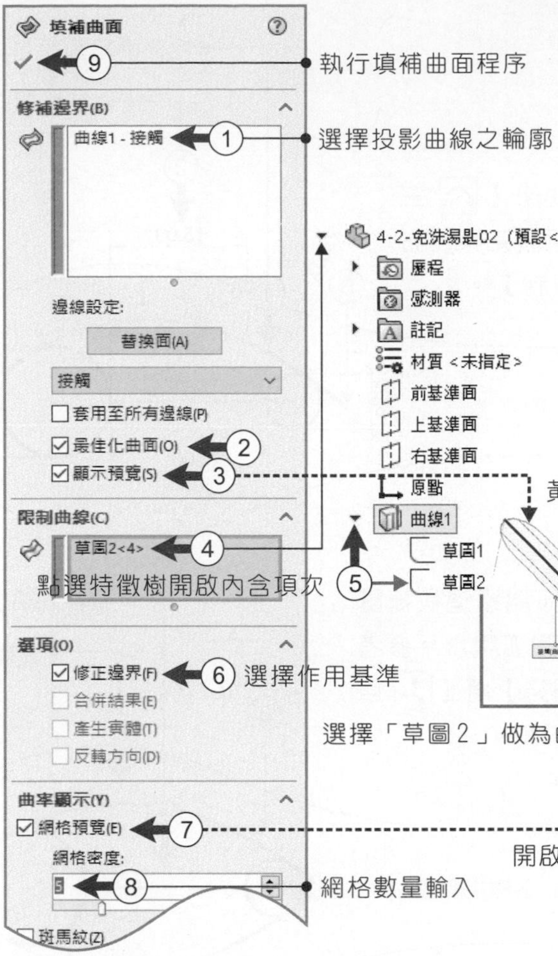

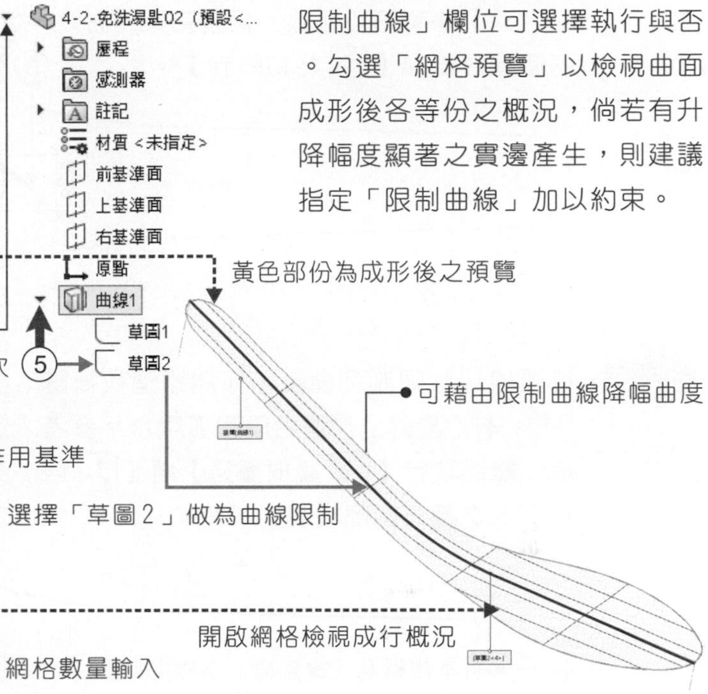

啟用【 :填補曲面】指令，「限制曲線」欄位可選擇執行與否。勾選「網格預覽」以檢視曲面成形後各等份之概況，倘若有升降幅度顯著之實邊產生，則建議指定「限制曲線」加以約束。

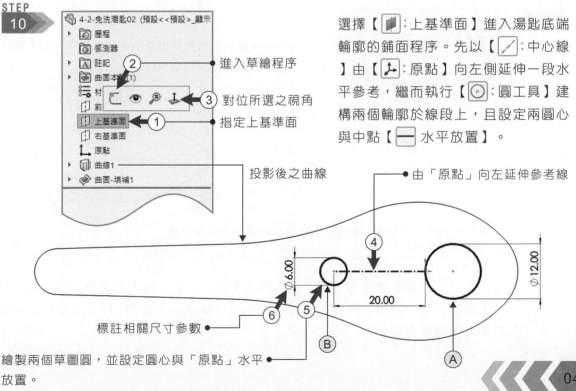

STEP 10

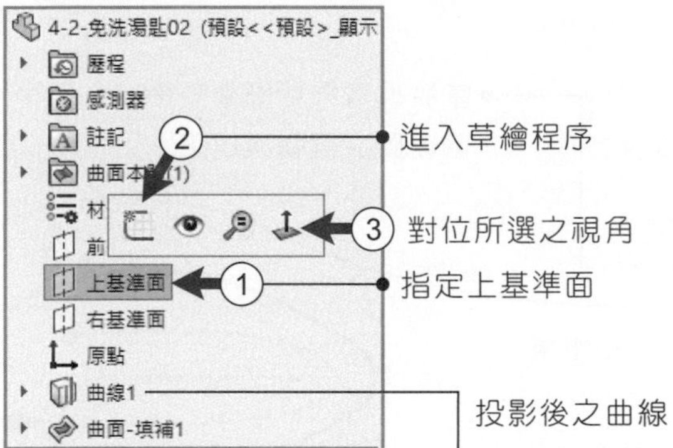

選擇【 :上基準面】進入湯匙底端輪廓的鋪面程序。先以【 :中心線】由【 :原點】向左側延伸一段水平參考，繼而執行【 :圓工具】建構兩個輪廓於線段上，且設定兩圓心與中點【 水平放置】。

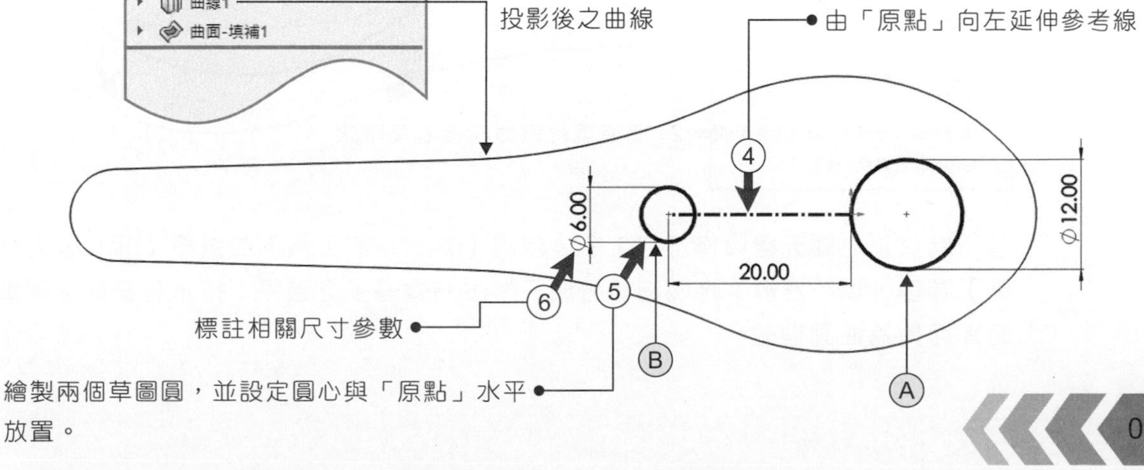

STEP 11

接續上階段之草圖程序。使用【 三點定弧】繪製兩段弧線，且設定與左右兩個圓形輪廓【 相切限制】。

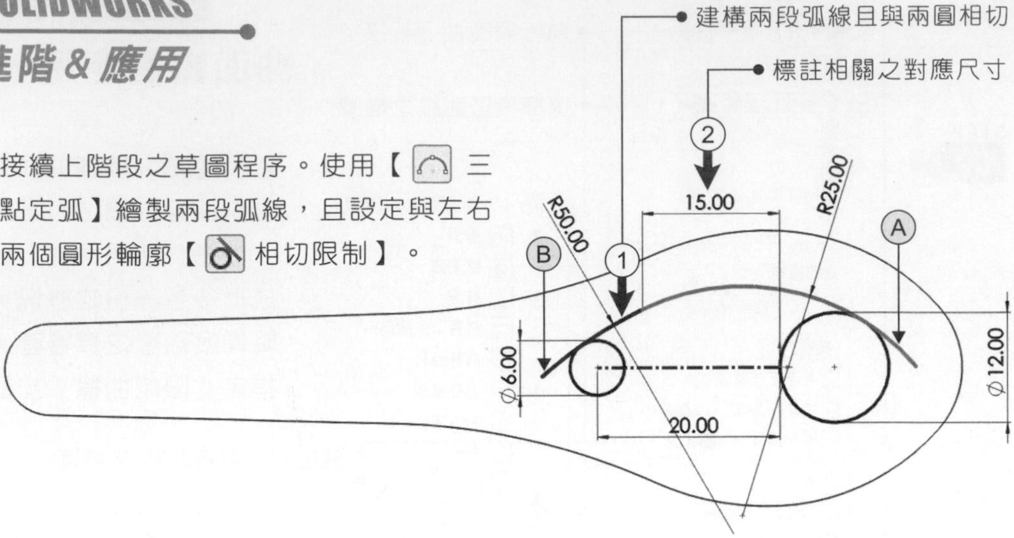

STEP 12

待弧線尺寸限制完備後，即能透過快捷鍵 Ctrl ＋「左鍵」加選兩段圓弧與水平參考線，繼而執行【 鏡射圖元】將【 原點】上之圖元輪廓複製到下側。

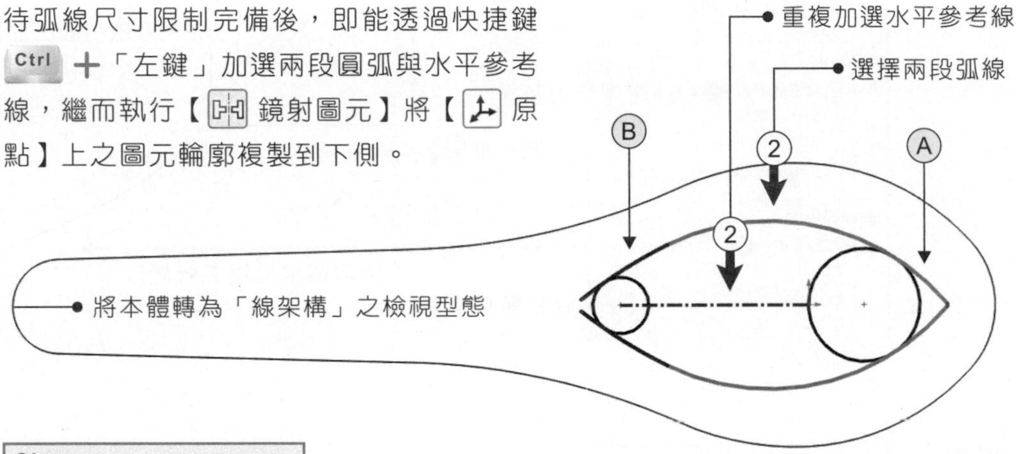
重複加選水平參考線
選擇兩段弧線
B
2
A
2
將本體轉為「線架構」之檢視型態

STEP 13

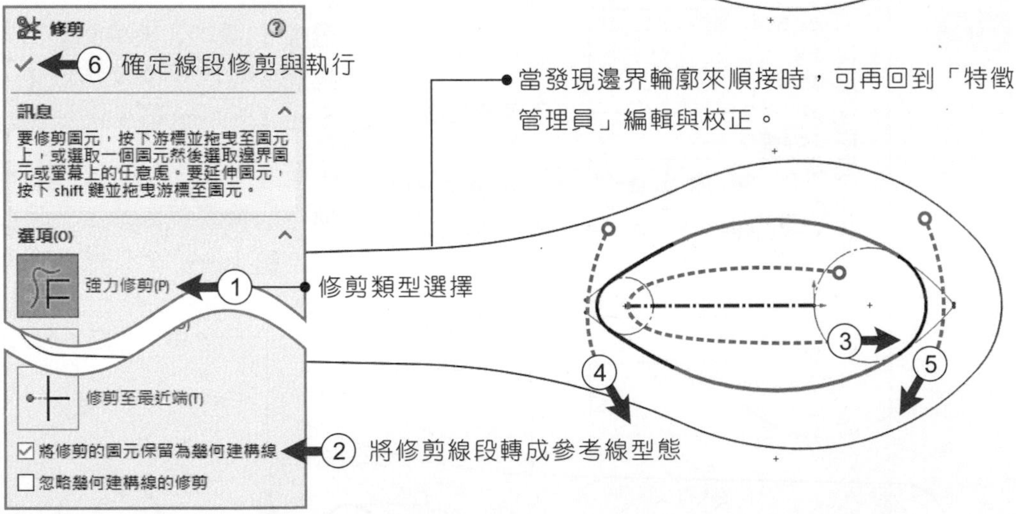
修剪
6 確定線段修剪與執行
訊息
要修剪圖元，按下游標並拖曳至圖元上，或選取一個圖元然後選取邊界圖元或螢幕上的任意處。要延伸圖元，按下 shift 鍵並拖曳游標至圖元。
選項(O)
強力修剪(P)
1 修剪類型選擇
修剪至最近端(T)
將修剪的圖元保留為幾何建構線
2 將修剪線段轉成參考線型態
忽略幾何建構線的修剪
當發現邊界輪廓來順接時，可再回到「特徵管理員」編輯與校正。
3
4
5

當下為交錯之圖元線段修正的工序，啟用【 :修剪工具】並選擇【 :強力修剪】類型，以「左鍵」拖曳指標分成三階段消彌過多之邊界；待未有交疊之輪廓時即可轉為曲面型態。

STEP 14

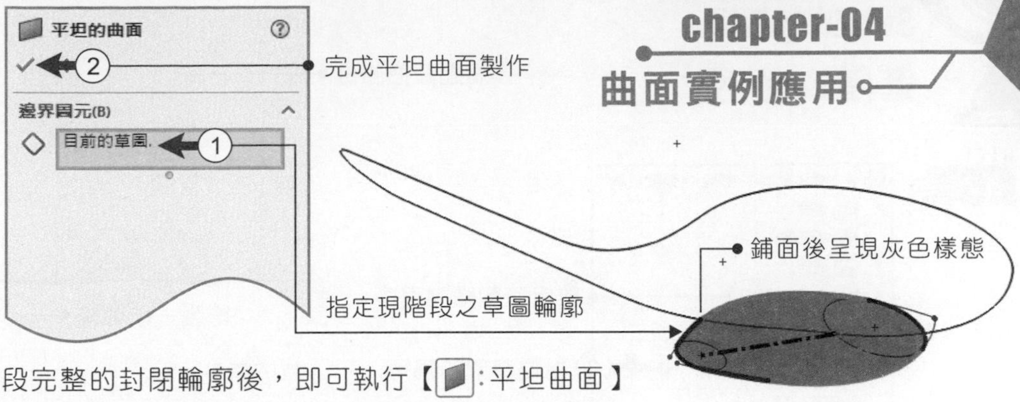

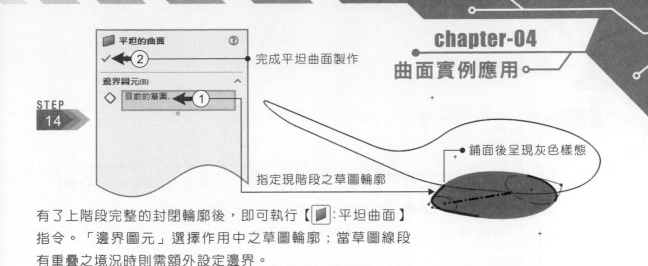

有了上階段完整的封閉輪廓後，即可執行【 :平坦曲面】指令。「邊界圖元」選擇作用中之草圖輪廓；當草圖線段有重疊之境況時則需額外設定邊界。

STEP 15

選擇【 :上基準面】進入草繪環境。使用【 :直線工具】繪製一段貫穿【 原點】與「湯匙」上下邊界的垂直線。

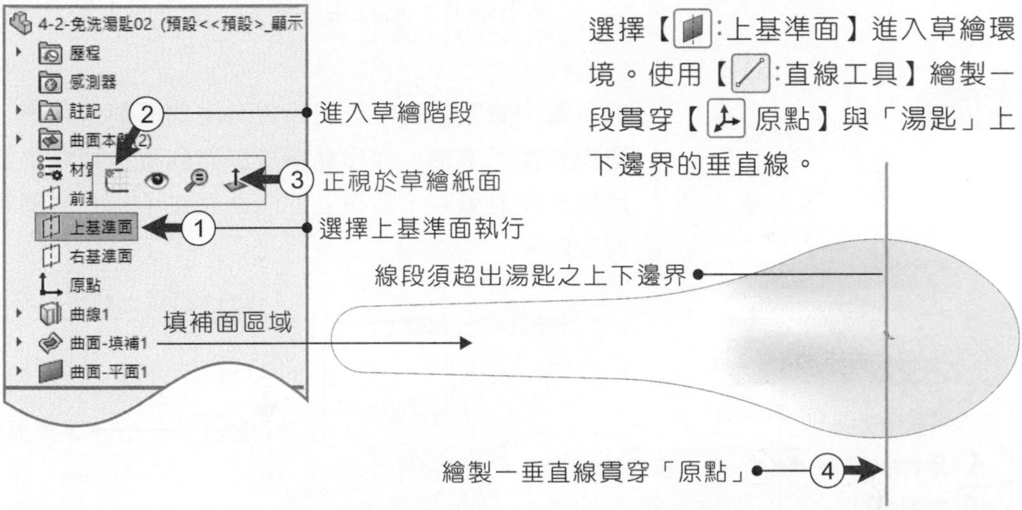

STEP 16

啟用【 :分割線】功能指令。所繪製的垂直線作為分割工具；而欲分割之項次為檔案中的兩個本體（上下兩個曲面）；關於「單一方向」選項則建議取消其限制。

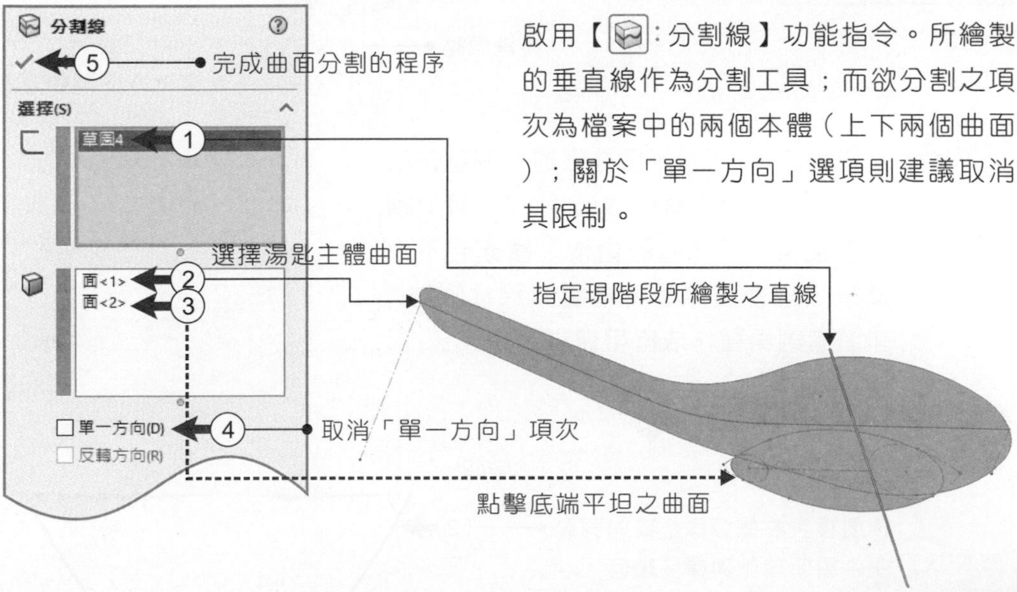

STEP 17

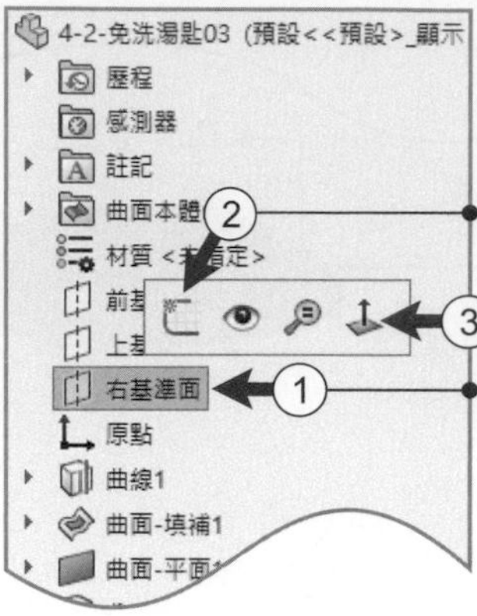
4-2-免洗湯匙03 (預設<<預設>_顯示
歷程
感測器
註記
曲面本體
材質 <未指定>
前基
上基
右基準面
原點
曲線1
曲面-填補1
曲面-平面
② 啟用草圖繪製程序
③ 對位草圖的視角
① 選擇右基準面製作草圖

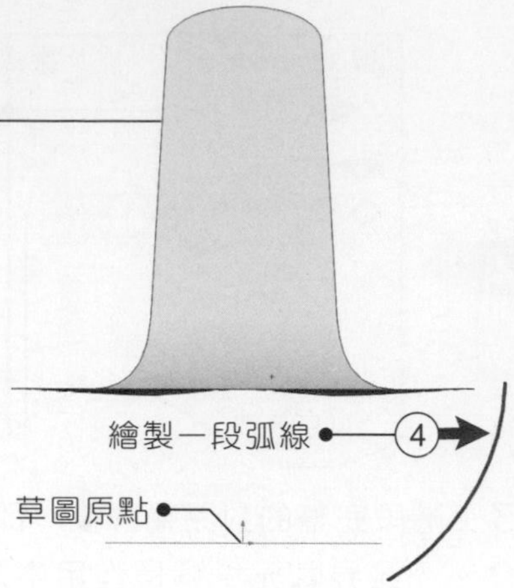
湯匙握把部份
繪製一段弧線 ④
草圖原點

範例中欲製作導引線，讓曲面成型時得以依循線段輪廓之邊界鋪陳。指定【右基準面】並啟動【草圖】指令，再經由【三點定弧】製作一圖元。

STEP 18

於草圖中繪製過程中，偶而會有視覺屏障之疑慮，學習者可透過長按「滾輪」並移動指標以達到視角轉換之目的。上階段所製作之弧線，需與上下兩曲面之【:分割線】構成幾何限制。

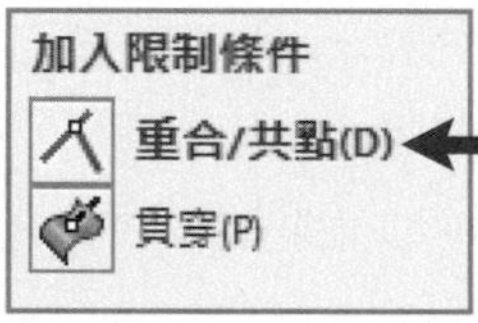
加入限制條件
重合/共點(D)
貫穿(P)
③—⑥ 設定為「重合 / 共點」

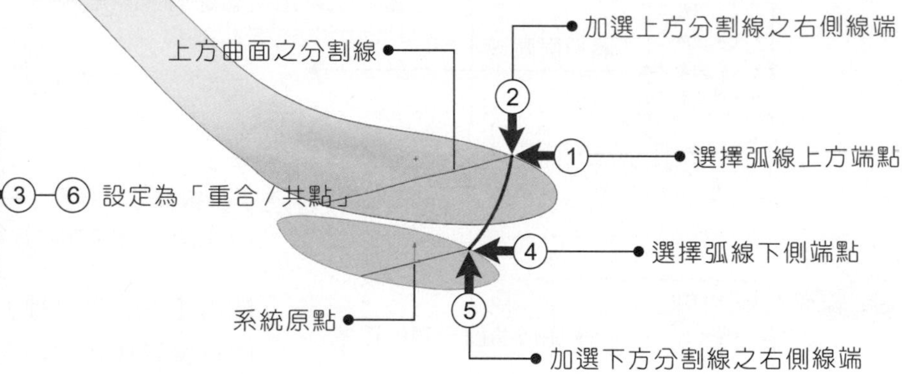
加選上方分割線之右側線端
上方曲面之分割線
②
① 選擇弧線上方端點
④ 選擇弧線下側端點
系統原點
⑤
加選下方分割線之右側線端

STEP 19

完成弧線半徑 50mm 標註後的右側圖元已完備。左側之弧線可透過【：鏡射圖元】複製；而筆者的習慣是圖元若不太繁瑣，則會選擇重新繪製與尺寸限制（學習者則兩種作法皆可嘗試比較）。

保留現階段草圖 ③

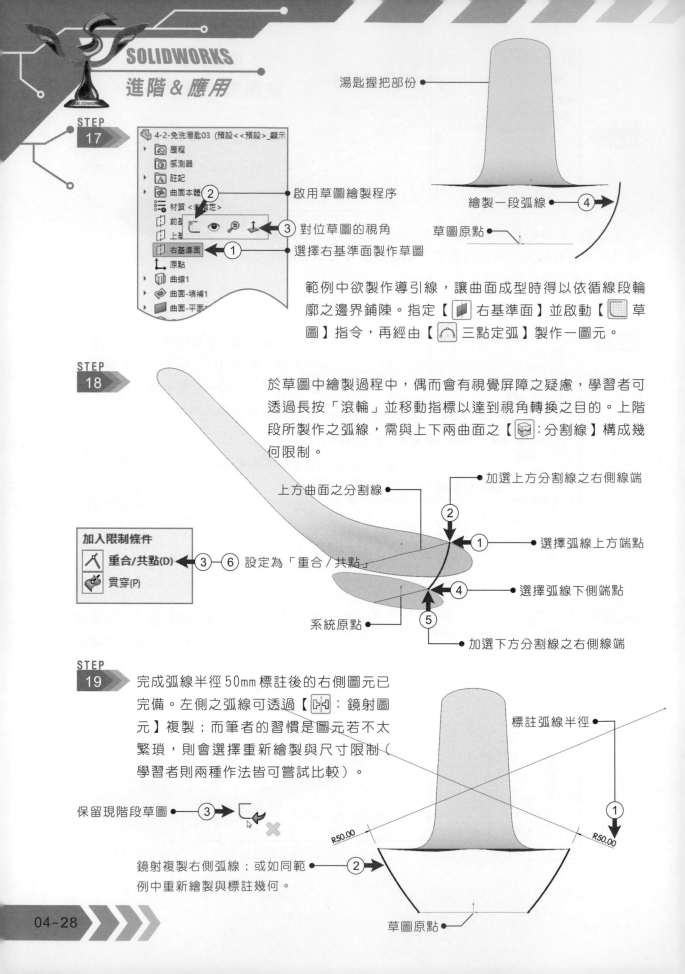

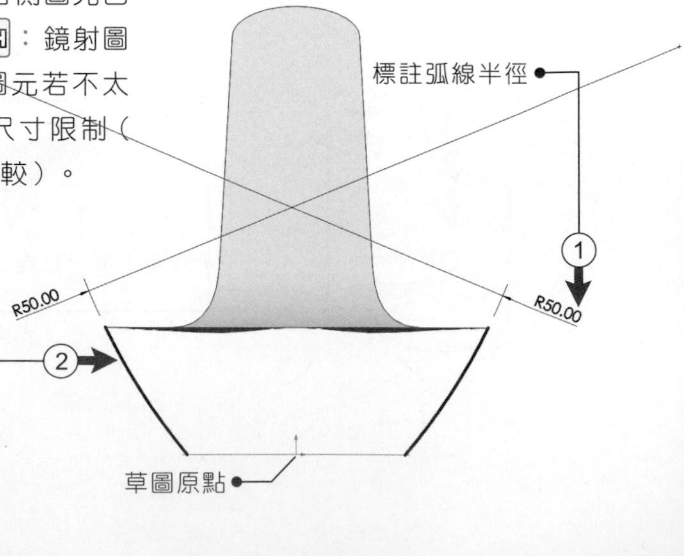
標註弧線半徑
①
R50.00
R50.00
鏡射複製右側弧線；或如同範例中重新繪製與標註幾何。②
草圖原點

STEP 20

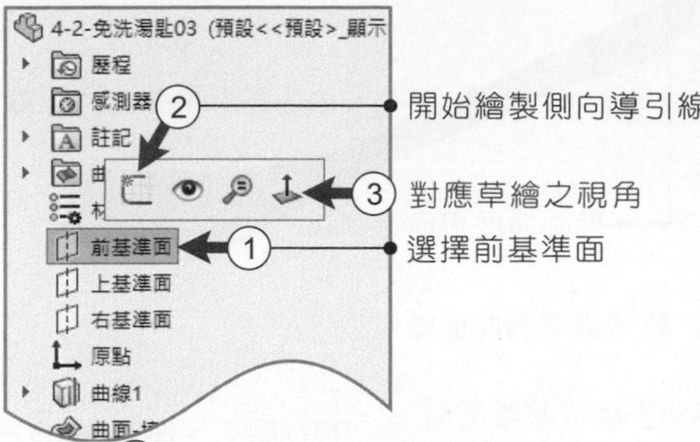
4-2-免洗湯匙03 (預設<<預設>_顯示
歷程
感測器
註記
前基準面
上基準面
右基準面
原點
曲線1
開始繪製側向導引線
對應草繪之視角
選擇前基準面

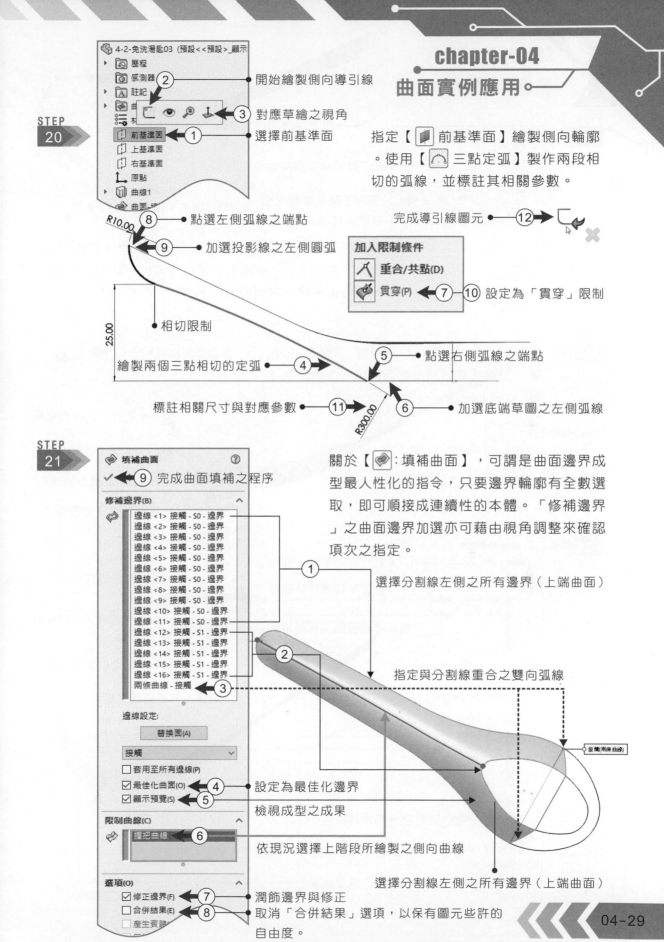

指定【前基準面】繪製側向輪廓。使用【三點定弧】製作兩段相切的弧線，並標註其相關參數。

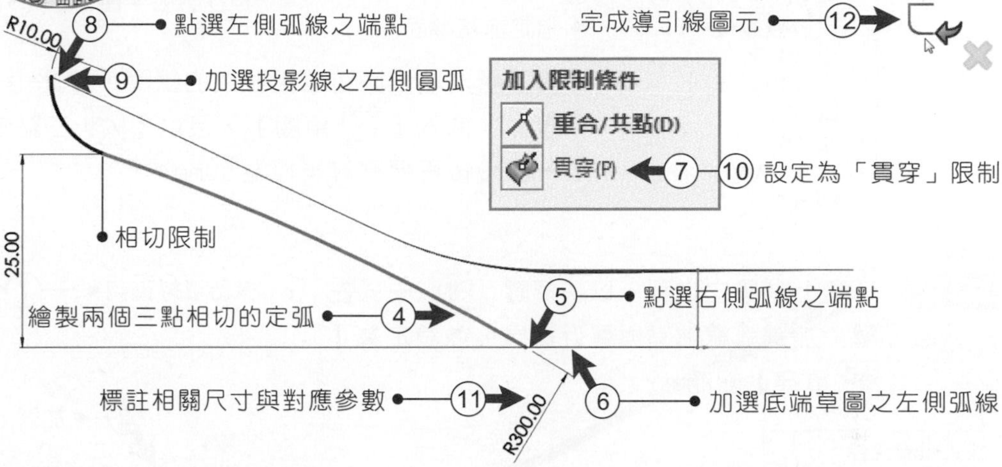
R10.00
點選左側弧線之端點
加選投影線之左側圓弧
完成導引線圖元
加入限制條件
重合/共點(D)
貫穿(P)
設定為「貫穿」限制
相切限制
25.00
繪製兩個三點相切的定弧
點選右側弧線之端點
標註相關尺寸與對應參數
R300.00
加選底端草圖之左側弧線

STEP 21

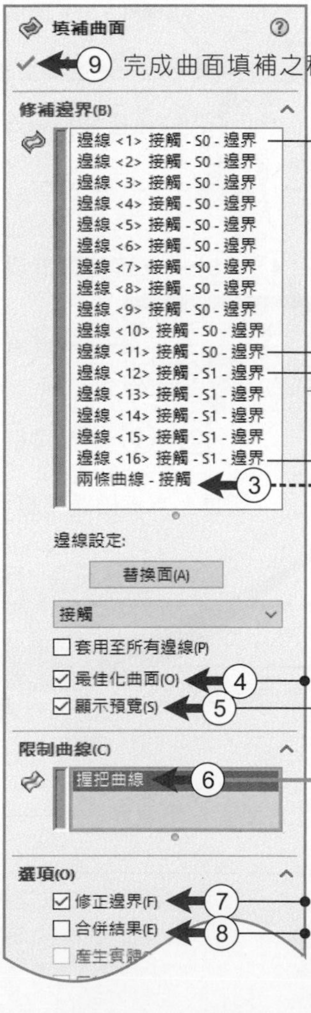
填補曲面
完成曲面填補之程序
修補邊界(B)
邊線 <1> 接觸 - S0 - 邊界
邊線 <2> 接觸 - S0 - 邊界
邊線 <3> 接觸 - S0 - 邊界
邊線 <4> 接觸 - S0 - 邊界
邊線 <5> 接觸 - S0 - 邊界
邊線 <6> 接觸 - S0 - 邊界
邊線 <7> 接觸 - S0 - 邊界
邊線 <8> 接觸 - S0 - 邊界
邊線 <9> 接觸 - S0 - 邊界
邊線 <10> 接觸 - S0 - 邊界
邊線 <11> 接觸 - S0 - 邊界
邊線 <12> 接觸 - S1 - 邊界
邊線 <13> 接觸 - S1 - 邊界
邊線 <14> 接觸 - S1 - 邊界
邊線 <15> 接觸 - S1 - 邊界
邊線 <16> 接觸 - S1 - 邊界
兩條曲線 - 接觸
邊線設定:
替換面(A)
接觸
套用至所有邊線(P)
最佳化曲面(O)
顯示預覽(S)
限制曲線(C)
握把曲線
選項(O)
修正邊界(F)
合併結果(E)
產生實體

關於【填補曲面】，可謂是曲面邊界成型最人性化的指令，只要邊界輪廓有全數選取，即可順接成連續性的本體。「修補邊界」之曲面邊界加選亦可藉由視角調整來確認項次之指定。

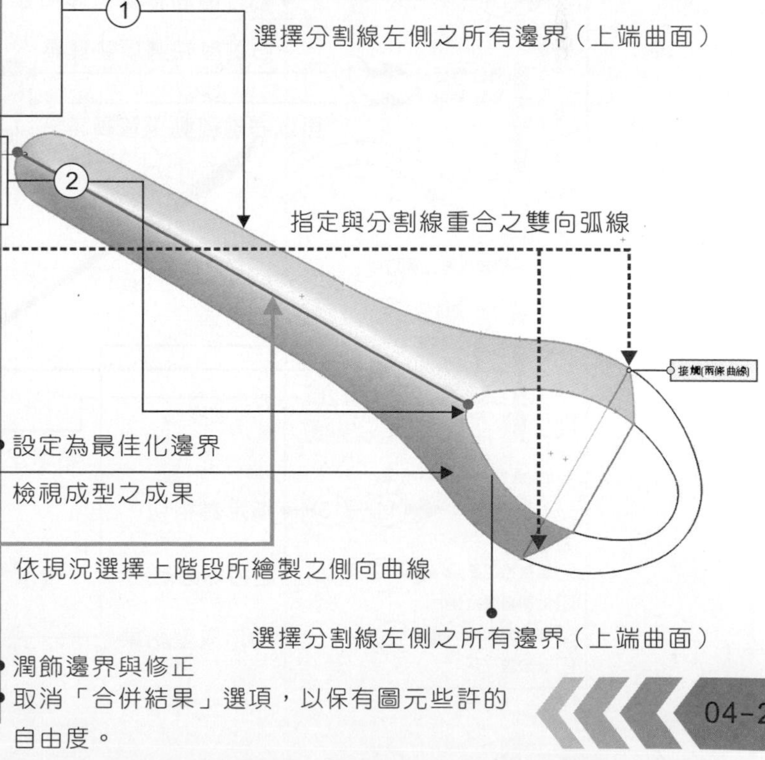
選擇分割線左側之所有邊界（上端曲面）
指定與分割線重合之雙向弧線
接觸(兩條曲線)
設定為最佳化邊界
檢視成型之成果
依現況選擇上階段所繪製之側向曲線
選擇分割線左側之所有邊界（上端曲面）
潤飾邊界與修正
取消「合併結果」選項，以保有圖元些許的自由度。

STEP 22

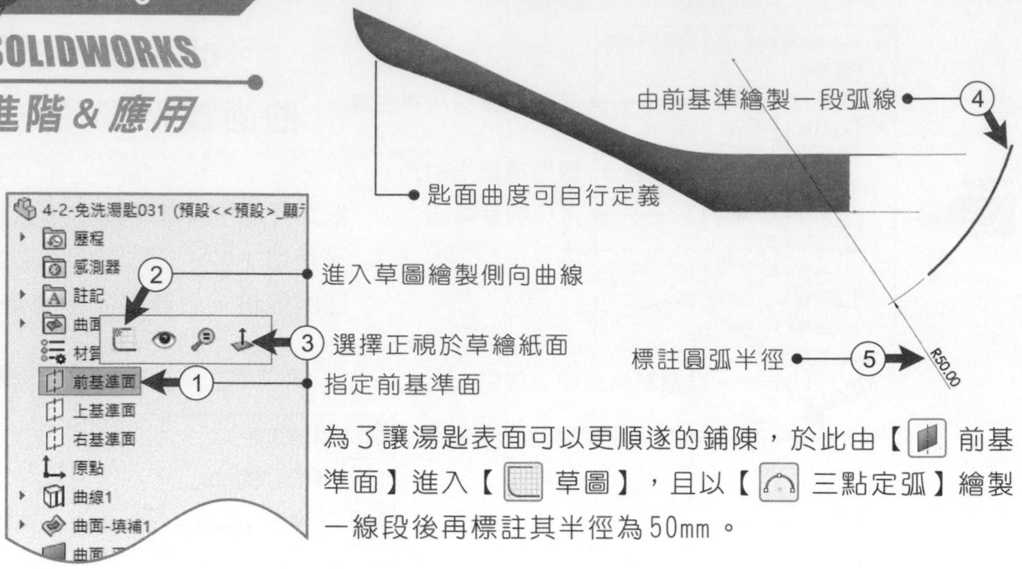
4-2-免洗湯匙031 (預設<<預設>_顯示
歷程
感測器
註記
曲面
材質
前基準面
上基準面
右基準面
原點
曲線1
曲面-填補1
① 指定前基準面
② 進入草圖繪製側向曲線
③ 選擇正視於草繪紙面
匙面曲度可自行定義
④ 由前基準繪製一段弧線
⑤ 標註圓弧半徑
R50.00

為了讓湯匙表面可以更順遂的鋪陳，於此由【前基準面】進入【草圖】，且以【三點定弧】繪製一線段後再標註其半徑為50mm。

STEP 23

延續上階段之進程。以快捷鍵 Ctrl ＋「左鍵」加選弧線端點與鄰近邊界，並設定為【貫穿】限制。

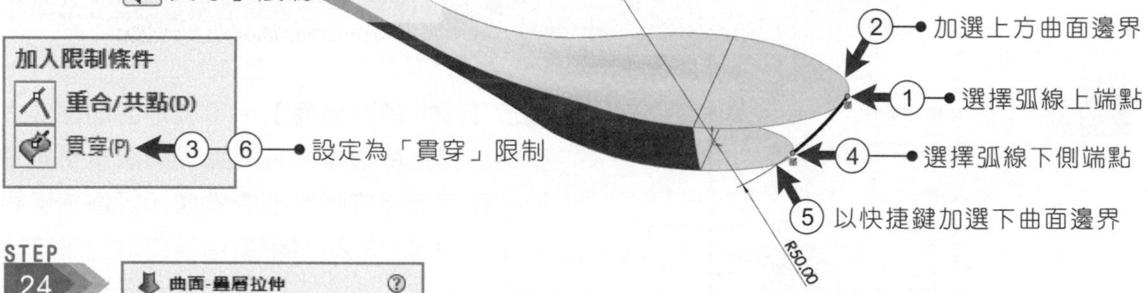
保留弧線備用 ⑦
加入限制條件
重合/共點(D)
貫穿(P)
③ ⑥ 設定為「貫穿」限制
② 加選上方曲面邊界
① 選擇弧線上端點
④ 選擇弧線下側端點
⑤ 以快捷鍵加選下曲面邊界
R50.00

STEP 24

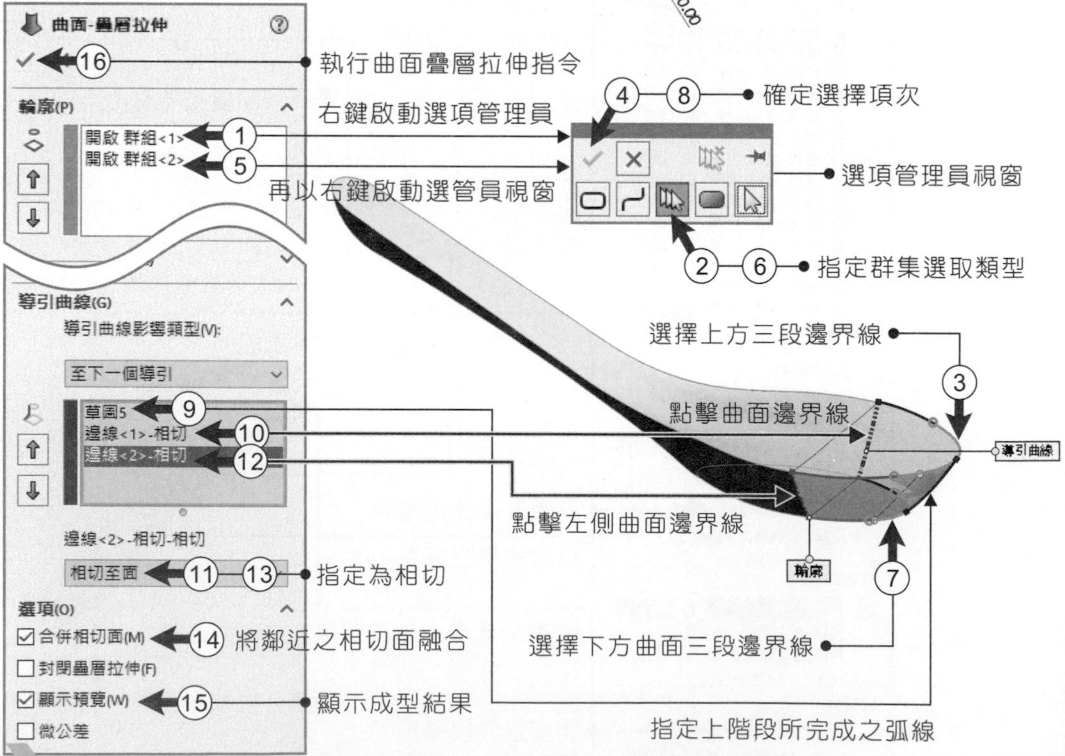
曲面-疊層拉伸
⑯ 執行曲面疊層拉伸指令
輪廓(P)
開啟 群組<1>
開啟 群組<2>
① 右鍵啟動選項管理員
⑤ 再以右鍵啟動選管員視窗
④ ⑧ 確定選擇項次
選項管理員視窗
② ⑥ 指定群集選取類型
導引曲線(G)
導引曲線影響類型(V):
至下一個導引
草圖5
邊線<1>-相切
邊線<2>-相切
⑨ ⑩ ⑫
選擇上方三段邊界線 ③
點擊曲面邊界線
導引曲線
點擊左側曲面邊界線
輪廓
邊線<2>-相切-相切
相切至面
⑪ ⑬ 指定為相切
選項(O)
合併相切面(M)
⑭ 將鄰近之相切面融合
封閉疊層拉伸(F)
顯示預覽(W)
⑮ 顯示成型結果
微公差
選擇下方曲面三段邊界線 ⑦
指定上階段所完成之弧線

4-2.2 免洗湯匙實體成型

STEP 01

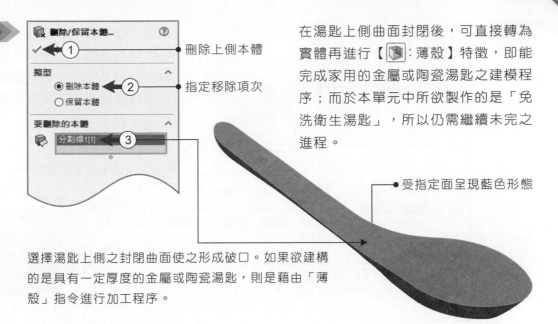

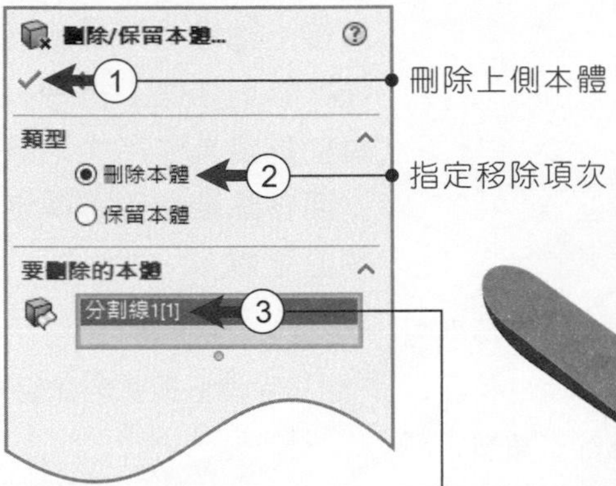

在湯匙上側曲面封閉後，可直接轉為實體再進行【:薄殼】特徵，即能完成家用的金屬或陶瓷湯匙之建模程序；而於本單元中所欲製作的是「免洗衛生湯匙」，所以仍需繼續未完之進程。

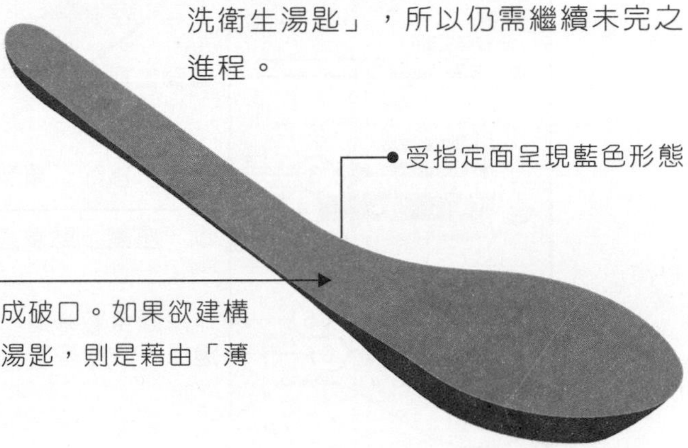
受指定面呈現藍色形態

選擇湯匙上側之封閉曲面使之形成破口。如果欲建構的是具有一定厚度的金屬或陶瓷湯匙，則是藉由「薄殼」指令進行加工程序。

STEP 02

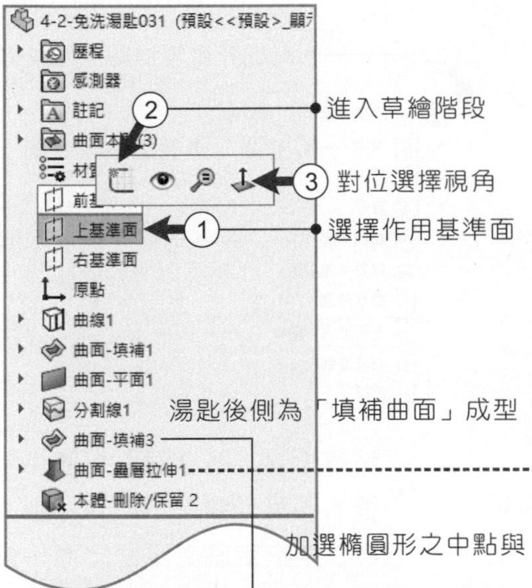

由【:上基準面】進入草繪程序。使用【:橢圓形工具】繪製一個圓心，且與【:原點】定義【:水平放置】之輪廓。

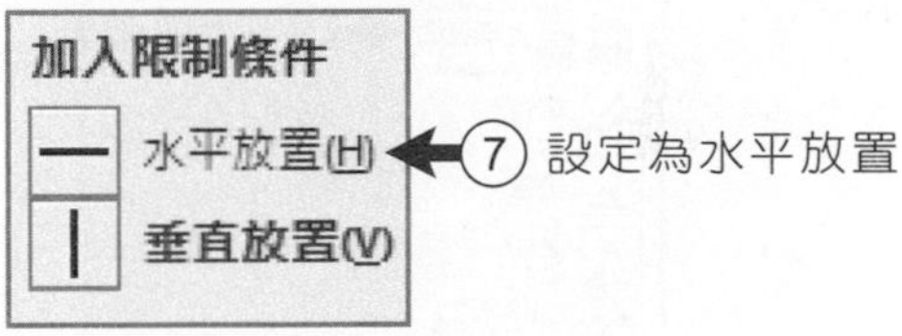
加入限制條件
水平放置(H)
垂直放置(V)
⑦ 設定為水平放置

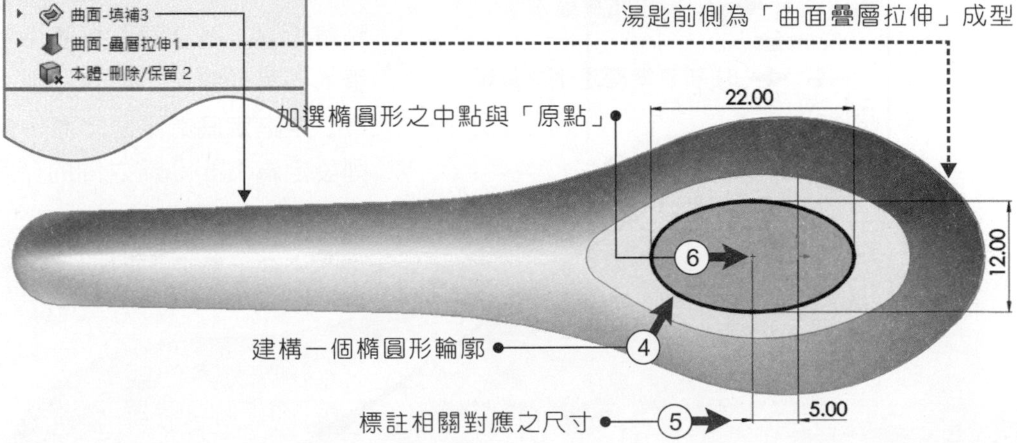
湯匙前側為「曲面疊層拉伸」成型
加選橢圓形之中點與「原點」⑥
22.00
12.00
建構一個橢圓形輪廓 ④
標註相關對應之尺寸 ⑤
5.00

STEP 03

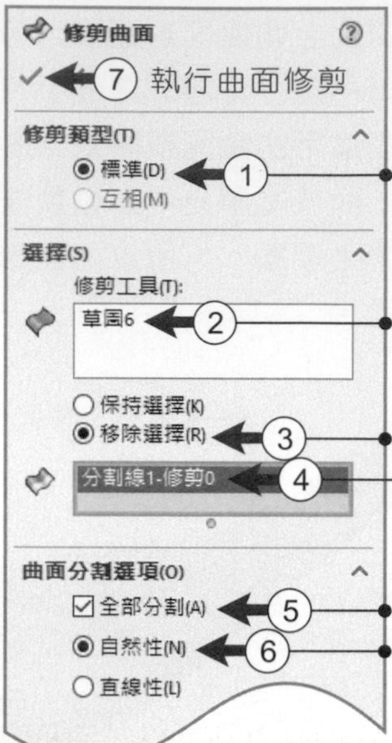
修剪曲面
⑦ 執行曲面修剪
修剪類型(T)
標準(D)
互相(M)
① 選擇「標準」修剪
選擇(S)
修剪工具(T):
草圖6
② 剪裁工具為橢圓形草圖
保持選擇(K)
移除選擇(R)
③ 指定「移除」類型
分割線1-修剪0
④ 以「左鍵」點擊底端曲面（紫色局部）
曲面分割選項(O)
全部分割(A)
⑤ 作用面全數修剪
自然性(N)
⑥ 選擇「分割型態」
直線性(L)

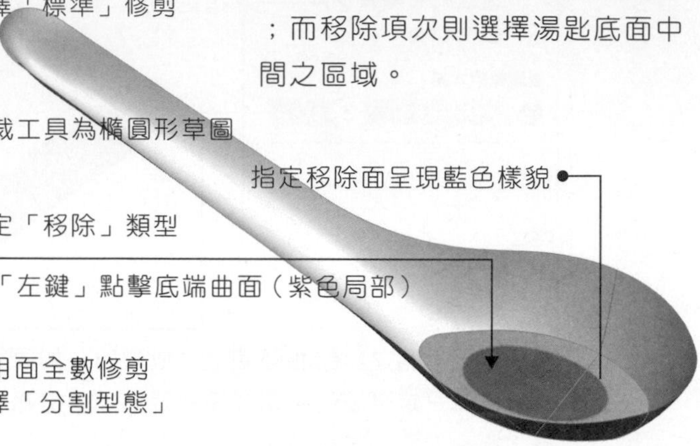
指定移除面呈現藍色樣貌

續接上階段之草圖輪廓。啟用【修剪曲面】指令，「修剪工具」指定為作用中之橢圓形輪廓；而移除項次則選擇湯匙底面中間之區域。

STEP 04

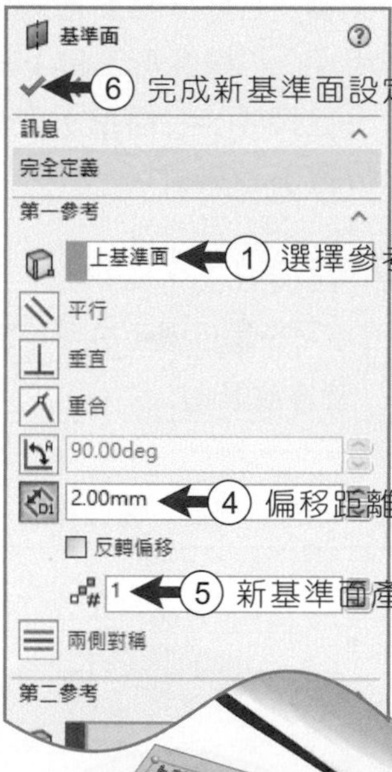
基準面
⑥ 完成新基準面設定與新增
訊息
完全定義
第一參考
上基準面
① 選擇參考之幾何
平行
垂直
重合
90.00deg
2.00mm
④ 偏移距離輸入
反轉偏移
1
⑤ 新基準面產生之數量
兩側對稱
第二參考

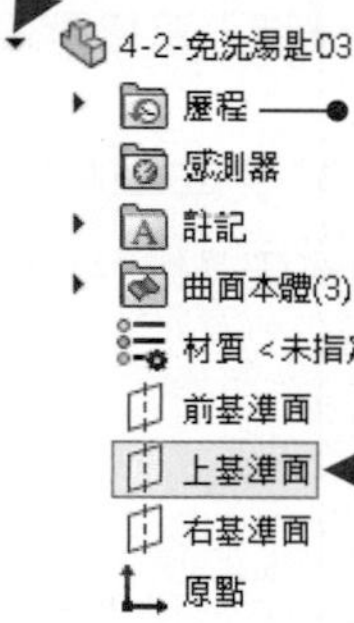
② 點開特徵樹以顯示內含的項次
4-2-免洗湯匙031 (預設<...
歷程 主要之建模工序可參酌「歷程」封包
感測器
註記
曲面本體(3) 目前之曲面本體數量為 3 個
材質 <未指定>
前基準面
上基準面 ③ 參考面之選擇
右基準面
原點

點擊【基準面】以產生新的作用紙張。「第一參考」項次可由「特徵管理員」中指定底端平面；而「偏移距離」則設定為 1.5-3mm 之間的深度。

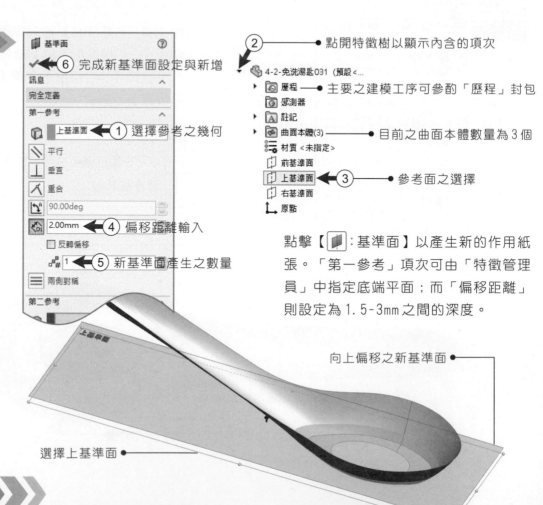

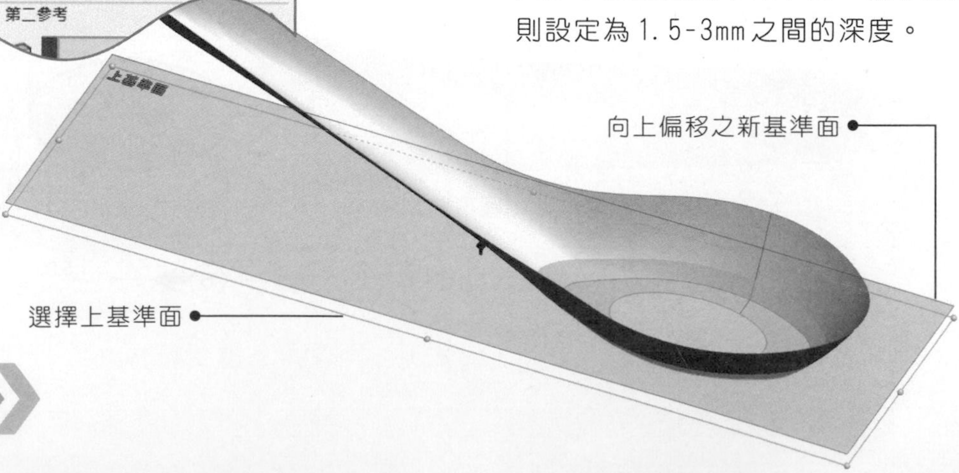

STEP 05

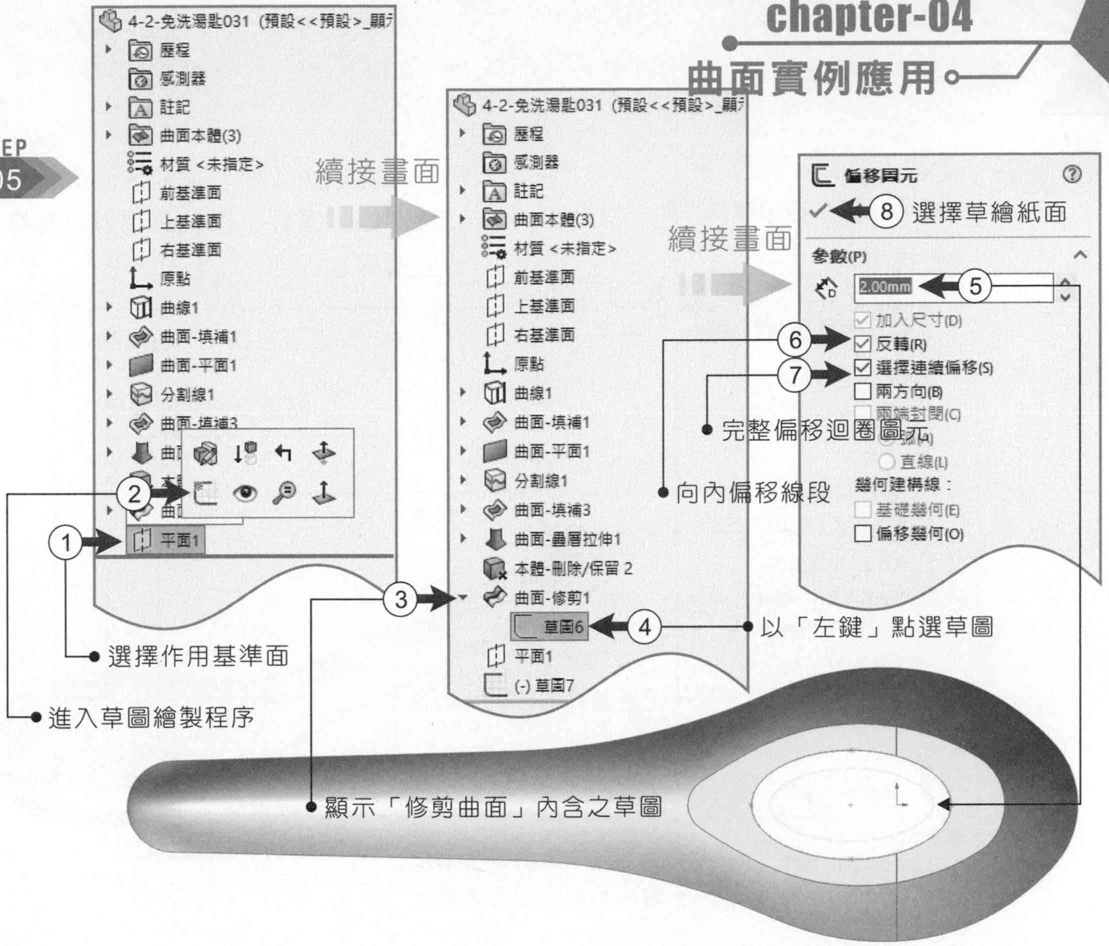

STEP 06

接續上階段之程序，並啟用【 :平坦曲面】功能指令。「邊界圖元」指定時下所偏移的迴圈，繼而再點選【✔ 確認】以完成執行。

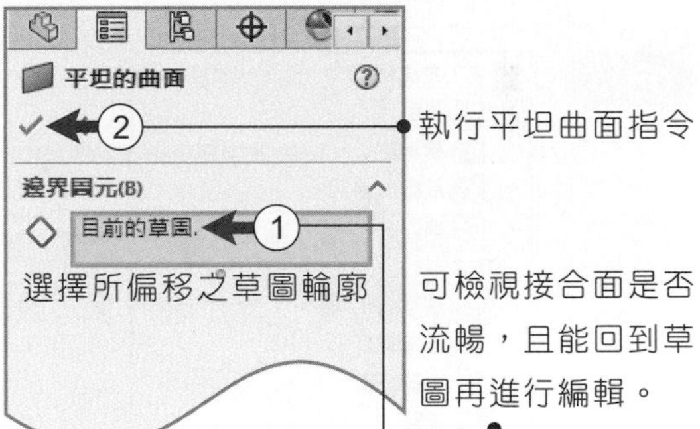

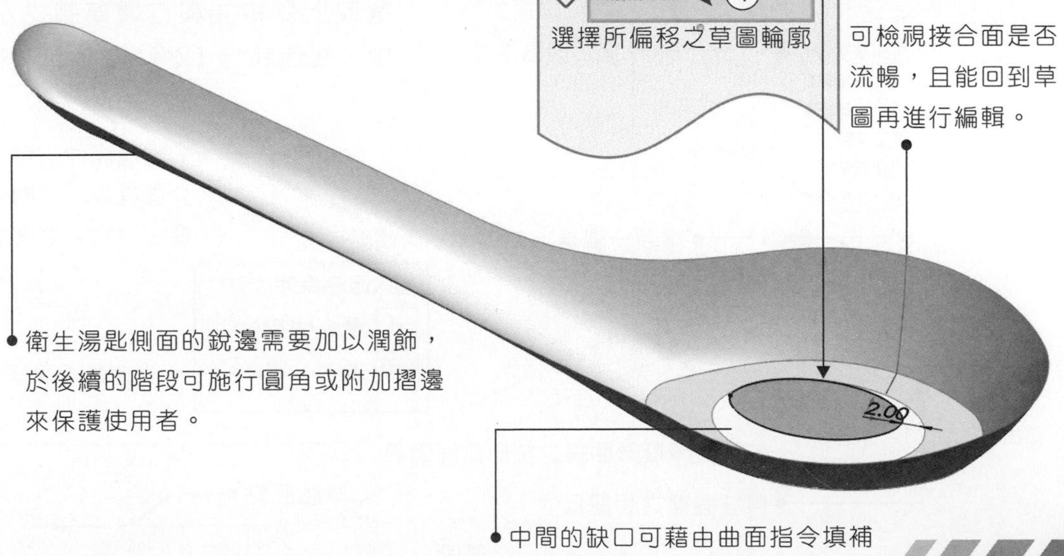

STEP 07

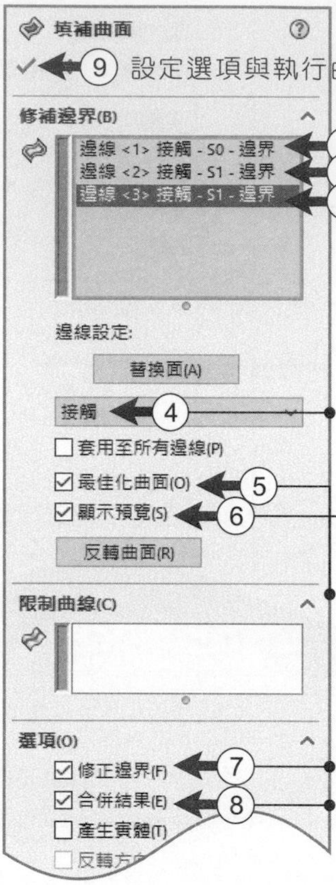
填補曲面
9 設定選項與執行曲面指令
修補邊界(B)
邊線 <1> 接觸 - S0 - 邊界
邊線 <2> 接觸 - S1 - 邊界
邊線 <3> 接觸 - S1 - 邊界
邊線設定:
替換面(A)
接觸 4 選擇接觸類型
套用至所有邊線(P)
最佳化曲面(O) 5
顯示預覽(S) 6
反轉曲面(R)
提高邊界順接之可能性
限制曲線(C)
選項(O)
修正邊界(F) 7 將參差不齊的邊界屏除
合併結果(E) 8 融合相連之曲面本體
產生實體(T)
反轉方

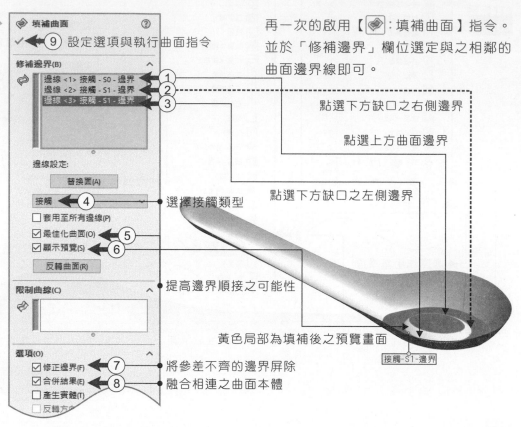

再一次的啟用【:填補曲面】指令。並於「修補邊界」欄位選定與之相鄰的曲面邊界線即可。

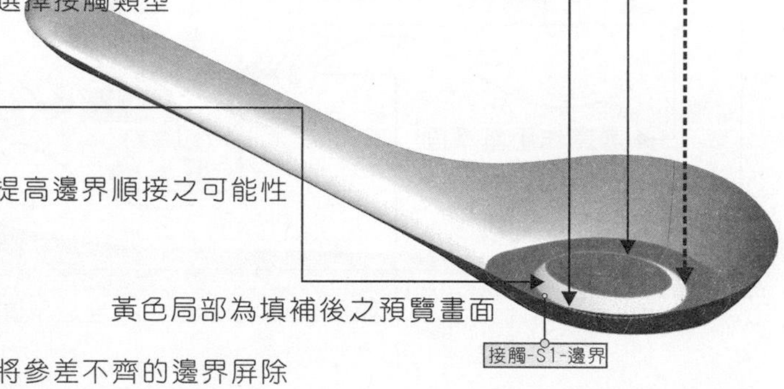
點選下方缺口之右側邊界
點選上方曲面邊界
點選下方缺口之左側邊界
黃色局部為填補後之預覽畫面
接觸-S1-邊界

STEP 08

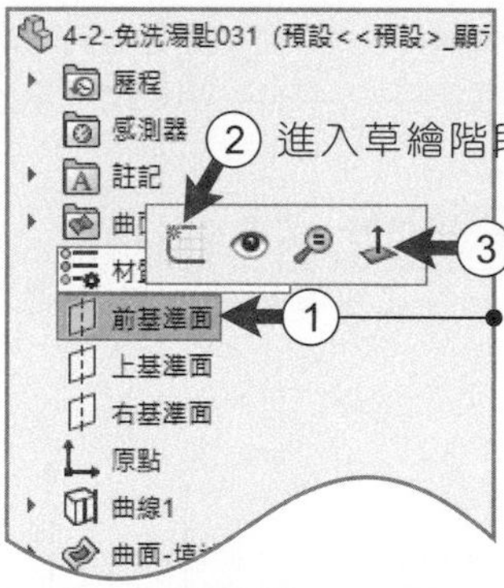
4-2-免洗湯匙031 (預設<<預設>_顯
歷程
感測器
註記
曲
材
前基準面
上基準面
右基準面
原點
曲線1
曲面-填
2 進入草繪階段並繪製弧線
3 對位選擇視角
1 指定前基準面

由【:前基準面】進入草繪程序，啟用【:三點定弧】工具繪製一段弧線，再以快捷鍵 Ctrl ＋「左鍵」選取上側線端與立體草圖之左側弧線，繼而執行【:貫穿】之限制條件。

「限制條件」可於左側介面欄或「浮動快顯視窗」中找到對應項次。

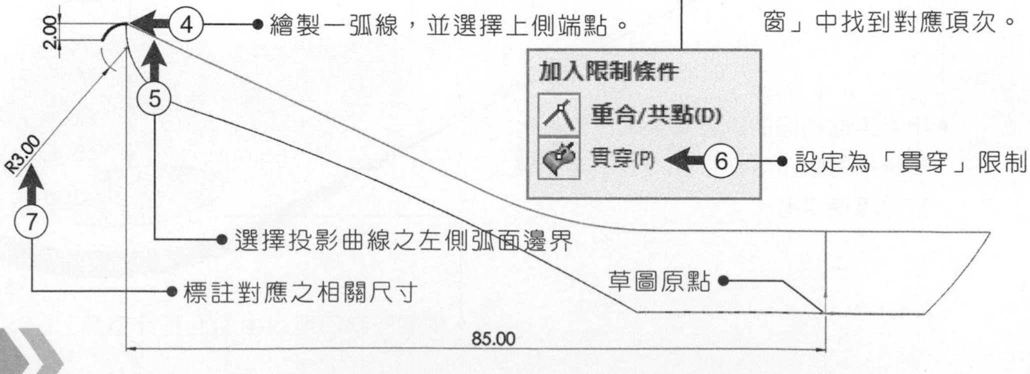
2.00
4 繪製一弧線，並選擇上側端點。
5
R3.00
7
加入限制條件
重合/共點(D)
貫穿(P) 6 設定為「貫穿」限制
選擇投影曲線之左側弧面邊界
草圖原點
標註對應之相關尺寸
85.00

STEP 09

選擇上階段所繪製之弧線並啟用【 :曲面掃出】指令，「路徑」則選擇最初的【 :投影曲線】項次。

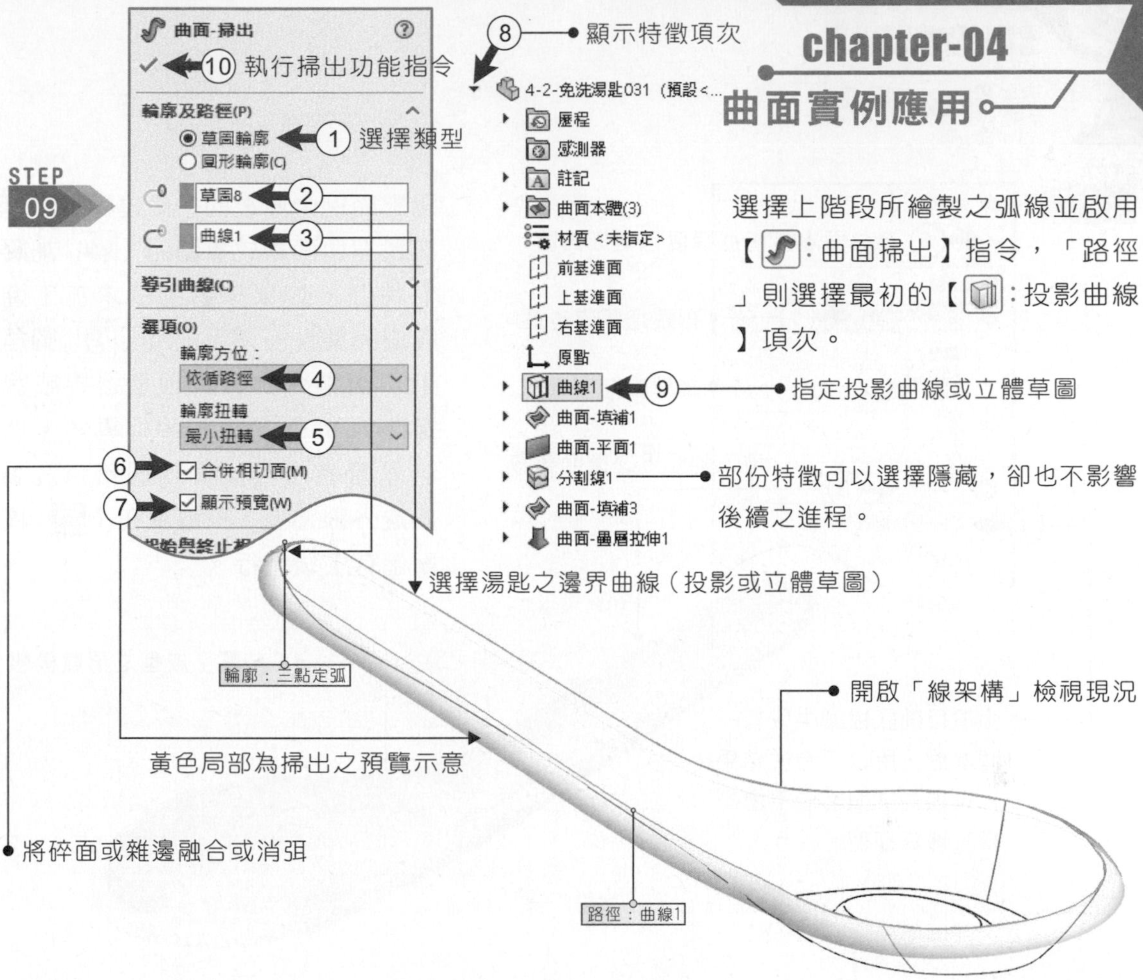
曲面-掃出
輪廓及路徑(P)
草圖輪廓
圓形輪廓(C)
草圖8
曲線1
導引曲線(C)
選項(O)
輪廓方位：
依循路徑
輪廓扭轉
最小扭轉
合併相切面(M)
顯示預覽(W)
10 執行掃出功能指令
1 選擇類型
8 顯示特徵項次
4-2-免洗湯匙031（預設＜...
歷程
感測器
註記
曲面本體(3)
材質＜未指定＞
前基準面
上基準面
右基準面
原點
曲線1
曲面-填補1
曲面-平面1
分割線1
曲面-填補3
曲面-疊層拉伸1
9 指定投影曲線或立體草圖
部份特徵可以選擇隱藏，卻也不影響後續之進程。
選擇湯匙之邊界曲線（投影或立體草圖）
輪廓：三點定弧
開啟「線架構」檢視現況
黃色局部為掃出之預覽示意
將碎面或雜邊融合或消弭
路徑：曲線1

STEP 10

在所有的本體界相繼完成後，即可啟用【 縫織曲面】並框選（或加選）所有的本體，經由其指令功能融合所有的項次。

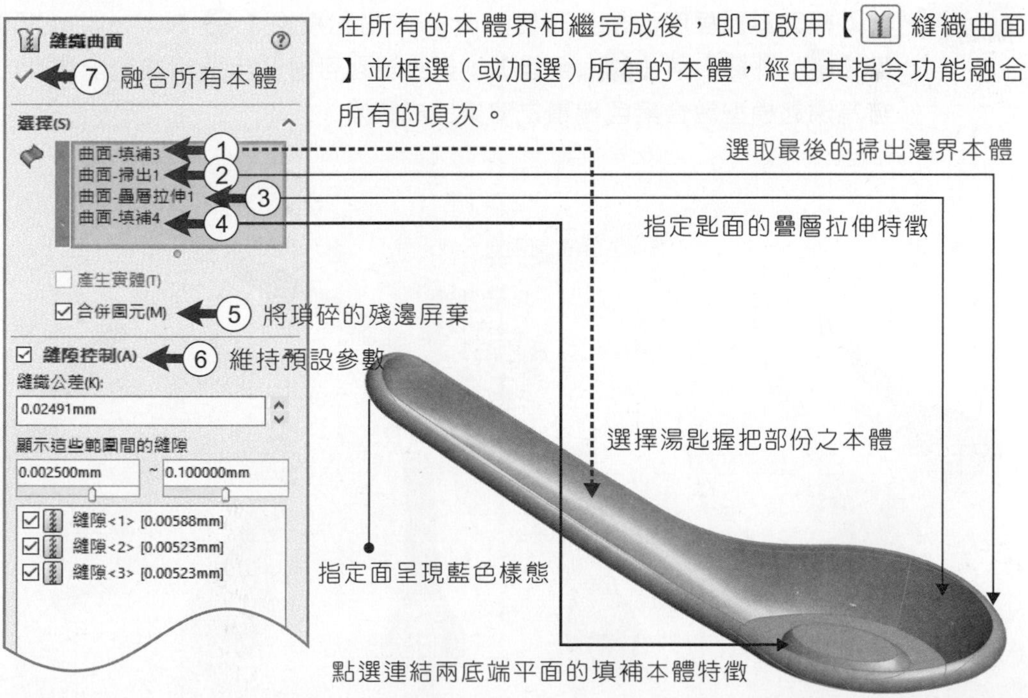
縫織曲面
7 融合所有本體
選擇(S)
曲面-填補3
曲面-掃出1
曲面-疊層拉伸1
曲面-填補4
產生實體(T)
合併圖元(M)
5 將瑣碎的殘邊屏棄
縫隙控制(A)
6 維持預設參數
縫織公差(K):
0.02491mm
顯示這些範圍間的縫隙
0.002500mm
0.100000mm
縫隙<1> [0.00588mm]
縫隙<2> [0.00523mm]
縫隙<3> [0.00523mm]
選取最後的掃出邊界本體
指定匙面的疊層拉伸特徵
選擇湯匙握把部份之本體
指定面呈現藍色樣態
點選連結兩底端平面的填補本體特徵

STEP 11

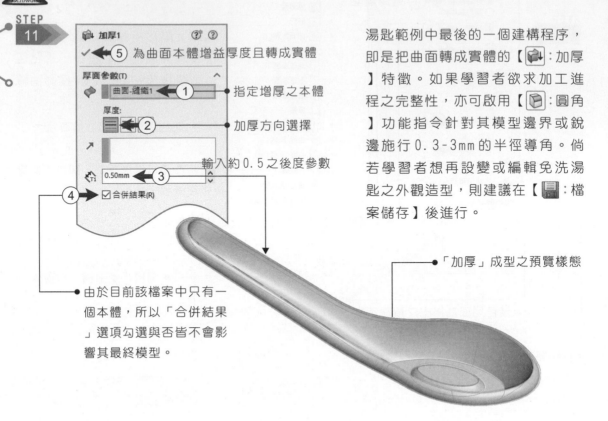

湯匙範例中最後的一個建構程序，即是把曲面轉成實體的【加厚】特徵。如果學習者欲求加工進程之完整性，亦可啟用【圓角】功能指令針對其模型邊界或銳邊施行 0.3-3mm 的半徑導角。倘若學習者想再設變或編輯免洗湯匙之外觀造型，則建議在【檔案儲存】後進行。

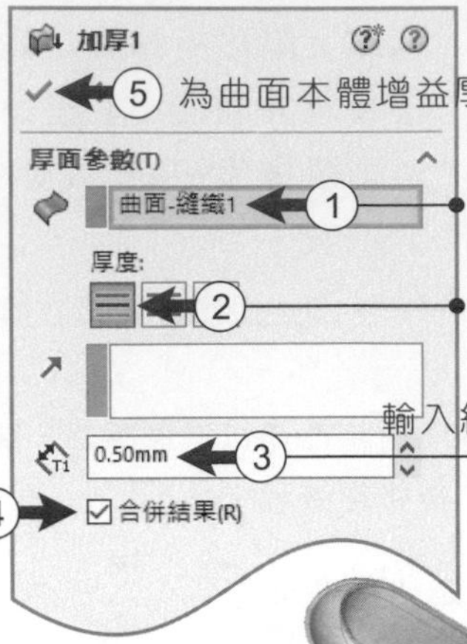
加厚1
厚面參數(T)
曲面-縫織1
厚度:
0.50mm
合併結果(R)
⑤ 為曲面本體增益厚度且轉成實體
① 指定增厚之本體
② 加厚方向選擇
③ 輸入約 0.5 之後度參數
④ 由於目前該檔案中只有一個本體，所以「合併結果」選項勾選與否皆不會影響其最終模型。

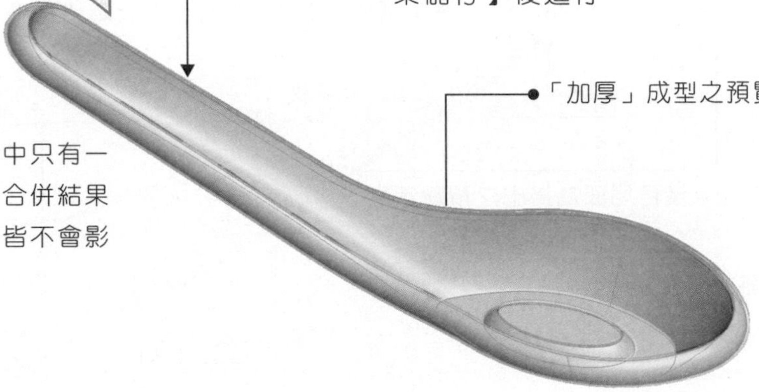
「加厚」成型之預覽樣態

STEP 12

進入模型彩現程序：透過 Solidworks 之附加模組【Photoview360】編輯模型【外觀】與【全景】；衛生湯匙可附貼半透明或瓷器屬性的質材。下方為湯匙模型融合素色場景之渲染完成圖照。

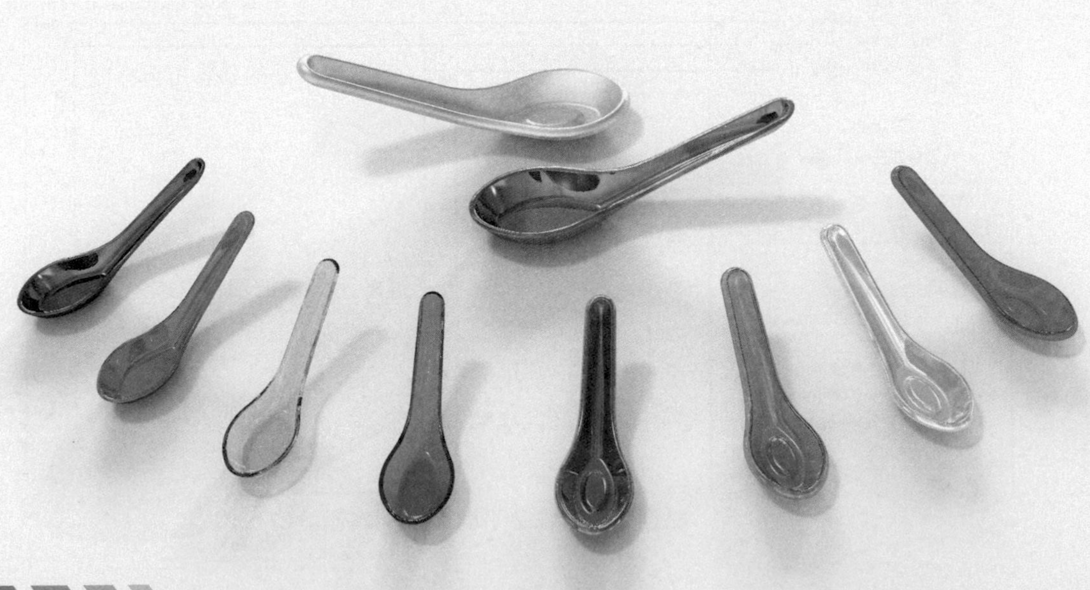

《免洗衛生湯匙彩現完成圖》

4-3 榨汁杯設計

⊙要點提醒 **本範例為綠色版參考教學檔--請學習者使用雲端連結並下載相關之附件**

本範例教學視訊檔案：SolidWorks/進階&應用/CH04目錄下/4-3 榨汁杯設計.avi
本範例製作完成檔案：SolidWorks/進階&應用/CH04目錄下/4-3 榨汁杯設計.SLDPRT

⊙ 4-3.1 榨汁杯主體建模

本單元之建構程序主要仍是以曲面鋪陳為主、實體特徵成型為輔的塑模歷程。「榨汁杯」主體的刻紋是較為繁瑣的製作工序，尤其是成型後之曲率不可過度起伏，以致影響【 :縫織曲面】、【 :加厚】、【 :環狀複製排列】……等後續進程。如果是軟體操作經驗較熟捻的讀者，亦可以使用主體特徵加工來興替曲面塑型之程序，只是主體的榨汁面構件可能需經由【 疊層拉伸除料】或【 曲面除料】來額外製作。於本書的前作——「基礎&實務」第六章中的榨汁器是以實體特徵作為主要工序，與本單元的榨汁杯之設計進程形成了互映與對照之比較。

建模進程：

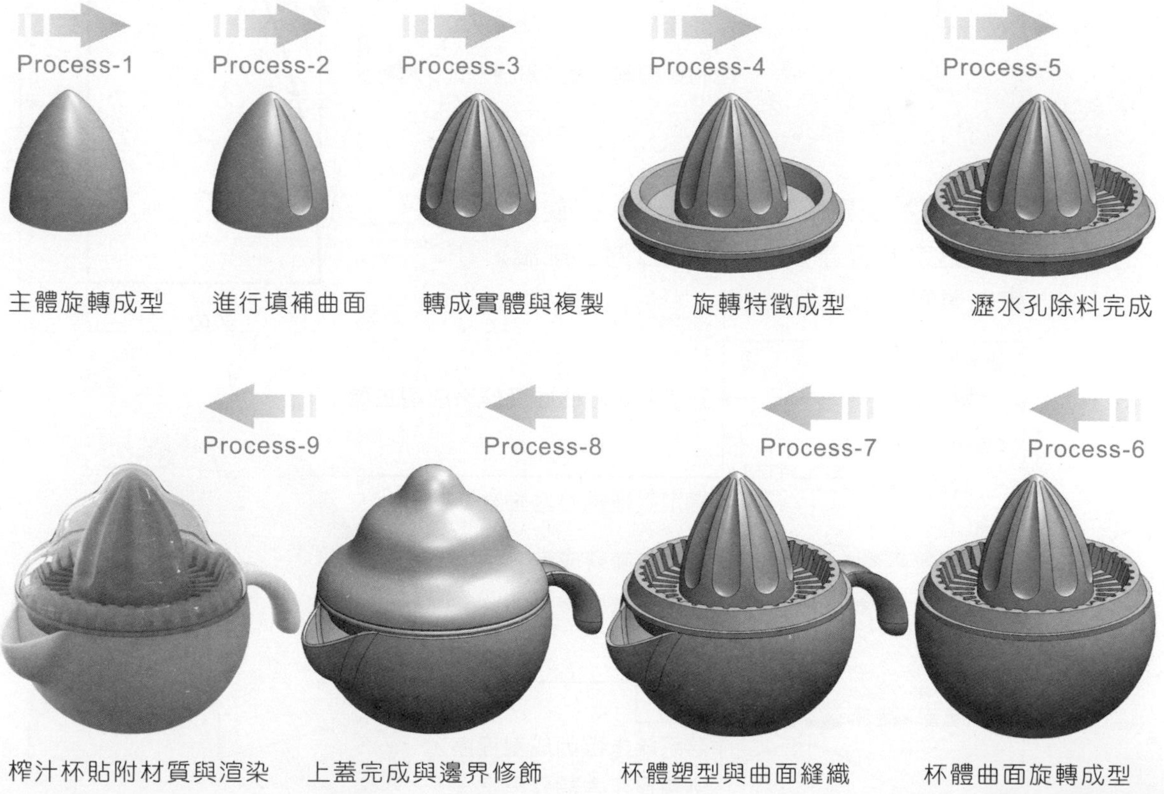
Process-1
Process-2
Process-3
Process-4
Process-5
主體旋轉成型
進行填補曲面
轉成實體與複製
旋轉特徵成型
瀝水孔除料完成
Process-9
Process-8
Process-7
Process-6
榨汁杯貼附材質與渲染
上蓋完成與邊界修飾
杯體塑型與曲面縫織
杯體曲面旋轉成型

STEP 01

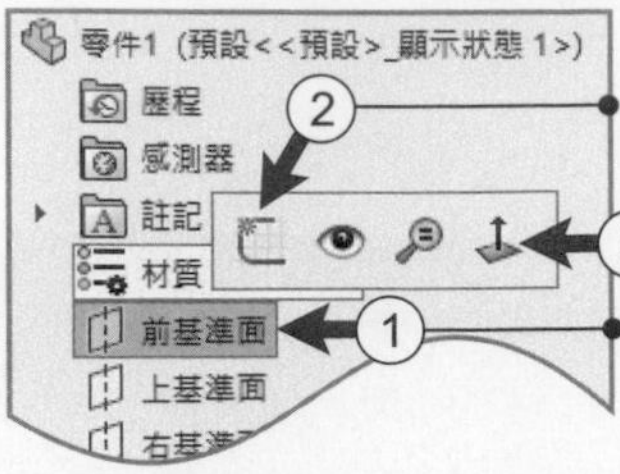
零件1 (預設<<預設>_顯示狀態 1>)
歷程
感測器
註記
材質
前基準面
上基準面
右基準面
進入草繪階段且製作圖元
對位草繪視角
選擇作用基準面

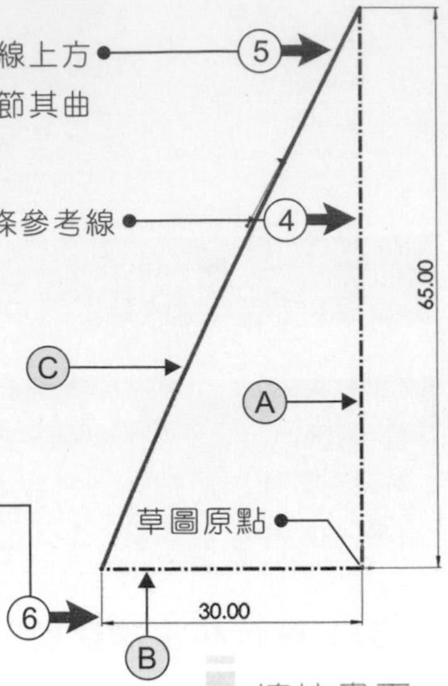
以「不規則曲線」連結兩條參考線上方與左側之端點，且需於下階段調節其曲度。
由「原點」繪製兩條參考線
65.00
標註相關參數
草圖原點
30.00

選擇【前基準面】作為產品建構的初始視角，並在【中心線】放樣後，再以【不規則曲線】連結兩線端。

續接畫面

STEP 02

接續上階段之草繪進度。以「左鍵」點擊曲線之「曲度控制閥」，且設定為【—:水平放置】暨【|垂直放置】。

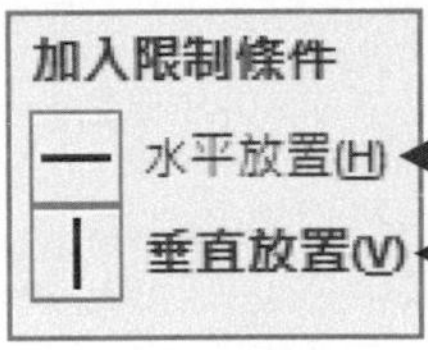
加入限制條件
水平放置(H)
垂直放置(V)
設定為「水平」放置
設定為「垂直」放置

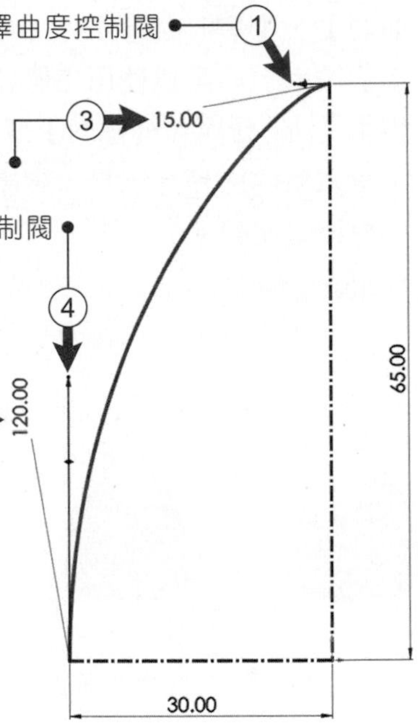
選擇曲度控制閥
15.00
控制參數輸入 15 左右
點擊曲度控制閥
控制參數輸入約 120
120.00
65.00
30.00

STEP 03

執行【旋轉曲面】曲面指令。「旋轉軸」指定為垂直參考線；「方向」則設定為單側全週成型。

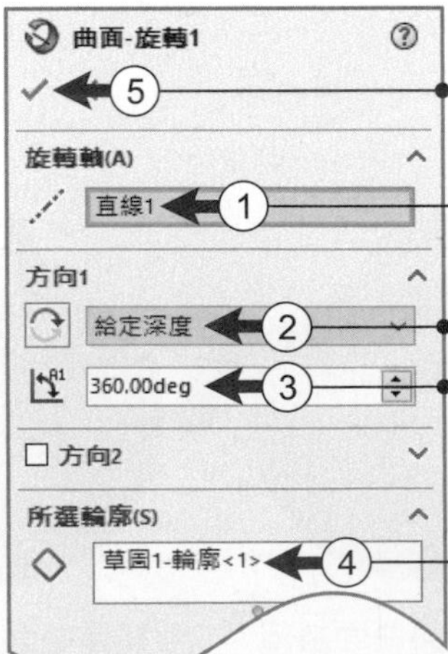
曲面-旋轉1
設定與執行曲面旋轉來成型主體
旋轉軸(A)
直線1
方向1
給定深度
單方向旋轉成型
360.00deg
全週角度旋轉
方向2
所選輪廓(S)
草圖1-輪廓<1>

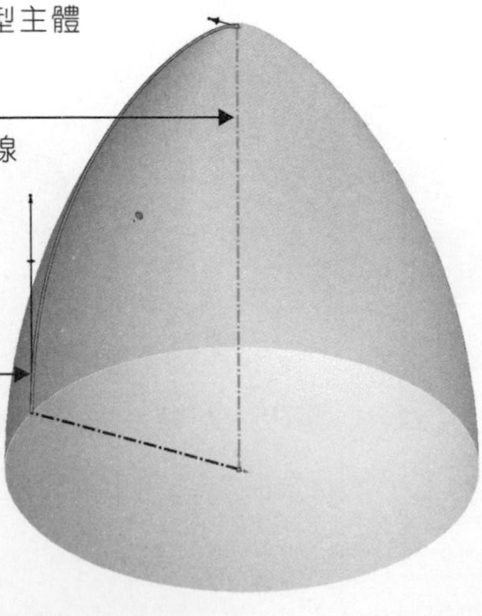
指定旋轉軸心為垂直參考線
若系統未啟動成型程序，則需操作者額外指定。

STEP 04

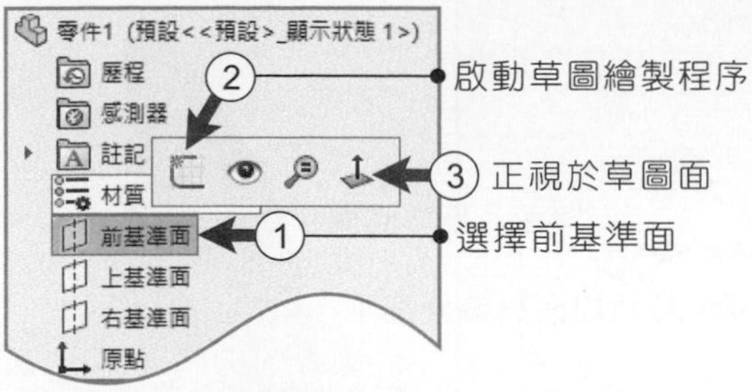
零件1 (預設<<預設>_顯示狀態 1>)
歷程
感測器
註記
材質
前基準面
上基準面
右基準面
原點
② 啟動草圖繪製程序
③ 正視於草圖面
① 選擇前基準面

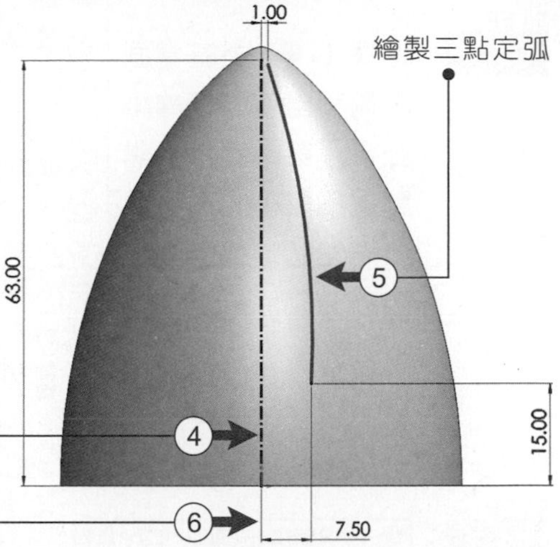
1.00
繪製三點定弧 ⑤
63.00
15.00
7.50
放樣一條垂直中心線 ④
標註相關尺寸參數 ⑥

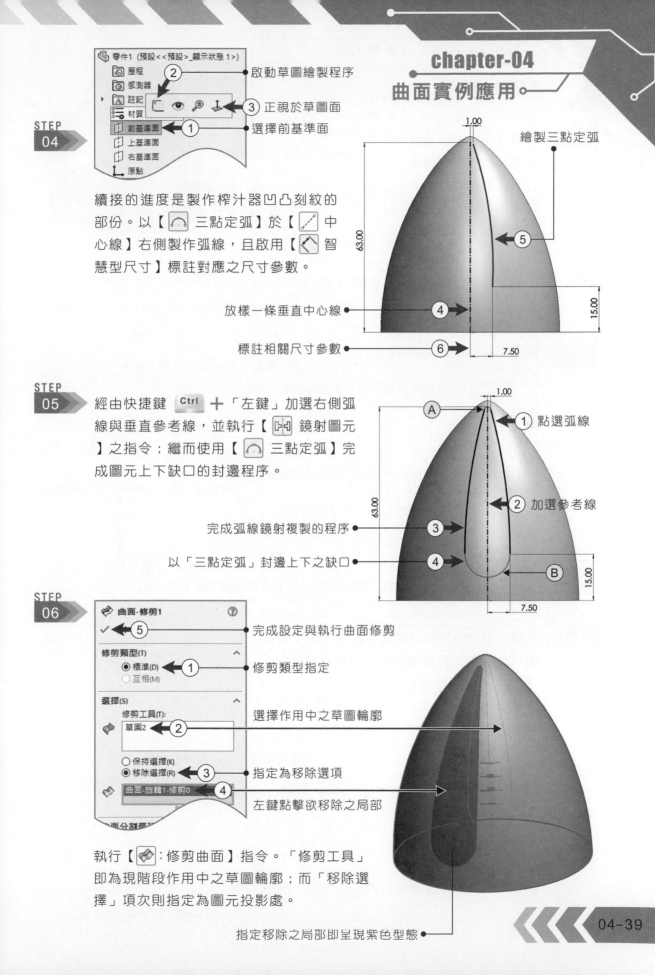

續接的進度是製作榨汁器凹凸刻紋的部份。以【三點定弧】於【中心線】右側製作弧線，且啟用【智慧型尺寸】標註對應之尺寸參數。

STEP 05

經由快捷鍵 Ctrl ＋「左鍵」加選右側弧線與垂直參考線，並執行【鏡射圖元】之指令；繼而使用【三點定弧】完成圖元上下缺口的封邊程序。

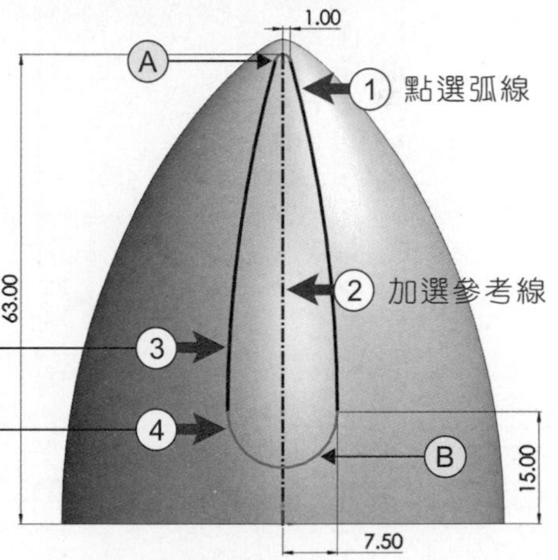
1.00
A
① 點選弧線
② 加選參考線
63.00
完成弧線鏡射複製的程序 ③
以「三點定弧」封邊上下之缺口 ④
B
15.00
7.50

STEP 06

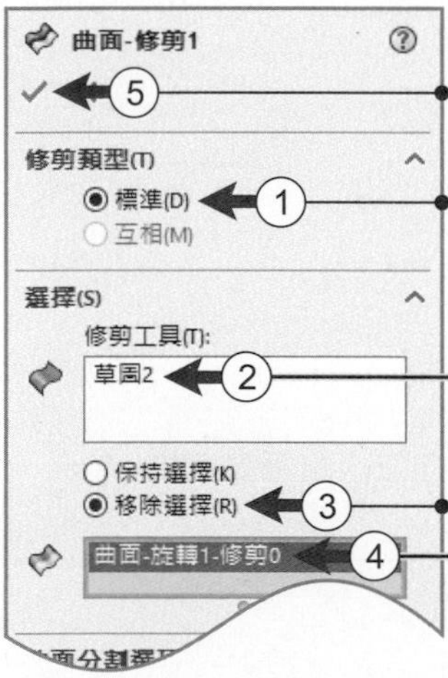
曲面-修剪1
⑤ 完成設定與執行曲面修剪
修剪類型(T)
標準(D) ① 修剪類型指定
互相(M)
選擇(S)
修剪工具(T):
草圖2 ② 選擇作用中之草圖輪廓
保持選擇(K)
移除選擇(R) ③ 指定為移除選項
曲面-旋轉1-修剪0 ④ 左鍵點擊欲移除之局部

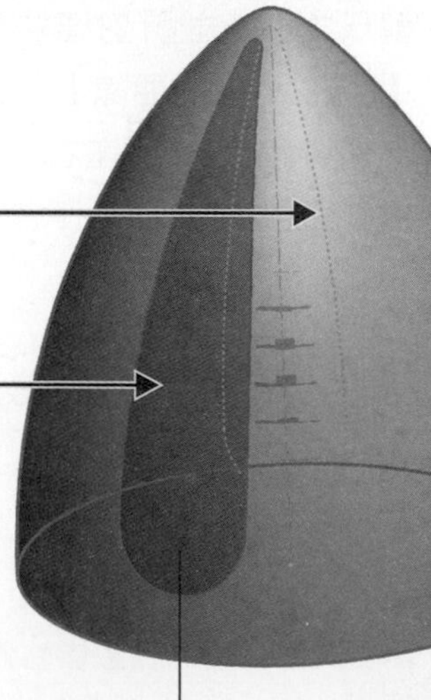
指定移除之局部即呈現紫色型態

執行【修剪曲面】指令。「修剪工具」即為現階段作用中之草圖輪廓；而「移除選擇」項次則指定為圖元投影處。

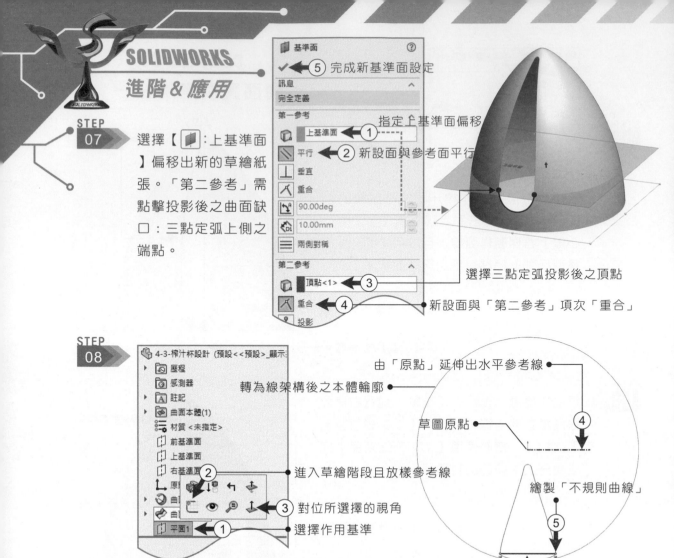

STEP 07

選擇【 :上基準面】偏移出新的草繪紙張。「第二參考」需點擊投影後之曲面缺口：三點定弧上側之端點。

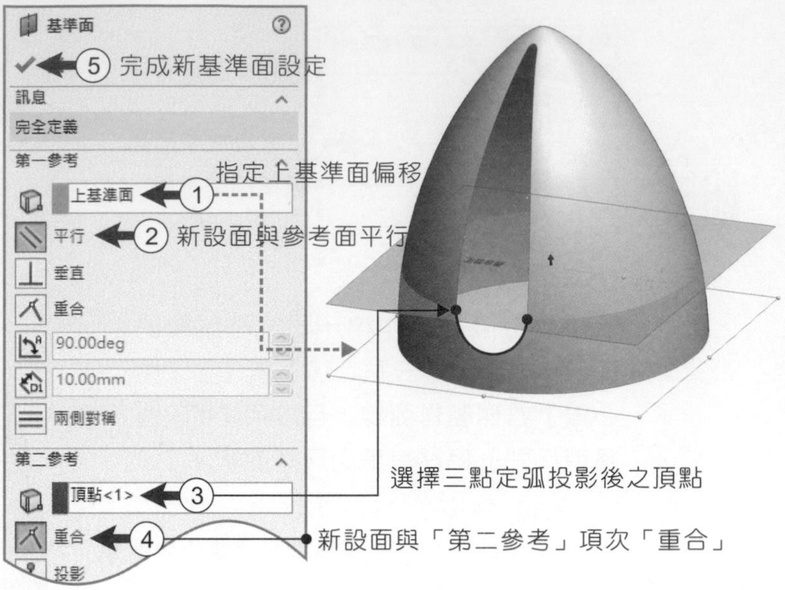

STEP 08

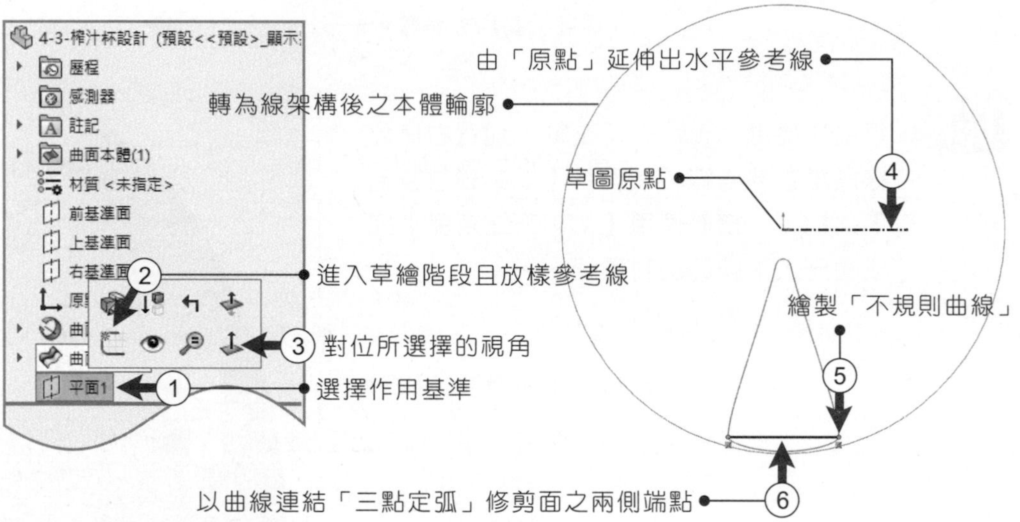

STEP 09

延續上階段未完成之草圖。啟用【 :智慧型尺寸】，並針對連結定弧兩側輪廓端點之【 :不規則曲線】的曲度控制閥，設定與水平參考線 20 度左右之夾角；繼而再設定其控制參數也為 20 上下的域值。

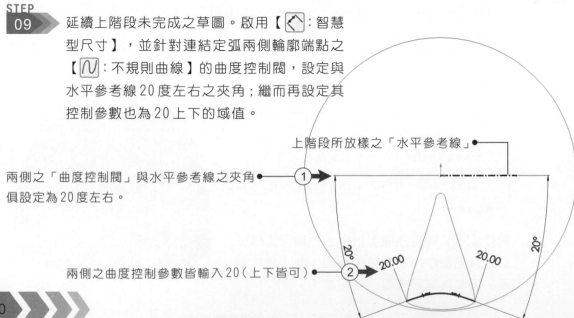

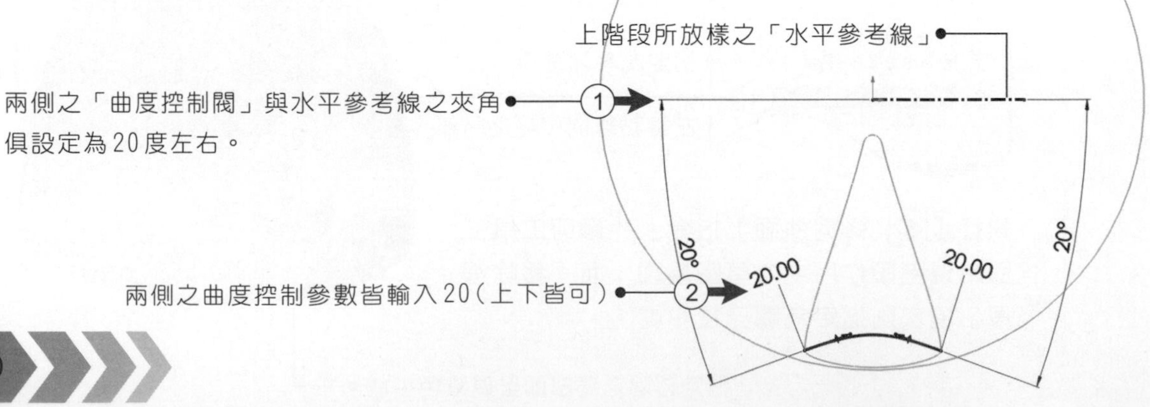

STEP 10

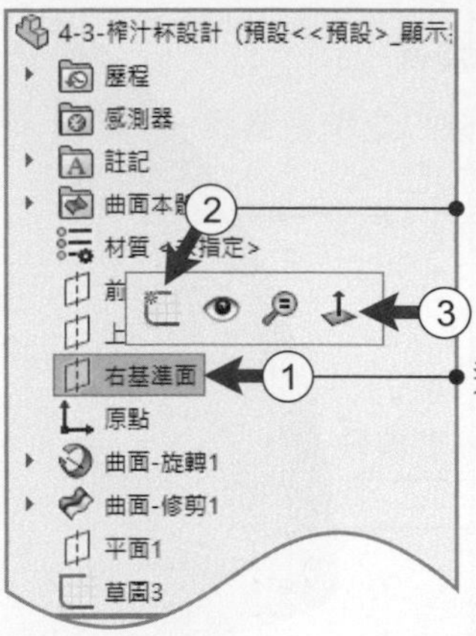

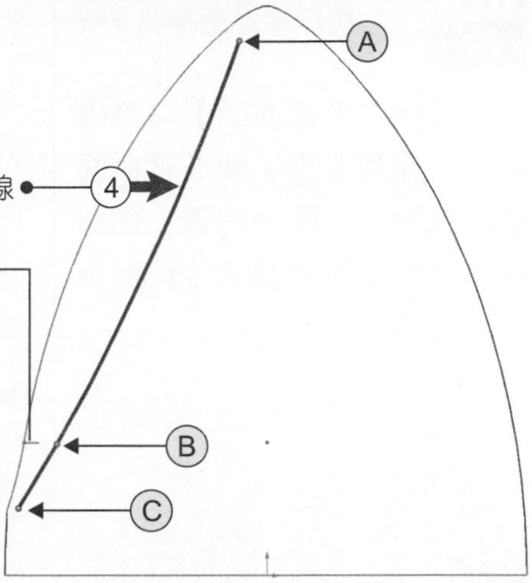

使用【:不規則曲線】製作一條三個節點Ⓐ到Ⓒ之弧線，而Ⓑ點盡可能放置於上階段所完成之曲線周邊，以俾利下階段【貫穿】之限制條件執行。

STEP 11

延續上階段未定義之草圖進程。以快捷鍵 Ctrl ＋「左鍵」個別選擇 Ⓐ Ⓑ Ⓒ 三點與其對應之弧線，且設定為【貫穿】限制。

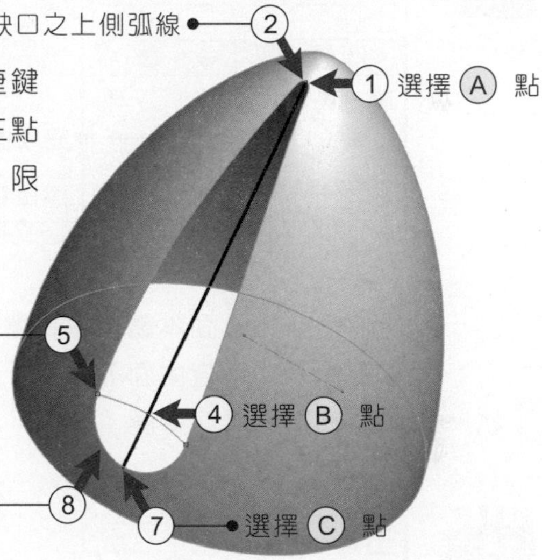
②選擇投影面缺口之上側弧線
①選擇Ⓐ點
⑤選擇「STEP-08」所完成之曲線
④選擇Ⓑ點
⑧選擇投影面缺口之下側弧線
⑦選擇Ⓒ點

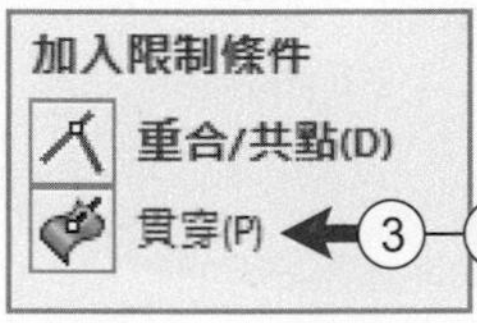
加入限制條件
重合/共點(D)
貫穿(P)
③⑥⑨設定為「貫穿」限制

STEP 12

將上階段視角轉為【右側視角】，繼而以【智慧型尺寸】標註相關參數後且保留現階段草圖。

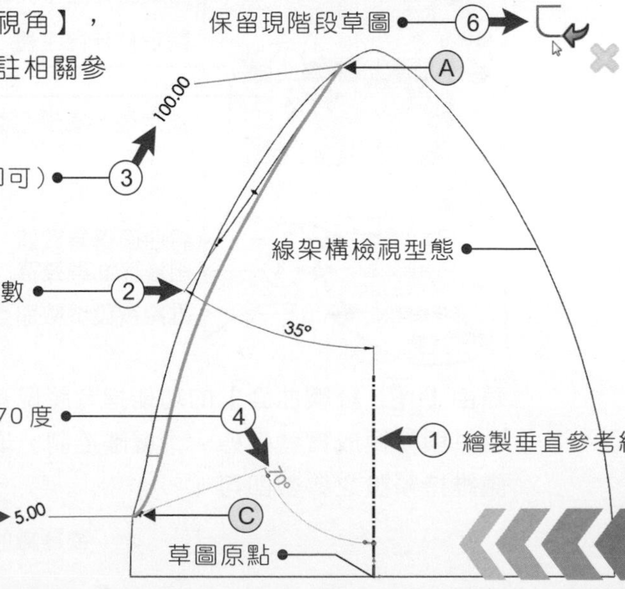
⑥保留現階段草圖
A
100.00
③曲度控制參數100(概略參考即可)
線架構檢視型態
②設定「曲度控制閥」與垂直參考線之夾角參數
35°
④下側「曲度控制閥」與參考線之夾角為70度
①繪製垂直參考線
70°
⑤曲度控制參數建議小於10，以免造成曲度起伏過大的疑慮。
5.00
C
草圖原點

STEP 13

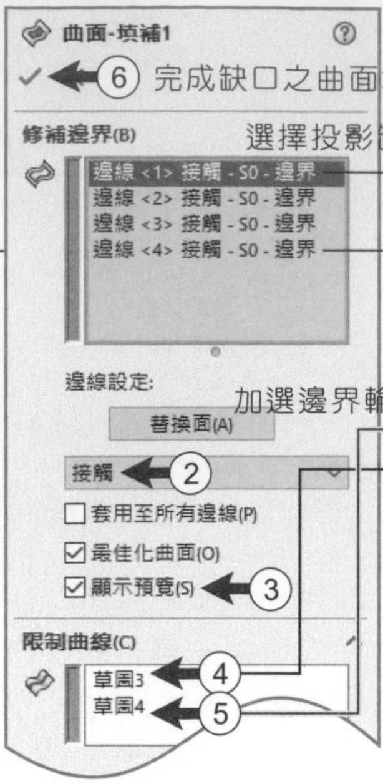
曲面-填補1
完成缺口之曲面填補
修補邊界(B)
邊線 <1> 接觸 - S0 - 邊界
邊線 <2> 接觸 - S0 - 邊界
邊線 <3> 接觸 - S0 - 邊界
邊線 <4> 接觸 - S0 - 邊界
邊線設定:
替換面(A)
接觸
套用至所有邊線(P)
最佳化曲面(O)
顯示預覽(S)
限制曲線(C)
草圖3
草圖4
功能指令對話視窗
選擇投影缺口之所有邊界
加選邊界輪廓線段

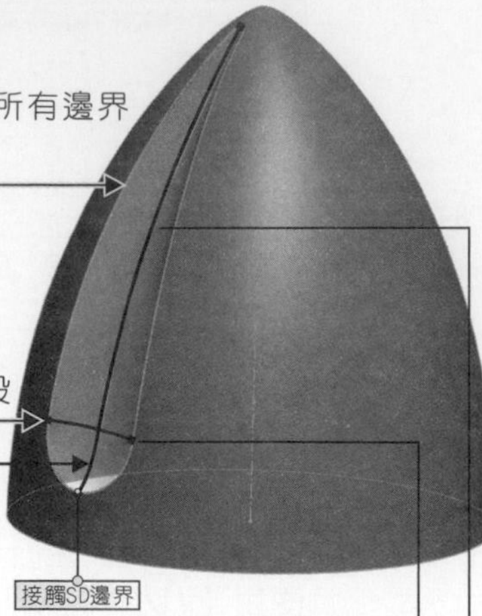
接觸SD邊界
選擇「STEP-08」所完成之曲線
選擇「STEP-12」所完成之曲線

啟用【:填補曲面】功能指令。「修補邊界」即沿著曲面缺口選取；「限制曲線」則指定前兩階段所繪製的【:不規則曲線】。

STEP 14

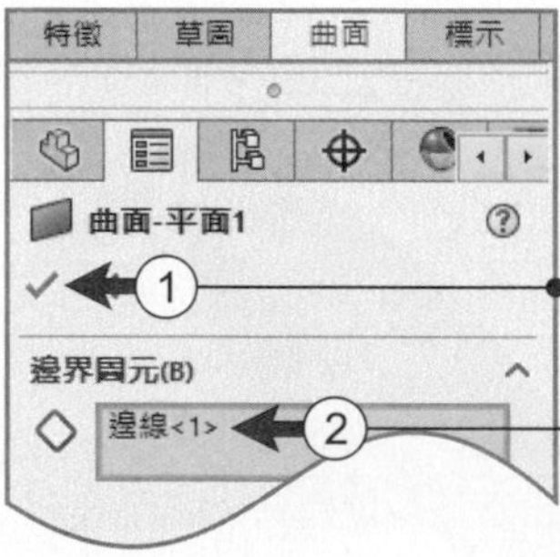
特徵
草圖
曲面
標示
曲面-平面1
邊界圖元(B)
邊線<1>
完成榨汁器主體底部之填平程序
選擇底部開口之邊界線

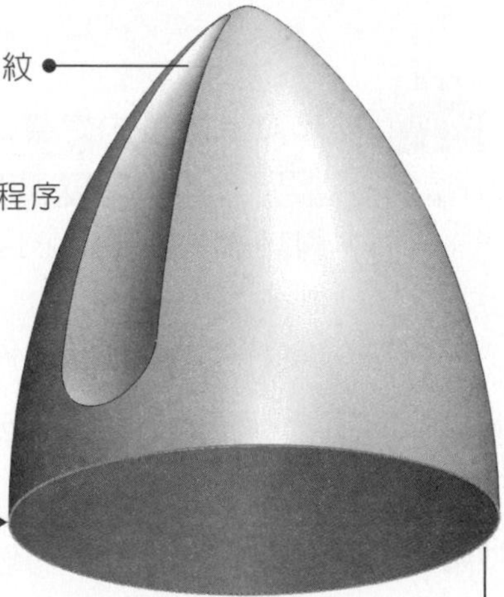
完成填補的榨汁器凹凸刻紋
作用面呈現預覽樣貌

現階段欲將曲面本體轉成實體型態，啟用【:平直曲面】指令，且指定本體底部之開口迴圈。

STEP 15

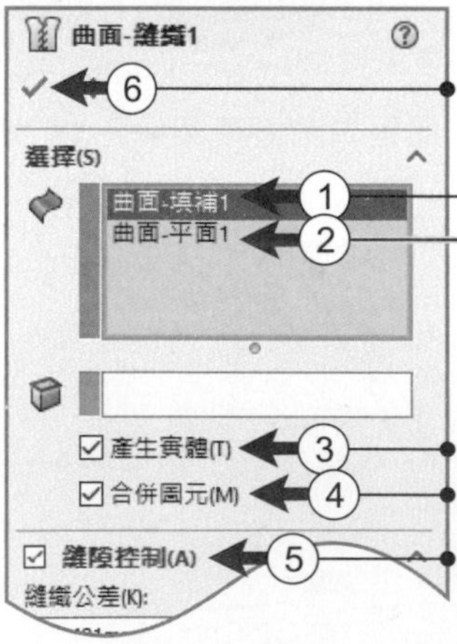
曲面-縫織1
選擇(S)
曲面-填補1
曲面-平面1
產生實體(T)
合併圖元(M)
縫隙控制(A)
縫織公差(K):
完成曲面融合與轉成實體型態之程序
點選榨汁器主體
指定融合底部平面
將曲面轉為實體
削減碎面與殘邊
維持欲設參數即可

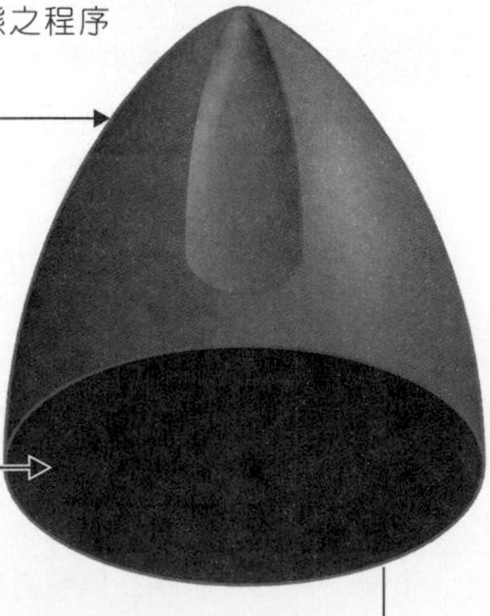
欲縫織的曲面即呈現深藍色之指定型態

藉由【:縫織曲面】的功能指令將現有之本體合併與轉換成實體型態。「縫隙控制」項次則建議維持預設之參數即可。

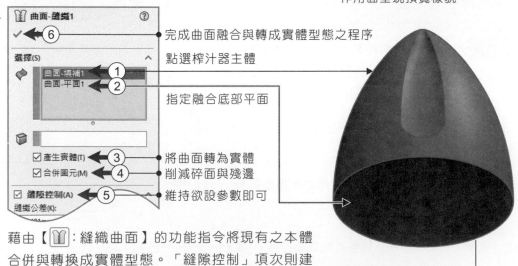

STEP 16

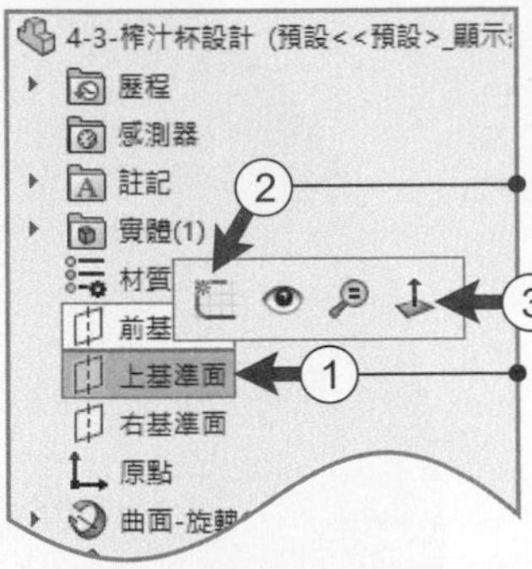
4-3-榨汁杯設計 (預設<<預設>_顯示
歷程
感測器
註記
實體(1)
材質
前基
上基準面
右基準面
原點
曲面-旋轉
② 進入草繪環境與建構圖元
③ 對應選擇視角之方位
① 指定上基準面

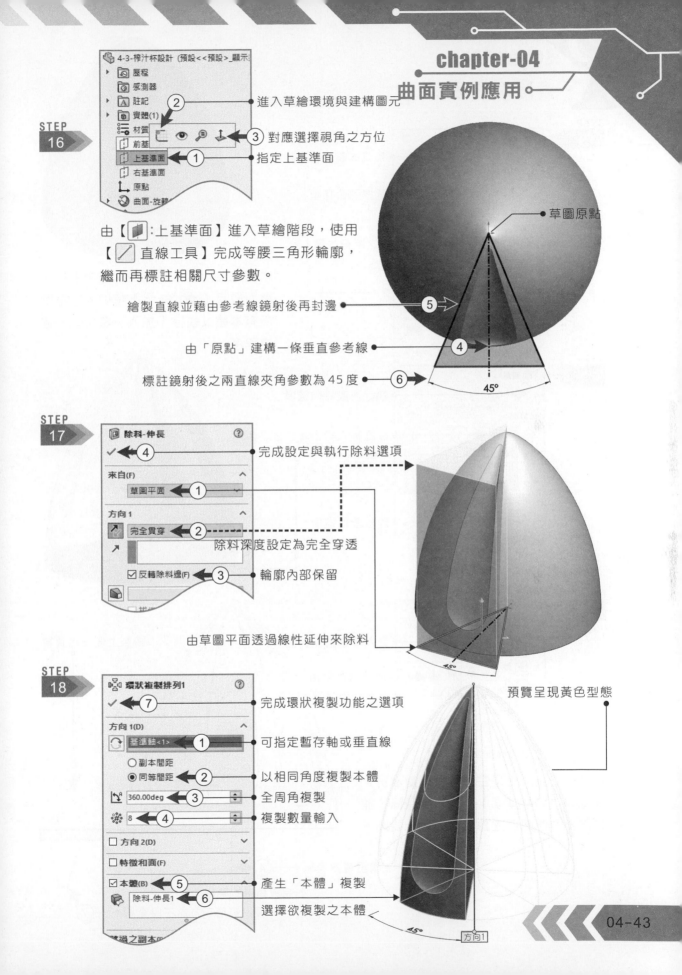

由【 :上基準面】進入草繪階段，使用【 直線工具】完成等腰三角形輪廓，繼而再標註相關尺寸參數。

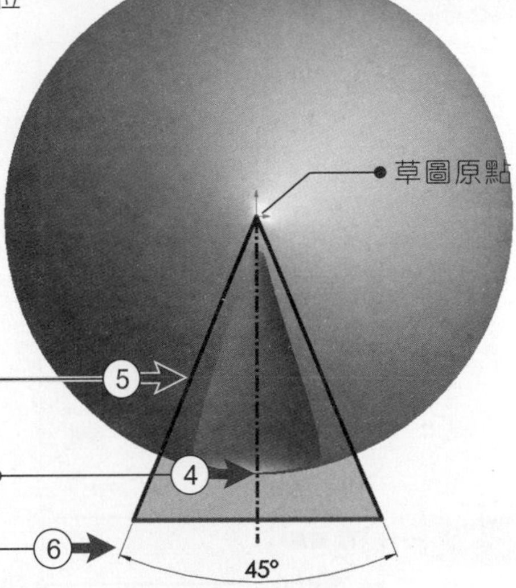
草圖原點
⑤ 繪製直線並藉由參考線鏡射後再封邊
④ 由「原點」建構一條垂直參考線
⑥ 標註鏡射後之兩直線夾角參數為 45 度
45°

STEP 17

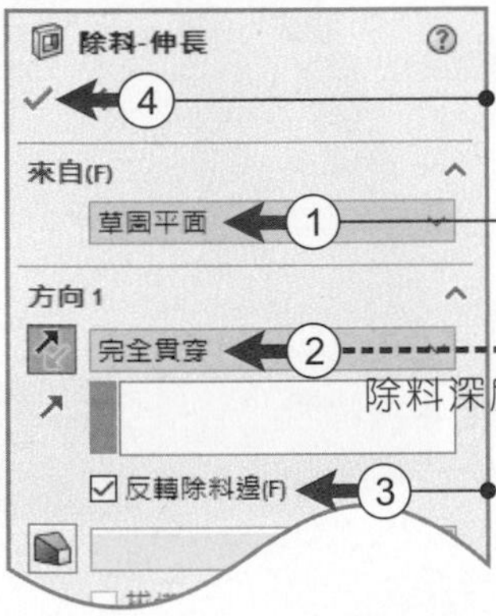
除料-伸長
④ 完成設定與執行除料選項
來自(F)
草圖平面 ①
方向 1
完全貫穿 ②
除料深度設定為完全穿透
反轉除料邊(F) ③ 輪廓內部保留

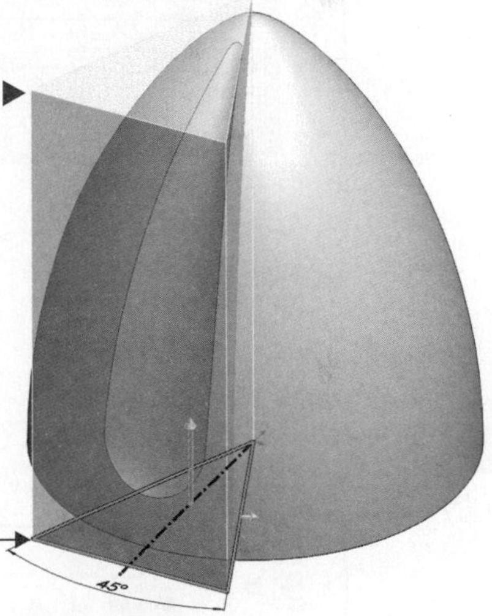
由草圖平面透過線性延伸來除料
45°

STEP 18

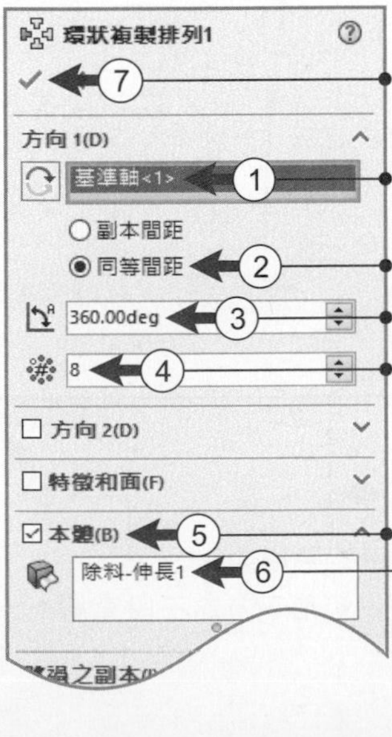
環狀複製排列1
⑦ 完成環狀複製功能之選項
方向 1(D)
基準軸<1> ① 可指定暫存軸或垂直線
副本間距
同等間距 ② 以相同角度複製本體
360.00deg ③ 全周角複製
8 ④ 複製數量輸入
方向 2(D)
特徵和面(F)
本體(B) ⑤ 產生「本體」複製
除料-伸長1 ⑥ 選擇欲複製之本體
略過之副本

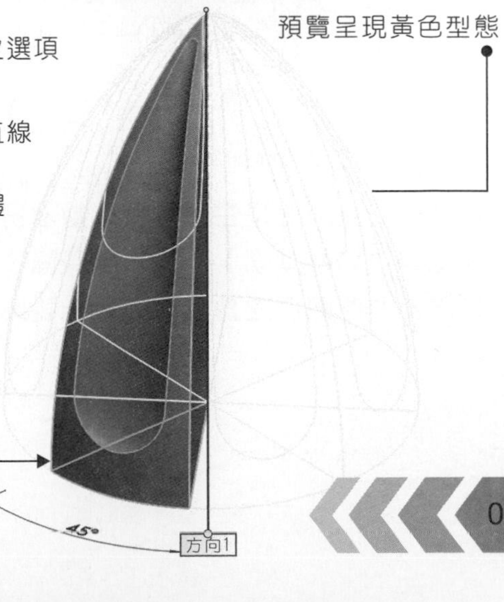
預覽呈現黃色型態
45°
方向1

STEP 19

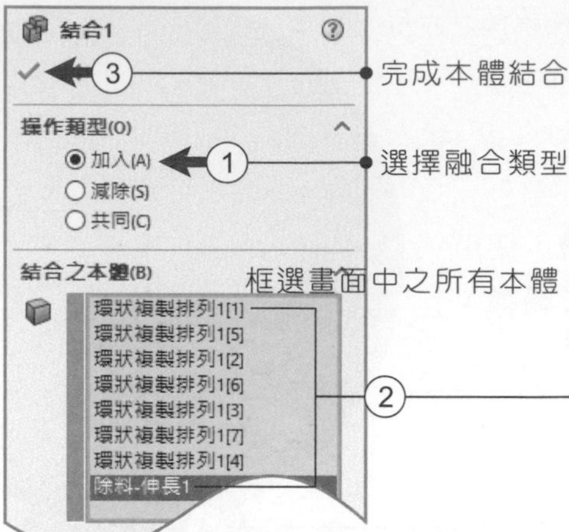
結合1
操作類型(O)
加入(A)
減除(S)
共同(C)
結合之本體(B)
環狀複製排列1[1]
環狀複製排列1[5]
環狀複製排列1[2]
環狀複製排列1[6]
環狀複製排列1[3]
環狀複製排列1[7]
環狀複製排列1[4]
除料-伸長1
完成本體結合之程序
選擇融合類型
框選畫面中之所有本體

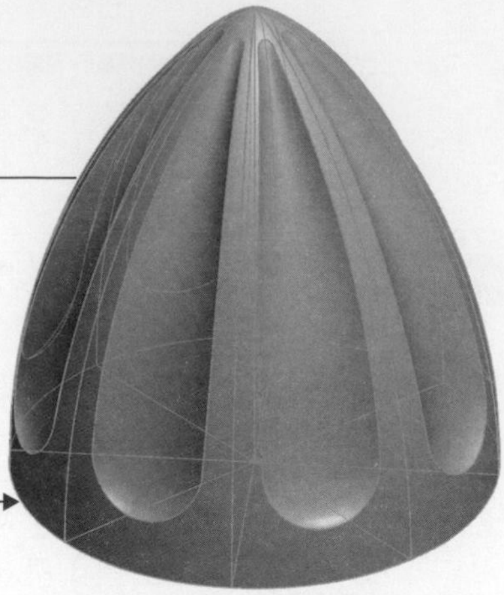
作用中之本體呈現藍色樣貌

本體在上階段【:環狀複製】後，繼而啟用【:結合】特徵，並框選所有本體以執行「加入」融合成一體之程序。

STEP 20

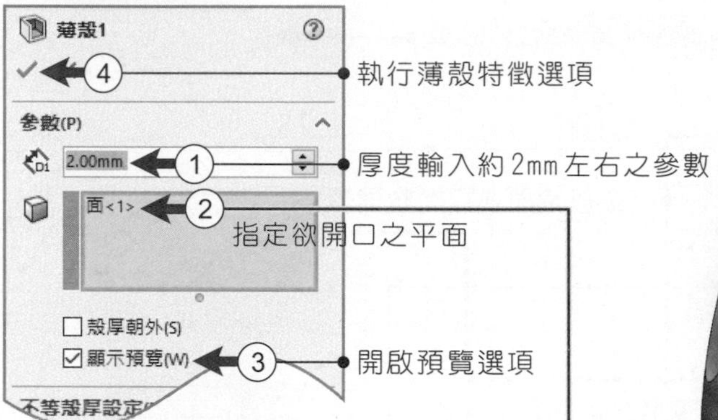
薄殼1
參數(P)
2.00mm
面<1>
殼厚朝外(S)
顯示預覽(W)
不等殼厚設定
執行薄殼特徵選項
厚度輸入約2mm左右之參數
指定欲開口之平面
開啟預覽選項

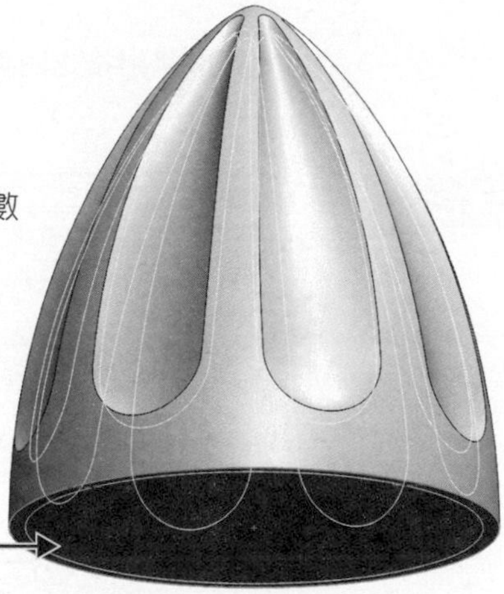

STEP 21

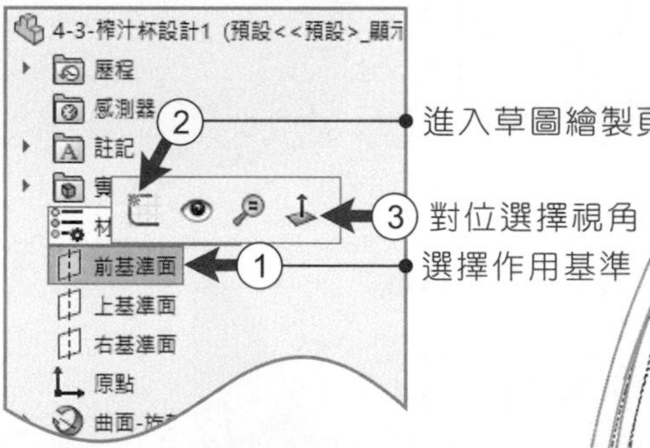
4-3-榨汁杯設計1 (預設<<預設>_顯示
歷程
感測器
註記
前基準面
上基準面
右基準面
原點
曲面-旋
進入草圖繪製頁面
對位選擇視角
選擇作用基準

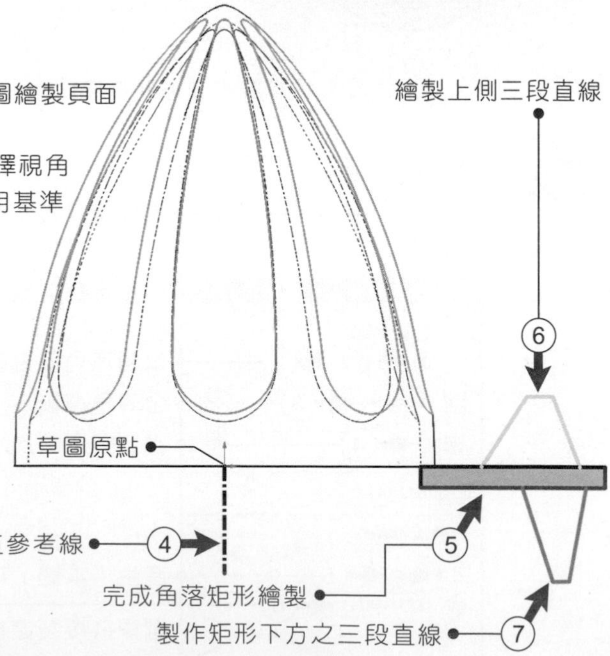
繪製上側三段直線
草圖原點
由「原點」放樣垂直參考線
完成角落矩形繪製
製作矩形下方之三段直線

續接著要完成的是主體之瀝水盤部份。以【:前基準面】進入草圖頁面，並製作如右側範例之參考線與圖元輪廓。

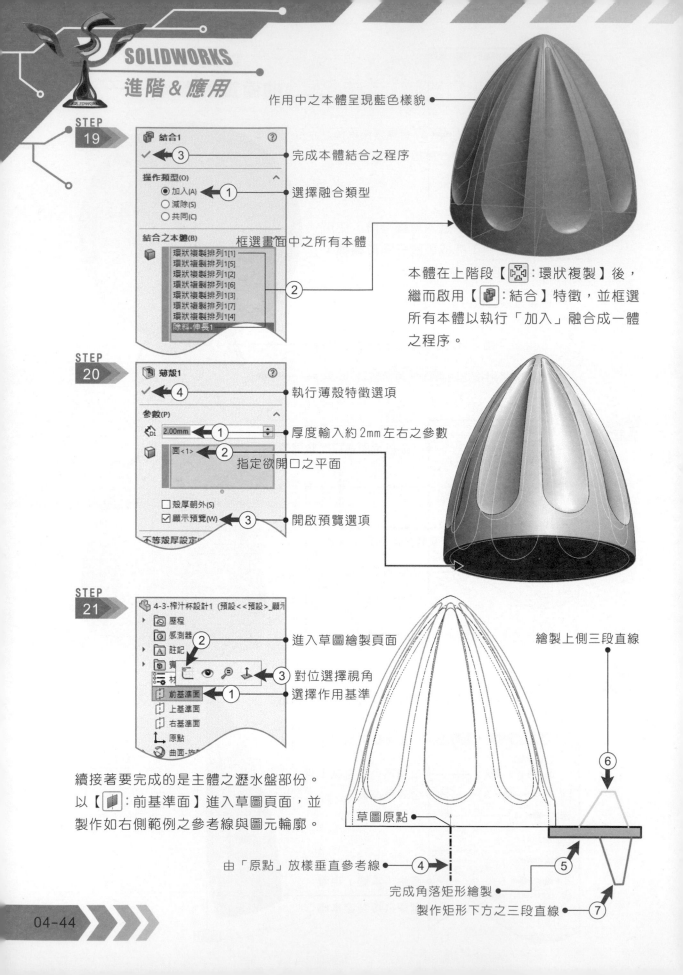

STEP 22

延續前階段未完全定義之草圖。以【原點】暨【中心線】為基準，啟用【：智慧型尺寸】標註其對應參數（範例中之尺寸酌參即可）。

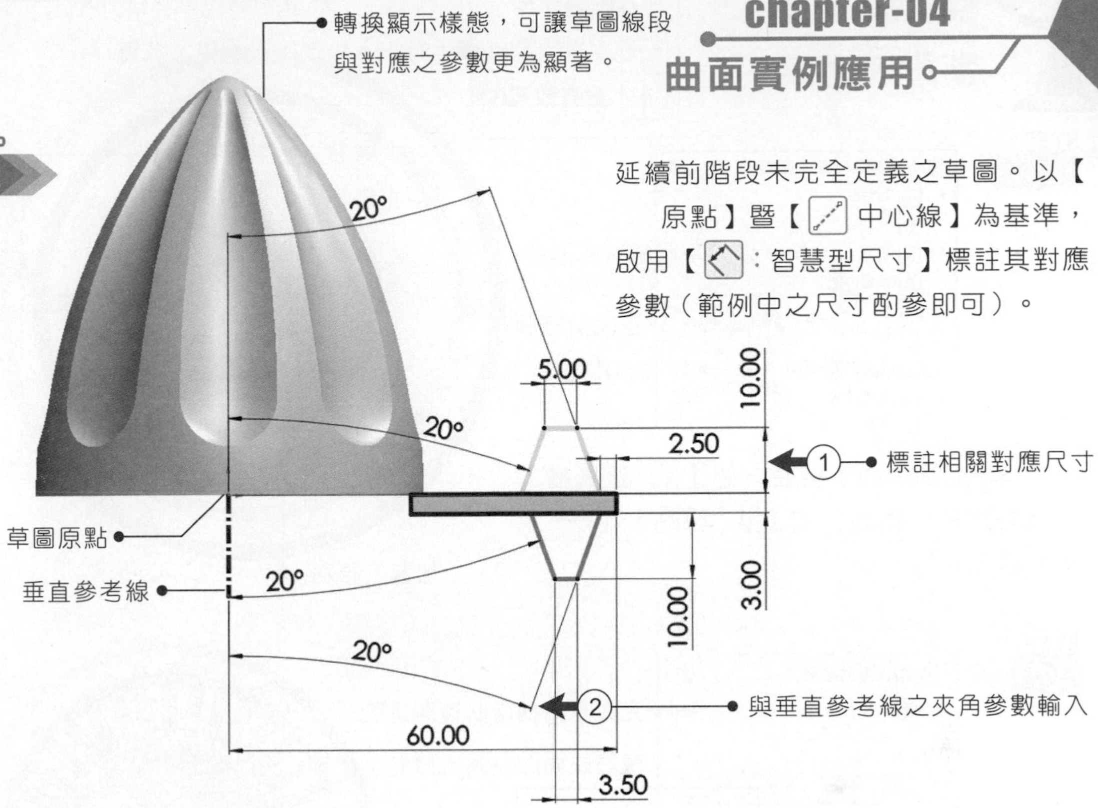

STEP 23

待草圖輪廓完備後，即可啟動實體加工特徵中的【：旋轉成型】以執行全週角迴圈之進程。

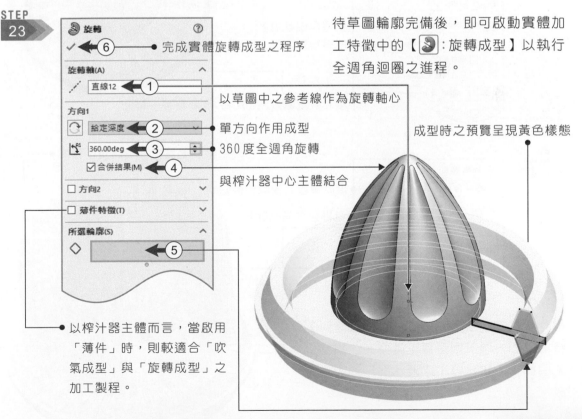

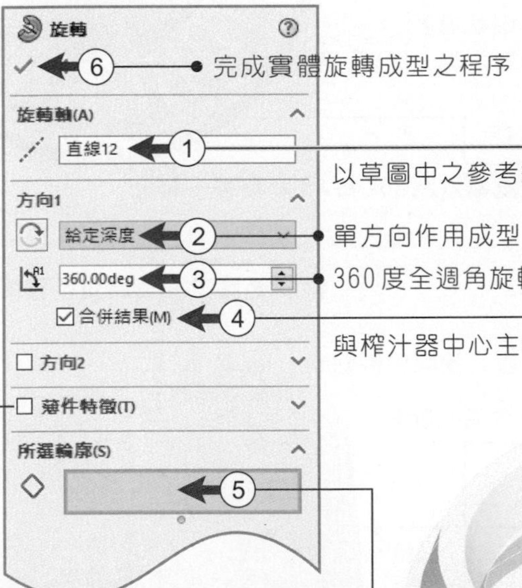

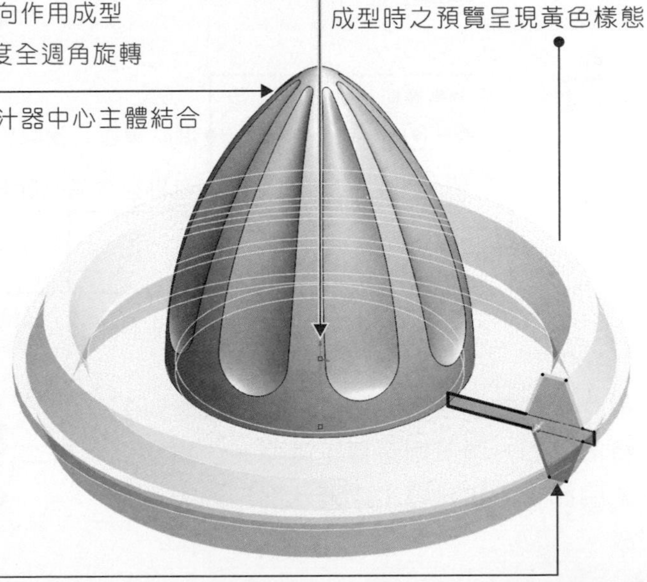

以榨汁器主體而言，當啟用「薄件」時，則較適合「吹氣成型」與「旋轉成型」之加工製程。

倘若系統未主動選擇，則使用者須指定為現階段之草圖輪廓。

STEP 24

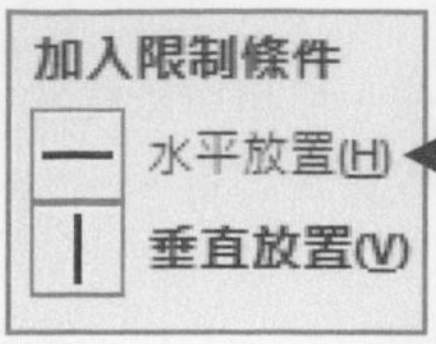
加入限制條件
水平放置(H)
垂直放置(V)
8
設定為「水平」放置

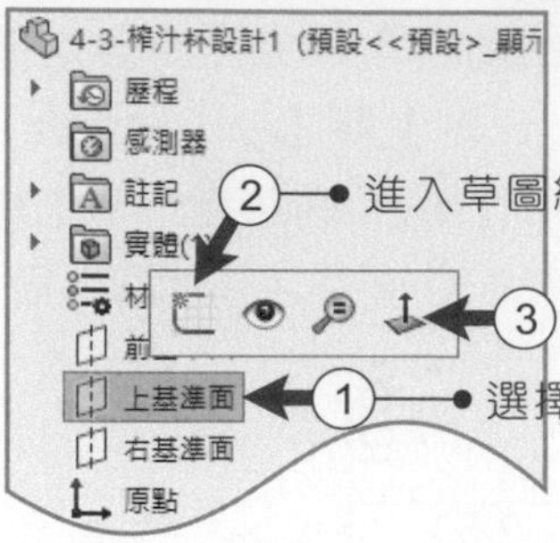
4-3-榨汁杯設計1 (預設<<預設>_顯示
歷程
感測器
註記
實體(1)
材
前
上基準面
右基準面
原點
2 進入草圖繪製的階段
3 正視於紙面
1 選擇作用基準

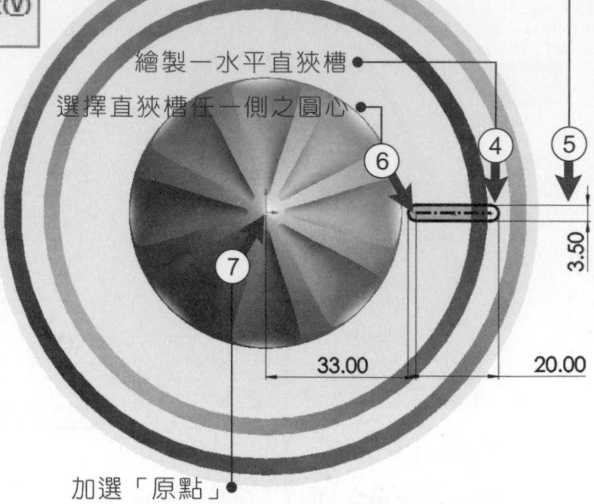
標註相關對應之尺寸
繪製一水平直狹槽
選擇直狹槽任一側之圓心
4
5
6
7
3.50
33.00
20.00
加選「原點」

由【上基準面】繪製一個【直狹槽】，且設定其「圓心」與【原點】【水平放置】。

STEP 25

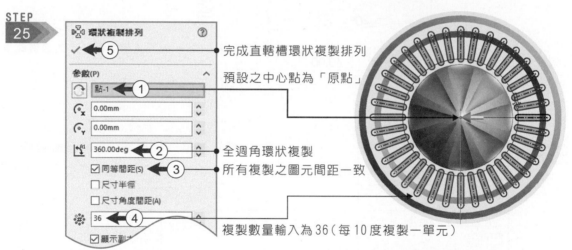

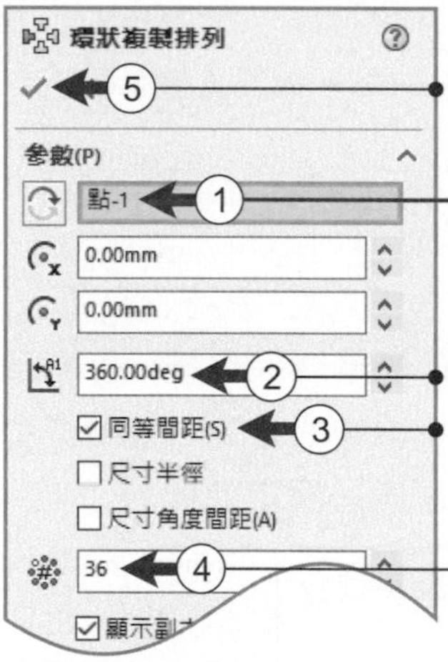
環狀複製排列
5
參數(P)
點-1
1
0.00mm
0.00mm
360.00deg
2
同等間距(S)
3
尺寸半徑
尺寸角度間距(A)
36
4
顯示副本
完成直轄槽環狀複製排列
預設之中心點為「原點」
全週角環狀複製
所有複製之圖元間距一致
複製數量輸入為 36（每 10 度複製一單元）

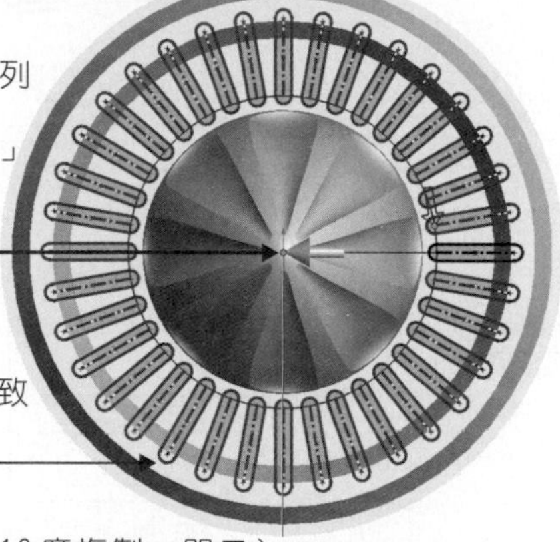

STEP 26

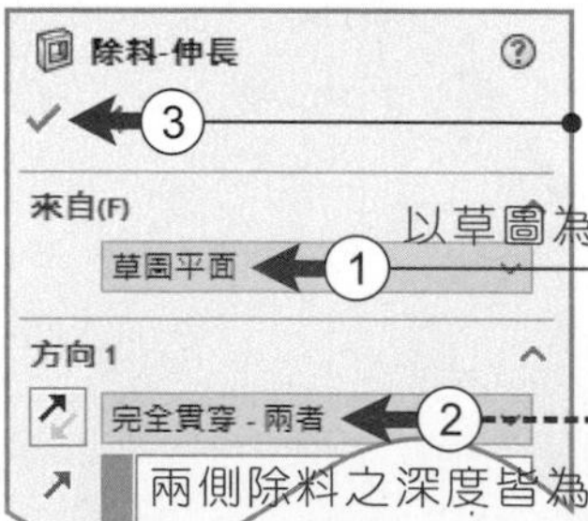
除料-伸長
3
環狀複製之輪廓線性除料
來自(F)
草圖平面
1
以草圖為基準且向兩側除料
方向 1
完全貫穿 - 兩者
2
兩側除料之深度皆為貫穿本體

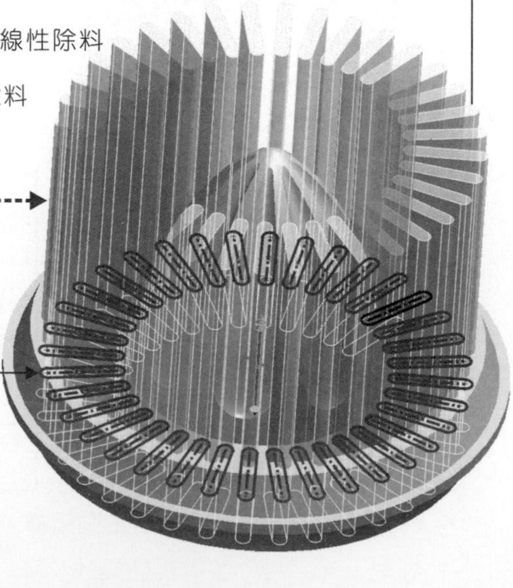
除料範圍之預覽為黃色樣態

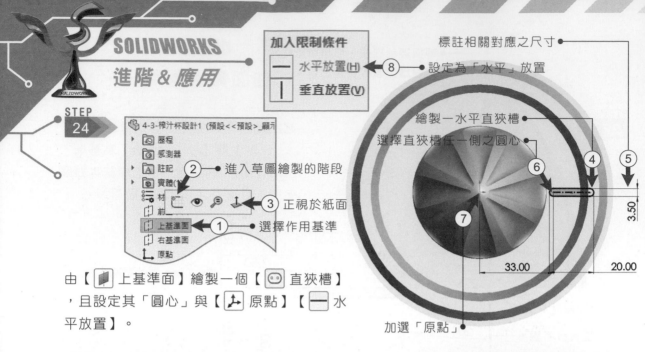

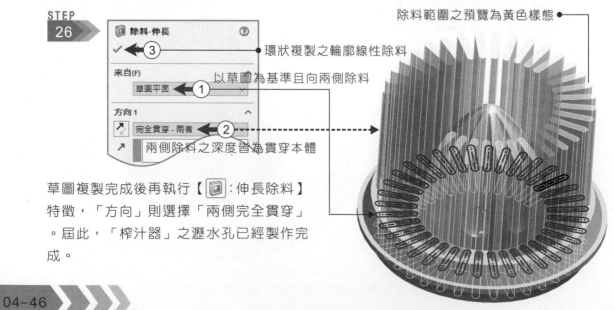

草圖複製完成後再執行【:伸長除料】特徵，「方向」則選擇「兩側完全貫穿」。屆此，「榨汁器」之瀝水孔已經製作完成。

4-3.2 杯體暨杯蓋建模

STEP 01

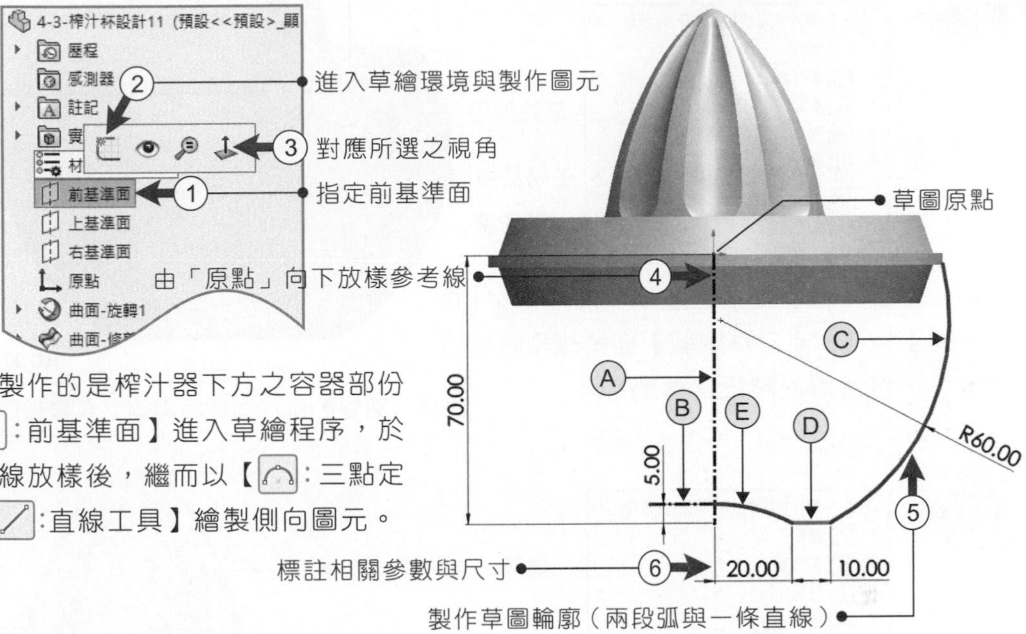

現階段欲製作的是榨汁器下方之容器部份。由【前基準面】進入草繪程序，於兩條參考線放樣後，繼而以【三點定弧】與【直線工具】繪製側向圖元。

STEP 02

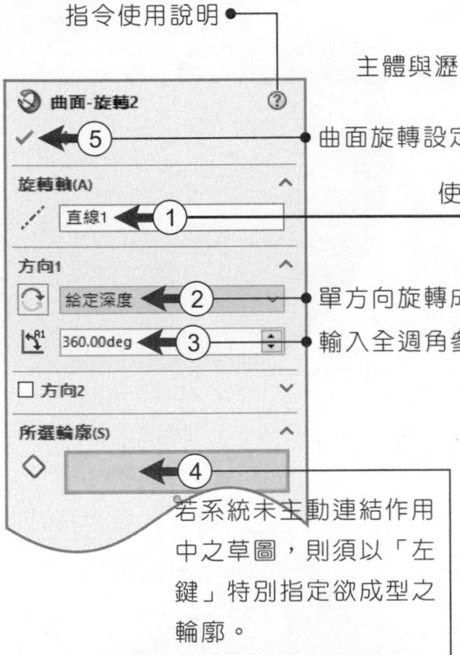

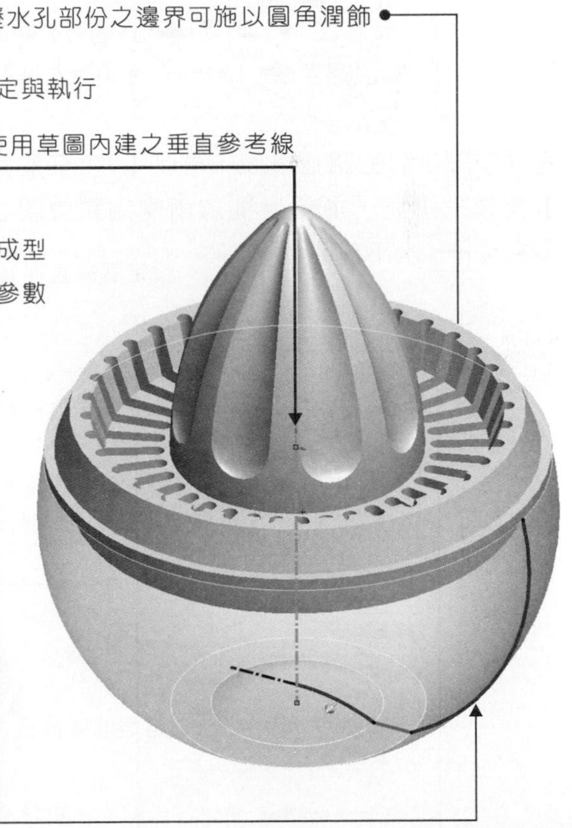

以上階段之草圖輪廓進行【旋轉曲面】指令。「旋轉軸」可使用草圖中內建之【中心線】，或開啟「暫存軸」興替；而「所選輪廓」則是在系統未執行特徵時需額外的以「左鍵」點選草圖輪廓進行加工程序。

STEP 03

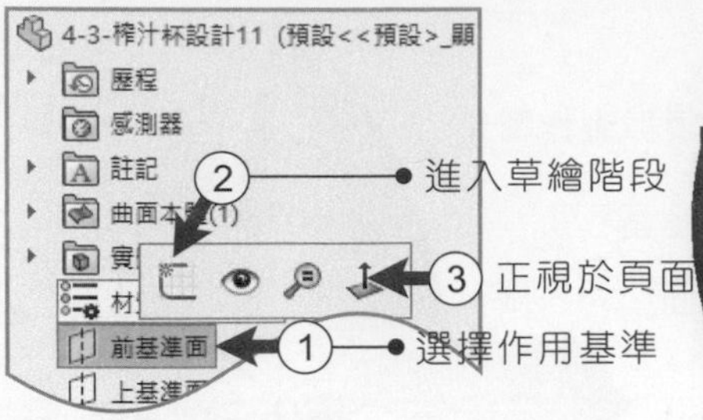
4-3-榨汁杯設計11 (預設<<預設>_顯
歷程
感測器
註記
曲面本體(1)
前基準面
上基準面
② 進入草繪階段
③ 正視於頁面
① 選擇作用基準

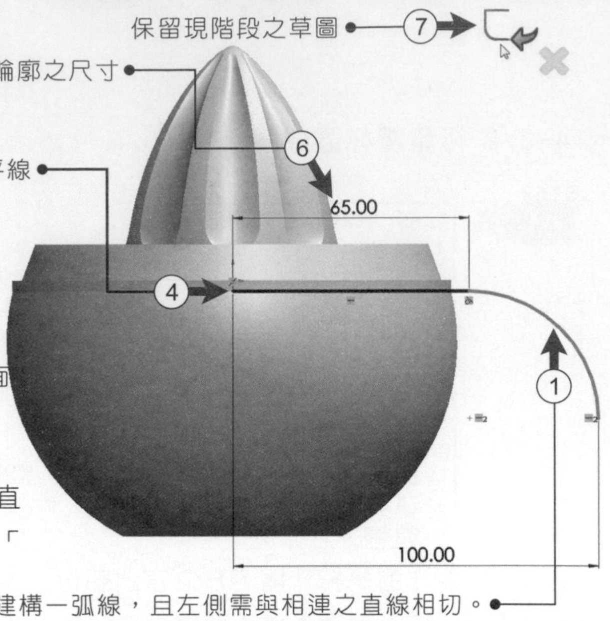
保留現階段之草圖 ⑦
標註圖元輪廓之尺寸 ⑥
沿著底杯上緣繪製水平線 ④
65.00
100.00
①
建構一弧線，且左側需與相連之直線相切。

續接的是製作底杯提把的進程，使用【直線工具】與【三點定弧】描繪成型時的「路徑」，且保留現階段之草圖。

STEP 04

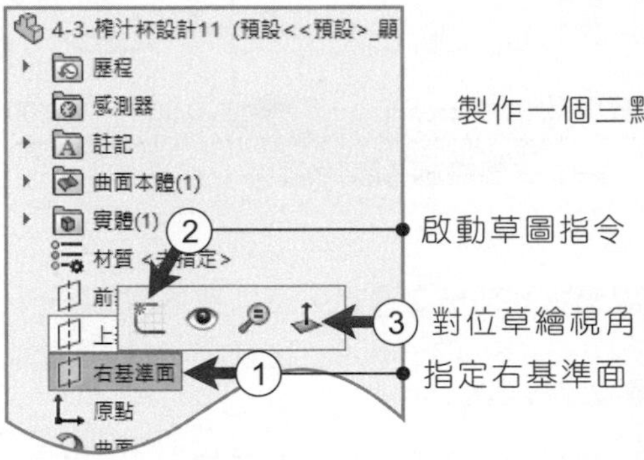
4-3-榨汁杯設計11 (預設<<預設>_顯
歷程
感測器
註記
曲面本體(1)
實體(1)
材質
右基準面
原點
② 啟動草圖指令
③ 對位草繪視角
① 指定右基準面

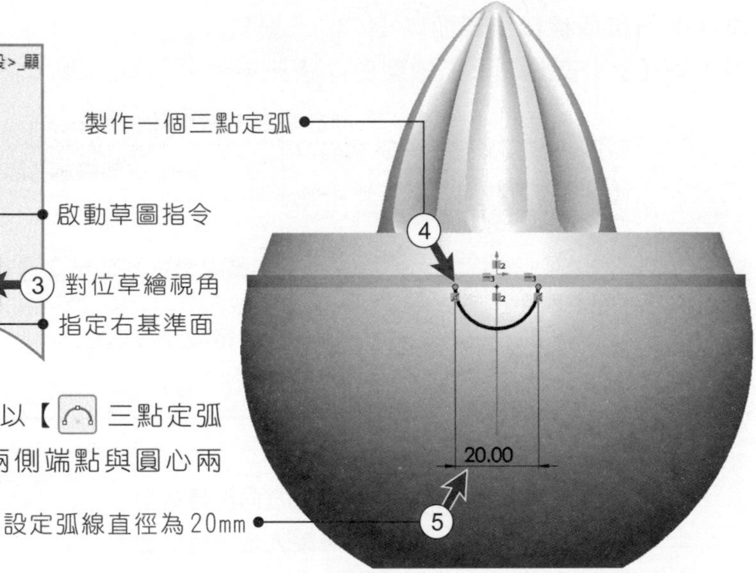
製作一個三點定弧 ④
20.00
設定弧線直徑為 20mm ⑤

有了前段步驟的路徑繪製，再以【三點定弧】製作一圖元，並設定弧線兩側端點與圓心兩項次【水平放置】。

STEP 05

「路徑」與「輪廓」齊備後即可啟用【:曲面掃出】指令，藉以完成提把部份之成型步驟。

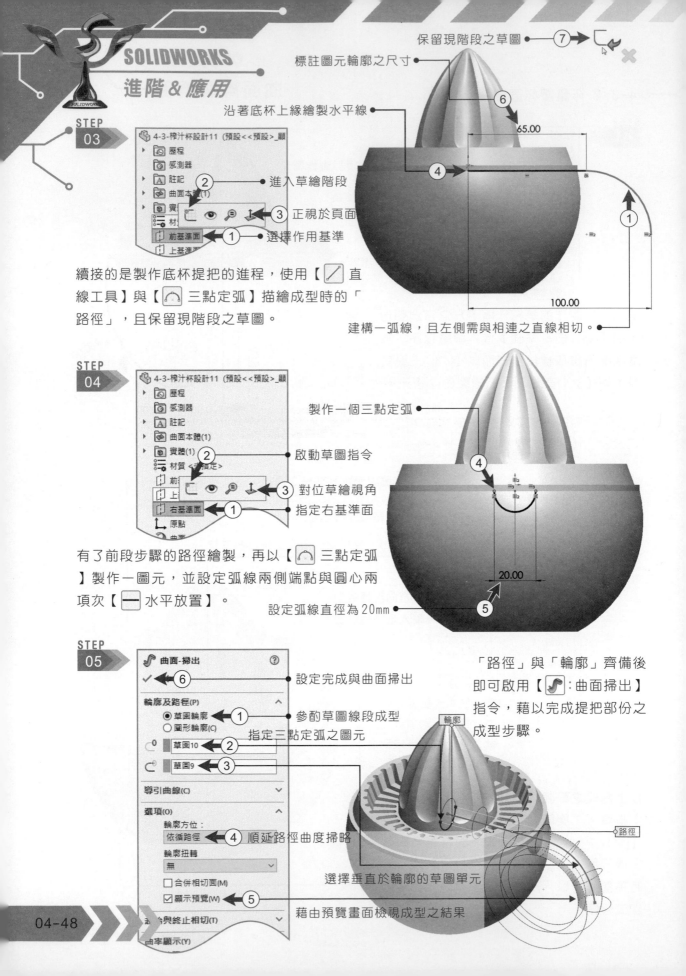

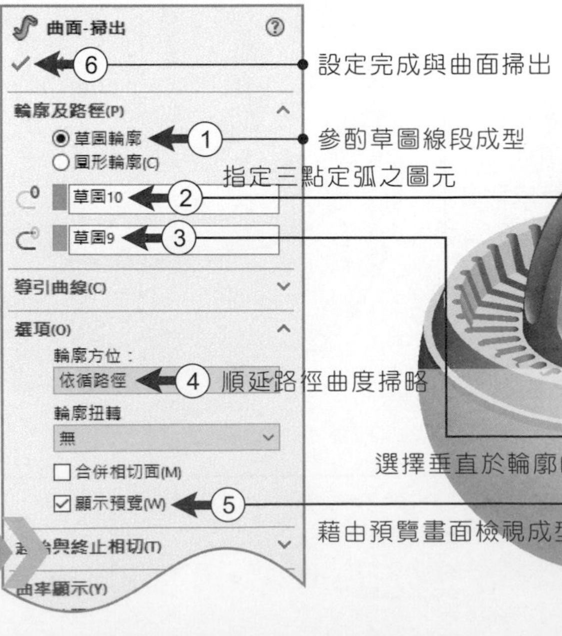
曲面-掃出
⑥ 設定完成與曲面掃出
輪廓及路徑(P)
草圖輪廓
圓形輪廓(C)
① 參酌草圖線段成型
草圖10 ② 指定三點定弧之圖元
草圖9 ③
導引曲線(C)
選項(O)
輪廓方位：
依循路徑 ④ 順延路徑曲度掃略
輪廓扭轉
無
合併相切面(M)
顯示預覽(W) ⑤
起始與終止相切(T)
曲率顯示(Y)

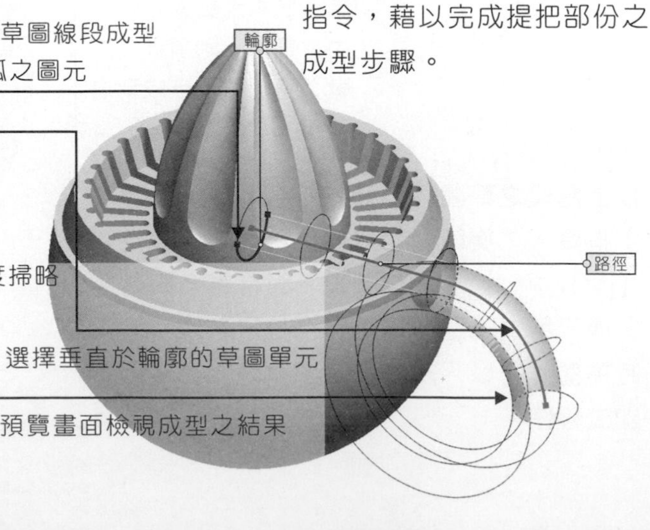
輪廓
路徑
選擇垂直於輪廓的草圖單元
藉由預覽畫面檢視成型之結果

STEP 10

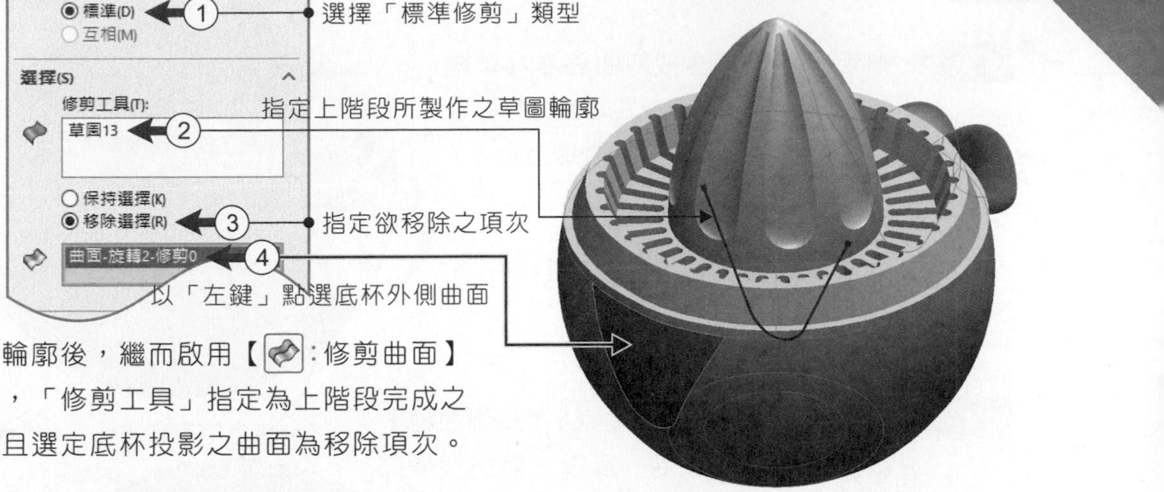
修剪曲面
5
完成曲面修剪之工序
修剪類型(T)
標準(D)
1
選擇「標準修剪」類型
互相(M)
選擇(S)
修剪工具(T):
指定上階段所製作之草圖輪廓
草圖13
2
保持選擇(K)
移除選擇(R)
3
指定欲移除之項次
曲面-旋轉2-修剪0
4
以「左鍵」點選底杯外側曲面

有了草圖輪廓後，繼而啟用【 :修剪曲面】功能指令，「修剪工具」指定為上階段完成之圖元；並且選定底杯投影之曲面為移除項次。

STEP 11

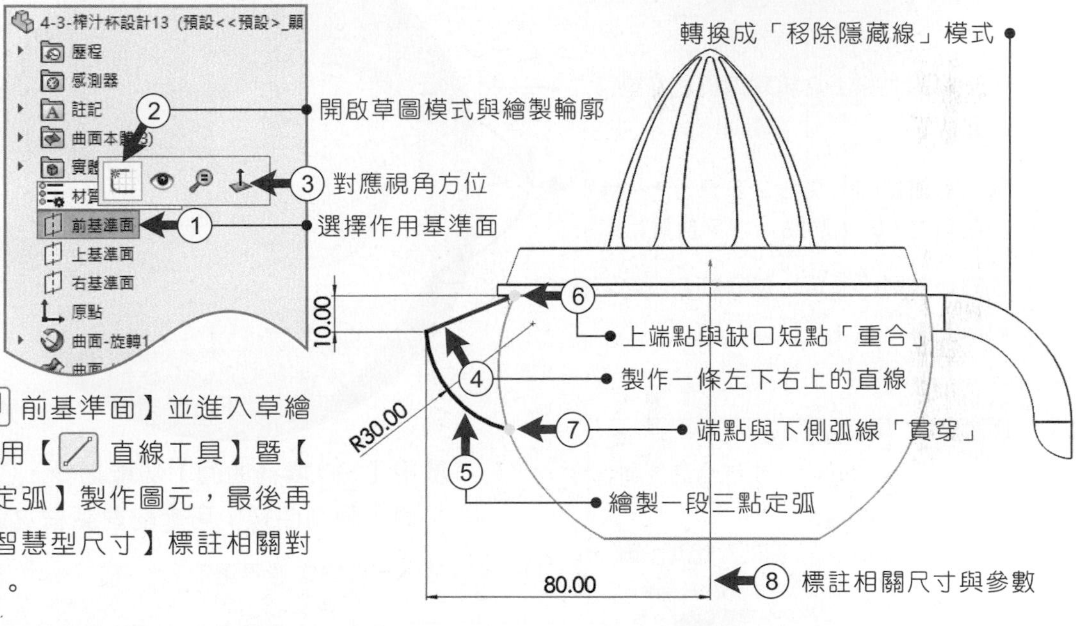
4-3-榨汁杯設計13 (預設<<預設>_顯
歷程
感測器
註記
曲面本體(3)
實體
材質
前基準面
上基準面
右基準面
原點
曲面-旋轉1
2
開啟草圖模式與繪製輪廓
3
對應視角方位
1
選擇作用基準面
轉換成「移除隱藏線」模式
10.00
6
上端點與缺口短點「重合」
4
製作一條左下右上的直線
R30.00
7
端點與下側弧線「貫穿」
5
繪製一段三點定弧
80.00
8
標註相關尺寸與參數

選定【 前基準面】並進入草繪階段。使用【 直線工具】暨【 三點定弧】製作圖元，最後再以【 智慧型尺寸】標註相關對應之參數。

STEP 12

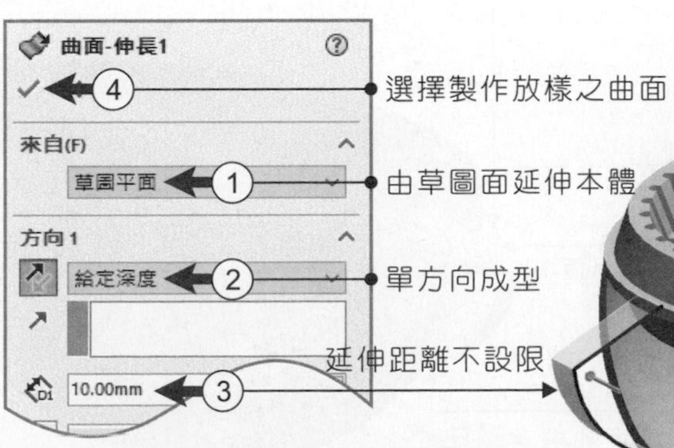
曲面-伸長1
4
選擇製作放樣之曲面
來自(F)
草圖平面
1
由草圖面延伸本體
方向1
給定深度
2
單方向成型
延伸距離不設限
10.00mm
3

延續上階段定義之輪廓，繼而啟用【 :曲面伸長】之指令，其延伸距離以好辨識、好選與好編輯為前提。

STEP 13

指定上階段所生成的曲面作為草繪的【平面】，並在啟用【草圖】後【正視於】所選方位。

選擇平面後進入草繪階段
1
曲面的部份如要附加草圖，多是以投影程序製作。

STEP 14

於視角對位後，使用【不規則曲線】放置三處節點段落，且每一節點都需與對應的邊界設定為【重合 / 共點】。

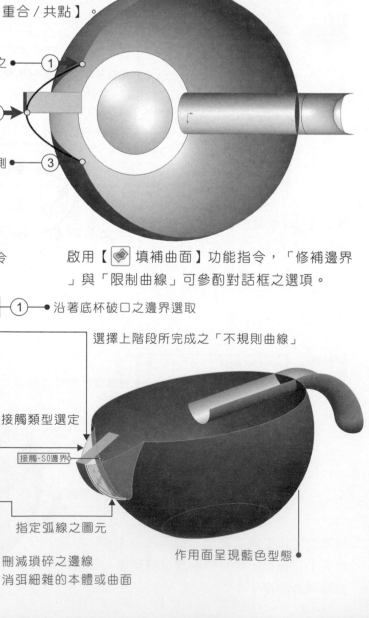

保留現階段草圖
4

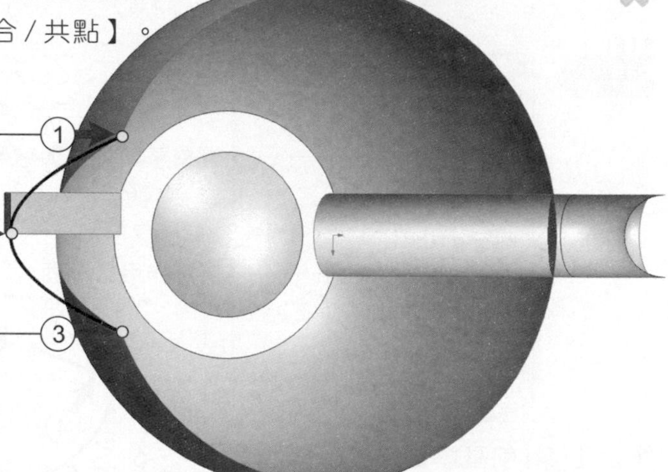
「不規則曲線」之起點落於底杯缺口之上側角點。
1
第二處節點則「重合」於直線左側端點（與「原點」水平放置）。
2
末端節點則「重合」於底杯缺口之下側角點。
3

STEP 15

啟用【填補曲面】功能指令，「修補邊界」與「限制曲線」可參酌對話框之選項。

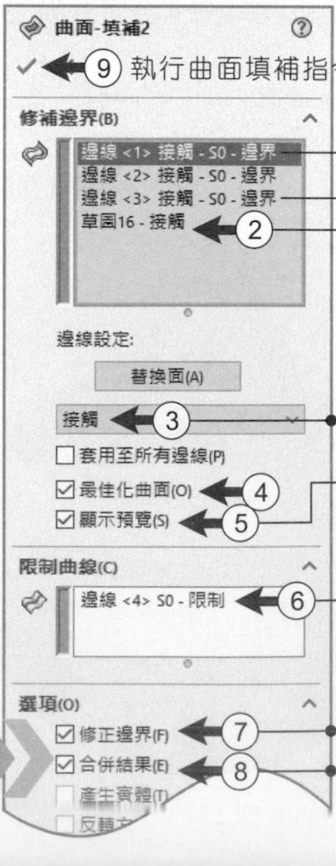
曲面-填補2
9 執行曲面填補指令
修補邊界(B)
邊線 <1> 接觸 - S0 - 邊界
邊線 <2> 接觸 - S0 - 邊界
邊線 <3> 接觸 - S0 - 邊界
草圖16 - 接觸
1 沿著底杯破口之邊界選取
2 選擇上階段所完成之「不規則曲線」
邊線設定:
替換面(A)
接觸
3 接觸類型選定
套用至所有邊線(P)
最佳化曲面(O)
4
顯示預覽(S)
5
限制曲線(C)
邊線 <4> S0 - 限制
6 指定弧線之圖元
選項(O)
修正邊界(F)
7 刪減瑣碎之邊線
合併結果(E)
8 消弭細雜的本體或曲面
產生實體(T)

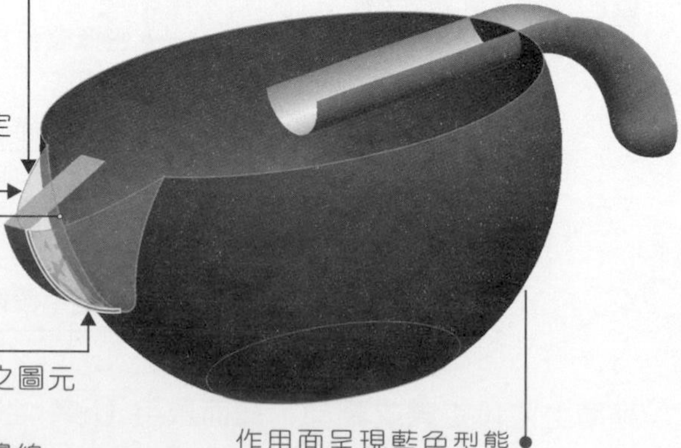
接觸-S0邊界
作用面呈現藍色型態

STEP 16

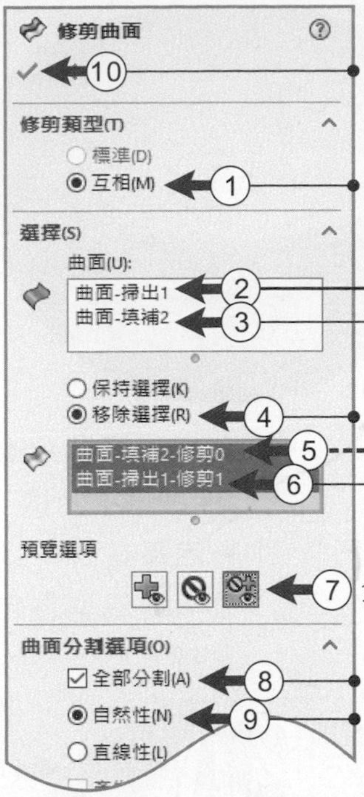
修剪曲面
⑩ 設定完成並執行修剪曲面
修剪類型(T)
標準(D)
互相(M)
① 選擇相互修剪類型
選擇(S)
曲面(U):
曲面-掃出1
曲面-填補2
② 點選掃出之握把本體
③ 指定曲面旋轉之底杯本體
保持選擇(K)
移除選擇(R)
④ 啟用「移除」項次
曲面-填補2-修剪0
曲面-掃出1-修剪1
⑤ 點擊底杯與握把交界處之曲面
⑥ 單選握把左側延伸面
預覽選項
⑦ 全部類型檢視
曲面分割選項(O)
全部分割(A)
⑧ 依循預設選項
自然性(N)
⑨ 以接觸面作為「分割」樣板
直線性(L)

啟用【 :修剪曲面】指令，並參酌對話視窗之選擇項次，將其握把多餘之局部剔除。

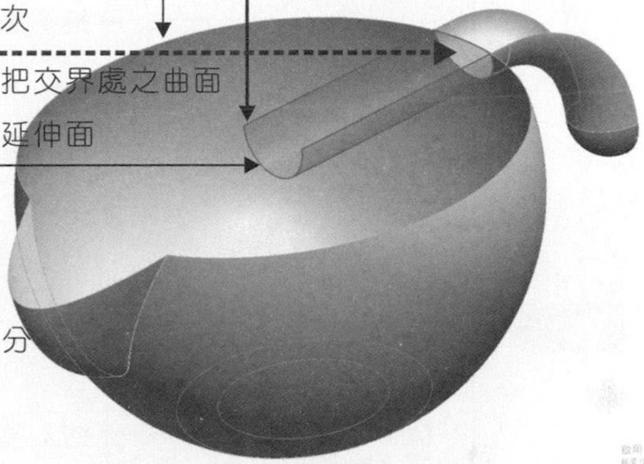

STEP 17

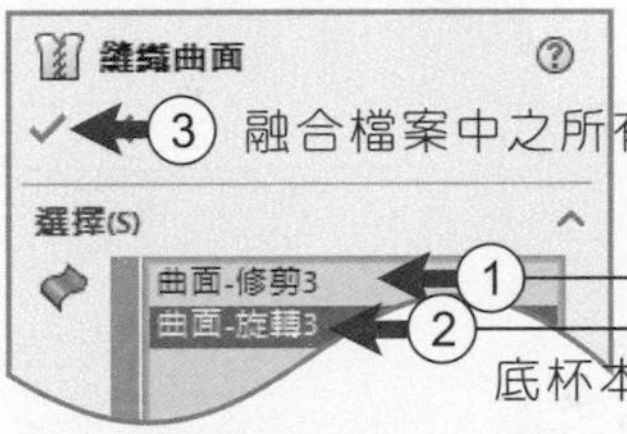
縫織曲面
③ 融合檔案中之所有本體
選擇(S)
曲面-修剪3
曲面-旋轉3
① 選擇修剪後之握把本體
② 底杯本體加選

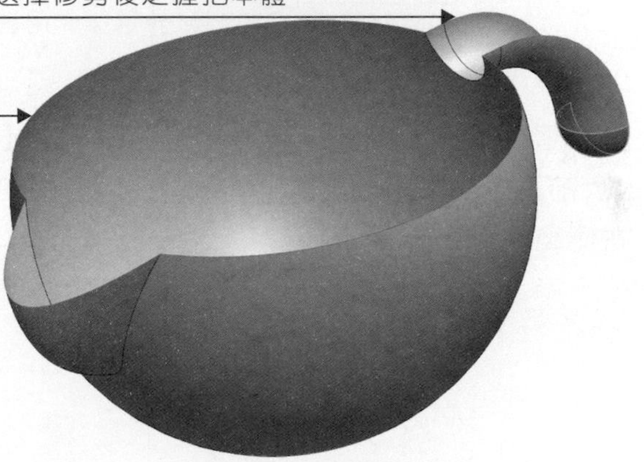

畫面中之本體分為「底杯」與「握把」兩項次，可執行【 :縫織曲面】指令將所有的本體融合成型。

STEP 18

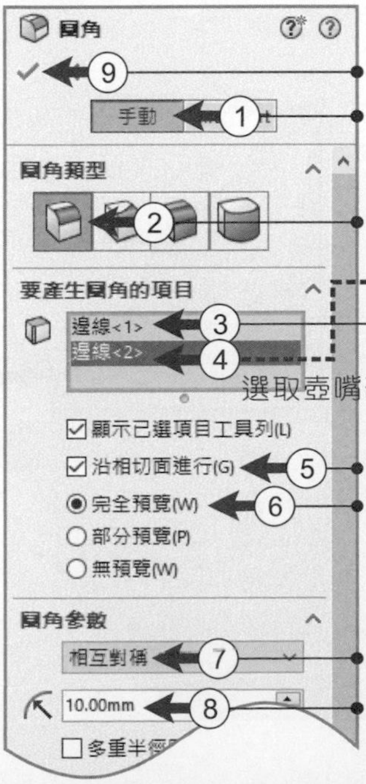
圓角
⑨ 執行「圓角」特徵
手動
① 選擇「手動」模式
圓角類型
② 指定「固定圓角」類型
要產生圓角的項目
邊線<1>
邊線<2>
③ 選取握把與底杯之交界
④ 選取壺嘴部份之邊界
顯示已選項目工具列(L)
沿相切面進行(G)
⑤ 相切面選取
完全預覽(W)
⑥ 開啟預覽檢視
部分預覽(P)
無預覽(W)
圓角參數
相互對稱
⑦ 圓角居中對稱
10.00mm
⑧ 輸入圓角半徑參數
多重半徑

在曲面轉成實體前可以先施作【 :圓角】程序，以提升曲面【 加厚】時之成功率。

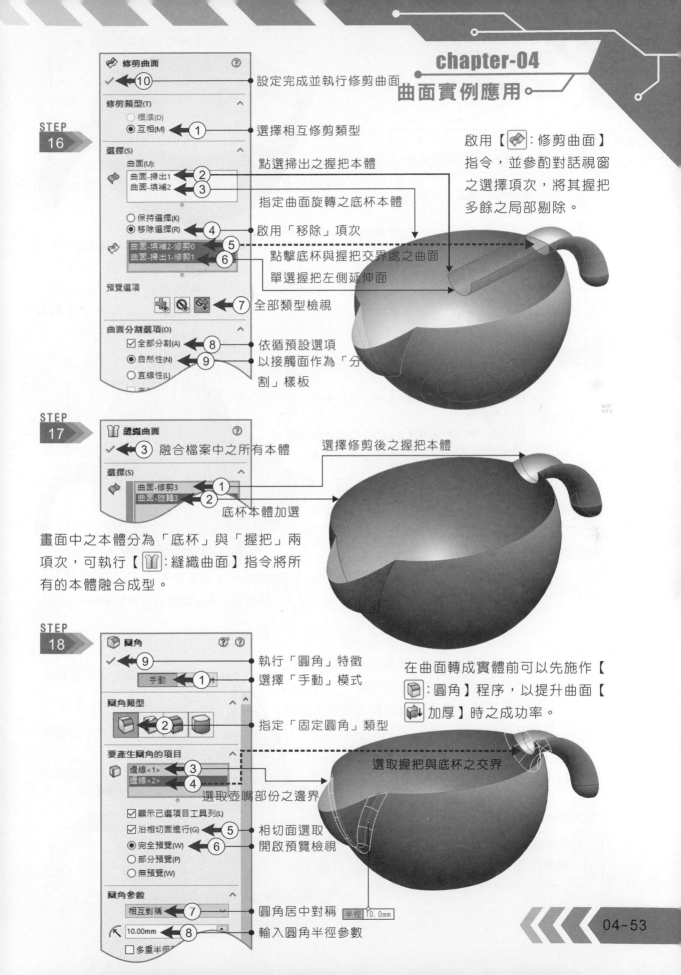

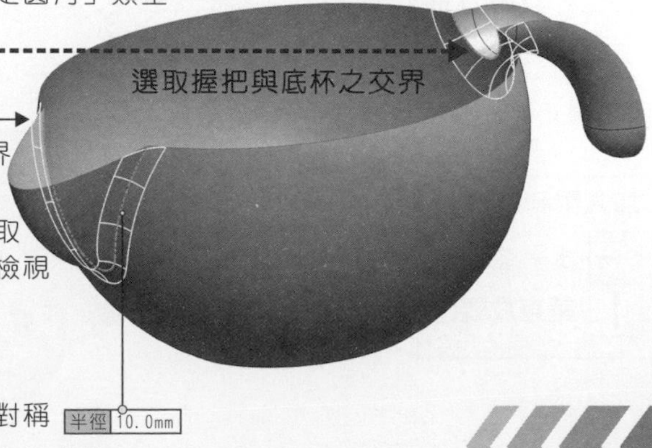
半徑 10.0mm

STEP 19

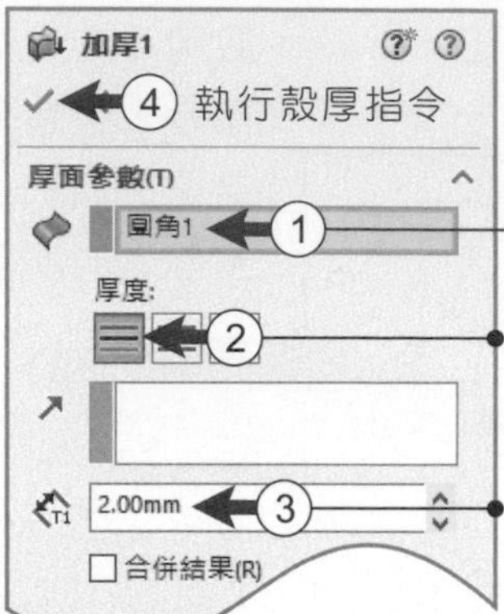
加厚1
④ 執行殼厚指令
厚面參數(T)
圓角1
① 選擇底杯本體加厚
厚度:
② 指定將成型之方向
2.00mm
③ 成型厚度約設定為2mm左右
合併結果(R)

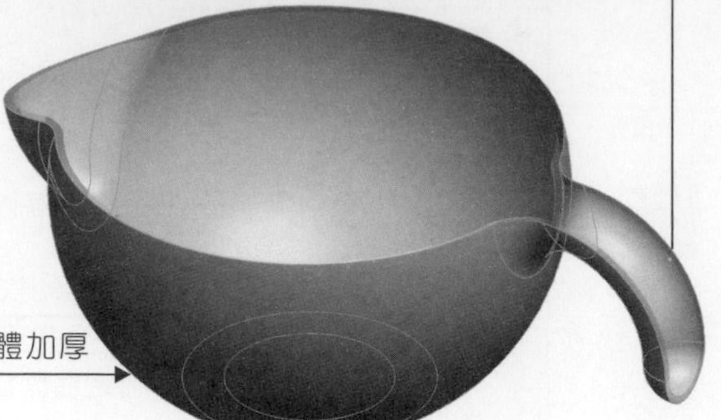
欲將產生之實體呈現黃色型態

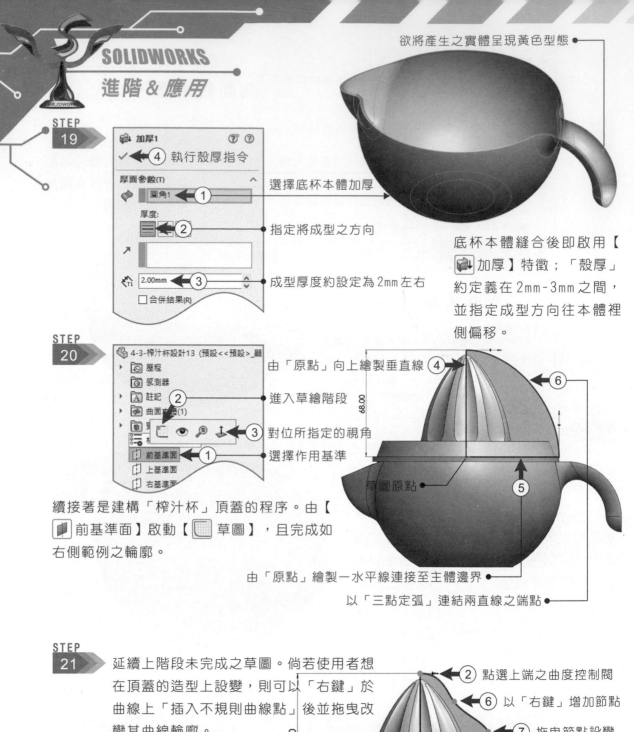

底杯本體縫合後即啟用【加厚】特徵；「殼厚」約定義在2mm-3mm之間，並指定成型方向往本體裡側偏移。

STEP 20

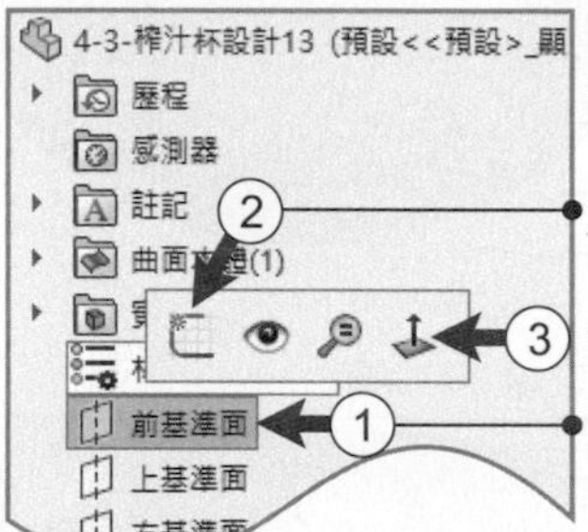
4-3-榨汁杯設計13 (預設<<預設>_顯
歷程
感測器
註記
曲面本體(1)
前基準面
上基準面
右基準面
② 進入草繪階段
③ 對位所指定的視角
① 選擇作用基準

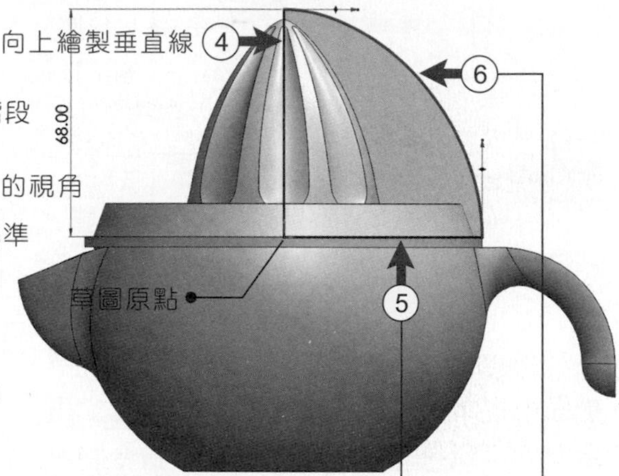
由「原點」向上繪製垂直線 ④
⑥
68.00
草圖原點
⑤
由「原點」繪製一水平線連接至主體邊界
以「三點定弧」連結兩直線之端點

續接著是建構「榨汁杯」頂蓋的程序。由【前基準面】啟動【草圖】，且完成如右側範例之輪廓。

STEP 21

延續上階段未完成之草圖。倘若使用者想在頂蓋的造型上設變，則可以「右鍵」於曲線上「插入不規則曲線點」後並拖曳改變其曲線輪廓。

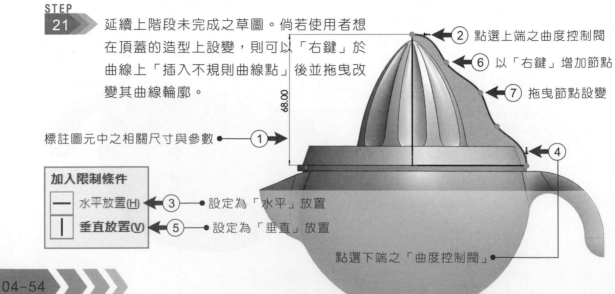

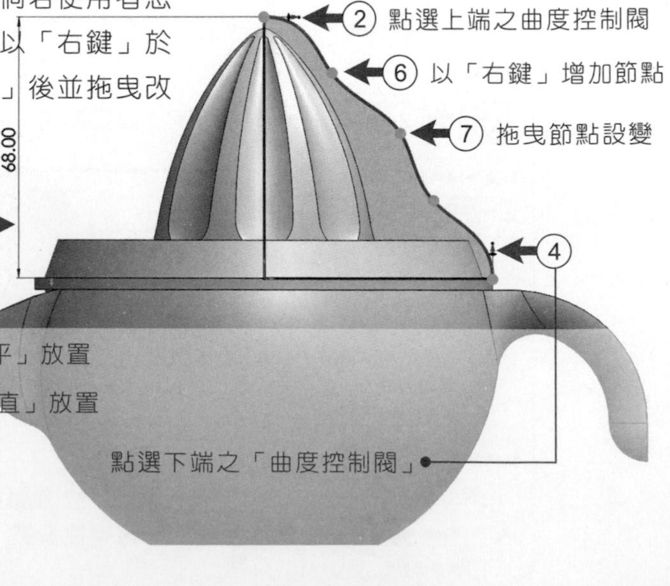
② 點選上端之曲度控制閥
⑥ 以「右鍵」增加節點
⑦ 拖曳節點設變
68.00
標註圖元中之相關尺寸與參數 ①
④
點選下端之「曲度控制閥」

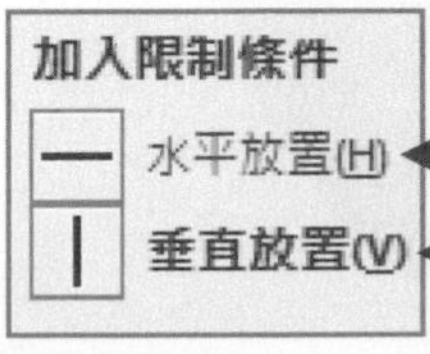
加入限制條件
水平放置(H) ③ 設定為「水平」放置
垂直放置(V) ⑤ 設定為「垂直」放置

STEP 22

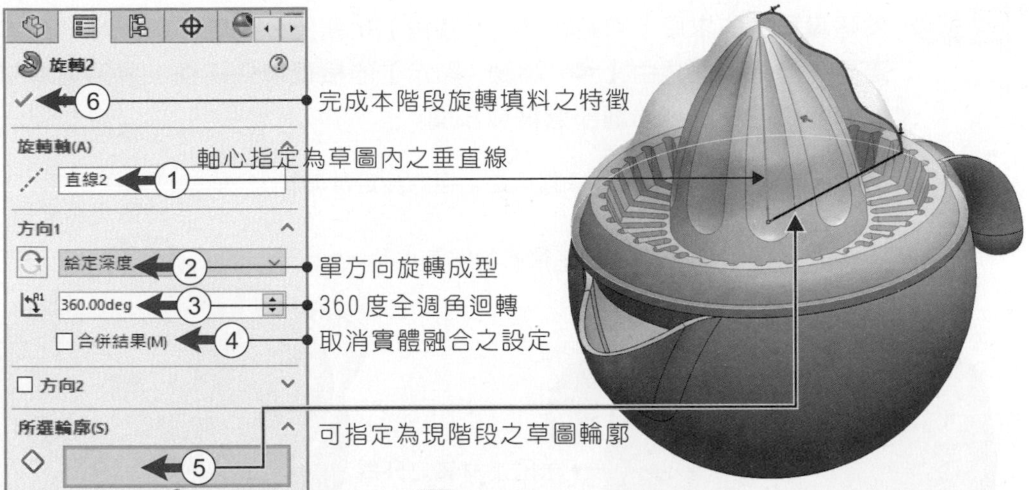
旋轉2
旋轉軸(A)
直線2
方向1
給定深度
360.00deg
合併結果(M)
方向2
所選輪廓(S)
完成本階段旋轉填料之特徵
軸心指定為草圖內之垂直線
單方向旋轉成型
360度全週角迴轉
取消實體融合之設定
可指定為現階段之草圖輪廓

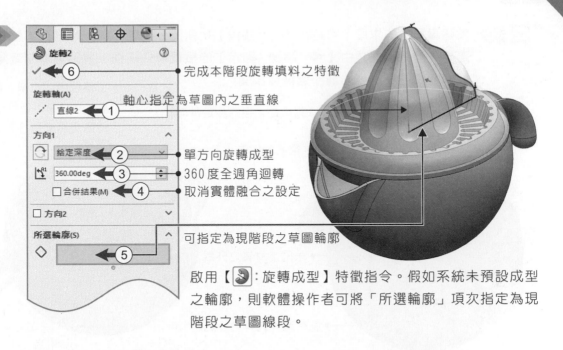

啟用【旋轉成型】特徵指令。假如系統未預設成型之輪廓，則軟體操作者可將「所選輪廓」項次指定為現階段之草圖線段。

STEP 23

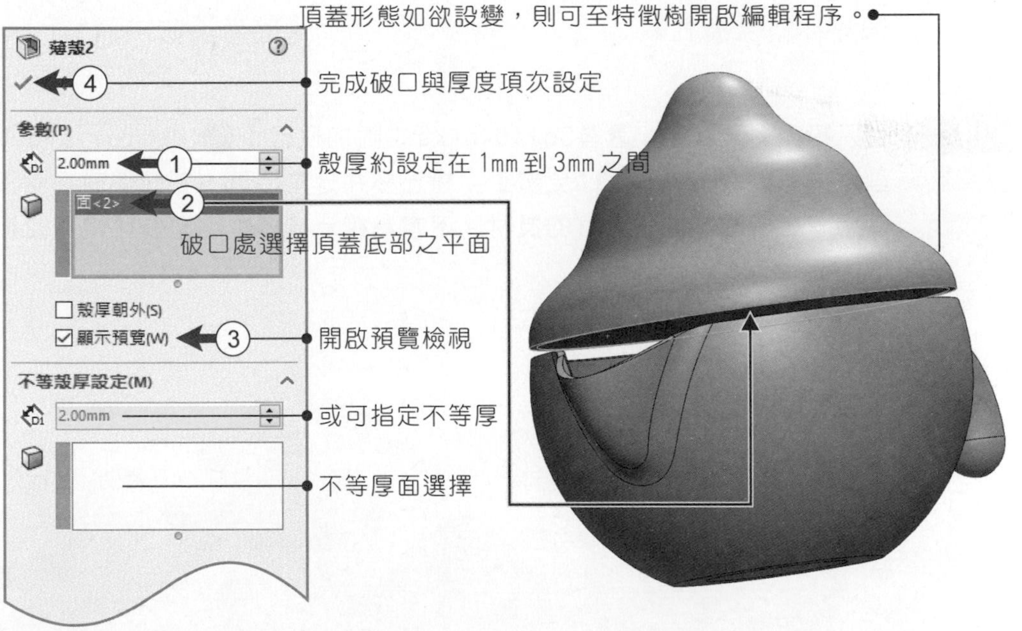
頂蓋形態如欲設變，則可至特徵樹開啟編輯程序。
薄殼2
完成破口與厚度項次設定
參數(P)
2.00mm
殼厚約設定在1mm到3mm之間
面<2>
破口處選擇頂蓋底部之平面
殼厚朝外(S)
顯示預覽(W)
開啟預覽檢視
不等殼厚設定(M)
2.00mm
或可指定不等厚
不等厚面選擇

於Solidworks或CAD軟體建模之程序中，最擔憂的兩件事：即曲面縫合後卻無法形成實體；另一個是實體特徵成型後薄殼失敗。而上述的兩種境況，通常是曲度差異或起伏過當的失效機制，鑑此，筆者在曲面縫合後通常會啟用【斑馬紋】檢視本體概觀曲度的順延性；如有疑慮，則需回到草圖再進行線段修正或圖元輪廓的變更。

STEP 24 於建模程序的末段，可經由【 圓角】功能指令潤飾「榨汁杯」各本體相連之邊界。學習者可藉由【 隱藏／顯示】的檢視模式切換，將頂蓋抑制或隱藏，以俾利主體與底杯的細部選擇或校閱。

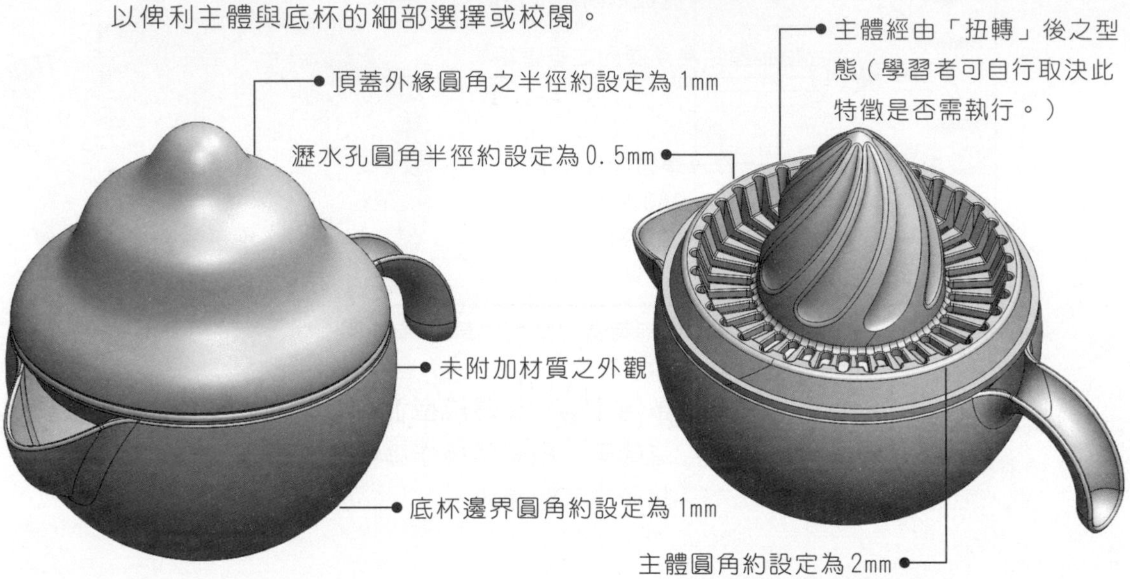
主體經由「扭轉」後之型態（學習者可自行取決此特徵是否需執行。）
頂蓋外緣圓角之半徑約設定為 1mm
瀝水孔圓角半徑約設定為 0.5mm
未附加材質之外觀
底杯邊界圓角約設定為 1mm
主體圓角約設定為 2mm

《榨汁杯組合模式》　　《頂蓋隱藏示意》

STEP 25 進入模型彩現程序：透過Solidworks之附加模組【 Photoview360】編輯模型【 ：外觀】與【 ：全景】；榨汁杯共分為頂蓋、主體與底杯等三個組件，使用者可依觀感附貼適宜的質材。下方為榨汁杯模型融合素色場景之渲染完成圖照。

《榨汁杯彩現完成圖》

4-4 洗潔劑瓶子

⊙ 要點提醒 **本範例為綠色版參考教學檔--請學習者使用雲端連結並下載相關之附件**

本範例教學視訊檔案：SolidWorks/進階&應用/CH04目錄下/4-4 洗潔劑瓶子.avi
本範例製作完成檔案：SolidWorks/進階&應用/CH04目錄下/4-4 洗潔劑瓶子.SLDPRT

4-4.1 洗潔劑瓶子建模

隨著市場導向驅使下，本該只倚重內容物的商品之包裝也越來越乖張。舊時的洗潔劑瓶身多數是圓柱或方體的單純容器；而在消費者挑剔的採購慣性驅使下，反倒是在乎起了外瓶的設計感，而容器內的洗淨效力與親近性早已不再是選購的主要述求。於下方的建模進程中，藉由面與線的放樣與鋪陳，再經由【:曲面疊層拉伸】與【:填補曲面】等功能完成外瓶的形態，最後補上瓶身外觀的細部項次即完成本單元範例之繪製工序。

建模進程：

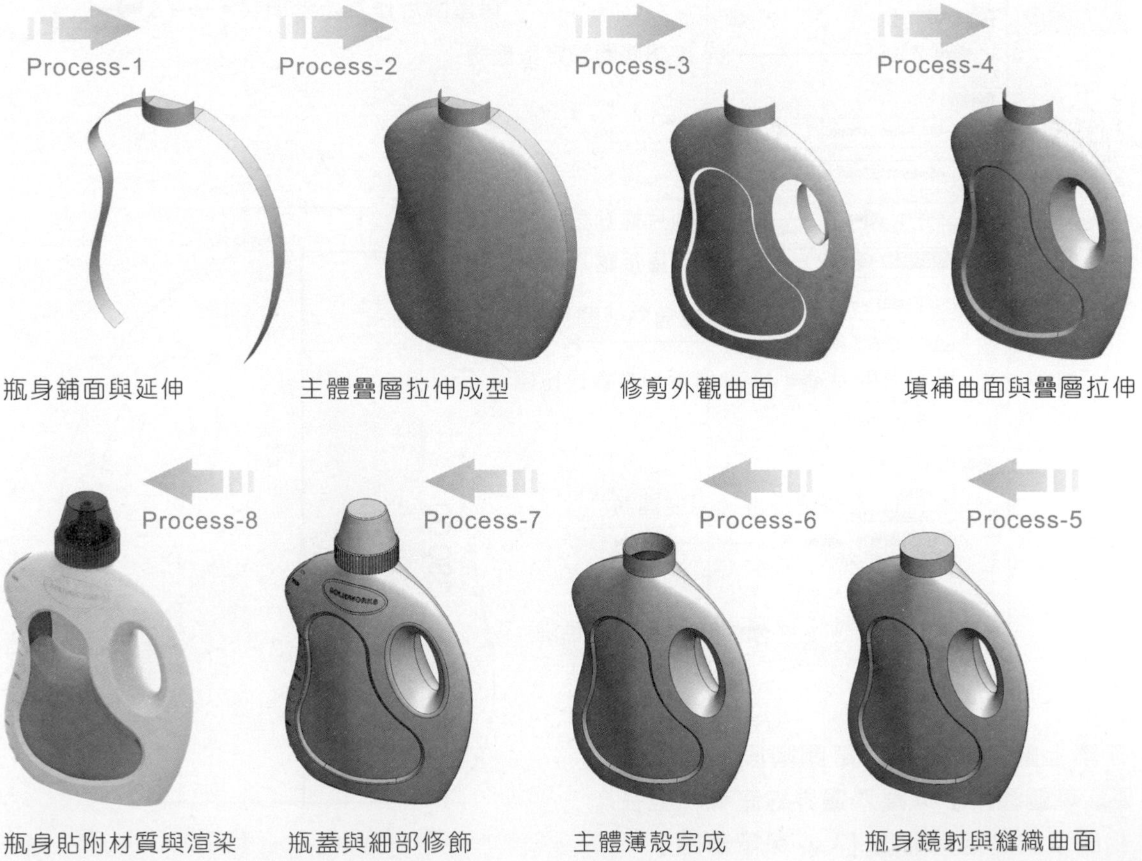

STEP 01

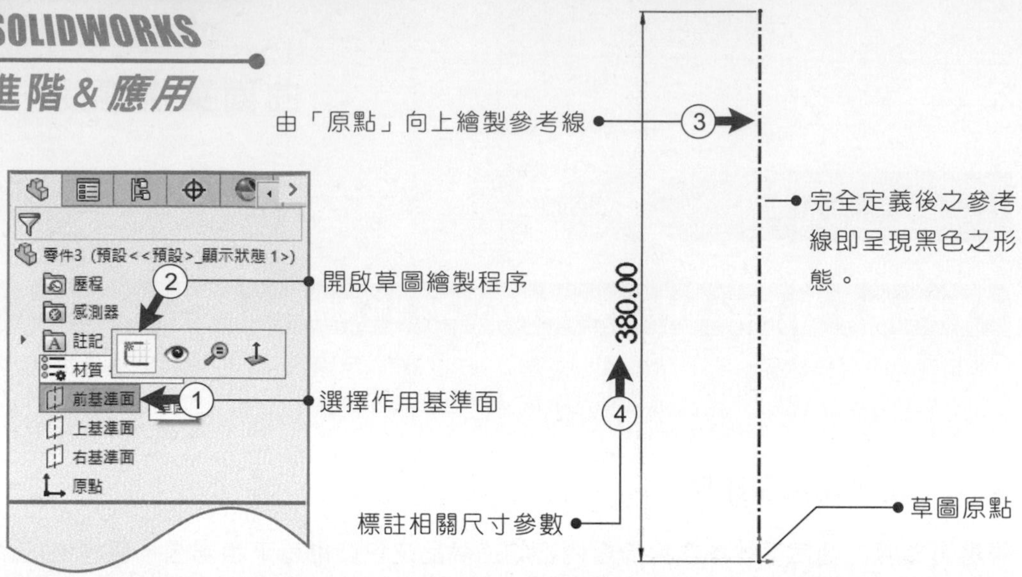

關於洗潔精瓶子的建模程序，筆者建議對曲面特性尚未掌握的學習者可以匯入範例中的底圖做為邊界參酌的依循。由【 :前基準面】進入【 :草圖】作業區，且使用【 :中心線】由【 :原點】向上放樣一條垂直參考，繼而再選擇【 智慧型尺寸】標註線段高度為380mm。

STEP 02

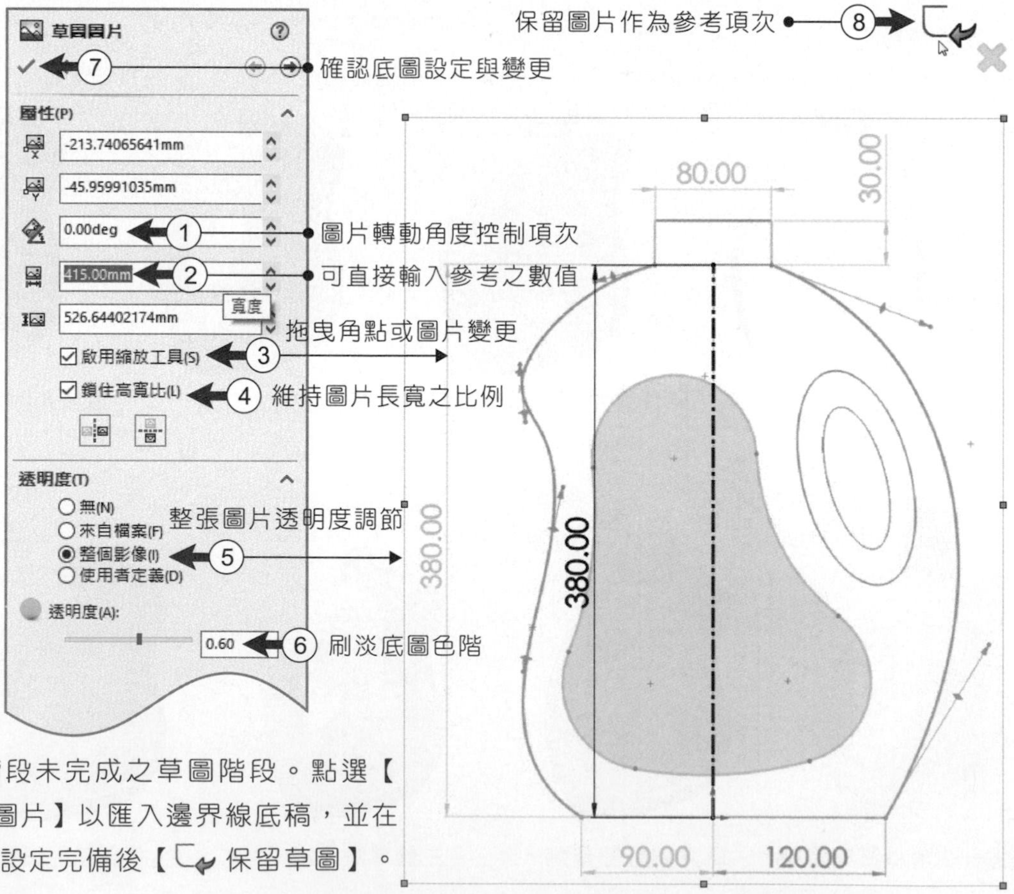
草圖圖片
保留圖片作為參考項次
⑧
⑦
確認底圖設定與變更
屬性(P)
-213.74065641mm
-45.95991035mm
0.00deg
①
圖片轉動角度控制項次
415.00mm
②
可直接輸入參考之數值
526.64402174mm
寬度
拖曳角點或圖片變更
啟用縮放工具(S)
③
鎖住高寬比(L)
④
維持圖片長寬之比例
透明度(T)
無(N)
來自檔案(F)
整個影像(I)
使用者定義(D)
整張圖片透明度調節
⑤
透明度(A):
0.60
⑥
刷淡底圖色階
80.00
30.00
380.00
380.00
90.00
120.00

延續上階段未完成之草圖階段。點選【 草圖圖片】以匯入邊界線底稿，並在相關項次設定完備後【 保留草圖】。

STEP 03

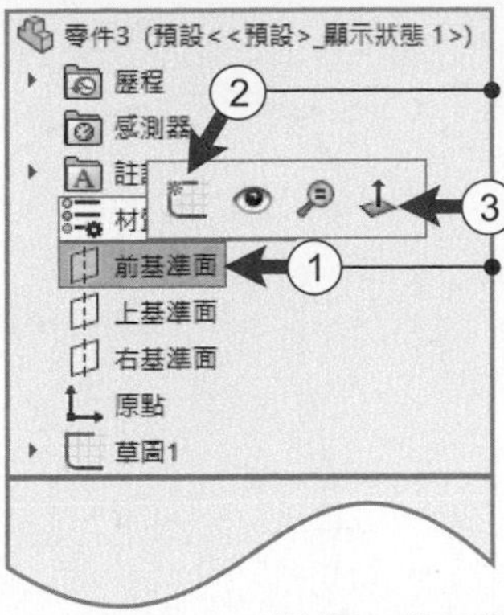

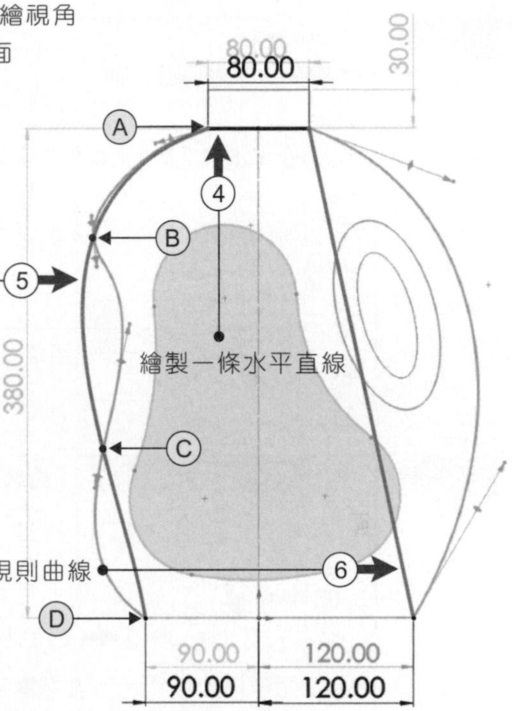

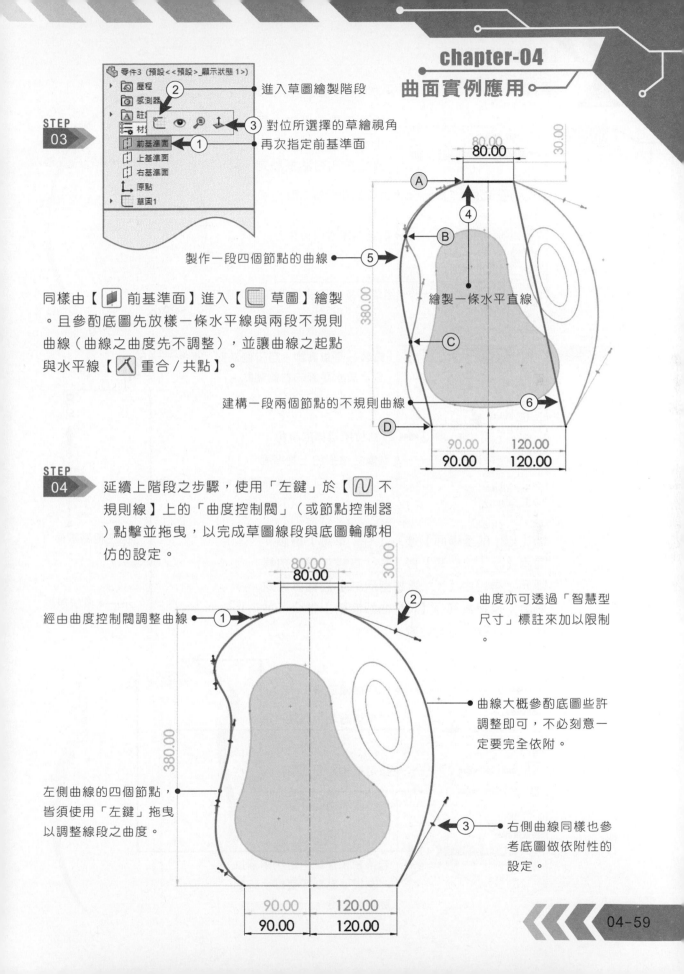

同樣由【前基準面】進入【草圖】繪製。且參酌底圖先放樣一條水平線與兩段不規則曲線（曲線之曲度先不調整），並讓曲線之起點與水平線【重合 / 共點】。

STEP 04

延續上階段之步驟，使用「左鍵」於【不規則線】上的「曲度控制閥」（或節點控制器）點擊並拖曳，以完成草圖線段與底圖輪廓相仿的設定。

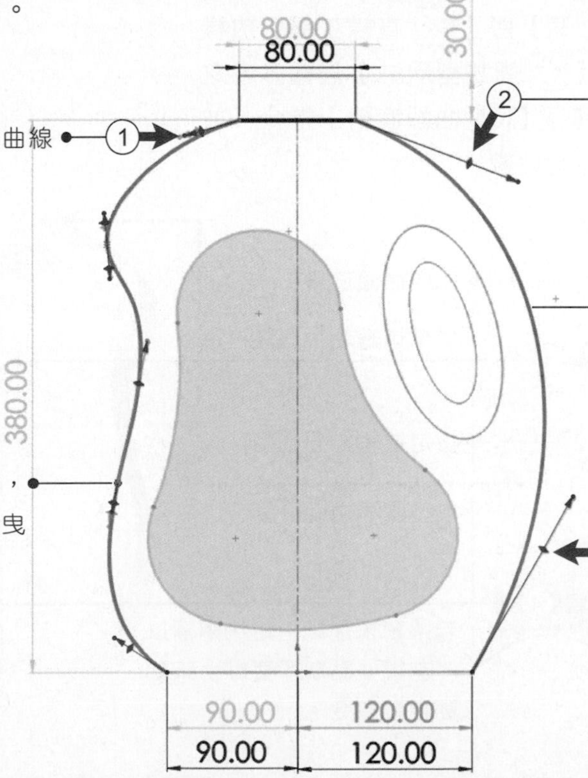

STEP 05

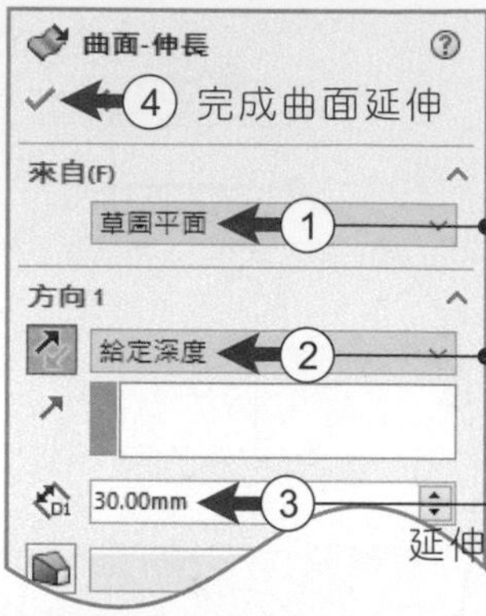

曲面延伸後之預覽為黃色樣態

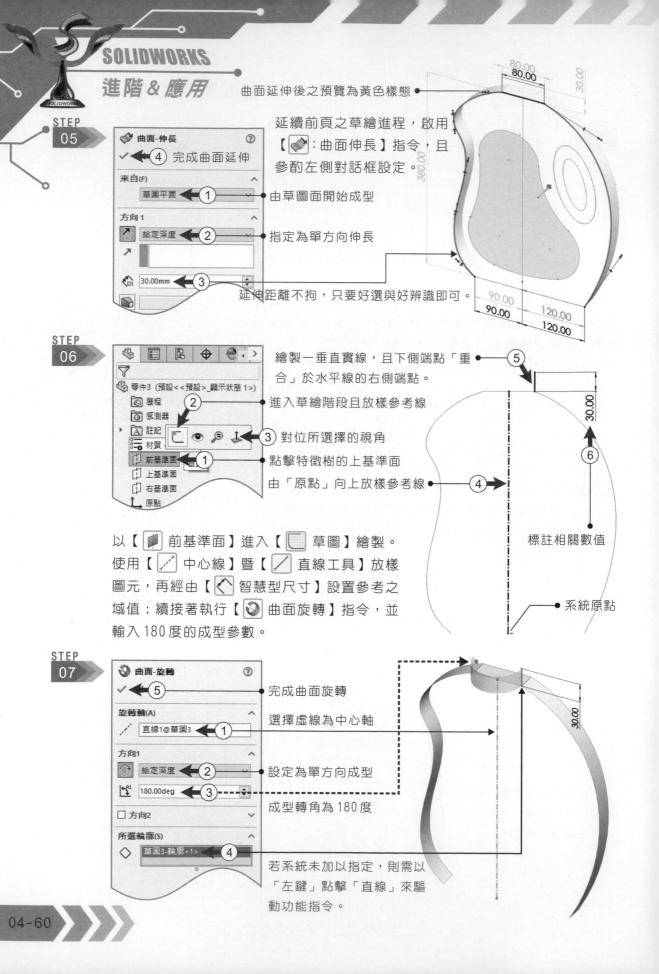

延續前頁之草繪進程，啟用【 :曲面伸長】指令，且參酌左側對話框設定。

① 由草圖面開始成型

② 指定為單方向伸長

③ 延伸距離不拘，只要好選與好辨識即可。

④ 完成曲面延伸

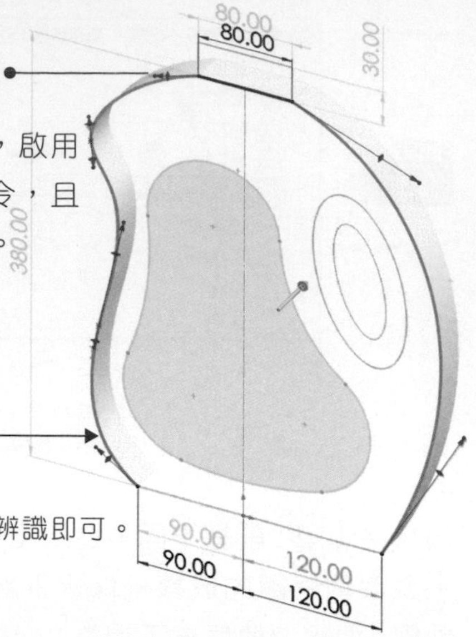

STEP 06

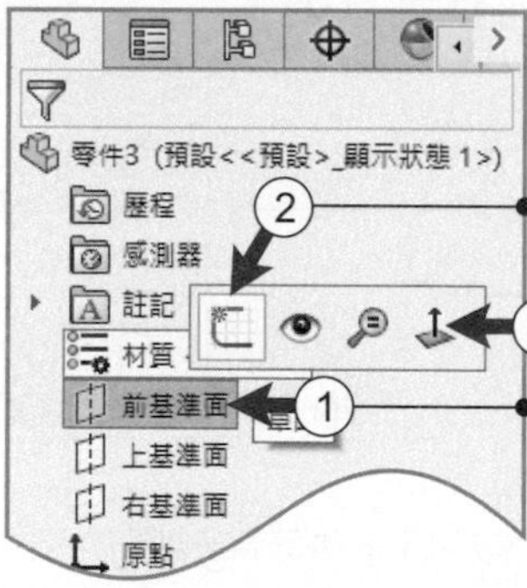

⑤ 繪製一垂直實線，且下側端點「重合」於水平線的右側端點。

② 進入草繪階段且放樣參考線

③ 對位所選擇的視角

① 點擊特徵樹的上基準面

④ 由「原點」向上放樣參考線

⑥ 標註相關數值

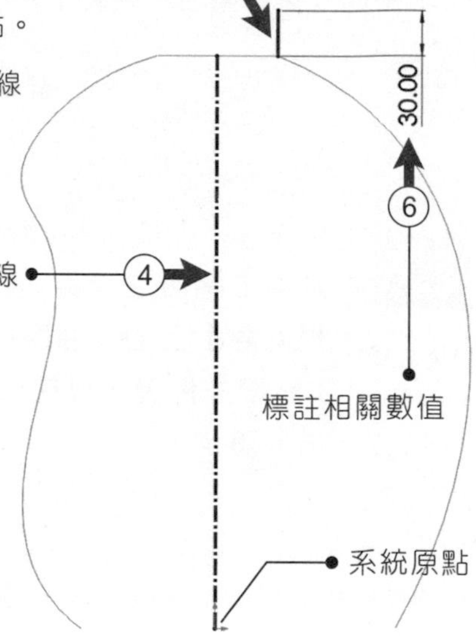

系統原點

以【 前基準面】進入【 草圖】繪製。使用【 中心線】暨【 直線工具】放樣圖元，再經由【 智慧型尺寸】設置參考之域值；續接著執行【 曲面旋轉】指令，並輸入 180 度的成型參數。

STEP 07

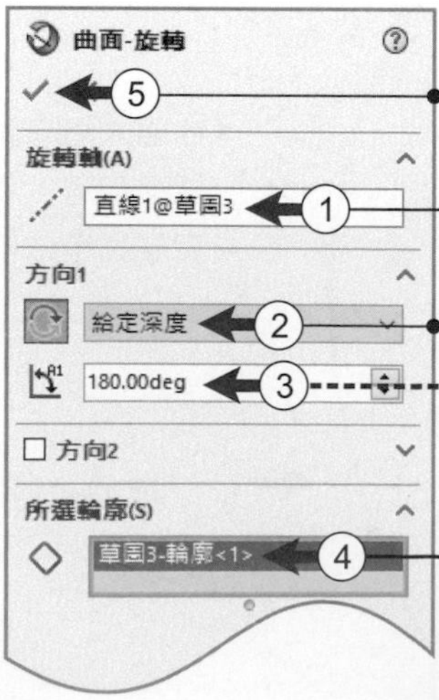

⑤ 完成曲面旋轉

① 選擇虛線為中心軸

② 設定為單方向成型

③ 成型轉角為 180 度

④ 若系統未加以指定，則需以「左鍵」點擊「直線」來驅動功能指令。

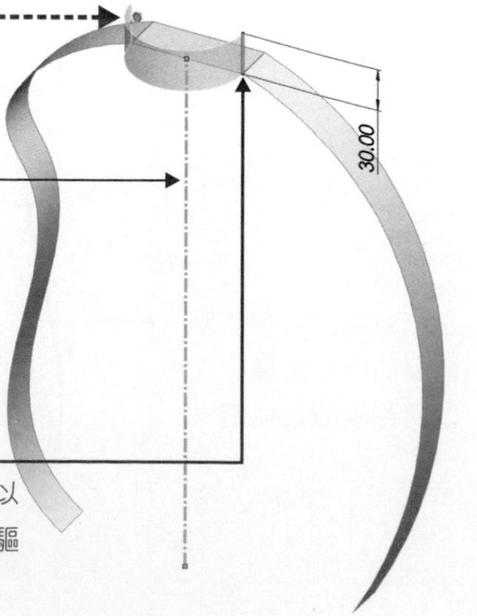

STEP 08

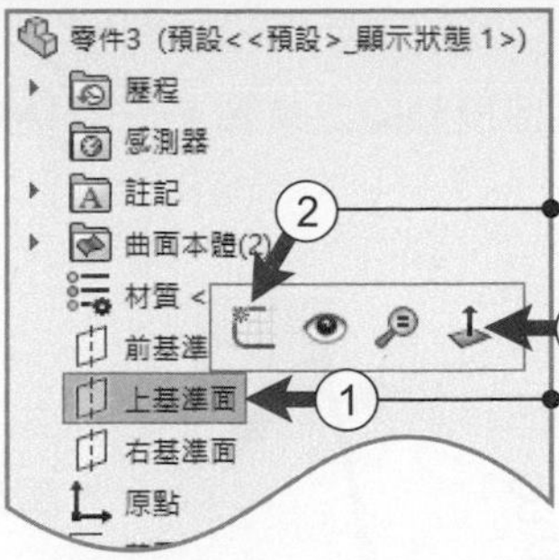

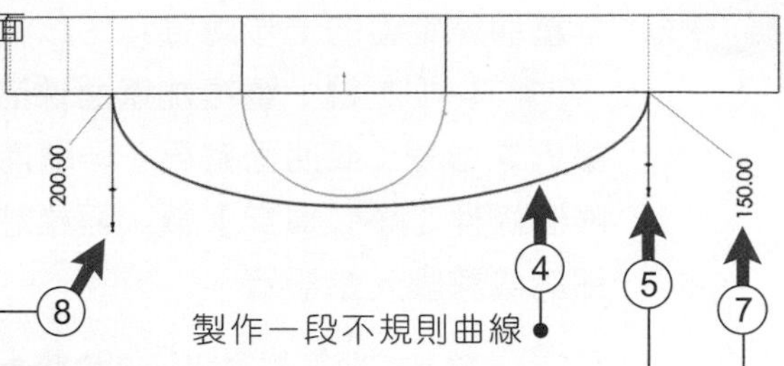

由【上基準面】繪製一段【不規則曲線】，且將「曲度控制閥」設定為【垂直放置】後並輸入控制參數。

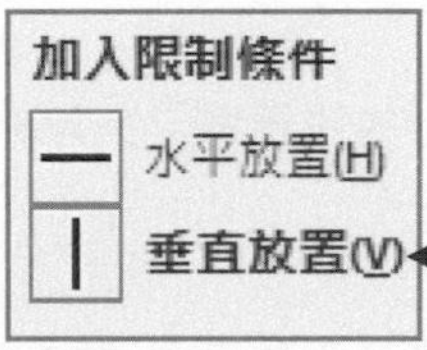

STEP 09

續接上階段之草圖。轉動視角並使用快捷鍵 Ctrl ＋「左鍵」加選曲線之端點與鄰近曲面之角點，繼而定義【重合／共點】的限制條件。待兩側完成後即可保留現階段之圖元。

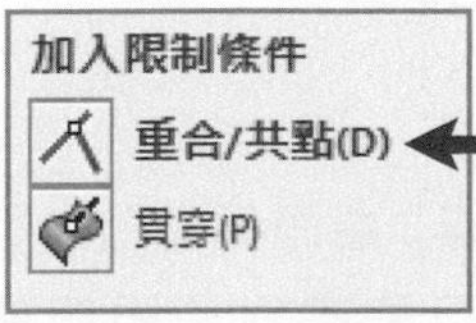

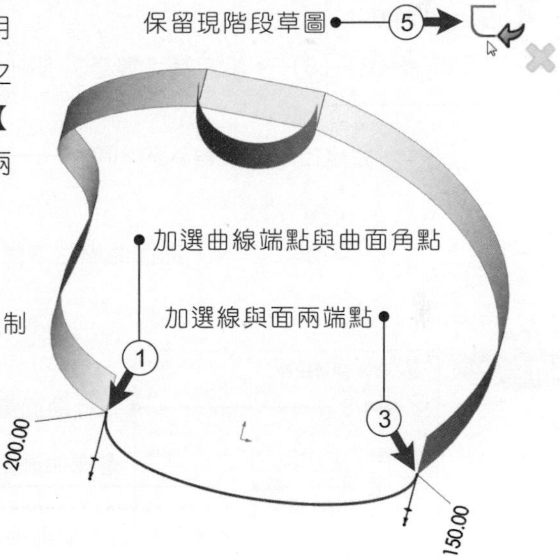

STEP 10

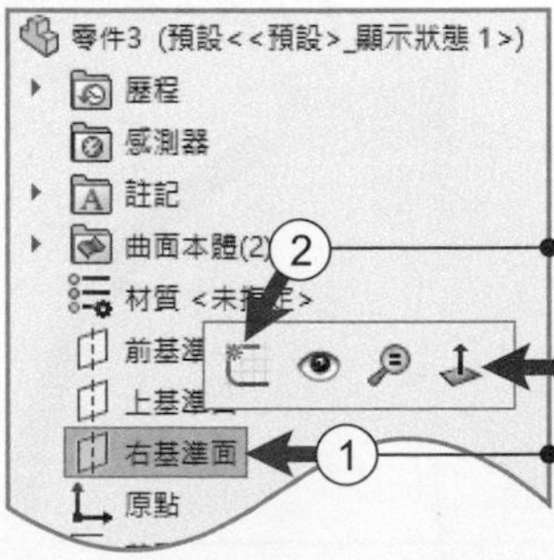

以【右基準面】進入【草圖】製作程序。同樣使用【不規則曲線】於【原點】左側繪製一段上下兩節點的線段。

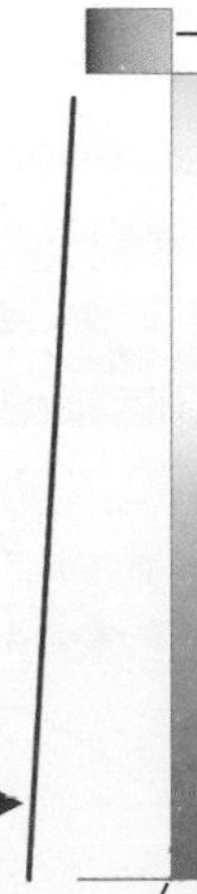

STEP 11

延續曲線定義的上步驟進程。以快捷鍵 Ctrl ＋「左鍵」重複加選曲線節點與鄰近之弧線（或曲面邊界），繼而加入限制條件【:貫穿】後，再標註參數即完成該圖元之設置。

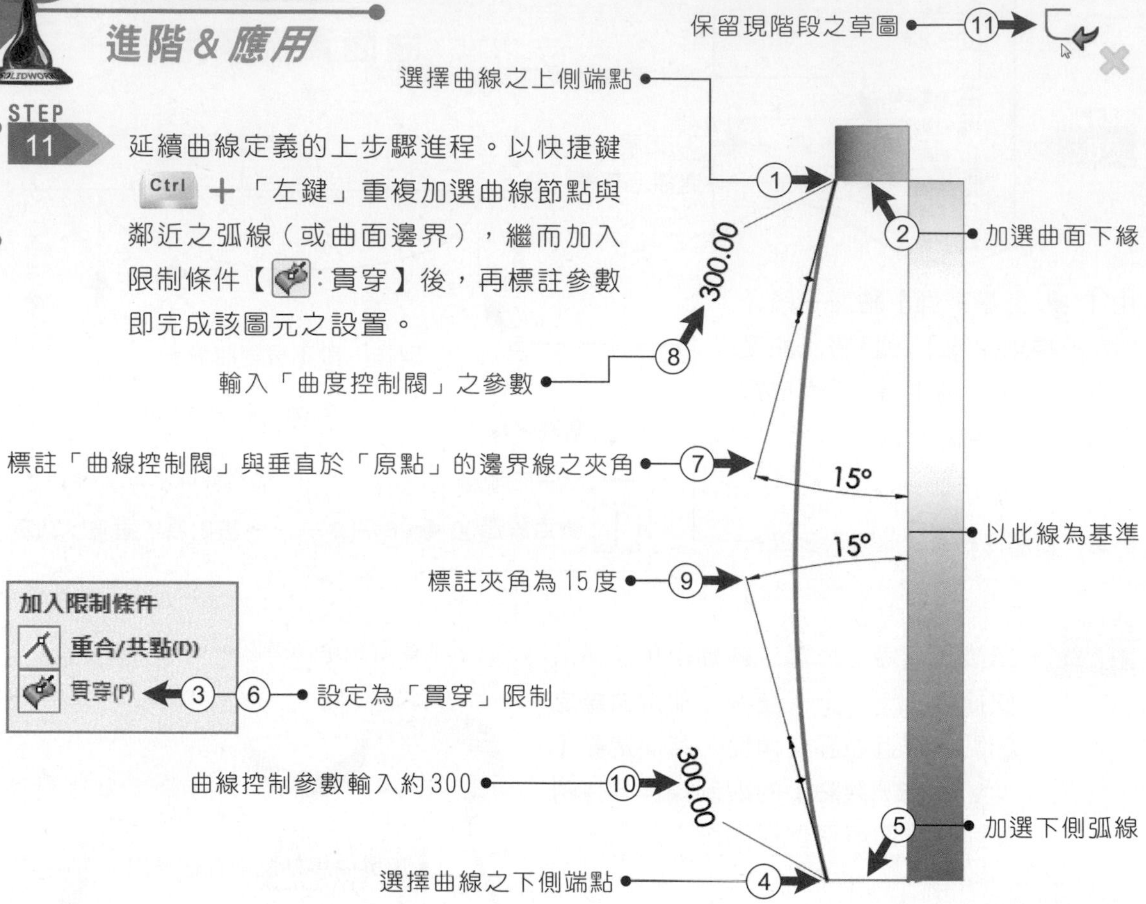

STEP 12

啟用【:曲面疊層拉伸】指令，且酌參對話視窗的設定，並執行成型之功能。

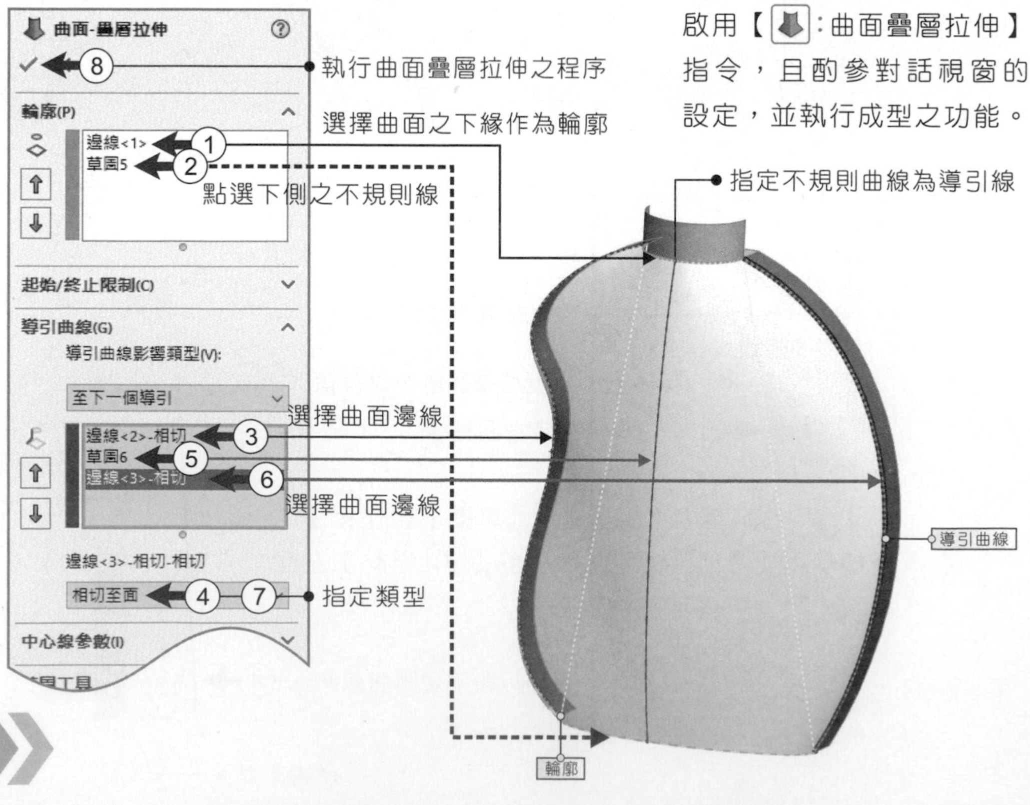

STEP 13

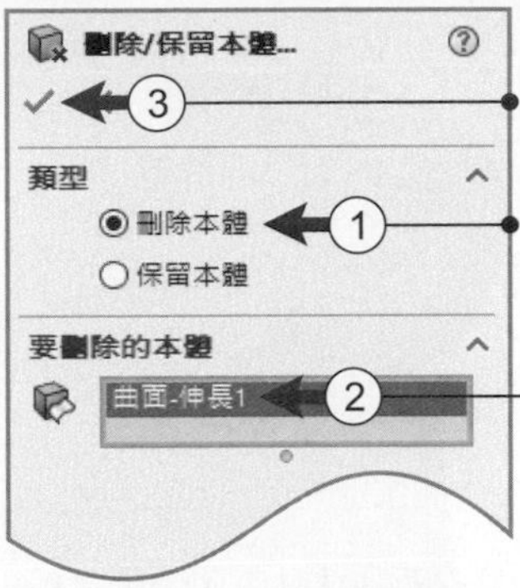
刪除/保留本體...
③ 完成所選項次之刪除程序
類型
刪除本體 ① 指定為「刪除」類型
保留本體
要刪除的本體
曲面-伸長1 ②

左鍵點擊放樣之暫存曲面

於SolidWorks的特徵管理進程中，「特徵」之執行順序有時可以隨著繪圖者的慣性而適宜調整。啟用【 ：刪除/保留本體】特徵，將已完成放樣的暫存曲面消弭，讓作業畫面盡可能的只留置後段進程仍須使用的本體。

STEP 14

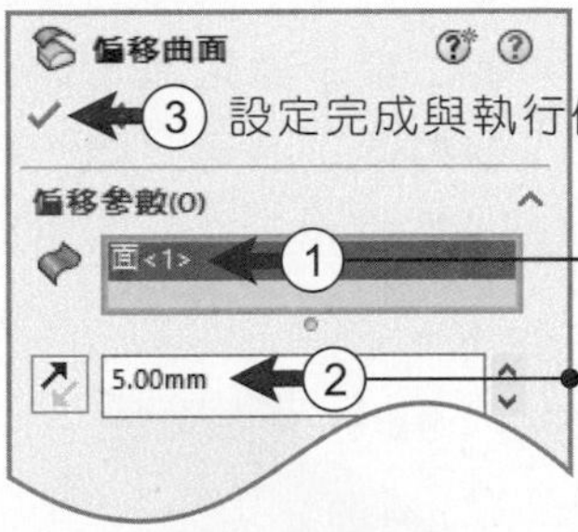
偏移曲面
③ 設定完成與執行偏移
偏移參數(O)
面<1> ① 指定複製面之本體
5.00mm ② 輸入偏移面之距離

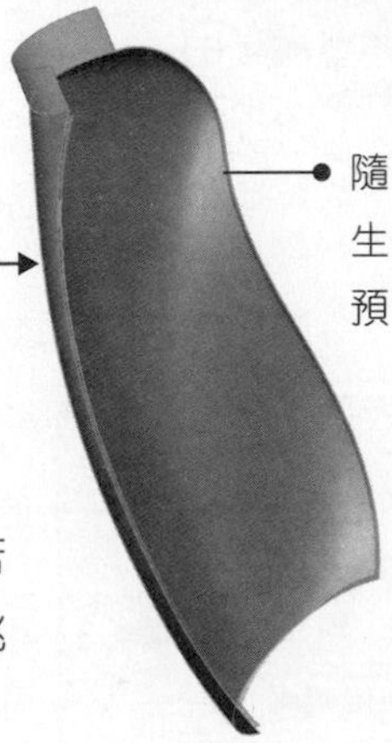
隨著偏移面指定後，欲生成的面即呈現黃色的預覽樣態。

啟用【 ：偏移曲面】指令新增曲面。倘若學習者不想製作瓶身上的粘標區，則可以跳過現階段的本體製作進程。

STEP 15

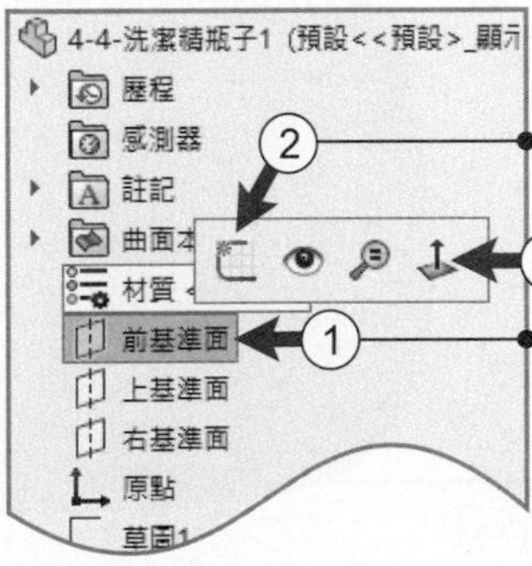
4-4-洗潔精瓶子1 (預設<<預設>_顯示
歷程
感測器
註記
曲面本
材質
前基準面
上基準面
右基準面
原點
草圖1
② 啟動草圖並改成線架構
③ 對位選擇頁面
① 指定前視角基準

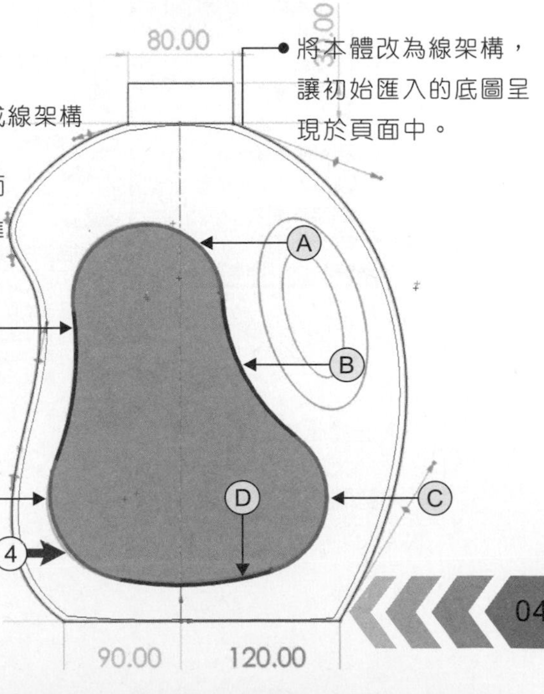

粘標區的輪廓繪製，可使用【 三點定弧】連接出一個近似底圖的封閉圖元。

參酌底圖之邊界，以六段「相切」的「三點定弧」完成粘標之圖元。

STEP 16

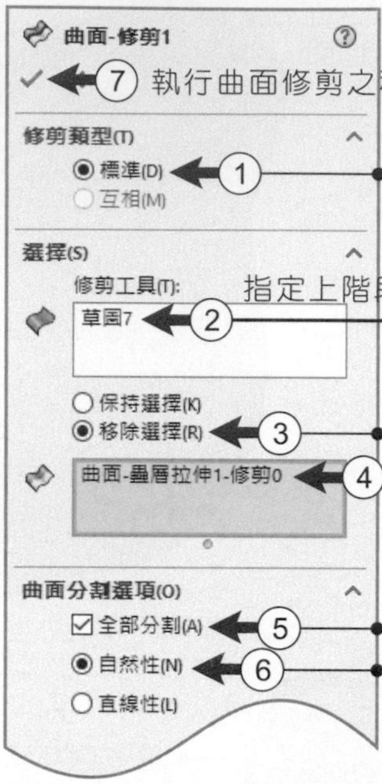
曲面-修剪1
⑦ 執行曲面修剪之程序
修剪類型(T)
標準(D)
互相(M)
① 選擇標準修剪類型
選擇(S)
修剪工具(T):
草圖7
② 指定上階段所完成之封閉輪廓
保持選擇(K)
移除選擇(R)
③ 設定為移除項次
曲面-疊層拉伸1-修剪0
④ 移除之項次為曲面上之投影區域
曲面分割選項(O)
全部分割(A)
⑤ 使用全部本體分割
自然性(N)
⑥ 勾選自然分割類型
直線性(L)

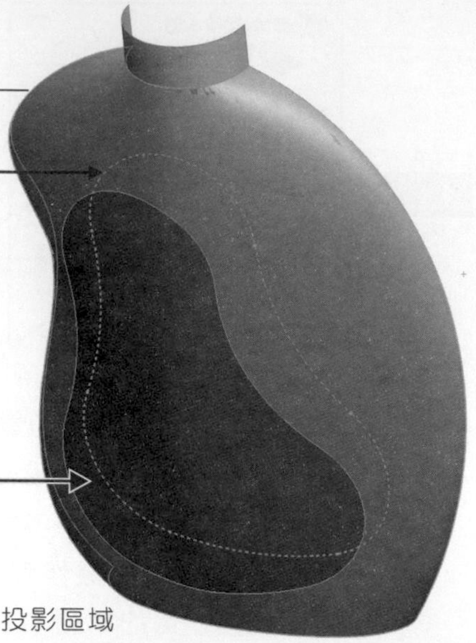
保留之本體呈現藍色型態

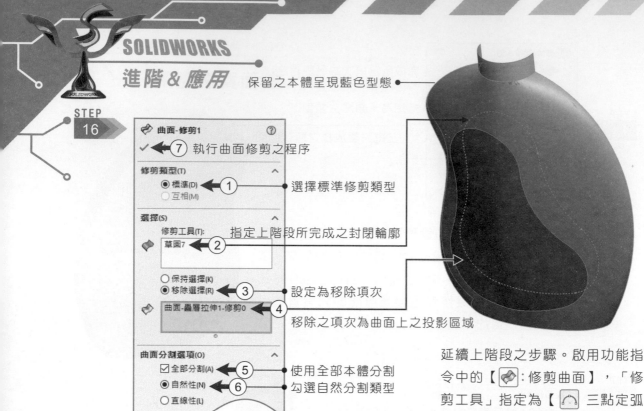

延續上階段之步驟。啟用功能指令中的【修剪曲面】，「修剪工具」指定為【三點定弧】相連之圖元；而「移除選擇」即是曲面上之投影區域。

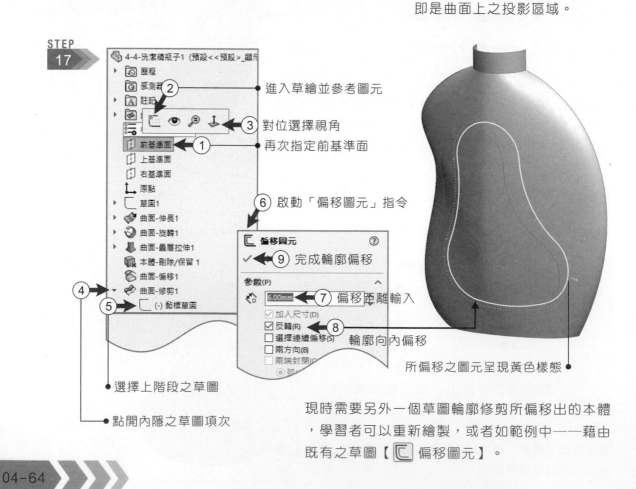

STEP 17

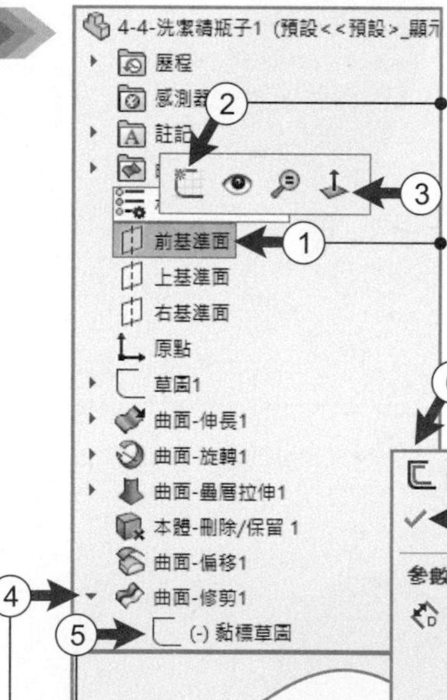
4-4-洗潔精瓶子1 (預設<<預設>_顯示
歷程
感測器
註記
② 進入草繪並參考圖元
③ 對位選擇視角
前基準面
① 再次指定前基準面
上基準面
右基準面
原點
草圖1
曲面-伸長1
曲面-旋轉1
曲面-疊層拉伸1
本體-刪除/保留 1
曲面-偏移1
④ 曲面-修剪1
⑤ (-) 黏標草圖
④ 點開內隱之草圖項次
⑤ 選擇上階段之草圖

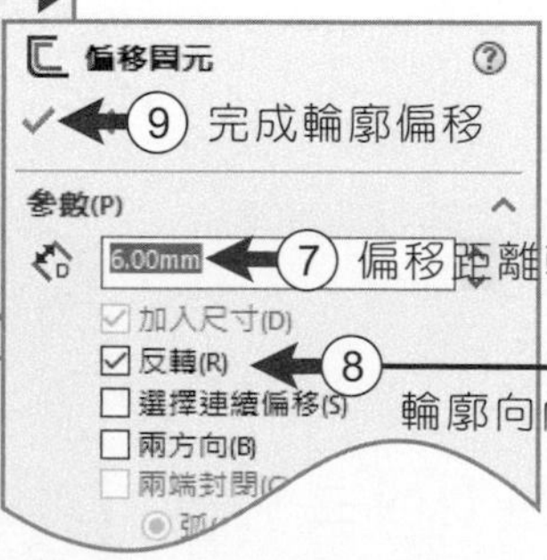
⑥ 啟動「偏移圖元」指令
偏移圖元
⑨ 完成輪廓偏移
參數(P)
6.00mm
⑦ 偏移距離輸入
加入尺寸(D)
反轉(R)
⑧ 輪廓向內偏移
選擇連續偏移(S)
兩方向(B)
兩端封閉(C)

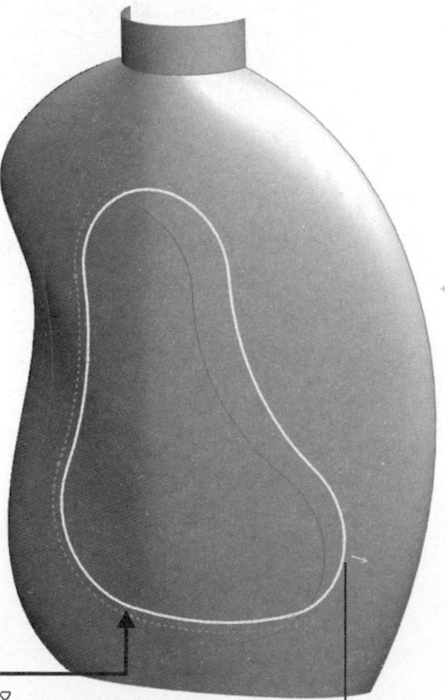
所偏移之圖元呈現黃色樣態

現時需要另外一個草圖輪廓修剪所偏移出的本體，學習者可以重新繪製，或者如範例中——藉由既有之草圖【偏移圖元】。

STEP 18

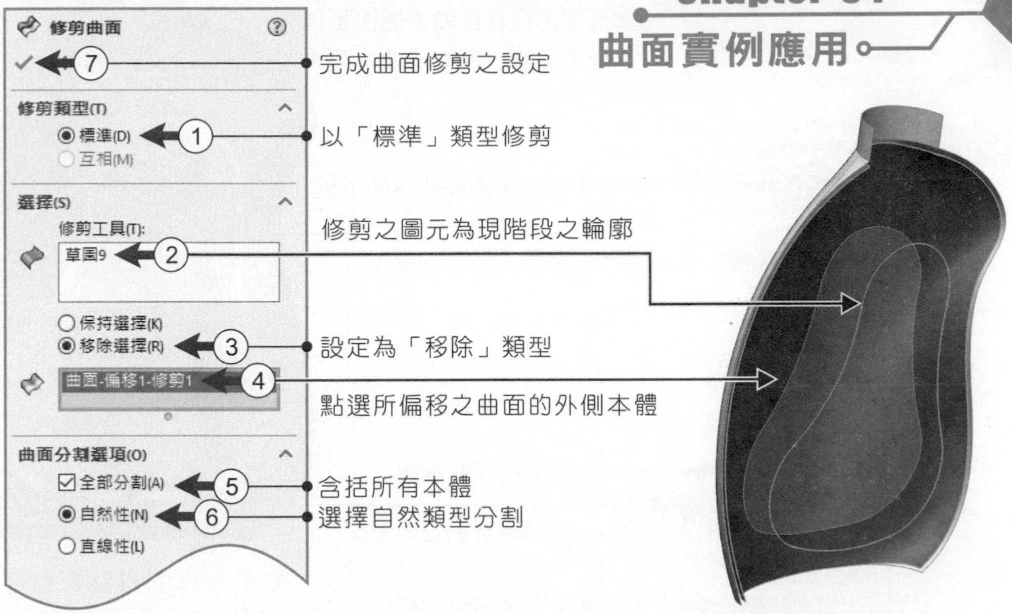
修剪曲面
修剪類型(T)
標準(D)
互相(M)
選擇(S)
修剪工具(T):
草圖9
保持選擇(K)
移除選擇(R)
曲面-偏移1-修剪1
曲面分割選項(O)
全部分割(A)
自然性(N)
直線性(L)
7 完成曲面修剪之設定
1 以「標準」類型修剪
2 修剪之圖元為現階段之輪廓
3 設定為「移除」類型
4 點選所偏移之曲面的外側本體
5 含括所有本體
6 選擇自然類型分割

於前階段偏移之草圖輪廓完備後，即可再次執行【:修剪曲面】的指令。在修剪過後的本體僅剩下投影區域的內部項次——與外側曲面的內部鏤空型態迴異，而這正是常見的瓶身粘標區建構的流程。

STEP 19

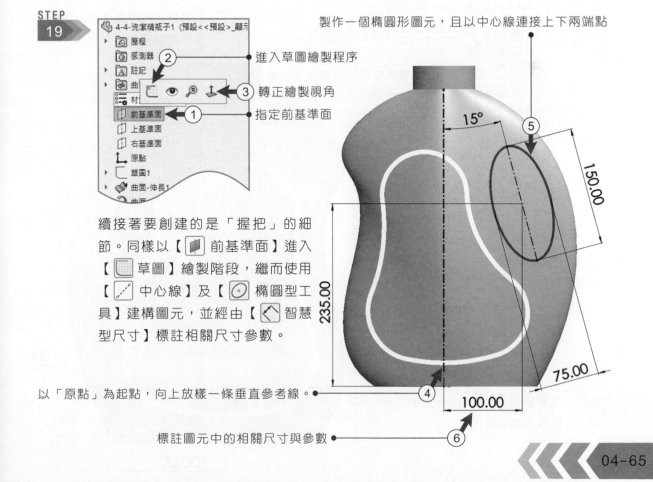

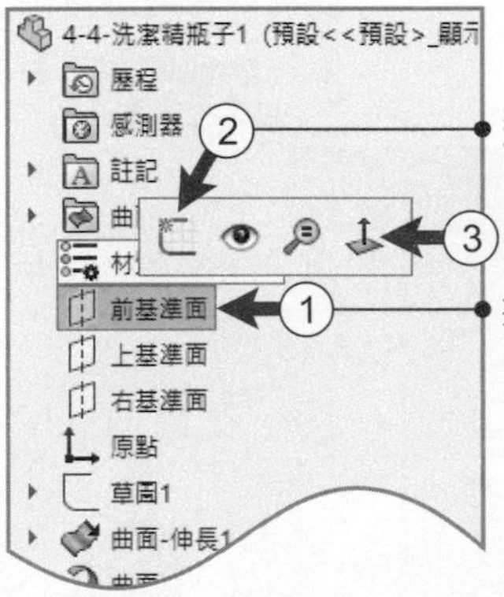
4-4-洗潔精瓶子1 (預設<<預設>_顯示
歷程
感測器
註記
前基準面
上基準面
右基準面
原點
草圖1
曲面-伸長1
2 進入草圖繪製程序
3 轉正繪製視角
1 指定前基準面

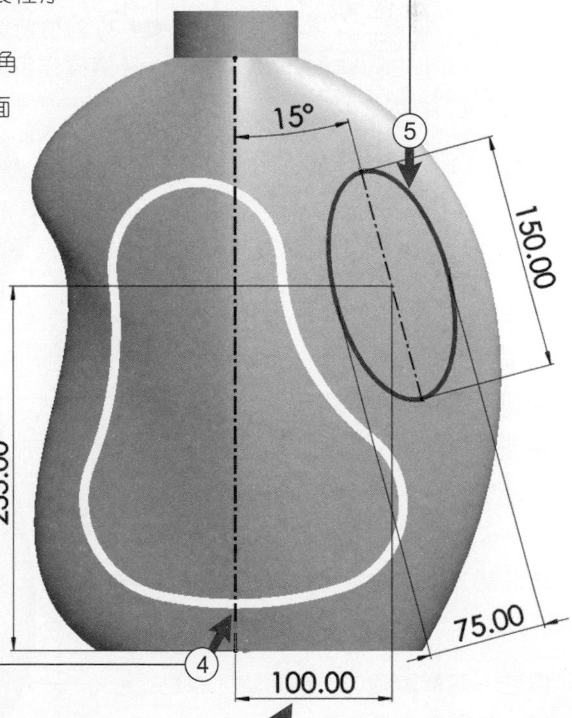
製作一個橢圓形圖元，且以中心線連接上下兩端點
15°
5
150.00
235.00
75.00
100.00
4
以「原點」為起點，向上放樣一條垂直參考線。
6
標註圖元中的相關尺寸與參數

續接著要創建的是「握把」的細節。同樣以【前基準面】進入【草圖】繪製階段，繼而使用【中心線】及【橢圓型工具】建構圖元，並經由【智慧型尺寸】標註相關尺寸參數。

STEP 20

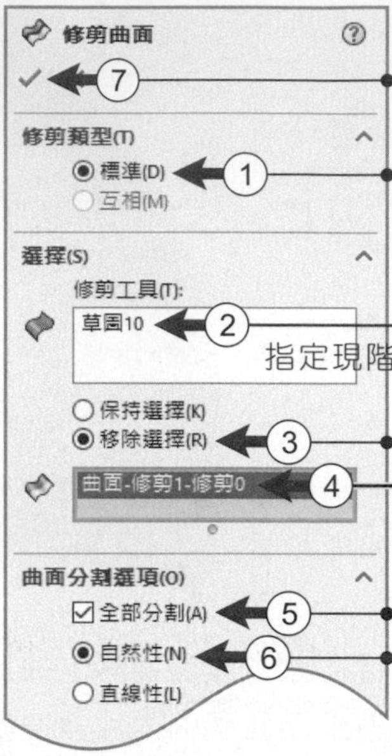

7 完成曲面握把輪廓修剪

1 選擇「基準」類型

2 指定現階段之草圖為剪裁工具

3 設定為移除選擇

4 消弭輪廓內之本體

5 採用全部分割模式

6 勾選「自然性」分割

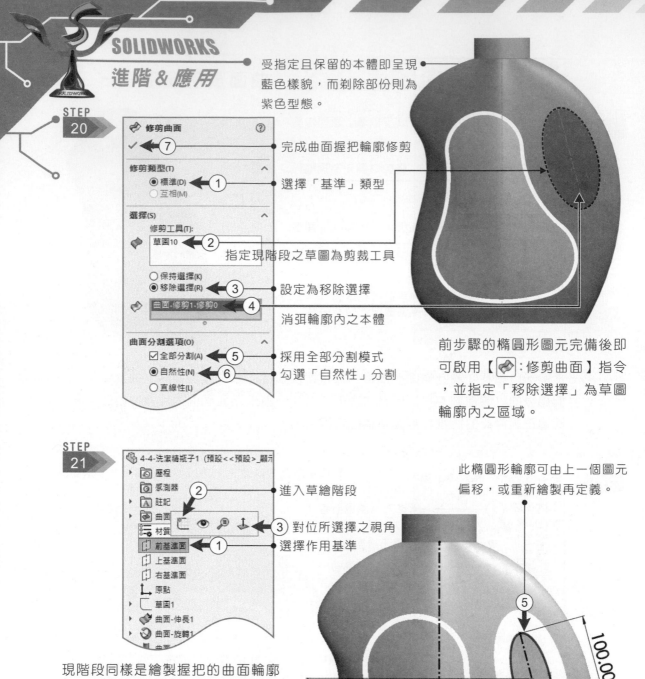

受指定且保留的本體即呈現藍色樣貌，而剃除部份則為紫色型態。

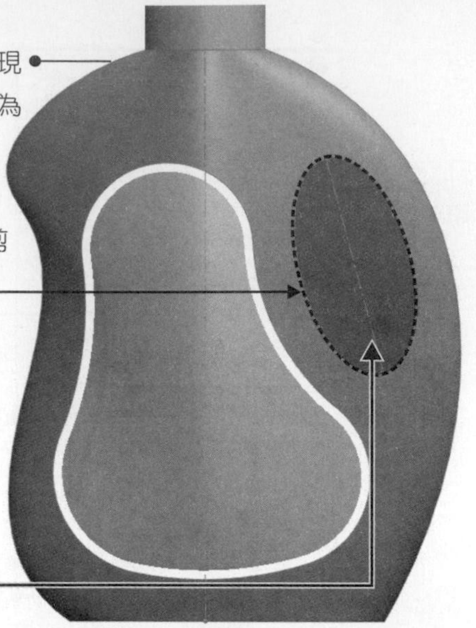

前步驟的橢圓形圖元完備後即可啟用【:修剪曲面】指令，並指定「移除選擇」為草圖輪廓內之區域。

STEP 21

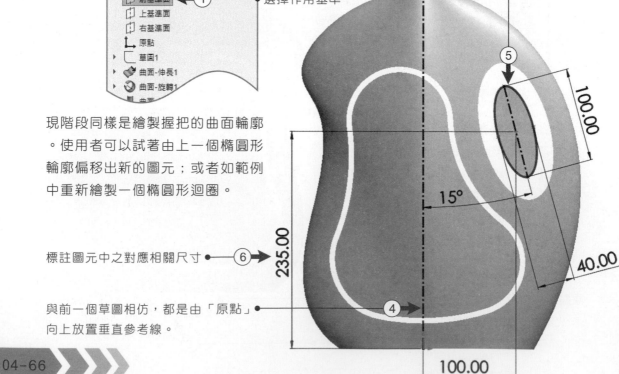

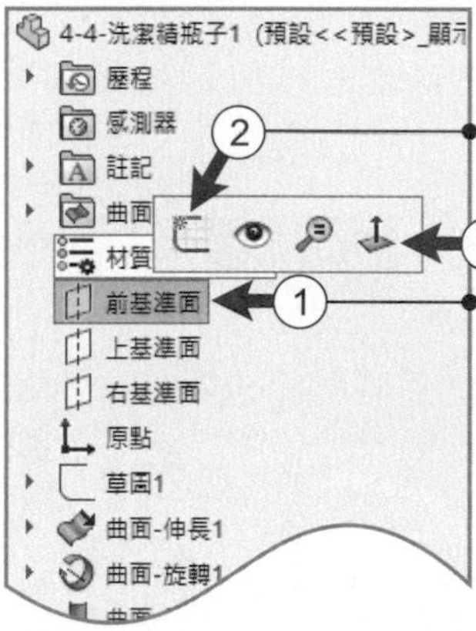

2 進入草繪階段

3 對位所選擇之視角

1 選擇作用基準

此橢圓形輪廓可由上一個圖元偏移，或重新繪製再定義。

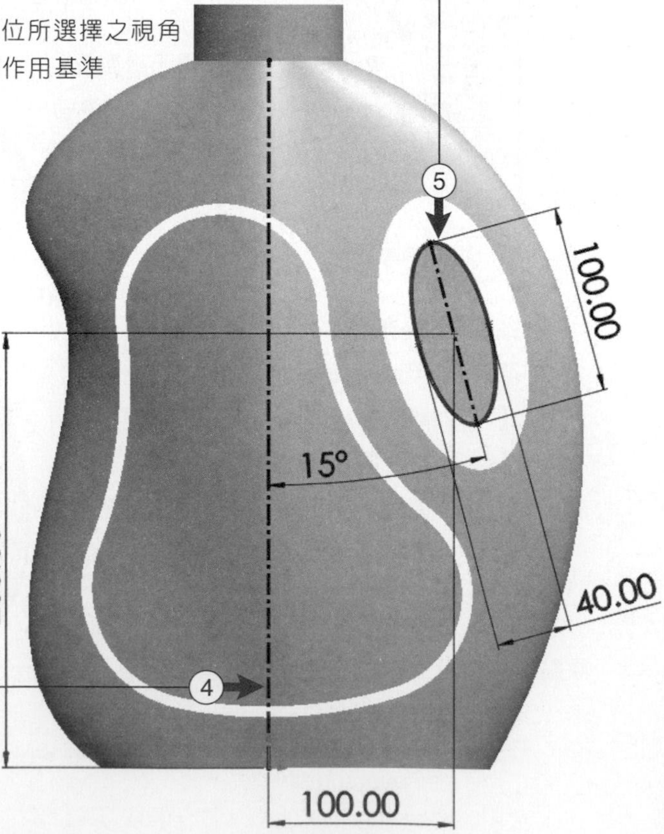

現階段同樣是繪製握把的曲面輪廓。使用者可以試著由上一個橢圓形輪廓偏移出新的圖元；或者如範例中重新繪製一個橢圓形迴圈。

標註圖元中之對應相關尺寸 6

與前一個草圖相仿，都是由「原點」向上放置垂直參考線。 4

STEP 22

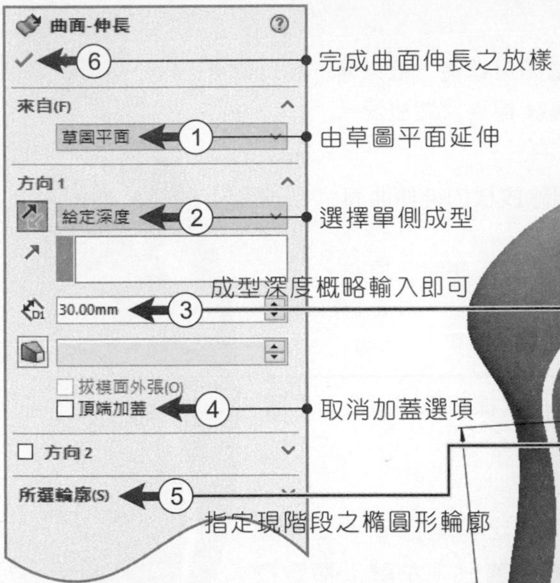
曲面-伸長
6 完成曲面伸長之放樣
來自(F)
草圖平面 1 由草圖平面延伸
方向 1
給定深度 2 選擇單側成型
30.00mm 3 成型深度概略輸入即可
拔模面外張(O)
頂端加蓋 4 取消加蓋選項
方向 2
所選輪廓(S) 5 指定現階段之橢圓形輪廓

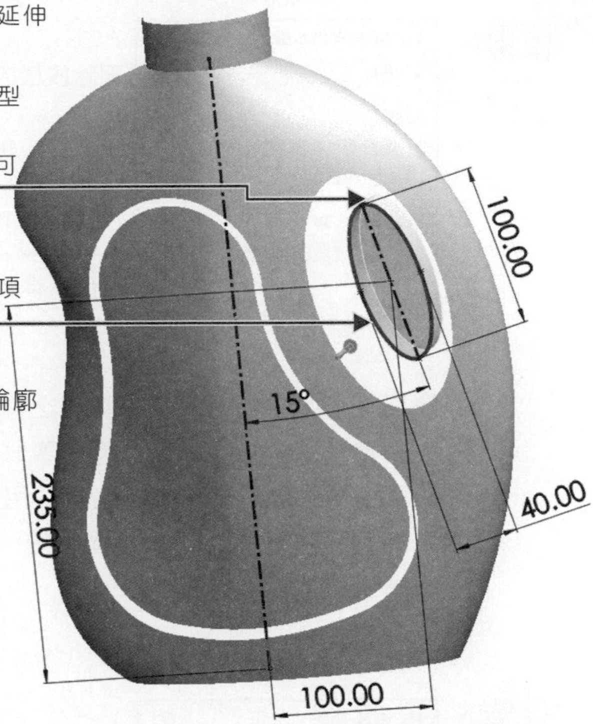
100.00
15°
235.00
40.00
100.00

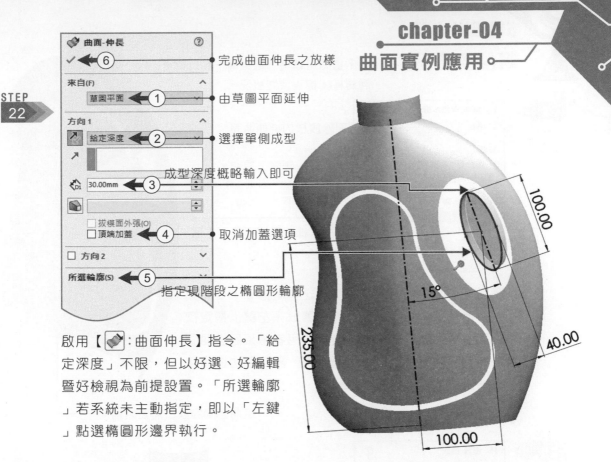

啟用【 :曲面伸長】指令。「給定深度」不限，但以好選、好編輯暨好檢視為前提設置。「所選輪廓」若系統未主動指定，即以「左鍵」點選橢圓形邊界執行。

STEP 23

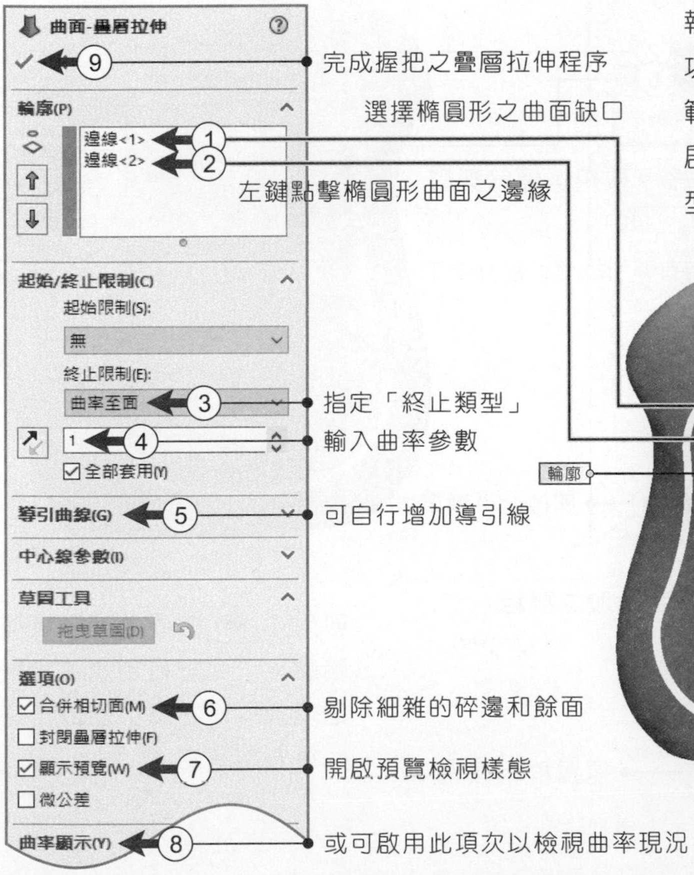
曲面-疊層拉伸
9 完成握把之疊層拉伸程序
輪廓(P)
選擇橢圓形之曲面缺口
邊線<1> 1
邊線<2> 2
左鍵點擊橢圓形曲面之邊緣
起始/終止限制(C)
起始限制(S):
無
終止限制(E):
曲率至面 3 指定「終止類型」
1 4 輸入曲率參數
全部套用(Y)
導引曲線(G) 5 可自行增加導引線
中心線參數(I)
草圖工具
拖曳草圖(D)
選項(O)
合併相切面(M) 6 剔除細雜的碎邊和餘面
封閉疊層拉伸(F)
顯示預覽(W) 7 開啟預覽檢視樣態
微公差
曲率顯示(Y) 8 或可啟用此項次以檢視曲率現況

執行【 曲面疊層拉伸】功能指令。使用者可參酌範例中的參數設置，並開啟「顯示預覽」以確認成型之樣態。

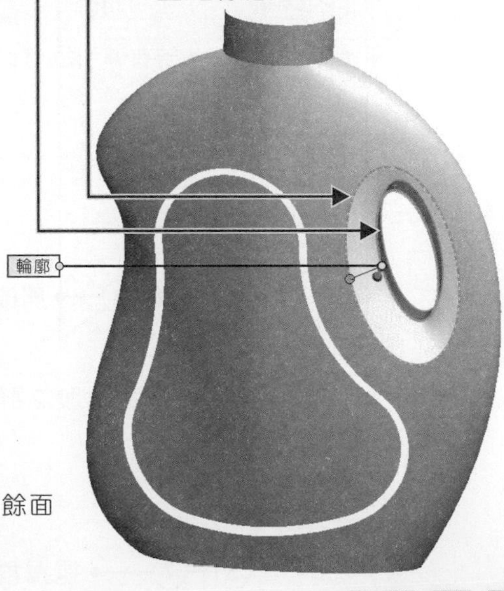
輪廓

STEP 24

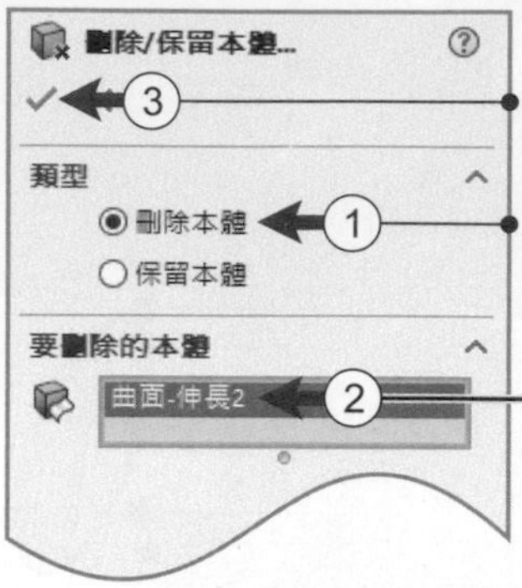
刪除/保留本體...
③
類型
刪除本體 ①
保留本體
要刪除的本體
曲面-伸長2 ②

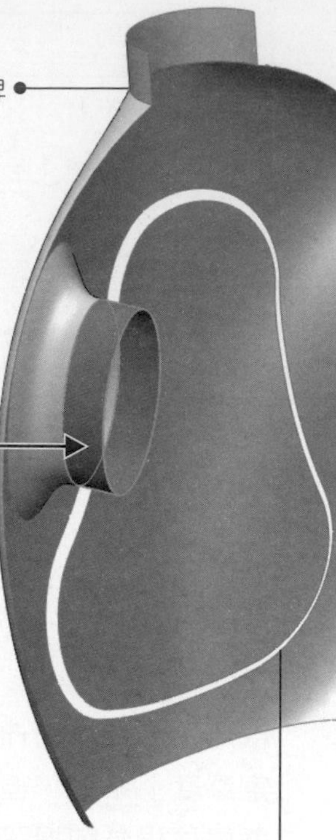

顯示樣態可轉為「線架構」，以俾利建模時檢視實體概況。
刪除放樣的延伸曲面
指定為「刪除」項次
選擇放樣的橢圓形曲面本體
兩曲面間的缺口需要填補

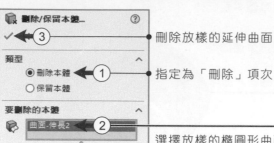

選擇【 :刪除 / 保留本體】之特徵指令，並將類型設定為「刪除本體」；續接著以「左鍵」指定欲消弭的橢圓形放樣曲面。倘若使用者想預留該曲面以進行設變程序，則可透過【 隱藏】功能暫存後續步驟中用不到的本體。

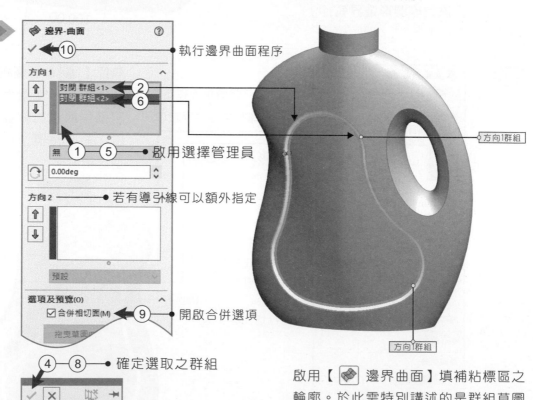

STEP 25

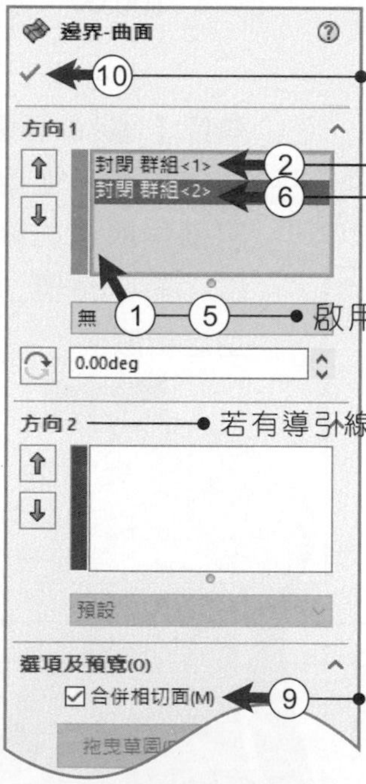
邊界-曲面
⑩
方向 1
封閉 群組<1> ②
封閉 群組<2> ⑥
無 ① ⑤
0.00deg
方向 2
預設
選項及預覽(O)
合併相切面(M) ⑨
拖曳草圖

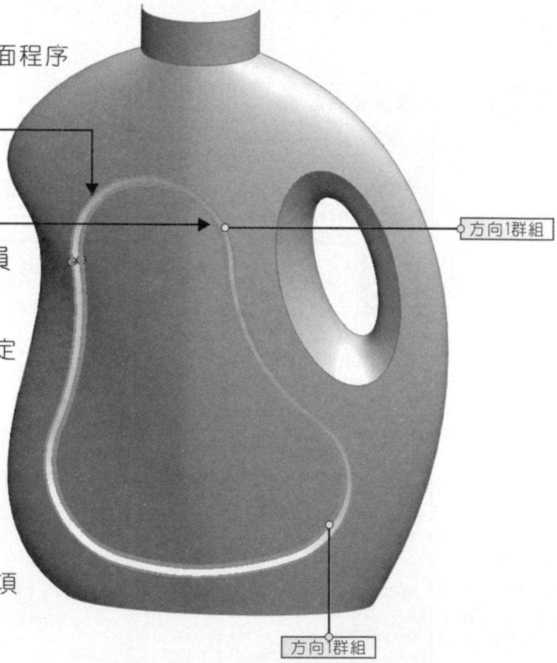
方向1群組
方向1群組

執行邊界曲面程序
啟用選擇管理員
若有導引線可以額外指定
開啟合併選項

④ ⑧ 確定選取之群組
③ ⑦ 選擇群組類型

啟用【 邊界曲面】填補粘標區之輪廓。於此需特別講述的是群組草圖選項須以「右鍵」開啟「選擇管理員」後方能指定。

STEP 26

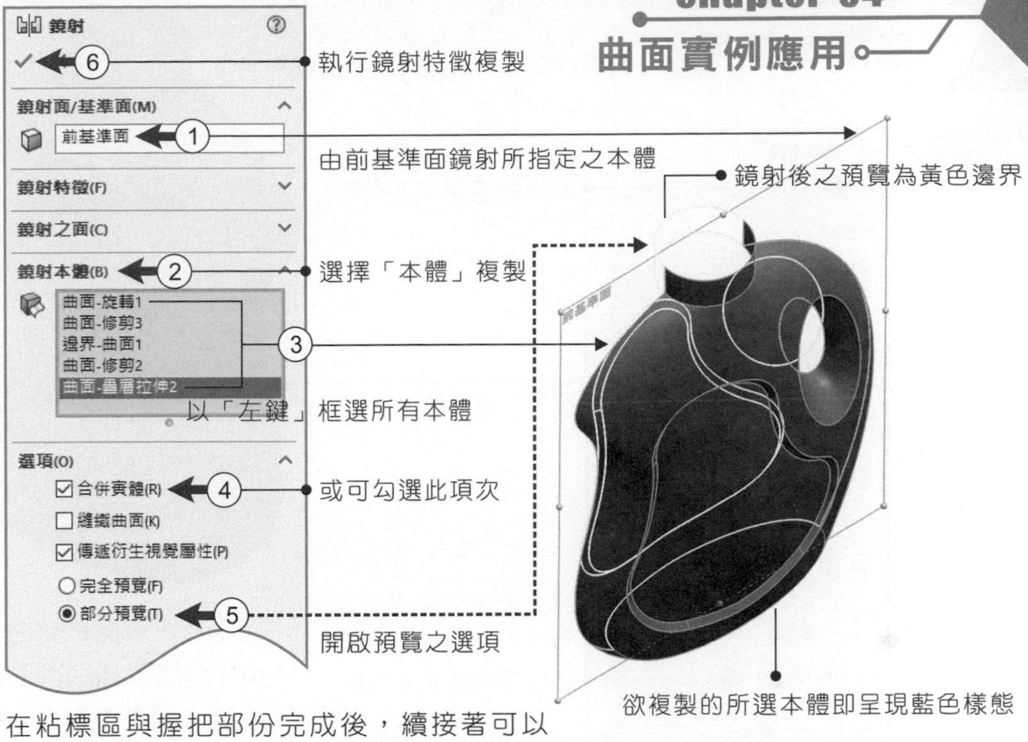

在粘標區與握把部份完成後，續接著可以啟用【鏡射】特徵，並指定為「鏡射本體」之類型。

STEP 27

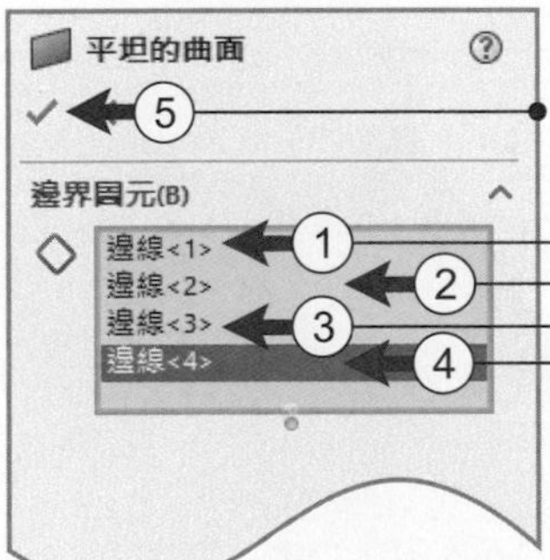

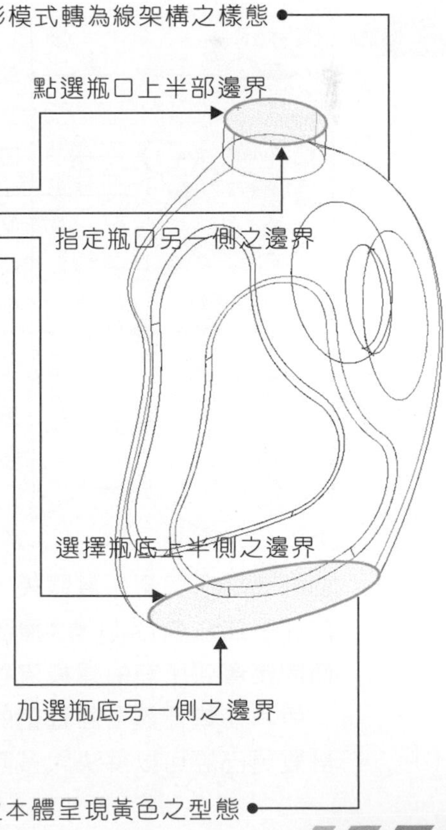

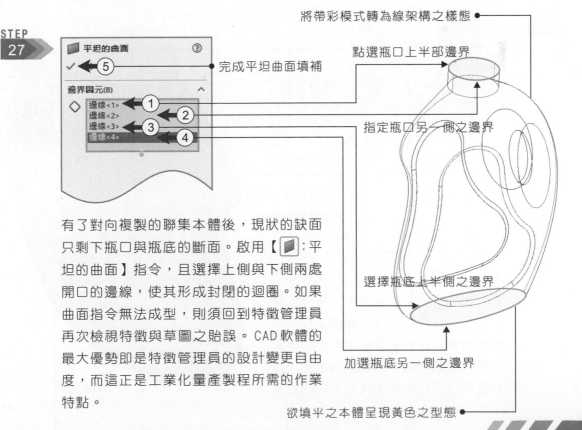

有了對向複製的聯集本體後，現狀的缺面只剩下瓶口與瓶底的斷面。啟用【:平坦的曲面】指令，且選擇上側與下側兩處開口的邊線，使其形成封閉的迴圈。如果曲面指令無法成型，則須回到特徵管理員再次檢視特徵與草圖之貽誤。CAD 軟體的最大優勢即是特徵管理員的設計變更自由度，而這正是工業化量產製程所需的作業特點。

STEP 28

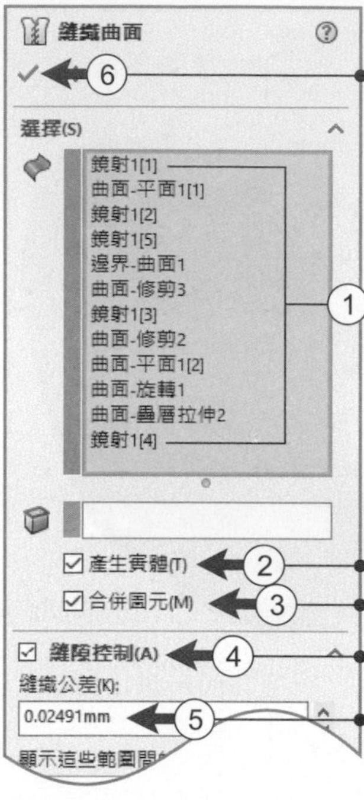
縫織曲面
選擇(S)
鏡射1[1]
曲面-平面1[1]
鏡射1[2]
鏡射1[5]
邊界-曲面1
曲面-修剪3
鏡射1[3]
曲面-修剪2
曲面-平面1[2]
曲面-旋轉1
曲面-疊層拉伸2
鏡射1[4]
產生實體(T)
合併圖元(M)
縫隙控制(A)
縫織公差(K):
0.02491mm

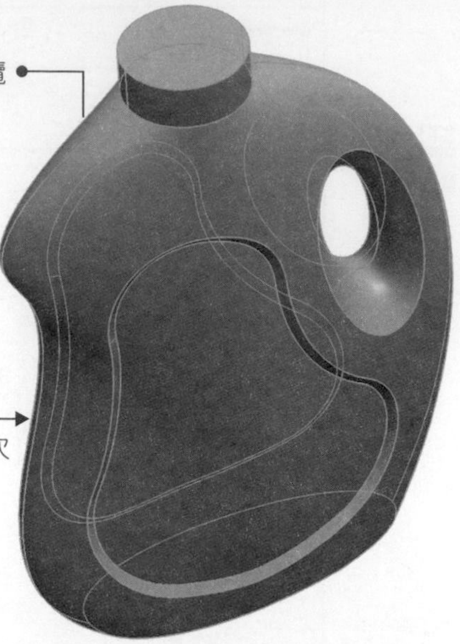
預縫合之項次即呈現藍色預覽
⑥ 縫合所有選擇之本體
① 以「左鍵」框選所有項次
② 完成實體生成
③ 合併曲面與消弭碎邊
④ 曲面縫合的間隙控制
⑤ 保留預設之參數即可

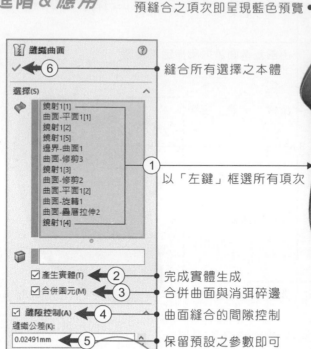

在瓶身所有面皆封閉後即可啟用【縫織曲面】，且以「左鍵」框選所有之本體進行實體生成與融合。

STEP 29

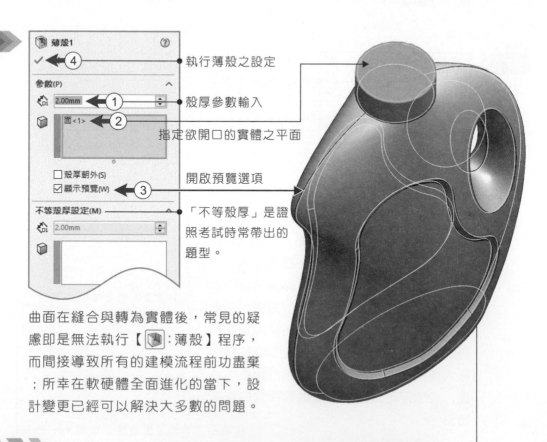

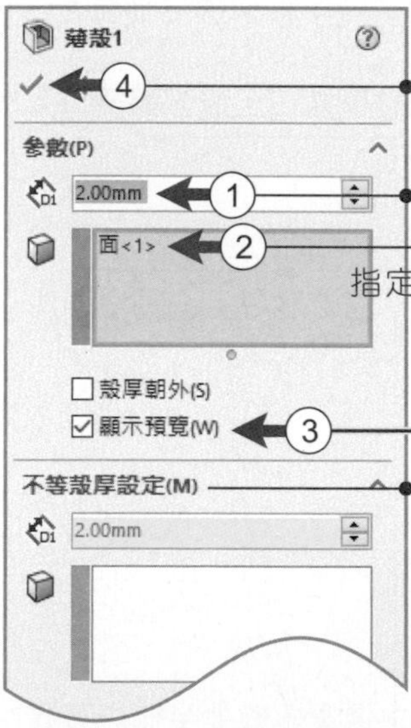
薄殼1
參數(P)
2.00mm
面<1>
殼厚朝外(S)
顯示預覽(W)
不等殼厚設定(M)
2.00mm

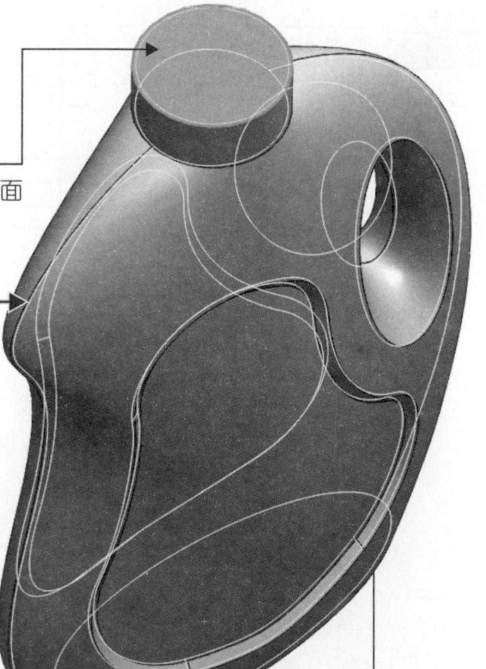
④ 執行薄殼之設定
① 殼厚參數輸入
② 指定欲開口的實體之平面
③ 開啟預覽選項
「不等殼厚」是證照考試時常帶出的題型。
預覽中的「薄殼」型態即呈現黃色線段

曲面在縫合與轉為實體後，常見的疑慮即是無法執行【薄殼】程序，而間接導致所有的建模流程前功盡棄；所幸在軟硬體全面進化的當下，設計變更已經可以解決大多數的問題。

STEP 30

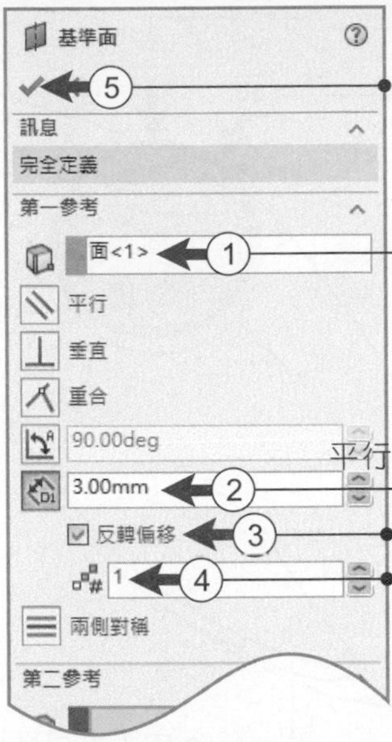
基準面
5
訊息
完全定義
第一參考
面<1>
1
平行
垂直
重合
90.00deg
3.00mm
2
反轉偏移
3
1
4
兩側對稱
第二參考
完成新草繪基準面設定
點選瓶口處之上端平面
平行偏移之距離輸入
往下偏移新基準面
新增之平面數量為 1

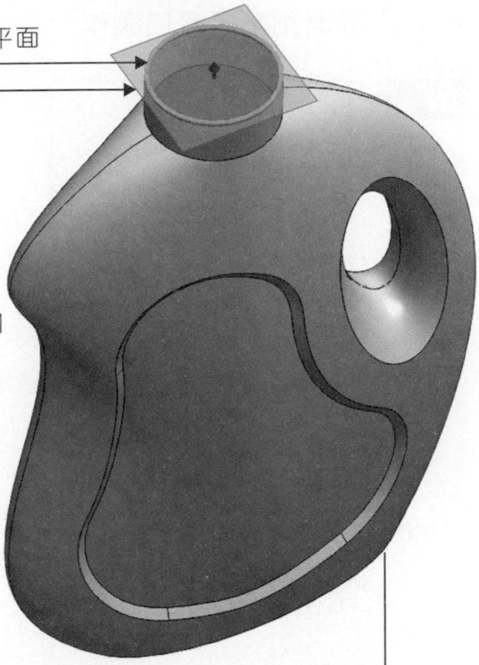
筆者習慣在建模時開啟「帶彩帶框線」之檢視樣態

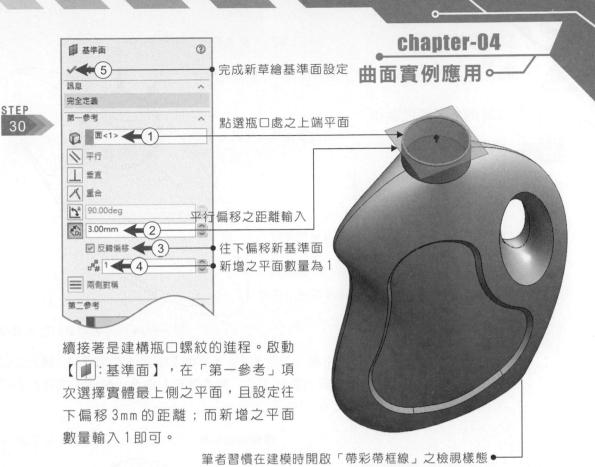

續接著是建構瓶口螺紋的進程。啟動【 :基準面】，在「第一參考」項次選擇實體最上側之平面，且設定往下偏移 3mm 的距離；而新增之平面數量輸入 1 即可。

STEP 31

經由「滾輪」或【 局部放大】指令檢視瓶內之實體邊線，如果有破面之境況，不代表一定是曲面鋪陳或【 :薄殼】失敗，有時單純只是因為軟硬體效能不足所產生的視覺破面。筆者一直述求，操作 CAD 軟體不一定要買到獨立顯卡或工作站等級之電腦，以筆者使用廿十多年 SolidWorks 的經驗來談，現在購置一台一萬元的主機（不須獨立顯卡），在曲面鋪陳或實體建構上已經都不成問題。

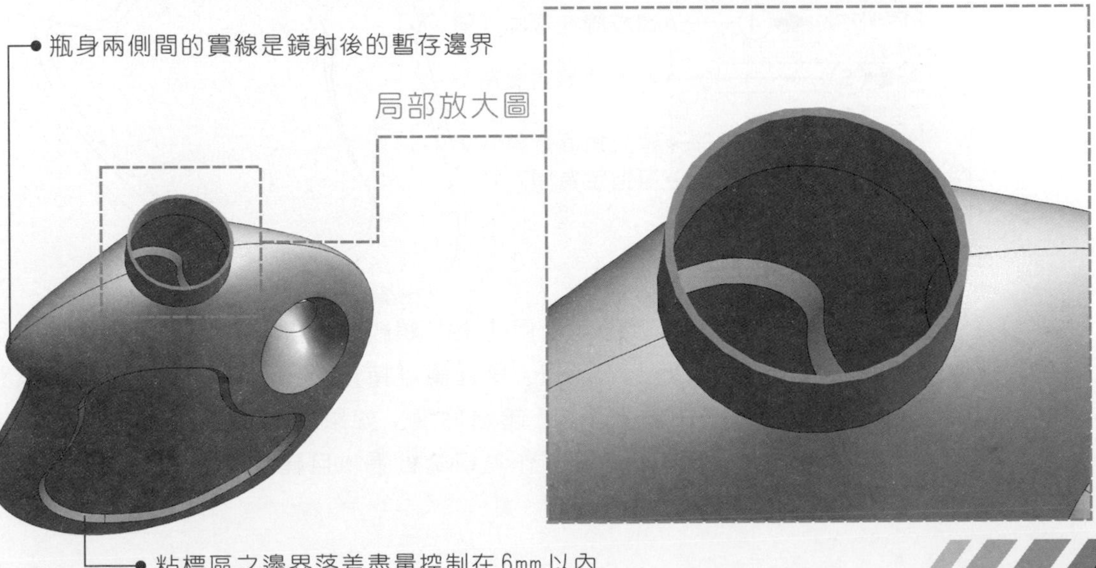
瓶身兩側間的實線是鏡射後的暫存邊界
局部放大圖
粘標區之邊界落差盡量控制在 6mm 以內

4-4.2 洗潔劑瓶子瓶口製作

STEP 01

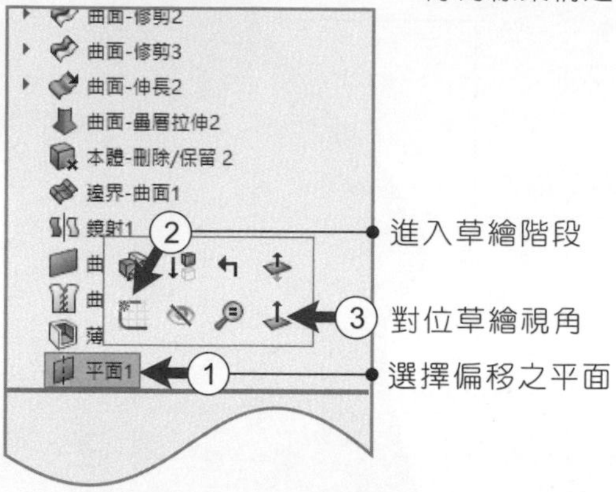
曲面-修剪2
曲面-修剪3
曲面-伸長2
曲面-疊層拉伸2
本體-刪除/保留 2
邊界-曲面1
鏡射1
平面1
2 進入草繪階段
3 對位草繪視角
1 選擇偏移之平面

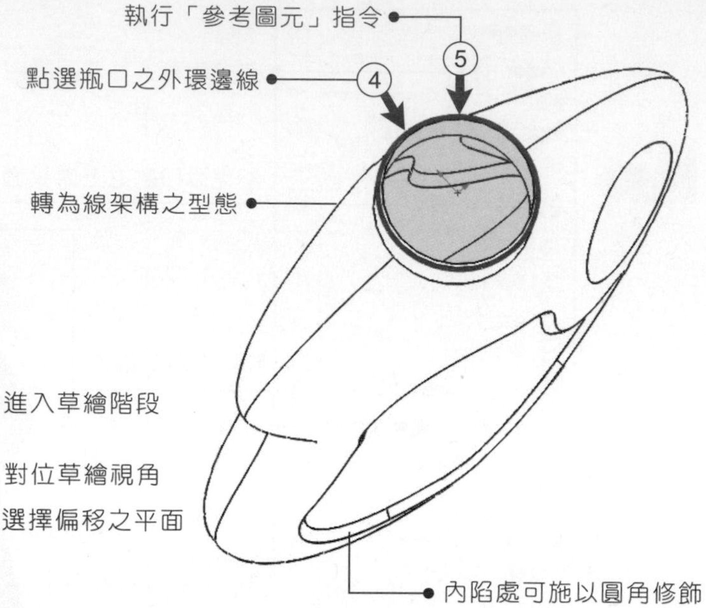
執行「參考圖元」指令 5
點選瓶口之外環邊線 4
轉為線架構之型態
內陷處可施以圓角修飾

由上階段所偏移出之【平面 1】進入【草圖】階段。使用【:選取工具】在瓶口處之外環上點擊，繼而執行【:參考圖元】指令。輪廓完成後即形成黑色迴圈於新增之基準面上。

STEP 02

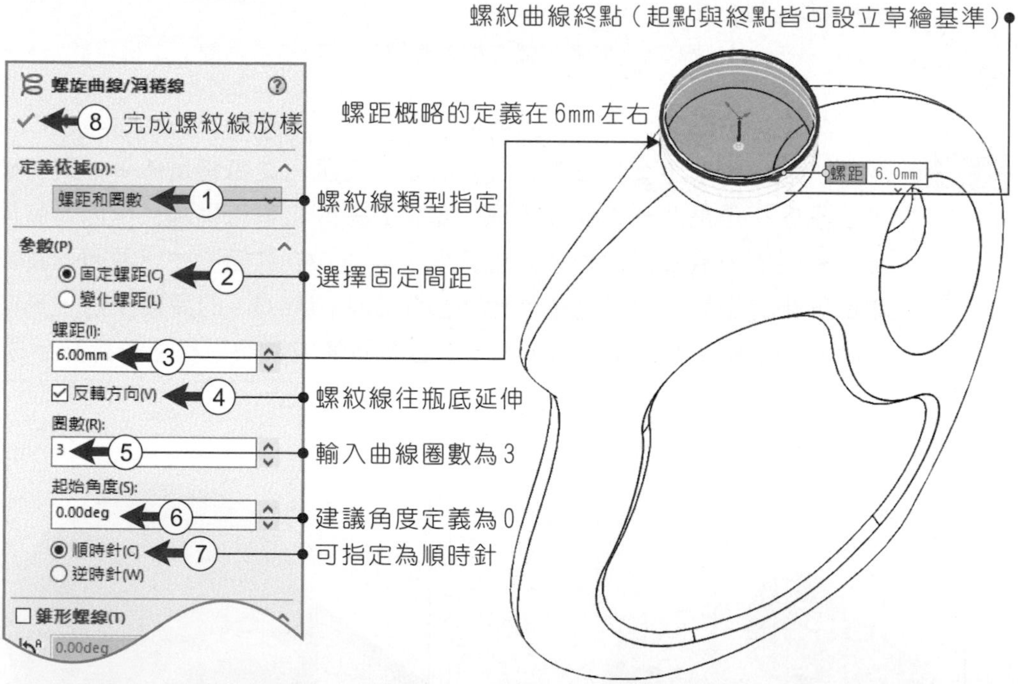
螺紋曲線終點（起點與終點皆可設立草繪基準）
螺旋曲線/渦捲線
8 完成螺紋線放樣
定義依據(D):
螺距和圈數
1 螺紋線類型指定
參數(P)
固定螺距(C)
2 選擇固定間距
變化螺距(L)
螺距(I):
6.00mm
3
螺距概略的定義在 6mm 左右
螺距 6.0mm
反轉方向(V)
4 螺紋線往瓶底延伸
圈數(R):
3
5 輸入曲線圈數為 3
起始角度(S):
0.00deg
6 建議角度定義為 0
順時針(C)
7 可指定為順時針
逆時針(W)
錐形螺線(T)
0.00deg

於上步驟圓形輪廓參考後，即可啟用【:螺紋曲線】指令。「定義依據」可設為螺距與圈數或其它類型；「參數」則建議維持預設的固定螺距即可；「螺距與圈數」則概略參考範例之數值；「起始角度」如果輸入 0 度或 90 度的倍數，即能直接啟用內建的【:基準面】作為草繪紙張，且建構【:掃出】之輪廓草圖。

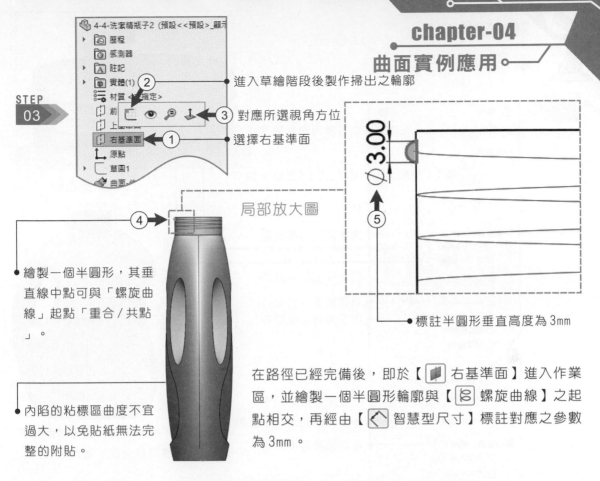

STEP 03

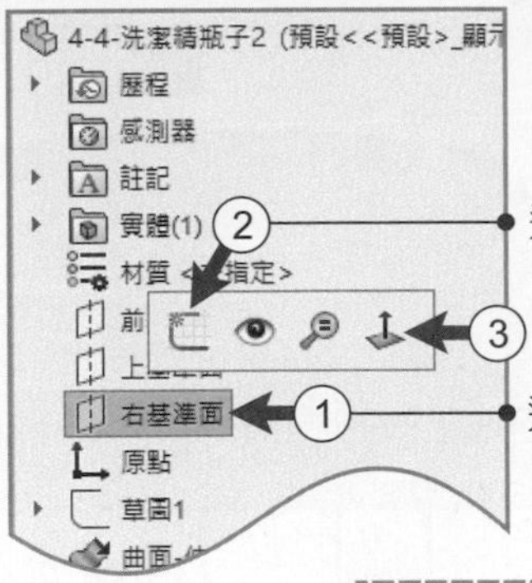

② 進入草繪階段後製作掃出之輪廓

③ 對應所選視角方位

① 選擇右基準面

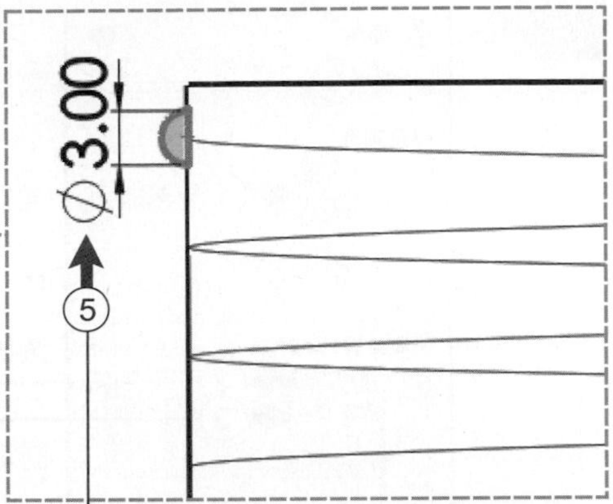

局部放大圖

⑤ 標註半圓形垂直高度為 3mm

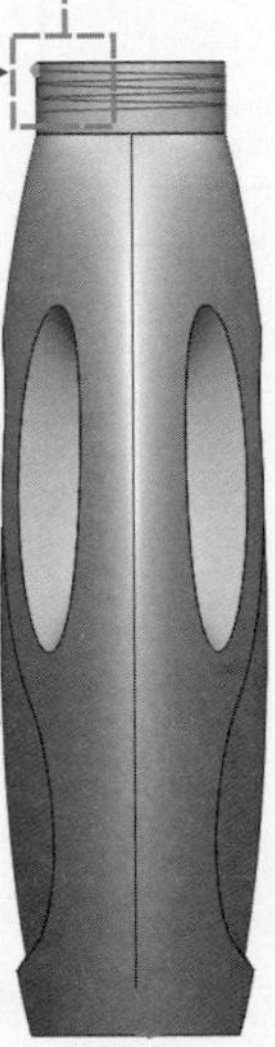

④ 繪製一個半圓形，其垂直線中點可與「螺旋曲線」起點「重合 / 共點」。

內陷的粘標區曲度不宜過大，以免貼紙無法完整的附貼。

在路徑已經完備後，即於【右基準面】進入作業區，並繪製一個半圓形輪廓與【螺旋曲線】之起點相交，再經由【智慧型尺寸】標註對應之參數為 3mm。

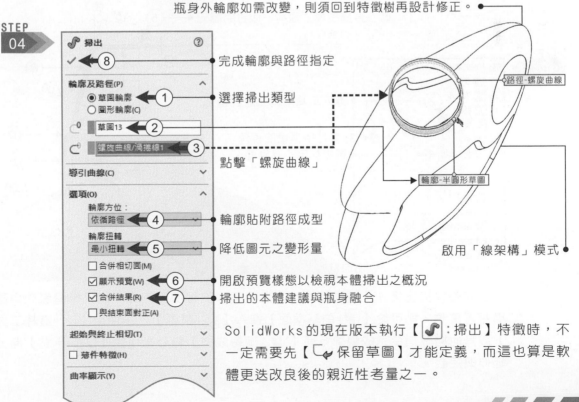

STEP 04

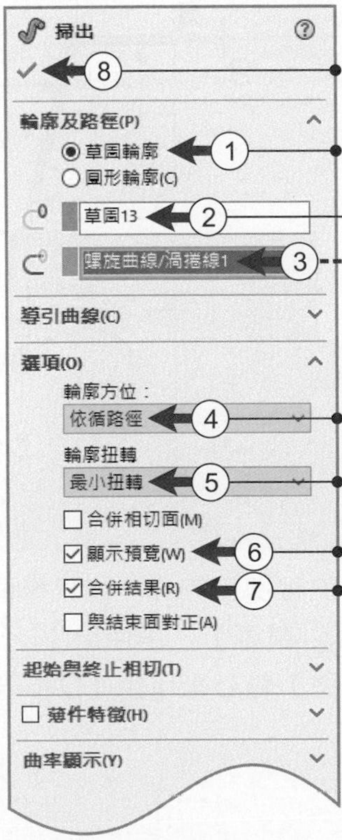

⑧ 完成輪廓與路徑指定

① 選擇掃出類型

②
③ 點擊「螺旋曲線」

④ 輪廓貼附路徑成型

⑤ 降低圖元之變形量

⑥ 開啟預覽樣態以檢視本體掃出之概況

⑦ 掃出的本體建議與瓶身融合

瓶身外輪廓如需改變，則須回到特徵樹再設計修正。

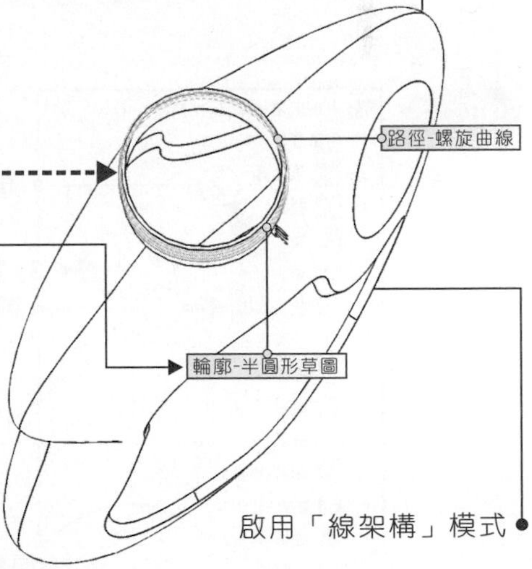

啟用「線架構」模式

SolidWorks 的現在版本執行【掃出】特徵時，不一定需要先【保留草圖】才能定義，而這也算是軟體更迭改良後的親近性考量之一。

STEP 05

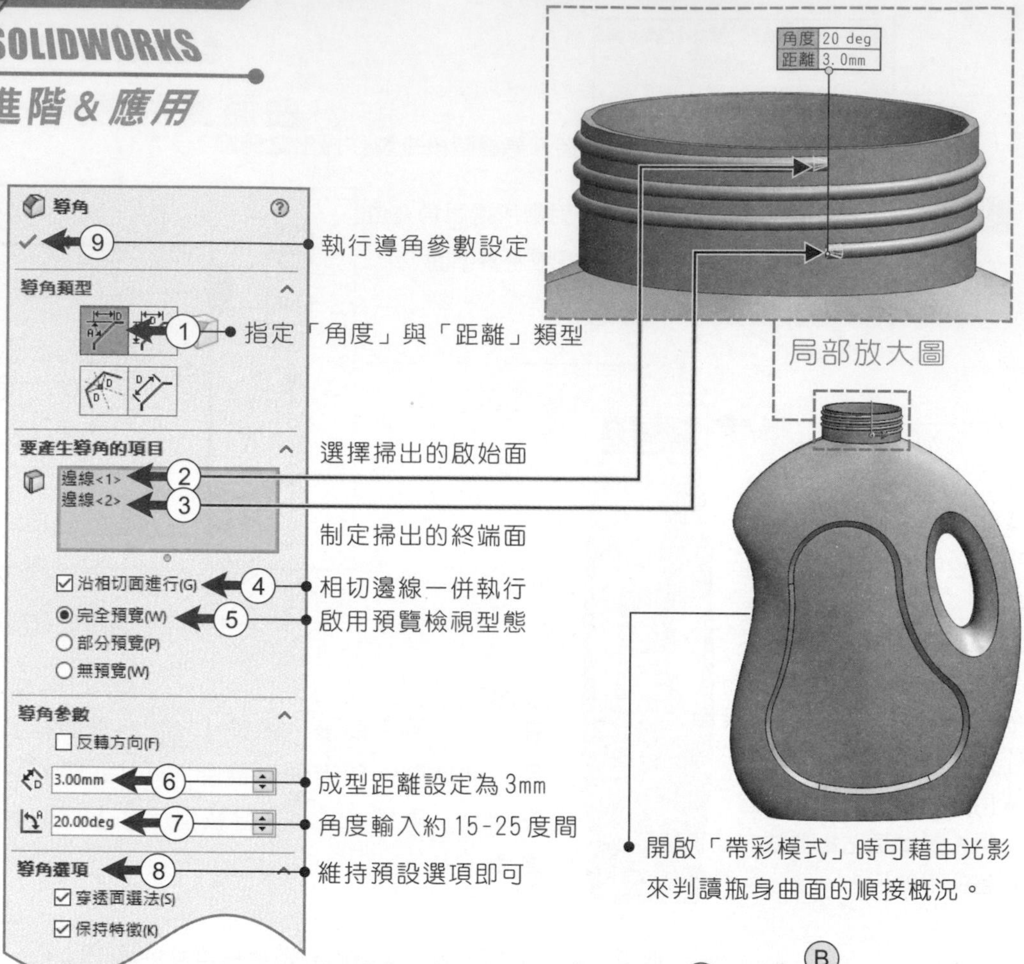
導角
執行導角參數設定
導角類型
指定「角度」與「距離」類型
要產生導角的項目
邊線<1>
邊線<2>
選擇掃出的啟始面
制定掃出的終端面
沿相切面進行(G)
完全預覽(W)
部分預覽(P)
無預覽(W)
相切邊線一併執行
啟用預覽檢視型態
導角參數
反轉方向(F)
3.00mm
20.00deg
成型距離設定為 3mm
角度輸入約 15-25 度間
導角選項
維持預設選項即可
穿透面選法(S)
保持特徵(K)
角度 20 deg
距離 3.0mm
局部放大圖
開啟「帶彩模式」時可藉由光影來判讀瓶身曲面的順接概況。

STEP 06

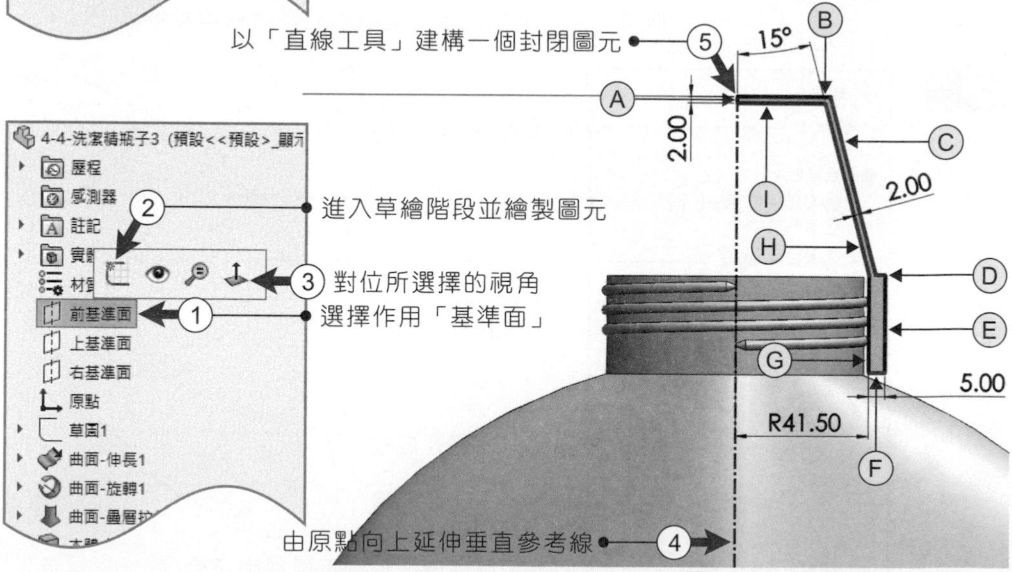
以「直線工具」建構一個封閉圖元
4-4-洗潔精瓶子3 (預設<<預設>_顯示
歷程
感測器
註記
前基準面
上基準面
右基準面
原點
草圖1
曲面-伸長1
曲面-旋轉1
進入草繪階段並繪製圖元
對位所選擇的視角
選擇作用「基準面」
15°
2.00
2.00
5.00
R41.50
由原點向上延伸垂直參考線

於螺旋刻紋掃出後，「洗潔精瓶」之主要製作流程即已完成。如果學習者想再建構瓶蓋實體，則可於【前基準面】進入【草圖】，再使用【直線工具】或其他描繪指令完成輪廓；而【:旋轉成型】軸心則可由【:原點】向上延伸與定義。

STEP 07

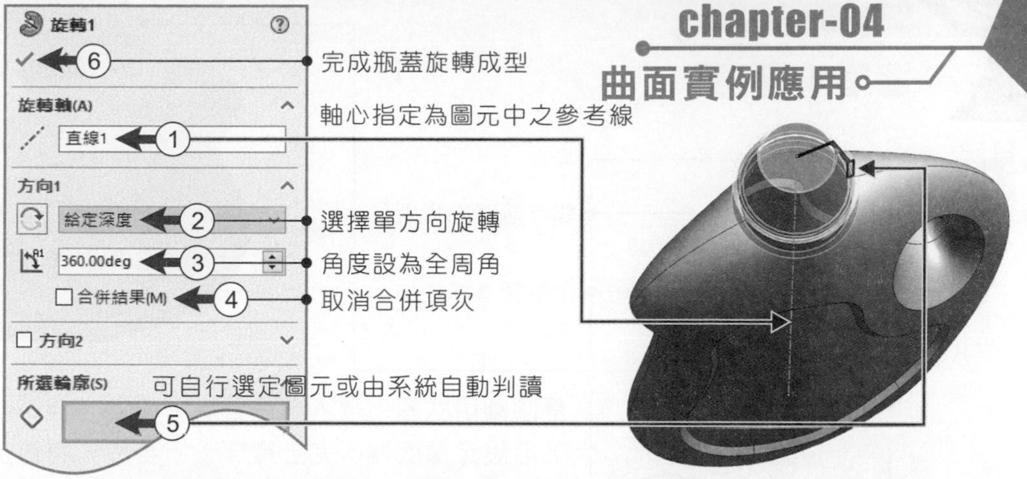
旋轉1
6 完成瓶蓋旋轉成型
旋轉軸(A)
軸心指定為圖元中之參考線
直線1 1
方向1
給定深度 2 選擇單方向旋轉
360.00deg 3 角度設為全周角
合併結果(M) 4 取消合併項次
方向2
所選輪廓(S) 可自行選定圖元或由系統自動判讀
5

續接上階段之圖元，並且啟用【:旋轉成型】建構瓶蓋本體，「旋轉軸」選定圖元中的垂直參考線；「旋轉角度」輸入360度且為單側成型；「合併結果」項次則需取消以保留本體後續進程的自由度。

STEP 08

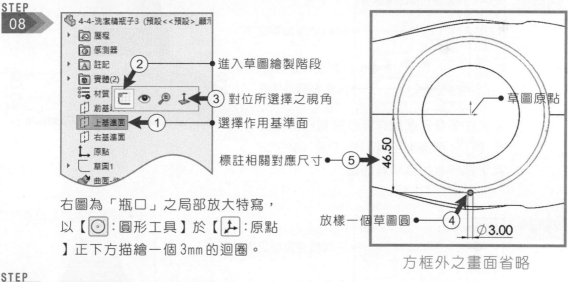

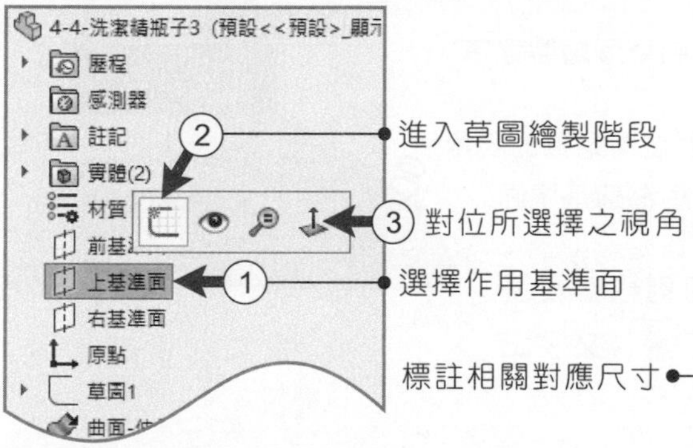
4-4-洗潔精瓶子3 (預設<<預設>_顯示
歷程
感測器
註記
實體(2)
材質
前基準面
上基準面
右基準面
原點
草圖1
曲面-伸
2 進入草圖繪製階段
3 對位所選擇之視角
1 選擇作用基準面

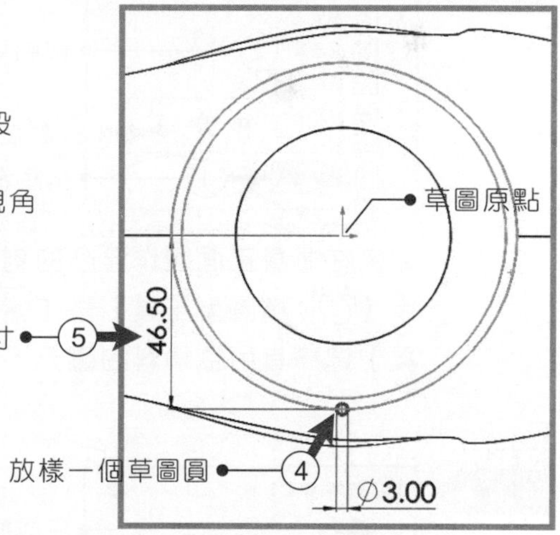
草圖原點
標註相關對應尺寸 5
46.50
放樣一個草圖圓 4
∅3.00

方框外之畫面省略

右圖為「瓶口」之局部放大特寫，以【:圓形工具】於【:原點】正下方描繪一個3mm的迴圈。

STEP 09

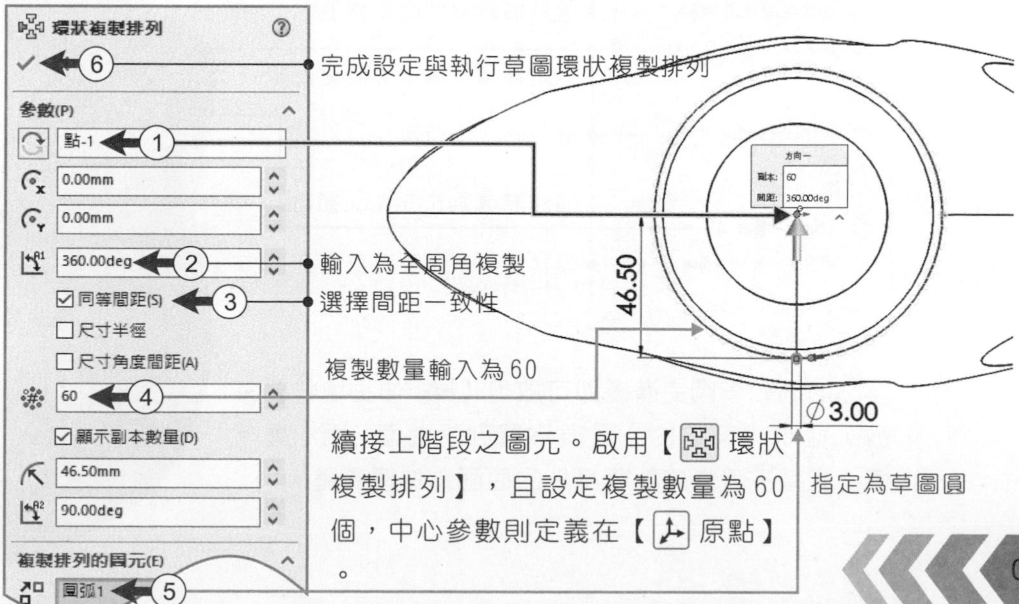
環狀複製排列
6 完成設定與執行草圖環狀複製排列
參數(P)
點-1 1
0.00mm
0.00mm
360.00deg 2 輸入為全周角複製
同等間距(S) 3 選擇間距一致性
尺寸半徑
尺寸角度間距(A)
複製數量輸入為60
60 4
顯示副本數量(D)
46.50mm
90.00deg
複製排列的圖元(E)
圓弧1 5
方向一
副本: 60
間距: 360.00deg
46.50
∅3.00
指定為草圖圓

續接上階段之圖元。啟用【環狀複製排列】，且設定複製數量為60個，中心參數則定義在【原點】。

STEP 10

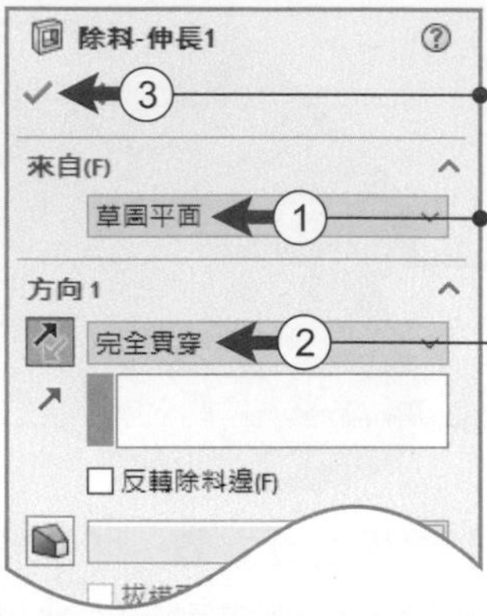
除料-伸長1
③ 執行瓶蓋除料選項
來自(F)
草圖平面
① 由草圖基準延伸
方向 1
完全貫穿
②
反轉除料邊(F)

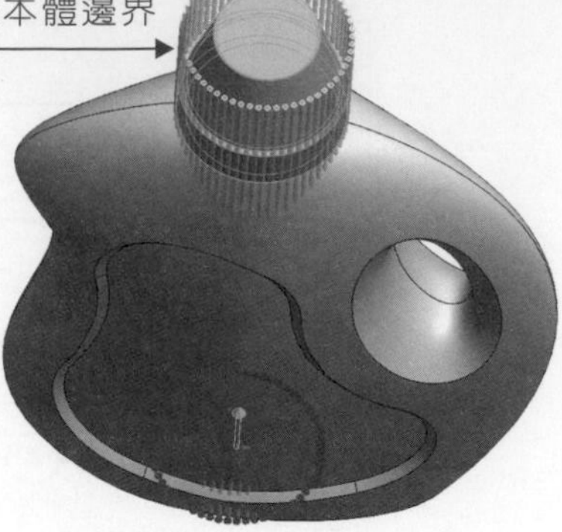
除料深度設定至本體邊界

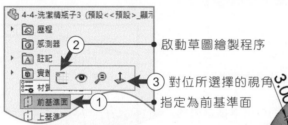

草圖圓環狀陣列後，續接著啟用【 :伸長除料】特徵，且設定深度為「完全貫穿」；至於「特徵加工範圍」項次則單獨指定「瓶蓋」本體即可。

STEP 11

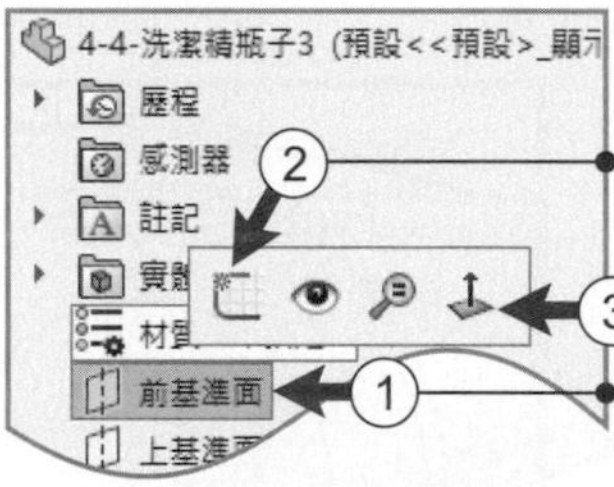
4-4-洗潔精瓶子3 (預設<<預設>_顯示
歷程
感測器
註記
實體
材質
前基準面
上基準面
② 啟動草圖繪製程序
③ 對位所選擇的視角
① 指定為前基準面

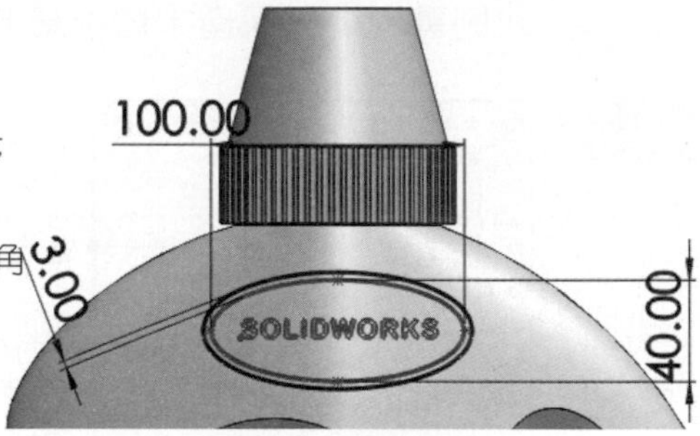
100.00
3.00
40.00
SOLIDWORKS

如欲在瓶身正面製作浮凸的刻紋，可使用【 :橢圓型工具】暨【 :文字工具】建構其所欲填料的圖元。

下方畫面省略

STEP 12

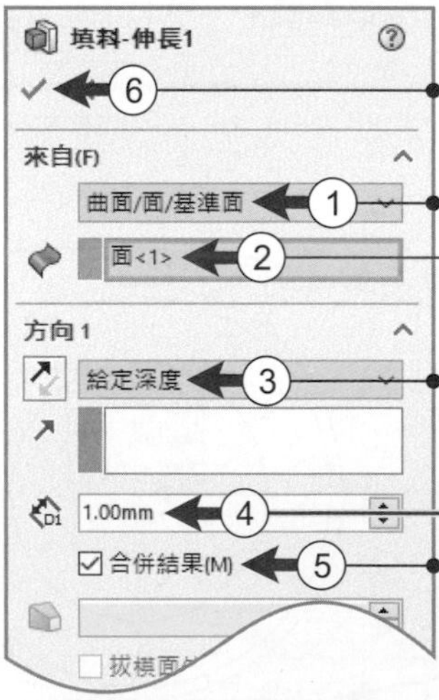
填料-伸長1
⑥ 完成瓶身表面之圖紋填料
來自(F)
曲面/面/基準面
① 選擇填料於曲面本體上
面<1>
② 指定披覆於瓶身外側之表面
方向 1
給定深度
③ 單方向成型填料
填料厚度為0.5-1mm即可
1.00mm
④
合併結果(M)
⑤ 填料後之本體與瓶身融合
拔模面

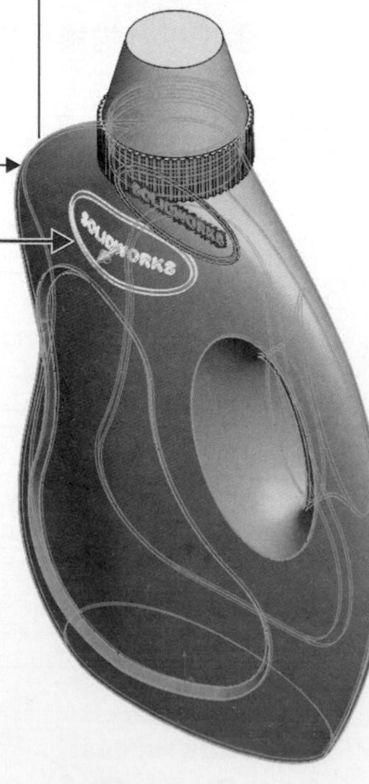
指定之本體為綠色樣態
SOLIDWORKS

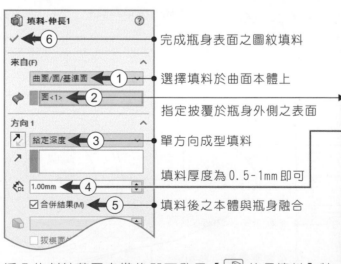

浮凸的刻紋草圖完備後即可啟用【 伸長填料】特徵，並將「來自於」選項移置到「曲面／面／基準面」類型，且指定為瓶身外的曲面為披覆實體。

STEP 13

洗潔精瓶子繪製流程已經完備，如果學習者欲增加更多的細節於本體上，得參酌底下範例建構（可自行設計瓶身與附加細節）；圖例中之刻紋與瓶口新增之本體，皆能依前述之步驟程序再一次的復刻執行。

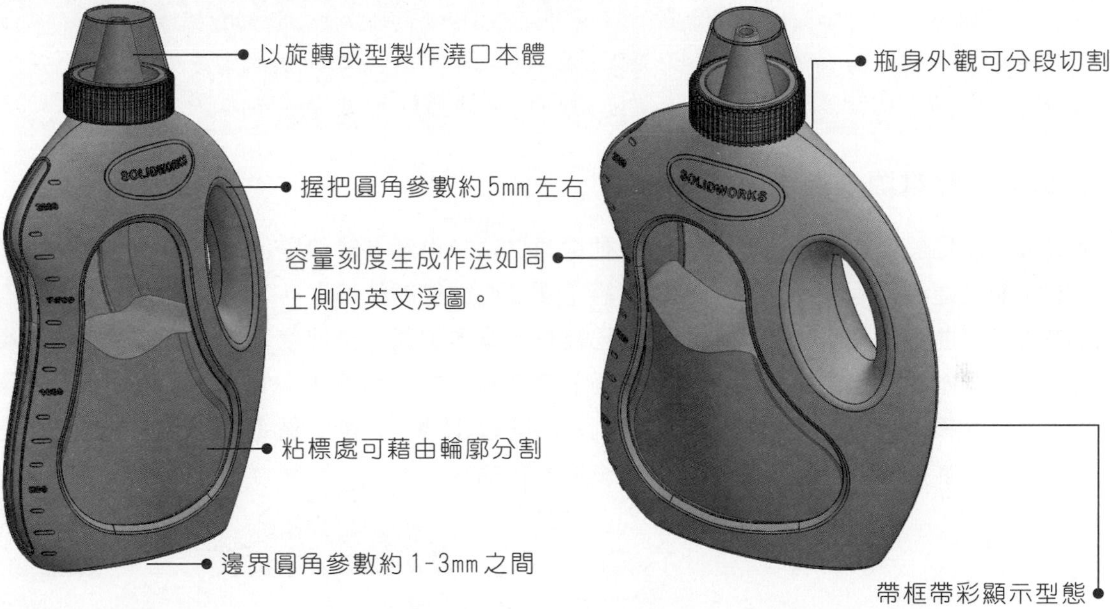
以旋轉成型製作澆口本體
握把圓角參數約5mm左右
容量刻度生成作法如同上側的英文浮圖。
粘標處可藉由輪廓分割
邊界圓角參數約1-3mm之間
瓶身外觀可分段切割
帶框帶彩顯示型態
SOLIDWORKS

STEP 14

進入模型彩現程序：透過Solidworks之附加模組【 Photoview360 】編輯模型【 ：外觀】與【 ：全景】；洗潔精瓶子可貼附不透明的塑膠材質，而頂蓋的部份則可以透明質感表徵。下方為洗潔精瓶身模型融合素色場景之渲染完成圖照。

《洗潔精瓶子彩現完成圖》

4-5 多功能行動電源

⊙ 要點提醒　**本範例為綠色版參考教學檔 -- 請學習者使用雲端連結並下載相關之附件**

本範例教學視訊檔案：SolidWorks/ 進階 & 應用 /CH04 目錄下 /4-5 行動電源 .avi
本範例製作完成檔案：SolidWorks/ 進階 & 應用 /CH04 目錄下 /4-5 行動電源 .SLDPRT

4-5.1 行動電源外觀鋪面

隨著數位產品設計越趨輕薄與多元，行動電源之項次也漸進式改變了主要功能與使用型態。如本章節之建模進程所示：商品主體歷經【:曲面疊層拉伸】、【:曲面修剪】與三階段的【:曲面填補】後，其外觀雛型已經有了基本定義；再啟用【:鏡射】特徵來複製側向的曲面本體，且執行【:縫織曲面】將零厚度的本體轉成 1-2mm 的實體即可。如果學習者欲針對模型外觀設變與細部分件，則建議開啟【:分割】暨【:圓角】之功能指令加以修飾，並於材質、燈光與環境設置後渲染存檔。

建模進程：

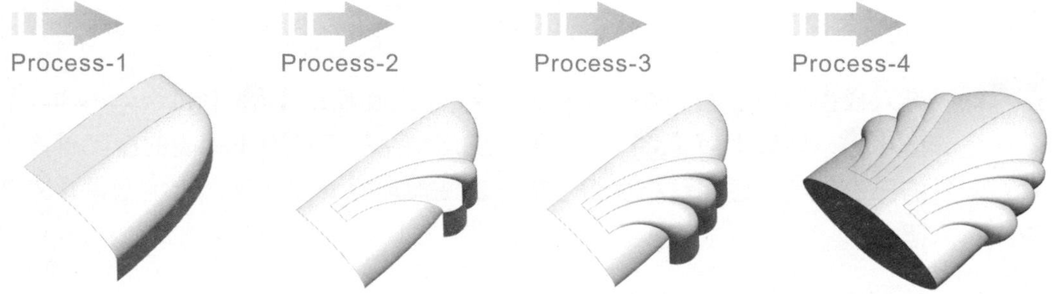

主體曲面疊層拉伸　　曲面修剪與填補　　三階段曲面填補完成　　本體鏡射與實體化

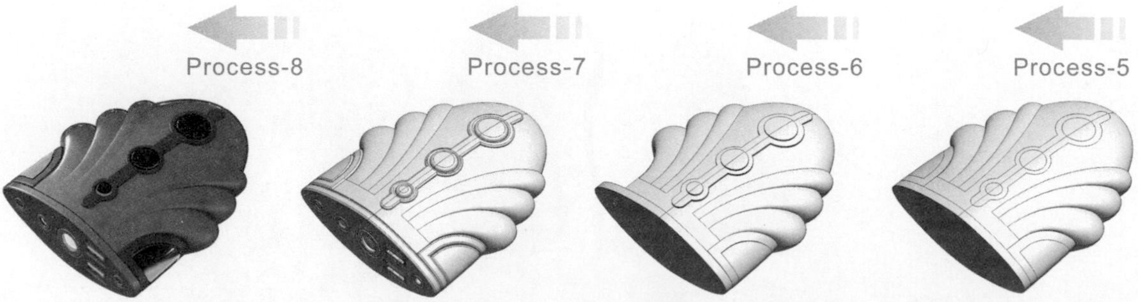

行動電源貼附材質暨渲染　　組件細節繪製與分割　　本體刪除且移動　　草圖繪製暨組件分割

STEP 01

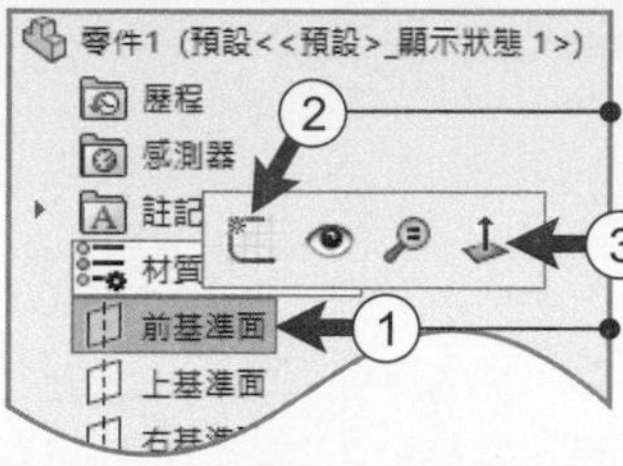

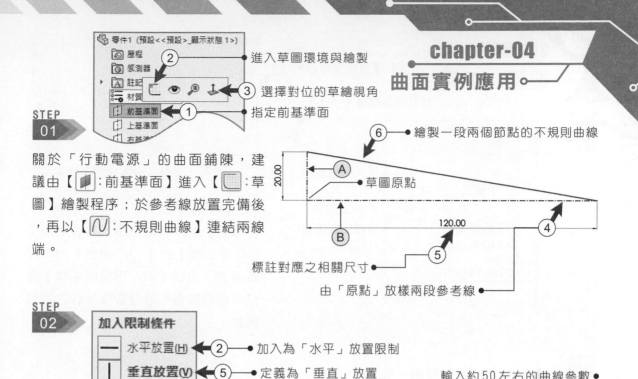

關於「行動電源」的曲面鋪陳，建議由【▯：前基準面】進入【▯：草圖】繪製程序；於參考線放置完備後，再以【▯：不規則曲線】連結兩線端。

⑥ 繪製一段兩個節點的不規則曲線
A
草圖原點
20.00
120.00
B
④
⑤
標註對應之相關尺寸
由「原點」放樣兩段參考線

STEP 02

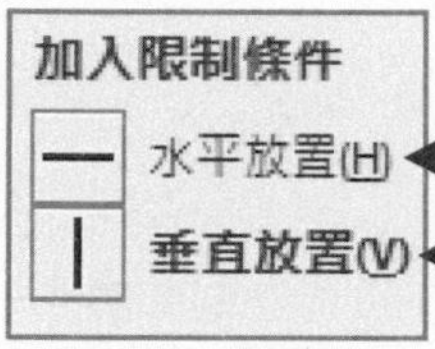
加入限制條件
水平放置(H)
垂直放置(V)
② 加入為「水平」放置限制
⑤ 定義為「垂直」放置

續接上階段未完成定義之圖元。使用【▯：選取工具】點擊曲線兩端之控制閥，且加入「水平」與「垂直」限制條件，繼而輸入120與50的曲度參數。

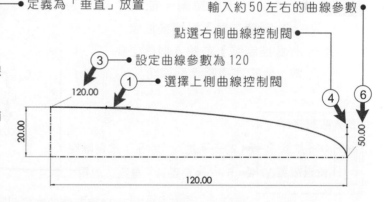

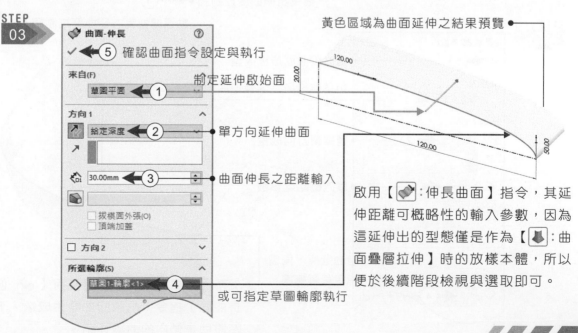

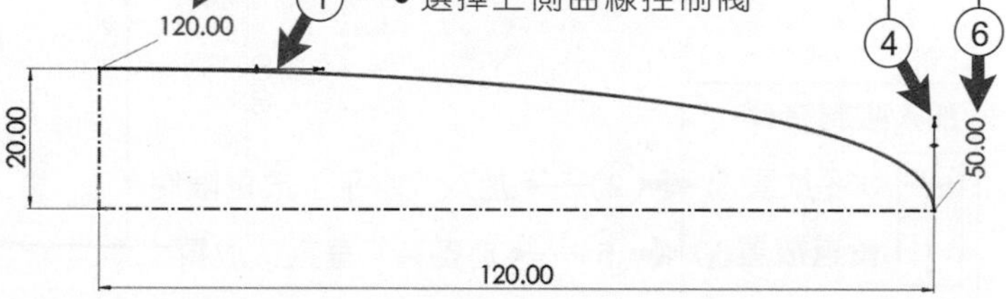
輸入約50左右的曲線參數
點選右側曲線控制閥
③ 設定曲線參數為120
① 選擇上側曲線控制閥
120.00
20.00
④
⑥
50.00
120.00

STEP 03

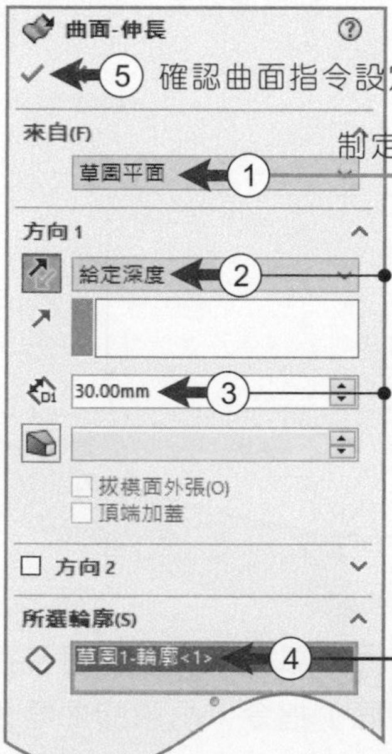
曲面-伸長
⑤ 確認曲面指令設定與執行
來自(F)
草圖平面
① 制定延伸啟始面
方向 1
給定深度
② 單方向延伸曲面
30.00mm
③ 曲面伸長之距離輸入
拔模面外張(O)
頂端加蓋
方向 2
所選輪廓(S)
草圖1-輪廓<1>
④ 或可指定草圖輪廓執行

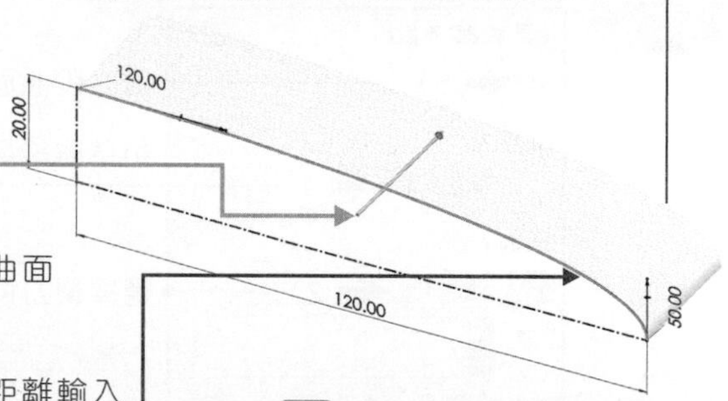
黃色區域為曲面延伸之結果預覽
120.00
20.00
120.00
50.00

啟用【▯：伸長曲面】指令，其延伸距離可概略性的輸入參數，因為這延伸出的型態僅是作為【▯：曲面疊層拉伸】時的放樣本體，所以便於後續階段檢視與選取即可。

STEP 04

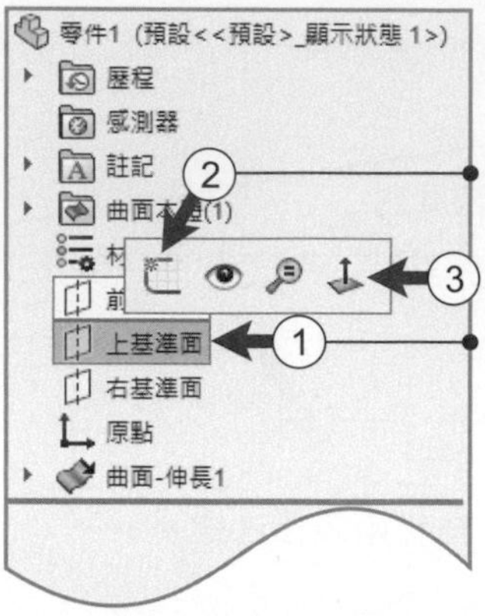

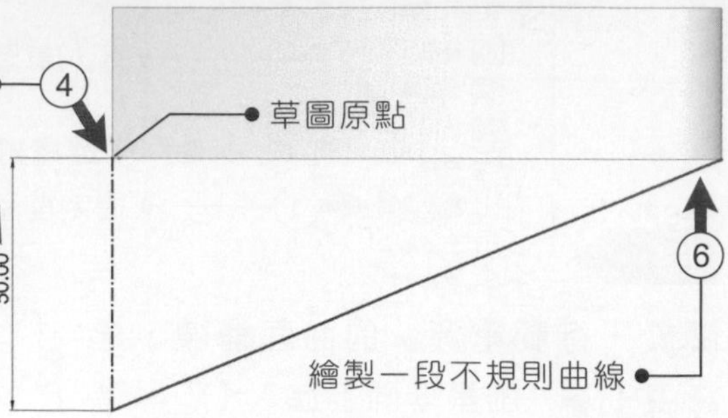
放樣垂直參考線 4
草圖原點
標註垂直高度 5
50.00
6
繪製一段不規則曲線

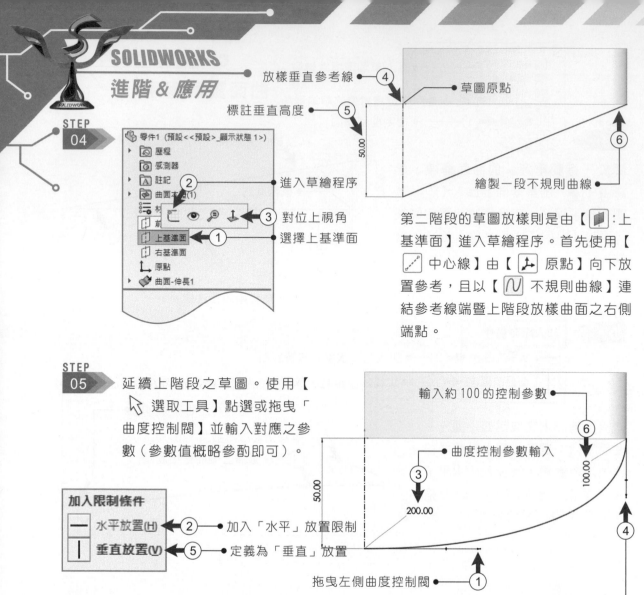

第二階段的草圖放樣則是由【 :上基準面】進入草繪程序。首先使用【 中心線】由【 原點】向下放置參考，且以【 不規則曲線】連結參考線端暨上階段放樣曲面之右側端點。

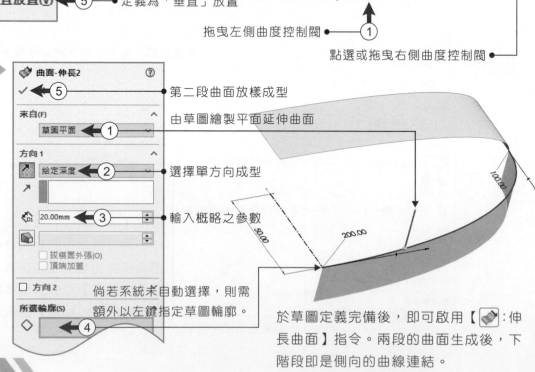

STEP 05

延續上階段之草圖。使用【 選取工具】點選或拖曳「曲度控制閥】並輸入對應之參數（參數值概略參酌即可）。

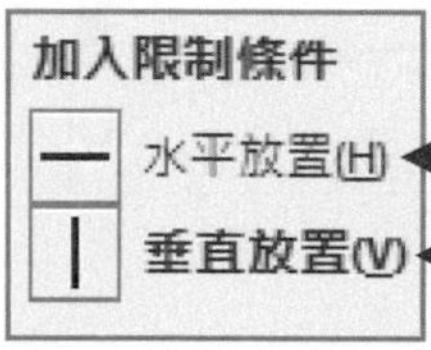
加入限制條件
水平放置(H)
垂直放置(V)
2 加入「水平」放置限制
5 定義為「垂直」放置

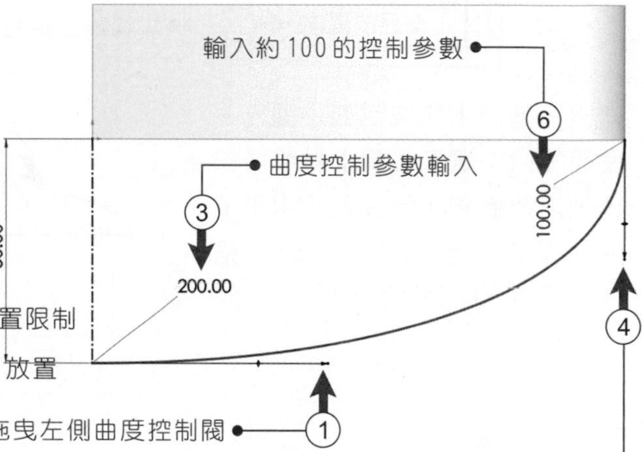
輸入約 100 的控制參數
6
曲度控制參數輸入
3
100.00
50.00
200.00
4
拖曳左側曲度控制閥 1
點選或拖曳右側曲度控制閥

STEP 06

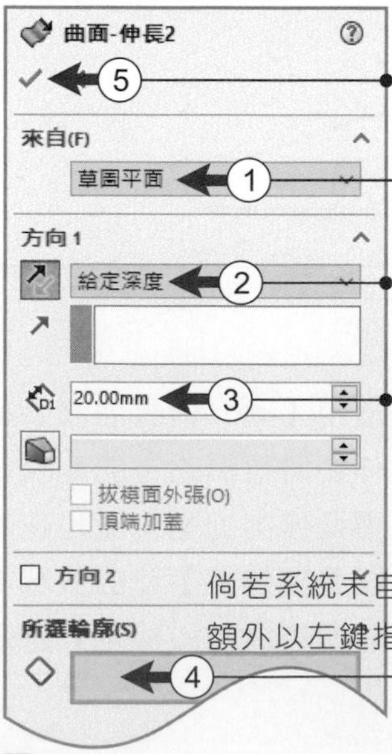
曲面-伸長2
5 第二段曲面放樣成型
來自(F)
草圖平面 1
由草圖繪製平面延伸曲面
方向 1
給定深度 2
選擇單方向成型
20.00mm 3
輸入概略之參數
拔模面外張(O)
頂端加蓋
方向 2
所選輪廓(S)
4
倘若系統未自動選擇，則需額外以左鍵指定草圖輪廓。

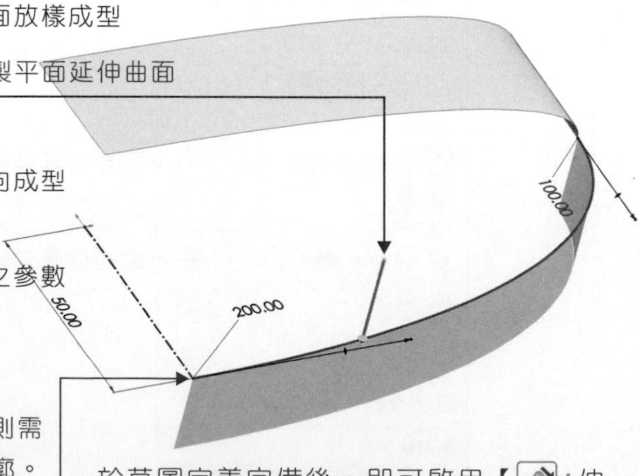
100.00
50.00
200.00

於草圖定義完備後，即可啟用【 :伸長曲面】指令。兩段的曲面生成後，下階段即是側向的曲線連結。

STEP 07

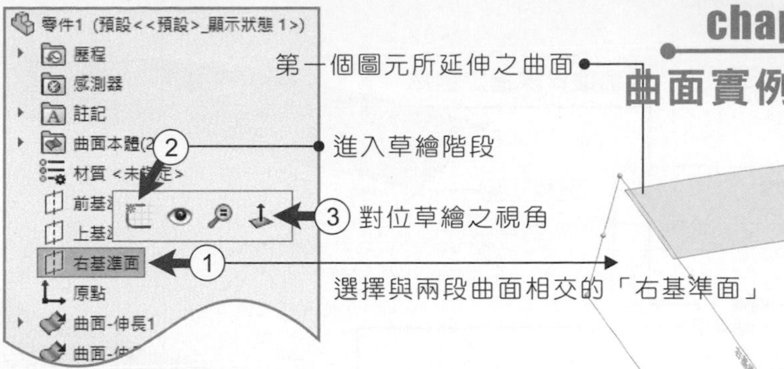
零件1 (預設<<預設>_顯示狀態 1>)
歷程
感測器
註記
曲面本體(2)
材質 <未指定>
前基準面
上基準面
右基準面
原點
曲面-伸長1
第一個圖元所延伸之曲面
進入草繪階段
對位草繪之視角
選擇與兩段曲面相交的「右基準面」

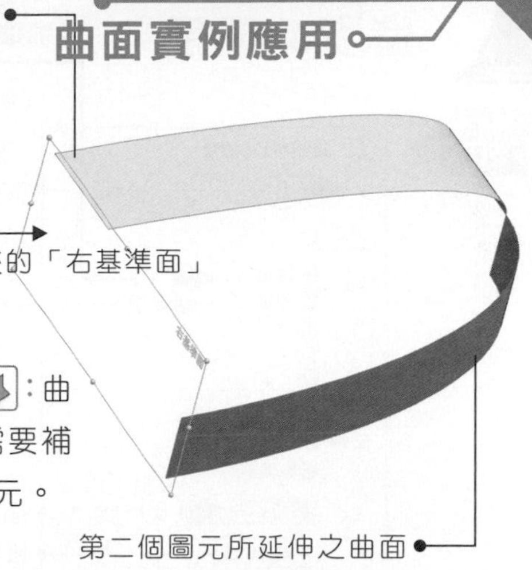
第二個圖元所延伸之曲面

由前兩個階段草圖所放樣的曲面，即是【 ：曲面疊層拉伸】的輪廓邊界。而現階段則是需要補上與兩段曲面角點【 重合 / 共點】的圖元。

STEP 08

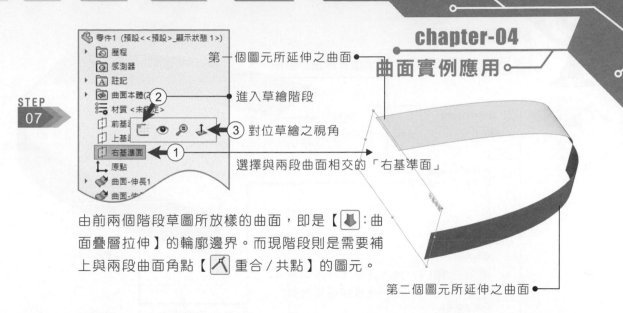

於草繪作業程序啟動後，繼而使用【 ：不規則曲線】繪製一段兩個節點的曲線（節點需落於兩道放樣弧面的角點上）。

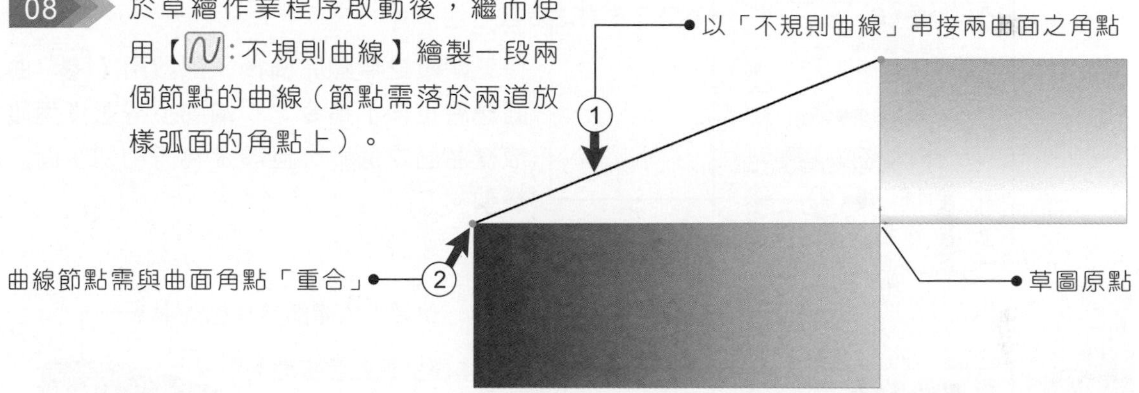
以「不規則曲線」串接兩曲面之角點
曲線節點需與曲面角點「重合」
草圖原點

STEP 09

續接上階段之程序。以【 ：選取工具】點選或拖曳「曲度控制閥」，並在加入限制條件後輸入曲度控制參數，完備後即可【 保留草圖】。

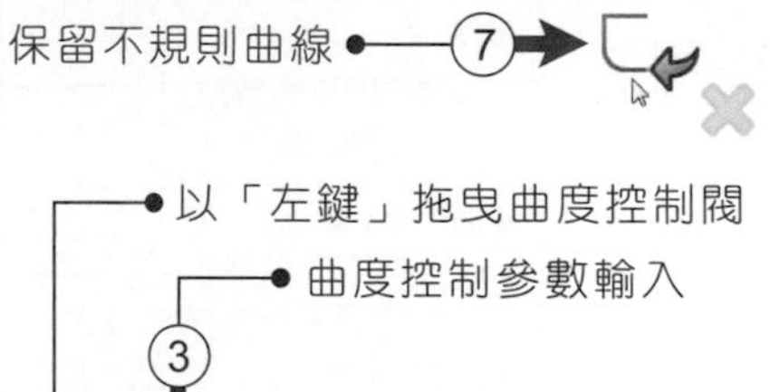
保留不規則曲線
以「左鍵」拖曳曲度控制閥
曲度控制參數輸入

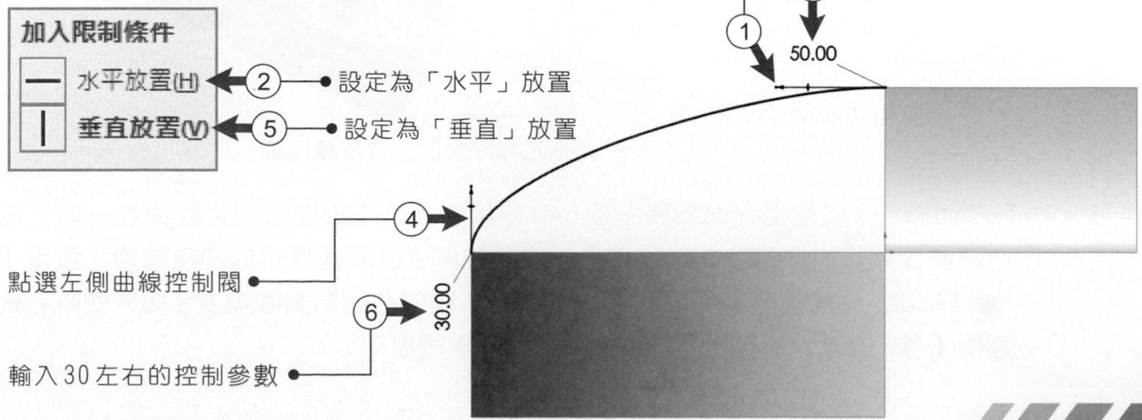
加入限制條件
水平放置(H)
垂直放置(V)
設定為「水平」放置
設定為「垂直」放置
50.00
點選左側曲線控制閥
30.00
輸入30左右的控制參數

STEP 10

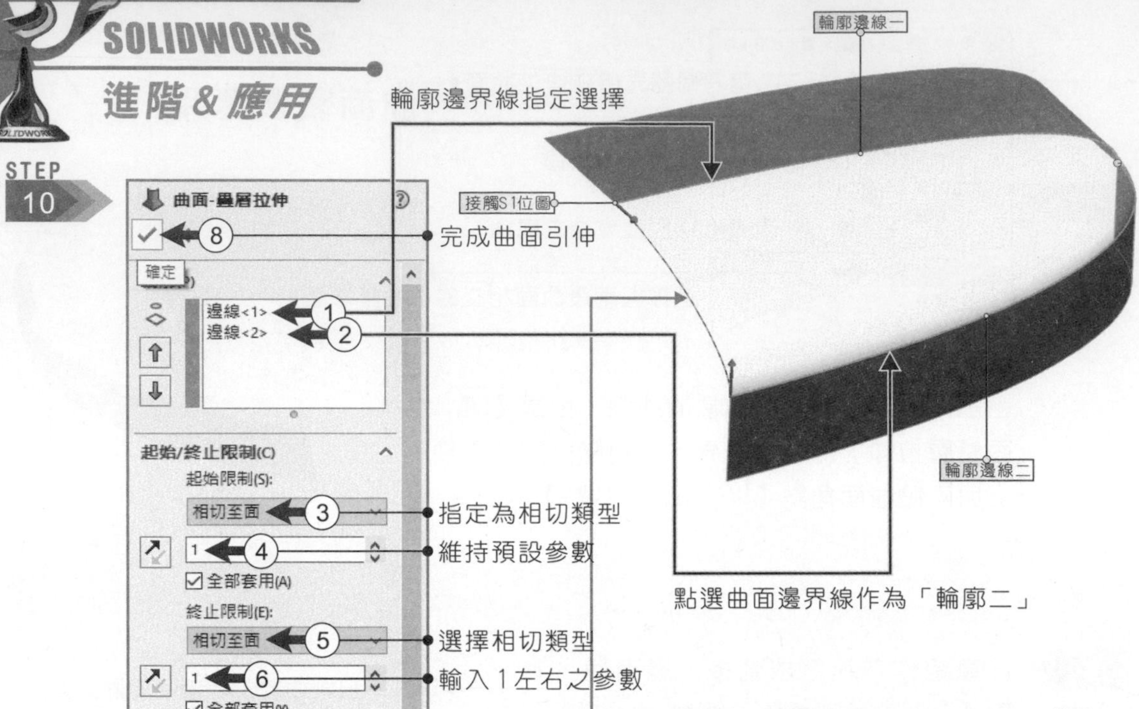

輪廓邊線一
輪廓邊界線指定選擇
接觸S1位圖
曲面-疊層拉伸
確定
完成曲面引伸
邊線<1>
邊線<2>
起始/終止限制(C)
起始限制(S):
相切至面
指定為相切類型
維持預設參數
全部套用(A)
終止限制(E):
相切至面
選擇相切類型
輸入1左右之參數
全部套用(Y)
點選曲面邊界線作為「輪廓二」
輪廓邊線二

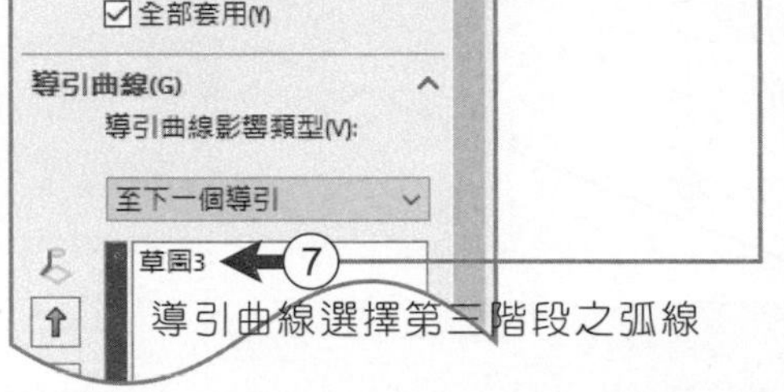

導引曲線(G)
導引曲線影響類型(V):
至下一個導引
草圖3
導引曲線選擇第三階段之弧線

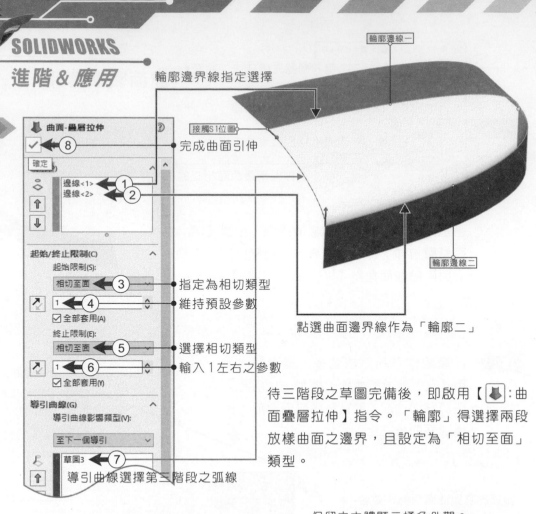

待三階段之草圖完備後，即啟用【曲面疊層拉伸】指令。「輪廓」得選擇兩段放樣曲面之邊界，且設定為「相切至面」類型。

STEP 11

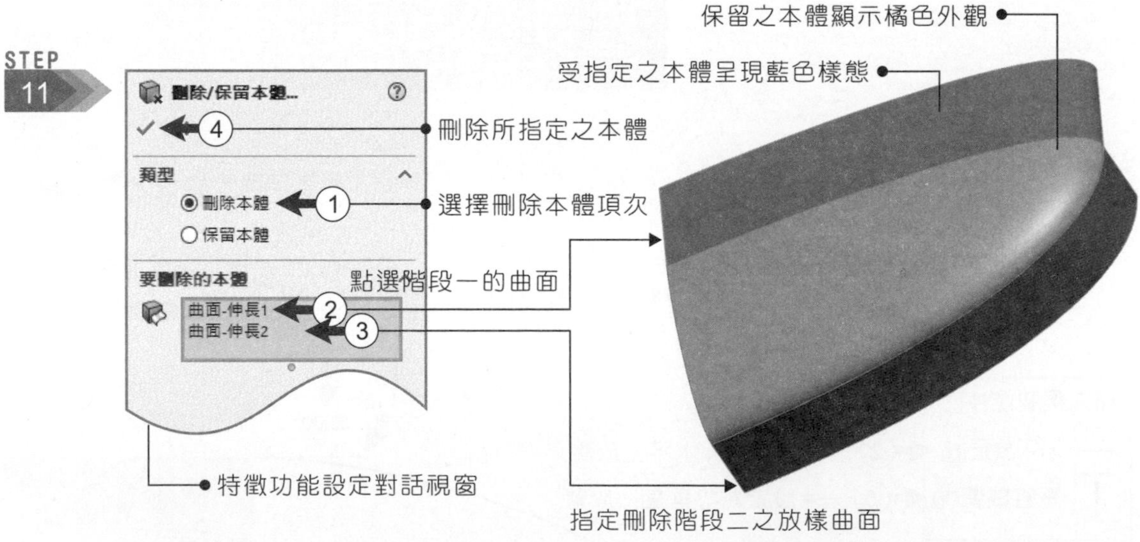

保留之本體顯示橘色外觀
受指定之本體呈現藍色樣態
刪除/保留本體...
刪除所指定之本體
類型
刪除本體
選擇刪除本體項次
保留本體
要刪除的本體
點選階段一的曲面
曲面-伸長1
曲面-伸長2
特徵功能設定對話視窗
指定刪除階段二之放樣曲面

SolidWorks的使用介面於諸多的CAD軟體中，其識別度與親近性獨樹一幟，當您習慣了軟體的介面與操作形式後，就很難再去重新適應新的使用指南。啟用【：刪除／保留本體】特徵，並指定兩段放樣的曲面為刪除項次（如果使用者是經由【隱藏／顯示】指令來遮蔽兩曲面本體亦可）。

STEP 12

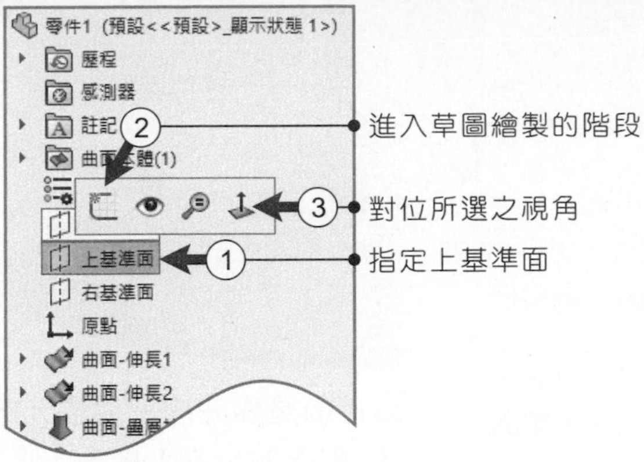

在階段一曲面鋪陳後，續接著是【修剪曲面】的工序。這裡選擇【上基準面】進入【草圖】繪製環節，再執行【正視於】指令對位所選之視角。

STEP 13

進入草繪環境後，先以【直線工具】繪製三條「共線」的垂直線，且使用【智慧型尺寸】標註尺寸；繼而建構四段【三點定弧】，並輸入其半徑參考之數值。

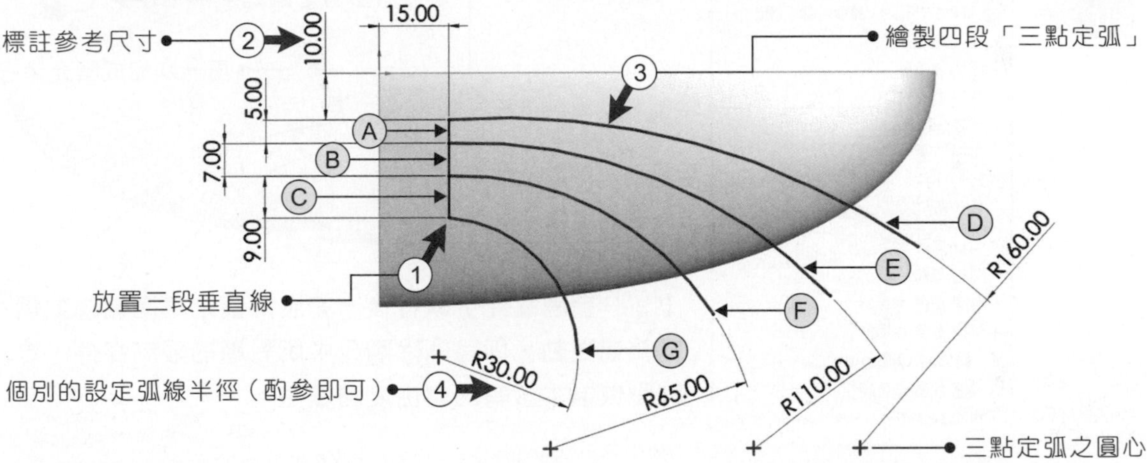

STEP 14

延續上階段之圖元。建構者可使用快捷鍵 Ctrl +「左鍵」重複選取四段弧線的圓心與縱向參考的線端，再經由【垂直放置】限制條件使其圖元完全定義。

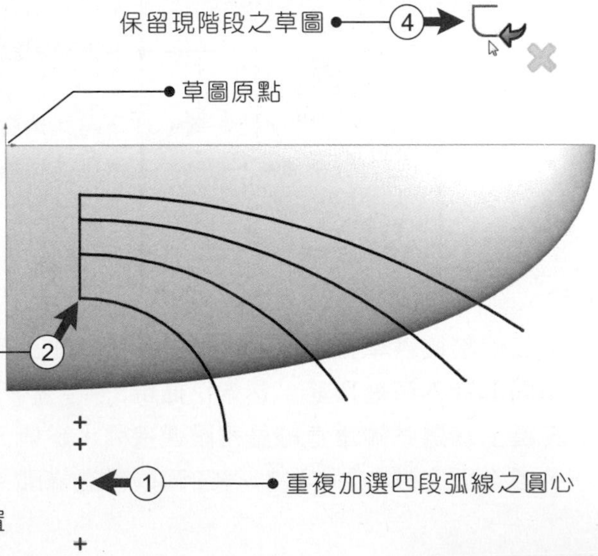

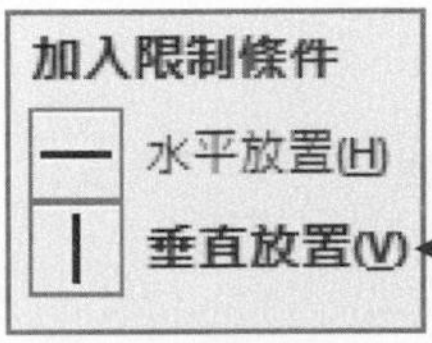

STEP 15

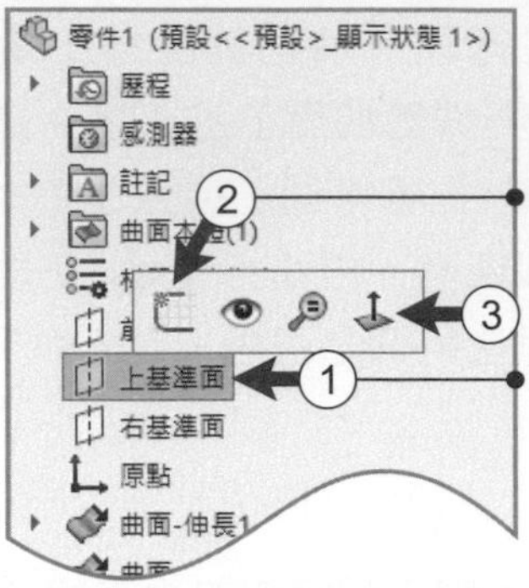
零件1 (預設<<預設>_顯示狀態 1>)
歷程
感測器
註記
曲面本體(1)
上基準面
右基準面
原點
曲面-伸長1
進入草繪階段
對位所選之視角
指定上基準面

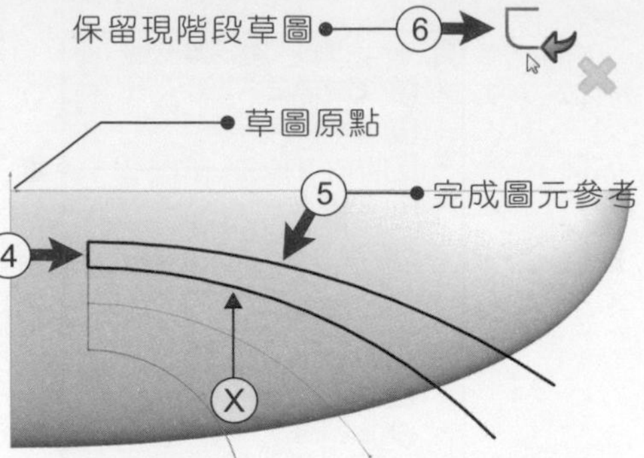
以「左鍵」重複加選三段線
保留現階段草圖
草圖原點
完成圖元參考

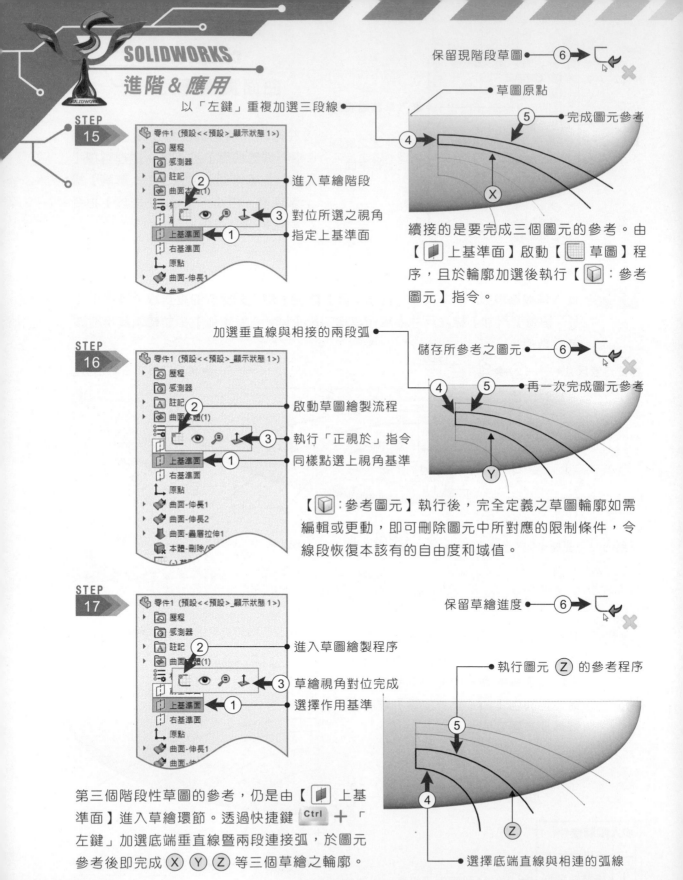

續接的是要完成三個圖元的參考。由【上基準面】啟動【草圖】程序，且於輪廓加選後執行【：參考圖元】指令。

STEP 16

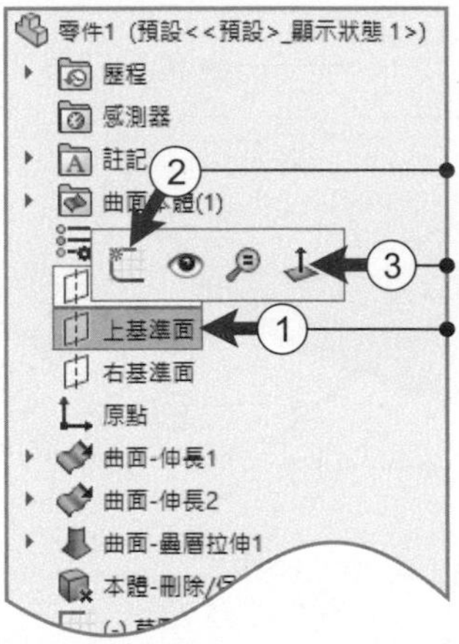
零件1 (預設<<預設>_顯示狀態 1>)
歷程
感測器
註記
曲面本體(1)
上基準面
右基準面
原點
曲面-伸長1
曲面-伸長2
曲面-疊層拉伸1
本體-刪除/保
啟動草圖繪製流程
執行「正視於」指令
同樣點選上視角基準

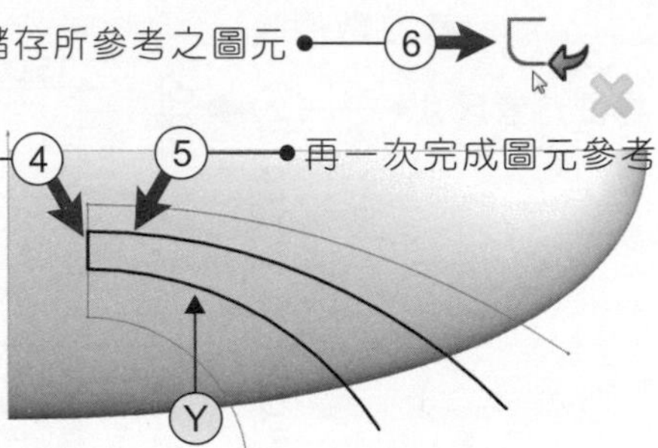
加選垂直線與相接的兩段弧
儲存所參考之圖元
再一次完成圖元參考

【：參考圖元】執行後，完全定義之草圖輪廓如需編輯或更動，即可刪除圖元中所對應的限制條件，令線段恢復本該有的自由度和域值。

STEP 17

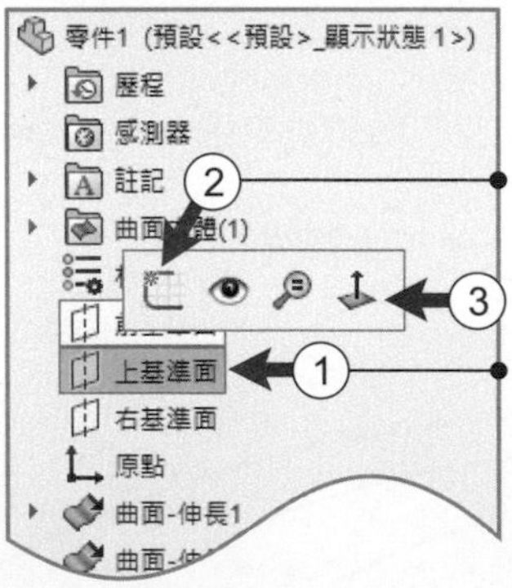
零件1 (預設<<預設>_顯示狀態 1>)
歷程
感測器
註記
曲面本體(1)
上基準面
右基準面
原點
曲面-伸長1
進入草圖繪製程序
草繪視角對位完成
選擇作用基準

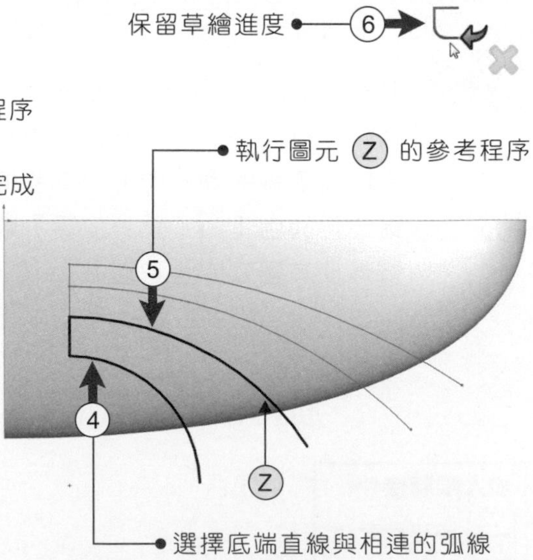
保留草繪進度
執行圖元 Z 的參考程序
選擇底端直線與相連的弧線

第三個階段性草圖的參考，仍是由【上基準面】進入草繪環節。透過快捷鍵 Ctrl +「左鍵」加選底端垂直線暨兩段連接弧，於圖元參考後即完成 Ⓧ Ⓨ Ⓩ 等三個草繪之輪廓。

STEP 18

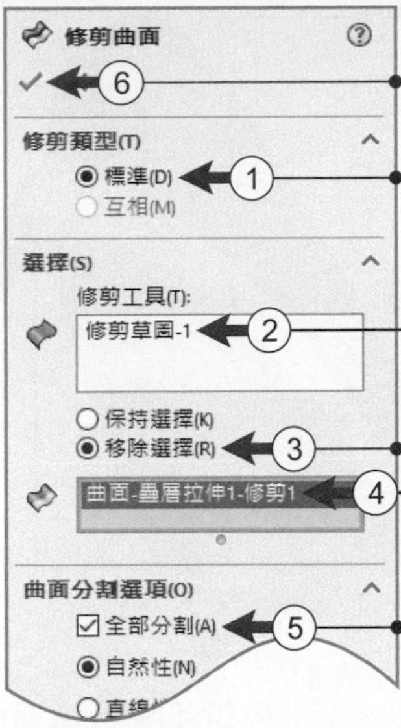
修剪曲面
修剪類型(T)
標準(D)
互相(M)
選擇(S)
修剪工具(T):
修剪草圖-1
保持選擇(K)
移除選擇(R)
曲面-疊層拉伸1-修剪1
曲面分割選項(O)
全部分割(A)
自然性(N)
⑥ 完成修剪設定與執行
① 指定「標準」修剪類型
② 選擇參考之圖元 Ⓧ
③ 設定為移除選項
④ 點選欲移除之曲面區域
⑤ 含括全部之項次

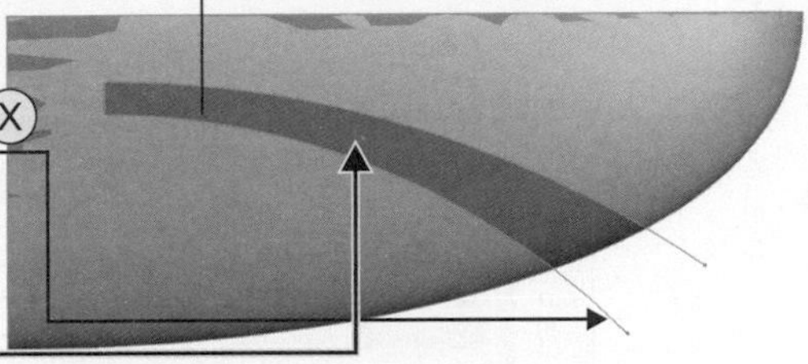
欲移除之項次呈現紫色樣態

啟用【修剪曲面】指令。「修剪工具」指定為第一個參考圖元之輪廓——Ⓧ。

STEP 19

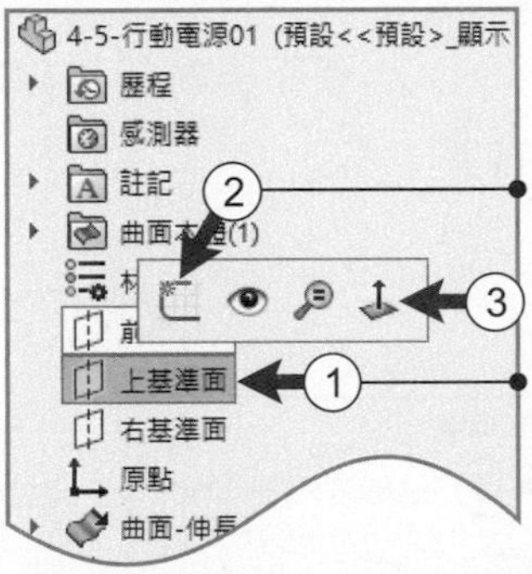
4-5-行動電源01 (預設<<預設>_顯示
歷程
感測器
註記
曲面本體(1)
上基準面
右基準面
原點
曲面-伸長
② 進入草繪階段
③ 對位選擇視角
① 選擇上基準面

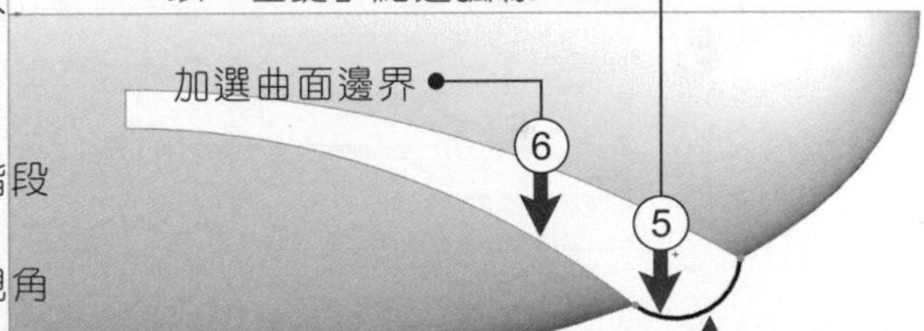
草圖原點
以「左鍵」點選弧線 ⑤
加選曲面邊界 ⑥
④ 繪製一段「三點定弧」，且連結曲面開口的左右兩端點。

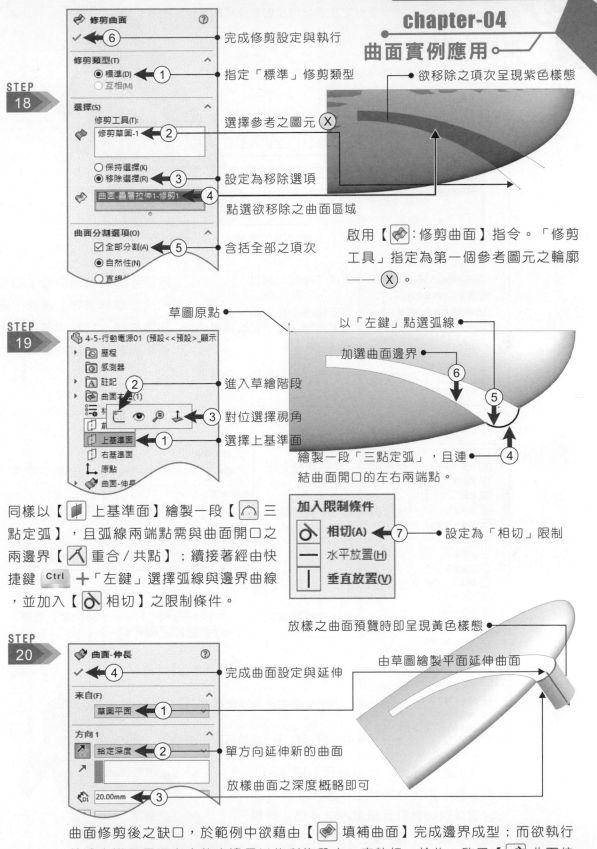

同樣以【上基準面】繪製一段【三點定弧】，且弧線兩端點需與曲面開口之兩邊界【重合/共點】；續接著經由快捷鍵 Ctrl ＋「左鍵」選擇弧線與邊界曲線，並加入【相切】之限制條件。

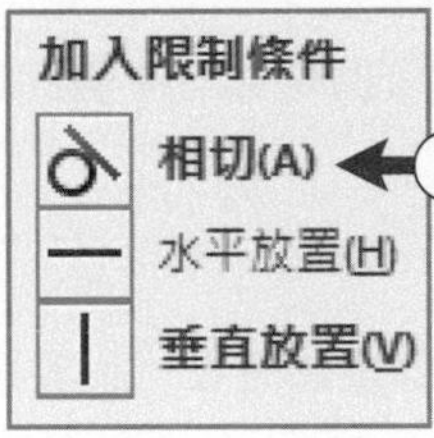
加入限制條件
相切(A)
水平放置(H)
垂直放置(V)
⑦ 設定為「相切」限制

STEP 20

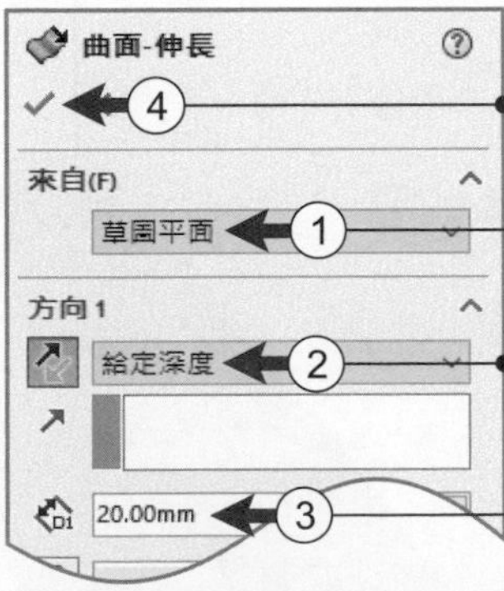
曲面-伸長
來自(F)
草圖平面
方向 1
給定深度
20.00mm
④ 完成曲面設定與延伸
① 由草圖繪製平面延伸曲面
② 單方向延伸新的曲面
③ 放樣曲面之深度概略即可

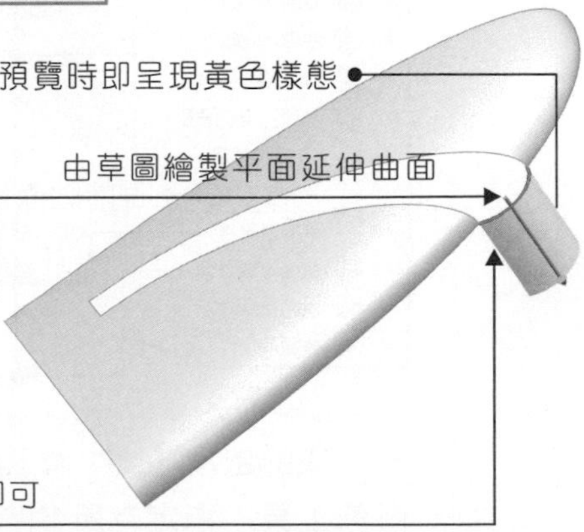
放樣之曲面預覽時即呈現黃色樣態

曲面修剪後之缺口，於範例中欲藉由【填補曲面】完成邊界成型；而欲執行前述之進程需要有完整之邊界以俾利後段之工序執行。於此，啟用【曲面伸長】指令來放樣參考之項次。

STEP 21

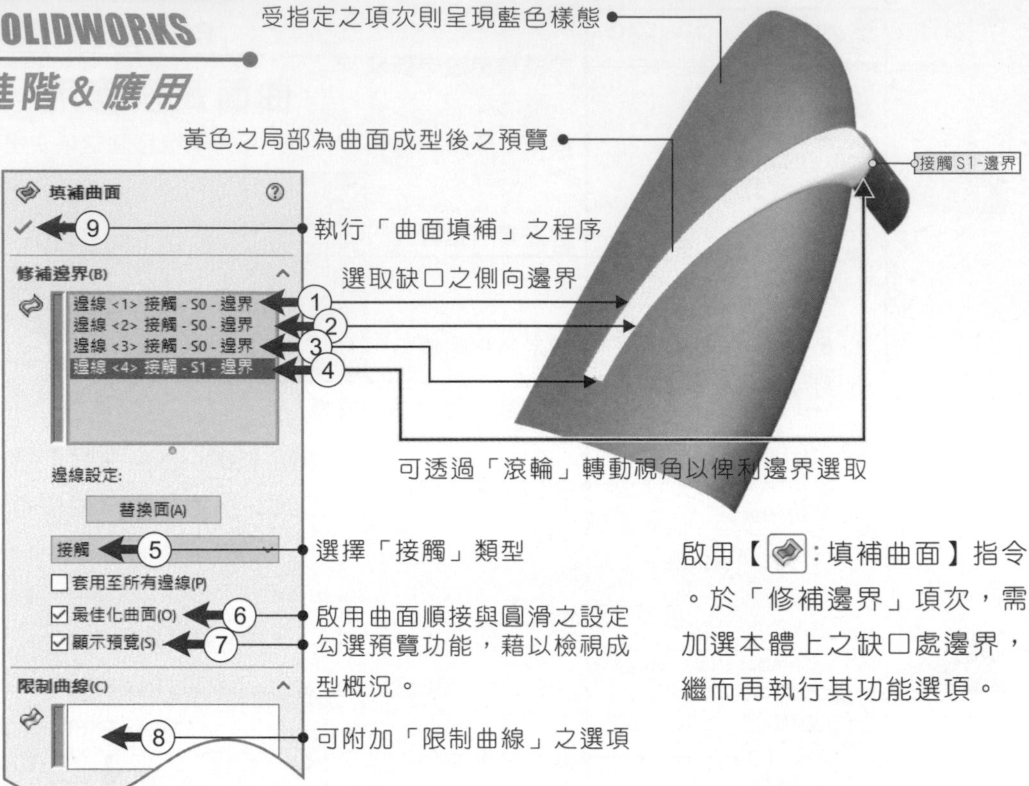
受指定之項次則呈現藍色樣態
黃色之局部為曲面成型後之預覽
接觸 S1-邊界
填補曲面
9
執行「曲面填補」之程序
修補邊界(B)
選取缺口之側向邊界
邊線 <1> 接觸 - S0 - 邊界
邊線 <2> 接觸 - S0 - 邊界
邊線 <3> 接觸 - S0 - 邊界
邊線 <4> 接觸 - S1 - 邊界
1
2
3
4
可透過「滾輪」轉動視角以俾利邊界選取
邊線設定:
替換面(A)
接觸
5
選擇「接觸」類型
套用至所有邊線(P)
最佳化曲面(O)
6
啟用曲面順接與圓滑之設定
顯示預覽(S)
7
勾選預覽功能，藉以檢視成型概況。
限制曲線(C)
8
可附加「限制曲線」之選項

啟用【填補曲面】指令。於「修補邊界」項次，需加選本體上之缺口處邊界，繼而再執行其功能選項。

STEP 22

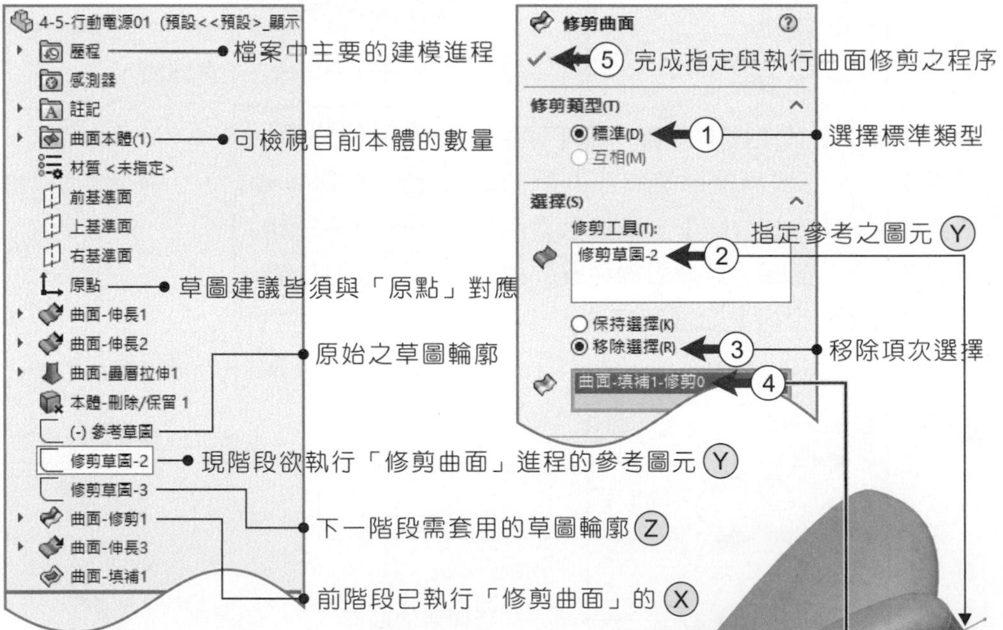
4-5-行動電源01 (預設<<預設>_顯示
歷程
檔案中主要的建模進程
感測器
註記
曲面本體(1)
可檢視目前本體的數量
材質 <未指定>
前基準面
上基準面
右基準面
原點
草圖建議皆須與「原點」對應
曲面-伸長1
曲面-伸長2
曲面-疊層拉伸1
本體-刪除/保留 1
(-) 參考草圖
原始之草圖輪廓
修剪草圖-2
現階段欲執行「修剪曲面」進程的參考圖元 Y
修剪草圖-3
下一階段需套用的草圖輪廓 Z
曲面-修剪1
曲面-伸長3
曲面-填補1
前階段已執行「修剪曲面」的 X
修剪曲面
5
完成指定與執行曲面修剪之程序
修剪類型(T)
標準(D)
1
選擇標準類型
互相(M)
選擇(S)
修剪工具(T):
指定參考之圖元 Y
修剪草圖-2
2
保持選擇(K)
移除選擇(R)
3
移除項次選擇
曲面-填補1-修剪0
4

再一次的啟用【修剪曲面】指令。「修剪工具」指定為所參考之圖元 Ⓨ，而移除之項次則為剪裁輪廓內之本體，待設定完備後即可【✔ 確立】與執行。

STEP 23

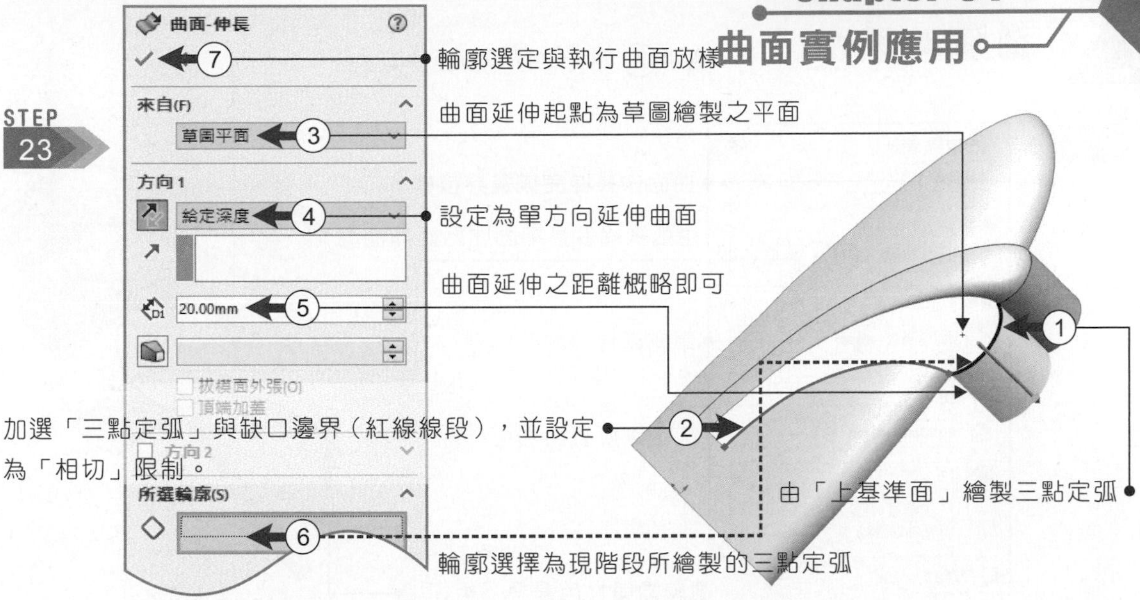
曲面-伸長
7
輪廓選定與執行曲面放樣
來自(F)
草圖平面
3
曲面延伸起點為草圖繪製之平面
方向 1
給定深度
4
設定為單方向延伸曲面
曲面延伸之距離概略即可
20.00mm
5
拔模面外張(O)
頂端加蓋
方向 2
加選「三點定弧」與缺口邊界（紅線線段），並設定為「相切」限制。
2
1
由「上基準面」繪製三點定弧
所選輪廓(S)
6
輪廓選擇為現階段所繪製的三點定弧

由【:上基準面】繪製一個【 三點定弧】與缺口兩側之邊界相連，並重複加選弧線與單側之曲面邊界相切，繼而啟用【 伸長曲面】指令放樣。其相近的步驟於本書範例中即不再過度複述，學習者可參考上一個【 填補曲面】的相關程序（步驟 18-21）。

STEP 24

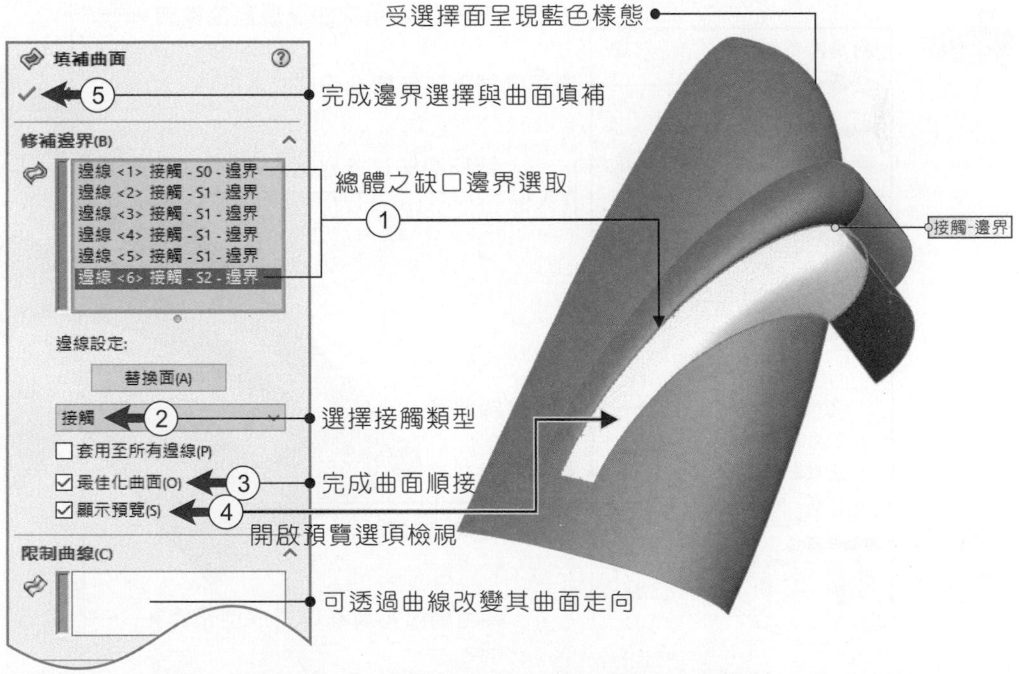
受選擇面呈現藍色樣態
填補曲面
5
完成邊界選擇與曲面填補
修補邊界(B)
邊線 <1> 接觸 - S0 - 邊界
邊線 <2> 接觸 - S1 - 邊界
邊線 <3> 接觸 - S1 - 邊界
邊線 <4> 接觸 - S1 - 邊界
邊線 <5> 接觸 - S1 - 邊界
邊線 <6> 接觸 - S2 - 邊界
總體之缺口邊界選取
1
接觸-邊界
邊線設定:
替換面(A)
接觸
2
選擇接觸類型
套用至所有邊線(P)
最佳化曲面(O)
3
完成曲面順接
顯示預覽(S)
4
開啟預覽選項檢視
限制曲線(C)
可透過曲線改變其曲面走向

同樣執行【:填補曲面】功能指令。「修補邊界」選擇缺口之四側邊界線（邊界線有可能會分成數個小段，現階段皆需一併選取）；開啟「顯示預覽」以檢視曲面填補後之概況。倘若使用者不想分成三階段「修剪」與「填補」，則可以單階段完成欲填補之所有輪廓。

STEP 25

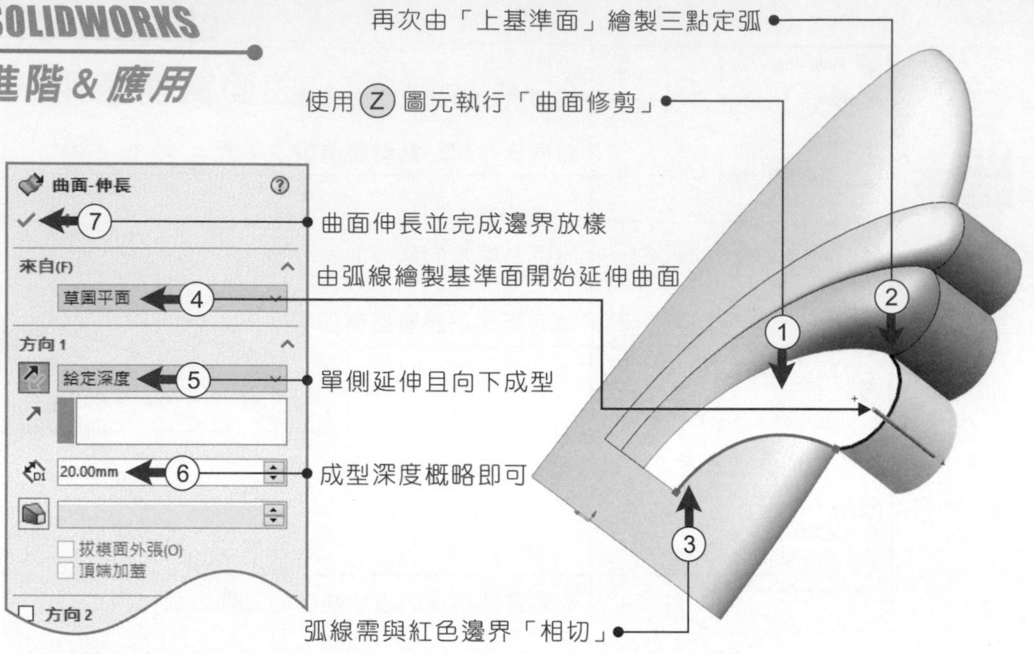
再次由「上基準面」繪製三點定弧
使用 Z 圖元執行「曲面修剪」
曲面-伸長
7
曲面伸長並完成邊界放樣
來自(F)
草圖平面
4
由弧線繪製基準面開始延伸曲面
方向 1
給定深度
5
單側延伸且向下成型
20.00mm
6
成型深度概略即可
拔模面外張(O)
頂端加蓋
方向 2
1
2
3
弧線需與紅色邊界「相切」

使用 Z 輪廓執行【修剪曲面】。續接著由【上基準面】繪製一個與兩側邊界相連的【三點定弧】，且設定與紅色邊界【:相切】限制；繼而啟用【伸長曲面】指令完成階段性的曲面放樣。

STEP 26

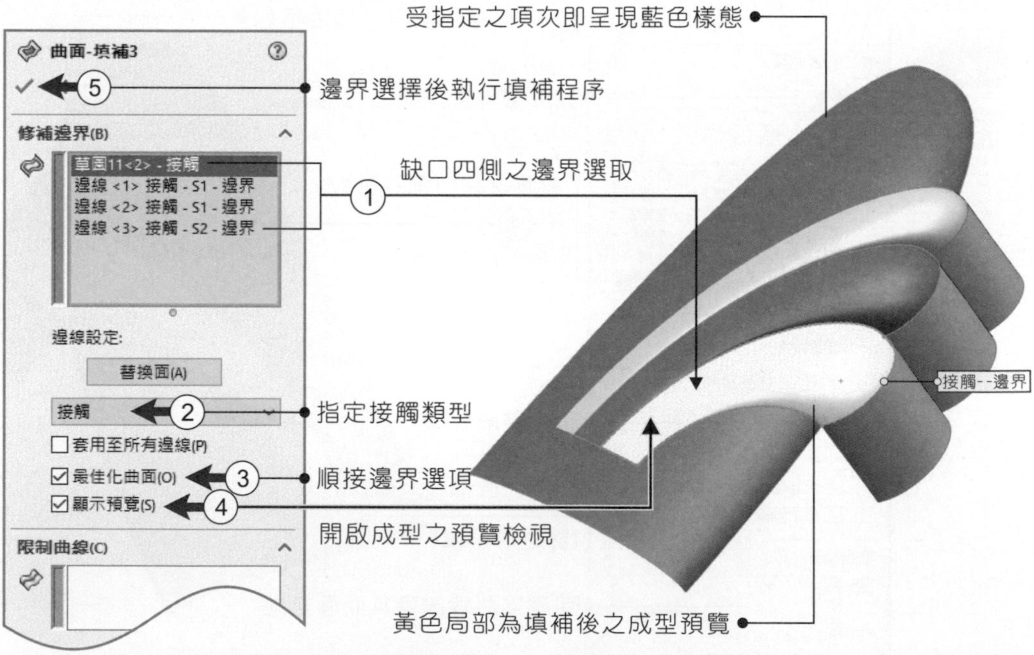
受指定之項次即呈現藍色樣態
曲面-填補3
5
邊界選擇後執行填補程序
修補邊界(B)
草圖11<2> - 接觸
邊線 <1> 接觸 - S1 - 邊界
邊線 <2> 接觸 - S1 - 邊界
邊線 <3> 接觸 - S2 - 邊界
缺口四側之邊界選取
1
邊線設定:
替換面(A)
接觸
2
指定接觸類型
套用至所有邊線(P)
最佳化曲面(O)
3
順接邊界選項
顯示預覽(S)
4
開啟成型之預覽檢視
限制曲線(C)
接觸--邊界
黃色局部為填補後之成型預覽

待曲面放樣成型後，得以執行第三階段的【:填補曲面】程序。用「左鍵」點選修剪後之缺口相鄰的項次作為「修補邊界」；「最佳化曲面」暨「顯示預覽」指令皆可啟用。筆者執行特徵前會慣性的先【:另存新檔】，以免軟硬體不堪過度負荷而失能，即直接導致前面鋪陳的工序盡墨。

4-5.2 本體鏡射、縫合與細節處理

STEP 01

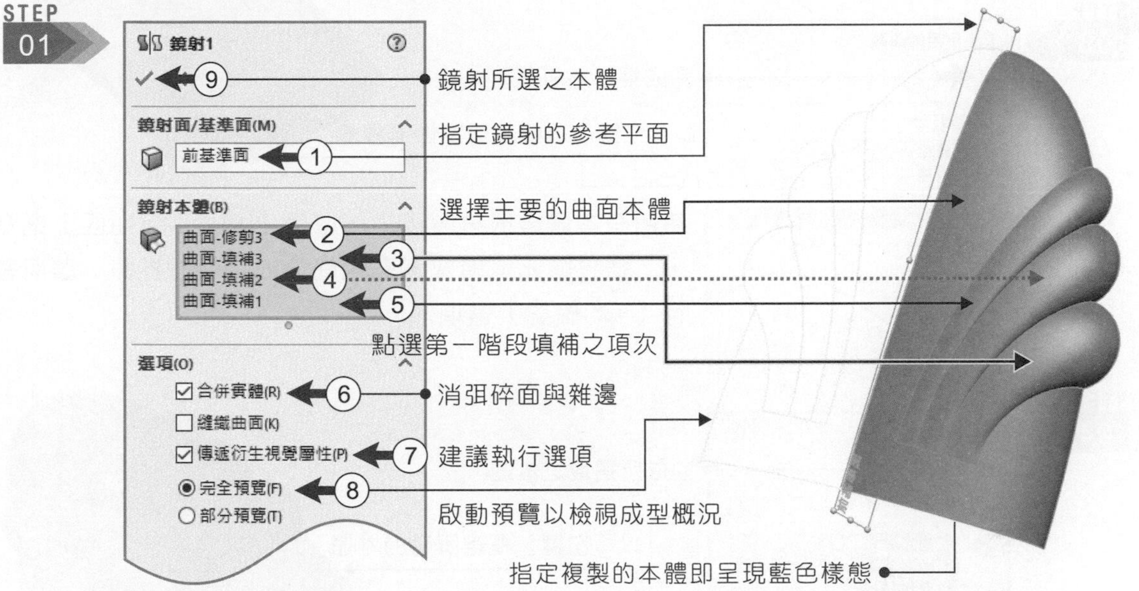
鏡射1
鏡射面/基準面(M)
前基準面
鏡射本體(B)
曲面-修剪3
曲面-填補3
曲面-填補2
曲面-填補1
選項(O)
合併實體(R)
縫織曲面(K)
傳遞衍生視覺屬性(P)
完全預覽(F)
部分預覽(T)
鏡射所選之本體
指定鏡射的參考平面
選擇主要的曲面本體
點選第一階段填補之項次
消弭碎面與雜邊
建議執行選項
啟動預覽以檢視成型概況
指定複製的本體即呈現藍色樣態

待三階段的【填補曲面】程序完備後，旋即啟用【鏡射】特徵將所選取之本體經由【前基準面】對稱複製。「縫織曲面」選項則留在外型本體封閉後再執行即可。

STEP 02

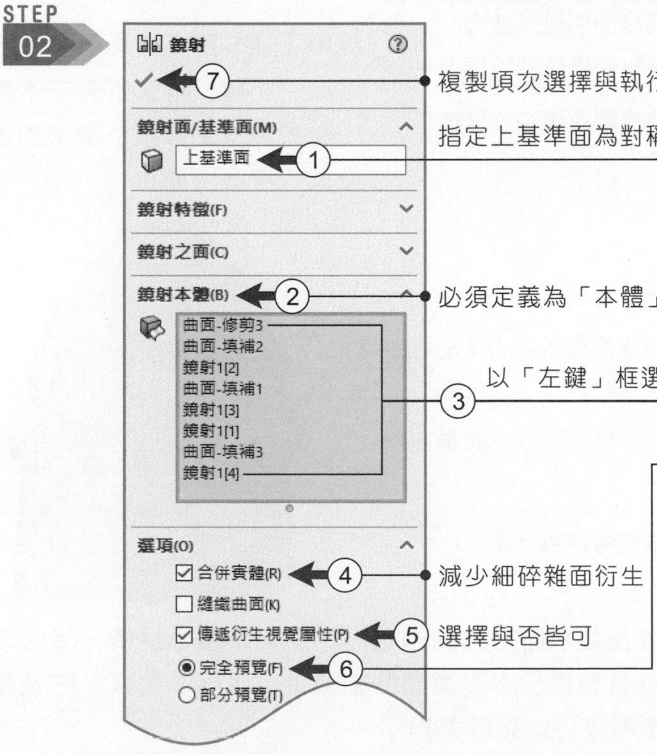
鏡射
鏡射面/基準面(M)
上基準面
鏡射特徵(F)
鏡射之面(C)
鏡射本體(B)
曲面-修剪3
曲面-填補2
鏡射1[2]
曲面-填補1
鏡射1[3]
鏡射1[1]
曲面-填補3
鏡射1[4]
選項(O)
合併實體(R)
縫織曲面(K)
傳遞衍生視覺屬性(P)
完全預覽(F)
部分預覽(T)
複製項次選擇與執行鏡射程序
指定上基準面為對稱參考
必須定義為「本體」複製
以「左鍵」框選所有之本體
減少細碎雜面衍生
選擇與否皆可

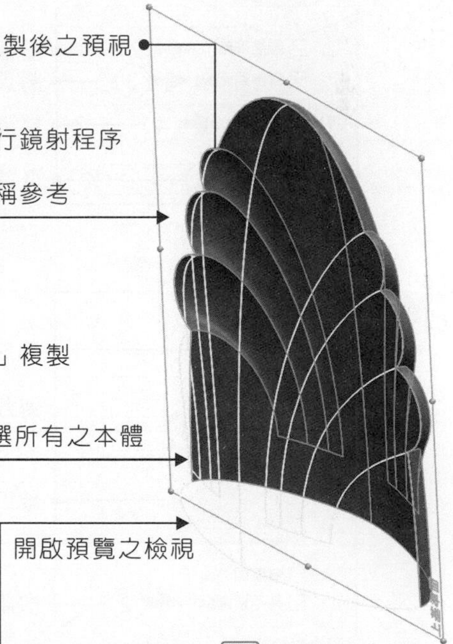
黃色線段為本體複製後之預視
開啟預覽之檢視

再一次的啟用【鏡射】特徵，且以「左鍵」框選所有本體。「完全預覽」開啟後，可檢視本體複製後之結果。

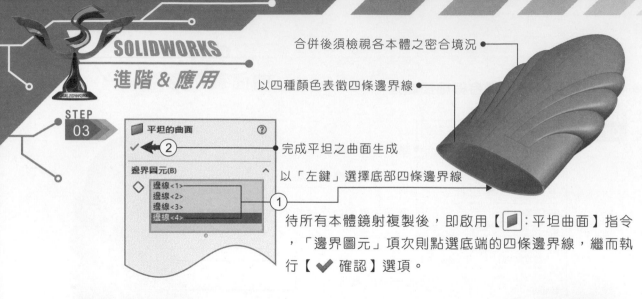

STEP 03

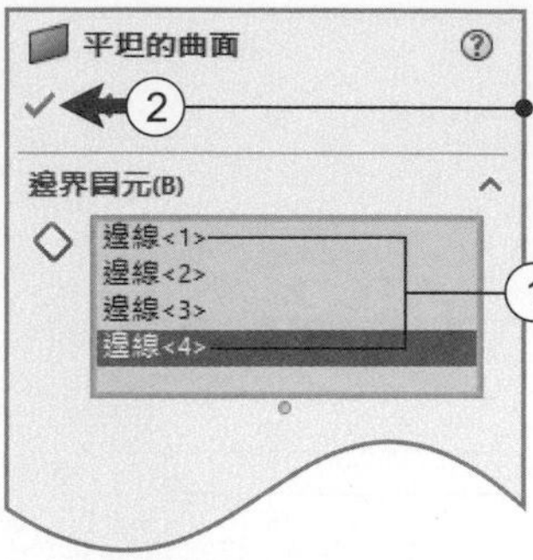

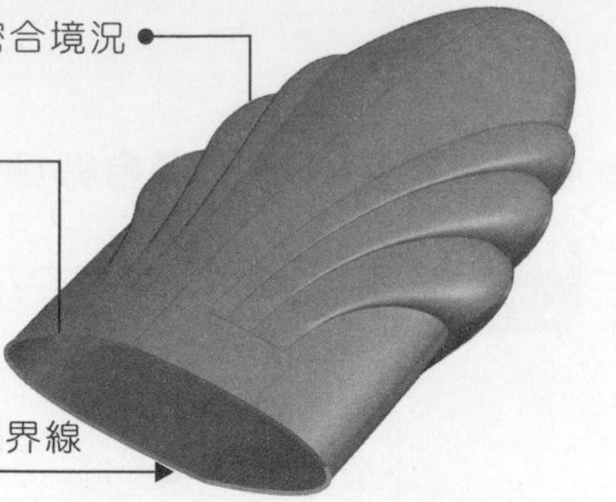

合併後須檢視各本體之密合境況

以四種顏色表徵四條邊界線

② 完成平坦之曲面生成

① 以「左鍵」選擇底部四條邊界線

待所有本體鏡射複製後，即啟用【 :平坦曲面】指令，「邊界圖元」項次則點選底端的四條邊界線，繼而執行【 ✔ 確認】選項。

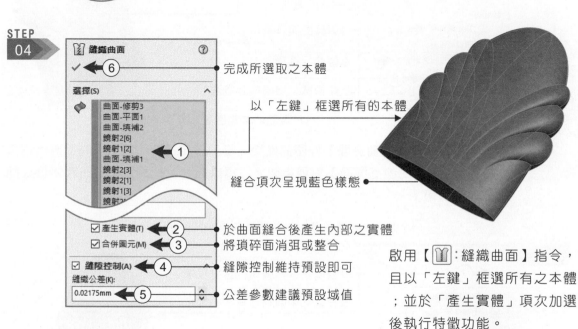

STEP 04

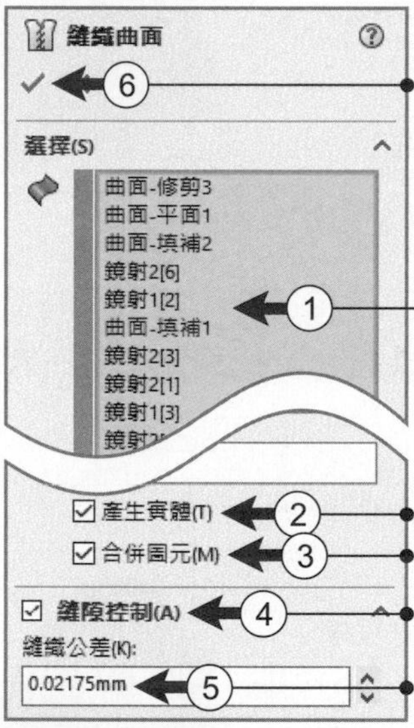

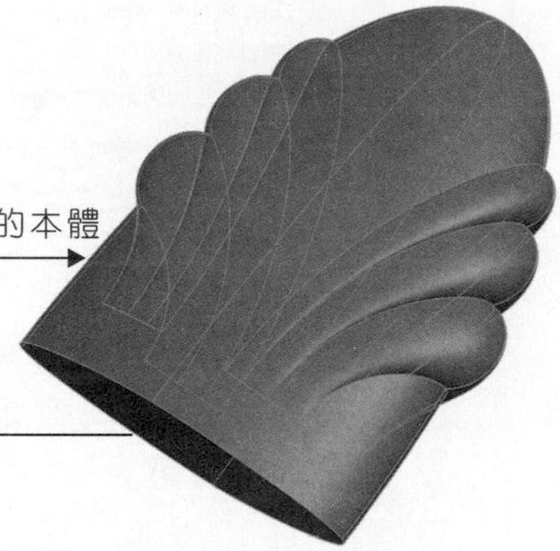

⑥ 完成所選取之本體

① 以「左鍵」框選所有的本體

縫合項次呈現藍色樣態

② 於曲面縫合後產生內部之實體

③ 將瑣碎面消弭或整合

④ 縫隙控制維持預設即可

⑤ 公差參數建議預設域值

啟用【 :縫織曲面】指令，且以「左鍵」框選所有之本體；並於「產生實體」項次加選後執行特徵功能。

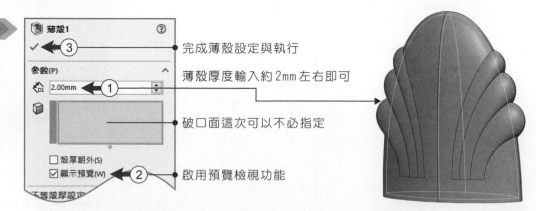

STEP 05

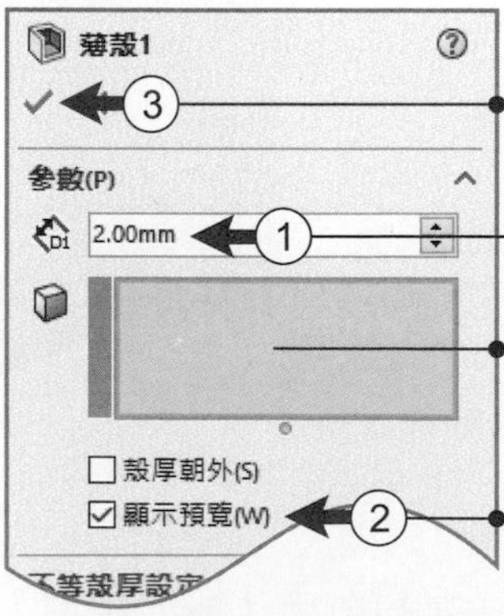

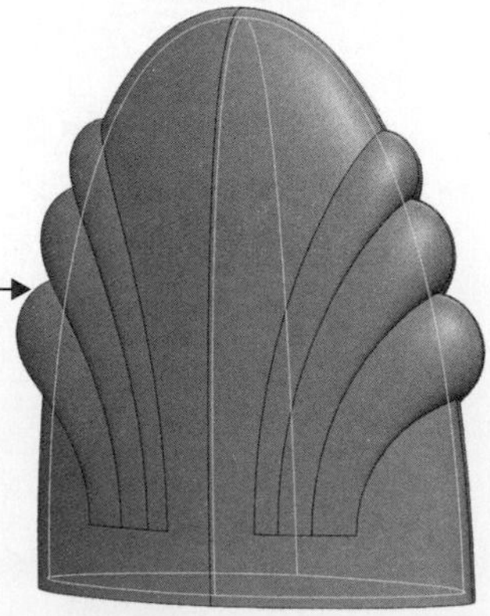

③ 完成薄殼設定與執行

① 薄殼厚度輸入約 2mm 左右即可

破口面這次可以不必指定

② 啟用預覽檢視功能

【 :薄殼】程序是工業化產品建模時常見的過程，不僅可以縮小材積、降低成本與減輕重量，且能將內構元件組併於本為實體的空間中。厚度「參數」約設為 2mm 左右即可；「破口面」本階段可以略過不指定。

STEP 06

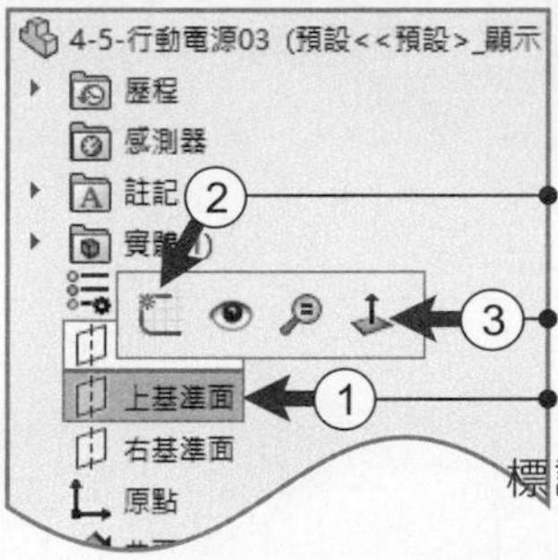

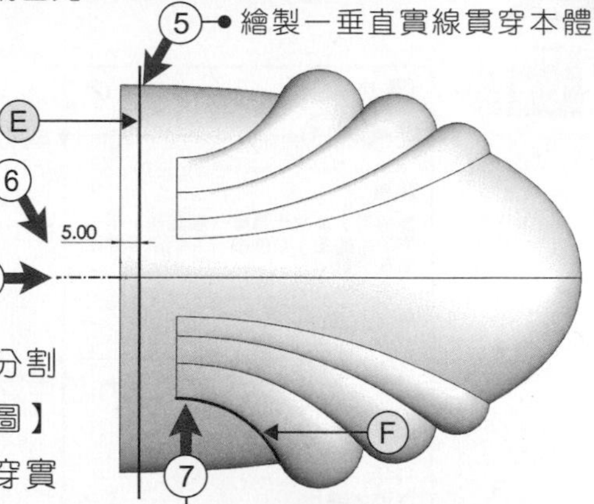

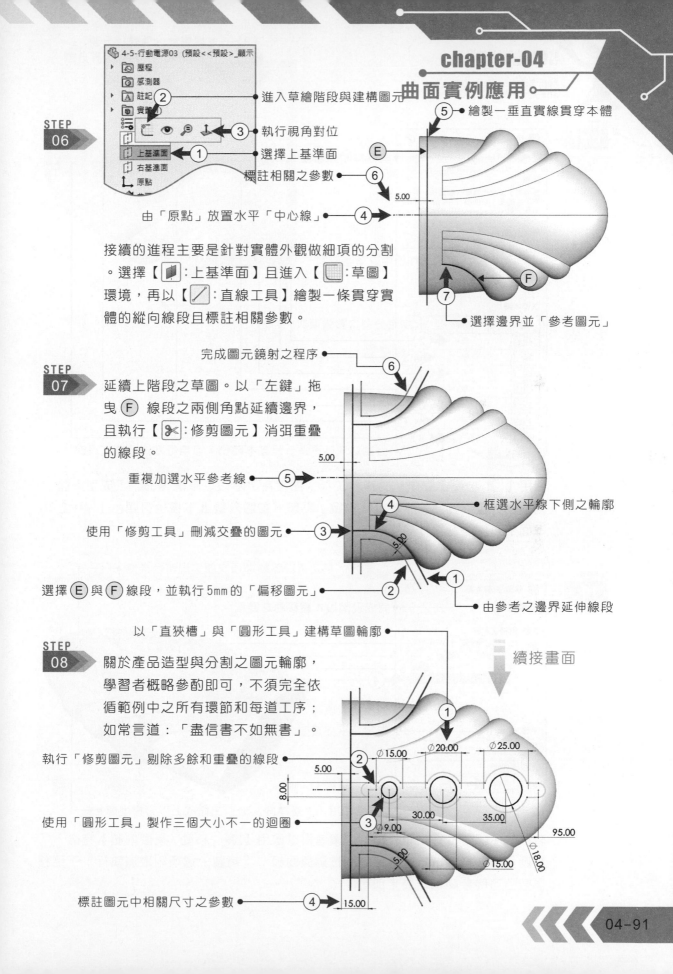

接續的進程主要是針對實體外觀做細項的分割。選擇【上基準面】且進入【草圖】環境，再以【直線工具】繪製一條貫穿實體的縱向線段且標註相關參數。

STEP 07

延續上階段之草圖。以「左鍵」拖曳 Ⓕ 線段之兩側角點延續邊界，且執行【修剪圖元】消弭重疊的線段。

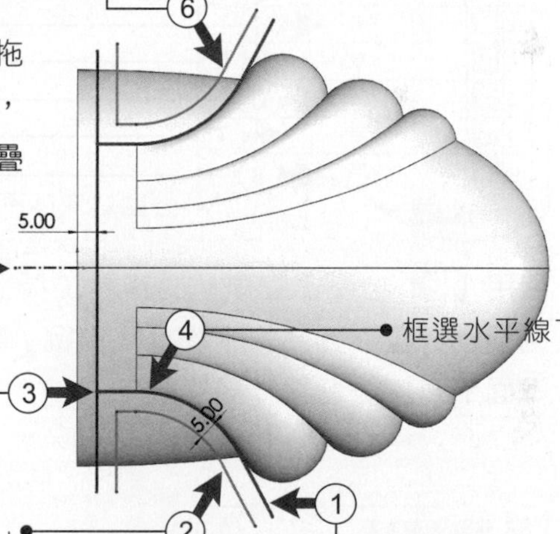

STEP 08

關於產品造型與分割之圖元輪廓，學習者概略參酌即可，不須完全依循範例中之所有環節和每道工序；如常言道：「盡信書不如無書」。

續接畫面

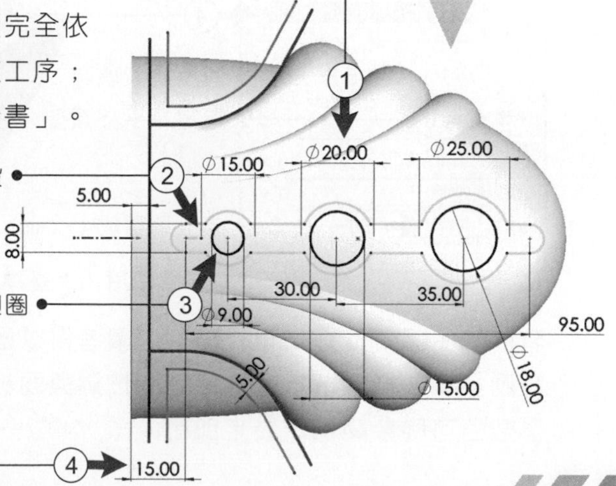

STEP 09

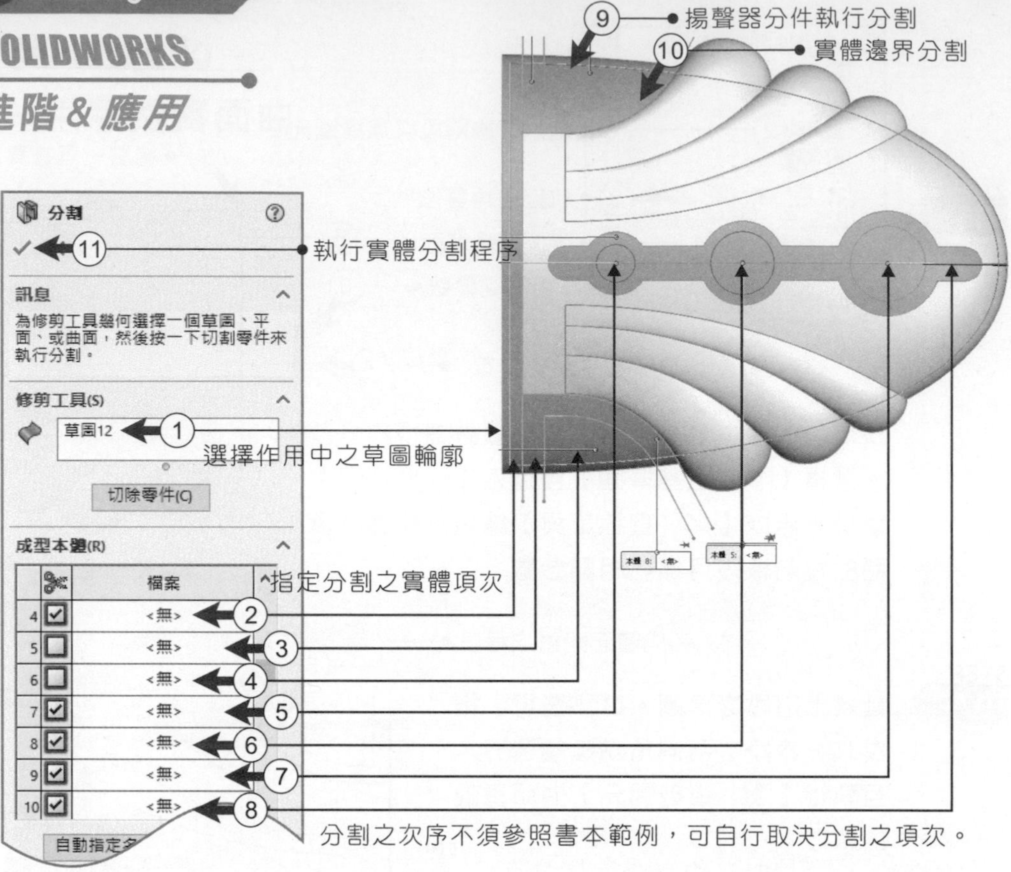
分割
訊息
為修剪工具幾何選擇一個草圖、平面、或曲面，然後按一下切割零件來執行分割。
修剪工具(S)
草圖12
切除零件(C)
成型本體(R)
檔案
<無>
自動指定名
揚聲器分件執行分割
實體邊界分割
執行實體分割程序
選擇作用中之草圖輪廓
指定分割之實體項次
分割之次序不須參照書本範例，可自行決定分割之項次。

啟用【 分割】程序，「修剪工具」指定為現階段之草圖輪廓；「成型本體」則個別針對欲獨立的本體以「左鍵」點擊。主體外觀上下模也可藉由【 上基準面】直接離合零件後存取。

STEP 10

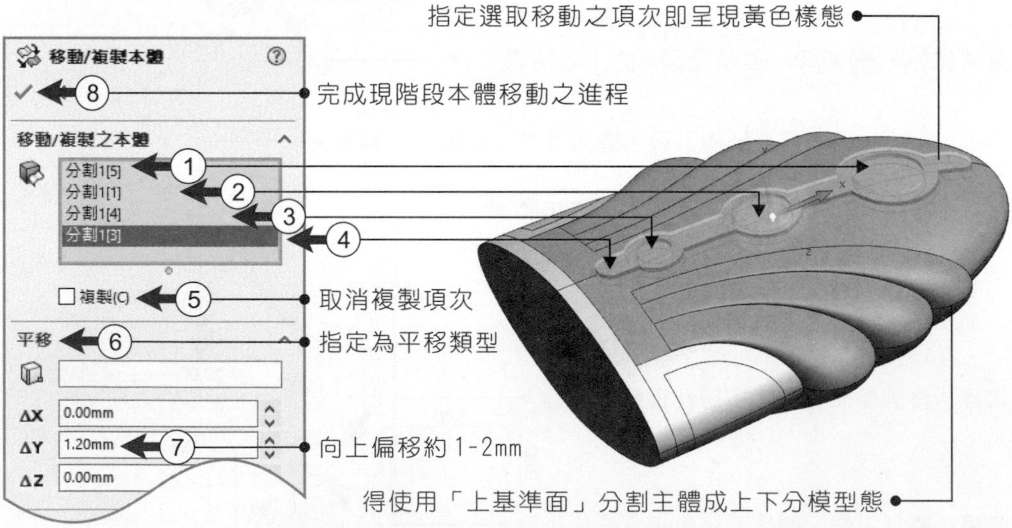
指定選取移動之項次即呈現黃色樣態
移動/複製本體
完成現階段本體移動之進程
移動/複製之本體
分割1[5]
分割1[1]
分割1[4]
分割1[3]
複製(C)
取消複製項次
平移
指定為平移類型
ΔX 0.00mm
ΔY 1.20mm
ΔZ 0.00mm
向上偏移約 1-2mm
得使用「上基準面」分割主體成上下分模型態

若欲使主體分件細項更為顯著，讀者得以啟用【 ：移動 / 複製本體】特徵。「移動」項次指定為行動電源上側按鍵與面板；「複製」選項則取消執行；「平移」數值可酌參範例之設定即可。

STEP 11

關於「多功能行動電源」建模程序迄此已大致完備，而造型刻畫與細節處理則留待使用者自行取決。本書範例的繪製工序僅供酌參，塑型能力務實的提升從通用的教材中求諸屬於自己的建構進程，才能在學習的思路中不斷的精進自己。

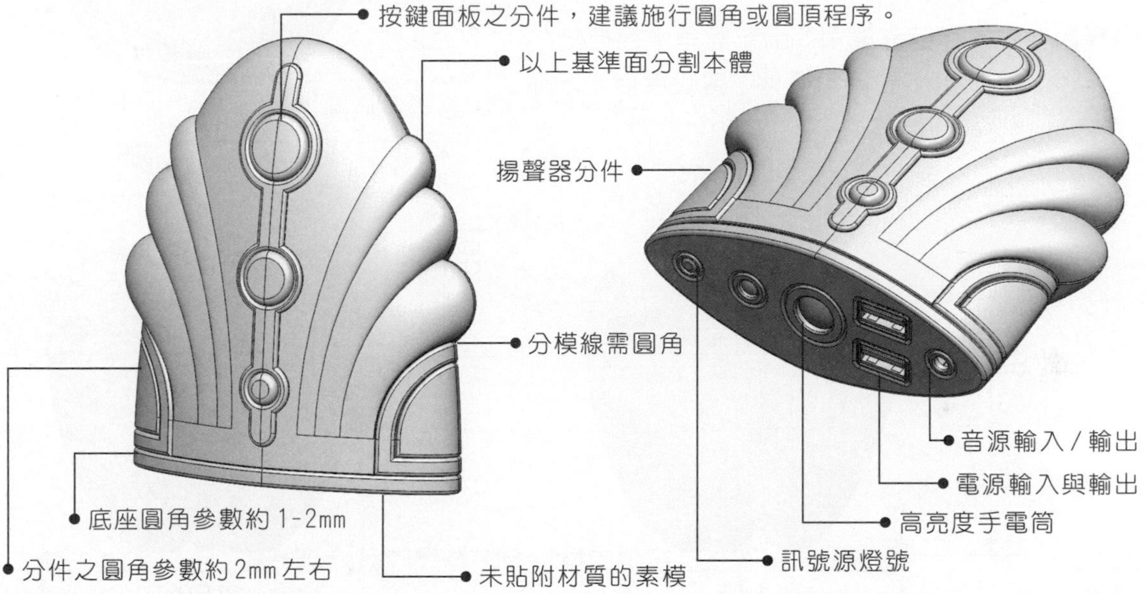
按鍵面板之分件，建議施行圓角或圓頂程序。
以上基準面分割本體
揚聲器分件
分模線需圓角
底座圓角參數約 1-2mm
分件之圓角參數約 2mm 左右
未貼附材質的素模
音源輸入 / 輸出
電源輸入與輸出
高亮度手電筒
訊號源燈號

STEP 12

進入模型彩現程序：透過 Solidworks 之附加模組【 Photoview360 】編輯模型【 ：外觀】與【 ：全景】；多功能行動電源的按鍵與兩側的揚聲器可分別附貼對應的質材。下方為多功能行動電源模型融合素色場景之渲染完成圖照。

《行動電源彩現完成圖》

4-6 重點習題

4-6.1 五爪蘋果糖果罐

◎練習要點：實體高度 195mm；圓角半徑自訂
上下主體需分件；薄殼厚度 3-5mm

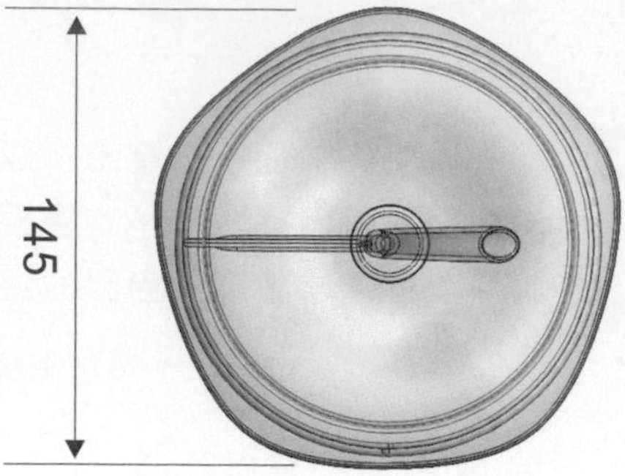

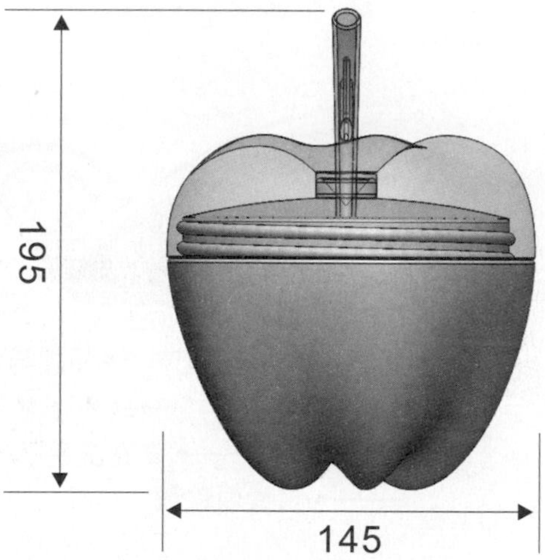

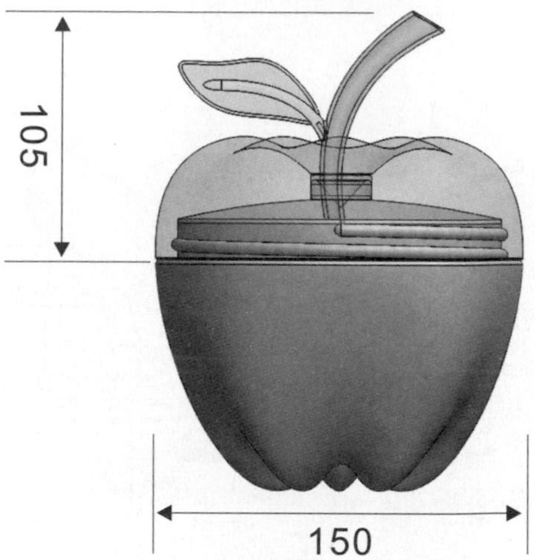

4-6.2 渦卷造型喇叭

◎練習要點：實體高度 250mm；尺寸可自訂
左右本體需分件；薄殼厚度 2-3mm
造型參數得自行設計變更

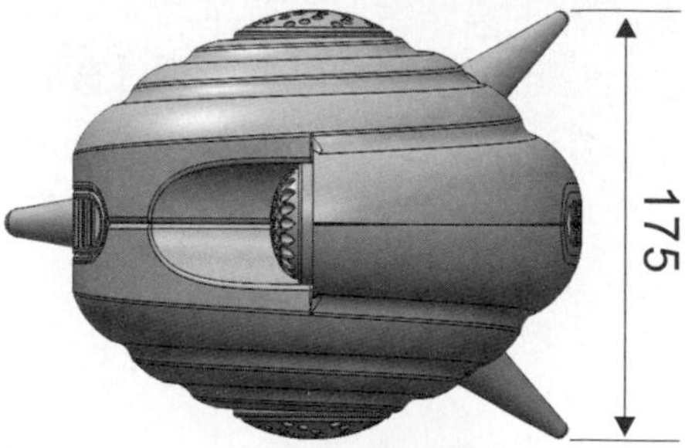

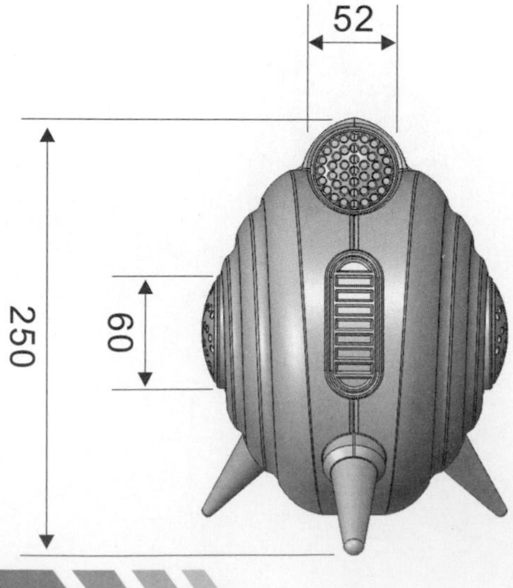

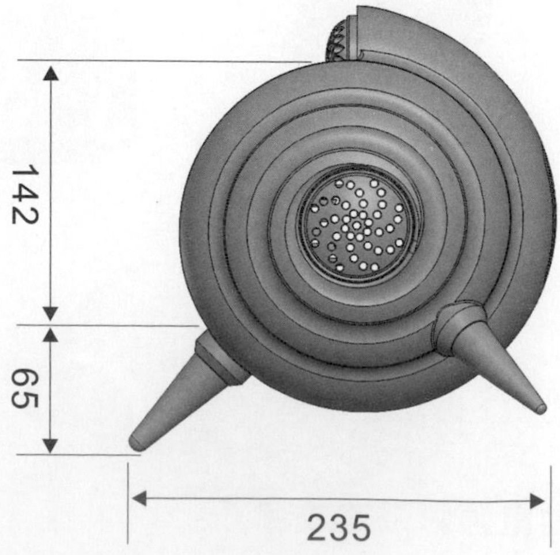

SOLIDWORKS

進階曲面設計
Advanced Surface Design

05

章節學習重點

- 曲面放樣暨修剪
- 三維曲線生成與投影
- 草圖底稿設置與調整
- 幾何限制對應參照
- 本體複製與位移
- 曲面縫織及產生實體

5-1 自行車坐墊

⊙ 要點提醒　本範例為綠色版參考教學檔 -- 請學習者使用雲端連結並下載相關之附件

本範例教學視訊檔案：SolidWorks/ 進階&應用 /CH05 目錄下 /5-1 自行車坐墊.avi
本範例製作完成檔案：SolidWorks/ 進階&應用 /CH05 目錄下 /5-1 自行車坐墊.SLDPRT

5-1.1 自行車坐墊建模

市售的自行車坐墊類型繁多，常見的是較廉價之塑膠硬殼；也有最為普及的橡膠軟面；而於範例中所要繪製的是單價較高且造型較複雜的碳纖維坐墊。倘若學習者手邊沒有適合的參考照片，則建議可以匯入書籍附件作為輪廓參考的底圖。於邊界線段完成放樣後，即能啟用【曲面疊層拉伸】與【鏡射】指令建構主體，並執行【修剪曲面】消弭多餘的料塊，最後再經由【加厚】特徵生成自行車坐墊之實體。

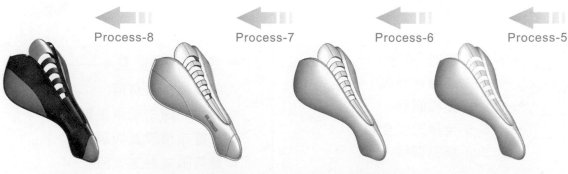

建模進程：

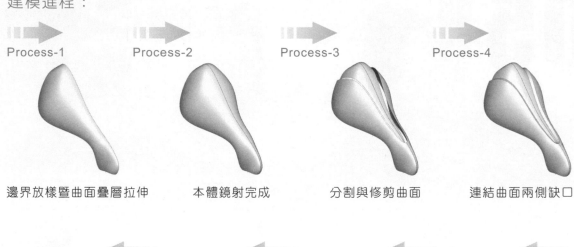

Process-1

邊界放樣暨曲面疊層拉伸

Process-2

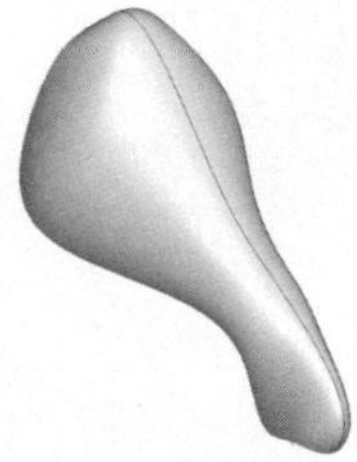

本體鏡射完成

Process-3

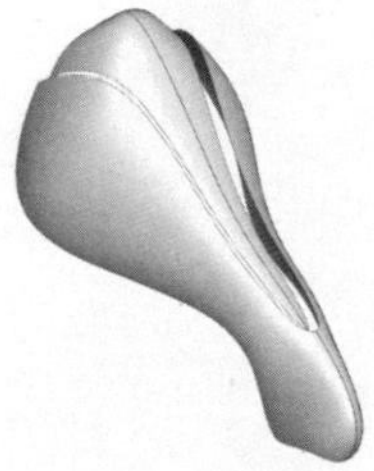

分割與修剪曲面

Process-4

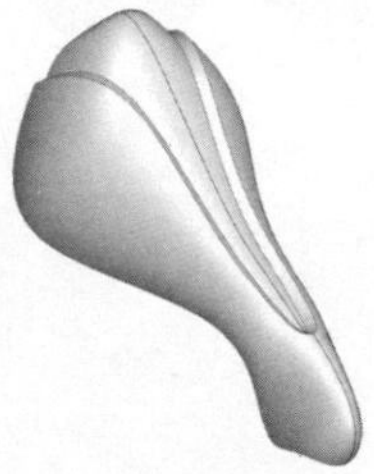

連結曲面兩側缺口

Process-5

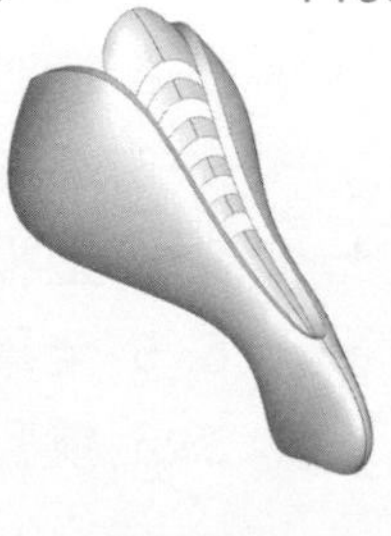

修剪坐墊外觀形態

Process-6

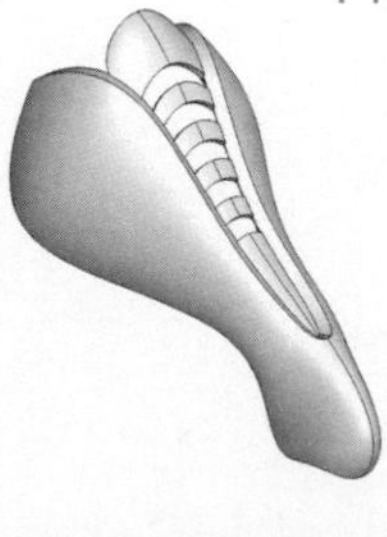

設定殼厚與實體成型

Process-7

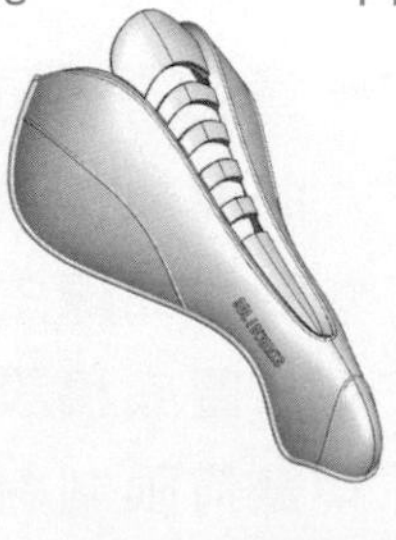

自行車坐墊細節設計

Process-8

本體貼附材質與渲染

STEP 01

自行車坐墊在開始繪製之前，建議可以匯入參考的圖照作為輪廓描繪的依據。選擇【上基準面】並進入【草圖】繪製環境，繼而啟用【中心線工具】由【:原點】向右延伸一段水平參考，再透過【:智慧型尺寸】標註相關參數。

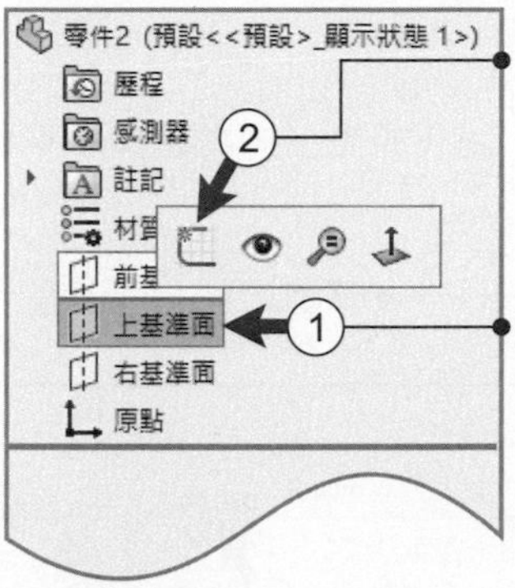

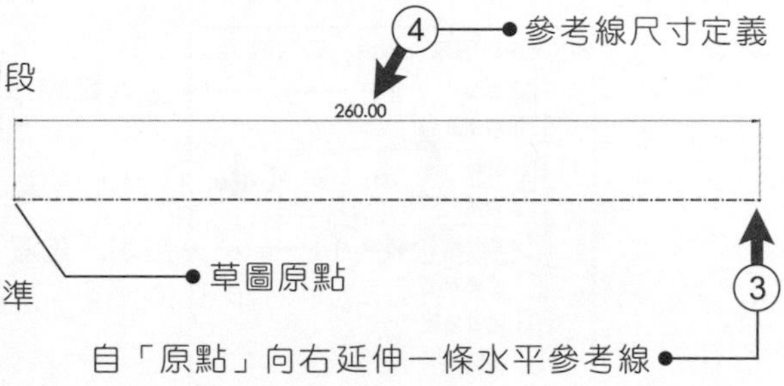
參考線尺寸定義
260.00
草圖原點
自「原點」向右延伸一條水平參考線

STEP 02

執行【:草圖圖片】指令，並指定匯入「TOP VIEW」視角之參考圖。操作者可以「左鍵」拖曳底圖至【原點】與【中心線】等校正項次上核對。

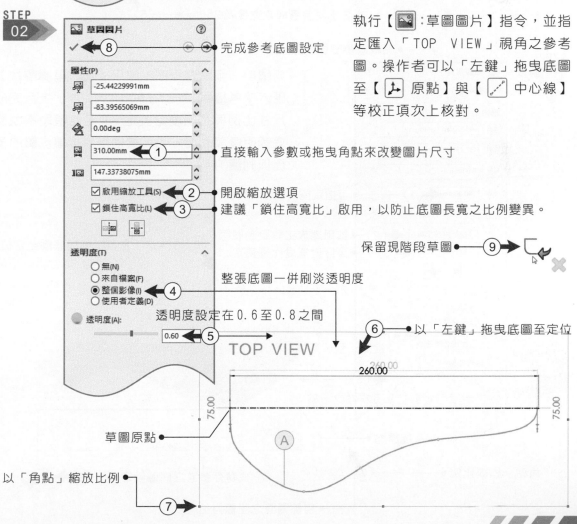

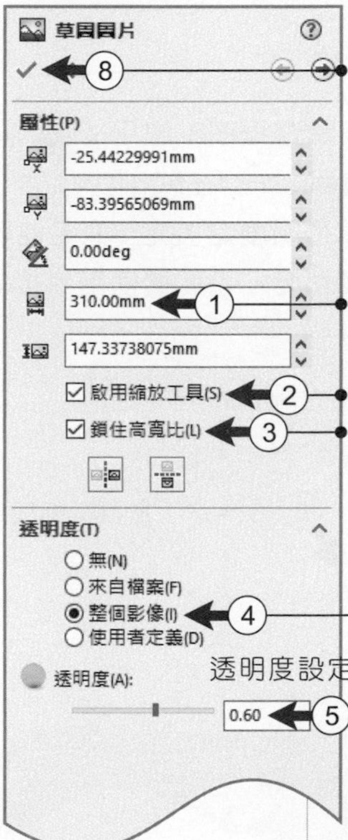
草圖圖片
屬性(P)
-25.44229991mm
-83.39565069mm
0.00deg
310.00mm
147.33738075mm
啟用縮放工具(S)
鎖住高寬比(L)
透明度(T)
無(N)
來自檔案(F)
整個影像(I)
使用者定義(D)
透明度(A):
0.60
完成參考底圖設定
直接輸入參數或拖曳角點來改變圖片尺寸
開啟縮放選項
建議「鎖住高寬比」啟用，以防止底圖長寬之比例變異。
整張底圖一併刷淡透明度
透明度設定在0.6至0.8之間

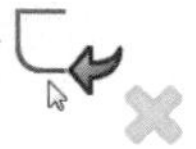
保留現階段草圖

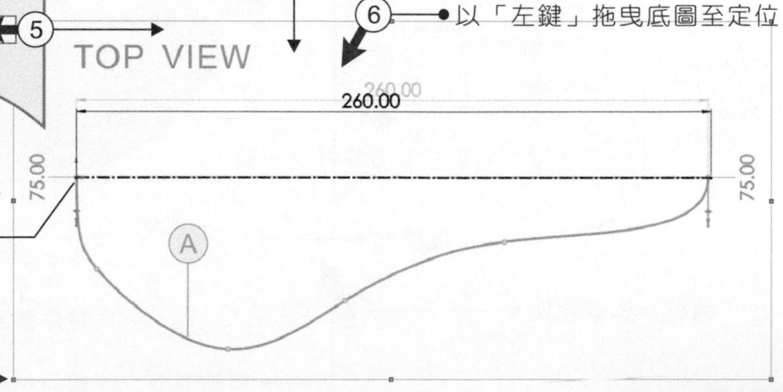
以「左鍵」拖曳底圖至定位
TOP VIEW
260.00
75.00
75.00
A
草圖原點
以「角點」縮放比例

STEP 03

本階段以SolidWorks特徵管理員中內建的【前基準面】進入【草圖】頁面，且以【中心線工具】同樣由【原點】向右延伸一條長260mm的水平參考（如果直接延用上階段的參考線亦可，只是線段的顯著性較低）。

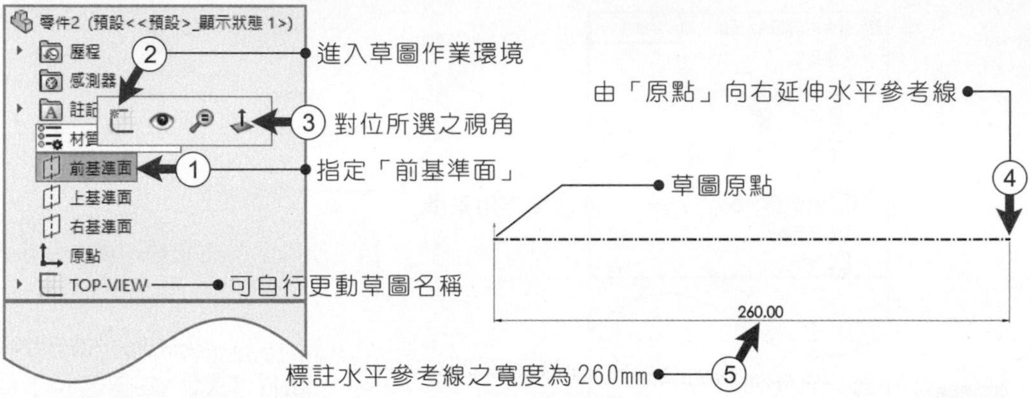
零件2 (預設<<預設>_顯示狀態 1>)
歷程
感測器
註記
材質
前基準面
上基準面
右基準面
原點
TOP-VIEW
進入草圖作業環境
對位所選之視角
指定「前基準面」
可自行更動草圖名稱
由「原點」向右延伸水平參考線
草圖原點
260.00
標註水平參考線之寬度為260mm

STEP 04

延續前一步驟之程序。啟用【:草圖圖片】匯入參考檔案——「FRONT VIEW」，且完成尺寸比例與透明度之設定（倘若此階段不刷淡底圖明度與彩度，恐影響使用者後續步驟的辨識與判讀）。

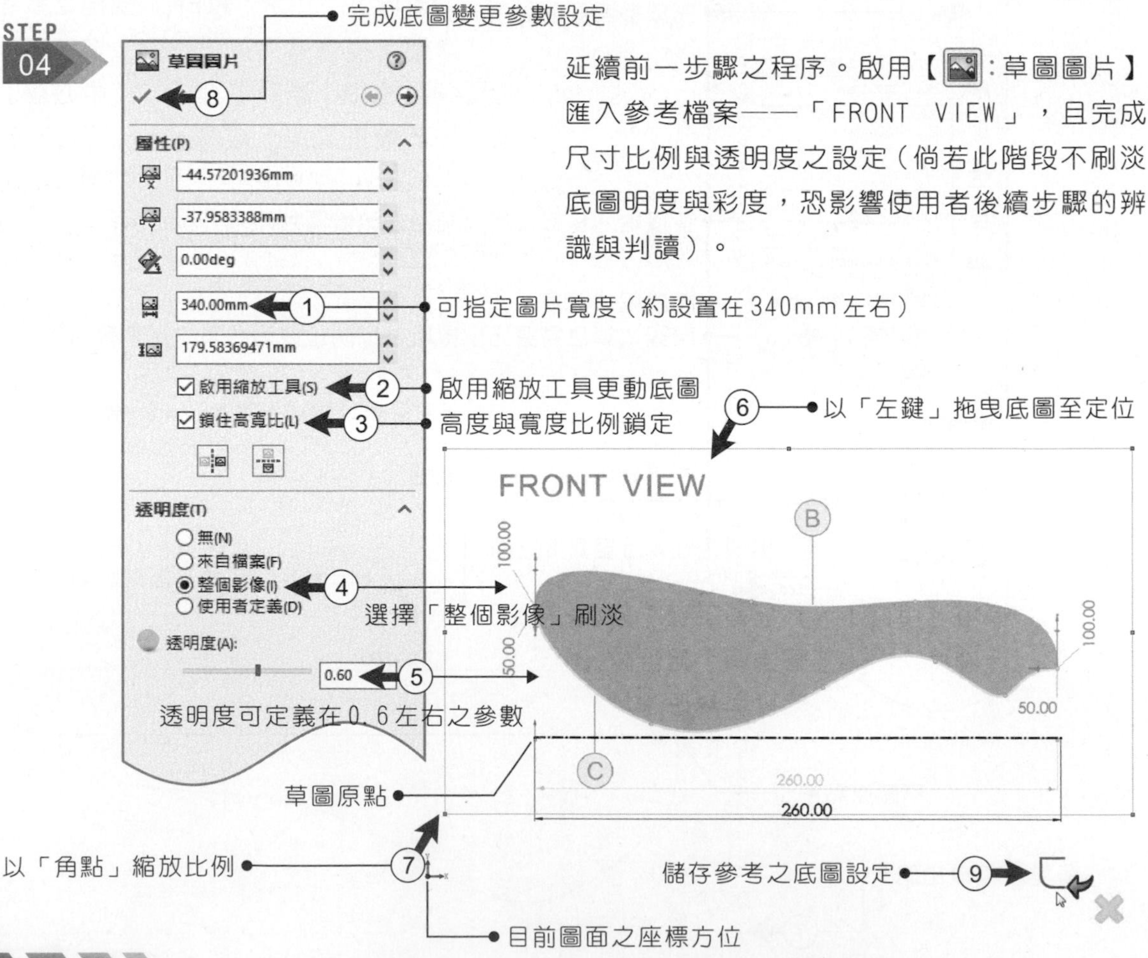
完成底圖變更參數設定
草圖圖片
屬性(P)
-44.57201936mm
-37.9583388mm
0.00deg
340.00mm
179.58369471mm
啟用縮放工具(S)
鎖住高寬比(L)
透明度(T)
無(N)
來自檔案(F)
整個影像(I)
使用者定義(D)
透明度(A):
0.60
可指定圖片寬度（約設置在340mm左右）
啟用縮放工具更動底圖
高度與寬度比例鎖定
以「左鍵」拖曳底圖至定位
FRONT VIEW
選擇「整個影像」刷淡
透明度可定義在0.6左右之參數
100.00
50.00
260.00
草圖原點
以「角點」縮放比例
儲存參考之底圖設定
目前圖面之座標方位

STEP 05

自行車坐墊之曲面本體主要是由三條【 不規則曲線】所鋪陳與構築，現階段先由【 :上基準面】進入草繪頁面製作第一條邊界線段。選定【 :不規則曲線】以【 :原點】做為起點、參考線端作為終點，描繪一條6個節點的輪廓線段（三條邊界線的繪製順序可更動，學習者也不須完全參照著底圖邊界放樣）。

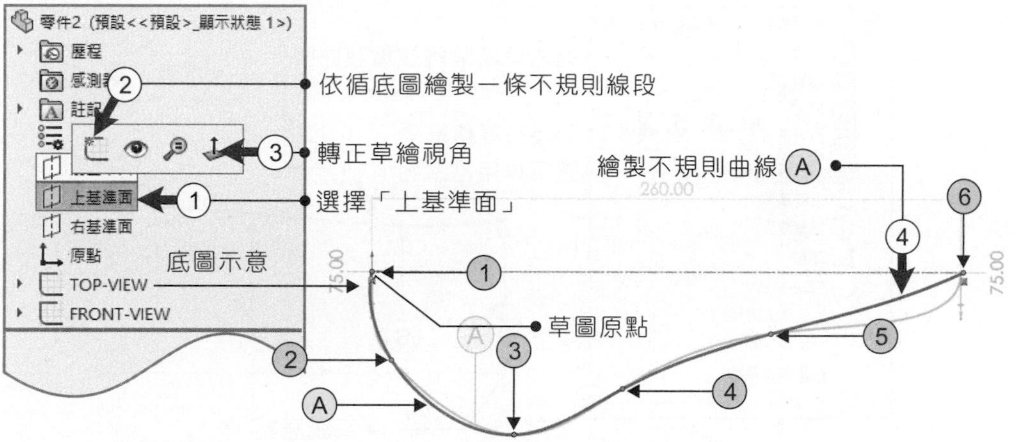

STEP 06

延續上一階段之進程。曲線的6個節點放置可參考底圖落款，繼而使用「左鍵」選擇「曲度控制閥」，並設定為【 :垂直放置】；而關於控制閥的參數，則以【 智慧型尺寸】輸入約為75之數值。如果在圖元參數定義完備後，【 不規則曲線】仍未與底圖邊界相仿，其最大的可能即是線段中的節點數量或尺寸參數與範例有所出入。

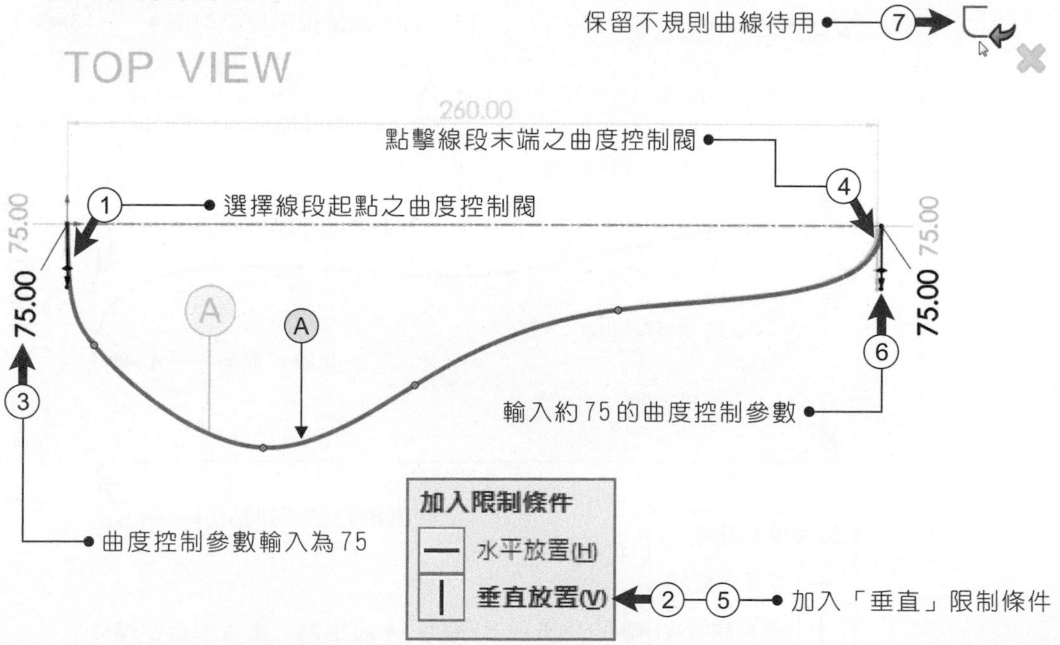

STEP 07

續接的進程即是繪製出主要邊界的曲線 Ⓑ 暨曲線 Ⓒ 。指定與前述線段參考之底圖同視角的【:前基準面】，並於啟用【:草圖】後放樣出4個節點的【不規則曲線】(曲線的起點需與【原點】設為【垂直限制】；曲線終點與「水平參考線端」亦同)。

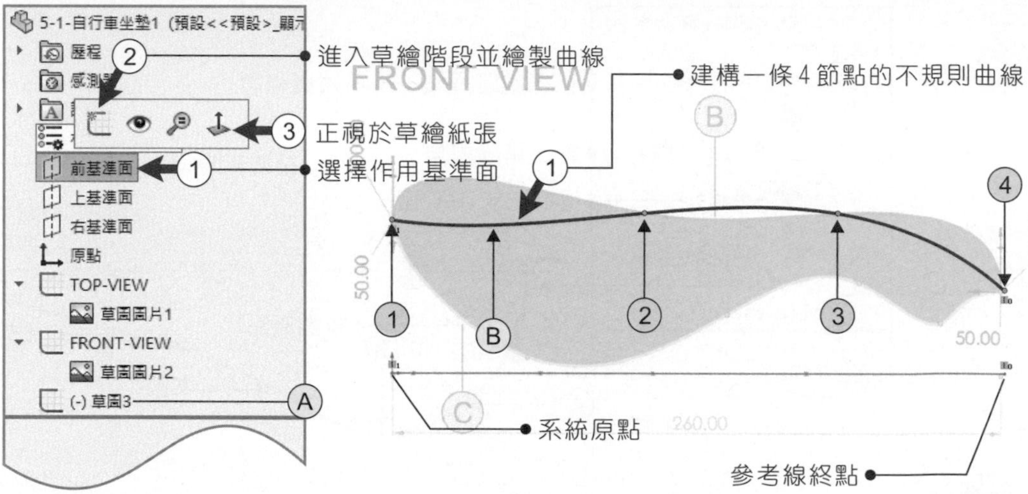

STEP 08

上步驟曲線放樣後，需要再透過曲度控制與參數輸入來定義圖元。以「左鍵」點擊或拖曳「曲度控制閥」，且加入【:垂直放置】的限制條件，繼而於「曲度控制參數」上輸入約100的域值。

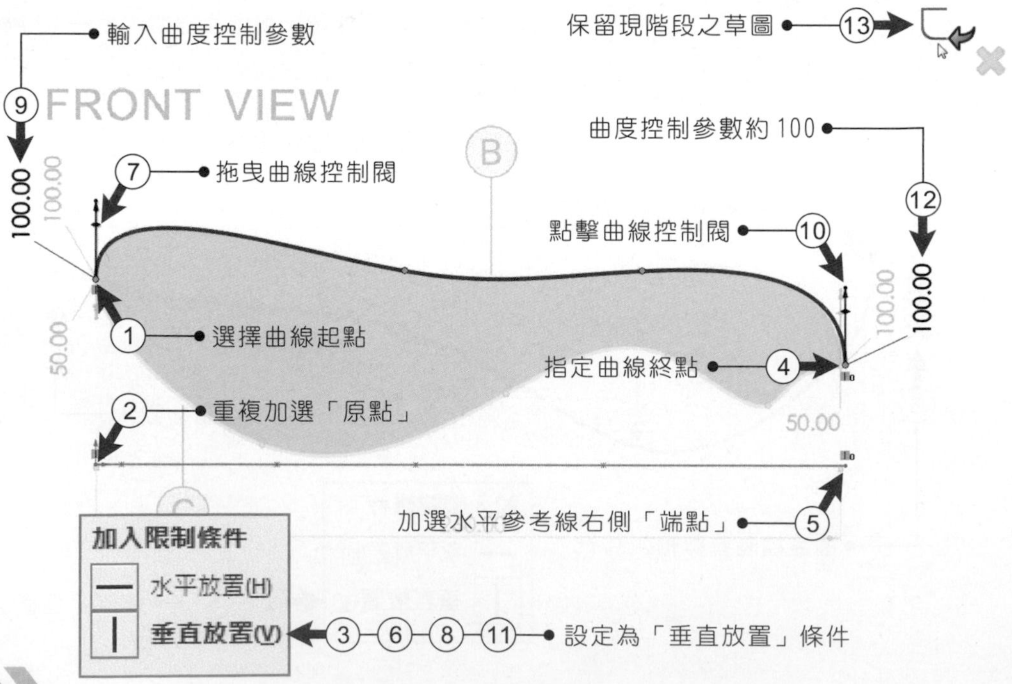

STEP 09

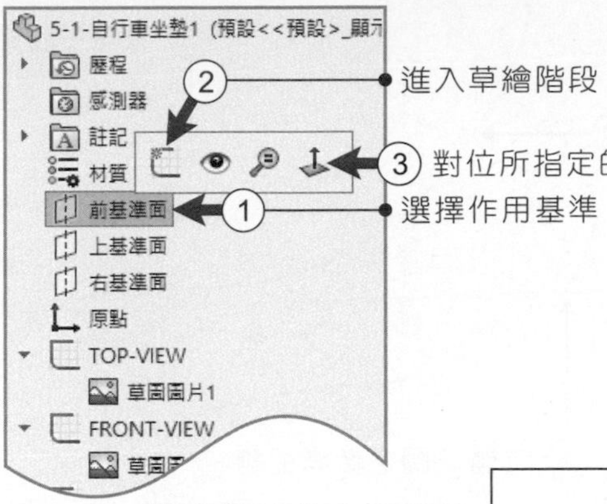

同樣由【前基準面】啟動【草圖】，再以【不規則曲線】放置6個節點，且起點與終點需與上階段的輪廓 Ⓑ【重合 / 共點】。

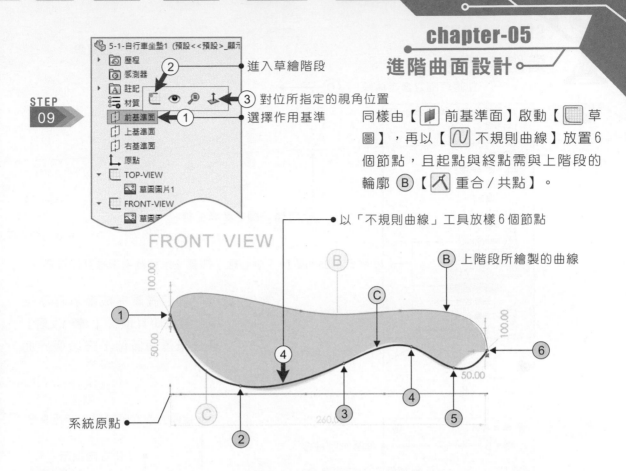

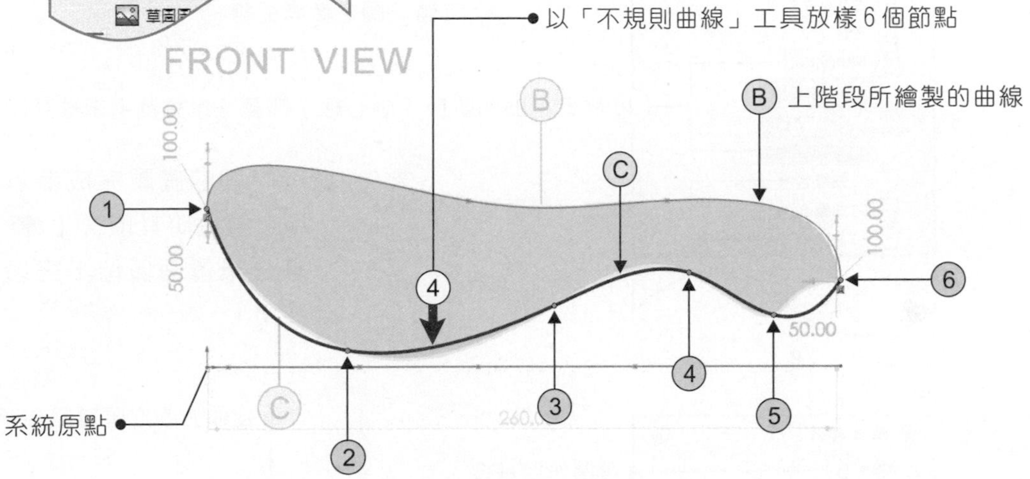

STEP 10

續接前一步驟未完成之草圖進程。使用【選取工具】拖曳或選定「曲度控制閥」並加入限制條件，其後再以【智慧型尺寸】標註控制閥的域值參數。當三條曲面鋪陳的邊界線皆保留後，即可進入【曲面疊層拉伸】的塑形工序。

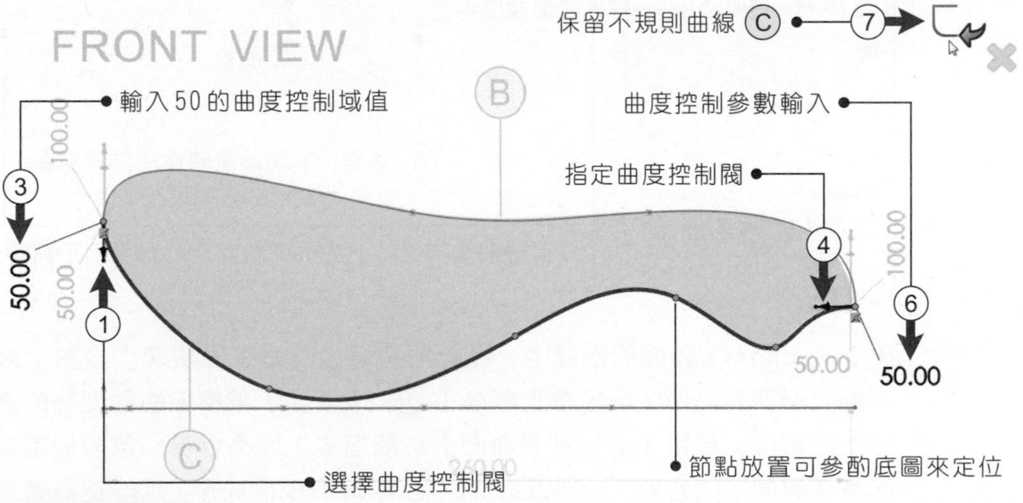

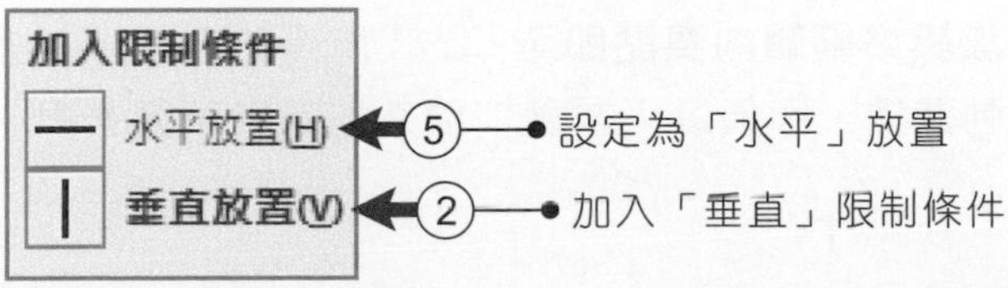

STEP 11

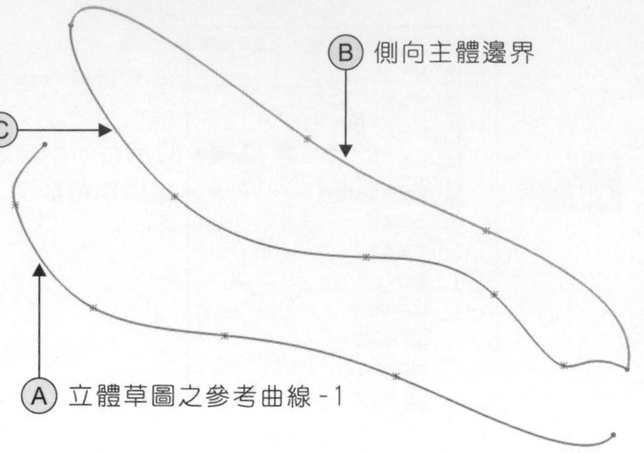

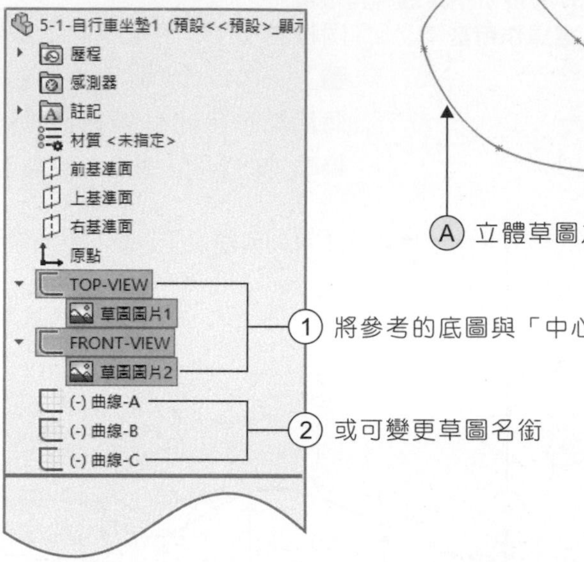

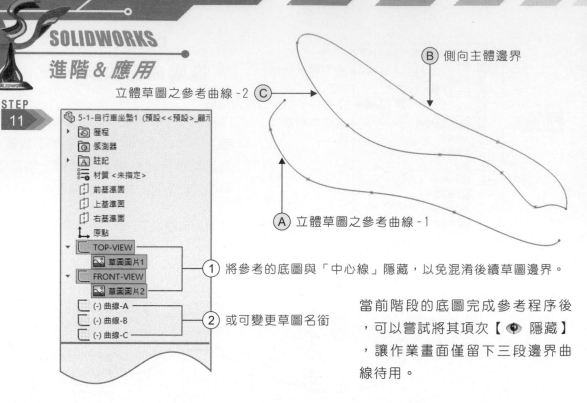

當前階段的底圖完成參考程序後，可以嘗試將其項次【 隱藏】，讓作業畫面僅留下三段邊界曲線待用。

STEP 12

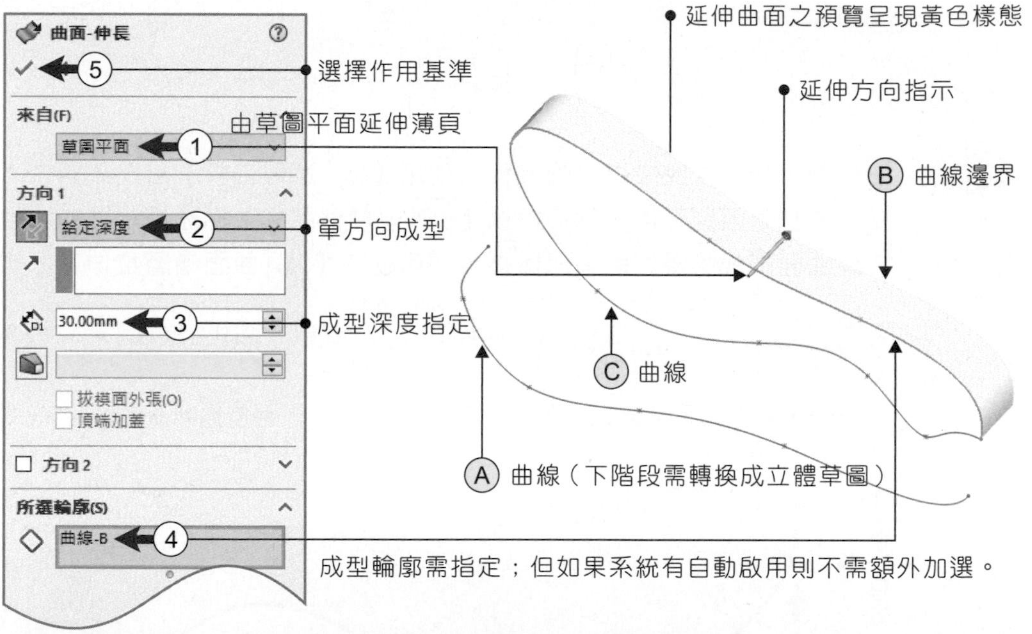

於SolidWorks鋪面的過程中，經常需要藉由兩個平面項次「投影」來形成立體草圖；但偶有特例，筆者會直接以【 3D 草圖】架構出曲面型態的邊界輪廓。如上方圖例：啟用【 ：伸長曲面】功能指令，「來自於」選項指定為草圖繪製的基準頁面；「方向 1」則選定為深度 30mm 的單側成形（延伸距離僅需概略參考，只要符合好選、好辨識與好編輯的要點即可）；「所選輪廓」項次多數會由系統判定，如果電腦未自動選擇，即須以「左鍵」額外指定其草圖邊界。

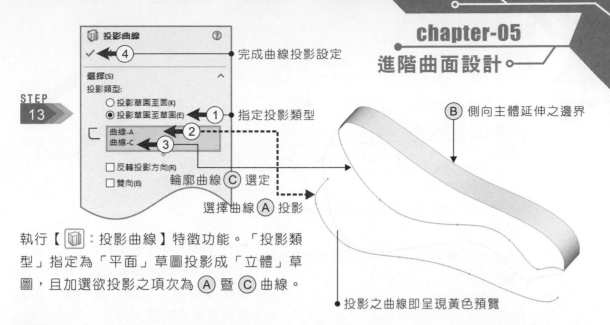

STEP 13

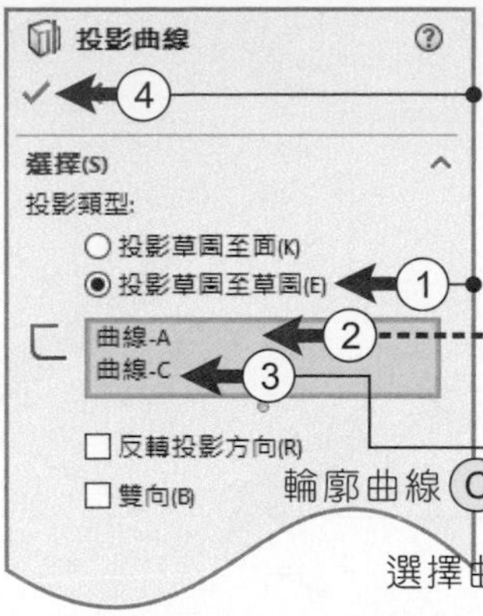

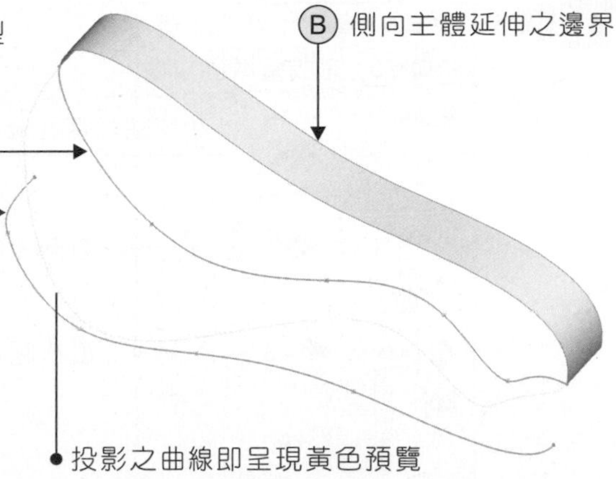

執行【　：投影曲線】特徵功能。「投影類型」指定為「平面」草圖投影成「立體」草圖，且加選欲投影之項次為 Ⓐ 暨 Ⓒ 曲線。

STEP 14

所投影出的立體草圖成形後，我們得藉由【　：放大檢視】等相關指令——局部縮放曲線兩端點是否符合與延伸的曲面角點有【　：重合／共點】之限制；如果前述兩者未有交集，則需再回到草圖階段重新編輯。

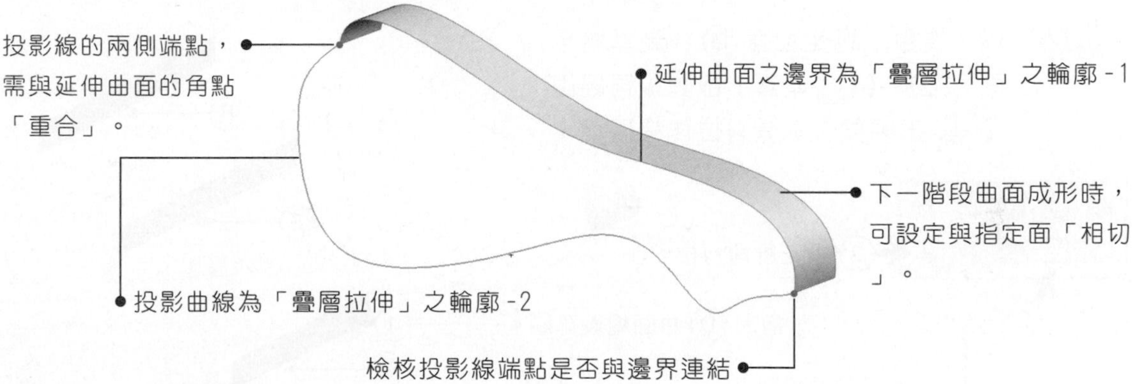

STEP 15

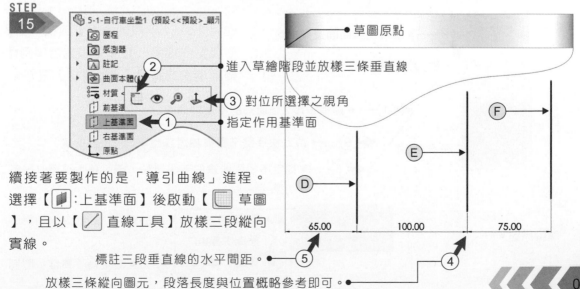

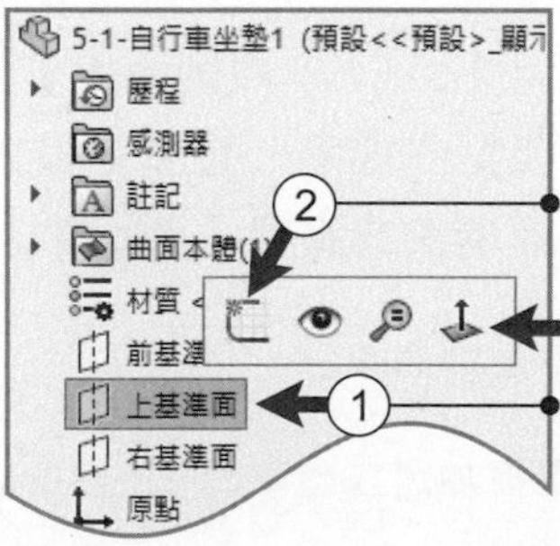

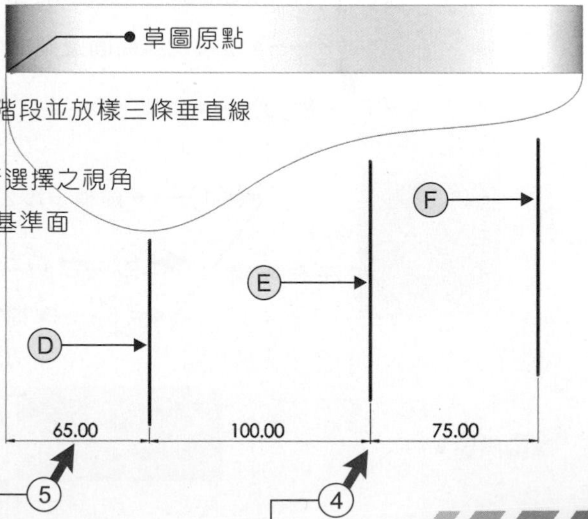

續接著要製作的是「導引曲線」進程。選擇【　:上基準面】後啟動【　草圖】，且以【　直線工具】放樣三段縱向實線。

STEP 16

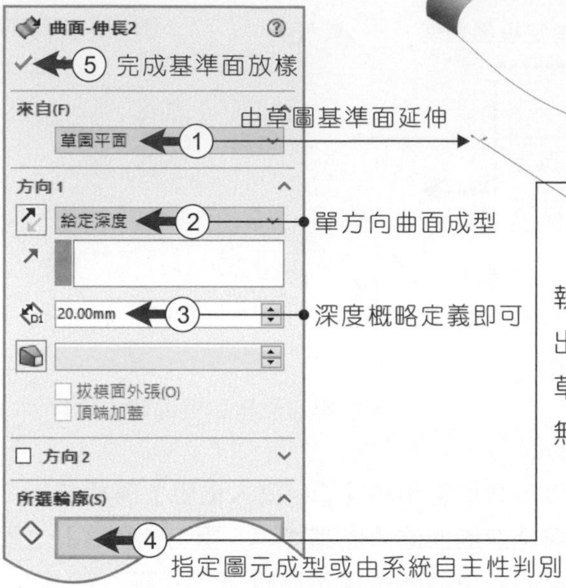
曲面-伸長2
⑤ 完成基準面放樣
來自(F)
草圖平面 ① 由草圖基準面延伸
方向 1
給定深度 ② 單方向曲面成型
20.00mm ③ 深度概略定義即可
拔模面外張(O)
頂端加蓋
方向 2
所選輪廓(S)
④ 指定圖元成型或由系統自主性判別

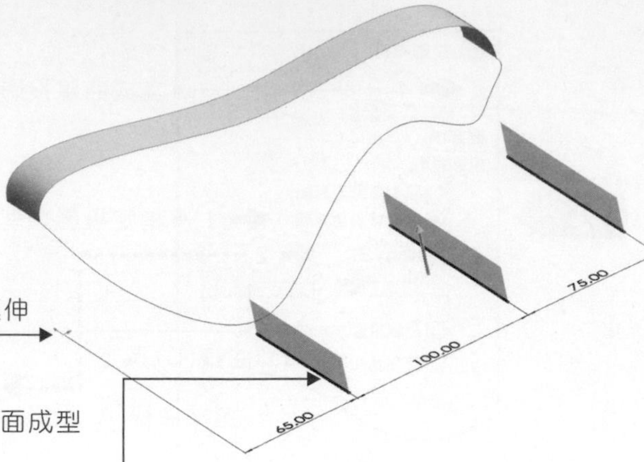

執行【伸長曲面】指令，所延伸出的曲面不須與輪廓交疊，因為作為草繪基準面，其邊界是一種二次元無限延伸的範疇。

STEP 17

以「左鍵」選定曲面 Ⓓ 作為草繪平面，並於【草圖】啟動後再經由【正視於】指令對位作業環境。

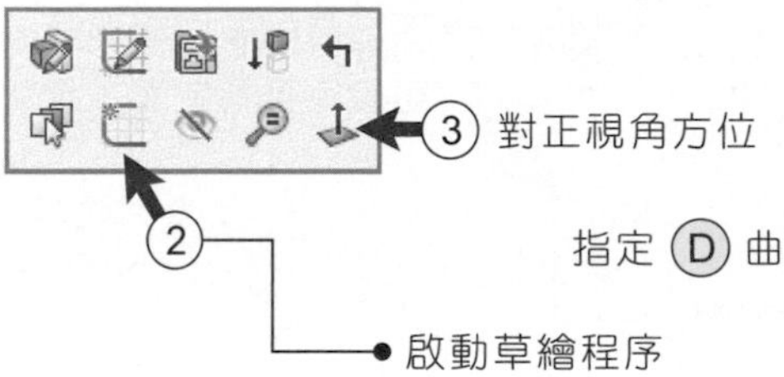
③ 對正視角方位
② 啟動草繪程序

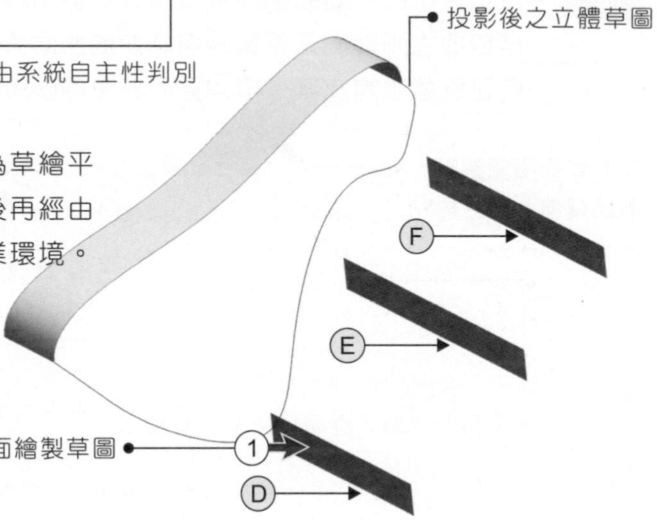
投影後之立體草圖
F
E
指定 Ⓓ 曲面繪製草圖 ①
D

STEP 18

使用【不規則曲線】放樣一條 2 個節點的線段，且設定線端需與兩個輪廓項次或邊界【貫穿】限制。

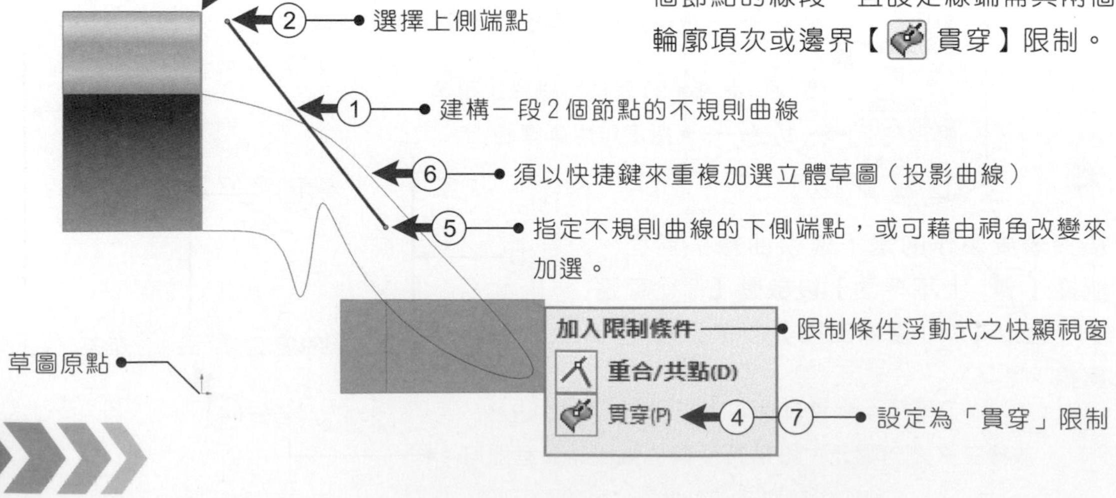
③ 重複加選曲面邊界線段
② 選擇上側端點
① 建構一段 2 個節點的不規則曲線
⑥ 須以快捷鍵來重複加選立體草圖（投影曲線）
⑤ 指定不規則曲線的下側端點，或可藉由視角改變來加選。
加入限制條件 限制條件浮動式之快顯視窗
重合/共點(D)
貫穿(P) ④ ⑦ 設定為「貫穿」限制
草圖原點

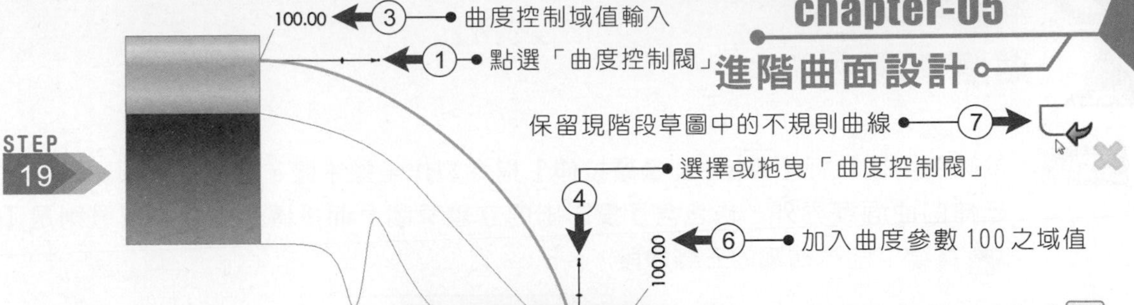
100.00
③ 曲度控制域值輸入
① 點選「曲度控制閥」
保留現階段草圖中的不規則曲線 ⑦
④ 選擇或拖曳「曲度控制閥」
100.00
⑥ 加入曲度參數 100 之域值

STEP 19

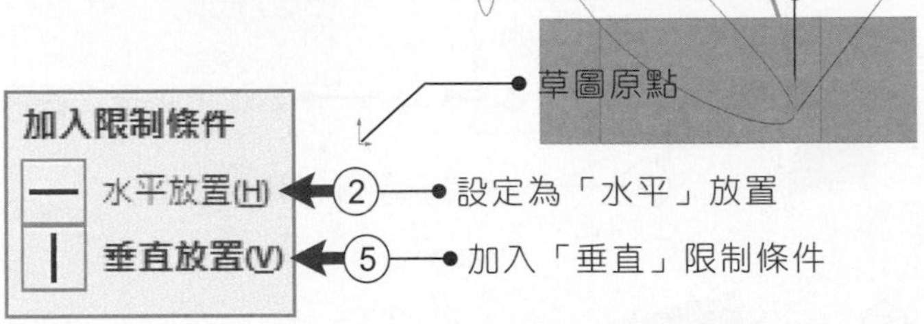
草圖原點
加入限制條件
水平放置(H)
垂直放置(V)
② 設定為「水平」放置
⑤ 加入「垂直」限制條件

延續上一階段未定義完成的【 不規則曲線】。使用【 ：選取工具】拖曳或選定線段兩側端點的「曲度控制閥」，且加入【 水平放置】與【 垂直放置】的限制條件。

STEP 20

再一次的選擇平直的曲面作為【 草圖】基準，現在欲建構的是「導引線 -2」的項次。

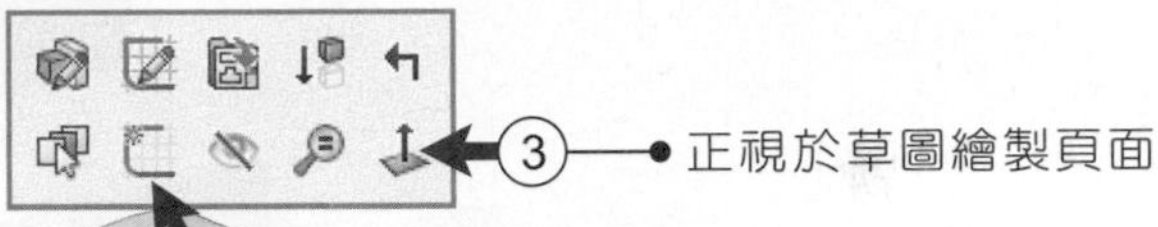
③ 正視於草圖繪製頁面

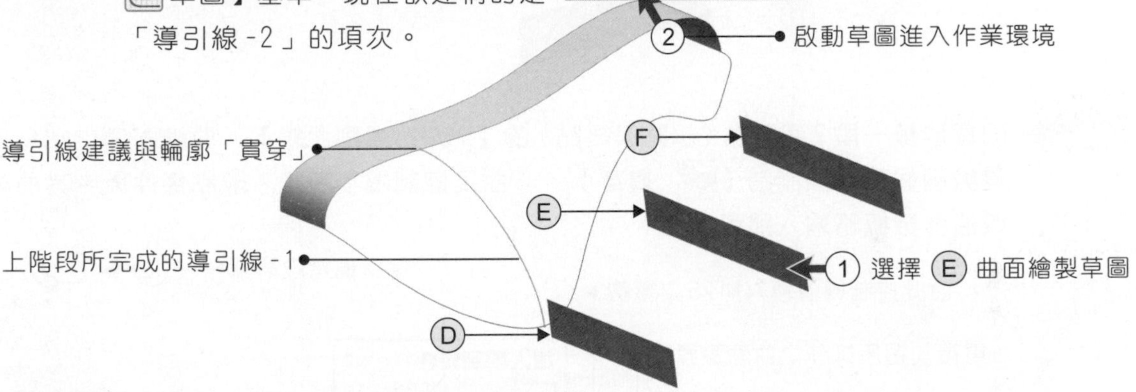
② 啟動草圖進入作業環境
導引線建議與輪廓「貫穿」
F
E
上階段所完成的導引線 -1
① 選擇 E 曲面繪製草圖
D

STEP 21

「導引線 -2」的繪製與設置程序皆與「導引線 -1」類同，所以關於細項的定義環節，則在範例中概為略過。

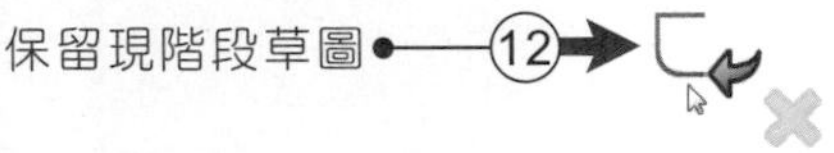
保留現階段草圖 ⑫

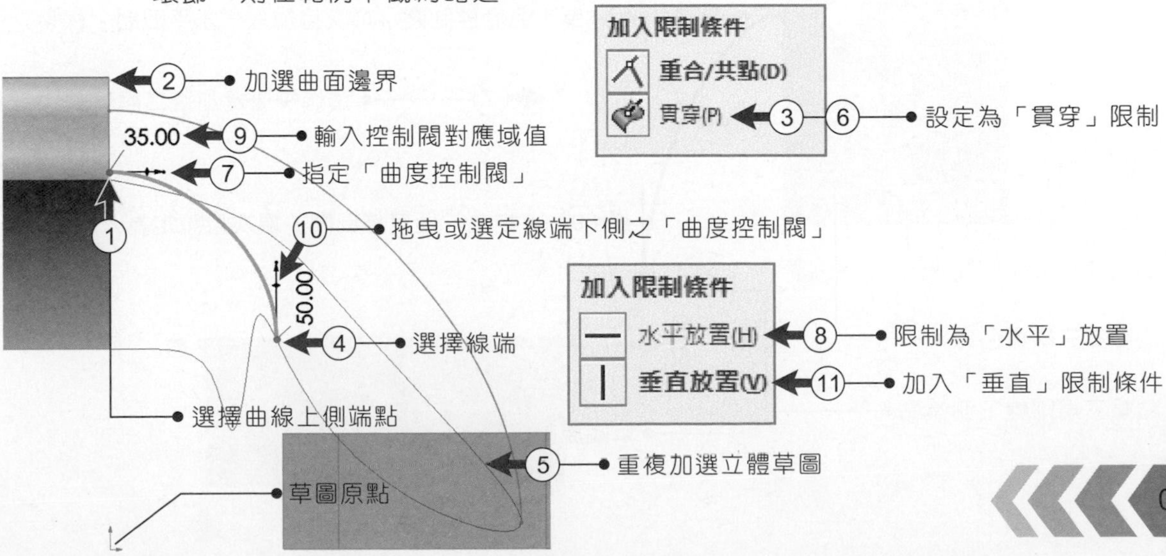
② 加選曲面邊界
35.00
⑨ 輸入控制閥對應域值
⑦ 指定「曲度控制閥」
①
⑩ 拖曳或選定線端下側之「曲度控制閥」
50.00
④ 選擇線端
選擇曲線上側端點
⑤ 重複加選立體草圖
草圖原點
加入限制條件
重合/共點(D)
貫穿(P)
③ ⑥ 設定為「貫穿」限制
加入限制條件
水平放置(H)
⑧ 限制為「水平」放置
垂直放置(V)
⑪ 加入「垂直」限制條件

STEP 22 於範例中欲執行【曲面疊層拉伸】指令製作坐墊本體，「輪廓」項次除了所延伸的曲面邊界外，也包含了投影出的立體草圖；而「導引曲線」欄位則是【貫穿」前述輪廓的三條線段。

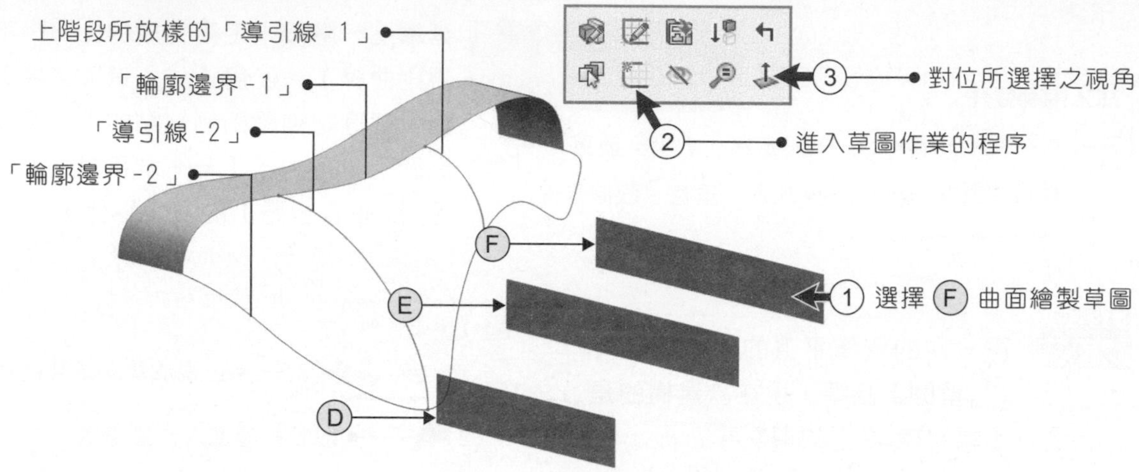
上階段所放樣的「導引線 -1」
「輪廓邊界 -1」
「導引線 -2」
「輪廓邊界 -2」
3 對位所選擇之視角
2 進入草圖作業的程序
F
E
D
1 選擇 F 曲面繪製草圖

STEP 23 同樣放樣一段 2 個節點（起點與終點）的【不規則曲線】。曲線兩側之端點仍需與兩個輪廓限制為【：貫穿】；「曲度控制閥」在加入限制條件後，其曲度域值參數概略輸入即可。

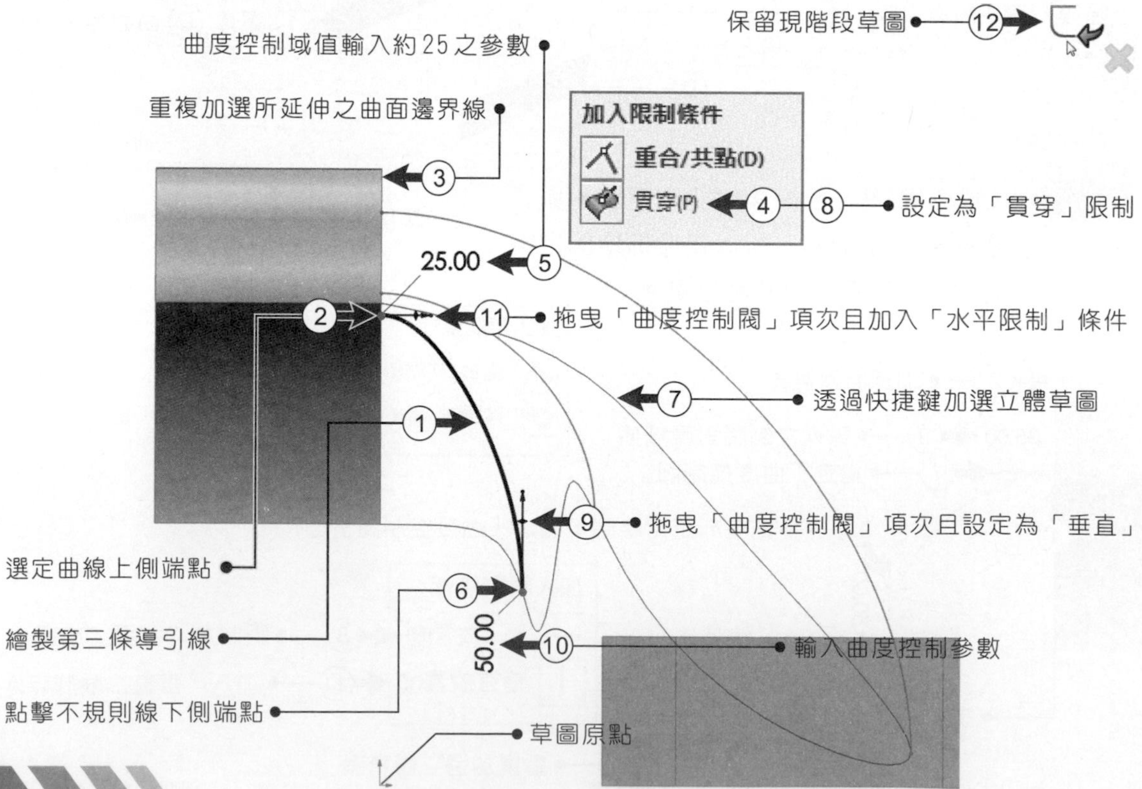
保留現階段草圖 12
曲度控制域值輸入約 25 之參數
重複加選所延伸之曲面邊界線
加入限制條件
重合/共點(D)
貫穿(P)
3
4
8 設定為「貫穿」限制
25.00
5
2
11 拖曳「曲度控制閥」項次且加入「水平限制」條件
7 透過快捷鍵加選立體草圖
1
9 拖曳「曲度控制閥」項次且設定為「垂直」
選定曲線上側端點
6
繪製第三條導引線
50.00
10 輸入曲度控制參數
點擊不規則線下側端點
草圖原點

STEP 24

在備齊2個「輪廓」與3條「導引線」後，可透過視角轉動或【 ：局部放大】功能檢視輪廓邊界是否與導引線有所連結，因為曲面鋪陳的指令最常產生的貽誤即是群組的圖元未有【 重合/共點】或【 貫穿】的交集。

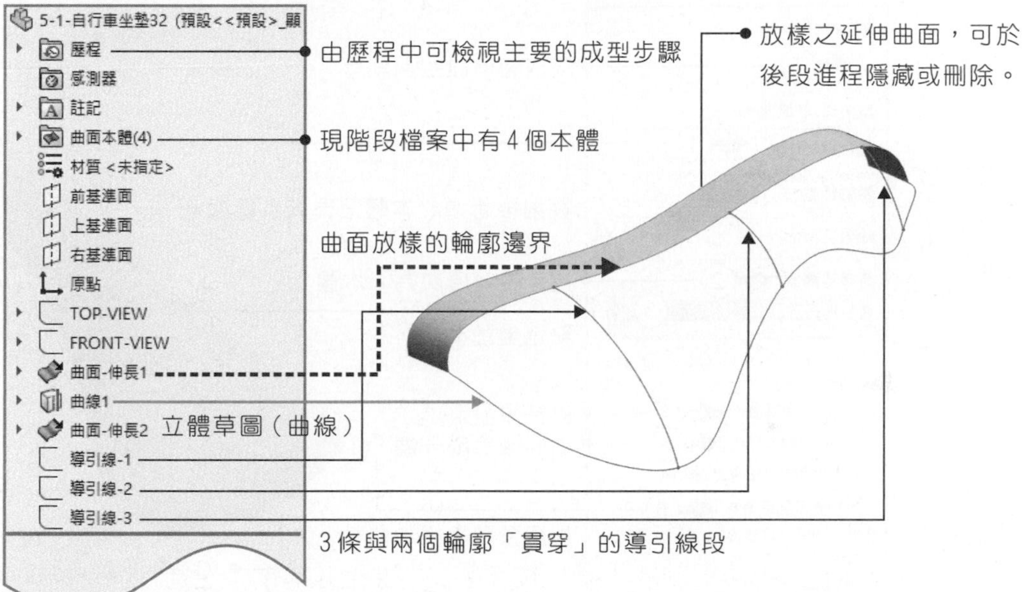

STEP 25

啟用【 ：曲面疊層拉伸】指令，「起始限制」項次需下移至「相切至面」類型。

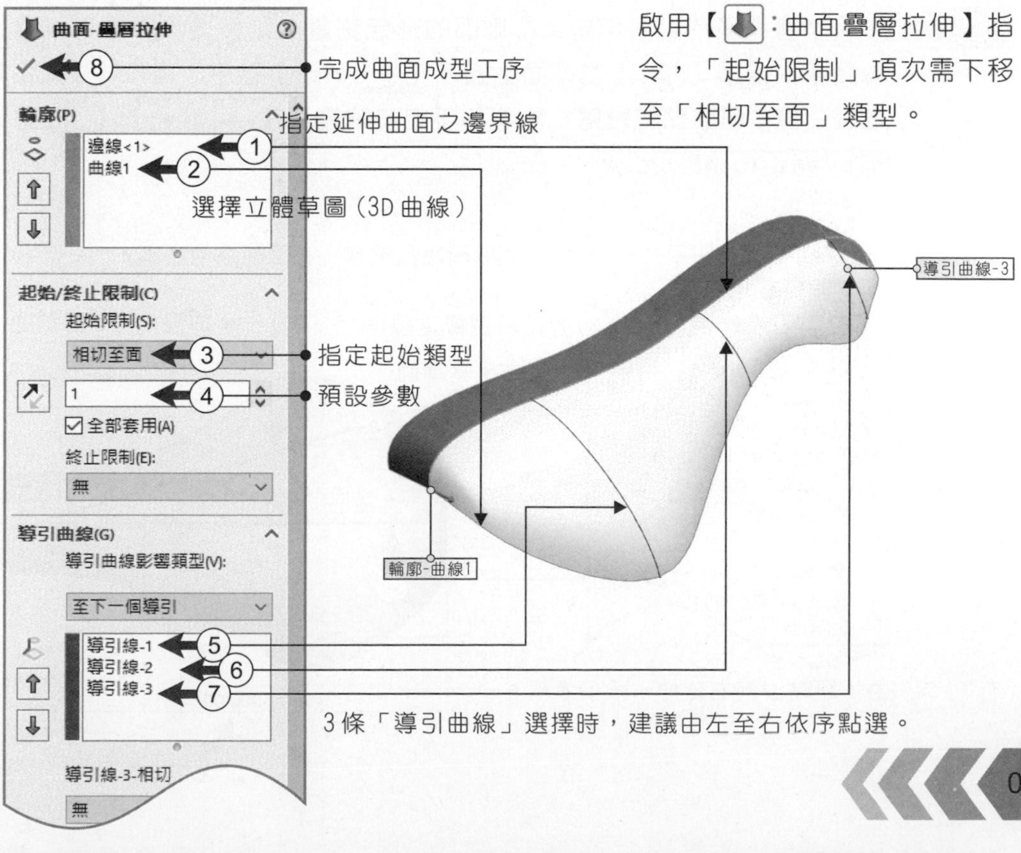

3條「導引曲線」選擇時，建議由左至右依序點選。

STEP 26

操作 CAD 等相關屬性軟體建模時，如果面對的是對稱造型之產品，多數工程師會選擇先完成一側本體後再鏡射結合。執行【鏡射】特徵指令，「鏡射面」指定為【前基準面】；「鏡射本體」類型則務必要啟用。

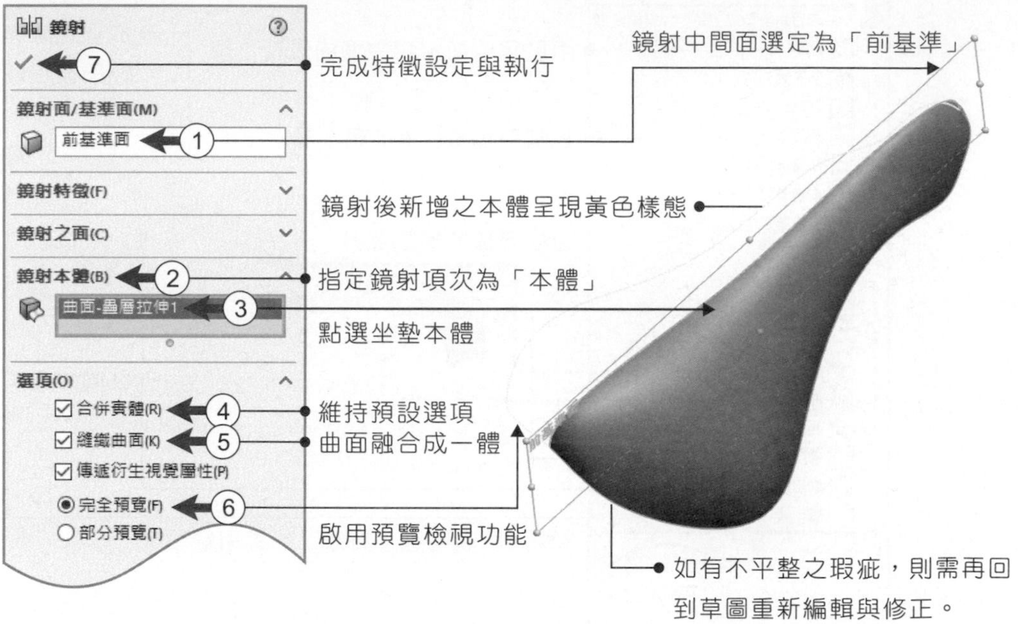

STEP 27

如果學習者不想針對坐墊進行細部的形態刻畫，則後續步驟即可以略過後直接轉為實體。選擇【上基準面】進入【草圖】程序，且以【不規則曲線】繪製一條 2 個節點的段落；再者，設定左線端與【原點】【垂直放置】。

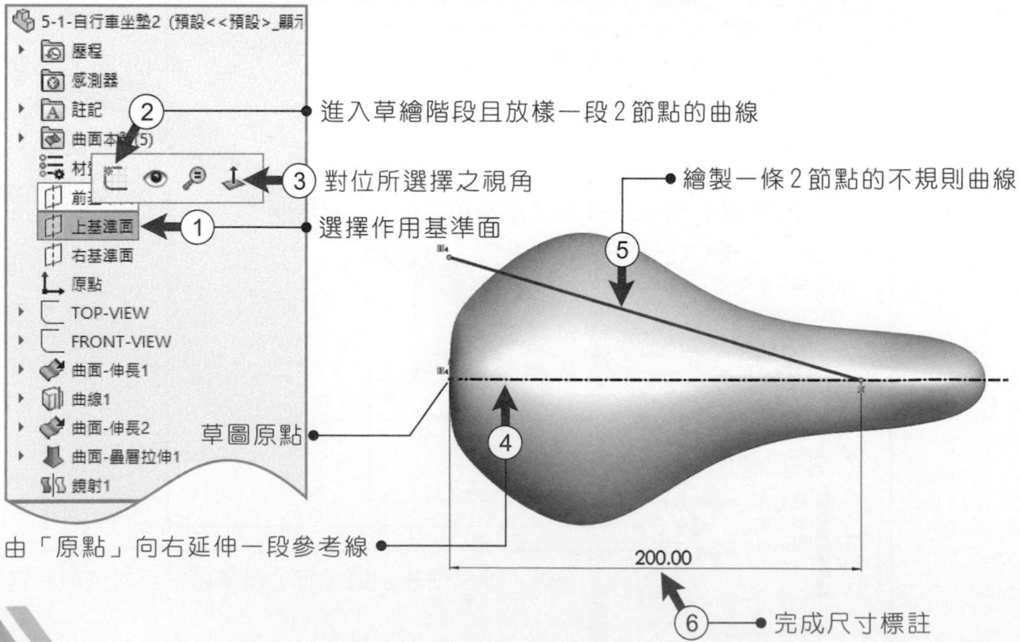

5-1.2 坐墊形態設計

STEP 01

【 不規則曲線】兩側端點的控制閥，盡可能與參考線或限制條件做間接的標註；關於圖元的輪廓形態，軟體操作者概略參酌即可。啟用【:帶邊線塗彩】模式，有助於判讀與了解現階段曲面的邊界與順接與否等概況。

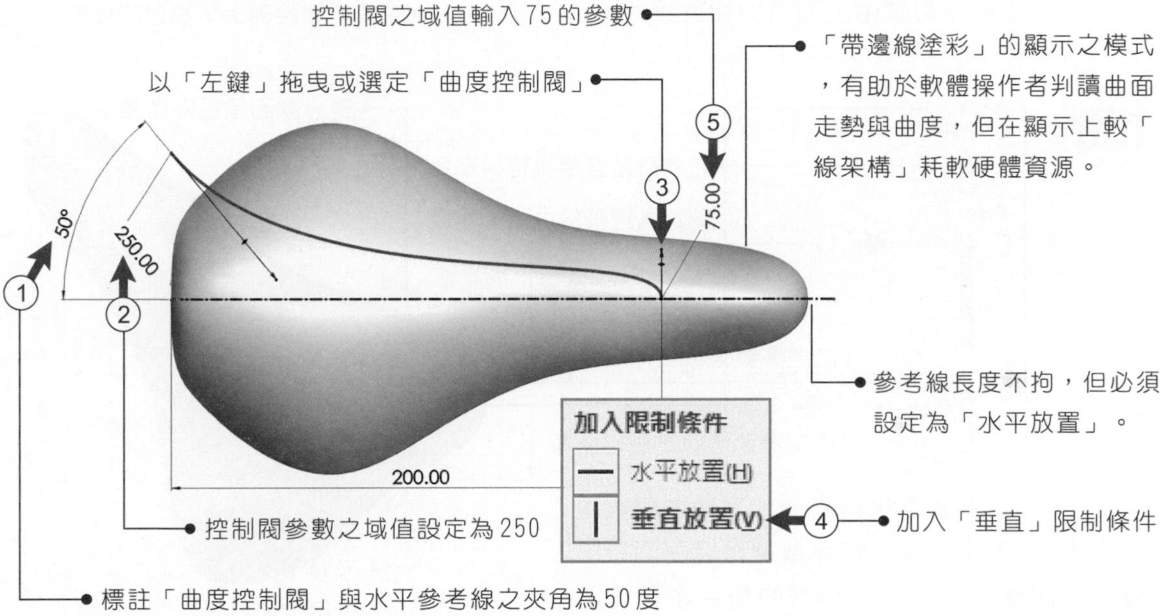
控制閥之域值輸入75的參數
「帶邊線塗彩」的顯示之模式，有助於軟體操作者判讀曲面走勢與曲度，但在顯示上較「線架構」耗軟硬體資源。
以「左鍵」拖曳或選定「曲度控制閥」
50°
250.00
75.00
200.00
參考線長度不拘，但必須設定為「水平放置」。
加入限制條件
水平放置(H)
垂直放置(V)
加入「垂直」限制條件
控制閥參數之域值設定為250
標註「曲度控制閥」與水平參考線之夾角為50度

STEP 02

啟用【 偏移圖元】的草圖指令。「參數」設定建議為3.5至5之間；勾選「加入尺寸」項次，有助於草圖設變或編輯時能更有效率的針對參數做異動。

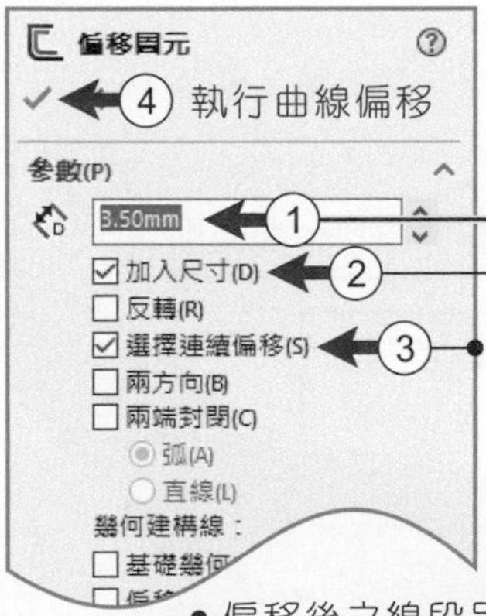
偏移圖元
執行曲線偏移
參數(P)
3.50mm
加入尺寸(D)
反轉(R)
選擇連續偏移(S)
兩方向(B)
兩端封閉(C)
弧(A)
直線(L)
幾何建構線：
基礎幾何
相連線段一併偏移
加入尺寸有助於設變與編輯，尤其在參加證照考試時，可直接經由「註記」指令校正參數。

選擇作用中的「不規則曲線」偏移，如果操作者想重新建構內部圖元亦可。項次偏移只是其中一類參考的程序。

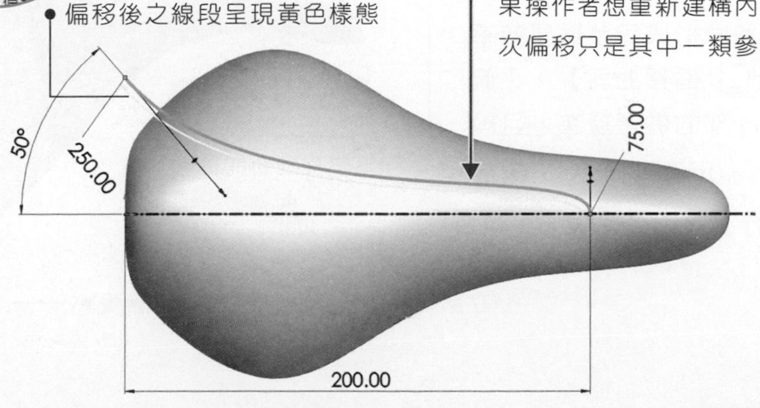

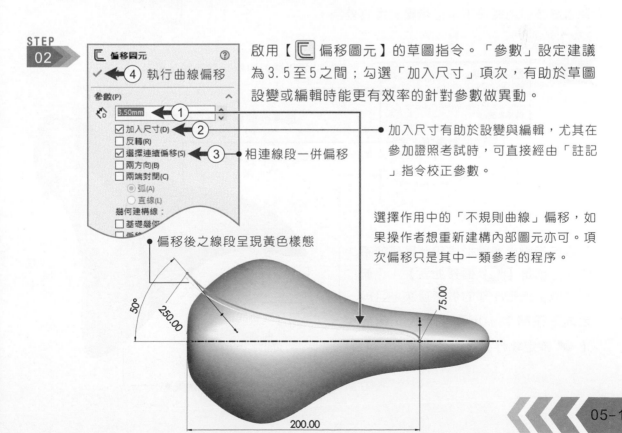

STEP 03

以【 :選取工具】框選畫面中(連同水平【 中心線】)的所有項次,並執行【 鏡射圖元】——即完成草圖輪廓由上而下的複製程序。

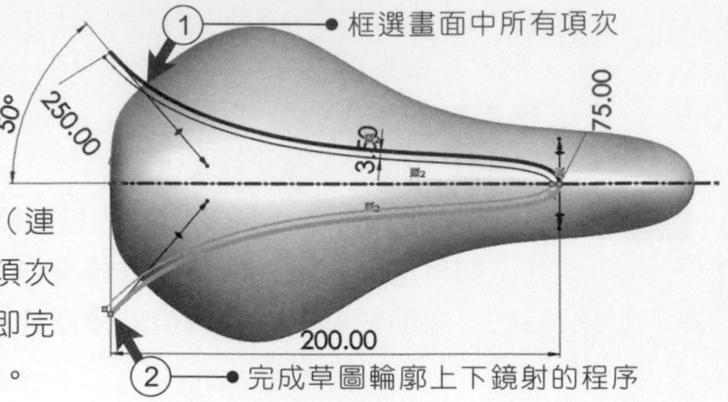

STEP 04

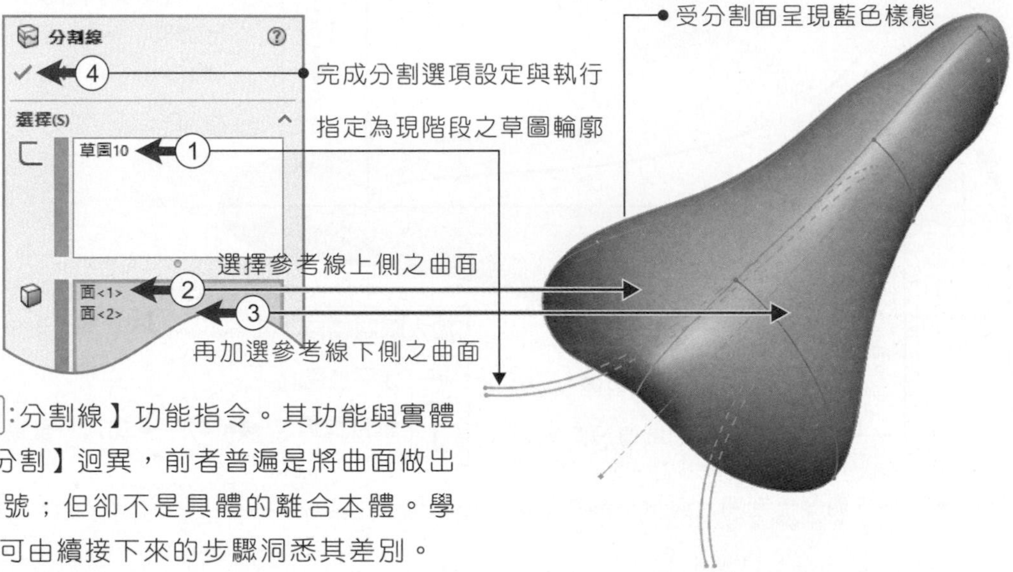

執行【 :分割線】功能指令。其功能與實體的【 :分割】迥異,前者普遍是將曲面做出分件的記號;但卻不是具體的離合本體。學習者應該可由續接下來的步驟洞悉其差別。

STEP 05

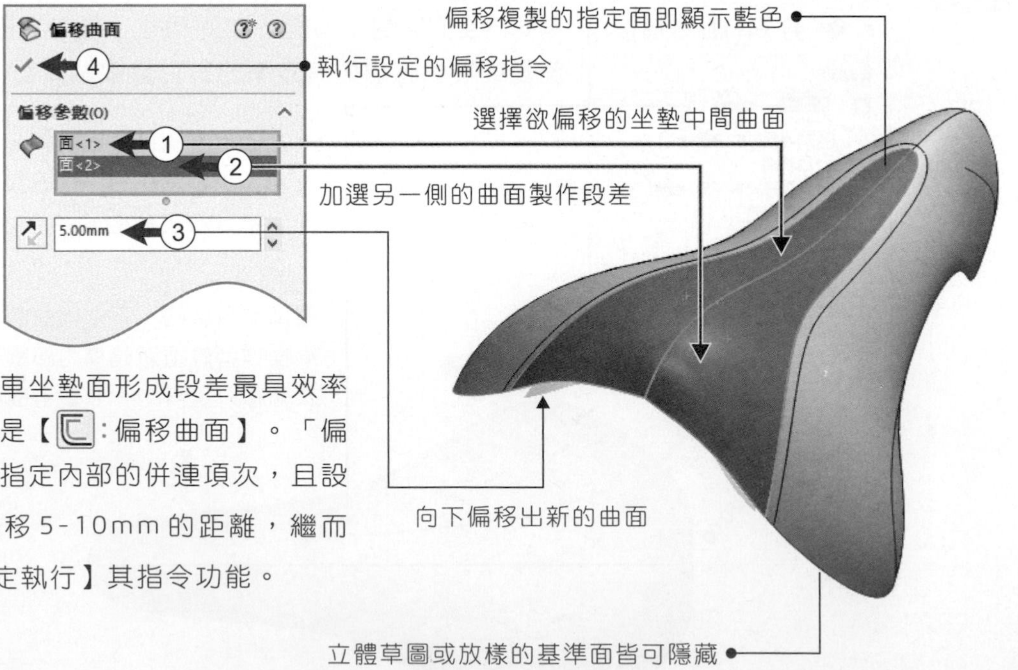

要讓自行車坐墊面形成段差最具效率的作法即是【 :偏移曲面】。「偏移參數」指定內部的併連項次,且設定向下偏移 5-10mm 的距離,繼而【 ✔ 確定執行】其指令功能。

STEP 06

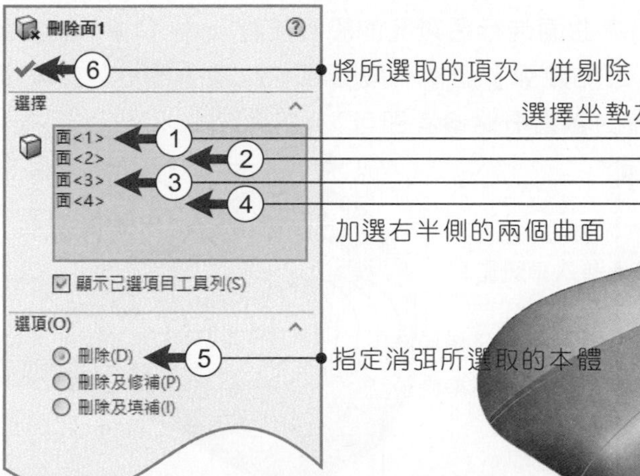
刪除面1
選擇
面<1>
面<2>
面<3>
面<4>
顯示已選項目工具列(S)
選項(O)
刪除(D)
刪除及修補(P)
刪除及填補(I)
將所選取的項次一併剔除
選擇坐墊左半側的兩個曲面
加選右半側的兩個曲面
指定消弭所選取的本體

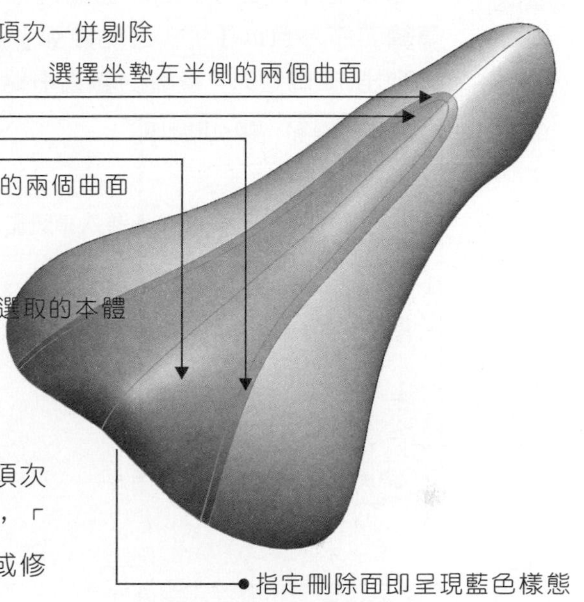
指定刪除面即呈現藍色樣態

重複加選自行車坐墊內部的四曲面項次，且執行【 :刪除面】功能指令，「選項」僅授意「刪除」而不做填補或修復的程序。

STEP 07

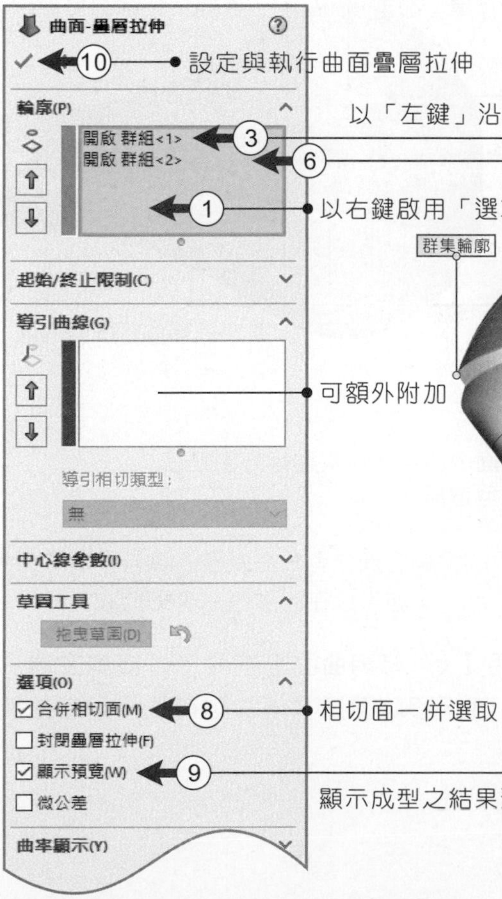
曲面-疊層拉伸
設定與執行曲面疊層拉伸
輪廓(P)
開啟 群組<1>
開啟 群組<2>
以右鍵啟用「選項管理員」
起始/終止限制(C)
導引曲線(G)
可額外附加
導引相切類型:
無
中心線參數(I)
草圖工具
拖曳草圖(D)
選項(O)
合併相切面(M)
封閉疊層拉伸(F)
顯示預覽(W)
微公差
曲率顯示(Y)
相切面一併選取
顯示成型之結果預覽

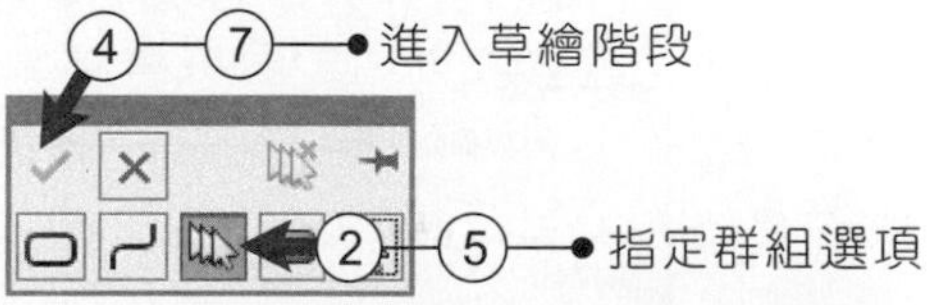
進入草繪階段
指定群組選項

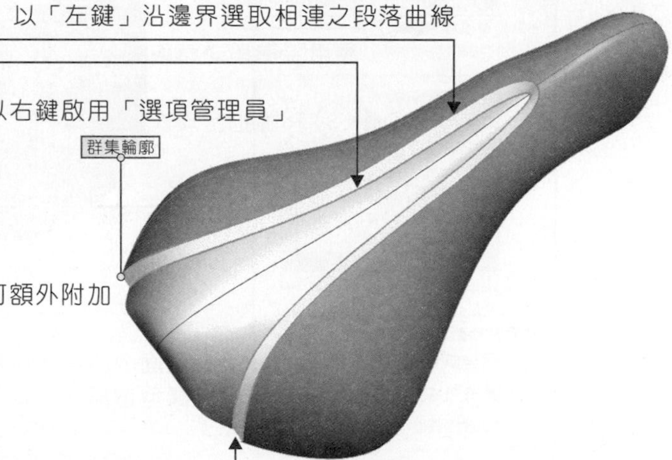
以「左鍵」沿邊界選取相連之段落曲線
群集輪廓

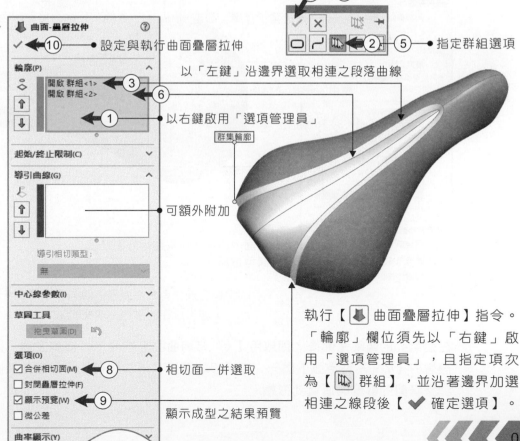

執行【 曲面疊層拉伸】指令。「輪廓」欄位須先以「右鍵」啟用「選項管理員」，且指定項次為【 群組】，並沿著邊界加選相連之線段後【 確定選項】。

STEP 08

下階段是針對坐墊下陷之曲面進行透氣孔的設計流程。由【上基準面】進入草繪工序，且以【三點定弧】建構一段弧線，並藉由【:直線複製】橫向排列出15個圖元（複製的數量概略參考即可）。

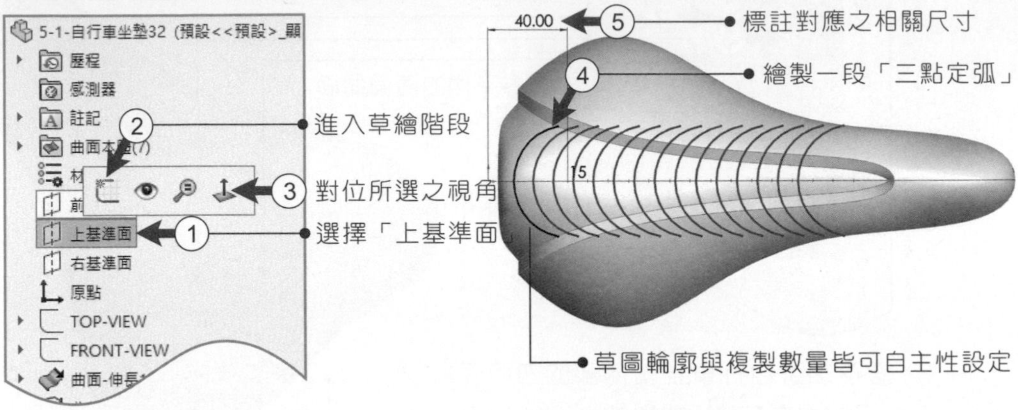
5-1-自行車坐墊32 (預設<<預設>_顯
歷程
感測器
註記
曲面本體(7)
材
前
上基準面
右基準面
原點
TOP-VIEW
FRONT-VIEW
曲面-伸長
進入草繪階段
對位所選之視角
選擇「上基準面」
40.00
15
標註對應之相關尺寸
繪製一段「三點定弧」
草圖輪廓與複製數量皆可自主性設定

STEP 09

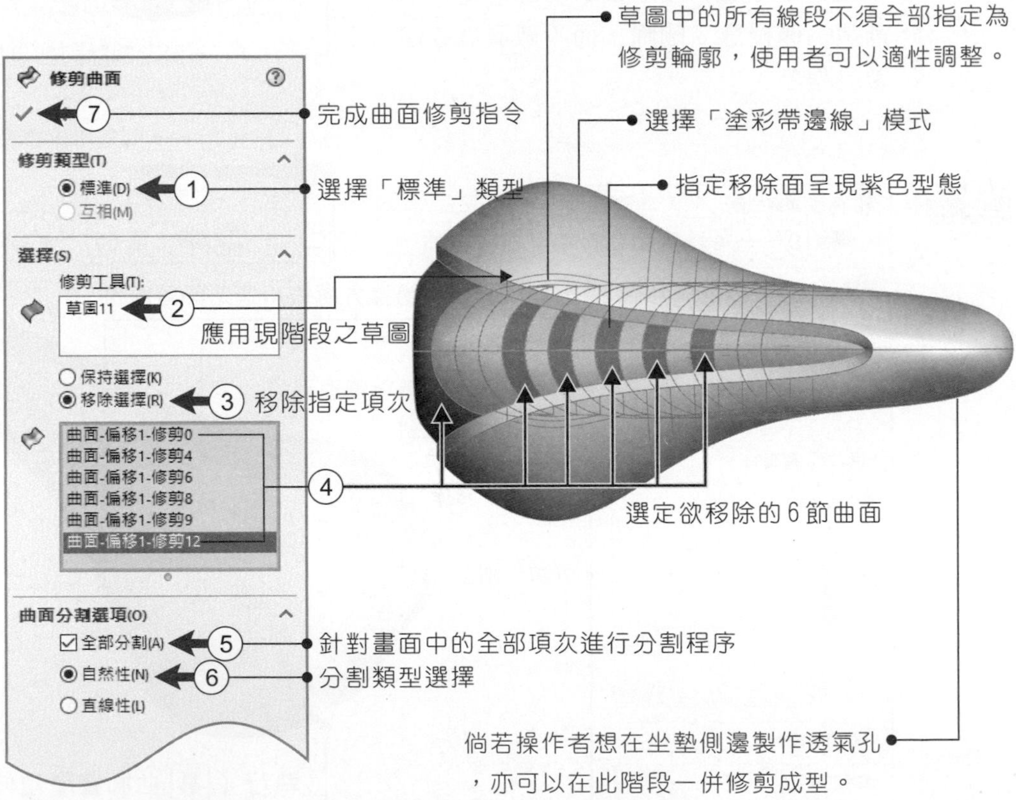
修剪曲面
完成曲面修剪指令
修剪類型(T)
標準(D)
互相(M)
選擇「標準」類型
選擇(S)
修剪工具(T):
草圖11
應用現階段之草圖
保持選擇(K)
移除選擇(R)
移除指定項次
曲面-偏移1-修剪0
曲面-偏移1-修剪4
曲面-偏移1-修剪6
曲面-偏移1-修剪8
曲面-偏移1-修剪9
曲面-偏移1-修剪12
曲面分割選項(O)
全部分割(A)
自然性(N)
直線性(L)
針對畫面中的全部項次進行分割程序
分割類型選擇
草圖中的所有線段不須全部指定為修剪輪廓，使用者可以適性調整。
選擇「塗彩帶邊線」模式
指定移除面呈現紫色型態
選定欲移除的6節曲面
倘若操作者想在坐墊側邊製作透氣孔，亦可以在此階段一併修剪成型。

在透氣孔的輪廓完備後，即啟用【修剪曲面】指令。「修剪工具」即是水平複製的【三點定弧】圖元；而「移除選擇」項次則可依使用者的觀感而適性調整修剪的數量與透氣孔形態。

STEP 10

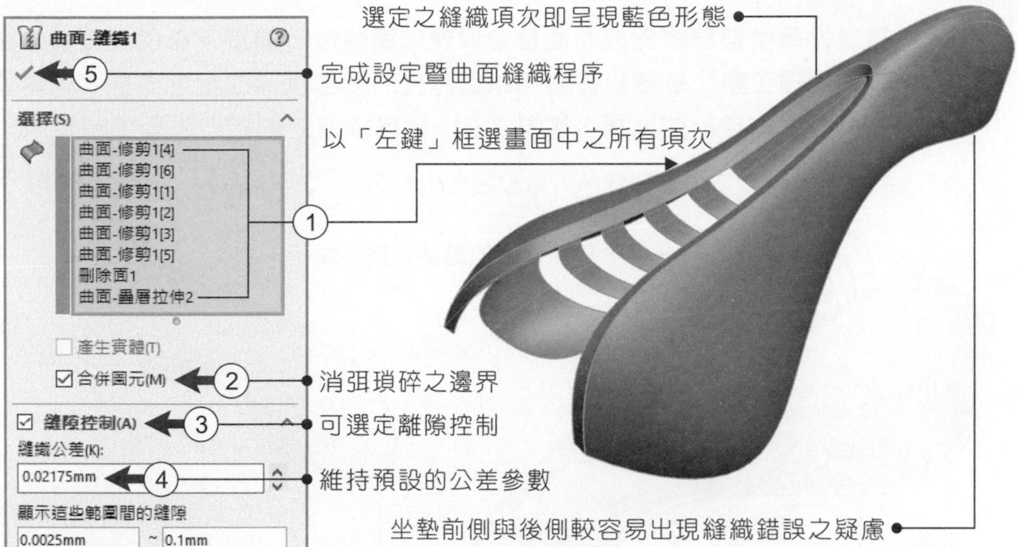
曲面-縫織1
選擇(S)
曲面-修剪1[4]
曲面-修剪1[6]
曲面-修剪1[1]
曲面-修剪1[2]
曲面-修剪1[3]
曲面-修剪1[5]
刪除面1
曲面-疊層拉伸2
產生實體(T)
合併圖元(M)
縫隙控制(A)
縫織公差(K):
0.02175mm
顯示這些範圍間的縫隙
0.0025mm
0.1mm
縫隙<1> [0.00981mm]
縫隙<2> [0.00534mm]
縫隙<3> [0.00534mm]
縫隙<4>
選定之縫織項次即呈現藍色形態
完成設定暨曲面縫織程序
以「左鍵」框選畫面中之所有項次
消弭瑣碎之邊界
可選定離隙控制
維持預設的公差參數
坐墊前側與後側較容易出現縫織錯誤之疑慮

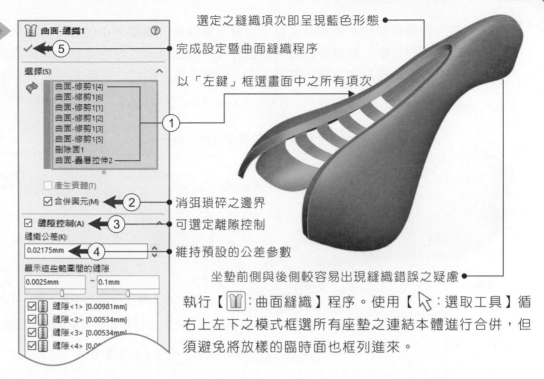

執行【：曲面縫織】程序。使用【：選取工具】循右上左下之模式框選所有座墊之連結本體進行合併，但須避免將放樣的臨時面也框列進來。

STEP 11

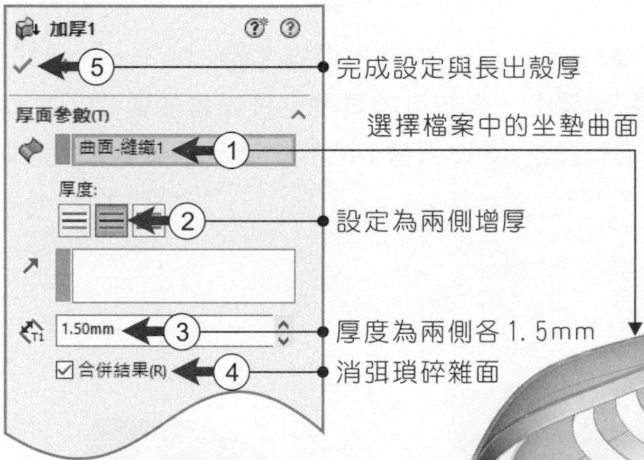
加厚1
厚面參數(T)
曲面-縫織1
厚度:
1.50mm
合併結果(R)
完成設定與長出殼厚
選擇檔案中的坐墊曲面
設定為兩側增厚
厚度為兩側各 1.5mm
消弭瑣碎雜面

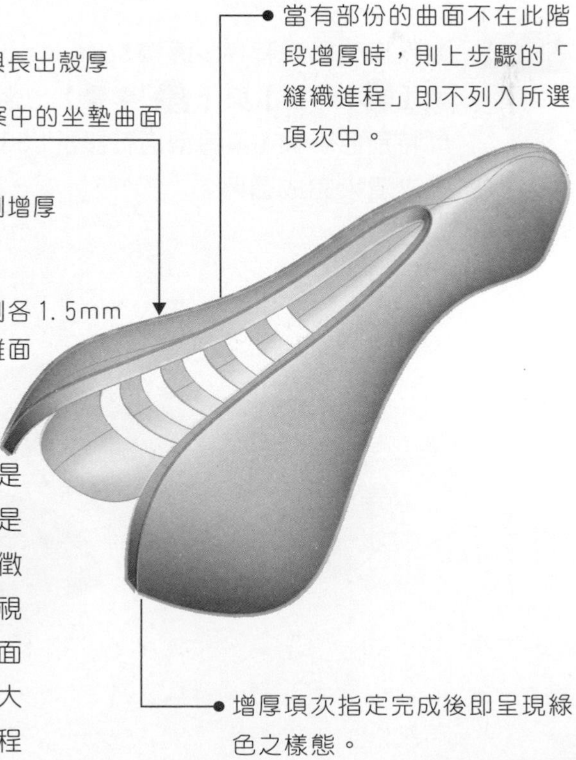
當有部份的曲面不在此階段增厚時，則上步驟的「縫織進程」即不列入所選項次中。
增厚項次指定完成後即呈現綠色之樣態。

在曲面縫合的後續進程中，【：加厚】算是驗收之前工序的檢核要項。筆者有許多經驗是在前段的流程完備後，但到了轉成實體的特徵時卻執行不了該指令，僅能再回過頭重新檢視各流程中的瑕疵，並於設計變更後再次將曲面增厚形成實體。「自行車坐墊」繪製迄此已大致完成，餘下的是表面處理與邊界潤飾等流程，而這即不再於範例中冗文贅述。

STEP 12

當自行車坐墊已經完成曲面縫合與轉成實體後，續接下來的流程會是比較瑣碎的表面處理工序，軟體操作者可以概略性的參考例圖的型態建構；但若能嘗試自己設計且走出自己的風格，即是在CAD軟體學習上開啟了嶄新的一頁。

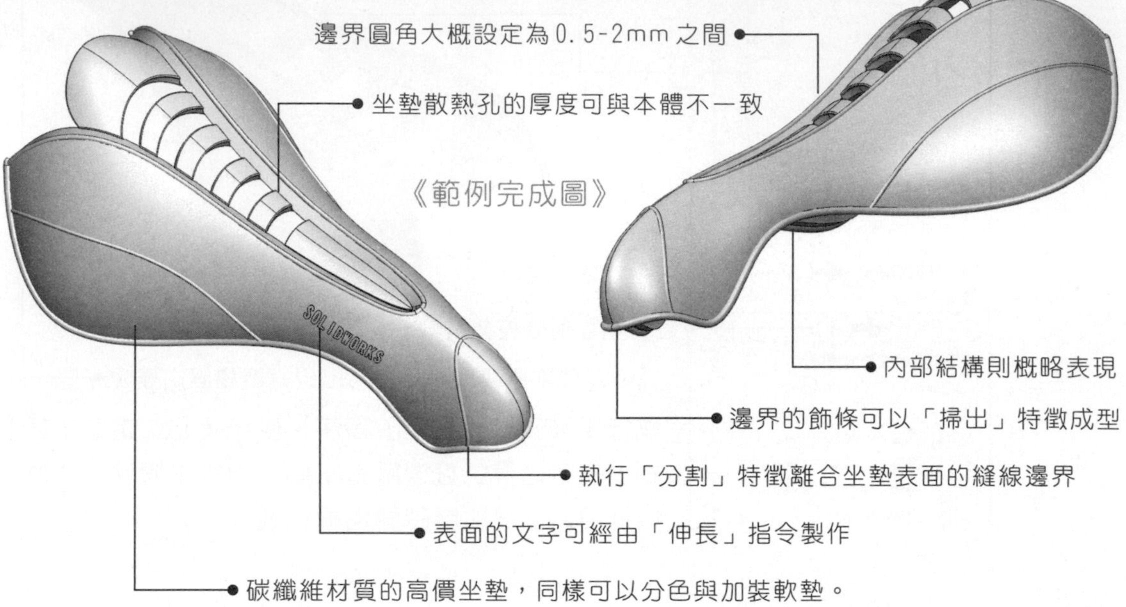
邊界圓角大概設定為0.5-2mm之間
坐墊散熱孔的厚度可與本體不一致
SOLIDWORKS
內部結構則概略表現
邊界的飾條可以「掃出」特徵成型
執行「分割」特徵離合坐墊表面的縫線邊界
表面的文字可經由「伸長」指令製作
碳纖維材質的高價坐墊，同樣可以分色與加裝軟墊。

《範例完成圖》

STEP 13

進入模型彩現程序：透過Solidworks之附加模組【:Photoview360】編輯模型【:外觀】與【:全景】；坐墊可嘗試覆貼碳纖維的質材，並將SW的文字以特別色彰顯（讀者得自行設計LOGO興替）。下方為自行車坐墊模型融合素色場景之渲染完成圖照。

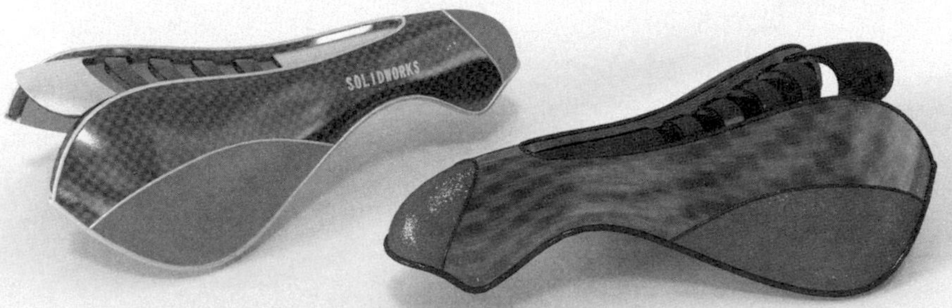

《自行車坐墊彩現完成圖》

5-2 Y型三通管

⊙要點提醒　本範例為綠色版參考教學檔--請學習者使用雲端連結並下載相關之附件

本範例教學視訊檔案：SolidWorks/進階&應用/CH05目錄下/5-2 Y型三通管.avi
本範例製作完成檔案：SolidWorks/進階&應用/CH05目錄下/5-2 Y型三通管.SLDPRT

5-2.1 三通管建模

三通管是常見的工材型式，其中又以「T型」與「Y型」應用的頻率最高。「Y型三通管」主體如果要順接與縫合，則需放樣若干的曲面作為參考邊界。如下方建模進程所示：於曲面放樣完備後執行【:填補曲面】完成雛形，再歷經兩次的【:鏡射】特徵完成主體外觀，繼而啟用【:縫織曲面】合併放樣參考外的所有本體，並附加連接三通管的閥門與相關造型的修飾，最後貼上對應之材質暨光影渲染即完成範例的建構流程。

建模進程：

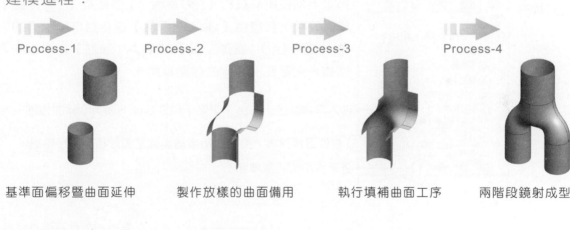

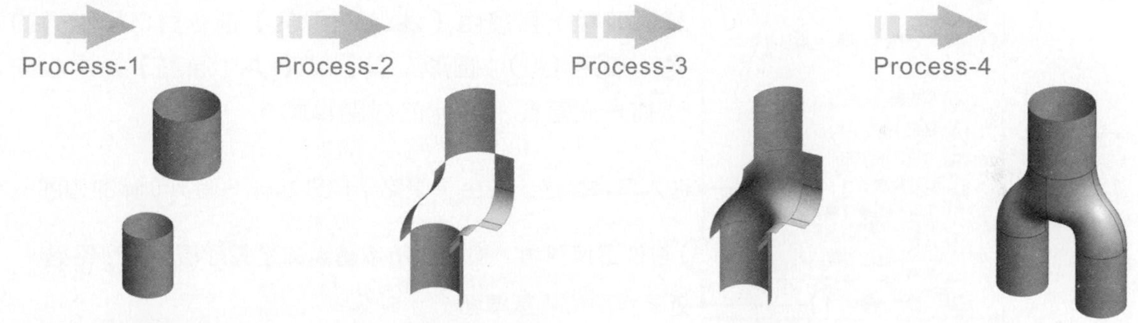

基準面偏移暨曲面延伸　製作放樣的曲面備用　執行填補曲面工序　兩階段鏡射成型

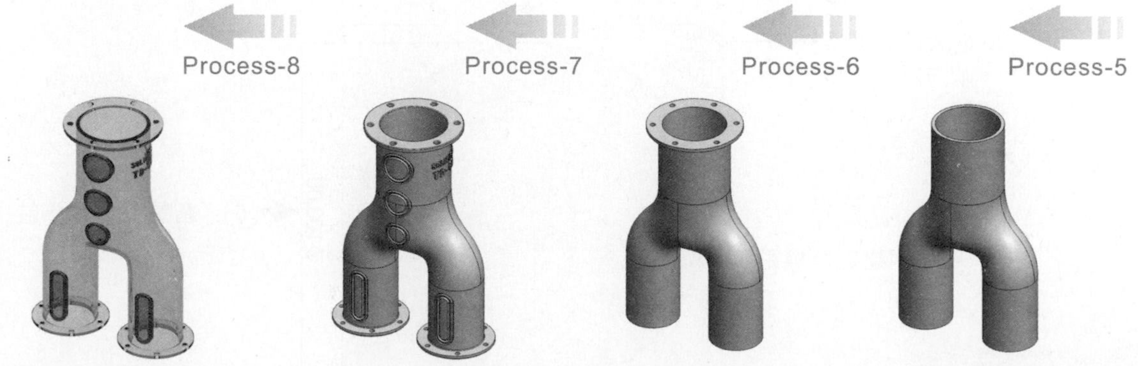

本體貼附材質與渲染　三通管細部製作　閥門與鎖孔製作　曲面縫合且生成實體

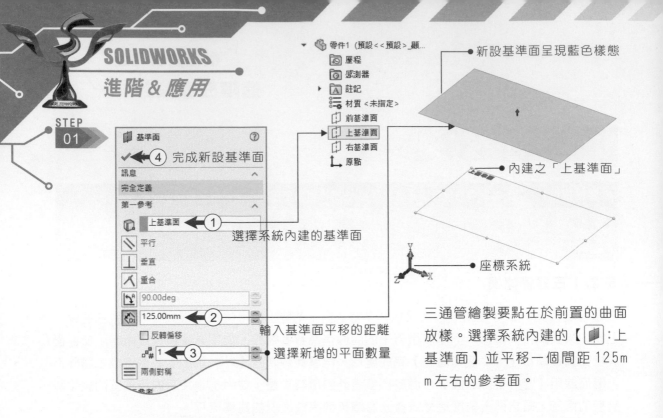

STEP 01

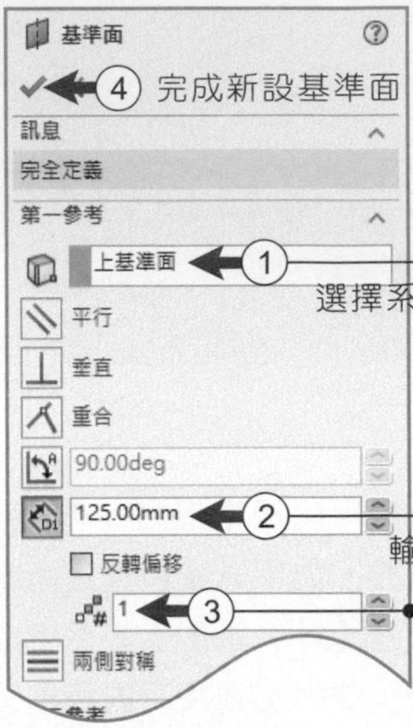

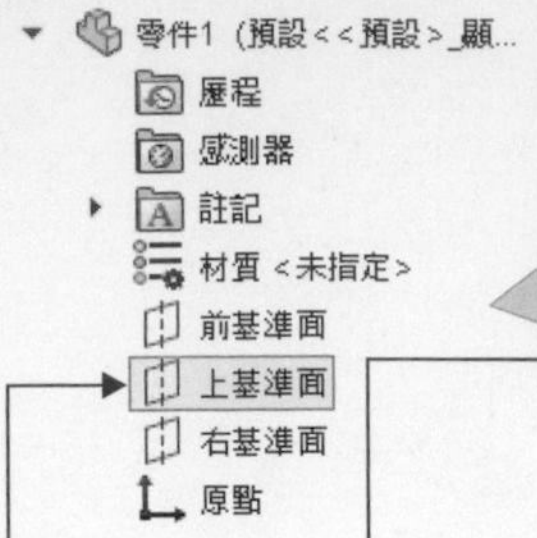

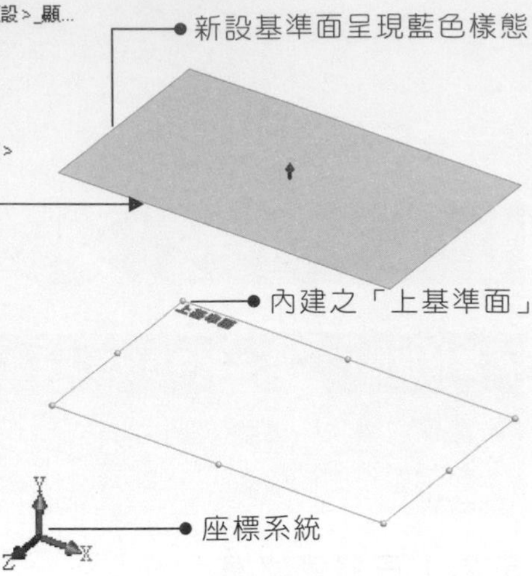

三通管繪製要點在於前置的曲面放樣。選擇系統內建的【 :上基準面】並平移一個間距 125mm左右的參考面。

STEP 02

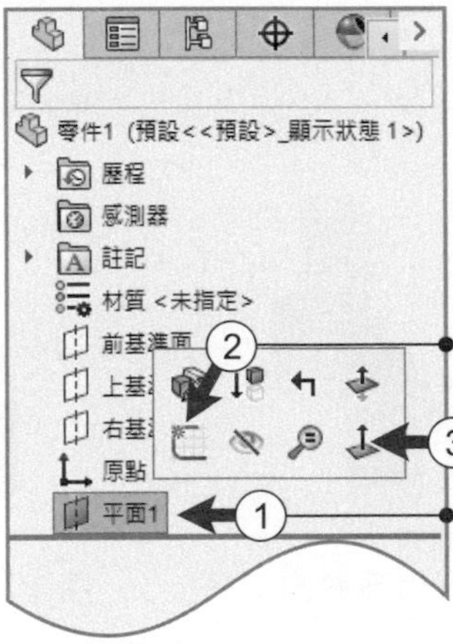

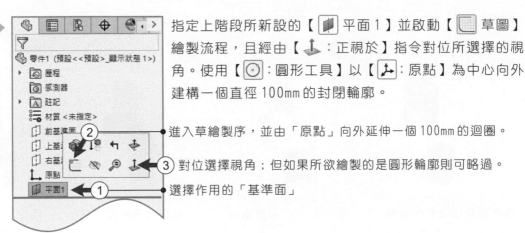

指定上階段所新設的【 平面 1】並啟動【 草圖】繪製流程，且經由【 :正視於】指令對位所選擇的視角。使用【 :圓形工具】以【 :原點】為中心向外建構一個直徑 100mm 的封閉輪廓。

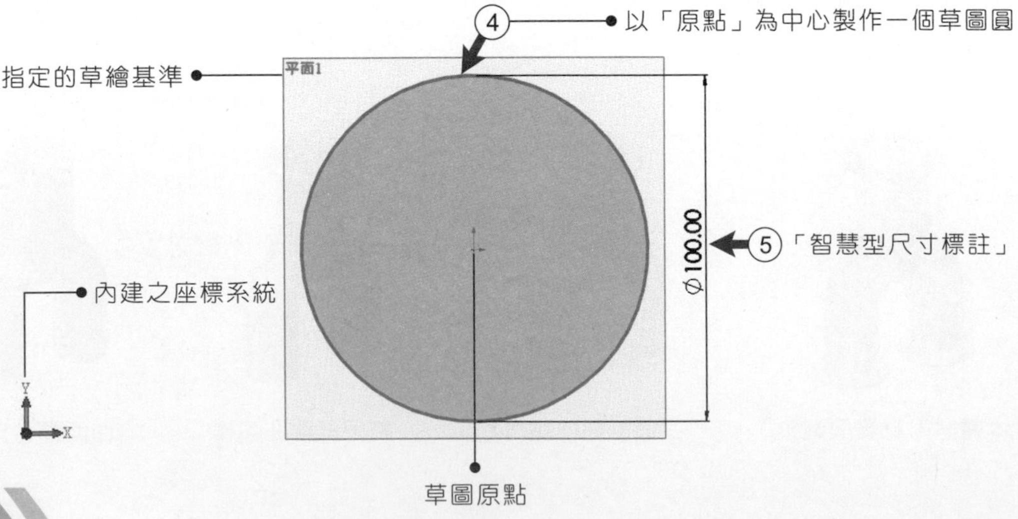

STEP 03

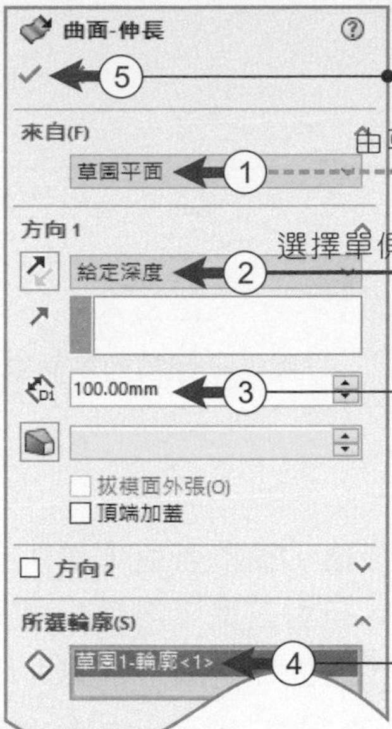
曲面-伸長
來自(F)
草圖平面
方向 1
給定深度
100.00mm
拔模面外張(O)
頂端加蓋
方向 2
所選輪廓(S)
草圖1-輪廓<1>
完成圓型曲面延伸與放樣
由草圖基準向上延伸曲面
選擇單側且向上延伸
延伸之距離為 100mm
可指定所應用之輪廓

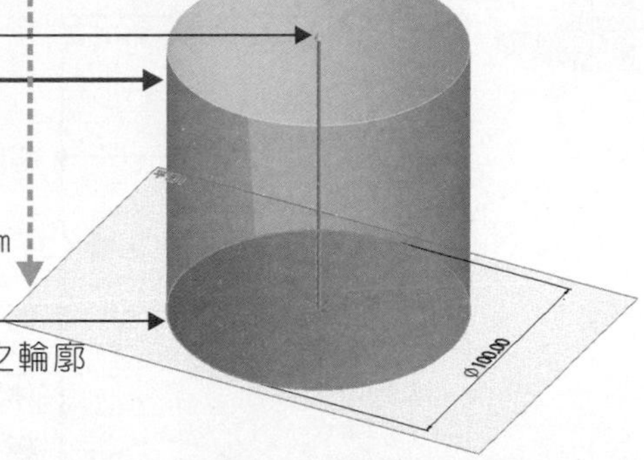

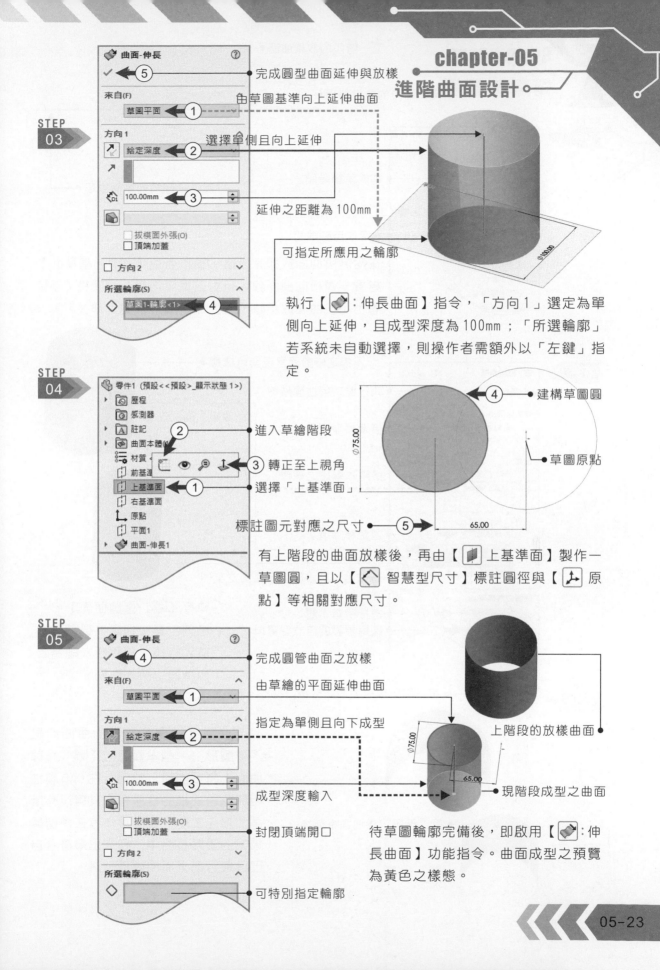

執行【 :伸長曲面】指令，「方向 1」選定為單側向上延伸，且成型深度為 100mm；「所選輪廓」若系統未自動選擇，則操作者需額外以「左鍵」指定。

STEP 04

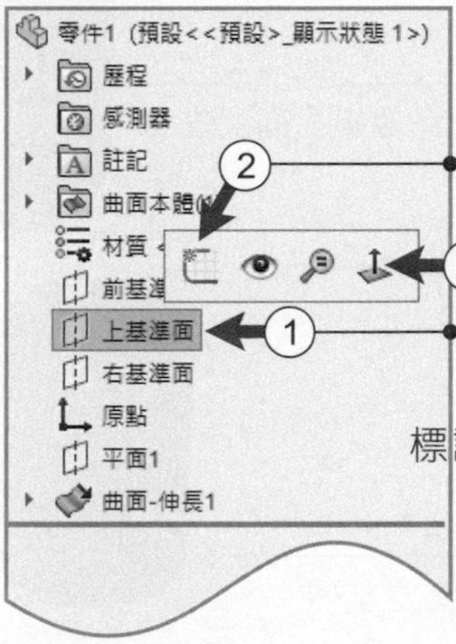
零件1 (預設<<預設>_顯示狀態 1>)
歷程
感測器
註記
曲面本體
材質
前基準面
上基準面
右基準面
原點
平面1
曲面-伸長1
進入草繪階段
轉正至上視角
選擇「上基準面」
標註圖元對應之尺寸

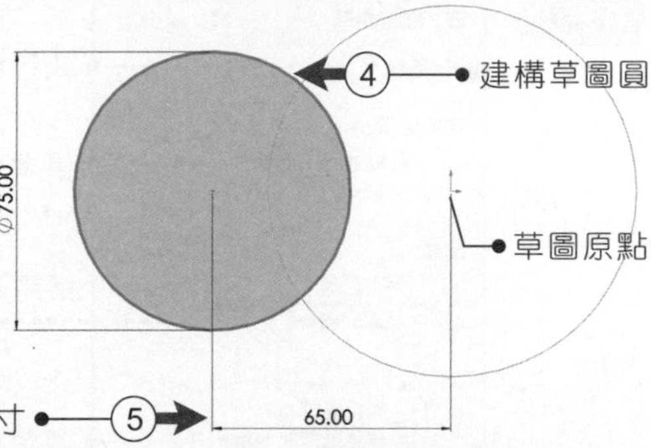

有上階段的曲面放樣後，再由【 上基準面】製作一草圖圓，且以【 智慧型尺寸】標註圓徑與【 原點】等相關對應尺寸。

STEP 05

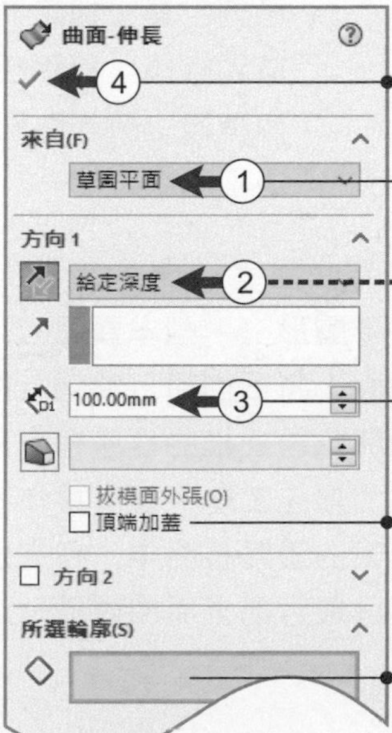
曲面-伸長
來自(F)
草圖平面
方向 1
給定深度
100.00mm
拔模面外張(O)
頂端加蓋
方向 2
所選輪廓(S)
完成圓管曲面之放樣
由草繪的平面延伸曲面
指定為單側且向下成型
成型深度輸入
封閉頂端開口
可特別指定輪廓

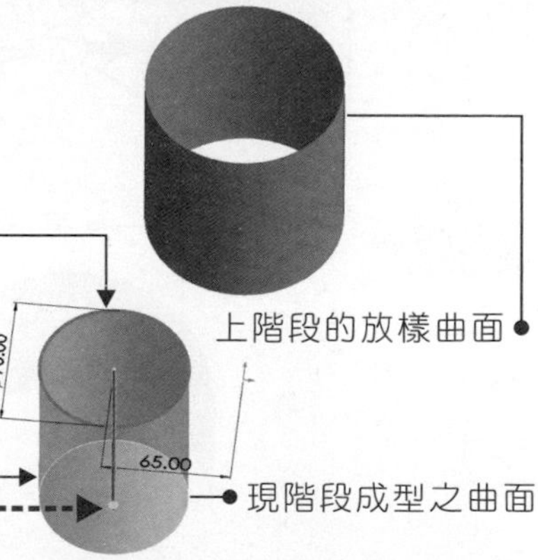
上階段的放樣曲面
∅75.00
65.00
現階段成型之曲面

待草圖輪廓完備後，即啟用【 :伸長曲面】功能指令。曲面成型之預覽為黃色之樣態。

STEP 06

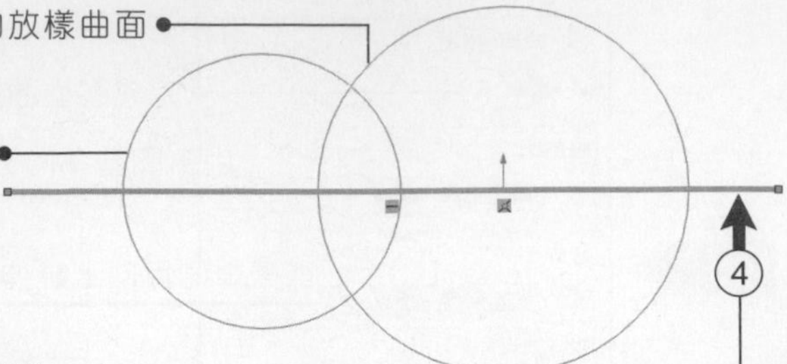
第一階段的放樣曲面
第二階段的放樣曲面
4
製作一條橫向剖面線段

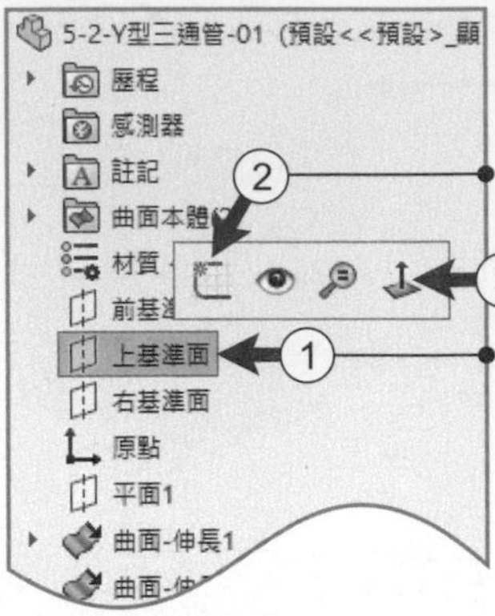
5-2-Y型三通管-01 (預設<<預設>_顯
歷程
感測器
註記
曲面本體
材質
前基準
上基準面
右基準面
原點
平面1
曲面-伸長1
2 進入草繪階段
3 對位所選擇的視角
1 指定作用基準面

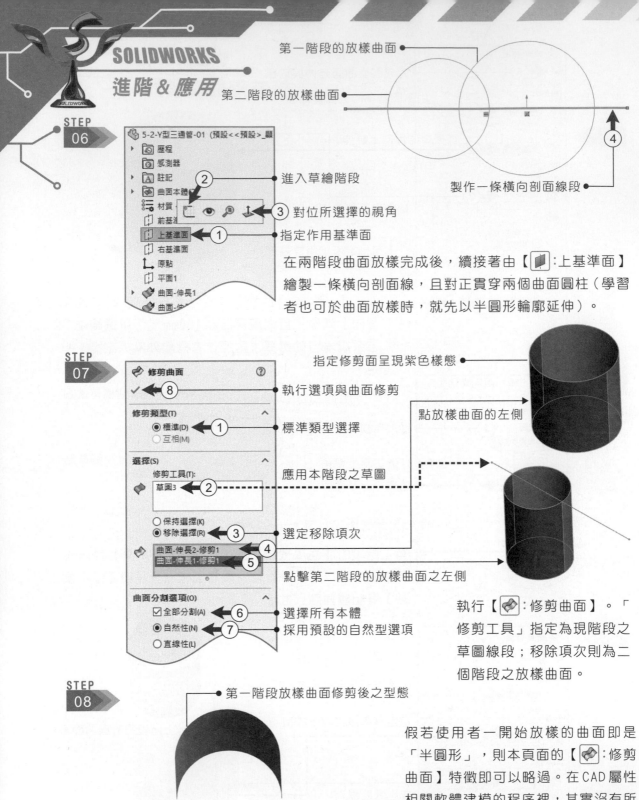

在兩階段曲面放樣完成後，續接著由【 :上基準面】繪製一條橫向剖面線，且對正貫穿兩個曲面圓柱（學習者也可於曲面放樣時，就先以半圓形輪廓延伸）。

STEP 07

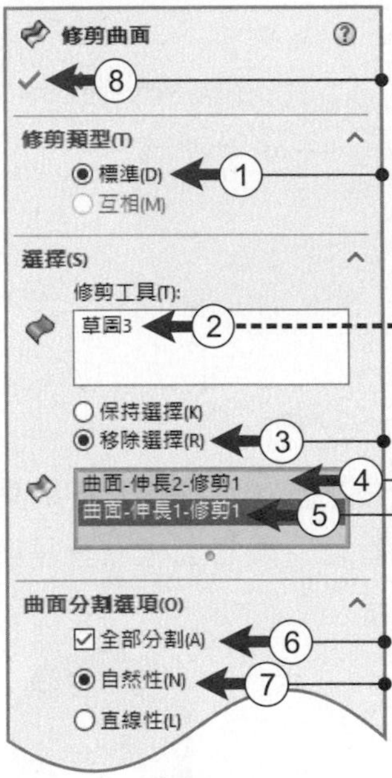
修剪曲面
8 執行選項與曲面修剪
修剪類型(T)
標準(D)
互相(M)
1 標準類型選擇
選擇(S)
修剪工具(T):
草圖3
2 應用本階段之草圖
保持選擇(K)
移除選擇(R)
3 選定移除項次
曲面-伸長2-修剪1
曲面-伸長1-修剪1
4
5
曲面分割選項(O)
全部分割(A)
6 選擇所有本體
自然性(N)
7 採用預設的自然型選項
直線性(L)

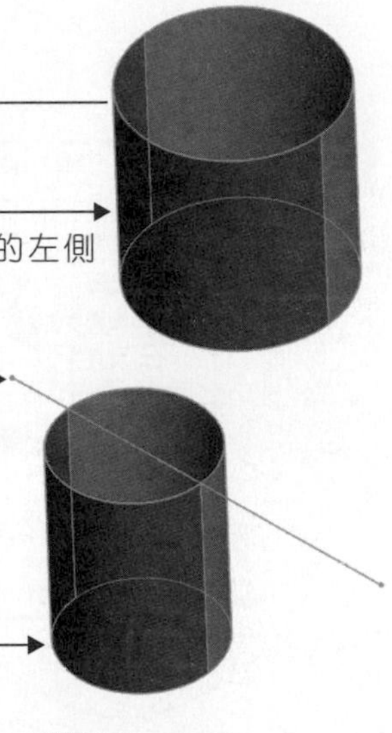
指定修剪面呈現紫色樣態
點放樣曲面的左側
點擊第二階段的放樣曲面之左側

執行【 :修剪曲面】。「修剪工具」指定為現階段之草圖線段；移除項次則為二個階段之放樣曲面。

STEP 08

第一階段放樣曲面修剪後之型態

第二階段放樣曲面修剪後

假若使用者一開始放樣的曲面即是「半圓形」，則本頁面的【 :修剪曲面】特徵即可以略過。在CAD屬性相關軟體建模的程序裡，其實沒有所謂的最佳工序，僅有操作者在學習與摸索的漫漫長路中，探究出最符合自己與最容易上手的建模思路。

STEP 09

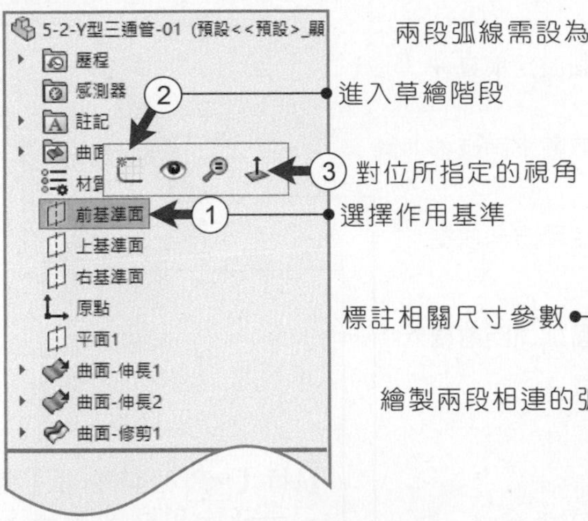

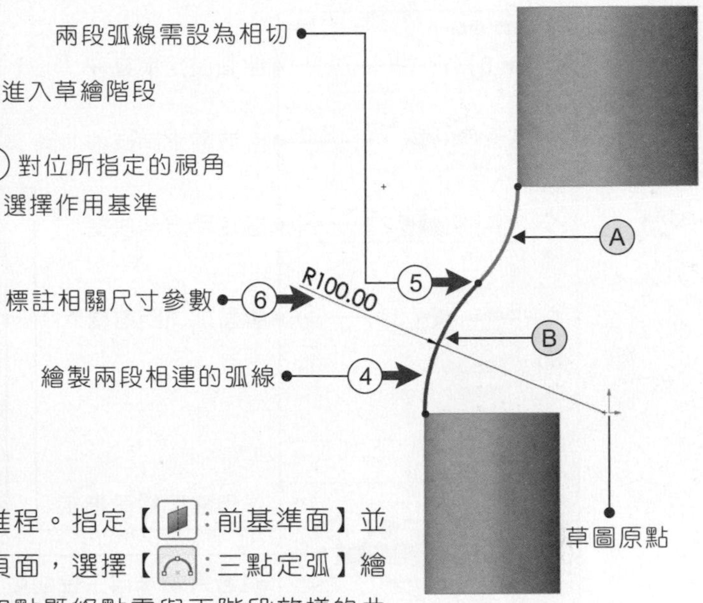
兩段弧線需設為相切
標註相關尺寸參數
繪製兩段相連的弧線
R100.00
草圖原點

續接著仍是曲面放樣的進程。指定【:前基準面】並進入【:草圖】繪製頁面，選擇【:三點定弧】繪製兩段相切的弧線，且起點暨終點需與兩階段放樣的曲面限制為【重合/共點】。

STEP 10

以【直線工具】暨【三點定弧】製作一段垂直線與相連的弧。而弧線上側端點需與【原點】限制為【垂直放置】。最後再經由【智慧型尺寸】標註相關對應之參數。

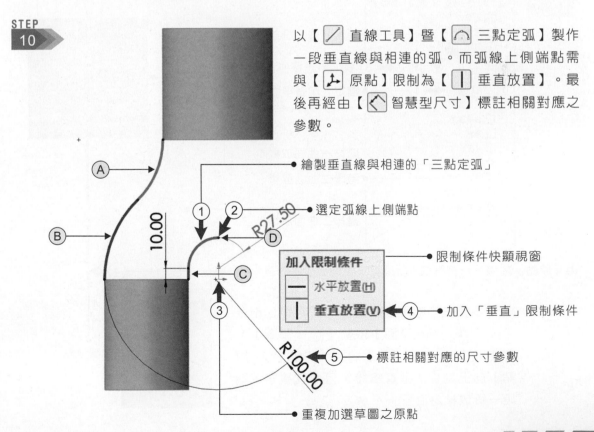

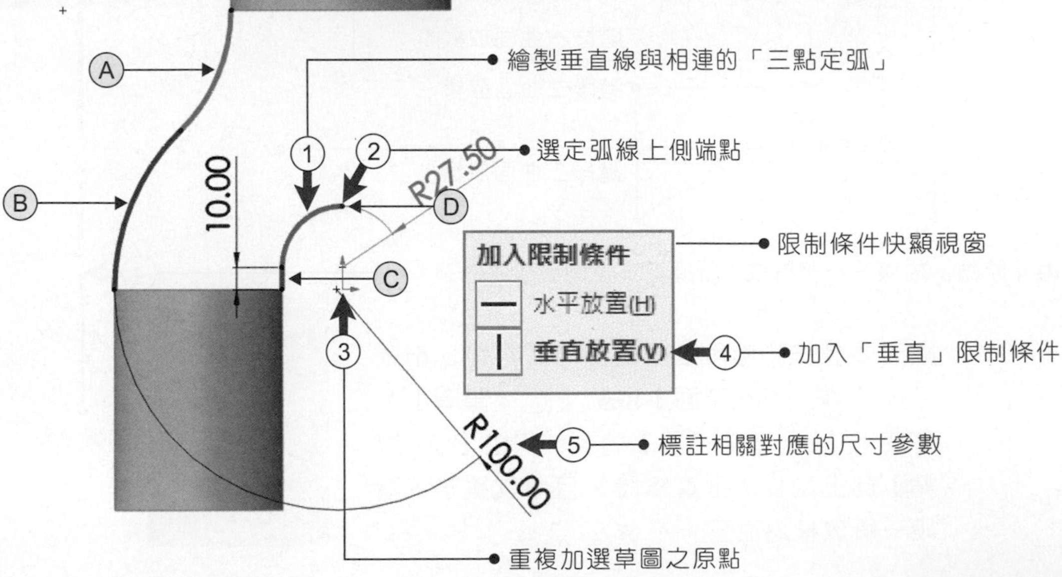
繪製垂直線與相連的「三點定弧」
選定弧線上側端點
10.00
R27.50
限制條件快顯視窗
加入限制條件
水平放置(H)
垂直放置(V)
加入「垂直」限制條件
R100.00
標註相關對應的尺寸參數
重複加選草圖之原點

STEP 11

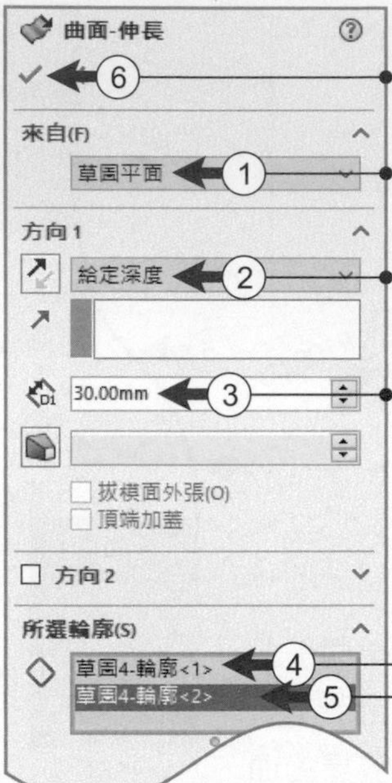
曲面-伸長
來自(F)
草圖平面
方向 1
給定深度
30.00mm
拔模面外張(O)
頂端加蓋
方向 2
所選輪廓(S)
草圖4-輪廓<1>
草圖4-輪廓<2>
⑥ 曲面設定與延伸
① 由草圖平面延伸曲面
② 指定單方向成型
③ 曲面延伸距離輸入
④⑤ 作用輪廓線段指定

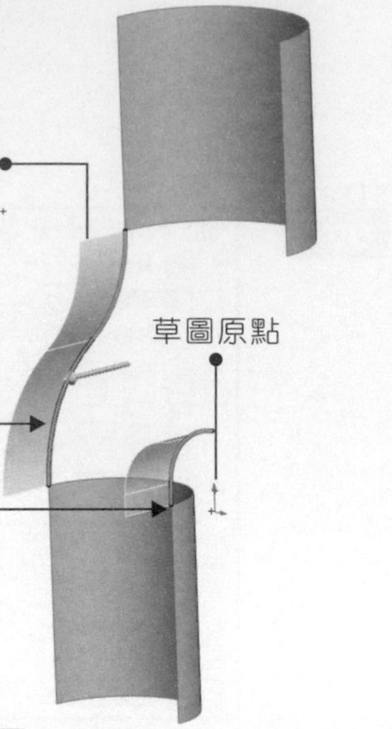
延伸之曲面呈現黃色樣態
草圖原點

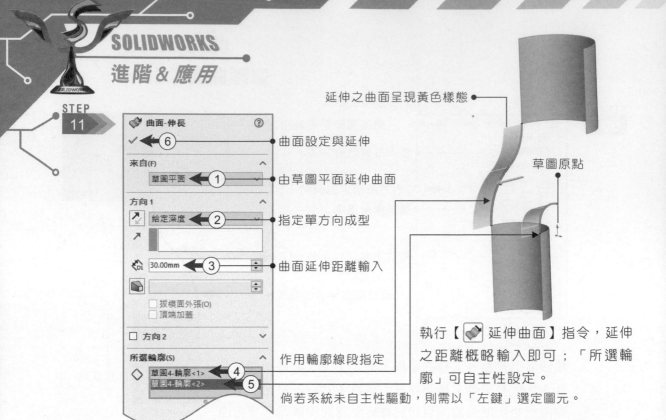

執行【 延伸曲面】指令，延伸之距離概略輸入即可；「所選輪廓」可自主性設定。

倘若系統未自主性驅動，則需以「左鍵」選定圖元。

STEP 12

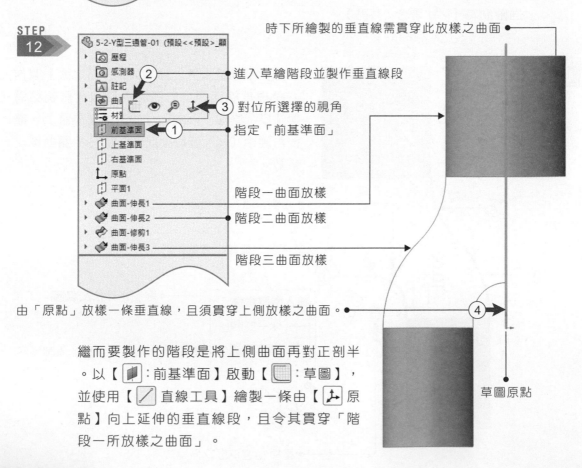

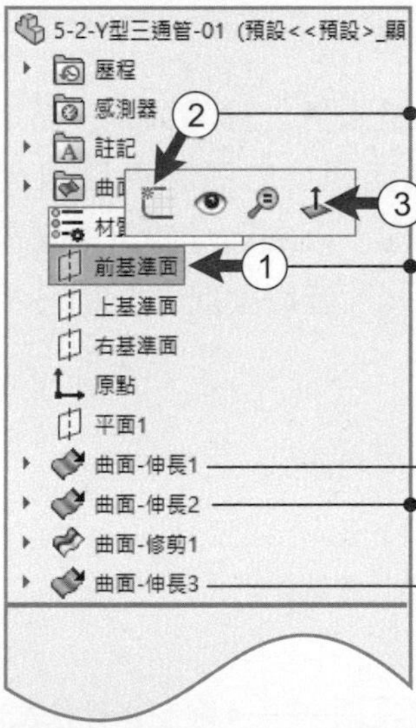
5-2-Y型三通管-01 (預設<<預設>_顯
歷程
感測器
註記
曲面
材質
前基準面
上基準面
右基準面
原點
平面1
曲面-伸長1
曲面-伸長2
曲面-修剪1
曲面-伸長3
② 進入草繪階段並製作垂直線段
③ 對位所選擇的視角
① 指定「前基準面」
階段一曲面放樣
階段二曲面放樣
階段三曲面放樣

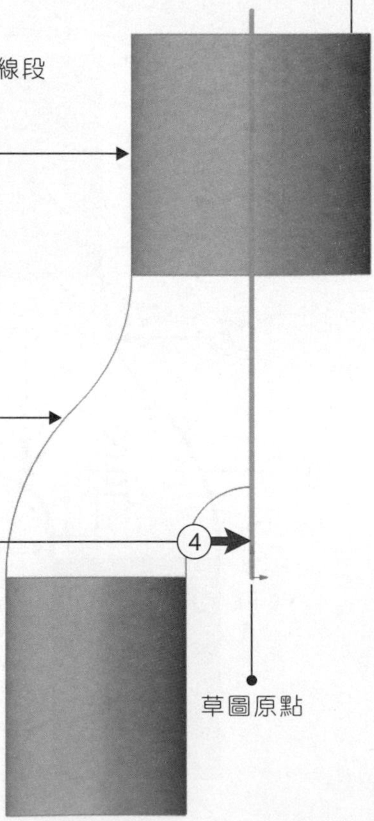
時下所繪製的垂直線需貫穿此放樣之曲面
由「原點」放樣一條垂直線，且須貫穿上側放樣之曲面。④
草圖原點

繼而要製作的階段是將上側曲面再對正剖半。以【 ：前基準面】啟動【 ：草圖】，並使用【 直線工具】繪製一條由【 原點】向上延伸的垂直線段，且令其貫穿「階段一所放樣之曲面」。

STEP 13

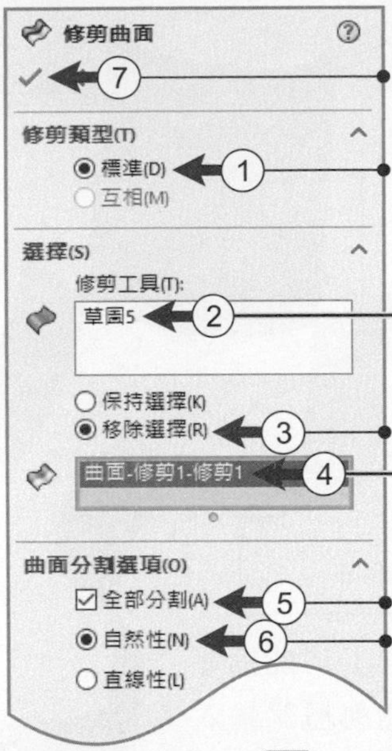
修剪曲面
修剪類型(T)
標準(D)
互相(M)
選擇(S)
修剪工具(T):
草圖5
保持選擇(K)
移除選擇(R)
曲面-修剪1-修剪1
曲面分割選項(O)
全部分割(A)
自然性(N)
直線性(L)
7 曲面修剪設定與執行
1 選擇標準修剪之類型
2 指定為時下的垂直剖面線段
3 設定為移除項次
4 點擊欲剔除之局部
5 選擇全部項次
6 以投影形式修剪曲面

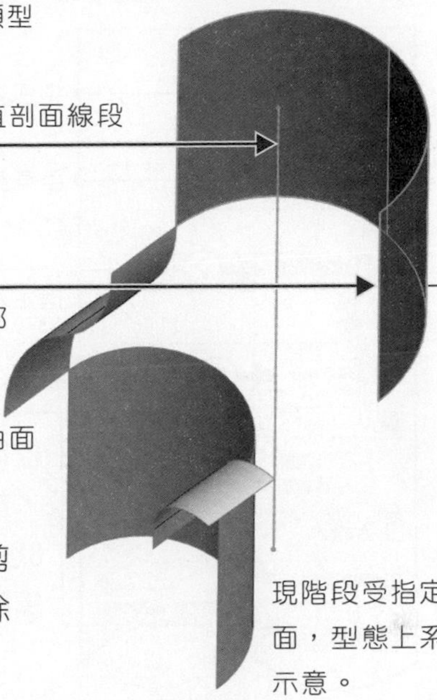
現階段受指定的刪除面，型態上系統以紫色示意。

再一次的執行【修剪曲面】，「修剪工具」指定為現階段繪製的圖元；而移除的項次則為上方曲面右側局部。

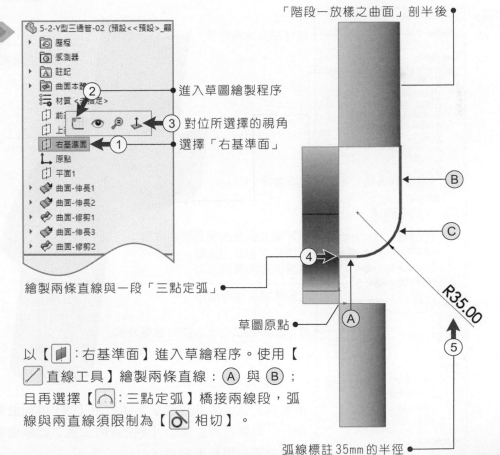

STEP 14

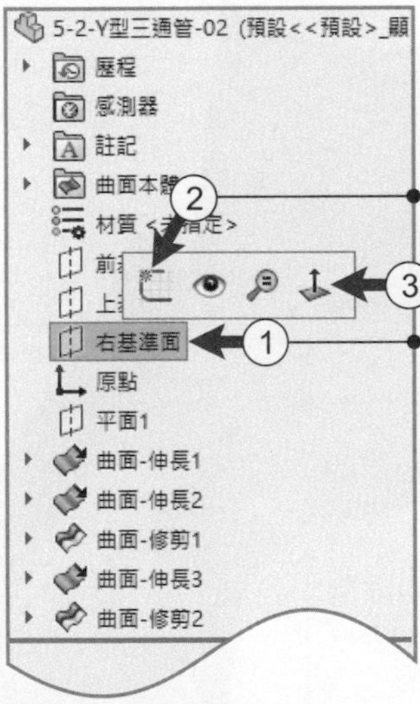
5-2-Y型三通管-02 (預設<<預設>_顯
歷程
感測器
註記
曲面本體
材質 <未指定>
前
上
右基準面
原點
平面1
曲面-伸長1
曲面-伸長2
曲面-修剪1
曲面-伸長3
曲面-修剪2
2 進入草圖繪製程序
3 對位所選擇的視角
1 選擇「右基準面」

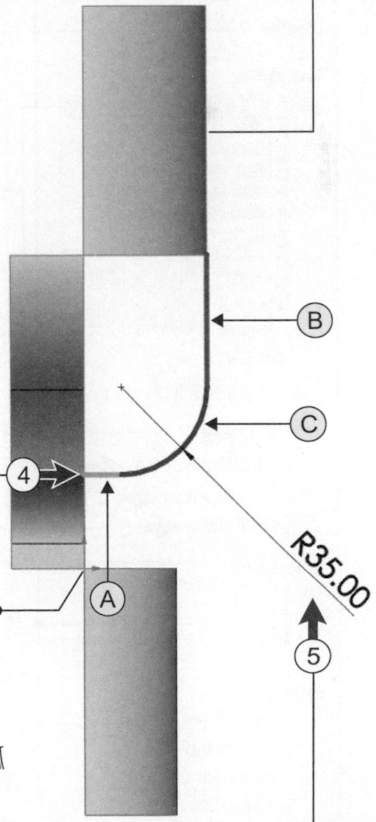
「階段一放樣之曲面」剖半後
B
C
4
R35.00
A
5
繪製兩條直線與一段「三點定弧」
草圖原點
弧線標註 35mm 的半徑

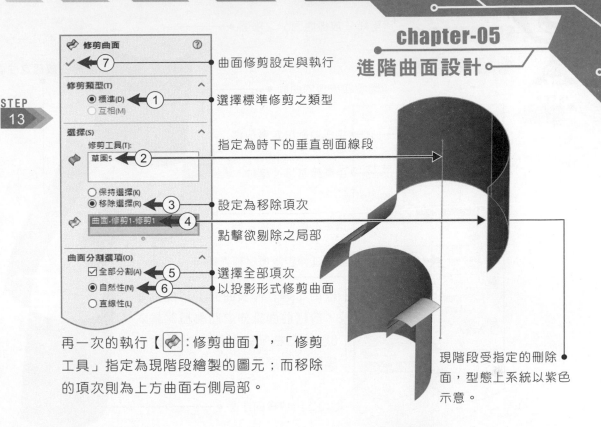

以【右基準面】進入草繪程序。使用【直線工具】繪製兩條直線：Ⓐ 與 Ⓑ；且再選擇【三點定弧】橋接兩線段，弧線與兩直線須限制為【相切】。

STEP 15

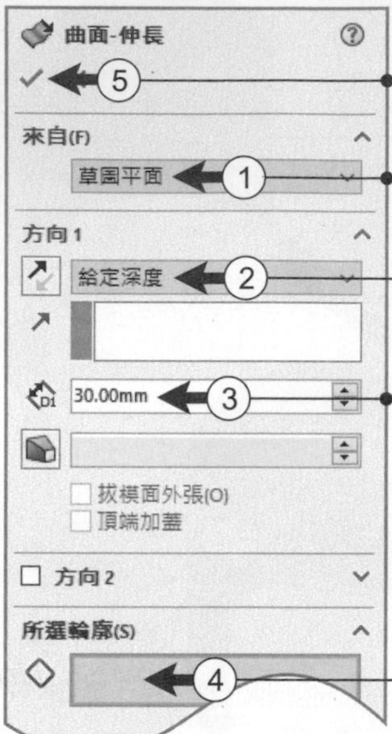
曲面-伸長
來自(F)
草圖平面
方向 1
給定深度
30.00mm
拔模面外張(O)
頂端加蓋
方向 2
所選輪廓(S)

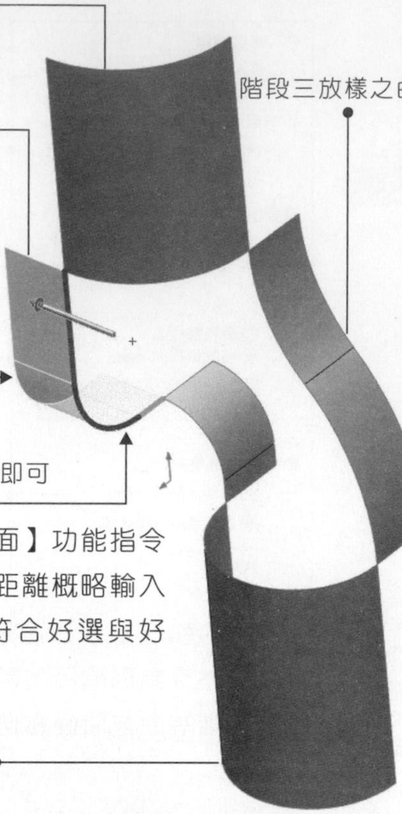
⑤ 完成曲面設定暨放樣
① 由草繪基準面延伸
② 指定為單側延伸曲面
③ 曲面延伸距離概略輸入即可
「階段一放樣曲面」之剖面
階段四放樣的曲面
階段三放樣之曲面
階段二所放樣的曲面

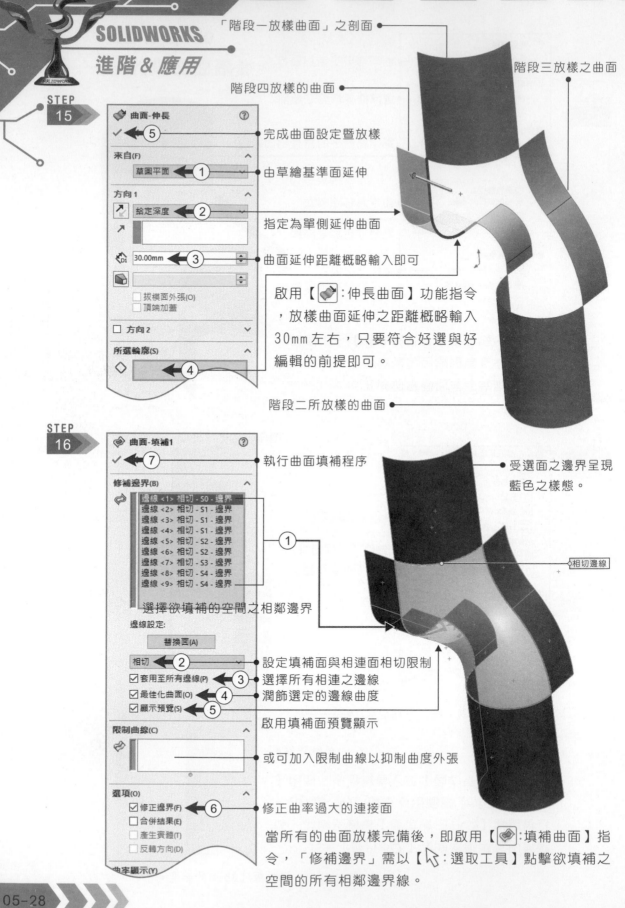

啟用【 :伸長曲面】功能指令，放樣曲面延伸之距離概略輸入30mm左右，只要符合好選與好編輯的前提即可。

STEP 16

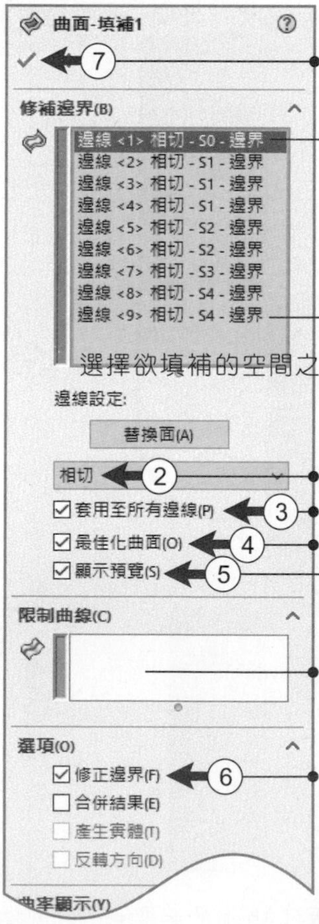
曲面-填補1
修補邊界(B)
邊線 <1> 相切 - S0 - 邊界
邊線 <2> 相切 - S1 - 邊界
邊線 <3> 相切 - S1 - 邊界
邊線 <4> 相切 - S1 - 邊界
邊線 <5> 相切 - S2 - 邊界
邊線 <6> 相切 - S2 - 邊界
邊線 <7> 相切 - S3 - 邊界
邊線 <8> 相切 - S4 - 邊界
邊線 <9> 相切 - S4 - 邊界
邊線設定:
替換面(A)
相切
套用至所有邊線(P)
最佳化曲面(O)
顯示預覽(S)
限制曲線(C)
選項(O)
修正邊界(F)
合併結果(E)
產生實體(T)
反轉方向(D)
曲率顯示(Y)

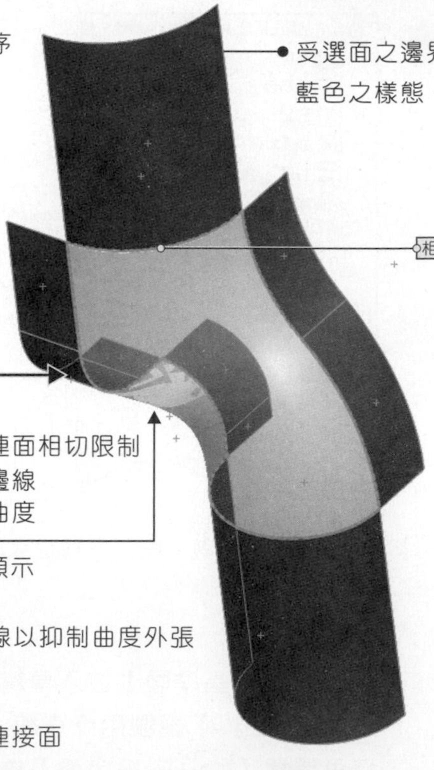
⑦ 執行曲面填補程序
① 選擇欲填補的空間之相鄰邊界
② 設定填補面與相連面相切限制
③ 選擇所有相連之邊線
④ 潤飾選定的邊線曲度
⑤ 啟用填補面預覽顯示
或可加入限制曲線以抑制曲度外張
⑥ 修正曲率過大的連接面
受選面之邊界呈現藍色之樣態。
相切邊線

當所有的曲面放樣完備後，即啟用【 :填補曲面】指令，「修補邊界」需以【 :選取工具】點擊欲填補之空間的所有相鄰邊界線。

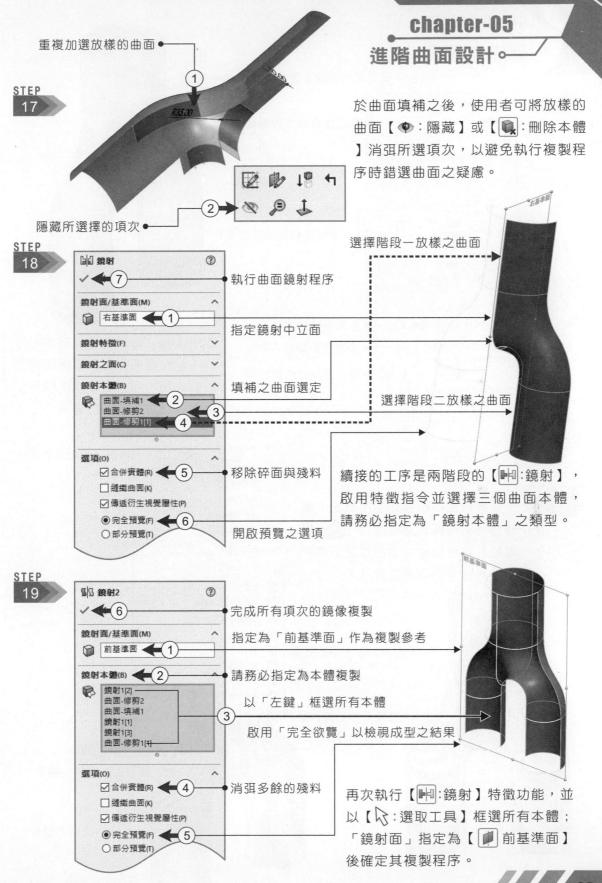

STEP 17

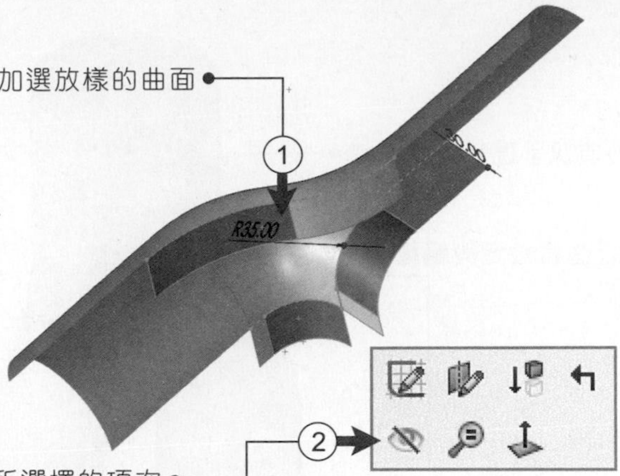

重複加選放樣的曲面 ①

隱藏所選擇的項次 ②

於曲面填補之後，使用者可將放樣的曲面【：隱藏】或【：刪除本體】消弭所選項次，以避免執行複製程序時錯選曲面之疑慮。

STEP 18

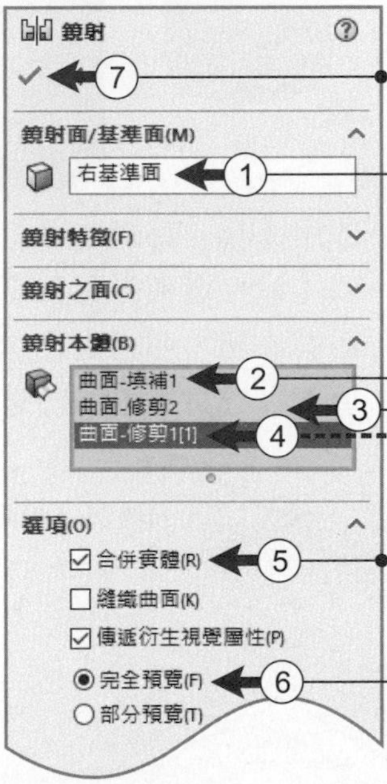

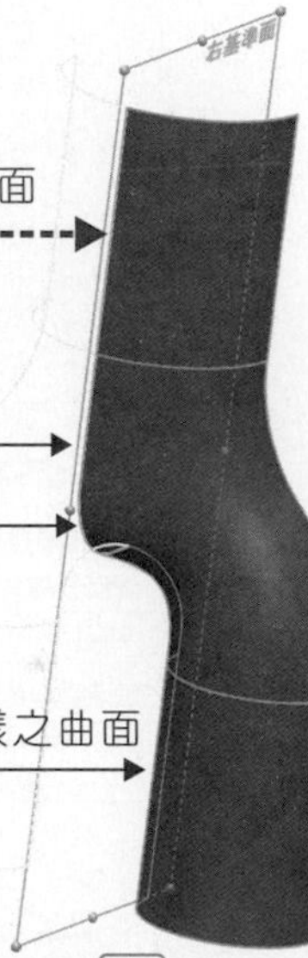

⑦ 執行曲面鏡射程序

① 指定鏡射中立面

② 填補之曲面選定

③ 選擇階段二放樣之曲面

④ 選擇階段一放樣之曲面

⑤ 移除碎面與殘料

⑥ 開啟預覽之選項

續接的工序是兩階段的【：鏡射】，啟用特徵指令並選擇三個曲面本體，請務必指定為「鏡射本體」之類型。

STEP 19

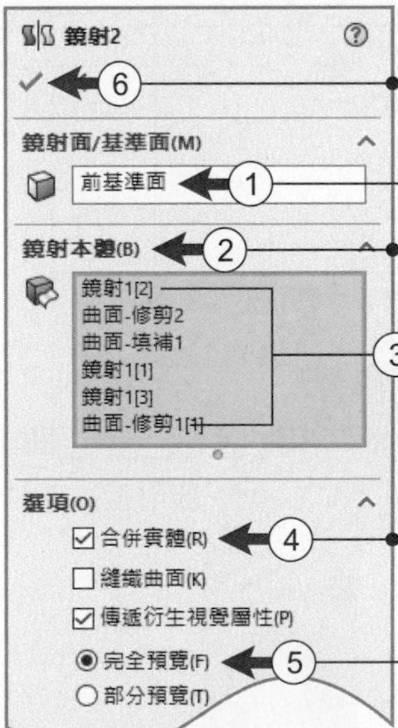

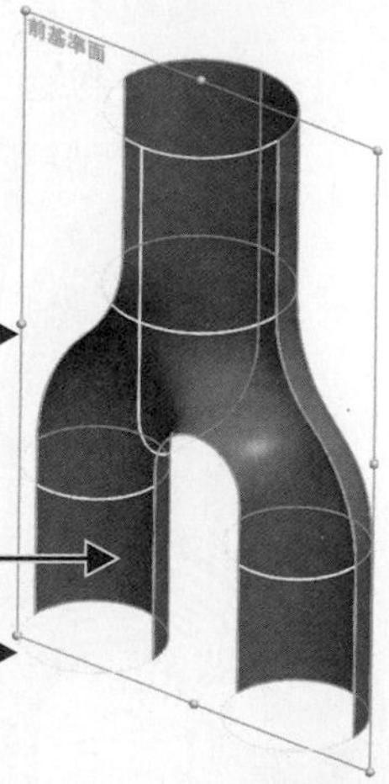

⑥ 完成所有項次的鏡像複製

① 指定為「前基準面」作為複製參考

② 請務必指定為本體複製

③ 以「左鍵」框選所有本體

④ 消弭多餘的殘料

⑤ 啟用「完全欲覽」以檢視成型之結果

再次執行【：鏡射】特徵功能，並以【：選取工具】框選所有本體；「鏡射面」指定為【前基準面】後確定其複製程序。

STEP 20

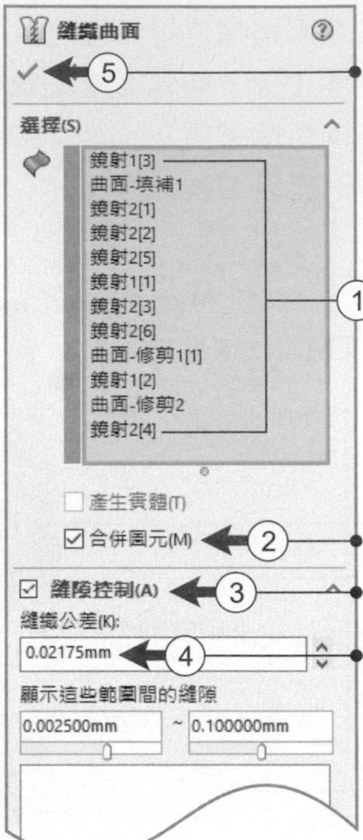
縫織曲面
選擇(S)
鏡射1[3]
曲面-填補1
鏡射2[1]
鏡射2[2]
鏡射2[5]
鏡射1[1]
鏡射2[3]
鏡射2[6]
曲面-修剪1[1]
鏡射1[2]
曲面-修剪2
鏡射2[4]
產生實體(T)
合併圖元(M)
縫隙控制(A)
縫織公差(K):
0.02175mm
顯示這些範圍間的縫隙
0.002500mm
0.100000mm
⑤ 執行曲面設定與縫織程序
① 以選取工具框選所有項次
② 剔除細碎的邊界
③ 縫隙域值設定
④ 維持預設之參數即可

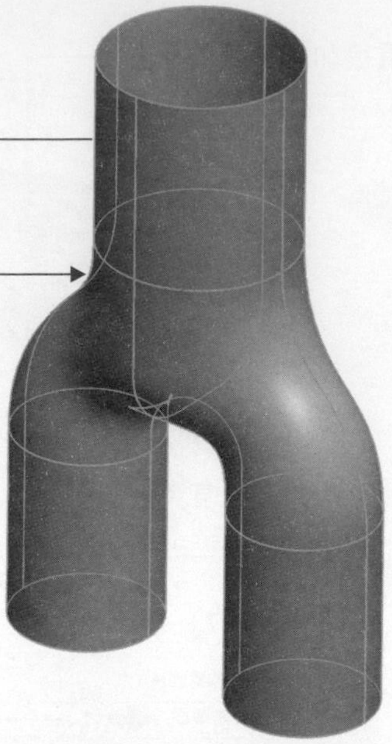
受指定的項次呈現藍色之樣態

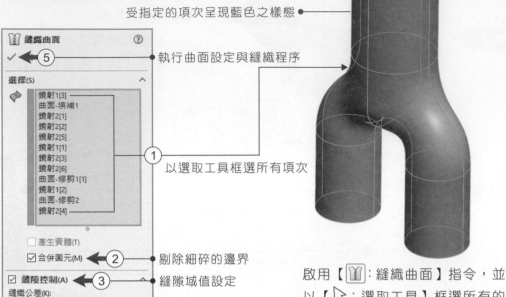

啟用【縫織曲面】指令，並以【選取工具】框選所有的曲面本體；可指定「合併圖元」項次以過濾細碎的雜邊。

STEP 21

使用者若要檢核曲面順接概況，最顯而易見的形式即是啟用【斑馬紋】功能指令，透過紋路的轉折概可判別曲面融合之現狀。

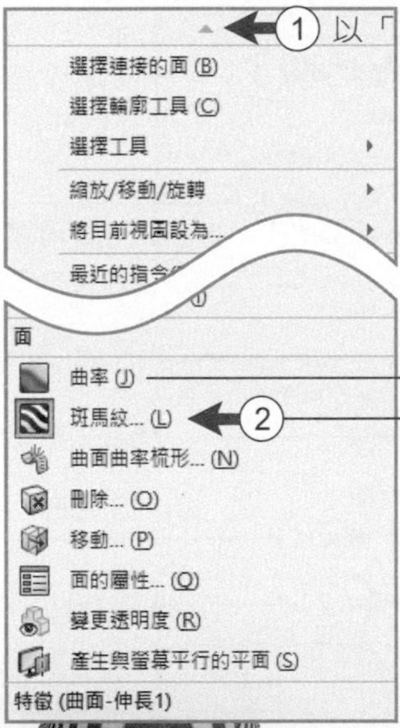
① 以「右鍵」快顯浮動視窗
選擇連接的面 (B)
選擇輪廓工具 (C)
選擇工具
縮放/移動/旋轉
將目前視圖設為...
最近的指令
面
曲率 (J)
斑馬紋... (L)
曲面曲率梳形... (N)
刪除... (O)
移動... (P)
面的屬性... (Q)
變更透明度 (R)
產生與螢幕平行的平面 (S)
特徵 (曲面-伸長1)
亦可啟用曲率檢核
② 啟用「斑馬紋」顯示

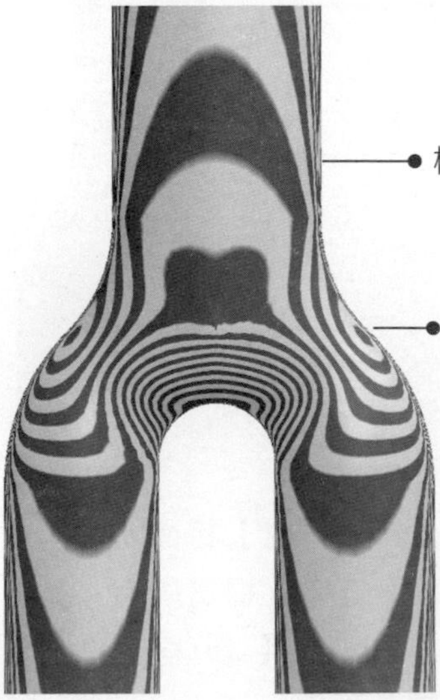
檢視其曲面順接概況
當邊界轉折越大時，則紋路越密集。

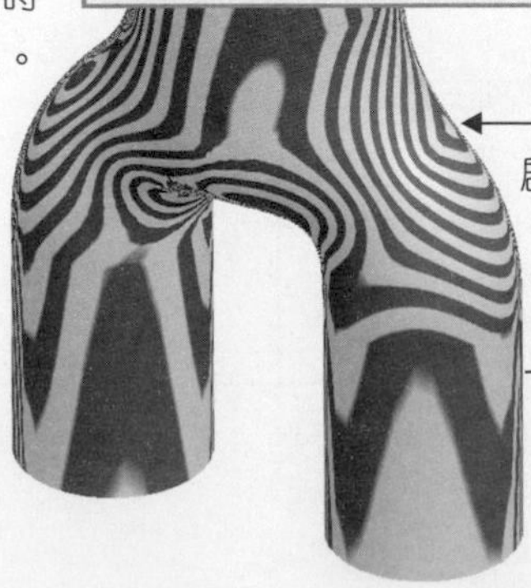
側向縫織處檢核

5-2.2 Y型三通管設計

STEP 01

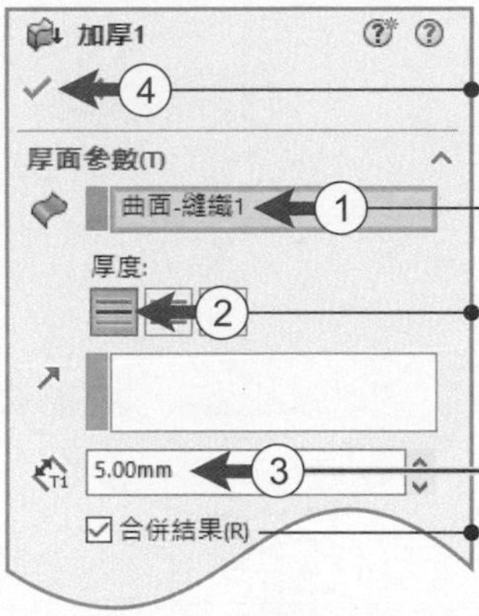
加厚1
厚面參數(T)
曲面-縫織1
厚度:
5.00mm
合併結果(R)
④ 將曲面轉為具殼厚的實體
① 選擇已縫織成型的曲面
② 向內側成型實體
③ 厚度輸入為5mm
現階段選擇與否皆不影響其最終結果。

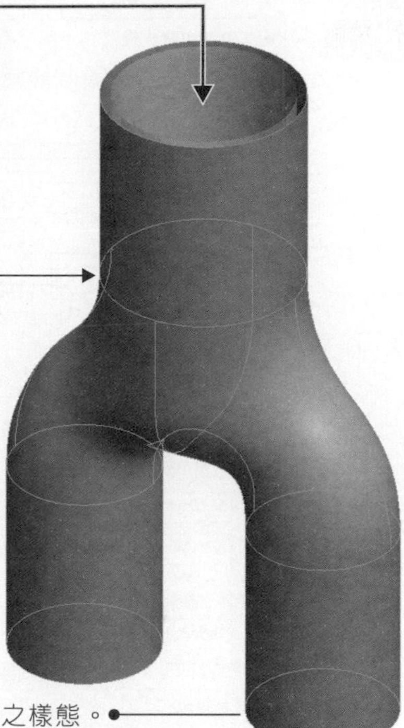

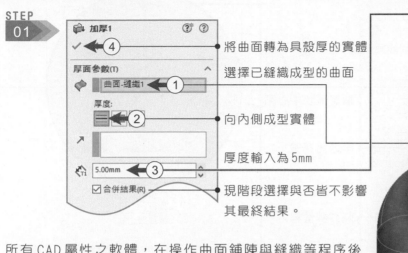

所有CAD屬性之軟體，在操作曲面鋪陳與縫織等程序後，續接的即是驗收成果的最重要階段——轉為實體。而於SolidWorks建構的模型亦是如此。執行【:加厚】特徵指令，「厚度」項次則指定為向內側偏移5mm的參數。

欲增加厚度的本體指定時，即呈現藍色之樣態。

STEP 02

③ 正視於所選基準面
② 啟動草圖繪製程序

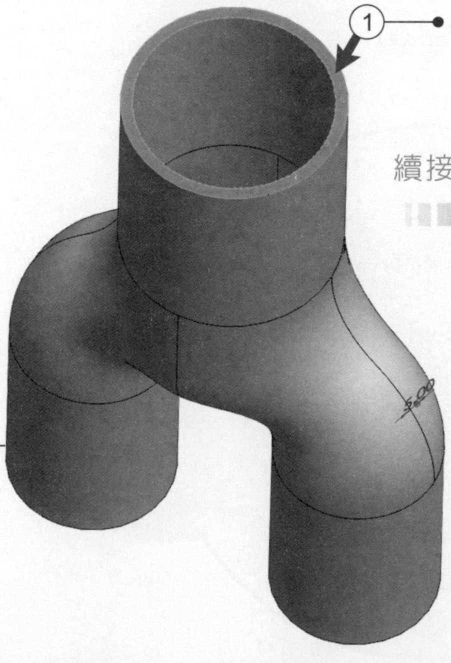
① 指定三通管頂端平面

續接畫面

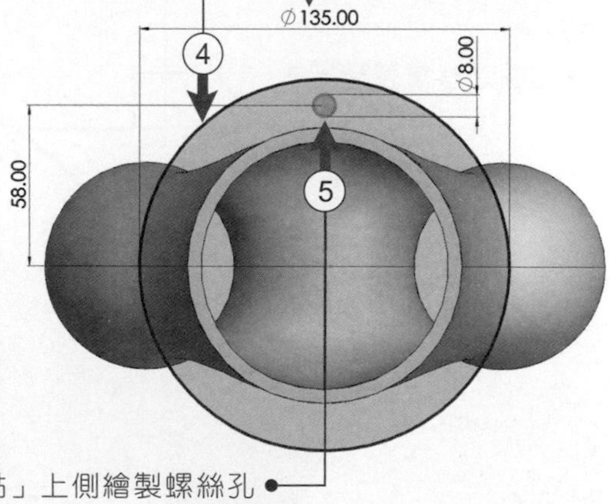
④ 由中心點建構一個草圖圓
⑥ 標註對應之尺寸
⌀135.00
⌀8.00
58.00
⑤ 於「原點」上側繪製螺絲孔

現階段要建構的是閥門之鎖片，以【:選取工具】指定三通管上側平面，且透過【圓工具】繪製外輪廓與鎖孔。

取消「斑馬紋」或「曲率」顯示

STEP 03

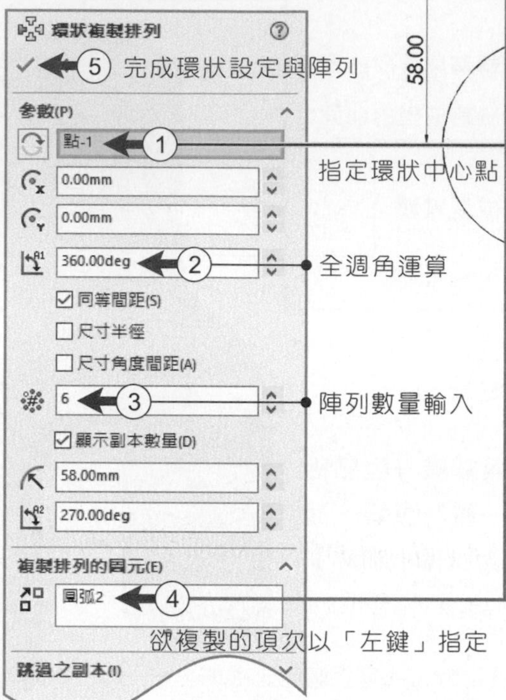

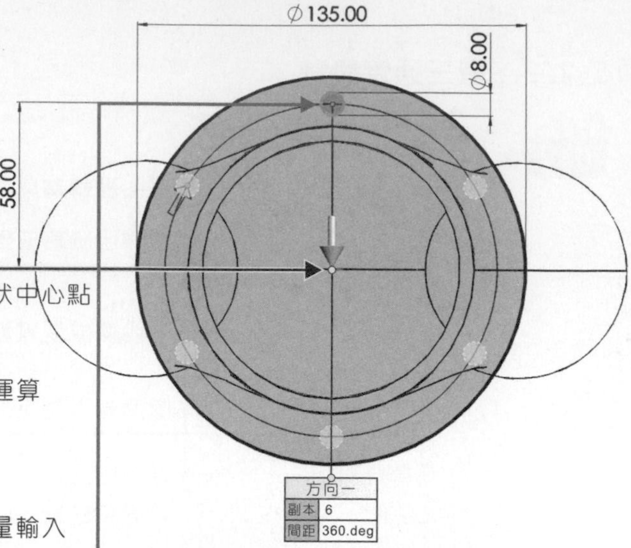

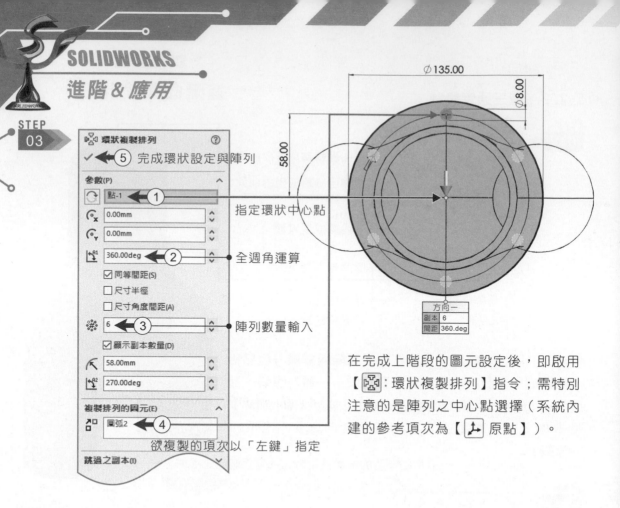

在完成上階段的圖元設定後，即啟用【:環狀複製排列】指令；需特別注意的是陣列之中心點選擇（系統內建的參考項次為【 原點】）。

STEP 04

歷經上個步驟的環狀陣列程序，中心點上的圓形輪廓已經複製成六個迴圈。關於閥片的圖元尚缺一個內環邊界，使用【 :選取工具】於內圈邊界上點選並執行【 參考圖元】指令。

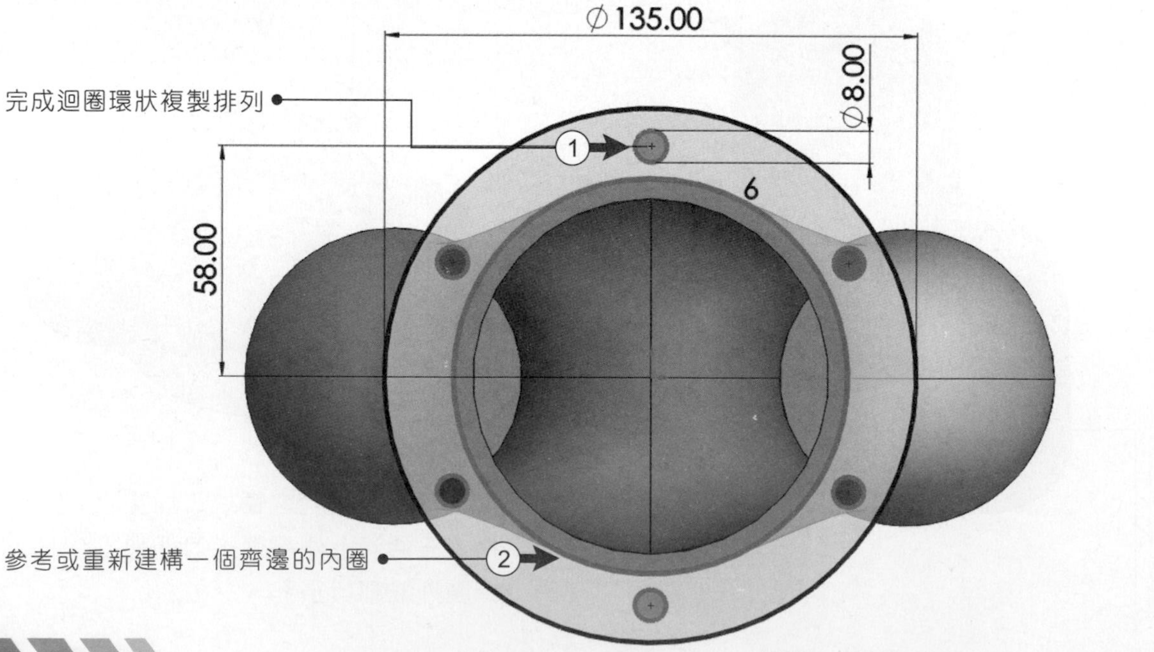

STEP 05

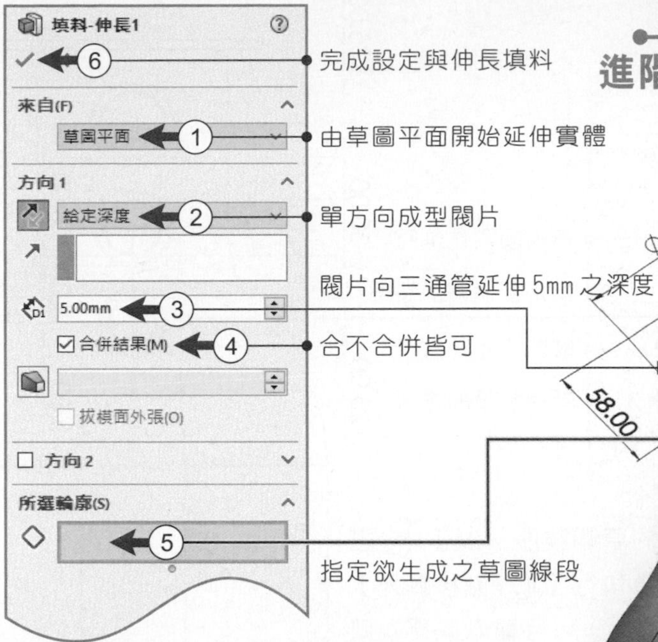

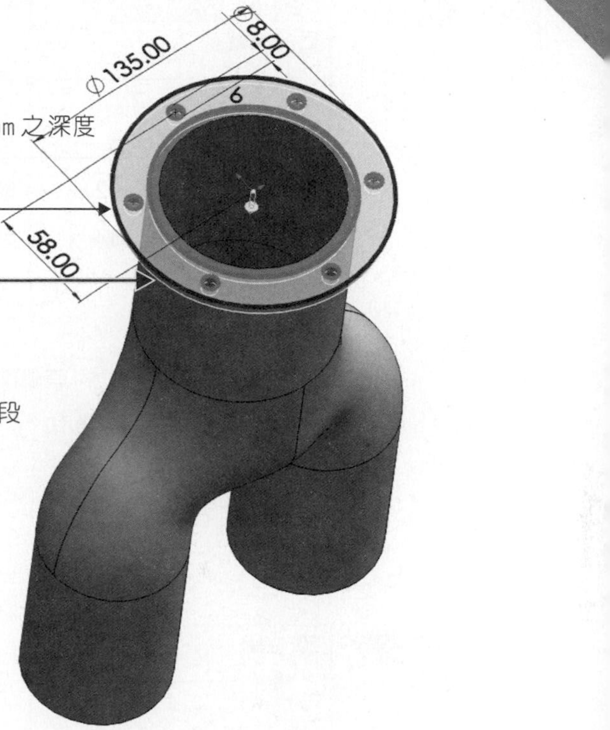

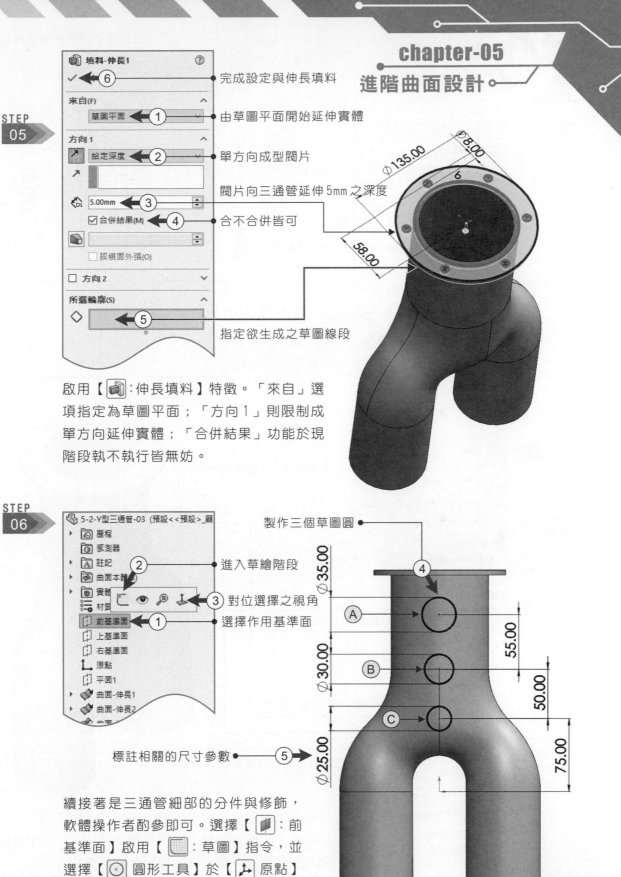

啟用【 :伸長填料】特徵。「來自」選項指定為草圖平面;「方向 1」則限制成單方向延伸實體;「合併結果」功能於現階段執不執行皆無妨。

STEP 06

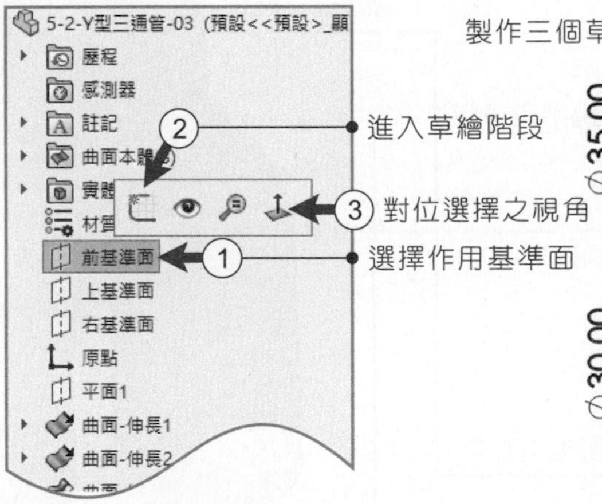

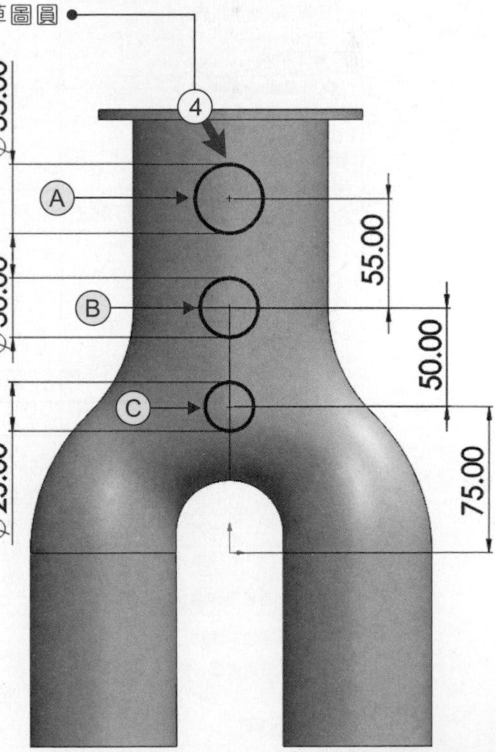

續接著是三通管細部的分件與修飾,軟體操作者酌參即可。選擇【 :前基準面】啟用【 :草圖】指令,並選擇【 圓形工具】於【 原點】上側建構三個迴圈。

STEP 07

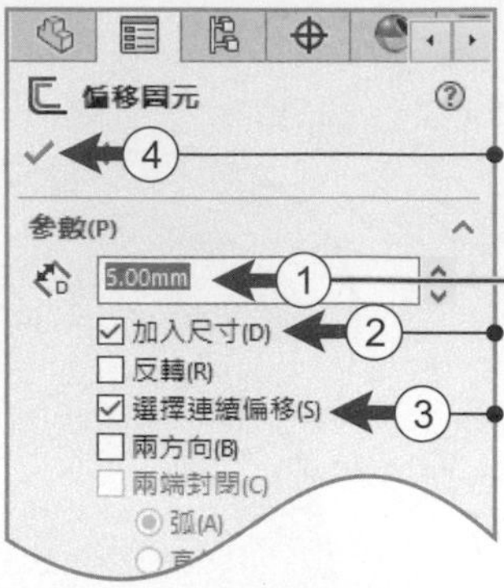
偏移圖元
參數(P)
5.00mm
加入尺寸(D)
反轉(R)
選擇連續偏移(S)
兩方向(B)
兩端封閉(C)
弧(A)
4
1
2
3
草圖圓製作偏移
指定欲偏移的輪廓
顯示尺寸參數
維持預設的選項

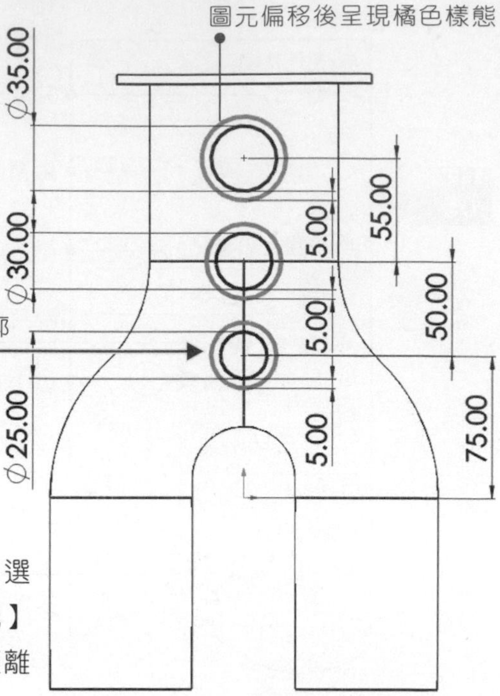

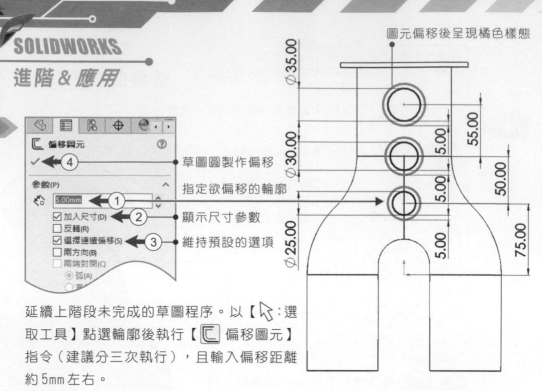

延續上階段未完成的草圖程序。以【 :選取工具】點選輪廓後執行【 偏移圖元】指令（建議分三次執行），且輸入偏移距離約5mm左右。

STEP 08

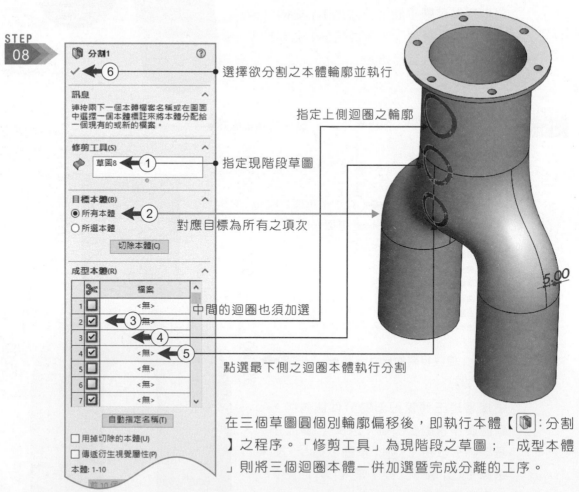

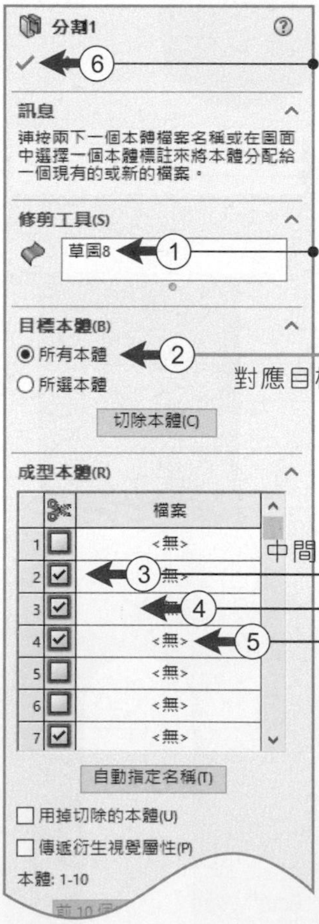
分割1
訊息
請按兩下一個本體檔案名稱或在圖面中選擇一個本體標註來將本體分配給一個現有的或新的檔案。
修剪工具(S)
草圖8
目標本體(B)
所有本體
所選本體
切除本體(C)
成型本體(R)
檔案
<無>
自動指定名稱(T)
用掉切除的本體(U)
傳遞衍生視覺屬性(P)
本體: 1-10
6
1
2
3
4
5
選擇欲分割之本體輪廓並執行
指定現階段草圖
對應目標為所有之項次
中間的迴圈也須加選
點選最下側之迴圈本體執行分割

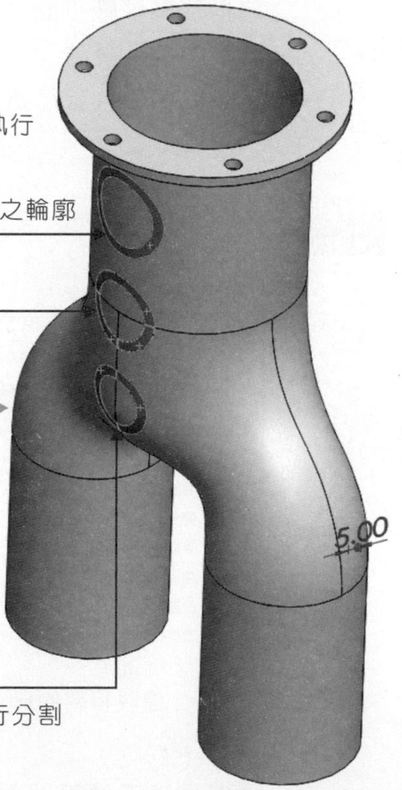
指定上側迴圈之輪廓
5.00

在三個草圖圓個別輪廓偏移後，即執行本體【 :分割】之程序。「修剪工具」為現階段之草圖；「成型本體」則將三個迴圈本體一併加選暨完成分離的工序。

STEP 09

在所建構的模型貼附材質與環境設定前，軟體操作者可就已經完成的實體製作元件【:分割】與造型設計；歷經【圓角】或【導角】修飾的邊界即有著迥異的風格特色。

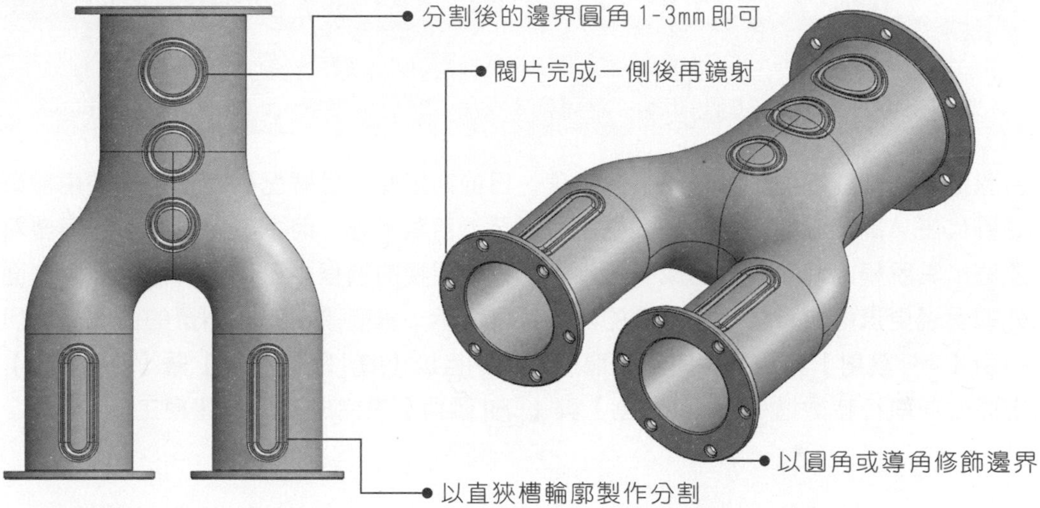
分割後的邊界圓角 1-3mm 即可
閥片完成一側後再鏡射
以圓角或導角修飾邊界
以直狹槽輪廓製作分割

《三通管正視圖》　《三通管透視圖》

STEP 10

進入模型彩現程序：透過Solidworks之附加模組【 Photoview360】編輯模型【:外觀】與【:全景】；關於三通管造型的產品，讀者概可嘗試以不同質感附貼並調整其光影。下方為三通管模型融合素色場景之渲染完成圖照。

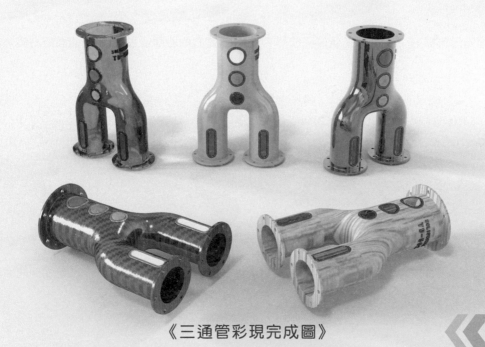

《三通管彩現完成圖》

5-3 鍍鉻水龍頭

⊙ 要點提醒　本範例為綠色版參考教學檔 -- 請學習者使用雲端連結並下載相關之附件

本範例教學視訊檔案：SolidWorks/進階&應用/CH05目錄下/5-3 水龍頭.avi
本範例製作完成檔案：SolidWorks/進階&應用/CH05目錄下/5-3 水龍頭.SLDPRT

台灣是水龍頭鑄造的工業王國，德、美、日的衛浴知名品牌配件有多數是委由於彰化工廠開發暨代工。高單價的衛浴設備價格由數千至上百萬不等，而金屬龍頭的製程與塑料產品大相逕庭，其脫模的細節與射出成型迥異，所以在建模的過程中可以更肆意的鋪陳曲面，讓產品外觀呈現更流線的意象。如下側的建模進程所示：水龍頭在完成側邊的曲面放樣與成形後，經由【鏡射】特徵構築完整的龍頭外觀；且以【縫織曲面】暨【薄殼】製作龍頭主體；並執行特徵指令【分割】與【圓角】來完成產品之建模工序。

建模進程：

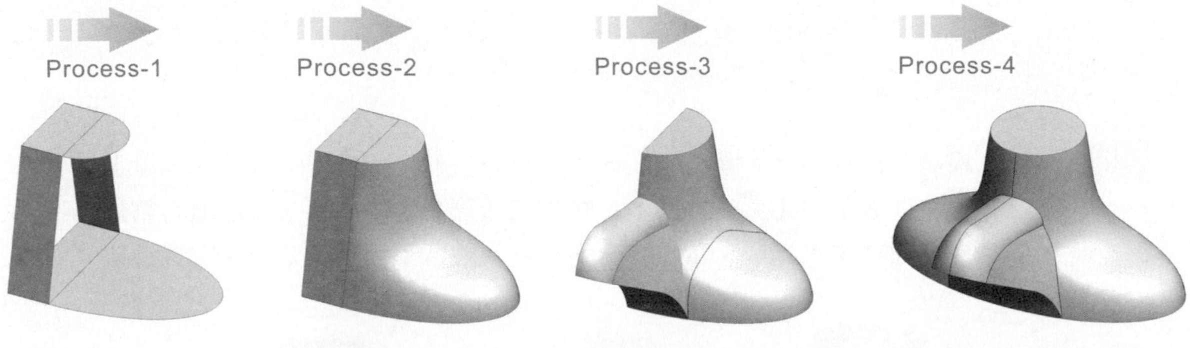

主體曲面階段放樣　龍頭主體側面成形　主體右側曲面合併　曲面縫織與元件鏡射

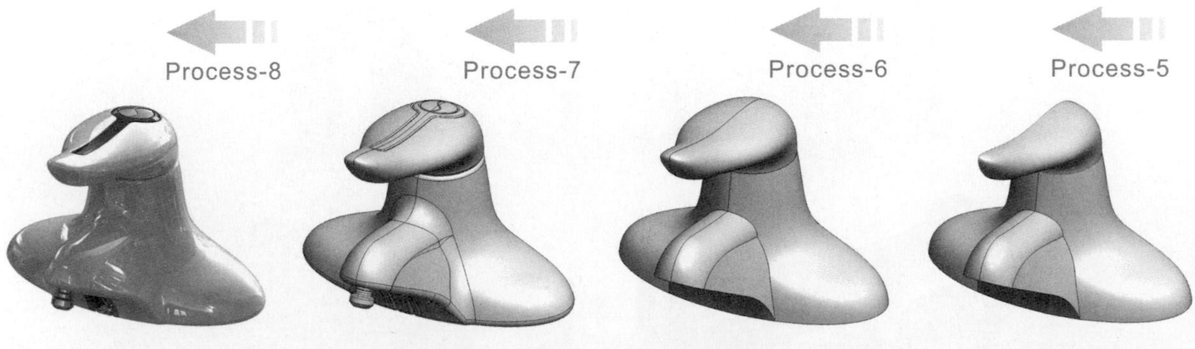

水龍頭貼附材質暨渲染　分件製作與邊界修飾　實體外觀建構成型　龍頭開關曲面放樣

5-3.1 水龍頭曲面放樣

STEP 01

水龍頭的模型建構之前段流程幾近乎都是曲面放樣的工序。指定【:右基準面】並進入【:草圖】繪製，且及時讓放樣的項次與【原點】產生對應的關聯性。

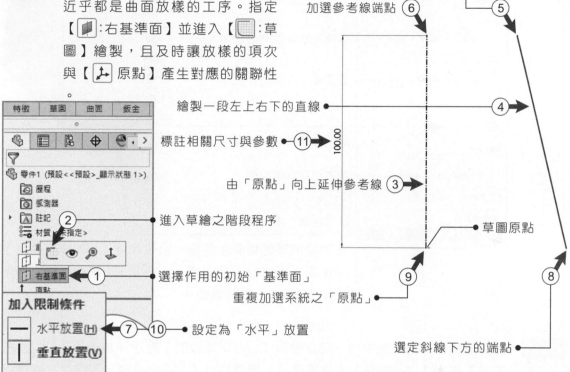

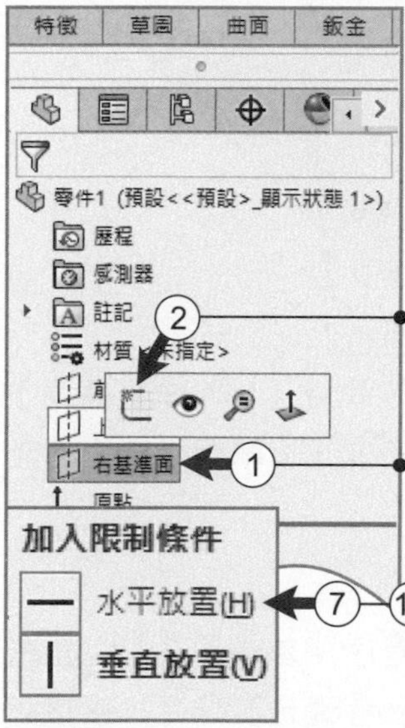

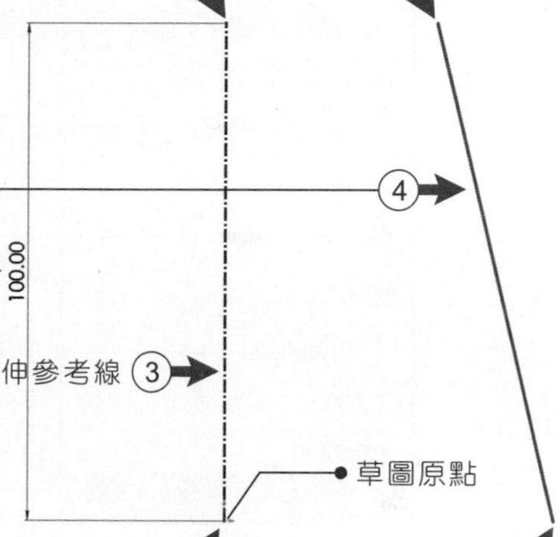
點擊直線上側之端點 ⑤
加選參考線端點 ⑥
繪製一段左上右下的直線 ④
標註相關尺寸與參數 ⑪
100.00
由「原點」向上延伸參考線 ③
草圖原點
⑨ 重複加選系統之「原點」
⑧ 選定斜線下方的端點

STEP 02

在右側邊線放樣完備後，續接著以【:選取工具】框選所有輪廓（筆者習慣循右上左下之路徑拖曳），並啟用【鏡射圖元】指令完成對向複製；而關於上下兩端之缺口，同樣使用【直線工具】繪製兩水平段落來封邊。

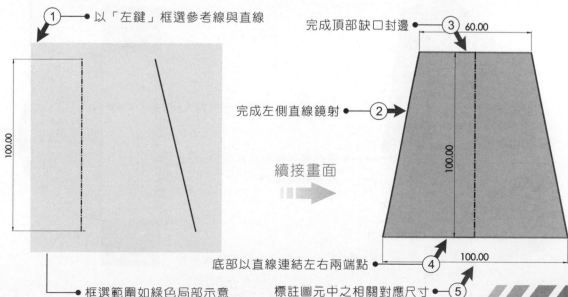

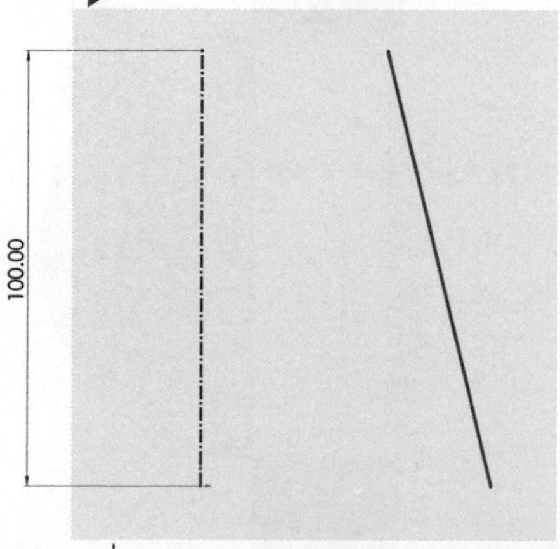
① 以「左鍵」框選參考線與直線
100.00
框選範圍如綠色局部示意

續接畫面

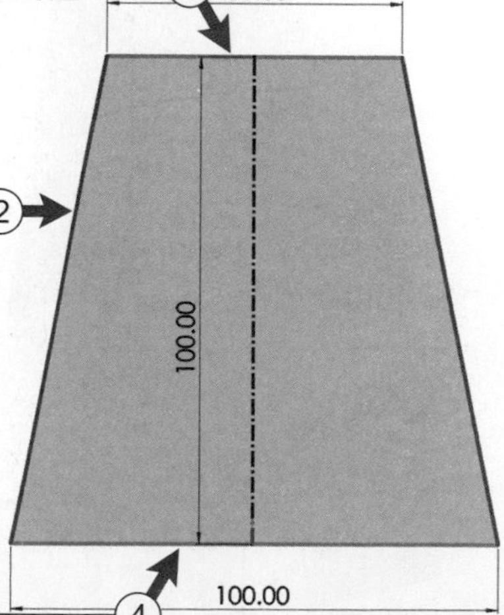
完成頂部缺口封邊 ③
60.00
完成左側直線鏡射 ②
100.00
底部以直線連結左右兩端點 ④
100.00
標註圖元中之相關對應尺寸 ⑤

STEP 03

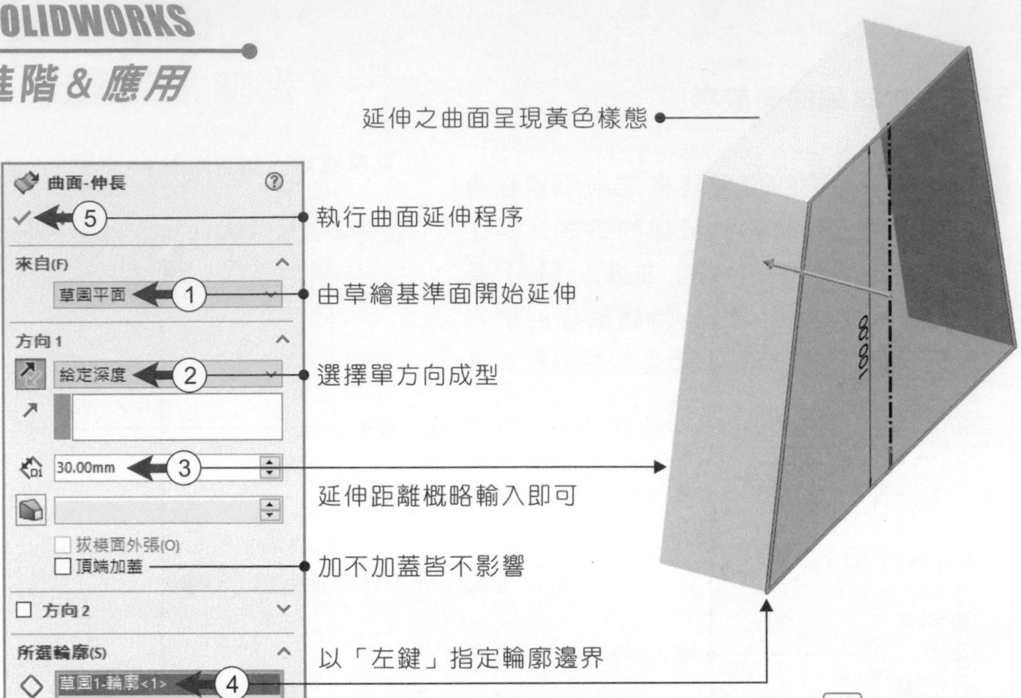
延伸之曲面呈現黃色樣態
曲面-伸長
5
執行曲面延伸程序
來自(F)
草圖平面
1
由草繪基準面開始延伸
方向1
給定深度
2
選擇單方向成型
30.00mm
3
延伸距離概略輸入即可
拔模面外張(O)
頂端加蓋
加不加蓋皆不影響
方向2
所選輪廓(S)
以「左鍵」指定輪廓邊界
草圖1-輪廓<1>
4

在等腰的草圖輪廓完成後，即可執行【伸長曲面】完成第一階段的曲面放樣，「方向 1」單側延伸之距離約輸入 30mm 上下的域值。

STEP 04

選擇放樣曲面之上側平板，隨之啟用【:草圖繪製】程序。首先以【:選取工具】指定【原點】上之邊界線，繼而執行【參考圖元】指令；續接著使用【三點定弧】連結直線的上下端點，使其形成一個半圓形的封閉輪廓。

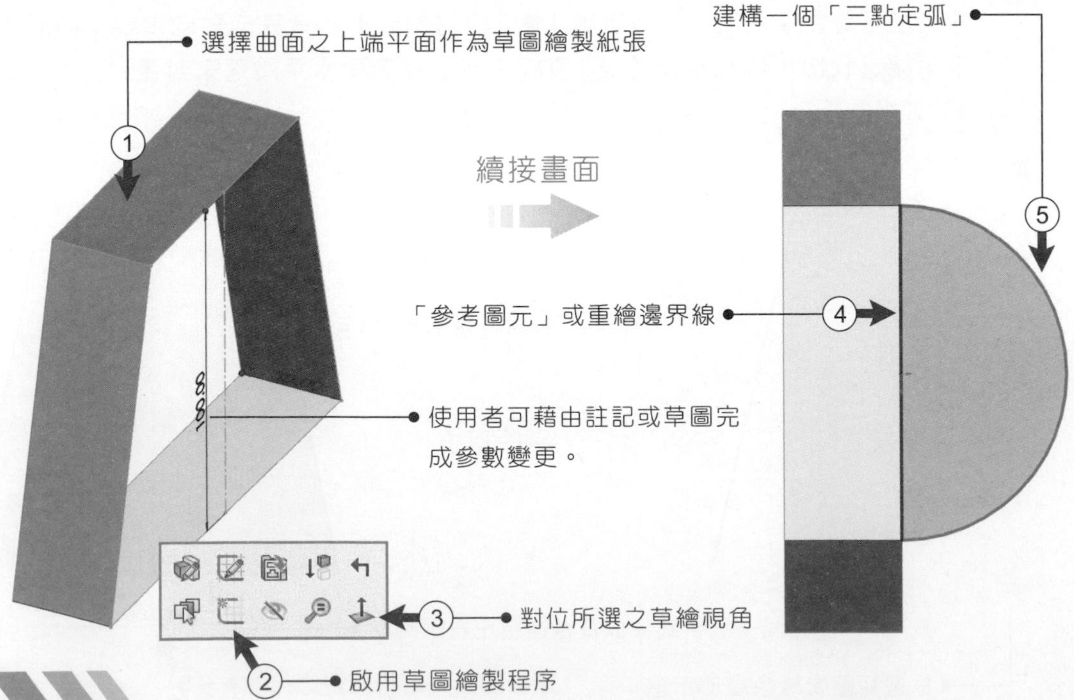
選擇曲面之上端平面作為草圖繪製紙張
1
續接畫面
建構一個「三點定弧」
5
「參考圖元」或重繪邊界線
4
使用者可藉由註記或草圖完成參數變更。
3
對位所選之草繪視角
2
啟用草圖繪製程序

STEP 05

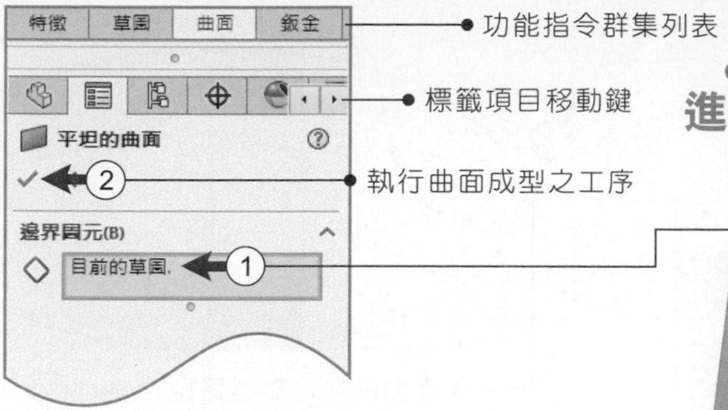
特徵
草圖
曲面
鈑金
功能指令群集列表
標籤項目移動鍵
平坦的曲面
2
執行曲面成型之工序
邊界圖元(B)
目前的草圖.
1

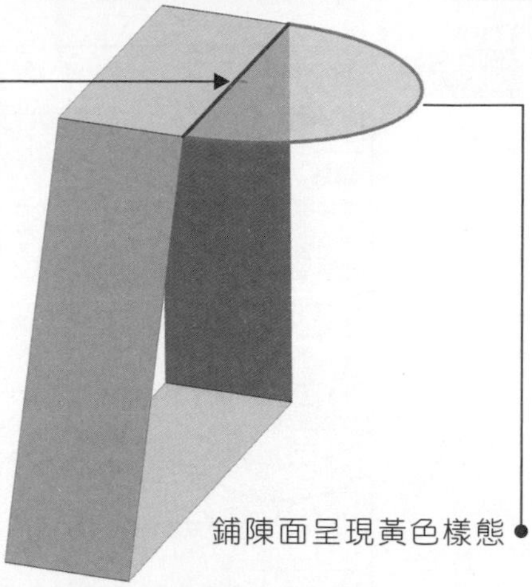
鋪陳面呈現黃色樣態

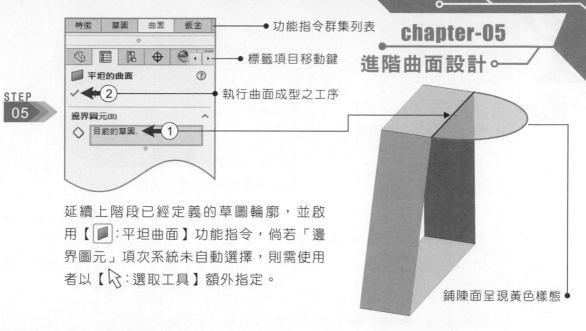

延續上階段已經定義的草圖輪廓，並啟用【▣:平坦曲面】功能指令，倘若「邊界圖元」項次系統未自動選擇，則需使用者以【↖:選取工具】額外指定。

STEP 06

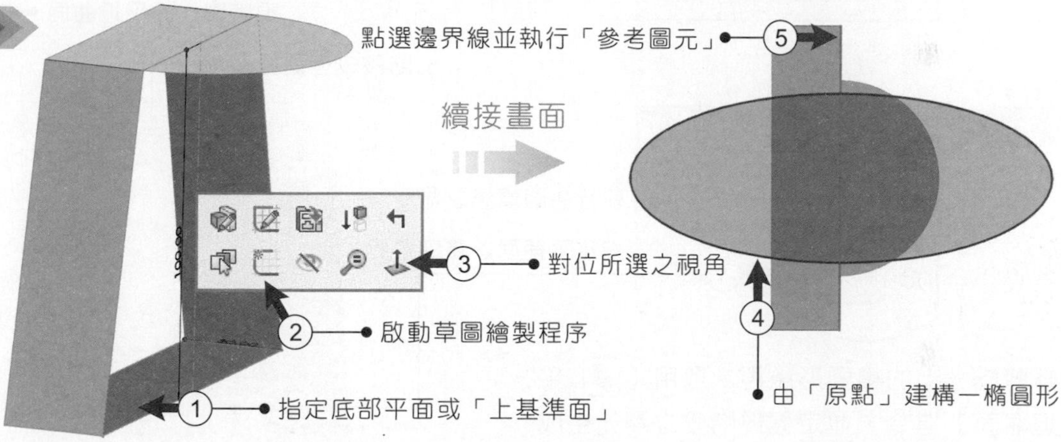
點選邊界線並執行「參考圖元」
5
續接畫面
3
對位所選之視角
2
啟動草圖繪製程序
1
指定底部平面或「上基準面」
4
由「原點」建構一橢圓形

STEP 07

現階段由底端平面啟動【▦ 草圖】繪製程序，且使用【◎ 橢圓形工具】建構一個左右端點【━ 水平放置】的迴圈；尤其重要的是指定上側端點與邊界上側線端【⋀:重合／共點】。

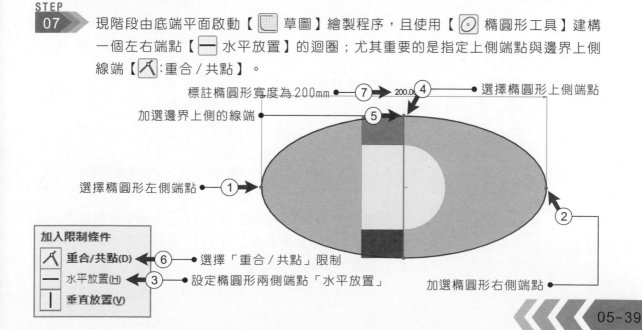

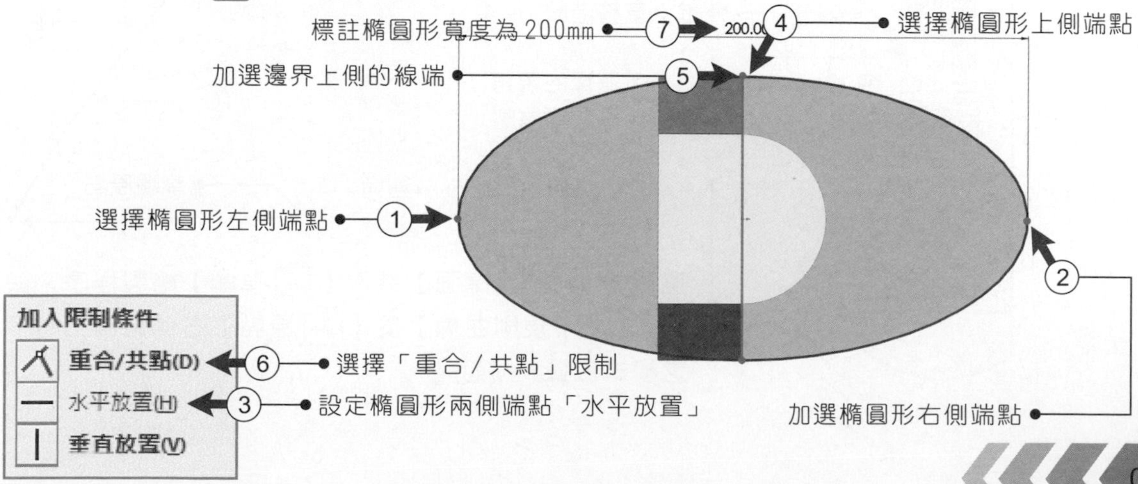
標註橢圓形寬度為200mm
7
200.0
4
選擇橢圓形上側端點
加選邊界上側的線端
5
選擇橢圓形左側端點
1
2
加選橢圓形右側端點
加入限制條件
重合/共點(D)
水平放置(H)
垂直放置(V)
6
選擇「重合／共點」限制
3
設定橢圓形兩側端點「水平放置」

STEP 08

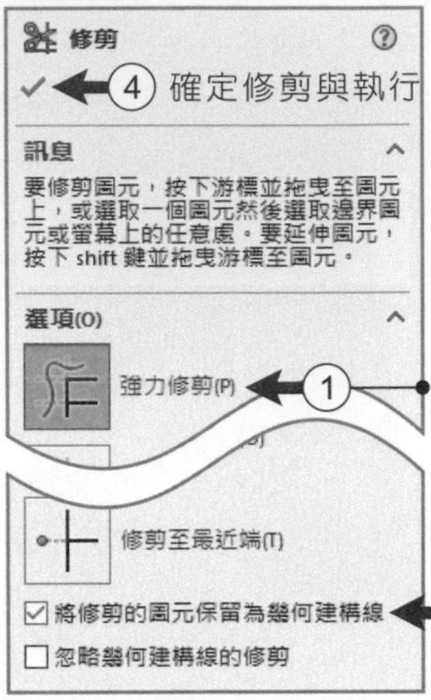
修剪
④ 確定修剪與執行
訊息
要修剪圖元，按下游標並拖曳至圖元上，或選取一個圖元然後選取邊界圖元或螢幕上的任意處。要延伸圖元，按下 shift 鍵並拖曳游標至圖元。
選項(O)
強力修剪(P)
① 修剪類型選擇
修剪至最近端(T)
將修剪的圖元保留為幾何建構線
② 可將修剪之段落轉成參考線
忽略幾何建構線的修剪

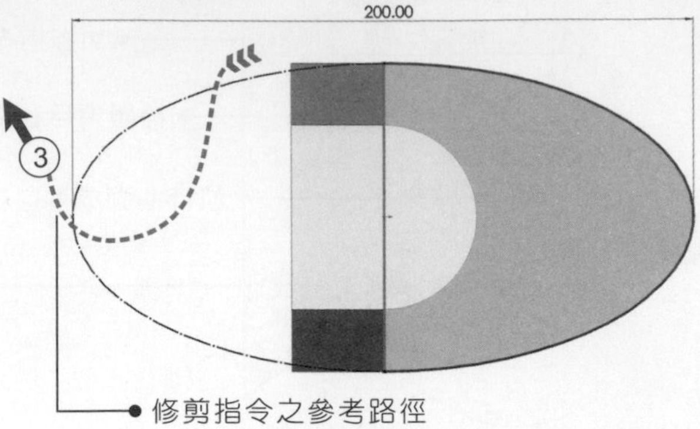
200.00
③
修剪指令之參考路徑

於圖元定義完備後，即啟用【✂：修剪】指令並設定其類型為【強力修剪】，再以「左鍵」拖曳游標剔除橢圓形輪廓的左側邊界。

STEP 09

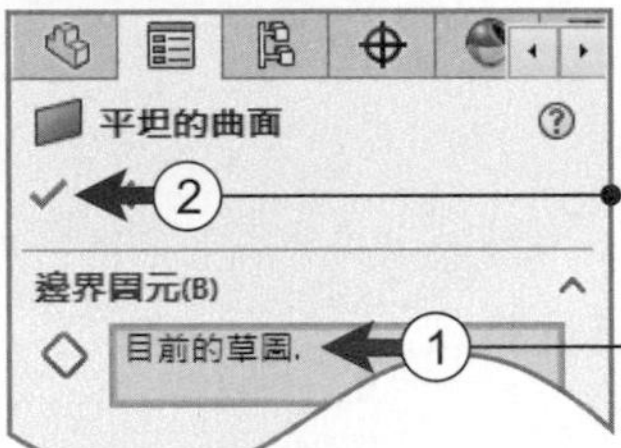
平坦的曲面
② 執行曲面填滿之指令
邊界圖元(B)
目前的草圖.
① 指定平鋪面之輪廓邊界

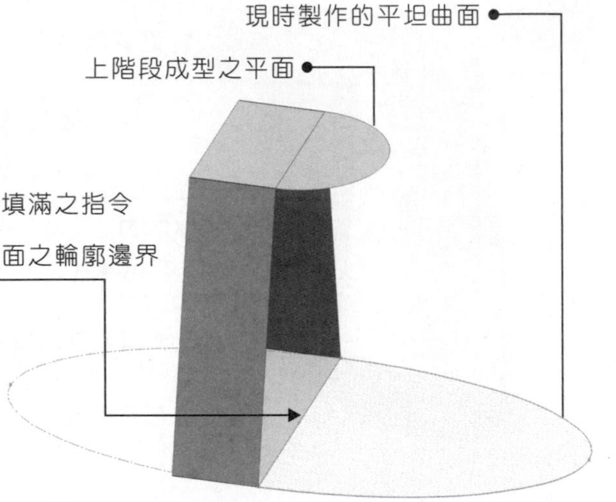
現時製作的平坦曲面
上階段成型之平面

修剪成一半的橢圓形後再次啟用【平坦曲面】指令，並定義現階段之圖元生成曲面之平板待用。

STEP 10

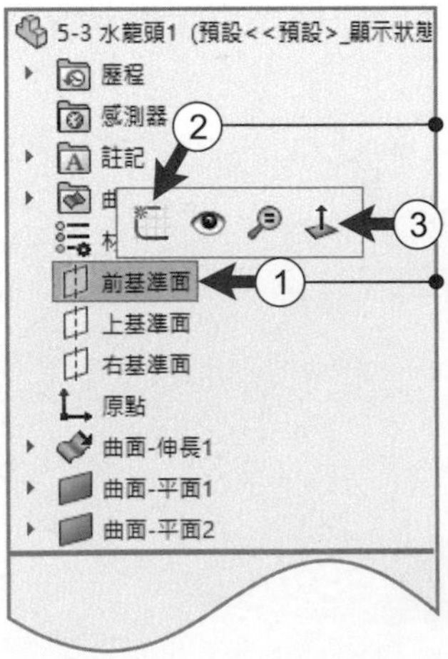
5-3 水龍頭1 (預設<<預設>_顯示狀態
歷程
感測器
註記
前基準面
上基準面
右基準面
原點
曲面-伸長1
曲面-平面1
曲面-平面2
② 進入草繪階段
③ 對位所選擇的視角
① 選擇作用基準面

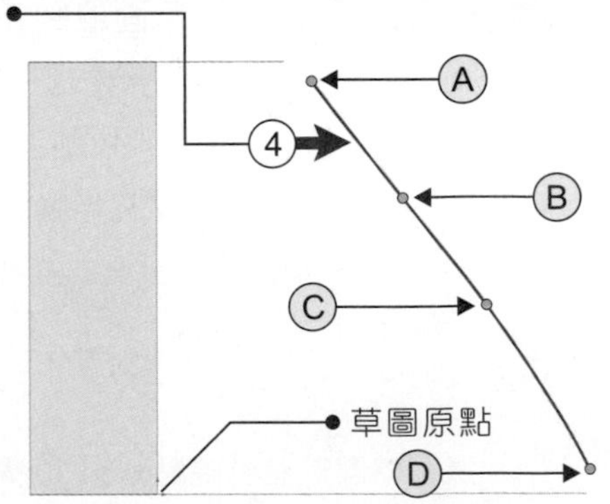
製作一段 4 節點的「不規則曲線」
④
A
B
C
D
草圖原點

選擇【前基準面】進入【草圖】繪製程序。使用【不規則曲線】於【原點】右側循左上右下之模式放置 4 個節點。

STEP 11

於【不規則曲線】概略放樣後啟用【:智慧型尺寸】，並標註曲線起點暨終點的「曲度控制閥」與曲面邊界夾角的參數。範例中輸入的夾角域值僅供參考，軟體操作者不須完全仿效。

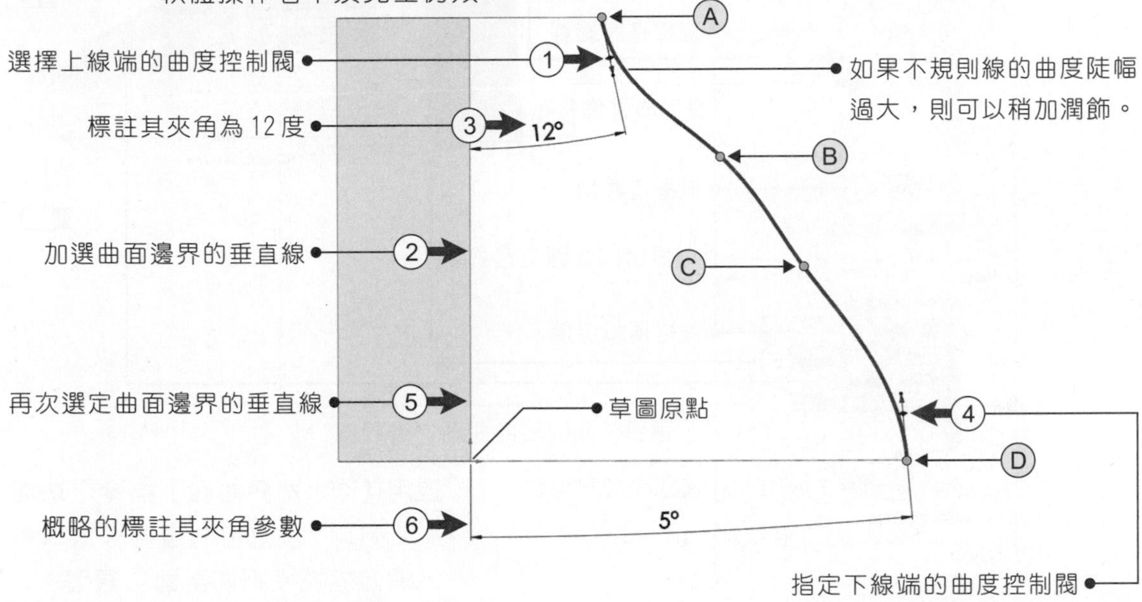
A
選擇上線端的曲度控制閥
1
如果不規則線的曲度陡幅過大，則可以稍加潤飾。
標註其夾角為 12 度
3
12°
B
加選曲面邊界的垂直線
2
C
再次選定曲面邊界的垂直線
5
草圖原點
4
D
概略的標註其夾角參數
6
5°
指定下線端的曲度控制閥

STEP 12

延續上階段未完成定義之圖元。再以【智慧型尺寸】標註曲線各節點與系統內建之【:原點】的對應間距。屆此導引線段已製作完成。

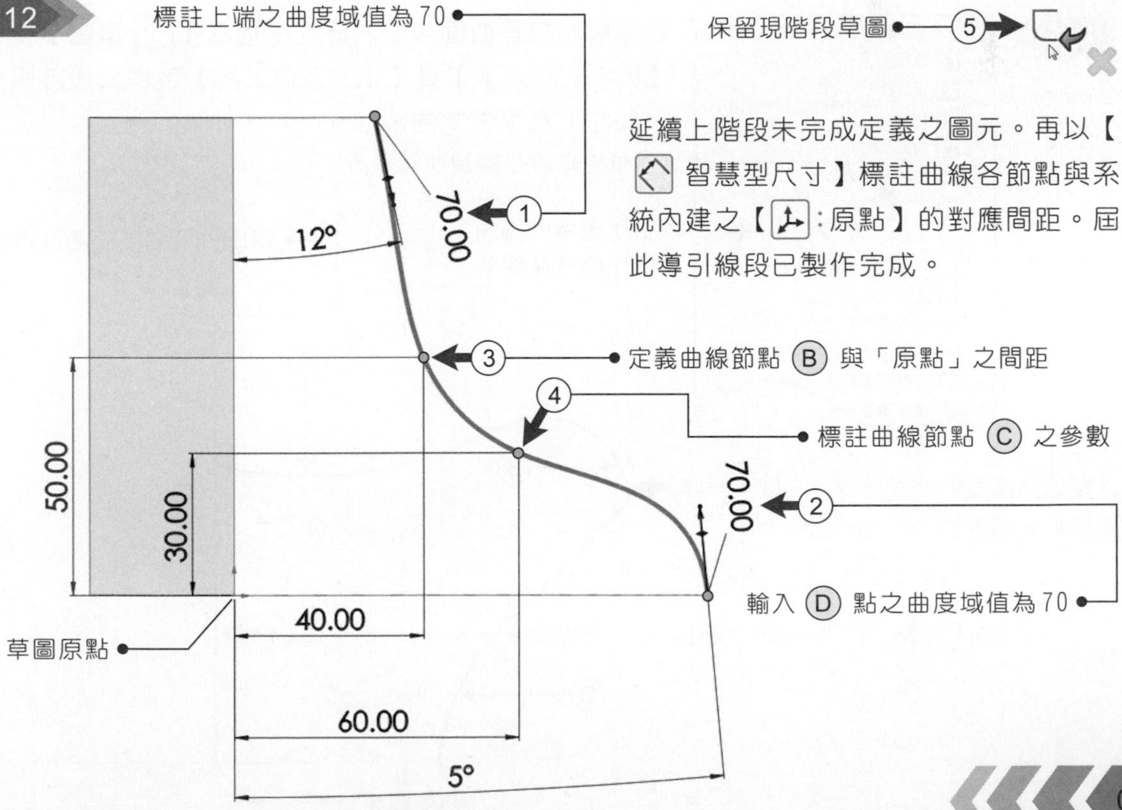
標註上端之曲度域值為 70
保留現階段草圖
5
70.00
1
12°
3
定義曲線節點 B 與「原點」之間距
4
標註曲線節點 C 之參數
50.00
30.00
70.00
2
輸入 D 點之曲度域值為 70
草圖原點
40.00
60.00
5°

STEP 13

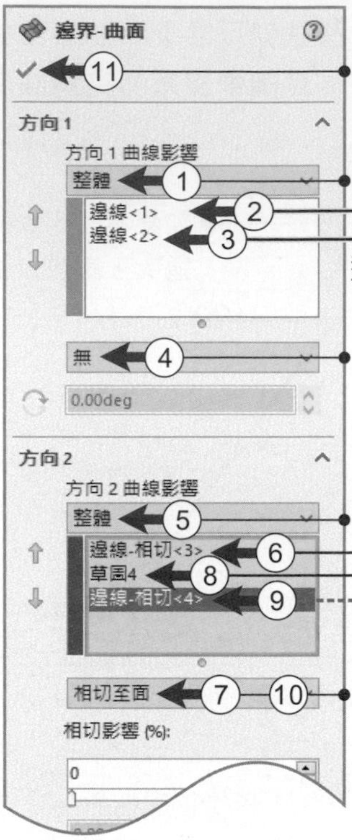

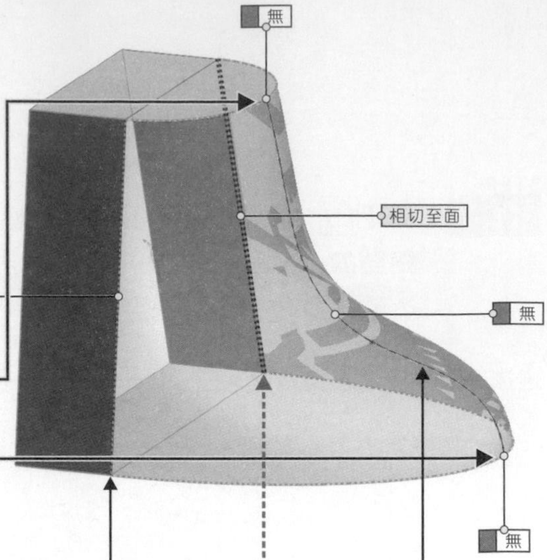

⑪ 執行邊界成型

① 選擇整體影響

② ③ 邊界線選擇

指定上端曲面弧線

④ 無指定類型

選擇縱向曲面之邊界線

⑤ 維持預設選項

⑥ ⑧

⑨ 加選另一側的縱向曲面之邊界線

⑦ ⑩ 選定與邊界相切

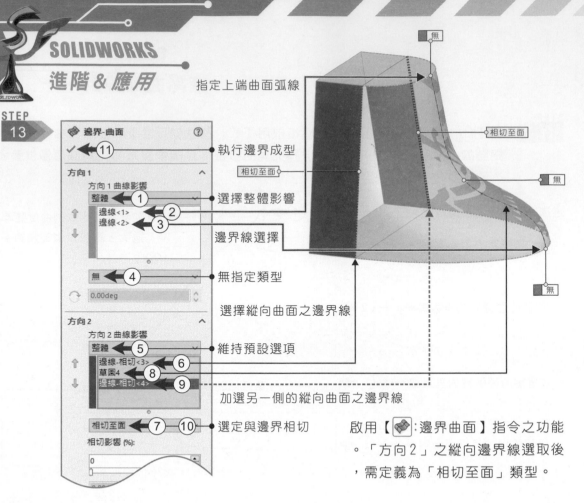

啟用【:邊界曲面】指令之功能。「方向 2」之縱向邊界線選取後，需定義為「相切至面」類型。

STEP 14

現階段同樣是曲面放樣的歷程。進入【 草圖】後以【 三點定弧】暨【 直線工具】製作三段陡弧與一條左上右下走向的斜線。

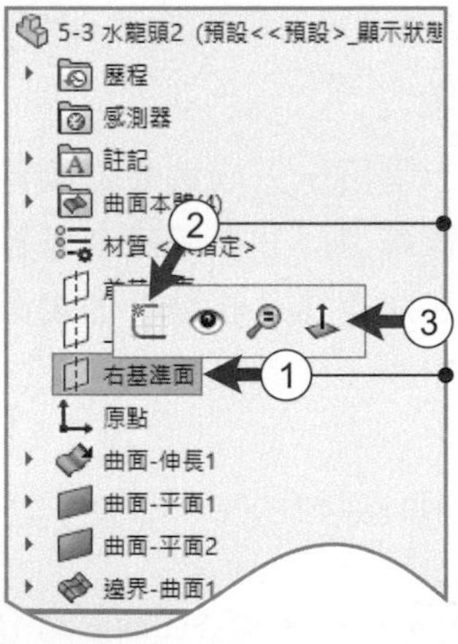

② 進入草繪階段且繪製曲面邊界

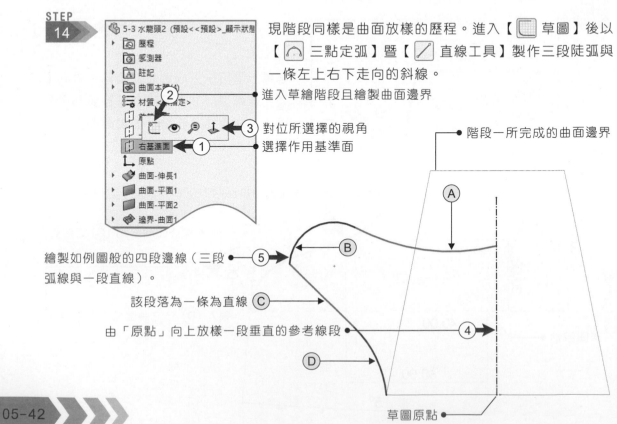

③ 對位所選擇的視角

① 選擇作用基準面

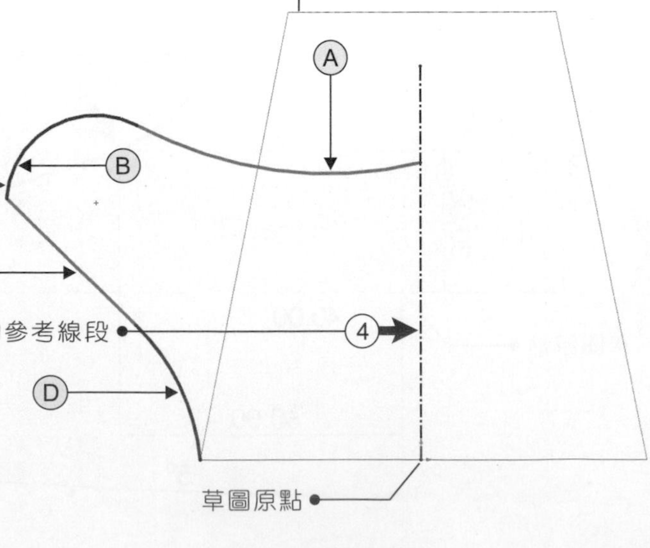

階段一所完成的曲面邊界

⑤ 繪製如例圖般的四段邊線（三段弧線與一段直線）。

Ⓒ 該段落為一條為直線

④ 由「原點」向上放樣一段垂直的參考線段

草圖原點

STEP 15

延續上階段未完全定義之草圖。現時圖元設置的關鍵在於底側弧線之端點，需與第一次曲面放樣的左側邊界線【:貫穿】限制；繼而執行【:智慧型尺寸】標註輪廓中對應的參數域值。

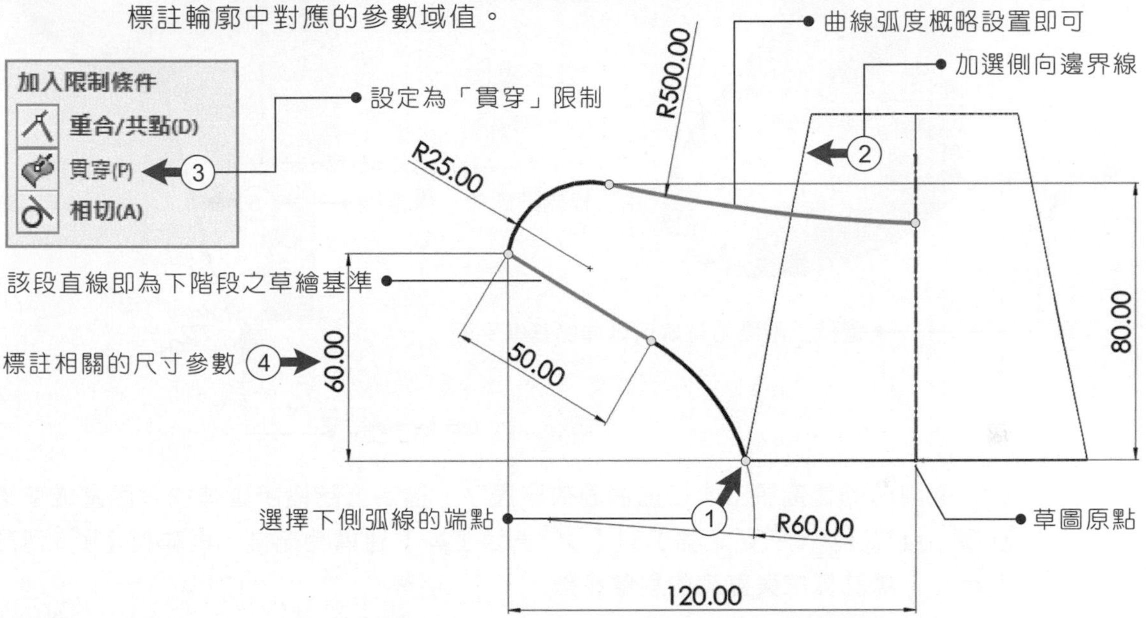
加入限制條件
重合/共點(D)
貫穿(P)
相切(A)
設定為「貫穿」限制
R500.00
曲線弧度概略設置即可
加選側向邊界線
R25.00
該段直線即為下階段之草繪基準
標註相關的尺寸參數
60.00
50.00
80.00
選擇下側弧線的端點
R60.00
草圖原點
120.00

STEP 16

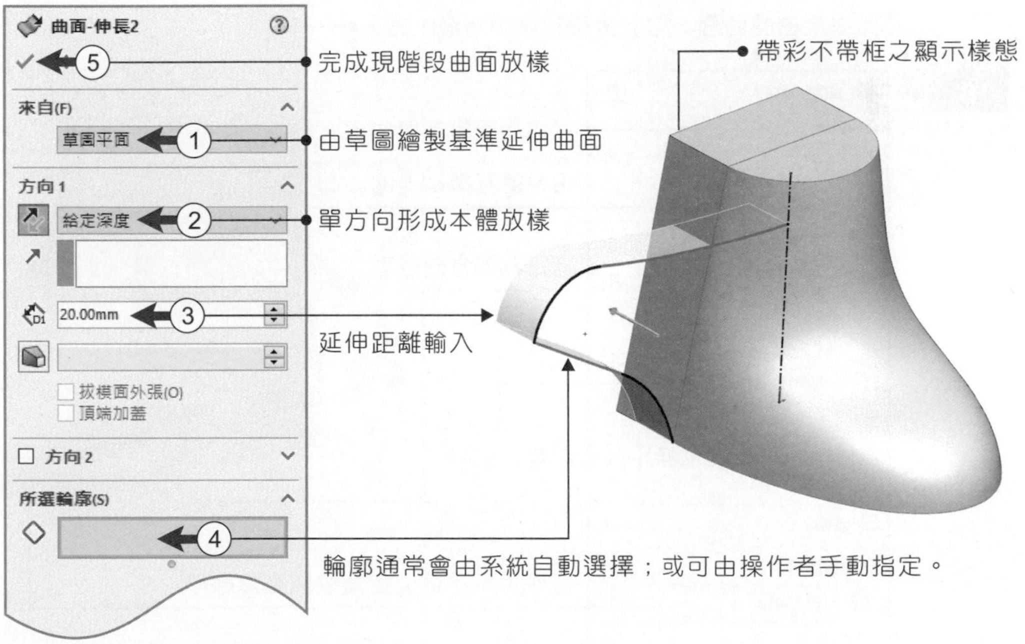
曲面-伸長2
完成現階段曲面放樣
來自(F)
草圖平面
由草圖繪製基準延伸曲面
方向 1
給定深度
單方向形成本體放樣
20.00mm
延伸距離輸入
拔模面外張(O)
頂端加蓋
方向 2
所選輪廓(S)
帶彩不帶框之顯示樣態
輪廓通常會由系統自動選擇；或可由操作者手動指定。

啟用【伸長曲面】功能指令。「方向 1」選擇為單側延伸本體，且伸長距離概略的輸入 20mm 即可；而關於「所選輪廓」欄位，倘若系統未自動選擇，則需使用者以【:選取工具】指定現階段之圖元。

STEP 17

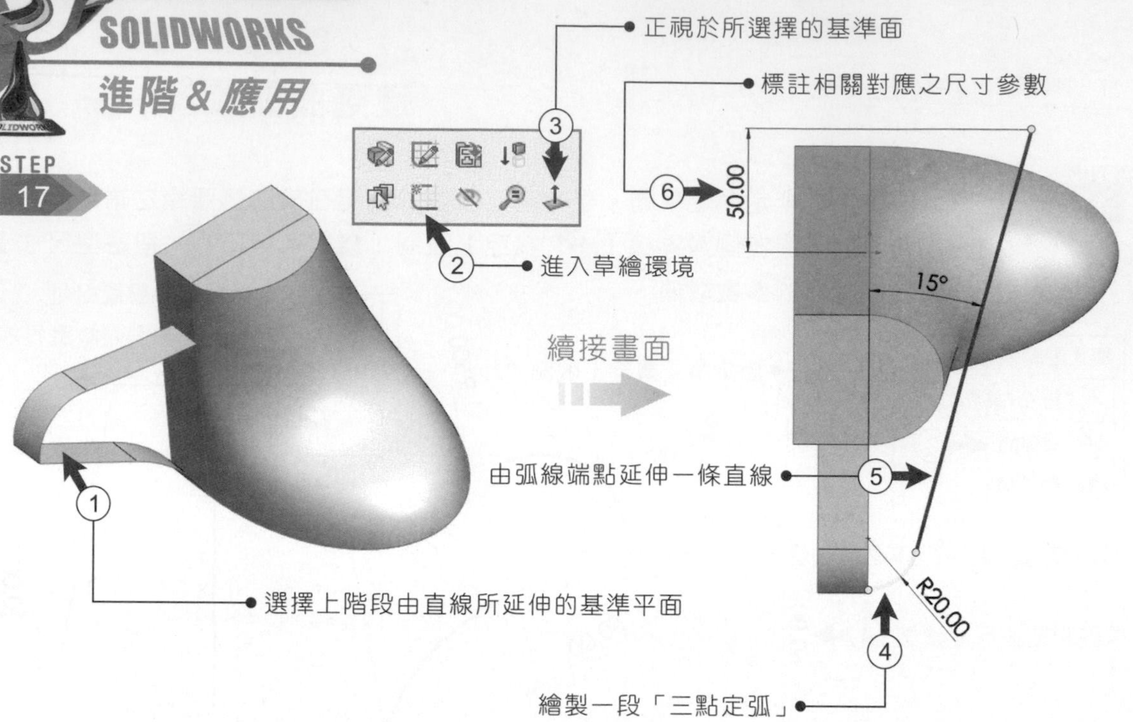

現時欲製作的是龍頭出水口的曲面放樣程序。指定上階段所延伸的平面當成草繪基準，且以【三點定弧】與【直線工具】建構圖元後，再執行【智慧型尺寸】標註弧線與直線的對應參數。

STEP 18

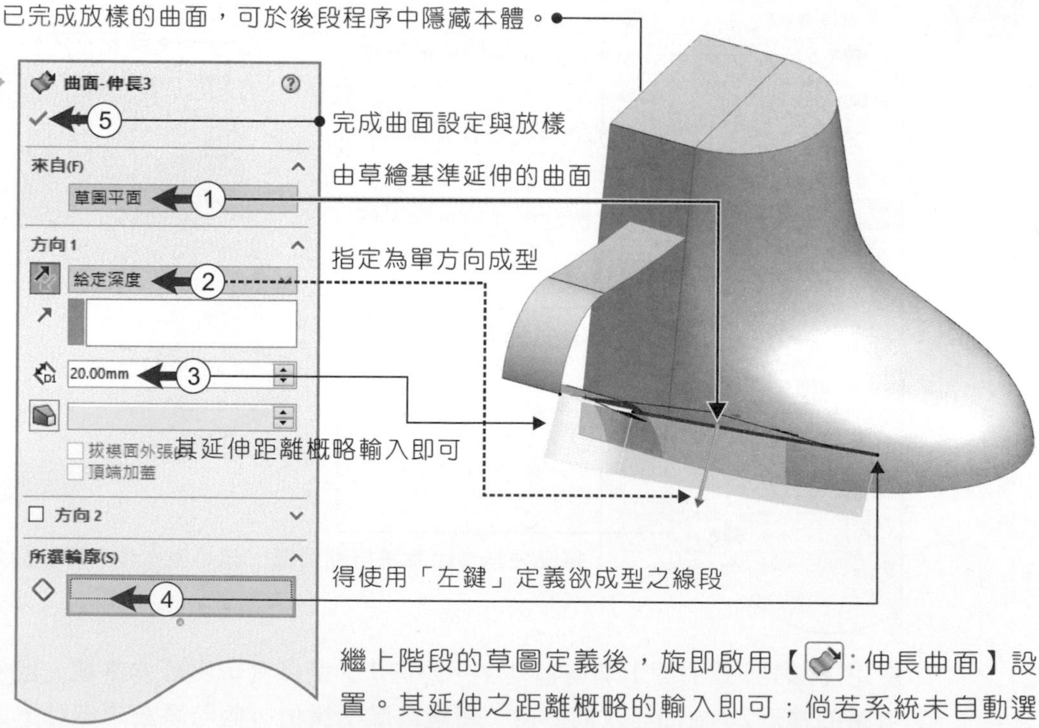

繼上階段的草圖定義後，旋即啟用【:伸長曲面】設置。其延伸之距離概略的輸入即可；倘若系統未自動選擇延伸的圖元，則使用者得以【:選取工具】點選線段後指定。

STEP 19

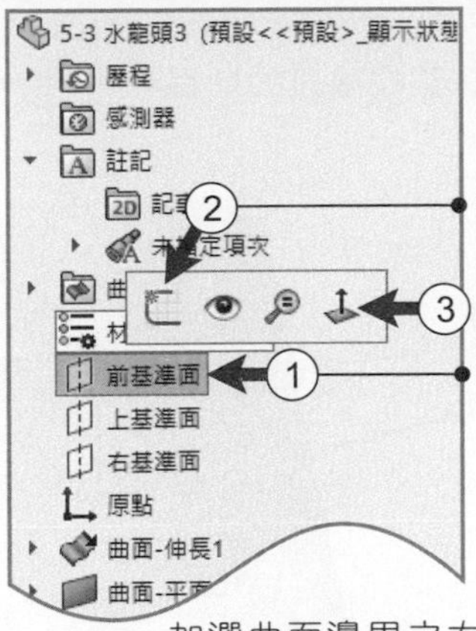

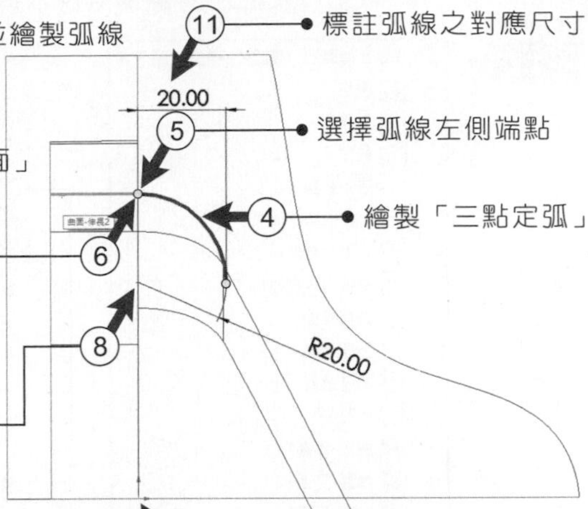

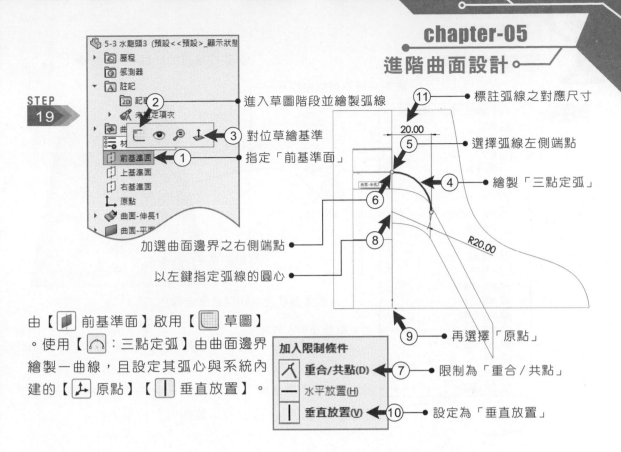

由【 前基準面】啟用【 草圖】。使用【 ：三點定弧】由曲面邊界繪製一曲線，且設定其弧心與系統內建的【 原點】【 垂直放置】。

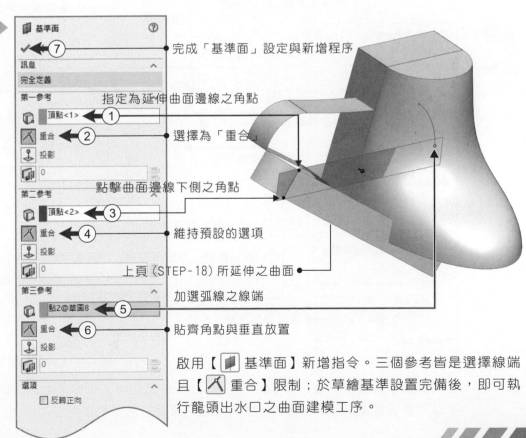

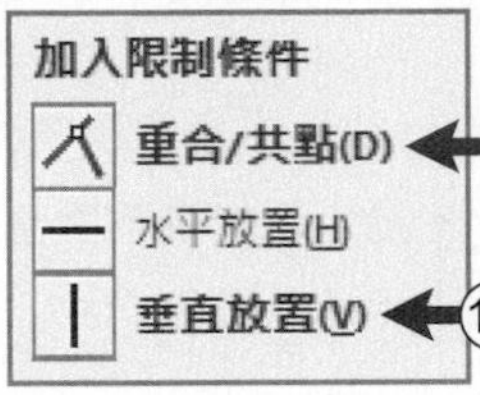

STEP 20

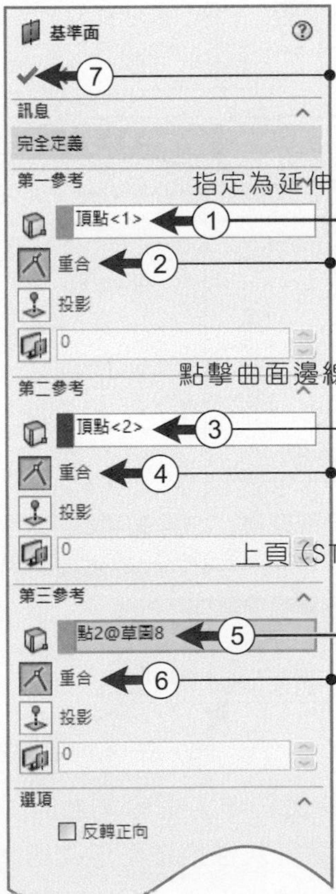

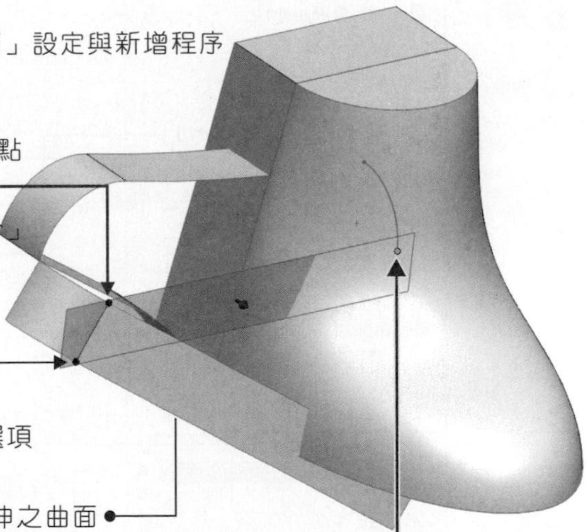

啟用【 基準面】新增指令。三個參考皆是選擇線端且【 重合】限制；於草繪基準設置完備後，即可執行龍頭出水口之曲面建模工序。

STEP 21

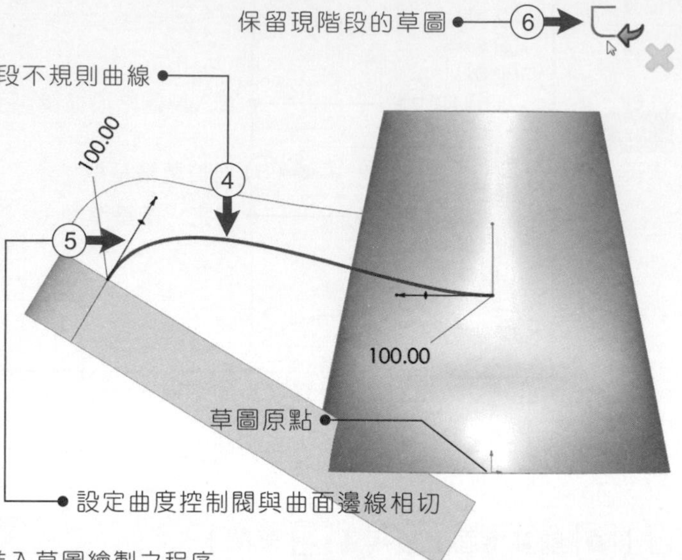
保留現階段的草圖
繪製一段不規則曲線
100.00
100.00
草圖原點
設定曲度控制閥與曲面邊線相切

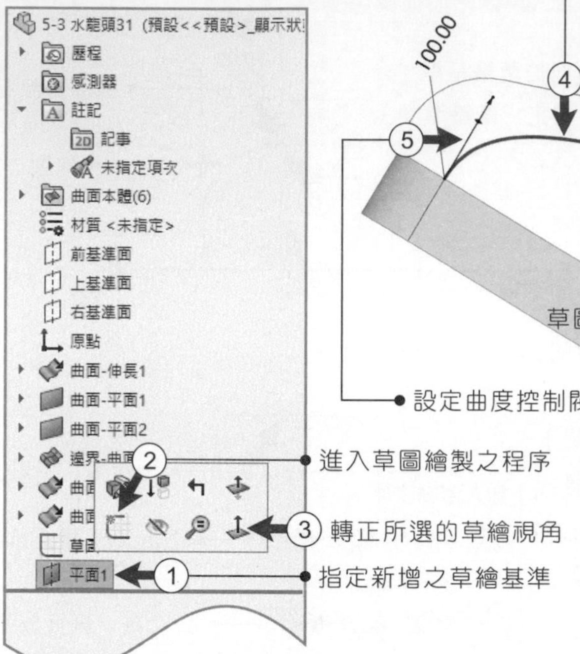
5-3 水龍頭31 (預設<<預設>_顯示狀
歷程
感測器
註記
記事
未指定項次
曲面本體(6)
材質 <未指定>
前基準面
上基準面
右基準面
原點
曲面-伸長1
曲面-平面1
曲面-平面2
邊界-曲面
平面1
進入草圖繪製之程序
轉正所選的草繪視角
指定新增之草繪基準

使用【不規則曲線】製作一圖元，「曲度控制閥」之域值皆設為100（例圖設置酌參即可）。

STEP 22

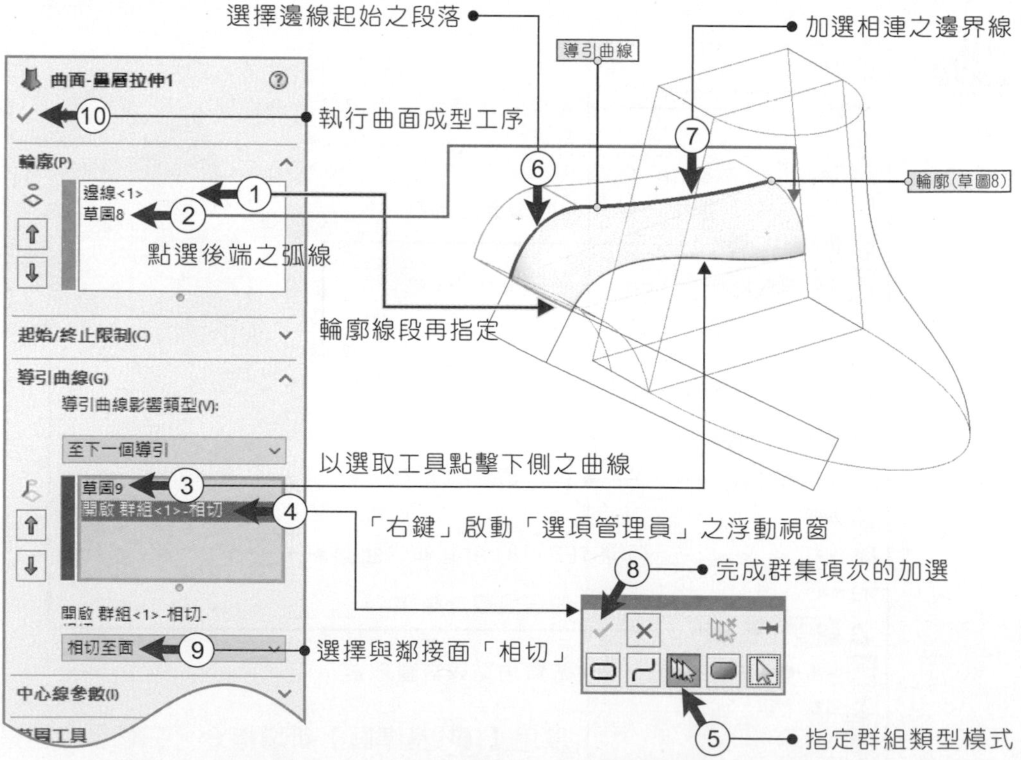
曲面-疊層拉伸1
執行曲面成型工序
輪廓(P)
邊線<1>
草圖8
點選後端之弧線
起始/終止限制(C)
輪廓線段再指定
導引曲線(G)
導引曲線影響類型(V):
至下一個導引
草圖9
開啟 群組<1>-相切
開啟 群組<1>-相切-
相切至面
中心線參數(I)
草圖工具
選擇邊線起始之段落
導引曲線
加選相連之邊界線
輪廓(草圖8)
以選取工具點擊下側之曲線
「右鍵」啟動「選項管理員」之浮動視窗
完成群集項次的加選
選擇與鄰接面「相切」
指定群組類型模式

待輪廓與導引線確立後，即可啟動【曲面疊層拉伸】指令。上側「導引線」需以「選項管理員」群集定義，俾利順接之曲面一次性地參酌暨加選。

STEP 23

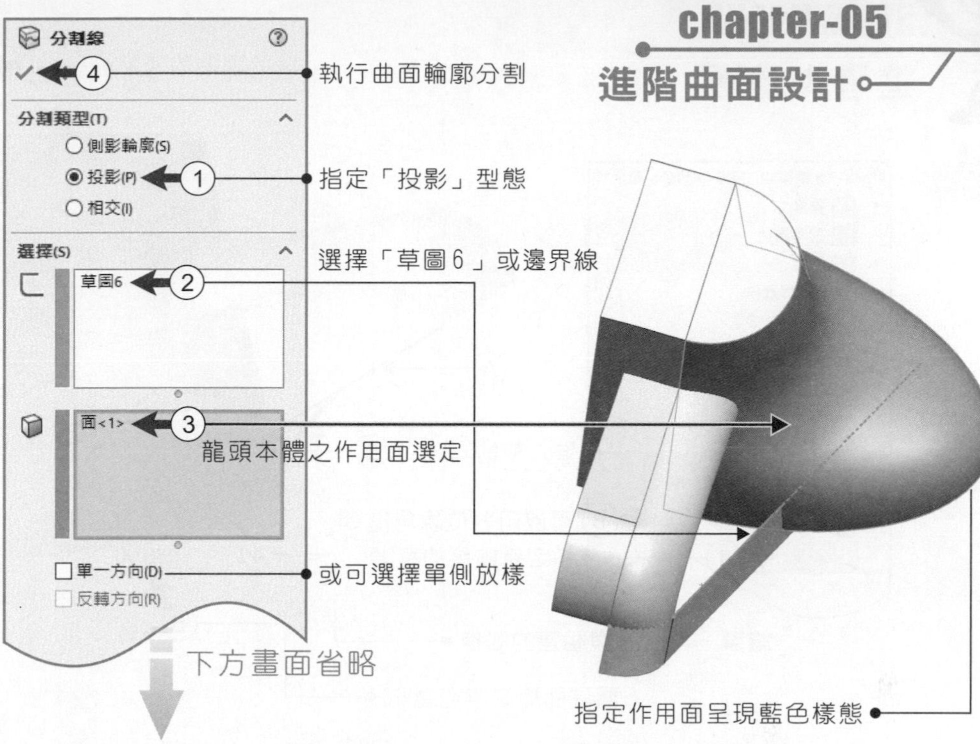
分割線
4
執行曲面輪廓分割
分割類型(T)
側影輪廓(S)
投影(P)
1
指定「投影」型態
相交(I)
選擇(S)
選擇「草圖 6」或邊界線
草圖6
2
面<1>
3
龍頭本體之作用面選定
單一方向(D)
或可選擇單側放樣
反轉方向(R)
下方畫面省略
指定作用面呈現藍色樣態

為了使水龍頭之邊界線有更多的參考依循，現階段執行【 分割線】之作用程序。「選擇項次」指定為「草圖 6」或對應之邊界，而「作用面」即以成型之本體離合。

STEP 24

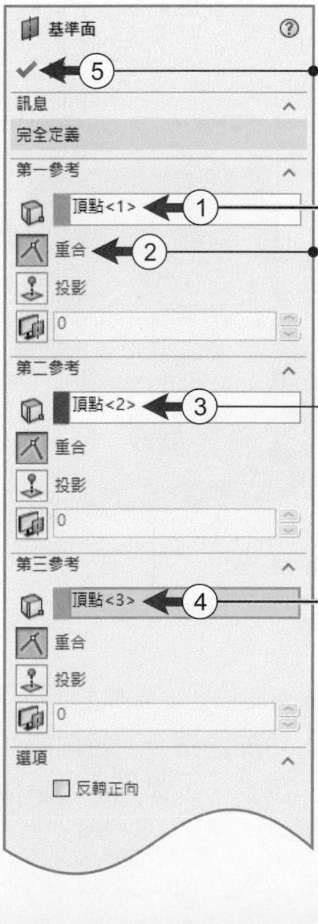
基準面
5
訊息
完全定義
第一參考
頂點<1>
1
重合
2
投影
0
第二參考
頂點<2>
3
重合
投影
0
第三參考
頂點<3>
4
重合
投影
0
選項
反轉正向

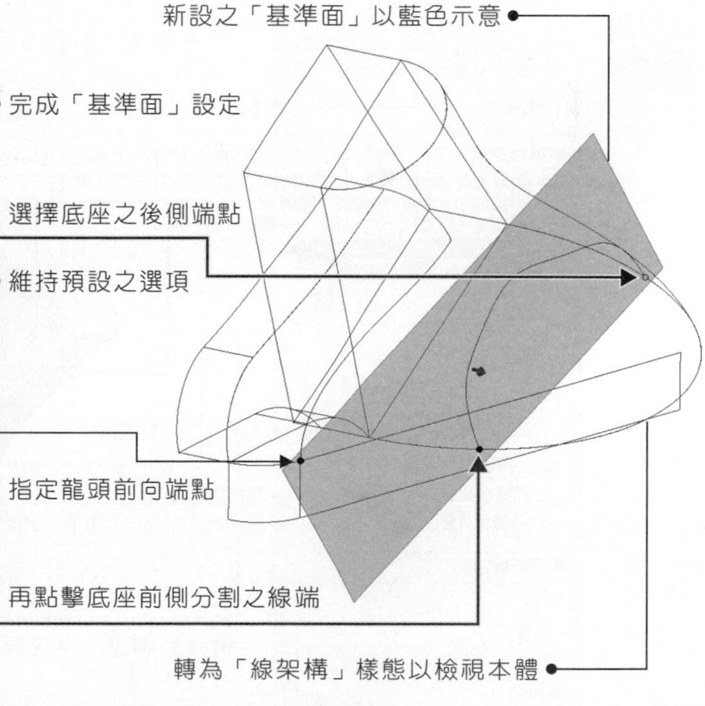
新設之「基準面」以藍色示意
完成「基準面」設定
選擇底座之後側端點
維持預設之選項
指定龍頭前向端點
再點擊底座前側分割之線端
轉為「線架構」樣態以檢視本體

啟用【 基準面】之功能指令。參考例圖中的三個端點，並依次點選作為項次中的定義要鍵，即可見到畫面中新生成之【 參考幾何】。

STEP 25

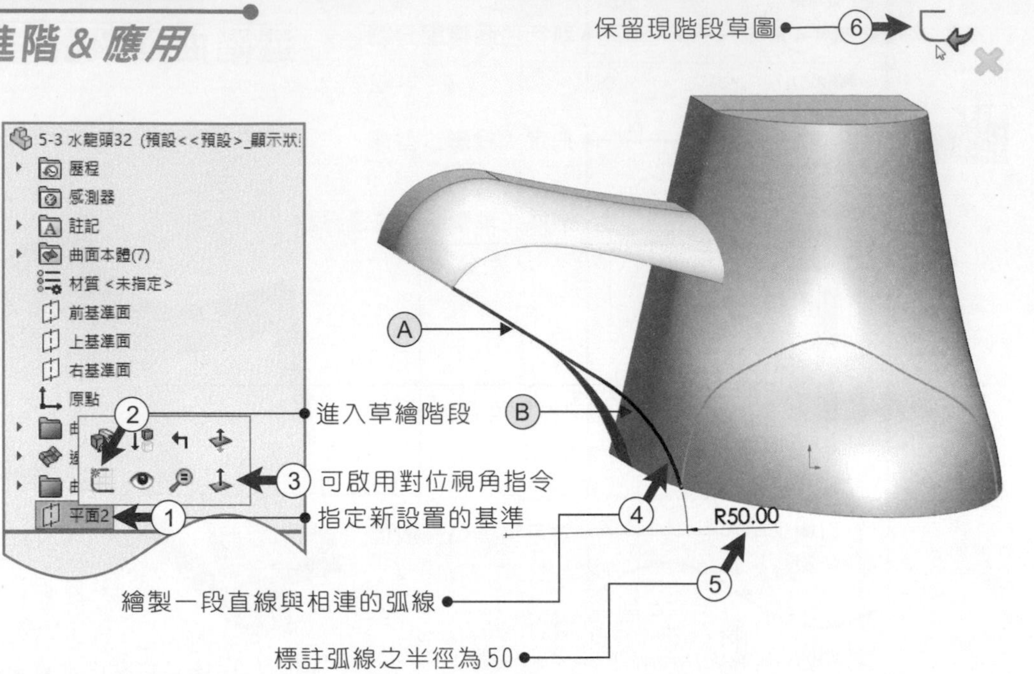
保留現階段草圖
6
5-3 水龍頭32 (預設<<預設>_顯示狀
歷程
感測器
註記
曲面本體(7)
材質 <未指定>
前基準面
上基準面
右基準面
原點
平面2
1
2
3
4
5
A
B
R50.00
進入草繪階段
可啟用對位視角指令
指定新設置的基準
繪製一段直線與相連的弧線
標註弧線之半徑為50

選擇上階段所設置的【 基準面】且進入【 草圖】環境。使用【 直線工具】繪製一段連結上方曲面的線段 Ⓐ；繼而再以【 ：三點定弧】製作相連之圖元 Ⓑ，且標註其半徑為50mm。

STEP 26

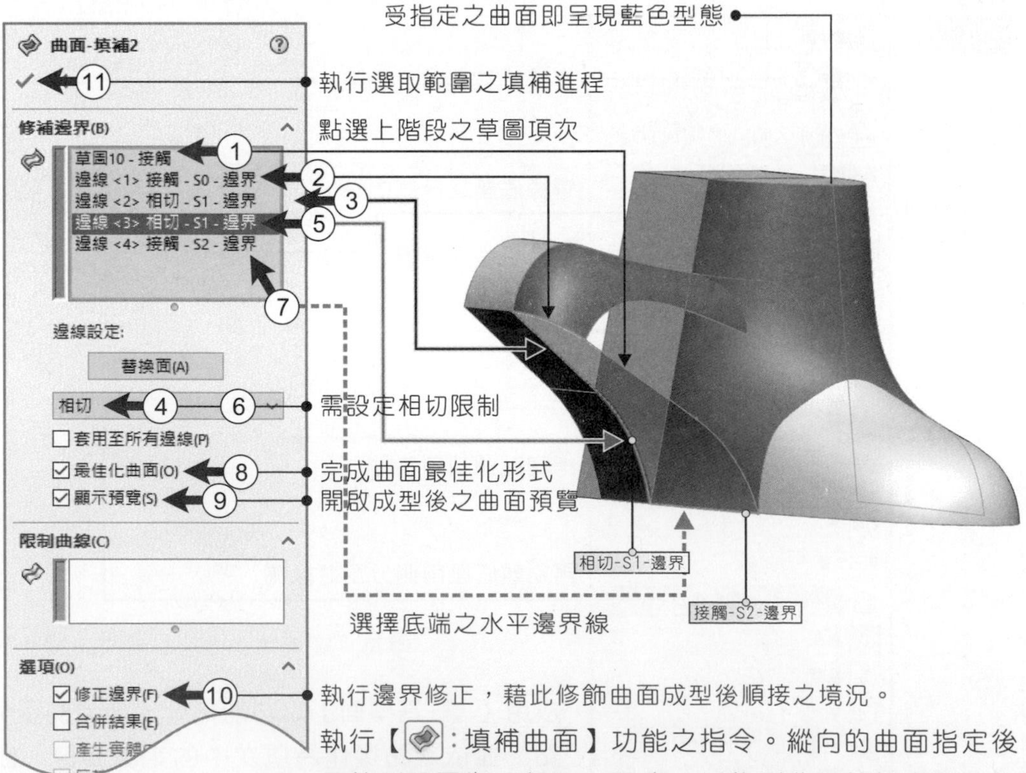
曲面-填補2
修補邊界(B)
草圖10 - 接觸
邊線 <1> 接觸 - S0 - 邊界
邊線 <2> 相切 - S1 - 邊界
邊線 <3> 相切 - S1 - 邊界
邊線 <4> 接觸 - S2 - 邊界
邊線設定:
替換面(A)
相切
套用至所有邊線(P)
最佳化曲面(O)
顯示預覽(S)
限制曲線(C)
選項(O)
修正邊界(F)
合併結果(E)
產生實體
受指定之曲面即呈現藍色型態
執行選取範圍之填補進程
點選上階段之草圖項次
需設定相切限制
完成曲面最佳化形式
開啟成型後之曲面預覽
相切-S1-邊界
接觸-S2-邊界
選擇底端之水平邊界線
執行邊界修正，藉此修飾曲面成型後順接之境況。
1
2
3
4
5
6
7
8
9
10
11

執行【 ：填補曲面】功能之指令。縱向的曲面指定後需特別設置為「相切」設定，以俾利曲面鏡像複製後的順接型態應對。

STEP 27

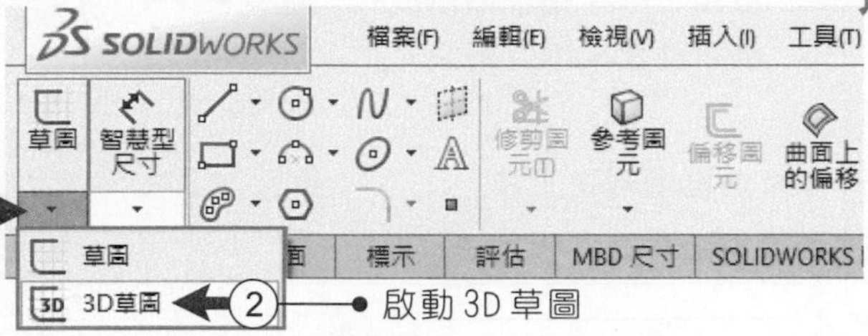

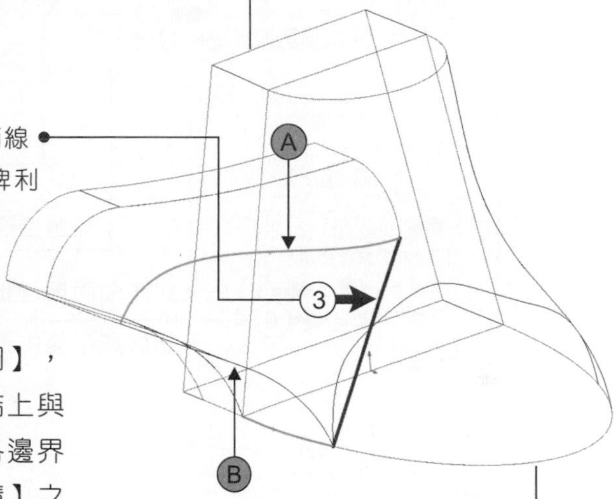

以「不規則曲線」連結 A 暨 B 兩線端，請務必要「重合 / 共點」，以俾利後續進程之連貫性。

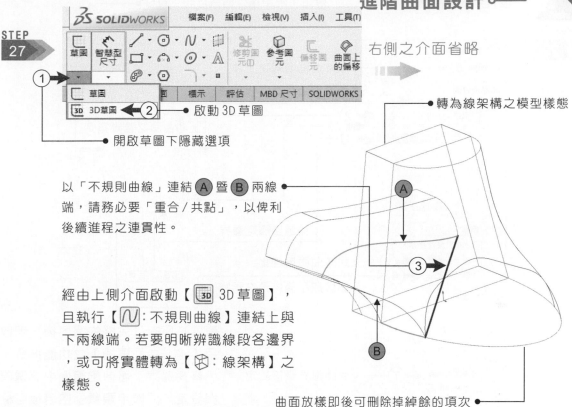

經由上側介面啟動【3D 草圖】，且執行【不規則曲線】連結上與下兩線端。若要明晰辨識線段各邊界，或可將實體轉為【線架構】之樣態。

STEP 28

延續上階段之草圖進程。軟體操作者在針對【3D 草圖】項次調整時，可透過多個視角的對位與編輯，來調整不規則線段之曲度與域值。

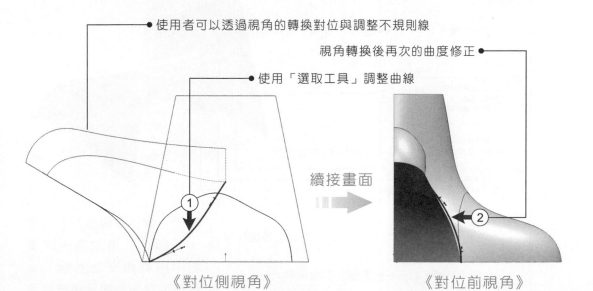

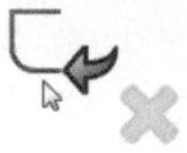

使用者可以透過視角的轉換對位與調整不規則線

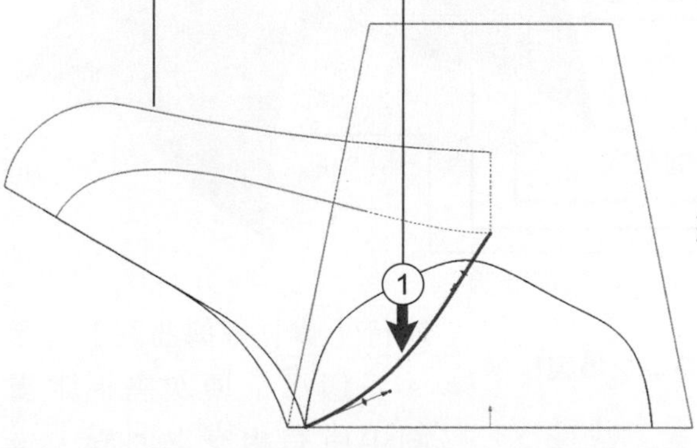

《對位側視角》

續接畫面

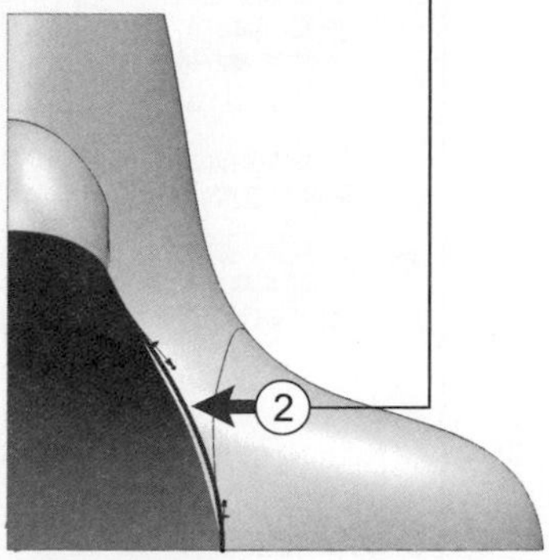

《對位前視角》

STEP 29

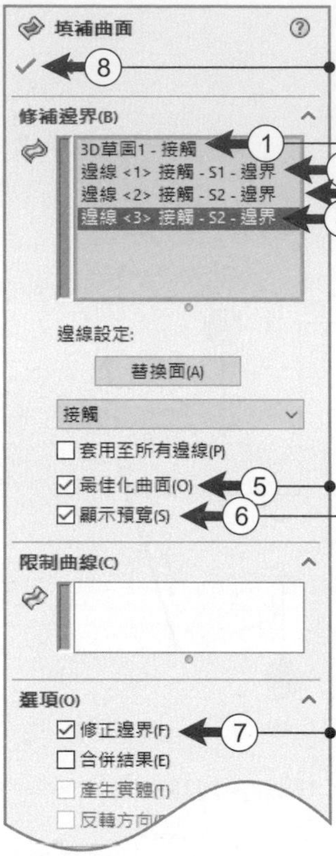
填補曲面
修補邊界(B)
3D草圖1 - 接觸
邊線 <1> 接觸 - S1 - 邊界
邊線 <2> 接觸 - S2 - 邊界
邊線 <3> 接觸 - S2 - 邊界
邊線設定:
替換面(A)
接觸
套用至所有邊線(P)
最佳化曲面(O)
顯示預覽(S)
限制曲線(C)
選項(O)
修正邊界(F)
合併結果(E)
產生實體(T)
反轉方向
執行曲面填補之工序
選擇上階段之「3D 草圖」
加選接觸之邊界
完成曲面最佳化
開啟成型後結果之預覽
曲面邊界順接設定

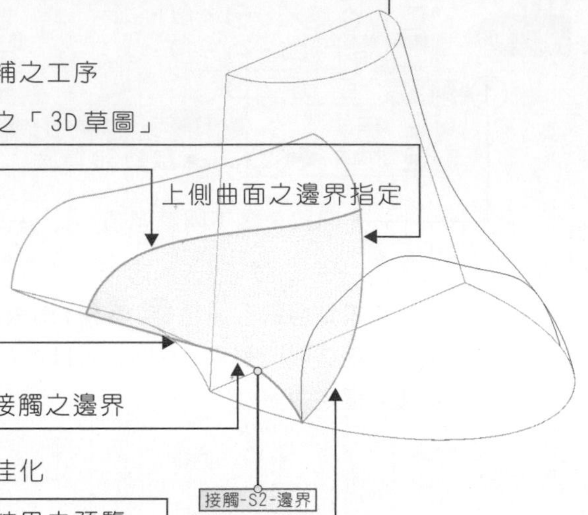
啟用「線架構」顯示模式，藉以
檢視曲面成型之概況。
上側曲面之邊界指定
接觸-S2-邊界

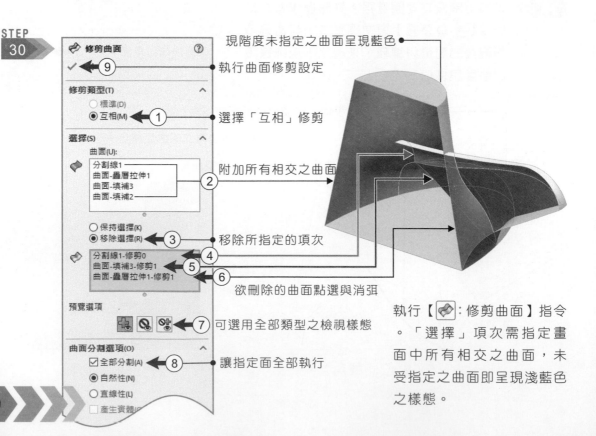

龍頭基座有了完整的邊界後，即啟用【:曲面填補】之功能指令。「修補邊界」可參酌範例中之選項與設定；「顯示預覽」啟用後可檢閱曲面之成形現狀。

STEP 30

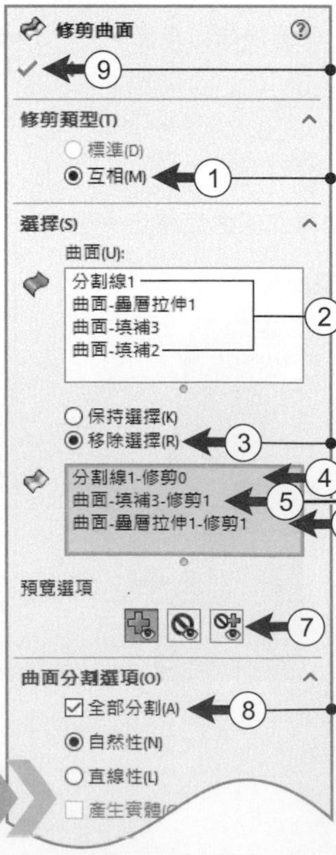
修剪曲面
修剪類型(T)
標準(D)
互相(M)
選擇(S)
曲面(U):
分割線1
曲面-疊層拉伸1
曲面-填補3
曲面-填補2
保持選擇(K)
移除選擇(R)
分割線1-修剪0
曲面-填補3-修剪1
曲面-疊層拉伸1-修剪1
預覽選項
曲面分割選項(O)
全部分割(A)
自然性(N)
直線性(L)
產生實體
執行曲面修剪設定
選擇「互相」修剪
附加所有相交之曲面
移除所指定的項次
欲刪除的曲面點選與消弭
可選用全部類型之檢視樣態
讓指定面全部執行

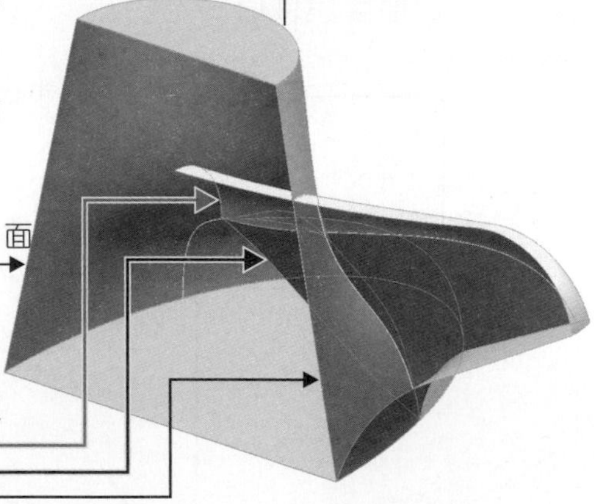
現階度未指定之曲面呈現藍色

執行【:修剪曲面】指令。「選擇」項次需指定畫面中所有相交之曲面，未受指定之曲面即呈現淺藍色之樣態。

5-3.2 龍頭實體生成與細節修飾

STEP 01

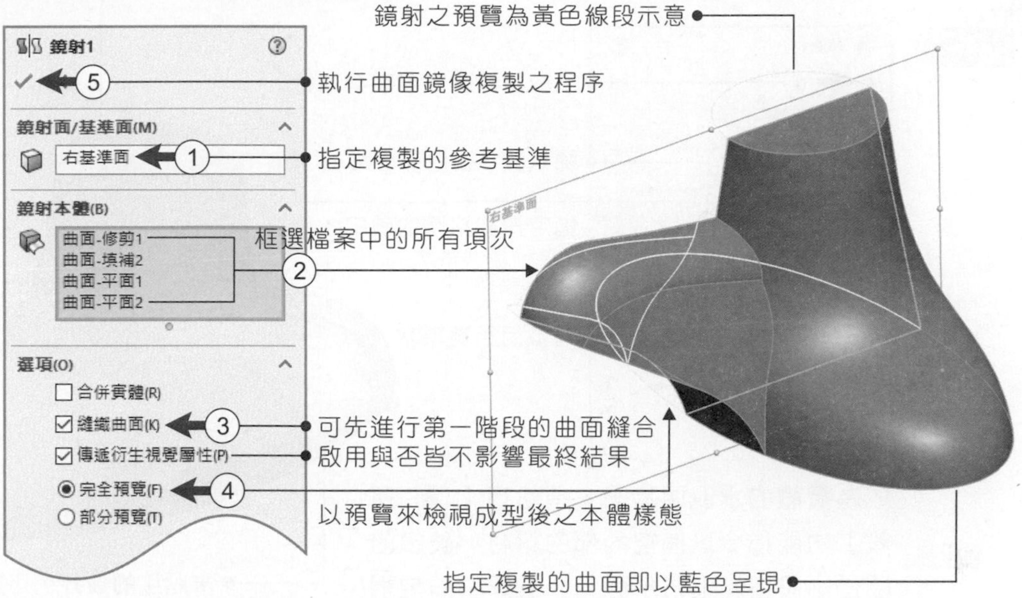
鏡射1
鏡射之預覽為黃色線段示意
執行曲面鏡像複製之程序
鏡射面/基準面(M)
右基準面
指定複製的參考基準
鏡射本體(B)
曲面-修剪1
曲面-填補2
曲面-平面1
曲面-平面2
框選檔案中的所有項次
右基準面
選項(O)
合併實體(R)
縫織曲面(K)
可先進行第一階段的曲面縫合
傳遞衍生視覺屬性(P)
啟用與否皆不影響最終結果
完全預覽(F)
部分預覽(T)
以預覽來檢視成型後之本體樣態
指定複製的曲面即以藍色呈現

SolidWorks的框選模式分為兩種：一類是由左至右的部份項次選擇，須全然包覆才算完成選取之要件；另一類則是反向框選，這一類僅需有所接觸即確立選取的指定。兩種模式的箇中差異，軟體操作者可在執行後明瞭其不同的行徑。

STEP 02

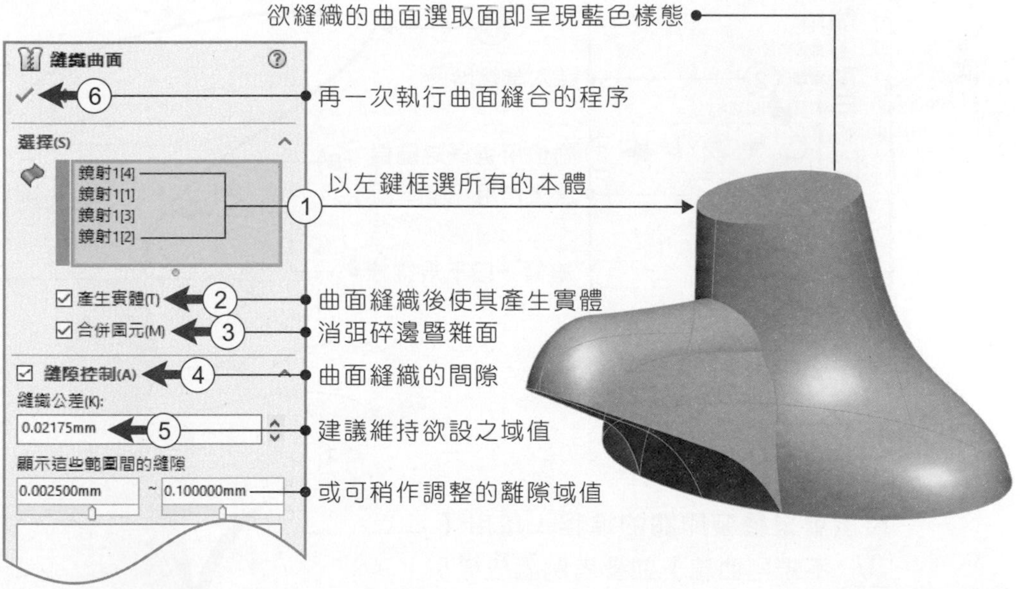
縫織曲面
欲縫織的曲面選取面即呈現藍色樣態
再一次執行曲面縫合的程序
選擇(S)
鏡射1[4]
鏡射1[1]
鏡射1[3]
鏡射1[2]
以左鍵框選所有的本體
產生實體(T)
曲面縫織後使其產生實體
合併圖元(M)
消弭碎邊暨雜面
縫隙控制(A)
曲面縫織的間隙
縫織公差(K):
0.02175mm
建議維持欲設之域值
顯示這些範圍間的縫隙
0.002500mm
0.100000mm
或可稍作調整的離隙域值

啟用【 :縫織曲面】的功能指令。「選擇」項次可以【 :選取工具】框列畫面中所有的本體，並設置「產生實體」暨「合併圖元」類型，「縫隙控制」則建議維持內建之域值即可。

STEP 03

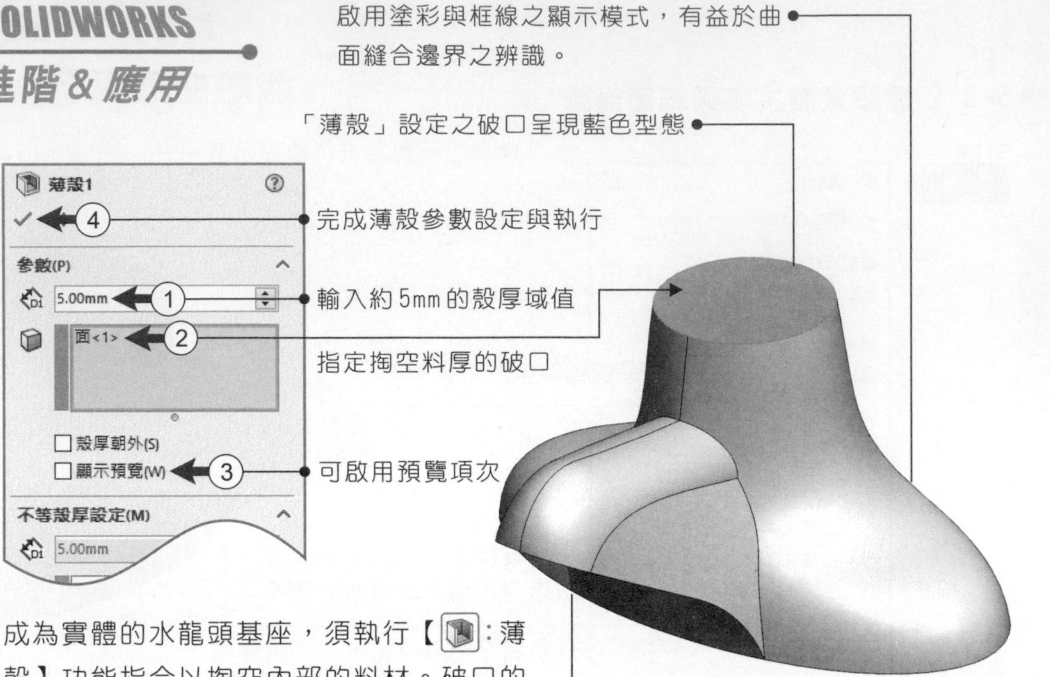
薄殼1
參數(P)
5.00mm
面<1>
殼厚朝外(S)
顯示預覽(W)
不等殼厚設定(M)
5.00mm
啟用塗彩與框線之顯示模式，有益於曲面縫合邊界之辨識。
「薄殼」設定之破口呈現藍色型態
完成薄殼參數設定與執行
輸入約5mm的殼厚域值
指定掏空料厚的破口
可啟用預覽項次
未順接的邊界，可於後續階段再執行「圓角」之進程修飾。

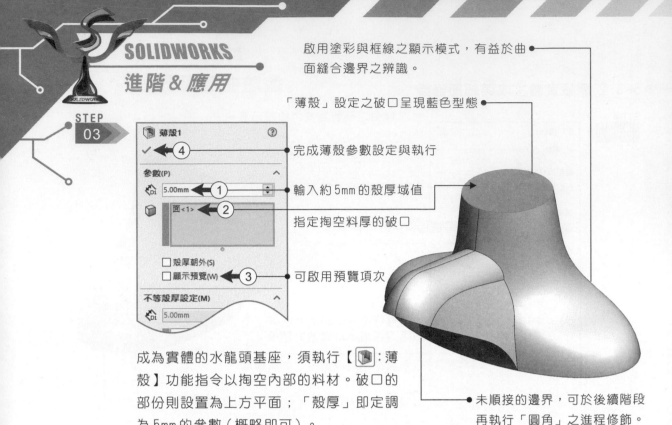

成為實體的水龍頭基座，須執行【 :薄殼】功能指令以掏空內部的料材。破口的部份則設置為上方平面；「殼厚」即定調為5mm的參數（概略即可）。

STEP 04

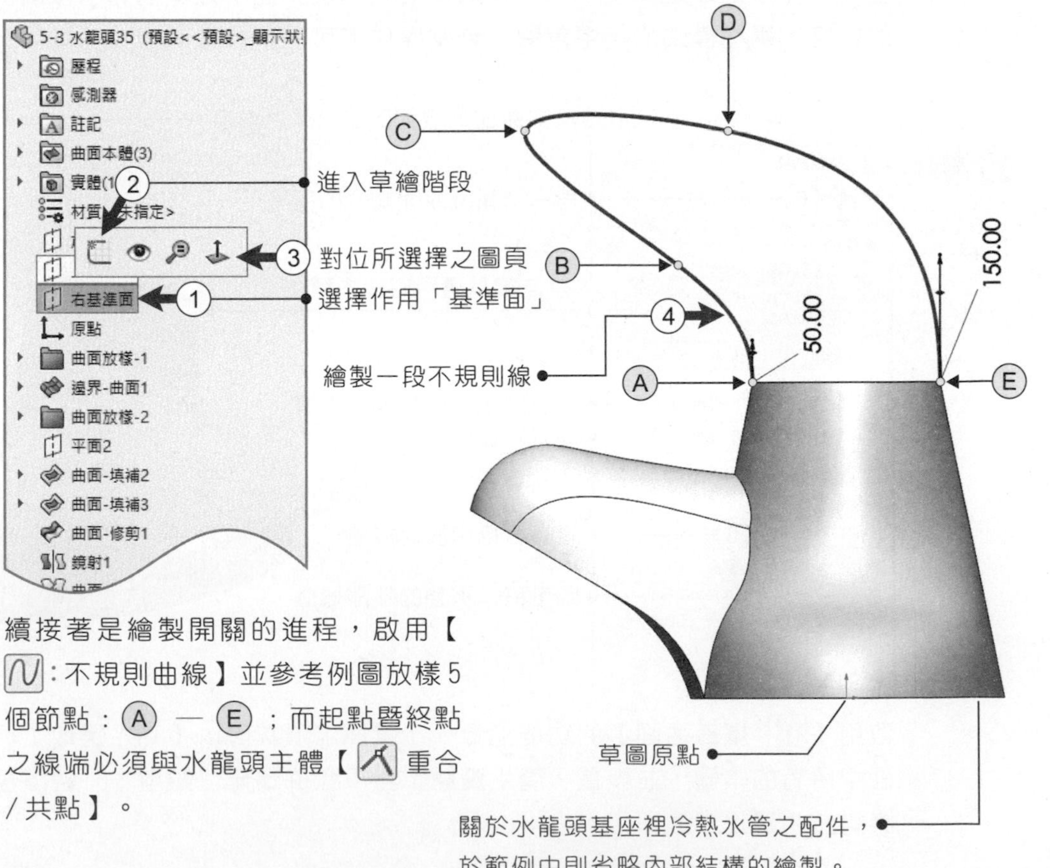
5-3 水龍頭35 (預設<<預設>_顯示狀
歷程
感測器
註記
曲面本體(3)
實體(1
材質 未指定>
右基準面
原點
曲面放樣-1
邊界-曲面1
曲面放樣-2
平面2
曲面-填補2
曲面-填補3
曲面-修剪1
鏡射1
進入草繪階段
對位所選擇之圖頁
選擇作用「基準面」
繪製一段不規則線
150.00
50.00
草圖原點
關於水龍頭基座裡冷熱水管之配件，於範例中則省略內部結構的繪製。

續接著是繪製開關的進程，啟用【 :不規則曲線】並參考例圖放樣5個節點：Ⓐ — Ⓔ；而起點暨終點之線端必須與水龍頭主體【 重合/共點】。

STEP 05

延續上階段未完成之草圖。【:不規則曲線】各節點與【:原點】之水平與垂直間距需特別標註；而節點上的曲度控制閥域值亦可參酌圖例之設定。範例中的參數僅是概略輸入，學習者並非一定得要完全依循。

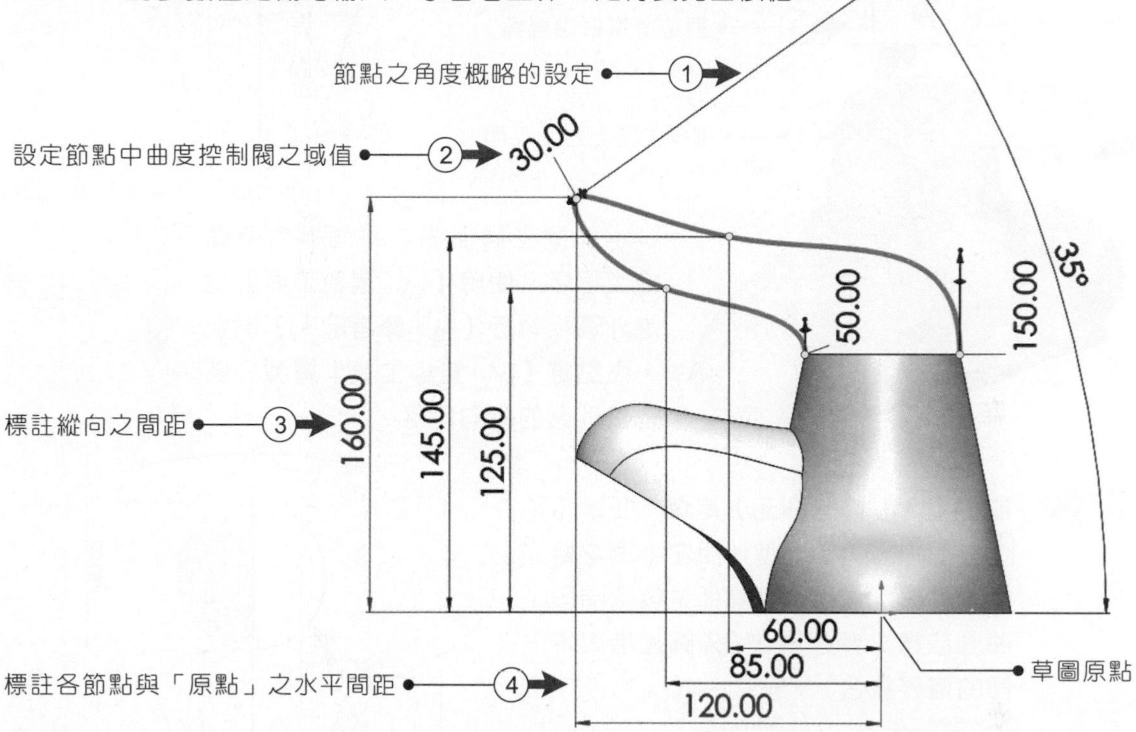
節點之角度概略的設定 ①
設定節點中曲度控制閥之域值 ②
30.00
35°
150.00
50.00
標註縱向之間距 ③
160.00
145.00
125.00
60.00
85.00
120.00
草圖原點
標註各節點與「原點」之水平間距 ④

STEP 06

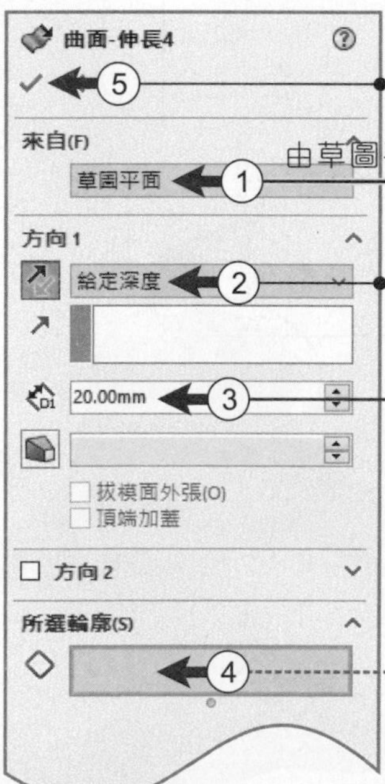
曲面-伸長4
⑤
來自(F)
草圖平面 ①
方向 1
給定深度 ②
20.00mm ③
拔模面外張(O)
頂端加蓋
方向 2
所選輪廓(S)
④

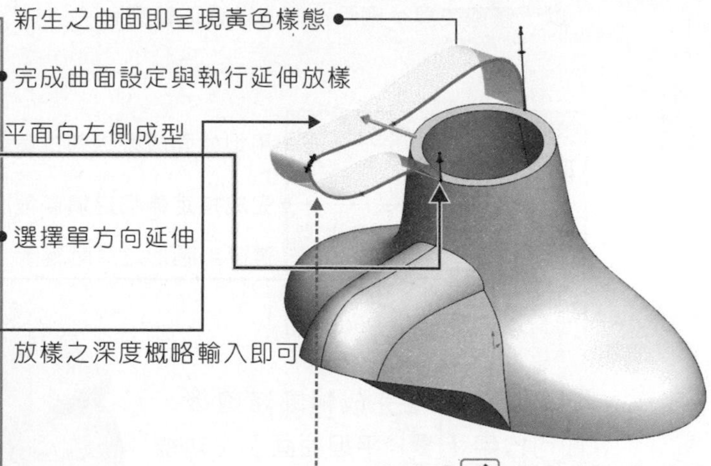
新生之曲面即呈現黃色樣態
完成曲面設定與執行延伸放樣
由草圖平面向左側成型
選擇單方向延伸
放樣之深度概略輸入即可

草圖輪廓指定或由系統驅動

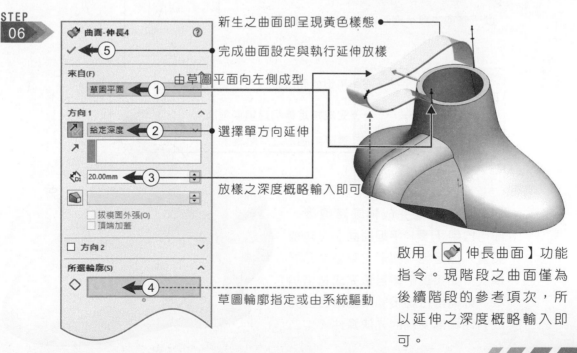

啟用【 伸長曲面】功能指令。現階段之曲面僅為後續階段的參考項次，所以延伸之深度概略輸入即可。

STEP 07

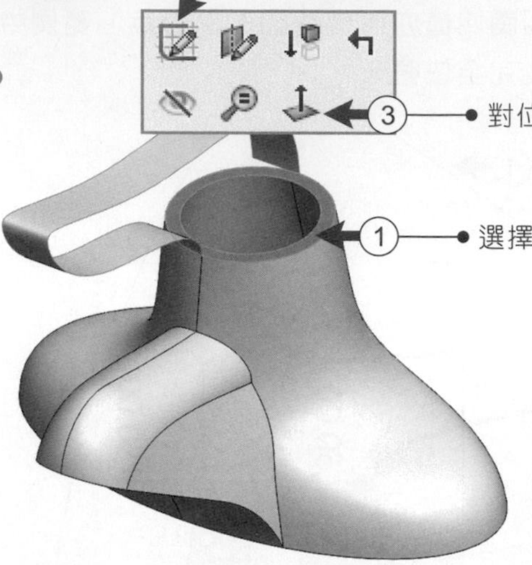

② 進入草圖繪製程序
③ 對位所選擇之視角
① 選擇主體上方之平面

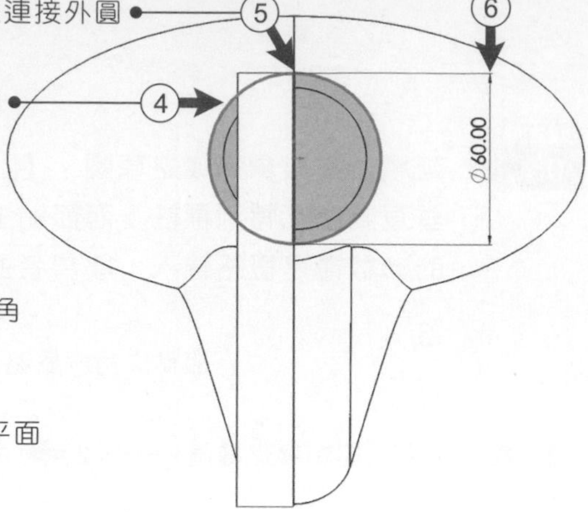

標註圓徑之尺寸參數 ⑥
繪製一條垂直線連接外圓 ⑤
「參考圖元」或建構一個圓 ④
Ø60.00

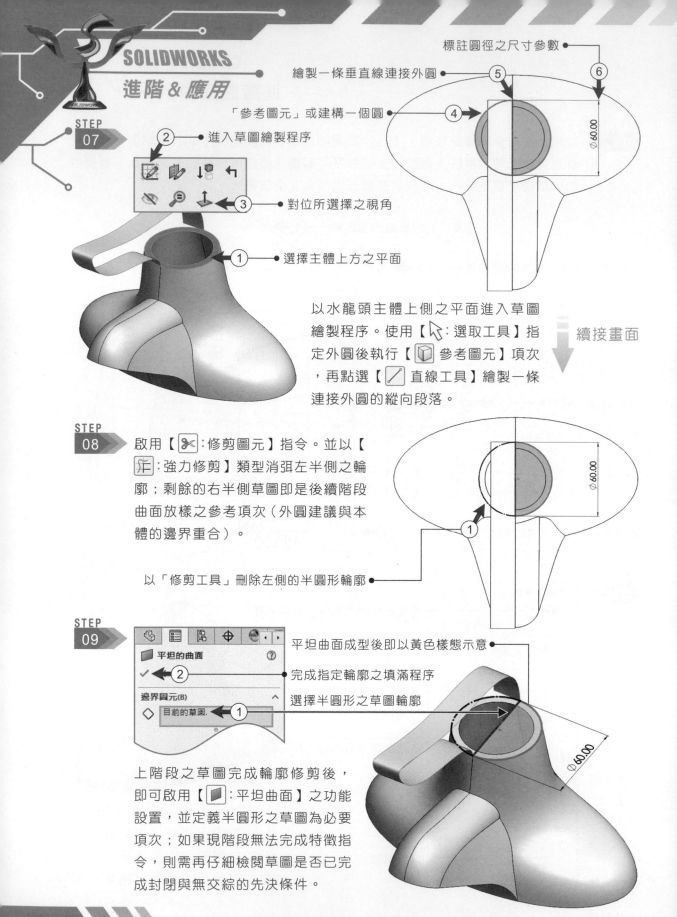

以水龍頭主體上側之平面進入草圖繪製程序。使用【 :選取工具】指定外圓後執行【 參考圖元】項次，再點選【 直線工具】繪製一條連接外圓的縱向段落。

續接畫面

STEP 08

啟用【 :修剪圖元】指令。並以【 :強力修剪】類型消弭左半側之輪廓；剩餘的右半側草圖即是後續階段曲面放樣之參考項次（外圓建議與本體的邊界重合）。

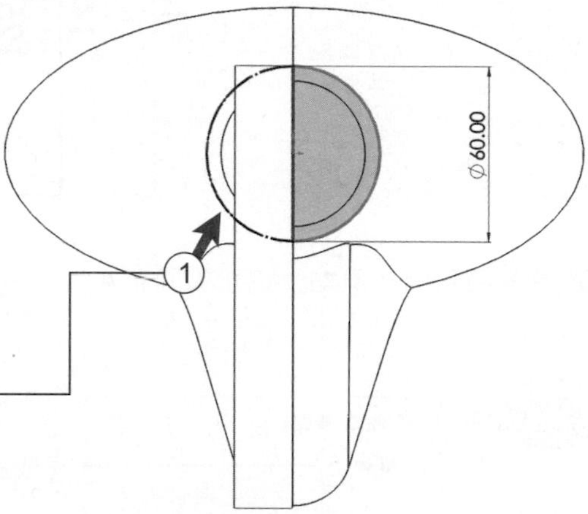

Ø60.00
①
以「修剪工具」刪除左側的半圓形輪廓

STEP 09

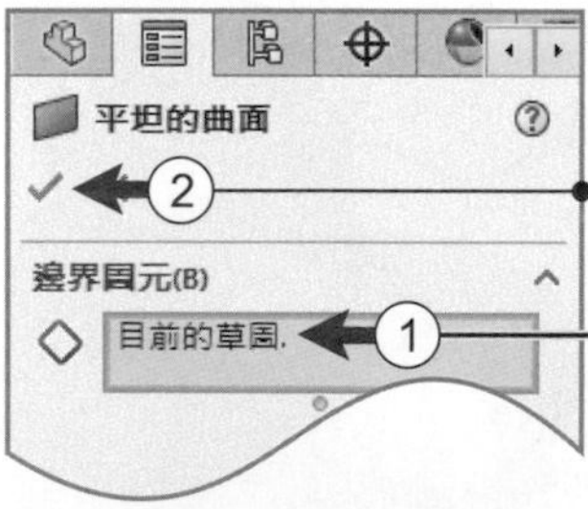

平坦的曲面
邊界圖元(B)
目前的草圖.
② 完成指定輪廓之填滿程序
① 選擇半圓形之草圖輪廓

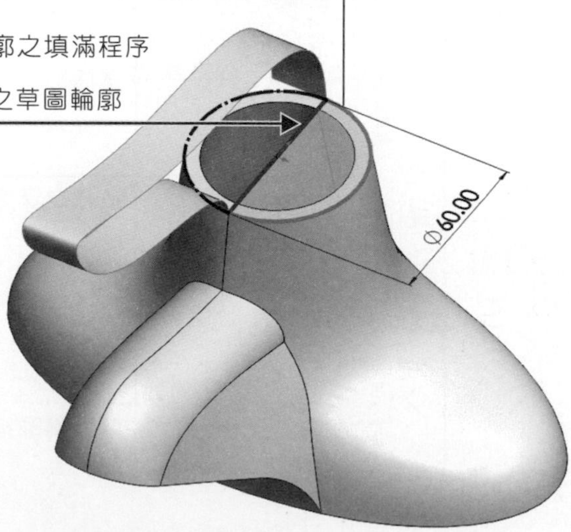

平坦曲面成型後即以黃色樣態示意
Ø60.00

上階段之草圖完成輪廓修剪後，即可啟用【 :平坦曲面】之功能設置，並定義半圓形之草圖為必要項次；如果現階段無法完成特徵指令，則需再仔細檢閱草圖是否已完成封閉與無交綜的先決條件。

STEP 10

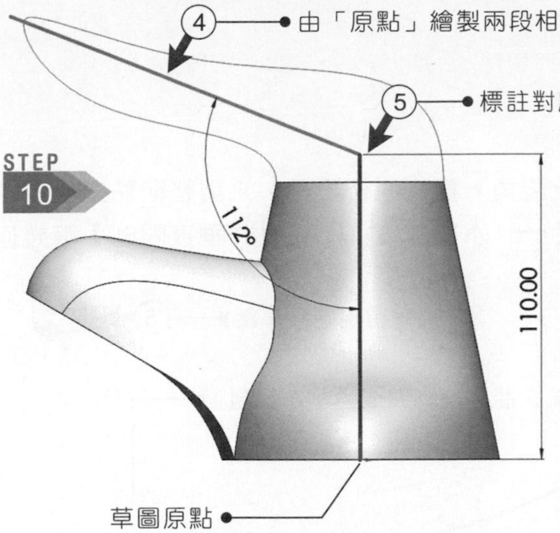
④ 由「原點」繪製兩段相連的直線
⑤ 標註對應之尺寸參數
112°
110.00
草圖原點

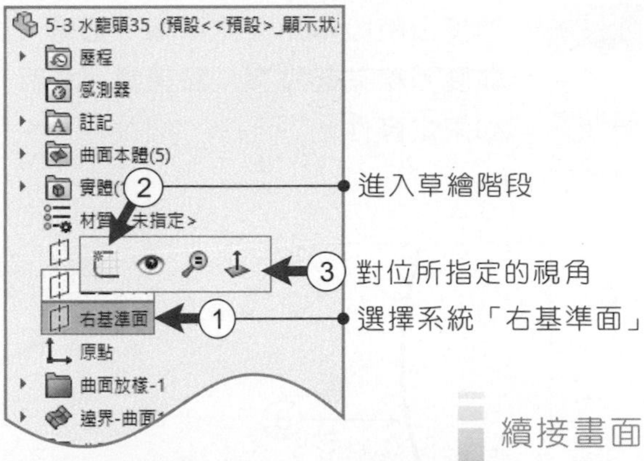
5-3 水龍頭35（預設<<預設>_顯示狀
歷程
感測器
註記
曲面本體(5)
實體(
材質<未指定>
右基準面
原點
曲面放樣-1
邊界-曲面
② 進入草繪階段
③ 對位所指定的視角
① 選擇系統「右基準面」

續接畫面

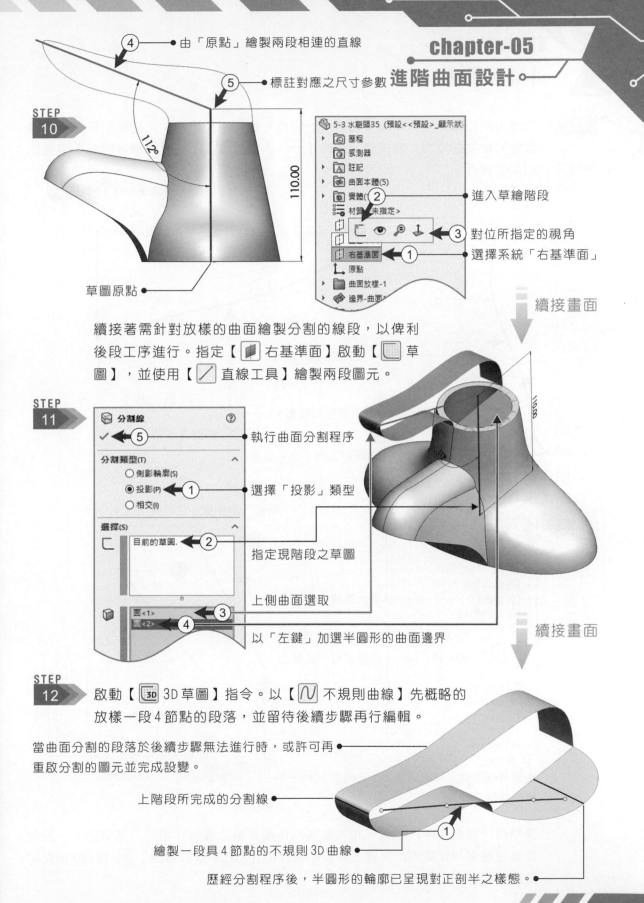

續接著需針對放樣的曲面繪製分割的線段，以俾利後段工序進行。指定【右基準面】啟動【草圖】，並使用【直線工具】繪製兩段圖元。

STEP 11

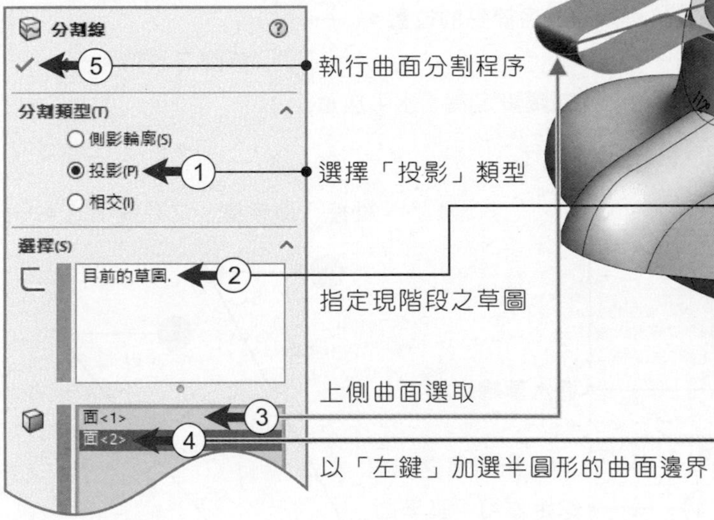
分割線
⑤ 執行曲面分割程序
分割類型(T)
側影輪廓(S)
投影(P)
① 選擇「投影」類型
相交(I)
選擇(S)
目前的草圖
② 指定現階段之草圖
面<1>
③ 上側曲面選取
面<2>
④ 以「左鍵」加選半圓形的曲面邊界

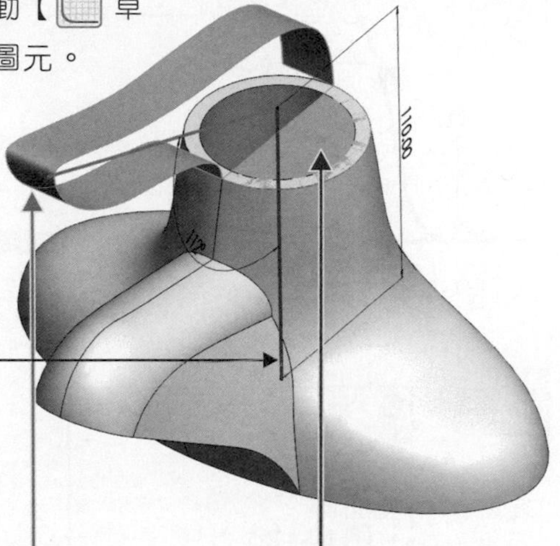

續接畫面

STEP 12

啟動【3D 草圖】指令。以【不規則曲線】先概略的放樣一段 4 節點的段落，並留待後續步驟再行編輯。

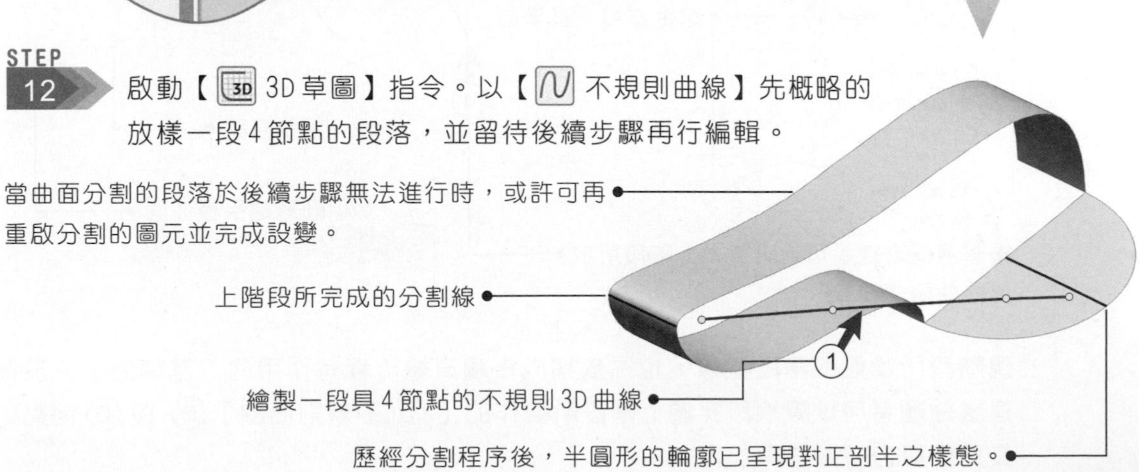
當曲面分割的段落於後續步驟無法進行時，或許可再重啟分割的圖元並完成設變。
上階段所完成的分割線
①
繪製一段具 4 節點的不規則 3D 曲線
歷經分割程序後，半圓形的輪廓已呈現對正剖半之樣態。

STEP 13

續接上階段未結束之草圖。透過《上視角》暨《右側視角》來調整節點之位置與曲度，線端起點與終點建議可執行【—：水平放置】、【|：垂直限制】等幾何約束之條件。

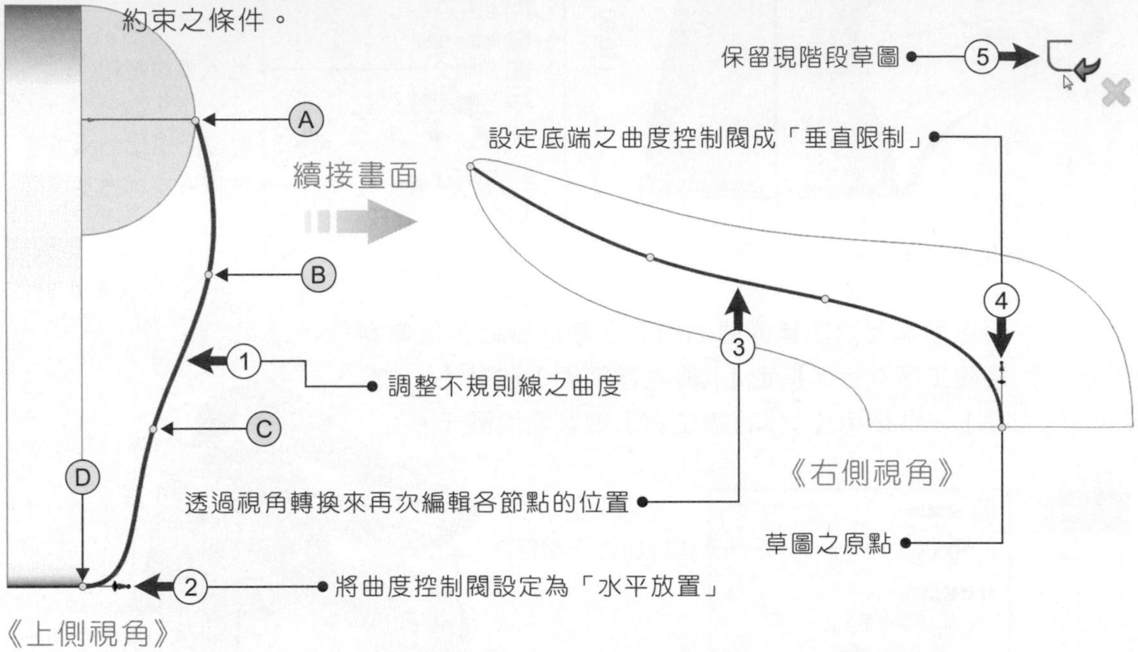

STEP 14

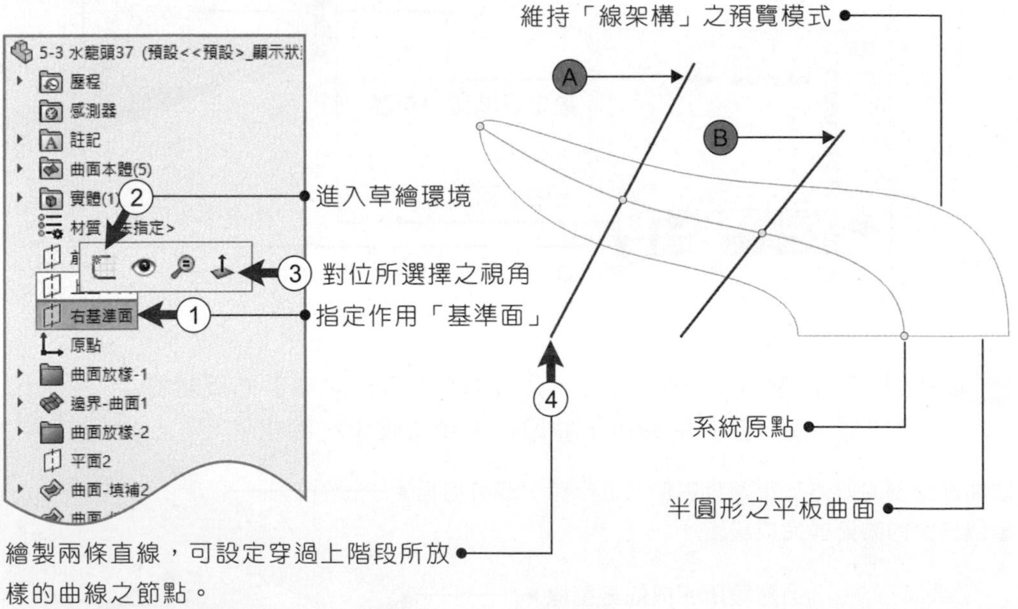

現階段所繪製的兩段直線，也需放樣成後續草繪流程時作用的「基準面」。於此建議繪圖者可以讓線段穿過上階段所製作的【 不規則曲線】Ⓑ 與 Ⓒ 節點，其角度可自行取決與設定。

STEP 15

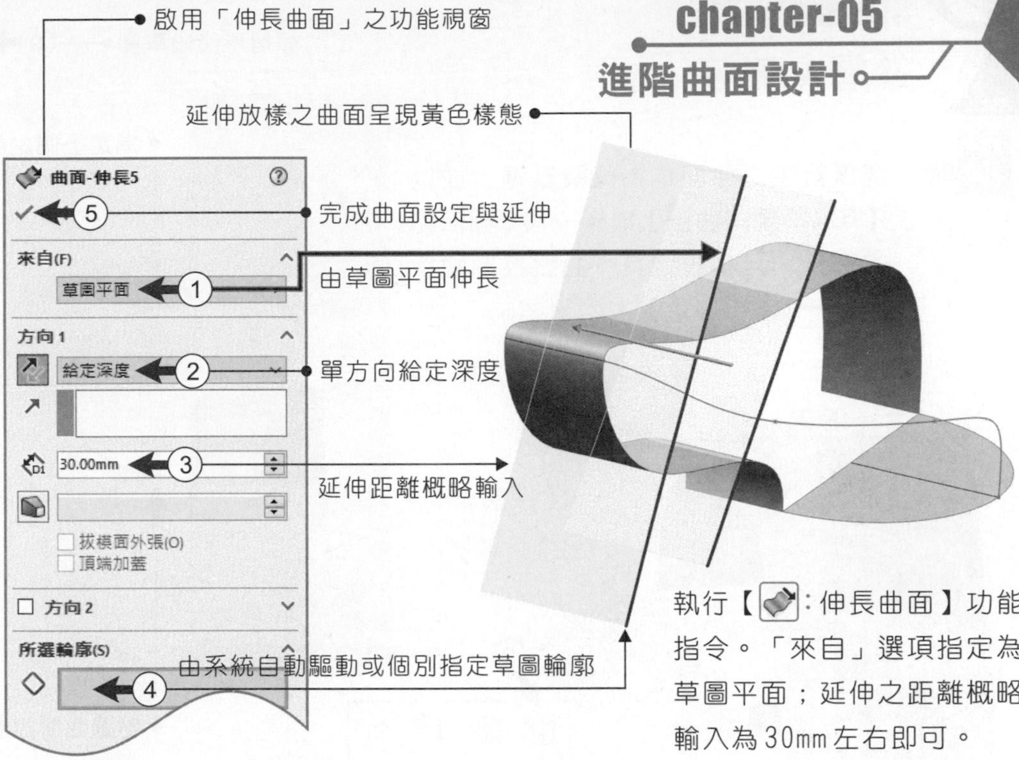
啟用「伸長曲面」之功能視窗
延伸放樣之曲面呈現黃色樣態
曲面-伸長5
完成曲面設定與延伸
來自(F)
草圖平面
由草圖平面伸長
方向 1
給定深度
單方向給定深度
30.00mm
延伸距離概略輸入
拔模面外張(O)
頂端加蓋
方向 2
所選輪廓(S)
由系統自動驅動或個別指定草圖輪廓
1
2
3
4
5

執行【:伸長曲面】功能指令。「來自」選項指定為草圖平面；延伸之距離概略輸入為 30mm 左右即可。

STEP 16

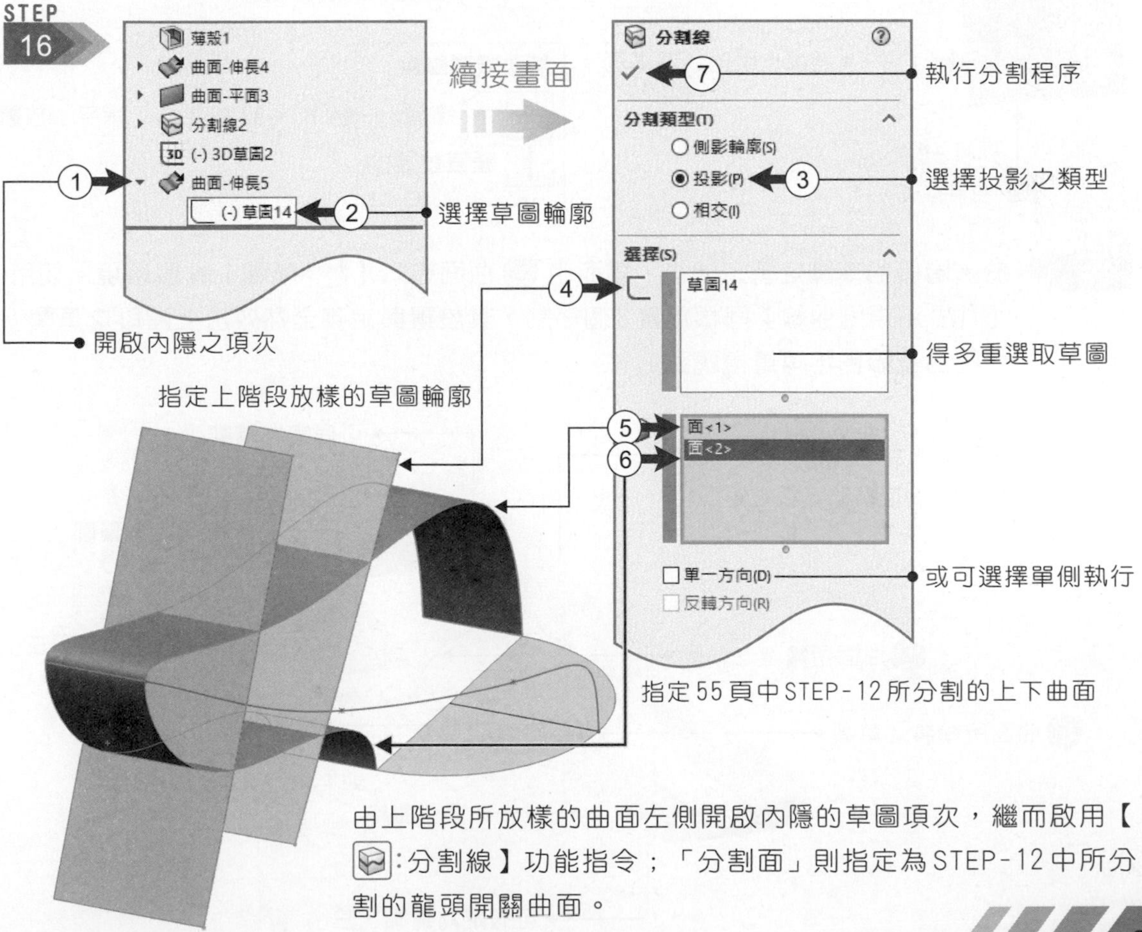
薄殼1
曲面-伸長4
曲面-平面3
分割線2
(-) 3D草圖2
曲面-伸長5
(-) 草圖14
選擇草圖輪廓
開啟內隱之項次
續接畫面
指定上階段放樣的草圖輪廓
分割線
執行分割程序
分割類型(T)
側影輪廓(S)
投影(P)
相交(I)
選擇投影之類型
選擇(S)
草圖14
得多重選取草圖
面<1>
面<2>
單一方向(D)
反轉方向(R)
或可選擇單側執行
指定 55 頁中 STEP-12 所分割的上下曲面
1
2
3
4
5
6
7

由上階段所放樣的曲面左側開啟內隱的草圖項次，繼而啟用【:分割線】功能指令；「分割面」則指定為 STEP-12 中所分割的龍頭開關曲面。

STEP 17

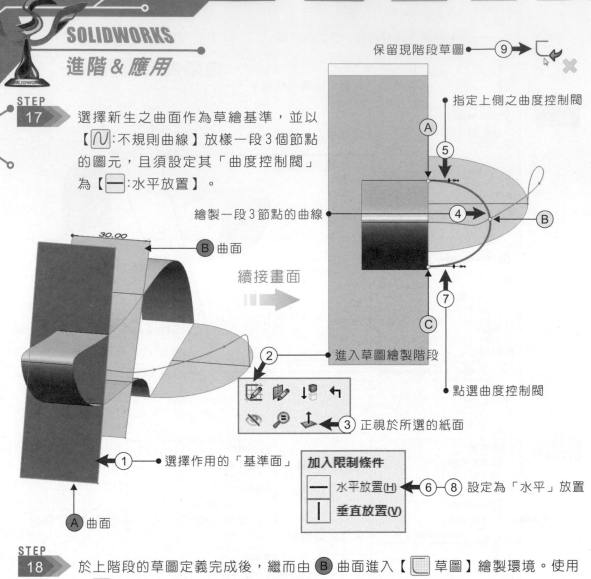

選擇新生之曲面作為草繪基準，並以【∩/:不規則曲線】放樣一段3個節點的圖元，且須設定其「曲度控制閥」為【—:水平放置】。

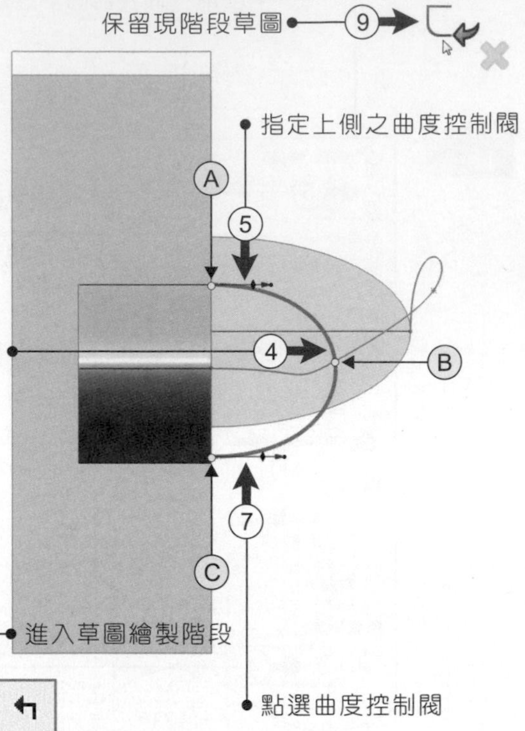
保留現階段草圖
9
指定上側之曲度控制閥
A
5
繪製一段3節點的曲線
4
B
7
C
進入草圖繪製階段
點選曲度控制閥

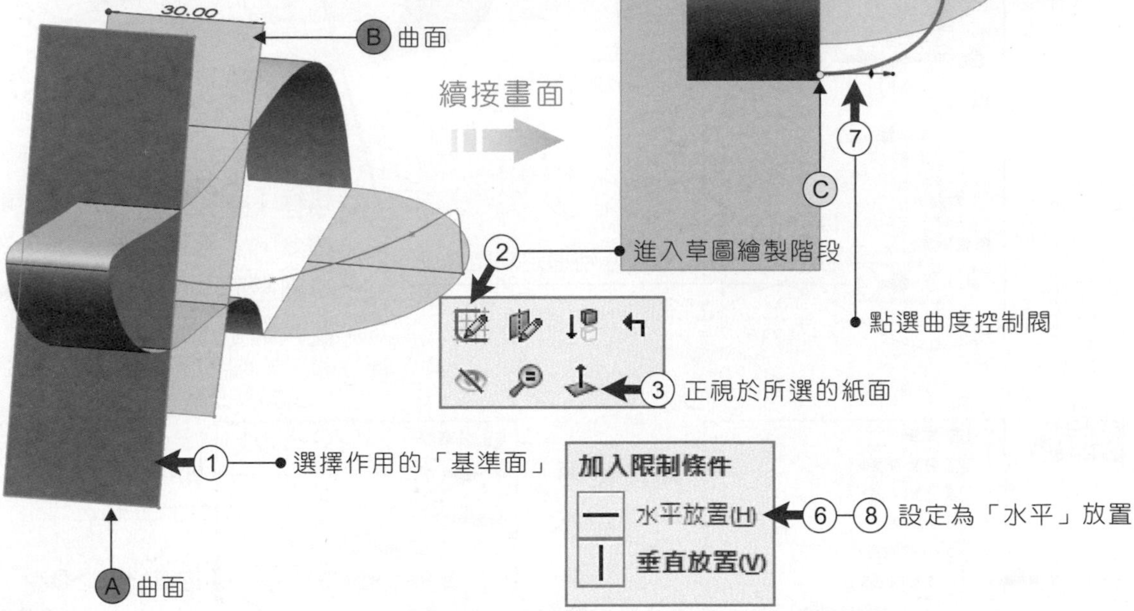
30.00
B 曲面
續接畫面
2
3 正視於所選的紙面
1 選擇作用的「基準面」
A 曲面
加入限制條件
水平放置(H)
垂直放置(V)
6 8 設定為「水平」放置

STEP 18

於上階段的草圖定義完成後，繼而由 B 曲面進入【草圖】繪製環境。使用【∩/:不規則曲線】同樣放置3個節點，其設置與定義全然效法上階段之草圖（類同的步驟即不再重複講述）。

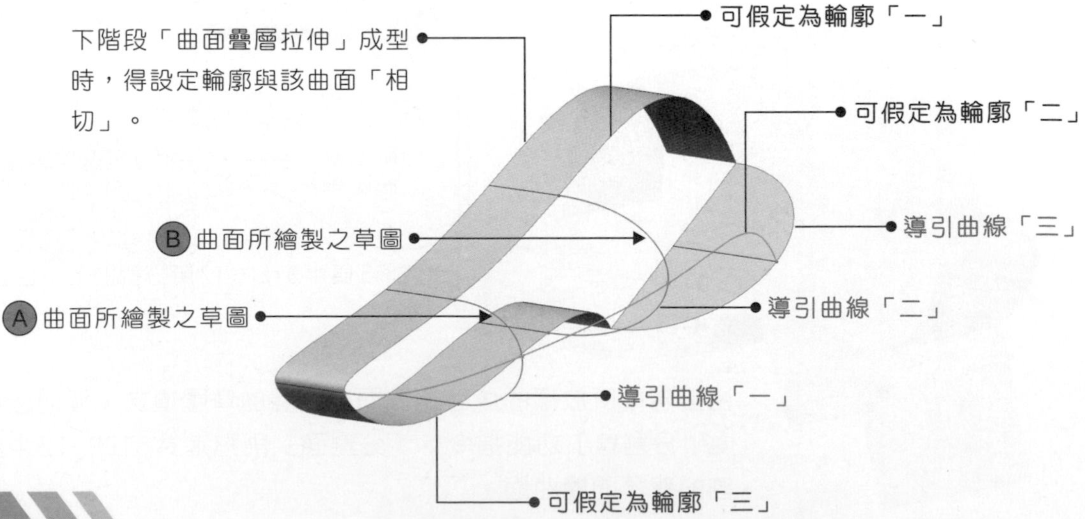
下階段「曲面疊層拉伸」成型時，得設定輪廓與該曲面「相切」。
可假定為輪廓「一」
可假定為輪廓「二」
B 曲面所繪製之草圖
導引曲線「三」
A 曲面所繪製之草圖
導引曲線「二」
導引曲線「一」
可假定為輪廓「三」

STEP 19

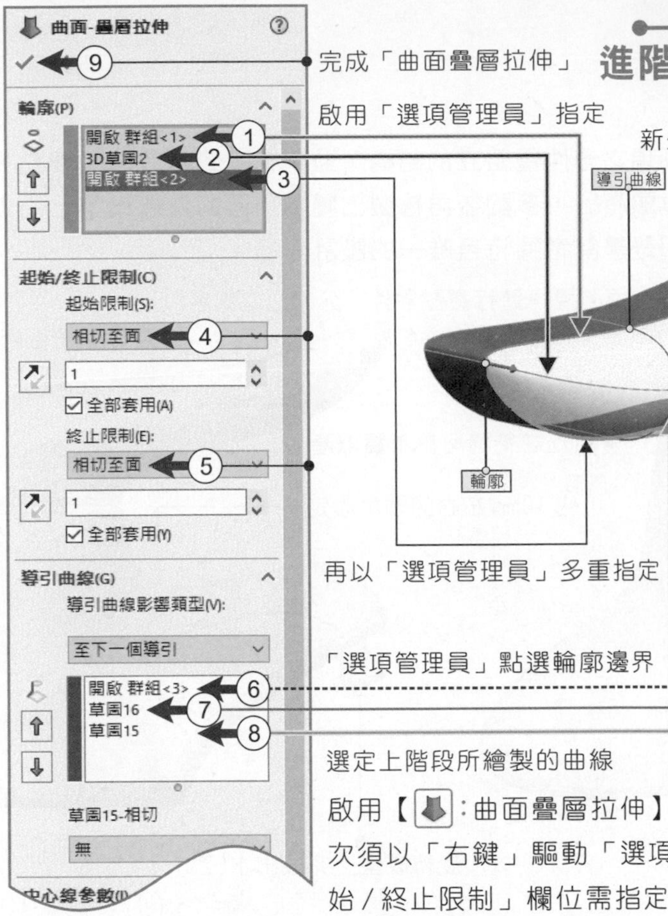
曲面-疊層拉伸
輪廓(P)
開啟 群組<1>
3D草圖2
開啟 群組<2>
起始/終止限制(C)
起始限制(S):
相切至面
全部套用(A)
終止限制(E):
相切至面
全部套用(Y)
導引曲線(G)
導引曲線影響類型(V):
至下一個導引
開啟 群組<3>
草圖16
草圖15
草圖15-相切
無
中心線參數(I)
完成「曲面疊層拉伸」
啟用「選項管理員」指定
再以「選項管理員」多重指定
「選項管理員」點選輪廓邊界
以「左鍵」點擊曲線項次
選定上階段所繪製的曲線

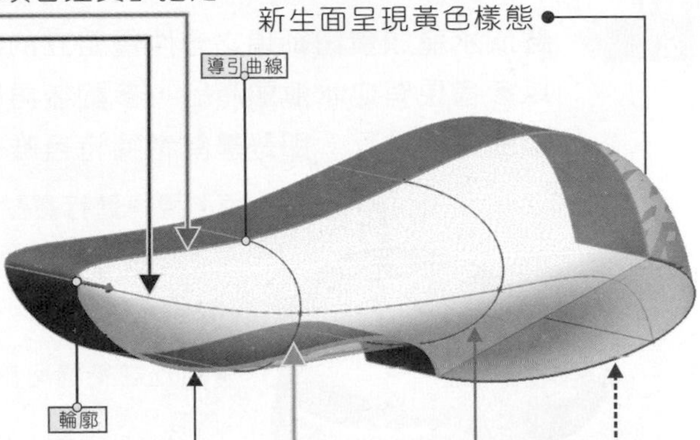
新生面呈現黃色樣態
導引曲線
輪廓

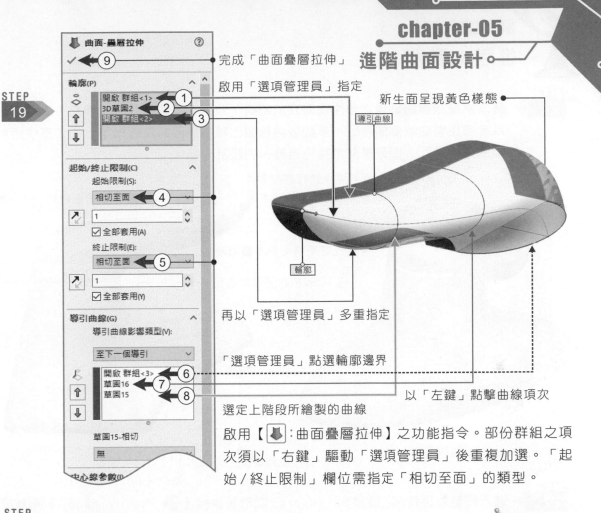

啟用【 :曲面疊層拉伸】之功能指令。部份群組之項次須以「右鍵」驅動「選項管理員」後重複加選。「起始／終止限制」欄位需指定「相切至面」的類型。

STEP 20

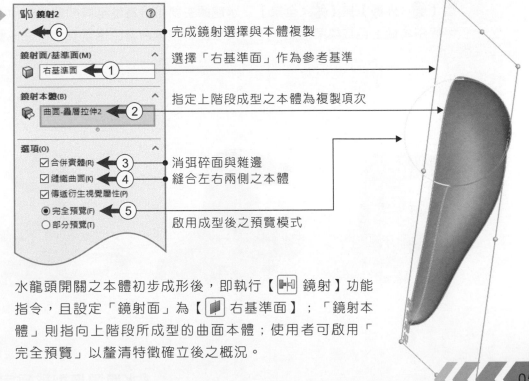

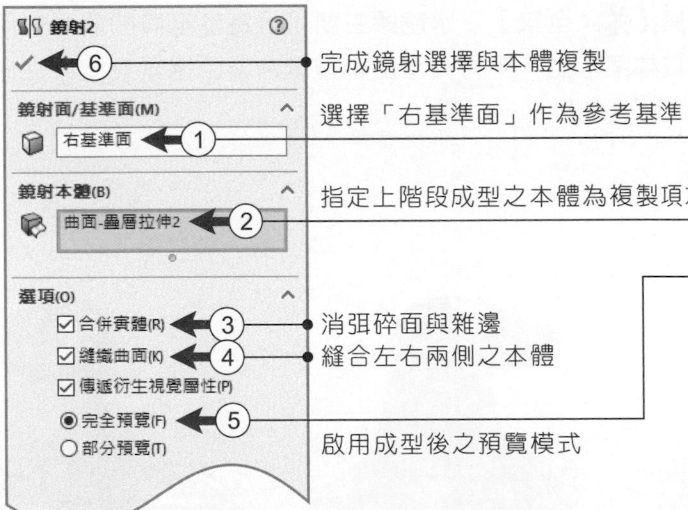
鏡射2
完成鏡射選擇與本體複製
鏡射面/基準面(M)
右基準面
選擇「右基準面」作為參考基準
鏡射本體(B)
曲面-疊層拉伸2
指定上階段成型之本體為複製項次
選項(O)
合併實體(R)
縫織曲面(K)
傳遞衍生視覺屬性(P)
完全預覽(F)
部分預覽(T)
消弭碎面與雜邊
縫合左右兩側之本體
啟用成型後之預覽模式

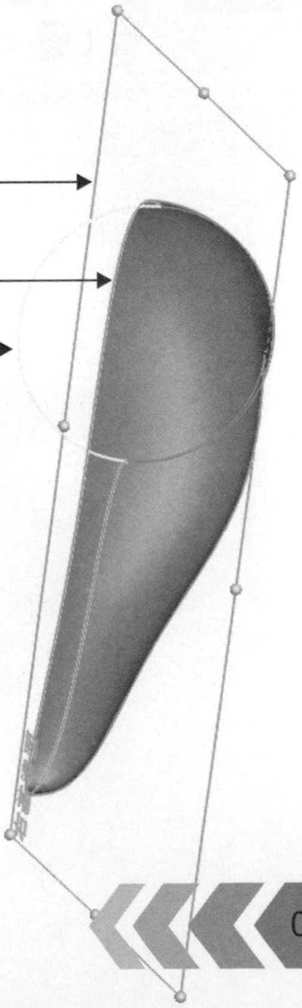

水龍頭開關之本體初步成形後，即執行【 鏡射】功能指令，且設定「鏡射面」為【 右基準面】；「鏡射本體」則指向上階段所成型的曲面本體；使用者可啟用「完全預覽」以釐清特徵確立後之概況。

STEP 21 關於水龍頭實體細項之分件暨組立的結構，並不在本範例教學的要點，繪圖者可以參考現有之水龍頭產品，參酌後再繪製出屬於自己的外觀模型；由工序中所延伸的建模進程，即是學習者獨特且唯一的設計作品。

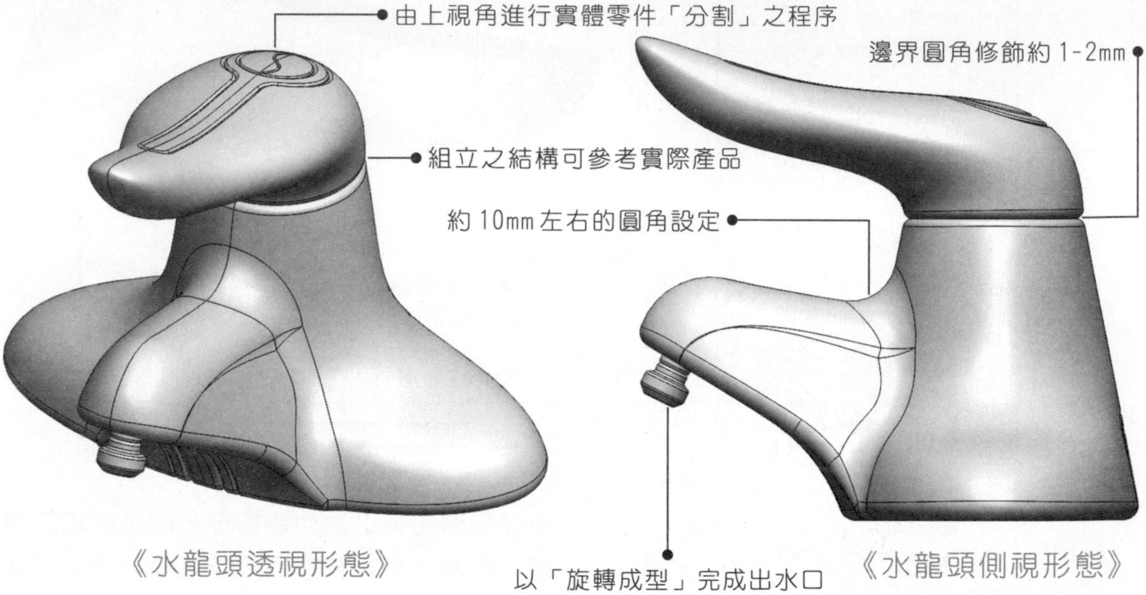
由上視角進行實體零件「分割」之程序
邊界圓角修飾約 1-2mm
組立之結構可參考實際產品
約 10mm 左右的圓角設定
以「旋轉成型」完成出水口

《水龍頭透視形態》　《水龍頭側視形態》

STEP 22 進入模型彩現程序：透過 Solidworks 之附加模組【 Photoview360 】編輯模型【 :外觀】與【 :全景】；水龍頭主要可分為基座與開關兩組件，操作者得個別本體上色或檔案附貼。下方為產品模型融合素色場景之渲染完成圖照。

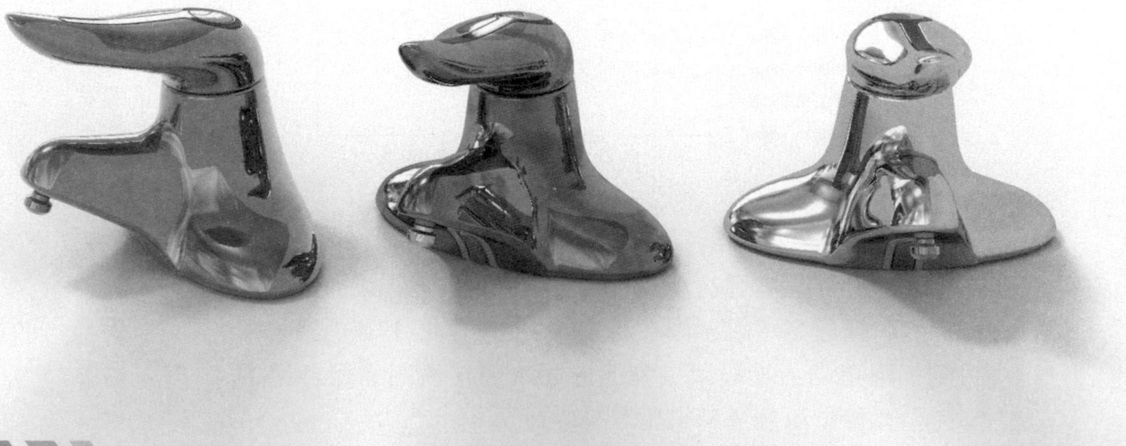

《水龍頭模型彩現完成圖》

5-4 塑框眼鏡

⊙要點提醒 **本範例為綠色版參考教學檔--請學習者使用雲端連結並下載相關之附件**

本範例教學視訊檔案：SolidWorks/進階&應用/CH05目錄下/5-4 塑框眼鏡.avi
本範例製作完成檔案：SolidWorks/進階&應用/CH05目錄下/5-4 塑框眼鏡.SLDPRT

5-4.1 塑膠框眼鏡建模

眼鏡塑型是一件得簡約卻亦可以極端複雜的工序，而於本範例中演示的為造型自由度較高的塑膠材質鏡框。筆者先透過前視角的底圖參酌，依循其邊界完成【:伸長曲面】之放樣，並經由【:掃出曲面】與【:修剪曲面】指令完成鏡框之主體雛形。關於「鼻托」與「鏡腳」的建構概略的參考範例即可；於鏡框與鏡腳完成後再【:鏡射】複製，【:分割】的輪廓與鏡框邊界則施以【:圓角】程序修飾，最後，在材質指定後啟用彩現模組擬真並輸出成圖片即可。

建模進程：

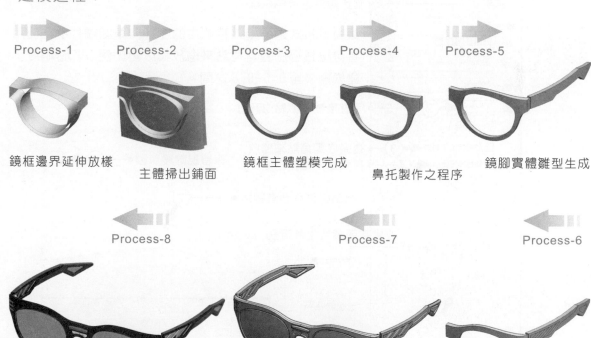

Process-1

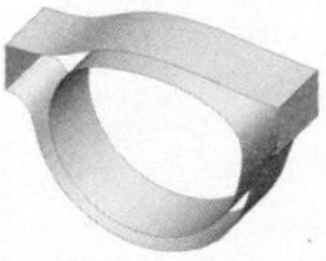

鏡框邊界延伸放樣

Process-2

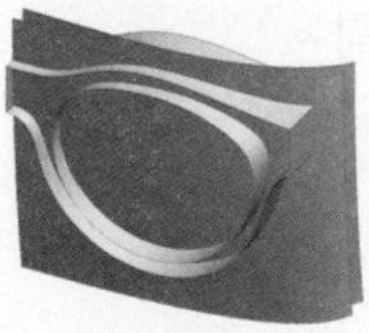

主體掃出鋪面

Process-3

鏡框主體塑模完成

Process-4

鼻托製作之程序

Process-5

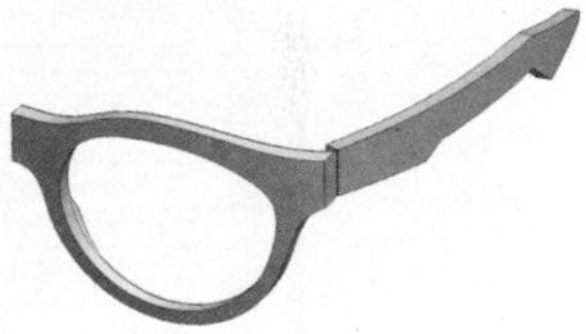

鏡腳實體雛型生成

Process-6

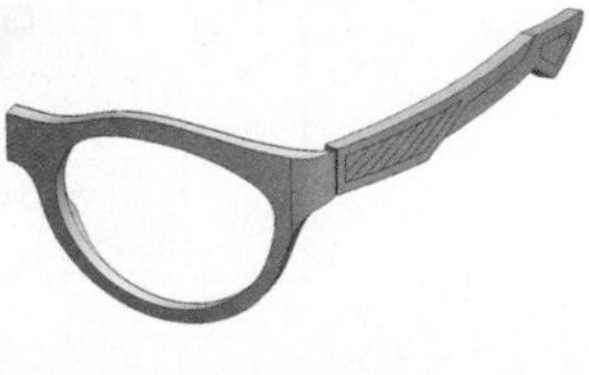

鏡腳細部分割與製作

Process-7

實體鏡射完成暨圓角修飾

Process-8

眼鏡貼附材質與渲染

STEP 01

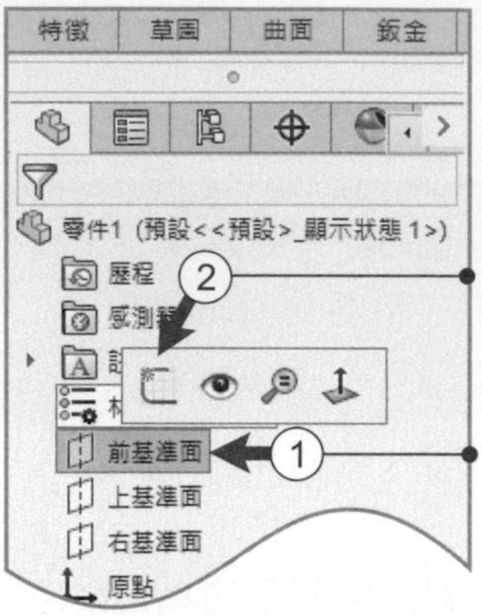

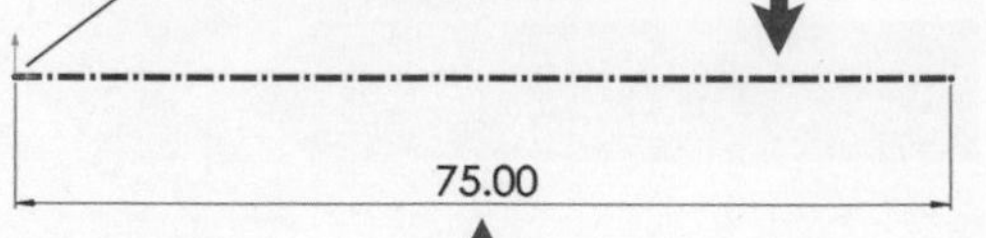

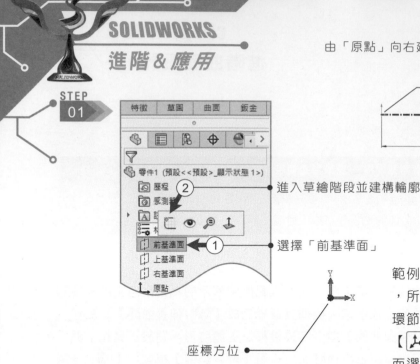

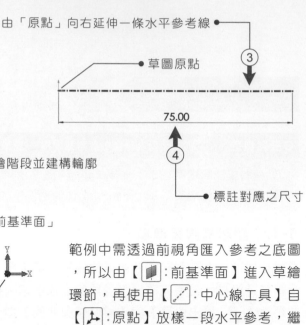

範例中需透過前視角匯入參考之底圖，所以由【前基準面】進入草繪環節，再使用【中心線工具】自【原點】放樣一段水平參考，繼而選擇【智慧型尺寸】標註其相關對應之尺寸參數。

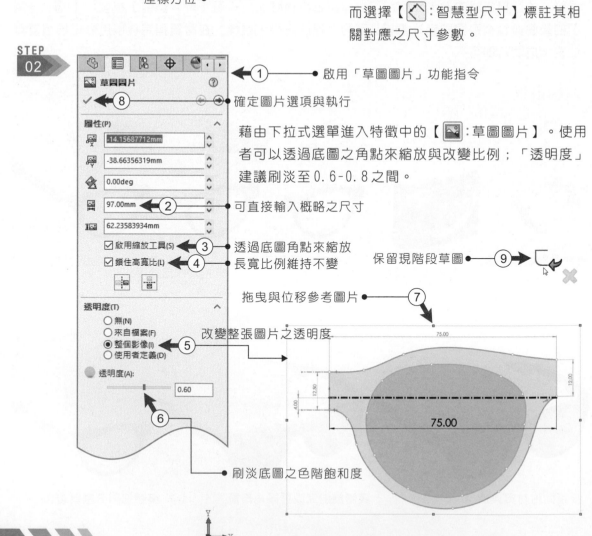

STEP 02

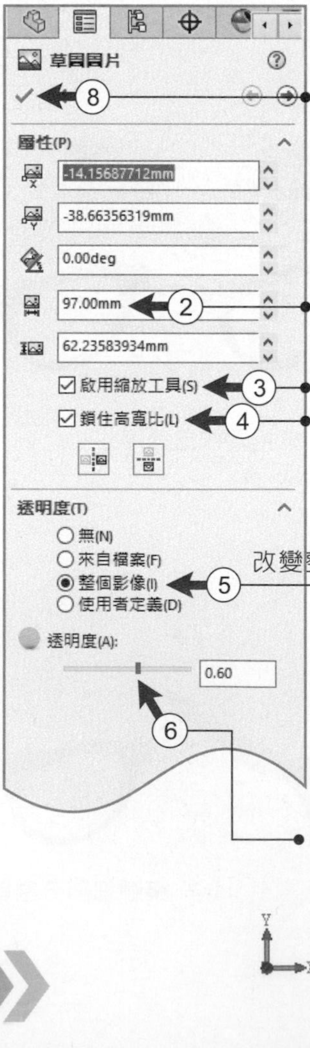

藉由下拉式選單進入特徵中的【草圖圖片】。使用者可以透過底圖之角點來縮放與改變比例；「透明度」建議刷淡至0.6-0.8之間。

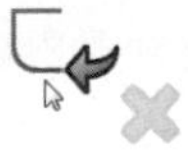

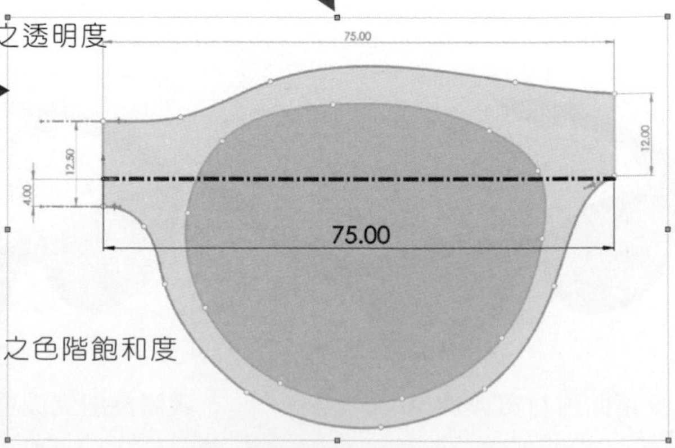

STEP 03

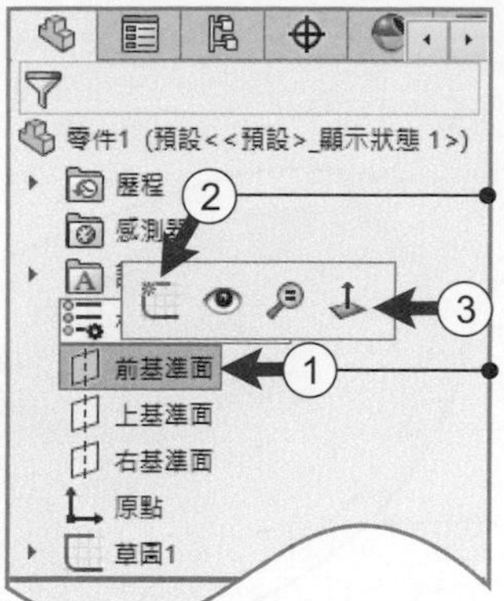

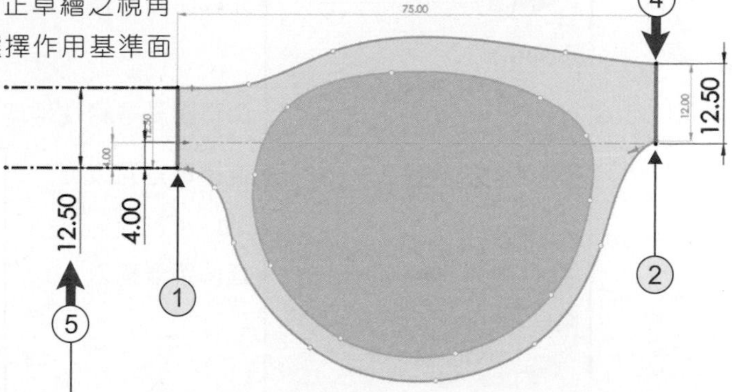

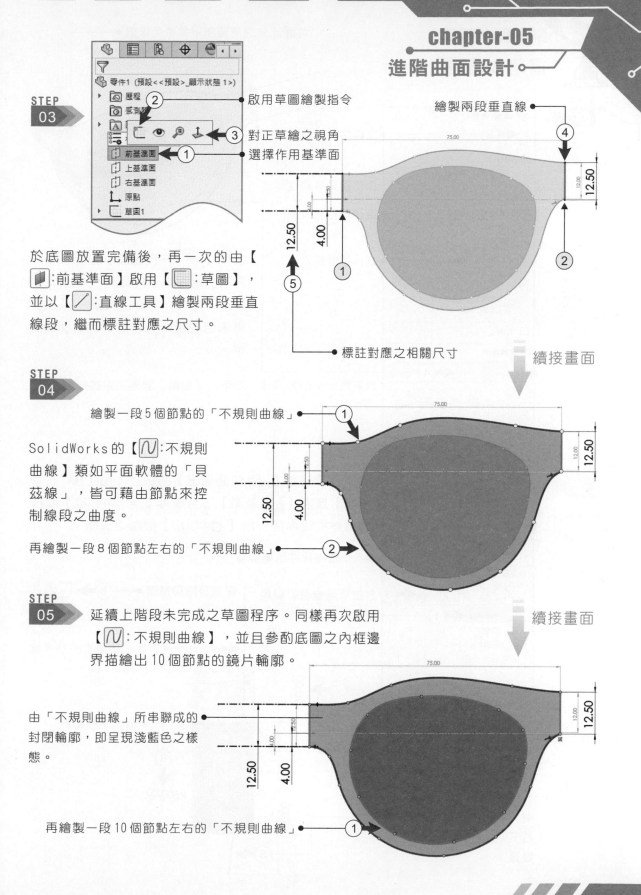

於底圖放置完備後，再一次的由【:前基準面】啟用【:草圖】，並以【:直線工具】繪製兩段垂直線段，繼而標註對應之尺寸。

續接畫面

STEP 04

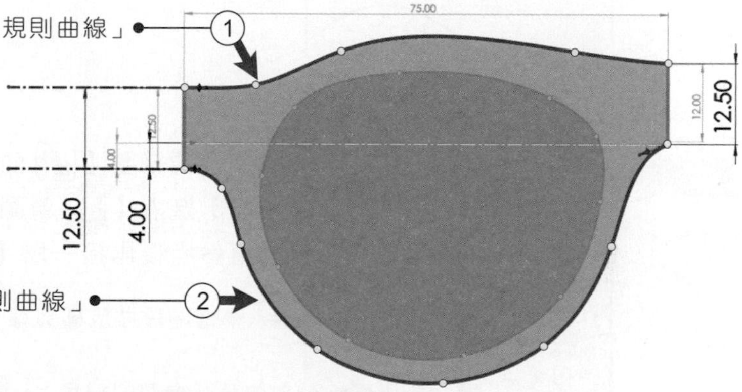

SolidWorks的【:不規則曲線】類如平面軟體的「貝茲線」，皆可藉由節點來控制線段之曲度。

STEP 05

延續上階段未完成之草圖程序。同樣再次啟用【:不規則曲線】，並且參酌底圖之內框邊界描繪出10個節點的鏡片輪廓。

續接畫面

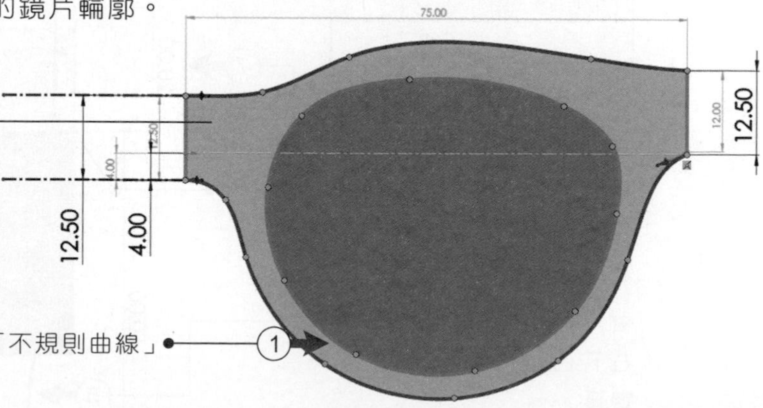

STEP 06

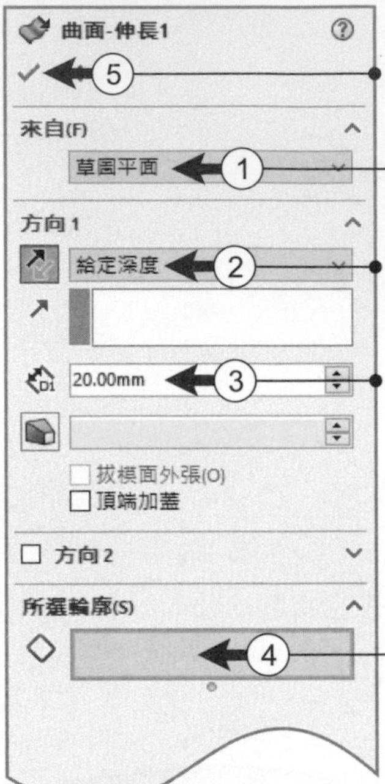
曲面-伸長1
來自(F)
草圖平面
方向 1
給定深度
20.00mm
拔模面外張(O)
頂端加蓋
方向 2
所選輪廓(S)
完成曲面延伸放樣
由草圖基準線性延伸
選擇單方向成型
延伸距離輸入
倘若系統未自動選擇，即可以「左鍵」額外指定邊界。

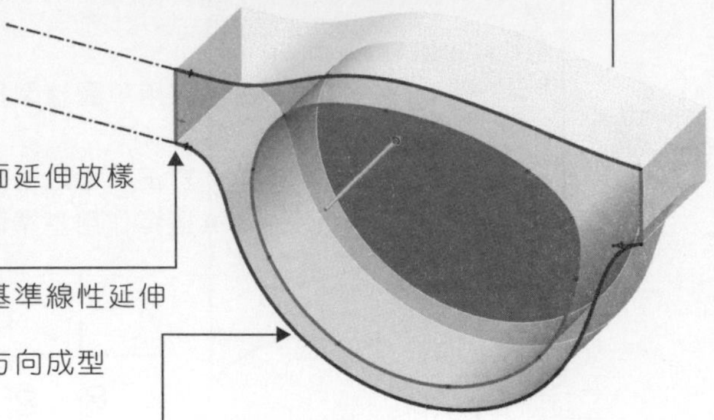
曲面延伸之預覽即呈現黃色樣態

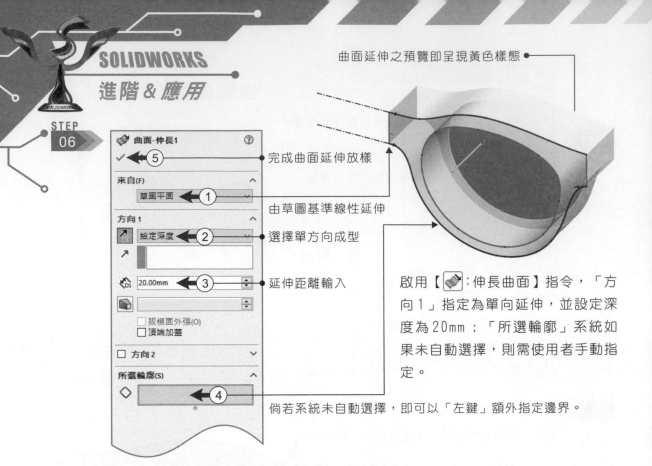

啟用【 :伸長曲面】指令，「方向 1」指定為單向延伸，並設定深度為 20mm；「所選輪廓」系統如果未自動選擇，則需使用者手動指定。

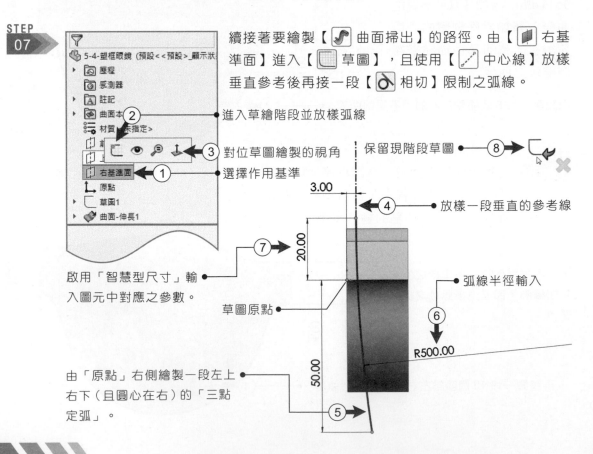

STEP 07

續接著要繪製【 曲面掃出】的路徑。由【 右基準面】進入【 草圖】，且使用【 中心線】放樣垂直參考後再接一段【 相切】限制之弧線。

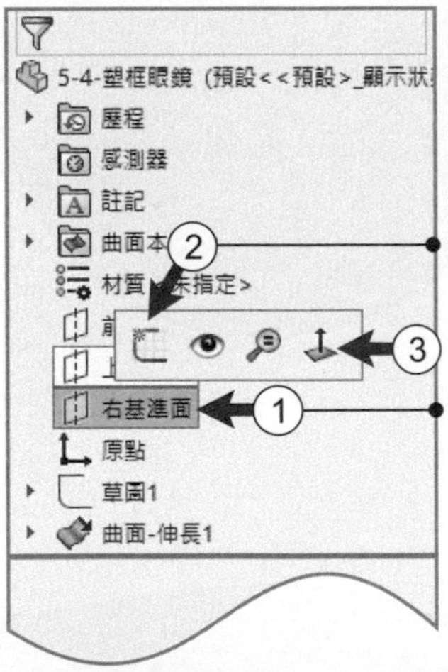
5-4-塑框眼鏡 (預設<<預設>_顯示狀
歷程
感測器
註記
曲面本
材質 <未指定>
右基準面
原點
草圖1
曲面-伸長1
進入草繪階段並放樣弧線
對位草圖繪製的視角
選擇作用基準

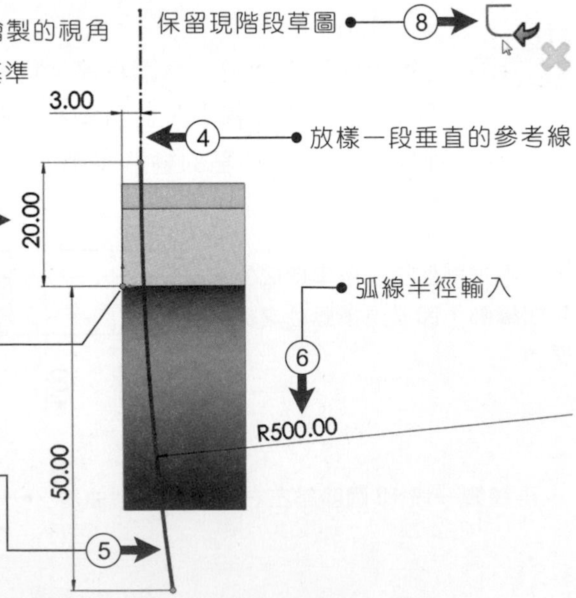
保留現階段草圖
3.00
放樣一段垂直的參考線
20.00
弧線半徑輸入
R500.00
50.00
啟用「智慧型尺寸」輸入圖元中對應之參數。
草圖原點
由「原點」右側繪製一段左上右下（且圓心在右）的「三點定弧」。

STEP 08

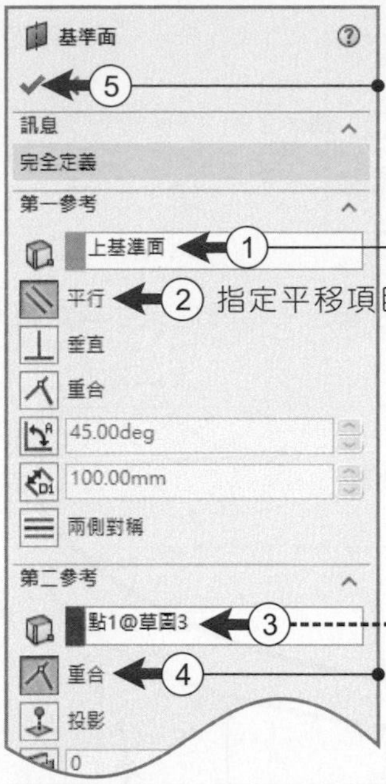
基準面
訊息
完全定義
第一參考
上基準面
平行
垂直
重合
45.00deg
100.00mm
兩側對稱
第二參考
點1@草圖3
重合
投影
0
⑤ 確立「基準面」偏移
① 選擇「上基準面」
② 指定平移項目
③
④ 新增面重合於線端

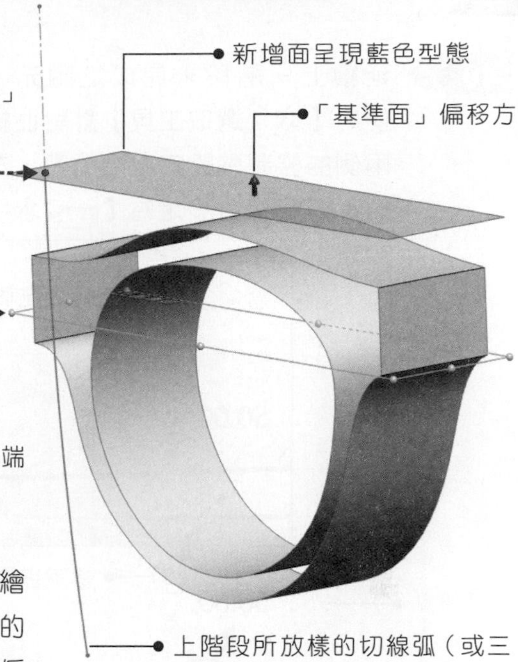
新增面呈現藍色型態
「基準面」偏移方向
上階段所放樣的切線弧（或三點定弧）。

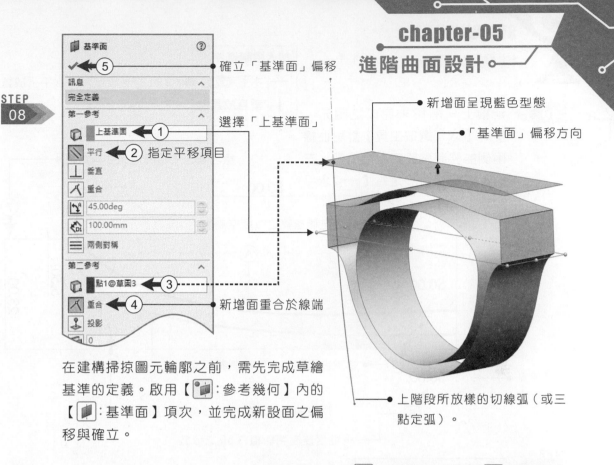

在建構掃掠圖元輪廓之前，需先完成草繪基準的定義。啟用【參考幾何】內的【基準面】項次，並完成新設面之偏移與確立。

STEP 09

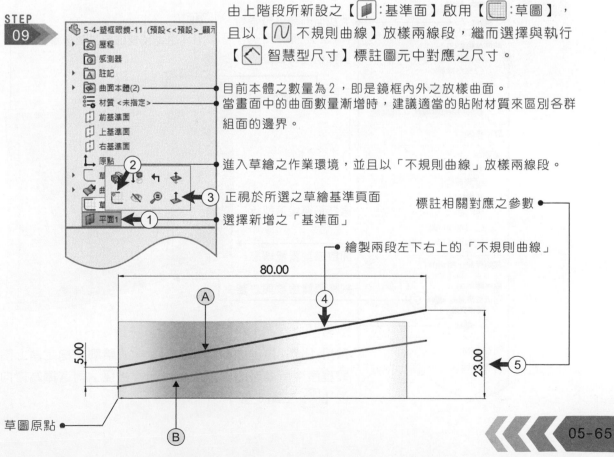

由上階段所新設之【基準面】啟用【草圖】，且以【不規則曲線】放樣兩線段，繼而選擇與執行【智慧型尺寸】標註圖元中對應之尺寸。

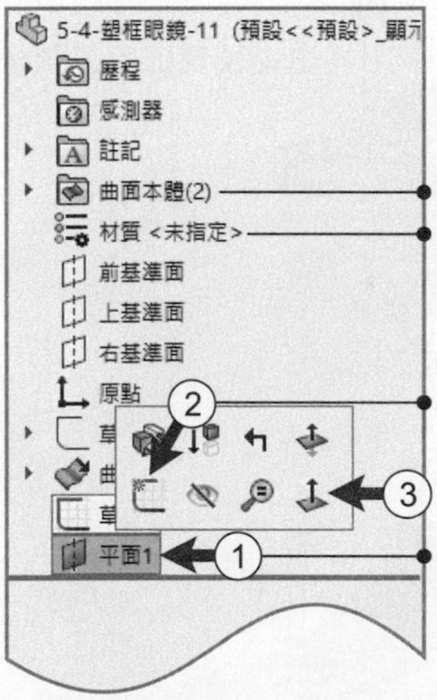
5-4-塑框眼鏡-11 (預設<<預設>_顯示
歷程
感測器
註記
曲面本體(2)
材質 <未指定>
前基準面
上基準面
右基準面
原點
平面1
目前本體之數量為2，即是鏡框內外之放樣曲面。
當畫面中的曲面數量漸增時，建議適當的貼附材質來區別各群組面的邊界。
② 進入草繪之作業環境，並且以「不規則曲線」放樣兩線段。
③ 正視於所選之草繪基準頁面
① 選擇新增之「基準面」

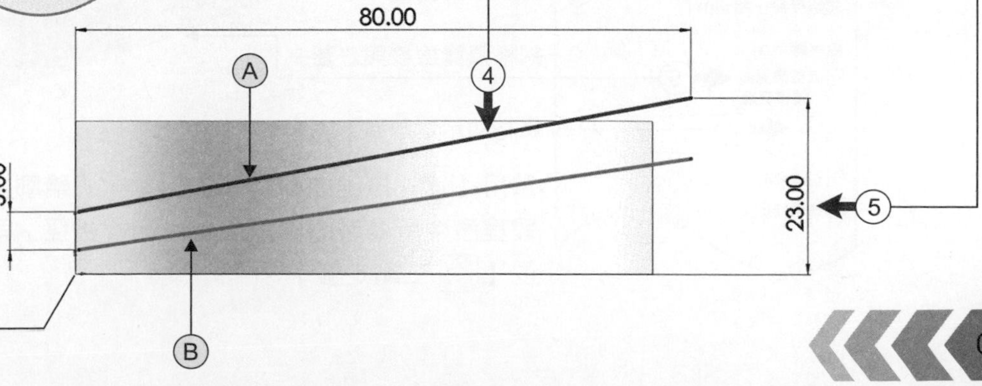
標註相關對應之參數
繪製兩段左下右上的「不規則曲線」
80.00
A
4
5.00
23.00
5
草圖原點
B

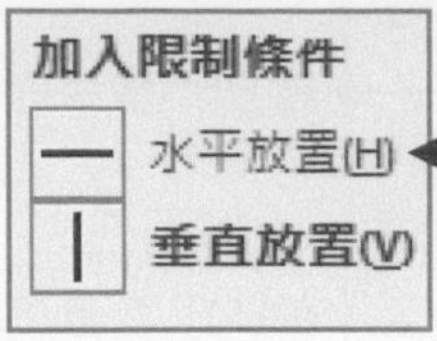
加入限制條件
水平放置(H)
垂直放置(V)
②④ 設定為「水平」放置

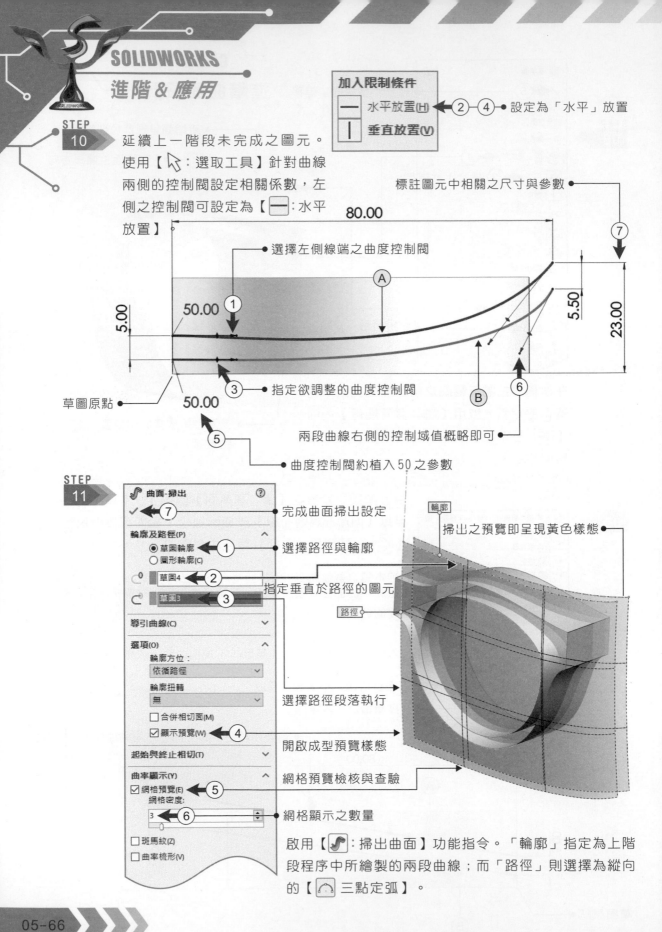

STEP 10

延續上一階段未完成之圖元。使用【 ：選取工具】針對曲線兩側的控制閥設定相關係數，左側之控制閥可設定為【 ：水平放置】。

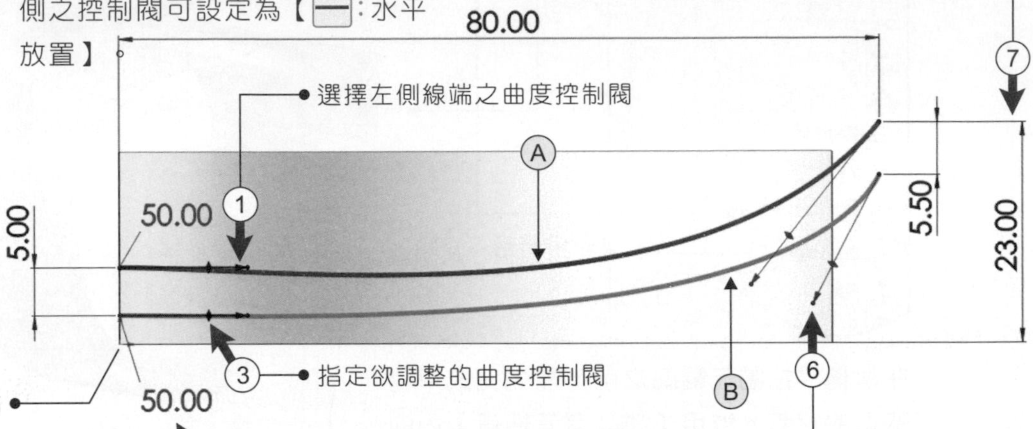
標註圖元中相關之尺寸與參數 ⑦
80.00
選擇左側線端之曲度控制閥 ①
A
50.00
5.00
5.50
23.00
指定欲調整的曲度控制閥 ③
B
6
草圖原點
50.00
兩段曲線右側的控制域值概略即可 ⑥
⑤ 曲度控制閥約植入50之參數

STEP 11

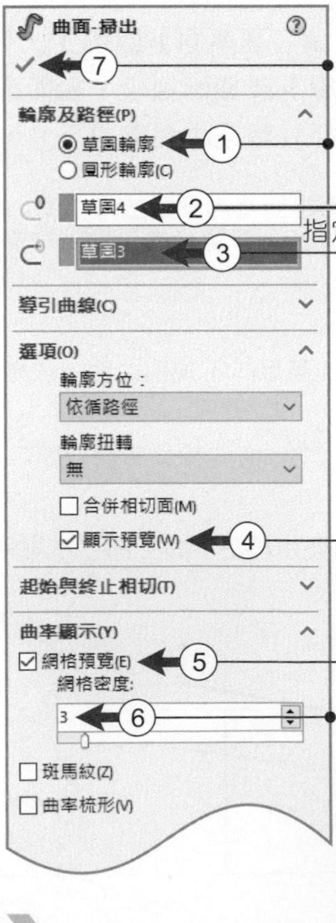
曲面-掃出
⑦ 完成曲面掃出設定
輪廓及路徑(P)
草圖輪廓
圓形輪廓(C)
① 選擇路徑與輪廓
草圖4 ②
草圖3 ③
指定垂直於路徑的圖元
導引曲線(C)
選項(O)
輪廓方位：
依循路徑
輪廓扭轉
無
選擇路徑段落執行
合併相切面(M)
顯示預覽(W) ④
開啟成型預覽樣態
起始與終止相切(T)
曲率顯示(Y)
網格預覽(E) ⑤
網格預覽檢核與查驗
網格密度:
3 ⑥
網格顯示之數量
斑馬紋(Z)
曲率梳形(V)

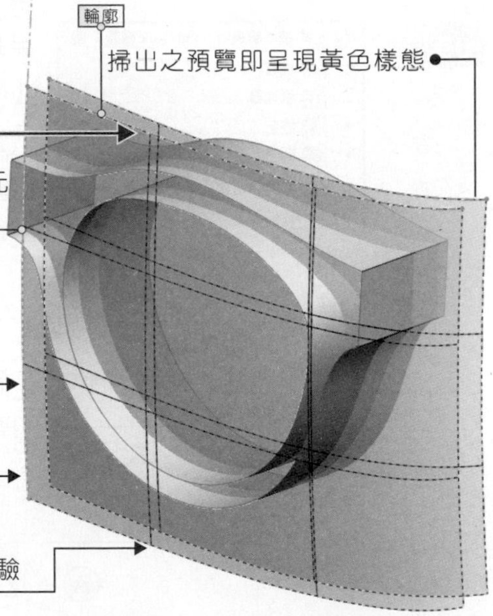
輪廓
掃出之預覽即呈現黃色樣態
路徑

啟用【 ：掃出曲面】功能指令。「輪廓」指定為上階段程序中所繪製的兩段曲線；而「路徑」則選擇為縱向的【 三點定弧】。

STEP 12

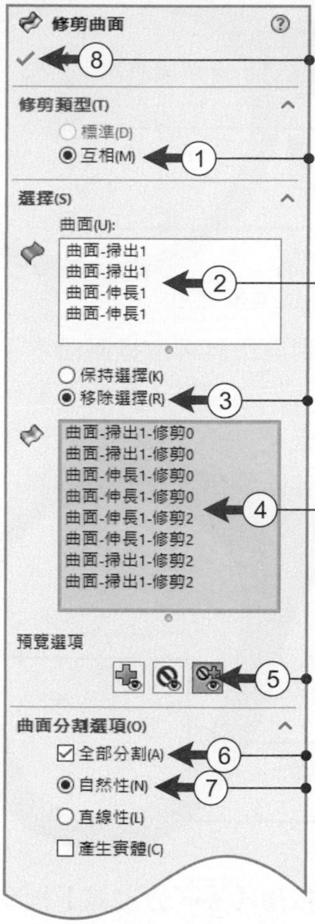
修剪曲面
8
修剪類型(T)
標準(D)
互相(M)
1
選擇(S)
曲面(U):
曲面-掃出1
曲面-掃出1
曲面-伸長1
曲面-伸長1
2
保持選擇(K)
移除選擇(R)
3
曲面-掃出1-修剪0
曲面-掃出1-修剪0
曲面-伸長1-修剪0
曲面-伸長1-修剪0
曲面-伸長1-修剪2
曲面-伸長1-修剪2
曲面-掃出1-修剪2
曲面-掃出1-修剪2
4
預覽選項
5
曲面分割選項(O)
全部分割(A)
6
自然性(N)
7
直線性(L)
產生實體(C)

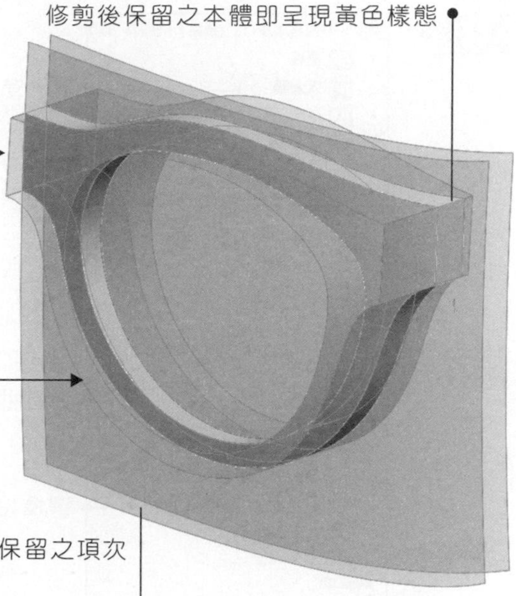
修剪設定與執行選項
選擇相互修剪
加選所有之曲面
指定移除之項次
刪除選擇的本體
同時顯示移除與保留之項次
所指定之曲面全部分割
維持預設之選項
修剪後保留之本體即呈現黃色樣態
移除面項次之預覽樣態

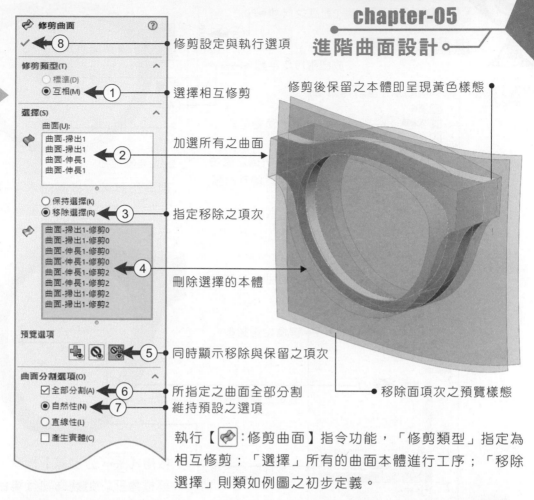

執行【:修剪曲面】指令功能，「修剪類型」指定為相互修剪；「選擇」所有的曲面本體進行工序；「移除選擇」則類如例圖之初步定義。

STEP 13

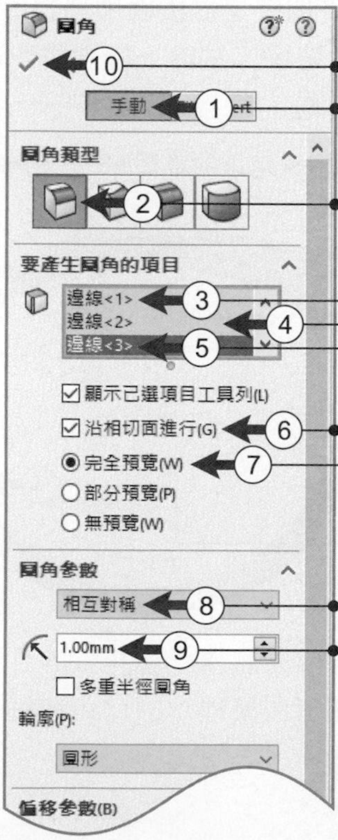
圓角
10
手動
1
圓角類型
2
要產生圓角的項目
邊線<1>
3
邊線<2>
4
邊線<3>
5
顯示已選項目工具列(L)
沿相切面進行(G)
6
完全預覽(W)
7
部分預覽(P)
無預覽(W)
圓角參數
相互對稱
8
1.00mm
9
多重半徑圓角
輪廓(P):
圓形
偏移參數(B)

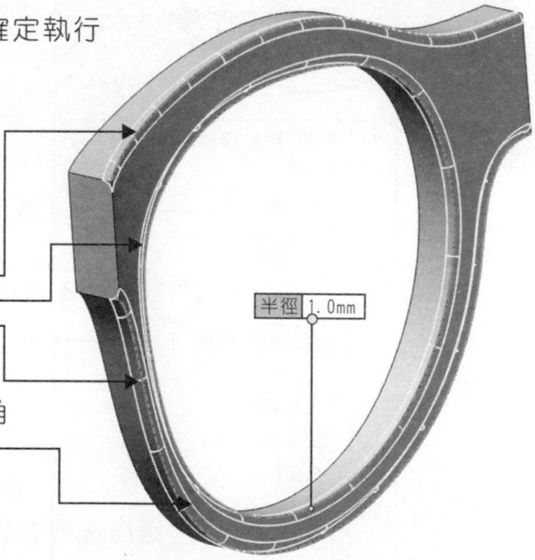
圓角設定後再點選確定執行
指定為手動設定
選擇為基本圓角
加選鏡框之邊界
沿著相切面執行圓角
啟用完全預覽示意
維持預設之選項
圓角參數輸入
半徑 1.0mm

啟用【:圓角】功能指令，其產生修飾之邊線可參考圖例加選；現階段的工序是為了接續「鼻托」製作的承繼流程。

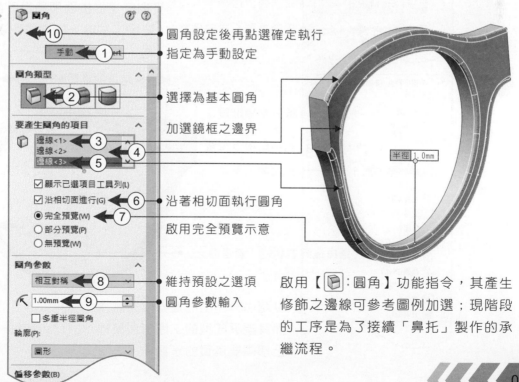

STEP 14

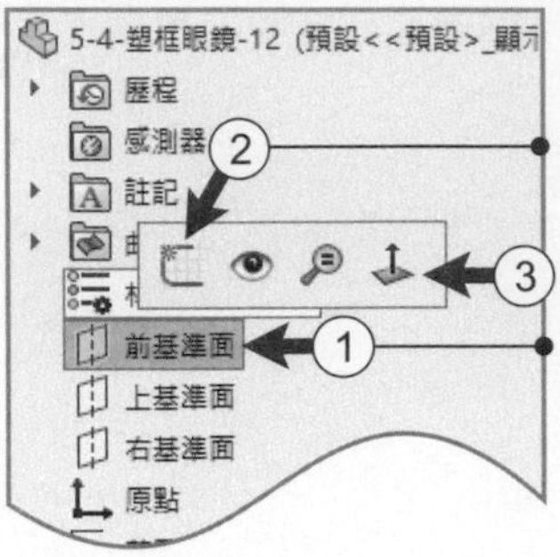

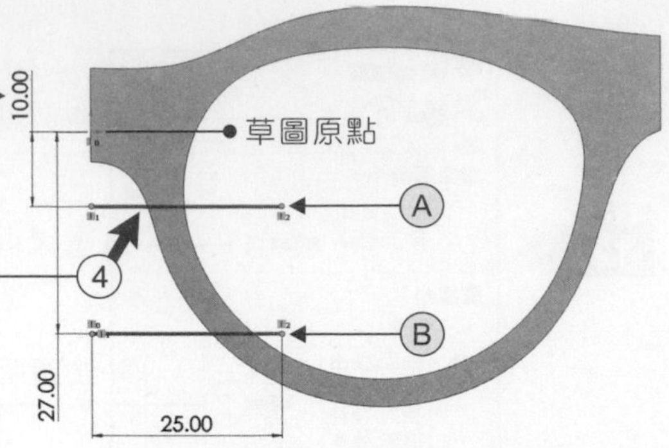

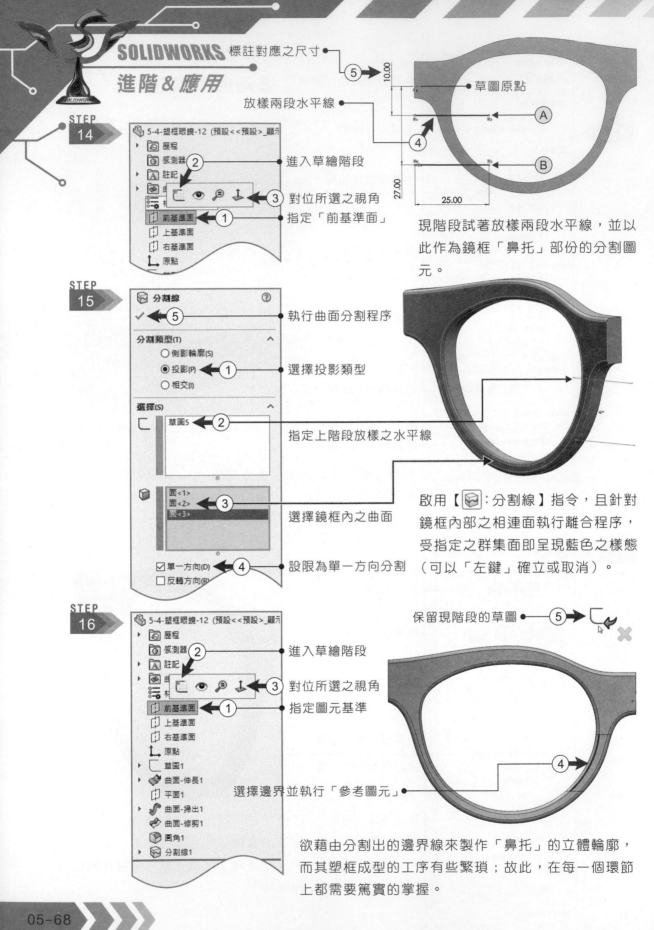

現階段試著放樣兩段水平線，並以此作為鏡框「鼻托」部份的分割圖元。

STEP 15

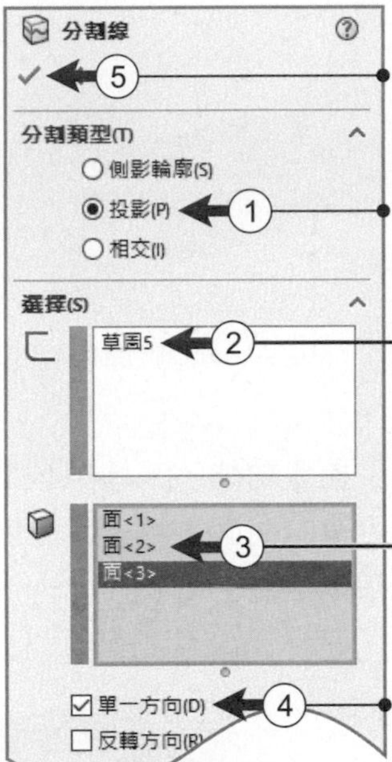

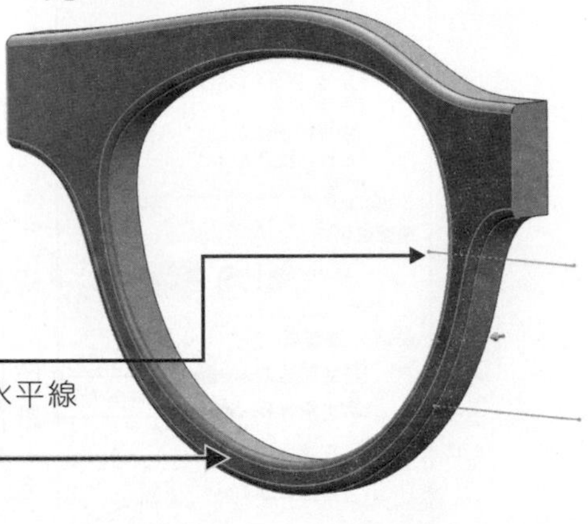

啟用【分割線】指令，且針對鏡框內部之相連面執行離合程序，受指定之群集面即呈現藍色之樣態（可以「左鍵」確立或取消）。

STEP 16

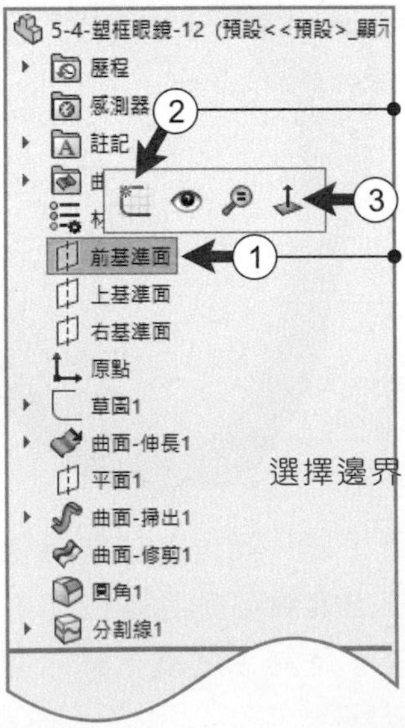

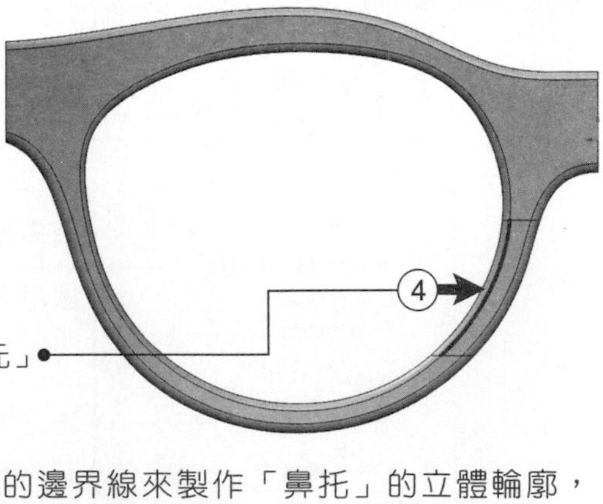

欲藉由分割出的邊界線來製作「鼻托」的立體輪廓，而其塑框成型的工序有些繁瑣；故此，在每一個環節上都需要篤實的掌握。

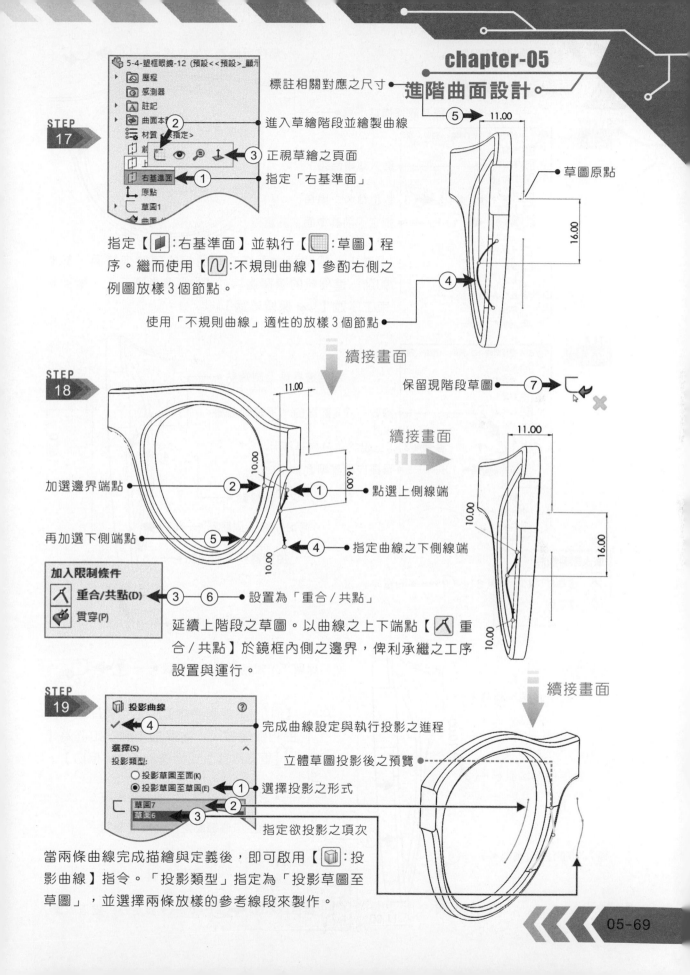

STEP 17

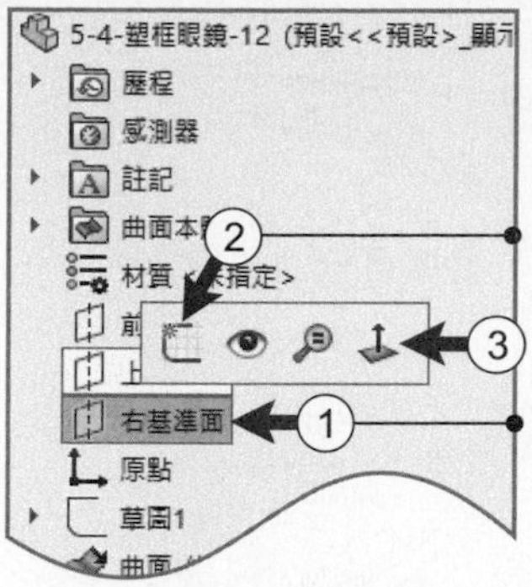

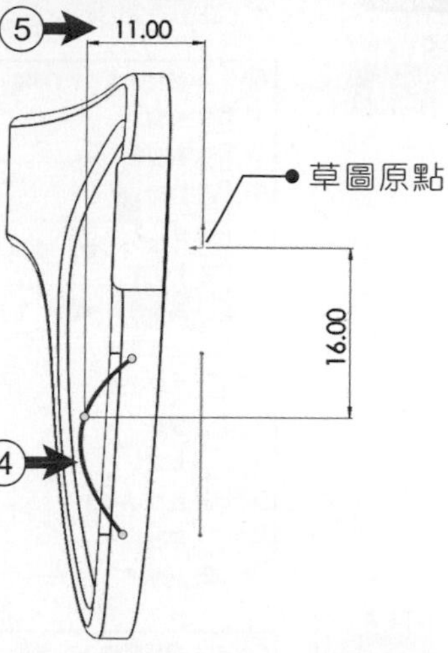

標註相關對應之尺寸 ⑤

進入草繪階段並繪製曲線 ②

正視草繪之頁面 ③

指定「右基準面」 ①

草圖原點

指定【 :右基準面】並執行【 :草圖】程序。繼而使用【 :不規則曲線】參酌右側之例圖放樣3個節點。

使用「不規則曲線」適性的放樣3個節點 ④

續接畫面

STEP 18

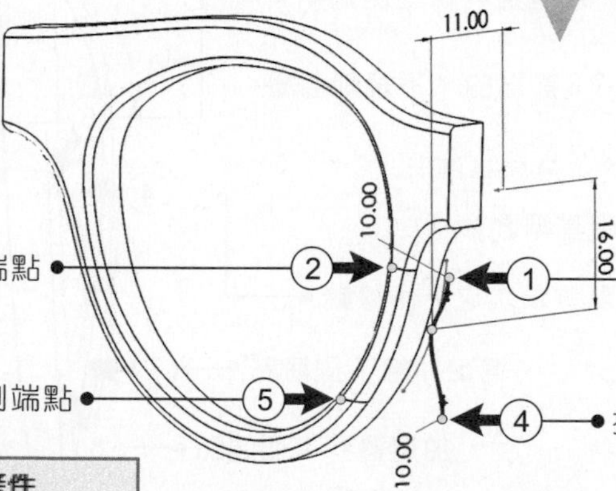

加入選邊界端點 ②

點選上側線端 ①

再加選下側端點 ⑤

指定曲線之下側線端 ④

保留現階段草圖 ⑦

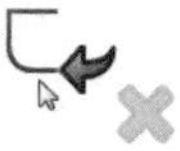

續接畫面

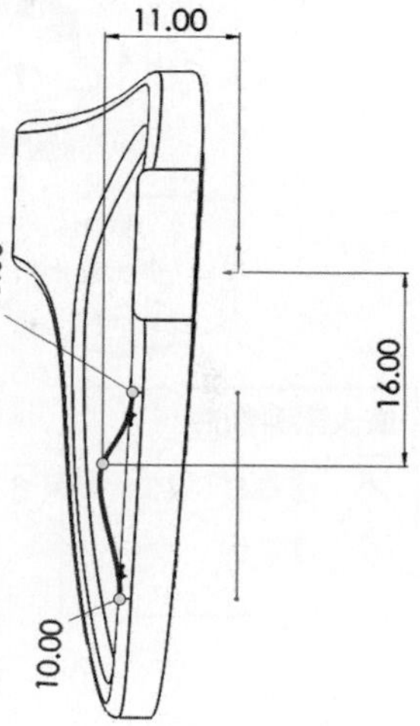

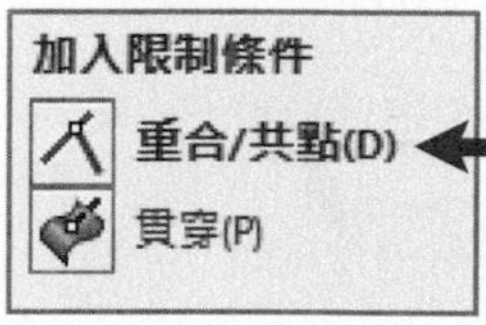

設置為「重合 / 共點」 ③ ⑥

延續上階段之草圖。以曲線之上下端點【 重合 / 共點】於鏡框內側之邊界，俾利承繼之工序設置與運行。

續接畫面

STEP 19

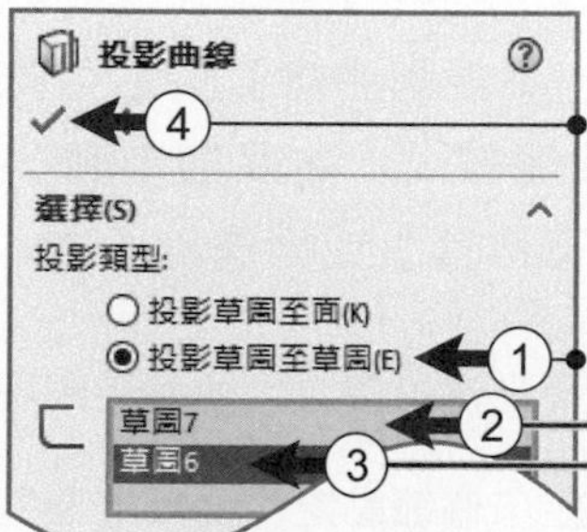

完成曲線設定與執行投影之進程 ④

選擇投影之形式 ①

指定欲投影之項次 ② ③

立體草圖投影後之預覽

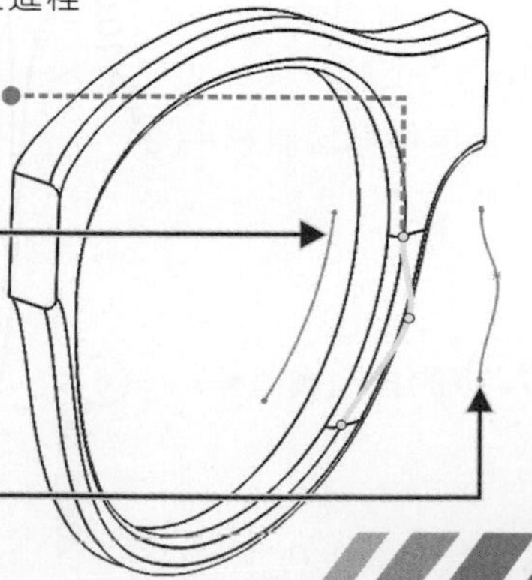

當兩條曲線完成描繪與定義後，即可啟用【 :投影曲線】指令。「投影類型」指定為「投影草圖至草圖」，並選擇兩條放樣的參考線段來製作。

STEP 20

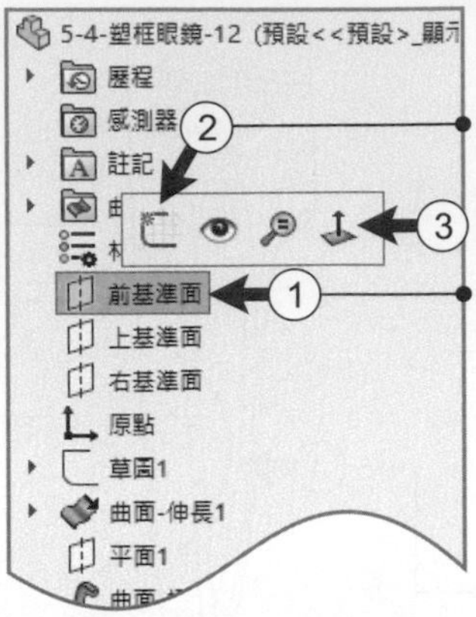
5-4-塑框眼鏡-12 (預設<<預設>_顯示
歷程
感測器
註記
前基準面
上基準面
右基準面
原點
草圖1
曲面-伸長1
平面1

① 指定「前基準面」為圖頁
② 進入草繪階段
③ 對位草繪之視角

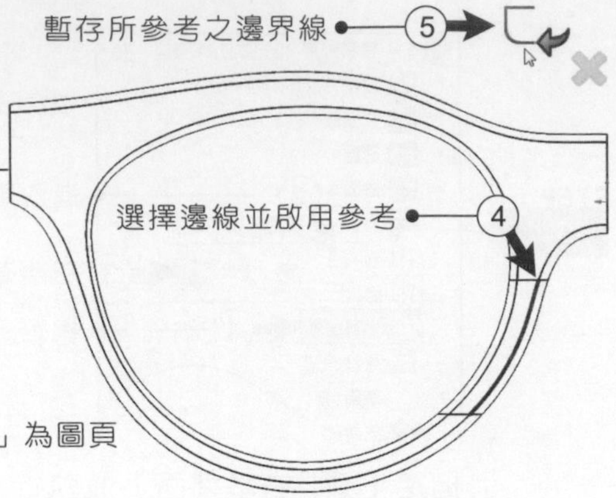

轉為線架構之示意
④ 選擇邊線並啟用參考
⑤ 暫存所參考之邊界線

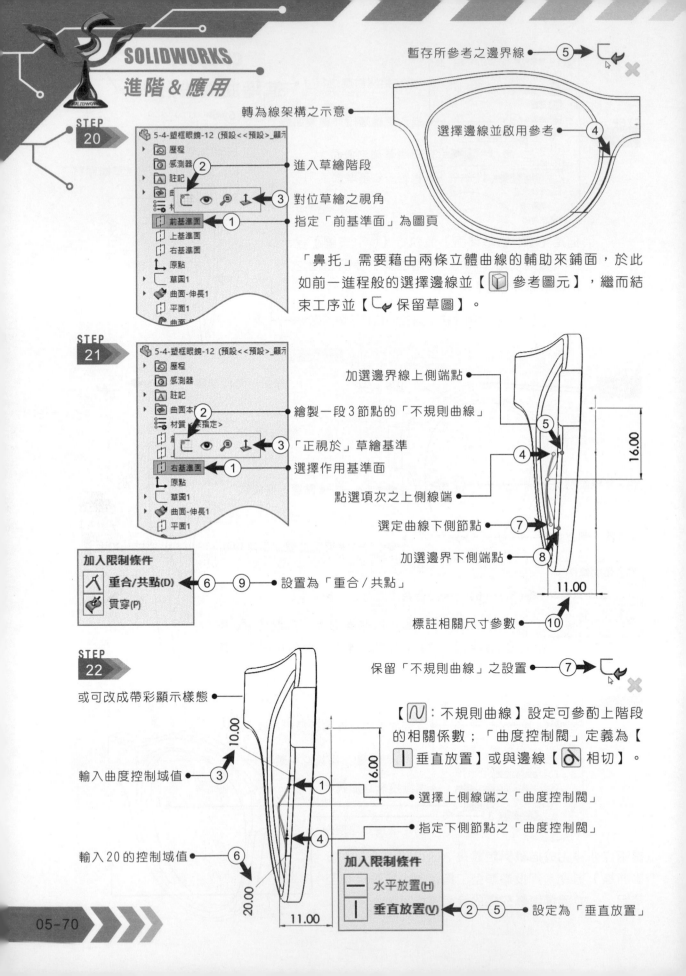

「鼻托」需要藉由兩條立體曲線的輔助來鋪面，於此如前一進程般的選擇邊線並【參考圖元】，繼而結束工序並【保留草圖】。

STEP 21

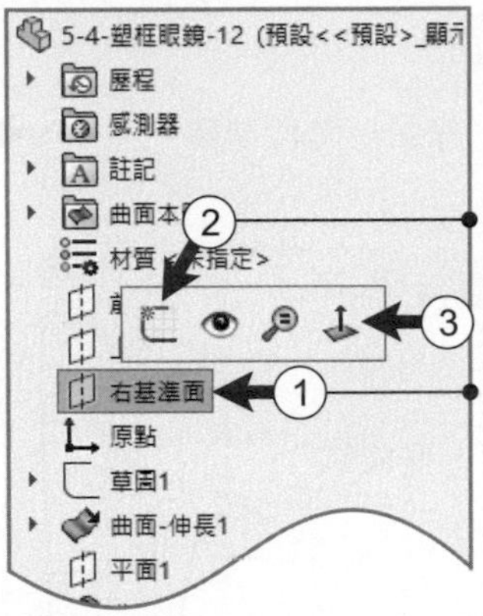
5-4-塑框眼鏡-12 (預設<<預設>_顯示
歷程
感測器
註記
材質 <未指定>
右基準面
原點
草圖1
曲面-伸長1
平面1

① 選擇作用基準面
② 繪製一段3節點的「不規則曲線」
③「正視於」草繪基準

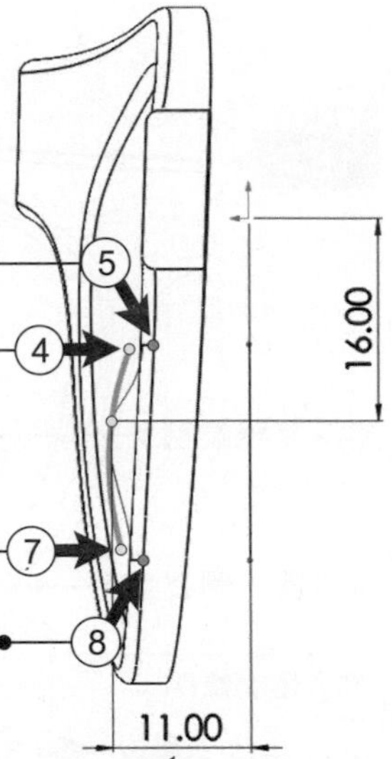
16.00
11.00

④ 點選項次之上側線端
⑤ 加選邊界線上側端點
⑦ 選定曲線下側節點
⑧ 加選邊界下側端點

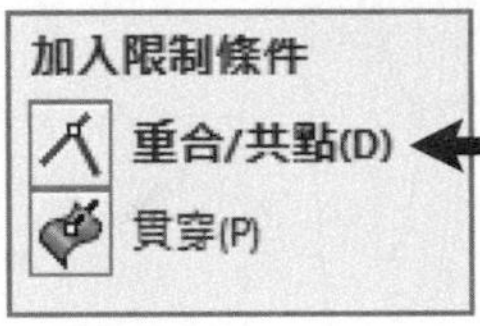
加入限制條件
重合/共點(D)
貫穿(P)

⑥ ⑨ 設置為「重合／共點」
⑩ 標註相關尺寸參數

STEP 22

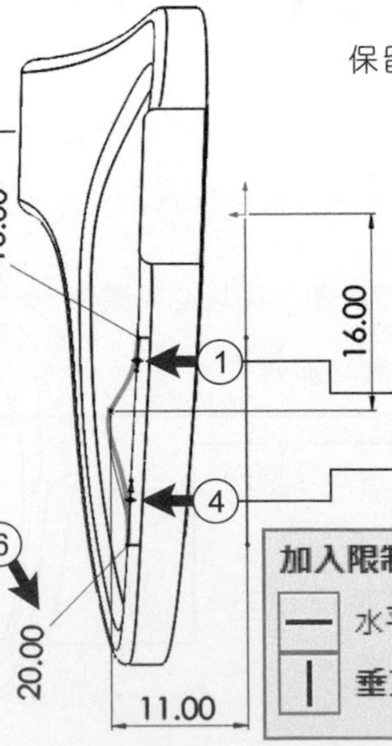

或可改成帶彩顯示樣態
① 選擇上側線端之「曲度控制閥」
③ 輸入曲度控制域值
④ 指定下側節點之「曲度控制閥」
⑥ 輸入20的控制域值
⑦ 保留「不規則曲線」之設置

【不規則曲線】設定可參酌上階段的相關係數；「曲度控制閥」定義為【垂直放置】或與邊線【相切】。

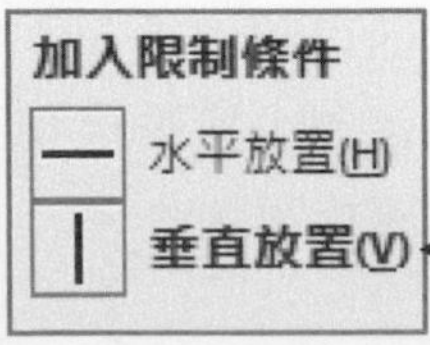
加入限制條件
水平放置(H)
垂直放置(V)

② ⑤ 設定為「垂直放置」

STEP 23

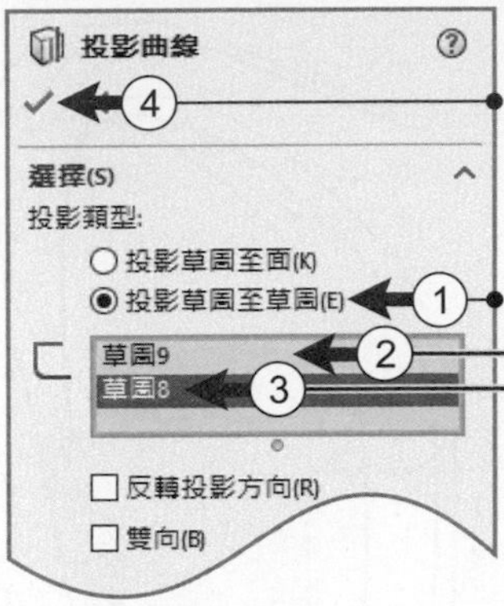
投影曲線
選擇(S)
投影類型:
投影草圖至面(K)
投影草圖至草圖(E)
草圖9
草圖8
反轉投影方向(R)
雙向(B)

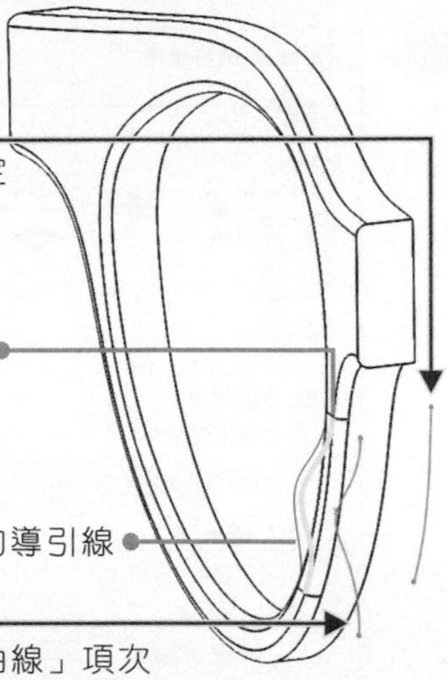
完成草圖投影與執行
制定投影之類型
邊界參考線指定
導引線 2
上階段形成的導引線
選擇「不規則曲線」項次

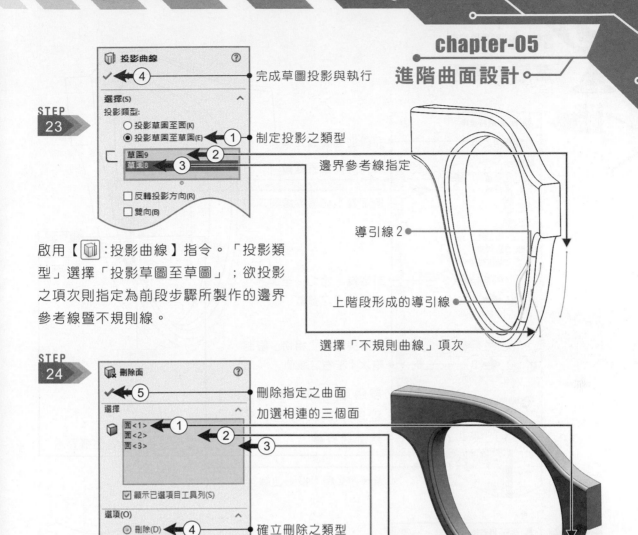

啟用【投影曲線】指令。「投影類型」選擇「投影草圖至草圖」；欲投影之項次則指定為前段步驟所製作的邊界參考線暨不規則線。

STEP 24

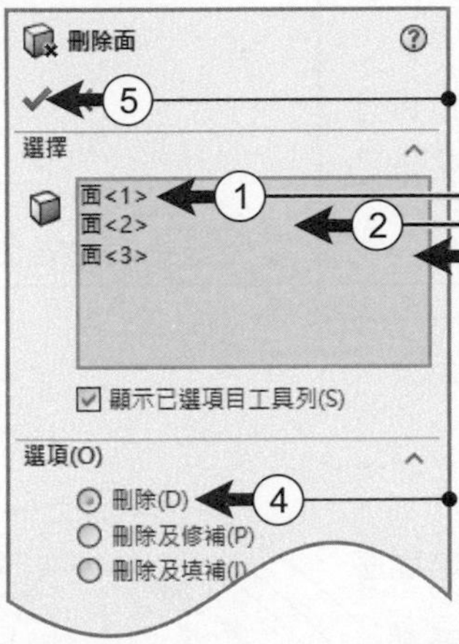
刪除面
選擇
面<1>
面<2>
面<3>
顯示已選項目工具列(S)
選項(O)
刪除(D)
刪除及修補(P)
刪除及填補(I)

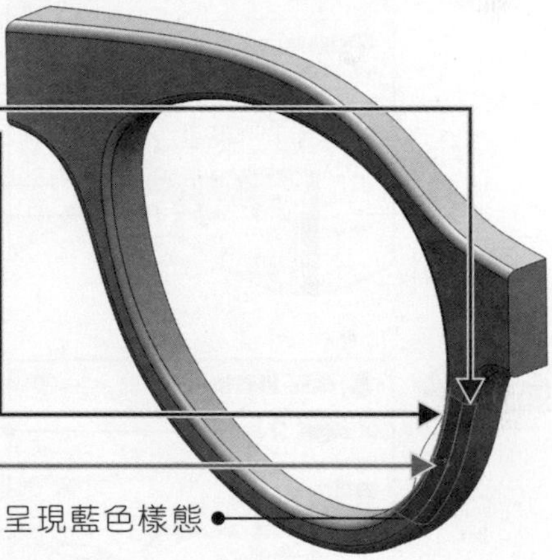
刪除指定之曲面
加選相連的三個面
確立刪除之類型
指定之刪除面即呈現藍色樣態

在有了 2 條導引線後，即可選擇「鼻托」之 3 處舊斷面並「刪除」（可參考例圖指定已呈現藍色之項次）。

STEP 25

於舊有之斷面刪除後，續接的即是重新鋪面的階段。使用者得檢視 2 條投影後的導引線是否與斷面之邊界線無縫連接；如果導引線能與邊界線段設定為【相切】，那在後續階段的曲面成形後，其工序則能更為順遂進行。

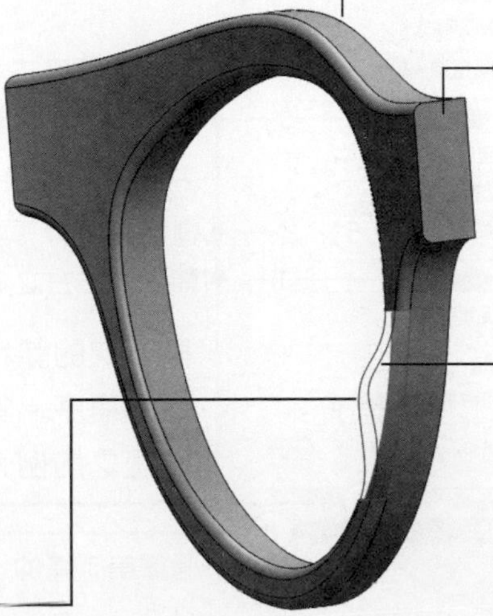
帶彩含框線之顯示樣態
鏡射後之接合面
第 2 條導引線
草圖投影後的第 1 條導引線

STEP 26

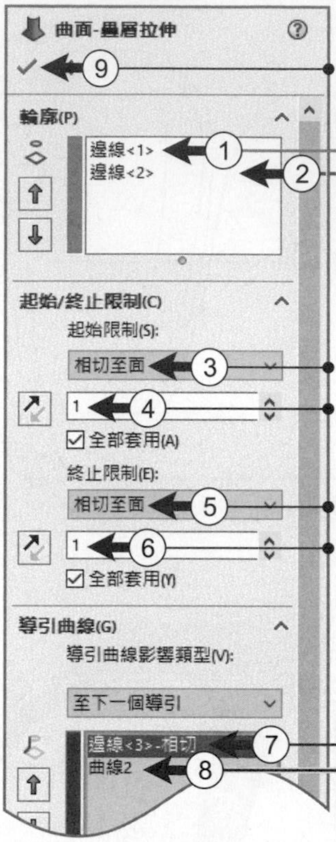

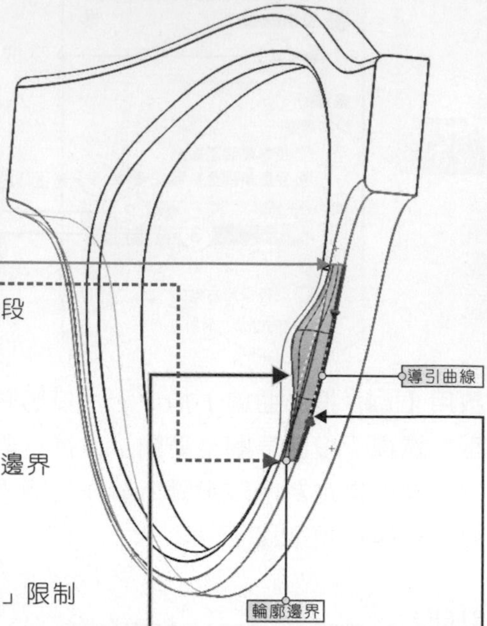

⑨ 完成曲面疊層拉伸
① 選擇上側邊界線段
② 指定為下側邊界線段
③ 制定為「相切」至邊界
④ 維持欲設之參數
⑤ 選擇與邊界「相切」限制
⑥ 輸入 1 左右之域值

啟用【曲面疊層拉伸】程序。項次為上下平行之輪廓邊界線。

⑦ 導引線指定為右側邊界線
⑧ 選擇第 2 條「投影曲線」

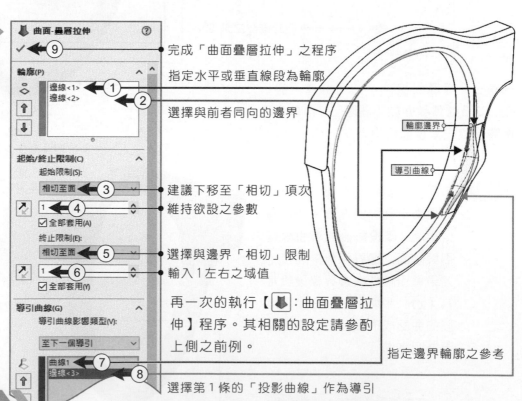

STEP 27

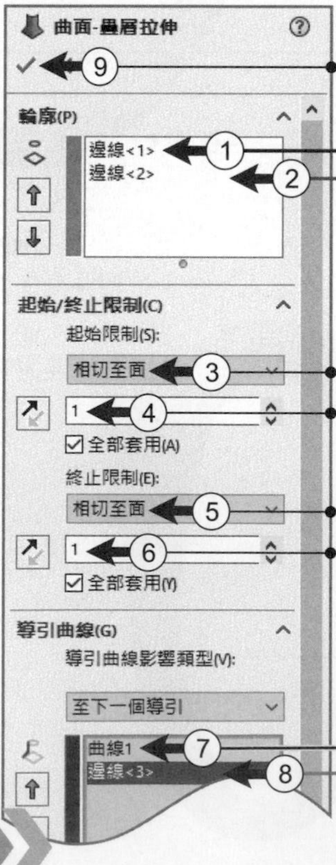

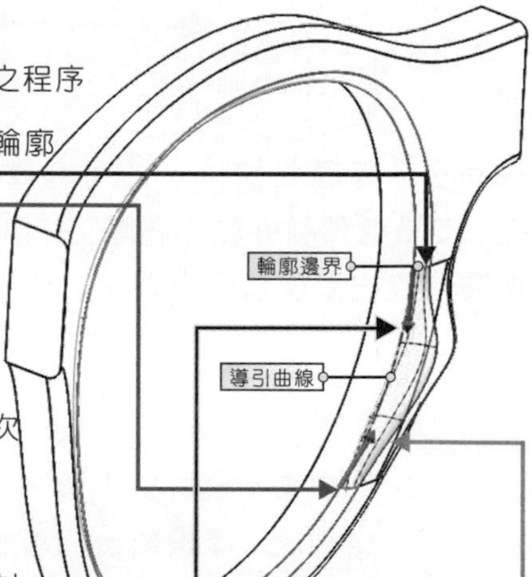

⑨ 完成「曲面疊層拉伸」之程序
① 指定水平或垂直線段為輪廓
② 選擇與前者同向的邊界
③ 建議下移至「相切」項次
④ 維持欲設之參數
⑤ 選擇與邊界「相切」限制
⑥ 輸入 1 左右之域值

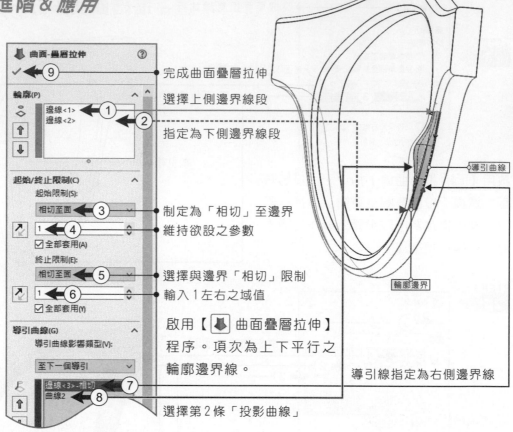

再一次的執行【:曲面疊層拉伸】程序。其相關的設定請參酌上側之前例。

⑦ 指定邊界輪廓之參考
⑧ 選擇第 1 條的「投影曲線」作為導引

STEP 28

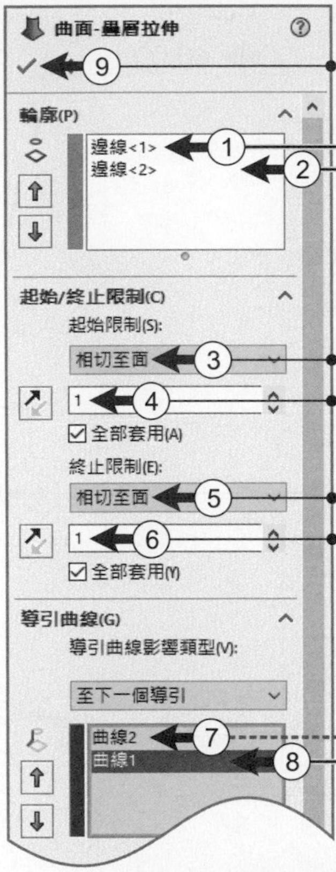

完成「曲面疊層拉伸」

點擊上側邊界線且設定相切

選擇下側邊界線

制定為「相切」至邊界

維持欲設之參數

選擇與邊界「相切」限制

輸入1左右之域值

選取缺口左側之實體邊界線

加選缺口右側之實體邊界線

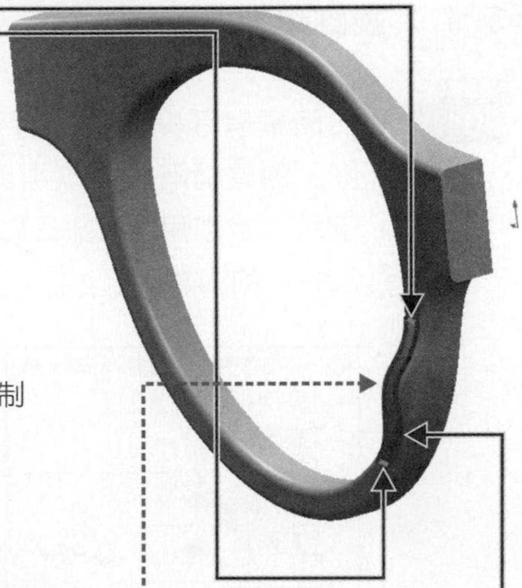

STEP 29

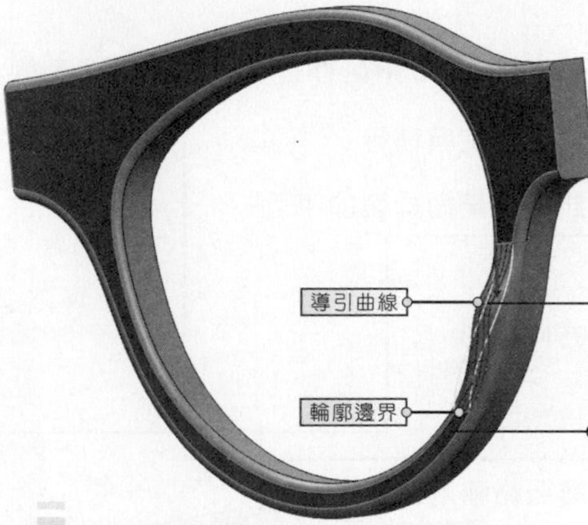

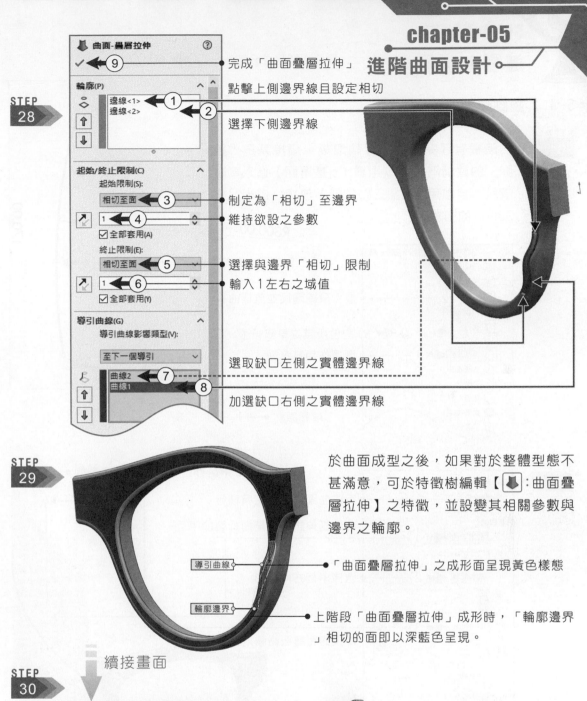

於曲面成型之後，如果對於整體型態不甚滿意，可於特徵樹編輯【:曲面疊層拉伸】之特徵，並設變其相關參數與邊界之輪廓。

「曲面疊層拉伸」之成形面呈現黃色樣態

上階段「曲面疊層拉伸」成形時，「輪廓邊界」相切的面即以深藍色呈現。

續接畫面

STEP 30

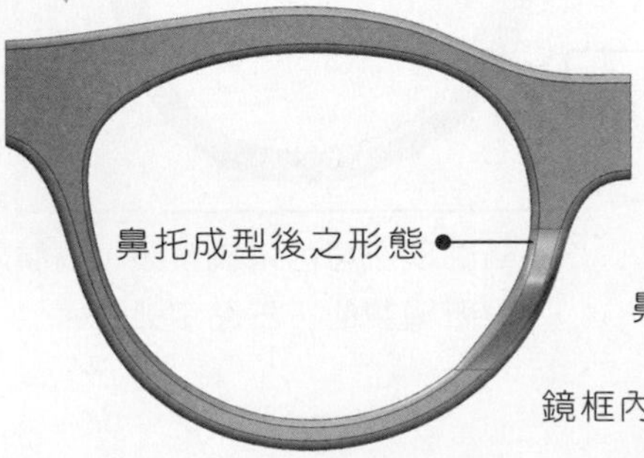

《後側視角》

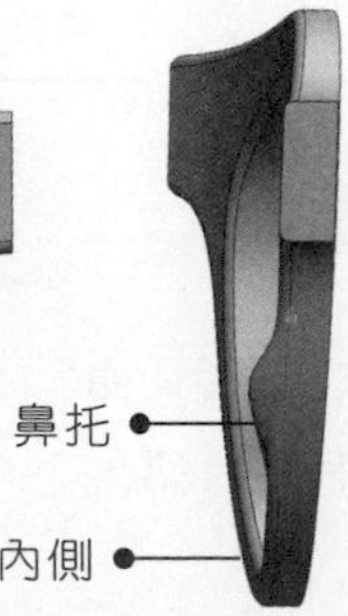

《右側視角》

成型之「鼻托」若未與鏡框邊界順接，使用者可再視情況是否需重新編輯或設變，並經由【:斑馬紋】審視其曲面接合之狀態。

5-4.2 鏡腳建構與細部修飾

STEP 01

於鏡框有了完整的邊界輪廓後，續接著是「鏡腳」的建構階段。以【:上基準面】進入草繪階段，且啟用【 三點定弧】放樣一道半徑約300mm的弧線。

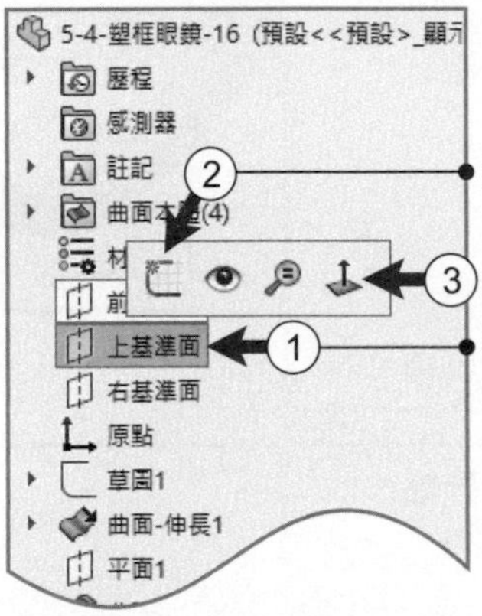
5-4-塑框眼鏡-16 (預設<<預設>_顯示
歷程
感測器
註記
曲面本體(4)
上基準面
右基準面
原點
草圖1
曲面-伸長1
平面1
進入草繪階段並放樣曲線
對位所選之草繪紙張
選擇作用基準面

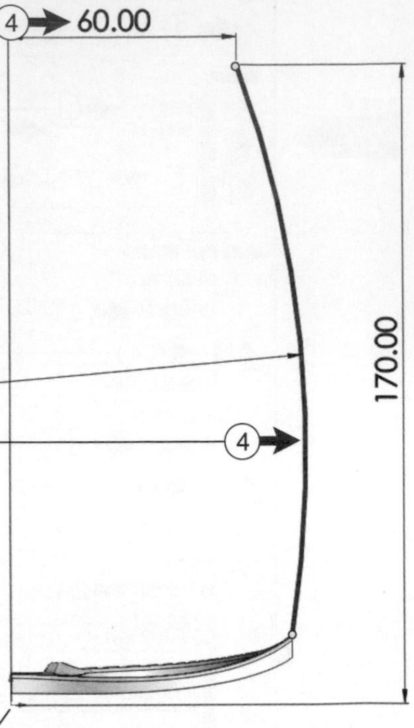
標註相關尺寸參數
60.00
170.00
R300.00
以「三點定弧」放樣
草圖原點

STEP 02

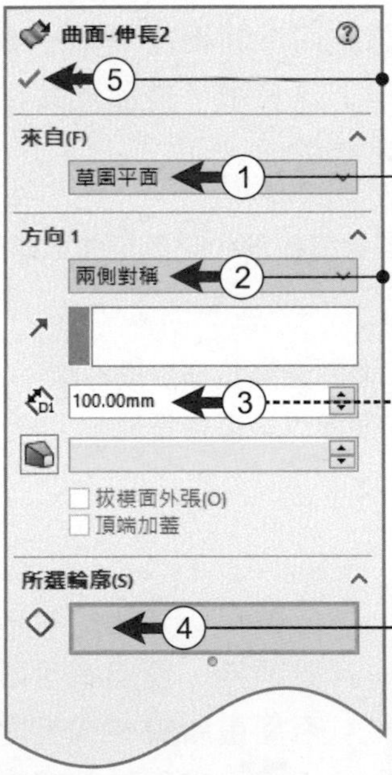
曲面-伸長2
來自(F)
草圖平面
方向 1
兩側對稱
100.00mm
拔模面外張(O)
頂端加蓋
所選輪廓(S)
完成曲面伸長設定與執行
曲面延伸起點為草圖繪製的平面
選擇兩個方向成形
伸長的距離概略輸入即可

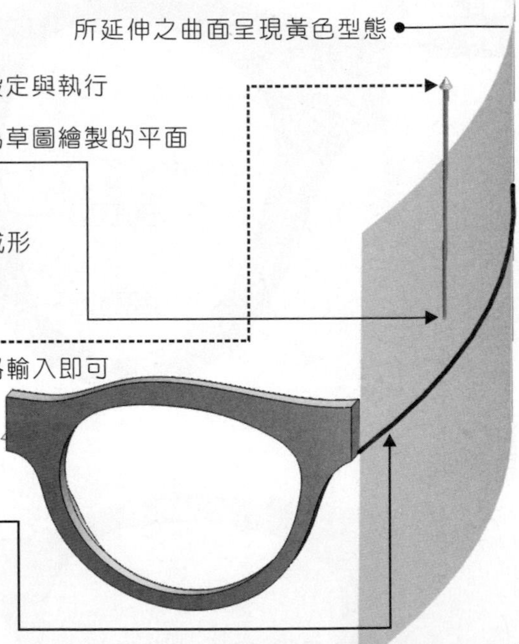
所延伸之曲面呈現黃色型態

輪廓項次可由系統預設，或額外指定現階段所繪製的「三點定弧」。

上階段之弧線設定完備後，即啟用【:伸長曲面】指令，「方向」定義為兩側對稱，而其延伸的距離則概略輸入。

STEP 03

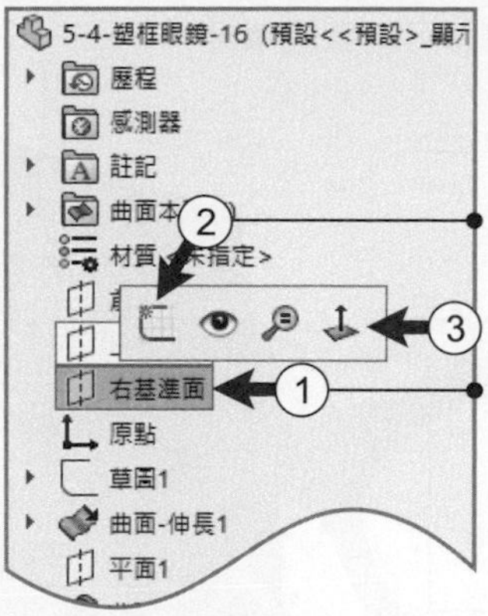

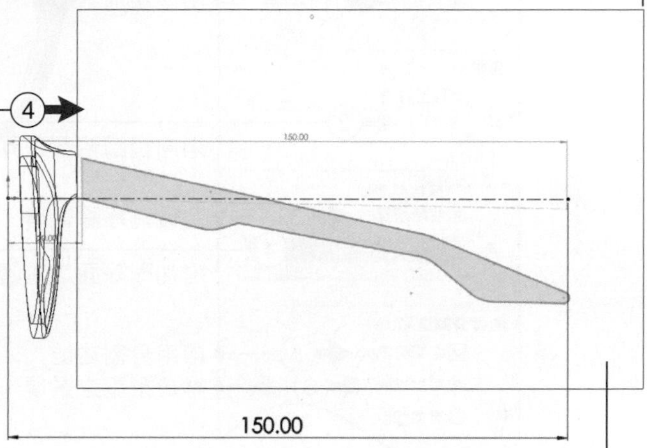

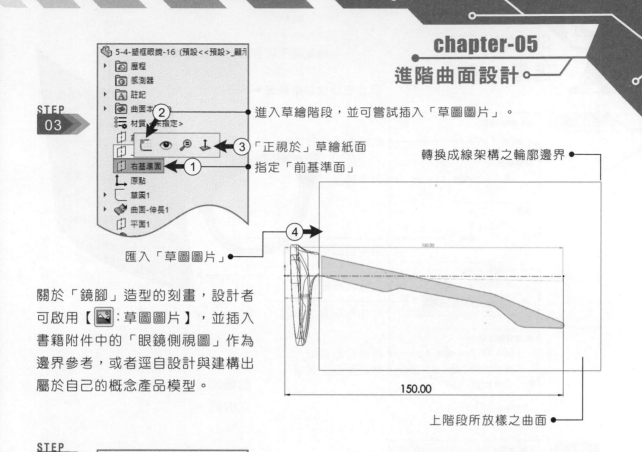

關於「鏡腳」造型的刻畫，設計者可啟用【 :草圖圖片】，並插入書籍附件中的「眼鏡側視圖」作為邊界參考，或者逕自設計與建構出屬於自己的概念產品模型。

STEP 04

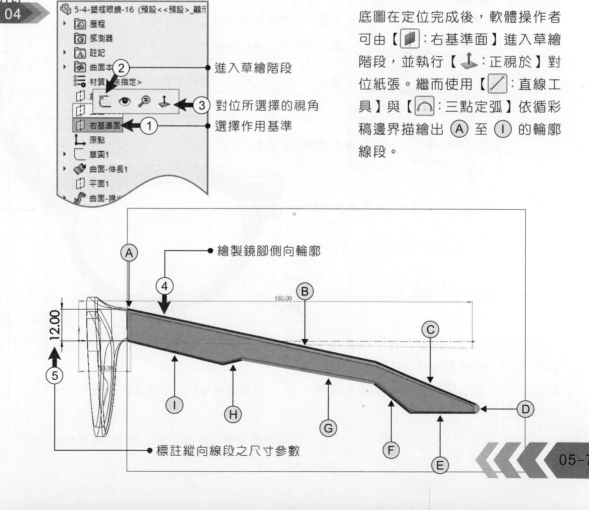

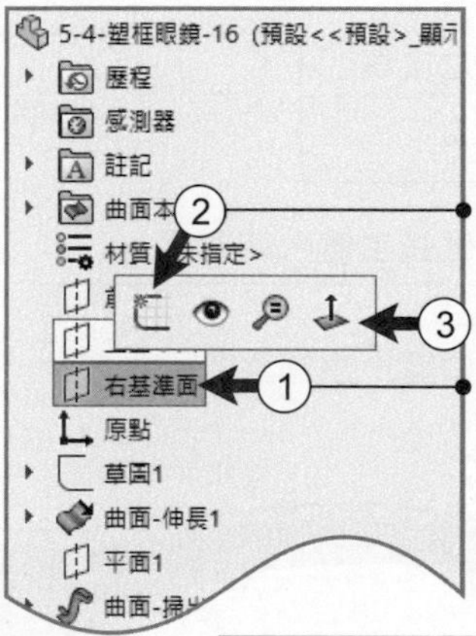

底圖在定位完成後，軟體操作者可由【 :右基準面】進入草繪階段，並執行【 :正視於】對位紙張。繼而使用【 :直線工具】與【 :三點定弧】依循彩稿邊界描繪出 Ⓐ 至 Ⓘ 的輪廓線段。

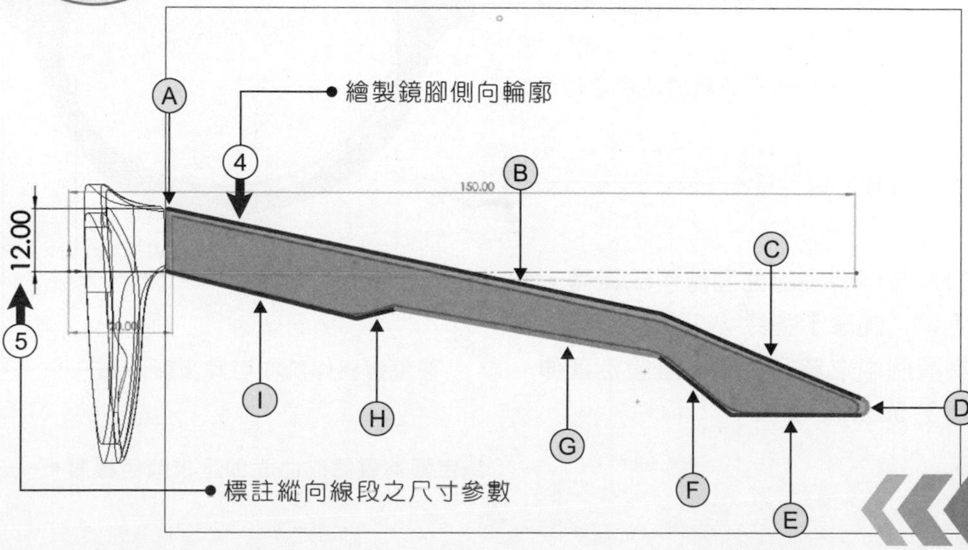

STEP 05

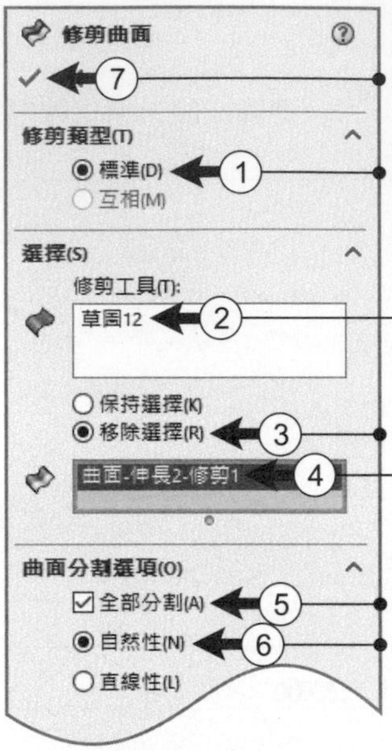
修剪曲面
修剪類型(T)
標準(D)
互相(M)
選擇(S)
修剪工具(T):
草圖12
保持選擇(K)
移除選擇(R)
曲面-伸長2-修剪1
曲面分割選項(O)
全部分割(A)
自然性(N)
直線性(L)
執行曲面修剪進程
選擇類型
指向鏡腳輪廓邊界
定義為移除選項
附加刪除面之本體
啟用分割功能
維持預設之選項

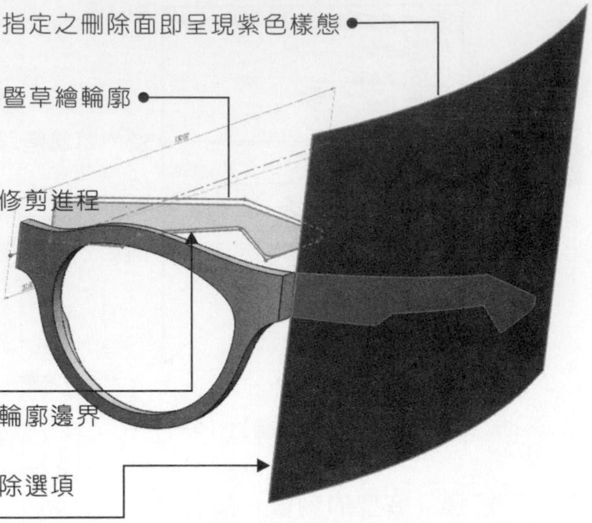
指定之刪除面即呈現紫色樣態
參考底圖暨草繪輪廓

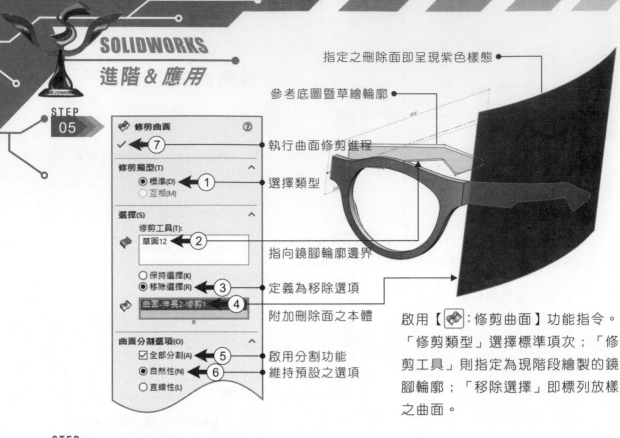

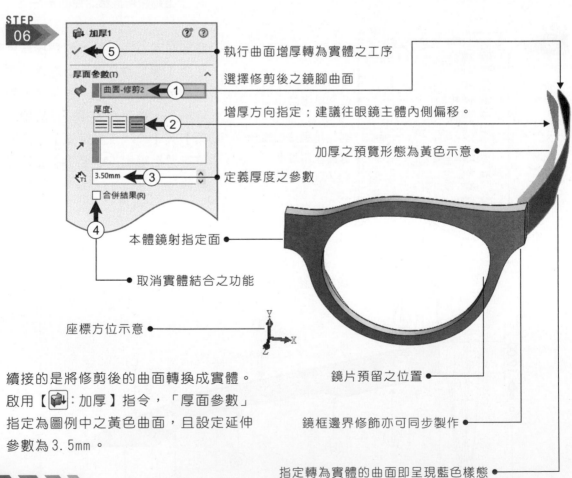

啟用【修剪曲面】功能指令。「修剪類型」選擇標準項次；「修剪工具」則指定為現階段繪製的鏡腳輪廓；「移除選擇」即標列放樣之曲面。

STEP 06

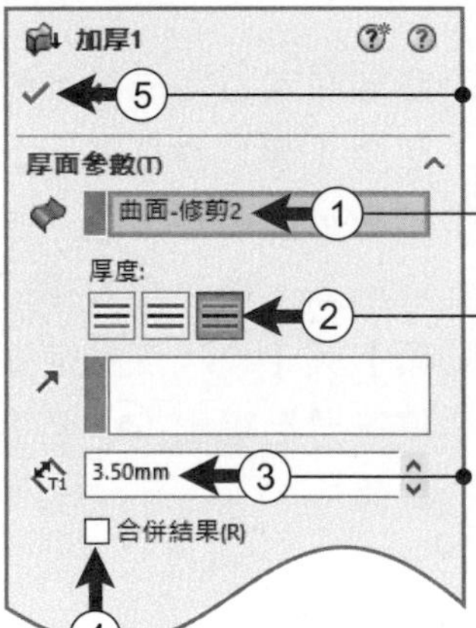
加厚1
厚面參數(T)
曲面-修剪2
厚度:
3.50mm
合併結果(R)
執行曲面增厚轉為實體之工序
選擇修剪後之鏡腳曲面
增厚方向指定；建議往眼鏡主體內側偏移。
定義厚度之參數
取消實體結合之功能

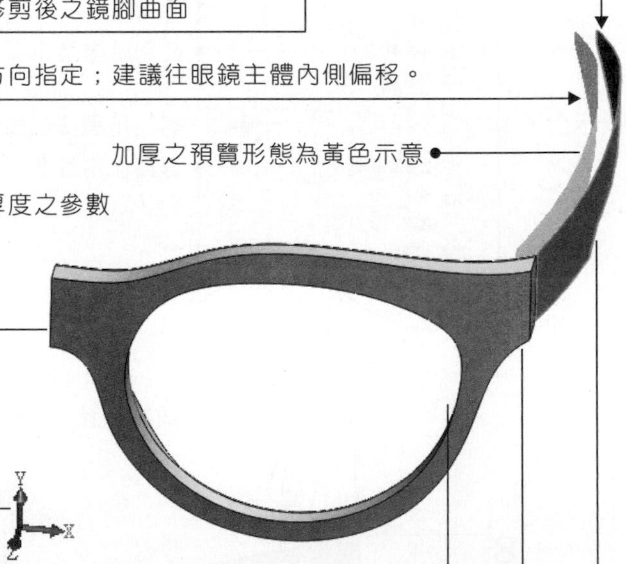
加厚之預覽形態為黃色示意
本體鏡射指定面
座標方位示意
鏡片預留之位置
鏡框邊界修飾亦可同步製作
指定轉為實體的曲面即呈現藍色樣態

續接的是將修剪後的曲面轉換成實體。啟用【加厚】指令，「厚面參數」指定為圖例中之黃色曲面，且設定延伸參數為3.5mm。

STEP 07

關於鏡腳的實體分件，可由【▣：右基準面】繪製若干個圖元，並建議標列尺寸參數以利後續進程執行。

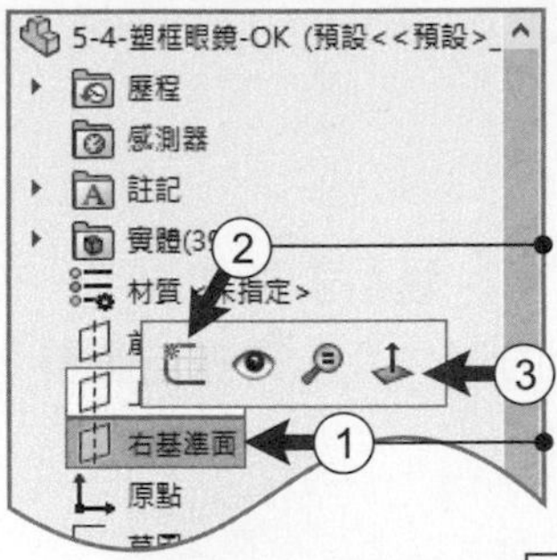
5-4-塑框眼鏡-OK (預設<<預設>_
歷程
感測器
註記
實體(3
材質 <未指定>
右基準面
原點
進入草繪階段
選擇草繪紙面
確立作用基準

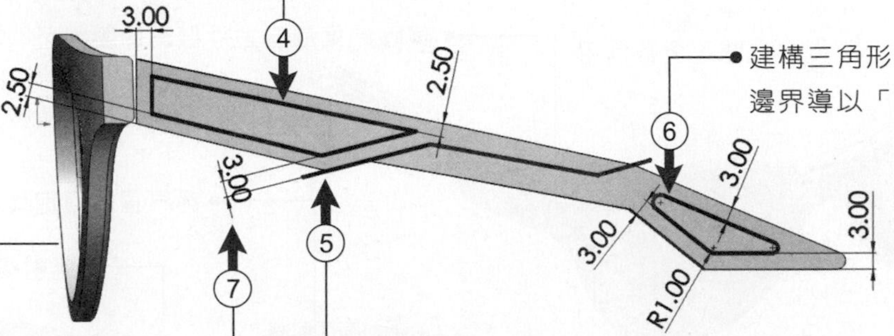
以「直線工具」完成一個封閉的梯形輪廓
3.00
2.50
2.50
3.00
建構三角形之圖元，並於邊界導以「圓角」程序。
3.00
3.00
3.00
R1.00
鏡框的分割可由前視角執行
以「直線工具」繪製相連的 3 段線條
標註圖元中相關的尺寸參數

STEP 08

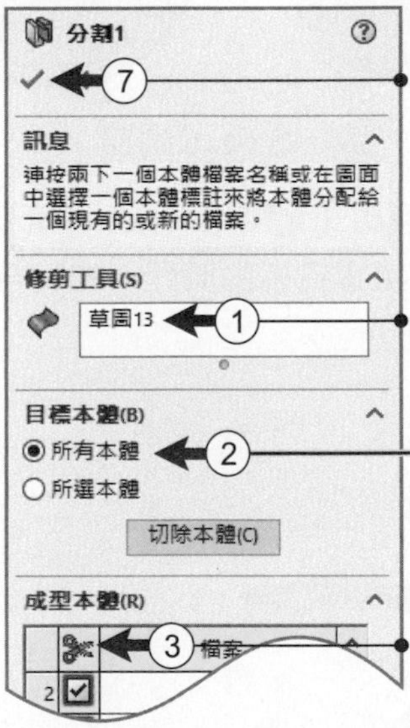
分割1
訊息
請按兩下一個本體檔案名稱或在圖面中選擇一個本體標註來將本體分配給一個現有的或新的檔案。
修剪工具(S)
草圖13
目標本體(B)
所有本體
所選本體
切除本體(C)
成型本體(R)
檔案
定義離合主體暨執行分割程序
選擇作用草圖
點擊「剪刀」圖示以驅動「分割」指令

續接畫面

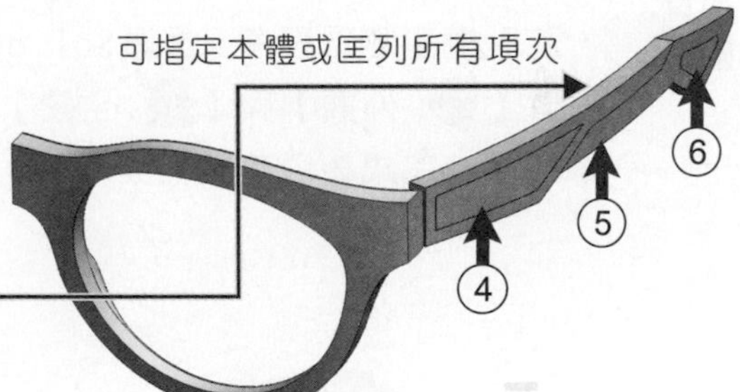
可指定本體或匡列所有項次

續接畫面

STEP 09

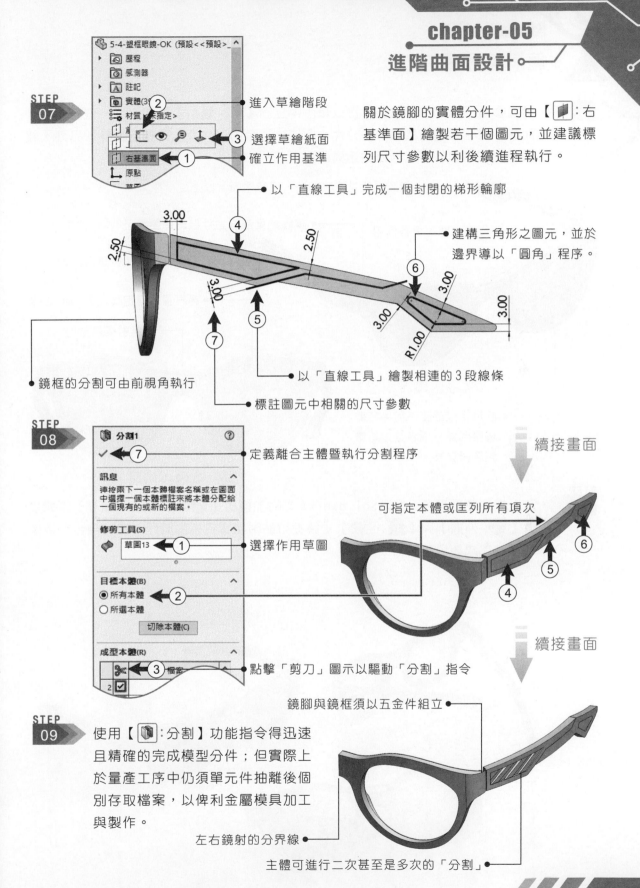

使用【▣：分割】功能指令得迅速且精確的完成模型分件；但實際上於量產工序中仍須單元件抽離後個別存取檔案，以俾利金屬模具加工與製作。

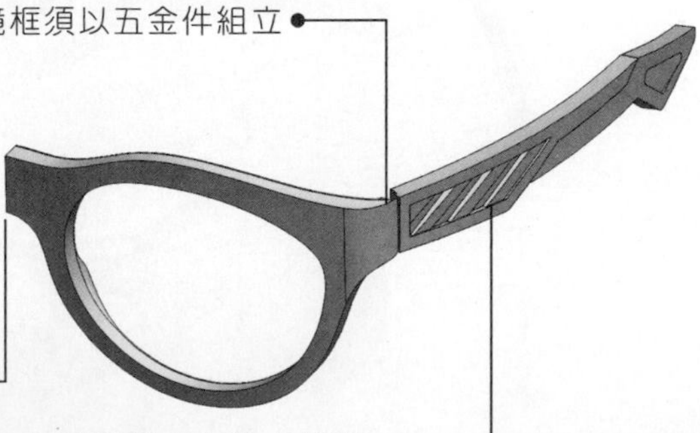
鏡腳與鏡框須以五金件組立
左右鏡射的分界線
主體可進行二次甚至是多次的「分割」

STEP 10 當鏡腳有了細部的刻畫後，得以藉由中立面【:鏡射】複製出另一側的實體，而關於塑框眼鏡外觀輪廓的分件，則依繪圖者的創作意念來逕自設計；另外，鏡腳擺葉結構的五金配件概略建構即可。

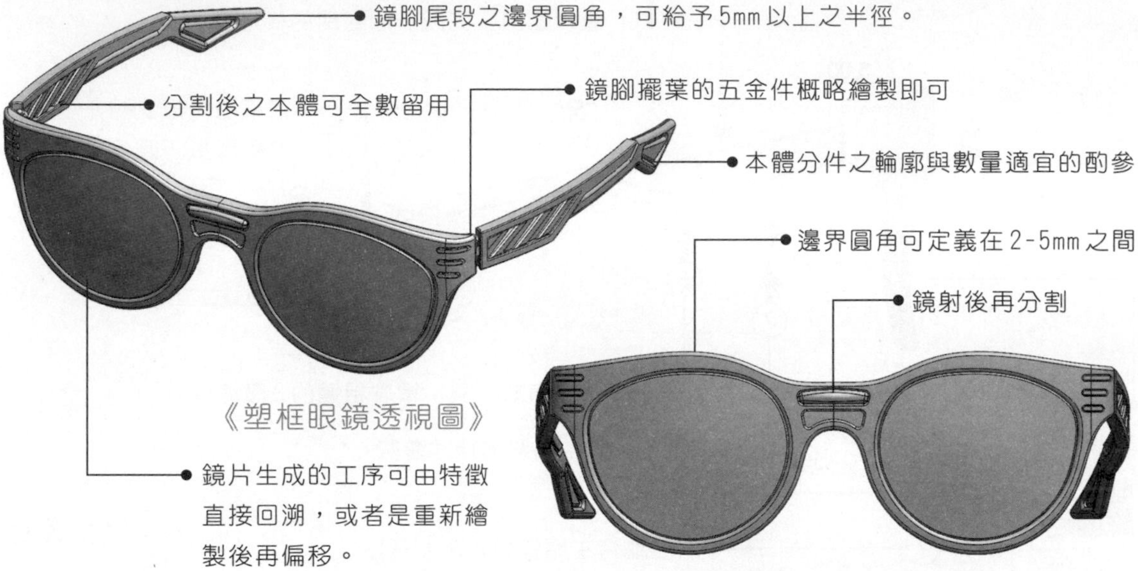
鏡腳尾段之邊界圓角，可給予5mm以上之半徑。
分割後之本體可全數留用
鏡腳擺葉的五金件概略繪製即可
本體分件之輪廓與數量適宜的酌參
邊界圓角可定義在2-5mm之間
鏡射後再分割
鏡片生成的工序可由特徵直接回溯，或者是重新繪製後再偏移。

《塑框眼鏡透視圖》

《塑框眼鏡正視圖》

STEP 11 進入模型彩現程序：透過Solidworks之附加模組【 Photoview360】編輯模型【:外觀】與【:全景】；鏡框可貼附塑膠質感的肌理，繼而融合素色場景渲染完成後再存取檔案。

《塑框眼鏡彩現完成圖》

5-5 全罩式安全帽

⊙要點提醒　本範例為綠色版參考教學檔--請學習者使用雲端連結並下載相關之附件

本範例教學視訊檔案：SolidWorks/進階&應用/CH05目錄下/5-5 安全帽.avi
本範例製作完成檔案：SolidWorks/進階&應用/CH05目錄下/5-5 安全帽.SLDPRT

5-5.1 安全帽建模

安全帽是機車族群首要的配備，也是開發工序頗為複雜與謹慎的產品。由於CAD屬性軟體教學的系列叢書尚未見到有關於「全罩式安全帽」的建模進程，所以筆者特別將其繁瑣的工序透過簡潔易懂的形式呈現於範例中。如下方例圖所示：經由底稿的依循描繪後【:伸長曲面】放樣，且以【:曲面疊層拉伸】或【:邊界曲面】形成主體，並完成局部的草繪與【分割】。主體在【加厚】、【鏡射】複製暨相關細節處理後，即可進入後段的材質附貼與渲染程序。

建模進程：

Process-1

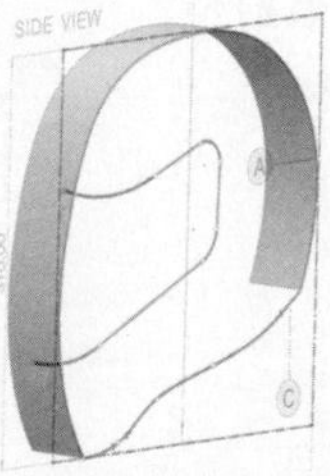

草圖延伸放樣

Process-2

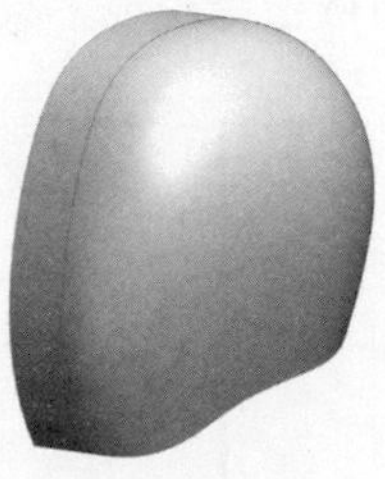

疊層拉伸本體

Process-3

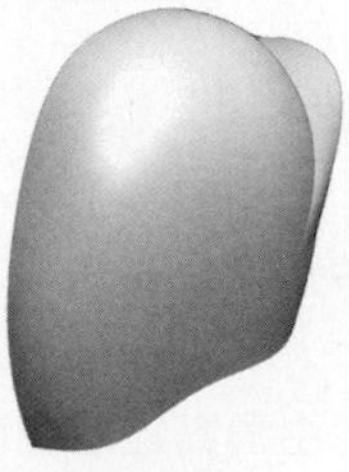

後側鴨舌部份成型

Process-4

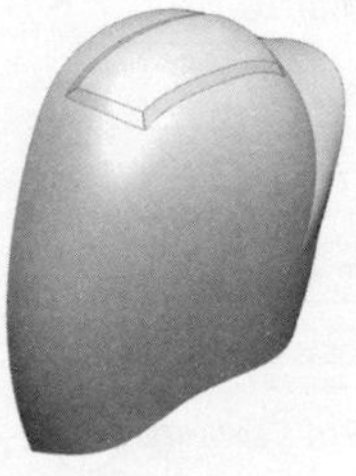

頂端透氣孔製作

Process-5

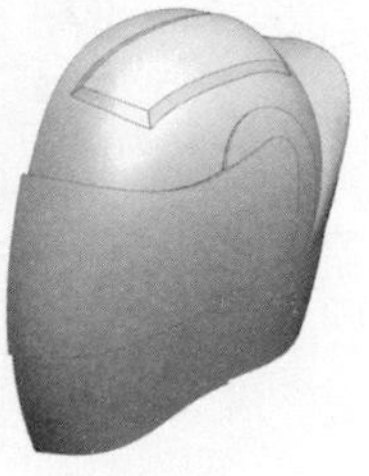

曲面分割與偏移

Process-9

貼附材質與渲染

Process-8

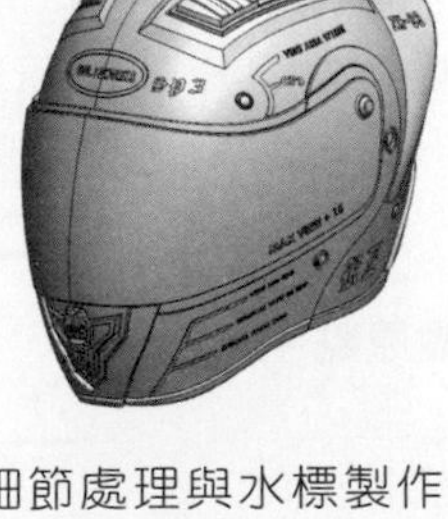

細節處理與水標製作

Process-7

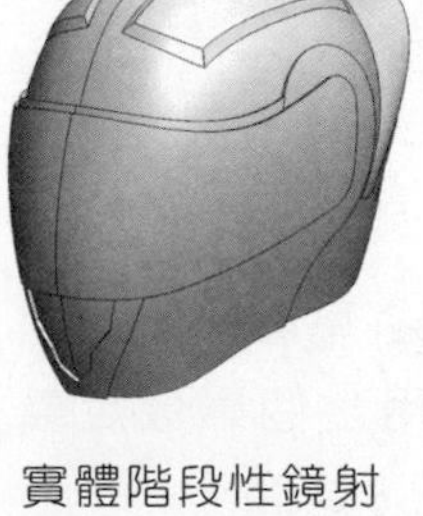

實體階段性鏡射

Process-6

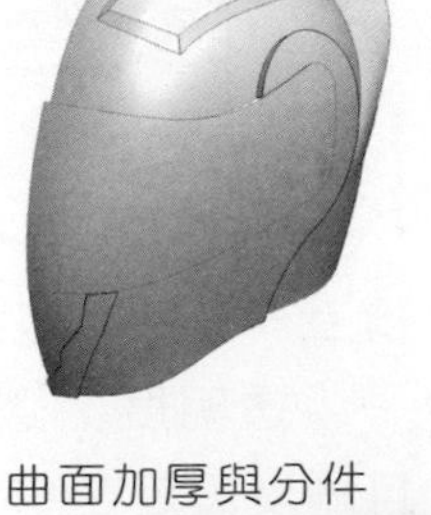

曲面加厚與分件

STEP 01

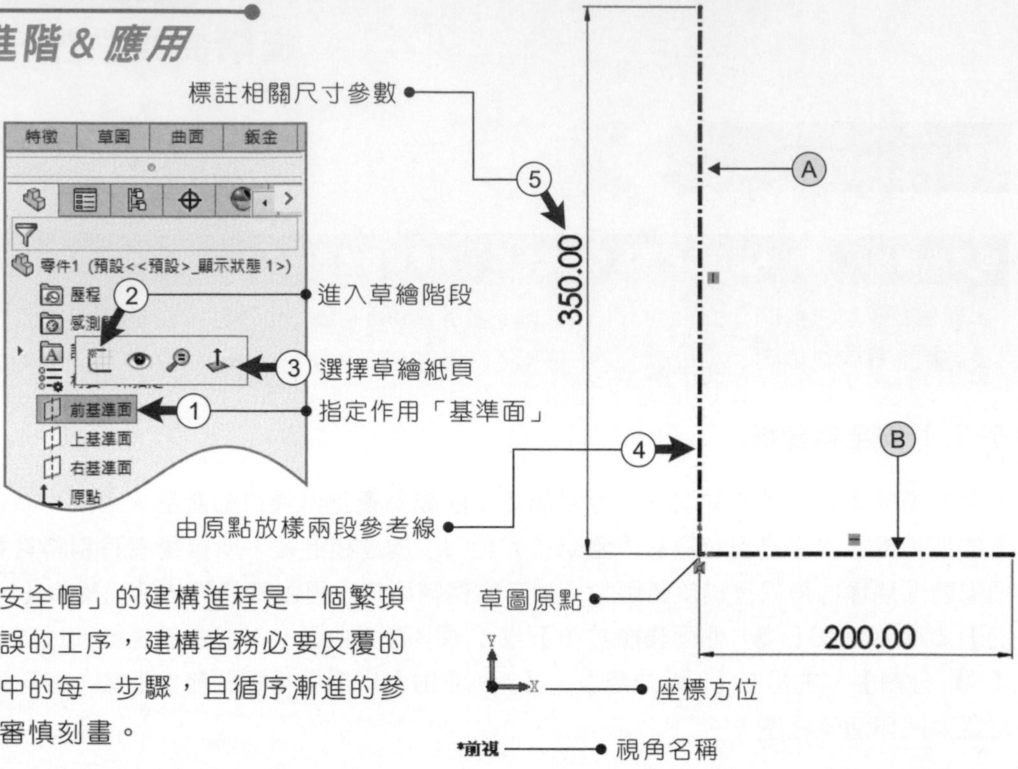
標註相關尺寸參數
特徵
草圖
曲面
鈑金
零件1 (預設<<預設>_顯示狀態 1>)
歷程
感測
前基準面
上基準面
右基準面
原點
進入草繪階段
選擇草繪紙頁
指定作用「基準面」
由原點放樣兩段參考線
350.00
A
B
草圖原點
200.00
座標方位
*前視
視角名稱

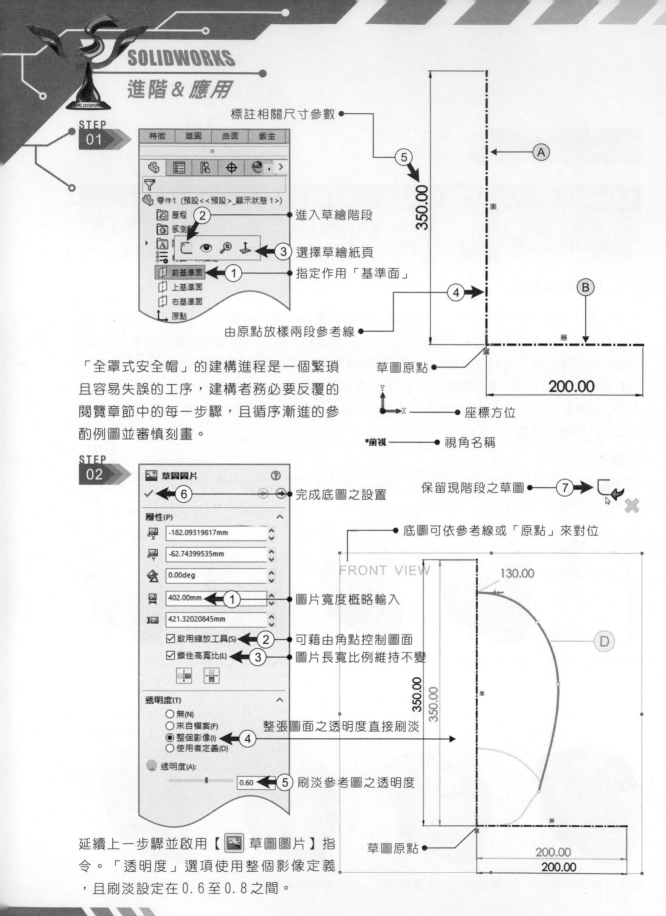

「全罩式安全帽」的建構進程是一個繁瑣且容易失誤的工序，建構者務必要反覆的閱覽章節中的每一步驟，且循序漸進的參酌例圖並審慎刻畫。

STEP 02

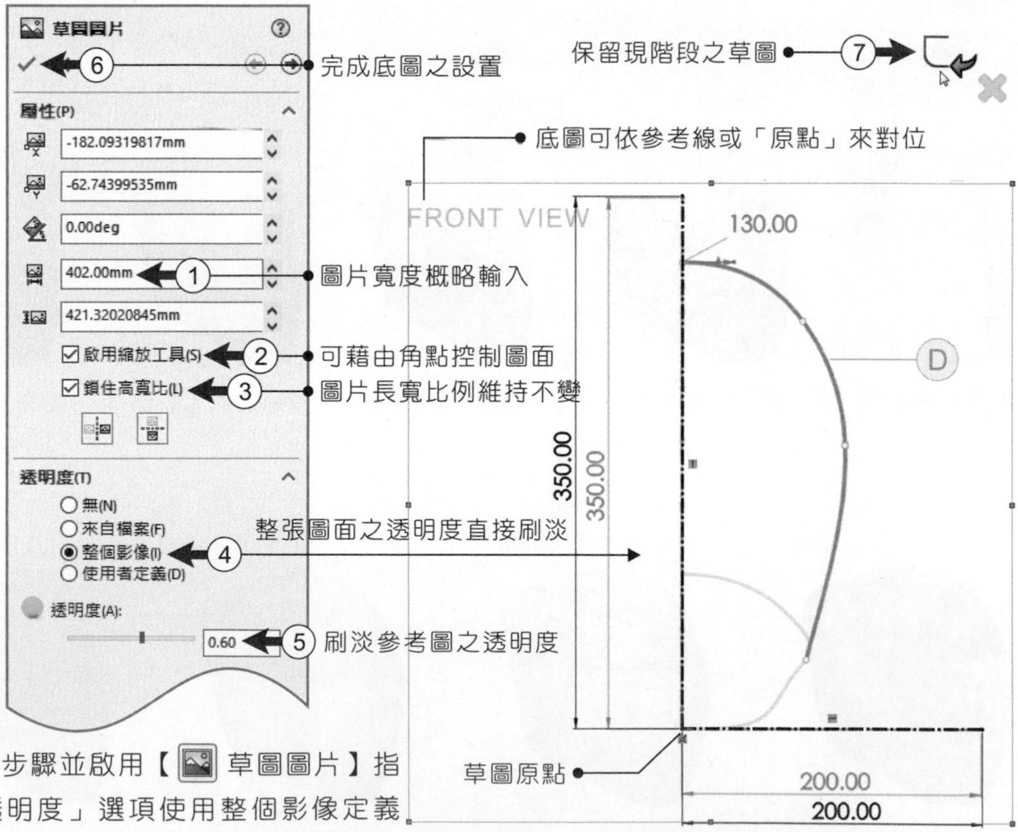
草圖圖片
完成底圖之設置
保留現階段之草圖
屬性(P)
-182.09319817mm
-62.74399535mm
0.00deg
402.00mm
421.32020845mm
圖片寬度概略輸入
啟用縮放工具(S)
可藉由角點控制圖面
鎖住高寬比(L)
圖片長寬比例維持不變
底圖可依參考線或「原點」來對位
FRONT VIEW
130.00
D
350.00
透明度(T)
無(N)
來自檔案(F)
整個影像(I)
使用者定義(D)
整張圖面之透明度直接刷淡
透明度(A):
0.60
刷淡參考圖之透明度
草圖原點
200.00

延續上一步驟並啟用【草圖圖片】指令。「透明度」選項使用整個影像定義，且刷淡設定在0.6至0.8之間。

STEP 03

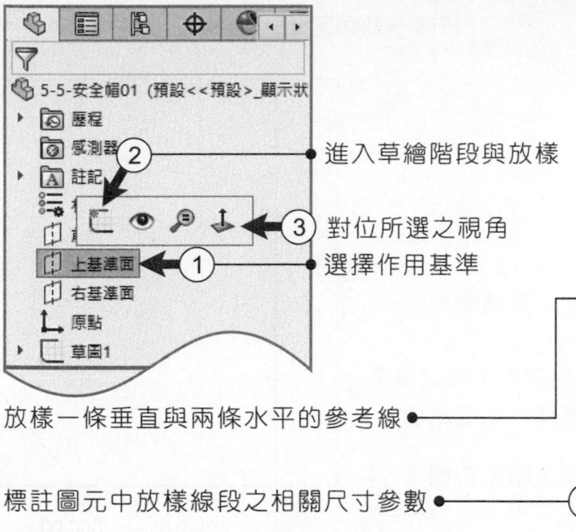

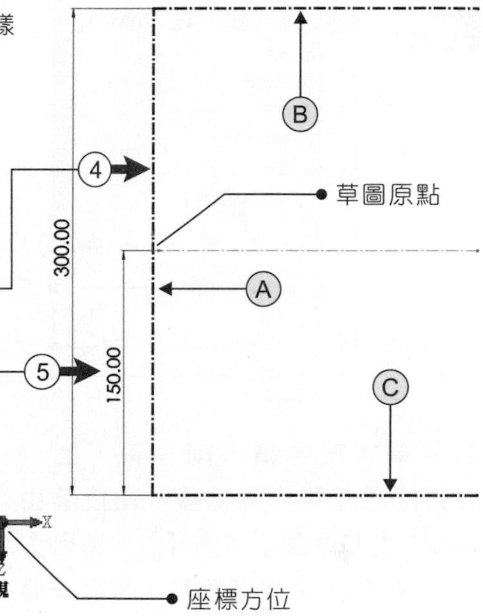
草圖原點
300.00
150.00
*上視
座標方位

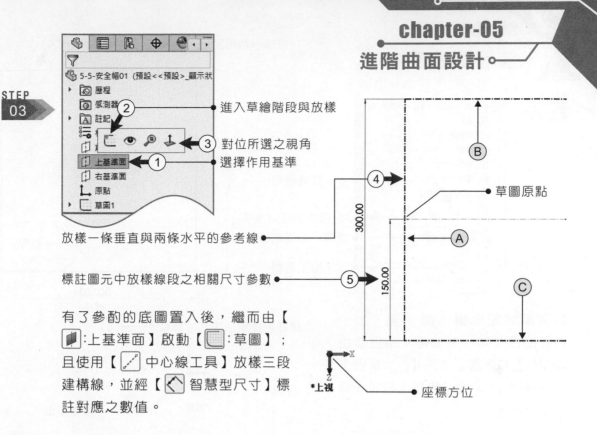

有了參酌的底圖置入後，繼而由【:上基準面】啟動【:草圖】；且使用【 中心線工具】放樣三段建構線，並經【 智慧型尺寸】標註對應之數值。

STEP 04

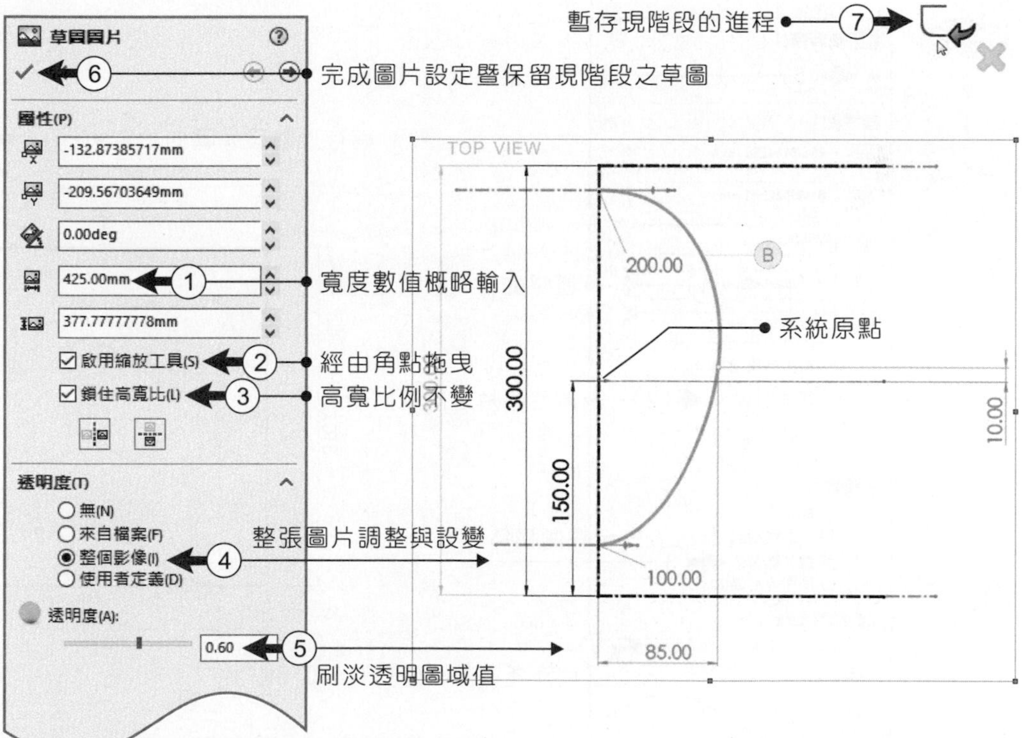
暫存現階段的進程
草圖圖片
完成圖片設定暨保留現階段之草圖
屬性(P)
-132.87385717mm
-209.56703649mm
0.00deg
425.00mm
寬度數值概略輸入
377.77777778mm
啟用縮放工具(S)
經由角點拖曳
鎖住高寬比(L)
高寬比例不變
透明度(T)
無(N)
來自檔案(F)
整個影像(I)
使用者定義(D)
整張圖片調整與設變
透明度(A):
0.60
刷淡透明圖域值
TOP VIEW
200.00
系統原點
300.00
150.00
10.00
100.00
85.00

現階段是全罩式安全帽上視角的參考圖置入之程序，圖片對位建議可依循放樣的參考線與【:原點】制定；「透明度」使用整個影像刷淡至不影響到前景線段為止（建議可設定在0.6至0.8之間的域值）。

STEP 05

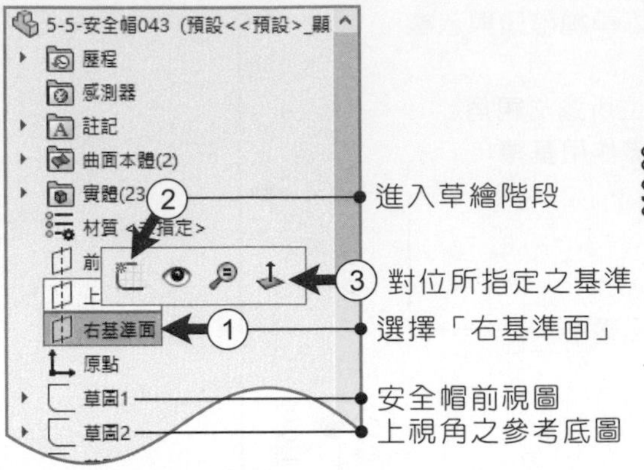
5-5-安全帽043 (預設<<預設>_顯
歷程
感測器
註記
曲面本體(2)
實體(23
材質 <未指定>
前
上
右基準面
原點
草圖1
草圖2
進入草繪階段
對位所指定之基準
選擇「右基準面」
安全帽前視圖
上視角之參考底圖

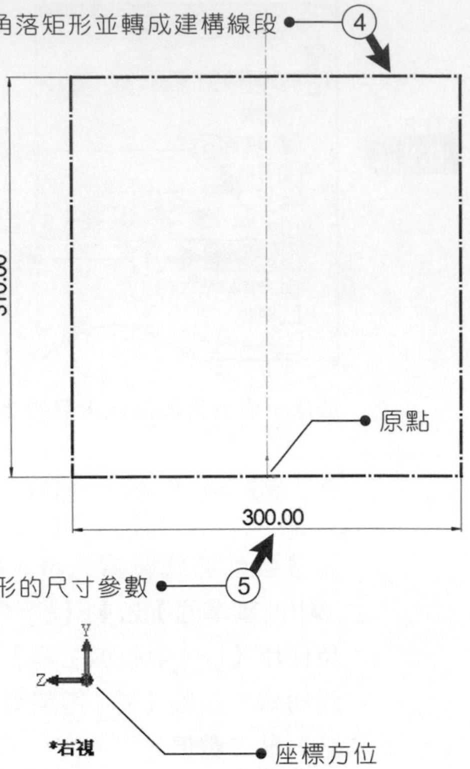
放樣一個角落矩形並轉成建構線段
310.00
原點
300.00
標註放樣矩形的尺寸參數
Y
Z
*右視
座標方位

於全罩式安全帽「前」與「上」參考的底圖製作完備後，續接著由【:右基準面】進入【:草圖】，且啟用【:角落矩形】放樣一個建構線圖元。

STEP 06

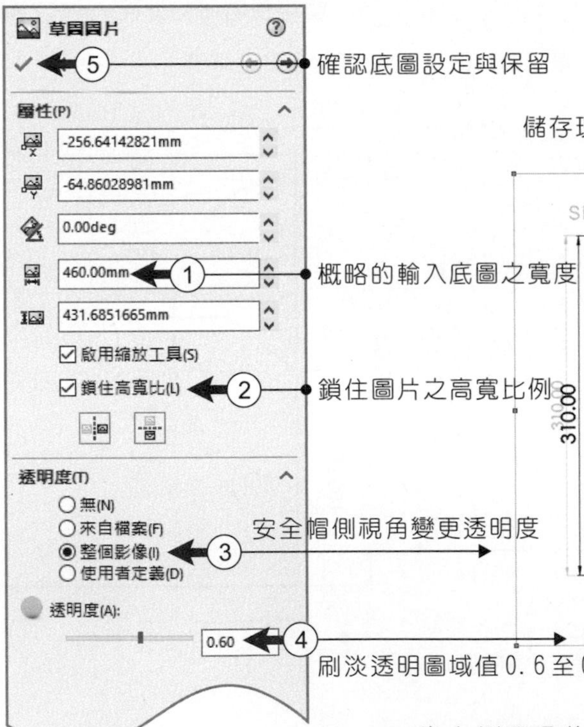
草圖圖片
確認底圖設定與保留
屬性(P)
-256.64142821mm
-64.86028981mm
0.00deg
460.00mm
概略的輸入底圖之寬度
431.6851665mm
啟用縮放工具(S)
鎖住高寬比(L)
鎖住圖片之高寬比例
透明度(T)
無(N)
來自檔案(F)
整個影像(I)
使用者定義(D)
安全帽側視角變更透明度
透明度(A):
0.60
刷淡透明圖域值0.6至0.8左右

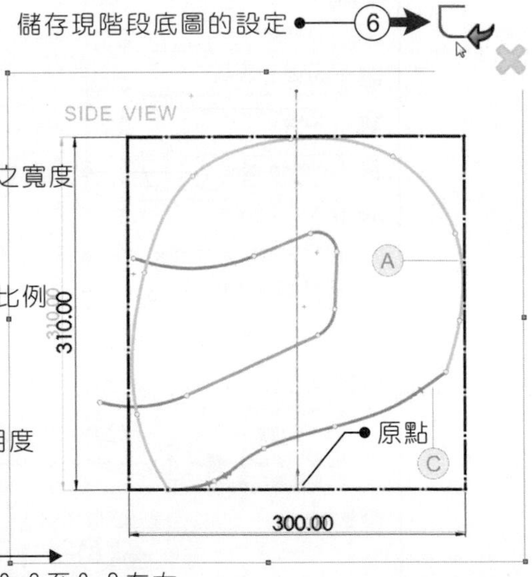

當右側視角的底圖設置完備後，即可以「左鍵」點選【:保留草圖】。關於【:草圖圖片】的透明度調節，概可定義在0.6至0.8之間。

STEP 07

於SolidWorks中匯入【 :草圖圖片】作為建模時參酌的邊界，並依循描繪與復刻，是筆者構築曲面模型時經常歷經的工序。插入1-2張底圖做為輪廓仿效的依據，在多數情況下已堪用；但若建模的項次是安全帽、跑車、機車……等較複雜之標的，則可能需要匯入3張以上的底圖做為參考。

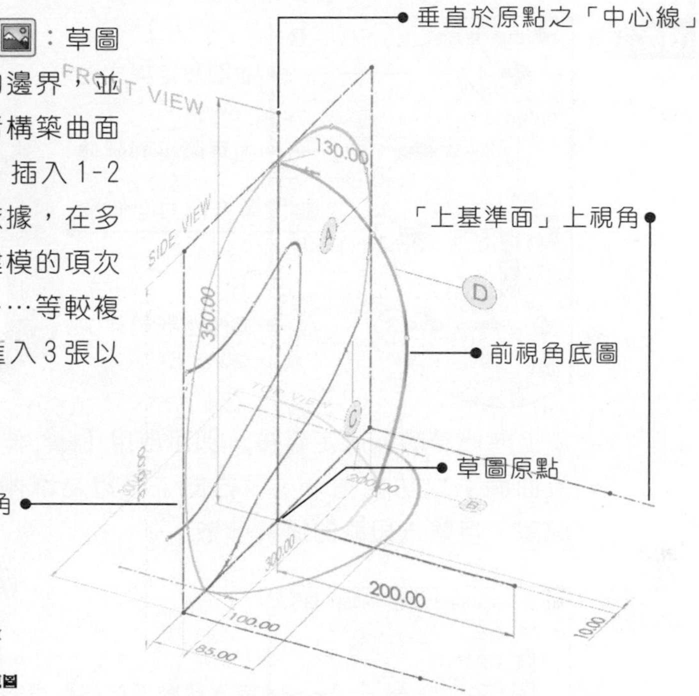

STEP 08

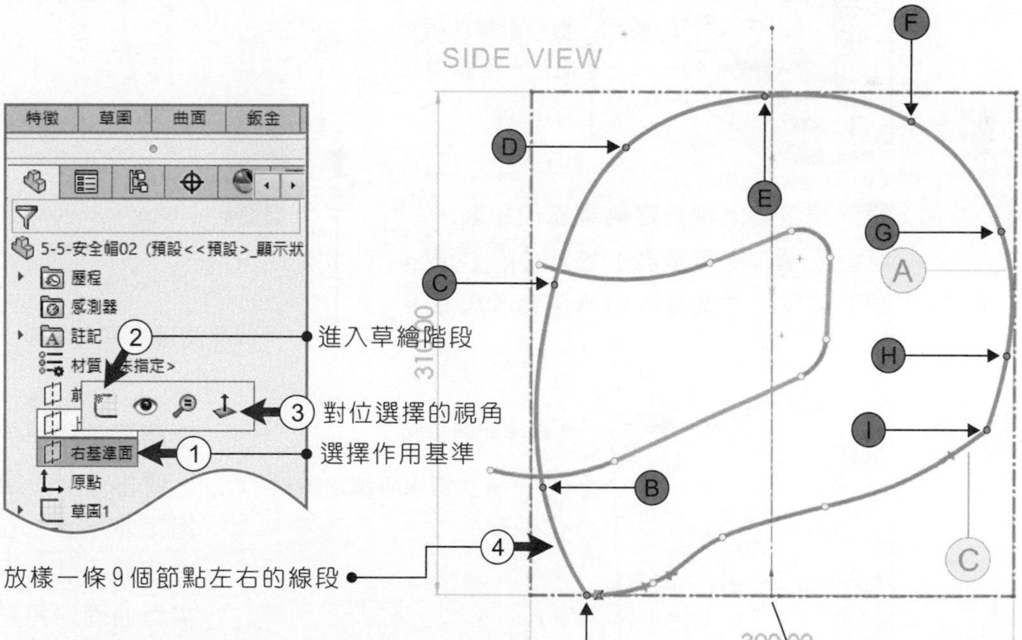

選擇【 :右基準面】啟動【 :草圖】。使用【 :不規則曲線】依循例圖的橘色邊界放樣 A 至 I 等9個節點（操作時概略參考即可，不須完全復刻。

STEP 09

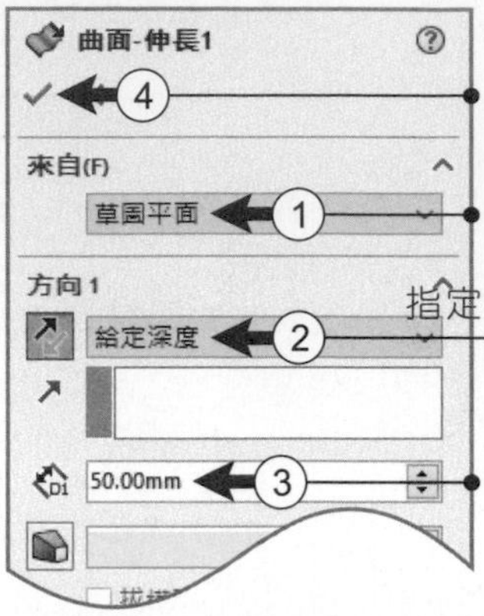
曲面-伸長1
④ 曲面設定與成型
來自(F)
草圖平面 ① 由草圖平面延伸
方向1
給定深度 ② 指定單方向曲面伸長
50.00mm ③ 延伸距離輸入

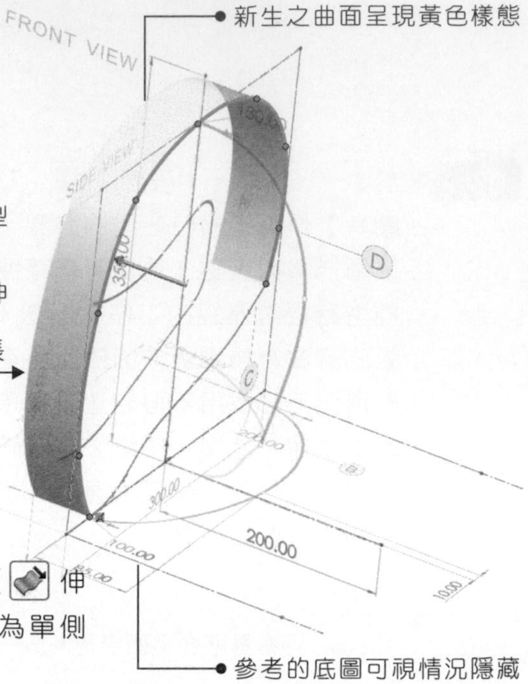

於上階段草圖輪廓定義後，即可啟用【 伸長曲面】之功能指令；「方向」設置為單側成型，且輸入概略的深度參數。

STEP 10

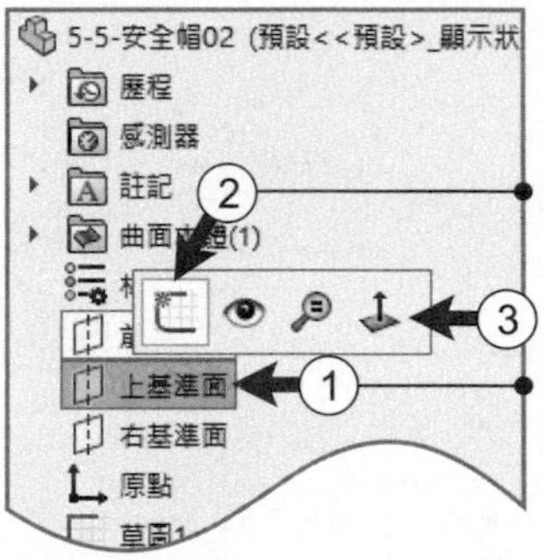
5-5-安全帽02 (預設<<預設>_顯示狀
歷程
感測器
註記
曲面本體(1)
上基準面
右基準面
原點
草圖1
② 進入草圖並放樣參考線
③ 對位選擇的視角
① 指定「上基準面」

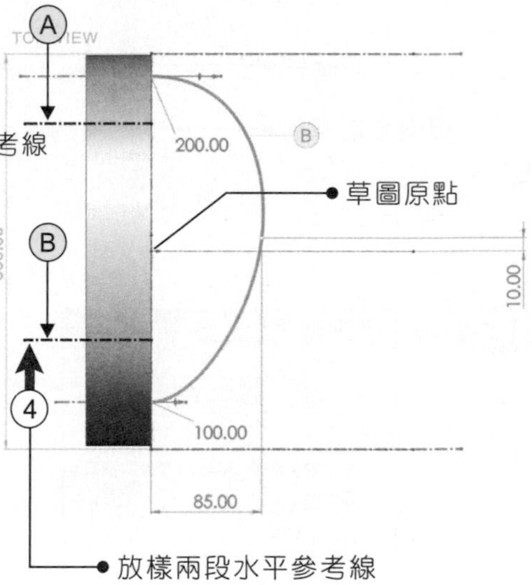

關於安全帽上視角之輪廓線段繪製，可由【 :上基準面】進入【 :草圖】階段，並放樣兩段水平參考線。

STEP 11

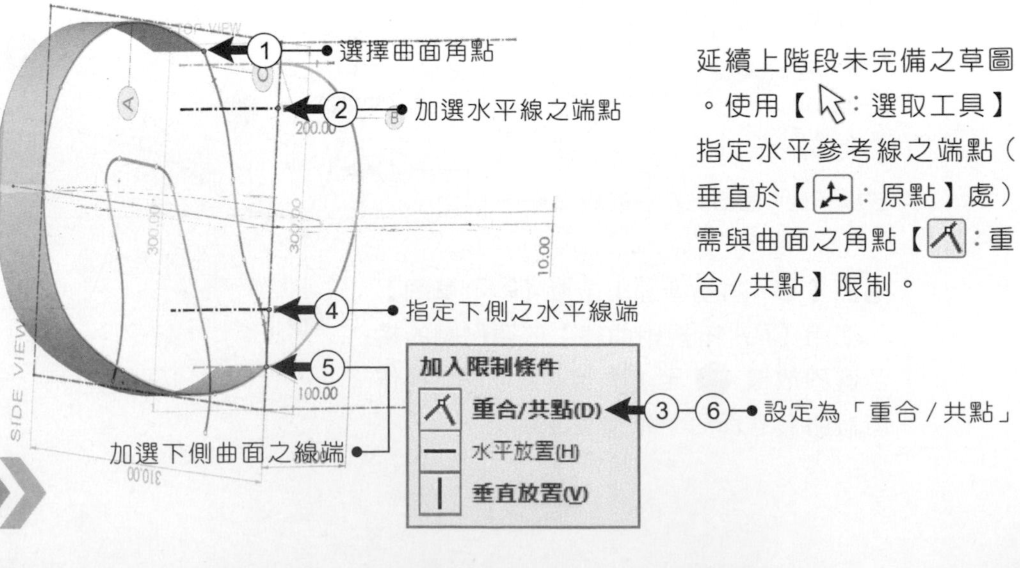
① 選擇曲面角點
② 加選水平線之端點
200.00
300.00
10.00
④ 指定下側之水平線端
⑤
100.00
加選下側曲面之線端
SIDE VIEW
加入限制條件
重合/共點(D)
水平放置(H)
垂直放置(V)
③-⑥ 設定為「重合／共點」

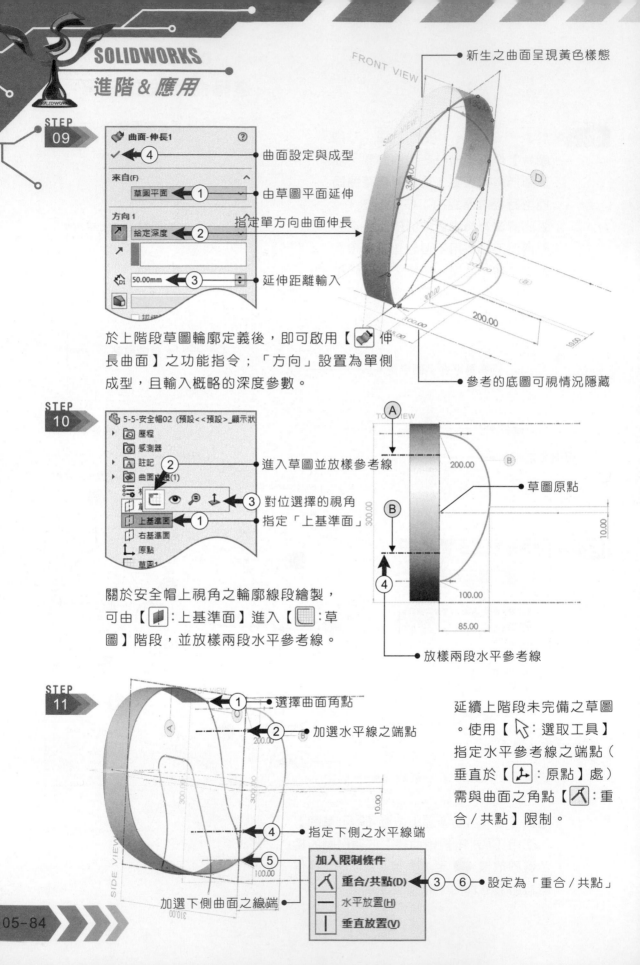

延續上階段未完備之草圖。使用【 :選取工具】指定水平參考線之端點（垂直於【 :原點】處）需與曲面之角點【 :重合／共點】限制。

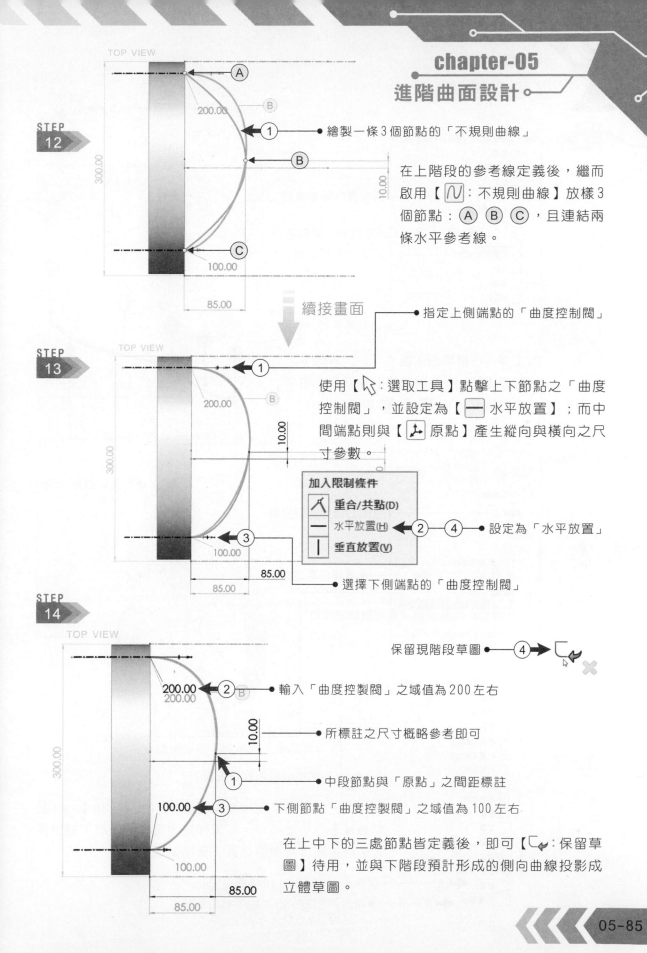

STEP 12

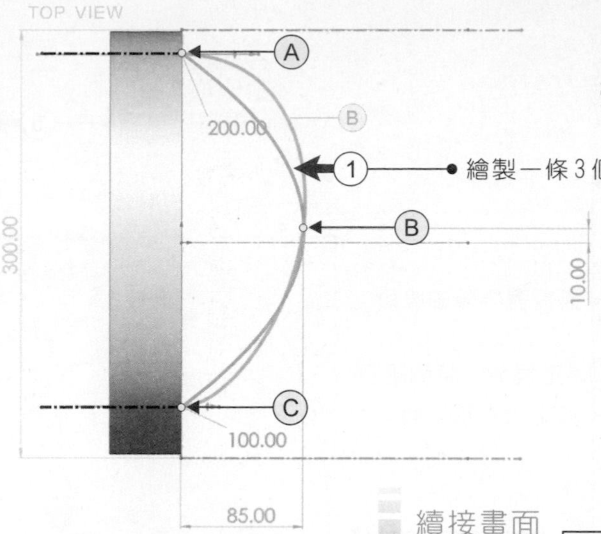

繪製一條 3 個節點的「不規則曲線」

在上階段的參考線定義後，繼而啟用【 ：不規則曲線】放樣 3 個節點：Ⓐ Ⓑ Ⓒ，且連結兩條水平參考線。

續接畫面

指定上側端點的「曲度控制閥」

STEP 13

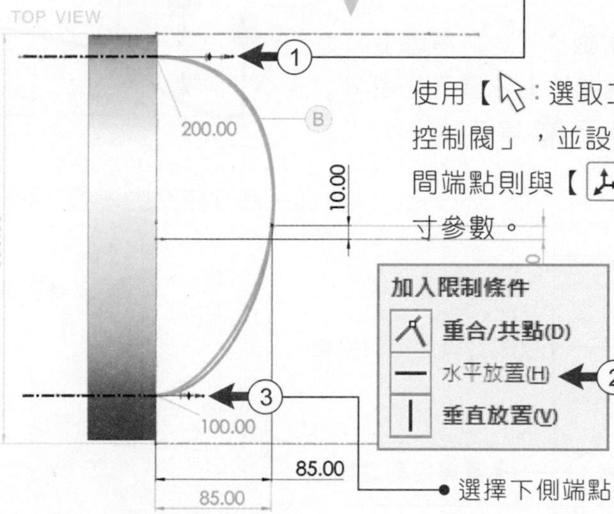

使用【 ：選取工具】點擊上下節點之「曲度控制閥」，並設定為【 水平放置】；而中間端點則與【 原點】產生縱向與橫向之尺寸參數。

設定為「水平放置」

選擇下側端點的「曲度控制閥」

STEP 14

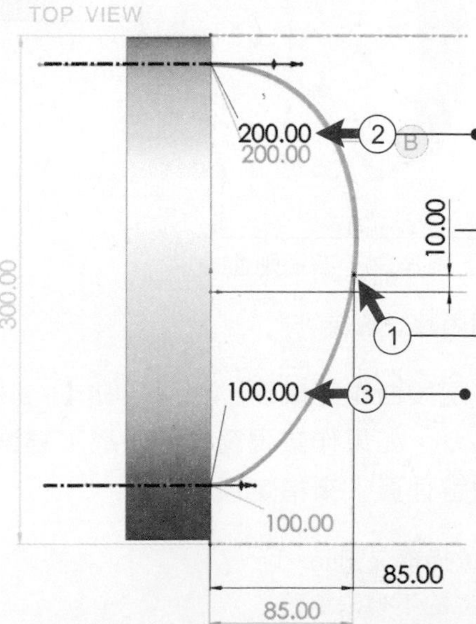

保留現階段草圖 ④

② 輸入「曲度控製閥」之域值為 200 左右

所標註之尺寸概略參考即可

① 中段節點與「原點」之間距標註

③ 下側節點「曲度控製閥」之域值為 100 左右

在上中下的三處節點皆定義後，即可【 ：保留草圖】待用，並與下階段預計形成的側向曲線投影成立體草圖。

STEP 15

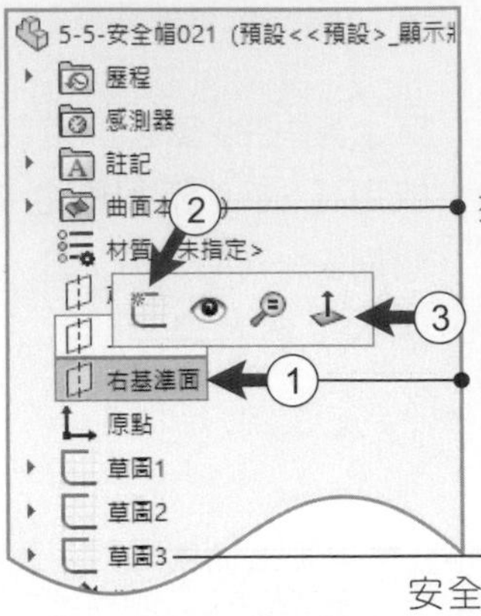
5-5-安全帽021 (預設<<預設>_顯示狀
歷程
感測器
註記
曲面本
材質 <未指定>
右基準面
原點
草圖1
草圖2
草圖3
描繪邊界輪廓線段
「正視於」草圖紙頁
指定「右基準面」
安全帽側視輪廓之圖面

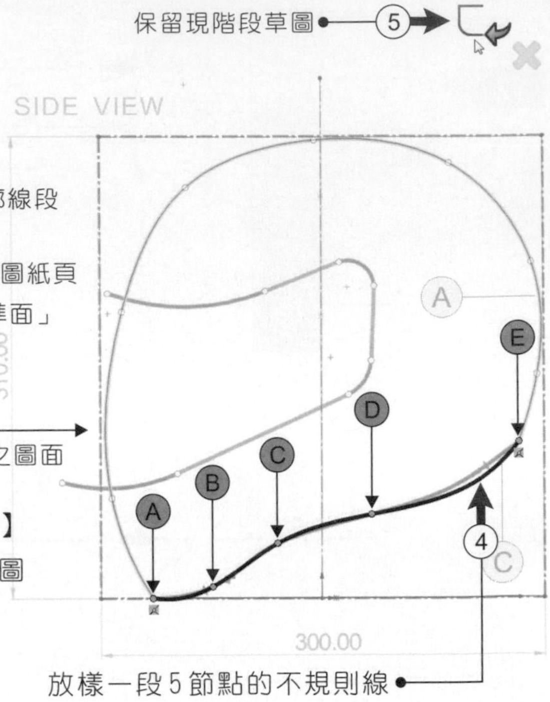
保留現階段草圖
SIDE VIEW
310.00
300.00
放樣一段5節點的不規則線

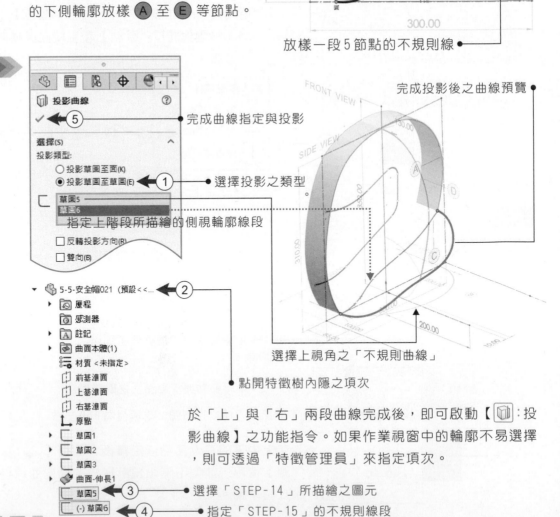

以【:右基準面】進入【:草圖】。選擇【:不規則曲線】依循著底圖的下側輪廓放樣 A 至 E 等節點。

STEP 16

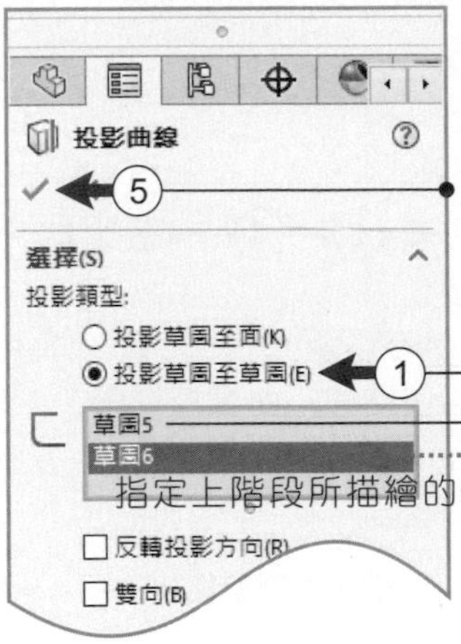
投影曲線
完成曲線指定與投影
選擇(S)
投影類型:
投影草圖至面(K)
投影草圖至草圖(E)
選擇投影之類型
草圖5
草圖6
指定上階段所描繪的側視輪廓線段
反轉投影方向(R)
雙向(B)

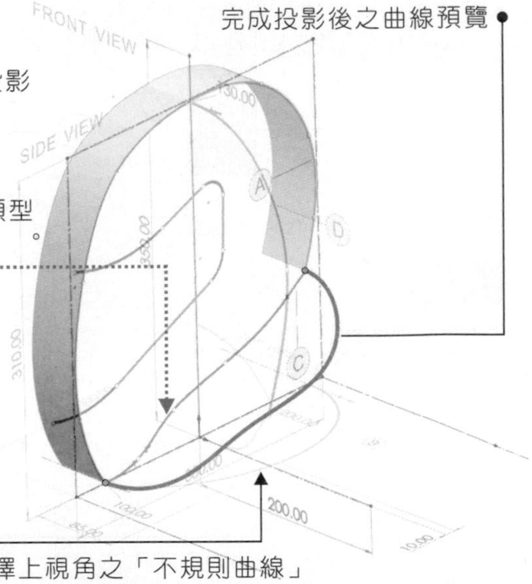
FRONT VIEW
SIDE VIEW
完成投影後之曲線預覽
200.00
選擇上視角之「不規則曲線」

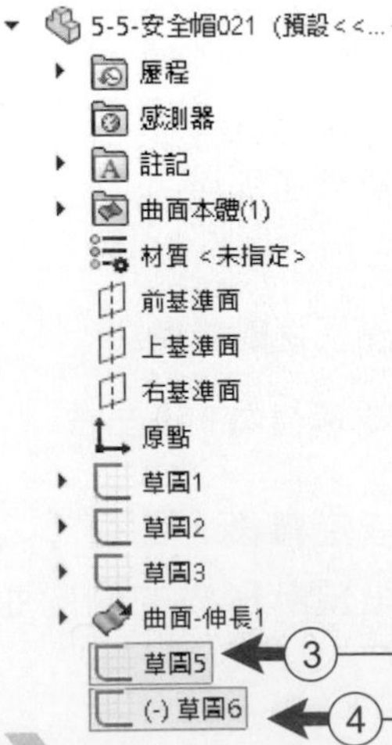
5-5-安全帽021 (預設<<...
歷程
感測器
註記
曲面本體(1)
材質 <未指定>
前基準面
上基準面
右基準面
原點
草圖1
草圖2
草圖3
曲面-伸長1
草圖5
(-) 草圖6
點開特徵樹內隱之項次
選擇「STEP-14」所描繪之圖元
指定「STEP-15」的不規則線段

於「上」與「右」兩段曲線完成後，即可啟動【:投影曲線】之功能指令。如果作業視窗中的輪廓不易選擇，則可透過「特徵管理員」來指定項次。

STEP 17

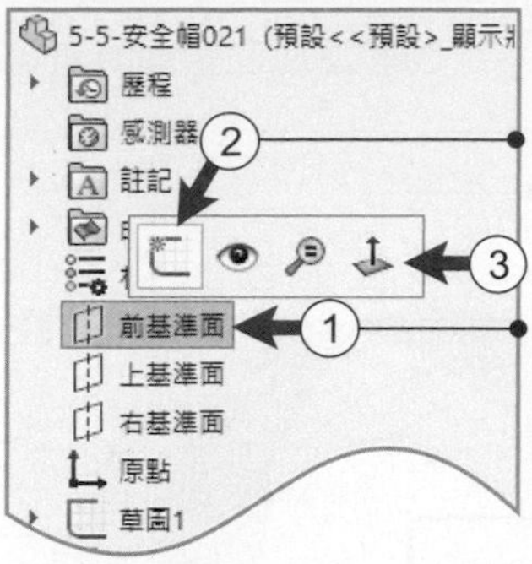

② 依循著底圖描繪輪廓

③ 對位草繪視角之向度

① 選擇作用的「前基準面」

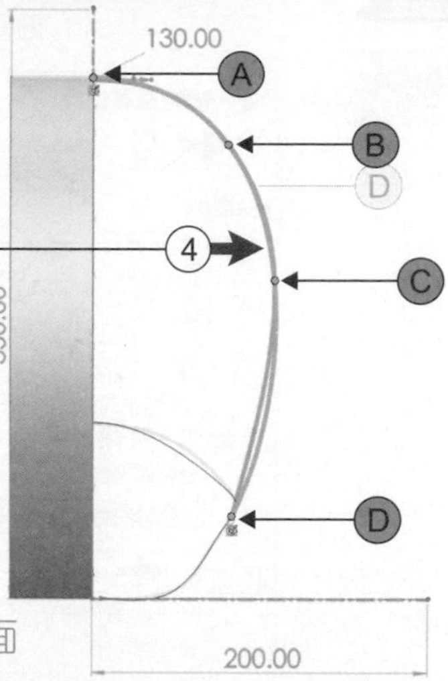

④ 製作一段 4 個節點的曲線

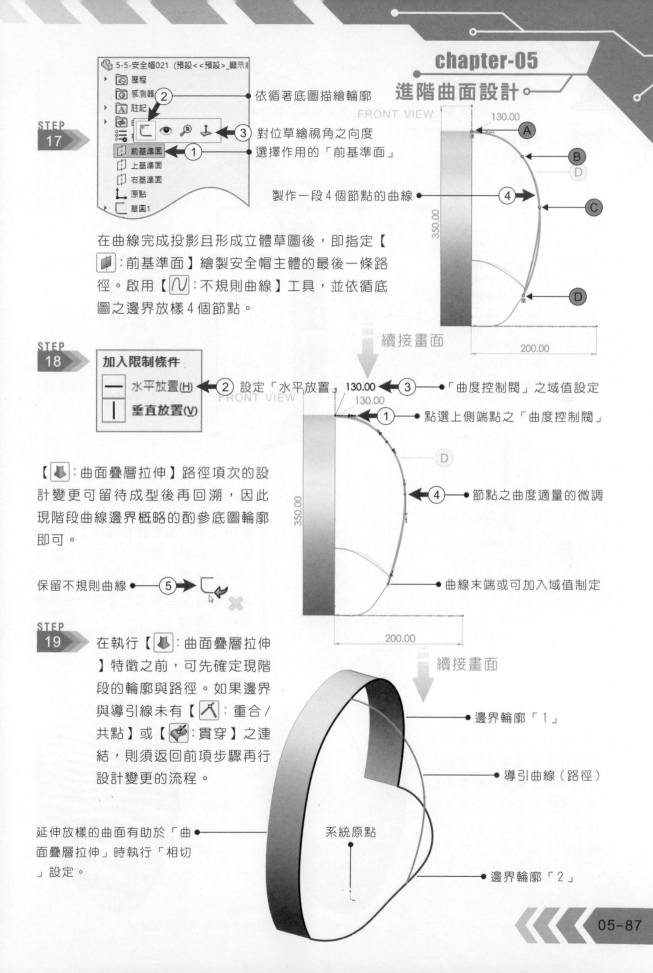

在曲線完成投影且形成立體草圖後，即指定【 :前基準面】繪製安全帽主體的最後一條路徑。啟用【 :不規則曲線】工具，並依循底圖之邊界放樣 4 個節點。

續接畫面

STEP 18

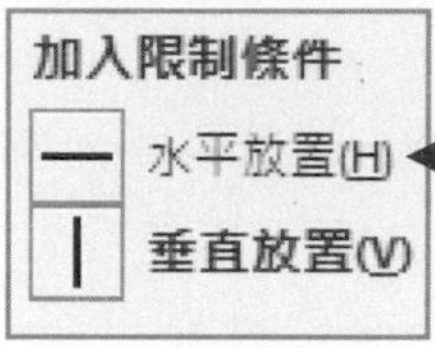

② 設定「水平放置」

130.00 ③「曲度控制閥」之域值設定

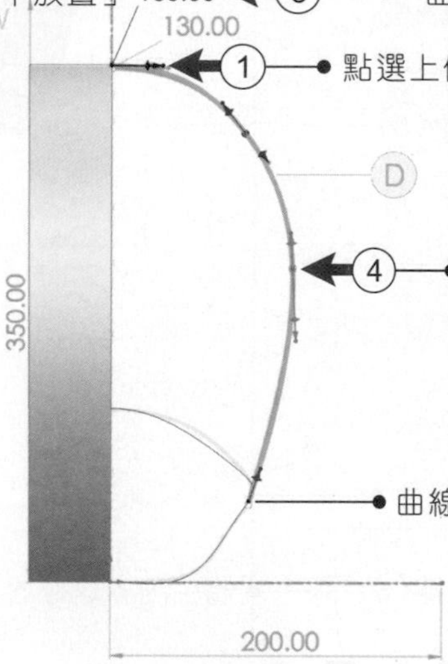

① 點選上側端點之「曲度控制閥」

④ 節點之曲度適量的微調

曲線末端或可加入域值制定

【 :曲面疊層拉伸】路徑項次的設計變更可留待成型後再回溯，因此現階段曲線邊界概略的酌參底圖輪廓即可。

保留不規則曲線 ⑤

續接畫面

STEP 19

在執行【 :曲面疊層拉伸】特徵之前，可先確定現階段的輪廓與路徑。如果邊界與導引線未有【 :重合/共點】或【 :貫穿】之連結，則須返回前項步驟再行設計變更的流程。

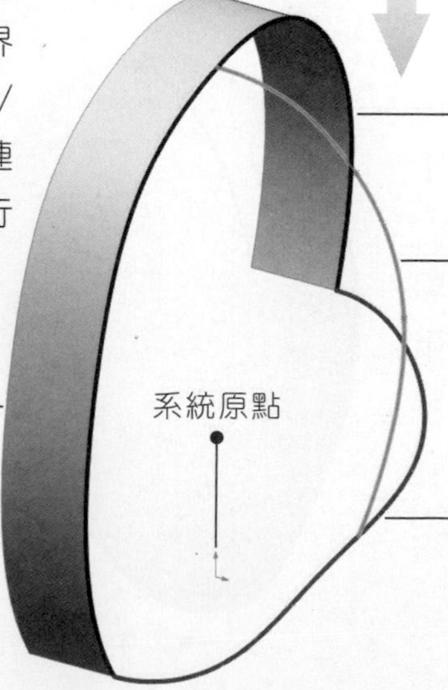

邊界輪廓「1」

導引曲線（路徑）

邊界輪廓「2」

延伸放樣的曲面有助於「曲面疊層拉伸」時執行「相切」設定。

STEP 20

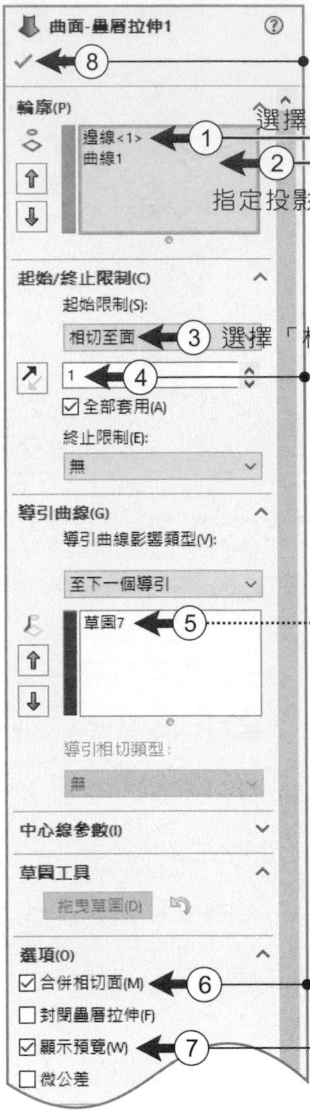
曲面-疊層拉伸1
輪廓(P)
邊線<1>
曲線1
起始/終止限制(C)
起始限制(S):
相切至面
1
全部套用(A)
終止限制(E):
無
導引曲線(G)
導引曲線影響類型(V):
至下一個導引
草圖7
導引相切類型:
無
中心線參數(I)
草圖工具
拖曳草圖(D)
選項(O)
合併相切面(M)
封閉疊層拉伸(F)
顯示預覽(W)
微公差
① 選擇放樣曲面之邊界
② 指定投影後之曲線
③ 選擇「相切至面」
④ 參數輸入
⑤
⑥ 消弭細碎之邊界
⑦ 開啟曲面成型之預覽選項
⑧ 執行曲面成形程序

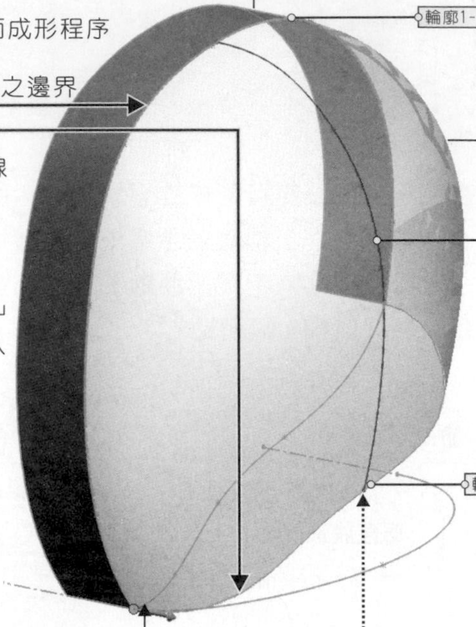
成形之曲面預覽為黃色局部示意
指定之輪廓邊界面即呈現黃色樣貌
輪廓1-曲面邊界
導引曲線
輪廓2-投影曲線
「導引曲線」指定為連結兩輪廓之項次

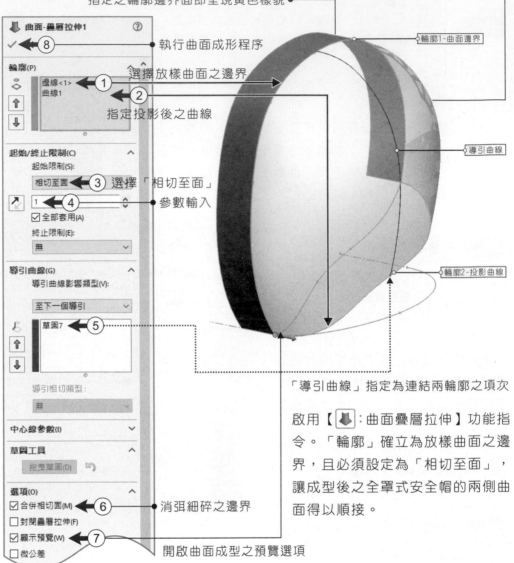

啟用【 :曲面疊層拉伸】功能指令。「輪廓」確立為放樣曲面之邊界，且必須設定為「相切至面」，讓成型後之全罩式安全帽的兩側曲面得以順接。

如需檢視安全帽兩側曲面順接的概況，可以先試著用【 :鏡射】特徵複製曲面，繼而將其本體顯示樣態異動為【 :斑馬紋】模式，由條紋流動之境況，即可判讀兩側的曲面是否完全融合。

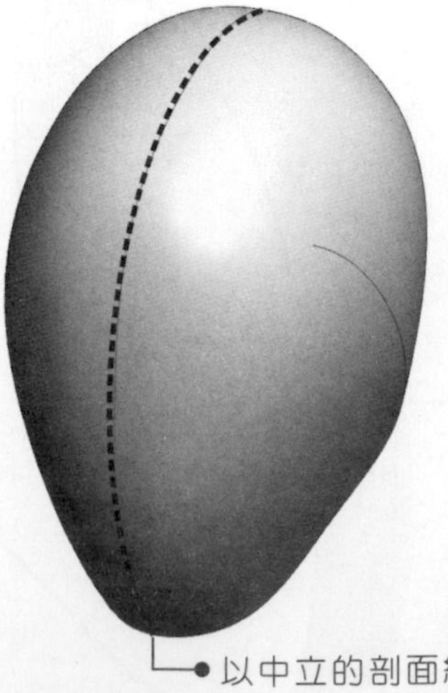

續接畫面

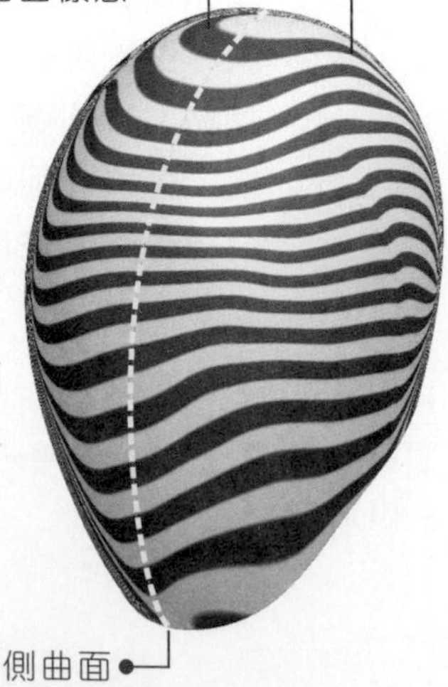
順接後之曲面樣態

以中立的剖面線來檢視兩側曲面

5-5.2 安全帽組件設計

STEP 01

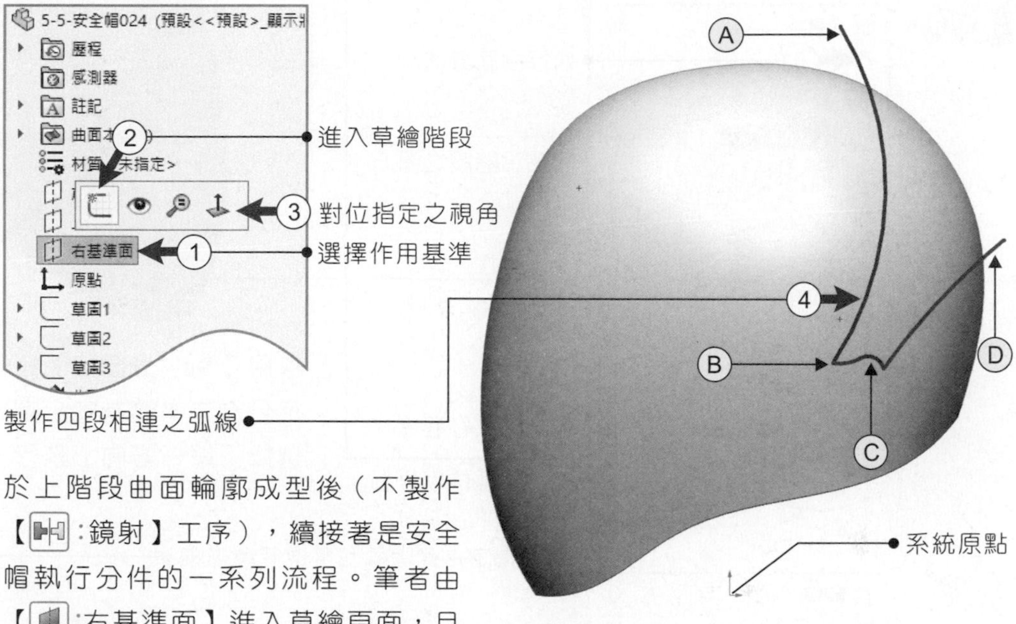
5-5-安全帽024 (預設<<預設>_顯示狀
歷程
感測器
註記
曲面本
材質 <未指定>
右基準面
原點
草圖1
草圖2
草圖3
1
2
3
4
A
B
C
D
進入草繪階段
對位指定之視角
選擇作用基準
製作四段相連之弧線
系統原點

於上階段曲面輪廓成型後（不製作【鏡射】工序），續接著是安全帽執行分件的一系列流程。筆者由【:右基準面】進入草繪頁面，且使用【:三點定弧】參考例圖來建構四段弧線。

STEP 02

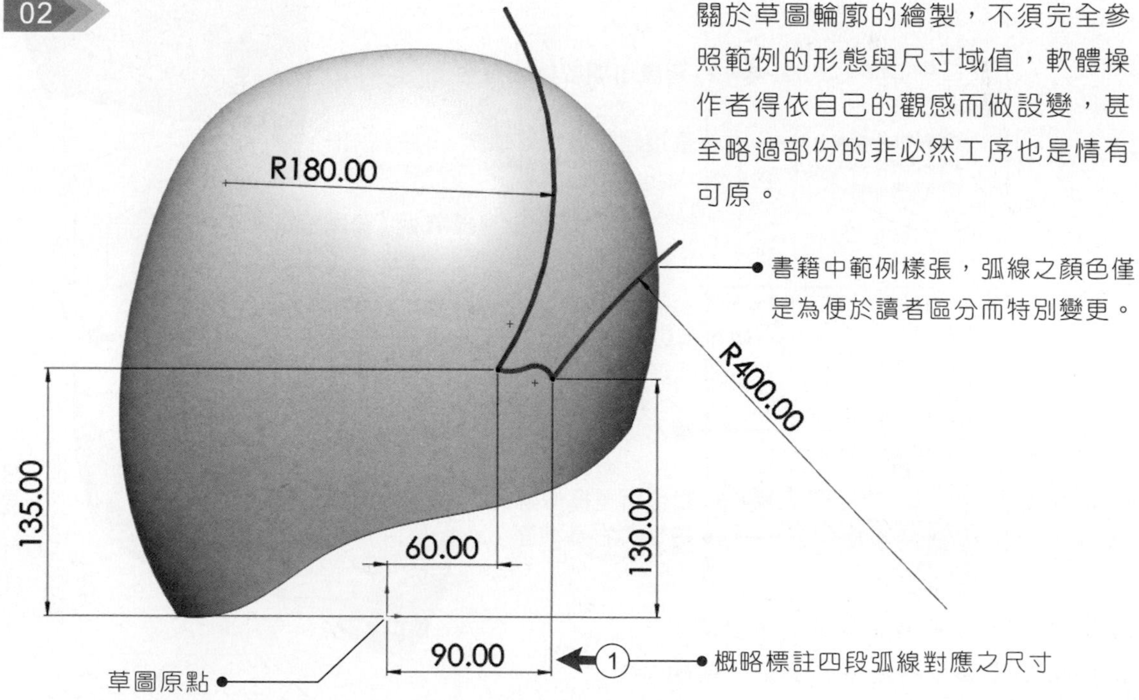
R180.00
R400.00
135.00
130.00
60.00
90.00
1
書籍中範例樣張，弧線之顏色僅是為便於讀者區分而特別變更。
草圖原點
概略標註四段弧線對應之尺寸

關於草圖輪廓的繪製，不須完全參照範例的形態與尺寸域值，軟體操作者得依自己的觀感而做設變，甚至略過部份的非必然工序也是情有可原。

STEP 03

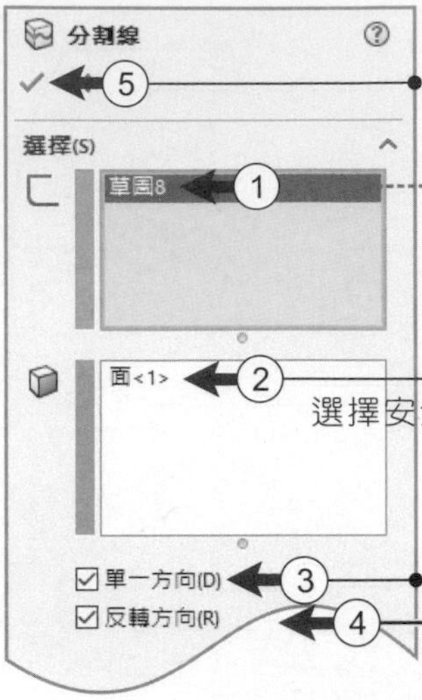

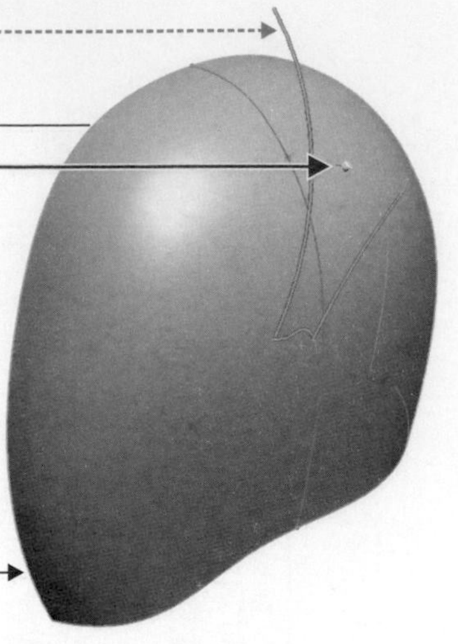

受指定面即呈現藍色樣態

⑤ 執行曲面分割

① 指定現階段之圖元

② 選擇安全帽曲面之本體

③ 單方向執行程序

④ 向右側延伸與分割

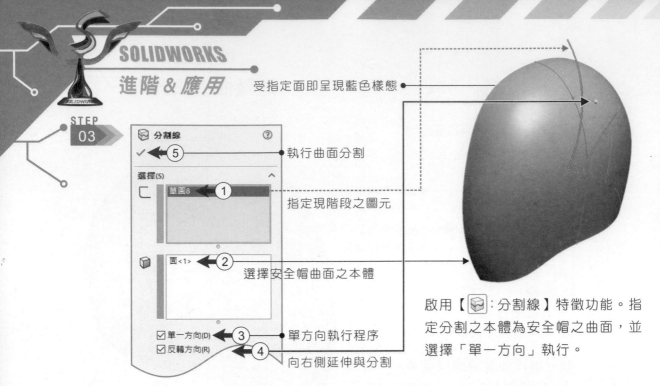

啟用【:分割線】特徵功能。指定分割之本體為安全帽之曲面，並選擇「單一方向」執行。

STEP 04

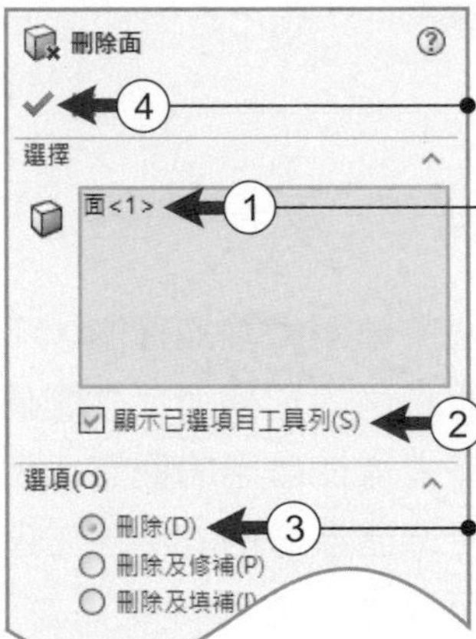

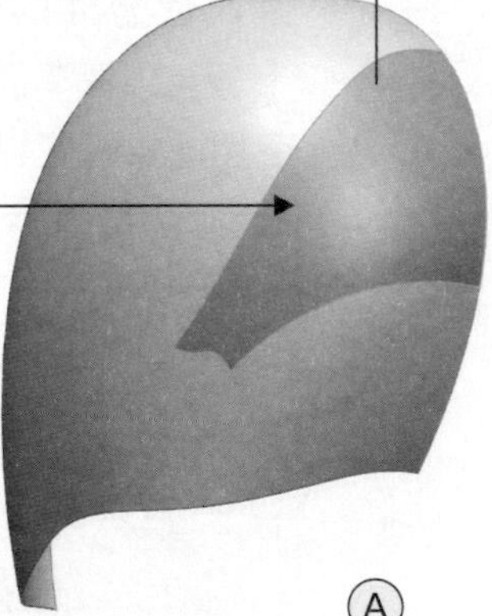

指定之刪除面即呈現藍色形態

④ 將指定作用之面刪除

① 選擇上階段分割之曲面局部

② 建議可開啟檢視型態

③ 直接刪除指定之項次

STEP 05

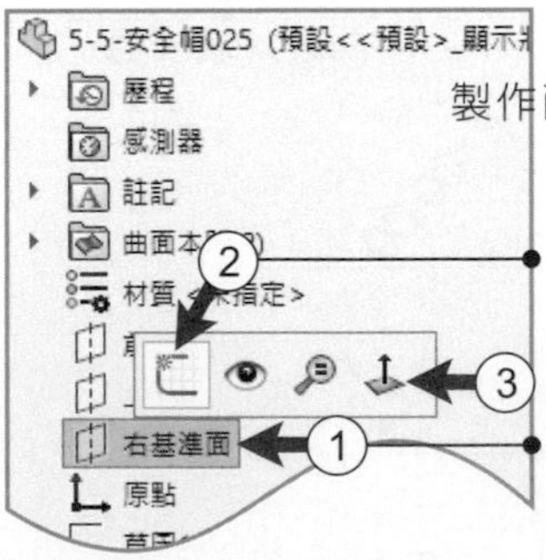

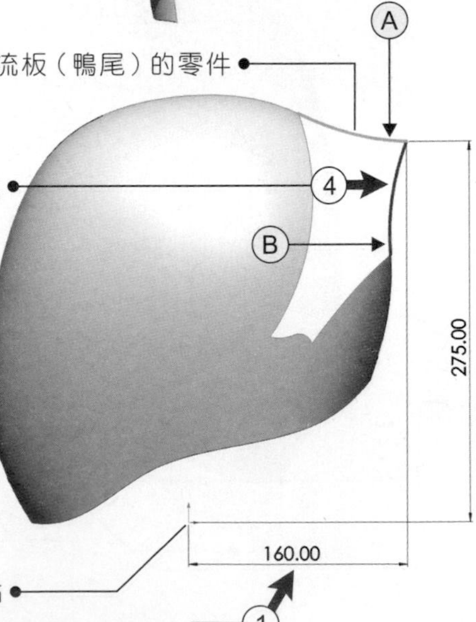

意圖創建擾流板（鴨尾）的零件

④ 製作兩段與缺口相連之弧線

② 進入草繪階段

③ 對位所選擇的視角

① 指定「右基準面」

草圖原點

① 標註兩段弧線的對應尺寸

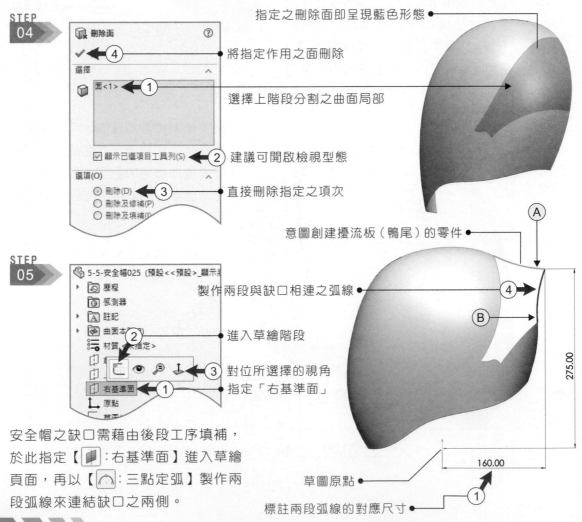

安全帽之缺口需藉由後段工序填補，於此指定【:右基準面】進入草繪頁面，再以【:三點定弧】製作兩段弧線來連結缺口之兩側。

STEP 06

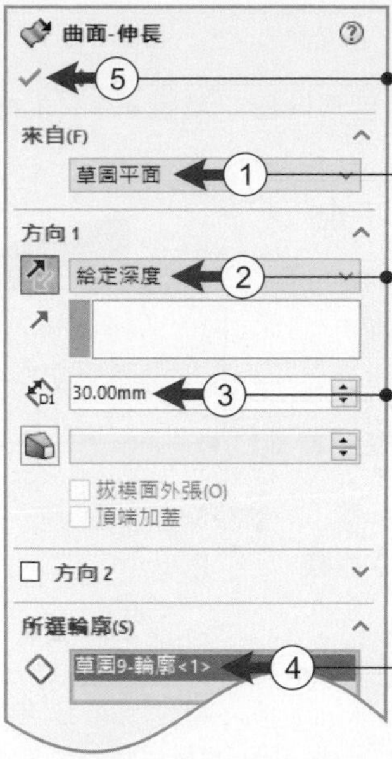
曲面-伸長
⑤ 完成設定並執行特徵
來自(F)
草圖平面 ① 由草圖基準面延伸成曲面薄頁
方向 1
給定深度 ② 選擇單側成型
30.00mm ③ 延伸距離概略輸入
拔模面外張(O)
頂端加蓋
方向 2
所選輪廓(S)
草圖9-輪廓<1> ④ 指定輪廓之邊界延伸

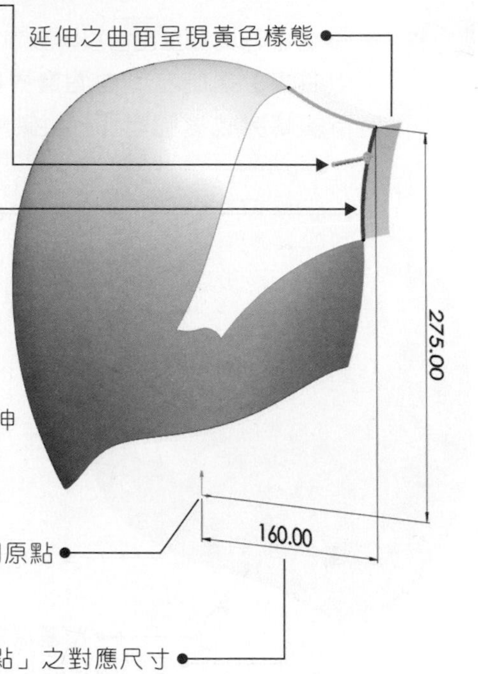
延伸之曲面呈現黃色樣態
275.00
160.00
草圖原點
標註圖元與「原點」之對應尺寸

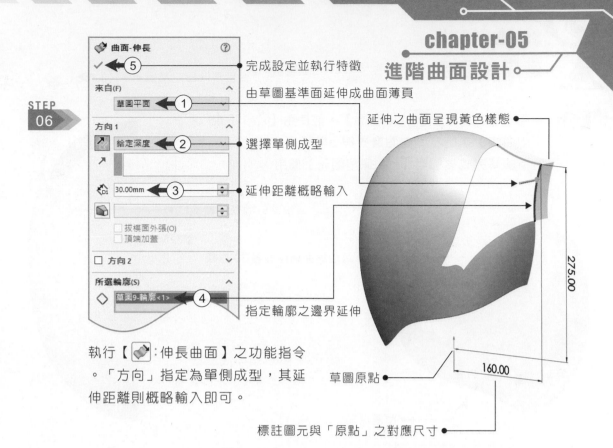

執行【 :伸長曲面】之功能指令。「方向」指定為單側成型，其延伸距離則概略輸入即可。

STEP 07

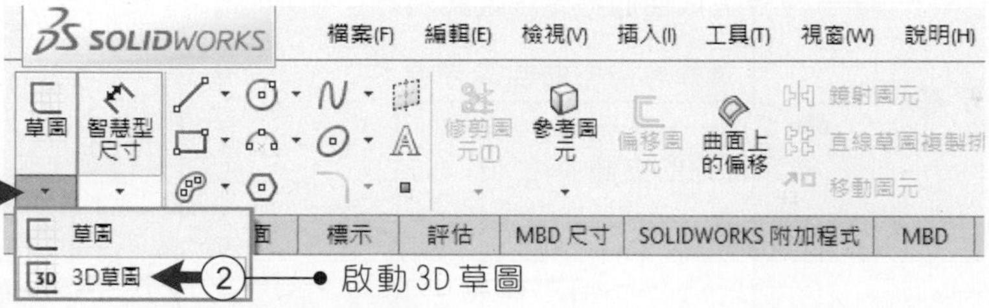

保留現階段草圖 ⑥

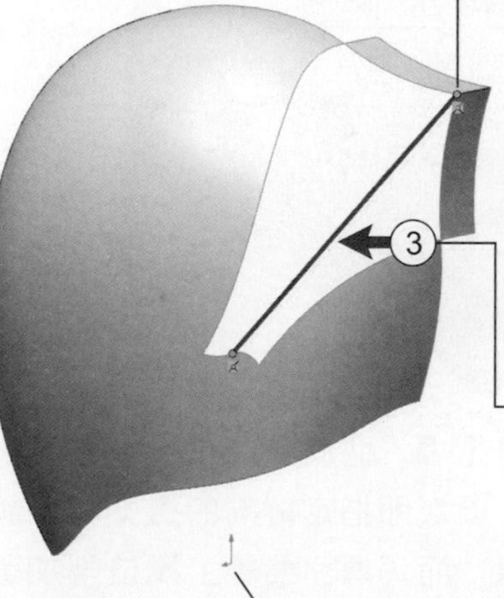
「後擾流板」曲線端點須與曲面連結
③ 以「不規則曲線」連結兩曲面之端點
草圖原點

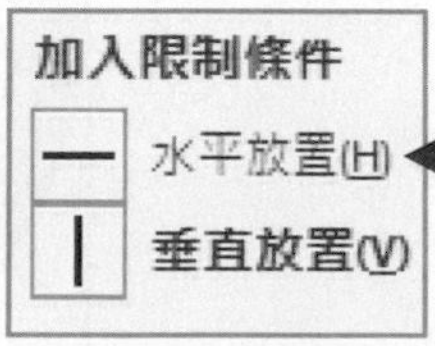
加入限制條件
水平放置(H)
垂直放置(V)
⑤ 設定「水平放置」

轉正視角以俾利對位

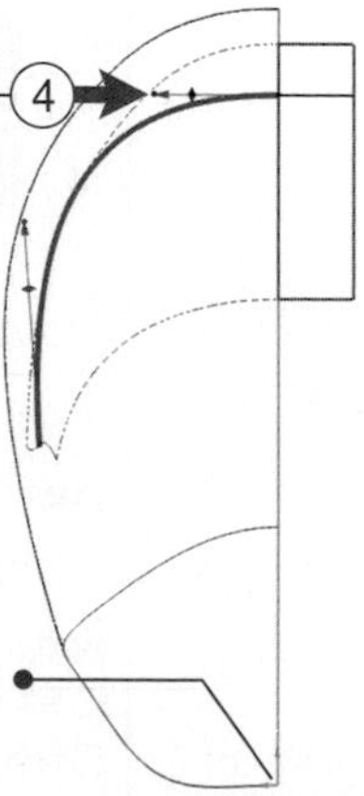
選擇上側端點之「曲度控制閥」 ④
草圖原點

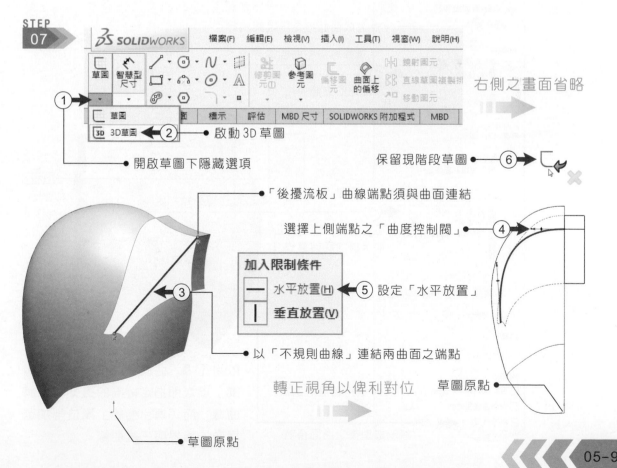

STEP 08

再一次的啟用【3D：3D 草圖】，並使用【不規則曲線】連結左側曲面邊界與上階段製作的曲線，待編輯完成後即可【保留圖元】備用。

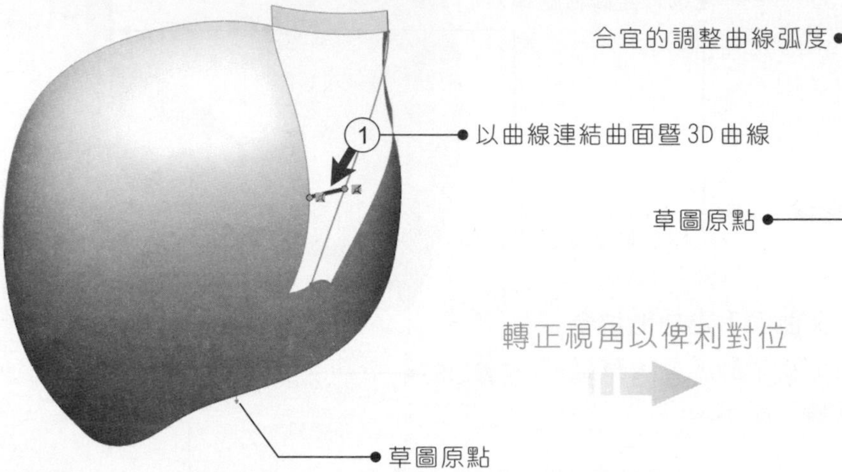
①
以曲線連結曲面暨 3D 曲線
草圖原點
轉正視角以俾利對位
合宜的調整曲線弧度

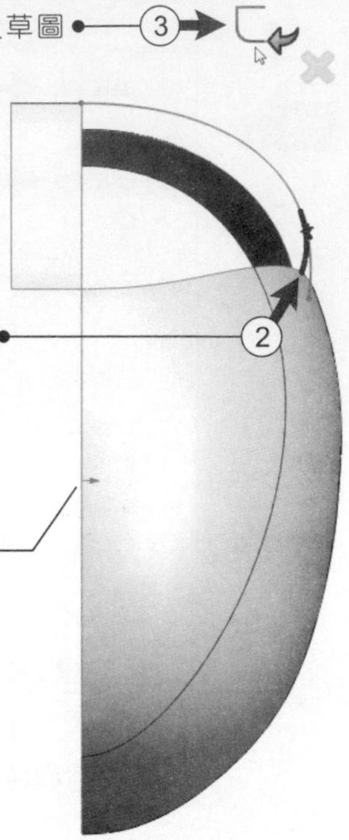
保留現階段之草圖
③
②
草圖原點

STEP 09

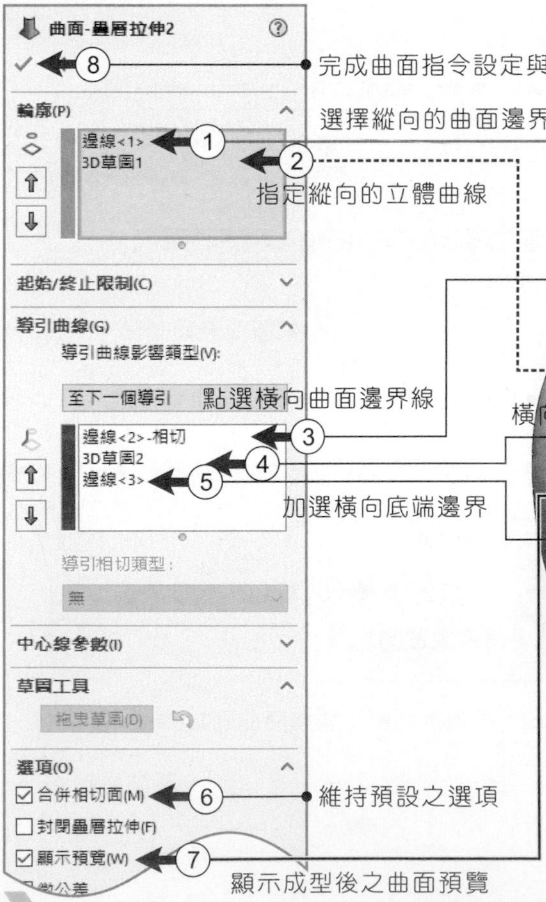
曲面-疊層拉伸2
⑧
完成曲面指令設定與執行
輪廓(P)
邊線<1>
3D草圖1
①
選擇縱向的曲面邊界線
②
指定縱向的立體曲線
起始/終止限制(C)
導引曲線(G)
導引曲線影響類型(V):
至下一個導引
點選橫向曲面邊界線
邊線<2>-相切
3D草圖2
邊線<3>
③
④
⑤
加選橫向底端邊界
導引相切類型:
無
中心線參數(I)
草圖工具
拖曳草圖(D)
選項(O)
合併相切面(M)
⑥
維持預設之選項
封閉疊層拉伸(F)
顯示預覽(W)
⑦
顯示成型後之曲面預覽

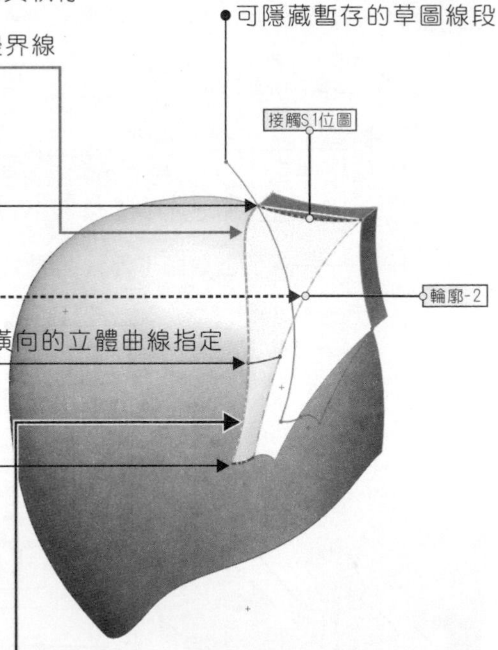
可隱藏暫存的草圖線段
接觸S1位圖
輪廓-2
橫向的立體曲線指定

啟用【曲面疊層拉伸】。「輪廓」項次即指定縱向的邊界與立體曲線；而「導引曲線」欄位則加選橫向的邊界與三維曲線。

STEP 10

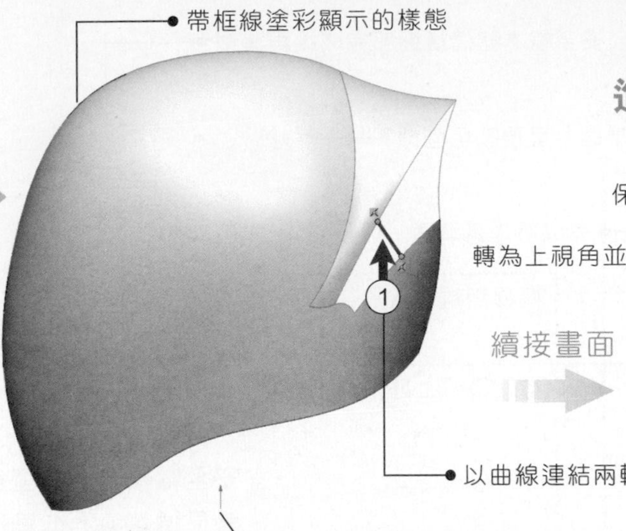
帶框線塗彩顯示的樣態
1
以曲線連結兩輪廓邊界
續接畫面
系統內建之「原點」

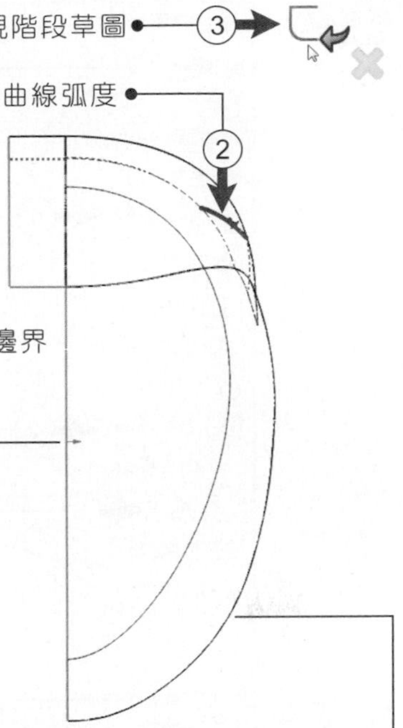
保留現階段草圖
3
轉為上視角並調整曲線弧度
2
轉為線架構之樣態以俾利草圖對位

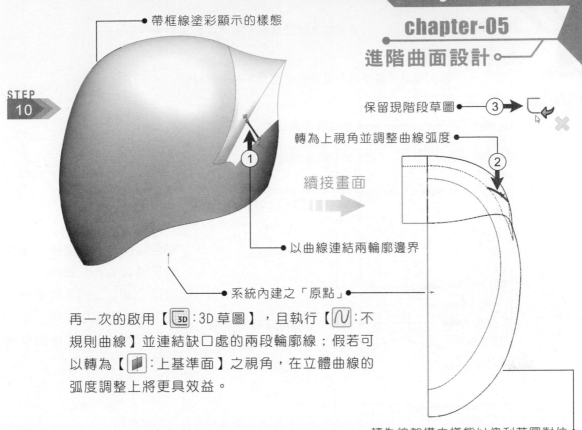

再一次的啟用【3D:3D 草圖】，且執行【不規則曲線】並連結缺口處的兩段輪廓線；假若可以轉為【上基準面】之視角，在立體曲線的弧度調整上將更具效益。

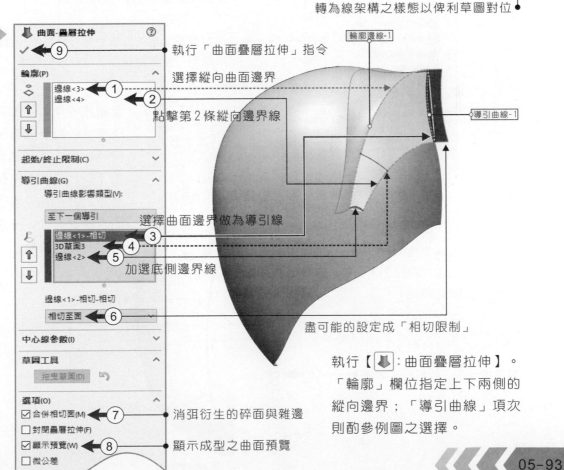

STEP 11

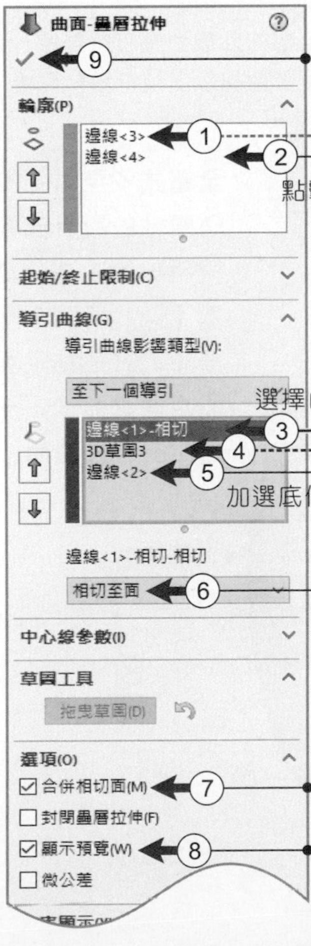
曲面-疊層拉伸
輪廓(P)
邊線<3>
邊線<4>
起始/終止限制(C)
導引曲線(G)
導引曲線影響類型(V):
至下一個導引
邊線<1>-相切
3D草圖3
邊線<2>
邊線<1>-相切-相切
相切至面
中心線參數(I)
草圖工具
拖曳草圖(D)
選項(O)
合併相切面(M)
封閉疊層拉伸(F)
顯示預覽(W)
微公差
9
1
2
3
4
5
6
7
8
執行「曲面疊層拉伸」指令
選擇縱向曲面邊界
點擊第 2 條縱向邊界線
選擇曲面邊界做為導引線
加選底側邊界線
盡可能的設定成「相切限制」
消弭衍生的碎面與雜邊
顯示成型之曲面預覽

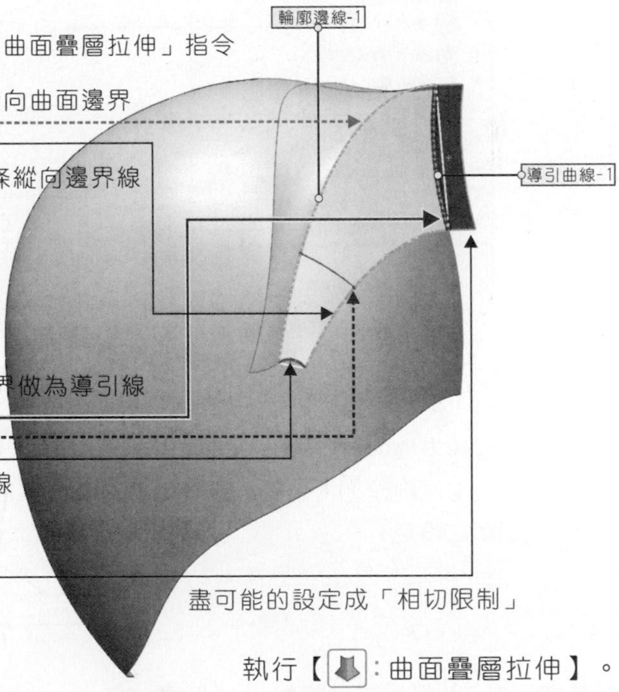
輪廓邊線-1
導引曲線-1

執行【曲面疊層拉伸】。「輪廓」欄位指定上下兩側的縱向邊界；「導引曲線」項次則酌參例圖之選擇。

STEP 12

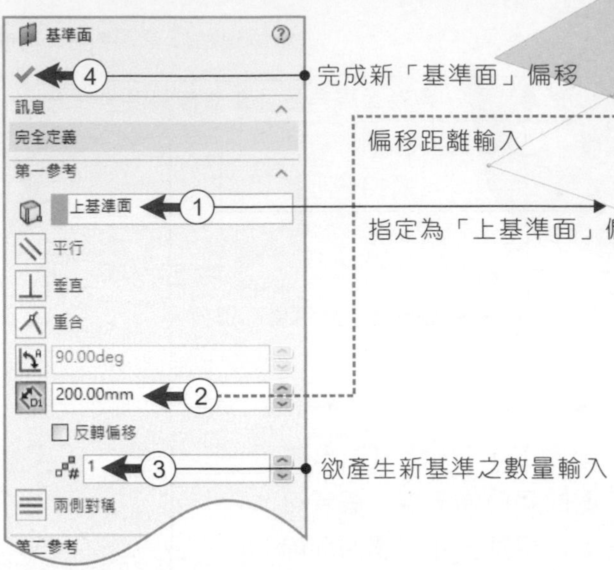
基準面
訊息
完全定義
第一參考
上基準面
平行
垂直
重合
90.00deg
200.00mm
反轉偏移
1
兩側對稱
第二參考
完成新「基準面」偏移
偏移距離輸入
指定為「上基準面」偏移
欲產生新基準之數量輸入

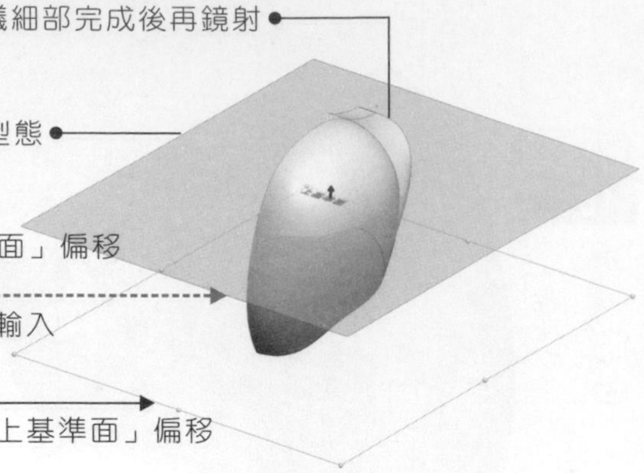
安全帽本體建議細部完成後再鏡射
新生成之「基準面」呈現藍色型態

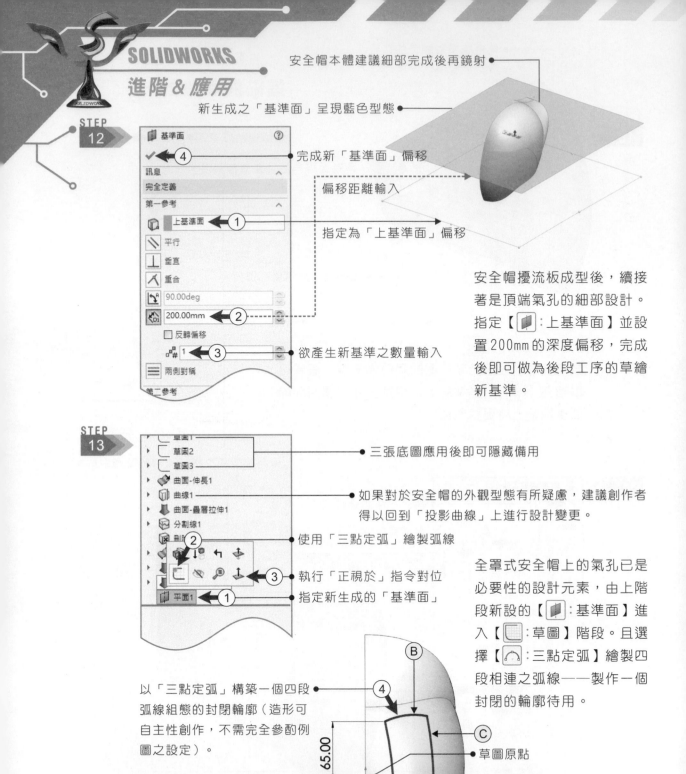

安全帽擾流板成型後，續接著是頂端氣孔的細部設計。指定【▯：上基準面】並設置200mm的深度偏移，完成後即可做為後段工序的草繪新基準。

STEP 13

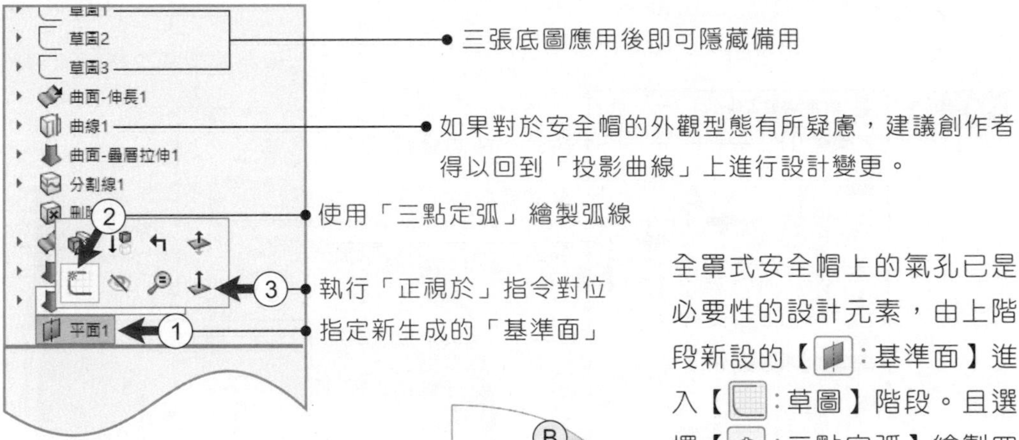
草圖2
草圖3
曲面-伸長1
曲線1
曲面-疊層拉伸1
分割線1
平面1
三張底圖應用後即可隱藏備用
如果對於安全帽的外觀型態有所疑慮，建議創作者得以回到「投影曲線」上進行設計變更。
使用「三點定弧」繪製弧線
執行「正視於」指令對位
指定新生成的「基準面」

全罩式安全帽上的氣孔已是必要性的設計元素，由上階段新設的【▯：基準面】進入【▯：草圖】階段。且選擇【▯：三點定弧】繪製四段相連之弧線——製作一個封閉的輪廓待用。

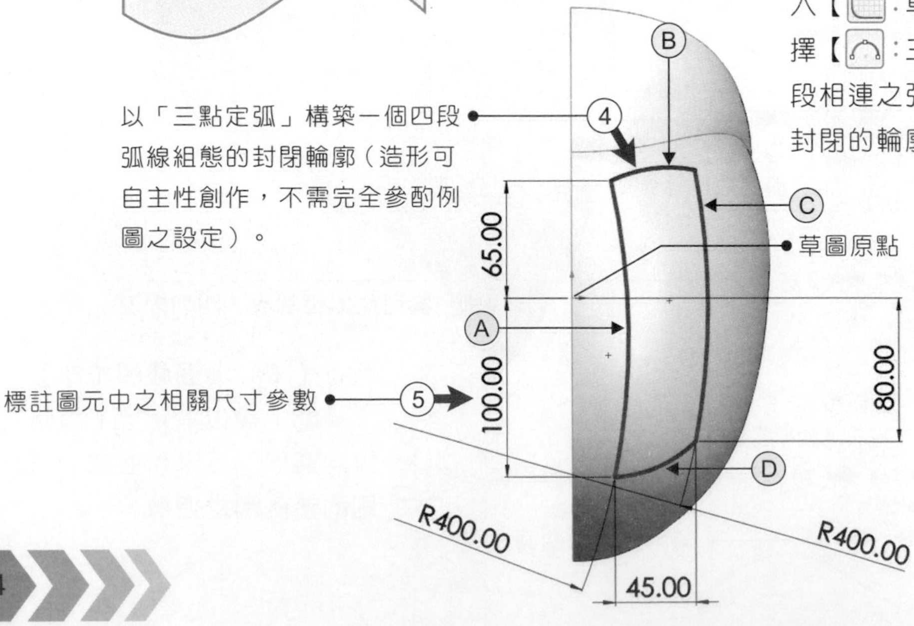
以「三點定弧」構築一個四段弧線組態的封閉輪廓（造形可自主性創作，不需完全參酌例圖之設定）。
草圖原點
標註圖元中之相關尺寸參數
65.00
100.00
80.00
R400.00
R400.00
45.00

STEP 14

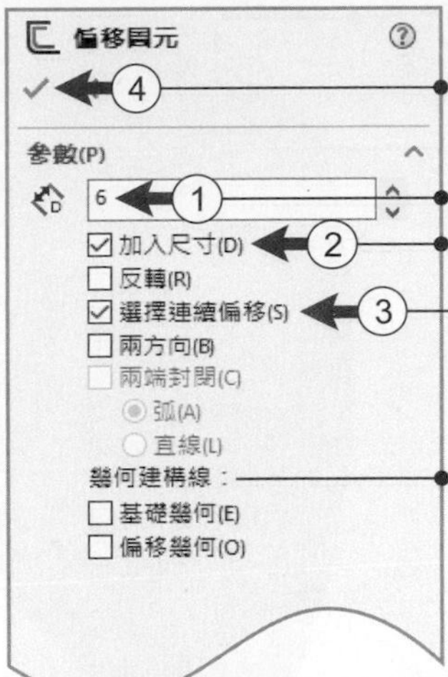

④ 完成封閉之圖元偏移

① 偏移距離概略輸入即可

② 加入參數以俾利後段程序修改

③ 相連之邊線一併向外偏移與複製

以參考線型態偏移與複製

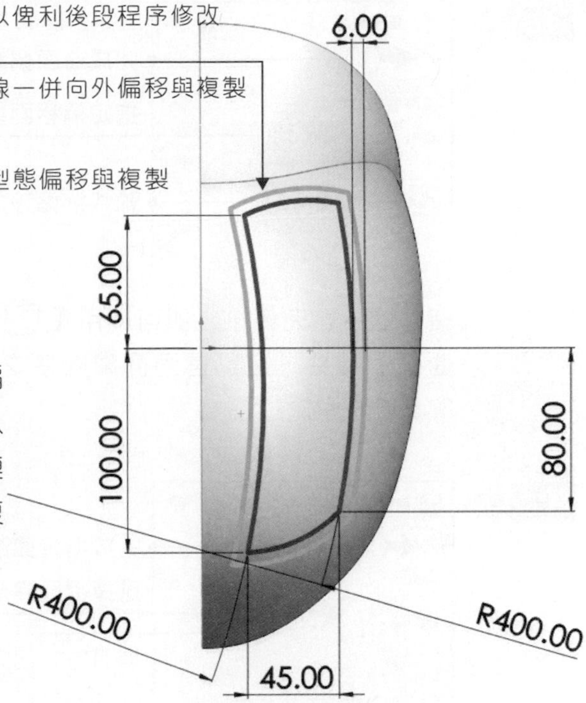

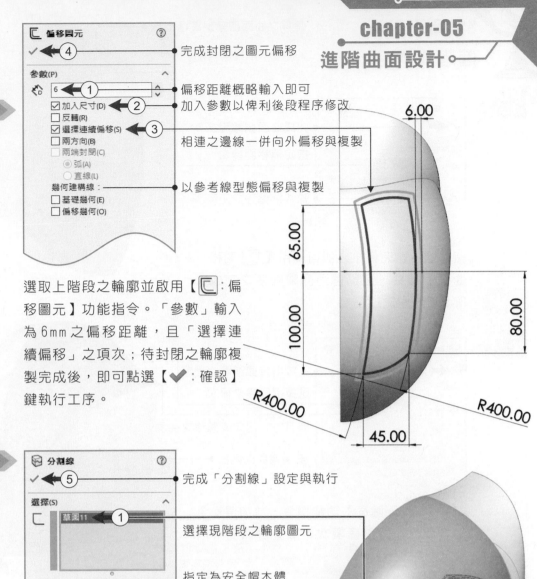

選取上階段之輪廓並啟用【：偏移圖元】功能指令。「參數」輸入為6mm之偏移距離，且「選擇連續偏移」之項次；待封閉之輪廓複製完成後，即可點選【✔：確認】鍵執行工序。

STEP 15

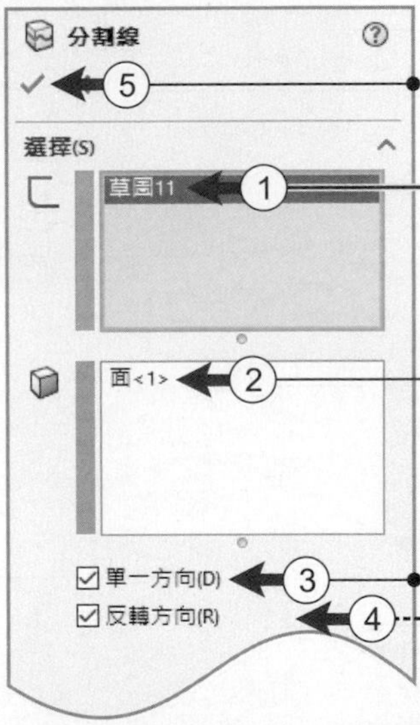

⑤ 完成「分割線」設定與執行

① 選擇現階段之輪廓圖元

② 指定為安全帽本體

③ 設置成單方向分割

④ 成型方位變更為向上執行

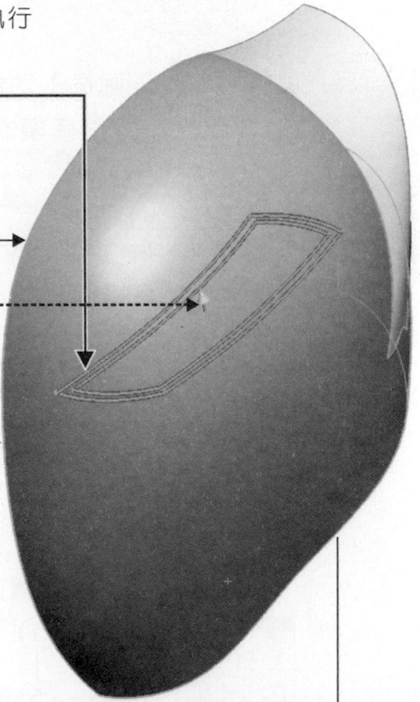

啟用【：分割線】功能特徵。「選擇」項次指定為現階段之草繪輪廓；至於作用面則以【：選取工具】點擊安全帽主體，並【✔：確定選項】。如果使用者在後段程序中欲變更其邊界輪廓，即於「特徵管理員」之對應工序進入設計變更之流程。

指定之分割面即呈現藍色樣態

STEP 16

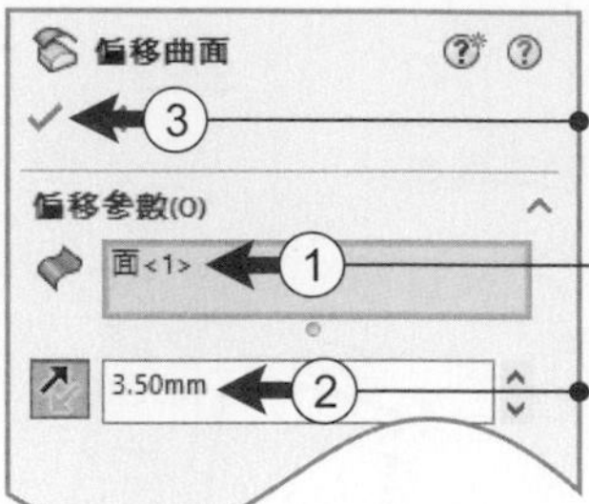
偏移曲面
偏移參數(O)
面<1>
3.50mm

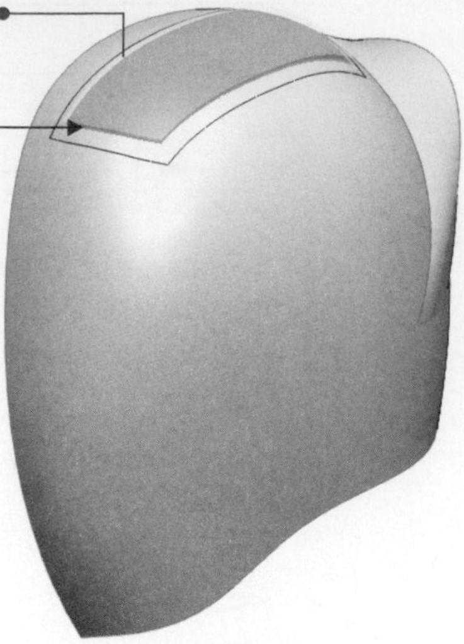

偏移之曲面即呈現黃色型態
③ 完成曲面偏移程序
① 指定偏移面項次
② 輸入欲偏移之距離

待本體分割完備後，即可啟用【偏移曲面】指令，且點選內部輪廓使之完成3.5mm左右之位移。

續接畫面

STEP 17

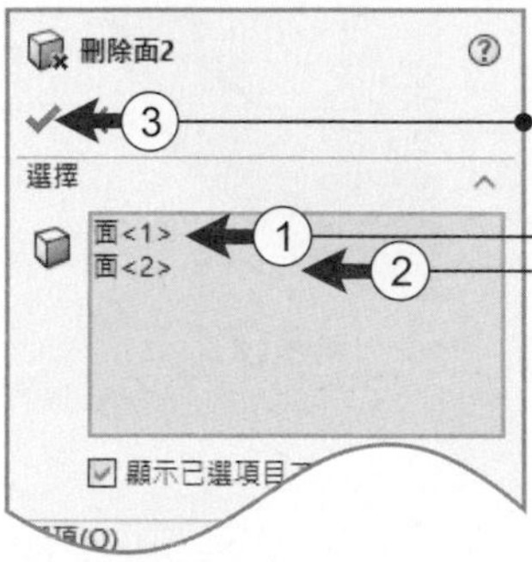
刪除面2
選擇
面<1>
面<2>
顯示已選項目

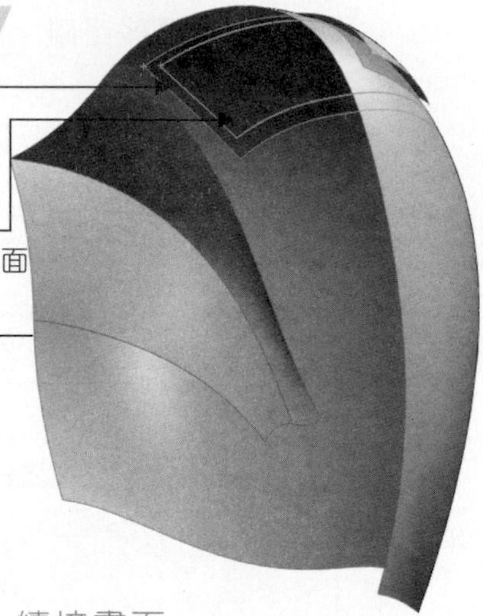

③ 完成指定面刪除之程序
①② 選擇欲刪除之項次
消弭方才已完成偏移之曲面
安全帽曲面內部

執行【刪除面】功能指令，並加選安全帽本體內部的兩個項次，讓上側氣孔得以暫且留白。

續接畫面

STEP 18

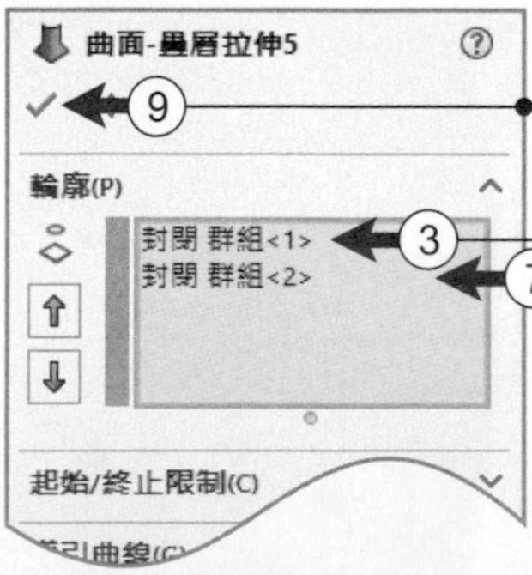
曲面-疊層拉伸5
輪廓(P)
封閉 群組<1>
封閉 群組<2>
起始/終止限制(C)

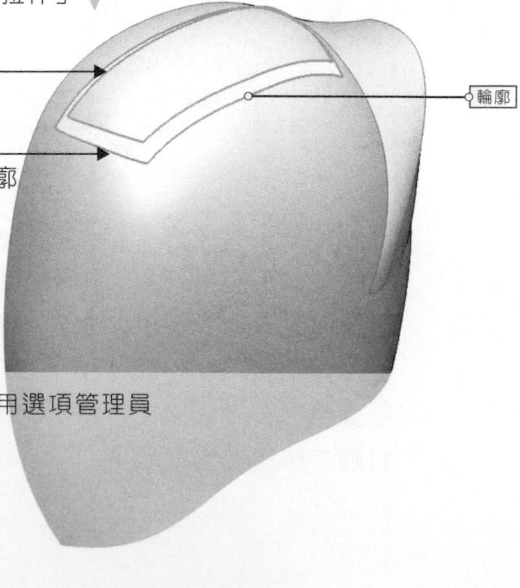
輪廓

⑨ 完成「曲面疊層拉伸」
③ 選取 4 條邊界線
⑦ 指定 4 處邊界輪廓

④—⑧ 確認重複選取之項次
①—⑤ 以「右鍵」啟用選項管理員
②—⑥ 啟用群組選取模式

STEP 19

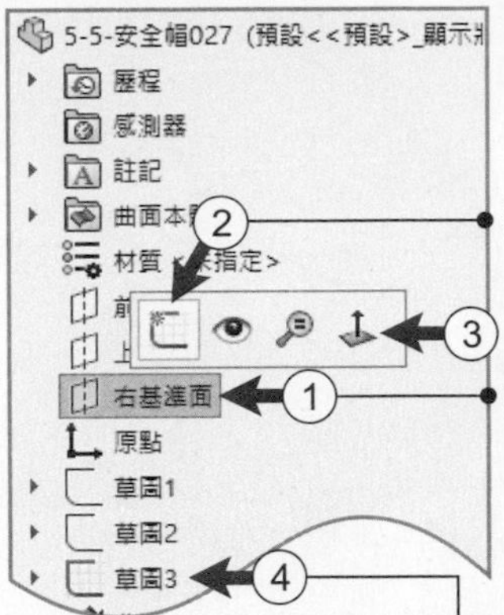
5-5-安全帽027 (預設<<預設>_顯示
歷程
感測器
註記
曲面本
材質 <未指定>
右基準面
原點
草圖1
草圖2
草圖3
① 選擇作用「基準面」
② 進入「草圖」階段並依循底圖來描繪輪廓變界
③ 對位所指定之草繪紙張
④ 顯示右側視角之底圖

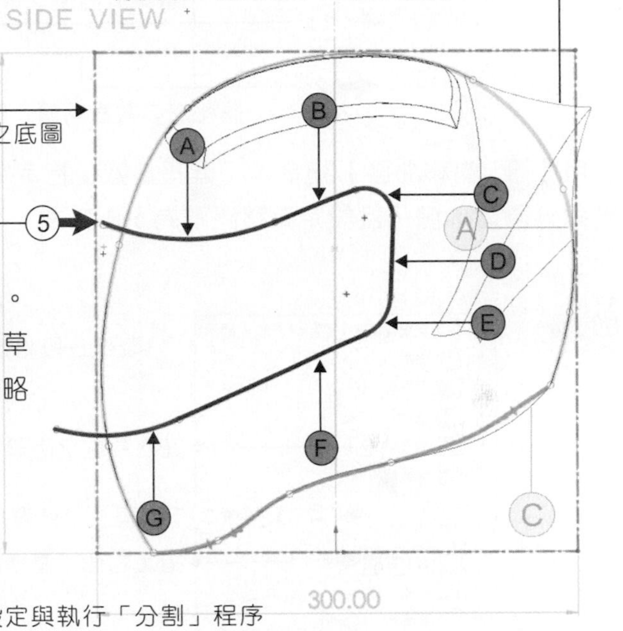

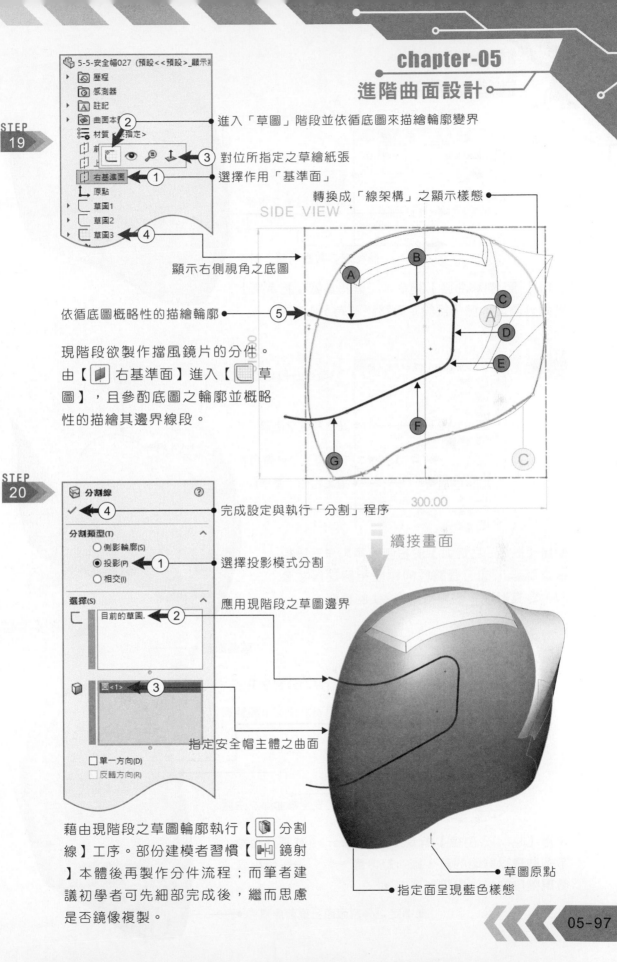

現階段欲製作擋風鏡片的分件。由【右基準面】進入【草圖】，且參酌底圖之輪廓並概略性的描繪其邊界線段。

STEP 20

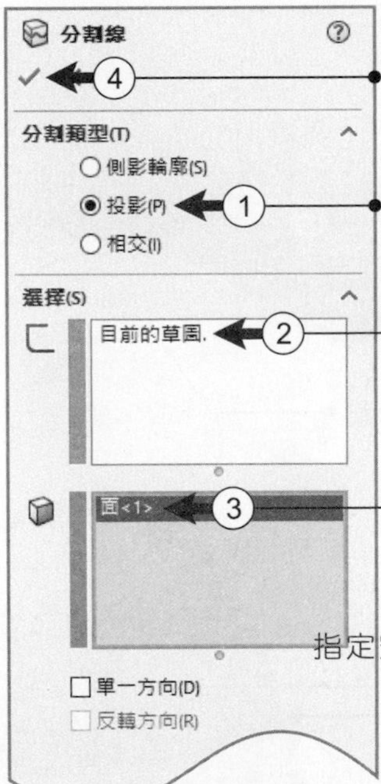
分割線
分割類型(T)
側影輪廓(S)
投影(P)
相交(I)
選擇(S)
目前的草圖.
面<1>
單一方向(D)
反轉方向(R)
① 選擇投影模式分割
② 應用現階段之草圖邊界
③ 指定安全帽主體之曲面
④ 完成設定與執行「分割」程序

續接畫面

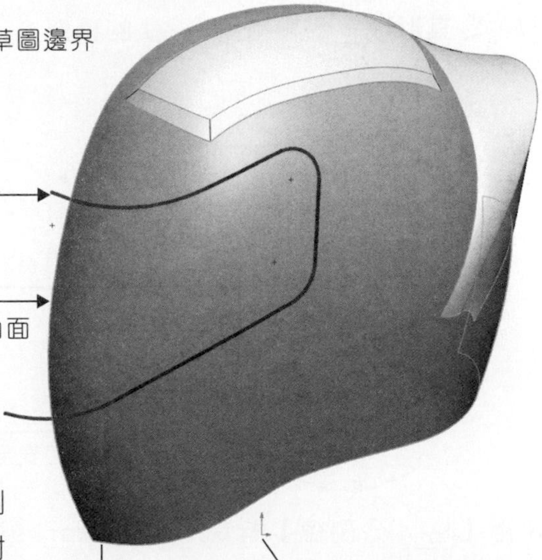
草圖原點
指定面呈現藍色樣態

藉由現階段之草圖輪廓執行【分割線】工序。部份建模者習慣【鏡射】本體後再製作分件流程；而筆者建議初學者可先細部完成後，繼而思慮是否鏡像複製。

STEP 21

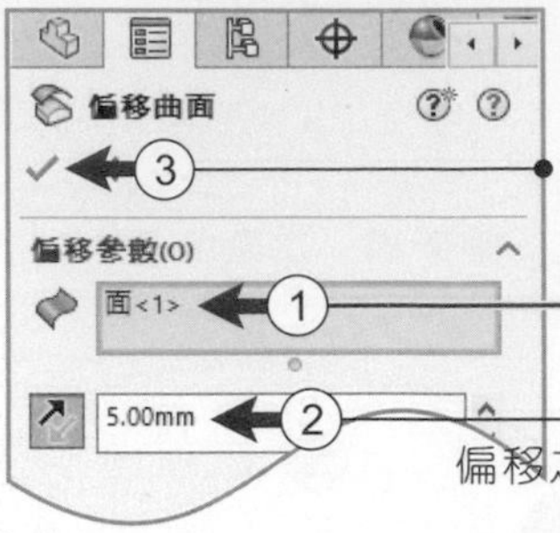

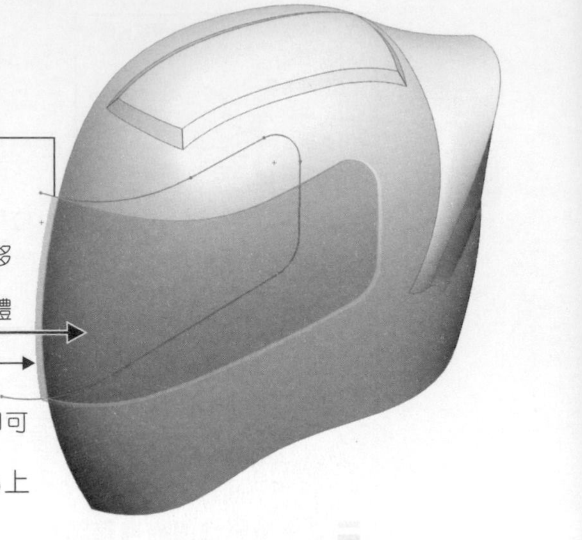

啟用【:偏移曲面】指令。「偏移參數」指定為上階段分割之本體，且設定偏移距離為5mm左右。

續接畫面

STEP 22

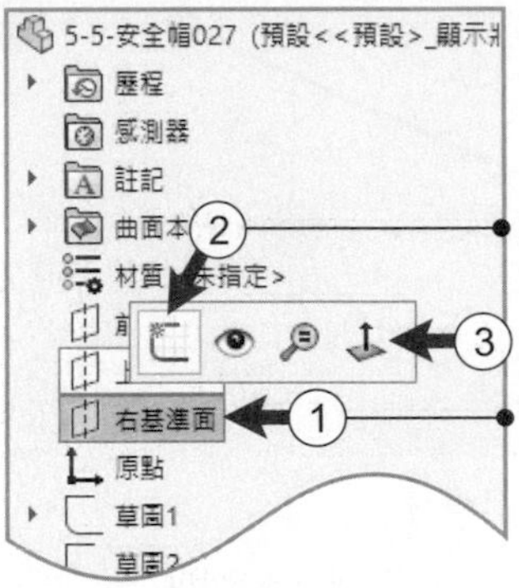

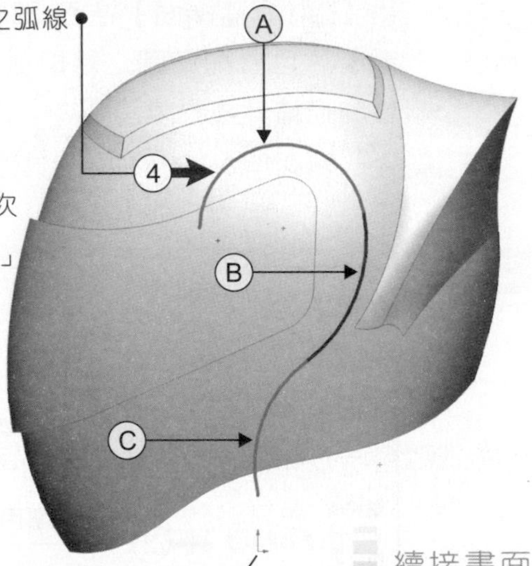

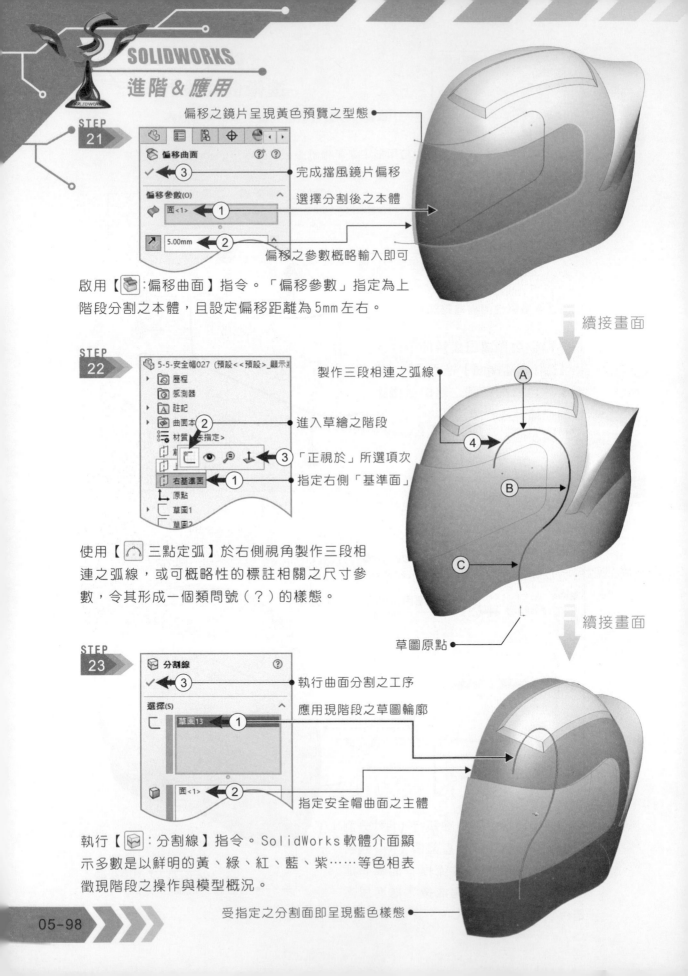

使用【 三點定弧】於右側視角製作三段相連之弧線，或可概略性的標註相關之尺寸參數，令其形成一個類問號（？）的樣態。

續接畫面

STEP 23

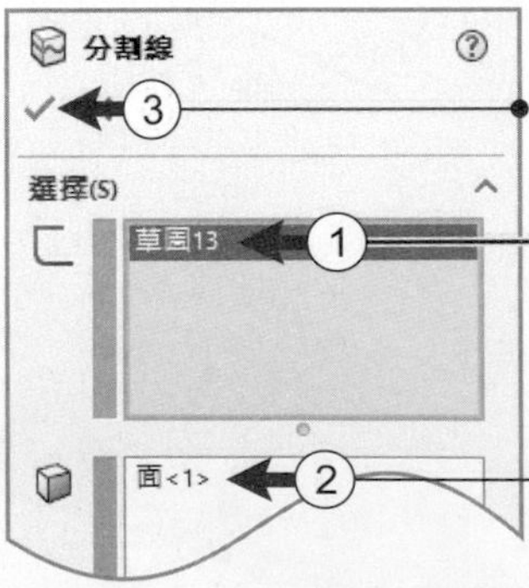

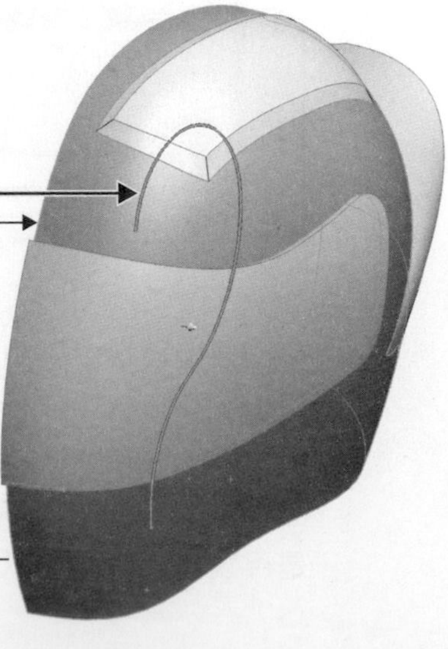

執行【:分割線】指令。SolidWorks軟體介面顯示多數是以鮮明的黃、綠、紅、藍、紫……等色相表徵現階段之操作與模型概況。

STEP 24

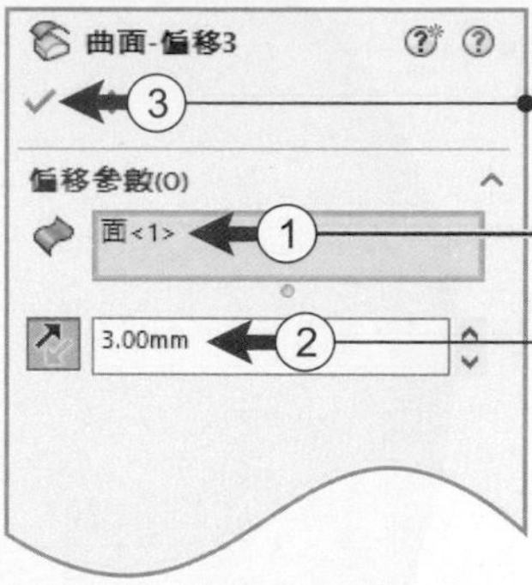
曲面-偏移3
偏移參數(O)
面<1>
3.00mm
完成曲面偏移之設定
選擇上一步驟分割之曲面本體
設定偏移之深度尺寸

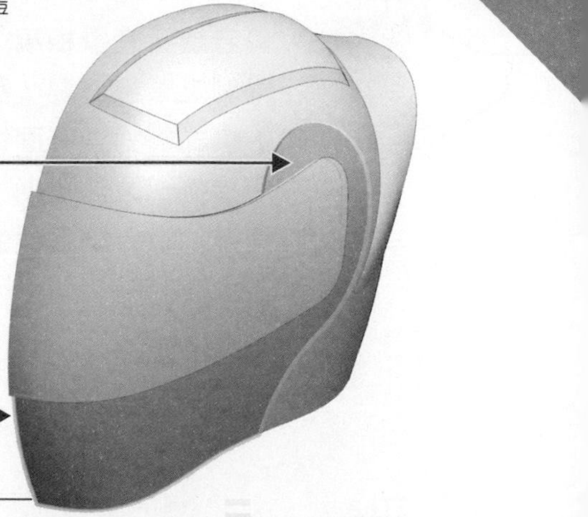
新增之偏移面即呈現黃色預覽

啟用【 :偏移曲面】功能指令。「偏移參數」指定面為上階段分合的本體，並設定其位移深度為 3mm 之距離。

續接畫面

STEP 25

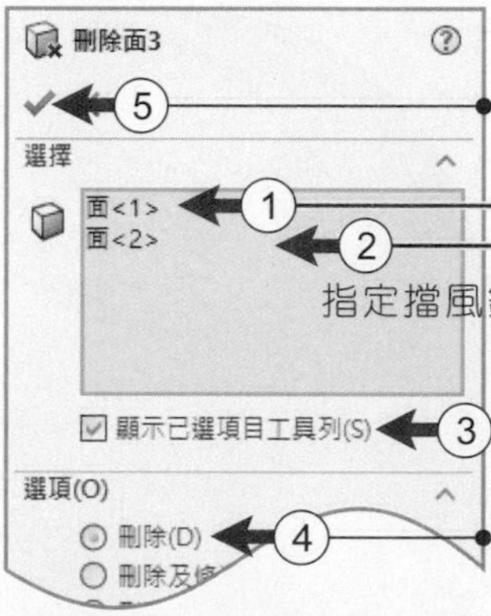
刪除面3
選擇
面<1>
面<2>
顯示已選項目工具列(S)
選項(O)
刪除(D)
執行選取面消弭之程序
選擇對應之內部曲面之本體
指定擋風鏡片偏移前之曲面
維持預設之選項
直接刪除已選取之項次

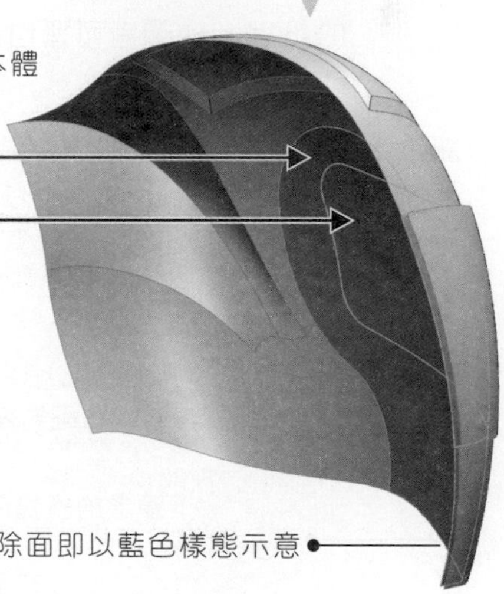
指定刪除面即以藍色樣態示意

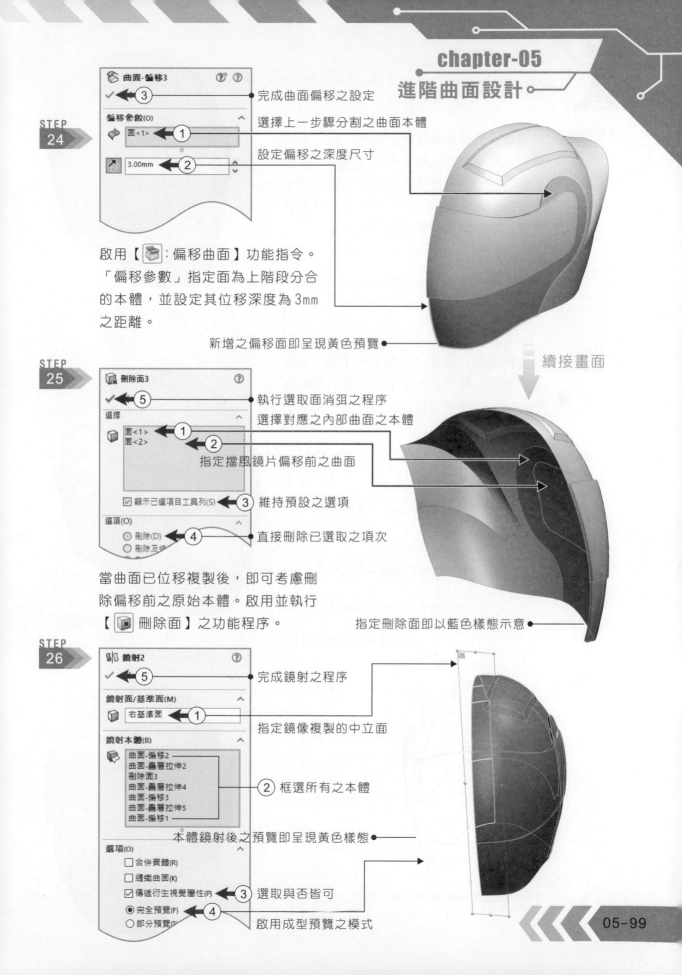

當曲面已位移複製後，即可考慮刪除偏移前之原始本體。啟用並執行【 刪除面】之功能程序。

STEP 26

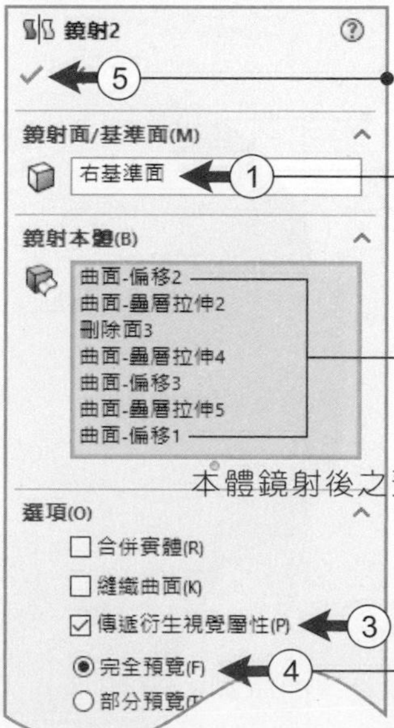
鏡射2
鏡射面/基準面(M)
右基準面
鏡射本體(B)
曲面-偏移2
曲面-疊層拉伸2
刪除面3
曲面-疊層拉伸4
曲面-偏移3
曲面-疊層拉伸5
曲面-偏移1
選項(O)
合併實體(R)
縫織曲面(K)
傳遞衍生視覺屬性(P)
完全預覽(F)
部分預覽
完成鏡射之程序
指定鏡像複製的中立面
框選所有之本體
本體鏡射後之預覽即呈現黃色樣態
選取與否皆可
啟用成型預覽之模式

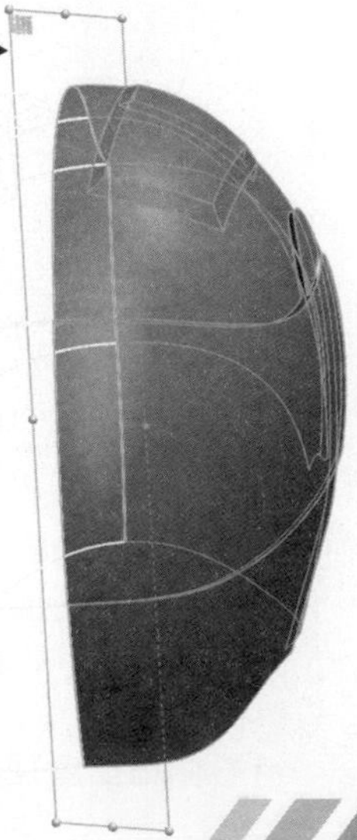

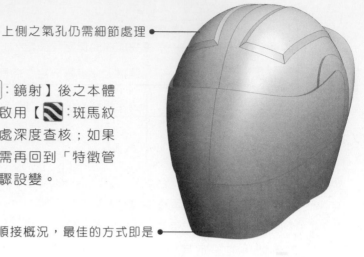

STEP 27

倘若繪圖者欲檢視【:鏡射】後之本體兩側之順接概況，即可啟用【:斑馬紋】模式針對中立面接合處深度查核；如果順接情況未如預期，則需再回到「特徵管理員」進行階段性的步驟設變。

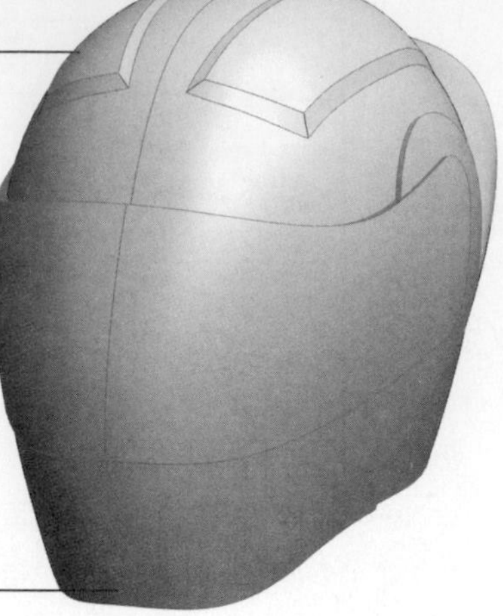
上側之氣孔仍需細節處理
欲檢視中立面兩側之曲面順接概況，最佳的方式即是啟用「斑馬紋」檢視。

續接畫面

STEP 28

現階段針對已分割之本體進行【:加厚】之程序。厚度的參數不需完全參照範例的設定，繪圖者可逕自改變其造型與細節處理的形式。

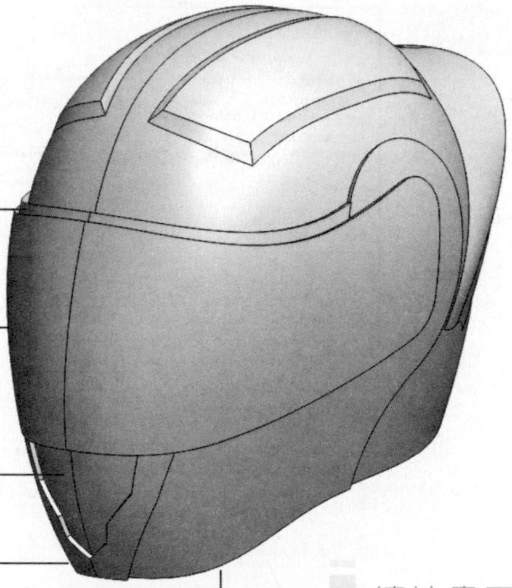
有關墊條之定義，需以不影響到擋風鏡片開闔為前提
擋風鏡片「加厚」之尺寸約為 3mm
安全帽下側之透氣孔可先往內偏移再生成厚度
下顎處的護擋厚度可設定在 5-6mm
安全帽兩側主體的厚度約 4mm 左右

續接畫面

STEP 29

「全罩式安全帽」之細節處理罄竹難書，於本範例中僅以主體成型之流程闡述，至於瑣碎之分件、內部防撞結構部份與外部水標貼紙……等項次，則不含括於本範例之教學範疇。建議繪圖者可實際拆解一頂安全帽，依循其內部各分件逐一的建模後再組立。

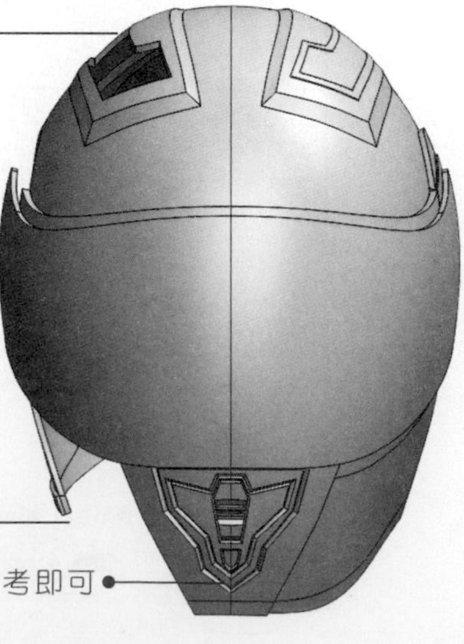
左側頂部之氣孔缺口，可由右側之零件鏡像複製
待右側細節處理完備後，再「鏡射」至左側之缺口
氣孔之細節設計概略參考即可

STEP 30

一頂安全帽開發之期程何止 1-2 個月，其中牽涉到的內部結構與安規制定，皆可能是上百個特徵與工序才足以全然表徵。範例中，僅就「全罩式安全帽」外部構件進行臨摹與製作。

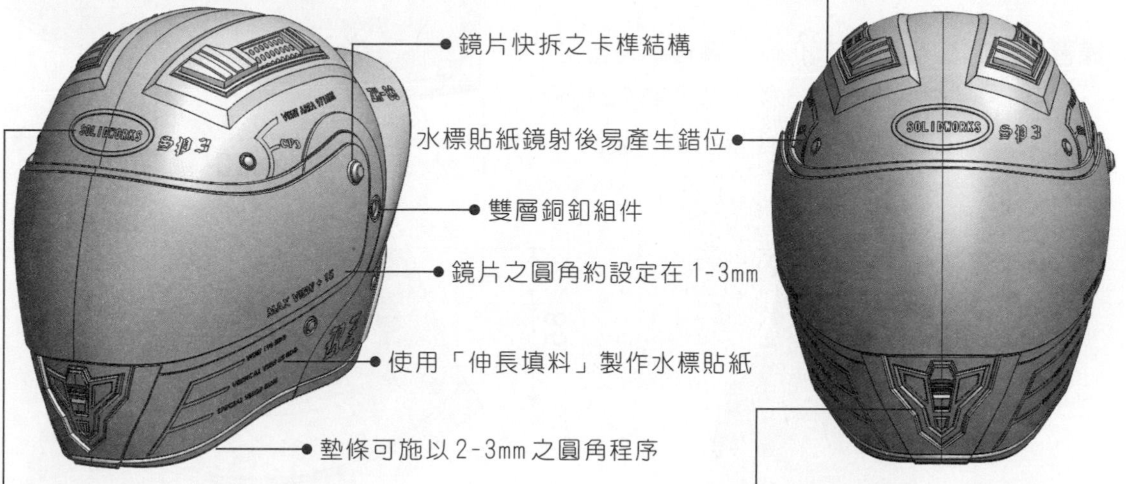
氣孔組件鏡射後之樣態
鏡片快拆之卡榫結構
水標貼紙鏡射後易產生錯位
雙層銅釦組件
鏡片之圓角約設定在 1-3mm
使用「伸長填料」製作水標貼紙
墊條可施以 2-3mm 之圓角程序
品牌之銘板可自行設計與「伸長填料」生成
頂端氣孔之結構概略表現即可

《安全帽不等角視圖》　《安全帽正視圖》

STEP 31

進入模型彩現程序：透過 Solidworks 之附加模組【 Photoview360 】編輯模型【 :外觀】與【 :全景】；「全罩式安全帽」之組件甚多，建議先以「零件」模式概觀上色，繼而再遴選「本體類型」個別貼附質材。下方為產品模型融合素色場景之渲染完成圖照。

《全罩式安全帽彩現完成圖》

5-6 重點習題

5-6.1 蒸汽熨斗

◎練習要點：實體高度 150mm；圓角半徑自訂
主體需左右分件；殼厚約 2-3mm
按鍵暨相關構件皆可自行設計

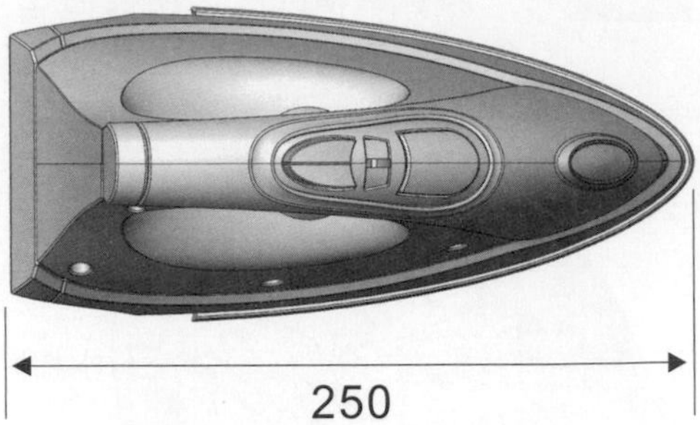

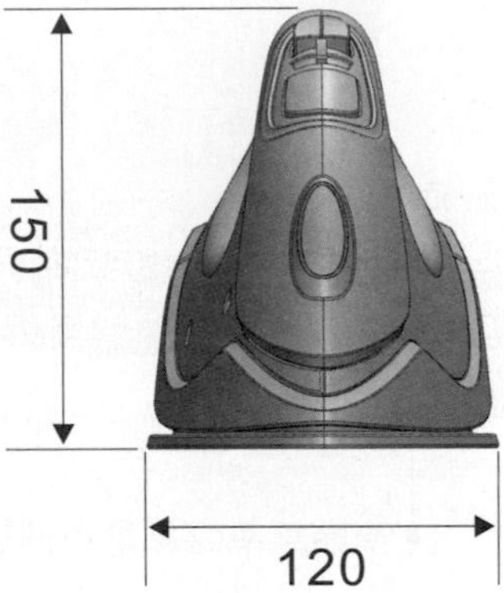

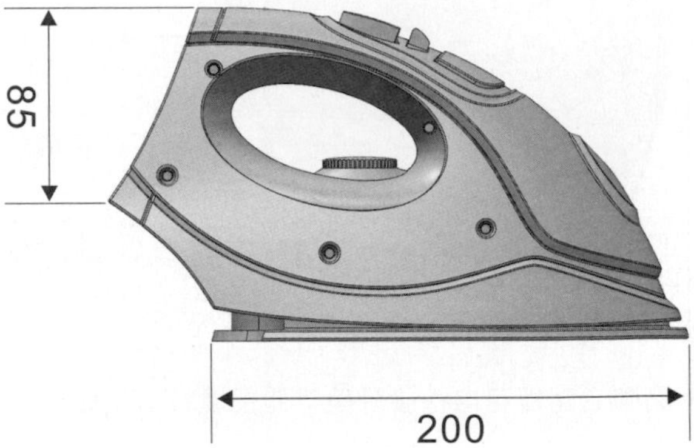

5-6.2 多機能電腦椅

◎練習要點：實體高度 125CM；圓角半徑自訂
部份組件可省略；殼厚 2-5mm
結構作動概可省略
尺寸單位：公分

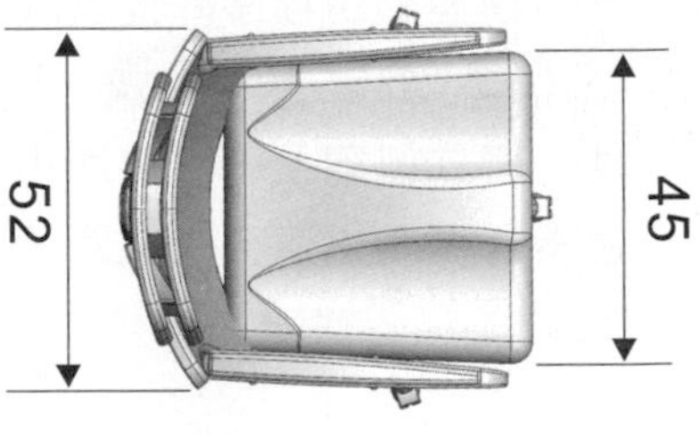

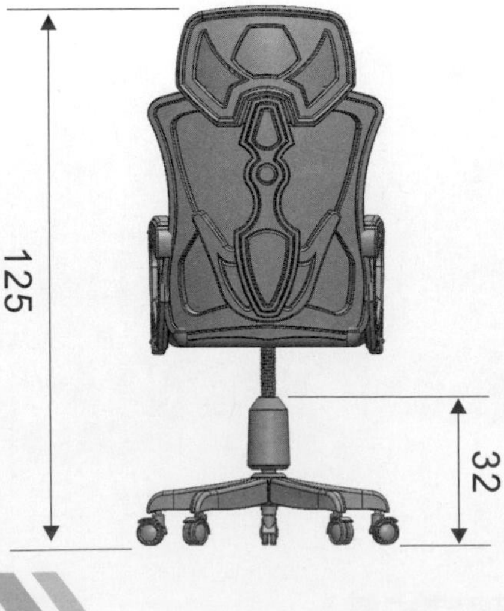

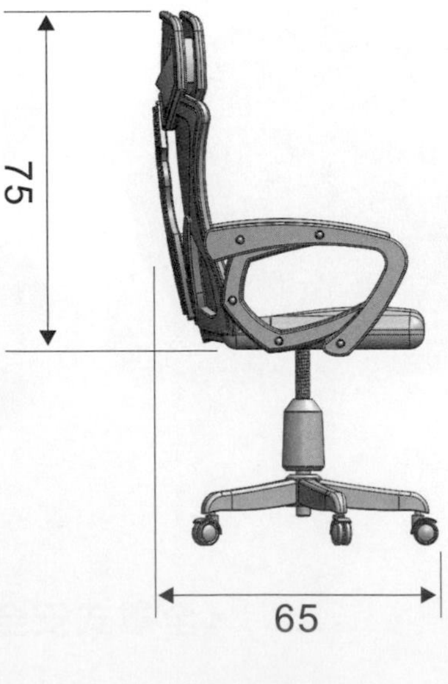

SOLIDWORKS

鈑金設計
The sheet metal design

06

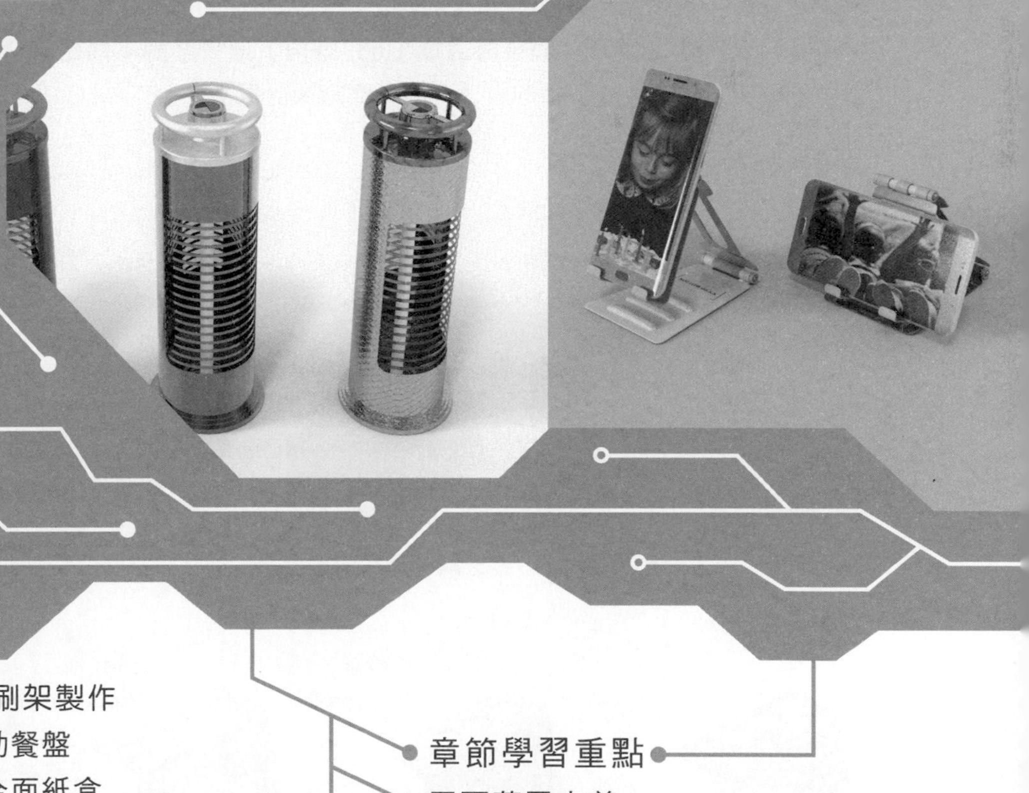

6-1 牙刷架製作
6-2 自助餐盤
6-3 鈑金面紙盒
6-4 鈑金燈具
6-5 折疊式手機架
6-6 電暖器設計

章節學習重點

- 平面草圖定義
- 基材凸緣暨轉換本體
- 草圖繪製彎折
- 段開角落指令設定
- 成形工具應用
- 組合件模組建置與限制
- 質材附貼暨彩現

6-1 牙刷架製作

⊙要點提醒 **本範例為綠色版參考教學檔--請學習者使用雲端連結並下載相關之附件**

本範例教學視訊檔案：SolidWorks/進階&應用/CH06目錄下/6-1 牙刷架.avi
本範例製作完成檔案：SolidWorks/進階&應用/CH06目錄下/6-1 牙刷架.SLDPRT

6-1.1 牙刷架鈑金

鈑金(亦可稱作板金)的加工是生活周遭用品常見之成型進程，諸如家具、數位產品、健身器材或交通工具……等皆有鈑金設計的工序。於本範例中藉由【:草圖繪製彎折】製作牙刷架之主體，續接著以【:伸長除料】消弭需掏空的局部，繼而執行【:鈑金連接板】彌補薄頁彎折處之應力，最後再選擇【:圓角】指令修飾本體邊界後即啟用彩現模組，並賦予牙刷架【:材質】暨執行【:最終影像計算】。

建模進程：

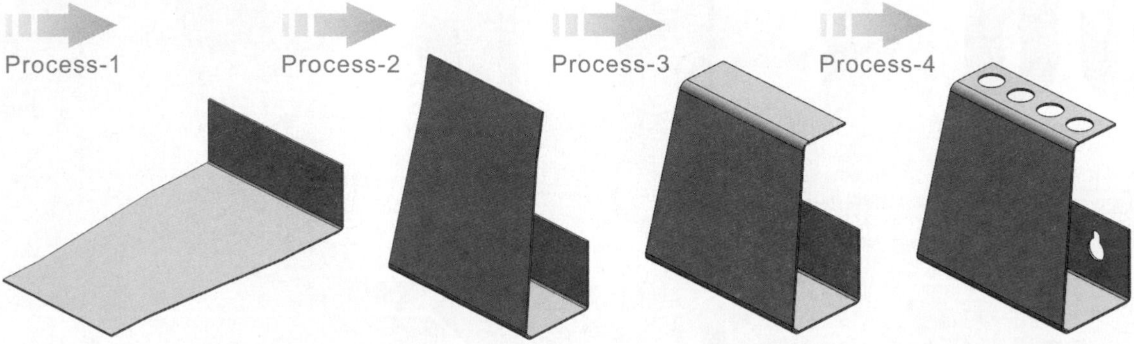

鈑金薄板生成及底座設定　牙刷架薄板頁彎折　完成彎折部份　掛孔暨頂側除料

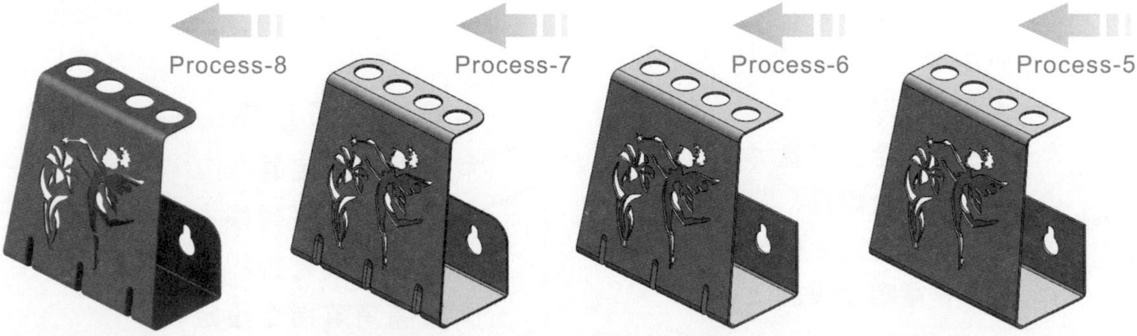

本體貼附材質與渲染　邊界圓角暨細部修飾　連接板製作與陣列成型　前向面板形態修飾

STEP 01

在SolidWorks中不論是鈑金、曲面或實體模組的運行，只要是「從無到有」的進程，皆可由【 ：零件】類型的檔案進入新創的頁面。

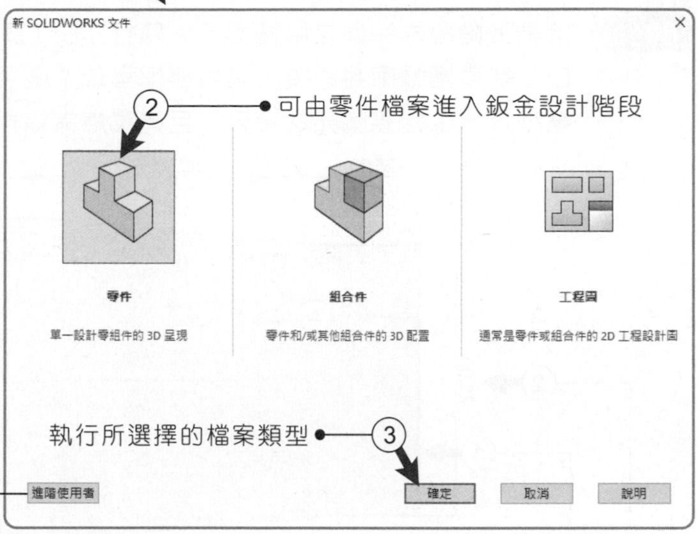

STEP 02

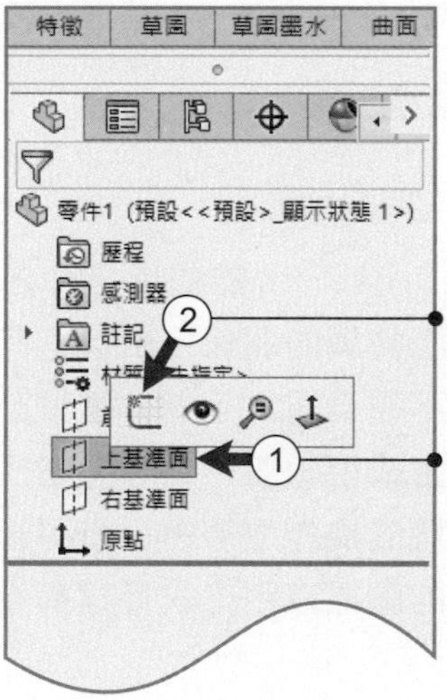

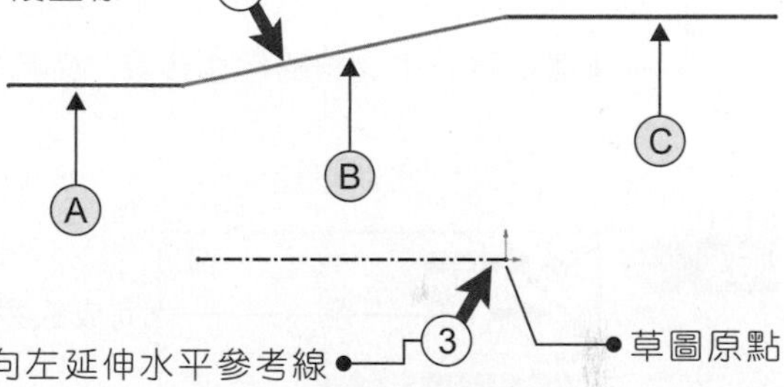

模型建構的第一個基準可自己擬定。於此範例中筆者選擇【 上基準面】進入【 草圖】，並以【 直線工具】放樣三線段。

STEP 03

以【 ：選取工具】框選參考線暨所有輪廓，且執行【 鏡射圖元】指令。在建模的進程中沒有必然之工序，部份的使用者習慣於完全定義後再鏡像複製。

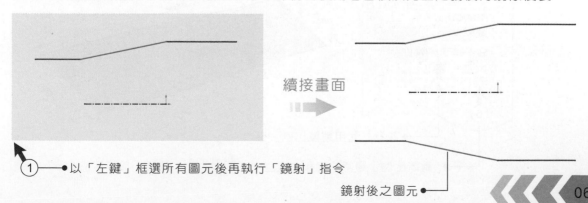

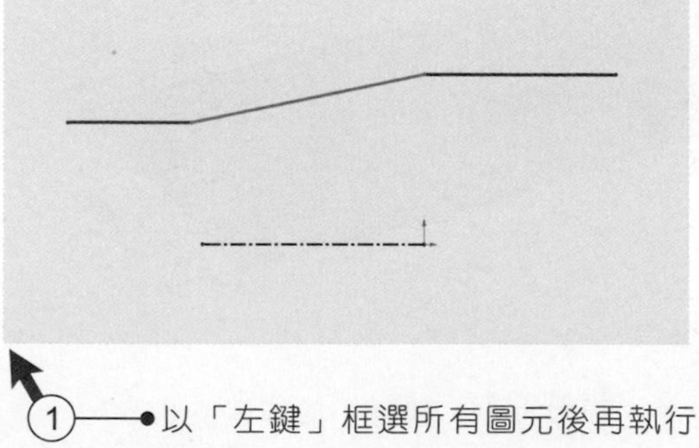

續接畫面

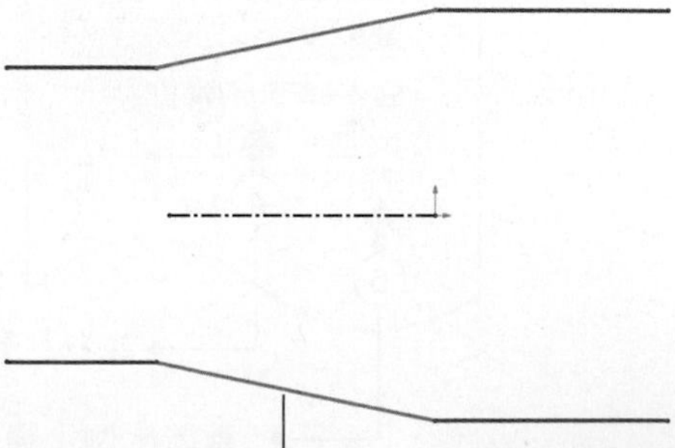

STEP 04

接續上階段未完備之草繪圖元。執行【 直線工具】且連接Ⓐ與Ⓑ兩處之缺口；待草圖輪廓封閉後，其內部即呈現「藍色」滿佈之形態。繼而使用【 ：智慧型尺寸】定義圖元之參數，且建議線端需與【 原點】產生對應之關聯。

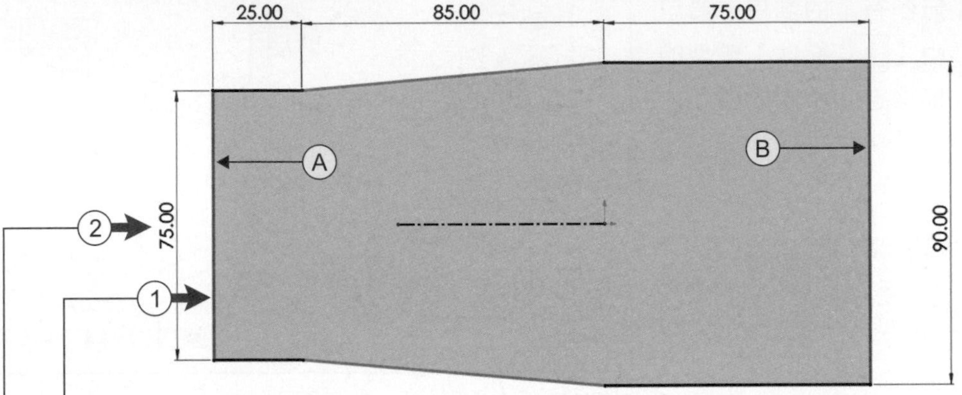

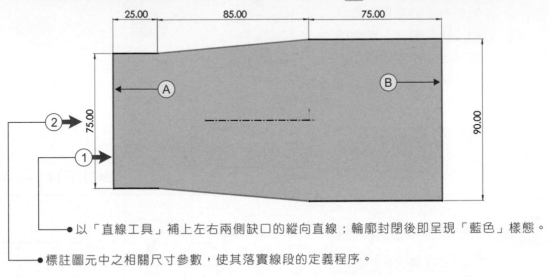

● 以「直線工具」補上左右兩側缺口的縱向直線；輪廓封閉後即呈現「藍色」樣態。

● 標註圖元中之相關尺寸參數，使其落實線段的定義程序。

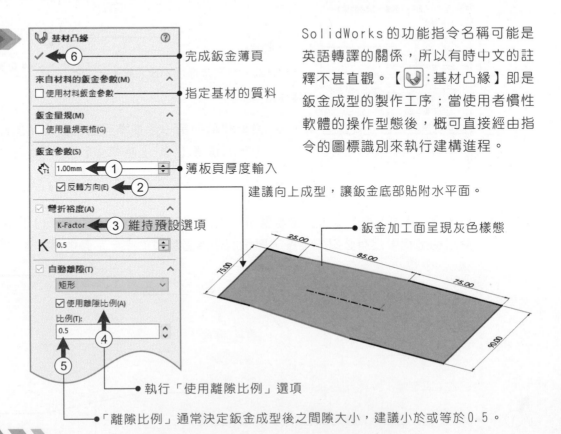

STEP 05

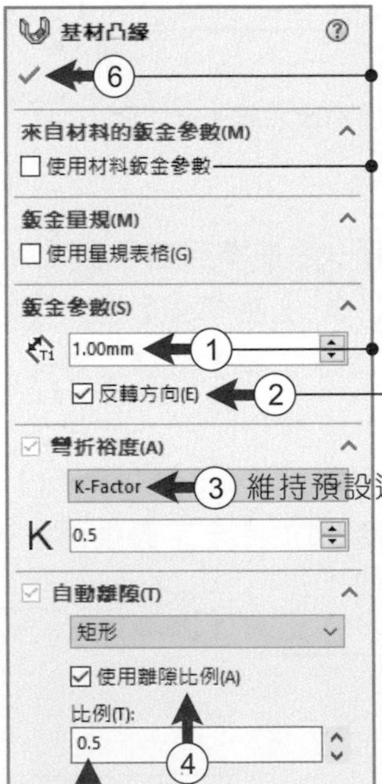

● 完成鈑金薄頁

● 指定基材的質料

● 薄板頁厚度輸入

建議向上成型，讓鈑金底部貼附水平面。

3 維持預設選項

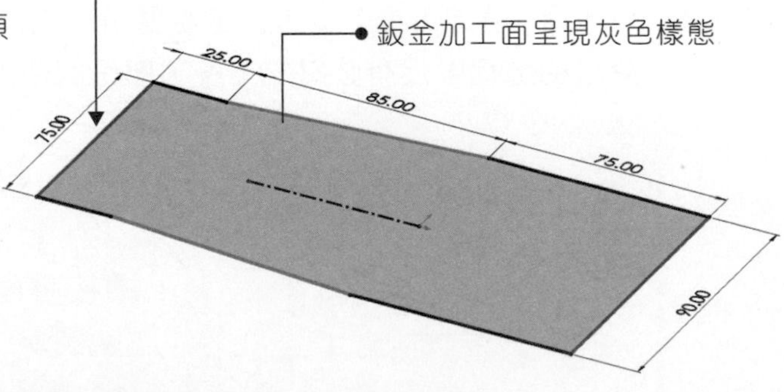

● 鈑金加工面呈現灰色樣態

● 執行「使用離隙比例」選項

●「離隙比例」通常決定鈑金成型後之間隙大小，建議小於或等於0.5。

SolidWorks的功能指令名稱可能是英語轉譯的關係，所以有時中文的註釋不甚直觀。【 ：基材凸緣】即是鈑金成型的製作工序；當使用者慣性軟體的操作型態後，概可直接經由指令的圖標識別來執行建構進程。

STEP 06

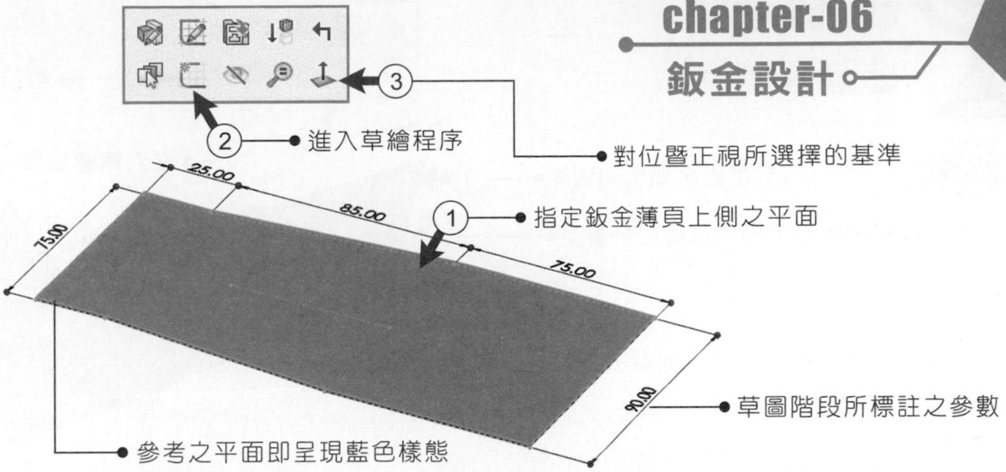

牙刷架在鈑金薄頁成型後，繼而著是使用【草圖繪製彎折】指令針對平直鈑金施行角度轉向的工序。以【：選取工具】點擊薄板上側之平面，且【：正視於】所指定的基準面。

STEP 07

於草繪視角轉正後，續接著啟用【：直線工具】，且於【：原點】右側製作一段貫穿鈑金平面的縱向線段（或線端落於上與下之邊界），再以【：智慧型尺寸】標註垂直線與右側邊界之間距為35mm。

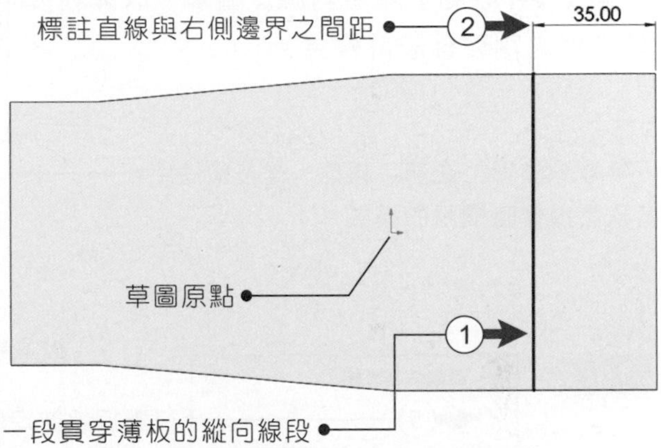
標註直線與右側邊界之間距
②
35.00
草圖原點
①
於「原點」右側繪製一段貫穿薄板的縱向線段

續接畫面

STEP 08

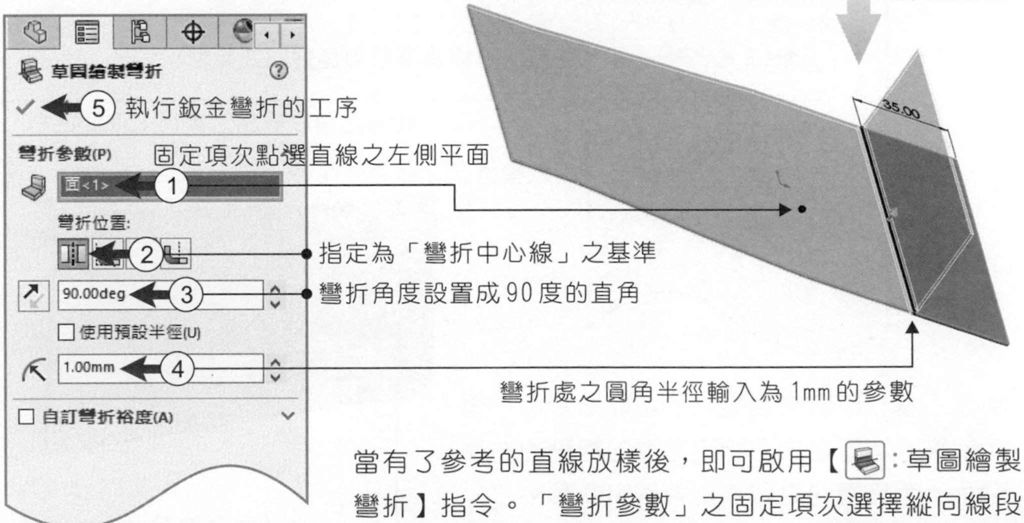
草圖繪製彎折
⑤
執行鈑金彎折的工序
彎折參數(P)
固定項次點選直線之左側平面
面<1>
①
彎折位置:
②
指定為「彎折中心線」之基準
90.00deg
③
彎折角度設置成90度的直角
使用預設半徑(U)
1.00mm
④
自訂彎折裕度(A)
35.00
彎折處之圓角半徑輸入為1mm的參數

當有了參考的直線放樣後，即可啟用【：草圖繪製彎折】指令。「彎折參數」之固定項次選擇縱向線段之左側平面，且設置成兩側對稱的【：彎折中心線】型態。

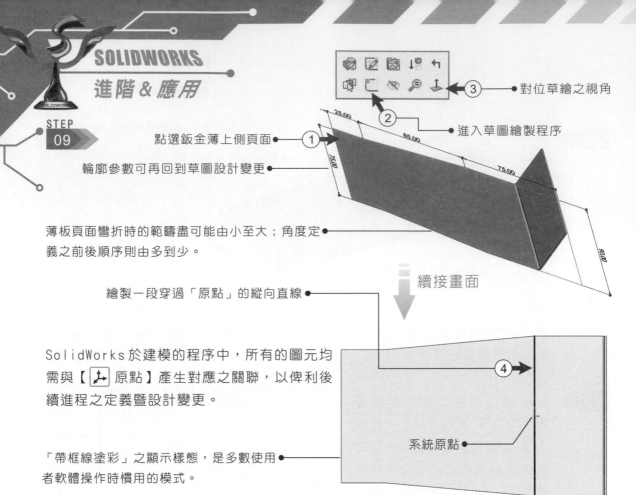

STEP 09

③ 對位草繪之視角

② 進入草圖繪製程序

點選鈑金薄上側頁面 ①

輪廓參數可再回到草圖設計變更

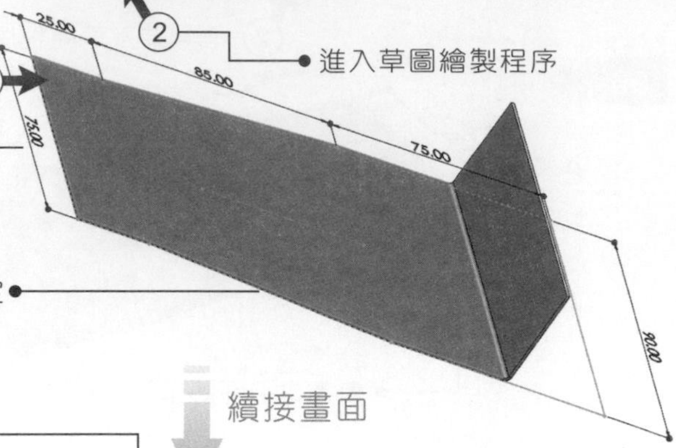

薄板頁面彎折時的範疇盡可能由小至大；角度定義之前後順序則由多到少。

續接畫面

繪製一段穿過「原點」的縱向直線 ④

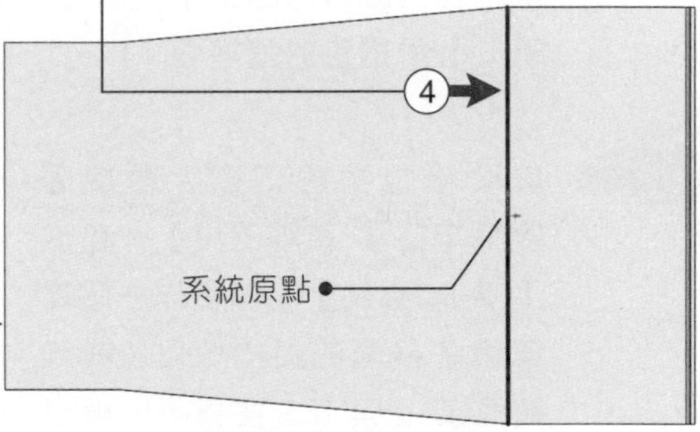

SolidWorks 於建模的程序中，所有的圖元均需與【原點】產生對應之關聯，以俾利後續進程之定義暨設計變更。

系統原點

「帶框線塗彩」之顯示樣態，是多數使用者軟體操作時慣用的模式。

STEP 10

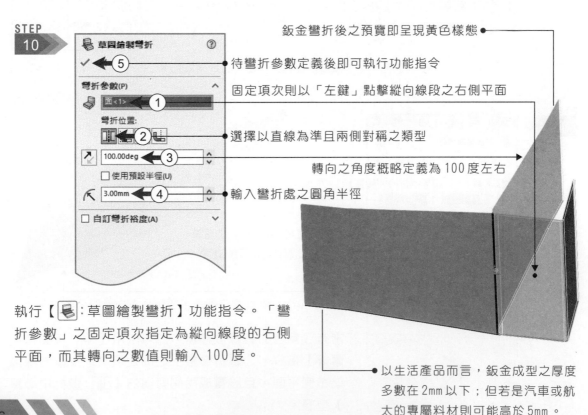

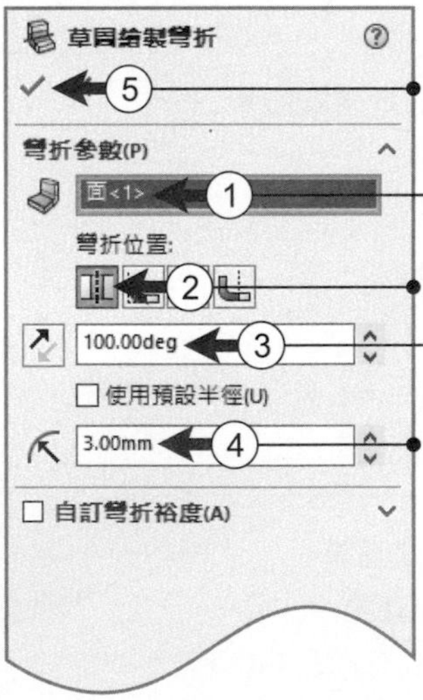

鈑金彎折後之預覽即呈現黃色樣態

⑤ 待彎折參數定義後即可執行功能指令

① 固定項次則以「左鍵」點擊縱向線段之右側平面

② 選擇以直線為準且兩側對稱之類型

③ 轉向之角度概略定義為 100 度左右

④ 輸入彎折處之圓角半徑

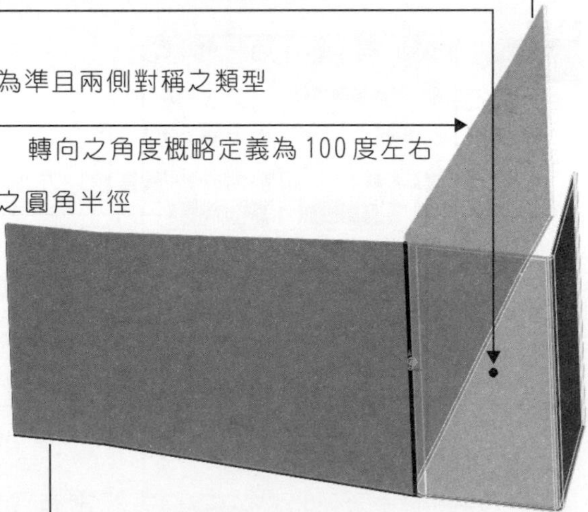

執行【:草圖繪製彎折】功能指令。「彎折參數」之固定項次指定為縱向線段的右側平面，而其轉向之數值則輸入 100 度。

以生活產品而言，鈑金成型之厚度多數在 2mm 以下；但若是汽車或航太的專屬料材則可能高於 5mm。

STEP 11

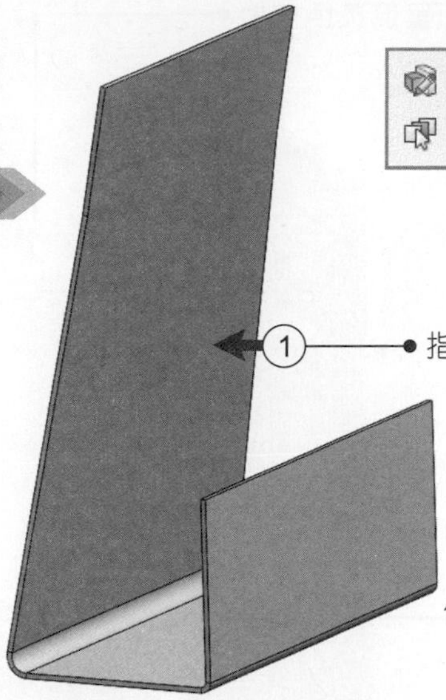

② 進入草圖繪製狀態

③ 對位與轉正繪圖之視角

① 指定平面作為草繪基準

續接畫面

作用面呈現藍色型態

系統原點

鈑金歷經數次的彎折加工後，常構成方位與定向的錯視以致後段工序貽誤，建議繪圖者可以參考【:座標系統】的方位指引，藉以釐清構件的視角。

目前的座標方位示意

STEP 12

於視角方位對正後，即啟用【 直線工具】繪製一段水平線貫穿鈑金左右之邊界；續接著執行【 智慧型尺寸】之功能指令，並標註水平線段與本體上側項次之間距為 25mm 左右。

彎折的參考線端可以超出本體或重合於邊界輪廓上

② 標註水平線與上側邊界之間距為 25mm

繪製一段水平線段貫穿鈑金本體

①

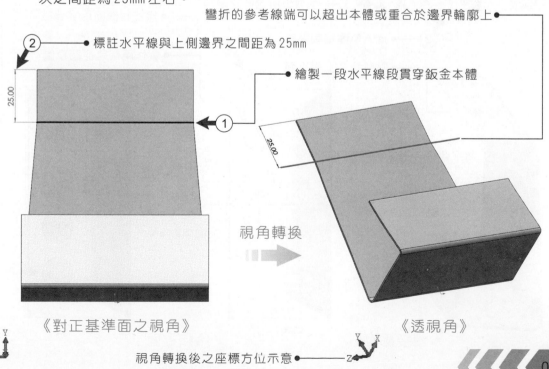

視角轉換

《對正基準面之視角》

《透視角》

視角轉換後之座標方位示意

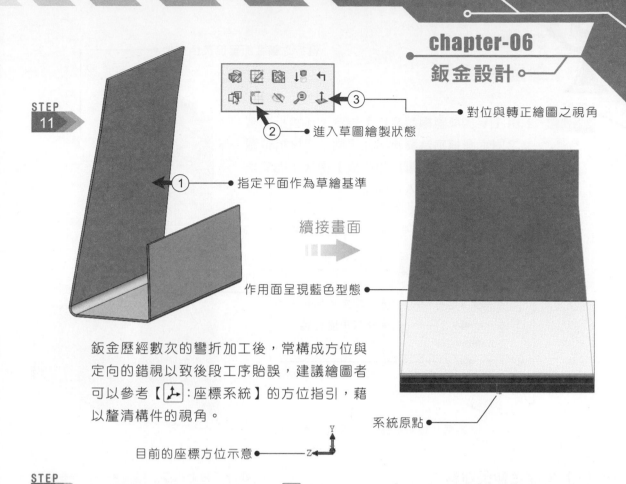

STEP 13

啟用【 :草圖繪製彎折】指令。「彎折參數」之固定面指定為實線下側平面；「彎折位置」則設置成【 :彎折中心線】項次；而於角度參數欄位裡即輸入80deg。

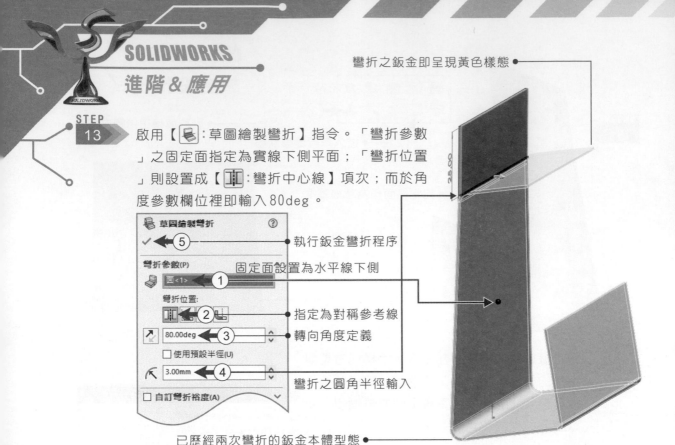

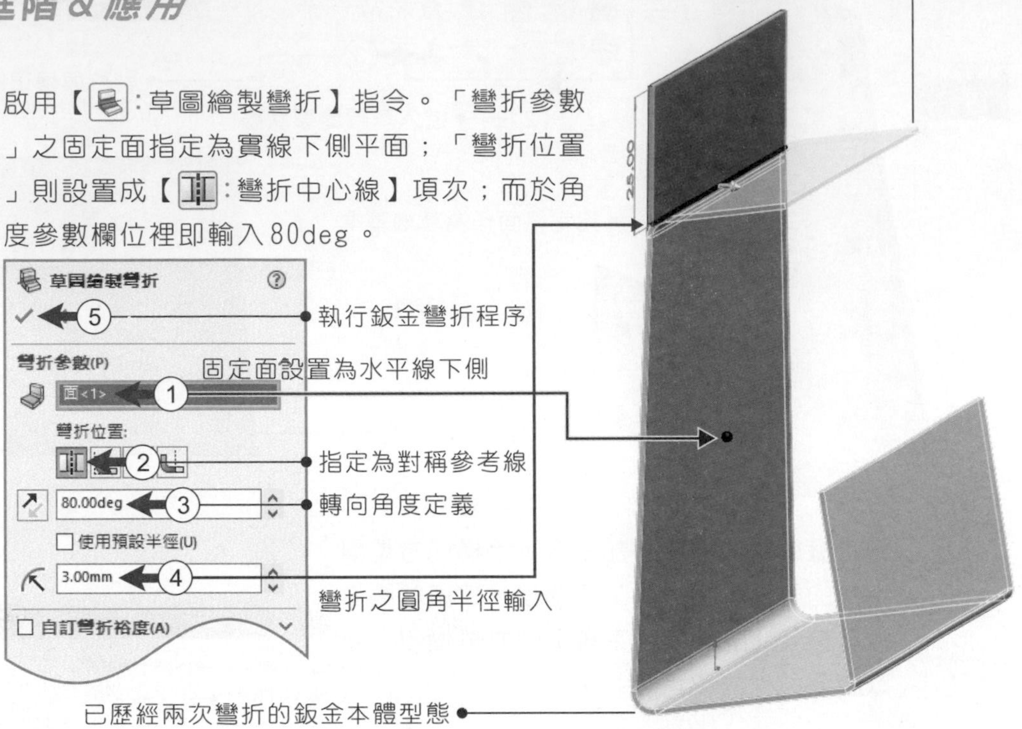

6-1.2 鈑金伸長除料

STEP 01

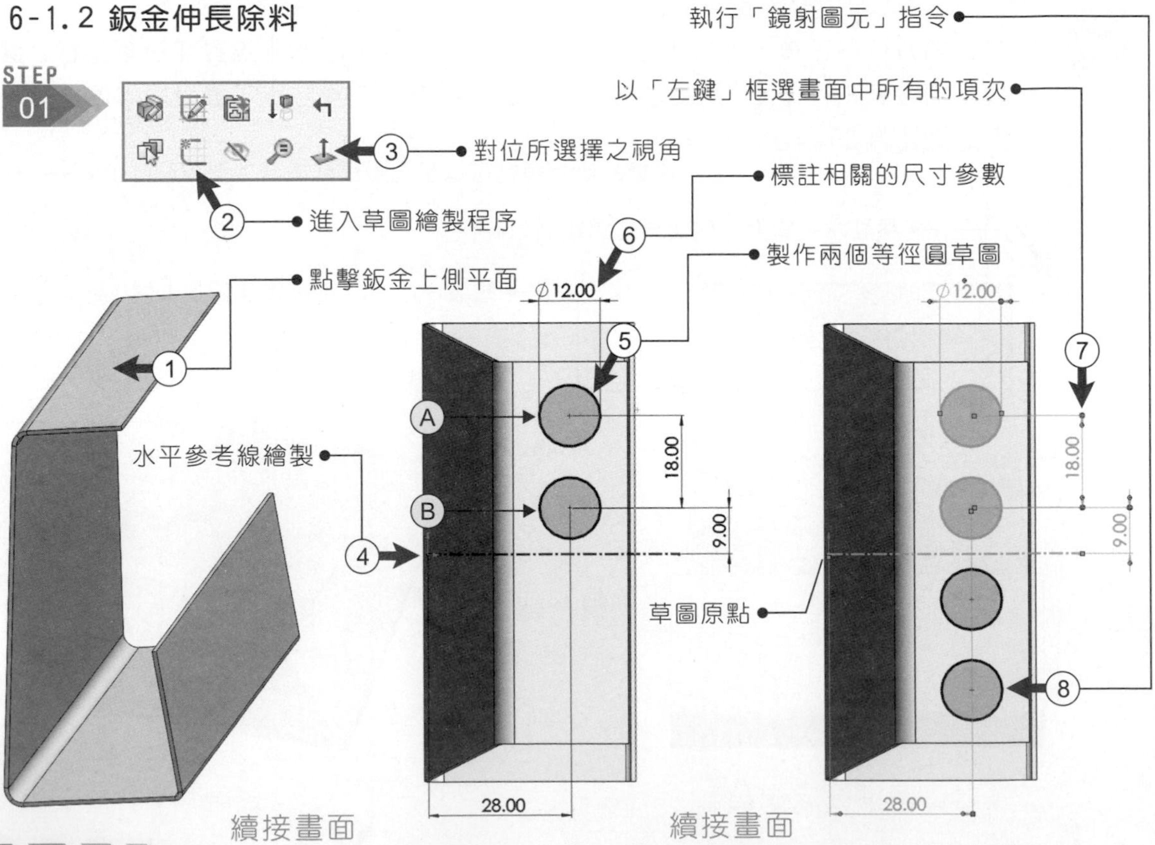

STEP 02

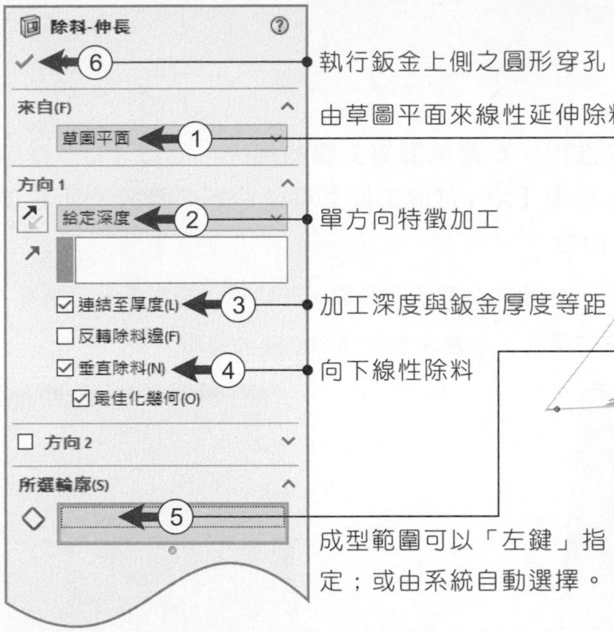
除料-伸長
來自(F)
草圖平面
方向 1
給定深度
連結至厚度(L)
反轉除料邊(F)
垂直除料(N)
最佳化幾何(O)
方向 2
所選輪廓(S)
執行鈑金上側之圓形穿孔
由草圖平面來線性延伸除料
單方向特徵加工
加工深度與鈑金厚度等距
向下線性除料
成型範圍可以「左鍵」指定；或由系統自動選擇。

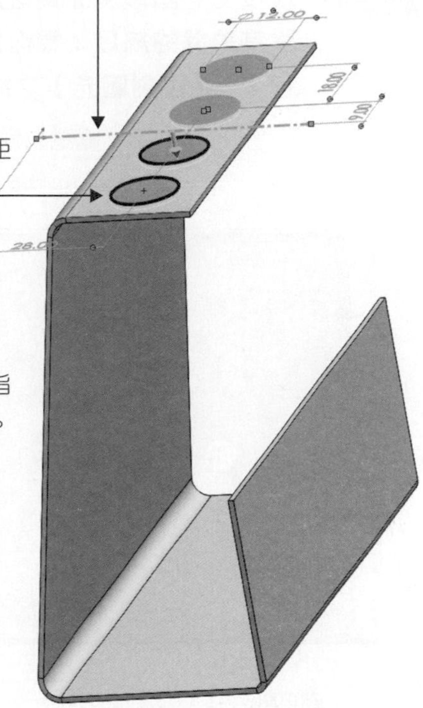

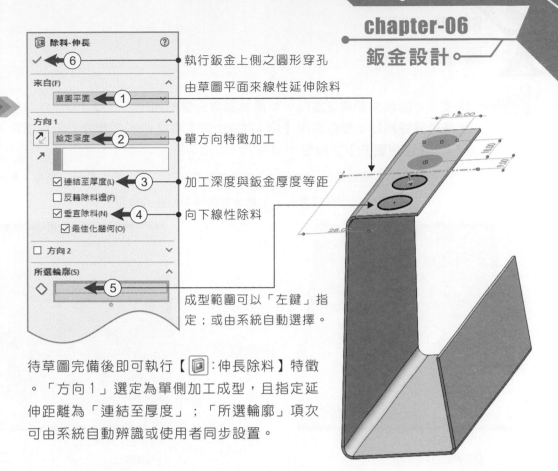

待草圖完備後即可執行【 :伸長除料】特徵。「方向 1」選定為單側加工成型，且指定延伸距離為「連結至厚度」；「所選輪廓」項次可由系統自動辨識或使用者同步設置。

STEP 03

現階段欲製作的是牙刷架之掛孔，因此選定貼齊壁面的鈑金平面進入【 :草圖】。使用【 圓形工具】暨【 直狹槽】繪製圖元形態，再以【 智慧型尺寸】標註其相關參數。

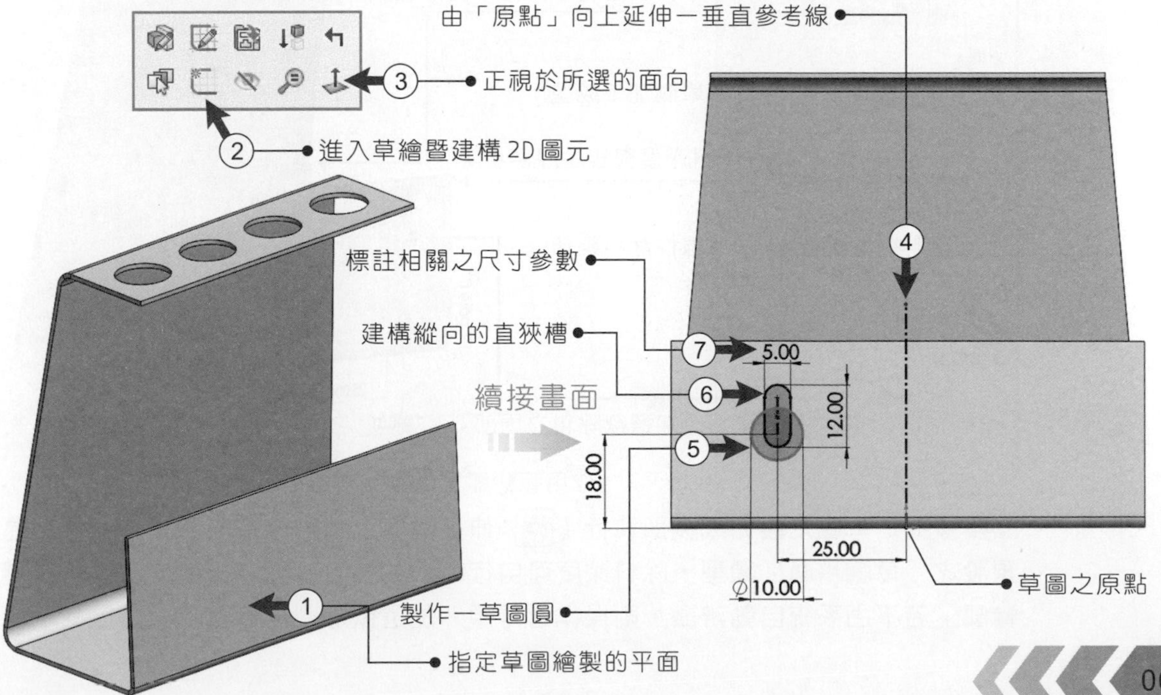
由「原點」向上延伸一垂直參考線
正視於所選的面向
進入草繪暨建構 2D 圖元
標註相關之尺寸參數
建構縱向的直狹槽
續接畫面
5.00
12.00
18.00
25.00
∅10.00
草圖之原點
製作一草圖圓
指定草圖繪製的平面

STEP 04

續接上一階段未完備之進程。草圖輪廓有交疊的局部，即以【修剪圖元】刪除其綽餘的線段；繼而使用【:選取工具】框選包含參考線的所有項次，且執行【鏡射圖元】之指令。

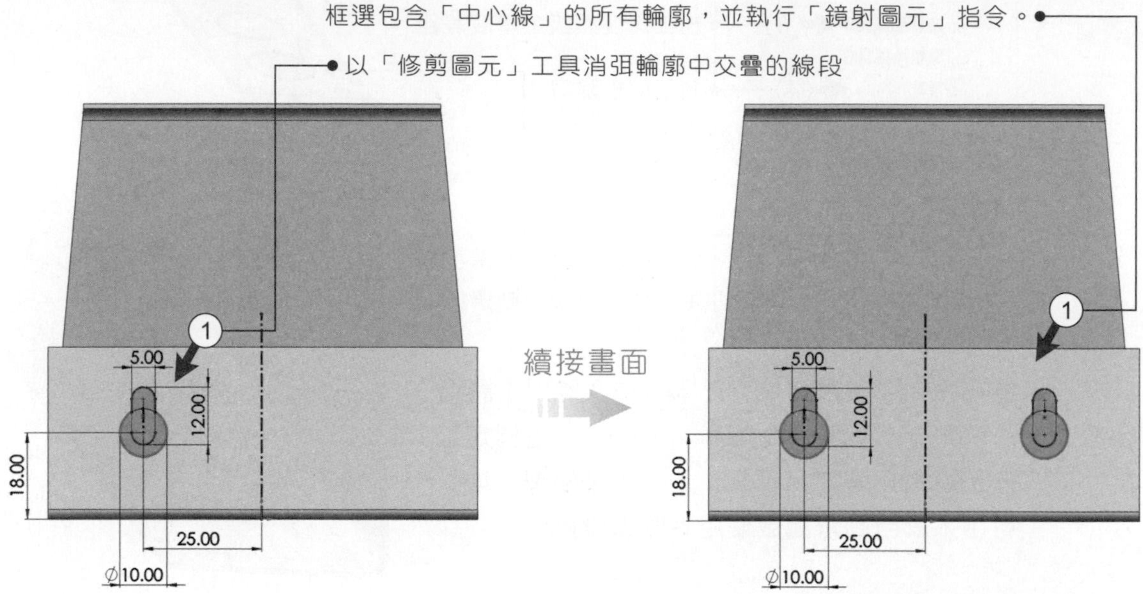

STEP 05

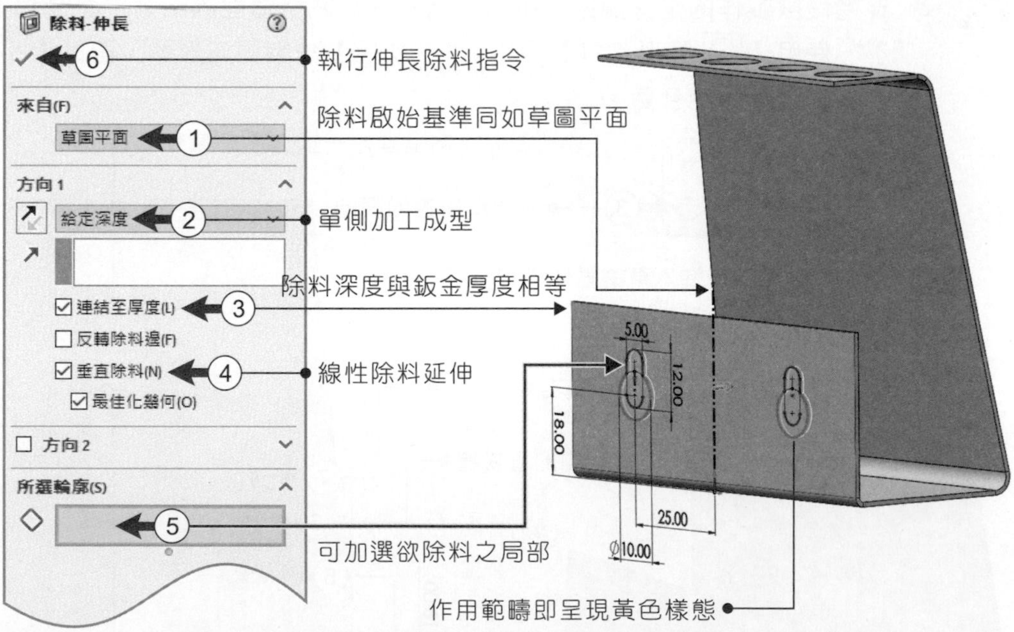

壁掛穿孔之草圖定義完成後即執行【:伸長除料】特徵指令。「來自」選項為預設之「草圖平面」類型，除料深度可自行輸入或指定「連結至厚度」；「所選輪廓」若不由系統自動辨識，則操作者得額外加選欲除料之範圍。

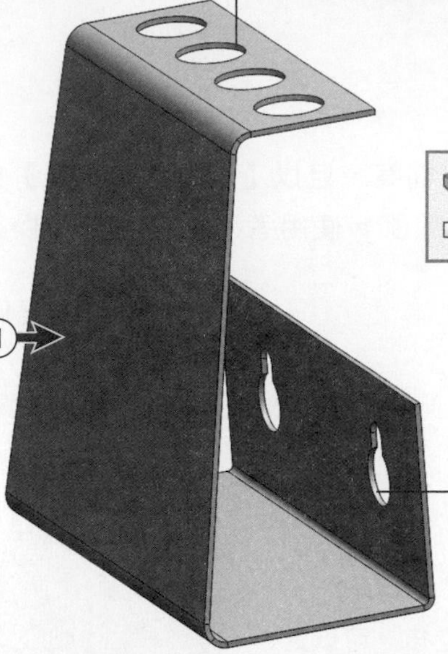
第一階段的除料穿孔
①
第二階段除料
指定傾斜的鈑金平面作為草繪基準

STEP 06

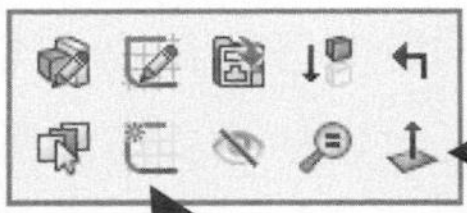
③ 對位暨轉正所選之視角
② 啟用草圖指令以進入作業環境

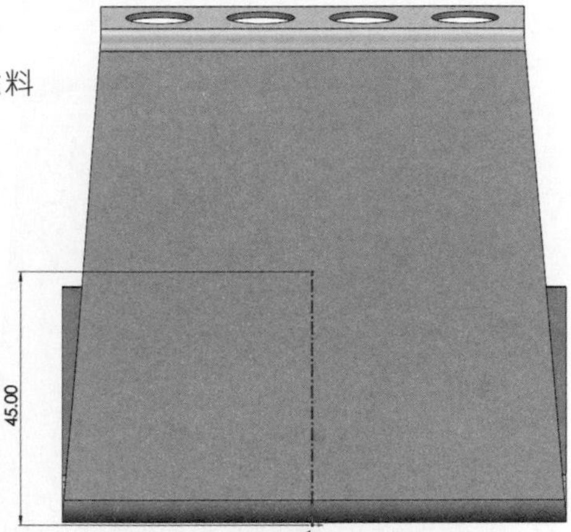
概略的標註參考尺寸 ⑤
45.00
④
由「原點」向上延伸一垂直參考線

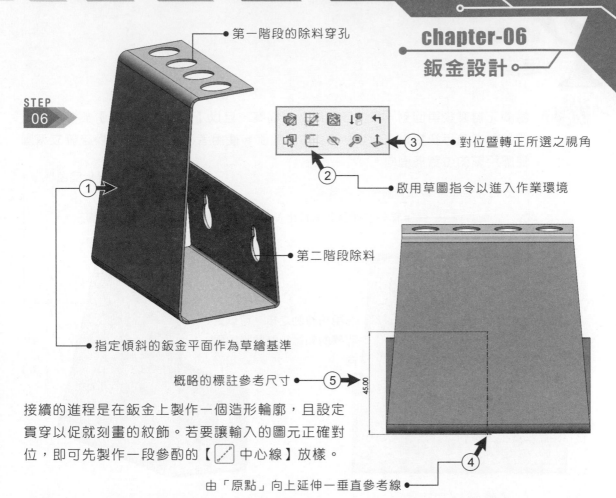

接續的進程是在鈑金上製作一個造形輪廓，且設定貫穿以促就刻畫的紋飾。若要讓輸入的圖元正確對位，即可先製作一段參酌的【 中心線】放樣。

STEP 07

當使用者有自己設計的圖紋可以套用時，即轉存或複製到鈑金面板上引伸除料；如果暫時尚未有適合的輪廓，則建議開啟範例檔案——「花仙子底圖」，且以【 :選取工具】框選任一圖元後，再經由快捷鍵 Ctrl + C 複製，並回到「鈑金牙刷架」之檔案中附貼應用。

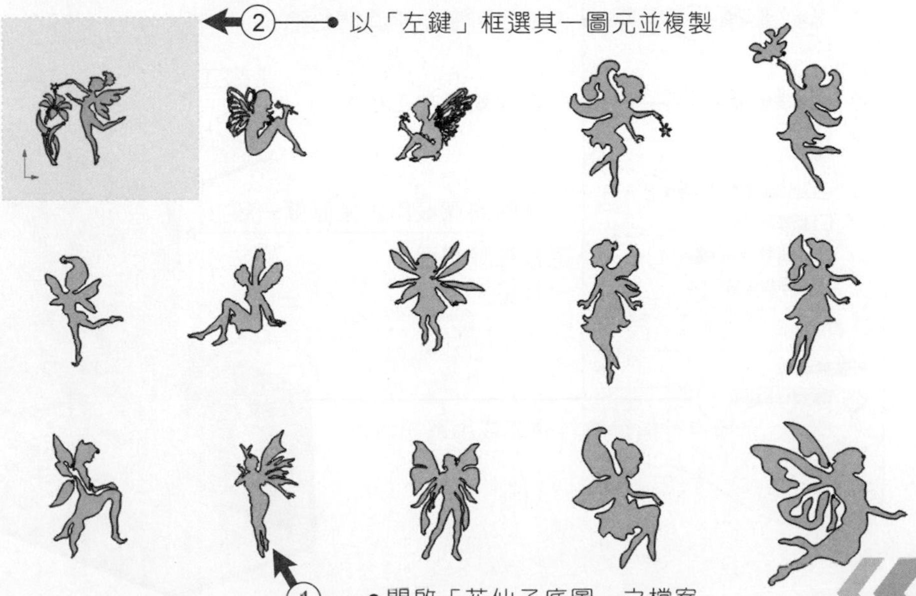
② 以「左鍵」框選其一圖元並複製
① 開啟「花仙子底圖」之檔案

STEP 08

當圖元複製後再回到「鈑金牙刷架」之檔案，且以【 ：選取工具】於參考線上側端點處執行快捷鍵 Ctrl + V 貼附紋飾。使用者得經由視角轉換來確立草圖輪廓所屬的位置與面向。

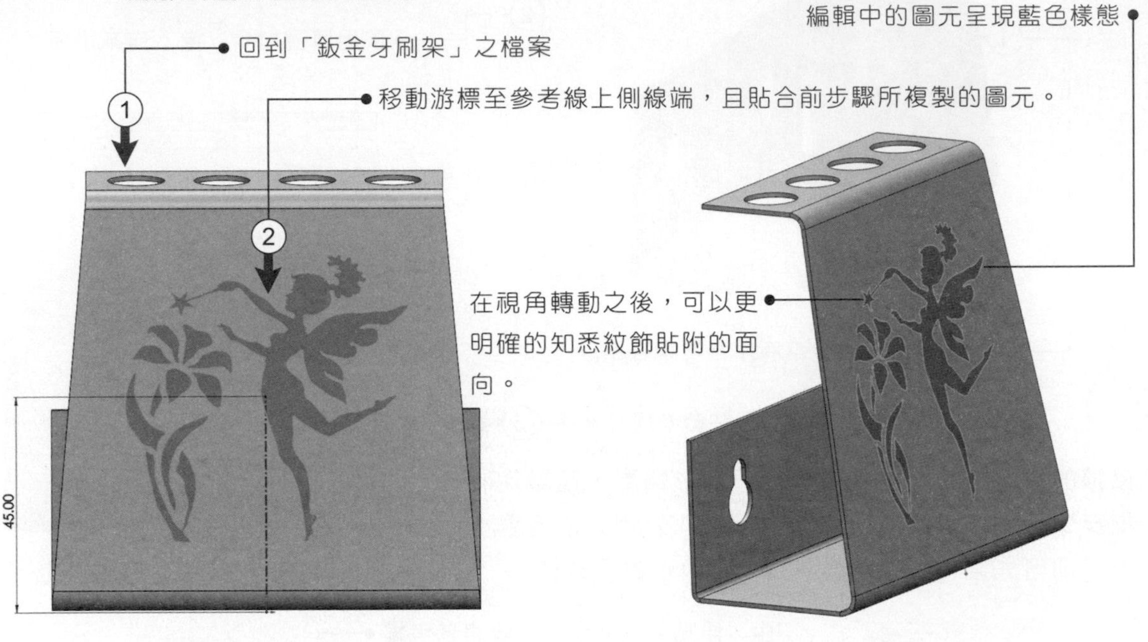

編輯中的圖元呈現藍色樣態
① 回到「鈑金牙刷架」之檔案
② 移動游標至參考線上側線端，且貼合前步驟所複製的圖元。
在視角轉動之後，可以更明確的知悉紋飾貼附的面向。
45.00

《草圖繪製視角》　　《透視角型態》

STEP 09

執行【 ：伸長除料】特徵。「來自」選項設定為「草圖平面」；「方向1」選擇「連結至厚度」暨直線性加工。

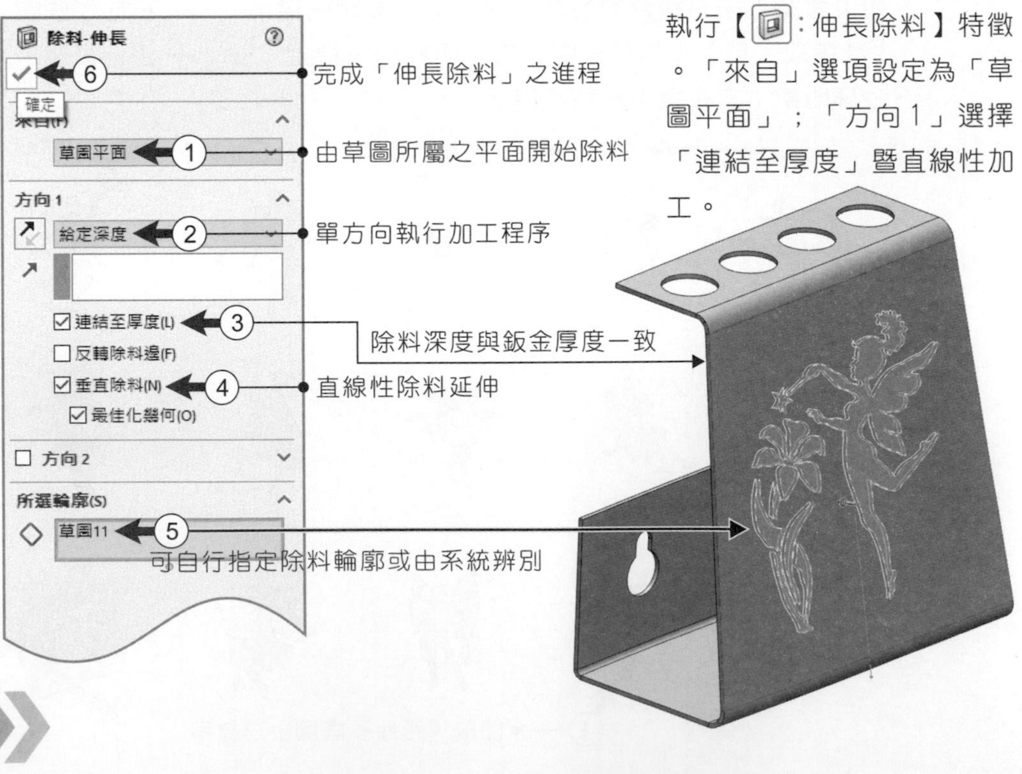

除料-伸長
確定
來自(F)
草圖平面
方向 1
給定深度
連結至厚度(L)
反轉除料邊(F)
垂直除料(N)
最佳化幾何(O)
方向 2
所選輪廓(S)
草圖11
⑥ 完成「伸長除料」之進程
① 由草圖所屬之平面開始除料
② 單方向執行加工程序
③ 除料深度與鈑金厚度一致
④ 直線性除料延伸
⑤ 可自行指定除料輪廓或由系統辨別

STEP 10

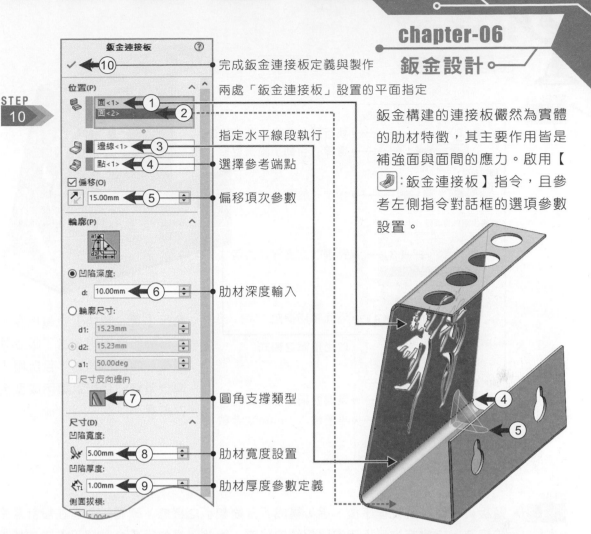

鈑金構建的連接板儼然為實體的肋材特徵，其主要作用皆是補強面與面間的應力。啟用【:鈑金連接板】指令，且參考左側指令對話框的選項參數設置。

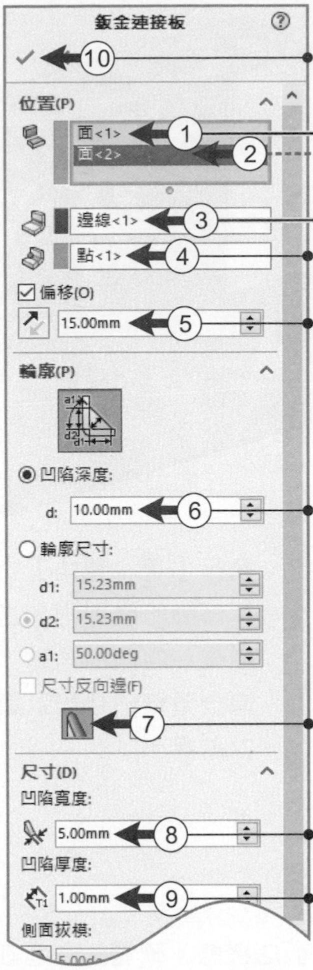
鈑金連接板
位置(P)
面<1>
面<2>
邊線<1>
點<1>
偏移(O)
15.00mm
輪廓(P)
凹陷深度:
d: 10.00mm
輪廓尺寸:
d1: 15.23mm
d2: 15.23mm
a1: 50.00deg
尺寸反向邊(F)
尺寸(D)
凹陷寬度:
5.00mm
凹陷厚度:
1.00mm
側面拔模:

10 完成鈑金連接板定義與製作
1 2 兩處「鈑金連接板」設置的平面指定
3 指定水平線段執行
4 選擇參考端點
5 偏移項次參數
6 肋材深度輸入
7 圓角支撐類型
8 肋材寬度設置
9 肋材厚度參數定義

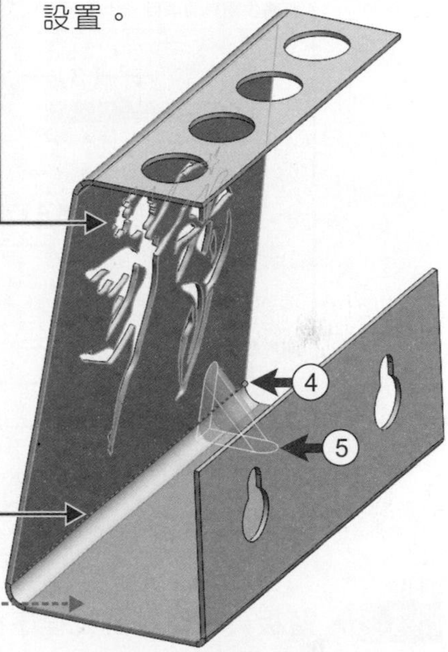

STEP 11

啟用【:直線複製排列】特徵。陣列之間距指定為 30mm；複製的數量則設置成 3 個。

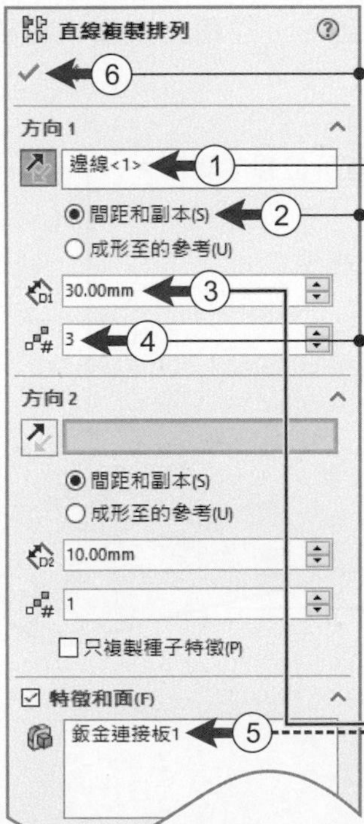
直線複製排列
方向 1
邊線<1>
間距和副本(S)
成形至的參考(U)
30.00mm
3
方向 2
間距和副本(S)
成形至的參考(U)
10.00mm
1
只複製種子特徵(P)
特徵和面(F)
鈑金連接板1

6 完成連接板複製排列程序
1 指定任一水平邊界線
2 選擇複製排列之類型
4 複製數量輸入
5 指定為鈑金連接板
3 排列之間距輸入為 30mm

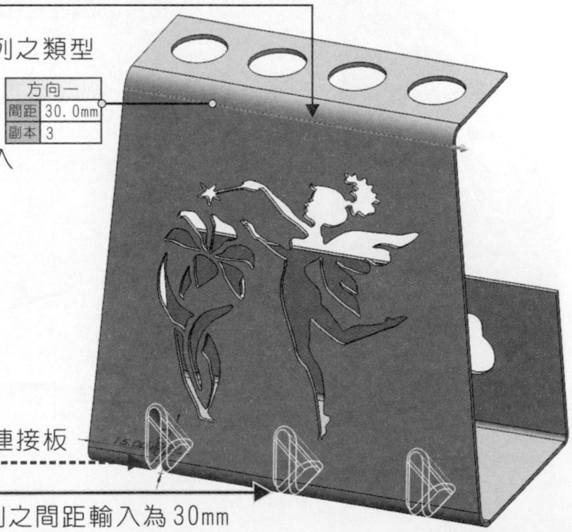
方向一
間距 30.0mm
副本 3

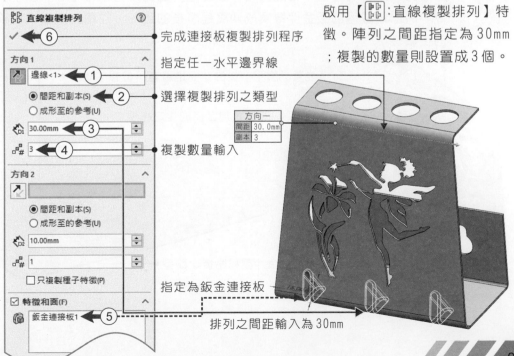

STEP 12

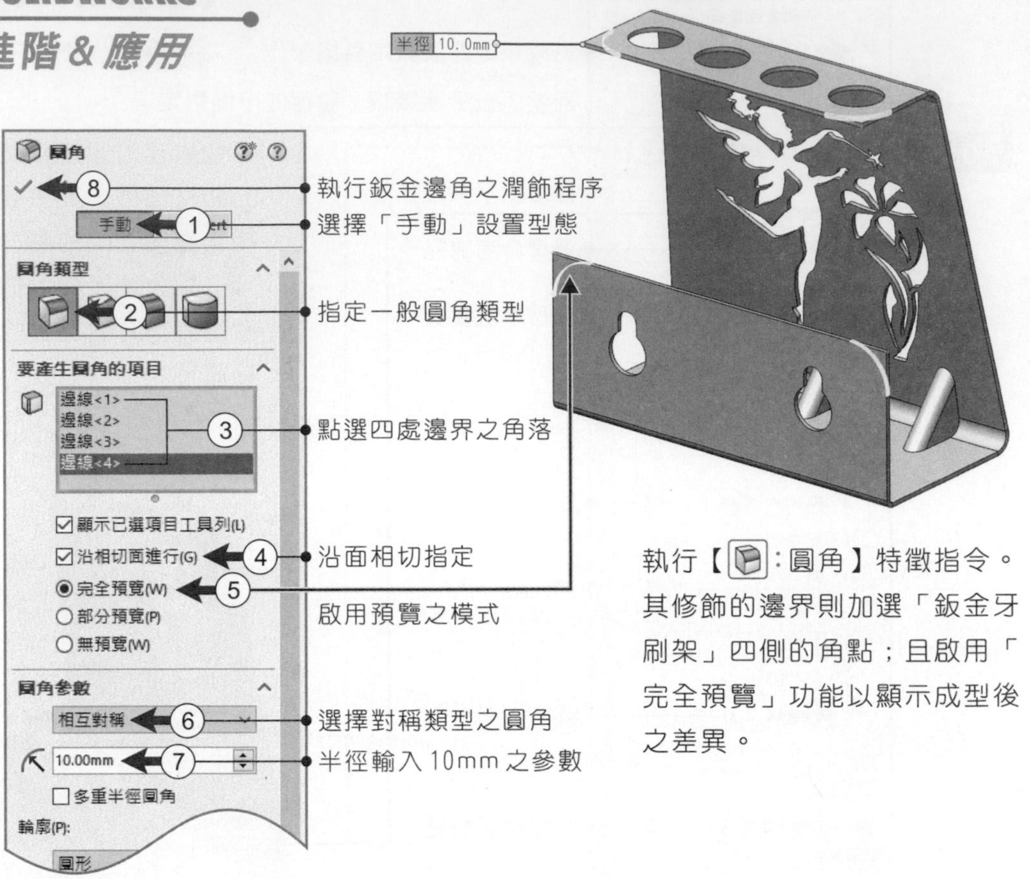

執行【圓角】特徵指令。其修飾的邊界則加選「鈑金牙刷架」四側的角點；且啟用「完全預覽」功能以顯示成型後之差異。

STEP 13

薄板頁在歷經加工程序後，逐步構成「牙刷架」之樣態。軟體操作者在設計鈑金工序時，常會有進程不確定與相悖的疑慮；鑑此，得執行【展平】之功能指令，將已經成型的鈑金件轉換成沖壓程序後的雛形，也藉此來審慎檢核建構流程的正當性。

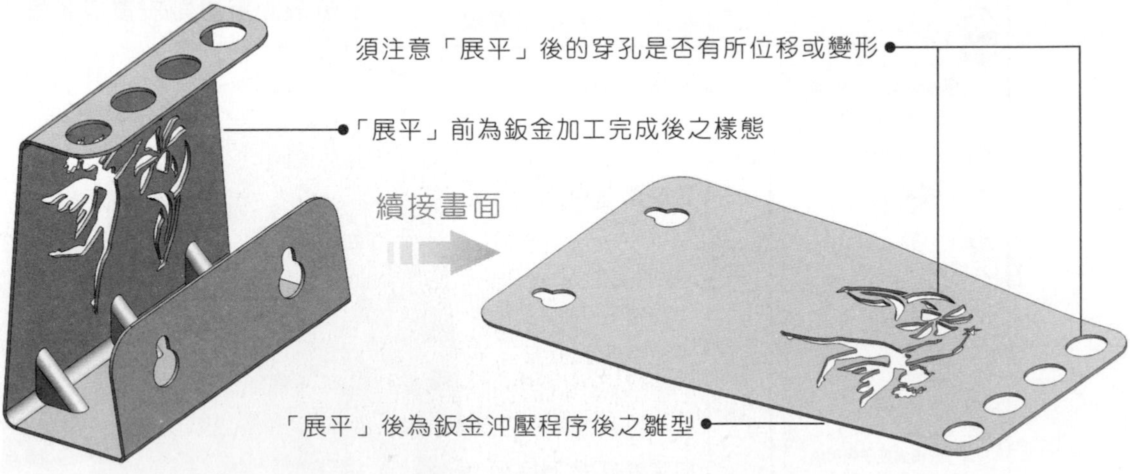

《加工後型態》　《展平後型態》

STEP 14 「鈑金牙刷架」實體建構完成後，可再針對邊界與沖壓穿孔執行【:圓角】修飾。鈑金成型雖不如塑料射出般的造型多樣，但卻有著易加工、造價低廉、量產效率高、結構輕盈、導電性佳……等諸多無法興替之特點。

《鈑金模型正視角》

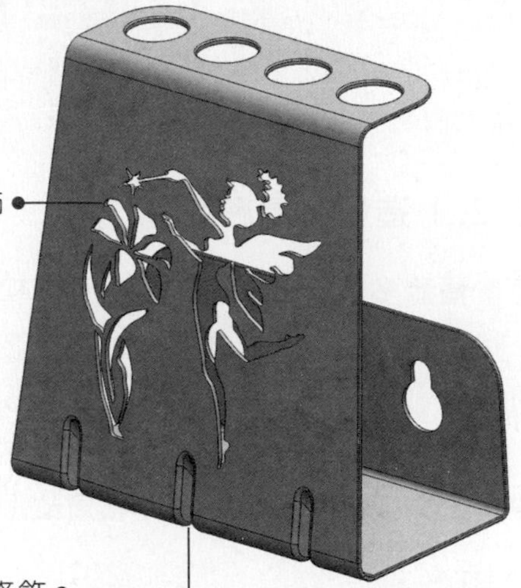

《鈑金模型透視角》

STEP 15 進入模型彩現程序：透過Solidworks之附加模組【 Photoview360】編輯模型【:外觀】與【:全景】；操作者可自行繪製牙刷並擺置於鈑金架上。下方為三個產品模型融合素色場景之渲染完成圖照。

《牙刷架彩現完成圖》

6-2 自助餐盤

⊙要點提醒　本範例為綠色版參考教學檔--請學習者使用雲端連結並下載相關之附件

本範例教學視訊檔案：SolidWorks/進階&應用/CH06目錄下/6-2 自助餐盤.avi
本範例製作完成檔案：SolidWorks/進階&應用/CH06目錄下/6-2 自助餐盤.SLDPRT

6-2.1 造型工具應用

速食餐盤多數是以鈑金加工成型，藉由剪切→沖凸→表面處理來迅速完成構件。除了「鈑金」特徵的指令外，「沖凸」的模具製作也是本範例著重的要點。模具成型主要由【:伸長填料】、【:圓角】暨【:成形工具】三個特徵構成，並須將檔案轉存成「Form Tool」之檔案格式；且在餐盤建構的工序中匯入沖凸的靠模，使其完成沖壓的延續製程。待餐盤建構完備後再導入材質貼附暨渲染擬真；迄此，本範例模型製作之流程已詳盡。

建模進程：

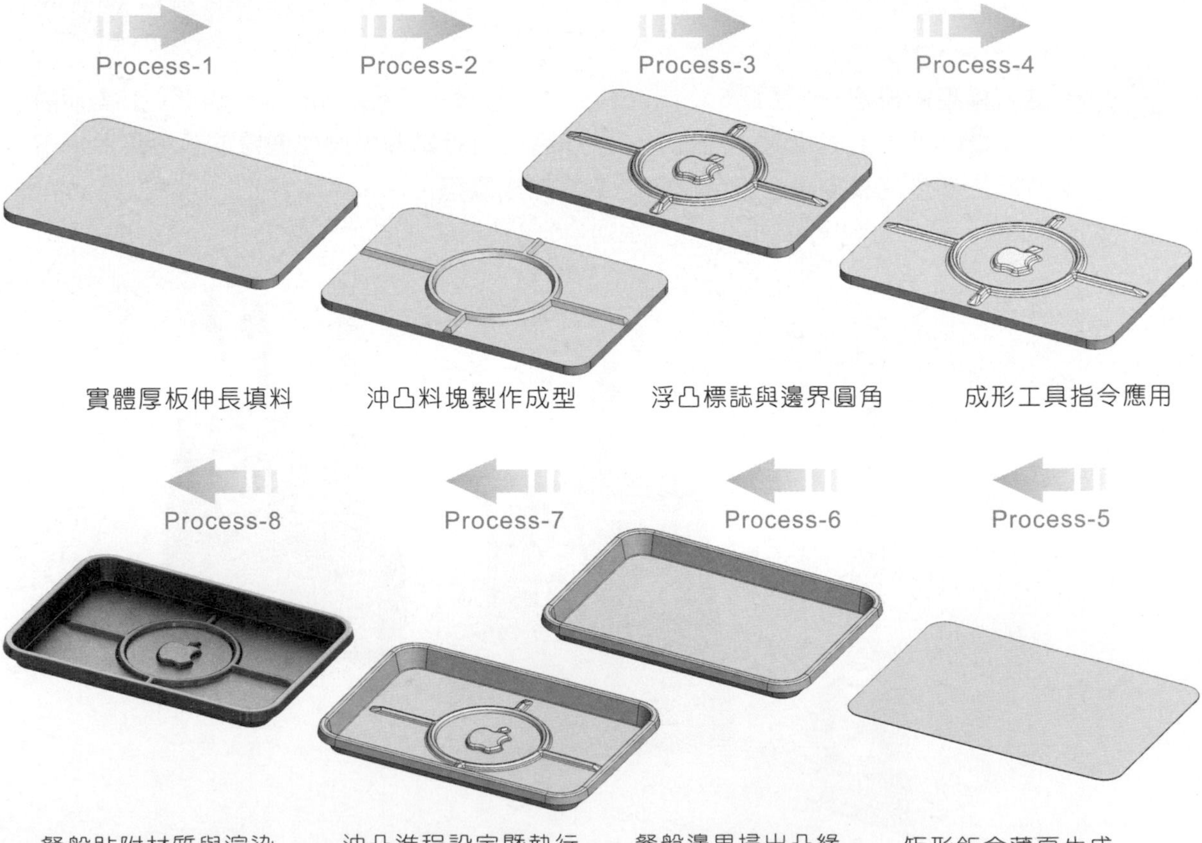
Process-1
Process-2
Process-3
Process-4
實體厚板伸長填料
沖凸料塊製作成型
浮凸標誌與邊界圓角
成形工具指令應用
Process-8
Process-7
Process-6
Process-5
餐盤貼附材質與渲染
沖凸進程設定暨執行
餐盤邊界掃出凸緣
矩形鈑金薄頁生成

STEP 01

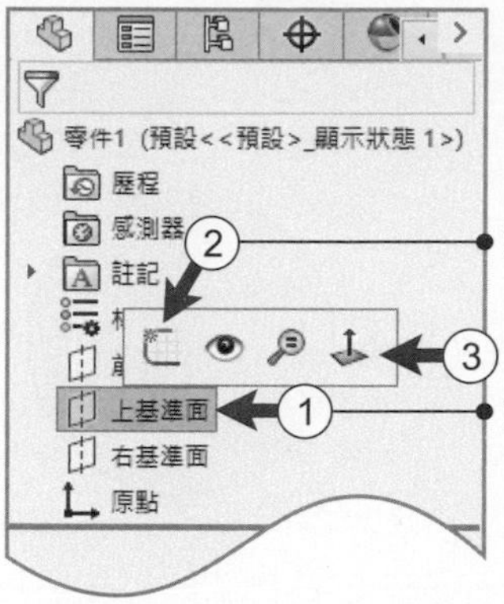

① 選擇作用基準
② 進入草繪階段且建構圖元
③ 對位視角型態
④ 製作一個中心矩形
⑤ 標註相關尺寸參數

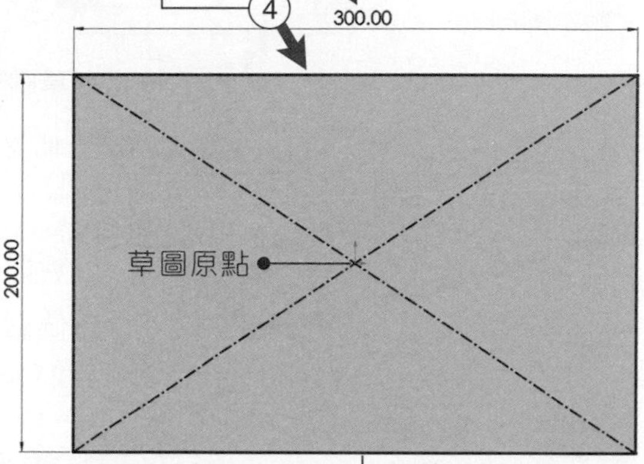

矩形邊線必須水平暨垂直限制

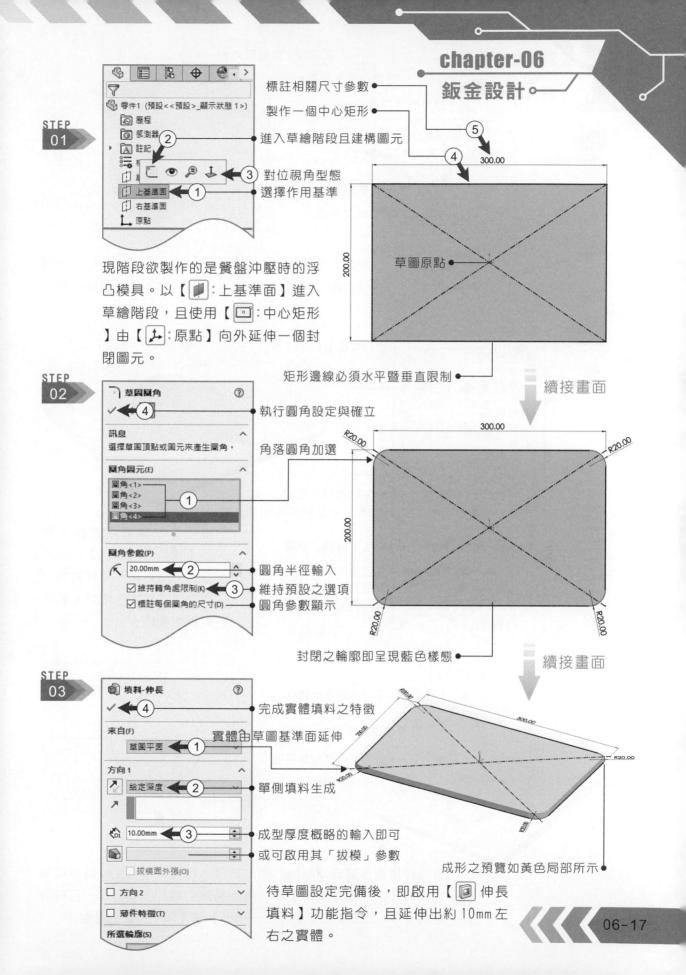

現階段欲製作的是餐盤沖壓時的浮凸模具。以【上基準面】進入草繪階段，且使用【中心矩形】由【原點】向外延伸一個封閉圖元。

續接畫面

STEP 02

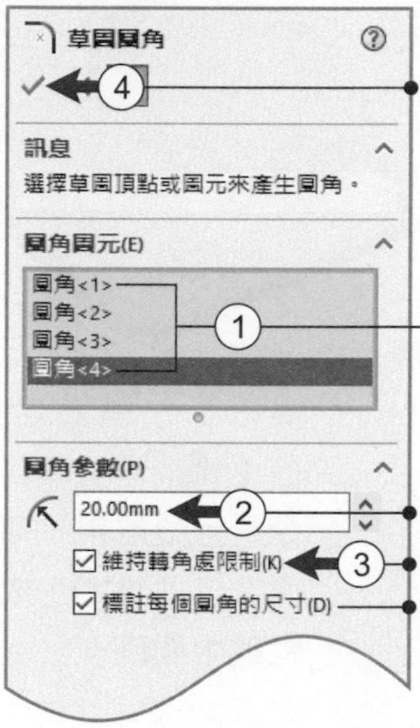

① 角落圓角加選
② 圓角半徑輸入
③ 維持預設之選項
④ 執行圓角設定與確立
圓角參數顯示

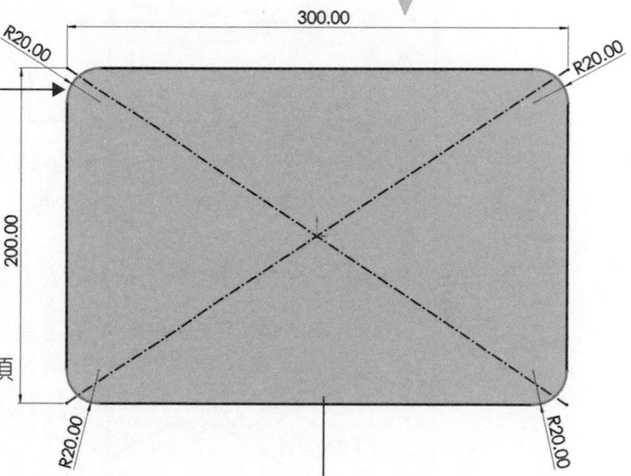

封閉之輪廓即呈現藍色樣態

續接畫面

STEP 03

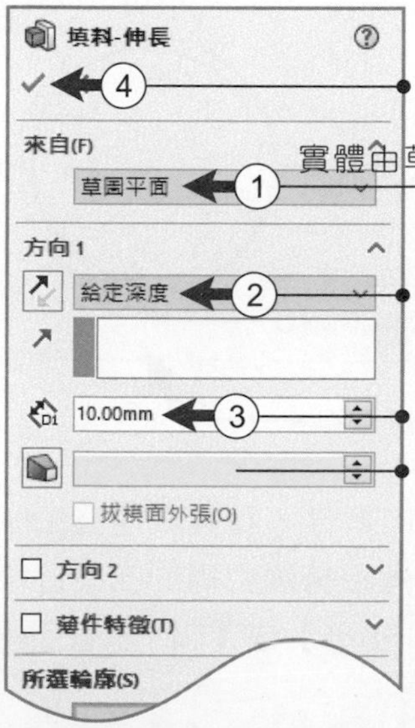

① 實體由草圖基準面延伸
② 單側填料生成
③ 成型厚度概略的輸入即可
④ 完成實體填料之特徵
或可啟用其「拔模」參數

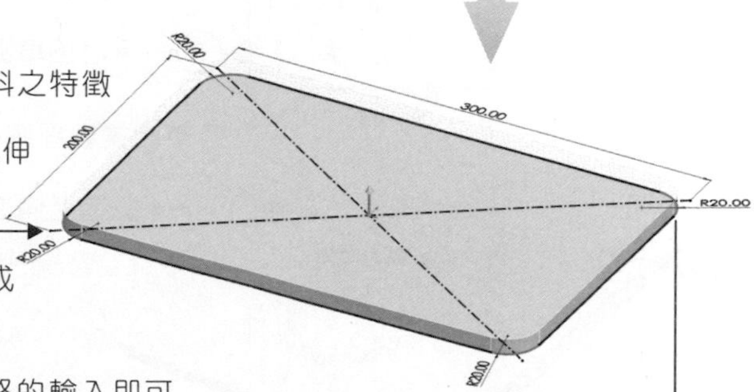

成形之預覽如黃色局部所示

待草圖設定完備後，即啟用【伸長填料】功能指令，且延伸出約 10mm 左右之實體。

STEP 04

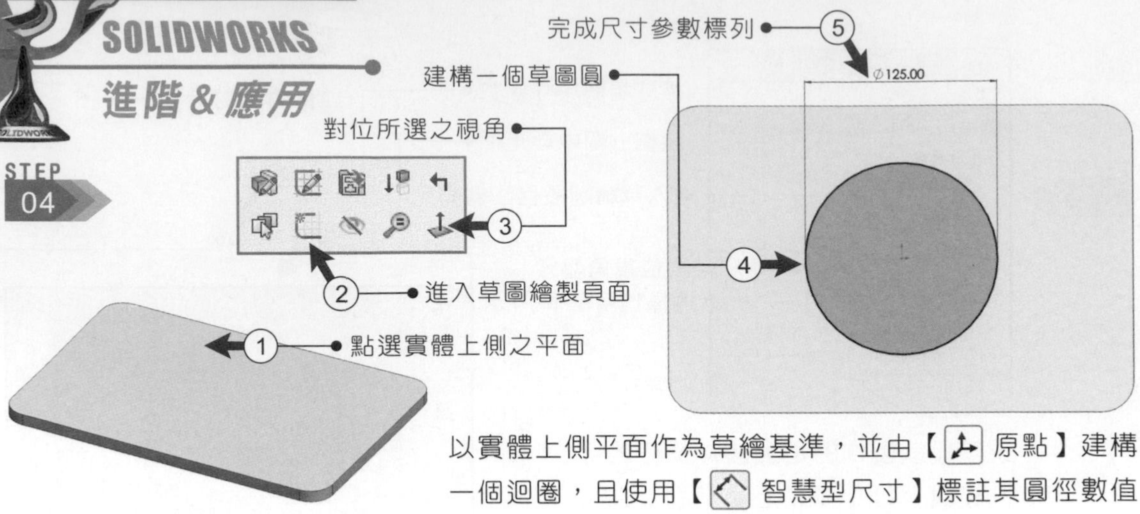

以實體上側平面作為草繪基準，並由【原點】建構一個迴圈，且使用【智慧型尺寸】標註其圓徑數值為125mm。

STEP 05

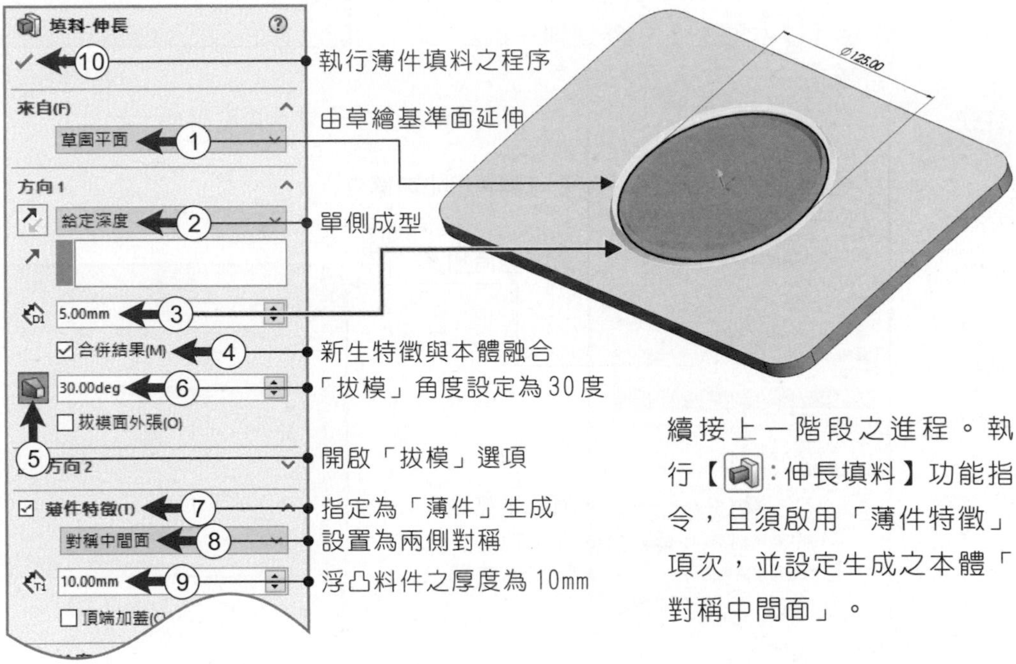

續接上一階段之進程。執行【:伸長填料】功能指令，且須啟用「薄件特徵」項次，並設定生成之本體「對稱中間面」。

STEP 06

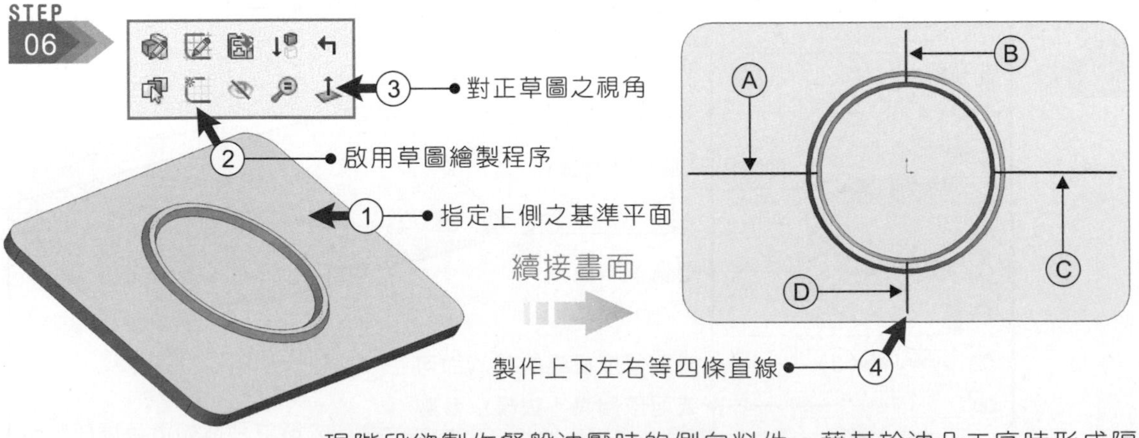

現階段欲製作餐盤沖壓時的側向料件，藉其於沖凸工序時形成隔板。以【:直線工具】參考例圖繪製對稱的四段直線，且線端需與【原點】設定為【水平】或【垂直】限制。

STEP 07

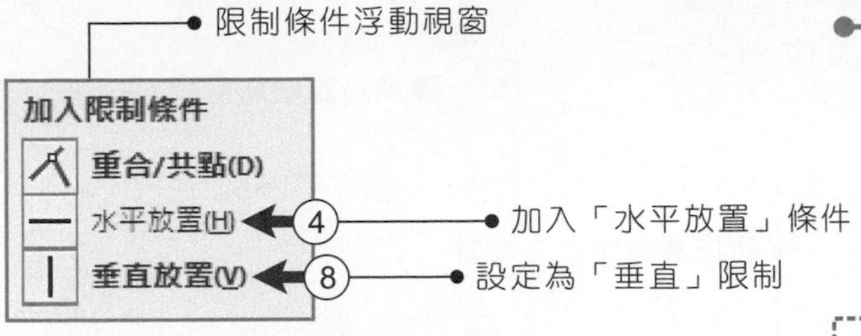
限制條件浮動視窗
加入限制條件
重合/共點(D)
水平放置(H)
垂直放置(V)
4
8
加入「水平放置」條件
設定為「垂直」限制

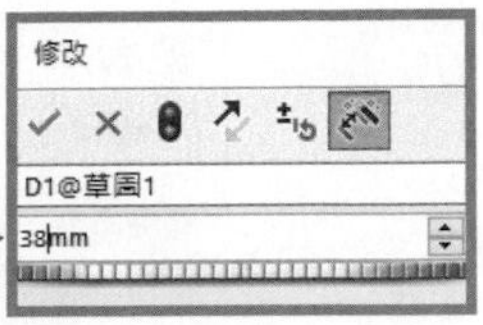
修改
D1@草圖1
38mm
點選數字即可直覺式的更改參數

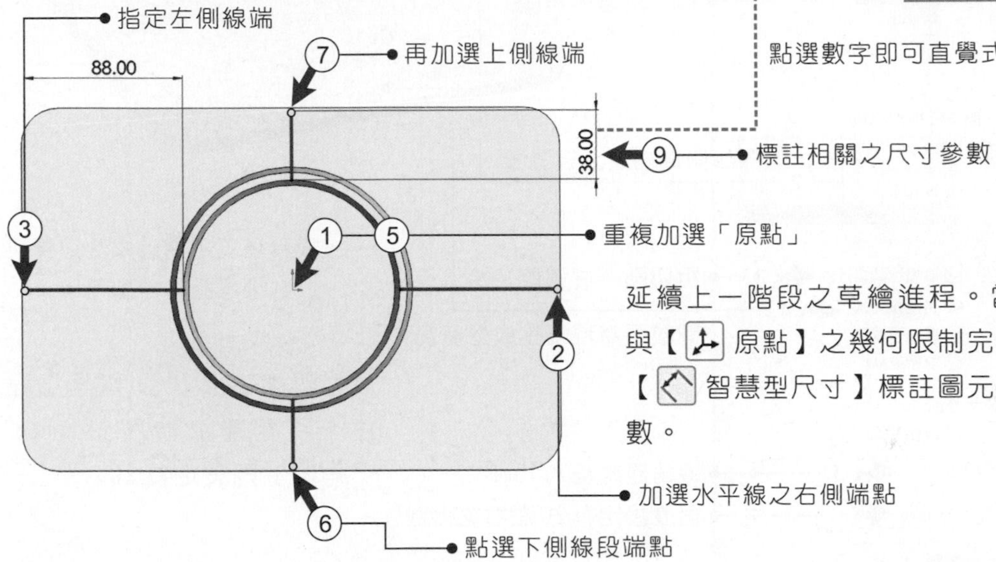
指定左側線端
88.00
7
再加選上側線端
38.00
9
標註相關之尺寸參數
3
1
5
重複加選「原點」
2
加選水平線之右側端點
6
點選下側線段端點

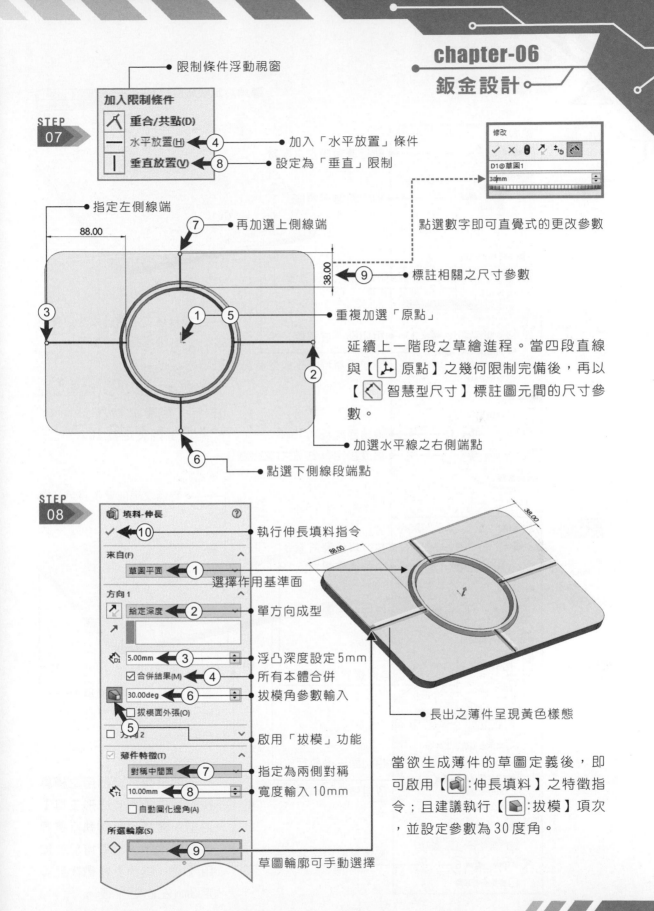

延續上一階段之草繪進程。當四段直線與【原點】之幾何限制完備後，再以【智慧型尺寸】標註圖元間的尺寸參數。

STEP 08

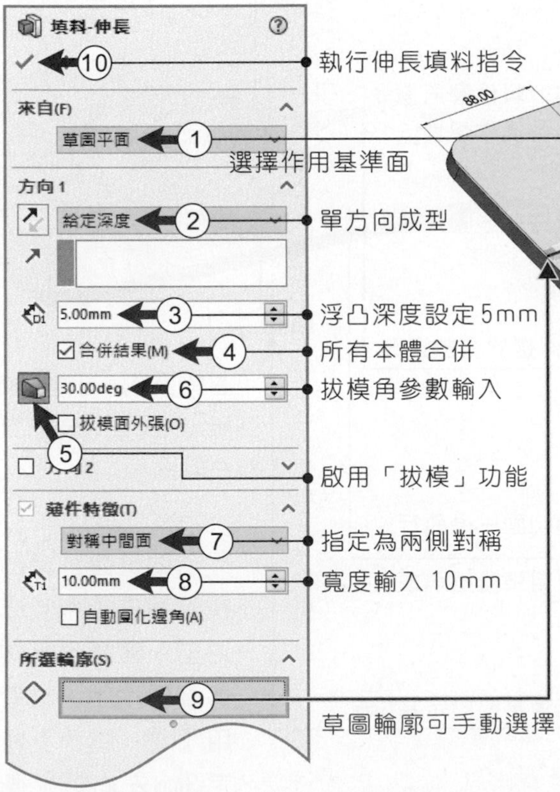
填料-伸長
10
執行伸長填料指令
來自(F)
草圖平面
1
選擇作用基準面
方向 1
給定深度
2
單方向成型
5.00mm
3
浮凸深度設定 5mm
合併結果(M)
4
所有本體合併
30.00deg
6
拔模角參數輸入
拔模面外張(O)
5
方向 2
啟用「拔模」功能
薄件特徵(T)
對稱中間面
7
指定為兩側對稱
10.00mm
8
寬度輸入 10mm
自動圓化邊角(A)
所選輪廓(S)
9
草圖輪廓可手動選擇

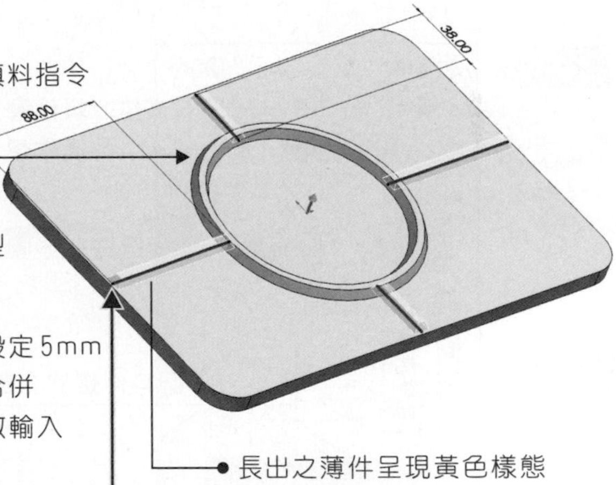
38.00
88.00
長出之薄件呈現黃色樣態

當欲生成薄件的草圖定義後，即可啟用【:伸長填料】之特徵指令；且建議執行【:拔模】項次，並設定參數為 30 度角。

STEP 09

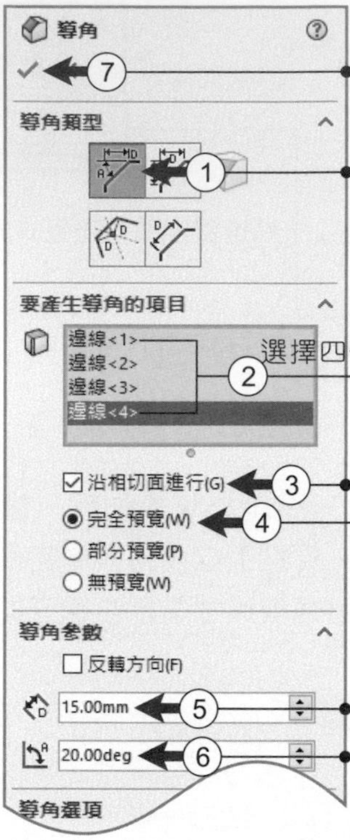
導角
導角類型
要產生導角的項目
邊線<1>
邊線<2>
邊線<3>
邊線<4>
沿相切面進行(G)
完全預覽(W)
部分預覽(P)
無預覽(W)
導角參數
反轉方向(F)
15.00mm
20.00deg
導角選項
執行導角設定之參數
指定距離與角度
選擇四側直線之上端邊界
相切面一併選取
開啟預覽檢視其成型概況
導角距離輸入 15mm
角度設定為 20 左右之參數

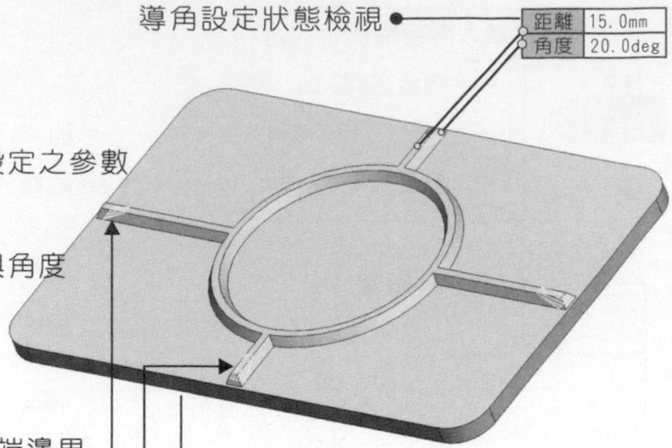
導角設定狀態檢視
距離 15.0mm
角度 20.0deg
模具基座不須過大，只要可以載乘浮凸料件即可。

針對料件執行【導角】程序。「距離」輸入 15mm；「角度」則設定為 20。

STEP 10

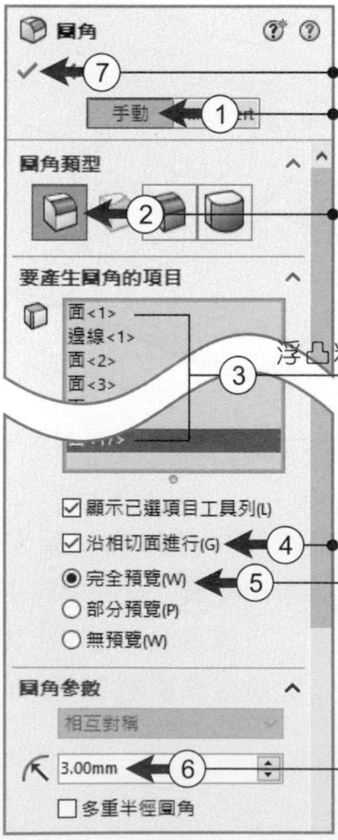
圓角
手動
圓角類型
要產生圓角的項目
面<1>
邊線<1>
面<2>
面<3>
顯示已選項目工具列(L)
沿相切面進行(G)
完全預覽(W)
部分預覽(P)
無預覽(W)
圓角參數
相互對稱
3.00mm
多重半徑圓角
執行料件圓角指令
手動操作類型
選擇一般圓角類型
浮凸料件邊界全數選取
相切面一併執行
啟用預覽檢視項次
圓角半徑設定為 3mm

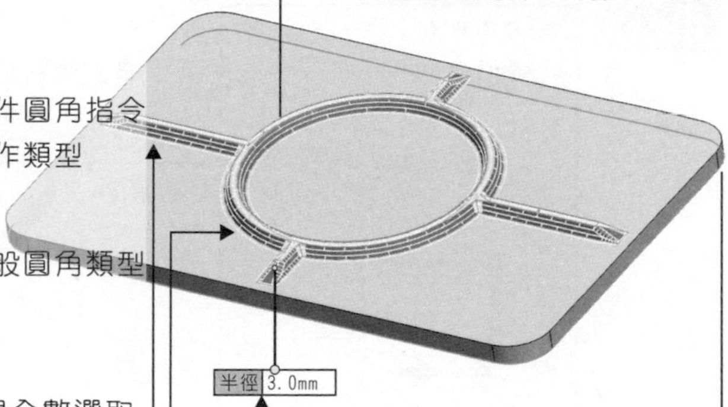
圓角之局部呈現黃色預覽
半徑 3.0mm
「圓角」程序可略過模具基座，只針對沖壓之浮凸料件即可。

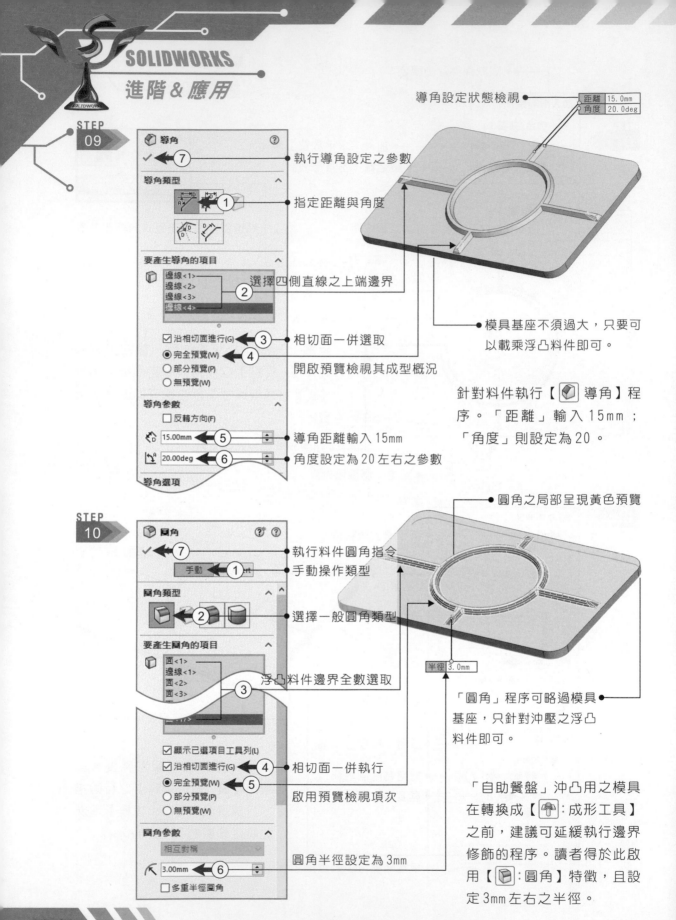

「自助餐盤」沖凸用之模具在轉換成【成形工具】之前，建議可延緩執行邊界修飾的程序。讀者得於此啟用【圓角】特徵，且設定 3mm 左右之半徑。

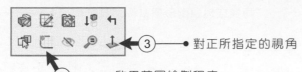

③ 對正所指定的視角

② 啟用草圖繪製程序

STEP 11

模具基座之隔板設置完備後，同樣再選擇上側平面進入【▦：草圖】，且接續執行【⊥：正視於】指令對位所擬定的圖頁。請學習者開啟範例檔案—「LOGO-底圖」待用。

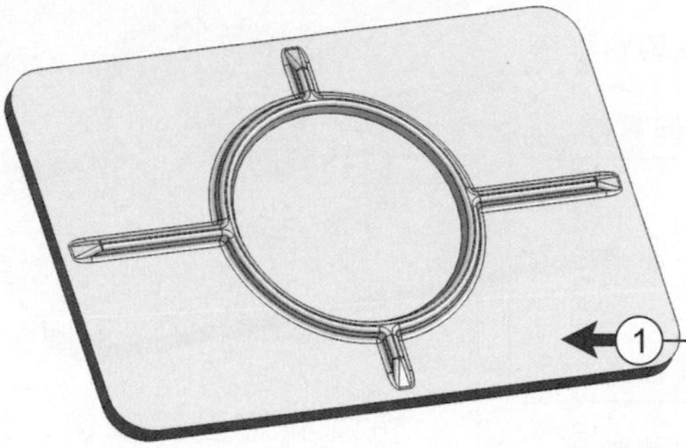

① 點選模具之上側平面，以此做為下一階段草圖繪製的基準。

STEP 12

① 以「選取工具」框選欲套用的圖標，且執行複製的程序。

使用者若有合適的圖標可以套用，即可忽略此階段的進程。開啟圖標之檔案——「LOGO-底圖」，並使用【↖：選取工具】框選任一圖元後再執行【⎘：複製】的工序。

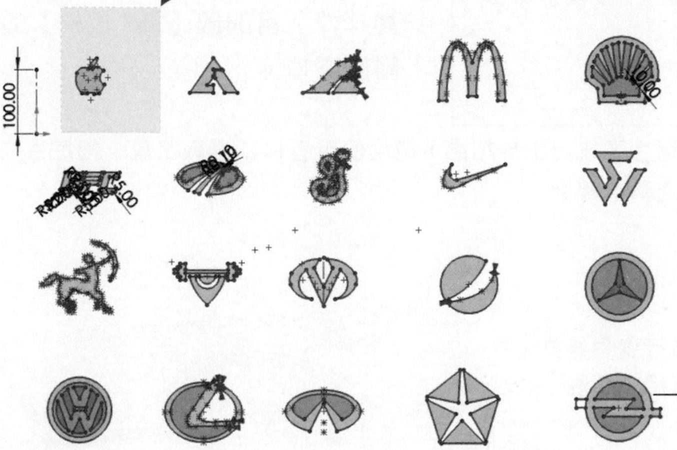

使用者可以針對既有之草圖輪廓進行再設計與編修。

STEP 13

有了上階段「複製」的圖標樣本，便可回到餐盤模具的檔案頁面中。使用【↖：選取工具】於【⅄ 原點】單擊「左鍵」定位後，即透過快捷鍵 Ctrl + V 貼附已暫存的草圖輪廓。

沖壓時的沖凸與沖凹模具，建議可以分開製作。

餐盤的隔板宜與模具基座邊界維持 3mm 以上之距離。

① 點選「原點」後貼齊上階段所「複製」的圖元。

STEP 14

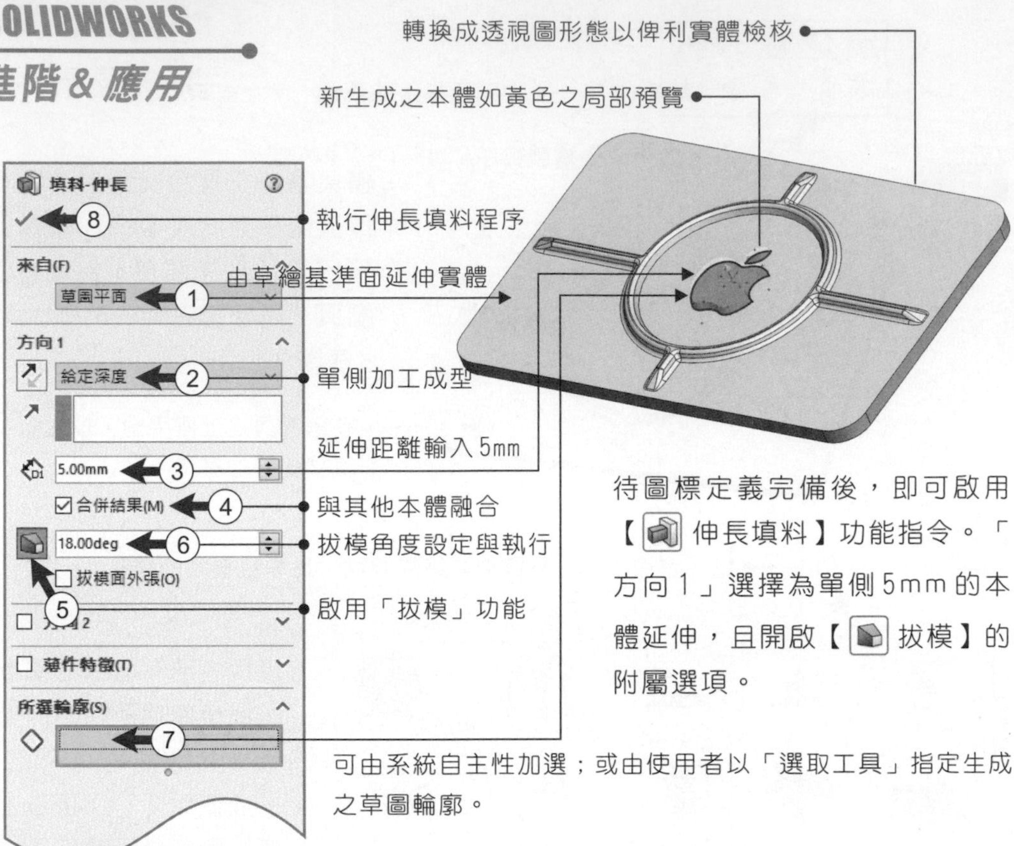
轉換成透視圖形態以俾利實體檢核
新生成之本體如黃色之局部預覽
填料-伸長
執行伸長填料程序
來自(F)
草圖平面
由草繪基準面延伸實體
方向 1
給定深度
單側加工成型
延伸距離輸入 5mm
5.00mm
合併結果(M)
與其他本體融合
18.00deg
拔模角度設定與執行
拔模面外張(O)
啟用「拔模」功能
方向 2
薄件特徵(T)
所選輪廓(S)
可由系統自主性加選；或由使用者以「選取工具」指定生成之草圖輪廓。

待圖標定義完備後，即可啟用【伸長填料】功能指令。「方向 1」選擇為單側 5mm 的本體延伸，且開啟【拔模】的附屬選項。

STEP 15

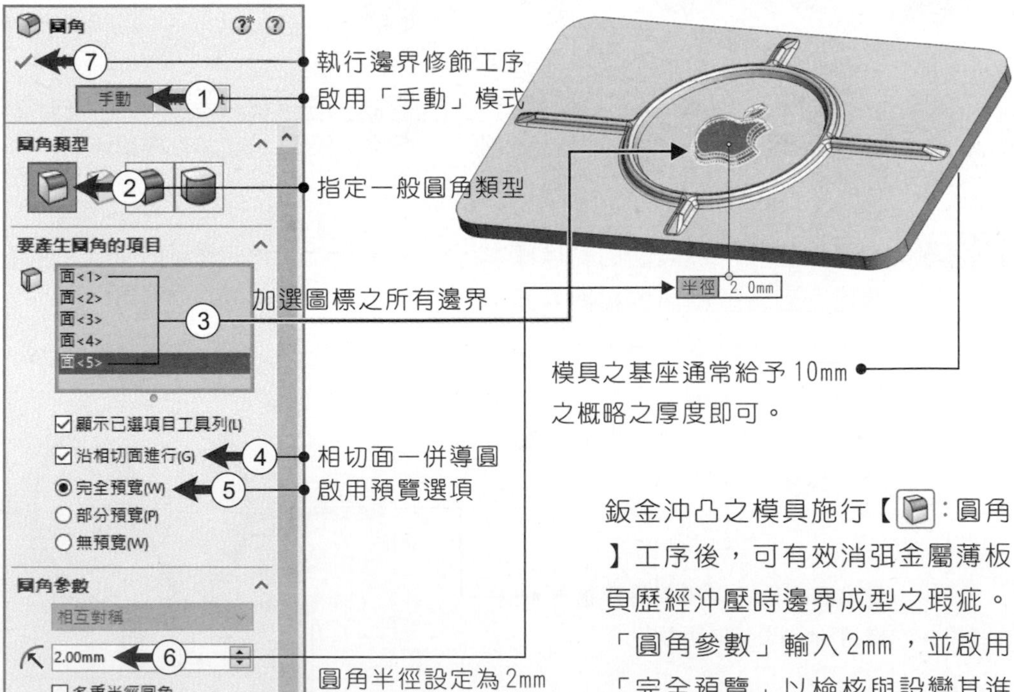
圓角
執行邊界修飾工序
手動
啟用「手動」模式
圓角類型
指定一般圓角類型
要產生圓角的項目
面<1>
面<2>
面<3>
面<4>
面<5>
加選圖標之所有邊界
半徑 2.0mm
模具之基座通常給予 10mm 之概略之厚度即可。
顯示已選項目工具列(L)
沿相切面進行(G)
相切面一併導圓
完全預覽(W)
啟用預覽選項
部分預覽(P)
無預覽(W)
圓角參數
相互對稱
2.00mm
圓角半徑設定為 2mm
多重半徑圓角
輪廓(P):
圓形

鈑金沖凸之模具施行【圓角】工序後，可有效消弭金屬薄板頁歷經沖壓時邊界成型之瑕疵。「圓角參數」輸入 2mm，並啟用「完全預覽」以檢核與設變其進程的不確定性。

STEP 16

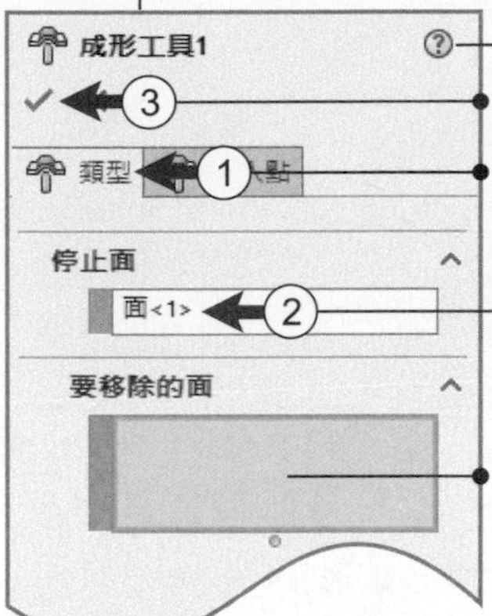
由「鈑金」指令列啟用「成形工具」
成形工具1
類型
停止面
面<1>
要移除的面
指令說明與執行要領；內含離線版的使用參考書。
完成「成形工具」製作
選擇「類型」項次；必需指定沖壓的「停止面」。
鈑金沖凸工序的停止面
或可設定移除面

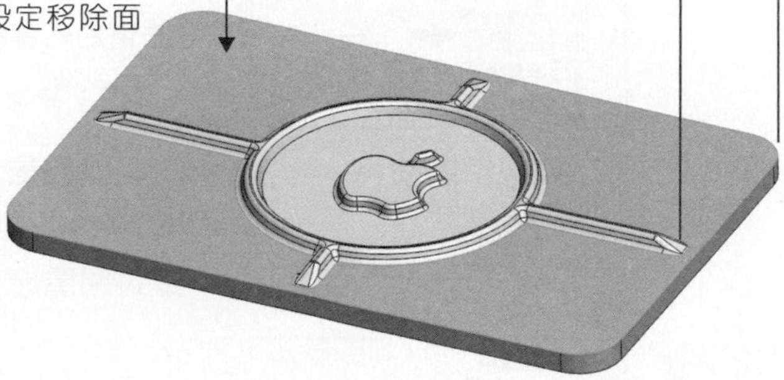
設置後的「停止面」呈現綠色樣態
浮凸的基材是沖壓的模具

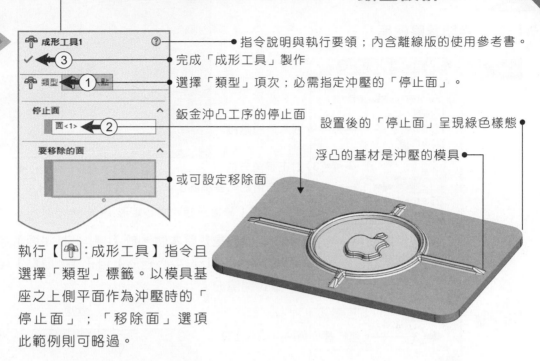

執行【:成形工具】指令且選擇「類型」標籤。以模具基座之上側平面作為沖壓時的「停止面」；「移除面」選項此範例則可略過。

STEP 17

於沖壓的模具成型後，即可進入檔案存取之路徑。【:成形工具】之檔案建議儲存於【:Design Library】之主要資料夾內，如此可以在設計套用時直覺式的於頁面標籤找到沖凸的模具。

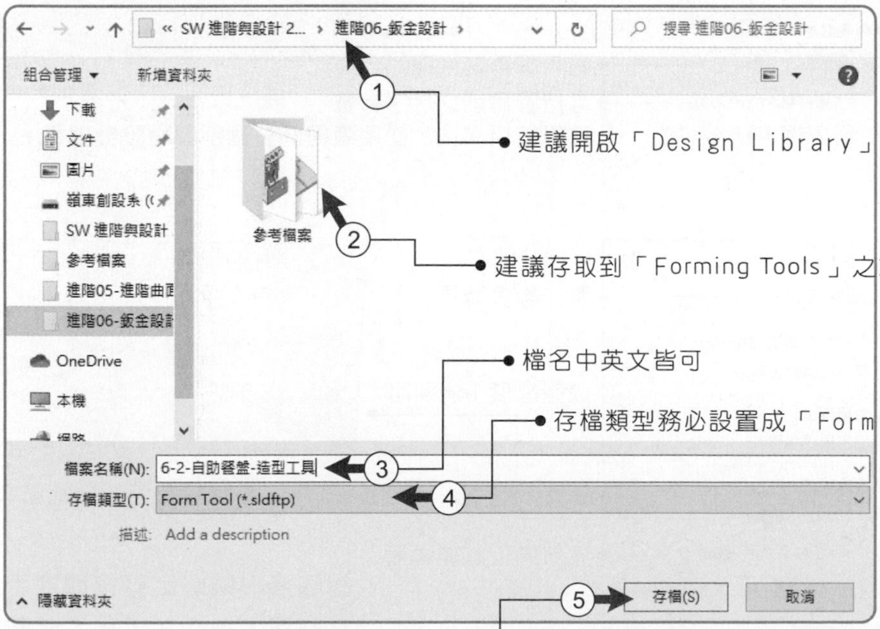

6-2.2 自助餐盤建模

STEP 01

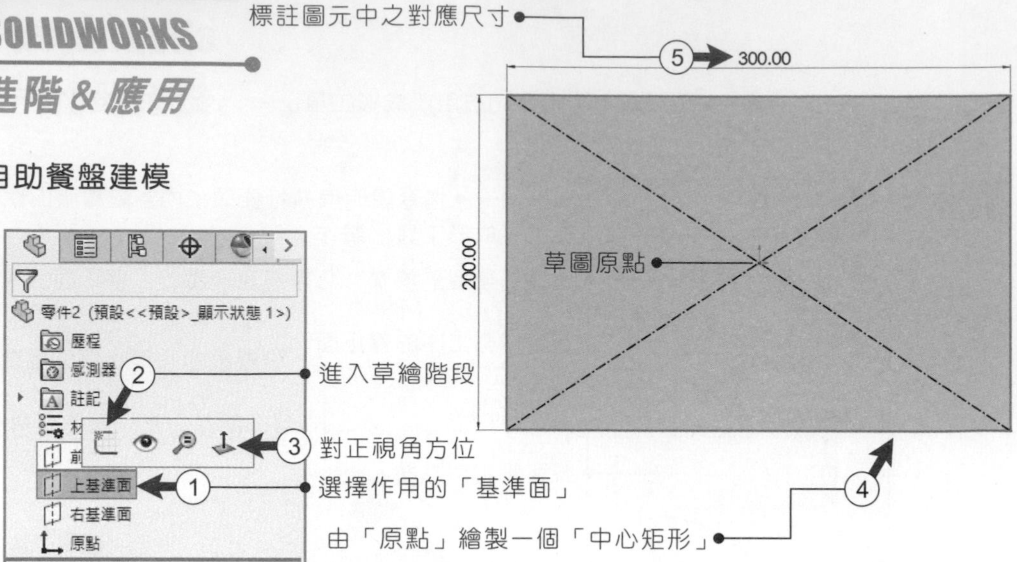

現在建構的是餐盤本體。於【:上基準面】進入草繪頁面，且以【:中心矩形】自【:原點】向外延伸一個封閉圖元。

STEP 02

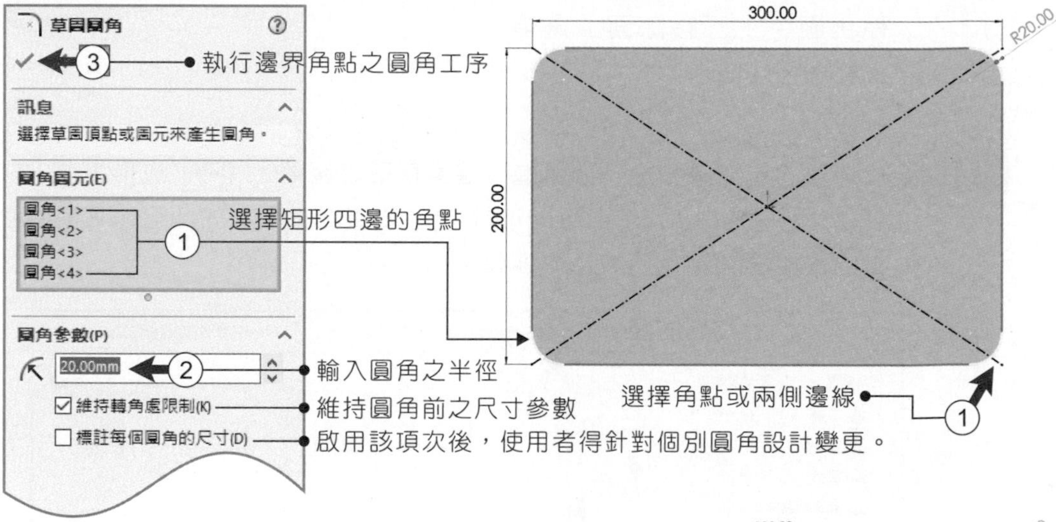
草圖圓角
3
執行邊界角點之圓角工序
訊息
選擇草圖頂點或圖元來產生圓角。
圓角圖元(E)
圓角<1>
圓角<2>
圓角<3>
圓角<4>
1
選擇矩形四邊的角點
圓角參數(P)
20.00mm
2
輸入圓角之半徑
維持轉角處限制(K)
維持圓角前之尺寸參數
標註每個圓角的尺寸(D)
啟用該項次後，使用者得針對個別圓角設計變更。
300.00
R20.00
200.00
選擇角點或兩側邊線
1

STEP 03

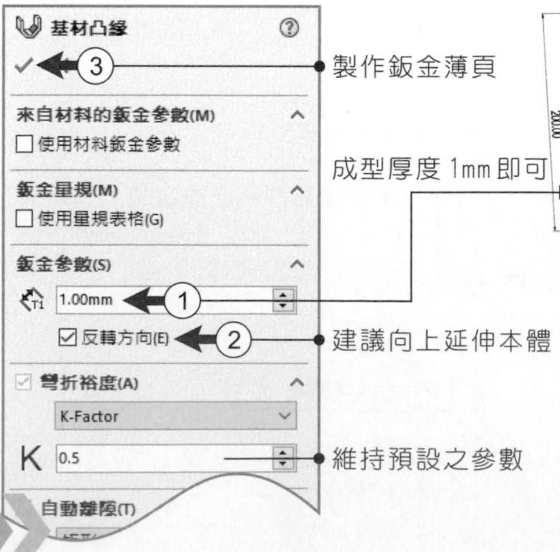
基材凸緣
3
製作鈑金薄頁
來自材料的鈑金參數(M)
使用材料鈑金參數
鈑金量規(M)
使用量規表格(G)
鈑金參數(S)
1.00mm
1
成型厚度 1mm 即可
反轉方向(E)
2
建議向上延伸本體
彎折裕度(A)
K-Factor
K
0.5
維持預設之參數
自動離隙(T)

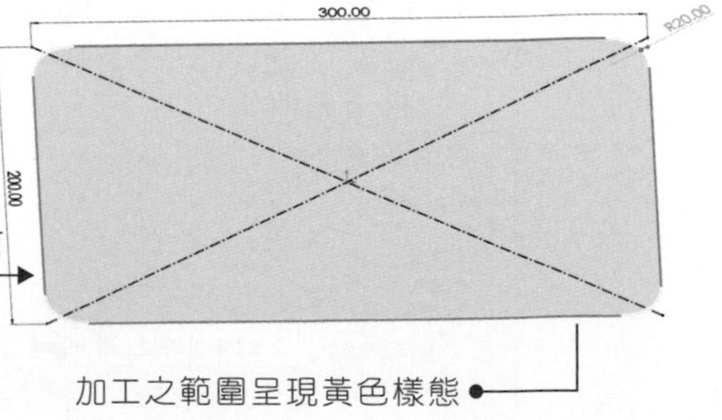
300.00
R20.00
200.00
加工之範圍呈現黃色樣態

當四邊形輪廓定義後即啟用【:基材凸緣】指令。「鈑金參數」先概略輸入 1mm 的厚度。

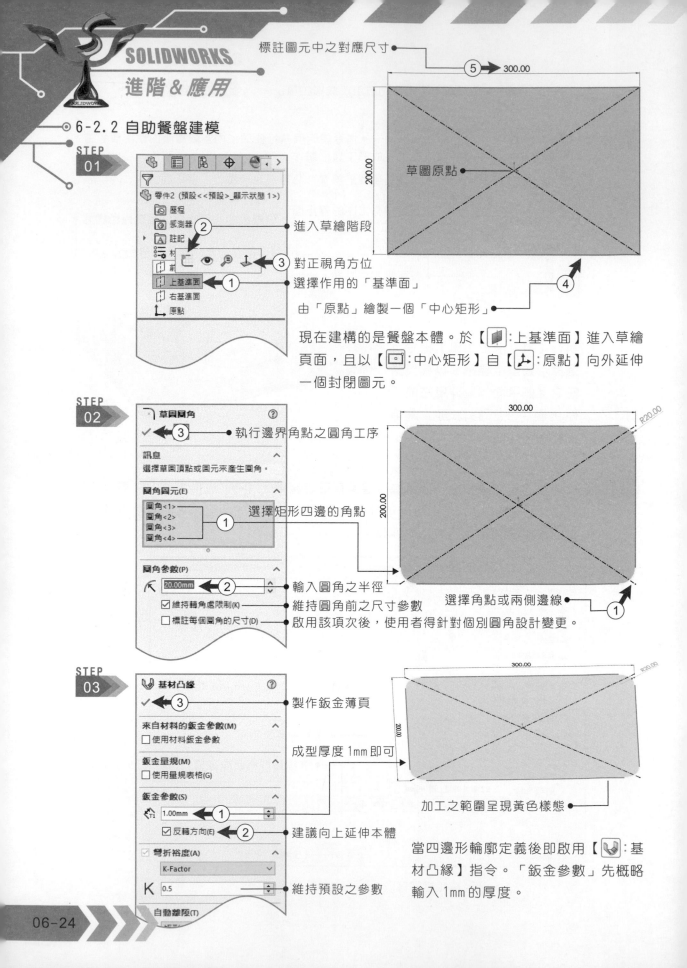

STEP 04

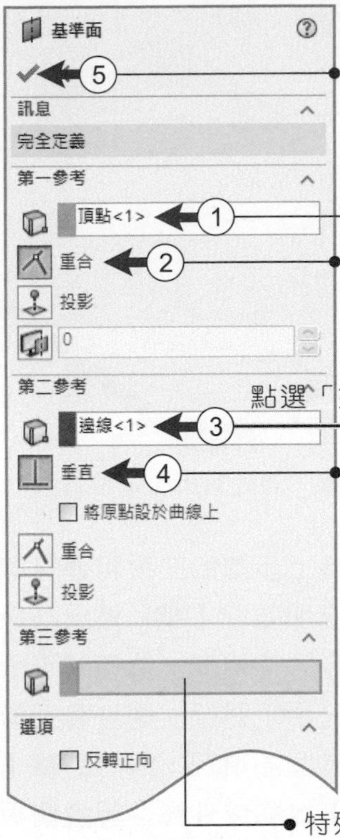

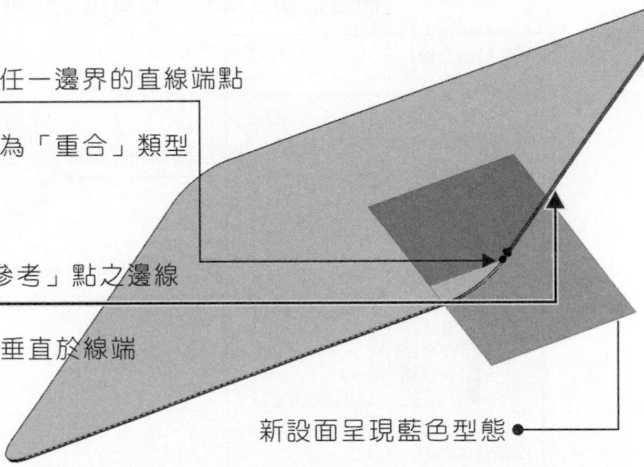

續接的進程是製作餐盤側向邊界的薄頁。啟用【基準面】功能指令，且設置「第一參考」暨「第二參考」項次（順序可互換）。

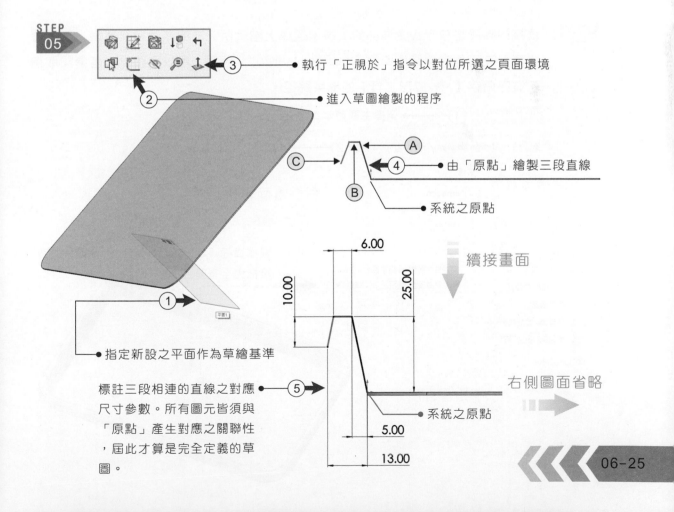

STEP 05

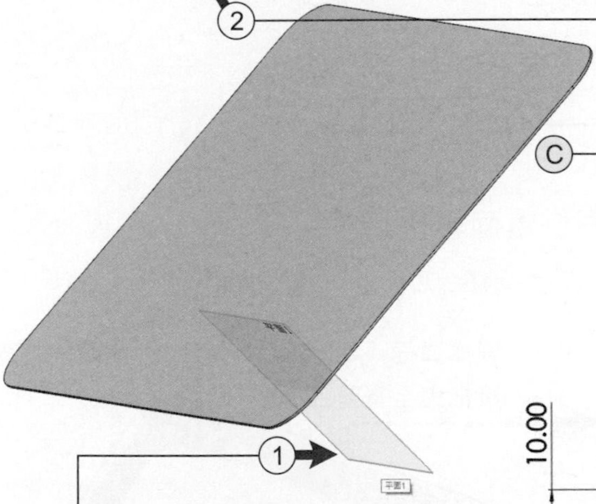

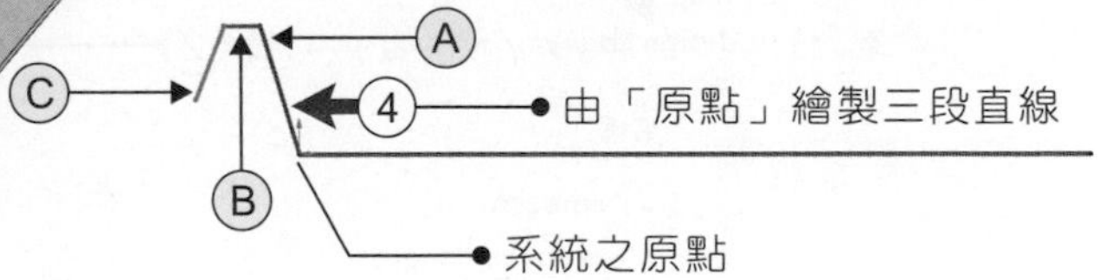

續接畫面

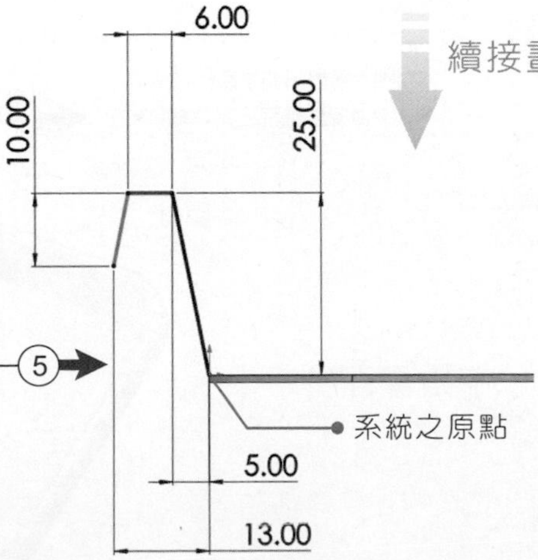

右側圖面省略

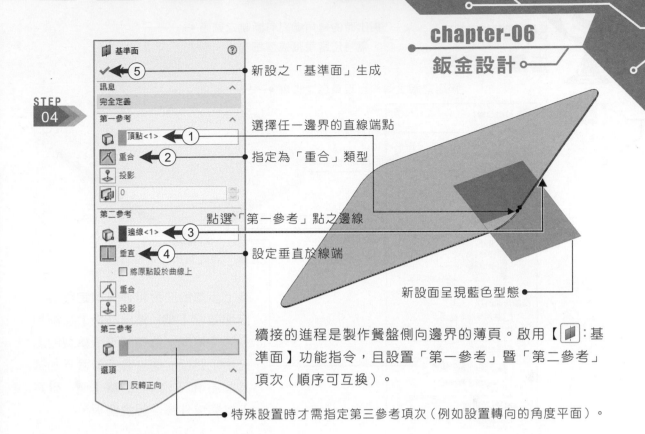

STEP 06

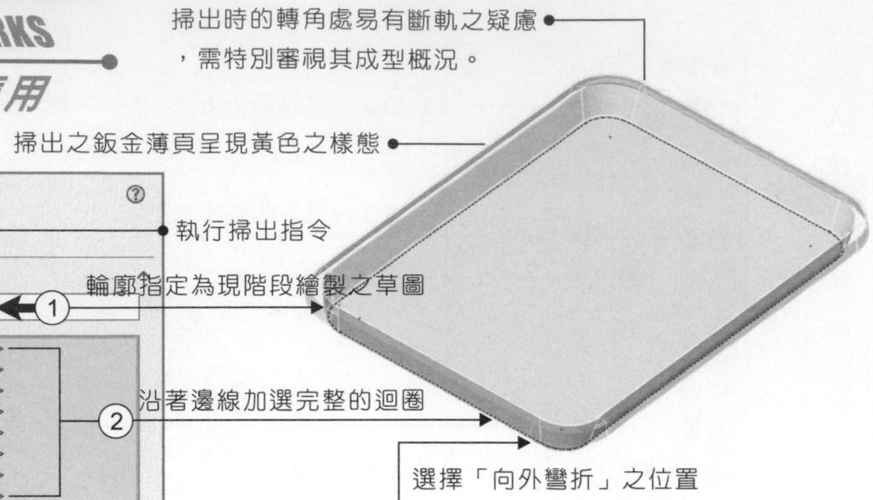
掃出時的轉角處易有斷軌之疑慮
，需特別審視其成型概況。
掃出之鈑金薄頁呈現黃色之樣態
選擇「向外彎折」之位置

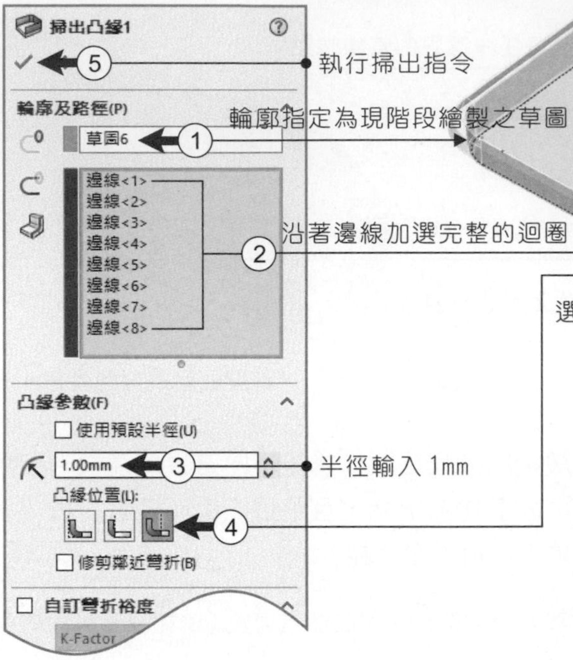
掃出凸緣1
5
執行掃出指令
輪廓及路徑(P)
草圖6
1
輪廓指定為現階段繪製之草圖
邊線<1>
邊線<2>
邊線<3>
邊線<4>
邊線<5>
邊線<6>
邊線<7>
邊線<8>
2
沿著邊線加選完整的迴圈
凸緣參數(F)
使用預設半徑(U)
1.00mm
3
半徑輸入 1mm
凸緣位置(L):
4
修剪鄰近彎折(B)
自訂彎折裕度
K-Factor

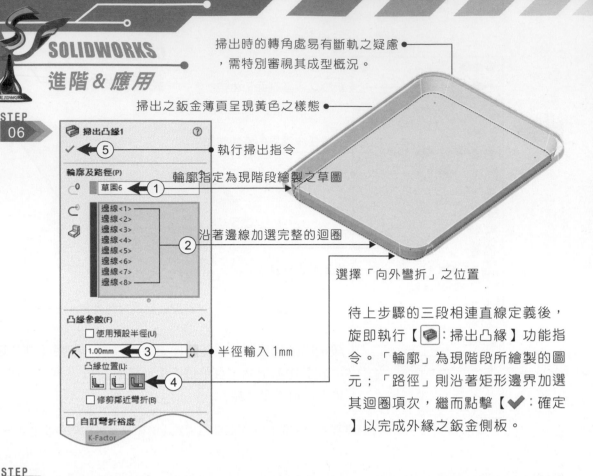

待上步驟的三段相連直線定義後，旋即執行【掃出凸緣】功能指令。「輪廓」為現階段所繪製的圖元；「路徑」則沿著矩形邊界加選其迴圈項次，繼而點擊【✔：確定】以完成外緣之鈑金側板。

STEP 07

續接的階段是執行鈑金沖凸的工序。選擇上階段所完成的沖壓模具檔案，其所屬的資料夾可能會與範例中的「Design Library」迥異，所以軟體操作者須記取自己彼時儲存【成形工具】的檔案路徑。

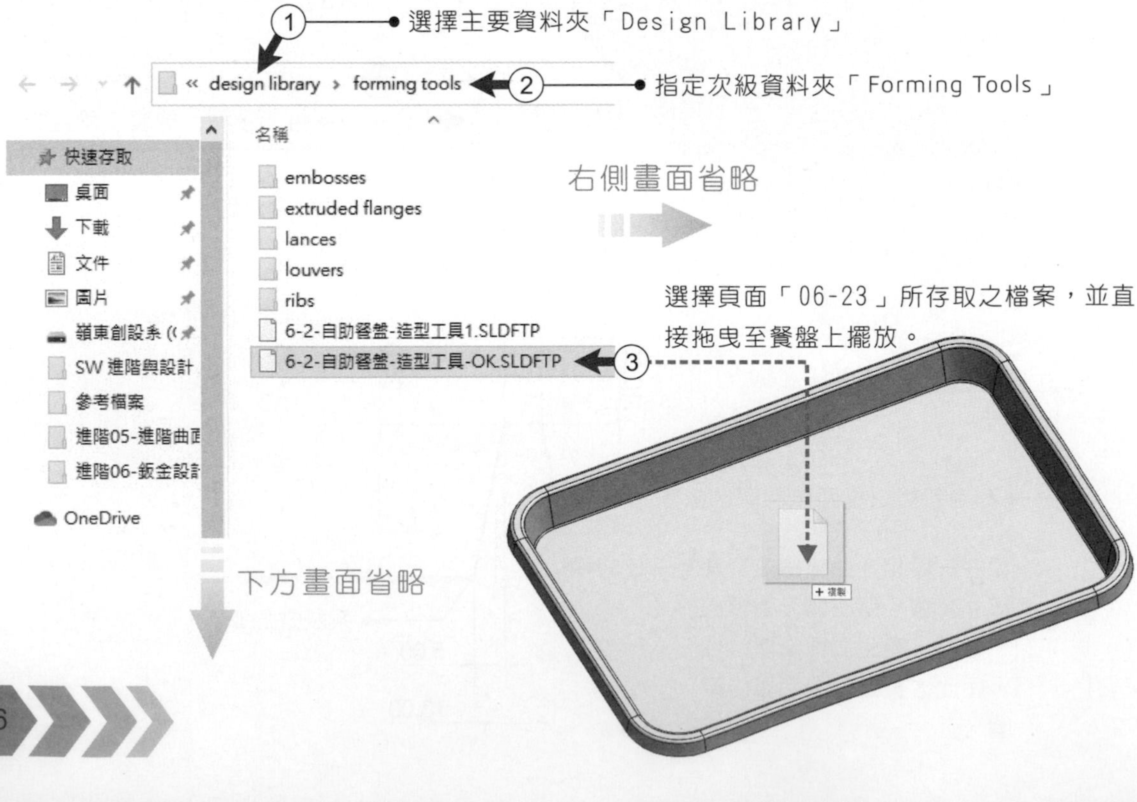
1
選擇主要資料夾「Design Library」
« design library › forming tools
2
指定次級資料夾「Forming Tools」
名稱
快速存取
桌面
下載
文件
圖片
嶺東創設系
SW 進階與設計
參考檔案
進階05-進階曲面
進階06-鈑金設計
OneDrive
embosses
extruded flanges
lances
louvers
ribs
6-2-自助餐盤-造型工具1.SLDFTP
6-2-自助餐盤-造型工具-OK.SLDFTP
3
右側畫面省略
選擇頁面「06-23」所存取之檔案，並直接拖曳至餐盤上擺放。
下方畫面省略

STEP 08

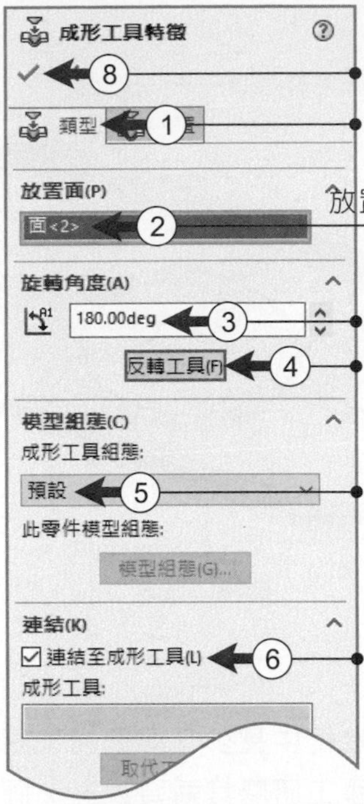

8 執行沖凸設定與程序

1 選擇「類型」項次

2 放置平面指定

3 模具擺位轉向 180 度

4 應用反轉指令以鏡像放置

5 預設之選項

6 成形工具連結至原始檔案

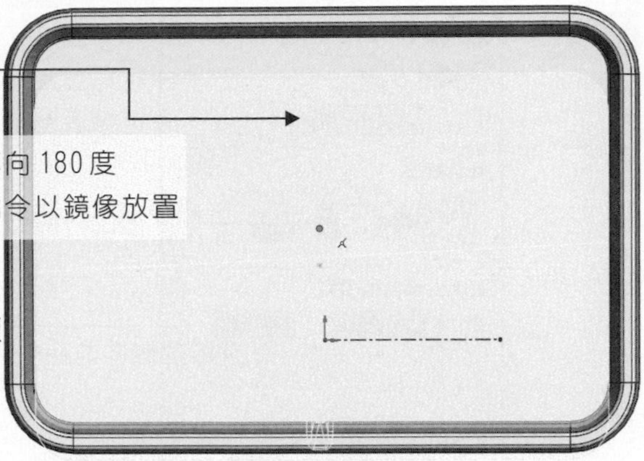

續接畫面

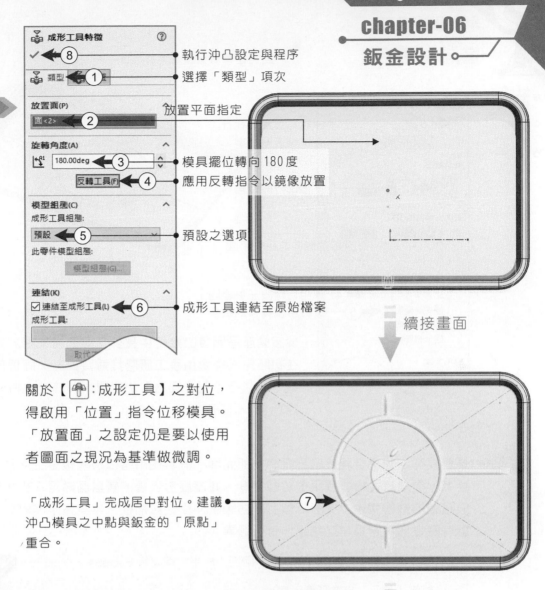

關於【 :成形工具】之對位，得啟用「位置」指令位移模具。「放置面」之設定仍是要以使用者圖面之現況為基準做微調。

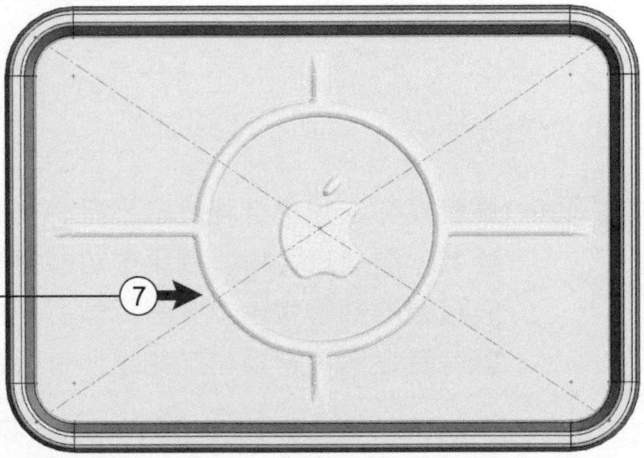

「成形工具」完成居中對位。建議沖凸模具之中點與鈑金的「原點」重合。 7

STEP 09

餐盤之建構進程在模具匯入並執行沖壓之工序後已臻至完善。如果未有設計變更之修改作為，即可進入邊界潤飾之階段。

續接畫面

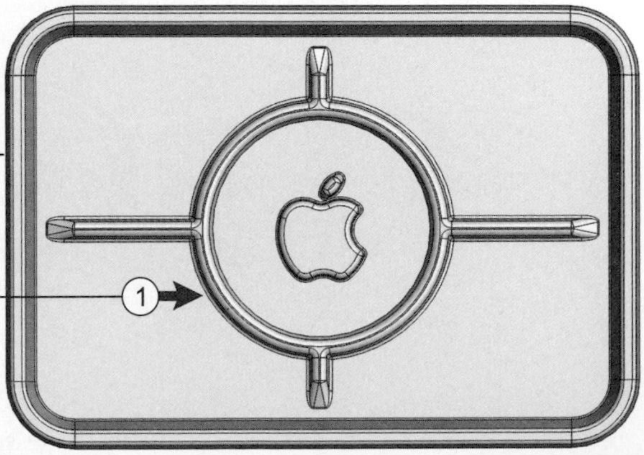

塗彩帶框線之顯示模式，對於實體邊界之檢核最具效益。

已完成沖壓模具對位的概況。其「成形工具」若需再做修改，則可於「Design Library」資料夾中開啟原始檔案，並於設計變更後回存新模具。 1

STEP 10

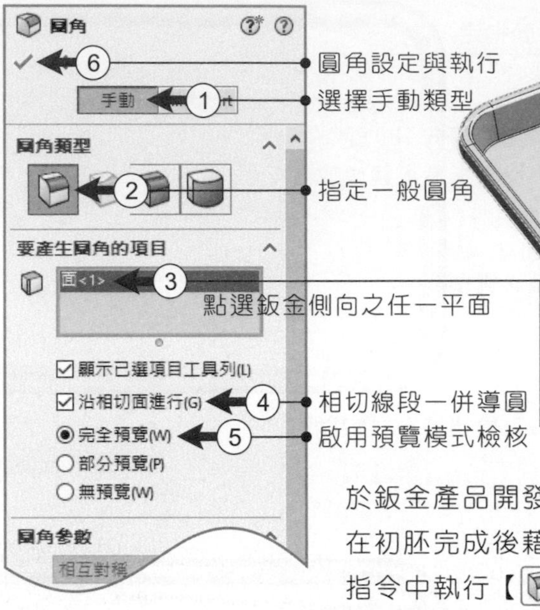

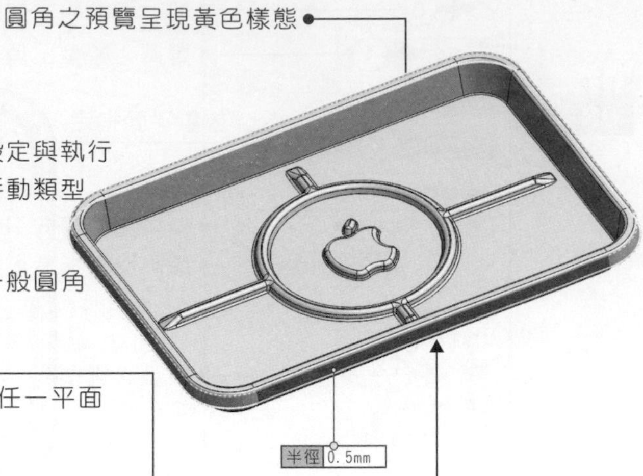

於鈑金產品開發的進程中甚少有導圓的工序，多數是在初胚完成後藉由手工研磨其薄頁銳邊。同樣於特徵指令中執行【:圓角】功能選項，其半徑概略的設定為 0.5mm 即可。

STEP 11

餐盤模型之建構進程於邊界修飾後即完備。假若使用者欲檢核鈑金工序是否有所疑慮，得執行【:展平】功能指令，將歷經彎折後的餐盤回溯至平板樣態，並與廠區的師傅藉由「參考折線」評估鈑金沖壓之可能性。畢竟電腦繪圖軟體的模擬有時會與機台操作之結果作有所迥異。

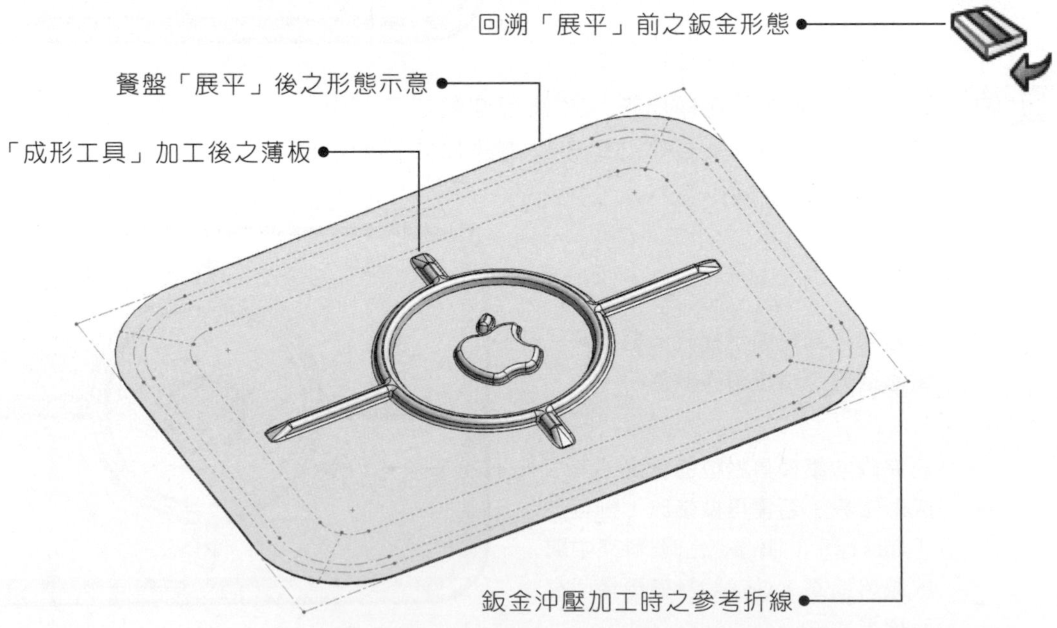

STEP 12

「自助餐盤」歷經數道的鈑金工序後已成型。使用者得藉由視角的轉換將模型細節放大檢視。在CAD屬性之軟體應用中，鈑金成型的功能指令並不多元，但卻是務實且迅捷的加工程序，如果能將繪製好的圖面【 :展平】，並向廠區現場的師傅請益各製程之差異，相信建模的技師得以在電繪軟體應用與鈑金施作上獲得寶貴的諸多建議。

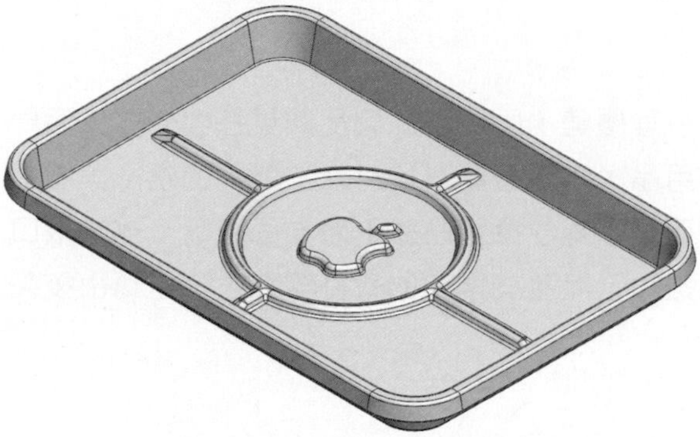

《餐盤正面等角視圖》

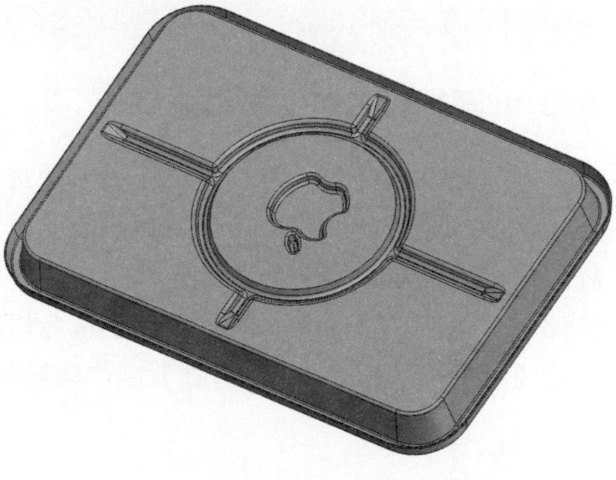

《餐盤底面等角視圖》

STEP 13

進入模型彩現程序：透過Solidworks之附加模組【 Photoview360】編輯模型【 :外觀】與【 :全景】；速食餐盤的質材多數是金屬、塑膠或紙料，繪圖者得依自己的觀感設置暨定義。下方為餐盤模型融合素色場景之渲染完成圖照。

《自助餐盤彩現完成圖》

6-3 鈑金面紙盒

⊙ 要點提醒　本範例為綠色版參考教學檔 -- 請學習者使用雲端連結並下載相關之附件

本範例教學視訊檔案：SolidWorks/進階&應用/CH06目錄下/6-3 鈑金面紙盒.avi
本範例製作完成檔案：SolidWorks/進階&應用/CH06目錄下/6-3 鈑金面紙盒.SLDPRT

6-3.1 面紙盒鈑金工序

鈑金因成型工序簡單、質材耐用、造價便宜……等優勢，所以加工製品顯見在我們的生活周遭。「鈑金面紙盒」是極具質感與品味的日常用品，它有著塑料質材無法取代的精緻美感。就建構進程而言，矩形的鈑金薄頁生成後，繼而以【:邊線凸緣】製作面紙盒上側抽取口的部份，續接執行【:斷開角落】指令修飾邊角；而關於鏤空的紋飾穿孔，則是藉由後製功能【展開】與【摺疊】施作與設計。

建模進程：

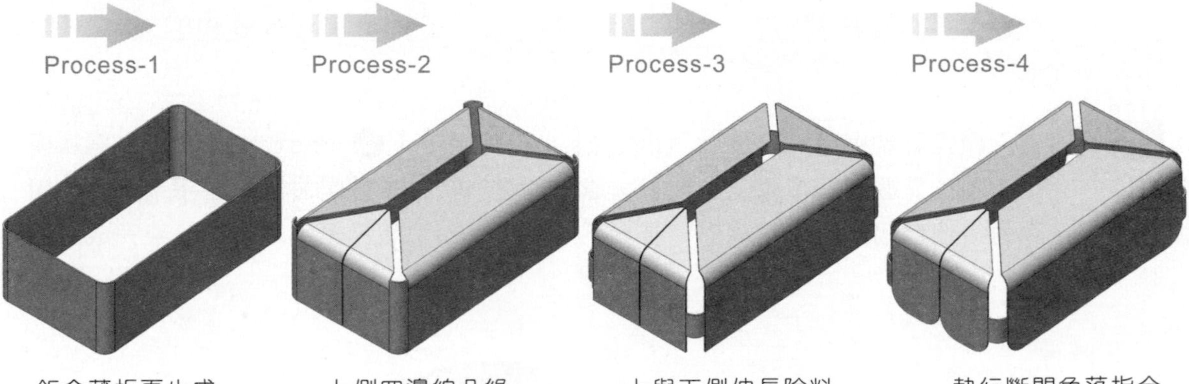

鈑金薄板頁生成　上側四邊線凸緣　上與下側伸長除料　執行斷開角落指令

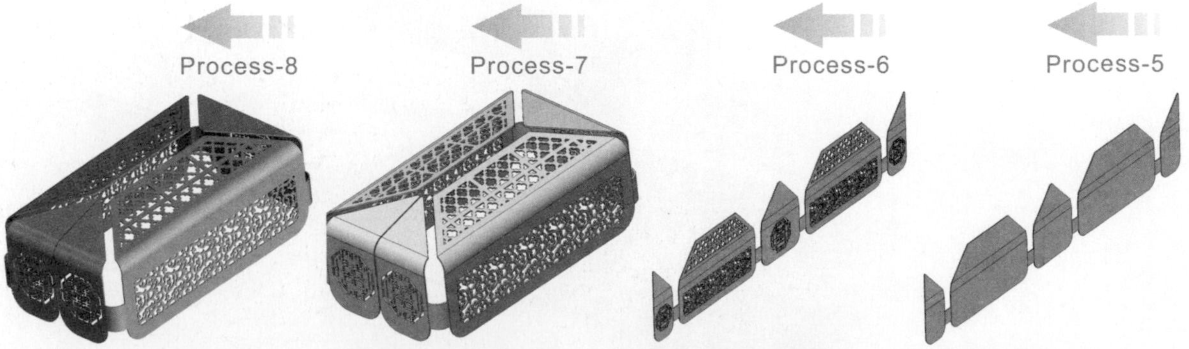

外觀貼附材質暨渲染　摺疊鈑金面紙盒　紋飾繪製與貫穿除料　展開鈑金型態成薄頁

STEP 01

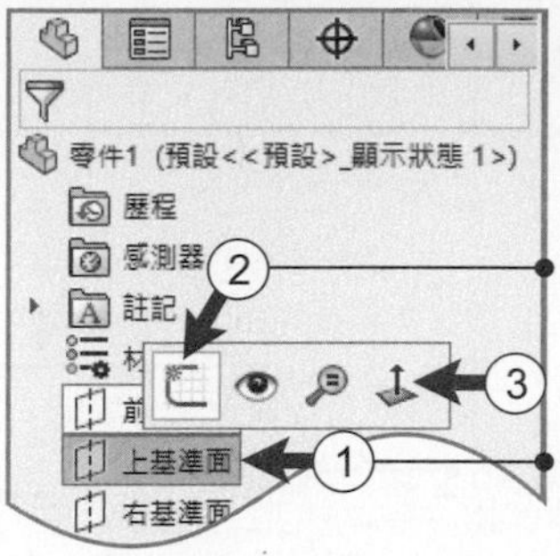

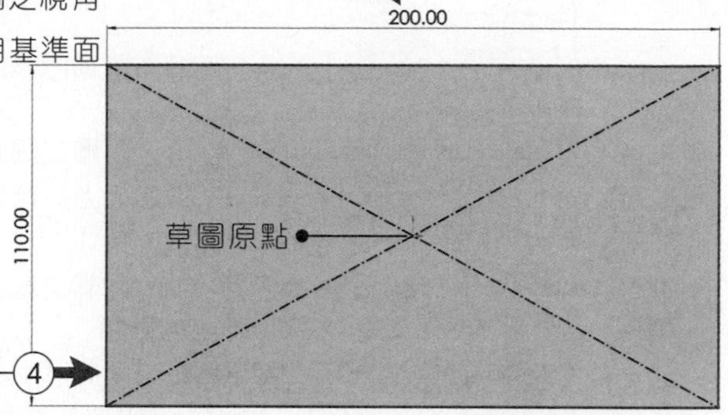

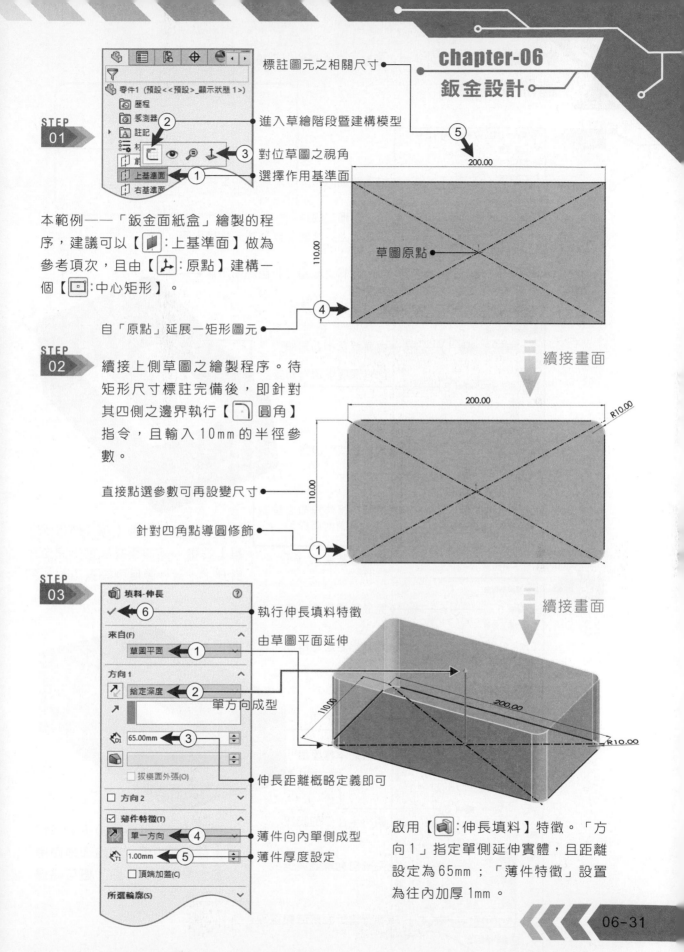

本範例——「鈑金面紙盒」繪製的程序，建議可以【:上基準面】做為參考項次，且由【:原點】建構一個【:中心矩形】。

STEP 02

續接上側草圖之繪製程序。待矩形尺寸標註完備後，即針對其四側之邊界執行【 圓角】指令，且輸入10mm的半徑參數。

續接畫面

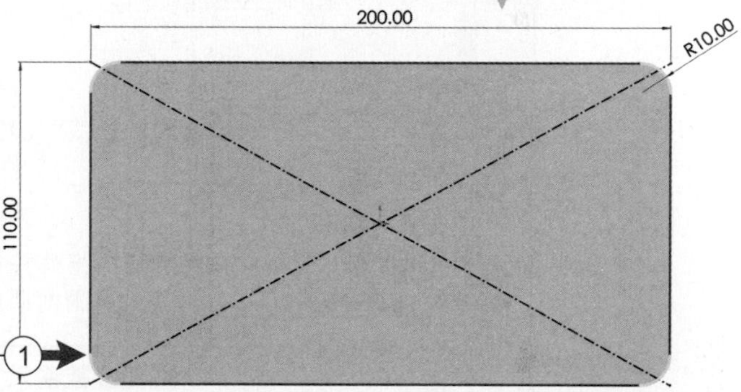

STEP 03

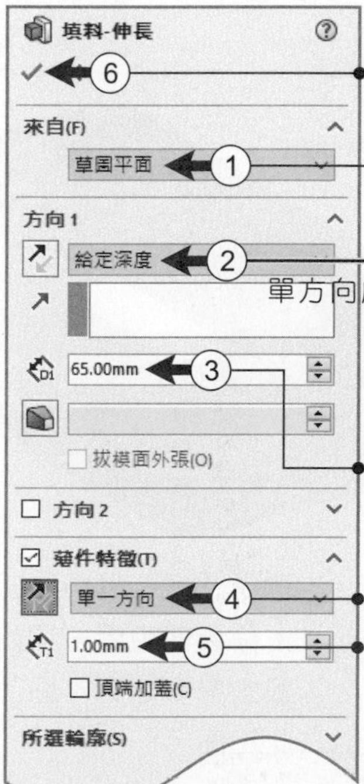

續接畫面

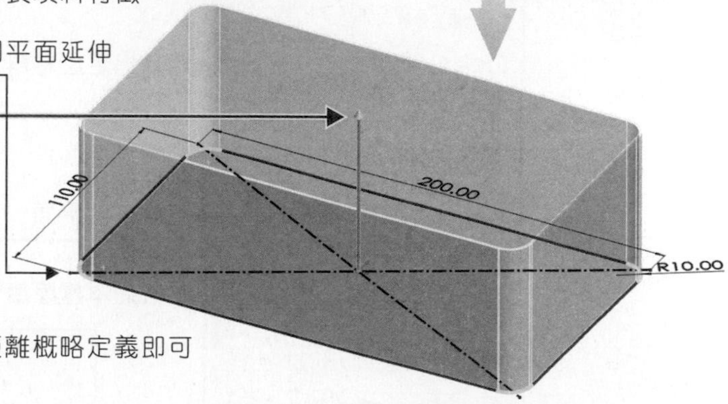

啟用【:伸長填料】特徵。「方向1」指定單側延伸實體，且距離設定為65mm；「薄件特徵」設置為往內加厚1mm。

STEP 04

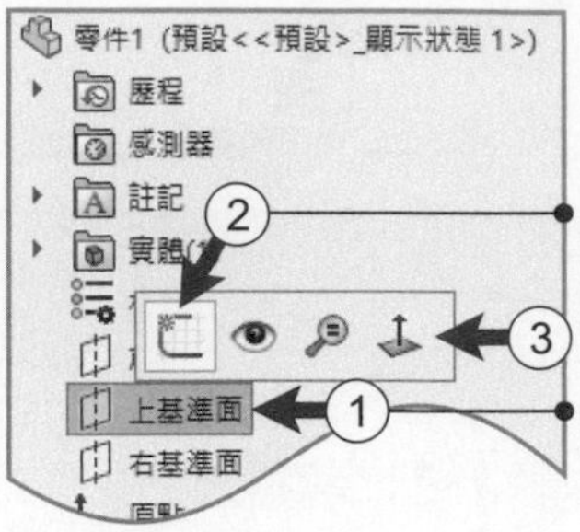

② 進入草繪階段

③ 對位草圖之視角

① 指定「上基準面」作為圖元建構範疇

由「原點」向右延伸一段貫穿本體的水平線

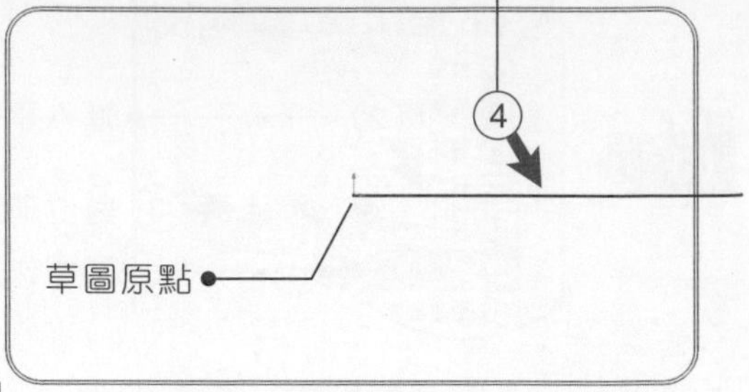

④ 草圖原點

續接畫面

STEP 05

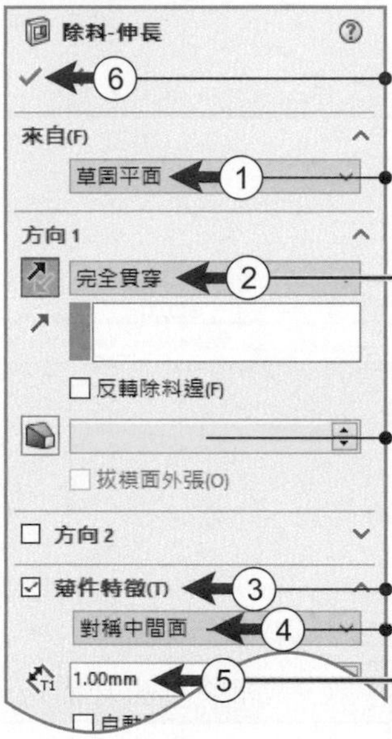

⑥ 執行除料之程序

① 由草繪基準面延伸

② 除料深度設置為貫穿

拔模角或可設定

③ 啟用「薄件特徵」項次

④ 選擇兩側對稱成型

⑤ 厚度參數輸入 1mm

除料之範圍如黃色局部示意

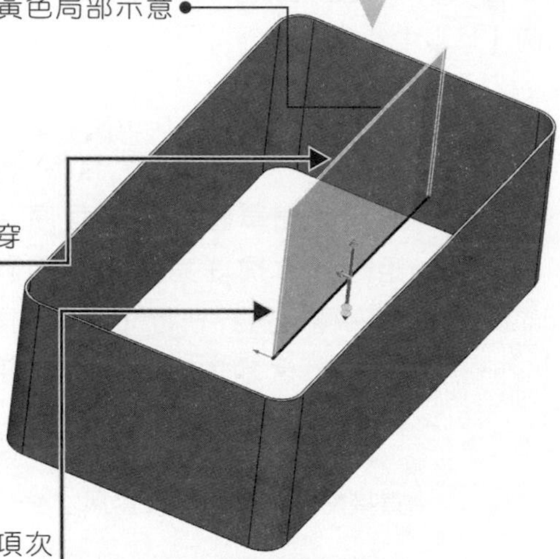

待草圖定義後啟用【 : 伸長除料】特徵。延伸距離指定「完全貫穿」；薄件厚度則設置 1mm。

STEP 06

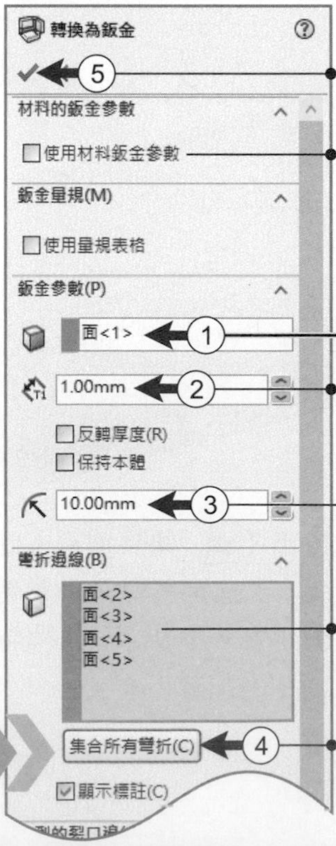

⑤ 完成實體轉換成鈑金之程序

若有指定之材料即可執行

① 選擇縱向平面

② 參數如本體厚度

③ 圓角半徑參酌設置

系統自動辨識與選取

④ 執行彎折面辨識與選取

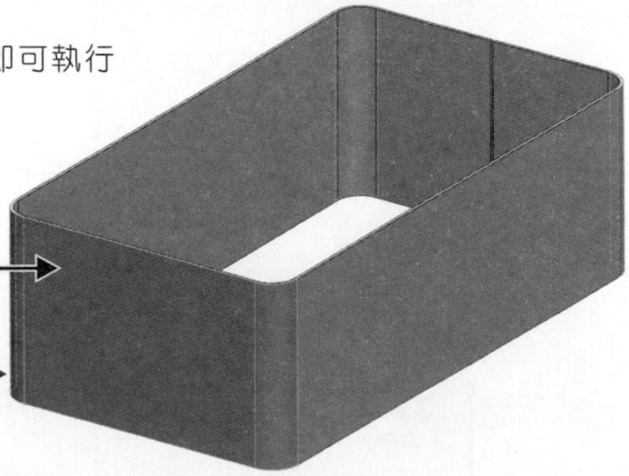

執行【 : 轉換為鈑金】進程。倘若使用者一開始即是使用鈑金指令建構本體，概可略過此工序。

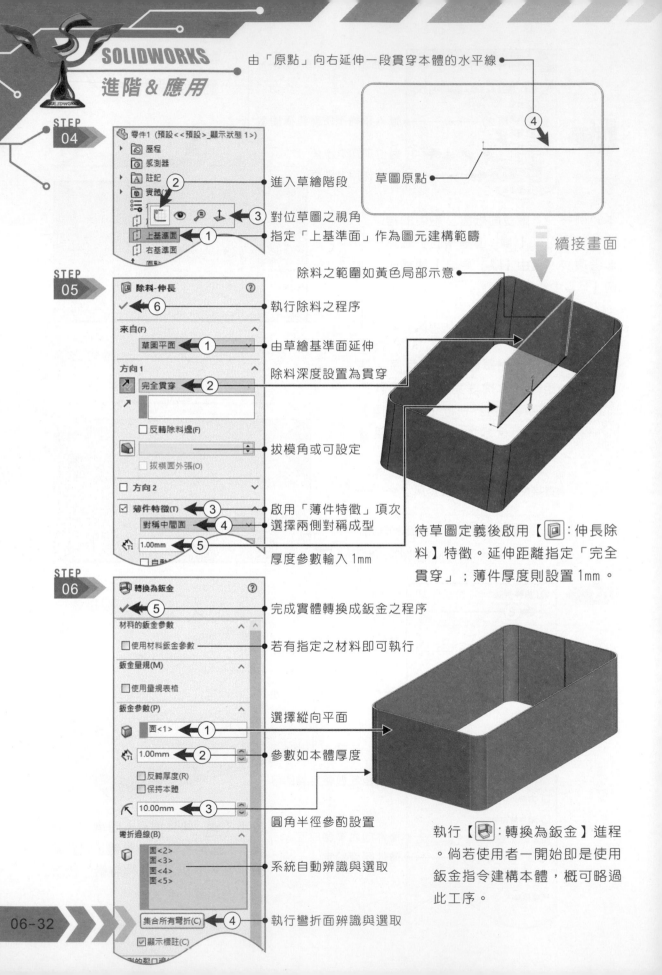

STEP 07

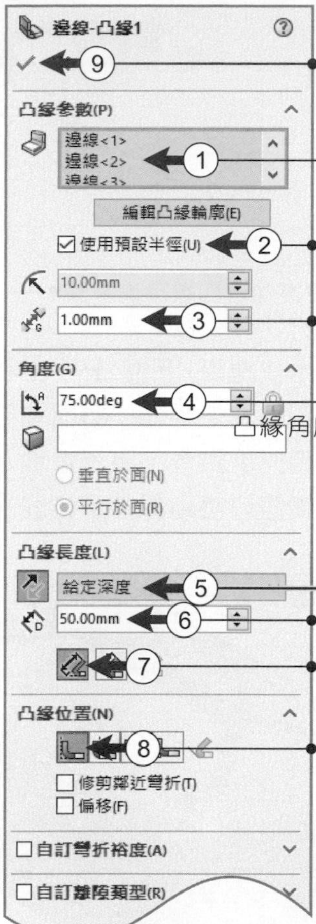
邊線-凸緣1
凸緣參數(P)
邊線<1>
邊線<2>
編輯凸緣輪廓(E)
使用預設半徑(U)
10.00mm
1.00mm
角度(G)
75.00deg
垂直於面(N)
平行於面(R)
凸緣長度(L)
給定深度
50.00mm
凸緣位置(N)
修剪鄰近彎折(T)
偏移(F)
自訂彎折裕度(A)
自訂離隙類型(R)

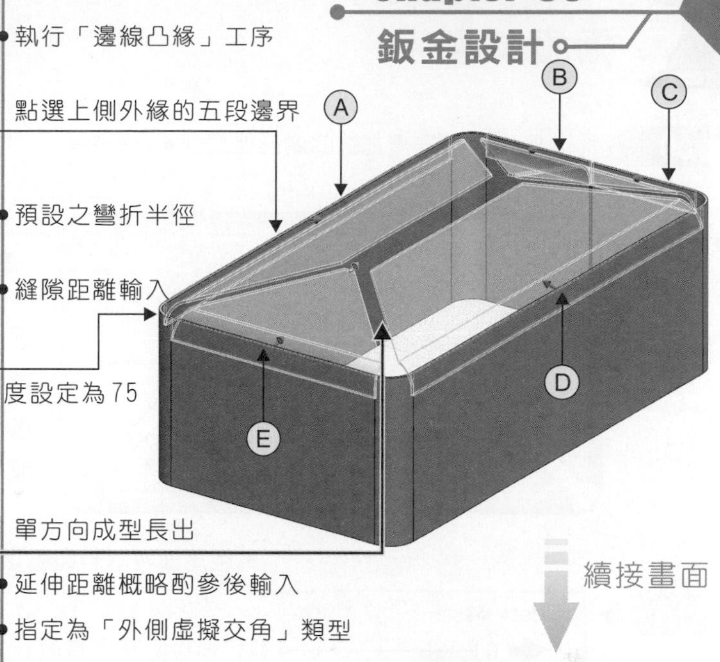
執行「邊線凸緣」工序
點選上側外緣的五段邊界
預設之彎折半徑
縫隙距離輸入
凸緣角度設定為75
單方向成型長出
延伸距離概略酌參後輸入
指定為「外側虛擬交角」類型
選擇「材料內」位移
A
B
C
D
E
續接畫面

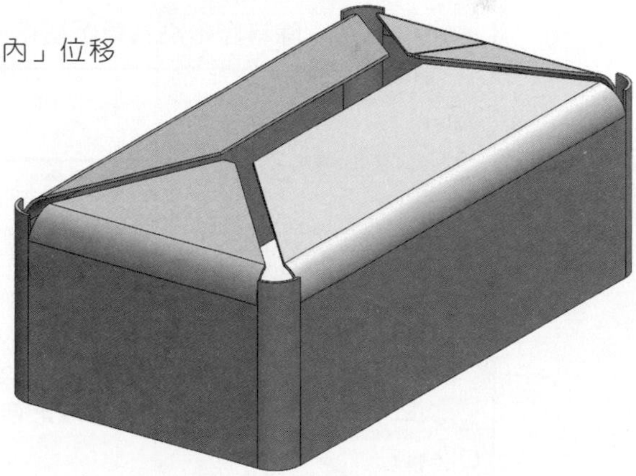

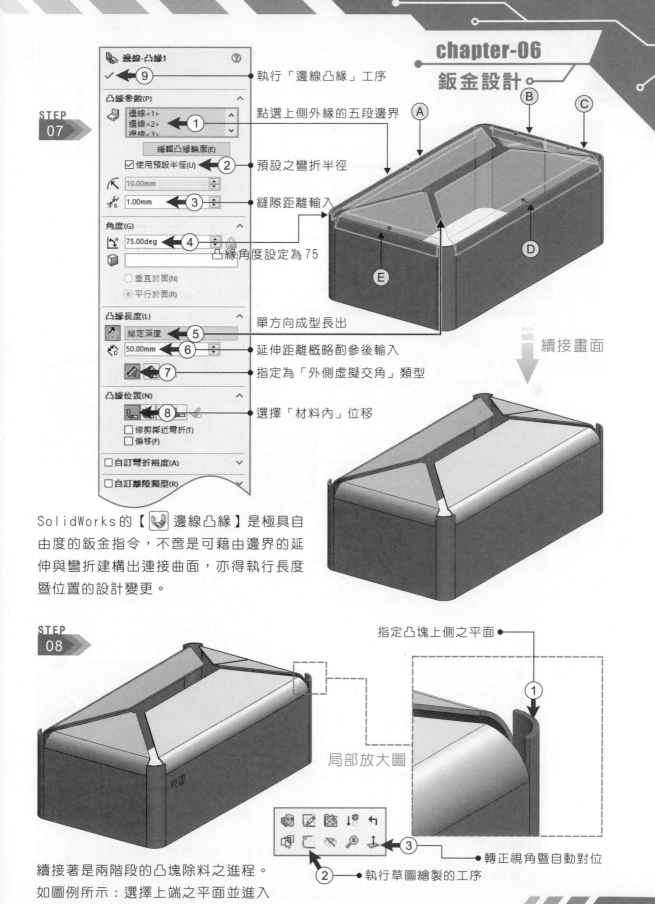

SolidWorks的【 邊線凸緣】是極具自由度的鈑金指令，不啻是可藉由邊界的延伸與彎折建構出連接曲面，亦得執行長度暨位置的設計變更。

STEP 08

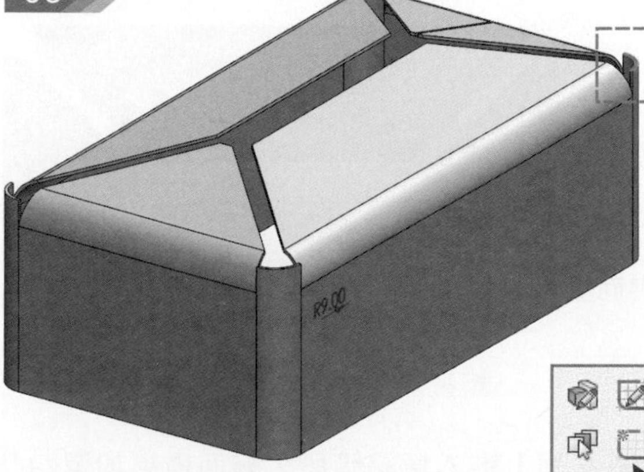

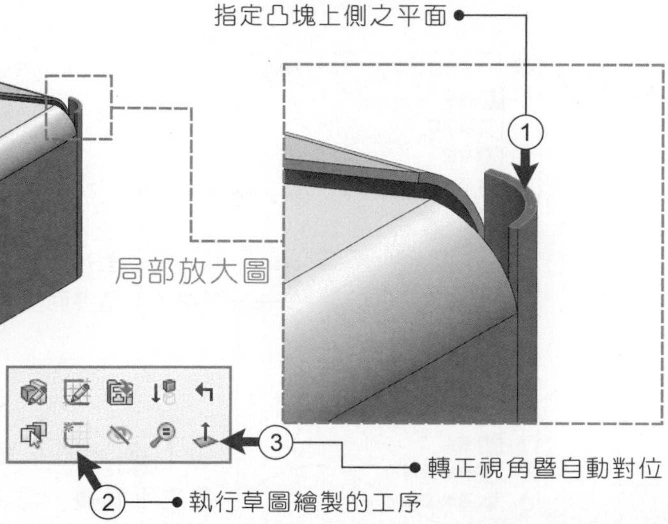
指定凸塊上側之平面
局部放大圖
轉正視角暨自動對位
執行草圖繪製的工序

續接著是兩階段的凸塊除料之進程。如圖例所示：選擇上端之平面並進入草圖繪製的環節。

STEP 09

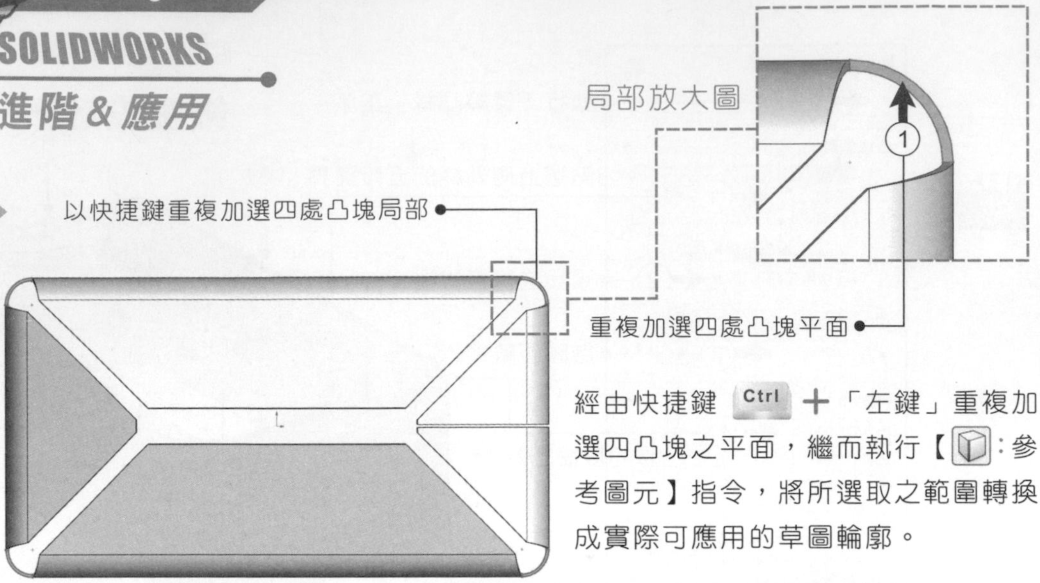
以快捷鍵重複加選四處凸塊局部
局部放大圖
①
重複加選四處凸塊平面

經由快捷鍵 Ctrl ＋「左鍵」重複加選四凸塊之平面，繼而執行【 ：參考圖元】指令，將所選取之範圍轉換成實際可應用的草圖輪廓。

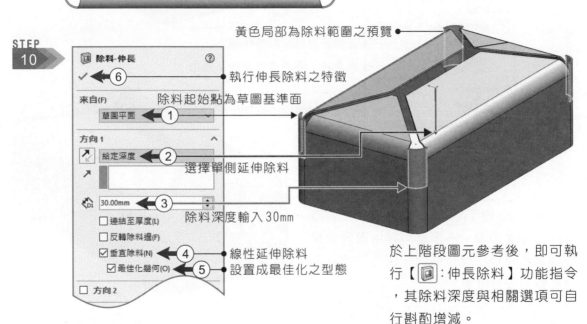

STEP 10

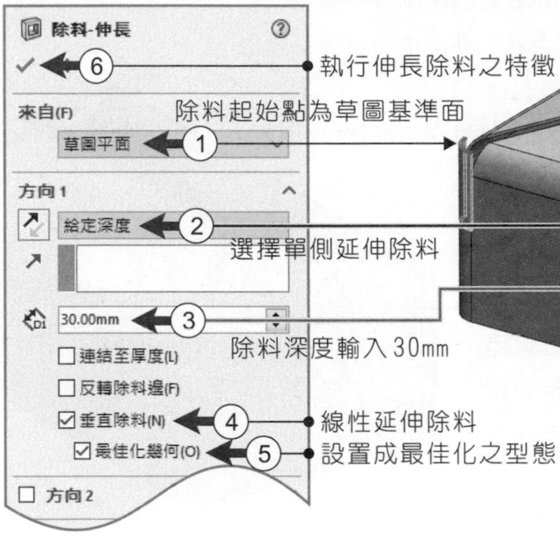
除料-伸長
⑥ 執行伸長除料之特徵
來自(F)
除料起始點為草圖基準面
草圖平面 ①
方向 1
給定深度 ②
選擇單側延伸除料
30.00mm ③
除料深度輸入30mm
連結至厚度(L)
反轉除料邊(F)
垂直除料(N) ④ 線性延伸除料
最佳化幾何(O) ⑤ 設置成最佳化之型態
方向 2

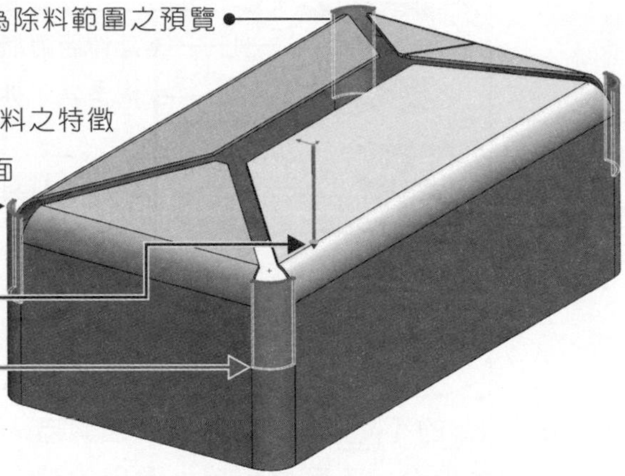
黃色局部為除料範圍之預覽

於上階段圖元參考後，即可執行【 ：伸長除料】功能指令，其除料深度與相關選項可自行斟酌增減。

STEP 11

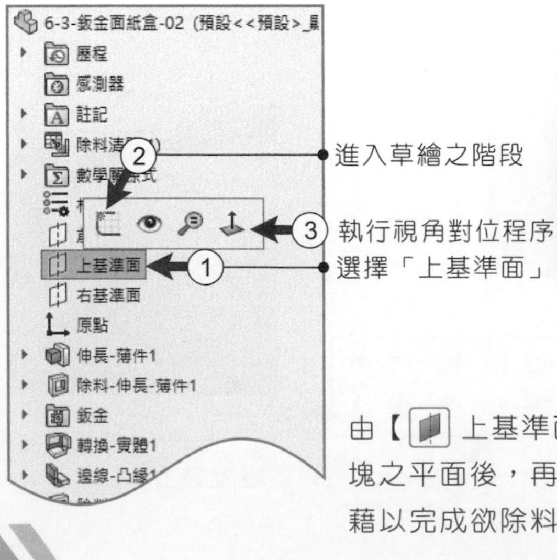
6-3-鈑金面紙盒-02 (預設<<預設>_
歷程
感測器
註記
除料清
數學關係式
上基準面
右基準面
原點
伸長-薄件1
除料-伸長-薄件1
鈑金
轉換-實體1
邊線-凸緣1
② 進入草繪之階段
③ 執行視角對位程序
① 選擇「上基準面」

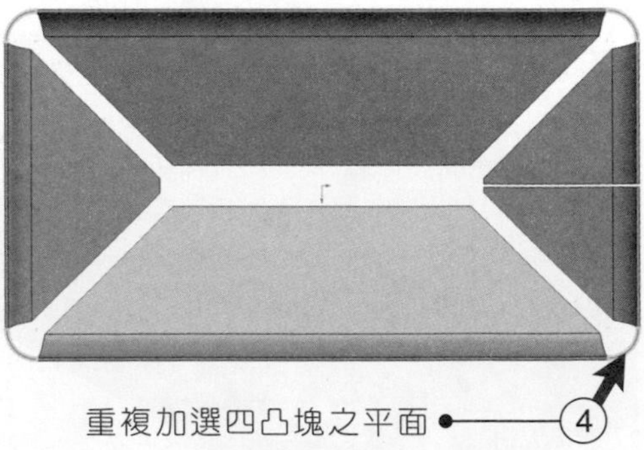
重複加選四凸塊之平面 ④

由【 上基準面】進入草繪階段，繼而重複加選四凸塊之平面後，再次執行【 參考圖元】之功能指令，藉以完成欲除料範圍的草圖輪廓。

STEP 12

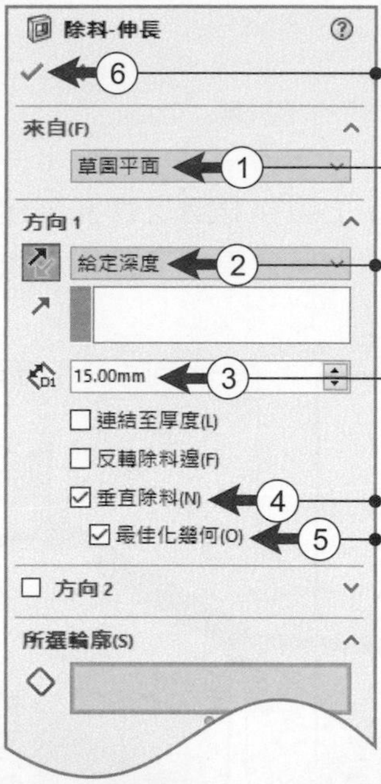

⑥ 執行「伸長除料」特徵
① 加工起始點為草繪基準面
② 選擇單側延伸除料
③ 深度參數輸入
④ 指定為線性除料
⑤ 邊界最佳化引伸

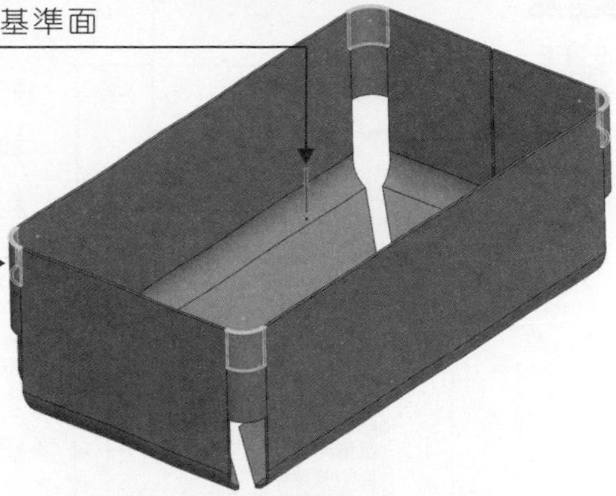

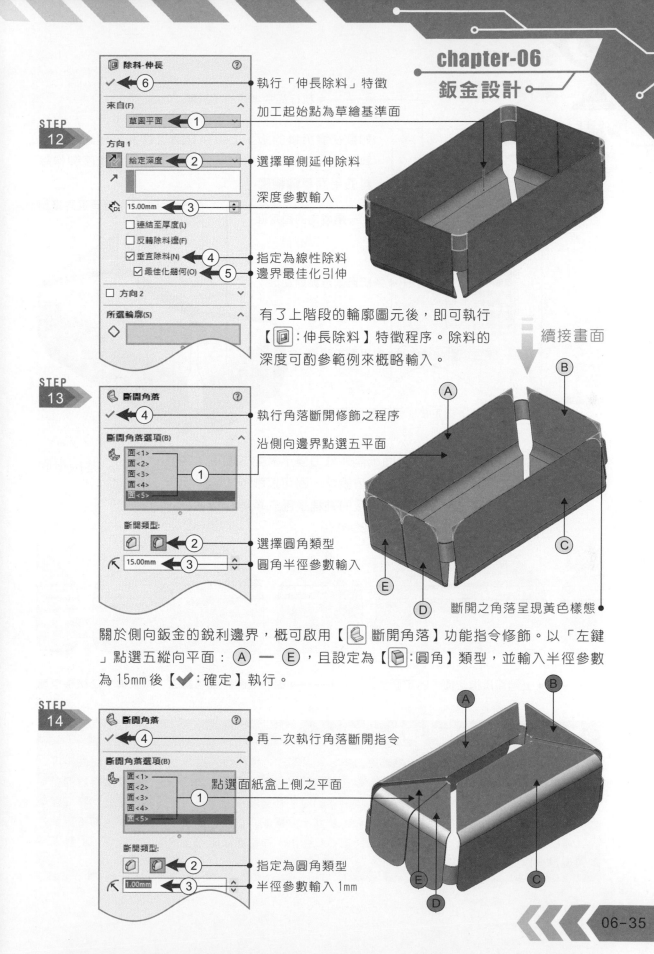

有了上階段的輪廓圖元後，即可執行【▣：伸長除料】特徵程序。除料的深度可酌參範例來概略輸入。

續接畫面

STEP 13

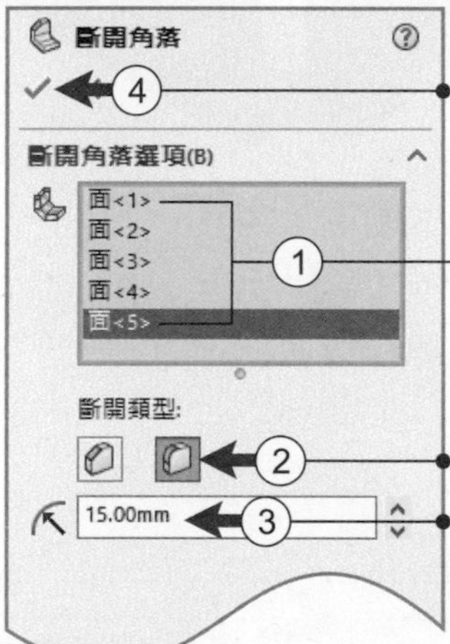

④ 執行角落斷開修飾之程序
① 沿側向邊界點選五平面
② 選擇圓角類型
③ 圓角半徑參數輸入

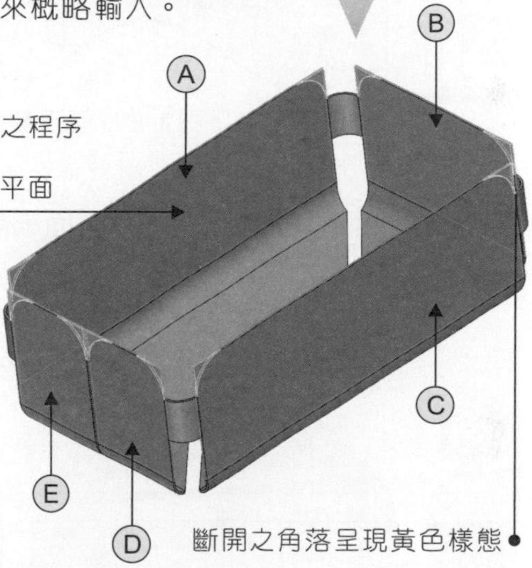

斷開之角落呈現黃色樣態

關於側向鈑金的銳利邊界，概可啟用【斷開角落】功能指令修飾。以「左鍵」點選五縱向平面：Ⓐ — Ⓔ，且設定為【：圓角】類型，並輸入半徑參數為 15mm 後【✔：確定】執行。

STEP 14

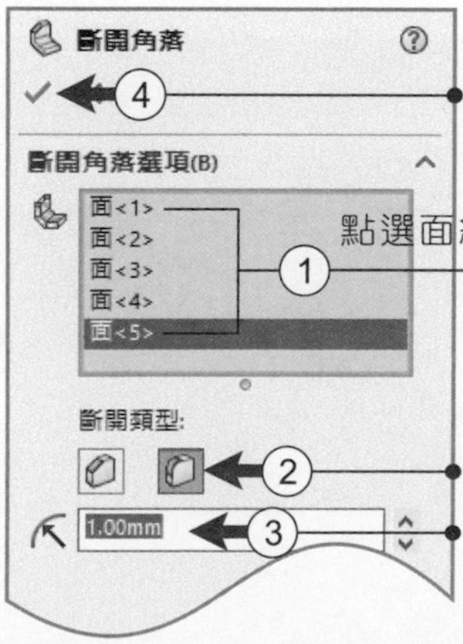

④ 再一次執行角落斷開指令
① 點選面紙盒上側之平面
② 指定為圓角類型
③ 半徑參數輸入 1mm

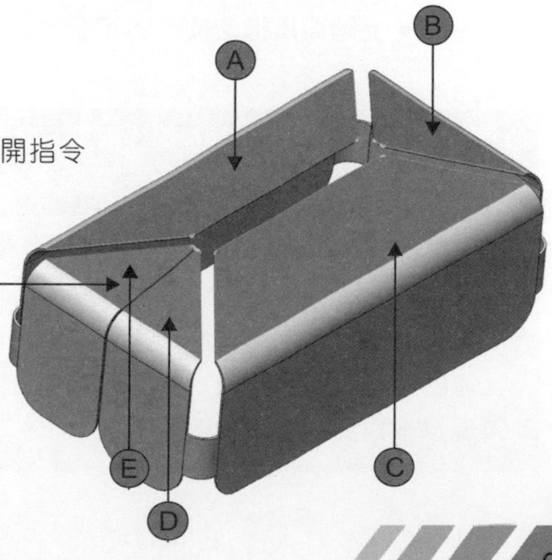

STEP 15

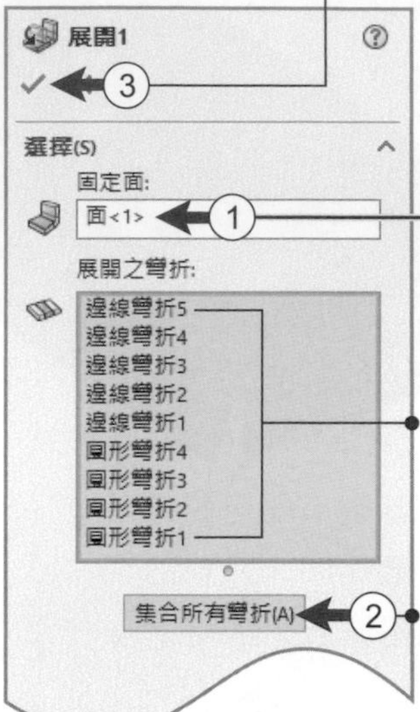

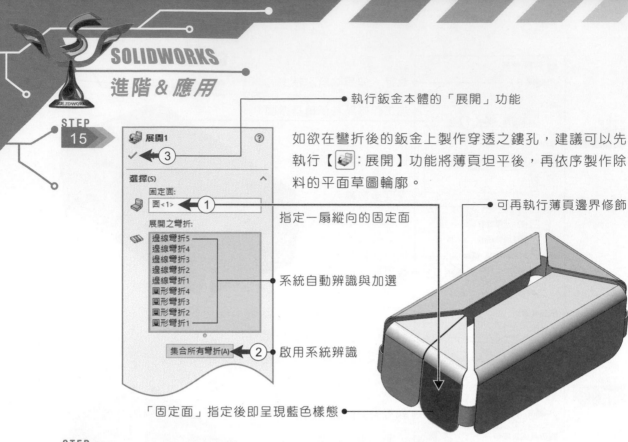

如欲在彎折後的鈑金上製作穿透之鏤孔，建議可以先執行【 :展開】功能將薄頁坦平後，再依序製作除料的平面草圖輪廓。

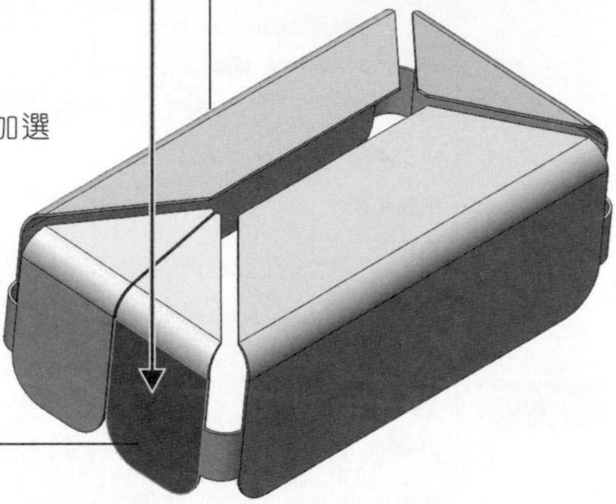

STEP 16

【 :展開】後的鈑金面紙盒外框刀模示意如下圖例。如果使用者不再針對個體進行造型設計，則可以執行【 :另存新檔】待用。「範例中」續接的進程是匯入草圖紋樣並執行【 伸長除料】的貫穿指令。

續接畫面

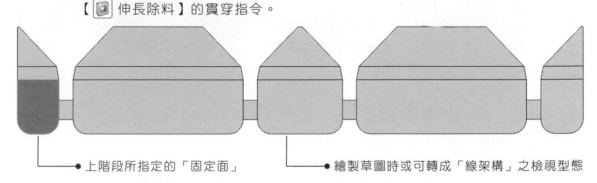

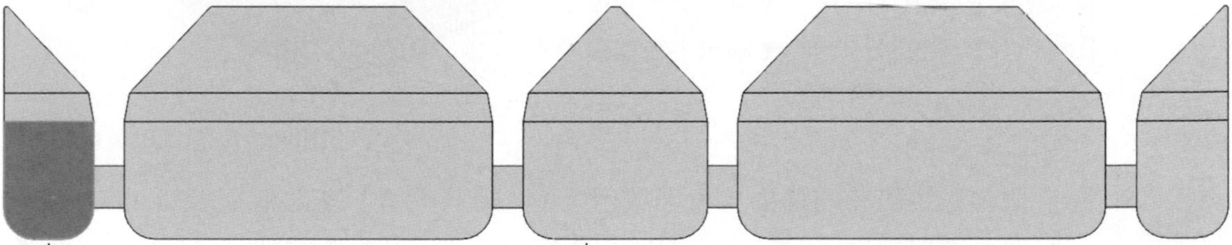

⊙要點提醒　「展開」與「展平」之差異

雖然SolidWorks鈑金功能模組中常用的指令不算繁冗，學習者大概專注在鈑金建構層面半年即可駕輕就熟。而「展開」與「展平」是初習軟體時最容易混淆的功能指令。若就最具體的差異，得釋義成：執行「展開」程序後，設計者仍可以針對坦平的薄頁進行填料或者是除料進程；且在階段性工序完備後，再經由「摺疊」功能指令構成面紙盒之型態。而「展平」卻不具備上述的功能，倒比較像是鈑金本體加工時的檢核視圖，通常設計師可透過鈑金「展平」的圖面與現場施作的師傅商榷與修改。

6-3.2 面紙盒紋飾刻畫

STEP 01

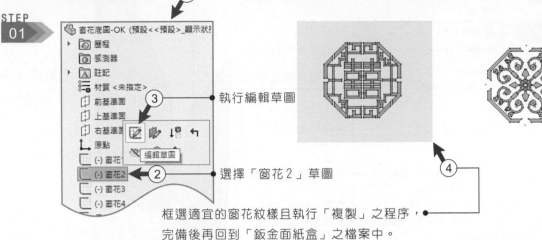

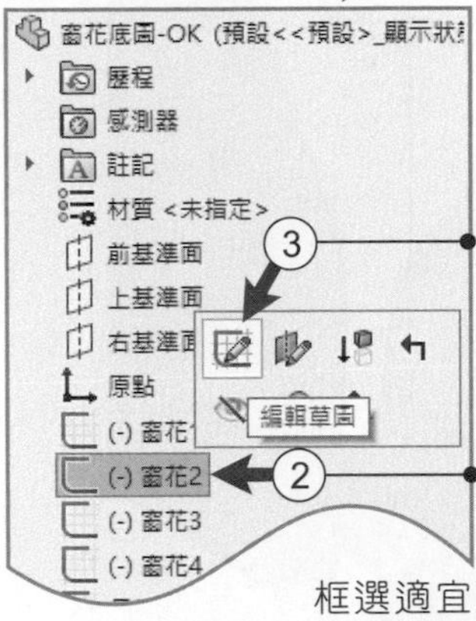

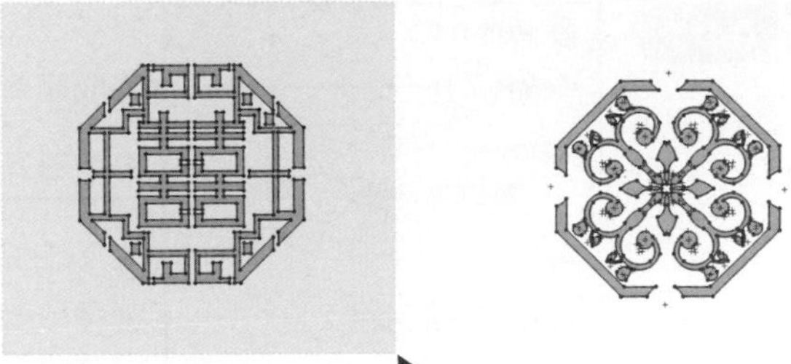

① 開啟「窗花底圖」檔案

② 選擇「窗花 2」草圖

③ 執行編輯草圖

④ 框選適宜的窗花紋樣且執行「複製」之程序，完備後再回到「鈑金面紙盒」之檔案中。

STEP 02

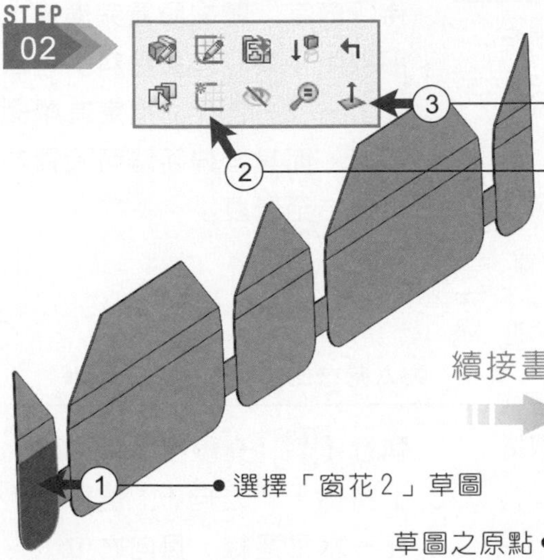

續接畫面

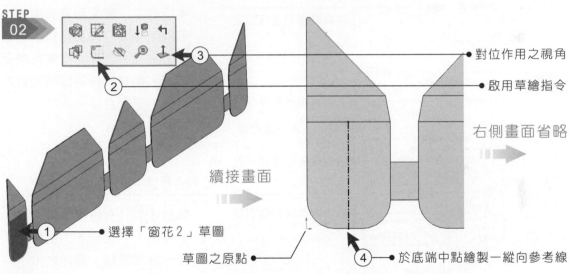

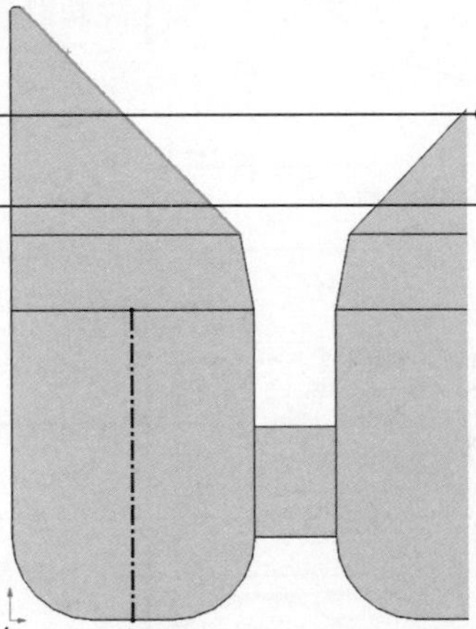

右側畫面省略

① 選擇「窗花 2」草圖

② 啟用草繪指令

③ 對位作用之視角

④ 於底端中點繪製一縱向參考線

草圖之原點

STEP 03

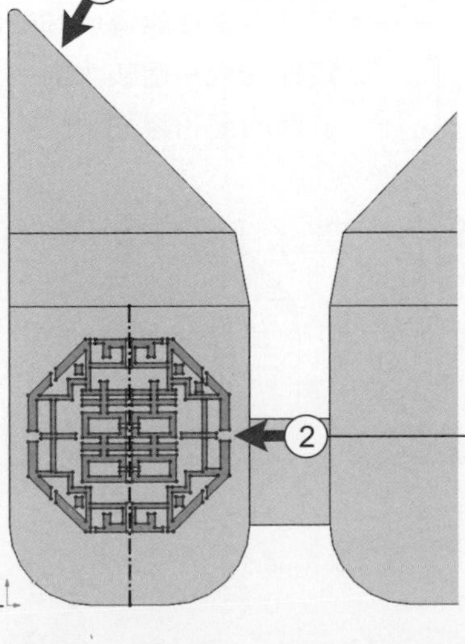

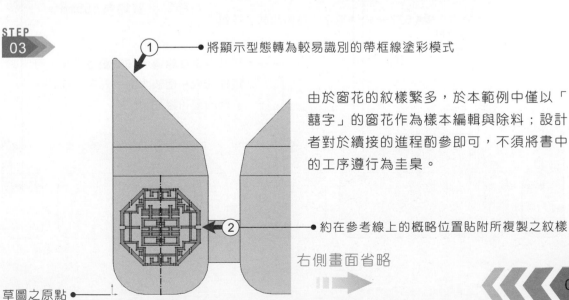

① 將顯示型態轉為較易識別的帶框線塗彩模式

由於窗花的紋樣繁多，於本範例中僅以「囍字」的窗花作為樣本編輯與除料；設計者對於續接的進程酌參即可，不須將書中的工序遵行為圭臬。

② 約在參考線上的概略位置貼附所複製之紋樣

右側畫面省略

草圖之原點

STEP 04

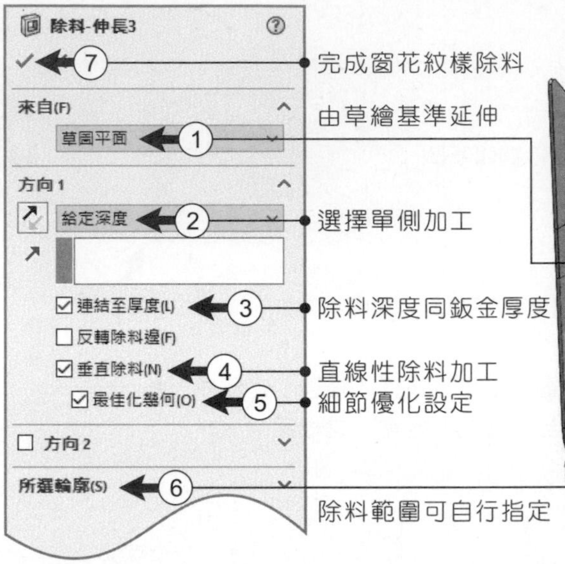
除料-伸長3
完成窗花紋樣除料
來自(F)
草圖平面
由草繪基準延伸
方向 1
給定深度
選擇單側加工
連結至厚度(L)
除料深度同鈑金厚度
反轉除料邊(F)
垂直除料(N)
直線性除料加工
最佳化幾何(O)
細節優化設定
方向 2
所選輪廓(S)
除料範圍可自行指定

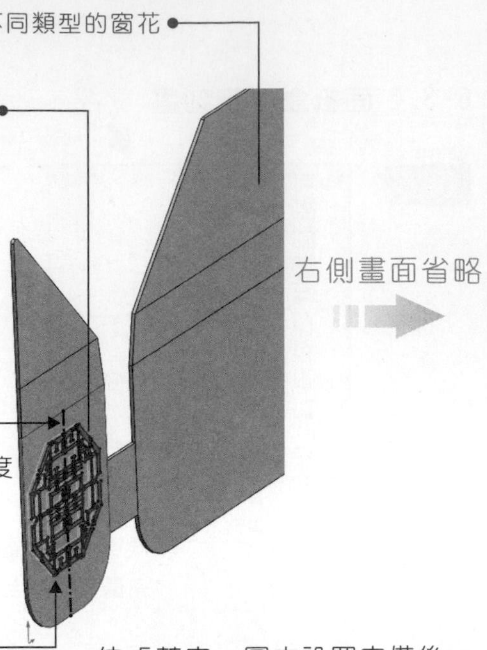
跨摺線的區塊可選用不同類型的窗花
除料之局部呈現黃色樣態
右側畫面省略

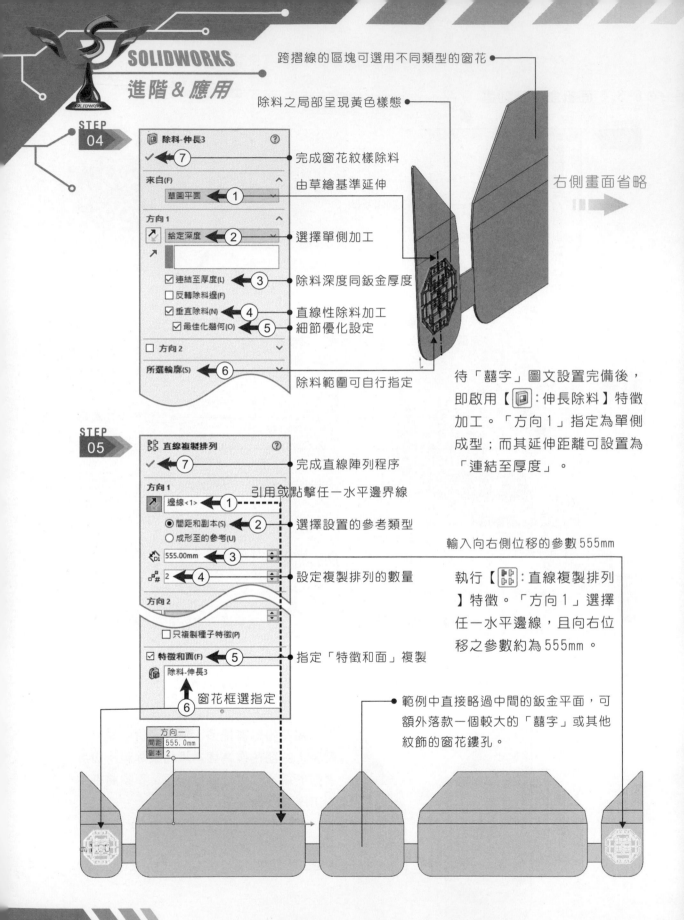

待「囍字」圖文設置完備後，即啟用【:伸長除料】特徵加工。「方向 1」指定為單側成型；而其延伸距離可設置為「連結至厚度」。

STEP 05

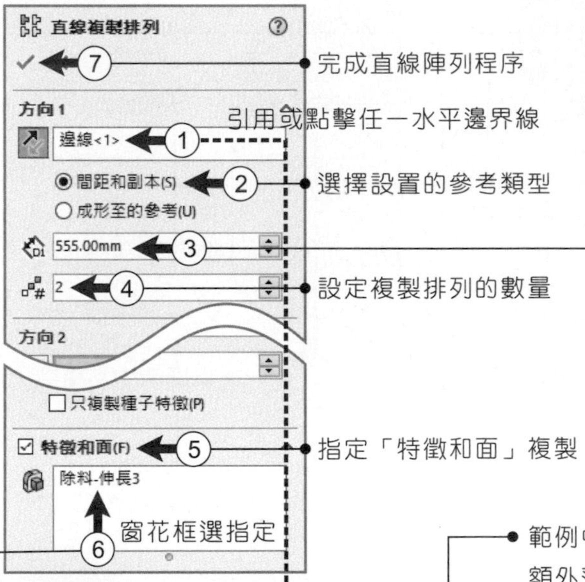
直線複製排列
完成直線陣列程序
方向 1
邊線<1>
引用或點擊任一水平邊界線
間距和副本(S)
成形至的參考(U)
選擇設置的參考類型
555.00mm
輸入向右側位移的參數 555mm
2
設定複製排列的數量
方向 2
只複製種子特徵(P)
特徵和面(F)
指定「特徵和面」複製
除料-伸長3
窗花框選指定

執行【:直線複製排列】特徵。「方向 1」選擇任一水平邊線，且向右位移之參數約為 555mm。

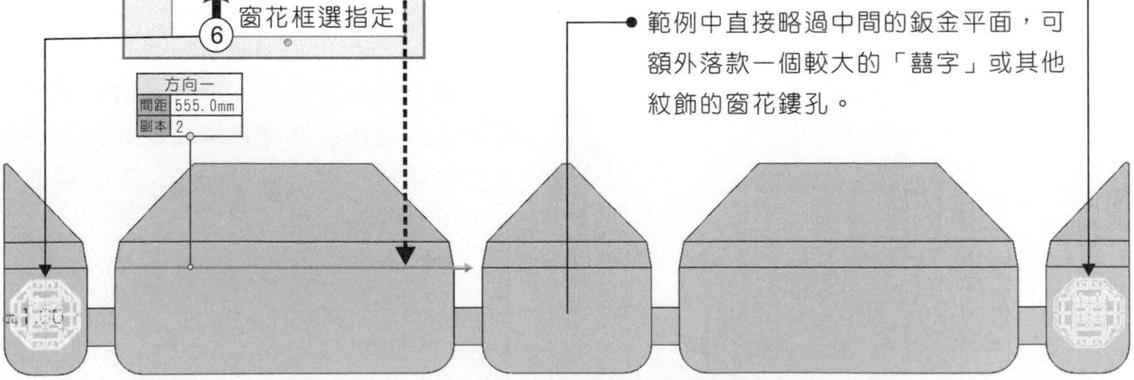
方向一
間距 555.0mm
副本 2
範例中直接略過中間的鈑金平面，可額外落款一個較大的「囍字」或其他紋飾的窗花鏤孔。

STEP 06

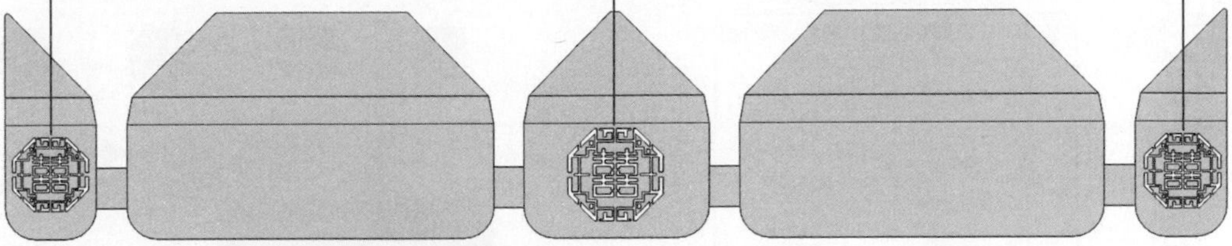
階段一所製作的窗花鏤孔
「囍字」放大 1.2 至 1.5 倍後貫穿除料
階段一之鏤孔位移複製

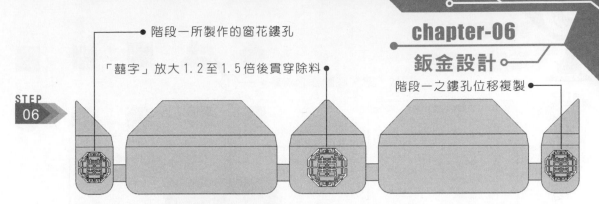

窗花的鏤孔完成【:直線複製排列】後，可以再次匯入「囍字」或其他窗花紋樣，且藉由【:縮放圖元】等比擴增輪廓範圍，並執行【:伸長除料】允以貫穿鈑金薄頁。

STEP 07

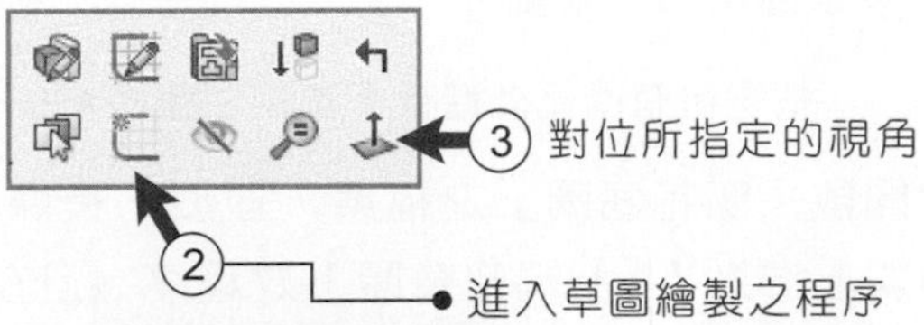
③ 對位所指定的視角
② 進入草圖繪製之程序

續接著是製作鈑金面紙盒側向的窗花紋飾。指定薄頁平面並進入草繪之程序，繼而執行【:正視於】對位所選擇的基準。

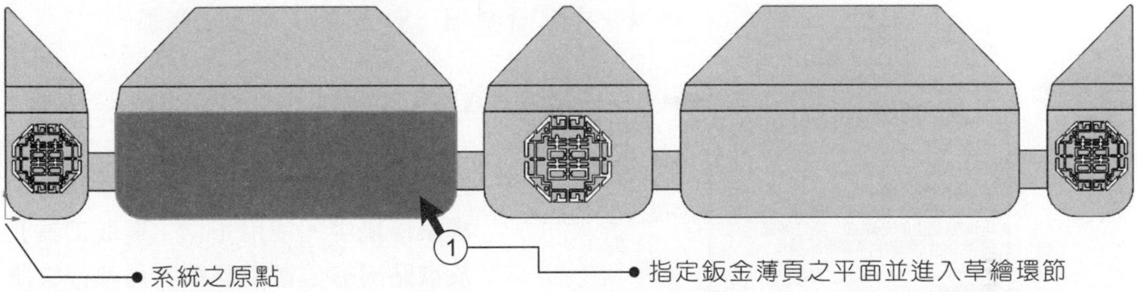
① 指定鈑金薄頁之平面並進入草繪環節
系統之原點

STEP 08

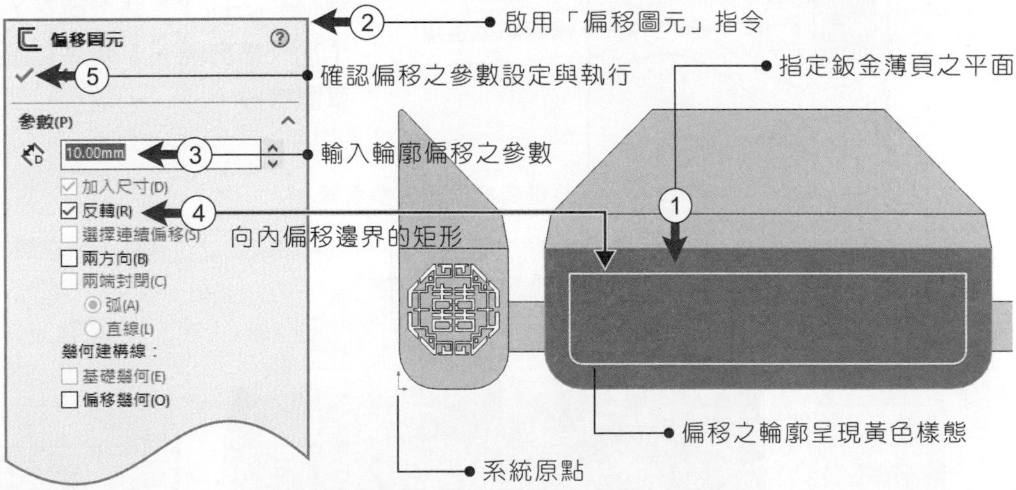
偏移圖元
② 啟用「偏移圖元」指令
⑤ 確認偏移之參數設定與執行
指定鈑金薄頁之平面
參數(P)
10.00mm
③ 輸入輪廓偏移之參數
加入尺寸(D)
反轉(R)
④ 向內偏移邊界的矩形
選擇連續偏移(S)
兩方向(B)
兩端封閉(C)
弧(A)
直線(L)
幾何建構線：
基礎幾何(E)
偏移幾何(O)
①
偏移之輪廓呈現黃色樣態
系統原點

以【:選取工具】點選鈑金薄頁之平面，並啟用【偏移圖元】之指令。其偏移的參數輸入 10mm，且設定「反轉」驅動輪廓向內側位移。現階段所形成之實線輪廓即為窗花修剪時之邊界。

STEP 09

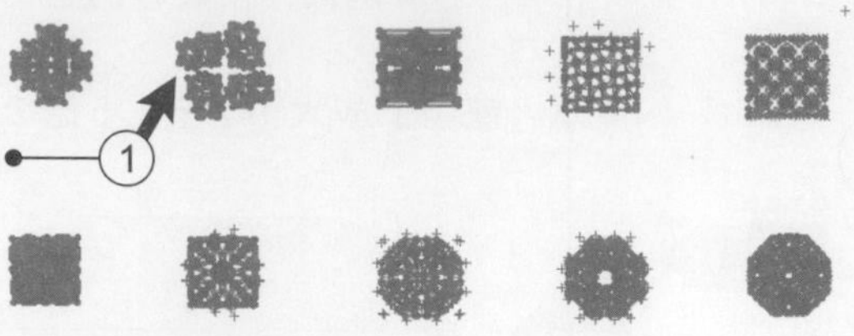

①開啟「窗花底圖」之檔案

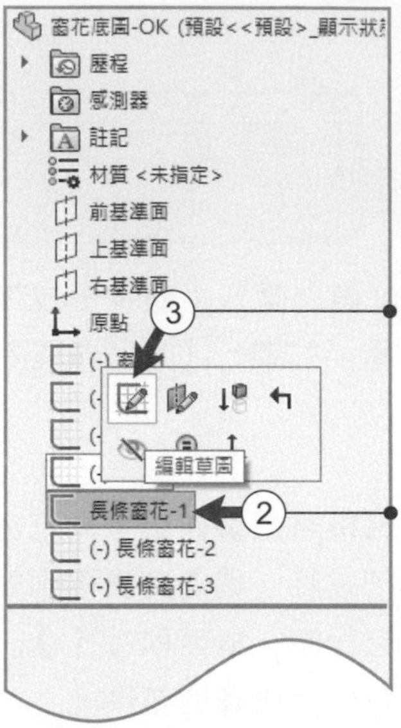
窗花底圖-OK (預設<<預設>_顯示狀
歷程
感測器
註記
材質 <未指定>
前基準面
上基準面
右基準面
原點
編輯草圖
長條窗花-1
(-) 長條窗花-2
(-) 長條窗花-3

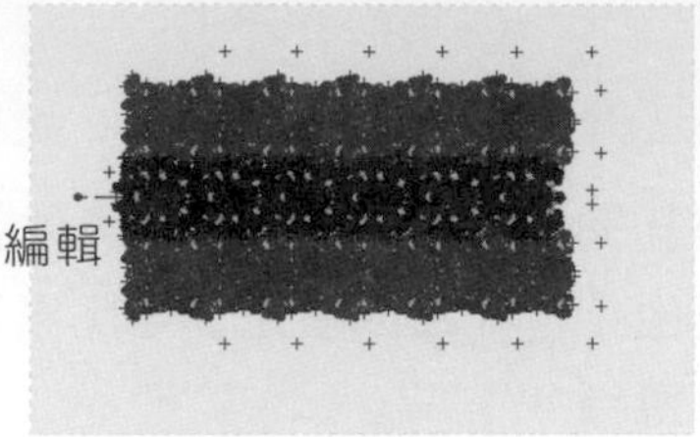

② 選擇「長條窗花 - 1」紋飾

③ 執行草圖編輯

④ 框選所有圖元後進行「複製」程序

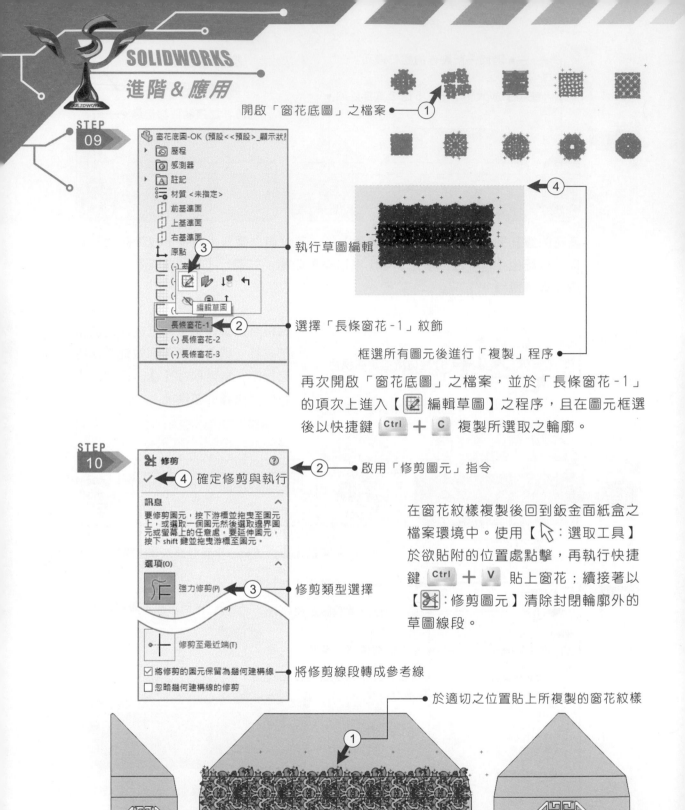

再次開啟「窗花底圖」之檔案，並於「長條窗花 - 1」的項次上進入【編輯草圖】之程序，且在圖元框選後以快捷鍵 Ctrl ＋ C 複製所選取之輪廓。

STEP 10

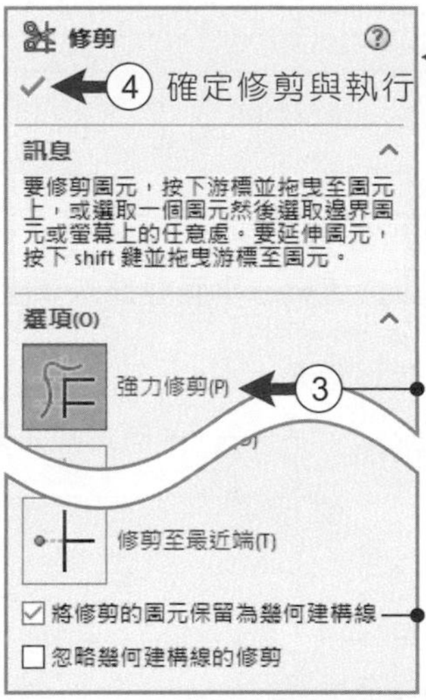
修剪
訊息
要修剪圖元，按下游標並拖曳至圖元上，或選取一個圖元然後選取邊界圖元或螢幕上的任意處。要延伸圖元，按下 shift 鍵並拖曳游標至圖元。
選項(O)
強力修剪(P)
修剪至最近端(T)
將修剪的圖元保留為幾何建構線
忽略幾何建構線的修剪

② 啟用「修剪圖元」指令

③ 修剪類型選擇

④ 確定修剪與執行

將修剪線段轉成參考線

在窗花紋樣複製後回到鈑金面紙盒之檔案環境中。使用【選取工具】於欲貼附的位置處點擊，再執行快捷鍵 Ctrl ＋ V 貼上窗花；續接著以【修剪圖元】清除封閉輪廓外的草圖線段。

① 於適切之位置貼上所複製的窗花紋樣

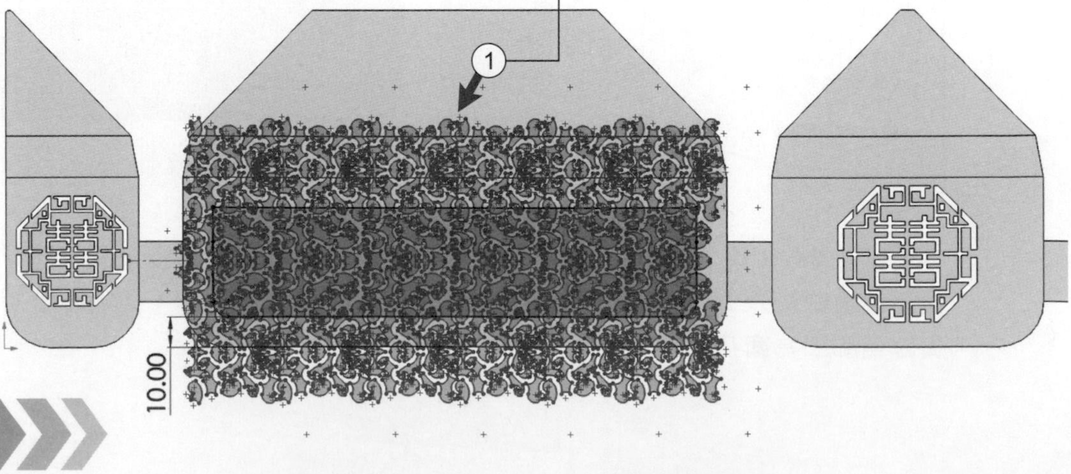
10.00

STEP 11

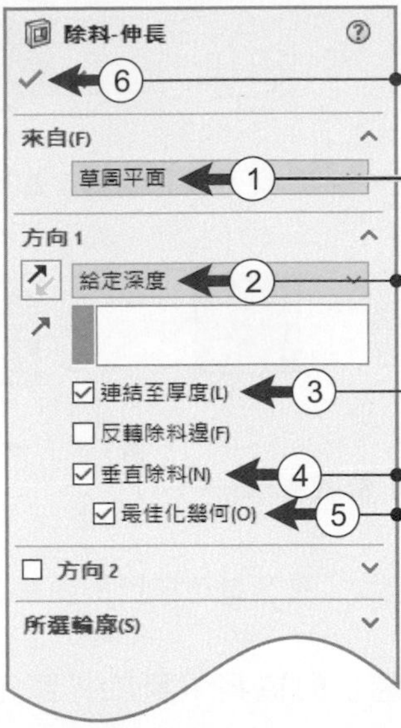
除料-伸長
6
來自(F)
草圖平面
1
方向 1
給定深度
2
連結至厚度(L)
3
反轉除料邊(F)
垂直除料(N)
4
最佳化幾何(O)
5
方向 2
所選輪廓(S)
執行窗花鏤孔處除料的程序
選擇單方向貫穿除料
加工距離同如鈑金厚度
指定為線性延伸
維持欲設選項

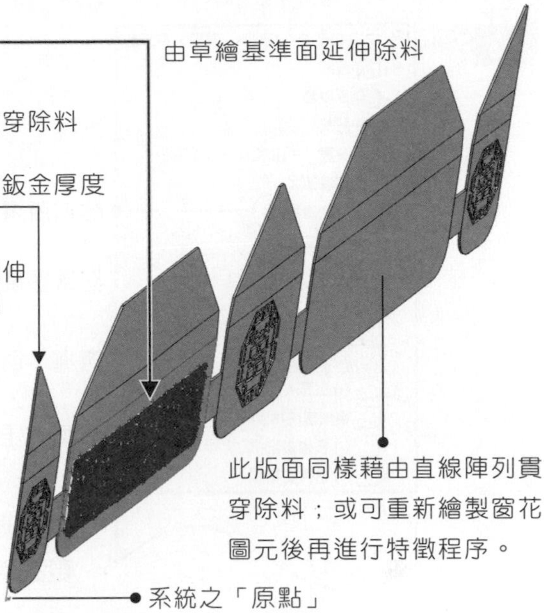
由草繪基準面延伸除料
此版面同樣藉由直線陣列貫穿除料；或可重新繪製窗花圖元後再進行特徵程序。
系統之「原點」

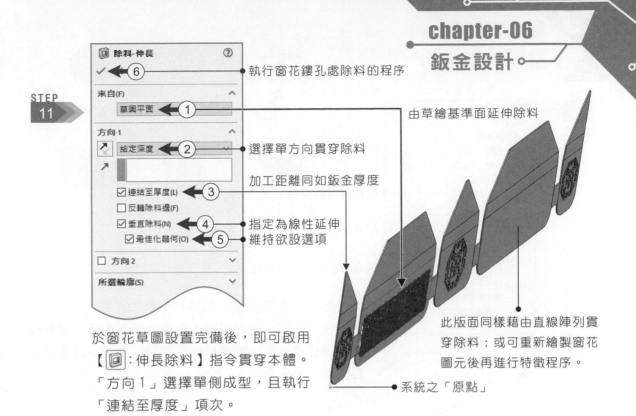

於窗花草圖設置完備後，即可啟用【:伸長除料】指令貫穿本體。「方向 1」選擇單側成型，且執行「連結至厚度」項次。

STEP 12

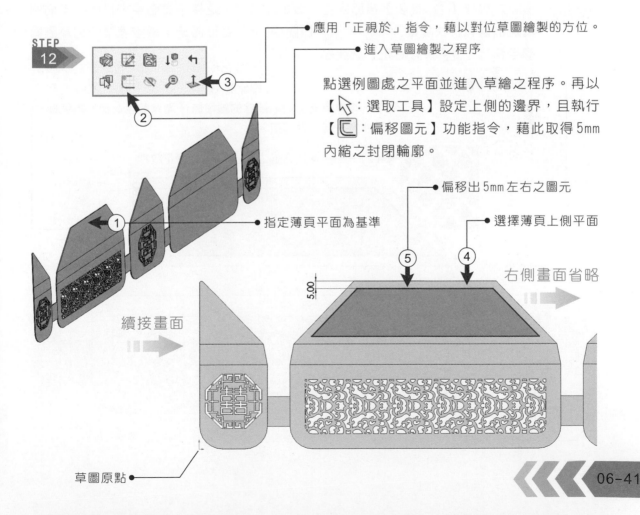

應用「正視於」指令，藉以對位草圖繪製的方位。
進入草圖繪製之程序
3
2

點選例圖處之平面並進入草繪之程序。再以【:選取工具】設定上側的邊界，且執行【:偏移圖元】功能指令，藉此取得 5mm 內縮之封閉輪廓。

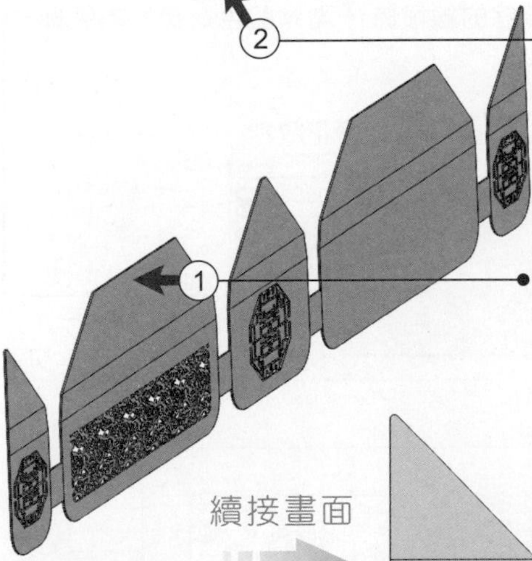
1
指定薄頁平面為基準

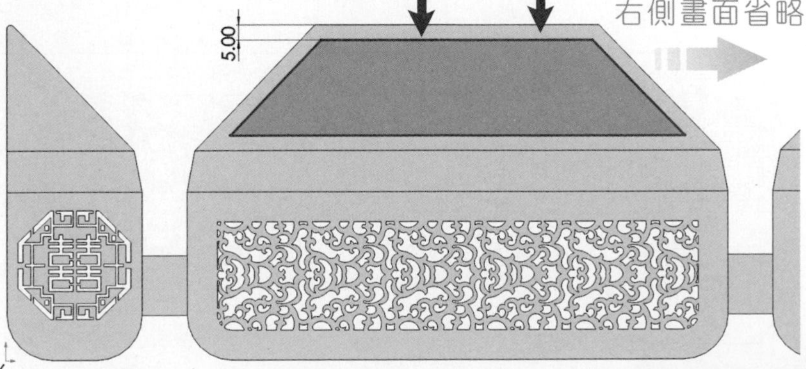
偏移出 5mm 左右之圖元
選擇薄頁上側平面
5
4
5.00
右側畫面省略
續接畫面
草圖原點

STEP 13

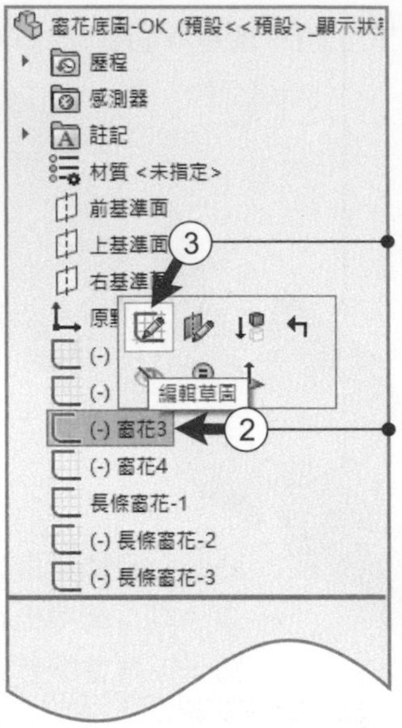
窗花底圖-OK (預設<<預設>_顯示狀
歷程
感測器
註記
材質 <未指定>
前基準面
上基準面
右基準面
原點
(-)
(-)
編輯草圖
(-) 窗花3
(-) 窗花4
長條窗花-1
(-) 長條窗花-2
(-) 長條窗花-3
3 編輯所選的草圖
2 選擇「窗花 3」之草圖項次（學習者可自行取決複製的樣本）

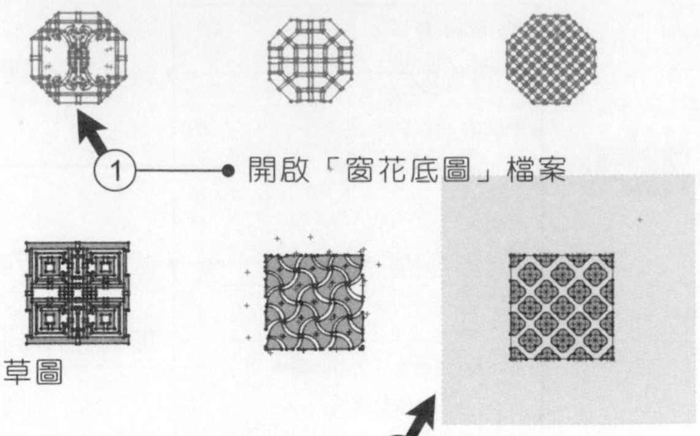
1 開啟「窗花底圖」檔案
4 框選暨複製所選擇之窗花輪廓

同樣啟用「窗花底圖」的檔案，且於「窗花 3」的項次上執行【 :編輯草圖】指令。範例中所選擇的紋飾造形僅供參酌，軟體操作者可自行繪製或遴選其它更適用的圖元套用。

STEP 14

窗花之紋樣【 :複製】後即回到「鈑金面紙盒」之檔案頁面中，且參酌下側例圖之位置執行快捷鍵 Ctrl + V 【 :貼上】造形圖元；續接著是陣列草圖輪廓且執行【 修剪圖元】之進程。

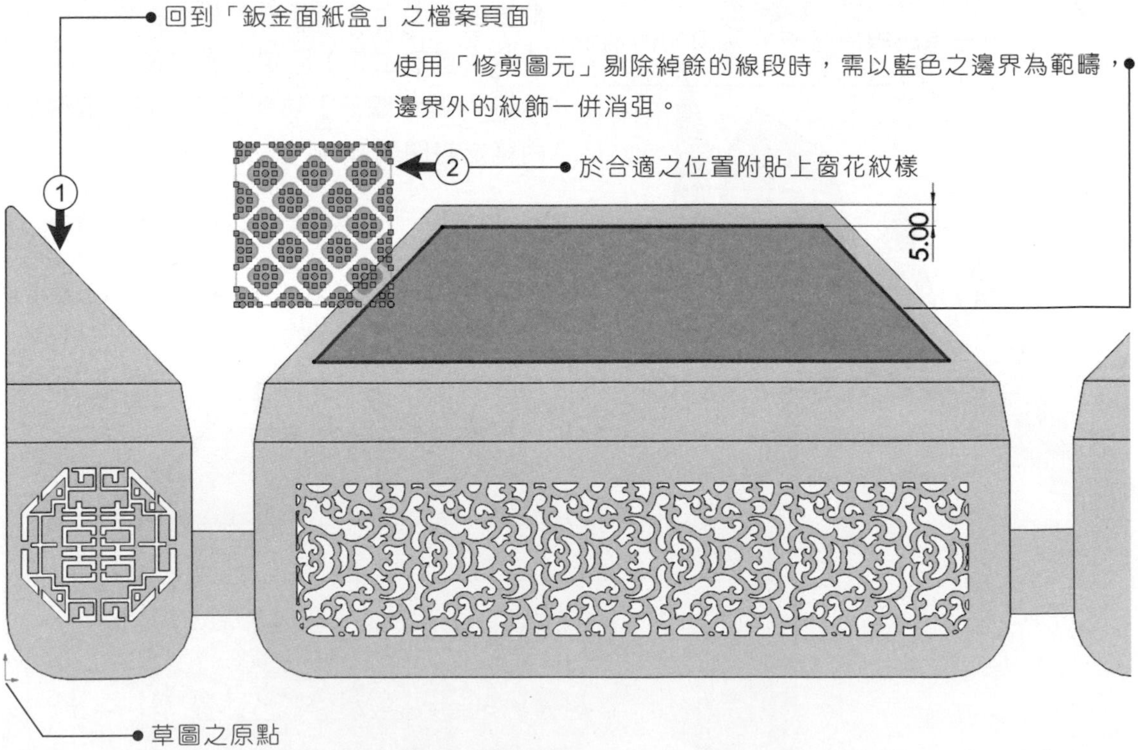
1 回到「鈑金面紙盒」之檔案頁面
使用「修剪圖元」剔除綽餘的線段時，需以藍色之邊界為範疇，邊界外的紋飾一併消弭。
2 於合適之位置附貼上窗花紋樣
5.00
草圖之原點

STEP 15

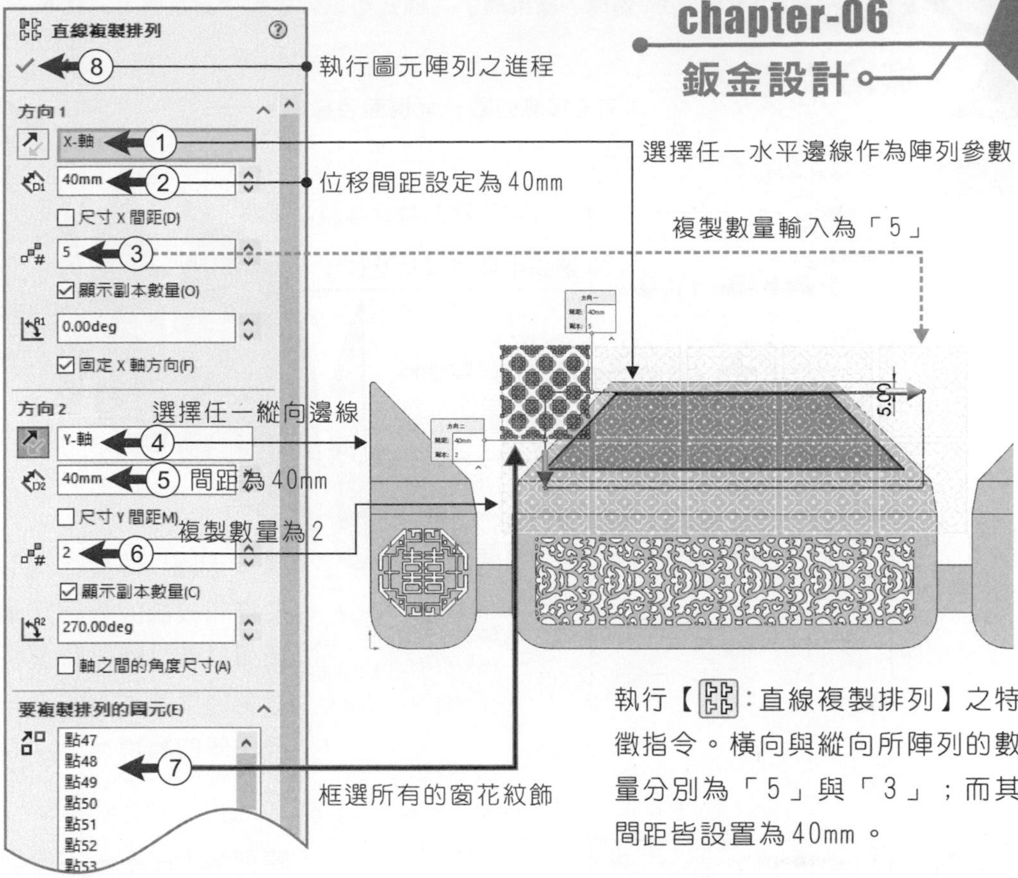
直線複製排列
方向 1
X-軸
40mm
尺寸 X 間距(D)
5
顯示副本數量(O)
0.00deg
固定 X 軸方向(F)
方向 2
Y-軸
40mm
尺寸 Y 間距(M)
2
顯示副本數量(C)
270.00deg
軸之間的角度尺寸(A)
要複製排列的圖元(E)
點47
點48
點49
點50
點51
點52
點53
執行圖元陣列之進程
選擇任一水平邊線作為陣列參數
位移間距設定為 40mm
複製數量輸入為「5」
選擇任一縱向邊線
間距為 40mm
複製數量為 2
框選所有的窗花紋飾
5.00

執行【:直線複製排列】之特徵指令。橫向與縱向所陣列的數量分別為「5」與「3」；而其間距皆設置為 40mm。

STEP 16

待窗花圖元陣列完成後，即可執行【:修剪圖元】指令以剔除交錯的線條輪廓。已完成線段修剪的輪廓如例圖所示。當窗花的紋飾複製成列後建議先紀錄檔案現狀，畢竟 SOLIDWORKS 在運行【:強力修剪】指令時所耗費的暫存資源龐大，甚而可能造成電腦處理器過熱而當機；因此，且記得隨時做好存檔與備份的程序。

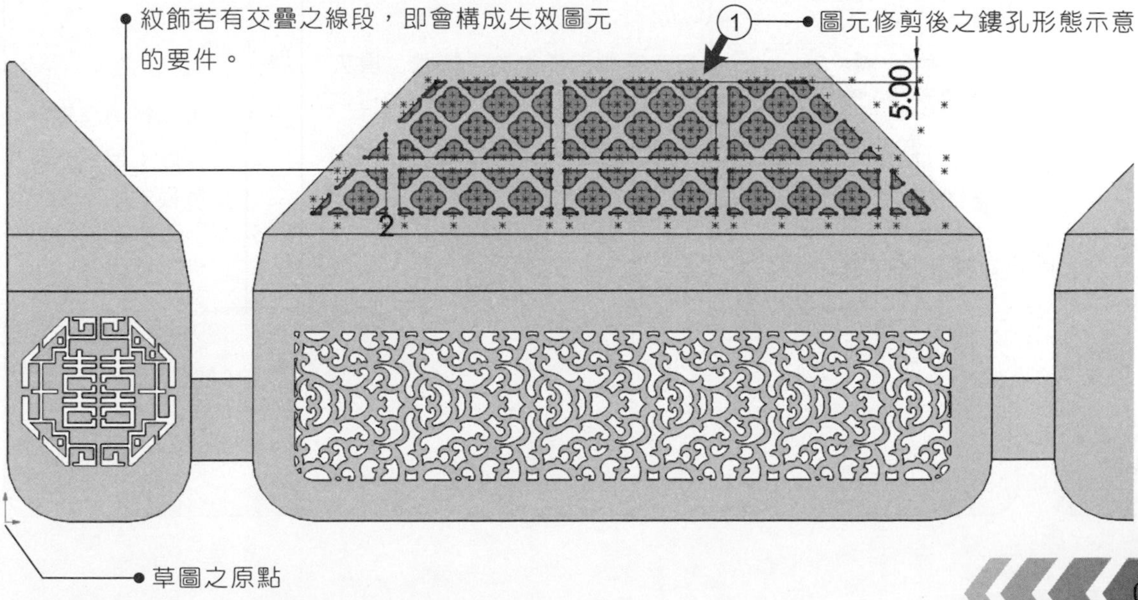
紋飾若有交疊之線段，即會構成失效圖元的要件。
圖元修剪後之鏤孔形態示意
5.00
2
草圖之原點

STEP 17

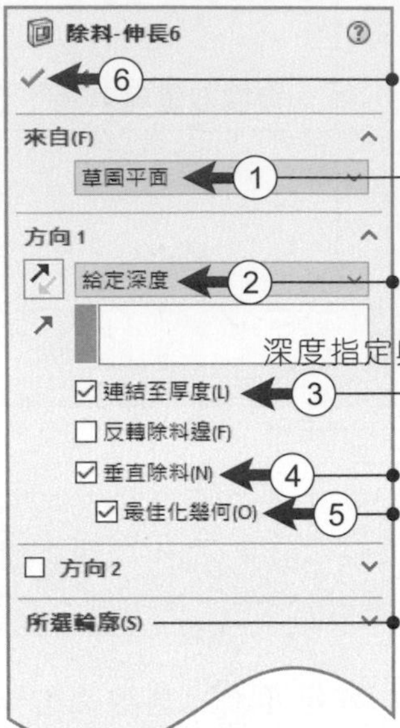
除料-伸長6
來自(F)
草圖平面
方向 1
給定深度
連結至厚度(L)
反轉除料邊(F)
垂直除料(N)
最佳化幾何(O)
方向 2
所選輪廓(S)
6 執行窗花鏤孔貫穿除料之工序
1 選擇由草圖基準延伸
2 單方向貫穿除料
深度指定與鈑金厚度一致
3
4 線性運行特徵
5 減少雜面與碎邊
可由系統自行辨識

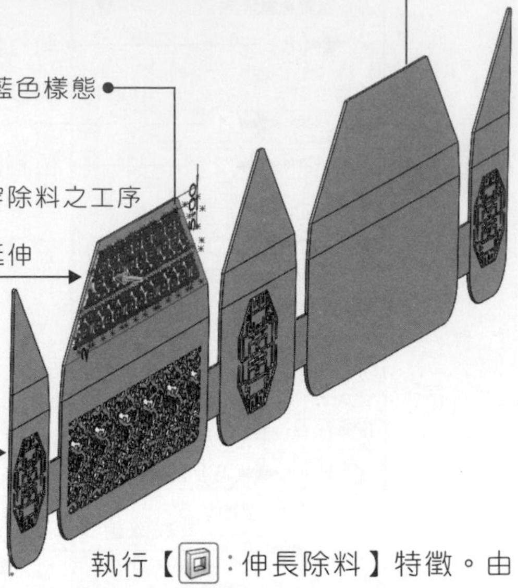
轉成「線架構」之模式可以減緩暫存記憶體之消耗
未完全定義的圖元呈現藍色樣態

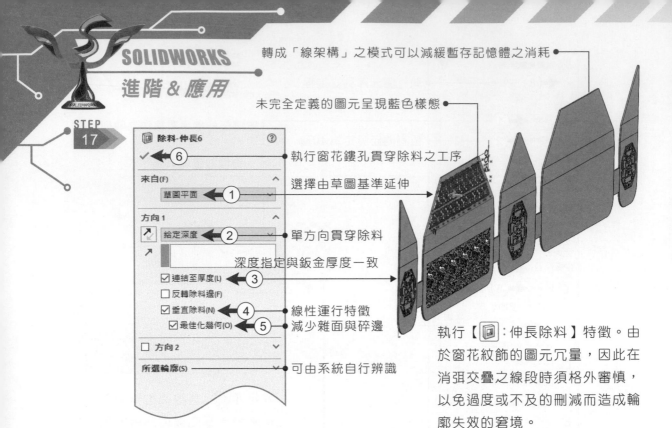

執行【 :伸長除料】特徵。由於窗花紋飾的圖元冗量，因此在消弭交疊之線段時須格外審慎，以免過度或不及的刪減而造成輪廓失效的窘境。

STEP 18

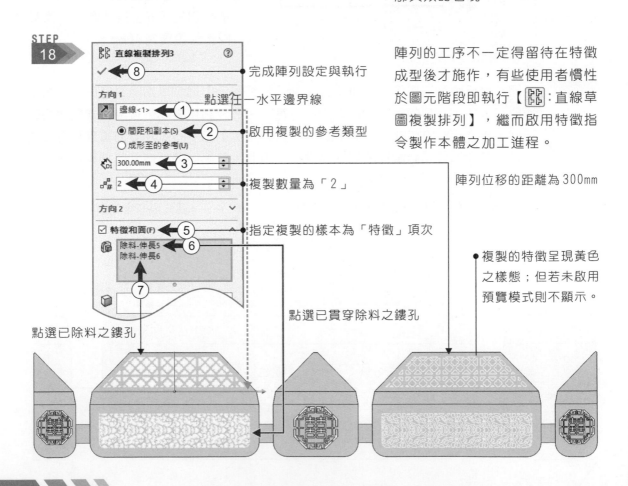

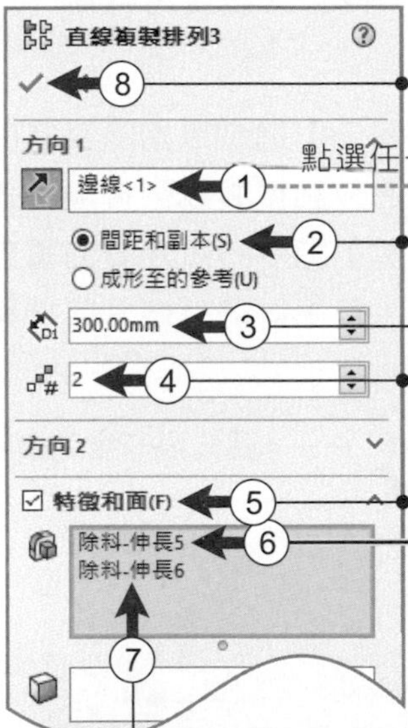
直線複製排列3
8 完成陣列設定與執行
方向 1
邊線<1>
1 點選任一水平邊界線
間距和副本(S)
2 啟用複製的參考類型
成形至的參考(U)
300.00mm
3 陣列位移的距離為 300mm
2
4 複製數量為「2」
方向 2
特徵和面(F)
5 指定複製的樣本為「特徵」項次
除料-伸長5
除料-伸長6
6 點選已貫穿除料之鏤孔
7 點選已除料之鏤孔

陣列的工序不一定得留待在特徵成型後才施作，有些使用者慣性於圖元階段即執行【 :直線草圖複製排列】，繼而啟用特徵指令製作本體之加工進程。

複製的特徵呈現黃色之樣態；但若未啟用預覽模式則不顯示。

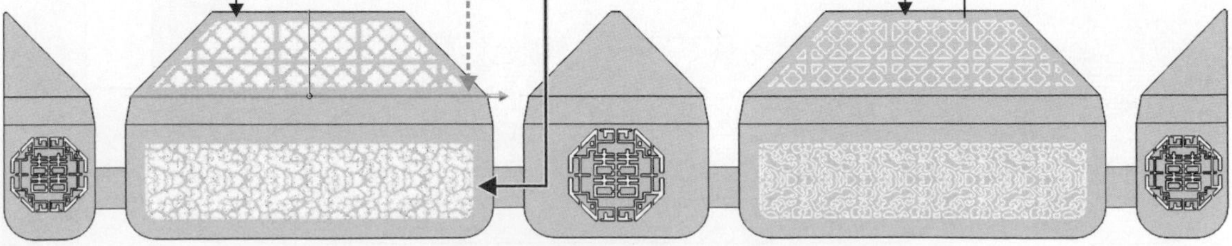

STEP 19

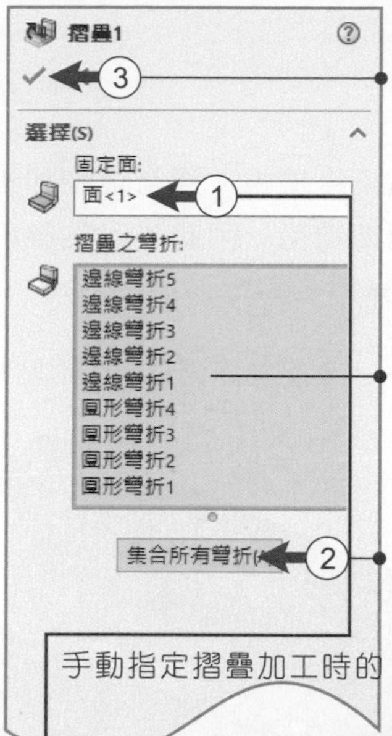
摺疊1
選擇(S)
固定面:
面<1>
摺疊之彎折:
邊線彎折5
邊線彎折4
邊線彎折3
邊線彎折2
邊線彎折1
圓形彎折4
圓形彎折3
圓形彎折2
圓形彎折1
集合所有彎折(
再次摺疊已坦平的鈑金面紙盒
經系統判讀後所建議的彎折項次
由系統自行辨識與加選彎折平面
手動指定摺疊加工時的「固定面」

當所有的紋飾鏤孔貫穿除料後，續接著是將【展開】的面紙盒型態藉由【摺疊】指令還原。於本頁範例呈現的即是坦平暨折合之比較圖。

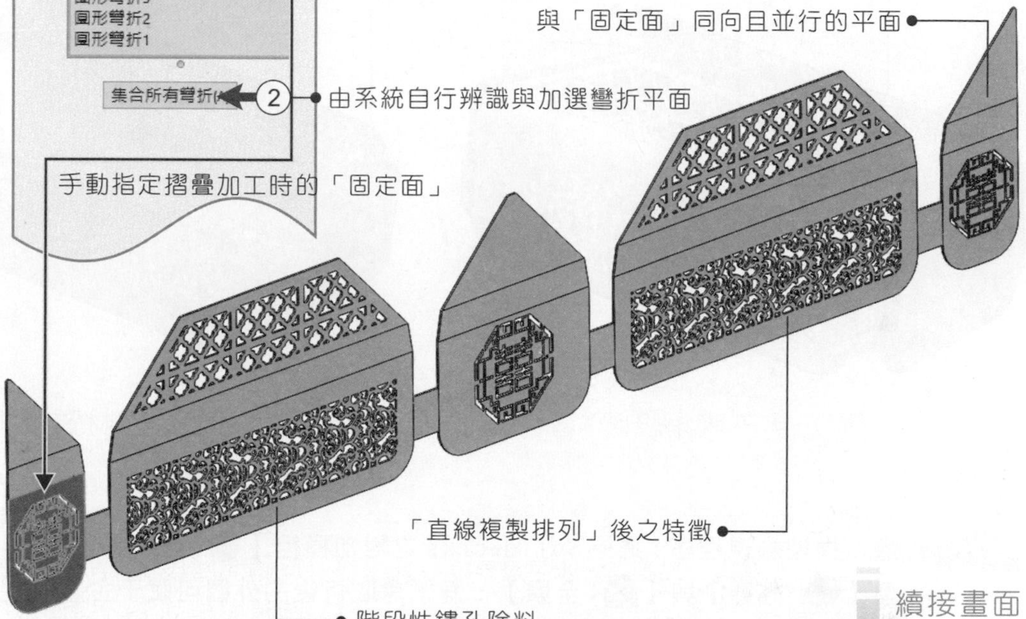
與「固定面」同向且並行的平面
「直線複製排列」後之特徵
階段性鏤孔除料

續接畫面

STEP 20

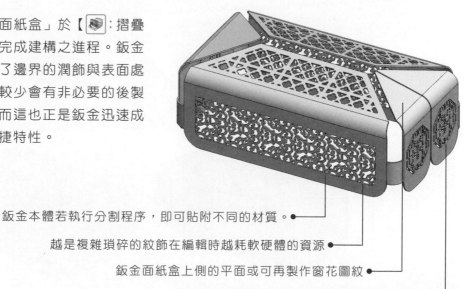

「鈑金面紙盒」於【：摺疊】後即完成建構之進程。鈑金加工除了邊界的潤飾與表面處理外，較少會有非必要的後製步驟，而這也正是鈑金迅速成型與便捷特性。

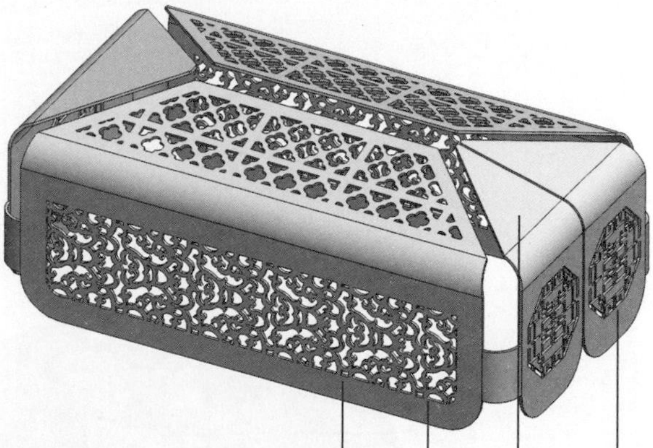
鈑金本體若執行分割程序，即可貼附不同的材質。
越是複雜瑣碎的紋飾在編輯時越耗軟硬體的資源
鈑金面紙盒上側的平面或可再製作窗花圖紋
窗花鏤孔紋樣得回到設計草圖變更與取代

STEP 21 面紙盒建構完成後，可試著附貼金屬材質並渲染後檢視。通常鈑金加工後的邊界會經歷研磨銳邊的程序，以防割傷使用者或相鄰物品；因此，可於後段進程中執行【圓角】指令，且設置0.3至0.5mm之半徑參數。

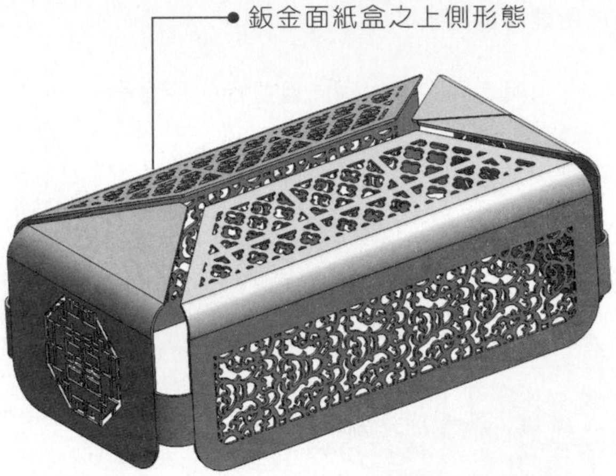

《面紙盒不等角視圖》

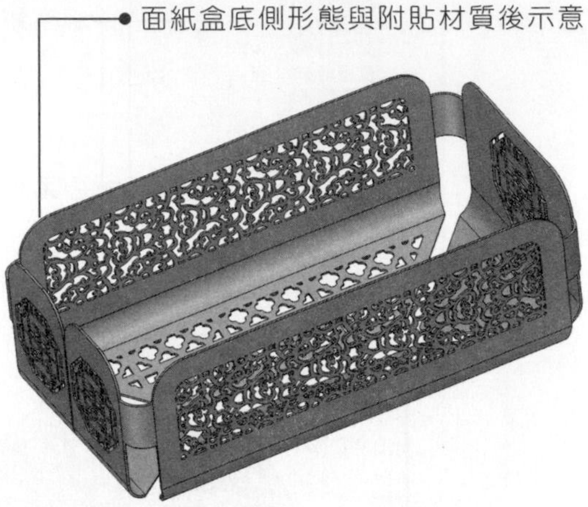

《面紙盒貼附材質後預覽》

STEP 22 進入模型彩現程序：透過Solidworks之附加模組【Photoview360】編輯模型【:外觀】與【:全景】；面紙盒收折後的外觀可賦于金屬或塑料質感。下方為產品模型融合素色場景之渲染完成圖照。

《鈑金面紙盒彩現完成圖》

6-4 鈑金燈具

⊙要點提醒　本範例為綠色版參考教學檔 -- 請學習者使用雲端連結並下載相關之附件

本範例教學視訊檔案：SolidWorks/ 進階 & 應用 /CH06 目錄下 /6-4　鈑金燈具 .avi
本範例製作完成檔案：SolidWorks/ 進階 & 應用 /CH06 目錄下 /6-4　鈑金燈具 .SLDPRT

6-4.1 鈑金折合

範例中以「新鮮屋」形態建構出鈑金燈具。在草圖繪製完備後成型為鈑金薄頁，並且藉由多次的【 : 草圖繪製彎折】指令構築其主要外觀；而燈具側邊的間隙即以【 : 熔接角落】封口；續接的是新鮮屋兩側的散熱氣孔，則套用【 : 成形工具】現有的模具附檔，並再藉由【 直線複製排列】暨【 鏡射】之特徵完成工序。圖例最後建議執行【 分割】、【 圓角】、【 縮放比例】……等功能指令來詮釋鈑金燈具細節的元件。

建模進程：

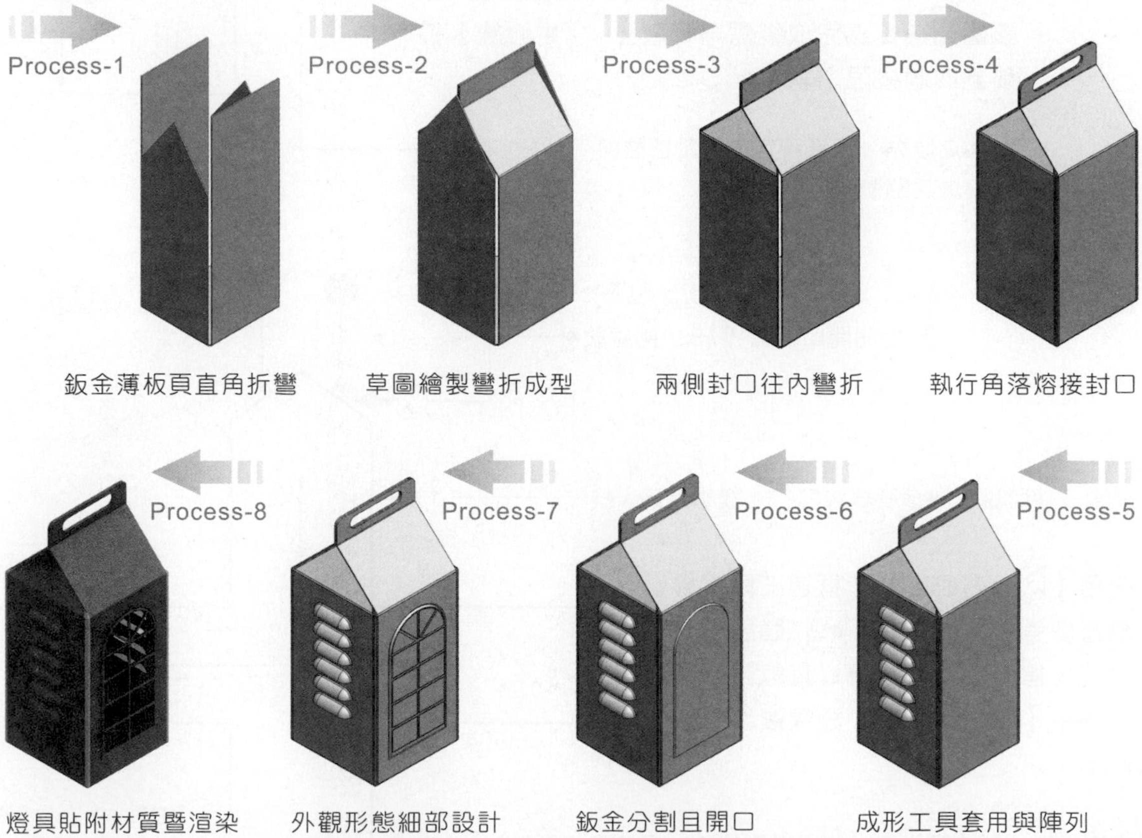
Process-1
Process-2
Process-3
Process-4
鈑金薄板頁直角折彎
草圖繪製彎折成型
兩側封口往內彎折
執行角落熔接封口
Process-8
Process-7
Process-6
Process-5
燈具貼附材質暨渲染
外觀形態細部設計
鈑金分割且開口
成形工具套用與陣列

STEP 01

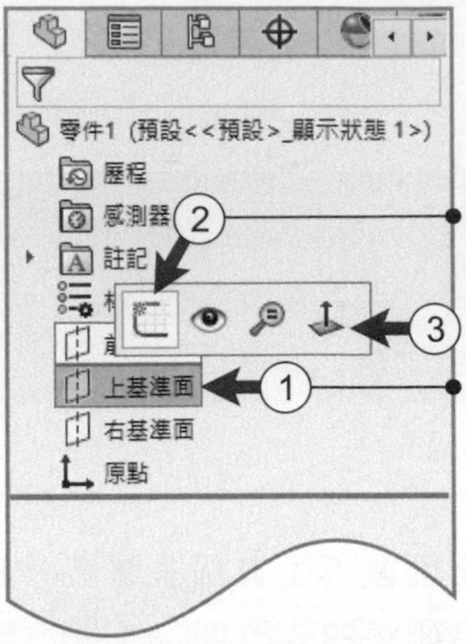
零件1 (預設<<預設>_顯示狀態 1>)
歷程
感測器
註記
上基準面
右基準面
原點
進入草繪階段
對位所選之視角
選擇作用基準

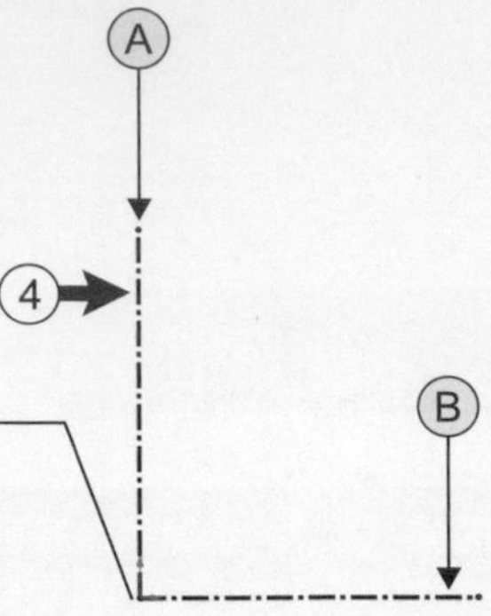
由「原點」放樣兩段參考線
草圖原點

「鈑金燈具」建構的基準可由上視角起始。進入草繪環境之後，以【中心線工具】自【原點】延伸兩段放樣的參考線段。

STEP 02

以「直線工具」於第一象限位置繪製三線段

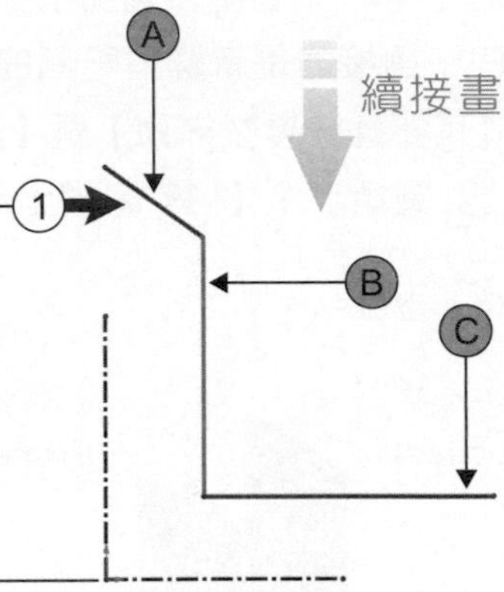

續接畫面

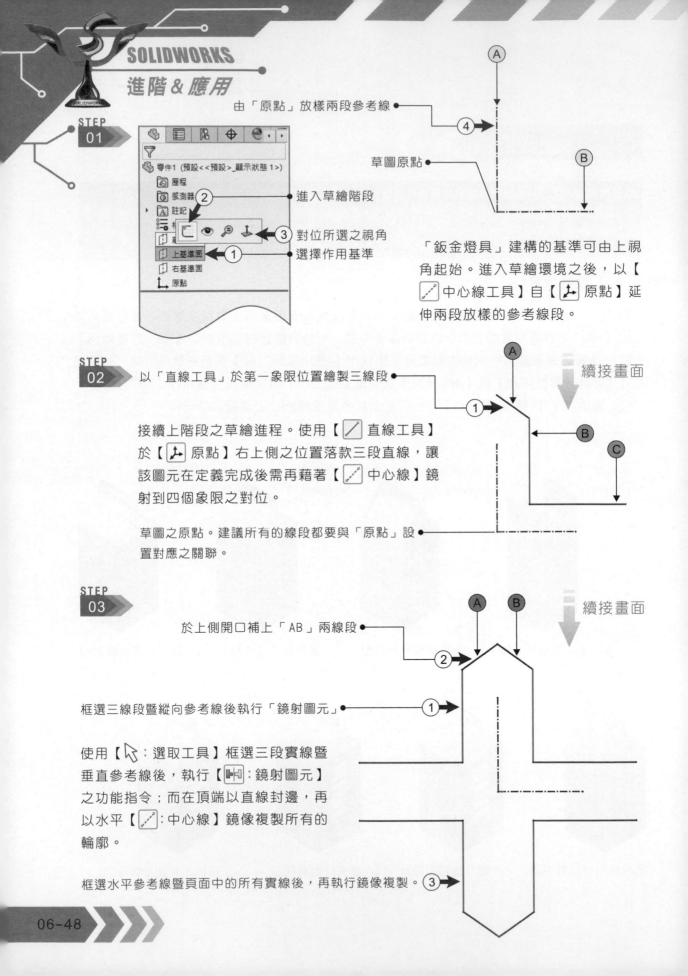

接續上階段之草繪進程。使用【直線工具】於【原點】右上側之位置落款三段直線，讓該圖元在定義完成後需再藉著【中心線】鏡射到四個象限之對位。

草圖之原點。建議所有的線段都要與「原點」設置對應之關聯。

STEP 03

續接畫面

於上側開口補上「AB」兩線段

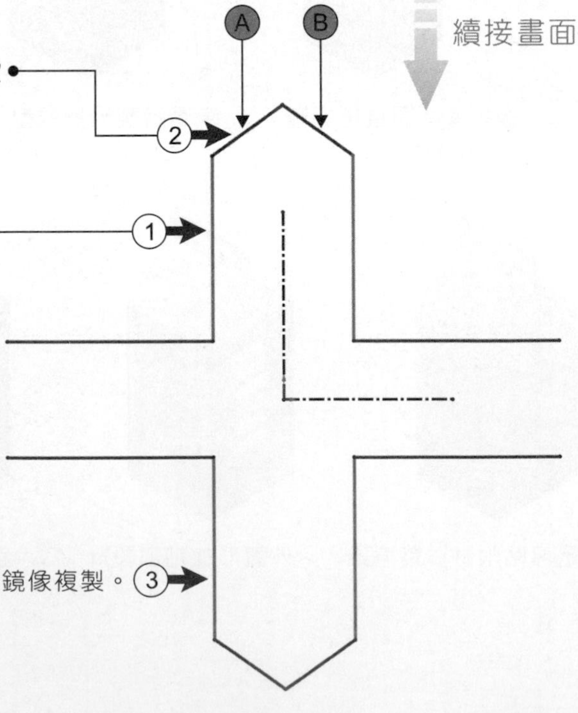

框選三線段暨縱向參考線後執行「鏡射圖元」

使用【選取工具】框選三段實線暨垂直參考線後，執行【鏡射圖元】之功能指令；而在頂端以直線封邊，再以水平【中心線】鏡像複製所有的輪廓。

框選水平參考線暨頁面中的所有實線後，再執行鏡像複製。

STEP 04

續接前頁的草圖繪製進程。使用【 :直線工具】連接十字形態圖元左右兩側之開口處（如 Ⓐ 與 Ⓑ 線段所示）；待圖元完全閉合後，即呈現藍色塗佈的外觀狀態。關於草圖設置的前後順序並無一定的邏輯，有些繪圖者慣性於標列好單側尺寸參數後再施行【 鏡射圖元】之功能指令。

線段的顏色僅是示意，並非實際作圖之藍色或黑色樣態。

所繪製的圖元形成封閉之型態後，即以藍色填滿之樣態呈現。

於右上角的三段線條鏡射成四個象限的圖元後，再以「直線工具」補上左右兩側缺口的縱向線段，使其形成一個十字形態的封閉輪廓。

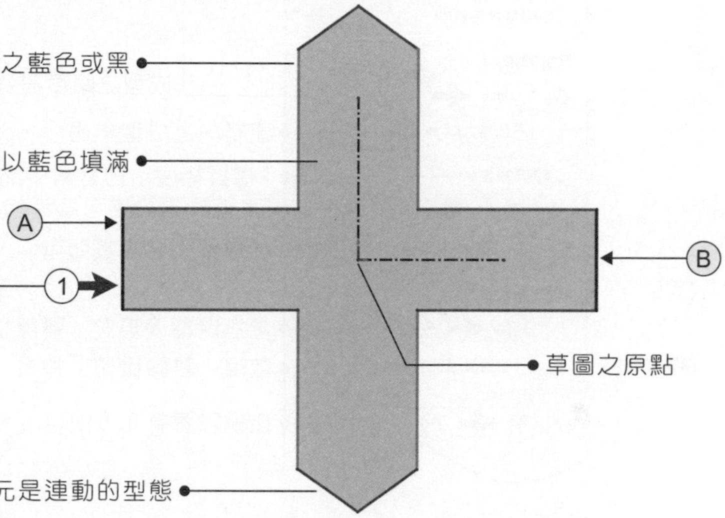

鏡像複製後的圖元是連動的型態

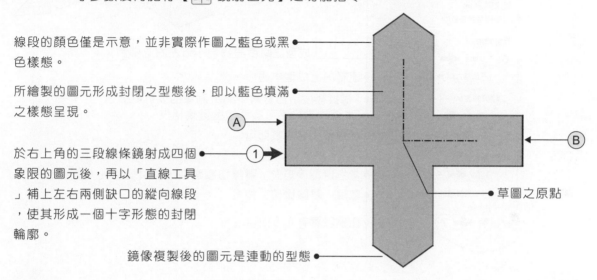

STEP 05

以「智慧型尺寸」指令標註圖元參數

續接畫面

在SolidWorks草圖繪製的環境中，線段表徵的顏色即示意著個別圖元的定義狀態。未定義的線段多數以藍色表徵；而已完全定義後的圖元則呈現「黑色」的外觀邊界。於十字形態之輪廓閉合後，續接著使用【 :智慧型尺寸】標註各線段與【 :原點】的關聯性參數。

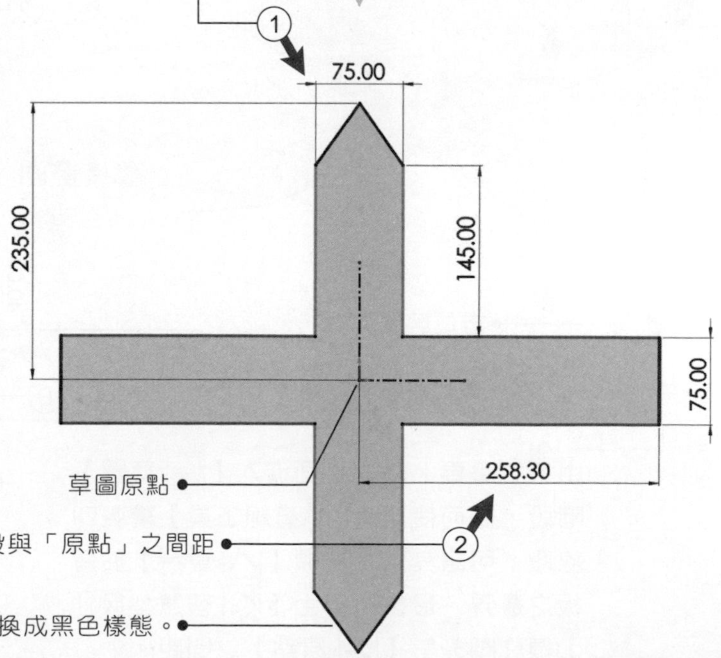

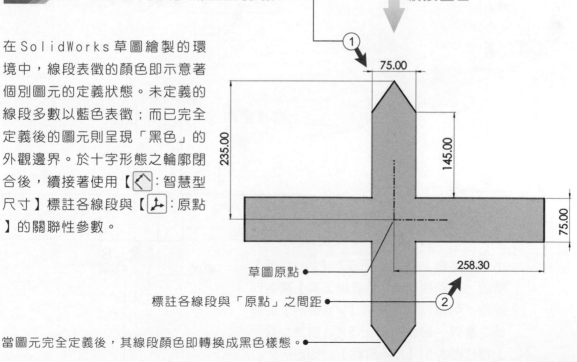

草圖原點

標註各線段與「原點」之間距

當圖元完全定義後，其線段顏色即轉換成黑色樣態。

STEP 06

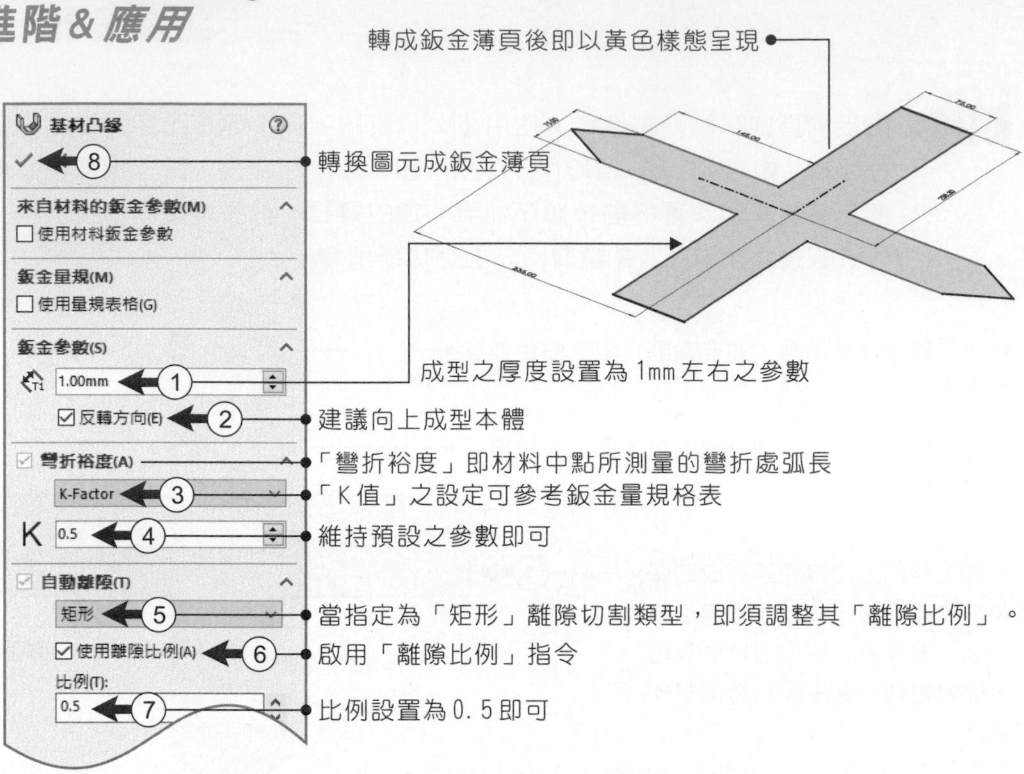
基材凸緣
8
轉換圖元成鈑金薄頁
來自材料的鈑金參數(M)
使用材料鈑金參數
鈑金量規(M)
使用量規表格(G)
鈑金參數(S)
1.00mm
1
反轉方向(E)
2
彎折裕度(A)
K-Factor
3
K 0.5
4
自動離隙(T)
矩形
5
使用離隙比例(A)
6
比例(T):
0.5
7
轉成鈑金薄頁後即以黃色樣態呈現
成型之厚度設置為1mm左右之參數
建議向上成型本體
「彎折裕度」即材料中點所測量的彎折處弧長
「K值」之設定可參考鈑金量規格表
維持預設之參數即可
當指定為「矩形」離隙切割類型，即須調整其「離隙比例」。
啟用「離隙比例」指令
比例設置為0.5即可

STEP 07

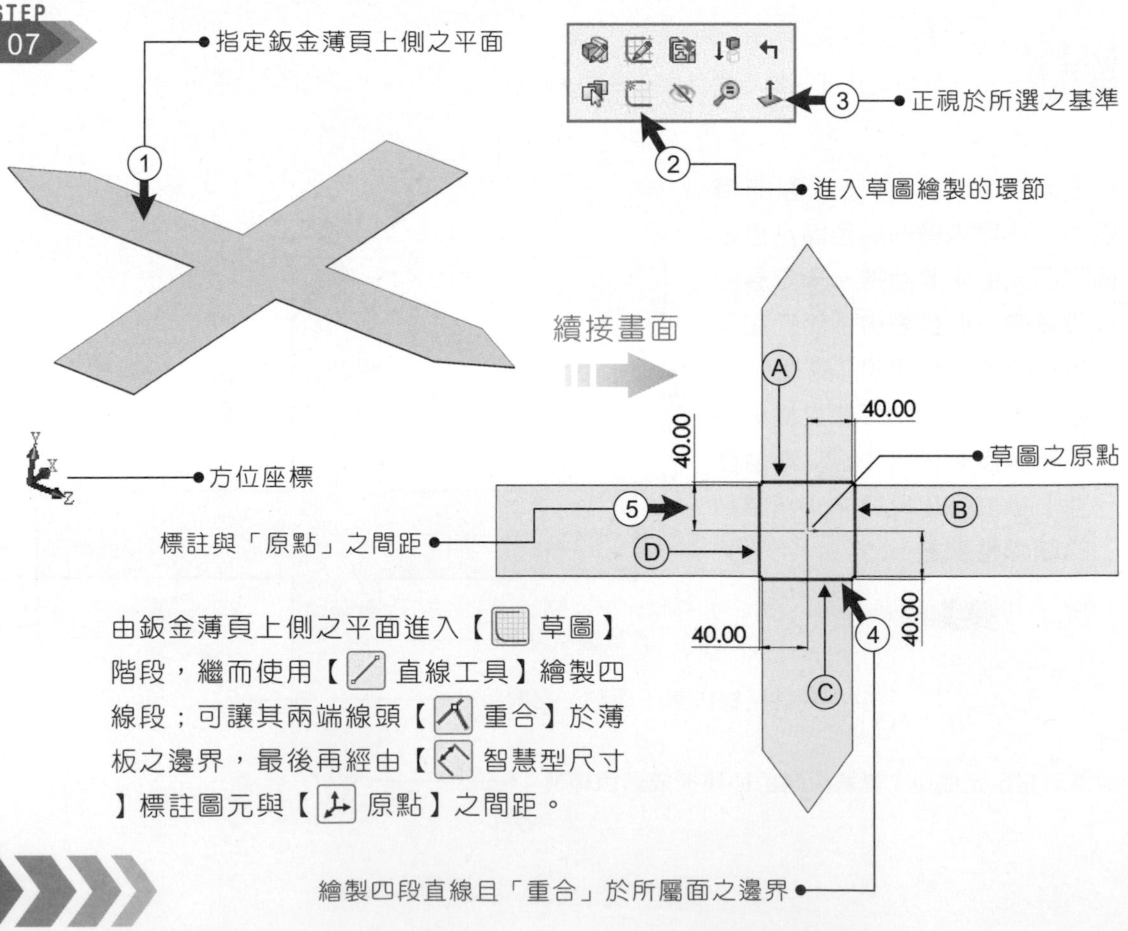
指定鈑金薄頁上側之平面
1
3
正視於所選之基準
2
進入草圖繪製的環節
方位座標
續接畫面
A
40.00
40.00
草圖之原點
5
B
標註與「原點」之間距
D
40.00
40.00
4
C
繪製四段直線且「重合」於所屬面之邊界

由鈑金薄頁上側之平面進入【草圖】階段，繼而使用【直線工具】繪製四線段；可讓其兩端線頭【重合】於薄板之邊界，最後再經由【智慧型尺寸】標註圖元與【原點】之間距。

STEP 08

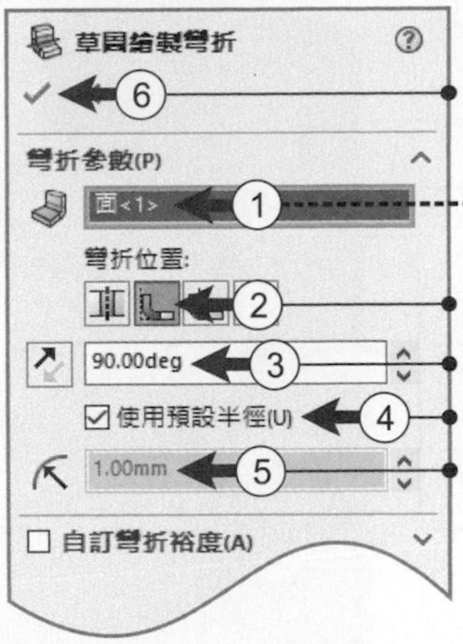
草圖繪製彎折
彎折參數(P)
面<1>
彎折位置:
90.00deg
使用預設半徑(U)
1.00mm
自訂彎折裕度(A)
6 執行鈑金四邊界彎折之程序
1 薄板頁彎折之固定面指定
2 選擇「材料內」之類型
3 彎折角度設定為直角樣式
4 啟用預設之彎折半徑
5 預設之半徑為1mm

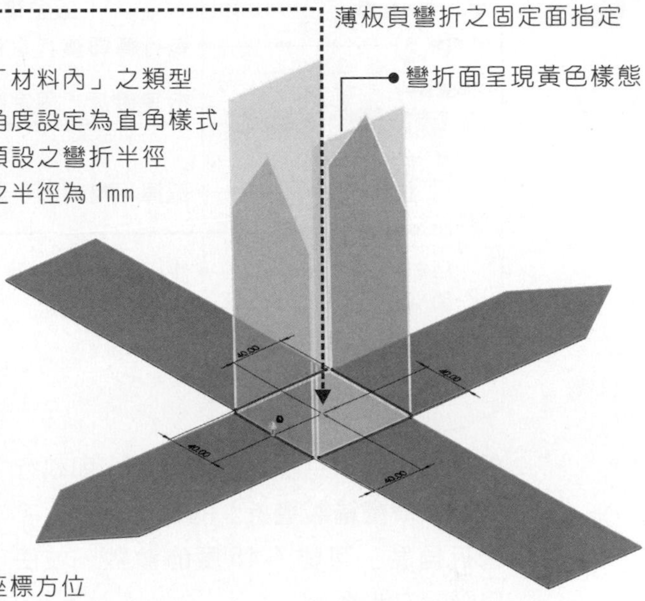

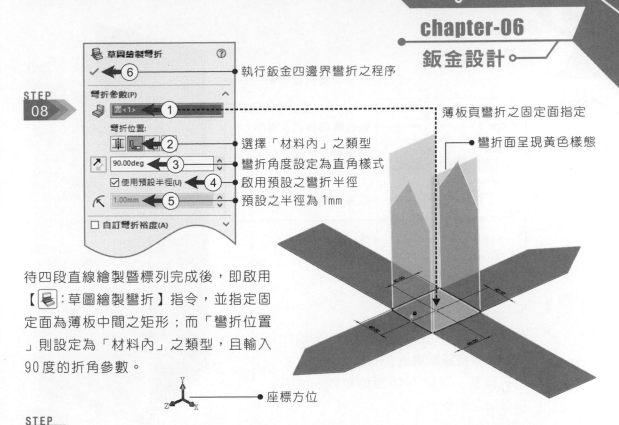

待四段直線繪製暨標列完成後，即啟用【：草圖繪製彎折】指令，並指定固定面為薄板中間之矩形；而「彎折位置」則設定為「材料內」之類型，且輸入90度的折角參數。

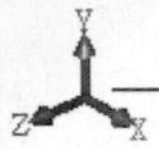

STEP 09

續接著是分段執行的鈑金彎折程序。選擇一側向鈑金平面作為草圖繪製面，並以【：直線工具】製作一段貫穿本體的水平線段，且使用【：智慧型尺寸】標列其線段與【原點】之縱向間距為145mm（其尺寸概略參酌即可）。

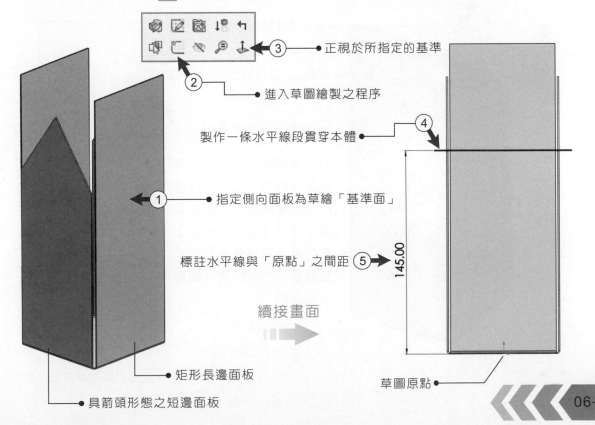

3 正視於所指定的基準
2 進入草圖繪製之程序

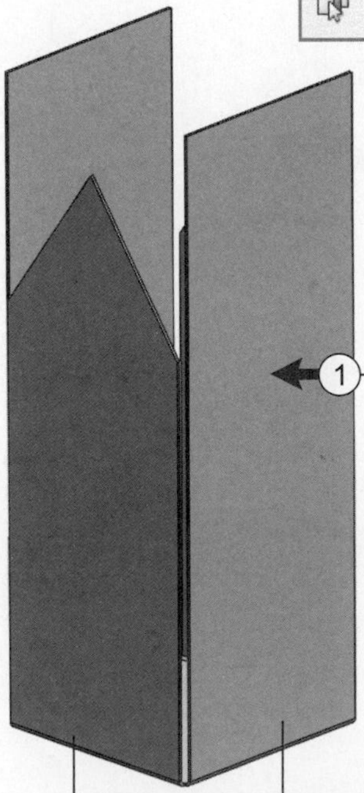
1 指定側向面板為草繪「基準面」
矩形長邊面板
具箭頭形態之短邊面板

續接畫面

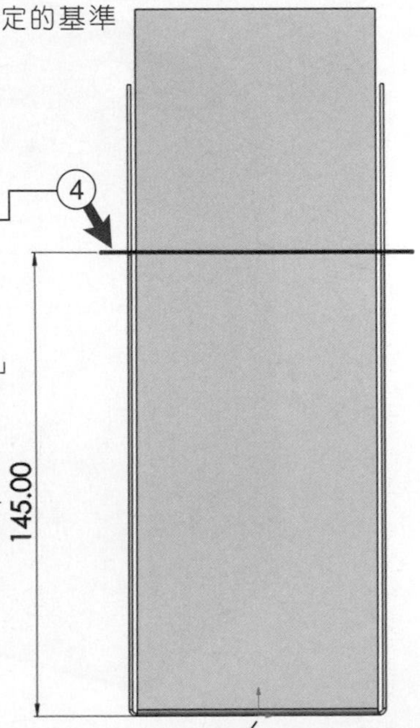
4 製作一條水平線段貫穿本體
標註水平線與「原點」之間距 5
145.00
草圖原點

STEP 10

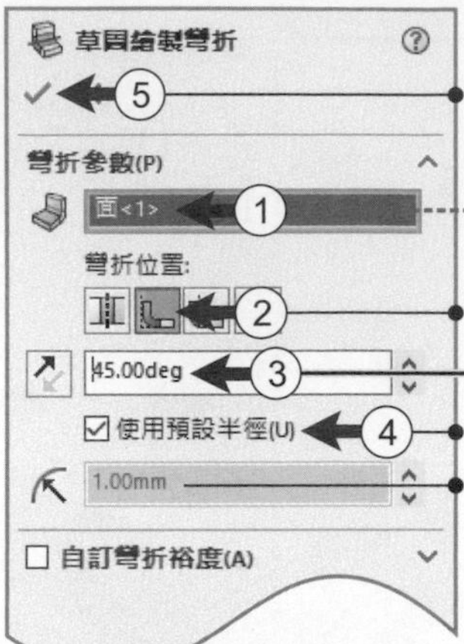

⑤ 執行薄頁彎折之程序
① 指定彎折「固定面」
② 選擇「材料內」類型
③ 鈑金彎折角度設定
④ 使用預設之半徑
預設參數指定

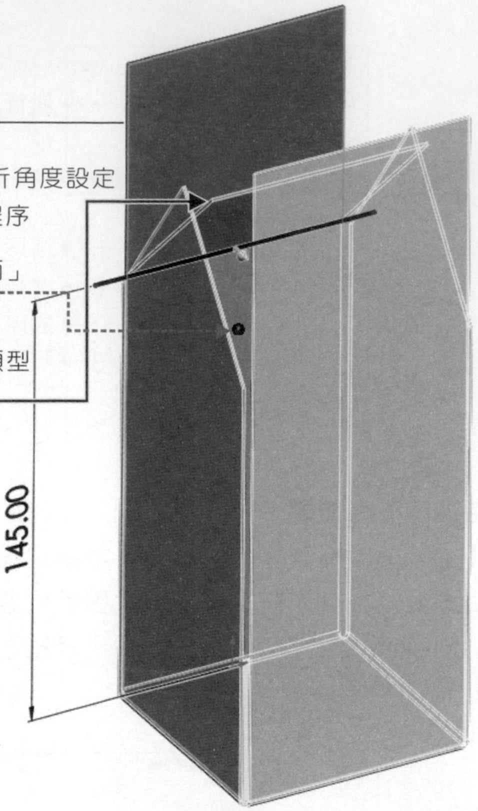

受指定面呈現藍色樣態

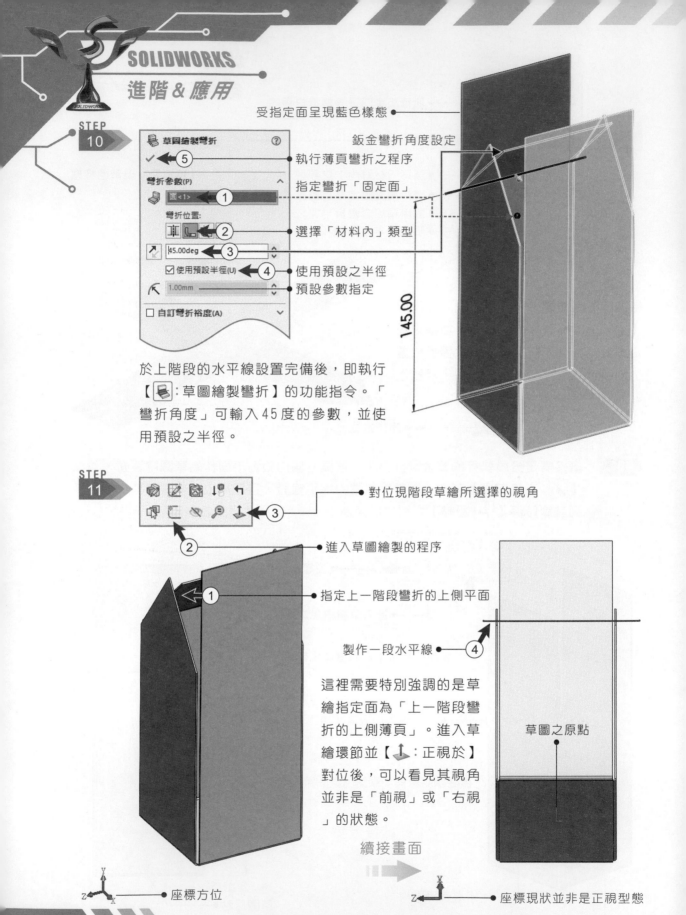

於上階段的水平線設置完備後，即執行【 :草圖繪製彎折】的功能指令。「彎折角度」可輸入45度的參數，並使用預設之半徑。

STEP 11

③ 對位現階段草繪所選擇的視角
② 進入草圖繪製的程序

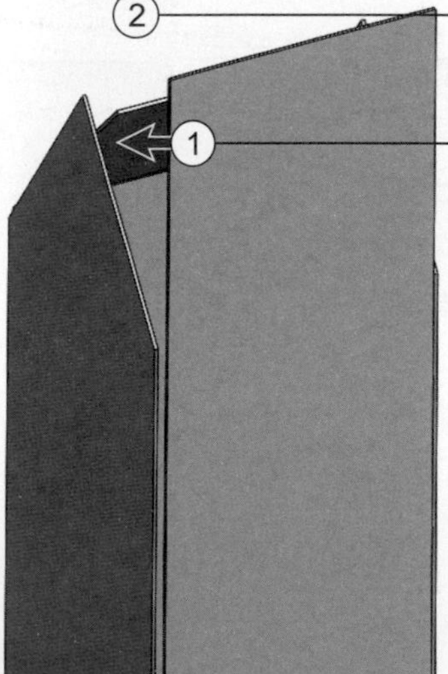

① 指定上一階段彎折的上側平面

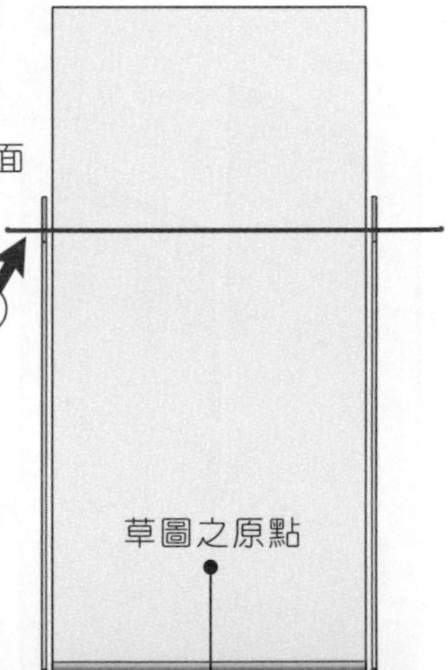

④ 製作一段水平線

草圖之原點

這裡需要特別強調的是草繪指定面為「上一階段彎折的上側薄頁」。進入草繪環節並【 :正視於】對位後，可以看見其視角並非是「前視」或「右視」的狀態。

續接畫面

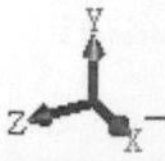

座標方位

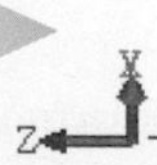

座標現狀並非是正視型態

STEP 12

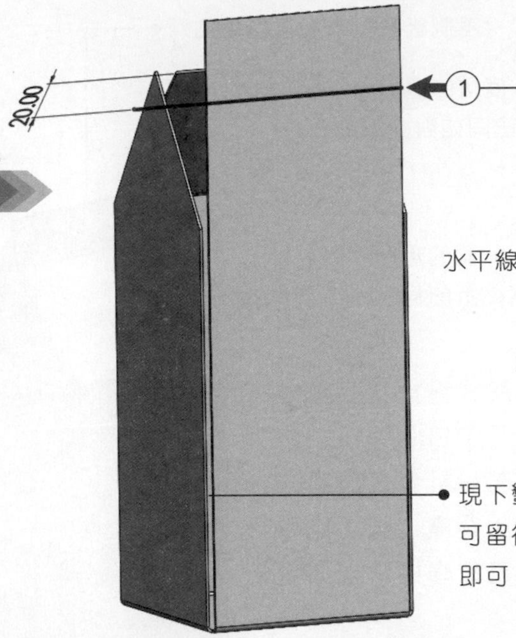
20.00
1
標註水平線尺寸參數
現下彎折邊界的間隙，
可留待後續進程再封邊
即可。

視角轉換

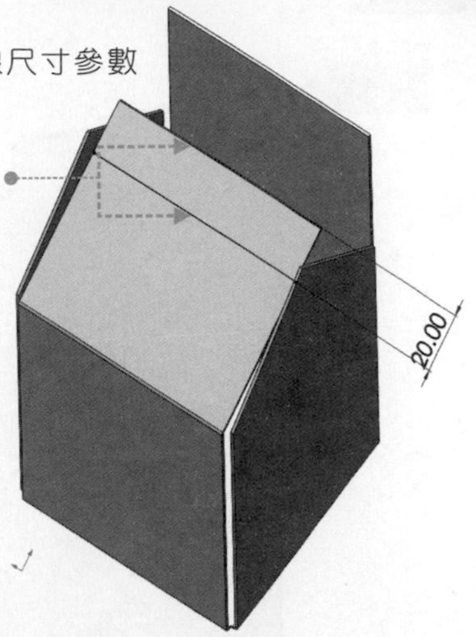
水平線與上側邊界之參數
20.00

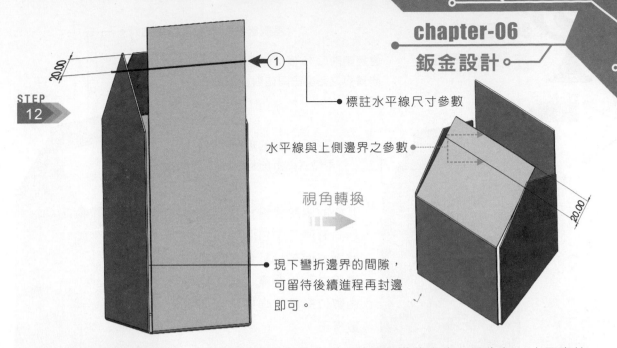

透過視角的置換，繪圖者可以更明確的知悉草繪基準的參考平面為何。水平實線放樣完成後，再啟用【 :智慧型尺寸】標註線段與上側邊界之間距為20mm(參數值可由設計者自行斟酌，不需與範例中的設置全然契合)。

座標方位現狀

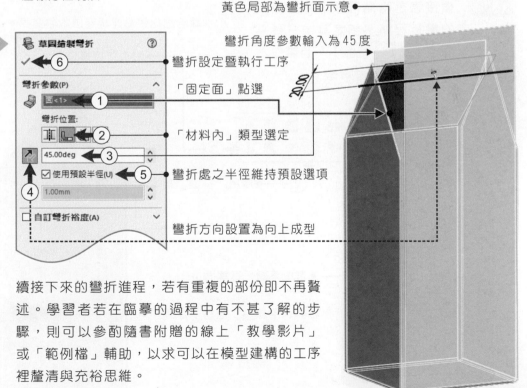

STEP 13

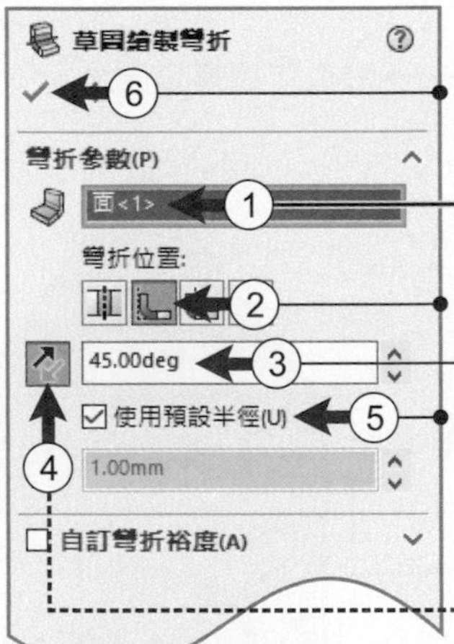
草圖繪製彎折
6
彎折設定暨執行工序
彎折參數(P)
面<1>
1
「固定面」點選
彎折位置:
2
「材料內」類型選定
45.00deg
3
使用預設半徑(U)
5
彎折處之半徑維持預設選項
4
1.00mm
自訂彎折裕度(A)
彎折方向設置為向上成型

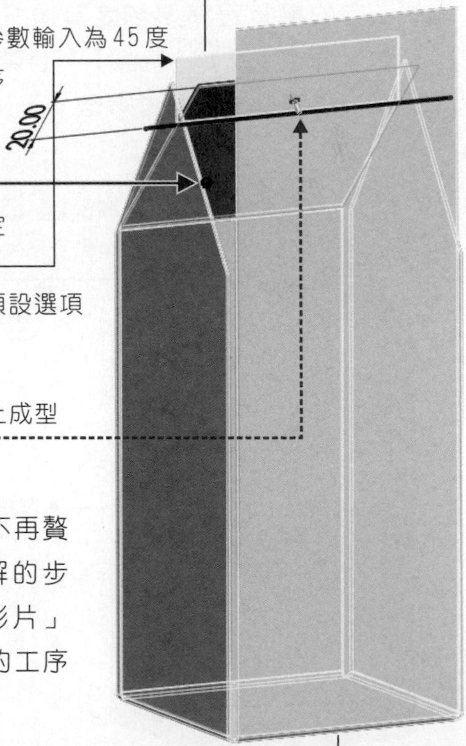
黃色局部為彎折面示意
彎折角度參數輸入為45度
20.00

續接下來的彎折進程，若有重複的部份即不再贅述。學習者若在臨摹的過程中有不甚了解的步驟，則可以參酌隨書附贈的線上「教學影片」或「範例檔」輔助，以求可以在模型建構的工序裡釐清與充裕思維。

執行彎折程序的過程中，建議啟用「等視角」或多個視角檢核。

STEP 14

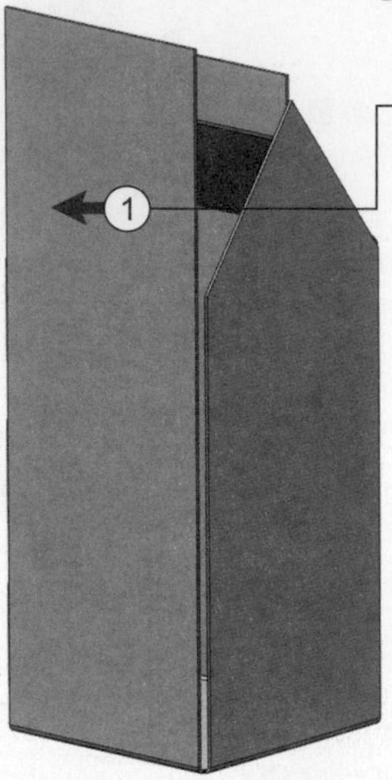

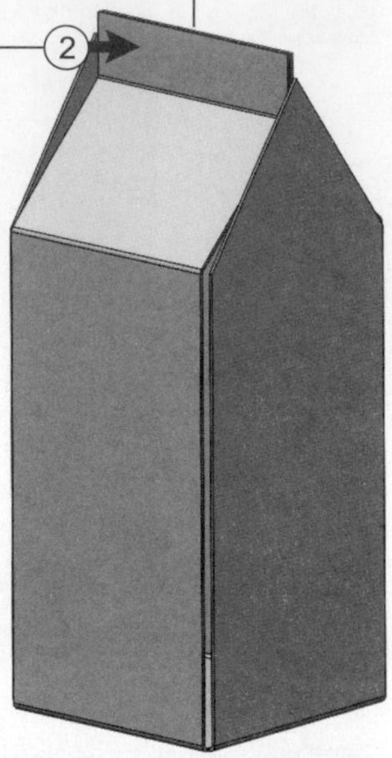

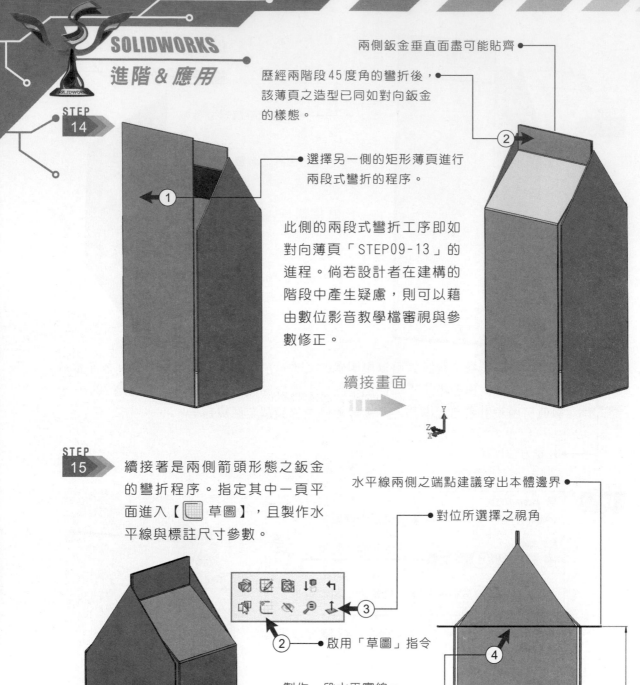

此側的兩段式彎折工序即如對向薄頁「STEP09-13」的進程。倘若設計者在建構的階段中產生疑慮，則可以藉由數位影音教學檔審視與參數修正。

續接畫面

STEP 15

續接著是兩側箭頭形態之鈑金的彎折程序。指定其中一頁平面進入【草圖】，且製作水平線與標註尺寸參數。

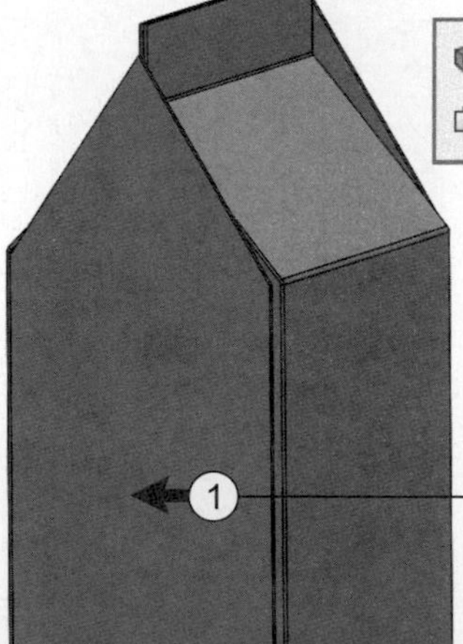

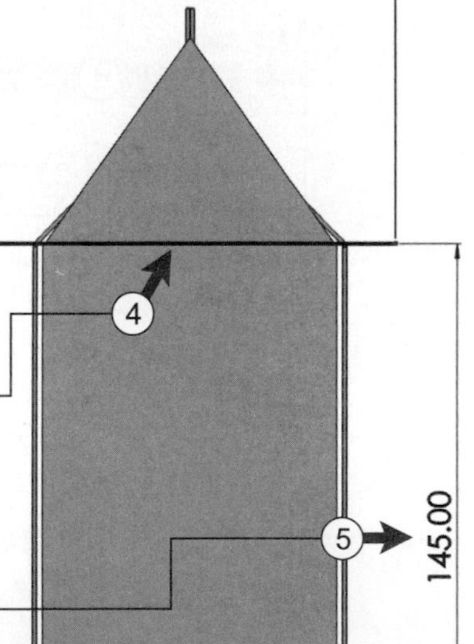

續接畫面

STEP 16

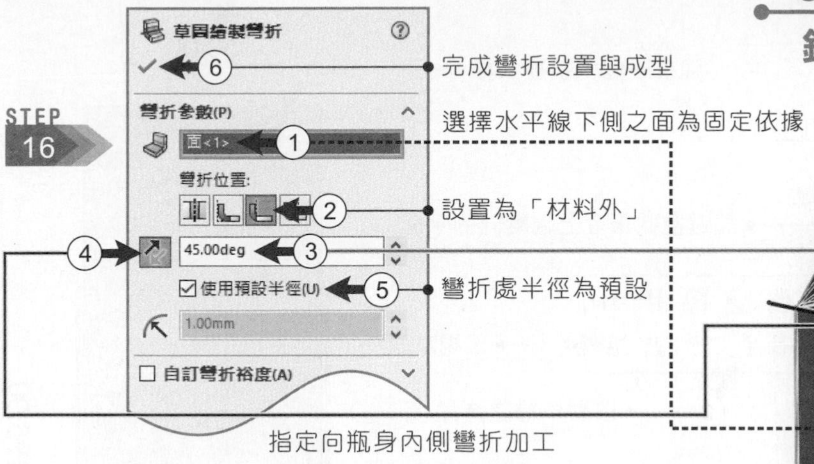
草圖繪製彎折
彎折參數(P)
面<1>
彎折位置:
45.00deg
使用預設半徑(U)
1.00mm
自訂彎折裕度(A)
完成彎折設置與成型
選擇水平線下側之面為固定依據
設置為「材料外」
彎折處半徑為預設
指定向瓶身內側彎折加工

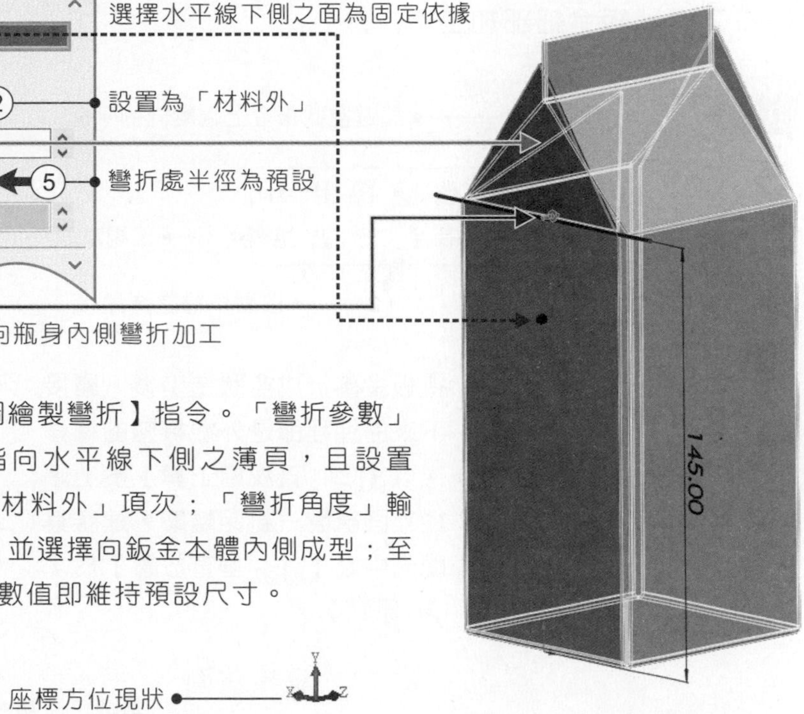
145.00
座標方位現狀

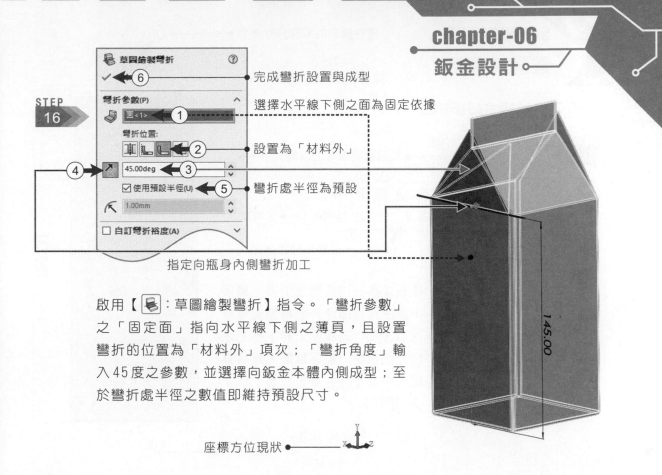

啟用【 :草圖繪製彎折】指令。「彎折參數」之「固定面」指向水平線下側之薄頁，且設置彎折的位置為「材料外」項次；「彎折角度」輸入45度之參數，並選擇向鈑金本體內側成型；至於彎折處半徑之數值即維持預設尺寸。

STEP 17

再啟用【 :草圖繪製彎折】指令，完成鈑金工序後即如下側右圖之外觀形態。範例中所建構的燈具模型是兩側對稱的薄板頁，其質材厚度參數與總體尺寸有著正向的比例關係。

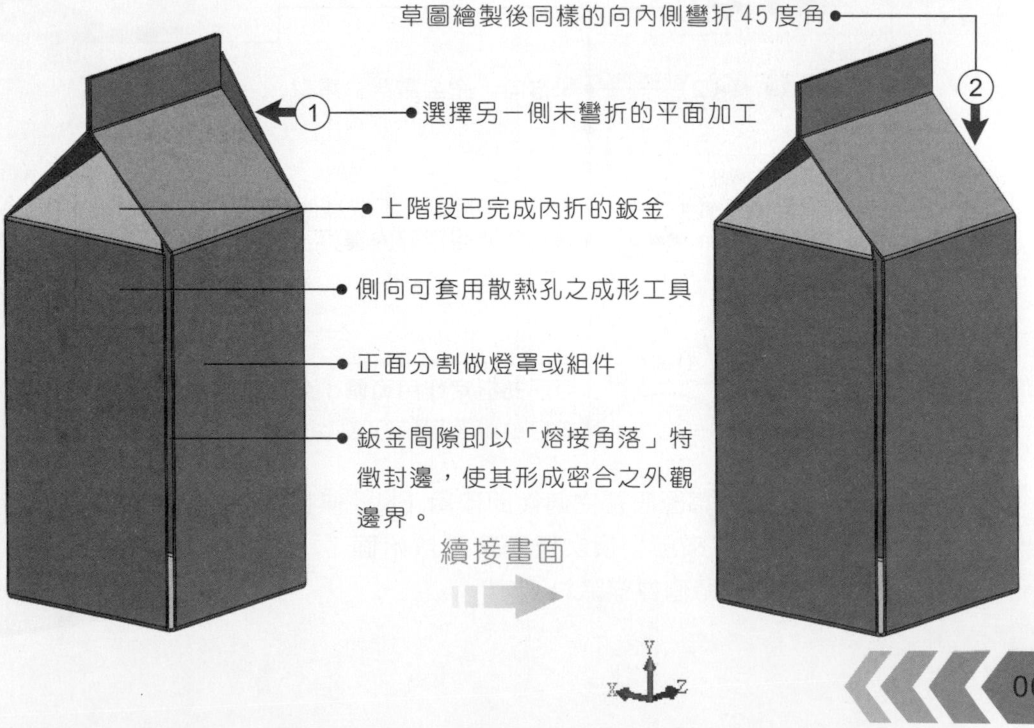
草圖繪製後同樣的向內側彎折45度角
選擇另一側未彎折的平面加工
上階段已完成內折的鈑金
側向可套用散熱孔之成形工具
正面分割做燈罩或組件
鈑金間隙即以「熔接角落」特徵封邊，使其形成密合之外觀邊界。
續接畫面

6-4.2 盒狀鈑金細部加工

STEP 01

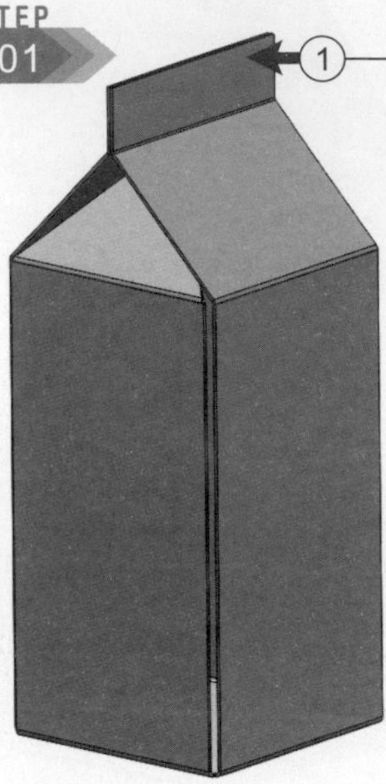

1 點選盒狀鈑金上端縱向的平面

3 正視於基準

2 啟動草繪之進程

5 標註圖元的相關尺寸參數

4 建構一個水平直狹槽

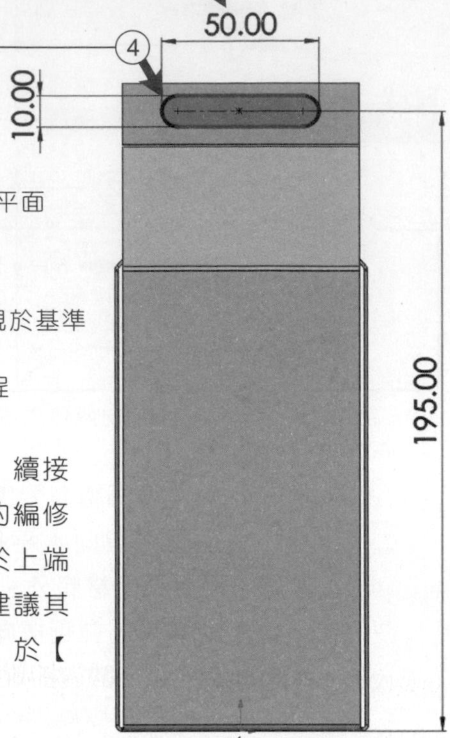

草圖之原點

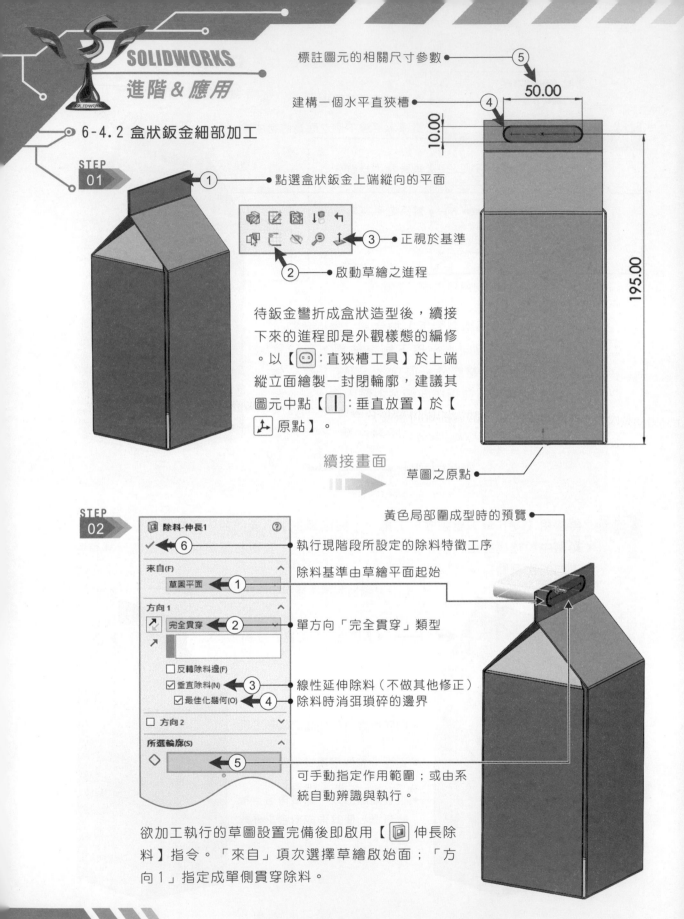

待鈑金彎折成盒狀造型後，續接下來的進程即是外觀樣態的編修。以【：直狹槽工具】於上端縱立面繪製一封閉輪廓，建議其圖元中點【：垂直放置】於【原點】。

續接畫面

STEP 02

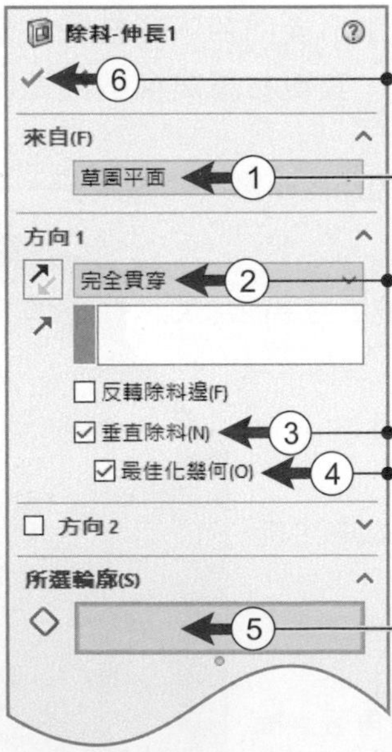

6 執行現階段所設定的除料特徵工序

1 除料基準由草繪平面起始

2 單方向「完全貫穿」類型

3 線性延伸除料（不做其他修正）

4 除料時消弭瑣碎的邊界

5 可手動指定作用範圍；或由系統自動辨識與執行。

黃色局部圖成型時的預覽

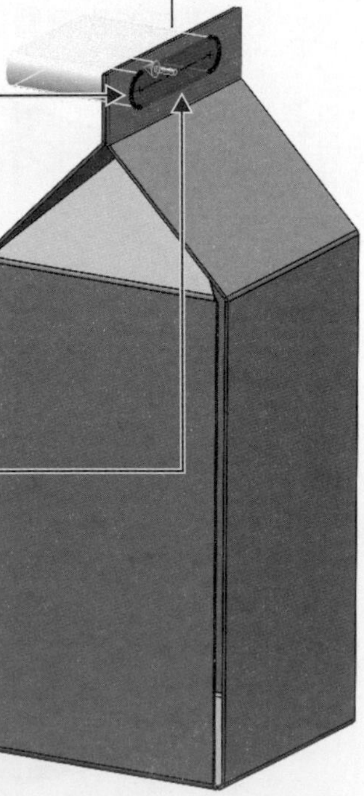

欲加工執行的草圖設置完備後即啟用【伸長除料】指令。「來自」項次選擇草繪啟始面；「方向 1」指定成單側貫穿除料。

STEP 03

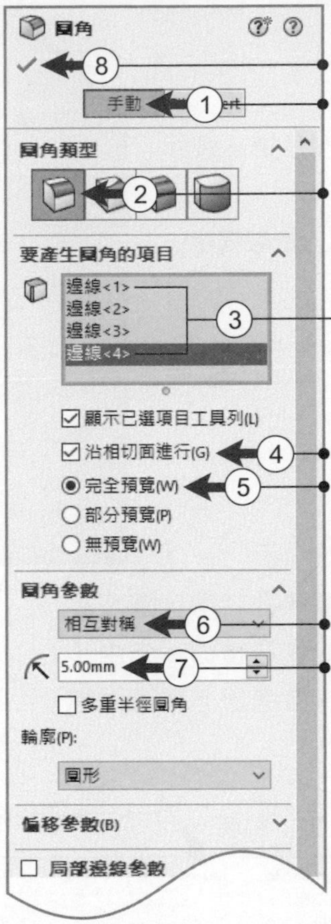
圓角
手動
圓角類型
要產生圓角的項目
邊線<1>
邊線<2>
邊線<3>
邊線<4>
顯示已選項目工具列(L)
沿相切面進行(G)
完全預覽(W)
部分預覽(P)
無預覽(W)
圓角參數
相互對稱
5.00mm
多重半徑圓角
輪廓(P):
圓形
偏移參數(B)
局部邊線參數
⑧ 完成圓角參數設定與執行
① 選擇「手動」類型與逐項設置
② 指定一般型圓角
③ 加選上側四邊的角點潤飾
④ 相切面一併選取暨執行
⑤ 啟用加工程序的檢核模式
⑥ 兩側對稱的圓角模式
⑦ 輸入邊界導圓的尺寸參數

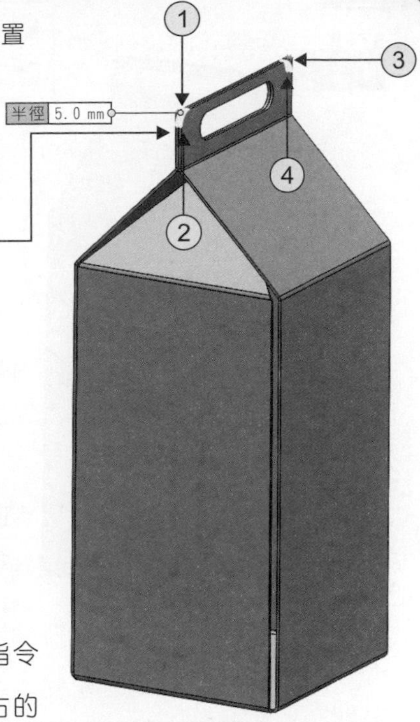
半徑 5.0 mm

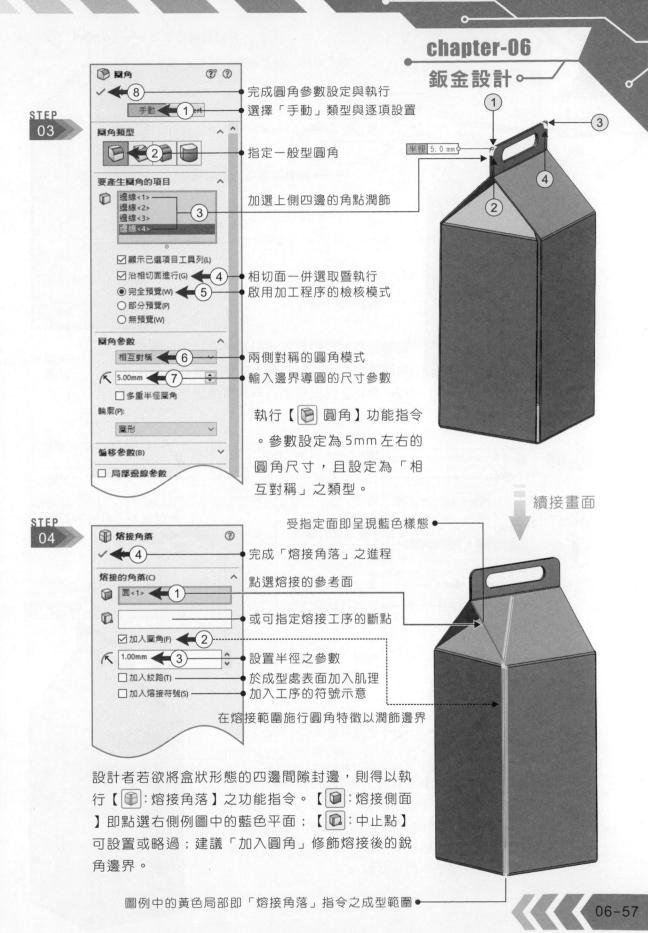

執行【圓角】功能指令。參數設定為5mm左右的圓角尺寸，且設定為「相互對稱」之類型。

續接畫面

STEP 04

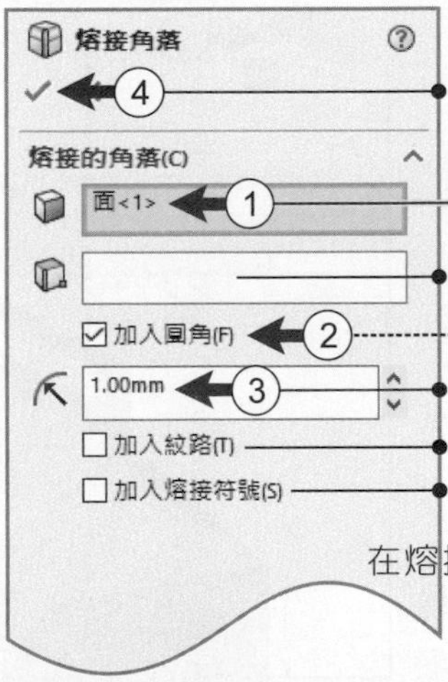
熔接角落
熔接的角落(C)
面<1>
加入圓角(F)
1.00mm
加入紋路(T)
加入熔接符號(S)
④ 完成「熔接角落」之進程
① 點選熔接的參考面
或可指定熔接工序的斷點
② 在熔接範圍施行圓角特徵以潤飾邊界
③ 設置半徑之參數
於成型處表面加入肌理
加入工序的符號示意

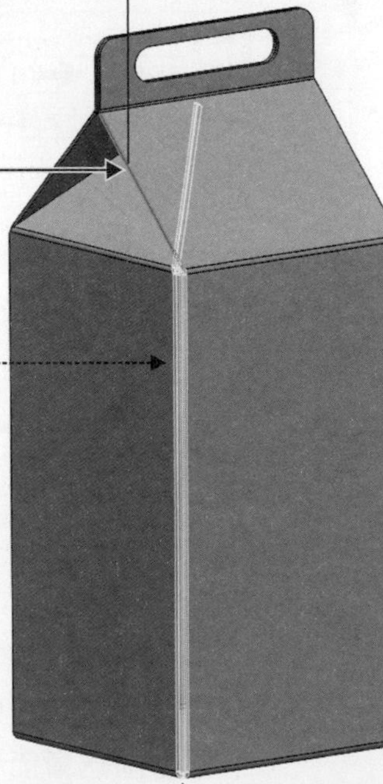
受指定面即呈現藍色樣態
圖例中的黃色局部即「熔接角落」指令之成型範圍

設計者若欲將盒狀形態的四邊間隙封邊，則得以執行【：熔接角落】之功能指令。【：熔接側面】即點選右側例圖中的藍色平面；【：中止點】可設置或略過；建議「加入圓角」修飾熔接後的銳角邊界。

STEP 05

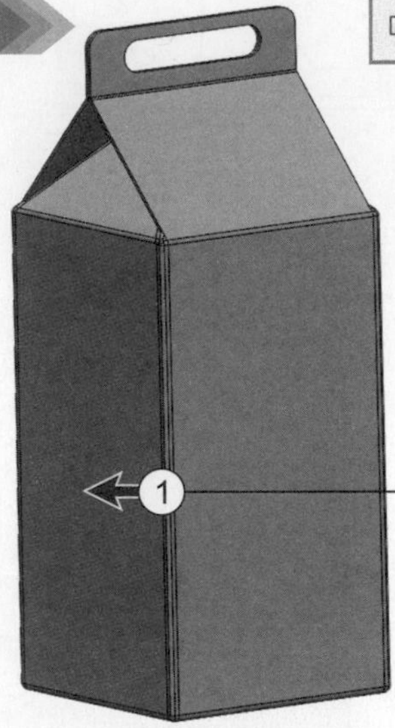
1
選擇燈具側向平面

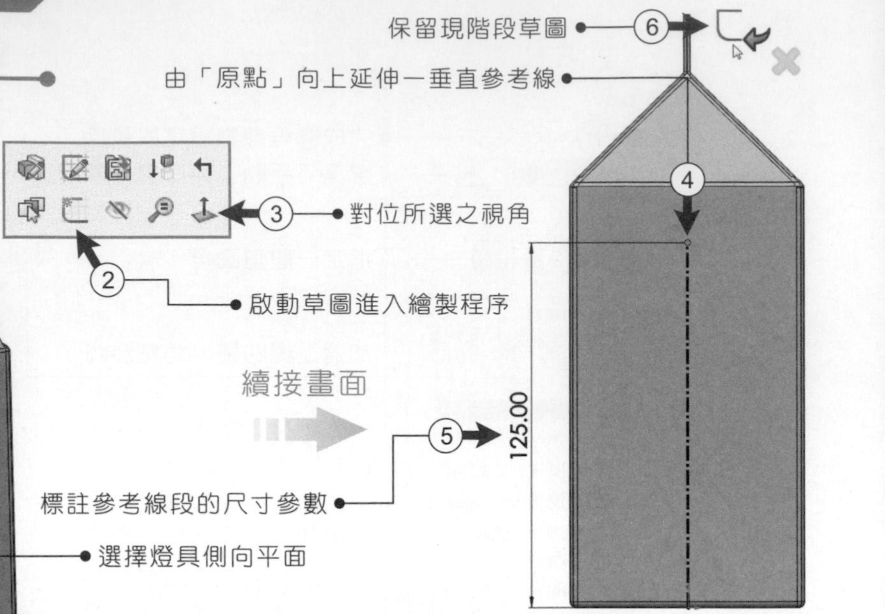
保留現階段草圖 6
由「原點」向上延伸一垂直參考線
3 對位所選之視角
2 啟動草圖進入繪製程序
4
續接畫面
5
125.00
標註參考線段的尺寸參數
草圖原點

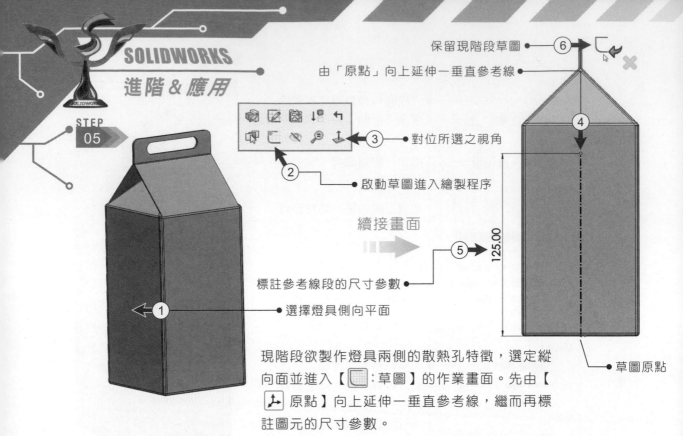

現階段欲製作燈具兩側的散熱孔特徵，選定縱向面並進入【 :草圖】的作業畫面。先由【 原點】向上延伸一垂直參考線，繼而再標註圖元的尺寸參數。

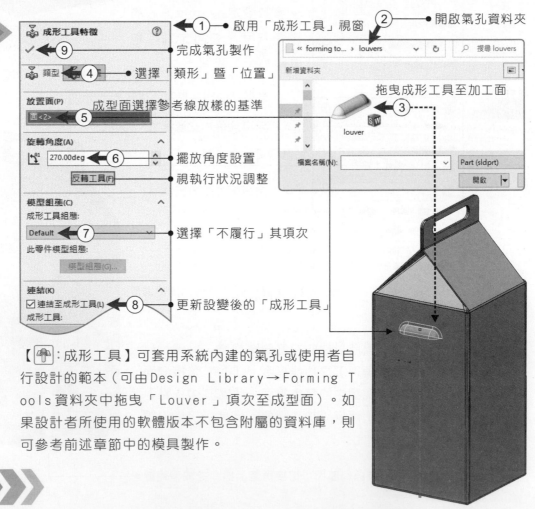

STEP 06

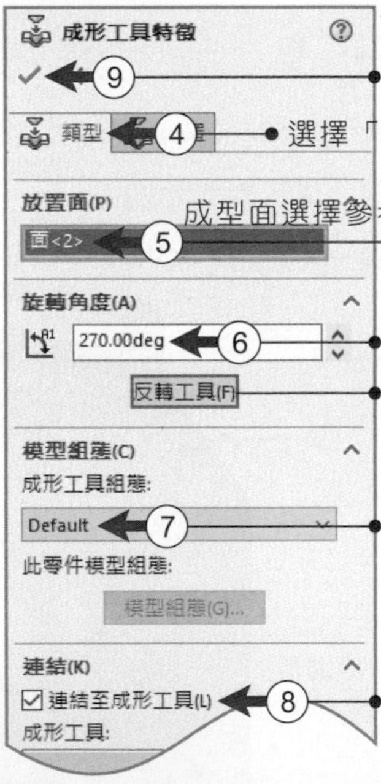
成形工具特徵
1 啟用「成形工具」視窗
9 完成氣孔製作
類型 4 選擇「類形」暨「位置」
放置面(P)
成型面選擇參考線放樣的基準
面<2> 5
旋轉角度(A)
270.00deg 6 擺放角度設置
反轉工具(F) 視執行狀況調整
模型組態(C)
成形工具組態:
Default 7 選擇「不履行」其項次
此零件模型組態:
模型組態(G)...
連結(K)
連結至成形工具(L) 8 更新設變後的「成形工具」
成形工具:

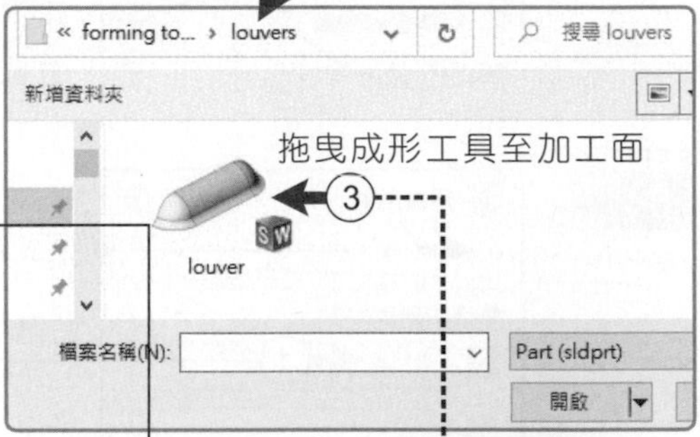
2 開啟氣孔資料夾
« forming to... › louvers
搜尋 louvers
新增資料夾
拖曳成形工具至加工面
3
louver
檔案名稱(N):
Part (sldprt)
開啟

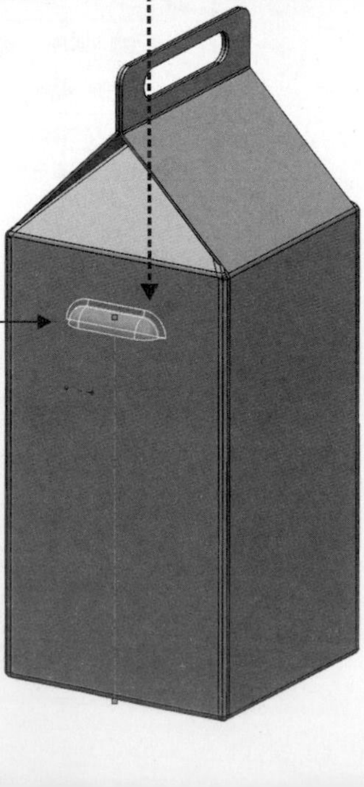

【 :成形工具】可套用系統內建的氣孔或使用者自行設計的範本（可由Design Library→Forming Tools資料夾中拖曳「Louver」項次至成型面）。如果設計者所使用的軟體版本不包含附屬的資料庫，則可參考前述章節中的模具製作。

STEP 07

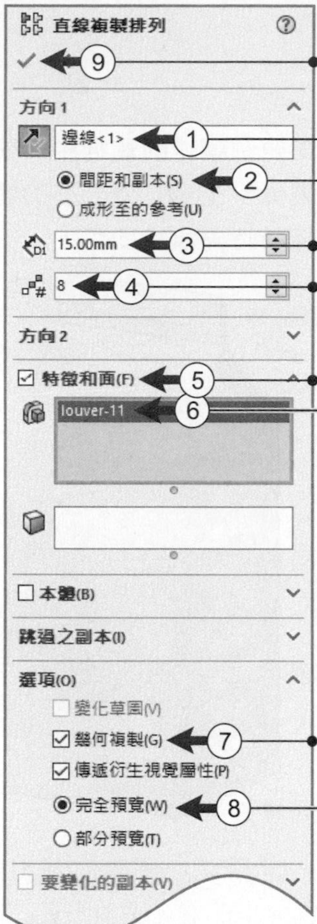

⑨ 完成陣列設置與執行

① 選擇縱向的邊界線段作為複製的參考項次

② 指定「間距」與「副本」

③ 複製的氣孔間距為 15mm

④ 陣列數量輸入 8 個

⑤ 選擇複製的類型

⑥ 點選成形工具特徵

黃色範疇為陣列後之樣態

⑧ 啟用預覽模式以檢核成型概況

⑦ 選擇幾何定義

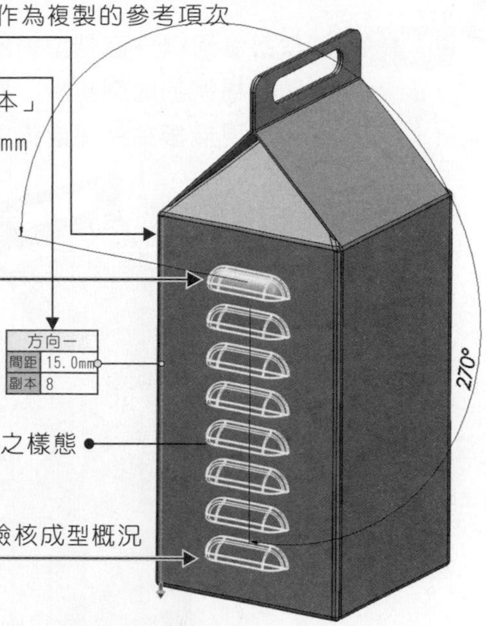

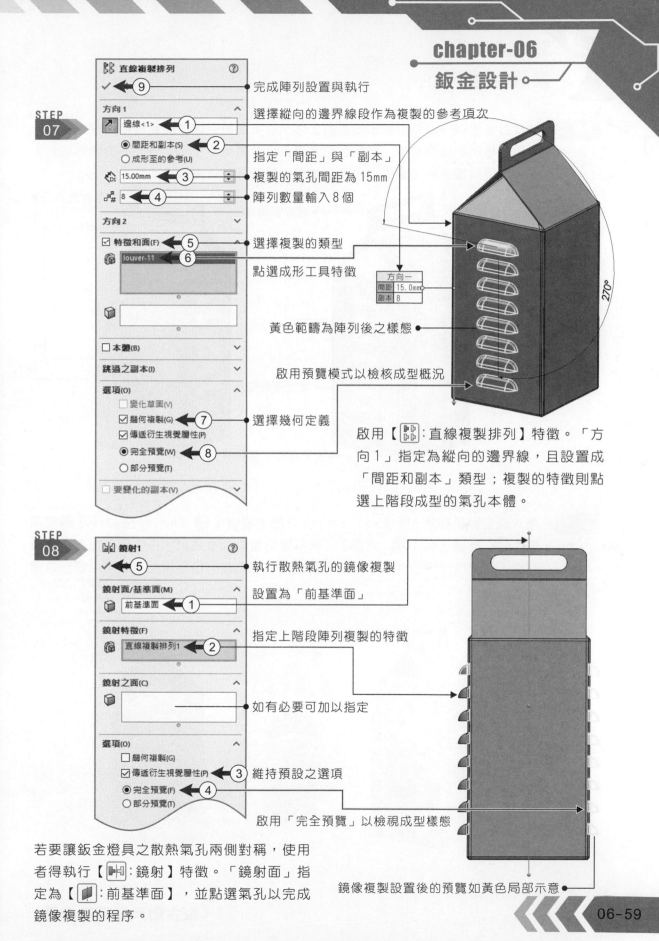

啟用【直線複製排列】特徵。「方向 1」指定為縱向的邊界線，且設置成「間距和副本」類型；複製的特徵則點選上階段成型的氣孔本體。

STEP 08

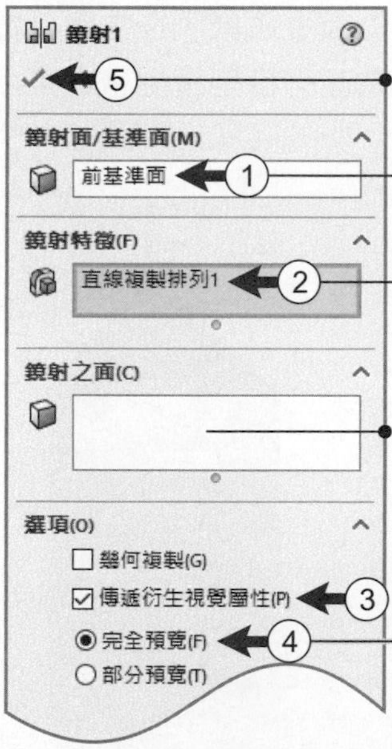

⑤ 執行散熱氣孔的鏡像複製

① 設置為「前基準面」

② 指定上階段陣列複製的特徵

如有必要可加以指定

③ 維持預設之選項

④ 啟用「完全預覽」以檢視成型樣態

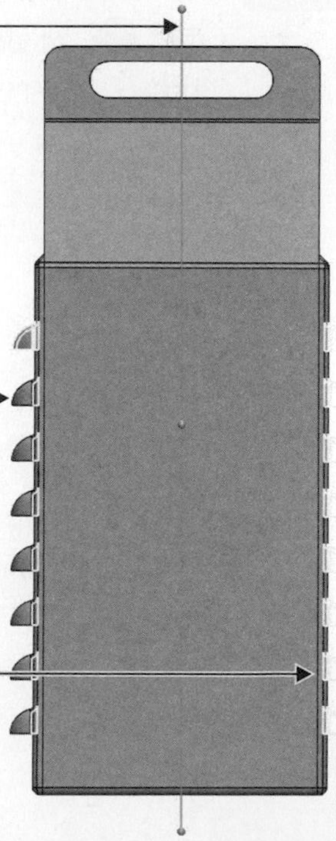

鏡像複製設置後的預覽如黃色局部示意

若要讓鈑金燈具之散熱氣孔兩側對稱，使用者得執行【鏡射】特徵。「鏡射面」指定為【前基準面】，並點選氣孔以完成鏡像複製的程序。

STEP 09 關於鈑金燈具外觀造型細部設計的工序，並不在範例講述的進程中。使用者可參考數位檔案的繪製步驟，斟酌後再套用與設計變更。【:分割】的特徵指令，甚少出現於鈑金產品建構中，可留待燈具細部修飾時再執行即可。

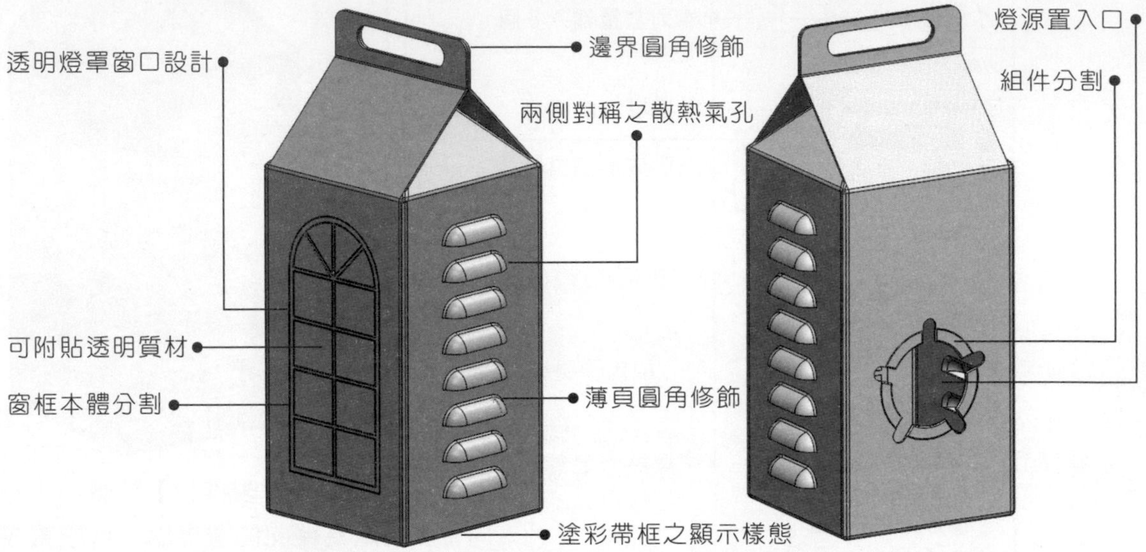
透明燈罩窗口設計
邊界圓角修飾
兩側對稱之散熱氣孔
可附貼透明質材
窗框本體分割
薄頁圓角修飾
塗彩帶框之顯示樣態
燈源置入口
組件分割

《鈑金燈具-前等視角》　《鈑金燈具-後不等視角》

STEP 10 進入模型彩現程序：透過Solidworks之附加模組【 Photoview360】編輯模型【:外觀】與【:全景】；新鮮屋造型的鈑金燈具，在主體設置為金屬料材後，透光的窗戶分件則賦予玻璃質感。下方為產品模型模型融合素色場景之渲染完成圖照。

《鈑金燈具彩現完成圖》

6-5 折疊式手機架

⊙要點提醒 本範例為綠色版參考教學檔--請學習者使用雲端連結並下載相關之附件

本範例教學視訊檔案：SolidWorks/進階&應用/CH06目錄下/6-5 手機架.avi
本範例製作完成檔案：SolidWorks/進階&應用/CH06目錄下/6-5 手機架.SLDPRT

6-5.1 手機架建模進程

手機架暨平板架皆屬於同類型之產品，坊間也常見鈑金加工的各款前述商品。於本範例中，將其分為底座（下段）、連接板（中段）與手機架（上段）三個組件，其個別成型的過程皆是以【:基材凸緣】形成薄板頁，再藉由【:伸長除料】削減綽餘的邊界，且經【:摺邊】工序個別存取檔案。而三個鈑金構件於【組合件】系統中裝載組併，並啟用SW內建的彩現軟件——【:PHOTOVIEW360】或【Visualize】附貼材質與渲染。

建模進程：

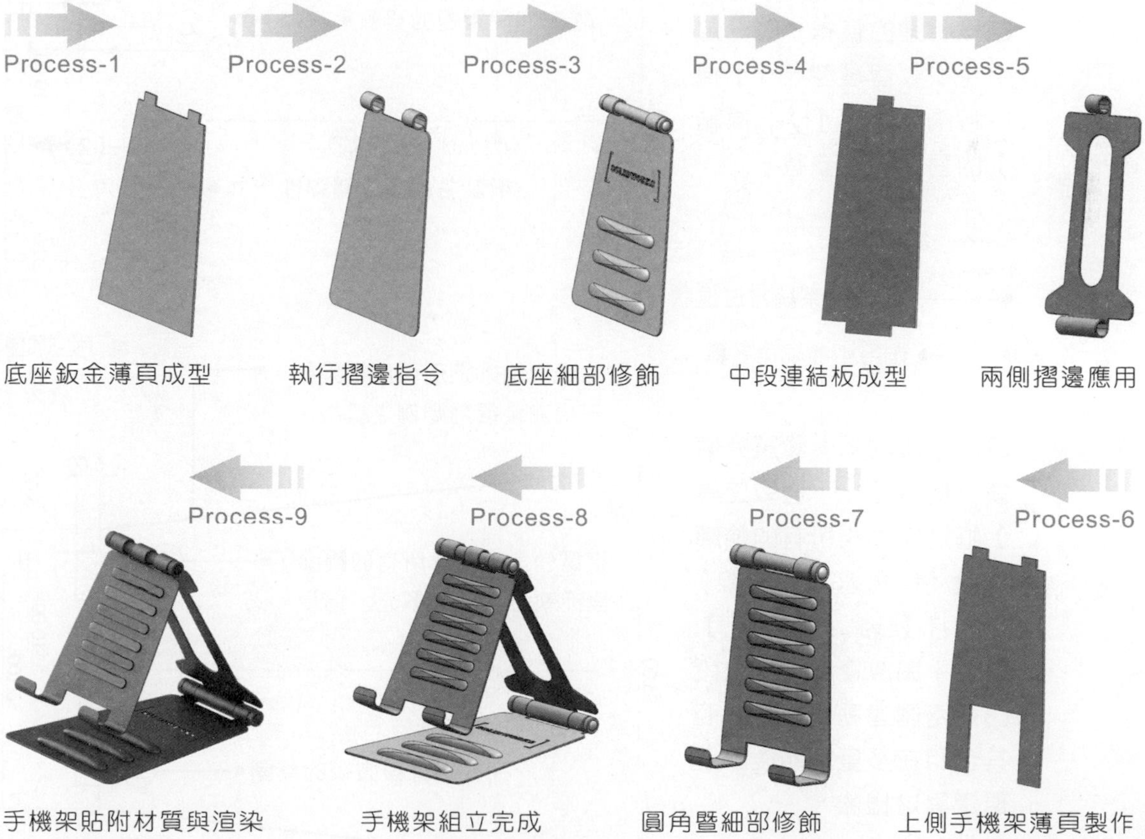
Process-1
Process-2
Process-3
Process-4
Process-5
底座鈑金薄頁成型
執行摺邊指令
底座細部修飾
中段連結板成型
兩側摺邊應用
Process-9
Process-8
Process-7
Process-6
手機架貼附材質與渲染
手機架組立完成
圓角暨細部修飾
上側手機架薄頁製作

6-5.2 手機架底座成型

STEP 01

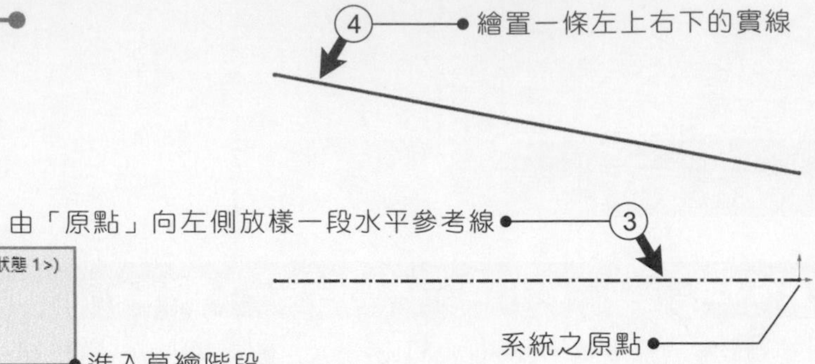
④ 繪置一條左上右下的實線
由「原點」向左側放樣一段水平參考線 ③
系統之原點

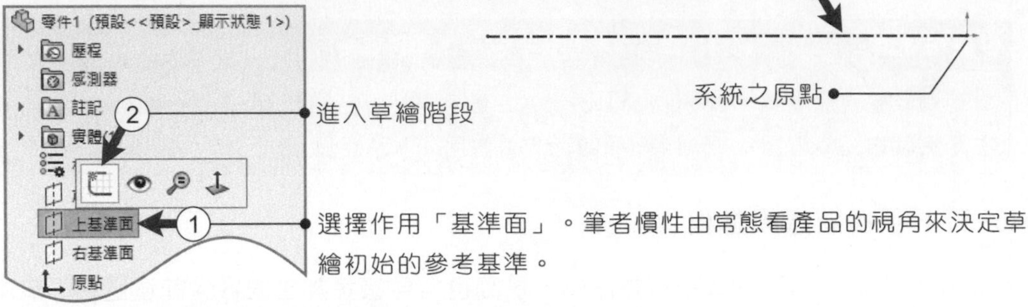
零件1 (預設<<預設>_顯示狀態 1>)
歷程
感測器
註記
實體
上基準面
右基準面
原點
② 進入草繪階段
① 選擇作用「基準面」。筆者慣性由常態看產品的視角來決定草繪初始的參考基準。

範例中所建構的手機架是由三個鈑金構件所組併完成，如果以「由下而上」的建模順序取決，建議設計者可先從「底座」開始著手。

STEP 02

延續上階段之草圖進程。以【／：直線工具】繪製四段相連的直線；繼而啟用【智慧型尺寸】標註各圖元間與【原點】的對應尺寸參數。

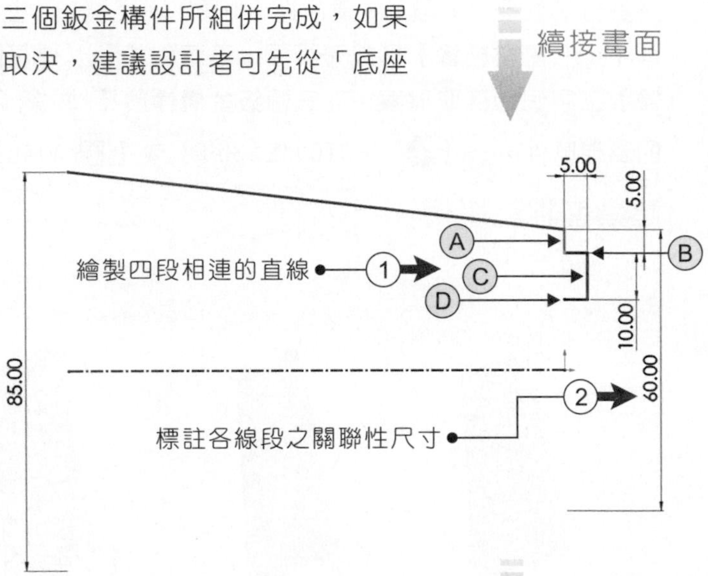

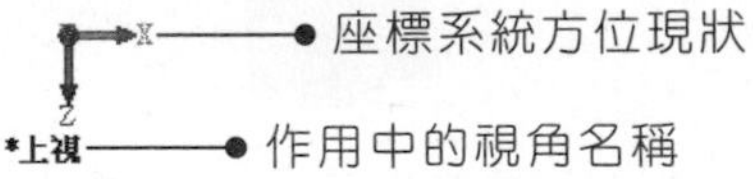
座標系統方位現狀
*上視 作用中的視角名稱

STEP 03

於上階段的草圖設置完備後，使用【：選取工具】框選畫面中所有的輪廓線段（包含水平參考線）並執行【：鏡射圖元】指令。完成複製後的線段已是兩側連動的型態，而其色相在多重定義後即呈現深黑之樣款。

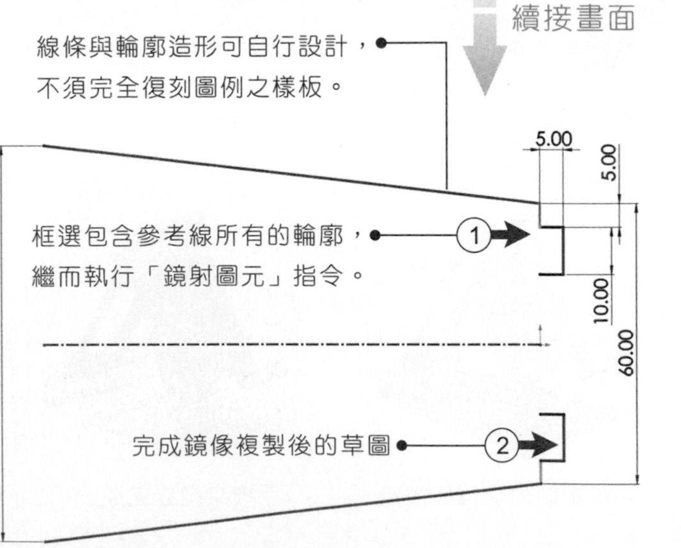
續接畫面
線條與輪廓造形可自行設計，不須完全復刻圖例之樣板。
5.00
5.00
框選包含參考線所有的輪廓，繼而執行「鏡射圖元」指令。 ①
10.00
85.00
60.00
完成鏡像複製後的草圖 ②

待草圖輪廓封閉後，即呈現藍色之樣態。

STEP 04

續接上頁未完備之草圖輪廓。於此以【 ：直線工具】製作縱向線段連結圖元左右兩側之缺口；當輪廓呈現封閉型態時即呈現全色塗佈之樣態（隨著個別系統設置迥異，其色彩顯示亦不盡相同）。

座標系統暨視角名稱

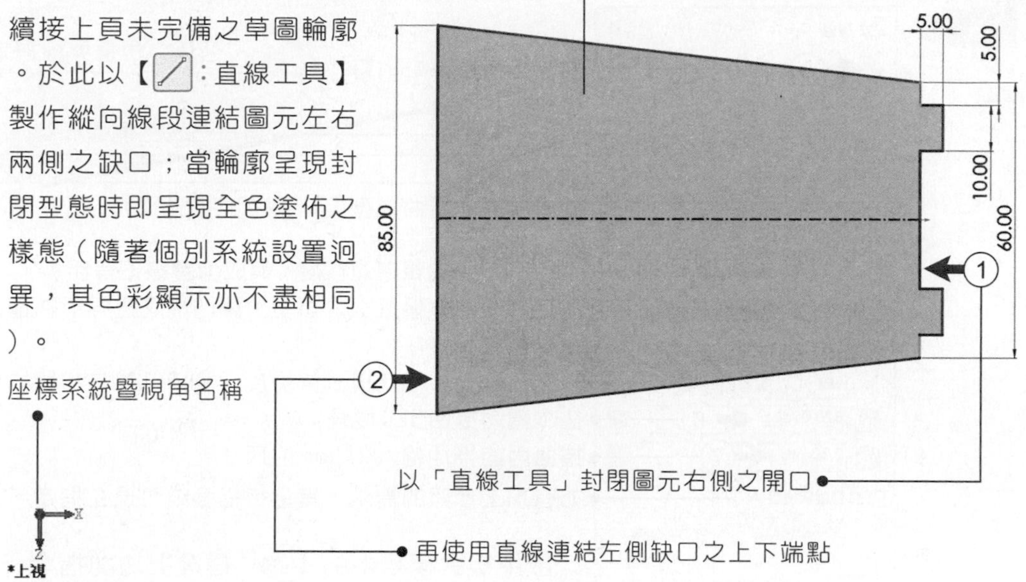

以「直線工具」封閉圖元右側之開口

再使用直線連結左側缺口之上下端點

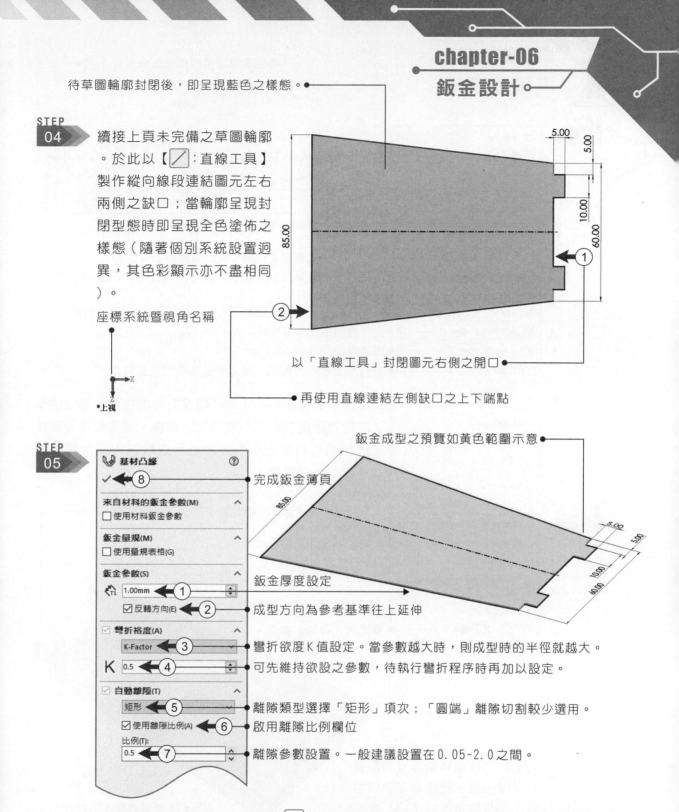

STEP 05

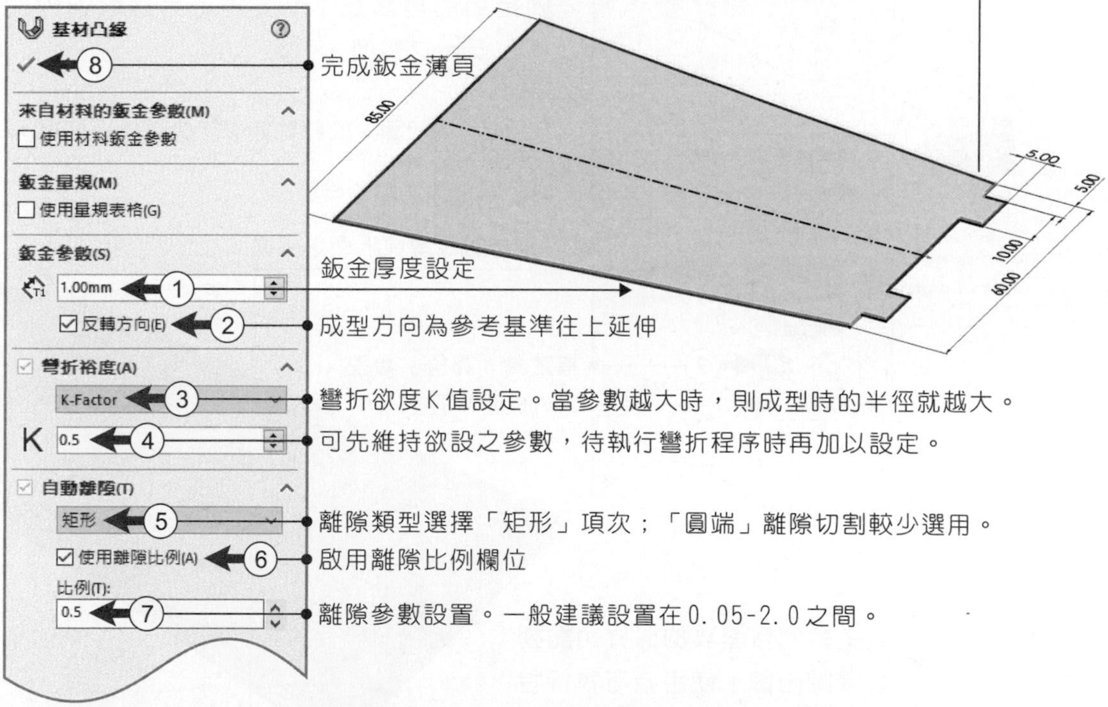

鈑金成型之預覽如黃色範圍示意

完成鈑金薄頁

鈑金厚度設定

成型方向為參考基準往上延伸

彎折欲度K值設定。當參數越大時，則成型時的半徑就越大。

可先維持欲設之參數，待執行彎折程序時再加以設定。

離隙類型選擇「矩形」項次；「圓端」離隙切割較少選用。

啟用離隙比例欄位

離隙參數設置。一般建議設置在0.05-2.0之間。

待草圖設置完成後，可啟用【 ：基材凸緣】指令成型鈑金薄頁。「鈑金參數」的厚度建議輸入0.7至1.5之間，此為家用產品常見的肌理數值；而交通工具或重型機械元件之料材厚度則多數設在在2.0mm以上。另外，「彎折裕度」暨「自動離隙」項次之依據，套用系統預設的0.5單位即可。

STEP 06

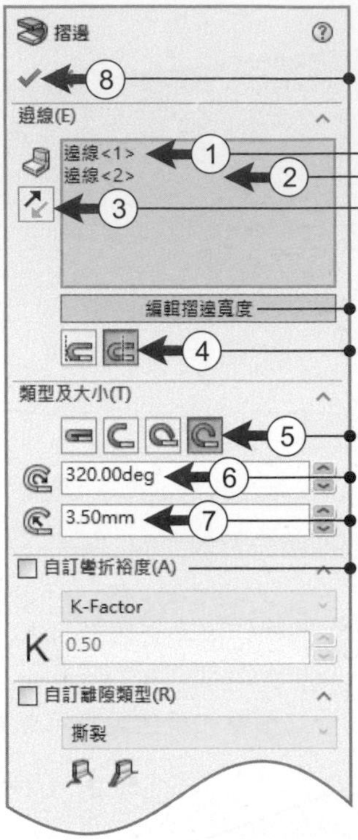

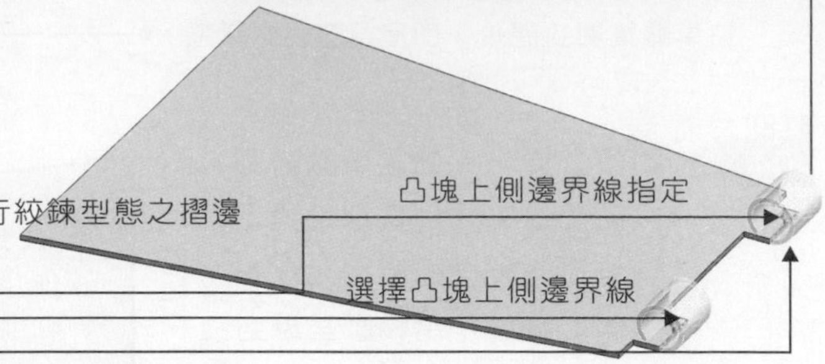

摺邊成型之預覽即如黃色局部示意

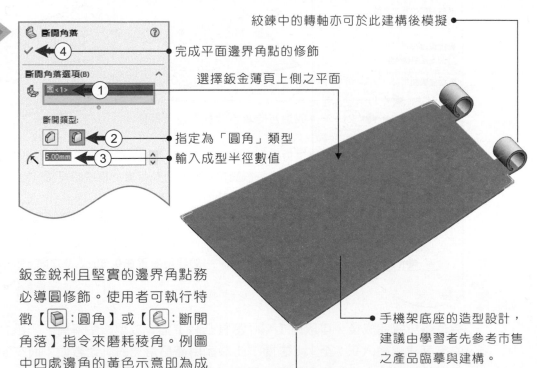

凸塊上側邊界線指定

選擇凸塊上側邊界線

8 執行絞鍊型態之摺邊

1 2 選擇凸塊上側邊界線

3 設置為向上捲曲成型

可啟用指令編輯摺邊寬度(與成型邊線不等距)。

4 指定為「向外彎折」之類型,讓凸塊之邊界即為捲曲型態之起始點。

5 選擇「捲型」。此模式常見於「絞鍊」或其相關的結構組件。

6 往本體內捲曲 320 度角

7 捲曲內的半徑輸入 3.5mm 的尺寸

如有加工參照的需求,其彎折裕度或可現在指定。

啟用鈑金模組中的【:摺邊】功能指令。其欲成型的邊界即是右側兩凸塊的上端邊線,選定後再設置往內捲曲的角度為 320 度角;另摺彎的內側半徑則輸入 3.5mm 之數值。

STEP 07

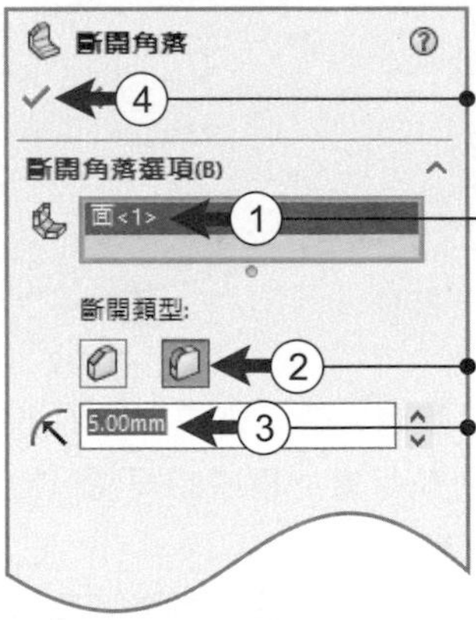

絞鍊中的轉軸亦可於此建構後模擬

4 完成平面邊界角點的修飾

1 選擇鈑金薄頁上側之平面

2 指定為「圓角」類型

3 輸入成型半徑數值

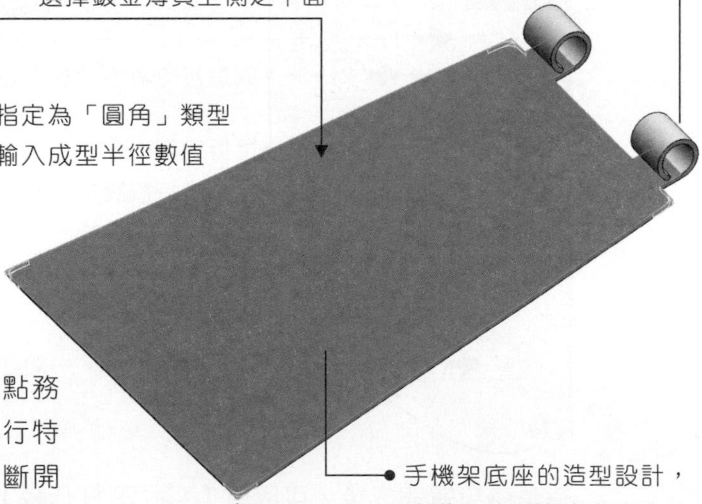

鈑金銳利且堅實的邊界角點務必導圓修飾。使用者可執行特徵【:圓角】或【:斷開角落】指令來磨耗稜角。例圖中四處邊角的黃色示意即為成型後之預覽。

手機架底座的造型設計,建議由學習者先參考市售之產品臨摹與建構。

角落斷開修飾後之圓角預覽

6-5.3 連接板製作

STEP 01

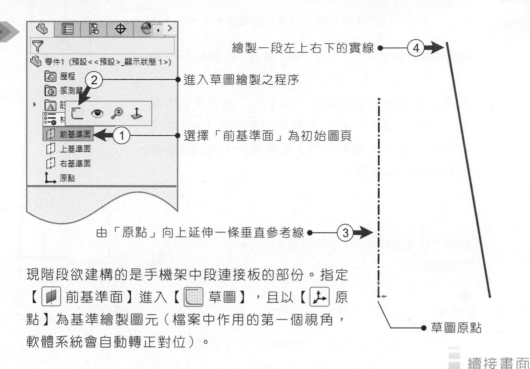

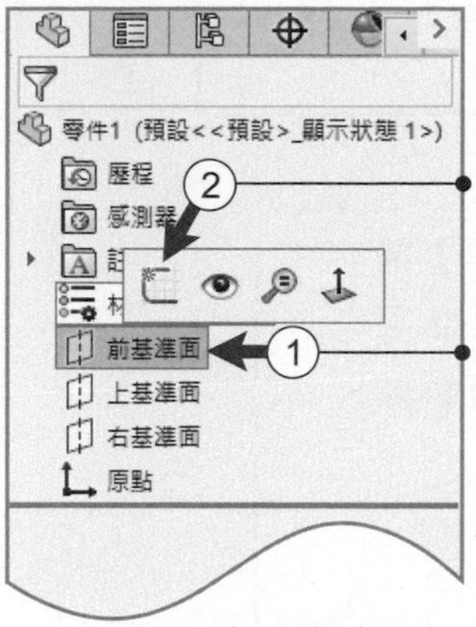

② 進入草圖繪製之程序

① 選擇「前基準面」為初始圖頁

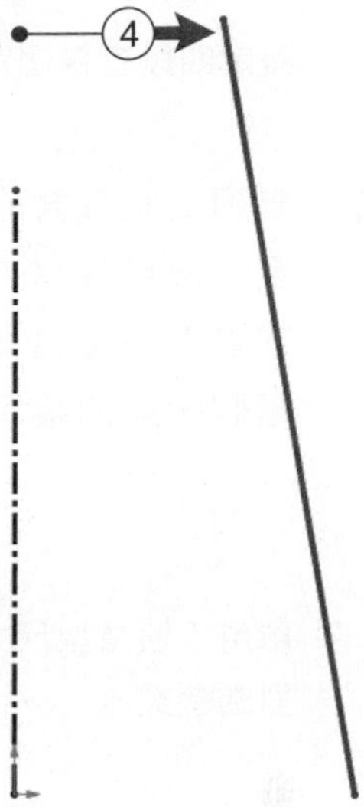

④ 繪製一段左上右下的實線

③ 由「原點」向上延伸一條垂直參考線

草圖原點

現階段欲建構的是手機架中段連接板的部份。指定【前基準面】進入【草圖】，且以【原點】為基準繪製圖元（檔案中作用的第一個視角，軟體系統會自動轉正對位）。

續接畫面

STEP 02

承接上階段的草繪圖元。啟用【:智慧型尺寸】標註直線與【原點】的相關對應尺寸；在CAD屬性軟體建構組件時，第一個草圖的尺寸標列尤其重要。

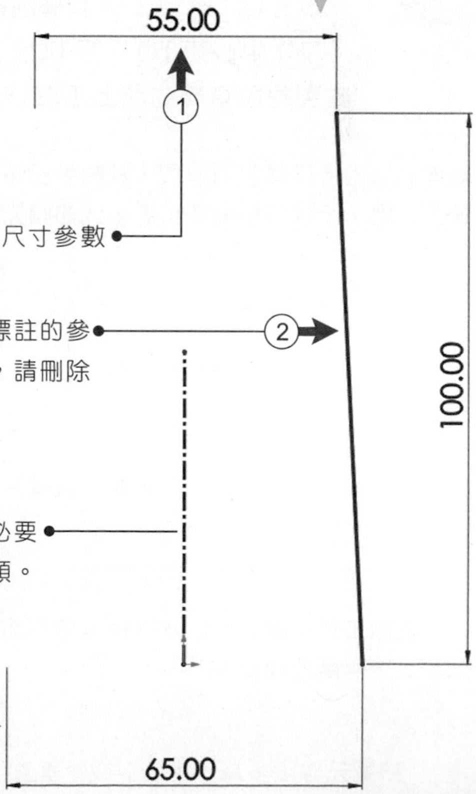

① 以跨「中心線」全徑之型式標列55mm的尺寸參數

② 關於這左上右下的直線尺寸設置，且一定要讓標註的參數水平標列；若是有形成角度傾斜的尺寸疑慮，請刪除後再重新標列。

延伸於「原點」的「中心線」長度不拘，但務必要保持「垂直」限制，以免後續的圖元製作時偏頗。

③ 以「智慧型尺寸」標註線段之尺寸參數；建議使用跨中心線標註的型式。

STEP 03

以「直線工具」繪製四段直線

設定四段直線個別的「水平」暨「垂直」限制

延續上個頁面的草圖進程。以【 ：直線工具】繪製四段直線 Ⓐ 至 Ⓓ，且應用限制條件【 水平放置】與【 ：垂直放置】架構圖元，並執行鏡像複製所有的輪廓線段。

啟用「智慧型尺寸」，並標註圖元中的對應參數。

現在的草圖繪製於「X」與「Y」軸所構成的頁面上。

*前視 作用視角之名稱

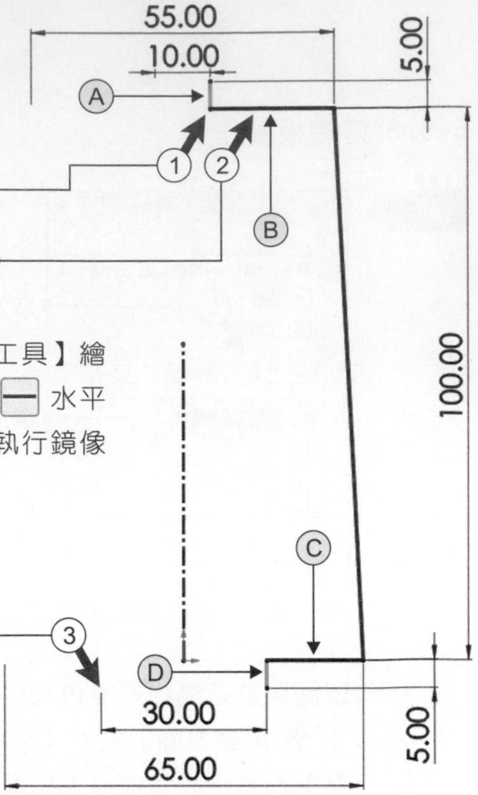

續接畫面

STEP 04

允以【 ：選取工具】框選畫面中的所有線段（包含垂直【 中心線】），且執行【 鏡射圖元】指令後，再繪製兩段直線封閉上下的缺口。

為俾利讀者分辨繪製的線段，其顏色已特別設置調整過，所以可能與使用者創建的圖元現狀迥異。

圖元輪廓在封閉後即呈現藍色之樣態

框選「中心線」暨所有圖元後執行鏡像複製的程序。

以「直線工具」繪製兩段水平線，分別連結圖元中上下兩處的缺口。

該圖元線段多為「水平」或「垂直」限制

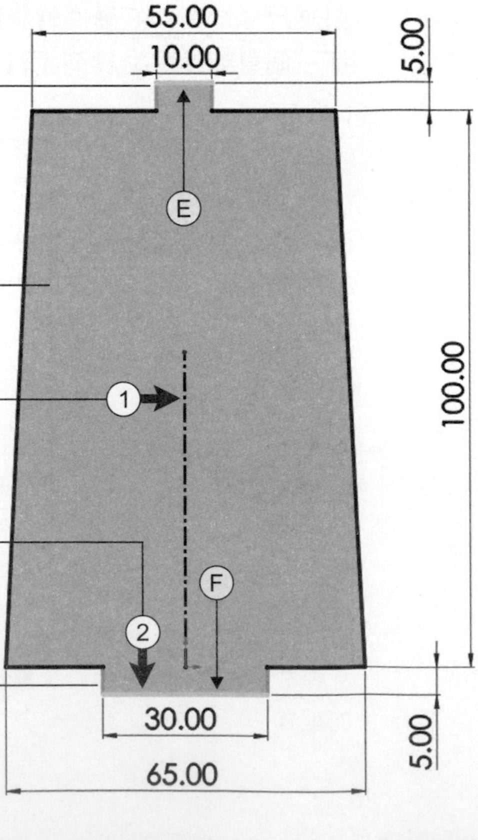

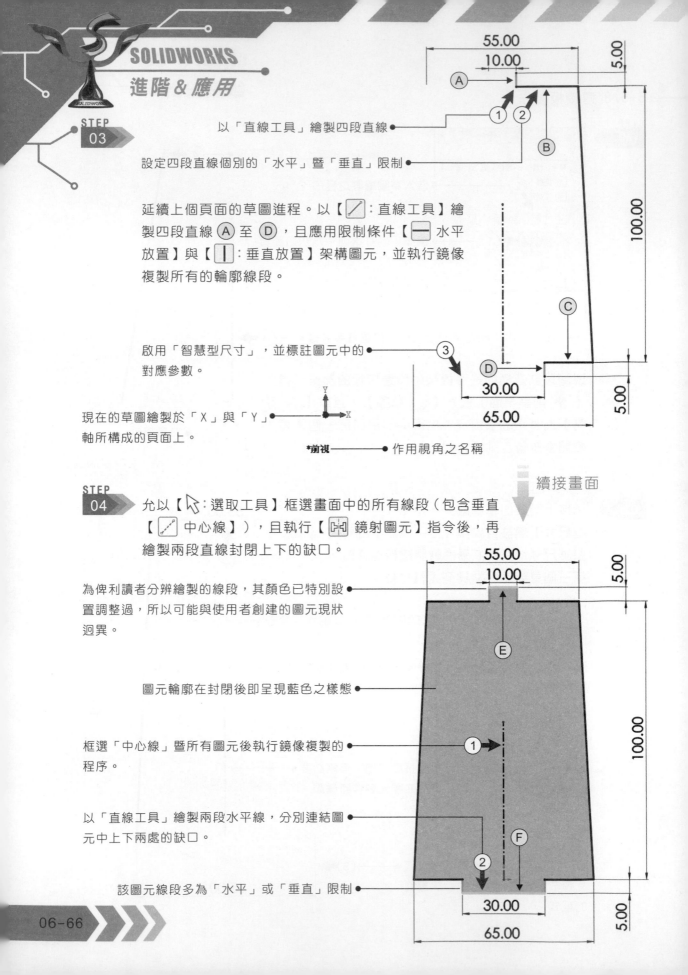

STEP 05

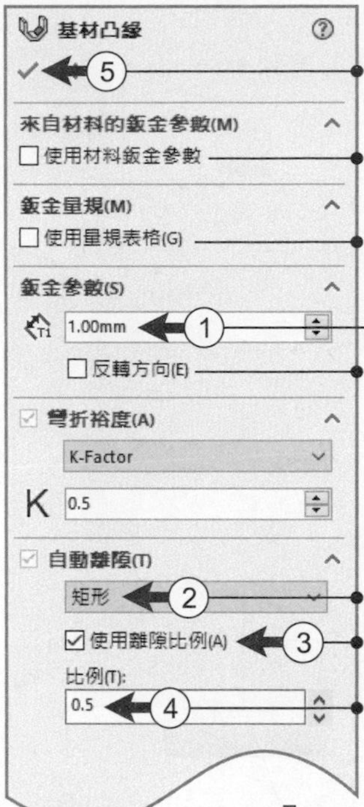
基材凸緣
來自材料的鈑金參數(M)
使用材料鈑金參數
鈑金量規(M)
使用量規表格(G)
鈑金參數(S)
1.00mm
反轉方向(E)
彎折裕度(A)
K-Factor
0.5
自動離隙(T)
矩形
使用離隙比例(A)
比例(T):
0.5
鈑金薄頁設置與成型
若已有既定的材質選項即可套用
可啟用附加的制定表格
鈑金厚度可先概略性的輸入參數
必要時可反轉成型方向
選擇離隙類型
離隙比例參數調整
設置 0.5 的離隙比例數值

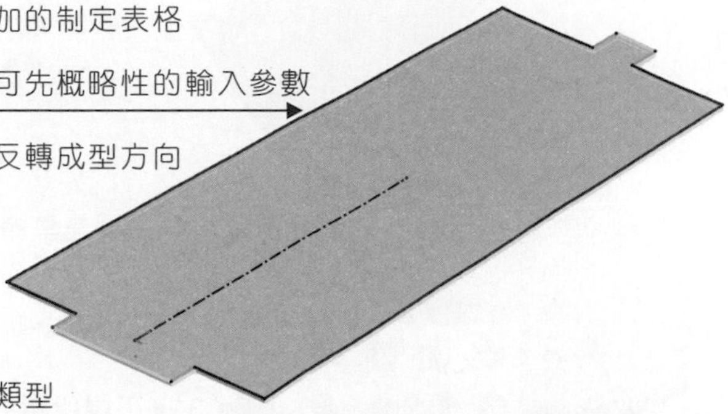

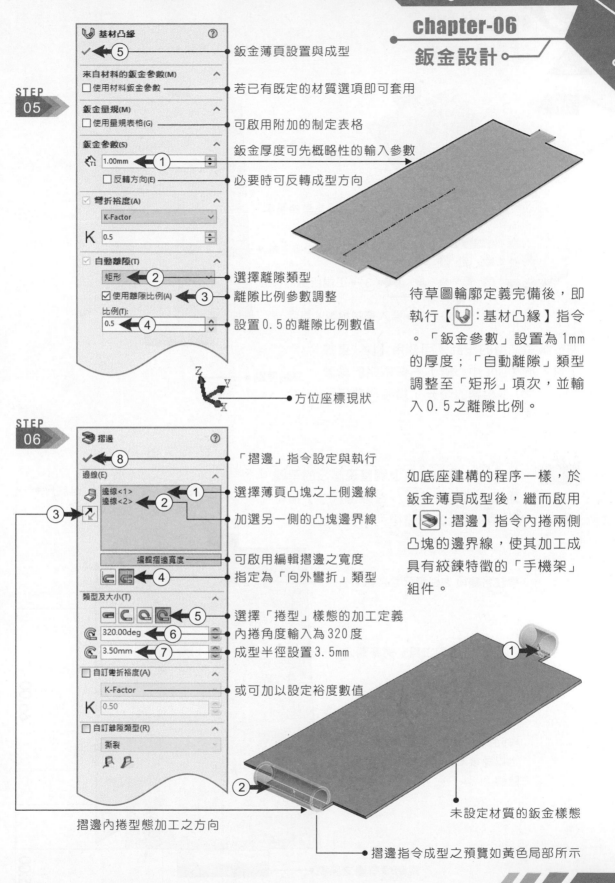

待草圖輪廓定義完備後，即執行【 ：基材凸緣】指令。「鈑金參數」設置為 1mm 的厚度；「自動離隙」類型調整至「矩形」項次，並輸入 0.5 之離隙比例。

STEP 06

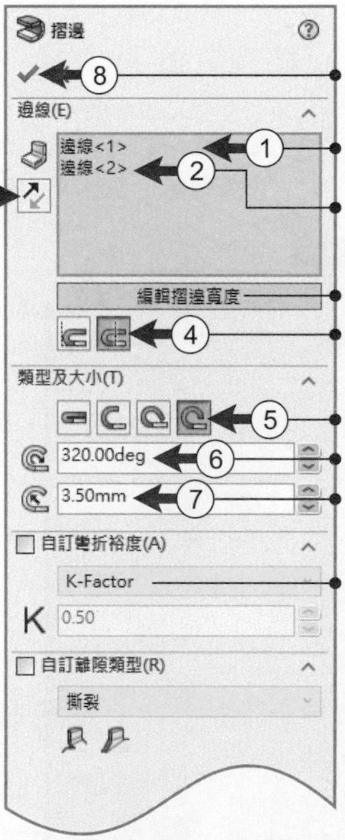
摺邊
邊線(E)
邊線<1>
邊線<2>
編輯摺邊寬度
類型及大小(T)
320.00deg
3.50mm
自訂彎折裕度(A)
K-Factor
0.50
自訂離隙類型(R)
撕裂
「摺邊」指令設定與執行
選擇薄頁凸塊之上側邊線
加選另一側的凸塊邊界線
可啟用編輯摺邊之寬度
指定為「向外彎折」類型
選擇「捲型」樣態的加工定義
內捲角度輸入為 320 度
成型半徑設置 3.5mm
或可加以設定裕度數值
摺邊內捲型態加工之方向

如底座建構的程序一樣，於鈑金薄頁成型後，繼而啟用【 ：摺邊】指令內捲兩側凸塊的邊界線，使其加工成具有絞鍊特徵的「手機架」組件。

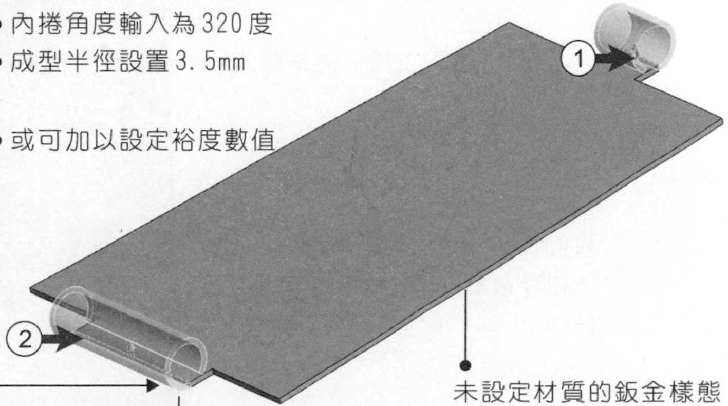
未設定材質的鈑金樣態
摺邊指令成型之預覽如黃色局部所示

STEP 07

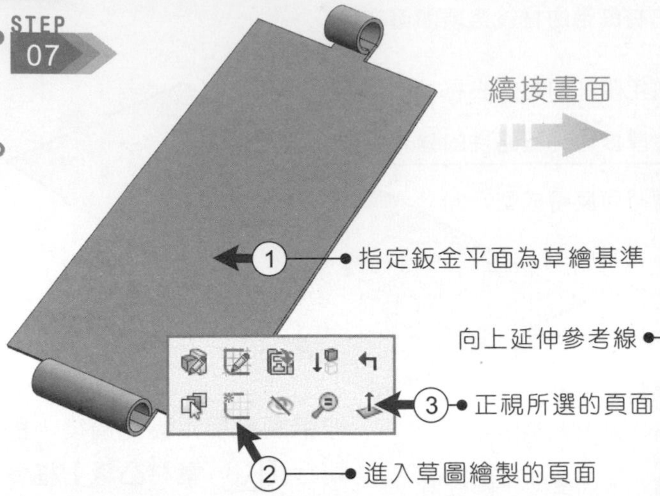
指定鈑金平面為草繪基準
正視所選的頁面
進入草圖繪製的頁面
續接畫面

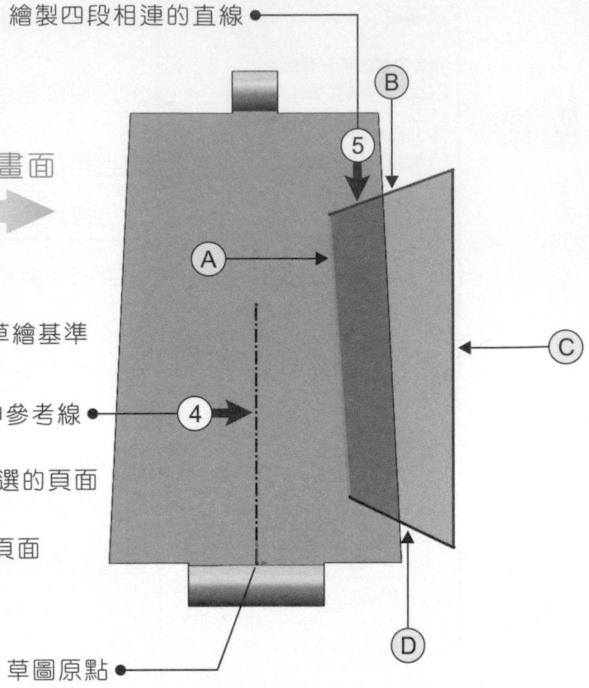
繪製四段相連的直線
向上延伸參考線
草圖原點

關於鈑金造型的設計，可使用【直線工具】於【中心線】右側概略的繪製 Ⓐ 至 Ⓓ 等相連的圖元，續接再執行除料的程序。

STEP 08

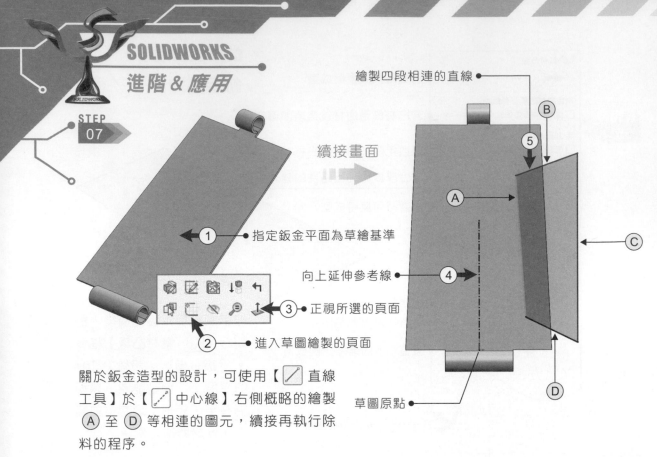

以【：選取工具】調整現階段的草圖輪廓，且執行【：智慧型尺寸】指令，將未定義的圖元標列其對應的參數。

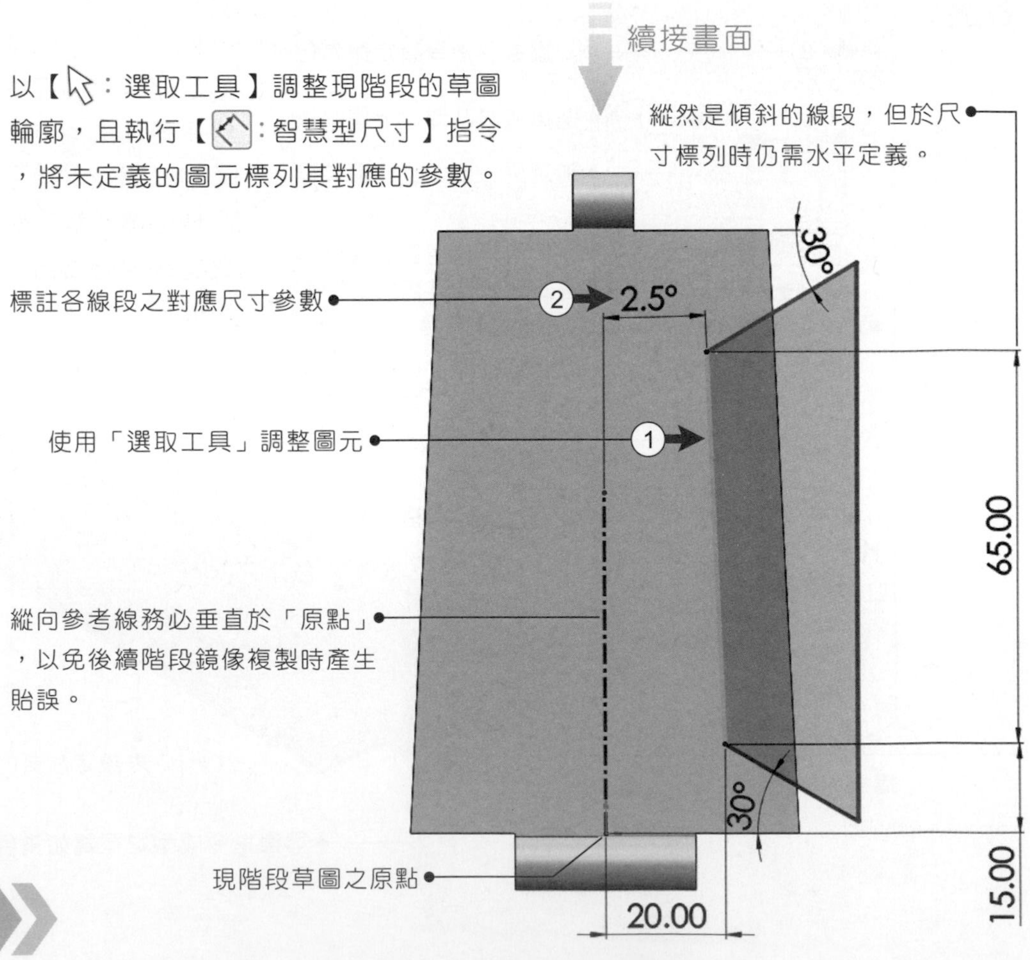
續接畫面
縱然是傾斜的線段，但於尺寸標列時仍需水平定義。
標註各線段之對應尺寸參數
使用「選取工具」調整圖元
縱向參考線務必垂直於「原點」，以免後續階段鏡像複製時產生貽誤。
現階段草圖之原點
30°
2.5°
65.00
15.00
20.00

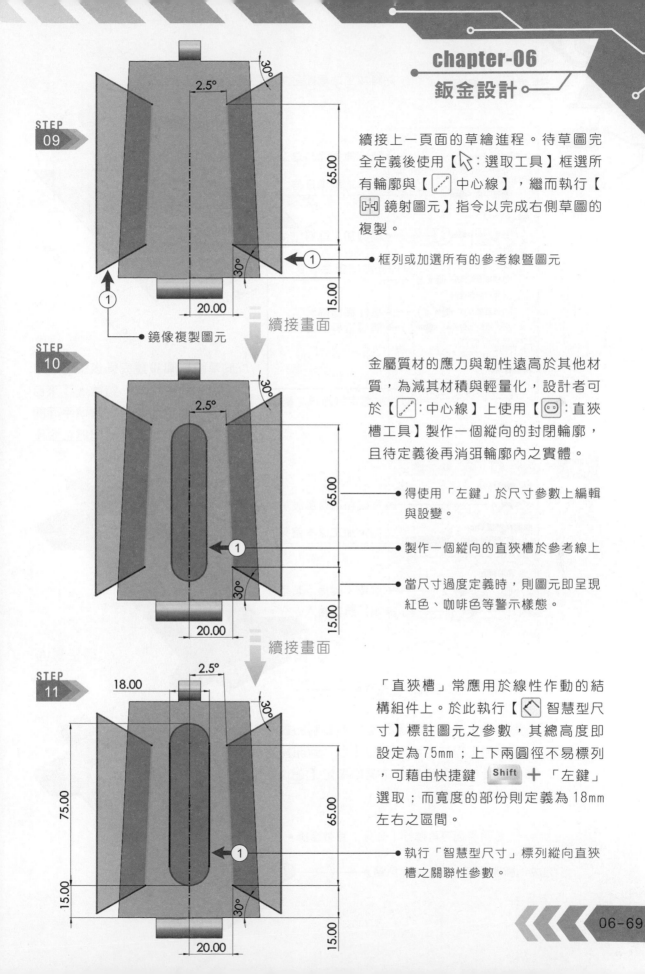

STEP 09

續接上一頁面的草繪進程。待草圖完全定義後使用【選取工具】框選所有輪廓與【中心線】，繼而執行【鏡射圖元】指令以完成右側草圖的複製。

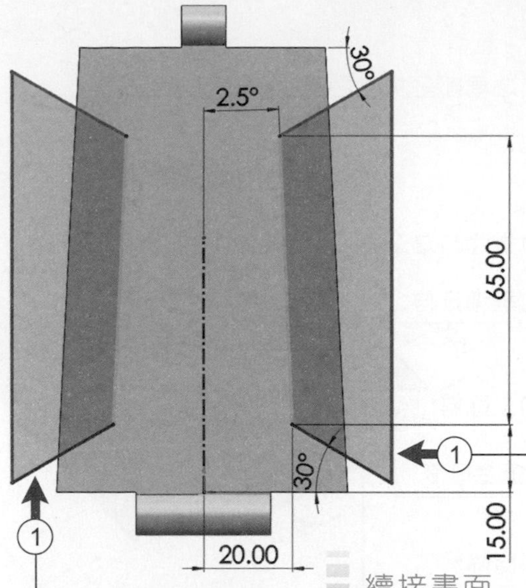
30°
2.5°
65.00
30°
15.00
20.00
①
框列或加選所有的參考線暨圖元
①
鏡像複製圖元

續接畫面

STEP 10

金屬質材的應力與韌性遠高於其他材質，為減其材積與輕量化，設計者可於【:中心線】上使用【:直狹槽工具】製作一個縱向的封閉輪廓，且待定義後再消弭輪廓內之實體。

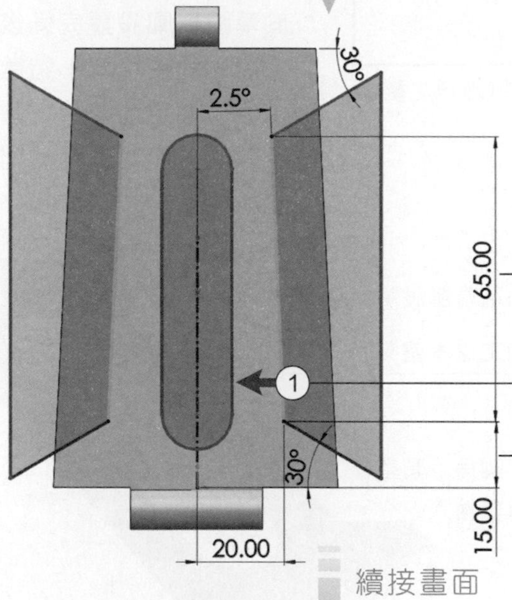
30°
2.5°
65.00
得使用「左鍵」於尺寸參數上編輯與設變。
①
製作一個縱向的直狹槽於參考線上
當尺寸過度定義時，則圖元即呈現紅色、咖啡色等警示樣態。
30°
15.00
20.00

續接畫面

STEP 11

「直狹槽」常應用於線性作動的結構組件上。於此執行【智慧型尺寸】標註圖元之參數，其總高度即設定為75mm；上下兩圓徑不易標列，可藉由快捷鍵 Shift ＋「左鍵」選取；而寬度的部份則定義為18mm左右之區間。

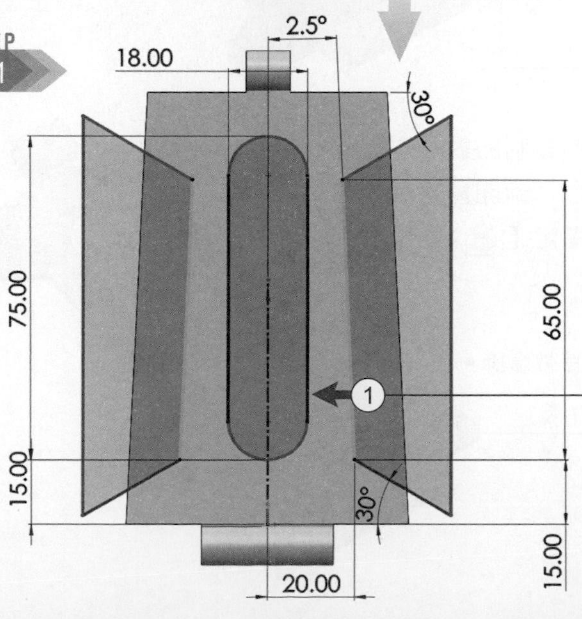
2.5°
18.00
30°
75.00
65.00
①
執行「智慧型尺寸」標列縱向直狹槽之關聯性參數。
15.00
30°
15.00
20.00

STEP 12

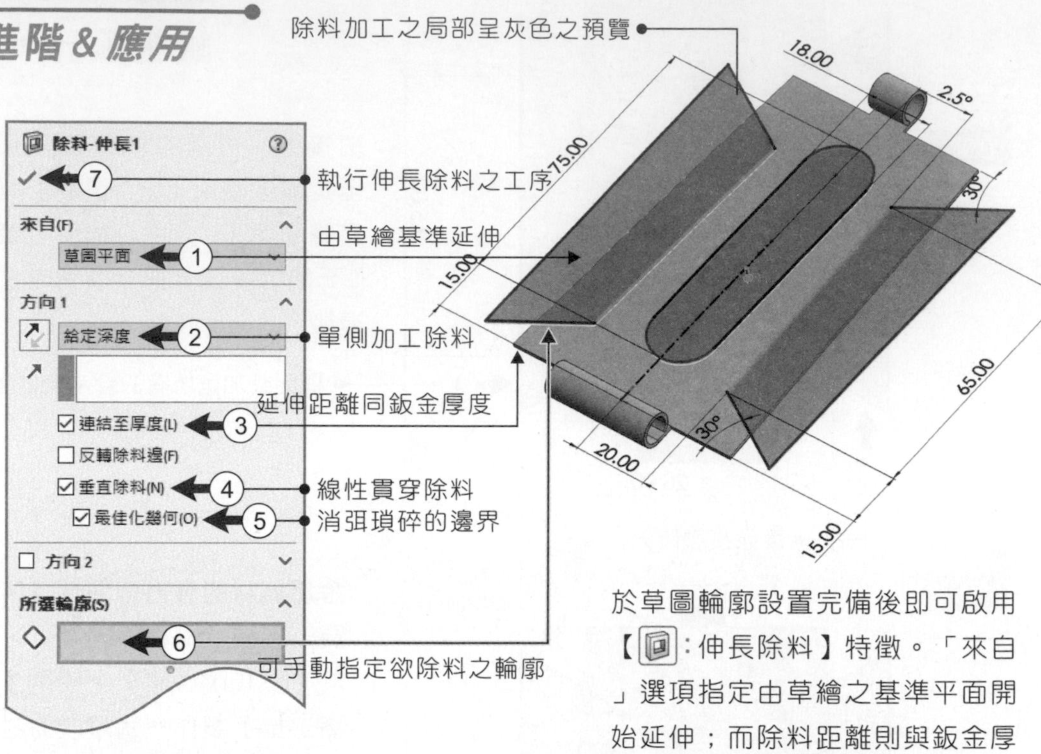

於草圖輪廓設置完備後即可啟用【:伸長除料】特徵。「來自」選項指定由草繪之基準平面開始延伸；而除料距離則與鈑金厚度一致。

STEP 13

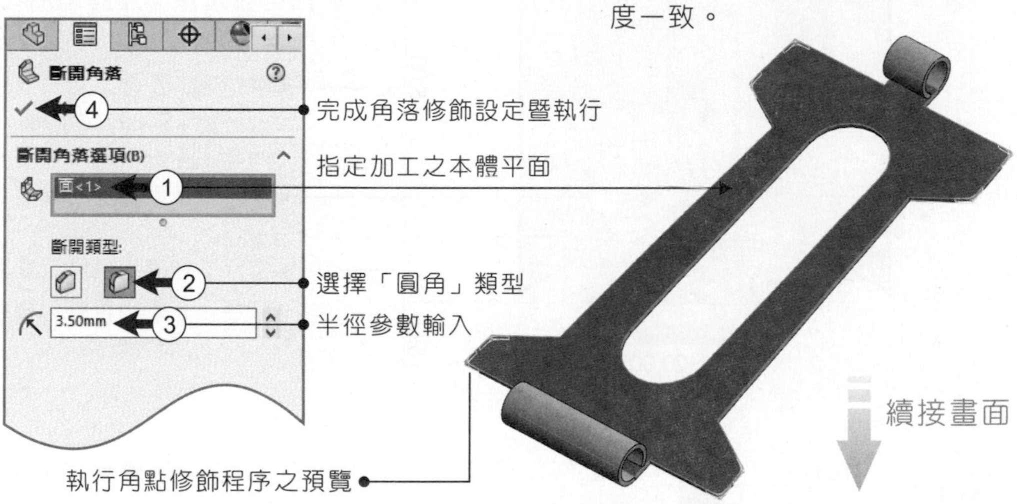

鈑金實體在剪裁後的邊界是極為鋒利的銳角，因此於除料加工程序中可再附加【:斷開角落】的修飾；而其「斷開類型」之選項指定【:圓角】為3.5mm的特徵磨耗。

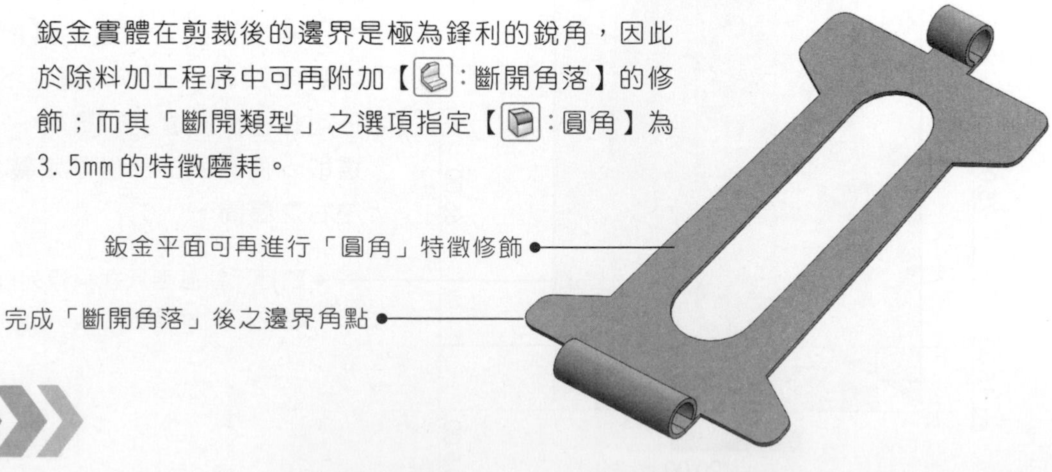

6-5.4 手機架主體建構

STEP 01

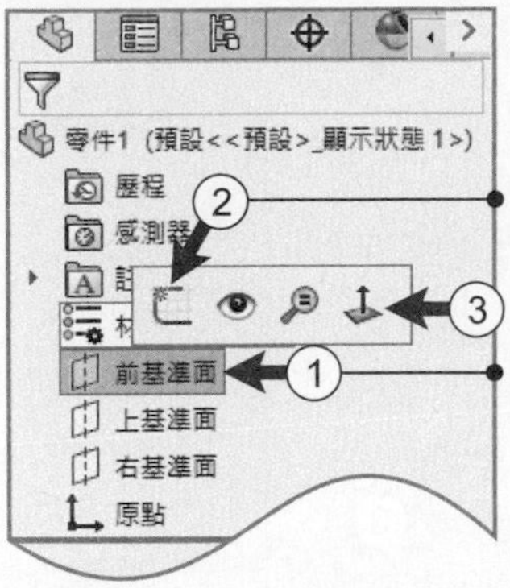

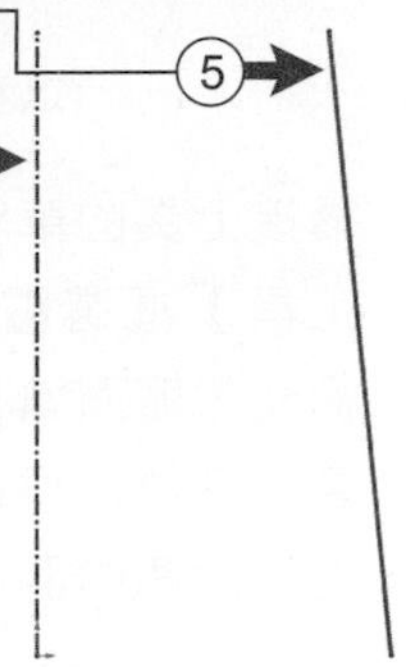

① 選擇作用「基準面」
② 進入草繪階段暨建構圖元
③ 對位草圖之視角
④ 放置垂直「中心線」
⑤ 繪製一段左上右下的縱向實線

續接畫面

STEP 02

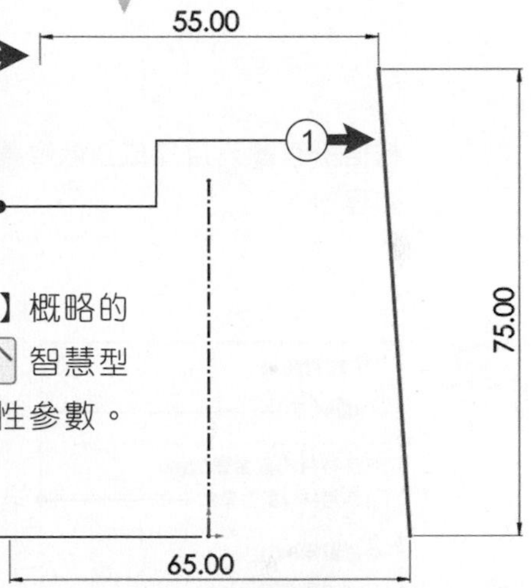

① 適宜的調整線段擺放的位置與角度
② 標註圖元對應之尺寸參數

草圖之原點

續接上階段之草圖進程。以【選取工具】概略的調整線段擺放的角度暨位置，繼而啟用【智慧型尺寸】標註圖元輪廓與【原點】的關聯性參數。

座標方位

*前視 作用視角之名稱

續接畫面

STEP 03

① 以上側線端為起點並繪製四段相連的直線
② 再以下側線端為起點繪製三條直線
③ 選擇本階段的所有直線並加入限制條件

上階段已完成的圖元

上階段圖元設置完備後啟用【直線工具】，且以斜線的上下側線端為起始點繪製 Ⓐ 至 Ⓖ 等七條實線，繼而執行「加入限制條件」指令，並將橫向線段全數設置成【水平放置】；而縱向線段則一併指定為【垂直放置】。

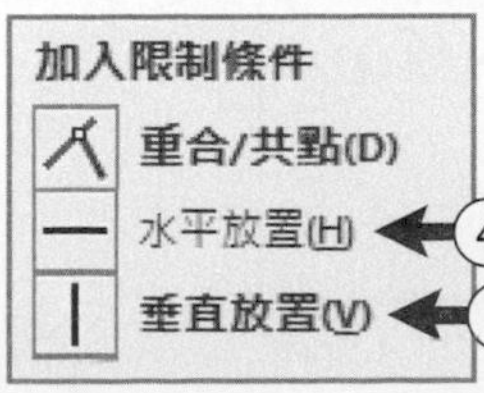

④ 設定橫向線段「水平放置」
⑤ 設定縱向線段為「垂直放置」

STEP 04

續接上頁的草繪進程。使用【選取工具】框選畫面中包含參考線的所有圖元，繼而執行【鏡射圖元】的複製指令後，再以【直線工具】連結上下兩側的開放輪廓。

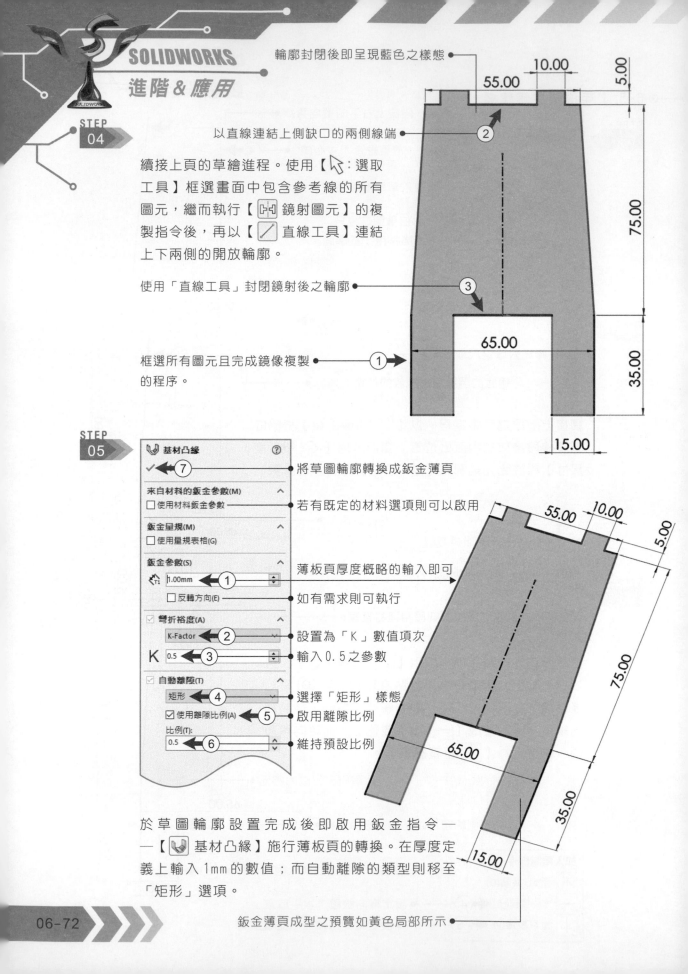

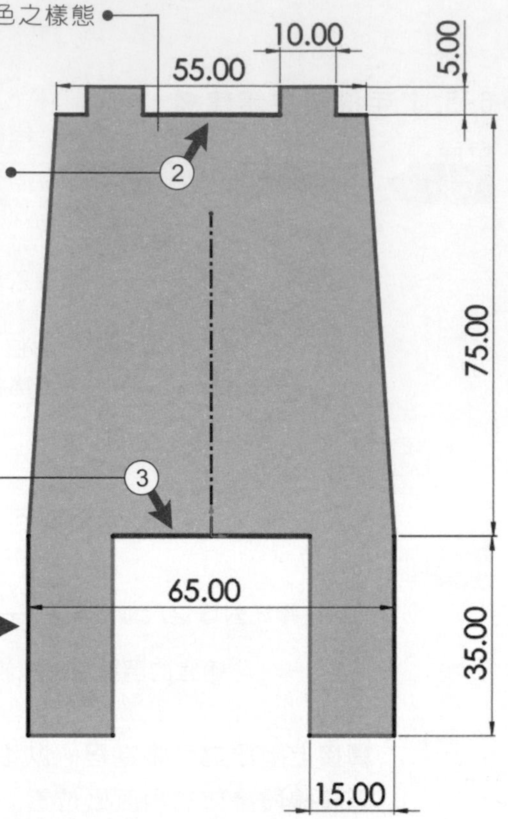
輪廓封閉後即呈現藍色之樣態
以直線連結上側缺口的兩側線端 ②
使用「直線工具」封閉鏡射後之輪廓 ③
框選所有圖元且完成鏡像複製的程序。 ①
55.00
10.00
5.00
75.00
65.00
35.00
15.00

STEP 05

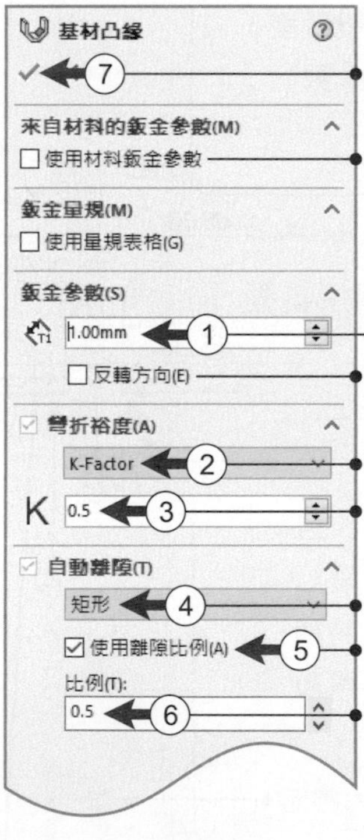
基材凸緣
⑦ 將草圖輪廓轉換成鈑金薄頁
來自材料的鈑金參數(M)
使用材料鈑金參數 若有既定的材料選項則可以啟用
鈑金量規(M)
使用量規表格(G)
鈑金參數(S)
1.00mm ① 薄板頁厚度概略的輸入即可
反轉方向(E) 如有需求則可執行
彎折裕度(A)
K-Factor ② 設置為「K」數值項次
K 0.5 ③ 輸入0.5之參數
自動離隙(T)
矩形 ④ 選擇「矩形」樣態
使用離隙比例(A) ⑤ 啟用離隙比例
比例(T):
0.5 ⑥ 維持預設比例

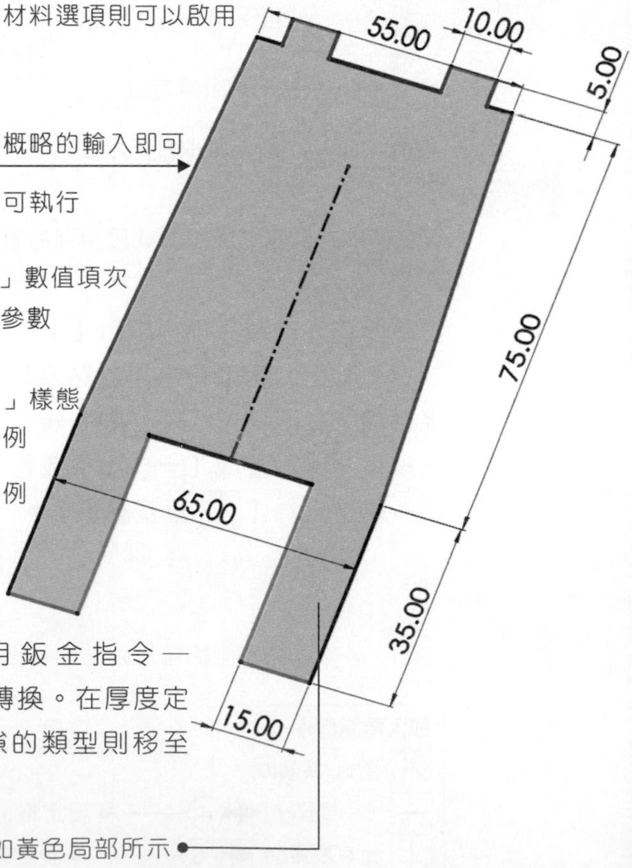
55.00
10.00
5.00
75.00
65.00
35.00
15.00
鈑金薄頁成型之預覽如黃色局部所示

於草圖輪廓設置完成後即啟用鈑金指令——【基材凸緣】施行薄板頁的轉換。在厚度定義上輸入1mm的數值；而自動離隙的類型則移至「矩形」選項。

STEP 06

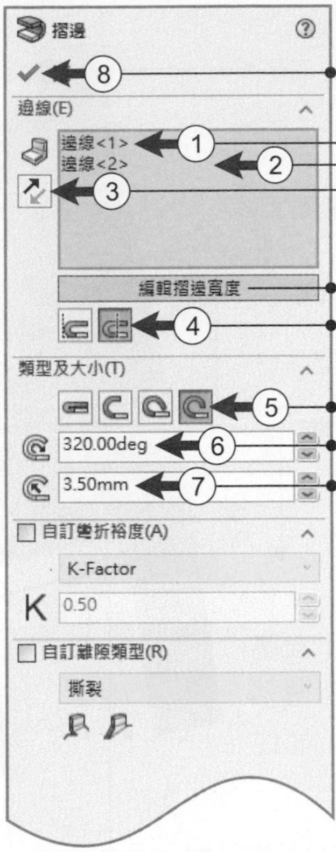

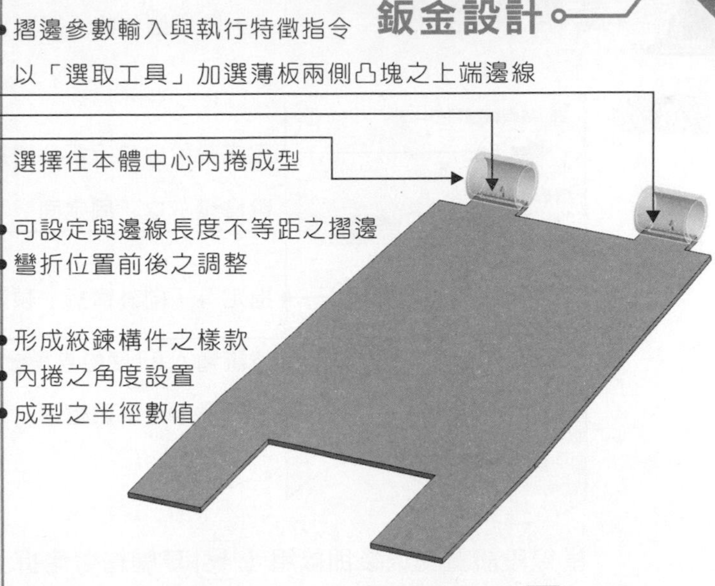
摺邊參數輸入與執行特徵指令
以「選取工具」加選薄板兩側凸塊之上端邊線
選擇往本體中心內捲成型
可設定與邊線長度不等距之摺邊
彎折位置前後之調整
形成絞鍊構件之樣款
內捲之角度設置
成型之半徑數值

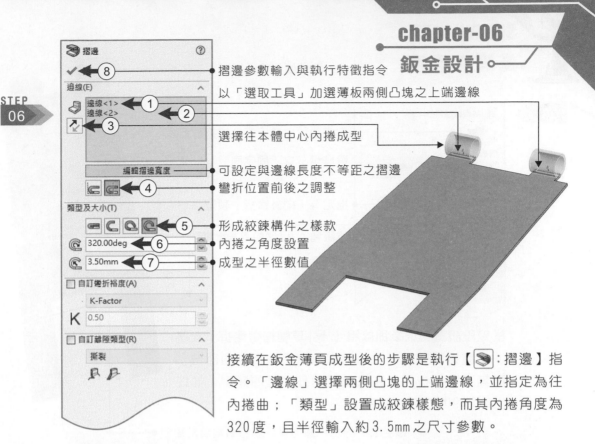

接續在鈑金薄頁成型後的步驟是執行【摺邊】指令。「邊線」選擇兩側凸塊的上端邊線，並指定為往內捲曲；「類型」設置成絞鍊樣態，而其內捲角度為320度，且半徑輸入約3.5mm之尺寸參數。

STEP 07

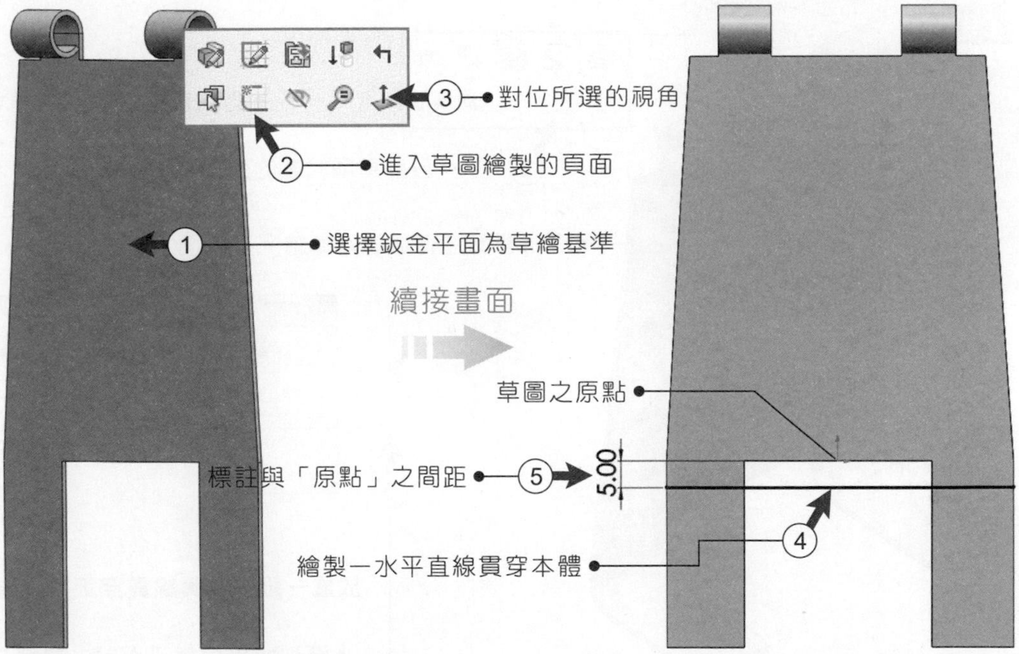
3
對位所選的視角
2
進入草圖繪製的頁面
1
選擇鈑金平面為草繪基準
續接畫面
草圖之原點
標註與「原點」之間距
5
5.00
4
繪製一水平直線貫穿本體

現階段要執行的是產品腳架折彎的程序。於鈑金平面上進入【:草圖】頁面，續接著以【:直線工具】繪製一水平線穿過（或重合）腳架的邊界，繼而啟用【智慧型尺寸】標註該線段與【原點】的垂直間距為5mm左右。

STEP 08

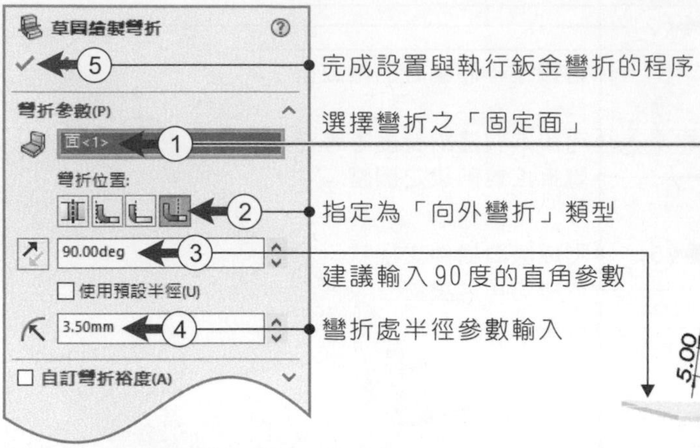
草圖繪製彎折
5
彎折參數(P)
面<1>
1
彎折位置:
2
90.00deg
3
使用預設半徑(U)
3.50mm
4
自訂彎折裕度(A)
完成設置與執行鈑金彎折的程序
選擇彎折之「固定面」
指定為「向外彎折」類型
建議輸入90度的直角參數
彎折處半徑參數輸入

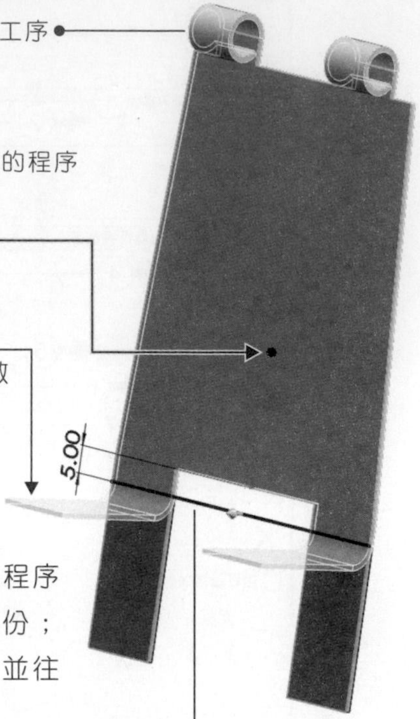
上階段製作的「摺邊」工序
5.00

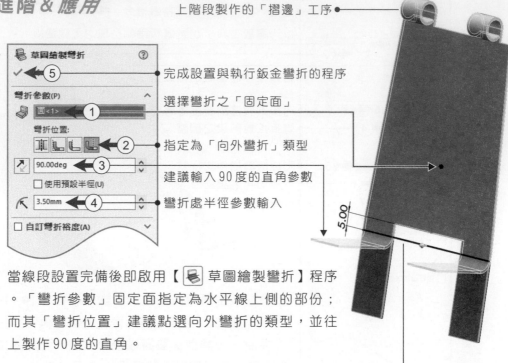

當線段設置完備後即啟用【草圖繪製彎折】程序。「彎折參數」固定面指定為水平線上側的部份；而其「彎折位置」建議點選向外彎折的類型，並往上製作90度的直角。

繪製彎折的水平線可再回到特徵樹設計變更

STEP 09

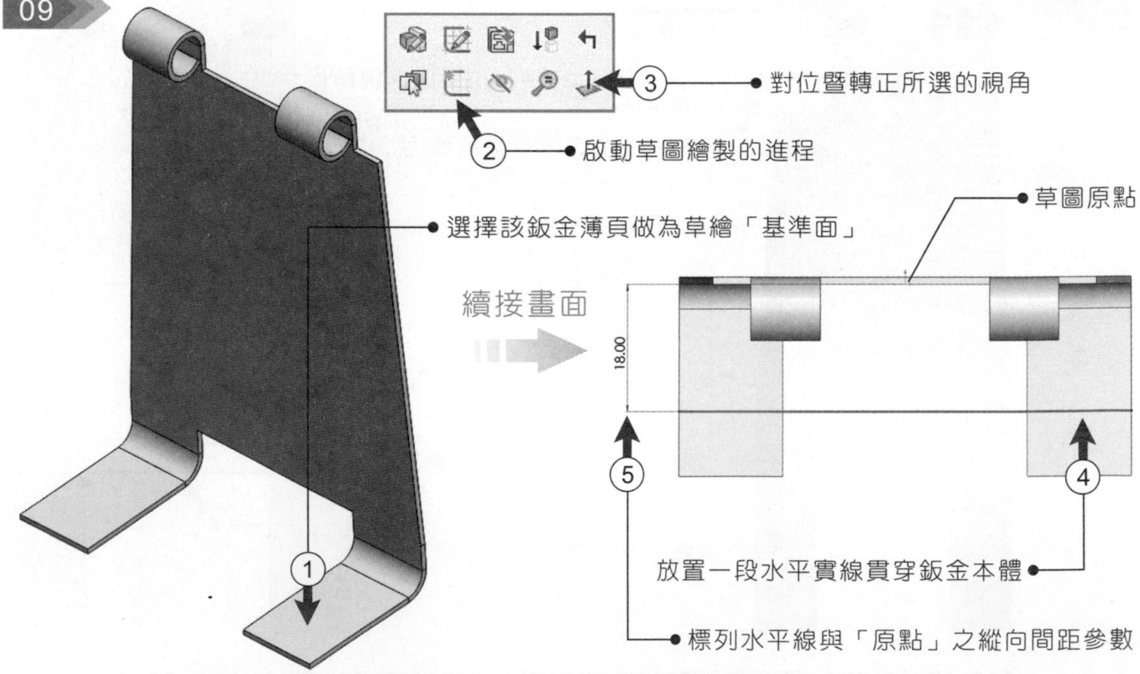
3
對位暨轉正所選的視角
2
啟動草圖繪製的進程
草圖原點
1
選擇該鈑金薄頁做為草繪「基準面」
續接畫面
18.00
5
4
放置一段水平實線貫穿鈑金本體
標列水平線與「原點」之縱向間距參數

續接著要製作的是「手機架」主體底側二次彎折的程序。使用【：選取工具】參考例圖於鈑金平面點擊後再進入【：草圖】作用之環境，且允以【：直線工具】描繪一水平線穿過（或重合）本體兩側之邊界。

STEP 10

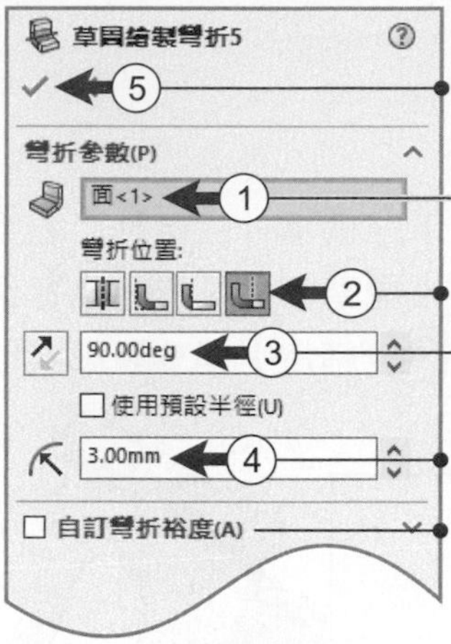

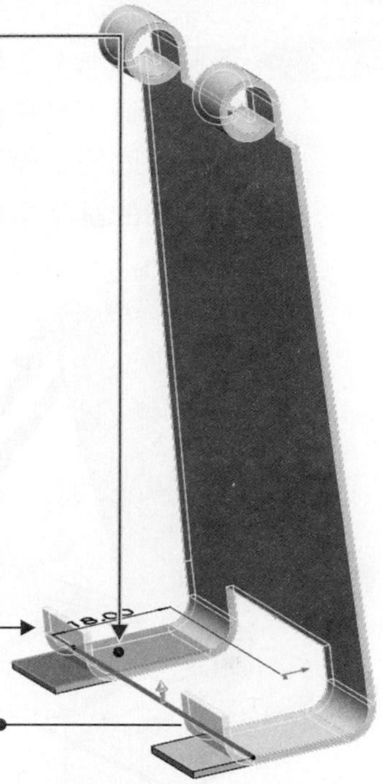

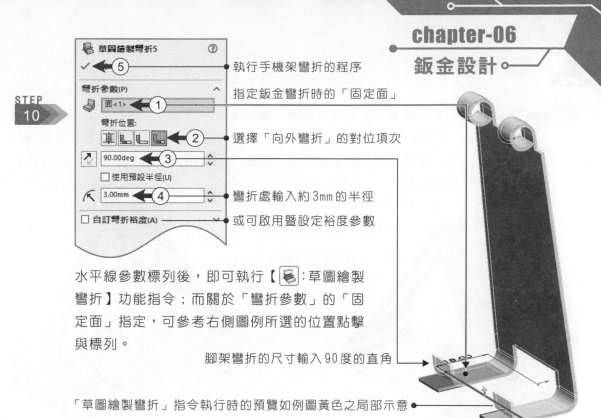

水平線參數標列後，即可執行【：草圖繪製彎折】功能指令；而關於「彎折參數」的「固定面」指定，可參考右側圖例所選的位置點擊與標列。

STEP 11

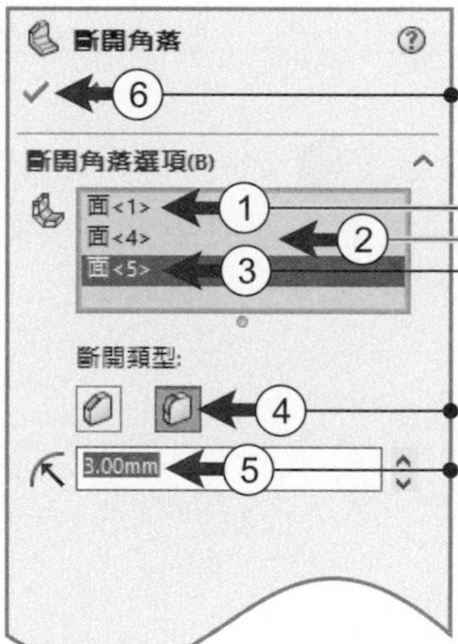

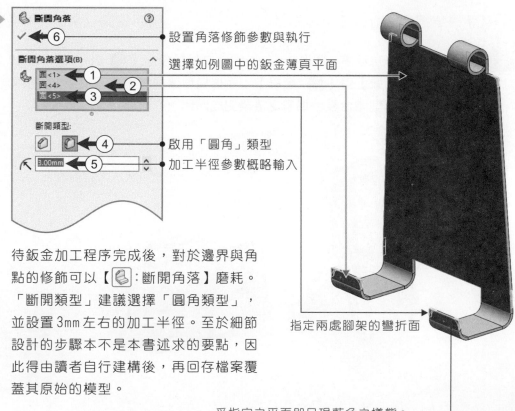

待鈑金加工程序完成後，對於邊界與角點的修飾可以【：斷開角落】磨耗。「斷開類型」建議選擇「圓角類型」，並設置3mm左右的加工半徑。至於細節設計的步驟本不是本書述求的要點，因此得由讀者自行建構後，再回存檔案覆蓋其原始的模型。

STEP 12 下側例圖為「手機架」組立後之型態。連結上下三個構件的兩軸心圓徑皆概略設為6.5mm，其樣款與長度可視設計模板而自主性調整。於【:組合件】環境中，將「底座」設置成為「固定」狀態，並由【:結合】指令裝配其他組件來依附初始的基準參數。

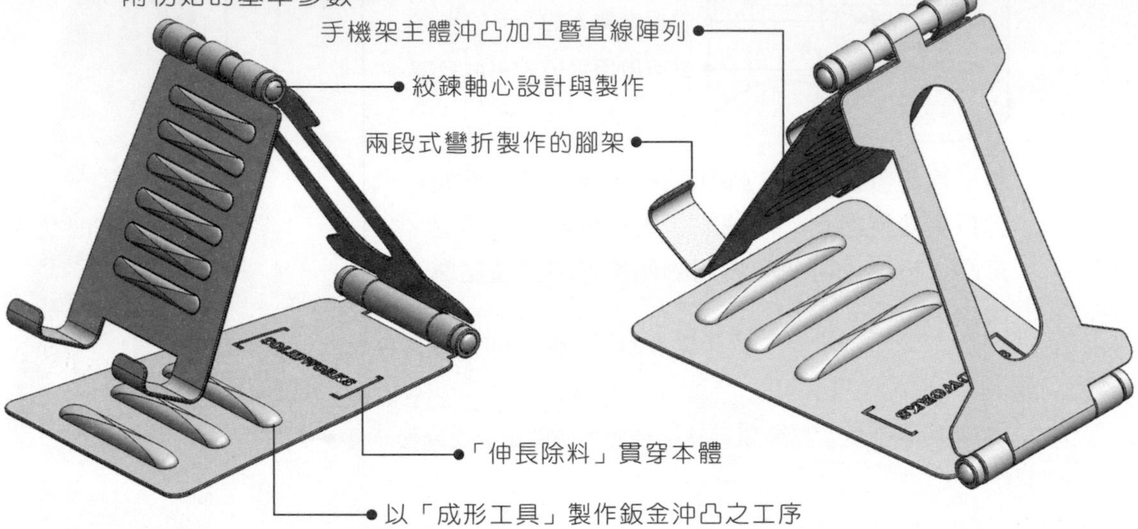
手機架主體沖凸加工暨直線陣列
絞鍊軸心設計與製作
兩段式彎折製作的腳架
「伸長除料」貫穿本體
以「成形工具」製作鈑金沖凸之工序

《手機架組合 - 前側透視角》 《手機架組合 - 後側透視角》

STEP 13 進入模型彩現程序：透過Solidworks之附加模組【 Photoview360】編輯模型【:外觀】與【:全景】；手機模型建構後得擺置於架上一併彩現。下方為手機架模型融合素色場景之渲染完成圖照。

《折疊式手機架彩現完成圖》

6-6 電暖器設計

⊙ 要點提醒　本範例為綠色版參考教學檔--請學習者使用雲端連結並下載相關之附件

本範例教學視訊檔案：SolidWorks/進階&應用/CH06目錄下/6-6　電暖器.avi
本範例製作完成檔案：SolidWorks/進階&應用/CH06目錄下/6-6　電暖器.SLDPRT

6-6.1 電暖器設計

本單元所建構的範例比較特別，「它」並非是純鈑金加工的複合組件產品。例如電暖器基座的成型工序，也可以是藉由鈑金【成形工具】沖凸製作，或者是藉由迴圈的草圖設置路徑【掃出凸緣】；其成型的製程可有很多的工序，建議學習者得以多方嘗試。於前面幾個單元中所建構的都是鈑金元件，但在這章節所講述的則是鈑金產品開發的設計環節，所以其製程與工序即不是這個範例中建構時述求的要點。

建模進程：

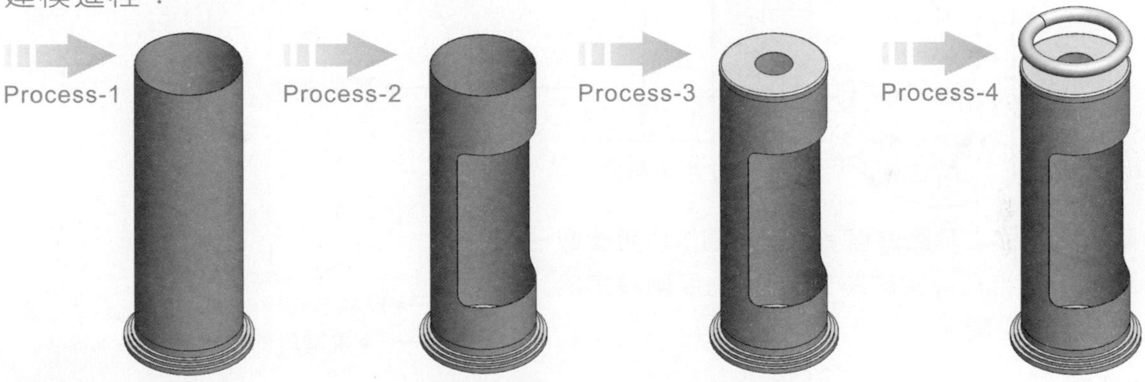

基座暨金屬圓管成型　圓管伸長除料　頂蓋本體製作　提把迴轉加工

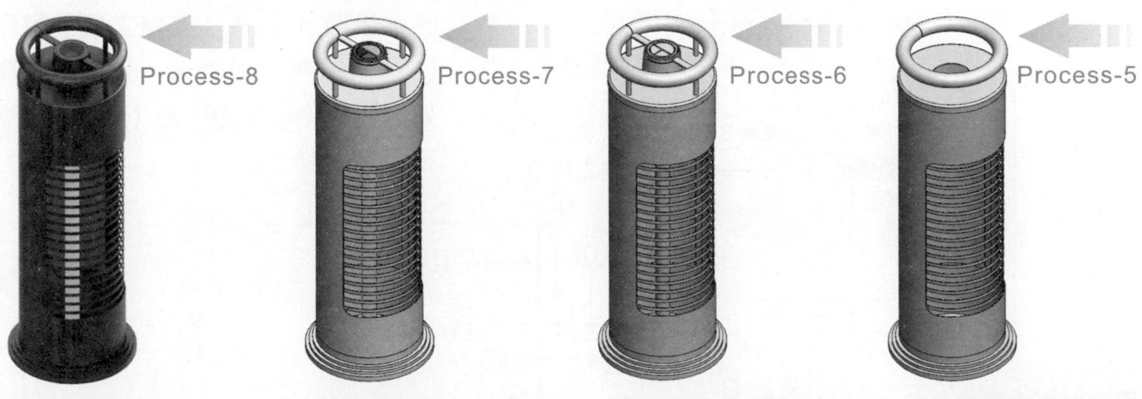

電暖器彩現擬真　本體材質貼附與光影設置　圓角與細部修飾　防護網組件製作

STEP 01

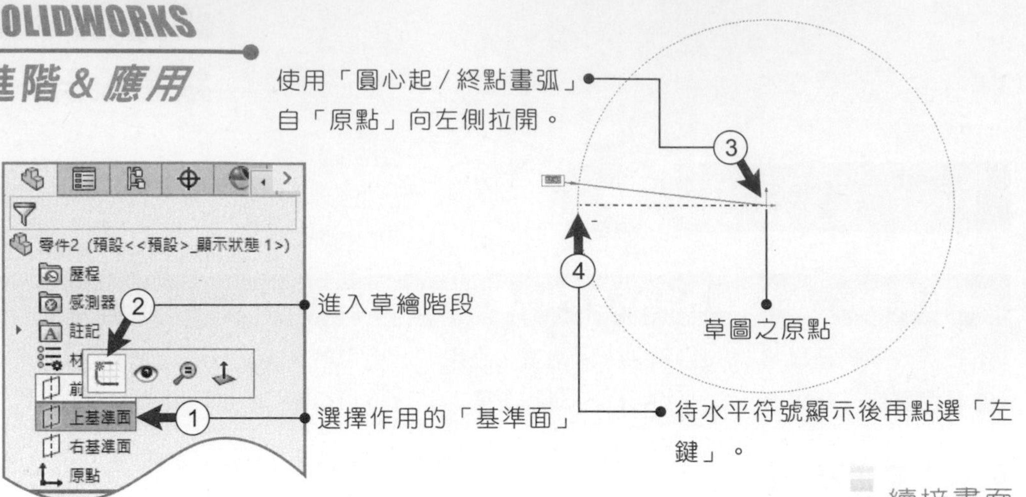
使用「圓心起／終點畫弧」自「原點」向左側拉開。
零件2 (預設<<預設>_顯示狀態 1>)
歷程
感測器
註記
前
上基準面
右基準面
原點
進入草繪階段
選擇作用的「基準面」
草圖之原點
待水平符號顯示後再點選「左鍵」。

續接畫面

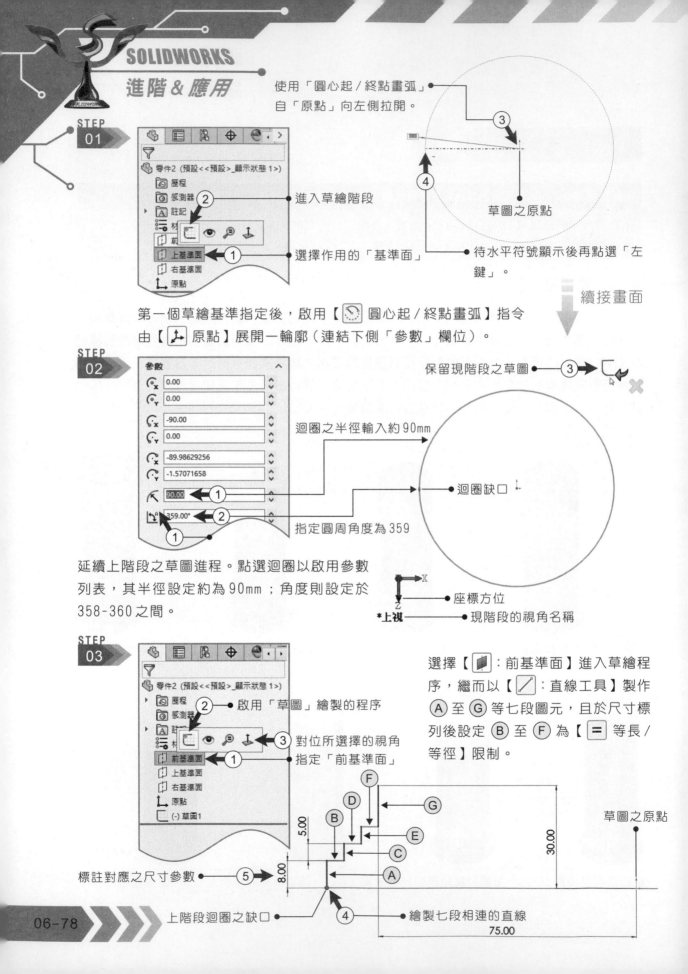

第一個草繪基準指定後，啟用【 圓心起／終點畫弧】指令由【 原點】展開一輪廓（連結下側「參數」欄位）。

STEP 02

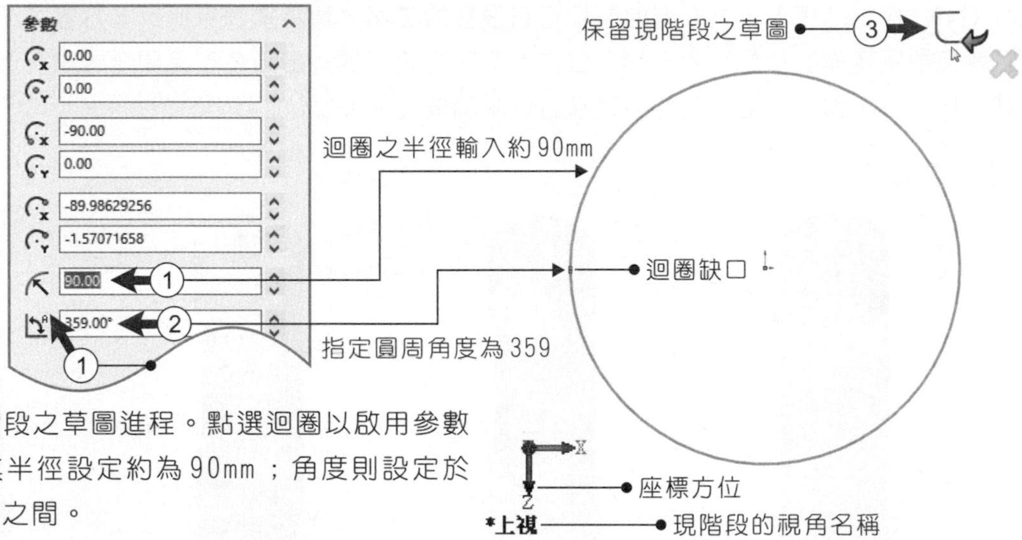
參數
0.00
0.00
-90.00
0.00
-89.98629256
-1.57071658
90.00
359.00°
保留現階段之草圖
迴圈之半徑輸入約 90mm
迴圈缺口
指定圓周角度為 359
座標方位
*上視
現階段的視角名稱

延續上階段之草圖進程。點選迴圈以啟用參數列表，其半徑設定約為 90mm；角度則設定於 358-360 之間。

STEP 03

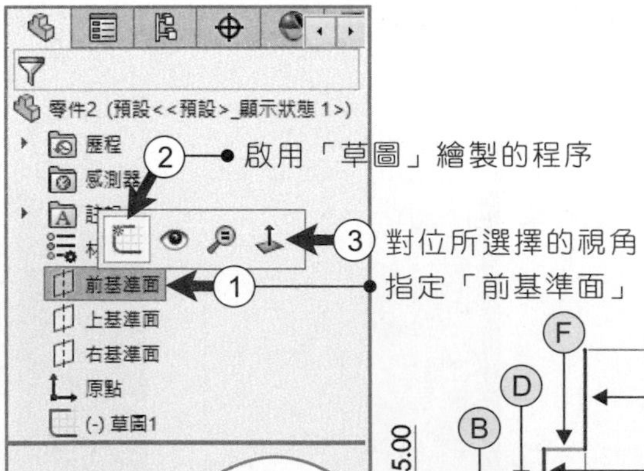

選擇【 ：前基準面】進入草繪程序，繼而以【 ：直線工具】製作 Ⓐ 至 Ⓖ 等七段圖元，且於尺寸標列後設定 Ⓑ 至 Ⓕ 為【 等長／等徑】限制。

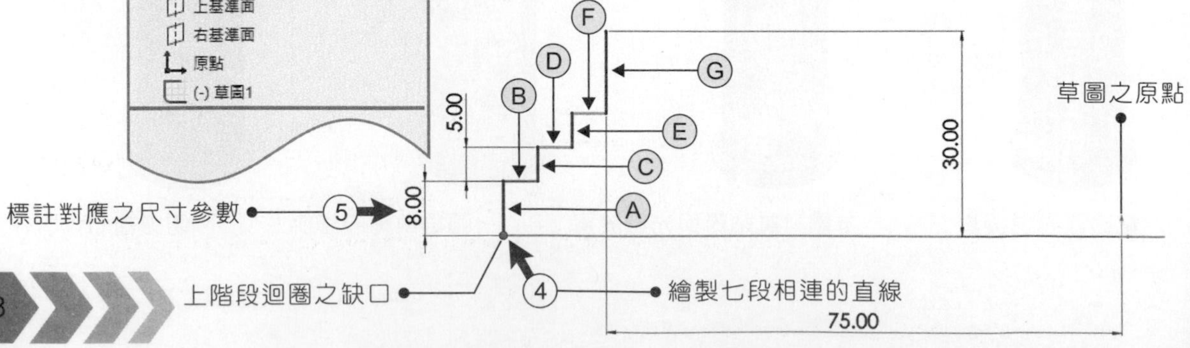
5.00
8.00
30.00
75.00
草圖之原點
標註對應之尺寸參數
上階段迴圈之缺口
繪製七段相連的直線

STEP 04

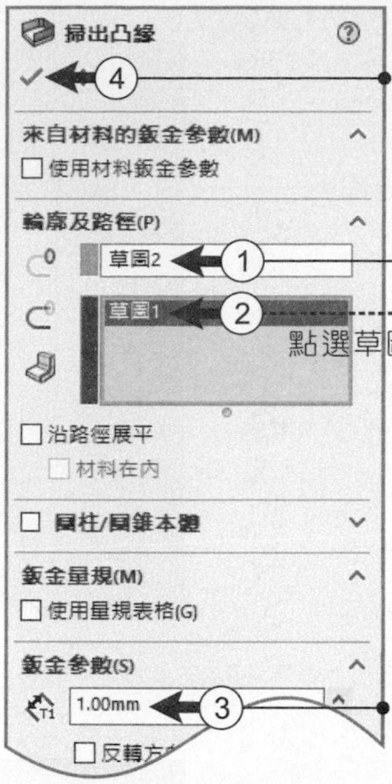
掃出凸緣
④ 完成鈑金迴圈掃出之程序
來自材料的鈑金參數(M)
使用材料鈑金參數
輪廓及路徑(P)
草圖2 ① 指定現階段所繪製的草圖輪廓
草圖1 ② 點選草圖一的迴圈
沿路徑展平
材料在內
圓柱/圓錐本體
鈑金量規(M)
使用量規表格(G)
鈑金參數(S)
1.00mm ③ 鈑金厚度設定
反轉方

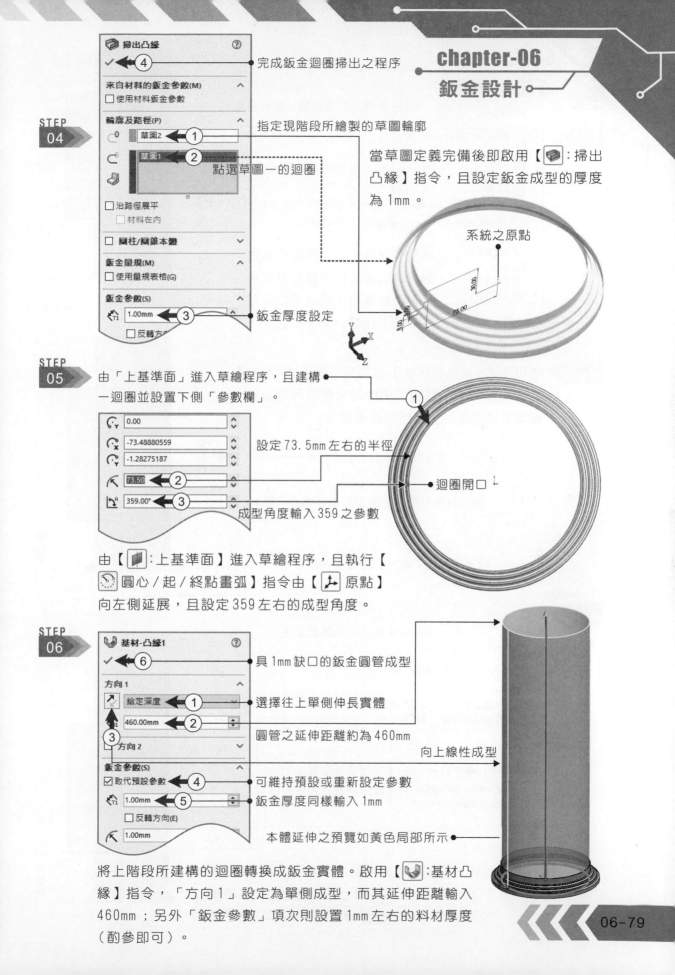

當草圖定義完備後即啟用【 :掃出凸緣】指令，且設定鈑金成型的厚度為 1mm。

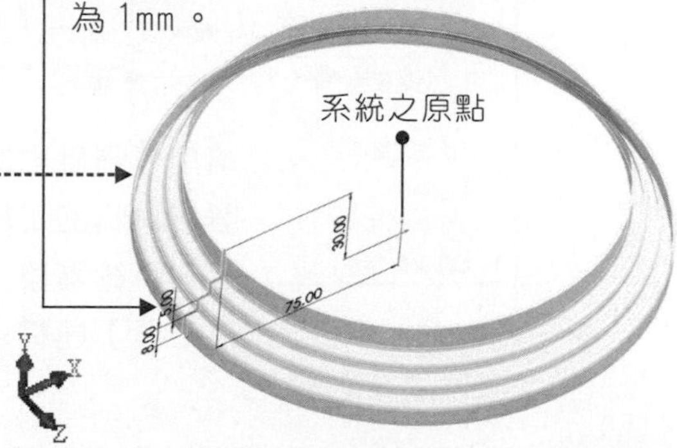

STEP 05

由「上基準面」進入草繪程序，且建構一迴圈並設置下側「參數欄」。

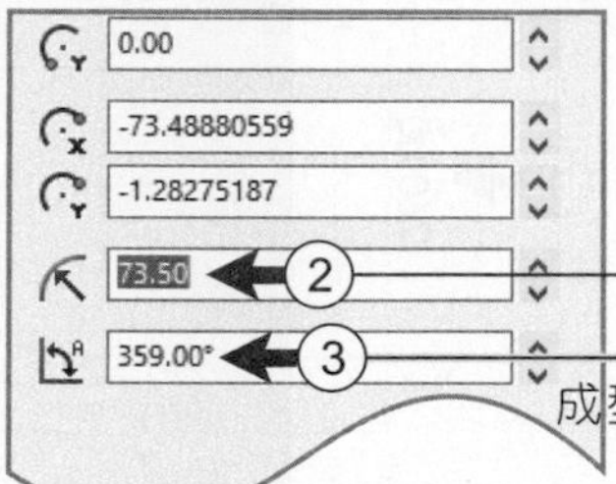
0.00
-73.48880559
-1.28275187
73.50 ② 設定 73.5mm 左右的半徑
359.00° ③ 成型角度輸入 359 之參數

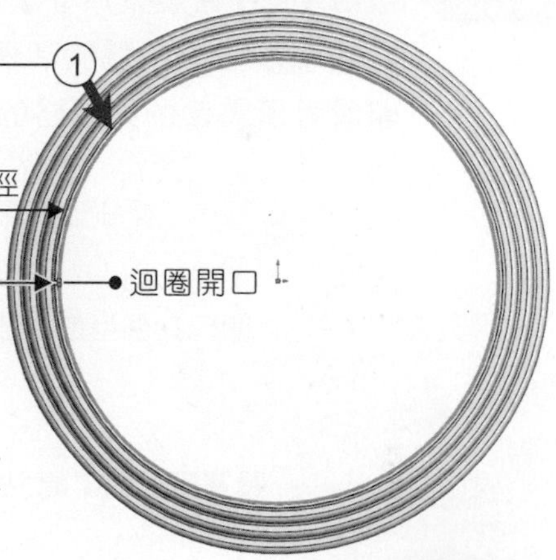

由【 :上基準面】進入草繪程序，且執行【 圓心 / 起 / 終點畫弧】指令由【 原點】向左側延展，且設定 359 左右的成型角度。

STEP 06

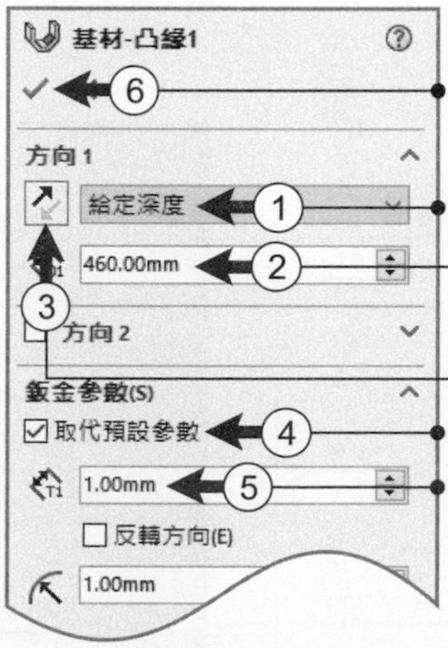
基材-凸緣1
⑥ 具 1mm 缺口的鈑金圓管成型
方向 1
給定深度 ① 選擇往上單側伸長實體
460.00mm ② 圓管之延伸距離約為 460mm
③ 向上線性成型
方向 2
鈑金參數(S)
取代預設參數 ④ 可維持預設或重新設定參數
1.00mm ⑤ 鈑金厚度同樣輸入 1mm
反轉方向(E)
1.00mm

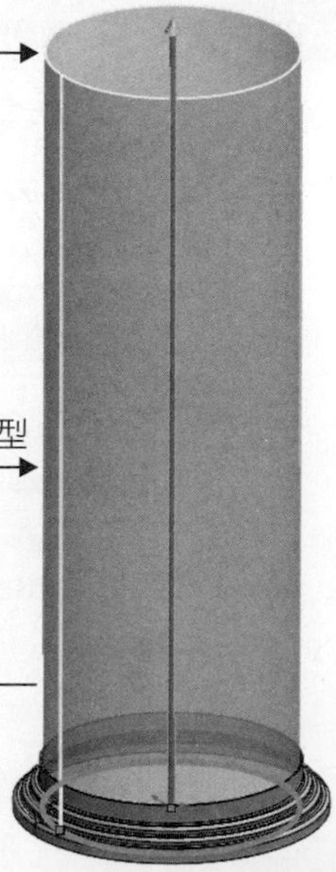
本體延伸之預覽如黃色局部所示

將上階段所建構的迴圈轉換成鈑金實體。啟用【 :基材凸緣】指令，「方向 1」設定為單側成型，而其延伸距離輸入 460mm；另外「鈑金參數」項次則設置 1mm 左右的料材厚度（酌參即可）。

STEP 07

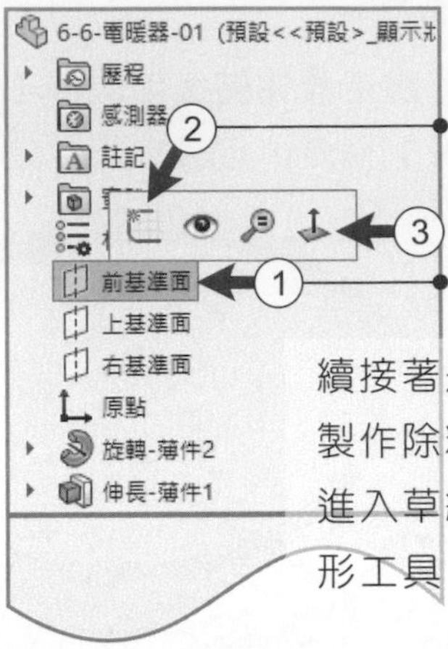
6-6-電暖器-01 (預設<<預設>_顯示狀
歷程
感測器
註記
前基準面
上基準面
右基準面
原點
旋轉-薄件2
伸長-薄件1
進入草繪階段並建構圖元
執行「正視於」指令對位
選擇「前基準面」

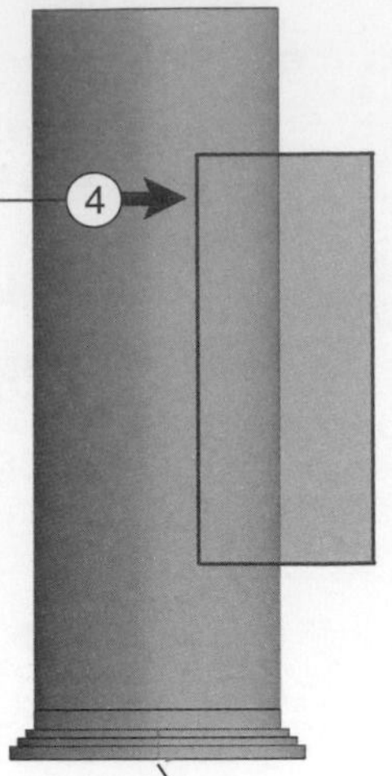
於對應之位置繪製一矩形輪廓
原點

續接著是針對圓管型態的鈑金製作除料的工序。選定基準後進入草繪階段，且以【矩形工具】建構一封閉的圖元。

續接畫面

STEP 08

啟用【智慧型尺寸】標列矩形暨【原點】之關聯性數據。關於圖例中的形態與尺寸設置，學習者僅需參酌與概略的臨摹即可。

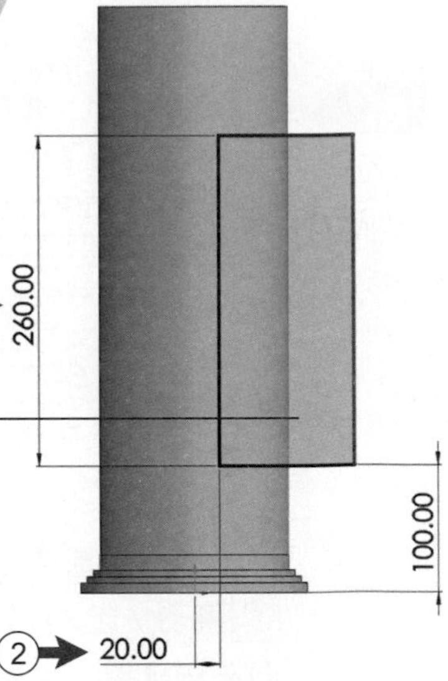
標註矩形高度為 260mm
圖元封閉型態之表徵即以藍色塗佈示意
設置矩形與「原點」之關聯性尺寸
260.00
100.00
20.00

續接畫面

STEP 09

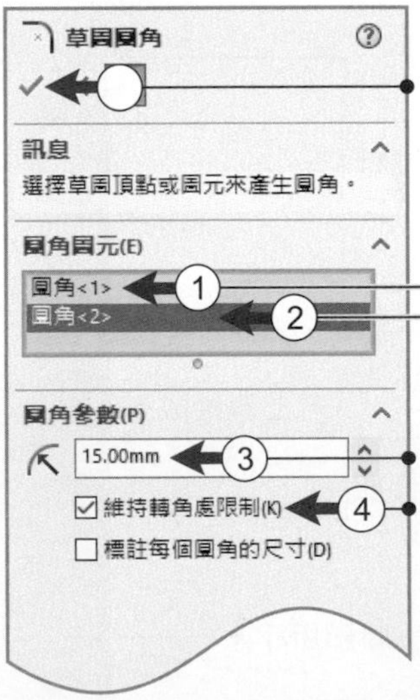
草圖圓角
完成角落修飾工序
訊息
選擇草圖頂點或圖元來產生圓角。
圓角圖元(E)
圓角<1>
圓角<2>
指定矩形之上側角點潤飾
加選矩形之下側角點
圓角參數(P)
15.00mm
半徑數值設置為 15mm
維持轉角處限制(K)
啟用限制轉角的條件
標註每個圓角的尺寸(D)

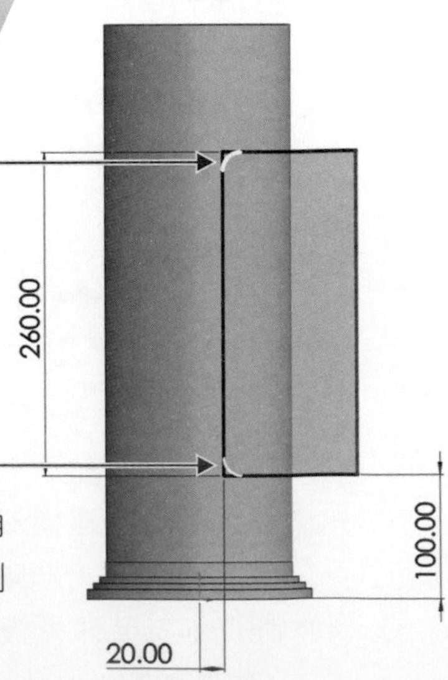

續接上階段之繪製進程。啟用【草圖圓角】指令，且加選鄰近【原點】的上下兩側角落進行 15mm 的邊界修飾程序。

STEP 10

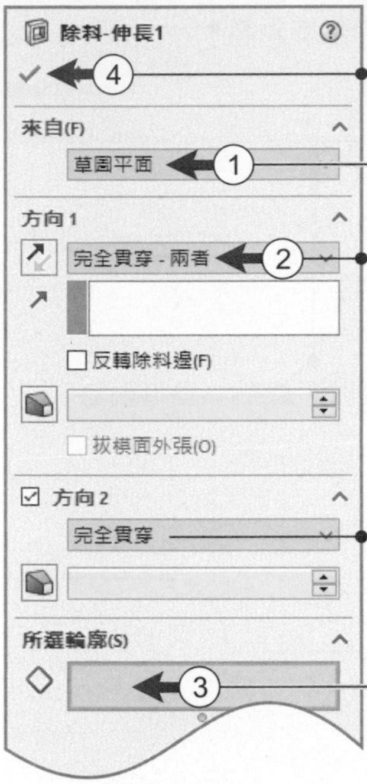

④ 執行管狀鈑金之延伸除料

① 由「草圖平面」進行加工程序

② 選擇兩側完全貫穿除料

啟用【　：伸長除料】特徵。「來自」選項指定為草繪基準；「方向」則設置成兩側完全貫穿。

兩側除料後，本項次即連動加選。

③ 可由系統辨識輪廓；或操作者自主性指定。

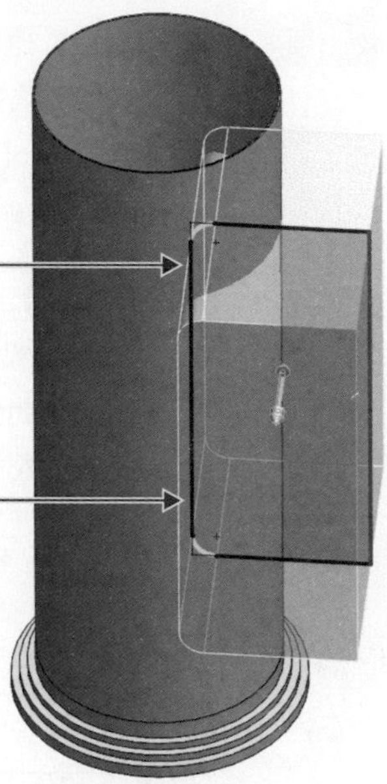

STEP 11

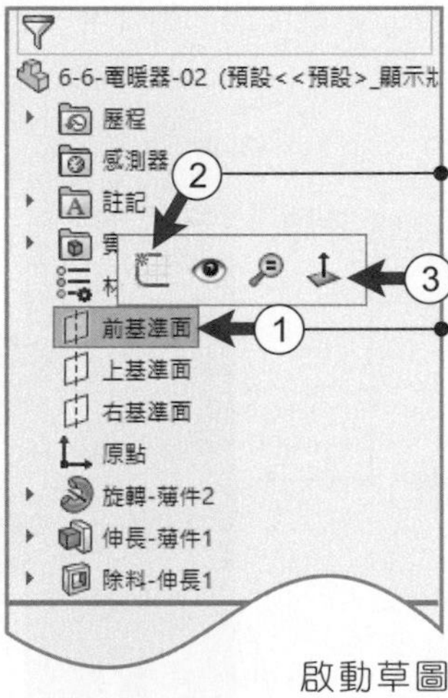

② 啟動「草圖」程序

③ 對位草繪視角

① 指定「前基準面」

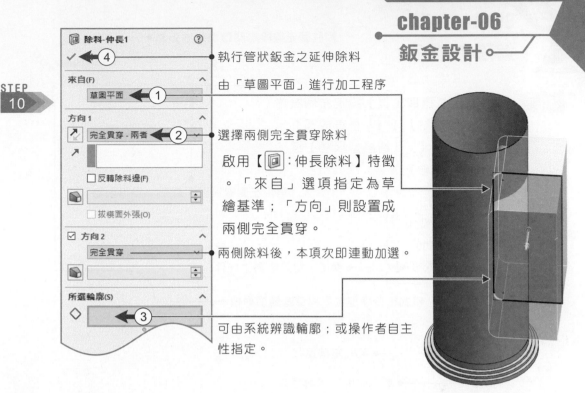

現階段欲建構「電暖器」鈑金實體外的其他組件。由【　：前基準面】進入草繪的頁面環境，繼而使用【　：直線工具】暨【　：三點定弧】描繪如範例之圖元輪廓（直線設置時可轉換成弧線形態）。

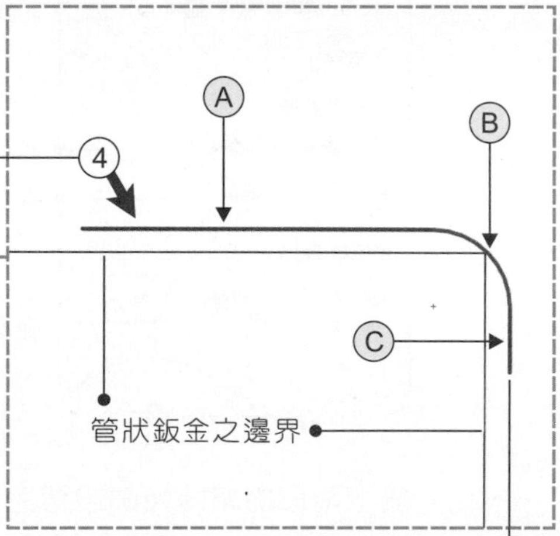

④ 啟動草圖後繪製三線段

局部放大圖

管狀鈑金之邊界

直線皆為水平暨垂直放置

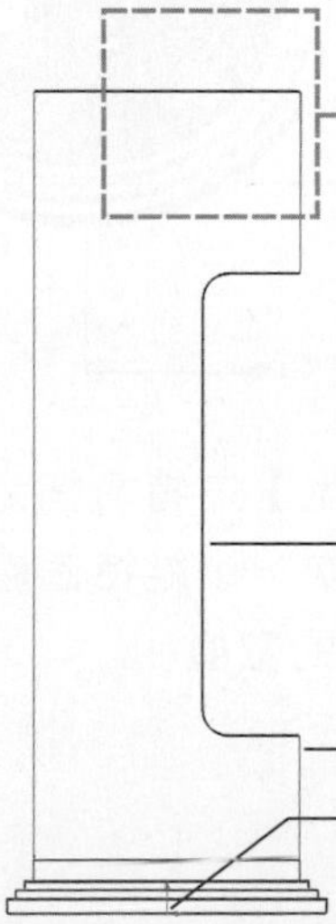

上階段除料後之缺口

轉換成線架構模式

草圖之原點

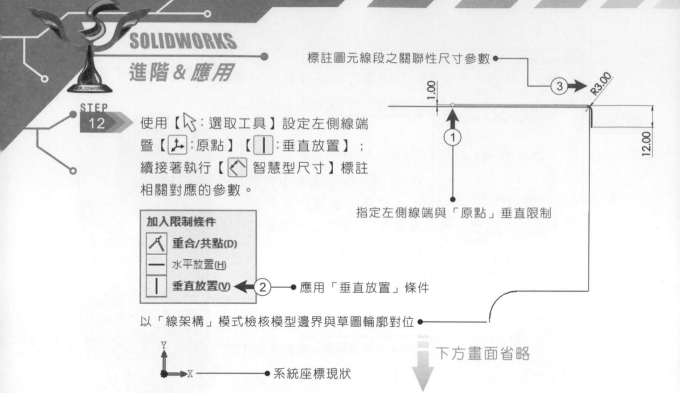

STEP 12

使用【 :選取工具】設定左側線端暨【 :原點】【 :垂直放置】；續接著執行【 智慧型尺寸】標註相關對應的參數。

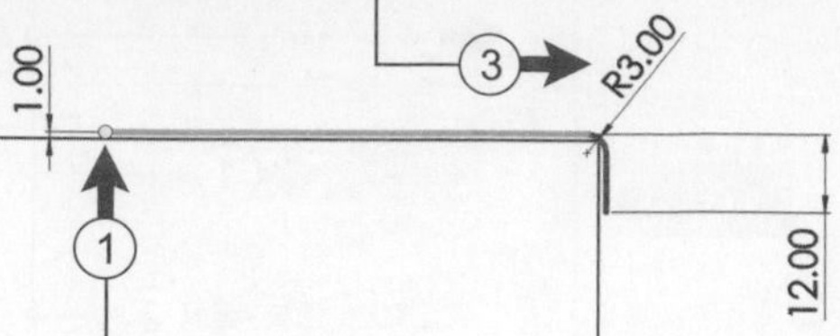

標註圖元線段之關聯性尺寸參數

指定左側線端與「原點」垂直限制

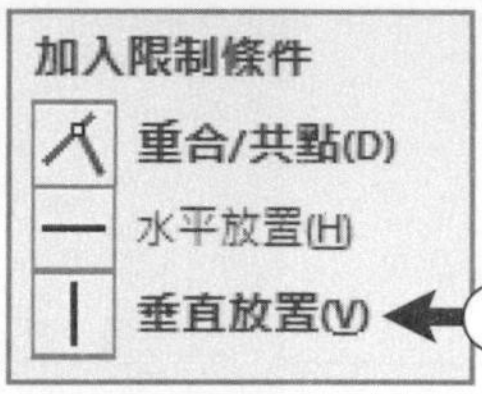

應用「垂直放置」條件

以「線架構」模式檢核模型邊界與草圖輪廓對位

系統座標現狀

下方畫面省略

*前視　當下作用的視角名稱

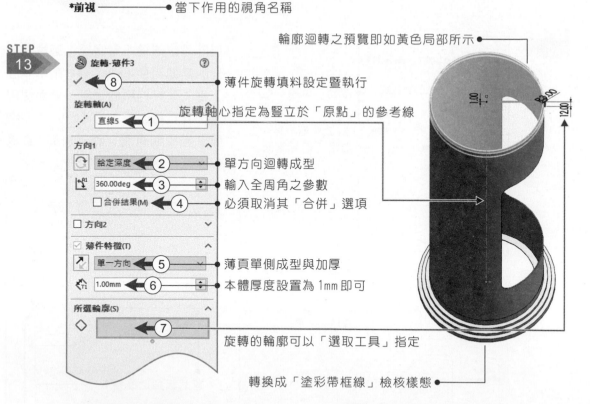

STEP 13

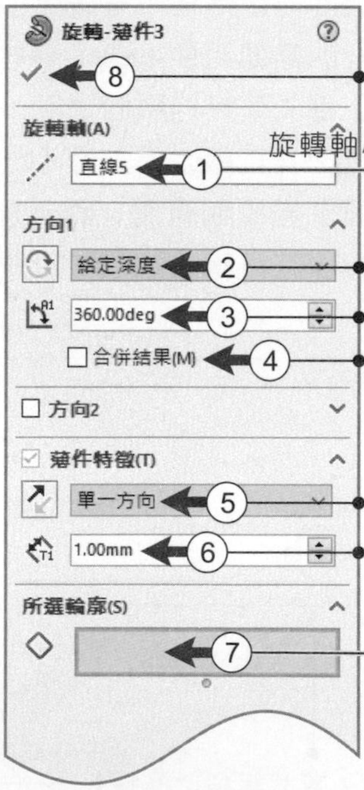

薄件旋轉填料設定暨執行

旋轉軸心指定為豎立於「原點」的參考線

單方向迴轉成型

輸入全周角之參數

必須取消其「合併」選項

薄頁單側成型與加厚

本體厚度設置為1mm即可

旋轉的輪廓可以「選取工具」指定

輪廓迴轉之預覽即如黃色局部所示

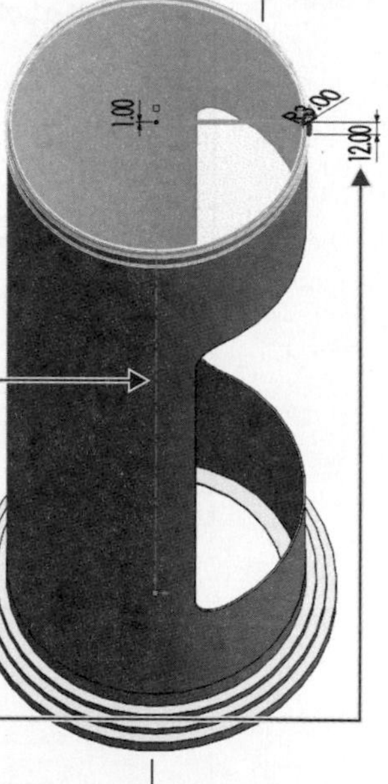

轉換成「塗彩帶框線」檢核樣態

於上階段的草圖輪廓設置完備後，即啟用【 旋轉成型】之特徵指令。「方向1」指定為單側全周角迴轉，且須取消「合併結果」項次，以維持個體構件的自由度；而「薄件特徵」單側加厚的尺寸則輸入1mm左右的數值。

6-6.2 電暖器構件製作

STEP 01

關於「電暖器」主體外的構件設計，於此仍是以上方平面做為基準並繪製一迴圈輪廓，且標列其直徑為 55mm。

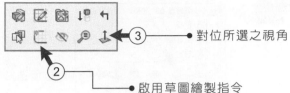

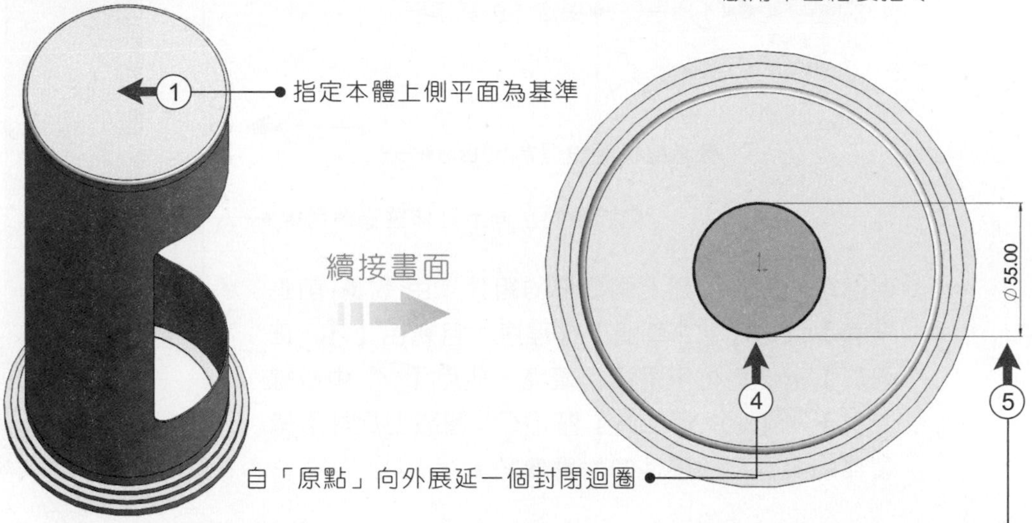

STEP 02

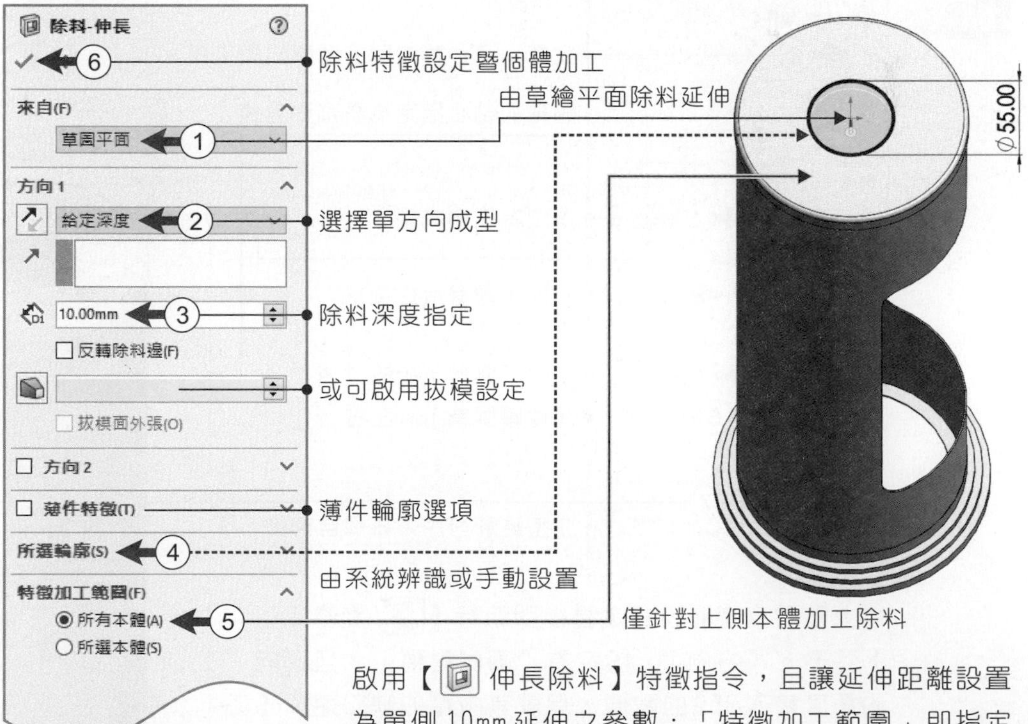

啟用【伸長除料】特徵指令，且讓延伸距離設置為單側 10mm 延伸之參數；「特徵加工範圍」即指定上蓋本體以俾利其個別除料。

STEP 03

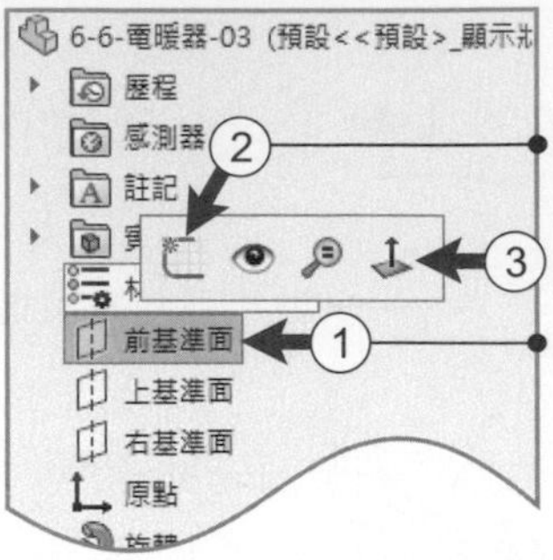
6-6-電暖器-03 (預設<<預設>_顯示狀
歷程
感測器
註記
前基準面
上基準面
右基準面
原點
① 指定「前基準面」
② 進入草繪階段與建構圖元
③ 對位所選擇的視角

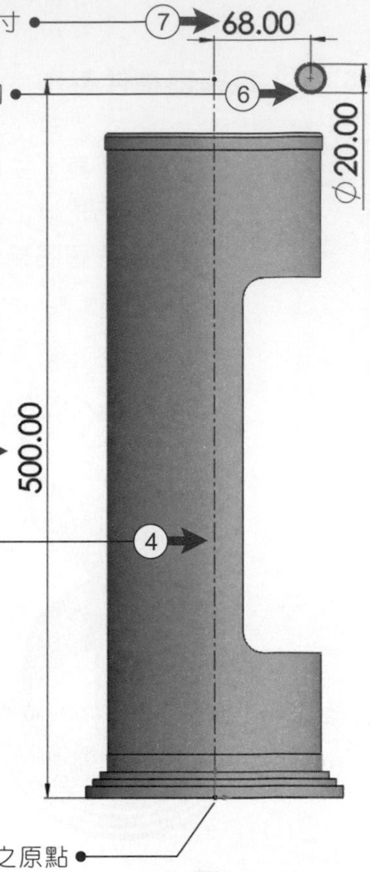
標列輪廓與「原點」之關聯性尺寸 ⑦ 68.00
建構一直徑 20mm 的草圖圓 ⑥
φ20.00
參考線長度設置為 500mm ⑤
500.00
自「原點」向上延伸垂直參考線 ④
草圖之原點

現階段欲製作的是上側提把的組件，由【 前基準面】進入【 草圖】之程序，且藉由【 :正視於】指令對位所選擇的環境。使用【 中心線工具】、【 :圓工具】暨【 :智慧型尺寸】繪製輪廓與標列關聯性的對應參數。

續接畫面

STEP 04

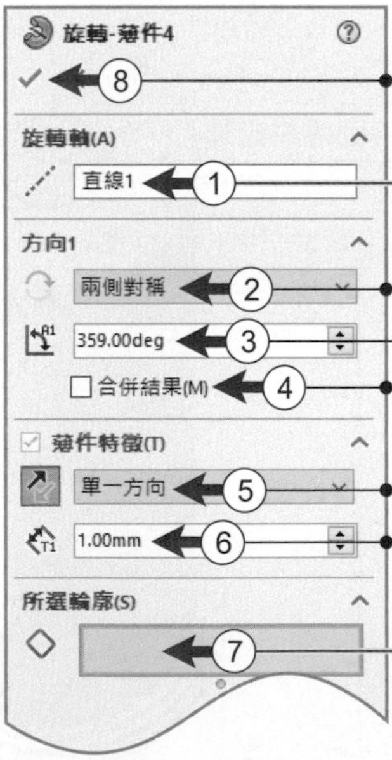
旋轉-薄件4
旋轉軸(A)
直線1
方向1
兩側對稱
359.00deg
合併結果(M)
薄件特徵(T)
單一方向
1.00mm
所選輪廓(S)
⑧ 完成一薄件雙向度的迴轉成型工序
① 迴轉的軸心指定為垂直參考線
② 指定為兩側成型
④ 取消本體融合之要求
⑤ 啟用「薄件」生成之項次
⑥ 薄件厚度為 1mm 左右
⑦ 成型輪廓可由系統逕自辨識

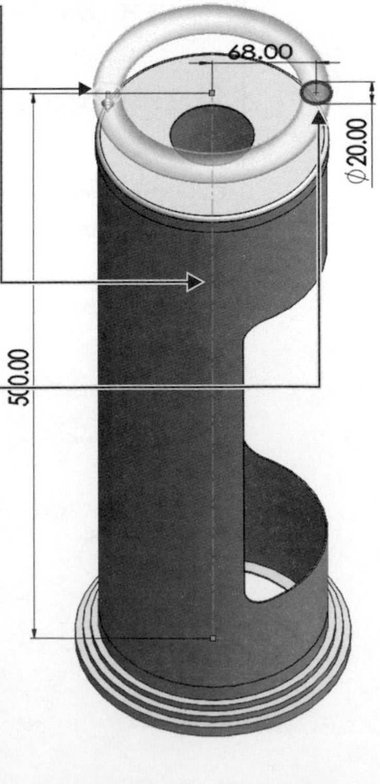

待上階段草圖圓設置定義後即執行【 :旋轉成型】特徵。「方向 1」設定為「兩側對稱」，且迴向的角度輸入 359 的數值，促就其本體的缺口落於【 前基準面】上。

STEP 05

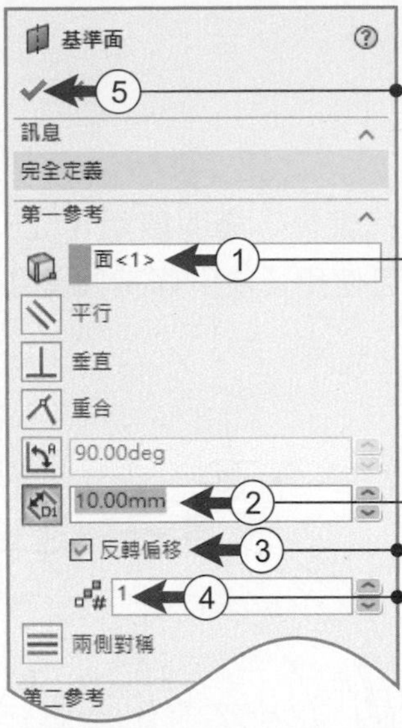

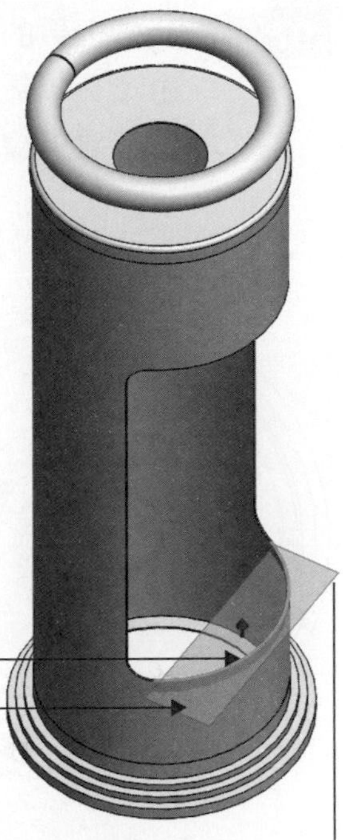

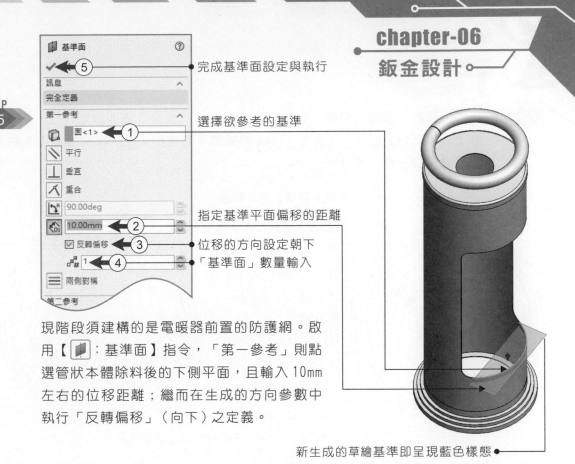

現階段須建構的是電暖器前置的防護網。啟用【▣：基準面】指令，「第一參考」則點選管狀本體除料後的下側平面，且輸入10mm左右的位移距離；繼而在生成的方向參數中執行「反轉偏移」（向下）之定義。

STEP 06

由新生成的【▣:基準面】進入草圖繪製的程序。一開始先使用【▣:中心線工具】自【▣ 原點】向右側延伸一水平參考，繼而再往上下兩端延伸出Ⓑ Ⓒ兩建構圖元，並以【▣ 智慧型尺寸】標列其相關參數即可。

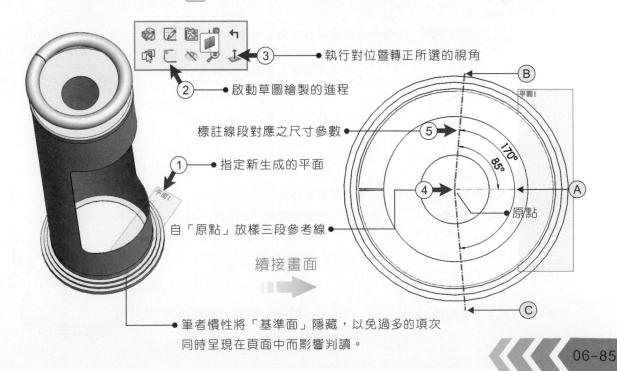

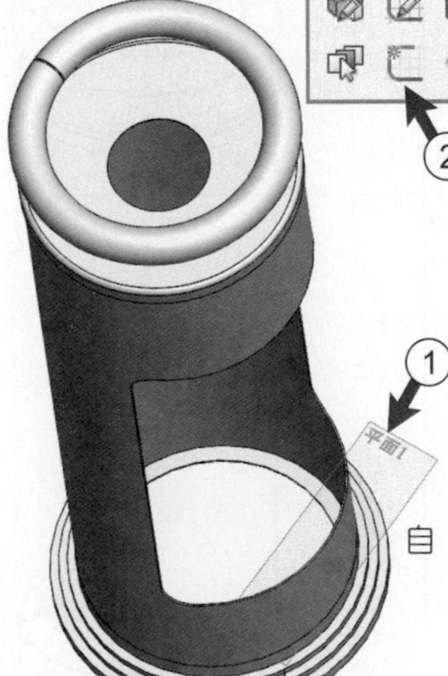

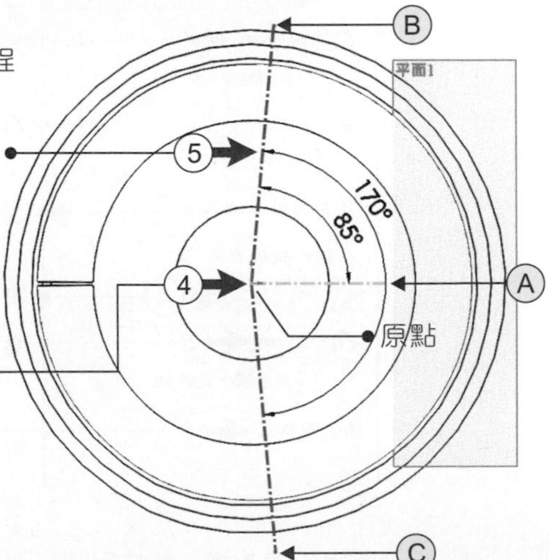

續接畫面

STEP 07

延續上頁的草圖繪製程序。在三段參考線放樣完備後，繼而啟用【圓工具】由【:原點】展延一個直徑 145mm 的輪廓，且使用【:修剪圖元】刪除上下兩端建構線左側之圖元。

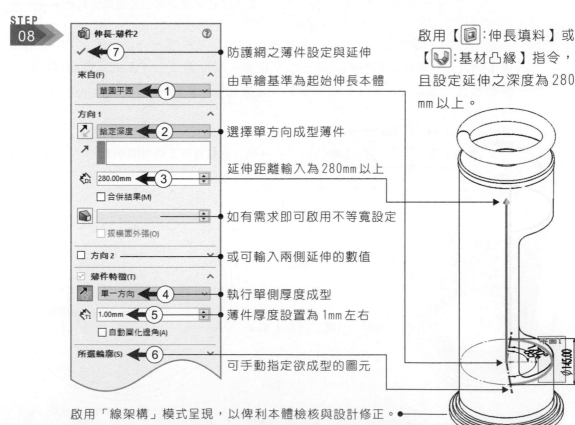

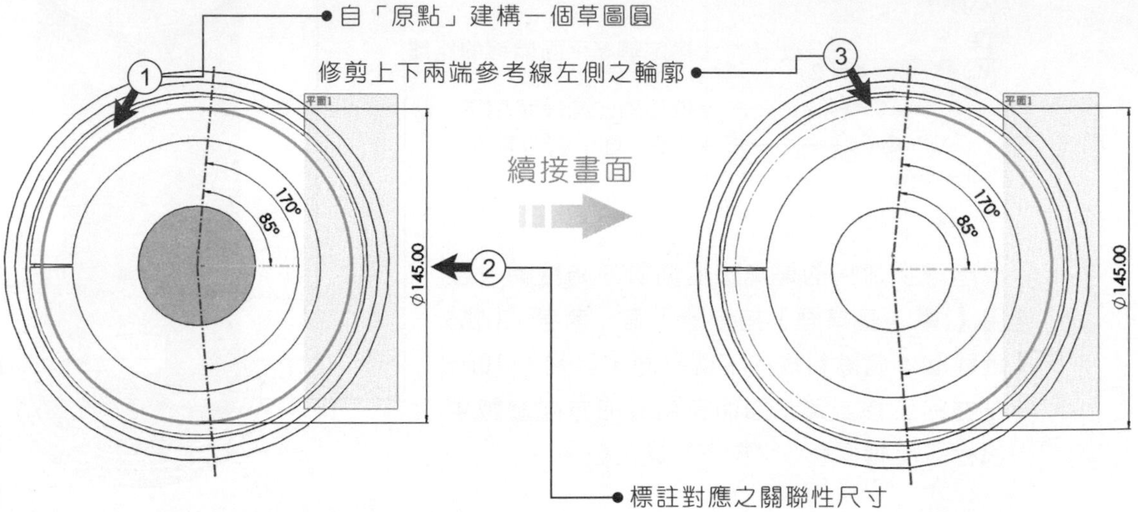

STEP 08

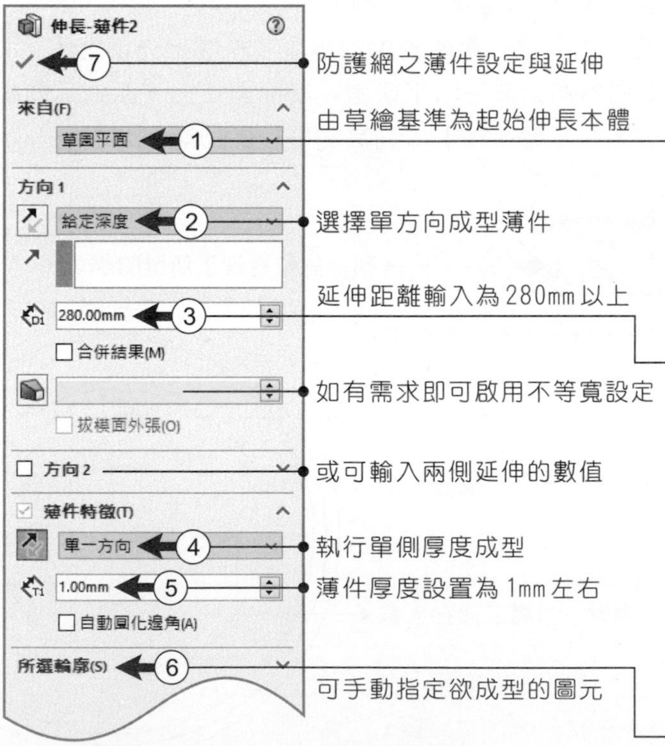

啟用【:伸長填料】或【:基材凸緣】指令，且設定延伸之深度為 280 mm 以上。

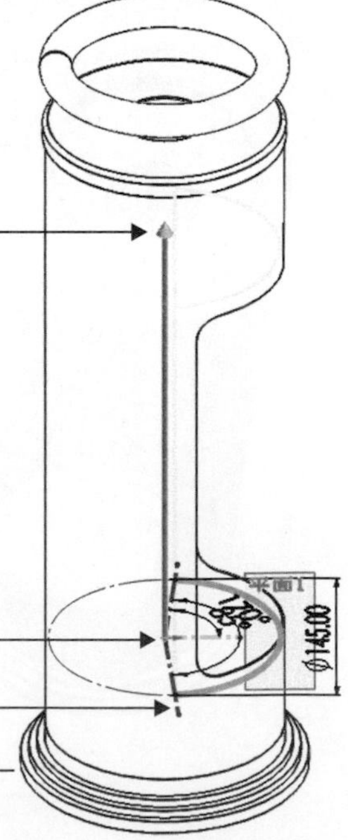

STEP 09

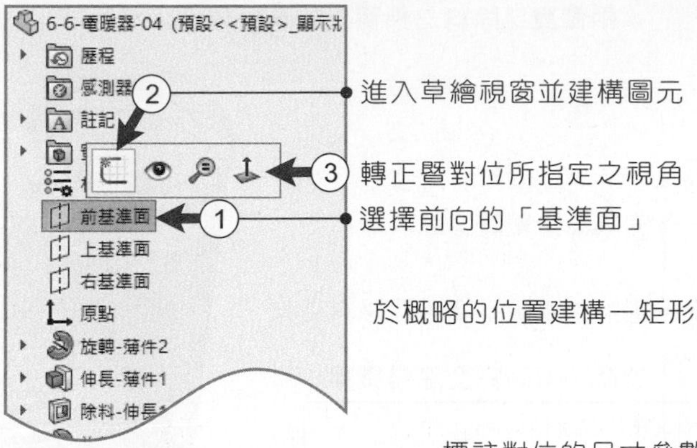

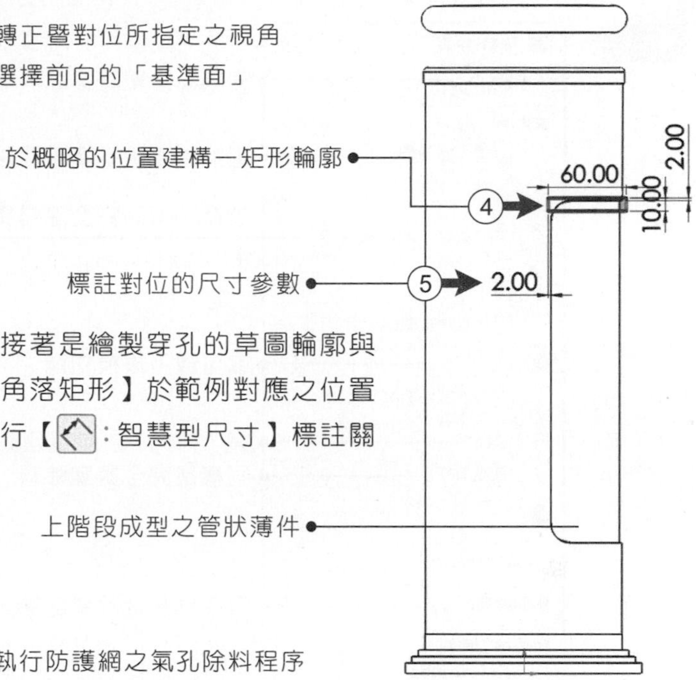
④ 於概略的位置建構一矩形輪廓
⑤ 標註對位的尺寸參數
60.00
2.00
10.00
2.00
上階段成型之管狀薄件

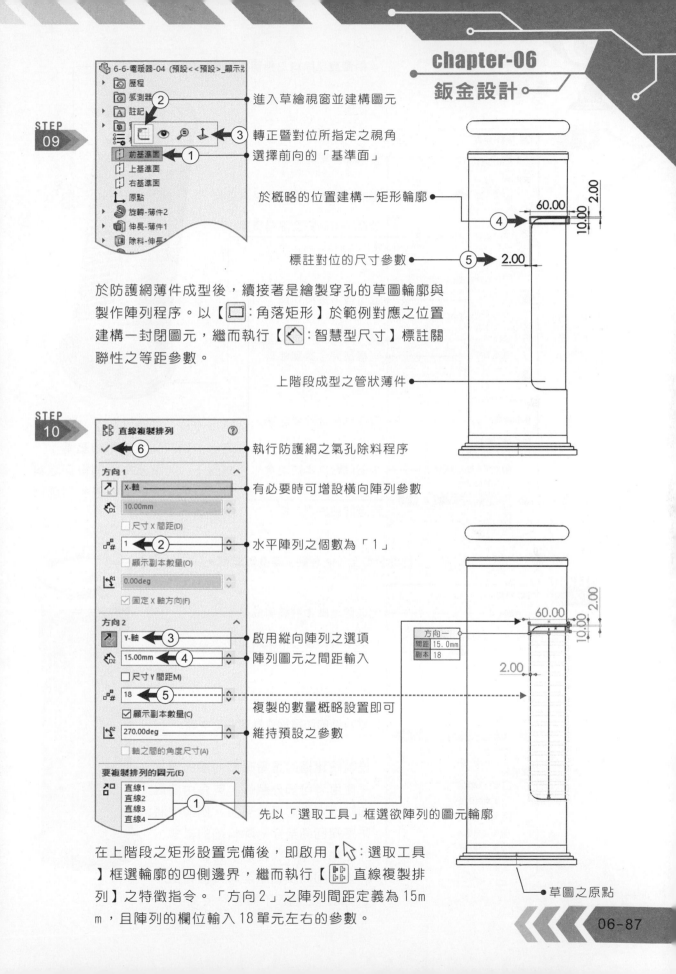

於防護網薄件成型後，續接著是繪製穿孔的草圖輪廓與製作陣列程序。以【：角落矩形】於範例對應之位置建構一封閉圖元，繼而執行【：智慧型尺寸】標註關聯性之等距參數。

STEP 10

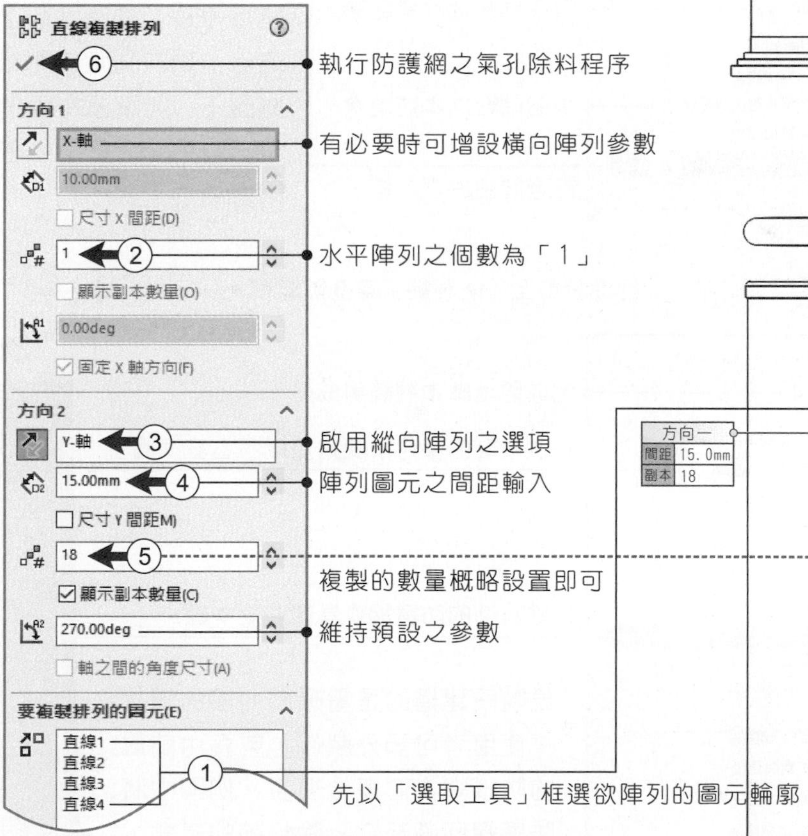
直線複製排列
① 先以「選取工具」框選欲陣列的圖元輪廓
⑥ 執行防護網之氣孔除料程序
方向1
X-軸
有必要時可增設橫向陣列參數
10.00mm
尺寸 X 間距(D)
1
② 水平陣列之個數為「1」
顯示副本數量(O)
0.00deg
固定 X 軸方向(F)
方向2
Y-軸
③ 啟用縱向陣列之選項
15.00mm
④ 陣列圖元之間距輸入
尺寸 Y 間距(M)
18
⑤ 複製的數量概略設置即可
顯示副本數量(C)
270.00deg
維持預設之參數
軸之間的角度尺寸(A)
要複製排列的圖元(E)
直線1
直線2
直線3
直線4

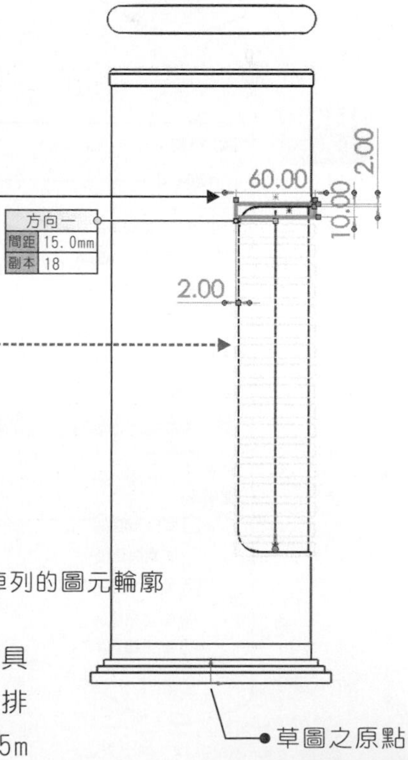
方向一
間距 15.0mm
副本 18
60.00
2.00
10.00
2.00
草圖之原點

在上階段之矩形設置完備後，即啟用【：選取工具】框選輪廓的四側邊界，繼而執行【 直線複製排列】之特徵指令。「方向2」之陣列間距定義為15mm，且陣列的欄位輸入18單元左右的參數。

STEP 11

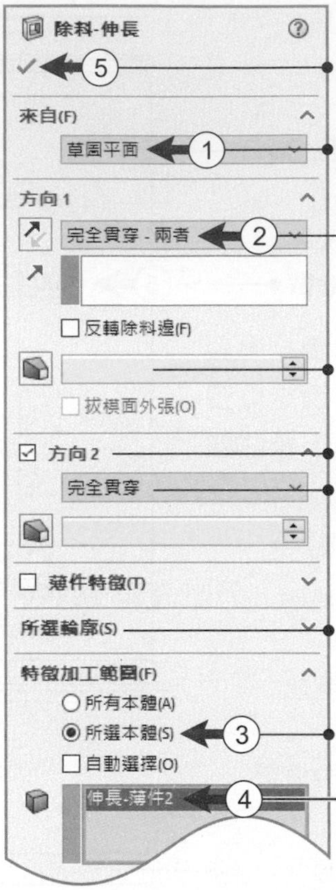

⑤ 完成設置暨貫穿除料

① 選擇由草繪基準平面除料延伸

② 設置為兩側完全除料貫穿

或可啟用拔模功能

與「方向 1」設置連動

同樣是完全貫穿除料

得手動加選除料範疇

③ 指定除料之本體項次

④ 點選防護網之本體

兩側貫穿除料之預覽即如黃色局部示意

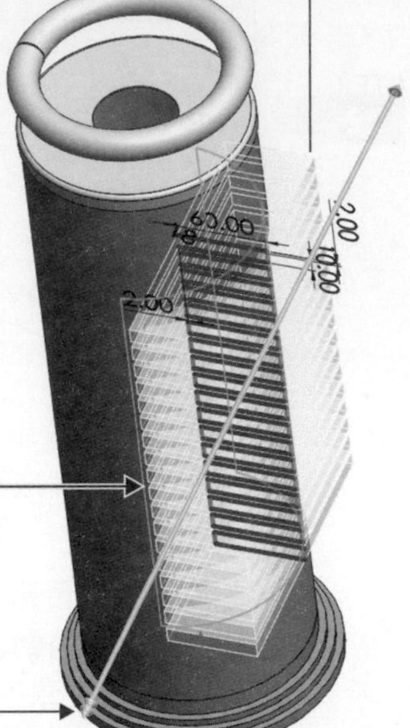

執行【伸長除料】特徵。「來自」項次指定成草繪基準；「方向 1」則設置為兩側貫穿除料；「特徵加工範圍」僅針對前置防護網之薄板作用。

STEP 12

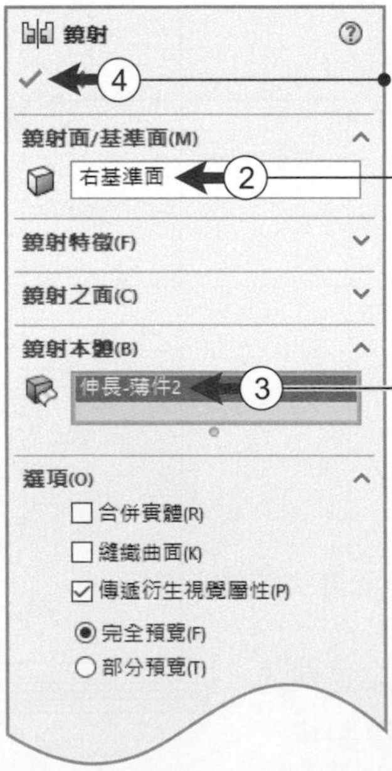

回溯特徵至「防護網」穿孔除料前 ①

④ 完成防護網本體鏡射成型

② 鏡像複製的參考項次指定成「右基準面」

③ 以除料前的防護網作為複製之本體

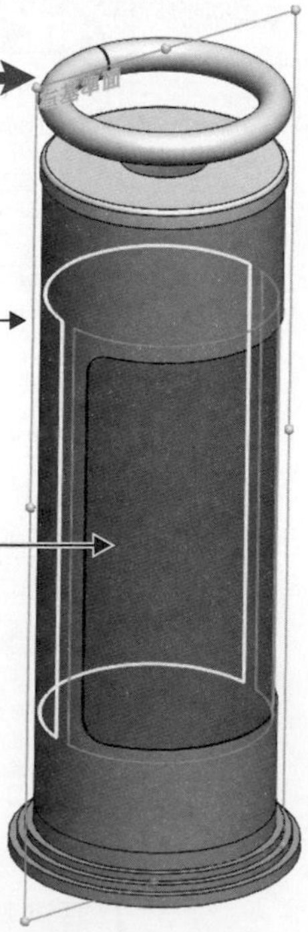

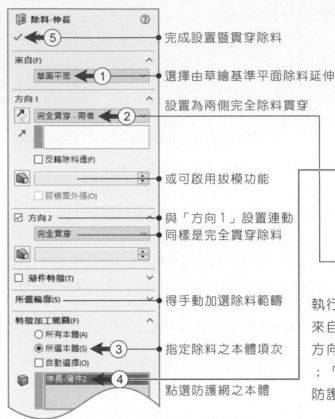

現階段建構的是電暖器內部的銅片，使用者可額外製作，或藉由前置的防護網本體鏡像複製。例圖中將防護網回溯至穿孔除料前的樣態，並在執行【鏡射】特徵後，再將步驟回溯閥還原至最後的特徵序（該範例之進程不需全然復刻）。

STEP 13

「電暖器」範例不啻是鈑金的加工，也包含著其他質材的本體零件製程。關於電暖器燈管、按鍵、頂蓋連接管、圓角修飾……等細部建構，則留待給學習者自行設計與塑模。

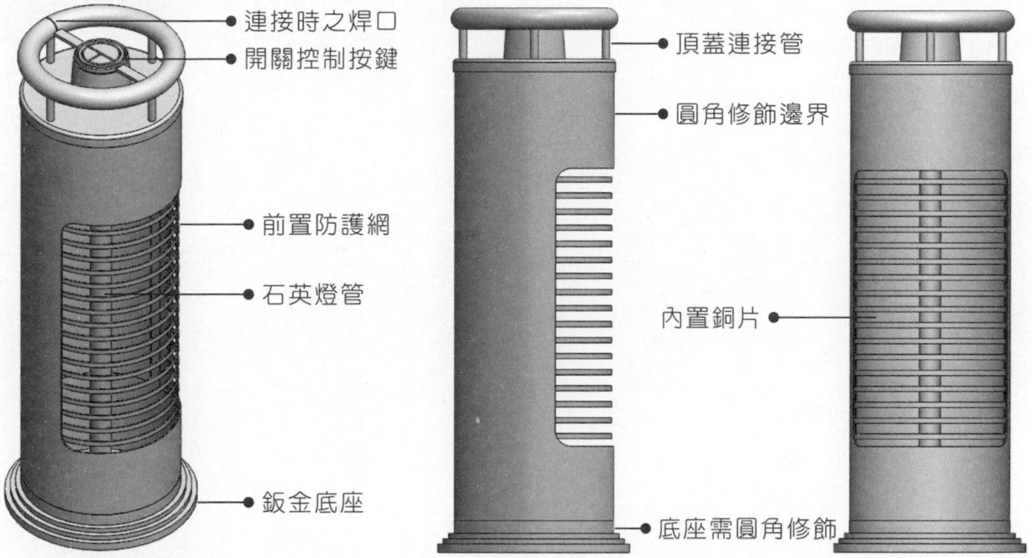

《透視角》　《側視角》　《正視角》

STEP 14

進入模型彩現程序：透過Solidworks之附加模組【 Photoview360 】編輯模型【 : 外觀】與【 : 全景】。電暖器主體可貼附金屬材質；加熱管則以發光元件詮釋。下方為產品模型融合素色場景之渲染完成圖照。

《電暖器彩現完成圖》

重點筆記

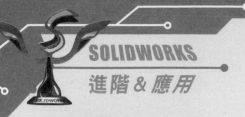

SOLIDWORKS

產品開發實例

The Product Development Example

07

章節學習重點

- 既有之構件匯入與承接
- 規則曲面延伸
- 產品內構設計
- 本體移動及複製
- 曲面除料應用
- 次級組件結合

7-1 多功能充電器設計開發

⊙要點提醒　本範例為綠色版參考教學檔--請學習者使用雲端連結並下載相關之附件

本範例教學視訊檔案：SolidWorks/進階&應用/CH07目錄下/7-1 多功能充電器.avi
本範例製作完成檔案：SolidWorks/進階&應用/CH07目錄下/7-1 多功能充電器.SLDPRT

7-1.1 充電器上蓋建模

於本章節所遴選的產業建模案例，俱是筆者從事設計實務工作所接觸的商品種類。在業界，甚少見到從無到有的全新企劃案，除非是少量組件或沒有內構的特有品項；否則公司層面礙於成本與開發時效的考量，俱會提供既定的模板以俾利新式樣的承接。該範例為一個多功能充電器的建模進程（因產業保密協議的關係，範例中所提供之組件僅為底殼與內構示意），以底殼之邊界偏移出上蓋的曲面，繼而歷經【:修剪曲面】、【:規則曲面】等指令的執行，充電器的邊界即有了概略的雛形；最後再啟用【:加厚】與【:分割】完成外觀細節後進入彩現之程序。

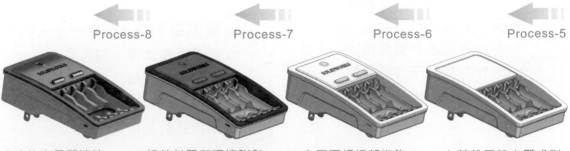

建模進程：

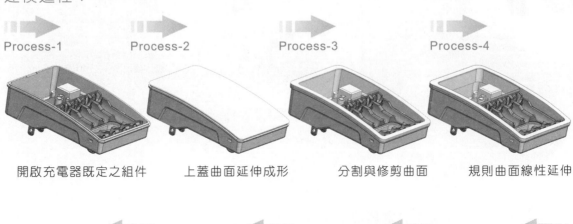

Process-1

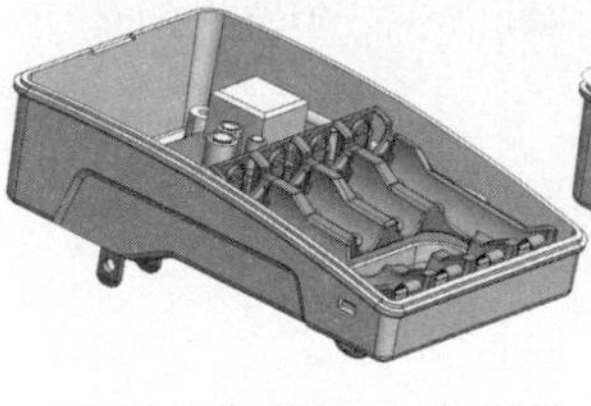

開啟充電器既定之組件

Process-2

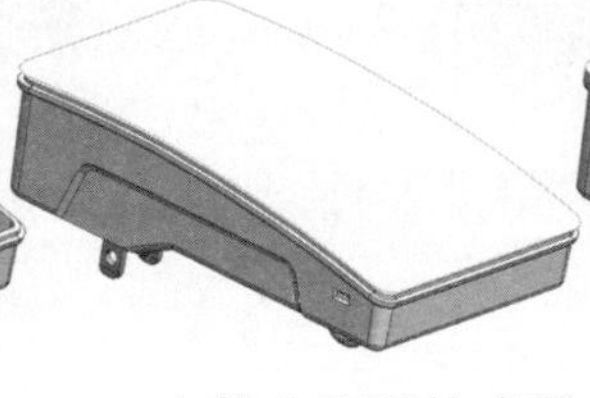

上蓋曲面延伸成形

Process-3

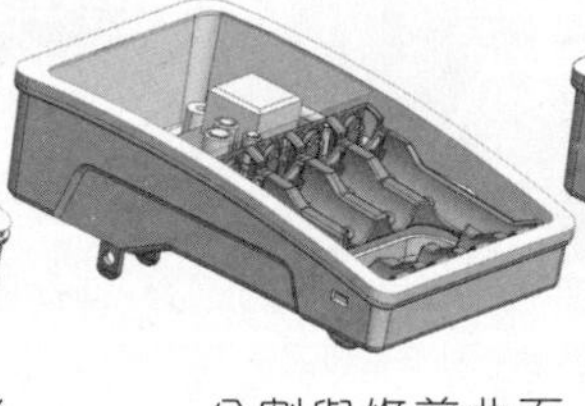

分割與修剪曲面

Process-4

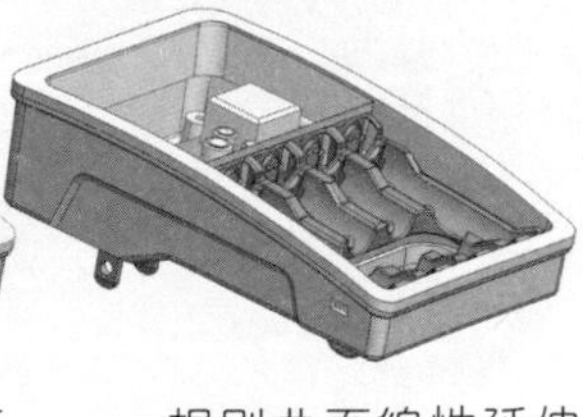

規則曲面線性延伸

Process-5

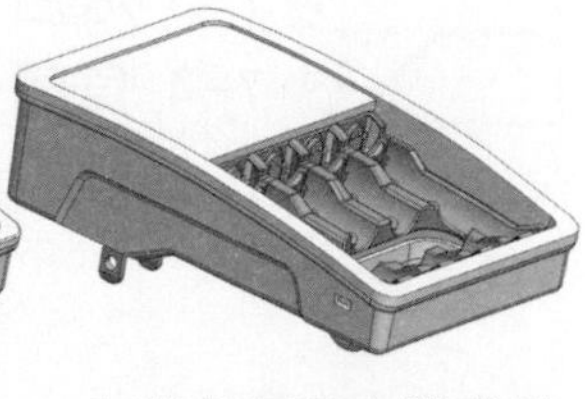

上蓋殼厚設定暨成型

Process-6

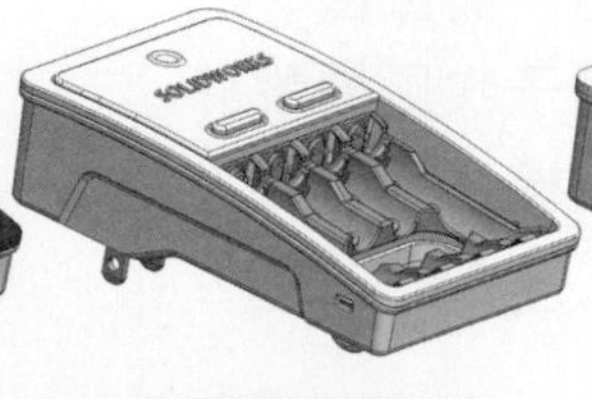

主要面板細部修飾

Process-7

組件材質與環境附貼

Process-8

多功能充電器渲染

STEP 01

開啟附件中的預設檔案──「7-1-多功能充電器-組件」。使用者得先轉動場域檢視既有之實體，從中審閱可以參考的邊界與平面特徵，藉此作為模型建構進程之依循條件（礙於業界倫理與保密協議簽署等原由，附件中僅為產品開發實例的樣板，與現有的多功能充電器之內構迥異）。

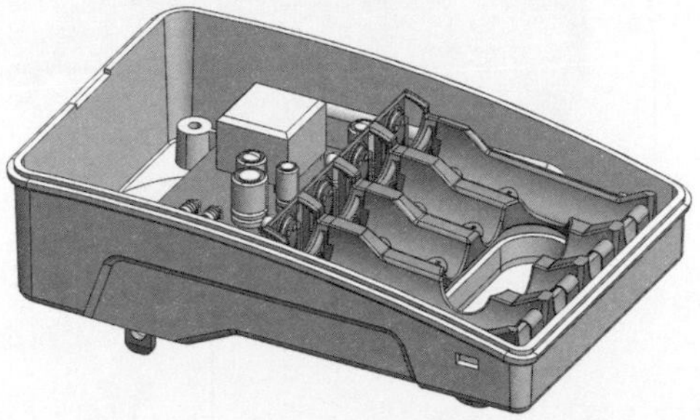

《充電器透視角》

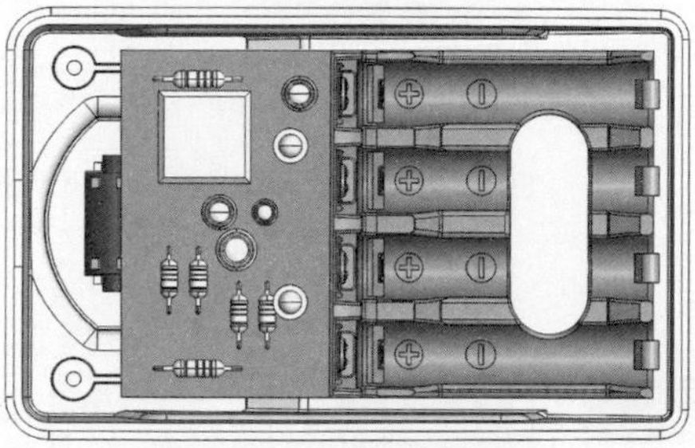

《充電器上視圖》

STEP 02

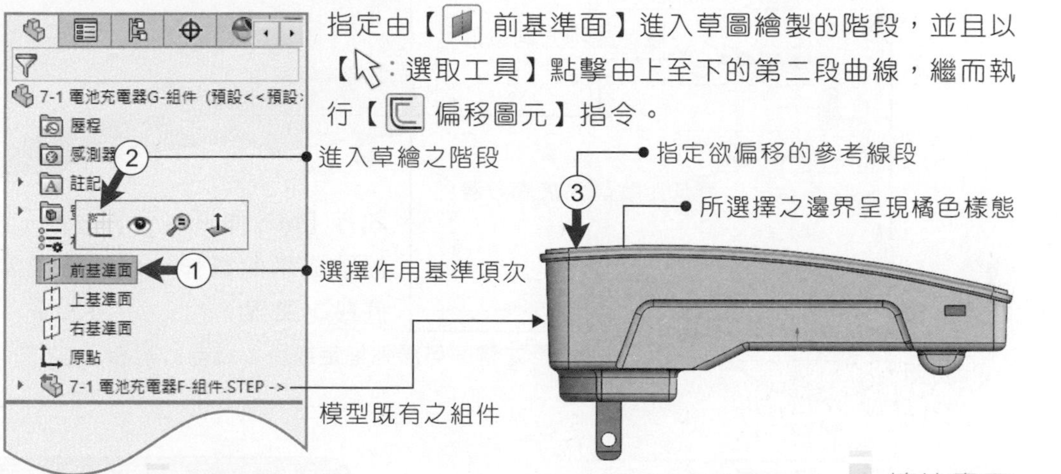

指定由【前基準面】進入草圖繪製的階段，並且以【：選取工具】點擊由上至下的第二段曲線，繼而執行【偏移圖元】指令。

續接畫面

STEP 03

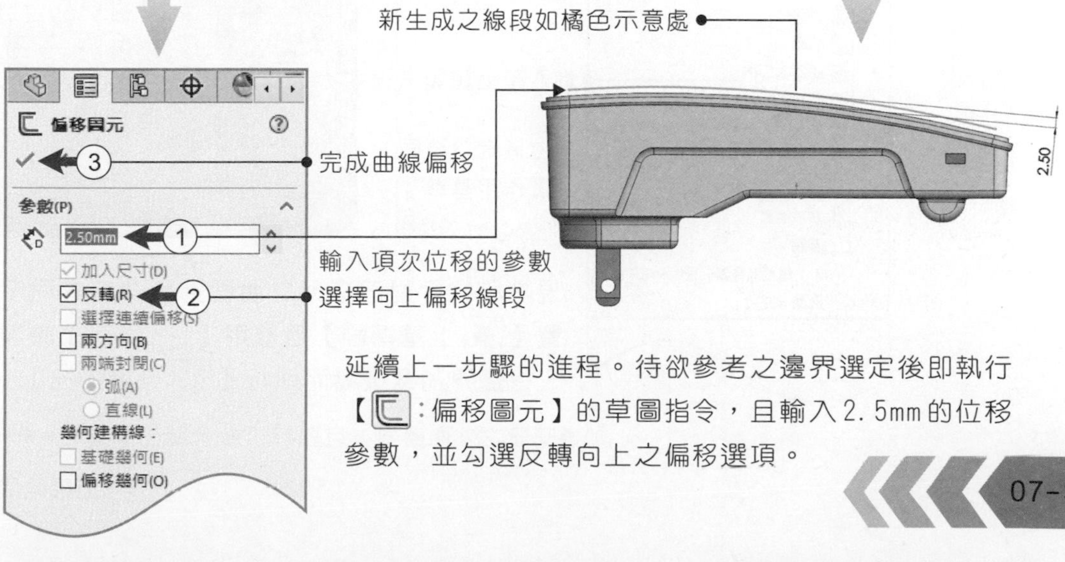

延續上一步驟的進程。待欲參考之邊界選定後即執行【：偏移圖元】的草圖指令，且輸入2.5mm的位移參數，並勾選反轉向上之偏移選項。

以左鍵拖曳線段兩側之端點

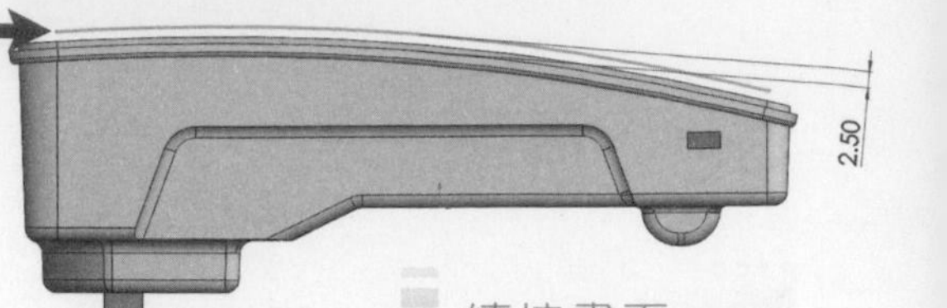

續接畫面

STEP 04

同樣延續上步驟線段偏移之進程。待圖元向上位移後，再以【選取工具】個別拖曳曲線之兩側節點，使其兩側線端超出充電器底殼之左右邊界。

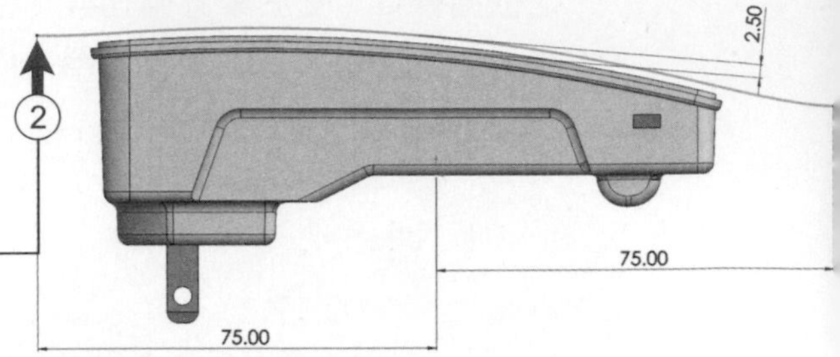

曲線兩端點需越過底殼左右之邊界

STEP 05

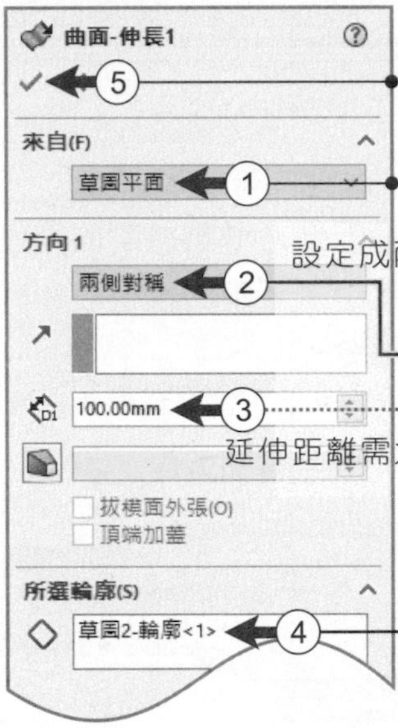

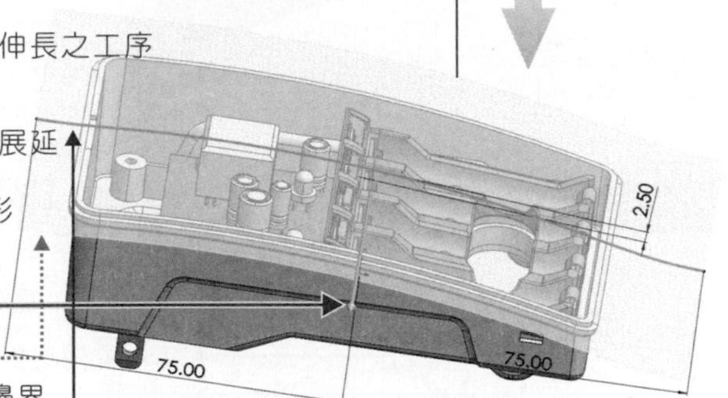

放樣之曲面於系統中暫以黃色樣態示意

續接畫面

① 由草圖面展延

② 設定成兩方向成形

③ 延伸距離需大於底殼邊界

④ 成形之輪廓可額外指定或由系統自行辨識

⑤ 完成曲面伸長之工序

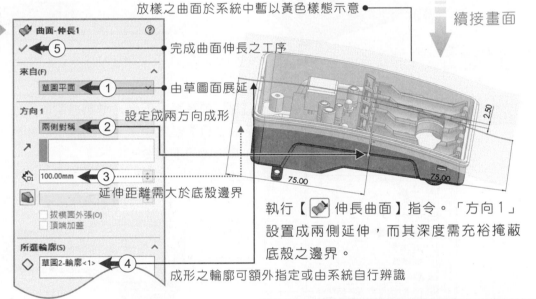

執行【伸長曲面】指令。「方向 1」設置成兩側延伸，而其深度需充裕掩蔽底殼之邊界。

STEP 06

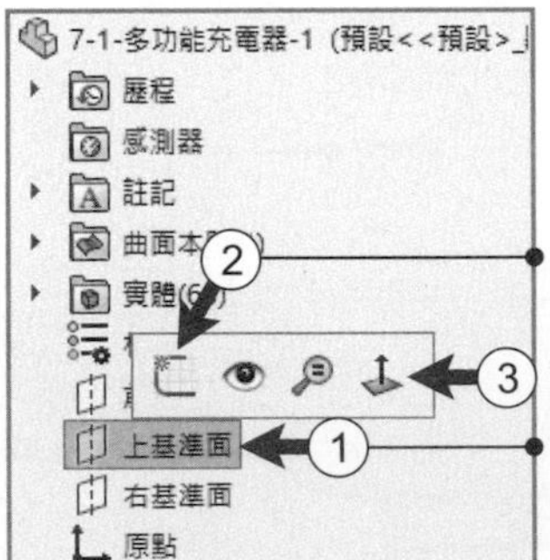

① 選擇作用基準

② 進入草圖繪製階段

③ 對位指定之頁面

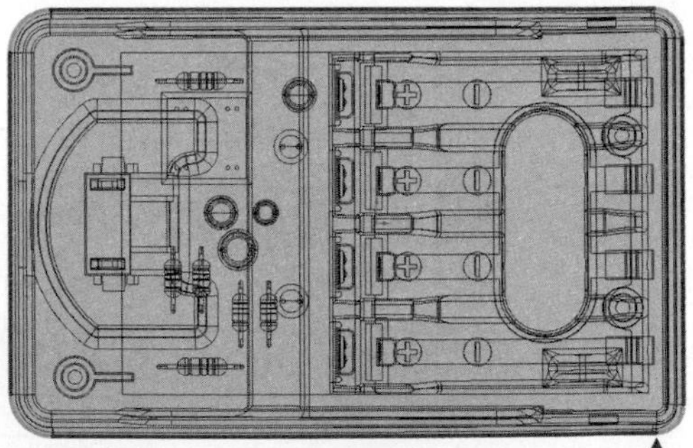

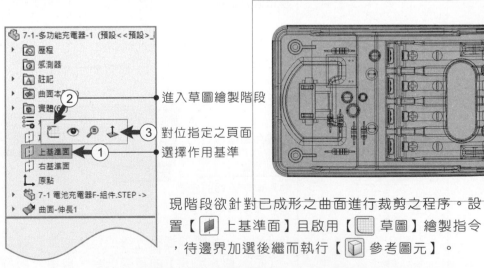

現階段欲針對已成形之曲面進行裁剪之程序。設置【上基準面】且啟用【草圖】繪製指令，待邊界加選後繼而執行【參考圖元】。

④ 加選底殼之外側邊界，且執行「參考圖元」指令。

上階段成形之曲面

STEP 07

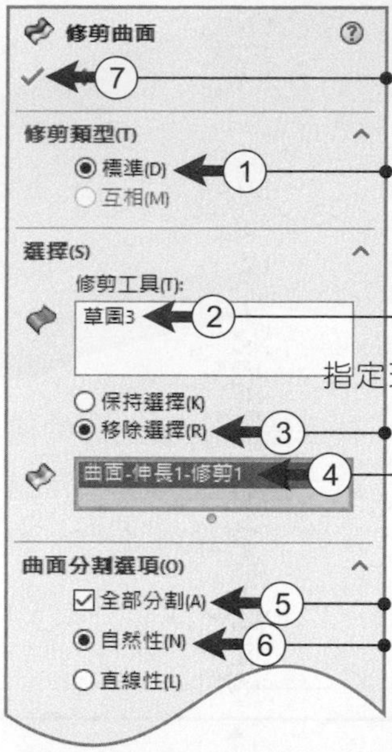
修剪曲面
修剪類型(T)
標準(D)
互相(M)
選擇(S)
修剪工具(T):
草圖3
保持選擇(K)
移除選擇(R)
曲面-伸長1-修剪1
曲面分割選項(O)
全部分割(A)
自然性(N)
直線性(L)
7 執行曲面修剪之工序
1 選擇曲面剪裁之形式
2 指定現階段之輪廓
3 建議設置成移除項次
4 移除草圖範疇外側之曲面
5 曲面全數執行
6 維持預設選項即可

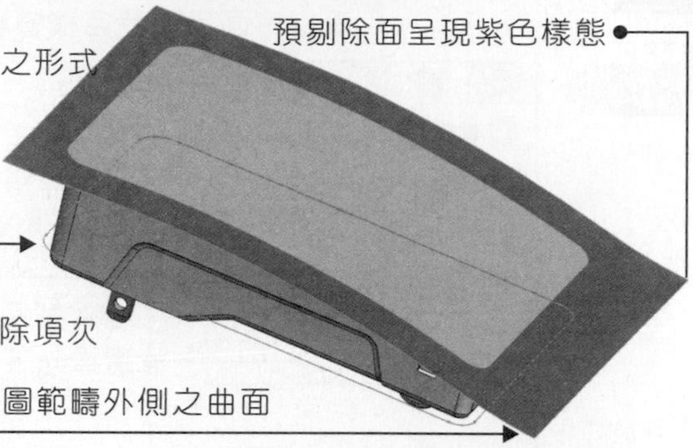
預剔除面呈現紫色樣態

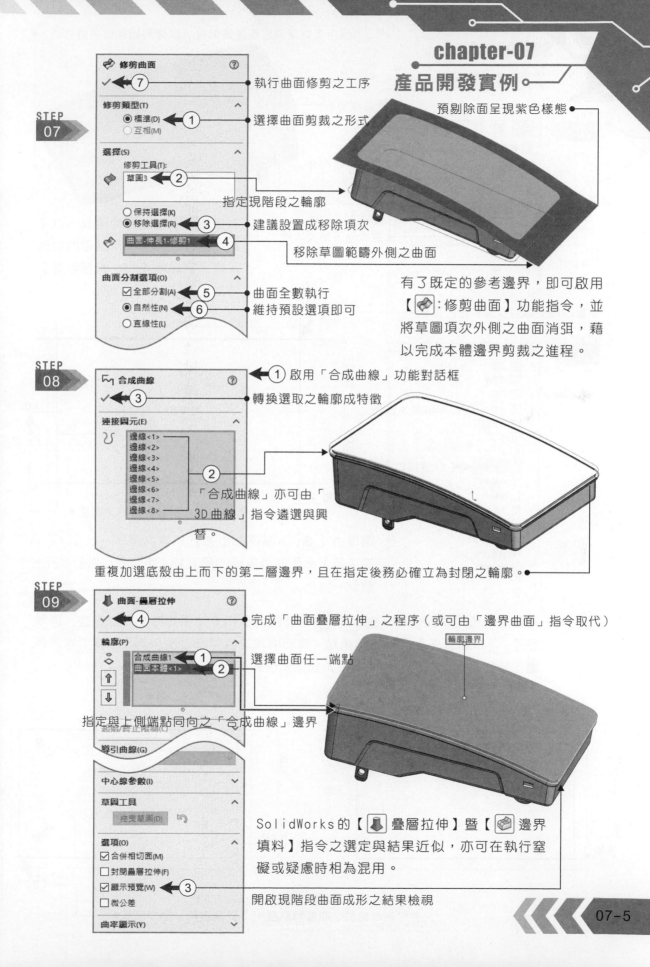

有了既定的參考邊界，即可啟用【:修剪曲面】功能指令，並將草圖項次外側之曲面消弭，藉以完成本體邊界剪裁之進程。

STEP 08

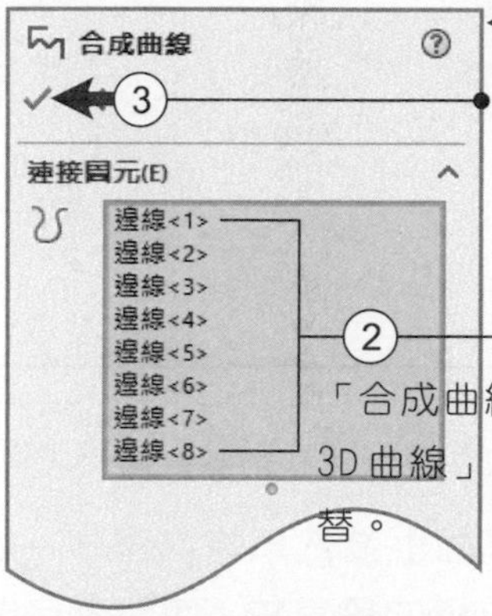
合成曲線
連接圖元(E)
邊線<1>
邊線<2>
邊線<3>
邊線<4>
邊線<5>
邊線<6>
邊線<7>
邊線<8>
1 啟用「合成曲線」功能對話框
3 轉換選取之輪廓成特徵
2

「合成曲線」亦可由「3D 曲線」指令遴選與興替。

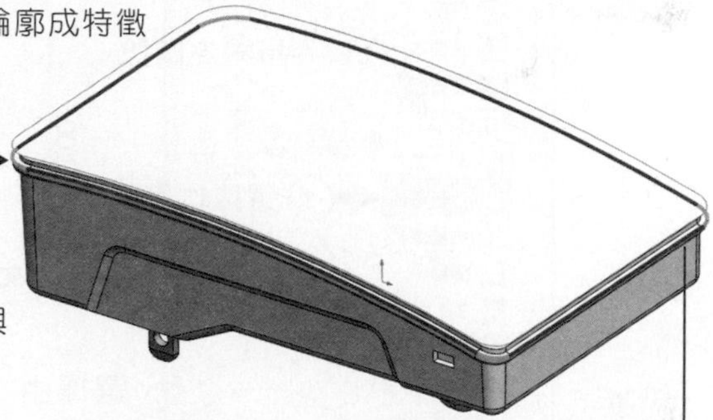

重複加選底殼由上而下的第二層邊界，且在指定後務必確立為封閉之輪廓。

STEP 09

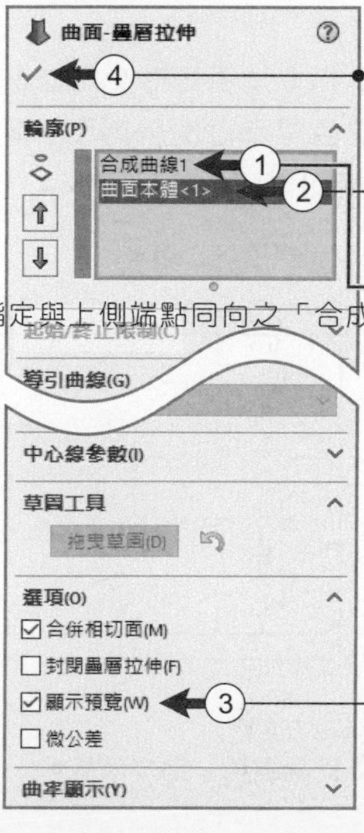
曲面-疊層拉伸
輪廓(P)
合成曲線1
曲面本體<1>
起始/終止限制(C)
導引曲線(G)
中心線參數(I)
草圖工具
拖曳草圖(D)
選項(O)
合併相切面(M)
封閉疊層拉伸(F)
顯示預覽(W)
微公差
曲率顯示(Y)
4 完成「曲面疊層拉伸」之程序（或可由「邊界曲面」指令取代）
1 選擇曲面任一端點
2 指定與上側端點同向之「合成曲線」邊界
3 開啟現階段曲面成形之結果檢視

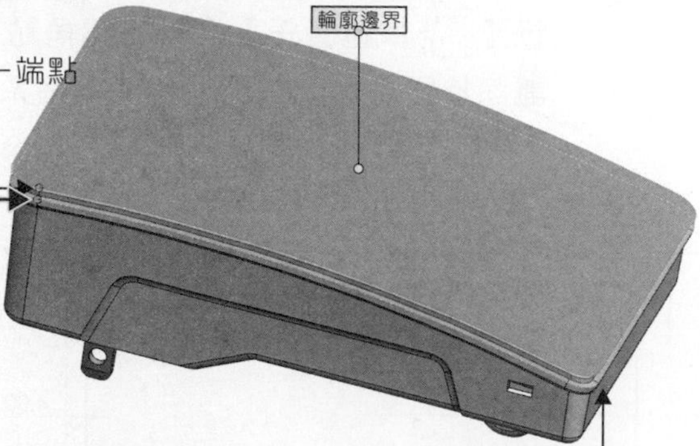
輪廓邊界

SolidWorks的【疊層拉伸】暨【邊界填料】指令之選定與結果近似，亦可在執行窒礙或疑慮時相為混用。

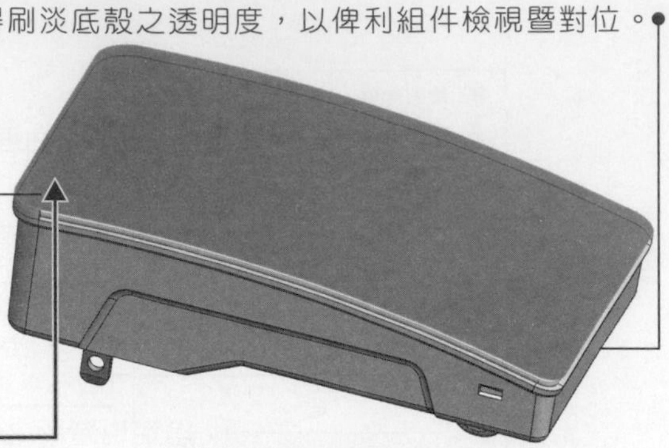

STEP 10

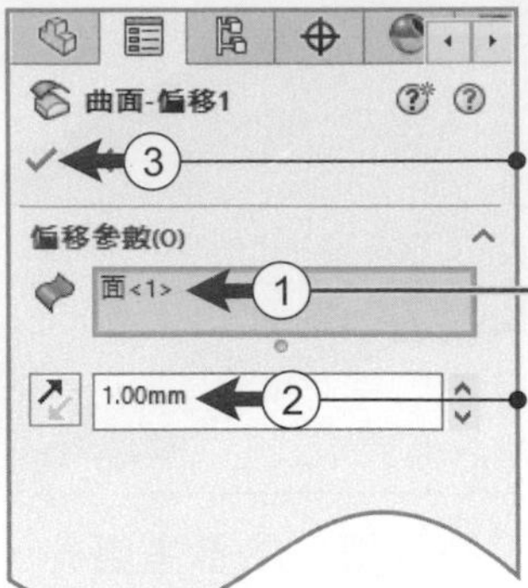

為了營造上蓋造形的層次，以【選取工具】指定最初的曲面本體，且執行【偏移曲面】特徵。

STEP 11

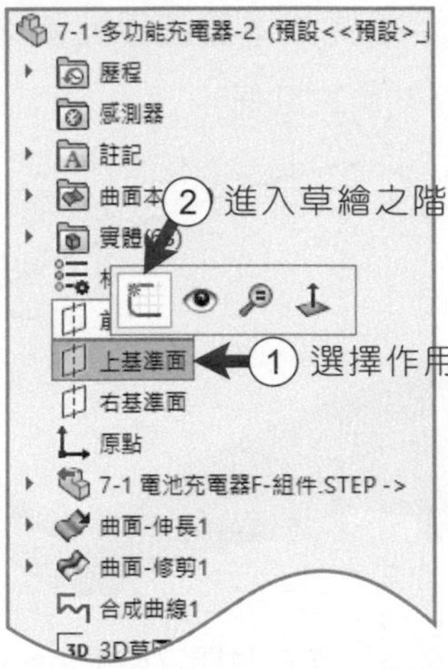

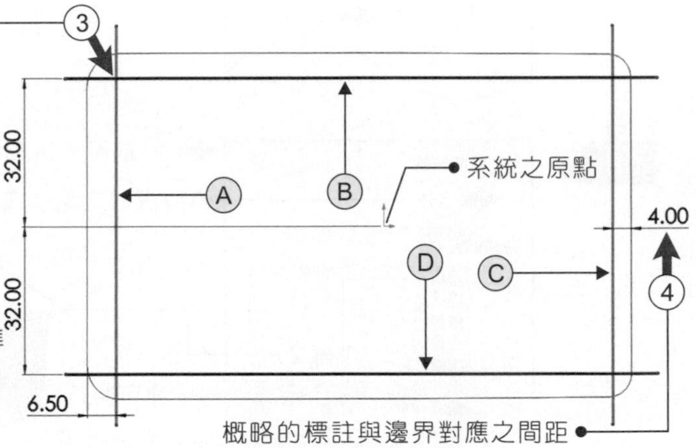

選擇由【上基準面】進入草繪之程序。以【直線工具】參酌例圖放樣四段直線（使用者可自訂圖元形態）。

STEP 12

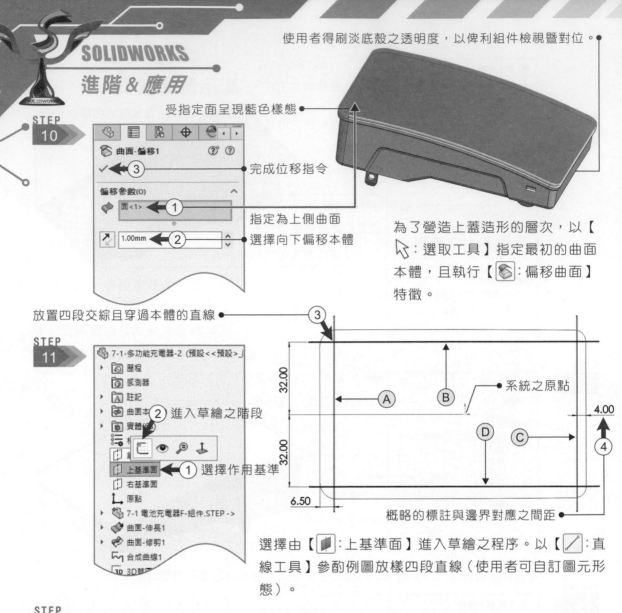

續接上階段之草圖進程。先以【修剪圖元】指令消弭矩形交角之綴邊，再執行【草圖圓角】潤飾四處角點。輪廓項次之色相示意僅是為了讓讀者容易辨識而特別變更，故此，與使用者系統之預設彩度可能不盡相同。

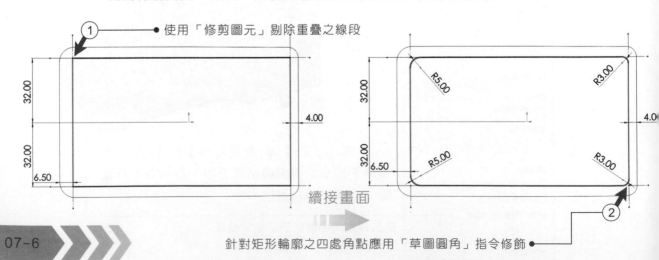

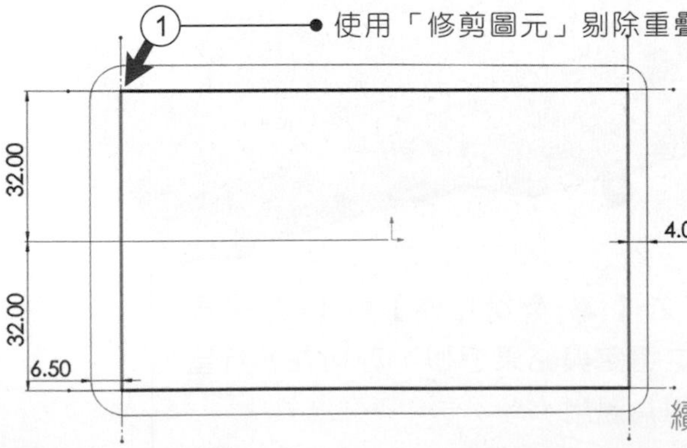

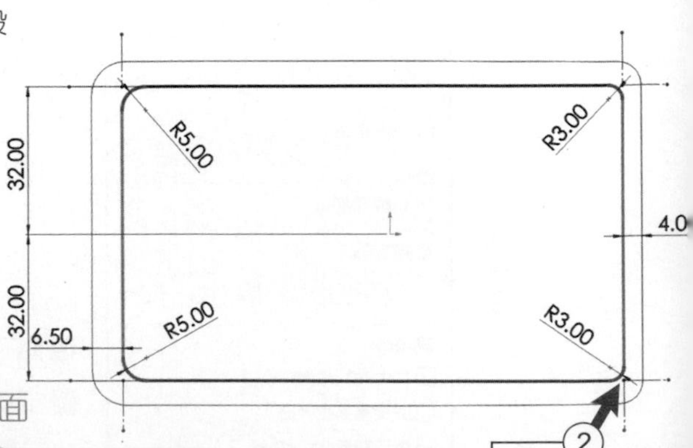

STEP 13

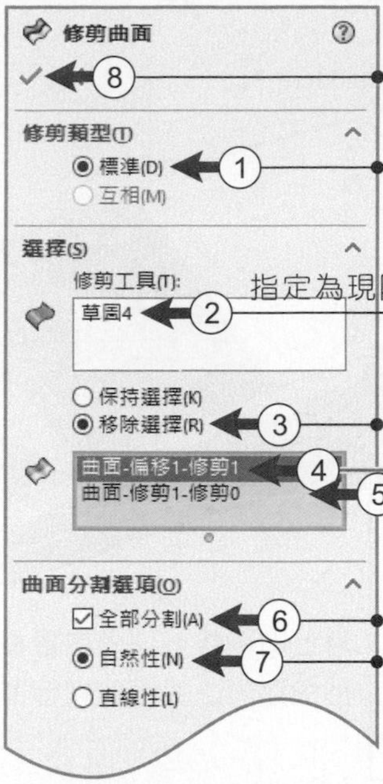
修剪曲面
修剪類型(T)
標準(D)
互相(M)
選擇(S)
修剪工具(T):
草圖4
保持選擇(K)
移除選擇(R)
曲面-偏移1-修剪1
曲面-修剪1-修剪0
曲面分割選項(O)
全部分割(A)
自然性(N)
直線性(L)
完成兩曲面之修剪程序
選擇標準修剪形式
指定為現階段繪製之草圖
設置移除類型
點擊欲剔除之本體
頁面中之曲面全數分割
維持預設之結果

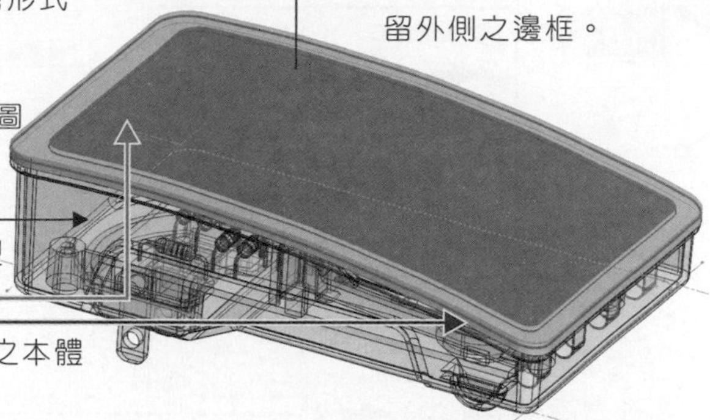
消弭內側曲面，僅餘留外側之邊框。

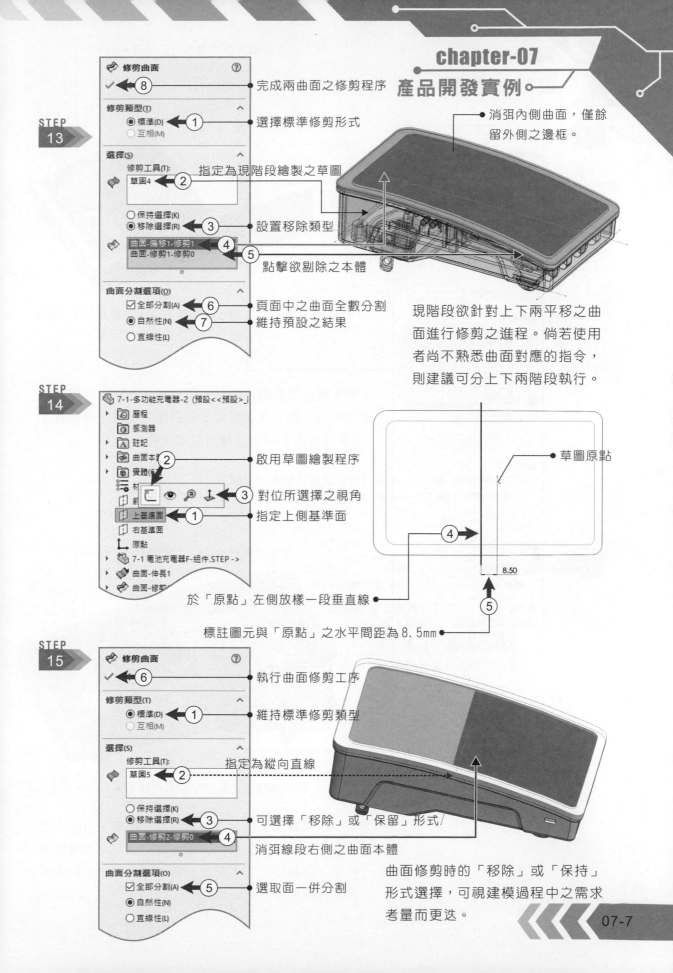

現階段欲針對上下兩平移之曲面進行修剪之進程。倘若使用者尚不熟悉曲面對應的指令，則建議可分上下兩階段執行。

STEP 14

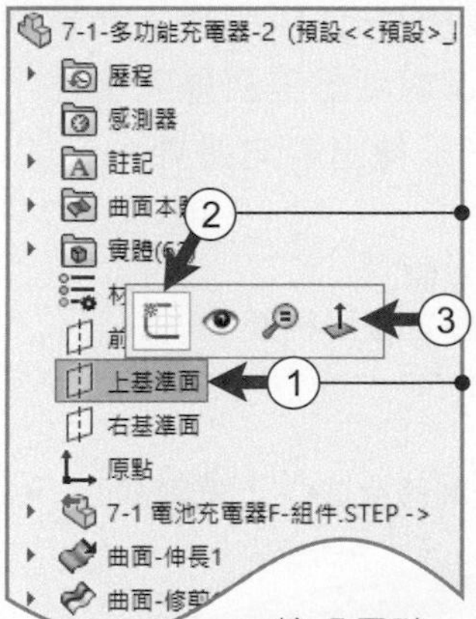
7-1-多功能充電器-2 (預設<<預設>_
歷程
感測器
註記
曲面本
實體(6
上基準面
右基準面
原點
7-1 電池充電器F-組件.STEP ->
曲面-伸長1
曲面-修剪
啟用草圖繪製程序
對位所選擇之視角
指定上側基準面

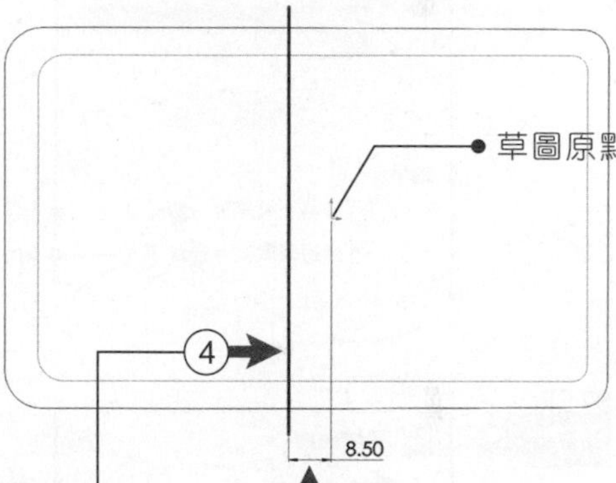
草圖原點
8.50
於「原點」左側放樣一段垂直線
標註圖元與「原點」之水平間距為 8. 5mm

STEP 15

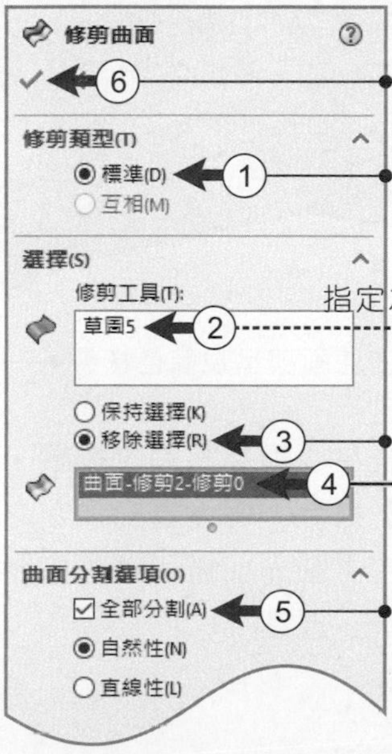
修剪曲面
修剪類型(T)
標準(D)
互相(M)
選擇(S)
修剪工具(T):
草圖5
保持選擇(K)
移除選擇(R)
曲面-修剪2-修剪0
曲面分割選項(O)
全部分割(A)
自然性(N)
直線性(L)
執行曲面修剪工序
維持標準修剪類型
指定為縱向直線
可選擇「移除」或「保留」形式
消弭線段右側之曲面本體
選取面一併分割

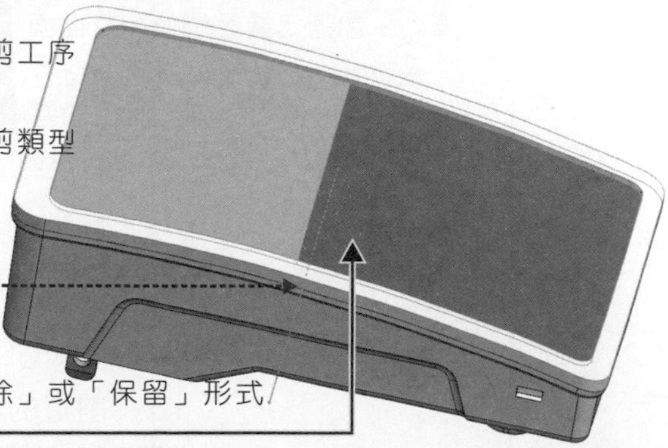

曲面修剪時的「移除」或「保持」形式選擇，可視建模過程中之需求考量而更迭。

STEP 16

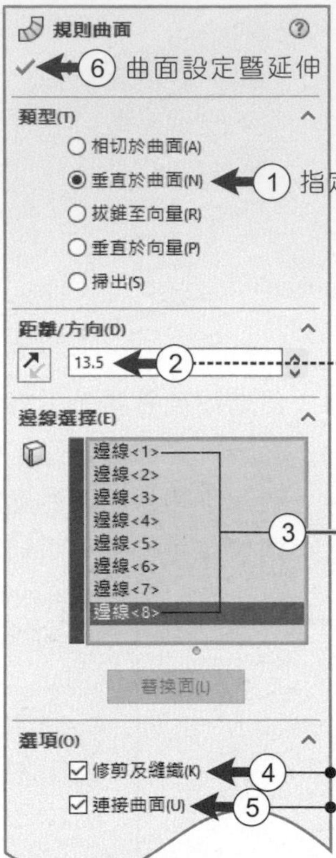

⑥ 曲面設定暨延伸

① 指定為縱向成形

② 曲面展延深度輸入

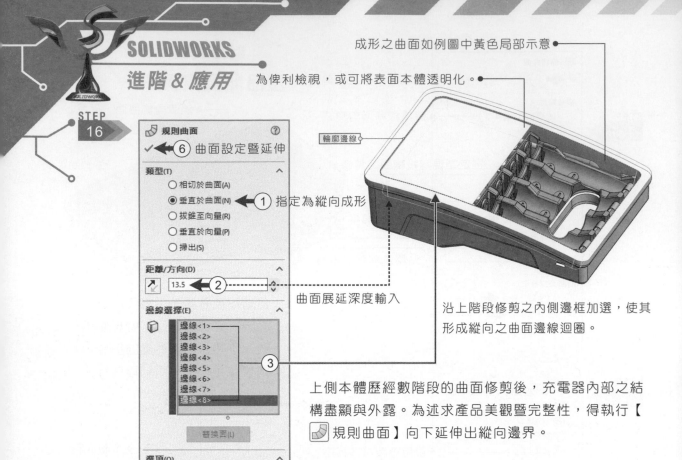

③ 沿上階段修剪之內側邊框加選，使其形成縱向之曲面邊線迴圈。

④ 消弭綽餘之瑣碎細面或本體

⑤ 新生成之曲面與既有本體之邊界相連

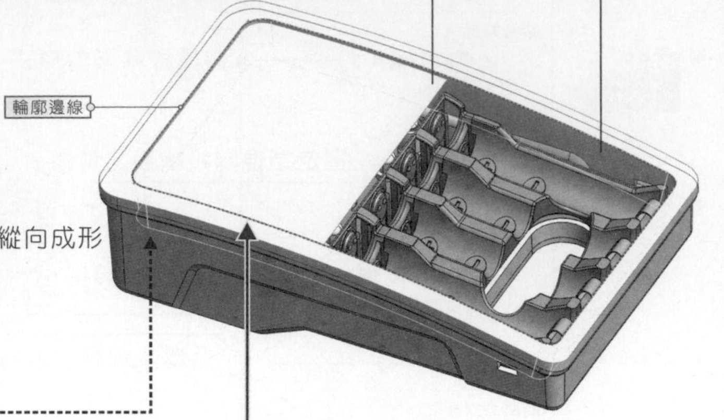

成形之曲面如例圖中黃色局部示意

為俾利檢視，或可將表面本體透明化。

上側本體歷經數階段的曲面修剪後，充電器內部之結構盡顯與外露。為述求產品美觀暨完整性，得執行【規則曲面】向下延伸出縱向邊界。

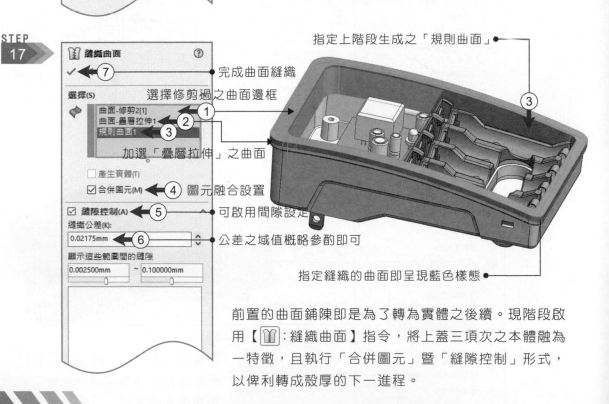

STEP 17

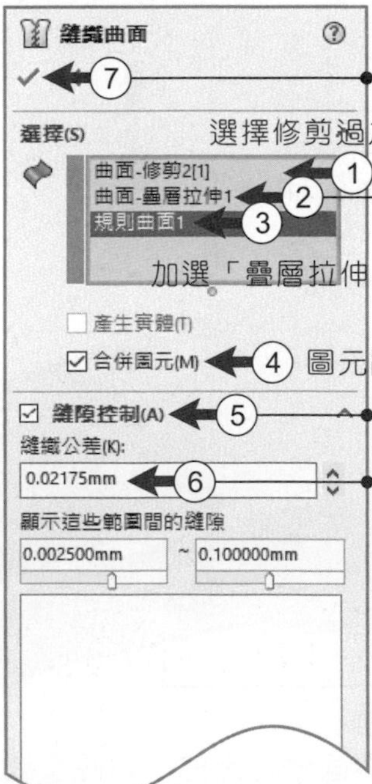

⑦ 完成曲面縫織

① 選擇修剪過之曲面邊框

② 加選「疊層拉伸」之曲面

③ 指定上階段生成之「規則曲面」

④ 圖元融合設置

⑤ 可啟用間隙設定

⑥ 公差之域值概略參酌即可

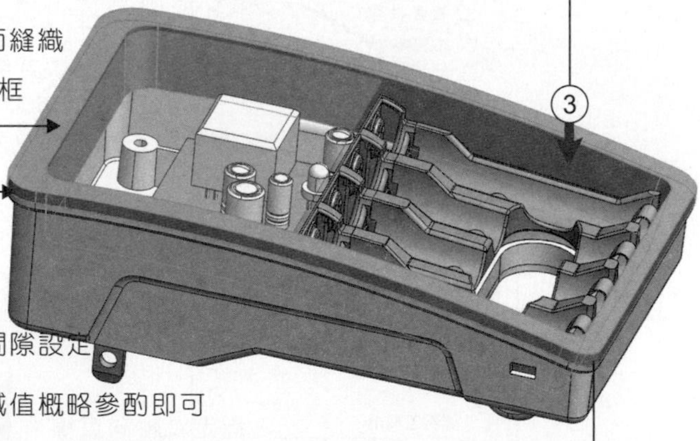

指定縫織的曲面即呈現藍色樣態

前置的曲面鋪陳即是為了轉為實體之後續。現階段啟用【:縫織曲面】指令，將上蓋三項次之本體融為一特徵，且執行「合併圖元」暨「縫隙控制」形式，以俾利轉成殼厚的下一進程。

STEP 18

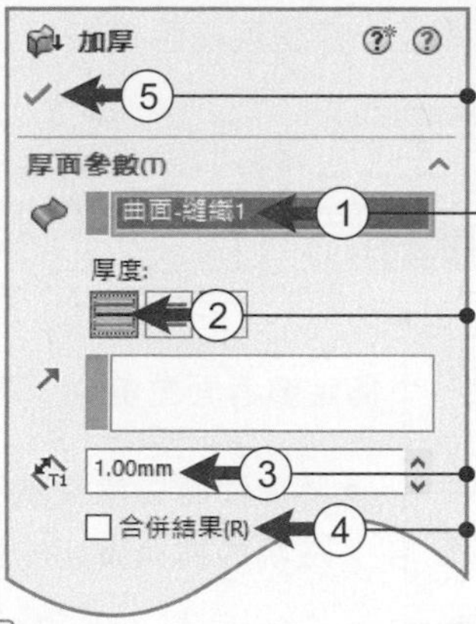

⑤ 幾何曲面生成實體殼厚
① 指定上階段所縫織的本體加工
② 向內側偏移暨成型
③ 厚度概略輸入
④ 取消融合機制

作用面於系統中以藍色示意

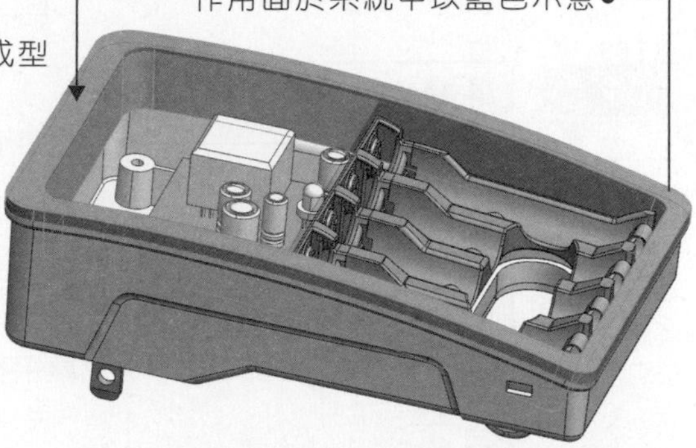

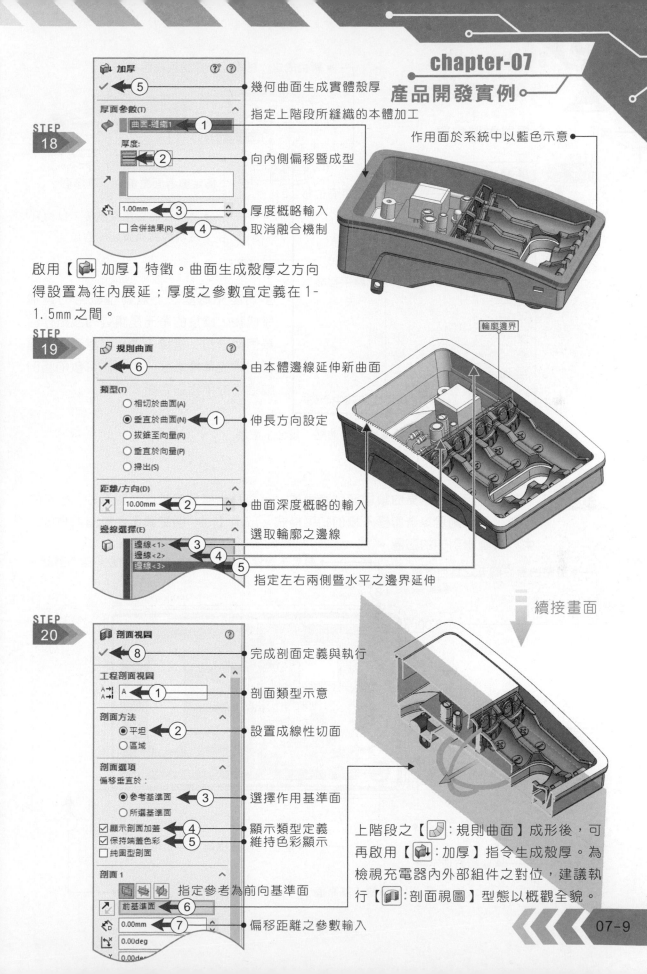

啟用【加厚】特徵。曲面生成殼厚之方向得設置為往內展延；厚度之參數宜定義在 1-1.5mm 之間。

STEP 19

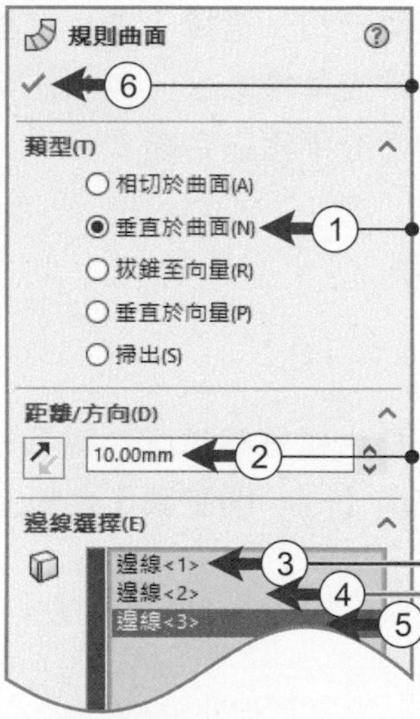

⑥ 由本體邊線延伸新曲面
① 伸長方向設定
② 曲面深度概略的輸入
③ 選取輪廓之邊線
④
⑤ 指定左右兩側暨水平之邊界延伸

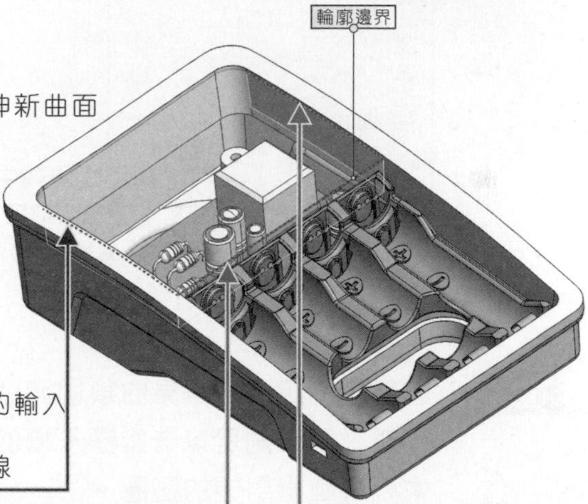

續接畫面

STEP 20

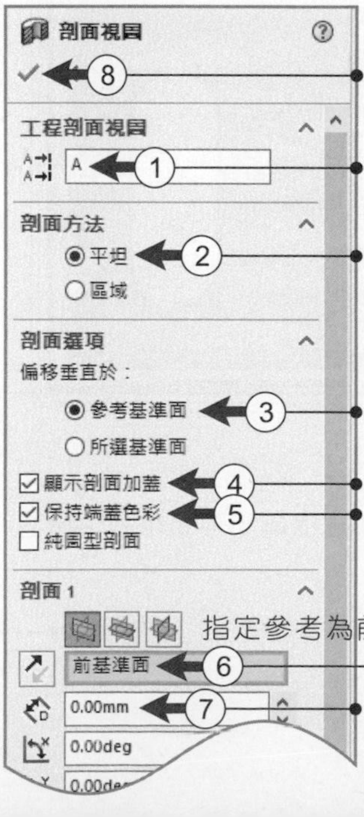

⑧ 完成剖面定義與執行
① 剖面類型示意
② 設置成線性切面
③ 選擇作用基準面
④ 顯示類型定義
⑤ 維持色彩顯示
指定參考為前向基準面
⑥
⑦ 偏移距離之參數輸入

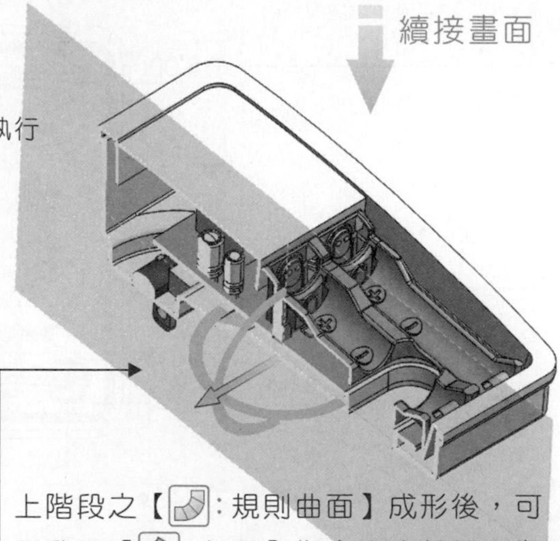

上階段之【規則曲面】成形後，可再啟用【加厚】指令生成殼厚。為檢視充電器內外部組件之對位，建議執行【剖面視圖】型態以概觀全貌。

7-1.2 充電器內構建置

STEP 01

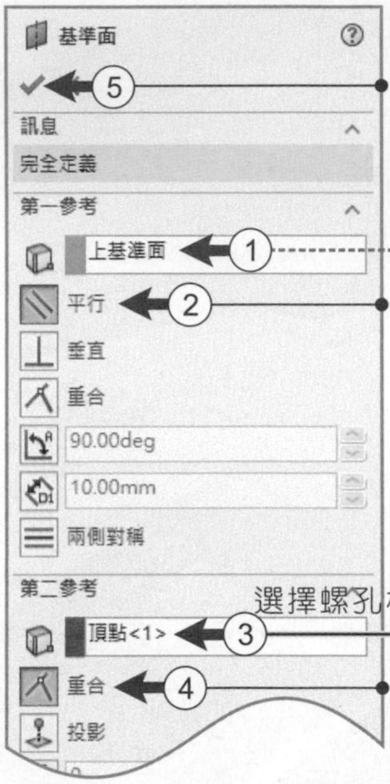

完成平面位移

定義平移類型

選擇螺孔柱頂端中心點

與參考端點「重合」限制

新生成之「基準面」即呈現藍色樣態

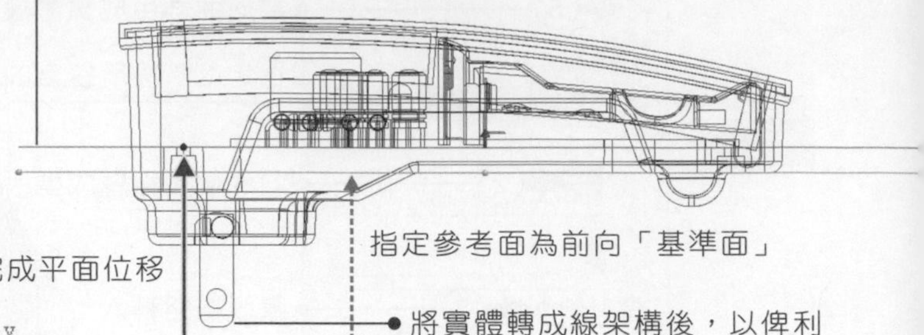

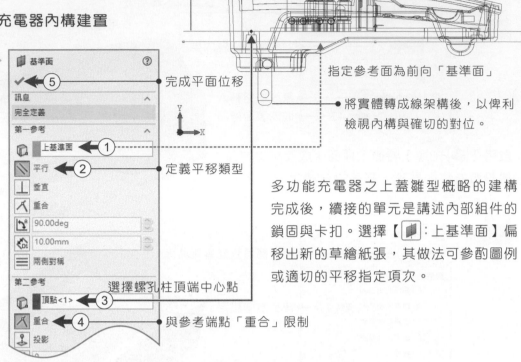

指定參考面為前向「基準面」

將實體轉成線架構後，以俾利檢視內構與確切的對位。

多功能充電器之上蓋雛型概略的建構完成後，續接的單元是講述內部組件的鎖固與卡扣。選擇【 :上基準面】偏移出新的草繪紙張，其做法可參酌圖例或適切的平移指定項次。

STEP 02

家用產品組件最常見的鎖固類型有兩種：一是藉由螺絲與BOSS（螺孔柱）栓牢的樣態；另外則是以卡鉤暨卡槽的扣壓模式。啟用【 :圓工具】由既有的BOSS-中心展延出封閉的迴圈。

參考下殼螺孔柱之中心，且向外繪製一個草圖圓。

概略的標註圖元之直徑參數

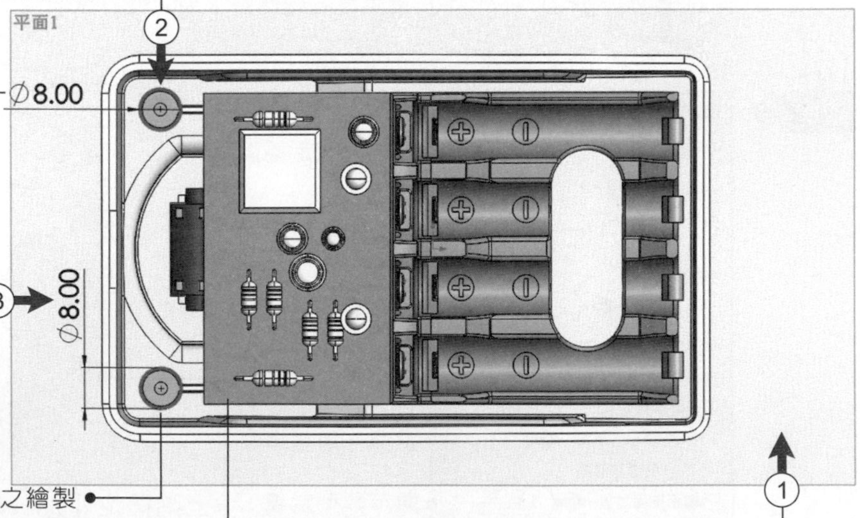

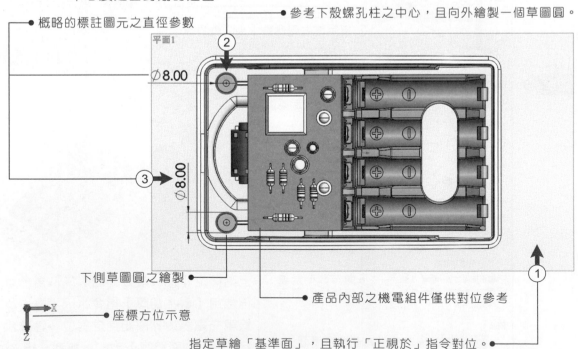

下側草圖圓之繪製

產品內部之機電組件僅供對位參考

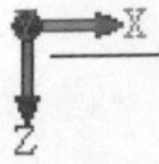

座標方位示意

指定草繪「基準面」，且執行「正視於」指令對位。

STEP 03

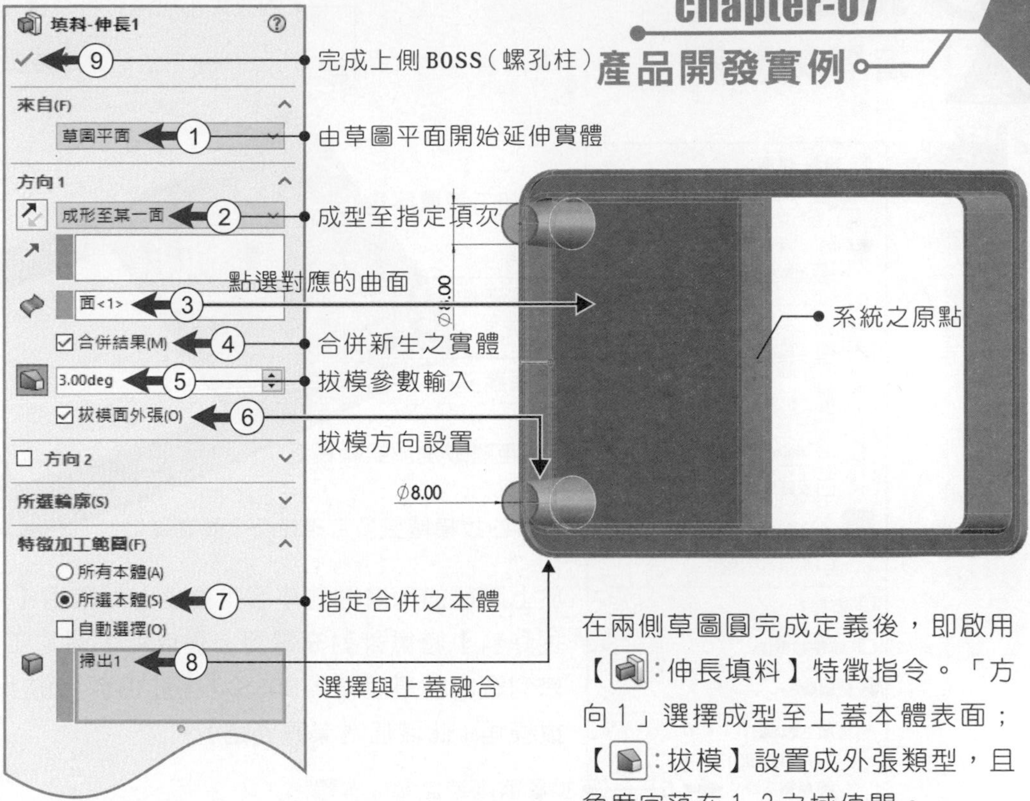
填料-伸長1
來自(F)
草圖平面
方向1
成形至某一面
面<1>
合併結果(M)
3.00deg
拔模面外張(O)
方向2
所選輪廓(S)
特徵加工範圍(F)
所有本體(A)
所選本體(S)
自動選擇(O)
掃出1
完成上側BOSS(螺孔柱)
由草圖平面開始延伸實體
成型至指定項次
點選對應的曲面
合併新生之實體
拔模參數輸入
拔模方向設置
指定合併之本體
選擇與上蓋融合
系統之原點
Ø8.00
Ø8.00

在兩側草圖圓完成定義後，即啟用【 :伸長填料】特徵指令。「方向1」選擇成型至上蓋本體表面；【 :拔模】設置成外張類型，且角度宜落在1-3之域值間。

STEP 04

現階段欲在兩側新生成的BOSS中心製作螺孔，因此以BOSS上側平面作為草繪之基準，且使用【 :圓工具】各繪製一個約3mm的輪廓於螺孔柱中心(螺孔之圓徑取決於緊配螺絲的大小減0.5-2mm，如此方可讓螺牙進料的同時銑出BOSS的內螺紋)。

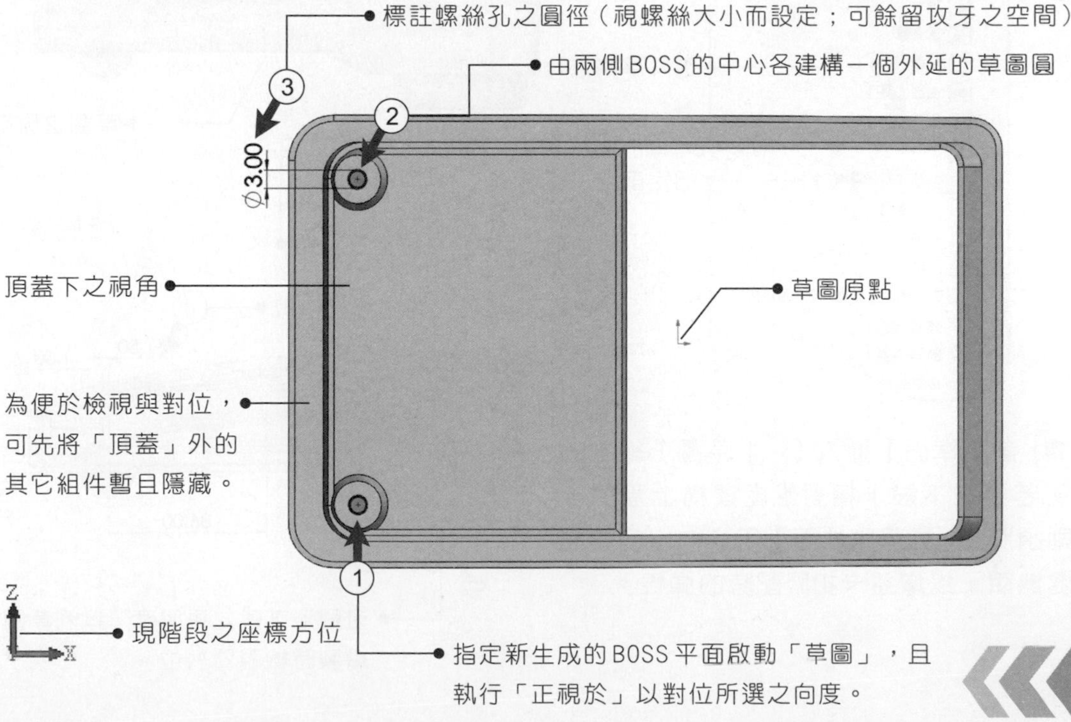
標註螺絲孔之圓徑(視螺絲大小而設定；可餘留攻牙之空間)
由兩側BOSS的中心各建構一個外延的草圖圓
Ø3.00
頂蓋下之視角
草圖原點
為便於檢視與對位，
可先將「頂蓋」外的
其它組件暫且隱藏。
Z
X
現階段之座標方位
指定新生成的BOSS平面啟動「草圖」，且
執行「正視於」以對位所選之向度。

STEP 05

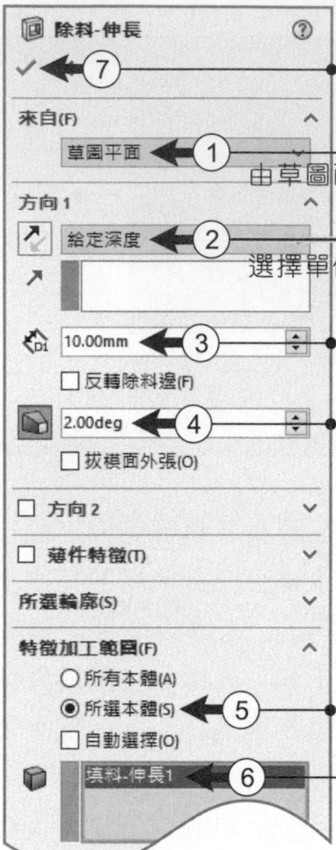
除料-伸長
來自(F)
草圖平面
方向 1
給定深度
10.00mm
反轉除料邊(F)
2.00deg
拔模面外張(O)
方向 2
薄件特徵(T)
所選輪廓(S)
特徵加工範圍(F)
所有本體(A)
所選本體(S)
自動選擇(O)
填料-伸長1
⑦ 完成加工設置與執行
① 由草圖面開始延伸
② 選擇單側車銑螺孔柱
③ 除料距離取決於螺絲長度
④ BOSS 的拔模域值多定義在 1-3 度之間
⑤ 設置欲削減之零件本體
⑥ 限定除料程序只針對於充電器上蓋加工

圓徑大小可再經由草圖編輯與設變
所指定之本體即呈現綠色樣態
⌀3.00

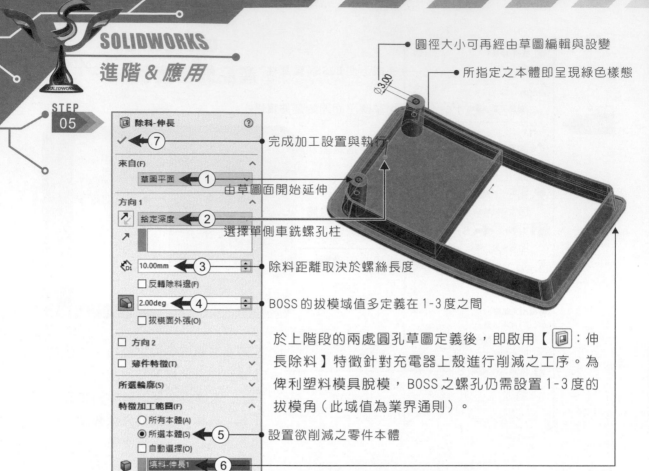

於上階段的兩處圓孔草圖定義後，即啟用【 :伸長除料】特徵針對充電器上殼進行削減之工序。為俾利塑料模具脫模，BOSS 之螺孔仍需設置 1-3 度的拔模角（此域值為業界通則）。

STEP 06

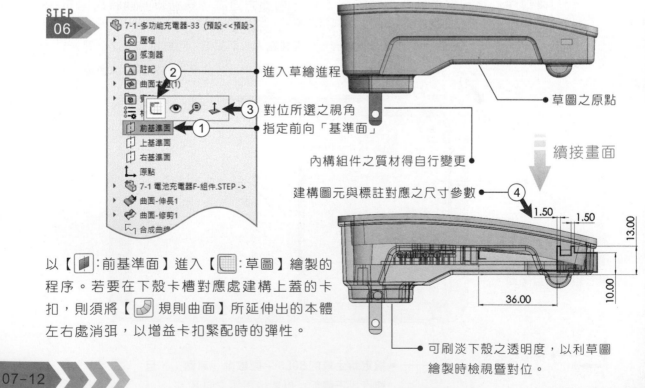

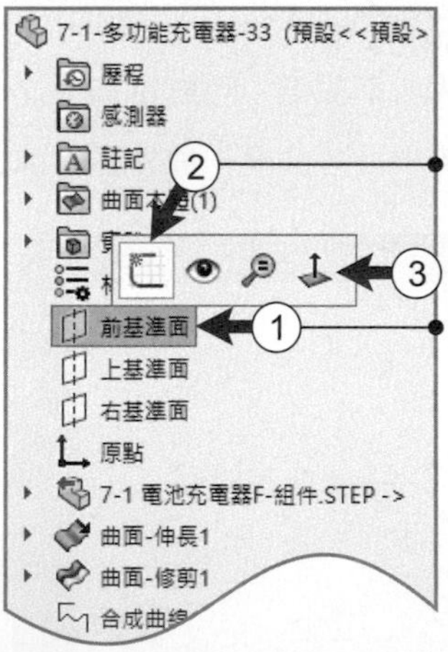
7-1-多功能充電器-33 (預設<<預設>
歷程
感測器
註記
曲面本體(1)
前基準面
上基準面
右基準面
原點
7-1 電池充電器F-組件.STEP ->
曲面-伸長1
曲面-修剪1
合成曲線
② 進入草繪進程
③ 對位所選之視角
① 指定前向「基準面」

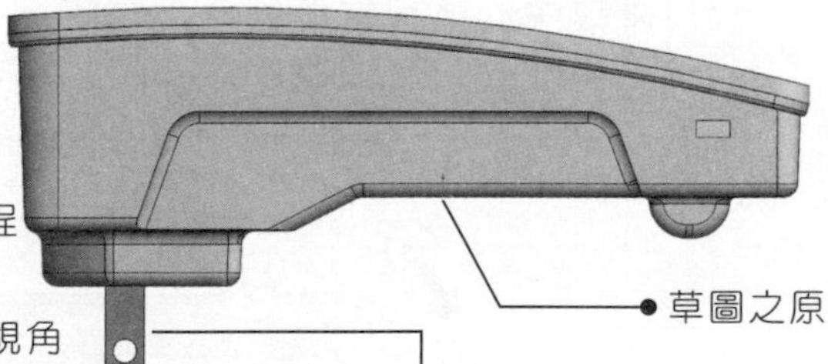
草圖之原點
內構組件之質材得自行變更

續接畫面

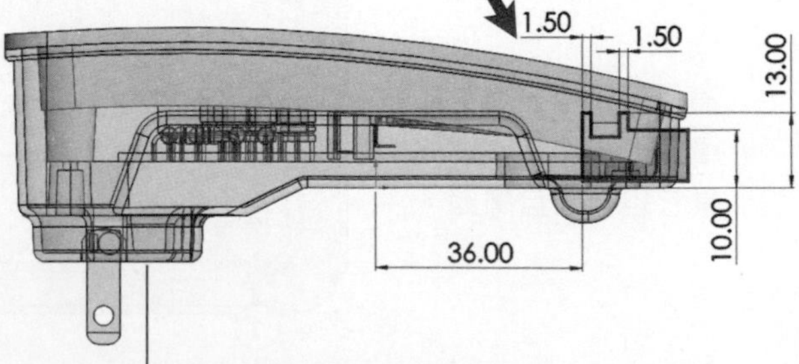
④ 建構圖元與標註對應之尺寸參數
1.50
1.50
13.00
36.00
10.00
可刷淡下殼之透明度，以利草圖繪製時檢視暨對位。

以【 :前基準面】進入【 :草圖】繪製的程序。若要在下殼卡槽對應處建構上蓋的卡扣，則須將【 規則曲面】所延伸出的本體左右處消弭，以增益卡扣緊配時的彈性。

STEP 07

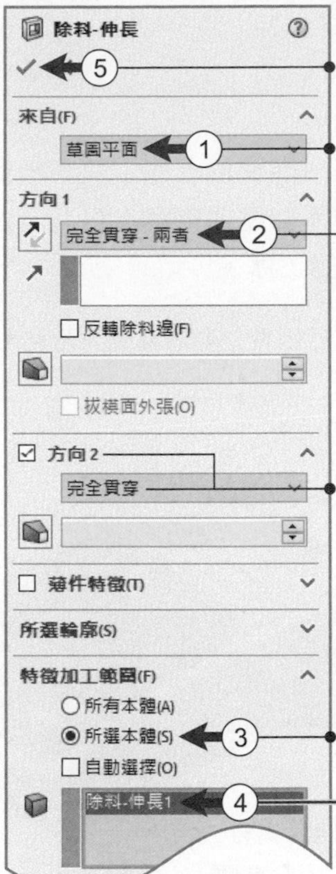
除料-伸長
5 完成特徵設定與執行
來自(F)
草圖平面 1 加工面起始於草繪基準
方向 1
完全貫穿 - 兩者 2
反轉除料邊(F)
拔模面外張(O)
方向 2 與前項次設置連動
完全貫穿
薄件特徵(T)
所選輪廓(S)
特徵加工範圍(F)
所有本體(A)
所選本體(S) 3 選擇欲加工之本體
自動選擇(O)
除料-伸長1 4 僅單就充電器上殼進行除料工序

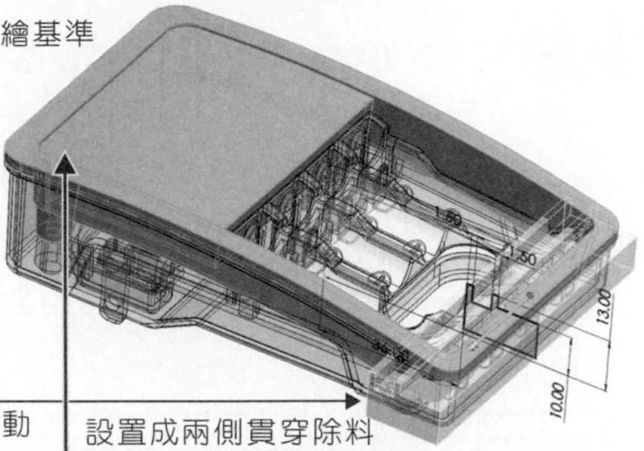

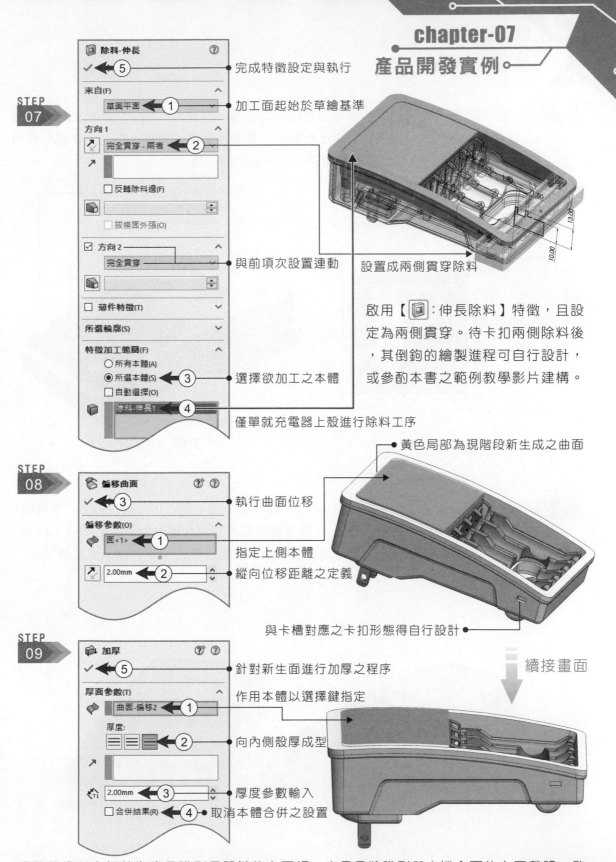

啟用【 :伸長除料】特徵，且設定為兩側貫穿。待卡扣兩側除料後，其倒鉤的繪製進程可自行設計，或參酌本書之範例教學影片建構。

STEP 08

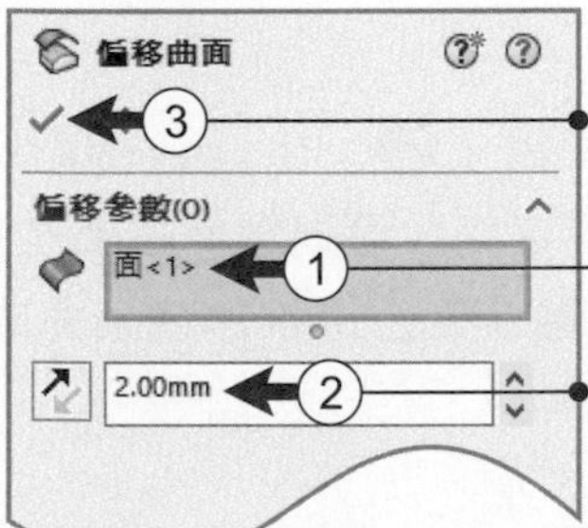
偏移曲面
3 執行曲面位移
偏移參數(O)
面<1> 1 指定上側本體
2.00mm 2 縱向位移距離之定義

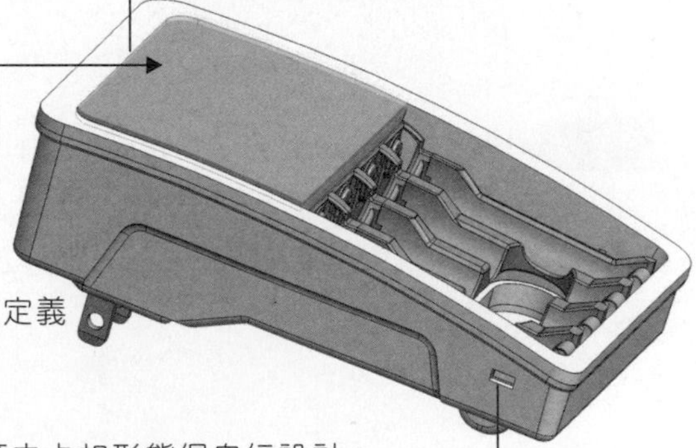
黃色局部為現階段新生成之曲面
與卡槽對應之卡扣形態得自行設計

STEP 09

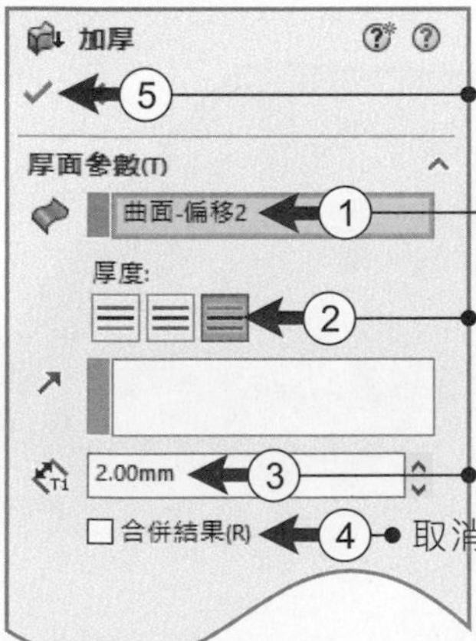
加厚
5 針對新生面進行加厚之程序
厚面參數(T)
曲面-偏移2 1 作用本體以選擇鍵指定
厚度:
2 向內側殼厚成型
2.00mm 3 厚度參數輸入
合併結果(R) 4 取消本體合併之設置

續接畫面

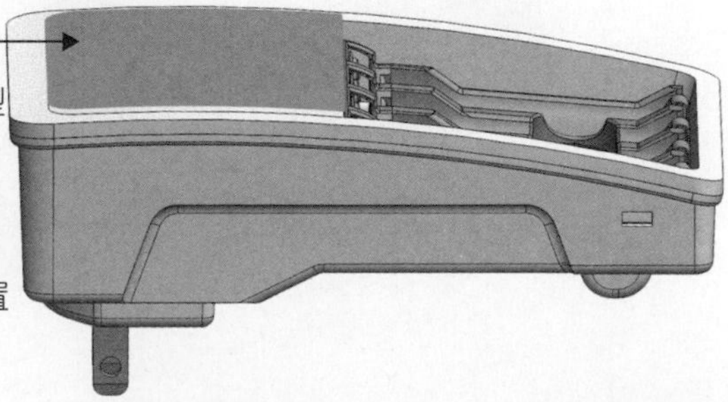

現階段成型之組件為產品識別最關鍵的主面板，也是品牌識別與人機介面的主要載體。啟用【 加厚】特徵指令賦予2mm之實體，繼而取消「合併結果」項次，藉以保留各本體之間後續進程的自由度。

STEP 10 「多功能充電器」之建模程序迄此已概略完備；而關於上側主要面板的識別設計與組件分割，則留待使用者自主性執行。在進入彩現或後續進程前，建議可啟用【:圓角】指令賦予各實體邊界1-5mm之潤飾工序。

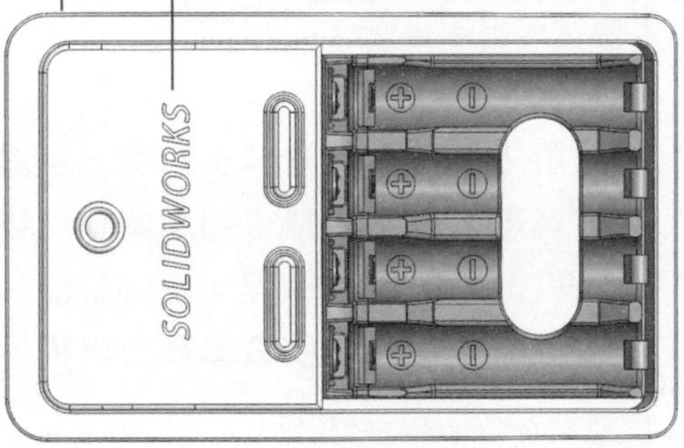

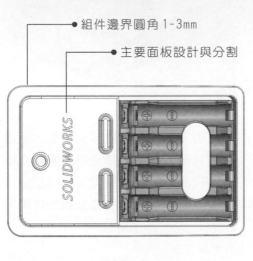

《充電器俯視角》

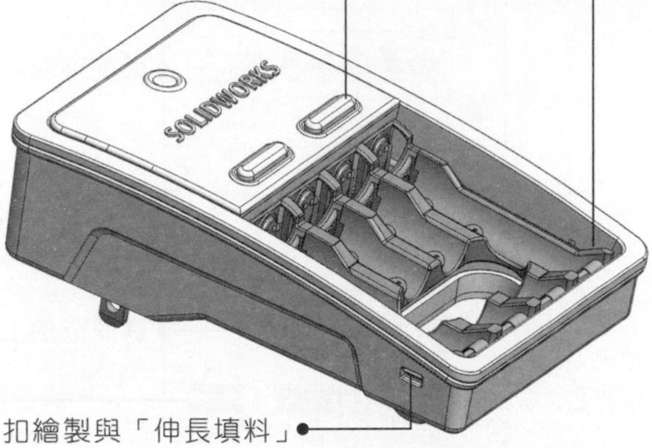

《充電器透視角》

STEP 11 進入模型彩現程序：透過Solidworks之附加模組【 Photoview360】編輯模型【:外觀】與【 全景】；多功能充電器之底殼可以選擇透明塑膠，而其它構件得則附貼金屬材質。下方為產品模型模型融合素色場景之渲染完成圖照。

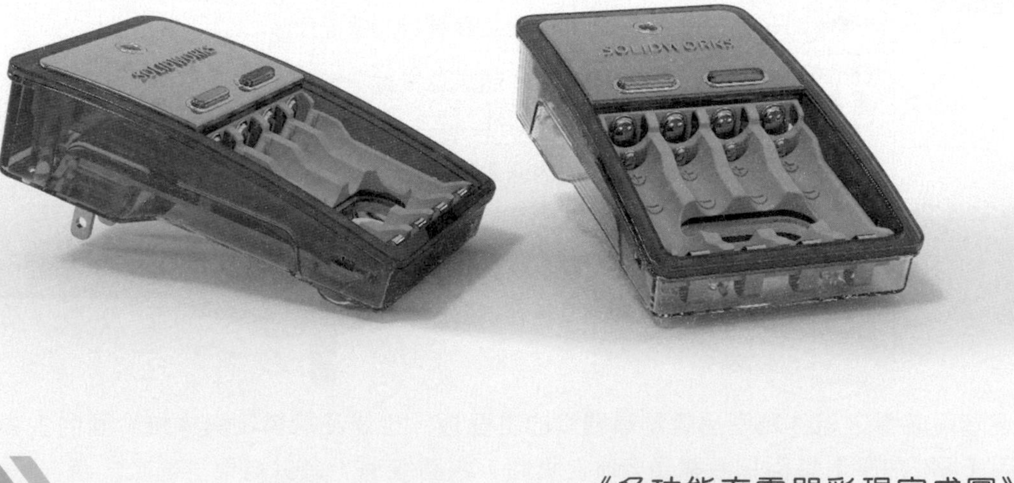

《多功能充電器彩現完成圖》

7-2 籬笆剪設計

⊙要點提醒　本範例為綠色版參考教學檔--請學習者使用雲端連結並下載相關之附件

本範例教學視訊檔案：SolidWorks/進階&應用/CH07目錄下/7-2 籬笆剪.avi

本範例製作完成檔案：SolidWorks/進階&應用/CH07目錄下/7-2 籬笆剪.SLDPRT

⊙ 7-2.1 前置提把建模

「籬笆剪」為台灣外銷歐美常見的園藝工具，也是筆者任職於日商公司時頻繁設計的產品類型。一款新的籬笆剪開發之成本動輒上千萬，因此其內構機電暨部份的外觀組件多數是沿用舊式版型；而只要外顯的主要輪廓有了改變，通常消費者就會認定這是一款全型的產品（以市場上熱銷的汽車為例，在底盤、引擎、變速箱……等內構不變的前提下，每1-3年推小改款；在過了許多年之後才有機會換新車型）。前置的提把藉由【 :掃出】與【 :分割】特徵製作出止滑的刻痕，且執行【 :環狀複製排列】暨【 :結合】指令完成提把的實體；至於後端握把則是在曲面放樣後，經數次的【 :疊層拉伸】或【 :邊界填料】建構與成型。

建模進程：

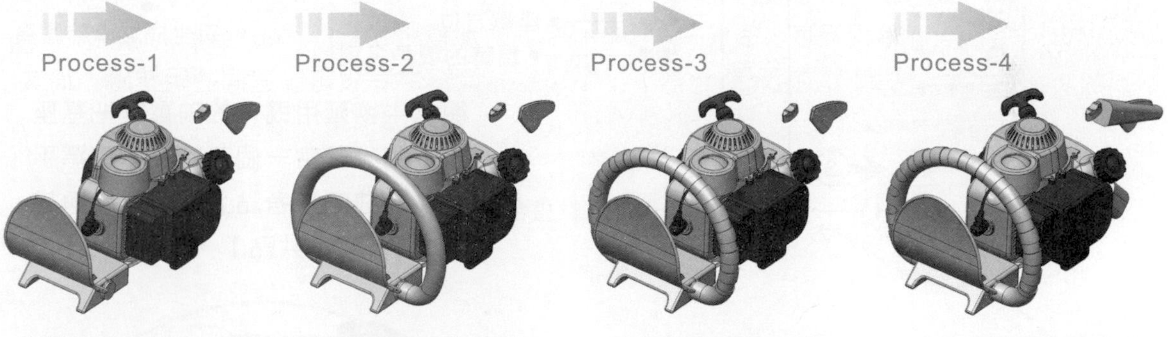

籬笆剪既有組件匯入　提把實體掃出成型　止滑刻痕環形生成　後端握把製作暨放樣

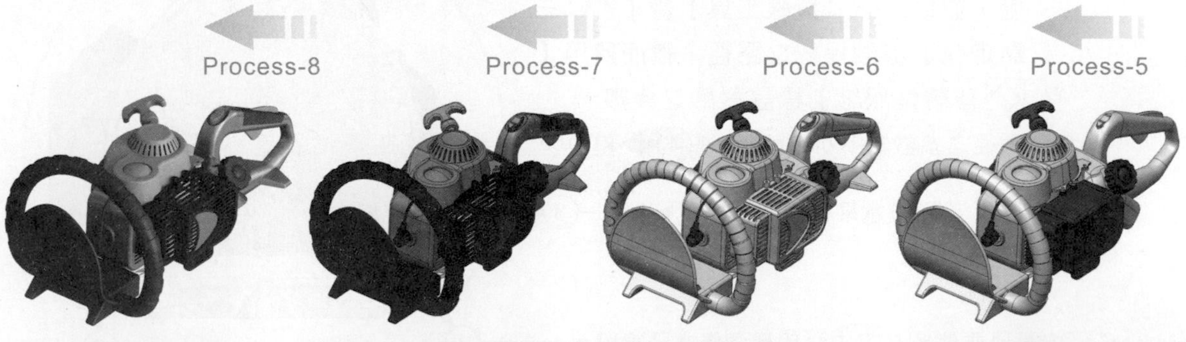

產品彩現擬真示意　材質附貼與環境設置　組件圓角暨細部修飾　握把本體概略完成

STEP 01

開啟範例中的籬笆剪既有組件，軟體使用者可決定要重新設計的部份，並將現時尚不需參考的本體隱藏或刪除（附件中之檔案僅為建模對照用，並非是現實產品之核心構件）。

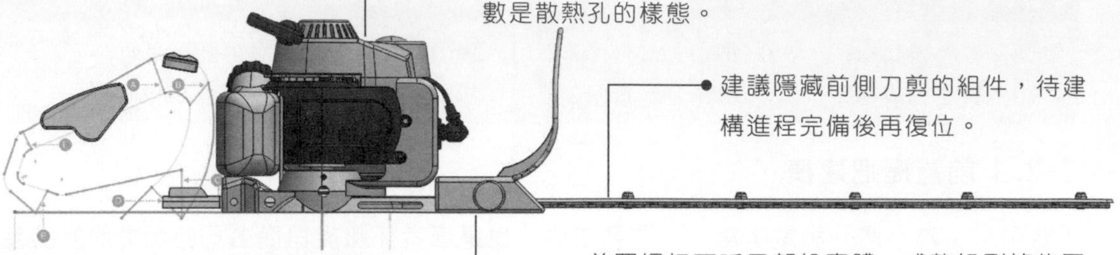

作動的核心基本上都是原廠封包，設計師能更動的多數是散熱孔的樣態。

建議隱藏前側刀剪的組件，待建構進程完備後再復位。

前置提把可延用部份實體，或整組刪掉後再重新設計與繪製。

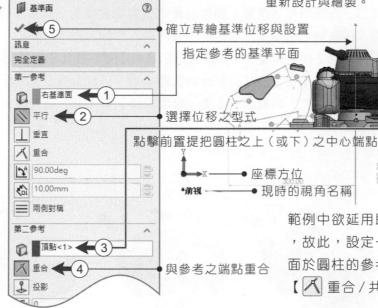

STEP 02

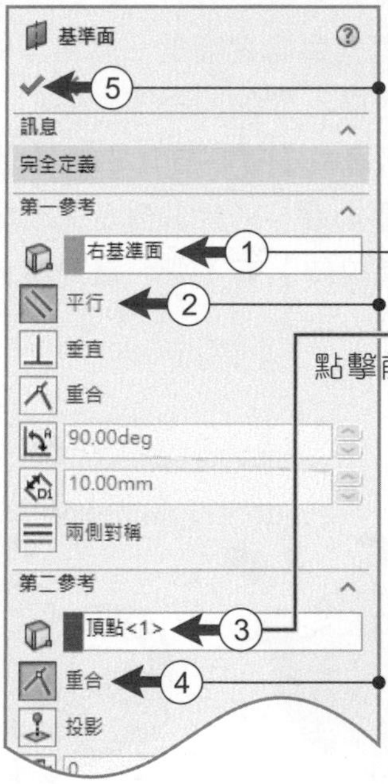

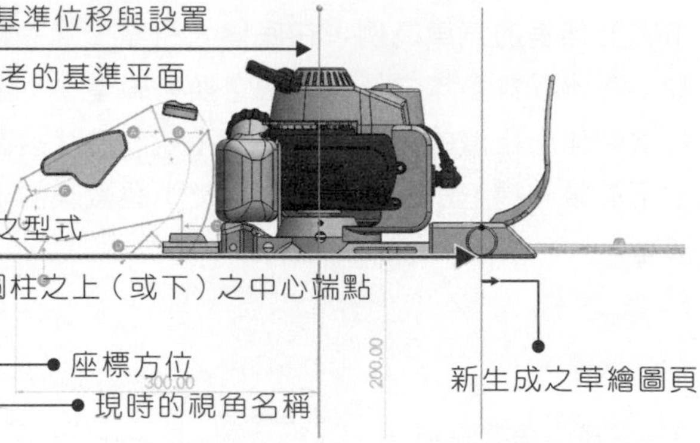

⑤ 確立草繪基準位移與設置

① 指定參考的基準平面

② 選擇位移之型式

③ 點擊前置提把圓柱之上（或下）之中心端點

座標方位

現時的視角名稱

新生成之草繪圖頁

④ 與參考之端點重合

範例中欲延用既有的前置提把基座，故此，設定一個新的草繪基準平面於圓柱的參考點上，並限制與其【重合／共點】。

STEP 03

由新生成之【：基準面】進入草繪環境，並以【：直線工具】暨【：三點定弧】繪製提把之路徑，繼而啟用【智慧型尺寸】標註對應之參數。

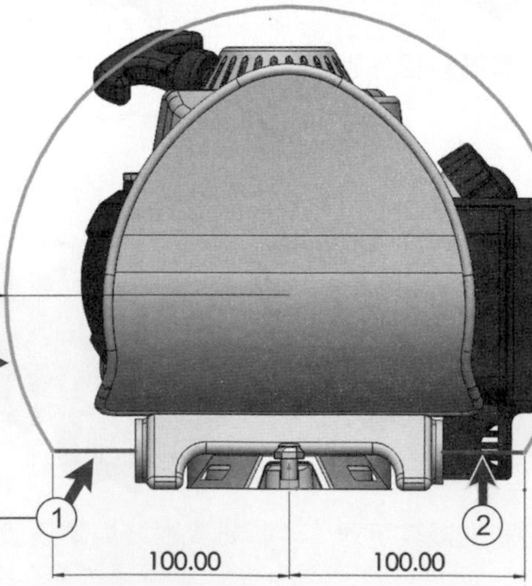

輸入圓徑之參數為 120mm ④

以「三點定弧」於兩段水平線之端點建構一圖元。③

由基座兩側圓柱之中心放樣兩條水平線段 ① ②

STEP 04

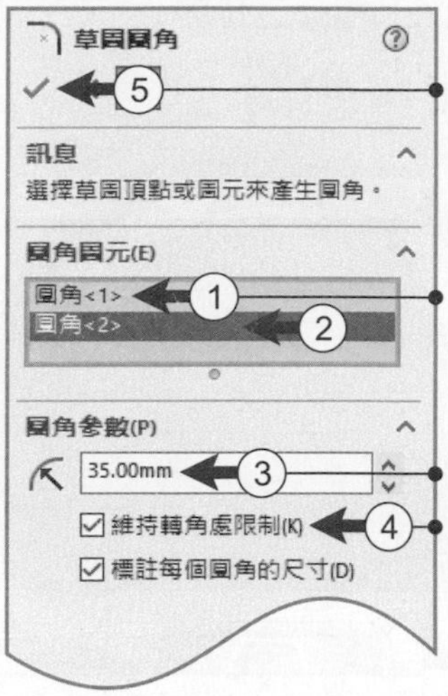

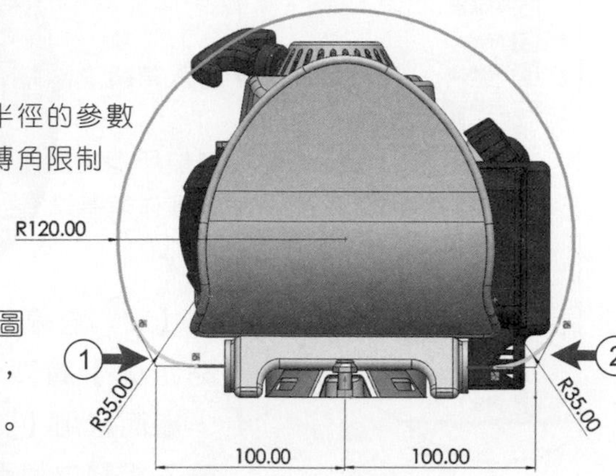

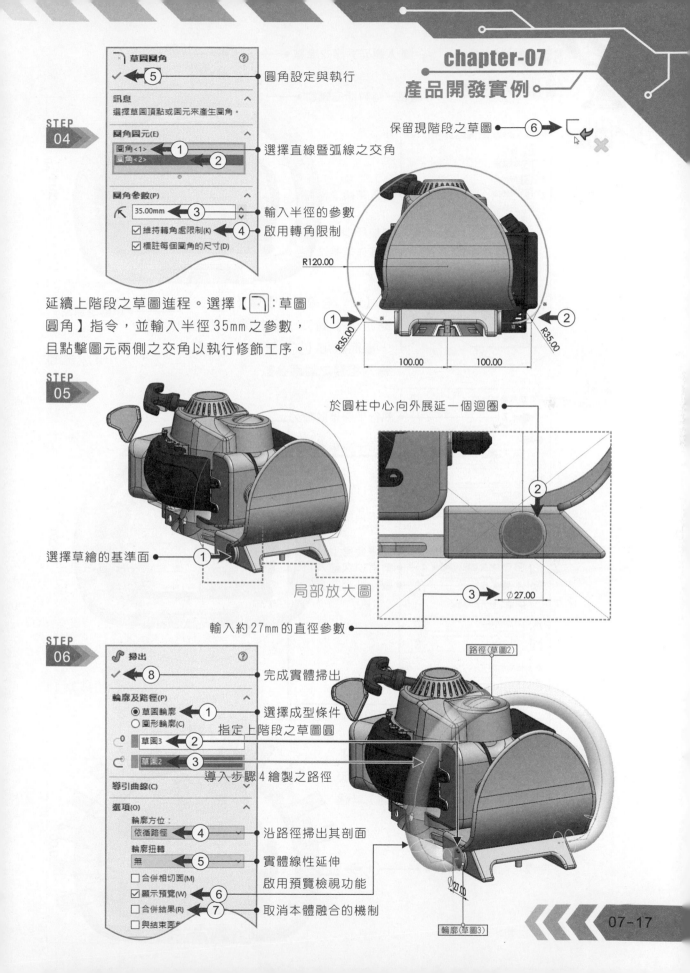

延續上階段之草圖進程。選擇【 :草圖圓角】指令，並輸入半徑 35mm 之參數，且點擊圖元兩側之交角以執行修飾工序。

STEP 05

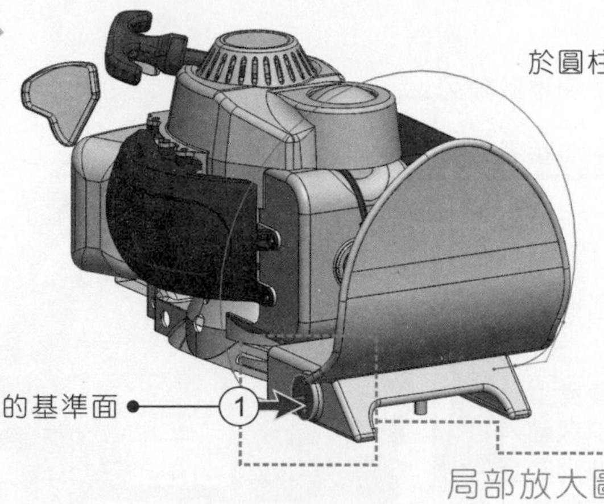

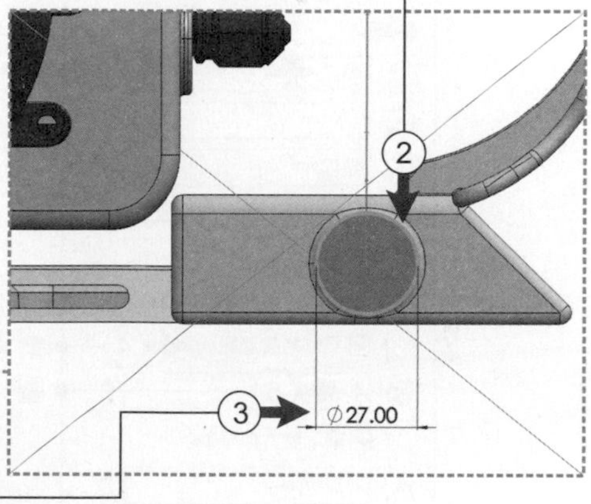

STEP 06

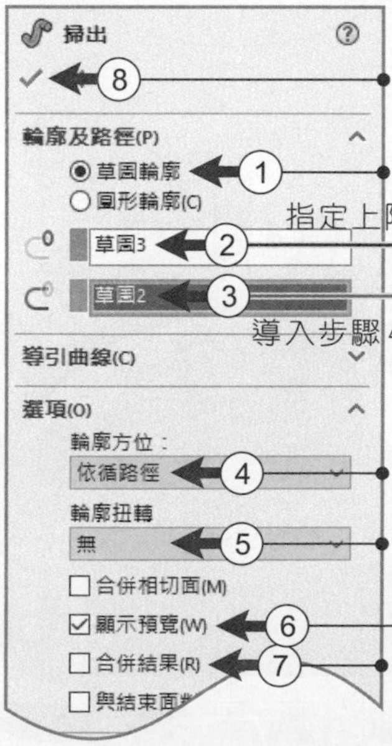

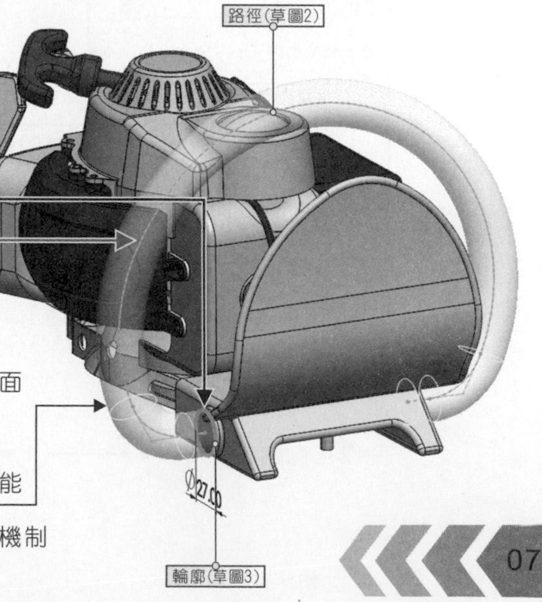

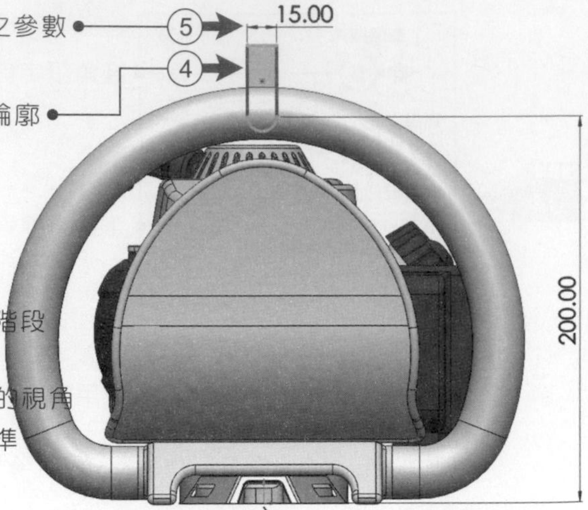

STEP 07
7-2-籬笆剪-建模檔案SS1 (預設<<預
歷程
感測器
註記
實體(3
材質 <未指定>
右基準面
原點
7-2-籬笆剪-組件檔案C.STEP ->
平面1
後端握把底圖
平面2
掃出1
輸入圖元對應之參數
繪製一個封閉的輪廓
進入草繪之階段
對位所指定的視角
選擇作用基準
草圖之原點
15.00
200.00
以【:直線工具】暨【:三點定弧】繪製一個封閉的圖元，繼而啟用【智慧型尺寸】輸入相關之對應參數。
續接畫面
STEP 08
環狀複製排列
參數(P)
點-1
0.00mm
82.02mm
15.00deg
同等間距(S)
尺寸半徑
尺寸角度間距(A)
8
顯示副本數量(D)
117.98mm
270.00deg
複製排列的圖元(E)
點1
直線1
直線2
直線4
圓弧1
執行草圖環狀陣列
指定中心參考點
複本角度之參數
選擇參考型式
參考項次輸入
圖元陣列數量
草圖輪廓框選（或重複指定）
方向一
副本: 8
間距: 15.00deg
續接畫面
STEP 09
待上階段之【草圖環狀複製】工序完備後，繼而得啟用【鏡射圖元】（或再次環狀陣列）以建置左側之輪廓項次。
完成左側輪廓之複製
8
8
117.98
117.98

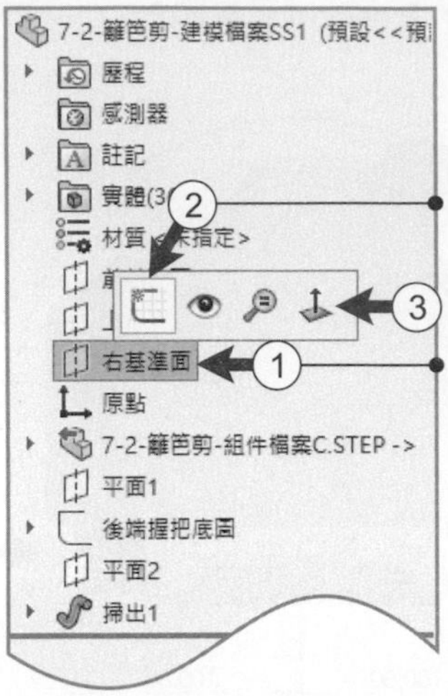

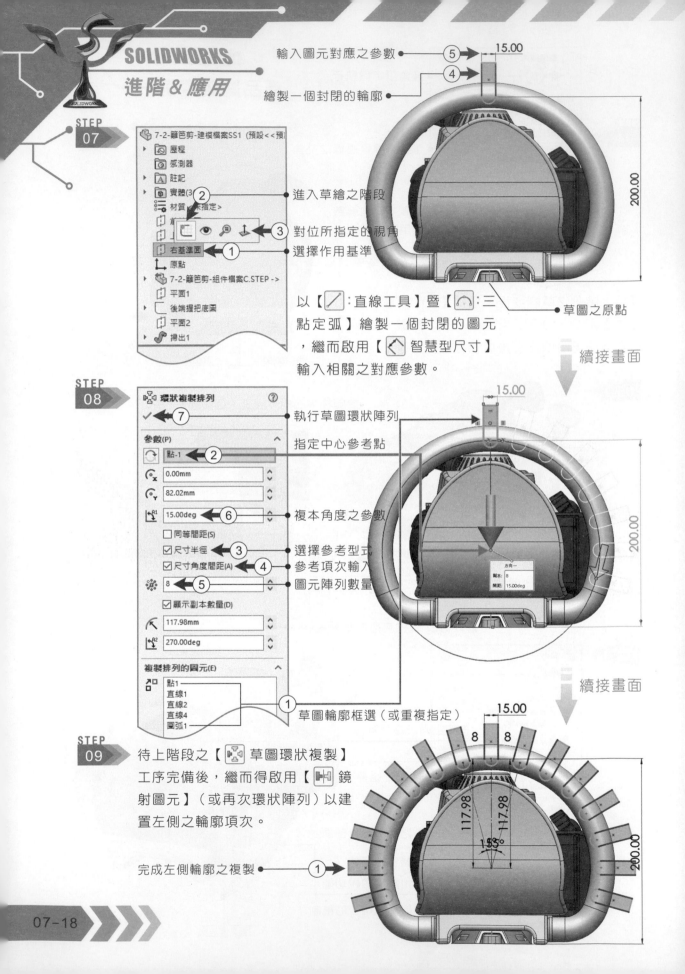

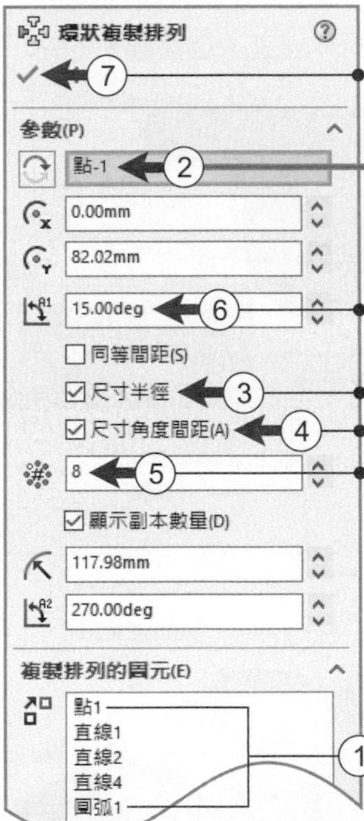

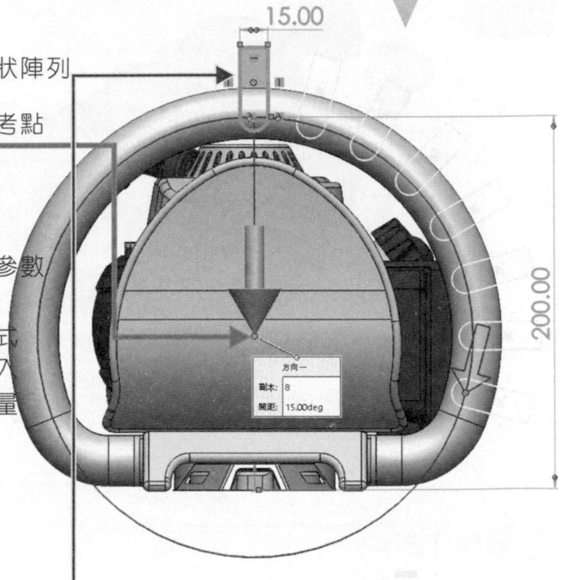

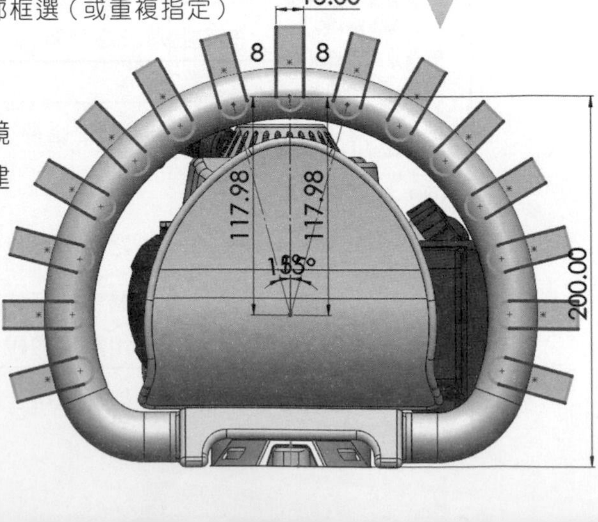

STEP 10

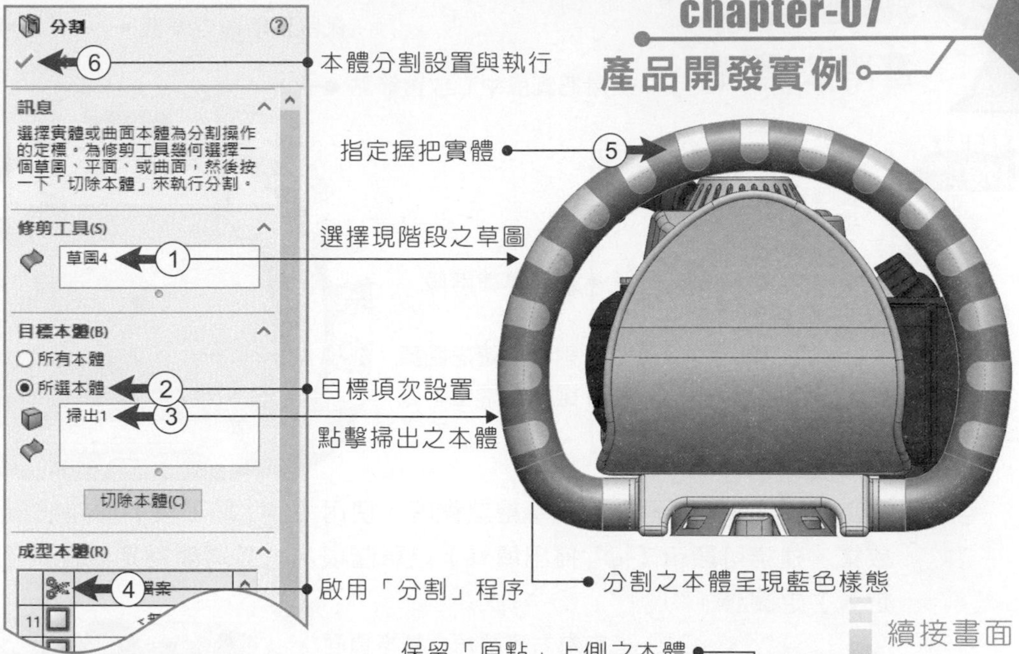
分割
6
本體分割設置與執行
訊息
選擇實體或曲面本體為分割操作的定標。為修剪工具幾何選擇一個草圖、平面、或曲面，然後按一下「切除本體」來執行分割。
指定握把實體
5
修剪工具(S)
草圖4
1
選擇現階段之草圖
目標本體(B)
所有本體
所選本體
2
目標項次設置
掃出1
3
點擊掃出之本體
切除本體(C)
成型本體(R)
4
啟用「分割」程序
分割之本體呈現藍色樣態

續接畫面

STEP 11

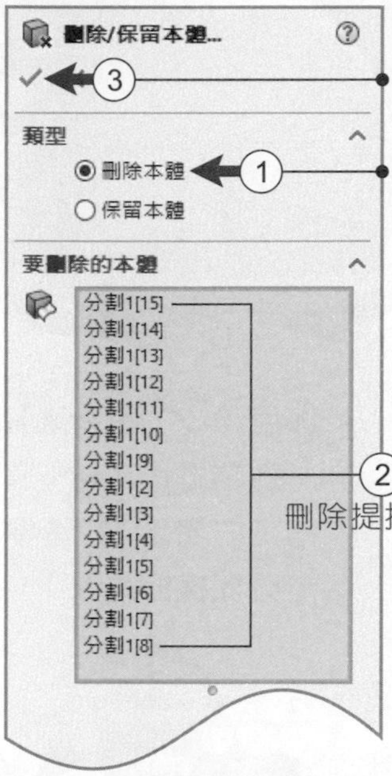
刪除/保留本體...
3
類型
刪除本體
1
保留本體
要刪除的本體
分割1[15]
分割1[14]
分割1[13]
分割1[12]
分割1[11]
分割1[10]
分割1[9]
分割1[2]
分割1[3]
分割1[4]
分割1[5]
分割1[6]
分割1[7]
分割1[8]

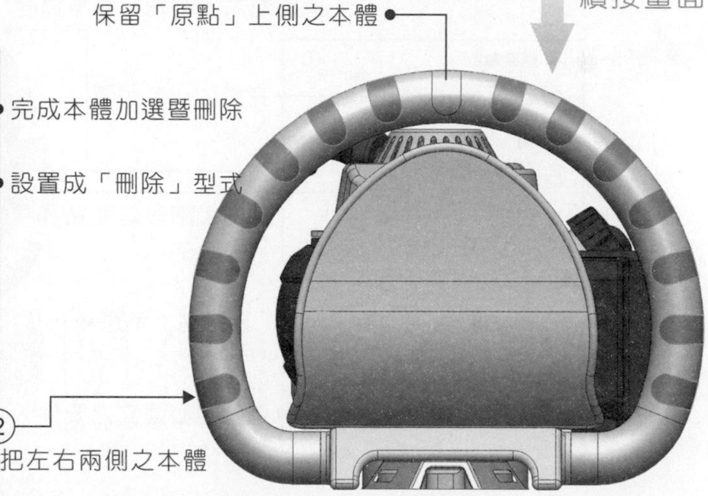
保留「原點」上側之本體
完成本體加選暨刪除
設置成「刪除」型式
2
刪除提把左右兩側之本體

啟用【 刪除本體】特徵。將握把所分割出的 14 個本體指定並消弭，僅保留垂直於【 原點】上的項次。

續接畫面

STEP 12

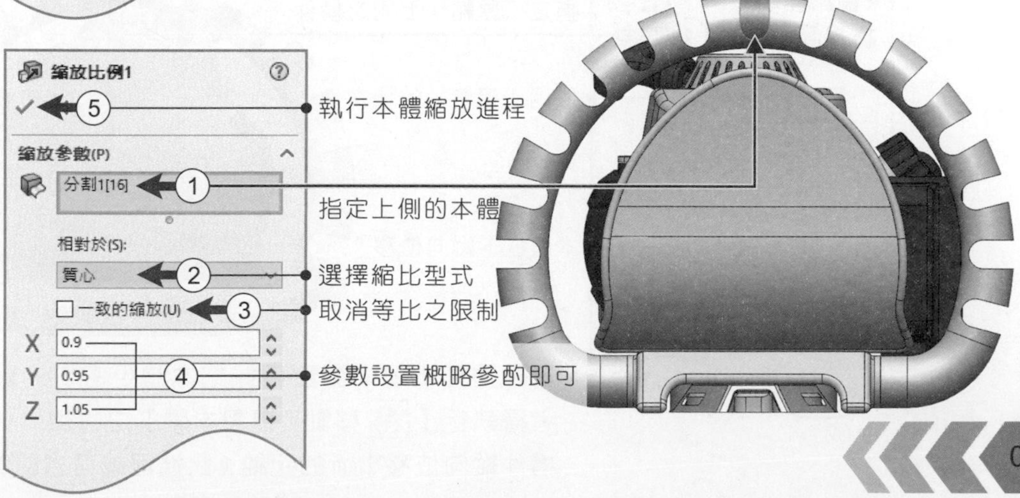
縮放比例1
5
執行本體縮放進程
縮放參數(P)
分割1[16]
1
指定上側的本體
相對於(S):
質心
2
選擇縮比型式
一致的縮放(U)
3
取消等比之限制
X 0.9
Y 0.95
Z 1.05
4
參數設置概略參酌即可

STEP 13

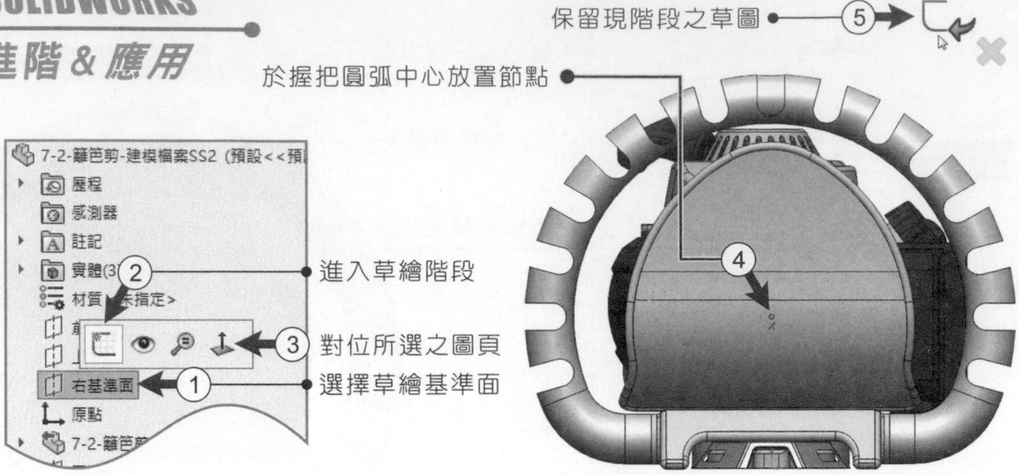
7-2-籬笆剪-建模檔案SS2 (預設<<預
歷程
感測器
註記
實體(3
材質 <未指定>
右基準面
原點
7-2-籬笆
進入草繪階段
對位所選之圖頁
選擇草繪基準面
保留現階段之草圖
於握把圓弧中心放置節點

指定【 :右基準面】進入草繪之程序。使用【 點工具】於握把圓弧之中心放樣。建議可顯示【 掃出填料】之草圖項次，並將節點定義在其【 三點定弧】之圓心。

STEP 14

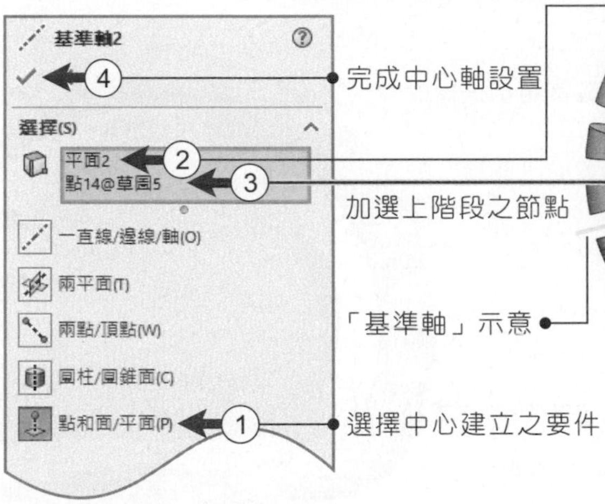
基準軸2
選擇(S)
平面2
點14@草圖5
一直線/邊線/軸(O)
兩平面(T)
兩點/頂點(W)
圓柱/圓錐面(C)
點和面/平面(P)
完成中心軸設置
加選上階段之節點
「基準軸」示意
選擇中心建立之要件

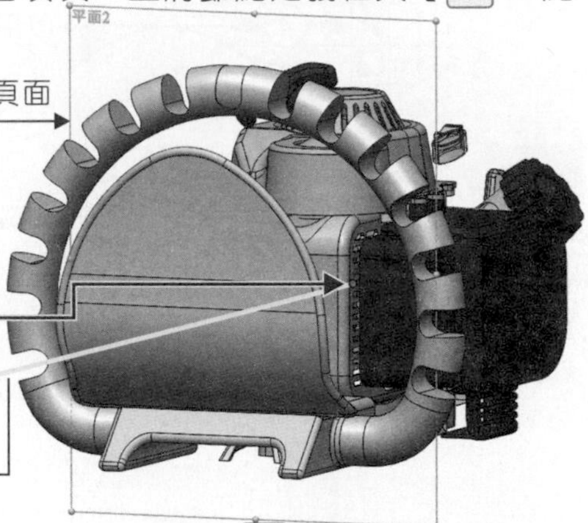

啟用【 基準軸】設置功能。對話框以【 :選取工具】指定右側【 基準面】暨上階段放樣的端點。

STEP 15

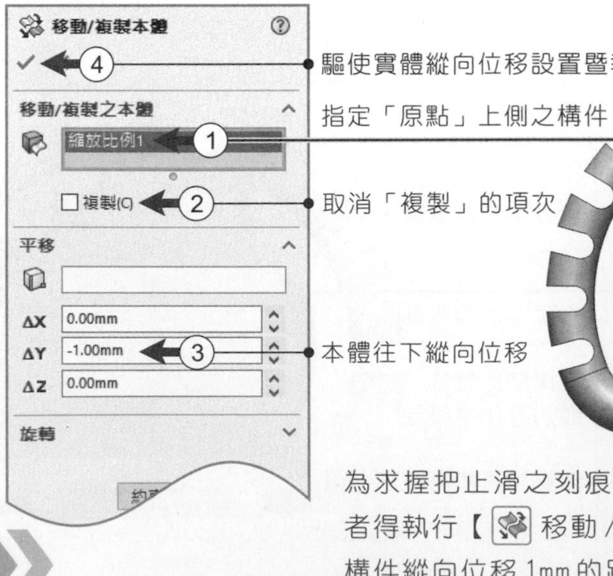
移動/複製本體
移動/複製之本體
縮放比例1
複製(C)
平移
ΔX 0.00mm
ΔY -1.00mm
ΔZ 0.00mm
旋轉
驅使實體縱向位移設置暨執行
指定「原點」上側之構件
取消「複製」的項次
本體往下縱向位移

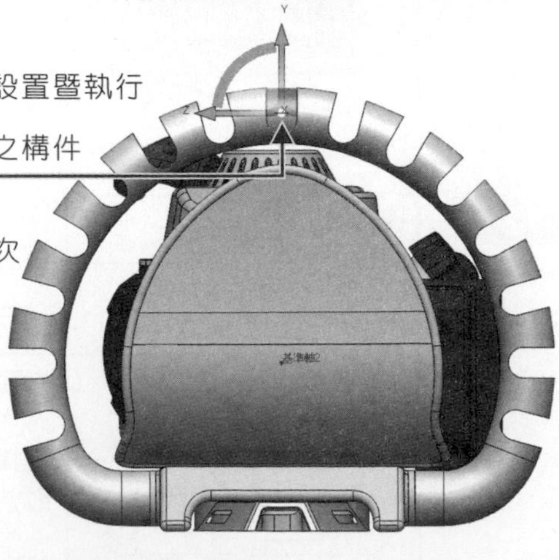

為求握把止滑之刻痕與握把本體更密切的縫合，使用者得執行【 移動/複製本體】之特徵，並指定上側構件縱向位移 1mm 的距離（此進程或可省略）。

STEP 16

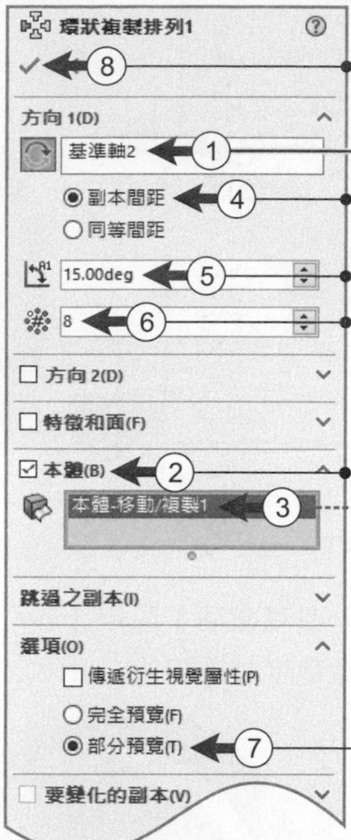
環狀複製排列1
方向 1(D)
基準軸2
副本間距
同等間距
15.00deg
8
方向 2(D)
特徵和面(F)
本體(B)
本體-移動/複製1
跳過之副本(I)
選項(O)
傳遞衍生視覺屬性(P)
完全預覽(F)
部分預覽(T)
要變化的副本(V)

⑧ 環狀陣列參數設定暨啟用
① 複製的參考要件確立
④ 選擇複製參考的項次
⑤ 環狀陣列角度輸入
⑥ 複本參數設置為8
② 務必指定為「本體」
③ 點選上側之構件
⑦ 得啟用預覽功能，以利檢核本體陣列後之結果。

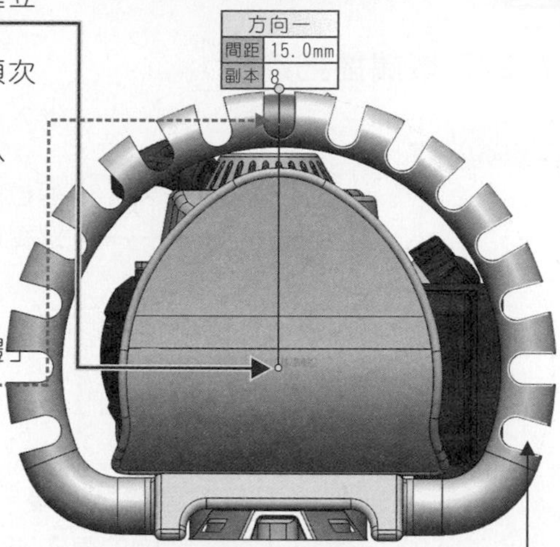
方向一
間距 15.0mm
副本 8

STEP 17

兩側之本體複製完成後之樣態

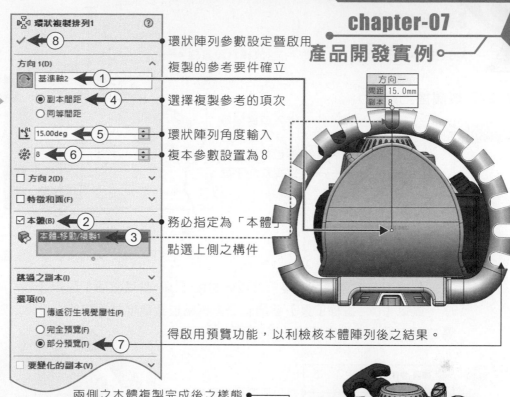

於上階段本體環形陣列後，得再一次的執行【環狀複製排列】之特徵完成左側之副本；使用者亦能啟用【鏡射】指令來興替前項程序。總數 15 的止滑刻痕定義後，續接著即啟用【結合】功能熔接前置提把之型態。

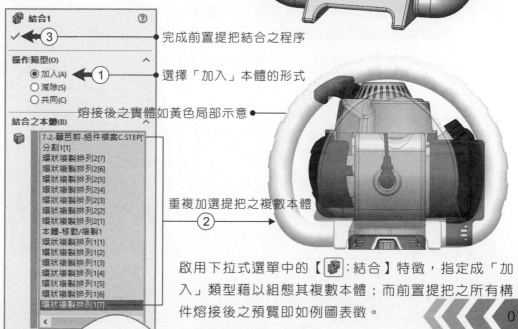

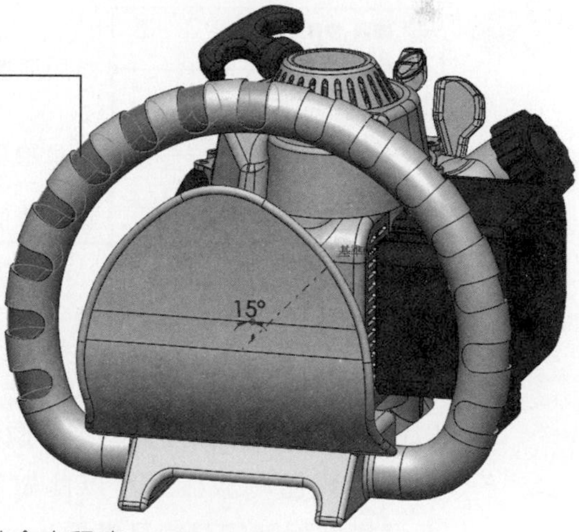

STEP 18

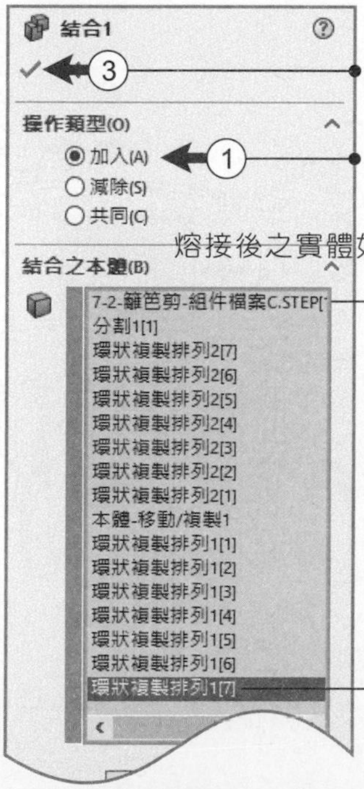
結合1
操作類型(O)
加入(A)
減除(S)
共同(C)
結合之本體(B)
7-2-籬笆剪-組件檔案C.STEP[
分割1[1]
環狀複製排列2[7]
環狀複製排列2[6]
環狀複製排列2[5]
環狀複製排列2[4]
環狀複製排列2[3]
環狀複製排列2[2]
環狀複製排列2[1]
本體-移動/複製1
環狀複製排列1[1]
環狀複製排列1[2]
環狀複製排列1[3]
環狀複製排列1[4]
環狀複製排列1[5]
環狀複製排列1[6]
環狀複製排列1[7]

③ 完成前置提把結合之程序
① 選擇「加入」本體的形式
熔接後之實體如黃色局部示意
重複加選提把之複數本體 ②

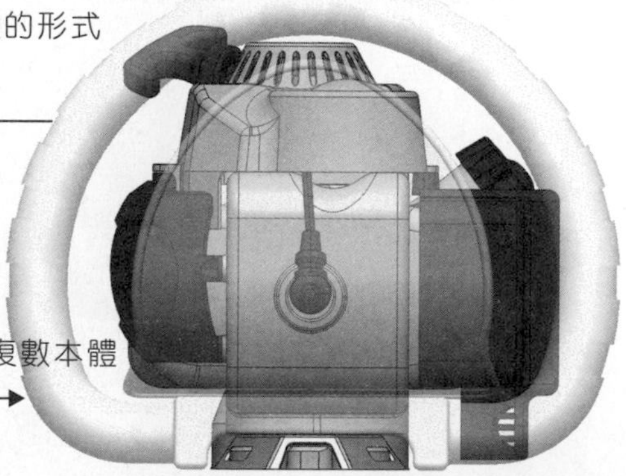

啟用下拉式選單中的【結合】特徵，指定成「加入」類型藉以組態其複數本體；而前置提把之所有構件熔接後之預覽即如例圖表徵。

7-2.2 後端握把建模

STEP 01

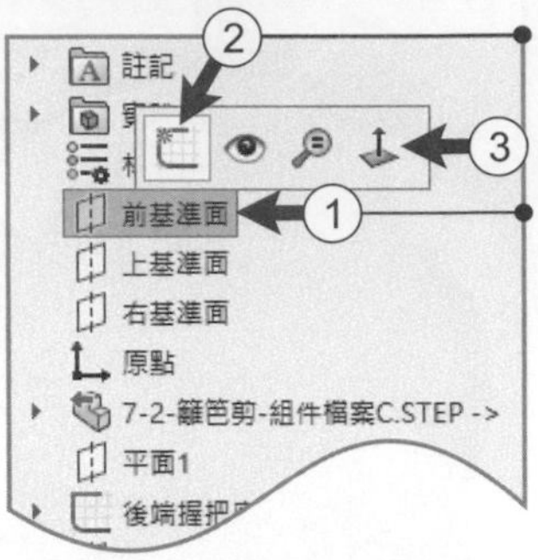
註記
前基準面
上基準面
右基準面
原點
7-2-籬笆剪-組件檔案C.STEP ->
平面1
後端握把
進入草繪階段
對位所選之視角
選擇前向平面

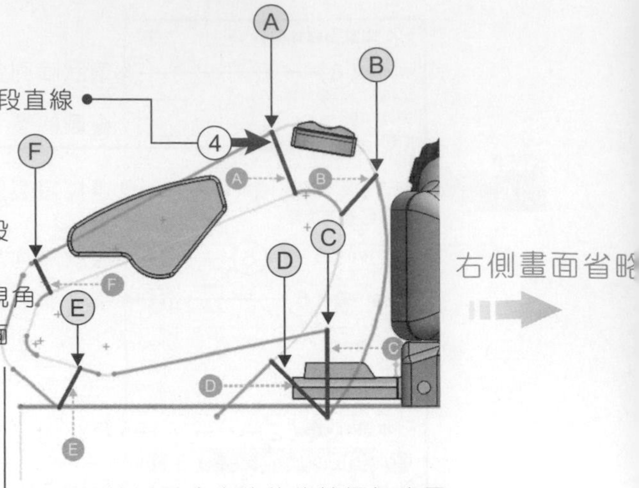
放樣六段直線
右側畫面省略
刷淡透明度之後的後端握把底圖

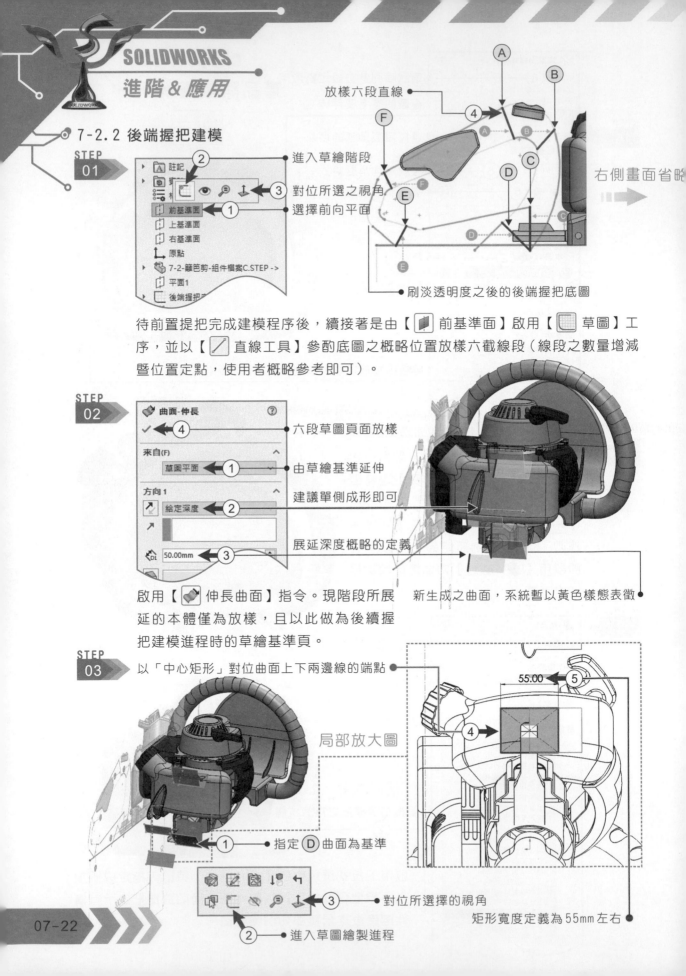

待前置提把完成建模程序後，續接著是由【前基準面】啟用【草圖】工序，並以【直線工具】參酌底圖之概略位置放樣六截線段（線段之數量增減暨位置定點，使用者概略參考即可）。

STEP 02

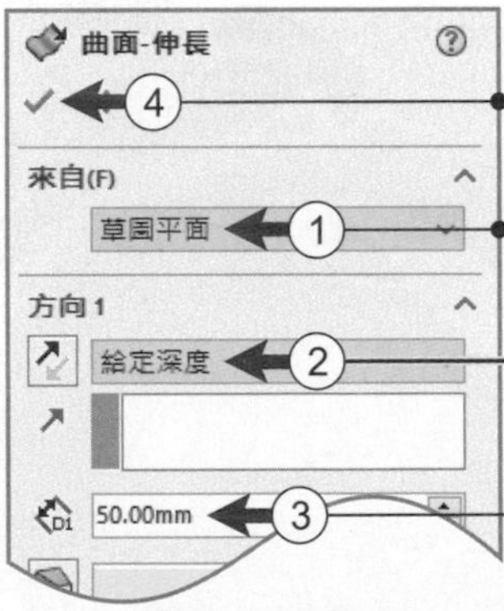
曲面-伸長
來自(F)
草圖平面
方向 1
給定深度
50.00mm
六段草圖頁面放樣
由草繪基準延伸
建議單側成形即可
展延深度概略的定義

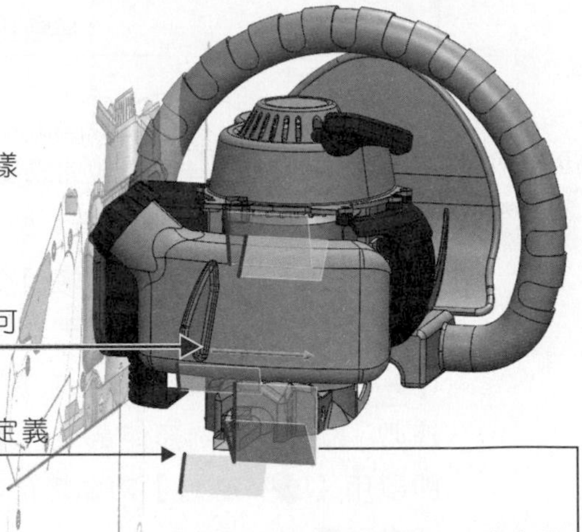
新生成之曲面，系統暫以黃色樣態表徵

啟用【伸長曲面】指令。現階段所展延的本體僅為放樣，且以此做為後續握把建模進程時的草繪基準頁。

STEP 03

以「中心矩形」對位曲面上下兩邊線的端點

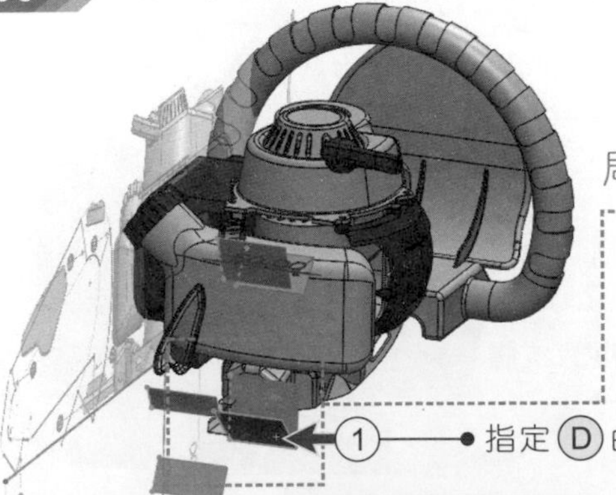
局部放大圖
指定 D 曲面為基準

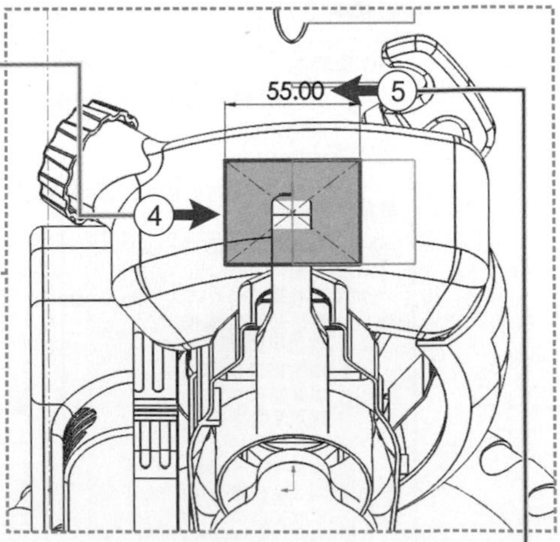
55.00
矩形寬度定義為 55mm 左右

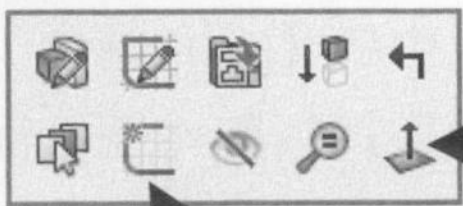
對位所選擇的視角
進入草圖繪製進程

STEP 04

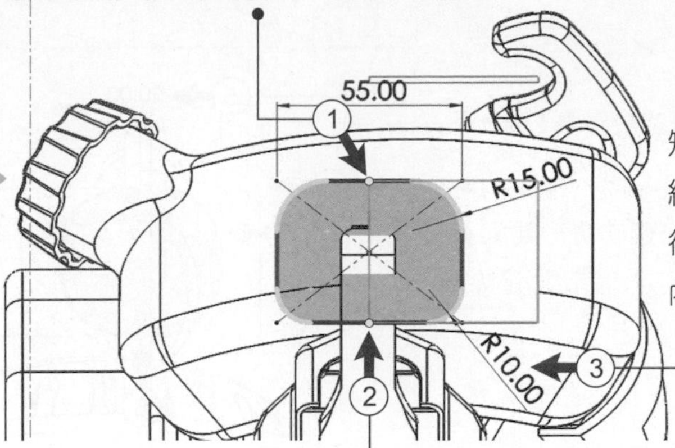
矩形與曲面之上側端點需設置成「重合 / 共點」
55.00
R15.00
R10.00
矩形的四處邊界皆導以「圓角」修飾。
下方畫面省略
矩形之下側端點同樣需與曲面下側邊界設置成「重合」

矩形之上下中點必須與曲面之上下線端限制成【 :重合 / 共點】，後續的幾個草圖進程亦是如此，於內文中即不再贅述。

STEP 05

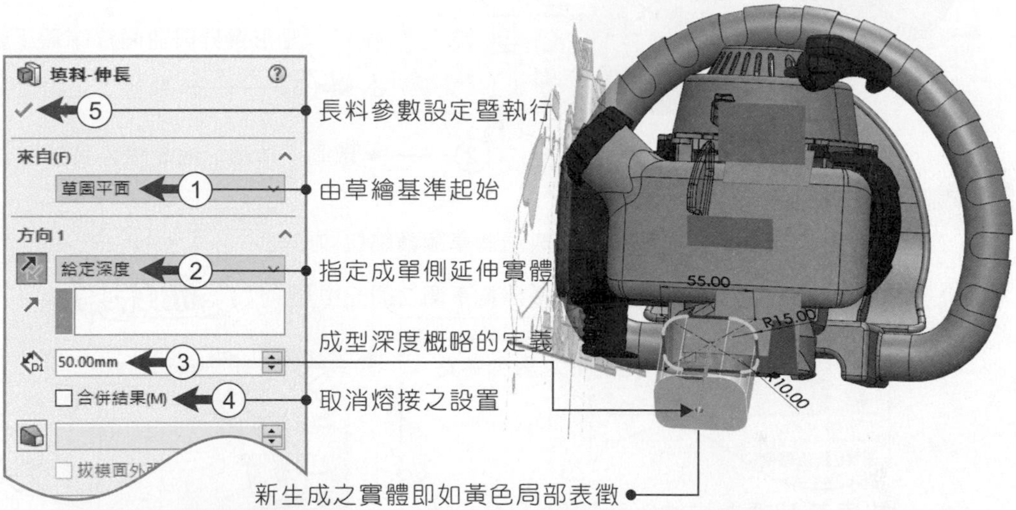
填料-伸長
來自(F)
草圖平面
方向 1
給定深度
50.00mm
合併結果(M)
拔模面外
長料參數設定暨執行
由草繪基準起始
指定成單側延伸實體
成型深度概略的定義
取消熔接之設置
55.00
R15.00
R10.00
新生成之實體即如黃色局部表徵

STEP 06

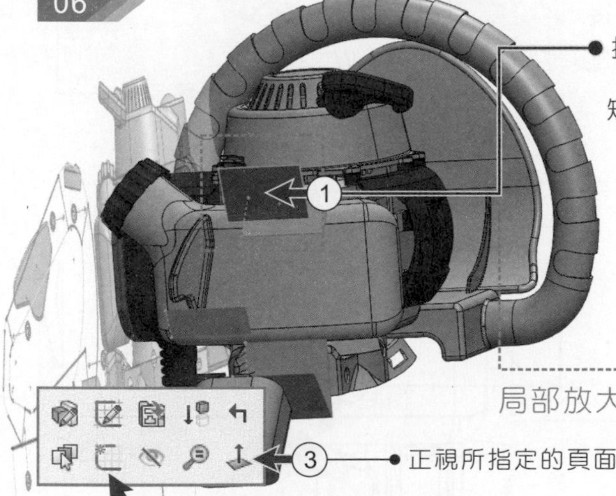
指定曲面 A 為草繪基準
正視所指定的頁面
進入草圖繪製環節

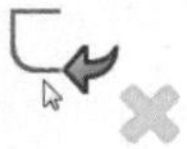
保留現階段之四邊形輪廓

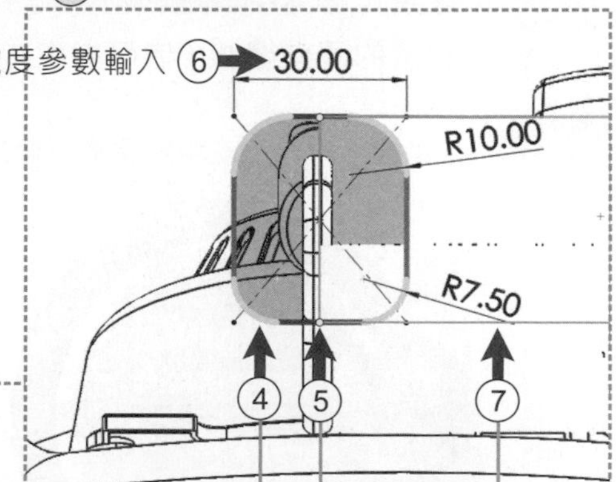
矩形寬度參數輸入
30.00
R10.00
R7.50
局部放大圖
建構一個中心矩形
矩形上下邊界需與曲面「重合」
圖元邊界建議可導出「圓角」

現階段草圖繪製步驟同如上頁（STEP：3-4）。矩形邊界暨曲面線端重複加選後，即啟用【 :重合 / 共點】條件加以限制與定義。

STEP 07

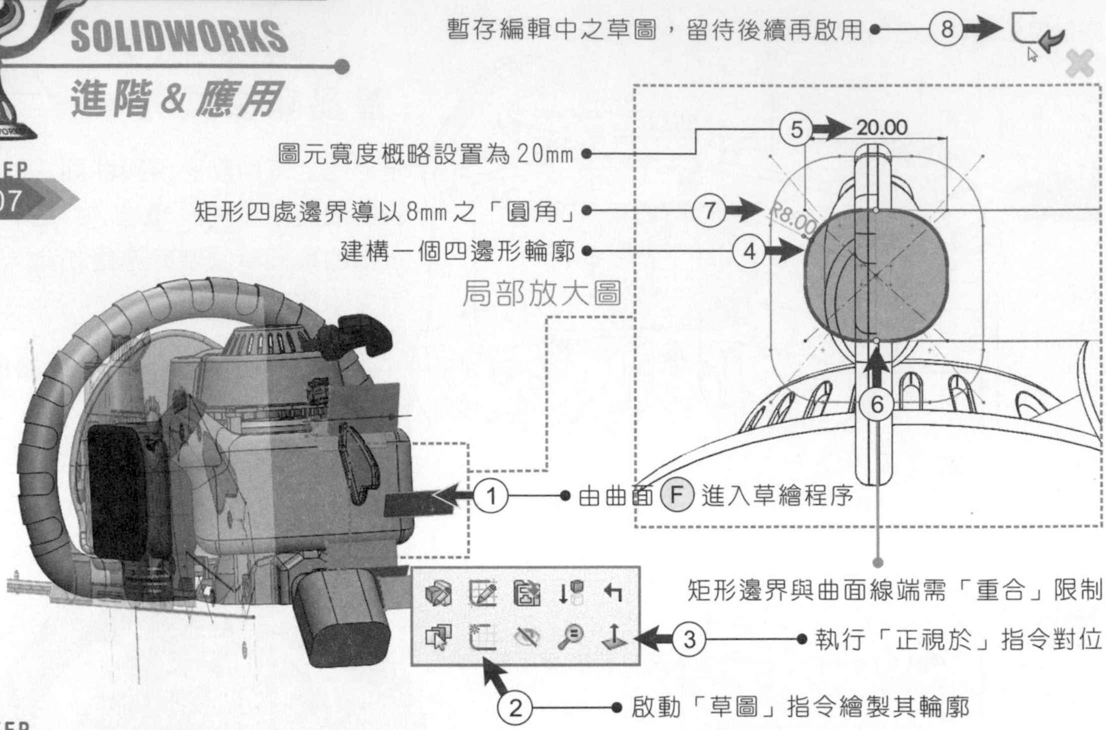
暫存編輯中之草圖，留待後續再啟用 ⑧
圖元寬度概略設置為 20mm ⑤
20.00
矩形四處邊界導以 8mm 之「圓角」⑦
R8.00
建構一個四邊形輪廓 ④
局部放大圖
⑥
① 由曲面 Ⓕ 進入草繪程序
矩形邊界與曲面線端需「重合」限制
③ 執行「正視於」指令對位
② 啟動「草圖」指令繪製其輪廓

STEP 08

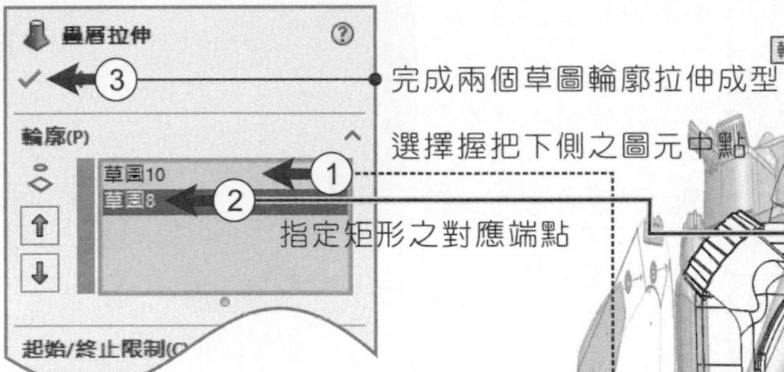
疊層拉伸
③ 完成兩個草圖輪廓拉伸成型
輪廓(P)
草圖10
草圖8
① 選擇握把下側之圖元中點
② 指定矩形之對應端點
起始/終止限制(C

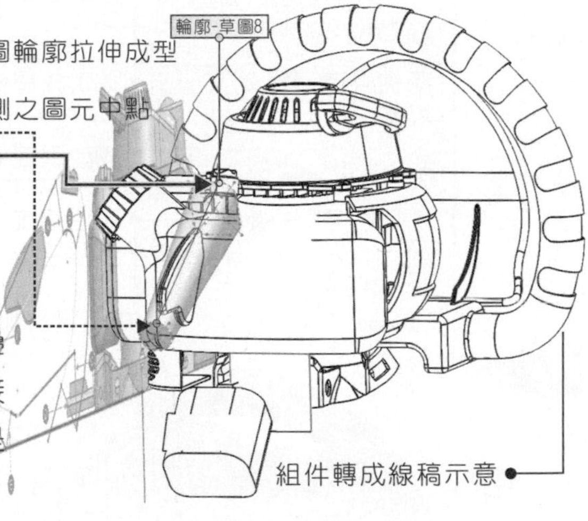
輪廓-草圖8
組件轉成線稿示意

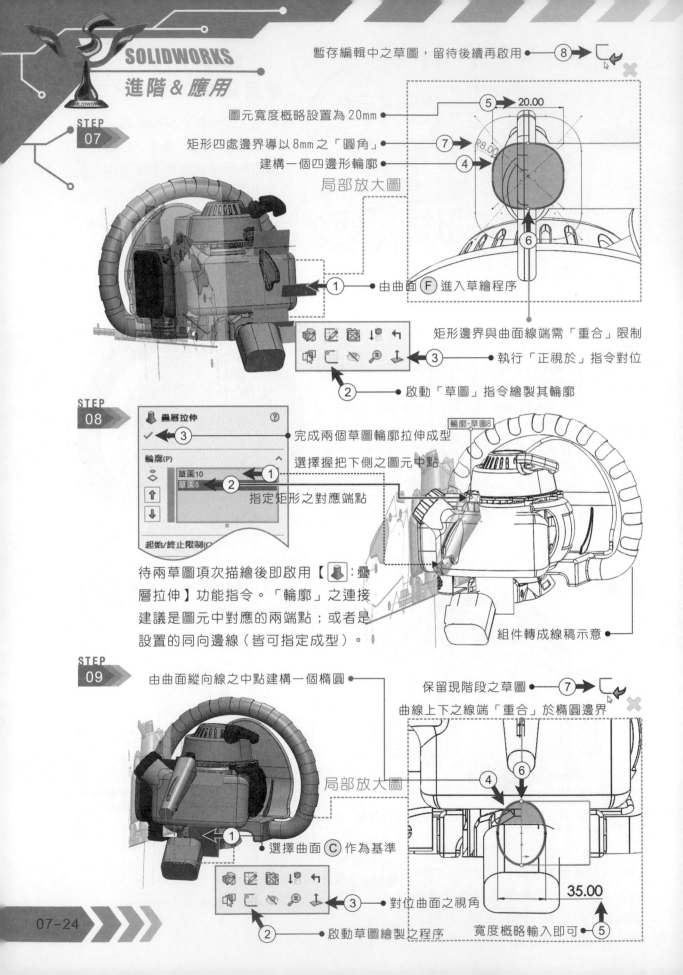

待兩草圖項次描繪後即啟用【疊層拉伸】功能指令。「輪廓」之連接建議是圖元中對應的兩端點；或者是設置的同向邊線（皆可指定成型）。

STEP 09

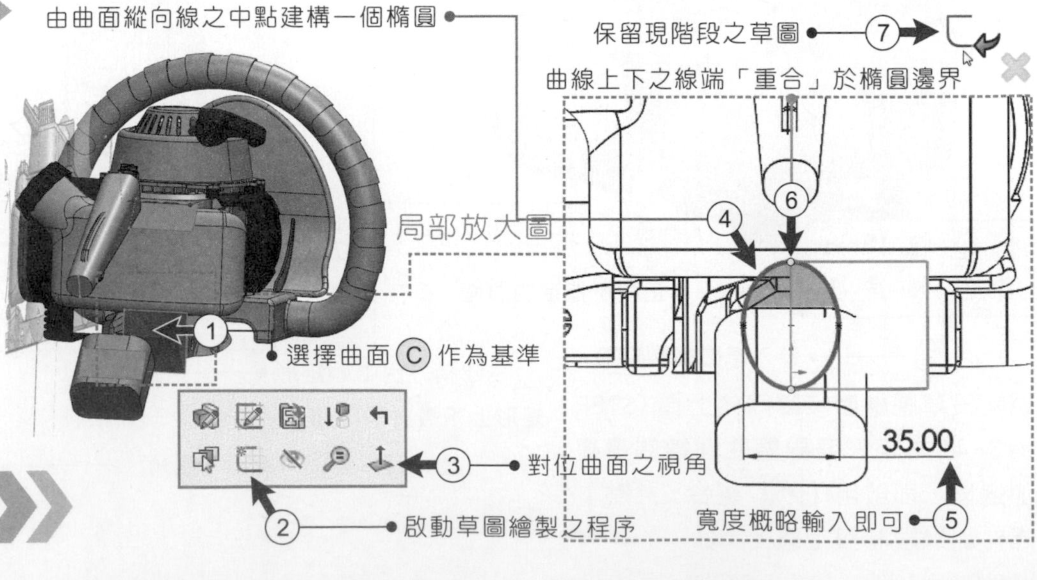
由曲面縱向線之中點建構一個橢圓 ④
保留現階段之草圖 ⑦
曲線上下之線端「重合」於橢圓邊界 ⑥
局部放大圖
① 選擇曲面 Ⓒ 作為基準
35.00
③ 對位曲面之視角
② 啟動草圖繪製之程序
寬度概略輸入即可 ⑤

為俾利檢視與對位，可將帶彩模式轉為「線架構」之樣態。

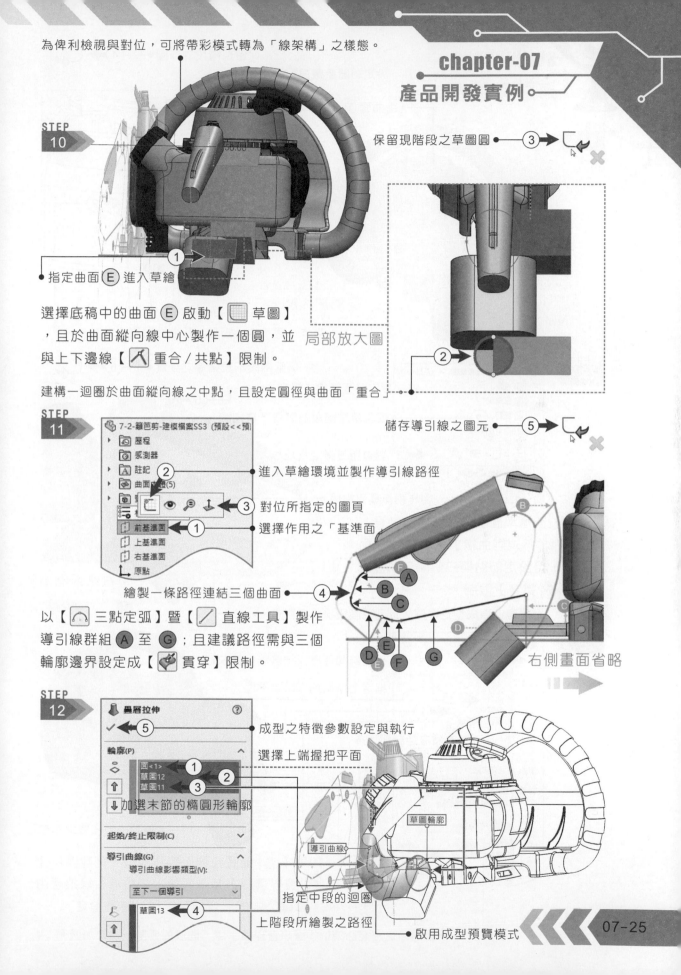

STEP 10

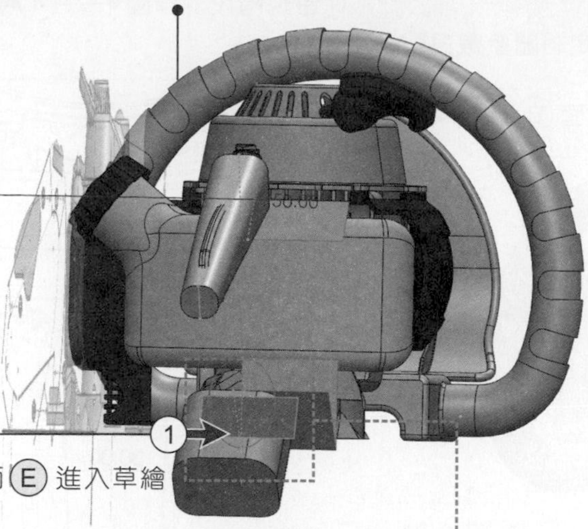

① 指定曲面 Ⓔ 進入草繪

選擇底稿中的曲面 Ⓔ 啟動【草圖】，且於曲面縱向線中心製作一個圓，並與上下邊線【重合 / 共點】限制。

保留現階段之草圖圓 ③

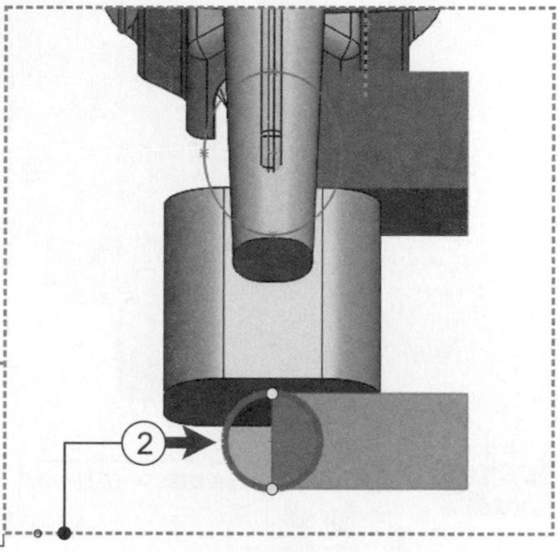

建構一迴圈於曲面縱向線之中點，且設定圓徑與曲面「重合」

STEP 11

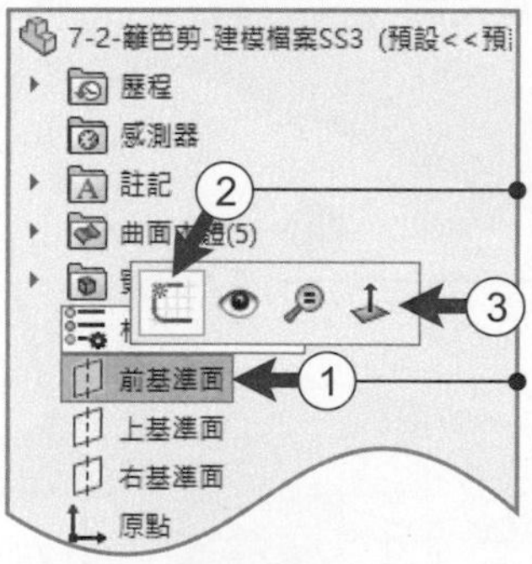

② 進入草繪環境並製作導引線路徑

③ 對位所指定的圖頁

① 選擇作用之「基準面」

儲存導引線之圖元 ⑤

④ 繪製一條路徑連結三個曲面

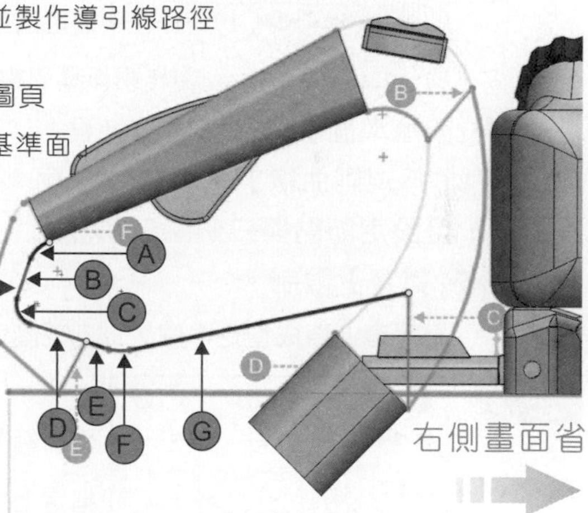

以【三點定弧】暨【直線工具】製作導引線群組 Ⓐ 至 Ⓖ；且建議路徑需與三個輪廓邊界設定成【貫穿】限制。

STEP 12

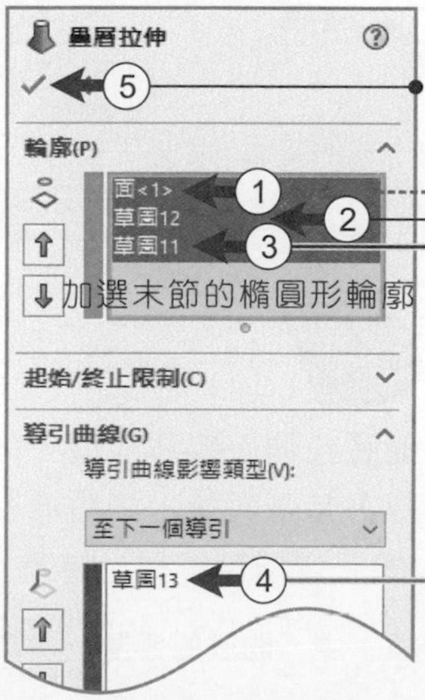

⑤ 成型之特徵參數設定與執行

① 選擇上端握把平面

② 指定中段的迴圈

③ 加選末節的橢圓形輪廓

④ 上階段所繪製之路徑

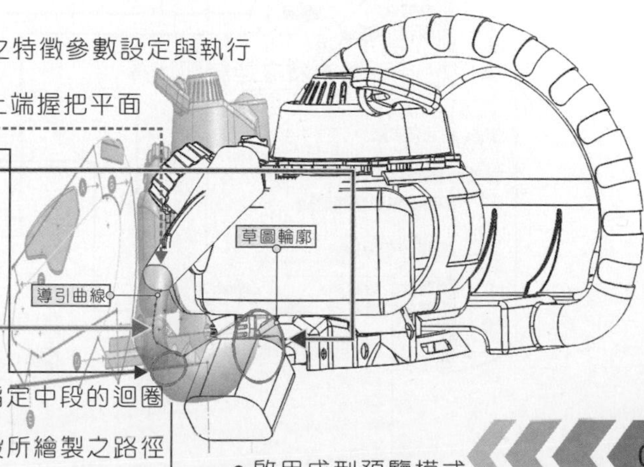

啟用成型預覽模式

STEP 13

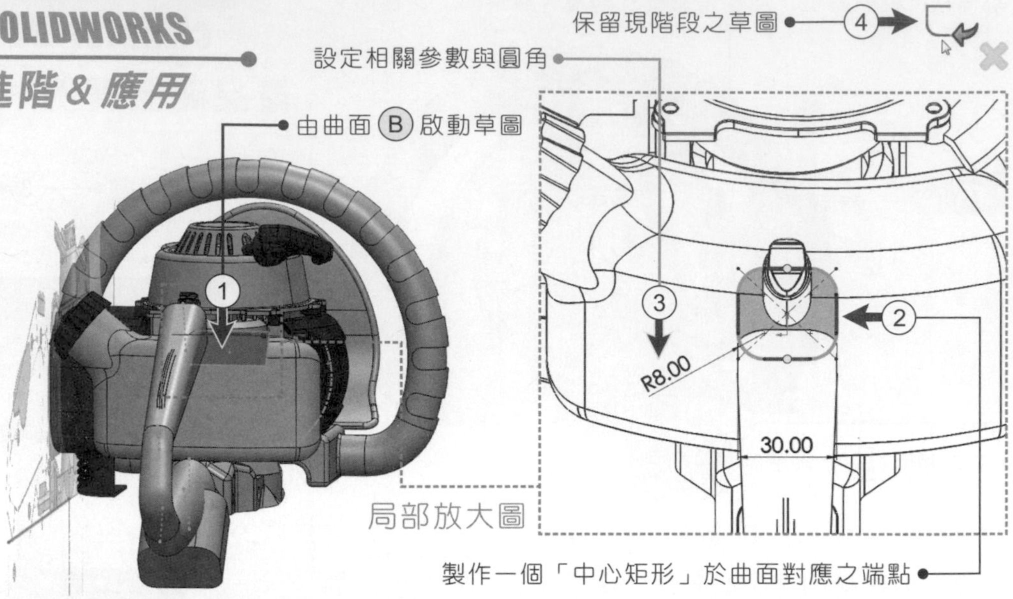

STEP 14

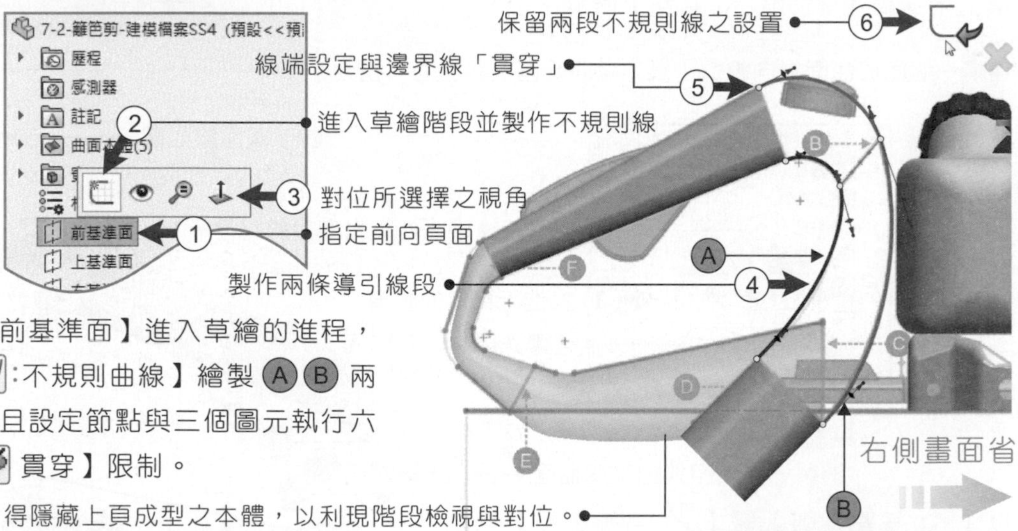

由【 :前基準面】進入草繪的進程，並以【 :不規則曲線】繪製 A B 兩段路徑，且設定節點與三個圖元執行六次的【 貫穿】限制。

得隱藏上頁成型之本體，以利現階段檢視與對位。

STEP 15

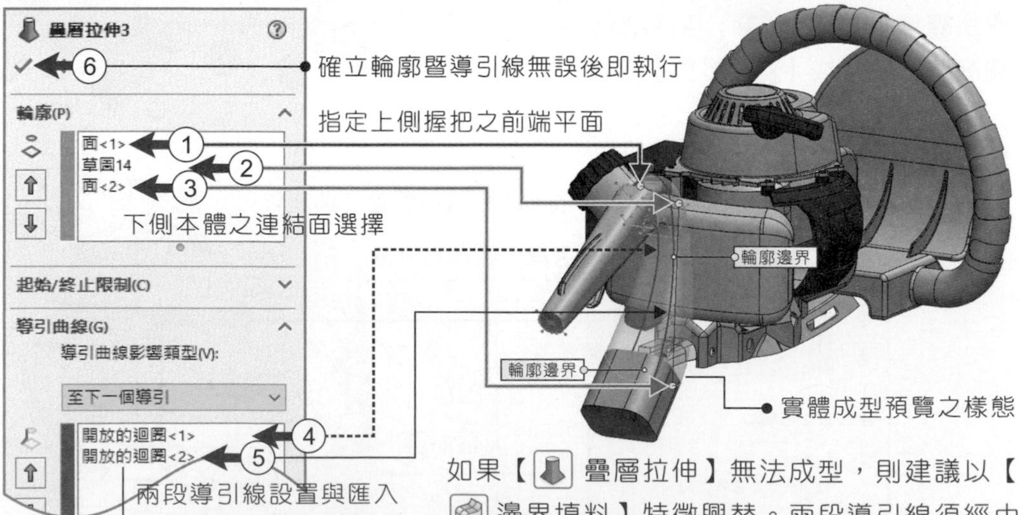

如果【 疊層拉伸】無法成型，則建議以【 邊界填料】特徵與替。兩段導引線須經由「右鍵」中的「選項管理員」特別指定。

現階段之路徑必須以「選項管理員」中「開放的迴圈」項次加選。

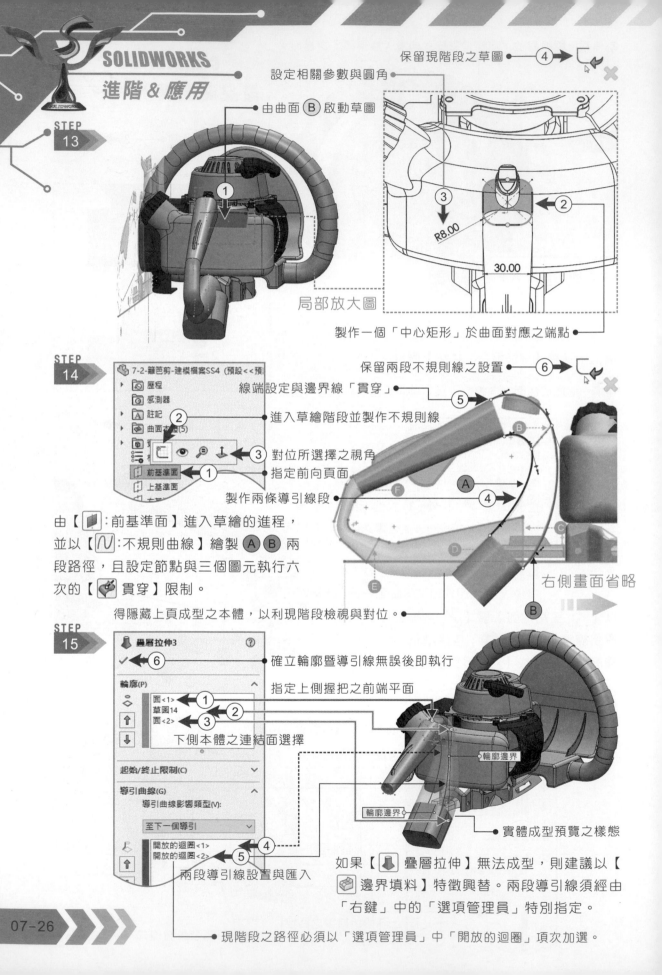

STEP 16

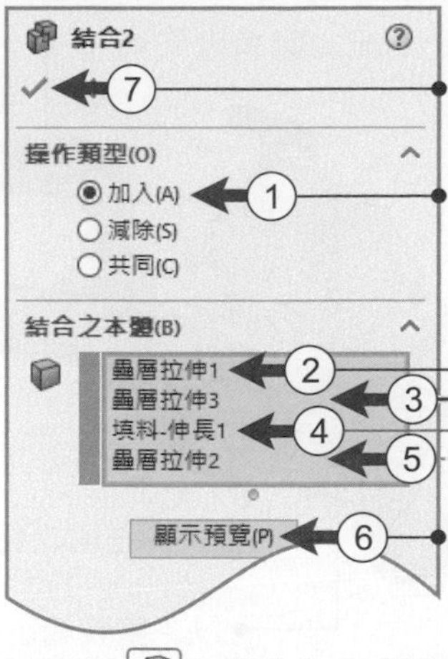
結合2
7
完成所選之本體熔接
操作類型(O)
加入(A)
減除(S)
共同(C)
1
選擇「加入」之結合類型
結合之本體(B)
疊層拉伸1
疊層拉伸3
填料-伸長1
疊層拉伸2
2
3
4
5
加選後端握把之四個本體
顯示預覽(P)
6
開啟預覽檢視

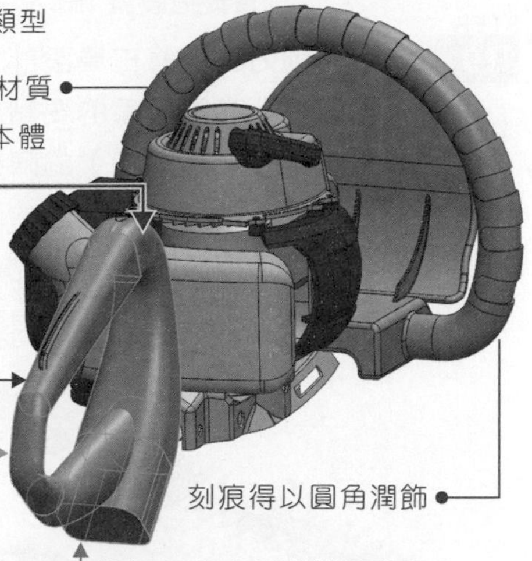
可藉由附屬軟件附貼材質
刻痕得以圓角潤飾
握把需左右側分模暨薄殼

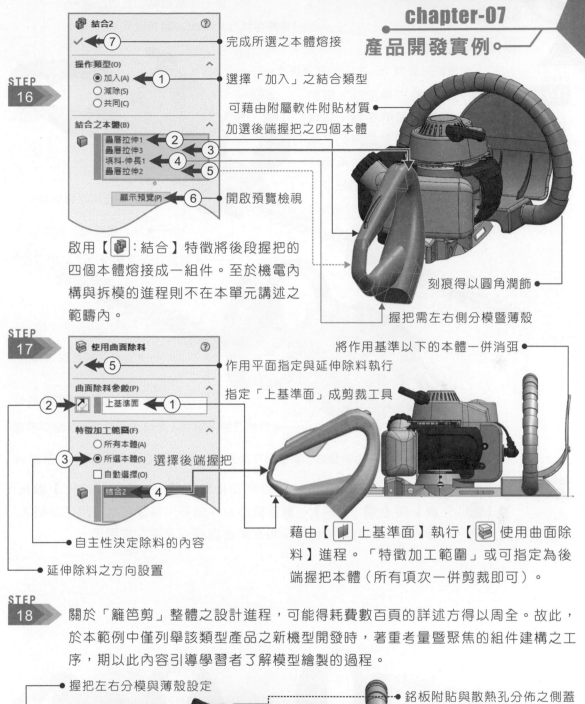

啟用【 :結合】特徵將後段握把的四個本體熔接成一組件。至於機電內構與拆模的進程則不在本單元講述之範疇內。

STEP 17

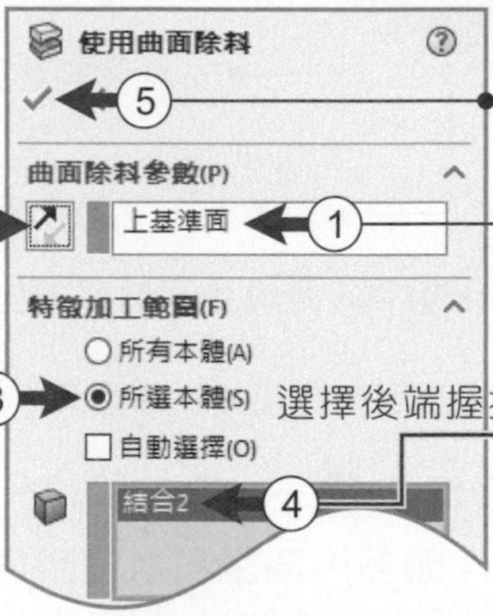
使用曲面除料
5
作用平面指定與延伸除料執行
曲面除料參數(P)
上基準面
1
2
指定「上基準面」成剪裁工具
特徵加工範圍(F)
所有本體(A)
所選本體(S)
3
選擇後端握把
自動選擇(O)
結合2
4
自主性決定除料的內容
延伸除料之方向設置

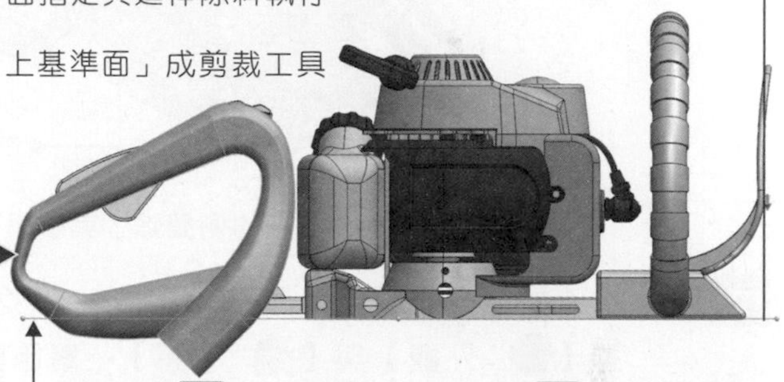
將作用基準以下的本體一併消弭

藉由【 上基準面】執行【 使用曲面除料】進程。「特徵加工範圍」或可指定為後端握把本體（所有項次一併剪裁即可）。

STEP 18

關於「籬笆剪」整體之設計進程，可能得耗費數百頁的詳述方得以周全。故此，於本範例中僅列舉該類型產品之新機型開發時，著重考量暨聚焦的組件建構之工序，期以此內容引導學習者了解模型繪製的過程。

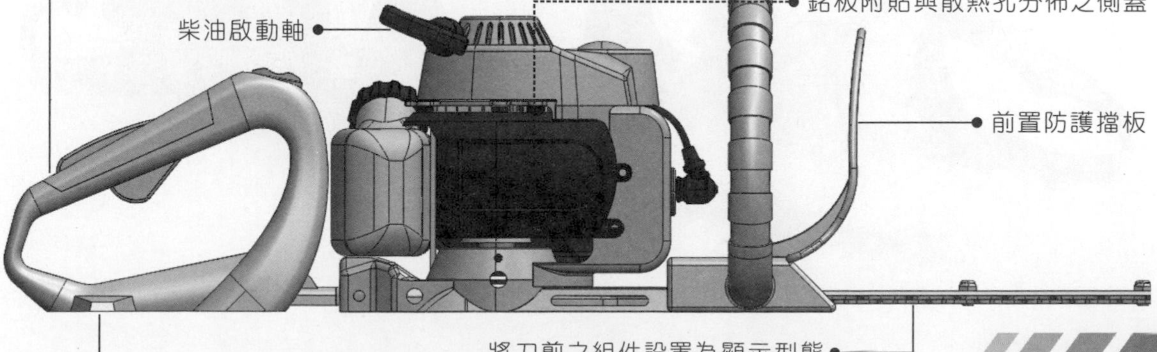
握把左右分模與薄殼設定
柴油啟動軸
銘板附貼與散熱孔分佈之側蓋
前置防護擋板
將刀剪之組件設置為顯示型態
加入側翼的握把，得使其發動時當下之主體更為平穩。

STEP 19

柴油動力的園藝工具設計，繁數的散熱孔亦是著重的要點，建議經由【:直狹槽】的陣列來製作與貫穿除料。至於左右兩側的銘版（商標、產品項目貼紙），則以【:偏移曲面】復刻出新的本體並生成殼厚。

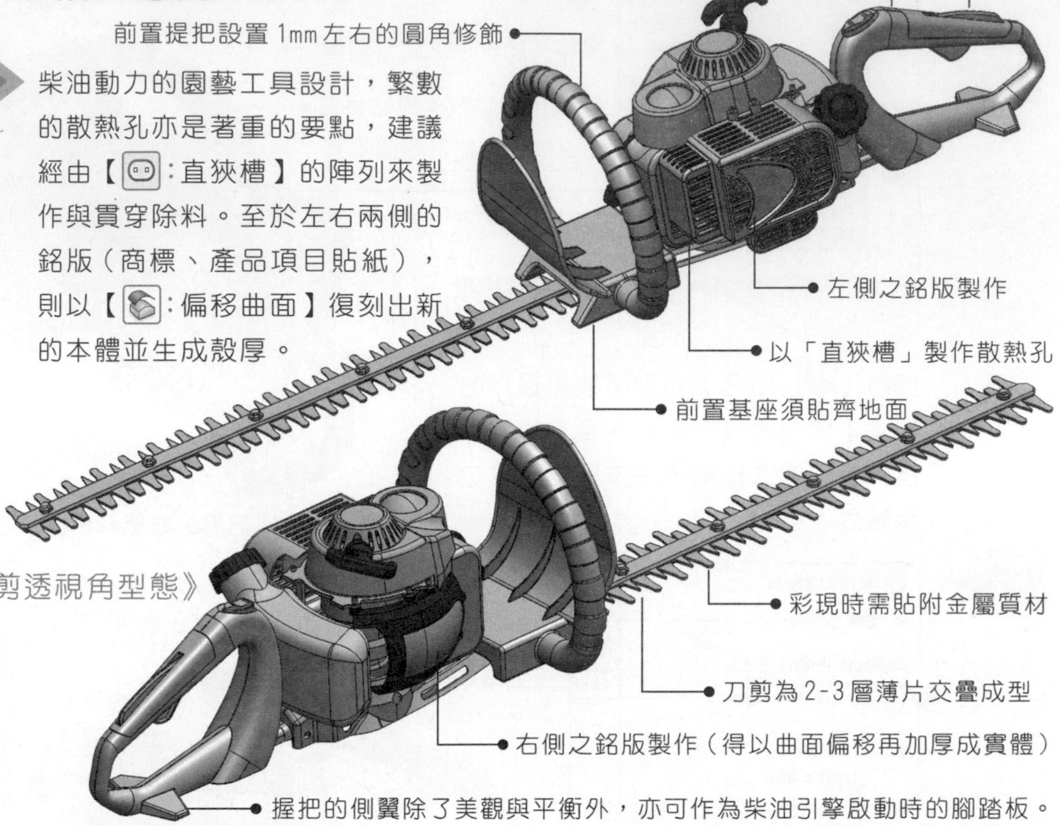
握把開關概略的表徵即可
分模線得執行0.5mm的圓角修飾
前置提把設置1mm左右的圓角修飾
左側之銘版製作
以「直狹槽」製作散熱孔
前置基座須貼齊地面
彩現時需貼附金屬質材
刀剪為2-3層薄片交疊成型
右側之銘版製作（得以曲面偏移再加厚成實體）
握把的側翼除了美觀與平衡外，亦可作為柴油引擎啟動時的腳踏板。

《籬笆剪透視角型態》

STEP 20

進入模型彩現程序：透過Solidworks之附加模組【 Photoview360】編輯模型【:外觀】與【:全景】；籬笆剪的組件頗多，建議可以使用色差較大的質材劃分其邊界。下方為籬笆剪模型融合素色場景之渲染完成圖照。

《籬笆剪彩現完成圖》

7-3 冰溫熱開飲機

⊙要點提醒　本範例為綠色版參考教學檔--請學習者使用雲端連結並下載相關之附件

本範例教學視訊檔案：SolidWorks/進階&應用/CH07目錄下/7-3 開飲機.avi
本範例製作完成檔案：SolidWorks/進階&應用/CH07目錄下/7-3 開飲機.SLDPRT

7-3.1 大面板建模

就全球流通規模論之，「開飲機」僅算是小眾市場的家電產品。由於已開發國家之日常用水多數可以生飲，因此台灣所量產之飲水設備自然是鮮少有外銷的概率。礙於成本考量的前提（光是模具費用就超過千萬元），其一款飲水設備的開發成本可能就得分20年以上來攤銷，故此，流通的開飲機款式幾近乎數十年不變，更迭的就只有主面板暨周邊組件。設計者得啟用範例中附屬之組件，並依循其邊界建構出前向面板與銜接項次，再歷經【圓角】及【分割】特徵設變修飾後，即可貼附質材與完成渲染之程序。

建模進程：

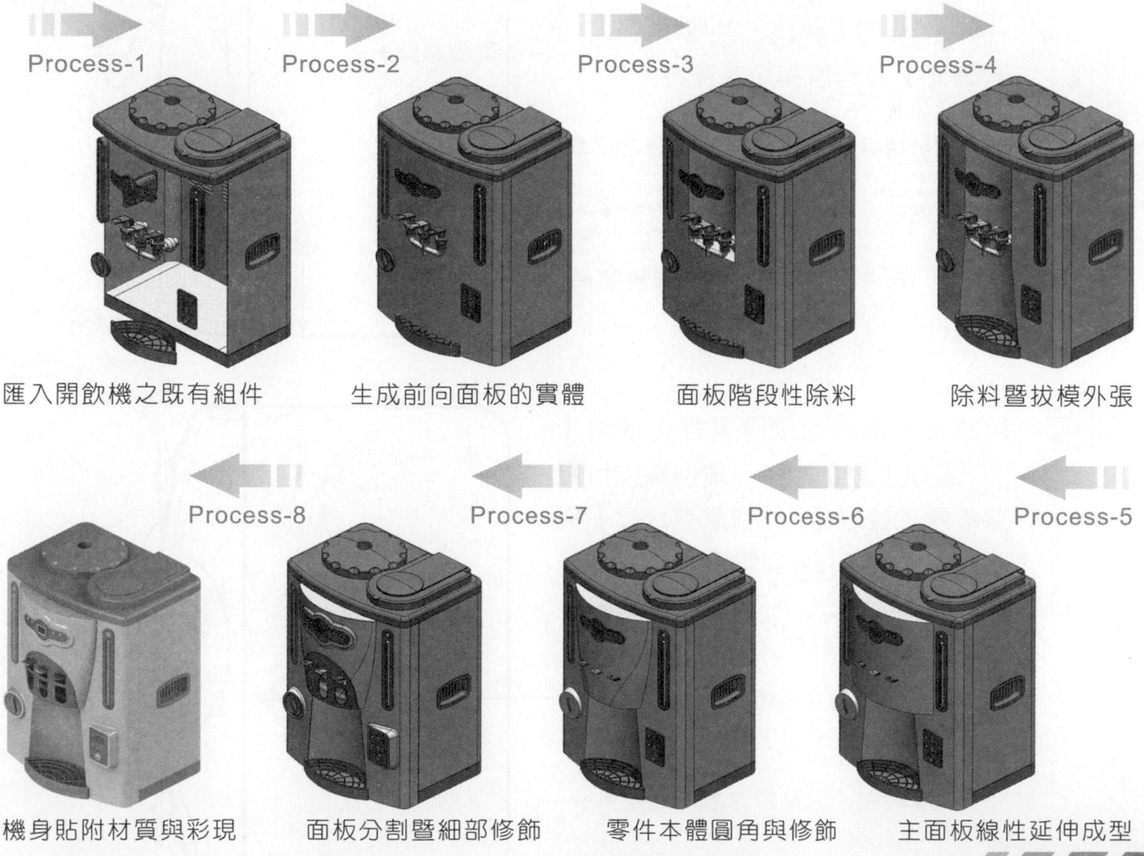

STEP 01

啟用附件7-3之開飲機檔案。如前文所述及的要點：飲水設備開發之成本需分10年以上來逐年提列暨攤銷，所以通常新的機款上市時，設計變更的項次皆是主要面板及銜接的相關組件。

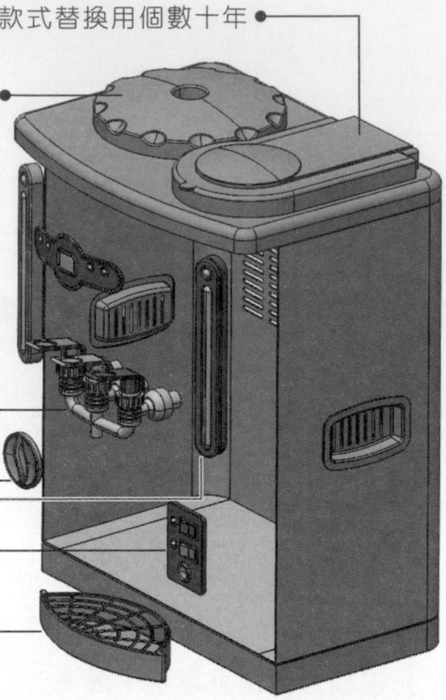
「給水蓋」大概就幾個款式替換用個數十年
「蒸氣孔蓋」亦是僅有2-3款更迭
冰/溫/熱三水道之給水鍵
生水/飲用水閥
飲用水之水位表
冷熱水開關總成
「接水盤」一般分為「對稱弧型」、「對稱直型」暨「側偏型」三種，通常是沿用既有的模具(COSTDOWN新機款之開發成本)

STEP 02

當輸入了產品既有的組件後，不妨先檢視現階段的輪廓形態是否得以依循。於範例中選擇參酌上側頂蓋之項次Ⓐ至Ⓔ等5線段，並啟用【參考圖元】復刻所指定之邊界。

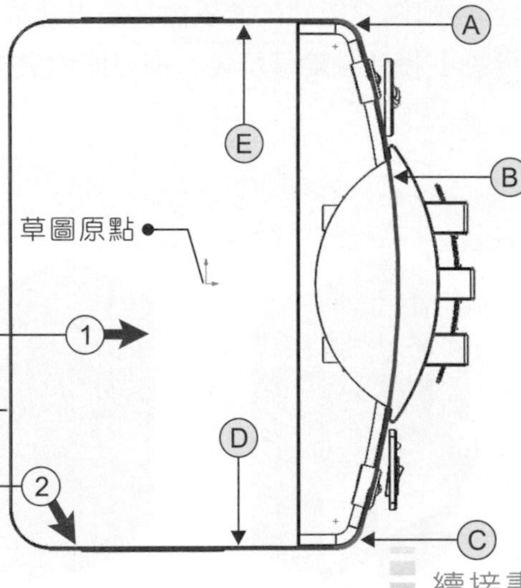
A
B
C
D
E
草圖原點
點選開飲機底部之平面作為草繪之基準
1
轉換實體成「線架構」之顯示型態
參考上側頂蓋之邊界線輪廓
2
續接畫面

STEP 03

延續上一階段之草圖進程。使用【直線工具】製作一縱向線段且貫穿本體，並以【智慧型尺寸】標註該圖元與【原點】之水平間距為72mm。

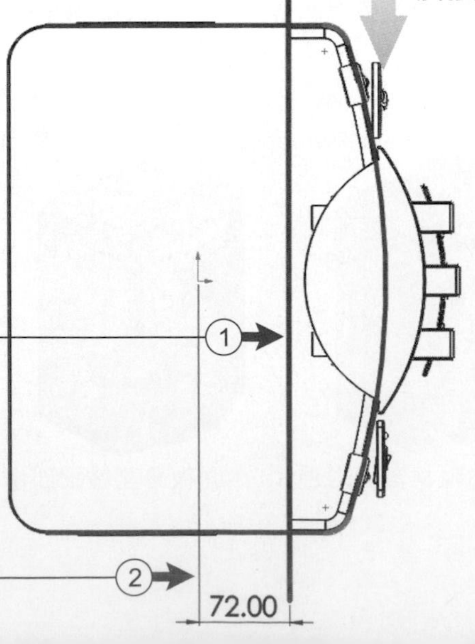
製作一縱向線段穿過機體上下之邊界
1
標註線段與「原點」之水平間距
2
72.00

STEP 04

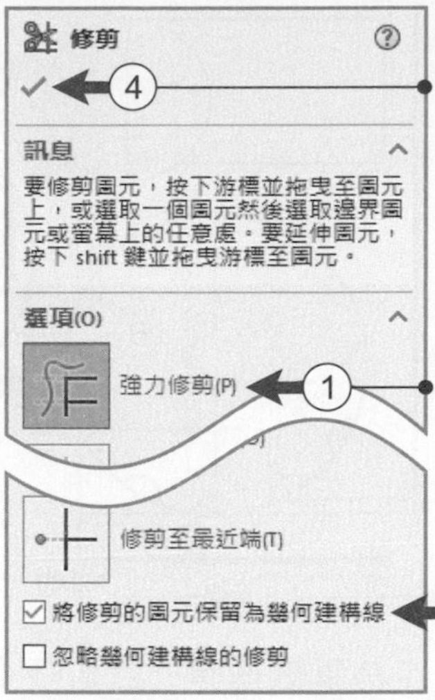
修剪
④ 確定圖元消弭與執行
訊息
要修剪圖元，按下游標並拖曳至圖元上，或選取一個圖元然後選取邊界圖元或螢幕上的任意處。要延伸圖元，按下 shift 鍵並拖曳游標至圖元。
選項(O)
強力修剪(P)
① 剔除類型選擇
修剪至最近端(T)
將修剪的圖元保留為幾何建構線
② 修剪線段轉成參考線
忽略幾何建構線的修剪

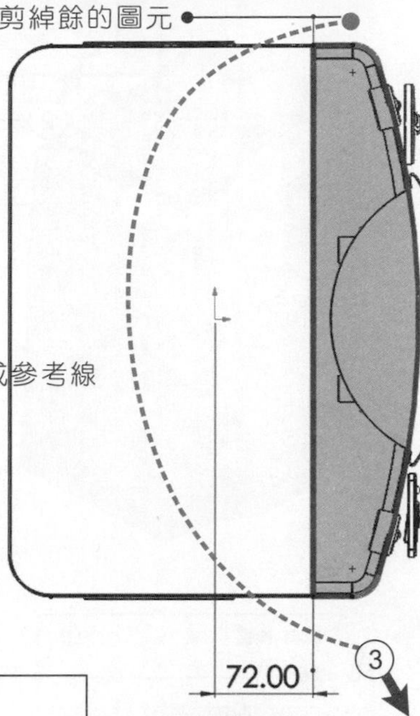
以左鍵拖曳指標來修剪綽餘的圖元
③
72.00

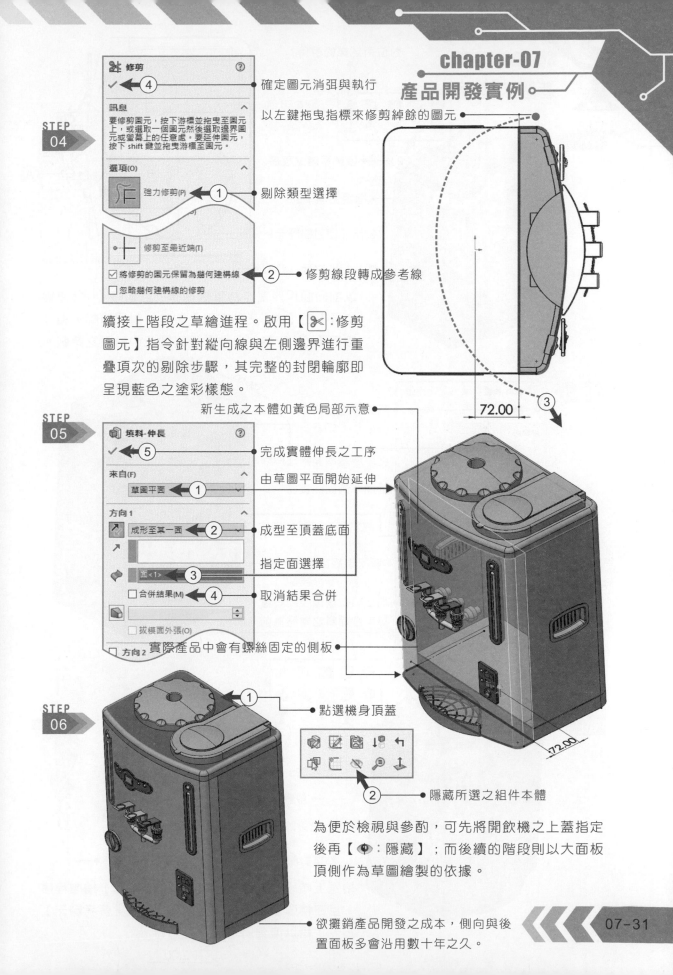

續接上階段之草繪進程。啟用【:修剪圖元】指令針對縱向線與左側邊界進行重疊項次的剔除步驟，其完整的封閉輪廓即呈現藍色之塗彩樣態。

STEP 05

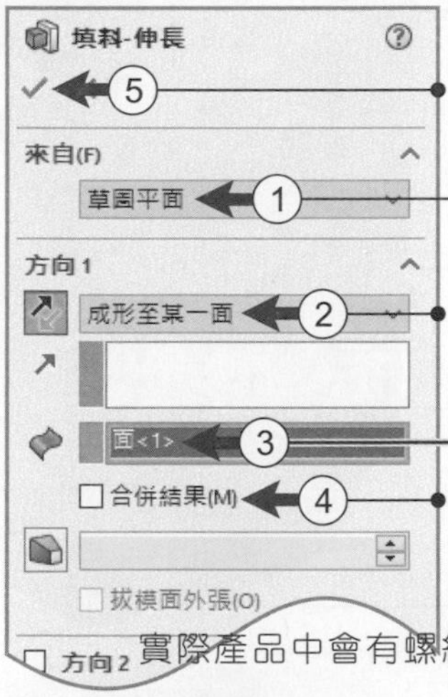
填料-伸長
⑤ 完成實體伸長之工序
來自(F)
草圖平面
① 由草圖平面開始延伸
方向 1
成形至某一面
② 成型至頂蓋底面
面<1>
③ 指定面選擇
合併結果(M)
④ 取消結果合併
拔模面外張(O)
方向 2

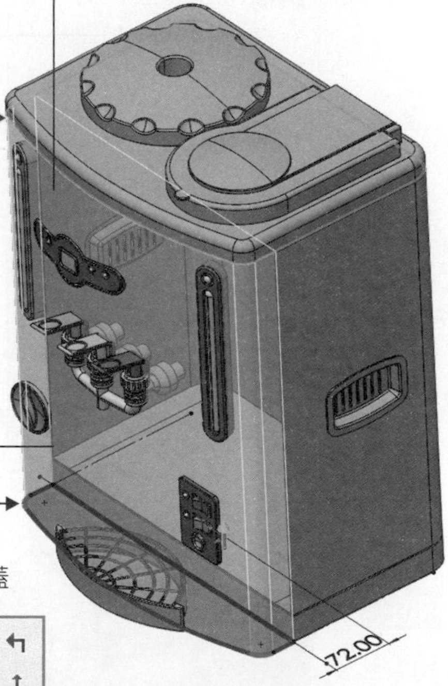
新生成之本體如黃色局部示意
實際產品中會有螺絲固定的側板
72.00

STEP 06

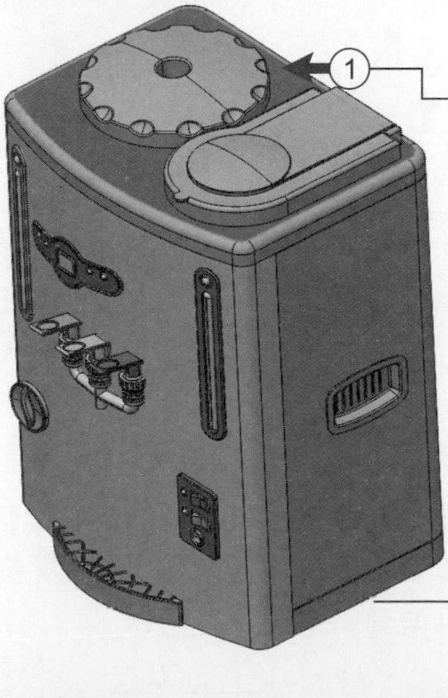
① 點選機身頂蓋
欲攤銷產品開發之成本，側向與後置面板多會沿用數十年之久。

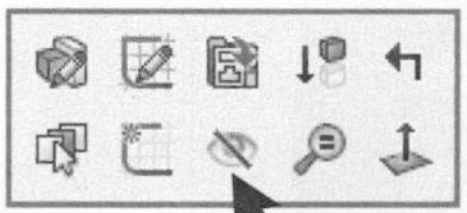
② 隱藏所選之組件本體

為便於檢視與參酌，可先將開飲機之上蓋指定後再【:隱藏】；而後續的階段則以大面板頂側作為草圖繪製的依據。

STEP 07

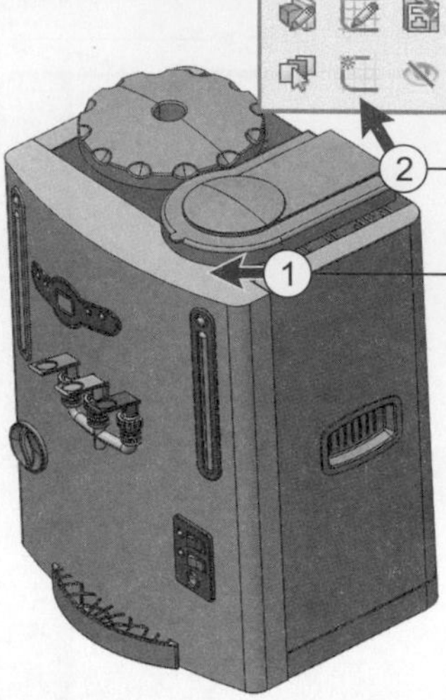

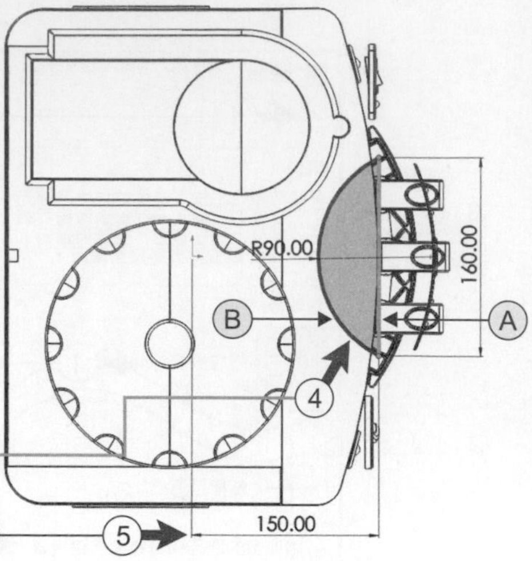
對位所選擇的視角
續接畫面
啟動草繪之程序
指定上側平面
製作一個封閉圖元
標註相關之尺寸參數
R90.00
160.00
150.00
A
B

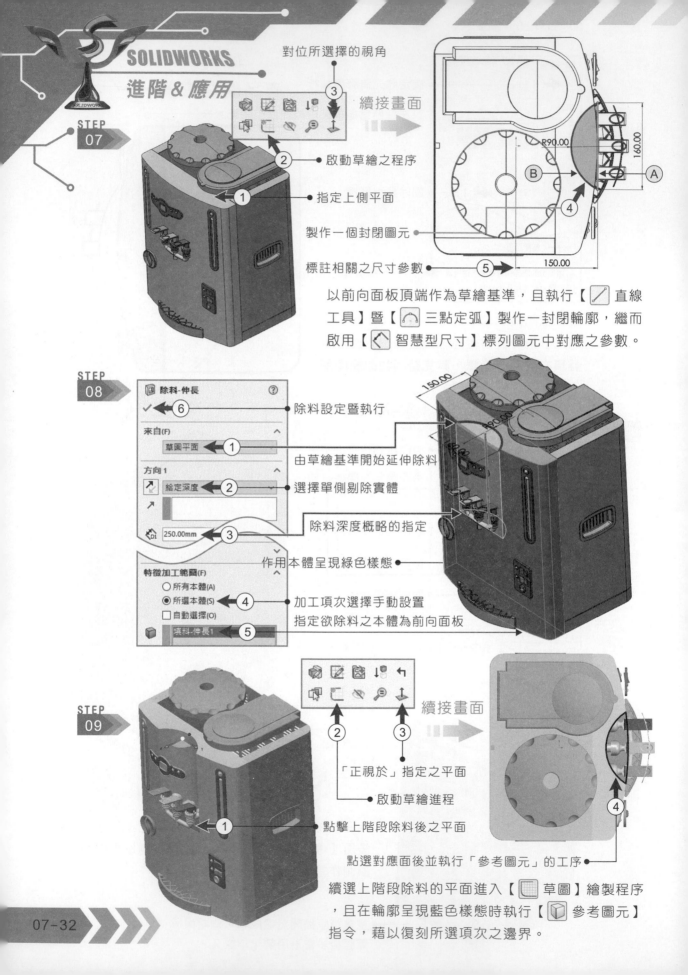

以前向面板頂端作為草繪基準，且執行【 直線工具】暨【 三點定弧】製作一封閉輪廓，繼而啟用【 智慧型尺寸】標列圖元中對應之參數。

STEP 08

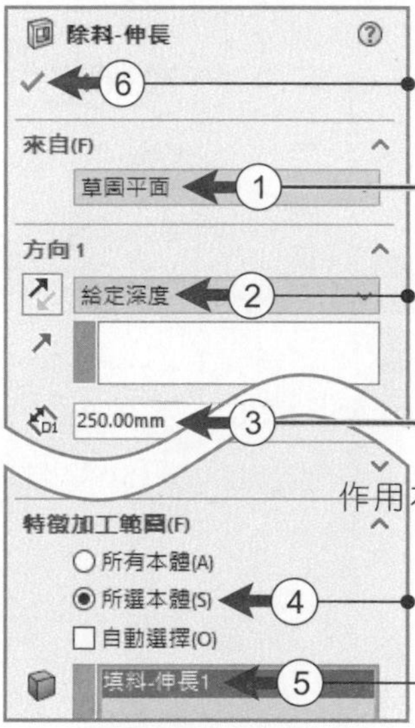
除料-伸長
來自(F)
草圖平面
方向 1
給定深度
250.00mm
特徵加工範圍(F)
所有本體(A)
所選本體(S)
自動選擇(O)
填料-伸長1
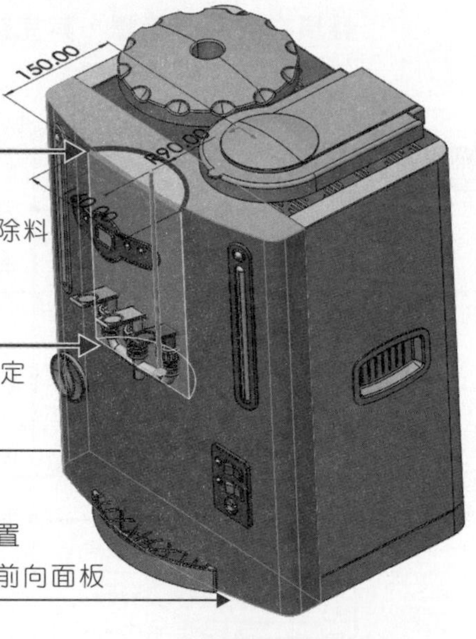
除料設定暨執行
由草繪基準開始延伸除料
選擇單側剔除實體
除料深度概略的指定
作用本體呈現綠色樣態
加工項次選擇手動設置
指定欲除料之本體為前向面板
150.00
R90.00

STEP 09

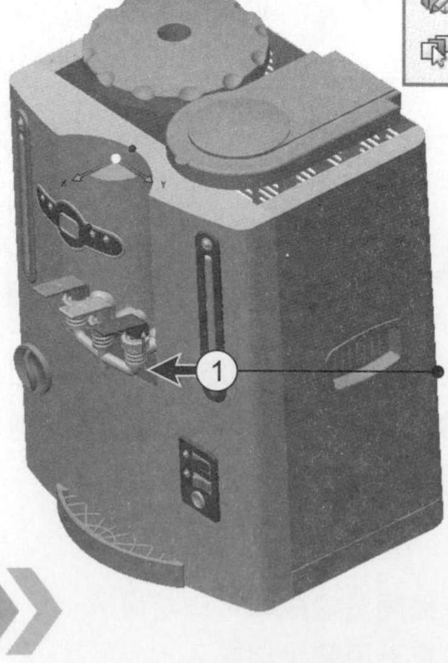
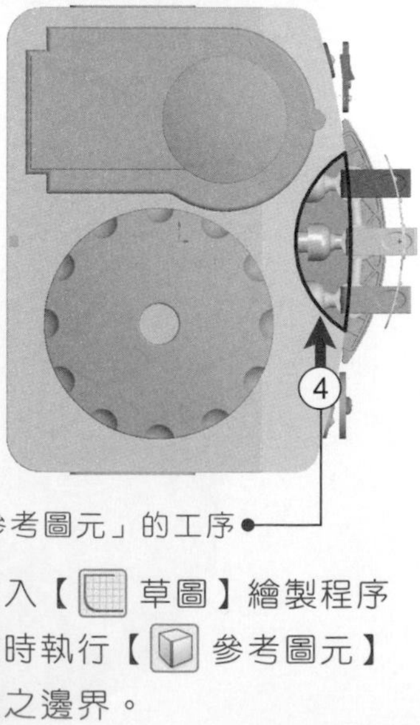
續接畫面
「正視於」指定之平面
啟動草繪進程
點擊上階段除料後之平面
點選對應面後並執行「參考圖元」的工序

續選上階段除料的平面進入【 草圖】繪製程序，且在輪廓呈現藍色樣態時執行【 參考圖元】指令，藉以復刻所選項次之邊界。

STEP 10

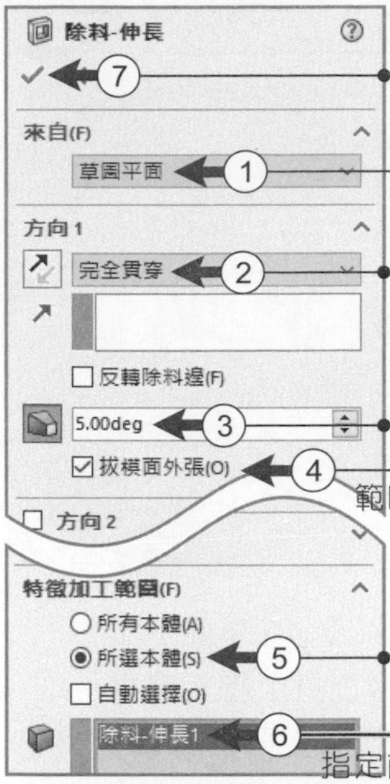
除料-伸長
來自(F)
草圖平面
方向 1
完全貫穿
反轉除料邊(F)
5.00deg
拔模面外張(O)
方向 2
特徵加工範圍(F)
所有本體(A)
所選本體(S)
自動選擇(O)
除料-伸長1
前向面板除料設定暨執行
由草繪基準開始展延
選擇單側完全貫穿
拔模角設定為 5 度
範疇向下擴張展延
設置加工之本體
指定前向面板除料

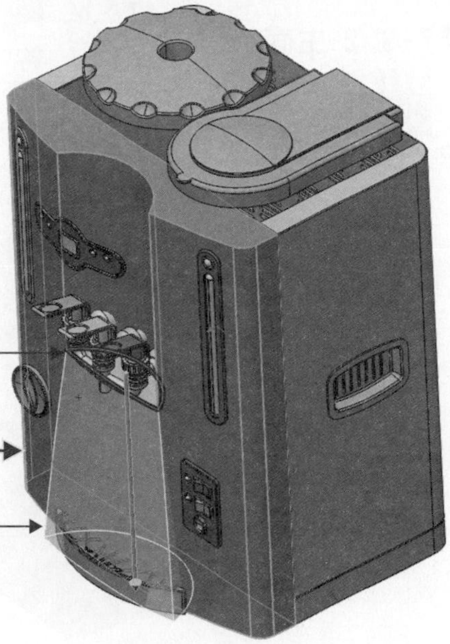

STEP 11

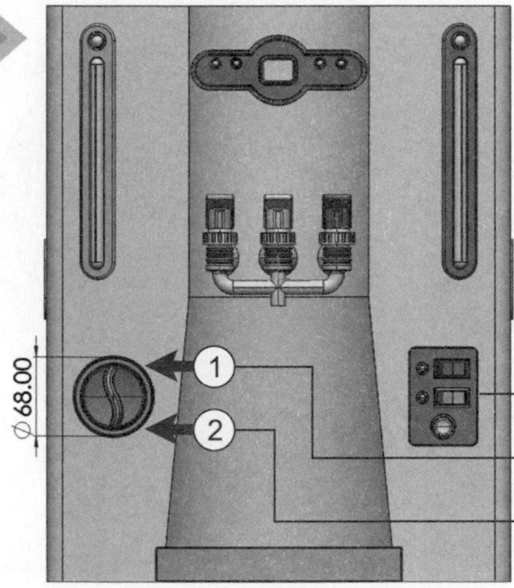
68.00
「開關總成」亦可同步繪製
由「水閥旋鈕」前向平面處進入草圖進程
製作一圓形輪廓並標註直徑為 68mm 左右

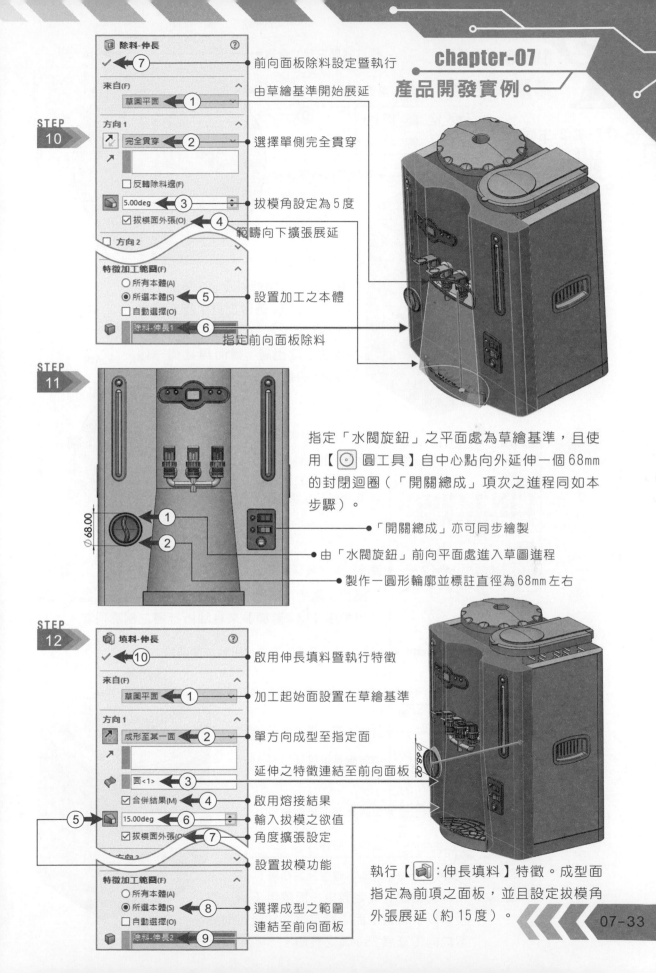

指定「水閥旋鈕」之平面處為草繪基準，且使用【 圓工具】自中心點向外延伸一個 68mm 的封閉迴圈（「開關總成」項次之進程同如本步驟）。

STEP 12

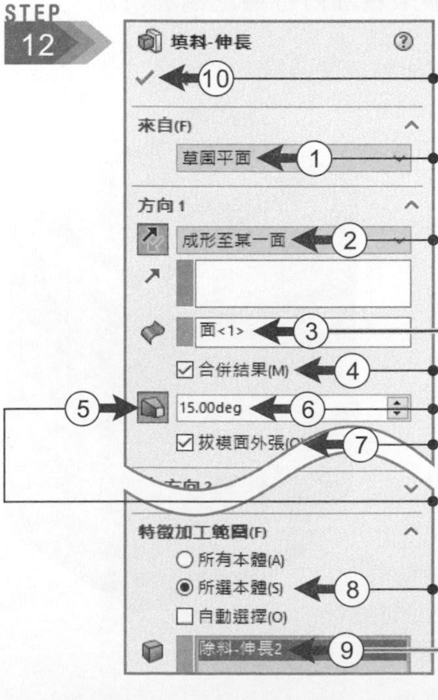
填料-伸長
來自(F)
草圖平面
方向 1
成形至某一面
面<1>
合併結果(M)
15.00deg
拔模面外張(O)
特徵加工範圍(F)
所有本體(A)
所選本體(S)
自動選擇(O)
除料-伸長2
啟用伸長填料暨執行特徵
加工起始面設置在草繪基準
單方向成型至指定面
延伸之特徵連結至前向面板
啟用熔接結果
輸入拔模之欲值
角度擴張設定
設置拔模功能
選擇成型之範圍
連結至前向面板

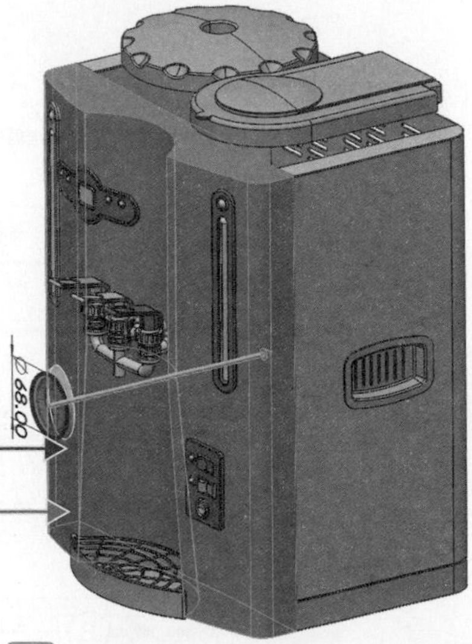

執行【 :伸長填料】特徵。成型面指定為前項之面板，並且設定拔模角外張展延（約 15 度）。

7-3.2 主面板設計

STEP 01

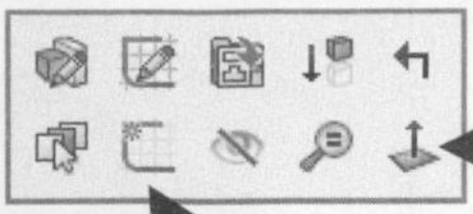

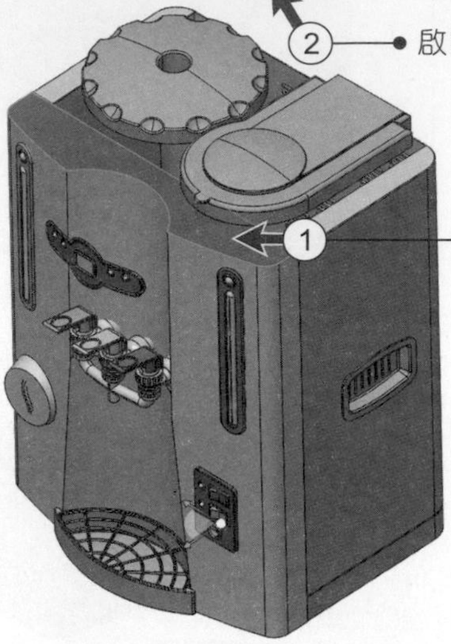

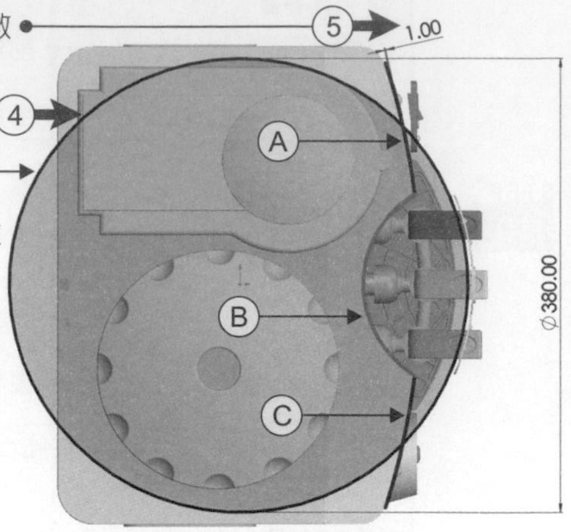

續接畫面

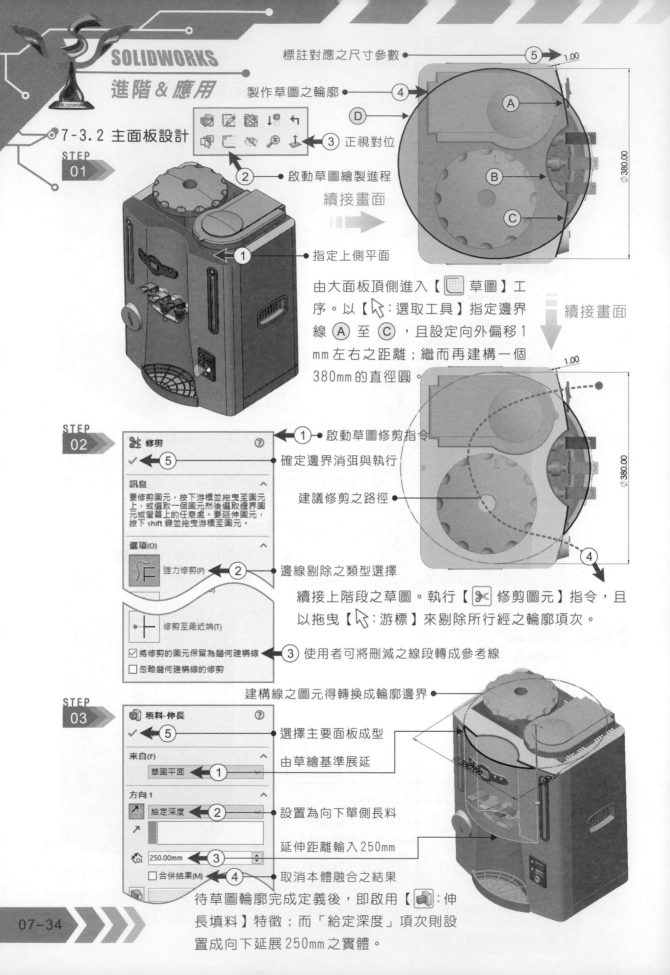

由大面板頂側進入【草圖】工序。以【選取工具】指定邊界線 Ⓐ 至 Ⓒ，且設定向外偏移1mm左右之距離；繼而再建構一個380mm的直徑圓。

續接畫面

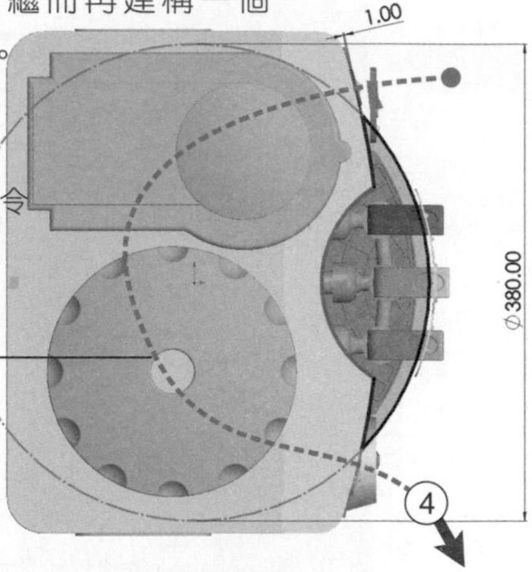

STEP 02

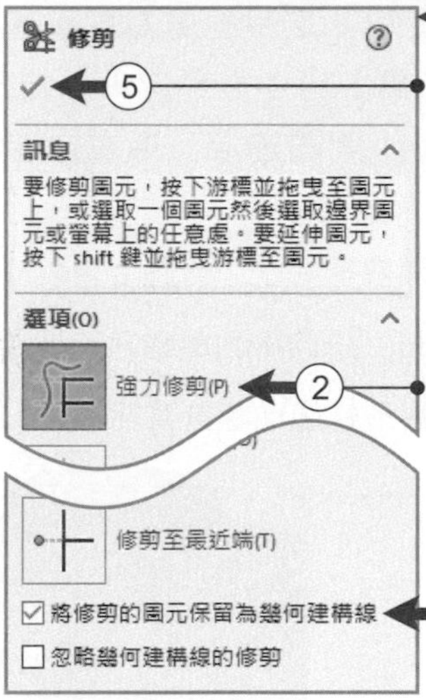

續接上階段之草圖。執行【修剪圖元】指令，且以拖曳【游標】來剔除所行經之輪廓項次。

STEP 03

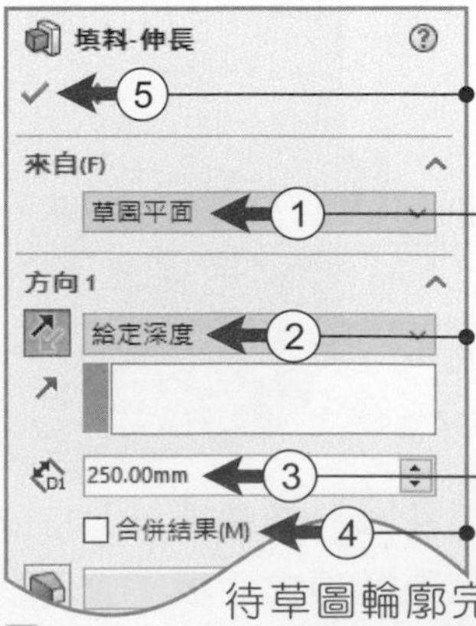

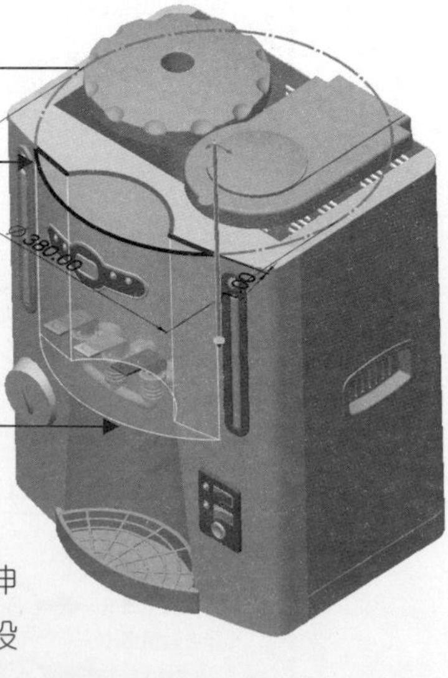

待草圖輪廓完成定義後，即啟用【伸長填料】特徵；而「給定深度」項次則設置成向下延展250mm之實體。

STEP 04

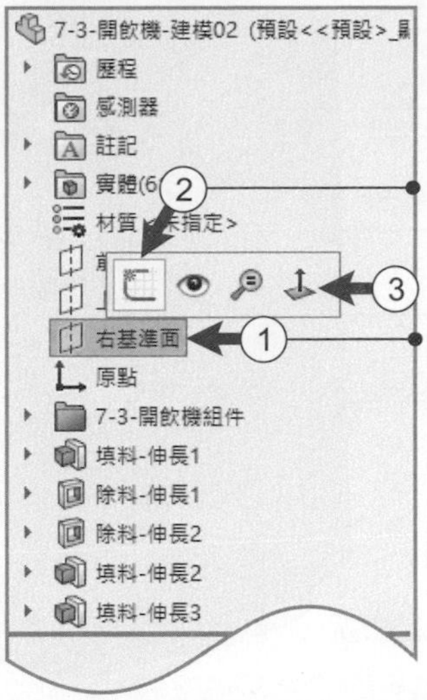
7-3-開飲機-建模02 (預設<<預設>_
歷程
感測器
註記
實體(6)
材質<未指定>
右基準面
原點
7-3-開飲機組件
填料-伸長1
除料-伸長1
除料-伸長2
填料-伸長2
填料-伸長3
進入草繪階段並於「原點」上端製作圖元
對位所選擇之視角
選擇右側圖頁為作用「基準面」
標註對應之尺寸參數
以面板上端為中心繪製橢圓形
轉為移除框線之帶彩模式

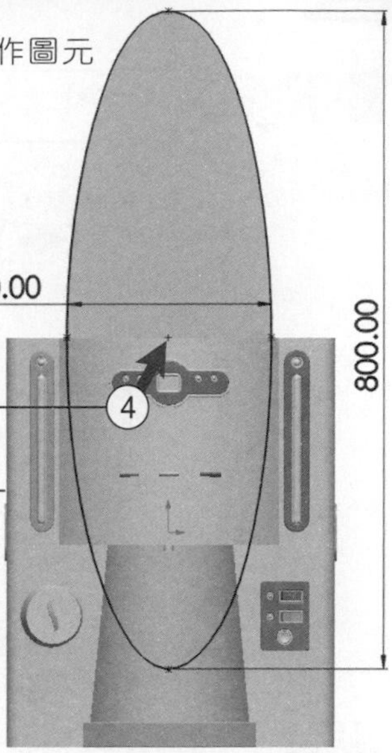
250.00
800.00

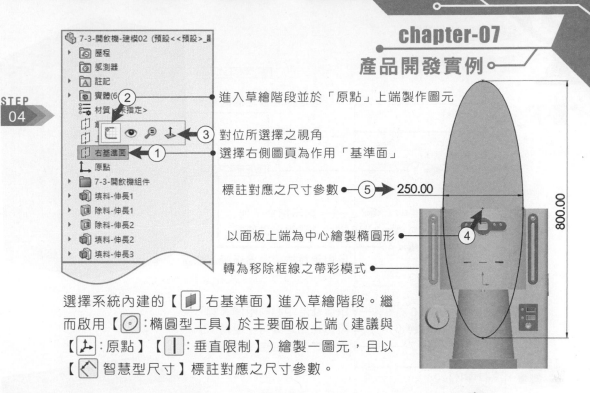

選擇系統內建的【右基準面】進入草繪階段。繼而啟用【:橢圓型工具】於主要面板上端（建議與【:原點】【:垂直限制】）繪製一圖元，且以【智慧型尺寸】標註對應之尺寸參數。

STEP 05

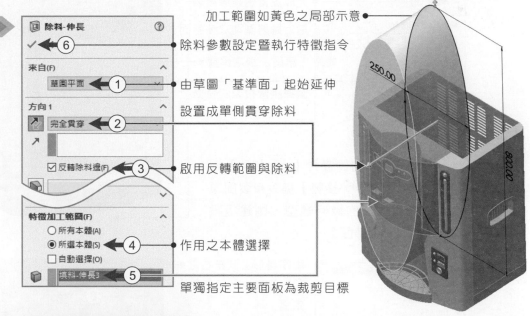

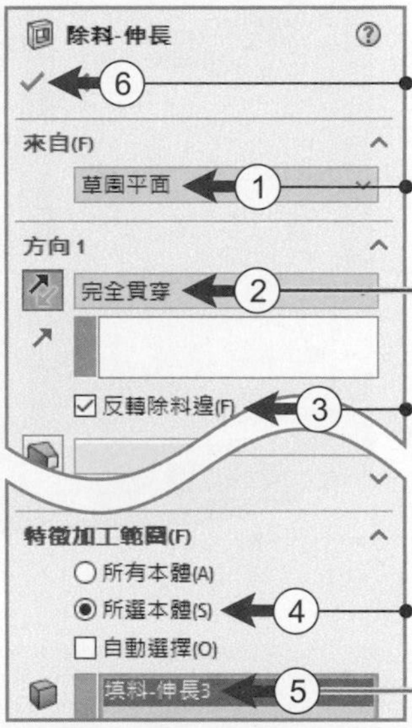
除料-伸長
來自(F)
草圖平面
方向 1
完全貫穿
反轉除料邊(F)
特徵加工範圍(F)
所有本體(A)
所選本體(S)
自動選擇(O)
填料-伸長3
加工範圍如黃色之局部示意
除料參數設定暨執行特徵指令
由草圖「基準面」起始延伸
設置成單側貫穿除料
啟用反轉範圍與除料
作用之本體選擇
單獨指定主要面板為裁剪目標

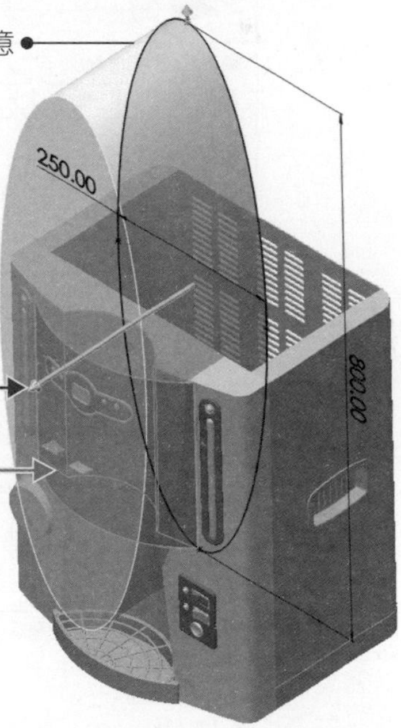

STEP 06

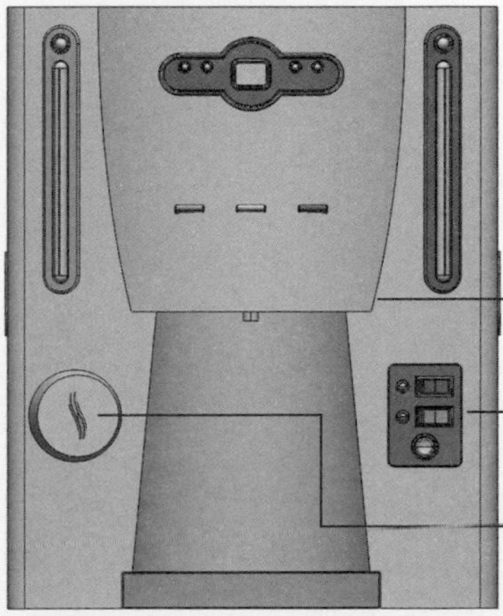
主面板除料後，再導以「圓角」修飾邊界之銳邊暨稜角。
前向面板需延伸出實體與「開關總成」貼合
前向面板執行除料，讓「水閥旋鈕」得以外顯。

主面板除料後之形態如左側例圖所示。關於造形上與細枝末節的修飾，並非是範例闡述的要點，因此學習者可自主性的設計變更，不需全然的參照書籍之繪製進程。

STEP 07

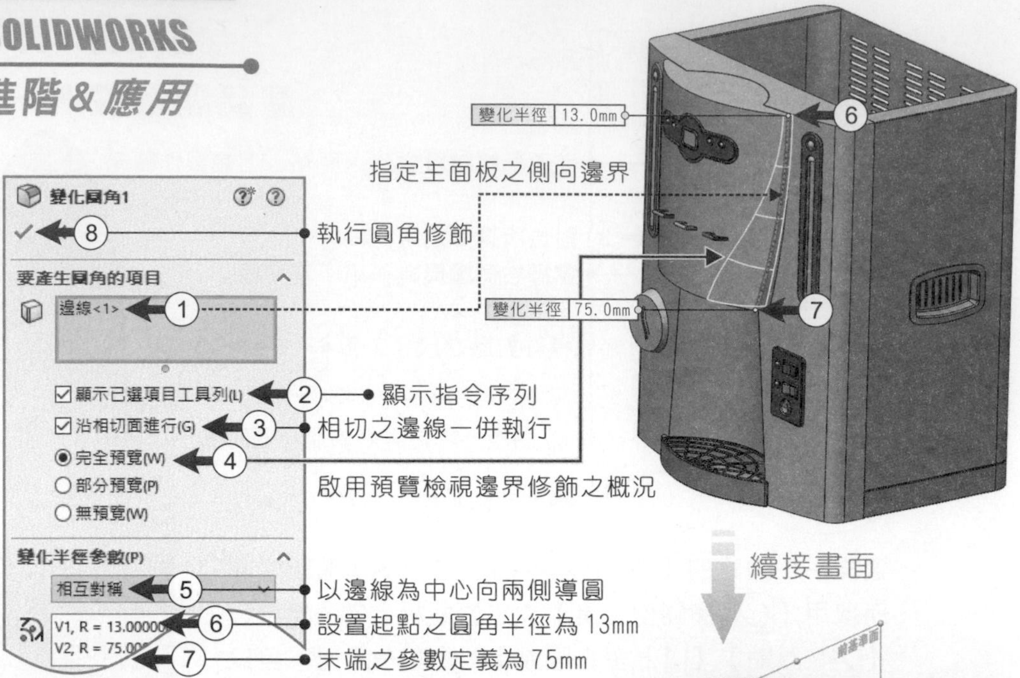
變化圓角1
要產生圓角的項目
邊線<1>
顯示已選項目工具列(L)
沿相切面進行(G)
完全預覽(W)
部分預覽(P)
無預覽(W)
變化半徑參數(P)
相互對稱
V1, R = 13.0000
V2, R = 75.00
變化半徑 13.0mm
變化半徑 75.0mm
指定主面板之側向邊界
執行圓角修飾
顯示指令序列
相切之邊線一併執行
啟用預覽檢視邊界修飾之概況
以邊線為中心向兩側導圓
設置起點之圓角半徑為 13mm
末端之參數定義為 75mm
續接畫面

STEP 08

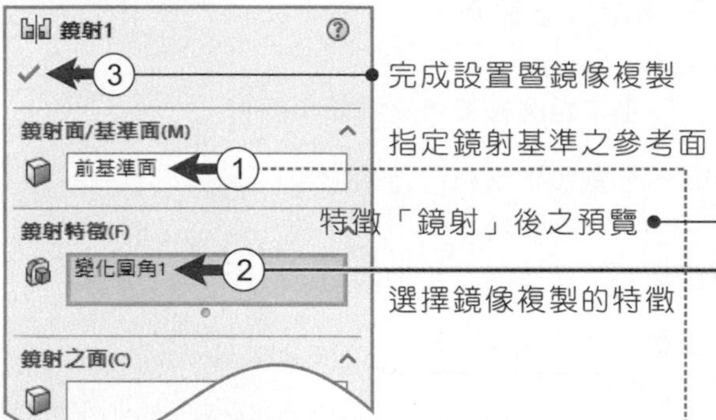
鏡射1
鏡射面/基準面(M)
前基準面
鏡射特徵(F)
變化圓角1
鏡射之面(C)
完成設置暨鏡像複製
指定鏡射基準之參考面
特徵「鏡射」後之預覽
選擇鏡像複製的特徵

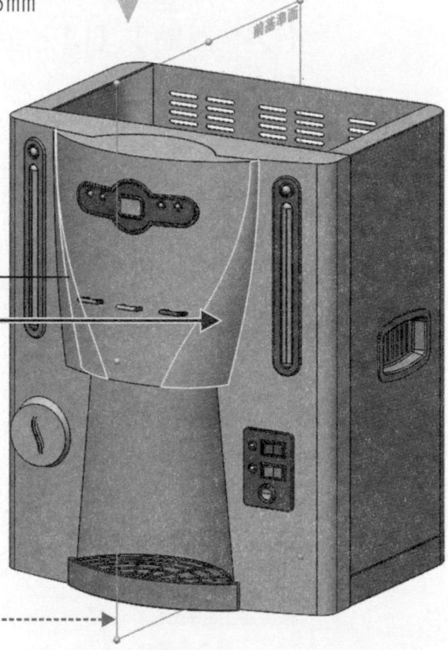

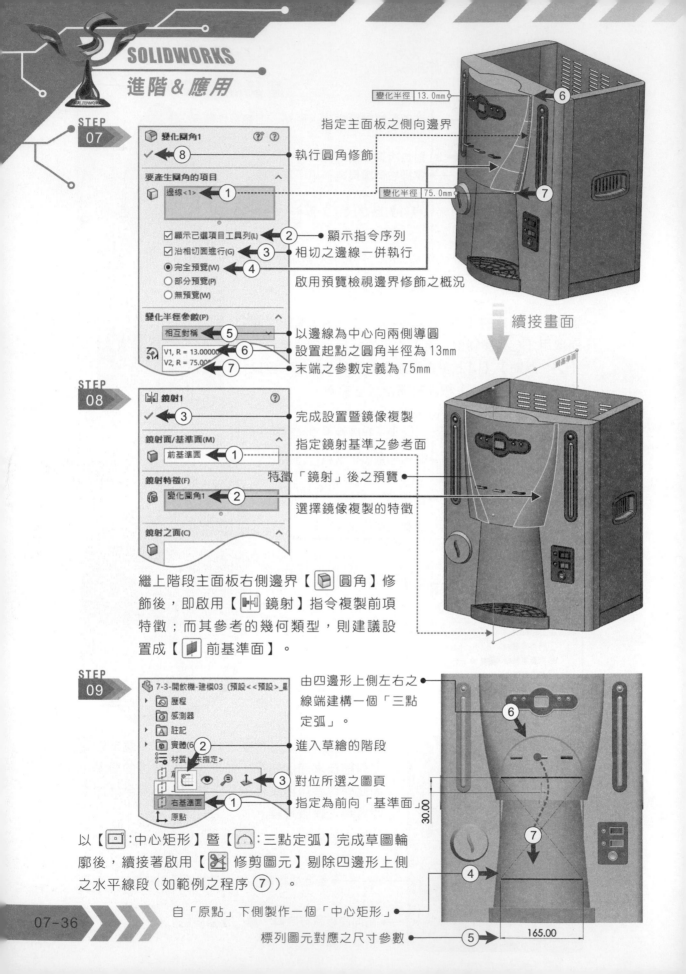

繼上階段主面板右側邊界【圓角】修飾後，即啟用【鏡射】指令複製前項特徵；而其參考的幾何類型，則建議設置成【前基準面】。

STEP 09

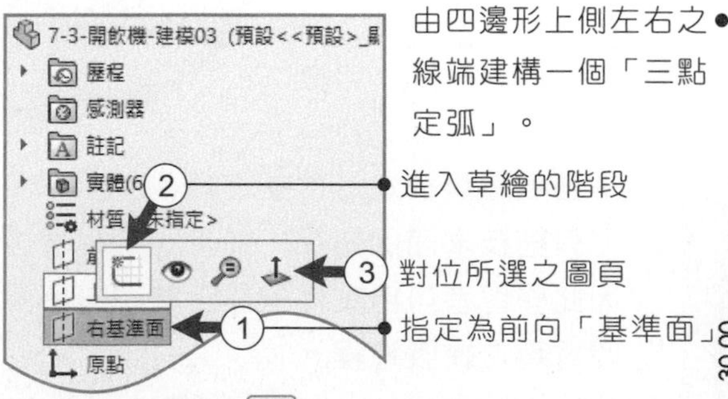
7-3-開飲機-建模03 (預設<<預設>_
歷程
感測器
註記
實體(6)
材質 <未指定>
右基準面
原點
進入草繪的階段
對位所選之圖頁
指定為前向「基準面」

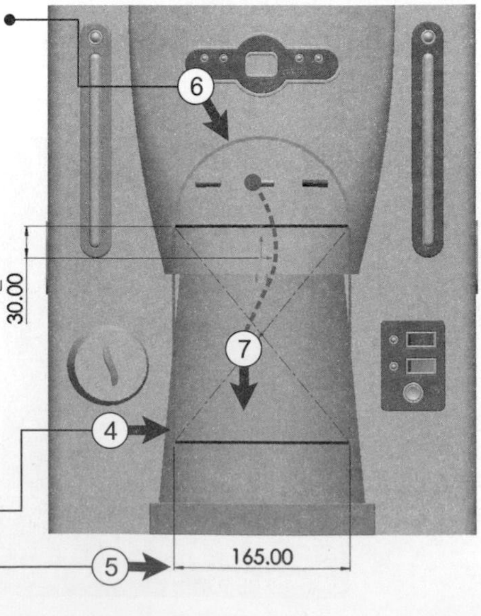
由四邊形上側左右之線端建構一個「三點定弧」。
30.00
165.00
自「原點」下側製作一個「中心矩形」
標列圖元對應之尺寸參數

以【:中心矩形】暨【:三點定弧】完成草圖輪廓後，續接著啟用【修剪圖元】剔除四邊形上側之水平線段（如範例之程序 ⑦ ）。

STEP 10

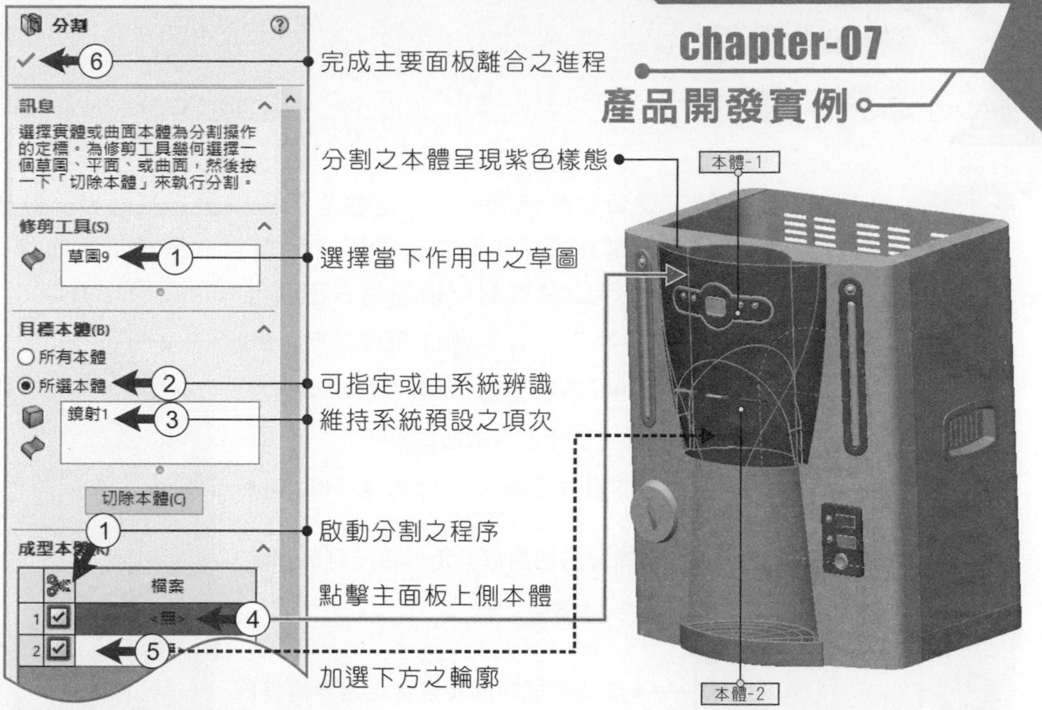
分割
6
訊息
選擇實體或曲面本體為分割操作的定標。為修剪工具幾何選擇一個草圖、平面、或曲面，然後按一下「切除本體」來執行分割。
修剪工具(S)
草圖9
1
目標本體(B)
所有本體
所選本體
2
鏡射1
3
切除本體(C)
1
成型本體(R)
檔案
<無>
4
5
完成主要面板離合之進程
分割之本體呈現紫色樣態
選擇當下作用中之草圖
可指定或由系統辨識
維持系統預設之項次
啟動分割之程序
點擊主面板上側本體
加選下方之輪廓
本體-1
本體-2

STEP 11

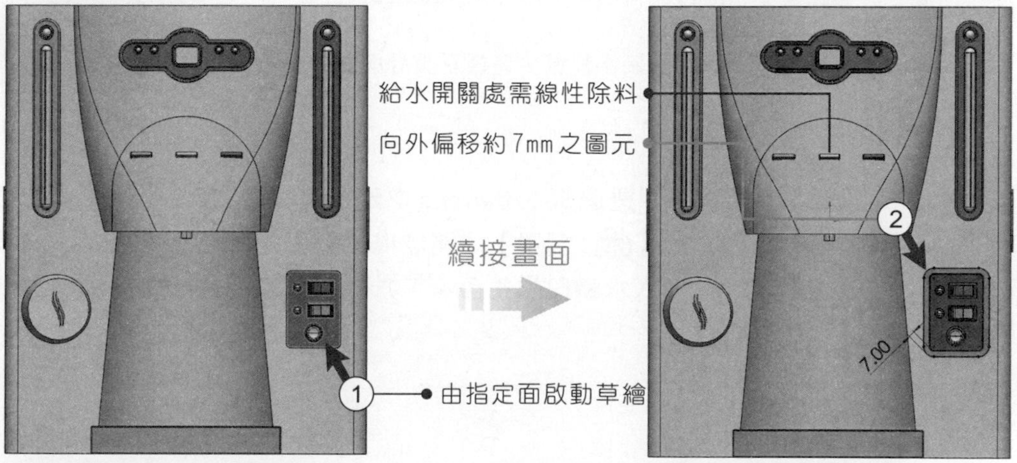
給水開關處需線性除料
向外偏移約 7mm 之圖元
續接畫面
2
7.00
1
由指定面啟動草繪

STEP 12

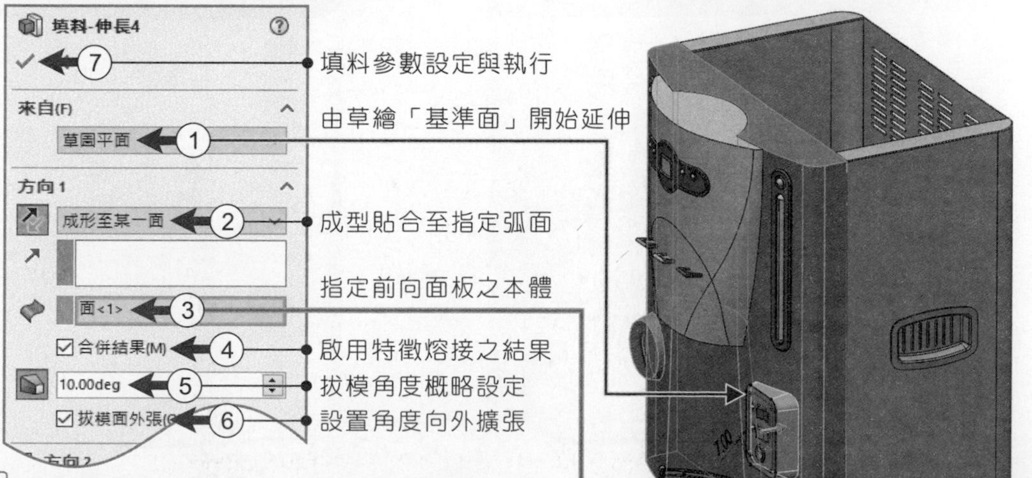
填料-伸長4
7
來自(F)
草圖平面
1
方向 1
成形至某一面
2
面<1>
3
合併結果(M)
4
10.00deg
5
拔模面外張(O)
6
方向 2
填料參數設定與執行
由草繪「基準面」開始延伸
成型貼合至指定弧面
指定前向面板之本體
啟用特徵熔接之結果
拔模角度概略設定
設置角度向外擴張
7.00

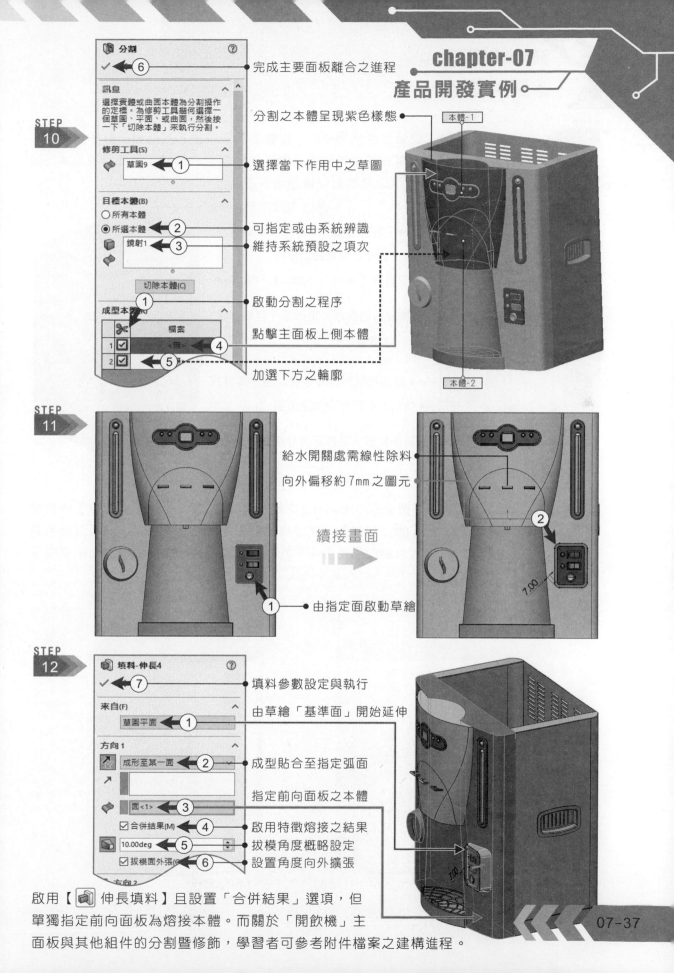

啟用【伸長填料】且設置「合併結果」選項，但單獨指定前向面板為熔接本體。而關於「開飲機」主面板與其他組件的分割暨修飾，學習者可參考附件檔案之建構進程。

STEP 13 當經手「開飲機」之新款產品開發時，直觀的意會即是「主面板」的再設計。家電公司的旗下產品通常在幾個樣板的互換下，即可省去所費不貲的模具成本（如同50年前的電鍋與時下之款式對照後亦相去不遠）。

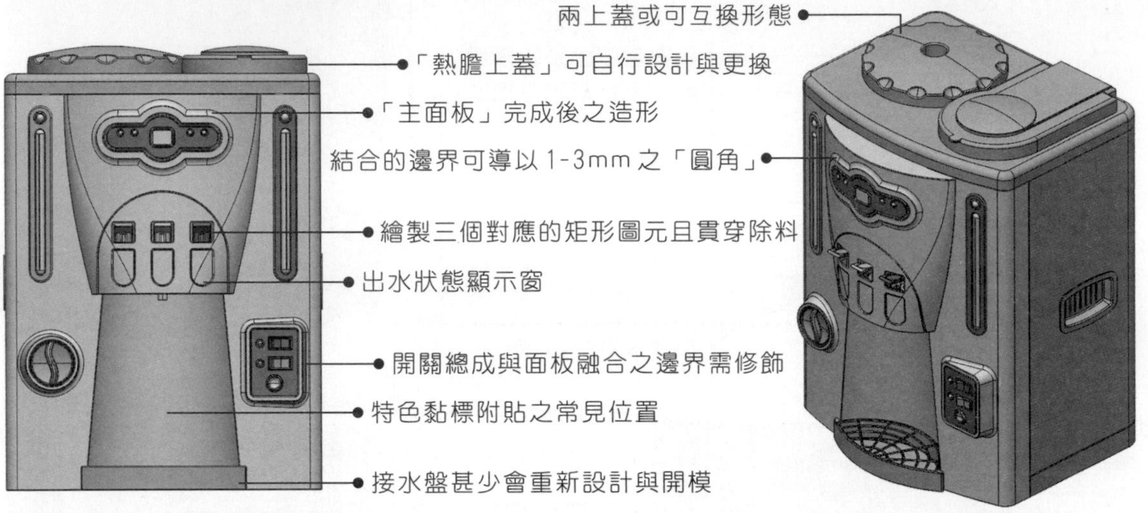
兩上蓋或可互換形態
「熱膽上蓋」可自行設計與更換
「主面板」完成後之造形
結合的邊界可導以1-3mm之「圓角」
繪製三個對應的矩形圖元且貫穿除料
出水狀態顯示窗
開關總成與面板融合之邊界需修飾
特色黏標附貼之常見位置
接水盤甚少會重新設計與開模
《開飲機正視》　《開飲機透視角》

STEP 14 進入模型彩現程序：透過Solidworks之附加模組【 Photoview360 】編輯模型【 :外觀】與【 :全景】；開飲機主面板的配色盡量以象牙白或淺色系為主，飾板則可以融入水轉印的花色。下方為產品模型融合素色場景之渲染完成圖照。

《開飲機彩現完成圖》

7-4 負離子吹風機設計

⊙要點提醒　**本範例為綠色版參考教學檔--請學習者使用雲端連結並下載相關之附件**

本範例教學視訊檔案：SolidWorks/進階&應用/CH07目錄下/7-4 吹風機.avi
本範例製作完成檔案：SolidWorks/進階&應用/CH07目錄下/7-4 吹風機.SLDPRT

7-4.1 吹風機主體建構

吹風機已是一款相當成熟的家電產品，在其新款品項推出時，上側主體多會重新設計與開模；但內構與握柄外殼則沿用多年才會更迭與二次設計。啟用既有的附件，繼而使用【 :旋轉成型】製作風筒，並且執行【 :填入複製排列】製作進氣孔罩之篩網。前端集風器（筒）則以【 :曲面疊層拉伸】導引成形，且設定1-2mm的殼厚。於主體形態建構完成後，即可執行【 :分割】暨【 :圓角】工序修飾各組件之邊界輪廓。待進程完備後再附貼材質暨渲染吹風機之模型。

建模進程：

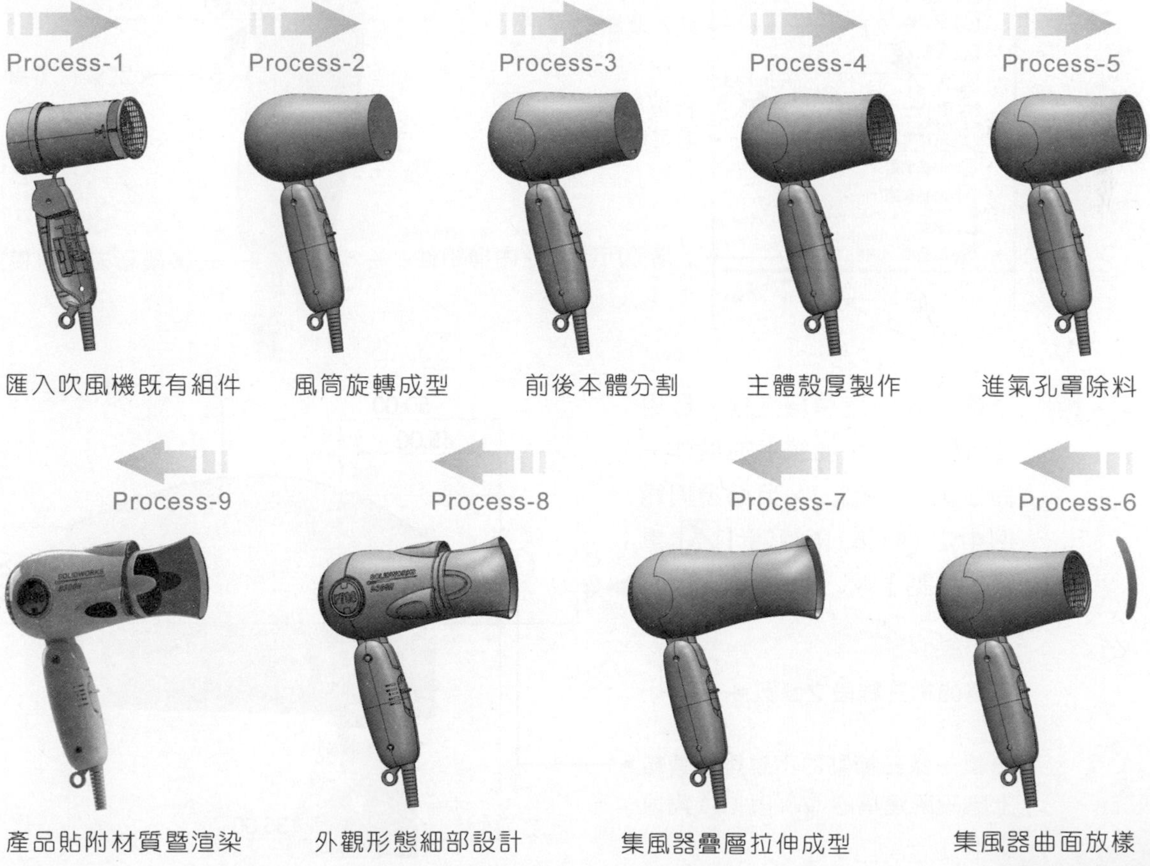
Process-1
Process-2
Process-3
Process-4
Process-5
匯入吹風機既有組件
風筒旋轉成型
前後本體分割
主體殼厚製作
進氣孔罩除料
Process-9
Process-8
Process-7
Process-6
產品貼附材質暨渲染
外觀形態細部設計
集風器疊層拉伸成型
集風器曲面放樣

STEP 01

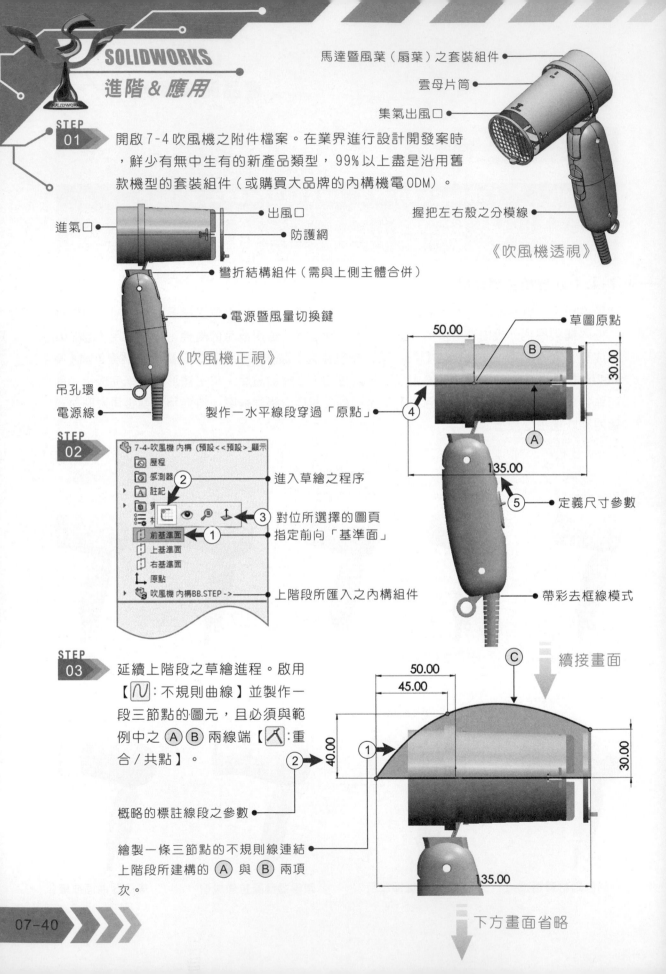

開啟 7-4 吹風機之附件檔案。在業界進行設計開發案時，鮮少有無中生有的新產品類型，99% 以上盡是沿用舊款機型的套裝組件（或購買大品牌的內構機電 ODM）。

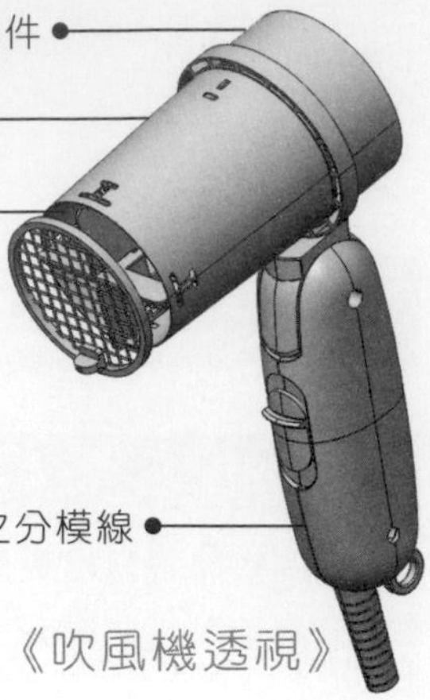
馬達暨風葉（扇葉）之套裝組件
雲母片筒
集氣出風口
握把左右殼之分模線

《吹風機透視》

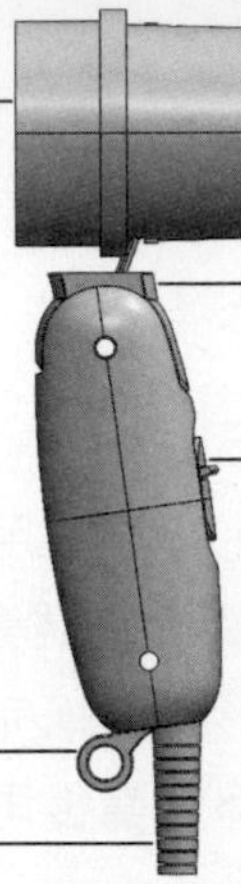
進氣口
出風口
防護網
彎折結構組件（需與上側主體合併）
電源暨風量切換鍵
吊孔環
電源線

《吹風機正視》

STEP 02

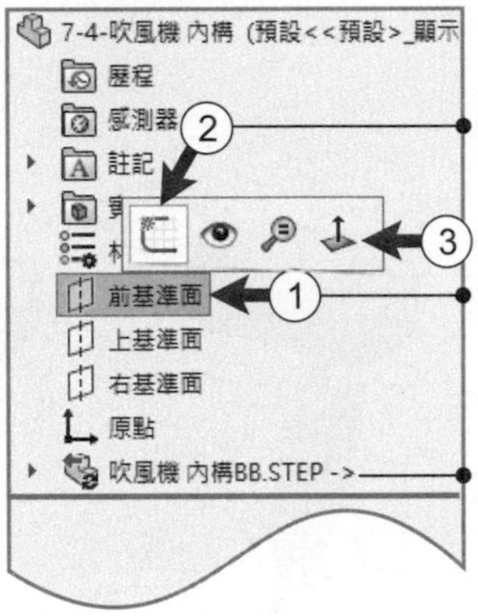
7-4-吹風機 內構 (預設<<預設>_顯示
歷程
感測器
註記
2
3
1
前基準面
上基準面
右基準面
原點
吹風機 內構BB.STEP ->
進入草繪之程序
對位所選擇的圖頁
指定前向「基準面」
上階段所匯入之內構組件

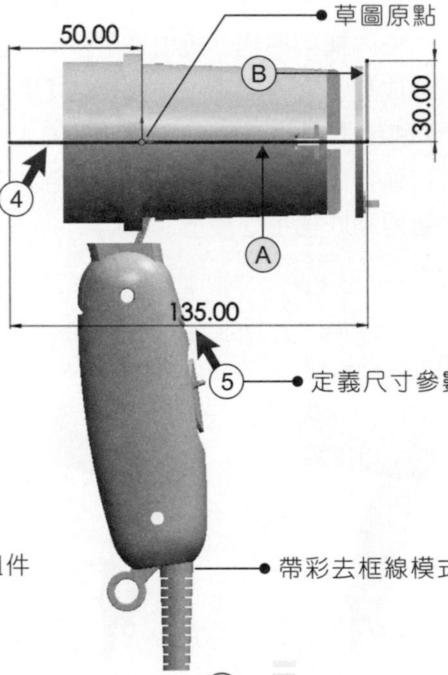
草圖原點
50.00
B
30.00
4
製作一水平線段穿過「原點」
A
135.00
5
定義尺寸參數
帶彩去框線模式

STEP 03

延續上階段之草繪進程。啟用【 : 不規則曲線】並製作一段三節點的圖元，且必須與範例中之 Ⓐ Ⓑ 兩線端【 :重合 / 共點】。

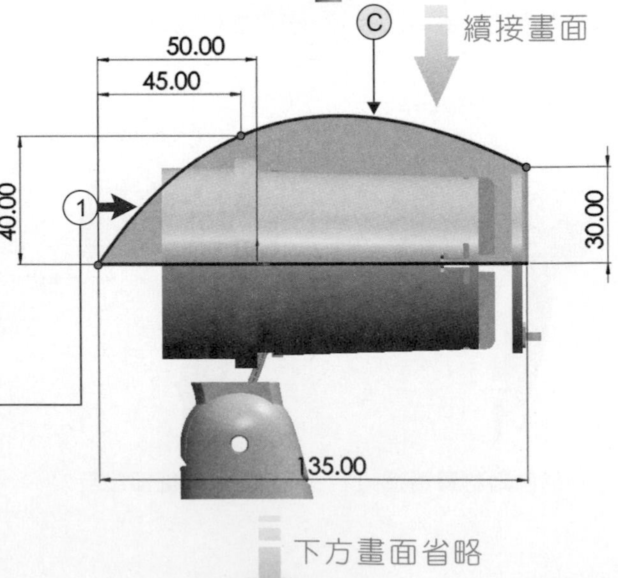
C
續接畫面
50.00
45.00
1
2
40.00
30.00
135.00
概略的標註線段之參數
繪製一條三節點的不規則線連結上階段所建構的 Ⓐ 與 Ⓑ 兩項次。
下方畫面省略

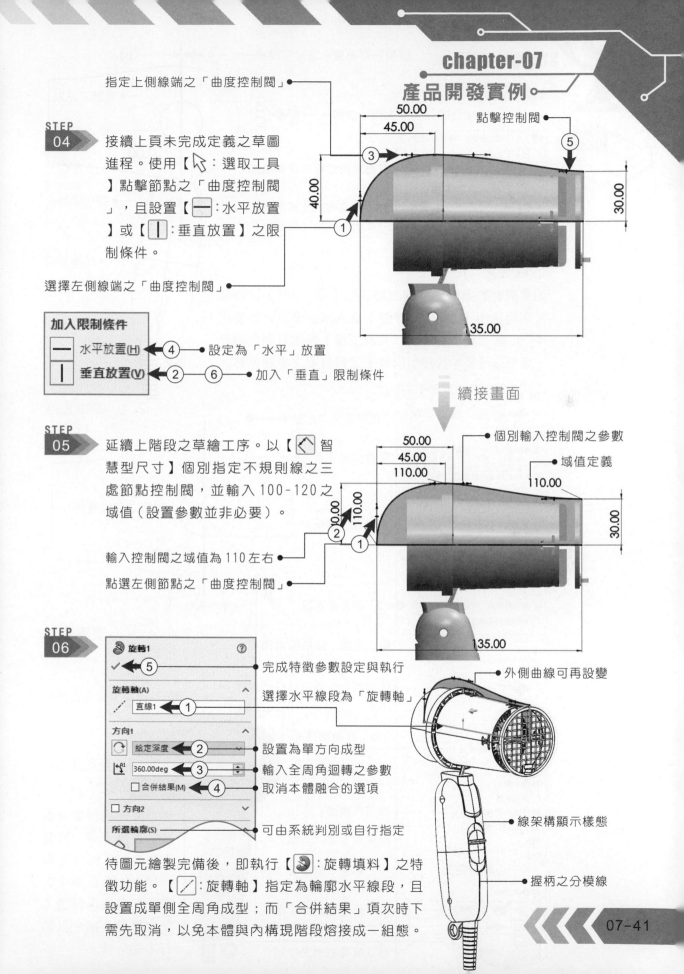

STEP 04

接續上頁未完成定義之草圖進程。使用【 :選取工具】點擊節點之「曲度控制閥」，且設置【 :水平放置】或【 :垂直放置】之限制條件。

指定上側線端之「曲度控制閥」③

點擊控制閥 ⑤

選擇左側線端之「曲度控制閥」①

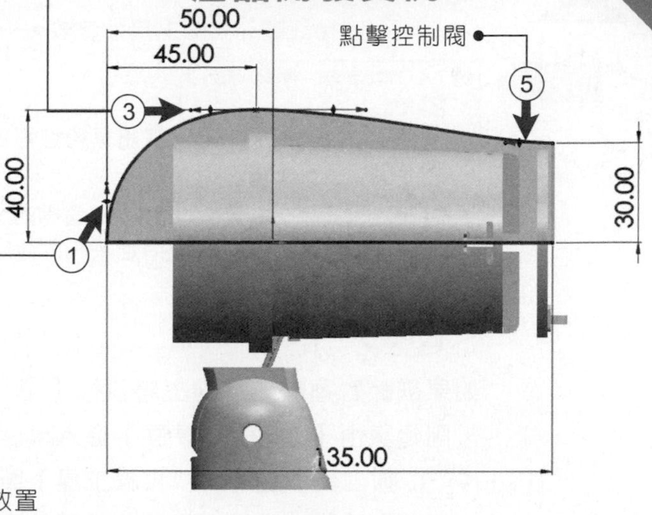

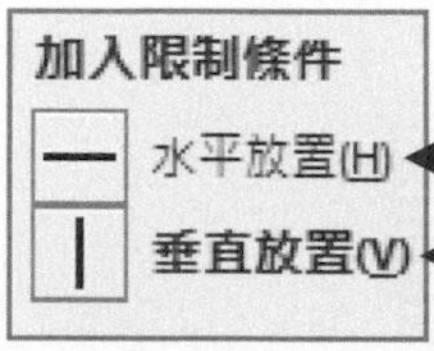

④ 設定為「水平」放置

② ⑥ 加入「垂直」限制條件

續接畫面

STEP 05

延續上階段之草繪工序。以【 智慧型尺寸】個別指定不規則線之三處節點控制閥，並輸入 100-120 之域值（設置參數並非必要）。

個別輸入控制閥之參數

域值定義

輸入控制閥之域值為 110 左右 ②

點選左側節點之「曲度控制閥」①

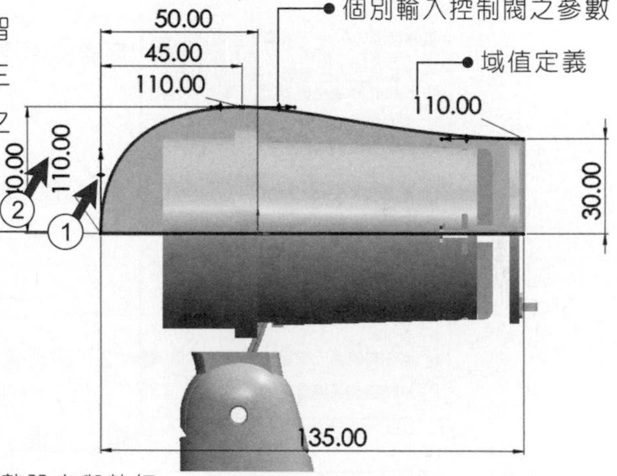

STEP 06

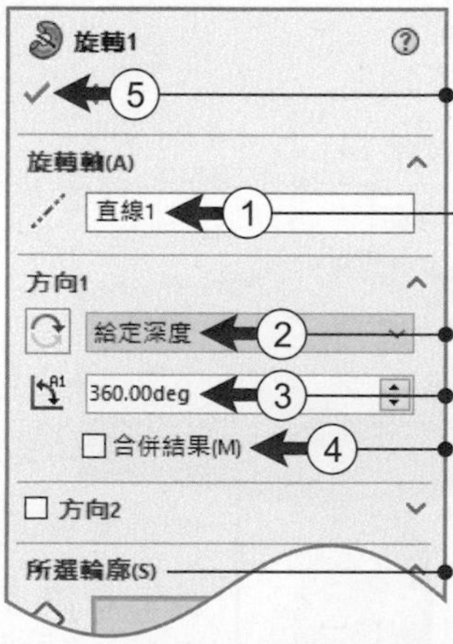

⑤ 完成特徵參數設定與執行

① 選擇水平線段為「旋轉軸」

② 設置為單方向成型

③ 輸入全周角迴轉之參數

④ 取消本體融合的選項

可由系統判別或自行指定

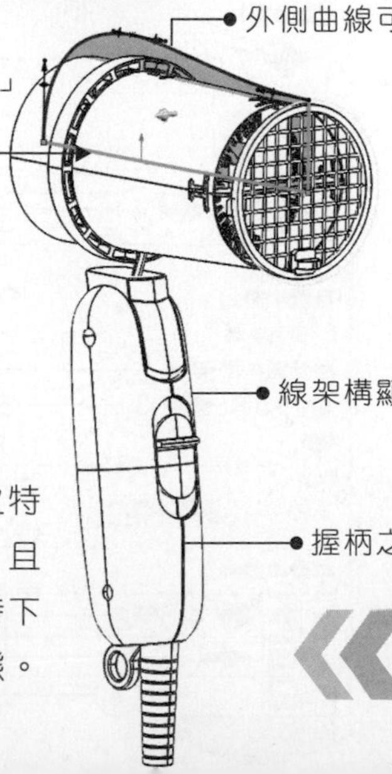

外側曲線可再設變

線架構顯示樣態

握柄之分模線

待圖元繪製完備後，即執行【 :旋轉填料】之特徵功能。【 :旋轉軸】指定為輪廓水平線段，且設置成單側全周角成型；而「合併結果」項次時下需先取消，以免本體與內構現階段熔接成一組態。

STEP 07

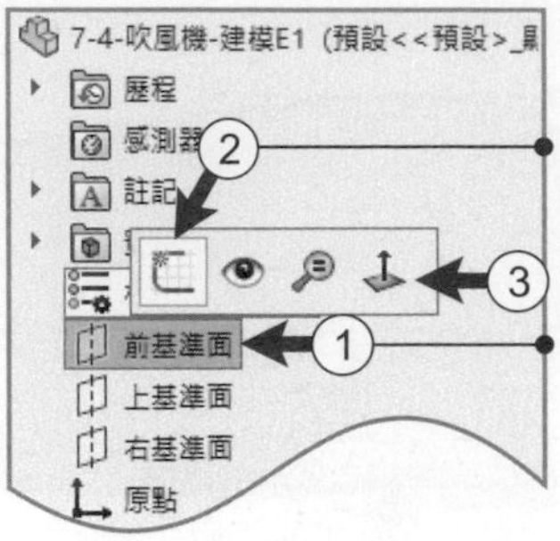
7-4-吹風機-建模E1 (預設<<預設>_顯
歷程
感測器
註記
前基準面
上基準面
右基準面
原點
① 指定系統內建之前向圖頁
② 啟用草繪進程並建構輪廓
③ 對位所選擇的「基準面」

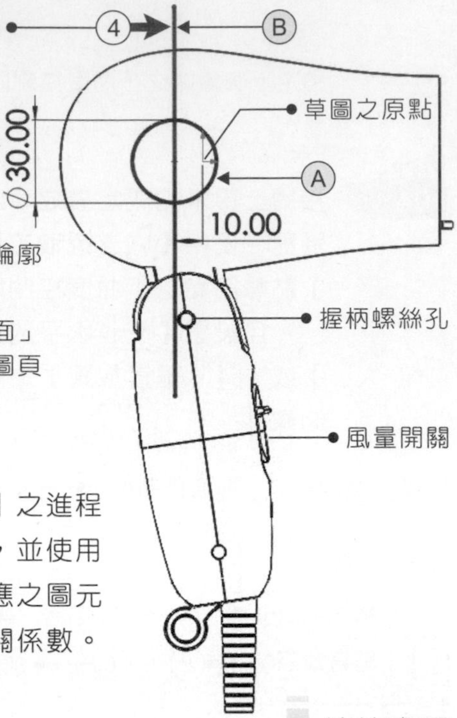
繪製一迴圈暨一段縱向線 ④
B
標註圖元對應之尺寸參數 ⑤
⌀30.00
草圖之原點
A
10.00
握柄螺絲孔
風量開關

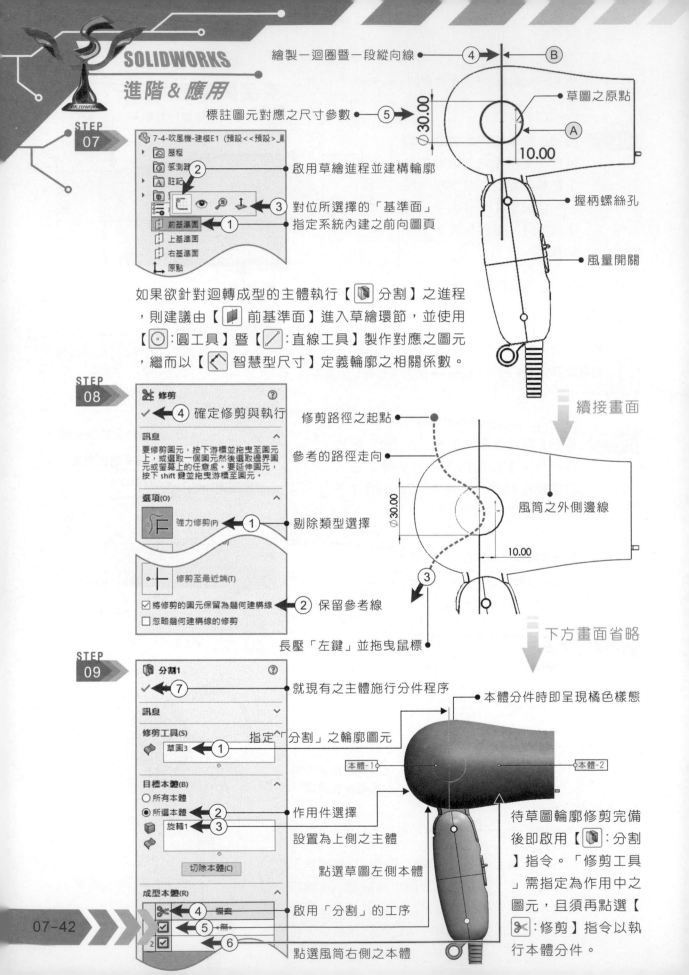

如果欲針對迴轉成型的主體執行【分割】之進程，則建議由【前基準面】進入草繪環節，並使用【:圓工具】暨【:直線工具】製作對應之圖元，繼而以【智慧型尺寸】定義輪廓之相關係數。

STEP 08

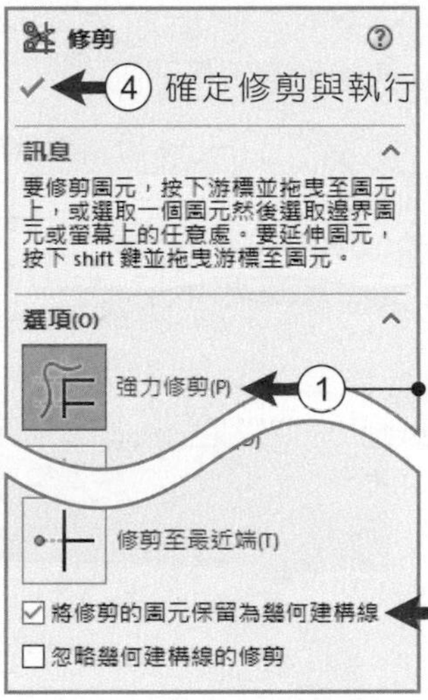
修剪
④ 確定修剪與執行
訊息
要修剪圖元，按下游標並拖曳至圖元上，或選取一個圖元然後選取邊界圖元或螢幕上的任意處。要延伸圖元，按下 shift 鍵並拖曳游標至圖元。
選項(O)
強力修剪(P)
① 剔除類型選擇
修剪至最近端(T)
將修剪的圖元保留為幾何建構線
② 保留參考線
忽略幾何建構線的修剪

續接畫面

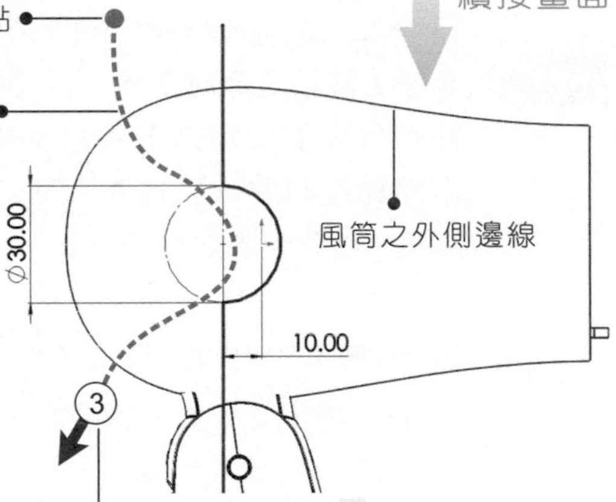

下方畫面省略

STEP 09

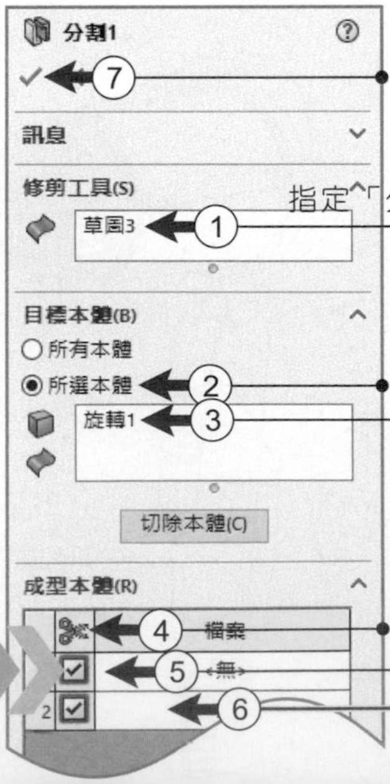
分割1
⑦ 就現有之主體施行分件程序
訊息
修剪工具(S)
草圖3
① 指定「分割」之輪廓圖元
目標本體(B)
所有本體
所選本體
② 作用件選擇
旋轉1
③ 設置為上側之主體
切除本體(C)
成型本體(R)
檔案
④ 啟用「分割」的工序
<無>
⑤
⑥

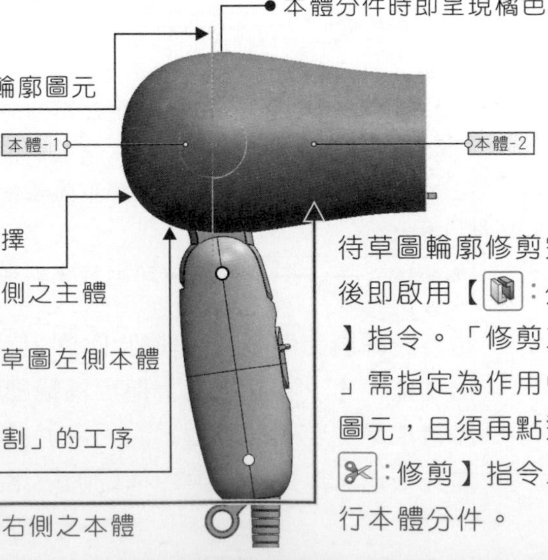
本體分件時即呈現橘色樣態
本體-1
本體-2
點選草圖左側本體
點選風筒右側之本體

待草圖輪廓修剪完備後即啟用【:分割】指令。「修剪工具」需指定為作用中之圖元，且須再點選【:修剪】指令以執行本體分件。

STEP 10

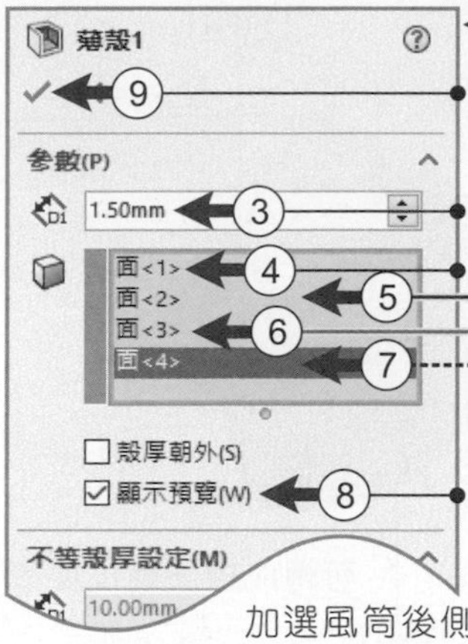

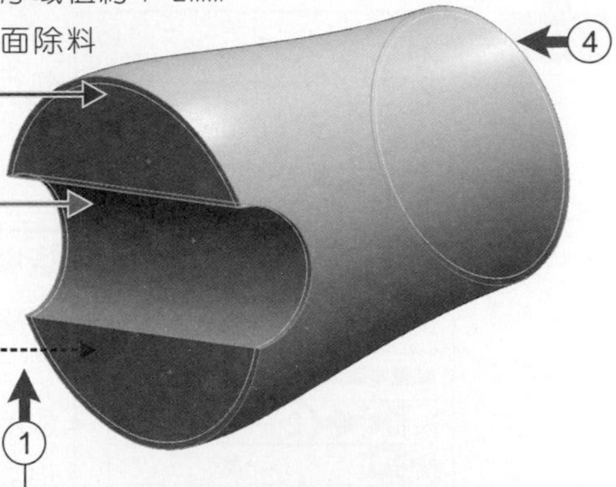

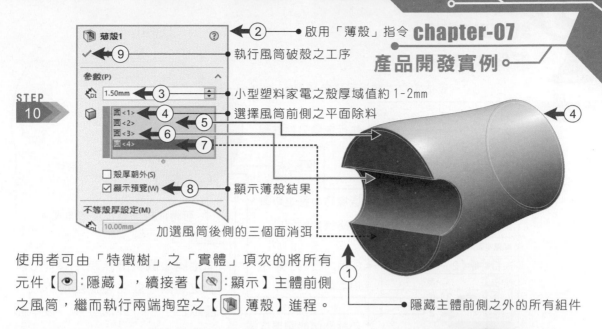

使用者可由「特徵樹」之「實體」項次的將所有元件【 :隱藏】，續接著【 :顯示】主體前側之風筒，繼而執行兩端掏空之【 薄殼】進程。

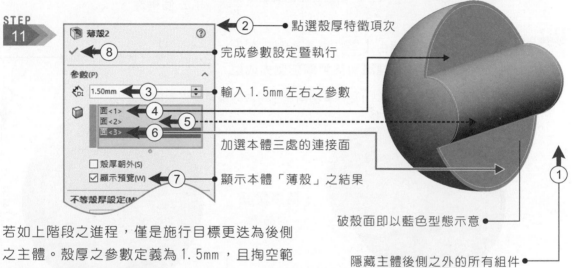

STEP 11

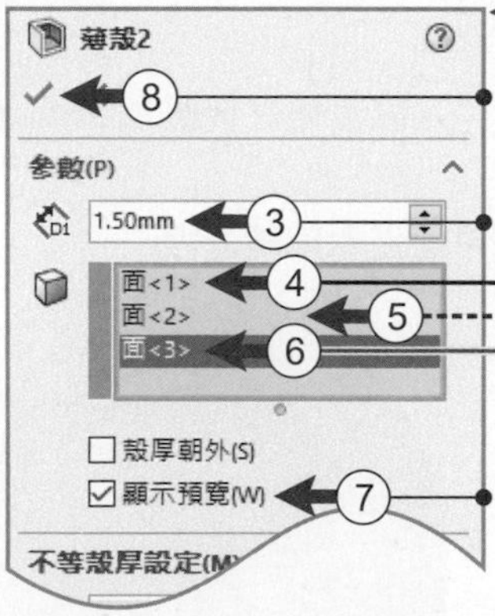

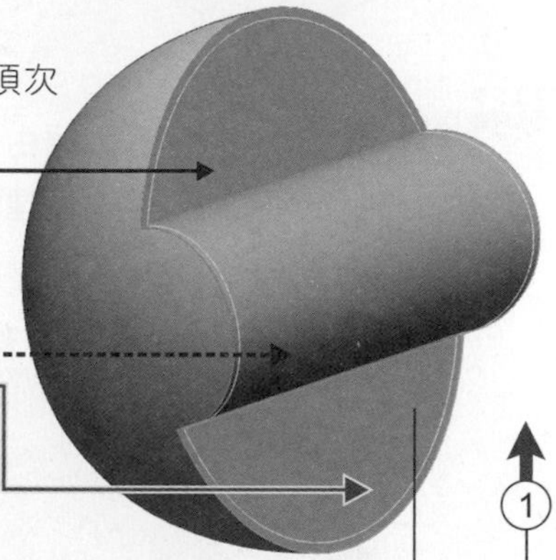

若如上階段之進程，僅是施行目標更迭為後側之主體。殼厚之參數定義為 1.5mm，且掏空範圍指定成例圖之三處連接面。

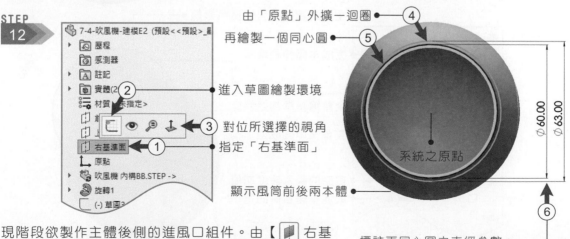

STEP 12

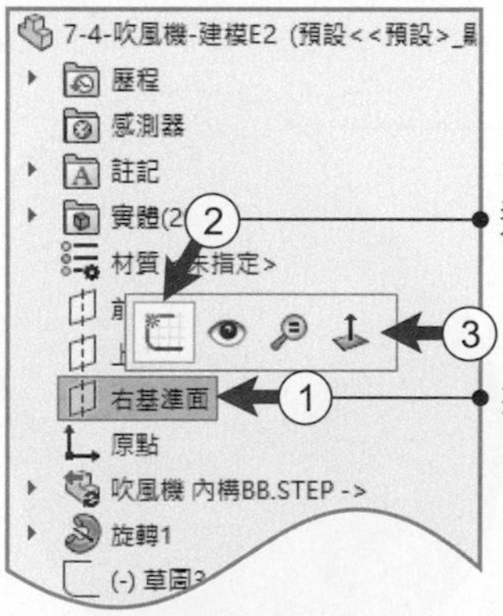

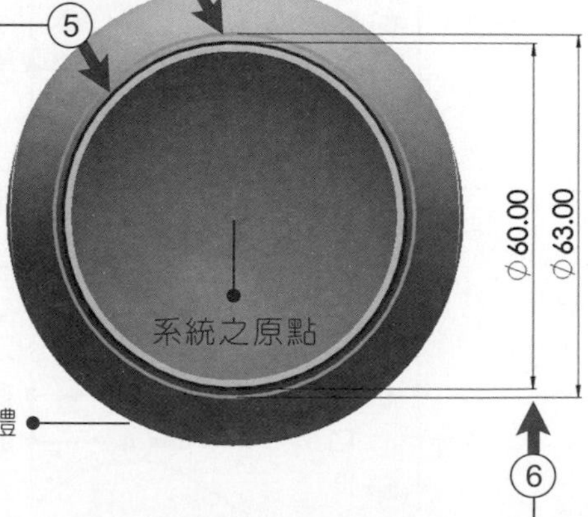

現階段欲製作主體後側的進風口組件。由【 右基準面】進入【 :草圖】，且使用【 :圓工具】自【 原點】延伸出兩個同心圓，繼而標註兩直徑參數為 60mm 與 63mm（概略參酌即可）。

STEP 13

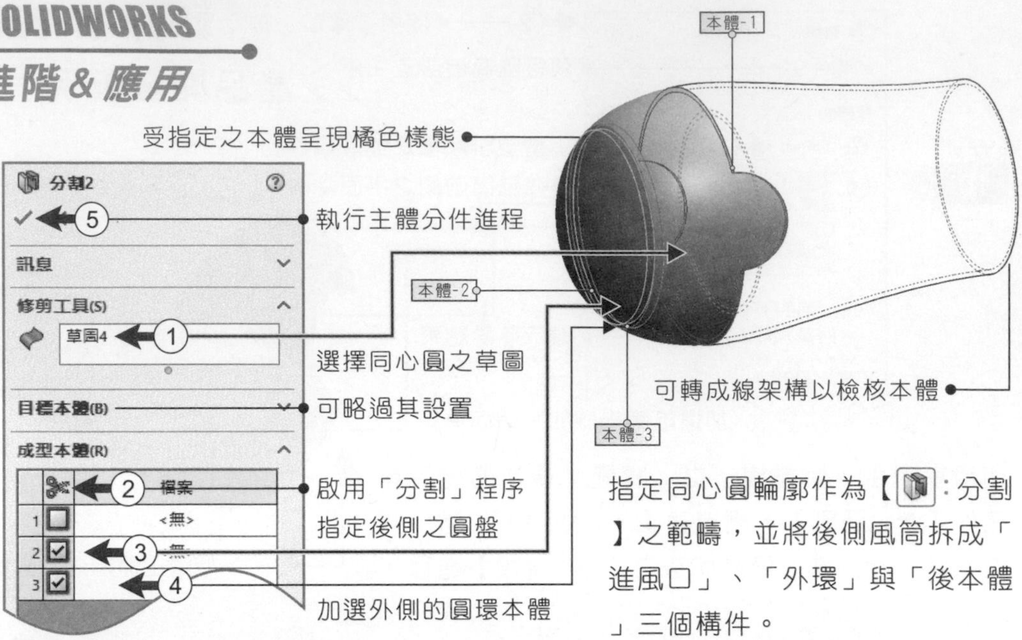
分割2
訊息
修剪工具(S)
草圖4
目標本體(B)
成型本體(R)
檔案
<無>
本體-1
本體-2
本體-3
受指定之本體呈現橘色樣態
執行主體分件進程
選擇同心圓之草圖
可略過其設置
啟用「分割」程序
指定後側之圓盤
加選外側的圓環本體
可轉成線架構以檢核本體

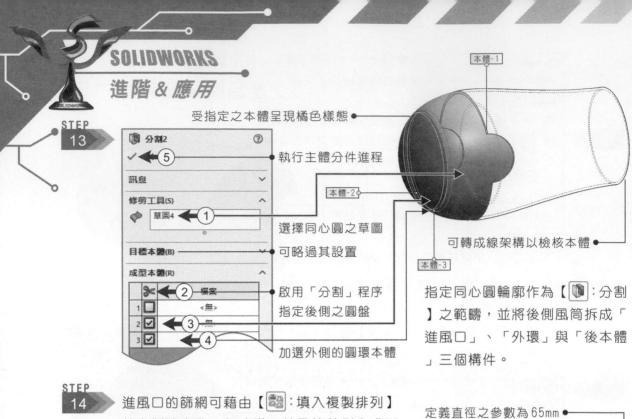

指定同心圓輪廓作為【 ：分割】之範疇，並將後側風筒拆成「進風口」、「外環」與「後本體」三個構件。

STEP 14

進風口的篩網可藉由【 ：填入複製排列】特徵製速穿孔；但建議可於風筒前側先成型一本體放樣。

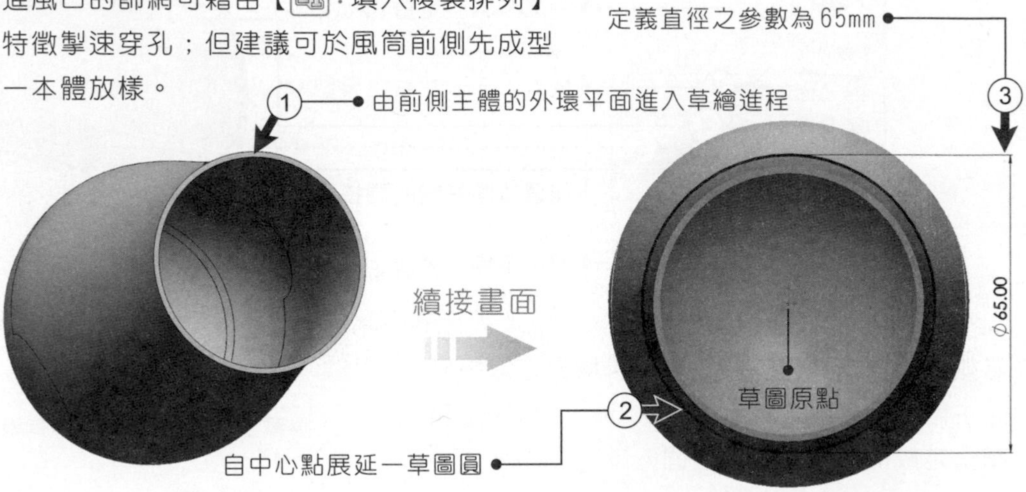
定義直徑之參數為 65mm
由前側主體的外環平面進入草繪進程
續接畫面
Ø65.00
草圖原點
自中心點展延一草圖圓

STEP 15

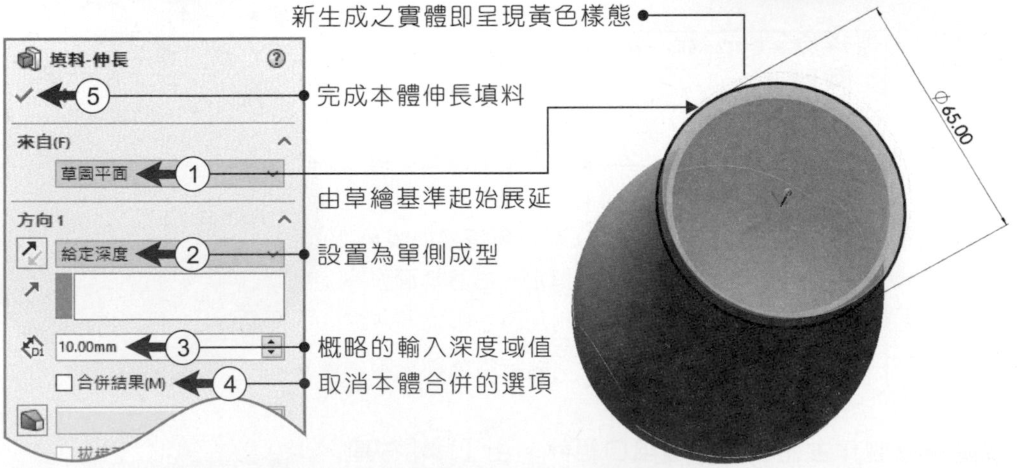
填料-伸長
來自(F)
草圖平面
方向 1
給定深度
10.00mm
合併結果(M)
新生成之實體即呈現黃色樣態
完成本體伸長填料
由草繪基準起始展延
設置為單側成型
概略的輸入深度域值
取消本體合併的選項
Ø65.00

啟用【 ：伸長填料】特徵及成型一個圓盤實體，其「合併結果」選項務必取消，藉此維持各組件間的自由度；「給定深度」設置成向外展延，而深度之參數概略輸入即可。

STEP 16

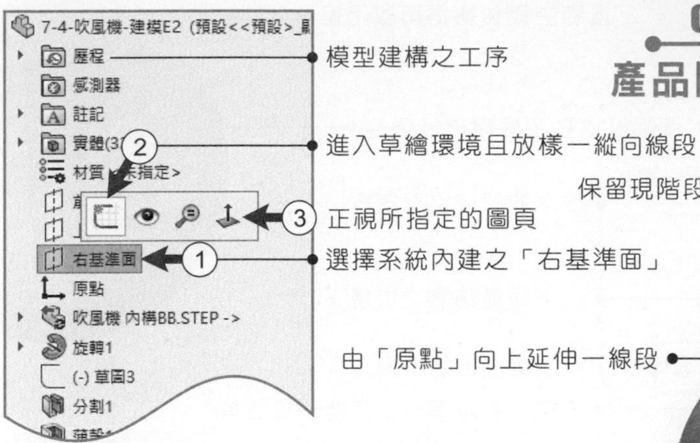

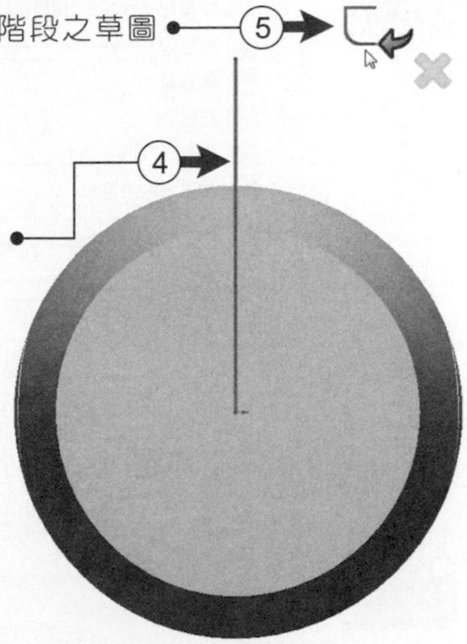
保留現階段之草圖

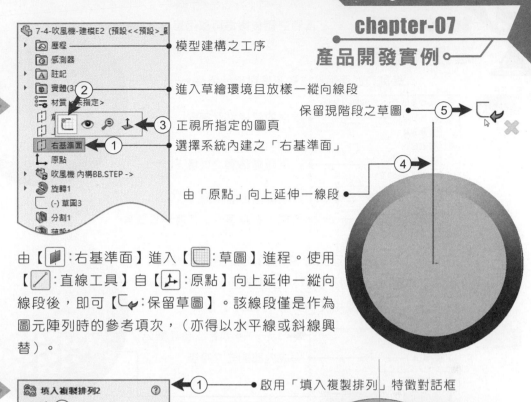

由【▮：右基準面】進入【▦：草圖】進程。使用【╱：直線工具】自【⊥：原點】向上延伸一縱向線段後，即可【保留草圖】。該線段僅是作為圖元陣列時的參考項次，（亦得以水平線或斜線興替）。

STEP 17

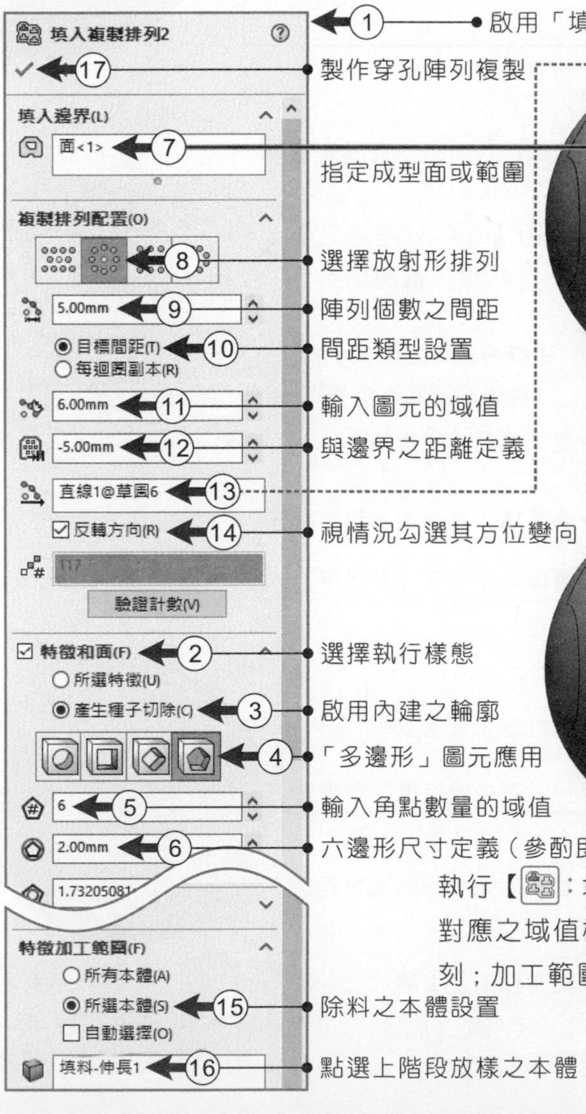
填入複製排列2
填入邊界(L)
面<1>
複製排列配置(O)
5.00mm
目標間距(T)
每迴圈副本(R)
6.00mm
-5.00mm
直線1@草圖6
反轉方向(R)
117
驗證計數(V)
特徵和面(F)
所選特徵(U)
產生種子切除(C)
6
2.00mm
1.73205081
特徵加工範圍(F)
所有本體(A)
所選本體(S)
自動選擇(O)
填料-伸長1
啟用「填入複製排列」特徵對話框
製作穿孔陣列複製
指定成型面或範圍
選擇放射形排列
陣列個數之間距
間距類型設置
輸入圖元的域值
與邊界之距離定義
視情況勾選其方位變向
選擇執行樣態
啟用內建之輪廓
「多邊形」圖元應用
輸入角點數量的域值
六邊形尺寸定義（參酌即可）
除料之本體設置
點選上階段放樣之本體

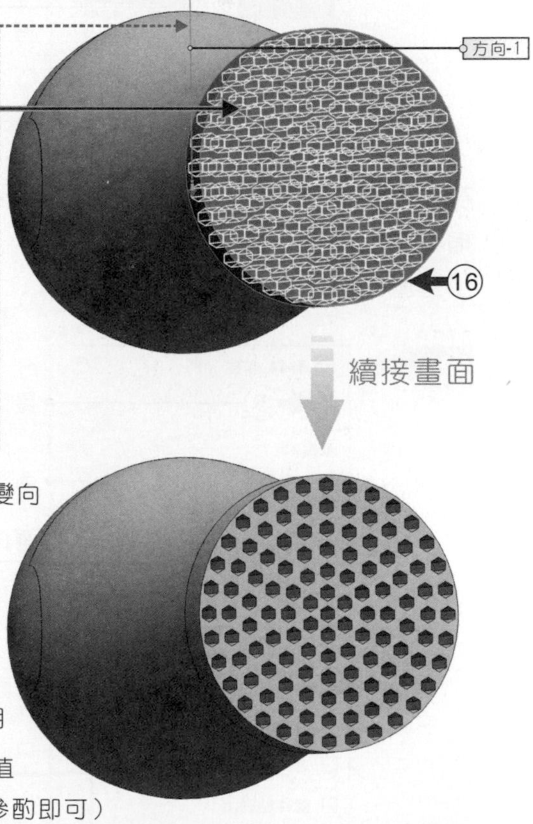
方向-1
續接畫面

執行【：填入複製排列】特徵功能。範例中對應之域值概略參酌即可，並非一定要完全復刻；加工範圍單獨指定前階段所放樣之本體。

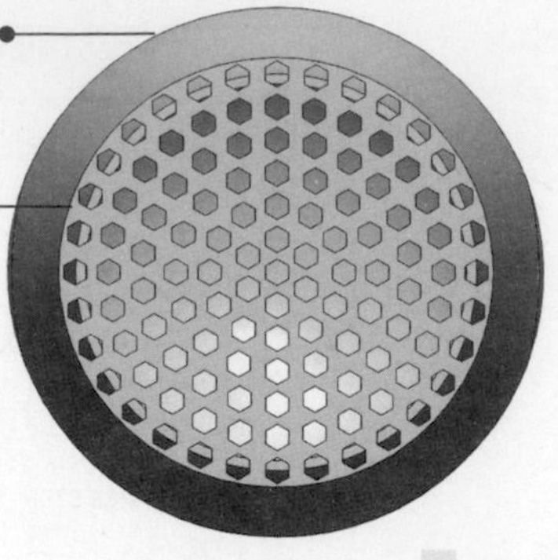
風筒主體後續得再啟用組件分割
進風口的篩網形態暨密度可自行調整

STEP 18

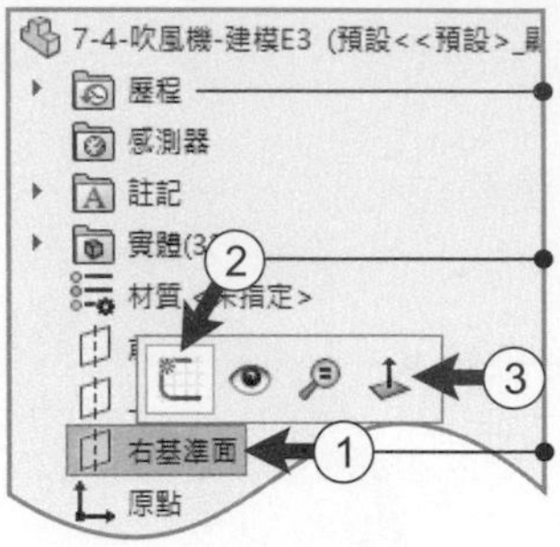
7-4-吹風機-建模E3 (預設<<預設>_
歷程
感測器
註記
實體(3)
材質 <未指定>
右基準面
原點
後期的建模進程摘錄
啟用建構輪廓之環境
對位所指定的視角
選擇「右基準面」作為草繪圖頁

續接畫面

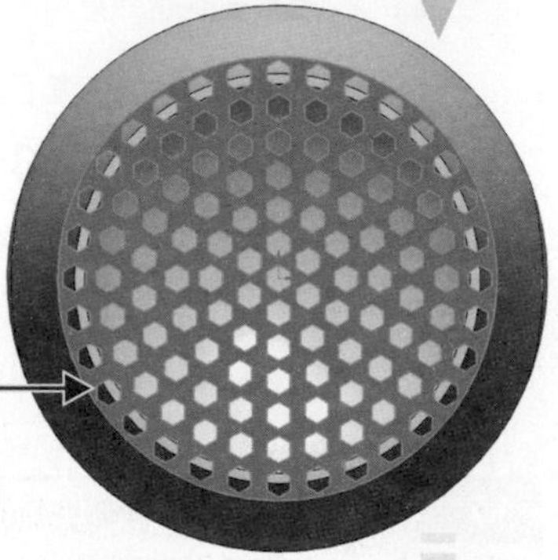

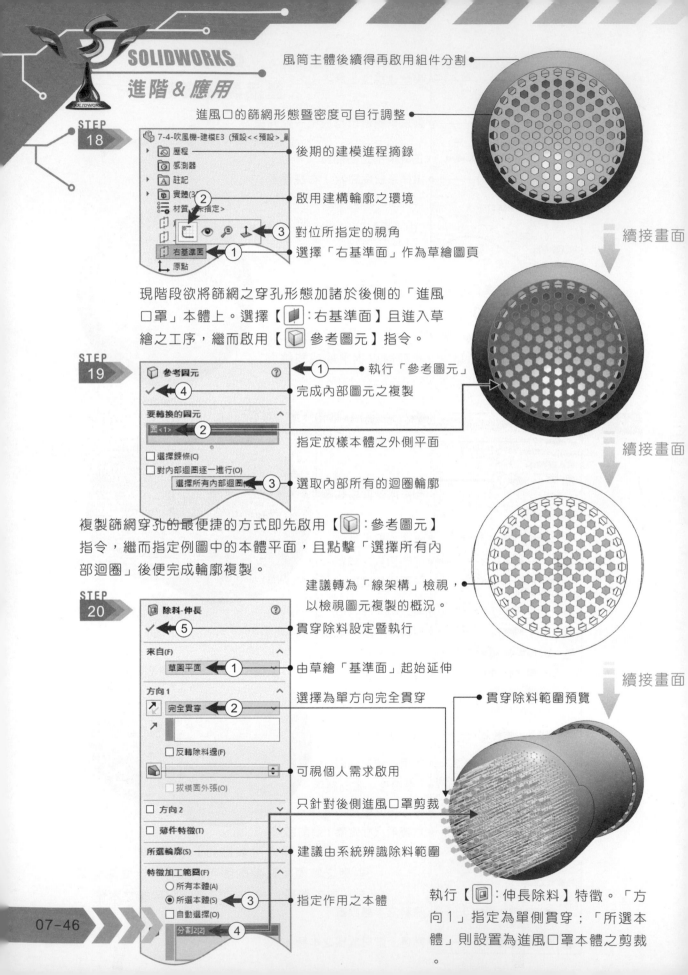

現階段欲將篩網之穿孔形態加諸於後側的「進風口罩」本體上。選擇【 :右基準面】且進入草繪之工序，繼而啟用【 參考圖元】指令。

STEP 19

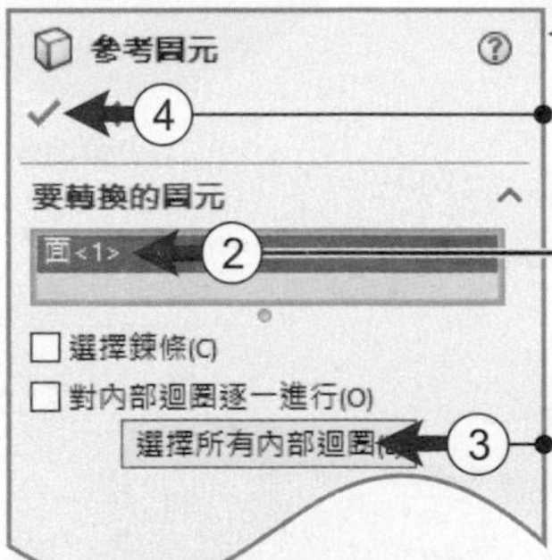
參考圖元
要轉換的圖元
面<1>
選擇鏈條(C)
對內部迴圈逐一進行(O)
選擇所有內部迴圈
執行「參考圖元」
完成內部圖元之複製
指定放樣本體之外側平面
選取內部所有的迴圈輪廓

續接畫面

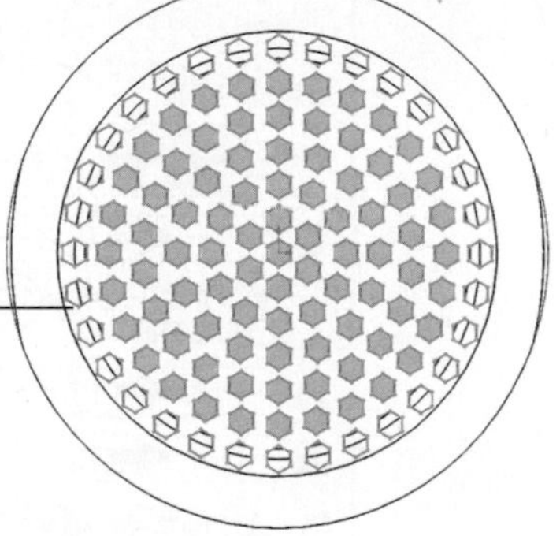
建議轉為「線架構」檢視，
以檢視圖元複製的概況。

複製篩網穿孔的最便捷的方式即先啟用【 :參考圖元】指令，繼而指定例圖中的本體平面，且點擊「選擇所有內部迴圈」後便完成輪廓複製。

STEP 20

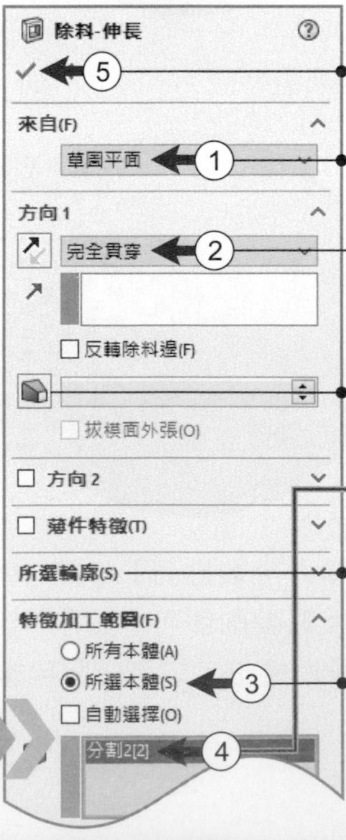
除料-伸長
來自(F)
草圖平面
方向 1
完全貫穿
反轉除料邊(F)
拔模面外張(O)
方向 2
薄件特徵(T)
所選輪廓(S)
特徵加工範圍(F)
所有本體(A)
所選本體(S)
自動選擇(O)
分割2[2]
貫穿除料設定暨執行
由草繪「基準面」起始延伸
選擇為單方向完全貫穿
可視個人需求啟用
只針對後側進風口罩剪裁
建議由系統辨識除料範圍
指定作用之本體

續接畫面

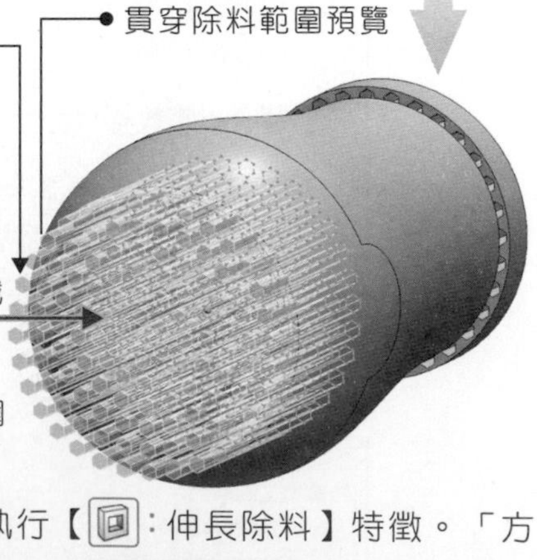
貫穿除料範圍預覽

執行【 :伸長除料】特徵。「方向 1」指定為單側貫穿；「所選本體」則設置為進風口罩本體之剪裁。

STEP 21

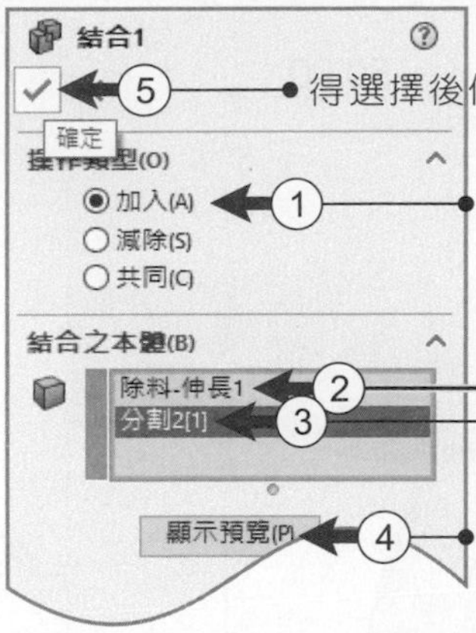
結合1
確定
操作類型(O)
加入(A)
減除(S)
共同(C)
結合之本體(B)
除料-伸長1
分割2[1]
顯示預覽(P)
5 得選擇後側之項次與外環合併
1 操作類型選擇熔接
「進風口罩」指定
2
3
加選外環之本體結合
4 開啟預覽檢視成型結果

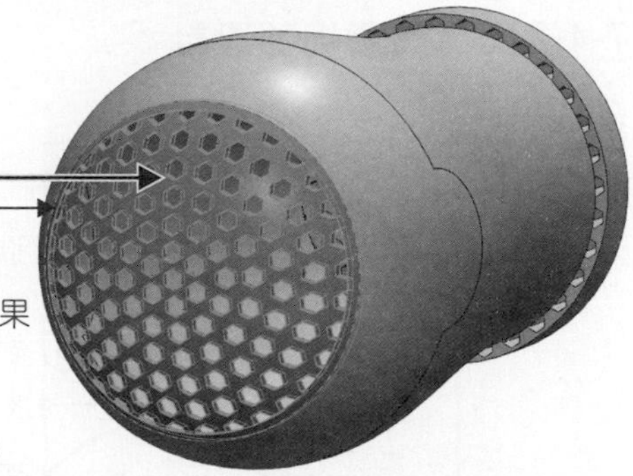

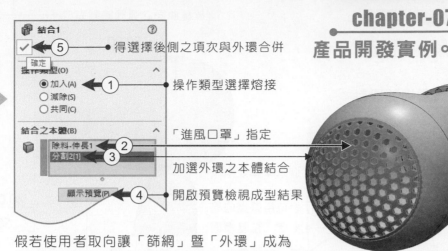

假若使用者取向讓「篩網」暨「外環」成為兩個獨立的本體，即可略過本階段【 ：結合】之進程。

續接畫面

STEP 22

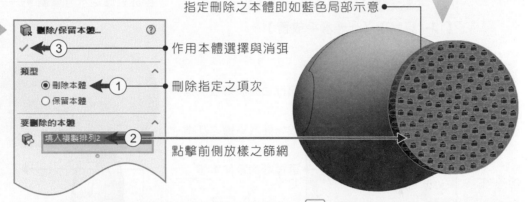

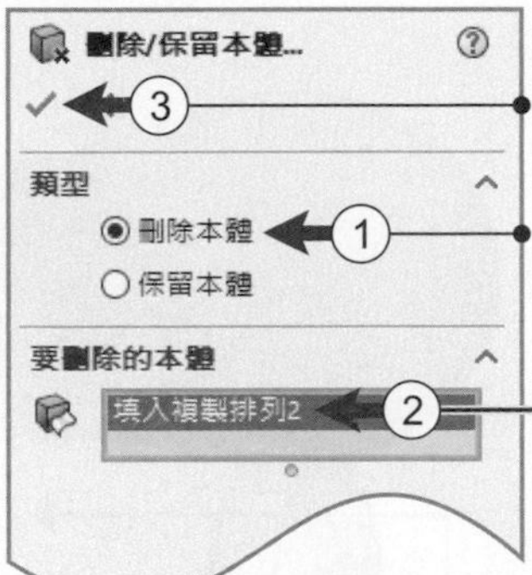
刪除/保留本體...
類型
刪除本體
保留本體
要刪除的本體
填入複製排列2
3 作用本體選擇與消弭
1 刪除指定之項次
2 點擊前側放樣之篩網
指定刪除之本體即如藍色局部示意

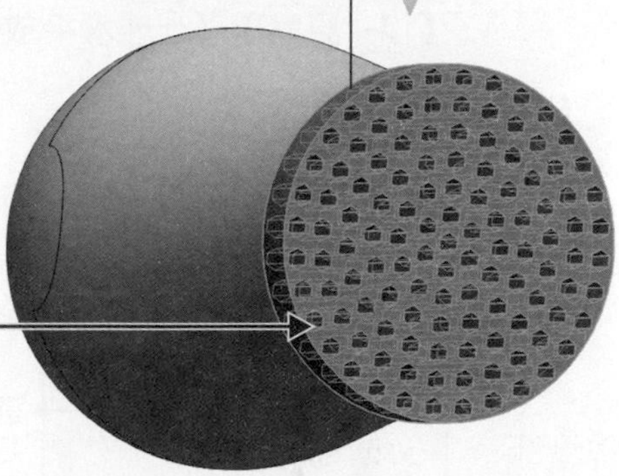

前階段放樣的篩網本體取樣用罄後，即啟用【 ：刪除 / 保留本體】之功能指令以消弭其項次。如果要剔除的目標甚多，則建議於「類型」欄位中選擇「保留本體」以過濾繁冗的指定進程。

STEP 23

迄此，主體的建構進程已概略完成，餘留的細部修飾暨分件之工序則由學習者斟酌的執行。下一單元為出風口附加的組件——「集風器（筒）」之建構步驟，使用者概可自行設計對接之組件造形，並以【 ：曲面疊層拉伸】或【 ：邊界曲面】指令生成本體。

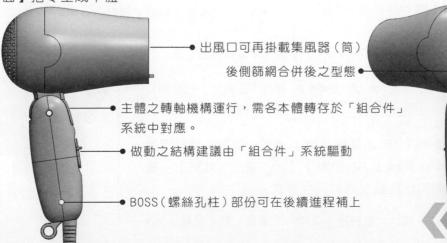

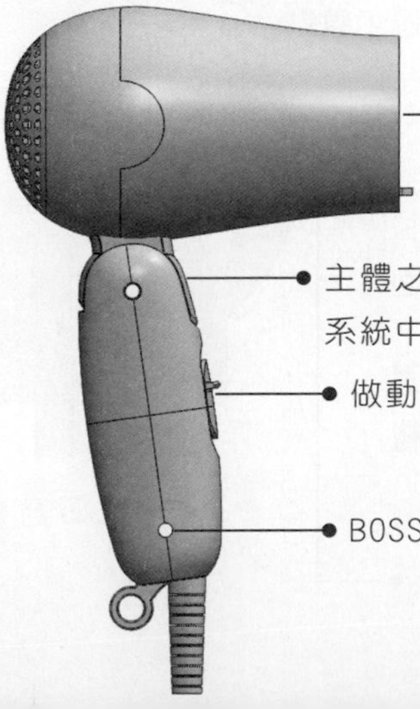
出風口可再掛載集風器（筒）
主體之轉軸機構運行，需各本體轉存於「組合件」系統中對應。
做動之結構建議由「組合件」系統驅動
BOSS（螺絲孔柱）部份可在後續進程補上

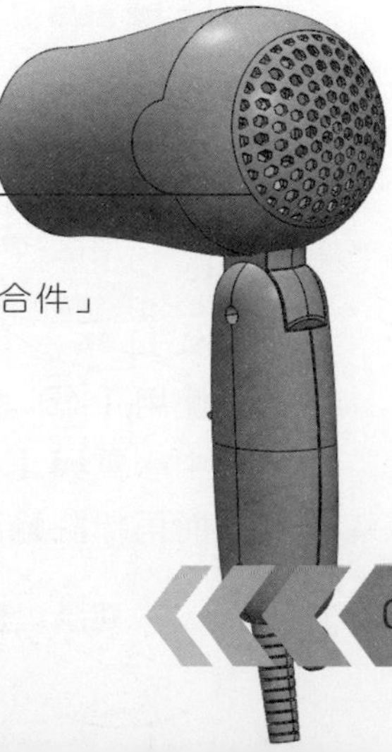
後側篩網合併後之型態

7-4.2 集風筒暨細部設計

STEP 01

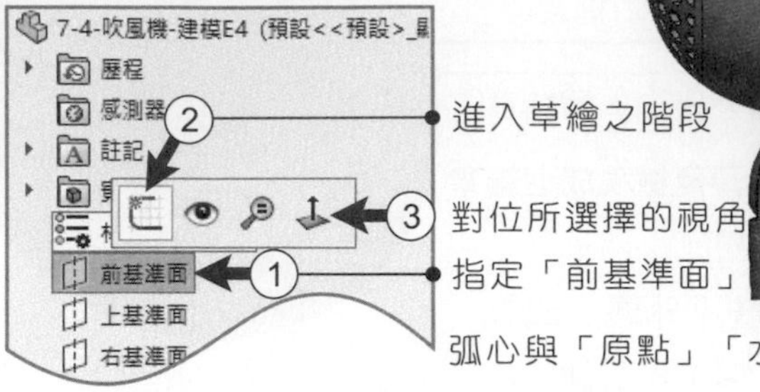

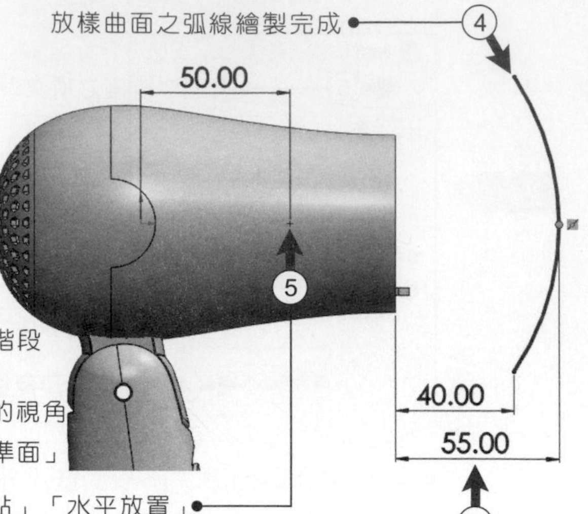
④ 放樣曲面之弧線繪製完成
50.00
40.00
55.00
⑤ 弧心與「原點」「水平放置」
⑥ 標註對應之尺寸參數

傳統的扇形集風器之建構，建議可使用【 :三點定弧】放樣曲面，且設定弧心與【 原點】【 水平放置】。

STEP 02

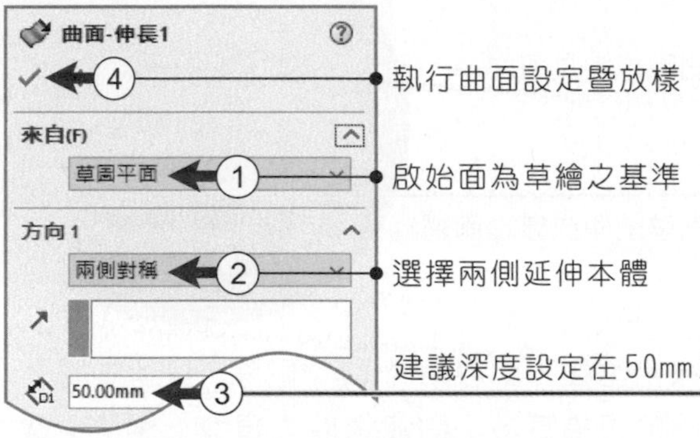
曲面-伸長1
④ 執行曲面設定暨放樣
來自(F)
草圖平面
① 啟始面為草繪之基準
方向 1
兩側對稱
② 選擇兩側延伸本體
50.00mm
③ 建議深度設定在50mm以上

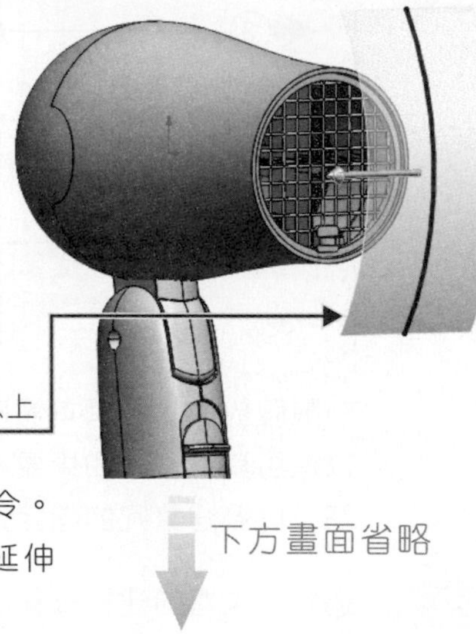
下方畫面省略

待弧線設置完成後即啟用【 伸長曲面】指令。「來自於」選項設置為草繪之基準平面；而延伸之距離則建議定義在50-100mm之間。

STEP 03

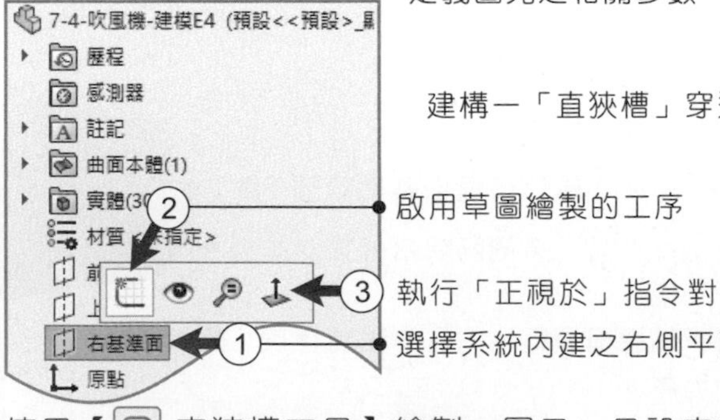
7-4-吹風機-建模E4 (預設<<預設>_顯
歷程
感測器
註記
曲面本體(1)
實體(30)
材質 <未指定>
右基準面
原點
① 選擇系統內建之右側平面
② 啟用草圖繪製的工序
③ 執行「正視於」指令對位

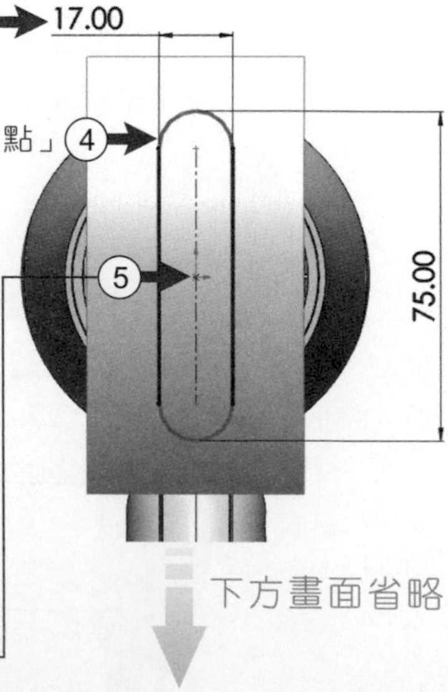
⑥ 定義圖元之相關參數
17.00
④ 建構一「直狹槽」穿過「原點」
75.00
⑤ 建議「直狹槽」之中心「重合」於「原點」上
下方畫面省略

使用【 直狹槽工具】繪製一圖元，且設定其中心需與【 :原點】【 :重合/共點】，繼而再標註輪廓的各尺寸參數。

STEP 04

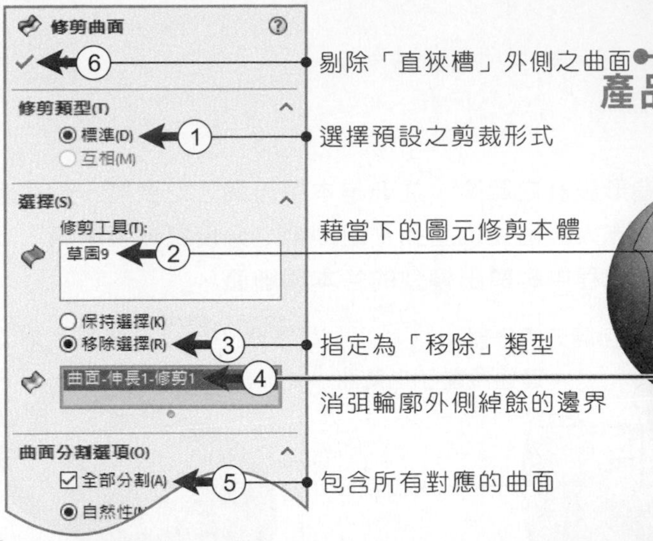
修剪曲面
剔除「直狹槽」外側之曲面
修剪類型(T)
標準(D)
互相(M)
選擇預設之剪裁形式
選擇(S)
修剪工具(T):
草圖9
藉當下的圖元修剪本體
保持選擇(K)
移除選擇(R)
指定為「移除」類型
曲面-伸長1-修剪1
消弭輪廓外側綽餘的邊界
曲面分割選項(O)
全部分割(A)
包含所有對應的曲面
自然性

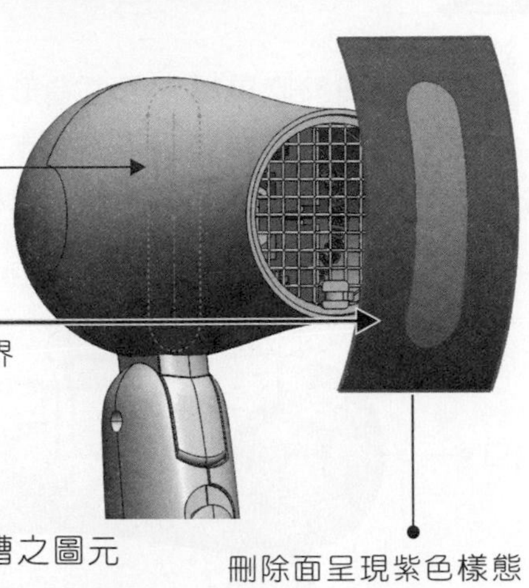
刪除面呈現紫色樣態

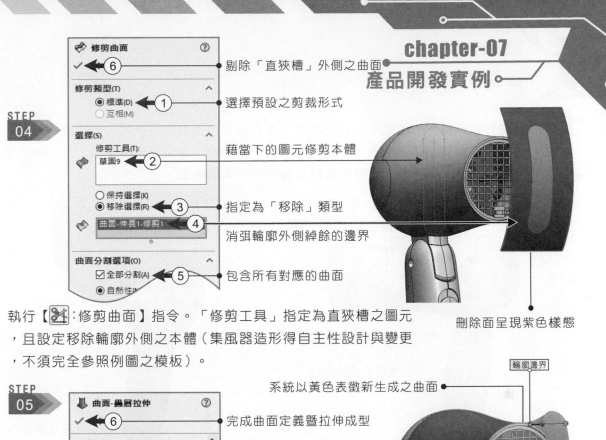

執行【:修剪曲面】指令。「修剪工具」指定為直狹槽之圖元，且設定移除輪廓外側之本體（集風器造形得自主性設計與變更，不須完全參照例圖之模板）。

STEP 05

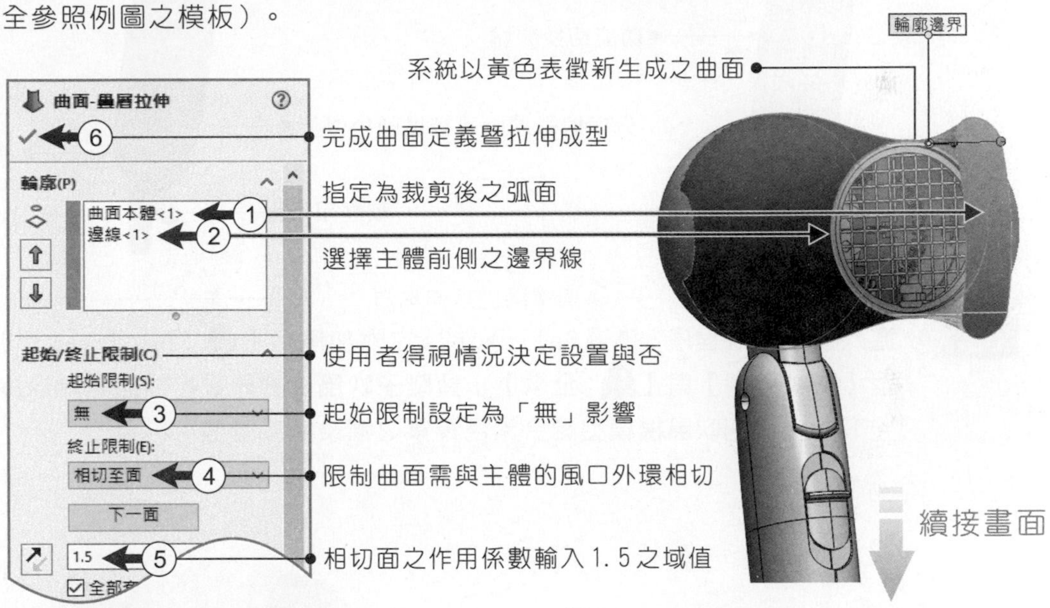
輪廓邊界
系統以黃色表徵新生成之曲面
曲面-疊層拉伸
完成曲面定義暨拉伸成型
輪廓(P)
曲面本體<1>
邊線<1>
指定為裁剪後之弧面
選擇主體前側之邊界線
起始/終止限制(C)
使用者得視情況決定設置與否
起始限制(S):
無
起始限制設定為「無」影響
終止限制(E):
相切至面
限制曲面需與主體的風口外環相切
下一面
1.5
相切面之作用係數輸入 1.5 之域值
全部套
續接畫面

STEP 06

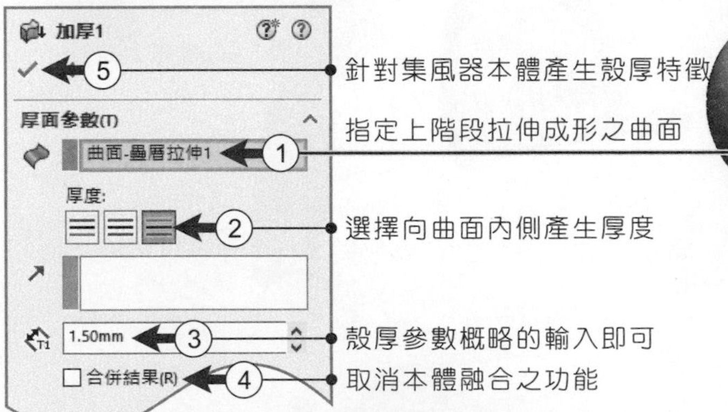
加厚1
針對集風器本體產生殼厚特徵
厚面參數(T)
曲面-疊層拉伸1
指定上階段拉伸成形之曲面
厚度:
選擇向曲面內側產生厚度
1.50mm
殼厚參數概略的輸入即可
合併結果(R)
取消本體融合之功能

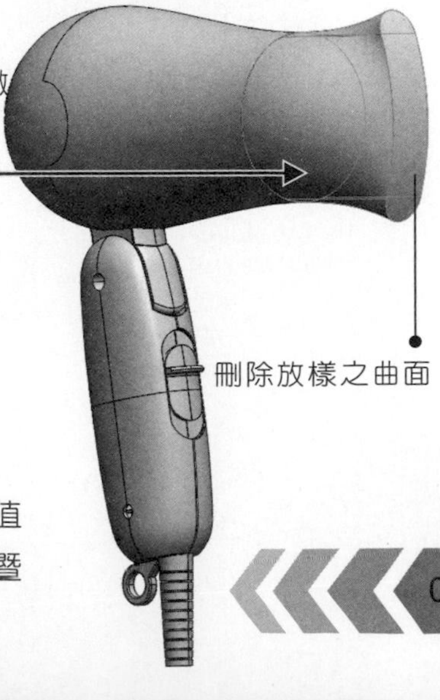
刪除放樣之曲面

令集風器之曲面成型為實體，殼厚參數輸入 1.5mm 左右之域值。「吹風機」模型建構的進程屆此已完備，剩餘的本體分件暨細部設計即留待給軟體操作者揮灑創意。

STEP 07 關於吹風機細節暨造形設計之範疇，並非是本單元闡述之要點，使用者得視需求而自行雕塑出屬於創作人的個性化產品。組件中之分模線建議略施0.3-2mm之邊界修飾，以期在彩現進程中彰顯出模型的各本體細節。

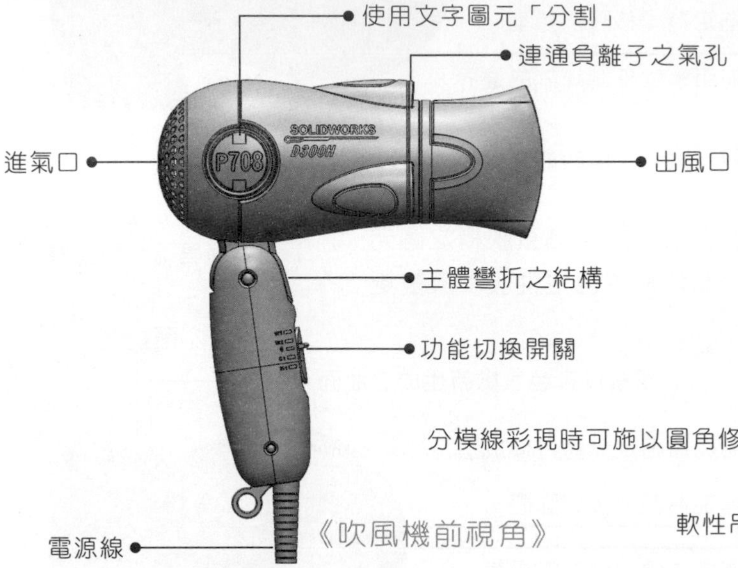

《吹風機前視角》

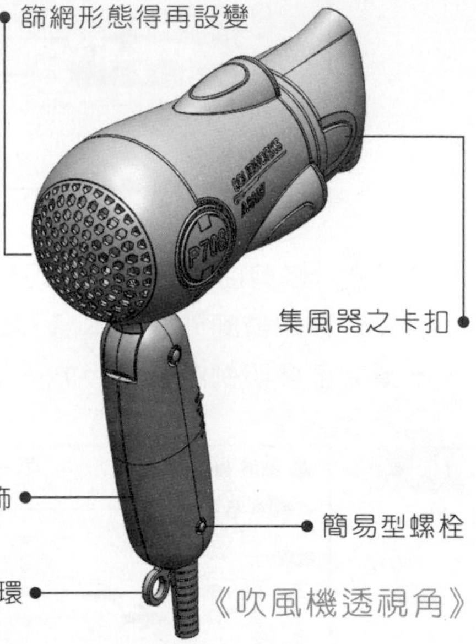

《吹風機透視角》

STEP 08 進入模型彩現程序：透過Solidworks之附加模組【Photoview360】編輯模型【：外觀】與【：全景】；負離子吹風機的外殼配件盡可能以冷色調詮釋。下側為三把吹風機模型融合素色場景之渲染完成圖照。

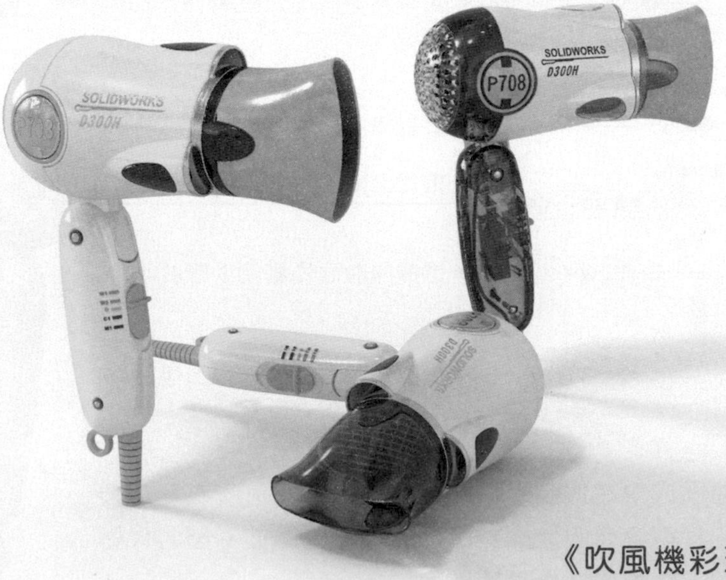

《吹風機彩現完成圖》

7-5 無人機建構暨組併

⊙ 要點提醒 **本範例為綠色版參考教學檔 -- 請學習者使用雲端連結並下載相關之附件**

本範例教學視訊檔案：SolidWorks/進階&應用/CH07目錄下/7-5 無人機.avi

本範例製作完成檔案：SolidWorks/進階&應用/CH07目錄下/7-5 無人機.SLDPRT

7-5.1 無人機主體建構

無人機是近年興起的熱潮產品，無論是在高空攝影、貨品運輸、醫療防疫……等用途上都可見著其廣泛的應用；職是之故，概可見到科技大廠紛紛投入相關領域的研發。雖然市售的品項繁多且瑣屑，但其內構暨相關組件盡是承接與購置，儼如電腦品牌成千上百，但中央處理器主要仍是INTEL與AMD兩大核心大廠競合。鑑此，使用者得開啟單元中的附件，以現有的資源延續後端的產品設計進程。主機在【:伸長填料】縱向延伸本體後，繼而以下拉式選單的【:曲面除料】切削出上側弧面；續接著開啟【:組合件】模組，將前後翼之次級組件結合於無人機主體上，屆此，即完成本單元之範例操作學習。

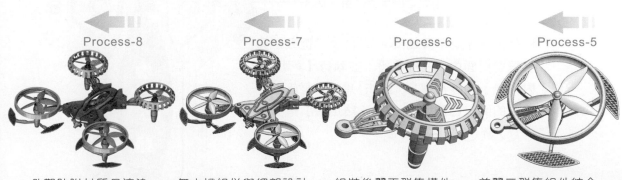

建模進程：

Process-1

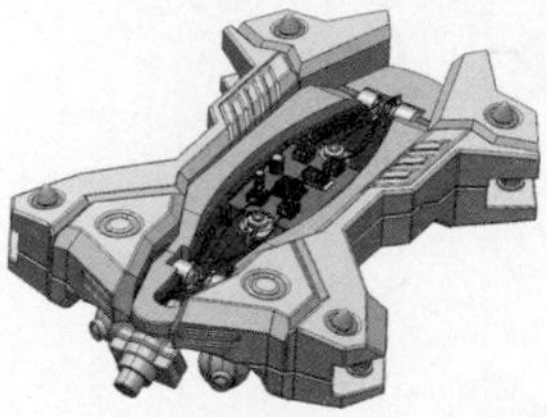

開啟無人機之附件

Process-2

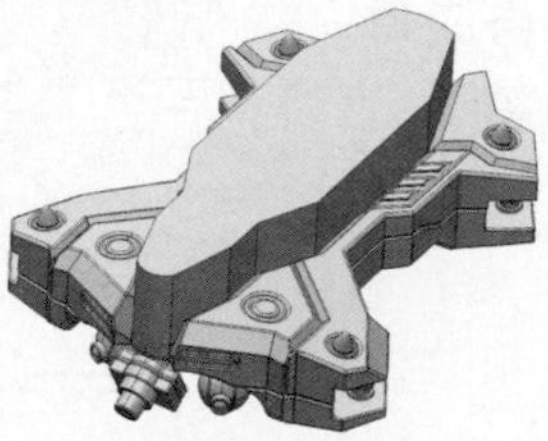

縱向延伸主機本體

Process-3

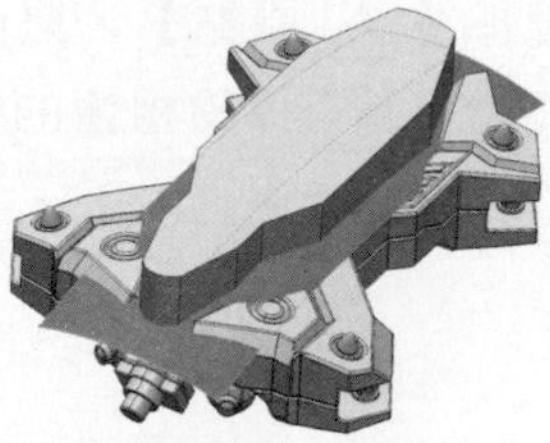

草圖放樣暨掃出曲面

Process-4

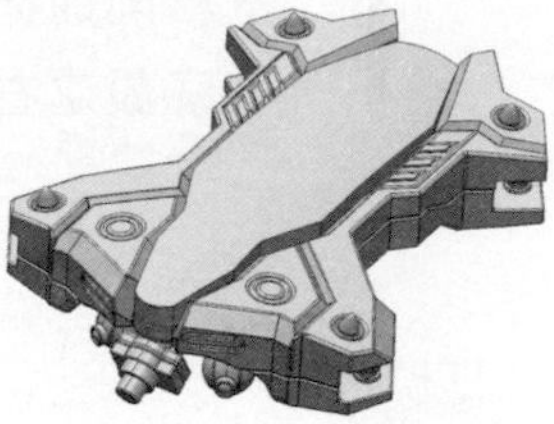

主機上側弧面成型

Process-8

外觀貼附材質且渲染

Process-7

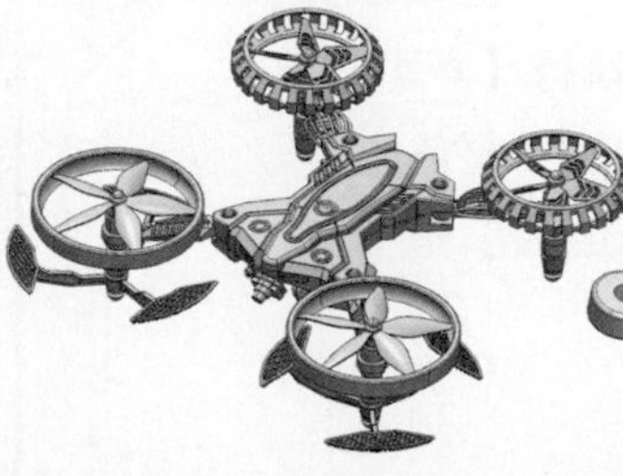

無人機組併與細部設計

Process-6

組裝後翼兩群集構件

Process-5

前翼三群集組件結合

黃色本體為無人機之下側塑殼，於範例中須參酌其邊界以建構出主體。

機電組件之內構示意

STEP 01

本單元主要是參酌既有之組件以建構無人機主體之上殼，並藉由組合之指令完成機體暨側翼的裝配。開啟範例中之附件，並藉由視角切換檢視各本體之現狀。

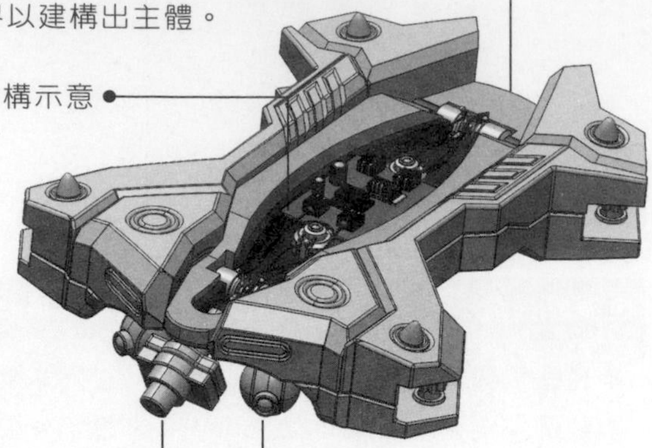

高畫素之動態攝錄影機

前向輔助攝錄影機

STEP 02

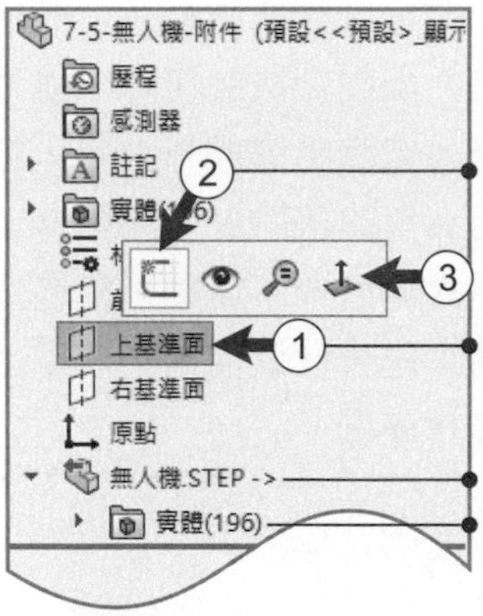

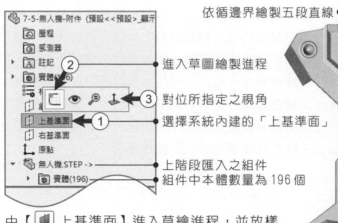

進入草圖繪製進程

對位所指定之視角

選擇系統內建的「上基準面」

上階段匯入之組件

組件中本體數量為 196 個

依循邊界繪製五段直線

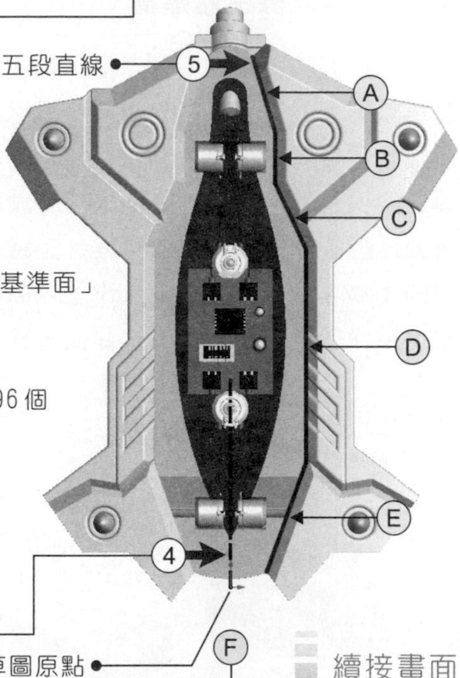

由【上基準面】進入草繪進程，並放樣一縱向建構線於【原點】，繼而再依循著底殼之右側邊界繪製 5 段相連的直線。

自「原點」放樣一縱向參考線

草圖原點

續接畫面

STEP 03

以「三點定弧」封閉圖元上下之缺口

前翼之群集組件裝配處

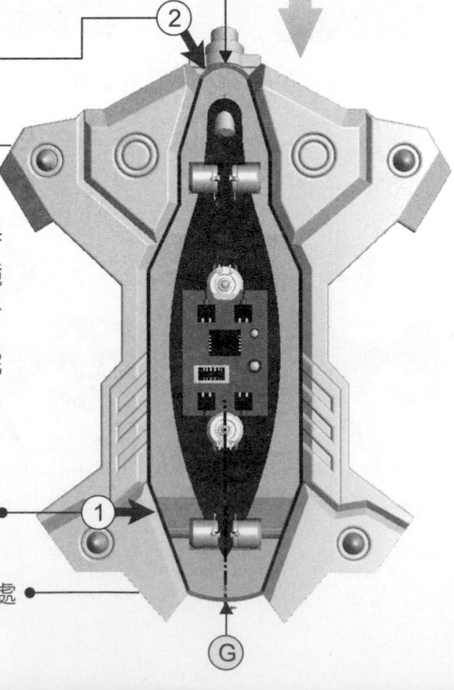

延續上階段之草圖輪廓。以【：選取工具】框選頁面中所有的線段，並執行【：鏡射圖元】功能複製 Ⓐ 至 Ⓔ 項次；至於上下兩端的開口即透過【：三點定弧】指令完成 Ⓕ 暨 Ⓖ 之弧線封邊。

框選畫面中之所有項次且執行「鏡射圖元」指令

後翼之群集組件裝配處

STEP 04

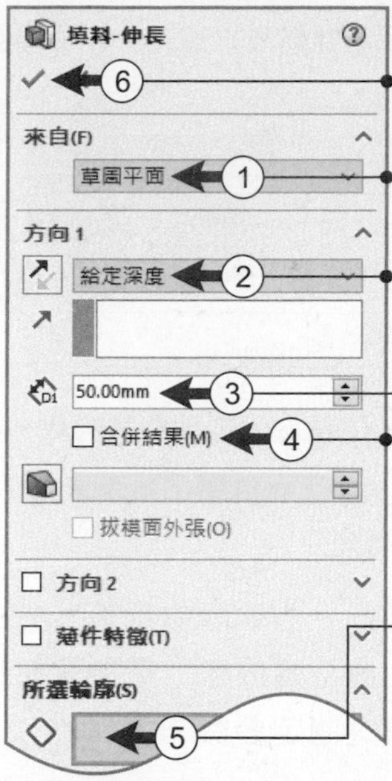
填料-伸長
來自(F)
草圖平面
方向1
給定深度
50.00mm
合併結果(M)
拔模面外張(O)
方向2
薄件特徵(T)
所選輪廓(S)
特徵設定暨本體生成
延伸啟始面為草繪基準
選擇單方向伸長料件
主體之厚度概略定義即可
取消融合之設置
手動指定或由系統辨識

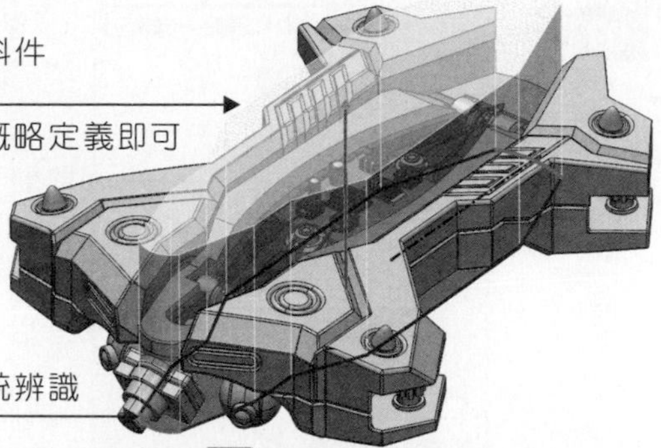

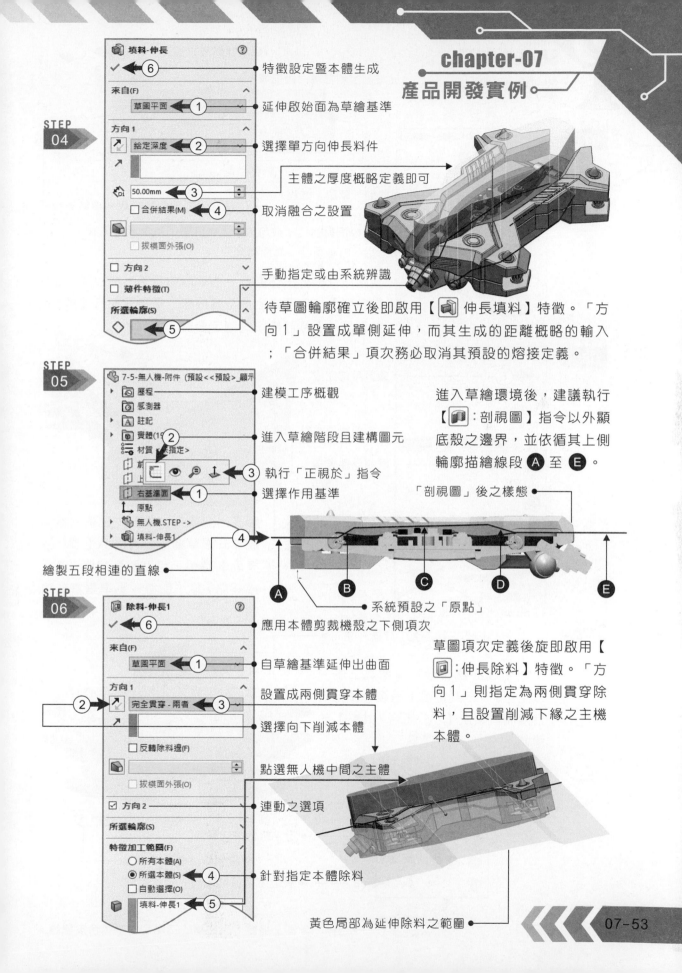

待草圖輪廓確立後即啟用【伸長填料】特徵。「方向1」設置成單側延伸，而其生成的距離概略的輸入；「合併結果」項次務必取消其預設的熔接定義。

STEP 05

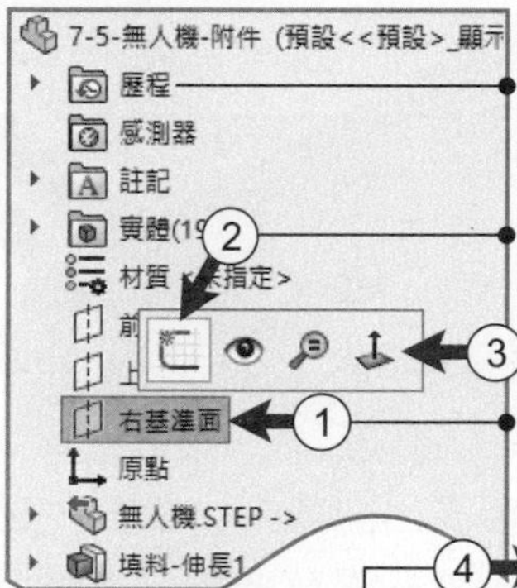
7-5-無人機-附件 (預設<<預設>_顯示
歷程
感測器
註記
實體(19
材質 <未指定>
右基準面
原點
無人機.STEP ->
填料-伸長1
建模工序概觀
進入草繪階段且建構圖元
執行「正視於」指令
選擇作用基準

進入草繪環境後，建議執行【剖視圖】指令以外顯底殼之邊界，並依循其上側輪廓描繪線段 A 至 E。

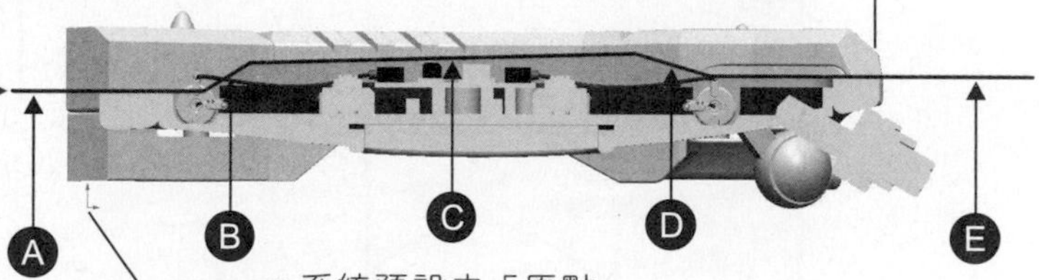

STEP 06

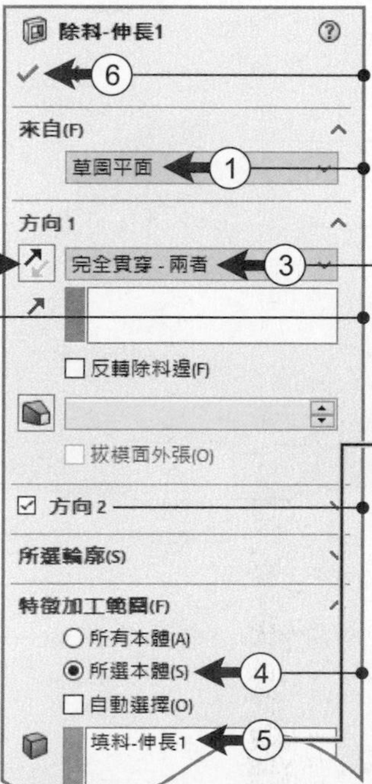
除料-伸長1
來自(F)
草圖平面
方向1
完全貫穿 - 兩者
反轉除料邊(F)
拔模面外張(O)
方向2
所選輪廓(S)
特徵加工範圍(F)
所有本體(A)
所選本體(S)
自動選擇(O)
填料-伸長1
應用本體剪裁機殼之下側項次
自草繪基準延伸出曲面
設置成兩側貫穿本體
選擇向下削減本體
點選無人機中間之主體
連動之選項
針對指定本體除料

草圖項次定義後旋即啟用【伸長除料】特徵。「方向1」則指定為兩側貫穿除料，且設置削減下緣之主機本體。

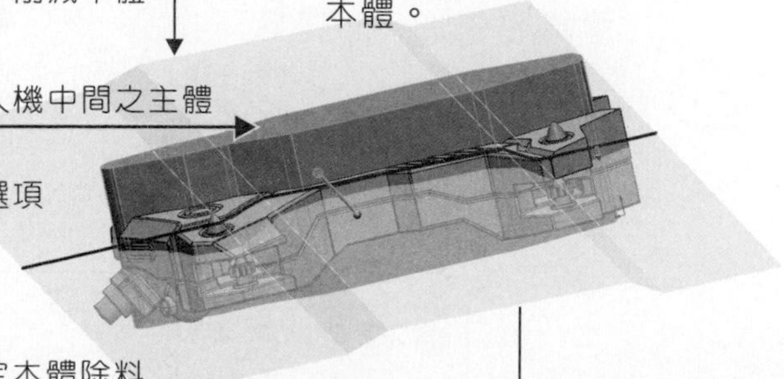
黃色局部為延伸除料之範圍

STEP 07

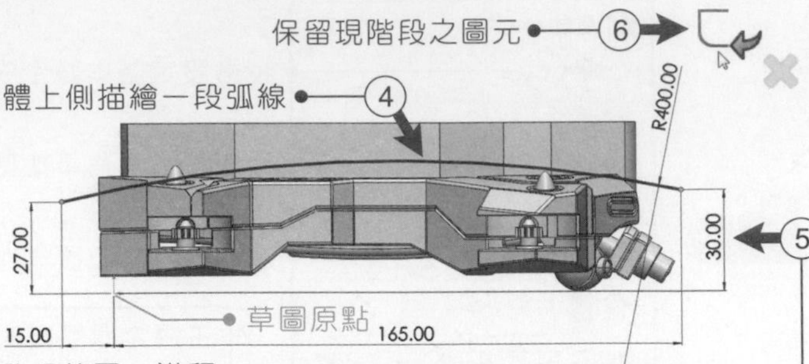
保留現階段之圖元 ⑥
於本體上側描繪一段弧線 ④
R400.00
27.00
30.00 ⑤
草圖原點
15.00
165.00
標註與弧線相關的尺寸參數

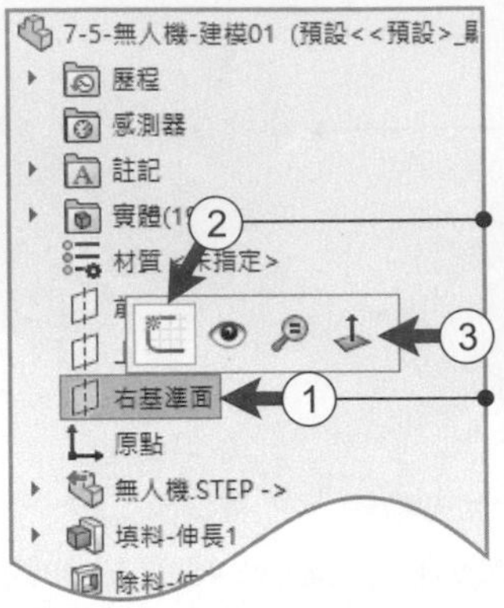
7-5-無人機-建模01 (預設<<預設>_
歷程
感測器
註記
實體(1
材質 <未指定>
右基準面
原點
無人機.STEP ->
填料-伸長1
除料-伸
② 啟動「草圖」進程
③ 視角校正與對位；或可啟用「剖面圖」檢核本體現狀。
① 指定「右基準面」為建構幾何

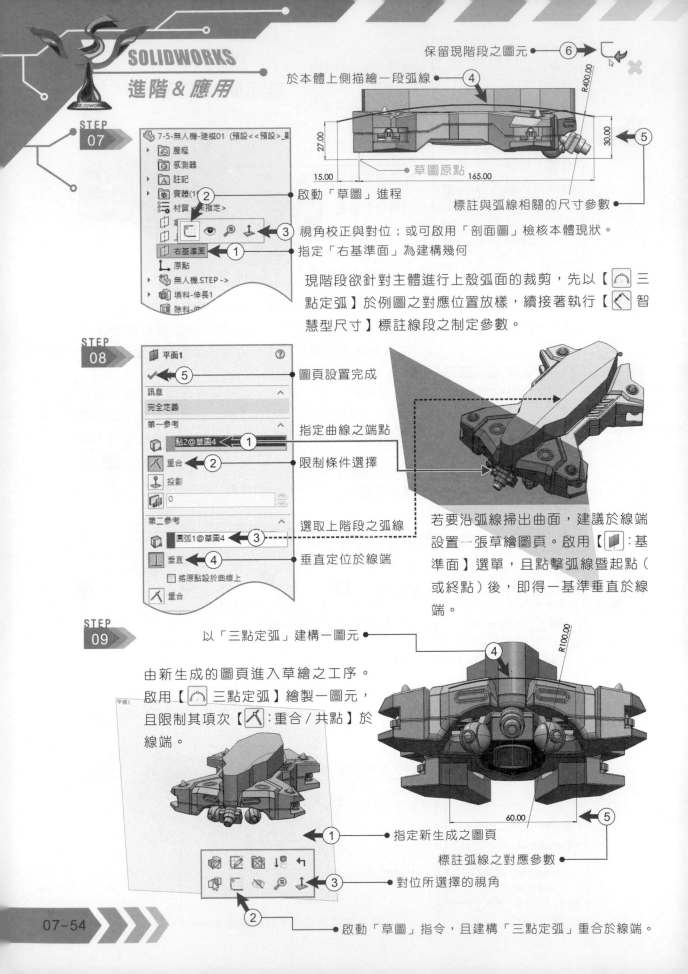

現階段欲針對主體進行上殼弧面的裁剪，先以【 三點定弧】於例圖之對應位置放樣，續接著執行【 智慧型尺寸】標註線段之制定參數。

STEP 08

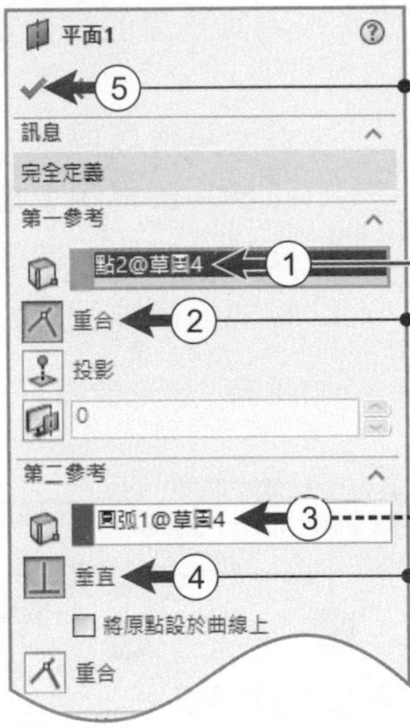
平面1
⑤ 圖頁設置完成
訊息
完全定義
第一參考
點2@草圖4 ① 指定曲線之端點
重合 ② 限制條件選擇
投影
0
第二參考
圓弧1@草圖4 ③ 選取上階段之弧線
垂直 ④ 垂直定位於線端
將原點設於曲線上
重合

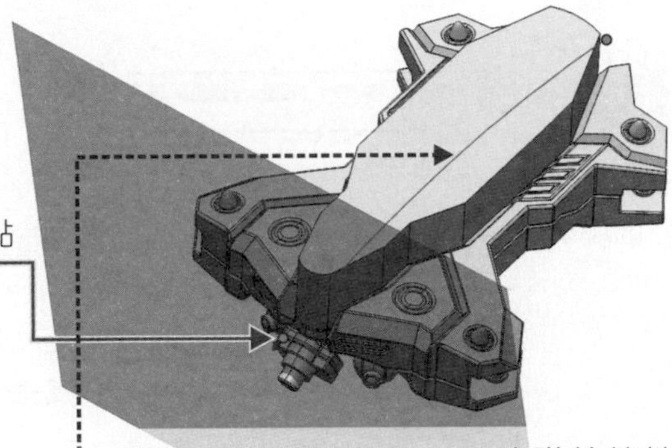

若要沿弧線掃出曲面，建議於線端設置一張草繪圖頁。啟用【 :基準面】選單，且點擊弧線暨起點（或終點）後，即得一基準垂直於線端。

STEP 09

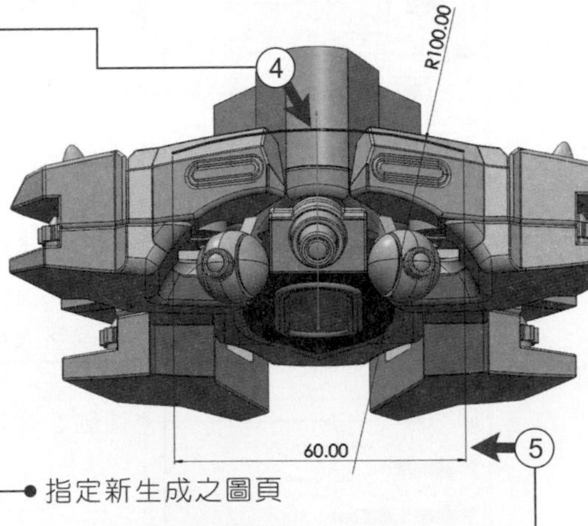
以「三點定弧」建構一圖元 ④
R100.00
60.00 ⑤
標註弧線之對應參數

由新生成的圖頁進入草繪之工序。啟用【 三點定弧】繪製一圖元，且限制其項次【 :重合 / 共點】於線端。

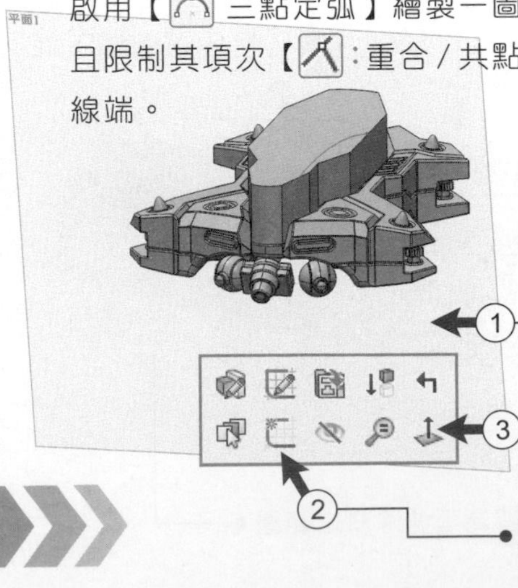
平面1
① 指定新生成之圖頁
③ 對位所選擇的視角
② 啟動「草圖」指令，且建構「三點定弧」重合於線端。

STEP 10

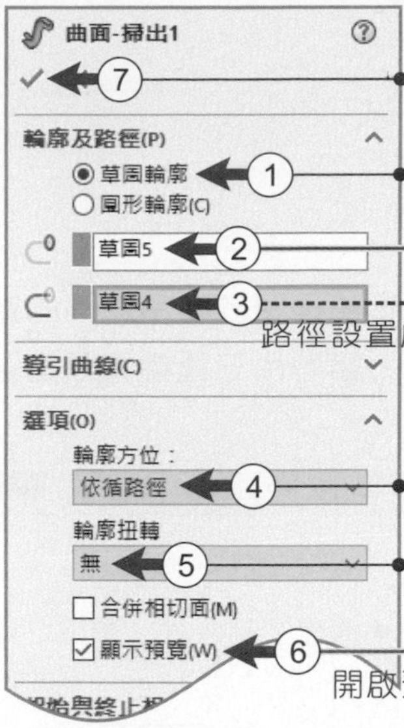
曲面-掃出1
輪廓及路徑(P)
草圖輪廓
圓形輪廓(C)
草圖5
草圖4
導引曲線(C)
選項(O)
輪廓方位：
依循路徑
輪廓扭轉
無
合併相切面(M)
顯示預覽(W)
7 曲面沿指定路徑掃出成形
1 指定輪廓為弧線圖元（草圖 5）選取前向之三點定弧
2
3 路徑設置成側向曲線
4 預設之參考路徑
5 不改變角度的線性延伸
6 開啟預視結果以檢核成形之樣態

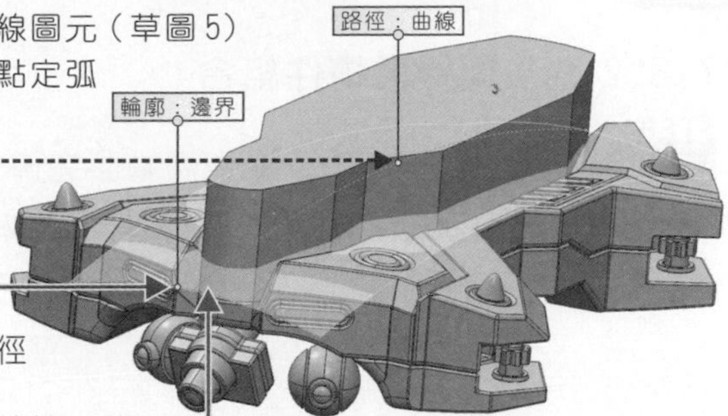
路徑：曲線
輪廓：邊界

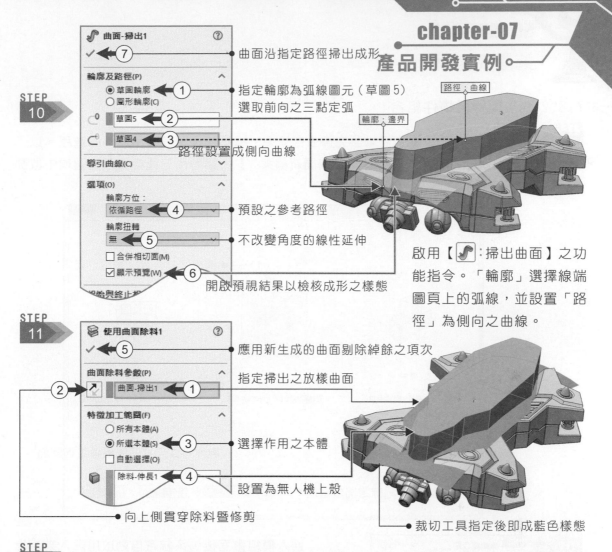

啟用【 :掃出曲面】之功能指令。「輪廓」選擇線端圖頁上的弧線，並設置「路徑」為側向之曲線。

STEP 11

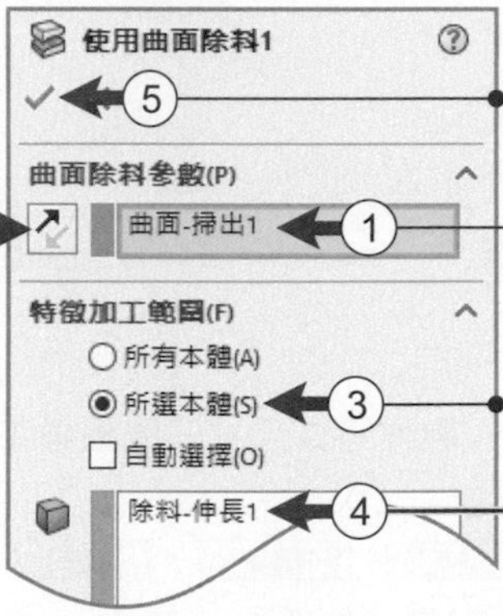
使用曲面除料1
曲面除料參數(P)
曲面-掃出1
特徵加工範圍(F)
所有本體(A)
所選本體(S)
自動選擇(O)
除料-伸長1
5 應用新生成的曲面剔除綽餘之項次
1 指定掃出之放樣曲面
2 向上側貫穿除料暨修剪
3 選擇作用之本體
4 設置為無人機上殼

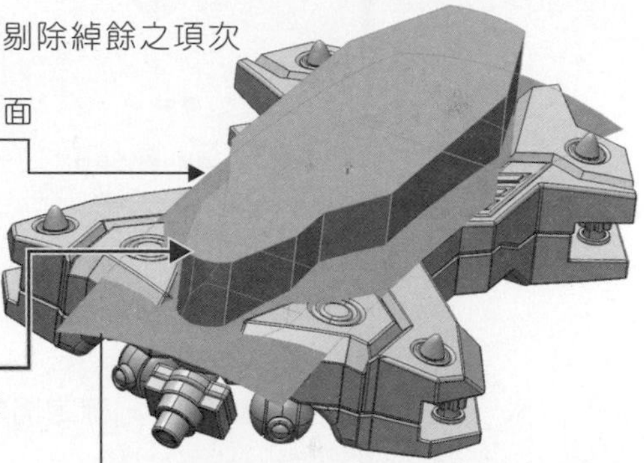
裁切工具指定後即成藍色樣態

STEP 12

無人機上殼經由掃掠之曲面切削後，其雛型即已初步完備（細部分件暨修飾則留待設計者自行發揮）。為檢視機體組件的配置概況，得啟用【 :剖面圖】或本體【 變更透明度】彰顯各構件之對位現狀。

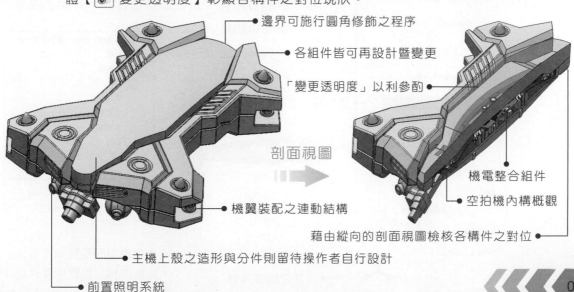

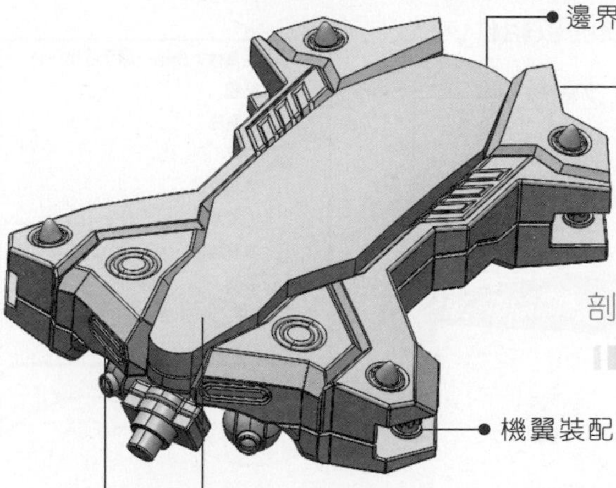
邊界可施行圓角修飾之程序
各組件皆可再設計暨變更
機翼裝配之連動結構
主機上殼之造形與分件則留待操作者自行設計
前置照明系統

剖面視圖

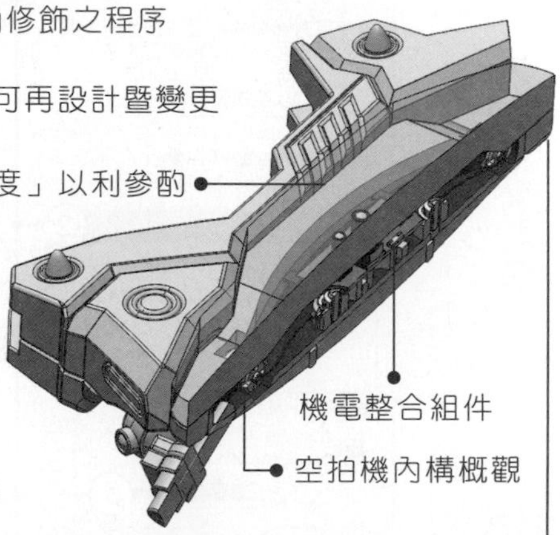
「變更透明度」以利參酌
機電整合組件
空拍機內構概觀
藉由縱向的剖面視圖檢核各構件之對位

7-5.2 前後側機翼構件組合

STEP 01

於上階段之無人機本體繪製完備並存檔後，續接著是組立產品構件的進程。以「左鍵」點選【 ：新增文件（或開新檔案）】，繼而由三種檔案類型選項中啟動欲執行的【 組合件】作業工序。

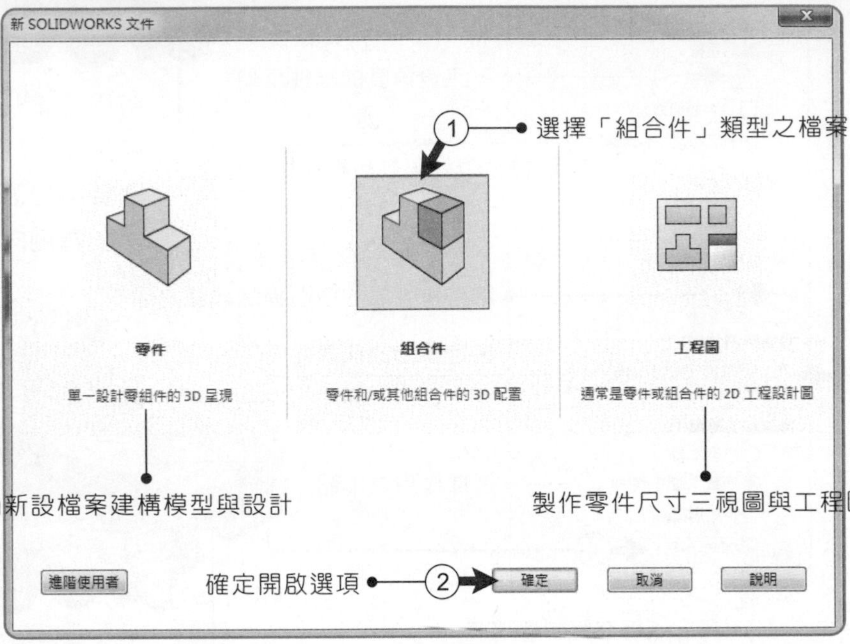
新 SOLIDWORKS 文件
① 選擇「組合件」類型之檔案
零件
單一設計零組件的 3D 呈現
組合件
零件和/或其他組合件的 3D 配置
工程圖
通常是零件或組合件的 2D 工程設計圖
經由新設檔案建構模型與設計
製作零件尺寸三視圖與工程圖面
進階使用者
確定開啟選項 ②
確定
取消
說明

STEP 02

進入模組畫面後，系統會自動啟用匯入來源檔案的對話框（或以「左鍵」點擊【 ：插入零組件】指令）。經由「瀏覽」選擇檔案來源的所屬資料夾，且在遴選暨確立「骨架」的造形後開啟組件。

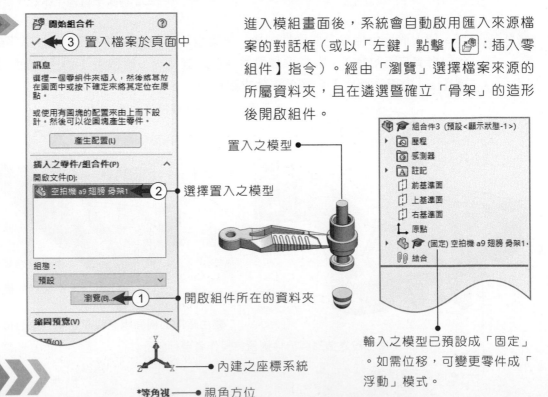

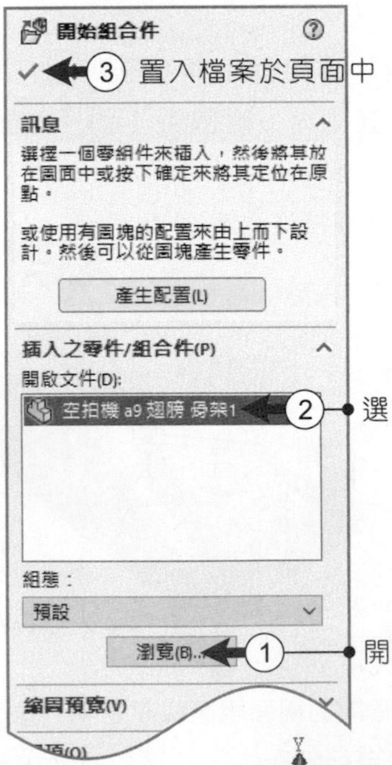

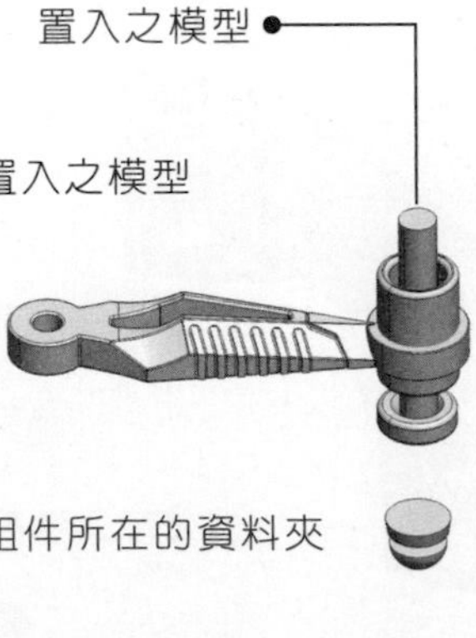
置入之模型

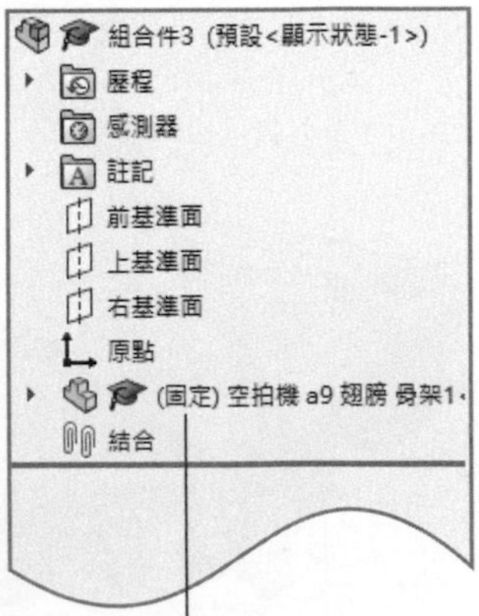

輸入之模型已預設成「固定」。如需位移，可變更零件成「浮動」模式。

Y
Z
X
內建之座標系統
*等角視 視角方位

STEP 03

再次執行【:插入零組件】指令，加選「保護架」暨「扇葉」群集構件後，再於組態畫面中信手的擺置。消弭了系統的定位與限制，使用者得充分的利用「浮動」狀態下的模型域度自由位移。

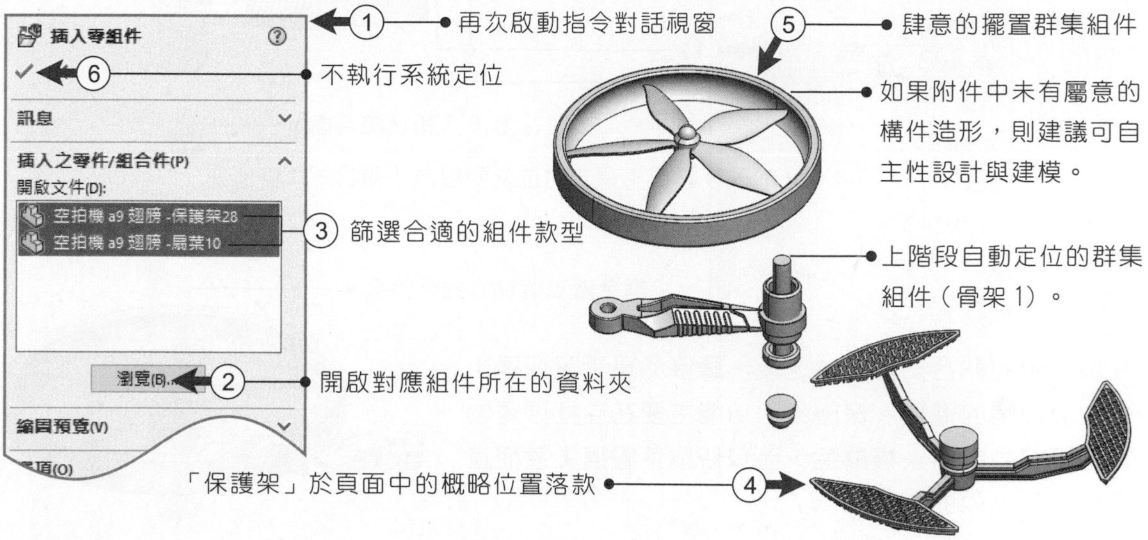
插入零組件
訊息
插入之零件/組合件(P)
開啟文件(D):
空拍機 a9 翅膀 -保護架28
空拍機 a9 翅膀 -扇葉10
瀏覽(B)...
縮圖預覽(V)
1 再次啟動指令對話視窗
6 不執行系統定位
3 篩選合適的組件款型
2 開啟對應組件所在的資料夾
5 肆意的擺置群集組件
如果附件中未有屬意的構件造形，則建議可自主性設計與建模。
上階段自動定位的群集組件（骨架 1）。
「保護架」於頁面中的概略位置落款 4

STEP 04

啟始【:結合】指令對話視窗，「結合選擇」欄位則加選「扇葉」暨「骨架」之軸心外弧面，繼而藉由【:同軸心】指令限制兩本體，再以【:確認】鍵執行兩項次的結合。通常物件的組立皆需要三次以上的限制設置，但圓柱體的對應僅需兩次定義即可完備。

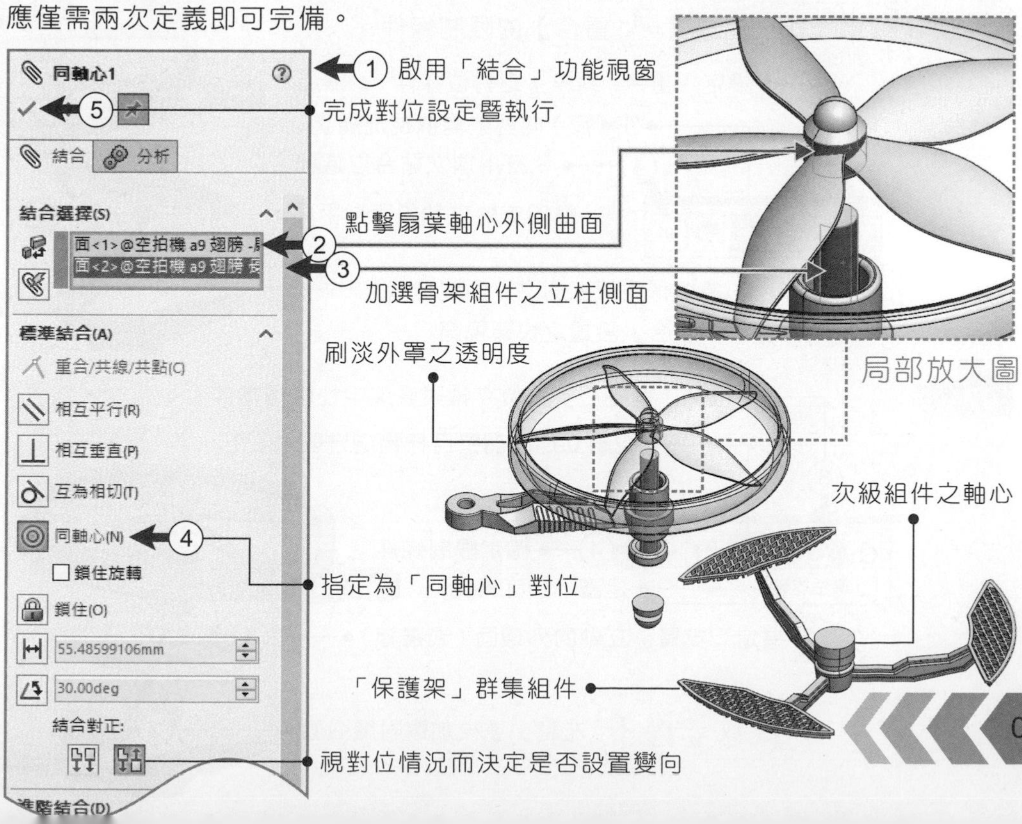
同軸心1
結合
分析
結合選擇(S)
面<1>@空拍機 a9 翅膀 -
面<2>@空拍機 a9 翅膀
標準結合(A)
重合/共線/共點(C)
相互平行(R)
相互垂直(P)
互為相切(T)
同軸心(N)
鎖住旋轉
鎖住(O)
55.48599106mm
30.00deg
結合對正:
進階結合(D)
1 啟用「結合」功能視窗
5 完成對位設定暨執行
2 點擊扇葉軸心外側曲面
3 加選骨架組件之立柱側面
局部放大圖
刷淡外罩之透明度
次級組件之軸心
4 指定為「同軸心」對位
「保護架」群集組件
視對位情況而決定是否設置變向

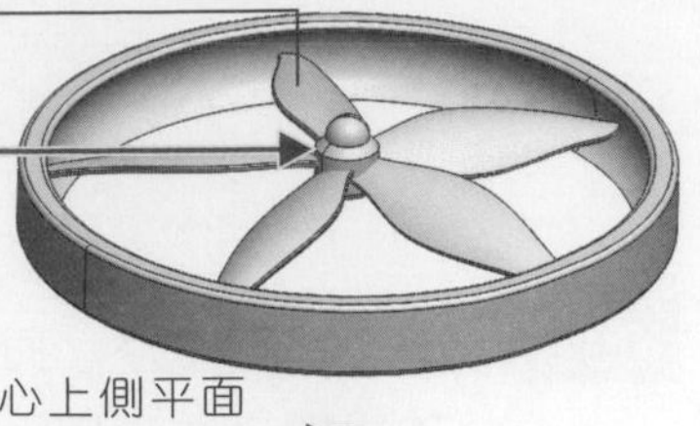
次級組件可設變或重新建構
指定扇葉軸心外圓邊線

STEP 05

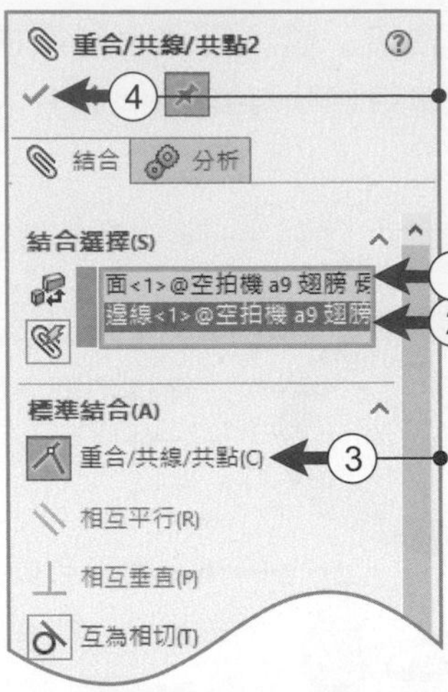
重合/共線/共點2
④
結合
分析
結合選擇(S)
面<1>@空拍機 a9 翅膀 侵
邊線<1>@空拍機 a9 翅膀
標準結合(A)
重合/共線/共點(C)
相互平行(R)
相互垂直(P)
互為相切(T)
①
②
③
完成現階段之結合
設置兩項次對位之要鍵為「重合／共線」

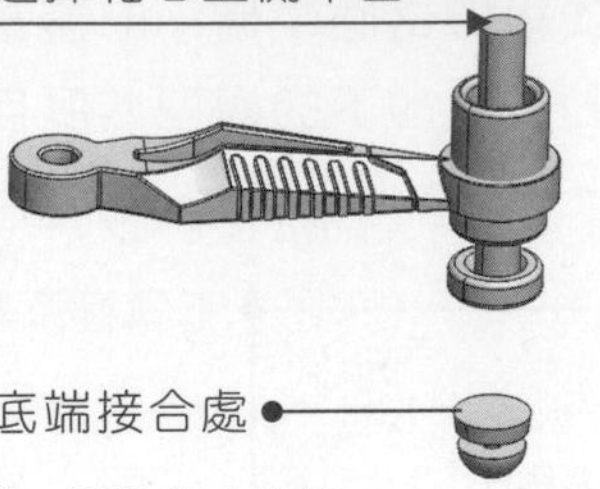
選擇軸心上側平面
「保護架」底端接合處
續接畫面

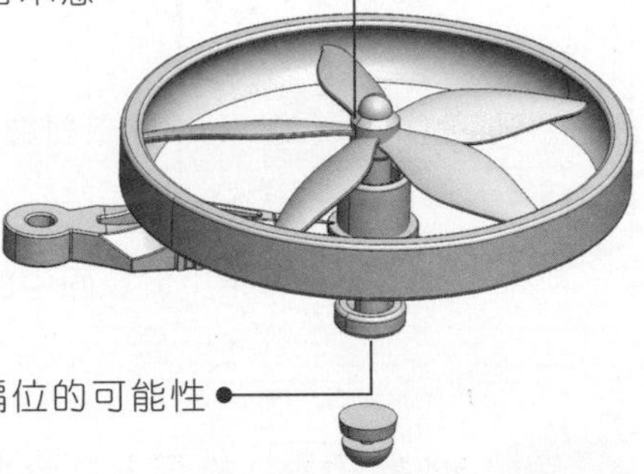
扇葉暨支臂軸心組合示意
執行「同軸心」限制保護架與立柱之偏位的可能性

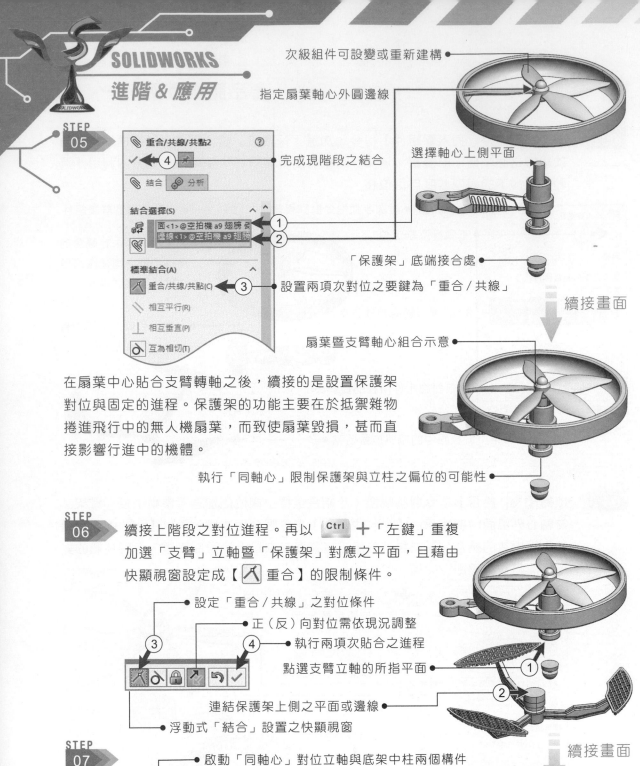

在扇葉中心貼合支臂轉軸之後，續接的是設置保護架對位與固定的進程。保護架的功能主要在於抵禦雜物捲進飛行中的無人機扇葉，而致使扇葉毀損，甚而直接影響行進中的機體。

STEP 06

續接上階段之對位進程。再以 Ctrl ＋「左鍵」重複加選「支臂」立軸暨「保護架」對應之平面，且藉由快顯視窗設定成【重合】的限制條件。

設定「重合／共線」之對位條件
正（反）向對位需依現況調整
執行兩項次貼合之進程
浮動式「結合」設置之快顯視窗

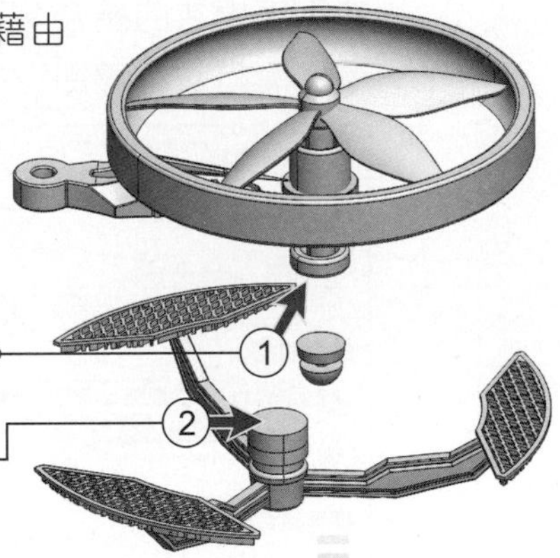
點選支臂立軸的所指平面
連結保護架上側之平面或邊線
續接畫面

STEP 07

啟動「同軸心」對位立軸與底架中柱兩個構件
視組立現狀調整目標物之方位
鎖住旋轉
確定限制條件
建議不鎖定轉動

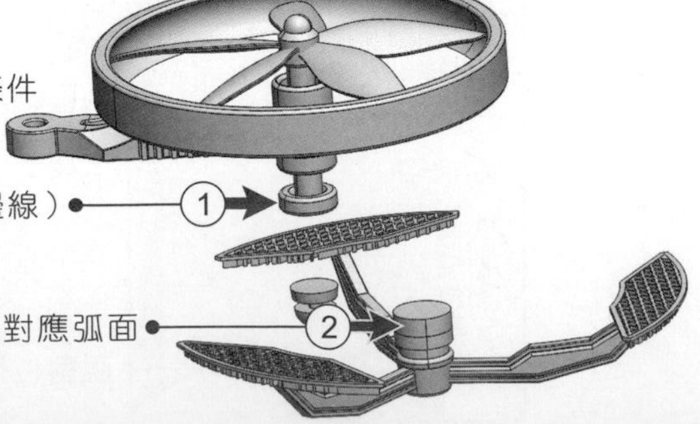
指定「支臂」立軸的外環面（或邊線）
以 Ctrl ＋「左鍵」重複加選對應弧面

STEP 08

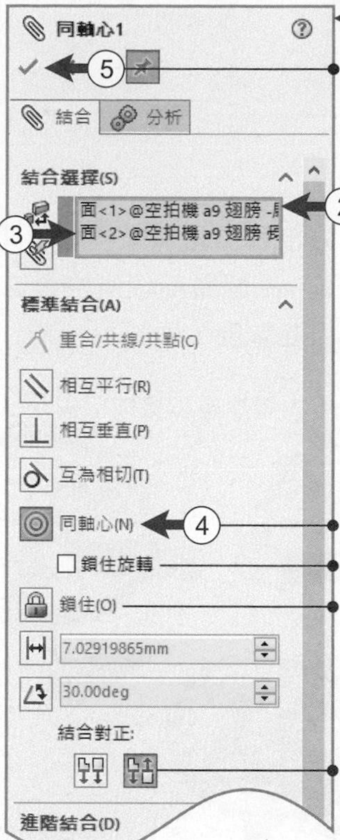
同軸心1
結合
分析
結合選擇(S)
面<1>@空拍機 a9 翅膀
面<2>@空拍機 a9 翅膀
標準結合(A)
重合/共線/共點(C)
相互平行(R)
相互垂直(P)
互為相切(T)
同軸心(N)
鎖住旋轉
鎖住(O)
7.02919865mm
30.00deg
結合對正:
進階結合(D)

①啟用「結合」指令
⑤執行組件對位之設置
②指定扇葉中心之外側弧面
③點擊立柱側項之弧面
④設置成「同軸心」
建議旋轉功能啟用
將兩組件合併成一群集
正（反）向對位

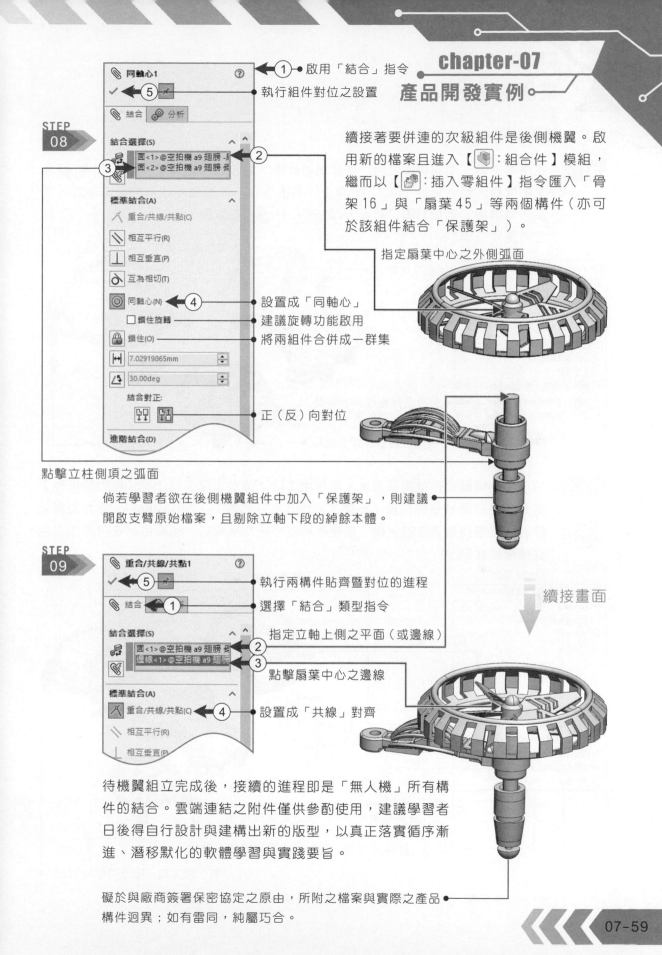

續接著要併連的次級組件是後側機翼。啟用新的檔案且進入【:組合件】模組，繼而以【:插入零組件】指令匯入「骨架 16」與「扇葉 45」等兩個構件（亦可於該組件結合「保護架」）。

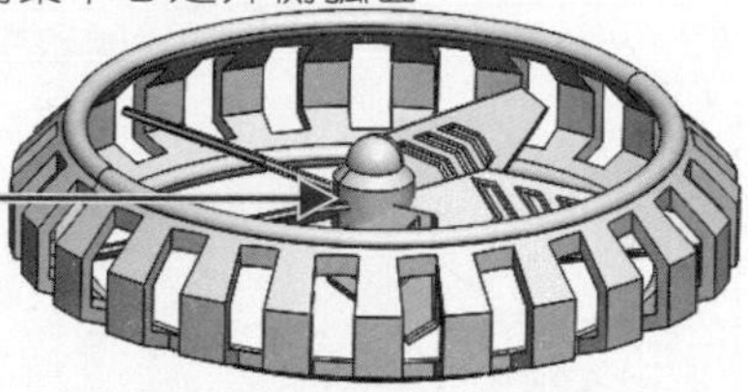

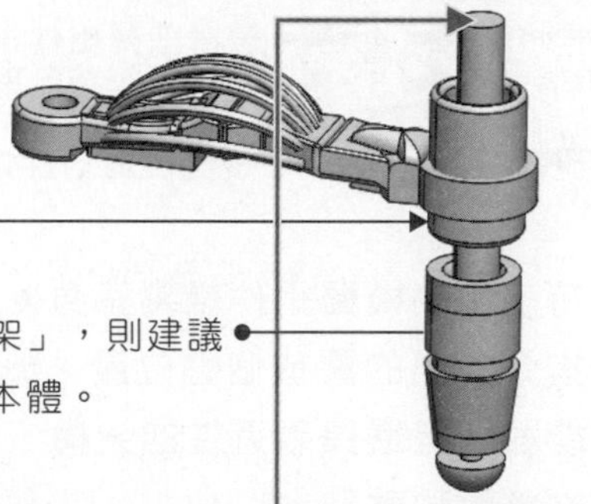

倘若學習者欲在後側機翼組件中加入「保護架」，則建議開啟支臂原始檔案，且剔除立軸下段的綽餘本體。

STEP 09

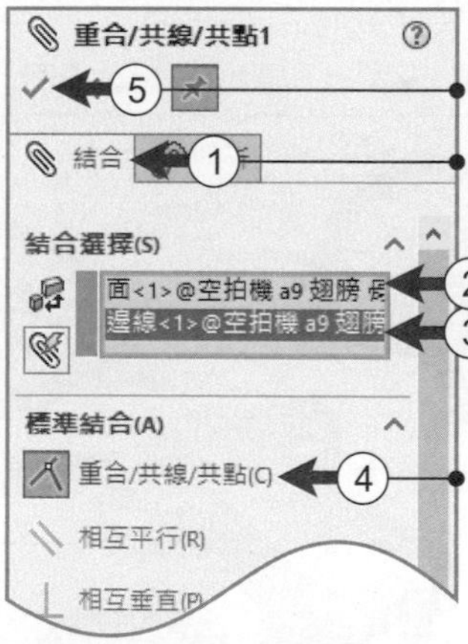
重合/共線/共點1
結合
結合選擇(S)
面<1>@空拍機 a9 翅膀
邊線<1>@空拍機 a9 翅膀
標準結合(A)
重合/共線/共點(C)
相互平行(R)
相互垂直(P)

⑤執行兩構件貼齊暨對位的進程
①選擇「結合」類型指令
②指定立軸上側之平面（或邊線）
③點擊扇葉中心之邊線
④設置成「共線」對齊

續接畫面

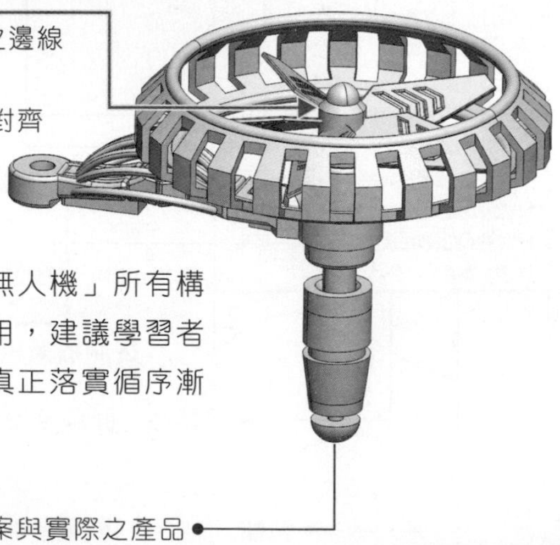

待機翼組立完成後，接續的進程即是「無人機」所有構件的結合。雲端連結之附件僅供參酌使用，建議學習者日後得自行設計與建構出新的版型，以真正落實循序漸進、潛移默化的軟體學習與實踐要旨。

礙於與廠商簽署保密協定之原由，所附之檔案與實際之產品構件迥異；如有雷同，純屬巧合。

7-5.3 無人機組合

STEP 01 在備齊主體、前翼與後翼等三個次級組件後，續接著即是無人機構件【結合】的進程。進入新的【組合件】，且依序匯入主體暨前後側機翼之項次，並於「特徵樹」選擇對應之組件，以 Ctrl ＋ C 複製後，再執行 Ctrl ＋ V 貼上所指定之項次。

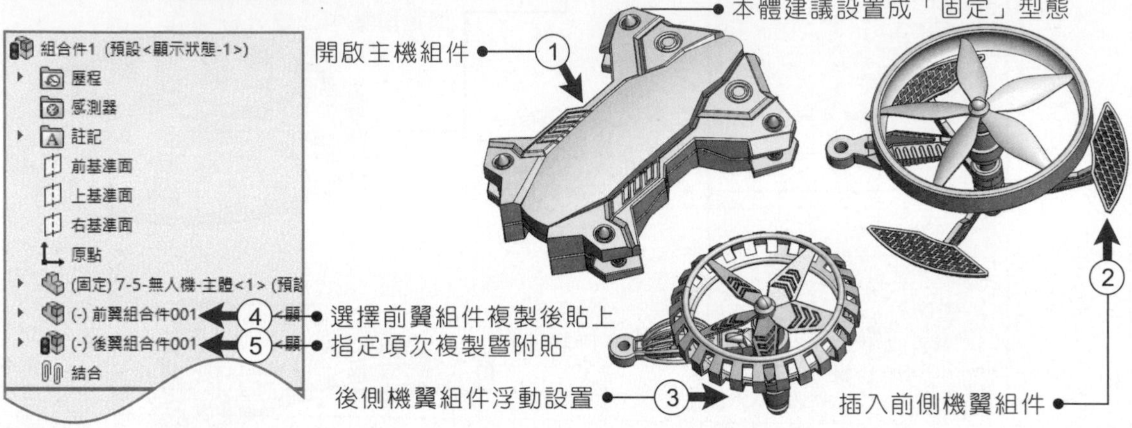
組合件1 (預設<顯示狀態-1>)
歷程
感測器
註記
前基準面
上基準面
右基準面
原點
(固定) 7-5-無人機-主體<1> (預設
(-) 前翼組合件001
(-) 後翼組合件001
結合
本體建議設置成「固定」型態
開啟主機組件 ①
② 插入前側機翼組件
③ 後側機翼組件浮動設置
④ 選擇前翼組件複製後貼上
⑤ 指定項次複製暨附貼

STEP 02 待前後側機翼組件複製完備後，可藉由【選取工具】或【移動零組件】指令概略的擺放個體位置。於常見的CAD系列軟體中，SolidWorks的介面與功能對應是最具親近性的架構，即便是新上手的初級學員，也都可以在自行摸索幾次後駕輕就熟。

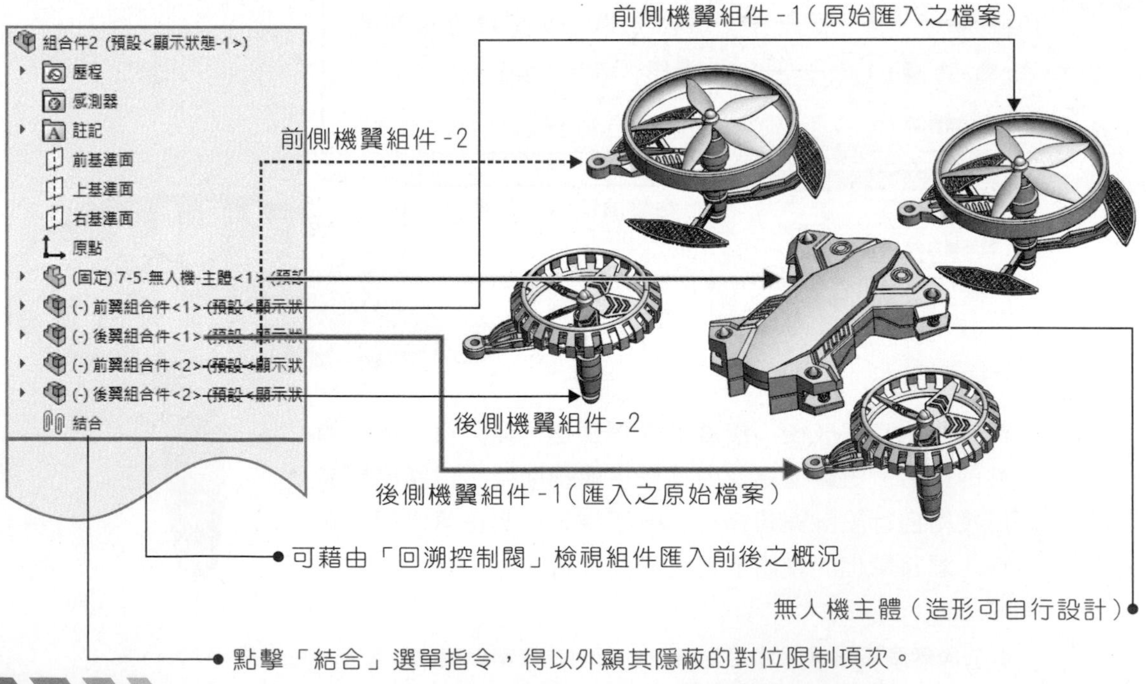
組合件2 (預設<顯示狀態-1>)
歷程
感測器
註記
前基準面
上基準面
右基準面
原點
(固定) 7-5-無人機-主體<1> (預設
(-) 前翼組合件<1> (預設<顯示狀
(-) 後翼組合件<1> (預設<顯示狀
(-) 前翼組合件<2> (預設<顯示狀
(-) 後翼組合件<2> (預設<顯示狀
結合
前側機翼組件-1(原始匯入之檔案)
前側機翼組件-2
後側機翼組件-2
後側機翼組件-1(匯入之原始檔案)
可藉由「回溯控制閥」檢視組件匯入前後之概況
無人機主體(造形可自行設計)
點擊「結合」選單指令，得以外顯其隱蔽的對位限制項次。

STEP 03

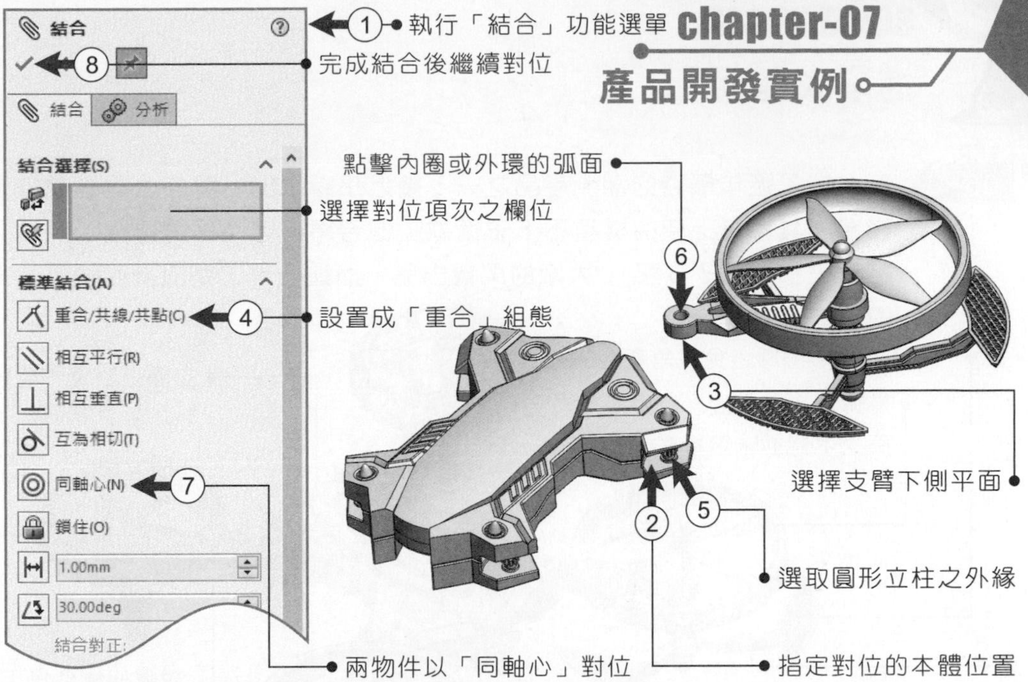
結合
結合
分析
結合選擇(S)
標準結合(A)
重合/共線/共點(C)
相互平行(R)
相互垂直(P)
互為相切(T)
同軸心(N)
鎖住(O)
1.00mm
30.00deg
結合對正:
①執行「結合」功能選單
⑧完成結合後繼續對位
選擇對位項次之欄位
④設置成「重合」組態
⑦兩物件以「同軸心」對位
⑥點擊內圈或外環的弧面
③選擇支臂下側平面
⑤選取圓形立柱之外緣
②指定對位的本體位置

前後側機翼組件與無人機主體之對位形式，基本上是同樣的工序重複四次。如上例圖所示，支臂下方平面與本機右側對應處【:重合】限制後，繼而再執行【:同軸心】設定前翼轉動的立軸暨支臂對應之弧面，即落實該構件的組併要鍵。

STEP 04

待前側右翼的組件完成對位後，學習者可藉由【:選取工具】或【:轉動零組件】的指令來概略擺置；而其餘的三個機翼本體的【:結合】型式亦同。關於「無人機」構件組合的進程迄此已落實，學習者得開啟原始的零件檔案重新設計與變更。

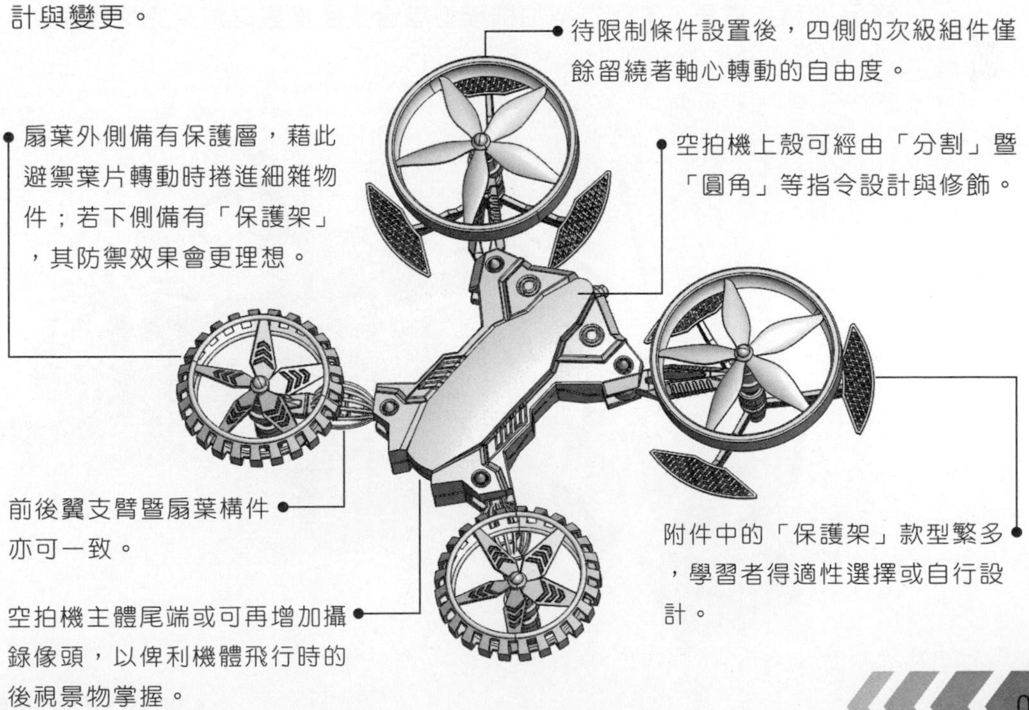
待限制條件設置後，四側的次級組件僅餘留繞著軸心轉動的自由度。
扇葉外側備有保護層，藉此避禦葉片轉動時捲進細雜物件；若下側備有「保護架」，其防禦效果會更理想。
空拍機上殼可經由「分割」暨「圓角」等指令設計與修飾。
前後翼支臂暨扇葉構件亦可一致。
附件中的「保護架」款型繁多，學習者得適性選擇或自行設計。
空拍機主體尾端或可再增加攝錄像頭，以俾利機體飛行時的後視景物掌握。

STEP 05 無人機是近年最夯的潮流產品之一，幾近乎喊得出名號的公司皆想掠食這罕見的錢潮。其相繼上架的機種不下千百款，但若將市售產品解離後，將窺見內構之機電似乎都是那2-3家IC大廠的榮譽出品，而這也是工業設計產銷區塊鍊共用內裝的慣習。

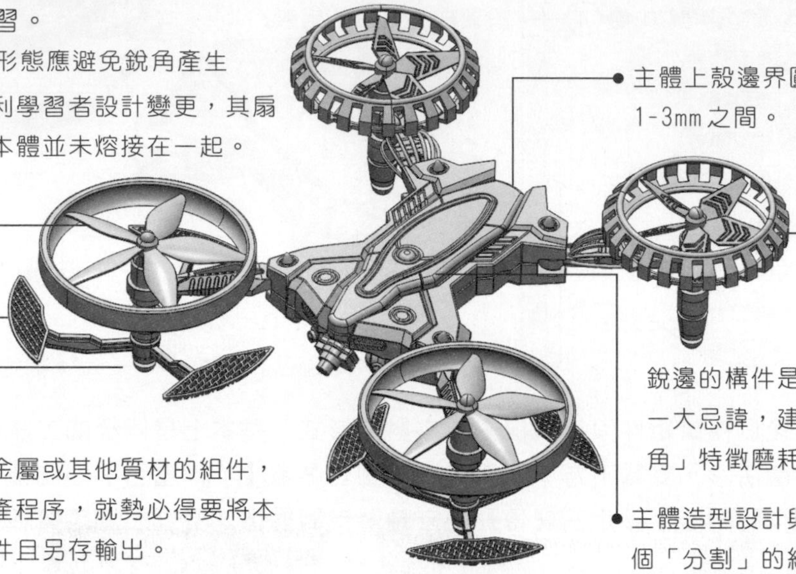
「保護架」形態應避免銳角產生
為俾利學習者設計變更，其扇葉之本體並未熔接在一起。
主體上殼邊界圓角宜設置在1-3mm之間。
銳邊的構件是工業設計中一大忌諱，建議執行「圓角」特徵磨耗。
無論是塑膠、金屬或其他質材的組件，只要是進入量產程序，就勢必得要將本體一個個的拆件且另存輸出。
主體造型設計與變更後，每個「分割」的組件都建議施行邊角的修飾。

STEP 06 進入模型彩現程序：透過Solidworks之附加模組【:Photoview360】編輯模型【:外觀】與【:全景】；無人機塑殼得搭配具金屬感的質材，以此增益產品的科技意象。下側為空拍機模型融合素色場景之渲染完成圖照。

《無人機彩現完成圖》

SOLIDWORKS

摩托車設計
The motorcycle design

08

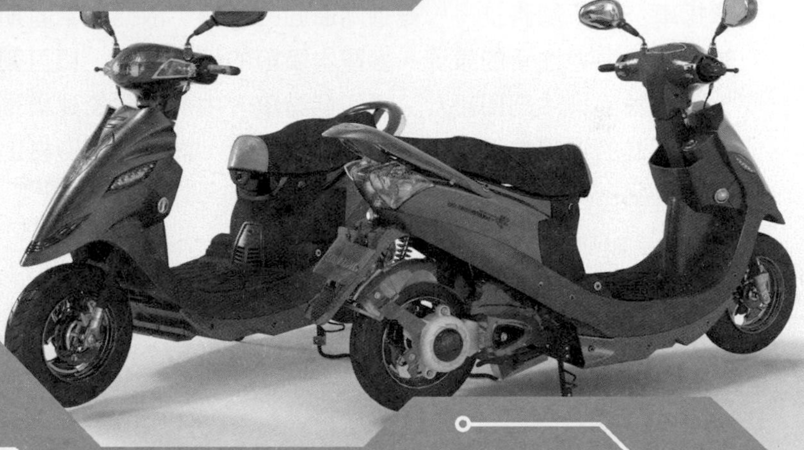

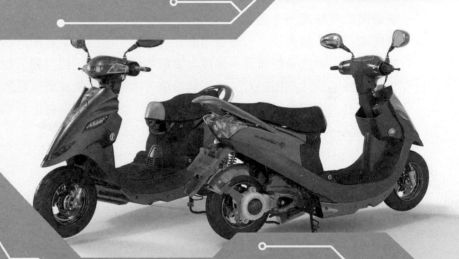

章節學習重點

- 附件導入與應用
- 曲面放樣暨修剪
- 樣式不規則曲線製作
- 三維草圖定義
- 邊界曲面成形
- 使用曲面除料

8：摩托車設計

⊙ 要點提醒　本範例為綠色版參考教學檔 -- 請學習者使用雲端連結並下載相關之附件

本範例教學視訊檔案：SolidWorks/ 進階 & 應用 /CH08 目錄下 /8-1 摩托車.avi
本範例製作完成檔案：SolidWorks/ 進階 & 應用 /CH08 目錄下 /8-1 摩托車.SLDPRT

8-1 前燈殼（龍頭蓋）建模

本書籌畫與編輯的期程遠超過了 10 年的時間，筆者自 15 年前付梓「SolidWorks 攻略白皮書」後即開始著手「SW 進階與應用」的撰寫，期間也因為產業趨勢的更迭而數度調整章節的教學範例。有感於市售 CAD 屬性軟體之相關書籍，俱未述及「全罩式安全帽」、「摩托車」、「超跑」……等進階曲面的範例，故此，筆者期許透過本書的發行，得以為相關領域之書海挹注新的泉源。參酌本章節的建模進程，概可劃分為「龍頭前蓋」、「擋風板」、「側蓋」與「細部設計」等四個階段。由於車殼的建構是極為瑣碎且複雜的工序，所以在範例講述的過程中僅就最精萃的部份演示；而摩托車形態上細項的分割與修飾，則留待操作者逕自設計與變更。

建模進程：

Process-1

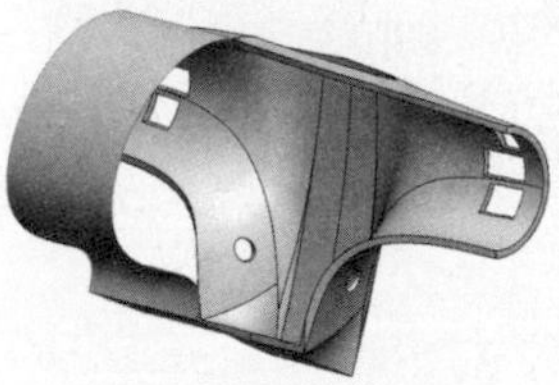

開啟附件與放樣曲面

Process-2

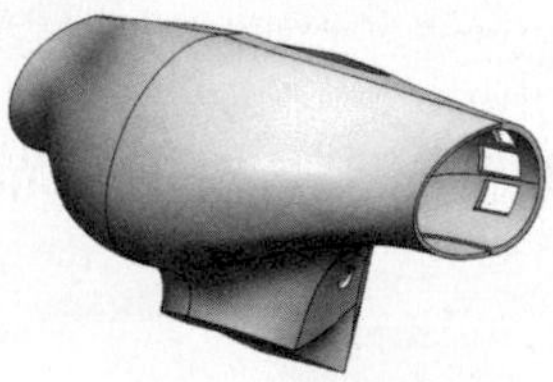

龍頭前蓋雛型完成

Process-3

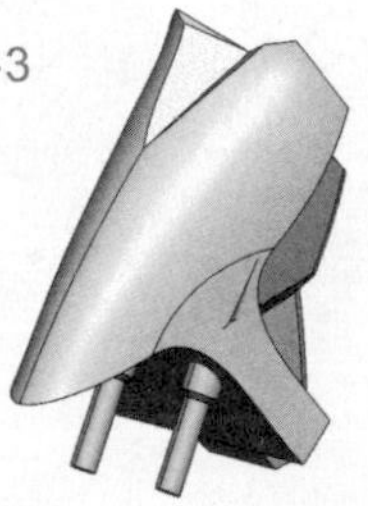

擋風板曲面縫織

Process-4

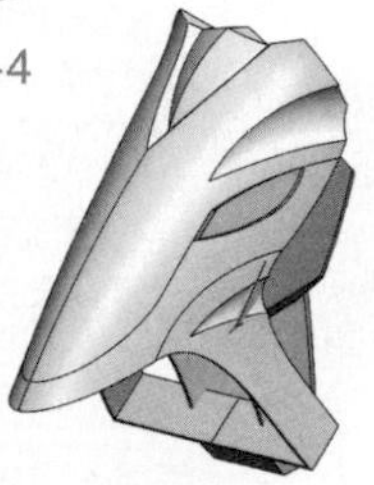

前護板設計與製作

Process-5

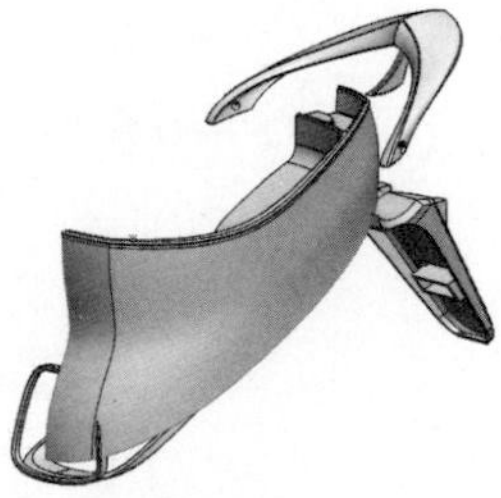

主體側蓋鋪面放樣

Process-6

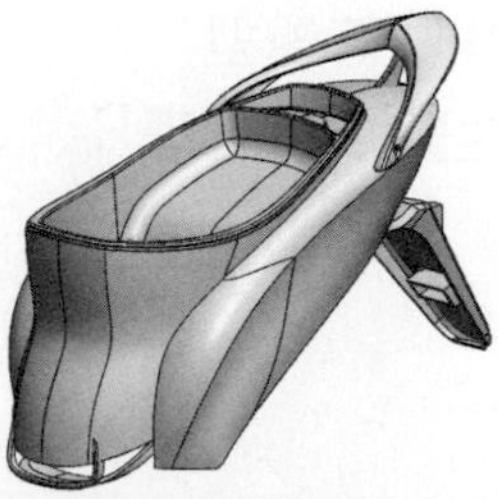

側蓋完成與本體鏡射

Process-7

摩托車零組件結合

Process-8

車體細部設計與變更

匯入本章節之摩托車附件
①
機車內構組件示意
《摩托車附件》

STEP 01

開啟附件中的預設檔案——「8-1-摩托車設計之附件」。（礙於業界倫理與保密協議，附件中僅為摩托車設計實例的樣板，與現有市售的車款之內構迥異）。摩托車設計可算是一個中大型的開發案，通常都會由20人以上組成一專案團隊（至少會包含車體外觀、內構設計、機電整合、油土造型、逆向工程、建模工程師……等），且為期半年以上的開發進程。鑑此，若單就本範例之寥寥頁章，決無可能詳盡的敘述摩托車設計之工序；所以在單元中即以車體外觀最精粹的部份剖悉解構。

STEP 02

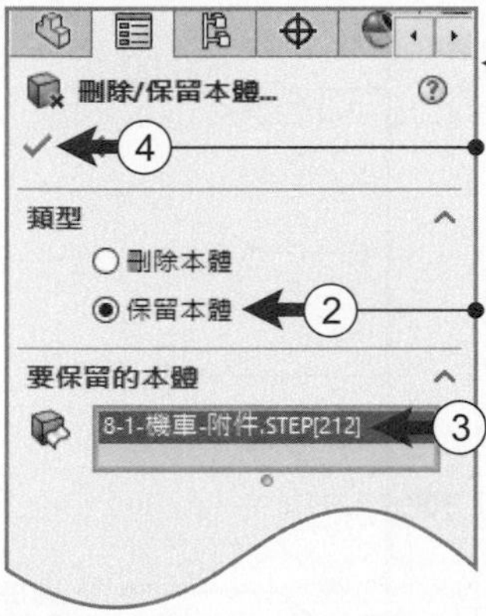
刪除/保留本體...
類型
刪除本體
保留本體
要保留的本體
8-1-機車-附件.STEP[212]
①
④
②
③
啟用「刪除／保留本體」指令
確定刪除未指定之本體
指定保留所選之項次
點選龍頭後蓋（大燈後蓋）

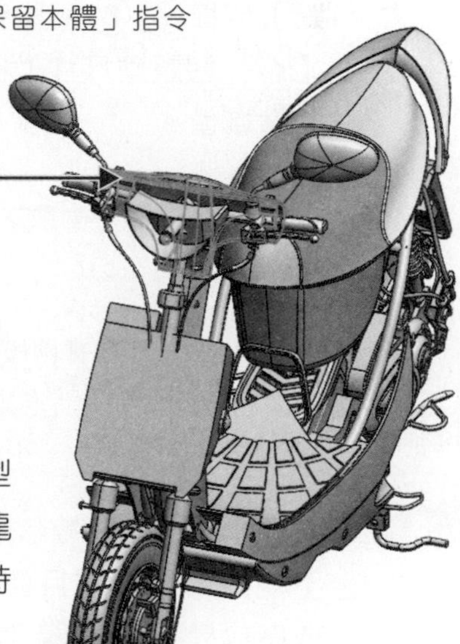

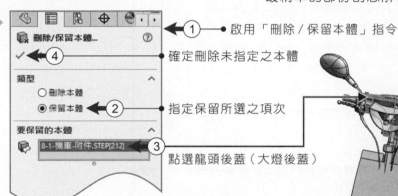

礙於組件過於繁冗，筆者建議可先就「龍頭前蓋」之模型著手。啟用【 刪除／保留本體】特徵，僅指定保留「龍頭後蓋」以作為前蓋塑型時的邊界參考，就此過濾與暫時隱蔽進程外的本體。

續接畫面

STEP 03

執行本體刪除後，畫面中僅餘留「龍頭前蓋」建模時所需參考的後蓋。繪圖者得先經由視角的轉動檢視模型的現狀；而邊界線段是依循與復刻的關鍵所在。

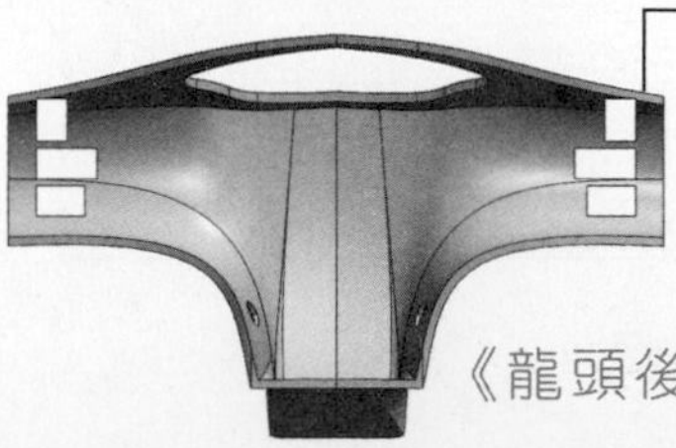
後蓋之邊界
《龍頭後蓋正視》

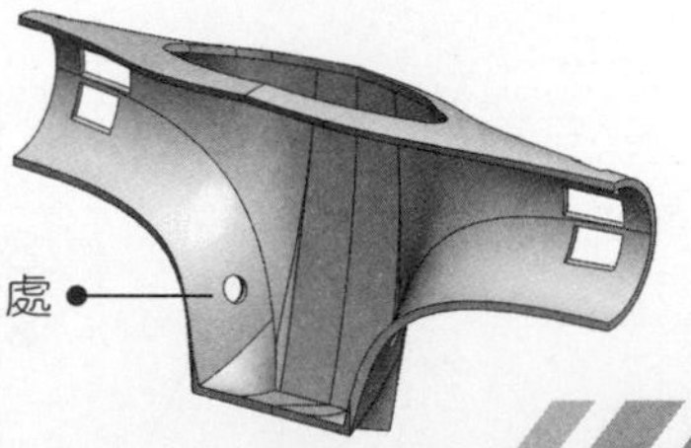
前燈與相關組件配置處
《龍頭後蓋透視》

STEP 04

指定【 :右基準面】作為草繪的頁面，並使用【 :直線工具】製作一項次連結於「龍頭後蓋」之下側。

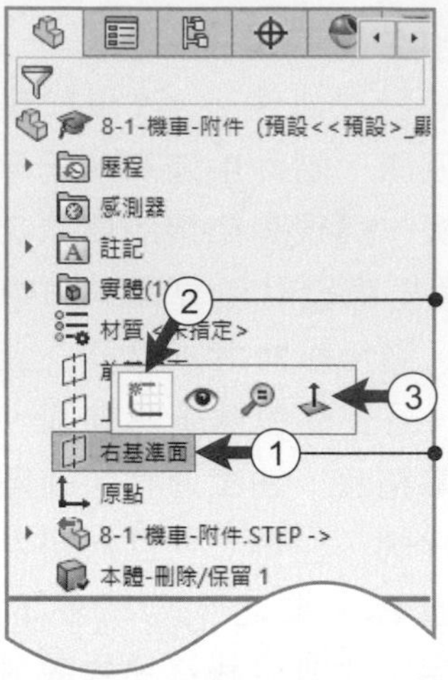

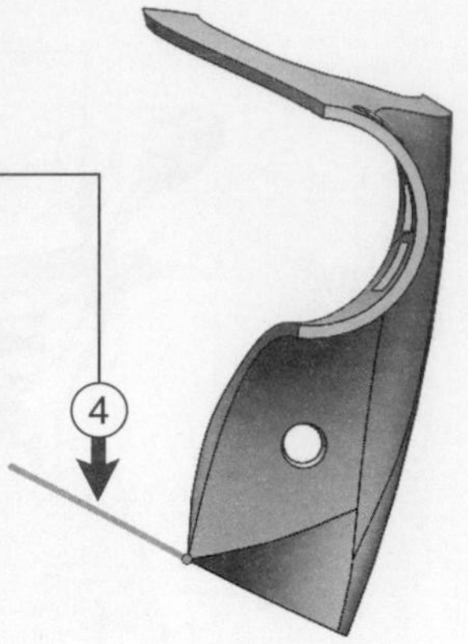

續接畫面

STEP 05

續接上階段的草繪進程。使用【 :中心線工具】如右側例圖——自【 :原點】放樣 Ⓐ Ⓑ 兩段參考線，繼而使用【 :智慧型尺寸】標註圖元之對應參數暨域值。

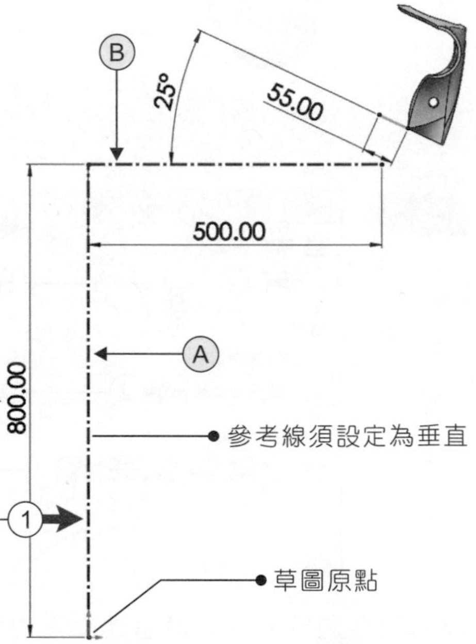

STEP 06

延續未完成的草繪階段。啟用【 樣式不規則曲線】，且參酌例圖之概略位置依序放樣 ❶ 至 ❻ 等六處節點，再藉由節點的位移改變畫面中的藍色曲線。

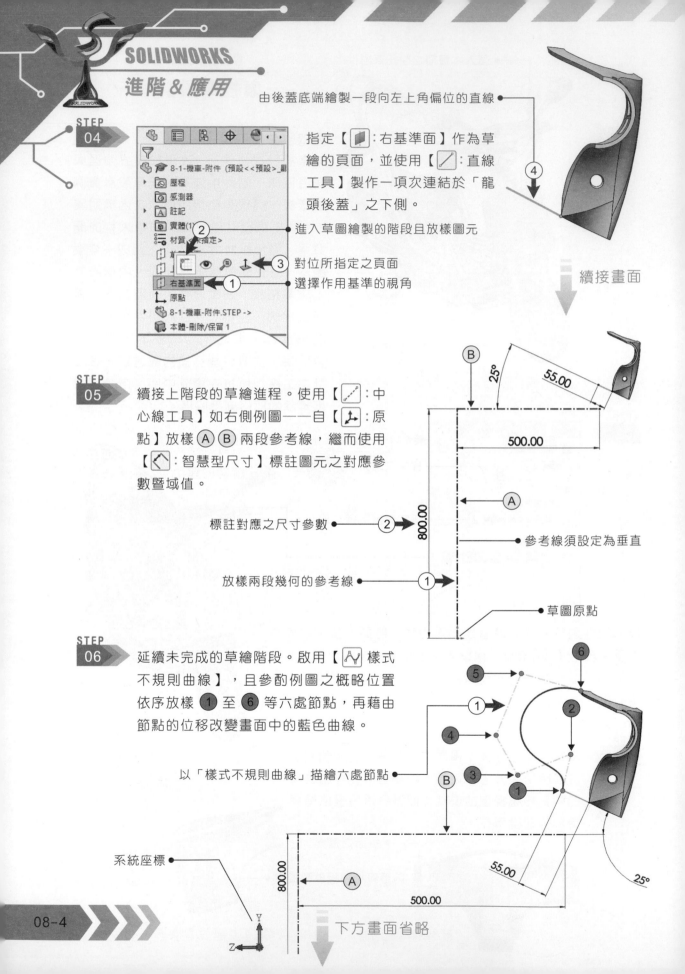

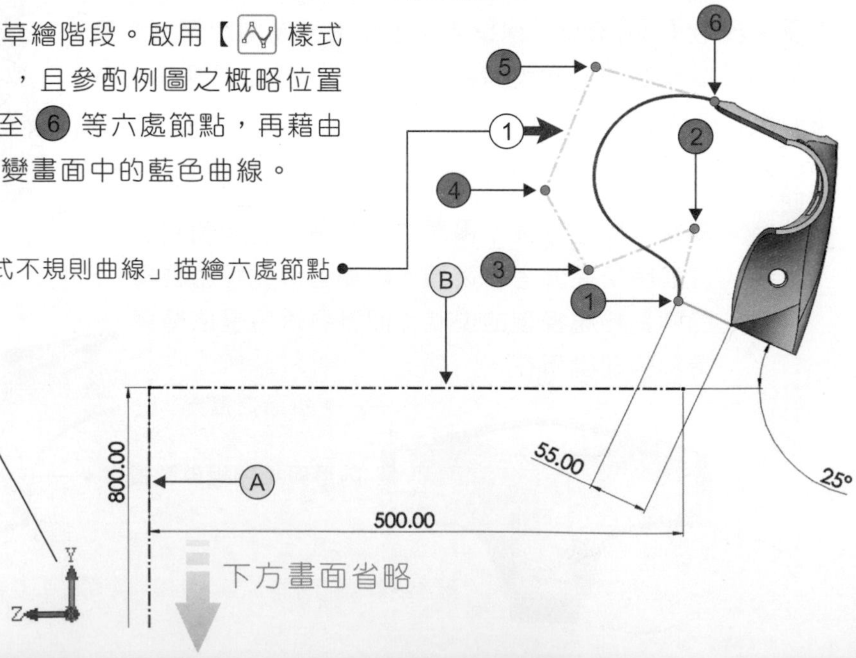

下方畫面省略

STEP 07

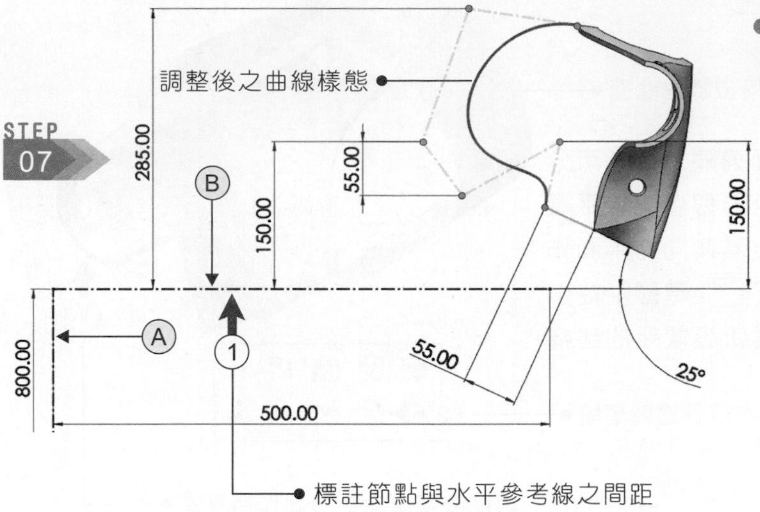
調整後之曲線樣態
285.00
55.00
150.00
150.00
B
A
1
800.00
55.00
25°
500.00
標註節點與水平參考線之間距

【 ：樣式不規則曲線】之特色在於可利用建構線之框架調整來設變曲度；相較於【 ：不規則曲線】的自由度而言，各有其優勢與存在的必要性（得視使用者慣性取決）。

續接畫面

STEP 08

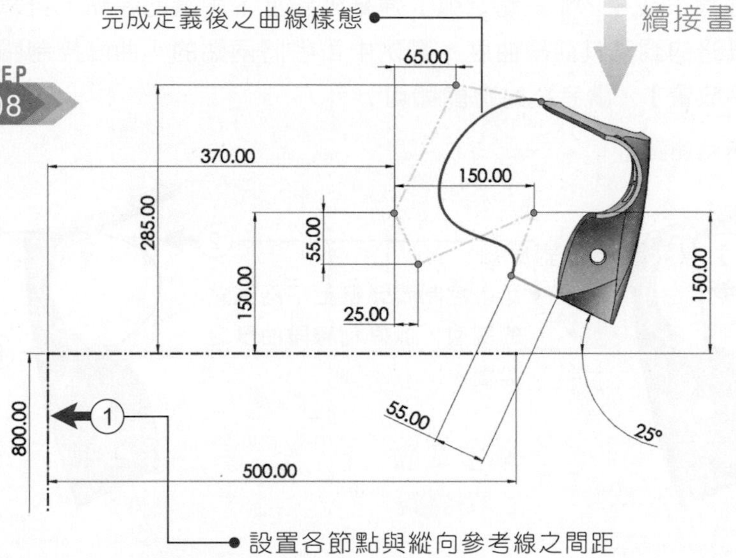
完成定義後之曲線樣態
65.00
370.00
150.00
285.00
55.00
150.00
150.00
25.00
1
800.00
55.00
25°
500.00
設置各節點與縱向參考線之間距

於上階段藉由【 ：智慧型尺寸】標註曲線的六處節點與水平參考線之間距後，現階段則是將參考項次變更為縱向的建構線。當藍色的不規則線定義完成後，即可進入曲面放樣的工序。

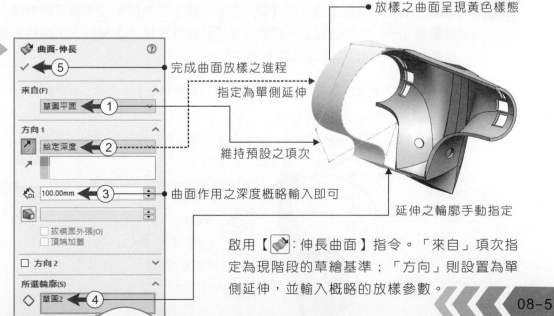

STEP 09

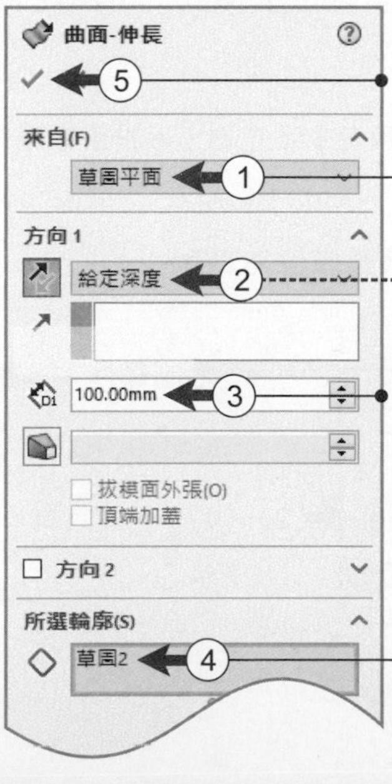
曲面-伸長
5
完成曲面放樣之進程
來自(F)
草圖平面
1
方向 1
給定深度
2
100.00mm
3
曲面作用之深度概略輸入即可
拔模面外張(O)
頂端加蓋
方向 2
所選輪廓(S)
草圖2
4

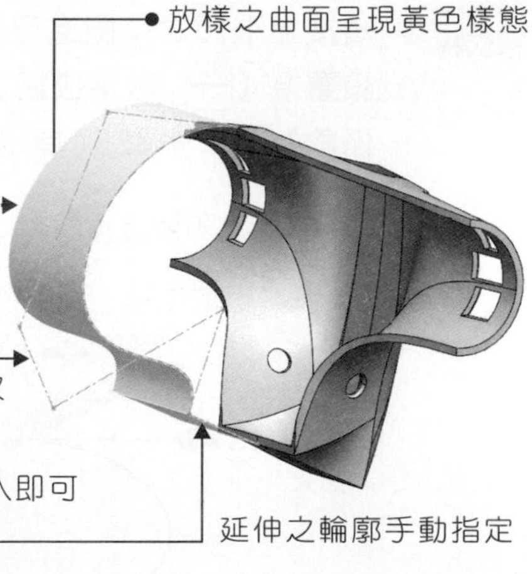
放樣之曲面呈現黃色樣態
指定為單側延伸
維持預設之項次
延伸之輪廓手動指定

啟用【 ：伸長曲面】指令。「來自」項次指定為現階段的草繪基準；「方向」則設置為單側延伸，並輸入概略的放樣參數。

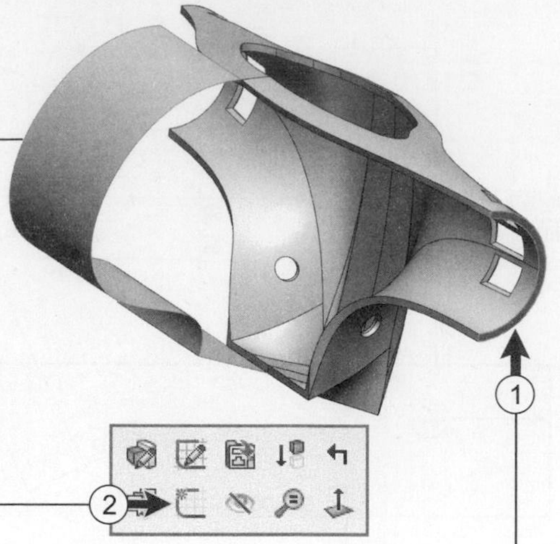
上階段放樣之曲面
進入草圖繪製階段
選擇後蓋側向之平面作為基準
1
2

STEP 10

「龍頭前蓋」的曲面鋪陳，建議可分為多次的放樣，直至形態生成後平順為止。現階段指定後蓋側向的平面作為基準，繼而進入【 :草圖】繪製的進程（讀者亦可重新設置新的建構面參考）。

STEP 11

使用【 不規則曲線】或【 三點定弧】連結外殼上下兩處的端點，且藉由【 :選取工具】概略的調節其弧線曲度；圖例中筆者將兩端的「曲度控制閥」皆定調為【 水平放置】（讀者概略參酌即可）。

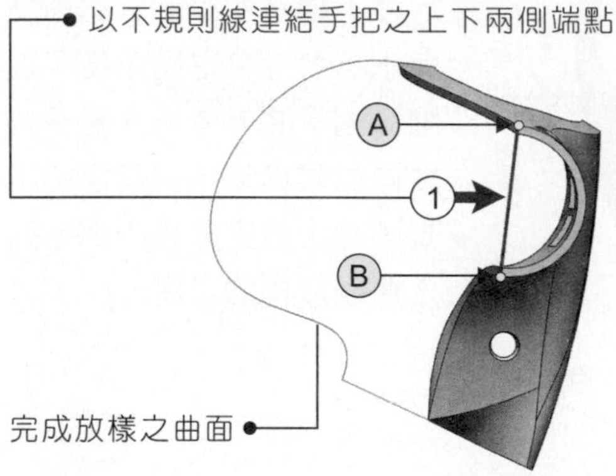
以不規則線連結手把之上下兩側端點
A
1
B
完成放樣之曲面

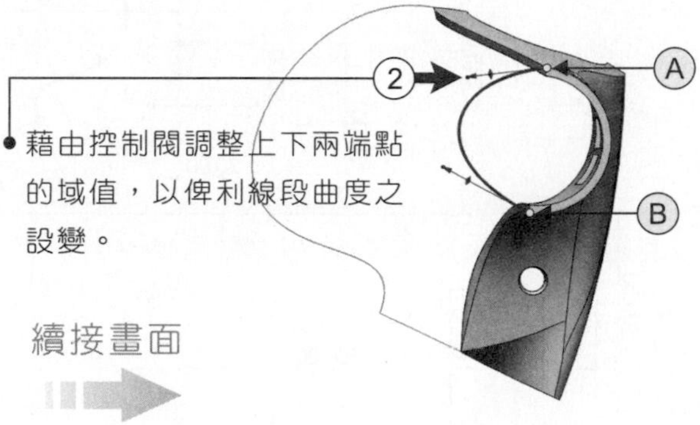
2
A
藉由控制閥調整上下兩端點的域值，以俾利線段曲度之設變。
B
續接畫面

STEP 12

續接上階段之草圖進程。以【 :選取工具】拖曳節點之「曲度控制閥」，繼而設置為【 :水平放置】，且藉由【 :智慧型尺寸】標註上下兩控制閥之作用係數為285暨325（其域值酌參即可）。

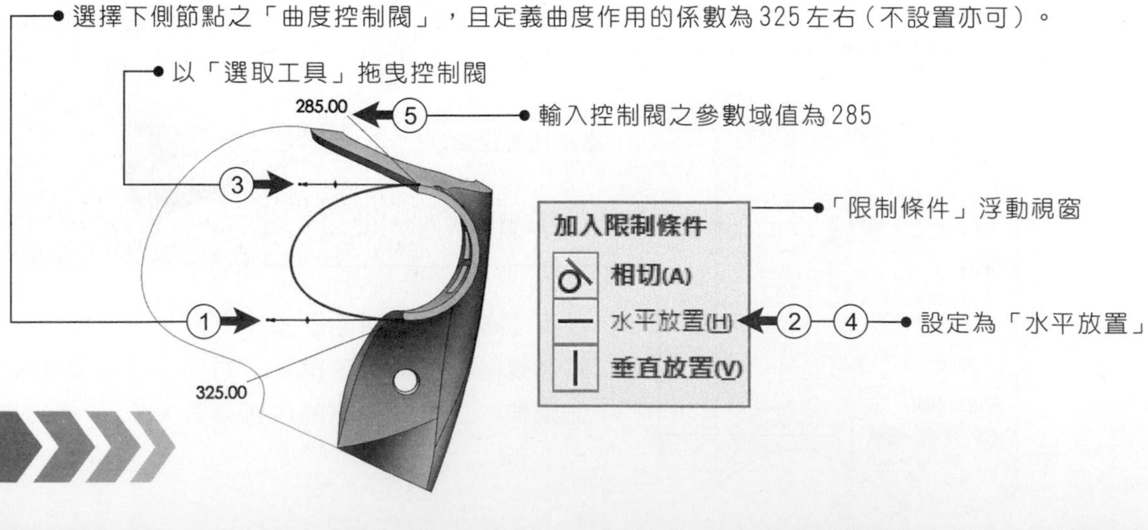
選擇下側節點之「曲度控制閥」，且定義曲度作用的係數為325左右（不設置亦可）。
以「選取工具」拖曳控制閥
285.00
5
輸入控制閥之參數域值為285
3
「限制條件」浮動視窗
加入限制條件
相切(A)
水平放置(H)
垂直放置(V)
1
2
4
設定為「水平放置」
325.00

STEP 13

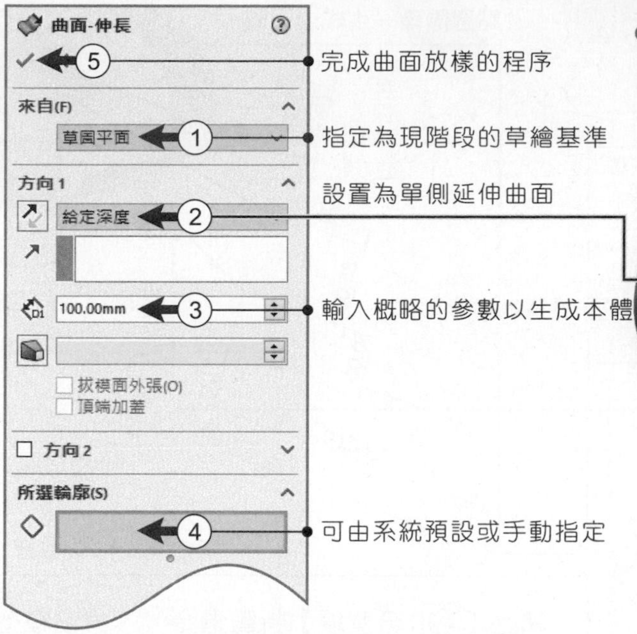
曲面-伸長
5
完成曲面放樣的程序
來自(F)
草圖平面
1
指定為現階段的草繪基準
方向 1
給定深度
2
設置為單側延伸曲面
100.00mm
3
輸入概略的參數以生成本體
拔模面外張(O)
頂端加蓋
方向 2
所選輪廓(S)
4
可由系統預設或手動指定

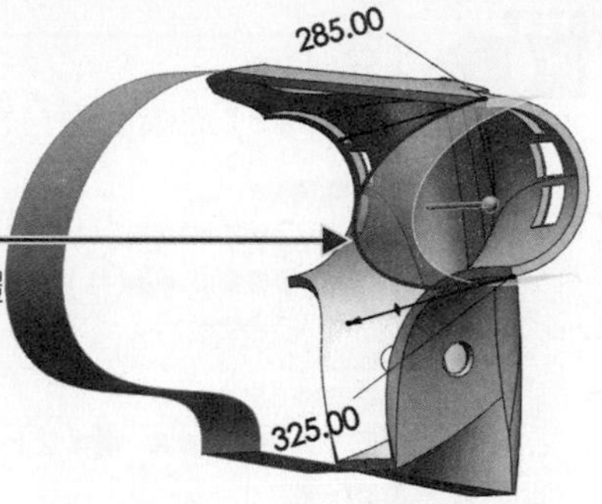
285.00
325.00

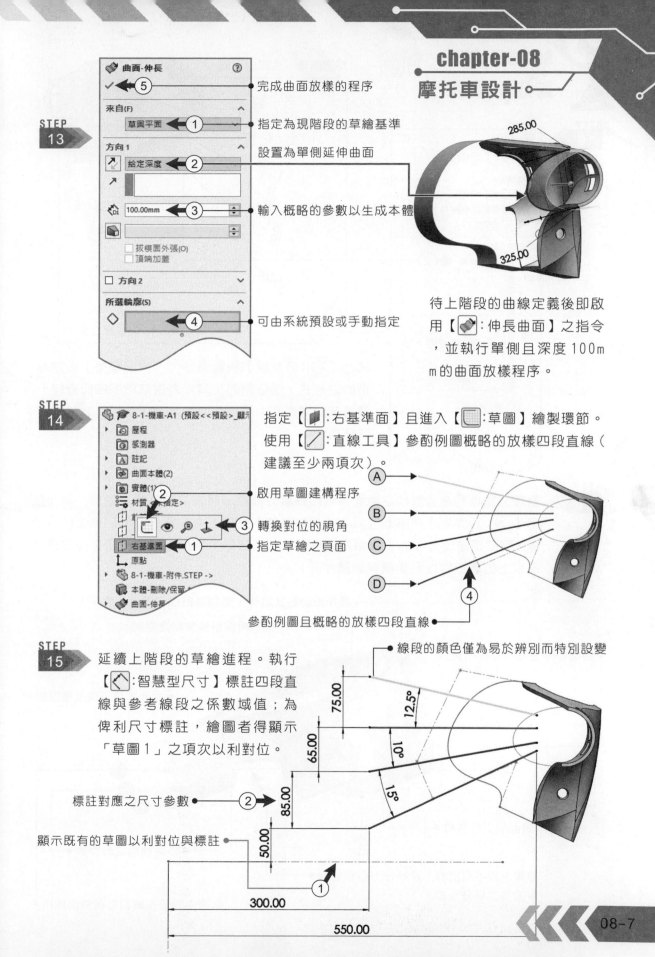

待上階段的曲線定義後即啟用【 :伸長曲面】之指令，並執行單側且深度100mm的曲面放樣程序。

STEP 14

指定【 :右基準面】且進入【 :草圖】繪製環節。使用【 :直線工具】參酌例圖概略的放樣四段直線（建議至少兩項次）。

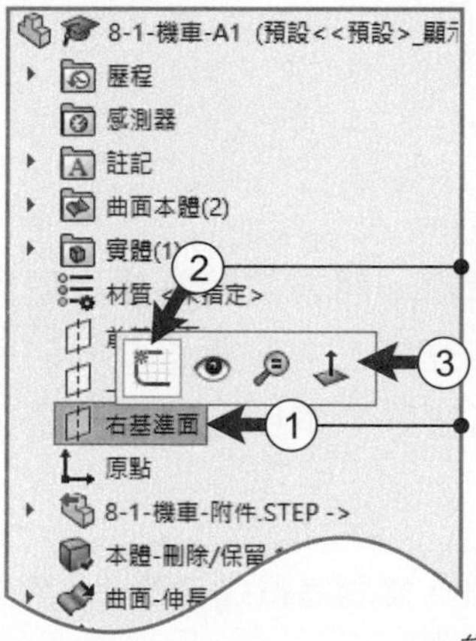
8-1-機車-A1 (預設<<預設>_顯示
歷程
感測器
註記
曲面本體(2)
實體(1)
材質 <未指定>
右基準面
原點
8-1-機車-附件.STEP ->
本體-刪除/保留
曲面-伸長

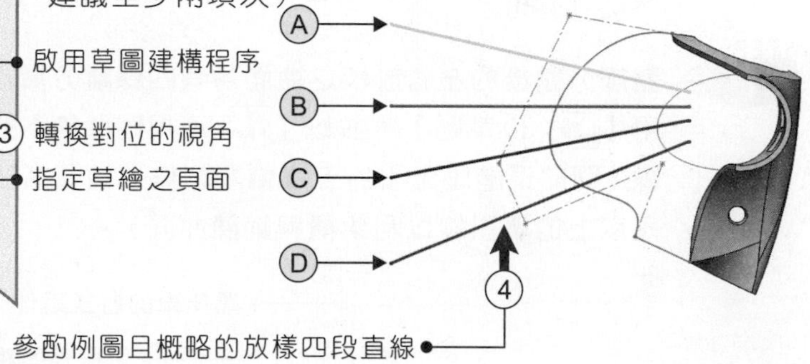
2
啟用草圖建構程序
3
轉換對位的視角
1
指定草繪之頁面
A
B
C
D
4
參酌例圖且概略的放樣四段直線

STEP 15

延續上階段的草繪進程。執行【 :智慧型尺寸】標註四段直線與參考線段之係數域值；為俾利尺寸標註，繪圖者得顯示「草圖1」之項次以利對位。

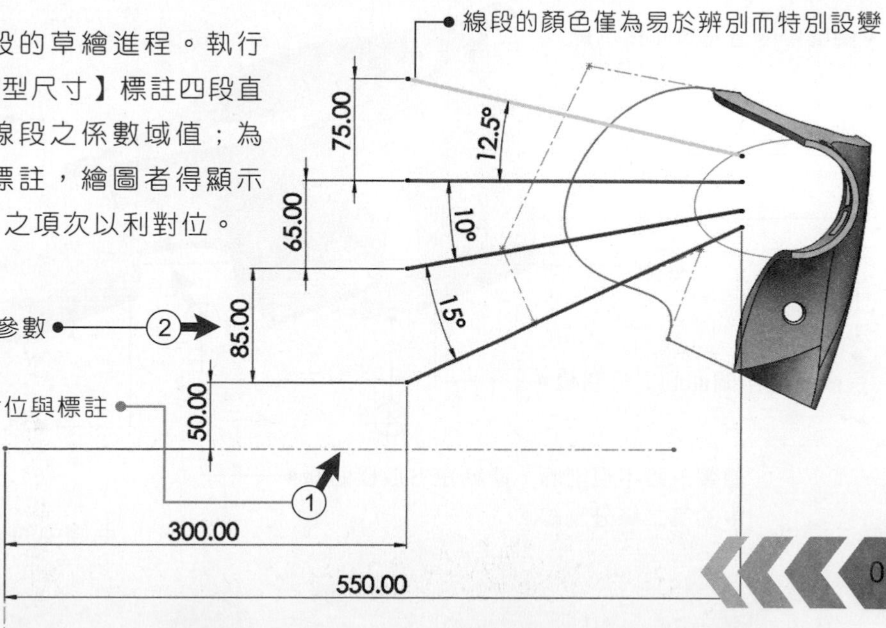
線段的顏色僅為易於辨別而特別設變
75.00
12.5°
65.00
10°
15°
85.00
50.00
標註對應之尺寸參數
2
顯示既有的草圖以利對位與標註
1
300.00
550.00

STEP 16

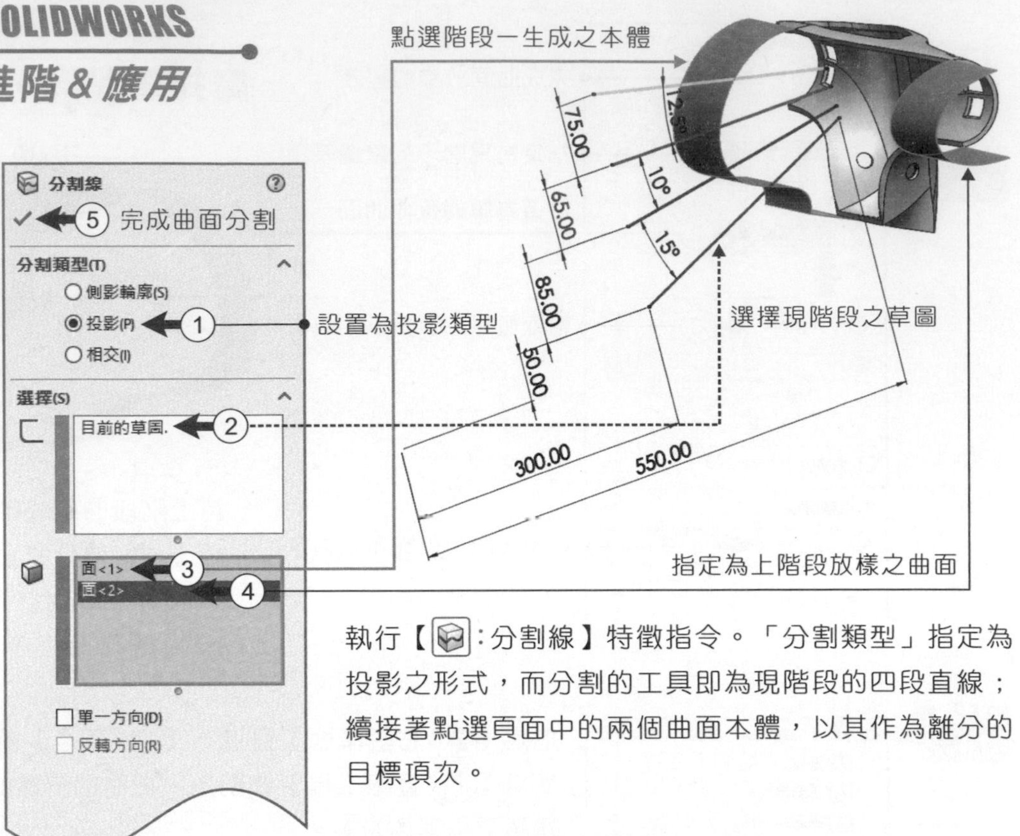
分割線
5 完成曲面分割
分割類型(T)
側影輪廓(S)
投影(P)
相交(I)
1 設置為投影類型
選擇(S)
目前的草圖.
2
面<1>
面<2>
3
4
單一方向(D)
反轉方向(R)
點選階段一生成之本體
選擇現階段之草圖
指定為上階段放樣之曲面
75.00
65.00
85.00
50.00
300.00
550.00
10°
15°
2.50

執行【分割線】特徵指令。「分割類型」指定為投影之形式，而分割的工具即為現階段的四段直線；續接著點選頁面中的兩個曲面本體，以其作為離分的目標項次。

STEP 17

歷經分割後的左右放樣之曲面各有四條離分實線。將方位轉為透視型態，繼而啟用【3D：3D 草圖】，並以【不規則曲線】連結左右放樣之曲面的第二段分割線（關於現階段導引的三維輪廓製作，繪圖者概略參酌即可；但建議至少放樣二段以上的導引線以利架構與鋪陳曲面）。

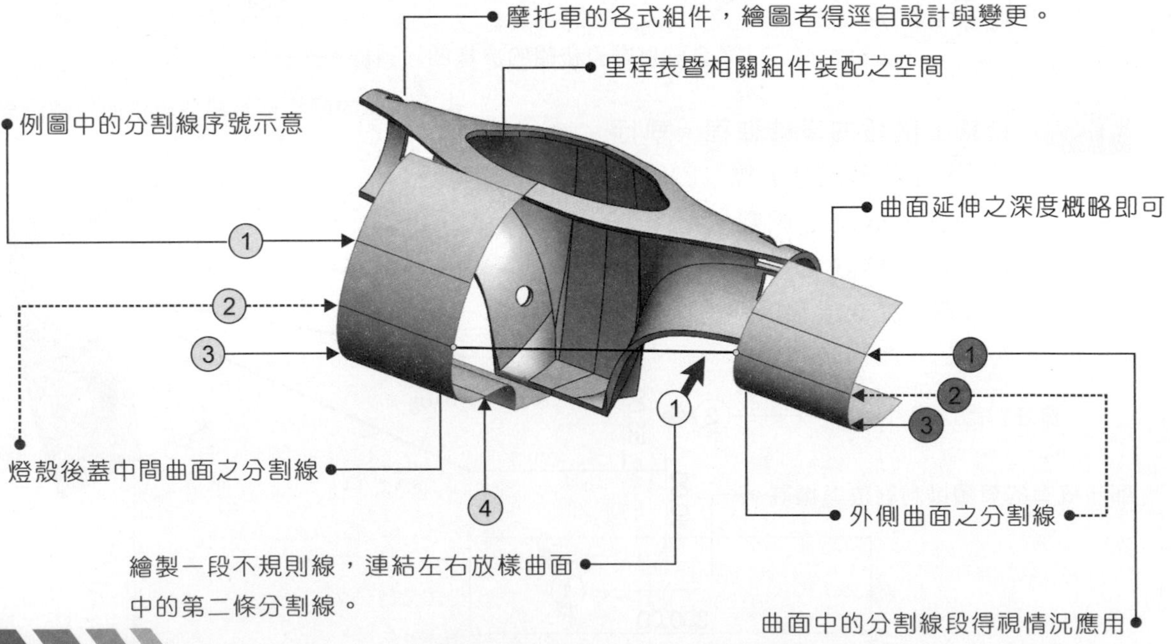
摩托車的各式組件，繪圖者得逕自設計與變更。
里程表暨相關組件裝配之空間
例圖中的分割線序號示意
曲面延伸之深度概略即可
1
2
3
1
2
3
1
4
燈殼後蓋中間曲面之分割線
外側曲面之分割線
繪製一段不規則線，連結左右放樣曲面中的第二條分割線。
曲面中的分割線段得視情況應用

STEP 18

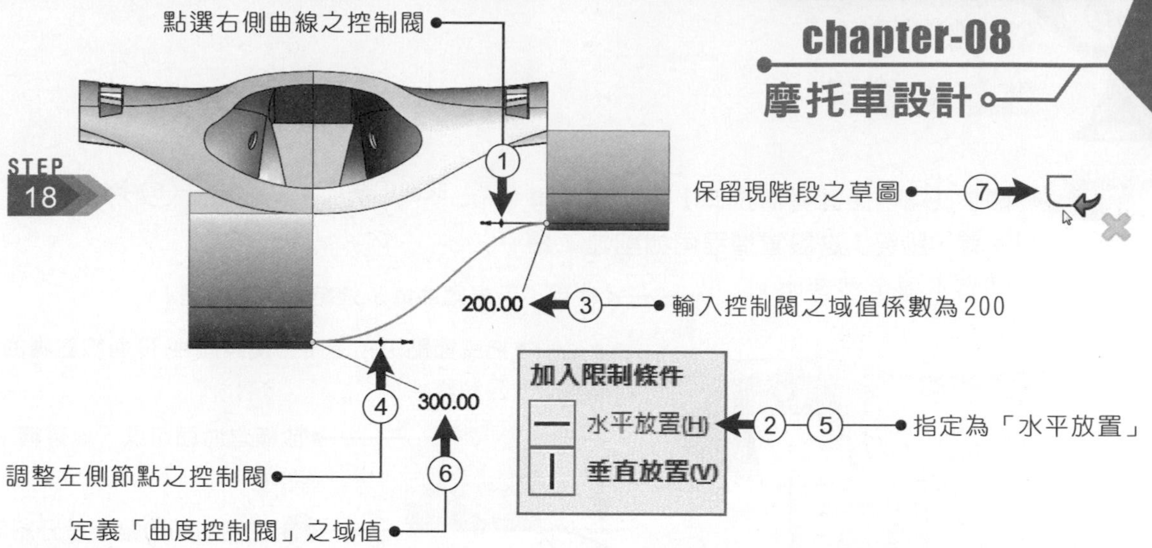
點選右側曲線之控制閥
1
保留現階段之草圖
7
200.00
3
輸入控制閥之域值係數為 200
加入限制條件
水平放置(H)
垂直放置(V)
2
5
指定為「水平放置」
4
300.00
6
調整左側節點之控制閥
定義「曲度控制閥」之域值

STEP 19

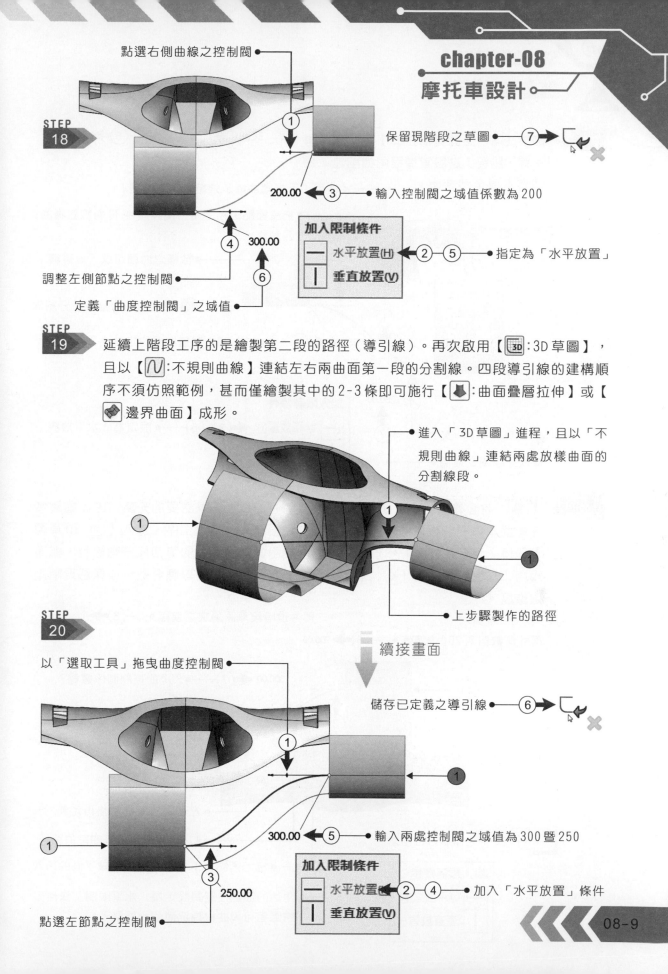

延續上階段工序的是繪製第二段的路徑（導引線）。再次啟用【3D:3D 草圖】，且以【:不規則曲線】連結左右兩曲面第一段的分割線。四段導引線的建構順序不須仿照範例，甚而僅繪製其中的 2-3 條即可施行【:曲面疊層拉伸】或【邊界曲面】成形。

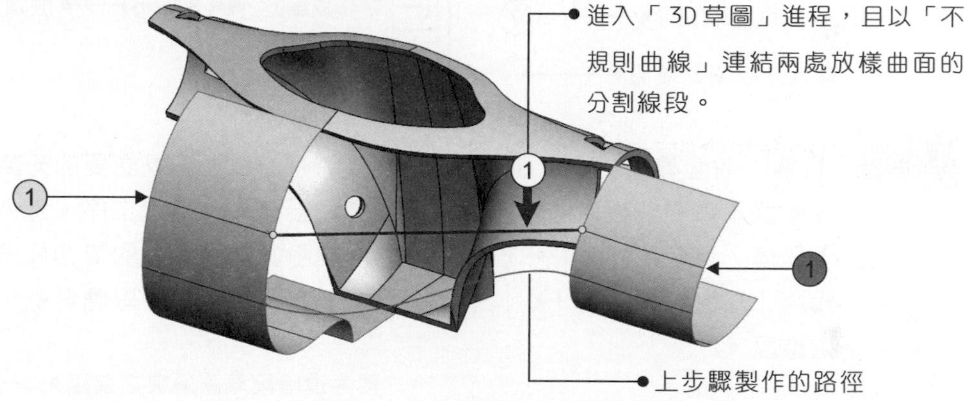
進入「3D 草圖」進程，且以「不規則曲線」連結兩處放樣曲面的分割線段。
1
1
1
上步驟製作的路徑

STEP 20

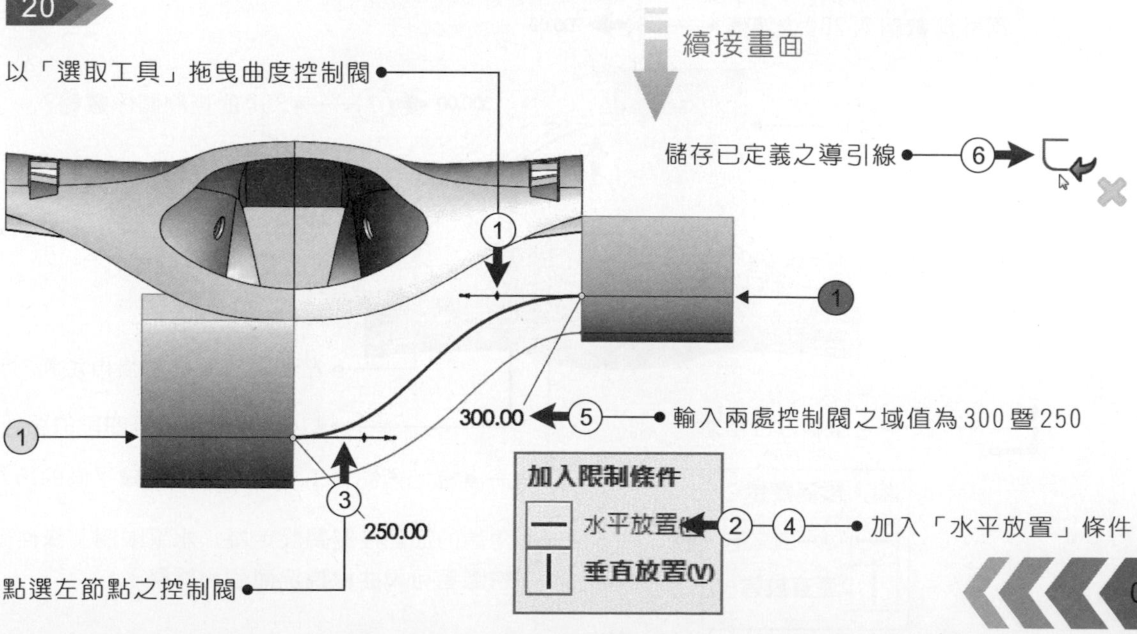
續接畫面
以「選取工具」拖曳曲度控制閥
儲存已定義之導引線
6
1
1
1
300.00
5
輸入兩處控制閥之域值為 300 暨 250
3
250.00
加入限制條件
水平放置(H)
垂直放置(V)
2
4
加入「水平放置」條件
點選左節點之控制閥

STEP 21

關於【:曲面疊層拉伸】第三段的導引線（路徑）之設置進程同如前述，繪圖者不須全然參照。

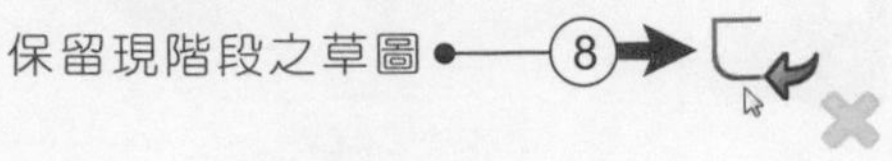
保留現階段之草圖
8

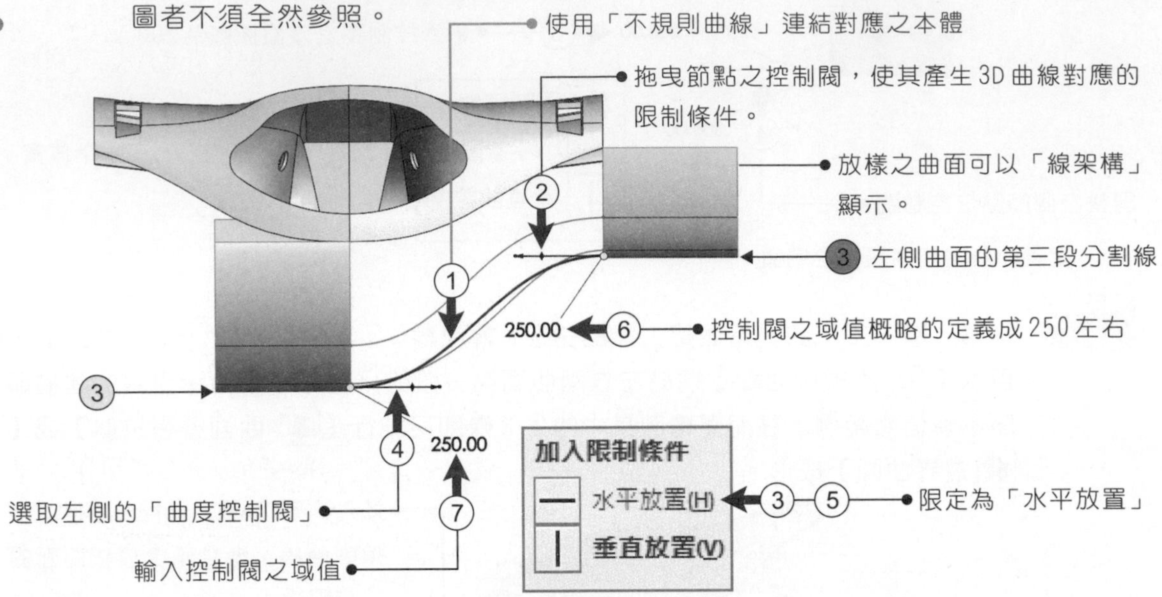
使用「不規則曲線」連結對應之本體
拖曳節點之控制閥，使其產生 3D 曲線對應的限制條件。
放樣之曲面可以「線架構」顯示。
3 左側曲面的第三段分割線
250.00
6
控制閥之域值概略的定義成 250 左右
1
2
3
4
250.00
7
選取左側的「曲度控制閥」
輸入控制閥之域值
加入限制條件
水平放置(H)
垂直放置(V)
3
5
限定為「水平放置」

STEP 22

【:曲面疊層拉伸】執行時，路徑（導引線）並非是必要的元素，因此繪圖者在參酌本書範例建構機車模型時不須全然臨摹每一道之工序。進入【3D:3D 草圖】環境，且使用【:不規則曲線】橋接兩側曲面本體的第四條分割線段，繼而藉由「限制條件」暨【:智慧型尺寸】定義圖元中的對應參數，並保留現階段之進度。

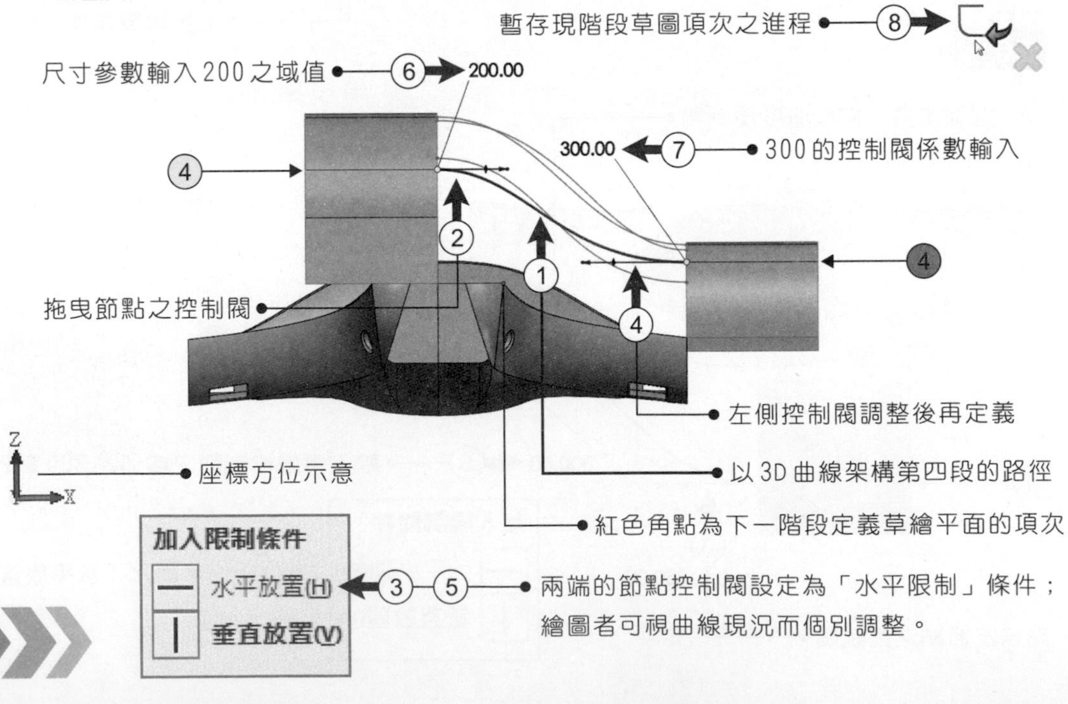
暫存現階段草圖項次之進程
8
尺寸參數輸入 200 之域值
6
200.00
300.00
7
300 的控制閥係數輸入
4
2
1
4
4
拖曳節點之控制閥
左側控制閥調整後再定義
以 3D 曲線架構第四段的路徑
紅色角點為下一階段定義草繪平面的項次
Z
X
座標方位示意
加入限制條件
水平放置(H)
垂直放置(V)
3
5
兩端的節點控制閥設定為「水平限制」條件；繪圖者可視曲線現況而個別調整。

STEP 23

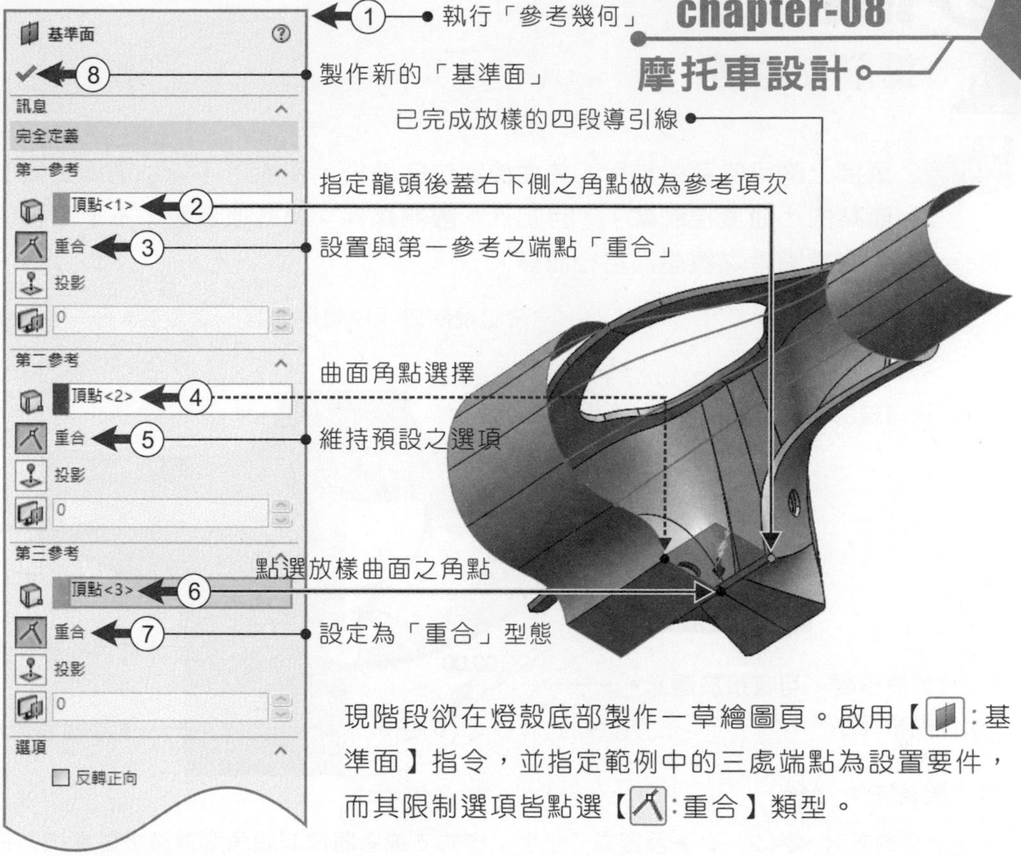

現階段欲在燈殼底部製作一草繪圖頁。啟用【:基準面】指令，並指定範例中的三處端點為設置要件，而其限制選項皆點選【:重合】類型。

STEP 24

成形曲面前尚缺燈殼底部的輪廓建構，以上階段新生成之【 基準面】進入草圖繪製的工序。本書讀者可使用【:三點定弧】（或如例圖中的【:不規則曲線】）連結燈殼底部角點暨放樣曲面之線端。

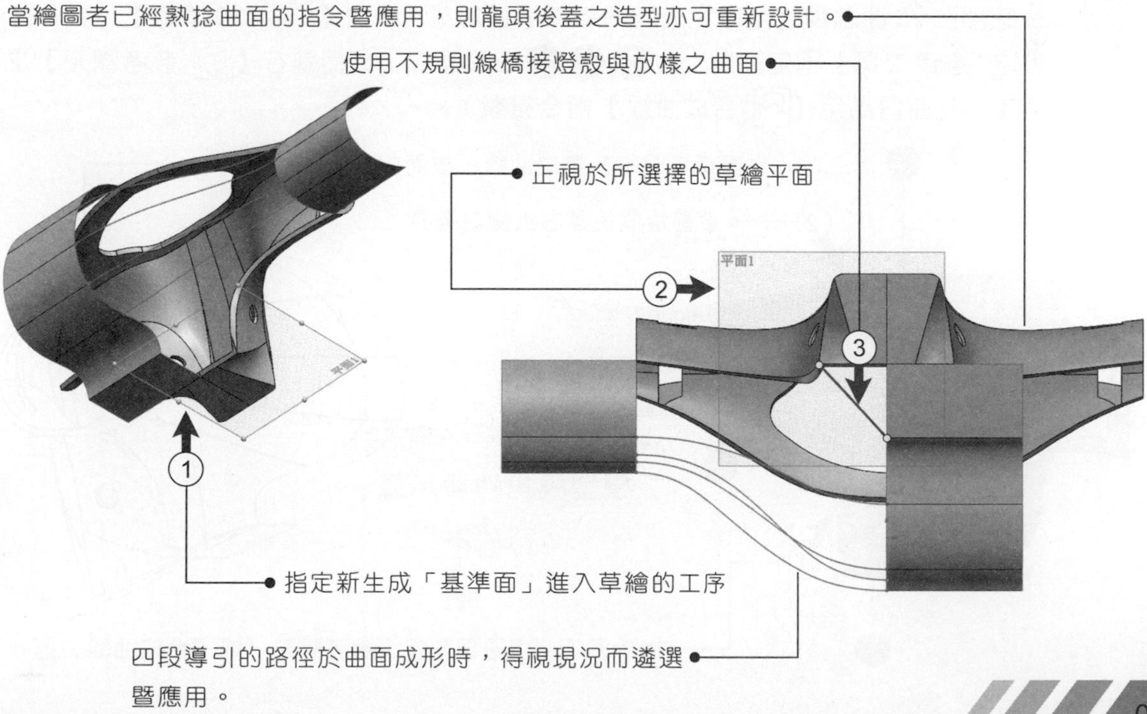

STEP 25

續接上階段的草繪進程。待曲線定位完備後，即使用【 :選擇工具】調整兩側節點的「曲度控制閥」，且加入「限制條件」與域值參數；不規則線的曲度設置可依繪圖者之觀感而自行設變。

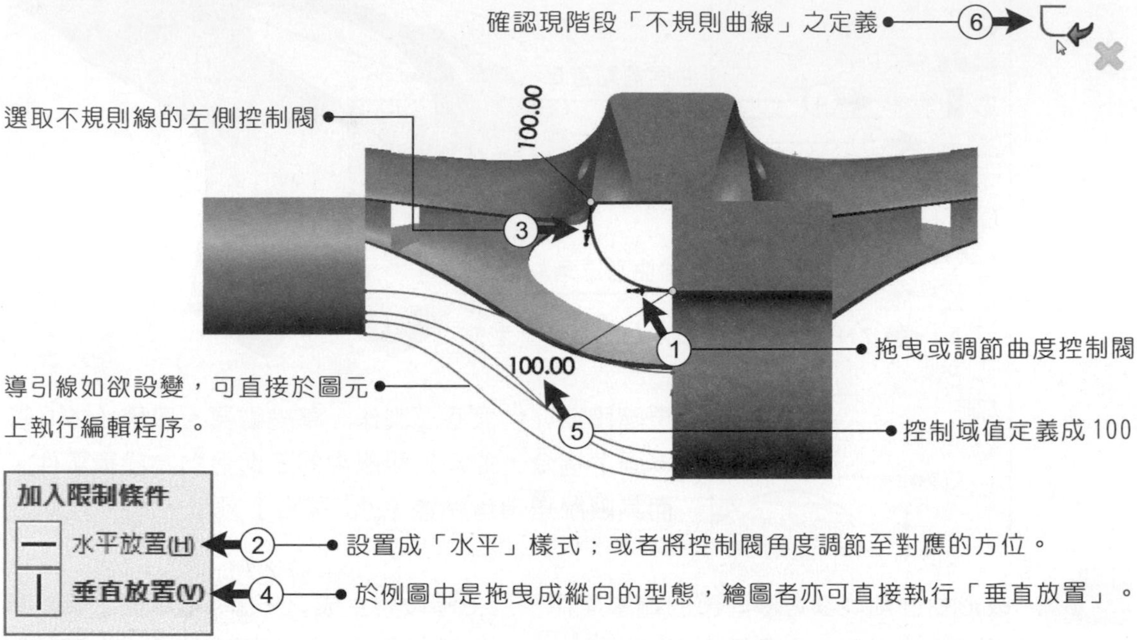
確認現階段「不規則曲線」之定義
6
選取不規則線的左側控制閥
3
100.00
1
拖曳或調節曲度控制閥
導引線如欲設變，可直接於圖元上執行編輯程序。
100.00
5
控制域值定義成100
加入限制條件
水平放置(H)
2
設置成「水平」樣式；或者將控制閥角度調節至對應的方位。
垂直放置(V)
4
於例圖中是拖曳成縱向的型態，繪圖者亦可直接執行「垂直放置」。

STEP 26

在執行曲面鋪陳之前，繪圖者概可先盤點一下目前的曲線項次（四段3D曲線、底部的2D曲線與現階段完成的兩組參考曲線）。啟用【 :3D草圖】，且以【 :選擇工具】指定圖例中的 A B C 三段邊線，繼而執行【 :參考圖元】之工序（亦得應用【 :合成曲線】指令複製）。

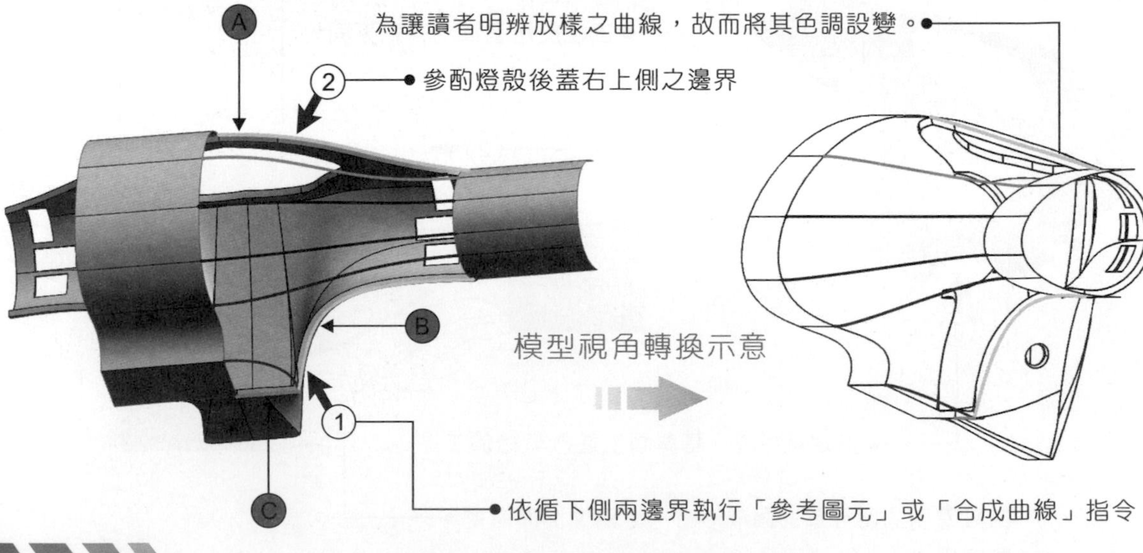
A
為讓讀者明辨放樣之曲線，故而將其色調設變。
2
參酌燈殼後蓋右上側之邊界
B
模型視角轉換示意
1
C
依循下側兩邊界執行「參考圖元」或「合成曲線」指令

STEP 27

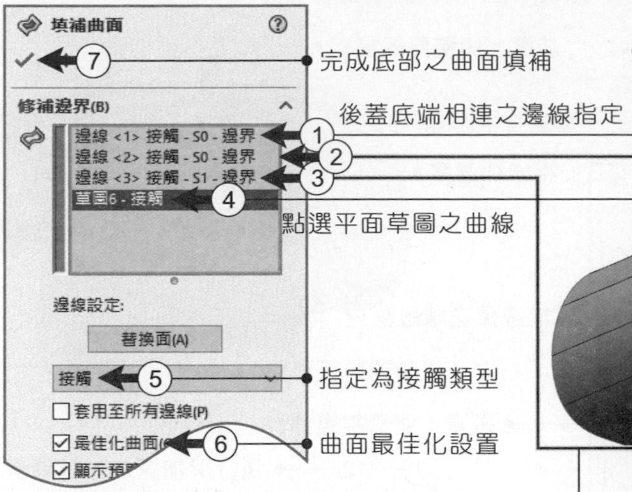
填補曲面
修補邊界(B)
邊線 <1> 接觸 - S0 - 邊界
邊線 <2> 接觸 - S0 - 邊界
邊線 <3> 接觸 - S1 - 邊界
草圖6 - 接觸
邊線設定:
替換面(A)
接觸
套用至所有邊線(P)
最佳化曲面
顯示預
完成底部之曲面填補
後蓋底端相連之邊線指定
點選平面草圖之曲線
指定為接觸類型
曲面最佳化設置

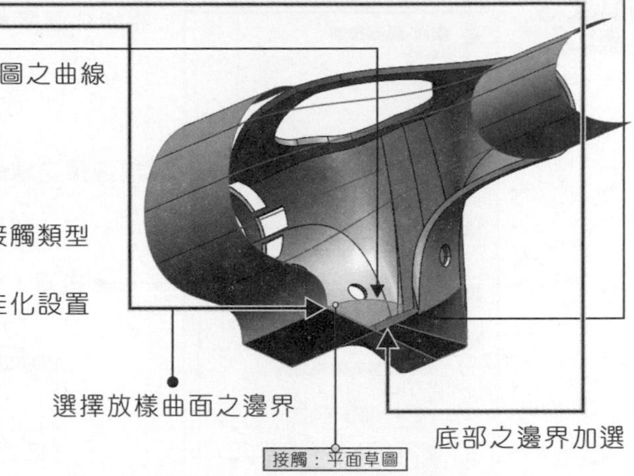
選擇放樣曲面之邊界
底部之邊界加選
接觸：平面草圖

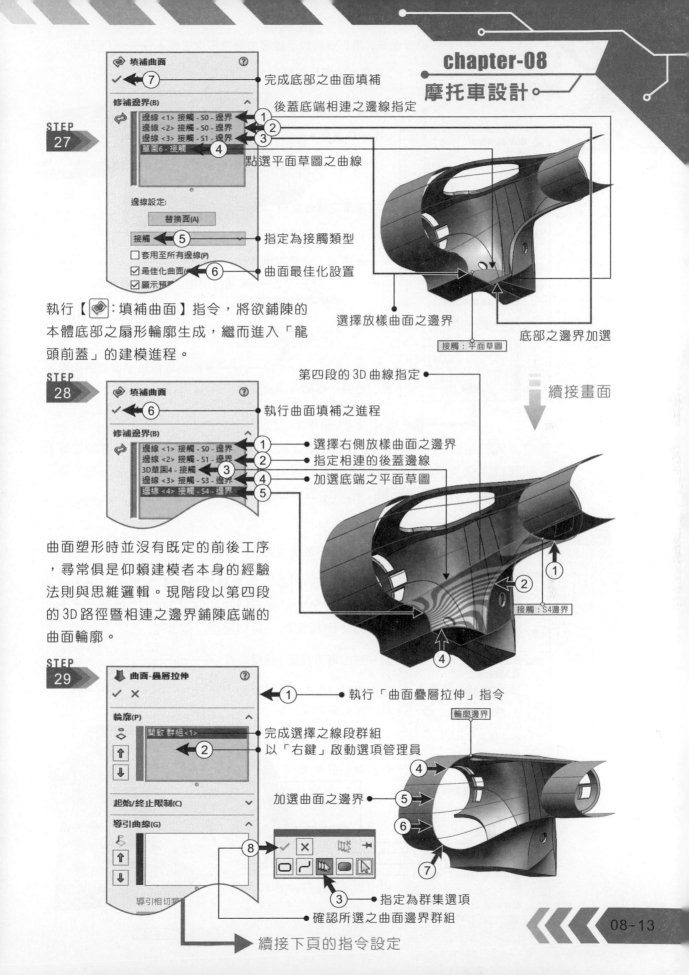

執行【 :填補曲面】指令，將欲鋪陳的本體底部之扇形輪廓生成，繼而進入「龍頭前蓋」的建模進程。

STEP 28

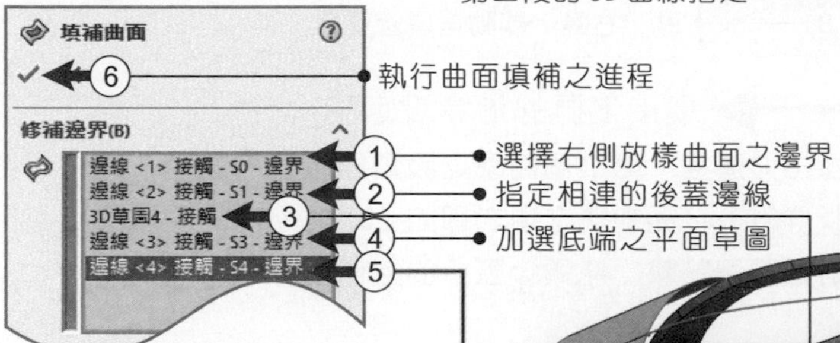
填補曲面
修補邊界(B)
邊線 <1> 接觸 - S0 - 邊界
邊線 <2> 接觸 - S1 - 邊界
3D草圖4 - 接觸
邊線 <3> 接觸 - S3 - 邊界
邊線 <4> 接觸 - S4 - 邊界
執行曲面填補之進程
選擇右側放樣曲面之邊界
指定相連的後蓋邊線
加選底端之平面草圖

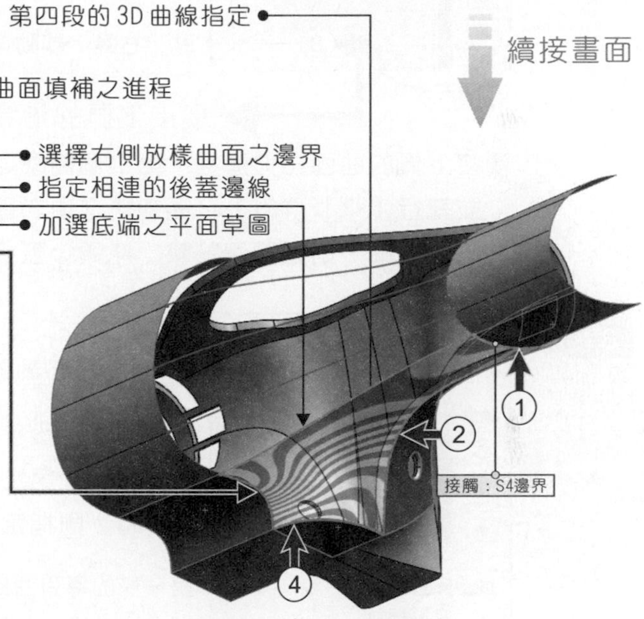
第四段的 3D 曲線指定
接觸：S4邊界

續接畫面

曲面塑形時並沒有既定的前後工序，尋常俱是仰賴建模者本身的經驗法則與思維邏輯。現階段以第四段的 3D 路徑暨相連之邊界鋪陳底端的曲面輪廓。

STEP 29

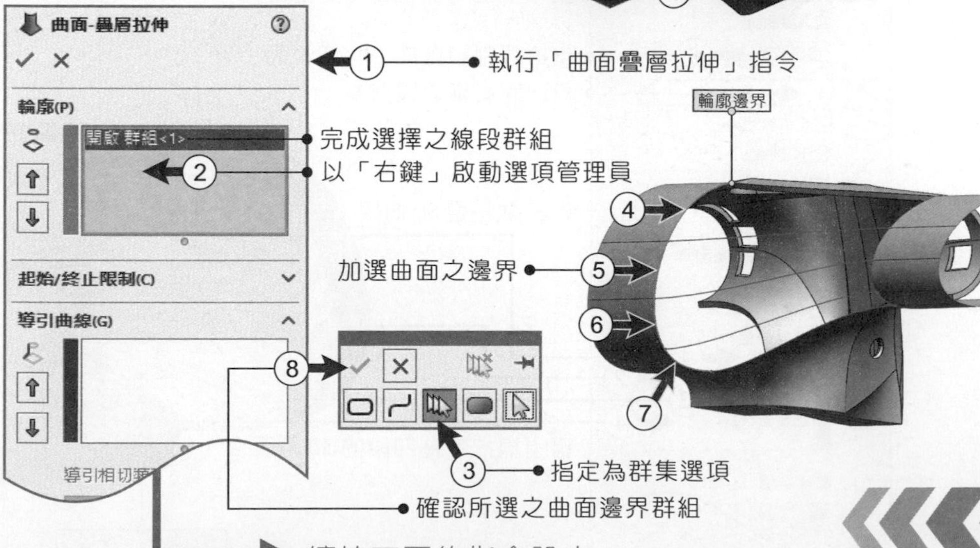
曲面-疊層拉伸
輪廓(P)
開啟 群組<1>
起始/終止限制(C)
導引曲線(G)
導引相切類
執行「曲面疊層拉伸」指令
完成選擇之線段群組
以「右鍵」啟動選項管理員
輪廓邊界
加選曲面之邊界
指定為群集選項
確認所選之曲面邊界群組

續接下頁的指令設定

STEP 30

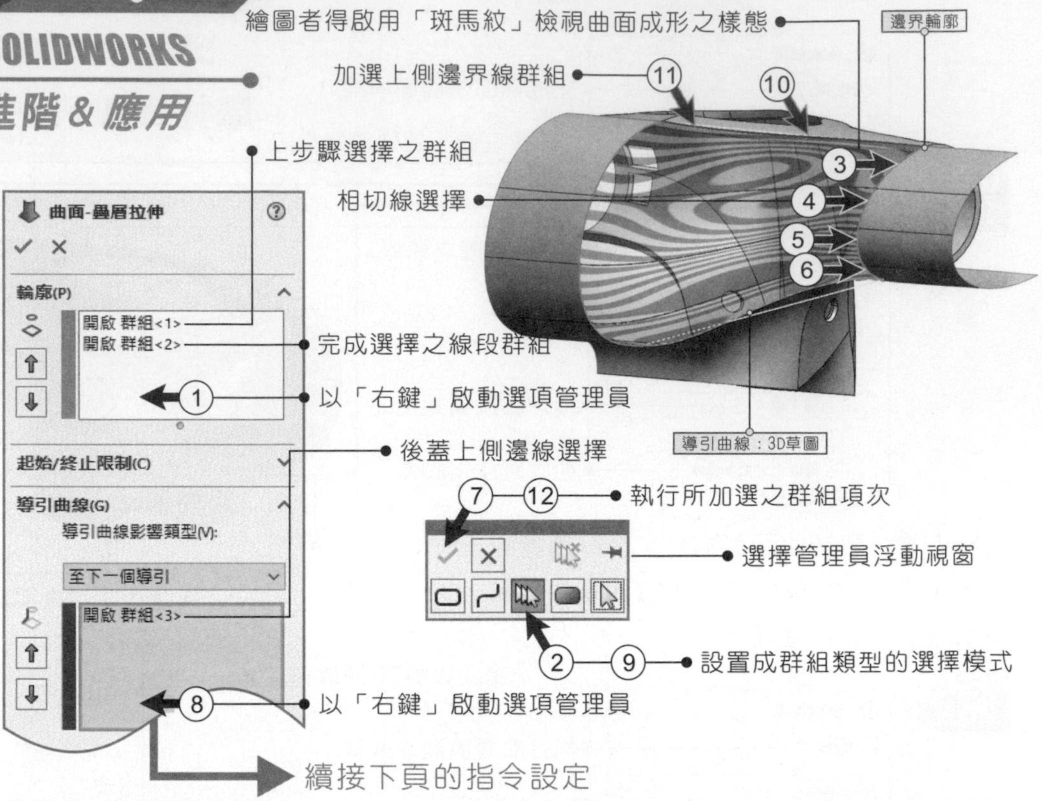
繪圖者得啟用「斑馬紋」檢視曲面成形之樣態
邊界輪廓
加選上側邊界線群組
11
10
上步驟選擇之群組
相切線選擇
3
4
5
6
曲面-疊層拉伸
輪廓(P)
開啟 群組<1>
開啟 群組<2>
完成選擇之線段群組
1
以「右鍵」啟動選項管理員
導引曲線：3D草圖
起始/終止限制(C)
後蓋上側邊線選擇
導引曲線(G)
導引曲線影響類型(V):
至下一個導引
開啟 群組<3>
7
12
執行所加選之群組項次
選擇管理員浮動視窗
2
9
設置成群組類型的選擇模式
8
以「右鍵」啟動選項管理員
續接下頁的指令設定

續接上頁的曲面拉伸進程。第二個輪廓之設置同樣以「右鍵」驅動「選項管理員」並執行【 :群組】，而加選之項次即如 ③ 至 ⑥ 的曲面邊線。另關於導引曲線的輪廓，則如圖例點擊「龍頭後蓋」的上側邊線項次。

STEP 31

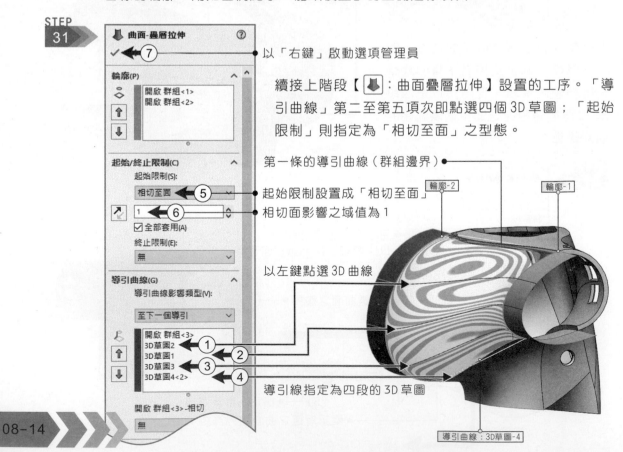

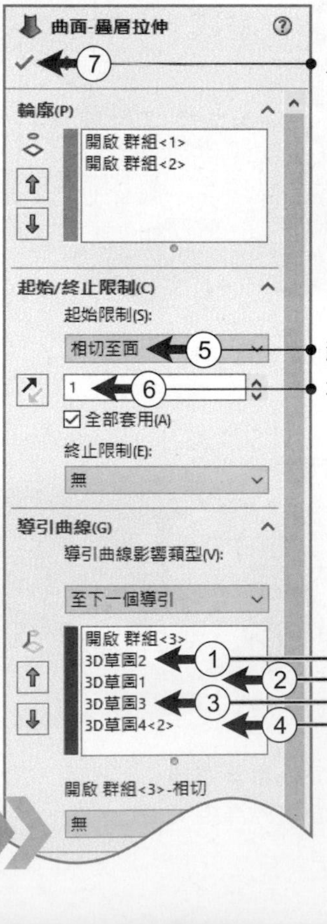
曲面-疊層拉伸
7
以「右鍵」啟動選項管理員
輪廓(P)
開啟 群組<1>
開啟 群組<2>
起始/終止限制(C)
起始限制(S):
相切至面
5
起始限制設置成「相切至面」
1
6
相切面影響之域值為 1
全部套用(A)
終止限制(E):
無
導引曲線(G)
導引曲線影響類型(V):
至下一個導引
開啟 群組<3>
3D草圖2
3D草圖1
3D草圖3
3D草圖4<2>
1
2
3
4
開啟 群組<3>-相切
無

續接上階段【 ：曲面疊層拉伸】設置的工序。「導引曲線」第二至第五項次即點選四個 3D 草圖；「起始限制」則指定為「相切至面」之型態。

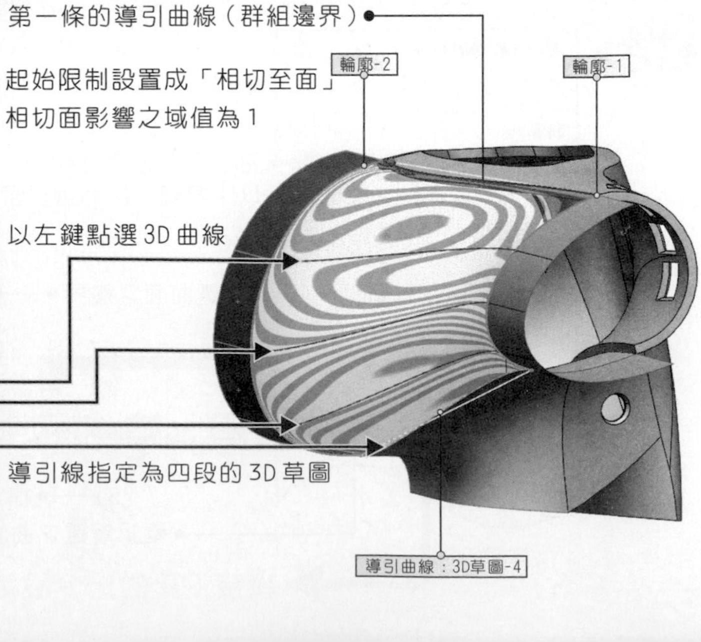
第一條的導引曲線（群組邊界）
輪廓-2
輪廓-1
以左鍵點選 3D 曲線
導引線指定為四段的 3D 草圖
導引曲線：3D草圖-4

STEP 32

藉由示意的斑馬紋判讀曲面之流暢度

指定 3D 草圖（導引曲線）

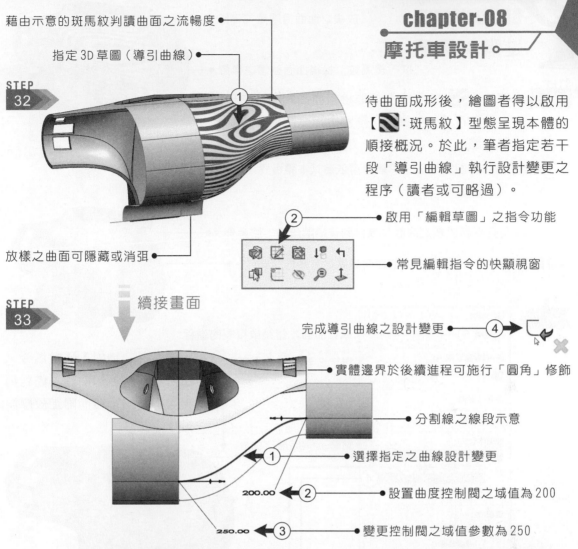

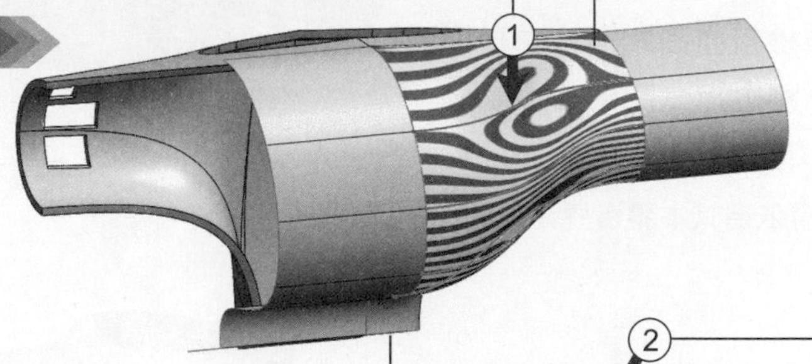

待曲面成形後，繪圖者得以啟用【：斑馬紋】型態呈現本體的順接概況。於此，筆者指定若干段「導引曲線」執行設計變更之程序（讀者或可略過）。

2 啟用「編輯草圖」之指令功能

常見編輯指令的快顯視窗

放樣之曲面可隱藏或消弭

續接畫面

STEP 33

4 完成導引曲線之設計變更

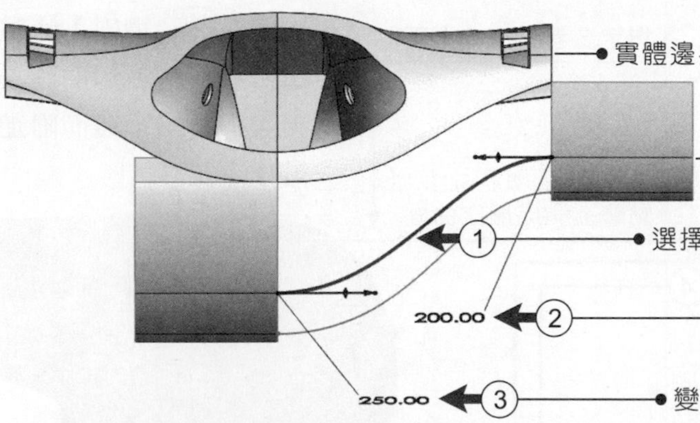

實體邊界於後續進程可施行「圓角」修飾

分割線之線段示意

1 選擇指定之曲線設計變更

2 設置曲度控制閥之域值為 200

3 變更控制閥之域值參數為 250

續接上階段之導引線草圖編輯的進程。以【：選擇工具】調節 3D 草圖的形態，繼而執行【：智慧型尺寸】設變兩側的「曲度控制閥」之域值。建議讀者編輯平面輪廓前可先儲存檔案後再延伸相關之進程。

STEP 34

暫存現階段編輯的草圖線段 5

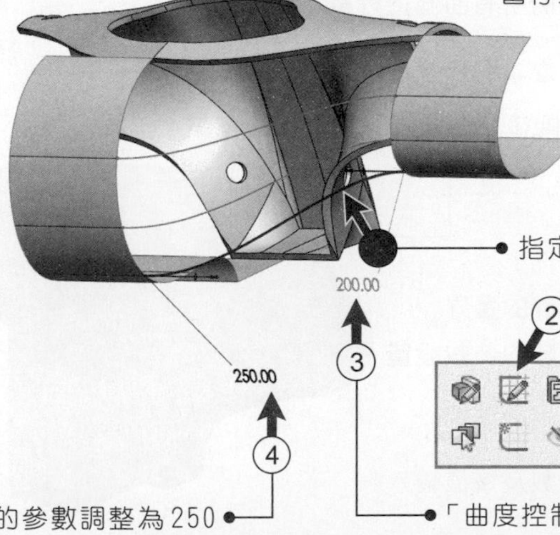

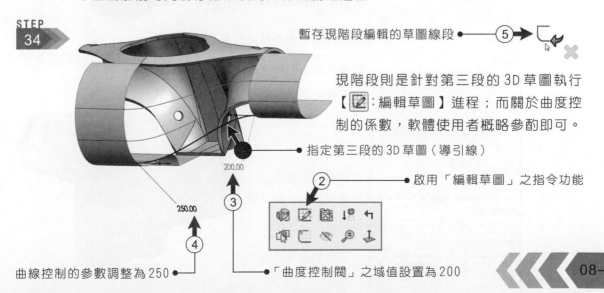

現階段則是針對第三段的 3D 草圖執行【：編輯草圖】進程；而關於曲度控制的係數，軟體使用者概略參酌即可。

指定第三段的 3D 草圖（導引線）

2 啟用「編輯草圖」之指令功能

曲線控制的參數調整為 250

「曲度控制閥」之域值設置為 200

放樣之曲面得隱藏或刪除

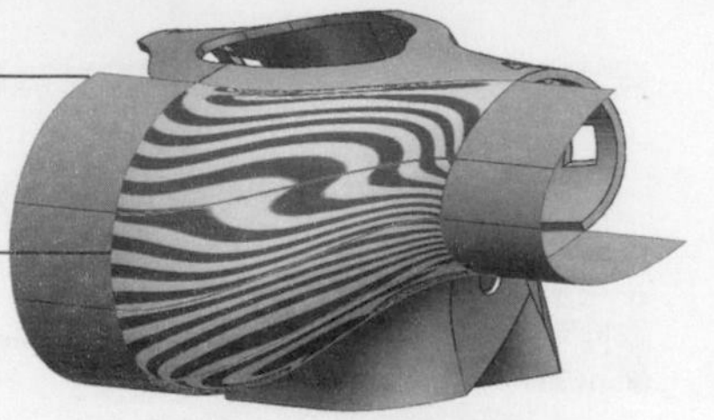

以「斑馬紋」檢視曲面整體之樣態

STEP 35

開啟【:斑馬紋】功能檢核曲面成形後之樣態。且執行【:顯示 / 隱藏】指令隱匿放樣之兩側本體。

續接畫面

有了龍頭前蓋的曲面鋪陳後，繪圖者得依循其本體邊界建構出後蓋（或延用範例中之組件）。

隱藏兩側放樣之曲面，以俾利後續階段的本體延伸。

本體鏡像複製時，「原點」上的縱向基準即為參酌的要件。

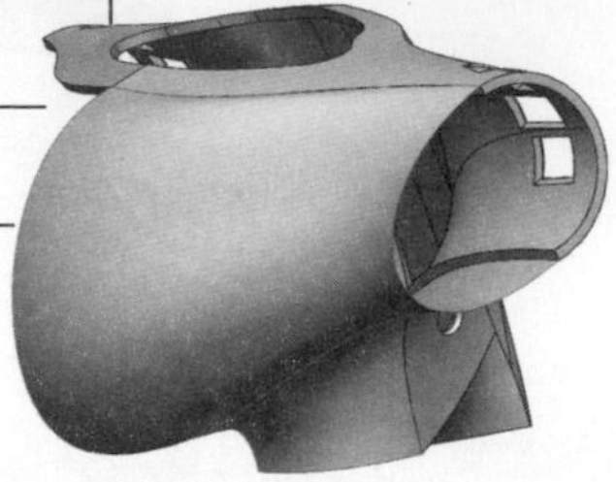

STEP 36

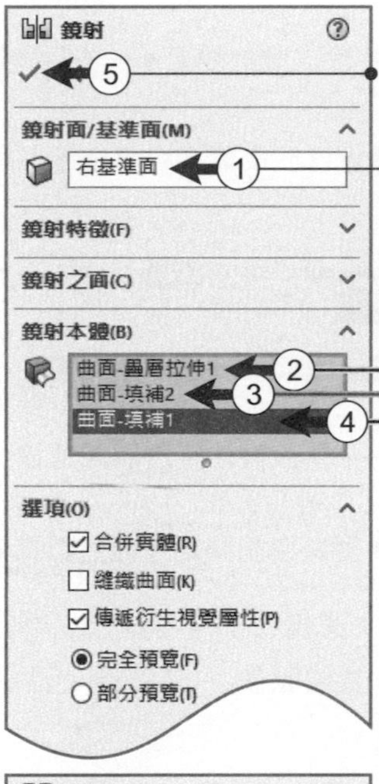

執行曲面本體鏡像複製的進程

指定參考的基準平面

啟用【:鏡射】特徵指令。選擇成形的三個曲面本體對稱複製與縫織，繼而附加殼厚與分件之工序。

點擊上側成形之曲面

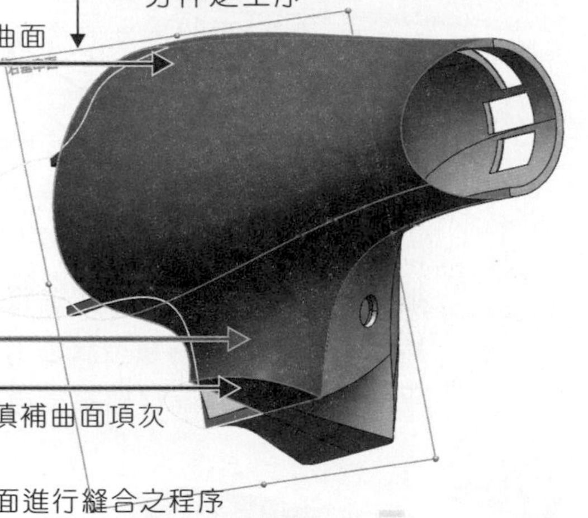

加選下側兩段的填補曲面項次

STEP 37

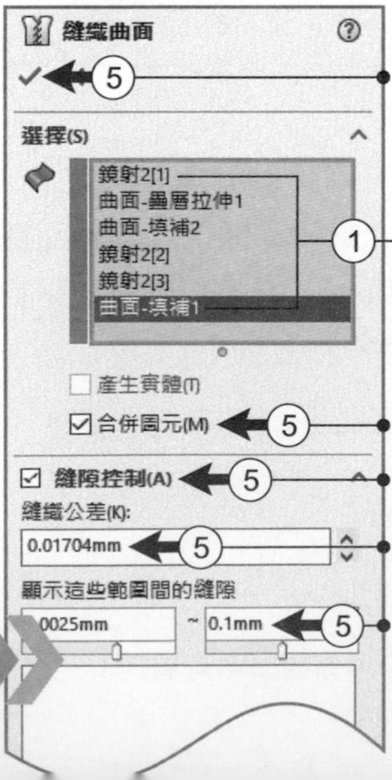

將選擇的所有曲面進行縫合之程序

續接畫面

受指定之本體即呈現◎色樣態

加選鋪陳後之曲面暨鏡像複製的本體

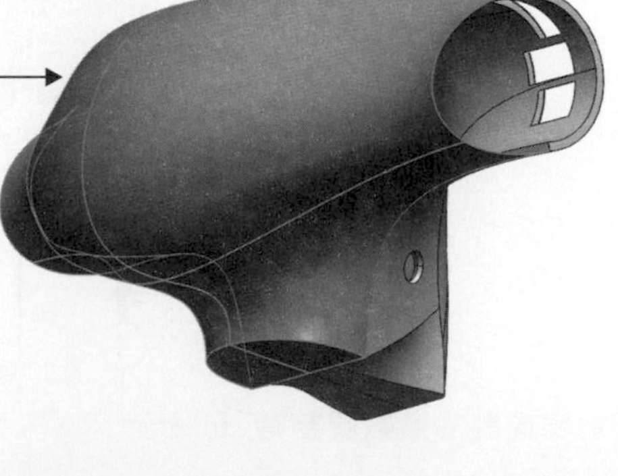

消弭瑣碎的邊界

縫織間隙的參數設置

維持預設之選項

成形參數及域值輸入

STEP 38

如前文所述及，一款摩托車形態設計需要投入大量的人力與時間，其本體的編輯與變更有時歷經千轉百迴，只為了能鋪陳更符合車體外觀與內構的曲面（圖例中之車體造型，繪圖者們概略參酌即可）。

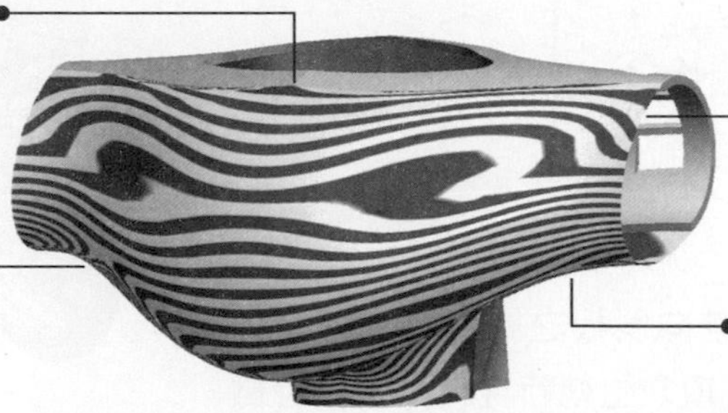
啟用「斑馬紋」檢視鏡射後的兩側曲面是否順接。
當下曲面的邊界，可以再透過修剪程序設計與變更。
紋路轉折越陡峭，其曲率變化越大；反之則越趨平緩。
繪圖者得於複選的項次上，以「右鍵」啟用「斑馬紋」或「曲率」等顯示型態來檢核。

STEP 39

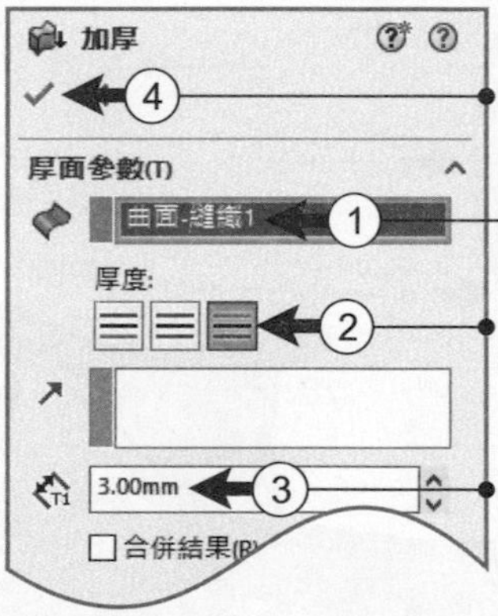

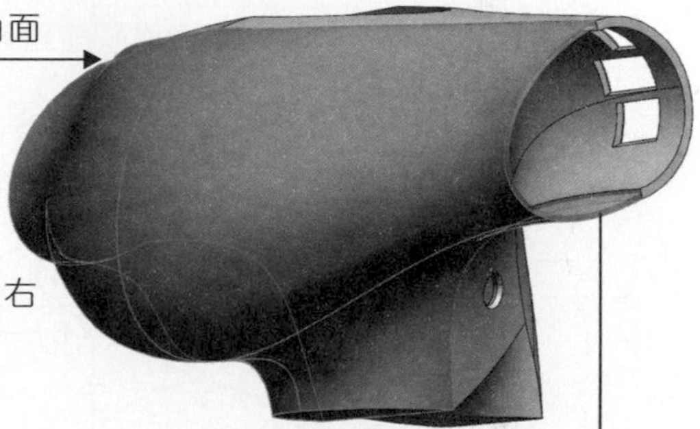
指定生成的項次如藍色局部示意

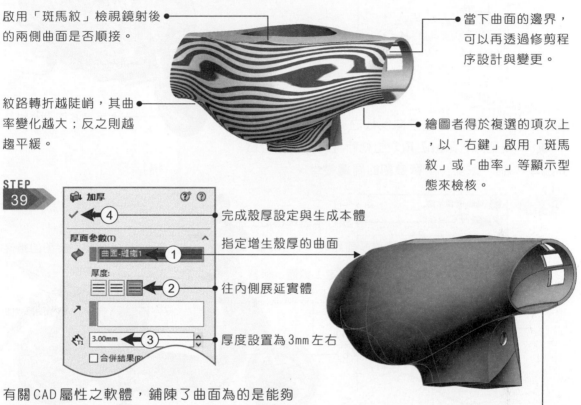

有關 CAD 屬性之軟體，鋪陳了曲面為的是能夠增生實體，無法【加厚】的曲面，即便形態再細緻再平滑，亦無法進入工業化產品量產之程序。

STEP 40

關於龍頭前蓋初步的建構進程迄此已完備，續接著是再次開啟本章節之附件，繼而進入擋風板（前向斜板）的繪製工序。鑑於商業機密暨職場倫理的先決條件下，本章節所附之參考組件僅為量產之車款示意，並非真正量產機車的數位模型。

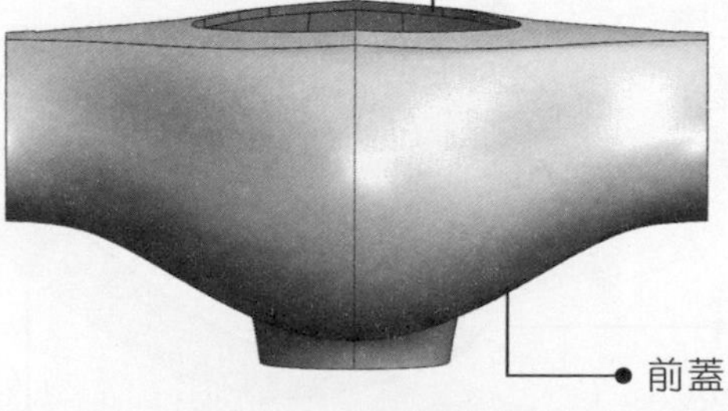
組件置放與對位，須以實體之尺寸檢核與編輯。
前蓋之邊界可再透過設變修正

《龍頭前蓋正視》

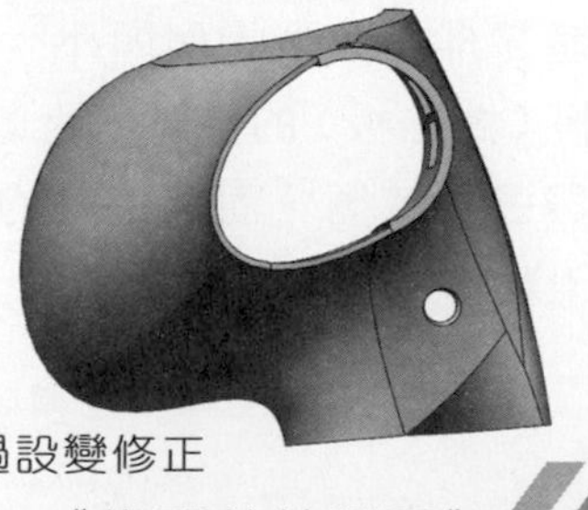

《龍頭前蓋側視》

8-2 擋風板（前向斜板）製作

STEP 01

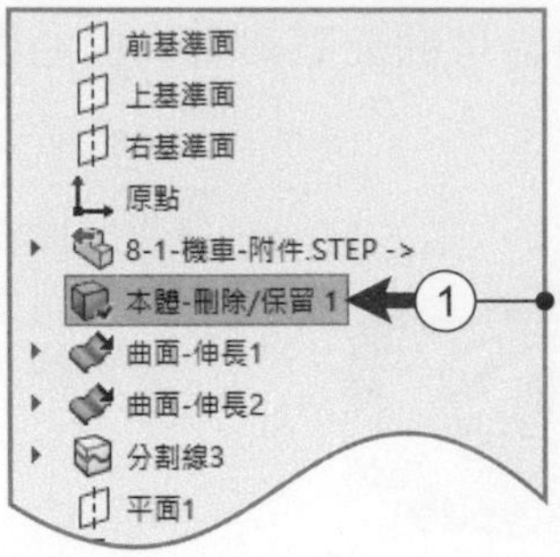
前基準面
上基準面
右基準面
原點
8-1-機車-附件.STEP ->
本體-刪除/保留 1
①
編輯特徵樹之保留項次
曲面-伸長1
曲面-伸長2
分割線3
平面1

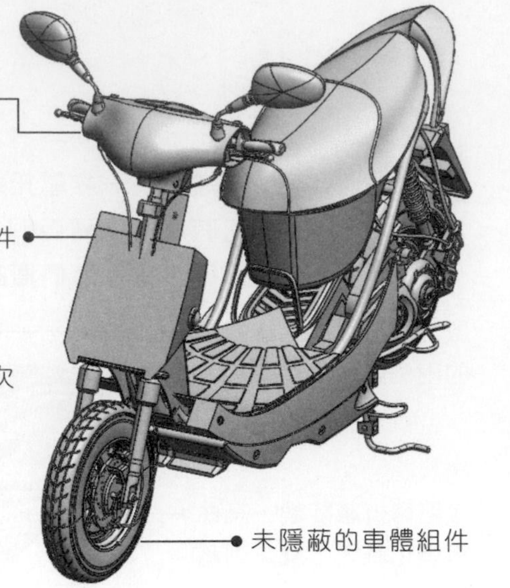
上階段完成之龍頭前蓋
擋風板後側的連結組件
未隱蔽的車體組件

範例中的第二個階段是前向斜板之繪製。於特徵列【本體刪除 / 保留】項次上執行【編輯特徵】指令，並「保留」下欲參酌的周邊零件。

續接畫面

STEP 02

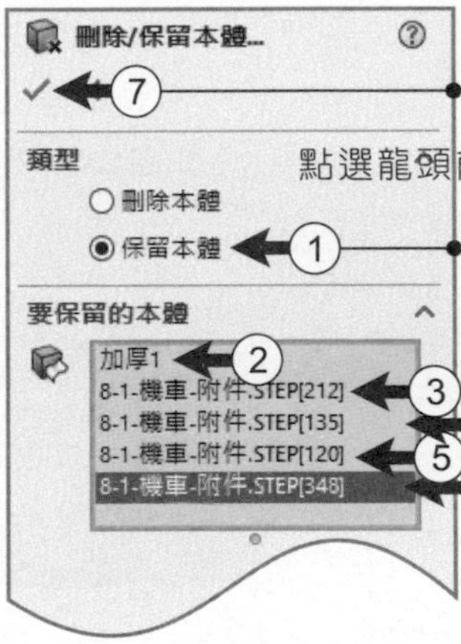
刪除/保留本體...
⑦
執行本體保留之工序
類型
刪除本體
保留本體
①
指定「本體」保留
要保留的本體
加厚1
8-1-機車-附件.STEP[212]
8-1-機車-附件.STEP[135]
8-1-機車-附件.STEP[120]
8-1-機車-附件.STEP[348]
②
③
④
⑤
⑥

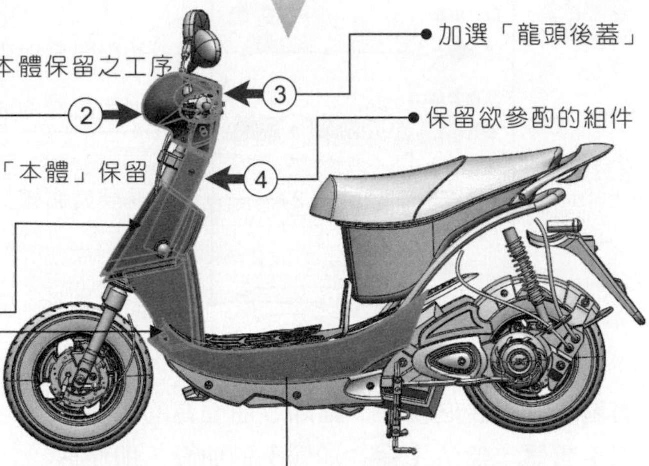
點選龍頭前蓋
②
③
加選「龍頭後蓋」
④
保留欲參酌的組件
指定保留之本體即呈現
藍色之樣態。

【：刪除 / 保留本體】特徵啟用後，需手動指定「保留本體」之類型，且以【：選擇工具】加選龍頭前蓋在內的五個組件（繪圖者可自行取決留置的本體項次數量）。

續接畫面

STEP 03

關於前向車燈的繪製，可於後續的流程藉由「龍頭前蓋」分割或依循。

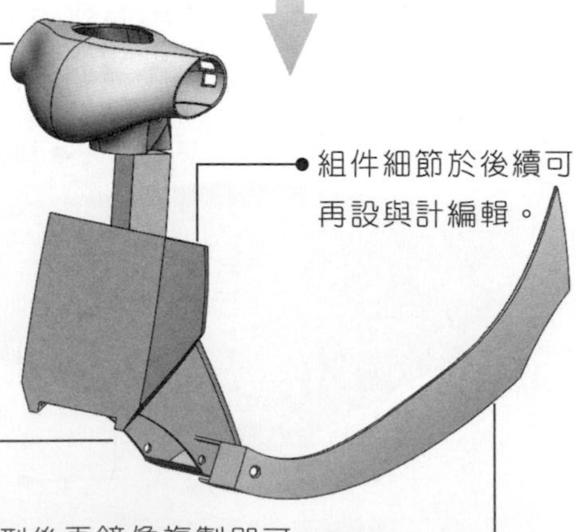
組件細節於後續可
再設與計編輯。
繪圖者或可顯示前輪以俾利斜板對位
側條可留置其一，待成型後再鏡像複製即可。

留置的本體零件如右側圖例所示。由於現階段是繪製前向斜板（擋風板）的進程，所以畫面中的本體僅做為對位與邊界依循，而其相關的所有細節可再另啟檔案個別製作。

STEP 04

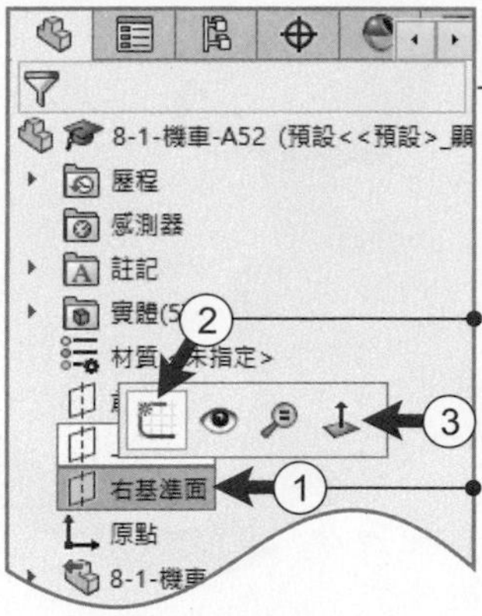

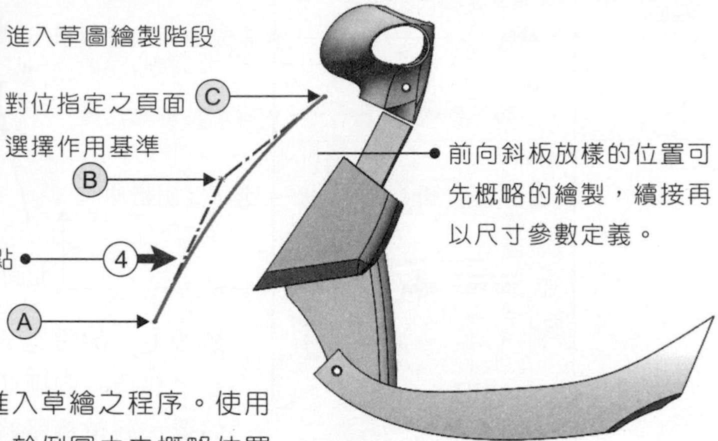
C
B
A
以「樣式不規則曲線」放樣三個控制點
前向斜板放樣的位置可先概略的繪製，續接再以尺寸參數定義。

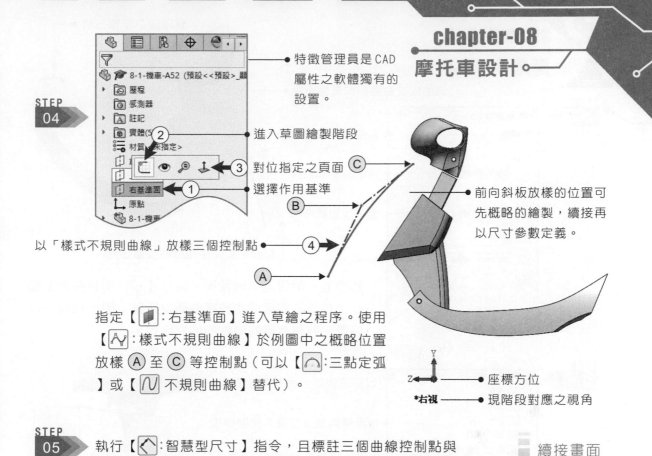

指定【▯：右基準面】進入草繪之程序。使用【▯：樣式不規則曲線】於例圖中之概略位置放樣 Ⓐ 至 Ⓒ 等控制點（可以【▯：三點定弧】或【▯ 不規則曲線】替代）。

座標方位

*右視 現階段對應之視角

STEP 05

執行【▯：智慧型尺寸】指令，且標註三個曲線控制點與【▯：原點】的水平暨縱向參數。例圖中的域值多以整數定義，以俾利讀者臨摹繪製時依循（建構過程中得自主性省略與增加階段性的進程）。

續接畫面

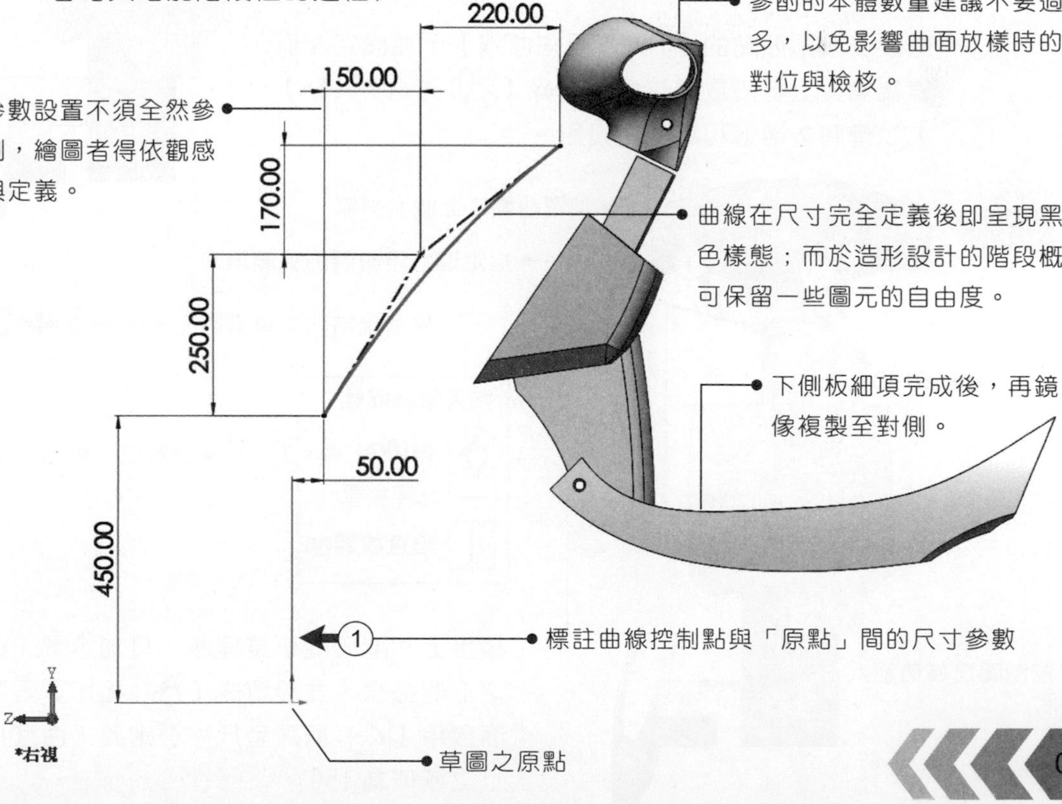
220.00
150.00
170.00
250.00
50.00
450.00
參酌的本體數量建議不要過多，以免影響曲面放樣時的對位與檢核。
尺寸參數設置不須全然參照圖例，繪圖者得依觀感審視與定義。
曲線在尺寸完全定義後即呈現黑色樣態；而於造形設計的階段概可保留一些圖元的自由度。
下側板細項完成後，再鏡像複製至對側。
標註曲線控制點與「原點」間的尺寸參數
*右視
草圖之原點

STEP 06

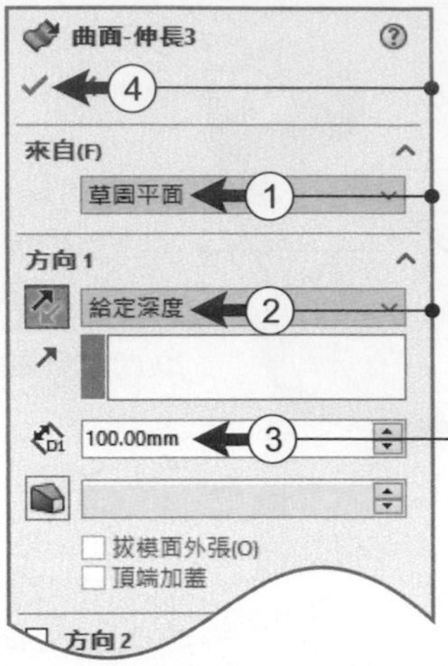
曲面-伸長3
來自(F)
草圖平面
方向 1
給定深度
100.00mm
拔模面外張(O)
頂端加蓋
方向 2
完成曲面線性放樣
指定為草繪基準
選擇單側延伸

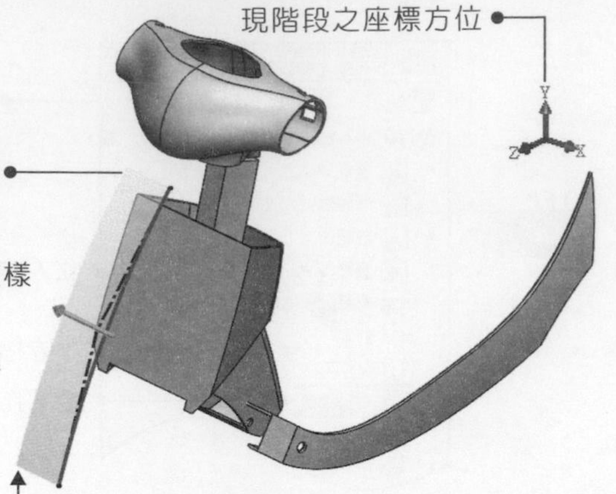
現階段之座標方位
新生成之曲面即以黃色示意
曲面之延伸距離概略設置即可

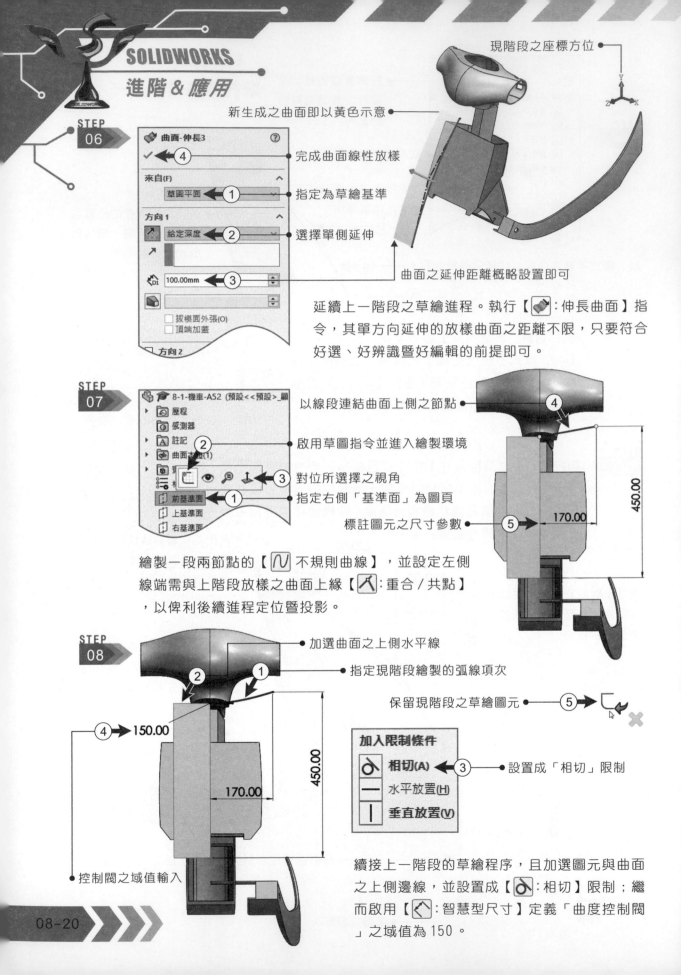

延續上一階段之草繪進程。執行【:伸長曲面】指令，其單方向延伸的放樣曲面之距離不限，只要符合好選、好辨識暨好編輯的前提即可。

STEP 07

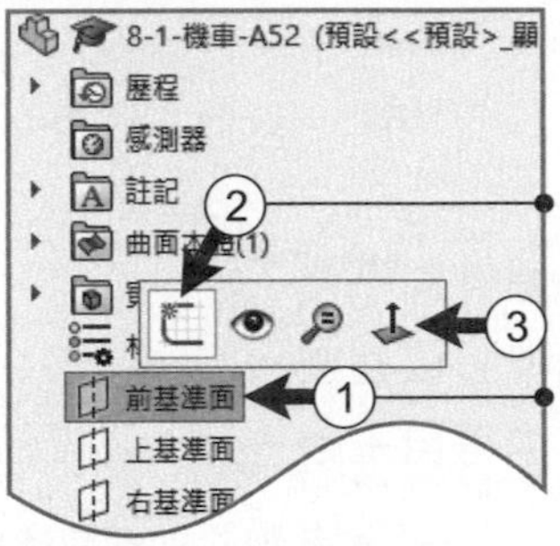
8-1-機車-A52 (預設<<預設>_顯
歷程
感測器
註記
前基準面
上基準面
右基準面
啟用草圖指令並進入繪製環境
對位所選擇之視角
指定右側「基準面」為圖頁

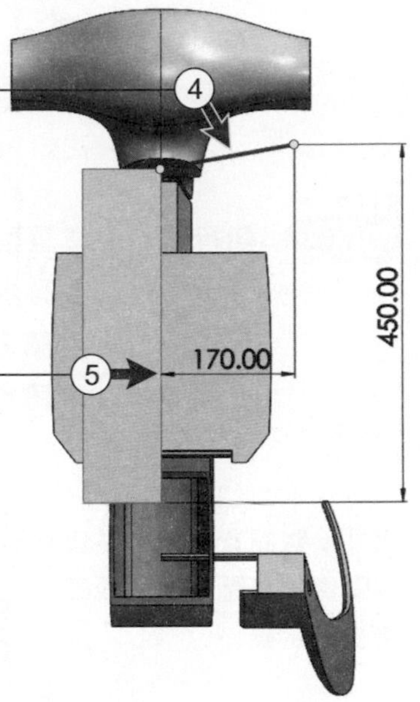
以線段連結曲面上側之節點
450.00
170.00
標註圖元之尺寸參數

繪製一段兩節點的【 不規則曲線】，並設定左側線端需與上階段放樣之曲面上緣【:重合／共點】，以俾利後續進程定位暨投影。

STEP 08

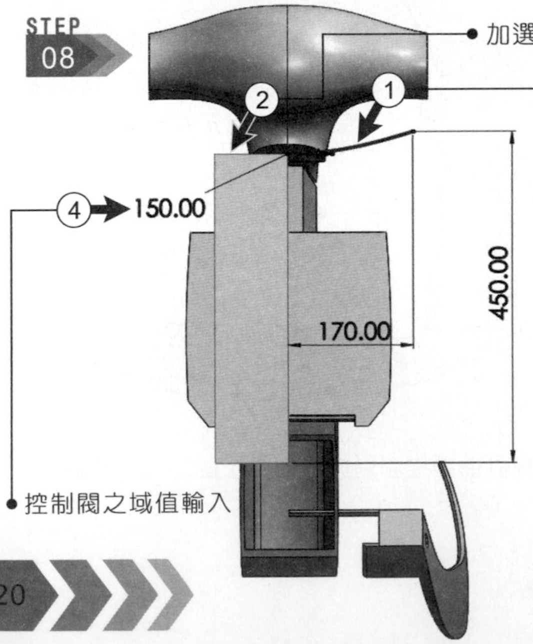
加選曲面之上側水平線
指定現階段繪製的弧線項次
150.00
450.00
170.00
控制閥之域值輸入

保留現階段之草繪圖元

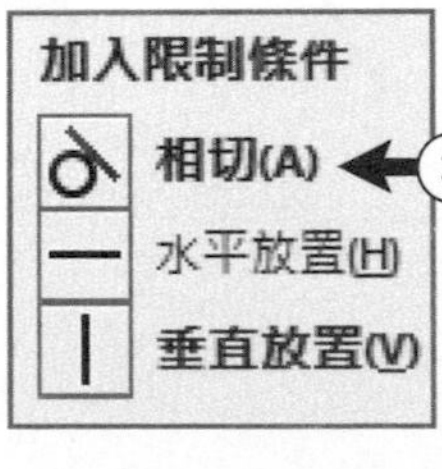
加入限制條件
相切(A)
水平放置(H)
垂直放置(V)
設置成「相切」限制

續接上一階段的草繪程序，且加選圖元與曲面之上側邊線，並設置成【:相切】限制；繼而啟用【:智慧型尺寸】定義「曲度控制閥」之域值為 150。

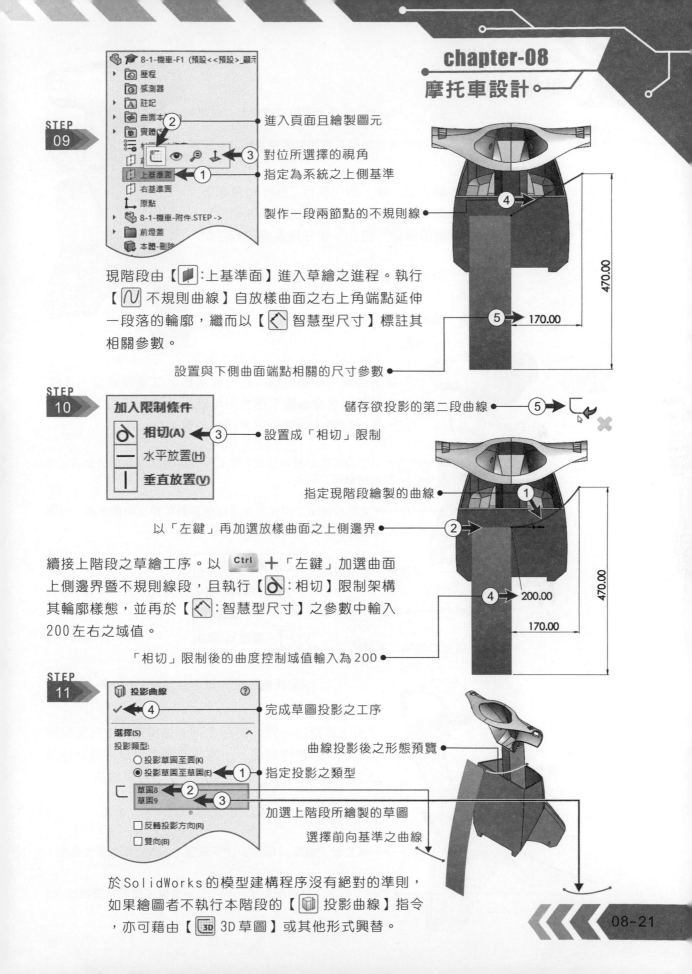

STEP 09

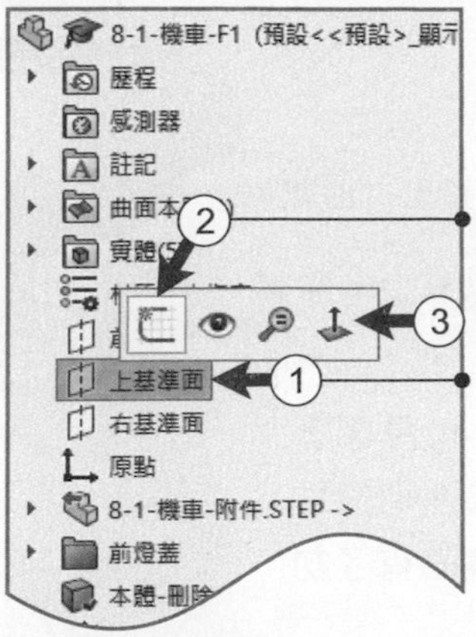

進入頁面且繪製圖元
對位所選擇的視角
指定為系統之上側基準
製作一段兩節點的不規則線

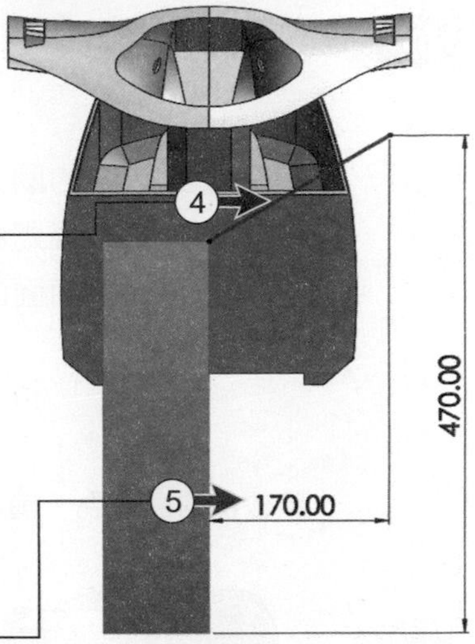

現階段由【:上基準面】進入草繪之進程。執行【 不規則曲線】自放樣曲面之右上角端點延伸一段落的輪廓，繼而以【 智慧型尺寸】標註其相關參數。

設置與下側曲面端點相關的尺寸參數

STEP 10

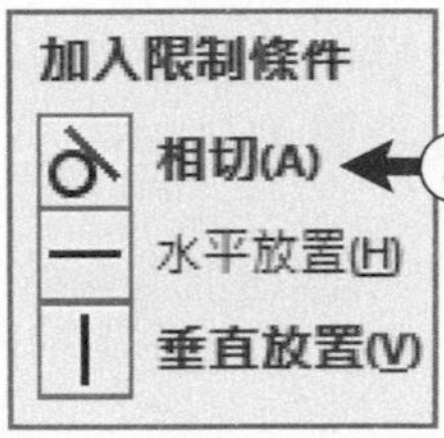

儲存欲投影的第二段曲線
設置成「相切」限制
指定現階段繪製的曲線
以「左鍵」再加選放樣曲面之上側邊界

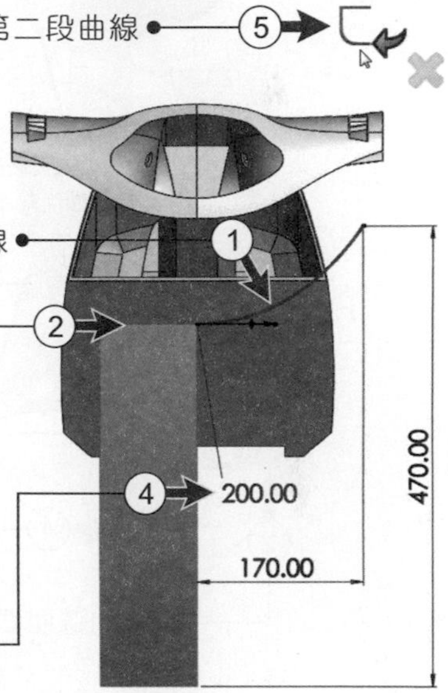

續接上階段之草繪工序。以 Ctrl ＋「左鍵」加選曲面上側邊界暨不規則線段，且執行【:相切】限制架構其輪廓樣態，並再於【:智慧型尺寸】之參數中輸入200左右之域值。

「相切」限制後的曲度控制域值輸入為200

STEP 11

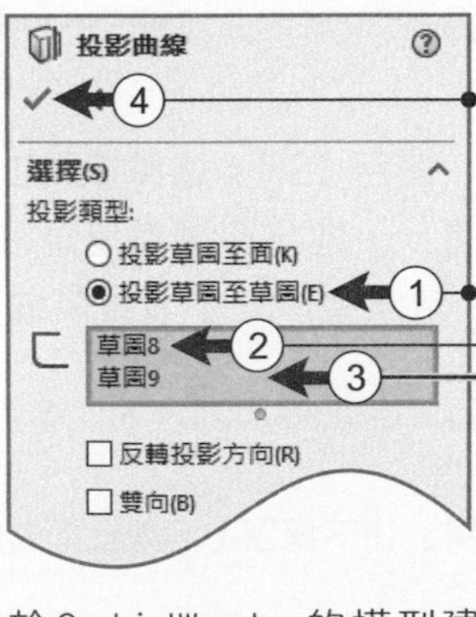

完成草圖投影之工序
曲線投影後之形態預覽
指定投影之類型
加選上階段所繪製的草圖
選擇前向基準之曲線

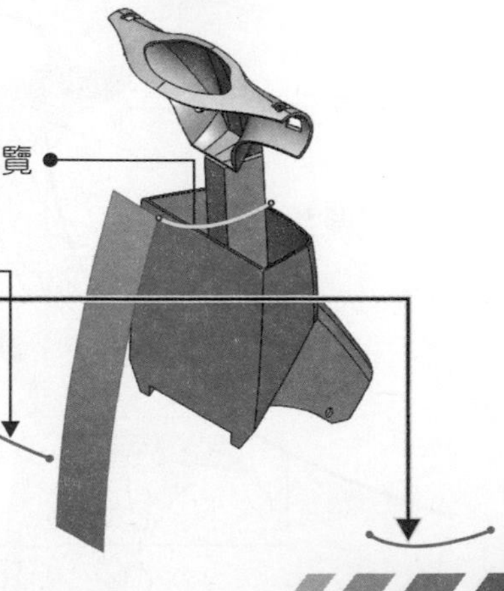

於SolidWorks的模型建構程序沒有絕對的準則，如果繪圖者不執行本階段的【 投影曲線】指令，亦可藉由【 3D 草圖】或其他形式興替。

STEP 12

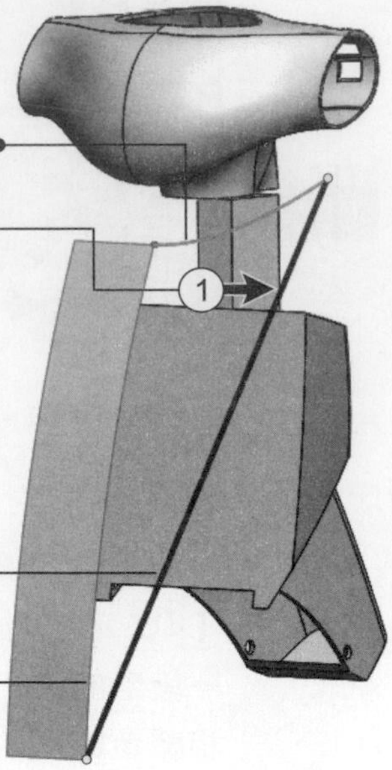

上階段完成投影之曲線

以 3D 曲線連結投影的草圖暨放樣之曲面

當有了上階段的圖元投影後，即可執行【3D：3D 草圖】中的【不規則曲線】，且以兩節點的形式連結投影之項次暨放樣曲面的線端；迄此，該三維曲線已有了初步的定義。

3D 曲線之節點數量得以自主性調整

該放樣的曲面為「前向擋風板」主體的參酌中線

STEP 13

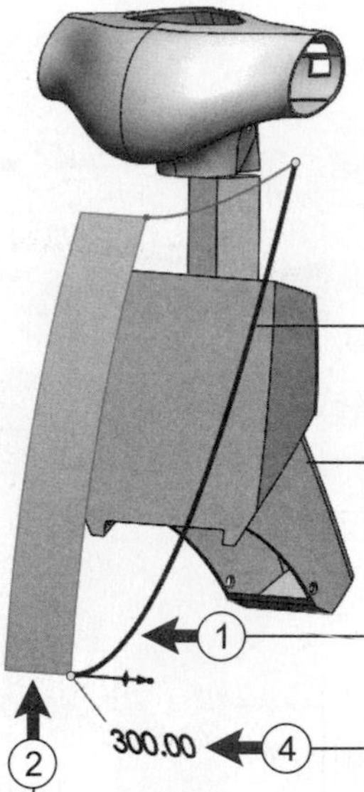

當下曲線的定義攸關「前向擋風板」之整體造型，建議除了需與放樣曲面下側之水平線段【相切】限制外，其控制閥的域值也不應過度設置。

假若曲線的節點多過於 2 點，則其線段的定義則須以多個視角調整。

擋風板後側之組件於此階段僅為對位暨比例的參酌，繪圖者可以取決重繪或保留。

① 選擇不規則線段

④ 曲度域值輸入

② 加選曲面底側之邊界線

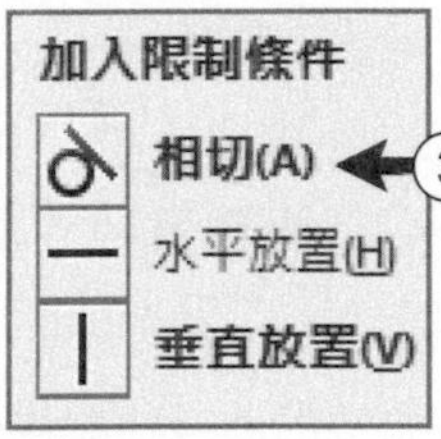

③ 加入「相切限制」條件

STEP 14

保留調整後的 3D 草圖曲線 ③

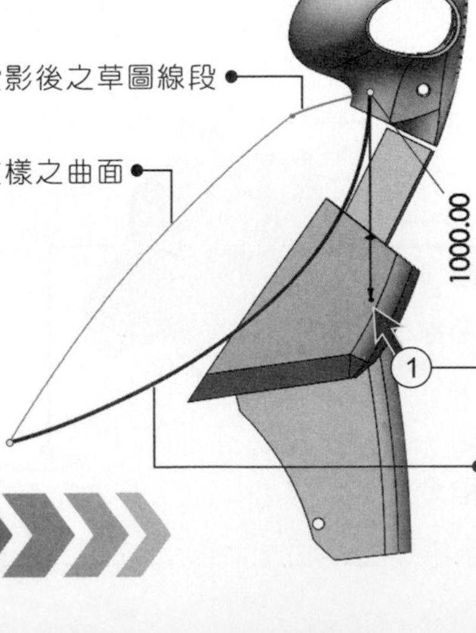

投影後之草圖線段

放樣之曲面

延續上步驟之進程。使用【選擇工具】拖曳曲線上側的「曲度控制閥」，建議可讓其呈現縱向延伸的樣態，並經由【智慧型尺寸】設置其域值。

② 輸入控制閥之域值為 1000 左右之參數

① 拖曳「曲度控制閥」往下擺置（不需設置成垂直型態）

範例中的前向擋風板為單節式（另種常見車種的為雙節構件）

STEP 15

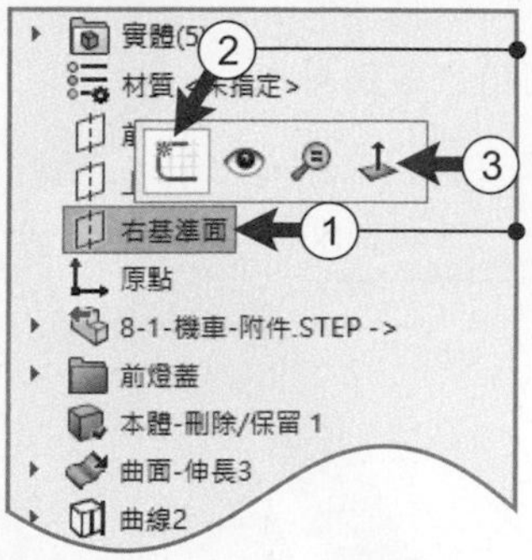

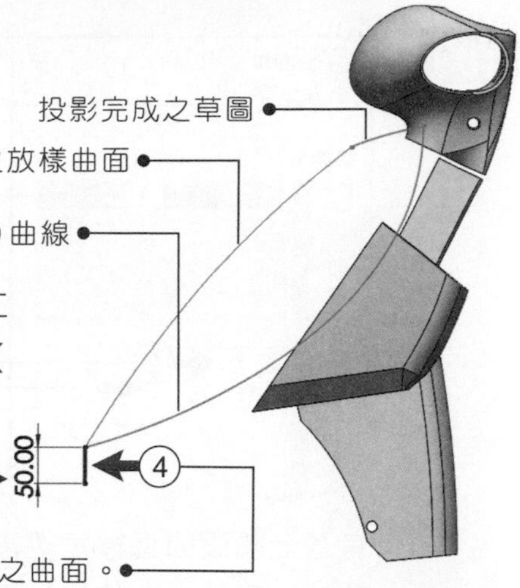

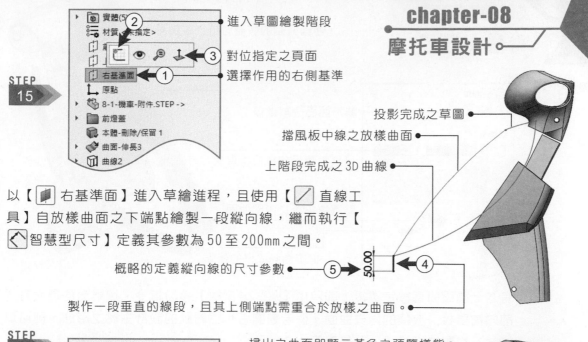

以【右基準面】進入草繪進程，且使用【直線工具】自放樣曲面之下端點繪製一段縱向線，繼而執行【智慧型尺寸】定義其參數為 50 至 200mm 之間。

概略的定義縱向線的尺寸參數

製作一段垂直的線段，且其上側端點需重合於放樣之曲面。

STEP 16

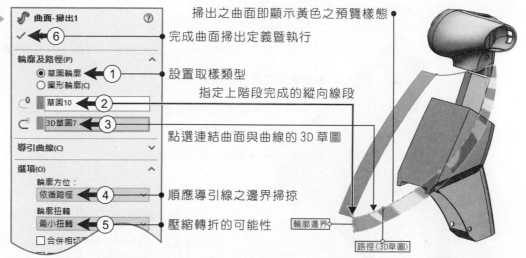

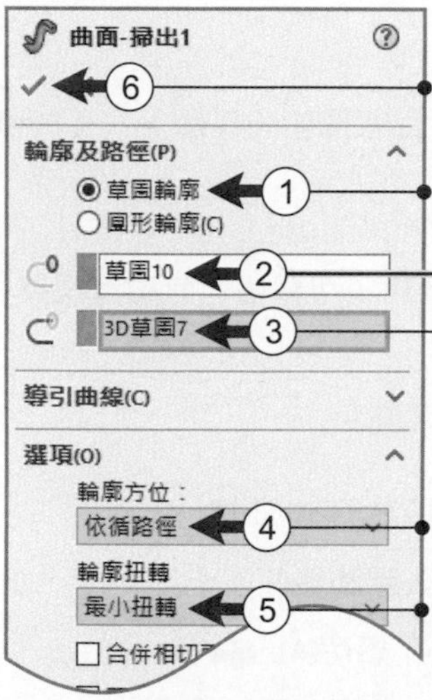

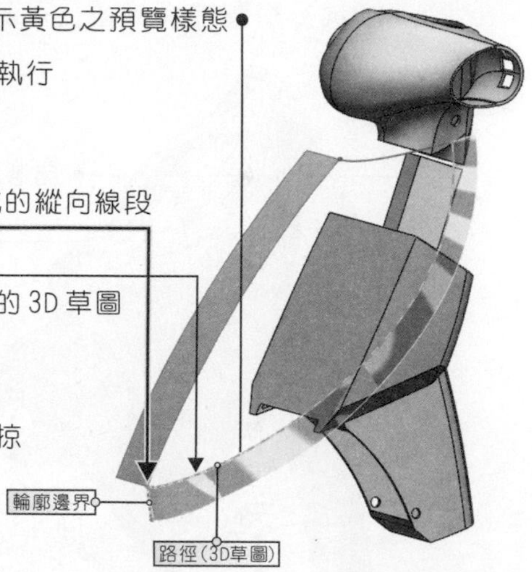

執行【掃出曲面】指令，以其作為擋風板外側邊界之放樣。倘若繪圖者直接使用三維線段作為曲面拉伸的導引項次，則本體成形後順接的概率會大幅降低，筆者於此建議：交通工具在建模時需循序漸進的鋪陳與曲面放樣。

STEP 17

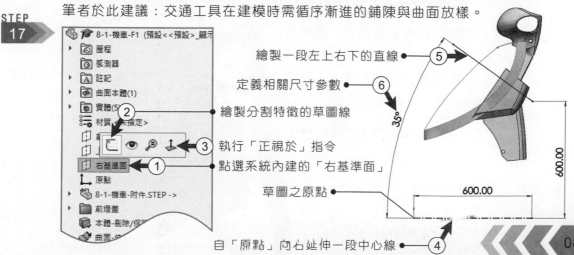

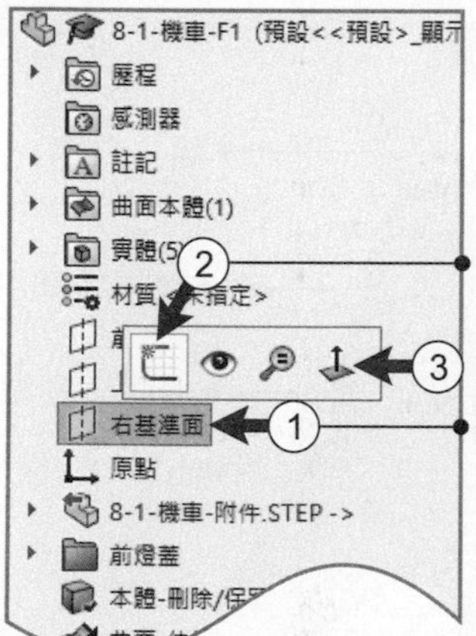

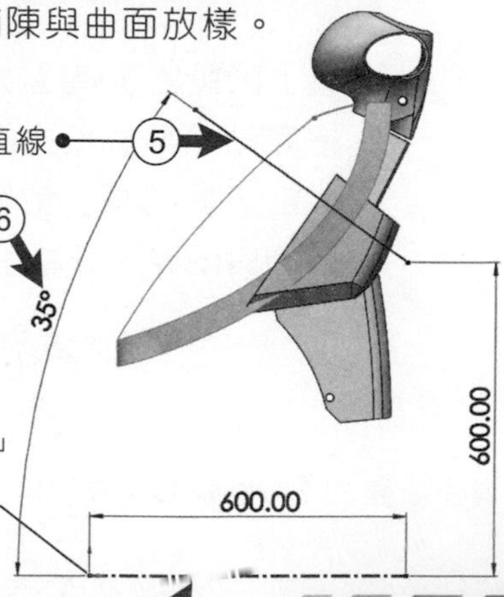

STEP 18

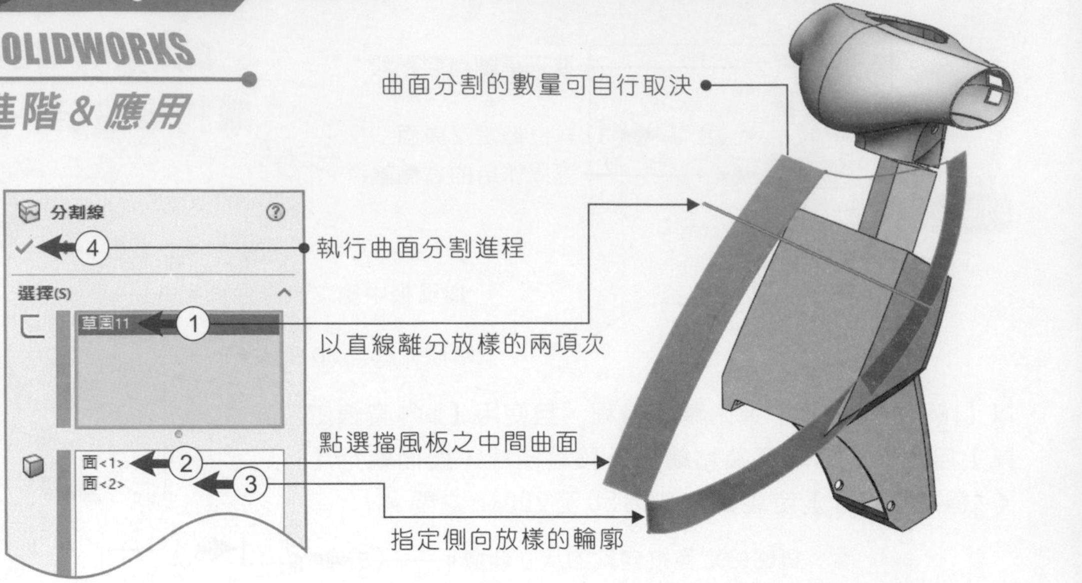
分割線
選擇(S)
草圖11
面<1>
面<2>
曲面分割的數量可自行取決
④ 執行曲面分割進程
① 以直線離分放樣的兩項次
② 點選擋風板之中間曲面
③ 指定側向放樣的輪廓

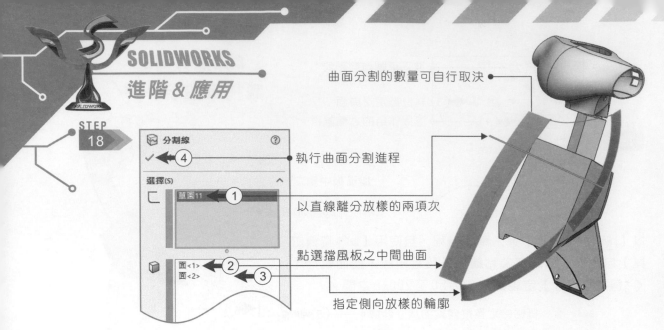

有了上階段的直線定義後，即啟用【 :分割線】特徵指令。欲離分的項次為「前向擋風板」放樣的兩頁曲面。假若繪圖者想更細膩的設計主體之形態，則可以嘗試多繪製幾條線段分割其輪廓。

STEP 19

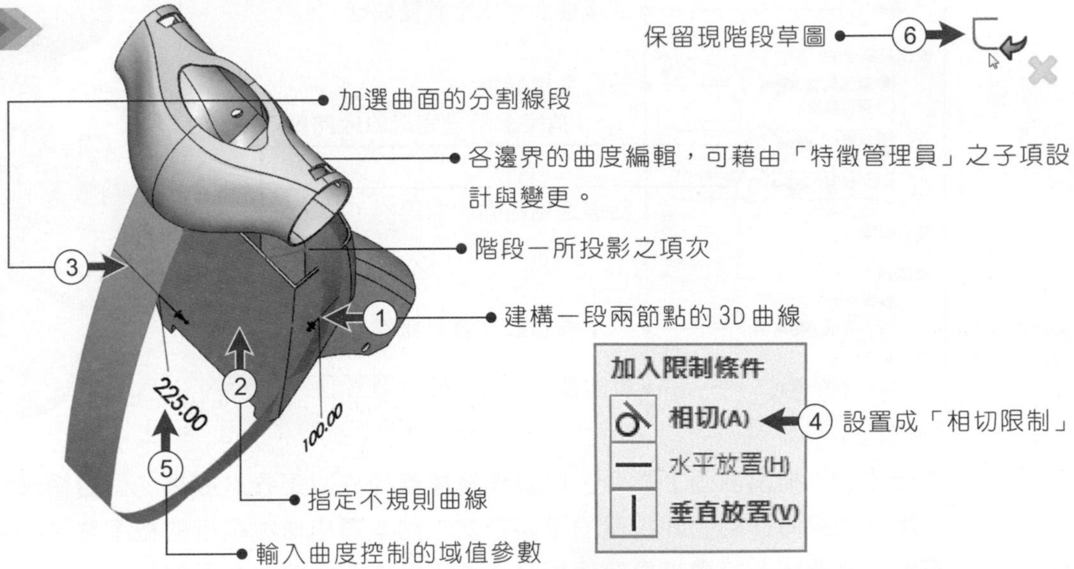
保留現階段草圖 ⑥
③ 加選曲面的分割線段
各邊界的曲度編輯，可藉由「特徵管理員」之子項設計與變更。
階段一所投影之項次
① 建構一段兩節點的 3D 曲線
加入限制條件
相切(A)
水平放置(H)
垂直放置(V)
④ 設置成「相切限制」
225.00
100.00
② 指定不規則曲線
⑤ 輸入曲度控制的域值參數

STEP 20

當上階段的 3D 草圖定義後，建構者得轉動視角檢核頁面中是否已備齊成形「擋風板」的圖元項次（兩組輪廓與兩條三維導引線）。

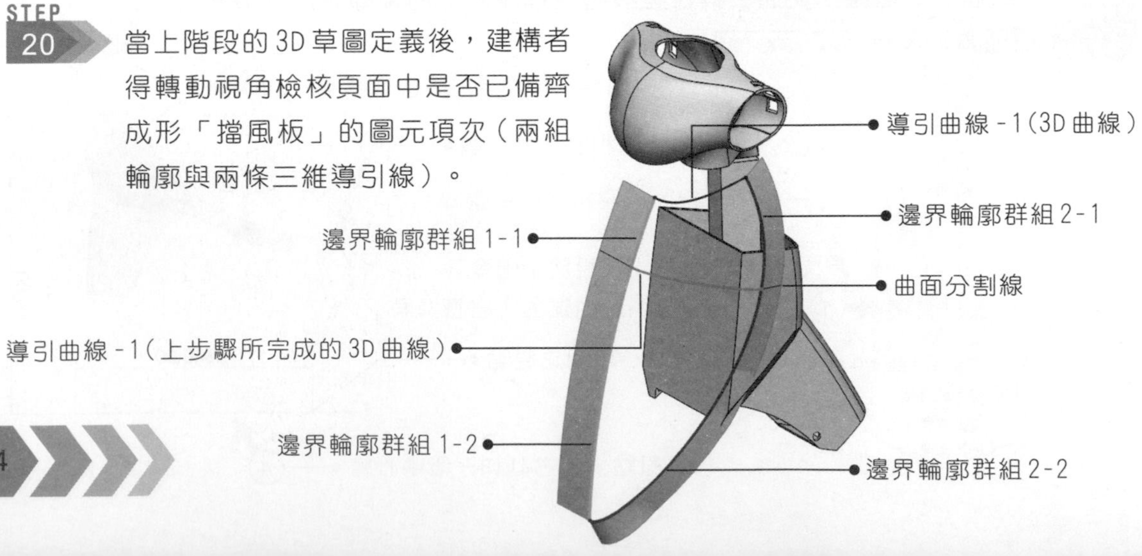
導引曲線 -1(3D 曲線)
邊界輪廓群組 2-1
邊界輪廓群組 1-1
曲面分割線
導引曲線 -1(上步驟所完成的 3D 曲線)
邊界輪廓群組 1-2
邊界輪廓群組 2-2

STEP 21

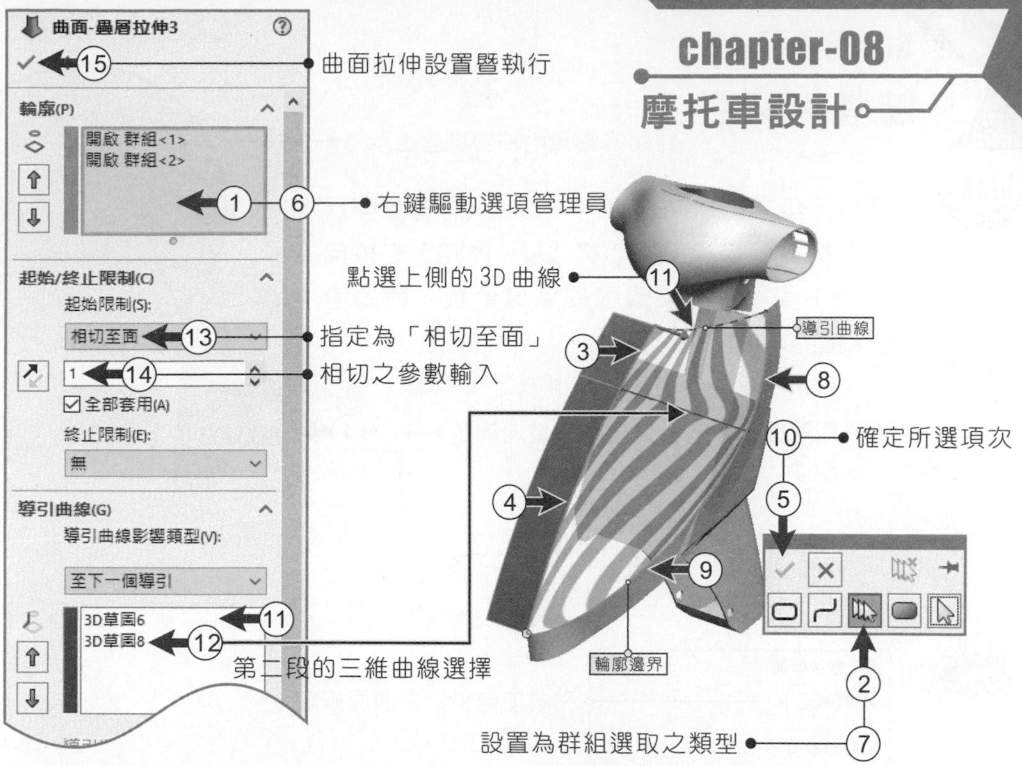
曲面-疊層拉伸3
15
曲面拉伸設置暨執行
輪廓(P)
開啟 群組<1>
開啟 群組<2>
1
6
右鍵驅動選項管理員
起始/終止限制(C)
起始限制(S):
相切至面
13
指定為「相切至面」
1
14
相切之參數輸入
全部套用(A)
終止限制(E):
無
導引曲線(G)
導引曲線影響類型(V):
至下一個導引
3D草圖6
3D草圖8
11
12
第二段的三維曲線選擇
點選上側的 3D 曲線
導引曲線
3
8
10
確定所選項次
5
4
9
輪廓邊界
2
7
設置為群組選取之類型

STEP 22

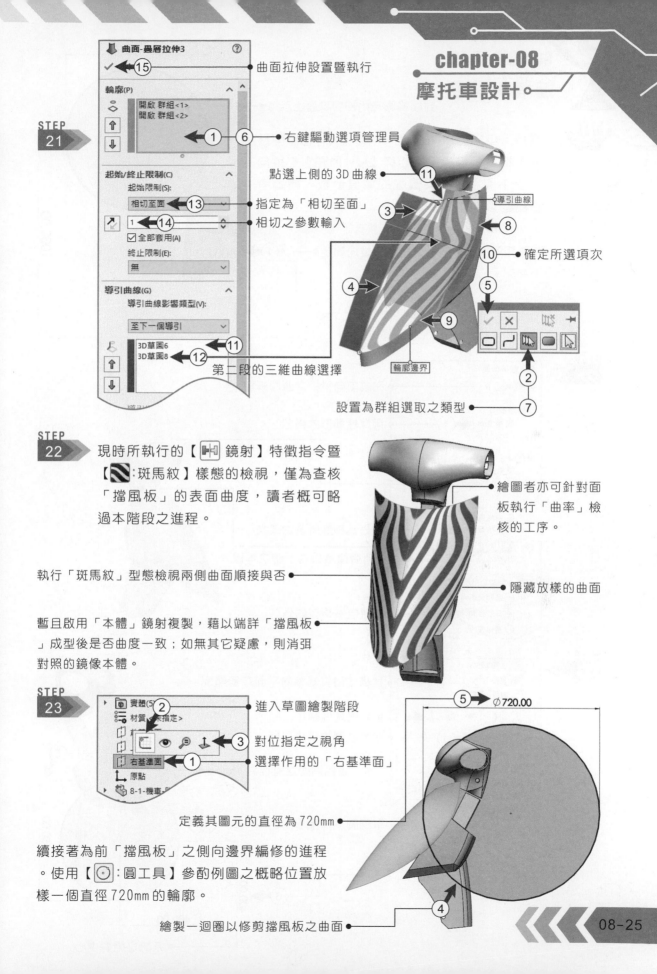

現時所執行的【鏡射】特徵指令暨【:斑馬紋】樣態的檢視，僅為查核「擋風板」的表面曲度，讀者概可略過本階段之進程。

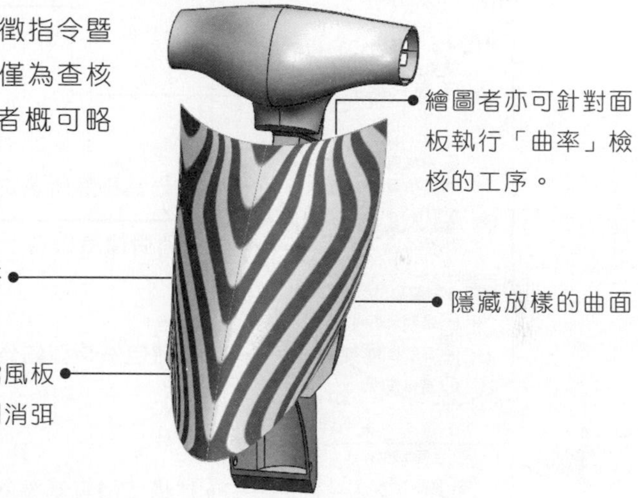
繪圖者亦可針對面板執行「曲率」檢核的工序。
執行「斑馬紋」型態檢視兩側曲面順接與否
隱藏放樣的曲面
暫且啟用「本體」鏡射複製，藉以端詳「擋風板」成型後是否曲度一致；如無其它疑慮，則消弭對照的鏡像本體。

STEP 23

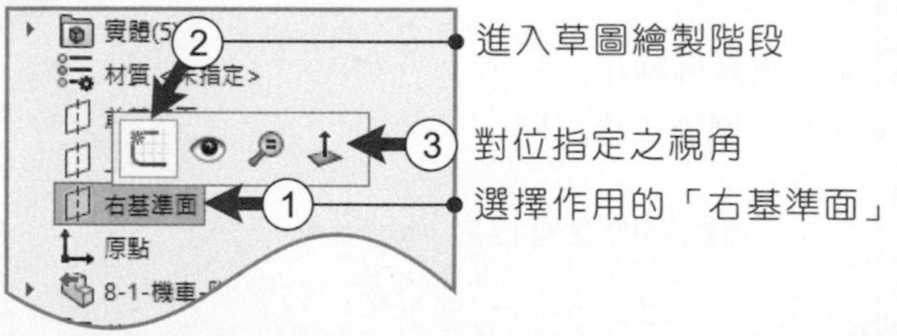
實體(5)
材質<未指定>
右基準面
原點
8-1-機車
2
進入草圖繪製階段
3
對位指定之視角
1
選擇作用的「右基準面」

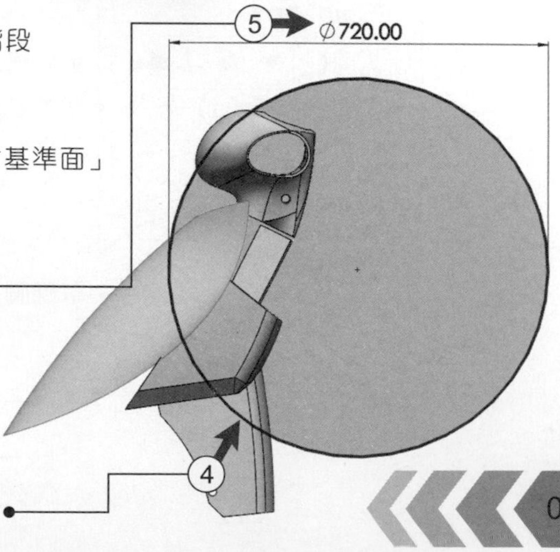
5
Ø720.00
定義其圖元的直徑為 720mm
4
繪製一迴圈以修剪擋風板之曲面

續接著為前「擋風板」之側向邊界編修的進程。使用【:圓工具】參酌例圖之概略位置放樣一個直徑 720mm 的輪廓。

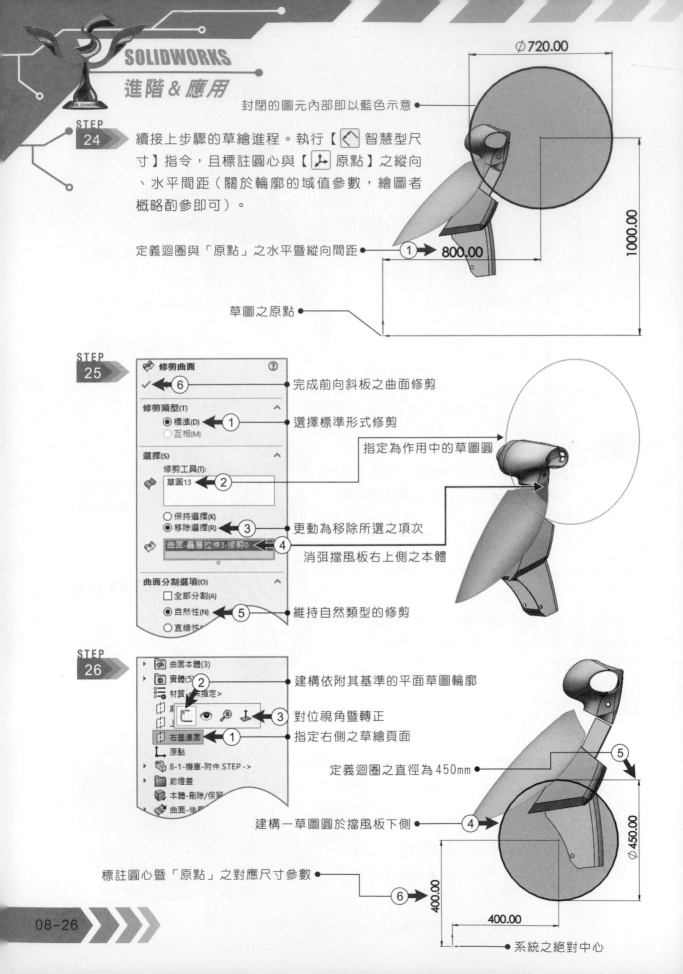

STEP 24

續接上步驟的草繪進程。執行【智慧型尺寸】指令，且標註圓心與【原點】之縱向、水平間距（關於輪廓的域值參數，繪圖者概略酌參即可）。

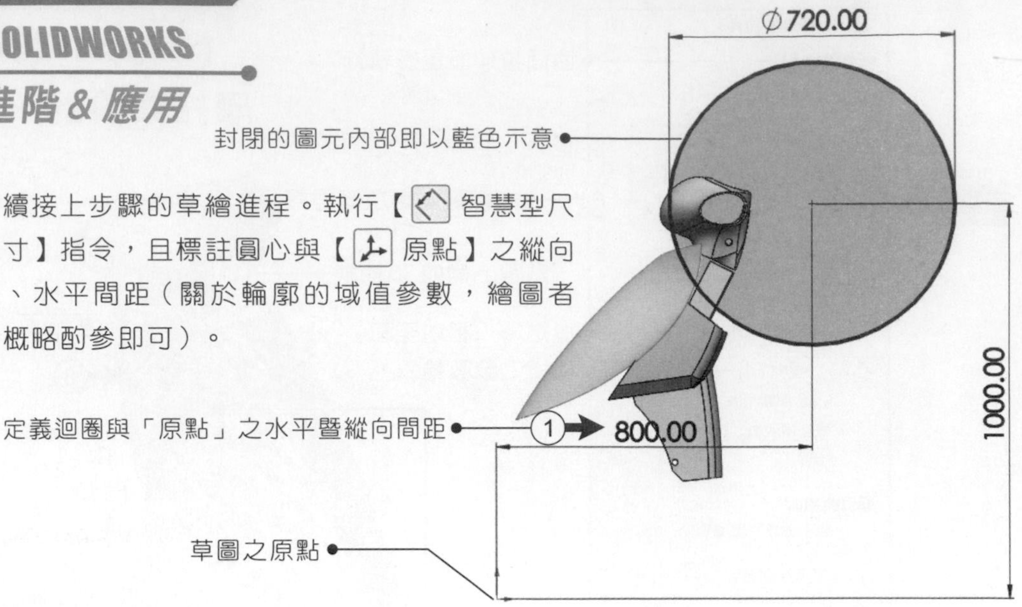
Ø720.00
封閉的圖元內部即以藍色示意
定義迴圈與「原點」之水平暨縱向間距
1
800.00
1000.00
草圖之原點

STEP 25

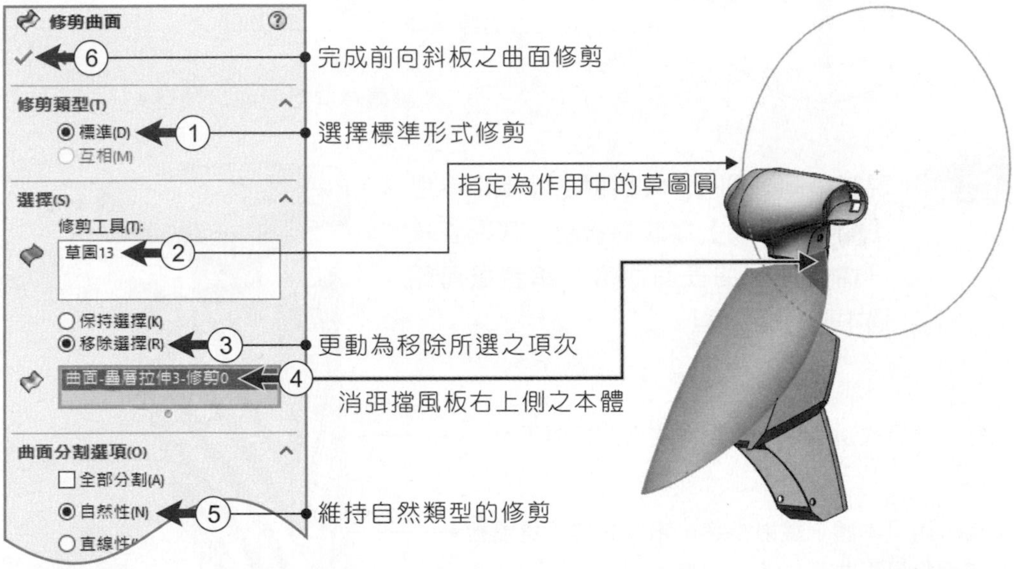
修剪曲面
6
完成前向斜板之曲面修剪
修剪類型(T)
標準(D)
1
互相(M)
選擇標準形式修剪
指定為作用中的草圖圓
選擇(S)
修剪工具(T):
草圖13
2
保持選擇(K)
移除選擇(R)
3
更動為移除所選之項次
曲面-疊層拉伸3-修剪0
4
消弭擋風板右上側之本體
曲面分割選項(O)
全部分割(A)
自然性(N)
5
維持自然類型的修剪
直線性

STEP 26

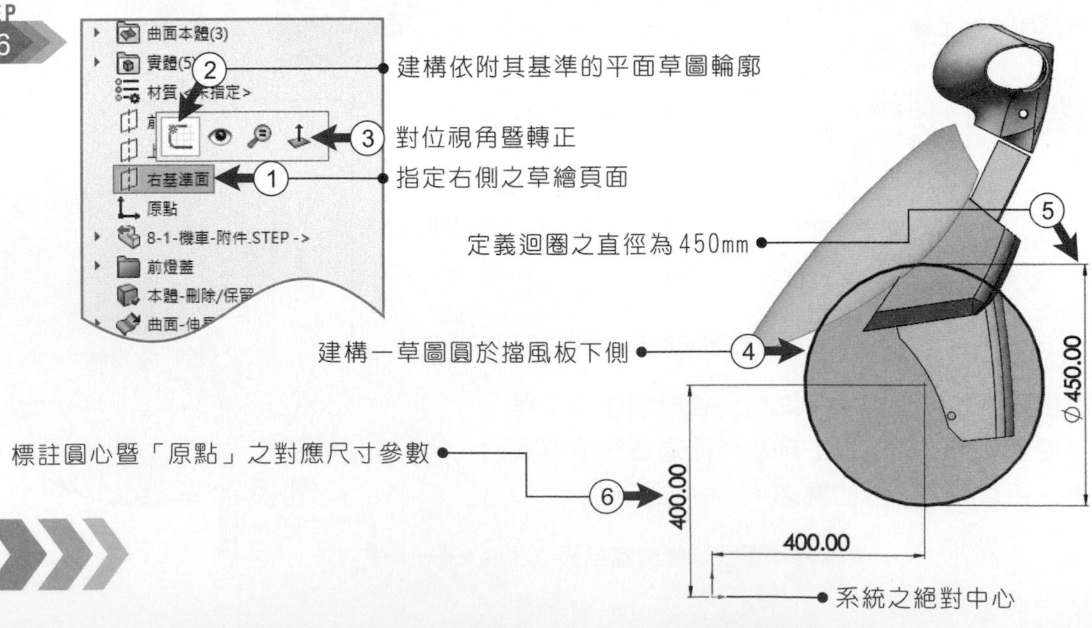
曲面本體(3)
實體(5)
2
建構依附其基準的平面草圖輪廓
材質 <未指定>
3
對位視角暨轉正
右基準面
1
指定右側之草繪頁面
原點
8-1-機車-附件.STEP ->
前燈蓋
本體-刪除/保留
曲面-伸展
5
定義迴圈之直徑為 450mm
4
建構一草圖圓於擋風板下側
Ø450.00
標註圓心暨「原點」之對應尺寸參數
6
400.00
400.00
系統之絕對中心

STEP 27

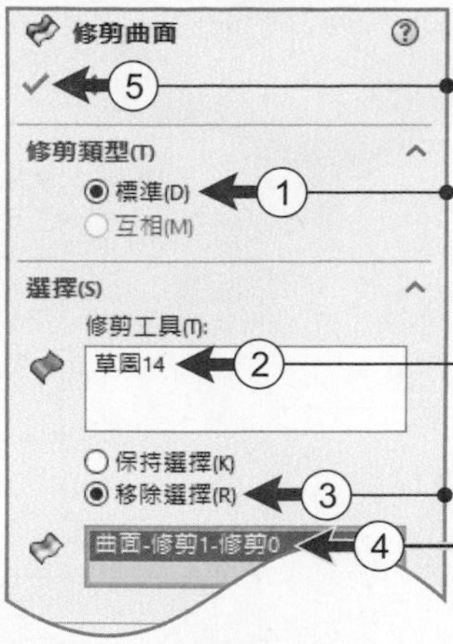

⑤ 消弭擋風板綽餘之邊界

① 選擇標準的修剪設定

② 點選作用中的草圖圓為修剪工具

③ 指定為消弭所選之項次

④ 以「左鍵」點擊紫色之本體

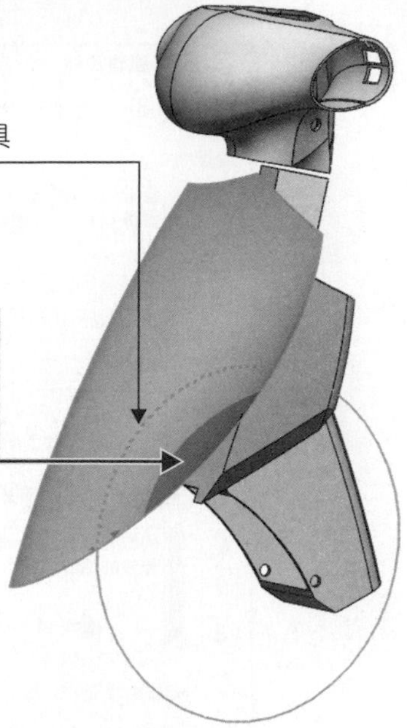

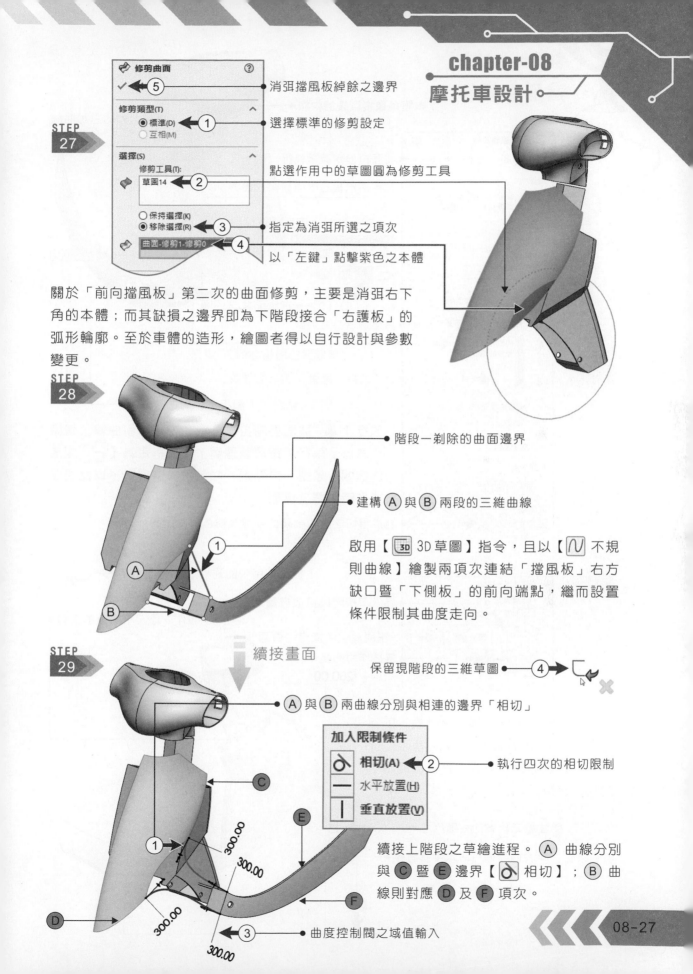

關於「前向擋風板」第二次的曲面修剪，主要是消弭右下角的本體；而其缺損之邊界即為下階段接合「右護板」的弧形輪廓。至於車體的造形，繪圖者得以自行設計與參數變更。

STEP 28

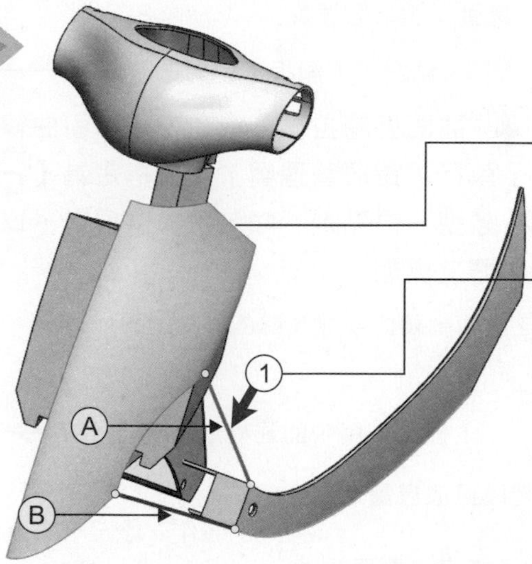

階段一剃除的曲面邊界

① 建構 Ⓐ 與 Ⓑ 兩段的三維曲線

啟用【3D 草圖】指令，且以【不規則曲線】繪製兩項次連結「擋風板」右方缺口暨「下側板」的前向端點，繼而設置條件限制其曲度走向。

續接畫面

STEP 29

④ 保留現階段的三維草圖

① Ⓐ 與 Ⓑ 兩曲線分別與相連的邊界「相切」

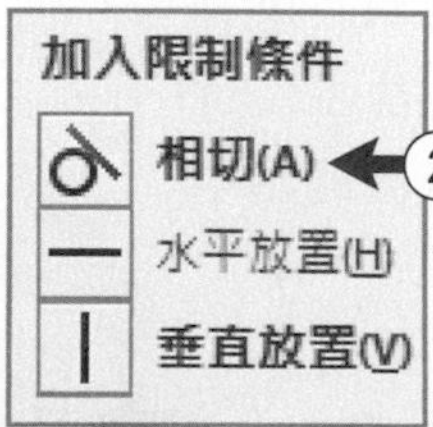

② 執行四次的相切限制

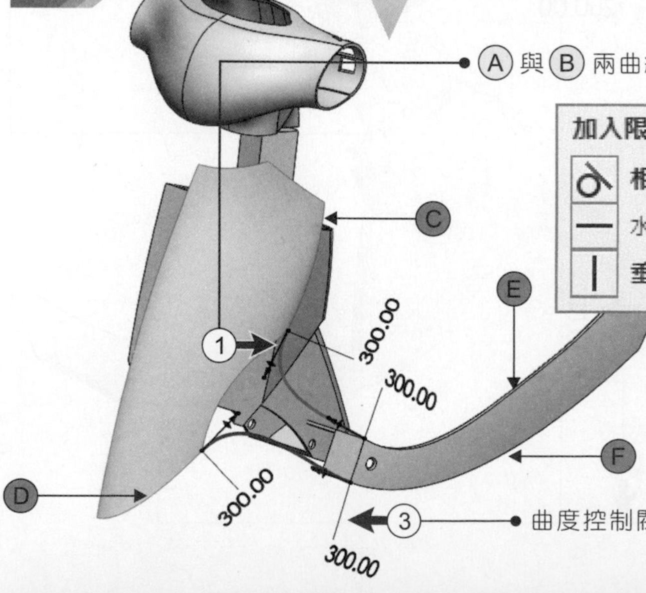

續接上階段之草繪進程。Ⓐ 曲線分別與 Ⓒ 暨 Ⓔ 邊界【相切】；Ⓑ 曲線則對應 Ⓓ 及 Ⓕ 項次。

③ 曲度控制閥之域值輸入

STEP 30

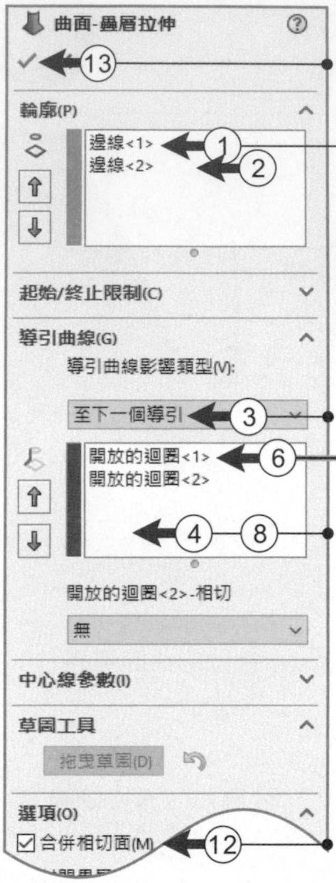
曲面-疊層拉伸
輪廓(P)
邊線<1>
邊線<2>
起始/終止限制(C)
導引曲線(G)
導引曲線影響類型(V):
至下一個導引
開放的迴圈<1>
開放的迴圈<2>
開放的迴圈<2>-相切
無
中心線參數(I)
草圖工具
拖曳草圖(D)
選項(O)
合併相切面(M)

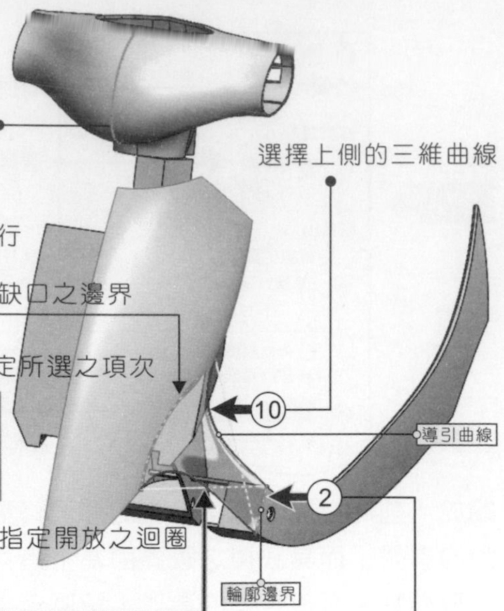
導引曲線
輪廓邊界

本體鏡像複製後的中線
選擇上側的三維曲線
13 曲面拉伸定義暨執行
1 2 指定擋風板右下側缺口之邊界
7 11 確定所選之項次
10
2
5 9 指定開放之迴圈
3 路徑選項設置類型
6 選取連接兩輪廓的 3D 圖元
4 8 以「右鍵」驅動「選項管理員」
點選「下側板」前端之邊界
12 合併相切之曲面，藉此剔除綽餘的碎瑣邊界。

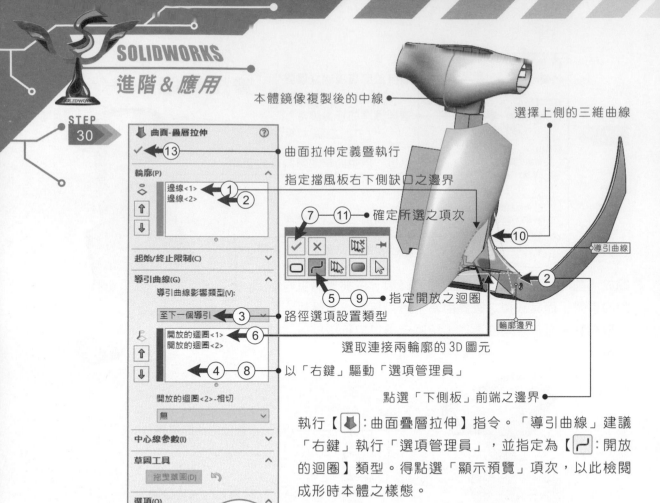

執行【 :曲面疊層拉伸】指令。「導引曲線」建議「右鍵」執行「選項管理員」，並指定為【 :開放的迴圈】類型。得點選「顯示預覽」項次，以此檢閱成形時本體之樣態。

STEP 31

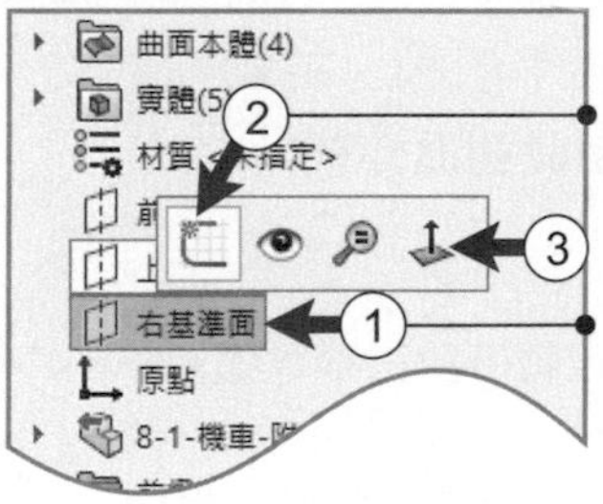
曲面本體(4)
實體(5)
材質 <未指定>
右基準面
原點
8-1-機車-

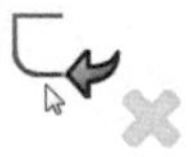

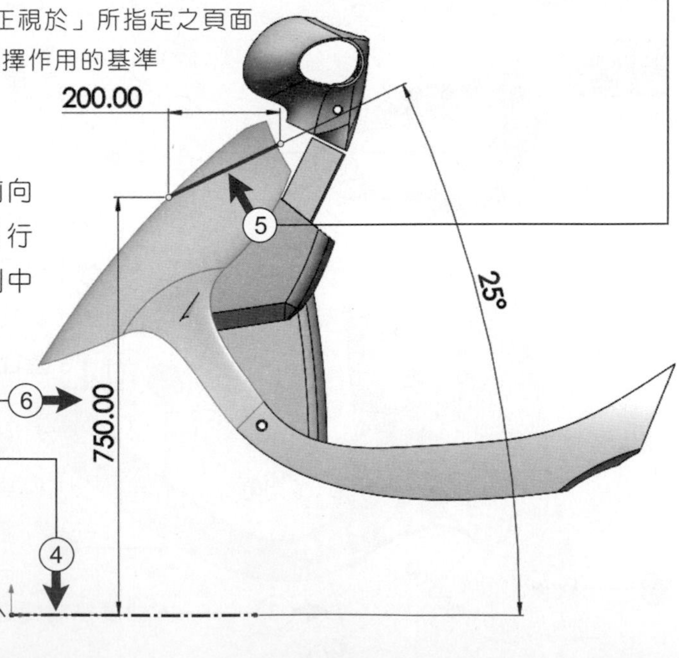
200.00
25°
750.00

暫存作用中的建構進程 7
2 進入草繪階段且放樣圖元
製作一段左下右上的直線
3「正視於」所指定之頁面
1 選擇作用的基準
5
6 標註圖元輪廓的對應尺寸
自「原點」向右側延伸一段水平參考線
草圖之原點 4

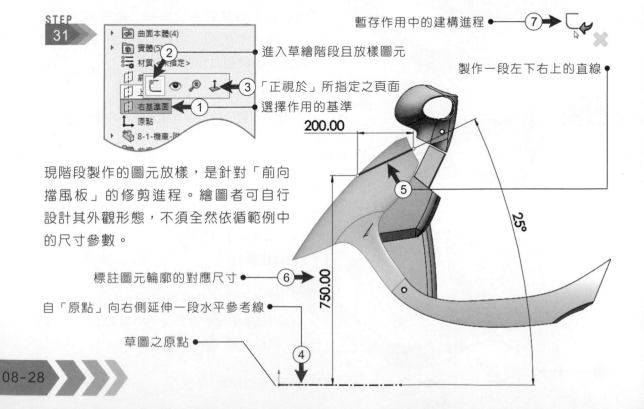

現階段製作的圖元放樣，是針對「前向擋風板」的修剪進程。繪圖者可自行設計其外觀形態，不須全然依循範例中的尺寸參數。

STEP 32

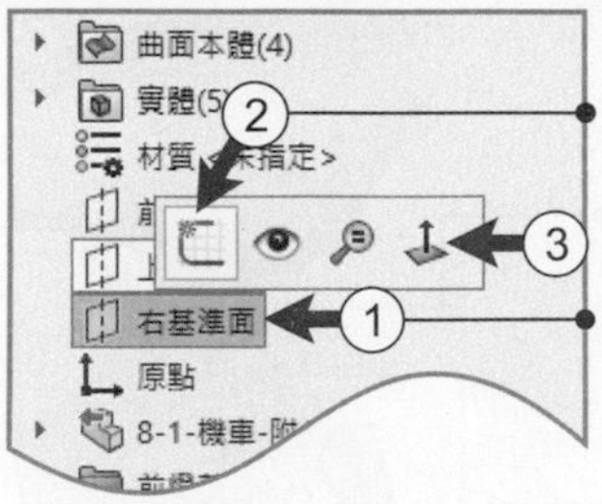

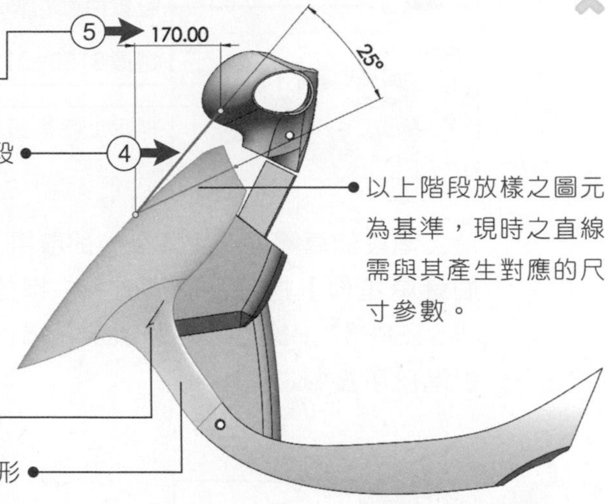
保留現階段之草圖
6
5
170.00
25°
定義圖元中的對應尺寸
4
同樣再繪製一段左下右上的線段
以上階段放樣之圖元為基準，現時之直線需與其產生對應的尺寸參數。
外露的實體邊界，可以執行曲面除料來修剪。
得藉由草圖編輯來設變曲面造形

續接著欲藉由投影後的三維草圖來鋪陳曲面。以【 ：直線工具】繪製線段，而起點需與上階段放樣的輪廓【 ：重合／共點】。

STEP 33

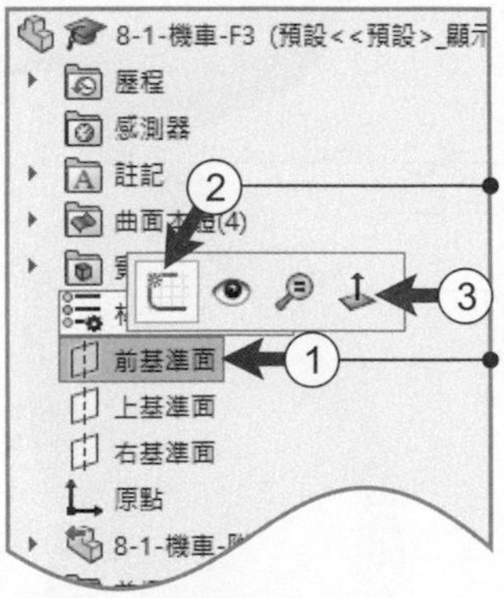

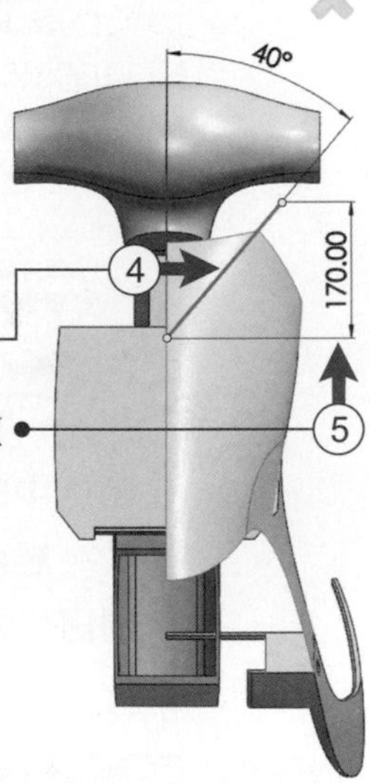
存取欲投影的第二段草繪線條
6
40°
4
170.00
繪製一條往上傾斜的線段
標註圖元中的尺寸參數
5

同樣的再繪製一條左下右上的傾斜線段，起點仍需與放樣線端【 ：重合／共點】限制。圖元投影是建構流線型之產品外觀頻繁使用的指令功能。

STEP 34

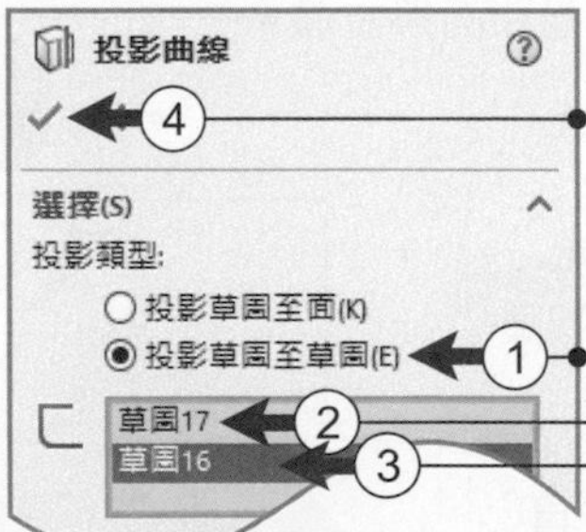
投影曲線
4
選擇(S)
投影類型:
投影草圖至面(K)
投影草圖至草圖(E)
草圖17
草圖16
1
2
3
完成三維線段投影之工序
指定投影之類型
加選第二段的投影項次

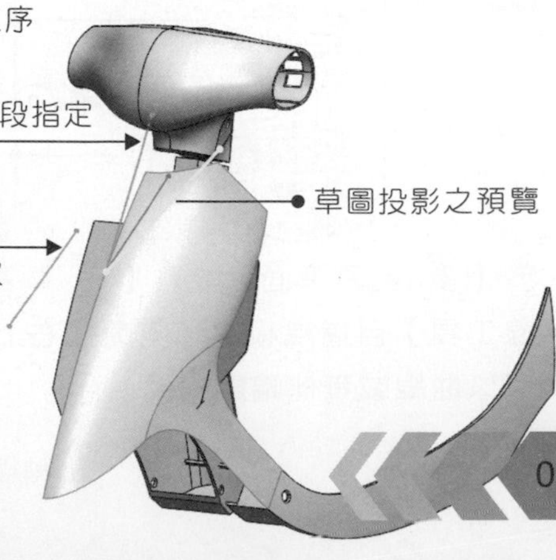
前基準之平面線段指定
草圖投影之預覽

執行【 ：投影曲線】之功能項次。加選兩個放樣的平面草圖線段，使其投影成三維的輪廓。倘若過多的組件影響使用者選取暨辨識，則可以透過【 ：隱藏】指令暫時遮蔽本體。

STEP 35

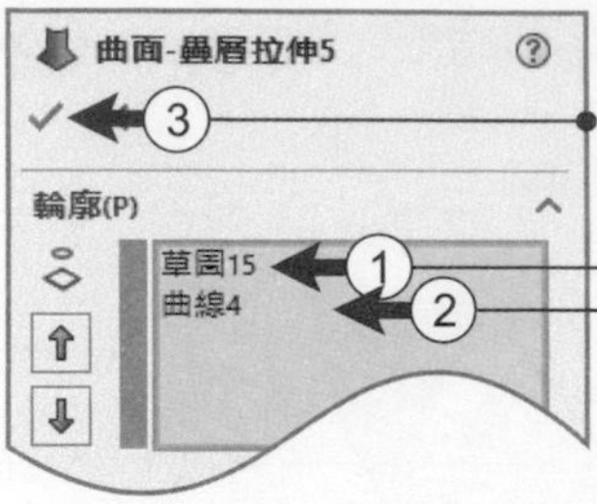

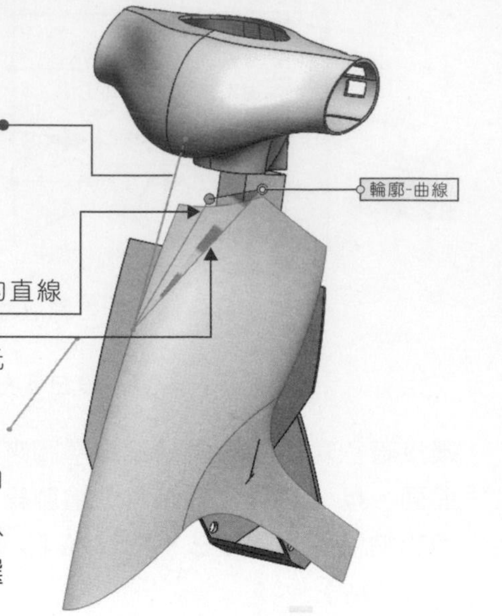

待上階段的草圖完成定義後，即啟用【:曲面疊層拉伸】指令。於「輪廓」欄位中置入「STEP-31」繪製的平面項次，繼而再加選上階段所投影之線段。

續接畫面

STEP 36

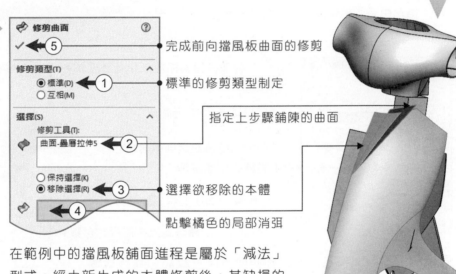

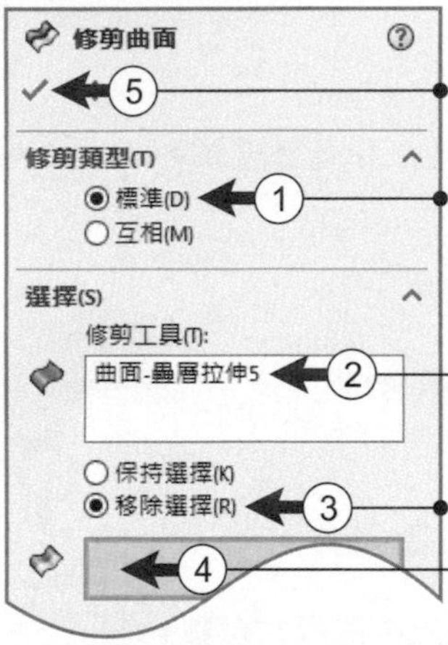

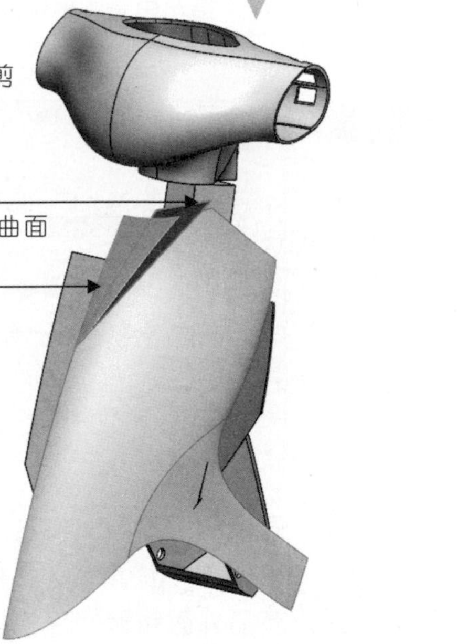

在範例中的擋風板舖面進程是屬於「減法」型式，經由新生成的本體修剪後，其缺損的空間再以曲面來架構暨填補。

STEP 37

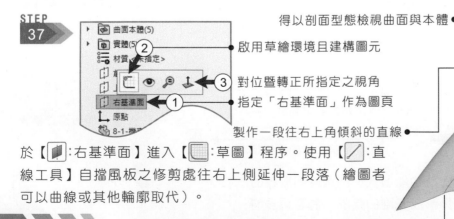

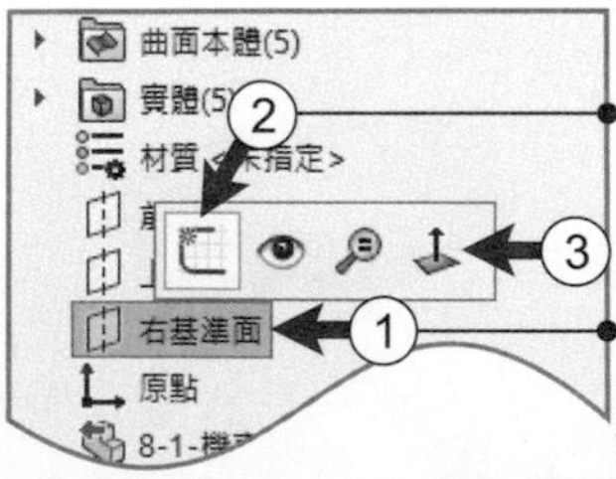

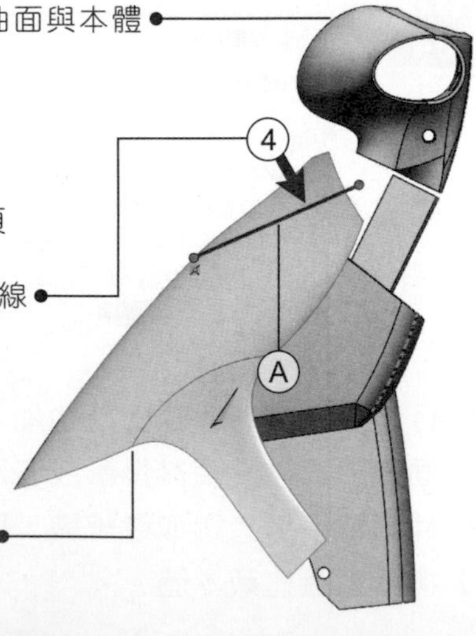

於【:右基準面】進入【:草圖】程序。使用【:直線工具】自擋風板之修剪處往右上側延伸一段落（繪圖者可以曲線或其他輪廓取代）。

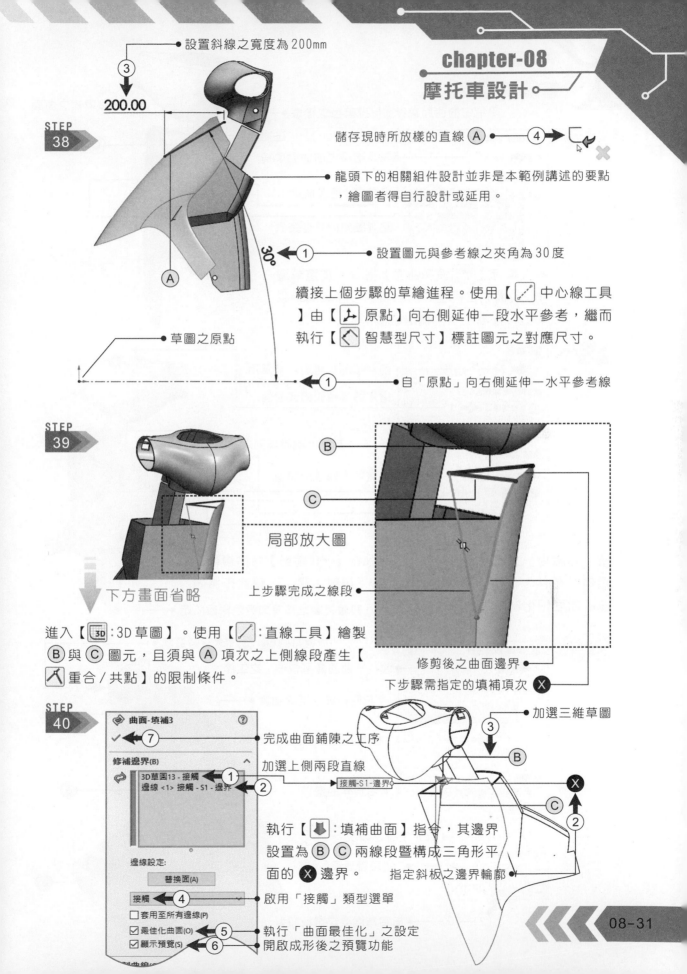

STEP 38

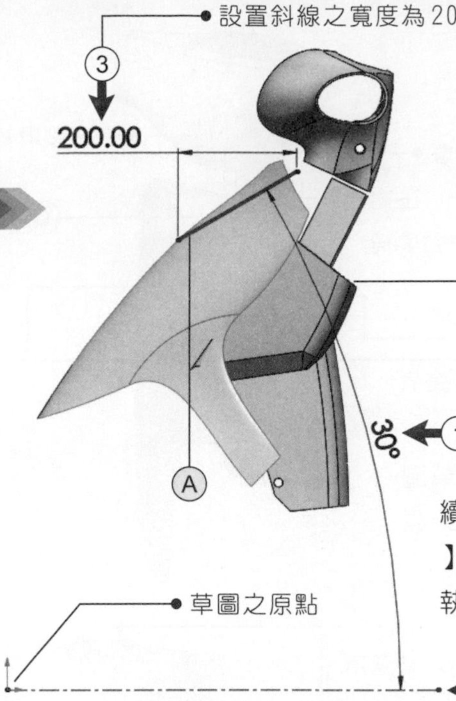

③ 設置斜線之寬度為200mm

儲存現時所放樣的直線 Ⓐ ④

龍頭下的相關組件設計並非是本範例講述的要點，繪圖者得自行設計或延用。

① 設置圖元與參考線之夾角為30度

續接上個步驟的草繪進程。使用【中心線工具】由【原點】向右側延伸一段水平參考，繼而執行【智慧型尺寸】標註圖元之對應尺寸。

草圖之原點

① 自「原點」向右側延伸一水平參考線

STEP 39

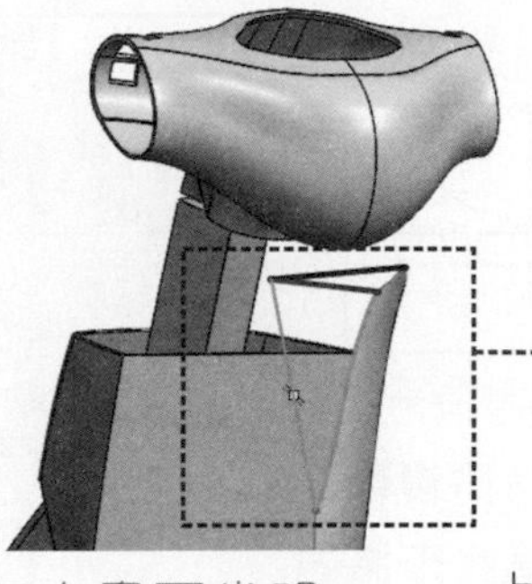

局部放大圖

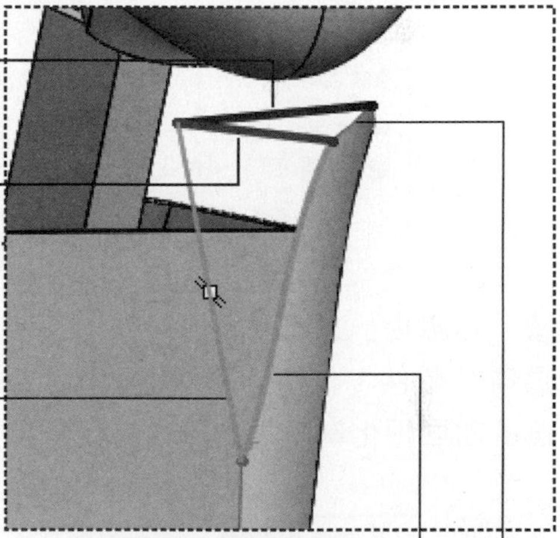

下方畫面省略

上步驟完成之線段

修剪後之曲面邊界

下步驟需指定的填補項次 Ⓧ

進入【3D：3D草圖】。使用【：直線工具】繪製 Ⓑ 與 Ⓒ 圖元，且須與 Ⓐ 項次之上側線段產生【重合／共點】的限制條件。

STEP 40

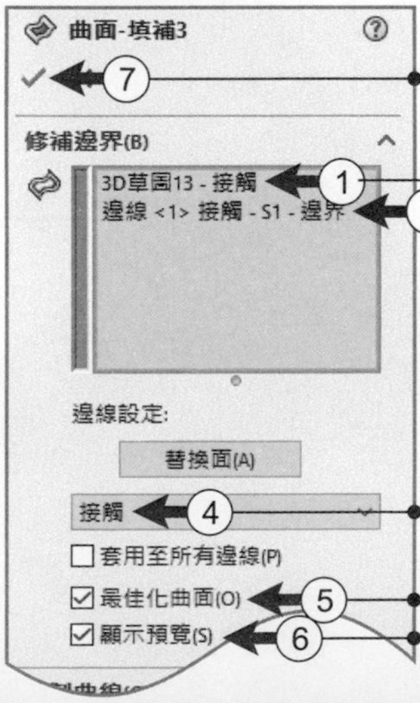

⑦ 完成曲面鋪陳之工序

加選上側兩段直線 ① ②

接觸-S1-邊界

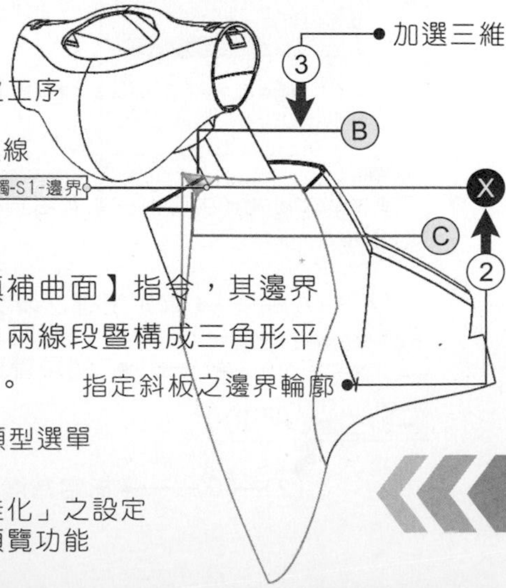

③ 加選三維草圖

執行【：填補曲面】指令，其邊界設置為 Ⓑ Ⓒ 兩線段暨構成三角形平面的 Ⓧ 邊界。

指定斜板之邊界輪廓

④ 啟用「接觸」類型選單

⑤ 執行「曲面最佳化」之設定

⑥ 開啟成形後之預覽功能

STEP 41

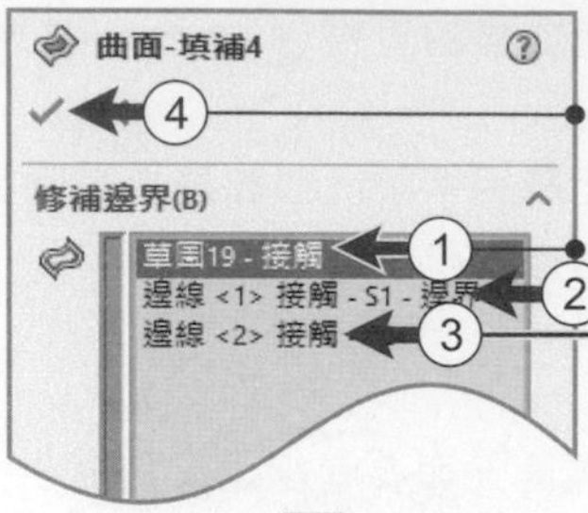
曲面-填補4
④ 執行階段二的曲面填補
修補邊界(B)
草圖19 - 接觸
邊線 <1> 接觸 - S1 - 邊界
邊線 <2> 接觸
① 草圖 Ⓒ 再次指定
②
③ 點選既有的修剪邊界

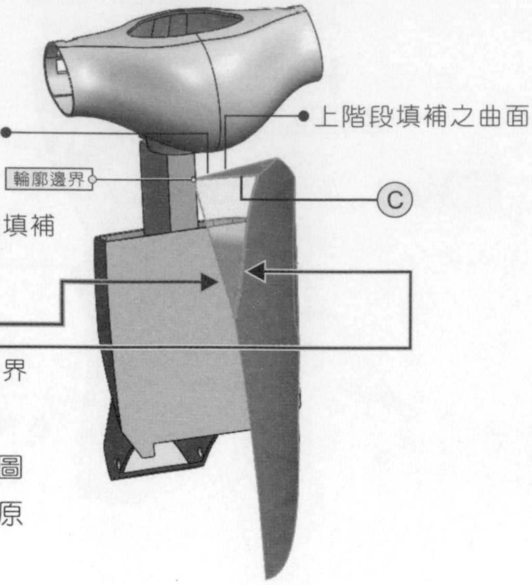
受指定的曲面邊界即呈現藍色之樣態
上階段填補之曲面
輪廓邊界
Ⓒ

再次執行【:填補曲面】指令。加選草圖 Ⓒ 與構成三角邊界的兩項次，使其彌平原本的「擋風板」前側之缺漏。

STEP 42

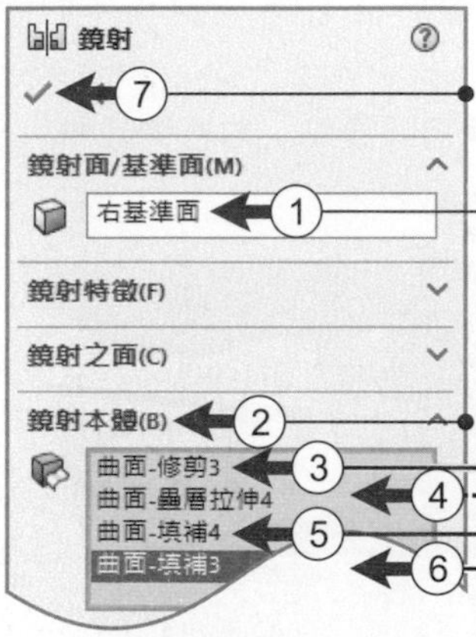
鏡射
⑦ 前向擋風板鏡射功能應用
鏡射面/基準面(M)
右基準面
① 指定鏡像複製的參考面
鏡射特徵(F)
鏡射之面(C)
鏡射本體(B)
② 設置為本體鏡射類型
曲面-修剪3
曲面-疊層拉伸4
曲面-填補4
曲面-填補3
③ ④ ⑤ ⑥
加選上階段填補之本體
點擊上側之三角平面

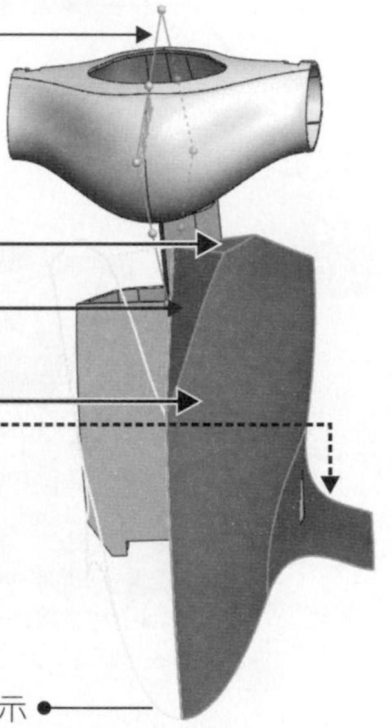
鏡像複製之預覽如黃色線段所示

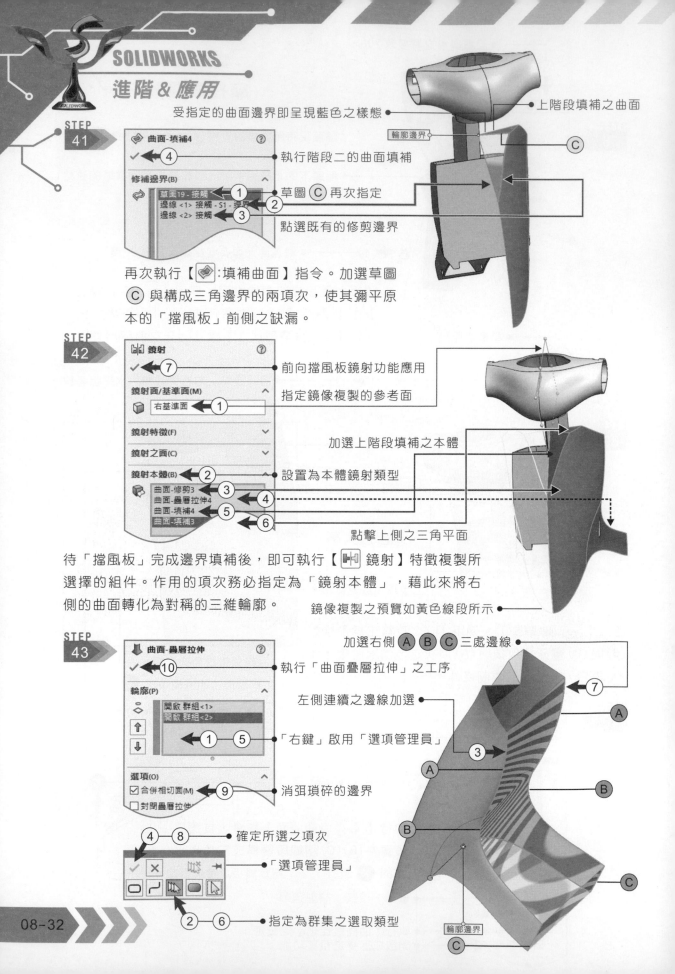

待「擋風板」完成邊界填補後，即可執行【 鏡射】特徵複製所選擇的組件。作用的項次務必指定為「鏡射本體」，藉此來將右側的曲面轉化為對稱的三維輪廓。

STEP 43

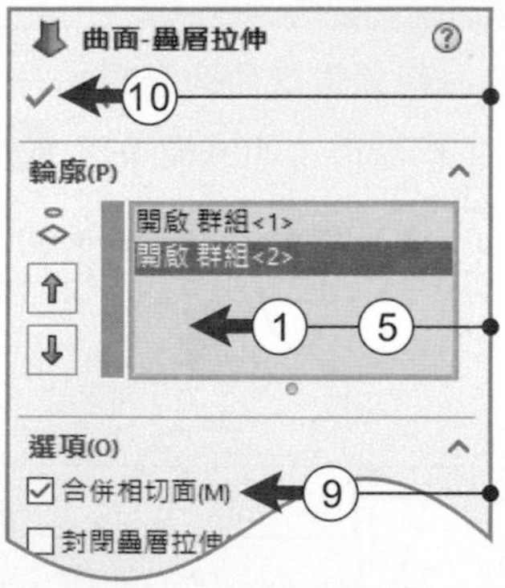
曲面-疊層拉伸
⑩ 執行「曲面疊層拉伸」之工序
輪廓(P)
開啟 群組<1>
開啟 群組<2>
① ⑤ 「右鍵」啟用「選項管理員」
選項(O)
合併相切面(M)
封閉疊層拉伸
⑨ 消弭瑣碎的邊界

④ ⑧ 確定所選之項次
「選項管理員」
② ⑥ 指定為群集之選取類型

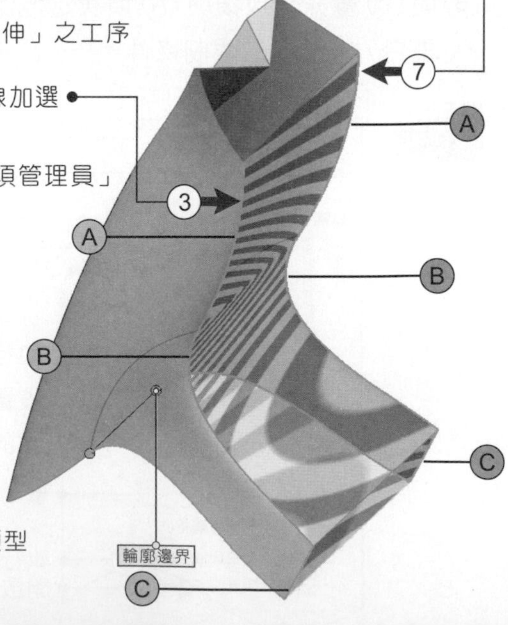

STEP 44

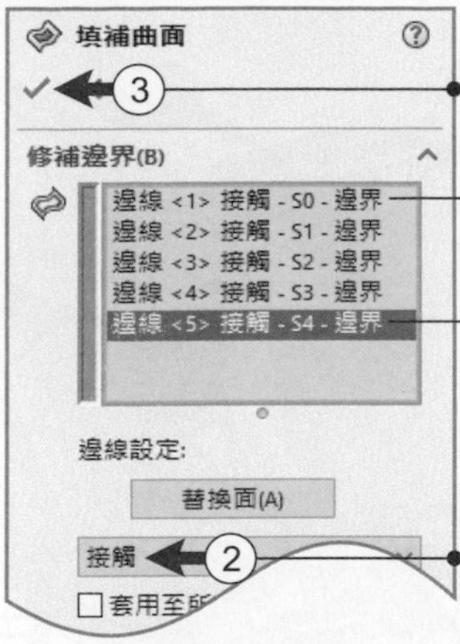

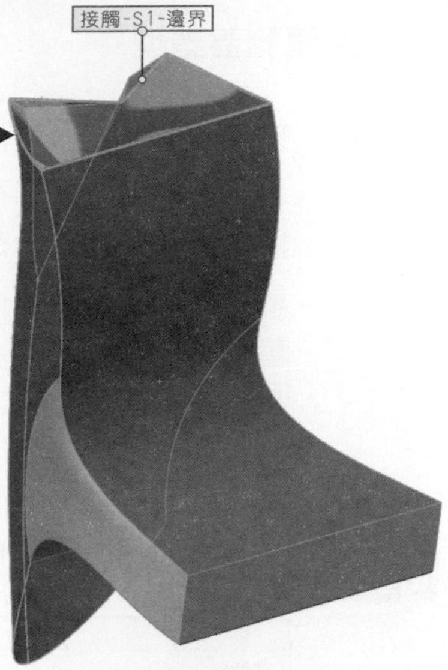

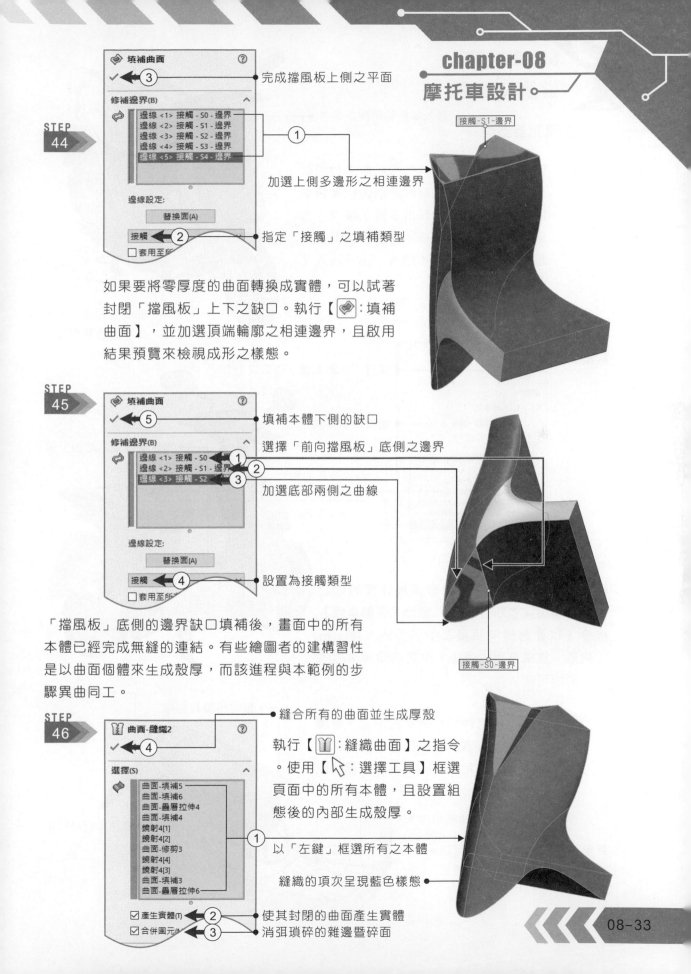

如果要將零厚度的曲面轉換成實體，可以試著封閉「擋風板」上下之缺口。執行【填補曲面】，並加選頂端輪廓之相連邊界，且啟用結果預覽來檢視成形之樣態。

STEP 45

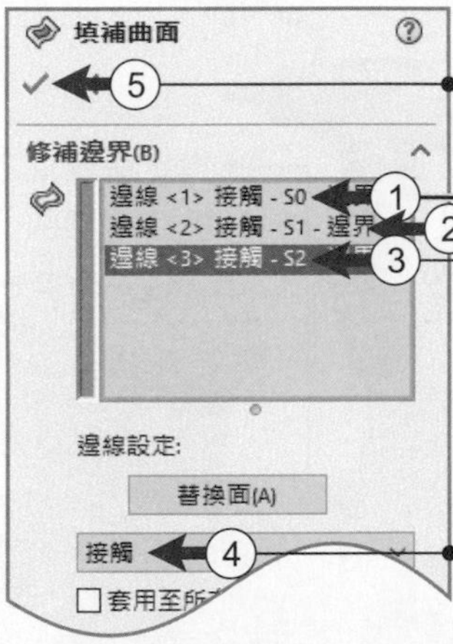

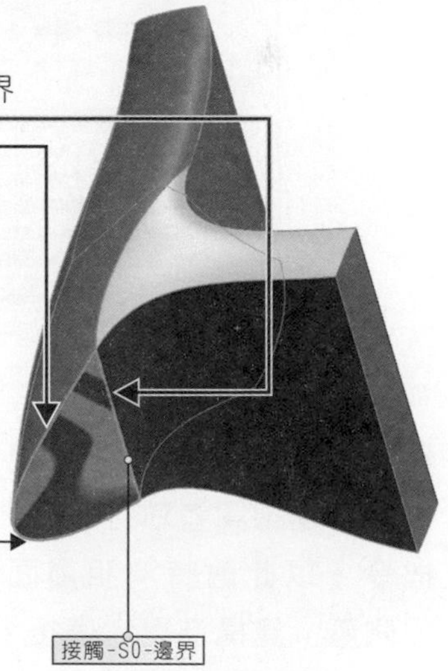

「擋風板」底側的邊界缺口填補後，畫面中的所有本體已經完成無縫的連結。有些繪圖者的建構習性是以曲面個體來生成殼厚，而該進程與本範例的步驟異曲同工。

STEP 46

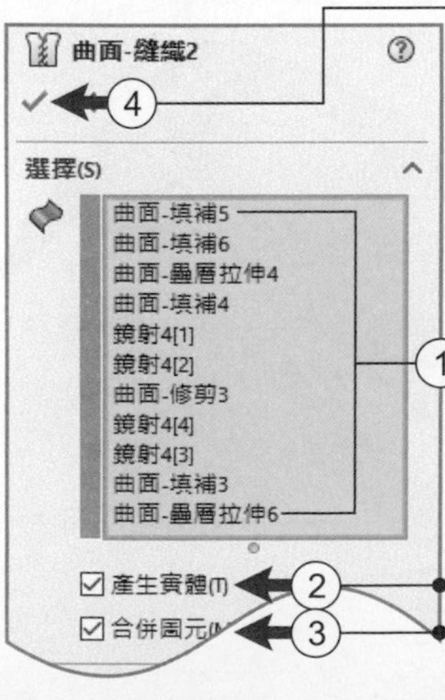

執行【縫織曲面】之指令。使用【選擇工具】框選頁面中的所有本體，且設置組態後的內部生成殼厚。

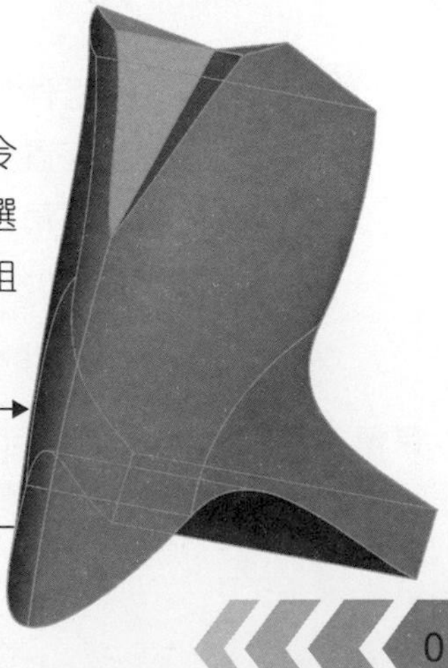

8-3 主體側蓋塑型

STEP 01

現階段欲建構的組件是摩托車主體的側蓋。繪圖者可選擇移除前階段檔案特徵樹的【 :刪除/保留本體】項次;或是開啟新的附件,待所有進程完備後再藉由下拉式選單的「插入」指令匯入【 零件】。

輸入本章節所附之組件
附件中的所有組件可選擇延用,或者是重新設變。

STEP 02

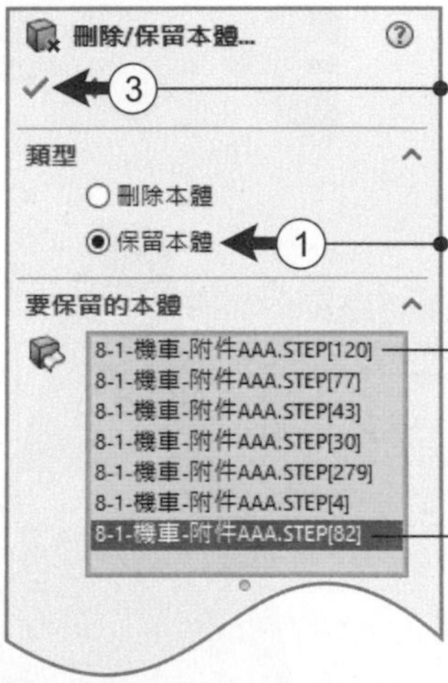

指定保留之本體即呈現藍色之樣態。

礙於軟硬體效能、建模視野與操作便易性之考量,建議讀者執行【 :刪除/保留本體】指令,以此暫時消弭畫面中過多的本體;待「側蓋」建構進程完備後,再將前項特徵刪除或抑制即可。

STEP 03

保留下的組件如右側例圖所示。建議繪圖者僅存置與現階段建構的組件相關的本體,藉此減緩電腦軟硬體效能的消耗。

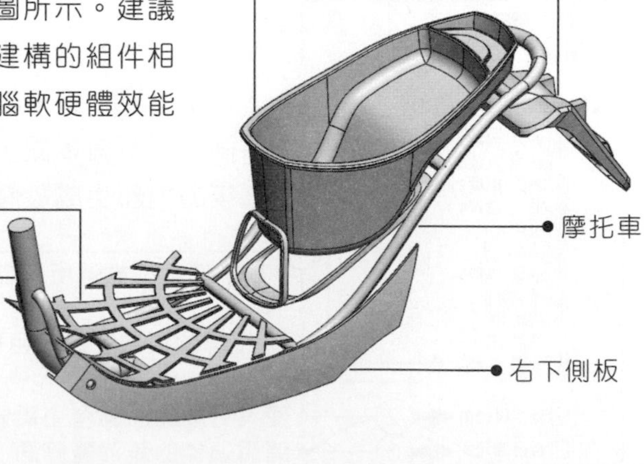
置物箱暨其側條
後側擋泥板
腳踏板之相關組件
摩托車管材骨架
保留的組件項次與數量可自行取決;但建議顯示的本體少於10個。
右下側板

STEP 04

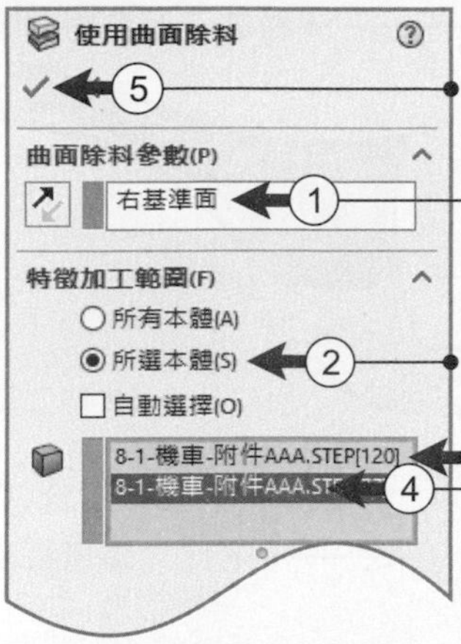
使用曲面除料
曲面除料參數(P)
右基準面
特徵加工範圍(F)
所有本體(A)
所選本體(S)
自動選擇(O)
8-1-機車-附件AAA.STEP[120]
8-1-機車-附件AAA.STE

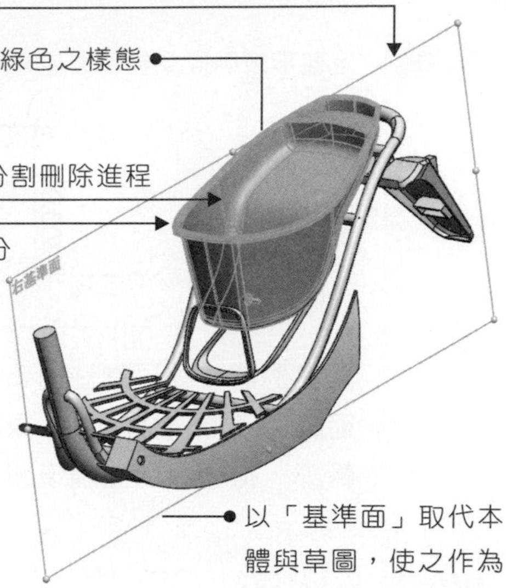
⑤ 刪除「原點」左側之本體
設置為右側「基準面」
① 選擇之物件即呈現綠色之樣態
② 僅剎除所指定的本體
③ 置物箱進行分割刪除進程
④ 點選置物箱之側條離分
以「基準面」取代本體與草圖，使之作為刪除的工具。

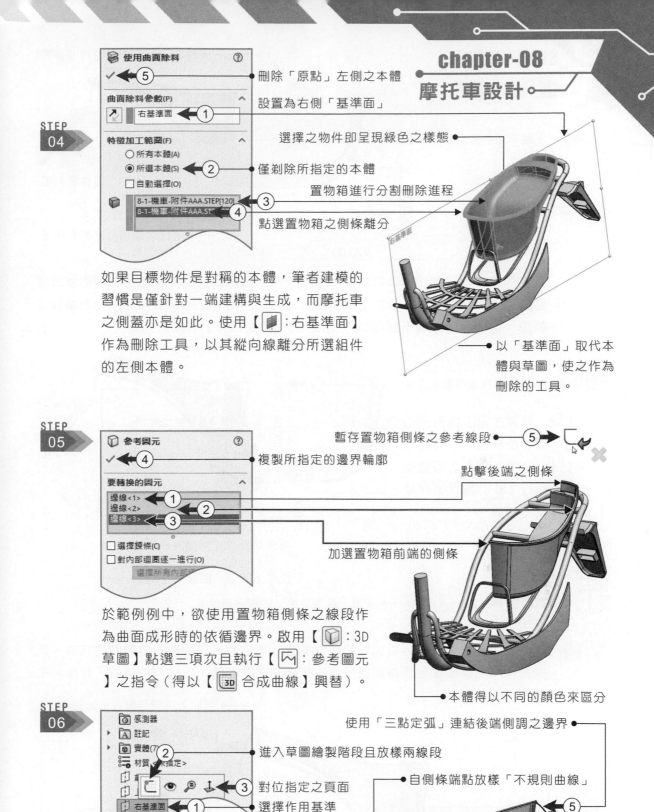

如果目標物件是對稱的本體，筆者建模的習慣是僅針對一端建構與生成，而摩托車之側蓋亦是如此。使用【 :右基準面】作為刪除工具，以其縱向線離分所選組件的左側本體。

STEP 05

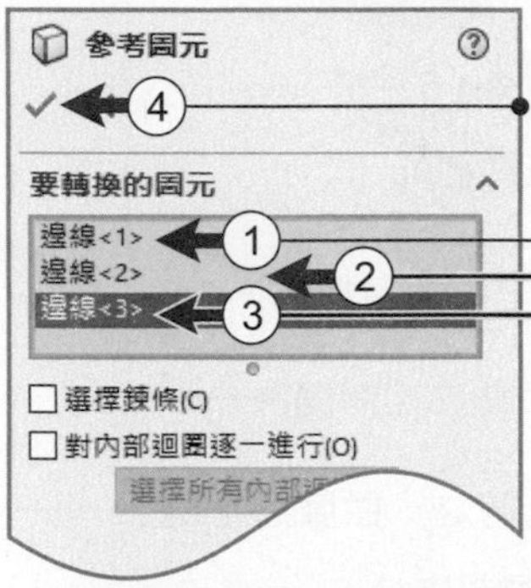
參考圖元
要轉換的圖元
邊線<1>
邊線<2>
邊線<3>
選擇鍊條(C)
對內部迴圈逐一進行(O)
選擇所有內部迴

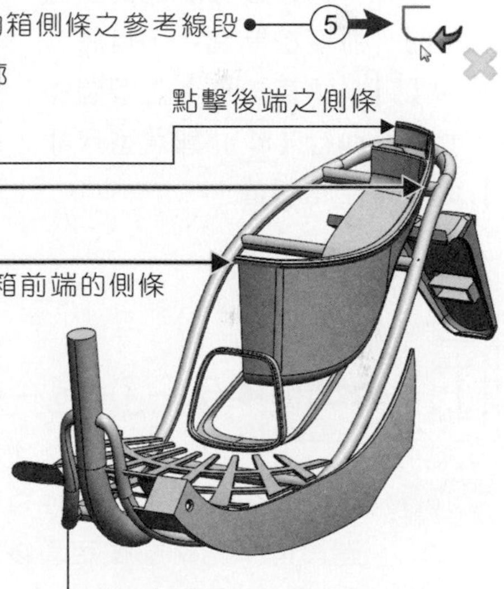
暫存置物箱側條之參考線段 ⑤
④ 複製所指定的邊界輪廓
① 點擊後端之側條
②
③ 加選置物箱前端的側條
本體得以不同的顏色來區分

於範例例中，欲使用置物箱側條之線段作為曲面成形時的依循邊界。啟用【 :3D草圖】點選三項次且執行【 :參考圖元】之指令（得以【 合成曲線】興替）。

STEP 06

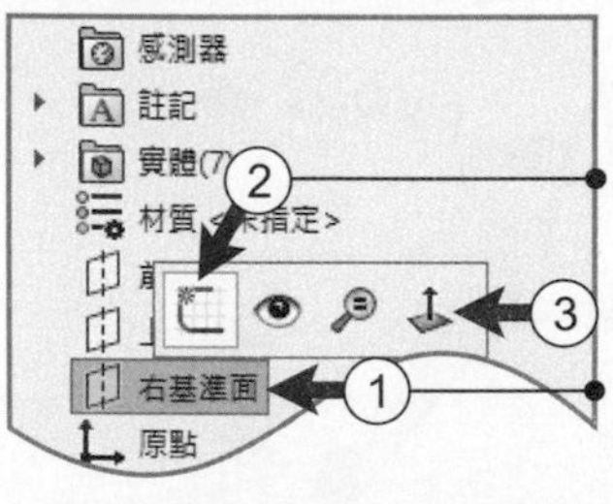
感測器
註記
實體(7)
材質 <未指定>
右基準面
原點

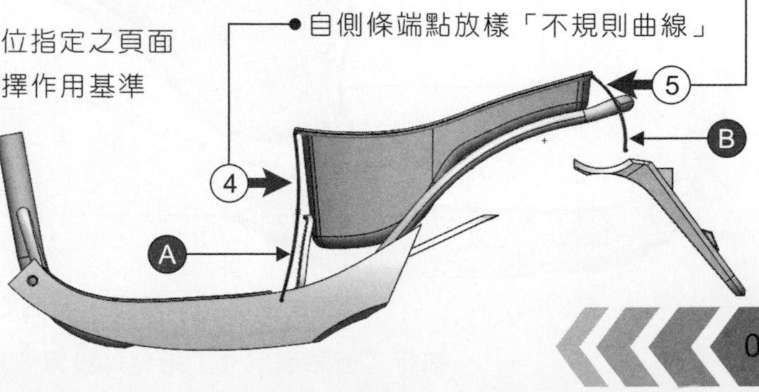
② 進入草圖繪製階段且放樣兩線段
③ 對位指定之頁面
① 選擇作用基準
使用「三點定弧」連結後端側調之邊界 ⑤
④ 自側條端點放樣「不規則曲線」
A
B

自【 右基準面】進入草繪之環節，且分別以【 不規則曲線】暨【 三點定弧】連結前後側條，使其產生【 :重合 / 共點】之限制條件。

STEP 07 定義不規則線之節點域值

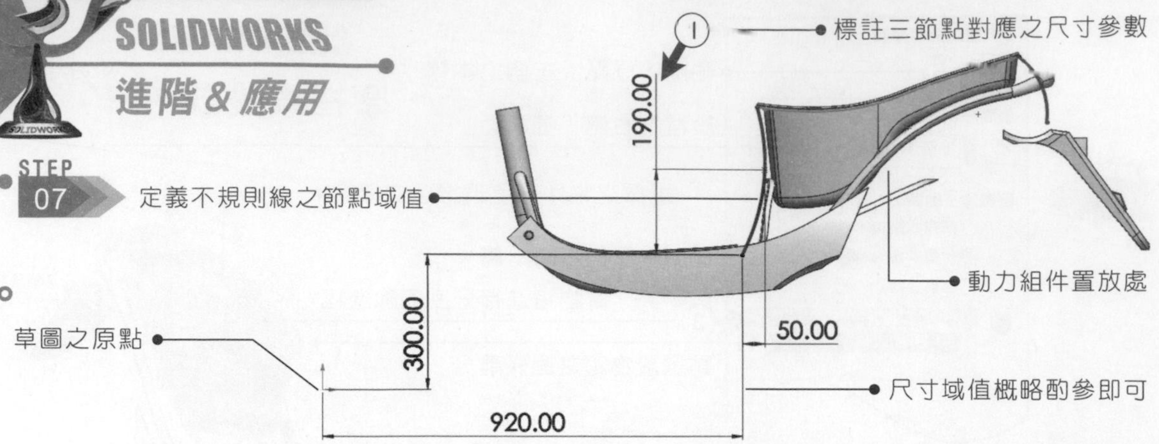
①
標註三節點對應之尺寸參數
190.00
動力組件置放處
草圖之原點
300.00
50.00
尺寸域值概略酌參即可
920.00

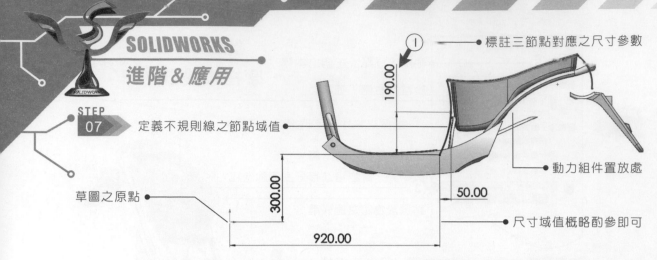

關於例圖中線段標註的參數域值，不須全然的參照與依循。左側的不規則線三處節點個別標註與【原點】之水平及縱向的間距。現時的線段即為曲面鋪陳之輪廓，待導引線完備後即可執行【曲面疊層拉伸】的成形指令。

STEP 08 控制閥之域值參數輸入

使用【選擇工具】拖曳三個節點的「曲度控制閥」，且將其加入【垂直放置】之限制條件。繼而執行【智慧型尺寸】定義其控制域值。

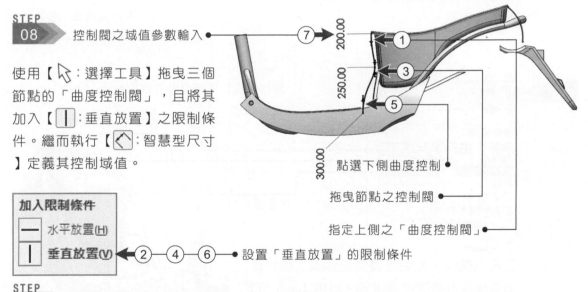

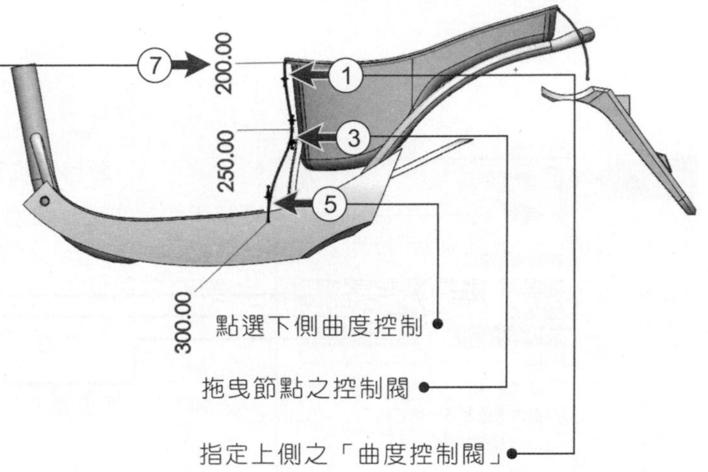
⑦
200.00
①
250.00
③
⑤
300.00
點選下側曲度控制
拖曳節點之控制閥
指定上側之「曲度控制閥」

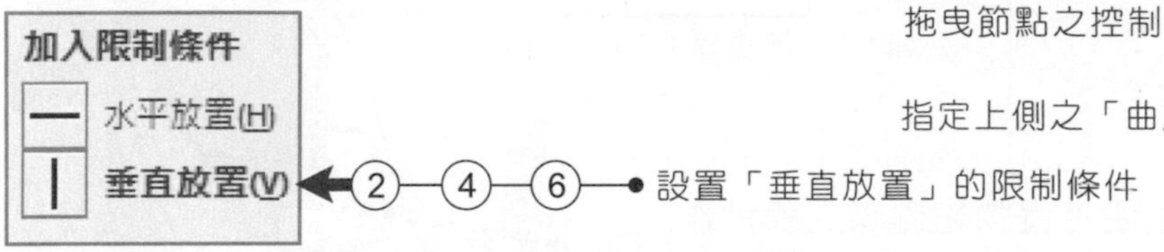
加入限制條件
水平放置(H)
垂直放置(V)
②
④
⑥
設置「垂直放置」的限制條件

STEP 09 圖元中右側的弧線半徑暨端點的尺寸標註，繪圖者概可酌參下方範例之域值。現階段的草繪輪廓在定義後即須延伸成放樣的曲面本體，以俾利後續的「側蓋」主體塑形與依循。

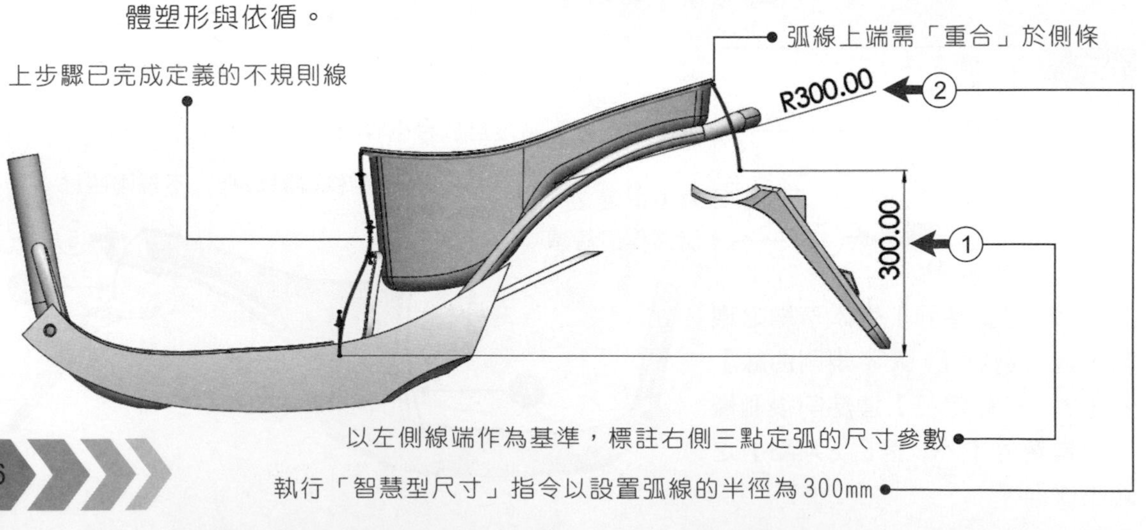
弧線上端需「重合」於側條
上步驟已完成定義的不規則線
R300.00
②
300.00
①
以左側線端作為基準，標註右側三點定弧的尺寸參數
執行「智慧型尺寸」指令以設置弧線的半徑為300mm

STEP 10

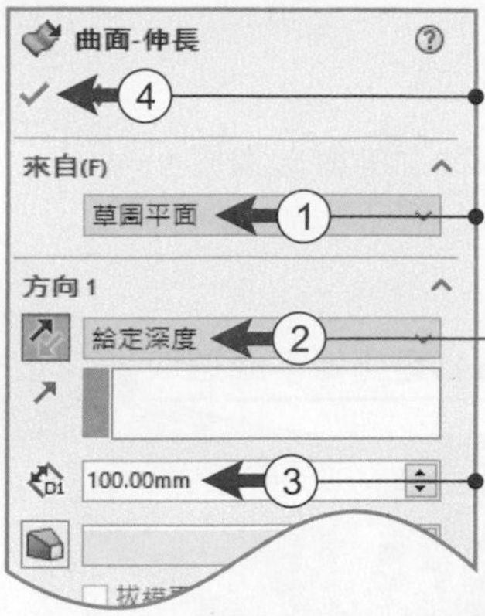

曲面延伸定義暨放樣

自草繪基準展延

設置成單方向伸長

距離輸入 100mm

啟用成形後之預覽

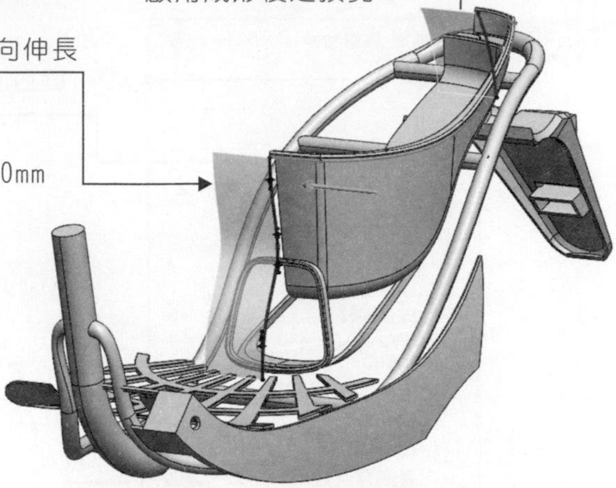

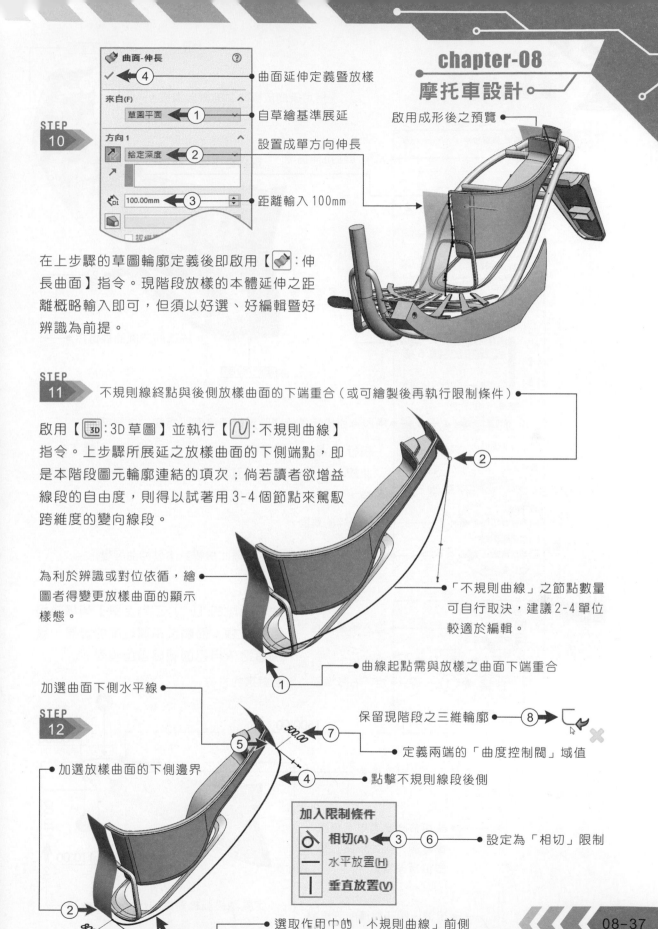

在上步驟的草圖輪廓定義後即啟用【 :伸長曲面】指令。現階段放樣的本體延伸之距離概略輸入即可，但須以好選、好編輯暨好辨識為前提。

STEP 11

不規則線終點與後側放樣曲面的下端重合（或可繪製後再執行限制條件）

啟用【 :3D 草圖】並執行【 :不規則曲線】指令。上步驟所展延之放樣曲面的下側端點，即是本階段圖元輪廓連結的項次；倘若讀者欲增益線段的自由度，則得以試著用 3-4 個節點來駕馭跨維度的變向線段。

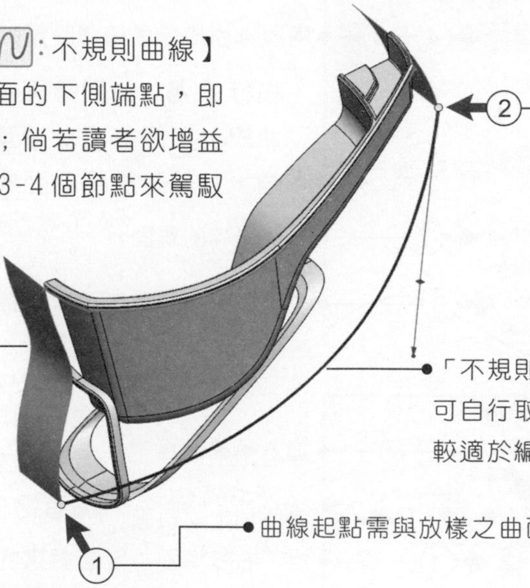

為利於辨識或對位依循，繪圖者得變更放樣曲面的顯示樣態。

「不規則曲線」之節點數量可自行取決，建議 2-4 單位較適於編輯。

曲線起點需與放樣之曲面下端重合

STEP 12

加選曲面下側水平線

保留現階段之三維輪廓

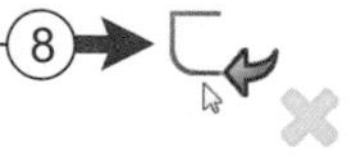

定義兩端的「曲度控制閥」域值

加選放樣曲面的下側邊界

點擊不規則線段後側

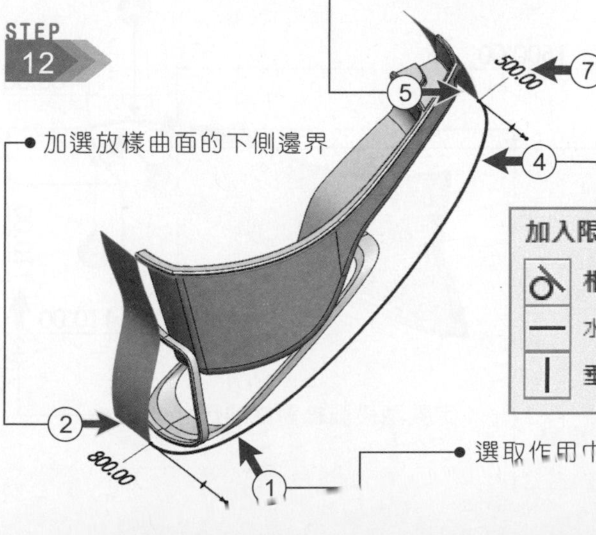

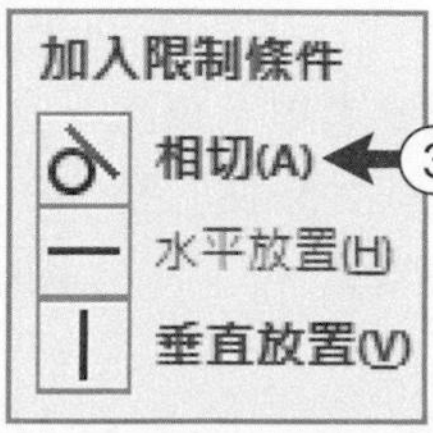

設定為「相切」限制

選取作用中的「不規則曲線」前側

STEP 13

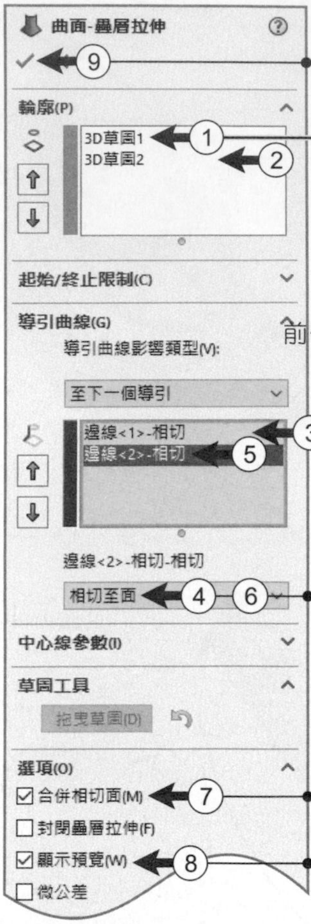
曲面-疊層拉伸
輪廓(P)
3D草圖1
3D草圖2
起始/終止限制(C)
導引曲線(G)
導引曲線影響類型(V):
至下一個導引
邊線<1>-相切
邊線<2>-相切
邊線<2>-相切-相切
相切至面
中心線參數(I)
草圖工具
拖曳草圖(D)
選項(O)
合併相切面(M)
封閉疊層拉伸(F)
顯示預覽(W)
微公差
執行曲面拉伸指令
兩段導引線皆須個別設置與連接面「相切」之限制
消弭瑣碎的雜面
啟用成形後的樣態預覽，藉此檢視其本體的曲度變化。

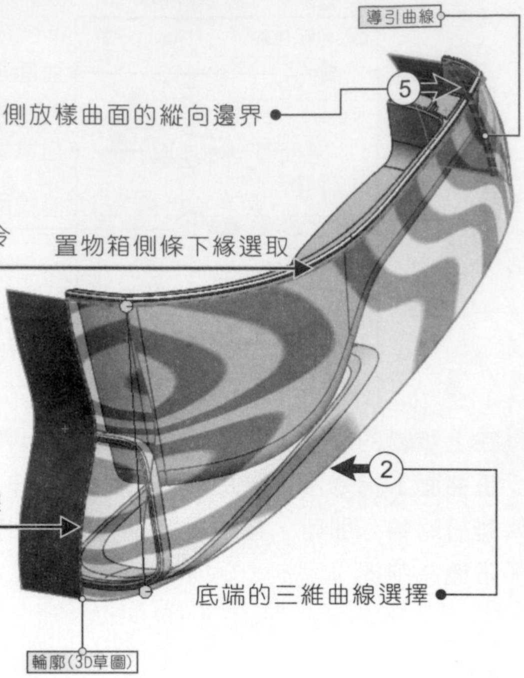
導引曲線
指定後側放樣曲面的縱向邊界
置物箱側條下緣選取
前側放樣的邊線選擇
底端的三維曲線選擇
輪廓(3D草圖)

執行【曲面疊層拉伸】指令。「輪廓」暨「導引曲線」對應的項次可互換與參考；並建議啟用預覽功能，以即時檢視曲面成形後之樣態。

STEP 14

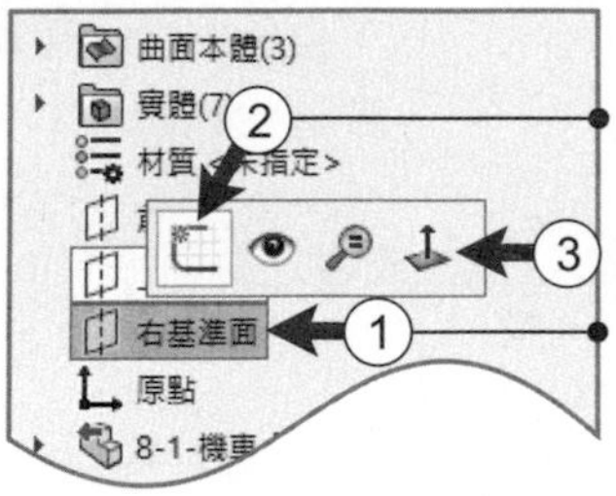
曲面本體(3)
實體(7)
材質<未指定>
右基準面
原點
8-1-機車
進入草繪進程
對位指定之頁面
自「右基準面」定義對應的方位

使用兩段的【三點定弧】架構後燈蓋的形態；而關於車體輪廓的邊界，繪圖者得依自己的觀感自由設變。

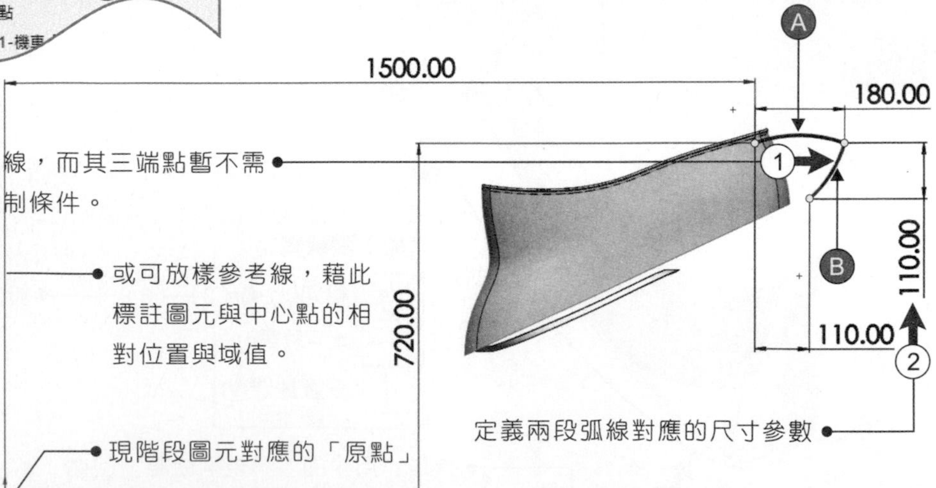
1500.00
180.00
110.00
110.00
720.00
繪製兩段連接的弧線，而其三端點暫不需特殊定義或加入限制條件。
或可放樣參考線，藉此標註圖元與中心點的相對位置與域值。
定義兩段弧線對應的尺寸參數
現階段圖元對應的「原點」

STEP 15

以「智慧型尺寸」標註上側弧線的半徑為350mm

新的曲面疊層成形時，置物箱及側條的邊界可再延用。

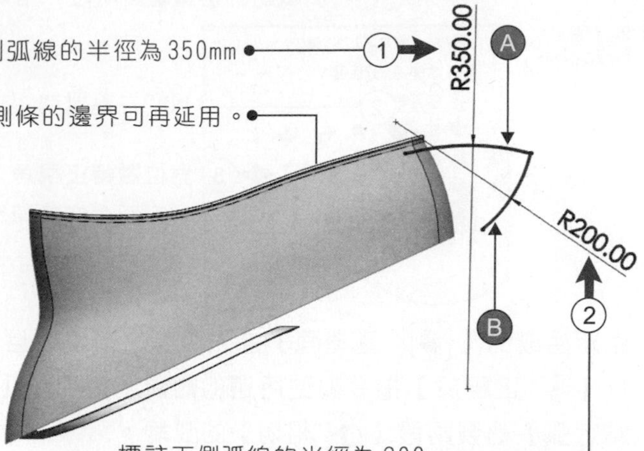

接續上個步驟的草繪進程。當兩段弧線初步定義後，再以【:智慧型尺寸】標註 A 與 B 的半徑參數。曲面成形時的架構良窳攸關鋪陳本體結果之好壞；因此，輪廓暨路徑的轉折與變化不宜過度。

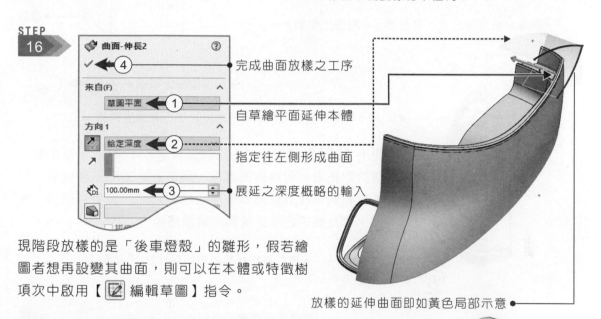

標註下側弧線的半徑為200mm

STEP 16

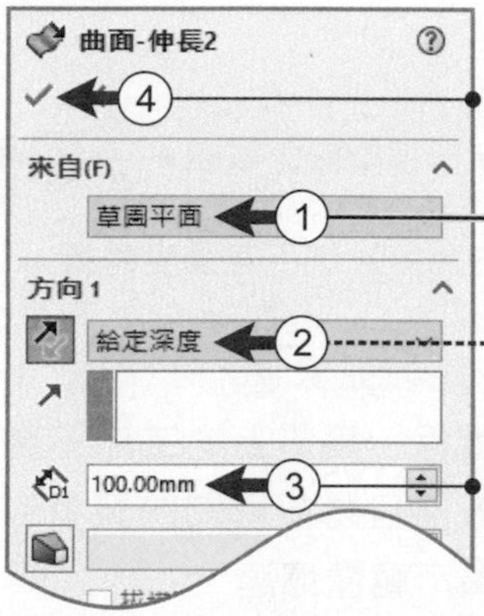

完成曲面放樣之工序

自草繪平面延伸本體

指定往左側形成曲面

展延之深度概略的輸入

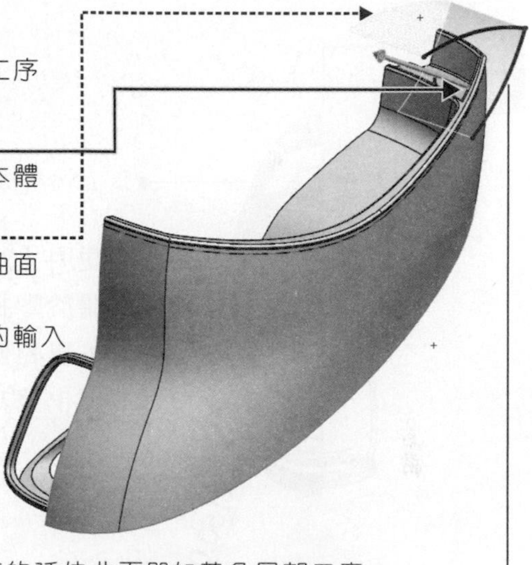

現階段放樣的是「後車燈殼」的雛形，假若繪圖者想再設變其曲面，則可以在本體或特徵樹項次中啟用【 編輯草圖】指令。

放樣的延伸曲面即如黃色局部示意

STEP 17

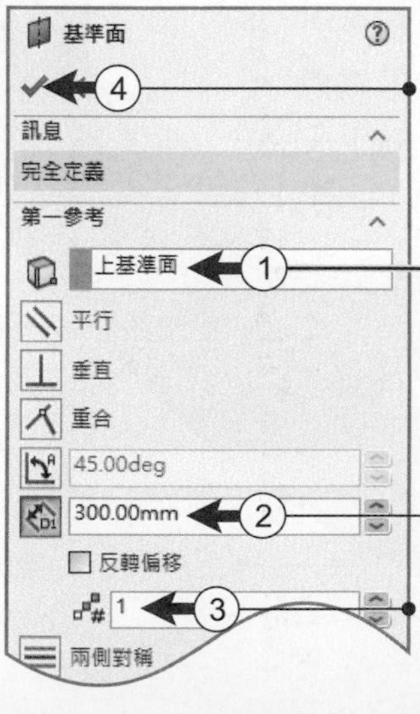

剖半的本體得以抑制特徵再恢復

往上偏移出間距300mm的平面

新生成之基準呈現藍色

指定偏移的參考基準

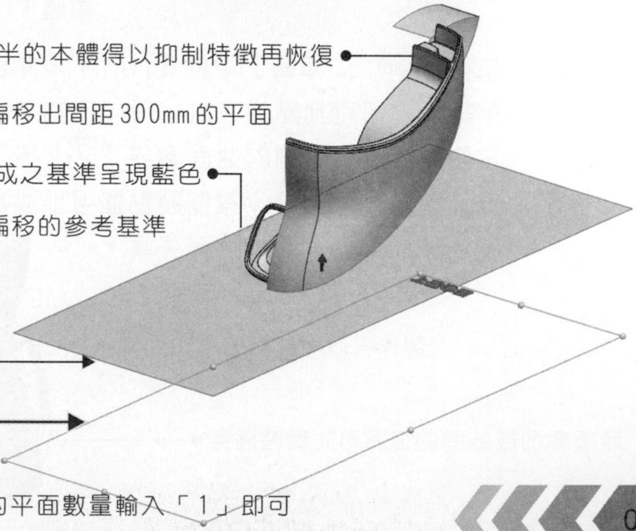

生成的平面數量輸入「1」即可

STEP 18

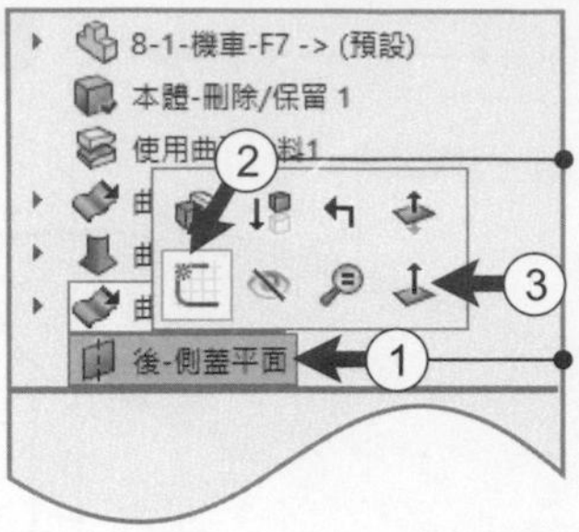
8-1-機車-F7 -> (預設)
本體-刪除/保留 1
使用曲
後-側蓋平面
以「三點定弧」建構平面草圖
對位暨轉正視角
指定新生成的草繪基準

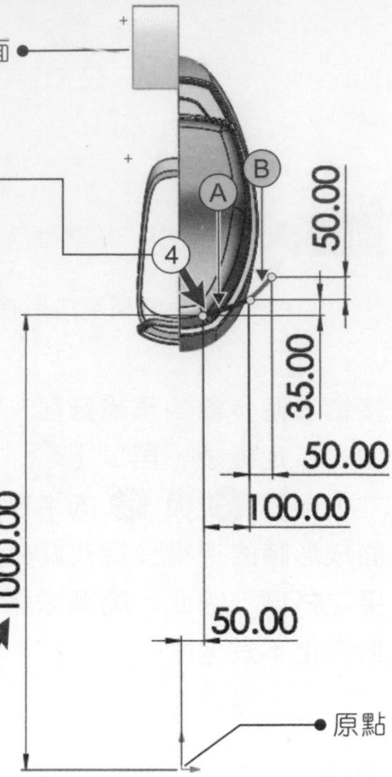
上階段放樣的後燈蓋曲面
於概略的位置繪製兩段「相切」的弧線
50.00
35.00
50.00
100.00
1000.00
50.00
使用「智慧型尺寸」標註圖元中對應的參數
原點

由新生成的【 ：基準面】進入草繪之環境，且依序執行【 ：正視於】指令對位所選的圖頁；繼而以【 三點定弧】繪製兩段【 ：相切】的弧線。

STEP 19

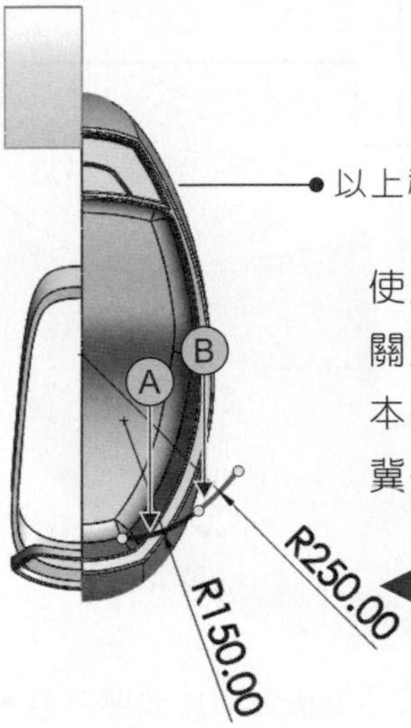
以上視角檢核車體，其側向的曲度起伏不宜過度轉折。
R250.00
R150.00
標註兩段弧線的半徑尺寸為 150 暨 250

保留現階段之草圖

使用【 智慧型尺寸】定義弧線 Ⓐ 與 Ⓑ 之半徑參數。關於摩托車外殼建構的進程，實質上之工序不勝枚舉，於本書範例中僅求諸最具效益且易於轉知給讀者的形式，希冀化繁為簡的經由此篇章示範暨傳達。

STEP 20

執行【 ：3D 草圖】中的【 ：不規則曲線】指令，且繪製一段兩節點的三維線段；而其前後的線端需與左側的草圖暨右側的曲面邊界【 ：重合 / 共點】。現階段繪製的線段，其控制點盡可能少於五個，否則易造成曲面過度的拉扯而失真。

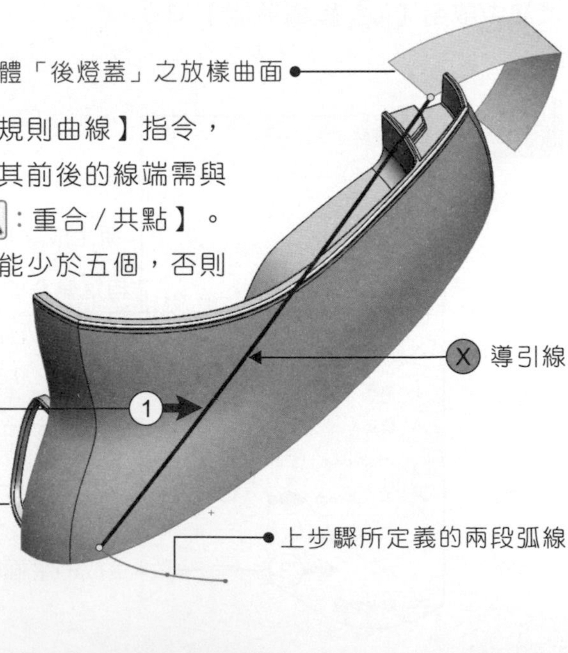
車體「後燈蓋」之放樣曲面
Ⓧ 導引線
製作一段兩節點的不規則線
無須參酌或依循的邊界可先暫時隱藏
上步驟所定義的兩段弧線

STEP 21

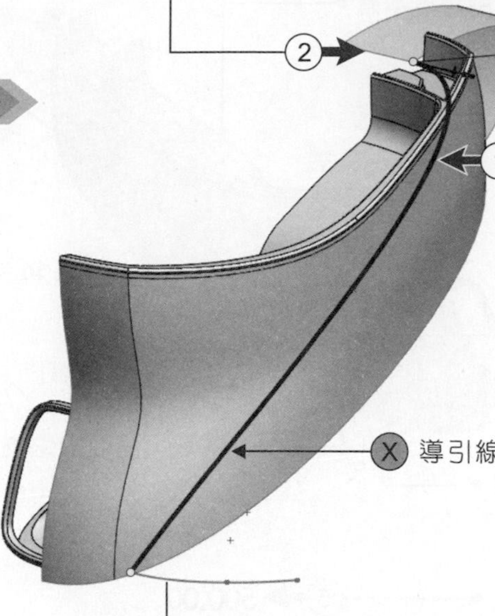
重複加選放樣曲面之邊界
300.00
設置「曲度控制閥」之域值
選擇現階段繪製的三維曲線 X
X 導引線
上階段完成之弧線

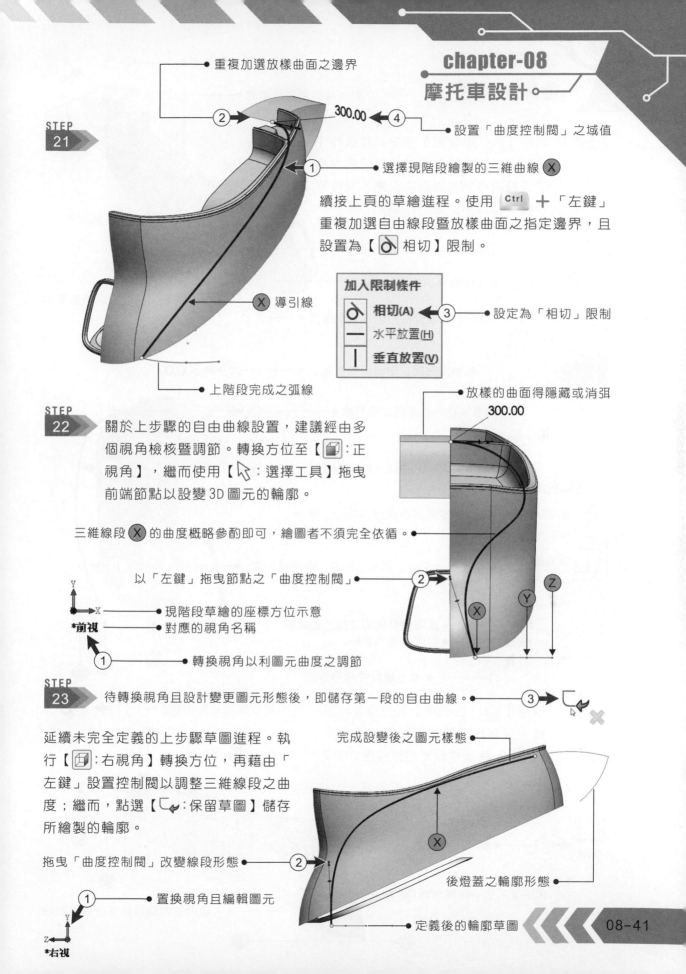

續接上頁的草繪進程。使用 Ctrl ＋「左鍵」重複加選自由線段暨放樣曲面之指定邊界，且設置為【相切】限制。

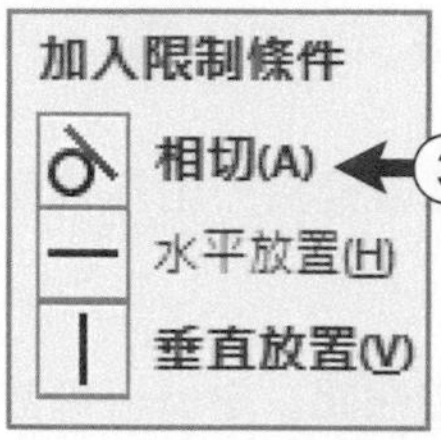
加入限制條件
相切(A)
水平放置(H)
垂直放置(V)
設定為「相切」限制

STEP 22

關於上步驟的自由曲線設置，建議經由多個視角檢核暨調節。轉換方位至【：正視角】，繼而使用【：選擇工具】拖曳前端節點以設變 3D 圖元的輪廓。

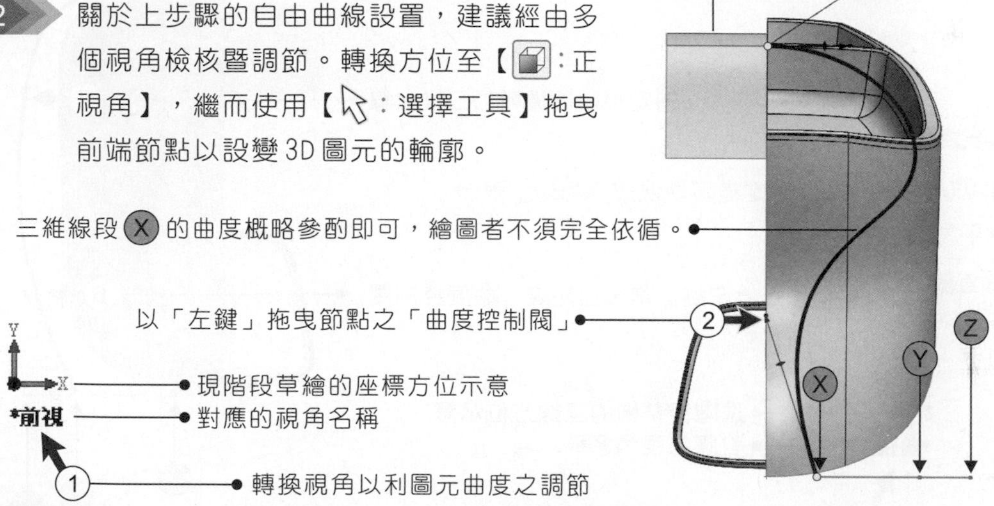
放樣的曲面得隱藏或消弭
300.00
三維線段 X 的曲度概略參酌即可，繪圖者不須完全依循。
以「左鍵」拖曳節點之「曲度控制閥」
現階段草繪的座標方位示意
*前視
對應的視角名稱
轉換視角以利圖元曲度之調節

STEP 23

待轉換視角且設計變更圖元形態後，即儲存第一段的自由曲線。

延續未完全定義的上步驟草圖進程。執行【：右視角】轉換方位，再藉由「左鍵」設置控制閥以調整三維線段之曲度；繼而，點選【：保留草圖】儲存所繪製的輪廓。

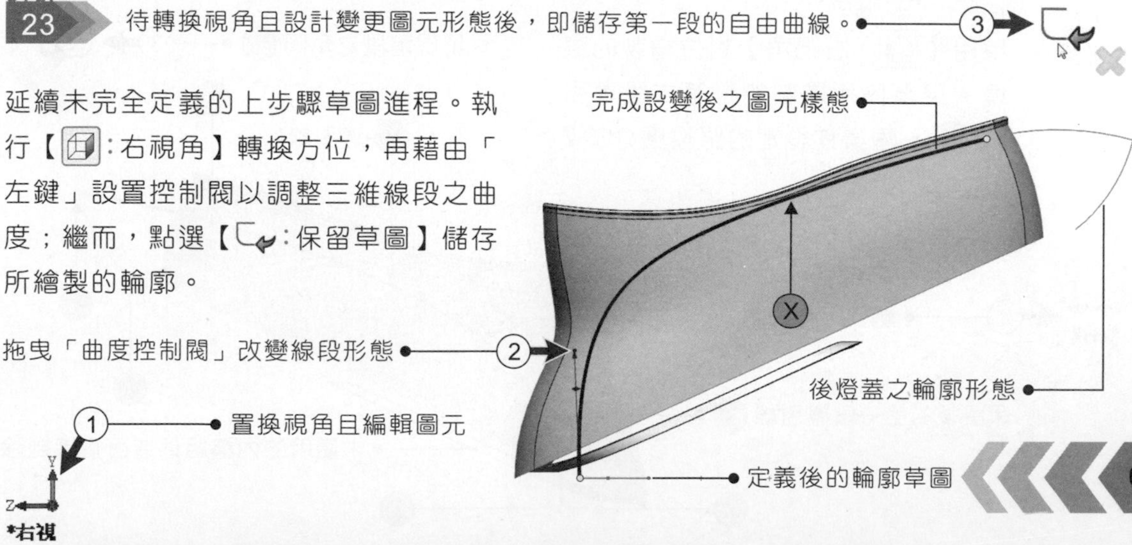
完成設變後之圖元樣態
拖曳「曲度控制閥」改變線段形態
後燈蓋之輪廓形態
置換視角且編輯圖元
*右視
定義後的輪廓草圖

STEP 24

啟用【3D:3D 草圖】指令，並執行【:不規則曲線】連結前向輪廓中兩段弧線與後側兩曲面之交點；為俾利辨識，暫且將此圖元以 Y 代稱。

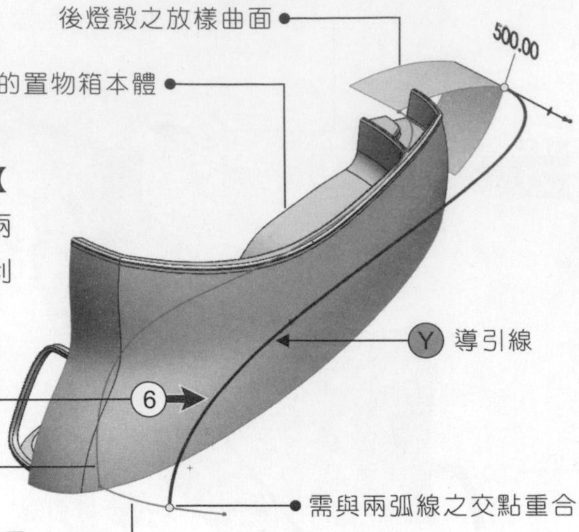
後燈殼之放樣曲面
500.00
對剖後的置物箱本體
Y 導引線
製作第二段的三維自由曲線 6
第一段的導引線圖元 X
需與兩弧線之交點重合
由兩段弧線連接的前向輪廓邊界

STEP 25

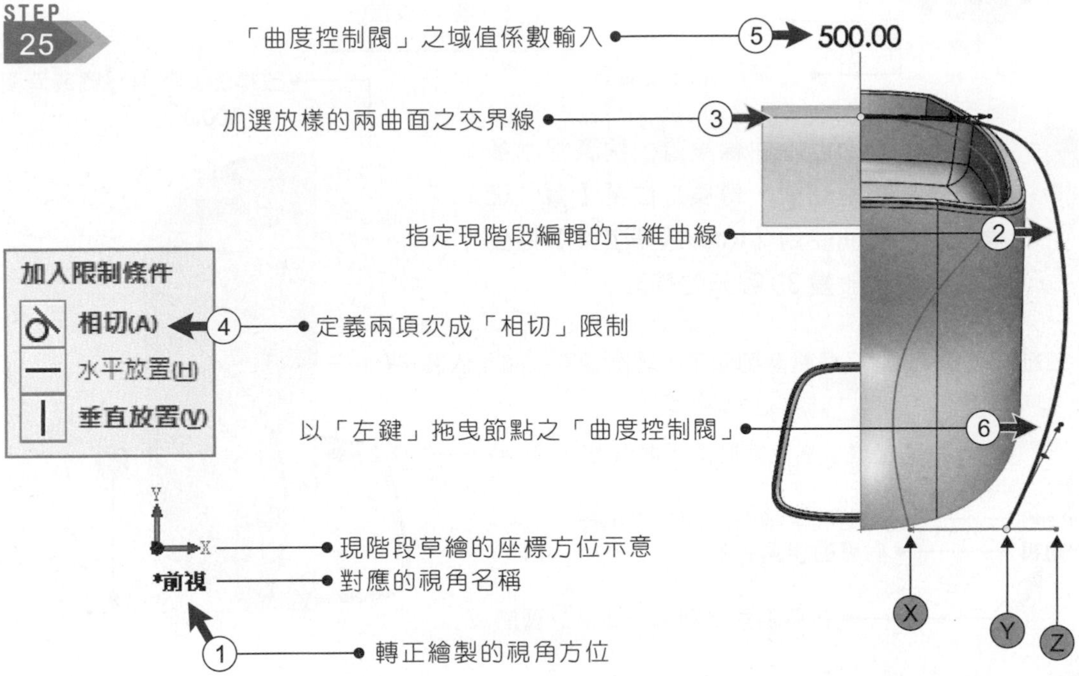
「曲度控制閥」之域值係數輸入 5 500.00
加選放樣的兩曲面之交界線 3
指定現階段編輯的三維曲線 2
加入限制條件
相切(A)
水平放置(H)
垂直放置(V)
4 定義兩項次成「相切」限制
以「左鍵」拖曳節點之「曲度控制閥」 6
Y
X
現階段草繪的座標方位示意
*前視
對應的視角名稱
1 轉正繪製的視角方位
X
Y
Z

STEP 26

啟用【:右視角】對位繪製的環境。現階段所繪製的是第二段導引線 Y 。建議其設定的路徑應介於2-3項次之間。

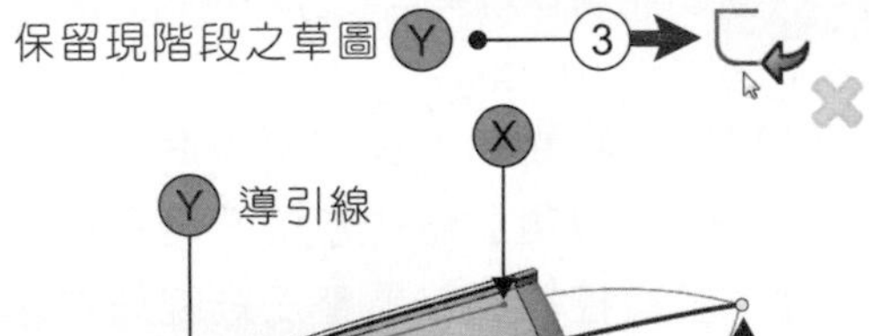
保留現階段之草圖 Y 3
X
Y 導引線

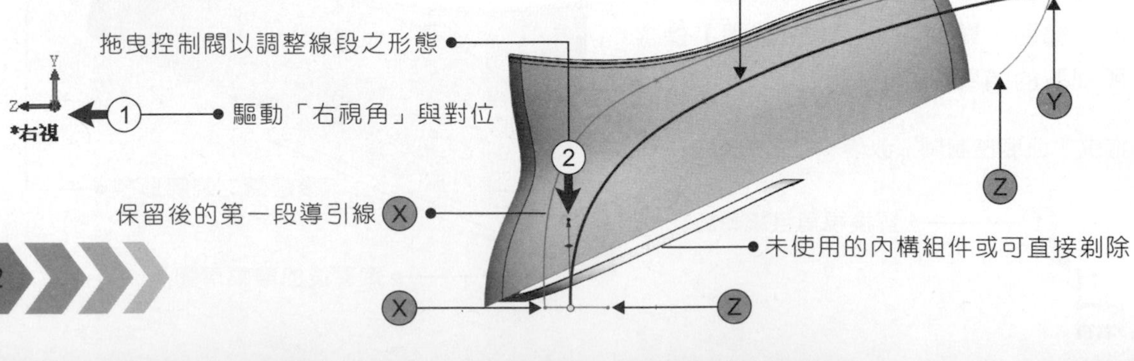
拖曳控制閥以調整線段之形態
Y
Z
*右視
1 驅動「右視角」與對位
2
保留後的第一段導引線 X
未使用的內構組件或可直接剃除
Y
Z
X
Z

STEP 27

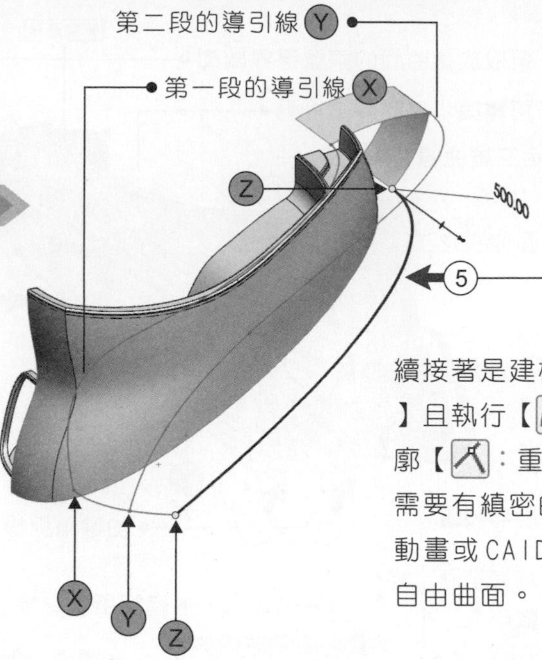
第二段的導引線 Y
第一段的導引線 X
Z
500.00
5
繪製第三段的導引線 Z
X
Y
Z

續接著是建構第三段導引線 Z 。進入【3D：3D 草圖】且執行【不規則曲線】，其線端需與前後之輪廓【重合 / 共點】。於CAD軟體組織曲面之架構需要有縝密的心思與三維的邏輯，因為『它』不同於動畫或CAID屬性之軟件——得以驅使無幾何限制的自由曲面。

STEP 28

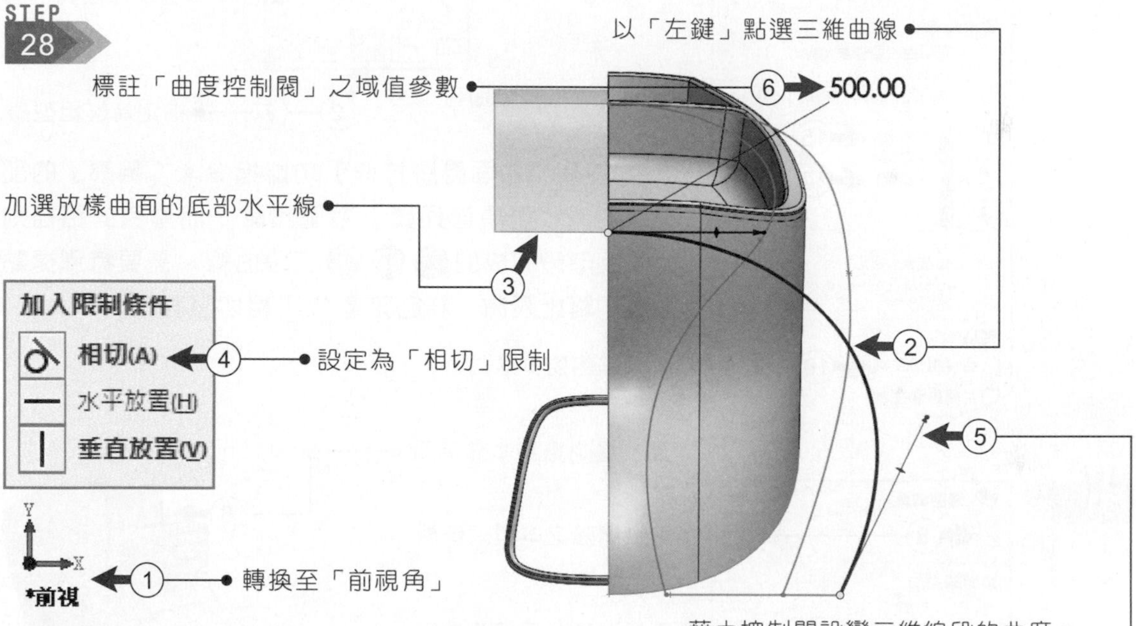
以「左鍵」點選三維曲線
標註「曲度控制閥」之域值參數
6
500.00
加選放樣曲面的底部水平線
3
加入限制條件
相切(A)
水平放置(H)
垂直放置(V)
4
設定為「相切」限制
2
5
Y
X
*前視
1
轉換至「前視角」
藉由控制閥設變三維線段的曲度

STEP 29

經由「前」與「右」視角來調節三維的不規則線之曲度；而控制閥的域值或可加以定義。在最後一條的導引線完備後，即可進入曲面鋪陳的下一階段。

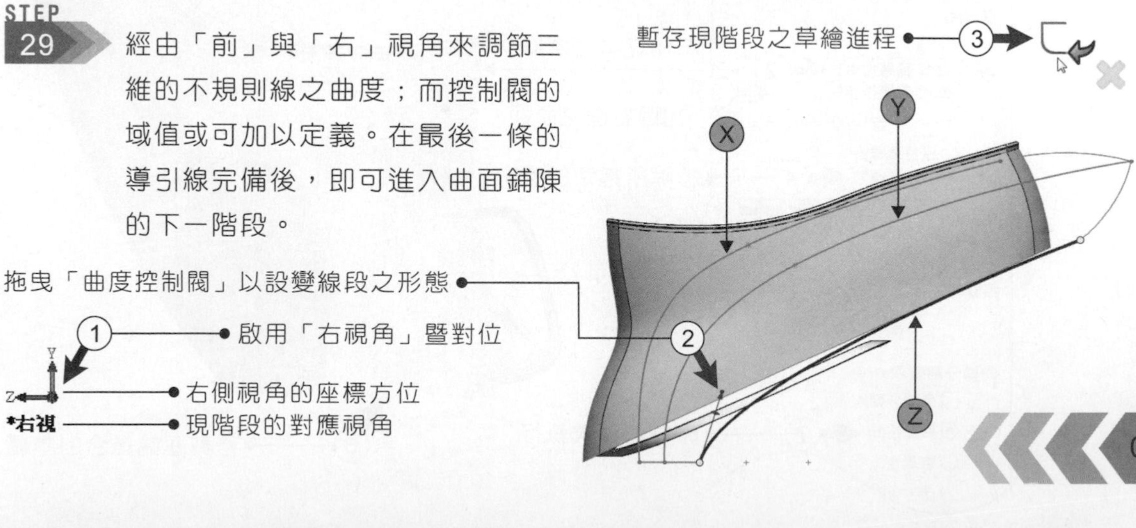
暫存現階段之草繪進程
3
X
Y
拖曳「曲度控制閥」以設變線段之形態
1
啟用「右視角」暨對位
Y
Z
右側視角的座標方位
*右視
現階段的對應視角
2
Z

STEP 30

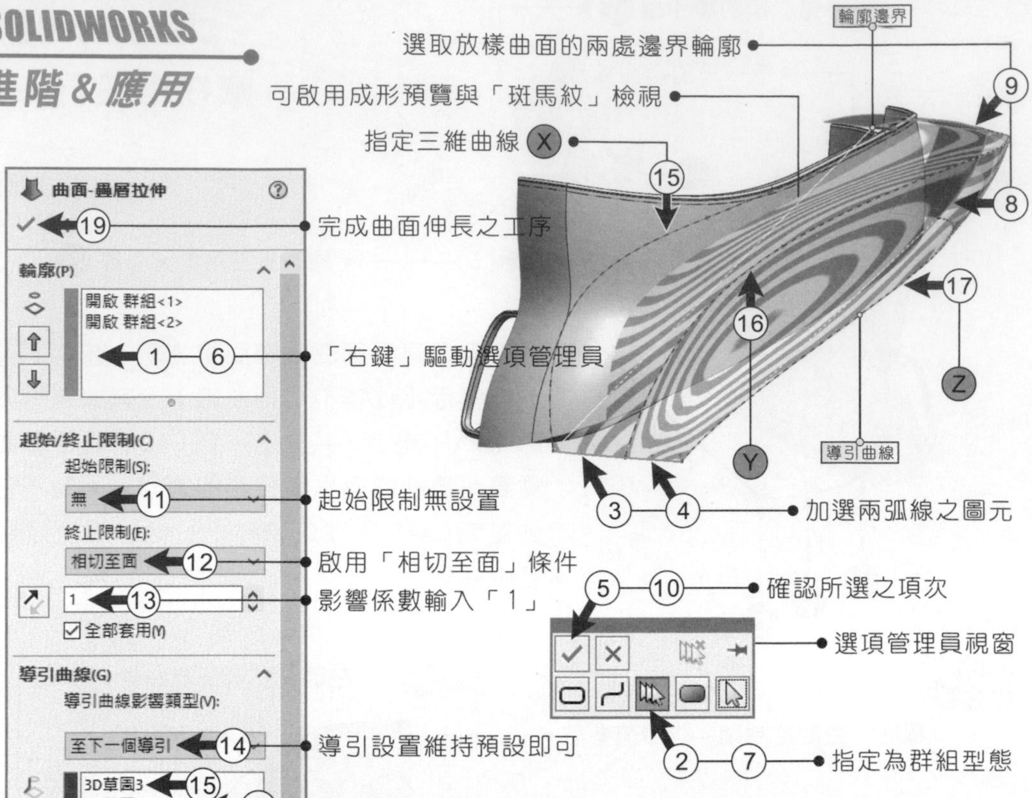
曲面-疊層拉伸
輪廓(P)
開啟 群組<1>
開啟 群組<2>
起始/終止限制(C)
起始限制(S):
無
終止限制(E):
相切至面
1
全部套用(M)
導引曲線(G)
導引曲線影響類型(V):
至下一個導引
選取放樣曲面的兩處邊界輪廓
可啟用成形預覽與「斑馬紋」檢視
指定三維曲線
完成曲面伸長之工序
「右鍵」驅動選項管理員
起始限制無設置
啟用「相切至面」條件
影響係數輸入「1」
導引設置維持預設即可
輪廓邊界
導引曲線
加選兩弧線之圖元
確認所選之項次
選項管理員視窗
指定為群組型態

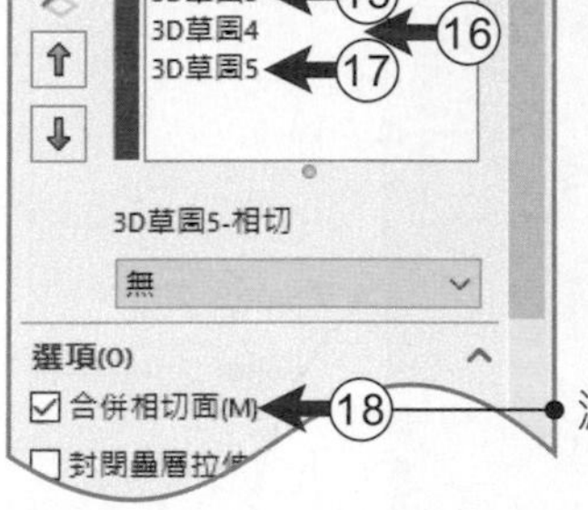
3D草圖3
3D草圖4
3D草圖5
3D草圖5-相切
無
選項(O)
合併相切面(M)
封閉疊層拉伸
減少瑣碎的邊界形式

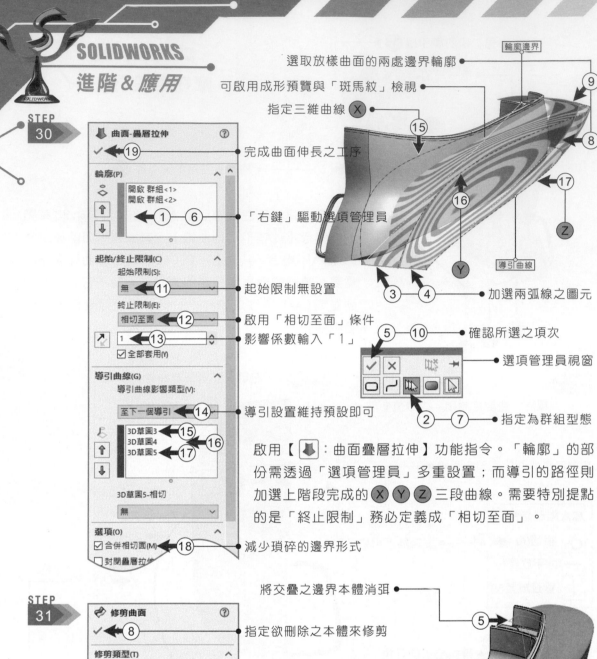

啟用【 :曲面疊層拉伸】功能指令。「輪廓」的部份需透過「選項管理員」多重設置;而導引的路徑則加選上階段完成的 X Y Z 三段曲線。需要特別提點的是「終止限制」務必定義成「相切至面」。

STEP 31

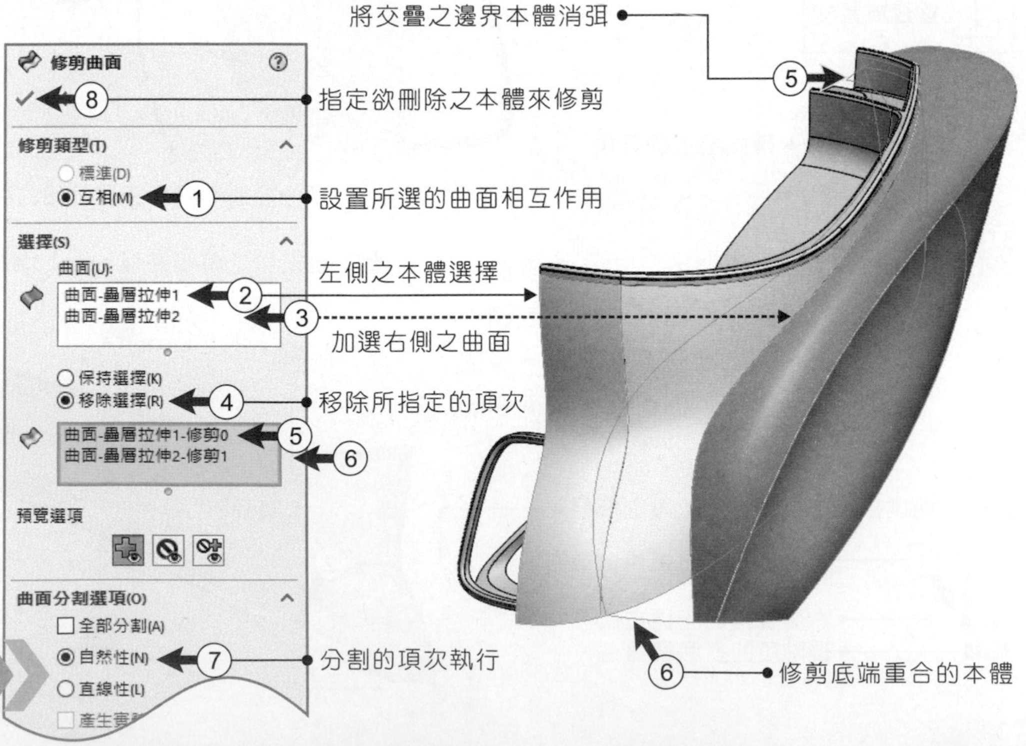
修剪曲面
修剪類型(T)
標準(D)
互相(M)
選擇(S)
曲面(U):
曲面-疊層拉伸1
曲面-疊層拉伸2
保持選擇(K)
移除選擇(R)
曲面-疊層拉伸1-修剪0
曲面-疊層拉伸2-修剪1
預覽選項
曲面分割選項(O)
全部分割(A)
自然性(N)
直線性(L)
產生套
將交疊之邊界本體消弭
指定欲刪除之本體來修剪
設置所選的曲面相互作用
左側之本體選擇
加選右側之曲面
移除所指定的項次
分割的項次執行
修剪底端重合的本體

STEP 32

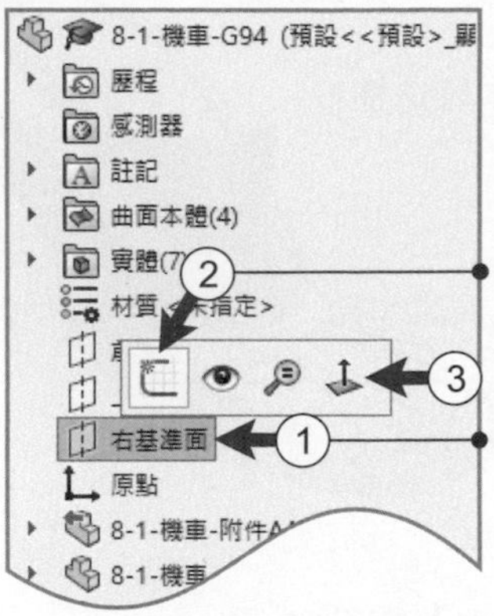

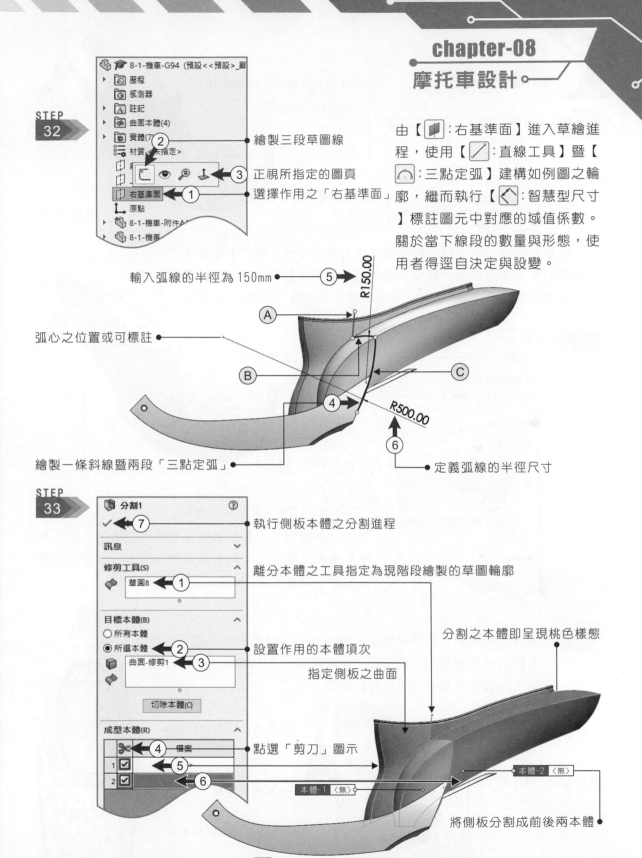

由【 :右基準面】進入草繪進程，使用【 :直線工具】暨【 :三點定弧】建構如例圖之輪廓，繼而執行【 :智慧型尺寸】標註圖元中對應的域值係數。關於當下線段的數量與形態，使用者得逕自決定與設變。

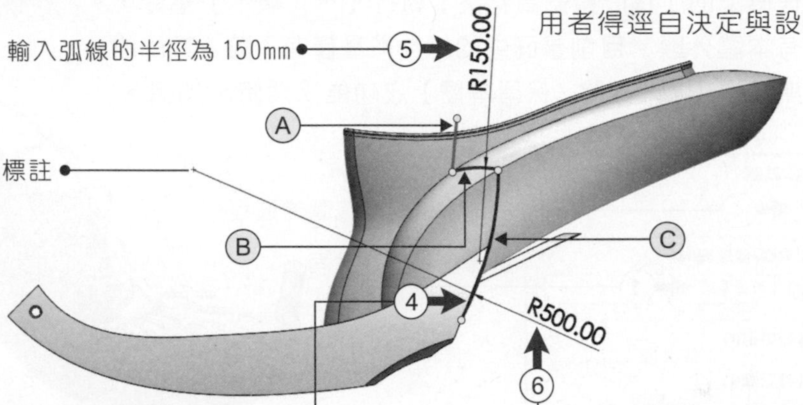
輸入弧線的半徑為 150mm
⑤
R150.00
A
弧心之位置或可標註
B
C
④
R500.00
⑥
繪製一條斜線暨兩段「三點定弧」
定義弧線的半徑尺寸

STEP 33

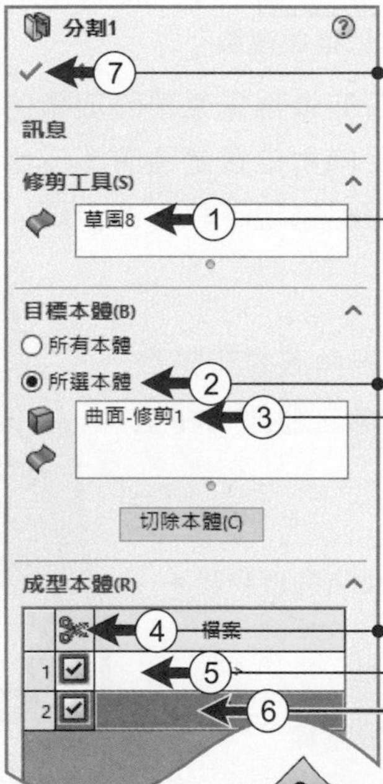
分割1
⑦
訊息
修剪工具(S)
草圖8
①
目標本體(B)
所有本體
所選本體
②
曲面-修剪1
③
切除本體(C)
成型本體(R)
④
檔案
⑤
⑥
執行側板本體之分割進程
離分本體之工具指定為現階段繪製的草圖輪廓
設置作用的本體項次
指定側板之曲面
點選「剪刀」圖示

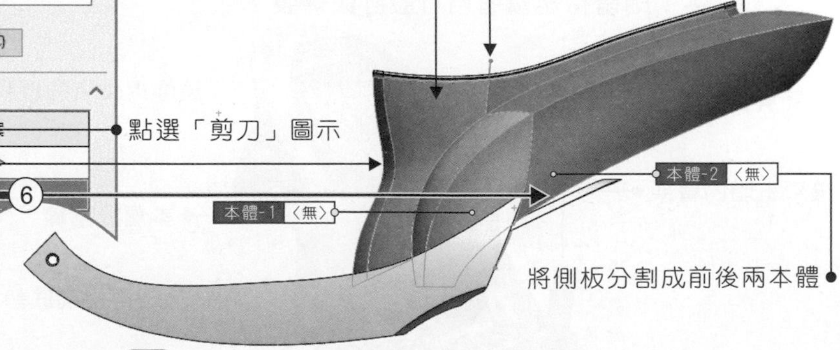
分割之本體即呈現桃色樣態
本體-2 〈無〉
本體-1 〈無〉
將側板分割成前後兩本體

當草圖輪廓定義完備後，即啟動【 :分割】特徵之指令。使用「左鍵」點選【 :修剪】圖示（或檔案欄位）以驅動離合的工序。倘若讀者欲建構更複雜的車體，則其細節可自行變更與設計。

STEP 34

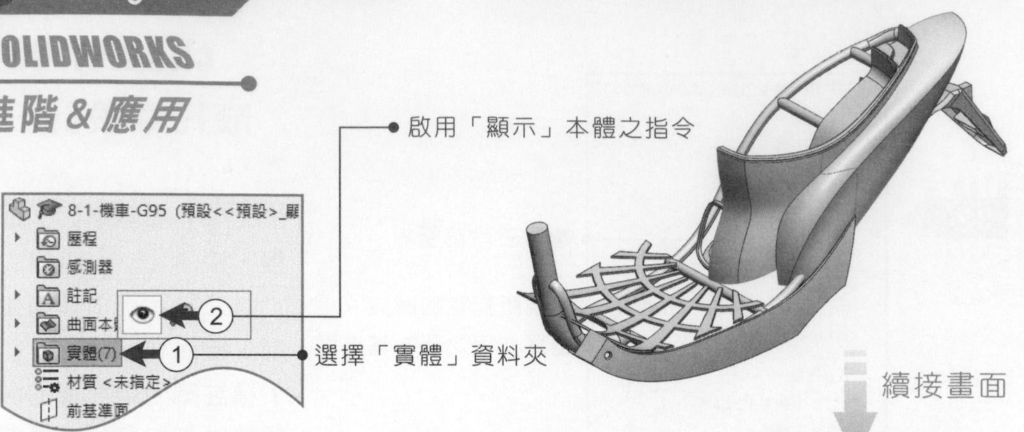
8-1-機車-G95 (預設<<預設>_顯
歷程
感測器
註記
曲面本
實體(7)
材質 <未指定>
前基準面
啟用「顯示」本體之指令
選擇「實體」資料夾

續接畫面

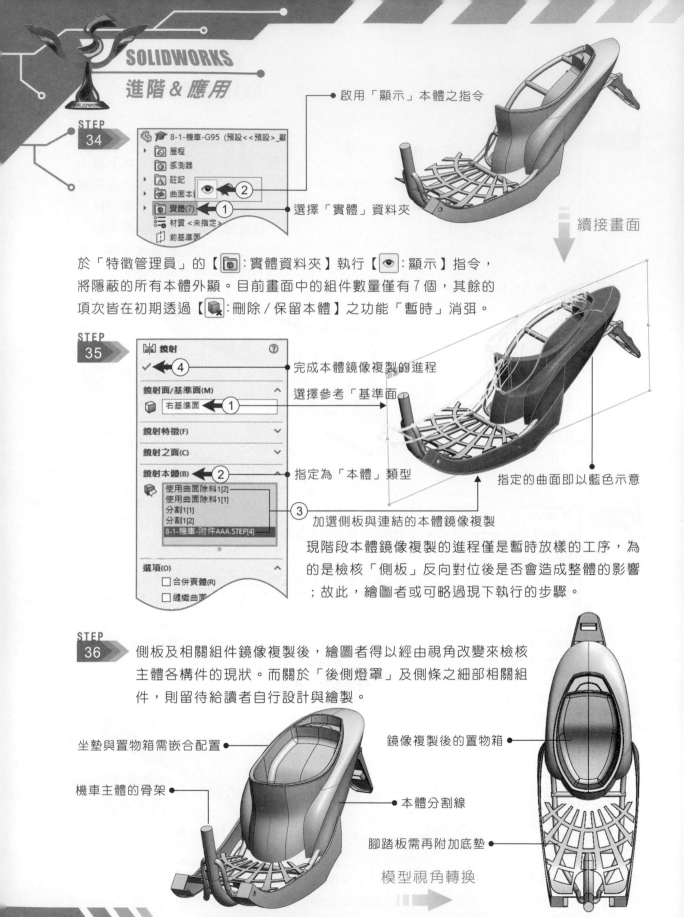

於「特徵管理員」的【 :實體資料夾】執行【 :顯示】指令，將隱蔽的所有本體外顯。目前畫面中的組件數量僅有7個，其餘的項次皆在初期透過【 :刪除 / 保留本體】之功能「暫時」消弭。

STEP 35

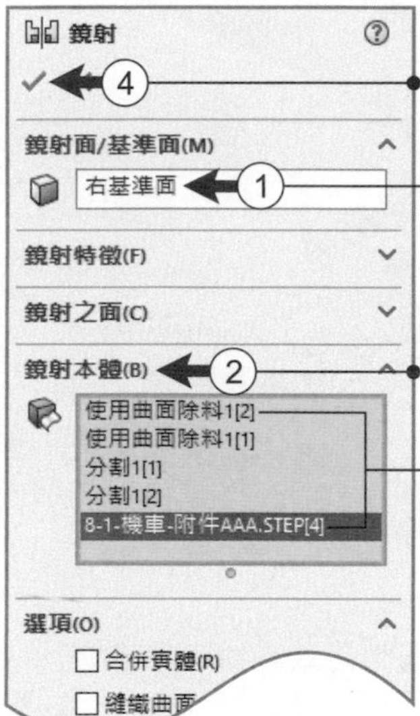
鏡射
鏡射面/基準面(M)
右基準面
鏡射特徵(F)
鏡射之面(C)
鏡射本體(B)
使用曲面除料1[2]
使用曲面除料1[1]
分割1[1]
分割1[2]
8-1-機車-附件AAA.STEP[4]
選項(O)
合併實體(R)
縫織曲面
完成本體鏡像複製的進程
選擇參考「基準面」
指定為「本體」類型
加選側板與連結的本體鏡像複製

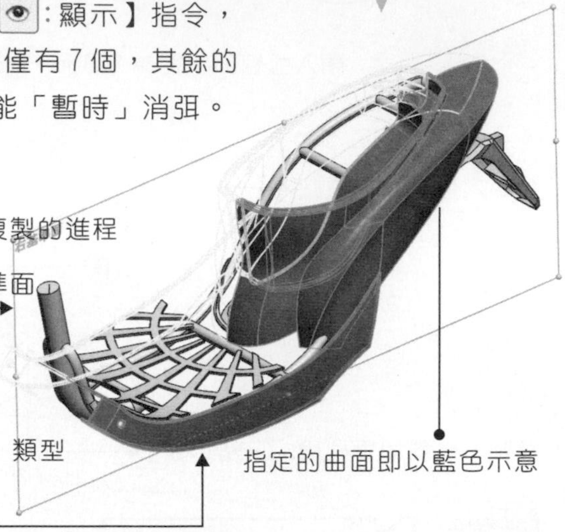
指定的曲面即以藍色示意

現階段本體鏡像複製的進程僅是暫時放樣的工序，為的是檢核「側板」反向對位後是否會造成整體的影響；故此，繪圖者或可略過現下執行的步驟。

STEP 36

側板及相關組件鏡像複製後，繪圖者得以經由視角改變來檢核主體各構件的現狀。而關於「後側燈罩」及側條之細部相關組件，則留待給讀者自行設計與繪製。

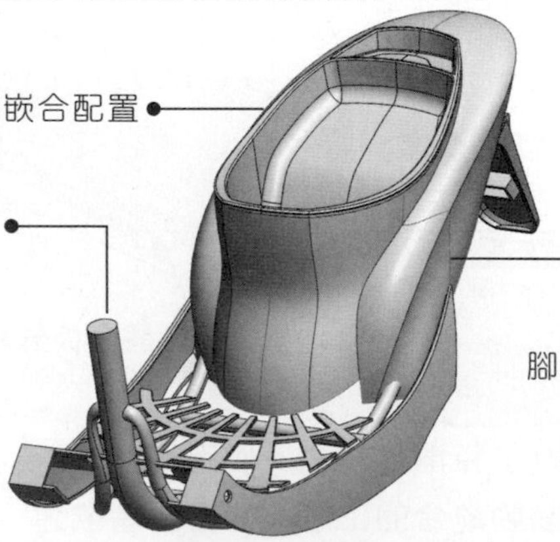
坐墊與置物箱需嵌合配置
機車主體的骨架
本體分割線

《透視角檢核》

模型視角轉換

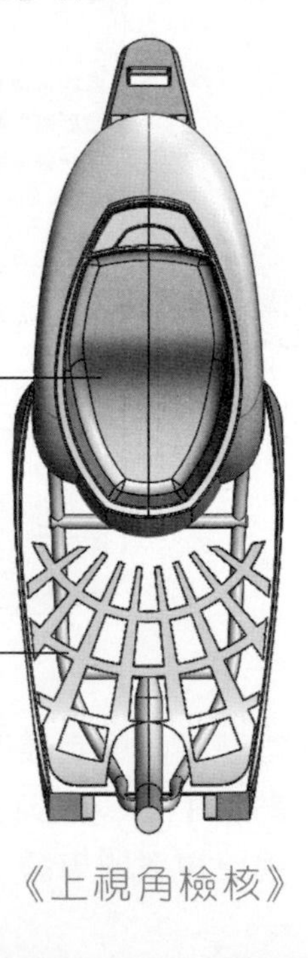
鏡像複製後的置物箱
腳踏板需再附加底墊

《上視角檢核》

STEP 37

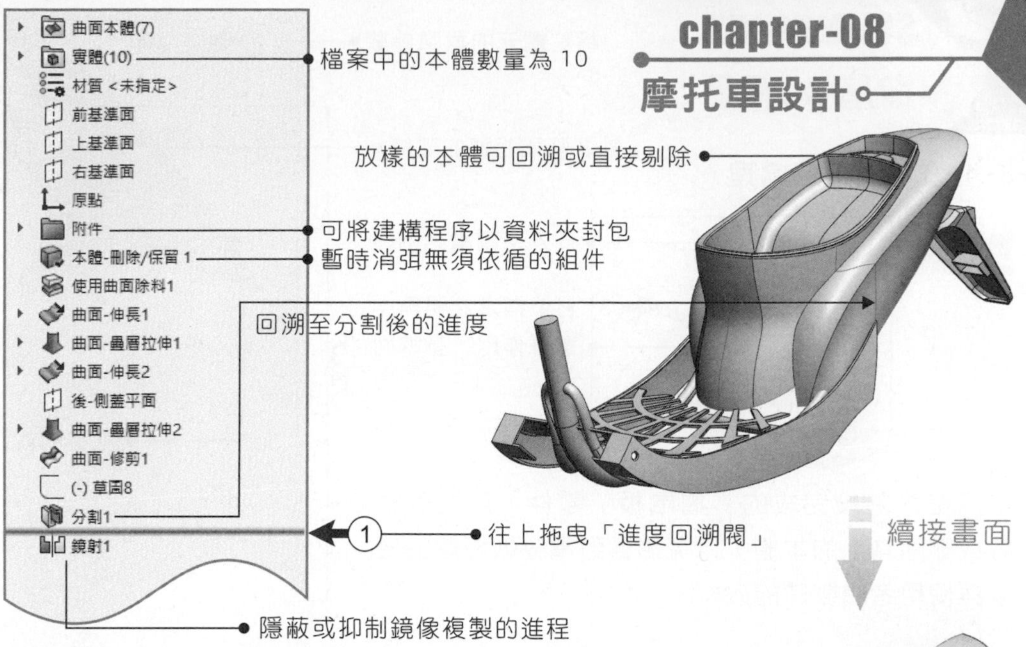

STEP 38

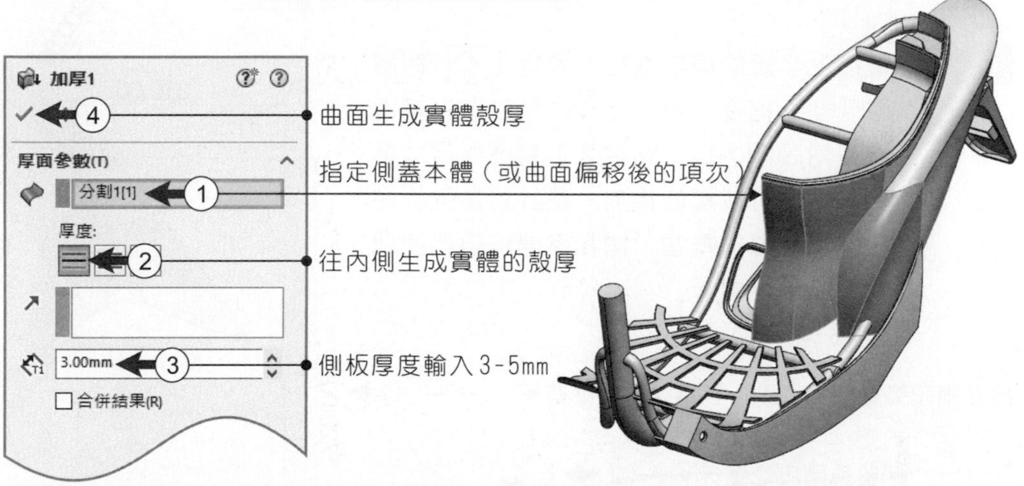

現階段欲針對分割後的側板生成殼厚。繪圖者可先個別【偏移曲面】後再執行【加厚】特徵。依筆者的建構習性，會在側蓋的細部設計完成後再鏡像複製；而後端的燈罩形態，亦得以藉由【分割】指令來局部完成。

STEP 39

主體側板及中心蓋的建構程序迄此已概略完成，續接下來的進程即是製作「龍頭前蓋」與「擋風板」的細節。摩托車繪製需消耗大量的軟硬體效能，未免其負荷過度，建議須隱蔽無需依循與參考的項次，並定時儲存已完成的階段進度。

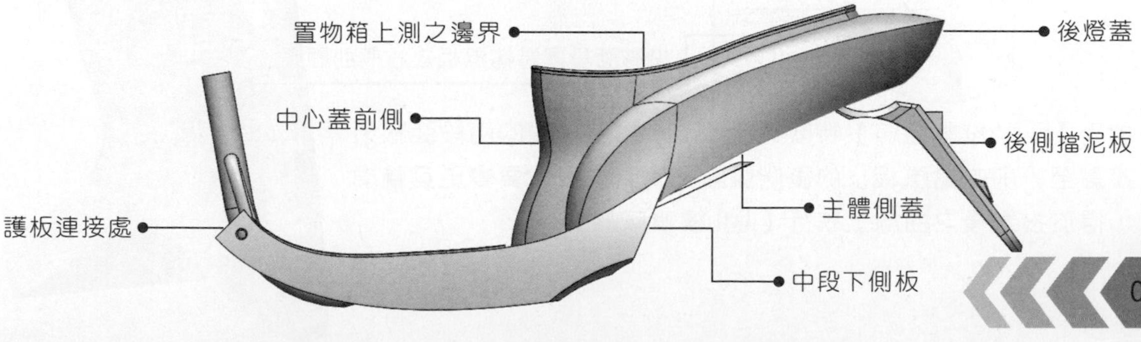

8-4 分件暨細部處理

STEP 01

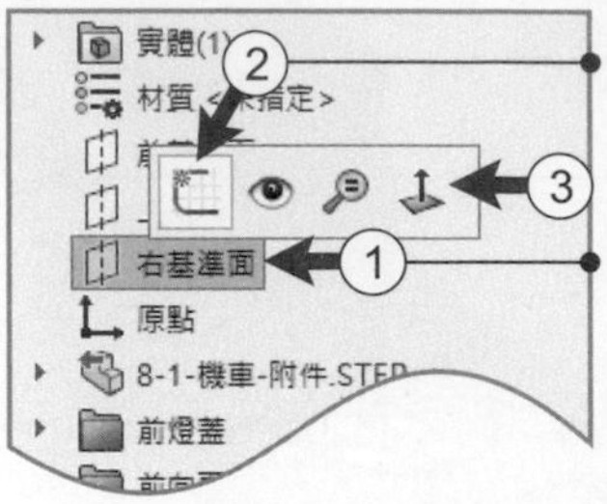

①選擇作用「基準面」
②進入草圖繪製階段
③對位指定之視角

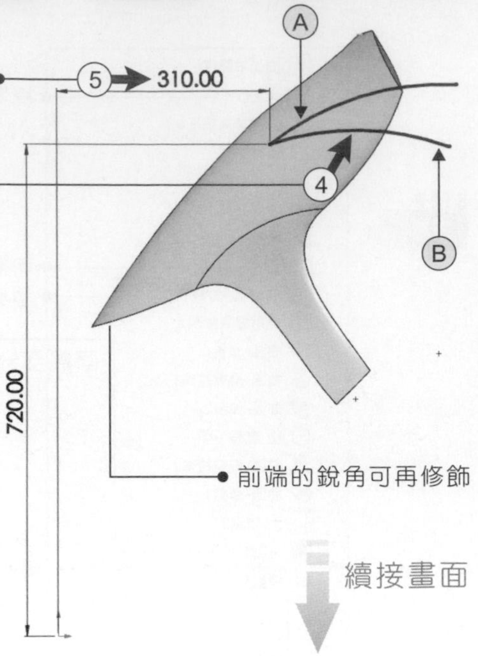

標註圖元的對應參數 ⑤
繪製兩段相連的弧線 ④
前端的銳角可再修飾

續接畫面

啟用第二階段完成的「擋風板」零件，且試著隱蔽或刪除其他的本體，以免影響到電腦軟硬體的機能與使用者繪製時的效率。

STEP 02

續接上步驟的草繪進程。執行【:智慧型尺寸】指令，且以【:原點】為基準標註兩段【:三點定弧】對應的尺寸參數。現時所放樣的輪廓，是針對擋風板側向曲面形態的雕塑，繪圖者得依自己的觀感設計與變更。

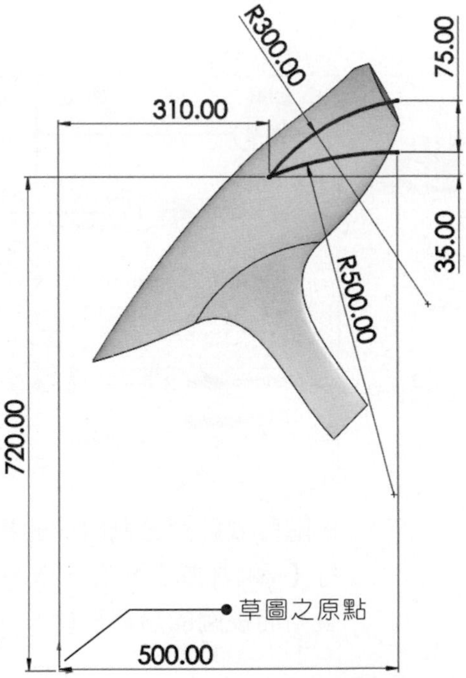

標註兩段弧線與「原點」對應之尺寸參數 ①

保留現階段之圖元 ②

草圖之原點

STEP 03

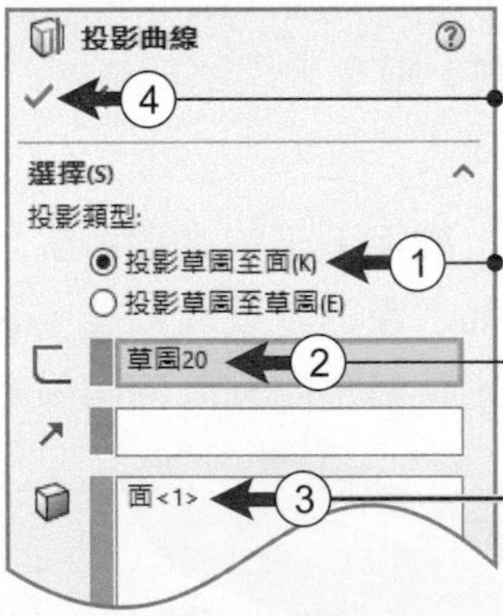

完成弧線之投影定義 ④
投影平面草圖至選擇的曲面上 ①
指定現階段繪製的兩段弧線 ②
投影面設置為擋風板之右側曲面 ③

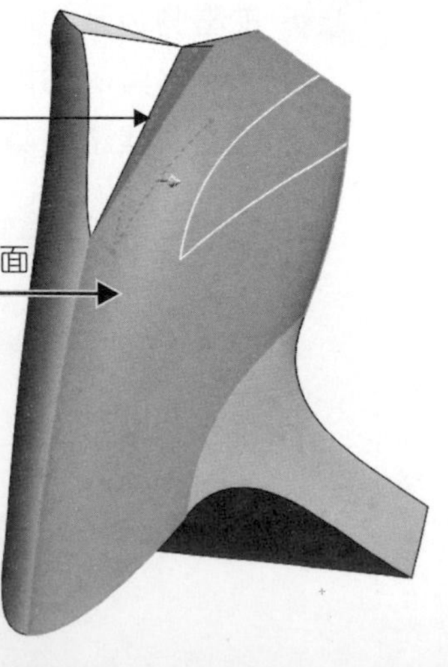

啟用【:投影曲線】特徵指令。上步驟所繪製的兩段弧線須投影至「前向擋風板」的後側弧面；倘若後續需要變更其輪廓，得於投影後之曲線上執行【 編輯草圖】。

STEP 04

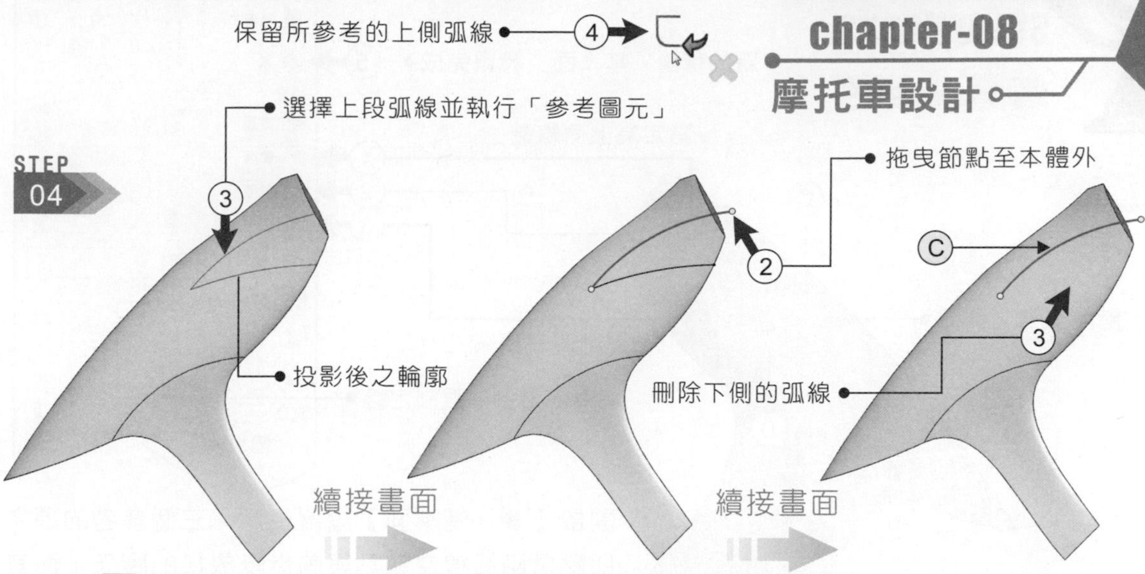
保留所參考的上側弧線
4
選擇上段弧線並執行「參考圖元」
3
投影後之輪廓
拖曳節點至本體外
2
C
3
刪除下側的弧線
續接畫面
續接畫面

進入【3D 3D 草圖】程序，且使用【:選擇工具】點擊前階段投影之弧線，繼而執行【 參考圖元】指令；續接著將上側輪廓的右線端拖曳至本體之外，並刪除底端的項次。保留後的線段為【:邊界除料】的導引路徑（下步驟的進程與之雷同，僅是存取的是下側之弧線）。

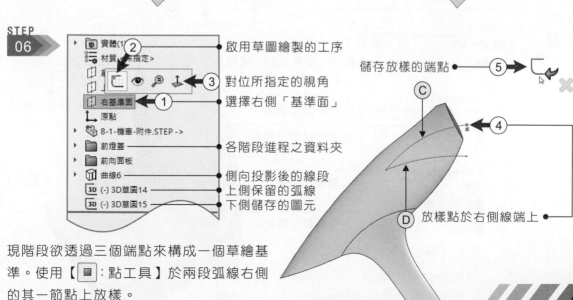

STEP 05

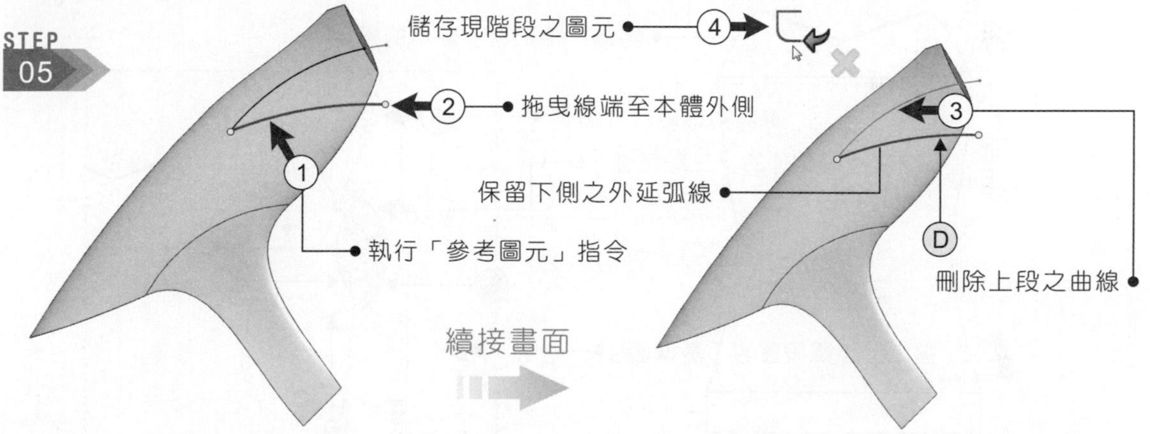
儲存現階段之圖元
4
2
拖曳線端至本體外側
1
執行「參考圖元」指令
3
保留下側之外延弧線
D
刪除上段之曲線
續接畫面

STEP 06

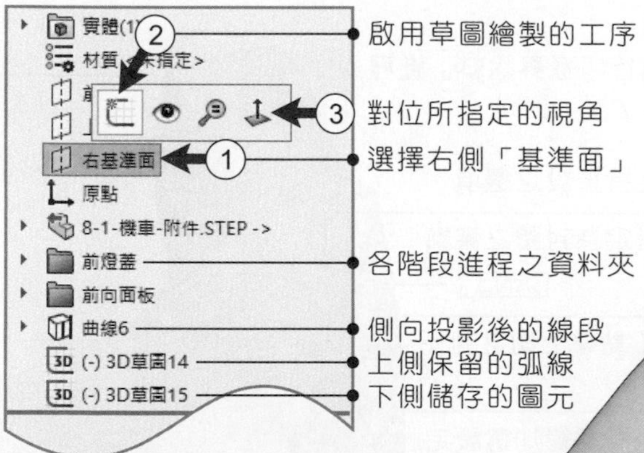
實體(1
材質 <未指定>
右基準面
原點
8-1-機車-附件.STEP ->
前燈蓋
前向面板
曲線6
(-) 3D草圖14
(-) 3D草圖15
1
2
3
啟用草圖繪製的工序
對位所指定的視角
選擇右側「基準面」
各階段進程之資料夾
側向投影後的線段
上側保留的弧線
下側儲存的圖元

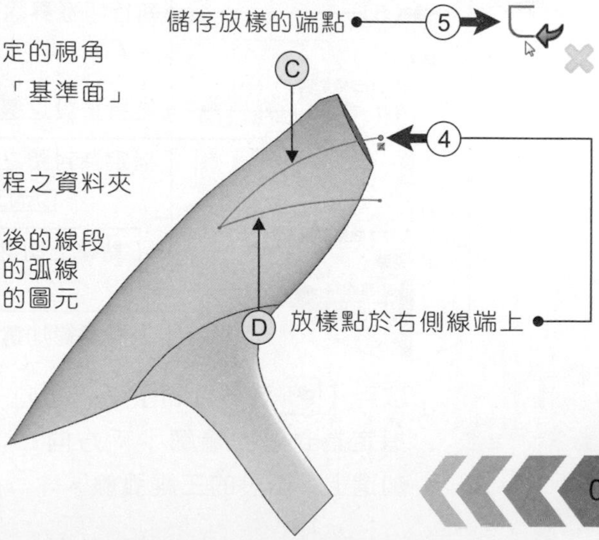
儲存放樣的端點
5
C
4
D
放樣點於右側線端上

現階段欲透過三個端點來構成一個草繪基準。使用【:點工具】於兩段弧線右側的其一節點上放樣。

STEP 07

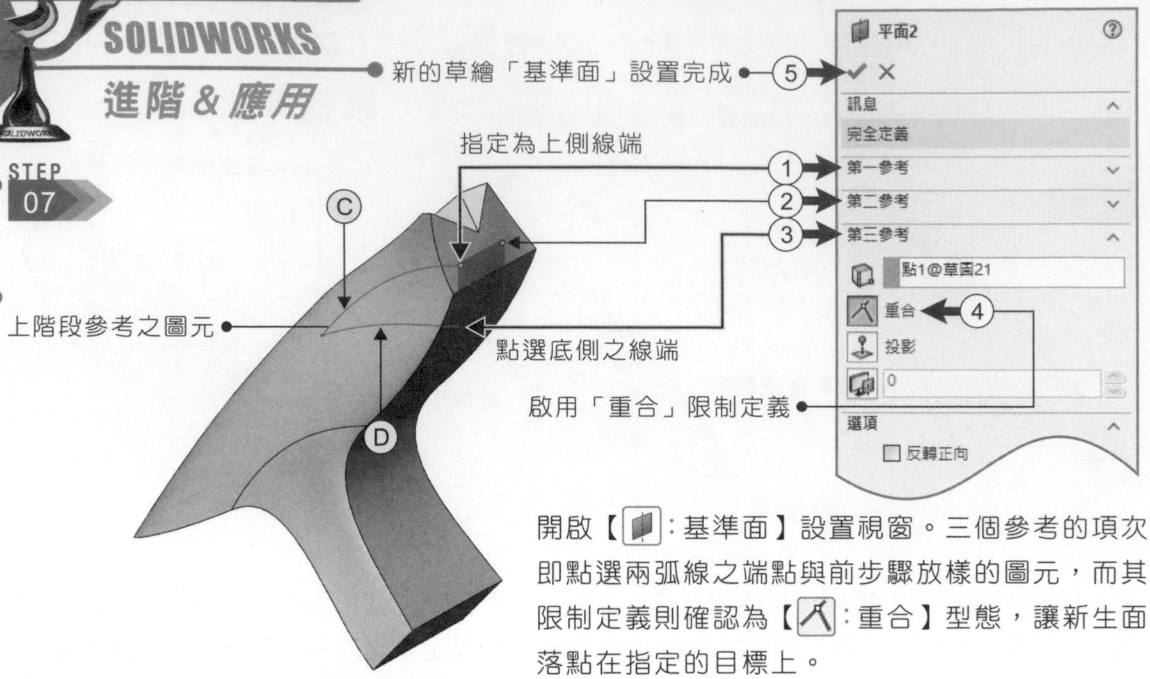
新的草繪「基準面」設置完成
5
平面2
訊息
完全定義
指定為上側線端
1
第一參考
2
第二參考
3
第三參考
點1@草圖21
C
上階段參考之圖元
重合
4
投影
0
點選底側之線端
D
啟用「重合」限制定義
選項
反轉正向

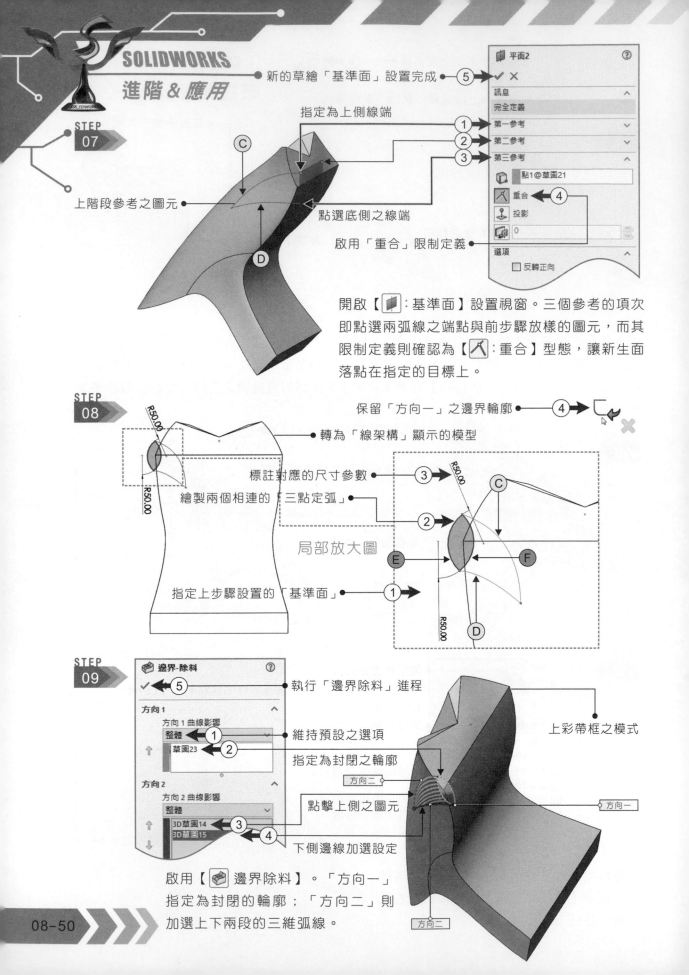

開啟【 :基準面】設置視窗。三個參考的項次即點選兩弧線之端點與前步驟放樣的圖元，而其限制定義則確認為【 :重合】型態，讓新生面落點在指定的目標上。

STEP 08

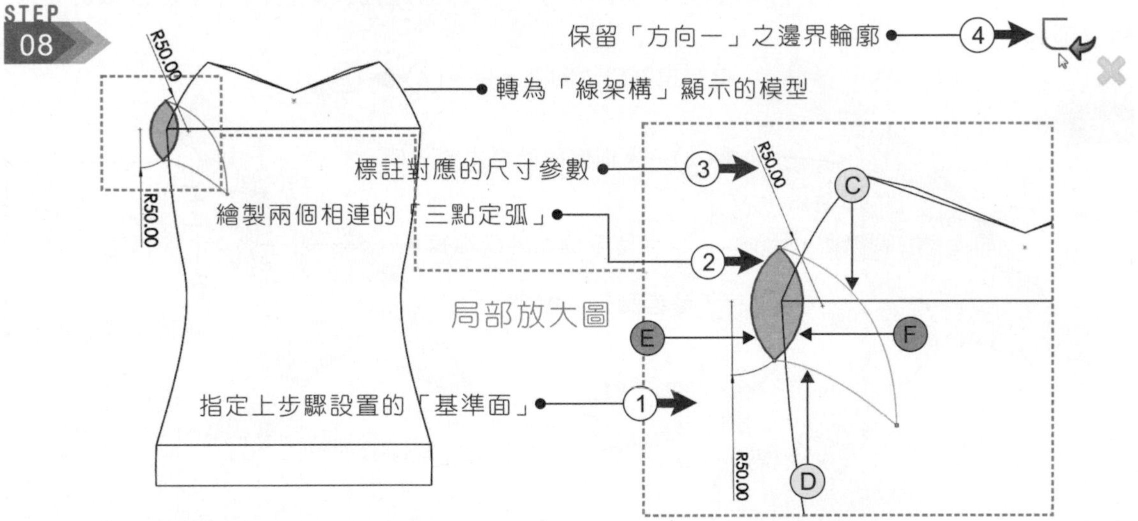
保留「方向一」之邊界輪廓
4
R50.00
轉為「線架構」顯示的模型
標註對應的尺寸參數
3
R50.00
C
R50.00
繪製兩個相連的「三點定弧」
2
局部放大圖
E
F
指定上步驟設置的「基準面」
1
R50.00
D

STEP 09

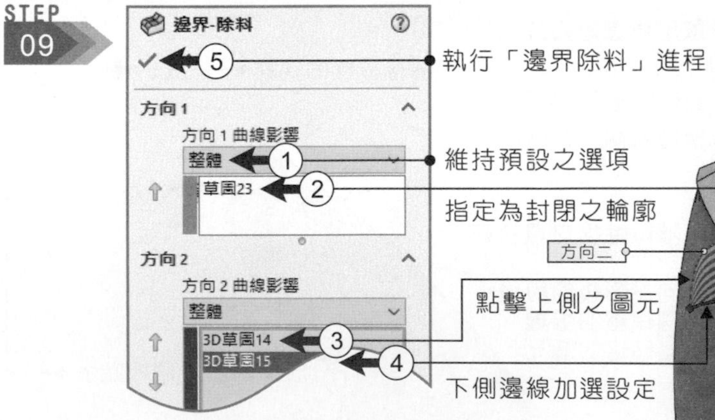
邊界-除料
5
執行「邊界除料」進程
方向 1
方向 1 曲線影響
整體
1
維持預設之選項
草圖23
2
指定為封閉之輪廓
方向 2
方向 2 曲線影響
整體
點擊上側之圖元
3D草圖14
3
3D草圖15
4
下側邊線加選設定

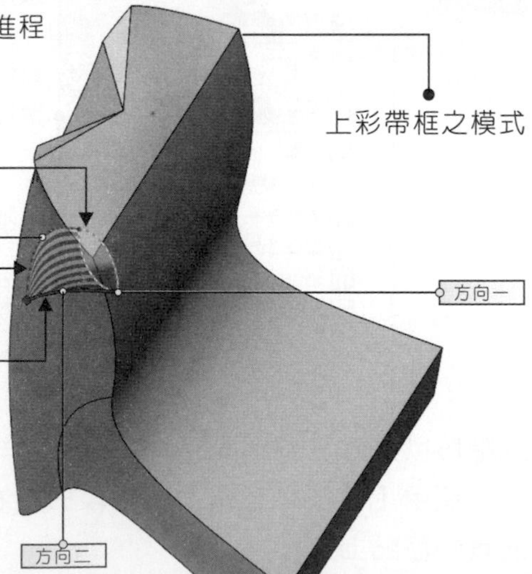
上彩帶框之模式
方向二
方向一
方向二

啟用【 邊界除料】。「方向一」指定為封閉的輪廓；「方向二」則加選上下兩段的三維弧線。

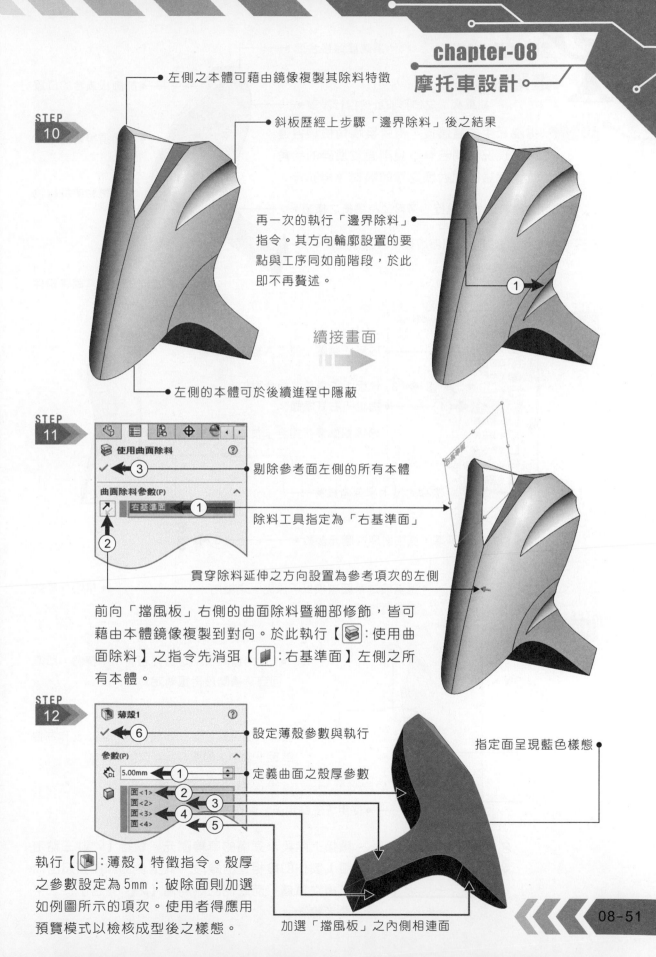

STEP 10

左側之本體可藉由鏡像複製其除料特徵

斜板歷經上步驟「邊界除料」後之結果

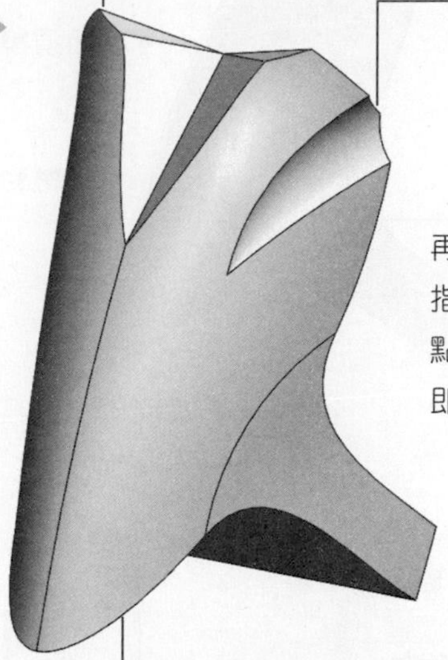

續接畫面

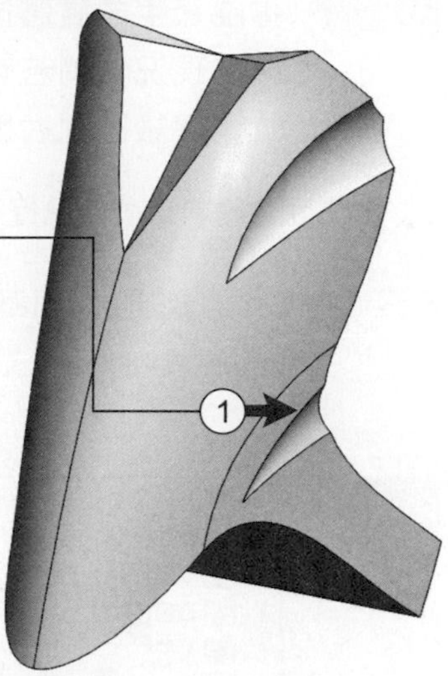

再一次的執行「邊界除料」指令。其方向輪廓設置的要點與工序同如前階段，於此即不再贅述。

①

左側的本體可於後續進程中隱蔽

STEP 11

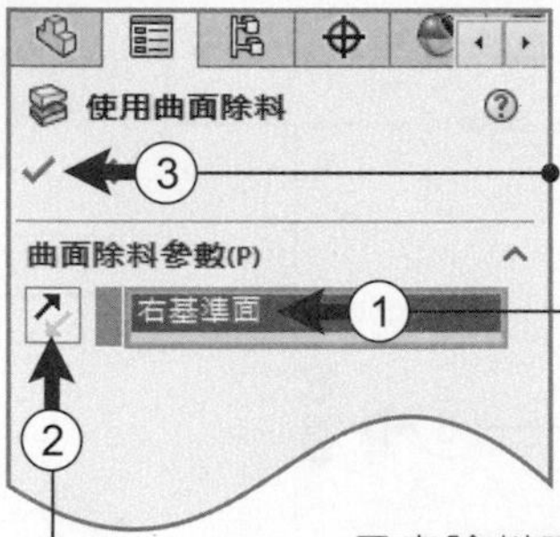

③ 剔除參考面左側的所有本體

① 除料工具指定為「右基準面」

② 貫穿除料延伸之方向設置為參考項次的左側

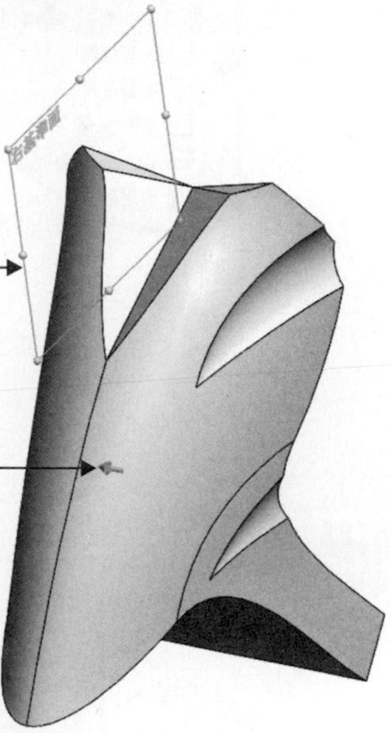

前向「擋風板」右側的曲面除料暨細部修飾，皆可藉由本體鏡像複製到對向。於此執行【:使用曲面除料】之指令先消弭【:右基準面】左側之所有本體。

STEP 12

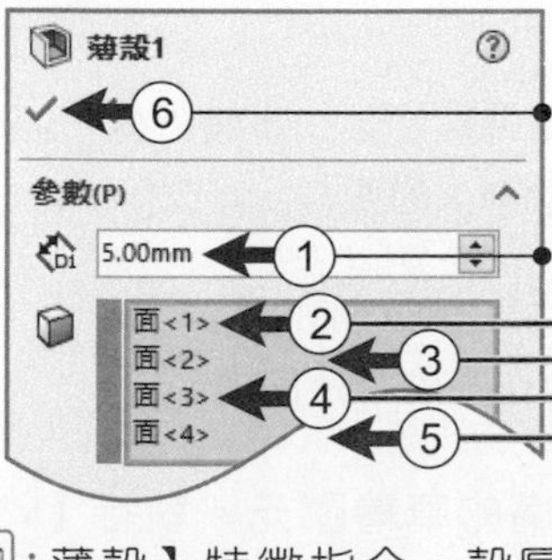

⑥ 設定薄殼參數與執行

① 定義曲面之殼厚參數

②③④⑤

指定面呈現藍色樣態

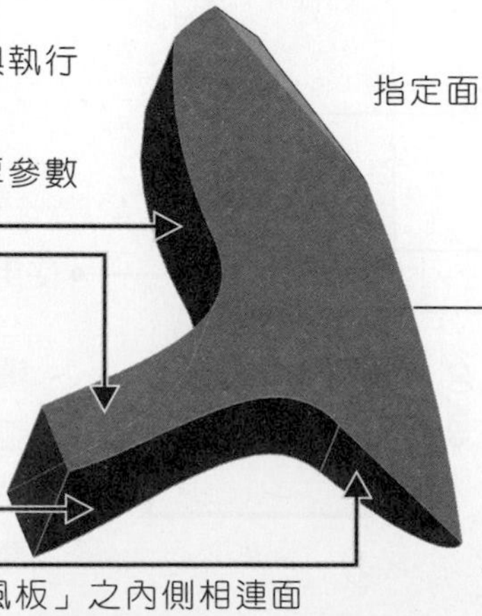

加選「擋風板」之內側相連面

執行【:薄殼】特徵指令。殼厚之參數設定為5mm；破除面則加選如例圖所示的項次。使用者得應用預覽模式以檢核成型後之樣態。

STEP 13

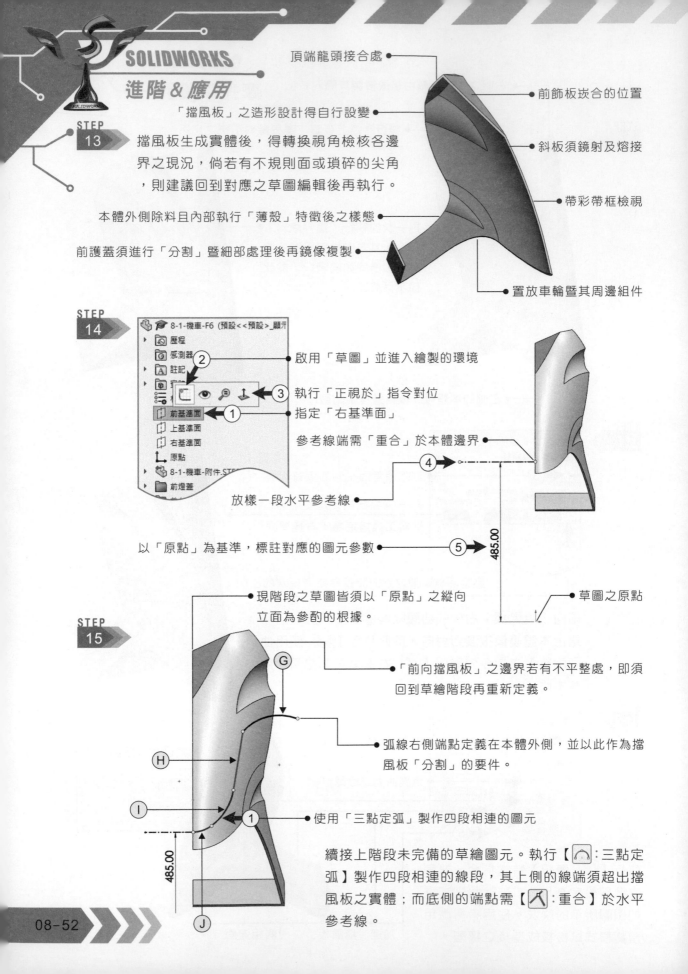

擋風板生成實體後，得轉換視角檢核各邊界之現況，倘若有不規則面或瑣碎的尖角，則建議回到對應之草圖編輯後再執行。

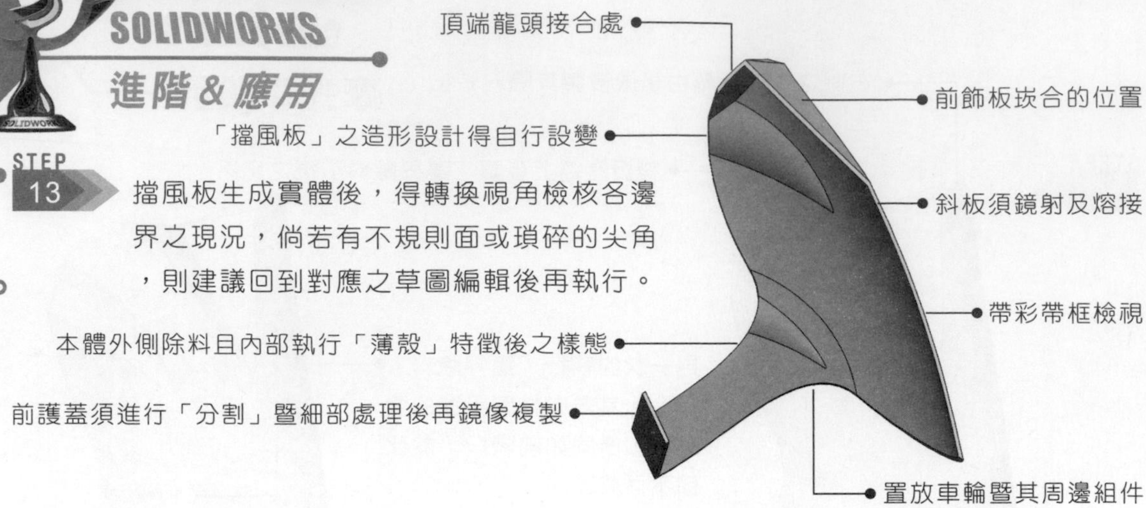
頂端龍頭接合處
前飾板崁合的位置
「擋風板」之造形設計得自行設變
斜板須鏡射及熔接
帶彩帶框檢視
本體外側除料且內部執行「薄殼」特徵後之樣態
前護蓋須進行「分割」暨細部處理後再鏡像複製
置放車輪暨其周邊組件

STEP 14

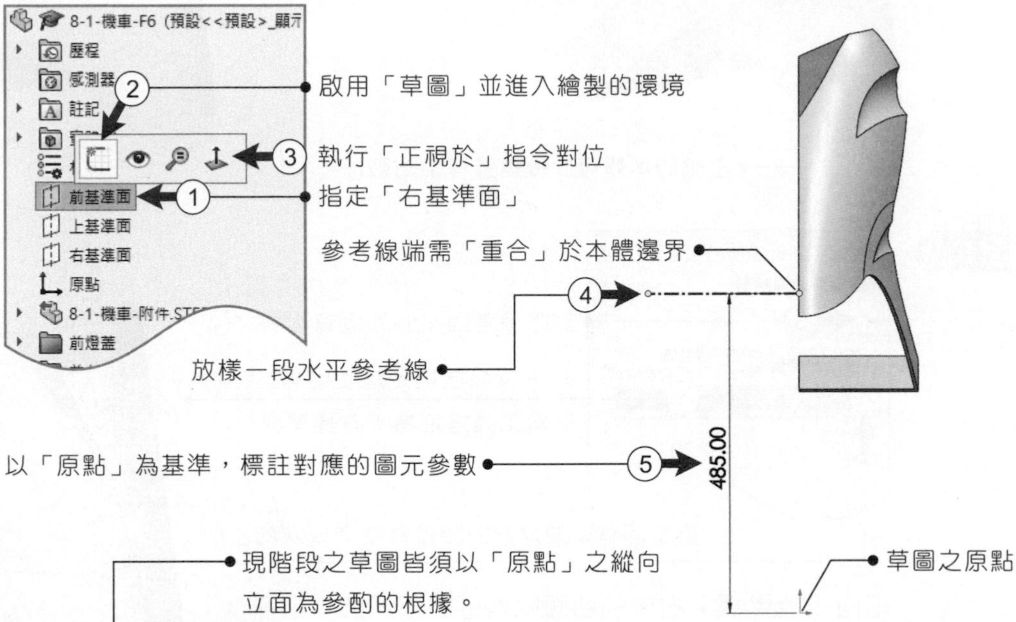
8-1-機車-F6 (預設<<預設>_顯示
歷程
感測器
註記
前基準面
上基準面
右基準面
原點
8-1-機車-附件.STE
前燈蓋
啟用「草圖」並進入繪製的環境
執行「正視於」指令對位
指定「右基準面」
參考線端需「重合」於本體邊界
放樣一段水平參考線
以「原點」為基準，標註對應的圖元參數
485.00
草圖之原點

STEP 15

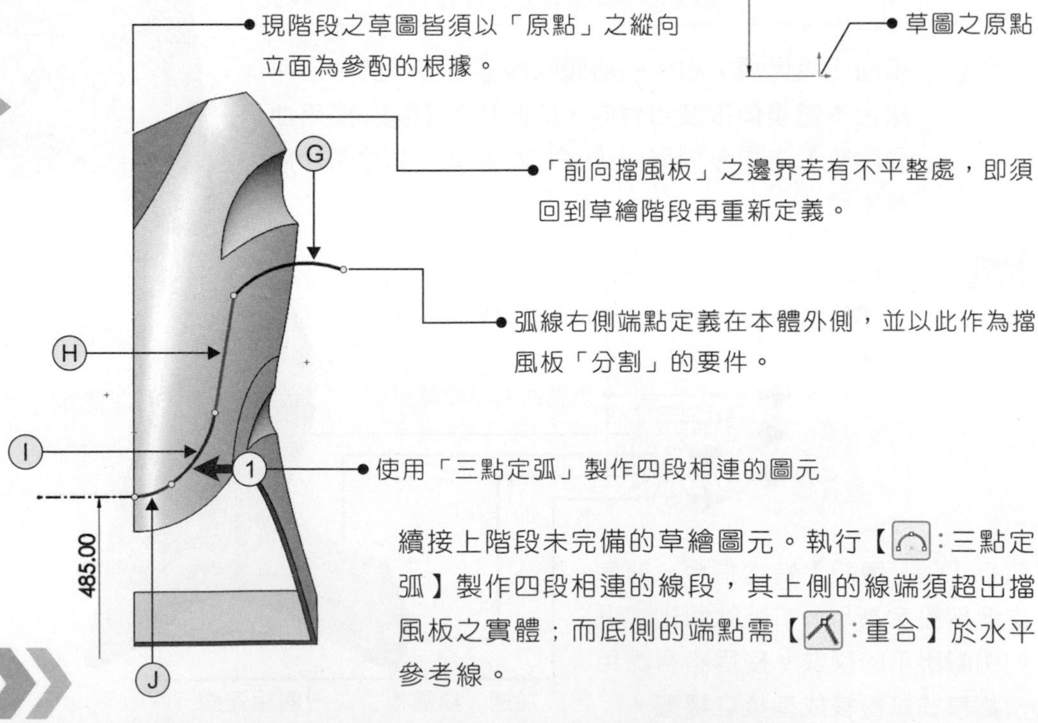
現階段之草圖皆須以「原點」之縱向立面為參酌的根據。
「前向擋風板」之邊界若有不平整處，即須回到草繪階段再重新定義。
弧線右側端點定義在本體外側，並以此作為擋風板「分割」的要件。
使用「三點定弧」製作四段相連的圖元
485.00

續接上階段未完備的草繪圖元。執行【:三點定弧】製作四段相連的線段，其上側的線端須超出擋風板之實體；而底側的端點需【:重合】於水平參考線。

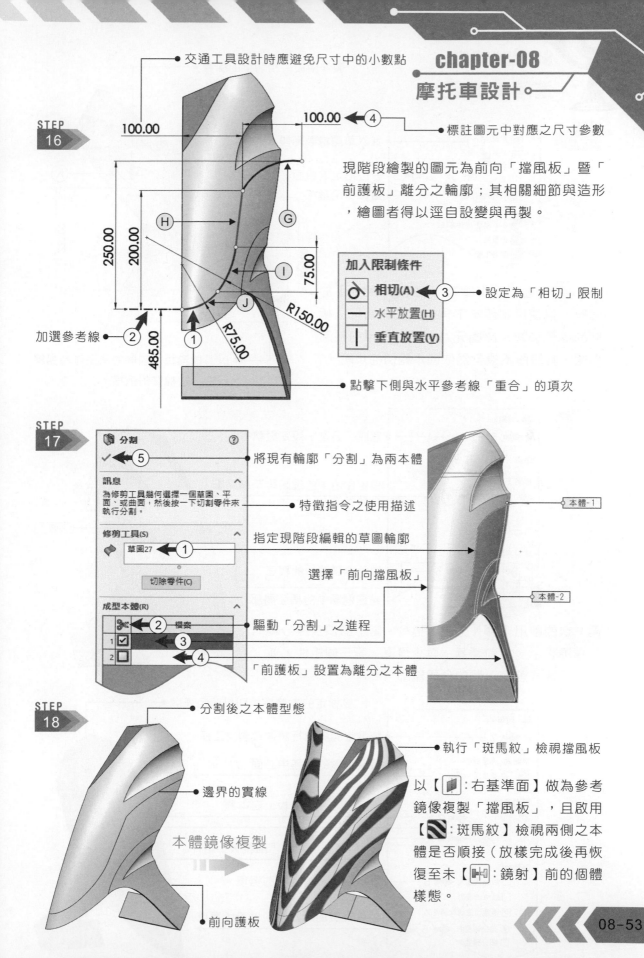

STEP 16

交通工具設計時應避免尺寸中的小數點

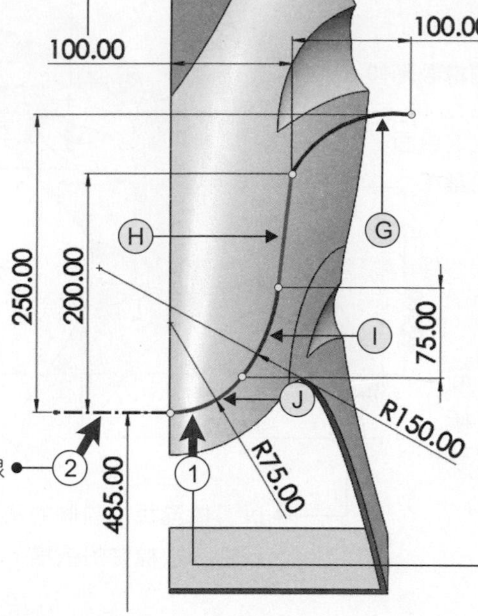

標註圖元中對應之尺寸參數

現階段繪製的圖元為前向「擋風板」暨「前護板」離分之輪廓；其相關細節與造形，繪圖者得以逕自設變與再製。

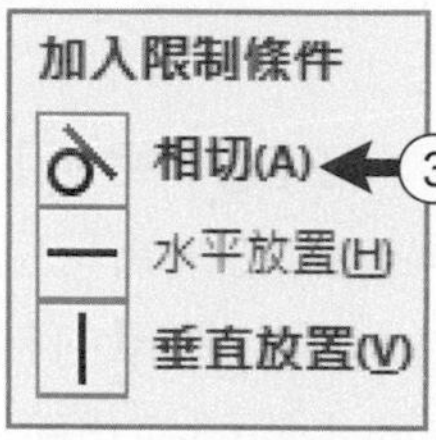

設定為「相切」限制

加選參考線

點擊下側與水平參考線「重合」的項次

STEP 17

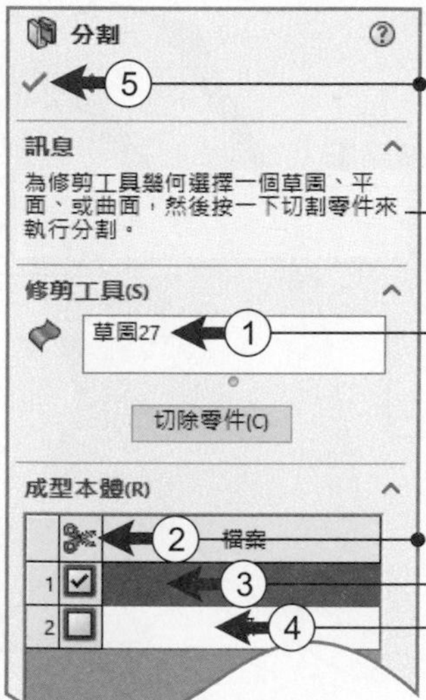

將現有輪廓「分割」為兩本體

特徵指令之使用描述

指定現階段編輯的草圖輪廓

選擇「前向擋風板」

驅動「分割」之進程

「前護板」設置為離分之本體

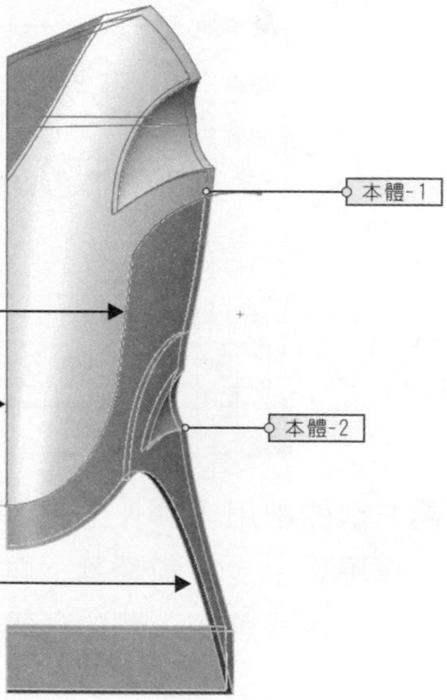

STEP 18

分割後之本體型態

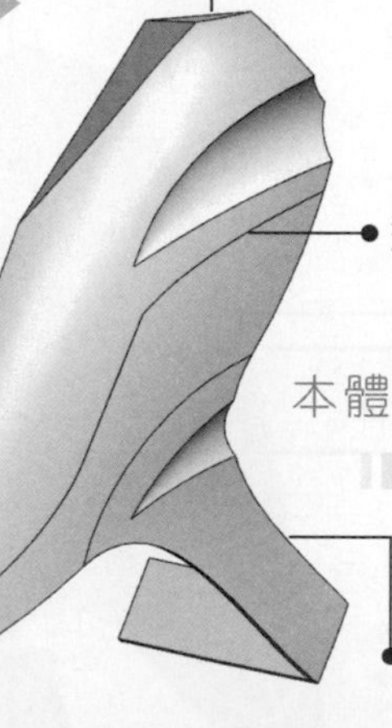

邊界的實線

本體鏡像複製

前向護板

執行「斑馬紋」檢視擋風板

以【右基準面】做為參考鏡像複製「擋風板」，且啟用【斑馬紋】檢視兩側之本體是否順接（放樣完成後再恢復至未【鏡射】前的個體樣態。

STEP 19

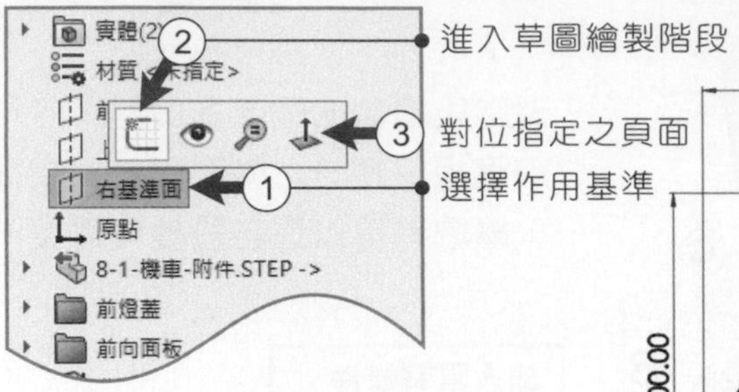

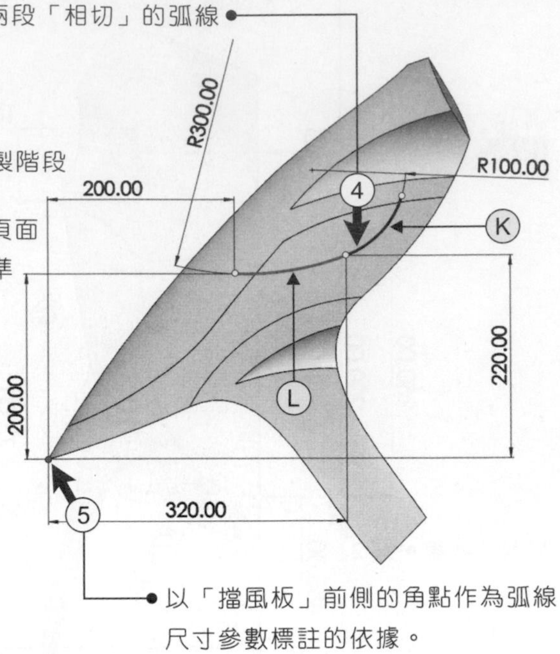

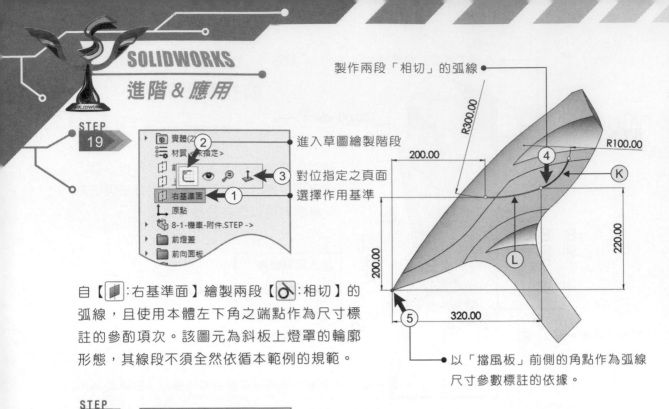

自【:右基準面】繪製兩段【:相切】的弧線，且使用本體左下角之端點作為尺寸標註的參酌項次。該圖元為斜板上燈罩的輪廓形態，其線段不須全然依循本範例的規範。

STEP 20

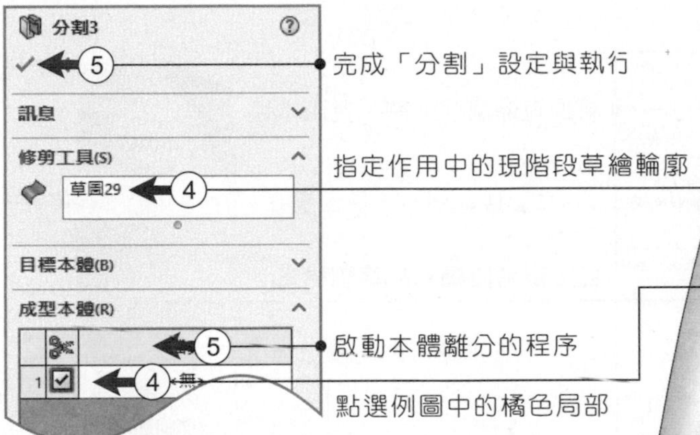

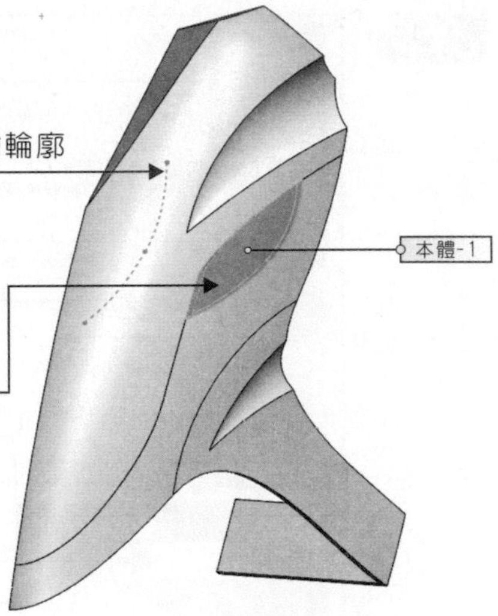

再一次的啟用【:分割】指令。當下的項次離分為「擋風板」、「前護蓋」與「燈罩」等三個組件，並以此設置成前側車體的外殼輪廓。

STEP 21

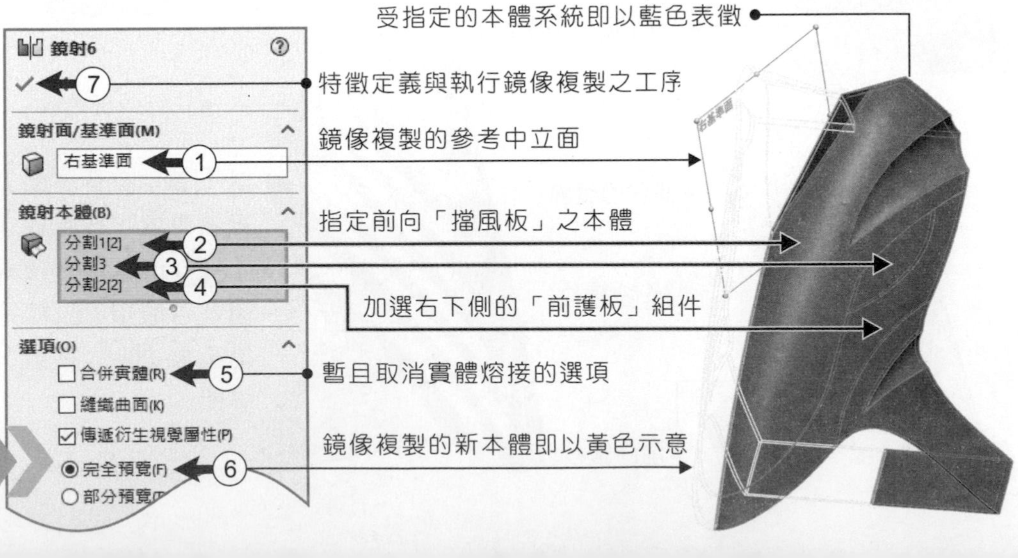

STEP 22

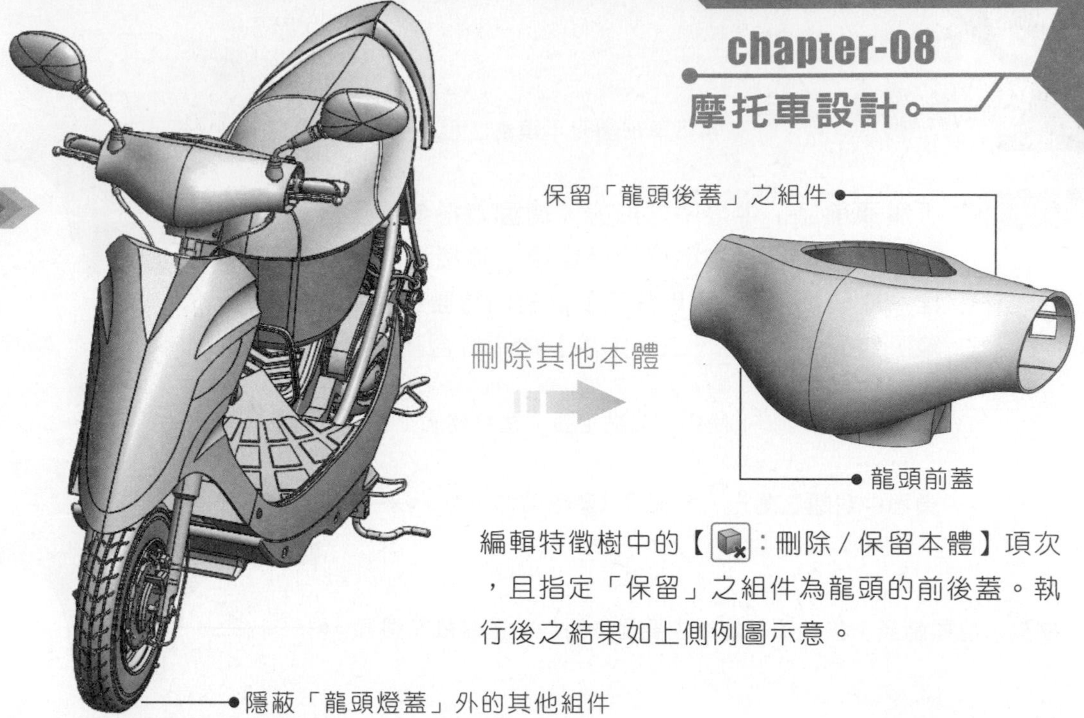
保留「龍頭後蓋」之組件
刪除其他本體
龍頭前蓋
隱蔽「龍頭燈蓋」外的其他組件

編輯特徵樹中的【 ：刪除 / 保留本體】項次，且指定「保留」之組件為龍頭的前後蓋。執行後之結果如上側例圖示意。

STEP 23

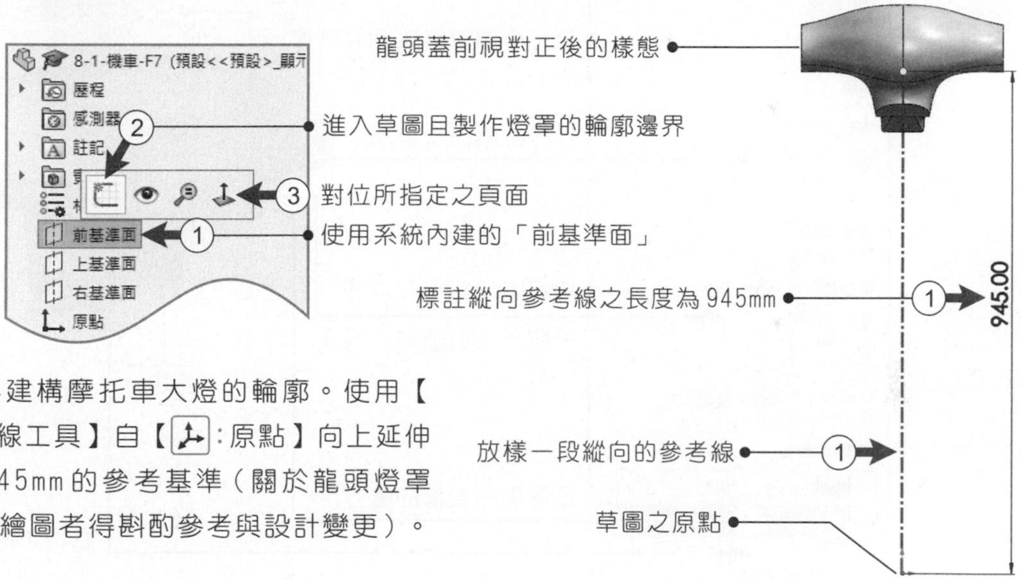
8-1-機車-F7 (預設<<預設>_顯示
歷程
感測器
註記
前基準面
上基準面
右基準面
原點
進入草圖且製作燈罩的輪廓邊界
對位所指定之頁面
使用系統內建的「前基準面」
龍頭蓋前視對正後的樣態
標註縱向參考線之長度為945mm
945.00
放樣一段縱向的參考線
草圖之原點

續接著再建構摩托車大燈的輪廓。使用【 :中心線工具】自【 :原點】向上延伸一段長945mm的參考基準（關於龍頭燈罩的造形，繪圖者得斟酌參考與設計變更）。

STEP 24

啟用【 三點定弧】指令於參考線右側繪製圖元，且設置底側線端需與【 中心線】上端【 重合 / 共點】。

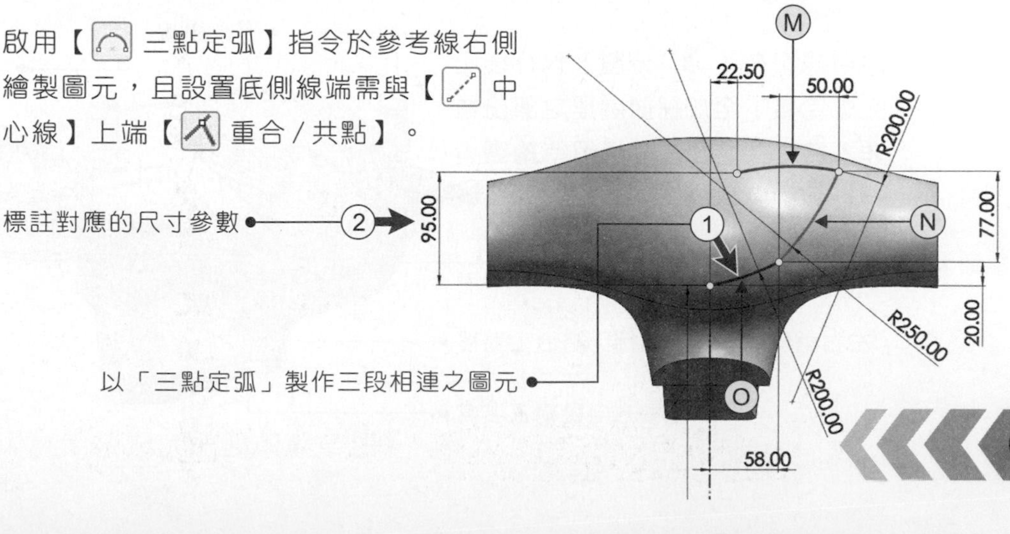
M
22.50
50.00
R200.00
95.00
77.00
N
標註對應的尺寸參數
R250.00
20.00
R200.00
以「三點定弧」製作三段相連之圖元
O
58.00

執行草繪圖元「鏡射」程序

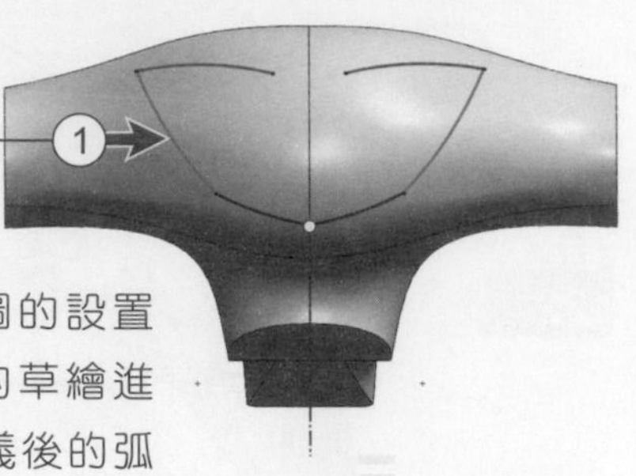

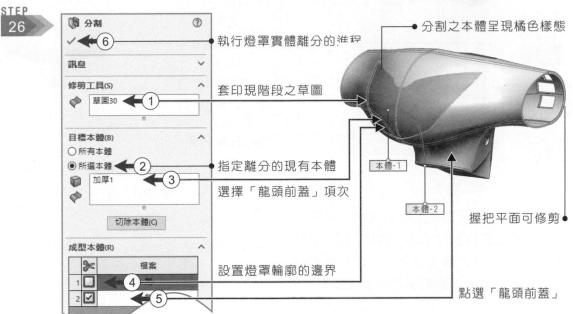

STEP 25

「龍頭前蓋」中燈罩之形態，繪圖者得參考例圖的設置，抑或者依自己的觀感設計變更。續接上階段的草繪進程，並執行【鏡射圖元】以對向複製三段定義後的弧線，繼而執行【三點定弧】指令縫合圖元中的上側缺口。

續接畫面

使用「三點定弧」縫合輪廓上端之缺口

頁面中封閉之圖元，系統即以藍色填佈示意。

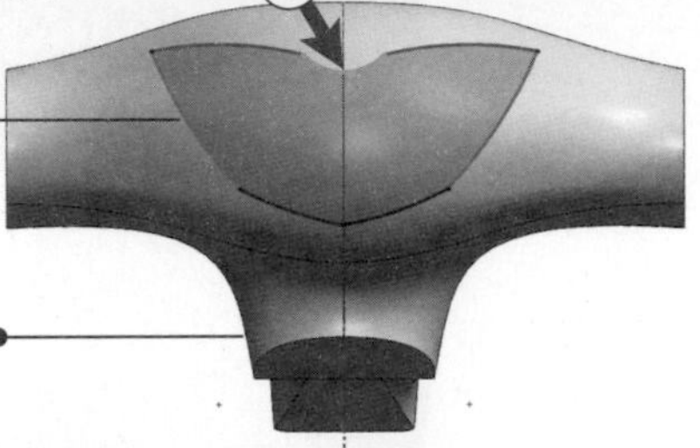

關於「龍頭前蓋」的輪廓線條，主要是依循自後蓋的既有邊界。

STEP 26

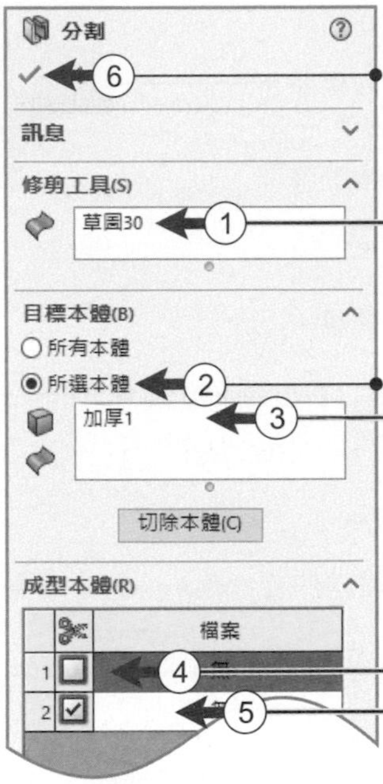

分割之本體呈現橘色樣態

執行燈罩實體離分的進程

套印現階段之草圖

指定離分的現有本體

選擇「龍頭前蓋」項次

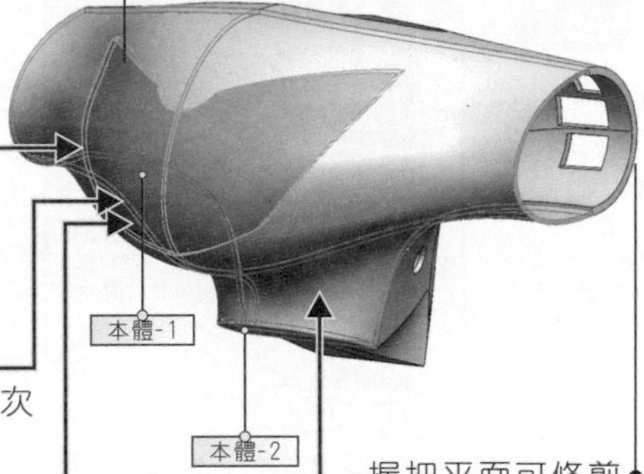

握把平面可修剪

設置燈罩輪廓的邊界

點選「龍頭前蓋」

STEP 27

燈罩輪廓在【:分割】執行後已完成定義，至於細節處理之部份並非本書編撰之要旨，謹留待繪圖者自行設計與建構。

照後鏡架

龍頭方向燈

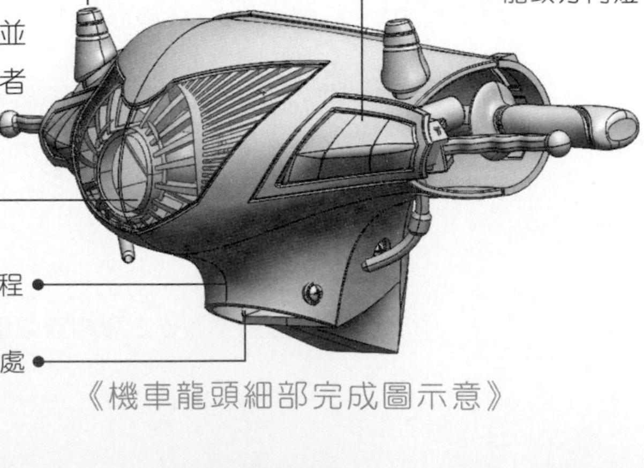

龍頭大燈設計（燈罩已刷淡透明度）

左右兩側的本體須執行「結合」進程

龍頭方向機構置裝處

《機車龍頭細部完成圖示意》

STEP 28

下圖為本章節範例——摩托車建構完成之示意圖。當讀者參酌書中進度完成各組件的曲面鋪陳暨實體生成後，餘留的步驟即是「龍頭」、「擋風板」、「側蓋」……等組件【:分割】與細部修飾的階段。建議繪圖者得臨摹市售車款之造型建構其車體。

製作龍頭大燈內部之組件
前飾板設計與實體生成
「擋風板」側向裝飾燈「分割」
氣孔組件「分割」暨除料
車胎之紋路概略示意即可
尾翼（後扶手）可沿用附件或重新設計。
側蓋完成細節處理後，即可經由「鏡射」複製本體至對側。
執行「圓角」特徵修飾具銳邊的組件輪廓。
「前護板」的兩側連結處需順接

STEP 29

進入模型彩現程序：透過Solidworks之附加模組【 Photoview360 】編輯模型【:外觀】與【:全景】；摩托車的構件甚多，繪圖者得細心分色與貼附材質。下方為兩台摩托車模型融合素色場景之渲染完成圖照。

《摩托車彩現完成圖》

重點筆記

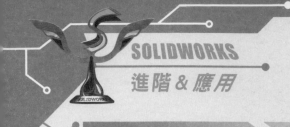

SOLIDWORKS

09 跑車設計開發

Sports car design and development

9-1 藍寶堅尼-2024年改款

9-2 流線型跑車設計

章節學習重點

- 參考幾何與基準面
- 匯入草圖底稿校正
- 曲面偏移及修剪
- 三維草圖編輯和定義
- 分割線暨分割應用
- 邊界曲面架構與鋪陳

9-1 藍寶堅尼-Aventador-2024年改款

⊙要點提醒 **本範例為綠色版參考教學檔--請學習者使用雲端連結並下載相關之附件**

本範例教學視訊檔案：SolidWorks/進階&應用/CH09目錄下/9-1 藍寶堅尼.avi

本範例製作完成檔案：SolidWorks/進階&應用/CH09目錄下/9-1 藍寶堅尼.SLDPRT

9-1.1 車前板金鋪面

在本書的最後一章節，述求的是集曲面塑形技法於大成的超跑設計。本章節將藉由兩台汽車的曲面鋪陳暨建模，用以闡釋曲面進階功能的表徵。這一單元的建模範例是筆者觀感中的跑車典範——「藍寶堅尼Aventador—2024年改款」。於範例中嘗試以「加法」的工序鋪陳曲面，藉由一次次【:曲面疊層拉伸】暨【:邊界曲面】塑造雛形，藉以架構出車體的外觀造型；且在鈑金【加厚】生成實體後【鏡射】複製所屬項次，繼而經由【組合件】檔案組併車體與各構件。

建模進程：

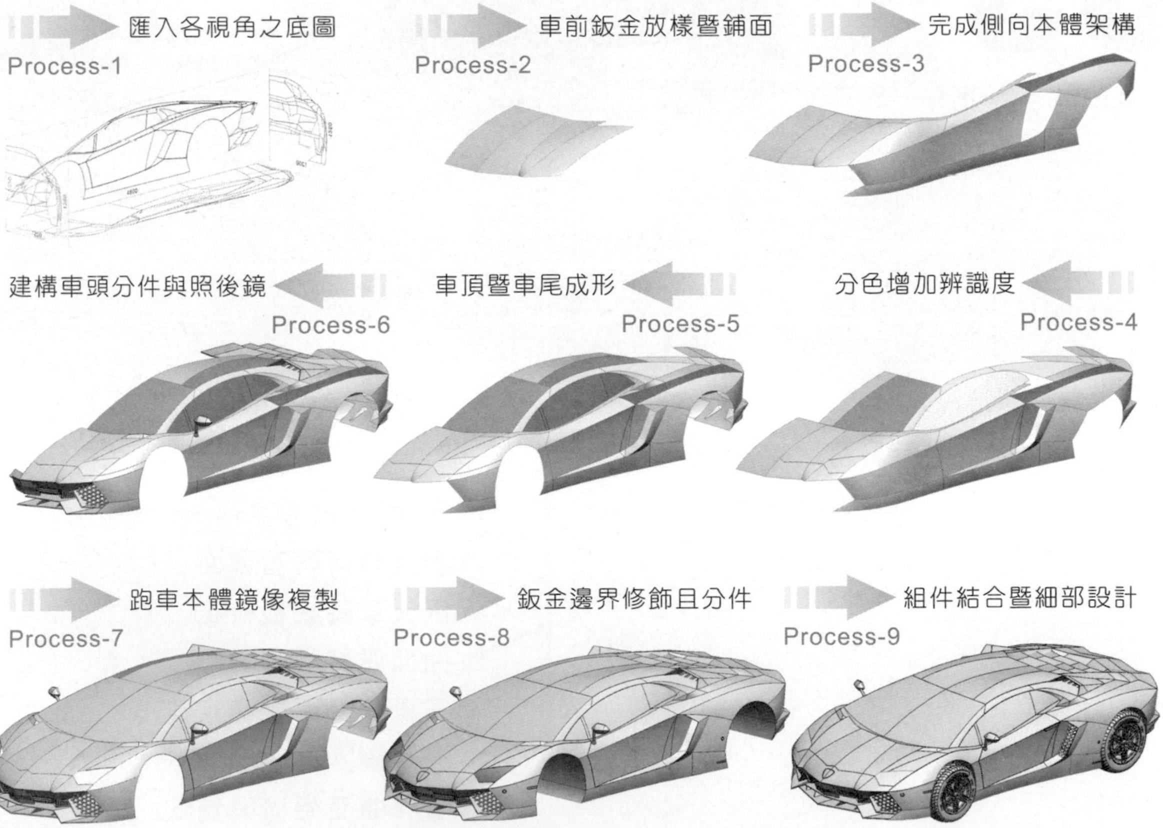

STEP 01

在筆者教學CAD屬性軟體廿十餘年的歷程中，學生總是將汽車（跑車）的建模進程視為最具挑戰性的「魔王門檻」。動則上百組件的交通工具，繪製起來確實曠日廢時；但若將其組件或鈑（板）金解構成單一的個體，瞬時覺得：那倒也沒有那麼的艱澀難懂。於本範例中，試圖以最簡潔的步驟詮釋極具代表性的超跑——「藍寶堅尼：Aventador 2024 年款。讀者可開啟 9-1 的附件或自行匯入四個視角的底圖。

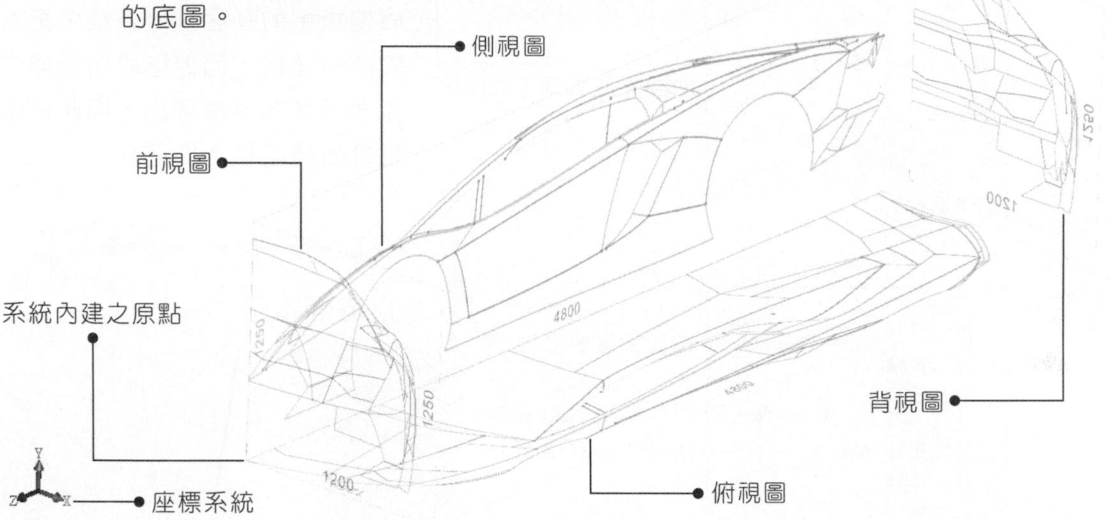

STEP 02

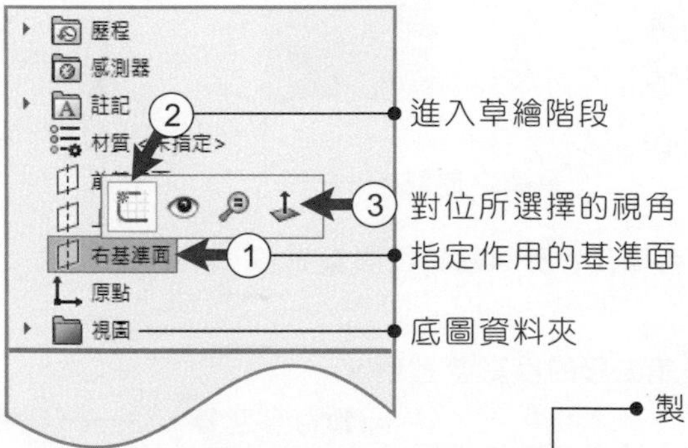

在本範例中，試著由車前鈑金開始鋪陳曲面。使用【$\boxed{\sim}$：不規則曲線】描繪一段兩節點的圖元，繼而以【智慧型尺寸】標註其對應參數。

右側畫面省略

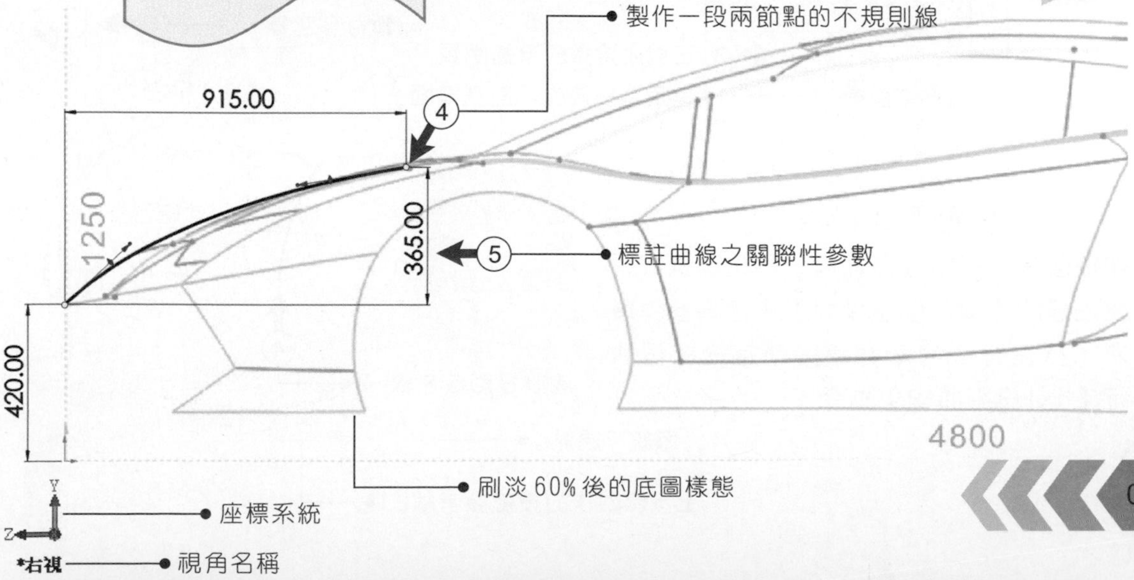

STEP 03

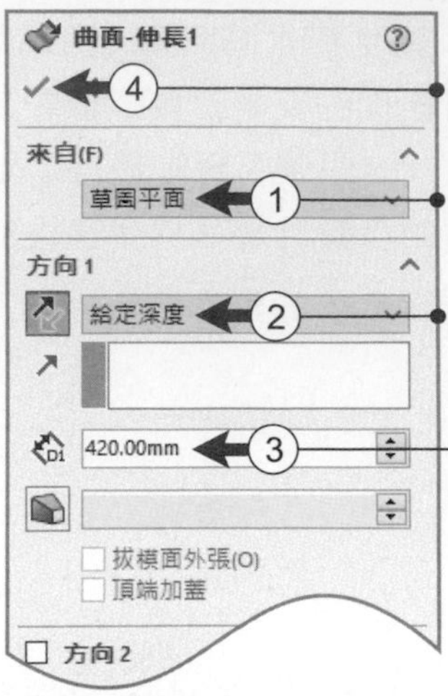
曲面-伸長1
來自(F)
草圖平面
方向1
給定深度
420.00mm
拔模面外張(O)
頂端加蓋
方向2

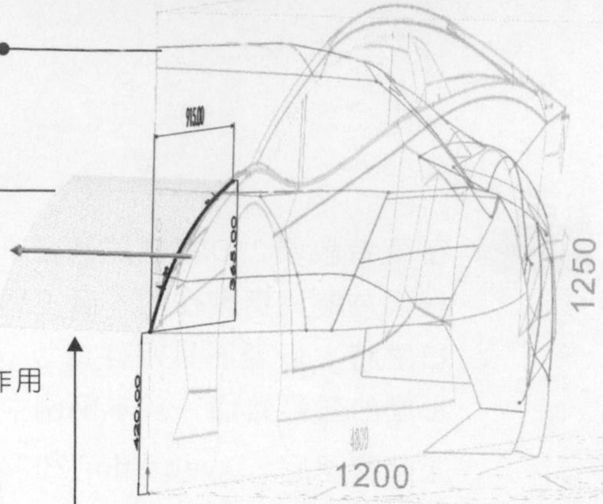
可隱匿未使用的底圖
新生成之曲面呈現黃色樣態
延伸放樣之曲面
自草繪基準起始作用
指定向左側展延
曲面深度概略定義即可
1250
1200

車前鈑金的鋪面進程為從中至右的循序建構，而現階段所延伸之曲面僅作為放樣意圖，因此其本體參數概略輸入即可。

STEP 04

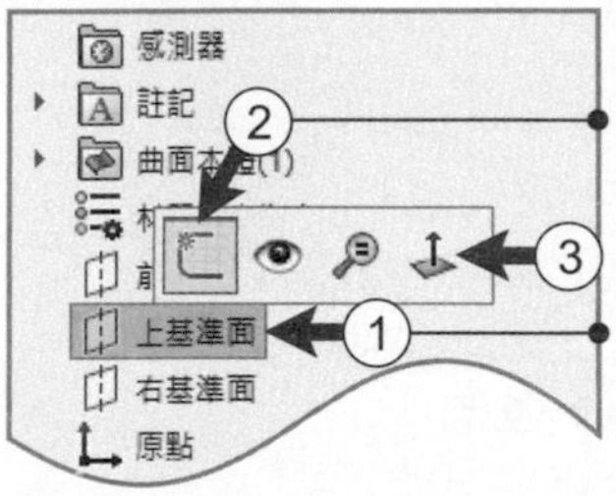
感測器
註記
曲面本體(1)
上基準面
右基準面
原點
繪製投影參考線 - 1
對位所指定的視角
選擇「上基準面」

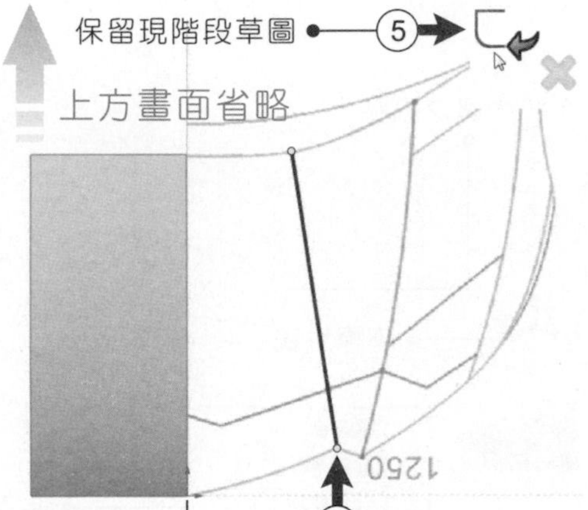
保留現階段草圖
上方畫面省略
草圖之原點
建模者得參考底圖創建投影參考線 - 1

現階段欲描繪的是左二的第二段縱向線。自【:上基準面】製作一段依附著底圖的【不規則曲線】，完成後即可保留「投影參考線 - 1」。

STEP 05

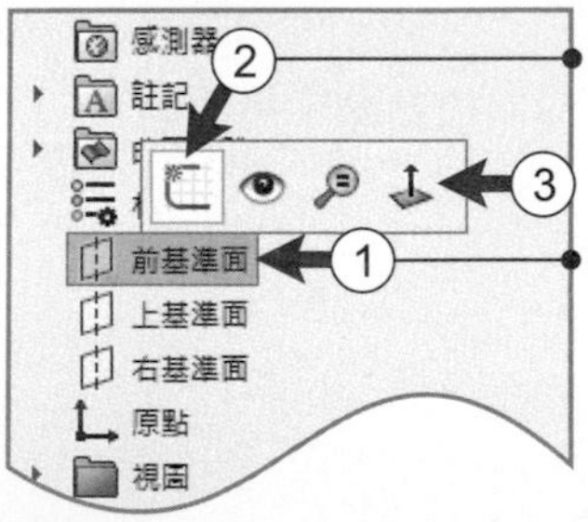
感測器
註記
前基準面
上基準面
右基準面
原點
視圖
製作第二段的投影參考項次
正視所選擇的草繪圖頁
指定為系統的「前基準面」

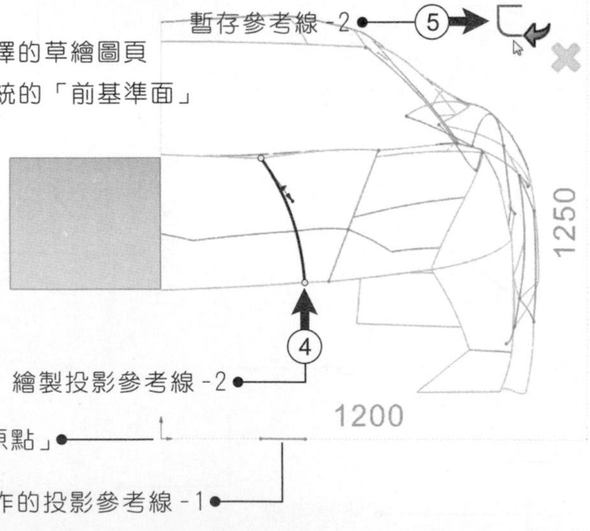
暫存參考線 - 2
1250
1200
繪製投影參考線 - 2
系統「原點」
上步驟製作的投影參考線 - 1

如欲製作投影的立體曲線，則建議選擇系統內建的【:前基準面】來建構參考項次，且在時下的草圖線段暫存後，再執行【投影曲線】指令。

STEP 06

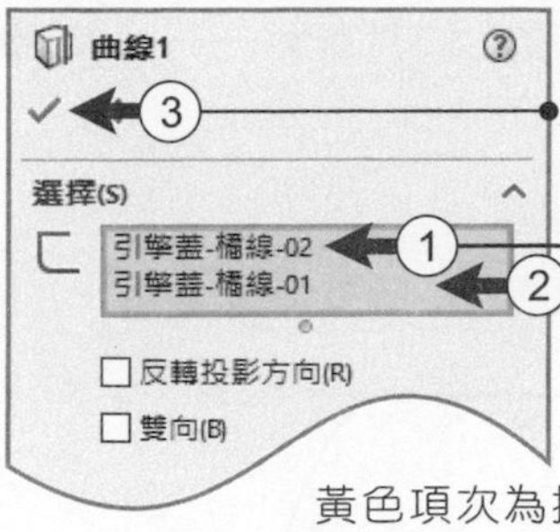

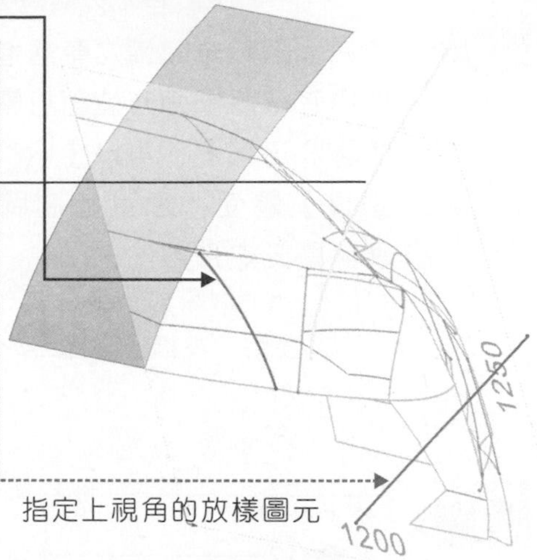
黃色項次為投影後之立體曲線
1250
指定上視角的放樣圖元
1200

超級跑車之引擎多數配置於座位後側，但也有少數定位於車前鈑金下。啟用【 投影曲線】指令，且加選上階段所放樣的兩草圖項次，即可生成跨維度的3D曲線（參考的兩項次並無特定的視角，全仰賴繪圖者之建模邏輯取決）。

STEP 07

執行【 :3D草圖】指令。以【 :不規則曲線】繪製 Ⓐ 與 Ⓑ 兩圖元連結「鈑金中線」暨投影後的三維項次；迄此，第一塊鈑金的雛形已經有了概略的樣態。

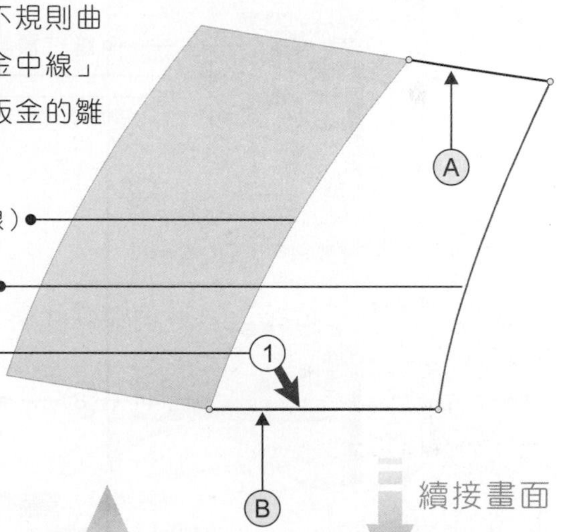
放樣之曲面邊線（車前鈑金中線）
上階段投影後的三維曲線
建構兩圖元以連結「鈑金中線」暨「投影曲線」
A
B
續接畫面
上方畫面省略

STEP 08

轉換方位至【 :上視】型態，且以【 :選擇工具】針對其節點之「曲度控制閥」進行曲度的調整。一般的立體草圖歷經2-3個視角的編輯後，大致上已與參考的底稿輪廓相仿。

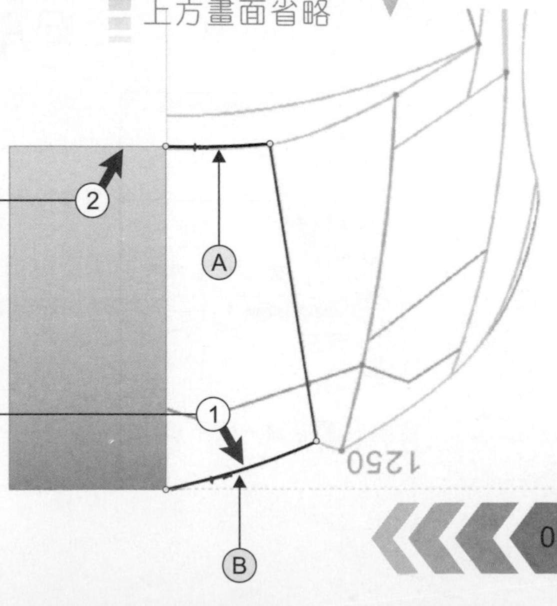
或可設置與上端曲面之邊線「相切」
藉由「曲度控制閥」調節三維線段之樣態
A
B
1250

STEP 09 續接上階段未完備之草繪進程。使用者得將圖面方位暫且轉換成【:正視】，再以【:選擇工具】驅使「曲度控制閥」以調節圖元之形態。

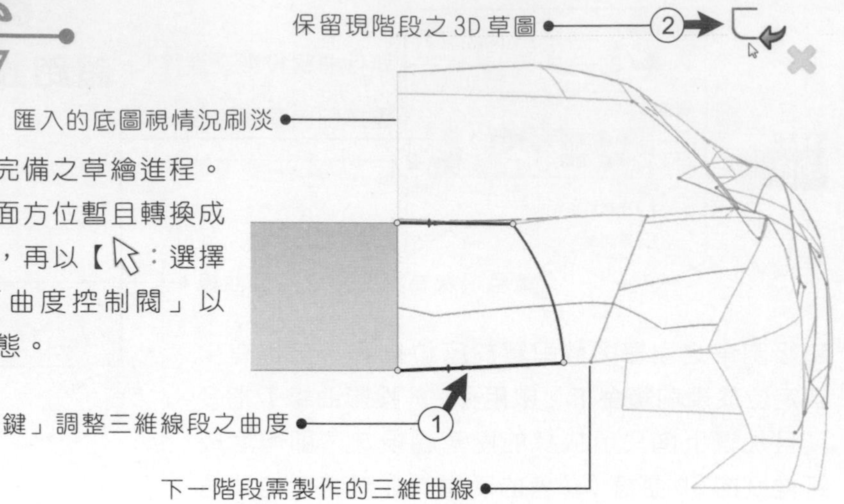
保留現階段之 3D 草圖 ②
匯入的底圖視情況刷淡
使用「左鍵」調整三維線段之曲度 ①
下一階段需製作的三維曲線

STEP 10

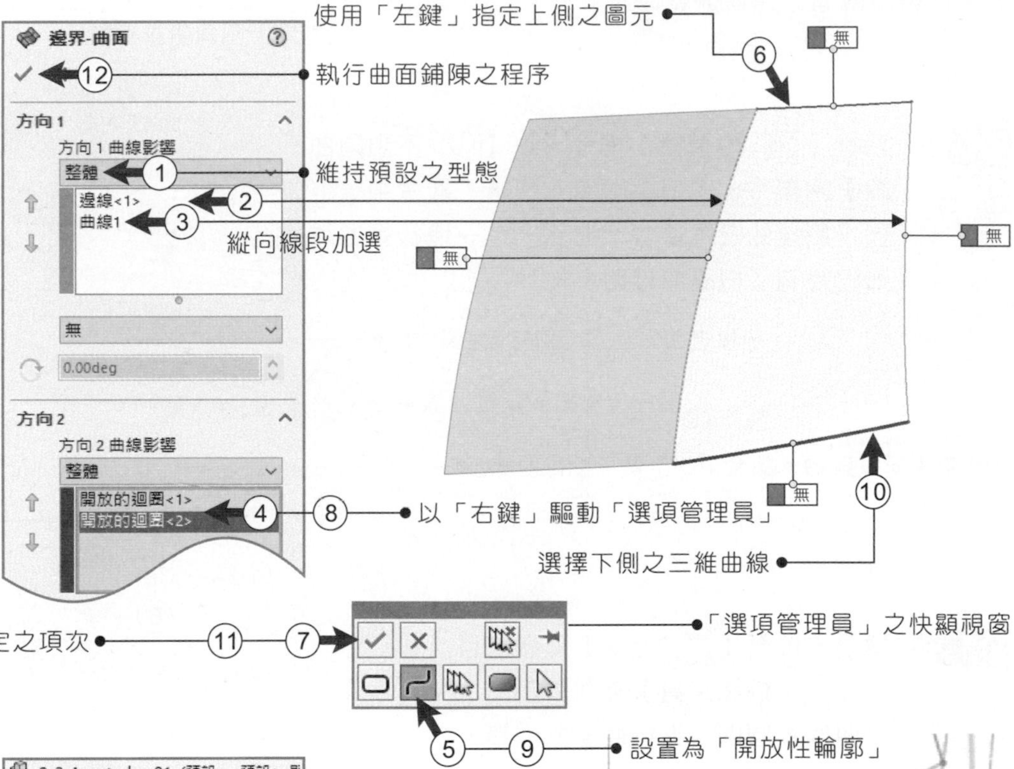
邊界-曲面
方向 1
方向 1 曲線影響
整體
邊線<1>
曲線1
無
0.00deg
方向 2
方向 2 曲線影響
整體
開放的迴圈<1>
開放的迴圈<2>
⑫ 執行曲面鋪陳之程序
① 維持預設之型態
②
③
縱向線段加選
使用「左鍵」指定上側之圖元 ⑥
無
④ ⑧ 以「右鍵」驅動「選項管理員」
⑩ 選擇下側之三維曲線
確定所指定之項次 ⑪ ⑦
「選項管理員」之快顯視窗
⑤ ⑨ 設置為「開放性輪廓」

STEP 11

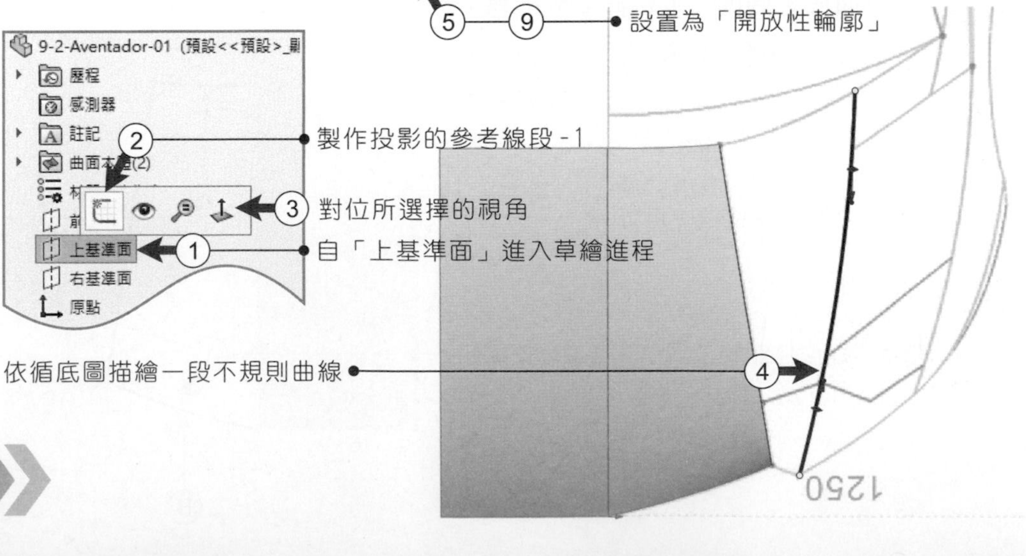
9-2-Aventador-01 (預設<<預設>_顯
歷程
感測器
註記
曲面本體(2)
上基準面
右基準面
原點
② 製作投影的參考線段 -1
③ 對位所選擇的視角
① 自「上基準面」進入草繪進程
依循底圖描繪一段不規則曲線 ④

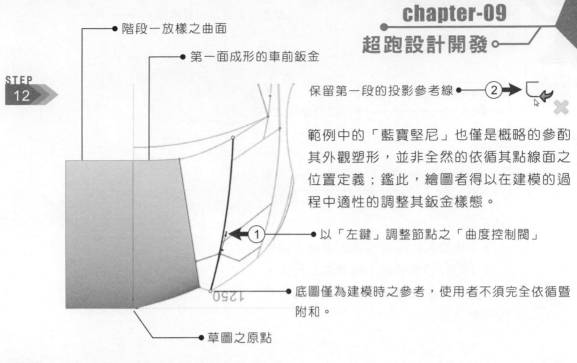

STEP 12

階段一放樣之曲面

第一面成形的車前鈑金

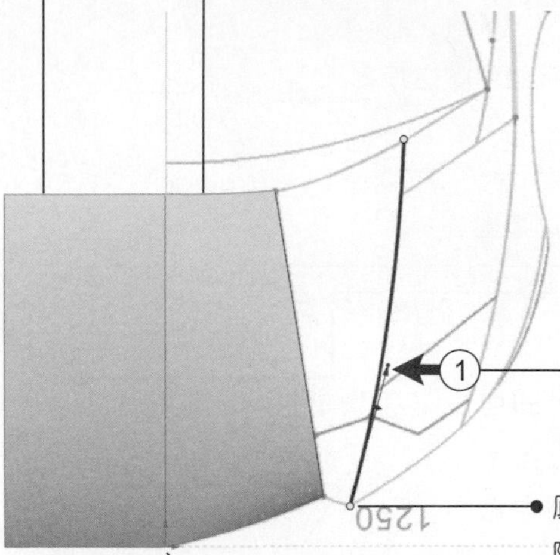

保留第一段的投影參考線 ②

範例中的「藍寶堅尼」也僅是概略的參酌其外觀塑形，並非全然的依循其點線面之位置定義；鑑此，繪圖者得以在建模的過程中適性的調整其鈑金樣態。

① 以「左鍵」調整節點之「曲度控制閥」

底圖僅為建模時之參考，使用者不須完全依循暨附和。

草圖之原點

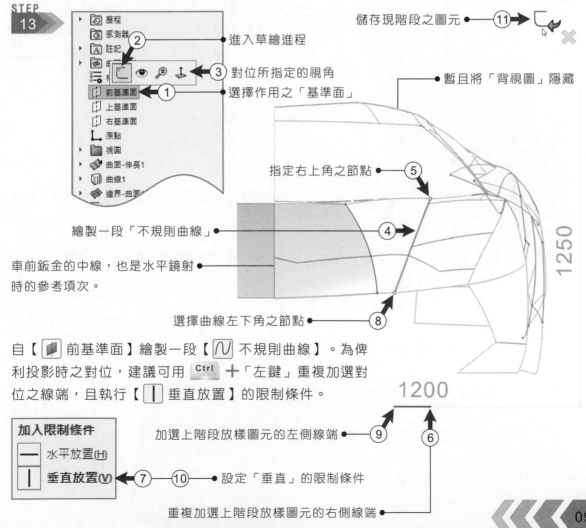

STEP 13

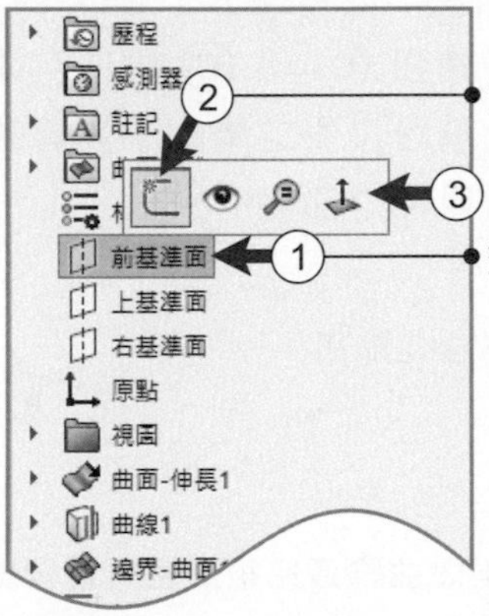

儲存現階段之圖元 ⑪

② 進入草繪進程

③ 對位所指定的視角

① 選擇作用之「基準面」

暫且將「背視圖」隱藏

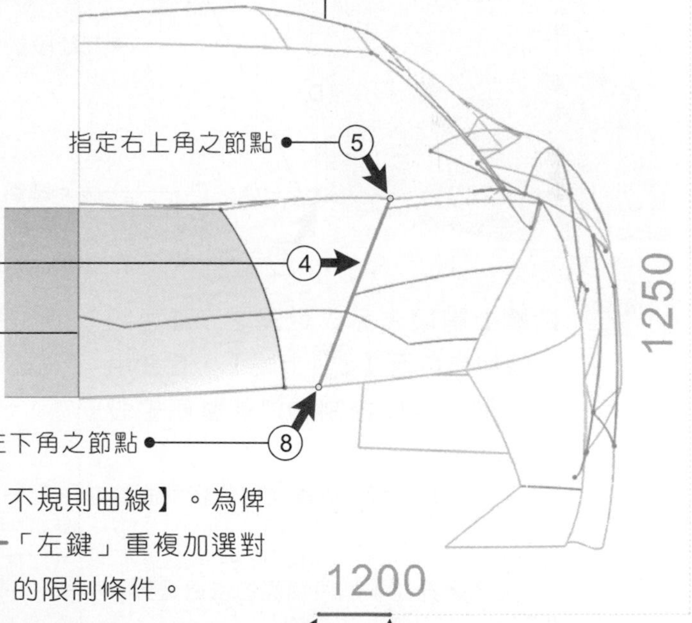

指定右上角之節點 ⑤

繪製一段「不規則曲線」 ④

車前鈑金的中線，也是水平鏡射時的參考項次。

選擇曲線左下角之節點 ⑧

自【前基準面】繪製一段【不規則曲線】。為俾利投影時之對位，建議可用 Ctrl ＋「左鍵」重複加選對位之線端，且執行【垂直放置】的限制條件。

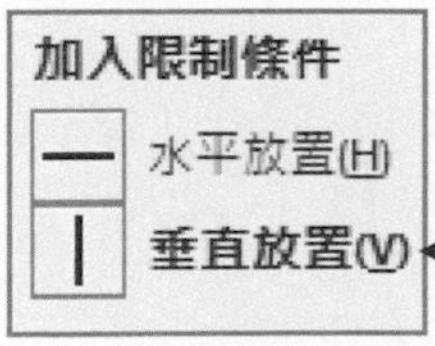

加選上階段放樣圖元的左側線端 ⑨

⑥

⑦ ⑩ 設定「垂直」的限制條件

重複加選上階段放樣圖元的右側線端

STEP 14

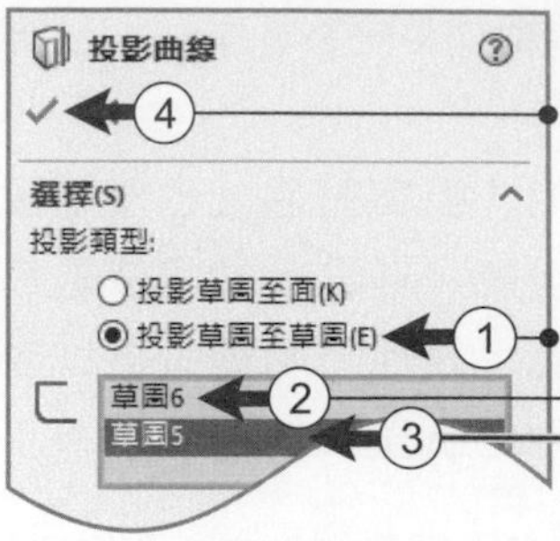

完成兩個平面草圖之投影

選擇投影之類型

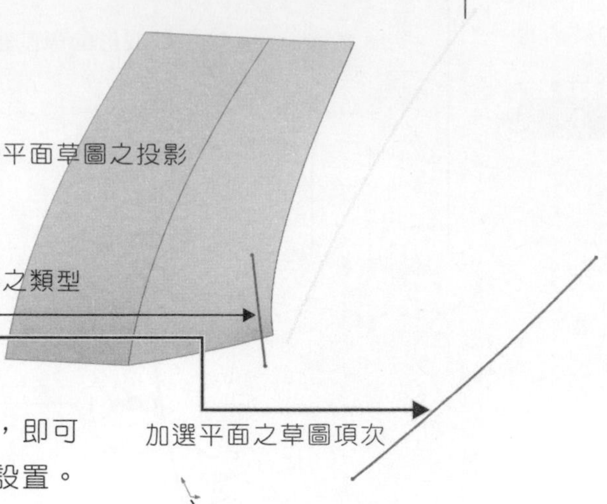

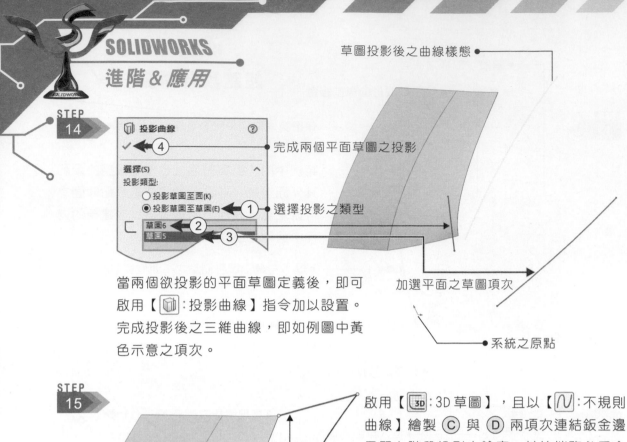

當兩個欲投影的平面草圖定義後，即可啟用【投影曲線】指令加以設置。完成投影後之三維曲線，即如例圖中黃色示意之項次。

STEP 15

啟用【3D：3D 草圖】，且以【不規則曲線】繪製 Ⓒ 與 Ⓓ 兩項次連結鈑金邊界暨上階段投影之輪廓，其線端務必重合於參考目標之節點。

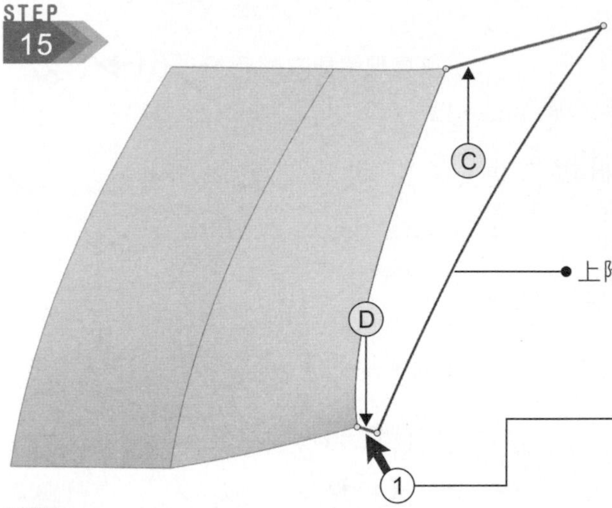

上階段投影後之線段

繪製兩段曲線連結鈑金邊界暨投影後之圖元

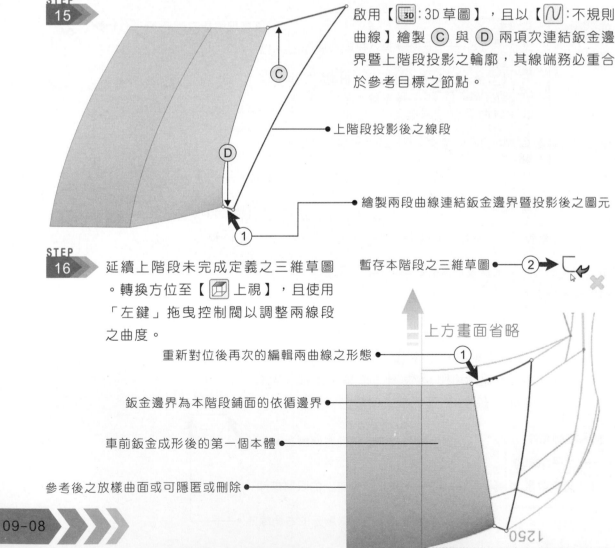

STEP 16

延續上階段未完成定義之三維草圖。轉換方位至【上視】，且使用「左鍵」拖曳控制閥以調整兩線段之曲度。

暫存本階段之三維草圖 ②

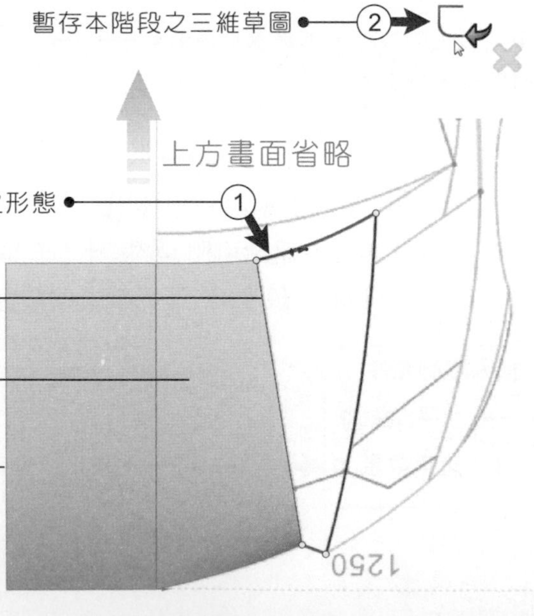

重新對位後再次的編輯兩曲線之形態

鈑金邊界為本階段鋪面的依循邊界

車前鈑金成形後的第一個本體

參考後之放樣曲面或可隱匿或刪除

STEP 17

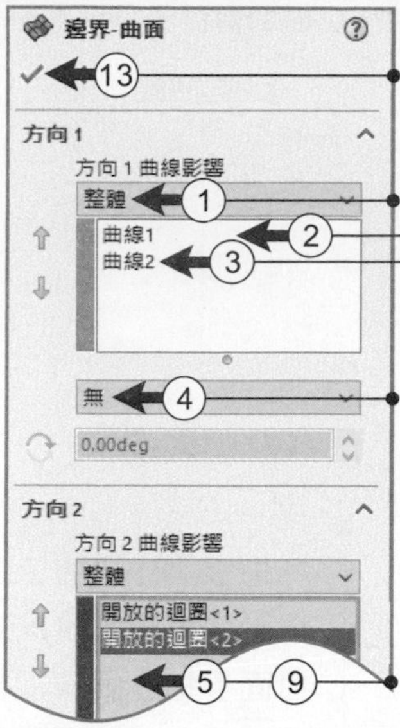
邊界-曲面
方向1
方向1曲線影響
整體
曲線1
曲線2
無
0.00deg
方向2
方向2曲線影響
整體
開放的迴圈<1>
開放的迴圈<2>
邊界曲面參數定義暨執行
設置為整體性的作用
選擇不影響之類型
以「右鍵」驅動「選項管理員」

執行所選擇之項次
設置為「開放性輪廓」選項型態

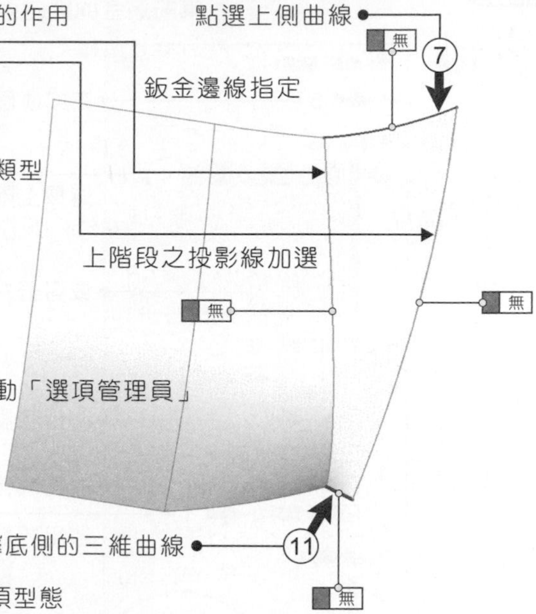
點選上側曲線
無
鈑金邊線指定
上階段之投影線加選
點擊底側的三維曲線

STEP 18

鋪面的方法甚多，前述之進程皆是藉由曲線投影之形式放樣，而於現階段，則是指定鈑金右側邊線並【參考圖元】，續接著再執行【不規則曲線】繪製 (F)、(G) 與 (H) 等三項次，以完成曲面之架構雛形。

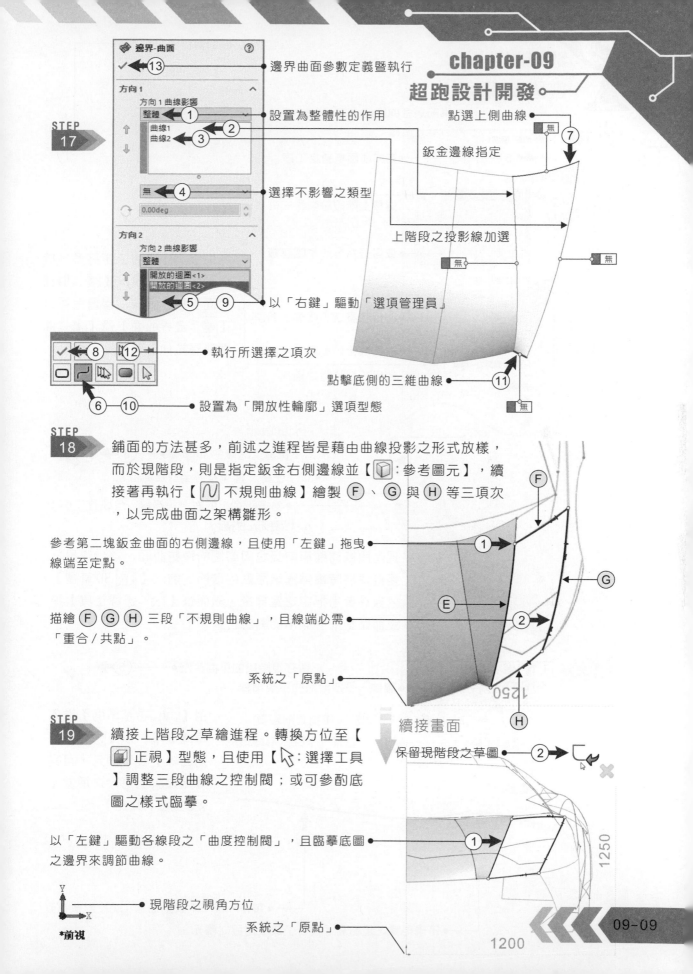

參考第二塊鈑金曲面的右側邊線，且使用「左鍵」拖曳線端至定點。

描繪 (F) (G) (H) 三段「不規則曲線」，且線端必需「重合／共點」。

系統之「原點」

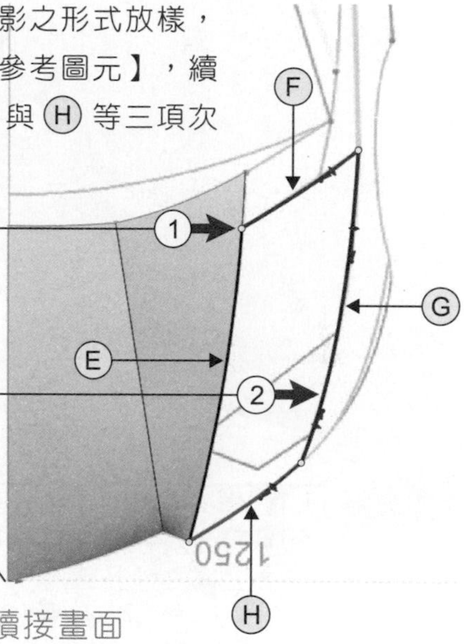

續接畫面

STEP 19

續接上階段之草繪進程。轉換方位至【正視】型態，且使用【選擇工具】調整三段曲線之控制閥；或可參酌底圖之樣式臨摹。

保留現階段之草圖

以「左鍵」驅動各線段之「曲度控制閥」，且臨摹底圖之邊界來調節曲線。

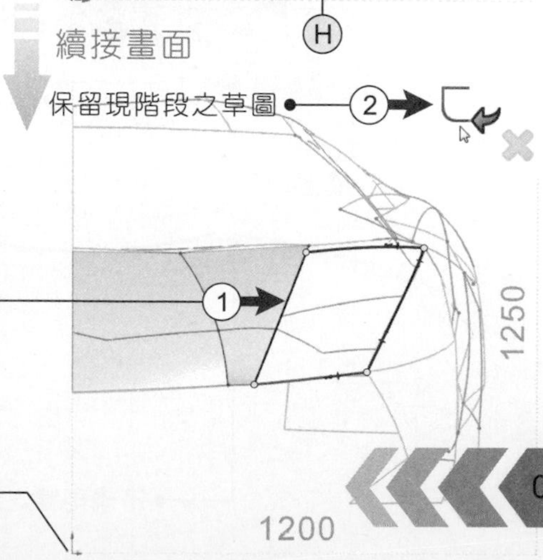

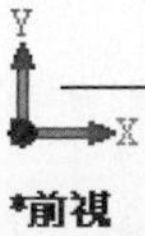

現階段之視角方位

系統之「原點」

STEP 20

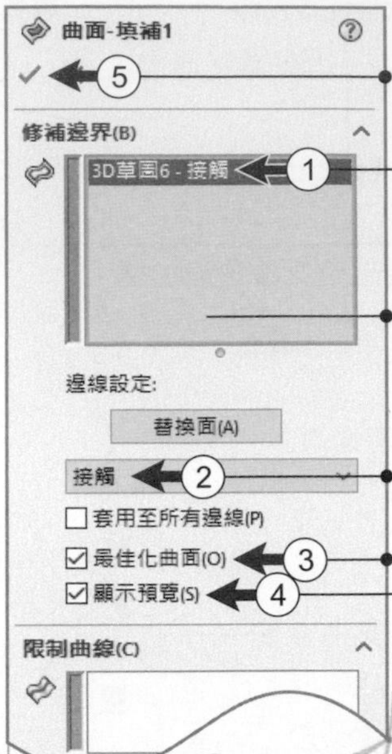
曲面-填補1
修補邊界(B)
3D草圖6 - 接觸
邊線設定:
替換面(A)
接觸
套用至所有邊線(P)
最佳化曲面(O)
顯示預覽(S)
限制曲線(C)
⑤ 完成曲面填補之工序
① 選擇上階段繪製的三維草圖
或可分為多個草圖建置
② 維持預設之「接觸」類型
③ 曲面最佳化定義
④ 啟用成形預覽之模式

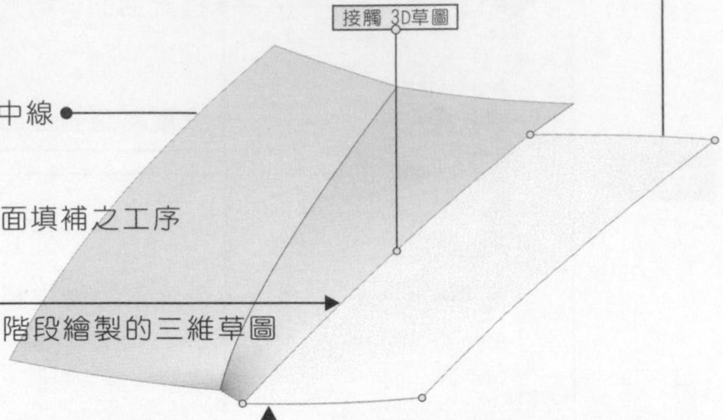
新生成之曲面暫以黃色示意
接觸 3D草圖
車前鈑金的縱向中線

汽車鈑金建構的工序甚多，於現階段，筆者改以【:填補曲面】指令鋪陳；學習者得以【:邊界曲面】暨【:曲面疊層拉伸】興替。

STEP 21

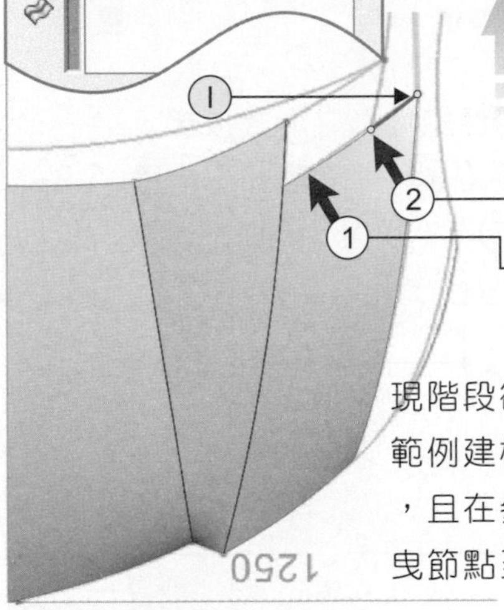
上方畫面省略
1250
保留現階段的 3D 草圖 ③
② 以「左鍵」拖曳線端至對應的位置
① 點選鈑金上的右上角邊線，且執行「參考圖元」進程。

現階段欲建構車前鈑金與車門的連結曲面，該步驟是本範例建構時最需謹慎應對的環節。進入【3D 3D 草圖】，且在參考指定之邊界後，繼而以【:選擇工具】拖曳節點至底圖顯示的對應位置。

STEP 22

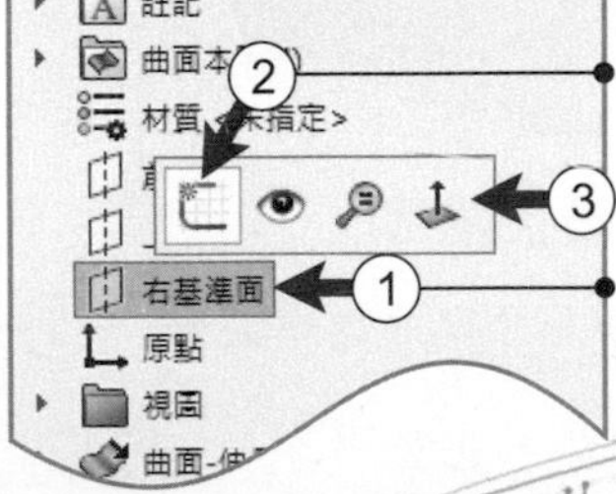
註記
曲面本體
材質 <未指定>
右基準面
原點
視圖
曲面-伸
暫存現階段的平面草圖 ⑤
② 製作一段四節點的不規則線
③「正視於」所指定的圖頁
① 自「右基準面」進入草繪環境

由【:右基準面】進入草繪環境。以【:不規則曲線】製作圖元，且其線端須與上階段之項次【重合/共點】。

1250
4800
④ 製作一段「不規則曲線」（投影參考）
不規則線之起點需「重合」於上階段之圖元

9-1.2 車門暨車頂建構

STEP 01

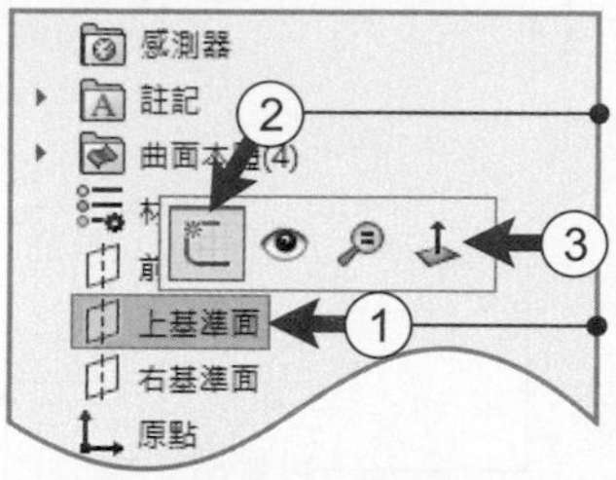
感測器
註記
曲面本體(4)
上基準面
右基準面
原點
② 進入草繪的階段並製作將放樣的項次
③ 對位所選擇的視角
① 指定「上基準面」建構投影參考線

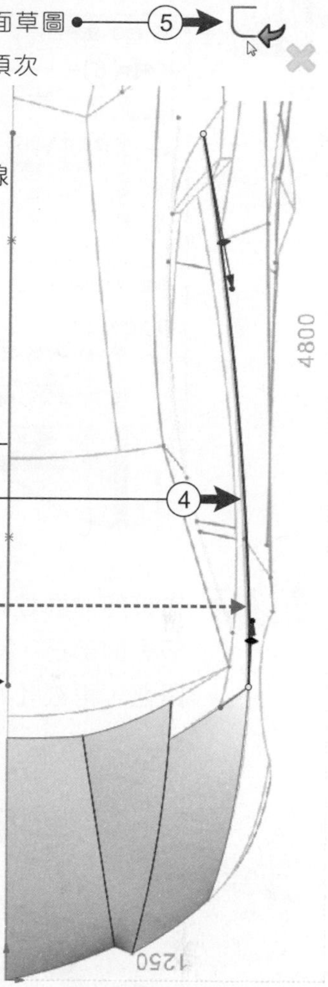
保留欲投影的平面草圖 ⑤
4800
上步驟所建構的第一段投影參考線
繪製第二段的投影參考線 ④
1250

現階段製作的是第二段的投影參考線，選擇【上基準面】進入草繪進程，且使用【:不規則曲線】繪製一段兩節點的圖元。

STEP 02

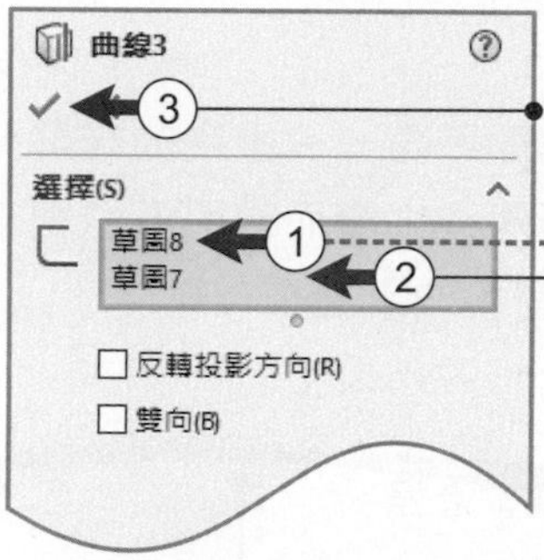
曲線3
選擇(S)
草圖8
草圖7
反轉投影方向(R)
雙向(B)
③ 完成曲線投影的工序
① 加選上階段之平面草圖
② 指定第一段的側向投影參考線

待兩個視角的平面草圖俱齊備後，即可啟用【:投影曲線】指令。以「左鍵」重複加選兩階段的不規則線，並確認所指定的投影輪廓是否完整。

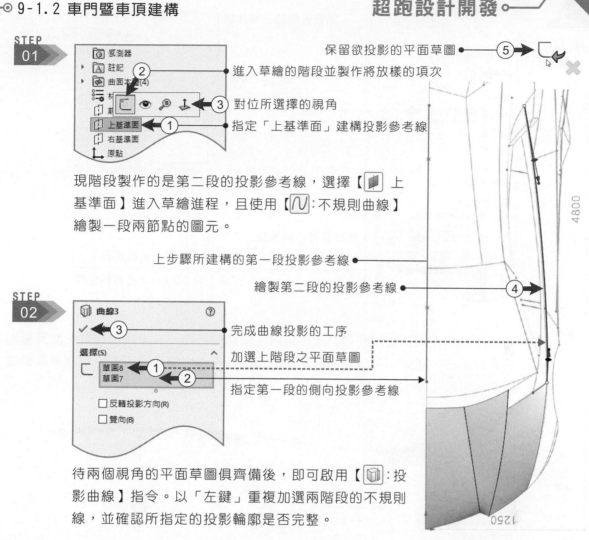

STEP 03

進入【3D 草圖】建構之進程。使用【:不規則曲線】指令描繪 Ⓙ 暨 Ⓚ 兩項次，且其線端需重合於現有的參考邊界。

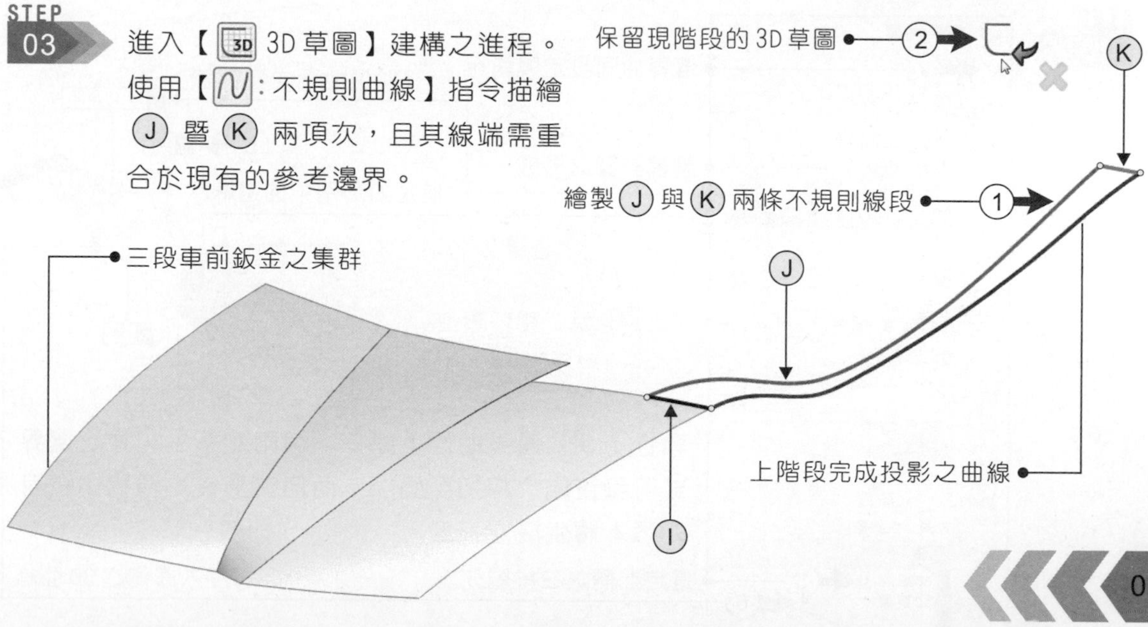
保留現階段的 3D 草圖 ②
K
繪製 J 與 K 兩條不規則線段 ①
三段車前鈑金之集群
J
上階段完成投影之曲線
I

STEP 04

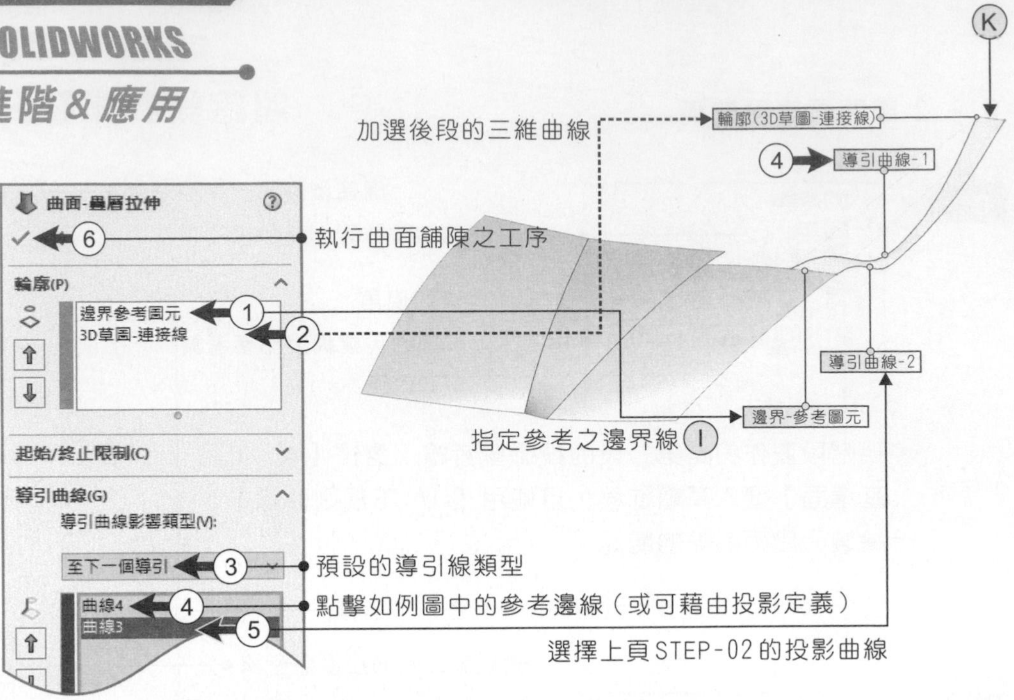
曲面-疊層拉伸
6 執行曲面鋪陳之工序
輪廓(P)
邊界參考圖元
3D草圖-連接線
1
2
加選後段的三維曲線
輪廓(3D草圖-連接線)
K
4 導引曲線-1
導引曲線-2
邊界-參考圖元
指定參考之邊界線 I
起始/終止限制(C)
導引曲線(G)
導引曲線影響類型(V):
至下一個導引 3 預設的導引線類型
曲線4 4 點擊如例圖中的參考邊線（或可藉由投影定義）
曲線3 5
選擇上頁STEP-02的投影曲線

STEP 05

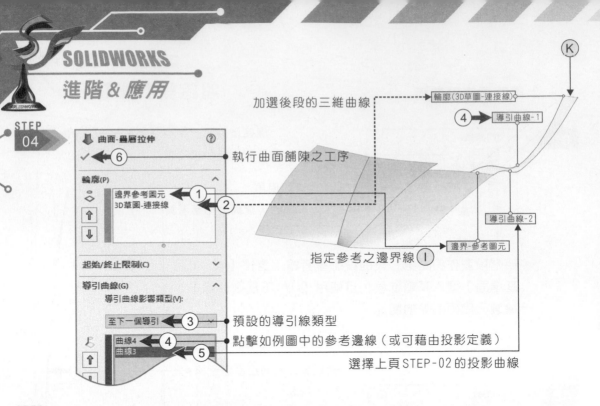

續接的曲面建構環節與前述之工序類同，於此即不再一一重複的詳解。關於側向鈑金的部份，可如例圖般先完成兩側的鋪面程序後，繼而使用導引線來架構鋪陳路徑，再經【邊界曲面】或【曲面疊層拉伸】塑形。

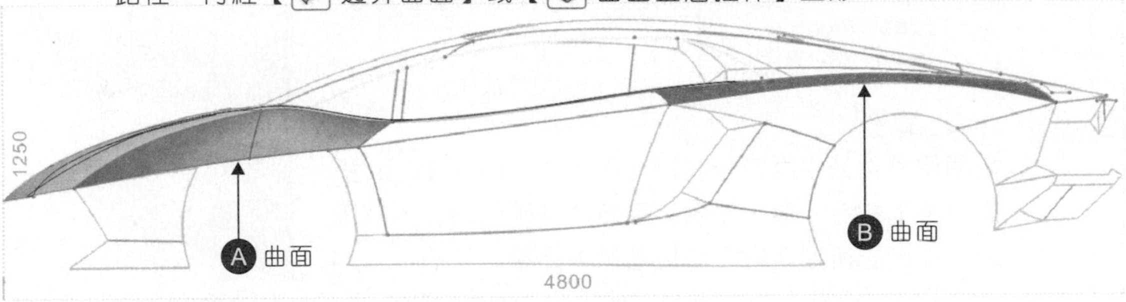

STEP 06

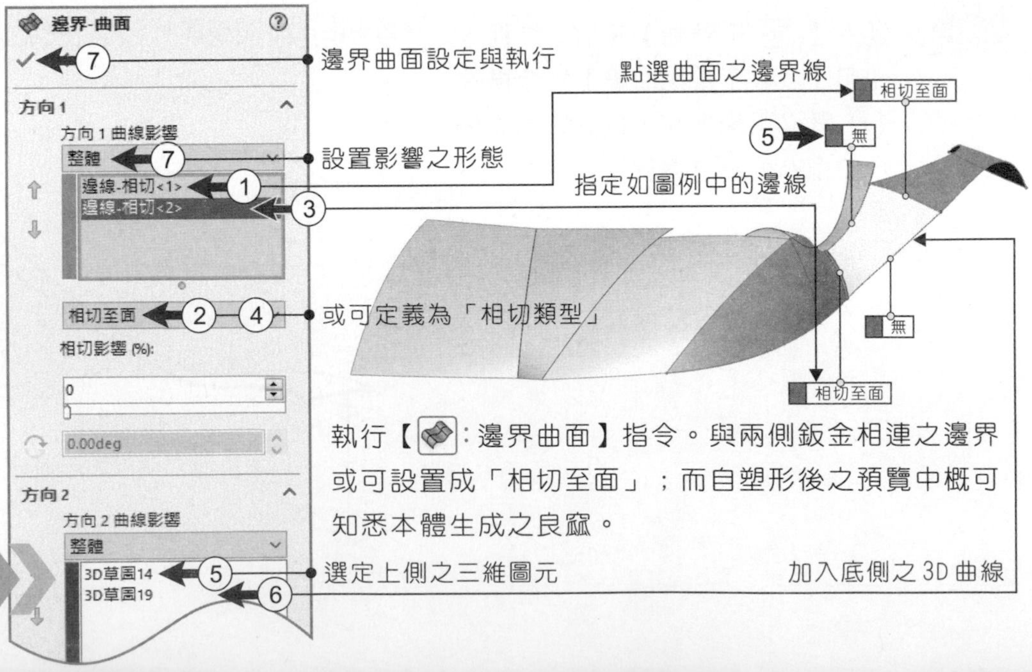
邊界-曲面
7 邊界曲面設定與執行
方向1
方向1曲線影響
整體 7 設置影響之形態
邊線-相切<1> 1
邊線-相切<2> 3
點選曲面之邊界線
相切至面
5 無
指定如圖例中的邊線
相切至面 2 4 或可定義為「相切類型」
相切影響(%):
0
0.00deg
無
相切至面
方向2
方向2曲線影響
整體
3D草圖14 5 選定上側之三維圖元
3D草圖19 6
加入底側之3D曲線

執行【邊界曲面】指令。與兩側鈑金相連之邊界或可設置成「相切至面」；而自塑形後之預覽中概可知悉本體生成之良窳。

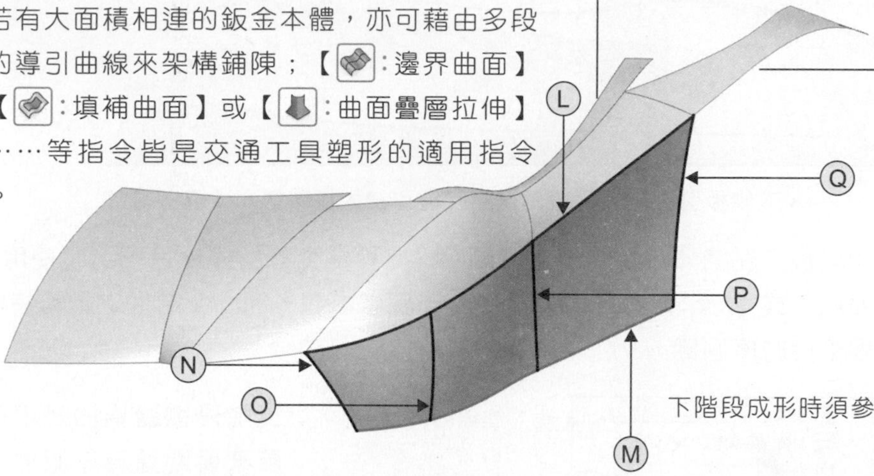
車前鈑金延伸至側向車門的曲面，是初學者在建構時最易混淆的進程。
L
Q
P
N
O
M
下階段成形時須參考的邊界

STEP 07

若有大面積相連的鈑金本體，亦可藉由多段的導引曲線來架構鋪陳；【:邊界曲面】【:填補曲面】或【:曲面疊層拉伸】……等指令皆是交通工具塑形的適用指令。

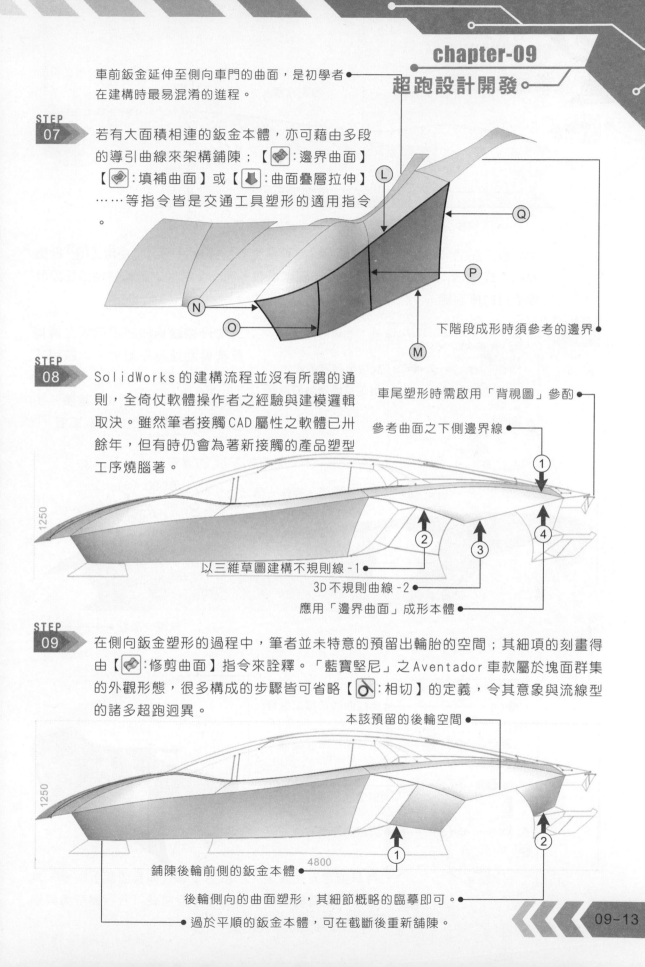

STEP 08

SolidWorks 的建構流程並沒有所謂的通則，全倚仗軟體操作者之經驗與建模邏輯取決。雖然筆者接觸 CAD 屬性之軟體已卅餘年，但有時仍會為著新接觸的產品塑型工序燒腦著。

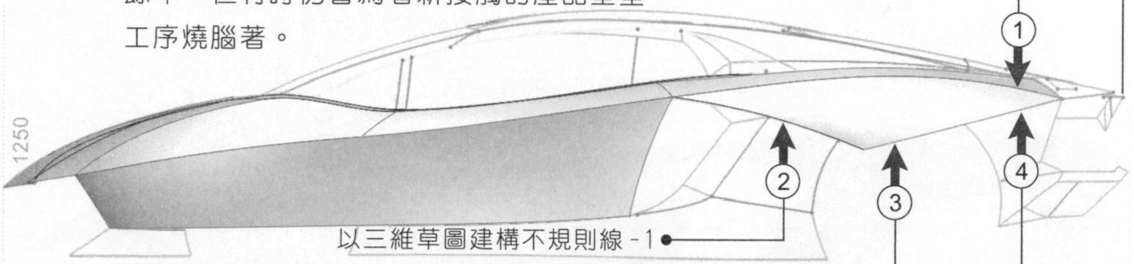
車尾塑形時需啟用「背視圖」參酌
參考曲面之下側邊界線
1
2
3
4
1250
以三維草圖建構不規則線 - 1
3D 不規則曲線 - 2
應用「邊界曲面」成形本體

STEP 09

在側向鈑金塑形的過程中，筆者並未特意的預留出輪胎的空間；其細項的刻畫得由【:修剪曲面】指令來詮釋。「藍寶堅尼」之 Aventador 車款屬於塊面群集的外觀形態，很多構成的步驟皆可省略【:相切】的定義，令其意象與流線型的諸多超跑迥異。

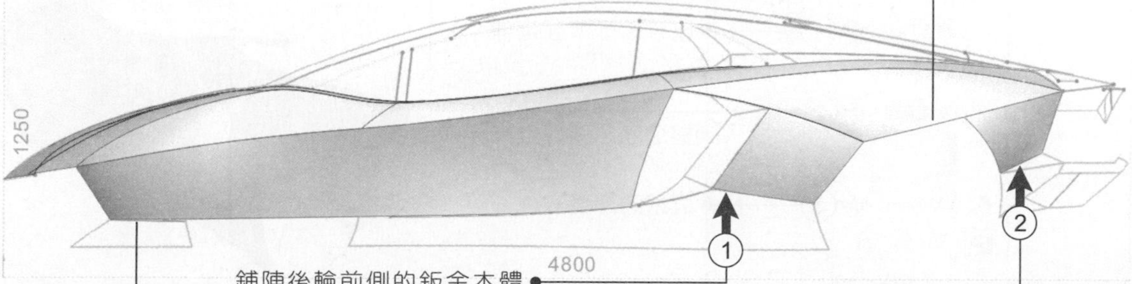
本該預留的後輪空間
1250
1
2
4800
鋪陳後輪前側的鈑金本體
後輪側向的曲面塑形，其細節概略的臨摹即可。
過於平順的鈑金本體，可在截斷後重新鋪陳。

STEP 10

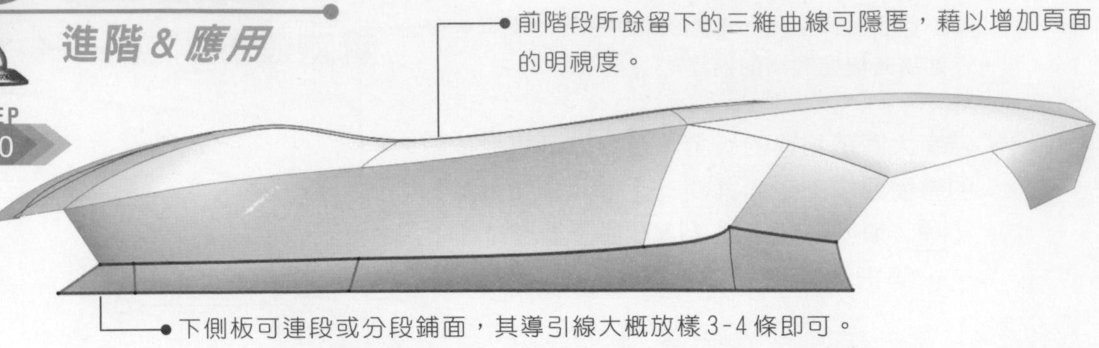
前階段所餘留下的三維曲線可隱匿，藉以增加頁面的明視度。
下側板可連段或分段鋪面，其導引線大概放樣 3-4 條即可。

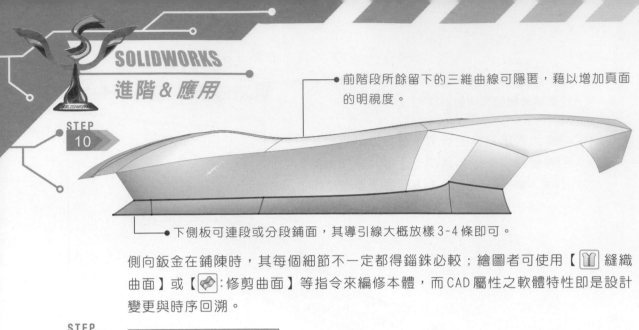

側向鈑金在鋪陳時，其每個細節不一定都得錙銖必較；繪圖者可使用【縫織曲面】或【:修剪曲面】等指令來編修本體，而CAD屬性之軟體特性即是設計變更與時序回溯。

STEP 11

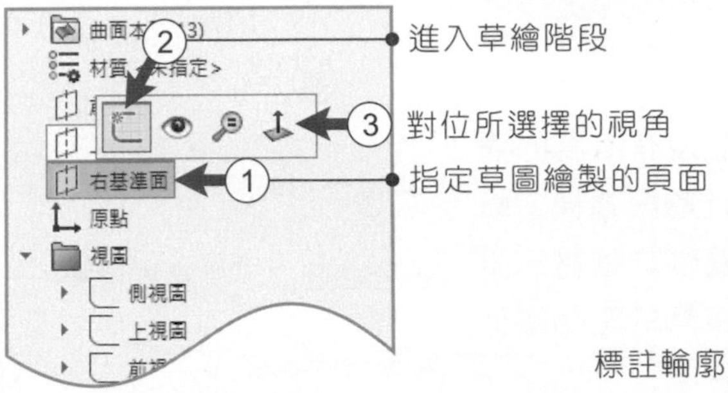

現階段欲建構的是車前鈑金暨擋風玻璃間連結之組件。得啟用【三點定弧】，自【:左視】（轉換視角以利於對位）繪製一圖元，且標註其對應的參數域值。

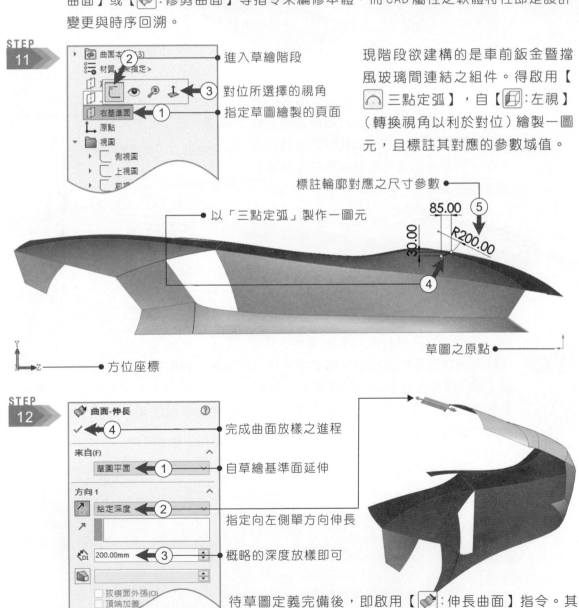

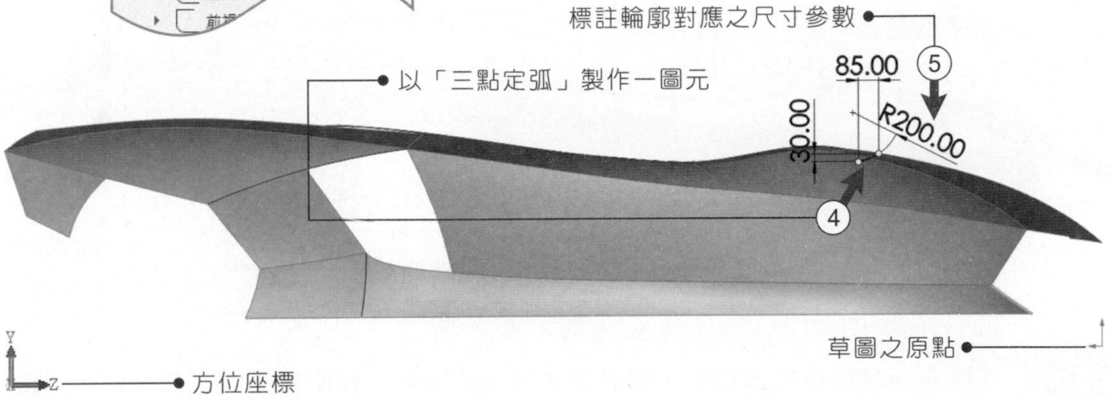
標註輪廓對應之尺寸參數
以「三點定弧」製作一圖元
85.00
30.00
R200.00
草圖之原點
方位座標

STEP 12

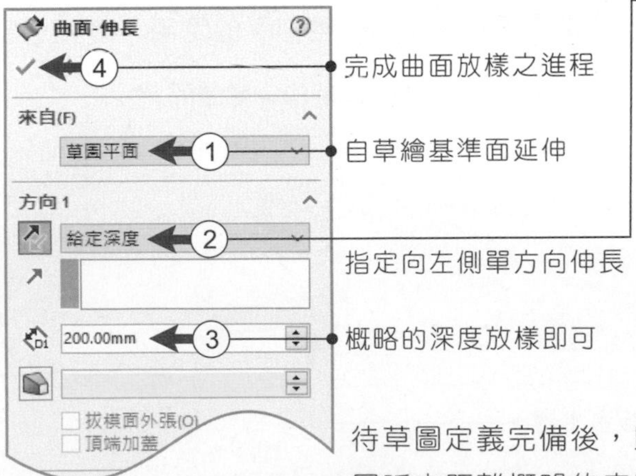
曲面-伸長
完成曲面放樣之進程
來自(F)
草圖平面
自草繪基準面延伸
方向 1
給定深度
指定向左側單方向伸長
200.00mm
概略的深度放樣即可
拔模面外張(O)
頂端加蓋

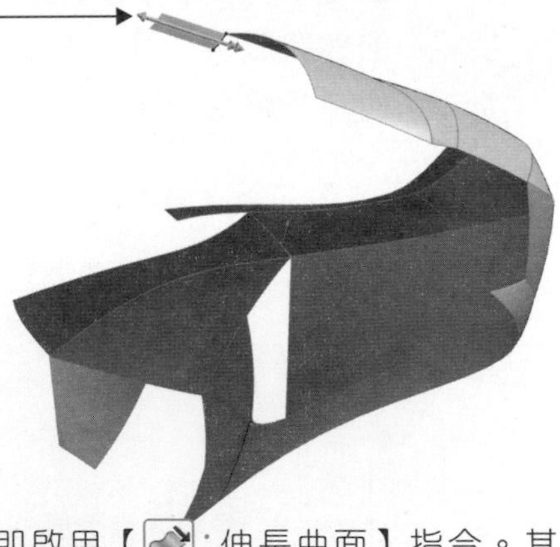

待草圖定義完備後，即啟用【:伸長曲面】指令。其展延之距離概略的定義即可，但需要符合容易辨識與編輯的述求。

STEP 19

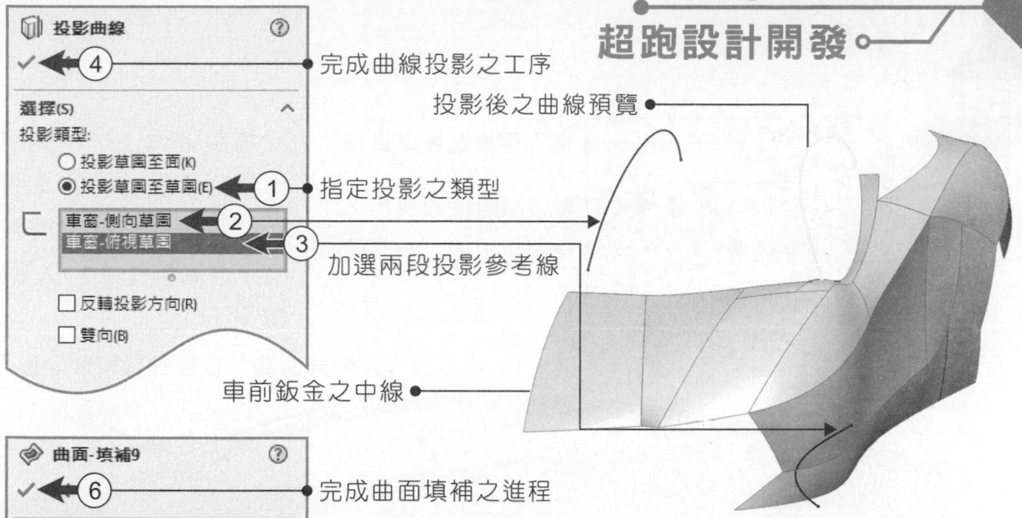
投影曲線
完成曲線投影之工序
選擇(S)
投影類型:
投影草圖至面(K)
投影草圖至草圖(E)
指定投影之類型
車窗-側向草圖
車窗-俯視草圖
加選兩段投影參考線
反轉投影方向(R)
雙向(B)
投影後之曲線預覽
車前鈑金之中線

STEP 20

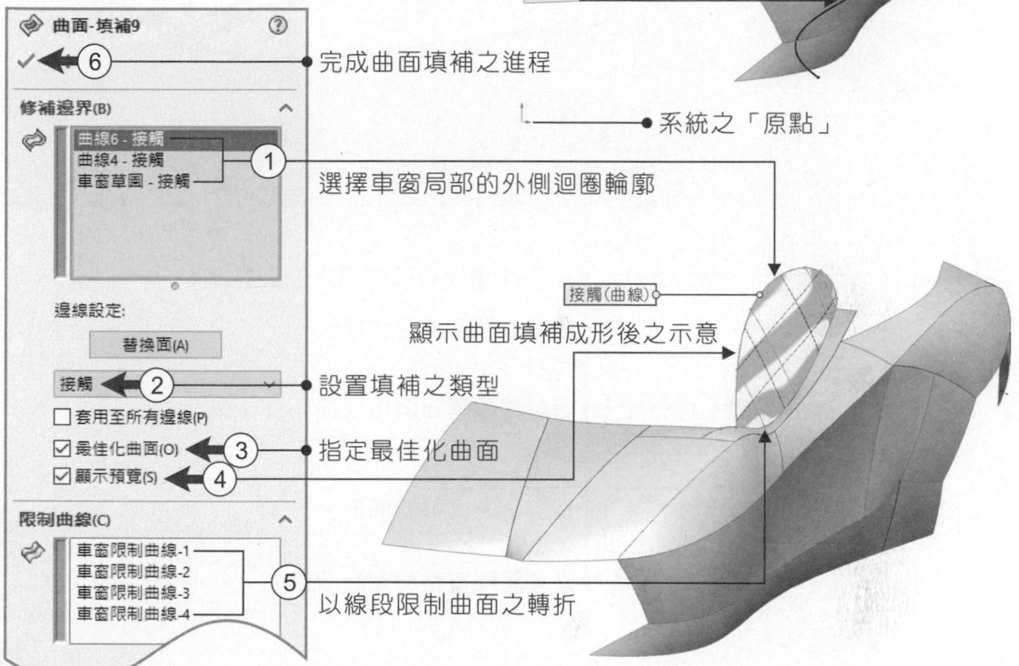
曲面-填補9
完成曲面填補之進程
系統之「原點」
修補邊界(B)
曲線6 - 接觸
曲線4 - 接觸
車窗草圖 - 接觸
選擇車窗局部的外側迴圈輪廓
接觸(曲線)
顯示曲面填補成形後之示意
邊線設定:
替換面(A)
接觸
設置填補之類型
套用至所有邊線(P)
最佳化曲面(O)
指定最佳化曲面
顯示預覽(S)
限制曲線(C)
車窗限制曲線-1
車窗限制曲線-2
車窗限制曲線-3
車窗限制曲線-4
以線段限制曲面之轉折

STEP 21

有了車窗的鋪陳後，續接著需分段建構連接其本體的側向鈑金。由於塑形的進程若如之前的步驟，所以於此即以簡潔的敘述帶過。為俾利繪圖者辨別各鈑金本體的邊界，筆者設變其外觀色彩來加以隔閡。

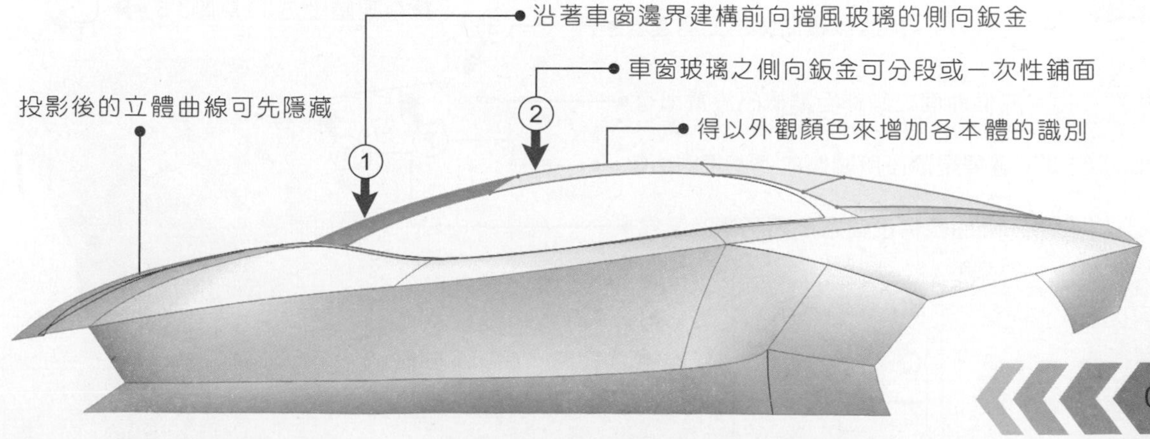
沿著車窗邊界建構前向擋風玻璃的側向鈑金
車窗玻璃之側向鈑金可分段或一次性鋪面
投影後的立體曲線可先隱藏
得以外觀顏色來增加各本體的識別

STEP 22

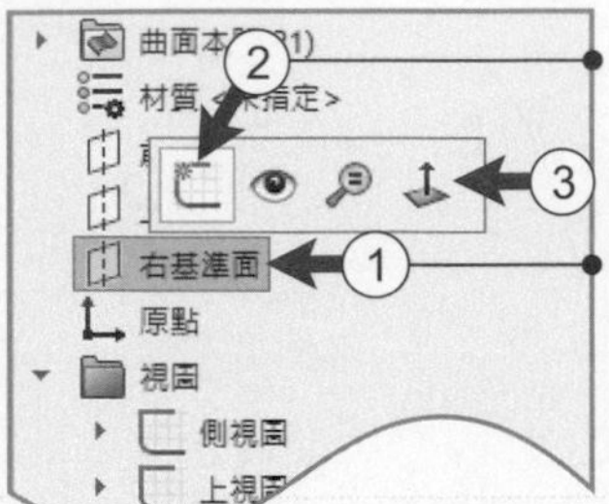

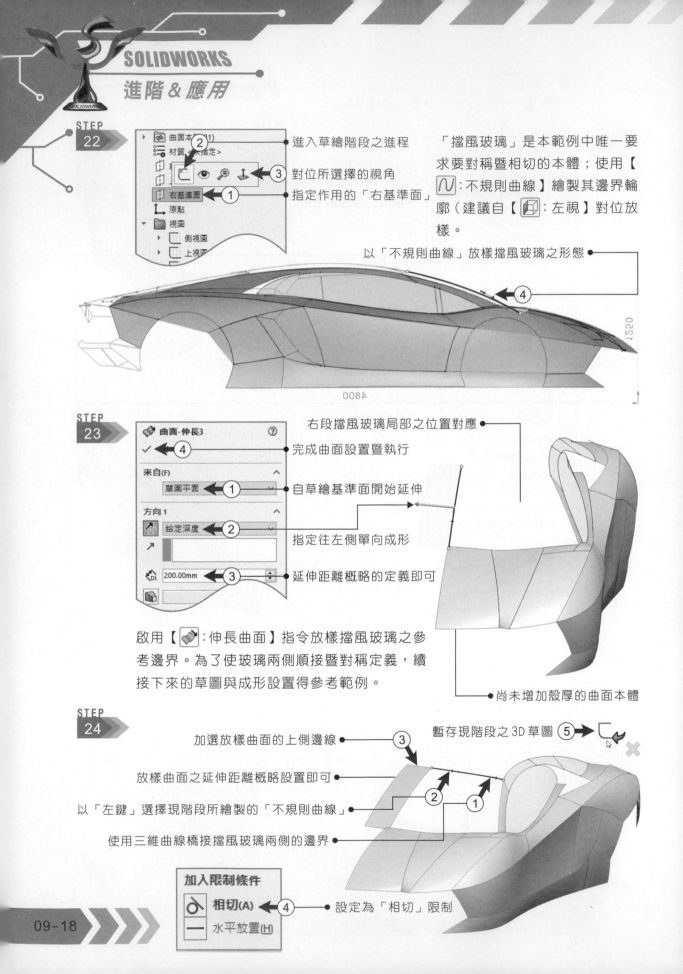

「擋風玻璃」是本範例中唯一要求要對稱暨相切的本體；使用【:不規則曲線】繪製其邊界輪廓（建議自【:左視】對位放樣。

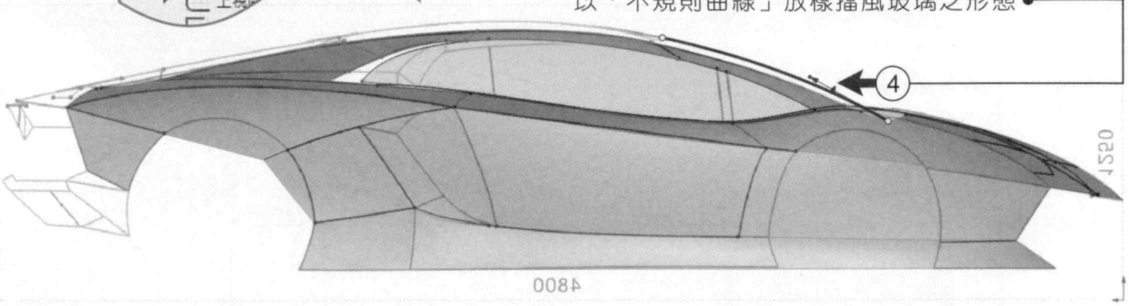
以「不規則曲線」放樣擋風玻璃之形態 ④
1520
4800

STEP 23

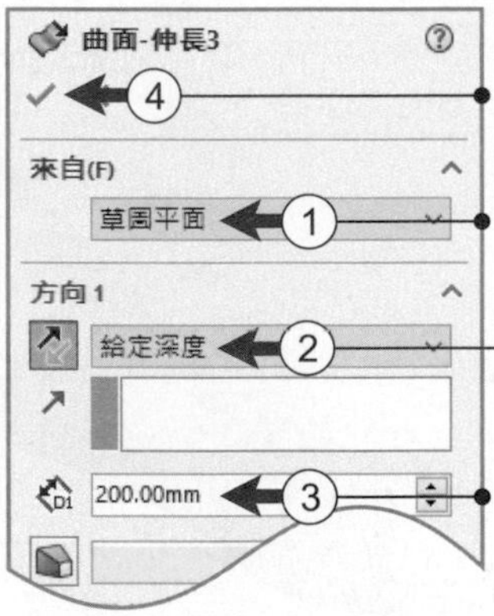
曲面-伸長3
④ 完成曲面設置暨執行
來自(F)
草圖平面
① 自草繪基準面開始延伸
方向1
給定深度
② 指定往左側單向成形
200.00mm
③ 延伸距離概略的定義即可

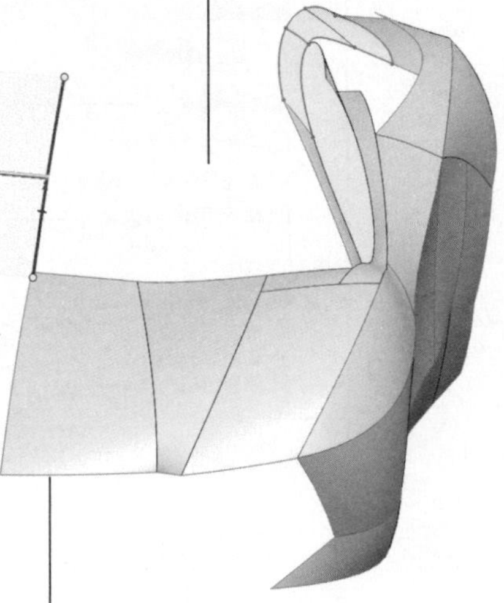
右段擋風玻璃局部之位置對應
尚未增加殼厚的曲面本體

啟用【:伸長曲面】指令放樣擋風玻璃之參考邊界。為了使玻璃兩側順接暨對稱定義，續接下來的草圖與成形設置得參考範例。

STEP 24

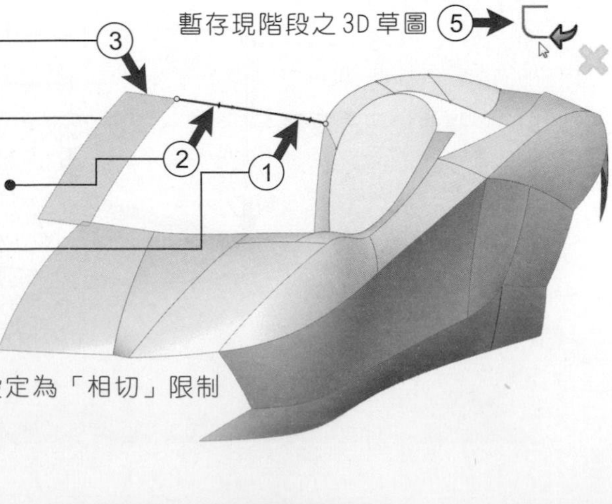
暫存現階段之 3D 草圖 ⑤
加選放樣曲面的上側邊線 ③
放樣曲面之延伸距離概略設置即可
以「左鍵」選擇現階段所繪製的「不規則曲線」②
使用三維曲線橋接擋風玻璃兩側的邊界 ①

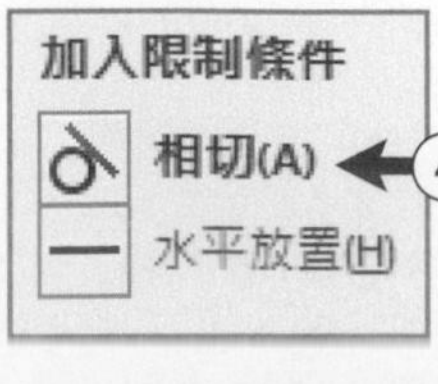
加入限制條件
相切(A)
水平放置(H)
④ 設定為「相切」限制

STEP 25

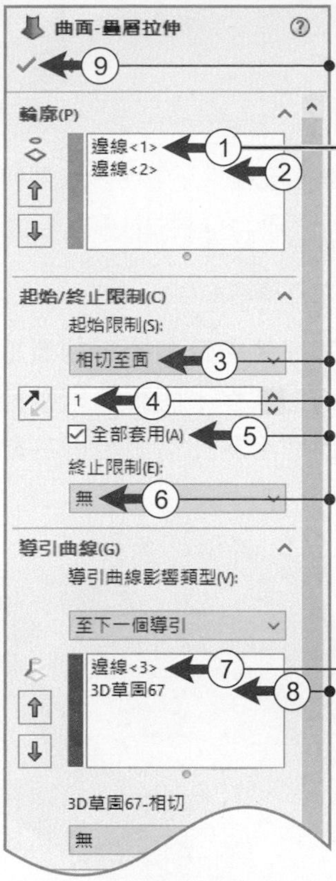
曲面-疊層拉伸
輪廓(P)
邊線<1>
邊線<2>
起始/終止限制(C)
起始限制(S):
相切至面
1
全部套用(A)
終止限制(E):
無
導引曲線(G)
導引曲線影響類型(V):
至下一個導引
邊線<3>
3D草圖67
3D草圖67-相切
無
施行曲面成形之進程
放樣曲面之縱向邊線指定
設置為相切限制
影響曲面之域值定義
套用所選之曲線
不執行末端之變項
加入STEP-15塑形之上端邊界
點選前頁所繪製的三維「不規則曲線」

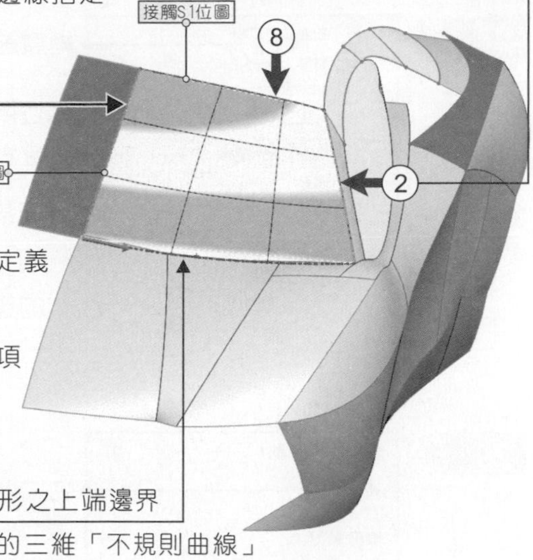
選擇玻璃之右側鈑金邊界
接觸S1位圖
接觸S1位圖

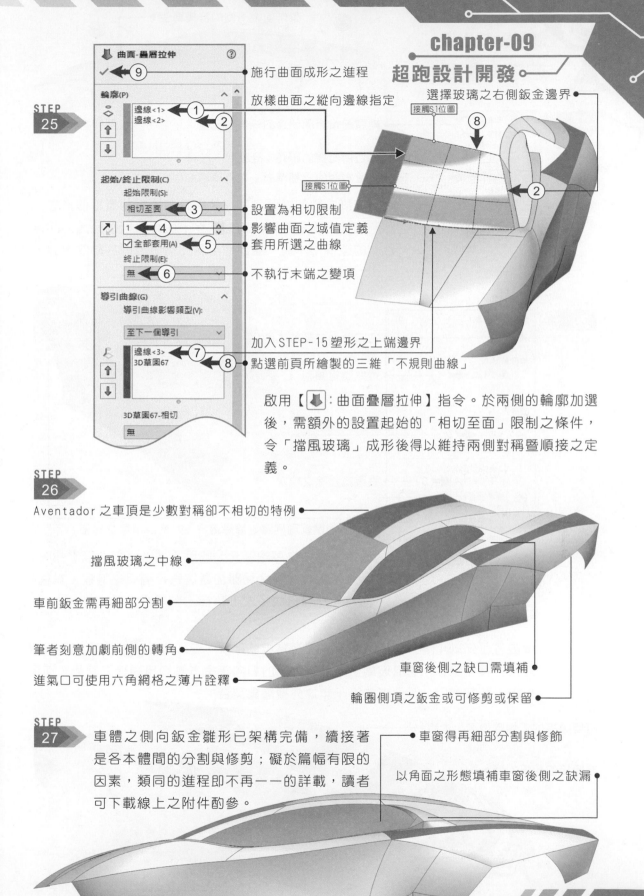

啟用【 :曲面疊層拉伸】指令。於兩側的輪廓加選後，需額外的設置起始的「相切至面」限制之條件，令「擋風玻璃」成形後得以維持兩側對稱暨順接之定義。

STEP 26

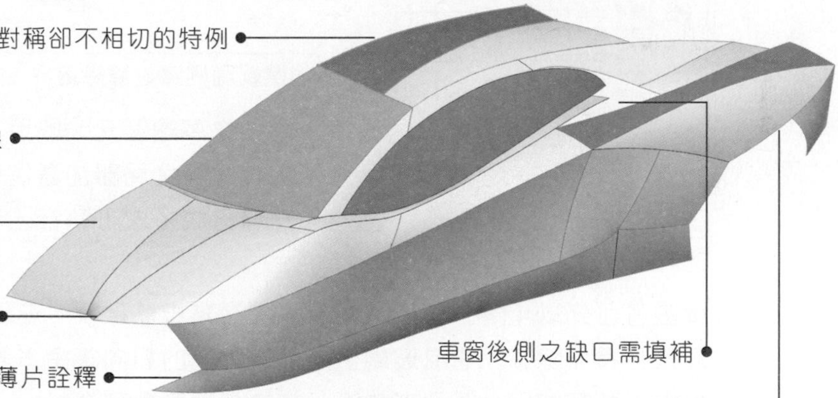
Aventador之車頂是少數對稱卻不相切的特例
擋風玻璃之中線
車前鈑金需再細部分割
筆者刻意加劇前側的轉角
進氣口可使用六角網格之薄片詮釋
車窗後側之缺口需填補
輪圈側項之鈑金或可修剪或保留

STEP 27

車體之側向鈑金雛形已架構完備，續接著是各本體間的分割與修剪；礙於篇幅有限的因素，類同的進程即不再一一的詳載，讀者可下載線上之附件酌參。

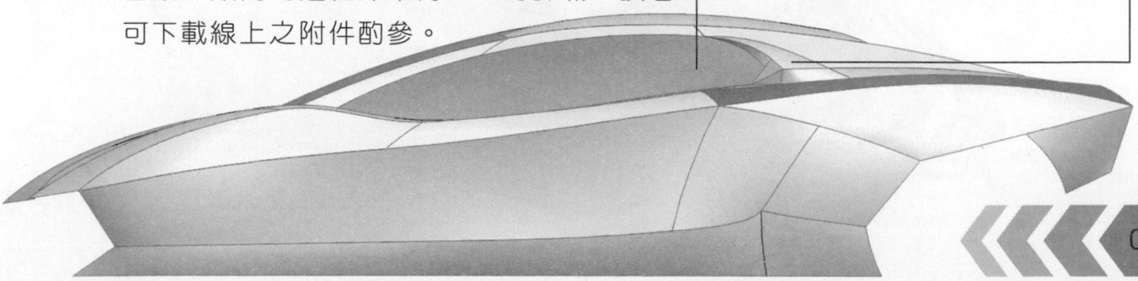
車窗得再細部分割與修飾
以角面之形態填補車窗後側之缺漏

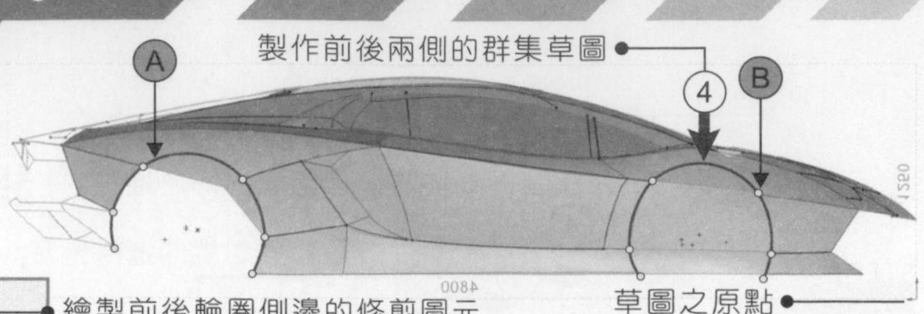
製作前後兩側的群集草圖
A
B
4
草圖之原點

STEP 28

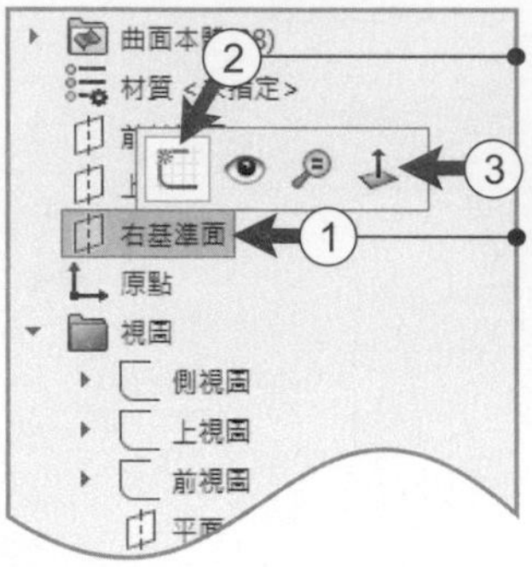

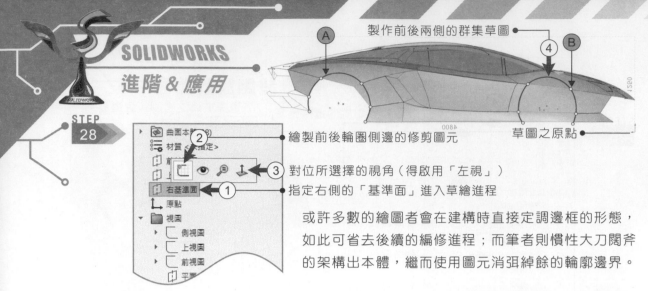

或許多數的繪圖者會在建構時直接定調邊框的形態，如此可省去後續的編修進程；而筆者則慣性大刀闊斧的架構出本體，繼而使用圖元消弭綽餘的輪廓邊界。

STEP 29

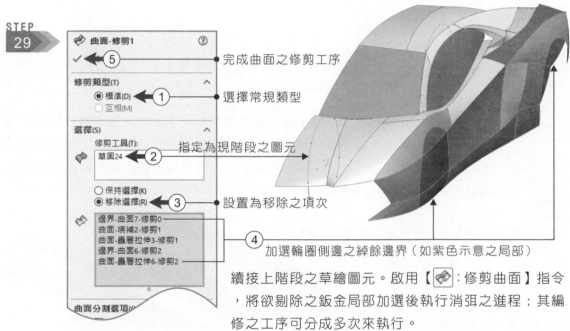

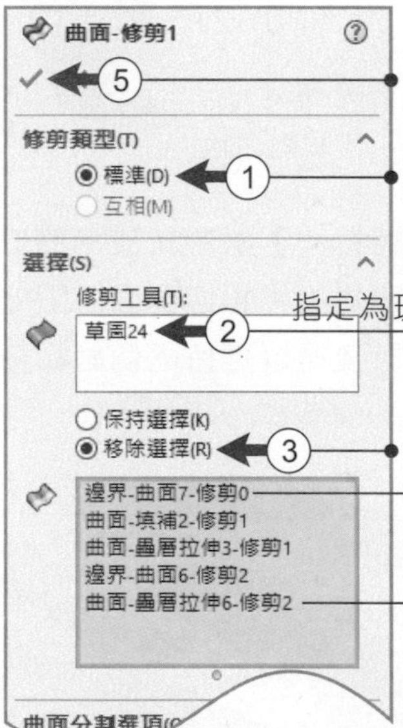
曲面-修剪1
5
修剪類型(T)
標準(D)
互相(M)
1
選擇(S)
修剪工具(T):
草圖24
2
保持選擇(K)
移除選擇(R)
3
邊界-曲面7-修剪0
曲面-填補2-修剪1
曲面-疊層拉伸3-修剪1
邊界-曲面6-修剪2
曲面-疊層拉伸6-修剪2
4
曲面分割選項
完成曲面之修剪工序
選擇常規類型
指定為現階段之圖元
設置為移除之項次
加選輪圈側邊之綽餘邊界（如紫色示意之局部）

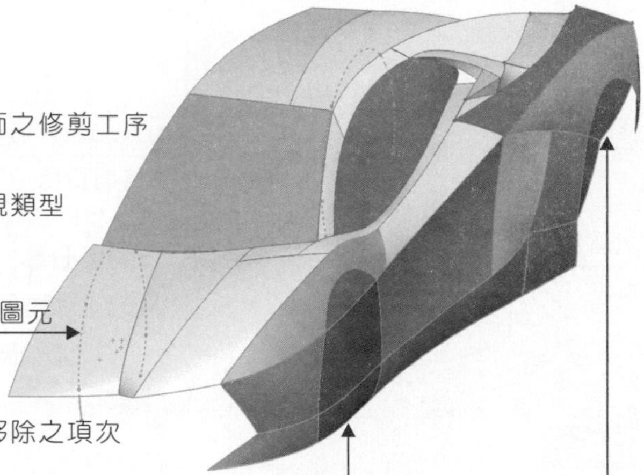

續接上階段之草繪圖元。啟用【 ：修剪曲面】指令，將欲剔除之鈑金局部加選後執行消弭之進程；其編修之工序可分成多次來執行。

STEP 30

繪圖者可先以【 ：右基準面】鏡像複製車體檢視，在啟用【 ：斑馬紋】後得清楚的看見除了「擋風玻璃」之外，其他的對向鈑金本體均無順接之定義，而這也與「藍寶堅尼」系列車款近十年之外觀意象契合。

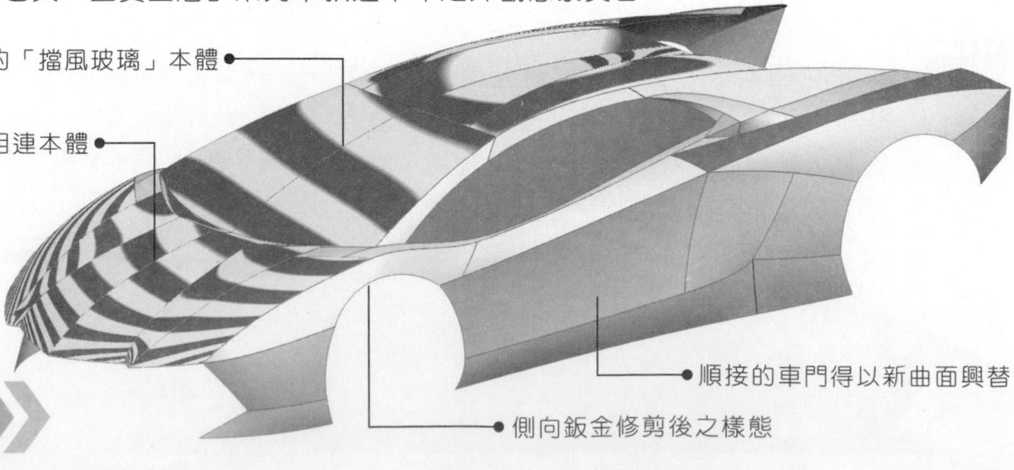
兩側順接的「擋風玻璃」本體
非順接的相連本體
順接的車門得以新曲面興替
側向鈑金修剪後之樣態

9-1.3 車尾與細節建構

STEP 01

續接的工序是針對車尾與鈑金細節設計之進程。啟用【3D:3D 草圖】放樣一段自由曲線，並以此項次架構其他的連結圖元後，執行【:填補曲面】亦或是【:邊界曲面】塑形。

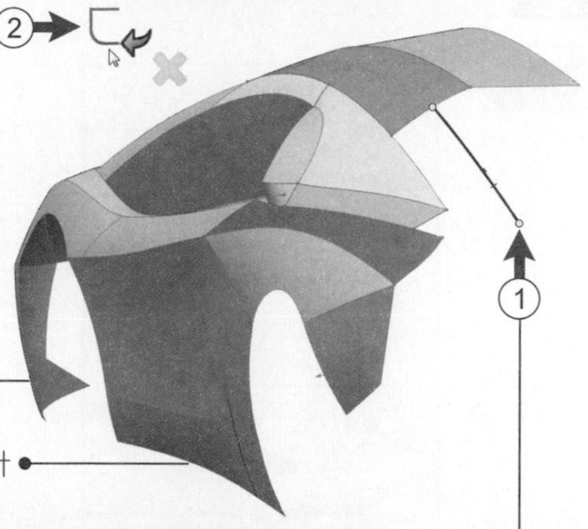
保留其 3D 圖元
②
①
餘留下的投影線與平面草圖輪廓可先隱藏或刪除
車體鈑金鏡像複製前須先完成細節的設計
以三維型態的「不規則曲線」建構側向的邊界

STEP 02

有了上步驟的曲線放樣後，接續下來的幾段邊界圖元得參酌左側範例架構。如果複合的輪廓有較大的形態差異，則建議建模者可分多次執行【 填補曲面】之工序。

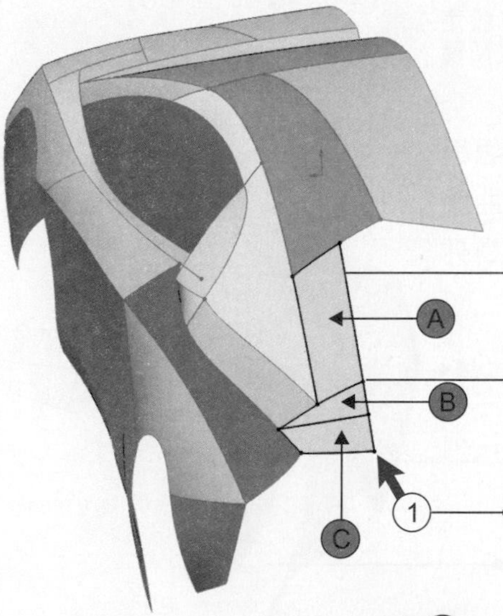
前步驟完成的放樣圖元
A
橫向的線段得做為鋪面時的導引項次
B
C
①
繪圖者得分三次執行「填補曲面」；抑或是一次性的完成「曲面疊層拉伸」。

STEP 03

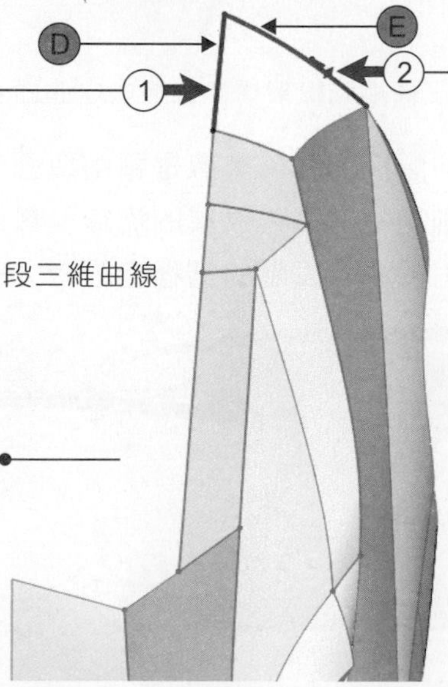
D
E
①
②
保留現階段的 3D 草圖
③
以「左鍵」拖曳「曲度控制閥」並調整線段之維度。
描繪兩段三維曲線
後置引擎配裝處

進入【3D:3D 草圖】，且使用【 不規則曲線】繪製 D 與 E 兩線段。續接著以【:選擇工具】拖曳「曲度控制閥」來調整圖元；待輪廓定義完備後，即點擊【 保留草圖】指令暫存時下的線段項次。

下方畫面省略

STEP 04

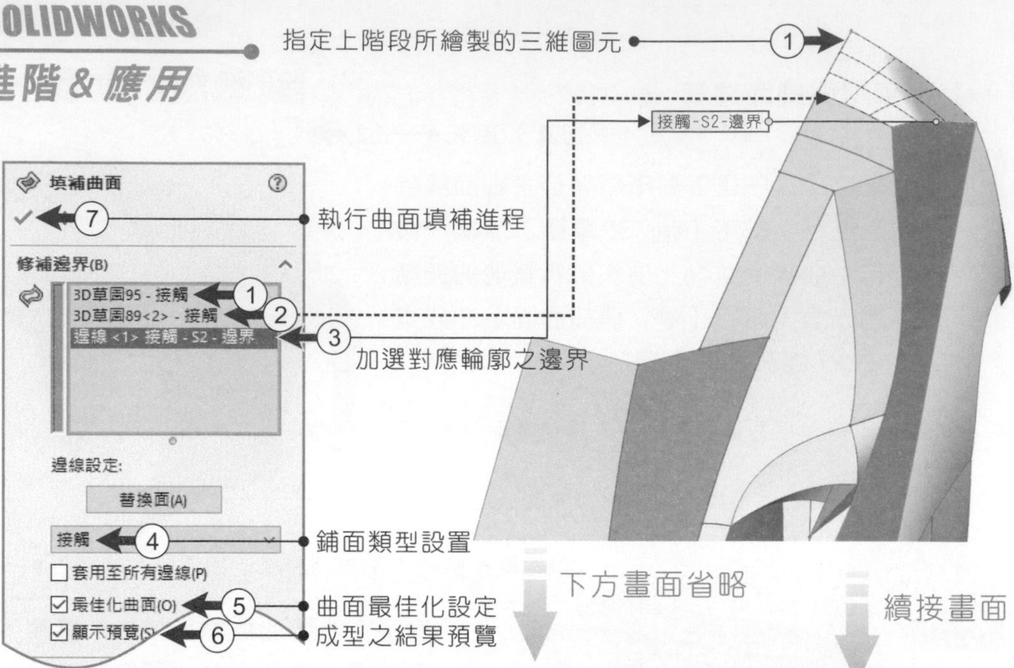
指定上階段所繪製的三維圖元
接觸-S2-邊界
填補曲面
執行曲面填補進程
修補邊界(B)
3D草圖95 - 接觸
3D草圖89<2> - 接觸
邊線<1> 接觸 - S2 - 邊界
加選對應輪廓之邊界
邊線設定:
替換面(A)
接觸
鋪面類型設置
套用至所有邊線(P)
最佳化曲面(O)
顯示預覽(S)
曲面最佳化設定
成型之結果預覽
下方畫面省略
續接畫面

STEP 05

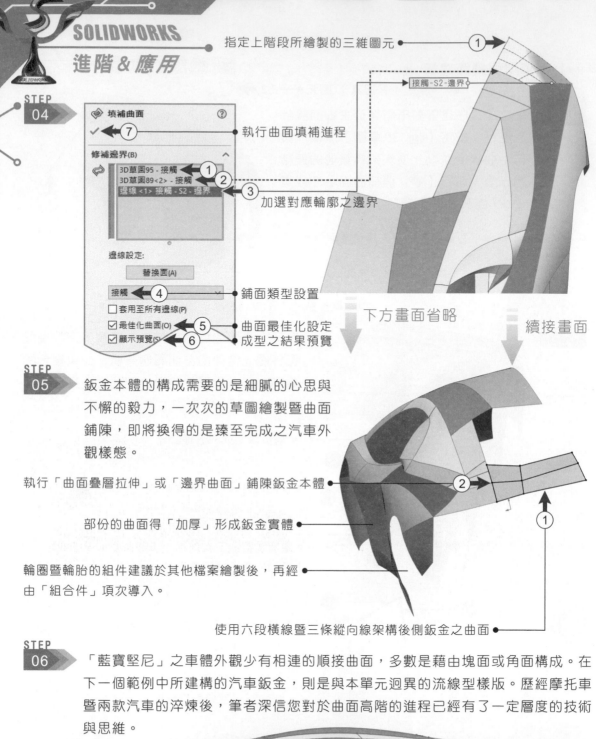

鈑金本體的構成需要的是細膩的心思與不懈的毅力，一次次的草圖繪製暨曲面鋪陳，即將換得的是臻至完成之汽車外觀樣態。

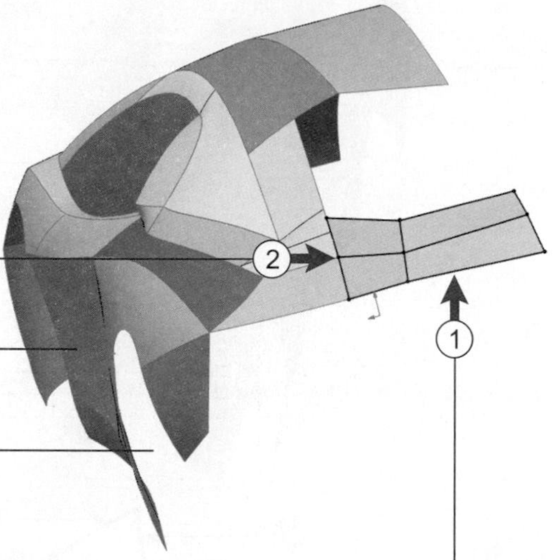
執行「曲面疊層拉伸」或「邊界曲面」鋪陳鈑金本體
部份的曲面得「加厚」形成鈑金實體
輪圈暨輪胎的組件建議於其他檔案繪製後，再經由「組合件」項次導入。
使用六段橫線暨三條縱向線架構後側鈑金之曲面

STEP 06

「藍寶堅尼」之車體外觀少有相連的順接曲面，多數是藉由塊面或角面構成。在下一個範例中所建構的汽車鈑金，則是與本單元迥異的流線型樣版。歷經摩托車暨兩款汽車的淬煉後，筆者深信您對於曲面高階的進程已經有了一定層度的技術與思維。

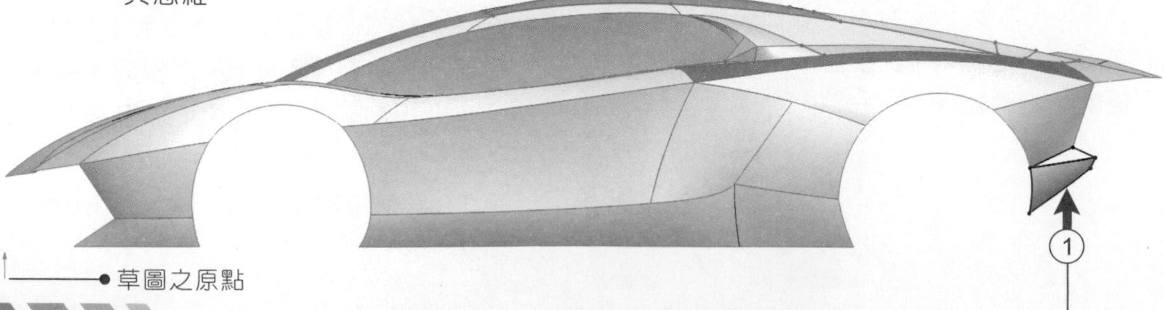
草圖之原點
車體後側的鈑金同樣是在草圖架構後再以曲面鋪陳

STEP 07

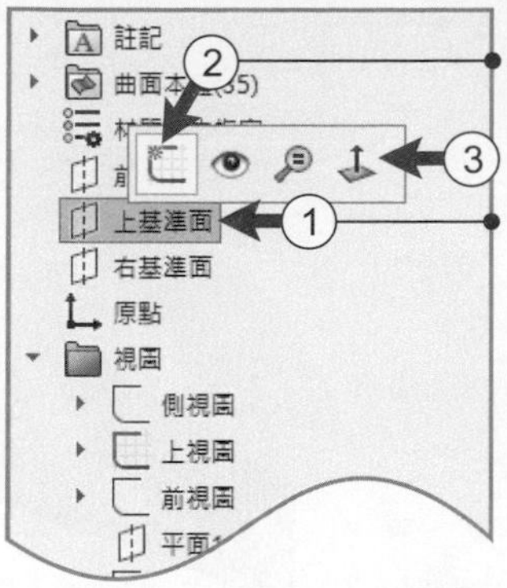

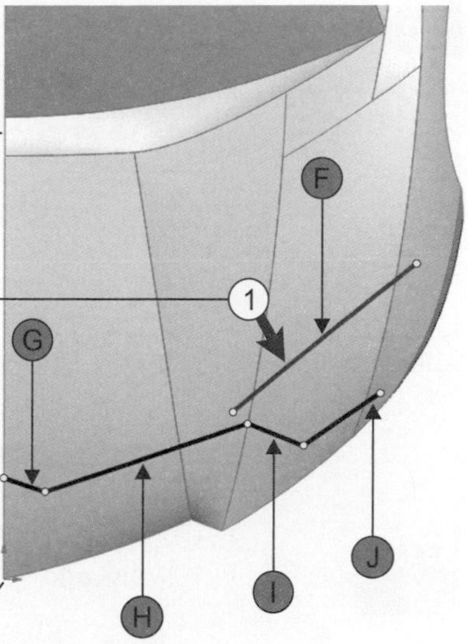

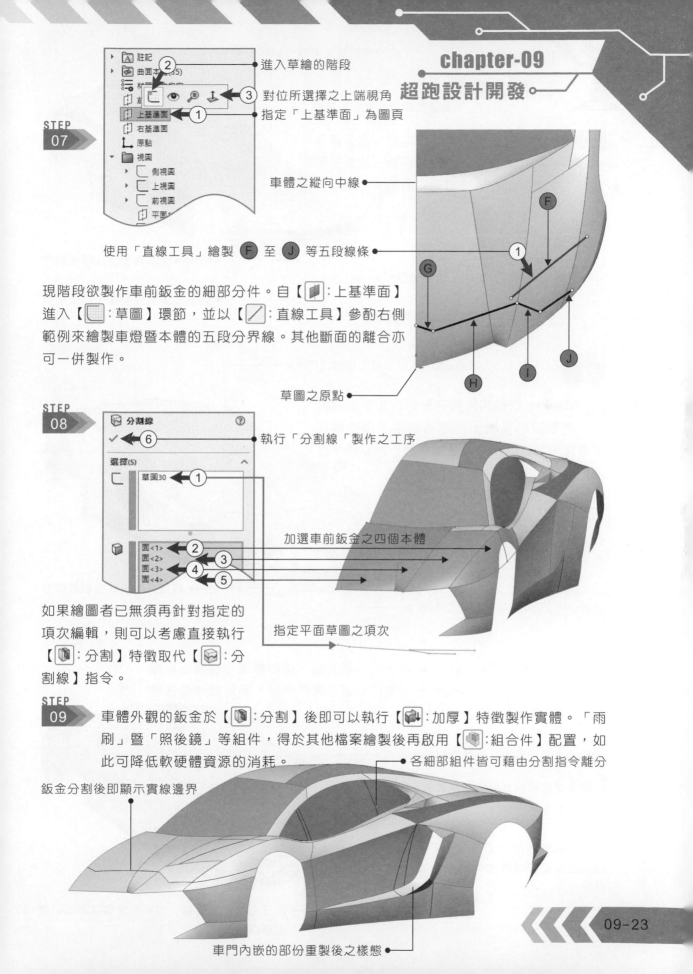

現階段欲製作車前鈑金的細部分件。自【 :上基準面】進入【 :草圖】環節，並以【 :直線工具】參酌右側範例來繪製車燈暨本體的五段分界線。其他斷面的離合亦可一併製作。

STEP 08

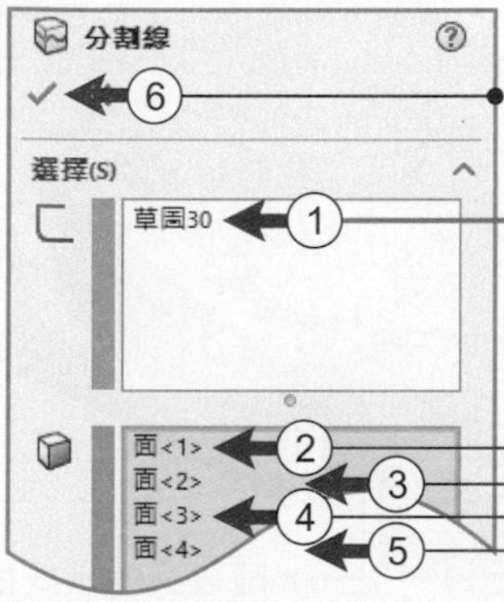

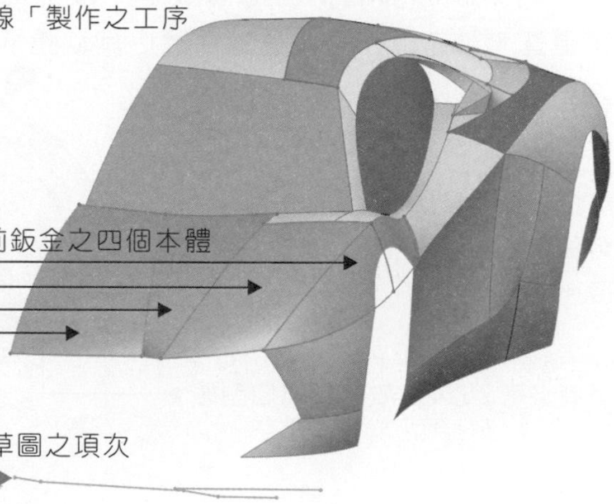

如果繪圖者已無須再針對指定的項次編輯，則可以考慮直接執行【 :分割】特徵取代【 :分割線】指令。

STEP 09

車體外觀的鈑金於【 :分割】後即可以執行【 :加厚】特徵製作實體。「雨刷」暨「照後鏡」等組件，得於其他檔案繪製後再啟用【 :組合件】配置，如此可降低軟硬體資源的消耗。

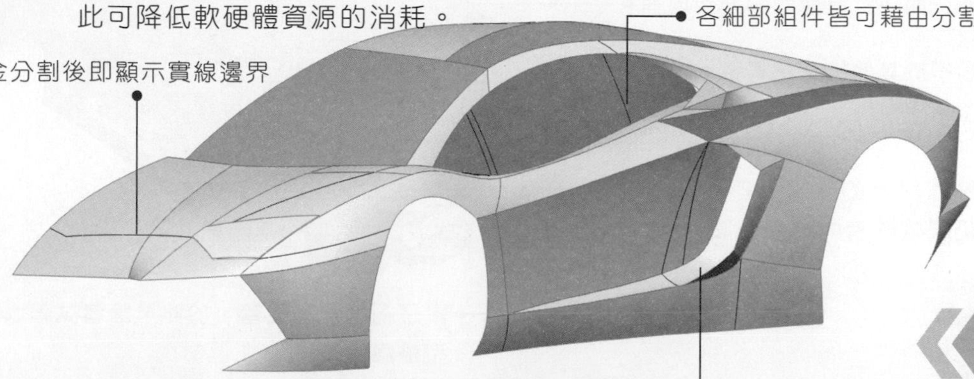

STEP 10

車體的前後燈組件，建議得另外轉存至其他檔案後再細部修飾，此作法可以減緩軟硬體資源的消磨。

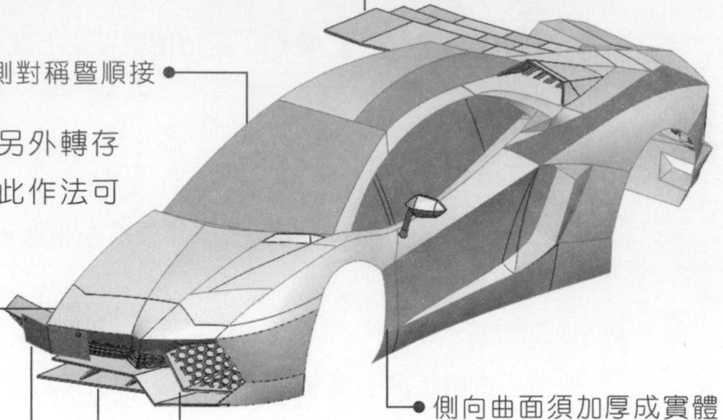

車後擾流板可兩側一併成型
擋風玻璃需兩側對稱暨順接
「大牛」是少數車前鈑金不需順接的超跑車款。
側向曲面須加厚成實體
兩側對稱且連接的「車牌」得一次成型
進氣孔單側成型後再鏡像複製
部份構件得直接以實體特徵建構

續接畫面

STEP 11

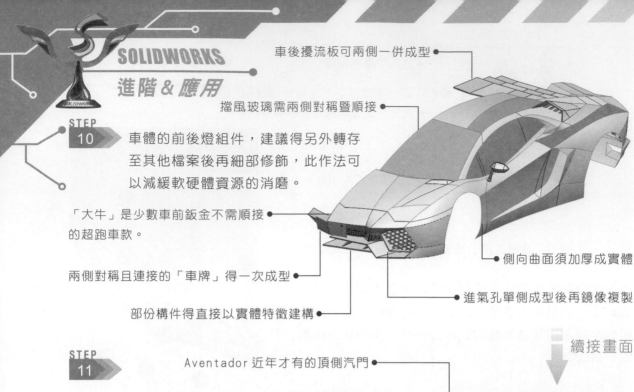

SolidWorks 軟體的開發初衷只定位是低階的電腦輔助設計系統；但隨著版本不段的推新與更迭，筆者現在可自信的推薦，其軟體早已入列諸多高階 CAD 系統之林。

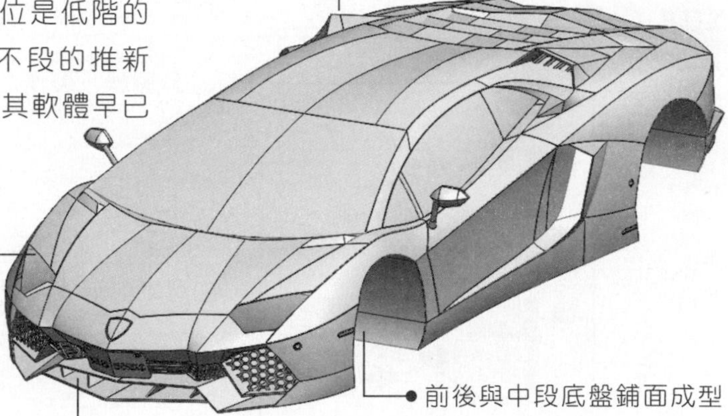

Aventador 近年才有的頂側汽門
車燈的組件建議轉至其他檔案後再建構，藉以提升電腦運算之速度。
前後與中段底盤鋪面成型
筆者參考 2024 年款的進氣口型態

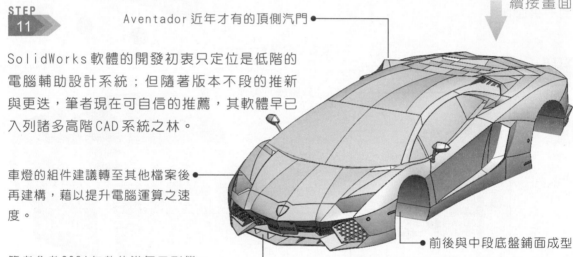

續接畫面

STEP 12

「藍寶堅尼 Aventador」的外觀特色，可解構成一塊塊的角面組併結合，建構者僅需掌握其鈑金邊界線段，即可鋪陳曲面暨【加厚】成實體。

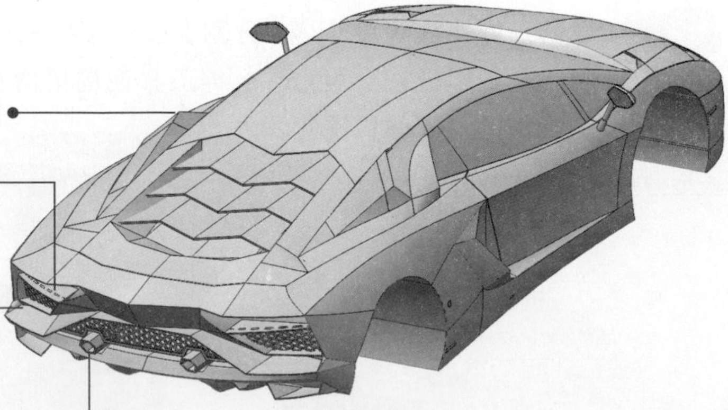

視角面之概況而決定是曲面鋪陳或填補
兩側的尾燈得於其他檔案建構後再組併彙整。
雖然是參酌 2024 年的款式，但部份的細節仍視繪圖者的觀感而設計變更。
本是圓型的排氣管，於此，筆者試著以六邊型輪廓興替。

STEP 13 由於「藍寶堅尼」之外觀本體繁多，部份的零件得轉存至其他檔案完成後，再經由【:組合件】導入暨對位。超跑的鈑金以【:加厚】指令轉換成實體，且以【:圓角】特徵針對各邊界施行半徑 1-3mm 之進程；如果彩現時仍無法具體的表徵本體間的分界，則得以【:本體移動複製】之特徵離合各構件。

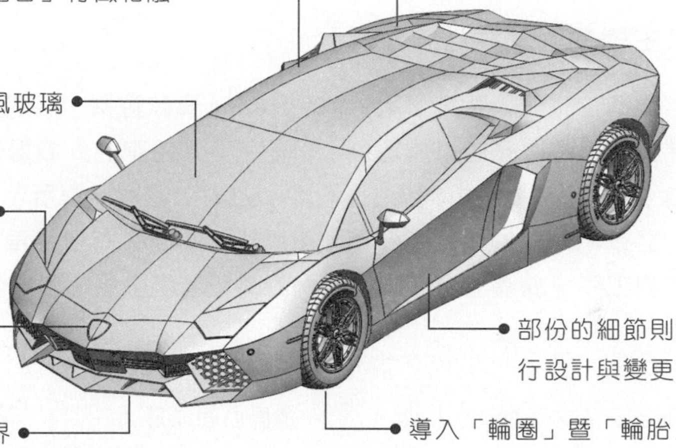
放樣的鈑金轉換成實體
兩側相連的鈑金需執行「結合」特徵相融
以「斑馬紋」功能檢核擋風玻璃
「大燈」組件導入與對位
「LOGO」概略繪製即可
部份的細節則留待繪圖者自行設計與變更。
執行「圓角」指令修飾邊界
導入「輪圈」暨「輪胎」之次級組件

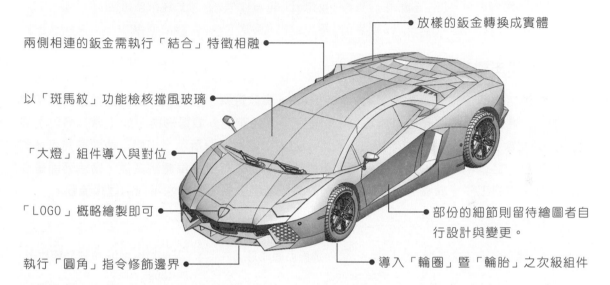

STEP 14 進入模型彩現程序：透過Solidworks之附加模組【 Photoview360】編輯模型【:外觀】與【:全景】；汽車鈑金得以高彩度的質材附貼，而細部的組件則需審慎的分色。下方為兩輛超跑融合素色場景之渲染完成圖照。

《藍寶堅尼彩現完成圖》

9-2 流線型跑車設計

⊙要點提醒 **本範例為綠色版參考教學檔--請學習者使用雲端連結並下載相關之附件**

本範例教學視訊檔案：SolidWorks/進階&應用/CH09目錄下/9-2 流線型跑車.avi
本範例製作完成檔案：SolidWorks/進階&應用/CH09目錄下/9-2 流線型跑車.SLDPRT

⊙ 9-2.1 跑車主體曲面鋪陳

流線型跑車之建構工序與「藍寶堅尼」Aventador車款迴異，後者是一片片曲面鋪陳與架構的「加法」進程；而本單元的車體鈑金，則是在有了超跑的外觀雛形後，以【：分割】或【：分割線】剪裁及消弭的「減法」設計。如底下建模進程所示：車體之曲面邊界可參酌著底圖放樣，且以兩階段的曲面指令鋪陳車體雛形；而在有了其車體鈑金後，續接著即是曲面修剪暨剔除的工序。繪圖者得在兩個範例的學習過程中領略暨體悟不同的建構流程。

建模進程：

匯入各視角之底圖
Process-1

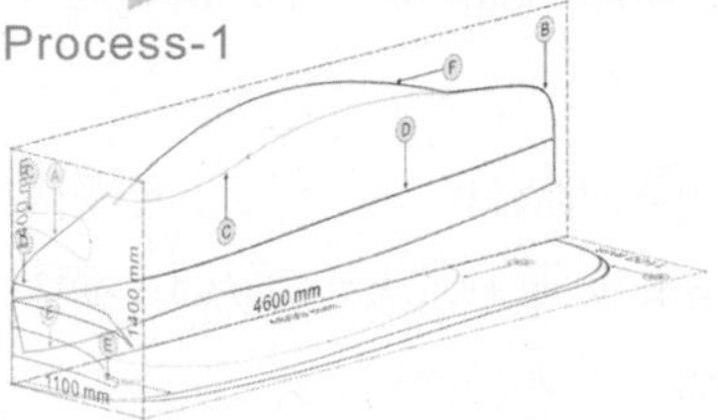

邊界曲面成形
Process-2

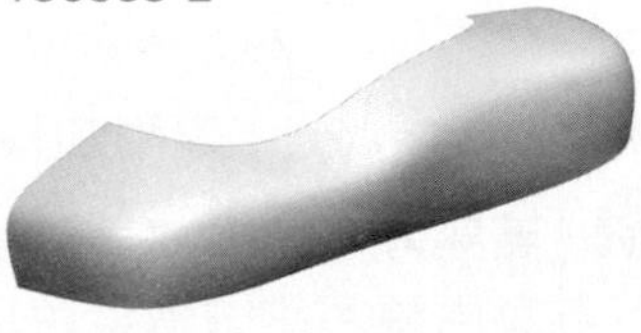

完成車體外觀雛形
Process-3

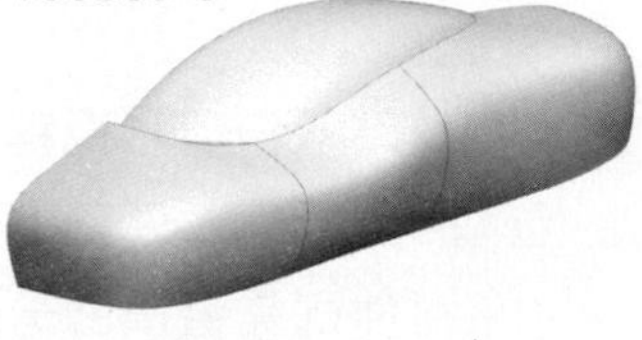

零件分割與細部設計
Process-4

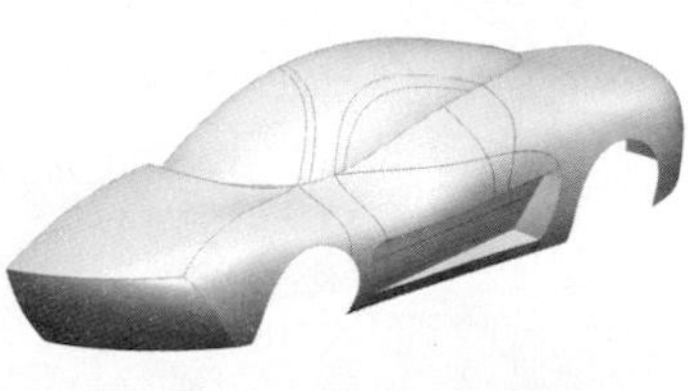

車頭與側翼塑型
Process-5

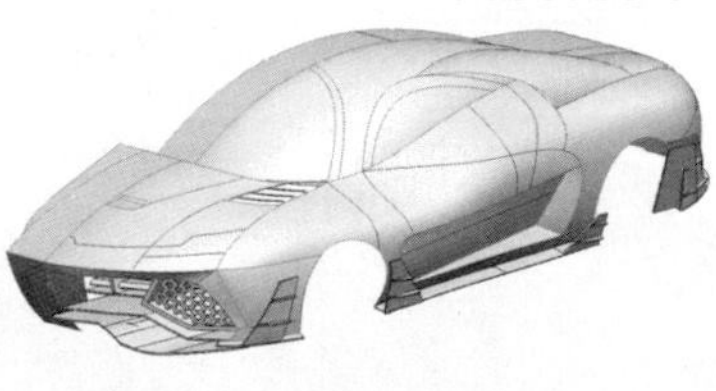

照後鏡與汽門建構
Process-6

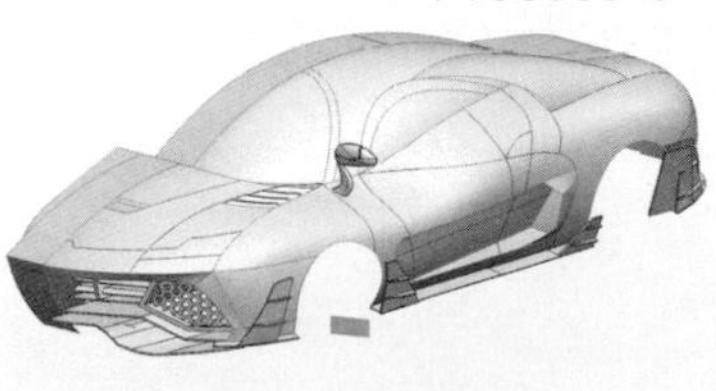

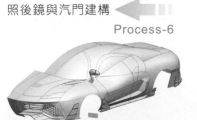

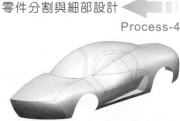

曲面縫織暨增厚
Process-7

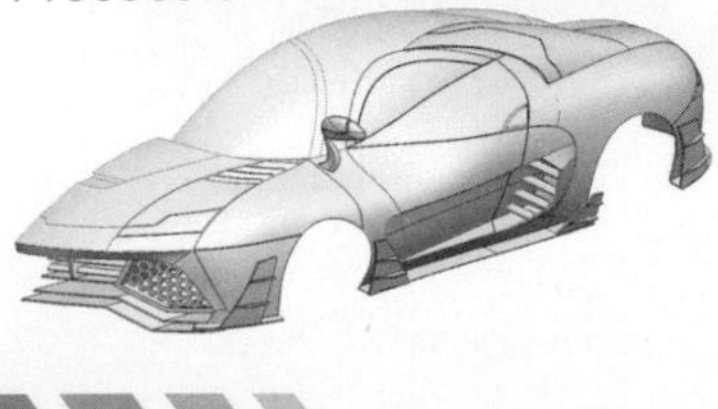

鏡像複製所有本體
Process-8

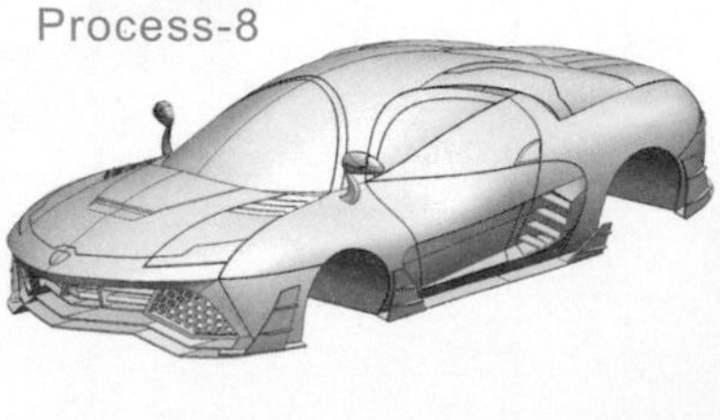

導入零件暨邊界修飾
Process-9

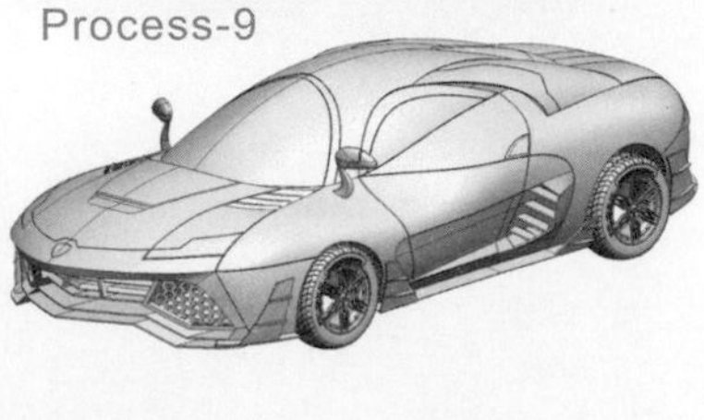

STEP 01

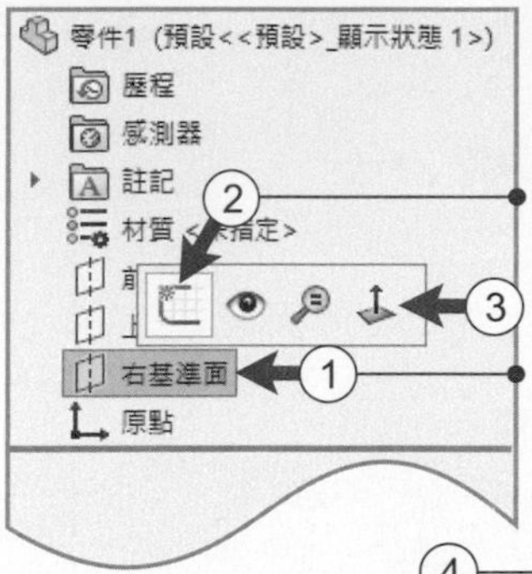

② 進入草繪階段且放樣圖元

③ 對位所指定的視角

① 選擇作用基準

在建構車體鈑金前，建議可先匯入參酌之底圖。於此，筆者以矩形概略的匡列目標物件的外觀尺寸。

④ 自「原點」繪製一矩形，且異動成「幾何建構線」。

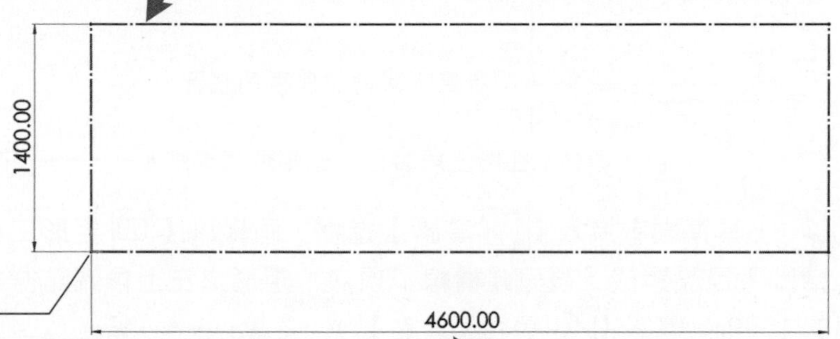

草圖原點

⑤ 標註矩形對應的長寬尺寸

STEP 02

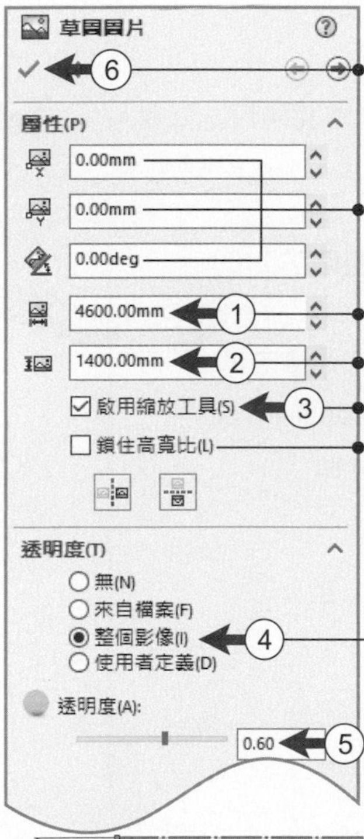

⑥ 底圖設置定義與執行

保留現階段的草圖底稿 ⑦

視檔案配置情況而概略的調整

① 概略輸入底圖之寬度為4600mm(不須完全參照範例之設置)

② 圖片高度輸入1400mm之參數

③ 藉由拖曳角點而變更視圖之比例

或可啟用「高寬比」鎖定

續接上階段的草繪進程，且使用【插入草圖圖片】指令。關於底稿的參數設定可概略酌參左側之對話框，並於定義後保留現階段之圖元。

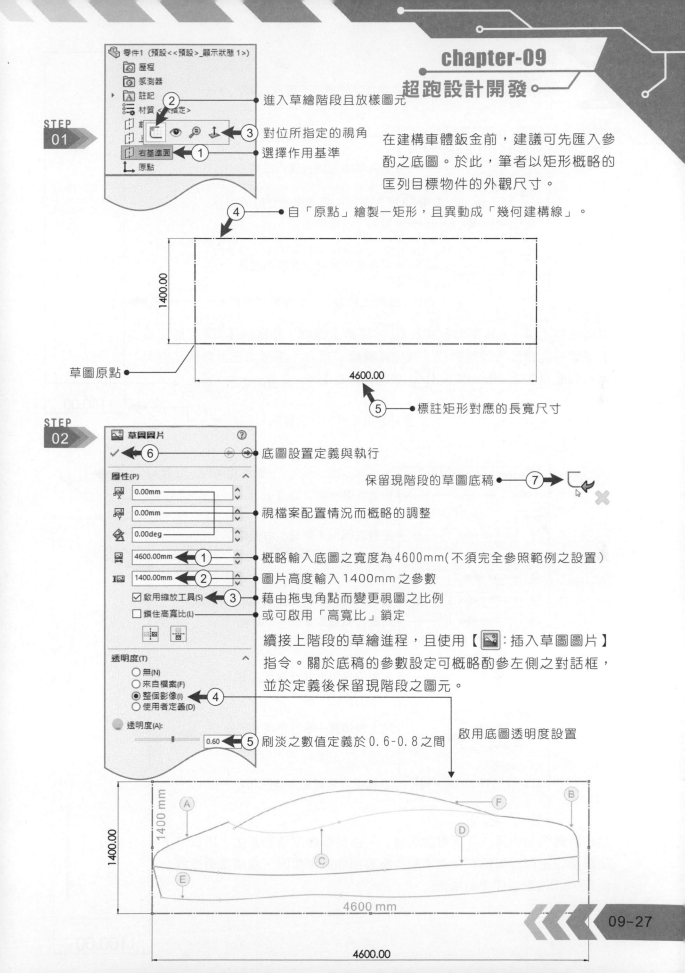

④ 啟用底圖透明度設置

⑤ 刷淡之數值定義於0.6-0.8之間

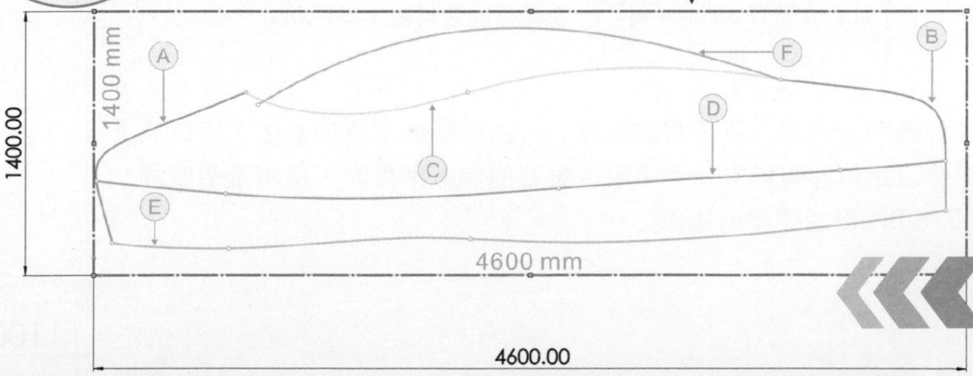

STEP 03

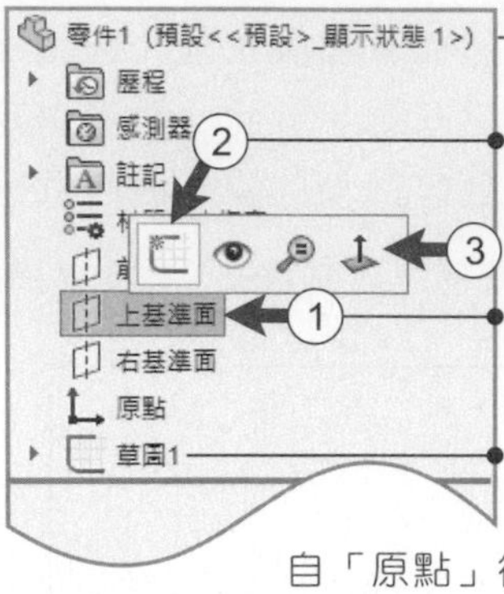
零件1 (預設<<預設>_顯示狀態 1>)
歷程
感測器
註記
上基準面
右基準面
原點
草圖1
特徵管理員（如PS的步驟紀錄）
② 進入草繪階段且匯入底稿
③「正視於」所選擇的方位
① 指定「上基準面」
前步驟所保留之側視角底圖

⑥ 與右側視角之建構線「重合/共點」
④ 自「原點」往右上角製作一個矩形建構線
系統內建之「原點」
⑤ 標註水平建構線之參數為1100mm
1100.00

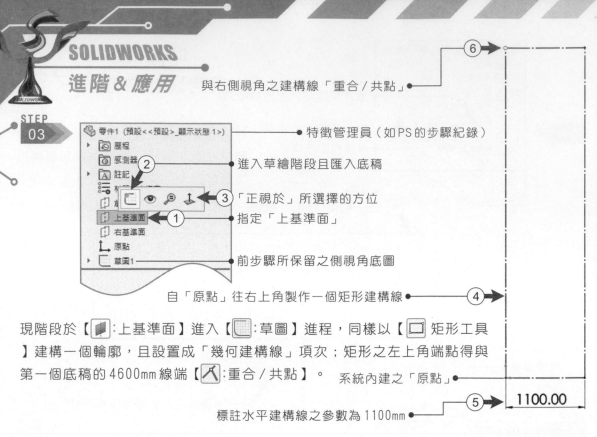

現階段於【:上基準面】進入【:草圖】進程，同樣以【 矩形工具】建構一個輪廓，且設置成「幾何建構線」項次；矩形之左上角端點得與第一個底稿的4600mm線端【:重合/共點】。

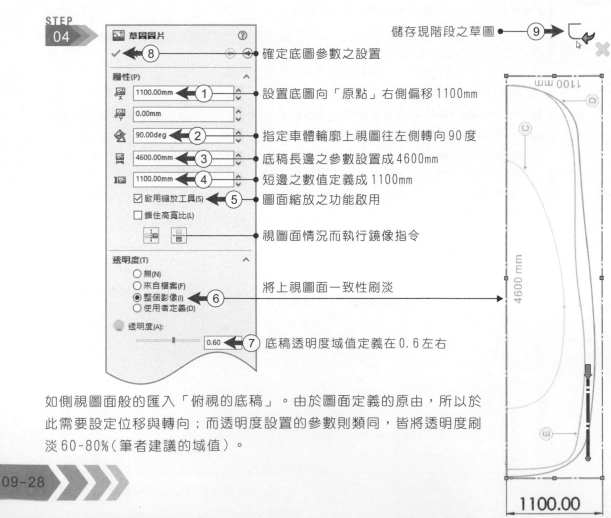

STEP 04

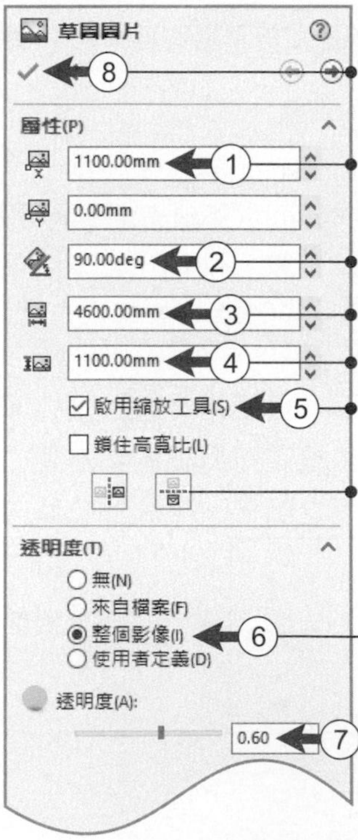
草圖圖片
⑧ 確定底圖參數之設置
屬性(P)
1100.00mm
① 設置底圖向「原點」右側偏移1100mm
0.00mm
90.00deg
② 指定車體輪廓上視圖往左側轉向90度
4600.00mm
③ 底稿長邊之參數設置成4600mm
1100.00mm
④ 短邊之數值定義成1100mm
啟用縮放工具(S)
⑤ 圖面縮放之功能啟用
鎖住高寬比(L)
視圖面情況而執行鏡像指令
透明度(T)
無(N)
來自檔案(F)
整個影像(I)
使用者定義(D)
⑥ 將上視圖面一致性刷淡
透明度(A):
0.60
⑦ 底稿透明度域值定義在0.6左右

⑨ 儲存現階段之草圖

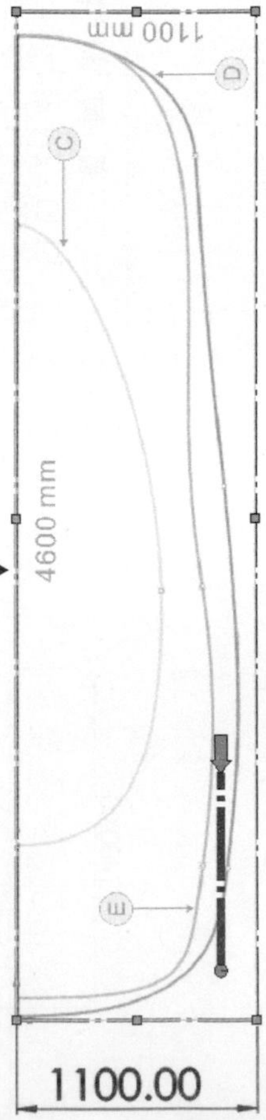
1100 mm
4600 mm
1100.00

如側視圖面般的匯入「俯視的底稿」。由於圖面定義的原由，所以於此需要設定位移與轉向；而透明度設置的參數則類同，皆將透明度刷淡60-80%（筆者建議的域值）。

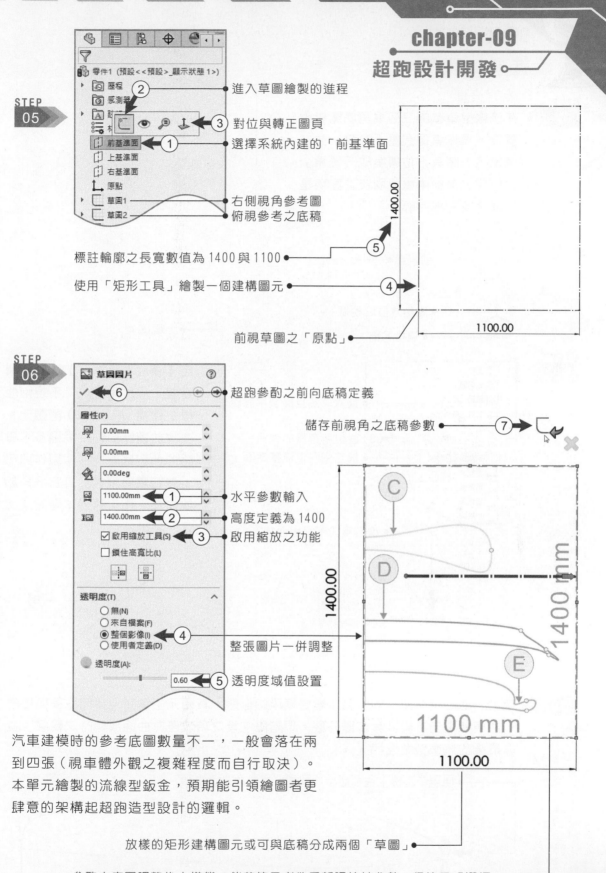

STEP 05

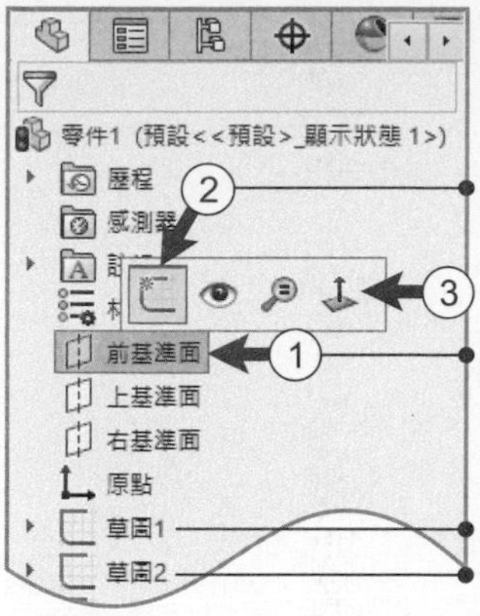

② 進入草圖繪製的進程

③ 對位與轉正圖頁

① 選擇系統內建的「前基準面

右側視角參考圖

俯視參考之底稿

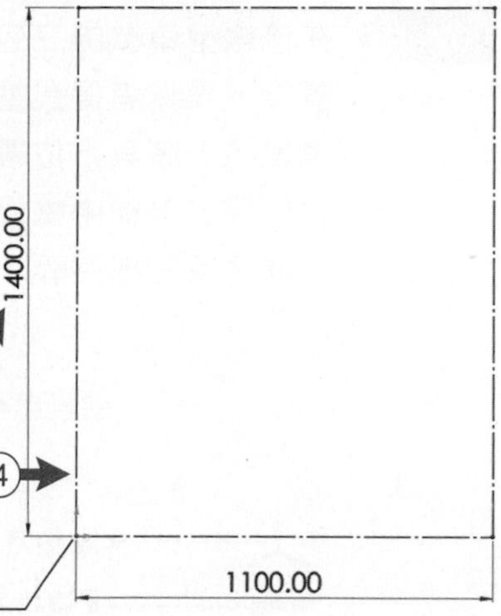

⑤ 標註輪廓之長寬數值為 1400 與 1100

④ 使用「矩形工具」繪製一個建構圖元

前視草圖之「原點」

STEP 06

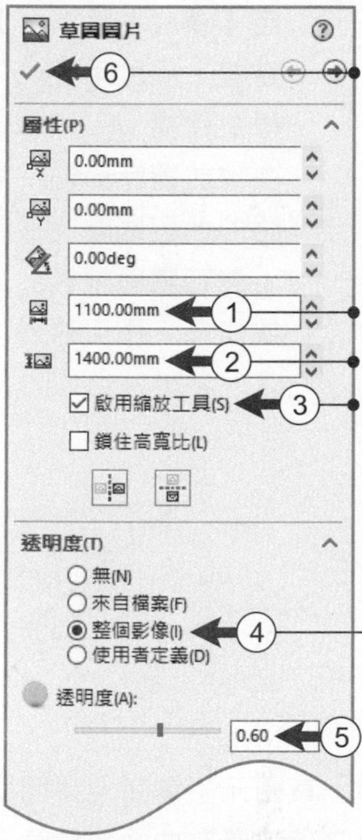

⑥ 超跑參酌之前向底稿定義

⑦ 儲存前視角之底稿參數

① 水平參數輸入

② 高度定義為 1400

③ 啟用縮放之功能

④ 整張圖片一併調整

⑤ 透明度域值設置

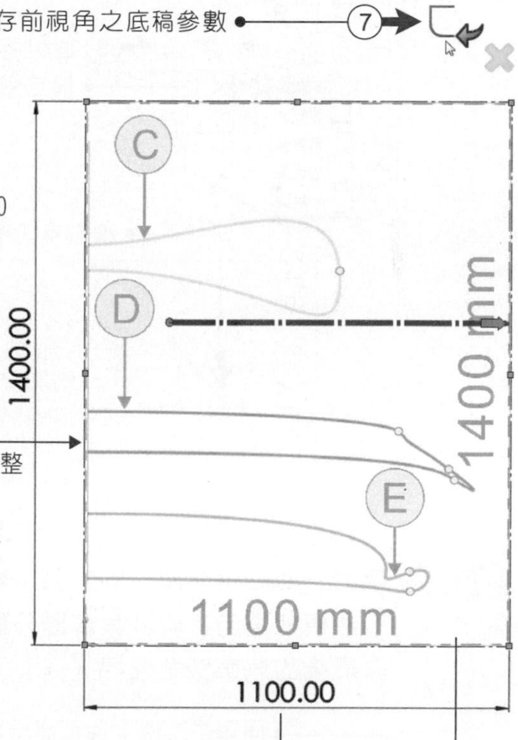

汽車建模時的參考底圖數量不一，一般會落在兩到四張（視車體外觀之複雜程度而自行取決）。本單元繪製的流線型鈑金，預期能引領繪圖者更肆意的架構起超跑造型設計的邏輯。

放樣的矩形建構圖元或可與底稿分成兩個「草圖」

參酌之底圖調整後之樣態。倘若使用者欲重新調校其參數，得使用「選擇工具」於該項次快點兩下，即可進入本步驟之設置環節。

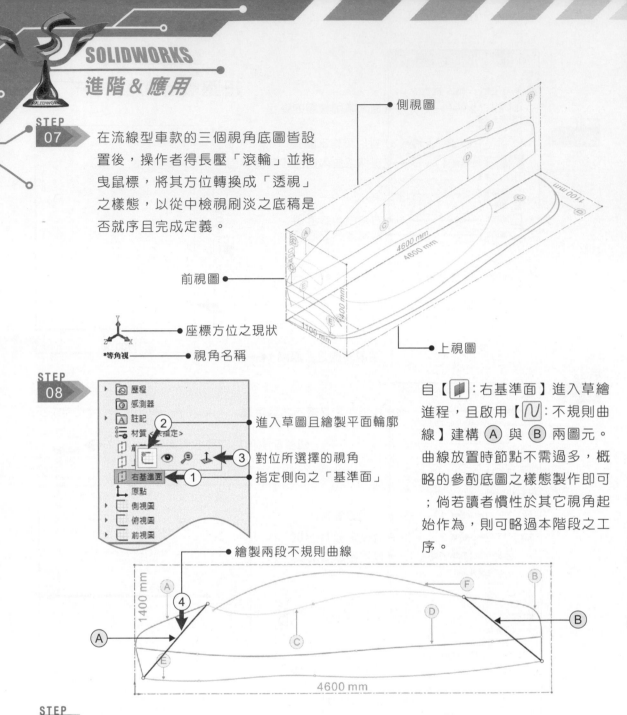

STEP 07

在流線型車款的三個視角底圖皆設置後，操作者得長壓「滾輪」並拖曳鼠標，將其方位轉換成「透視」之樣態，以從中檢視刷淡之底稿是否就序且完成定義。

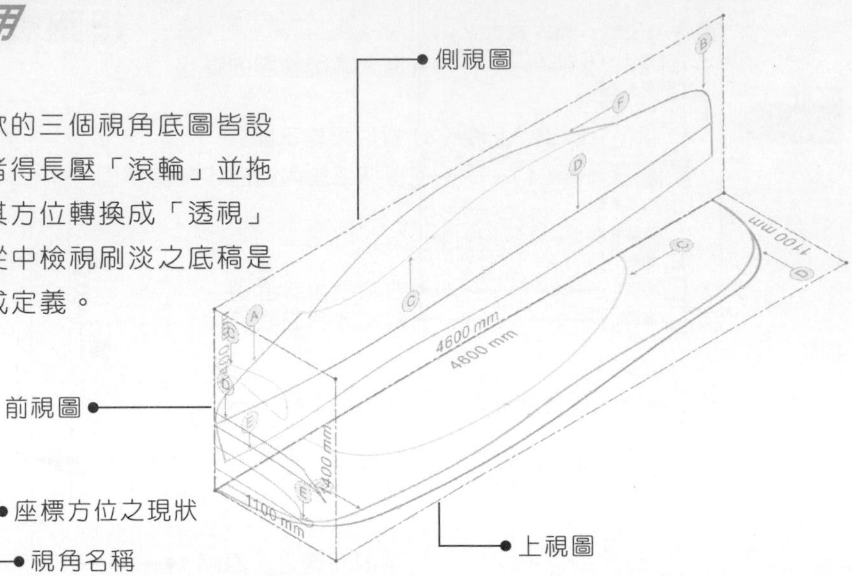

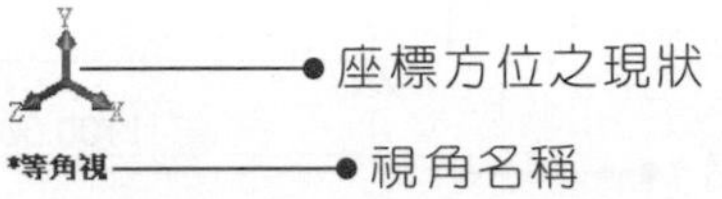

STEP 08

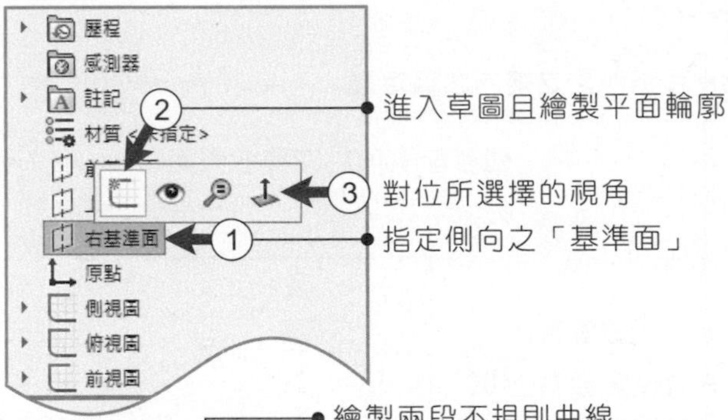

自【右基準面】進入草繪進程，且啟用【不規則曲線】建構 Ⓐ 與 Ⓑ 兩圖元。曲線放置時節點不需過多，概略的參酌底圖之樣態製作即可；倘若讀者慣性於其它視角起始作為，則可略過本階段之工序。

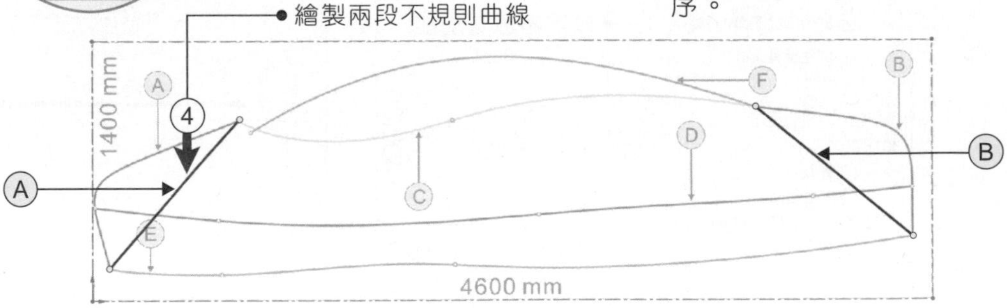

STEP 09

藉由「曲度控制閥」的調節以變更線段的形態，其圖元不需完全參照底稿與依附，建模者得自行設計其車體外觀。現階段前後之項次僅為曲面放樣時之輪廓，並非最後的汽車鈑金邊界。

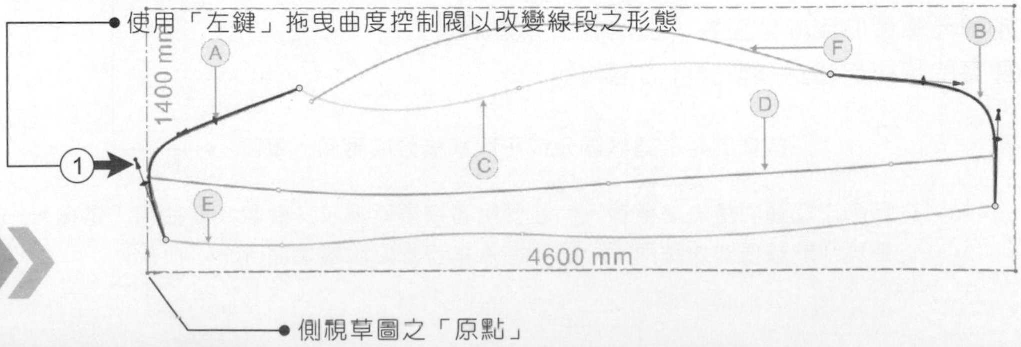

STEP 10

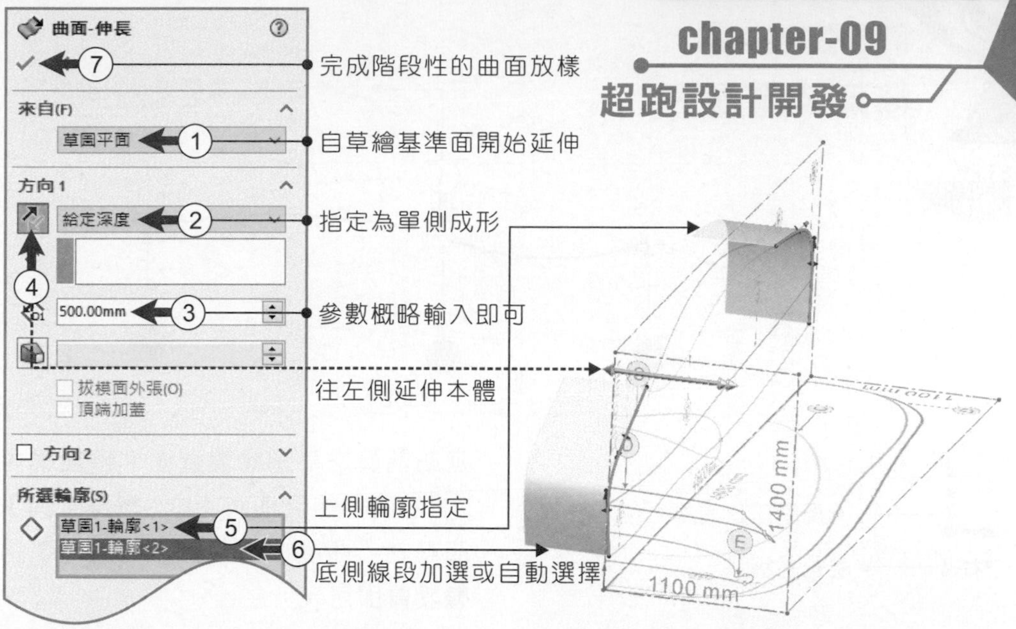

STEP 11

現階段欲在新生成的前後側曲面中架構一條連接線。啟用【3D:3D 草圖】中的【 :不規則曲線】，並參酌圖例放樣三個節點，且建議將兩側之線端與曲面縱向線【 :相切】限制。

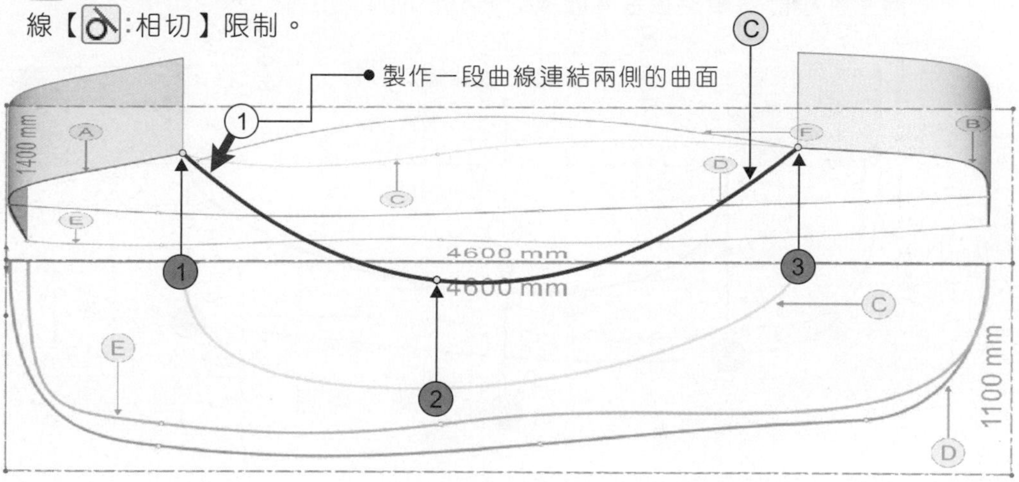

STEP 12

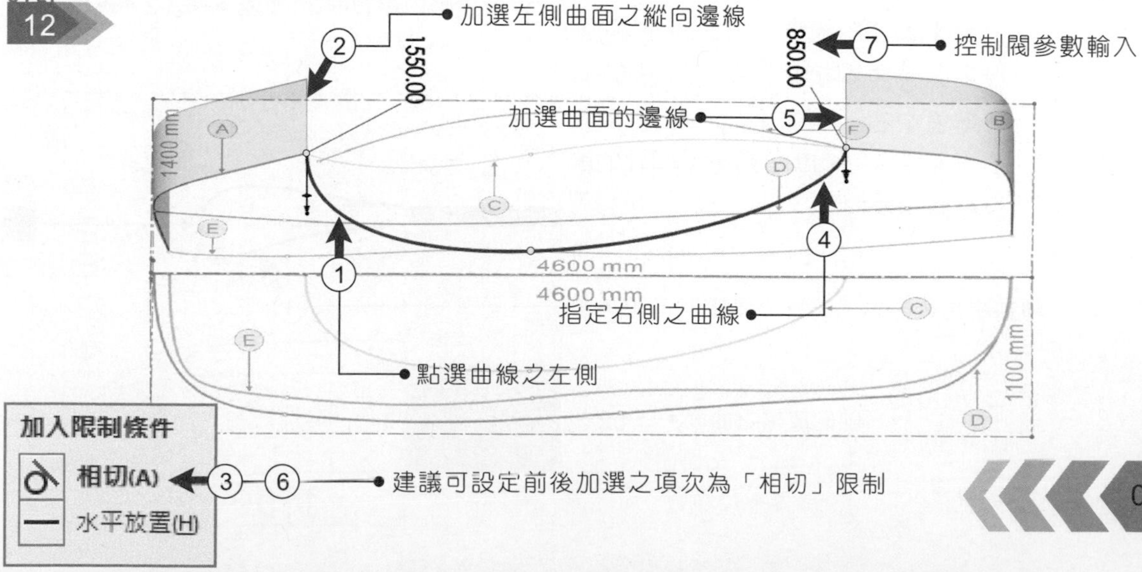

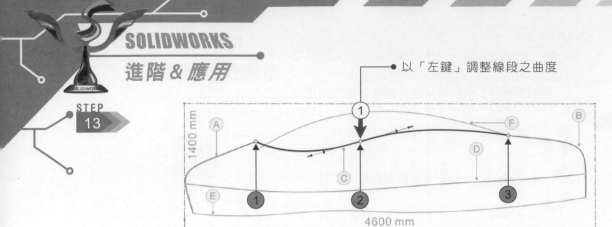

以「左鍵」調整線段之曲度

STEP 13

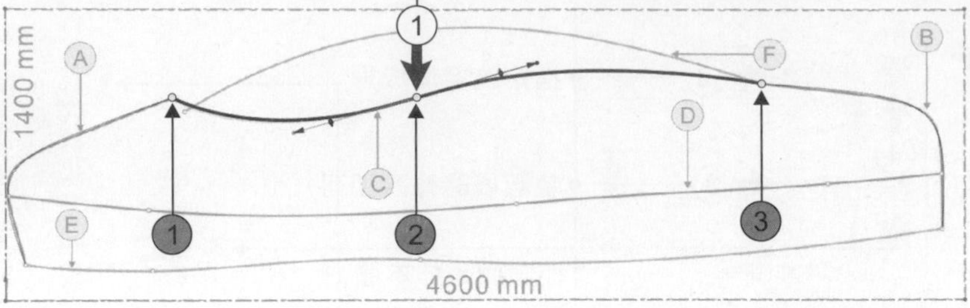

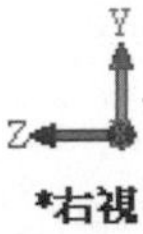

現階段之座標方位

視角名稱

延續前頁之草圖繪製進程。轉換視角方位至【右視】，且使用【：選擇工具】拖曳中間節點之「曲度控制閥」，概略的參酌底稿之樣態設置即可。

STEP 14

三維曲線得透過不同的視角調整其形態。現階段轉換至【：上視】方位，再以【：選取工具】拖曳節點暨控制閥；而其曲線不須完全的依附底稿，繪圖者可自主性設計汽車之鈑金外觀。

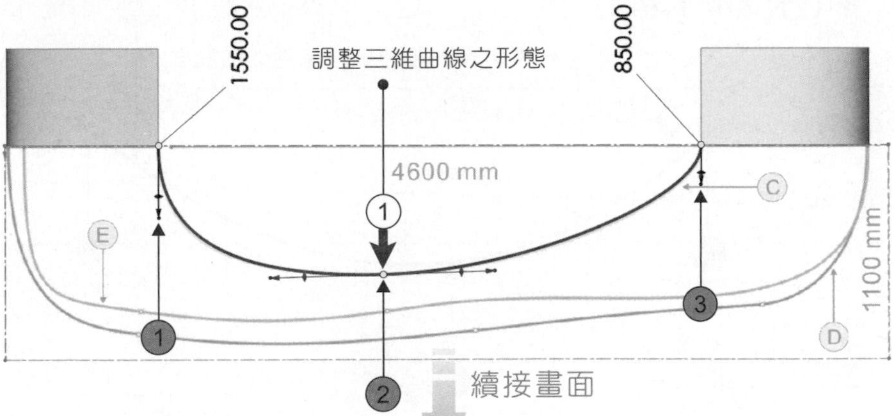

STEP 15

續接上步驟之草繪進程，且轉換方位至【：前視】。當三維曲線歷經多個視角調校後，即可以點擊作業環境中右上側的【：保留草圖】指令——將現階段進行中的項次暫時儲存。

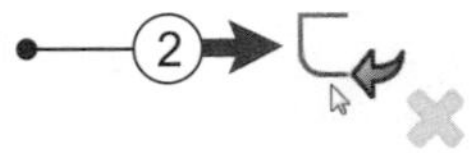

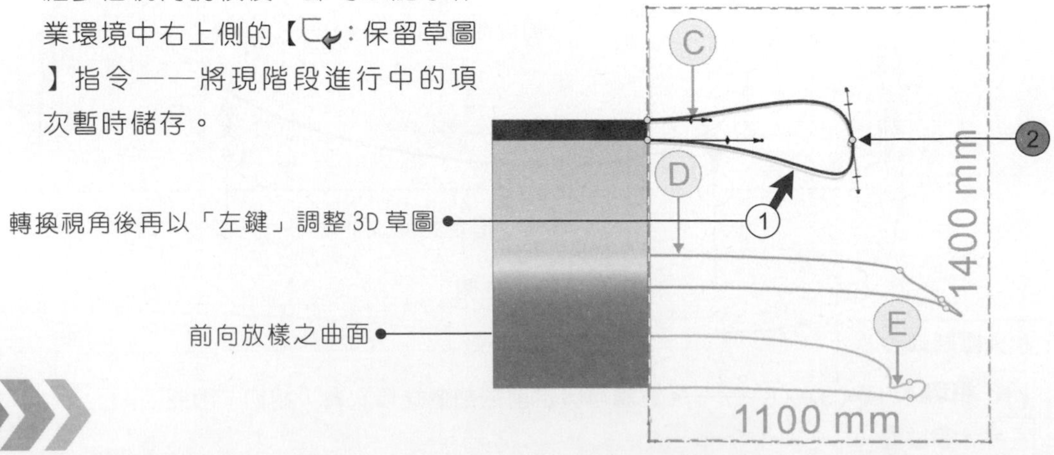

STEP 16

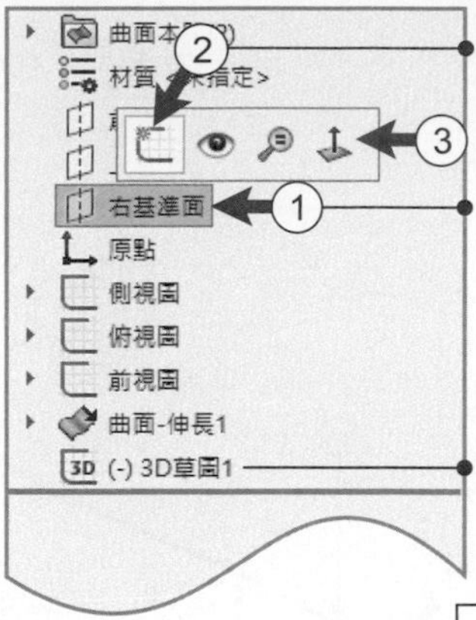

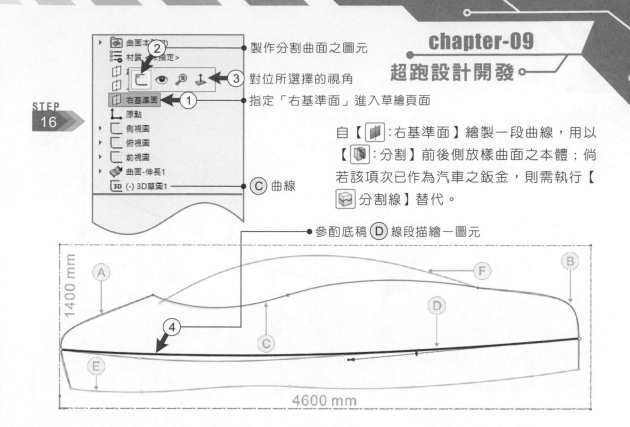

自【:右基準面】繪製一段曲線，用以【:分割】前後側放樣曲面之本體；倘若該項次已作為汽車之鈑金，則需執行【分割線】替代。

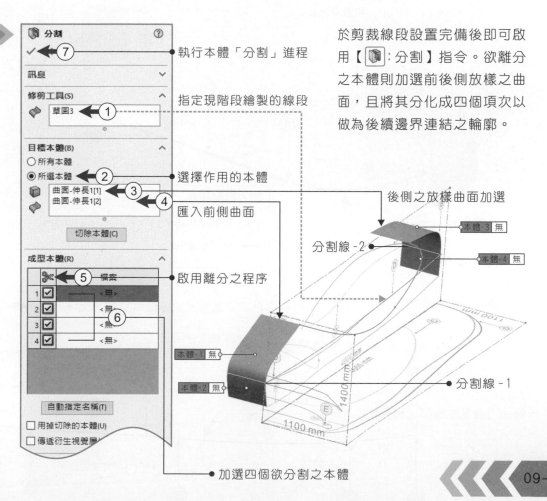

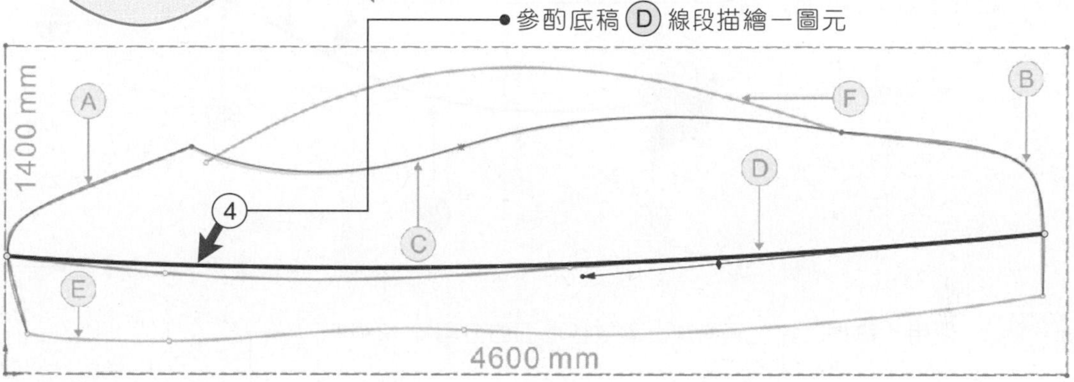

STEP 17

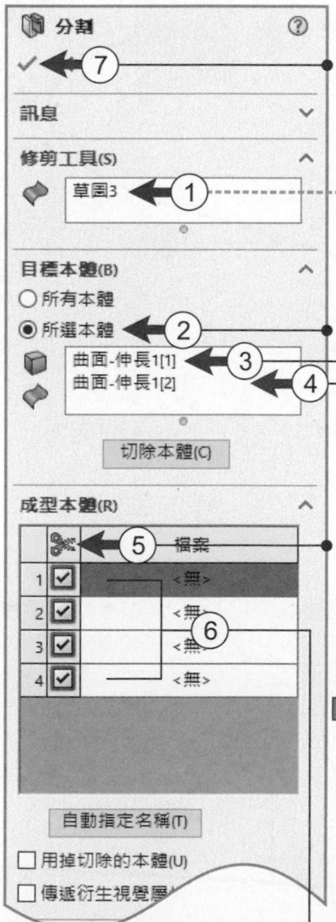
分割
執行本體「分割」進程
訊息
修剪工具(S)
草圖3
指定現階段繪製的線段
目標本體(B)
所有本體
所選本體
選擇作用的本體
曲面-伸長1[1]
曲面-伸長1[2]
匯入前側曲面
切除本體(C)
成型本體(R)
檔案
<無>
啟用離分之程序
自動指定名稱(T)
用掉切除的本體(U)
傳遞衍生視覺屬性
加選四個欲分割之本體

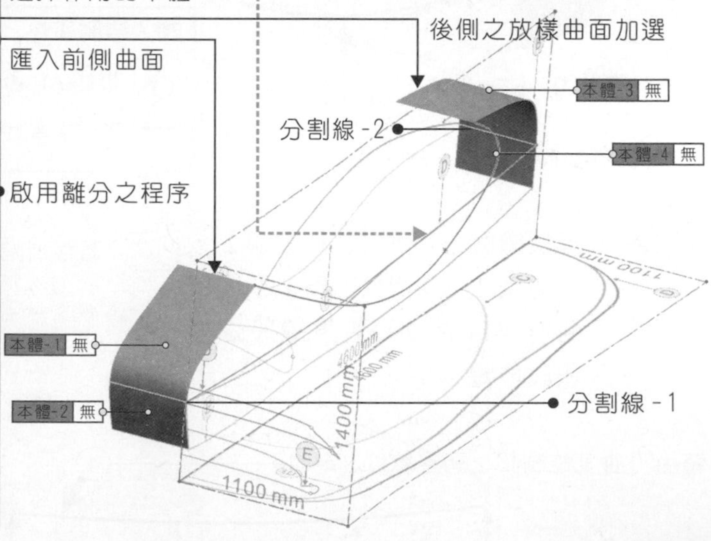
後側之放樣曲面加選
分割線 - 2
本體-3 無
本體-4 無
本體-1 無
本體-2 無
分割線 - 1
1100 mm
1400 mm
4600 mm

於剪裁線段設置完備後即可啟用【:分割】指令。欲離分之本體則加選前後側放樣之曲面，且將其分化成四個項次以做為後續邊界連結之輪廓。

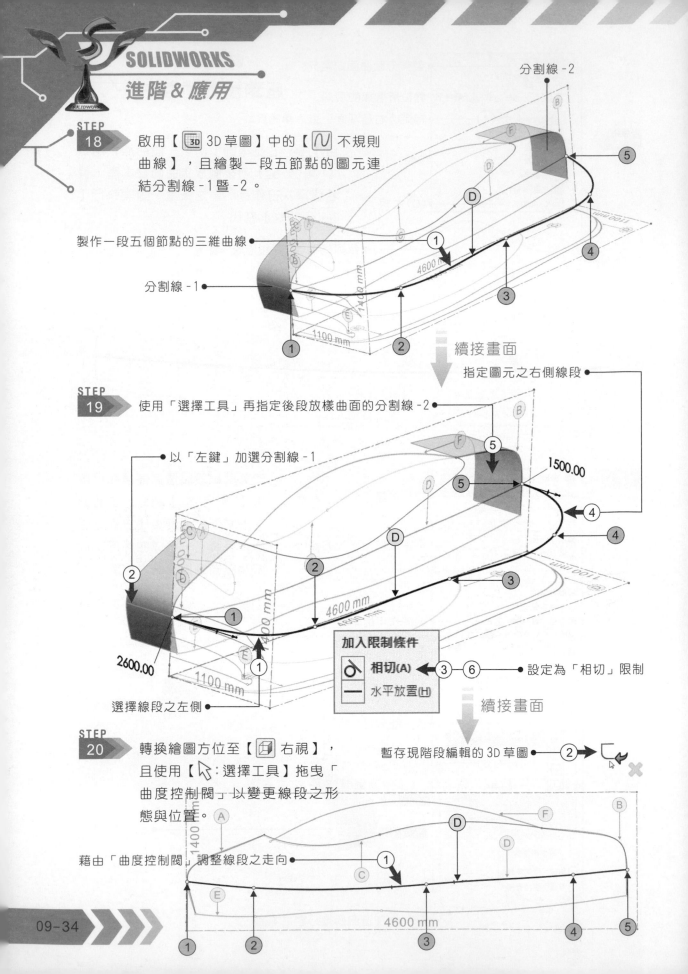

STEP 18 啟用【3D 3D 草圖】中的【不規則曲線】，且繪製一段五節點的圖元連結分割線 -1 暨 -2 。

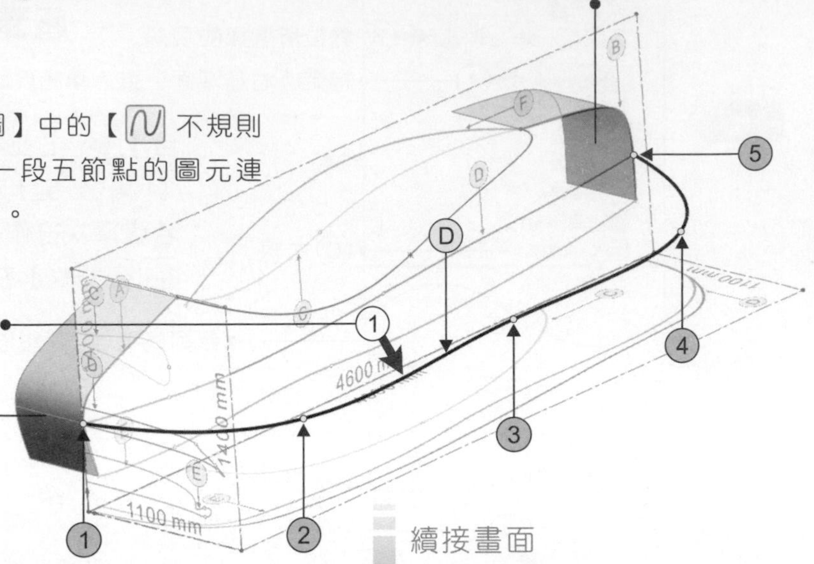

續接畫面

STEP 19 使用「選擇工具」再指定後段放樣曲面的分割線 - 2

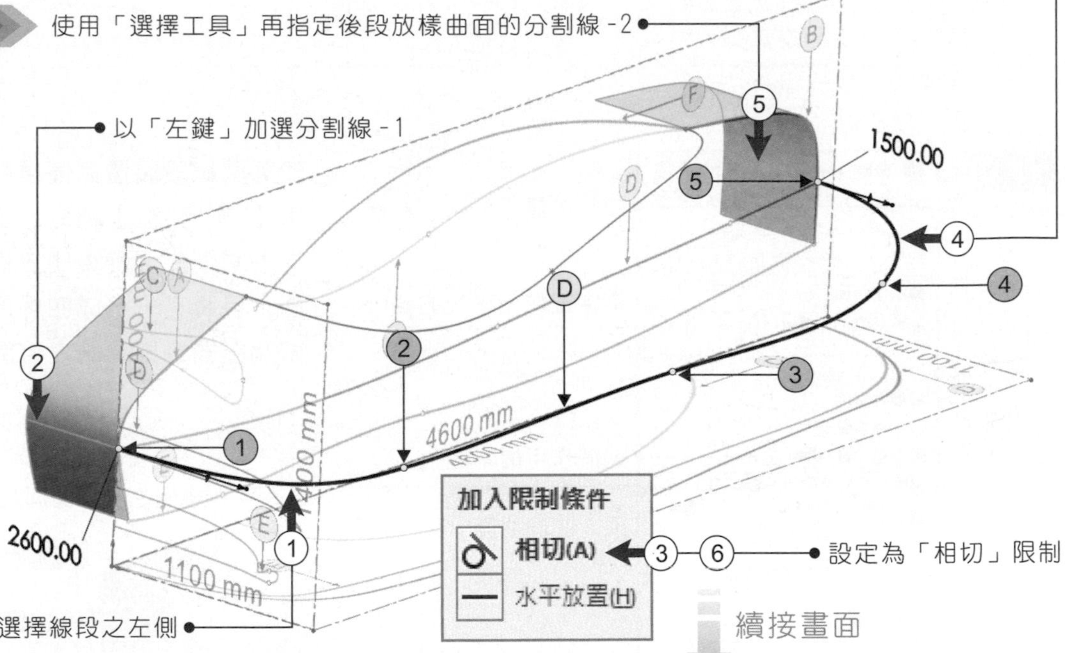

續接畫面

STEP 20 轉換繪圖方位至【右視】，且使用【選擇工具】拖曳「曲度控制閥」以變更線段之形態與位置。

暫存現階段編輯的 3D 草圖

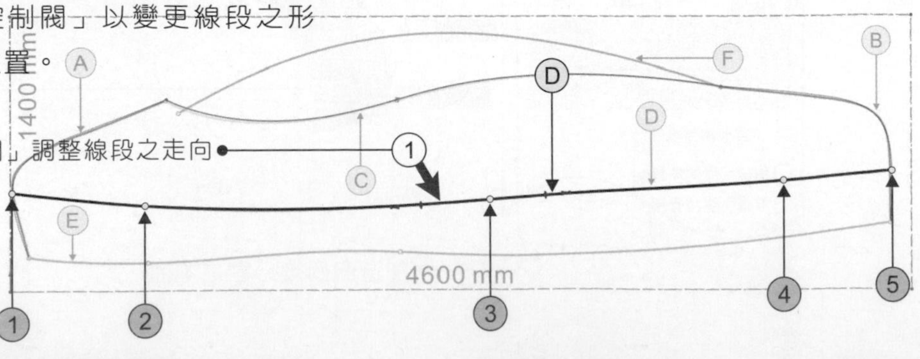

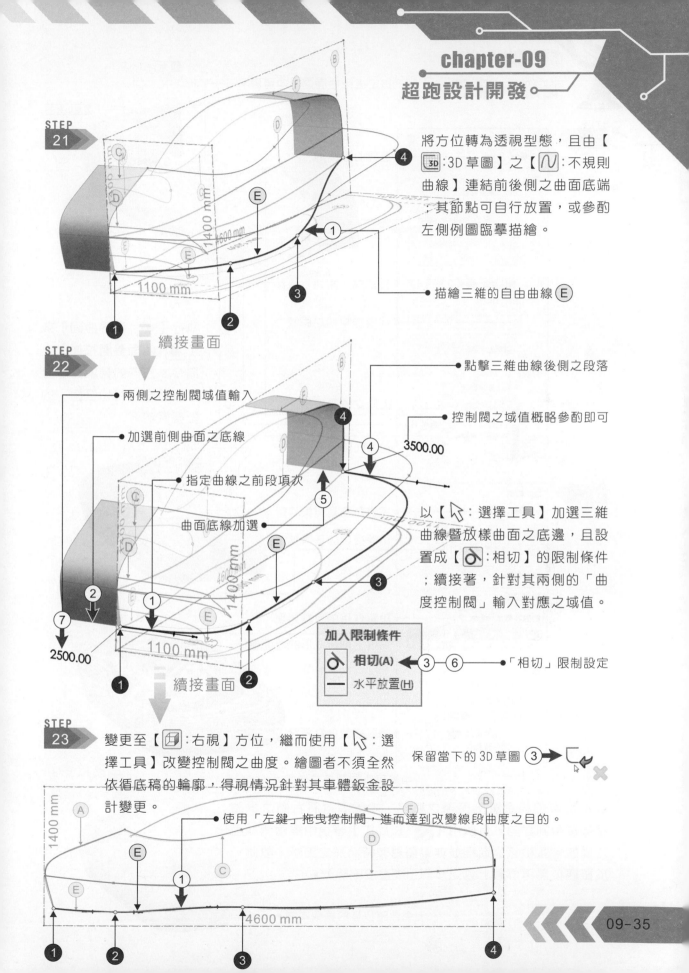

STEP 21

將方位轉為透視型態，且由【3D:3D 草圖】之【不規則曲線】連結前後側之曲面底端；其節點可自行放置，或參酌左側例圖臨摹描繪。

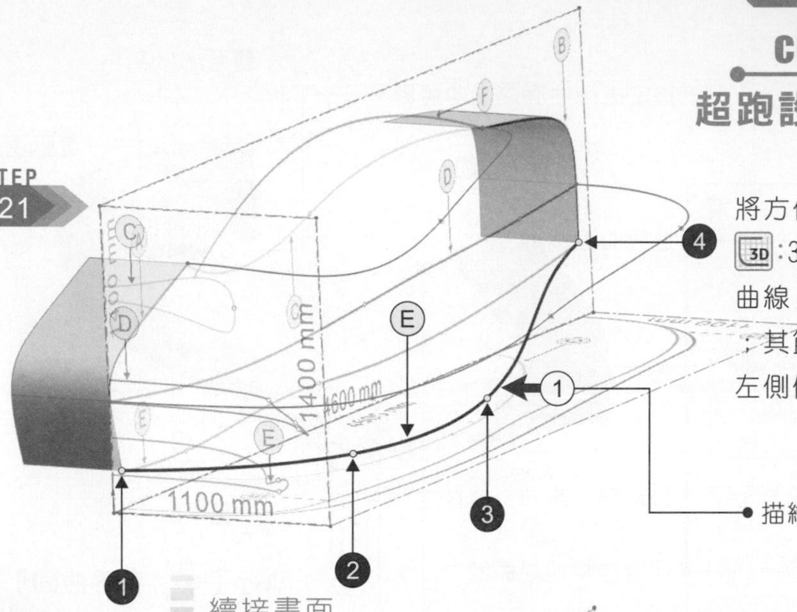

STEP 22

以【選擇工具】加選三維曲線暨放樣曲面之底邊，且設置成【相切】的限制條件；續接著，針對其兩側的「曲度控制閥」輸入對應之域值。

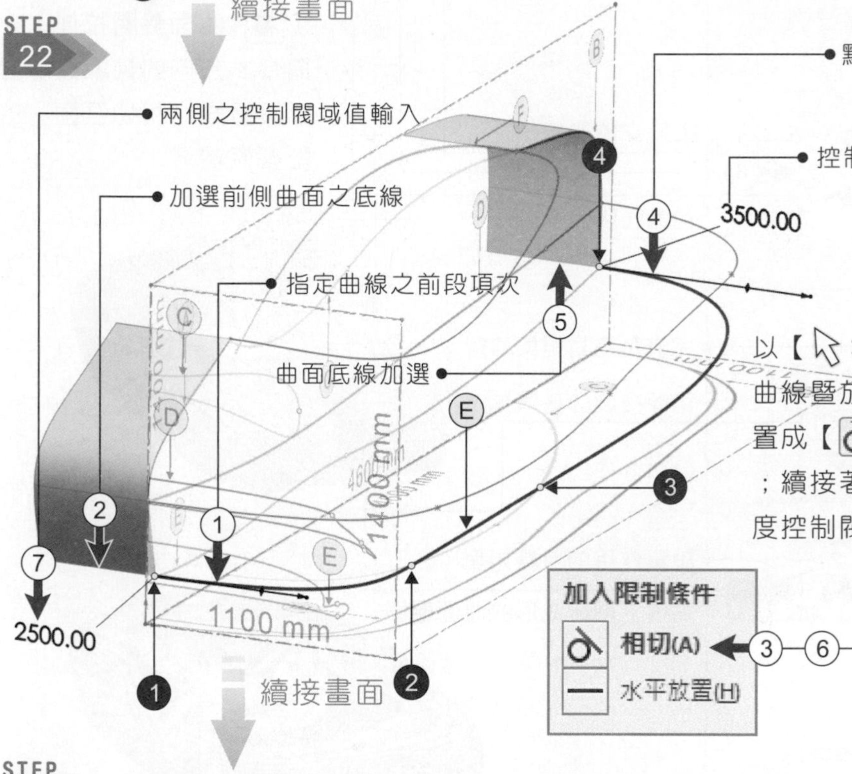

STEP 23

變更至【右視】方位，繼而使用【選擇工具】改變控制閥之曲度。繪圖者不須全然依循底稿的輪廓，得視情況針對其車體鈑金設計變更。

保留當下的 3D 草圖 ③

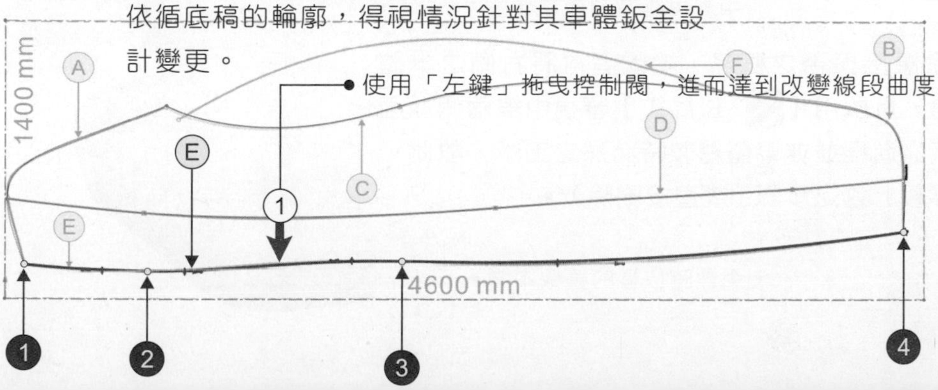

STEP 24

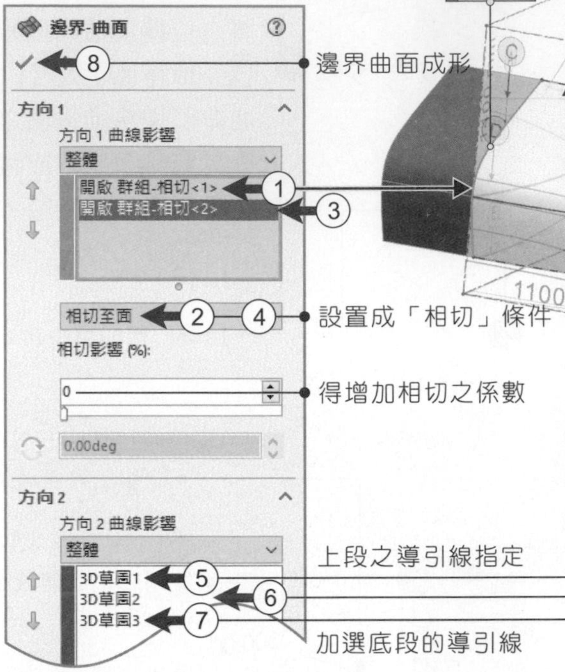
邊界-曲面
方向1
方向 1 曲線影響
整體
開啟 群組-相切<1>
開啟 群組-相切<2>
相切至面
相切影響 (%):
0
0.00deg
方向2
方向 2 曲線影響
整體
3D草圖1
3D草圖2
3D草圖3
⑧ 邊界曲面成形
① ③
②④ 設置成「相切」條件
得增加相切之係數
⑤ 上段之導引線指定
⑥
⑦ 加選底段的導引線

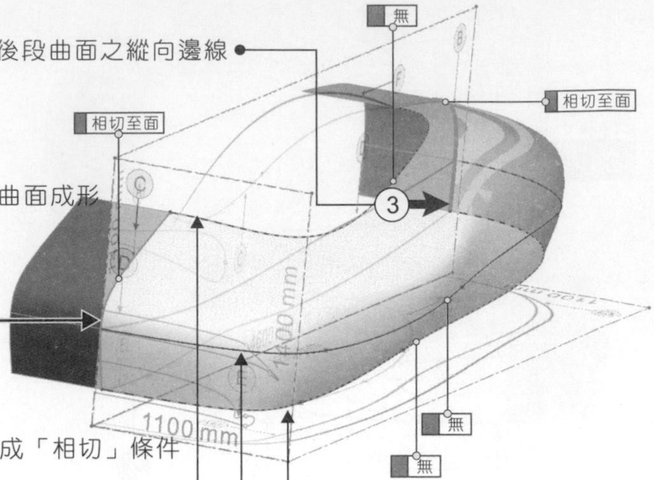
指定後段曲面之縱向邊線
無
相切至面
相切至面
③
1400 mm
1100 mm
無
無

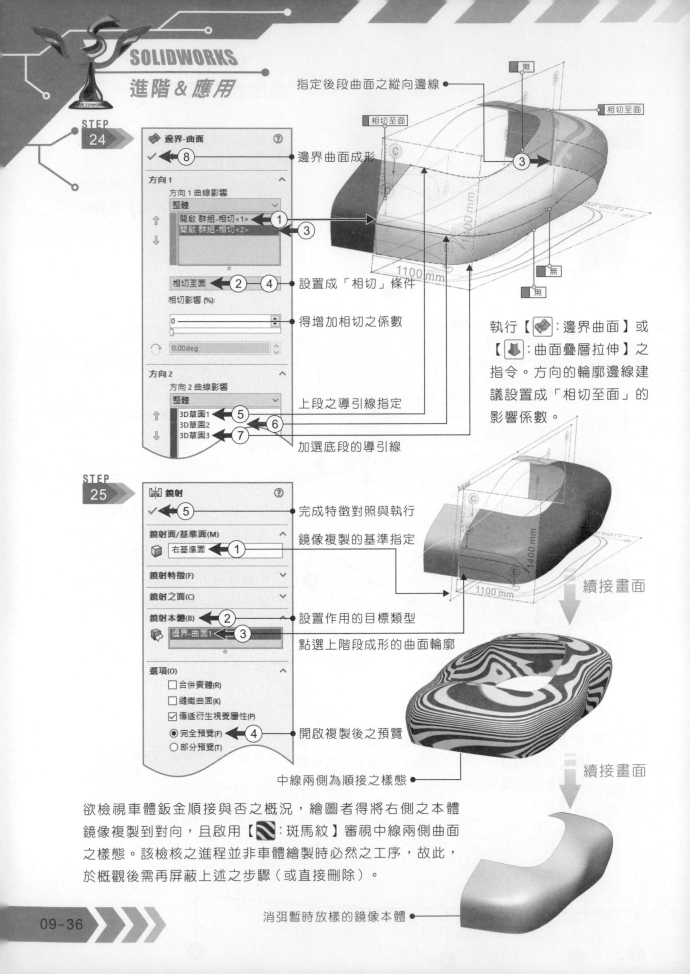

執行【：邊界曲面】或【：曲面疊層拉伸】之指令。方向的輪廓邊線建議設置成「相切至面」的影響係數。

STEP 25

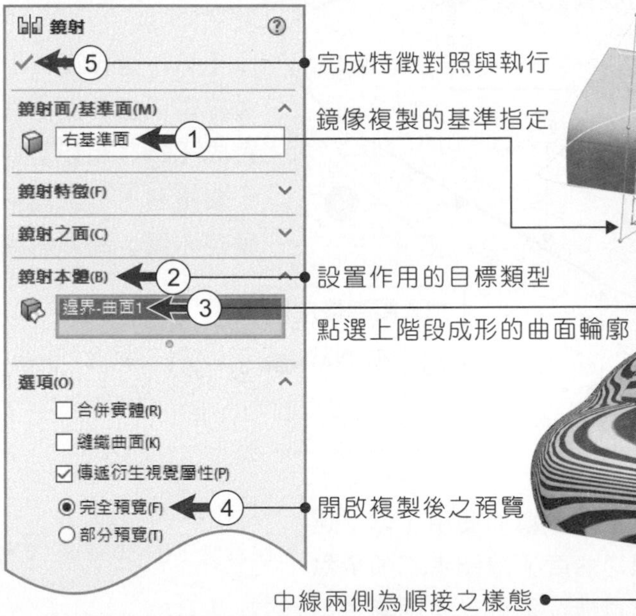
鏡射
鏡射面/基準面(M)
右基準面
鏡射特徵(F)
鏡射之面(C)
鏡射本體(B)
邊界-曲面1
選項(O)
合併實體(R)
縫織曲面(K)
傳遞衍生視覺屬性(P)
完全預覽(F)
部分預覽(T)
⑤ 完成特徵對照與執行
① 鏡像複製的基準指定
② 設置作用的目標類型
③ 點選上階段成形的曲面輪廓
④ 開啟複製後之預覽

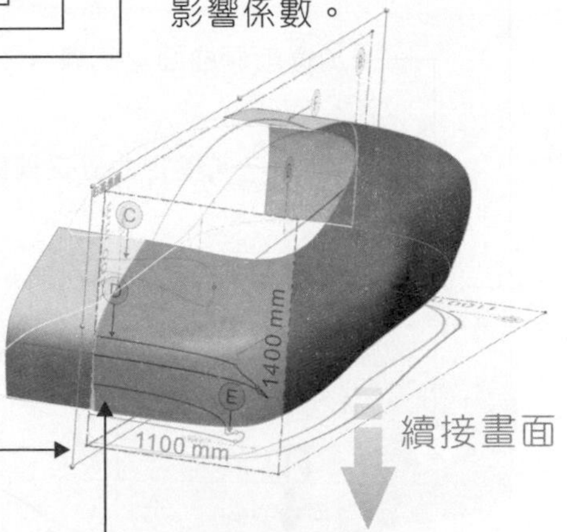
1400 mm
1100 mm
續接畫面

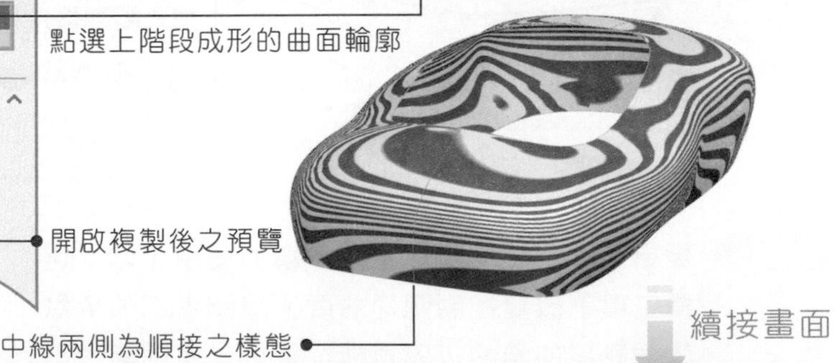
中線兩側為順接之樣態
續接畫面

欲檢視車體鈑金順接與否之概況，繪圖者得將右側之本體鏡像複製到對向，且啟用【：斑馬紋】審視中線兩側曲面之樣態。該檢核之進程並非車體繪製時必然之工序，故此，於概觀後需再屏蔽上述之步驟（或直接刪除）。

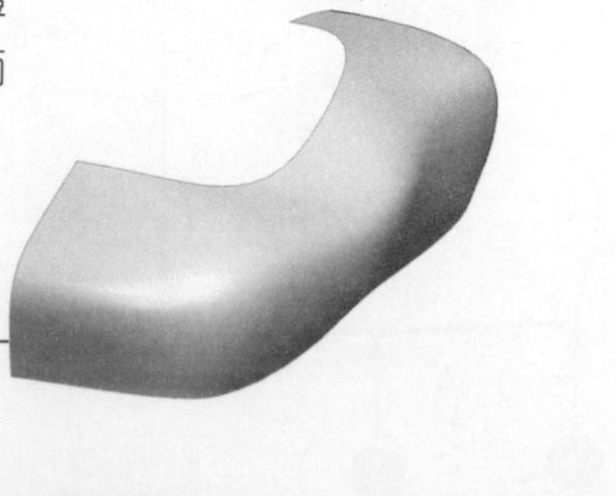
消弭暫時放樣的鏡像本體

9-2.2 車頂暨車門建構

STEP 01

本單元要鋪陳的是車頂暨車門的鈑金曲面。自【[icon]：右基準面】進入草繪工序，且製作一段縱向線穿過畫面中的本體。

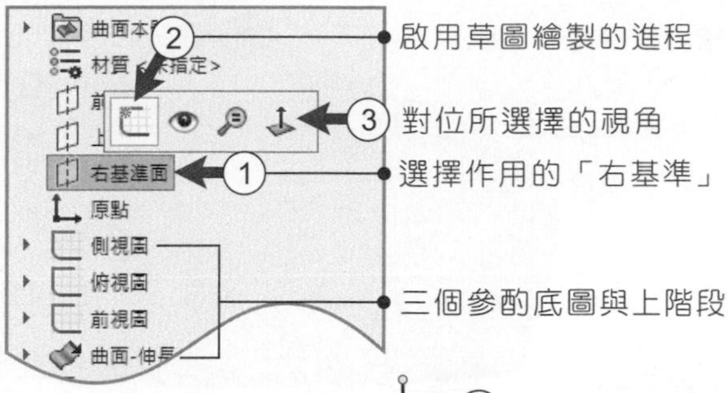

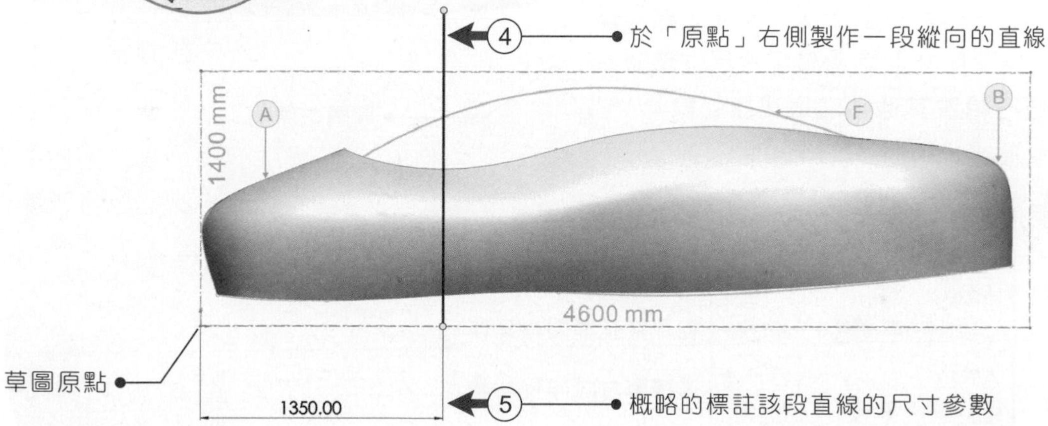

STEP 02

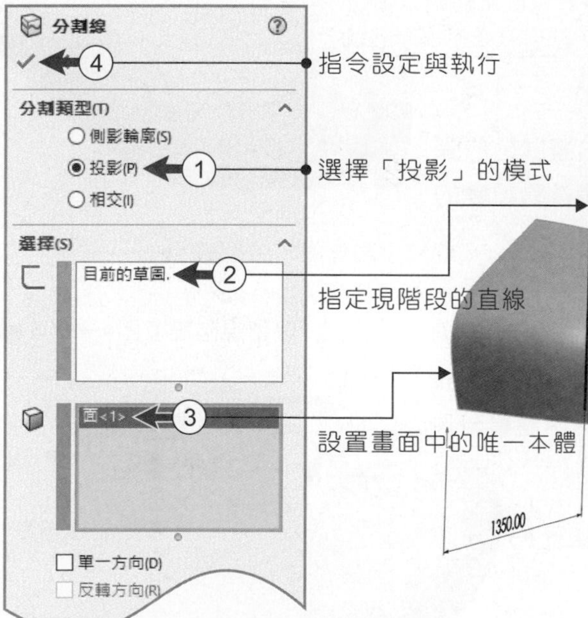

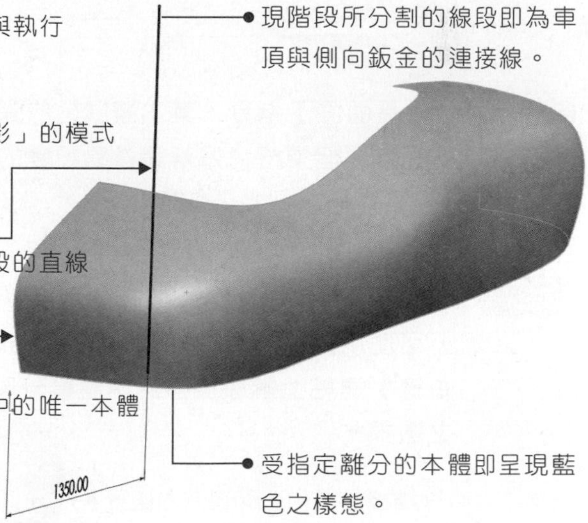

待上階段的直線設置完備後，即啟用【[icon]：分割線】指令離分本體。此範例與「藍寶堅尼」建模的工序迥異，「Aventador」是一片片曲面鋪陳與銜接的「加法」型式；而本單元則是有別於前例的「減法」構成。

STEP 03

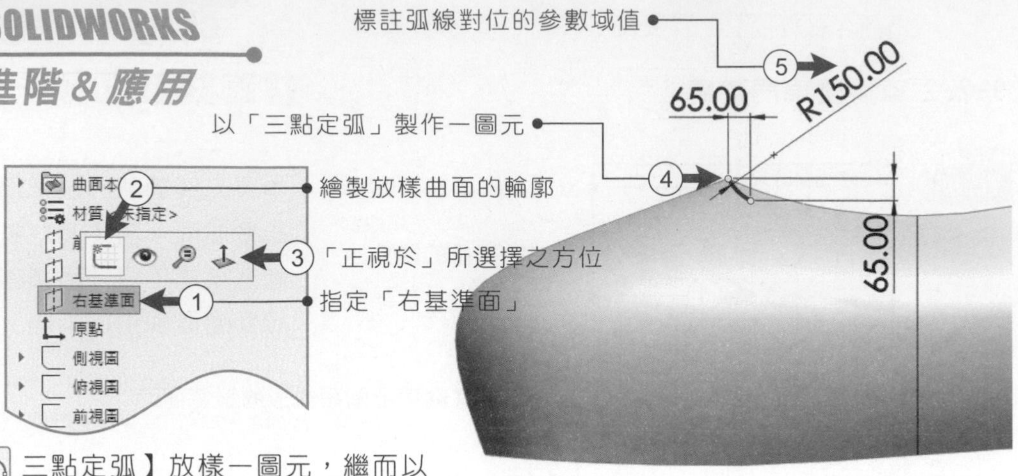

使用【 三點定弧】放樣一圖元，繼而以【 智慧型尺寸】定義輪廓的尺寸參數。使用者或可繪製其他項次取代該弧線。

草圖之原點

右側畫面省略

STEP 04

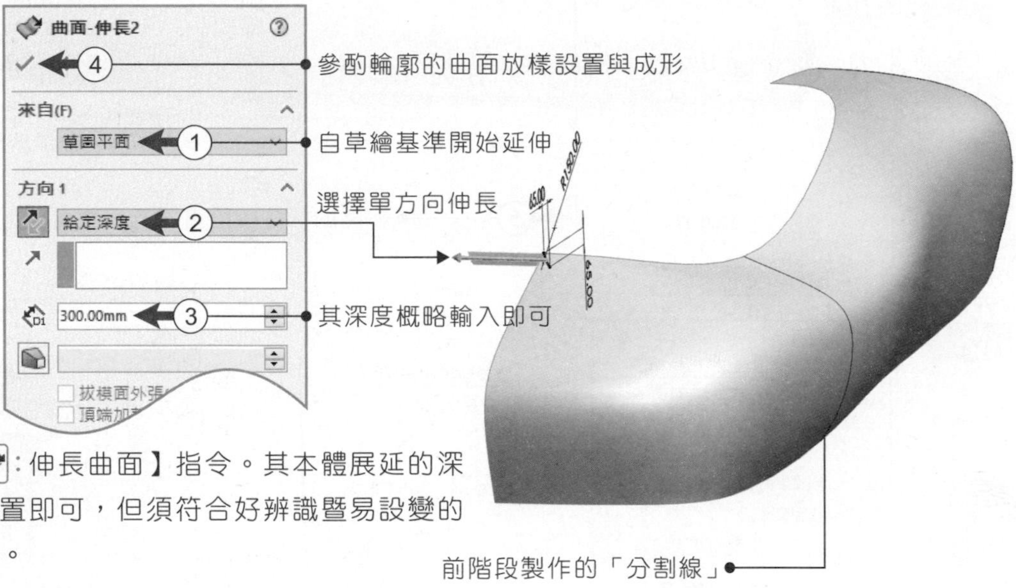

啟動【 :伸長曲面】指令。其本體展延的深度概略設置即可，但須符合好辨識暨易設變的前提要件。

STEP 05

關於車前鈑金與擋風玻璃的交界處，可使用三維草圖中的【 :不規則曲線】連結上階段放樣的本體暨分割之邊界。

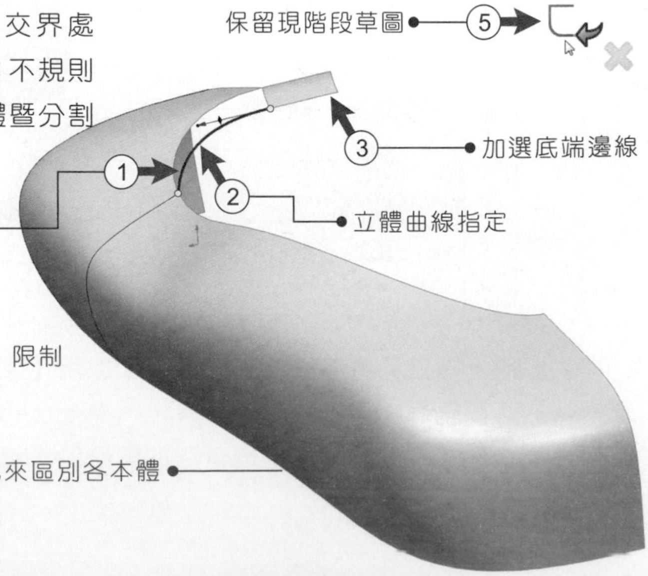

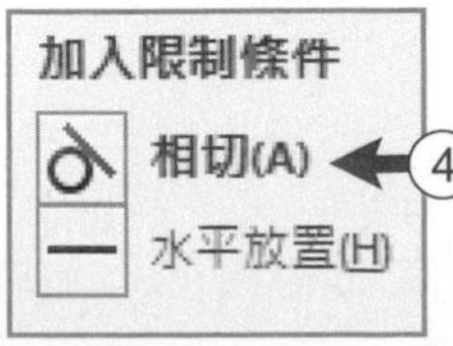

STEP 06

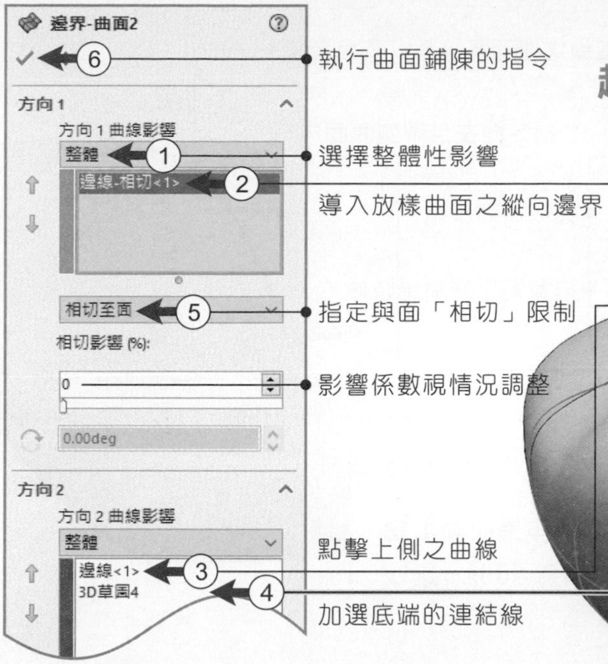
邊界-曲面2
方向 1
方向 1 曲線影響
整體
邊線-相切<1>
相切至面
相切影響 (%):
0
0.00deg
方向 2
方向 2 曲線影響
整體
邊線<1>
3D草圖4
執行曲面鋪陳的指令
選擇整體性影響
導入放樣曲面之縱向邊界
指定與面「相切」限制
影響係數視情況調整
點擊上側之曲線
加選底端的連結線

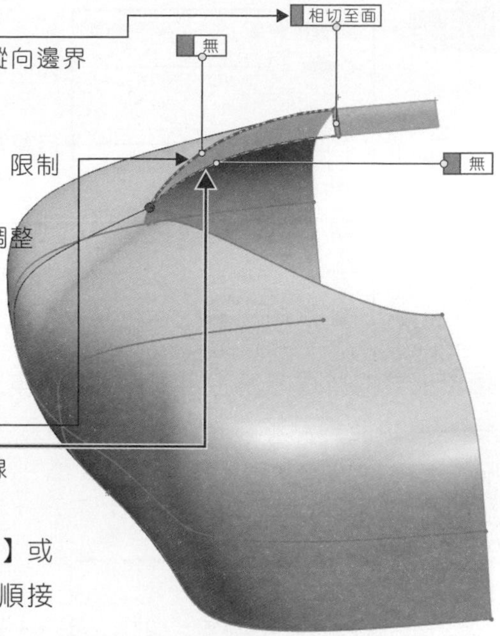
相切至面
無
無

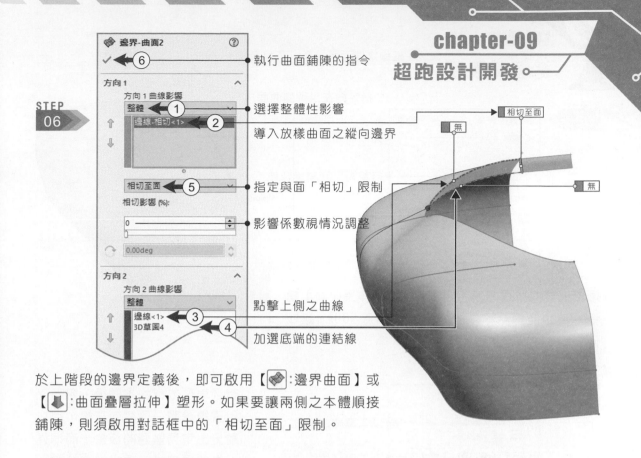

於上階段的邊界定義後，即可啟用【:邊界曲面】或【:曲面疊層拉伸】塑形。如果要讓兩側之本體順接鋪陳，則須啟用對話框中的「相切至面」限制。

STEP 07

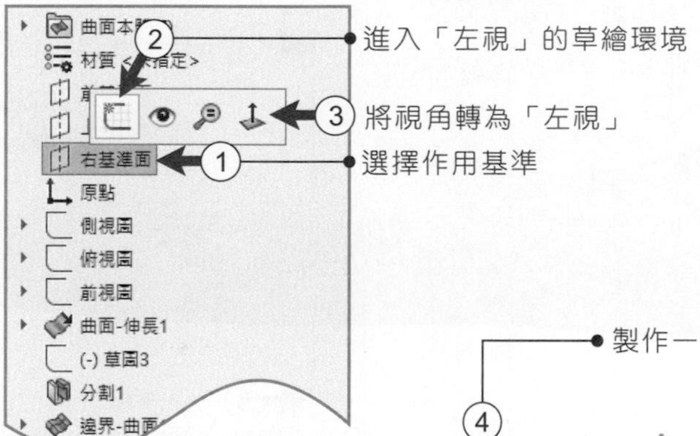
材質 <未指定>
右基準面
原點
側視圖
俯視圖
前視圖
曲面-伸長1
(-) 草圖3
分割1
進入「左視」的草繪環境
將視角轉為「左視」
選擇作用基準

而對於車頂鈑金的放樣，筆者建議對位設置成【:左視】，且使用【:不規則曲線】連結兩處節點以橋接左右端的邊界。

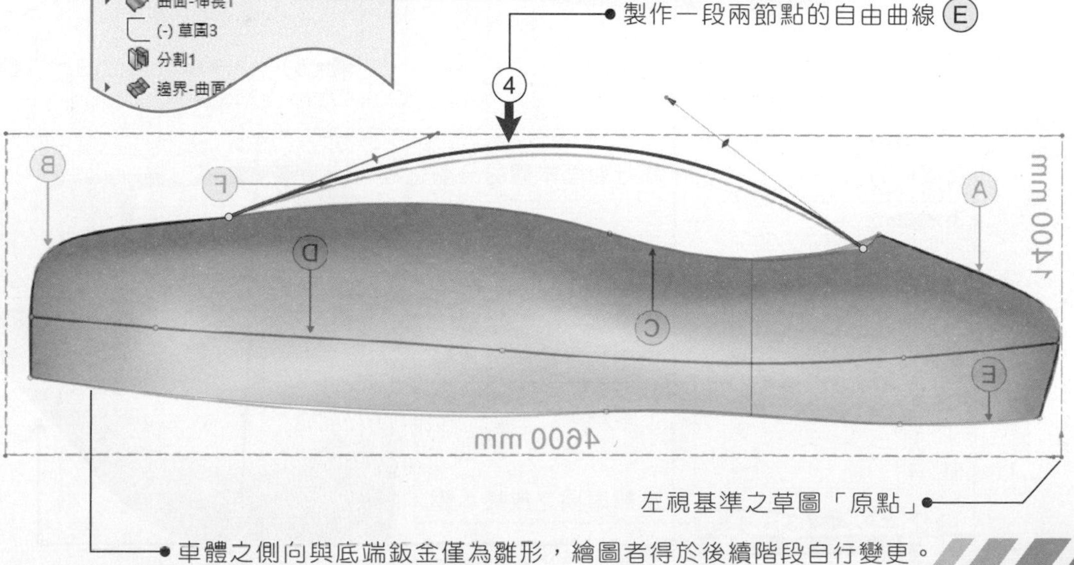
製作一段兩節點的自由曲線 E
1400 mm
4600 mm
左視基準之草圖「原點」
車體之側向與底端鈑金僅為雛形，繪圖者得於後續階段自行變更。

STEP 08

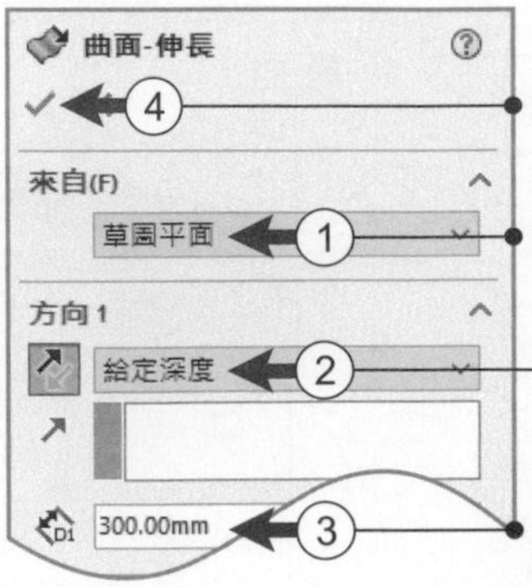

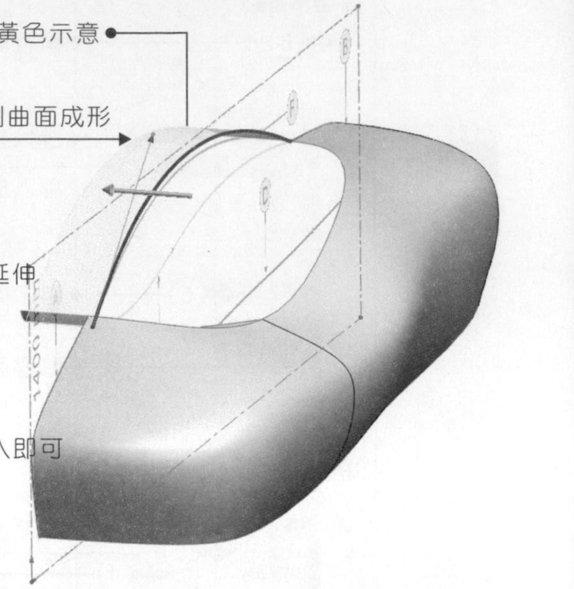

④ 完成曲面放樣
① 自草圖平面開始延伸
② 指定向左且單側曲面成形
③ 展延深度概略輸入即可
延伸之曲面系統暫以黃色示意

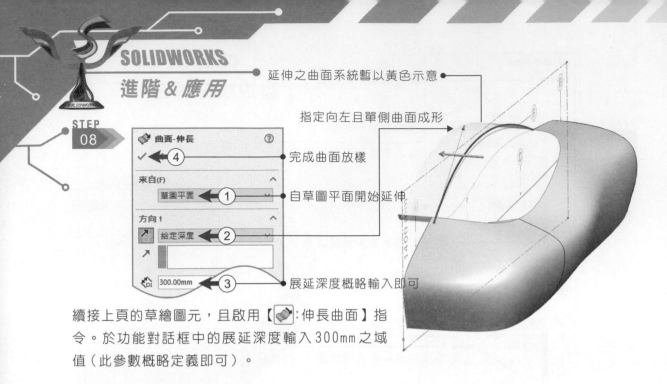

續接上頁的草繪圖元，且啟用【:伸長曲面】指令。於功能對話框中的展延深度輸入300mm之域值（此參數概略定義即可）。

STEP 09

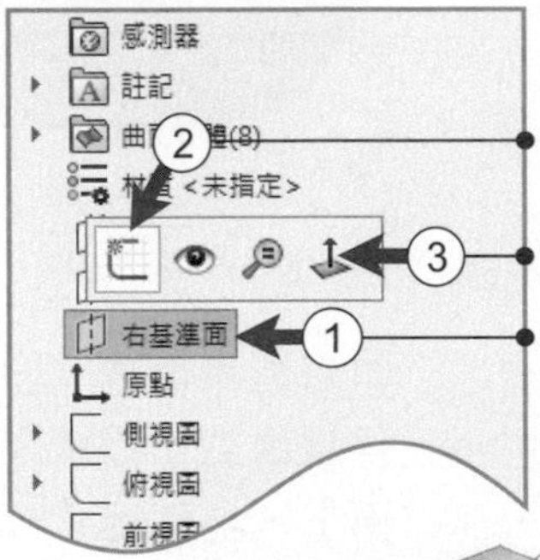

① 指定「右基準面」
② 進入草繪之階段
③ 對位所選擇的視角

有了車頂放樣的本體後，繼而使用直線繪製一段縱向直線，用以離分出車頂暨側向鈑金，而這進程為的是架構兩項次的連結線。

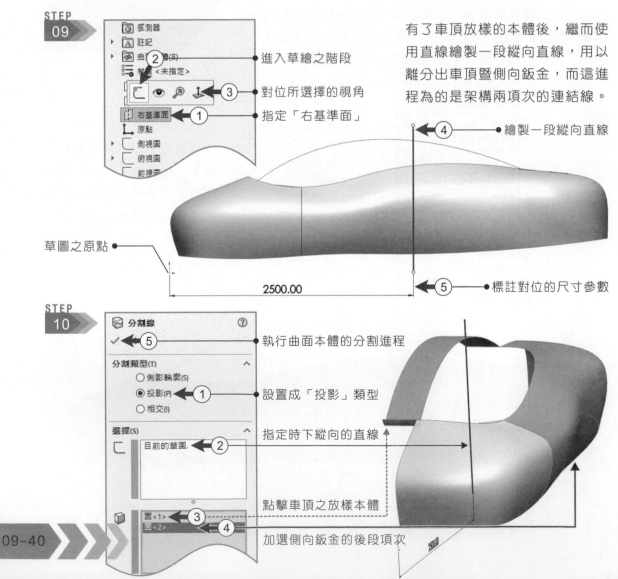

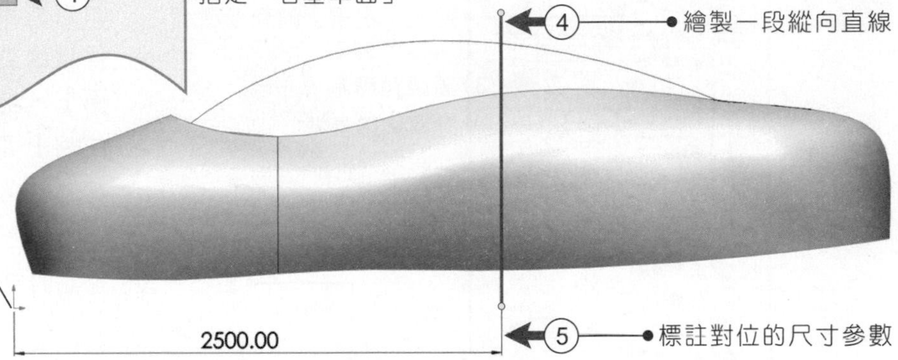

④ 繪製一段縱向直線
⑤ 標註對位的尺寸參數
草圖之原點

STEP 10

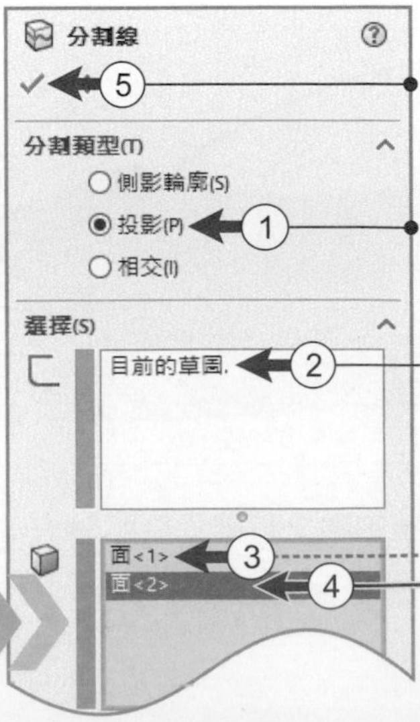

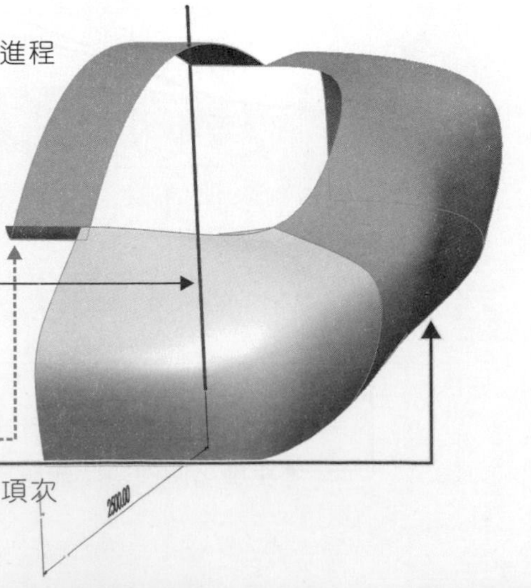

⑤ 執行曲面本體的分割進程
① 設置成「投影」類型
② 指定時下縱向的直線
③ 點擊車頂之放樣本體
④ 加選側向鈑金的後段項次

STEP 11

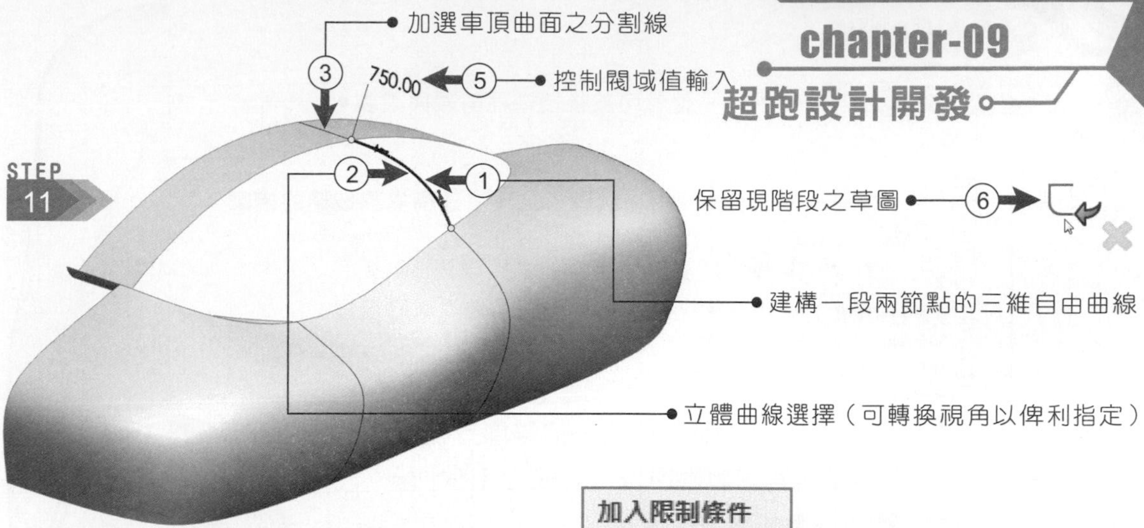
加選車頂曲面之分割線
750.00
控制閥域值輸入
保留現階段之草圖
建構一段兩節點的三維自由曲線
立體曲線選擇（可轉換視角以俾利指定）

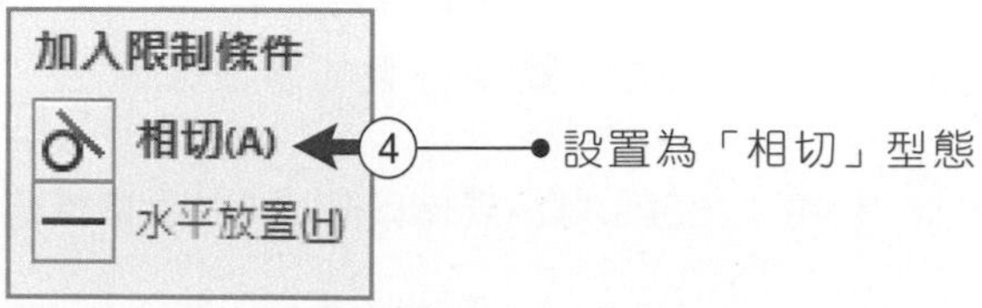
加入限制條件
相切(A)
水平放置(H)
設置為「相切」型態

進入【3D：3D 草圖】環境，且使用【∿：不規則曲線】連結兩端分割之邊界，該項次得作為曲面鋪陳時的導線。

STEP 12

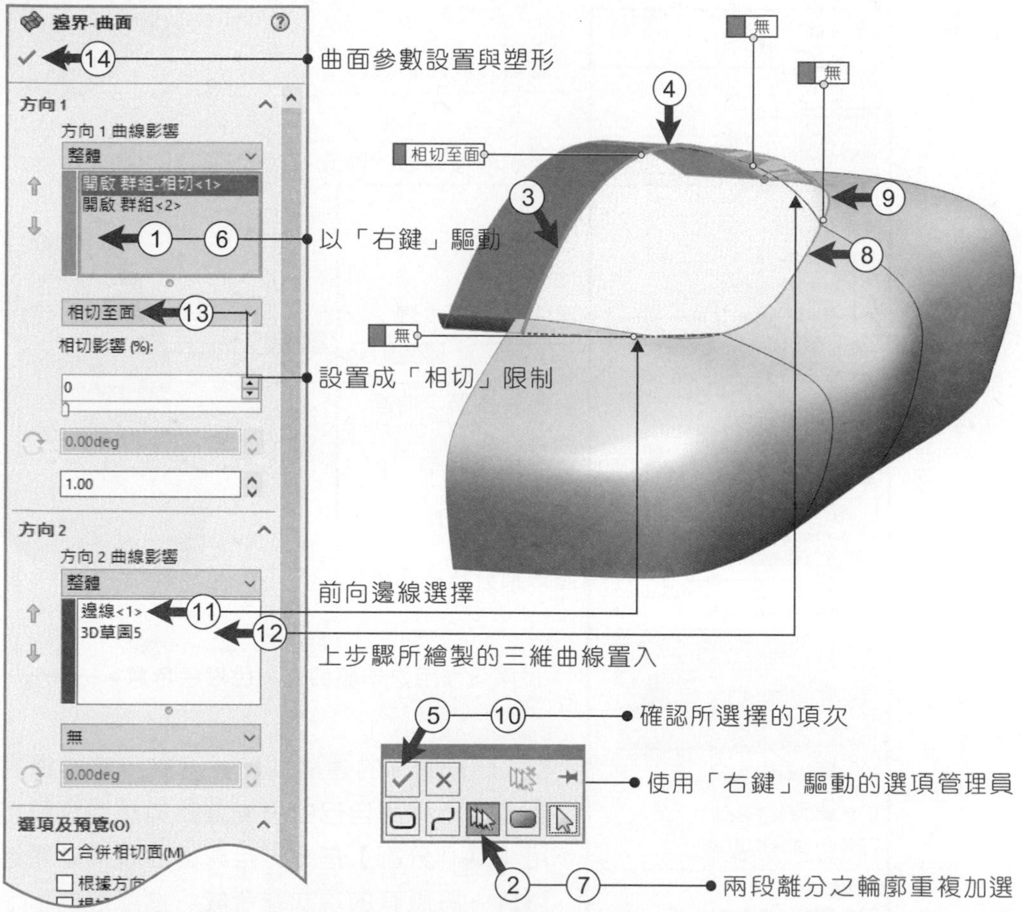
邊界-曲面
曲面參數設置與塑形
方向 1
方向 1 曲線影響
整體
開啟 群組-相切<1>
開啟 群組<2>
以「右鍵」驅動
相切至面
相切影響 (%):
設置成「相切」限制
0.00deg
1.00
方向 2
方向 2 曲線影響
整體
邊線<1>
3D草圖5
前向邊線選擇
上步驟所繪製的三維曲線置入
無
0.00deg
選項及預覽(O)
合併相切面(M)
根據方向
無
相切至面
確認所選擇的項次
使用「右鍵」驅動的選項管理員
兩段離分之輪廓重複加選

當輪廓與導引線的架構備齊後即執行【◈：邊界曲面】指令。由於所選的項次暨順序較為繁瑣，建議繪圖者概略的酌參範例之描述定義；倘若不以重複加選之形式定義，則需在草圖繪製時即分段儲存。

車頂不平整處可於後續進程剪裁與重製

STEP 13

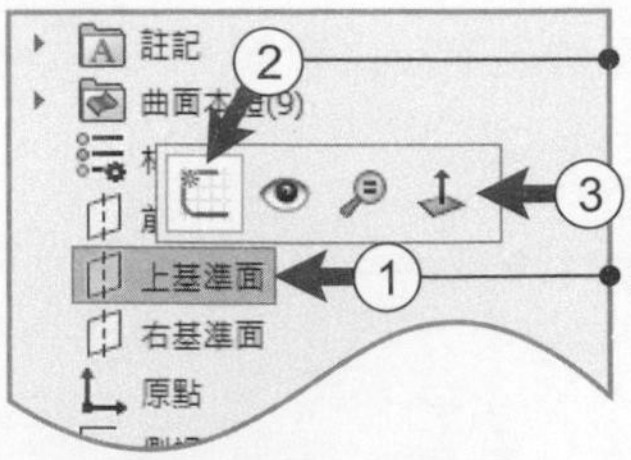
註記
上基準面
右基準面
原點

使用「橢圓形工具」建構擋風玻璃的輪廓

對位所選擇的圖頁視角

指定「上基準面」進入草繪進程

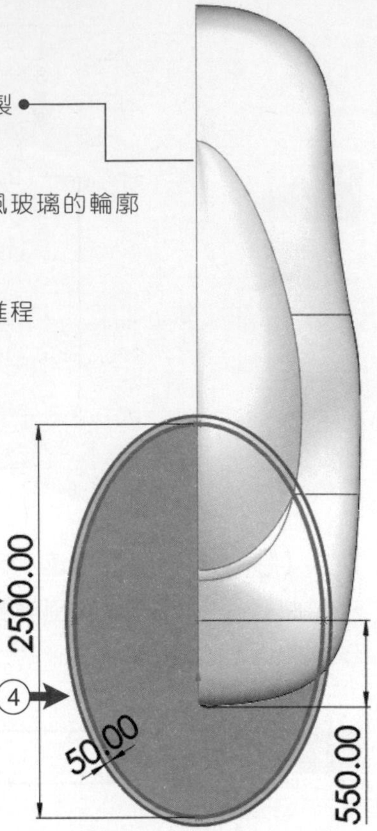
2500.00
50.00
550.00

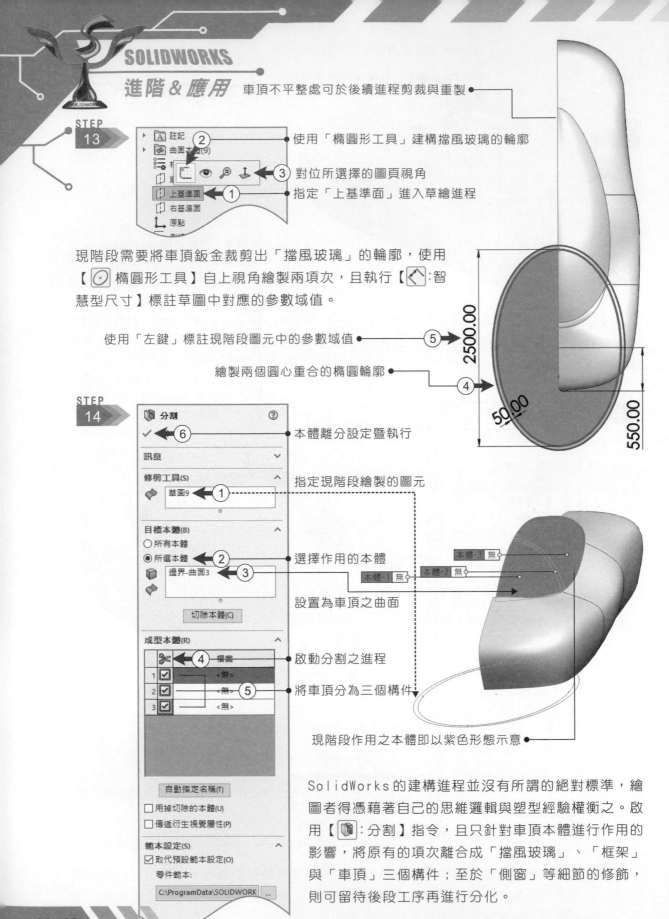

現階段需要將車頂鈑金裁剪出「擋風玻璃」的輪廓，使用【橢圓形工具】自上視角繪製兩項次，且執行【:智慧型尺寸】標註草圖中對應的參數域值。

使用「左鍵」標註現階段圖元中的參數域值

繪製兩個圓心重合的橢圓輪廓

STEP 14

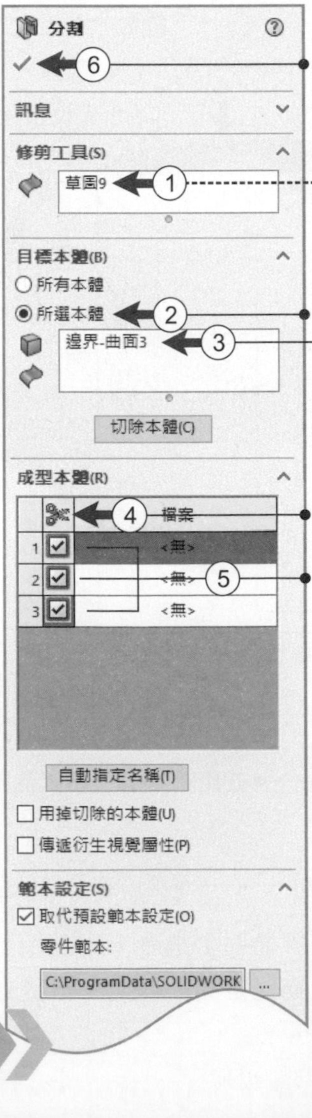
分割
訊息
修剪工具(S)
草圖9
目標本體(B)
所有本體
所選本體
邊界-曲面3
切除本體(C)
成型本體(R)
檔案
<無>
<無>
<無>
自動指定名稱(T)
用掉切除的本體(U)
傳遞衍生視覺屬性(P)
範本設定(S)
取代預設範本設定(O)
零件範本:
C:\ProgramData\SOLIDWORK

本體離分設定暨執行

指定現階段繪製的圖元

選擇作用的本體

設置為車頂之曲面

啟動分割之進程

將車頂分為三個構件

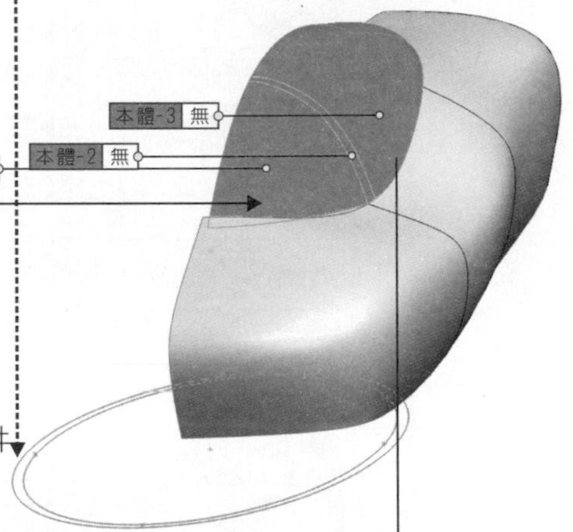
本體-3 無
本體-2 無
本體-1 無

現階段作用之本體即以紫色形態示意

SolidWorks的建構進程並沒有所謂的絕對標準，繪圖者得憑藉著自己的思維邏輯與塑型經驗權衡之。啟用【:分割】指令，且只針對車頂本體進行作用的影響，將原有的項次離合成「擋風玻璃」、「框架」與「車頂」三個構件；至於「側窗」等細節的修飾，則可留待後段工序再進行分化。

STEP 15

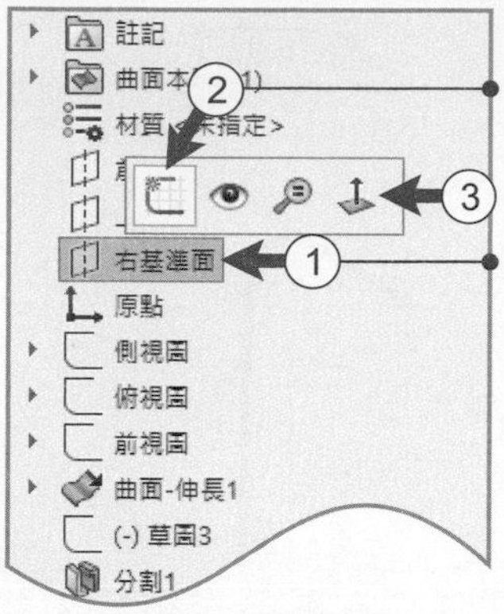
註記
曲面本
材質
右基準面
原點
側視圖
俯視圖
前視圖
曲面-伸長1
(-) 草圖3
分割1
製作車窗的平面邊界
「正視於」所指定的圖頁
選擇側向的「基準面」

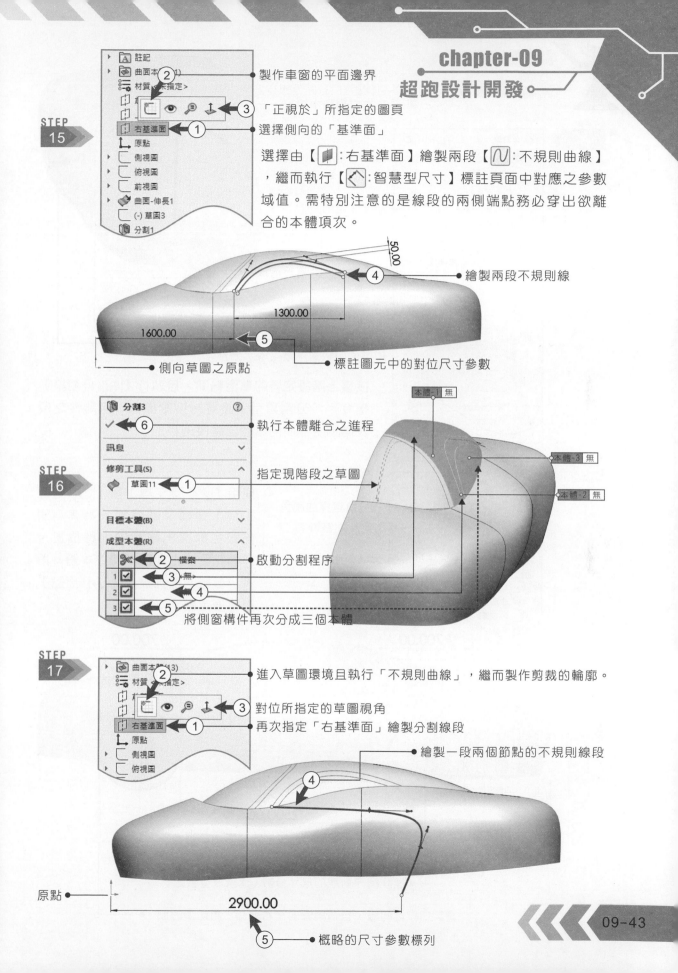

選擇由【 :右基準面】繪製兩段【 :不規則曲線】，繼而執行【 :智慧型尺寸】標註頁面中對應之參數域值。需特別注意的是線段的兩側端點務必穿出欲離合的本體項次。

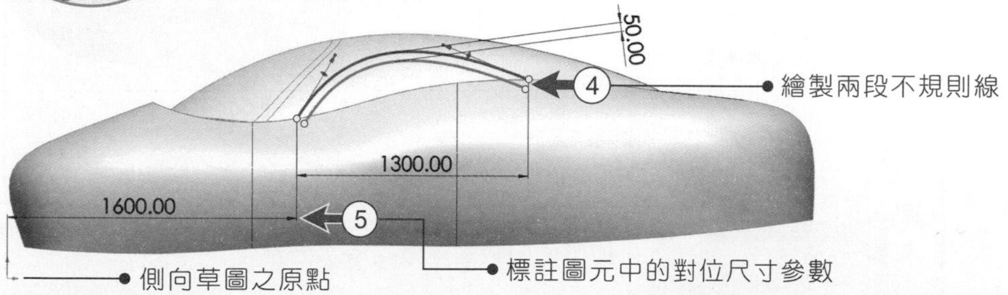
50.00
繪製兩段不規則線
1300.00
1600.00
標註圖元中的對位尺寸參數
側向草圖之原點

STEP 16

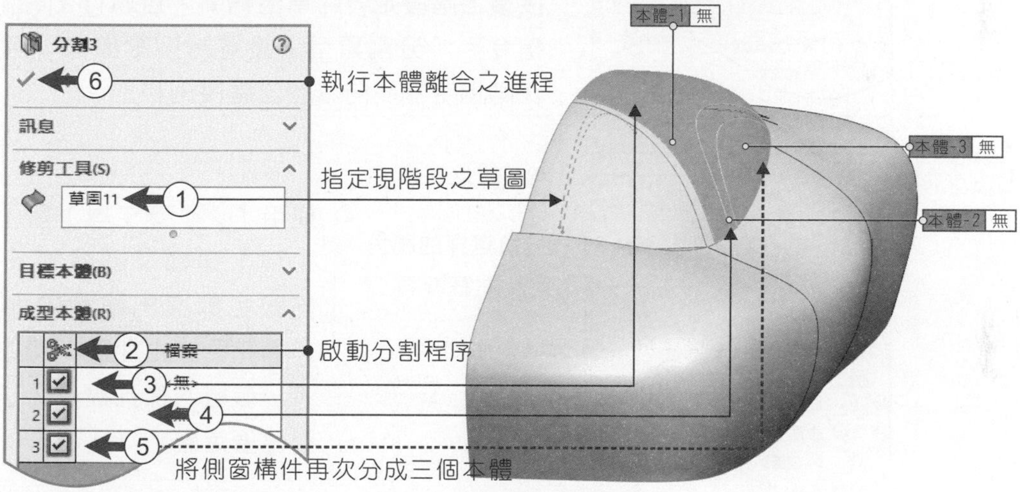
分割3
執行本體離合之進程
訊息
修剪工具(S)
草圖11
指定現階段之草圖
目標本體(B)
成型本體(R)
檔案
啟動分割程序
<無>
本體-1 無
本體-3 無
本體-2 無
將側窗構件再次分成三個本體

STEP 17

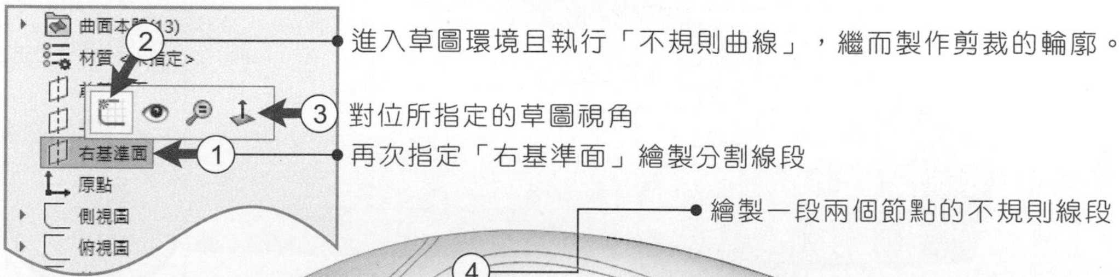
曲面本體(13)
材質 <未指定>
右基準面
原點
側視圖
俯視圖
進入草圖環境且執行「不規則曲線」，繼而製作剪裁的輪廓。
對位所指定的草圖視角
再次指定「右基準面」繪製分割線段

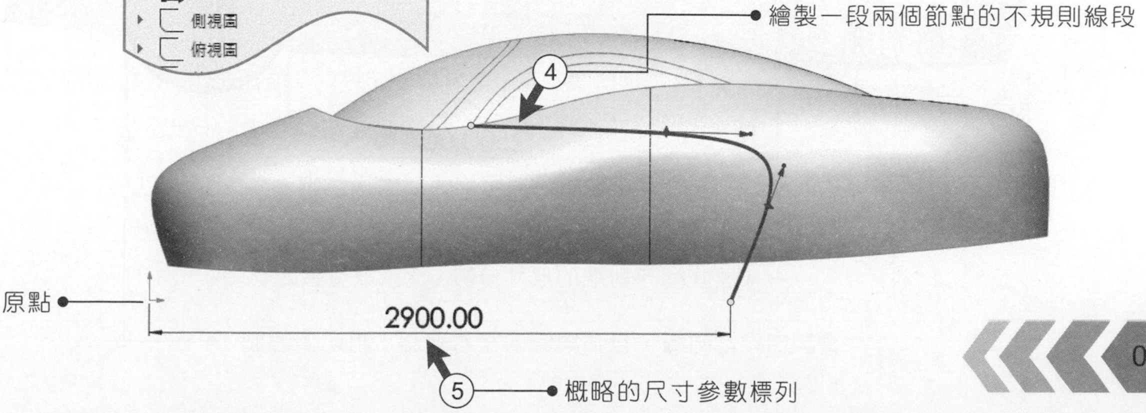
繪製一段兩個節點的不規則線段
原點
2900.00
概略的尺寸參數標列

STEP 18

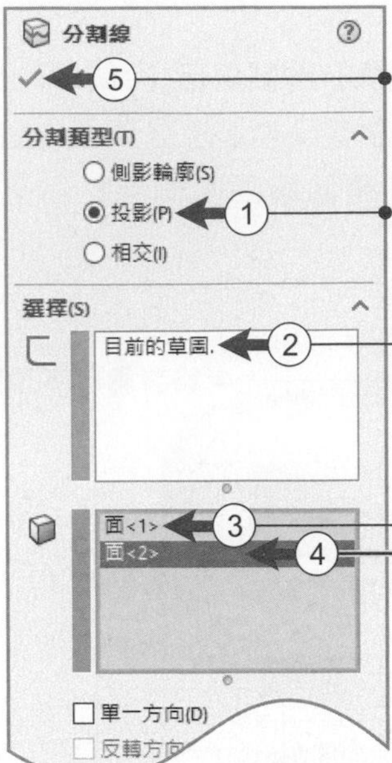

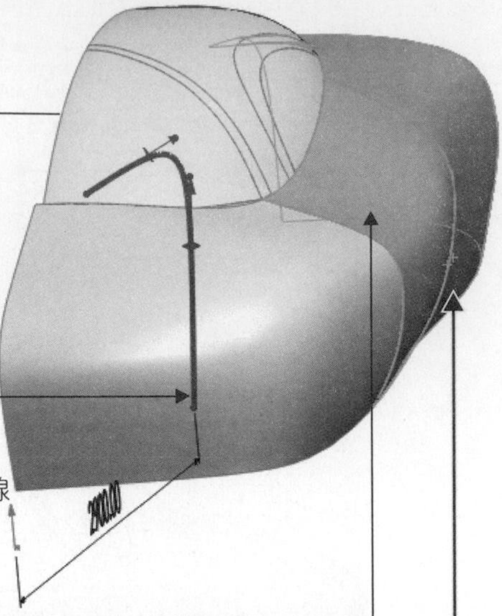

車體左右之對稱中線

⑤ 執行「分割線」投影

① 選擇作用的類型

② 指定現階段之不規則線

③ 離分側向之鈑金本體

④ 加選側向鈑金尾段之項次分割

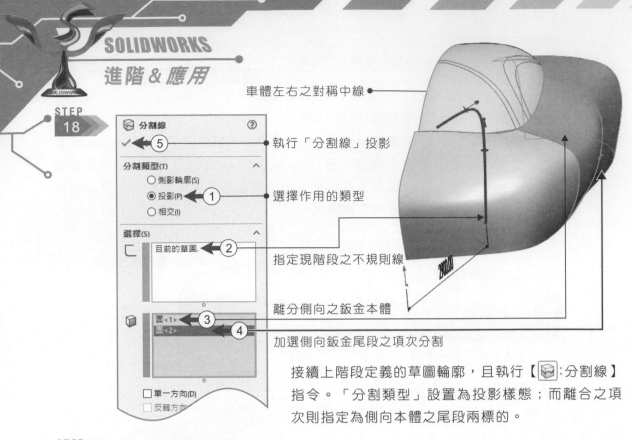

接續上階段定義的草圖輪廓，且執行【:分割線】指令。「分割類型」設置為投影樣態；而離合之項次則指定為側向本體之尾段兩標的。

STEP 19

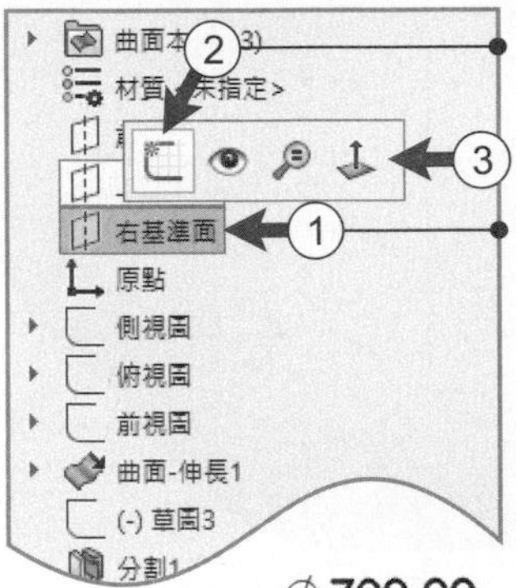

② 進入草繪之工序

③ 對位所選擇的視角

① 指定「右基準面」

使用【:圓工具】暨【:直線工具】建構草圖輪廓。為俾利側向鈑金剪裁出輪圈的對應位置，其圖元需穿出曲面下側之本體；再者，參數的標列需與【:原點】對照暨定義。

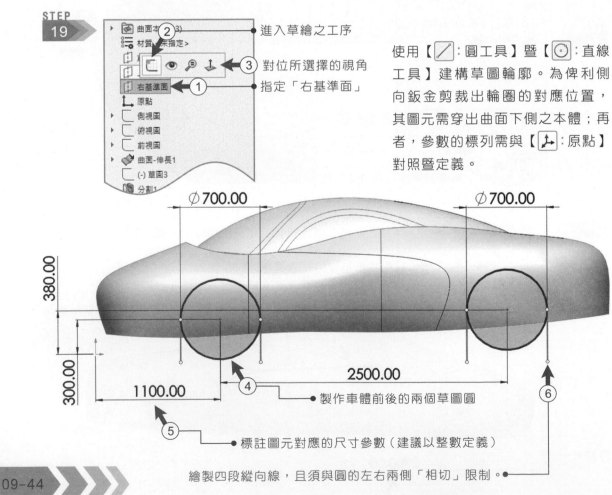

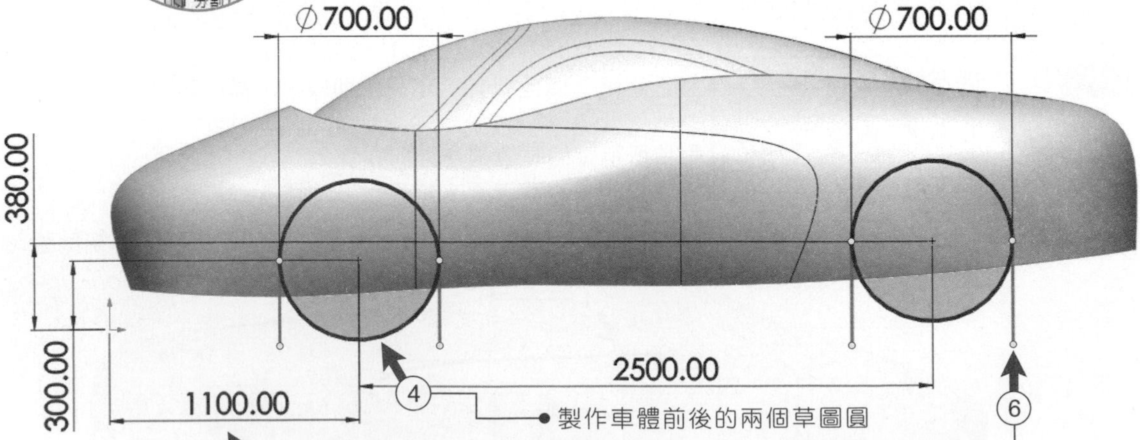

④ 製作車體前後的兩個草圖圓

⑤ 標註圖元對應的尺寸參數（建議以整數定義）

⑥ 繪製四段縱向線，且須與圓的左右兩側「相切」限制。

STEP 20

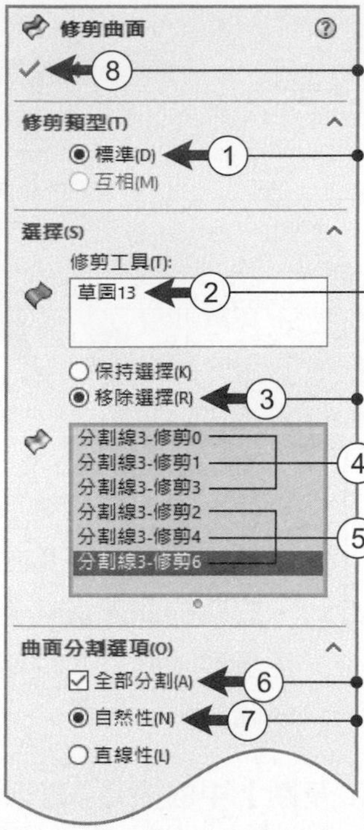
修剪曲面
修剪類型(T)
標準(D)
互相(M)
選擇(S)
修剪工具(T):
草圖13
保持選擇(K)
移除選擇(R)
分割線3-修剪0
分割線3-修剪1
分割線3-修剪3
分割線3-修剪2
分割線3-修剪4
分割線3-修剪6
曲面分割選項(O)
全部分割(A)
自然性(N)
直線性(L)
8 本體剪裁設定與執行
1 選擇作用的修剪類型
2 指定現階段作用的草圖
3 設置成移除項次
4
5

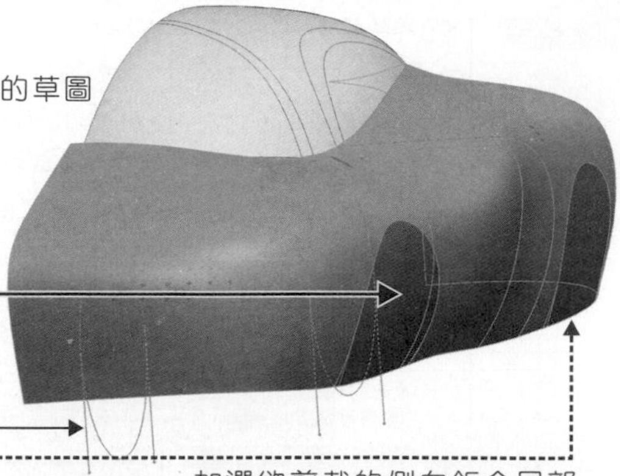
加選欲剪裁的側向鈑金局部
6 分割樣態定義
7 指向為自然類型的修剪

啟用【修剪曲面】指令，移除之項次即設置為側向本體的前後輪圈對應之局部；再者，其分割選項即如預設的「自然性」定義。

STEP 21

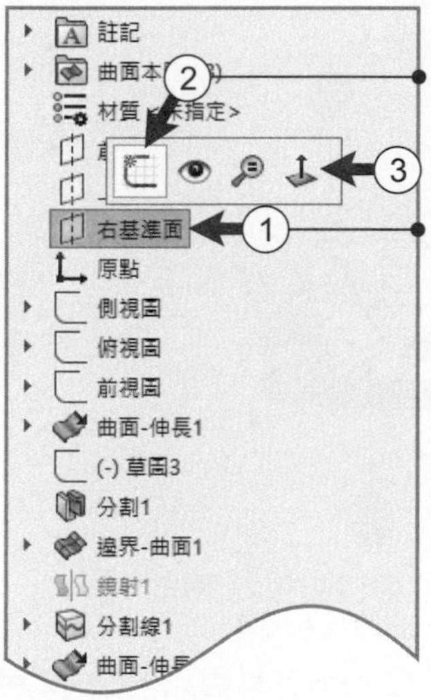
註記
曲面本體
材質 <未指定>
右基準面
原點
側視圖
俯視圖
前視圖
曲面-伸長1
(-) 草圖3
分割1
邊界-曲面1
鏡射1
分割線1
曲面-伸長
2 繪製側向鈑金的細項圖元
3 正視暨對位所指定的圖頁
1 以「右基準面」進入草繪環節

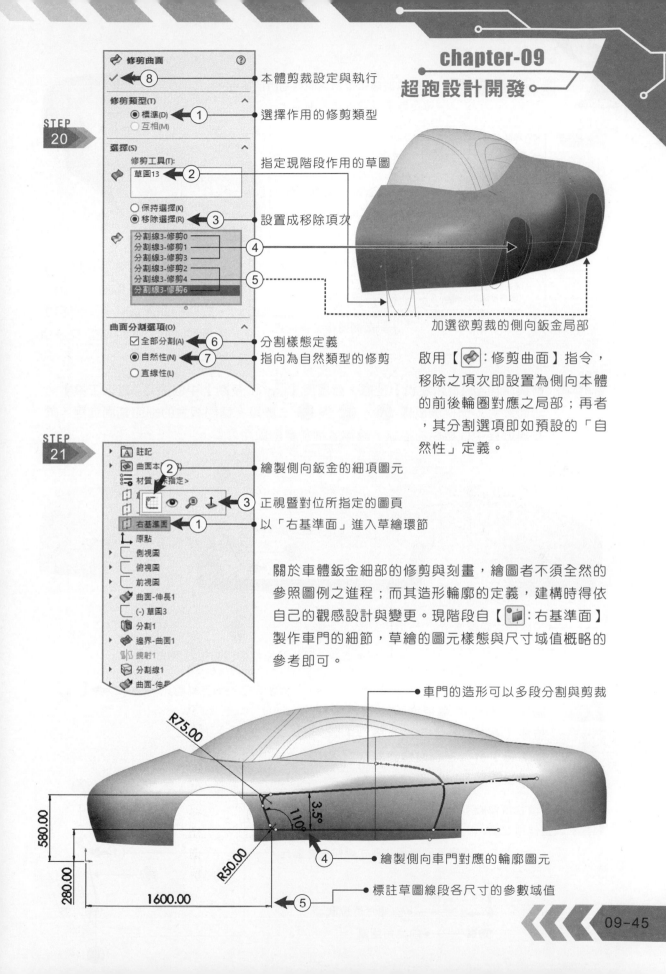

關於車體鈑金細部的修剪與刻畫，繪圖者不須全然的參照圖例之進程；而其造形輪廓的定義，建構時得依自己的觀感設計與變更。現階段自【右基準面】製作車門的細節，草繪的圖元樣態與尺寸域值概略的參考即可。

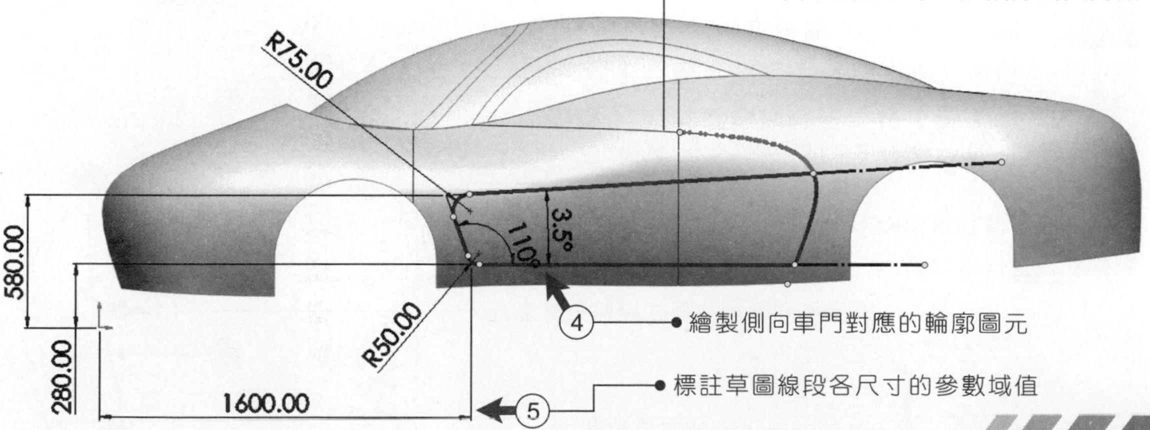
車門的造形可以多段分割與剪裁
R75.00
3.5°
110°
580.00
280.00
R50.00
1600.00
4 繪製側向車門對應的輪廓圖元
5 標註草圖線段各尺寸的參數域值

前擋風玻璃與車頂兩側對稱時的縫合皆須以順接作為前提。

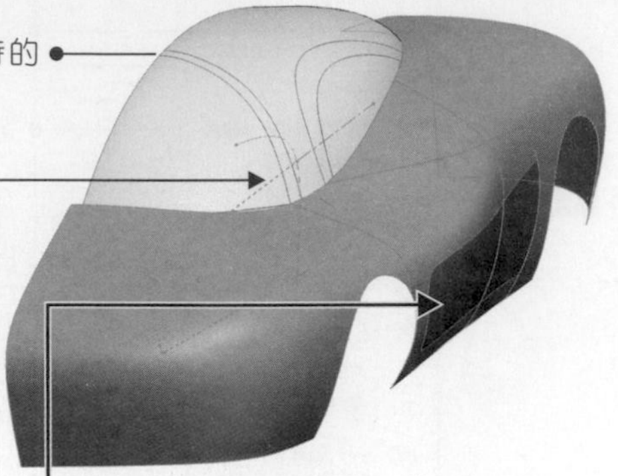

STEP 22

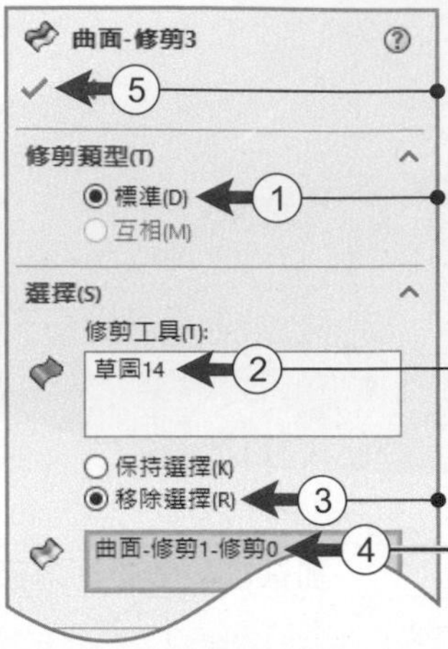

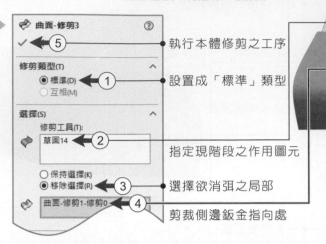

⑤ 執行本體修剪之工序

① 設置成「標準」類型

② 指定現階段之作用圖元

③ 選擇欲消弭之局部

④ 剪裁側邊鈑金指向處

續接上頁的草圖繪製程序，繼而執行【 :修剪曲面】指令。剪裁的局部與範圍皆可自主性調整（得一次性或多次消弭剔除）。

STEP 23

轉換視角至【 :右視】型態，且啟用【 :3D 草圖】中的【 :直線工具】，繼而參考下側例圖放樣 Ⓐ、Ⓑ 與 Ⓒ 三線段。側門鈑金的細節鋪面進程，於教學過程中僅概略的描述，繪圖者稍加參酌即可意會。

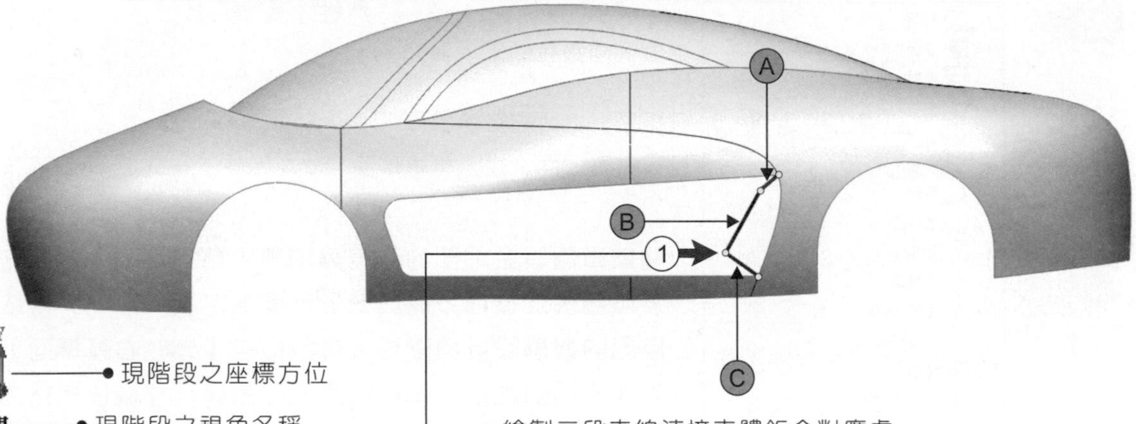

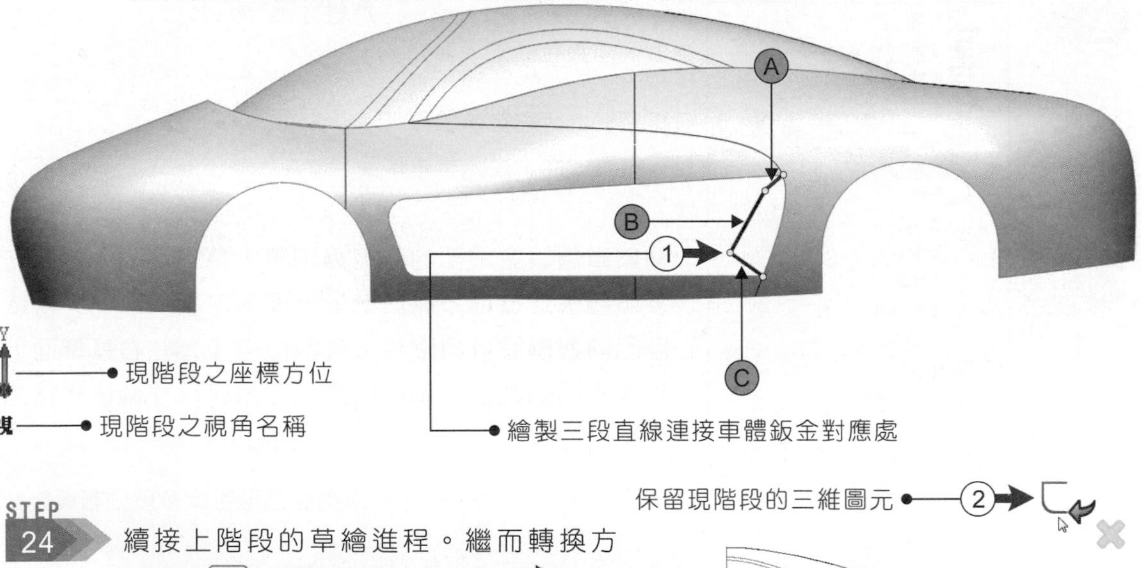

現階段之座標方位

*右視 —— 現階段之視角名稱

① 繪製三段直線連接車體鈑金對應處

STEP 24

續接上階段的草繪進程。繼而轉換方位成【 :前視】型態，再以【 :選擇工具】針對各線段暨節點之對應位置做適量的調整。

保留現階段的三維圖元 ②

將「帶彩」模式轉換成「線架構」，從其更明確的外觀輪廓調整作用之圖元。

透過不同視角的形式編修三維圖元 ①

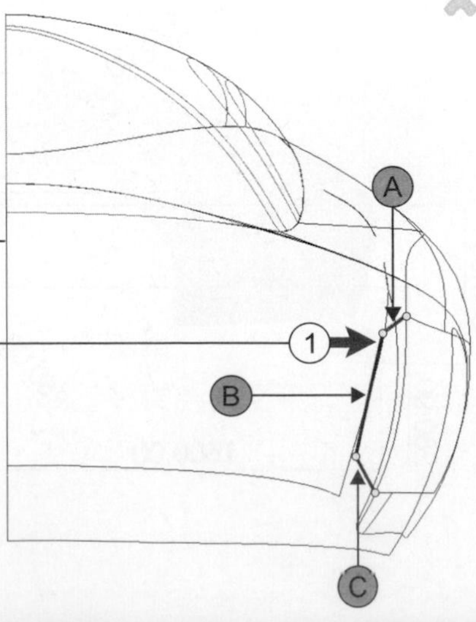

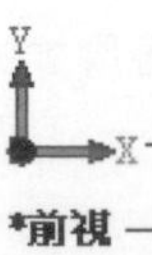

座標方位現狀

*前視 —— 前視角圖頁

STEP 25

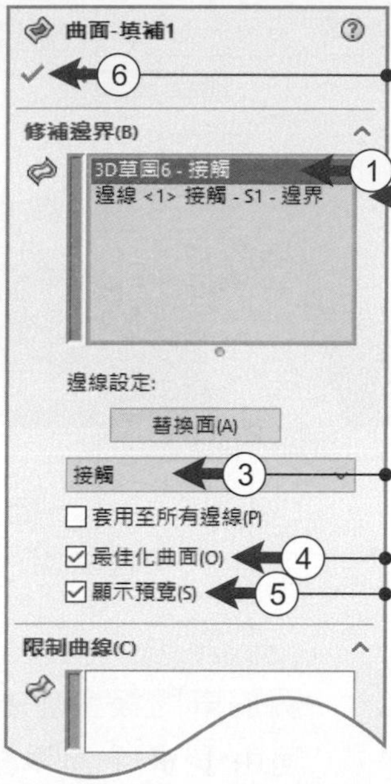
曲面-填補1
修補邊界(B)
3D草圖6 - 接觸
邊線 <1> 接觸 - S1 - 邊界
邊線設定:
替換面(A)
接觸
套用至所有邊線(P)
最佳化曲面(O)
顯示預覽(S)
限制曲線(C)
執行「曲面填補」工序
加選三段的立體草圖
鈑金剪裁之邊界指定
選擇作用類型
邊界最佳化
啟用成形預覽之樣態

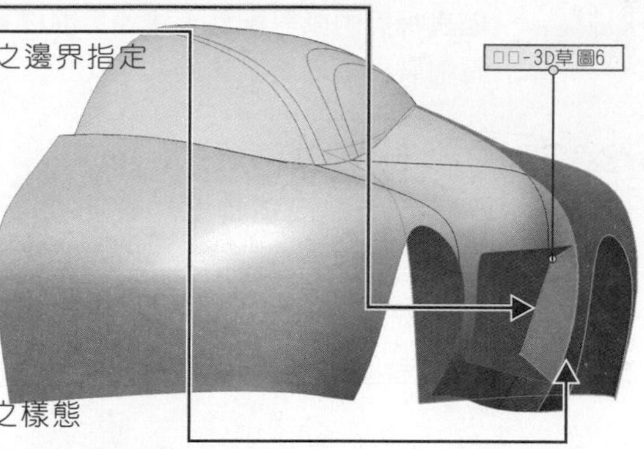
3D草圖6

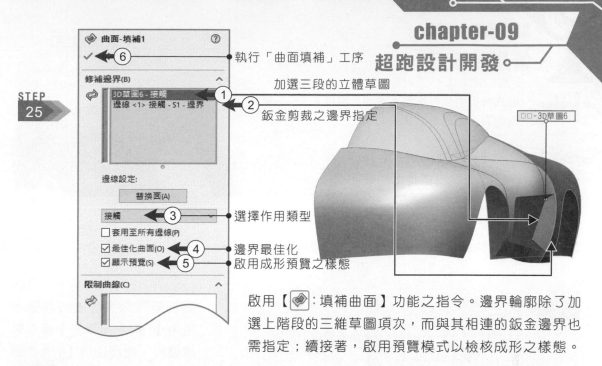

啟用【:填補曲面】功能之指令。邊界輪廓除了加選上階段的三維草圖項次，而與其相連的鈑金邊界也需指定；續接著，啟用預覽模式以檢核成形之樣態。

STEP 26

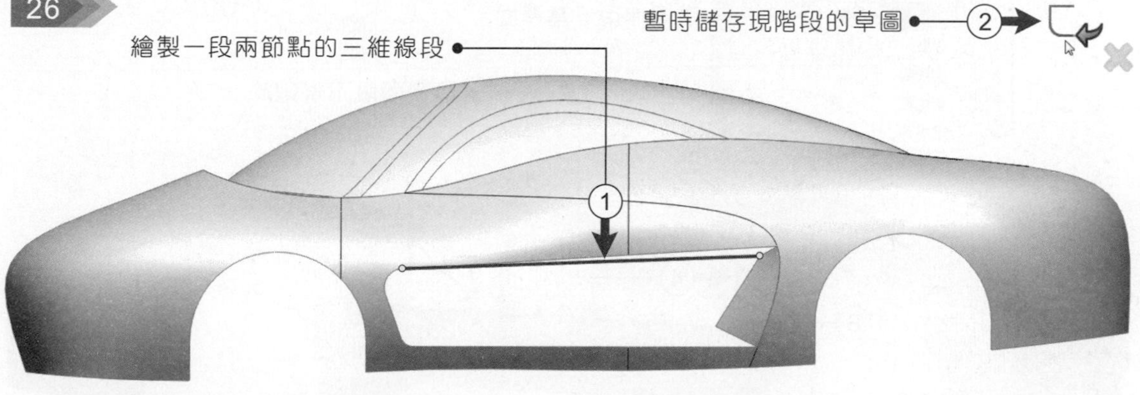
暫時儲存現階段的草圖
繪製一段兩節點的三維線段

進入【3D:3D草圖】繪製的進程。使用【:直線工具】且參酌例圖放樣一線段，該線段即為曲面鋪陳時的架構；倘若繪圖者欲將裁剪過後的鈑金缺口一併填補，則放樣之草圖即須更審慎的繪製與連結。

STEP 27

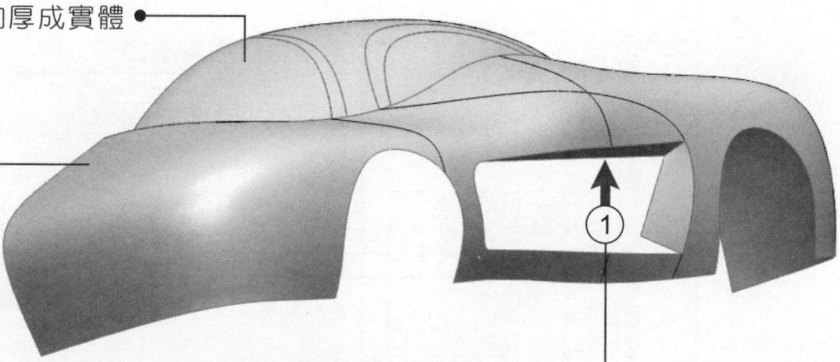
分割後之曲面可逐步加厚成實體
車前鈑金可於後續階段設變
執行曲面填補的階段性工序

交通工具的外觀造型不須完全的參照範例的進程，繪圖者得依自己的觀感設計與變更，以期符合軟體學習的殷切初衷。

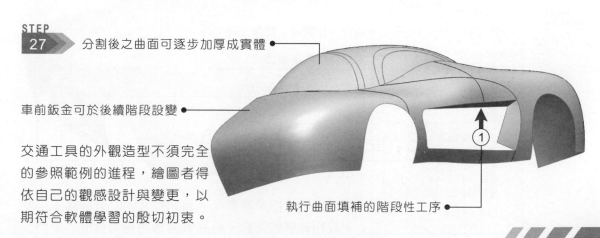

STEP 28

儀表板與內飾等配件，建議另開檔案繪製後再行組裝。

經由四階段的【:曲面填補】完成側向鈑金的鋪面，續接著是車門細節的建模工序。

輪圈之設計流程可參酌筆者「SOLIDWORKS基礎與實務」一書

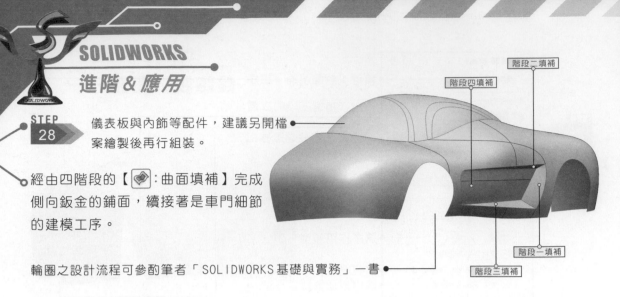

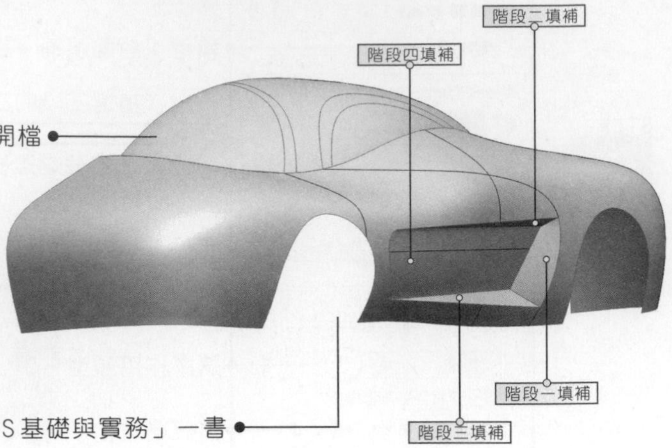

STEP 29

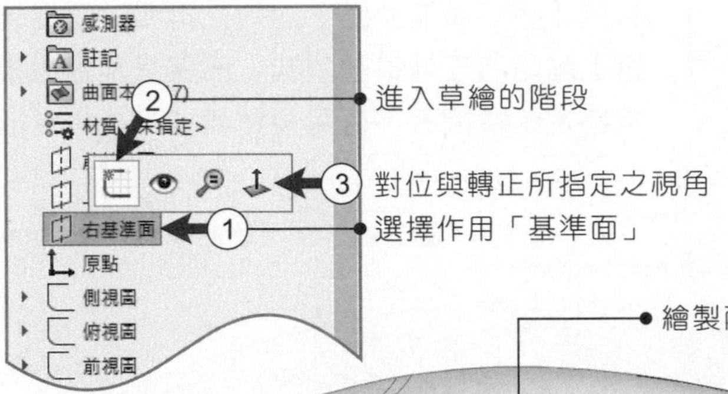

關於車門鈑金細項的修飾，可由【右基準面】進入草繪進程，繼而使用【不規則曲線】製作 Ⓐ 與 Ⓑ 兩輪廓。

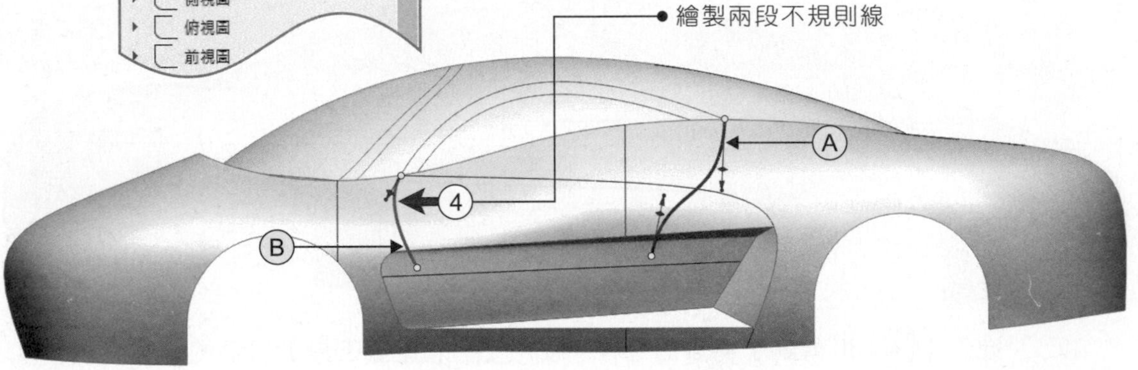

STEP 30

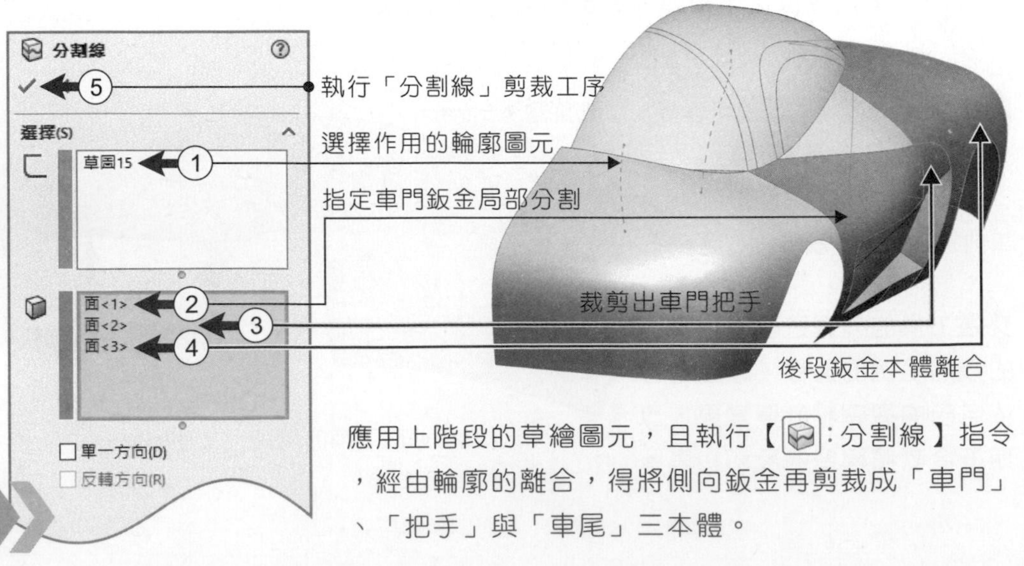

應用上階段的草繪圖元，且執行【:分割線】指令，經由輪廓的離合，得將側向鈑金再剪裁成「車門」、「把手」與「車尾」三本體。

9-2.3 車前鈑金暨細部設計

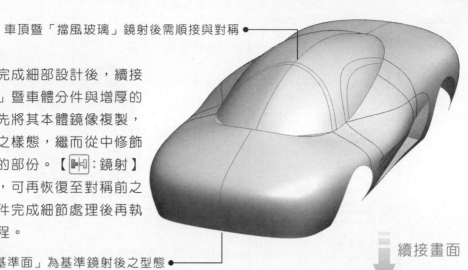

STEP 01

車頂暨「擋風玻璃」鏡射後需順接與對稱

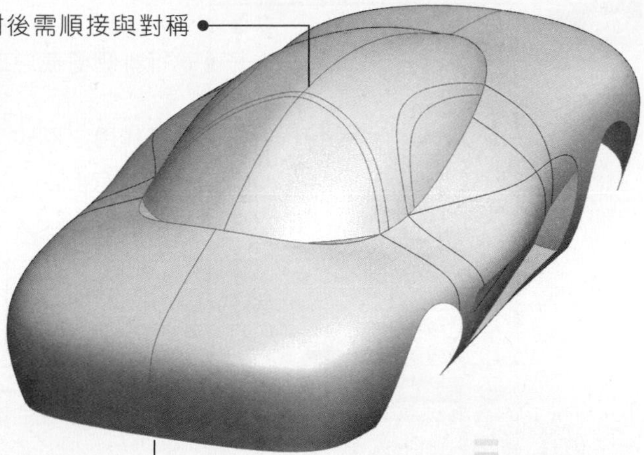

於側向鈑金實體完成細部設計後，續接著是「車前鈑金」暨車體分件與增厚的工序。繪圖者可先將其本體鏡像複製，用以檢核各構件之樣態，繼而從中修飾不搭調及有疑慮的部份。【:鏡射】後之本體檢視後，可再恢復至對稱前之樣態，待所有構件完成細節處理後再執行鏡像複製的進程。

以「右基準面」為基準鏡射後之型態

續接畫面

STEP 02

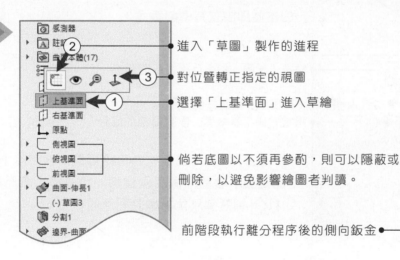

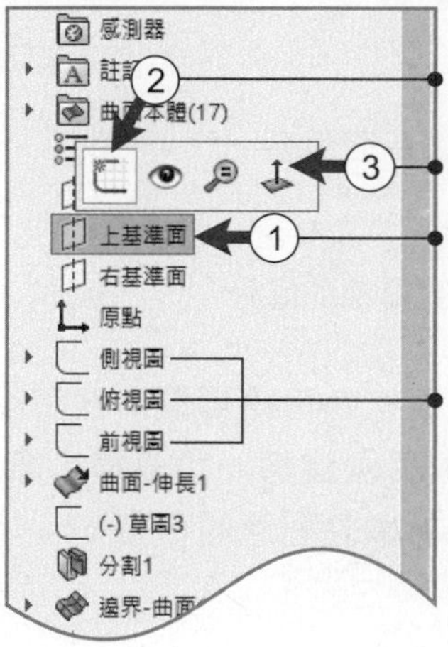

進入「草圖」製作的進程

對位暨轉正指定的視圖

選擇「上基準面」進入草繪

倘若底圖以不須再參酌，則可以隱蔽或刪除，以避免影響繪圖者判讀。

前階段執行離分程序後的側向鈑金

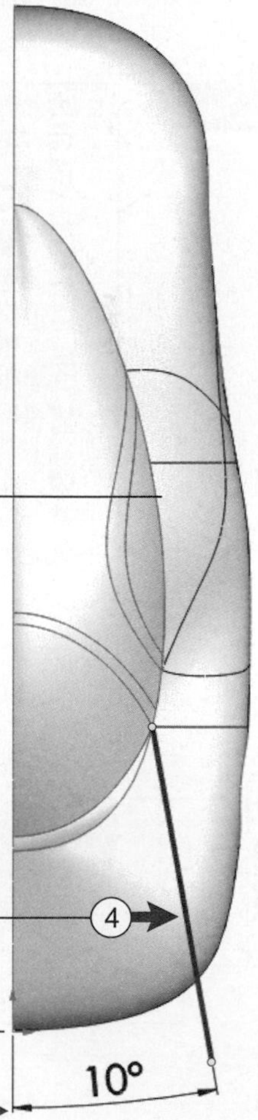

「車前鈑金」暨「車尾」兩局部的本體皆可裁剪後再重新鋪面；而於本範例中僅就車頭的部份設變。指定【:上基準面】進入【:草圖】，繼而啟用【直線工具】自「擋風玻璃」邊框繪製一段左上右下的線段，且以【:智慧型尺寸】標註該線段與【:原點】上側之縱向邊界的夾角為10度。

使用「直線工具」，自「擋風玻璃」邊框與鈑金的交界點繪製一段兩節點的斜線。

上視角對應之草圖原點

標註線段輪廓的尺寸參數（其夾角概略的定義即可）

STEP 03

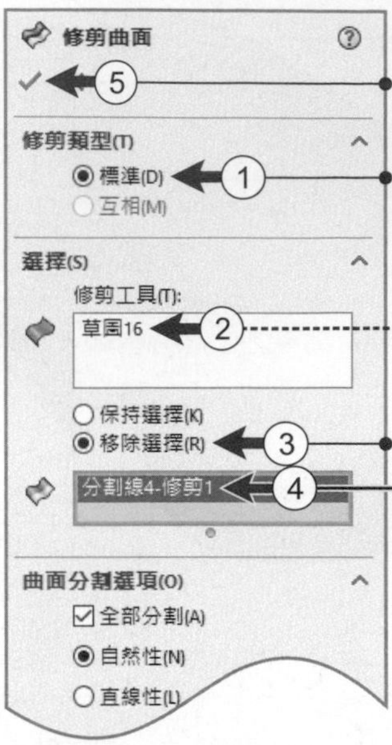
修剪曲面
修剪類型(T)
標準(D)
互相(M)
選擇(S)
修剪工具(T):
草圖16
保持選擇(K)
移除選擇(R)
分割線4-修剪1
曲面分割選項(O)
全部分割(A)
自然性(N)
直線性(L)
⑤ 執行本體剪裁之工序
① 選擇作用之形式
② 指定剪裁的輪廓
③ 設置成移除項次
④ 點選前向之鈑金本體

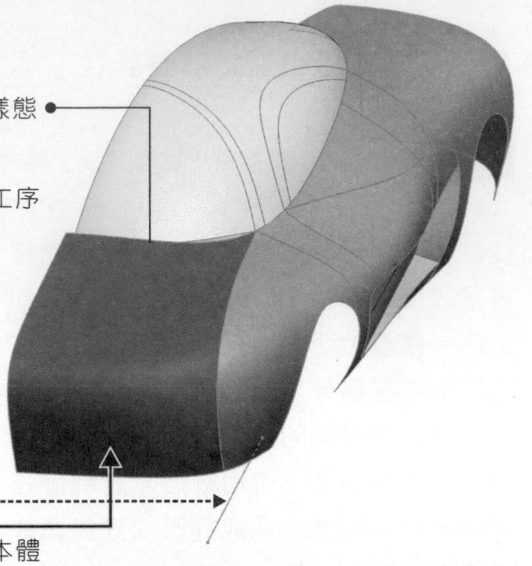
受指定消弭之本體即呈現紫色樣態

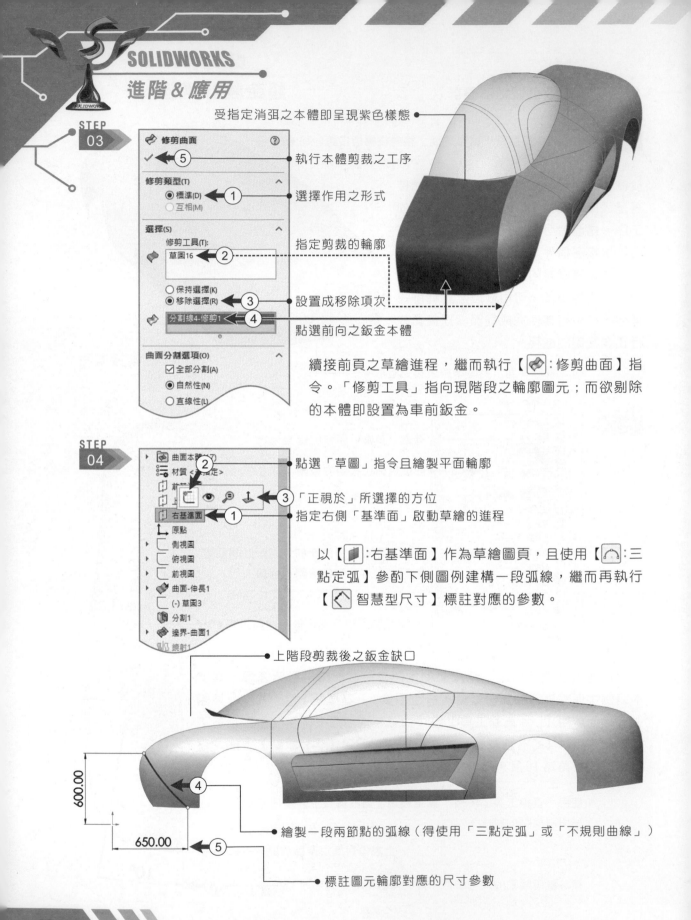

續接前頁之草繪進程，繼而執行【 :修剪曲面】指令。「修剪工具」指向現階段之輪廓圖元；而欲剔除的本體即設置為車前鈑金。

STEP 04

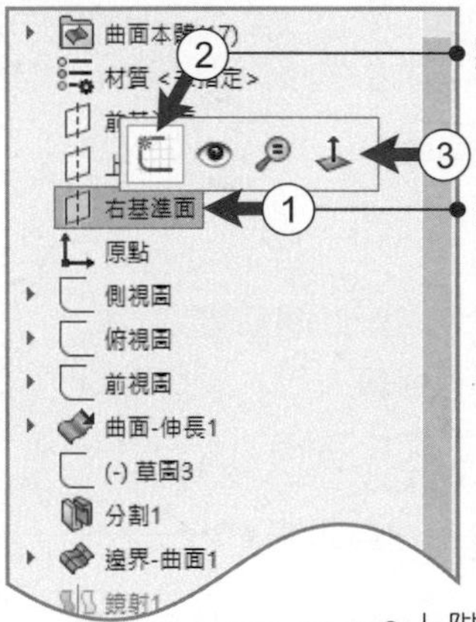
曲面本體(7)
材質 <未指定>
右基準面
原點
側視圖
俯視圖
前視圖
曲面-伸長1
(-) 草圖3
分割1
邊界-曲面1
鏡射1
② 點選「草圖」指令且繪製平面輪廓
③「正視於」所選擇的方位
① 指定右側「基準面」啟動草繪的進程

以【 :右基準面】作為草繪圖頁，且使用【 :三點定弧】參酌下側圖例建構一段弧線，繼而再執行【 智慧型尺寸】標註對應的參數。

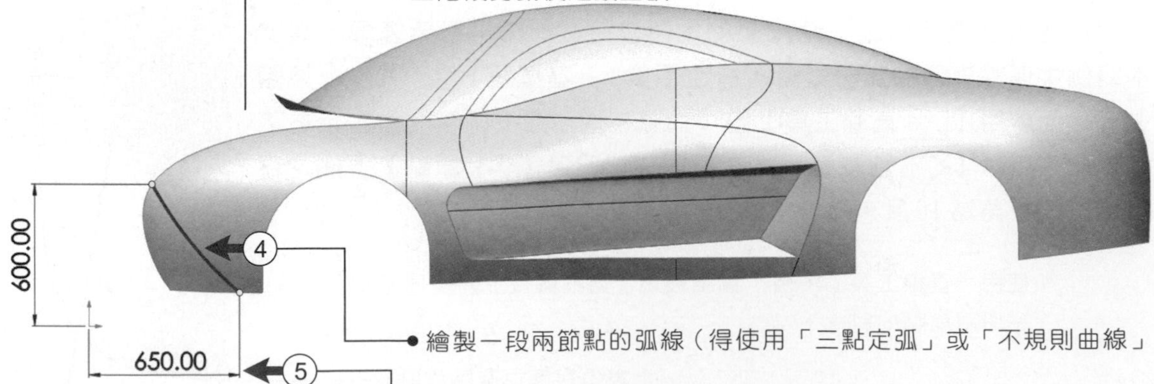
上階段剪裁後之鈑金缺口
600.00
650.00
④ 繪製一段兩節點的弧線（得使用「三點定弧」或「不規則曲線」）
⑤ 標註圖元輪廓對應的尺寸參數

STEP 05

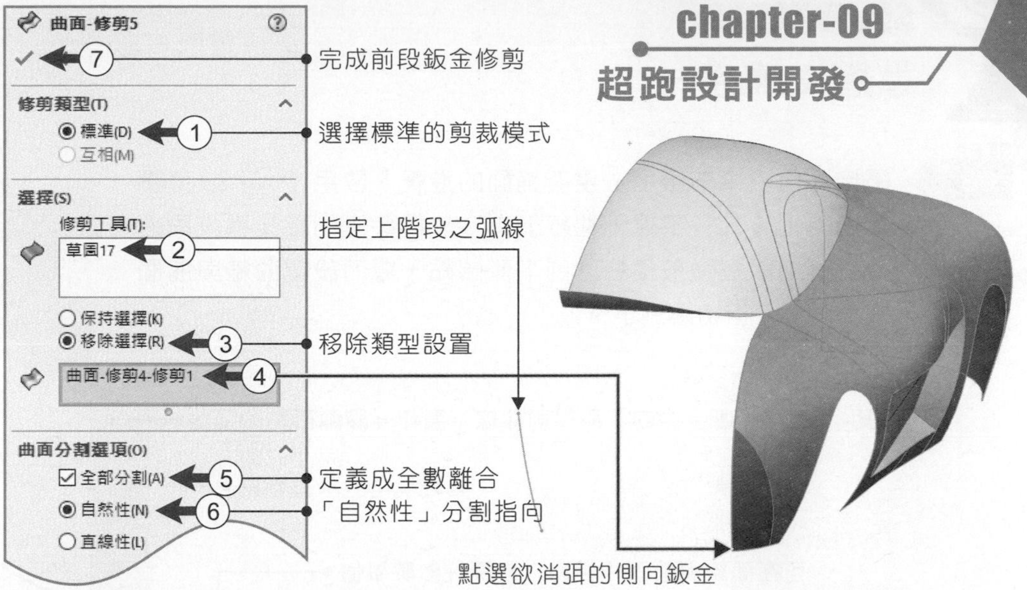
曲面-修剪5
修剪類型(T)
標準(D)
互相(M)
選擇(S)
修剪工具(T):
草圖17
保持選擇(K)
移除選擇(R)
曲面-修剪4-修剪1
曲面分割選項(O)
全部分割(A)
自然性(N)
直線性(L)
完成前段鈑金修剪
選擇標準的剪裁模式
指定上階段之弧線
移除類型設置
定義成全數離合
「自然性」分割指向
點選欲消弭的側向鈑金

STEP 06

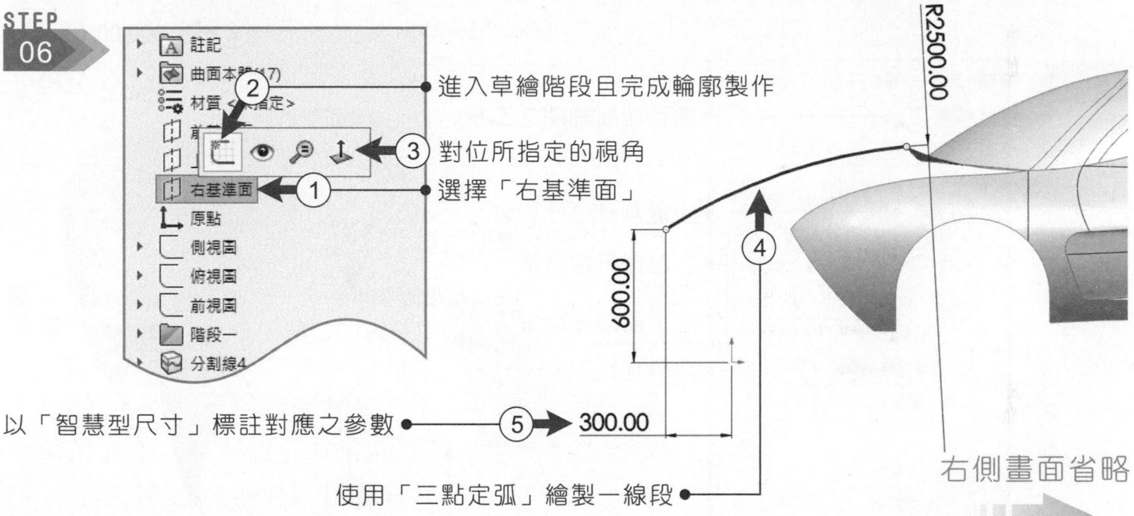
註記
曲面本體(17)
材質 <未指定>
右基準面
原點
側視圖
俯視圖
前視圖
階段一
分割線4
進入草繪階段且完成輪廓製作
對位所指定的視角
選擇「右基準面」
R2500.00
600.00
300.00
以「智慧型尺寸」標註對應之參數
使用「三點定弧」繪製一線段
右側畫面省略

STEP 07

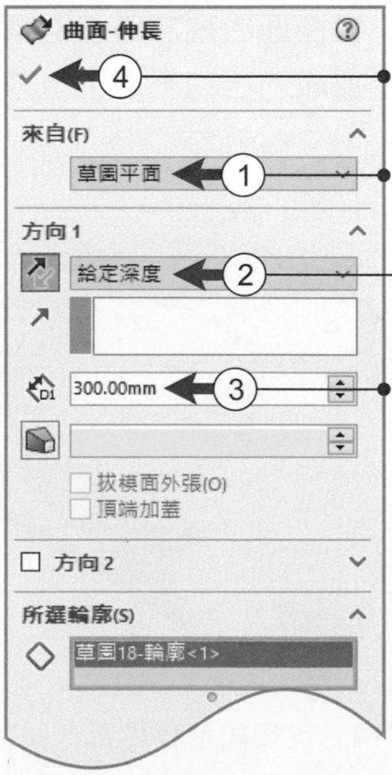
曲面-伸長
來自(F)
草圖平面
方向 1
給定深度
300.00mm
拔模面外張(O)
頂端加蓋
方向 2
所選輪廓(S)
草圖18-輪廓<1>

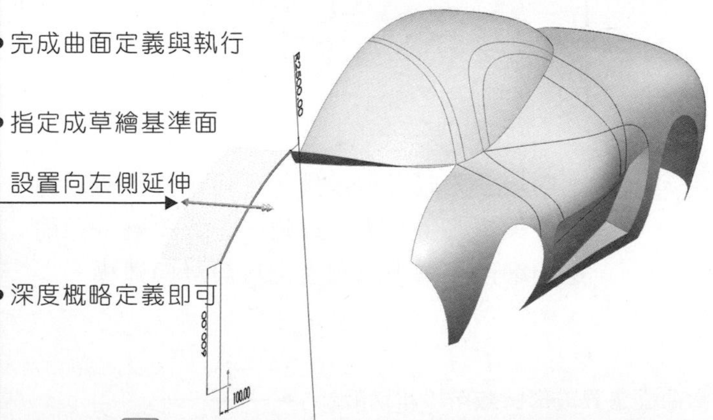
完成曲面定義與執行
指定成草繪基準面
設置向左側延伸
深度概略定義即可

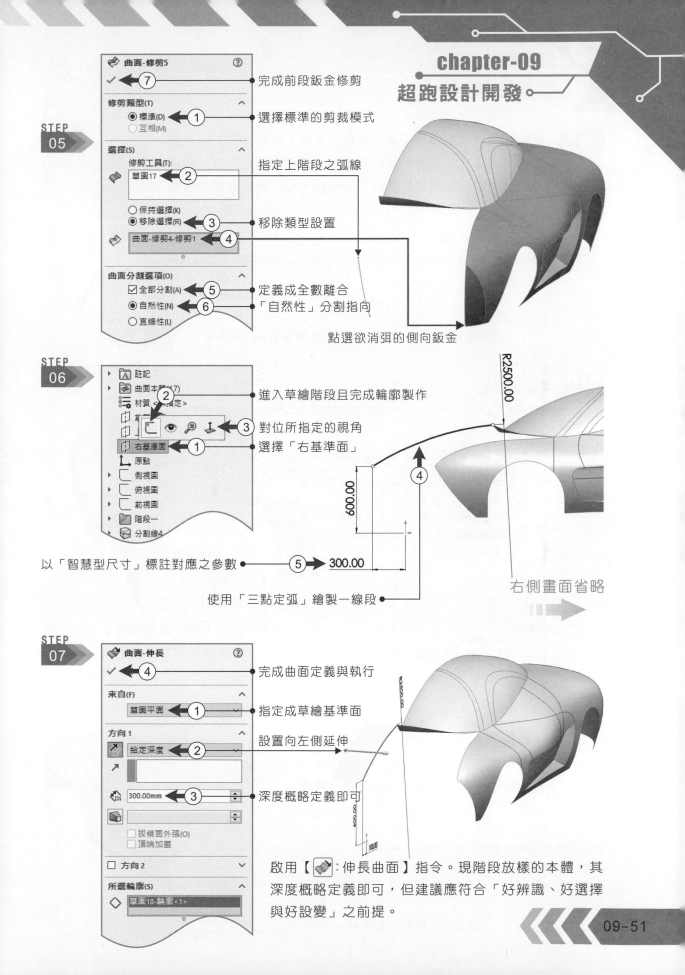

啟用【伸長曲面】指令。現階段放樣的本體，其深度概略定義即可，但建議應符合「好辨識、好選擇與好設變」之前提。

上方畫面省略

STEP 08

續接著是「車前鈑金」重新鋪面的進程。啟用【3D:3D 草圖】且執行【不規則曲線】指令，得參考例圖架構一段曲線於側向鈑金暨放樣曲面的下側端點，繼而設置曲線與曲面底線【相切限制】。

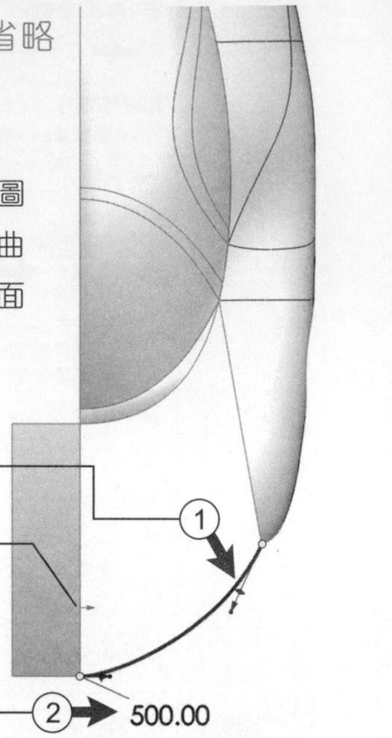

使用「三維草圖」中的「不規則曲線」製作一段兩節點的弧線

對應視角的草圖原點

可在弧線與曲面「相切」後標註參數域值

STEP 09

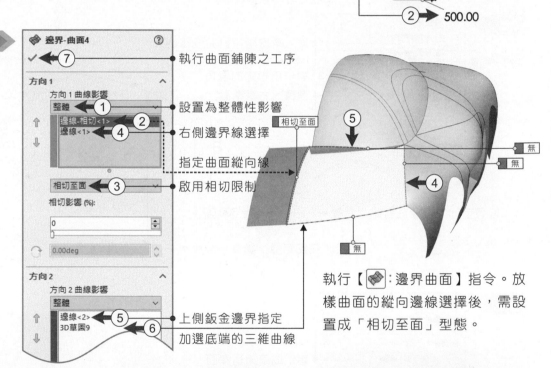

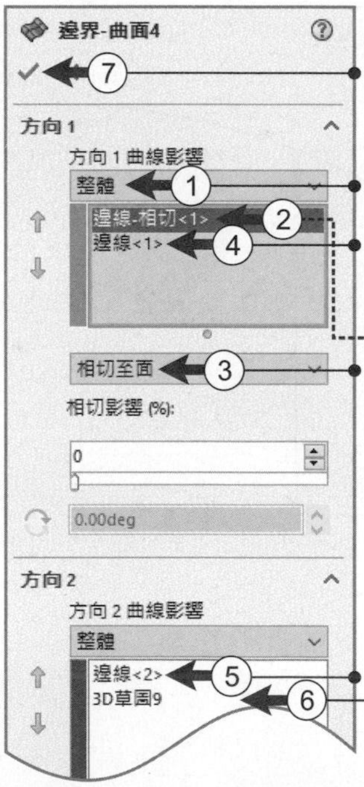

執行曲面鋪陳之工序

設置為整體性影響

右側邊界線選擇

指定曲面縱向線

啟用相切限制

上側鈑金邊界指定

加選底端的三維曲線

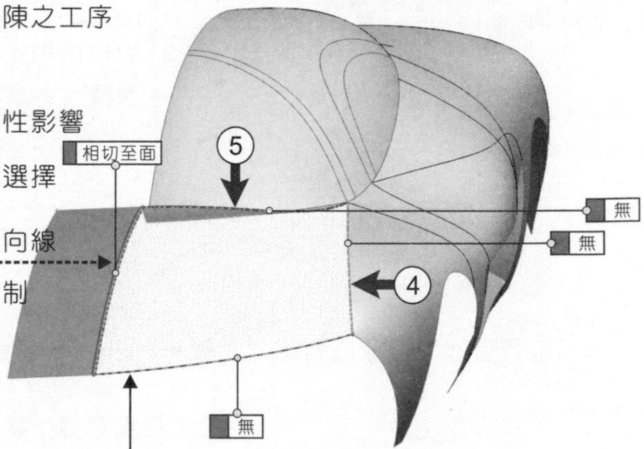

執行【邊界曲面】指令。放樣曲面的縱向邊線選擇後，需設置成「相切至面」型態。

STEP 10

前向鈑金完成造型設變後，可再執行後續的剪裁與修飾；至於「車燈」、「車輪」與周邊的細節，得由繪圖者自行設計與建構。

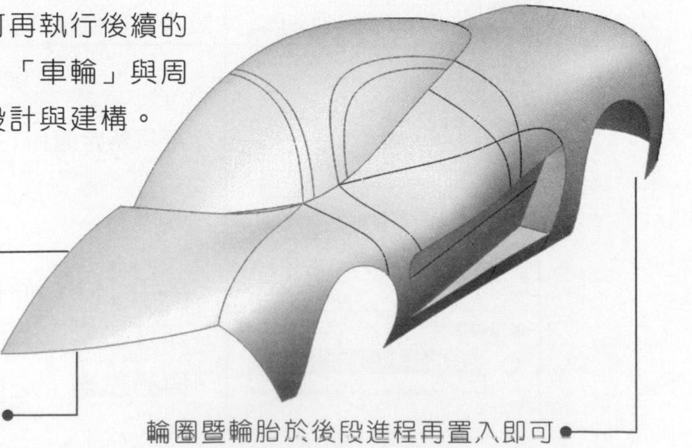

當曲面邊界成形時啟用「相切限制」定義，則該本體於鏡像複製後即呈現順接之曲率。

上階段完成鋪面之本體

輪圈暨輪胎於後段進程再置入即可

STEP 11

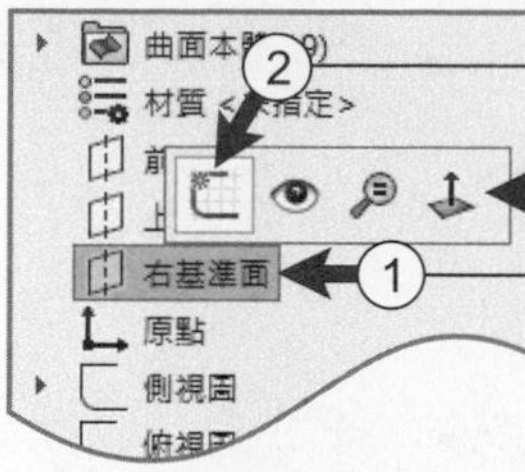
曲面本體
材質 <未指定>
前
上
右基準面
原點
側視圖
俯視圖
② 進入草繪階段並建構圖元
③ 對位暨轉正所指定的視角
① 選擇作用的「右基準面」

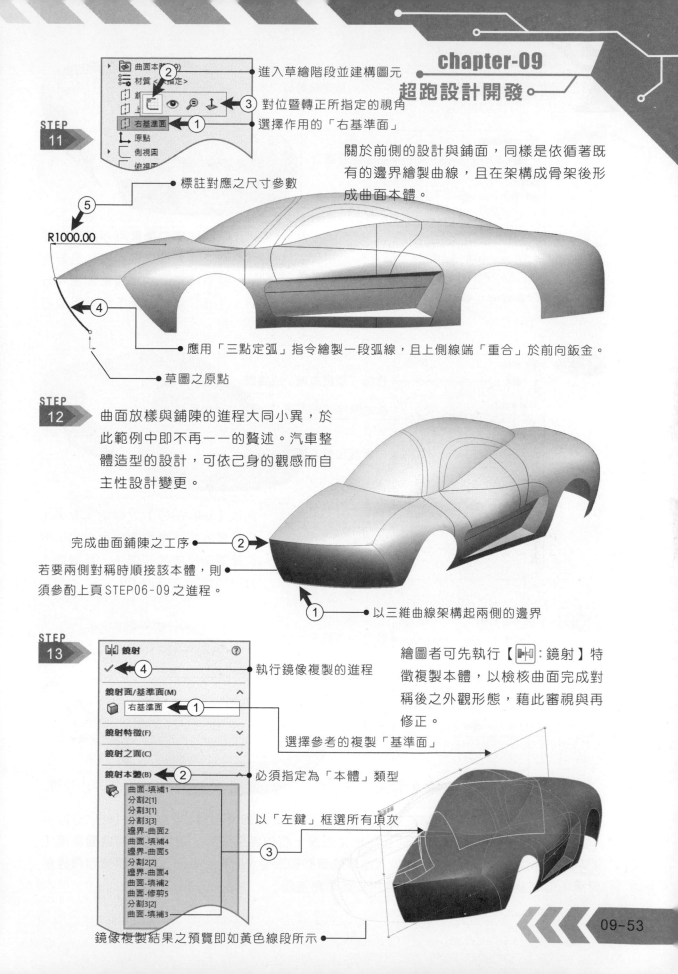

關於前側的設計與鋪面，同樣是依循著既有的邊界繪製曲線，且在架構成骨架後形成曲面本體。

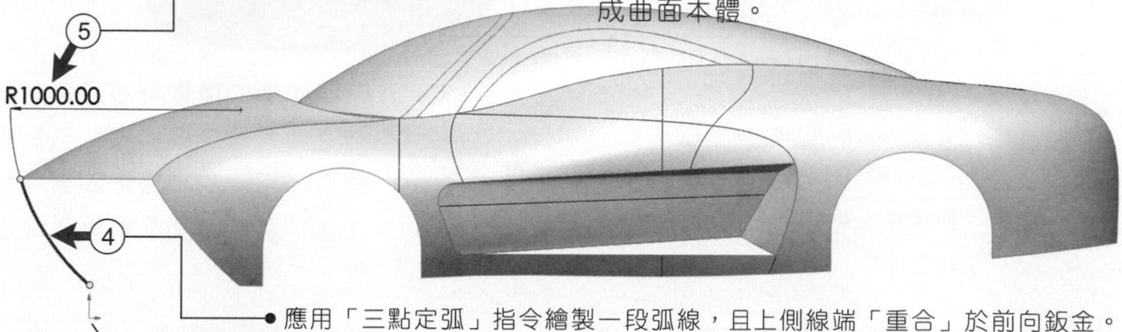
⑤ 標註對應之尺寸參數
R1000.00
④ 應用「三點定弧」指令繪製一段弧線，且上側線端「重合」於前向鈑金。
草圖之原點

STEP 12

曲面放樣與鋪陳的進程大同小異，於此範例中即不再一一的贅述。汽車整體造型的設計，可依己身的觀感而自主性設計變更。

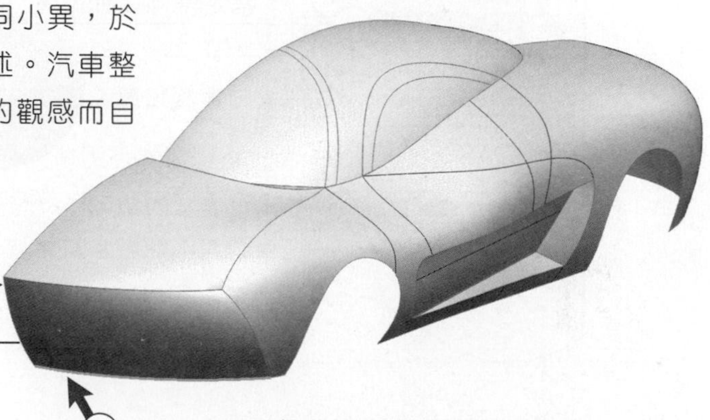
完成曲面鋪陳之工序 ②
若要兩側對稱時順接該本體，則須參酌上頁STEP06-09之進程。
① 以三維曲線架構起兩側的邊界

STEP 13

繪圖者可先執行【鏡射】特徵複製本體，以檢核曲面完成對稱後之外觀形態，藉此審視與再修正。

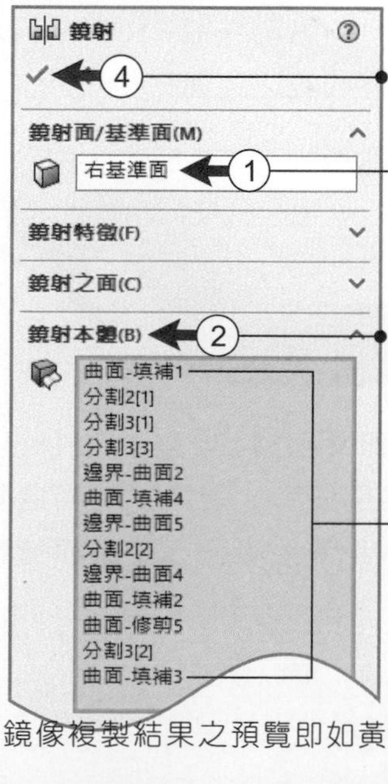
鏡射
④ 執行鏡像複製的進程
鏡射面/基準面(M)
右基準面 ① 選擇參考的複製「基準面」
鏡射特徵(F)
鏡射之面(C)
鏡射本體(B) ② 必須指定為「本體」類型
曲面-填補1
分割2[1]
分割3[1]
分割3[3]
邊界-曲面2
曲面-填補4
邊界-曲面5
分割2[2]
邊界-曲面4
曲面-填補2
曲面-修剪5
分割3[2]
曲面-填補3
③ 以「左鍵」框選所有項次
鏡像複製結果之預覽即如黃色線段所示

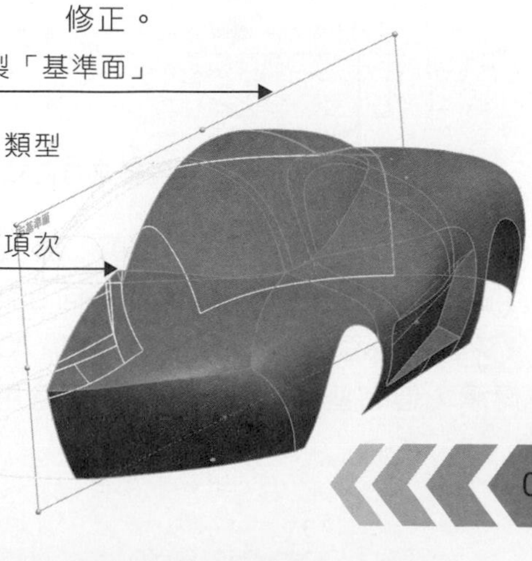

STEP 14

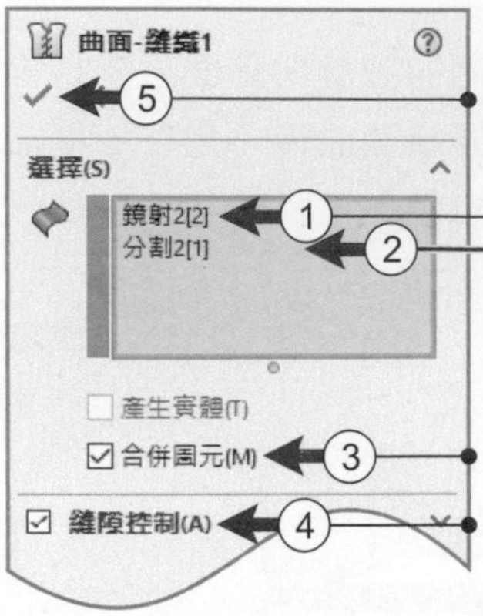
曲面-縫織1
選擇(S)
鏡射2[2]
分割2[1]
產生實體(T)
合併圖元(M)
縫隙控制(A)
完成曲面縫合
加選前向的擋風玻璃
消弭瑣碎的邊界
得啟用間隙參數調整

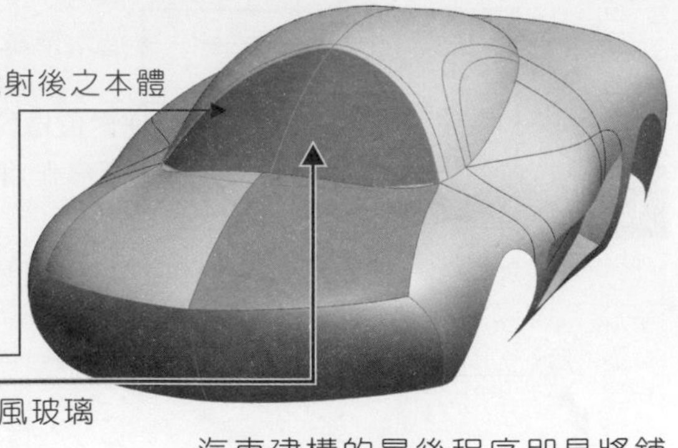
指定鏡射後之本體

汽車建構的最後程序即是將鋪陳之曲面轉換成實體；若是兩側對稱相連的本體，即須執行【 :縫織曲面】後再生成殼厚。

STEP 15

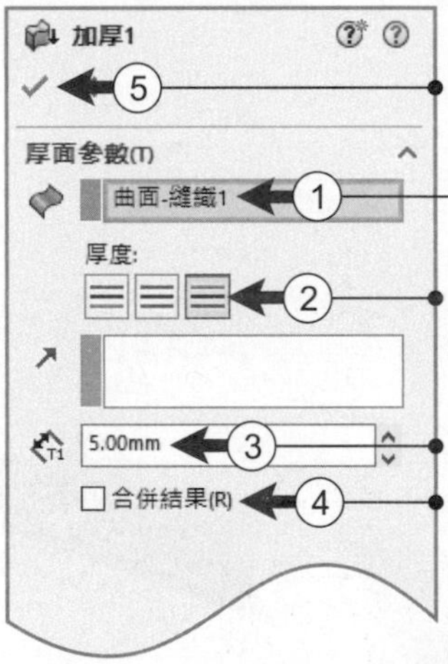
加厚1
厚面參數(T)
曲面-縫織1
厚度:
5.00mm
合併結果(R)
轉換「擋風玻璃」成實體
指定前向擋風玻璃
向裡側增厚
厚度參數輸入
取消本體融合結果

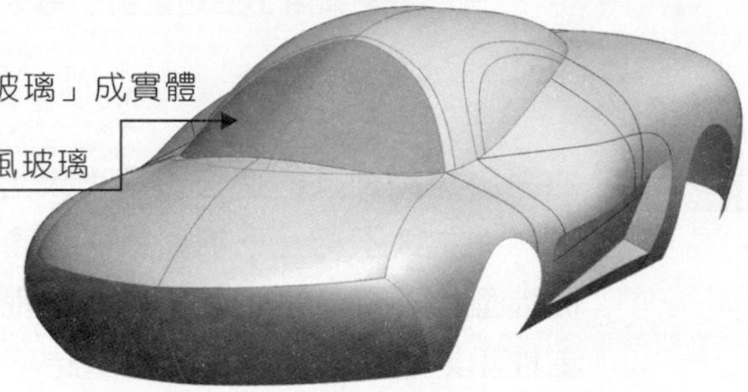

執行【 :加厚】之特徵指令。生成殼厚的同時得指定成型方向，於此建議皆是向裡側增生，且取消「合併結果」之選項。

STEP 16

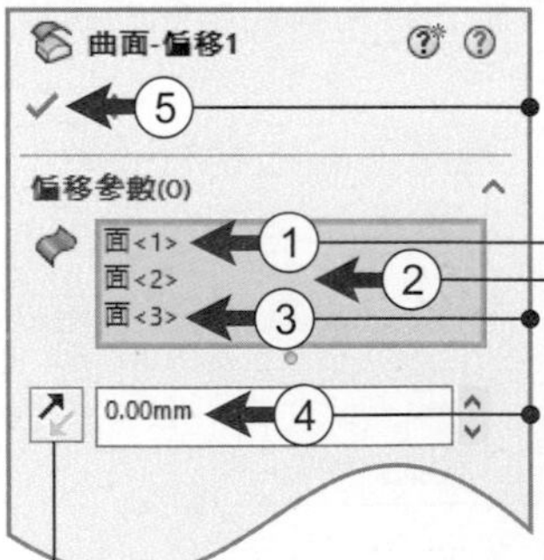
曲面-偏移1
偏移參數(O)
面<1>
面<2>
面<3>
0.00mm
執行曲面偏移之進程
連續的相接面加選
相連面加選
偏移距離指定
曲面偏移之方向或可調整

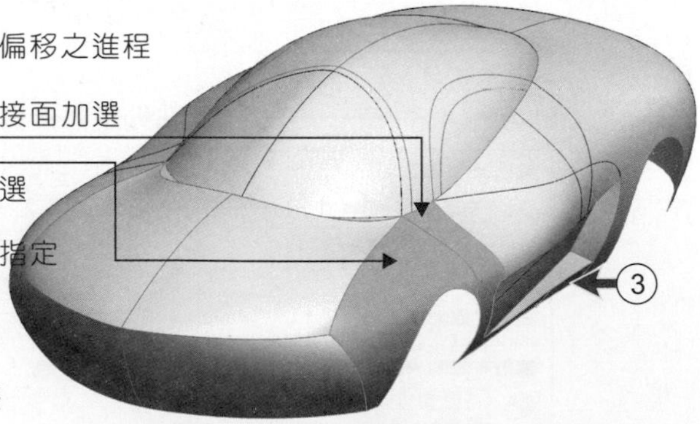

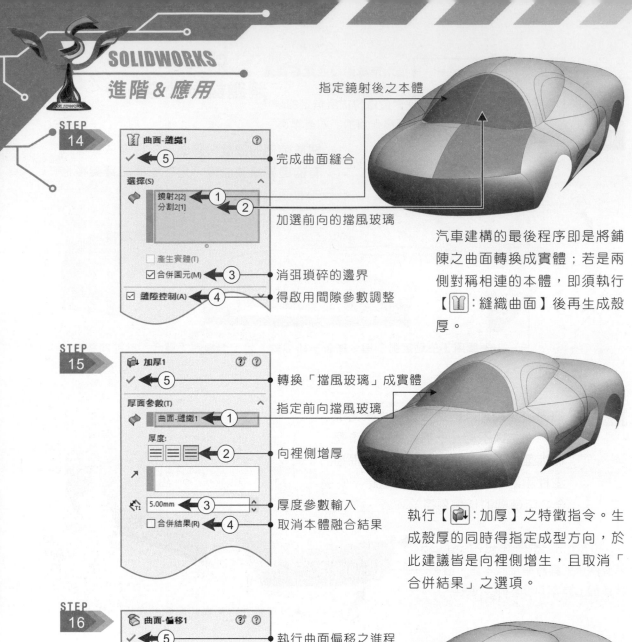

【 :加厚】特徵指令執行前，需先確認曲面本體之輪廓是【 :分割】或【 :分割線】離合。如果是前者，得直接向裡側增生殼厚；而如果是後者，則需先將相連面應用【 偏移曲面】指令複製後，再輸入增厚的參數與指令（此為筆者個人的建模邏輯與經驗傳承，但有些特殊的境況可能不適用於此思路進程）。

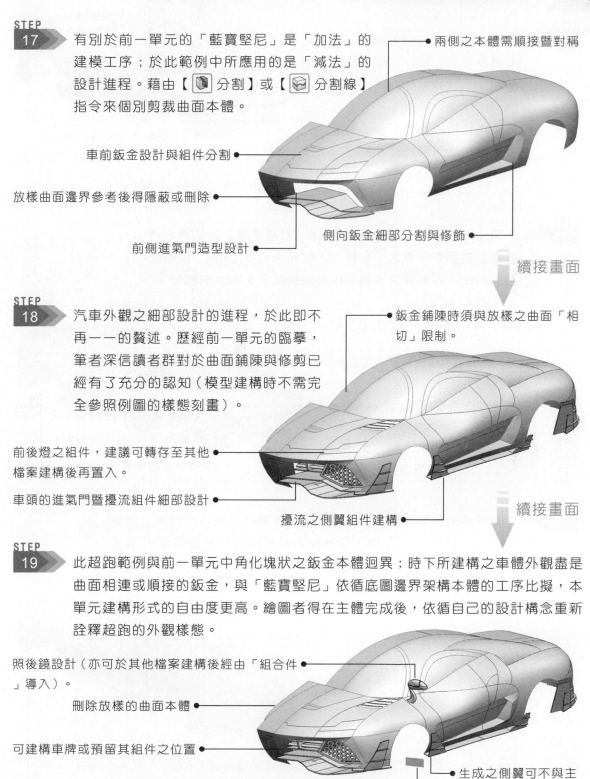

STEP 17

有別於前一單元的「藍寶堅尼」是「加法」的建模工序；於此範例中所應用的是「減法」的設計進程。藉由【分割】或【分割線】指令來個別剪裁曲面本體。

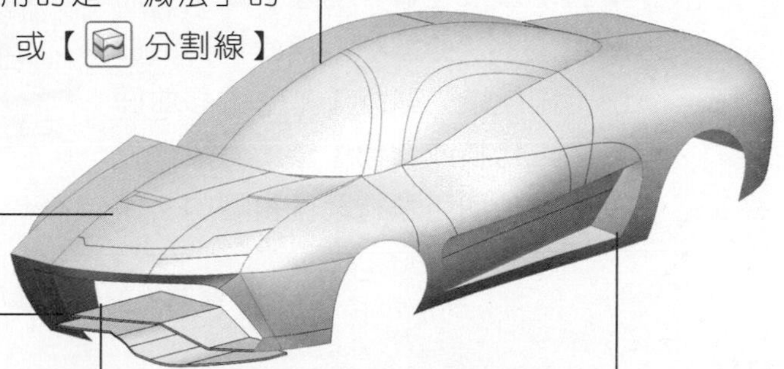
兩側之本體需順接暨對稱
車前鈑金設計與組件分割
放樣曲面邊界參考後得隱蔽或刪除
側向鈑金細部分割與修飾
前側進氣門造型設計

續接畫面

STEP 18

汽車外觀之細部設計的進程，於此即不再一一的贅述。歷經前一單元的臨摹，筆者深信讀者群對於曲面鋪陳與修剪已經有了充分的認知（模型建構時不需完全參照例圖的樣態刻畫）。

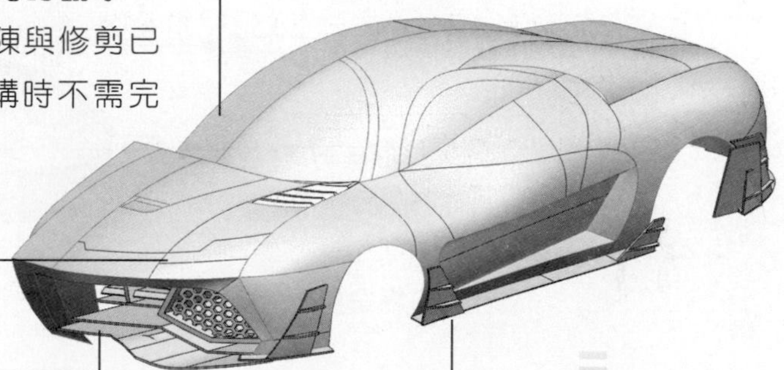
鈑金鋪陳時須與放樣之曲面「相切」限制。
前後燈之組件，建議可轉存至其他檔案建構後再置入。
車頭的進氣門暨擾流組件細部設計
擾流之側翼組件建構

續接畫面

STEP 19

此超跑範例與前一單元中角化塊狀之鈑金本體迥異；時下所建構之車體外觀盡是曲面相連或順接的鈑金，與「藍寶堅尼」依循底圖邊界架構本體的工序比擬，本單元建構形式的自由度更高。繪圖者得在主體完成後，依循自己的設計構念重新詮釋超跑的外觀樣態。

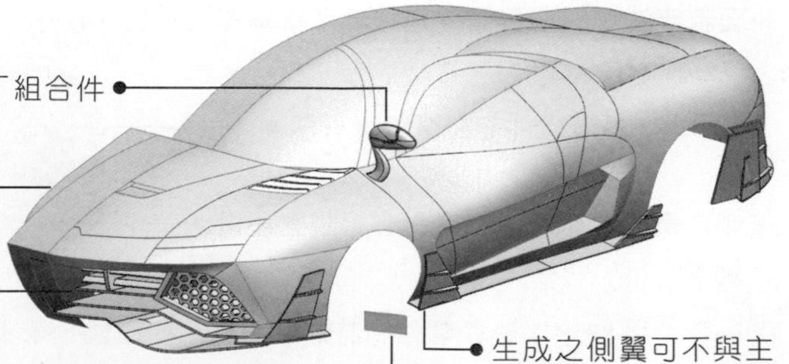
照後鏡設計（亦可於其他檔案建構後經由「組合件」導入）。
刪除放樣的曲面本體
可建構車牌或預留其組件之位置
生成之側翼可不與主體結合。
筆者慣性以平直曲面作為草繪之基準

STEP 20

於本範例中，已經【分割】的本體得直接【加厚】成型；而歷經【分割線】指令修剪的曲面，則建議先執行【偏移曲面】後再轉換成實體。當所有組件完成設計，即可執行鏡像複製的工序。

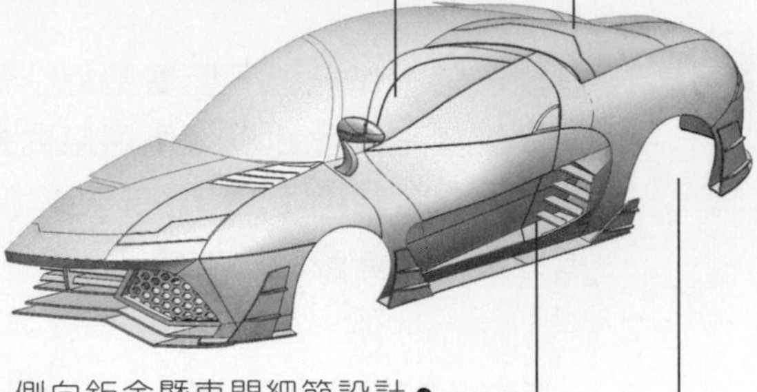
側向進汽門建構
左右未相連之本體得「加厚」成型
側向鈑金暨車門細節設計
輪圈暨輪胎建議可另開檔案建構後再匯入

STEP 21

啟用【鏡射】特徵，且以【右基準面】為基準，鏡像複製畫面中所有的「本體」。繼而再執行【縫織曲面】指令，將併連之本體熔接後並轉換成3-5mm的實體。

續接畫面

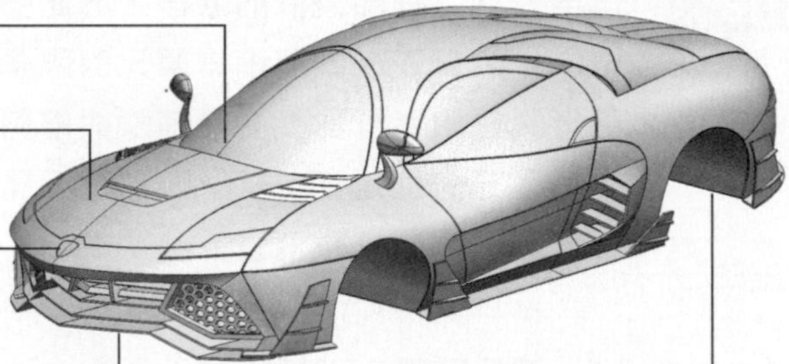
以「右基準面」為基準鏡像複製所有之本體
相連的曲面縫織後再增厚成實體
參考「藍寶堅尼」之商標形態建構
側向鈑金暨車門細節設計
製作缺漏處與底盤之曲面

STEP 22

有關車體尾部零件的設計，模型建構者得依觀感自行刻畫。由於汽車之組件甚多，在繪製的過程中其軟硬體之效能可能已消磨殆盡。交通工具的建模進程非一蹴可幾，應分化成多個檔案製作，再以【組合件】型式架構暨對位。

續接畫面

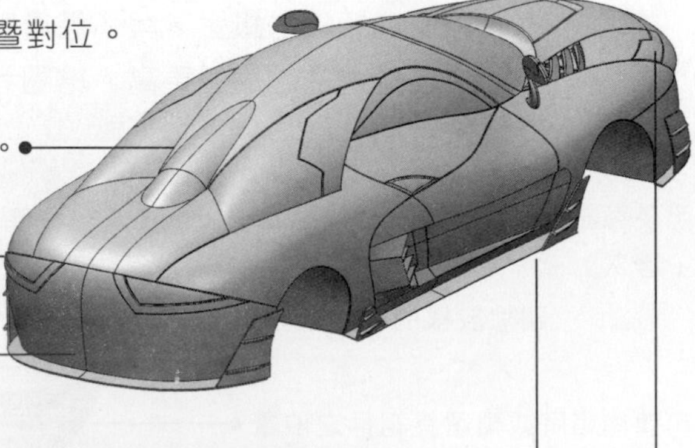
曲面若無法增厚成實體，則建議重新鋪陳或修剪。
尾燈構件的概略設計樣態
後側之預留位置，建構者得自行規劃設計與變更。
「鏡射」後之零件有時需要再個別的修飾，筆者建議以「本體」型式鏡像複製。
燈罩內部的構件可於後段進程中組合

STEP 23 於【:組合件】中匯入「車輪」、「前燈」等檔案後，車體之外觀設計即已完備。歷經兩個單元的汽車鈑金建構進程，「加法」暨「減法」的工序均臨摹成型，日後繪圖者對於交通工具的設計應已不再生疏與畏懼。書中的教學進程只是一種建模思路的演示，讀者若想更進一步探究高階曲面的應用奧秘，也僅能多從範例刻畫的經驗中積累經驗與建模邏輯。

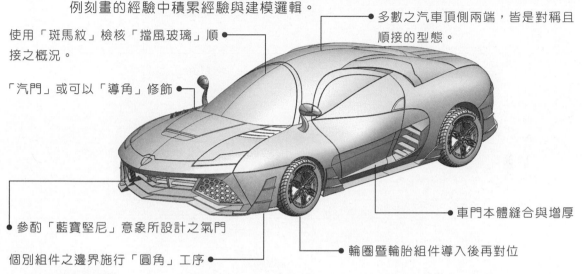

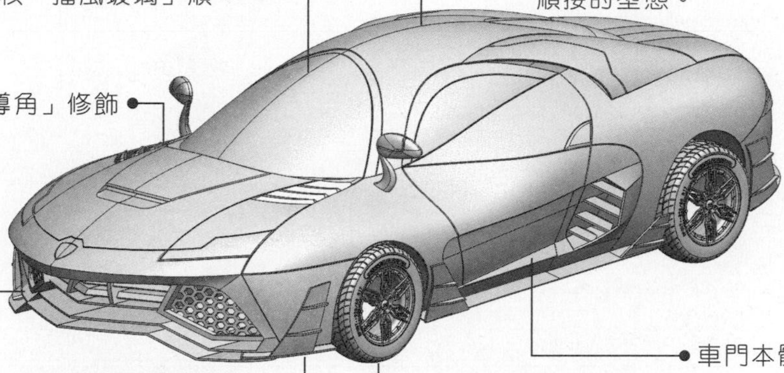
多數之汽車頂側兩端，皆是對稱且順接的型態。
使用「斑馬紋」檢核「擋風玻璃」順接之概況。
「汽門」或可以「導角」修飾
車門本體縫合與增厚
参酌「藍寶堅尼」意象所設計之氣門
輪圈暨輪胎組件導入後再對位
個別組件之邊界施行「圓角」工序

STEP 24 進入模型彩現程序：透過Solidworks之附加模組【:Photoview360】編輯模型【:外觀】與【:全景】。車體的鈑金可賦予高反差的表面漆質材，輪胎則貼附內建的深灰色橡膠。下側為流線型跑車模型融合三燈素色場景之渲染完成圖照。

《流線型跑車彩現完成圖》

重點筆記

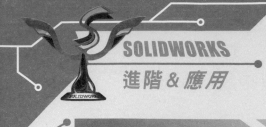

國家圖書館出版品預行編目資料

SOLIDWORKS 進階 & 應用 / 陳俊興作 . -- 初版 . -- 新北市：全華圖書股份有限公司 , 2023.03
面； 公分
ISBN 978-626-328-409-8(平裝)

1.CST: SolidWorks(電腦程式) 2.CST: 電腦繪圖

312.49S678 112001562

SOLIDWORKS 進階 & 應用

作　　者 / 陳俊興

發 行 人 / 陳本源

執行編輯 / 黃繽玉

封面設計 / 陳俊興

出 版 者 / 全華圖書股份有限公司

郵政帳號 / 0100836-1 號

印 刷 者 / 宏懋打字印刷股份有限公司

圖書編號 / 10539

初版一刷 / 2023 年 03 月

定　　價 / 新台幣 620 元

I S B N / 978-626-328-409-8

全華圖書 / www.chwa.com.tw

全華網路書店 Open Tech / www.opentech.com.tw

若您對本書有任何問題，歡迎來信指導 book@chwa.com.tw

台北總公司（北區營業處）
地址：23671 新北市土城區忠義路 21 號
電話：02 2262-5666
傳真：02 6637-3695、6637-3696

中區營業處
地址：40256 台中市南區樹義一巷 26 號
電話：04 2261-8485
傳真：04 3600-9806（高中職）
　　　04 3601-8600（大專）

南區營業處
地址：80769 高雄市三民區應安街 12 號
電話：07 381-1377
傳真：07 862-5562

版權所有 · 翻印必究